注册岩土工程师必备规范汇编

（修订缩印本）

（下　册）

本社　编

中国建筑工业出版社

总 目 录

（附条文说明）

上　册

1. 《岩土工程勘察规范》（GB 50021—2001）（2009 年版）·············· 1—1
2. 《建筑工程地质勘探与取样技术规程》（JGJ/T 87—2012）·············· 2—1
3. 《城市轨道交通岩土工程勘察规范》（GB 50307—2012）·············· 3—1
4. 《工程岩体分级标准》（GB/T 50218—2014）·············· 4—1
5. 《工程岩体试验方法标准》（GB/T 50266—2013）·············· 5—1
6. 《土工试验方法标准》（GB/T 50123—1999）·············· 6—1
7. 《建筑结构荷载规范》（GB 50009—2012）·············· 7—1
8. 《建筑地基基础设计规范》（GB 50007—2011）·············· 8—1
9. 《建筑桩基技术规范》（JGJ 94—2008）·············· 9—1
10. 《建筑抗震设计规范》（GB 50011—2010）（2016 年版）·············· 10—1

下　册

11. 《建筑地基处理技术规范》（JGJ 79—2012）·············· 11—1
12. 《湿陷性黄土地区建筑规范》（GB 50025—2004）·············· 12—1
13. 《膨胀土地区建筑技术规范》（GB 50112—2013）·············· 13—1
14. 《建筑基坑支护技术规程》（JGJ 120—2012）·············· 14—1
15. 《建筑基坑工程监测技术规范》（GB 50497—2009）·············· 15—1
16. 《建筑变形测量规范》（JGJ 8—2016）·············· 16—1
17. 《水利水电工程地质勘察规范》（GB 50487—2008）·············· 17—1
18. 《盐渍土地区建筑技术规范》（GB/T 50942—2014）·············· 18—1
19. 《建筑边坡工程技术规范》（GB 50330—2013）·············· 19—1
20. 《工程结构可靠性设计统一标准》（GB 50153—2008）·············· 20—1
21. 《建筑基桩检测技术规范》（JGJ 106—2014）·············· 21—1
22. 《建筑地基检测技术规范》（JGJ 340—2015）·············· 22—1
23. 《生活垃圾卫生填埋处理技术规范》（GB 50869—2013）·············· 23—1
24. 《土工合成材料应用技术规范》（GB/T 50290—2014）·············· 24—1
25. 《地基动力特性测试规范》（GB/T 50269—2015）·············· 25—1
26. 《城市轨道交通工程监测技术规范》（GB 50911—2013）·············· 26—1
附录　2017 年度全国注册土木工程师（岩土）专业考试所使用
　　　的标准和法律法规

中华人民共和国行业标准

建筑地基处理技术规范

Technical code for ground treatment of buildings

JGJ 79—2012

批准部门：中华人民共和国住房和城乡建设部
施行日期：2 0 1 3 年 6 月 1 日

中华人民共和国住房和城乡建设部

公　告

第 1448 号

住房城乡建设部关于发布行业标准
《建筑地基处理技术规范》的公告

现批准《建筑地基处理技术规范》为行业标准，编号为 JGJ 79 - 2012，自 2013 年 6 月 1 日起实施。其中，第 3.0.5、4.4.2、5.4.2、6.2.5、6.3.2、6.3.10、6.3.13、7.1.2、7.1.3、7.3.2、7.3.6、8.4.4、10.2.7 条为强制性条文，必须严格执行。原行业标准《建筑地基处理技术规范》JGJ 79 - 2002 同时废止。

本规范由我部标准定额研究所组织中国建筑工业出版社出版发行。

中华人民共和国住房和城乡建设部

2012 年 8 月 23 日

前　言

根据住房和城乡建设部《关于印发〈2009 年工程建设标准规范制订、修订计划〉的通知》（建标［2009］88 号）的要求，规范编制组经广泛调查研究，认真总结实践经验，参考有关国际标准和国外先进标准，与国内相关规范协调，并在广泛征求意见的基础上，修订了《建筑地基处理技术规范》JGJ 79 - 2002。

本规范主要技术内容是：1. 总则；2. 术语和符号；3. 基本规定；4. 换填垫层；5. 预压地基；6. 压实地基和夯实地基；7. 复合地基；8. 注浆加固；9. 微型桩加固；10. 检验与监测。

本规范修订的主要技术内容是：1. 增加处理后的地基应满足建筑物承载力、变形和稳定性要求的规定；2. 增加采用多种地基处理方法综合使用的地基处理工程验收检验的综合安全系数的检验要求；3. 增加地基处理采用的材料，应根据场地环境类别符合耐久性设计的要求；4. 增加处理后的地基整体稳定分析方法；5. 增加加筋垫层设计验算方法；6. 增加真空和堆载联合预压处理的设计、施工要求；7. 增加高夯击能的设计参数；8. 增加复合地基承载力考虑基础深度修正的有粘结强度增强体桩身强度验算方法；9. 增加多桩型复合地基设计施工要求；10. 增加注浆加固；11. 增加微型桩加固；12. 增加检验与监测；13. 增加复合地基增强体单桩静载荷试验要点；14. 增加处理后地基静载荷试验要点。

本规范中以黑体字标志的条文为强制性条文，必须严格执行。

本规范由住房和城乡建设部负责管理和对强制性条文的解释，由中国建筑科学研究院负责具体技术内容的解释。执行过程中如有意见或建议，请寄送中国建筑科学研究院（地址：北京市北三环东路 30 号 邮政编码：100013）。

本规范主编单位：中国建筑科学研究院

本规范参编单位：机械工业勘察设计研究院
湖北省建筑科学研究设计院
福建省建筑科学研究院
现代建筑设计集团上海申元岩土工程有限公司
中化岩土工程股份有限公司
中国航空规划建设发展有限公司
天津大学
同济大学
太原理工大学
郑州大学综合设计研究院

本规范主要起草人员：滕延京　张永钧　闫明礼
张　峰　张东刚　袁内镇
侯伟生　叶观宝　白晓红
郑　刚　王亚凌　水伟厚
郑建国　周同和　杨俊峰

本规范主要审查人员：顾国荣　周国钧　顾晓鲁
徐张建　张丙吉　康景文
梅全亭　滕文川　肖自强
潘凯云　黄　新

目　次

1　总则 ……………………………… 11—5
2　术语和符号 ……………………… 11—5
　2.1　术语 ………………………… 11—5
　2.2　符号 ………………………… 11—6
3　基本规定 ………………………… 11—6
4　换填垫层 ………………………… 11—7
　4.1　一般规定 …………………… 11—7
　4.2　设计 ………………………… 11—7
　4.3　施工 ………………………… 11—9
　4.4　质量检验 …………………… 11—9
5　预压地基 ………………………… 11—10
　5.1　一般规定 …………………… 11—10
　5.2　设计 ………………………… 11—10
　5.3　施工 ………………………… 11—13
　5.4　质量检验 …………………… 11—13
6　压实地基和夯实地基 …………… 11—14
　6.1　一般规定 …………………… 11—14
　6.2　压实地基 …………………… 11—14
　6.3　夯实地基 …………………… 11—16
7　复合地基 ………………………… 11—18
　7.1　一般规定 …………………… 11—18
　7.2　振冲碎石桩和沉管砂石桩
　　　　复合地基 …………………… 11—19
　7.3　水泥土搅拌桩复合地基 …… 11—21
　7.4　旋喷桩复合地基 …………… 11—23
　7.5　灰土挤密桩和土挤密桩
　　　　复合地基 …………………… 11—24
　7.6　夯实水泥土桩复合地基 …… 11—25

　7.7　水泥粉煤灰碎石桩复合地基 … 11—26
　7.8　柱锤冲扩桩复合地基 ……… 11—27
　7.9　多桩型复合地基 …………… 11—28
8　注浆加固 ………………………… 11—30
　8.1　一般规定 …………………… 11—30
　8.2　设计 ………………………… 11—30
　8.3　施工 ………………………… 11—31
　8.4　质量检验 …………………… 11—33
9　微型桩加固 ……………………… 11—33
　9.1　一般规定 …………………… 11—33
　9.2　树根桩 ……………………… 11—33
　9.3　预制桩 ……………………… 11—34
　9.4　注浆钢管桩 ………………… 11—34
　9.5　质量检验 …………………… 11—35
10　检验与监测 …………………… 11—35
　10.1　检验 ……………………… 11—35
　10.2　监测 ……………………… 11—35
附录A　处理后地基静载荷试验
　　　　要点 ……………………… 11—35
附录B　复合地基静载荷试验
　　　　要点 ……………………… 11—36
附录C　复合地基增强体单桩静
　　　　载荷试验要点 …………… 11—37
本规范用词说明 …………………… 11—37
引用标准名录 ……………………… 11—38
附：条文说明 ……………………… 11—39

Contents

1 General Provisions ················· 11—5

2 Terms and Symbols ·············· 11—5

  2.1 Terms ························· 11—5

  2.2 Symbols ······················ 11—6

3 Basic Requirements ·············· 11—6

4 Replacement Layer of
  Compacted Fill ·················· 11—7

  4.1 General Requirements ·········· 11—7

  4.2 Design Considerations ········· 11—7

  4.3 Construction ·················· 11—9

  4.4 Inspection ···················· 11—9

5 Preloaded Ground ··············· 11—10

  5.1 General Requirements ········· 11—10

  5.2 Design Considerations ········ 11—10

  5.3 Construction ················· 11—13

  5.4 Inspection ··················· 11—13

6 Compacted Ground and
  Rammed Ground ··············· 11—14

  6.1 General Requirements ········· 11—14

  6.2 Compacted Ground ··········· 11—14

  6.3 Rammed Ground ············· 11—16

7 Composite Foundation ············ 11—18

  7.1 General Requirements ········· 11—18

  7.2 Composite Foundation with
    Sand-gravel Columns ·········· 11—19

  7.3 Composite Foundation with Cement
    Deep Mixed Columns ········ 11—21

  7.4 Composite Foundation with
    Jet Grouting ················· 11—23

  7.5 Composite Foundation with Compa
    cted Soil-lime Columns or Comp-
    acted Soil Columns ·········· 11—24

  7.6 Composite Foundation with
    Rammed Soil-cement
    Columns ···················· 11—25

  7.7 Composite Foundation with
    Cement-Fly ash-gravel
    Piles ······················· 11—26

  7.8 Composite Foundation with
    Impact Displacement Columns ········ 11—27

  7.9 Composite Foundation with
    Multiple Reinforcement of
    Different Materials or
    Lengths ···················· 11—28

8 Ground Improvement by
  Permeation and High
  Hydrofracture Grouting ········· 11—30

  8.1 General Requirements ········· 11—30

  8.2 Design Considerations ········ 11—30

  8.3 Construction ················· 11—31

  8.4 Inspection ··················· 11—33

9 Ground Improvement by
  Micropiles ····················· 11—33

  9.1 General Requirements ········· 11—33

  9.2 Root Piles ··················· 11—33

  9.3 Driven Cast-in-place Piles ········ 11—34

  9.4 Grouting Piles with Steel-pipe ········ 11—34

  9.5 Inspection ··················· 11—35

10 Inspection and Monitoring ········ 11—35

  10.1 Inspection ················· 11—35

  10.2 Monitoring ················ 11—35

Appendix A Key Points for Load
          Test on Treatment
          Ground ················ 11—35

Appendix B Key Points for Load
          Test on Composite
          Foundation ············ 11—36

Appendix C Key Points for Load
          Test on Single Pile
          of Composite
          Foundation ············ 11—37

Explanation of Wording in
  This Code ····················· 11—37

List of Quoted Standards ··········· 11—38

Addition: Explanation of
       Provisions ················ 11—39

1 总 则

1.0.1 为了在地基处理的设计和施工中贯彻执行国家的技术经济政策，做到安全适用、技术先进、经济合理、确保质量、保护环境，制定本规范。

1.0.2 本规范适用于建筑工程地基处理的设计、施工和质量检验。

1.0.3 地基处理除应满足工程设计要求外，尚应做到因地制宜、就地取材、保护环境和节约资源等。

1.0.4 建筑工程地基处理除应符合本规范外，尚应符合国家现行有关标准的规定。

2 术语和符号

2.1 术 语

2.1.1 地基处理 ground treatment, ground improvement

提高地基承载力，改善其变形性能或渗透性能而采取的技术措施。

2.1.2 复合地基 composite ground, composite foundation

部分土体被增强或被置换，形成由地基土和竖向增强体共同承担荷载的人工地基。

2.1.3 地基承载力特征值 characteristic value of subsoil bearing capacity

由载荷试验测定的地基土压力变形曲线线性变形段内规定的变形所对应的压力值，其最大值为比例界限值。

2.1.4 换填垫层 replacement layer of compacted fill

挖除基础底面下一定范围内的软弱土层或不均匀土层，回填其他性能稳定、无侵蚀性、强度较高的材料，并夯压密实形成的垫层。

2.1.5 加筋垫层 replacement layer of tensile reinforcement

在垫层材料内铺设单层或多层水平向加筋材料形成的垫层。

2.1.6 预压地基 preloaded ground, preloaded foundation

在地基上进行堆载预压或真空预压，或联合使用堆载和真空预压，形成固结压密后的地基。

2.1.7 堆载预压 preloading with surcharge of fill

地基上堆加荷载使地基土固结压密的地基处理方法。

2.1.8 真空预压 vacuum preloading

通过对覆盖于竖井地基表面的封闭薄膜内抽真空排水使地基土固结压密的地基处理方法。

2.1.9 压实地基 compacted ground, compacted fill

利用平碾、振动碾、冲击碾或其他碾压设备将填土分层密实处理的地基。

2.1.10 夯实地基 rammed ground, rammed earth

反复将夯锤提到高处使其自由落下，给地基以冲击和振动能量，将地基土密实处理或置换形成密实墩体的地基。

2.1.11 砂石桩复合地基 composite foundation with sand-gravel columns

将碎石、砂或砂石混合料挤压入已成的孔中，形成密实砂石竖向增强体的复合地基。

2.1.12 水泥粉煤灰碎石桩复合地基 composite foundation with cement-fly ash-gravel piles

由水泥、粉煤灰、碎石等混合料加水拌合在土中灌注形成竖向增强体的复合地基。

2.1.13 夯实水泥土桩复合地基 composite foundation with rammed soil-cement columns

将水泥和土按设计比例拌合均匀，在孔内分层夯实形成竖向增强体的复合地基。

2.1.14 水泥土搅拌桩复合地基 composite foundation with cement deep mixed columns

以水泥作为固化剂的主要材料，通过深层搅拌机械，将固化剂和地基土强制搅拌形成竖向增强体的复合地基。

2.1.15 旋喷桩复合地基 composite foundation with jet grouting

通过钻杆的旋转、提升，高压水泥浆由水平方向的喷嘴喷出，形成喷射流，以此切割土体并与土拌合形成水泥土竖向增强体的复合地基。

2.1.16 灰土桩复合地基 composite foundation with compacted soil-lime columns

用灰土填入孔内分层夯实形成竖向增强体的复合地基。

2.1.17 柱锤冲扩桩复合地基 composite foundation with impact displacement columns

用柱锤冲击方法成孔并分层夯扩填料形成竖向增强体的复合地基。

2.1.18 多桩型复合地基 composite foundation with multiple reinforcement of different materials or lengths

采用两种及两种以上不同材料增强体，或采用同一材料、不同长度增强体加固形成的复合地基。

2.1.19 注浆加固 ground improvement by permeation and high hydrofracture grouting

将水泥浆或其他化学浆液注入地基土层中，增强土颗粒间的联结，使土体强度提高、变形减少、渗透性降低的地基处理方法。

2.1.20 微型桩 micropile

用桩工机械或其他小型设备在土中形成直径不大于300mm的树根桩、预制混凝土桩或钢管桩。

2.2 符 号

2.2.1 作用和作用效应

E —— 强夯或强夯置换夯击能；

p_c —— 基础底面处土的自重压力值；

p_{cz} —— 垫层底面处土的自重压力值；

p_k —— 相应于作用的标准组合时，基础底面处的平均压力值；

p_z —— 相应于作用的标准组合时，垫层底面处的附加压力值。

2.2.2 抗力和材料性能

D_r —— 砂土相对密实度；

D_{r1} —— 地基挤密后要求砂土达到的相对密实度；

d_s —— 土粒相对密度（比重）；

e —— 孔隙比；

e_0 —— 地基处理前的孔隙比；

e_1 —— 地基挤密后要求达到的孔隙比；

e_{max}、e_{min} —— 砂土的最大、最小孔隙比；

f_{ak} —— 天然地基承载力特征值；

f_{az} —— 垫层底面处经深度修正后的地基承载力特征值；

f_{cu} —— 桩体试块（边长 150mm 立方体）标准养护 28d 的立方体抗压强度平均值，对水泥土可取桩体试块（边长 70.7mm 立方体）标准养护 90d 的立方体抗压强度平均值；

f_{sk} —— 处理后桩间土的承载力特征值；

f_{spa} —— 深度修正后的复合地基承载力特征值；

f_{spk} —— 复合地基的承载力特征值；

k_h —— 天然土层水平向渗透系数；

k_s —— 涂抹区的水平向渗透系数；

q_p —— 桩端端阻力特征值；

q_s —— 桩周土的侧阻力特征值；

q_w —— 竖井纵向通水量，为单位水力梯度下单位时间的排水量；

R_a —— 单桩竖向承载力特征值；

T_a —— 土工合成材料在允许延伸率下的抗拉强度；

T_p —— 相应于作用的标准组合时单位宽度土工合成材料的最大拉力；

U —— 固结度；

$\overline{U}_t$ —— t 时间地基的平均固结度；

w_{op} —— 最优含水量；

α_p —— 桩端端阻力发挥系数；

β —— 桩间土承载力发挥系数；

θ —— 压力扩散角；

λ —— 单桩承载力发挥系数；

λ_c —— 压实系数；

ρ_d —— 干密度；

ρ_{dmax} —— 最大干密度；

ρ_c —— 黏粒含量；

ρ_w —— 水的密度；

τ_{ft} —— t 时刻，该点土的抗剪强度；

τ_{f0} —— 地基土的天然抗剪强度；

$\Delta\sigma_z$ —— 预压荷载引起的该点的附加竖向应力；

φ_{cu} —— 三轴固结不排水压缩试验求得的土的内摩擦角；

$\overline{\eta_c}$ —— 桩间土经成孔挤密后的平均挤密系数。

2.2.3 几何参数

A —— 基础底面积；

A_e —— 一根桩承担的处理地基面积；

A_p —— 桩的截面积；

b —— 基础底面宽度、塑料排水带宽度；

d —— 桩的直径；

d_e —— 一根桩分担的处理地基面积的等效圆直径、竖井的有效排水直径；

d_p —— 塑料排水带当量换算直径；

l —— 基础底面长度；

l_p —— 桩长；

m —— 面积置换率；

s —— 桩间距；

z —— 基础底面下换填垫层的厚度；

δ —— 塑料排水带厚度。

3 基 本 规 定

3.0.1 在选择地基处理方案前，应完成下列工作：

　　1 搜集详细的岩土工程勘察资料、上部结构及基础设计资料等；

　　2 结合工程情况，了解当地地基处理经验和施工条件，对于有特殊要求的工程，尚应了解其他地区相似场地上同类工程的地基处理经验和使用情况等；

　　3 根据工程的要求和采用天然地基存在的主要问题，确定地基处理的目的和处理后要求达到的各项技术经济指标等；

　　4 调查邻近建筑、地下工程、周边道路及有关管线等情况；

　　5 了解施工场地的周边环境情况。

3.0.2 在选择地基处理方案时，应考虑上部结构、基础和地基的共同作用，进行多种方案的技术经济比较，选用地基处理或加强上部结构与地基处理相结合的方案。

3.0.3 地基处理方法的确定宜按下列步骤进行：

　　1 根据结构类型、荷载大小及使用要求，结合地形地貌、地层结构、土质条件、地下水特征、环境情况和对邻近建筑的影响等因素进行综合分析，初步选出几种可供考虑的地基处理方案，包括选择两种或多种地基处理措施组成的综合处理方案；

2 对初步选出的各种地基处理方案，分别从加固原理、适用范围、预期处理效果、耗用材料、施工机械、工期要求和对环境的影响等方面进行技术经济分析和对比，选择最佳的地基处理方法；

3 对已选定的地基处理方法，应按建筑物地基基础设计等级和场地复杂程度以及该种地基处理方法在本地区使用的成熟程度，在场地有代表性的区域进行相应的现场试验或试验性施工，并进行必要的测试，以检验设计参数和处理效果。如达不到设计要求时，应查明原因，修改设计参数或调整地基处理方案。

3.0.4 经处理后的地基，当按地基承载力确定基础底面积及埋深而需要对本规范确定的地基承载力特征值进行修正时，应符合下列规定：

1 大面积压实填土地基，基础宽度的地基承载力修正系数应取零；基础埋深的地基承载力修正系数，对于压实系数大于 0.95、黏粒含量 $\rho_c \geqslant 10\%$ 的粉土，可取 1.5，对于干密度大于 $2.1t/m^3$ 的级配砂石可取 2.0；

2 其他处理地基，基础宽度的地基承载力修正系数应取零，基础埋深的地基承载力修正系数应取 1.0。

3.0.5 处理后的地基应满足建筑物地基承载力、变形和稳定性要求，地基处理的设计尚应符合下列规定：

1 经处理后的地基，当在受力层范围内仍存在软弱下卧层时，应进行软弱下卧层地基承载力验算；

2 按地基变形设计或应作变形验算且需进行地基处理的建筑物或构筑物，应对处理后的地基进行变形验算；

3 对建造在处理后的地基上受较大水平荷载或位于斜坡上的建筑物及构筑物，应进行地基稳定性验算。

3.0.6 处理后地基的承载力验算，应同时满足轴心荷载作用和偏心荷载作用的要求。

3.0.7 处理后地基的整体稳定分析可采用圆弧滑动法，其稳定安全系数不应小于 1.30。散体加固材料的抗剪强度指标，可按加固材料的密实度通过试验确定；胶结材料的抗剪强度指标，可按桩体断裂后滑动面材料的摩擦性能确定。

3.0.8 刚度差异较大的整体大面积基础的地基处理，宜考虑上部结构、基础和地基共同作用进行地基承载力和变形验算。

3.0.9 处理后的地基应进行地基承载力和变形评价、处理范围和有效加固深度内地基均匀性评价，以及复合地基增强体的成桩质量和承载力评价。

3.0.10 采用多种地基处理方法综合使用的地基处理工程验收检验时，应采用大尺寸承压板进行载荷试验，其安全系数不应小于 2.0。

3.0.11 地基处理所采用的材料，应根据场地类别符合有关标准对耐久性设计与使用的要求。

3.0.12 地基处理施工中应有专人负责质量控制和监测，并做好施工记录；当出现异常情况时，必须及时会同有关部门妥善解决。施工结束后应按国家有关规定进行工程质量检验和验收。

4 换填垫层

4.1 一般规定

4.1.1 换填垫层适用于浅层软弱土层或不均匀土层的地基处理。

4.1.2 应根据建筑体型、结构特点、荷载性质、场地土质条件、施工机械设备及填料性质和来源等综合分析后，进行换填垫层的设计，并选择施工方法。

4.1.3 对于工程量较大的换填垫层，应按所选用的施工机械、换填材料及场地的土质条件进行现场试验，确定换填垫层压实效果和施工质量控制标准。

4.1.4 换填垫层的厚度应根据置换软弱土的深度以及下卧土层的承载力确定，厚度宜为 0.5m～3.0m。

4.2 设 计

4.2.1 垫层材料的选用应符合下列要求：

1 砂石。宜选用碎石、卵石、角砾、圆砾、砾砂、粗砂、中砂或石屑，并应级配良好，不含植物残体、垃圾等杂质。当使用粉细砂或石粉时，应掺入不少于总重量 30% 的碎石或卵石。砂石的最大粒径不宜大于 50mm。对湿陷性黄土或膨胀土地基，不得选用砂石等透水性材料。

2 粉质黏土。土料中有机质含量不得超过 5%，且不得含有冻土或膨胀土。当含有碎石时，其最大粒径不宜大于 50mm。用于湿陷性黄土或膨胀土地基的粉质黏土垫层，土料中不得夹有砖、瓦或石块等。

3 灰土。体积配合比宜为 2∶8 或 3∶7。石灰宜选用新鲜的消石灰，其最大粒径不得大于 5mm。土料宜选用粉质黏土，不宜使用块状黏土，且不得含有松软杂质，土料应过筛且最大粒径不得大于 15mm。

4 粉煤灰。选用的粉煤灰应满足相关标准对腐蚀性和放射性的要求。粉煤灰垫层上宜覆土 0.3m～0.5m。粉煤灰垫层中采用掺加剂时，应通过试验确定其性能及适用条件。粉煤灰垫层中的金属构件、管网应采取防腐措施。大量填筑粉煤灰时，应经场地地下水和土壤环境的不良影响评价合格后，方可使用。

5 矿渣。宜选用分级矿渣、混合矿渣及原状矿渣等高炉重矿渣。矿渣的松散重度不应小于 $11kN/m^3$，有机质及含泥总量不得超过 5%。垫层设计、施工前应对所选用的矿渣进行试验，确认性能稳定并满足腐蚀性和放射性安全的要求。对易受酸、碱影响的基础或地下管网不得采用矿渣垫层。大量填筑矿渣时，应经场地地下水和土壤环境的不良影响评价合格后，方可使用。

6 其他工业废渣。在有充分依据或成功经验时，可采用质地坚硬、性能稳定、透水性强、无腐蚀性和无放射性危害的其他工业废渣材料，但应经过现场试验证明其经济技术效果良好且施工措施完善后方可使用。

7 土工合成材料加筋垫层所选用土工合成材料的品种与性能及填料，应根据工程特性和地基土质条件，按照现行国家标准《土工合成材料应用技术规范》GB 50290 的要求，通过设计计算并进行现场试验后确定。土工合成材料应采用抗拉强度较高、耐久性好、抗腐蚀的土工带、土工格栅、土工格室、土工垫或土工织物等土工合成材料。垫层填料宜用碎石、角砾、砾砂、粗砂、中砂等材料，且不宜含有氯化钙、碳酸钠、硫化物等化学物质。当工程要求垫层具有排水功能时，垫层材料应具有良好的透水性。在软土地基上使用加筋垫层时，应保证建筑物稳定并满足允许变形的要求。

4.2.2 垫层厚度的确定应符合下列规定：

1 应根据需置换软弱土（层）的深度或下卧土层的承载力确定，并应符合下式要求：

$$p_z + p_{cz} \leqslant f_{az} \quad (4.2.2-1)$$

式中：p_z——相应于作用的标准组合时，垫层底面处的附加压力值（kPa）；

p_{cz}——垫层底面处土的自重压力值（kPa）；

f_{az}——垫层底面处经深度修正后的地基承载力特征值（kPa）。

2 垫层底面处的附加压力值 p_z 可分别按式（4.2.2-2）和式（4.2.2-3）计算：

1）条形基础

$$p_z = \frac{b(p_k - p_c)}{b + 2z\tan\theta} \quad (4.2.2-2)$$

2）矩形基础

$$p_z = \frac{bl(p_k - p_c)}{(b + 2z\tan\theta)(l + 2z\tan\theta)} \quad (4.2.2-3)$$

式中：b——矩形基础或条形基础底面的宽度（m）；

l——矩形基础底面的长度（m）；

p_k——相应于作用的标准组合时，基础底面处的平均压力值（kPa）；

p_c——基础底面处土的自重压力值（kPa）；

z——基础底面下垫层的厚度（m）；

θ——垫层（材料）的压力扩散角（°），宜通过试验确定。无试验资料时，可按表4.2.2采用。

表 4.2.2 土和砂石材料压力扩散角 θ（°）

换填材料 z/b	中砂、粗砂、砾砂、圆砾、角砾、石屑、卵石、碎石、矿渣	粉质黏土、粉煤灰	灰土
0.25	20	6	28
≥0.50	30	23	

注：1 当 $z/b < 0.25$ 时，除灰土取 $\theta = 28°$ 外，其他材料均取 $\theta = 0°$，必要时宜由试验确定。

2 当 $0.25 < z/b < 0.5$ 时，θ 值可以内插。

3 土工合成材料加筋垫层其压力扩散角宜由现场静载荷试验确定。

4.2.3 垫层底面的宽度应符合下列规定：

1 垫层底面宽度应满足基础底面应力扩散的要求，可按下式确定：

$$b' \geqslant b + 2z\tan\theta \quad (4.2.3)$$

式中：b'——垫层底面宽度（m）；

θ——压力扩散角，按本规范表 4.2.2 取值；当 $z/b < 0.25$ 时，按表 4.2.2 中 $z/b = 0.25$ 取值。

2 垫层顶面每边超出基础底边缘不应小于300mm，且从垫层底面两侧向上，按当地基坑开挖的经验及要求放坡。

3 整片垫层底面的宽度可根据施工的要求适当加宽。

4.2.4 垫层的压实标准可按表4.2.4选用。矿渣垫层的压实系数可根据满足承载力设计要求的试验结果，按最后两遍压实的压陷差确定。

表 4.2.4 各种垫层的压实标准

施工方法	换填材料类别	压实系数 λ_c
碾压振密或夯实	碎石、卵石	≥0.97
	砂夹石（其中碎石、卵石占全重的30%～50%）	
	土夹石（其中碎石、卵石占全重的30%～50%）	
	中砂、粗砂、砾砂、角砾、圆砾、石屑	
	粉质黏土	≥0.97
	灰土	≥0.95
	粉煤灰	≥0.95

注：1 压实系数 λ_c 为土的控制干密度 ρ_d 与最大干密度 ρ_{dmax} 的比值；土的最大干密度宜采用击实试验确定；碎石或卵石的最大干密度可取 2.1t/m³～2.2t/m³。

2 表中压实系数 λ_c 系使用轻型击实试验测定土的最大干密度 ρ_{dmax} 时给出的压实控制标准，采用重型击实试验时，对粉质黏土、灰土、粉煤灰及其他材料压实标准应为压实系数 $\lambda_c \geqslant 0.94$。

4.2.5 换填垫层的承载力宜通过现场静载荷试验确定。

4.2.6 对于垫层下存在软弱下卧层的建筑，在进行地基变形计算时应考虑邻近建筑物基础荷载对软弱下卧层顶面应力叠加的影响。当超出原地面标高的垫层或换填材料的重度高于天然土层重度时，宜及时换填，并应考虑其附加荷载的不利影响。

4.2.7 垫层地基的变形由垫层自身变形和下卧层变形组成。换填垫层在满足本规范第4.2.2条~4.2.4条的条件下，垫层地基的变形可仅考虑其下卧层的变形。对地基沉降有严格限制的建筑，应计算垫层自身的变形。垫层下卧层的变形量可按现行国家标准《建筑地基基础设计规范》GB 50007的规定进行计算。

4.2.8 加筋土垫层所选用的土工合成材料尚应进行材料强度验算：

$$T_p \leqslant T_a \qquad (4.2.8)$$

式中：T_a——土工合成材料在允许延伸率下的抗拉强度（kN/m）；

T_p——相应于作用的标准组合时，单位宽度的土工合成材料的最大拉力（kN/m）。

4.2.9 加筋土垫层的加筋体设置应符合下列规定：

1 一层加筋时，可设置在垫层的中部；

2 多层加筋时，首层筋材距垫层顶面的距离宜取30%垫层厚度，筋材层间距宜取30%~50%的垫层厚度，且不应小于200mm；

3 加筋线密度宜为0.15~0.35。无经验时，单层加筋宜取高值，多层加筋宜取低值。垫层的边缘应有足够的锚固长度。

4.3 施 工

4.3.1 垫层施工应根据不同的换填材料选择施工机械。粉质黏土、灰土垫层宜采用平碾、振动碾或羊足碾，以及蛙式夯、柴油夯。砂石垫层等宜用振动碾。粉煤灰垫层宜采用平碾、振动碾、平板振动器、蛙式夯。矿渣垫层宜采用平板振动器或平碾，也可采用振动碾。

4.3.2 垫层的施工方法、分层铺填厚度、每层压实遍数宜通过现场试验确定。除接触下卧软土层的垫层底部应根据施工机械设备及下卧层土质条件确定厚度外，其他垫层的分层铺填厚度宜为200mm~300mm。为保证分层压实质量，应控制机械碾压速度。

4.3.3 粉质黏土和灰土垫层土料的施工含水量宜控制在$w_{op}\pm2\%$的范围内，粉煤灰垫层的施工含水量宜控制在$w_{op}\pm4\%$的范围内。最优含水量w_{op}可通过击实试验确定，也可按当地经验选取。

4.3.4 当垫层底部存在古井、古墓、洞穴、旧基础、暗塘时，应根据建筑物对不均匀沉降的控制要求予以处理，并经检验合格后，方可铺填垫层。

4.3.5 基坑开挖时应避免坑底土层受扰动，可保留

180mm~220mm厚的土层暂不挖去，待铺填垫层前再由人工挖至设计标高。严禁扰动垫层下的软弱土层，应防止软弱垫层被践踏、受冻或受水浸泡。在碎石或卵石垫层底部宜设置厚度为150mm~300mm的砂垫层或铺一层土工织物，并应防止基坑边坡塌土混入垫层中。

4.3.6 换填垫层施工时，应采取基坑排水措施。除砂垫层宜采用水撼法施工外，其余垫层施工均不得在浸水条件下进行。工程需要时应采取降低地下水位的措施。

4.3.7 垫层底面宜设在同一标高上，如深度不同，坑底土层应挖成阶梯或斜坡搭接，并按先深后浅的顺序进行垫层施工，搭接处应夯压密实。

4.3.8 粉质黏土、灰土垫层及粉煤灰垫层施工，应符合下列规定：

1 粉质黏土及灰土垫层分段施工时，不得在柱基、墙角及承重窗间墙下接缝；

2 垫层上下两层的缝距不得小于500mm，且接缝处应夯压密实；

3 灰土拌合均匀后，应当日铺填夯压；灰土夯压密实后，3d内不得受水浸泡；

4 粉煤灰垫层铺填后，宜当日压实，每层验收后应及时铺填上层或封层，并应禁止车辆碾压通行；

5 垫层施工竣工验收合格后，应及时进行基础施工与基坑回填。

4.3.9 土工合成材料施工，应符合下列要求：

1 下铺地基土层顶面应平整；

2 土工合成材料铺设顺序应先纵向后横向，且应把土工合成材料张拉平整、绷紧，严禁有皱折；

3 土工合成材料的连接宜采用搭接法、缝接法或胶接法，接缝强度不应低于原材料抗拉强度，端部应采用有效方法固定，防止筋材拉出；

4 应避免土工合成材料暴晒或裸露，阳光暴晒时间不应大于8h。

4.4 质 量 检 验

4.4.1 对粉质黏土、灰土、砂石、粉煤灰垫层的施工质量可选用环刀取样、静力触探、轻型动力触探或标准贯入试验等方法进行检验；对碎石、矿渣垫层的施工质量可采用重型动力触探试验等进行检验。压实系数可采用灌砂法、灌水法或其他方法进行检验。

4.4.2 **换填垫层的施工质量检验应分层进行，并应在每层的压实系数符合设计要求后铺填上层。**

4.4.3 采用环刀法检验垫层的施工质量时，取样点应选择位于每层垫层厚度的2/3深度处。检验点数量，条形基础下垫层每10m~20m不应少于1个点，独立柱基、单个基础下垫层不应少于1个点，其他基础下垫层每50m²~100m²不应少于1个点。采用标准贯入试验或动力触探法检验垫层的施工质量时，每

分层平面上检验点的间距不应大于 4m。

4.4.4 竣工验收应采用静载荷试验检验垫层承载力，且每个单体工程不宜少于 3 个点；对于大型工程应按单体工程的数量或工程划分的面积确定检验点数。

4.4.5 加筋垫层中土工合成材料的检验应符合下列要求：

1 土工合成材料质量应符合设计要求，外观无破损、无老化、无污染；

2 土工合成材料应可张拉、无皱折、紧贴下承层，锚固端应锚固牢靠；

3 上下层土工合成材料搭接缝应交替错开，搭接强度应满足设计要求。

5 预压地基

5.1 一般规定

5.1.1 预压地基适用于处理淤泥质土、淤泥、冲填土等饱和黏性土地基。预压地基按处理工艺可分为堆载预压、真空预压、真空和堆载联合预压。

5.1.2 真空预压适用于处理以黏性土为主的软弱地基。当存在粉土、砂土等透水、透气层时，加固区周边应采取确保膜下真空压力满足设计要求的密封措施。对塑性指数大于 25 且含水量大于 85% 的淤泥，应通过现场试验确定其适用性。加固土层上覆盖有厚度大于 5m 以上的回填土或承载力较高的黏性土层时，不宜采用真空预压处理。

5.1.3 预压地基应预先通过勘察查明土层在水平和竖直方向的分布、层理变化，查明透水层的位置、地下水类型及水源补给情况等。并应通过土工试验确定土层的先期固结压力、孔隙比与固结压力的关系、渗透系数、固结系数、三轴试验抗剪强度指标，通过原位十字板试验确定土的抗剪强度。

5.1.4 对重要工程，应在现场选择试验区进行预压试验，在预压过程中应进行地基竖向变形、侧向位移、孔隙水压力、地下水位等项目的监测并进行原位十字板剪切试验和室内土工试验。根据试验区获得的监测资料确定加载速率控制指标，推算土的固结系数、固结度及最终竖向变形等，分析地基处理效果，对原设计进行修正，指导整个场区的设计与施工。

5.1.5 对堆载预压工程，预压荷载应分级施加，并确保每级荷载下地基的稳定性；对真空预压工程，可采用一次连续抽真空至最大压力的加载方式。

5.1.6 对主要以变形控制设计的建筑物，当地基土经预压所完成的变形量和平均固结度满足设计要求时，方可卸载。对以地基承载力或抗滑稳定性控制设计的建筑物，当地基土经预压后其强度满足建筑物地基承载力或稳定性要求时，方可卸载。

5.1.7 当建筑物的荷载超过真空预压的压力，或建筑物对地基变形有严格要求时，可采用真空和堆载联合预压，其总压力宜超过建筑物的竖向荷载。

5.1.8 预压地基加固应考虑预压施工对相邻建筑物、地下管线等产生附加沉降的影响。真空预压地基加固区边线与相邻建筑物、地下管线等的距离不宜小于 20m，当距离较近时，应对相邻建筑物、地下管线等采取保护措施。

5.1.9 当受预压时间限制，残余沉降或工程投入使用后的沉降不满足工程要求时，在保证整体稳定条件下可采用超载预压。

5.2 设 计

Ⅰ 堆 载 预 压

5.2.1 对深厚软黏土地基，应设置塑料排水带或砂井等排水竖井。当软土层厚度较小或软土层中含较多薄粉砂夹层，且固结速率能满足工期要求时，可不设置排水竖井。

5.2.2 堆载预压地基处理的设计应包括下列内容：

1 选择塑料排水带或砂井，确定其断面尺寸、间距、排列方式和深度；

2 确定预压区范围、预压荷载大小、荷载分级、加载速率和预压时间；

3 计算堆载荷载作用下地基土的固结度、强度增长、稳定性和变形。

5.2.3 排水竖井分普通砂井、袋装砂井和塑料排水带。普通砂井直径宜为 300mm～500mm，袋装砂井直径宜为 70mm～120mm。塑料排水带的当量换算直径可按下式计算：

$$d_p = \frac{2(b+\delta)}{\pi} \qquad (5.2.3)$$

式中：d_p——塑料排水带当量换算直径（mm）；

b——塑料排水带宽度（mm）；

δ——塑料排水带厚度（mm）。

5.2.4 排水竖井可采用等边三角形或正方形排列的平面布置，并应符合下列规定：

1 当等边三角形排列时，

$$d_e = 1.05l \qquad (5.2.4-1)$$

2 当正方形排列时，

$$d_e = 1.13l \qquad (5.2.4-2)$$

式中：d_e——竖井的有效排水直径；

l——竖井的间距。

5.2.5 排水竖井的间距可根据地基土的固结特性和预定时间内所要求达到的固结度确定。设计时，竖井的间距可按井径比 n 选用（$n=d_e/d_w$，d_w 为竖井直径，对塑料排水带可取 $d_w=d_p$）。塑料排水带或袋装砂井的间距可按 $n=15\sim22$ 选用，普通砂井的间距可按 $n=6\sim8$ 选用。

5.2.6 排水竖井的深度应符合下列规定：

1 根据建筑物对地基的稳定性、变形要求和工期确定；

2 对以地基抗滑稳定性控制的工程，竖井深度应大于最危险滑动面以下 2.0m；

3 对以变形控制的建筑工程，竖井深度应根据在限定的预压时间内需完成的变形量确定；竖井宜穿透受压土层。

5.2.7 一级或多级等速加载条件下，当固结时间为 t 时，对应总荷载的地基平均固结度可按下式计算：

$$\overline{U}_t = \sum_{i=1}^{n} \frac{\dot{q}_i}{\sum \Delta p} \left[(T_i - T_{i-1}) - \frac{\alpha}{\beta} e^{-\beta t} (e^{\beta T_i} - e^{\beta T_{i-1}}) \right]$$

(5.2.7)

式中：$\overline{U}_t$——t 时间地基的平均固结度；

$\dot{q}_i$——第 i 级荷载的加载速率（kPa/d）；

$\sum \Delta p$——各级荷载的累加值（kPa）；

T_{i-1}、T_i——分别为第 i 级荷载加载的起始和终止时间（从零点起算）（d），当计算第 i 级荷载加载过程中某时间 t 的固结度时，T_i 改为 t；

α、β——参数，根据地基土排水固结条件按表 5.2.7 采用。对竖井地基，表中所列 β 为不考虑涂抹和井阻影响的参数值。

表 5.2.7　α 和 β 值

参数 ＼ 排水固结条件	竖向排水固结 $\overline{U}_z > 30\%$	向内径向排水固结	竖向和向内径向排水固结（竖井穿透受压土层）	说　明
α	$\dfrac{8}{\pi^2}$	1	$\dfrac{8}{\pi^2}$	$F_n = \dfrac{n^2}{n^2-1} \ln(n) - \dfrac{3n^2-1}{4n^2}$ c_h——土的径向排水固结系数（cm²/s）；c_v——土的竖向排水固结系数（cm²/s）；H——土层竖向排水距离（cm）；
β	$\dfrac{\pi^2 c_v}{4H^2}$	$\dfrac{8c_h}{F_n d_e^2}$	$\dfrac{8c_h}{F_n d_e^2} + \dfrac{\pi^2 c_v}{4H^2}$	$\overline{U}_z$——双面排水土层或固结应力均匀分布的单面排水土层平均固结度

5.2.8 当排水竖井采用挤土方式施工时，应考虑涂抹对土体固结的影响。当竖井的纵向通水量 q_w 与天然土层水平向渗透系数 k_h 的比值较小，且长度较长时，尚应考虑井阻影响。瞬时加载条件下，考虑涂抹和井阻影响时，竖井地基径向排水平均固结度可按下列公式计算：

$$\overline{U}_r = 1 - e^{-\frac{8c_h}{Fd_e^2}t}$$

(5.2.8-1)

$$F = F_n + F_s + F_r$$

(5.2.8-2)

$$F_n = \ln(n) - \frac{3}{4} \quad n \geqslant 15$$

(5.2.8-3)

$$F_s = \left[\frac{k_h}{k_s} - 1 \right] \ln s$$

(5.2.8-4)

$$F_r = \frac{\pi^2 L^2}{4} \frac{k_h}{q_w}$$

(5.2.8-5)

式中：$\overline{U}_r$——固结时间 t 时竖井地基径向排水平均固结度；

k_h——天然土层水平向渗透系数（cm/s）；

k_s——涂抹区土的水平向渗透系数，可取 $k_s = (1/5 \sim 1/3) k_h$（cm/s）；

s——涂抹区直径 d_s 竖井直径 d_w 的比值，可取 $s = 2.0 \sim 3.0$，对中等灵敏黏性土取低值，对高灵敏黏性土取高值；

L——竖井深度（cm）；

q_w——竖井纵向通水量，为单位水力梯度下单位时间的排水量（cm³/s）。

一级或多级等速加荷条件下，考虑涂抹和井阻影响时竖井穿透受压土层地基的平均固结度可按式（5.2.7）计算，其中，$\alpha = \dfrac{8}{\pi^2}$，$\beta = \dfrac{8c_h}{Fd_e^2} + \dfrac{\pi^2 c_v}{4H^2}$。

5.2.9 对排水竖井未穿透受压土层的情况，竖井范围内土层的平均固结度和竖井底面以下受压土层的平均固结度，以及通过预压完成的变形量均应满足设计要求。

5.2.10 预压荷载大小、范围、加载速率应符合下列规定：

1 预压荷载大小应根据设计要求确定；对于沉降有严格限制的建筑，可采用超载预压法处理，超载量大小应根据预压时间内要求完成的变形量通过计算确定，并宜使预压荷载下受压土层各点的有效竖向应力大于建筑物荷载引起的相应点的附加应力；

2 预压荷载顶面的范围应不小于建筑物基础外缘的范围；

3 加载速率应根据地基土的强度确定；当天然地基土的强度满足预压荷载下地基的稳定性要求时，可一次性加载；如不满足应分级逐渐加载，待前期预压荷载下地基土的强度增长满足下一级荷载下地基的稳定性要求时，方可加载。

5.2.11 计算预压荷载下饱和黏性土地基中某点的抗剪强度时，应考虑土体原来的固结状态。对正常固结饱和黏性土地基，某点某一时间的抗剪强度可按下式计算：

$$\tau_{ft} = \tau_{f0} + \Delta \sigma_z \cdot U_t \tan \varphi_{cu}$$

(5.2.11)

式中：τ_{ft}——t 时刻，该点土的抗剪强度（kPa）；

τ_{f0}——地基土的天然抗剪强度（kPa）；

$\Delta \sigma_z$——预压荷载引起的该点的附加竖向应力

（kPa）；

U_t——该点土的固结度；

φ_{cu}——三轴固结不排水压缩试验求得的土的内摩擦角（°）。

5.2.12 预压荷载下地基最终竖向变形量的计算可取附加应力与土自重应力的比值为 0.1 的深度作为压缩层的计算深度，可按式（5.2.12）计算：

$$s_f = \xi \sum_{i=1}^{n} \frac{e_{0i} - e_{1i}}{1 + e_{0i}} h_i \qquad (5.2.12)$$

式中：s_f——最终竖向变形量（m）；

e_{0i}——第 i 层中点土自重应力所对应的孔隙比，由室内固结试验 e-p 曲线查得；

e_{1i}——第 i 层中点土自重应力与附加应力之和所对应的孔隙比，由室内固结试验 e-p 曲线查得；

h_i——第 i 层土层厚度（m）；

ξ——经验系数，可按地区经验确定。无经验时对正常固结饱和黏性土地基可取 ξ=1.1～1.4；荷载较大或地基软弱土层厚度大时应取较大值。

5.2.13 预压处理地基应在地表铺设与排水竖井相连的砂垫层，砂垫层应符合下列规定：

  1 厚度不应小于 500mm；

  2 砂垫层砂料宜用中粗砂，黏粒含量不应大于 3%，砂料中可含有少量粒径不大于 50mm 的砾石；砂垫层的干密度应大于 1.5t/m³，渗透系数应大于 1×10⁻² cm/s。

5.2.14 在预压区边缘应设置排水沟，在预压区内宜设置与砂垫层相连的排水盲沟，排水盲沟的间距不宜大于 20m。

5.2.15 砂井的砂料应选用中粗砂，其黏粒含量不应大于 3%。

5.2.16 堆载预压处理地基设计的平均固结度不宜低于 90%，且应在现场监测的变形速率明显变缓时方可卸载。

Ⅱ 真空预压

5.2.17 真空预压处理地基应设置排水竖井，其设计应包括下列内容：

  1 竖井断面尺寸、间距、排列方式和深度；

  2 预压区面积和分块大小；

  3 真空预压施工工艺；

  4 要求达到的真空度和土层的固结度；

  5 真空预压和建筑物荷载下地基的变形计算；

  6 真空预压后的地基承载力增长计算。

5.2.18 排水竖井的间距可按本规范第 5.2.5 条确定。

5.2.19 砂井的砂料应选用中粗砂，其渗透系数应大于 1×10⁻² cm/s。

5.2.20 真空预压竖向排水通道宜穿透软土层，但不应进入下卧透水层。当软土层较厚、且以地基抗滑稳定性控制的工程，竖向排水通道的深度不应小于最危险滑动面下 2.0m。对以变形控制的工程，竖井深度应根据在限定的预压时间内需完成的变形量确定，且宜穿透主要受压土层。

5.2.21 真空预压区边缘应大于建筑物基础轮廓线，每边增加量不得小于 3.0m。

5.2.22 真空预压的膜下真空度应稳定地保持在 86.7kPa（650mmHg）以上，且应均匀分布，排水竖井深度范围内土层的平均固结度应大于 90%。

5.2.23 对于表层存在良好的透气层或在处理范围内有充足水源补给的透水层，应采取有效措施隔断透气层或透水层。

5.2.24 真空预压固结度和地基强度增长的计算可按本规范第 5.2.7 条、第 5.2.8 条和第 5.2.11 条计算。

5.2.25 真空预压地基最终竖向变形可按本规范第 5.2.12 条计算。ξ 可按当地经验取值，无当地经验时，ξ 可取 1.0～1.3。

5.2.26 真空预压地基加固面积较大时，宜采取分区加固，每块预压面积应尽可能大且呈方形，分区面积宜为 20000㎡～40000㎡。

5.2.27 真空预压地基加固可根据加固面积的大小、形状和土层结构特点，按每套设备可加固地基 1000㎡～1500㎡ 确定设备数量。

5.2.28 真空预压的膜下真空度应符合设计要求，且预压时间不宜低于 90d。

Ⅲ 真空和堆载联合预压

5.2.29 当设计地基预压荷载大于 80kPa，且进行真空预压处理地基不能满足设计要求时可采用真空和堆载联合预压地基处理。

5.2.30 堆载体的坡肩线宜与真空预压边线一致。

5.2.31 对于一般软黏土，上部堆载施工宜在真空预压膜下真空度稳定地达到 86.7kPa（650mmHg）且抽真空时间不少于 10d 后进行。对于高含水量的淤泥类土，上部堆载施工宜在真空预压膜下真空度稳定地达到 86.7kPa（650mmHg）且抽真空 20d～30d 后可进行。

5.2.32 当堆载较大时，真空和堆载联合预压应采用分级加载，分级数应根据地基土稳定计算确定。分级加载时，应待前期预压荷载下地基的承载力增长满足下一级荷载下地基的稳定性要求时，方可增加堆载。

5.2.33 真空和堆载联合预压时地基固结度和地基承载力增长可按本规第 5.2.7 条、第 5.2.8 条和第 5.2.11 条计算。

5.2.34 真空和堆载联合预压最终竖向变形可按本规范第 5.2.12 条计算，ξ 可按当地经验取值，无当地经验时，ξ 可取 1.0～1.3。

5.3 施 工

Ⅰ 堆 载 预 压

5.3.1 塑料排水带的性能指标应符合设计要求，并应在现场妥善保护，防止阳光照射、破损或污染。破损或污染的塑料排水带不得在工程中使用。

5.3.2 砂井的灌砂量，应按井孔的体积和砂在中密状态时的干密度计算，实际灌砂量不得小于计算值的95%。

5.3.3 灌入砂袋中的砂宜用干砂，并应灌制密实。

5.3.4 塑料排水带和袋装砂井施工时，宜配置深度检测设备。

5.3.5 塑料排水带需接长时，应采用滤膜内芯带平搭接的连接方法，搭接长度宜大于200mm。

5.3.6 塑料排水带施工所用套管应保证插入地基中的带子不扭曲。袋装砂井施工所用套管内径应大于砂井直径。

5.3.7 塑料排水带和袋装砂井施工时，平面井距偏差不应大于井径，垂直度允许偏差应为±1.5%，深度应满足设计要求。

5.3.8 塑料排水带和袋装砂井砂袋埋入砂垫层中的长度不应小于500mm。

5.3.9 堆载预压加载过程中，应满足地基承载力和稳定控制要求，并应进行竖向变形、水平位移及孔隙水压力的监测，堆载预压加载速率应满足下列要求：

    1 竖井地基最大竖向变形量不应超过15mm/d；

    2 天然地基最大竖向变形量不应超过10mm/d；

    3 堆载预压边缘处水平位移不应超过5mm/d；

    4 根据上述观测资料综合分析、判断地基的承载力和稳定性。

Ⅱ 真 空 预 压

5.3.10 真空预压的抽气设备宜采用射流真空泵，真空泵空抽吸力不应低于95kPa。真空泵的设置应根据地基预压面积、形状、真空泵效率和工程经验确定，每块预压区设置的真空泵不应少于两台。

5.3.11 真空管路设置应符合下列规定：

    1 真空管路的连接应密封，真空管路中应设置止回阀和截门；

    2 水平向分布滤水管可采用条状、梳齿状及羽毛状等形式，滤水管布置宜形成回路；

    3 滤水管应设在砂垫层中，上覆砂层厚度宜为100mm～200mm；

    4 滤水管可采用钢管或塑料管，应外包尼龙纱或土工织物等滤水材料。

5.3.12 密封膜应符合下列规定：

    1 密封膜应采用抗老化性能好、韧性好、抗穿刺性能强的不透气材料；

    2 密封膜热合时，宜采用双热合缝的平搭接，搭接宽度应大于15mm；

    3 密封膜宜铺设三层，膜周边可采用挖沟埋膜、平铺并用黏土覆盖压边、围埝沟内及膜上覆水等方法进行密封。

5.3.13 地基土渗透性强时，应设置黏土密封墙。黏土密封墙宜采用双排搅拌桩，搅拌桩直径不宜小于700mm；当搅拌桩深度小于15m时，搭接宽度不宜小于200mm；当搅拌桩深度大于15m时，搭接宽度不宜小于300mm；搅拌桩成桩搅拌应均匀，黏土密封墙的渗透系数应满足设计要求。

Ⅲ 真空和堆载联合预压

5.3.14 采用真空和堆载联合预压时，应先抽真空，当真空压力达到设计要求并稳定后，再进行堆载，并继续抽真空。

5.3.15 堆载前，应在膜上铺设编织布或无纺布等土工编织布保护层。保护层上铺设100mm～300mm厚砂垫层。

5.3.16 堆载施工时可采用轻型运输工具，不得损坏密封膜。

5.3.17 上部堆载施工时，应监测膜下真空度的变化，发现漏气应及时处理。

5.3.18 堆载加载过程中，应满足地基稳定性设计要求，对竖向变形、边缘水平位移及孔隙水压力的监测应满足下列要求：

    1 地基向加固区外的侧移速率不应大于5mm/d；

    2 地基竖向变形速率不应大于10mm/d；

    3 根据上述观察资料综合分析、判断地基的稳定性。

5.3.19 真空和堆载联合预压除满足本规范第5.3.14条～5.3.18条规定外，尚应符合本规范第5.3节"Ⅰ堆载预压"和"Ⅱ真空预压"的规定。

5.4 质 量 检 验

5.4.1 施工过程中，质量检验和监测应包括下列内容：

    1 对塑料排水带应进行纵向通水量、复合体抗拉强度、滤膜抗拉强度、滤膜渗透系数和等效孔径等性能指标现场随机抽样测试；

    2 对不同来源的砂井和砂垫层砂料，应取样进行颗粒分析和渗透性试验；

    3 对以地基抗滑稳定性控制的工程，应在预压区内预留孔位，在加载不同阶段进行原位十字板剪切试验和取土进行室内土工试验；加固前的地基土检测，应在打设塑料排水带之前进行；

    4 对预压工程，应进行地基竖向变形、侧向位移和孔隙水压力等监测；

5 真空预压、真空和堆载联合预压工程，除应进行地基变形、孔隙水压力监测外，尚应进行膜下真空度和地下水位监测。

5.4.2 预压地基竣工验收检验应符合下列规定：

1 排水竖井处理深度范围内和竖井底面以下受压土层，经预压所完成的竖向变形和平均固结度应满足设计要求；

2 应对预压的地基土进行原位试验和室内土工试验。

5.4.3 原位试验可采用十字板剪切试验或静力触探，检验深度不应小于设计处理深度。原位试验和室内土工试验，应在卸载 3d～5d 后进行。检验数量按每个处理分区不少于 6 点进行检测，对于堆载斜坡处应增加检验数量。

5.4.4 预压处理后的地基承载力应按本规范附录 A 确定。检验数量按每个处理分区不应少于 3 点进行检测。

6 压实地基和夯实地基

6.1 一般规定

6.1.1 压实地基适用于处理大面积填土地基。浅层软弱地基以及局部不均匀地基的换填处理应符合本规范第 4 章的有关规定。

6.1.2 夯实地基可分为强夯和强夯置换处理地基。强夯处理地基适用于碎石土、砂土、低饱和度的粉土与黏性土、湿陷性黄土、素填土和杂填土等地基；强夯置换适用于高饱和度的粉土与软塑～流塑的黏性土地基上对变形要求不严格的工程。

6.1.3 压实和夯实处理后的地基承载力应按本规范附录 A 确定。

6.2 压实地基

6.2.1 压实地基处理应符合下列规定：

1 地下水位以上填土，可采用碾压法和振动压实法，非黏性土或黏粒含量少、透水性较好的松散填土地基宜采用振动压实法。

2 压实地基的设计和施工方法的选择，应根据建筑物体型、结构与荷载特点、场地土层条件、变形要求及填料等因素确定。对大型、重要或场地地层条件复杂的工程，在正式施工前，应通过现场试验确定地基处理效果。

3 以压实填土作为建筑地基持力层时，应根据建筑结构类型、填料性能和现场条件等，对拟压实的填土提出质量要求。未经检验，且不符合质量要求的压实填土，不得作为建筑地基持力层。

4 对大面积填土的设计和施工，应验算并采取有效措施确保大面积填土自身稳定性、填土下原地基

的稳定性、承载力和变形满足设计要求；应评估对邻近建筑物及重要市政设施、地下管线等的变形和稳定的影响；施工过程中，应对大面积填土和邻近建筑物、重要市政设施、地下管线等进行变形监测。

6.2.2 压实填土地基的设计应符合下列规定：

1 压实填土的填料可选用粉质黏土、灰土、粉煤灰、级配良好的砂土或碎石土，以及质地坚硬、性能稳定、无腐蚀性和无放射性危害的工业废料等，并应满足下列要求：

　1）以碎石土作填料时，其最大粒径不宜大于 100mm；

　2）以粉质黏土、粉土作填料时，其含水量宜为最优含水量，可采用击实试验确定；

　3）不得使用淤泥、耕土、冻土、膨胀土以及有机质含量大于 5% 的土料；

　4）采用振动压实法时，宜降低地下水位到振实面下 600mm。

2 碾压法和振动压实法施工时，应根据压实机械的压实性能，地基土性质、密实度、压实系数和施工含水量等，并结合现场试验确定碾压分层厚度、碾压遍数、碾压范围和有效加固深度等施工参数。初步设计可按表 6.2.2-1 选用。

表 6.2.2-1　填土每层铺填厚度及压实遍数

施工设备	每层铺填厚度 (mm)	每层压实遍数
平碾（8t～12t）	200～300	6～8
羊足碾（5t～16t）	200～350	8～16
振动碾（8t～15t）	500～1200	6～8
冲击碾压（冲击势能 15 kJ～25kJ）	600～1500	20～40

3 对已经回填完成且回填厚度超过表 6.2.2-1 中的铺填厚度，或粒径超过 100mm 的填料含量超过 50% 的填土地基，应采用较高性能的压实设备或采用夯实法进行加固。

4 压实填土的质量以压实系数 λ_c 控制，并应根据结构类型和压实填土所在部位按表 6.2.2-2 的要求确定。

表 6.2.2-2　压实填土的质量控制

结构类型	填土部位	压实系数 λ_c	控制含水量 (%)
砌体承重结构和框架结构	在地基主要受力层范围以内	≥0.97	$w_{op} \pm 2$
	在地基主要受力层范围以下	≥0.95	
排架结构	在地基主要受力层范围以内	≥0.96	
	在地基主要受力层范围以下	≥0.94	

注：地坪垫层以下及基础底面标高以上的压实填土，压实系数不应小于 0.94。

5 压实填土的最大干密度和最优含水量，宜采用击实试验确定，当无试验资料时，最大干密度可按下式计算：

$$\rho_{\mathrm{dmax}} = \eta \frac{\rho_{\mathrm{w}} d_{\mathrm{s}}}{1 + 0.01 w_{\mathrm{op}} d_{\mathrm{s}}} \quad (6.2.2)$$

式中：ρ_{dmax}——分层压实填土的最大干密度（$\mathrm{t/m^3}$）；

η——经验系数，粉质黏土取 0.96，粉土取 0.97；

ρ_{w}——水的密度（$\mathrm{t/m^3}$）；

d_{s}——土粒相对密度（比重）（$\mathrm{t/m^3}$）；

w_{op}——填料的最优含水量（%）。

当填料为碎石或卵石时，其最大干密度可取 $2.1\mathrm{t/m^3} \sim 2.2\mathrm{t/m^3}$。

6 设置在斜坡上的压实填土，应验算其稳定性。当天然地面坡度大于 20% 时，应采取防止压实填土可能沿坡面滑动的措施，并应避免雨水沿斜坡排泄。当压实填土阻碍原地表水畅通排泄时，应根据地形修筑雨水截水沟，或设置其他排水设施。设置在压实填土区的上、下水管道，应采取严格防渗、防漏措施。

7 压实填土的边坡坡度允许值，应根据其厚度、填料性质等因素，按照填土自身稳定性、填土下原地基的稳定性的验算结果确定，初步设计时可按表 6.2.2-3 的数值确定。

8 冲击碾压法可用于地基冲击碾压、土石混填或填石路基分层碾压、路基冲击增强补压、旧砂石（沥青）路面冲压和旧水泥混凝土路面冲压等处理；其冲击设备、分层填料的虚铺厚度、分层压实的遍数等的设计应根据土质条件、工期要求等因素综合确定，其有效加固深度宜为 $3.0\mathrm{m} \sim 4.0\mathrm{m}$，施工前应进行试验段施工，确定施工参数。

表 6.2.2-3 压实填土的边坡坡度允许值

填土类型	边坡坡度允许值（高宽比）		压实系数（λ_{c}）
	坡高在 8m 以内	坡高为 8m～15m	
碎石、卵石	1：1.50～1：1.25	1：1.75～1：1.50	0.94～0.97
砂夹石（碎石卵石占全重 30%～50%）	1：1.50～1：1.25	1：1.75～1：1.50	
土夹石（碎石卵石占全重 30%～50%）	1：1.50～1：1.25	1：2.00～1：1.50	
粉质黏土，黏粒含量 $\rho_{\mathrm{c}} \geqslant 10\%$ 的粉土	1：1.75～1：1.50	1：2.25～1：1.75	

注：当压实填土厚度 H 大于 15m 时，可设计成台阶或者采用土工格栅加筋等措施，验算满足稳定性要求后进行压实填土的施工。

9 压实填土地基承载力特征值，应根据现场静载荷试验确定，或可通过动力触探、静力触探等试验，并结合静载荷试验结果确定；其下卧层顶面的承载力应满足本规范式（4.2.2-1）、式（4.2.2-2）和式（4.2.2-3）的要求。

10 压实填土地基的变形，可按现行国家标准《建筑地基基础设计规范》GB 50007 的有关规定计算，压缩模量应通过处理后地基的原位测试或土工试验确定。

6.2.3 压实填土地基的施工应符合下列规定：

1 应根据使用要求、邻近结构类型和地质条件确定允许加载量和范围，并按设计要求均衡分步施加，避免大量快速集中填土。

2 填料前，应清除填土层底面以下的耕土、植被或软弱土层等。

3 压实填土施工过程中，应采取防雨、防冻措施，防止填料（粉质黏土、粉土）受雨水淋湿或冻结。

4 基槽内压实时，应先压实基槽两边，再压实中间。

5 冲击碾压法施工的冲击碾压宽度不宜小于 6m，工作面较窄时，需设置转弯车道，冲压最短直线距离不宜少于 100m，冲压边角及转弯区域应采用其他措施压实；施工时，地下水位应降低到碾压面以下 1.5m。

6 性质不同的填料，应采取水平分层、分段填筑，并分层压实；同一水平层，应采用同一填料，不得混合填筑；填方分段施工时，接头部位如不能交替填筑，应按 1：1 坡度分层留台阶；如能交替填筑，则应分层相互交替搭接，搭接长度不小于 2m；压实填土的施工缝，各层应错开搭接，在施工缝的搭接处，应适当增加压实遍数；边角及转弯区域应采取其他措施压实，以达到设计标准。

7 压实地基施工场地附近有对振动和噪声环境控制要求时，应合理安排施工工序和时间，减少噪声与振动对环境的影响，或采取挖减振沟等减振和隔振措施，并进行振动和噪声监测。

8 施工过程中，应避免扰动填土下卧的淤泥或淤泥质土层。压实填土施工结束检验合格后，应及时进行基础施工。

6.2.4 压实填土地基的质量检验应符合下列规定：

1 在施工过程中，应分层取样检验土的干密度和含水量；每 $50\mathrm{m^2} \sim 100\mathrm{m^2}$ 面积内应设不少于 1 个检测点，每一个独立基础下，检测点不少于 1 个点，条形基础每 20 延米设检测点不少于 1 个点，压实系数不得低于本规范表 6.2.2-2 的规定；采用灌水法或灌砂法检测的碎石土干密度不得低于 $2.0\mathrm{t/m^3}$。

2 有地区经验时，可采用动力触探、静力触探、标准贯入等原位试验，并结合干密度试验的对比结果进行质量检验。

3 冲击碾压法施工宜分层进行变形量、压实系数等土的物理力学指标监测和检测。

4 地基承载力验收检验，可通过静载荷试验并结合动力触探、静力触探、标准贯入等试验结果综合判定。每个单体工程静载荷试验不应少于 3 点，大型工程可按单体工程的数量或面积确定检验点数。

6.2.5 压实地基的施工质量检验应分层进行。每完成一道工序，应按设计要求进行验收，未经验收或验收不合格时，不得进行下一道工序施工。

6.3 夯 实 地 基

6.3.1 夯实地基处理应符合下列规定：

1 强夯和强夯置换施工前，应在施工现场有代表性的场地选取一个或几个试验区，进行试夯或试验性施工。每个试验区面积不宜小于 20m×20m，试验区数量应根据建筑场地复杂程度、建筑规模及建筑类型确定。

2 场地地下水位高，影响施工或夯实效果时，应采取降水或其他技术措施进行处理。

6.3.2 强夯置换处理地基，必须通过现场试验确定其适用性和处理效果。

6.3.3 强夯处理地基的设计应符合下列规定：

1 强夯的有效加固深度，应根据现场试夯或地区经验确定。在缺少试验资料或经验时，可按表 6.3.3-1 进行预估。

表 6.3.3-1　强夯的有效加固深度（m）

单击夯击能 E（kN·m）	碎石土、砂土等粗颗粒土	粉土、粉质黏土、湿陷性黄土等细颗粒土
1000	4.0～5.0	3.0～4.0
2000	5.0～6.0	4.0～5.0
3000	6.0～7.0	5.0～6.0
4000	7.0～8.0	6.0～7.0
5000	8.0～8.5	7.0～7.5
6000	8.5～9.0	7.5～8.0
8000	9.0～9.5	8.0～8.5
10000	9.5～10.0	8.5～9.0
12000	10.0～11.0	9.0～10.0

注：强夯法的有效加固深度应从最初起夯面算起；单击夯击能 E 大于 12000kN·m 时，强夯的有效加固深度应通过试验确定。

2 夯点的夯击次数，应根据现场试夯的夯击次数和夯沉量关系曲线确定，并应同时满足下列条件：

1）最后两击的平均夯沉量，宜满足表 6.3.3-2 的要求，当单击夯击能 E 大于 12000kN·m 时，应通过试验确定；

表 6.3.3-2　强夯法最后两击平均夯沉量（mm）

单击夯击能 E（kN·m）	最后两击平均夯沉量不大于（mm）
$E<4000$	50
$4000≤E<6000$	100
$6000≤E<8000$	150
$8000≤E<12000$	200

2）夯坑周围地面不应发生过大的隆起；

3）不因夯坑过深而发生提锤困难。

3 夯击遍数应根据地基土的性质确定，可采用点夯（2～4）遍，对于渗透性较差的细颗粒土，应适当增加夯击遍数；最后以低能量满夯 2 遍，满夯可采用轻锤或低落距锤多次夯击，锤印搭接。

4 两遍夯击之间，应有一定的时间间隔，间隔时间取决于土中超静孔隙水压力的消散时间。当缺少实测资料时，可根据地基土的渗透性确定，对于渗透性较差的黏性土地基，间隔时间不应少于（2～3）周；对于渗透性好的地基可连续夯击。

5 夯击点位置可根据基础底面形状，采用等边三角形、等腰三角形或正方形布置。第一遍夯击点间距可取夯锤直径的（2.5～3.5）倍，第二遍夯击点应位于第一遍夯击点之间。以后各遍夯击点间距可适当减小。对处理深度较深或单击夯击能较大的工程，第一遍夯击点间距宜适当增大。

6 强夯处理范围应大于建筑物基础范围，每边超出基础外缘的宽度宜为基底下设计处理深度的 1/2～2/3，且不应小于 3m；对可液化地基，基础边缘的处理宽度，不应小于 5m；对湿陷性黄土地基，应符合现行国家标准《湿陷性黄土地区建筑规范》GB 50025 的有关规定。

7 根据初步确定的强夯参数，提出强夯试验方案，进行现场试夯。应根据不同土质条件，待试夯结束一周至数周后，对试夯场地进行检测，并与夯前测试数据进行对比，检验强夯效果，确定工程采用的各项强夯参数。

8 根据基础埋深和试夯时所测得的夯沉量，确定起夯面标高、夯坑回填方式和夯后标高。

9 强夯地基承载力特征值应通过现场静载荷试验确定。

10 强夯地基变形计算，应符合现行国家标准《建筑地基基础设计规范》GB 50007 有关规定。夯后有效加固深度内土的压缩模量，应通过原位测试或土工试验确定。

6.3.4 强夯处理地基的施工，应符合下列规定：

1 强夯夯锤质量宜为 10t～60t，其底面形式宜采用圆形，锤底面积宜按土的性质确定，锤底静接地压力值宜为 25kPa～80kPa，单击夯击能高时，取高值，单击夯击能低时，取低值，对于细颗粒土宜取低值。锤的底面宜对称设置若干个上下贯通的排气孔，孔径宜为 300mm～400mm。

2 强夯法施工，应按下列步骤进行：

1）清理并平整施工场地；

2）标出第一遍夯点位置，并测量场地高程；

3）起重机就位，夯锤置于夯点位置；

4）测量夯前锤顶高程；

5）将夯锤起吊到预定高度，开启脱钩装置，夯锤脱钩自由下落，放下吊钩，测量锤顶高程；若发现因坑底倾斜而造成夯锤歪斜时，应及时将坑底整平；

6）重复步骤 5），按设计规定的夯击次数及控制标准，完成一个夯点的夯击；当夯坑过深，出现提锤困难，但无明显隆起，而尚未达到控制标准时，宜将夯坑回填至与坑顶齐平后，继续夯击；

7）换夯点，重复步骤 3）～6），完成第一遍全部夯点的夯击；

8）用推土机将夯坑填平，并测量场地高程；

9）在规定的间隔时间后，按上述步骤逐次完成全部夯击遍数；最后，采用低能量满夯，将场地表层松土夯实，并测量夯后场地高程。

6.3.5 强夯置换处理地基的设计，应符合下列规定：

1 强夯置换墩的深度应由土质条件决定。除厚层饱和粉土外，应穿透软土层，到达较硬土层上，深度不宜超过 10m。

2 强夯置换的单击夯击能应根据现场试验确定。

3 墩体材料可采用级配良好的块石、碎石、矿渣、工业废渣、建筑垃圾等坚硬粗颗粒材料，且粒径大于 300mm 的颗粒含量不宜超过 30%。

4 夯点的夯击次数应通过现场试夯确定，并应满足下列条件：

1）墩底穿透软弱土层，且达到设计墩长；

2）累计夯沉量为设计墩长的（1.5～2.0）倍；

3）最后两击的平均夯沉量可按表 6.3.3-2 确定。

5 墩位布置宜采用等边三角形或正方形。对独立基础或条形基础可根据基础形状与宽度作相应布置。

6 墩间距应根据荷载大小和原状土的承载力选定，当满堂布置时，可取夯锤直径的（2～3）倍。对独立基础或条形基础可取夯锤直径的（1.5～2.0）倍。墩的计算直径可取夯锤直径的（1.1～1.2）倍。

7 强夯置换处理范围应符合本规范第 6.3.3 条第 6 款的规定。

8 墩顶应铺设一层厚度不小于 500mm 的压实垫层，垫层材料宜与墩体材料相同，粒径不宜大

于 100mm。

9 强夯置换设计时，应预估地面抬高值，并在试夯时校正。

10 强夯置换地基处理试验方案的确定，应符合本规范第 6.3.3 条第 7 款的规定。除应进行现场静载荷试验和变形模量检测外，尚应采用超重型或重型动力触探等方法，检查置换墩着底情况，以及地基土的承载力与密度随深度的变化。

11 软黏性土中强夯置换地基承载力特征值应通过现场单墩静载荷试验确定；对于饱和粉土地基，当处理后形成 2.0m 以上厚度的硬层时，其承载力可通过现场单墩复合地基静载荷试验确定。

12 强夯置换地基的变形宜按单墩静载荷试验确定的变形模量计算加固区的地基变形，对墩下地基土的变形可按置换墩材料的压力扩散角计算传至墩下土层的附加应力，按现行国家标准《建筑地基基础设计规范》GB 50007 的有关规定计算确定；对饱和粉土地基，当处理后形成 2.0m 以上厚度的硬层时，可按本规范第 7.1.7 条的规定确定。

6.3.6 强夯置换处理地基的施工应符合下列规定：

1 强夯置换夯锤底面宜采用圆形，夯锤底静接地压力值宜大于 80 kPa。

2 强夯置换施工应按下列步骤进行：

1）清理并平整施工场地，当表层土松软时，可铺设 1.0m～2.0m 厚的砂石垫层；

2）标出夯点位置，并测量场地高程；

3）起重机就位，夯锤置于夯点位置；

4）测量夯前锤顶高程；

5）夯击并逐击记录夯坑深度；当夯坑过深，起锤困难时，应停夯，向夯坑内填料直至与坑顶齐平，记录填料数量；工序重复，直至满足设计的夯击次数及质量控制标准，完成一个墩体的夯击；当夯点周围软土挤出，影响施工时，应随时清理，并宜在夯点周围铺垫碎石后，继续施工；

6）按照"由内而外、隔行跳打"的原则，完成全部夯点的施工；

7）推平场地，采用低能量满夯，将场地表层松土夯实，并测量夯后场地高程；

8）铺设垫层，分层碾压密实。

6.3.7 夯实地基宜采用带有自动脱钩装置的履带式起重机，夯锤的质量不应超过起重机械额定起重质量。履带式起重机应在臂杆端部设置辅助门架或采取其他安全措施，防止起落锤时，机架倾覆。

6.3.8 当场地表层土松软或地下水位较高，宜采用人工降低地下水位或铺填一定厚度的砂石材料的施工措施。施工前，宜将地下水位降低至坑底面以下 2m。施工时，坑内或场地积水应及时排除。对细颗粒土，尚应采取晾晒等措施降低含水量。当地基土的含水量

低，影响处理效果时，宜采取增湿措施。

6.3.9 施工前，应查明施工影响范围内地下构筑物和地下管线的位置，并采取必要的保护措施。

6.3.10 当强夯施工所引起的振动和侧向挤压对邻近建构筑物产生不利影响时，应设置监测点，并采取挖隔振沟等隔振或防振措施。

6.3.11 施工过程中的监测应符合下列规定：

1 开夯前，应检查夯锤质量和落距，以确保单击夯击能量符合设计要求。

2 在每一遍夯击前，应对夯点放线进行复核，夯完后检查夯坑位置，发现偏差或漏夯应及时纠正。

3 按设计要求，检查每个夯点的夯击次数、每击的夯沉量、最后两击的平均夯沉量和总夯沉量、夯点施工起止时间。对强夯置换施工，尚应检查置换深度。

4 施工过程中，应对各项施工参数及施工情况进行详细记录。

6.3.12 夯实地基施工结束后，应根据地基土的性质及所采用的施工工艺，待土层休止期结束后，方可进行基础施工。

6.3.13 强夯处理后的地基竣工验收，承载力检验应根据静载荷试验、其他原位测试和室内土工试验等方法综合确定。强夯置换后的地基竣工验收，除应采用单墩静载荷试验进行承载力检验外，尚应采用动力触探等查明置换墩着底情况及密度随深度的变化情况。

6.3.14 夯实地基的质量检验应符合下列规定：

1 检查施工过程中的各项测试数据和施工记录，不符合设计要求时应补夯或采取其他有效措施。

2 强夯处理后的地基承载力检验，应在施工结束后间隔一定时间进行，对于碎石土和砂土地基，间隔时间宜为(7~14)d；粉土和黏性土地基，间隔时间宜为(14~28)d；强夯置换地基，间隔时间宜为28d。

3 强夯地基均匀性检验，可采用动力触探试验或标准贯入试验、静力触探试验等原位测试，以及室内土工试验。检验点的数量，可根据场地复杂程度和建筑物的重要性确定，对于简单场地上的一般建筑物，按每400m²不少于1个检测点，且不少于3点；对于复杂场地或重要建筑地基，每300m²不少于1个检验点，且不少于3点。强夯置换地基，可采用超重型或重型动力触探试验等方法，检查置换墩着底情况及承载力与密度随深度的变化，检验数量不应少于墩点数的3%，且不少于3点。

4 强夯地基承载力检验的数量，应根据场地复杂程度和建筑物的重要性确定，对于简单场地上的一般建筑，每个建筑地基载荷试验检验点不应少于3点；对于复杂场地或重要建筑地基应增加检验点数。检测结果的评价，应考虑夯点和夯间位置的差异。强夯置换地基单墩载荷试验数量不应少于墩点数的1%，且不少于3点；对饱和粉土地基，当处理后墩

间土能形成2.0m以上厚度的硬层时，其地基承载力可通过现场单墩复合地基静载荷试验确定，检验数量不应少于墩点数的1%，且每个建筑载荷试验检验点不应少于3点。

7 复 合 地 基

7.1 一 般 规 定

7.1.1 复合地基设计前，应在有代表性的场地上进行现场试验或试验性施工，以确定设计参数和处理效果。

7.1.2 对散体材料复合地基增强体应进行密实度检验；对有粘结强度复合地基增强体应进行强度及桩身完整性检验。

7.1.3 复合地基承载力的验收检验应采用复合地基静载荷试验，对有粘结强度的复合地基增强体尚应进行单桩静载荷试验。

7.1.4 复合地基增强体单桩的桩位施工允许偏差：对条形基础的边桩沿轴线方向应为桩径的±1/4，沿垂直轴线方向应为桩径的±1/6，其他情况桩位的施工允许偏差应为桩径的±40%；桩身的垂直度允许偏差应为±1%。

7.1.5 复合地基承载力特征值应通过复合地基静载荷试验或采用增强体静载荷试验结果及其周边土的承载力特征值结合经验确定，初步设计时，可按下列公式估算：

1 对散体材料增强体复合地基应按下式计算：

$$f_{spk} = [1 + m(n-1)]f_{sk} \quad (7.1.5-1)$$

式中：f_{spk}——复合地基承载力特征值（kPa）；

f_{sk}——处理后桩间土承载力特征值（kPa），可按地区经验确定；

n——复合地基桩土应力比，可按地区经验确定；

m——面积置换率，$m = d^2/d_e^2$；d 为桩身平均直径（m），d_e 为一根桩分担的处理地基面积的等效圆直径（m）；等边三角形布桩 $d_e = 1.05s$，正方形布桩 $d_e = 1.13s$，矩形布桩 $d_e = 1.13\sqrt{s_1 s_2}$，s、s_1、s_2 分别为桩间距、纵向桩间距和横向桩间距。

2 对有粘结强度增强体复合地基应按下式计算：

$$f_{spk} = \lambda m \frac{R_a}{A_p} + \beta(1-m)f_{sk} \quad (7.1.5-2)$$

式中：λ——单桩承载力发挥系数，可按地区经验取值；

R_a——单桩竖向承载力特征值（kN）；

A_p——桩的截面积（m²）；

β——桩间土承载力发挥系数，可按地区经验

取值。

3 增强体单桩竖向承载力特征值可按下式估算：

$$R_{\mathrm{a}} = u_{\mathrm{p}} \sum_{i=1}^{n} q_{si} l_{pi} + \alpha_{\mathrm{p}} q_{\mathrm{p}} A_{\mathrm{p}} \quad (7.1.5\text{-}3)$$

式中：u_{p}——桩的周长（m）；

q_{si}——桩周第 i 层土的侧阻力特征值（kPa），可按地区经验确定；

l_{pi}——桩长范围内第 i 层土的厚度（m）；

α_{p}——桩端端阻力发挥系数，应按地区经验确定；

q_{p}——桩端端阻力特征值（kPa），可按地区经验确定；对于水泥搅拌桩、旋喷桩应取未经修正的桩端地基土承载力特征值。

7.1.6 有粘结强度复合地基增强体桩身强度应满足式（7.1.6-1）的要求。当复合地基承载力进行基础埋深的深度修正时，增强体桩身强度应满足式（7.1.6-2）的要求。

$$f_{\mathrm{cu}} \geq 4 \frac{\lambda R_{\mathrm{a}}}{A_{\mathrm{P}}} \quad (7.1.6\text{-}1)$$

$$f_{\mathrm{cu}} \geq 4 \frac{\lambda R_{\mathrm{a}}}{A_{\mathrm{p}}} \left[1 + \frac{\gamma_{\mathrm{m}}(d-0.5)}{f_{\mathrm{spa}}} \right] \quad (7.1.6\text{-}2)$$

式中：f_{cu}——桩体试块（边长 150mm 立方体）标准养护 28d 的立方体抗压强度平均值（kPa），对水泥土搅拌桩应符合本规范第 7.3.3 条的规定；

γ_{m}——基础底面以上土的加权平均重度（kN/m³），地下水位以下取有效重度；

d——基础埋置深度（m）；

f_{spa}——深度修正后的复合地基承载力特征值（kPa）。

7.1.7 复合地基变形计算应符合现行国家标准《建筑地基基础设计规范》GB 50007 的有关规定，地基变形计算深度应大于复合土层的深度。复合土层的分层与天然地基相同，各复合土层的压缩模量等于该层天然地基压缩模量的 ζ 倍，ζ 值可按下式确定：

$$\zeta = \frac{f_{\mathrm{spk}}}{f_{\mathrm{ak}}} \quad (7.1.7)$$

式中：f_{ak}——基础底面下天然地基承载力特征值（kPa）。

7.1.8 复合地基的沉降计算经验系数 ψ_{s} 可根据地区沉降观测资料统计值确定，无经验取值时，可采用表 7.1.8 的数值。

表 7.1.8 沉降计算经验系数 ψ_{s}

$\overline{E}_{\mathrm{s}}$（MPa）	4.0	7.0	15.0	20.0	35.0
ψ_{s}	1.0	0.7	0.4	0.25	0.2

注：$\overline{E}_{\mathrm{s}}$ 为变形计算深度范围内压缩模量的当量值，应按下式计算：

$$\overline{E}_{\mathrm{s}} = \frac{\displaystyle\sum_{i=1}^{n} A_i + \sum_{j=1}^{m} A_j}{\displaystyle\sum_{i=1}^{n} \frac{A_i}{E_{spi}} + \sum_{j=1}^{m} \frac{A_j}{E_{sj}}} \quad (7.1.8)$$

式中：A_i——加固土层第 i 层土附加应力系数沿土层厚度的积分值；

A_j——加固土层下第 j 层土附加应力系数沿土层厚度的积分值。

7.1.9 处理后的复合地基承载力，应按本规范附录 B 的方法确定；复合地基增强体的单桩承载力，应按本规范附录 C 的方法确定。

7.2 振冲碎石桩和沉管砂石桩复合地基

7.2.1 振冲碎石桩、沉管砂石桩复合地基处理应符合下列规定：

1 适用于挤密处理松散砂土、粉土、粉质黏土、素填土、杂填土等地基，以及用于处理可液化地基。饱和黏土地基，如对变形控制不严格，可采用砂石桩置换处理。

2 对大型的、重要的或场地地层复杂的工程，以及对于处理不排水抗剪强度不小于 20kPa 的饱和黏性土和饱和黄土地基，应在施工前通过现场试验确定其适用性。

3 不加填料振冲挤密法适用于处理黏粒含量不大于 10% 的中砂、粗砂地基，在初步设计阶段宜进行现场工艺试验，确定不加填料振密的可行性，确定孔距、振密电流值、振冲水压力、振后砂层的物理力学指标等施工参数；30kW 振冲器振密深度不宜超过 7m，75kW 振冲器振密深度不宜超过 15m。

7.2.2 振冲碎石桩、沉管砂石桩复合地基设计应符合下列规定：

1 地基处理范围应根据建筑物的重要性和场地条件确定，宜在基础外缘扩大（1～3）排桩。对可液化地基，在基础外缘扩大宽度不应小于基底下可液化土层厚度的 1/2，且不应小于 5m。

2 桩位布置，对大面积满堂基础和独立基础，可采用三角形、正方形、矩形布桩；对条形基础，可沿基础轴线采用单排布桩或对称轴线多排布桩。

3 桩径可根据地基土质情况、成桩方式和成桩设备等因素确定，桩的平均直径可按每根桩所用填料量计算。振冲碎石桩桩径宜为 800mm～1200mm；沉管砂石桩桩径宜为 300mm～800mm。

4 桩间距应通过现场试验确定，并应符合下列规定：

1）振冲碎石桩的桩间距应根据上部结构荷载大小和场地土层情况，并结合所采用的振冲器功率大小综合考虑；30kW 振冲器布桩间距可采用 1.3m～2.0m；55kW 振冲器布桩间距可采用 1.4m～2.5m；75kW 振冲器布桩间距可采用 1.5m～3.0m；不加填料振冲挤密孔距可为 2m～3m；

2）沉管砂石桩的桩间距，不宜大于砂石桩直径的 4.5 倍；初步设计时，对松散粉土和砂土地基，应根据挤密后要求达到的孔隙比确定，可按下列公式估算：

等边三角形布置

$$s = 0.95\xi d \sqrt{\frac{1+e_0}{e_0 - e_1}} \qquad (7.2.2-1)$$

正方形布置

$$s = 0.89\xi d \sqrt{\frac{1+e_0}{e_0 - e_1}} \qquad (7.2.2-2)$$

$$e_1 = e_{max} - D_{r1}(e_{max} - e_{min}) \qquad (7.2.2-3)$$

式中： s ——砂石桩间距（m）；

d ——砂石桩直径（m）；

ξ ——修正系数，当考虑振动下沉密实作用时，可取 1.1～1.2；不考虑振动下沉密实作用时，可取 1.0；

e_0 ——地基处理前砂土的孔隙比，可按原状土样试验确定，也可根据动力或静力触探等对比试验确定；

e_1 ——地基挤密后要求达到的孔隙比；

$e_{max}、e_{min}$ ——砂土的最大、最小孔隙比，可按现行国家标准《土工试验方法标准》GB/T 50123 的有关规定确定；

D_{r1} ——地基挤密后要求砂土达到的相对密实度，可取 0.70～0.85。

5 桩长可根据工程要求和工程地质条件，通过计算确定并应符合下列规定：

1）当相对硬土层埋深较浅时，可按相对硬层埋深确定；

2）当相对硬土层埋深较大时，应按建筑物地基变形允许值确定；

3）对按稳定性控制的工程，桩长应不小于最危险滑动面以下 2.0m 的深度；

4）对可液化的地基，桩长应按要求处理液化的深度确定；

5）桩长不宜小于 4m。

6 振冲桩桩体材料可采用含泥量不大于 5%的碎石、卵石、矿渣或其他性能稳定的硬质材料，不宜使用风化易碎的石料。对 30kW 振冲器，填料粒径宜为 20mm～80mm；对 55kW 振冲器，填料粒径宜为 30mm～100mm；对 75kW 振冲器，填料粒径宜为 40mm～150mm。沉管桩桩体材料可用含泥量不大于 5%的碎石、卵石、角砾、圆砾、砾砂、粗砂、中砂或石屑等硬质材料，最大粒径不宜大于 50mm。

7 桩顶和基础之间宜铺设厚度为 300mm～500mm 的垫层，垫层材料宜用中砂、粗砂、级配砂石和碎石等，最大粒径不宜大于 30mm，其夯填度（夯实后的厚度与虚铺厚度的比值）不应大于 0.9。

8 复合地基的承载力初步设计可按本规范（7.1.5-1）式估算，处理后桩间土承载力特征值，可按地区经验确定，如无经验时，对于一般黏性土地基，可取天然地基承载力特征值，松散的砂土、粉土可取原天然地基承载力特征值的（1.2～1.5）倍；复合地基桩土应力比 n，宜采用实测值确定，如无实测资料时，对于黏性土可取 2.0～4.0，对于砂土、粉土可取 1.5～3.0。

9 复合地基变形计算应符合本规范第 7.1.7 条和第 7.1.8 条的规定。

10 对处理堆载场地地基，应进行稳定性验算。

7.2.3 振冲碎石桩施工应符合下列规定：

1 振冲施工可根据设计荷载的大小、原土强度的高低、设计桩长等条件选用不同功率的振冲器。施工前应在现场进行试验，以确定水压、振密电流和留振时间等各种施工参数。

2 升降振冲器的机械可用起重机、自行井架式施工平车或其他合适的设备。施工设备应配有电流、电压和留振时间自动信号仪表。

3 振冲施工可按下列步骤进行：

1）清理平整施工场地，布置桩位；

2）施工机具就位，使振冲器对准桩位；

3）启动供水泵和振冲器，水压宜为 200kPa～600kPa，水量宜为 200L/min～400L/min，将振冲器徐徐沉入土中，造孔速度宜为 0.5m/min～2.0m/min，直至达到设计深度；记录振冲器经各深度的水压、电流和留振时间；

4）造孔后边上升振冲器，边冲水直至孔口，再放至孔底，重复（2～3）次扩大孔径并使孔内泥浆变稀，开始填料制桩；

5）大功率振冲器投料可不提出孔口，小功率振冲器下料困难时，可将振冲器提出孔口填料，每次填料厚度不宜大于 500mm；将振冲器沉入填料中进行振密制桩，当电流达到规定的密实电流值和规定的留振时间后，将振冲器提升 300mm～500mm；

6）重复以上步骤，自下而上逐段制作桩体直至孔口，记录各段深度的填料量、最终电流值和留振时间；

7）关闭振冲器和水泵。

4 施工现场应事先开设泥水排放系统，或组织好运渣车辆将泥浆运至预先安排的存放地点，应设置沉淀池，重复使用上部清水。

5 桩体施工完毕后，应将顶部预留的松散桩体挖除，铺设垫层并压实。

6 不加填料振冲加密宜采用大功率振冲器，造孔速度宜为 8m/min～10m/min，到达设计深度后，宜将射水量减至最小，留振至密实电流达到规定时，上提 0.5m，逐段振密直至孔口，每米振密时间约 1min。在粗砂中施工，如遇下沉困难，可在振冲器两侧增焊辅助水管，加大造孔水量，降低造孔水压。

7 振密孔施工顺序，宜沿直线逐点逐行进行。

7.2.4 沉管砂石桩施工应符合下列规定：

1 砂石桩施工可采用振动沉管、锤击沉管或冲击成孔等成桩法。当用于消除粉细砂及粉土液化时，宜用振动沉管成桩法。

2 施工前应进行成桩工艺和成桩挤密试验。当成桩质量不能满足设计要求时，应调整施工参数后，重新进行试验或设计。

3 振动沉管成桩法施工，应根据沉管和挤密情况，控制填砂石量、提升高度和速度、挤压次数和时间、电机的工作电流等。

4 施工中应选用能顺利出料和有效挤压桩孔内砂石料的桩尖结构。当采用活瓣桩靴时，对砂土和粉土地基宜选用尖锥形；一次性桩尖可采用混凝土锥形桩尖。

5 锤击沉管成桩法施工可采用单管法或双管法。锤击法挤密应根据锤击能量，控制分段的填砂石量和成桩的长度。

6 砂石桩桩孔内材料填料量，应通过现场试验确定，估算时，可按设计桩孔体积乘以充盈系数确定，充盈系数可取1.2～1.4。

7 砂石桩的施工顺序：对砂土地基宜从外围或两侧向中间进行。

8 施工时桩位偏差不应大于套管外径的 30%，套管垂直度允许偏差应为±1%。

9 砂石桩施工后，应将表层的松散层挖除或夯压密实，随后铺设并压实砂石垫层。

7.2.5 振冲碎石桩、沉管砂石桩复合地基的质量检验应符合下列规定：

1 检查各项施工记录，如有遗漏或不符合要求的桩，应补桩或采取其他有效的补救措施。

2 施工后，应间隔一定时间方可进行质量检验。对粉质黏土地基不宜少于 21d，对粉土地基不宜少于 14d，对砂土和杂填土地基不宜少于 7d。

3 施工质量的检验，对桩体可采用重型动力触探试验；对桩间土可采用标准贯入、静力触探、动力触探或其他原位测试等方法；对消除液化的地基检验应采用标准贯入试验。桩间土质量的检测位置应在等边三角形或正方形的中心。检验深度不应小于处理地基深度，检测数量不应少于桩孔总数的 2%。

7.2.6 竣工验收时，地基承载力检验应采用复合地基静载荷试验，试验数量不应少于总桩数的 1%，且每个单体建筑不应少于 3 点。

7.3 水泥土搅拌桩复合地基

7.3.1 水泥土搅拌桩复合地基处理应符合下列规定：

1 适用于处理正常固结的淤泥、淤泥质土、素填土、黏性土（软塑、可塑）、粉土（稍密、中密）、粉细砂（松散、中密）、中粗砂（松散、稍密）、饱和黄土等土层。不适用于含大孤石或障碍物较多且不易清除的杂填土、欠固结的淤泥和淤泥质土、硬塑及坚硬的黏性土、密实的砂类土，以及地下水渗流影响成桩质量的土层。当地基土的天然含水量小于 30%（黄土含水量小于 25%）时不宜采用粉体搅拌法。冬期施工时，应考虑负温对处理地基效果的影响。

2 水泥土搅拌桩的施工工艺分为浆液搅拌法（以下简称湿法）和粉体搅拌法（以下简称干法）。可采用单轴、双轴、多轴搅拌或连续成槽搅拌形成柱状、壁状、格栅状或块状水泥土加固体。

3 对采用水泥土搅拌桩处理地基，除应按现行国家标准《岩土工程勘察规范》GB 50021 要求进行岩土工程详细勘察外，尚应查明拟处理地基土层的 pH 值、塑性指数、有机质含量、地下障碍物及软土分布情况、地下水位及其运动规律等。

4 设计前，应进行处理地基土的室内配比试验。针对现场拟处理地基土层的性质，选择合适的固化剂、外掺剂及其掺量，为设计提供不同龄期、不同配比的强度参数。对竖向承载的水泥土强度宜取 90d 龄期试块的立方体抗压强度平均值。

5 增强体的水泥掺量不应小于 12%，块状加固时水泥掺量不应小于加固天然土质量的 7%；湿法的水泥浆水灰比可取 0.5～0.6。

6 水泥土搅拌桩复合地基宜在基础和桩之间设置褥垫层，厚度可取 200mm～300mm。褥垫层材料可选用中砂、粗砂、级配砂石等，最大粒径不宜大于 20mm。褥垫层的夯填度不应大于 0.9。

7.3.2 **水泥土搅拌桩用于处理泥炭土、有机质土、pH 值小于 4 的酸性土、塑性指数大于 25 的黏土，或在腐蚀性环境中以及无工程经验的地区使用时，必须通过现场和室内试验确定其适用性。**

7.3.3 水泥土搅拌桩复合地基设计应符合下列规定：

1 搅拌桩的长度，应根据上部结构对地基承载力和变形的要求确定，并应穿透软弱土层以达到地基承载力相对较高的土层；当设置的搅拌桩同时为提高地基稳定性时，其桩长应超过危险滑弧以下不少于 2.0m；干法的加固深度不宜大于 15m，湿法加固深度不宜大于 20m。

2 复合地基的承载力特征值，应通过现场单桩或多桩复合地基静载荷试验确定。初步设计时可按本规范式（7.1.5-2）估算，处理后桩间土承载力特征值 f_{sk}（kPa）可取天然地基承载力特征值；桩间土承载力发挥系数 β，对淤泥、淤泥质土和流塑状软土等处理土层，可取 0.1～0.4，对其他土层可取 0.4～0.8；单桩承载力发挥系数 λ 可取 1.0。

3 单桩承载力特征值，应通过现场静载荷试验确定。初步设计时可按本规范式（7.1.5-3）估算，桩端端阻力发挥系数可取 0.4～0.6；桩端端阻力特征值，可取桩端土未修正的地基承载力特征值，并应满足式（7.3.3）的要求，应使由桩身材料强度确定的单桩承载力不小于由桩周土和桩端土的抗力所提供的单桩承载力。

$$R_a = \eta f_{cu} A_p \qquad (7.3.3)$$

式中：f_{cu}——与搅拌桩桩身水泥土配比相同的室内加固土试块，边长为 70.7mm 的立方体在标准养护条件下 90d 龄期的立方体抗压强度平均值（kPa）；

η——桩身强度折减系数，干法可取 0.20～0.25；湿法可取 0.25。

4 桩长超过 10m 时，可采用固化剂变掺量设计。在全长桩身水泥总掺量不变的前提下，桩身上部 1/3 桩长范围内，可适当增加水泥掺量及搅拌次数。

5 桩的平面布置可根据上部结构特点及对地基承载力和变形的要求，采用柱状、壁状、格栅状或块状等加固形式。独立基础下的桩数不宜少于 4 根。

6 当搅拌桩处理范围以下存在软弱下卧层时，应按现行国家标准《建筑地基基础设计规范》GB 50007 的有关规定进行软弱下卧层地基承载力验算。

7 复合地基的变形计算应符合本规范第 7.1.7 条和第 7.1.8 条的规定。

7.3.4 用于建筑物地基处理的水泥土搅拌桩施工设备，其湿法施工配备注浆泵的额定压力不宜小于 5.0MPa；干法施工的最大送粉压力不应小于 0.5MPa。

7.3.5 水泥土搅拌桩施工应符合下列规定：

1 水泥土搅拌桩施工现场施工前应予以平整，清除地上和地下的障碍物。

2 水泥土搅拌桩施工前，应根据设计进行工艺性试桩，数量不得少于 3 根，多轴搅拌施工不得少于 3 组。应对工艺试桩的质量进行检验，确定施工参数。

3 搅拌头翼片的枚数、宽度、与搅拌轴的垂直夹角、搅拌头的回转数、提升速度应相互匹配，干法搅拌时钻头每转一圈的提升（或下沉）量宜为 10mm～15mm，确保加固深度范围内土体的任何一点均能经过 20 次以上的搅拌。

4 搅拌桩施工时，停浆（灰）面应高于桩顶设计标高 500mm。在开挖基坑时，应将桩顶以上土层及桩顶施工质量较差的桩段，采用人工挖除。

5 施工中，应保持搅拌桩机底盘的水平和导向架的竖直，搅拌桩的垂直度允许偏差和桩位偏差应满足本规范第 7.1.4 条的规定；成桩直径和桩长不得小

于设计值。

6 水泥土搅拌桩施工应包括下列主要步骤：

1） 搅拌机械就位、调平；

2） 预搅下沉至设计加固深度；

3） 边喷浆（或粉），边搅拌提升直至预定的停浆（或灰）面；

4） 重复搅拌下沉至设计加固深度；

5） 根据设计要求，喷浆（或粉）或仅搅拌提升直至预定的停浆（或灰）面；

6） 关闭搅拌机械。

在预（复）搅下沉时，也可采用喷浆（粉）的施工工艺，确保全桩长上下至少再重复搅拌一次。

对地基土进行干法咬合加固时，如复搅困难，可采用慢速搅拌，保证搅拌的均匀性。

7 水泥土搅拌湿法施工应符合下列规定：

1） 施工前，应确定灰浆泵输浆量、灰浆经输浆管到达搅拌机喷浆口的时间和起吊设备提升速度等施工参数，并应根据设计要求，通过工艺性成桩试验确定施工工艺；

2） 施工中所使用的水泥应过筛，制备好的浆液不得离析，泵送浆应连续进行。拌制水泥浆液的罐数、水泥和外掺剂用量以及泵送浆液的时间应记录；喷浆量及搅拌深度应采用经国家计量部门认证的监测仪器进行自动记录；

3） 搅拌机喷浆提升的速度和次数应符合施工工艺要求，并设专人进行记录；

4） 当水泥浆液到达出浆口后，应喷浆搅拌 30s，在水泥浆与桩端土充分搅拌后，再开始提升搅拌头；

5） 搅拌机预搅下沉时，不宜冲水，当遇到硬土层下沉太慢时，可适量冲水；

6） 施工过程中，如因故停浆，应将搅拌头下沉至停浆点以下 0.5m 处，待恢复供浆时，再喷浆搅拌提升；若停机超过 3h，宜先拆卸输浆管路，并妥加清洗；

7） 壁状加固时，相邻桩的施工时间间隔不宜超过 12h。

8 水泥土搅拌干法施工应符合下列规定：

1） 喷粉施工前，应检查搅拌机械、供粉泵、送气（粉）管路、接头和阀门的密封性、可靠性，送气（粉）管路的长度不宜大于 60m；

2） 搅拌头每旋转一周，提升高度不得超过 15mm；

3） 搅拌头的直径应定期复核检查，其磨耗量不得大于 10mm；

4） 当搅拌头到达设计桩底以上 1.5m 时，应开启喷粉机提前进行喷粉作业；当搅拌头提

升至地面下 500mm 时，喷粉机应停止喷粉；

    5）成桩过程中，因故停止喷粉，应将搅拌头下沉至停灰面以下 1m 处，待恢复喷粉时，再喷粉搅拌提升。

7.3.6 水泥土搅拌桩干法施工机械必须配置经国家计量部门确认的具有能瞬时检测并记录出粉体计量装置及搅拌深度自动记录仪。

7.3.7 水泥土搅拌桩复合地基质量检验应符合下列规定：

    1 施工过程中应随时检查施工记录和计量记录。

    2 水泥土搅拌桩的施工质量检验可采用下列方法：

        1）成桩 3d 内，采用轻型动力触探（N_{10}）检查上部桩身的均匀性，检验数量为施工总桩数的 1%，且不少于 3 根；

        2）成桩 7d 后，采用浅部开挖桩头进行检查，开挖深度宜超过停浆（灰）面下 0.5m，检查搅拌的均匀性，量测成桩直径，检查数量不少于总桩数的 5%。

    3 静载荷试验宜在成桩 28d 后进行。水泥土搅拌桩复合地基承载力检验应采用复合地基静载荷试验和单桩静载荷试验，验收检验数量不少于总桩数的 1%，复合地基静载荷试验数量不少于 3 台（多轴搅拌为 3 组）。

    4 对变形有严格要求的工程，应在成桩 28d 后，采用双管单动取样器钻取芯样作水泥土抗压强度检验，检验数量为施工总桩数的 0.5%，且不少于 6 点。

7.3.8 基槽开挖后，应检验桩位、桩数与桩顶桩身质量，如不符合设计要求，应采取有效补强措施。

7.4 旋喷桩复合地基

7.4.1 旋喷桩复合地基处理应符合下列规定：

    1 适用于处理淤泥、淤泥质土、黏性土（流塑、软塑和可塑）、粉土、砂土、黄土、素填土和碎石土等地基。对土中含有较多的大直径块石、大量植物根茎和高含量的有机质，以及地下水流速较大的工程，应根据现场试验结果确定其适应性。

    2 旋喷桩施工，应根据工程需要和土质条件选用单管法、双管法和三管法；旋喷桩加固体形状可分为柱状、壁状、条状或块状。

    3 在制定旋喷桩方案时，应搜集邻近建筑物和周边地下埋设物等资料。

    4 旋喷桩方案确定后，应结合工程情况进行现场试验，确定施工参数及工艺。

7.4.2 旋喷桩加固体强度和直径，应通过现场试验确定。

7.4.3 旋喷桩复合地基承载力特征值和单桩竖向承载力特征值应通过现场静载荷试验确定。初步设计

时，可按本规范式（7.1.5-2）和式（7.1.5-3）估算，其桩身材料强度尚应满足式（7.1.6-1）和式（7.1.6-2）要求。

7.4.4 旋喷桩复合地基的地基变形计算应符合本规范第 7.1.7 条和第 7.1.8 条的规定。

7.4.5 当旋喷桩处理地基范围以下存在软弱下卧层时，应按现行国家标准《建筑地基基础设计规范》GB 50007 的有关规定进行软弱下卧层地基承载力验算。

7.4.6 旋喷桩复合地基宜在基础和桩顶之间设置褥垫层。褥垫层厚度宜为 150mm～300mm，褥垫层材料可选用中砂、粗砂和级配砂石等，褥垫层最大粒径不宜大于 20mm。褥垫层的夯填度不应大于 0.9。

7.4.7 旋喷桩的平面布置可根据上部结构和基础特点确定，独立基础下的桩数不应少于 4 根。

7.4.8 旋喷桩施工应符合下列规定：

    1 施工前，应根据现场环境和地下埋设物的位置等情况，复核旋喷桩的设计孔位。

    2 旋喷桩的施工工艺及参数应根据土质条件、加固要求，通过试验或根据工程经验确定。单管法、双管法高压水泥浆和三管法高压水的压力应大于 20MPa，流量应大于 30L/min，气流压力宜大于 0.7MPa，提升速度宜为 0.1 m/min～0.2m/min。

    3 旋喷注浆，宜采用强度等级为 42.5 级的普通硅酸盐水泥，可根据需要加入适量的外加剂及掺合料。外加剂和掺合料的用量，应通过试验确定。

    4 水泥浆液的水灰比宜为 0.8～1.2。

    5 旋喷桩的施工工序为：机具就位、贯入喷射管、喷射注浆、拔管和冲洗等。

    6 喷射孔与高压注浆泵的距离不宜大于 50m。钻孔位置的允许偏差应为 ±50mm。垂直度允许偏差应为 ±1%。

    7 当喷射注浆管贯入土中，喷嘴达到设计标高时，即可喷射注浆。在喷射注浆参数达到规定值后，随即按旋喷的工艺要求，提升喷射管，由下而上旋转喷射注浆。喷射管分段提升的搭接长度不得小于 100mm。

    8 对需要局部扩大加固范围或提高强度的部位，可采用复喷措施。

    9 在旋喷注浆过程中出现压力骤然下降、上升或冒浆异常时，应查明原因并及时采取措施。

    10 旋喷注浆完毕，应迅速拔出喷射管。为防止浆液凝固收缩影响桩顶高程，可在原孔位采用冒浆回灌或第二次注浆等措施。

    11 施工中应做好废弃泥浆处理，及时将废泥浆运出或在现场短期堆放后作土方运出。

    12 施工中应严格按照施工参数和材料用量施工，用浆量和提升速度应采用自动记录装置，并做好各项施工记录。

7.4.9 旋喷桩质量检验应符合下列规定：

1 旋喷桩可根据工程要求和当地经验采用开挖检查、钻孔取芯、标准贯入试验、动力触探和静载荷试验等方法进行检验；

2 检验点布置应符合下列规定：

　　1）有代表性的桩位；

　　2）施工中出现异常情况的部位；

　　3）地基情况复杂，可能对旋喷桩质量产生影响的部位。

3 成桩质量检验点的数量不少于施工孔数的2%，并不应少于6点；

4 承载力检验宜在成桩28d后进行。

7.4.10 竣工验收时，旋喷桩复合地基承载力检验应采用复合地基静载荷试验和单桩静载荷试验。检验数量不得少于总桩数的1%，且每个单体工程复合地基静载荷试验的数量不得少于3台。

7.5 灰土挤密桩和土挤密桩复合地基

7.5.1 灰土挤密桩、土挤密桩复合地基处理应符合下列规定：

1 适用于处理地下水位以上的粉土、黏性土、素填土、杂填土和湿陷性黄土等地基，可处理地基的厚度宜为3m～15m；

2 当以消除地基土的湿陷性为主要目的时，可选用土挤密桩；当以提高地基土的承载力或增强其水稳性为主要目的时，宜选用灰土挤密桩；

3 当地基土的含水量大于24%、饱和度大于65%时，应通过试验确定其适用性；

4 对重要工程或在缺乏经验的地区，施工前应按设计要求，在有代表性的地段进行现场试验。

7.5.2 灰土挤密桩、土挤密桩复合地基设计应符合下列规定：

1 地基处理的面积：当采用整片处理时，应大于基础或建筑物底层平面的面积，超出建筑物外墙基础底面外缘的宽度，每边不宜小于处理土层厚度的1/2，且不应小于2m；当采用局部处理时，对非自重湿陷性黄土、素填土和杂填土等地基，每边不应小于基础底面宽度的25%，且不应小于0.5m；对自重湿陷性黄土地基，每边不应小于基础底面宽度的75%，且不应小于1.0m。

2 处理地基的深度，应根据建筑场地的土质情况、工程要求和成孔及夯实设备等综合因素确定。对湿陷性黄土地基，应符合现行国家标准《湿陷性黄土地区建筑规范》GB 50025的有关规定。

3 桩孔直径宜为300mm～600mm。桩孔宜按等边三角形布置，桩孔之间的中心距离，可为桩孔直径的（2.0～3.0）倍，也可按下式估算：

$$s = 0.95d\sqrt{\frac{\bar{\eta}_c \rho_{dmax}}{\bar{\eta}_c \rho_{dmax} - \bar{\rho}_d}} \quad (7.5.2\text{-}1)$$

式中：s ——桩孔之间的中心距离（m）；

　　d ——桩孔直径（m）；

　　ρ_{dmax} ——桩间土的最大干密度（t/m³）；

　　$\bar{\rho}_d$ ——地基处理前土的平均干密度（t/m³）；

　　$\bar{\eta}_c$ ——桩间土经成孔挤密后的平均挤密系数，不宜小于0.93。

4 桩间土的平均挤密系数 $\bar{\eta}_c$，应按下式计算：

$$\bar{\eta}_c = \frac{\bar{\rho}_{d1}}{\rho_{dmax}} \quad (7.5.2\text{-}2)$$

式中：$\bar{\rho}_{d1}$ ——在成孔挤密深度内，桩间土的平均干密度（t/m³），平均试样数不应少于6组。

5 桩孔的数量可按下式估算：

$$n = \frac{A}{A_e} \quad (7.5.2\text{-}3)$$

式中：n ——桩孔的数量；

　　A ——拟处理地基的面积（m²）；

　　A_e ——单根土或灰土挤密桩所承担的处理地基面积（m²），即：

$$A_e = \frac{\pi d_e^2}{4} \quad (7.5.2\text{-}4)$$

式中：d_e ——单根桩分担的处理地基面积的等效圆直径（m）。

6 桩孔内的灰土填料，其消石灰与土的体积配合比，宜为2∶8或3∶7。土料宜选用粉质黏土，土料中的有机质含量不应超过5%，且不得含有冻土、渣土垃圾粒径不应超过15mm。石灰可选用新鲜的消石灰或生石灰粉，粒径不应大于5mm。消石灰的质量应合格，有效CaO+MgO含量不得低于60%。

7 孔内填料应分层回填夯实，填料的平均压实系数 $\bar{\lambda}_c$ 不应低于0.97，其中压实系数最小值不应低于0.93。

8 桩顶标高以上应设置300mm～600mm厚的褥垫层。垫层材料可根据工程要求采用2∶8或3∶7灰土、水泥土等。其压实系数均不应低于0.95。

9 复合地基承载力特征值，应按本规范第7.1.5条确定。初步设计时，可按本规范式（7.1.5-1）进行估算。桩土应力比应按试验或地区经验确定。灰土挤密桩复合地基承载力特征值，不宜大于处理前天然地基承载力特征值的2.0倍，且不宜大于250kPa；对土挤密桩复合地基承载力特征值，不宜大于处理前天然地基承载力特征值的1.4倍，且不宜大于180kPa。

10 复合地基的变形计算应符合本规范第7.1.7条和第7.1.8条的规定。

7.5.3 灰土挤密桩、土挤密桩施工应符合下列规定：

1 成孔应按设计要求、成孔设备、现场土质和周围环境等情况，选用振动沉管、锤击沉管、冲击或钻孔等方法；

2 桩顶设计标高以上的预留覆盖土层厚度，宜符合下列规定：

1）沉管成孔不宜小于0.5m；

2）冲击成孔或钻孔夯扩法成孔不宜小于1.2m。

3 成孔时，地基土宜接近最优（或塑限）含水量，当土的含水量低于12%时，宜对拟处理范围内的土层进行增湿，应在地基处理前（4~6）d，将需增湿的水通过一定数量和一定深度的渗水孔，均匀地浸入拟处理范围内的土层中，增湿土的加水量可按下式估算：

$$Q = v\bar{\rho}_d(w_{op} - \bar{w})k \qquad (7.5.3)$$

式中：Q——计算加水量（t）；

v——拟加固土的总体积（m³）；

$\bar{\rho}_d$——地基处理前土的平均干密度（t/m³）；

w_{op}——土的最优含水量（%），通过室内击实试验求得；

$\bar{w}$——地基处理前土的平均含水量（%）；

k——损耗系数，可取1.05~1.10。

4 土料有机质含量不应大于5%，且不得含有冻土和膨胀土，使用时应过10mm~20mm的筛，混合料含水量应满足最优含水量要求，允许偏差应为±2%，土料和水泥应拌合均匀；

5 成孔和孔内回填夯实应符合下列规定：

1）成孔和孔内回填夯实的施工顺序，当整片处理地基时，宜从里（或中间）向外间隔（1~2）孔依次进行，对大型工程，可采取分段施工；当局部处理地基时，宜从外向里间隔（1~2）孔依次进行；

2）向孔内填料前，孔底应夯实，并应检查桩孔的直径、深度和垂直度；

3）桩孔的垂直度允许偏差应为±1%；

4）孔中心距允许偏差应为桩距的±5%；

5）经检验合格后，应按设计要求，向孔内分层填入筛好的素土、灰土或其他填料，并应分层夯实至设计标高。

6 铺设灰土垫层前，应按设计要求将桩顶标高以上的预留松动土层挖除或夯（压）密实；

7 施工过程中，应有专人监督成孔及回填夯实的质量，并应做好施工记录；如发现地基土质与勘察资料不符，应立即停止施工，待查明情况或采取有效措施处理后，方可继续施工；

8 雨期或冬期施工，应采取防雨或防冻措施，防止填料受雨水淋湿或冻结。

7.5.4 灰土挤密桩、土挤密桩复合地基质量检验应符合下列规定：

1 桩孔质量检验应在成孔后及时进行，所有桩孔均需检验并作出记录，检验合格或经处理后方可进行夯填施工。

2 应随机抽样检测夯实后桩长范围内灰土或土填料的平均压实系数$\bar{\lambda}_c$，抽检的数量不应少于桩总数的1%，且不得少于9根。对灰土桩桩身强度有怀疑时，尚应检验消石灰与土的体积配合比。

3 应抽样检验处理深度内桩间土的平均挤密系数$\bar{\eta}_c$，检测探井数不应少于总桩数的0.3%，且每项单体工程不得少于3个。

4 对消除湿陷性的工程，除应检测上述内容外，尚应进行现场浸水静载荷试验，试验方法应符合现行国家标准《湿陷性黄土地区建筑规范》GB 50025的规定。

5 承载力检验应在成桩后14d~28d后进行，检测数量不应少于总桩数的1%，且每项单体工程复合地基静载荷试验不应少于3点。

7.5.5 竣工验收时，灰土挤密桩、土挤密桩复合地基的承载力检验应采用复合地基静载荷试验。

7.6 夯实水泥土桩复合地基

7.6.1 夯实水泥土桩复合地基处理应符合下列规定：

1 适用于处理地下水位以上的粉土、黏性土、素填土和杂填土等地基，处理地基的深度不宜大于15m；

2 岩土工程勘察应查明土层厚度、含水量、有机质含量等；

3 对重要工程或在缺乏经验的地区，施工前应按设计要求，选择地质条件有代表性的地段进行试验性施工。

7.6.2 夯实水泥土桩复合地基设计应符合下列规定：

1 夯实水泥土桩宜在建筑物基础范围内布置；基础边缘距离最外一排桩中心的距离不宜小于1.0倍桩径；

2 桩长的确定：当相对硬土层埋藏较浅时，应按相对硬土层的埋藏深度确定；当相对硬土层的埋藏较深时，可按建筑物地基的变形允许值确定；

3 桩孔直径宜为300mm~600mm；桩孔宜按等边三角形或方形布置，桩间距可为桩孔直径的（2~4）倍；

4 桩孔内的填料，应根据工程要求进行配比试验，并应符合本规范第7.1.6条的规定；水泥与土的体积配合比宜为1:5~1:8；

5 孔内填料应分层回填夯实，填料的平均压实系数$\bar{\lambda}_c$不应低于0.97，压实系数最小值不应低于0.93；

6 桩顶标高以上应设置厚度为100mm~300mm的褥垫层；垫层材料可采用粗砂、中砂或碎石等，垫层材料最大粒径不宜大于20mm；褥垫层的夯填度不应大于0.9；

7 复合地基承载力特征值应按本规范第7.1.5条规定确定；初步设计时可按公式（7.1.5-2）进行估算；桩间土承载力发挥系数β可取0.9~1.0；单桩承载力发挥系数λ可取1.0；

8 复合地基的变形计算应符合本规范第 7.1.7 条和第 7.1.8 条的有关规定。

7.6.3 夯实水泥土桩施工应符合下列规定:

1 成孔应根据设计要求、成孔设备、现场土质和周围环境等,选用钻孔、洛阳铲成孔等方法。当采用人工洛阳铲成孔工艺时,处理深度不宜大于 6.0m。

2 桩顶设计标高以上的预留覆盖土层厚度不宜小于 0.3m。

3 成孔和孔内回填夯实应符合下列规定:

1) 宜选用机械成孔和夯实;

2) 向孔内填料前,孔底应夯实;分层填料时,夯锤落距和填料厚度应满足夯填密实度的要求;

3) 土料有机质含量不应大于 5%,且不得含有冻土和膨胀土,混合料含水量应满足最优含水量要求,允许偏差应为 ±2%,土料和水泥应拌合均匀;

4) 成孔经检验合格后,按设计要求,向孔内分层填入拌合好的水泥土,并应分层夯实至设计标高。

4 铺设垫层前,应按设计要求将桩顶标高以上的预留土层挖除。垫层施工应避免扰动基底土层。

5 施工过程中,应有专人监理成孔及回填夯实的质量,并应做好施工记录。如发现地基土质与勘察资料不符,应立即停止施工,待查明情况或采取有效措施处理后,方可继续施工。

6 雨期或冬期施工,应采取防雨或防冻措施,防止填料受雨水淋湿或冻结。

7.6.4 夯实水泥土桩复合地基质量检验应符合下列规定:

1 成桩后,应及时抽样检验水泥土桩的质量;

2 夯填桩体的干密度质量检验应随机抽样检测,抽检的数量不应少于总桩数的 2%;

3 复合地基静载荷试验和单桩静载荷试验检验数量不应少于桩总数的 1%,且每项单体工程复合地基静载荷试验检验数量不应少于 3 点。

7.6.5 竣工验收时,夯实水泥土桩复合地基承载力检验应采用单桩复合地基静载荷试验和单桩静载荷试验;对重要或大型工程,尚应进行多桩复合地基静载荷试验。

7.7 水泥粉煤灰碎石桩复合地基

7.7.1 水泥粉煤灰碎石桩复合地基适用于处理黏性土、粉土、砂土和自重固结已完成的素填土地基。对淤泥质土应按地区经验或通过现场试验确定其适用性。

7.7.2 水泥粉煤灰碎石桩复合地基设计应符合下列规定:

1 水泥粉煤灰碎石桩,应选择承载力和压缩模量相对较高的土层作为桩端持力层。

2 桩径:长螺旋钻中心压灌、干成孔和振动沉管成桩宜为 350mm~600mm;泥浆护壁钻孔成桩宜为 600mm~800mm;钢筋混凝土预制桩宜为 300mm~600mm。

3 桩间距应根据基础形式、设计要求的复合地基承载力和变形、土性及施工工艺确定:

1) 采用非挤土成桩工艺和部分挤土成桩工艺,桩间距宜为（3~5）倍桩径;

2) 采用挤土成桩工艺和墙下条形基础单排布桩的桩间距宜为（3~6）倍桩径;

3) 桩长范围内有饱和粉土、粉细砂、淤泥、淤泥质土层,采用长螺旋钻中心压灌成桩施工中可能发生窜孔时宜采用较大桩距。

4 桩顶和基础之间应设置褥垫层,褥垫层厚度宜为桩径的 40%~60%。褥垫材料宜采用中砂、粗砂、级配砂石和碎石等,最大粒径不宜大于 30mm。

5 水泥粉煤灰碎石桩可只在基础范围内布桩,并可根据建筑物荷载分布、基础形式和地基土性状,合理确定布桩参数:

1) 内筒外框结构内筒部位可采用减小桩距、增大桩长或桩径布桩;

2) 对相邻柱荷载水平相差较大的独立基础,应按变形控制确定桩长和桩距;

3) 筏板厚度与跨距之比小于 1/6 的平板式筏基、梁的高跨比大于 1/6 且板的厚跨比（筏板厚度与梁的中心距之比）小于 1/6 的梁板式筏基,应在柱（平板式筏基）和梁（梁板式筏基）边缘每边外扩 2.5 倍板厚的面积范围内布桩;

4) 对荷载水平不高的墙下条形基础可采用墙下单排布桩。

6 复合地基承载力特征值应按本规范第 7.1.5 条规定确定。初步设计时,可按式 (7.1.5-2) 估算,其中单桩承载力发挥系数 λ 和桩间土承载力发挥系数 β 应按地区经验取值,无经验时 λ 可取 0.8~0.9;β 可取 0.9~1.0;处理后桩间土的承载力特征值 f_{sk},对非挤土成桩工艺,可取天然地基承载力特征值;对挤土成桩工艺,一般黏性土可取天然地基承载力特征值;松散砂土、粉土可取天然地基承载力特征值的 (1.2~1.5) 倍,原土强度低的取大值。按式 (7.1.5-3) 估算单桩承载力时,桩端端阻力发挥系数 α_p 可取 1.0;桩身强度应满足本规范第 7.1.6 条的规定。

7 处理后的地基变形计算应符合本规范第 7.1.7 条和第 7.1.8 条的规定。

7.7.3 水泥粉煤灰碎石桩施工应符合下列规定:

1 可选用下列施工工艺:

1) 长螺旋钻孔灌注成桩:适用于地下水位以上的黏性土、粉土、素填土、中等密实以上的砂土地基；

2）长螺旋钻中心压灌成桩：适用于黏性土、粉土、砂土和素填土地基，对噪声或泥浆污染要求严格的场地可优先选用；穿越卵石夹层时应通过试验确定适用性；

3）振动沉管灌注成桩：适用于粉土、黏性土及素填土地基；挤土造成地面隆起量大时，应采用较大桩距施工；

4）泥浆护壁成孔灌注成桩，适用于地下水位以下的黏性土、粉土、砂土、填土、碎石土及风化岩层等地基；桩长范围和桩端有承压水的土层应通过试验确定其适应性。

2　长螺旋钻中心压灌成桩施工和振动沉管灌注成桩施工应符合下列规定：

1）施工前，应按设计要求在试验室进行配合比试验；施工时，按配合比配制混合料；长螺旋钻中心压灌成桩施工的坍落度宜为160mm～200mm，振动沉管灌注成桩施工的坍落度宜为30mm～50mm；振动沉管灌注成桩后桩顶浮浆厚度不宜超过200mm；

2）长螺旋钻中心压灌成桩施工钻至设计深度后，应控制提拔钻杆时间，混合料泵送量应与拔管速度相配合，不得在饱和砂土或饱和粉土层内停泵待料；沉管灌注成桩施工拔管速度宜为1.2m/min～1.5m/min，如遇淤泥质土，拔管速度应适当减慢；当遇有松散饱和粉土、粉细砂或淤泥质土，当桩距较小时，宜采取隔桩跳打措施；

3）施工桩顶标高宜高出设计桩顶标高不少于0.5m；当施工作业面高出桩顶设计标高较大时，宜增加混凝土灌注量；

4）成桩过程中，应抽样做混合料试块，每台机械每台班不应少于一组。

3　冬期施工时，混合料入孔温度不得低于5℃，对桩头和桩间土应采取保温措施；

4　清土和截桩时，应采用小型机械或人工剔除等措施，不得造成桩顶标高以下桩身断裂或桩间土扰动；

5　褥垫层铺设宜采用静力压实法，当基础底面下桩间土的含水量较低时，也可采用动力夯实法，夯填度不应大于0.9；

6　泥浆护壁成孔灌注成桩和锤击、静压预制桩施工，应符合现行行业标准《建筑桩基技术规范》JGJ 94的规定。

7.7.4　水泥粉煤灰碎石桩复合地基质量检验应符合下列规定：

1　施工质量检验应检查施工记录、混合料坍落度、桩数、桩位偏差、褥垫层厚度、夯填度和桩体试块抗压强度等；

2　竣工验收时，水泥粉煤灰碎石桩复合地基承载力检验应采用复合地基静载荷试验和单桩静载荷试验；

3　承载力检验宜在施工结束28d后进行，其桩身强度应满足试验荷载条件；复合地基静载荷试验和单桩静载荷试验的数量不应少于总桩数的1%，且每个单体工程的复合地基静载荷试验的试验数量不应少于3点；

4　采用低应变动力试验检测桩身完整性，检查数量不低于总桩数的10%。

7.8　柱锤冲扩桩复合地基

7.8.1　柱锤冲扩桩复合地基适用于处理地下水位以上的杂填土、粉土、黏性土、素填土和黄土等地基；对地下水位以下饱和土层处理，应通过现场试验确定其适用性。

7.8.2　柱锤冲扩桩处理地基的深度不宜超过10m。

7.8.3　对大型的、重要的或场地复杂的工程，在正式施工前，应在有代表性的场地进行试验。

7.8.4　柱锤冲扩桩复合地基设计应符合下列规定：

1　处理范围应大于基底面积。对一般地基，在基础外缘应扩大（1～3）排桩，且不应小于基底下处理土层厚度的1/2；对可液化地基，在基础外缘扩大的宽度，不应小于基底下可液化土层厚度的1/2，且不应小于5m；

2　桩位布置宜为正方形和等边三角形，桩距宜为1.2m～2.5m或取桩径的（2～3）倍；

3　桩径宜为500mm～800mm，桩孔内填料量应通过现场试验确定；

4　地基处理深度：对相对硬土层埋藏较浅地基，应达到相对硬土层深度；对相对硬土层埋藏较深地基，应按下卧层地基承载力及建筑物地基的变形允许值确定；对可液化地基，应按现行国家标准《建筑抗震设计规范》GB 50011的有关规定确定；

5　桩顶部应铺设200mm～300mm厚砂石垫层，垫层的夯填度不应大于0.9；对湿陷性黄土，垫层材料应采用灰土，满足本规范第7.5.2条第8款的规定。

6　桩体材料可采用碎砖三合土、级配砂石、矿渣、灰土、水泥混合土等，当采用碎砖三合土时，其体积比可采用生石灰：碎砖：黏性土为1：2：4，当采用其他材料时，应通过试验确定其适用性和配合比；

7　承载力特征值应通过现场复合地基静载荷试验确定；初步设计时，可按式（7.1.5-1）估算，置换率m宜取0.2～0.5；桩土应力比n应通过试验确定或按地区经验确定；无经验值时，可取2～4；

8　处理后地基变形计算应符合本规范第7.1.7条和第7.1.8条的规定；

9 当柱锤冲扩桩处理深度以下存在软弱下卧层时，应按现行国家标准《建筑地基基础设计规范》GB 50007 的有关规定进行软弱下卧层地基承载力验算。

7.8.5 柱锤冲扩桩施工应符合下列规定：

1 宜采用直径 300mm～500mm、长度 2m～6m、质量 2t～10t 的柱状锤进行施工。

2 起重机具可用起重机、多功能冲扩桩机或其他专用机具设备。

3 柱锤冲扩桩复合地基施工可按下列步骤进行：

1）清理平整施工场地，布置桩位。

2）施工机具就位，使柱锤对准桩位。

3）柱锤冲孔：根据土质及地下水情况可分别采用下列三种成孔方式：

① 冲击成孔：将柱锤提升一定高度，自由下落冲击土层，如此反复冲击，接近设计成孔深度时，可在孔内填少量粗骨料继续冲击，直到孔底被夯密实；

② 填料冲击成孔：成孔时出现缩颈或塌孔时，可分次填入碎砖和生石灰块，边冲击边将填料挤入孔壁及孔底，当孔底接近设计成孔深度时，夯入部分碎砖挤密桩端土；

③ 复打成孔：当塌孔严重难以成孔时，可提锤反复冲击至设计孔深，然后分次填入碎砖和生石灰块，待孔内生石灰吸水膨胀、桩间土性质有所改善后，再进行二次冲击复打成孔。

当采用上述方法仍难以成孔时，也可以采用套管成孔，即用柱锤边冲孔边将套管压入土中，直至桩底设计标高。

4）成桩：用料斗或运料车将拌合好的填料分层填入桩孔夯实。当采用套管成孔时，边分层填料夯实，边将套管拔出。锤的质量、锤长、落距、分层填料量、分层夯填度、夯击次数和总填料量等，应根据试验或按当地经验确定。每个桩孔应夯填至桩顶设计标高以上至少 0.5m，其上部桩孔宜用原地基土夯封。

5）施工机具移位，重复上述步骤进行下一根桩施工。

4 成孔和填料夯实的施工顺序，宜间隔跳打。

7.8.6 基槽开挖后，应晾槽拍底或振动压路机碾压后，再铺设垫层并压实。

7.8.7 柱锤冲扩桩复合地基的质量检验应符合下列规定：

1 施工过程中应随时检查施工记录及现场施工情况，并对照预定的施工工艺标准，对每根桩进行质量评定；

2 施工结束后 7d～14d，可采用重型动力触探或标准贯入试验对桩身及桩间土进行抽样检验，检验数量不应少于冲扩桩总数的 2%，每个单体工程桩身及桩间土总检验点数均不应少于 6 点；

3 竣工验收时，柱锤冲扩桩复合地基承载力检验应采用复合地基静载荷试验；

4 承载力检验数量不应少于总桩数的 1%，且每个单体工程复合地基静载荷试验不应少于 3 点；

5 静载荷试验应在成桩 14d 后进行；

6 基槽开挖后，应检查桩位、桩径、桩数、桩顶密实度及槽底土质情况。如发现漏桩、桩位偏差过大、桩头及槽底土质松软等质量问题，应采取补救措施。

7.9 多桩型复合地基

7.9.1 多桩型复合地基适用于处理不同深度存在相对硬层的正常固结土，或浅层存在欠固结土、湿陷性黄土、可液化土等特殊土，以及地基承载力和变形要求较高的地基。

7.9.2 多桩型复合地基的设计应符合下列原则：

1 桩型及施工工艺的确定，应考虑土层情况、承载力与变形控制要求、经济性和环境要求等综合因素；

2 对复合地基承载力贡献较大或用于控制复合土层变形的长桩，应选择相对较好的持力层；对处理欠固结土的增强体，其桩长应穿越欠固结土层；对消除湿陷性土的增强体，其桩长宜穿过湿陷性土层；对处理液化土的增强体，其桩长宜穿过可液化土层；

3 如浅部存在有较好持力层的正常固结土，可采用长桩与短桩的组合方案；

4 对浅部存在软土或欠固结土，宜先采用预压、压实、夯实、挤密方法或低强度桩复合地基等处理浅层地基，再采用桩身强度相对较高的长桩进行地基处理；

5 对湿陷性黄土应按现行国家标准《湿陷性黄土地区建筑规范》GB 50025 的规定，采用压实、夯实或土桩、灰土桩等处理湿陷性，再采用桩身强度相对较高的长桩进行地基处理；

6 对可液化地基，可采用碎石桩等方法处理液化土层，再采用有粘结强度桩进行地基处理。

7.9.3 多桩型复合地基单桩承载力应由静载荷试验确定，初步设计可按本规范第 7.1.6 条规定估算；对施工扰动敏感的土层，应考虑后施工桩对已施工桩的影响，单桩承载力予以折减。

7.9.4 多桩型复合地基的布桩宜采用正方形或三角形间隔布置，刚性桩宜在基础范围内布桩，其他增强体布桩应满足液化土地基和湿陷性黄土地基对不同性质土质处理范围的要求。

7.9.5 多桩型复合地基垫层设置，对刚性长、短桩复合地基宜选择砂石垫层，垫层厚度宜取对复合地基承载力贡献大的增强体直径的1/2；对刚性桩与其他材料增强体桩组合的复合地基，垫层厚度宜取刚性桩直径的1/2；对湿陷性的黄土地基，垫层材料应采用灰土，垫层厚度宜为300mm。

7.9.6 多桩型复合地基承载力特征值，应采用多桩复合地基静载荷试验确定，初步设计时，可采用下列公式估算：

1 对具有粘结强度的两种桩组合形成的多桩型复合地基承载力特征值：

$$f_{spk} = m_1 \frac{\lambda_1 R_{a1}}{A_{p1}} + m_2 \frac{\lambda_2 R_{a2}}{A_{p2}} + \beta(1 - m_1 - m_2)f_{sk}$$

(7.9.6-1)

式中：m_1、m_2——分别为桩1、桩2的面积置换率；

λ_1、λ_2——分别为桩1、桩2的单桩承载力发挥系数；应由单桩复合地基试验按等变形准则或多桩复合地基静载荷试验确定，有地区经验时也可按地区经验确定；

R_{a1}、R_{a2}——分别为桩1、桩2的单桩承载力特征值（kN）；

A_{p1}、A_{p2}——分别为桩1、桩2的截面面积（m²）；

β——桩间土承载力发挥系数；无经验时可取0.9~1.0；

f_{sk}——处理后复合地基桩间土承载力特征值（kPa）。

2 对具有粘结强度的桩与散体材料桩组合形成的复合地基承载力特征值：

$$f_{spk} = m_1 \frac{\lambda_1 R_{a1}}{A_{p1}} + \beta[1 - m_1 + m_2(n-1)]f_{sk}$$

(7.9.6-2)

式中：β——仅由散体材料桩加固处理形成的复合地基承载力发挥系数；

n——仅由散体材料桩加固处理形成复合地基的桩土应力比；

f_{sk}——仅由散体材料桩加固处理后桩间土承载力特征值（kPa）。

7.9.7 多桩型复合地基面积置换率，应根据基础面积与该面积范围内实际的布桩数量进行计算，当基础面积较大或条形基础较长时，可用单元面积置换率替代。

1 当按图7.9.7（a）矩形布桩时，$m_1 = \dfrac{A_{p1}}{2s_1 s_2}$，$m_2 = \dfrac{A_{p2}}{2s_1 s_2}$；

2 当按图7.9.7（b）三角形布桩且 $s_1 = s_2$ 时，$m_1 = \dfrac{A_{p1}}{2s_1^2}$，$m_2 = \dfrac{A_{p2}}{2s_1^2}$。

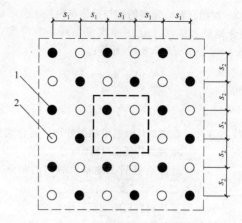

图 7.9.7（a） 多桩型复合地基矩形布桩单元面积计算模型

1—桩1；2—桩2

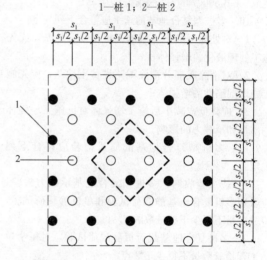

图 7.9.7（b） 多桩型复合地基三角形布桩单元面积计算模型

1—桩1；2—桩2

7.9.8 多桩型复合地基变形计算可按本规范第7.1.7条和第7.1.8条的规定，复合土层的压缩模量可按下列公式计算：

1 有粘结强度增强体的长短桩复合加固区、仅长桩加固区土层压缩模量提高系数分别按下列公式计算：

$$\zeta_1 = \frac{f_{spk}}{f_{ak}}$$

(7.9.8-1)

$$\zeta_2 = \frac{f_{spk1}}{f_{ak}}$$

(7.9.8-2)

式中：f_{spk1}、f_{spk}——分别为仅由长桩处理形成复合地基承载力特征值和长短桩复合地基承载力特征值（kPa）；

ζ_1、ζ_2——分别为长短桩复合地基加固土层压缩模量提高系数和仅由长桩处理形成复合地基加固土层压缩模量提高系数。

2 对由有粘结强度的桩与散体材料桩组合形成的复合地基加固区土层压缩模量提高系数可按式(7.9.8-3)或式(7.9.8-4)计算：

$$\zeta_1 = \frac{f_{spk}}{f_{spk2}}[1+m(n-1)]\alpha \qquad (7.9.8-3)$$

$$\zeta_1 = \frac{f_{spk}}{f_{ak}} \qquad (7.9.8-4)$$

式中：f_{spk2}——仅由散体材料桩加固处理后复合地基承载力特征值（kPa）；

α——处理后桩间土地基承载力的调整系数，$\alpha = f_{sk}/f_{ak}$；

m——散体材料桩的面积置换率。

7.9.9 复合地基变形计算深度应大于复合地基土层的厚度，且应满足现行国家标准《建筑地基基础设计规范》GB 50007 的有关规定。

7.9.10 多桩型复合地基的施工应符合下列规定：

1 对处理可液化土层的多桩型复合地基，应先施工处理液化的增强体；

2 对消除或部分消除湿陷性黄土地基，应先施工处理湿陷性的增强体；

3 应降低或减小后施工增强体对已施工增强体的质量和承载力的影响。

7.9.11 多桩型复合地基的质量检验应符合下列规定：

1 竣工验收时，多桩型复合地基承载力检验，应采用多桩复合地基静载荷试验和单桩静载荷试验，检验数量不得少于总桩数的1%；

2 多桩复合地基载荷板静载荷试验，对每个单体工程检验数量不得少于3点；

3 增强体施工质量检验，对散体材料增强体的检验数量不应少于其总桩数的2%，对具有粘结强度的增强体，完整性检验数量不应少于其总桩数的10%。

8 注浆加固

8.1 一般规定

8.1.1 注浆加固适用于建筑地基的局部加固处理，适用于砂土、粉土、黏性土和人工填土等地基加固。加固材料可选用水泥浆液、硅化浆液和碱液等固化剂。

8.1.2 注浆加固设计前，应进行室内浆液配比试验和现场注浆试验，确定设计参数，检验施工方法和设备。

8.1.3 注浆加固应保证加固地基在平面和深度连成一体，满足土体渗透性、地基土的强度和变形的设计要求。

8.1.4 注浆加固后的地基变形计算应按现行国家标准《建筑地基基础设计规范》GB 50007 的有关规定进行。

8.1.5 对地基承载力和变形有特殊要求的建筑地基，注浆加固宜与其他地基处理方法联合使用。

8.2 设 计

8.2.1 水泥为主剂的注浆加固设计应符合下列规定：

1 对软弱地基土处理，可选用以水泥为主剂的浆液及水泥和水玻璃的双液型混合浆液；对有地下水流动的软弱地基，不应采用单液水泥浆液。

2 注浆孔间距宜取 1.0m～2.0m。

3 在砂土地基中，浆液的初凝时间宜为 5min～20min；在黏性土地基中，浆液的初凝时间宜为(1～2)h。

4 注浆量和注浆有效范围，应通过现场注浆试验确定；在黏性土地基中，浆液注入率宜为 15%～20%；注浆点上覆土层厚度应大于2m。

5 对劈裂注浆的注浆压力，在砂土中，宜为 0.2MPa～0.5MPa；在黏性土中，宜为 0.2MPa～0.3MPa。对压密注浆，当采用水泥砂浆浆液时，坍落度宜为 25mm～75mm，注浆压力宜为 1.0MPa～7.0MPa。当采用水泥水玻璃双液快凝浆液时，注浆压力不应大于 1.0MPa。

6 对人工填土地基，应采用多次注浆，间隔时间应按浆液的初凝试验结果确定，且不应大于 4h。

8.2.2 硅化浆液注浆加固设计应符合下列规定：

1 砂土、黏性土宜采用压力双液硅化注浆；渗透系数为(0.1～2.0)m/d 的地下水位以上的湿陷性黄土，可采用无压或压力单液硅化注浆；自重湿陷性黄土宜采用无压单液硅化注浆；

2 防渗注浆加固用的水玻璃模数不宜小于 2.2，用于地基加固的水玻璃模数宜为 2.5～3.3，且不溶于水的杂质含量不应超过 2%；

3 双液硅化注浆用的氧化钙溶液中的杂质含量不得超过 0.06%，悬浮颗粒含量不得超过 1%，溶液的 pH 值不得小于 5.5；

4 硅化注浆的加固半径应根据孔隙比、浆液黏度、凝固时间、灌浆速度、灌浆压力和灌浆量等试验确定；无试验资料时，对粗砂、中砂、细砂、粉砂和黄土可按表 8.2.2 确定；

表 8.2.2 硅化法注浆加固半径

土的类型及加固方法	渗透系数 (m/d)	加固半径 (m)
粗砂、中砂、细砂（双液硅化法）	2～10	0.3～0.4
	10～20	0.4～0.6
	20～50	0.6～0.8
	50～80	0.8～1.0

土的类型及加固方法	渗透系数 （m/d）	加固半径 （m）
粉砂（单液硅化法）	0.3～0.5 0.5～1.0 1.0～2.0 2.0～5.0	0.3～0.4 0.4～0.6 0.6～0.8 0.8～1.0
黄土（单液硅化法）	0.1～0.3 0.3～0.5 0.5～1.0 1.0～2.0	0.3～0.4 0.4～0.6 0.6～0.8 0.8～1.0

5 注浆孔的排间距可取加固半径的 1.5 倍；注浆孔的间距可取加固半径的（1.5～1.7）倍；最外侧注浆孔位超出基础底面宽度不得小于 0.5m；分层注浆时，加固层厚度可按注浆管带孔部分的长度上下各 25%加固半径计算；

6 单液硅化法应采用浓度为 10%～15%的硅酸钠，并掺入 2.5%氯化钠溶液；加固湿陷性黄土的溶液用量，可按下式估算：

$$Q = V\bar{n}d_{N1}\alpha \qquad (8.2.2-1)$$

式中：Q——硅酸钠溶液的用量（m³）；

V——拟加固湿陷性黄土的体积（m³）；

$\bar{n}$——地基加固前，土的平均孔隙率；

d_{N1}——灌注时，硅酸钠溶液的相对密度；

α——溶液填充孔隙的系数，可取 0.60～0.80。

7 当硅酸钠溶液浓度大于加固湿陷性黄土所要求的浓度时，应进行稀释，稀释加水量可按下式估算：

$$Q' = \frac{d_N - d_{N1}}{d_{N1} - 1} \times q \qquad (8.2.2-2)$$

式中：Q'——稀释硅酸钠溶液的加水量（t）；

d_N——稀释前，硅酸钠溶液的相对密度；

q——拟稀释硅酸钠溶液的质量（t）。

8 采用单液硅化法加固湿陷性黄土地基，灌注孔的布置应符合下列规定：

1) 灌注孔间距：压力灌注宜为 0.8m～1.2m；溶液无压力自渗宜为 0.4m～0.6m；

2) 对新建建（构）筑物和设备基础的地基，应在基础底面下按等边三角形满堂布孔，超出基础底面外缘的宽度，每边不得小于 1.0m；

3) 对既有建（构）筑物和设备基础的地基，应沿基础侧向布孔，每侧不宜少于 2 排；

4) 当基础底面宽度大于 3m 时，除应在基础下每侧布置 2 排灌注孔外，可在基础两侧布置斜向基础底面中心以下的灌注孔或在其台阶上布置穿透基础的灌注孔。

8.2.3 碱液注浆加固设计应符合下列规定：

1 碱液注浆加固适用于处理地下水位以上渗透系数为（0.1～2.0）m/d 的湿陷性黄土地基，对自重湿陷性黄土地基的适应性应通过试验确定；

2 当 100g 干土中可溶性和交换性钙镁离子含量大于 10mg·eq 时，可采用灌注氢氧化钠一种溶液的单液法；其他情况可采用灌注氢氧化钠和氯化钙双液灌注加固；

3 碱液加固地基的深度应根据地基的湿陷类型、地基湿陷等级和湿陷性黄土层厚度，并结合建筑物类别与湿陷事故的严重程度等综合因素确定；加固深度宜为 2m～5m；

1) 对非自重湿陷性黄土地基，加固深度可为基础宽度的（1.5～2.0）倍；

2) 对 Ⅱ 级自重湿陷性黄土地基，加固深度可为基础宽度的（2.0～3.0）倍。

4 碱液加固土层的厚度 h，可按下式估算：

$$h = l + r \qquad (8.2.3-1)$$

式中：l——灌注孔长度，从注液管底部到灌注孔底部的距离（m）；

r——有效加固半径（m）。

5 碱液加固地基的半径 r，宜通过现场试验确定。当碱液浓度和温度符合本规范第 8.3.3 条规定时，有效加固半径与碱液灌注量之间，可按下式估算：

$$r = 0.6\sqrt{\frac{V}{nl \times 10^3}} \qquad (8.2.3-2)$$

式中：V——每孔碱液灌注量（L），试验前可根据加固要求达到的有效加固半径按式（8.2.3-3）进行估算；

n——拟加固土的天然孔隙率。

r——有效加固半径（m），当无试验条件或工程量较小时，可取 0.4m～0.5m。

6 当采用碱液加固既有建（构）筑物的地基时，灌注孔的平面布置，可沿条形基础两侧或单独基础周边各布置一排。当地基湿陷性较严重时，孔距宜为 0.7m～0.9m；当地基湿陷较轻时，孔距宜为 1.2m～2.5m；

7 每孔碱液灌注量可按下式估算：

$$V = \alpha\beta\pi r^2(l+r)n \qquad (8.2.3-3)$$

式中：α——碱液充填系数，可取 0.6～0.8；

β——工作条件系数，考虑碱液流失影响，可取 1.1。

8.3 施 工

8.3.1 水泥为主剂的注浆施工应符合下列规定：

1 施工场地应预先平整，并沿钻孔位置开挖沟槽和集水坑。

2 注浆施工时，宜采用自动流量和压力记录仪，并应及时进行数据整理分析。

3 注浆孔的孔径宜为 70mm～110mm，垂直度允许偏差应为±1%。

4 花管注浆法施工可按下列步骤进行：

1) 钻机与注浆设备就位；

2) 钻孔或采用振动法将花管置入土层；

3) 当采用钻孔法时，应从钻杆内注入封闭泥浆，然后插入孔径为 50mm 的金属花管；

4) 待封闭泥浆凝固后，移动花管自下而上或自上而下进行注浆。

5 压密注浆施工可按下列步骤进行：

1) 钻机与注浆设备就位；

2) 钻孔或采用振动法将金属注浆管压入土层；

3) 当采用钻孔法时，应从钻杆内注入封闭泥浆，然后插入孔径为 50mm 的金属注浆管；

4) 待封闭泥浆凝固后，捅去注浆管的活络堵头，提升注浆管自下而上或自上而下进行注浆。

6 浆液黏度应为 80s～90s，封闭泥浆 7d 后 70.7mm×70.7mm×70.7mm 立方体试块的抗压强度应为0.3MPa～0.5MPa。

7 浆液宜用普通硅酸盐水泥。注浆时可部分掺用粉煤灰，掺入量可为水泥重量的 20%～50%。根据工程需要，可在浆液拌制时加入速凝剂、减水剂和防析水剂。

8 注浆用水 pH 值不得小于 4。

9 水泥浆的水灰比可取 0.6～2.0，常用的水灰比为 1.0。

10 注浆的流量可取(7～10)L/min，对充填型注浆，流量不宜大于 20L/min。

11 当用花管注浆和带有活堵头的金属管注浆时，每次上拔或下钻高度宜为 0.5m。

12 浆体应经过搅拌机充分搅拌均匀后，方可压注，注浆过程中应不停缓慢搅拌，搅拌时间应小于浆液初凝时间。浆液在泵送前应经过筛网过滤。

13 水温不得超过 30℃～35℃，盛浆桶和注浆管路在注浆体静止状态不得暴露于阳光下，防止浆液凝固；当日平均温度低于 5℃或最低温度低于－3℃的条件下注浆时，应采取措施防止浆液冻结。

14 应采用跳孔间隔注浆，且先外围后中间的注浆顺序。当地下水流速较大时，应从水头高的一端开始注浆。

15 对渗透系数相同的土层，应先注浆封顶，后由下而上进行注浆，防止浆液上冒。如土层的渗透系数随深度而增大，则应自下而上注浆。对互层地层，应先对渗透性或孔隙率大的地层进行注浆。

16 当既有建筑地基进行注浆加固时，应对既有建筑及其邻近建筑、地下管线和地面的沉降、倾斜、位移和裂缝进行监测。并应采用多孔间隔注浆和缩短

浆液凝固时间等措施，减少既有建筑基础因注浆而产生的附加沉降。

8.3.2 硅化浆液注浆施工应符合下列规定：

1 压力灌浆溶液的施工步骤应符合下列规定：

1) 向土中打入灌注管和灌注溶液，应自基础底面标高起向下分层进行，达到设计深度后，应将管拔出，清洗干净方可继续使用；

2) 加固既有建筑物地基时，应采用沿基础侧向先外排，后内排的施工顺序；

3) 灌注溶液的压力值由小逐渐增大，最大压力不宜超过 200kPa。

2 溶液自渗的施工步骤，应符合下列规定：

1) 在基础侧向，将设计布置的灌注孔分批或全部打入或钻至设计深度；

2) 将配好的硅酸钠溶液满灌灌注孔，溶液面宜高出基础底面标高 0.50m，使溶液自行渗入土中；

3) 在溶液自渗过程中，每隔 2h～3h，向孔内添加一次溶液，防止孔内溶液渗干。

3 待溶液量全部注入土中后，注浆孔宜用体积比为 2:8 灰土分层回填夯实。

8.3.3 碱液注浆施工应符合下列规定：

1 灌注孔可用洛阳铲、螺旋钻成孔或用带有尖端的钢管打入土中成孔，孔径宜为 60mm～100mm，孔中应填入粒径为 20mm～40mm 的石子到注液管下端标高处，再将内径 20mm 的注液管插入孔中，管底以上 300mm 高度内应填入粒径为 2mm～5mm 的石子，上部宜用体积比为 2:8 灰土填入夯实。

2 碱液可用固体烧碱或液体烧碱配制，每加固 1m³ 黄土宜用氢氧化钠溶液 35kg～45kg。碱液浓度不应低于 90g/L；双液加固时，氯化钙溶液的浓度为 50 g/L～80g/L。

3 配溶液时，应先放水，而后徐徐放入碱块或浓碱液。溶液加碱量可按下列公式计算：

1) 采用固体烧碱配制每 1m³ 液度为 M 的碱液时，每 1m³ 水中的加碱量应符合下式规定：

$$G_s = \frac{1000M}{P} \qquad (8.3.3-1)$$

式中：G_s ——每 1m³ 碱液中投入的固体烧碱量（g）；

M ——配制碱液的浓度（g/L）；

P ——固体烧碱中，NaOH 含量的百分数（%）。

2) 采用液体烧碱配制每 1m³ 浓度为 M 的碱液时，投入的液体烧碱体积 V_1 和加水量 V_2 应符合下列公式规定：

$$V_1 = 1000 \frac{M}{d_N N} \qquad (8.3.3-2)$$

$$V_2 = 1000 \left(1 - \frac{M}{d_N N}\right) \qquad (8.3.3-3)$$

式中：V_1——液体烧碱体积（L）；

　　　　V_2——加水的体积（L）；

　　　　d_N——液体烧碱的相对密度；

　　　　N——液体烧碱的质量分数。

　　4 应将桶内碱液加热到 90℃ 以上方能进行灌注，灌注过程中，桶内溶液温度不应低于 80℃。

　　5 灌注碱液的速度，宜为（2～5）L/min。

　　6 碱液加固施工，应合理安排灌注顺序和控制灌注速率。宜采用隔（1～2）孔灌注，分段施工，相邻两孔灌注的间隔时间不宜少于 3d。同时灌注的两孔间距不应小于 3m。

　　7 当采用双液加固时，应先灌注氢氧化钠溶液，待间隔8h～12h后，再灌注氯化钙溶液，氯化钙溶液用量宜为氢氧化钠溶液用量的 1/2～1/4。

8.4 质量检验

8.4.1 水泥为主剂的注浆加固质量检验应符合下列规定：

　　1 注浆检验应在注浆结束 28d 后进行。可选用标准贯入、轻型动力触探、静力触探或面波等方法进行加固地层均匀性检测。

　　2 按加固土体深度范围每间隔 1m 取样进行室内试验，测定土体压缩性、强度或渗透性。

　　3 注浆检验点不应少于注浆孔数的 2％～5％。检验点合格率小于 80％时，应对不合格的注浆区实施重复注浆。

8.4.2 硅化注浆加固质量检验应符合下列规定：

　　1 硅酸钠溶液灌注完毕，应在 7d～10d 后，对加固的地基土进行检验；

　　2 应采用动力触探或其他原位测试检验加固地基的均匀性；

　　3 工程设计对土的压缩性和湿陷性有要求时，尚应在加固土的全部深度内，每隔 1m 取土样进行室内试验，测定其压缩性和湿陷性；

　　4 检验数量不应少于注浆孔数的 2％～5％。

8.4.3 碱液加固质量检验应符合下列规定：

　　1 碱液加固施工应做好施工记录，检查碱液浓度及每孔注入量是否符合设计要求。

　　2 开挖或钻孔取样，对加固土体进行无侧限抗压强度试验和水稳性试验。取样部位应在加固土体中部，试块数不少于 3 个，28d 龄期的无侧限抗压强度平均值不得低于设计值的 90％。将试块浸泡在自来水中，无崩解。当需查明加固土体的外形和整体性时，可对有代表性加固土体进行开挖，量测其有效加固半径和加固深度。

　　3 检验数量不应少于注浆孔数的 2％～5％。

8.4.4 注浆加固处理后地基的承载力应进行静载荷试验检验。

8.4.5 静载荷试验应按附录 A 的规定进行，每个单体建筑的检验数量不应少于 3 点。

9 微型桩加固

9.1 一般规定

9.1.1 微型桩加固适用于既有建筑地基加固或新建建筑的地基处理。微型桩按桩型和施工工艺，可分为树根桩、预制桩和注浆钢管桩等。

9.1.2 微型桩加固后的地基，当桩与承台整体连接时，可按桩基础设计；桩与基础不整体连接时，可按复合地基设计。按桩基设计时，桩顶与基础的连接应符合现行行业标准《建筑桩基技术规范》JGJ 94 的有关规定；按复合地基设计时，应符合本规范第 7 章的有关规定，褥垫层厚度宜为 100mm～150mm。

9.1.3 既有建筑地基基础采用微型桩加固补强，应符合现行行业标准《既有建筑地基基础加固技术规范》JGJ 123 的有关规定。

9.1.4 根据环境的腐蚀性、微型桩的类型、荷载类型（受拉或受压）、钢材的品种及设计使用年限，微型桩中钢构件或钢筋的防腐构造应符合耐久性设计的要求。钢构件或预制桩钢筋保护层厚度不应小于 25mm，钢管砂浆保护层厚度不应小于 35mm，混凝土灌注桩钢筋保护层厚度不应小于 50mm；

9.1.5 软土地基微型桩的设计施工应符合下列规定：

　　1 应选择较好的土层作为桩端持力层，进入持力层深度不宜小于 5 倍的桩径或边长；

　　2 对不排水抗剪强度小于 10kPa 的土层，应进行试验性施工；并应采用护筒或永久套管包裹水泥浆、砂浆或混凝土；

　　3 应采取隔排施工、控制注浆压力和速度等措施，减小微型桩施工期间的地基附加变形，控制基础不均匀沉降及总沉降量；

　　4 在成孔、注浆或压桩施工过程中，应监测相邻建筑和边坡的变形。

9.2 树根桩

9.2.1 树根桩适用于淤泥、淤泥质土、黏性土、粉土、砂土、碎石土及人工填土等地基处理。

9.2.2 树根桩加固设计应符合下列规定：

　　1 树根桩的直径宜为 150mm～300mm，桩长不宜超过 30m，对新建建筑宜采用直桩型或斜桩网状布置。

　　2 树根桩的单桩竖向承载力应通过单桩静载荷试验确定。当无试验资料时，可按本规范式（7.1.5-3）估算。当采用水泥浆二次注浆工艺时，桩侧阻力可乘 1.2～1.4 的系数。

　　3 桩身材料混凝土强度不应小于C25，灌注材料可用水泥浆、水泥砂浆、细石混凝土或其他灌浆料，也可用碎石或细石充填再灌注水泥浆或水泥砂浆。

4 树根桩主筋不应少于 3 根，钢筋直径不应小于 12mm，且宜通长配筋。

5 对高渗透性土体或存在地下洞室可能导致的胶凝材料流失，以及施工和使用过程中可能出现桩孔变形与移位，造成微型桩的失稳与扭曲时，应采取土层加固等技术措施。

9.2.3 树根桩施工应符合下列规定：

1 桩位允许偏差宜为±20mm；桩身垂直度允许偏差应为±1%。

2 钻机成孔可采用天然泥浆护壁，遇粉细砂层易塌孔时应加套管。

3 树根桩钢筋笼宜整根吊放。分节吊放时，钢筋搭接焊缝长度双面焊不得小于 5 倍钢筋直径，单面焊不得小于 10 倍钢筋直径，施工时，应缩短吊放和焊接时间；钢筋笼应采用悬挂或支撑的方法，确保灌浆或浇注混凝土时的位置和高度。在斜桩中组装钢筋笼时，应采用可靠的支撑和定位方法。

4 灌注施工时，应采用间隔施工、间歇施工或添加速凝剂等措施，以防止相邻桩孔移位和窜孔。

5 当地下水流速较大可能导致水泥浆、砂浆或混凝土流失影响灌注质量时，应采用永久套管、护筒或其他保护措施。

6 在风化或有裂隙发育的岩层中灌注水泥浆时，为避免水泥浆向周围岩体的流失，应进行桩孔测试和预灌浆。

7 当通过水下浇注管或带孔钻杆或管状承重构件进行浇注混凝土或水泥砂浆时，水下浇注管或带孔钻杆的末端应埋入泥浆中。浇注过程应连续进行，直到顶端溢出浆体的黏稠度与注入浆体一致时为止。

8 通过临时套管灌注水泥砂浆时，钢筋的放置应在临时套管拔出之前完成，套管拔出过程中应每隔 2m 施加灌浆压力。采用管材作为承重构件时，可通过其底部进行灌浆。

9 当采用碎石或细石充填再注浆工艺时，填料应经清洗，投入量不应小于计算桩孔体积的 0.9 倍，填灌时应同时用注浆管注水清孔。一次注浆时，注浆压力宜为 0.3MPa～1.0MPa，由孔底使浆液逐渐上升，直至浆液溢出孔口再停止注浆。第一次注浆浆液初凝时，方可进行二次及多次注浆，二次注浆水泥浆压力宜为 2MPa～4MPa。灌浆过程结束后，灌浆管中应充满水泥浆并维持灌浆压力一定时间。拔除注浆管后应立即在桩顶充填碎石，并在 1m～2m 范围内补充注浆。

9.2.4 树根桩采用的灌注材料应符合下列规定：

1 具有较好的和易性、可塑性、黏聚性、流动性和自密实性；

2 当采用管送或泵送混凝土或砂浆时，应选用

圆形骨料；骨料的最大粒径不应大于纵向钢筋净距的 1/4，且不应大于 15mm；

3 对水下浇注混凝土配合比，水泥含量不应小于 375kg/m³，水灰比不宜小于 0.6；

4 水泥浆的制配，应符合本规范第 9.4.4 条的规定，水泥宜采用普通硅酸盐水泥，水灰比不宜大于 0.55。

9.3 预 制 桩

9.3.1 预制桩适用于淤泥、淤泥质土、黏性土、粉土、砂土和人工填土等地基处理。

9.3.2 预制桩桩体可采用边长为 150mm～300mm 的预制混凝土方桩，直径 300mm 的预应力混凝土管桩，断面尺寸为 100mm～300mm 的钢管桩和型钢等，施工除应满足现行行业标准《建筑桩基技术规范》JGJ 94 的规定外，尚应符合下列规定：

1 对型钢微型桩应保证压桩过程中计算桩体材料最大应力不超过材料抗压强度标准值的 90%；

2 对预制混凝土方桩或预应力混凝土管桩，所用材料及预制过程（包括连接件）、压桩力、接桩和截桩等，应符合现行行业标准《建筑桩基技术规范》JGJ 94 的有关规定；

3 除用于减小桩身阻力的涂层外，桩身材料以及连接件的耐久性应符合现行国家标准《工业建筑防腐蚀设计规范》GB 50046 的有关规定。

9.3.3 预制桩的单桩竖向承载力应通过单桩静载荷试验确定；无试验资料时，初步设计可按本规范式 (7.1.5-3) 估算。

9.4 注浆钢管桩

9.4.1 注浆钢管桩适用于淤泥质土、黏性土、粉土、砂土和人工填土等地基处理。

9.4.2 注浆钢管桩单桩承载力的设计计算，应符合现行行业标准《建筑桩基技术规范》JGJ 94 的有关规定；当采用二次注浆工艺时，桩侧摩阻力特征值取值可乘以 1.3 的系数。

9.4.3 钢管桩可采用静压或植入等方法施工。

9.4.4 水泥浆的制备应符合下列规定：

1 水泥浆的配合比采用经认证的计量装置计量，材料掺量符合设计要求；

2 选用的搅拌机能够保证搅拌水泥浆的均匀性；在搅拌槽和注浆泵之间应设置存储池，注浆前应进行搅拌以防止浆液离析和凝固。

9.4.5 水泥浆灌注应符合下列规定：

1 应缩短桩孔成孔和灌注水泥浆之间的时间间隔；

2 注浆时，应采取措施保证桩长范围内完全灌满水泥浆；

3 灌注方法应根据注浆泵和注浆系统合理选用，

注浆泵与注浆孔口距离不宜大于 30m；

4 当采用桩身钢管进行注浆时，可通过底部一次或多次灌浆；也可将桩身钢管加工成花管进行多次灌浆；

5 采用花管灌浆时，可通过花管进行全长多次灌浆，也可通过花管及阀门进行分段灌浆，或通过互相交错的后注浆管进行分步灌浆。

9.4.6 注浆钢管桩钢管的连接应采用套管焊接，焊接强度与质量应满足现行国家标准《建筑地基基础工程施工质量验收规范》GB 50202 的要求。

9.5 质 量 检 验

9.5.1 微型桩的施工验收，应提供施工过程有关参数，原材料的力学性能检验报告，试件留置数量及制作养护方法、混凝土和砂浆等抗压强度试验报告，型钢、钢管和钢筋笼制作质量检查报告。施工完成后尚应进行桩顶标高和桩位偏差等检验。

9.5.2 微型桩的桩位施工允许偏差，对独立基础、条形基础的边桩沿垂直轴线方向应为 ±1/6 桩径，沿轴线方向应为 ±1/4 桩径，其他位置的桩应为 ±1/2 桩径；桩身的垂直度允许偏差应为 ±1%。

9.5.3 桩身完整性检验宜采用低应变动力试验进行检测。检测桩数不得少于总桩数的 10%，且不得少于 10 根。每个柱下承台的抽检桩数不应少于 1 根。

9.5.4 微型桩的竖向承载力检验应采用静载荷试验，检验桩数不得少于总桩数的 1%，且不得少于 3 根。

10 检验与监测

10.1 检 验

10.1.1 地基处理工程的验收检验应在分析工程的岩土工程勘察报告、地基基础设计及地基处理设计资料，了解施工工艺和施工中出现的异常情况等后，根据地基处理的目的，制定检验方案，选择检验方法。当采用一种检验方法的检测结果具有不确定性时，应采用其他检验方法进行验证。

10.1.2 检验数量应根据场地复杂程度、建筑物的重要性以及地基处理施工技术的可靠性确定，并满足处理地基的评价要求。在满足本规范各种处理地基的检验数量，检验结果不满足设计要求时，应分析原因，提出处理措施。对重要的部位，应增加检验数量。

10.1.3 验收检验的抽检位置应按下列要求综合确定：

1 抽检点宜随机、均匀和有代表性分布；

2 设计人员认为的重要部位；

3 局部岩土特性复杂可能影响施工质量的部位；

4 施工出现异常情况的部位。

10.1.4 工程验收承载力检验时，静载荷试验最大加载量不应小于设计要求的承载力特征值的 2 倍。

10.1.5 换填垫层和压实地基的静载荷试验的压板面积不应小于 1.0m²；强夯地基或强夯置换地基静载荷试验的压板面积不宜小于 2.0m²。

10.2 监 测

10.2.1 地基处理工程应进行施工全过程的监测。施工中，应有专人或专门机构负责监测工作，随时检查施工记录和计量记录，并按照规定的施工工艺对工序进行质量评定。

10.2.2 堆载预压工程，在加载过程中应进行竖向变形量、水平位移及孔隙水压力等项目的监测。真空预压应进行膜下真空度、地下水位、地面变形、深层竖向变形和孔隙水压力等监测。真空预压加固区周边有建筑物时，还应进行深层侧向位移和地表边桩位移监测。

10.2.3 强夯施工应进行夯击次数、夯沉量、隆起量、孔隙水压力等项目的监测；强夯置换施工尚应进行置换深度的监测。

10.2.4 当夯实、挤密、旋喷桩、水泥粉煤灰碎石桩、柱锤冲扩桩、注浆等方法施工可能对周边环境及建筑物产生不良影响时，应对施工过程的振动、噪声、孔隙水压力、地下管线和建筑物变形进行监测。

10.2.5 大面积填土、填海等地基处理工程，应对地面变形进行长期监测；施工过程中还应对土体位移和孔隙水压力等进行监测。

10.2.6 地基处理工程施工对周边环境有影响时，应进行邻近建（构）筑物竖向及水平位移监测、邻近地下管线监测以及周围地面变形监测。

10.2.7 处理地基上的建筑物应在施工期间及使用期间进行沉降观测，直至沉降达到稳定为止。

附录 A 处理后地基静载荷试验要点

A.0.1 本试验要点适用于确定换填垫层、预压地基、压实地基、夯实地基和注浆加固等处理后地基承压板应力主要影响范围内土层的承载力和变形参数。

A.0.2 平板静载荷试验采用的压板面积应按需检验土层的厚度确定，且不应小于 1.0m²，对夯实地基不宜小于 2.0m²。

A.0.3 试验基坑宽度不应小于承压板宽度或直径的 3 倍。应保持试验土层的原状结构和天然湿度。宜在拟试压表面用粗砂或中砂层找平，其厚度不超过 20mm。基准梁及加荷平台支点（或锚桩）宜设在试坑以外，且与承压板边的净距不应小于 2m。

A.0.4 加荷分级不应少于 8 级。最大加载量不应小于设计要求的 2 倍。

A.0.5 每级加载后，按间隔 10min、10min、10min、

15min、15min，以后为每隔 0.5h 测读一次沉降量，当在连续 2h 内，每小时的沉降量小于 0.1mm 时，则认为已趋稳定，可加下一级荷载。

A.0.6 当出现下列情况之一时，即可终止加载，当满足前三种情况之一时，其对应的前一级荷载定为极限荷载：

    1 承压板周围的土明显地侧向挤出；

    2 沉降 s 急骤增大，压力-沉降曲线出现陡降段；

    3 在某一级荷载下，24h 内沉降速率不能达到稳定标准；

    4 承压板的累计沉降量已大于其宽度或直径的 6%。

A.0.7 处理后的地基承载力特征值确定应符合下列规定：

    1 当压力-沉降曲线上有比例界限时，取该比例界限所对应的荷载值。

    2 当极限荷载小于对应比例界限的荷载值的 2 倍时，取极限荷载值的一半。

    3 当不能按上述两款要求确定时，可取 $s/b = 0.01$ 所对应的荷载，但其值不应大于最大加载量的一半。承压板的宽度或直径大于 2m 时，按 2m 计算。

    注：s 为静载荷试验承压板的沉降量；b 为承压板宽度。

A.0.8 同一土层参加统计的试验点不应少于 3 点，各试验实测值的极差不超过其平均值的 30% 时，取该平均值作为处理地基的承载力特征值。当极差超过平均值的 30% 时，应分析极差过大的原因，需要时应增加试验数量并结合工程具体情况确定处理后地基的承载力特征值。

附录 B 复合地基静载荷试验要点

B.0.1 本试验要点适用于单桩复合地基静载荷试验和多桩复合地基静载荷试验。

B.0.2 复合地基静载荷试验用于测定承压板下应力主要影响范围内复合土层的承载力。复合地基静载荷试验承压板应具有足够刚度。单桩复合地基静载荷试验的承压板可用圆形或方形，面积为一根桩所承担的处理面积；多桩复合地基静载荷试验的承压板可用方形或矩形，其尺寸按实际桩数所承担的处理面积确定。单桩复合地基静载荷试验桩的中心（或形心）应与承压板中心保持一致，并与荷载作用点相重合。

B.0.3 试验应在桩顶设计标高进行。承压板底面以下宜铺设粗砂或中砂垫层，垫层厚度可取 100mm～150mm。如采用设计的垫层厚度进行试验，试验承压板的宽度对独立基础和条形基础应采用基础的设计宽度，对大型基础试验有困难时应考虑承压板尺寸和垫层厚度对试验结果的影响。垫层施工的夯填度应满足设计要求。

B.0.4 试验标高处的试坑宽度和长度不应小于承压板尺寸的 3 倍。基准梁及加荷平台支点（或锚桩）宜设在试坑以外，且与承压板边的净距不应小于 2m。

B.0.5 试验前应采取防水和排水措施，防止试验场地地基土含水量变化或地基土扰动，影响试验结果。

B.0.6 加载等级可分为（8～12）级。测试前为校核试验系统整体工作性能，预压荷载不得大于总加载量的 5%。最大加载压力不应小于设计要求承载力特征值的 2 倍。

B.0.7 每加一级荷载前后均应各读记承压板沉降量一次，以后每 0.5h 读记一次。当 1h 内沉降量小于 0.1mm 时，即可加下一级荷载。

B.0.8 当出现下列现象之一时可终止试验：

    1 沉降急剧增大，土被挤出或承压板周围出现明显的隆起；

    2 承压板的累计沉降量已大于其宽度或直径的 6%；

    3 当达不到极限荷载，而最大加载压力已大于设计要求压力值的 2 倍。

B.0.9 卸载级数可为加载级数的一半，等量进行，每卸一级，间隔 0.5h，读记回弹量，待卸完全部荷载后间隔 3h 读记总回弹量。

B.0.10 复合地基承载力特征值的确定应符合下列规定：

    1 当压力-沉降曲线上极限荷载能确定，而其值不小于对应比例界限的 2 倍时，可取比例界限；当其值小于对应比例界限的 2 倍时，可取极限荷载的一半；

    2 当压力-沉降曲线是平缓的光滑曲线时，可按相对变形值确定，并应符合下列规定：

      1）对沉管砂石桩、振冲碎石桩和柱锤冲扩桩复合地基，可取 s/b 或 s/d 等于 0.01 所对应的压力；

      2）对灰土挤密桩、土挤密桩复合地基，可取 s/b 或 s/d 等于 0.008 所对应的压力；

      3）对水泥粉煤灰碎石桩或夯实水泥土桩复合地基，对以卵石、圆砾、密实粗中砂为主的地基，可取 s/b 或 s/d 等于 0.008 所对应的压力；对以黏性土、粉土为主的地基，可取 s/b 或 s/d 等于 0.01 所对应的压力；

      4）对水泥土搅拌桩或旋喷桩复合地基，可取 s/b 或 s/d 等于 0.006～0.008 所对应的压力，桩身强度大于 1.0MPa 且桩身质量均匀时可取高值；

      5）对有经验的地区，可按当地经验确定相对变形值，但原地基土为高压缩性土层时，相对变形值的最大值不应大于 0.015；

6）复合地基荷载试验，当采用边长或直径大于 2m 的承压板进行试验时，b 或 d 按 2m 计；

7）按相对变形值确定的承载力特征值不应大于最大加载压力的一半。

注：s 为静载荷试验承压板的沉降量；b 和 d 分别为承压板宽度和直径。

B.0.11 试验点的数量不应少于 3 点，当满足其极差不超过平均值的 30% 时，可取其平均值为复合地基承载力特征值。当极差超过平均值的 30% 时，应分析离差过大的原因，需要时应增加试验数量，并结合工程具体情况确定复合地基承载力特征值。工程验收时应视建筑物结构、基础形式综合评价，对于桩数少于 5 根的独立基础或桩数少于 3 排的条形基础，复合地基承载力特征值应取最低值。

附录 C　复合地基增强体单桩
静载荷试验要点

C.0.1 本试验要点适用于复合地基增强体单桩竖向抗压静载荷试验。

C.0.2 试验应采用慢速维持荷载法。

C.0.3 试验提供的反力装置可采用锚桩法或堆载法。当采用堆载法加载时应符合下列规定：

1　堆载支点施加于地基的压应力不宜超过地基承载力特征值；

2　堆载的支墩位置以不对试桩和基准桩的测试产生较大影响确定，无法避开时应采取有效措施；

3　堆载量大时，可利用工程桩作为堆载支点；

4　试验反力装置的承重能力应满足试验加载要求。

C.0.4 堆载支点以及试桩、锚桩、基准桩之间的中心距离应符合现行国家标准《建筑地基基础设计规范》GB 50007 的规定。

C.0.5 试压前应对桩头进行加固处理，水泥粉煤灰碎石桩等强度高的桩，桩顶宜设置带水平钢筋网片的混凝土桩帽或采用钢护筒桩帽，其混凝土宜提高强度等级和采用早强剂。桩帽高度不宜小于 1 倍桩的直径。

C.0.6 桩帽下复合地基增强体单桩的桩顶标高及地基土标高应与设计标高一致，加固桩头前应凿成平面。

C.0.7 百分表架设位置宜在桩顶标高位置。

C.0.8 开始试验的时间、加载分级、测读沉降量的时间、稳定标准及卸载观测等应符合现行国家标准《建筑地基基础设计规范》GB 50007 的有关规定。

C.0.9 当出现下列条件之一时可终止加载：

1　当荷载-沉降（Q-s）曲线上有可判定极限承载

力的陡降段，且桩顶总沉降量超过 40mm；

2　$\dfrac{\Delta s_{n+1}}{\Delta s_n} \geqslant 2$，且经 24h 沉降尚未稳定；

3　桩身破坏，桩顶变形急剧增大；

4　当桩长超过 25m，Q-s 曲线呈缓变形时，桩顶总沉降量大于 60mm～80mm；

5　验收检验时，最大加载量不应小于设计单桩承载力特征值的 2 倍。

注：Δs_n——第 n 级荷载的沉降增量；Δs_{n+1}——第 $n+1$ 级荷载的沉降增量。

C.0.10 单桩竖向抗压极限承载力的确定应符合下列规定：

1　作荷载-沉降（Q-s）曲线和其他辅助分析所需的曲线；

2　曲线陡降段明显时，取相应于陡降段起点的荷载值；

3　当出现本规范第 C.0.9 条第 2 款的情况时，取前一级荷载值；

4　Q-s 曲线呈缓变型时，取桩顶总沉降量 s 为 40mm 所对应的荷载值；

5　按上述方法判断有困难时，可结合其他辅助分析方法综合判定；

6　参加统计的试桩，当满足其极差不超过平均值的 30% 时，设计可取其平均值为单桩极限承载力；极差超过平均值的 30% 时，应分析离差过大的原因，结合工程具体情况确定单桩极限承载力；需要时应增加试桩数量。工程验收时应视建筑物结构、基础形式综合评价，对于桩数少于 5 根的独立基础或桩数少于 3 排的条形基础，应取最低值。

C.0.11 将单桩极限承载力除以安全系数 2，为单桩承载力特征值。

本规范用词说明

1　为便于在执行本规范条文时区别对待，对要求严格程度不同的用词如下：

1）表示很严格，非这样做不可的：
正面词采用"必须"；反面词采用"严禁"；

2）表示严格，在正常情况下均应这样做的：
正面词采用"应"；反面词采用"不应"或"不得"；

3）表示允许稍有选择，在条件许可时首先应这样做的：
正面词采用"宜"；反面词采用"不宜"；

4）表示有选择，在一定条件下可以这样做的，采用"可"。

2　条文中指明应按其他有关标准执行时的写法为："应符合……的规定"或"应按……执行"。

引用标准名录

1 《建筑地基基础设计规范》GB 50007
2 《建筑抗震设计规范》GB 50011
3 《岩土工程勘察规范》GB 50021
4 《湿陷性黄土地区建筑规范》GB 50025
5 《工业建筑防腐蚀设计规范》GB 50046
6 《土工试验方法标准》GB/T 50123
7 《建筑地基基础工程施工质量验收规范》GB 50202
8 《土工合成材料应用技术规范》GB 50290
9 《建筑桩基技术规范》JGJ 94
10 《既有建筑地基基础加固技术规范》JGJ 123

中华人民共和国行业标准

建筑地基处理技术规范

JGJ 79—2012

条 文 说 明

修 订 说 明

《建筑地基处理技术规范》JGJ 79－2012，经住房和城乡建设部 2012 年 8 月 23 日以第 1448 号公告批准、发布。

本规范是在《建筑地基处理技术规范》JGJ 79－2002 的基础上修订而成，上一版的主编单位是中国建筑科学研究院，参编单位是冶金建筑研究总院、陕西省建筑科学研究设计院、浙江大学、同济大学、湖北省建筑科学研究设计院、福建省建筑科学研究院、铁道部第四勘测设计院（上海）、河北工业大学、西安建筑科技大学、铁道部科学研究院，主要起草人员是张永钧、（以下按姓氏笔画为序）王仁兴、王吉望、王恩远、平湧潮、叶观宝、刘毅、 刘惠珊 、张峰、 杨灿文 、罗宇生、周国钧、侯伟生、袁勋、袁内镇、涂光祉、闫明礼、康景俊、滕延京、潘秋元。本次修订的主要技术内容是：1. 处理后的地基承载力、变形和稳定性的计算原则；2. 多种地基处理方法综合处理的工程检验方法；3. 地基处理材料的耐久性设计；4. 处理后的地基整体稳定性分析方法；5. 加筋垫层下卧层承载力验算方法；6. 真空和堆载联合预压处理的设计和施工要求；7. 高能级强夯的设计参数；8. 有粘结强度复合地基增强体桩身强度验算；9. 多桩型复合地基设计施工要求；10. 注浆加固；11. 微型桩加固；12. 检验与监测；13. 复合地基增强体单桩静载荷试验要点；14. 处理后地基静载荷试验要点。

本规范修订过程中，编制组进行了广泛深入的调查研究，总结了我国工程建设建筑地基处理工程的实践经验，同时参考了国外先进标准，与国内相关标准协调，通过调研、征求意见及工程试算，对增加和修订内容的讨论、分析、论证，取得了重要技术参数。

为便于广大设计、施工、科研和学校等单位有关人员在使用本规范时能正确理解和执行条文规定，《建筑地基处理技术规范》编制组按章、节、条顺序编制了本规范的条文说明，对条文规定的目的、依据以及执行中需注意的有关事项进行了说明，还着重对强制性条文的强制性理由做了解释。但是，本条文说明不具备与规范正文同等的法律效力，仅供使用者作为理解和把握规范规定的参考。

目　次

1 总则 ························· 11—42

2 术语和符号 ················· 11—42

　2.1 术语 ···················· 11—42

3 基本规定 ··················· 11—42

4 换填垫层 ··················· 11—44

　4.1 一般规定 ················ 11—44

　4.2 设计 ···················· 11—45

　4.3 施工 ···················· 11—49

　4.4 质量检验 ················ 11—49

5 预压地基 ··················· 11—50

　5.1 一般规定 ················ 11—50

　5.2 设计 ···················· 11—51

　5.3 施工 ···················· 11—56

　5.4 质量检验 ················ 11—56

6 压实地基和夯实地基 ········· 11—57

　6.1 一般规定 ················ 11—57

　6.2 压实地基 ················ 11—57

　6.3 夯实地基 ················ 11—58

7 复合地基 ··················· 11—62

　7.1 一般规定 ················ 11—62

　7.2 振冲碎石桩和沉管砂石桩复合

　　　地基 ···················· 11—63

　7.3 水泥土搅拌桩复合地基 ····· 11—67

　7.4 旋喷桩复合地基 ·········· 11—70

　7.5 灰土挤密桩和土挤密桩复合

　　　地基 ···················· 11—72

　7.6 夯实水泥土桩复合地基 ····· 11—74

　7.7 水泥粉煤灰碎石桩复合地基 ·· 11—75

　7.8 柱锤冲扩桩复合地基 ······· 11—79

　7.9 多桩型复合地基 ·········· 11—81

8 注浆加固 ··················· 11—84

　8.1 一般规定 ················ 11—84

　8.2 设计 ···················· 11—84

　8.3 施工 ···················· 11—86

　8.4 质量检验 ················ 11—88

9 微型桩加固 ················· 11—88

　9.1 一般规定 ················ 11—88

　9.2 树根桩 ·················· 11—88

　9.3 预制桩 ·················· 11—89

　9.4 注浆钢管桩 ·············· 11—89

　9.5 质量检验 ················ 11—89

10 检验与监测 ················ 11—89

　10.1 检验 ··················· 11—89

　10.2 监测 ··················· 11—91

1 总 则

1.0.1 我国大规模的基本建设以及可用于建设的土地减少，需要进行地基处理的工程大量增加。随着地基处理设计水平的提高、施工工艺的改进和施工设备的更新，我国地基处理技术有了很大发展。但由于工程建设的需要，建筑使用功能的要求不断提高，需要地基处理的场地范围进一步扩大，用于地基处理的费用在工程建设投资中所占比重不断增大。因此，地基处理的设计和施工必须认真贯彻执行国家的技术经济政策，做到安全适用、技术先进、经济合理、确保质量和保护环境。

1.0.2 本规范适用于建筑工程地基处理的设计、施工和质量检验，铁路、交通、水利、市政工程的建（构）筑物地基可根据工程的特点采用本规范的处理方法。

1.0.3 因地制宜、就地取材、保护环境和节约资源是地基处理工程应该遵循的原则，符合国家的技术经济政策。

2 术语和符号

2.1 术 语

2.1.2 本规范所指复合地基是指建筑工程中由地基土和竖向增强体形成的复合地基。

3 基 本 规 定

3.0.1 本条规定是在选择地基处理方案前应完成的工作，其中强调要进行现场调查研究，了解当地地基处理经验和施工条件，调查邻近建筑、地下工程、管线和环境情况等。

3.0.2 大量工程实例证明，采用加强建筑物上部结构刚度和承载能力的方法，能减少地基的不均匀变形，取得较好的技术经济效果。因此，本条规定对于需要进行地基处理的工程，在选择地基处理方案时，应同时考虑上部结构、基础和地基的共同作用，尽量选用加强上部结构和处理地基相结合的方案，这样既可降低地基处理费用，又可收到满意的效果。

3.0.3 本条规定了在确定地基处理方法时宜遵循的步骤。着重指出在选择地基处理方案时，宜根据各种因素进行综合分析，初步选出几种可供考虑的地基处理方案，其中强调包括选择两种或多种地基处理措施组成的综合处理方案。工程实践证明，当岩土工程条件较为复杂或建筑物对地基要求较高时，采用单一的地基处理方法，往往满足不了设计要求或造价较高，而由两种或多种地基处理措施组成的综合处理方法可

能是最佳选择。

地基处理是经验性很强的技术工作。相同的地基处理工艺，相同的设备，在不同成因的场地上处理效果不尽相同；在一个地区成功的地基处理方法，在另一个地区使用，也需根据场地的特点对施工工艺进行调整，才能取得满意的效果。因此，地基处理方法和施工参数确定时，应进行相应的现场试验或试验性施工，进行必要的测试，以检验设计参数和处理效果。

3.0.4 建筑地基承载力的基础宽度、基础埋深修正是建立在浅基础承载力理论上，对基础宽度和基础埋深所能提高的地基承载力设计取值的经验方法。经处理的地基由于其处理范围有限，处理后增强的地基性状与自然环境下形成的地基性状有所不同，处理后的地基，当按地基承载力确定基础底面积及埋深而需要对本规范确定的地基承载力特征值进行修正时，应分析工程具体情况，采用安全的设计方法。

1 压实填土地基，当其处理的面积较大（一般应视处理宽度大于基础宽度的 2 倍），可按现行国家标准《建筑地基基础设计规范》GB 50007 规定的土性要求进行修正。

这里有两个问题需要注意：首先，需修正的地基承载力应是基础底面经检验确定的承载力，许多工程进行修正的地基承载力与基础底面确定的承载力并不一致；其次，这些处理后的地基表层及以下土层的承载力并不一致，可能存在表层高以下土层低的情况。所以如果地基承载力验算考虑了深度修正，应在地基主要持力层满足要求条件下才能进行。

2 对于不满足大面积处理的压实地基、夯实地基以及其他处理地基，基础宽度的地基承载力修正系数取零，基础埋深的地基承载力修正系数取 1.0。

复合地基由于其处理范围有限，增强体的设置改变了基底压力的传递路径，其破坏模式与天然地基不同。复合地基承载力的修正的研究成果还很少，为安全起见，基础宽度的地基承载力修正系数取零，基础埋深的地基承载力修正系数取 1.0。

3.0.5 本条为强制性条文。对处理后的地基应进行的设计计算内容给出规定。

处理地基的软弱下卧层验算，对压实、夯实、注浆加固地基及散体材料增强体复合地基等应按压力扩散角，按现行国家标准《建筑地基基础设计规范》GB 50007 的方法验算，对有粘结强度的增强体复合地基，按其荷载传递特性，可按实体深基础法验算。

处理后的地基应满足建筑物承载力、变形和稳定性要求。稳定性计算可按本规范第 3.0.7 条的规定进行，变形计算应符合现行国家标准《建筑地基基础设计规范》GB 50007 的有关规定。

3.0.6 偏心荷载作用下，对于换填垫层、预压地基、压实地基、夯实地基、散体桩复合地基、注浆加固等处理后地基可按现行国家标准《建筑地基基础设计规

范》GB 50007 的要求进行验算，即满足：

当轴心荷载作用时

$$P_k \leqslant f_a' \tag{1}$$

当偏心荷载作用时

$$P_{kmax} \leqslant 1.2f_a' \tag{2}$$

式中：f_a' 为处理后地基的承载力特征值。

对于有一定粘结强度增强体复合地基，由于增强体布置不同，分担偏心荷载时增强体上的荷载不同，应同时对桩、土作用的力加以控制，满足建筑物在长期荷载作用下的正常使用要求。

3.0.7 受较大水平荷载或位于斜坡上的建筑物及构筑物，当建造在处理后的地基上时，或由于建筑物及构筑物建造在处理后的地基上，而邻近地下工程施工改变了原建筑物地基的设计条件，建筑物地基存在稳定问题时，应进行建筑物整体稳定分析。

采用散体材料进行地基处理，其地基的稳定可采用圆弧滑动法分析，已得到工程界的共识；对于采用具有胶结强度的材料进行地基处理，其地基的稳定性分析方法还有不同的认识。同时，不同的稳定分析的方法其保证工程安全的最小稳定安全系数的取值不同。采用具有胶结强度的材料进行地基处理，其地基整体失稳是增强体断裂，并逐渐形成连续滑动面的破坏现象，已得到工程的验证。

本次修订规范组对处理地基的稳定分析方法进行了专题研究。在《软土地基上复合地基整体稳定计算方法》专题报告中，对同一工程算例采用传统的复合地基稳定计算方法、英国加筋土及加筋填土规范计算方法、考虑桩体弯曲破坏的可使用抗剪强度计算方法、桩在滑动面发挥摩擦力的计算方法、扣除桩分担荷载的等效荷载法等进行了对比分析，提出了可采用考虑桩体弯曲破坏的等效抗剪强度计算方法、扣除桩分担荷载的等效荷载法和英国 BS8006 方法综合评估软土地基上复合地基的整体稳定性的建议。并提出了不同计算方法对应不同最小安全系数取值的建议。

采用 geoslope 计算软件的有限元强度折减法对某一实际工程采用砂桩复合地基加固以及采用刚性桩加固进行了稳定性分析对比。砂桩的抗剪强度指标由砂桩的密实度确定，刚性桩的抗剪强度指标由桩折断后的材料摩擦系数确定。对比分析结果说明，采用刚性桩加固计算的稳定安全系数与采用考虑桩体弯曲破坏的等效抗剪强度计算方法的结果较接近；同时其结果说明，如果考虑刚性桩折断，采用材料摩擦性质确定抗剪强度指标，刚性桩加固后的稳定安全系数与砂桩复合地基加固接近（不考虑砂桩排水固结作用）。计算中刚性桩加固的桩土应力比在不同位置分别为堆载平台面处 7.3～8.4，坡面处 5.8～6.4。砂桩复合地基加固，当砂桩的内摩擦角取 30°，不考虑砂桩排水固结作用的稳定安全系数为 1.06；考虑砂桩排水固

结作用的稳定安全系数为 1.29。采用 CFG 桩复合地基加固，CFG 桩断裂后，材料间摩擦系数取 0.55，折算内摩擦角取 29°，计算的稳定安全系数为 1.05。

本次修订规定处理后的地基上建筑物稳定分析可采用圆弧滑动法，其稳定安全系数不应小于 1.30。散体加固材料的抗剪强度指标，可按加固体的密实度通过试验确定，这是常用的方法。胶结材料抵抗水平荷载和弯矩的能力较弱，其对整体稳定的作用（这里主要指具有胶结强度的竖向增强体），假定其桩体完全断裂，按滑动面材料的摩擦性能确定抗剪强度指标，对工程验算是安全的。

规范修订组的验算结果表明，采用无配筋的竖向增强体地基处理，其提高稳定安全性的能力是有限的。工程需要时应配置钢筋，增加增强体的抗剪强度；或采用设置抗滑构件的方法满足稳定安全性要求。

3.0.8 刚度差异较大的整体大面积基础其地基反力分布不均匀，且结构对地基变形有较高要求，所以其地基处理设计，宜根据结构、基础和地基共同作用结果进行地基承载力和变形验算。

3.0.9 本条是地基处理工程的验收检验的基本要求。

换填垫层、预压地基、压实地基、夯实地基和注浆加固地基的检测，主要通过静载荷试验、静力和动力触探、标准贯入或土工试验等检验处理地基的均匀性和承载力。对于复合地基，不仅要做上述检验，还应对增强体的质量进行检验，需要时可采用钻芯取样进行增强体强度复核。

3.0.10 本条是对采用多种地基处理方法综合使用的地基处理工程验收检验方法的要求。采用多种地基处理方法综合使用的地基处理工程，每一种方法处理后的检验由于其检验方法的局限性，不能代表整个处理效果的检验，地基处理工程完成后应进行整体处理效果的检验（例如进行大尺寸承压板载荷试验）。

3.0.11 地基处理采用的材料，一方面要考虑地下土、水环境对其处理效果的影响，另一方面应符合环境保护要求，不应对地基土和地下水造成污染。地基处理采用材料的耐久性要求，应符合有关规范的规定。现行国家标准《工业建筑防腐蚀设计规范》GB 50046 对工业建筑材料的防腐蚀问题进行了规定，现行国家标准《混凝土结构设计规范》GB 50010 对混凝土的防腐蚀和耐久性提出了要求，应遵照执行。对水泥粉煤灰碎石桩复合地基的增强体以及微型桩材料，应根据表 1 规定的混凝土结构暴露的环境类别，满足表 2 的要求。

表 1　混凝土结构的环境类别

环境类别	条　件
一	室内干燥环境； 无侵蚀性静水浸没环境

续表1

环境类别	条　件
二 a	室内潮湿环境； 非严寒和非寒冷地区的露天环境； 非严寒和非寒冷地区的与无侵蚀性的水或土壤直接接触的环境； 严寒和寒冷地区的冰冻线以下与无侵蚀性的水或土壤直接接触的环境
二 b	干湿交替环境； 水位频繁变动环境； 严寒和寒冷地区的露天环境； 严寒和寒冷地区冰冻线以上与无侵蚀性的水或土壤直接接触的环境
三 a	严寒和寒冷地区冬季水位变动区环境； 受除冰盐影响环境； 海风环境
三 b	盐渍土环境； 受除冰盐作用环境； 海岸环境
四	海水环境
五	受人为或自然的侵蚀性物质影响的环境

注：1 室内潮湿环境是指构件表面经常处于结露或湿润状态的环境；
　　2 严寒和寒冷地区的划分应符合现行国家标准《民用建筑热工设计规范》GB 50176 的有关规定；
　　3 海岸环境和海风环境宜根据当地情况，考虑主导风向及结构所处迎风、背风部位等因素的影响，由调查研究和工程经验确定；
　　4 受除冰盐影响环境是指受到除冰盐盐雾影响的环境；受除冰盐作用环境是指被除冰盐溶液溅射的环境以及使用除冰盐地区的洗车房、停车楼等建筑；
　　5 暴露的环境是指混凝土结构表面所处的环境。

表 2　结构混凝土材料的耐久性基本要求

环境等级	最大水胶比	最低强度等级	最大氯离子含量（％）	最大碱含量（kg/m³）
一	0.60	C20	0.30	不限制
二 a	0.55	C25	0.20	3.0
二 b	0.50 (0.55)	C30 (C25)	0.15	3.0
三 a	0.45 (0.50)	C35 (C30)	0.15	3.0
三 b	0.40	C40	0.10	

注：1 氯离子含量系指其占胶凝材料总量的百分比；
　　2 预应力构件混凝土中的最大氯离子含量为 0.06％；其最低混凝土强度等级宜按表中的规定提高两个等级；
　　3 素混凝土构件的水胶比及最低强度等级的要求可以适当放松；
　　4 有可靠工程经验时，二类环境中的最低强度等级可降低一个等级；
　　5 处于严寒和寒冷地区二 b、三 a 类环境中的混凝土应使用引气剂，并可使用括号中的有关参数；
　　6 当使用非碱活性骨料时，对混凝土中的碱含量可不作限制。

3.0.12　地基处理工程是隐蔽工程。施工技术人员应掌握所承担工程的地基处理目的、加固原理、技术要求和质量标准等，才能根据场地情况和施工情况及时调整施工工艺和施工参数，实现设计要求。地基处理工程同时又是经验性很强的技术工作，根据场地勘测资料以及建筑物的地基要求进行设计，在现场实施中仍有许多与场地条件和设计要求不符合的情况，要求及时解决。地基处理工程施工结束后，必须按国家有关规定进行质量检验和验收。

4　换填垫层

4.1　一般规定

4.1.1　软弱土层系指主要由淤泥、淤泥质土、冲填土、杂填土或其他高压缩性土层构成的地基。在建筑地基的局部范围内有高压缩性土层时，应按局部软弱土层处理。

换填垫层适用于处理各类浅层软弱地基。当在建筑范围内上层软弱土较薄时，则可采用全部置换处理。对于较深厚的软弱土层，当仅将垫层局部置换上层软弱土层时，下卧软弱土层在荷载作用下的长期变形可能依然很大。例如，对较深厚的淤泥或淤泥质土类软弱地基，采用垫层仅置换上层软土后，通常可提高持力层的承载力，但不能解决由于深层土质软弱而造成地基变形量大对上部建筑物产生的有害影响；或者对于体型复杂、整体刚度差、或对差异变形敏感的建筑，均不应采用浅层局部换填的处理方法。

对于建筑范围内局部存在松填土、暗沟、暗塘、古井、古墓或拆除旧基础后的坑穴，可采用换填垫层进行地基处理。在这种局部的换填处理中，保持建筑地基整体变形均匀是换填应遵循的最基本的原则。

4.1.3　大面积换填处理，一般采用大型机械设备，场地条件应满足大型机械对下卧土层的施工要求，地下水位高时应采取降水措施，对分层土的厚度、压实效果及施工质量控制标准等均应通过试验确定。

4.1.4　开挖基坑后，利用分层回填夯压，也可处理较深的软弱土层。但换填基坑开挖过深，常因地下水位高，需要采用降水措施；坑壁放坡占地面积大或边坡需要支护及因此易引起邻近地面、管网、道路与建筑的沉降变形破坏；再则施工土方量大、弃土多等因素，常使处理工程费用增高、工期拖长、对环境的影响增大等。因此，换填法的处理深度通常控制在 3m 以内较为经济合理。

大面积填土产生的大范围地面负荷影响深度较深，地基压缩变形量大，变形延续时间长，与换填垫层浅层处理地基的特点不同，因而大面积填土地基的设计施工按照本规范第 6 章有关规定执行。

4.2 设　计

4.2.1 砂石是良好的换填材料，但对具有排水要求的砂垫层宜控制含泥量不大于 3%；采用粉细砂作为换填材料时，应改善材料的级配状况，在掺加碎石或卵石使其颗粒不均匀系数不小于 5 并拌合均匀后，方可用于铺填垫层。

石屑是采石场筛选碎石后的细粒废弃物，其性质接近于砂，在各地使用作为换填材料时，均取得了很好的成效。但应控制好含泥量及含粉量，才能保证垫层的质量。

黏土难以夯压密实，故换填时应避免采用作为换填材料，在不得已选用上述土料回填时，也应掺入不少于 30% 的砂石并拌合均匀后，方可使用。当采用粉质黏土大面积换填并使用大型机械夯压时，土料中的碎石粒径可稍大于 50mm，但不宜大于 100mm，否则将影响垫层的夯压效果。

灰土强度随土料中黏粒含量增高而加大，塑性指数小于 4 的粉土中黏含量太少，不能达到提高灰土强度的目的，因而不能用于拌合灰土。灰土所用的消石灰应符合优等品标准，储存期不超过 3 个月，所含活性 CaO 和 MgO 越高则胶结力越强。通常灰土的最佳含灰率约为 CaO+MgO 总量的 8%。石灰应消解 (3~4)d 并筛除生石灰块后使用。

粉煤灰可分为湿排灰和调湿灰。按其燃烧后形成玻璃体的粒径分析，应属粉土的范畴。但由于含有 CaO、SO_3 等成分，具有一定的活性，当与水作用时，因具有胶凝作用的火山灰反应，使粉煤灰垫层逐渐获得一定的强度与刚度，有效地改善了垫层地基的承载能力及减小变形的能力。不同于抗地震液化能力较低的粉土或粉砂，由于粉煤灰具有一定的胶凝作用，在压实系数大于 0.9 时，即可以抵抗 7 度地震液化。用于发电的燃煤常伴有微量放射性同位素，因而粉煤灰亦有时有弱放射性。作为建筑物垫层的粉煤灰应按照现行国家标准《建筑材料放射性核素限量》GB 6566 的有关规定作为安全使用的标准，粉煤灰含碱性物质，回填后碱成分在地下水中溶出，使地下水具弱碱性，因此应考虑其对地下水的影响并应对粉煤灰垫层中的金属构件、管网采取一定的防腐措施。粉煤灰垫层上宜覆盖 0.3m~0.5m 厚的黏性土，以防干灰飞扬，同时减少碱性对植物生长的不利影响，有利于环境绿化。

矿渣的稳定性是其是否适用于作换填垫层材料的最主要性能指标，原冶金部试验结果证明，当矿渣中 CaO 的含量小于 45% 及 FeS 与 MnS 的含量约为 1% 时，矿渣不会产生硅酸盐分解和铁锰分解，排渣时不浇石灰水，矿渣也就不会产生石灰分解，则该类矿渣性能稳定，可用于换填。对中、小型垫层可选用 8mm~40mm 与 40mm~60mm 的分级矿渣或 0mm~

60mm 的混合矿渣；较大面积换填时，矿渣最大粒径不宜大于 200mm 或大于分层铺填厚度的 2/3。与粉煤灰相同，对用于换填垫层的矿渣，同样要考虑放射性、对地下水和环境的影响及对金属管网、构件的影响。

土工合成材料（Geosynthetics）是近年来随着化学合成工业的发展而迅速发展起来的一种新型土工材料，主要由涤纶、尼龙、腈纶、丙纶等高分子化合物，根据工程的需要，加工成具有弹性、柔性、高抗拉强度、低延伸率、透水、隔水、反滤性、抗腐蚀性、抗老化性和耐久性的各种类型的产品。如土工格栅、土工格室、土工垫、土工带、土工网、土工膜、土工织物、塑料排水带及其他土工合成材料等。由于这些材料的优异性能及广泛的适用性，受到了工程界的重视，被迅速推广应用于河、海岸护坡、堤坝、公路、铁路、港口、堆场、建筑、矿山、电力等领域的岩土工程中，取得了良好的工程效果和经济效益。

用于换填垫层的土工合成材料，在垫层中主要起加筋作用，以提高地基土的抗拉和抗剪强度、防止垫层被拉断裂和剪切破坏、保持垫层的完整性、提高垫层的抗弯刚度。因此利用土工合成材料加筋的垫层有效地改变了天然地基的性状，增大了压力扩散角，降低了下卧土层的压力，约束了地基侧向变形，调整了地基不均匀变形，增大地基的稳定性并提高地基的承载力。由于土工合成材料的上述特点，将其用于软弱黏性土、泥炭、沼泽地区修建道路、堆场等取得了较好的成效，同时在部分建筑、构筑物的加筋垫层中应用，也取得了一定的效果。根据理论分析、室内试验以及工程实测的结果证明采用土工合成材料加筋垫层的作用机理为：(1) 扩散应力，加筋垫层刚度较大，增大了压力扩散角，有利于上部荷载扩散，降低垫层底面压力；(2) 调整不均匀沉降，由于加筋垫层的作用，加大了压缩层范围内地基的整体刚度，有利于调整基础的不均匀沉降；(3) 增大地基稳定性，由于加筋垫层的约束，整体上限制了地基土的剪切、侧向挤出及隆起。

采用土工合成材料加筋垫层时，应根据工程荷载的特点、对变形、稳定性的要求和地基土的工程性质、地下水性质及土工合成材料的工作环境等，选择土工合成材料的类型、布置形式及填料品种，主要包括：(1) 确定所需土工合成材料的类型、物理性质和主要的力学性质如允许抗拉强度及相应的伸长率、耐久性与抗腐蚀性等；(2) 确定土工合成材料在垫层中的布置形式、间距及端部的固定方式；(3) 选择适用的填料与施工方法等。此外，要通过验算、保证土工合成材料在垫层中不被拉断和拔出失效。同时还要检验垫层地基的强度和变形以确保满足设计的要求。最后通过静载荷试验确定垫层地基的承载能力。

土工合成材料的耐久性与老化问题，在工程界均有较多的关注。由于土工合成材料引入我国为时不久，目前未见在工程中老化而影响耐久性。英国已有近一百年的使用历史，效果较好。合成材料老化的主要因素：紫外线照射、60℃～80℃的高温或氧化等。在岩土工程中，由于土工合成材料是埋在地下的土层中，上述三个影响因素皆极微弱，故土工合成材料能满足常规建筑工程中的耐久性需要。

在加筋土垫层中，主要由土工合成材料承受拉应力，所以要求选用高强度、低徐变性、延伸率适宜的材料，以保证垫层及下卧层土体的稳定性。在软弱土层采用土工合成材料加筋垫层，由合成材料承受上部荷载产生的应力远高于软弱土中的应力，因此一旦由于合成材料超过极限强度产生破坏，随之荷载转移而由软弱土承受全部外荷，势将大大超过软弱土的极限强度，而导致地基的整体破坏；进而地基的失稳将会引起上部建筑产生较大的沉降，并使建筑结构造成严重的破坏。因此用于加筋垫层中的土工合成材料必须留有足够的安全系数，而绝不能使其受力后的强度等参数处于临界状态，以免导致严重的后果。

4.2.2 垫层设计应满足建筑地基的承载力和变形要求。首先垫层能换除基础下直接承受建筑荷载的软弱土层，代之以能满足承载力要求的垫层；其次荷载通过垫层的应力扩散，使下卧层顶面受到的压力满足小于或等于下卧层承载能力的条件；再者基础持力层被低压缩性的垫层代换，能大大减少基础的沉降量。因此，合理确定垫层厚度是垫层设计的主要内容。通常根据土层的情况确定需要换填的深度，对于浅层软土厚度不大的工程，应置换换全部软弱土。对需换填的软弱土层，首先应根据垫层的承载力确定基础的宽度和基底压力，再根据垫层下卧层的承载力，设置垫层的厚度，经本规范式（4.2.2-1）复核，最后确定垫层厚度。

下卧层顶面的附加压力值可以根据双层地基理论进行计算，但这种方法仅限于条形基础均布荷载的计算条件。也可以将双层地基视作均质地基，按均质连续各向同性半无限直线变形体的弹性理论计算。第一种方法计算比较复杂，第二种方法的假定又与实际双层地基的状态有一定误差。最常用的是扩散角法，按本规范式（4.2.2-2）或式（4.2.2-3）计算的垫层厚度虽比按弹性理论计算的结果略偏安全，但由于计算方法比较简便，易于理解又便于接受，故而在工程设计中得到了广泛的认可和使用。

压力扩散角应随垫层材料及下卧土层的力学特性差异而定，可按双层地基的条件来考虑。四川及天津曾先后对上硬下软的双层地基进行了现场静载荷试验及大量模型试验，通过实测软弱下卧层顶面的压力反算上部垫层的压力扩散角，根据模型试验实测压力，在垫层厚度等于基础宽度时，计算的压力扩散角均小于30°，而直观破裂角为30°。同时，对照耶戈洛夫双

层地基应力理论计算值，在较安全的条件下，验算下卧层承载力的垫层破坏的扩散角与实测土的破裂角相当。因此，采用理论计算值时，扩散角最大取30°。对小于30°的情况，以理论计算值为基础，求出不同垫层厚度时的扩散角θ。根据陕西、上海、北京、辽宁、广东、湖北等地的垫层试验，对于中砂、粗砂、砾砂、石屑的变形模量均在30MPa～45MPa的范围，卵石、碎石的变形模量可达35MPa～80MPa，而矿渣则可达到35MPa～70MPa。这类粗颗粒垫层材料与下卧的较软土层相比，其变形模量比值均接近或大于10，扩散角最大取30°；而对于其他常作换填材料的细粒土或粉煤灰垫层，碾压后变形模量可达到13MPa～20MPa，与粉质黏土垫层类似，该类垫层材料的变形模量与下卧较软土层的变形模量比值显著小于粗粒土垫层的比值，则可比较安全地按3来考虑，同时按理论值计算出扩散角θ。灰土垫层则根据北京的试验及北京、天津、西北等地经验，按一定压实要求的3:7或2:8灰土28d强度考虑，取θ为28°。因此，参照现行国家标准《建筑地基基础设计规范》GB 50007给出不同垫层材料的压力扩散角。

土夹石、砂夹石垫层的压力扩散角宜依据土与石、砂与石的配比，按静载荷试验结果确定，有经验时也可按地区经验选取。

土工合成材料加筋垫层一般用于z/b较小的薄垫层。对土工带加筋垫层，设置一层土工筋带时，θ宜取26°；设置两层及以上土工筋带时，θ宜取35°。

利用太原某现场工程加筋垫层原位静载荷试验，对土工带加筋垫层的压力扩散角进行验算。试验中加筋垫层土为碎石，粒径10mm～30mm，垫层尺寸为2.3m×2.3m×0.3m，基础底面尺寸为1.5m×1.5m。土工带加筋采用两种土工筋带：TG玻塑复合筋带（A型，极限抗拉强度σ_b＝94.3MPa）和CPE钢塑复合筋带（B型，极限抗拉强度σ_b＝139.4MPa）。根据不同的加筋参数和加筋材料，将此工程分为10种工况进行计算。具体工况参数如表3所示。以沉降为1.5%基础宽度处的荷载值作为基础底面处的平均压力值，垫层底面处的附加压力值为58.3kPa。基础底面处垫层土的自重压力值忽略不计。由式（4.2.2-3）分别计算加筋碎石垫层的压力扩散角值，结果列于表3。

表3 工况参数及压力扩散角

试验编号	A1	A2	A3	A4	A5	A6	A7	B6	B7	B8
加筋层数	1	1	1	1	1	2	2	2	2	2
首层间距(cm)	5	10	10	10	20	5	5	5	5	5

续表3

试验编号	A1	A2	A3	A4	A5	A6	A7	B6	B7	B8
层间距 (cm)	—	—	—	—	—	10	15	10	15	20
LDR (%)	33.3	50.0	33.3	25.0	33.3	33.3	33.3	33.3	33.3	33.3
$q_{0.015B}$ (kPa)	87.5	86.3	84.7	83.2	84.0	100.9	97.6	90.6	88.3	85.6
θ (°)	29.3	28.4	27.1	25.9	26.5	38.2	36.3	31.6	29.9	27.8

注：LDR—加筋线密度；$q_{0.015B}$—沉降为1.5%基础宽度处的荷载值；θ—压力扩散角。

收集了太原地区7项土工带加筋垫层工程，按照表4.2.2给出的压力扩散角取值验算是否满足式（4.2.2-1）要求。7项工程概况描述如下，工程基本

参数和压力扩散角取值列于表4。验算时，太原地区从地面到基础底面土的重度加权平均值取 $\gamma_m = 19kN/m^3$，加筋垫层重度碎石取 $21kN/m^3$，砂石取 $19.5kN/m^3$，灰土取 $16.5kN/m^3$，所用土工筋带均为 TG 玻塑复合筋带（A 型），η_d 取 1.5。验算结果列于表5。

表4 土工带加筋工程基本参数

工程编号	$L \times B$ (m)	d (m)	z (m)	N	$B \times h$ (mm)	U (m)	H (m)	LDR (%)	θ (°)
1	46.0×17.9	2.83	2.5	2	25×2.5	0.5	0.5	0.20	35
2	93.5×17.5	2.80	1.2	2	25×2.5	0.4	0.4	0.17	35
3	40.5×22.5	2.70	1.5	2	25×2.5	0.5	0.5	0.20	35
4	78.4×16.7	2.78	1.8	2	25×2.5	0.5	0.4	0.17	35
5	60.8×14.9	2.73	1.5	2	25×2.5	0.5	0.5	0.17	35
6	40.0×17.5	5.43	2.5	2	25×2.5	1.7	0.4	0.33	35
7	71.1×13.6	2.50	1.0	1	25×2.5	0.5		0.17	26

注：L—基础长度；B—基础宽度；d—基础埋深；z—垫层厚度；N—加筋层数；h—加筋带厚度；U—首层加筋间距；H—加筋间距；其他同表3。

表5 加筋垫层下卧层承载力计算

工程编号	p_k (kPa)	p_c (kPa)	p_z (kPa)	p_{cz} (kPa)	$p_z + p_{cz}$ (kPa)	f_{azk} (kPa)	深度修正部分的承载力 (kPa)	f_{az} (kPa)	实测沉降		
									最大沉降 (mm)	最小沉降 (mm)	平均沉降 (mm)
1	140	53.8	67.0	102.5	169.5	70	137.6	207.6	10.0	7.0	8.3
2	140	53.2	77.8	73.0	150.8	80	99.75	179.75	—	—	—
3	220	51.9	146.7	82.8	229.5	150	105.5	255.5	72	63	67.5
4	150	52.8	81.8	87.9	169.7	80	116.25	196.25	8.7	7.0	7.9
5	130	51.9	66.2	81.1	147.3	80	106.25	186.25	4.2	3.5	3.9
6	260	103.2	120.2	151.9	272.1	120	211.75	331.75	—	—	—
7	140	47.5	85.1	67.0	152.1	90	85.5	175.5	—	—	—

1—山西省机电设计研究院13号住宅楼（6层砖混，砂石加筋）；

2—山西省体委职工住宅楼（6层砖混，灰土加筋）；

3—迎泽房管所住宅楼（9层底框，碎石加筋）；

4—文化苑 E-4 号住宅楼（7层砖混，砂石加筋）；

5—文化苑 E-5 号住宅楼（6层砖混，砂石加筋）；

6—山西省交通干部学校综合教学楼(13层框剪，砂石加筋)；

7—某机关职工住宅楼（6层砖混，砂石加筋）。

4.2.3 确定垫层宽度时，除应满足应力扩散的要求外，还应考虑侧面土的强度条件，保证垫层应有足够的宽度，防止垫层材料向侧边挤出而增大垫层的竖向

变形量。当基础荷载较大，或对沉降要求较高，或垫层侧边土的承载力较差时，垫层宽度应适当加大。

垫层顶面每边超出基础底边应大于 $z\tan\theta$，且不得小于 300mm，如图1所示。

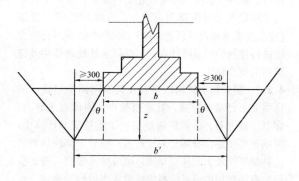

图1 垫层宽度取值示意

4.2.4 矿渣垫层的压实指标，由于干密度试验难于操作，误差较大。所以其施工的控制标准按目前的经验，在采用8t以上的平碾或振动碾施工时可按最后两遍压实的压陷差小于2mm控制。

4.2.5 经换填处理后的地基，由于理论计算方法尚不够完善，或由于较难选取有代表性的计算参数等原因，而难于通过计算准确确定地基承载力，所以，本条强调经换填垫层处理的地基其承载力宜通过试验、尤其是通过现场原位试验确定。对于按现行国家标准《建筑地基基础设计规范》GB 50007 设计等级为丙级的建筑物及一般的小型、轻型或对沉降要求不高的工程，在无试验资料或经验时，当施工达到本规范要求的压实标准后，初步设计时可以参考表6所列的承载力特征值取用。

表6 垫层的承载力

换填材料	承载力特征值 f_{ak} (kPa)
碎石、卵石	200~300
砂夹石（其中碎石、卵石占全重的 30%~50%）	200~250
土夹石（其中碎石、卵石占全重的 30%~50%）	150~200
中砂、粗砂、砾砂、圆砾、角砾	150~200
粉质黏土	130~180
石屑	120~150
灰土	200~250
粉煤灰	120~150
矿渣	200~300

注：压实系数小的垫层，承载力特征值取低值，反之取高值；原状矿渣垫层取低值，分级矿渣或混合矿渣垫层取高值。

4.2.6 我国软黏土分布地区的大量建筑物沉降观测及工程经验表明，采用换填垫层进行局部处理后，往往由于软弱下卧层的变形，建筑物地基仍将产生过大的沉降量及差异沉降量。因此，应按现行国家标准《建筑地基基础设计规范》GB 50007 中的变形计算方法进行建筑物的沉降计算，以保证地基处理效果及建筑物的安全使用。

4.2.7 粗粒换填材料的垫层在施工期间垫层自身的压缩变形已基本完成，且量值很小。因而对于碎石、卵石、砂夹石、砂和矿渣垫层，在地基变形计算中，可以忽略垫层自身部分的变形值；但对于细粒材料的尤其是厚度较大的换填垫层，则应计入垫层自身的变形，有关垫层的模量应根据试验或当地经验确定。在无试验资料或经验时，可参照表7选用。

表7 垫层模量（MPa）

垫层材料 \ 模量	压缩模量 E_s	变形模量 E_0
粉煤灰	8~20	—
砂	20~30	—
碎石、卵石	30~50	—
矿渣	—	35~70

注：压实矿渣的 E_0/E_s 比值可按 1.5~3.0 取用。

下卧层顶面承受换填材料本身的压力超过原天然土层压力较多的工程，地基下卧层将产生较大的变形。如工程条件许可，宜尽早换填，以使由此引起的大部分地基变形在上部结构施工之前完成。

4.2.9 加筋线密度为加筋带宽度与加筋带水平间距的比值。

对于土工加筋带端部可采用图2说明的胞腔式固定方法。

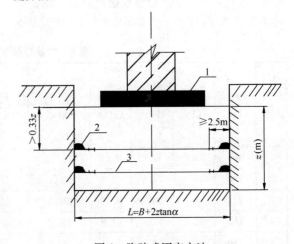

图2 胞腔式固定方法

1—基础；2—胞腔式砂石袋；3—筋带；z—加筋垫层厚度

工程案例分析：

场地条件：场地土层第一层为杂填土，厚度 0.7m~0.8m，在试验时已挖去；第二层为饱和粉土，作为主要受力层，其天然重度为 18.9kN/m³，土粒相对密度 2.69，含水量 31.8%，干重度 14.5kN/m³，孔隙比 0.881，饱和度 96%，液限 32.9%，塑限 23.7%，塑性指数 9.2，液性指数 0.88，压缩模量 3.93MPa。根据现场原土的静力触探和静载荷试验，结合本地区经验综合确定饱和粉土层的承载力特征值为 80kPa。

工程概况：矩形基础，建筑物基础平面尺寸为 60.8m×14.9m，基础埋深 2.73m。基础底面处的平均压力 p_k 取 130kPa。基础底部为软弱土层，需进行处理。

处理方法一：采用砂石进行换填，从地面到基础底面土的重度加权平均值取 19kN/m³，砂石重度取 19.5kN/m³。基础埋深的地基承载力修正系数取

1.0。假定 $z/B = 0.25$，如垫层厚度 z 取 3.73m，按本规范 4.2.2 条取压力扩散角 20°。计算得基础底面处的自重应力 p_c 为 51.9kPa，垫层底面处的自重应力 p_{cz} 为 124.6kPa，则垫层底面处的附加压力值 p_z 为 63.3kPa，垫层底面处的自重应力与附加压力之和为 187.9kPa，承载力深度修正值为 115.0kPa，垫层底面处土经深度修正后的承载力特征值为 195.0kPa，满足式（4.2.2-1）要求。

处理方法二：采用加筋砂石垫层。加筋材料采用 TG 玻塑复合筋带（极限抗拉强度 $\sigma_b = 94.3$MPa），筋带宽、厚分别为 25mm 和 2.5mm。两层加筋，首层加筋间距拟采用 0.6m，加筋带层间距拟采用 0.4m，加筋线密度拟采用 17%。压力扩散角取 35°。砂石垫层参数同上。基础底面处的自重应力 p_c 为 51.9kPa，假定垫层厚度为 1.5m，按式（4.2.2-3）计算加筋垫层底面处的附加压力值 p_z 为 66.6kPa，垫层底面处的自重应力 p_{cz} 为 81.2kPa，垫层底面处的自重应力与附加压力之和为 147.8kPa，计算得承载力深度修正值为 72.7kPa，垫层底面处土经深度修正后的承载力特征值为 152.7kPa＞147.8kPa，满足式（4.2.2-1）要求。由式（4.2.3）计算可得垫层底面最小宽度为 16.9m，取 17m。该工程竣工验收后，观测到的最终沉降量为 3.9mm，满足变形要求。

两种处理方法进行对比，可知，使用加筋垫层，可使垫层厚度比仅采用砂石换填时减少 60%。采用加筋垫层可以降低工程造价，施工更方便。

4.3 施 工

4.3.1 换填垫层的施工参数应根据垫层材料、施工机械设备及设计要求等通过现场试验确定，以求获得最佳密实效果。对于存在软弱下卧层的垫层，应针对不同施工机械设备的重量、碾压强度、振动力等因素，确定垫层底层的铺填厚度，使既能满足该层的压密条件，又能防止扰动下卧软弱土的结构。

4.3.3 为获得最佳密实效果，宜采用垫层材料的最优含水量 w_{op} 作为施工控制含水量。对于粉质黏土和灰土，现场可控制在最优含水量 w_{op} ±2%的范围内；当使用振动碾压时，可适当放宽下限范围值，即控制在最优含水量 w_{op} 的−6%～+2%范围内。最优含水量可按现行国家标准《土工试验方法标准》GB/T 50123 中轻型击实试验的要求求得。在缺乏试验资料时，也可近似取液限值的 60%；或按照经验采用塑限 w_p ±2%的范围值作为施工含水量的控制值，粉煤灰垫层不应采用浸水饱和施工法，其施工含水量应控制在最优含水量 w_{op} ±4%的范围内。若土料湿度过大或过小，应分别予以晾晒、翻松、掺入吸水材料或洒水湿润以调整土料的含水量。对于砂石料则可根据施工方法不同按经验控制适宜的施工含水量，即当用平板式振动器时可取 15%～20%；当用平碾或蛙式夯时可取 8%～12%；当用插入式振动器时宜为饱和。对于碎石及卵石应充分浇水湿透后夯压。

4.3.4 对垫层底部的下卧层中存在的软硬不均匀点，要根据其对垫层稳定及建筑物安全的影响确定处理方法。对不均匀沉降要求不高的一般性建筑，当下卧层中不均匀点范围小，埋藏很深，处于地基压缩层范围以外，且四周土层稳定时，对该不均匀点可不做处理。否则，应予挖除并根据与周围土质及密实度均匀一致的原则分层回填并夯压密实，以防止下卧层的不均匀变形对垫层及上部建筑产生危害。

4.3.5 垫层下卧层为软弱土层时，因其具有一定的结构强度，一旦被扰动则强度大大降低，变形大量增加，将影响到垫层及建筑的安全使用。通常的做法是，开挖基坑时应预留厚约 200mm 的保护层，待做好铺填垫层的准备后，对保护层挖一段随即用换填材料铺填一段，直到完成全部垫层，以保护下卧土层的结构不被破坏。按浙江、江苏、天津等地的习惯做法，在软弱下卧层顶面设置厚 150mm～300mm 的砂垫层，防止粗粒换填材料挤入下卧层时破坏其结构。

4.3.7 在同一栋建筑下，应尽量保持垫层厚度相同；对于厚度不同的垫层，应防止垫层厚度突变；在垫层较深部位施工时，应注意控制该部位的压实系数，以防止或减少由于地基处理厚度不同所引起的差异变形。

为保证灰土施工控制的含水量不致变化，拌合均匀后的灰土应在当日使用，灰土夯实后，在短时间内水稳性及硬化均较差，易受水浸而膨胀疏松，影响灰土的夯压质量。

粉煤灰分层碾压验收后，应及时铺填上层或封层，防止干燥或扰动使碾压层松胀密实度下降及扬起粉尘污染。

4.3.9 在地基土层表面铺设土工合成材料时，保证地基土层顶面平整，防止土工合成材料被刺穿、顶破。

4.4 质 量 检 验

4.4.1 垫层的施工质量检验可利用轻型动力触探或标准贯入试验法检验。必须首先通过现场试验，在达到设计要求压实系数的垫层试验区内，测得标准的贯入深度或击数，然后再以此作为控制施工压实系数的标准，进行施工质量检验。利用传统的贯入试验进行施工质量检验必须在有经验的地区通过对比试验确定检验标准，再在工程中实施。检验砂垫层使用的环刀容积不应小于 200cm³，以减少其偶然误差。在粗粒土垫层中的施工质量检验，可设置纯砂检验点，按环刀取样法检验，或采用灌水法、灌砂法进行检验。

4.4.2 换填垫层的施工必须在每层密实度检验合格后再进行下一工序施工。

4.4.3 垫层施工质量检验点的数量因各地土质条件

和经验不同而不同。本条按天津、北京、河南、西北等大部分地区多数单位的做法规定了条基、独立基础和其他基础面积的检验点数量。

4.4.4 竣工验收应采用静载荷试验检验垫层质量，为保证静载荷试验的有效影响深度不小于换填垫层处理的厚度，静载荷试验压板的面积不应小于 1.0m²。

5 预压地基

5.1 一般规定

5.1.1 预压处理地基一般分为堆载预压、真空预压和真空~堆载联合预压三类。降水预压和电渗排水预压在工程上应用甚少，暂未列入。堆载预压分塑料排水带或砂井地基堆载预压和天然地基堆载预压。通常，当软土层厚度小于 4.0m 时，可采用天然地基堆载预压处理，当软土层厚度超过 4.0m 时，为加速预压过程，应采用塑料排水带、砂井等竖向排水预压处理地基。对真空预压工程，必须在地基内设置排水竖井。

本条提出适用于预压地基处理的土类。对于在持续荷载作用下体积会发生很大压缩，强度会明显增长的土，这种方法特别适用。对超固结土，只有当土层的有效上覆压力与预压荷载所产生的应力水平明显大于土的先期固结压力时，土层才会发生明显的压缩。竖井排水预压对处理泥炭土、有机质土和其他次固结变形占很大比例的土处理后仍有较大的次固结变形，应考虑对工程的影响。当主固结变形与次固结变形相比所占比例较大时效果明显。

5.1.2 当需加固的土层有粉土、粉细砂或中粗砂等透水、透气层时，对加固区采取的密封措施一般有打设黏性土密封墙、开挖换填和垂直铺设密封膜穿过透水透气层等方法。对塑性指数大于 25 且含水量大于 85% 的淤泥，采用真空预压处理后的地基土强度有时仍然较低，因此，对具体的场地，需通过现场试验确定真空预压加固的适用性。

5.1.3 通过勘察查明土层的分布、透水层的位置及水源补给等，这对预压工程很重要，如对于黏土夹粉砂薄层的"千层糕"状土层，它本身具有良好的透水性，不必设置排水竖井，仅进行堆载预压即可取得良好的效果。对真空预压工程，查明处理范围内有无透水层（或透气层）及水源补给情况，关系到真空预压的成败和处理费用。

5.1.4 对重要工程，应预先选择代表性地段进行预压试验，通过试验区获得的竖向变形与时间关系曲线，孔隙水压力与时间关系曲线等推算土的固结系数。固结系数是预压工程地基固结计算的主要参数，可根据前期荷载所推算的固结系数预计后期荷载下地基不同时间的变形并根据实测值进行修正，这样就可

以得到更符合实际的固结系数。此外，由变形与时间曲线可推算出预压荷载下地基的最终变形、预压阶段不同时间的固结度等，为卸载时间的确定、预压效果的评价以及指导全场的设计与施工提供主要依据。

5.1.6 对预压工程，什么情况下可以卸载，这是工程上关心的问题，特别是对变形控制严格的工程，更加重要。设计时应根据所计算的建筑物最终沉降量并对照建筑物使用期间的允许变形值，确定预压期间应完成的变形量，然后按照工期要求，选择排水竖井直径、间距、深度和排列方式、确定预压荷载大小和加载历时，使在预定工期内通过预压完成设计所要求的变形量，使卸载后的残余变形满足建筑物允许变形要求。对排水竖井穿透压缩土层的情况，通过不太长时间的预压可满足设计要求，土层的平均固结度一般可达90% 以上。对排水竖井未穿透受压土层的情况，应分别使竖井深度范围土层和竖井底面以下受压土层的平均固结度和所完成的变形量满足设计要求。这样要求的原因是，竖井底面以下受压土层属单向排水，如土层厚度较大，则固结较慢，预压期间所完成的变形较小，难以满足设计要求，为提高预压效果，应尽可能加深竖井深度，使竖井底面以下受压土层厚度减小。

5.1.7 当建筑物的荷载超过真空压力且建筑物对地基的承载力和变形有严格要求时，应采用真空-堆载联合预压法。工程实践证明，真空预压和堆载预压效果可以叠加，条件是两种预压必须同时进行，如某工程 47m×54m 面积真空和堆载联合预压试验，实测的平均沉降结果如表 8 所示。某工程预压前后十字板强度的变化如表 9 所示。

表 8 实测沉降值

项 目	真空预压	加 30kPa 堆载	加 50kPa 堆载
沉降（mm）	480	680	840

表 9 预压前后十字板强度（kPa）

深度（m）	土 质	预压前	真空预压	真空-堆载预压
2.0~5.8	淤泥夹淤泥质粉质黏土	12	28	40
5.8~10.0	淤泥质黏土夹粉质黏土	15	27	36
10.0~15.0	淤泥	23	28	33

5.1.8 由于预压加固地基的范围一般较大，其沉降对周边有一定影响，应有一定安全距离；距离较近时应采取保护措施。

5.1.9 超载预压可减少处理工期，减少工后沉降量。工程应用时应进行试验性施工，在保证整体稳定条件下实施。

5.2 设　计

Ⅰ 堆载预压

5.2.1 本条中提出对含较多薄粉砂夹层的软土层，可不设置排水竖井。这种土层通常具有良好的透水性。表10为上海石化总厂天然地基上 10000m³ 试验油罐经 148d 充水预压的实测和推算结果。

该罐区的土层分布为：地表约 4m 的粉质黏土（"硬壳层"）其下为含粉砂薄层的淤泥质黏土，呈"千层糕"状构造。预计固结较快，地基未作处理，经 148d 充水预压后，固结度达 90% 左右。

表 10　从实测 s-t 曲线推算的 β、sf 等值

测点	2 号	5 号	10 号	13 号	16 个测点平均值	罐中心
实测沉降 s_t（cm）	87.0	87.5	79.5	79.4	84.2	131.9
β（1/d）	0.0166	0.0174	0.0174	0.0151	0.0159	0.0188
最终沉降 s_f（cm）	93.4	93.6	84.9	85.1	91.0	138.9
瞬时沉降 s_d（cm）	26.4	22.4	23.5	23.7	25.2	38.4
固结度 $\overline{U}$（%）	90.4	91.4	91.5	88.6	89.7	93.0

土层的平均固结度普遍表达式 $\overline{U}$ 如下：

$$\overline{U} = 1 - \alpha e^{-\beta t} \qquad (3)$$

式中 α、β 为和排水条件有关的参数，β 值与土的固结系数、排水距离等有关，它综合反映了土层的固结速率。从表10可看出罐区土层的 β 值较大。对照砂井地基，如台州电厂煤场砂井地基 β 值为 0.0207（1/d），而上海炼油厂油罐天然地基 β 值为 0.0248（1/d）。它们的值相近。

5.2.3 对于塑料排水带的当量换算直径 d_p，虽然许多文献都提供了不同的建议值，但至今还没有结论性的研究成果，式（5.2.3）是著名学者 Hansbo 提出的，国内工程上也普遍采用，故在规范中推荐使用。

5.2.5 竖井间距的选择，应根据地基土的固结特性，预定时间内所要求达到的固结度以及施工影响等通过计算、分析确定。根据我国的工程实践，普通砂井之井径比取 6～8，塑料排水带或袋装砂井之井径比取

15～22，均取得良好的处理效果。

5.2.6 排水竖井的深度，应根据建筑物对地基的稳定性、变形要求和工期确定。对以变形控制的建筑，竖井宜穿透受压土层。对受压土层深厚，竖井很长的情况，虽然考虑井阻影响后，土层径向排水平均固结度随深度而减小，但井阻影响程度取决于竖井的纵向通水量 q_w 与天然土层水平向渗透系数 k_h 的比值大小和竖井深度等。对于竖井深度 $L = 30m$，井径比 $n = 20$，径向排水固结时间因子 $T_h = 0.86$，不同比值 q_w/k_h 时，土层在深度 $z = 1m$ 和 30m 处根据 Hansbo（1981）公式计算之径向排水平均固结度 $\overline{U}_r$ 如表11所示。

表 11　Hansbo（1981）公式计算之径向排水平均固结度 $\overline{U}_r$

z（m） ＼ q_w/k_h（m²）	300	600	1500
1	0.91	0.93	0.95
30	0.45	0.63	0.81

由表可见，在深度 30m 处，土层之径向排水平均固结度仍较大，特别是当 q_w/k_h 较大时。因此，对深厚受压土层，在施工能力可能时，应尽可能加深竖井深度，这对加速土层固结，缩短工期是很有利的。

5.2.7 对逐渐加载条件下竖井地基平均固结度的计算，本规范采用的是改进的高木俊介法，该公式理论上是精确解，而且无需先计算瞬时加载条件下的固结度，再根据逐渐加载条件进行修正，而是两者合并计算出修正后的平均固结度，而且公式适用于多种排水条件，可应用于考虑井阻及涂抹作用的径向平均固结度计算。

算例：

已知：地基为淤泥质黏土层，固结系数 $c_h = c_v = 1.8 \times 10^{-3}$ cm²/s，受压土层厚 20m，袋装砂井直径 $d_w = 70mm$，袋装砂井为等边三角形排列，间距 $l = 1.4m$，深度 $H = 20m$，砂井底部为不透水层，砂井打穿受压土层。预压荷载总压力 $p = 100kPa$，分两级等速加载，如图3所示。

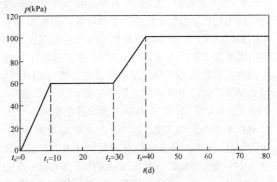

图 3　加载过程

求：加荷开始后 120d 受压土层之平均固结度（不考虑竖井井阻和涂抹影响）。

计算：

受压土层平均固结度包括两部分：径向排水平均固结度和向上竖向排水平均固结度。按公式（5.2.7）计算，其中 α、β 由表 5.2.7 知：

$$\alpha = \frac{8}{\pi^2} = 0.81$$

$$\beta = \frac{8c_h}{F_n d_e^2} + \frac{\pi^2 c_v}{4H^2}$$

根据砂井的有效排水圆柱体直径 $d_e = 1.05l = 1.05 \times 1.4 = 1.47\text{m}$

径井比 $n = d_e/d_w = 1.47/0.07 = 21$，则

$$
\begin{aligned}
F_n &= \frac{n^2}{n^2-1}\ln(n) - \frac{3n^2-1}{4n^2} \\
&= \frac{21^2}{21^2-1}\ln(21) - \frac{3 \times 21^2 - 1}{4 \times 21^2} \\
&= 2.3
\end{aligned}
$$

$$
\begin{aligned}
\beta &= \frac{8 \times 1.8 \times 10^{-3}}{2.3 \times 147^2} + \frac{3.14^2 \times 1.8 \times 10^{-3}}{4 \times 2000^2} \\
&= 2.908 \times 10^{-7}(\text{l/s}) \\
&= 0.0251(\text{l/d})
\end{aligned}
$$

第一级荷载的加荷速率 $\dot{q}_1 = 60/10 = 6\text{kPa/d}$
第二级荷载的加荷速率 $\dot{q}_2 = 40/10 = 4\text{kPa/d}$
固结度计算：

$$
\begin{aligned}
\overline{U}_t &= \sum \frac{\dot{q}_i}{\sum \Delta p}\left[(T_i - T_{i-1}) - \frac{\alpha}{\beta}e^{-\beta t}(e^{\beta T_i} - e^{\beta T_{i-1}})\right] \\
&= \frac{\dot{q}_1}{\sum \Delta p}\left[(t_1 - t_0) - \frac{\alpha}{\beta}e^{-\beta t}(e^{\beta t_1} - e^{\beta t_0})\right] \\
&\quad + \frac{\dot{q}_2}{\sum \Delta p}\left[(t_3 - t_2) - \frac{\alpha}{\beta}e^{-\beta t}(e^{\beta t_3} - e^{\beta t_2})\right] \\
&= \frac{6}{100}\left[(10-0) - \frac{0.81}{0.0251}\right. \\
&\quad \left. e^{-0.0251 \times 120}(e^{0.0251 \times 10} - e^0)\right] \\
&\quad + \frac{4}{100}\left[(40-30) - \frac{0.81}{0.0251}\right. \\
&\quad \left. e^{-0.0251 \times 120}(e^{0.0251 \times 40} - e^{0.0251 \times 30})\right] \\
&= 0.93
\end{aligned}
$$

5.2.8 竖井采用挤土方式施工时，由于井壁涂抹及对周围土的扰动而使土的渗透系数降低，因而影响土层的固结速率，此即为涂抹影响。涂抹对土层固结速率的影响大小取决于涂抹区直径 d_s 和涂抹区土的水平向渗透系数 k_s 与天然土层水平渗透系数 k_h 的比值。图 4 反映了这两个因素对土层固结时间因子的影响，图中 $T_{h90}(s)$ 为不考虑井阻仅考虑涂抹影响时，土层径向排水平均固结度 $\overline{U}_r = 0.9$ 时之固结时间因子。由图可见，涂抹对土层固结速率影响显著，在固结度计算中，涂抹影响应予考虑。对涂抹区直径 d_s，有的文献取 $d_s = (2 \sim 3)d_m$，其中，d_m 为竖井施工套管横

截面积当量直径。对涂抹区土的渗透系数，由于土被扰动的程度不同，愈靠近竖井，k_s 愈小。关于 d_s 和 k_s 大小还有待进一步积累资料。

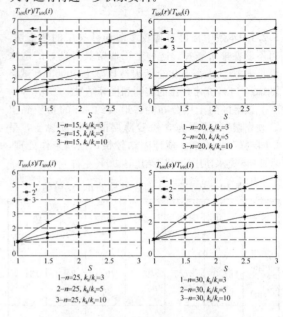

1—$n=15$, $k_h/k_s=3$
2—$n=15$, $k_h/k_s=5$
3—$n=15$, $k_h/k_s=10$

1—$n=20$, $k_h/k_s=3$
2—$n=20$, $k_h/k_s=5$
3—$n=20$, $k_h/k_s=10$

1—$n=25$, $k_h/k_s=3$
2—$n=25$, $k_h/k_s=5$
3—$n=25$, $k_h/k_s=10$

1—$n=30$, $k_h/k_s=3$
2—$n=30$, $k_h/k_s=5$
3—$n=30$, $k_h/k_s=10$

图 4　涂抹对土层固结速率的影响

如不考虑涂抹仅考虑井阻影响，即 $F = F_n + F_r$，由反映井阻影响的参数 F_r 的计算式可见，井阻大小取决于竖井深度和竖井纵向通水量 q_w 与天然土层水平向渗透系数 k_h 的比值。如以竖井地基径向平均固结度达到 $\overline{U}_r = 0.9$ 为标准，则可求得不同竖井深度，不同井径比和不同 q_w/k_h 比值时，考虑井阻影响（$F = F_n + F_r$）和理想井条件（$F = F_n$）之固结时间因子 $T_{h90}(r)$ 和 $T_{h90}(i)$。比值 $T_{h90}(r)/T_{h90}(i)$ 与 q_w/k_h 的关系曲线见图 5。

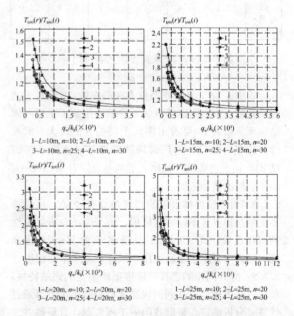

1—$L=10\text{m}$, $n=10$; 2—$L=10\text{m}$, $n=20$
3—$L=10\text{m}$, $n=25$; 4—$L=10\text{m}$, $n=30$

1—$L=15\text{m}$, $n=10$; 2—$L=15\text{m}$, $n=20$
3—$L=15\text{m}$, $n=25$; 4—$L=15\text{m}$, $n=30$

1—$L=20\text{m}$, $n=10$; 2—$L=20\text{m}$, $n=20$
3—$L=20\text{m}$, $n=25$; 4—$L=20\text{m}$, $n=30$

1—$L=25\text{m}$, $n=10$; 2—$L=25\text{m}$, $n=20$
3—$L=25\text{m}$, $n=25$; 4—$L=25\text{m}$, $n=30$

图 5　井阻对土层固结速率的影响

由图可知，对不同深度的竖井地基，如以 $T_{h90}(r)/T_{h90}(i) \leqslant 1.1$ 作为可不考虑井阻影响的标准，则可得到相应的 q_w/k_h 值，因而可得到竖井所需要的通水量 q_w 理论值，即竖井在实际工作状态下应具有的纵向通水量值。对塑料排水带来说，它不同于实验室按一定实验标准测定的通水量值。工程上所选用的通过实验测定的产品通水量应比理论通水量高。设计中如何选用产品的纵向通水量是工程上所关心而又很复杂的问题，它与排水带深度、天然土层和涂抹后土渗透系数、排水带实际工作状态和工期要求等很多因素有关。同时，在预压过程中，土层的固结速率也是不同的，预压初期土层固结较快，需通过塑料排水带排出的水量较大，而塑料排水带的工作状态相对较好。关于塑料排水带的通水量问题还有待进一步研究和在实际工程中积累更多的经验。

对砂井，其纵向通水量可按下式计算：

$$q_w = k_w \cdot A_w = k_w \cdot \pi d_w^2/4 \qquad (4)$$

式中，k_w 为砂料渗透系数。作为具体算例，取井径比 $n = 20$；袋装砂井直径 $d_w = 70\text{mm}$ 和 100mm 两种；土层渗透系数 $k_h = 1 \times 10^{-6}\text{cm/s}$，$5 \times 10^{-7}\text{cm/s}$，$1 \times 10^{-7}\text{cm/s}$ 和 $1 \times 10^{-8}\text{cm/s}$，考虑井阻影响时的时间因子 $T_{h90}(r)$ 与理想井时间因子 $T_{h90}(i)$ 的比值列于表12，相应的 q_w/k_h 列于表13中。从表的计算结果看，对袋装砂井，宜选用较大的直径和较高的砂料渗透系数。

表12 井阻时间因子 T_{h90} (r)
与理想井时间因子 T_{h90} (i) 的比值

砂井砂料渗透系数 (cm/s)	土层渗透系数 (cm/s)	袋装砂井直径 (mm) / 砂井深度 (m)			
		70		100	
		10	20	10	20
1×10^{-2}	1×10^{-6}	3.85	12.41	2.40	6.60
	5×10^{-7}	2.43	6.71	1.70	3.80
	1×10^{-7}	1.29	2.14	1.14	1.56
	1×10^{-8}	1.03	1.11	1.01	1.06
5×10^{-2}	1×10^{-6}	1.57	3.29	1.28	2.12
	5×10^{-7}	1.29	2.14	1.14	1.56
	1×10^{-7}	1.06	1.23	1.03	1.11
	1×10^{-8}	1.01	1.02	1.00	1.01

表13 q_w/k_h (m²)

砂井砂料渗透系数 (cm/s)	土层渗透系数 (cm/s)	袋装砂井直径 (mm)	
		70	100
1×10^{-2}	1×10^{-6}	38.5	78.5
	5×10^{-7}	77.0	157.0
	1×10^{-7}	385.0	785.0
	1×10^{-8}	3850.0	7850.0
5×10^{-2}	1×10^{-6}	192.3	392.5
	5×10^{-7}	384.6	785.0
	1×10^{-7}	1923.0	3925.0
	1×10^{-8}	19230.0	39250.0

算例：

已知：地基为淤泥质黏土层，水平向渗透系数 $k_h = 1 \times 10^{-7}\text{cm/s}$，$c_v = c_h = 1.8 \times 10^{-3}\text{cm}^2/\text{s}$，袋装砂井直径 $d_w = 70\text{mm}$，砂料渗透系数 $k_w = 2 \times 10^{-2}\text{cm/s}$，涂抹区土的渗透系数 $k_s = 1/5 \times k_h = 0.2 \times 10^{-7}\text{cm/s}$。取 $s = 2$，袋装砂井为等边三角形排列，间距 $l = 1.4\text{m}$，深度 $H = 20\text{m}$，砂井底部为不透水层，砂井打穿受压土层。预压荷载总压力 $p = 100\text{kPa}$，分两级等速加载，如图3所示。

求：加载开始后120d受压土层之平均固结度。

计算：

袋装砂井纵向通水量

$$q_w = k_w \times \pi d_w^2/4$$
$$= 2 \times 10^{-2} \times 3.14 \times 7^2/4 = 0.769 \text{ cm}^3/\text{s}$$

$$F_n = \ln(n) - 3/4 = \ln(21) - 3/4 = 2.29$$

$$F_r = \frac{\pi^2 L^2}{4} \frac{k_h}{q_w} = \frac{3.14^2 \times 2000^2}{4} \times \frac{1 \times 10^{-7}}{0.769} = 1.28$$

$$F_s = \left(\frac{k_h}{k_s} - 1\right)\ln s = \left(\frac{1 \times 10^{-7}}{0.2 \times 10^{-7}} - 1\right)\ln 2 = 2.77$$

$$F = F_n + F_r + F_s = 2.29 + 1.28 + 2.77 = 6.34$$

$$\alpha = \frac{8}{\pi^2} = 0.81$$

$$\beta = \frac{8c_h}{Fd_e^2} + \frac{\pi^2 c_v}{4H^2}$$

$$= \frac{8 \times 1.8 \times 10^{-3}}{6.34 \times 147^2} + \frac{3.14^2 \times 1.8 \times 10^{-3}}{4 \times 2000^2}$$

$$= 1.06 \times 10^{-7} \text{ (l/s)} = 0.0092 \text{ (l/d)}$$

$$\overline{U}_t = \frac{\dot{q}_1}{\sum \Delta p}\left[(t_1 - t_0) - \frac{\alpha}{\beta}e^{-\beta t}(e^{\beta t_1} - e^{\beta t_0})\right]$$

$$+ \frac{\dot{q}_2}{\sum \Delta p}\left[(t_3 - t_2) - \frac{\alpha}{\beta}e^{-\beta t}(e^{\beta t_3} - e^{\beta t_2})\right]$$

$$= \frac{6}{100}\left[(10-0) - \frac{0.81}{0.0092}\right.$$

$$e^{-0.0092 \times 120}(e^{0.0092 \times 10} - e^0)\right]$$

$$+ \frac{4}{100}\left[(40-30) - \frac{0.81}{0.0092}\right.$$

$$e^{-0.0092 \times 120}(e^{0.0092 \times 40} - e^{0.0092 \times 30})\right]$$

$$= 0.68$$

5.2.9 对竖井未穿透受压土层的地基，当竖井底面以下受压土层较厚时，竖井范围土层平均固结度与竖井底面以下土层的平均固结度相差较大，预压期间所完成的固结变形量也因之相差较大，如若将固结度按整个受压土层平均，则与实际固结度沿深度的分布不符，且掩盖了竖井底面以下土层固结缓慢，预压期间完成的固结变形量小，建筑物使用以后剩余沉降持续时间长等实际情况。同时，按整个受压土层平均，使竖井范围土层固结度比实际降低而影响稳定分析结果。因此，竖井范围与竖井底面以下土层的固结度和相应的固结变形应分别计算，不宜按整个受压土层平均计算。

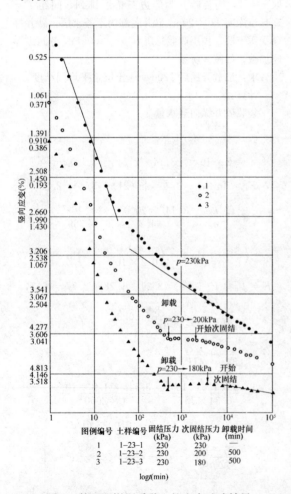

图例编号　土样编号　固结压力　次固结压力　卸载时间
　　　　　　　　　　(kPa)　　(kPa)　　(min)
　　1　　1-23-1　　230　　　230　　　——
　　2　　1-23-2　　230　　　200　　　500
　　3　　1-23-3　　230　　　180　　　500

log*t*(min)

图6　某工程淤泥质黏土的室内试验结果

5.2.11 饱和软黏土根据其天然固结状态可分成正常固结土、超固结土和欠固结土。显然，对不同固结状态的土，在预压荷载下其强度增长是不同的，由于超固结土和欠固结土强度增长缺乏实测资料，本规范暂未能提出具体预计方法。

对正常固结饱和黏性土，本规范所采用的强度计算公式已在工程上得到广泛的应用。该法模拟了压应力作用下土体排水固结引起的强度增长，而不模拟剪缩作用引起的强度增长，它可直接用十字板剪切试验结果来检验计算值的准确性。该式可用于竖井地基有效固结压力法稳定分析。

$$\tau_{ft} = \tau_{f0} + \Delta\sigma_z \cdot U_t \tan\varphi_{cu} \quad (5)$$

式中 τ_{f0} 为地基土的天然抗剪强度，由计算点土的自重应力和三轴固结不排水试验指标 φ_{cu} 计算或由原位十字板剪切试验测定。

5.2.12 预压荷载下地基的变形包括瞬时变形、主固结变形和次固结变形三部分。次固结变形大小和土的性质有关。泥炭土、有机质土或高塑性黏土土层，次固结变形较显著，而其他土则所占比例不大，如忽略次固结变形，则受压土层的总变形由瞬时变形和主固结变形两部分组成。主固结变形工程上通常采用单向压缩分层总和法计算，这只有当荷载面积的宽度或直径大于受压土层的厚度时才较符合计算条件，否则应对变形计算值进行修正以考虑三向压缩的效应。但研究结果表明，对于正常固结或稍超固结土地基，三向修正是不重要的。因此，仍可按单向压缩计算。经验系数 ξ 考虑了瞬时变形和其他影响因素，根据多项工程实测资料推算，正常固结黏性土地基的 ξ 值列于表14。

表14　正常固结黏性土地基的 ξ 值

序号	工程名称	固结变形量 s_c (cm)	最终竖向变形量 s_f (cm)	经验系数 $\xi = s_f/s_c$	备注
1	宁波试验路堤	150.2	209.2	1.38	砂井地基，s_f 由实测曲线推算
2	舟山冷库	104.8	132.0	1.32	砂井预压，压力 $p=110$kPa
3	广东某铁路路堤	97.5	113.0	1.16	—
4	宁波栎社机场	102.9	111.0	1.08	袋装砂井预压，此为场道中心点 ξ 值，道边点 $\xi=1.11$
5	温州机场	110.8	123.6	1.12	袋装砂井预压，此为场道中心点 ξ 值，道边点 $\xi=1.07$

续表14

序号	工程名称		固结变形量 s_c (cm)	最终竖向变形量 s_f (cm)	经验系数 $\xi = s_f/s_c$	备注
6	上海金山油罐	罐中心	100.5	138.9	1.38	10000m³ 油罐 p = 164.3kPa，天然地基充水预压。罐边缘沉降为16个测点平均值，s_f 由实测曲线推算
		罐边缘	65.8	91.0	1.38	
7	上海油罐	罐中心	76.2	111.1	1.46	20000m³ 油罐，p = 210kPa，罐边缘沉降为12个测点平均值，s_f 由实测曲线推算
		罐边缘	63.0	76.3	1.21	
8	帕斯科克拉炼油厂油罐		18.3	24.4	1.33	p = 210kPa，s_f 为实测值
9	格兰岛油罐		48.3	53.4	1.10	s_c、s_f 均为实测值
			47.0	53.4	1.13	

5.2.16 预压地基大部分为软土地基，地基变形计算仅考虑固结变形，没有考虑荷载施加后的次固结变形。对于堆载预压工程的卸载时间应从安全性考虑，其固结度不宜少于90%，现场检测的变形速率应有明显变缓趋势才能卸载。

Ⅱ 真空预压

5.2.17 真空预压处理地基必须设置塑料排水带或砂井，否则难以奏效。交通部第一航务工程局曾在现场做过试验，不设置砂井，抽气两个月，变形仅几个毫米，达不到处理目的。

5.2.19 真空度在砂井内的传递与井料的颗粒组成和渗透性有关。根据天津的资料，当井料的渗透系数 k = 1×10^{-2} cm/s 时，10m 长的袋装砂井真空度降低约 10%，当砂井深度超过 10m 时，为了减小真空度沿深度的损失，对砂井砂料有更高的要求。

5.2.21 真空预压效果与预压区面积大小及长宽比等有关。表15为天津新港现场预压试验的实测结果。

表15 预压区面积大小影响

预压区面积（m²）	264	1250	3000
中心点沉降量（mm）	500	570	740~800

此外，在真空预压区边缘，由于真空度会向外部扩散，其加固效果不如中部，为了使预压区加固效果比较均匀，预压区应大于建筑物基础轮廓线，并不小

于 3.0m。

5.2.22 真空预压的效果和膜内真空度大小关系很大，真空度越大，预压效果越好。如真空度不高，加上砂井井阻影响，处理效果将受到较大影响。根据国内许多工程经验，膜内真空度一般都能达到 86.7kPa（650mmHg）以上。这也是真空预压应达到的基本真空度。

5.2.25 对堆载预压工程，由于地基将产生体积不变的向外的侧向变形而引起相应的竖向变形，所以，按单向压缩分层总和法计算固结变形时尚应乘 1.1~1.4 的经验系数 ξ 以反映地基向外侧向变形的影响。对真空预压工程，在抽真空过程中将产生向内的侧向变形，这是因为抽真空时，孔隙水压力降低，水平方向增加了一个向负压源的压力 $\Delta\sigma_3 = -\Delta u$，考虑到其对变形的减少作用，将堆载预压的经验系数适当减小。根据《真空预压加固软土地基技术规程》JTS 147-2-2009 推荐的 ξ 的经验值，取 1.0~1.3。

5.2.28 真空预压加固软土地基应进行施工监控和加固效果检测，满足卸载标准时方可卸载。真空预压加固卸载标准可按下列要求确定：

1 沉降-时间曲线达到收敛，实测地面沉降速率连续 5d~10d 平均沉降量小于或等于 2mm/d；

2 真空预压所需的固结度宜大于 85%~90%，沉降要求严格时取高值；

3 加固时间不少于 90d；

4 对工后沉降有特殊要求时，卸载时间除需满足以上标准外，还需通过计算剩余沉降量来确定卸载时间。

Ⅲ 真空和堆载联合预压

5.2.29 真空和堆载联合预压加固，二者的加固效果可以叠加，符合有效应力原理，并经工程试验验证。真空预压是逐渐降低土体的孔隙水压力，不增加总应力条件下增加土体有效应力；而堆载预压是增加土体总应力和孔隙水压力，并随着孔隙水压力的逐渐消散而使有效应力逐渐增加。当采用真空-堆载联合预压时，既抽真空降低孔隙水压力，又通过堆载增加总应力。开始时抽真空使土中孔隙水压力降低有效应力增大，经不长时间（7d~10d）在土体保持稳定的情况下堆载，使土体产生正孔隙水压力，并与抽真空产生的负孔隙水压力叠加。正负孔隙水压力的叠加，转化的有效应力为消散的正、负孔隙水压力绝对值之和。现以瞬间加荷为例，对土中任一点 m 的应力转化加以说明。m 点的深度为地面下 h_m，地下水位假定与地面齐平，堆载引起 m 点的总应力增量为 $\Delta\sigma_1$，土的有效重度 γ'，水重度 γ_w，大气压力 p_a，抽真空土中 m 点大气压力逐渐降低至 p_n，t 时间的固结度为 U_1，不同时间土中 m 点总应力和有效应力如表16所示。

表16　土中任意点（m）有效应力-孔隙水压力随时间转换关系

情况	总应力 σ	有效应力 σ'	孔隙水压力 u
$t=0$ （未抽真空未堆载）	σ_0	$\sigma'_0 = \gamma' h_m$	$u_0 = \gamma_w h_m + p_a$
$0 \leqslant t \leqslant \infty$ （既抽真空又堆载）	$\sigma_t = \sigma_0 + \Delta\sigma_1$	$\sigma'_t = \gamma' h_m + [(p_a - p_n) + \Delta\sigma_1]U_1$	$u_t = \gamma' h_m + p_n + [(p_a - p_n) + \Delta\sigma_1](1-U_1)$
$t \to \infty$ （既抽真空又堆载）	$\sigma_t = \sigma_0 + \Delta\sigma_1$	$\sigma'_t = \gamma' h_m + (p_a - p_n) + \Delta\sigma_1$	$u = \gamma_w h_m + p_a$

5.2.34 目前真空-堆载联合预压的工程，经验系数 ξ 尚缺少资料，故仍按真空预压的参数推算。

5.3　施　工

Ⅰ　堆载预压

5.3.6 塑料排水带施工所用套管应保证插入地基中的带子平直、不扭曲。塑料排水带的纵向通水量除与侧压力大小有关外，还与排水带的平直、扭曲程度有关。扭曲的排水带将使纵向通水量减小。因此施工所用套管应采用菱形断面或出口段扁矩形断面，不应全长都采用圆形断面。

袋装砂井施工所用套管直径宜略大于砂井直径，主要是为了减小对周围土的扰动范围。

5.3.9 对堆载预压工程，当荷载较大时，应严格控制加载速率，防止地基发生剪切破坏或产生过大的塑性变形。工程上一般根据竖向变形、边桩水平位移和孔隙水压力等监测资料按一定标准控制。最大竖向变形控制每天不超过 10mm～15mm，对竖井地基取高值，天然地基取低值；边桩水平位移每天不超过5mm。孔隙水压力的控制，目前尚缺少经验。对分级加载的工程（如油罐充水预压），可将测点的观测资料整理成每级荷载下孔隙水压力增量累加值 $\Sigma\Delta u$ 与相应荷载增量累加值 $\Sigma\Delta p$ 关系曲线（$\Sigma\Delta u$-$\Sigma\Delta p$ 关系曲线）。对连续逐渐加载工程，可将测点孔压 u 与观测时间相应的荷载 p 整理成 u-p 曲线。当以上曲线斜率出现陡增时，认为该点已发生剪切破坏。

应当指出，按观测资料进行地基稳定性控制是一项复杂的工作，控制指标取决于多种因素，如地基土的性质、地基处理方法、荷载大小以及加载速率等。软土地基的失稳通常经历从局部剪切破坏到整体剪切破坏的过程，这个过程要有数天时间。因此，应对孔隙水压力、竖向变形、边桩水平位移等观测资料进行综合分析，密切注意它们的发展趋势，这是十分重要的。对铺设有土工织物的堆载工程，要注意突发性的破坏。

Ⅱ　真空预压

5.3.11 由于各种原因射流真空泵全部停止工作，膜内真空度随之全部卸除，这将直接影响地基预压效果，并延长预压时间，为避免膜内真空度在停泵后很快降低，在真空管路中应设置止回阀和截门。当预计停泵时间超过 24h 时，则应关闭截门。所用止回阀及截门都应符合密封要求。

5.3.12 密封膜铺三层的理由是，最下一层和砂垫层相接触，膜容易被刺破，最上一层膜易受环境影响，如老化、刺破等，而中间一层膜是最安全最起作用的一层膜。膜的密封有多种方法，就效果来说，以膜上全面覆水最好。

Ⅲ　真空和堆载联合预压

5.3.15～5.3.17 堆载施工应保护真空密封膜，采取必要的保护措施。

5.3.18 堆载施工应在整体稳定的基础上分级进行，控制标准暂按堆载预压的标准控制。

5.4　质量检验

5.4.1 对于以抗滑稳定性控制的重要工程，应在预压区内预留孔位，在堆载不同阶段进行原位十字板剪切试验和取土进行室内土工试验，根据试验结果验算下一级荷载地基的抗滑稳定性，同时也检验地基处理效果。

在预压期间应及时整理竖向变形与时间、孔隙水压力与时间等关系曲线，并推算地基的最终竖向变形、不同时间的固结度以分析地基处理效果，并为确定卸载时间提供依据。工程上往往利用实测变形与时间关系曲线按以下公式推算最终竖向变形量 s_f 和参数 β 值：

$$s_f = \frac{s_3(s_2 - s_1) - s_2(s_3 - s_2)}{(s_2 - s_1) - (s_3 - s_2)} \tag{6}$$

$$\beta = \frac{1}{t_2 - t_1}\ln\frac{s_2 - s_1}{s_3 - s_2} \tag{7}$$

式中 s_1、s_2、s_3 为加荷停止后时间 t_1、t_2、t_3 相应的竖向变形量，并取 $t_2 - t_1 = t_3 - t_2$。停荷后预压时间延续越长，推算的结果越可靠。有了 β 值即可计算出受压土层的平均固结系数，也可计算出任意时间的固结度。

利用加载停歇时间的孔隙水压力 u 与时间 t 的关系曲线按下式可计算出参数 β：

$$\frac{u_1}{u_2} = e^{\beta(t_2 - t_1)} \tag{8}$$

式中 u_1、u_2 为相应时间 t_1、t_2 的实测孔隙水压力值。β 值反映了孔隙水压力测点附近土体的固结速率，而按式（7）计算的 β 值则反映了受压土层的平均固结速率。

5.4.2 本条是预压地基的竣工验收要求。检验预压所完成的竖向变形和平均固结度是否满足设计要求；原位试验检验和室内土工试验预压后的地基强度是否满足设计要求。

6 压实地基和夯实地基

6.1 一 般 规 定

6.1.1 本条对压实地基的适用范围作出规定，浅层软弱地基以及局部不均匀地基换填处理应按照本规范第 4 章的有关规定执行。

6.1.2 夯实地基包括强夯和强夯置换地基，本条对强夯和强夯置换法的适用范围作出规定。

6.1.3 压实、夯实地基的承载力确定应符合本规范附录 A 的要求。

6.2 压 实 地 基

6.2.1 压实填土地基包括压实填土及其下部天然土层两部分，压实填土地基的变形也包括压实填土及其下部天然土层的变形。压实填土需通过设计，按设计要求进行分层压实，对其填料性质和施工质量有严格控制，其承载力和变形需满足地基设计要求。

压实机械包括静力碾压，冲击碾压，振动碾压等。静力碾压压实机械是利用碾轮的重力作用；振动式压路机是通过振动作用使被压土层产生永久变形而密实。碾压和冲击作用的冲击式压路机其碾轮分为：光碾、槽碾、羊足碾和轮胎碾等。光碾压路机压实的表面平整光滑，使用最广，适用于各种路面、垫层、飞机场道面和广场等工程的压实。槽碾、羊足碾单位压力较大，压实层厚，适用于路基、堤坝的压实。轮胎式压路机轮胎气压可调节，可增减压重，单位压力可变，压实过程有揉搓作用，使压实土层均匀密实，且不伤路面，适用于道路、广场等垫层的压实。

近年来，开山填谷、炸山填海、围海造田、人造景观等大面积填土工程越来越多，填土边坡最大高度已经达到 100 多米，大面积填方压实地基的工程案例很多，但工程事故也不少，应引起足够的重视。包括填土下的原天然地基的承载力、变形和稳定性要经过验算并满足设计要求后才可以进行填土的填筑和压实。一般情况下应进行基底处理。同时，应重视大面积填方工程的排水设计和半挖半填地基上建筑物的不均匀变形问题。

6.2.2 本条为压实填土地基的设计要求。

1 利用当地的土、石或性能稳定的工业废渣作为压实填土的填料，既经济，又省工省时，符合因地制宜、就地取材和保护环境、节约资源的建设原则。

工业废渣粘结力小，易于流失，露天填筑时宜采

用黏性土包边护坡，填筑顶面宜用 0.3m～0.5m 厚的粗粒土封闭。以粉质黏土、粉土作填料时，其含水量宜为最优含水量，最优含水量的经验参数值为 20%～22%，可通过击实试验确定。

2 对于一般的黏性土，可用 8t～10t 的平碾或 12t 的羊足碾，每层铺土厚度 300mm 左右，碾压 8 遍～12 遍。对饱和黏土进行表面压实，可考虑适当的排水措施以加快土体固结。对于淤泥及淤泥质土，一般应予挖除或者结合碾压进行挤淤充填，先堆土、块石和片石等，然后用机械压入置换和挤出淤泥，堆积碾压分层进行，直到把淤泥挤出、置换完毕为止。

采用粉质黏土和黏粒含量 $\rho_c \geqslant 10\%$ 的粉土作填料时，填料的含水量至关重要。在一定的压实功下，填料在最优含水量时，干密度可达最大值，压实效果最好。填料的含水量太大，容易压成"橡皮土"，应将其适当晾干后再分层夯实；填料的含水量太小，土颗粒之间的阻力大，则不易压实。当填料含水量小于 12% 时，应将其适当增湿。压实填土施工前，应在现场选取有代表性的填料进行击实试验，测定其最优含水量，用以指导施工。

粗颗粒的砂、石等材料具透水性，而湿陷性黄土和膨胀土遇水反应敏感，前者引起湿陷，后者引起膨胀，二者对建筑物都会产生有害变形。为此，在湿陷性黄土场地和膨胀土场地进行压实填土的施工，不得使用粗颗粒的透水性材料作填料。对主要由炉渣、碎砖、瓦块组成的建筑垃圾，每层的压实遍数一般不少于 8 遍。对含炉灰等细颗粒的填土，每层的压实遍数一般不少于 10 遍。

3 填土粗骨料含量高时，如果其不均匀系数小（例如小于 5）时，压实效果较差，应选用压实功大的压实设备。

4 有些中小型工程或偏远地区，由于缺乏击实试验设备，或由于工期和其他原因，确无条件进行击实试验，在这种情况下，允许按本条公式（6.2.2-1）计算压实填土的最大干密度，计算结果与击实试验数值不一定完全一致，但可按当地经验作比较。

土的最大干密度试验有室内试验和现场试验两种，室内试验应严格按照现行国家标准《土工试验方法标准》GB/T 50123 的有关规定，轻型和重型击实设备应严格限定其使用范围。以细颗粒土作填料的压实填土，一般采用环刀取样检验其质量。而以粗颗粒砂石作填料的压实填土，当室内试验结果不能正确评价现场土料的最大干密度时，不能按照检验细颗粒土的方法采用环刀取样，应在现场对土料作不同击实功下的击实试验（根据土料性质取不同含水量），采用灌水法和灌砂法测定其密度，并按其最大干密度作为控制干密度。

6 压实填土边坡设计应控制坡高和坡比，而边坡的坡比与其高度密切相关，如土性指标相同，边坡

越高，坡角越大，坡体的滑动势就越大。为了提高其稳定性，通常将坡比放缓，但坡比太缓，压实的土方量则大，不一定经济合理。因此，坡比不宜太缓，也不宜太陡，坡高和坡比应有一合适的关系。本条表6.2.2-3 的规定吸收了铁路、公路等部门的有关资料和经验，是比较成熟的。

7 压实填土由于其填料性质及其厚度不同，它们的边坡坡度允许值也有所不同。以碎石等为填料的压实填土，在抗剪强度和变形方面要好于以粉质黏土为填料的压实填土，前者，颗粒表面粗糙，阻力较大，变形稳定快，且不易产生滑移，边坡坡度允许值相对较大；后者，阻力较小，变形稳定慢，边坡坡度允许值相对较小。

8 冲击碾压技术源于 20 世纪中期，我国于 1995 年由南非引入。目前我国国产的冲击压路机数量已达数百台。由曲线为边而构成的正多边形冲击轮在位能落差与行驶动能相结合下对工作面进行静压、揉搓、冲击，其高振幅、低频率冲击碾压使工作面下深层土石的密实度不断增加，受冲压土体逐渐接近于弹性状态，是大面积土石方工程压实技术的新发展。与一般压路机相比，考虑上料、摊铺、平整的工序等因素其压实土石的效率提高（3～4）倍。

9 压实填土的承载力是设计的重要参数，也是检验压实填土质量的主要指标之一。在现场通常采用静载荷试验或其他原位测试进行评价。

10 压实填土的变形包括压实填土层变形和下卧土层变形。

6.2.3 本条为压实填土的施工要求。

1 大面积压实填土的施工，在有条件的场地或工程，应首先考虑采用一次施工，即将基础底面以下和以上的压实填土一次施工完毕后，再开挖基坑及基槽。对无条件一次施工的场地或工程，当基础超出±0.00 标高后，也宜将基础底面以上的压实填土施工完毕，避免在主体工程完工后，再施工基础底面以上的压实填土。

2 压实填土层底面下卧层的土质，对压实填土地基的变形有直接影响，为消除隐患，铺填料前，首先应查明并清除场地内填土层底面以下耕土和软弱土层。压实设备选定后，应在现场通过试验确定分层填料的虚铺厚度和分层压实的遍数，取得必要的施工参数后，再进行压实填土的施工，以确保压实填土的施工质量。压实设备施工对下卧层的饱和土体易产生扰动时可在填土底部设置碎石盲沟。

冲击碾压施工应考虑对居民、建（构）筑物等周围环境可能带来的影响。可采取以下两种减振隔振措施：①开挖宽 0.5m、深 1.5m 左右的隔振沟进行隔振；②降低冲击压路机的行驶速度，增加冲压遍数。

在斜坡上进行压实填土，应考虑压实填土沿斜坡滑动的可能，并应根据天然地面的实际坡度验算其稳定性。当天然地面坡度大于 20% 时，填料前，宜将斜坡的坡面挖出若干台阶，使压实土与斜坡坡面紧密接触，形成整体，防止压实填土向下滑动。此外，还应将斜坡顶面以上的雨水有组织地引向远处，防止雨水流向压实的填土内。

3 在建设期间，压实填土场地阻碍原地表水的畅通排泄往往很难避免，但遇到此种情况时，应根据当地地形及时修筑防雨水截水沟、排水盲沟等，疏通排水系统，使雨水或地下水顺利排走。对填土高度较大的边坡应重视排水对边坡稳定性的影响。

设置在压实填土场地的上、下水管道，由于材料及施工等原因，管道渗漏的可能性很大，应采取必要的防渗漏措施。

6 压实填土的施工缝各层应错开搭接，不宜在相同部位留施工缝。在施工缝处应适当增加压实遍数。此外，还应避免在工程的主要部位或主要承重部位留施工缝。

7 振动监测：当场地周围有对振动敏感的精密仪器、设备、建筑物等或有其他需要时宜进行振动监测。测点布置应根据监测目的和现场情况确定，一般可在振动强度较大区域内的建筑物基础或地面上布设观测点，并对其振动速度峰值和主振频率进行监测，具体控制标准及监测方法可参照现行国家标准《爆破安全规程》GB 6722 执行。对于居民区、工业集中区等受振动可能影响人居环境时可参照现行国家标准《城市区域环境振动标准》GB 10070 和《城市区域环境振动测量方法》GB/T 10071 要求执行。

噪声监测：在噪声保护要求较高区域内可进行噪声监测。噪声的控制标准和监测方法可按现行国家标准《建筑施工场界环境噪声排放标准》GB 12523 执行。

8 压实填土施工结束后，当不能及时施工基础和主体工程时，应采取必要的保护措施，防止压实填土表层直接日晒或受雨水浸泡。

6.2.4 压实填土地基竣工验收应采用静载荷试验检验填土地基承载力，静载荷试验点宜选择通过静力触探试验或轻便触探等原位试验确定的薄弱点。当采用静载荷试验检验压实填土的承载力时，应考虑压板尺寸与压实填土厚度的关系。压实填土厚度大，承压板尺寸也要相应增大，或采取分层检验。否则，检验结果只能反映上层或某一深度范围内压实填土的承载力。为保证静载荷试验的有效性，静载荷试验承压板的边长或直径不应小于压实地基检验厚度的 1/3，且不应小于 1.0m。当需要检验压实填土的湿陷性时，应采用现场浸水载荷试验。

6.2.5 压实填土的施工必须在上道工序满足设计要求后再进行下道工序施工。

6.3 夯实地基

6.3.1 强夯法是反复将夯锤（质量一般为 10t～60t）

提到一定高度使其自由落下（落距一般为 10m～40m），给地基以冲击和振动能量，从而提高地基的承载力并降低其压缩性，改善地基性能。强夯置换法是采用在夯坑内回填块石、碎石等粗颗粒材料，用夯锤连续夯击形成强夯置换墩。

由于强夯法具有加固效果显著、适用土类广、设备简单、施工方便、节省劳力、施工期短、节约材料、施工文明和施工费用低等优点，我国自 20 世纪 70 年代引进此法后迅速在全国推广应用。大量工程实例证明，强夯法用于处理碎石土、砂土、低饱和度的粉土与黏性土、湿陷性黄土、素填土和杂填土等地基，一般均能取得较好的效果。对于软土地基，如果未采取辅助措施，一般来说处理效果不好。强夯置换法是 20 世纪 80 年代后期开发的方法，适用于高饱和度的粉土与软塑～流塑的黏性土等地基上对变形控制要求不严的工程。

强夯法已在工程中得到广泛的应用，有关强夯机理的研究也在不断深入，并取得了一批研究成果。目前，国内强夯工程应用夯击能已经达到 18000kN·m，在软土地区开发的降水低能级强夯和在湿陷性黄土地区普遍采用的增湿强夯，解决了工程中地基处理问题，同时拓宽了强夯法应用范围，但还没有一套成熟的设计计算方法。因此，规定强夯施工前，应在施工现场有代表性的场地上进行试夯或试验性施工。

6.3.2 强夯置换法具有加固效果显著、施工期短、施工费用低等优点，目前已用于堆场、公路、机场、房屋建筑和油罐等工程，一般效果良好。但个别工程因设计、施工不当，加固后出现下沉较大或墩体与墩间土下沉不等的情况。因此，特别强调采用强夯置换法前，必须通过现场试验确定其适用性和处理效果，否则不得采用。

6.3.3 强夯地基处理设计应符合下列规定：

1 强夯法的有效加固深度既是反映处理效果的重要参数，又是选择地基处理方案的重要依据。强夯法创始人梅那（Menard）曾提出下式来估算影响深度 H(m)：

$$H \approx \sqrt{Mh} \qquad (9)$$

式中：M——夯锤质量（t）；

h——落距（m）。

国内外大量试验研究和工程实测资料表明，采用上述梅那公式估算有效加固深度将会得出偏大的结果。从梅那公式中可以看出，其影响深度仅与夯锤重和落距有关。而实际上影响有效加固深度的因素很多，除了夯锤重和落距以外，夯击次数、锤底单位压力、地基土性质、不同土层的厚度和埋藏顺序以及地下水位等都与加固深度有着密切的关系。鉴于有效加固深度问题的复杂性，以及目前尚无适用的计算式，所以本款规定有效加固深度应根据现场试夯或当地经验确定。

考虑到设计人员选择地基处理方法的需要，有必要提出有效加固深度的预估方法。由于梅那公式估算值较实测值大，国内外相继发表了一些文章，建议对梅那公式进行修正，修正系数范围值大致为 0.34～0.80，根据不同土类选用不同修正系数。虽然经过修正的梅那公式与未修正的梅那公式相比较有了改进，但是大量工程实践表明，对于同一类土，采用不同能量夯击时，其修正系数并不相同。单击夯击能越大时，修正系数越小。对于同一类土，采用一个修正系数，并不能得到满意的结果。因此，本规范不采用修正后的梅那公式，继续保持列表的形式。表 6.3.3-1 中将土类分成碎石土、砂土等粗颗粒土和粉土、黏性土、湿陷性黄土等细颗粒土两类，便于使用。上版规范单击夯击能范围为 1000kN·m～8000kN·m，近年来，沿海和内陆高填土场地地基采用 10000kN·m 以上能级强夯法的工程越来越多，积累了一定实测资料，本次修订，将单击夯击能范围扩展为 1000kN·m～12000kN·m，可满足当前绝大多数工程的需要。8000kN·m 以上各能级对应的有效加固深度，是在工程实测资料的基础上，结合工程经验制定。单击夯击能大于 12000kN·m 的有效加固深度，工程实测资料较少，待积累一定量数据后，再总结推荐。

2 夯击次数是强夯设计中的一个重要参数，对于不同地基土来说夯击次数也不同。夯击次数应通过现场试夯确定，常以夯坑的压缩量最大、夯坑周围隆起量最小为确定的原则。可从现场试夯得到的夯击次数和有效夯沉量关系曲线确定，有效夯沉量是指夯沉量与隆起量的差值，其与夯沉量的比值为有效夯实系数。通常有效夯实系数不宜小于 0.75。但要满足最后两击的平均夯沉量不大于本款的有关规定。同时夯坑周围地面不发生过大的隆起。因为隆起量太大，有效夯实系数变小，说明夯击效率降低，则夯击次数要适当减少，不能为了达到最后两击平均夯沉量控制值，而在夯坑周围 1/2 夯点间距内出现太大隆起量的情况下，继续夯击。此外，还要考虑施工方便，不能因夯坑过深而发生起锤困难的情况。

3 夯击遍数应根据地基土的性质确定。一般来说，由粗颗粒土组成的渗透性强的地基，夯击遍数可少些。反之，由细颗粒土组成的渗透性弱的地基，夯击遍数要求多些。根据我国工程实践，对于大多数工程采用夯击遍数 2 遍～4 遍，最后再以低能量满夯 2 遍，一般均能取得较好的夯击效果。对于渗透性弱的细颗粒土地基，可适当增加夯击遍数。

必须指出，由于表层土是基础的主要持力层，如处理不好，将会增加建筑物的沉降和不均匀沉降。因此，必须重视满夯的夯实效果，除了采用 2 遍满夯、每遍（2～3）击外，还可采用轻锤或低落距锤多次夯击，锤印搭接等措施。

4 两遍夯击之间应有一定的时间间隔，以利于土中超静孔隙水压力的消散。所以间隔时间取决于超静孔隙水压力的消散时间。但土中超静孔隙水压力的消散速率与土的类别、夯点间距等因素有关。有条件时在试夯前埋设孔隙水压力传感器，通过试夯确定超静孔隙水压力的消散时间，从而决定两遍夯击之间的间隔时间。当缺少实测资料时，间隔时间可根据地基土的渗透性按本条规定采用。

5 夯击点布置是否合理与夯实效果有直接的关系。夯击点位置可根据基底平面形状进行布置。对于某些基础面积较大的建筑物或构筑物，为便于施工，可按等边三角形或正方形布置夯点；对于办公楼、住宅建筑等，可根据承重墙位置布置夯点，一般可采用等腰三角形布点，这样保证了横向承重墙以及纵墙和横墙交接处墙基下均有夯击点；对于工业厂房来说也可按柱网来设置夯击点。

夯击点间距的确定，一般根据地基土的性质和要求处理的深度而定。对于细颗粒土，为便于超静孔隙水压力的消散，夯点间距不宜过小。当要求处理深度较大时，第一遍的夯点间距更不宜过小，以免夯击时在浅层形成密实层而影响夯击能往深层传递。此外，若各夯点之间的距离太小，在夯击时上部土体易向侧向已夯成的夯坑中挤出，从而造成坑壁坍塌，夯锤歪斜或倾倒，而影响夯实效果。

6 由于基础的应力扩散作用和抗震设防需要，强夯处理范围应大于建筑物基础范围，具体放大范围可根据建筑结构类型和重要性等因素考虑确定。对于一般建筑物，每边超出基础外缘的宽度宜为基底下设计处理深度的 1/2～2/3，并不宜小于 3m。对可液化地基，根据现行国家标准《建筑抗震设计规范》GB 50011 的规定，扩大范围应超过基础底面下处理深度的 1/2，并不应小于 5m；对湿陷性黄土地基，尚应符合现行国家标准《湿陷性黄土地区建筑规范》GB 50025 有关规定。

7 根据上述初步确定的强夯参数，提出强夯试验方案，进行现场试夯，并通过测试，与夯前测试数据进行对比，检验强夯效果，并确定工程采用的各项强夯参数，若不符合使用要求，则应改变设计参数。在进行试夯时也可采用不同设计参数的方案进行比较，择优选用。

8 在确定工程采用的各项强夯参数后，还应根据试夯所测得的夯沉量、夯坑回填方式、夯前夯后场地标高变化，结合基础埋深，确定起夯标高。夯前场地标高宜高出基础底标高 0.3m～1.0m。

9 强夯地基承载力特征值的检测除了现场静载试验外，也可根据地基土性质，选择静力触探、动力触探、标准贯入试验等原位测试方法和室内土工试验结果结合静载试验结果综合确定。

6.3.4 本条是强夯处理地基的施工要求：

1 根据要求处理的深度和起重机的起重能力选择强夯锤质量。我国至今采用的最大夯锤质量已超过 60t，常用的夯锤质量为 15t～40t。夯锤底面形式是否合理，在一定程度上也会影响夯击效果。正方形锤具有制作简单的优点，但在使用时也存在一些缺点，主要是起吊时由于夯锤旋转，不能保证前后几次夯击的夯坑重合，故常出现锤角与夯坑侧壁相接触的现象，因而使一部分夯击能消耗在坑壁上，影响了夯击效果。根据工程实践，圆形锤或多边形锤不存在此缺点，效果较好。锤底面积可按土的性质确定，锤底静接地压力值可取 25kPa～80kPa，锤底静接地压力值应与夯击能相匹配，单击夯击能高时取大值，单击夯击能低时取小值。对粗颗粒土和饱和度低的细颗粒土，锤底静接地压力取值大时，有利于提高有效加固深度；对于饱和细颗粒土宜取较小值。为了提高夯击效果，锤底应对称设置不少于 4 个与其顶面贯通的排气孔，以利于夯锤着地时坑底空气迅速排出和起锤时减小坑底的吸力。排气孔的孔径一般为 300mm～400mm。

2 当最后两击夯沉量尚未达到控制标准，地面无明显隆起，而因为夯坑过深出现起夯困难时，说明地基土的压缩性仍较高，还可以继续夯击。但由于夯锤与夯坑壁的摩擦阻力加大和锤底接触面出现负压的原因，继续夯击，需要频繁挖锤，施工效率降低，处理不当会引起安全事故。遇到此种情况时，应将夯坑回填后继续夯击，直至达到控制标准。

6.3.5 强夯置换处理地基设计应符合下列规定：

1 将上版规范规定的置换深度不宜超过 7m，修改为不宜超过 10m，是根据国内置换夯击能从 5000kN·m 以下，提高到 10000kN·m，甚至更高，在工程实测基础上确定的。国外置换深度有达到 12m，锤的质量超过 40t 的工程实例。

对淤泥、泥炭等黏性软弱土层，置换墩应穿透软土层，着底在较好土层上，因墩底竖向应力较墩间土高，如果墩底仍在软弱土中，墩底较高竖向应力而产生较多下沉。

对深厚饱和粉土、粉砂，墩身可不穿透该层，因墩下土在施工中密度变大，强度提高有保证，故可允许不穿透该层。

强夯置换的加固原理为下列三者之和：

强夯置换＝强夯（加密）＋碎石墩＋特大直径排水井

因此，墩间和墩下的粉土或黏性土通过排水与加密，其密度及状态可以改善。由此可知，强夯置换的加固深度由两部分组成，即置换墩长度和墩下加密范围。墩下加密范围，因资料有限目前尚难确定，应通过现场试验逐步积累资料。

2 单击夯击能应根据现场试验决定，但在可行性研究或初步设计时可按图 7 中的实线（平均值）与虚线（下限）所代表的公式估计。

较适宜的夯击能　　$E = 940(H_1 - 2.1)$　　(10)

夯击能最低值　　$E_w = 940(H_1 - 3.3)$　　(11)

式中：H_1——置换墩深度（m）。

初选夯击能宜在 E 与 E_w 之间选取，高于 E 则可能浪费，低于 E_w 则可能达不到所需的置换深度。图 7 是国内外 18 个工程的实际置换墩深度汇总而来，由图中看不出土性的明显影响，估计是因强夯置换的土类多限于粉土与淤泥质土，而这类土在施工中因液化或触变，抗剪强度都很低之故。

强夯置换宜选取同一夯击能中锤底静压力较高的锤施工，图 7 中两根虚线间的水平距离反映出在同一夯击能下，置换深度却有不同，这一点可能多少反映了锤底静压力的影响。

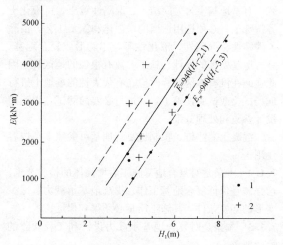

图 7　夯击能与实测置换深度的关系
1—软土；2—黏土、砂

3 墩体材料级配不良或块石过多过大，均易在墩中留下大孔，在后续墩施工或建筑物使用过程中使墩间土挤入孔隙，下沉增加，因此本条强调了级配和大于 300mm 的块石总量不超出填料总重的 30%。

4 累计夯沉量指单个夯点在每一击下夯沉量的总和，累计夯沉量为设计墩长的（1.5～2）倍以上，主要是保证夯墩的密实度与着底，实际是充盈系数的概念，此处以长度比代替体积比。

9 强夯置换时地面不可避免要抬高，特别在饱和黏性土中，根据现有资料，隆起的体积可达填入体积的大半，这主要是因为黏性土在强夯置换中密度改变较粉土少，虽有部分软土挤入置换墩孔隙中，或因填料吸水而降低一些含水量，但隆起的体积还是可观的，应在试夯时仔细记录，做出合理的估计。

11 规定强夯置换后的地基承载力对粉土中的置换地基按复合地基考虑，对淤泥或流塑的黏性土中的置换墩则不考虑墩间土的承载力，按单墩静载荷试验的承载力除以单墩加固面积取为加固后的地基承载力，主要是考虑：

　　1）淤泥或流塑软土中强夯置换国内有个别不

成功的先例，为安全起见，须等有足够工程经验后再行修正，以利于此法的推广应用。

　　2）某些国内工程因单墩承载力已够，而不再考虑墩间土的承载力。

　　3）强夯置换法在国外亦称为"动力置换与混合"法（Dynamic replacement and mixing method），因为墩体填料为碎石或砂砾时，置换墩形成过程中大量填料与墩间土混合，越浅处混合的越多，因而墩间土已非原来的土而是一种混合土，含水量与密实度改善很多，可与墩体共同组成复合地基，但目前由于对填料要求与施工操作尚未规范化，填料中块石过多，混合作用不强，墩间的淤泥等软土性质改善不够，因此不考虑墩间土的承载力较为稳妥。

12 强夯置换处理后的地基情况比较复杂。不考虑墩间土作用地基变形计算时，如果采用的单墩静载荷试验的载荷板尺寸与夯锤直径相同时，其地基的主要变形发生在加固区，下卧土层的变形较小，但墩的长度较小时应计算下卧土层的变形。强夯置换处理地基的建筑物沉降观测资料较少，各地应根据地区经验确定变形计算参数。

6.3.6 本条是强夯置换处理地基的施工要求：

1 强夯置换夯锤可选用圆柱形，锤底静接地压力值可取 80kPa～200kPa。

2 当表土松软时应铺设一层厚为 1.0m～2.0m 的砂石施工垫层以利施工机具运转。随着置换墩的加深，被挤出的软土渐多，夯点周围地面渐高，先铺的施工垫层在向夯坑中填料时往往被推入坑中成了填料，施工层越来越薄，因此，施工中须不断地在夯点周围加厚施工垫层，避免地面松软。

6.3.7 本条是对夯实法施工所用起重设备的要求。国内用于夯实法地基处理施工的起重机械以改装后的履带式起重机为主，施工时一般在臂杆端部设置门字形或三角形支架，提高起重能力和稳定性，降低起落夯锤时机架倾覆的安全事故发生的风险，实践证明，这是一种行之有效的办法。但同时也出现改装后的起重机实际起重量超过设备出厂额定最大起重量的情况，这种情况不利于施工安全，因此，应予以限制。

6.3.8 当场地表土软弱或地下水位高的情况，宜采用人工降低地下水位，或在表层铺填一定厚度的松散性材料。这样做的目的是在地表形成硬层，确保机械设备通行和施工，又可加大地下水和地表面的距离，防止夯击时夯坑积水。当砂土、湿陷性黄土的含水量低，夯击时，表层松散层较厚，形成的夯坑很浅，以致影响有效加固深度时，可采取表面洒水、钻孔注水等人工增湿措施。对回填地基，当可采用夯实法处理时，如果具备分层回填条件，应该选择采用分层回填方式进行回填，回填厚度尽可能控制在强夯法相应能级所对应的有效加固深度范围之内。

6.3.10 对振动有特殊要求的建筑物，或精密仪器设备等，当强夯产生的振动和挤压有可能对其产生有害影响时，应采取隔振或防振措施。施工时，在作业区一定范围设置安全警戒，防止非作业人员、车辆误入作业区而受到伤害。

6.3.11 施工过程中应有专人负责监测工作。首先，应检查夯锤质量和落距，因为若夯锤使用过久，往往因底面磨损而使质量减少，落距未达设计要求，也将影响单击夯击能；其次，夯点放线错误情况常有发生，因此，在每遍夯击前，均应对夯点放线进行认真复核；此外，在施工过程中还必须认真检查每个夯点的夯击次数，量测每击的夯沉量，检查每个夯点的夯击起止时间，防止出现少夯或漏夯，对强夯置换尚应检查置换墩长度。

由于强夯施工的特殊性，施工中所采用的各项参数和施工步骤是否符合设计要求，在施工结束后往往很难进行检查，所以要求在施工过程中对各项参数和施工情况进行详细记录。

6.3.12 基础施工必须在土层休止期满后才能进行，对黏性土地基和新近人工填土地基，休止期更显重要。

6.3.13 强夯处理后的地基竣工验收时，承载力的检验除了静载试验外，对细颗粒土尚应选择标准贯入试验、静力触探试验等原位检测方法和室内土工试验进行综合检测评价；对粗颗粒土尚应选择标准贯入试验、动力触探试验等原位检测方法进行综合检测评价。

强夯置换处理后的地基竣工验收时，承载力的检验除了单墩静载试验或单墩复合地基静载试验外，尚应采用重型或超重型动力触探、钻探检测置换墩的墩长、着底情况、密度随深度的变化情况，达到综合评价目的。对饱和粉土地基，尚应检测墩间土的物理力学指标。

6.3.14 本条是夯实地基竣工验收检验的要求。

1 夯实地基的质量检验，包括施工过程中的质量监测及夯后地基的质量检验，其中前者尤为重要。所以必须认真检查施工过程中的各项测试数据和施工记录，若不符合设计要求时，应补夯或采取其他有效措施。

2 经强夯和强夯置换处理的地基，其强度是随着时间增长而逐步恢复和提高的，因此，竣工验收质量检验应在施工结束间隔一定时间后方能进行。其间隔时间可根据土的性质而定。

3、4 夯实地基静载荷试验和其他原位测试、室内土工试验检验点的数量，主要根据场地复杂程度和建筑物的重要性确定。考虑到场地土的不均匀性和测试方法可能出现的误差，本条规定了最少检验点数。

对强夯地基，应考虑夯间土和夯击点土的差异。当需要检验夯实地基的湿陷性时，应采用现场浸水载荷试验。

国内夯实地基采用波速法检测，评价夯后地基土的均匀性，积累了许多工程资料。作为一种辅助检测评价手段，应进一步总结，与动力触探试验或标准贯入试验、静力触探试验等原位测试结果验证后使用。

7 复合地基

7.1 一般规定

7.1.1 复合地基强调由地基土和增强体共同承担荷载，对于地基土为欠固结土、湿陷性黄土、可液化土等特殊土，必须选用适当的增强体和施工工艺，消除欠固结性、湿陷性、液化性等，才能形成复合地基。复合地基处理的设计、施工参数有很强的地区性，因此强调在没有地区经验时应在有代表性的场地上进行现场试验或试验性施工，并进行必要的测试，以确定设计参数和处理效果。

混凝土灌注桩、预制桩复合地基可参照本节内容使用。

7.1.2 本条是对复合地基施工后增强体的检验要求。增强体是保证复合地基工作、提高地基承载力、减少变形的必要条件，其施工质量必须得到保证。

7.1.3 本条是对复合地基承载力设计和工程验收的检验要求。

复合地基承载力的确定方法，应采用复合地基静载荷试验的方法。桩体强度较高的增强体，可以将荷载传递到桩端土层。当桩长较长时，由于静载荷试验的载荷板宽度较小，不能全面反映复合地基的承载特性。因此单纯采用单桩复合地基静载荷试验的结果确定复合地基承载力特征值，可能会由于试验的载荷板面积或由于褥垫层厚度对复合地基静载荷试验结果产生影响。对有粘结强度增强体复合地基的增强体进行单桩静载荷试验，保证增强体桩身质量和承载力，是保证复合地基满足建筑物地基承载力要求的必要条件。

7.1.4 本条是复合地基增强体施工桩位允许偏差和垂直度的要求。

7.1.5 复合地基承载力的计算表达式对不同的增强体大致可分为两种：散体材料桩复合地基和有粘结强度增强体复合地基。本次修订分别给出其估算时的设计表达式。对散体材料桩复合地基计算时桩土应力比 n 应按试验取值或按地区经验取值。但应指出，由于地基土的固结条件不同，在长期荷载作用下的桩土应力比与试验条件时的结果有一定差异，设计时应充分考虑。处理后的桩间土承载力特征值与原土强度、类型、施工工艺密切相关，对于可挤密的松散砂土、粉土，处理后的桩间土承载力会比原土承载力有一定幅度的提高；而对于黏性土特别是饱和黏性土，施工后有一定时间的休止恢复期，过后桩间土承载力特征值可达到原土承载力；对于高灵敏性的土，由于休止期较长，设计时桩间土承载力特征值宜采用小于原土承载力特征值的设计参数。对有粘结强度增强体复合地基，本次修订根据试验结果增加了增强体单桩承载力发挥系数和桩间土承载力发挥系数，其基本依据是，在复合地基静载荷试验中取 s/b 或 s/d 等于 0.01 确定复合地基承载力时，地基土和单桩承载力发挥系数的试验结果。一般情况下，复合地基设计有褥垫层时，地基土承载力的发挥是比较充分的。

应该指出，复合地基承载力设计时取得的设计参数可靠性对设计的安全度有很大影响。当有充分试验资料作依据时，可直接按试验的综合分析结果进行设计。对刚度较大的增强体，在复合地基静载荷试验取 s/b 或 s/d 等于 0.01 确定复合地基承载力以及增强体单桩静载荷试验确定单桩承载力特征值的情况下，增强体单桩承载力发挥系数为 0.7～0.9，而地基土承载力发挥系数为 1.0～1.1。对于工程设计的大部分情况，采用初步设计的估算值进行施工，并要求施工结束后达到设计要求，设计人员的地区工程经验非常重要。首先，复合地基承载力设计中增强体单桩承载力发挥和桩间土承载力发挥与桩、土相对刚度有关，相同褥垫层厚度条件下，相对刚度差值越大，刚度大的增强体在加荷初始发挥较小，后期发挥较大；其次，由于采用勘察报告提供的参数，其对单桩承载力和天然地基承载力在相同变形条件下的富余程度不同，使得复合地基工作时增强体单桩承载力发挥和桩间土承载力发挥存在不同的情况，当提供的单桩承载力和天然地基承载力存在较大的富余值，增强体单桩承载力发挥系数和桩间土承载力发挥系数均可达到1.0，复合地基承载力载荷试验检验结果也能满足设计要求。同时复合地基承载力载荷试验是短期荷载作用，应考虑长期荷载作用的影响。总之，复合地基设计要根据工程的具体情况，采用相对安全的设计。初步设计时，增强体单桩承载力发挥系数和桩间土承载力发挥系数的取值范围在 0.8～1.0 之间，增强体单桩承载力发挥系数取高值时桩间土承载力发挥系数应取低值，反之，增强体单桩承载力发挥系数取低值时桩间土承载力发挥系数应取高值。所以，没有充分的地区经验时应通过试验确定设计参数。

桩端端阻力发挥系数 α_p 与增强体的荷载传递性质、增强体长度以及桩土相对刚度密切相关。桩长过长影响桩端承载力发挥时应取较低值；水泥土搅拌桩其荷载传递受搅拌土的性质影响应取 0.4～0.6；其他情况可取 1.0。

7.1.6 复合地基增强体的强度是保证复合地基工作的必要条件，必须保证其安全度。在有关标准材料的

可靠度设计理论基础上，本次修订适当提高了增强体材料强度的设计要求。对具有粘结强度的复合地基增强体应按建筑物基础底面作用在增强体上的压力进行验算，当复合地基承载力验算需要进行基础埋深的深度修正时，增强体桩身强度验算应按基底压力验算。本次修订给出了验算方法。

7.1.7 复合地基沉降计算目前仍以经验方法为主。本次修订综合各种复合地基的工程经验，提出以分层总和法为基础的计算方法。各地可根据地区土的工程特性、工法试验结果以及工程经验，采用适宜的方法，以积累工程经验。

7.1.8 由于采用复合地基的建筑物沉降观测资料较少，一直沿用天然地基的沉降计算经验系数。各地使用对复合土层模量较低时符合性较好，对于承载力提高幅度较大的刚性桩复合地基出现计算值小于实测值的现象。现行国家标准《建筑地基基础设计规范》GB 50007 修订组通过对收集到的全国 31 个 CFG 桩复合地基工程沉降观测资料分析，得出地基的沉降计算经验系数与沉降计算深度范围内压缩模量当量值的关系。

7.2 振冲碎石桩和沉管砂石桩复合地基

7.2.1 振冲碎石桩对不同性质的土层分别具有置换、挤密和振动密实等作用。对黏性土主要起到置换作用，对砂土和粉土除置换作用外还有振实挤密作用。在以上各种土中都要在振冲孔内加填碎石回填料，制成密实的振冲桩，而桩间土则受到不同程度的挤密和振密。桩和桩间土构成复合地基，使地基承载力提高，变形减少，并可消除土层的液化。在中、粗砂层中振冲，由于周围砂料能自行塌入孔内，也可以采用不加填料进行原地振冲加密的方法。这种方法适用于较纯净的中、粗砂层，施工简便，加密效果好。

沉管砂石桩是指采用振动或锤击沉管等方式在软弱地基中成孔后，再将砂、碎石或砂石混合料通过桩管挤压入已成的孔中，在成桩过程中逐层挤密、振密，形成大直径的砂石体所构成的密实桩体。沉管砂石桩用于处理松散砂土、粉土、可挤密的素填土及杂填土地基，主要靠桩的挤密和施工中的振动作用使桩周围土的密度增大，从而使地基的承载能力提高，压缩性降低。

国内外的实际工程经验证明，不管是采用振冲碎石桩、还是沉管砂石桩，其处理砂土及填土地基的挤密、振密效果都比较显著，均已得到广泛应用。

振冲碎石桩和沉管砂石桩用于处理软土地基，国内外也有较多的工程实例。但由于软黏土含水量高、透水性差，碎（砂）石桩很难发挥挤密效用，其主要作用是通过置换与黏性土形成复合地基，同时形成排水通道加速软土的排水固结。碎（砂）石桩单桩承载力主要取决于桩周土的侧限压力。由于软黏土抗剪强

度低,且在成桩过程土中桩周土体产生的超孔隙水压力不能迅速消散,天然结构受到扰动将导致其抗剪强度进一步降低,造成桩周土对碎(砂)石桩产生的侧限压力较小,碎(砂)石桩的单桩承载力较低,如置换率不高,其提高承载力的幅度较小,很难获得可靠的处理效果。此外,如不经过预压,处理后地基仍将发生较大的沉降,难以满足建(构)筑物的沉降允许值。工程中常用预压措施(如油罐充水)解决部分工后沉降。所以,用碎(砂)石桩处理饱和软黏土地基,应按建筑结构的具体条件区别对待,宜通过现场试验后再确定是否采用。据此本条指出,在饱和黏土地基上对变形控制要求不严的工程才可采用砂石桩置换处理。

对于塑性指数较高的硬黏性土、密实砂土不宜采用碎(砂)石桩复合地基。如北京某电厂工程,天然地基承载力 $f_{ak}=200kPa$,基底土层为粉质黏土,采用振冲碎石桩,加固后桩土应力比 $n=0.9$,承载力没有提高(见图8)。

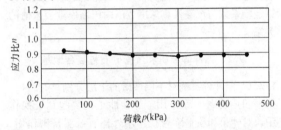

图 8　北京某工程桩土应力比随荷载的变化

对大型的、重要的或场地地层复杂的工程以及采用振冲法处理不排水强度不小于20kPa的饱和黏性土和饱和黄土地基,在正式施工前应通过现场试验确定其适用性是必要的。不加填料振冲挤密处理砂土地基的方法应进行现场试验确定其适用性,可参照本节规定进行施工和检验。

振冲碎石桩、沉管砂石桩广泛应用于处理可液化地基,其承载力和变形计算采用复合地基计算方法,可按本节内容设计和施工。

7.2.2 本条是振冲碎石桩、沉管砂石桩复合地基设计的规定。

1 本款规定振冲碎石桩、沉管砂石桩处理地基要超出基础一定宽度,这是基于基础的压力向基础外扩散,需要侧向约束条件保证。另外,考虑到基础下靠外边的(2~3)排桩挤密效果较差,应加宽(1~3)排桩。重要的建筑以及要求荷载较大的情况应加宽更多。

振冲碎石桩、沉管砂石桩法用于处理液化地基,必须确保建筑物的安全使用。基础外的处理宽度目前尚无统一的标准。美国经验取等于处理的深度,但根据日本和我国有关单位的模型试验得到结果为应处理深度的2/3。另由于基础压力的影响,使地基土的有

效压力增加,抗液化能力增大。根据日本用挤密桩处理的地基经过地震检验的结果,说明需处理的宽度也比处理深度的2/3小,据此定出每边放宽不宜小于处理深度的1/2。同时不应小于5m。

2 振冲碎石桩、沉管砂石桩的平面布置多采用等边三角形或正方形。对于砂土地基,因靠挤密桩周土提高密度,所以采用等边三角形更有利,它使地基挤密较为均匀。考虑基础形式和上部结构的荷载分布等因素,工程中还可根据建筑物承载力和变形要求采用矩形、等腰三角形等布桩形式。

3 采用振冲法施工的碎石桩直径通常为0.8m~1.2m,与振冲器的功率和地基土条件有关,一般振冲器功率大、地基土松散时,成桩直径大,砂石桩直径可按每根桩所用填料量计算。

振动沉管法成桩直径的大小取决于施工设备桩管的大小和地基土的条件。目前使用的桩管直径一般为300mm~800mm,但也有小于300mm或大于800mm的。小直径桩管挤密质量较均匀但施工效率低;大直径桩管需要较大的机械能力,工效高,采用过大的桩径,一根桩要承担的挤密面积大,通过一个孔要填入的砂石料多,不易使桩周土挤密均匀。沉管法施工时,设计成桩直径与套管直径比不宜大于1.5。另外,成桩时间长,效率低给施工也会带来困难。

4 振冲碎石桩、沉管砂石桩的间距应根据复合地基承载力和变形要求以及对原地基土要达到的挤密要求确定。

5 关于振冲碎石桩、沉管砂石桩的长度,通常根据地基的稳定和变形验算确定,为保证稳定,桩长应达到滑动弧面之下,当软土层厚度不大时,桩长宜超过整个松软土层。标准贯入和静力触探沿深度的变化特性也是提供确定桩长的重要资料。

对可液化的砂层,为保证处理效果,一般桩长应穿透液化层,如可液化层过深,则应按现行国家标准《建筑抗震设计规范》GB 50011有关规定确定。

由于振冲碎石桩、沉管砂石桩在地面下1m~2m深度的土层处理效果较差,碎(砂)石桩的设计长度应大于主要受荷深度且不宜小于4m。

当建筑物荷载不均匀或地基主要压缩层不均匀,建筑物的沉降存在一个沉降差,当差异沉降过大,则会使建筑物受到损坏。为了减少其差异沉降,可分区采用不同桩长进行加固,用以调整差异沉降。

7 振冲碎石桩、沉管砂石桩桩身材料是散体材料,由于施工的影响,施工后的表层土需挖除或密实处理,所以碎(砂)石桩复合地基设置垫层是有益的。同时垫层起水平排水的作用,有利于施工后加快土层固结;对独立基础等小基础碎石垫层还可以起到明显的应力扩散作用,降低碎(砂)石桩和桩周围土的附加应力,减少桩体的侧向变形,从而提高复合地基承载力,减少地基变形量。

垫层铺设后需压实，可分层进行，夯填度（夯实后的垫层厚度与虚铺厚度的比值）不得大于 0.9。

8 对砂土和粉土采用碎（砂）石桩复合地基，由于成桩过程对桩间土的振密或挤密，使桩间土承载力比天然地基承载力有较大幅度的提高，为此可用桩间土承载力调整系数来表达。对国内采用振冲碎石桩 44 个工程桩间土承载力调整系数进行统计见图 9。从图中可以看出，桩间土承载力调整系数在 1.07～3.60，有两个工程小于 1.2。桩间土承载力调整系数与原土天然地基承载力相关，天然地基承载力低时桩间土承载力调整系数大。在初步设计估算松散粉土、砂土复合地基承载力时，桩间土承载力调整系数可取 1.2～1.5，原土强度低取大值，原土强度高取小值。

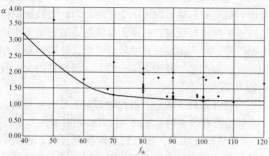

图 9 桩间土承载力调整系数 α 与原土
承载力 f_{ak} 关系统计图

9 由于碎（砂）石桩向深层传递荷载的能力有限，当桩长较大时，复合地基的变形计算，不宜全桩长范围加固土层压缩模量采用统一的放大系数。桩长超过 12d 以上的加固土层压缩模量的提高，对于砂土粉土宜按挤密后桩间土的模量取值；对于黏性土不宜考虑挤密效果，但有经验时可按排水固结后经检验的桩间土的模量取值。

7.2.3 本条为振冲碎石桩施工的要求。

1 振冲施工选用振冲器要考虑设计荷载、工期、工地电源容量及地基土天然强度等因素。30kW 功率的振冲器每台机组约需电源容量 75kW，其制成的碎石桩径约 0.8m，桩长不宜超过 8m，因其振动力小，桩长超过 8m 加密效果明显降低；75kW 振冲器每台机组需要电源电量 100kW，桩径可达 0.9m～1.5m，振冲深度可达 20m。

在邻近有已建建筑物时，为减小振动对建筑物的影响，宜用功率较小的振冲器。

为保证施工质量，电压、加密电流、留振时间要符合要求。如电源电压低于 350V 则应停止施工。使用 30kW 振冲器密实电流一般为 45A～55A；55kW 振冲器密实电流一般为 75A～85A；75kW 振冲器密实电流为 80A～95A。

2 升降振冲器的机具一般常用 8t～25t 汽车吊，

可振冲 5m～20m 桩长。

3 要保证振冲桩的质量，必须控制好密实电流、填料量和留振时间三方面的指标。

首先，要控制加料振密过程中的密实电流。在成桩时，不能把振冲器刚接触填料的一瞬间的电流值作为密实电流。瞬时电流值有时可高达 100A 以上，但只要把振冲器停住不下降，电流值立即变小。可见瞬时电流并不真正反映填料的密实程度。只有让振冲器在固定深度上振动一定时间（称为留振时间）而电流稳定在某一数值，这一稳定电流才能代表填料的密实程度。要求稳定电流值超过规定的密实电流值，该段桩体才算制作完毕。

其次，要控制好填料量。施工中加填料不宜过猛，原则上要"少吃多餐"，即要勤加料，但每批不宜加得太多。值得注意的是在制作最深处桩体时，为达到规定密实电流所需的填料远比制作其他部分桩体多。有时这段桩体的填料量可占整根桩总填料量的 1/4～1/3。这是因为开始阶段加的料有相当一部分从孔口向孔底下落过程中被黏留在某些深度的孔壁上，只有少量能落到孔底。另一个原因是如果控制不当，压力水有可能造成超深，从而使孔底填料量剧增。第三个原因是孔底遇到了事先不知的局部软弱土层，这也能使填料数量超过正常用量。

4 振冲施工有泥水从孔内返出。砂石类土返泥水较少，黏土层返泥水量大，这些泥水不能漫流在基坑内，也不能直接排放到地下排污管和河道中，以免引起对环境的有害影响，为此在场地上必须事先开设排泥水沟系统和做好沉淀池。施工时用泥浆泵将返出的泥水集中抽入池内，在城市施工，当泥水量不大时可外运。

5 为了保证桩顶部的密实，振冲前开挖基坑时应在桩顶高程以上预留一定厚度的土层。一般 30kW 振冲器应留 0.7m～1.0m，75kW 应留 1.0m～1.5m。当基槽不深时可振冲后开挖。

6 在有些砂层中施工，常要连续快速提升振冲器，电流始终可保持加密电流值。如广东新沙港水中吹填的中砂，振前标贯击数为（3～7）击，设计要求振冲后不小于 15 击，采用正三角形布孔，桩距 2.54m，加密电流 100A，经振冲后达到大于 20 击，14m 厚的砂层完成一孔约需 20min。又如拉各都坝基，水中回填中、粗砂，振前 N_{10} 为 10 击，相对密实度 D_r 为 0.11，振后 N_{10} 大于 80 击，$D_r = 0.9$，孔距 2.0m，孔深 7m，全孔振冲时间 4min～6min。

7.2.4 本条为沉管砂石桩施工的要求。

1 沉管法施工，应选用与处理深度相适应的机械。可用的施工机械类型很多，除专用机械外还可利用一般的打桩机改装。目前所用机械主要分为两类，即振动沉管桩机和锤击沉管桩机。

用垂直上下振动的机械施工的称为振动沉管成桩

法，用锤击式机械施工成桩的称为锤击沉管成桩法，锤击沉管成桩法的处理深度可达 10m。桩机通常包括桩机架、桩管及桩尖、提升装置、挤密装置（振动锤或冲击锤）、上料设备及检测装置等部分。为了使桩管容易打入，高能量的振动沉管桩机配有高压空气或水的喷射装置，同时配有自动记录桩管贯入深度、提升量、压入量、管内砂石位置及变化（灌砂石及排砂石量），以及电机电流变化等检测装置。有的设备还装有计算机，根据地层阻力的变化自动控制灌砂石量并保证沿深度均匀挤密并达到设计标准。

2 不同的施工机具及施工工艺用于处理不同的地层会有不同的处理效果。常遇到设计与实际情况不符或者处理质量不能达到设计要求的情况，因此施工前在现场的成桩试验具有重要的意义。

通过现场成桩试验，检验设计要求和确定施工工艺及施工控制标准，包括填砂石量、提升高度、挤压时间等。为了满足试验及检测要求，试验桩的数量应不少于（7～9）个。正三角形布置至少要 7 个（即中间 1 个周围 6 个）；正方形布置至少要 9 个（3 排 3 列每排每列各 3 个）。如发现问题，则应及时会同设计人员调整设计或改进施工。

3 振动沉管法施工，成桩步骤如下：

1）移动桩机及导向架，把桩管及桩尖对准桩位；

2）启动振动锤，把桩管下到预定的深度；

3）向桩管内投入规定数量的砂石料（根据施工试验的经验，为了提高施工效率，装砂石也可在桩管下到便于装料的位置时进行）；

4）把桩管提升一定的高度（下砂石顺利时提升高度不超过 1m～2m），提升时桩尖自动打开，桩管内的砂石料流入孔内；

5）降落桩管，利用振动及桩尖的挤压作用使砂石密实；

6）重复 4）、5）两工序，桩管上下运动，砂石料不断补充，砂石桩不断增高；

7）桩管提至地面，砂石桩完成。

施工中，电机工作电流的变化反映挤密程度及效率。电流达到一定不变值，继续挤压将不会产生挤密效果。施工中不可能及时进行效果检测，因此按成桩过程的各项参数对施工进行控制是重要的环节，必须予以重视，有关记录是质量检验的重要资料。

4 对于黏性土地基，当采用活瓣桩靴时宜选用平底型，以便于施工时顺利出料。

5 锤击沉管法施工有单管法和双管法两种，但单管法难以发挥挤密作用，故一般宜用双管法。

双管法的施工根据具体条件选定施工设备，其施工成桩过程如下：

1）将内外管安放在预定的桩位上，将用作桩塞的砂石投入外管底部；

2）以内管做锤冲击砂石塞，靠摩擦力将外管打入预定深度；

3）固定外管将砂石塞压入土中；

4）提内管并向外管内投入砂石料；

5）边提外管边用内管将管内砂石冲出挤压土层；

6）重复 4）、5）步骤；

7）待外管拔出地面，砂石桩完成。

此法优点是砂石的压入量可随意调节，施工灵活。

其他施工控制和检测记录参照振动沉管法施工的有关规定。

6 砂石桩桩孔内的填料量应通过现场试验确定。考虑到挤密砂石桩沿深度不会完全均匀，实践证明砂石桩施工挤密程度较高时地面要隆起，另外施工中还有损耗等，因而实际设计灌砂石量要比计算砂石量增加一些。根据地层及施工条件的不同增加量约为计算量的 20%～40%。

当设计或施工的砂石桩投砂石量不足时，地面会下沉；当投料过多时，地面会隆起，同时表层 0.5m～1.0m 常呈松软状态。如遇到地面隆起过高，也说明填砂石量不适当。实际观测资料证明，砂石在达到密实状态后进一步承受挤压又会变松，从而降低处理效果。遇到这种情况应注意适当减少填砂石量。

施工场地土层可能不均匀，土质多变，处理效果不能直接看到，也不能立即测出。为了保证施工质量，使在土层变化的条件下施工质量也能达到标准，应在施工中进行详细的观测和记录。观测内容包括桩管下沉随时间的变化；灌砂石量预定数量与实际数量；桩管提升和挤压的全过程（提升、挤压、砂桩高度的形成随时间的变化）等。有自动检测记录仪器的砂石桩机施工中可以直接获得有关的资料，无此设备时须由专人测读记录。根据桩管下沉时间曲线可以估计土层的松软变化随时掌握投料数量。

7 以挤密为主的砂石桩施工时，应间隔（跳打）进行，并宜由外侧向中间推进；对黏性土地基，砂石桩主要起置换作用，为了保证设计的置换率，宜从中间向外围或隔排施工；在既有建（构）筑物邻近施工时，为了减少对邻近既有建（构）筑物的振动影响，应背离建（构）筑物方向进行。

9 砂石桩桩顶部施工时，由于上覆压力较小，因而对桩体的约束力较小，桩顶形成一个松散层，施工后应加以处理（挖除或碾压）。

7.2.5 本条为碎石桩、砂石桩复合地基的检验要求。

1 检查振冲施工各项施工记录，如有遗漏或不符合规定要求的桩或振冲点，应补做或采取有效的补救措施。

振动沉管砂石桩应在施工期间及施工结束后，检查砂石桩的施工记录，包括检查套管往复挤压振动次数与时间、套管升降幅度和速度、每次填砂石料量等项施工记录。砂石桩施工的沉管时间、各深度段的填砂石量、提升及挤压时间等是施工控制的重要手段，这些资料可以作为评估施工质量的重要依据，再结合抽检便可以较好地作出质量评价。

2　由于在制桩过程中原状土的结构受到不同程度的扰动，强度会有所降低，饱和土地基在桩周围一定范围内，土的孔隙水压力上升。待休置一段时间后，孔隙水压力会消散，强度会逐渐恢复，恢复期的长短是根据土的性质而定。原则上应待孔压消散后进行检验。黏性土孔隙水压力的消散需要的时间较长，砂土则很快。根据实际工程经验规定对饱和黏土不宜小于28d，粉质黏土不宜小于21d，粉土、砂土和杂填土可适当减少。

3　碎（砂）石桩处理地基最终是要满足承载力、变形或抗液化的要求，标准贯入、静力触探以及动力触探可直接反映施工质量并提供检测资料，所以本条规定可用这些测试方法检测碎（砂）石桩及其周围土的挤密效果。

应在桩位布置的等边三角形或正方形中心进行碎（砂）石桩处理效果检测，因为该处挤密效果较差。只要该处挤密达到要求，其他位置就一定会满足要求。此外，由该处检测的结果还可判明桩间距是否合理。

如处理可液化地层时，可按标准贯入击数来衡量砂性土的抗液化性，使碎（砂）石桩处理后的地基实测标准贯入击数大于临界贯入击数。这种液化判别方法只考虑了桩间土的抗液化能力，而未考虑碎（砂）石桩的作用，因而在设计上是偏于安全的。碎（砂）石桩处理后的地基液化评价方法应进一步研究。

7.3　水泥土搅拌桩复合地基

7.3.1　水泥土搅拌法是利用水泥等材料作为固化剂通过特制的搅拌机械，就地将软土和固化剂（浆液或粉体）强制搅拌，使软土硬结成具有整体性、水稳性和一定强度的水泥加固土，从而提高地基土强度和增大变形模量。根据固化剂掺入状态的不同，它可分为浆液搅拌和粉体喷射搅拌两种。前者是用浆液和地基土搅拌，后者是用粉体和地基土搅拌。

水泥土搅拌法加固软土技术具有其独特优点：1）最大限度地利用了原土；2）搅拌时无振动、无噪声和无污染，对周围原有建筑物及地下沟管影响很小；3）根据上部结构的需要，可灵活地采用柱状、壁状、格栅状和块状等加固形式。

水泥固化剂一般适用于正常固结的淤泥与淤泥质土、黏性土、粉土、素填土（包括冲填土）、饱和黄土、粉砂以及中粗砂、砂砾（当加固粗粒土时，应注意有无明显的流动地下水）等地基加固。

根据室内试验，一般认为用水泥作加固料，对含有高岭石、多水高岭石、蒙脱石等黏土矿物的软土加固效果较好；而对含有伊利石、氯化物和水铝石英等矿物的黏性土以及有机质含量高，pH值较低的酸性土加固效果较差。

掺合料可以添加粉煤灰等。当黏土的塑性指数 I_p 大于25时，容易在搅拌头叶片上形成泥团，无法完成水泥土的拌和。当地基土的天然含水量小于30%时，由于不能保证水泥充分水化，故不宜采用干法。

在某些地区的地下水中含有大量硫酸盐（海水渗入地区），因硫酸盐与水泥发生反应时，对水泥土具有结晶性侵蚀，会出现开裂、崩解而丧失强度。为此应选用抗硫酸盐水泥，使水泥土中产生的结晶膨胀物质控制在一定的数量范围内，以提高水泥土的抗侵蚀性能。

在我国北纬40°以南的冬季负温条件下，冰冻对水泥土的结构损害甚微。在负温时，由于水泥与黏土矿物的各种反应减弱，水泥土的强度增长缓慢（甚至停止）；但正温后，随着水泥水化等反应的继续深入，水泥土的强度可接近标准养护强度。

随着水泥土搅拌机械的研发与进步，水泥土搅拌法的应用范围不断扩展。特别是20世纪80年代末期引进日本SMW法以来，多头搅拌工艺推广迅速，大功率的多头搅拌机可以穿透中密粉土及粉细砂、稍密中粗砂和砾砂，加固深度可达35m。大量用于基坑截水帷幕、被动区加固、格栅状帷幕解决液化、插芯形成新的增强体等。对于硬塑、坚硬的黏性土，含孤石及大块建筑垃圾的土层，机械能力仍然受到限制，不能使用水泥土搅拌法。

当拟加固的软弱地基为成层土时，应选择最弱的一层土进行室内配比试验。

采用水泥作为固化剂材料，在其他条件相同时，在同一土层中水泥掺入比不同时，水泥土强度将不同。由于块状加固对于水泥土的强度要求不高，因此为了节约水泥，降低成本，根据工程需要可选用32.5级水泥，7%～12%的水泥掺量。水泥掺入比大于10%时，水泥土强度可达0.3MPa～2MPa以上。一般水泥掺入比 $α_w$ 采用12%～20%，对于型钢水泥土搅拌桩（墙），由于其水灰比较大（1.5～2.0）为保证水泥土的强度，应选用不低于42.5级的水泥，且掺量不少于20%。水泥土的抗压强度随其相应的水泥掺入比的增加而增大，但因场地土质与施工条件的差异，掺入比的提高与水泥土增加的百分比是不完全一致的。

水泥强度直接影响水泥土的强度，水泥强度等级提高10MPa，水泥土强度 f_{cu} 约增大20%～30%。

外掺剂对水泥土强度有着不同的影响。木质素磺酸钙对水泥土强度的增长影响不大，主要起减水作用；三乙醇胺、氯化钙、碳酸钠、水玻璃和石膏等材料对水泥土强度有增强作用，其效果对不同土质和不同水泥掺入比又有所不同。当掺入与水泥等量的粉煤灰后，水泥土强度可提高 10% 左右。故在加固软土时掺入粉煤灰不仅可消耗工业废料，水泥土强度还可有所提高。

水泥土搅拌桩用于竖向承载时，很多工程未设置褥垫层，考虑到褥垫层有利于发挥桩间土的作用，在有条件时仍以设置褥垫层为好。

水泥土搅拌形成水泥土加固体，用于基坑工程围护挡墙、被动区加固、防渗帷幕等的设计、施工和检测等可参照本节规定。

7.3.2 对于泥炭土、有机质含量大于 5% 或 pH 值小于 4 的酸性土，如前述水泥在上述土层有可能不凝固或发生后期崩解。因此，必须进行现场和室内试验确定其适用性。

7.3.3 本条是对水泥土搅拌桩复合地基设计的规定。

1 对软土地区，地基处理的任务主要是解决地基的变形问题，即地基设计是在满足强度的基础上以变形控制的，因此，水泥土搅拌桩的桩长应通过变形计算来确定。实践证明，若水泥土搅拌桩能穿透软弱土层到达强度相对较高的持力层，则沉降量是很小的。

对某一场地的水泥土桩，其桩身强度是有一定限制的，也就是说，水泥土桩从承载力角度，存在有效桩长，单桩承载力在一定程度上并不随桩长的增加而增大。但当软弱土层较厚，从减少地基的变形量方面考虑，桩长应穿透软弱土层到达下卧强度较高之土层，在深厚淤泥及淤泥质土层中应避免采用"悬浮"桩型。

2 在采用式（7.1.5-2）估算水泥土搅拌桩复合地基承载力时，桩间土承载力折减系数 β 的取值，本次修订中作了一些改动，当基础下加固土层为淤泥、淤泥质土和流塑状软土时，考虑到上述土层固结程度差，桩间土难以发挥承载作用，所以 β 取 0.1～0.4，固结程度好或设置褥垫层时可取高值。其他土层可取 0.4～0.8，加固土层强度高或设置褥垫层时取高值，桩端持力层土层强度高时取低值。确定 β 值时还应考虑建筑物对沉降的要求以及桩端持力层土层性质，当桩端持力层强度高或建筑物对沉降要求严时，β 应取低值。

桩周第 i 层土的侧阻力特征值 q_{si}（kPa），对淤泥可取 4kPa～7kPa；对淤泥质土可取 6kPa～12kPa；对软塑状态的黏性土可取 10kPa～15kPa；对可塑状态的黏性土可以取 12kPa～18kPa；对稍密砂类土可取 15kPa～20kPa；对中密砂类土可取 20kPa～25kPa。

桩端地基土未经修正的承载力特征值 q_p（kPa），可按现行国家标准《建筑地基基础设计规范》GB 50007 的有关规定确定。

桩端天然地基土的承载力折减系数 α_p，可取 0.4～0.6，天然地基承载力高时取低值。

3 式（7.3.3-1）中，桩身强度折减系数 η 是一个与工程经验以及拟建工程的性质密切相关的参数。工程经验包括对施工队伍素质、施工质量、室内强度试验与实际加固强度比值以及对实际工程加固效果等情况的掌握。拟建工程性质包括工程地质条件、上部结构对地基的要求以及工程的重要性等。参考日本的取值情况以及我国的经验，干法施工时 η 取 0.2～0.25，湿法施工时 η 取 0.25。

由于水泥土强度有限，当水泥土强度为 2MPa 时，一根直径 500mm 的搅拌桩，其单桩承载力特征值仅为 120kN 左右，因此复合地基承载力受水泥土强度的控制，当桩中心距为 1m 时，其特征值不宜超过 200kPa，否则需要加大置换率，不一定经济合理。

水泥土的强度随龄期的增长而增大，在龄期超过 28d 后，强度仍有明显增长，为了降低造价，对承重搅拌桩试块国内外都取 90d 龄期为标准龄期。对起支挡作用承受水平荷载的搅拌桩，考虑开挖工期影响，水泥土强度标准可取 28d 龄期为标准龄期。从抗压强度试验得知，在其他条件相同时，不同龄期的水泥土抗压强度间关系大致呈线性关系，其经验关系式如下：

$$f_{cu7} = (0.47 \sim 0.63) f_{cu28}$$
$$f_{cu14} = (0.62 \sim 0.80) f_{cu28}$$
$$f_{cu60} = (1.15 \sim 1.46) f_{cu28}$$
$$f_{cu90} = (1.43 \sim 1.80) f_{cu28}$$
$$f_{cu90} = (2.37 \sim 3.73) f_{cu7}$$
$$f_{cu90} = (1.73 \sim 2.82) f_{cu14}$$

上式中 f_{cu7}、f_{cu14}、f_{cu28}、f_{cu60}、f_{cu90} 分别为 7d、14d、28d、60d、90d 龄期的水泥土抗压强度。

当龄期超过三个月后，水泥土强度增长缓慢。180d 的水泥土强度为 90d 的 1.25 倍，而 180d 后水泥土强度增长仍未终止。

4 采用桩上部或全长复搅以及桩上部增加水泥用量的变掺量设计，有益于提高单桩承载力，也可节省造价。

5 路基、堆载下应通过验算在需要的范围内布桩。柱状加固可采用正方形、等边三角形等形式布桩。

7 水泥土搅拌桩复合地基的变形计算，本次修订作了较大修改，采用了第 7.1.7 条规定的计算方法，计算结果与实测值符合较好。

7.3.4 国产水泥土搅拌机配备的泥浆泵工作压力一般小于 2.0MPa，上海生产的三轴搅拌设备配备的泥浆泵的额定压力为 5.0MPa，其成桩质量较好。用于建筑物地基处理，在某些地层条件下，深层土的处理效果不好（例如深度大于 10.0m），处理后地基变形较大，限制了水泥土搅拌桩在建筑工程地基处理中的应用。从设备能力评价水泥土成桩质量，主要有三个因素决定：搅拌次数、喷浆压力、喷浆量。国产水泥土搅拌机的转速低，搅拌次数靠降低提升速度或复搅解决，而对于喷浆压力、喷浆量两个因素对成桩质量的影响有相关性，当喷浆压力一定时，喷浆量大的成桩质量好；当喷浆量一定时，喷浆压力大的成桩质量好。所以提高国产水泥土搅拌机配备能力，是保证水泥土搅拌桩成桩质量的重要条件。本次修订对建筑工程地基处理采用的水泥土搅拌机配备能力提出了最低要求。为了满足这个条件，水泥土搅拌机配备的泥浆泵工作压力不宜小于 5.0MPa。

干法施工，日本生产的 DJM 粉体喷射搅拌机械，空气压缩机容量为 10.5m³/min，喷粉空压机工作压力一般为 0.7MPa。我国自行生产的粉喷桩施工机械，空气压缩机容量较小，喷粉空压机工作压力均小于等于 0.5MPa。

所以，适当提高国产水泥土搅拌机械的设备能力，保证搅拌桩的施工质量，对于建筑地基处理非常重要。

7.3.5 国产水泥土搅拌机的搅拌头大都采用双层（多层）十字杆形或叶片螺旋形。这类搅拌头切削和搅拌加固软土十分合适，但对块径大于 100mm 的石块、树根和生活垃圾等大块物的切割能力较差，即使将搅拌头作了加强处理后已能穿过块石层，但施工效率较低，机械磨损严重。因此，施工时应予以挖除后再填素土为宜，增加的工程量不大，但施工效率却可大大提高。如遇有明浜、池塘及洼地时应抽水和清淤，回填土料并予以压实，不得回填生活垃圾。

搅拌桩施工时，搅拌次数越多，则拌和越为均匀，水泥土强度也越高，但施工效率就降低。试验证明，当加固范围内土体任一点的水泥土每遍经过 20 次的拌合，其强度即可达到较高值。每遍搅拌次数 N 由下式计算：

$$N = \frac{h\cos\beta\Sigma Z}{V}n \qquad (12)$$

式中：h——搅拌叶片的宽度（m）；

β——搅拌叶片与搅拌轴的垂直夹角（°）；

ΣZ——搅拌叶片的总枚数；

n——搅拌头的回转数（rev/min）；

V——搅拌头的提升速度（m/min）。

根据实际施工经验，搅拌法在施工到顶端 0.3m～0.5m 范围时，因上覆土压力较小，搅拌质量较差。因此，其场地整平标高应比设计确定的桩顶标高再高出 0.3m～0.5m，桩制作时仍施工到地面。待开挖基坑时，再将上部 0.3m～0.5m 的桩身质量较差的桩段挖去。根据现场实践表明，当搅拌桩作为承重桩进行基坑开挖时，桩身水泥土已有一定的强度，若用机械开挖基坑，往往容易碰撞损坏桩顶，因此基底标高以上 0.3m 宜采用人工开挖，以保护桩头质量。

水泥土搅拌桩施工前应进行工艺性试成桩，提供

提钻速度、喷灰（浆）量等参数，验证搅拌均匀程度及成桩直径，同时了解下钻及提升的阻力情况、工作效率等。

湿法施工应注意以下事项：

1）每个水泥土搅拌桩的施工现场，由于土质有差异、水泥的品种和标号不同、因而搅拌加固质量有较大的差别。所以在正式搅拌桩施工前，均应按施工组织设计确定的搅拌施工工艺制作数根试桩，再最后确定水泥浆的水灰比、泵送时间、搅拌机提升速度和复搅深度等参数。

制桩质量的优劣直接关系到地基处理的效果。其中的关键是注浆量、水泥浆与软土搅拌的均匀程度。因此，施工中应严格控制喷浆提升速度 V，可按下式计算：

$$V = \frac{\gamma_d Q}{F\gamma\alpha_w(1+\alpha_c)} \qquad (13)$$

式中：V——搅拌头喷浆提升速度（m/min）；

γ_d、γ——分别为水泥浆和土的重度（kN/m³）；

Q——灰浆泵的排量（m³/min）；

α_w——水泥掺入比；

α_c——水泥浆水灰比；

F——搅拌桩截面积（m²）。

2）由于搅拌机械通常采用定量泵输送水泥浆，转速大多又是恒定的，因此灌入地基中的水泥量完全取决于搅拌机的提升速度和复搅次数，施工过程中不能随意变更，并应保证水泥浆能定量不间断供应。采用自动记录是为了降低人为干扰施工质量，目前市售的记录仪必须有国家计量部门的认证。严禁采用由施工单位自制的记录仪。

由于固化剂从灰浆泵到达搅拌机出浆口需通过较长的输浆管，必须考虑水泥浆到达桩端的泵送时间。一般可通过试打桩确定其输送时间。

3）凡成桩过程中，由于电压过低或其他原因造成停机使成桩工艺中断时，应将搅拌机下沉至停浆点以下 0.5m，等恢复供浆时再喷浆提升继续制桩；凡中途停止输浆 3h 以上者，将会使水泥浆在整个输浆管路中凝固，因此必须排清全部水泥浆，清洗管路。

4）壁状或块状加固宜采用湿法，水泥土的终凝时间约为 24h，所以需要相邻单桩搭接施工的时间间隔不宜超过 12h。

5）搅拌机预搅下沉时不宜冲水，当遇到硬土层下沉太慢时，方可适量冲水，但应考虑冲水对桩身强度的影响。

6）壁状加固时，相邻桩的施工时间间隔不宜超过 12h。如间隔时间太长，与相邻桩无法搭接时，应采取局部补桩或注浆等补强

措施。

干法施工应注意以下事项：

1）每个场地开工前的成桩工艺试验必不可少，由于制桩喷灰量与土性、孔深、气流量等多种因素有关，故应根据设计要求逐步调试，确定施工有关参数（如土层的可钻性、提升速度等），以便正式施工时能顺利进行。施工经验表明送粉管路长度超过 60m 后，送粉阻力明显增大，送粉量也不易稳定。

2）由于干法喷粉搅拌不易严格控制，所以要认真操作粉体自动计量装置，严格控制固化剂的喷入量，满足设计要求。

3）合格的粉喷桩机一般均已考虑提升速度与搅拌头转速的匹配，钻头均约每搅拌一圈提升 15mm，从而保证成桩搅拌的均匀性。但每次搅拌时，桩体将出现极薄软弱结构面，这对承受水平剪力是不利的。一般可通过复搅的方法来提高桩体的均匀性，消除软弱结构面，提高桩体抗剪强度。

4）定时检查成桩直径及搅拌的均匀程度。粉喷桩桩长大于 10m 时，其底部喷粉阻力较大，应适当减慢钻机提升速度，以确保固化剂的设计喷入量。

5）固化剂从料罐到喷灰口有一定的时间延迟，严禁在没有喷粉的情况进行钻机提升作业。

7.3.6 喷粉量是保证成桩质量的重要因素，必须进行有效测量。

7.3.7 本条是对水泥土搅拌桩施工质量检验的要求。

1 国内的水泥土搅拌桩大多采用国产的轻型机械施工，这些机械的质量控制装置较为简陋，施工质量的保证很大程度上取决于机组人员的素质和责任心。因此，加强全过程的施工监理，严格检查施工记录和计量记录是控制施工质量的重要手段，检查重点为水泥用量、桩长、搅拌头转数和提升速度、复搅次数和复搅深度、停浆处理方法等。

3 水泥土搅拌桩复合地基承载力的检验应进行单桩或多桩复合地基静载荷试验和单桩静载荷试验。检测分两个阶段，第一阶段为施工前为设计提供依据的承载力检测，试验数量每单项工程不少于 3 根，如单项工程中地质情况不均匀，应加大试验数量。第二阶段为施工完成后的验收检验，数量为总桩数的 1%，每单项工程不少于 3 根。上述两个阶段的检验均不可少，应严格执行。对重要的工程，对变形要求严格时宜进行多桩复合地基静载荷试验。

4 对重要的、变形要求严格的工程或经触探和静载荷试验检验后对桩身质量有怀疑时，应在成桩 28d 后，采用双管单动取样器钻取芯样作水泥土抗压强度检验。水泥搅拌桩的桩身质量检验目前尚无成熟

的方法，特别是对常用的直径 500mm 干法桩遇到的困难更大，采用钻芯法检测时应采用双管单动取样器，避免过大扰动芯样使检验失真。当钻芯困难时，可采用单桩竖向抗压静载荷试验的方法检测桩身质量，加载量宜为（2.5～3.0）倍单桩承载力特征值，卸载后挖开桩头，检查桩头是否破坏。

7.4 旋喷桩复合地基

7.4.1 由于旋喷注浆使用的压力大，因而喷射流的能量大、速度快。当它连续和集中地作用在土体上，压应力和冲蚀等多种因素便在很小的区域内产生效应，对从粒径很小的细粒土到含有颗粒直径较大的卵石、碎石土，均有很大的冲击和搅动作用，使注入的浆液和土拌合凝固为新的固结体。实践表明，该法对淤泥、淤泥质土、流塑或软塑黏性土、粉土、砂土、黄土、素填土和碎石土等地基都有良好的处理效果。但对于硬黏性土，含有较多的块石或大量植物根茎的地基，因喷射流可能受到阻挡或削弱，冲击破碎力急剧下降，切削范围小或影响处理效果。而对于含有过多有机质的土层，则其处理效果取决于固结体的化学稳定性。鉴于上述几种土的组成复杂、差异悬殊，旋喷桩处理的效果差别较大，不能一概而论，故应根据现场试验结果确定其适用程度。对于湿陷性黄土地基，因当前试验资料和施工实例较少，亦应预先进行现场试验。旋喷注浆处理深度较大，我国建筑地基旋喷注浆处理深度目前已达 30m 以上。

高压喷射有旋喷（固结体为圆柱状）、定喷（固结体为壁状）、和摆喷（固结体为扇状）等 3 种基本形状，它们均可用下列方法实现。

1）单管法：喷射高压水泥浆液一种介质；

2）双管法：喷射高压水泥浆液和压缩空气两种介质；

3）三管法：喷射高压水流、压缩空气及水泥浆液等三种介质。

由于上述 3 种喷射流的结构和喷射的介质不同，有效处理范围也不同，以三管法最大，双管法次之，单管法最小。定喷和摆喷注浆常用双管法和三管法。

在制定旋喷注浆方案时，应搜集和掌握各种基本资料。主要是：岩土工程勘察（土层和基岩的性状，标准贯入击数，土的物理力学性质，地下水的埋藏条件、渗透性和水质成分等）资料；建筑物结构受力特性资料；施工现场和邻近建筑的四周环境资料；地下管道和其他埋设物资料及类似土层条件下使用的工程经验等。

旋喷注浆有强化地基和防漏的作用，可用于既有建筑和新建工程的地基处理、地下工程及堤坝的截水、基坑封底、被动区加固、基坑侧壁防止漏水或减小基坑位移等。对地下水流速过大或已涌水的防水工程，由于工艺、机具和瞬时速凝材料等方面的原因，

应慎重使用，并应通过现场试验确定其适用性。

7.4.2 旋喷桩直径的确定是一个复杂的问题，尤其是深部的直径，无法用准确的方法确定。因此，除了浅层可以用开挖的方法验证之外，只能用半经验的方法加以判断、确定。根据国内外的施工经验，初步设计时，其设计直径可参考表17选用。当无现场试验资料时，可参照相似土质条件的工程经验进行初步设计。

表 17　旋喷桩的设计直径（m）

土质 \ 方法		单管法	双管法	三管法
黏性土	$0 < N < 5$	0.5～0.8	0.8～1.2	1.2～1.8
	$6 < N < 10$	0.4～0.7	0.7～1.1	1.0～1.6
砂土	$0 < N < 10$	0.6～1.0	1.0～1.4	1.5～2.0
	$11 < N < 20$	0.5～0.9	0.9～1.3	1.2～1.8
	$21 < N < 30$	0.4～0.8	0.8～1.2	0.9～1.5

注：表中 N 为标准贯入击数。

7.4.3 旋喷桩复合地基承载力应通过现场静载荷试验确定。通过公式计算时，在确定折减系数 β 和单桩承载力方面均可能有较大的变化幅度，因此只能用作估算。对于承载力较低时 β 取低值，是出于减小变形的考虑。

7.4.8 本条为旋喷桩的施工要求。

　1 施工前，应对照设计图纸核实设计孔位处有无妨碍施工和影响安全的障碍物。如遇有上水管、下水管、电缆线、煤气管、人防工程、旧建筑基础和其他地下埋设物等障碍物影响施工时，则应与有关单位协商清除或搬移障碍物或更改设计孔位。

　2 旋喷桩的施工参数应根据土质条件、加固要求通过试验或根据工程经验确定，加固土体每立方的水泥掺入量不宜少于300kg。旋喷注浆的压力大，处理地基的效果好。根据国内实际工程中应用实例，单管法、双管法及三管法的高压水泥浆液或高压水射流的压力应大于20MPa，流量大于30L/min，气流的压力以空气压缩机的最大压力为限，通常在0.7MPa左右，提升速度可取0.1m/min～0.2m/min，旋转速度宜取20r/min。表18列出建议的旋喷桩的施工参数，供参考。

表 18　旋喷桩的施工参数一览表

旋喷施工方法		单管法	双管法	三管法
适用土质		砂土、黏性土、黄土、杂填土、小粒径砂砾		
浆液材料及配方		以水泥为主材，加入不同的外加剂后具有速凝、早强、抗腐蚀、防冻等特性，常用水灰比1:1，也可适用化学材料		

续表18

旋喷施工方法			单管法	双管法	三管法
旋喷施工参数	水	压力（MPa）	—	—	25
		流量（L/min）	—	—	80～120
		喷嘴孔径（mm）及个数	—	—	2～3 (1～2)
	空气	压力（MPa）	—	0.7	0.7
		流量（m³/min）	—	1～2	1～2
		喷嘴间隙（mm）及个数	—	1～2 (1～2)	1～2 (1～2)
	浆液	压力（MPa）	25	25	25
		流量（L/min）	80～120	80～120	80～150
		喷嘴孔径（mm）及个数	2～3 (2)	2～3 (1～2)	10～2 (1～2)
		灌浆管外径（mm）	φ42 或 φ45	φ42、φ50、φ75	φ75 或 φ90
		提升速度（cm/min）	15～25	7～20	5～20
		旋转速度（r/min）	16～20	5～16	5～16

　　近年来旋喷注浆技术得到了很大的发展，利用超高压水泵（泵压大于50MPa）和超高压水泥浆泵（水泥浆压力大于35MPa），辅以低压空气，大大提高了旋喷桩的处理能力。在软土中的切割直径可超过2.0m，注浆体的强度可达5.0MPa，有效加固深度可达60m。所以对于重要的工程以及对变形要求严格的工程，应选择较强设备能力进行施工，以保证工程质量。

　3 旋喷注浆的主要材料为水泥，对于无特殊要求的工程宜采用强度等级为42.5级及以上普通硅酸盐水泥。根据需要，可在水泥浆中分别加入适量的外加剂和掺合料，以改善水泥浆液的性能，如早强剂、悬浮剂等。所用外加剂或掺合剂的数量，应根据水泥土的特点通过室内配比试验或现场试验确定。当有足够实践经验时，亦可按经验确定。旋喷注浆的材料还可选用化学浆液。因费用昂贵，只有少数工程应用。

　4 水泥浆液的水灰比越小，旋喷注浆处理地基的承载力越高。在施工中因注浆设备的原因，水灰比太小时，喷射有困难，故水灰比通常取0.8～1.2，生产实践中常用0.9。由于生产、运输和保存等原因，有些水泥厂的水泥成分不够稳定，质量波动较大，可导致水泥浆液凝固时间过长，固结强度降低。因此事先应对各批水泥进行检验，合格后才能使用。对拌制水泥浆的用水，只要符合混凝土拌合标准即可使用。

6　高压泵通过高压橡胶软管输送高压浆液至钻机上的注浆管，进行喷射注浆。若钻机和高压水泵的距离过远，势必要增加高压橡胶软管的长度，使高压喷射流的沿程损失增大，造成实际喷射压力降低的后果。因此钻机与高压泵的距离不宜过远，在大面积场地施工时，为了减少沿程损失，则应搬动高压泵保持与钻机的距离。

实际施工孔位与设计孔位偏差过大时，会影响加固效果。故规定孔位偏差值应小于 50mm，并且必须保持钻孔的垂直度。实际孔位、孔深和每个钻孔内的地下障碍物、洞穴、涌水、漏水及与岩土工程勘察报告不符等情况均应详细记录。土层的结构和土质种类对加固质量关系更为密切，只有通过钻孔过程详细记录地质情况并了解地下情况后，施工时才能因地制宜及时调整工艺和变更喷射参数，达到良好的处理效果。

7　旋喷注浆均自下而上进行。当注浆管不能一次提升完成而需分数次卸管时，卸管后喷射的搭接长度不得小于 100mm，以保证固结体的整体性。

8　在不改变喷射参数的条件下，对同一标高的土层作重复喷射时，能加大有效加固范围和提高固结体强度。复喷的方法根据工程要求决定。在实际工作中，旋喷桩通常在底部和顶部进行复喷，以增大承载力和确保处理质量。

9　当旋喷注浆过程中出现下列异常情况时，需查明原因并采取相应措施：

1)　流量不变而压力突然下降时，应检查各部位的泄漏情况，并应拔出注浆管，检查密封性能。

2)　出现不冒浆或断续冒浆时，若系土质松软则视为正常现象，可适当进行复喷；若系附近有空洞、通道，则应不提升注浆管继续注浆直至冒浆为止或拔出注浆管待浆液凝固后重新注浆。

3)　压力稍有下降时，可能系注浆管被击穿或有孔洞，使喷射能力降低。此时应拔出注浆管进行检查。

4)　压力陡增超过最高限值、流量为零、停机后压力仍不变动时，则可能系喷嘴堵塞。应拔管疏通喷嘴。

10　当旋喷注浆完毕后，或在喷射注浆过程中因故中断，短时间（小于或等于浆液初凝时间）内不能继续喷浆时，均应立即拔出注浆管清洗备用，以防浆液凝固后拔不出管来。为防止因浆液凝固收缩，产生加固地基与建筑基础不密贴或脱空现象，可采用超高喷射（旋喷处理地基的顶面超过建筑基础底面，其超高量大于收缩高度）、冒浆回灌或第二次注浆等措施。

11　在城市施工中泥浆管理直接影响文明施工，必须在开工前做好规划，做到有计划地堆放或废浆及时排出现场，保持场地文明。

12　应在专门的记录表格上做好自检，如实记录施工的各项参数和详细描述喷射注浆时的各种现象，以便判断加固效果并为质量检验提供资料。

7.4.9　应在严格控制施工参数的基础上，根据具体情况选定质量检验方法。开挖检查法简单易行，通常在浅层进行，但难以对整个固结体的质量作全面检查。钻孔取芯是检验单孔固结体质量的常用方法，选用时需以不破坏固结体和有代表性为前提，可以在 28d 后取芯。标准贯入和静力触探在有经验的情况下也可以应用。静载荷试验是建筑地基处理后检验地基承载力的方法。压水试验通常在工程有防渗漏要求时采用。

检验点的位置应重点布置在有代表性的加固区，对旋喷注浆时出现过异常现象和地质复杂的地段亦应进行检验。

每个建筑工程旋喷注浆处理后，不论其大小，均应进行检验。检验量为施工孔数的 2%，并且不应少于 6 点。

旋喷注浆处理地基的强度离散性大，在软弱黏性土中，强度增长速度较慢。检验时间应在喷射注浆后 28d 进行，以防由于固结体强度不高时，因检验而受到破坏，影响检验的可靠性。

7.5　灰土挤密桩和土挤密桩复合地基

7.5.1　灰土挤密桩、土挤密桩复合地基在黄土地区广泛采用。用灰土或土分层夯实的桩体，形成增强体，与挤密的桩间土一起组成复合地基，共同承受基础的上部荷载。当以消除地基土的湿陷性为主要目的时，桩孔填料可选用素土；当以提高地基土的承载力为主要目的时，桩孔填料应采用灰土。

大量的试验研究资料和工程实践表明，灰土挤密桩、土挤密桩复合地基用于处理地下水位以上的粉土、黏性土、素填土、杂填土等地基，不论是消除土的湿陷性还是提高承载力都是有效的。

基底下 3m 内的素填土、杂填土，通常采用土（或灰土）垫层或强夯等方法处理；大于 15m 的土层，由于成孔设备限制，一般采用其他方法处理，本条规定可处理地基的厚度为 3m～15m，基本上符合目前陕西、甘肃和山西等省的情况。

当地基土的含水量大于 24%、饱和度大于 65%时，在成孔和拔管过程中，桩孔及其周边土容易缩颈和隆起，挤密效果差，应通过试验确定其适用性。

7.5.2　本条是灰土挤密桩、土挤密桩复合地基的设计要求。

1　局部处理地基的宽度超出基础底面边缘一定范围，主要在于保证应力扩散，增强地基的稳定性，防止基底下被处理的土层在基础荷载作用下受水浸湿时产生侧向挤出，并使处理与未处理接触面的土体保持稳定。

整片处理的范围大，既可以保证应力扩散，又可防止水从侧向渗入未处理的下部土层引起湿陷，故整片处理兼有防渗隔水作用。

2 处理的厚度应根据现场土质情况、工程要求和成孔设备等因素综合确定。当以降低土的压缩性、提高地基承载力为主要目的时，宜对基底下压缩层范围内压缩系数 α_{1-2} 大于 0.40MPa^{-1} 或压缩模量小于 6MPa 的土层进行处理。

3 根据我国湿陷性黄土地区的现有成孔设备和成孔方法，成孔的桩孔直径可为 300mm～600mm。桩孔之间的中心距离通常为桩孔直径的 2.0 倍～3.0 倍，保证对土体挤密和消除湿陷性的要求。

4 湿陷性黄土为天然结构，处理湿陷性黄土与处理填土有所不同，故检验桩间土的质量用平均挤密系数 $\bar{\eta}_c$ 控制，而不用压实系数控制。平均挤密系数是在成孔挤密深度内，通过取土样测定桩间土的平均干密度与其最大干密度的比值而获得，平均干密度的取样自桩顶向下 0.5m 起，每 1m 不应少于 2 点（1组），即：桩孔外 100mm 处 1 点，桩孔之间的中心距（1/2处）1点。当桩长大于 6m 时，全部深度内取样点不应少于 12 点（6组）；当桩长小于 6m 时，全部深度内的取样点不应少于 10 点（5组）。

6 为防止填入桩孔内的灰土吸水后产生膨胀，不得使用生石灰与土拌合，而应用消解后的石灰与黄土或其他黏性土拌合，石灰富含钙离子，与土混合后产生离子交换作用，在较短时间内便成为凝硬材料，因此拌合后的灰土放置时间不可太长，并宜于当日使用完毕。

7 由于桩体是用松散状态的素土（黏性土或黏质粉土）、灰土经夯实而成，桩体的夯实质量可用土的干密度表示，土的干密度大，说明夯实质量好，反之，则差。桩体的夯实质量一般通过测定全部深度内土的干密度确定，然后将其换算为平均压实系数进行评定。桩体土的干密度取样：自桩顶向下 0.5m 起，每 1m 不应少于 2 点（1组），即桩孔内距桩孔边缘 50mm 处 1 点，桩孔中心（即1/2）处 1 点，当桩长大于 6m 时，全部深度内的取样点不应少于 12 点（6组），当桩长不足 6m 时，全部深度内的取样点不应少于 10 点（5组）。桩体土的平均压实系数 $\bar{\lambda}_c$，是根据桩孔全部深度内的平均干密度与室内击实试验求得填料（素土或灰土）在最优含水量状态下的最大干密度的比值，即 $\bar{\lambda}_c = \bar{\rho}_{d0} / \rho_{dmax}$，式中 $\bar{\rho}_{d0}$ 为桩孔全部深度内的填料（素土或灰土），经分层夯实的平均干密度（t/m³）；ρ_{dmax} 为桩孔内的填料（素土或灰土），通过击实试验求得最优含水量状态下的最大干密度（t/m³）。

原规范规定桩孔内填料的平均压实系数 $\bar{\lambda}_c$ 均不应小于 0.96，本次修订改为填料的平均压实系数 $\bar{\lambda}_c$ 均不应小于 0.97，与现行国家标准《湿陷性黄土地区建筑规范》GB 50025 的要求一致。工程实践表明只要填料的含水量和夯锤锤重合适，是完全可以达到这个要求的。

8 桩孔回填夯实结束后，在桩顶标高以上应设置 300mm～600mm 厚的垫层，一方面可使桩顶和桩间土找平，另一方面保证应力扩散，调整桩土的应力比，并对减小桩身应力集中也有良好作用。

9 为确定灰土挤密桩、土挤密桩复合地基承载力特征值应通过现场复合地基静载荷试验确定，或通过灰土桩或土桩的静载荷试验结果和桩周土的承载力特征值根据经验确定。

7.5.3 本条是灰土挤密桩、土挤密桩复合地基的施工要求。

1 现有成孔方法包括沉管（锤击、振动）和冲击等方法，但都有一定的局限性，在城市或居民较集中的地区往往限制使用，如锤击沉管成孔，通常允许在新建场地使用，故选用上述方法时，应综合考虑设计要求、成孔设备或成孔方法、现场土质和对周围环境的影响等因素。

2 施工灰土挤密桩时，在成孔或拔管过程中，对桩孔（或桩顶）上部土层有一定的松动作用，因此施工前应根据选用的成孔设备和施工方法，在基底标高以上预留一定厚度的土层，待成孔和桩孔回填夯实结束后，将其挖除或按设计规定进行处理。

3 拟处理地基土的含水量对成孔施工与桩间土的挤密至关重要。工程实践表明，当天然土的含水量小于 12% 时，土呈坚硬状态、成孔挤密困难，且设备容易损坏；当天然土的含水量等于或大于 24%，饱和度大于 65% 时，桩孔可能缩颈，桩孔周围的土容易隆起，挤密效果差；当天然土的含水量接近最优（或塑限）含水量时，成孔施工速度快，桩间土的挤密效果好。因此，在成孔过程中，应掌握好拟处理地基土的含水量。最优含水量是成孔挤密施工的理想含水量，而现场土质往往并非恰好是最优含水量，如只允许在最优含水量状态下进行成孔施工，小于最优含水量的土便需要加水增湿，大于最优含水量的土则要采取晾干等措施，这样施工很麻烦，而且不易掌握准确和加水均匀。因此，当拟处理地基土的含水量低于 12% 时，宜按公式（7.5.3）计算的加水量进行增湿。对含水量介于 12%～24% 的土，只要成孔施工顺利、桩孔不出现缩颈，桩间土的挤密效果符合设计要求，不一定要采取增湿或晾干措施。

5 成孔和孔内回填夯实的施工顺序，习惯做法是从外向里隔（1～2）孔进行，但施工到中间部位，桩孔往往打不下去或桩孔周围地面明显隆起。为此本条定为对整片处理，宜从里（或中间）向外间隔（1～2）孔进行。对大型工程可采取分段施工，对局部处理，宜从外向里隔（1～2）孔进行。局部处理的范围小，且多为独立基础及条形基础，从外向里对桩间土的挤密有好处，也不致出现类似整片处理桩孔打不下去的情况。

6 施工过程的振动会引起地表土层的松动，基础施工后应对松动土层进行处理。

7 施工记录是验收的原始依据。必须强调施工记录的真实性和准确性，且不得任意涂改。为此应选择有一定业务素质的相关人员担任施工记录，这样才能确保做好施工记录。桩孔的直径与成孔设备或成孔方法有关，成孔设备或成孔方法如已选定，桩孔直径基本上固定不变，桩孔深度按设计规定，为防止施工出现偏差，在施工过程中应加强监督，采取随机抽样的方法进行检查。

8 土料和灰土受雨水淋湿或冻结，容易出现"橡皮土"，且不易夯实。当雨期或冬期选择灰土挤密桩处理地基时，应采取防雨或防冻措施，保护灰土不受雨水淋湿或冻结，以确保施工质量。

7.5.4 本条为灰土挤密桩、土挤密桩复合地基的施工质量检验要求：

1 为保证灰土桩复合地基的质量，在施工过程中应抽样检验施工质量，对检验结果应进行综合分析或综合评价。

2、3 桩孔夯填质量检验，是灰土挤密桩、土挤密桩复合地基质量检验的主要项目。宜采用开挖探井取样法检测。规范对抽样检验的数量作了规定。由于挖探井取土样对桩体和桩间土均有一定程度的扰动及破坏，因此选点应具有代表性，并保证检验数据的可靠性。对灰土桩桩身强度有疑义时，可对灰土取样进行含灰比的检测。取样结束后，其探井应分层回填夯实，压实系数不应小于0.94。

4 对需消除湿陷性的重要工程，应按现行国家标准《湿陷性黄土地区建筑规范》GB 50025 的方法进行现场浸水静载荷试验。

5 关于检测灰土桩复合地基承载力静载荷试验的时间，本规范规定应在成桩后（14～28）d，主要考虑桩体强度的恢复与发展需要一定的时间。

7.6 夯实水泥土桩复合地基

7.6.1 由于场地条件的限制，需要一种施工周期短、造价低、施工文明、质量容易控制的地基处理方法。中国建筑科学研究院地基所在北京等地旧城区危改小区工程中开发的夯实水泥土桩地基处理技术，经过大量室内、原位试验和工程实践，已在北京、河北等地多层房屋地基处理工程中广泛应用，产生了巨大的社会经济效益，节省了大量建筑资金。

目前，由于施工机械的限制，夯实水泥土桩适用于地下水位以上的粉土、素填土、杂填土和黏性土等地基。采用人工洛阳铲成孔时，处理深度宜小于6m，主要是由于施工工艺决定。

7.6.2 本条是夯实水泥土桩复合地基设计的要求。

1 夯实水泥土桩复合地基主要用于多层房屋地基处理，一般情况可仅在基础内布桩，地质条件较差或工程有特殊要求时，可在基础外设置护桩。

2 对相对硬土层埋藏较深地基，桩的长度应按建筑物地基的变形允许值确定，主要是强调采用夯实水泥土桩法处理的地基，如存在软弱下卧层时，应验算其变形，按允许变形控制设计。

3 常用的桩径为300mm～600mm。可根据所选用的成孔设备或成孔方法确定。选用的夯锤应与桩径相适应。

4 夯实水泥土强度主要由土的性质、水泥品种、水泥强度等级、龄期、养护条件等控制。特别规定夯实水泥土设计强度应采用现场土料和施工采用的水泥品种、标号进行混合料配比设计使桩体强度满足本规范第 7.1.6 条的要求。

夯实水泥土配比强度试验应符合下列规定：

1) 试验采用的击实试模和击锤如图 10 所示，尺寸应符合表 19 规定。

表 19 击实试验主要部件规格

锤质量 （kg）	锤底直径 （mm）	落高 （mm）	击实试模 （mm）
4.5	51	457	150×150×150

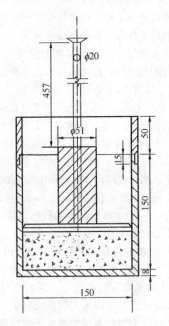

图 10 击实试验主要部件示意

2) 试样的制备应符合现行国家标准《土工试验方法标准》GB/T 50123 的有关规定。水泥和过筛土料应按土料最优含水量拌合均匀。

3) 击实试验应按下列步骤进行：

在击实试模内壁均匀涂一薄层润滑油，

称量一定量的试样，倒入试模内，分四层击实，每层击数由击实密度控制。每层高度相等，两层交界处的土面应刨毛。击实完成时，超出击实试模顶的试样用刮刀削平。称重并计算试样成型后的干密度。

    4）试块脱模时间为 24h，脱模后必须在标准养护条件下养护 28d，按标准试验方法作立方体强度试验。

    6 夯实水泥土的变形模量远大于土的变形模量。设置褥垫层，主要是为了调整基底压力分布，使荷载通过垫层传到桩和桩间土上，保证桩间土承载力的发挥。

    7 采用夯实水泥土桩法处理地基的复合地基承载力应按现场复合地基静载荷试验确定，强调现场试验对复合地基设计的重要性。

    8 本条提出的计算方法已有数幢建筑的沉降观测资料验证是可靠的。

7.6.3 本条是夯实水泥土桩施工的要求：

    1 在旧城危改工程中，由于场地环境条件的限制，多采用人工洛阳铲、螺旋钻机成孔方法，当土质较松软时采用沉管、冲击等方法挤土成孔，可收到良好的效果。

    3 混合料含水量是决定桩体夯实密度的重要因素，在现场实施时应严格控制。用机械夯实时，因锤重，夯实功大，宜采用土料最佳含水量 $w_{op}-(1\%\sim2\%)$，人工夯实时宜采用土料最佳含水量 $w_{bp}+(1\%\sim2\%)$，均应由现场试验确定。各种成孔工艺均可能使孔底存在部分扰动和虚土，因此夯填混合料前应将孔底土夯实，有利于发挥桩端阻力，提高复合地基承载力。为保证桩顶的桩体强度，现场施工时均要求桩体夯填高度大于桩顶设计标高 200mm～300mm。

    4 褥垫层铺设要求夯填度小于 0.90，主要是为了减少施工期地基的变形量。

    5 夯实水泥土桩处理地基的优点之一是在成孔时可以逐孔检查土层情况是否与勘察资料相符合，不符合时可及时调整设计，保证地基处理的质量。

7.6.4 对一般工程，主要应检查施工记录、检测处理深度内桩体的干密度。目前检验干密度的手段一般采用取土和轻便触探等手段。如检验不合格，应视工程情况处理并采取有效的补救措施。

7.6.5 本条强调工程的竣工验收检验。

7.7 水泥粉煤灰碎石桩复合地基

7.7.1 水泥粉煤灰碎石桩是由水泥、粉煤灰、碎石、石屑或砂加水搅拌形成的高粘结强度桩（简称CFG桩），桩、桩间土和褥垫层一起构成复合地基。

    水泥粉煤灰碎石桩复合地基具有承载力提高幅度大，地基变形小等特点，适用范围较大。就基础形式而言，既可适用于条形基础、独立基础，也可适用于

箱基、筏基；在工业厂房、民用建筑中均有大量应用。就土性而言，适用于处理黏性土、粉土、砂土和正常固结的素填土等地基。对淤泥质土应通过现场试验确定其适用性。

    水泥粉煤灰碎石桩不仅用于承载力较低的地基，对承载力较高（如承载力 $f_{ak}=200kPa$）但变形不能满足要求的地基，也可采用水泥粉煤灰碎石桩处理，以减少地基变形。

    目前已积累的工程实例，用水泥粉煤灰碎石桩处理承载力较低的地基多用于多层住宅和工业厂房。比如南京浦镇车辆厂厂南生活区 24 幢 6 层住宅楼，原地基土承载力特征值为 60kPa 的淤泥质土，经处理后复合地基承载力特征值达 240kPa，基础形式为条基，建筑物最终沉降多在 40mm 左右。

    对一般黏性土、粉土或砂土，桩端具有好的持力层，经水泥粉煤灰碎石桩处理后可作为高层建筑地基，如北京华亭嘉园 35 层住宅楼，天然地基承载力特征值 f_{ak} 为 200kPa，采用水泥粉煤灰碎石桩处理后建筑物沉降在 50mm 以内。成都某建筑 40 层、41 层，高度为 119.90m，强风化泥岩的承载力特征值 f_{ak} 为 320kPa，采用水泥粉煤灰碎石桩处理后，承载力和变形均满足设计和规范要求，并且经受住了汶川"5·12"大地震的考验。

    近些年来，随着其在高层建筑地基处理广泛应用，桩体材料组成和早期相比有所变化，主要由水泥、碎石、砂、粉煤灰和水组成，其中粉煤灰为Ⅱ～Ⅲ级细灰，在桩体混合料中主要提高混合料的可泵性。

    混凝土灌注桩、预制桩作为复合地基增强体，其工作性状与水泥粉煤灰碎石桩复合地基接近，可参照本节规定进行设计、施工和检测。对预应力管桩桩顶可采取设置混凝土桩帽或采用高于增强体强度等级的混凝土灌芯的技术措施，减少桩顶的刺入变形。

7.7.2 水泥粉煤灰碎石桩复合地基设计应符合下列规定：

    1 桩端持力层的选择

    水泥粉煤灰碎石桩应选择承载力和压缩模量相对较高的土层作为桩端持力层。水泥粉煤灰碎石桩具有较强的置换作用，其他参数相同，桩越长、桩的荷载分担比（桩承担的荷载占总荷载的百分比）越高。设计时须将桩端落在承载力和压缩模量相对高的土层上，这样可以很好地发挥桩的端阻力，也可避免场地岩性变化大可能造成建筑物的不均匀沉降。桩端持力层承载力和压缩模量越高，建筑物沉降稳定也越快。

    2 桩径

    桩径与选用施工工艺有关，长螺旋钻中心压灌、干成孔和振动沉管成桩宜取 350mm～600mm；泥浆护壁钻孔灌注素混凝土成桩宜取 600mm～800mm；钢筋混凝土预制桩宜取 300mm～600mm。

其他条件相同，桩径越小桩的比表面积越大，单方混合料提供的承载力高。

3 桩距

桩距应根据设计要求的复合地基承载力、建筑物控制沉降量、土性、施工工艺等综合考虑确定。

设计的桩距首先要满足承载力和变形量的要求。从施工角度考虑，尽量选用较大的桩距，以防止新打桩对已打桩的不良影响。

就土的挤（振）密性而言，可将土分为：

1）挤（振）密效果好的土，如松散粉细砂、粉土、人工填土等；

2）可挤（振）密土，如不太密实的粉质黏土；

3）不可挤（振）密土，如饱和软黏土或密实度很高的黏性土，砂土等。

施工工艺可分为两大类：一是对桩间土产生扰动或挤密的施工工艺，如振动沉管打桩机成孔制桩，属挤土成桩工艺。二是对桩间土不产生扰动或挤密的施工工艺，如长螺旋钻灌注成桩，属非挤土（或部分挤土）成桩工艺。

对不可挤密土和挤土成桩工艺宜采用较大的桩距。

在满足承载力和变形要求的前提下，可以通过改变桩长来调整桩距。采用非挤土、部分挤土成桩工艺施工（如泥浆护壁钻孔灌注桩、长螺旋钻灌注桩），桩距宜取（3~5）倍桩径；采用挤土成桩工艺施工（如预制桩和振动沉管打桩机施工）和墙下条基单排布桩桩距可适当加大，宜取（3~6）倍桩径。桩长范围内有饱和黏土、粉细砂、淤泥、淤泥质土层，为防止施工发生窜孔、缩颈、断桩，减少新打桩对已打桩的不良影响，宜采用较大桩距。

4 褥垫层

桩顶和基础之间应设置褥垫层，褥垫层在复合地基中具有如下的作用：

1）保证桩、土共同承担荷载，它是水泥粉煤灰碎石桩形成复合地基的重要条件。

2）通过改变褥垫厚度，调整桩垂直荷载的分担，通常褥垫越薄桩承担的荷载占总荷载的百分比越高。

3）减少基础底面的应力集中。

4）调整桩、土水平荷载的分担，褥垫层越厚，土分担的水平荷载占总荷载的百分比越大，桩分担的水平荷载占总荷载的百分比越小。对抗震设防区，不宜采用厚度过薄的褥垫层设计。

5）褥垫层的设置，可使桩间土承载力充分发挥，作用在桩间土表面的荷载在桩侧的土单元体产生竖向和水平向附加应力，水平向附加应力作用在桩表面具有增大侧阻的作用，在桩端产生的竖向附加应力对提高

单桩承载力是有益的。

5 水泥粉煤灰碎石桩可只在基础内布桩，应根据建筑物荷载分布、基础形式、地基土性状，合理确定布桩参数：

1）对框架核心筒结构形式，核心筒和外框柱宜采用不同布桩参数，核心筒部位荷载水平高，宜强化核心筒荷载影响部位布桩，相对弱化外框柱荷载影响部位布桩；通常核心筒外扩一倍板厚范围，为防止筏板发生冲切破坏需足够的净反力，宜减小桩距或增大桩径，当桩端持力层较厚时最好加大桩长，提高复合地基承载力和复合土层模量；对设有沉降缝或防震缝的建筑物，宜在沉降缝或防震缝部位，采用减小桩距、增加桩长或加大桩径布桩，以防止建筑物发生较大相向变形。

2）对于独立基础地基处理，可按变形控制进行复合地基设计。比如，天然地基承载力100kPa，设计要求经处理后复合地基承载力特征值不小于300kPa。每个独立基础下的承载力相同，都是300kPa。当两个相邻柱荷载水平相差较大的独立基础，复合地基承载力相等时，荷载水平高的基础面积大，影响深度深，基础沉降大；荷载水平低的基础面积小，影响深度浅，基础沉降小；柱间沉降差有可能不满足设计要求。柱荷载水平差异较大时应按变形控制进行复合地基设计。由于水泥粉煤灰碎石桩复合地基承载力提高幅度大，柱荷载水平高的宜采用较高承载力要求确定布桩参数；可以有效地减少基础面积、降低造价，更重要的是基础间沉降差容易控制在规范限值之内。

3）国家标准《建筑地基基础设计规范》GB 50007中对于地基反力计算，当满足下列条件时可按线性分布：

① 当地基土比较均匀；

② 上部结构刚度比较好；

③ 梁板式筏基梁的高跨比或平板式筏基板的厚跨比不小于1/6；

④ 相邻柱荷载及柱间距的变化不超过20%。

地基反力满足线性分布假定时，可在整个基础范围均匀布桩。

若筏板厚度与跨距之比小于1/6，梁板式基础，梁的高跨比大于1/6且板的厚跨比（筏板厚度与梁的中心距之比）小于1/6时，基底压力不满足线性分布假定，不宜采用均匀布桩，应主要在柱边（平板式筏基）和梁边（梁板式筏基）外扩2.5倍板

厚的面积范围布桩。

　　需要注意的是，此时的设计基底压力应按布桩区的面积重新计算。

　　4) 与散体桩和水泥土搅拌桩不同，水泥粉煤灰碎石桩复合地基承载力提高幅度大，条形基础下复合地基设计，当荷载水平不高时，可采用墙下单排布桩。此时，水泥粉煤灰碎石桩施工对桩位在垂直于轴线方向的偏差应严格控制，防止过大的基础偏心受力状态。

　　6 水泥粉煤灰碎石桩复合地基承载力特征值，应按第 7.1.5 条规定确定。初步设计时也可按本规范式 (7.1.5-2)、式 (7.1.5-3) 估算。桩身强度应符合第 7.1.6 条的规定。

　　《建筑地基处理技术规范》JGJ 79-2002 规定，初步设计时复合地基承载力按下式估算：

$$f_{spk} = m\frac{R_a}{A_p} + \beta(1-m)f_{sk} \quad (14)$$

　　即假定单桩承载力发挥系数为 1.0。根据中国建筑科学研究院地基所多年研究，采用本规范式 (7.1.5-2) 更为符合实际情况，式中 λ 按当地经验取值，无经验时可取 $0.8\sim0.9$，褥垫层的厚径比小时取大值；β 按当地经验取值，无经验时可取 $0.9\sim1.0$，厚径比大时取大值。

　　单桩竖向承载力特征值应通过现场静载荷试验确定。初步设计时也可按本规范式 (7.1.5-3) 估算，q_{si} 应按地区经验确定；q_p 可按现行国家标准《建筑地基基础设计规范》GB 50007 的有关规定确定；桩端阻力发挥系数 α_p 可取 1.0。

　　当承载力考虑基础埋深的深度修正时，增强体桩身强度还应满足本规范式 (7.1.6-2) 的规定。这次修订考虑了如下几个因素：

　　1) 与桩基不同，复合地基承载力可以作深度修正，基础两侧的超载越大（基础埋深越大），深度修正的数量也越大，桩受的竖向荷载越大，设计的桩体强度应越高。

　　2) 刚性桩复合地基，由于设置了褥垫层，从加荷一开始，就存在一个负摩擦区，因此，桩的最大轴力作用点不在桩顶，而是在中性点处，即中性点处的轴力大于桩顶的受力。

　　综合以上因素，对《建筑地基处理技术规范》JGJ 79-2002 中桩体试块（边长 15cm 立方体）标准养护 28d 抗压强度平均值不小于 $3R_a/A_p$（R_a 为单桩承载力特征值，A_p 为桩的截面面积）的规定进行了调整，桩身强度适当提高，保证桩体不发生破坏。

　　7 水泥粉煤灰碎石桩复合地基的变形计算应按现行国家标准《建筑地基基础设计规范》GB 50007

的有关规定执行。但有两点需作说明：

　　1) 复合地基的分层与天然地基分层相同，当荷载接近或达到复合地基承载力时，各复合土层的压缩模量可按该层天然地基压缩模量的 ζ 倍计算。工程中应由现场试验测定的 f_{spk} 和基础底面下天然地基承载力 f_{ak} 确定。若无试验资料时，初步设计可由地质报告提供的地基承载力特征值 f_{ak}，以及计算得到的满足设计承载力和变形要求的复合地基承载力特征值 f_{spk}，按式 (7.1.7-1) 计算 ζ。

　　2) 变形计算经验系数 ψ_s，对不同地区可根据沉降观测资料统计确定，无地区经验时可按表 7.1.8 取值，表 7.1.8 根据工程实测沉降资料统计进行了调整，调整了当量模量大于 15.0MPa 的变形计算经验系数。

　　3) 复合地基变形计算过程中，在复合土层范围内，压缩模量很高时，满足下式要求后：

$$\Delta s'_n \leqslant 0.025 \sum_{i=1}^{n} \Delta s'_i \quad (15)$$

若计算到此为止，桩端以下土层的变形量没有考虑，因此，计算深度必须大于复合土层厚度，才能满足现行国家标准《建筑地基基础设计规范》GB 50007 的有关规定。

　　7.7.3 本条是对施工的要求：

　　1 水泥粉煤灰碎石桩的施工，应根据设计要求和现场地基土的性质、地下水埋深、场地周边是否有居民、有无对振动反应敏感的设备等多种因素选择施工工艺。这里给出了四种常用的施工工艺：

　　1) 长螺旋钻干成孔灌注成桩，适用于地下水位以上的黏性土、粉土、素填土、中等密实以上的砂土以及对噪声或泥浆污染要求严格的场地。

　　2) 长螺旋钻中心压灌灌注成桩，适用于黏性土、粉土、砂土；对含有卵石夹层场地，宜通过现场试验确定其适用性。北京某工程卵石粒径不大于 60mm，卵石层厚度不大于 4m，卵石含量不大于 30%，采用长螺旋钻施工工艺取得了成功。目前城区施工对噪声或泥浆污染要求严格，可优先选用该工法。

　　3) 振动沉管灌注成桩，适用于粉土、黏性土及素填土地基及对振动和噪声污染要求不严格的场地。

　　4) 泥浆护壁成孔灌注成桩，适用于地下水位以下的黏性土、粉土、砂土、填土、碎石土及风化岩层。

　　若地基土是松散的饱和粉土、粉细砂，以消除液化和提高地基承载力为目的，此时应选择振动沉管桩机施工；振动沉管灌注成桩属挤土成桩工艺，对桩间土具有挤（振）密效应。但振动沉管灌注成桩工艺难以穿透厚的硬土层、砂层和卵石层等。在饱和黏性土中成桩，会造成地表隆起，已打桩被挤断，且振动和噪声污染严重，在城中居民区施工受到限制。在夹有硬的黏性土时，可采用长螺旋钻机引孔，再用振动沉管打桩机制桩。

长螺旋钻干成孔灌注成桩适用于地下水位以上的黏性土、粉土、素填土、中等密实以上的砂土，属非挤土（或部分挤土）成桩工艺，该工艺具有穿透能力强、无振动、低噪声、无泥浆污染等特点，但要求桩长范围内无地下水，以保证成孔时不塌孔。

长螺旋钻中心压灌成桩工艺，是国内近几年来使用比较广泛的一种工艺，属非挤土（或部分挤土）成桩工艺，具有穿透能力强、无泥皮、无沉渣、低噪声、无振动、无泥浆污染、施工效率高及质量容易控制等特点。

长螺旋钻孔灌注成桩和长螺旋钻中心压灌成桩工艺，在城市居民区施工，对周围居民和环境的影响较小。

对桩长范围和桩端有承压水的土层，应选用泥浆护壁成孔灌注成桩工艺。当桩端具有高水头承压水采用长螺旋钻中心压灌成桩或振动沉管灌注成桩，承压水沿着桩体渗流，把水泥和细骨料带走，桩体强度严重降低，导致发生施工质量事故。泥浆护壁成孔灌注成桩，成孔过程消除了发生渗流的水力条件，成桩质量容易保障。

2 振动沉管灌注成桩和长螺旋钻中心压灌成桩施工除应执行国家现行有关规定外，尚应符合下列要求：

1）振动沉管施工应控制拔管速度，拔管速度太快易造成桩径偏小或缩颈断桩。

为考察拔管速度对成桩桩径的影响，在南京浦镇车辆厂工地做了三种拔管速度的试验：拔管速度为 1.2m/min 时，成桩后开挖测桩径为 380mm（沉管为 φ377 管）；拔管速度为 2.5m/min，沉管拔出地面后，约 0.2m³ 的混合料被带到地表，开挖后测桩径为 360mm；拔管速度为 0.8m/min 时，成桩后发现桩顶浮浆较多。经大量工程实践认为，拔管速率控制在 1.2m/min～1.5m/min 是适宜的。

2）长螺旋钻中心压灌成桩施工

长螺旋钻中心压灌成桩施工，选用的钻机钻杆顶部必须有排气装置，当桩端土为饱和粉土、砂土、卵石且水头较高时宜选用下开式钻头。基础埋深较大时，宜在基坑开挖后的工作面上施工，工作面宜高出设计桩顶标高 300mm～500mm，工作面土较软时应采取相应施工措施（铺碎石、垫钢板等），保证桩机正常施工。基坑较浅在地表打桩或部分开挖空孔打桩

时，应加大保护桩长，并严格控制桩位偏差和垂直度；每方混合料中粉煤灰掺量宜为 70kg～90kg，坍落度应控制在 160mm～200mm，保证施工中混合料的顺利输送。如坍落度太大，易产生泌水、离析，泵压作用下，骨料与砂浆分离，导致堵管。坍落度太小，混合料流动性差，也容易造成堵管。

应杜绝在泵送混合料前提拔钻杆，以免造成桩端处存在虚土或桩端混合料离析、端阻力减小。提拔钻杆中应连续泵料，特别是在饱和砂土、饱和粉土层中不得停泵待料，避免造成混合料离析、桩身缩径和断桩。

桩长范围有饱和粉土、粉细砂和淤泥、淤泥质土，当桩距较小时，新打桩钻进时长螺旋叶片对已打桩周边土剪切扰动，使土结构强度破坏，桩周土侧向约束力降低，处于流动状态的桩体侧向溢出、桩顶下沉，亦即发生所谓窜孔现象。施工时须对已打桩桩顶标高进行监控，发现已打桩桩顶下沉时，正在施工的桩提钻至窜孔土部位停止提钻继续压料，待已打桩混合料上升至桩顶时，在施桩继续泵料提钻至设计标高。为防止窜孔发生，除设计采用大桩长大桩距外，可采用隔桩跳打措施。

3）施工中桩顶标高应高出设计桩顶标高，留有保护桩长。

4）成桩过程中，抽样做混合料试块，每台机械一天应做一组（3 块）试块（边长为 150mm 的立方体），标准养护，测定其 28d 立方体抗压强度。

3 冬期施工时，应采取措施避免混合料在初凝前受冻，保证混合料入孔温度大于 5℃，根据材料加热难易程度，一般优先加热拌合水，其次是加热砂和石混合料，但温度不宜过高，以免造成混合料假凝无法正常泵送，泵送管路也应采取保温措施。施工完清除保护土层和桩头后，应立即对桩间土和桩头采用草帘等保温材料进行覆盖，防止桩间土冻胀而造成桩体拉断。

4 长螺旋钻中心压灌成桩施工中存在钻孔弃土。对弃土和保护土层采用机械、人工联合清运时，应避免机械设备超挖，并应预留至少 200mm 用人工清除，防止造成桩头断裂和扰动桩间土层。对软土地区，为防止发生断桩，也可根据地区经验在桩顶一定范围配置适量钢筋。

5 褥垫层材料可为粗砂、中砂、级配砂石或碎石，碎石粒径宜为 5mm～16mm，不宜选用卵石。当基础底面桩间土含水量较大时，应避免采用动力夯实法，以防扰动桩间土。对基底土为较干燥的砂石时，虚铺后可适当洒水再行碾压或夯实。

电梯井和集水坑斜面部位的桩，桩顶须设置褥垫层，不得直接和基础的混凝土相连，防止桩顶承受较大水平荷载。工程中一般做法见图 11。

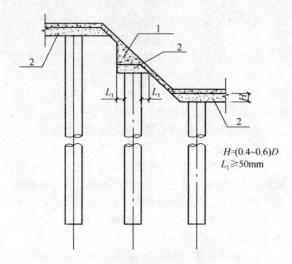

图 11　井坑斜面部位褥垫层做法示意图
1—素混凝土垫层；2—褥垫层

7.7.4 本条是对水泥粉煤灰碎石桩复合地基质量检验的规定。

7.8　柱锤冲扩桩复合地基

7.8.1 柱锤冲扩复合地基的加固机理主要有以下四点：

　　1 成孔及成桩过程中对原土的动力挤密作用；

　　2 对原地基土的动力固结作用；

　　3 冲扩桩充填置换作用（包括桩身及挤入桩间土的骨料）；

　　4 碎砖三合土填料生石灰的水化和胶凝作用（化学置换）。

　　上述作用依不同土类而有明显区别。对地下水位以上杂填土、素填土、粉土及可塑状态黏性土、黄土等，在冲孔过程中成孔质量较好，无塌孔及缩颈现象，孔内无积水，成桩过程中地面不隆起甚至下沉，经检测孔底及桩间土在成孔及成桩过程中得到挤密，试验表明挤密土影响范围约为（2～3）倍桩径。而对地下水位以下饱和土层冲孔时塌孔严重，有时甚至无法成孔，在成桩过程中地面隆起严重，经检测桩底及桩间土挤密效果不明显，桩身质量也较难保证，因此对上述土层应慎用。

7.8.2 近年来，随着施工设备能力的提高，处理深度已超过 6m，但不宜大于 10m，否则处理效果不理想。对于湿陷性黄土地区，其地基处理深度及复合地基承载力特征值，可按当地经验确定。

7.8.3 柱锤冲扩复合地基，多用于中、低层房屋或工业厂房。因此对大型、重要的工程以及场地条件复杂的工程，在正式施工前应进行成桩试验及试验性施工。根据现场试验取得的资料进行设计，制定施工方案。

7.8.4 本条是柱锤冲扩复合地基的设计要求：

　　1 地基处理的宽度应超过基础边缘一定范围，主要作用在于增强地基的稳定性，防止基底下被处理土层在附加应力作用下产生侧向变形，因此原天然土层越软，加宽的范围应越大。通常按压力扩散角 $\theta=30°$ 来确定加固范围的宽度，并不少于（1～3）排桩。

　　用柱锤冲扩桩法处理可液化地基应适当加大处理宽度。对于上部荷载较小的室内非承重墙及单层砖房可仅在基础范围内布桩。

　　2 对于可塑状态黏性土、黄土等，因靠冲扩桩的挤密来提高桩间土的密实度，所以采用等边三角形布桩有利，可使地基挤密均匀。对于软黏土地基，主要靠置换。考虑到施工方便，以正方形或等边三角形的布桩形式最为常用。

　　桩间距与设计要求的复合地基承载力、原地基土的性质有关，根据经验，桩距一般可取 1.2m～2.5m 或取桩径的（2～3）倍。

　　3 柱锤冲扩桩桩径设计应考虑下列因素：

　　1） 柱锤直径：现已经形成系列，常用直径为 300mm～500mm，如 φ377 公称锤，就是 377mm 直径的柱锤。

　　2） 冲孔直径：它是冲孔达到设计深度时，地基被冲击成孔的直径，对于可塑状态黏性土其成孔直径往往比锤直径要大。

　　3） 桩径：它是桩身填料夯实后的平均直径，比冲孔直径大，如 φ377 柱锤夯实后形成的桩径可达 600mm～800mm。因此，桩径不是一个常数，当土层松软时，桩径就大，当土层较密时，桩径就小。

　　设计时一般先根据经验假设桩径，假设时应考虑柱锤规格、土质情况及复合地基的设计要求，一般常用 $d=500mm～800mm$，经试成桩后再确定设计桩径。

　　4 地基处理深度的确定应考虑：1）软弱土层厚度；2）可液化土层厚度；3）地基变形等因素。限于设备条件，柱锤冲扩桩法适用于 10m 以内的地基处理，因此当软弱土层较厚时应进行地基变形和下卧层地基承载力验算。

　　5 柱锤冲扩桩法是从地下向地表进行加固，由于地表侧向约束小，加之成桩过程中桩间土隆起造成桩顶及槽底土质松动，因此为保证地基处理效果及扩散基底压力，对低于槽底的松散桩头及松软桩间土应予以清除，换填砂石垫层，采用振动压路机或其他设备压实。

　　6 桩体材料推荐采用以拆房为主组成的碎砖三合土，主要是为了降低工程造价，减少杂土丢弃对环境的污染。有条件时也可以采用级配砂石、矿渣、灰土、水泥混合土等。当采用其他材料缺少足够的工程经验时，应经试验确定其适用性和配合比等有关参数。

　　碎砖三合土的配合比（体积比）除设计有特殊要求外，一般可采用 1∶2∶4（生石灰∶碎砖∶黏性土）对地下水位以下流塑状态松软土层，宜适当加大碎砖及生石灰用量。碎砖三合土中的石灰宜采用块状生石灰，CaO含量应在80%以上。碎砖三合土中的土料，尽量选用就地基坑开挖出的黏性土料，不应含有机物料（如油毡、苇草、木片等），不应使用淤泥质土、盐渍土和冻土。土料含水量对桩身密实度影响较大，因此应采用最佳含水量进行施工，考虑实际施工时土料来源及成分复杂，根据大量工程实践经验，采用目力鉴别即手握成团、落地开花即可。

为了保证桩身均匀及触探试验的可靠性，碎砖粒径不宜大于120mm，如条件容许碎砖粒径控制在60mm左右最佳，成桩过程中严禁使用粒径大于240mm砖料及混凝土块。

7 柱锤冲扩三合土，桩身密实度及承载力因受桩间土影响而较离散，因此规范规定应按复合地基静载荷试验确定其承载力。初步设计时也可按本规范式（7.1.5-1）进行估算，该式是根据桩和桩间土通过刚性基础共同承担上部荷载而推导出来的。式中桩土应力比 n 是根据部分静载荷试验资料而实测出来的，在无实测资料时可取 2~4，桩间土承载力低取大值。加固后桩间土承载力 f_{sk} 应根据土质条件及设计要求确定，当天然地基承载力特征值 $f_{ak} \geqslant 80kPa$ 时，可取加固前天然地基承载力进行估算；对于新填沟坑、杂填土等松软土层，可按当地经验或经现场试验根据重型动力触探平均击数 $\overline{N}_{63.5}$ 参考表 20 确定。

表 20　桩间土 $\overline{N}_{63.5}$ 和 f_{sk} 关系表

$\overline{N}_{63.5}$	2	3	4	5	6	7
f_{sk}（kPa）	80	110	130	140	150	160

注：1　计算 $\overline{N}_{63.5}$ 时应去掉10%的极大值和极小值，当触探深度大于4m时，$N_{63.5}$ 应乘以0.9折减系数；

2　杂填土及饱和松软土层，表中 f_{sk} 应乘以0.9折减系数。

8 加固后桩间土压缩模量可按当地经验或根据加固后桩间土重型动力触探平均击数 $\overline{N}_{63.5}$ 参考表 21 选用。

表 21　桩间土 E_s 和 $\overline{N}_{63.5}$ 关系表

$\overline{N}_{63.5}$	2	3	4	5	6
E_s（kPa）	4.0	6.0	7.0	7.5	8.0

7.8.5 本条是柱锤冲扩桩复合地基的施工要求：

1 目前采用的系列柱锤如表 22 所示：

表 22　柱锤明细表

序号	规格			锤底形状
	直径（mm）	长度（m）	质量（t）	
1	325	2~6	1.0~4.0	凹形底
2	377	2~6	1.5~5.0	凹形底
3	500	2~6	3.0~9.0	凹形底

注：封顶或拍底时，可采用质量 2t~10t 的扁平重锤进行。

柱锤可用钢材制作或用钢板为外壳内部浇筑混凝土制成，也可用钢管外壳内部浇铸铁芯制成。

为了适应不同工程的要求，钢制柱锤可制成装配式，由组合块和锤顶两部分组成，使用时用螺栓连成整体，调整组合块数（一般0.5t/块），即可按工程需要组合成不同质量和长度的柱锤。

锤型选择应按土质软硬、处理深度及成桩直径经试成桩后确定。

2 升降柱锤的设备可选用 10t~30t 自行杆式起重机和多功能冲扩桩机或其他专用设备，采用自动脱钩装置，起重能力应通过计算（按锤质量及成孔时土层对柱锤的吸附力）或现场试验确定，一般不应小于锤质量的（3~5）倍。

3 场地平整、清除障碍物是机械作业的基本条件。当加固深度较深，柱锤长度不够时，也可采取先挖一部分土，然后再进行冲扩施工。

柱锤冲扩桩法成孔方式有如下三种：

1） 冲击成孔：最基本的成孔工艺，条件是冲孔时孔内无明水、孔壁直立、不塌孔、不缩颈。

2） 填料冲击成孔：当冲击成孔出现塌孔或缩颈时，采用本法。这时的填料与成桩填料不同，主要目的是吸收孔壁附近地基中的水分，密实孔壁，使孔壁直立、不塌孔、不缩颈。碎砖及生石灰能够显著降低土壤中的水分，提高桩间土承载力，因此填料冲击成孔时应采用碎砖及生石灰块。

3） 二次复打成孔：当采用填料冲击成孔施工工艺也不能保证孔壁直立、不塌孔、不缩颈时，应采用本方案。在每一次冲扩时，填料以碎砖、生石灰为主，根据土质不同采用不同配比，其目的是吸收土壤中水分，改善原土性状，第二次复打成孔后要求孔壁直立、不塌孔，然后边填料边夯实形成桩体。

套管成孔可解决塌孔及缩颈问题，但其施工工艺较复杂，因此只在特殊情况下使用。

桩体施工的关键是分层填料量、分层夯实厚度及总填料量。

施工前应根据试成桩及设计要求的桩径和桩长进行确定。填料充盈系数不宜小于1.5。

每根桩的施工记录是工程质量管理的重要环节，所以必须设专门技术人员负责记录工作。

要求夯填至桩顶设计标高以上，主要是为了保证桩顶密实度。当不能满足上述要求时，应进行面层夯实或采用局部换填处理。

7.8.6 柱锤冲扩法夯击能量较大，易发生地面隆起，造成表层桩和桩间土出现松动，从而降低处理效果，因此成孔及填料夯实的施工顺序宜间隔进行。

7.8.7 本条是柱锤冲扩桩复合地基的质量检验要求：

1 柱锤冲扩桩质量检验程序：施工中自检、竣工后质检部门抽检、基槽开挖后验槽三个环节。对质量有怀疑的工程桩，应采用重型动力触探进行自检。实践证明这是行之有效的，其中施工单位自检尤为重要。

2 采用柱锤冲扩桩处理的地基，其承载力是随着时间增长而逐步提高的，因此要求在施工结束后休止14d再进行检验，实践证明这样方便施工也是偏于安全的，对非饱和土和粉土休止时间可适当缩短。

桩身及桩间土密实度检验宜采用重型动力触探进行。检验点应随机抽样并经设计或监理认定，检测点不少于总桩数的2%且不少于6组（即同一检测点桩身及桩间土分别进行检验）。当土质条件复杂时，应加大检验数量。

柱锤冲扩桩复合地基质量评定主要包括地基承载力及均匀程度。复合地基承载力与桩身及桩间土动力触探击数的相关关系应经对比试验按当地经验确定。

6 基槽开挖检验的重点是桩顶密实度及槽底土质情况。由于柱锤冲扩桩施工工艺的特点是冲孔后自下而上成桩，即由下往上对地基进行加固处理，由于顶部上覆压力小，容易造成桩顶及槽底土质松动，而这部分又是直接持力层，因此应加强对桩顶特别是槽底以下1m厚范围内土质的检验，检验方法根据土质情况可采用轻便触探或动力触探进行。桩位偏差不宜大于1/2桩径。

7.9 多桩型复合地基

7.9.1 本节涉及的多桩型复合地基内容仅对由两种桩型处理形成的复合地基进行了规定，两种以上桩型的复合地基设计、施工与检测应通过试验确定其适用性和设计、施工参数。

7.9.2 本条为多桩型复合地基的设计原则。采用多桩型复合地基处理，一般情况下场地土具有特殊性，采用一种增强体处理后达不到设计要求的承载力或变形要求，而采用一种增强体处理特殊性土，减少其特殊性的工程危害，再采用另一种增强体处理使之达到设计要求。

多桩型复合地基的工作特性，是在等变形条件下的增强体和地基土共同承担荷载，必须通过现场试验确定设计参数和施工工艺。

7.9.3 工程中曾出现采用水泥粉煤灰碎石桩和静压高强预应力管桩组合的多桩型复合地基，采用了先施工挤土的静压高强预应力管桩，后施工排土的水泥粉煤灰碎石桩的施工方案，但通过检测发现预制桩单桩承载力与理论计算值存在较大差异，分析原因，系桩端阻力与同场地高强预应力管桩相比有明显下降所

致，水泥粉煤灰碎石桩的施工对已施工的高强预应力管桩桩端上下一定范围灵敏度相对较高的粉土及桩端粉砂产生了扰动。因此，对类似情况，应充分考虑后施工桩对已施工增强体或桩体承载力的影响。无地区经验时，应通过试验确定方案的适用性。

7.9.4 本条为建筑工程采用多桩型复合地基处理的布桩原则。处理特殊土，原则上应扩大处理面积，保证处理地基的长期稳定性。

7.9.5 根据近年来复合地基理论研究的成果，复合地基的垫层厚度与增强体直径、间距、桩间土承载力发挥度和复合地基变形控制等有关，褥垫层过厚会形成较深的负摩阻区，影响复合地基增强体承载力的发挥；褥垫层过薄复合地基增强体水平受力过大，容易损坏，同时影响复合地基桩间土承载力的发挥。

7.9.6 多桩型复合地基承载力特征值应采用多桩复合地基承载力静载荷试验确定，初步设计时的设计参数应根据地区经验取用，无地区经验时，应通过试验确定。

7.9.7 面积置换率的计算，当基础面积较大时，实际的布置桩距对理论计算采用的置换率的影响很小，因此当基础面积较大或条形基础较长时，可以单元面积置换率替代。

7.9.8 多桩型复合地基变形计算在理论上可将复合地基的变形分为复合土层变形与下卧土层变形，分别计算后相加得到，其中复合土层的变形计算采用的方法有假想实体法、桩身压缩法、应力扩散法、有限元法等，下卧土层的变形计算一般采用分层总和法。理论研究与实测表明，大多数复合地基的变形计算的精度取决于下卧土层的变形计算精度，在沉降计算经验系数确定后，复合土层底面附加应力的计算取值是关键。该附加应力随上述复合地基沉降计算的方法不同而存在较大的差异，即使采用应力扩散一种方法，也因应力扩散角的取值不同计算结果不同。对多桩型复合地基，复合土层变形及下卧土层顶面附加应力的计算将更加复杂。

工程实践中，本条涉及的多桩复合地基承载力特征值 f_{spk} 可由多桩复合地基静载荷试验确定，但由其中的一种桩处理形成的复合地基承载力特征值 f_{spk1} 的试验，对已施工完成的多桩型复合地基而言，具有一定的难度，有经验时可采用单桩载荷试验结果结合桩间土的承载力特征值计算确定。

多桩型复合地基承载力、变形计算工程实例：

1 工程概况

某工程高层住宅22栋，地下车库与主楼地下室基本连通。2号住宅楼为地下2层地上33层的剪力墙结构，裙房采用框架结构，筏形基础，主楼地基采用多桩型复合地基。

2 地质情况

基底地基土层分层情况及设计参数如表23。

表 23　地基土层分布及其参数

层号	类别	层底深度(m)	平均厚度(m)	承载力特征值(kPa)	压缩模量(MPa)	压缩性评价
6	粉土	−9.3	2.1	180	13.3	中
7	粉质黏土	−10.9	1.5	120	4.6	高
7−1	粉土	−11.9	1.2	120	7.1	中
8	粉土	−13.8	2.5	230	16.0	低
9	粉砂	−16.1	3.2	280	24.0	低
10	粉砂	−19.4	3.3	300	26.0	低
11	粉土	−24.0	4.5	280	20.0	低
12	细砂	−29.6	5.6	310	28.0	低
13	粉质黏土	−39.5	9.9	310	12.4	中
14	粉质黏土	−48.4	9.0	320	12.7	中
15	粉质黏土	−53.5	5.1	340	13.5	中
16	粉质黏土	−60.5	6.9	330	13.1	中
17	粉质黏土	−67.7	7.0	350	13.9	中

考虑到工程经济性及水泥粉煤灰碎石桩施工可能造成对周边建筑物的影响，采用多桩型长短桩复合地基。长桩选择第 12 层细砂为持力层，采用直径 400mm 的水泥粉煤灰碎石桩，混合料强度等级 C25，桩长 16.5m，设计单桩竖向受压承载力特征值为 $R_a = 690$kN；短桩选择第 10 层细砂为持力层，采用直径 500mm 泥浆护壁素混凝土钻孔灌注桩，桩身混凝土强度等级 C25，桩长 12m，设计单桩竖向承载力特征值为 $R_a = 600$kN；采用正方形布桩，桩间距 1.25m。

要求处理后的复合地基承载力特征值 $f_{ak} \geqslant 480$kPa，复合地基桩平面布置如图 12。

3　复合地基承载力计算

1）单桩承载力

水泥粉煤灰碎石桩、素混凝土灌注桩单桩承载力计算参数见表 24。

表 24　水泥粉煤灰碎石桩钻孔灌注桩侧阻力和端阻力特征值一览表

层号	3	4	5	6	7	7−1	8	9	10	11	12	13
q_{sia} (kPa)	30	18	28	23	18	28	27	32	36	32	38	33
q_{pa} (kPa)									450	450	500	480

水泥粉煤灰碎石桩单桩承载力特征值计算结果 $R_1 = 690$kN，钻孔灌注桩单桩承载力计算结果 $R_2 = 600$kN。

2）复合地基承载力

$$f_{spk} = m_1 \frac{\lambda_1 R_{a1}}{A_{p1}} + m_2 \frac{\lambda_2 R_{a2}}{A_{p2}} + \beta(1 - m_1 - m_2) f_{sk} \tag{16}$$

式中：$m_1 = 0.04$；$m_2 = 0.064$

$\lambda_1 = \lambda_2 = 0.9$；

$R_{a1} = 690$kN、$R_{a2} = 600$kN；

$A_{P1} = 0.1256$、$A_{P2} = 0.20$；

$\beta = 1.0$；

$f_{sk} = f_{ak} = 180$kPa（第 6 层粉土）。

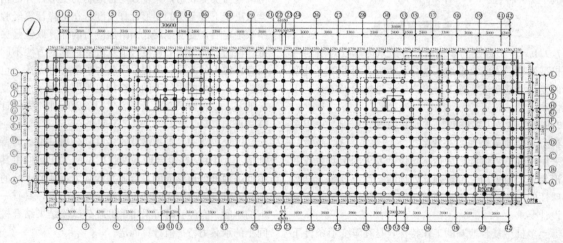

图 12　多桩型复合地基平面布置

复合地基承载力特征值计算结果为 $f_{spk} = 536.17$kPa，复合地基承载力满足设计要求。

4　复合地基变形计算

已知，复合地基承载力特征值 $f_{spk} = 536.17$kPa，计算复合土层模量系数还需计算单独由水泥粉煤灰碎石桩（长桩）加固形成的复合地基承载力特征值。

$$f_{spk1} = 0.04 \times 0.9 \times 690 / 0.1256$$
$$+ 1.0 \times (1 - 0.04) \times 180$$
$$= 371\text{kN} \tag{17}$$

复合土层上部由长、短桩与桩间土层组成，土层模量提高系数为：

$$\zeta_1 = \frac{f_{spk}}{f_{ak}} = 536.17/180 = 2.98 \quad (18)$$

复合土层下部由长桩（CFG 桩）与桩间土层组成，土层模量提高系数为：

$$\zeta_2 = \frac{f_{spk1}}{f_{ak}} = 371/180 = 2.07 \quad (19)$$

复合地基沉降计算深度，按建筑地基基础设计规范方法确定，本工程计算深度：自然地面以下67.0m，计算参数如表25。

表25　复合地基沉降计算参数

计算层号	土类名称	层底标高(m)	层厚(m)	压缩模量(MPa)	计算压缩模量值(MPa)	模量提高系数(ζ_i)
6	粉土	-9.3	2.1	13.3	35.9	2.98
7	粉质黏土	-10.9	1.5	4.6	12.4	2.98
7-1	粉土	-11.9	1.2	7.1	19.2	2.98
8	粉土	-13.8	2.5	16.0	43.2	2.98
9	粉砂	-16.1	3.2	24.0	64.8	2.98
10	粉砂	-19.4	3.3	26.0	70.2	2.98
11	粉土	-24.0	4.5	20.0	54.0	2.07
12	细砂	-29.6	5.6	28.0	58.8	2.07
13	粉质黏土	-39.5	9.9	12.4	12.4	1.0
14	粉质黏土	-48.40	9.0	12.7	12.7	1.0
15	粉质黏土	-53.5	5.1	13.5	13.5	1.0
16	粉质黏土	-60.5	6.9	13.1	13.1	1.0
17	粉质黏土	-67.7	7.0	13.9	13.9	1.0

按本规范复合地基沉降计算方法计算的总沉降量值：$s = 185.54$mm

取地区经验系数 $\psi_s = 0.2$

沉降量预测值：$s = 37.08$mm

5　复合地基承载力检验

1）四桩复合地基静载荷试验

采用 2.5m×2.5m 方形钢制承压板，压板下铺中砂找平层，试验结果见表26。

表26　四桩复合地基静载荷试验结果汇总表

编号	最大加载量(kPa)	对应沉降量(mm)	承载力特征值(kPa)	对应沉降量(mm)
第1组（f1）	960	28.12	480	8.15
第2组（f2）	960	18.54	480	6.35
第3组（f3）	960	27.75	480	9.46

2）单桩静载荷试验

采用堆载配重方法进行，结果见表27。

表27　单桩静载荷试验结果汇总表

桩型	编号	最大加载量(kN)	对应沉降量(mm)	极限承载力(kN)	特征值对应的沉降量(mm)
CFG 桩	d1	1380	5.72	1380	5.05
	d2	1380	10.20	1380	2.45
	d3	1380	14.37	1380	3.70
素混凝土灌注桩	d4	1200	8.31	1200	3.05
	d5	1200	9.95	1200	2.41
	d6	1200	9.39	1200	3.28

三根水泥粉煤灰碎石桩的桩竖向极限承载力统计值为1380kN，单桩竖向承载力特征值为690kN。三根素混凝土灌注桩的单桩竖向承载力统计值为1200kN，单桩竖向承载力特征值为600kN。

表26中复合地基试验承载力特征值对应的沉降量均较小，平均仅为8mm，远小于本规范按相对变形法对应的沉降量 0.008×2000＝16mm，表明复合地基承载力尚没有得到充分发挥。这一结果将导致沉降计算时，复合土层模量系数被低估，实测结果小于预测结果。

表27中可知，单桩承载力达到承载力特征值2倍时，沉降量一般小于10mm，说明桩承载力尚有较大的富裕，单桩承载力特征值并未得到准确体现，这与复合地基上述结果相对应。

6　地基沉降量监测结果

图13为采用分层沉降标监测方法测得的复合地

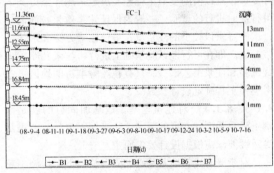

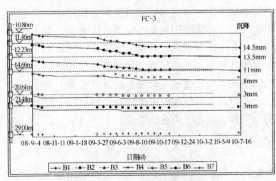

图13　分层沉降变形曲线

基沉降结果，基准沉降标位于自然地面以下40m。由于结构封顶后停止降水，水位回升导致沉降标失灵，未能继续进行分层沉降监测。

"沉降-时间曲线"显示沉降发展平稳，结构主体封顶时的复合土层沉降量约为12mm～15mm，假定此时已完成最终沉降量的50%～60%，按此结果推算最终沉降量应为20mm～30mm，小于沉降量预测值37.08mm。

7.9.11 多桩型复合地基的载荷板尺寸原则上应与计算单元的几何尺寸相等。

8 注 浆 加 固

8.1 一 般 规 定

8.1.1 注浆加固包括静压注浆加固、水泥搅拌注浆加固和高压旋喷注浆加固等。水泥搅拌注浆加固和高压旋喷注浆加固可参照本规范第7.3节、第7.4节。

对建筑地基，选用的浆液主要为水泥浆液、硅化浆液和碱液。注浆加固过程中，流动的浆液具有一定的压力，对地基土有一定的渗透力和劈裂作用，其适用的土层较广。

8.1.2 由于地质条件的复杂性，要针对注浆加固目的，在注浆加固设计前进行室内浆液配比试验和现场注浆试验是十分必要的。浆液配比的选择也应结合现场注浆试验，试验阶段可选择不同浆液配比。现场注浆试验包括注浆方案的可行性试验、注浆孔布置方式试验和注浆工艺试验三方面。可行性试验是当地基条件复杂，难以借助类似工程经验决定采用注浆方案的可行性时进行的试验。一般为保证注浆效果，尚需通过试验寻求以较少的注浆量，最佳注浆方法和最优注浆参数，即在可行性试验基础上进行、注浆孔布置方式试验和注浆工艺试验。只有在经验丰富的地区可参考类似工程确定设计参数。

8.1.3、8.1.4 对建筑地基，地基加固目的就是地基土满足强度和变形的要求，注浆加固也如此，满足渗透性要求应根据设计要求而定。

对于既有建筑地基基础加固以及地下工程施工超前预加固采用注浆加固时，可按本节规定进行。在工程实践中，注浆加固地基的实例虽然很多，但大多数应用在坝基工程和地下开挖工程中，在建筑地基处理工程中注浆加固主要作为一种辅助措施和既有建筑物加固措施，当其他地基处理方法难以实施时才予以考虑。所以，工程使用时应进行必要的试验，保证注浆的均匀性，满足工程设计要求。

8.2 设 计

8.2.1 水泥为主剂的浆液主要包括水泥浆、水泥砂浆和水泥水玻璃浆。

水泥浆液是地基治理、基础加固工程中常用的一种胶结性好、结石强度高的注浆材料，一般施工要求水泥浆的初凝时间既能满足浆液设计的扩散要求，又不至于被地下水冲走，对渗透系数大的地基还需尽可能缩短初、终凝时间。

地层中有较大裂隙、溶洞；耗浆量很大或有地下水活动时，宜采用水泥砂浆，水泥砂浆由水灰比不大于1.0的水泥浆掺砂配成，与水泥浆相比有稳定性好、抗渗能力强和析水率低的优点，但流动性小，对设备要求较高。

水泥水玻璃浆广泛用于地基、大坝、隧道、桥墩、矿井等建筑工程，其性能取决于水泥浆水灰比、水玻璃浓度和加入量、浆液养护条件。

对填土地基，由于其各向异性，对注浆量和方向不好控制，应采用多次注浆施工，才能保证工程质量。

8.2.2 硅化注浆加固的设计要求如下：

1 硅化加固法适用于各类砂土、黄土及一般黏性土。通常将水玻璃及氯化钙先后用下部具有细孔的钢管压入土中，两种溶液在土中相遇后起化学反应，形成硅酸胶填充在孔隙中，并胶结土粒。对渗透系数 $k=(0.10～2.00)m/d$ 的湿陷性黄土，因土中含有硫酸钙或碳酸钙，只需用单液硅化法，但通常加氯化钠溶液作为催化剂。

单液硅化法加固湿陷性黄土地基的灌注工艺有两种。一是压力灌注，二是溶液自渗（无压）。压力灌注溶液的速度快，扩散范围大，灌注溶液过程中，溶液与土接触初期，尚未产生化学反应，在自重湿陷性严重的场地，采用此法加固既有建筑物地基，附加沉降可达300mm以上，对既有建筑物显然是不允许的。故本条规定，压力灌注可用于加固自重湿陷性场地上拟建的设备基础和构筑物的地基，也可用于加固非自重湿陷性黄土场地上既有建筑物和设备基础的地基。因为非自重湿陷性黄土有一定的湿陷起始压力，基底附加应力不大于湿陷起始压力或虽大于湿陷起始压力但数值不大时，不致出现附加沉降，并已为大量工程实践和试验研究资料所证明。

压力灌注需要用加压设备（如空压机）和金属灌注管等，成本相对较高，其优点是加固范围较大，不只是可加固基础侧向，而且可加固既有建筑物基础底面以下的部分土层。

溶液自渗的速度慢，扩散范围小，溶液与土接触初期，对既有建筑物和设备基础的附加沉降很小（10mm～20mm），不超过建筑物地基的允许变形值。

此工艺是在20世纪80年代初发展起来的，在现场通过大量的试验研究，采用溶液自渗加固了大厚度自重湿陷性黄土场地上既有建筑物和设备基础的地基，控制了建筑物的不均匀沉降及裂缝继续发展，并恢复了建筑物的使用功能。

溶液自渗的灌注孔可用钻机或洛阳铲成孔，不需要用灌注管和加压等设备，成本相对较低，含水量不大于20%、饱和度不大于60%的地基土，采用溶液自渗较合适。

2 水玻璃的模数值是二氧化硅与氧化钠（百分率）之比，水玻璃的模数值愈大，意味着水玻璃中含 SiO_2 的成分愈多。因为硅化加固主要是由 SiO_2 对土的胶结作用，所以水玻璃模数值的大小直接影响加固土的强度。试验研究表明，模数值 $\frac{SiO_2\%}{Na_2O\%}$ 小时，偏硅酸钠溶液加固土的强度很小，完全不适合加固土的要求，模数值在2.5～3.0范围内的水玻璃溶液，加固土的强度可达最大值，模数值超过3.3以上时，随着模数值的增大，加固土的强度反而降低，说明 SiO_2 过多对土的强度有不良影响，因此本条规定采用单液硅化加固湿陷性黄土地基，水玻璃的模数值宜为2.5～3.3。湿陷性黄土的天然含水量较小，孔隙中一般无自由水，采用浓度（10%～15%）低的硅酸钠（俗称水玻璃）溶液注入土中，不致被孔隙中的水稀释，此外，溶液的浓度低，黏滞度小，可灌性好，渗透范围较大，加固土的无侧限抗压强度可达300kPa以上，并对降低加固土的成本有利。

3 单液硅化加固湿陷性黄土的主要材料为液体水玻璃（即硅酸钠溶液），其颜色多为透明或稍许混浊，不溶于水的杂质含量不得超过规定值。

6 加固湿陷性黄土的溶液用量，按公式（8.2.2-1）进行估算，并可控制工程总预算及硅酸钠溶液的总消耗量，溶液填充孔隙的系数是根据已加固的工程经验得出的。

7 从工厂购进的水玻璃溶液，其浓度通常大于加固湿陷性黄土所要求的浓度，相对密度多为1.45或大于1.45，注入土中时的浓度宜为10%～15%，相对密度为1.13～1.15，故需要按式（8.2.2-2）计算加水量，对浓度高的水玻璃溶液进行稀释。

8 加固既有建（构）筑物和设备基础的地基，不可能直接在基础底面下布置灌注孔，而只能在基础侧向（或周边）布置灌注孔，因此基础底面下的土层难以达到加固要求，对基础侧向地基土进行加固，可以防止侧向挤出，减小地基的竖向变形，每侧布置一排灌注孔加固土体很难连成整体，故本条规定每侧布置灌注孔不宜少于2排。

当基础底面宽度大于3m时，除在基础每侧布置2排灌注孔外，是否需要布置斜向基础底面的灌注孔，可根据工程具体情况确定。

8.2.3 碱液注浆加固的设计要求如下：

1 为提高地基承载力在自重湿陷性黄土地区单独采用注浆加固的较少，而且加固深度不足5m。为防止采用碱液加固施工期间既有建筑物地基产生附加沉降，本条规定，在自重湿陷性黄土场地，当采用碱液法加固时，应通过试验确定其可行性，待取得经验后再逐步扩大其应用范围。

2 室内外试验表明，当100g干土中可溶性和交换性钙镁离子含量不少于10mg·eq时，灌入氢氧化钠溶液都可得到较好的加固效果。

氢氧化钠溶液注入土中后，土粒表层会逐渐发生膨胀和软化，进而发生表面的相互溶合和胶结（钠铝硅酸盐类胶结），但这种溶合胶结是非水稳性的，只有在土粒周围存在有 $Ca(OH)_2$ 和 $Mg(OH)_2$ 的条件下，才能使这种胶结构成为强度高且具有水硬性的钙铝硅酸盐络合物。这些络合物的生成将使土粒牢固胶结，强度大大提高，并且具有充分的水稳性。

由于黄土中钙、镁离子含量一般都较高（属于钙、镁离子饱和土），故采用单液加固已足够。如钙、镁离子含量较低，则需考虑采用碱液与氯化钙溶液的双液法加固。为了提高碱液加固黄土的早期强度，也可适当注入一定量的氯化钙溶液。

3 碱液加固深度的确定，关系到加固效果和工程造价，要保证加固效果良好而造价又低，就需要确定一个合理的加固深度。碱液加固法适宜于浅层加固，加固深度不宜超过4m～5m。过深除增加施工难度外，造价也较高。当加固深度超过5m时，应与其他加固方法进行技术经济比较后，再行决定。

位于湿陷性黄土地基上的基础，浸水后产生的湿陷量可分为由附加压力引起的湿陷以及由饱和自重压力引起的湿陷，前者一般称为外荷湿陷，后者称为自重湿陷。

有关浸水载荷试验资料表明，外荷湿陷与自重湿陷影响深度是不同的。对非自重湿陷性黄土地基只存在外荷湿陷。当其基底压力不超过200kPa时，外荷湿陷影响深度约为基础宽度的（1.0～2.4）倍，但80%～90%的外荷湿陷量集中在基底下 $1.0b$～$1.5b$ 的深度范围内，其下所占的比例很小。对自重湿陷性黄土地基，外荷湿陷影响深度则为 $2.0b$～$2.5b$，在湿陷影响深度下限处土的附加压力与饱和自重压力的比值为0.25～0.36，其值较一般确定压缩层下限标准0.2（对一般土）或0.1（对软土）要大得多，故外荷湿陷影响深度小于压缩层深度。

位于黄土地基上的中小型工业与民用建筑物，其基础宽度多为1m～2m。当基础宽度为2m或2m以上时，其外荷湿陷影响深度将超过4m，为避免加固深度过大，当基础较宽，也即外荷湿陷影响深度较大时，加固深度可减少到 $1.5b$～$2.0b$，这时可消除80%～90%的外荷湿陷量，从而大大减轻湿陷的危害。

对自重湿陷性黄土地基，试验研究表明，当地基属于自重湿陷不敏感或不很敏感类型时，如浸水范围小，外荷湿陷将占到总湿陷的87%～100%，自重湿陷将不产生或产生的不充分。当基底压力不超过

200kPa 时，其外荷湿陷影响深度为 $2.0b\sim2.5b$，故本规范建议，对于这类地基，加固深度为 $2.0b\sim3.0b$，这样可基本消除地基的全部外荷湿陷。

4 试验表明，碱液灌注过程中，溶液除向四周渗透外，还向灌注孔上下各外渗一部分，其范围约相当于有效加固半径 r。但灌注孔以上的渗出范围，由于溶液温度高，浓度也相对较大，故土体硬化快，强度高；而灌注孔以下部分，则因溶液温度和浓度部已降低，故强度较低。因此，在加固厚度计算时，可将孔下部渗出范围略去，而取 $h=l+r$，偏于安全。

5 每一灌注孔加固后形成的加固土体可近似看做一圆柱体，这圆柱体的平均半径即为有效加固半径。灌液过程中，水分渗透距离远较加固范围大。在灌注孔四周，溶液温度高，浓度也相对较大；溶液往四周渗透中，溶液的浓度和温度都逐渐降低，故加固体强度也相应由高到低。试验结果表明，无侧限抗压强度—距离关系曲线近似为一抛物线，在加固柱体外缘，由于土的含水量增高，其强度比未加固的天然土还低。灌液试验中一般可将加固后无侧限抗压强度高于天然土无侧限抗压强度平均值50%以上的土体为有效加固体，其值大约在 $100kPa\sim150kPa$ 之间。有效加固体的平均半径即为有效加固半径。

从理论上讲，有效加固半径随溶液灌注量的增大而增大，但实际上，当溶液灌注超过某一定数量后，加固体积并不与灌注量成正比，这是因为外渗范围过大时，外围碱液浓度大大降低，起不到加固作用。因此存在一个较经济合理的加固半径。试验表明，这一合理半径一般为 $0.40m\sim0.50m$。

6 碱液加固一般采用直孔，很少采用斜孔。如灌注孔紧贴基础边缘。则有一半加固体位于基底以下，已起到承托基础的作用，故一般只需沿条形基础两侧或单独基础周边各布置一排孔即可。如孔距为 $1.8r\sim2.0r$，则加固体连成一体，相当于在原基础两侧或四周设置了桩与周围未加固土体组成复合地基。

7 湿陷性黄土的饱和度一般在 $15\%\sim77\%$ 范围内变化，多数在 $40\%\sim50\%$ 左右，故溶液充填土的孔隙时不可能全部取代原有水分，因此充填系数取 $0.6\sim0.8$。举例如下，如加固 $1.0m^3$ 黄土，设其天然孔隙率为50%，饱和度为40%，则原有水分体积为 $0.2m^3$。当碱液充填系数为0.6时，则 $1.0m^3$ 土中注入碱液为 $(0.3\times0.6\times0.5)\ m^3$，孔隙将被溶液全部充满，饱和度达100%。考虑到溶液注入过程中可能将取代原有土粒周围的部分弱结合水，这时可取充填系数为0.8，则注入碱液量为 $(0.4\times0.8\times0.5)\ m^3$，将有 $0.1m^3$ 原有水分被挤出。

考虑到黄土的大孔隙性质，将有少量碱液顺大孔隙流失，不一定能均匀地向四周渗透，故实际施工时，应使碱液灌注量适当加大，本条建议取工作条件系数为1.1。

8.3 施 工

8.3.1 本条为水泥为主剂的注浆施工的基本要求。在实际施工过程中，常出现如下现象：

1 冒浆：其原因有多种，主要有注浆压力大、注浆段位置埋深浅、有孔隙通道等，首先应查明原因，再采用控制性措施；如降低注浆压力，或采用自流式加压；提高浆液浓度或掺砂，加入速凝剂；限制注浆量，控制单位吸浆量不超过 $30L/min\sim40L/min$；堵塞冒浆部位，对严重冒浆部位先灌混凝土盖板，后注浆。

2 窜浆：主要由于横向裂隙发育或孔距小；可采用跳孔间隔注浆方式；适当延长相邻两序孔间施工时间间隔；如窜浆孔为待注孔，可同时并联注浆。

3 绕塞返浆：主要有注浆段孔壁不完整、橡胶塞压缩量不足、上段注浆时裂隙未封闭或注浆后待凝时间不够，水泥强度过低等原因。实际注浆过程中严格按要求尽量增加等待时间。另外还有漏浆、地面抬升、埋塞等现象。

8.3.2 本条为硅化注浆施工的基本要求。

1 压力灌注溶液的施工步骤除配溶液等准备工作外，主要分为打灌注管和灌注溶液。通常自基础底面标高起向下分层进行，先施工第一加固层，完成后再施工第二加固层，在灌注溶液过程中，应注意观察溶液有无上冒（即冒出地面）现象，发现溶液上冒应立即停止灌注，分析原因，采取措施，堵塞溶液不出现上冒后，再继续灌注。打灌注管及连接胶皮管时，应精心施工，不得摇动灌注管，以免灌注管壁与土接触不严，形成缝隙，此外，胶皮管与灌注管连接完毕后，还应将灌注管上部及其周围 $0.5m$ 厚的土层进行夯实，其干密度不得小于 $1.60g/cm^3$。

加固既有建筑物地基，在基础侧向应先施工外排，后施工内排，并间隔1孔～3孔进行打灌注管和灌注溶液。

2 溶液自渗的施工步骤除配溶液与压力灌注相同外，打灌注孔及灌注溶液与压力灌注有所不同，灌注孔直接钻（或打）至设计深度，不需分层施工，可用钻机或洛阳铲成孔，采用打管成孔时，孔成后应将管拔出，孔径一般为 $60mm\sim80mm$。

溶液自渗不需要灌注管及加压设备，而是通过灌注孔直接渗入欲加固的土层中，在自渗过程中，溶液无上冒现象，每隔一定时间向孔内添加一次溶液，防止溶液渗干。硅酸钠溶液配好后，如不立即使用或停放一定时间后，溶液会产生沉淀现象，灌注时，应再将其搅拌均匀。

3 不论是压力灌注还是溶液自渗，计算溶液量全部注入土中后，加固土体中的灌注孔均宜用 $2:8$ 灰土分层回填夯实。

硅化注浆施工时对既有建筑物或设备基础进行沉

降观测，可及时发现在灌注硅酸钠溶液过程中是否会引起附加沉降以及附加沉降的大小，便于查明原因，停止灌注或采取其他处理措施。

8.3.3 本条为碱液注浆施工的基本要求。

1 灌注孔直径的大小主要与溶液的渗透量有关。如土质疏松，由于溶液渗透快，则孔径宜小。如孔径过大，在加固过程中，大量溶液将渗入灌注孔下部，形成上小下大的蒜头形加固体。如土的渗透性弱，而孔径较小，就将使溶液渗入缓慢，灌注时间延长，溶液由于在输液管中停留时间长，热量散失，将使加固体早期强度偏低，影响加固效果。

2 固体烧碱质量一般均能满足加固要求，液体烧碱及氯化钙在使用前均应进行化学成分定量分析，以便确定稀释到设计浓度时所需的加水量。

室内试验结果表明，用风干黄土加入相当于干土质量1.12%的氢氧化钠并拌合均匀制取试块，在常温下养护28d或在40℃～100℃高温下养护2h，然后浸水20h，测定其无侧限抗压强度可达166kPa～446kPa。当拌合用的氢氧化钠含量低于干土质量1.12%时，试块浸水后即崩解。考虑到碱液在实际灌注过程中不可能分布均匀，因此一般按干土质量3%比例配料，湿陷性黄土干密度一般为1200kg/m³～1500kg/m³，故加固每1m³黄土约需NaOH量为35kg～45kg。

碱液浓度对加固土强度有一定影响，试验表明，当碱液浓度较低时加固强度增长不明显，较合理的碱液浓度宜为90g/L～100g/L。

3 由于固体烧碱中仍含有少量其他成分杂质，故配置碱液时应按纯NaOH含量来考虑。式(8.3.3-1)中忽略了由于固体烧碱投入后引起的溶液体积的少许变化。现将该式应用举例如下：

设固体烧碱中含纯NaOH为85%，要求配置碱液浓度为120g/L，则配置每立方米碱液所需固体烧碱量为：

$$G_s = 1000 \times \frac{M}{P} = 1000 \times \frac{0.12}{85\%} \quad (20)$$
$$= 141.2 \text{kg}$$

采用液体烧碱配置每立方米浓度为M的碱液时，液体烧碱体积与所加的水的体积之和为1000L，在1000L溶液中，NaOH溶质的量为1000M，一般化工厂生产的液体烧碱浓度以质量分数（即质量百分浓度）表示者居多，故施工中用比重计测出液体碱烧相对密度d_N，并已知其质量分数为N后，则每升液体烧碱中NaOH溶质含量即为$G_s = d_N V_1 N$，故$V_1 = \frac{G_S}{d_N N} = \frac{1000M}{d_N N}$，相应水的体积为$V_2 = 1000 - V_1 = 1000\left(1 - \frac{M}{d_N N}\right)$。

举例如下：设液体烧碱的质量分数为30%，相对密度为1.328，配制浓度为100g/L碱液时，每立

方米溶液中所加的液体烧碱量为：

$$V_1 = 1000 \times \frac{M}{d_N N}$$
$$= 1000 \times \frac{0.1}{1.328 \times 30\%} = 251L \quad (21)$$

4 碱液灌注前加温主要是为了提高加固土体的早期强度。在常温下，加固强度增长很慢，加固3d后，强度才略有增长。温度超过40℃以上时，反应过程可大大加快，连续加温2h即可获得较高强度。温度愈高，强度愈大。试验表明，在40℃条件下养护2h，比常温下养护3d的强度提高2.87倍，比28d常温养护提高1.32倍。因此，施工时应将溶液加热到沸腾。加热可用煤、炭、木柴、煤气或通入锅炉蒸气，因地制宜。

5 碱液加固与硅化加固的施工工艺不同之处在于后者是加压灌注（一般情况下），而前者是无压自流灌注，因此一般渗透速度比硅化法慢。其平均灌注速度在1L/min～10L/min之间，以2L/min～5L/min速度效果最好。灌注速度超过10L/min，意味着土中存在有孔洞或裂隙，造成溶液流失；当灌注速度小于1L/min时，意味着溶液灌不进，如排除灌注管被杂质堵塞的因素，则表明土的可灌性差。当土中含水量超过28%或饱和度超过75%时，溶液就很难注入，一般应减少灌注量或另行采取其他加固措施以进行补救。

6 在灌液过程中，由于土体被溶液中携带的大量水分浸湿，立即变软，而加固强度的形成尚需一定时间。在加固土强度形成以前，土体在基础荷载作用下由于浸湿软化将使基础产生一定的附加下沉，为减少施工中产生过大的附加下沉，避免建筑物产生新的危害，应采取跳孔灌液并分段施工，以防止浸湿区连成一片。由于3d龄期强度可达到28d龄期强度的50%左右，故规定相邻两孔灌注时间间隔不少于3d。

7 采用$CaCl_2$与NaOH的双液法加固地基时，两种溶液在土中相遇即反应生成$Ca(OH)_2$与NaCl。前者将沉淀在土粒周围而起到胶结与填充的双重作用。由于黄土是钙、镁离子饱和土，故一般只采用单液法加固。但如要提高加固土强度，也可考虑用双液法。施工时如两种溶液先后采用同一容器，则在碱液灌注完成后应将容器中的残留碱液清洗干净，否则，后注入的$CaCl_2$溶液将在容器中立即生成白色的$Ca(OH)_2$沉淀物，从而使注液管堵塞，不利于溶液的渗入，为避免$CaCl_2$溶液在土中置换过多的碱液中的钠离子，规定两种溶液间隔灌注时间不应少于8h～12h，以便使先注入的碱液与被加固土体有较充分的反应时间。

施工中应注意安全操作，并备工作服、胶皮手套、风镜、围裙、鞋罩等。皮肤如沾上碱液，应立即用5%浓度的硼酸溶液冲洗。

8.4 质量检验

8.4.1 对注浆加固效果的检验要针对不同地层条件采用相适应的检测方法，并注重注浆前后对比。对水泥为主剂的注浆加固的检测时间有明确的规定，土体强度有一个增长的过程，故验收工作应在施工完毕28d以后进行。对注浆加固效果的检验，加固地层的均匀性检测十分重要。

8.4.2 硅化注浆加固应在施工结束7d后进行，重点检测均匀性。对压缩性和湿陷性有要求的工程应取土试验，判定是否满足设计要求。

8.4.3 碱液加固后，土体强度有一个增长的过程，故验收工作应在施工完毕28d以后进行。

碱液加固工程质量的判定除以沉降观测为主要依据外，还应对加固土体的强度、有效加固半径和加固深度进行测定。有效加固半径和加固深度目前只能实地开挖测定。强度则可通过钻孔或开挖取样测定。由于碱液加固土的早期强度是不均匀的，一般应在有代表性的加固土体中部取样，试样的直径和高度均为50mm，试块数应不少于3个，取其强度平均值。考虑到后期强度还将继续增长，故允许加固土28d龄期的无侧限抗压强度的平均值可不低于设计值的90%。

如采用触探法检验加固质量，宜采用标准贯入试验；如采用轻便触探易导致钻杆损坏。

8.4.4 本条为注浆加固地基承载力的检验要求。注浆加固处理后的地基进行静载荷试验检验承载力，是保证建筑物安全的承载力确定方法。

9 微型桩加固

9.1 一般规定

9.1.1 微型桩（Micropiles）或迷你桩（Minipiles），是小直径的桩，桩体主要由压力灌注的水泥浆、水泥砂浆或细石混凝土与加筋材料组成，依据其受力要求加筋材可为钢筋、钢棒、钢管或型钢等。微型桩可以是竖直或倾斜，或排或交叉网状配置，交叉网状配置之微型桩由于其桩群形如树根状，故亦被称为树根桩（Root pile）或网状树根桩（Reticulated roots pile），日本简称为RRP工法。

行业标准《建筑桩基技术规范》JGJ 94把直径或边长小于250mm的灌注桩、预制混凝土桩、预应力混凝土桩、钢管桩、型钢桩等称为小直径桩，本规范将桩身截面尺寸小于300mm的压入（打入、植入）小直径桩纳入微型桩的范围。

本次修订纳入了目前我国工程界应用较多的树根桩、小直径预制混凝土方桩与预应力混凝土管桩、注浆钢管桩，用于狭窄场地的地基处理工程。

微型桩加固后的承载力和变形计算一般情况采用桩基础的设计原则；由于微型桩断面尺寸小，在共同变形条件下地基土参与工作，在有充分试验依据条件下可按刚性桩复合地基进行设计。微型桩的桩身配筋率较高，桩身承载力可考虑筋材的作用；对注浆钢管桩、型钢微型桩等计算桩身承载力时，可以仅考虑筋材的作用。

9.1.2 微型桩加固工程目前主要应用在场地狭小，大型设备不能施工的情况，对大量的改扩建工程具有其适用性。设计时应按桩与基础的连接方式分别按桩基础或复合地基设计，在工程中应按地基变形的控制条件采用。

9.1.4 水泥浆、水泥砂浆和混凝土保护层的厚度的规定，参照了国内外其他技术标准对水下钢材设置保护层的相关规定。增加一定腐蚀厚度的做法已成为与设置保护层方法并行选择的方法，可根据设计施工条件、经济性等综合确定。

欧洲标准（BS EN14199：2005）对微型桩用型钢（钢管）由于腐蚀造成的损失厚度，见表28。

表28 土中微型桩用钢材的损失厚度（mm）

设计使用年限	5年	25年	50年	75年	100年
原状土（砂土、淤泥、黏土、片岩）	0.00	0.30	0.60	0.90	1.20
受污染的土体和工业地基	0.15	0.75	1.50	2.25	3.00
有腐蚀性的土体（沼泽、湿地、泥炭）	0.20	1.00	1.75	2.50	3.25
非挤压无腐蚀性土体（黏土、片岩、砂土、淤泥）	0.18	0.70	1.30	1.70	2.20
非挤压有腐蚀性土体（灰、矿渣）	0.50	2.00	3.25	4.50	5.75

9.1.5 本条对软土地基条件下施工的规定，主要是为了保证成桩质量和在进行既有建筑地基加固工程的注浆过程中，对既有建筑的沉降控制及地基稳定性控制。

9.2 树根桩

9.2.1 树根桩作为微型桩的一种，一般指具有钢筋笼，采用压力灌注混凝土、水泥浆或水泥砂浆形成的直径小于300mm的灌注桩，也可采用投石压浆方法形成的直径小于300mm的钢管混凝土灌注桩。近年来，树根桩复合地基应用于特殊土地区建筑工程的地基处理已经获得了较好的处理效果。

9.2.2 工程实践表明，二次注浆对桩侧阻力的提高系数与桩直径、桩侧土质情况、注浆材料、注浆量和注浆压力、方式等密切相关，提高系数一般可达1.2～2.0，本规范建议取1.2～1.4。

9.2.4 本条对骨料粒径的规定主要考虑可灌性要求，对混凝土水泥用量及水灰比的要求，主要考虑水下灌注混凝土的强度、质量和可泵送性等。

9.3 预 制 桩

9.3.1～9.3.3 本节预制桩包括预制混凝土方桩、预应力混凝土管桩、钢管桩和型钢等，施工方法包括静压法、打入法和植入法等，也包含了传统的锚杆静压法和坑式静压法。近年来的工程实践中，有许多采用静压桩形成复合地基应用于高层建筑的成功实例。鉴于静压桩施工质量容易保证，且经济性较好，静压微型桩复合地基加固方法得到了较快的推广应用。微型预制桩的施工质量应重点注意保证打桩、开挖过程中桩身不产生开裂、破坏和倾斜。对型钢、钢管作为桩身材料的微型桩，还应考虑其耐久性。

9.4 注浆钢管桩

9.4.1 注浆钢管桩是在静压钢管桩技术基础上发展起来的一种新的加固方法，近年来注浆钢管桩常用于新建工程的桩基或复合地基施工质量事故的处理，具有施工灵活、质量可靠的特点。基坑工程中，注浆钢管桩大量应用于复合土钉的超前支护，本节条文可作为其设计施工的参考。

9.4.2 二次注浆对桩侧阻力的提高系数除与桩侧土体类型、注浆材料、注浆量和注浆压力、方式等密切相关外，桩直径为影响因素之一。一般来说，相同压力形成的桩周压密区厚度相等，小直径桩侧阻力增加幅度大于同材料相对直径较大的桩，因此，本条桩侧

阻力增加系数与树根桩的规定有所不同，提高系数1.3 为最小值，具体取值可根据试验结果或经验确定。

9.4.3 施工方法包含了传统的锚杆静压法和坑式静压法，对新建工程，注浆钢管桩一般采用钻机或洛阳铲成孔，然后植入钢管再封孔注浆的工艺，采用封孔注浆施工时，应具有足够的封孔长度，保证注浆压力的形成。

9.4.4 本条与第9.4.5条关于水泥浆的条款适用于其他的微型桩施工。

9.5 质 量 检 验

9.5.1～9.5.4 微型桩的质量检验应按桩基础的检验要求进行。

10 检验与监测

10.1 检 验

10.1.1 本条强调了地基处理工程的验收检验方法的确定，必须通过对岩土工程勘察报告、地基基础设计及地基处理设计资料的分析，了解施工工艺和施工中出现的异常情况等后确定。同时，对检验方法的适用性以及该方法对地基处理的处理效果评价的局限性应有足够认识，当采用一种检验方法的检验结果具有不确定性时，应采用另一种检验方法进行验证。

处理后地基的检验内容和检验方法选择可参见表29。

表29　处理后地基的检验内容和检验方法

处理地基类型	承载力			处理后地基的施工质量和均匀性							复合地基增强体或微型桩的成桩质量						
	复合地基静载荷试验	增强体单桩静载荷试验	处理后地基承载力静载荷试验	干密度	轻型动力触探	标准贯入	动力触探	静力触探	土工试验	十字板剪切试验	桩身强度或干密度	静力触探	标准贯入	动力触探	低应变试验	钻芯法	探井取样法
换填垫层			√	√	△	△	△	△									
预压地基			√					△	√	√							
压实地基			√	√			△	△									
强夯地基			√						√								
强夯置换地基			√				△	△	△								
复合地基 振冲碎石桩	√	○					√						√	√			
复合地基 沉管砂石桩	√	○					√						√	√			
复合地基 水泥搅拌桩	√	√						△			√	△				○	○
复合地基 旋喷桩	√	√						△			√		△			○	○
复合地基 灰土挤密桩	√	√		√					△		√						
复合地基 土挤密桩	√	√		√					△		√						
复合地基 夯实水泥土桩	√	√		○			○	○	○		√	△					○

检测内容	承载力			处理后地基的施工质量和均匀性							复合地基增强体或微型桩的成桩质量						
检测方法 处理地基类型	复合地基静载荷试验	增强体单桩静载荷试验	处理后地基承载力静载荷试验	干密度	轻型动力触探	标准贯入	动力触探	静力触探	土工试验	十字板剪切试验	桩身强度或干密度	静力触探	标准贯入	动力触探	低应变试验	钻芯法	探井取样法
复合地基 水泥粉煤灰碎石桩	√	√	○			○	○	○	○		√				○	√	
复合地基 柱锤冲扩桩	√	○				√	√		△				√	√			
复合地基 多桩型	√	√	○			√			△	△	√				√	√	
注浆加固			√		√	√	√	√	√		√						
微型桩加固			√								○				√	○	

注：1 处理后地基的施工质量包括预压地基的抗剪强度、夯实地基的夯间土质量、强夯置换地基墩体着底情况消除液化或消除湿陷性的处理效果、复合地基桩间土处理后的工程性质等。

2 处理后地基的施工质量和均匀性检验应涵盖整个地基处理面积和处理深度。

3 √ 为应测项目，是指该检验项目应该进行检验；

△ 为可选测项目，是指该检验项目为应测项目在大面积检验使用的补充，应在对比试验结果基础上使用；

○ 为该检验内容仅在其需要时进行的检验项目。

4 消除液化或消除湿陷性的处理效果、复合地基桩间土处理后的工程性质等检验仅在存在这种情况时进行。

5 应测项目、可选测项目以及需要时进行的检验项目中两种或多种检验方法检验内容相同时，可根据地区经验选择其中一种方法。

现场检验的操作和数据处理应按国家有关标准的要求进行。对钻芯取样检验和触探试验的补充说明如下：

1 钻芯取样检验：

1）应采用双管单动钻具，并配备相应的孔口管、扩孔器、卡簧、扶正器及可捞取松软渣样的钻具。混凝土桩应采用金刚石钻头，水泥土桩可采用硬质合金钻头。钻头外径不宜小于 101mm。混凝土芯样直径不宜小于 80mm。

2）钻芯孔垂直度允许偏差应为±0.5%，应使用扶正器等确保钻芯孔的垂直度。

3）水泥土桩钻芯孔宜位于桩半径中心附近，应采用低转速，采用较小的钻头压力。

4）对桩底持力层的钻探深度应满足设计要求，且不宜小于 3 倍桩径。

5）每回次进尺宜控制在 1.2m 内。

6）抗压芯样试件每孔不应少于 6 个，抗压芯样应采用保鲜袋等进行密封，避免晾晒。

2 触探试验检验：

1）圆锥动力触探和标准贯入试验，可用于散体材料桩、柔性桩、桩间土检验，重型动力触探、超重型动力触探可以评价强夯置换墩着底情况。

2）触探杆应顺直，每节触探杆相对弯曲宜小于 0.5%。

3）试验时，应采用自由落锤，避免锤击偏心和晃动，触探孔倾斜度允许偏差应为±2%，每贯入 1m，应将触探杆转动一圈半。

4）采用触探试验结果评价复合地基竖向增强体的施工质量时，宜对单个增强体的试验结果进行统计评价；评价竖向增强体间土体加固效果时，应对触探试验结果按照单位工程进行统计；需要进行深度修正时，修正后再统计；对单位工程，宜采用平均值作为单孔土层的代表值，再用单孔土层的代表值计算该土层的标准值。

10.1.2 本条规定地基处理工程的检验数量应满足本规范各种处理地基的检验数量的要求，检验结果不满足设计要求时，应分析原因，提出处理措施。对重要的部位，应增加检验数量。

不同基础形式，对检验数量和检验位置的要求应有不同。每个独立基础、条形基础应有检验点；满堂基础一般应均匀布置检验点。对检验结果的评价也应视不同基础部位，以及其不满足设计要求时的后果给予不同的评价。

10.1.3 验收检验的抽检点宜随机分布，是指对地基处理工程整体处理效果评价的要求。设计人员认为重要部位、局部岩土特性复杂可能影响施工质量的部位、施工出现异常情况的部位的检验，是对处理工程是否满足设计要求的补充检验。两者应结合，缺一不可。

10.1.4 工程验收承载力检验静载荷试验最大加载量不应小于设计承载力特征值的2倍，是处理工程承载力设计的最小安全度要求。

10.1.5 静载荷试验的压板面积对处理地基检验的深度有一定影响，本条提出对换填垫层和压实地基、强夯地基或强夯置换地基静载荷试验的压板面积的最低要求。工程应用时应根据具体情况确定。

10.2 监 测

10.2.1 地基处理是隐蔽工程，施工时必须重视施工质量监测和质量检验方法。只有通过施工全过程的监督管理才能保证质量，及时发现问题采取措施。

10.2.2 对堆载预压工程，当荷载较大时，应严格控制堆载速率，防止地基发生整体剪切破坏或产生过大塑性变形。工程上一般通过竖向变形、边桩位移及孔隙水压力等观测资料按一定标准进行控制。控制值的大小与地基土的性能、工程类型和加荷方式有关。

应当指出，按照控制指标进行现场观测来判定地基稳定性是综合性的工作，地基稳定性取决于多种因素，如地基土的性质、地基处理方法、荷载大小以及加荷速率等。软弱地基的失稳通常从局部剪切破坏发展到整体剪切破坏，期间需要有数天时间。因此，应对竖向变形、边桩位移和孔隙水压力等观测资料进行综合分析，研究它们的发展趋势，这是十分重要的。

10.2.3 强夯施工时的振动对周围建筑物的影响程度与土质条件、夯击能量和建筑物的特性等因素有关。为此，在强夯时有时需要沿不同距离测试地表面的水平振动加速度，绘成加速度与距离的关系曲线。工程中应通过检测的建筑物反应加速度以及对建筑物的振动反应对人的适应能力综合确定安全距离。

根据国内目前的强夯采用的能量级，强夯振动引起建筑物损伤影响距离由速度、振动幅度和地面加速度确定，但对人的适应能力则不然，因人而异，与地质条件密切相关。影响范围内的建（构）筑物采取防振或隔振措施，通常在夯区周围设置隔振沟。

10.2.4 在软土地基中采用夯实、挤密桩、旋喷桩、水泥粉煤灰碎石桩、柱锤冲扩桩和注浆等方法进行施工时，会产生挤土效应，对周边建筑物或地下管线产生影响，应按要求进行监测。

在渗透性弱，强度低的饱和软黏土地基中，挤土效应会使周围地基土体受到明显的挤压并产生较高的超静孔隙水压力，使桩周土体的侧向挤出、向上隆起现象比较明显，对邻近的建（构）筑物、地下管线等将产生有害的影响。为了保护周围建筑物和地下管线，应在施工期间有针对性地采取监测措施，并有效地

合理地控制施工进度和施工顺序，使施工带来的种种不利影响减小到最低程度。

挤土效应中孔隙水压力增长是引起土体位移的主要原因。通过孔隙水压力监测可掌握场地地质条件下孔隙水压力增长及消散的规律，为调整施工速率、设置释放孔、设置隔离措施、开挖地面防震沟、设置袋装砂井和塑料排水板等提供施工参数。

施工时的振动对周围建筑物的影响程度与土质条件、需保护的建筑物、地下设施和管线等的特性有关。振动强度主要有三个参数：位移、速度和加速度，而在评价施工振动的危害性时，建议以速度为主，结合位移和加速度值参照现行国家标准《爆破安全规程》GB 6722的进行综合分析比较，然后作出判断。通过监测不同距离的振动速度和振动主频，根据建筑（构）物类型来判断施工振动对建（构）筑物是否安全。

10.2.5 为保证大面积填方、填海等地基处理工程地基的长期稳定性应对地面变形进行长期监测。

10.2.6 本条是对处理施工有影响的周边环境监测的要求。

1 邻近建（构）筑物竖向及水平位移监测点应布置在基础类型、埋深和荷载有明显不同处及沉降缝、伸缩缝、新老建（构）筑物连接处的两侧、建（构）筑物的角点、中点；圆形、多边形的建（构）筑物宜沿纵横轴线对称布置；工业厂房监测点宜布置在独立柱基上。倾斜监测点宜布置在建（构）筑物角点或伸缩缝两侧承重柱（墙）上。

2 邻近地下管线监测点宜布置在上水、煤气管处、窨井、阀门、抽气孔以及检查井等管线设备处、地下电缆接头处、管线端点、转弯处；影响范围内有多条管线时，宜根据管线年份、类型、材质、管径等情况，综合确定监测点，且宜在内侧和外侧的管线上布置监测点；地铁、雨污水管线等重要市政设施、管线监测点布置方案应征求等有关管理部门的意见；当无法在地下管线上布置直接监测点时，管线上地表监测点的布置间距宜为15m～25m。

3 周边地表监测点宜按剖面布置，剖面间距宜为30m～50m，宜设置在场地每侧边中部；每条剖面线上的监测点宜由内向外先密后疏布置，且不宜少于5个。

10.2.7 本条规定建筑物和构筑物地基进行地基处理，应对地基处理后的建筑物和构筑物在施工期间和使用期间进行沉降观测。沉降观测终止时间应符合设计要求，或按国家现行标准《工程测量规范》GB 50026和《建筑变形测量规范》JGJ 8的有关规定执行。

中华人民共和国国家标准

湿陷性黄土地区建筑规范

Code for building construction in collapsible loess regions

GB 50025—2004

主编部门：陕 西 省 计 划 委 员 会
批准部门：中华人民共和国建设部
施行日期：２０ ０ ４ 年 ８ 月 １ 日

中华人民共和国建设部
公 告

第 213 号

建设部关于发布国家标准
《湿陷性黄土地区建筑规范》的公告

现批准《湿陷性黄土地区建筑规范》为国家标准，编号为：GB 50025—2004，自 2004 年 8 月 1 日起实施。其中，第 4.1.1、4.1.7、5.7.2、6.1.1、8.1.1、8.1.5、8.2.1、8.3.1（1）、8.3.2（1）、8.4.5、8.5.5、9.1.1 条（款）为强制性条文，必须严格执行。原《湿陷性黄土地区建筑规范》GBJ 25—90 同时废止。

本规范由建设部标准定额研究所组织中国建筑工业出版社出版发行。

中华人民共和国建设部
2004 年 3 月 1 日

前 言

根据建设部建标［1998］94 号文下达的任务，由陕西省建筑科学研究设计院会同有关勘察、设计、科研和高校等 16 个单位组成修订组，对现行国家标准《湿陷性黄土地区建筑规范》GBJ 25—90（以下简称原规范）进行了全面修订。在修订期间，广泛征求了全国各有关单位的意见，经多次讨论和修改，最后由陕西省计划委员会组织审查定稿。

本次修订的《湿陷性黄土地区建筑规范》系统总结了我国湿陷性黄土地区四十多年来，特别是近十年来的科研成果和工程建设经验，并充分反映了实施原规范以来所取得的科研成果和建设经验。

原规范经修订后（以下简称本规范）分为总则、术语和符号、基本规定、勘察、设计、地基处理、既有建筑物的地基加固和纠倾、施工、使用与维护等 9 章、9 个附录，比原规范增加条文 3 章，减少附录 2 个。修改和增加的主要内容是：

1. 原规范附录一中的名词解释，通过修改和补充作为术语，列入本规范第 2 章；删除了饱和黄土，增加了压缩变形、湿陷变形、湿陷起始压力、湿陷系数、自重湿陷系数、自重湿陷量的实测值、自重湿陷量的计算值和湿陷量的计算值等术语。

2. 建筑物分类和建筑工程的设计措施等内容，经修改和补充后作为基本规定，独立为一章，放在勘察、设计的前面，体现了它在本规范中的重要性，并解决了各类建筑的名称出现在建筑物分类之后的问题。

3. 原规范中的附录六，通过修改和补充，将其放入本规范的第 4 章第 4 节"测定黄土湿陷性的试验"。

4. 将陕西关中地区的修正系数 β_0 由 0.70 改为 0.90，修改后自重湿陷量的计算值与实测值接近，对提高评定关中地区场地湿陷类型的准确性有实际意义。

5. 近年来，7、8 层的建筑不断增多，基底压力和地基压缩层深度相应增大，本次修订将非自重湿陷性黄土场地地基湿陷量的计算深度，由基底下 5m 改为累计至基底下 10m（或地基压缩层）深度止，并相应增大了勘探点的深度。

6. 划分场地湿陷类型和地基湿陷等级，采用现场试验的实测值和室内试验的计算值相结合的方法，在自重湿陷量的计算值和湿陷量的计算值分别引入修正系数 β_0 值和 β 值后，其计算值和实测值的差异显著缩小，从而进一步提高了湿陷性评价的准确性和可靠性。

7. 本规范取消了原规范在地基计算中规定的承载力的基本值、标准值和设计值以及附录十"黄土的承载力表"。

本规范在地基计算中规定的地基承载力特征值，可由勘察部门根据现场原位测试结果或结合当地经验与理论公式计算确定。

基础底面积，按正常使用极限状态下荷载效应的标准组合，并按修正后的地基承载力特征值确定。

8. 针对湿陷性黄土的特点，进一步明确了在湿陷性黄土场地采用桩基础的设计和计算等原则。

9. 根据场地湿陷类型、地基湿陷等级和建筑物类别，采取地基处理措施，符合因地因工程制宜，技术经济合理，对确保建筑物的安全使用有重要作用。

10. 增加了既有建筑物的地基加固和纠倾等内容，使今后开展这方面的工作有章可循。

11. 根据新搜集的资料，将原规范附录二中的"中国湿陷性黄土工程地质分区略图"及其附表2-1作了部分修改和补充。

原图经修改后，扩大了分区范围，填补了原规范分区图中未包括的有关省、区，便于勘察、设计人员进行场址选择或可行性研究时，对分区范围内黄土的厚度、湿陷性质、湿陷类型和分布情况有一个概括的了解和认识。

12. 在本规范附录 J 中，增加了检验或测定垫层、强夯和挤密等方法处理地基的承载力及有关变形参数的静载荷试验要点。

原规范通过全面修订，增加了一些新的内容，更加系统和完善，符合我国国情和湿陷性黄土地区的特点，体现了我国现行的建设政策和技术政策。本规范实施后对全面指导我国湿陷性黄土地区的建设，确保工程质量，防止和减少地基湿陷事故，都将产生显著的技术经济效益和社会效益。

本规范中以黑体字标志的条文为强制性条文，必须严格执行。本规范由建设部负责管理和对强制性条文的解释，陕西省建筑科学研究设计院负责具体技术内容的解释。在执行过程中，请各单位结合工程实践，认真总结经验，如发现需要修改或补充之处，请将意见和建议寄陕西省建筑科学研究设计院（地址：陕西省西安市环城西路272号，邮政编码：710082）。

本规范主编单位：陕西省建筑科学研究设计院
本规范参编单位：机械工业部勘察研究院
　　　　　　　　西北综合勘察设计研究院
　　　　　　　　甘肃省建筑科学研究院
　　　　　　　　山西省建筑设计研究院
　　　　　　　　国家电力公司西北勘测设计研究院
　　　　　　　　中国建筑西北设计研究院
　　　　　　　　西安建筑科技大学
　　　　　　　　山西省勘察设计研究院
　　　　　　　　甘肃省建筑设计研究院
　　　　　　　　山西省电力勘察设计研究院
　　　　　　　　兰州有色金属建筑研究院
　　　　　　　　国家电力公司西北电力设计院
　　　　　　　　新疆建筑设计研究院
　　　　　　　　陕西省建筑设计研究院
　　　　　　　　中国石化集团公司兰州设计院
主要起草人：罗宇生（以下按姓氏笔画排列）
　　文　君　田春显　刘厚健　朱武卫
　　任会明　汪国烈　张　敷　张苏民
　　沈励操　杨静玲　邵　平　张豫川
　　张　炜　李建春　林在贯　郑永强
　　武　力　赵祖禄　郭志勇　高永贵
　　高凤熙　程万平　滕文川　罗金林

目　次

1　总则 ················· 12—5
2　术语和符号 ··········· 12—5
　2.1　术语 ············· 12—5
　2.2　符号 ············· 12—5
3　基本规定 ············· 12—6
4　勘察 ················· 12—6
　4.1　一般规定 ········· 12—6
　4.2　现场勘察 ········· 12—7
　4.3　测定黄土湿陷性的试验 ··· 12—8
　　（Ⅰ）室内压缩试验 ··· 12—8
　　（Ⅱ）现场静载荷试验 ··· 12—9
　　（Ⅲ）现场试坑浸水试验 ··· 12—9
　4.4　黄土湿陷性评价 ··· 12—10
5　设计 ················· 12—10
　5.1　一般规定 ········· 12—10
　5.2　场址选择与总平面设计 ··· 12—11
　5.3　建筑设计 ········· 12—12
　5.4　结构设计 ········· 12—13
　5.5　给水排水、供热与通风设计 ··· 12—13
　　（Ⅰ）给水、排水管道 ··· 12—13
　　（Ⅱ）供热管道与风道 ··· 12—14
　5.6　地基计算 ········· 12—15
　5.7　桩基础 ··········· 12—15
6　地基处理 ············· 12—16
　6.1　一般规定 ········· 12—16
　6.2　垫层法 ··········· 12—18
　6.3　强夯法 ··········· 12—18
　6.4　挤密法 ··········· 12—19
　6.5　预浸水法 ········· 12—20
7　既有建筑物的地基加固和纠倾 ··· 12—20
　7.1　单液硅化法和碱液加固法 ··· 12—20

　　（Ⅰ）单液硅化法 ····· 12—20
　　（Ⅱ）碱液加固法 ····· 12—21
　7.2　坑式静压桩托换法 ··· 12—21
　7.3　纠倾法 ··········· 12—21
8　施工 ················· 12—22
　8.1　一般规定 ········· 12—22
　8.2　现场防护 ········· 12—22
　8.3　基坑或基槽的施工 ··· 12—22
　8.4　建筑物的施工 ····· 12—23
　8.5　管道和水池的施工 ··· 12—23
9　使用与维护 ··········· 12—24
　9.1　一般规定 ········· 12—24
　9.2　维护和检修 ······· 12—24
　9.3　沉降观测和地下水位观测 ··· 12—24
附录A　中国湿陷性黄土工程地质
　　　分区略图 ········· 插页
附录B　黄土地层的划分 ··· 12—26
附录C　判别新近堆积黄土的规定 ··· 12—26
附录D　钻孔内采取不扰动土样的
　　　操作要点 ········· 12—26
附录E　各类建筑的举例 ··· 12—27
附录F　水池类构筑物的设计措施 ··· 12—27
附录G　湿陷性黄土场地地下水位
　　　上升时建筑物的设计措施 ··· 12—27
附录H　单桩竖向承载力静载荷
　　　浸水试验要点 ····· 12—28
附录J　垫层、强夯和挤密等地基的
　　　静载荷试验要点 ··· 12—28
本规范用词说明 ········· 12—29
条文说明 ··············· 12—30

1 总 则

1.0.1 为确保湿陷性黄土地区建筑物（包括构筑物）的安全与正常使用，做到技术先进，经济合理，保护环境，制定本规范。

1.0.2 本规范适用于湿陷性黄土地区建筑工程的勘察、设计、地基处理、施工、使用与维护。

1.0.3 在湿陷性黄土地区进行建设，应根据湿陷性黄土的特点和工程要求，因地制宜，采取以地基处理为主的综合措施，防止地基湿陷对建筑物产生危害。

1.0.4 湿陷性黄土地区的建筑工程，除应执行本规范的规定外，尚应符合有关现行的国家强制性标准的规定。

2 术语和符号

2.1 术 语

2.1.1 湿陷性黄土 collapsible loess

在一定压力下受水浸湿，土结构迅速破坏，并产生显著附加下沉的黄土。

2.1.2 非湿陷性黄土 noncollapsible loess

在一定压力下受水浸湿，无显著附加下沉的黄土。

2.1.3 自重湿陷性黄土 loess collapsible under overburden pressure

在上覆土的自重压力下受水浸湿，发生显著附加下沉的湿陷性黄土。

2.1.4 非自重湿陷性黄土 loess noncollapsible under overburden pressure

在上覆土的自重压力下受水浸湿，不发生显著附加下沉的湿陷性黄土。

2.1.5 新近堆积黄土 recently deposited loess

沉积年代短，具高压缩性，承载力低，均匀性差，在 $50 \sim 150$kPa 压力下变形较大的全新世（Q_4^2）黄土。

2.1.6 压缩变形 compression deformation

天然湿度和结构的黄土或其他土，在一定压力下所产生的下沉。

2.1.7 湿陷变形 collapse deformation

湿陷性黄土或具有湿陷性的其他土（如欠压实的素填土、杂填土等），在一定压力下，下沉稳定后，受水浸湿所产生的附加下沉。

2.1.8 湿陷起始压力 Initial collapse pressure

湿陷性黄土浸水饱和，开始出现湿陷时的压力。

2.1.9 湿陷系数 coefficient of collapsibility

单位厚度的环刀试样，在一定压力下，下沉稳定后，试样浸水饱和所产生的附加下沉。

2.1.10 自重湿陷系数 coefficient of collapsibility under overburden pressure

单位厚度的环刀试样，在上覆土的饱和自重压力下，下沉稳定后，试样浸水饱和所产生的附加下沉。

2.1.11 自重湿陷量的实测值 measured collapse under overburden pressure

在湿陷性黄土场地，采用试坑浸水试验，全部湿陷性黄土层浸水饱和所产生的自重湿陷量。

2.1.12 自重湿陷量的计算值 computed collapse under overburden pressure

采用室内压缩试验，根据不同深度的湿陷性黄土试样的自重湿陷系数，考虑现场条件计算而得的自重湿陷量的累计值。

2.1.13 湿陷量的计算值 computed collapse

采用室内压缩试验，根据不同深度的湿陷性黄土试样的湿陷系数，考虑现场条件计算而得的湿陷量的累计值。

2.1.14 剩余湿陷量 remnant collapse

将湿陷性黄土地基湿陷量的计算值，减去基底下拟处理土层的湿陷量。

2.1.15 防护距离 protection distance

防止建筑物地基受管道、水池等渗漏影响的最小距离。

2.1.16 防护范围 area of protection

建筑物周围防护距离以内的区域。

2.2 符 号

A——基础底面积

a——压缩系数

b——基础底面的宽度

d——基础埋置深度，桩身（或桩孔）直径

E_s——压缩模量

e——孔隙比

f_a——修正后的地基承载力特征值

f_{ak}——地基承载力特征值

I_p——塑性指数

l——基础底面的长度，桩身长度

p_k——相应于荷载效应标准组合基础底面的平均压力值

p_0——基础底面的平均附加压力值

p_{sh}——湿陷起始压力值

q_{pa}——桩端土的承载力特征值

q_{sa}——桩周土的摩擦力特征值

R_a——单桩竖向承载力特征值

S_r——饱和度

w——含水量

w_L——液限

w_p——塑限

w_{op}——最优含水量

γ——土的重力密度，简称重度

γ_0——基础底面以上土的加权平均重度，地下水位以下取有效重度

θ——地基的压力扩散角

η_b——基础宽度的承载力修正系数

η_d——基础埋深的承载力修正系数

ψ_s——沉降计算经验系数

δ_s——湿陷系数

δ_{zs}——自重湿陷系数

Δ_{zs}——自重湿陷量的计算值

Δ'_{zs}——自重湿陷量的实测值

Δ_s——湿陷量的计算值

β_0——因地区土质而异的修正系数

β——考虑地基受水浸湿的可能性和基底下土的侧向挤出等因素的修正系数

3 基 本 规 定

3.0.1 拟建在湿陷性黄土场地上的建筑物，应根据其重要性、地基受水浸湿可能性的大小和在使用期间对不均匀沉降限制的严格程度，分为甲、乙、丙、丁四类，并应符合表 3.0.1 的规定。

表 3.0.1 建筑物分类

建筑物分类	各类建筑的划分
甲 类	高度大于 60m 和 14 层及 14 层以上体型复杂的建筑 高度大于 50m 的构筑物 高度大于 100m 的高耸结构 特别重要的建筑 地基受水浸湿可能性大的重要建筑 对不均匀沉降有严格限制的建筑
乙 类	高度为 24～60m 的建筑 高度为 30～50m 的构筑物 高度为 50～100m 的高耸结构 地基受水浸湿可能性较大的重要建筑 地基受水浸湿可能性大的一般建筑
丙 类	除乙类以外的一般建筑和构筑物
丁 类	次要建筑

当建筑物各单元的重要性不同时，可根据各单元的重要性划分为不同类别。甲、乙、丙、丁四类建筑的划分，可结合本规范附录 E 确定。

3.0.2 防止或减小建筑物地基浸水湿陷的设计措施，可分为下列三种：

1 地基处理措施

消除地基的全部或部分湿陷量，或采用桩基础穿透全部湿陷性黄土层，或将基础设置在非湿陷性黄土层上。

2 防水措施

1）基本防水措施：在建筑物布置、场地排水、屋面排水、地面防水、散水、排水沟、管道敷设、管道材料和接口等方面，应采取措施防止雨水或生产、生活用水的渗漏。

2）检漏防水措施：在基本防水措施的基础上，对防护范围内的地下管道，应增设检漏管沟和检漏井。

3）严格防水措施：在检漏防水措施的基础上，应提高防水地面、排水沟、检漏管沟和检漏井等设施的材料标准，如增设可靠的防水层、采用钢筋混凝土排水沟等。

3 结构措施

减小或调整建筑物的不均匀沉降，或使结构适应地基的变形。

3.0.3 对甲类建筑和乙类中的重要建筑，应在设计文件中注明沉降观测点的位置和观测要求，并应注明在施工和使用期间进行沉降观测。

3.0.4 对湿陷性黄土场地上的建筑物和管道，在设计文件中应附有使用与维护说明。建筑物交付使用后，有关方面必须按本规范第 9 章的有关规定进行维护和检修。

3.0.5 在湿陷性黄土地区的非湿陷性土场地上设计建筑地基基础，应按现行国家标准《建筑地基基础设计规范》GB 50007 的有关规定执行。

4 勘 察

4.1 一 般 规 定

4.1.1 在湿陷性黄土场地进行岩土工程勘察应查明下列内容，并应结合建筑物的特点和设计要求，对场地、地基作出评价，对地基处理措施提出建议。

1 黄土地层的时代、成因；

2 湿陷性黄土层的厚度；

3 湿陷系数、自重湿陷系数和湿陷起始压力随深度的变化；

4 场地湿陷类型和地基湿陷等级的平面分布；

5 变形参数和承载力；

6 地下水等环境水的变化趋势；

7 其他工程地质条件。

4.1.2 中国湿陷性黄土工程地质分区，可按本规范附录 A 划分。

4.1.3 勘察阶段可分为场址选择或可行性研究、初步勘察、详细勘察三个阶段。各阶段的勘察成果应符合各相应设计阶段的要求。

对场地面积不大，地质条件简单或有建筑经验的地区，可简化勘察阶段，但应符合初步勘察和详细勘

察两个阶段的要求。

对工程地质条件复杂或有特殊要求的建筑物，必要时应进行施工勘察或专门勘察。

4.1.4 编制勘察工作纲要，应按下列条件和要求进行：

1 不同的勘察阶段；

2 场地及其附近已有的工程地质资料和地区建筑经验；

3 场地工程地质条件的复杂程度，特别是黄土层的分布和湿陷性变化特点；

4 工程规模，建筑物的类别、特点、设计和施工要求。

4.1.5 场地工程地质条件的复杂程度，可分为以下三类：

1 简单场地：地形平缓，地貌、地层简单，场地湿陷类型单一，地基湿陷等级变化不大；

2 中等复杂场地：地形起伏较大，地貌、地层较复杂，局部有不良地质现象发育，场地湿陷类型、地基湿陷等级变化较复杂；

3 复杂场地：地形起伏很大，地貌、地层复杂，不良地质现象广泛发育，场地湿陷类型、地基湿陷等级分布复杂，地下水位变化幅度大或变化趋势不利。

4.1.6 工程地质测绘，除应符合一般要求外，还应包括下列内容：

1 研究地形的起伏和地面水的积聚、排泄条件，调查洪水淹没范围及其发生规律；

2 划分不同的地貌单元，确定其与黄土分布的关系，查明湿陷凹地、黄土溶洞、滑坡、崩坍、冲沟、泥石流及地裂缝等不良地质现象的分布、规模、发展趋势及其对建设的影响；

3 划分黄土地层或判别新近堆积黄土，应分别符合本规范附录B或附录C的规定；

4 调查地下水位的深度、季节性变化幅度、升降趋势及其与地表水体、灌溉情况和开采地下水强度的关系；

5 调查既有建筑物的现状；

6 了解场地内有无地下坑穴，如古墓、井、坑穴、地道、砂井和砂巷等。

4.1.7 采取不扰动土样，必须保持其天然的湿度、密度和结构，并应符合Ⅰ级土样质量的要求。

在探井中取样，竖向间距宜为1m，土样直径不宜小于120mm；在钻孔中取样，应严格按本规范附录D的要求执行。

取土勘探点中，应有足够数量的探井，其数量应为取土勘探点总数的1/3~1/2，并不宜少于3个。探井的深度宜穿透湿陷性黄土层。

4.1.8 勘探点使用完毕后，应立即用原土分层回填夯实，并不应小于该场地天然黄土的密度。

4.1.9 对黄土工程性质的评价，宜采用室内试验和

原位测试成果相结合的方法。

4.1.10 对地下水位变化幅度较大或变化趋势不利的地段，应从初步勘察阶段开始进行地下水位动态的长期观测。

4.2 现场勘察

4.2.1 场址选择或可行性研究勘察阶段，应进行下列工作：

1 搜集拟建场地有关的工程地质、水文地质资料及地区的建筑经验；

2 在搜集资料和研究的基础上进行现场调查，了解拟建场地的地形地貌和黄土层的地质时代、成因、厚度、湿陷性，有无影响场地稳定的不良地质现象和地质环境等问题；

3 对工程地质条件复杂，已有资料不能满足要求时，应进行必要的工程地质测绘、勘察和试验等工作；

4 本阶段的勘察成果，应对拟建场地的稳定性和适宜性作出初步评价。

4.2.2 初步勘察阶段，应进行下列工作：

1 初步查明场地内各土层的物理力学性质、场地湿陷类型、地基湿陷等级及其分布，预估地下水位的季节性变化幅度和升降的可能性；

2 初步查明不良地质现象和地质环境等问题的成因、分布范围，对场地稳定性的影响程度及其发展趋势；

3 当工程地质条件复杂，已有资料不符合要求时，应进行工程地质测绘，其比例尺可采用1:1000~1:5000。

4.2.3 初步勘察勘探点、线、网的布置，应符合下列要求：

1 勘探线应按地貌单元的纵、横线方向布置，在微地貌变化较大的地段予以加密，在平缓地段可按网格布置。初步勘察勘探点的间距，宜按表4.2.3确定。

表4.2.3 初步勘察勘探点的间距（m）

场地类别	勘探点间距	场地类别	勘探点间距
简单场地	120~200	复杂场地	50~80
中等复杂场地	80~120		

2 取土和原位测试的勘探点，应按地貌单元和控制性地段布置，其数量不得少于全部勘探点的1/2。

3 勘探点的深度应根据湿陷性黄土层的厚度和地基压缩层深度的预估值确定，控制性勘探点应有一定数量的取土勘探点穿透湿陷性黄土层。

4 对新建地区的甲类建筑和乙类中的重要建筑，应按本规范4.3.8条进行现场试坑浸水试验，并应按自重湿陷量的实测值判定场地湿陷类型。

5 本阶段的勘察成果，应查明场地湿陷类型，为确定建筑物总平面的合理布置提供依据，对地基基础方案、不良地质现象和地质环境的防治提供参数与建议。

4.2.4 详细勘察阶段，应进行下列工作：

1 详细查明地基土层及其物理力学性质指标，确定场地湿陷类型、地基湿陷等级的平面分布和承载力。

2 勘探点的布置，应根据总平面和本规范3.0.1条划分的建筑物类别以及工程地质条件的复杂程度等因素确定。详细勘察勘探点的间距，宜按表4.2.4-1确定。

表4.2.4-1 详细勘察勘探点的间距（m）

建筑类别 场地类别	甲	乙	丙	丁
简单场地	30~40	40~50	50~80	80~100
中等复杂场地	20~30	30~40	40~50	50~80
复杂场地	10~20	20~30	30~40	40~50

3 在单独的甲、乙类建筑场地内，勘探点不应少于4个。

4 采取不扰动土样和原位测试的勘探点不得少于全部勘探点的2/3，其中采取不扰动土样的勘探点不宜少于1/2。

5 勘探点的深度应大于地基压缩层的深度，并应符合表4.2.4-2的规定或穿透湿陷性黄土层。

表4.2.4-2 勘探点的深度（m）

湿陷类型	非自重湿陷性黄土场地	自重湿陷性黄土场地	
		陕西、陇东—陕北—晋西地区	其他地区
勘探点深度（自基础底面算起）	>10	>15	>10

4.2.5 详细勘察阶段的勘察成果，应符合下列要求：

1 按建筑物或建筑群提供详细的岩土工程资料和设计所需的岩土技术参数，当场地地下水位有可能上升至地基压缩层的深度以内时，宜提供饱和状态下的强度和变形参数。

2 对地基作出分析评价，并对地基处理、不良地质现象和地质环境的防治等方案作出论证和建议。

3 对深基坑应提供坑壁稳定性和抽、降水等所需的计算参数，并分析对邻近建筑物的影响。

4 对桩基工程的桩型、桩的长度和桩端持力层深度提出合理建议，并提供设计所需的技术参数及单桩竖向承载力的预估值。

5 提出施工和监测的建议。

4.3 测定黄土湿陷性的试验

4.3.1 测定黄土湿陷性的试验，可分为室内压缩试验、现场静载荷试验和现场试坑浸水试验三种。

（Ⅰ）室内压缩试验

4.3.2 采用室内压缩试验测定黄土的湿陷系数 δ_s、自重湿陷系数 δ_{zs} 和湿陷起始压力 p_{sh}，均应符合下列要求：

1 土样的质量等级应为Ⅰ级不扰动土样；

2 环刀面积不应小于 $5000mm^2$，使用前应将环刀洗净风干，透水石应烘干冷却；

3 加荷前，应将环刀试样保持天然湿度；

4 试样浸水宜用蒸馏水；

5 试样浸水前和浸水后的稳定标准，应为每小时的下沉量不大于0.01mm。

4.3.3 测定湿陷系数除应符合4.3.2条的规定外，还应符合下列要求：

1 分级加荷至试样的规定压力，下沉稳定后，试样浸水饱和，附加下沉稳定，试验终止。

2 在 0~200kPa 压力以内，每级增量宜为50kPa；大于200kPa压力，每级增量宜为100kPa。

3 湿陷系数 δ_s 值，应按下式计算：

$$\delta_s = \frac{h_p - h'_p}{h_0} \qquad (4.3.3)$$

式中 h_p——保持天然湿度和结构的试样，加至一定压力时，下沉稳定后的高度（mm）；

h'_p——上述加压稳定后的试样，在浸水（饱和）作用下，附加下沉稳定后的高度（mm）；

h_0——试样的原始高度（mm）。

4 测定湿陷系数 δ_s 的试验压力，应自基础底面（如基底标高不确定时，自地面下1.5m）算起：

1) 基底下10m以内的土层应用200kPa，10m以下至非湿陷性黄土层顶面，应用其上覆土的饱和自重压力（当大于300kPa压力时，仍应用300kPa）；

2) 当基底压力大于300kPa时，宜用实际压力；

3) 对压缩性较高的新近堆积黄土，基底下5m以内的土层宜用 100~150kPa 压力，5~10m和10m以下至非湿陷性黄土层顶面，应分别用200kPa和上覆土的饱和自重压力。

4.3.4 测定自重湿陷系数除应符合4.3.2条的规定外，还应符合下列要求：

1 分级加荷，加至试样上覆土的饱和自重压力，下沉稳定后，试样浸水饱和，附加下沉稳定，试验终止；

2 试样上覆土的饱和密度，可按下式计算：

$$\rho_s = \rho_d \left(1 + \frac{S_r e}{d_s} \right) \qquad (4.3.4\text{-}1)$$

式中 ρ_s ——土的饱和密度 (g/cm³)；

ρ_d ——土的干密度 (g/cm³)；

S_r ——土的饱和度，可取 $S_r = 85\%$；

e ——土的孔隙比；

d_s ——土粒相对密度；

3 自重湿陷系数 δ_{zs} 值，可按下式计算：

$$\delta_{zs} = \frac{h_z - h'_z}{h_0} \qquad (4.3.4\text{-}2)$$

式中 h_z ——保持天然湿度和结构的试样，加压至该试样上覆土的饱和自重压力时，下沉稳定后的高度 (mm)；

h'_z ——上述加压稳定后的试样，在浸水（饱和）作用下，附加下沉稳定后的高度 (mm)；

h_0 ——试样的原始高度 (mm)。

4.3.5 测定湿陷起始压力除应符合 4.3.2 条的规定外，还应符合下列要求：

1 可选用单线法压缩试验或双线法压缩试验。

2 从同一土样中所取环刀试样，其密度差值不得大于 0.03g/cm³。

3 在 0～150kPa 压力以内，每级增量宜为 25～50kPa，大于 150kPa 压力每级增量宜为 50～100kPa。

4 单线法压缩试验不应少于 5 个环刀试样，均在天然湿度下分级加荷，分别加至不同的规定压力，下沉稳定后，各试样浸水饱和，附加下沉稳定，试验终止。

5 双线法压缩试验，应按下列步骤进行：

1) 应取 2 个环刀试样，分别对其施加相同的第一级压力，下沉稳定后应将 2 个环刀试样的百分表读数调整一致，调整时并应考虑各仪器变形量的差值。

2) 应将上述环刀试样中的一个试样保持在天然湿度下分级加荷，加至最后一级压力，下沉稳定后，试样浸水饱和，附加下沉稳定，试验终止。

3) 应将上述环刀试样中的另一个试样浸水饱和，附加下沉稳定后，在浸水饱和状态下分级加荷，下沉稳定后继续加荷，加至最后一级压力，下沉稳定，试验终止。

4) 当天然湿度的试样，在最后一级压力下浸水饱和，附加下沉稳定后的高度与浸水饱和试样在最后一级压力下的下沉稳定后的高度不一致，且相对差值不大于 20% 时，应以前者的结果为准，对浸水饱和试样的试验结果进行修正；如相对差值大于 20% 时，应重新试验。

（Ⅱ）现场静载荷试验

4.3.6 在现场测定湿陷性黄土的湿陷起始压力，可

采用单线法静载荷试验或双线法静载荷试验，并应分别符合下列要求：

1 单线法静载荷试验：在同一场地的相邻地段和相同标高，应在天然湿度的土层上设 3 个或 3 个以上静载荷试验，分级加压，分别加至各自的规定压力，下沉稳定后，向试坑内浸水至饱和，附加下沉稳定后，试验终止；

2 双线法静载荷试验：在同一场地的相邻地段和相同标高，应设 2 个静载荷试验。其中 1 个应设在天然湿度的土层上分级加压，加至规定压力，下沉稳定后，试验终止；另 1 个应设在浸水饱和的土层上分级加压，加至规定压力，附加下沉稳定后，试验终止。

4.3.7 在现场采用静载荷试验测定湿陷性黄土的湿陷起始压力，尚应符合下列要求：

1 承压板的底面积宜为 0.50m²，试坑边长或直径应为承压板边长或直径的 3 倍，安装载荷试验设备时，应注意保持试验土层的天然湿度和原状结构，压板底面下宜用 10～15mm 厚的粗、中砂找平。

2 每级加压增量不宜大于 25kPa，试验终止压力不应小于 200kPa。

3 每级加压后，按每隔 15、15、15、15min 各测读 1 次下沉量，以后为每隔 30min 观测 1 次，当连续 2h 内，每 1h 的下沉量小于 0.10mm 时，认为压板下沉已趋稳定，即可加下一级压力。

4 试验结束后，应根据试验记录，绘制判定湿陷起始压力的 $p\text{-}s_s$ 曲线图。

（Ⅲ）现场试坑浸水试验

4.3.8 在现场采用试坑浸水试验确定自重湿陷量的实测值，应符合下列要求：

1 试坑宜挖成圆（或方）形，其直径（或边长）不应小于湿陷性黄土层的厚度，并不应小于 10m；试坑深度宜为 0.50m，最深不应大于 0.80m。坑底宜铺 100mm 厚的砂、砾石。

2 在坑底中部及其他部位，应对称设置观测自重湿陷的深标点，设置深度及数量宜按各湿陷性黄土层顶面深度及分层数确定。在试坑底部，由中心向坑边以不少于 3 个方向，均匀设置观测自重湿陷的浅标点；在试坑外沿浅标点方向 10～20m 范围内设置地面观测标点，观测精度为 ±0.10mm。

3 试坑内的水头高度不宜小于 300mm，在浸水过程中，应观测湿陷量、耗水量、浸湿范围和地面裂缝。湿陷稳定可停止浸水，其稳定标准为最后 5d 的平均湿陷量小于 1mm/d。

4 设置观测标点前，可在坑底面打一定数量及深度的渗水孔，孔内应填满砂砾。

5 试坑内停止浸水后，应继续观测不少于 10d，且连续 5d 的平均下沉量不大于 1mm/d，试验终止。

4.4 黄土湿陷性评价

4.4.1 黄土的湿陷性，应按室内浸水（饱和）压缩试验，在一定压力下测定的湿陷系数 δ_s 进行判定，并应符合下列规定：

1 当湿陷系数 δ_s 值小于 0.015 时，应定为非湿陷性黄土；

2 当湿陷系数 δ_a 值等于或大于 0.015 时，应定为湿陷性黄土。

4.4.2 湿性黄土的湿陷程度，可根据湿陷系数 δ_s 值的大小分为下列三种：

1 当 $0.015 \leqslant \delta_s \leqslant 0.03$ 时，湿陷性轻微；

2 当 $0.03 < \delta_s \leqslant 0.07$ 时，湿陷性中等；

3 当 $\delta_s > 0.07$ 时，湿陷性强烈。

4.4.3 湿陷性黄土场地的湿陷类型，应按自重湿陷量的实测值 Δ'_{zs} 或计算值 Δ_{zs} 判定，并应符合下列规定：

1 当自重湿陷量的实测值 Δ'_{zs} 或计算值 Δ_{zs} 小于或等于 70mm 时，应定为非自重湿陷性黄土场地；

2 当自重湿陷量的实测值 Δ'_{zs} 或计算值 Δ_{zs} 大于 70mm 时，应定为自重湿陷性黄土场地；

3 当自重湿陷量的实测值和计算值出现矛盾时，应按自重湿陷量的实测值判定。

4.4.4 湿陷性黄土场地自重湿陷量的计算值 Δ_{zs}，应按下式计算：

$$\Delta_{zs} = \beta_0 \sum_{i=1}^{n} \delta_{zsi} h_i \qquad (4.4.4)$$

式中 δ_{zsi}——第 i 层土的自重湿陷系数；

h_i——第 i 层土的厚度（mm）；

β_0——因地区土质而异的修正系数，在缺乏实测资料时，可按下列规定取值：

1）陇西地区取 1.50；

2）陇东—陕北—晋西地区取 1.20；

3）关中地区取 0.90；

4）其他地区取 0.50。

自重湿陷量的计算值 Δ_{zs}，应自天然地面（当挖、填方的厚度和面积较大时，应自设计地面）算起，至其下非湿陷性黄土层的顶面止，其中自重湿陷系数 δ_{zs} 值小于 0.015 的土层不累计。

4.4.5 湿陷性黄土地基受水浸湿饱和，其湿陷量的计算值 Δ_s 应符合下列规定：

1 湿陷量的计算值 Δ_s，应按下式计算：

$$\Delta_s = \sum_{i=1}^{n} \beta \delta_{si} h_i \qquad (4.4.5)$$

式中 δ_{si}——第 i 层土的湿陷系数；

h_i——第 i 层土的厚度（mm）；

β——考虑基底下地基土的受水浸湿可能性和侧向挤出等因素的修正系数，在缺乏实测资料时，可按下列规定取值：

1）基底下 0～5m 深度内，取 $\beta = 1.50$；

2）基底下 5～10m 深度内，取 $\beta = 1$；

3）基底下 10m 以下至非湿陷性黄土层顶面，在自重湿陷性黄土场地，可取工程所在地区的 β_0 值。

2 湿陷量的计算值 Δ_s 的计算深度，应自基础底面（如基底标高不确定时，自地面下 1.50m）算起；在非自重湿陷性黄土场地，累计至基底下 10m（或地基压缩层）深度止；在自重湿陷性黄土场地，累计至非湿陷黄土层的顶面止。其中湿陷系数 δ_s（10m 以下为 δ_{zs}）小于 0.015 的土层不累计。

4.4.6 湿陷性黄土的湿陷起始压力 p_{sh} 值，可按下列方法确定：

1 当按现场静载荷试验结果确定时，应在 p-s_s（压力与浸水下沉量）曲线上，取其转折点所对应的压力作为湿陷起始压力值。当曲线上的转折点不明显时，可取浸水下沉量（s_s）与承压板直径（d）或宽度（b）之比值等于 0.017 所对应的压力作为湿陷起始压力值。

2 当按室内压缩试验结果确定时，在 p-δ_s 曲线上宜取 $\delta_s = 0.015$ 所对应的压力作为湿陷起始压力值。

4.4.7 湿陷性黄土地基的湿陷等级，应根据湿陷量的计算值和自重湿陷量的计算值等因素，按表 4.4.7 判定。

表 4.4.7 湿陷性黄土地基的湿陷等级

湿陷类型 Δ_{zs} (mm) / Δ_s (mm)	非自重湿陷性场地	自重湿陷性场地	
	$\Delta_{zs} \leqslant 70$	$70 < \Delta_{zs} \leqslant 350$	$\Delta_{zs} > 350$
$\Delta_s \leqslant 300$	I（轻微）	II（中等）	—
$300 < \Delta_s \leqslant 700$	II（中等）	*II（中等）或 III（严重）	III（严重）
$\Delta_s > 700$	II（中等）	III（严重）	IV（很严重）

*注：当湿陷量的计算值 $\Delta_s > 600$mm、自重湿陷量的计算值 $\Delta_{zs} > 300$mm 时，可判为 III 级，其他情况可判为 II 级。

5 设 计

5.1 一般规定

5.1.1 对各类建筑采取设计措施，应根据场地湿陷类型、地基湿陷等级和地基处理后下部未处理湿陷性黄土层的湿陷起始压力值或剩余湿陷量，结合当地建筑经验和施工条件等综合因素确定，并应符合下列规定：

1 各级湿陷性黄土地基上的甲类建筑，其地基处理应符合本规范 6.1.1 条第 1 款和 6.1.3 条的要求，但防水措施和结构措施可按一般地区的规定设计。

2 各级湿陷性黄土地基上的乙类建筑，其地基处理应符合本规范6.1.1条第2款和6.1.4条的要求，并应采取结构措施和检漏防水措施。

3 Ⅰ级湿陷性黄土地基上的丙类建筑，应按本规范6.1.5条第1款的规定处理地基，并应采取结构措施和基本防水措施；Ⅱ、Ⅲ、Ⅳ级湿陷性黄土地基上的丙类建筑，其地基处理应符合本规范6.1.1条第2款和6.1.5条第2、3款的要求，并应采取结构措施和检漏防水措施。

4 各级湿陷性黄土地基上的丁类建筑，其地基可不处理。但在Ⅰ级湿陷性黄土地基上，应采取基本防水措施；在Ⅱ级湿陷性黄土地基上，应采取结构措施和基本防水措施；在Ⅲ、Ⅳ级湿陷性黄土地基上，应采取结构措施和检漏防水措施。

5 水池类构筑物的设计措施，应符合本规范附录F的规定。

6 在自重湿陷性黄土场地，如室内设备和地面有严格要求时，应采取检漏防水措施或严格防水措施，必要时应采取地基处理措施。

5.1.2 对各类建筑采取设计措施，除应符合5.1.1条的规定外，还可按下列情况确定：

1 在湿陷性黄土层很厚的场地上，当甲类建筑消除地基的全部湿陷量或穿透全部湿陷性黄土层确有困难时，应采取专门措施；

2 场地内的湿陷性黄土层厚度较薄和湿陷系数较大，经技术经济比较合理时，对乙类建筑和丙类建筑，也可采取措施消除地基的全部湿陷量或穿透全部湿陷性黄土层。

5.1.3 各类建筑物的地基符合下列中的任一款，均可按一般地区的规定设计。

1 地基湿陷量的计算值小于或等于50mm。

2 在非自重湿陷性黄土场地，地基内各土层的湿陷起始压力值，均大于其附加压力与上覆土的饱和自重压力之和。

5.1.4 对设备基础应根据其重要性与使用要求和场地的湿陷类型、地基湿陷等级及其受水浸湿可能性的大小确定设计措施。

5.1.5 在新近堆积黄土场地上，乙、丙类建筑的地基处理厚度小于新近堆积黄土层的厚度时，应按本规范6.1.7条的规定验算下卧层的承载力，并应按本规范5.6.2条规定计算地基的压缩变形。

5.1.6 建筑物在使用期间，当湿陷性黄土场地的地下水位有可能上升至地基压缩层的深度以内时，各类建筑的设计措施除应符合本章的规定外，尚应符合本规范附录G的规定。

5.2 场址选择与总平面设计

5.2.1 场址选择应符合下列要求：

1 具有排水畅通或利于组织场地排水的地形条件；

2 避开洪水威胁的地段；

3 避开不良地质环境发育和地下坑穴集中的地段；

4 避开新建水库等可能引起地下水位上升的地段；

5 避免将重要建设项目布置在很严重的自重湿陷性黄土场地或厚度大的新近堆积黄土和高压缩性的饱和黄土等地段；

6 避开由于建设可能引起工程地质环境恶化的地段。

5.2.2 总平面设计应符合下列要求：

1 合理规划场地，做好竖向设计，保证场地、道路和铁路等地表排水畅通；

2 在同一建筑物范围内，地基土的压缩性和湿陷性变化不宜过大；

3 主要建筑物宜布置在地基湿陷等级低的地段；

4 在山前斜坡地带，建筑物宜沿等高线布置，填方厚度不宜过大；

5 水池类构筑物和有湿润生产工艺的厂房等，宜布置在地下水流向的下游地段或地形较低处。

5.2.3 山前地带的建筑场地，应整平成若干单独的台地，并应符合下列要求：

1 台地应具有稳定性；

2 避免雨水沿斜坡排泄；

3 边坡宜做护坡；

4 用陡槽沿边坡排泄雨水时，应保证使雨水由边坡底部沿排水沟平缓地流动，陡槽的结构应保证在暴雨时土不受冲刷。

5.2.4 埋地管道、排水沟、雨水明沟和水池等与建筑物之间的防护距离，不宜小于表5.2.4规定的数值。当不能满足要求时，应采取与建筑物相应的防水措施。

表 5.2.4 埋地管道、排水沟、雨水明沟和水池等与建筑物之间的防护距离（m）

建筑类别	地基湿陷等级			
	Ⅰ	Ⅱ	Ⅲ	Ⅳ
甲	—	—	8～9	11～12
乙	5	6～7	8～9	10～12
丙	4	5	6～7	8～9
丁	—	5	6～7	7

注：1 陇西地区和陇东—陕北—晋西地区，当湿陷性黄土层的厚度大于12m时，压力管道与各类建筑的防护距离，不宜小于湿陷性黄土层的厚度；

2 当湿陷性黄土层内有碎石土、砂土夹层时，防护距离可大于表中数值；

3 采用基本防水措施的建筑，其防护距离不得小于一般地区的规定。

5.2.5 防护距离的计算：对建筑物，应自外墙轴线算起；对高耸结构，应自基础外缘算起；对水池，应自池壁边缘（喷水池等应自回水坡边缘）算起；对管道、排水沟，应自其外壁算起。

5.2.6 各类建筑与新建水渠之间的距离，在非自重湿陷性黄土场地不得小于12m；在自重湿陷性黄土场地不得小于湿陷性黄土层厚度的3倍，并不应小于25m。

5.2.7 建筑场地平整后的坡度，在建筑物周围6m内不宜小于0.02，当为不透水地面时，可适当减小；在建筑物周围6m外不宜小于0.005。

当采用雨水明沟或路面排水时，其纵向坡度不应小于0.005。

5.2.8 在建筑物周围6m内应平整场地，当为填方时，应分层夯（或压）实，其压实系数不得小于0.95；当为挖方时，在自重湿陷性黄土场地，表面夯（或压）实后宜设置150～300mm厚的灰土面层，其压实系数不得小于0.95。

5.2.9 防护范围内的雨水明沟，不得漏水。在自重湿陷性黄土场地宜设混凝土雨水明沟，防护范围外的雨水明沟，宜做防水处理，沟底下均应设灰土（或土）垫层。

5.2.10 建筑物处于下列情况之一时，应采取畅通排除雨水的措施：

1 邻近有构筑物（包括露天装置）、露天吊车、堆场或其他露天作业场等；

2 邻近有铁路通过；

3 建筑物的平面为 E、U、H、L、□ 等形状构成封闭或半封闭的场地。

5.2.11 山前斜坡上的建筑场地，应根据地形修筑雨水截水沟。

5.2.12 防洪设施的设计重现期，宜略高于一般地区。

5.2.13 冲沟发育的山区，应尽量利用现有排水沟排走山洪，建筑场地位于山洪威胁的地段，必须设置排洪沟。排洪沟和冲沟应平缓地连接，并应减少弯道，采用较大的坡度。在转弯及跌水处，应采取防护措施。

5.2.14 在建筑场地内，铁路的路基应有良好的排水系统，不得利用道渣排水。路基顶面的排水应引向远离建筑物的一侧。在暗道床处，应将基床表面翻松夯（或压）实，也可采用优质防水材料处理。道床内设防止积水的排水措施。

5.3 建 筑 设 计

5.3.1 建筑设计应符合下列要求：

1 建筑物的体型和纵横墙的布置，应利于加强其空间刚度，并具有适应或抵抗湿陷变形的能力。多层砌体承重结构的建筑，体型应简单，长高比不宜大于3。

2 妥善处理建筑物的雨水排水系统，多层建筑的室内地坪应高出室外地坪450mm。

3 用水设施宜集中设置，缩短地下管线并远离主要承重基础，其管道宜明装。

4 在防护范围内设置绿化带，应采取措施防止地基土受水浸湿。

5.3.2 单层和多层建筑物的屋面，宜采用外排水；当采用有组织外排水时，宜选用耐用材料的水落管，其末端距离散水面不应大于300mm，并不应设置在沉降缝处；集水面积大的外水落管，应接入专设的雨水明沟或管道。

5.3.3 建筑物的周围必须设置散水。其坡度不得小于0.05，散水外缘应略高于平整后的场地，散水的宽度应按下列规定采用。

1 当屋面为无组织排水时，檐口高度在8m以内宜为1.50m；檐口高度超过8m，每增高4m宜增宽250mm，但最宽不宜大于2.50m。

2 当屋面为有组织排水时，在非自重湿陷性黄土场地不得小于1m，在自重湿陷性黄土场地不得小于1.50m。

3 水池的散水宽度宜为1～3m，散水外缘超出水池基底边缘不应小于200mm，喷水池等的回水坡或散水的宽度宜为3～5m。

4 高耸结构的散水宜超出基础底边缘1m，并不得小于5m。

5.3.4 散水应用现浇混凝土浇筑，其下应设置150mm厚的灰土垫层或300mm厚的土垫层，并应超出散水和建筑物外墙基础底外缘500mm。

散水宜每隔6～10m设置一条伸缩缝。散水与外墙交接处和散水的伸缩缝，应用柔性防水材料填封，沿散水外缘不宜设置雨水明沟。

5.3.5 经常受水浸湿或可能积水的地面，应按防水地面设计。对采用严格防水措施的建筑，其防水地面应设可靠的防水层。地面坡向集水点的坡度不得小于0.01。地面与墙、柱、设备基础等交接处应做翻边，地面下应做300～500mm厚的灰土（或土）垫层。

管道穿过地坪应做好防水处理。排水沟与地面混凝土宜一次浇筑。

5.3.6 排水沟的材料和做法，应根据地基湿陷等级、建筑物类别和使用要求选定，并应设置灰土（或土）垫层。在防护范围内宜采用钢筋混凝土排水沟，但在非自重湿陷性黄土场地，室内小型排水沟可采用混凝土浇筑，并应做防水面层。对采用严格防水措施的建筑，其排水沟应增设可靠的防水层。

5.3.7 在基础梁底下预留空隙，应采取有效措施防止地面水渗入地基。对地下室内的采光井，应做好防、排水设施。

5.3.8 防护范围内的各种地沟和管沟（包括有可能

积水、积汽的沟）的做法，均应符合本规范 5.5.5～5.5.12 条的要求。

5.4 结构设计

5.4.1 当地基不处理或仅消除地基的部分湿陷量时，结构设计应根据建筑物类别、地基湿陷等级或地基处理后下部未处理湿陷性黄土层的湿陷起始压力值或剩余湿陷量以及建筑物的不均匀沉降、倾斜和构件等不利情况，采取下列结构措施：

1 选择适宜的结构体系和基础型式；

2 墙体宜选用轻质材料；

3 加强结构的整体性与空间刚度；

4 预留适应沉降的净空。

5.4.2 当建筑物的平面、立面布置复杂时，宜采用沉降缝将建筑物分成若干个简单、规则，并具有较大空间刚度的独立单元。沉降缝两侧，各单元应设置独立的承重结构体系。

5.4.3 高层建筑的设计，应优先选用轻质高强材料，并应加强上部结构刚度和基础刚度。当不设沉降缝时，宜采取下列措施：

1 调整上部结构荷载合力作用点与基础形心的位置，减小偏心；

2 采用桩基础或采用减小沉降的其他有效措施，控制建筑物的不均匀沉降或倾斜值在允许范围内；

3 当主楼与裙房采用不同的基础型式时，应考虑高、低不同部位沉降差的影响，并采取相应的措施。

5.4.4 丙类建筑的基础埋置深度，不应小于 1m。

5.4.5 当有地下管道或管沟穿过建筑物的基础或墙时，应预留洞孔。洞顶与管道及管沟顶间的净空高度；对消除地基全部湿陷量的建筑物，不宜小于 200mm；对消除地基部分湿陷量和未处理地基的建筑物，不宜小于 300mm。洞边与管沟外壁必须脱离。洞边与承重外墙转角处外缘的距离不宜小于 1m；当不能满足要求时，可采用钢筋混凝土框加强。洞底距基础底不应小于洞宽的 1/2，并不宜小于 400mm，当不能满足要求时，应局部加深基础或在洞底设置钢筋混凝土梁。

5.4.6 砌体承重结构建筑的现浇钢筋混凝土圈梁、构造柱或芯柱，应按下列要求设置：

1 乙、丙类建筑的基础内和屋面檐口处，均应设置钢筋混凝土圈梁。单层厂房与单层空旷房屋，当檐口高度大于 6m 时，宜适当增设钢筋混凝土圈梁。

乙、丙类中的多层建筑：当地基处理后的剩余湿陷量分别不大于 150mm、200mm 时，均应在基础内、屋面檐口处和第一层楼盖处设置钢筋混凝土圈梁，其他各层宜隔层设置；当地基处理后的剩余湿陷量分别大于 150mm 和 200mm 时，除在基础内应设置钢筋混

凝土圈梁外，并应每层设置钢筋混凝土圈梁。

2 在Ⅱ级湿陷性黄土地基上的丁类建筑，应在基础内和屋面檐口处设置配筋砂浆带；在Ⅲ、Ⅳ级湿陷性黄土地基上的丁类建筑，应在基础内和屋面檐口处设置钢筋混凝土圈梁。

3 对采用严格防水措施的多层建筑，应每层设置钢筋混凝土圈梁。

4 各层圈梁均应设在外墙、内纵墙和对整体刚度起重要作用的内横墙上，横向圈梁的水平间距不宜大于 16m。

圈梁应在同一标高处闭合，遇有洞口时应上下搭接，搭接长度不应小于其竖向间距的 2 倍，且不得小于 1m。

5 在纵、横圈梁交接处的墙体内，宜设置钢筋混凝土构造柱或芯柱。

5.4.7 砌体承重结构建筑的窗间墙宽度，在承受主梁处或开间轴线处，不应小于主梁或开间轴线间距的 1/3，并不应小于 1m；在其他承重墙处，不应小于 0.60m。门窗洞孔边缘至建筑物转角处（或变形缝）的距离不应小于 1m。当不能满足上述要求时，应在洞孔周边采用钢筋混凝土框加强，或在转角及轴线处加设构造柱或芯柱。

对多层砌体承重结构建筑，不得采用空斗墙和无筋过梁。

5.4.8 当砌体承重结构建筑的门、窗洞或其他洞孔的宽度大于 1m，且地基未经处理或未消除地基的全部湿陷量时，应采用钢筋混凝土过梁。

5.4.9 厂房内吊车上的净空高度；对消除地基全部湿陷量的建筑，不宜小于 200mm；对消除地基部分湿陷量或地基未经处理的建筑，不宜小于 300mm。

吊车梁应设计为简支。吊车梁与吊车轨之间应采用能调整的连接方式。

5.4.10 预制钢筋混凝土梁的支承长度，在砖墙、砖柱上不宜小于 240mm；预制钢筋混凝土板的支承长度，在砖墙上不宜小于 100mm，在梁上不应小于 80mm。

5.5 给水排水、供热与通风设计

（Ⅰ）给水、排水管道

5.5.1 设计给水、排水管道，应符合下列要求：

1 室内管道宜明装。暗设管道必须设置便于检修的设施。

2 室外管道宜布置在防护范围外。布置在防护范围内的地下管道，应简捷并缩短其长度。

3 管道接口应严密不漏水，并具有柔性。

4 设置在地下管道的检漏管沟和检漏井，应便于检查和排水。

5.5.2 地下管道应结合具体情况，采用下列管材：

1 压力管道宜采用球墨铸铁管、给水铸铁管、给水塑料管、钢管、预应力钢筒混凝土管或预应力钢筋混凝土管等。

2 自流管道宜采用铸铁管、塑料管、离心成型钢筋混凝土管、耐酸陶瓷管等。

3 室内地下排水管道的存水弯、地漏等附件，宜采用铸铁制品。

5.5.3 对埋地铸铁管应做防腐处理。对埋地钢管及钢配件宜设加强防腐层。

5.5.4 屋面雨水悬吊管道引出外墙后，应接入室外雨水明沟或管道。

在建筑物的外墙上，不得设置洒水栓。

5.5.5 检漏管沟，应做防水处理。其材料与做法可根据不同防水措施的要求，按下列规定采用：

1 对检漏防水措施，应采用砖壁混凝土槽形底检漏管沟或砖壁钢筋混凝土槽形底检漏管沟。

2 对严格防水措施，应采用钢筋混凝土检漏管沟。在非自重湿陷性黄土场地可适当降低标准；在自重湿陷性黄土场地，对地基受水浸湿可能性大的建筑，宜增设可靠的防水层。防水层应做保护层。

3 对高层建筑或重要建筑，当有成熟经验时，可采用其他形式的检漏管沟或有电汛检漏系统的直埋管中管设施。

对直径较小的管道，当采用检漏管沟确有困难时，可采用金属或钢筋混凝土套管。

5.5.6 设计检漏管沟，除应符合本规范5.5.5条的要求外，还应符合下列规定：

1 检漏管沟的盖板不宜明设。当明设时或在人孔处，应采取防止地面水流入沟内的措施。

2 检漏管沟的沟底应设坡度，并应坡向检漏井。进、出户管的检漏管沟，沟底坡度宜大于0.02。

3 检漏管沟的截面，应根据管道安装与检修的要求确定。在使用和构造上需保持地面完整或当地下管道较多并需集中设置时，宜采用半通行或通行管沟。

4 不得利用建筑物和设备基础作为沟壁或井壁。

5 检漏管沟在穿过建筑物基础或墙处不得断开，并应加强其刚度。检漏管沟穿出外墙的施工缝，宜设在室外检漏井处或超出基础3m处。

5.5.7 对甲类建筑和自重湿陷性黄土场地上乙类中的重要建筑，室内地下管线宜敷设在地下或半地下室的设备层内。穿出外墙的进、出户管段，宜集中设置在半通行管沟内。

5.5.8 穿基础或穿墙的地下管道、管沟，在基础或墙内预留洞的尺寸，应符合本规范5.4.5条的规定。

5.5.9 设计检漏井，应符合下列规定：

1 检漏井应设置在管沟末端和管沟沿线的分段检漏处；

2 检漏井内宜设集水坑，其深度不得小于300mm；

3 当检漏井与排水系统接通时，应防止倒灌。

5.5.10 检漏井、阀门井和检查井等，应做防水处理，并应防止地面水、雨水流入检漏井或阀门井内。在防护范围内的检漏井、阀门井和检查井等，宜采用与检漏管沟相应的材料。

不得利用检查井、消火栓井、洒水栓井和阀门井等兼作检漏井。但检漏井可与检查井或阀门井共壁合建。

不宜采用闸阀套筒代替阀门井。

5.5.11 在湿陷性黄土场地，对地下管道及其附属构筑物，如检漏井、阀门井、检查井、管沟等的地基设计，应符合下列规定：

1 应设150～300mm厚的土垫层；对埋地的重要管道或大型压力管道及其附属构筑物，尚应在土垫层上设300mm厚的灰土垫层。

2 对埋地的非金属自流管道，除应符合上述地基处理要求外，还应设置混凝土条形基础。

5.5.12 当管道穿过井（或沟）时，应在井（或沟）壁处预留洞孔。管道与洞孔间的缝隙，应采用不透水的柔性材料填塞。

5.5.13 管道穿过水池的池壁处，宜设柔性防水套管或在管道上加设柔性接头。水池的溢水管和泄水管，应接入排水系统。

（Ⅱ）供热管道与风道

5.5.14 采用直埋敷设的供热管道，选用管材应符合国家有关标准的规定。对重点监测管段，宜设置报警系统。

5.5.15 采用管沟敷设的供热管道，在防护距离内，管沟的材料及做法，应符合本规范5.5.5条和5.5.6条的要求；各种地下井、室，应采用与管沟相应的材料及做法；在防护距离外的管沟或采用基本防水措施，其管沟或井、室的材料和做法，可按一般地区的规定设计。阀门不宜设在沟内。

5.5.16 供热管沟的沟底坡度宜大于0.02，并应坡向室外检查井，检查井内应设集水坑，其深度不应小于300mm。

检查井可与检漏井合并设置。

在过门地沟的末端应设检漏孔，地沟内的管道应采取防冻措施。

5.5.17 直埋敷设的供热管道、管沟和各种地下井、室及构筑物等的地基处理，应符合本规范5.5.11条的要求。

5.5.18 地下风道和地下烟道的人孔或检查孔等，不得设在有可能积水的地方。当确有困难时，应采取措施防止地面水流入。

5.5.19 架空管道和室内外管网的泄水、凝结水，不得任意排放。

5.6 地基计算

5.6.1 湿陷性黄土场地自重湿陷量的计算值和湿陷性黄土地基湿陷量的计算值，应按本规范 4.4.4 条和 4.4.5 条的规定分别进行计算。

5.6.2 当湿陷性黄土地基需要进行变形验算时，其变形计算和变形允许值，应符合现行国家标准《建筑地基基础设计规范》GB 50007 的有关规定。但其中沉降计算经验系数 ψ_s 可按表 5.6.2 取值。

表 5.6.2　沉降计算经验系数

$\overline{E_s}$ (MPa)	3.30	5.00	7.50	10.00	12.50	15.00	17.50	20.00
ψ_s	1.80	1.22	0.82	0.62	0.50	0.40	0.35	0.30

$\overline{E_s}$ 为变形计算深度范围内压缩模量的当量值，应按下式计算：

$$\overline{E_s} = \frac{\sum A_i}{\sum \dfrac{A_i}{E_{si}}} \qquad (5.6.2)$$

式中　A_i——第 i 层土附加应力系数曲线沿土层厚度的积分值；

　　　E_{si}——第 i 层土的压缩模量值（MPa）。

5.6.3 湿陷性黄土地基承载力的确定，应符合下列规定：

　　1 地基承载力特征值，应保证地基在稳定的条件下，使建筑物的沉降量不超过允许值；

　　2 甲、乙类建筑的地基承载力特征值，可根据静载荷试验或其他原位测试、公式计算，并结合工程实践经验等方法综合确定；

　　3 当有充分依据时，对丙、丁类建筑，可根据当地经验确定；

　　4 对天然含水量小于塑限含水量的土，可按塑限含水量确定土的承载力。

5.6.4 基础底面积，应按正常使用极限状态下荷载效应的标准组合，并按修正后的地基承载力特征值确定。当偏心荷载作用时，相应于荷载效应标准组合，基础底面边缘的最大压力值，不应超过修正后的地基承载力特征值的 1.20 倍。

5.6.5 当基础宽度大于 3m 或埋置深度大于 1.50m 时，地基承载力特征值应按下式修正：

$$f_a = f_{ak} + \eta_b \gamma (b - 3) + \eta_d \gamma_m (d - 1.50)$$
$$(5.6.5)$$

式中　f_a——修正后的地基承载力特征值（kPa）；

　　　f_{ak}——相应于 $b = 3$m 和 $d = 1.50$m 的地基承载力特征值（kPa），可按本规范 5.6.3 条的原则确定；

η_b、η_d——分别为基础宽度和基础埋深的地基承载力修正系数，可按基底下土的类别由表 5.6.5 查得；

　　γ——基础底面以下土的重度（kN/m³），地下水位以下取有效重度；

　　γ_m——基础底面以上土的加权平均重度（kN/m³），地下水位以下取有效重度；

　　b——基础底面宽度（m），当基础宽度小于 3m 或大于 6m 时，可分别按 3m 或 6m 计算；

　　d——基础埋置深度（m），一般可自室外地面标高算起；当为填方时，可自填土地面标高算起，但填方在上部结构施工后完成时，应自天然地面标高算起；对于地下室，如采用箱形基础或筏形基础时，基础埋置深度可自室外地面标高算起；在其他情况下，应自室内地面标高算起。

表 5.6.5　基础宽度和埋置深度的
地基承载力修正系数

土的类别	有关物理指标	承载力修正系数	
		η_b	η_d
晚更新世(Q₃)、全新世(Q₄¹)湿陷性黄土	$w \leqslant 24\%$	0.20	1.25
	$w > 24\%$	0	1.10
新近堆积（Q₄²）黄土		0	1.00
饱和黄土①②	e 及 I_L 都小于 0.85	0.20	1.25
	e 或 I_L 大于 0.85	0	1.10
	e 及 I_L 都不小于 1.00	0	1.00

注：①只适用于 $I_p > 10$ 的饱和黄土；

　　②饱和度 $S_r \geqslant 80\%$ 的晚更新世（Q₃）、全新世（Q₄¹）黄土。

5.6.6 湿陷性黄土地基的稳定性计算，除应符合现行国家标准《建筑地基基础设计规范》GB 50007 的有关规定外，尚应符合下列要求：

　　1 确定滑动面时，应考虑湿陷性黄土地基中可能存在的竖向裂理和裂隙；

　　2 对有可能受水浸湿的湿陷性黄土地基，土的强度指标应按饱和状态的试验结果确定。

5.7 桩 基 础

5.7.1 在湿陷性黄土场地，符合下列中的任一款，均宜采用桩基础：

　　1 采用地基处理措施不能满足设计要求的建筑；

　　2 对整体倾斜有严格限制的高耸结构；

　　3 对不均匀沉降有严格限制的建筑和设备基

础;

  4 主要承受水平荷载和上拔力的建筑或基础;

  5 经技术经济综合分析比较,采用地基处理不合理的建筑。

5.7.2 **在湿陷性黄土场地采用桩基础,桩端必须穿透湿陷性黄土层,并应符合下列要求:**

  1 在非自重湿陷性黄土场地,桩端应支承在压缩性较低的非湿陷性黄土层中;

  2 在自重湿陷性黄土场地,桩端应支承在可靠的岩(或土)层中。

5.7.3 在湿陷性黄土场地较常用的桩基础,可分为下列几种:

  1 钻、挖孔(扩底)灌注桩;

  2 挤土成孔灌注桩;

  3 静压或打入的预制钢筋混凝土桩。

  选用时,应根据工程要求、场地湿陷类型、湿陷性黄土层厚度、桩端持力层的土质情况、施工条件和场地周围环境等因素确定。

5.7.4 在湿陷性黄土层厚度等于或大于 10m 的场地,对于采用桩基础的建筑,其单桩竖向承载力特征值,应按本规范附录 H 的试验要点,在现场通过单桩竖向承载力静载荷浸水试验测定的结果确定。

  当单桩竖向承载力静载荷试验进行浸水确有困难时,其单桩竖向承载力特征值,可按有关经验公式和本规范 5.7.5 条的规定进行估算。

5.7.5 在非自重湿陷性黄土场地,当自重湿陷量的计算值小于 70mm 时,单桩竖向承载力的计算应计入湿陷性黄土层内的桩长按饱和状态下的正侧阻力。在自重湿陷性黄土场地,除不计自重湿陷性黄土层内的桩长按饱和状态下的正侧阻力外,尚应扣除桩侧的负摩擦力。对桩侧负摩擦力进行现场试验确有困难时,可按表 5.7.5 中的数值估算。

表 5.7.5 **桩侧平均负摩擦力特征值**(kPa)

自重湿陷量的计算值(mm)	钻、挖孔灌注桩	预制桩
70~200	10	15
>200	15	20

5.7.6 单桩水平承载力特征值,宜通过现场水平静载荷浸水试验的测试结果确定。

5.7.7 在①、Ⅱ区的自重湿陷性黄土场地,桩的纵向钢筋长度应沿桩身通长配置。在其他地区的自重湿陷性黄土场地,桩的纵向钢筋长度,不应小于自重湿陷性黄土层的厚度。

5.7.8 为提高桩基的竖向承载力,在自重湿陷性黄土场地,可采取减小桩侧负摩擦力的措施。

5.7.9 在湿陷性黄土场地进行钻、挖孔及护底施工过程中,应严防雨水和地表水流入桩孔内。当采用泥

浆护壁钻孔施工时,应防止泥浆水对周围环境的不利影响。

5.7.10 湿陷性黄土场地的工程桩,应按有关现行国家标准的规定进行检测,并应按本规范 5.7.5 条的规定对其检测结果进行调整。

6 地 基 处 理

6.1 一 般 规 定

6.1.1 当地基的湿陷变形、压缩变形或承载力不能满足设计要求时,应针对不同土质条件和建筑物的类别,在地基压缩层内或湿陷性黄土层内采取处理措施,各类建筑的地基处理应符合下列要求:

  1 甲类建筑应消除地基的全部湿陷量或采用桩基础穿透全部湿陷性黄土层,或将基础设置在非湿性黄土层上;

  2 乙、丙类建筑应消除地基的部分湿陷量。

6.1.2 湿陷性黄土地基的平面处理范围,应符合下列规定:

  1 当为局部处理时,其处理范围应大于基础底面的面积。在非自重湿陷性黄土场地,每边应超出基础底面宽度的 1/4,并不应小于 0.50m;在自重湿陷性黄土场地,每边应超出基础底面宽度的 3/4,并不应小于 1m。

  2 当为整片处理时,其处理范围应大于建筑物底层平面的面积,超出建筑物外墙基础外缘的宽度,每边不宜小于处理土层厚度的 1/2,并不应小于 2m。

6.1.3 甲类建筑消除地基全部湿陷量的处理厚度,应符合下列要求:

  1 在非自重湿陷性黄土场地,应将基础底面以下附加压力与上覆土的饱和自重压力之和大于湿陷起始压力的所有土层进行处理,或处理至地基压缩层的深度止。

  2 在自重湿陷性黄土场地,应处理基础底面以下的全部湿陷性黄土层。

6.1.4 乙类建筑消除地基部分湿陷量的最小处理厚度,应符合下列要求:

  1 在非自重湿陷性黄土场地,不应小于地基压缩层深度的 2/3,且下部未处理湿陷性黄土层的湿陷起始压力值不应小于 100kPa。

  2 在自重湿陷性黄土场地,不应小于湿陷性土层深度的 2/3,且下部未处理湿陷性黄土层的剩余湿陷量不应大于 150mm。

  3 如基础宽度大或湿陷性黄土层厚度大,处理地基压缩层深度的 2/3 或全部湿陷性黄土层深度的 2/3 确有困难时,在建筑物范围内应采用整片处理。其处理厚度:在非自重湿陷性黄土场地不应小于 4m,且

下部未处理湿陷性黄土层的湿陷起始压力值不宜小于100kPa；在自重湿陷性黄土场地不应小于6m，且下部未处理湿陷性黄土层的剩余湿陷量不宜大于150mm。

6.1.5 丙类建筑消除地基部分湿陷量的最小处理厚度，应符合下列要求：

1 当地基湿陷等级为Ⅰ级时：对单层建筑可不处理地基；对多层建筑，地基处理厚度不应小于1m，且下部未处理湿陷性黄土层的湿陷起始压力值不宜小于100kPa。

2 当地基湿陷等级为Ⅱ级时：在非自重湿陷性黄土场地，对单层建筑，地基处理厚度不应小于1m，且下部未处理湿陷性黄土层的湿陷起始压力值不宜小于80kPa；对多层建筑，地基处理厚度不宜小于2m，且下部未处理湿陷性黄土层的湿陷起始压力值不宜小于100kPa；在自重湿陷性黄土场地，地基处理厚度不应小于2.50m，且下部未处理湿陷性黄土层的剩余湿陷量，不应大于200mm。

3 当地基湿陷等级为Ⅲ级或Ⅳ级时，对多层建筑宜采用整片处理，地基处理厚度分别不应小于3m或4m，且下部未处理湿陷性黄土层的剩余湿陷量，单层及多层建筑均不应大于200mm。

6.1.6 地基压缩层的深度：对条形基础，可取其宽度的3倍；对独立基础，可取其宽度的2倍。如小于5m，可取5m，也可按下式估算：

$$p_z = 0.20p_{cz} \qquad (6.1.6)$$

式中 p_z——相应于荷载效应标准组合，在基础底面下 z 深度处土的附加压力值（kPa）；

p_{cz}——在基础底面下 z 深度处土的自重压力值（kPa）。

在 z 深度处以下，如有高压缩性土，可计算至 $p_z = 0.10p_{cz}$ 深度处止。

对筏形和宽度大于10m的基础，可取其基础宽度的0.80~1.20倍，基础宽度大者取小值，反之取大值。

6.1.7 地基处理后的承载力，应在现场采用静载荷试验结果或结合当地建筑经验确定，其下卧层顶面的承载力特征值，应满足下式要求：

$$p_z + p_{cz} \leqslant f_{az} \qquad (6.1.7)$$

式中 p_z——相应于荷载效应标准组合，下卧层顶面的附加压力值（kPa）；

p_{cz}——地基处理后，下卧层顶面上覆土的自重压力值（kPa）；

f_{az}——地基处理后，下卧层顶面经深度修正后土的承载力特征值（kPa）。

6.1.8 经处理后的地基，下卧层顶面的附加压力 p_z，对条形基础和矩形基础，可分别按下式计算：

条形基础

$$p_z = \frac{b(p_k - p_c)}{b + 2z\tan\theta} \qquad (6.1.8\text{-}1)$$

矩形基础

$$p_z = \frac{lb(p_k - p_c)}{(b + 2z\tan\theta)(l + 2z\tan\theta)} \qquad (6.1.8\text{-}2)$$

式中 b——条形或矩形基础底面的宽度（m）；

l——矩形基础底面的长度（m）；

p_k——相应于荷载效应标准组合，基础底面的平均压力值（kPa）；

p_c——基础底面土的自重压力值（kPa）；

z——基础底面至处理土层底面的距离（m）；

θ——地基压力扩散线与垂直线的夹角，一般为22°~30°，用素土处理宜取小值，用灰土处理宜取大值，当 $z/b < 0.25$ 时，可取 $\theta = 0°$。

6.1.9 当按处理后的地基承载力确定基础底面积及埋深时，应根据现场原位测试确定的承载力特征值进行修正，但基础宽度的地基承载力修正系数宜取零，基础埋深的地基承载力修正系数宜取1。

6.1.10 选择地基处理方法，应根据建筑物的类别和湿陷性黄土的特性，并考虑施工设备、施工进度、材料来源和当地环境等因素，经技术经济综合分析比较后确定。湿陷性黄土地基常用的处理方法，可按表6.1.10选择其中一种或多种相结合的最佳处理方法。

表6.1.10 湿陷性黄土地基常用的处理方法

名　称	适　用　范　围	可处理的湿陷性黄土层厚度（m）
垫层法	地下水位以上，局部或整片处理	1~3
强夯法	地下水位以上，$S_r \leqslant 60\%$ 的湿陷性黄土，局部或整片处理	3~12
挤密法	地下水位以上，$S_r \leqslant 65\%$ 的湿陷性黄土	5~15
预浸水法	自重湿陷性黄土场地，地基湿陷等级为Ⅲ级或Ⅳ级，可消除地面下6m以下湿陷性黄土层的全部湿陷性	6m以上，尚应采用垫层或其他方法处理
其他方法	经试验研究或工程实践证明行之有效	

6.1.11 在雨期、冬期选择垫层法、强夯法和挤密法等处理地基时，施工期间应采取防雨和防冻措施，防止填料（土或灰土）受雨水淋湿或冻结，并应防止地面水流入已处理和未处理的基坑或基槽内。

选择垫层法和挤密法处理湿陷性黄土地基，不得使用盐渍土、膨胀土、冻土、有机质等不良土料和粗颗粒的透水性（如砂、石）材料作填料。

6.1.12 地基处理前，除应做好场地平整、道路畅通和接通水、电外，还应清除场地内影响地基处理施工的地上和地下管线及其他障碍物。

6.1.13 在地基处理施工进程中，应对地基处理的施工质量进行监理，地基处理施工结束后，应按有关现行国家标准进行工程质量检验和验收。

6.1.14 采用垫层、强夯和挤密等方法处理地基的承载力特征值，应按本规范附录J的静载荷试验要点，在现场通过试验测定结果确定。

试验点的数量，应根据建筑物类别和地基处理面积确定。但单独建筑物或在同一土层参加统计的试验点，不宜少于3点。

6.2 垫 层 法

6.2.1 垫层法包括土垫层和灰土垫层。当仅要求消除基底下1~3m湿陷性黄土的湿陷量时，宜采用局部（或整片）土垫层进行处理，当同时要求提高垫层土的承载力及增强水稳性时，宜采用整片灰土垫层进行处理。

6.2.2 土（或灰土）的最大干密度和最优含水量，应在工程现场采取有代表性的扰动土样采用轻型标准击实试验确定。

6.2.3 土（或灰土）垫层的施工质量，应用压实系数 λ_c 控制，并应符合下列规定：

   1 小于或等于3m的土（或灰土）垫层，不应小于0.95；

   2 大于3m的土（或灰土）垫层，其超过3m部分不应小于0.97。

垫层厚度宜从基础底面标高算起。压实系数 λ_c 可按下式计算：

$$\lambda_c = \frac{\rho_d}{\rho_{dmax}} \qquad (6.2.3)$$

式中 λ_c——压实系数；

   ρ_d——土（或灰土）垫层的控制（或设计）干密度（g/cm³）；

   ρ_{dmax}——轻型标准击实试验测得土（或灰土）的最大干密度（g/cm³）。

6.2.4 土（或灰土）垫层的承载力特征值，应根据现场原位（静载荷或静力触探等）试验结果确定。当无试验资料时，对土垫层不宜超过180kPa，对灰土垫层不宜超过250kPa。

6.2.5 施工土（或灰土）垫层，应先将基底下拟处理的湿陷性黄土挖出，并利用基坑内的黄土或就地挖出的其他黏性土作填料，灰土应过筛和拌合均匀，然后根据所选用的夯（或压）实设备，在最优或接近最优含水量下分层回填、分层夯（或压）实至设计标高。

灰土垫层中的消石灰与土的体积配合比，宜为2:8或3:7。

当无试验资料时，土（或灰土）的最优含水量，宜取该场地天然土的塑限含水量为其填料的最优含水量。

6.2.6 在施工土（或灰土）垫层进程中，应分层取样检验，并应在每层表面以下的2/3厚度处取样检验土（或灰土）的干密度，然后换算为压实系数，取样的数量及位置应符合下列规定：

   1 整片土（或灰土）垫层的面积每100~500m²，每层3处；

   2 独立基础下的土（或灰土）垫层，每层3处；

   3 条形基础下的土（或灰土）垫层，每10m每层1处；

   4 取样点位置宜在各层的中间及离边缘150~300mm。

6.3 强 夯 法

6.3.1 采用强夯法处理湿陷性黄土地基，应先在场地内选择有代表性的地段进行试夯或试验性施工，并应符合下列规定：

   1 试夯点的数量，应根据建筑场地的复杂程度、土质的均匀性和建筑物的类别等综合因素确定。在同一场地内如土性基本相同，试夯或试验性施工可在一处进行；否则，应在土质差异明显的地段分别进行。

   2 在试夯过程中，应测量每个夯点每夯击1次的下沉量（以下简称夯沉量）。

   3 试夯结束后，应从夯击终止时的夯面起至其下6~12m深度内，每隔0.50~1.00m取土样进行室内试验，测定土的干密度、压缩系数和湿陷系数等指标，必要时，可进行静载荷试验或其他原位测试。

   4 测试结果，当不满足设计要求时，可调整有关参数（如夯锤质量、落距、夯击次数等）重新进行试夯，也可修改地基处理方案。

6.3.2 夯点的夯击次数和最后2击的平均夯沉量，应按试夯结果或试夯记录绘制的夯击次数和夯沉量的关系曲线确定。

6.3.3 强夯的单位夯击能，应根据施工设备、黄土地层的时代、湿陷性黄土层的厚度和要求消除湿陷性黄土层的有效深度等因素确定。一般可取1000~4000kN·m/m²，夯锤底面宜为圆形，锤底的静压力宜为25~60kPa。

6.3.4 采用强夯法处理湿陷性黄土地基，土的天然含水量宜低于塑限含水量1%~3%。在拟夯实的土层内，当土的天然含水量低于10%时，宜对其增湿至接近最优含水量；当土的天然含水量大于塑限含水量3%以上时，宜采用晾干或其他措施适当降低其含水量。

6.3.5 对湿陷性黄土地基进行强夯施工，夯锤的质量、落距、夯点布置、夯击次数和夯击遍数等参数，宜与试夯选定的相同，施工中应有专人监测和记录。

夯击遍数宜为 2~3 遍。最末一遍夯击后，再以低能量（落距 4~6m）对表层松土满夯 2~3 击，也可将表层松土压实或清除，在强夯土表面以上并宜设置 300~500mm 厚的灰土垫层。

6.3.6 采用强夯法处理湿陷性黄土地基，消除湿陷性黄土层的有效深度，应根据试夯测试结果确定。在有效深度内，土的湿陷系数 δ_s 均应小于 0.015。选择强夯方案处理地基或当缺乏试验资料时，消除湿陷性黄土层的有效深度，可按表 6.3.6 中所列的相应单击夯击能进行预估。

表 6.3.6 采用强夯法消除湿陷性黄土层的有效深度预估值（m）

土的名称 单击夯击能 （kN·m）	全新世（Q₄）黄土、晚更新世（Q₃）黄土	中更新世（Q₂）黄土
1000~2000	3~5	—
2000~3000	5~6	—
3000~4000	6~7	—
4000~5000	7~8	—
5000~6000	8~9	7~8
7000~8500	9~12	8~10

注：1 在同一栏内，单击夯击能小的取小值，单击夯击能大的取大值；
　　2 消除湿陷性黄土层的有效深度，从起夯面算起。

6.3.7 在强夯施工过程中或施工结束后，应按下列要求对强夯处理地基的质量进行检测：

1 检查强夯施工记录，基坑内每个夯点的累计夯沉量，不得小于试夯时各夯点平均夯沉量的 95%；

2 隔 7~10d，在每 500~1000m² 面积内的各夯点之间任选一处，自夯击终止时的夯面起至其下 5~12m 深度内，每隔 1m 取 1~2 个土样进行室内试验，测定土的干密度、压缩系数和湿陷系数。

3 强夯土的承载力，宜在地基强夯结束 30d 左右，采用静载荷试验测定。

6.4 挤 密 法

6.4.1 采用挤密法时，对甲、乙类建筑或在缺乏建筑经验的地区，应于地基处理施工前，在现场选择有代表性的地段进行试验或试验性施工，试验结果应满足设计要求，并应取得必要的参数再进行地基处理

施工。

6.4.2 挤密孔的孔位，宜按正三角形布置。孔心距可按下式计算：

$$S = 0.95\sqrt{\frac{\eta_c \rho_{d\max} D^2 - \rho_{do} d^2}{\eta_c \rho_{d\max} - \rho_{do}}} \qquad (6.4.2)$$

式中　S——孔心距（m）；

　　　D——挤密填料孔直径（m）；

　　　d——预钻孔直径（m）；

　　　ρ_{do}——地基挤密前压缩层范围内各层土的平均干密度（g/cm³）；

　　　$\rho_{d\max}$——击实试验确定的最大干密度（g/cm³）；

　　　η_c——挤密填孔（达到 D）后，3 个孔之间土的平均挤密系数不宜小于 0.93。

6.4.3 当挤密处理深度不超过 12m 时，不宜预钻孔，挤密孔直径宜为 0.35~0.45m；当挤密处理深度超过 12m 时，可预钻孔，其直径（d）宜为 0.25~0.30m，挤密填料孔直径（D）宜为 0.50~0.60m。

6.4.4 挤密填孔后，3 个孔之间土的最小挤密系数 $\eta_{d\min}$，可按下式计算：

$$\eta_{d\min} = \frac{\rho_{do}}{\rho_{d\max}} \qquad (6.4.4)$$

式中　$\eta_{d\min}$——土的最小挤密系数：甲、乙类建筑不宜小于 0.88；丙类建筑不宜小于 0.84；

　　　ρ_{do}——挤密填孔后，3 个孔之间形心点部位土的干密度（g/cm³）。

6.4.5 孔底在填料前必须夯实。孔内填料宜用素土或灰土，必要时可用强度高的填料如水泥土等。当防（隔）水时，宜填素土；当提高承载力或减小处理宽度时，宜填灰土、水泥土等。填料时，宜分层回填夯实，其压实系数不宜小于 0.97。

6.4.6 成孔挤密，可选用沉管、冲击、夯扩、爆扩等方法。

6.4.7 成孔挤密，应间隔分批进行，孔成后应及时夯填。当为局部处理时，应由外向里施工。

6.4.8 预留松动层的厚度：机械挤密，宜为 0.50~0.70m；爆扩挤密，宜为 1~2m。冬季施工可适当增大预留松动层厚度。

6.4.9 挤密地基，在基底下宜设置 0.50m 厚的灰土（或土）垫层。

6.4.10 孔内填料的夯实质量，应及时抽样检查，其数量不得少于总孔数的 2%，每台班不应少于 1 孔。在全部孔深内，宜每 1m 取土样测定干密度，检测点的位置应在距孔心 2/3 孔半径处。孔内填料的夯实质量，也可通过现场试验测定。

6.4.11 对重要或大型工程，除应按 6.4.10 条检测外，还应进行下列测试工作综合判定：

1 在处理深度内，分层取样测定挤密土及孔内

填料的湿陷性及压缩性；

2 在现场进行静载荷试验或其他原位测试。

6.5 预 浸 水 法

6.5.1 预浸水法宜用于处理湿陷性黄土层厚度大于10m，自重湿陷量的计算值不小于500mm的场地。浸水前宜通过现场试坑浸水试验确定浸水时间、耗水量和湿陷量等。

6.5.2 采用预浸水法处理地基，应符合下列规定：

1 浸水坑边缘至既有建筑物的距离不宜小于50m，并应防止由于浸水影响附近建筑物和场地边坡的稳定性；

2 浸水坑的边长不得小于湿陷性黄土层的厚度，当浸水坑的面积较大时，可分段进行浸水；

3 浸水坑内的水头高度不宜小于300mm，连续浸水时间以湿陷变形稳定为准，其稳定标准为最后5d的平均湿陷量小于1mm/d。

6.5.3 地基预浸水结束后，在基础施工前应进行补充勘察工作，重新评定地基土的湿陷性，并应采用垫层或其他方法处理上部湿陷性黄土层。

7 既有建筑物的地基加固和纠倾

7.1 单液硅化法和碱液加固法

7.1.1 单液硅化法和碱液加固法适用于加固地下水位以上、渗透系数为0.50~2.00m/d的湿陷性黄土地基。在自重湿陷性黄土场地，采用碱液加固法应通过现场试验确定其可行性。

7.1.2 对于下列建筑物，宜采用单液硅化法或碱液法加固地基：

1 沉降不均匀的既有建筑物和设备基础；

2 地基浸水引起湿陷，需要阻止湿陷继续发展的建筑物或设备基础；

3 拟建的设备基础和构筑物。

7.1.3 采用单液硅化法或碱液法加固湿陷性黄土地基，施工前应在拟加固的建筑物附近进行单孔或多孔灌注溶液试验，确定灌注溶液的速度、时间、数量或压力等参数。

7.1.4 灌注溶液试验结束后，隔10d左右，应在试验范围的加固深度内量测加固土的半径，取土样进行室内试验，测定加固土的压缩性和湿陷性等指标。必要时应进行沉降观测，至沉降稳定止，观测时间不应少于半年。

7.1.5 对酸性土和已渗入沥青、油脂及石油化合物的地基土，不宜采用单液硅化法或碱液法加固地基。

（Ⅰ）单液硅化法

7.1.6 单液硅化法按其灌注溶液的工艺，可分为压

力灌注和溶液自渗两种。

1 压力灌注宜用于加固自重湿陷性黄土场地上拟建的设备基础和构筑物的地基，也可用于加固非自重湿陷性黄土场地上既有建筑物和设备基础的地基。

2 溶液自渗宜用于加固自重湿陷性黄土场地上既有建筑物和设备基础的地基。

7.1.7 单液硅化法应由浓度为10%~15%的硅酸钠（$Na_2O \cdot nSiO_2$）溶液掺入2.5%氯化钠组成，其相对密度宜为1.13~1.15，但不应小于1.10。

硅酸钠溶液的模数值宜为2.50~3.30，其杂质含量不应大于2%。

7.1.8 加固湿陷性黄土的溶液用量，可按下式计算：

$$X = \pi r^2 h \bar{n} d_N \alpha \qquad (7.1.8)$$

式中 X——硅酸钠溶液的用量（t）；

r——溶液扩散半径（m）；

h——自基础底面算起的加固土深度（m）；

$\bar{n}$——地基加固前土的平均孔隙率（%）；

d_N——压力灌注或溶液自渗时硅酸钠溶液的相对密度；

α——溶液填充孔隙的系数，可取0.60~0.80。

7.1.9 采用单液硅化法加固湿陷性黄土地基，灌注孔的布置应符合下列要求：

1 灌注孔的间距：压力灌注宜为0.80~1.20m；溶液自渗宜为0.40~0.60m；

2 加固拟建的设备基础和建筑物的地基，应在基础底面下按正三角形满堂布置，超出基础底面外缘的宽度每边不应小于1m；

3 加固既有建筑物和设备基础的地基，应沿基础侧向布置，且每侧不宜少于2排。

7.1.10 压力灌注溶液的施工步骤，应符合下列要求：

1 向土中打入灌注管和灌注溶液，应自基础底面标高起向下分层进行；

2 加固既有建筑物地基时，在基础侧向应先施工外排，后施工内排；

3 灌注溶液的压力宜由小逐渐增大，但最大压力不宜超过200kPa。

7.1.11 溶液自渗的施工步骤，应符合下列要求：

1 在拟加固的基础底面或基础侧向将设计布置的灌注孔部分或全部打（或钻）至设计深度；

2 将配好的硅酸钠溶液注满各灌注孔，溶液面宜高出基础底面标高0.50m，使溶液自行渗入土中；

3 在溶液自渗过程中，每隔2~3h向孔内添加一次溶液，防止孔内溶液渗干。

7.1.12 采用单液硅化法加固既有建筑物或设备基础的地基时，在灌注硅酸钠溶液过程中，应进行沉降观测，当发现建筑物或设备基础的沉降突然增大或出现异常情况时，应立即停止灌注溶液，待查明原因后，

再继续灌注。

7.1.13 硅酸钠溶液全部灌注结束后，隔10d左右，应按下列规定对已加固的地基土进行检测：

　　1 检查施工记录，各灌注孔的加固深度和注入土中的溶液量与设计规定应相同或接近；

　　2 应采用动力触探或其他原位测试，在已加固土的全部深度内进行检测，确定加固土的范围及其承载力。

（Ⅱ）碱液加固法

7.1.14 当土中可溶性和交换性的钙、镁离子含量大于10mg·eq/100g干土时，可采用氢氧化钠（NaOH）一种溶液注入土中加固地基。否则，应采用氢氧化钠和氯化钙两种溶液轮番注入土中加固地基。

7.1.15 碱液法加固地基的深度，自基础底面算起，一般为2～5m。但应根据湿陷性黄土层深度、基础宽度、基底压力与湿陷事故的严重程度等综合因素确定。

7.1.16 碱液可用固体烧碱或液体烧碱配制。加固1m³黄土需氢氧化钠量约为干土质量的3%，即35～45kg。碱液浓度宜为100g/L，并宜将碱液加热至80～100℃再注入土中。采用双液加固时，氯化钙溶液的浓度宜为50～80g/L。

7.2 坑式静压桩托换法

7.2.1 坑式静压桩托换法适用于基础及地基需要加固补强的下列建筑物：

　　1 地基浸水湿陷，需要阻止不均匀沉降和墙体裂缝发展的多层或单层建筑；

　　2 部分墙体出现裂缝或严重裂缝，但主体结构的整体性完好，基础地基经采取补强措施后，仍可继续安全使用的多层和单层建筑；

　　3 地基土的承载力或变形不能满足使用要求的建筑。

7.2.2 坑式静压桩的桩位布置，应符合下列要求：

　　1 纵、横墙基础交接处；

　　2 承重墙基础的中间；

　　3 独立基础的中心或四角；

　　4 地基受水浸湿可能性大或较大的承重部位；

　　5 尽量避开门窗洞口等薄弱部位。

7.2.3 坑式静压桩宜采用预制钢筋混凝土方桩或钢管桩。方桩边长宜为150～200mm，混凝土的强度等级不宜低于C20；钢管桩直径宜为φ159mm，壁厚不得小于6mm。

7.2.4 坑式静压桩的入土深度自基础底面标高算起，桩尖应穿透湿陷性黄土层，并应支承在压缩性低（或较低）的非湿陷性黄土（或砂、石）层中，桩尖插入非湿陷性黄土中的深度不宜小于0.30m。

7.2.5 托换管安放结束后，应按下列要求对压桩完毕的托换坑内及时进行回填。

　　1 托换坑底面以上至桩顶面（即托换管底面）0.20m以下，桩的周围可用灰土分层回填夯实；

　　2 基础底面以下至灰土层顶面，桩及托换管的周围宜用C20混凝土浇筑密实，使其与原基础连成整体。

7.2.6 坑式静压桩的质量检验，应符合下列要求：

　　1 制桩前或制桩期间，必须分别抽样检测水泥、钢材和混凝土试块的安定性、抗拉或抗压强度，检验结果必须符合设计要求；

　　2 检查压桩施工记录，并作为验收的原始依据。

7.3 纠 倾 法

7.3.1 湿陷性黄土场地上的既有建筑物，其整体倾斜超过现行国家标准《建筑地基基础设计规范》GB 50007规定的允许倾斜值，并影响正常使用时，可采用下列方法进行纠倾：

　　1 湿法纠倾——主要为浸水法；

　　2 干法纠倾——包括横向或竖向掏土法、加压法和顶升法。

7.3.2 对既有建筑物进行纠倾设计，应根据建筑物倾斜的程度、原因、上部结构、基础类型、整体刚度、荷载特征、土质情况、施工条件和周围环境等因素综合分析。纠倾方案应安全可靠、经济合理。

7.3.3 在既有建筑物地基的压缩层内，当土的湿陷性较大、平均含水量小于塑限含水量时，宜采用浸水法或横向掏土法进行纠倾，并应符合下列规定：

　　1 纠倾施工前，应在现场进行渗水试验，测定土的渗透速度、渗透半径、渗水量等参数，确定土的渗透系数；

　　2 浸水法的注水孔（槽）至邻近建筑物的距离不宜小于20m；

　　3 根据拟纠倾建筑物的基础类型和地基土湿陷性的大小，预留浸水滞后的预估沉降量。

7.3.4 在既有建筑物地基的压缩层内，当土的平均含水量大于塑限含水量时，宜采用竖向掏土法或加压法纠倾。

7.3.5 当上部结构的自重较小或局部变形大，且需要使既有建筑物恢复到正常或接近正常位置时，宜采用顶升法纠倾。

7.3.6 当既有建筑物的倾斜较大，采用上述一种纠倾方法不易达到设计要求时，可将上述几种纠倾方法结合使用。

7.3.7 符合下列中的任意一款，不得采用浸水法纠倾：

　　1 距离拟纠倾建筑物20m内，有建筑物或有地下构筑物和管道；

　　2 靠近边坡地段；

　　3 靠近滑坡地段。

7.3.8 在纠倾过程中，必须进行现场监测工作，并应根据监测信息采取相应的安全措施，确保工程质量和施工安全。

7.3.9 为防止建筑物再次发生倾斜，经分析认为确有必要时，纠倾施工结束后，应对建筑物地基进行加固，并应继续进行沉降观测，连续观测时间不应少于半年。

8 施 工

8.1 一般规定

8.1.1 在湿陷性黄土场地，对建筑物及其附属工程进行施工，应根据湿陷性黄土的特点和设计要求采取措施防止施工用水和场地雨水流入建筑物地基（或基坑内）引起湿陷。

8.1.2 建筑施工的程序，宜符合下列要求：

1 统筹安排施工准备工作，根据施工组织设计的总平面布置和竖向设计的要求，平整场地，修通道路和排水设施，砌筑必要的护坡及挡土墙等；

2 先施工建筑物的地下工程，后施工地上工程。对体型复杂的建筑物，先施工深、重、高的部分，后施工浅、轻、低的部分；

3 敷设管道时，先施工排水管道，并保证其畅通。

8.1.3 在建筑物范围内填方整平或基坑、基槽开挖前，应对建筑物及其周围 3~5m 范围内的地下坑穴进行探查与处理，并绘图和详细记录其位置、大小、形状及填充情况等。

在重要管道和行驶重型车辆和施工机械的通道下，应对空虚的地下坑穴进行处理。

8.1.4 施工基础和地下管道时，宜缩短基坑或基槽的暴露时间。在雨季、冬季施工时，应采取专门措施，确保工程质量。

8.1.5 在建筑物邻近修建地下工程时，应采取有效措施，保证原有建筑物和管道系统的安全使用，并应保持场地排水畅通。

8.1.6 隐蔽工程完工时，应进行质量检验和验收，并应将有关资料及记录存入工程技术档案作为竣工验收文件。

8.2 现场防护

8.2.1 建筑场地的防洪工程应提前施工，并应在汛期前完成。

8.2.2 临时的防洪沟、水池、洗料场和淋灰池等至建筑物外墙的距离，在非自重湿陷性黄土场地，不宜小于 12m；在自重湿陷性黄土场地，不宜小于 25m。遇有碎石土、砂土等夹层应采取有效措施，防止水渗入建筑物地基。

临时搅拌站至建筑物外墙的距离，不宜小于 10m，并应做好排水设施。

8.2.3 临时给、排水管道至建筑物外墙的距离，在非自重湿陷性黄土场地，不宜小于 7m；在自重湿陷性黄土场地，不应小于 10m。管道应敷设在地下，防止冻裂或压坏，并应通水检查，不漏水后方可使用。给水支管装有阀门，在水龙头处，应设排水设施，将废水引至排水系统，所有临时给、排水管线，均应绘在施工总平面图上，施工完毕必须及时拆除。

8.2.4 取土坑至建筑物外墙的距离，在非自重湿陷性黄土场地，不应小于 12m；在自重湿陷性黄土场地，不应小于 25m。

8.2.5 制作和堆放预制构件或重型吊车行走的场地，必须整平夯实，保持场地排水畅通。如在建筑物内预制构件，应采取有效措施防止地基浸水湿陷。

8.2.6 在现场堆放材料和设备时，应采取有效措施保持场地排水畅通。对需要浇水的材料，宜堆放在距基坑或基槽边缘 5m 以外，浇水时必须有专人管理，严禁水流入基坑或基槽内。

8.2.7 对场地给水、排水和防洪等设施，应有专人负责管理，经常进行检修和维护。

8.3 基坑或基槽的施工

8.3.1 浅基坑或基槽的开挖与回填，应符合下列规定：

1 当基坑或基槽挖至设计深度或标高时，应进行验槽；

2 在大型基坑内的基础位置外，宜设不透水的排水沟和集水坑，如有积水应及时排除；

3 当大型基坑内的土挖至接近设计标高，而下一工序不能连续进行时，宜在设计标高以上保留 300~500mm 厚的土层，待继续施工时挖除；

4 从基坑或基槽内挖出的土，堆放距离基坑或基槽壁的边缘不宜小于 1m；

5 设置土（或灰土）垫层或施工基础前，应在基坑或基槽底面打底夯，同一夯点不宜少于 3 遍。当表层土的含水量过大或局部地段有松软土层时，应采取晾干或换土等措施；

6 基础施工完毕，其周围的灰、砂、砖等，应及时清除，并应用素土在基础周围分层回填夯实，至散水垫层底面或至室内地坪垫层底面止，其压实系数不宜小于 0.93。

8.3.2 深基坑的开挖与支护，应符合下列要求：

1 深基坑的开挖与支护，必须进行勘察与设计；

2 深基坑的支护与施工，应综合分析工程地质与水文地质条件、基础类型、基坑开挖深度、降排水条件、周边环境对基坑侧壁位移的要求，基坑周边荷载、施工季节、支护结构的使用期限等因素，做到因地制宜，合理设计、精心施工、严格监控；

3 湿陷性黄土场地的深基坑支护，尚应符合以下规定：

1）深基坑开挖前和深基坑施工期间，应对周围建筑物的状态、地下管线、地下构筑物等状况进行调查与监测，并应对基坑周边外宽度为 1～2 倍的开挖深度内进行土体垂直节理和裂缝调查，分析其对坑壁稳定性的影响，并及时采取措施，防止水流入裂缝内；

2）当基坑壁有可能受水浸湿时，宜采用饱和状态下黄土的物理力学指标进行设计与验算；

3）控制基坑内地下水所需的水文地质参数，宜根据现场试验确定。在基坑内或基坑附近采用降水措施时，应防止降水对周围环境产生不利影响。

8.4 建筑物的施工

8.4.1 水暖管沟穿过建筑物的基础时，不得留施工缝。当穿过外墙时，应一次做到室外的第一个检查井，或距基础 3m 以外。沟底应有向外排水的坡度。施工中应防止雨水或地面水流入地基，施工完毕，应及时清理、验收、加盖和回填。

8.4.2 地下工程施工超出设计地面后，应进行室内和室外填土，填土厚度在 1m 以内时，其压实系数不得小于 0.93，填土厚度大于 1m 时，其压实系数不宜小于 0.95。

8.4.3 屋面施工完毕，应及时安装天沟、水落管和雨水管道等，直接将雨水引至室外排水系统，散水的伸缩缝不得设在水落管处。

8.4.4 底层现浇钢筋混凝土结构，在浇筑混凝土与养护过程中，应随时检查，防止地面浸水湿陷。

8.4.5 当发现地基浸水湿陷和建筑物产生裂缝时，应暂时停止施工，切断有关水源，查明浸水的原因和范围，对建筑物的沉降和裂缝加强观测，并绘图记录，经处理后方可继续施工。

8.5 管道和水池的施工

8.5.1 各种管材及其配件进场时，必须按设计要求和有关现行国家标准进行检查。

8.5.2 施工管道及其附属构筑物的地基与基础时，应将基槽底夯实不少于 3 遍，并应采取快速分段流水作业，迅速完成各分段的全部工序。管道敷设完毕，应及时回填。

8.5.3 敷设管道时，管道应与管基（或支架）密合，管道接口应严密不漏水。金属管道的接口焊缝不得低于Ⅲ级。新、旧管道连接时，应先做好排水设施。当昼夜温差大或在负温度条件下施工时，管道敷设后，宜及时保温。

8.5.4 施工水池、检漏管沟、检漏井和检查井等，必须确保砌体砂浆饱满、混凝土浇捣密实、防水层严密不漏水。穿过池（或井、沟）壁的管道和预埋件，应预先设置，不得打洞。铺设盖板前，应将池（或井、沟）底清理干净。池（或井、沟）壁与基槽间，应用素土或灰土分层回填夯实，其压实系数不应小于 0.95。

8.5.5 管道和水池等施工完毕，必须进行水压试验。不合格的应返修或加固，重做试验，直至合格为止。

清洗管道用水、水池用水和试验用水，应将其引至排水系统，不得任意排放。

8.5.6 埋地压力管道的水压试验，应符合下列规定：

1 管道试压应逐段进行，每段长度在场地内不宜超过 400m，在场地外空旷地区不得超过 1000m。分段试压合格后，两段之间管道连接处的接口，应通水检查，不漏水后方可回填。

2 在非自重湿陷性黄土场地，管基经检查合格，沟槽间填至管顶上方 0.50m 后（接口处暂不回填），应进行 1 次强度和严密性试验。

3 在自重湿陷性黄土场地，非金属管道的管基经检查合格后，应进行 2 次强度和严密性试验：沟槽回填前，应分段进行强度和严密性的预先试验；沟槽回填后，应进行强度和严密性的最后试验。对金属管道，应进行 1 次强度和严密性试验。

8.5.7 对城镇和建筑群（小区）的室外埋地压力管道，试验压力应符合表 8.5.7 规定的数值。

表 8.5.7 管道水压的试验压力（MPa）

管 材 种 类	工作压力 P	试验压力
钢 管	P	$P+0.50$ 且不应小于 0.90
铸铁管及球墨铸铁管	≤ 0.50	$2P$
	≥ 0.50	$P+0.50$
预应力钢筋混凝土管预应力钢筒混凝土管	≤ 0.60	$1.50P$
	>0.60	$P+0.30$

压力管道强度和严密性试验的方法与质量标准，应符合现行国家标准《给水排水管道工程施工及验收规范》的有关规定。

8.5.8 建筑物内埋地压力管道的试验压力，不应小于 0.60MPa；生活饮用水和生产、消防合用管道的试验压力应为工作压力的 1.50 倍。

强度试验，应先加压至试验压力，保持恒压 10min，检查接口、管道和管道附件无破损及无漏水现象时，管道强度试验为合格。

严密性试验，应在强度试验合格后进行。对管道进行严密性试验时，宜将试验压力降至工作压力加 0.10MPa，金属管道恒压 2h 不漏水，非金属管道恒压 4h 不漏水，可认为合格，并记录为保持试验压力所补充的水量。

在严密性的最后试验中，为保持试验压力所补充的水量，不应超过预先试验时各分段补充水量及阀件等渗水量的总和。

工业厂房内埋地压力管道的试验压力，应按有关专门规定执行。

8.5.9 埋地无压管道（包括检查井、雨水管）的水压试验，应符合下列规定：

1 水压试验采用闭水法进行；

2 试验应分段进行，宜以相邻两段检查井间的管段为一分段。对每一分段，均应进行 2 次严密性试验：沟槽回填前进行预先试验；沟槽回填至管顶上方 0.50m 以后，再进行复查试验。

8.5.10 室外埋地无压管道闭水试验的方法，应符合现行国家标准《给水排水管道工程施工及验收规范》的有关规定。

8.5.11 室内埋地无压管道闭水试验的水头应为一层楼的高度，并不应超过 8m；对室内雨水管道闭水试验的水头，应为注满立管上部雨水斗的水位高度。

按上述试验水头进行闭水试验，经 24h 不漏水，可认为合格，并记录在试验时间内，为保持试验水头所补充的水量。

复查试验时，为保持试验水头所补充的水量不应超过预先试验的数值。

8.5.12 对水池应按设计水位进行满水试验。其方法与质量标准应符合现行国家标准《给水排水构筑物施工及验收规范》的有关规定。

8.5.13 对埋地管道的沟槽，应分层回填夯实。在管道外缘的上方 0.50m 范围内应仔细回填，压实系数不得小于 0.90，其他部位回填土的压实系数不得小于 0.93。

9 使用与维护

9.1 一般规定

9.1.1 在使用期间，对建筑物和管道应经常进行维护和检修，并应确保所有防水措施发挥有效作用，防止建筑物和管道的地基浸水湿陷。

9.1.2 有关管理部门应负责组织制订维护管理制度和检查维护管理工作。

9.1.3 对勘察、设计和施工中的各项技术资料，如勘察报告、设计图纸、地基处理的质量检验、地下管道的施工和竣工图等，必须整理归档。

9.1.4 在既有建筑物的防护范围内，增添或改变用水设施时，应按本规范有关规定采取相应的防水措施和其他措施。

9.2 维护和检修

9.2.1 在使用期间，给水、排水和供热管道系统（包括有水或有汽的所有管道、检查井、检漏井、阀门井等）应

保持畅通，遇有漏水或故障，应立即断绝水源、汽源，故障排除后方可继续使用。

每隔 3～5 年，宜对埋地压力管道进行工作压力下的泄压检查，对埋地自流管道进行常压泄漏检查。发现泄漏，应及时检修。

9.2.2 必须定期检查检漏设施。对采用严格防水措施的建筑，宜每周检查 1 次；其他建筑，宜每半个月检查 1 次。发现有积水或堵塞物，应及时修复和清除，并作记录。

对化粪池和检查井，每半年应清理 1 次。

9.2.3 对防护范围内的防水地面、排水沟和雨水明沟，应经常检查，发现裂缝及时修补。每年应全面检修 1 次。

对散水的伸缩缝和散水与外墙交接处的填塞材料，应经常检查和填补。如散水发生倒坡时，必须及时修补和调整，并应保持原设计坡度。

建筑场地应经常保持原设计的排水坡度，发现积水地段，应及时用土填平夯实。

在建筑物周围 6m 以内的地面应保持排水畅通，不得堆放阻碍排水的物品和垃圾，严禁大量浇水。

9.2.4 每年雨季前和每次暴雨后，对防洪沟、缓洪调节池、排水沟、雨水明沟及雨水集水口等，应进行详细检查，清除淤积物，整理沟堤，保证排水畅通。

9.2.5 每年入冬以前，应对可能冻裂的水管采取保温措施，供暖前必须对供热管道进行系统检查（特别是过门管沟处）。

9.2.6 当发现建筑物突然下沉，墙、梁、柱或楼板、地面出现裂缝时，应立即检查附近的供热管道、水管和水池等。如有漏水（汽），必须迅速断绝水（汽）源，观测建筑物的沉降和裂缝及其发展情况，记录其部位和时间，并会同有关部门研究处理。

9.3 沉降观测和地下水位观测

9.3.1 维护管理部门在接管沉降观测和地下水位观测工作时，应根据设计文件、施工资料及移交清单，对水准基点、观测点、观测井及观测资料和记录，逐项检查、清点和验收。如有水准基点损坏、观测点不全或观测井填塞等情况，应由移交单位补齐或清理。

9.3.2 水准基点、沉降观测点及水位观测井，应妥善保护。每年应根据地区水准控制网，对水准基点校核 1 次。

9.3.3 建筑物的沉降观测，应按有关现行国家标准执行。

地下水位观测，应按设计要求进行。

观测记录，应及时整理，并存入工程技术档案。

9.3.4 当发现建筑物沉降和地下水位变化出现异常情况时，应及时将所发现的情况反馈给有关方面进行研究与处理。

附录 A 中国湿陷性黄土工程地质分区略图

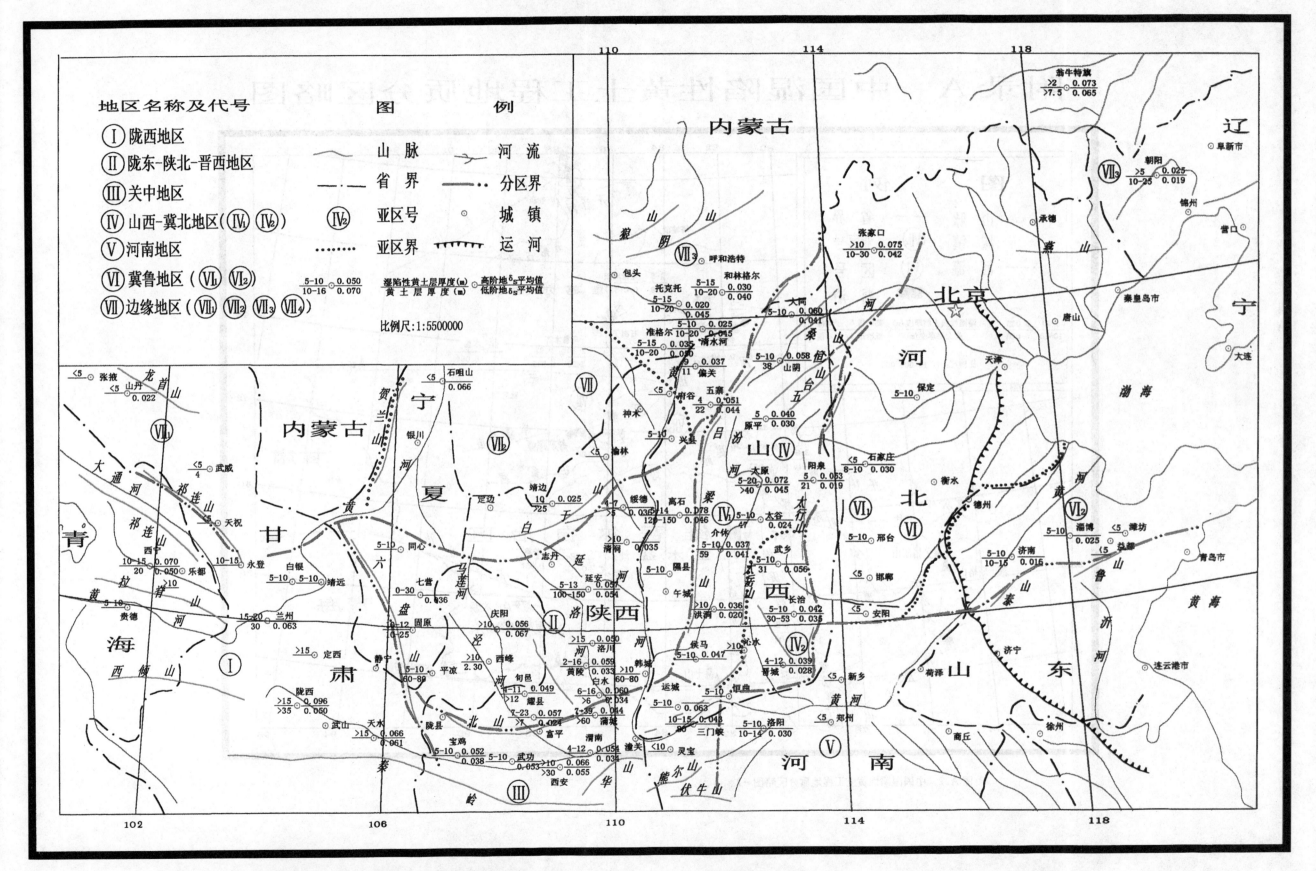

图 A.1 中国湿陷性黄土工程地质分区略图-1

附录 A 中国湿陷性黄土工程地质分区略图

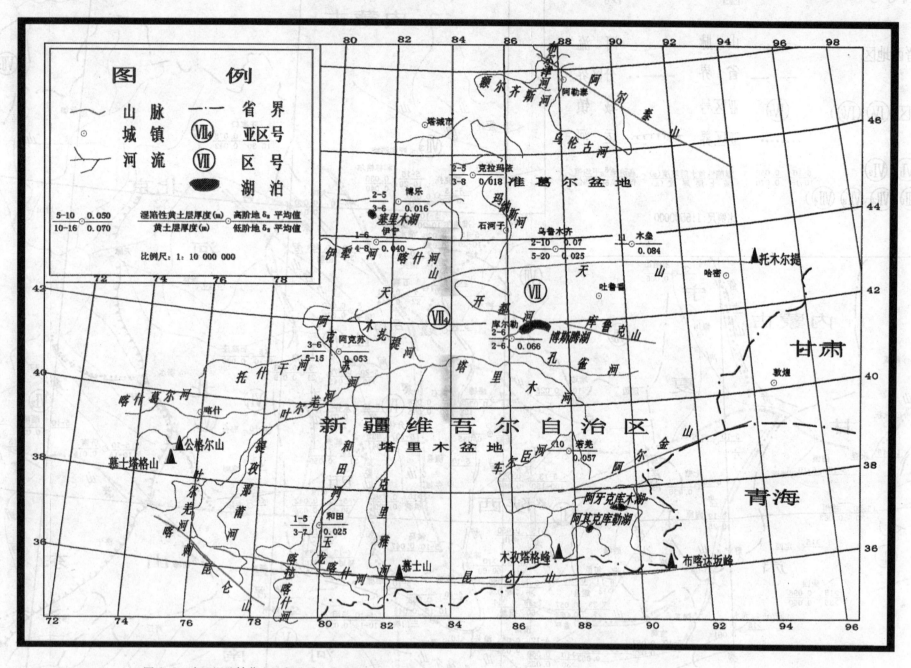

图 A.2 中国湿陷性黄土工程地质分区略图-2

表 A 湿陷性黄土的物理力学性质指标

分区	亚区	地貌	黄土层厚度 (m)	湿陷性黄土层厚度 (m)	地下水埋藏深度 (m)	含水量 w (%)	天然密度 ρ (g/cm³)	液限 w_L (%)	塑性指数	孔隙比 e	压缩系数 a (MPa⁻¹)	湿陷系数 δ_s	自重湿陷系数 δ_{zs}	特 征 简 述
陇西地区（Ⅰ）		低阶地	4~25	3~16	4~18	6~25	1.20~1.80	21~30	4~12	0.70~1.20	0.10~0.90	0.020~0.200	0.010~0.200	自重湿陷性黄土分布很广，湿陷性黄土层厚度通常大于10m，地基湿陷等级多为Ⅲ~Ⅳ级，湿陷性较敏感
		高阶地	15~100	8~35	20~80	3~20	1.20~1.80	21~30	5~12	0.80~1.30	0.10~0.70	0.020~0.220	0.010~0.200	自重湿陷性黄土层厚度通常大于10m，湿陷性黄土层厚度较大
陇东-陕北-晋西地区（Ⅱ）		低阶地	3~30	4~11	4~14	10~24	1.40~1.70	20~30	7~13	0.97~1.18	0.26~0.67	0.019~0.079	0.005~0.041	自重湿陷性黄土分布广泛，湿陷性黄土层厚度一般为3~10m，地基湿陷等级一般为Ⅲ~Ⅳ级，自重湿陷性黄土层一般较厚
		高阶地	50~150	10~15	40~60	9~22	1.40~1.60	26~31	8~12	0.80~1.20	0.17~0.63	0.023~0.088	0.006~0.048	低阶地多属自重湿陷性黄土，高阶地和渭北高原；在渭河流域两岸有的小于10m，秦岭北麓湿陷性带有的小于4m。一般埋藏较深，湿陷发生较缓
关中地区（Ⅲ）		低阶地	5~20	5~20	6~18	14~28	1.50~1.80	22~32	9~12	0.94~1.13	0.24~0.64	0.029~0.076	0.003~0.039	低阶地多属自重湿陷性黄土，湿陷性黄土层厚度一般大于10m；在渭北高原、秦岭北麓湿陷性带有的小于4m。一般埋藏较深，湿陷发生较缓
		高阶地	50~100	6~23	14~40	11~21	1.40~1.70	27~32	10~13	0.95~1.21	0.17~0.63	0.030~0.080	0.005~0.042	
山西-冀北地区（Ⅳ）	汾河流域区-冀北区（Ⅳ$_1$）	低阶地	5~15	2~10	4~8	6~19	1.40~1.70	25~29	8~12	0.58~1.10	0.24~0.87	0.030~0.070	—	低阶地多属非自重湿陷性黄土，高阶地多属自重湿陷性黄土。湿陷性黄土层厚度多为5~10m，个别地段大于10m，地基湿陷等级一般为Ⅱ~Ⅲ级，低阶地新近堆积（Q_4^2）黄土分布较普遍，土的结构松散，压缩性较高
		高阶地	30~100	5~20	50~60	11~24	1.50~1.60	27~31	10~13	0.97~1.31	0.12~0.62	0.015~0.089	0.007~0.040	低阶地自重湿陷性黄土层厚5m或大于5m，地基湿陷等级一般为Ⅱ级。在高阶地部分地区，土的结构较普遍，冀北部分地区黄土含砂量较高
	晋东南区（Ⅳ$_2$）		30~53	2~12	4~7	18~23	1.50~1.80	27~33	10~13	0.85~1.02	0.29~1.00	0.030~0.070	0.015~0.052	低阶地自重湿陷性黄土，高阶地（包括山麓堆积）多属非自重湿陷性黄土。该区浅部分布新近堆积黄土
河南地区（Ⅴ）			6~25	4~8	5~25	16~21	1.60~1.80	26~32	10~13	0.86~1.07	0.18~0.33	0.023~0.045	—	一般为非自重湿陷性黄土，湿陷性黄土层厚度一般为5m，土的结构较密实，压缩性较低的黄土，压缩性低黄土
冀鲁地区（Ⅵ）	河北区（Ⅵ$_1$）		3~30	3~6	5~12	14~18	1.60~1.70	25~29	9~13	0.85~1.10	0.18~0.60	0.024~0.048	—	一般为非自重湿陷性黄土，局部地段为Ⅱ级，地基湿陷等级一般为Ⅱ级，5m，局部地段密实，压缩性较低。在黄土边缘带及鲁山北的局部地段，湿陷性黄土层较薄，含水量高，湿陷系数小，地基湿陷等级或为Ⅰ级
	山东区（Ⅵ$_2$）		3~20	2~6	5~8	15~23	1.60~1.70	28~31	10~13	0.85~0.90	0.19~0.51	0.020~0.041	—	
边缘地区（Ⅶ）	宁-陕区（Ⅶ$_1$）		5~30	1~10	5~25	7~13	1.40~1.60	22~27	7~10	1.02~1.14	0.22~0.57	0.032~0.059	—	为自重湿陷性黄土，湿陷性黄土层厚度一般小于5m，地基湿陷等级一般为Ⅰ~Ⅱ级，土的结构密实，土的湿陷性场地分布不连续
	河西走廊区（Ⅶ$_2$）		5~10	2~5	5~10	6~18	1.60~1.70	23~32	8~12	0.87~1.05	0.17~0.36	0.029~0.050	—	多为非自重湿陷性黄土，湿陷等级一般为Ⅰ级，黄土的结构密实，土中含砂量较多，湿陷性较低
	内蒙古中部-辽西区（Ⅶ$_3$）	低阶地	5~15	5~11	5~10	6~20	1.50~1.70	19~27	8~10	—	0.11~0.77	0.026~0.048	0.040	靠近山西、陕西以西的黄土，一般为非自重湿陷性黄土，湿陷性黄土新近堆积（Q_4^2）黄土的结构较密实，压缩性较高，高阶地，压缩性低及湿陷性大
		高阶地	10~20	8~15	12	12~18	1.50~1.90	—	9~11	0.85~0.99	0.10~0.40	0.020~0.041	0.069	一般为非自重湿陷性黄土，局部地段为Ⅲ级，黄土层厚度及湿陷变化为5~10m，低阶地高，高阶地高，压缩性较低
	新疆-甘西-青海区（Ⅶ$_4$）		3~30	2~10	1~20	3~27	1.30~2.00	19~34	6~18	0.69~1.30	0.10~1.05	0.015~0.199		一般为非自重湿陷性黄土，局部为Ⅲ级，黄土层厚度及湿陷小于8m。天然含水量较低，冲洪积扇中上部，河流阶地及山麓斜坡，主要山麓斜坡分布，北疆斜坡连续状分布，南疆地区呈星零分布

附录 B 黄土地层的划分

表 B

时 代		地层的划分	说 明
全新世(Q_4)黄土	新黄土	黄土状土	一般具湿陷性
晚更新世(Q_3)黄土		马兰黄土	
中更新世(Q_2)黄土	老黄土	离石黄土	上部部分土层具湿陷性
早更新世(Q_1)黄土		午城黄土	不具湿陷性

注:全新世(Q_4)黄土包括湿陷性(Q_4^{el})黄土和新近堆积(Q_4^{ml})黄土。

附录 C 判别新近堆积黄土的规定

C.0.1 在现场鉴定新近堆积黄土,应符合下列要求:

1 堆积环境:黄土塬、梁、峁的坡脚和斜坡后缘,冲沟两侧及沟口处的洪积扇和山前坡积地带,河道拐弯处的内侧,河漫滩及低阶地,山间或黄土梁、峁之间凹地的表部,平原上被淹埋的池沼洼地。

2 颜色:灰黄、黄褐、棕褐,常相杂或相间。

3 结构:土质不均、松散、大孔排列杂乱。常混有岩性不一的土块,多虫孔和植物根孔。铣挖容易。

4 包含物:常含有机质,斑状或条状氧化铁;有的混砂、砾或岩石碎屑;有的混有砖瓦陶瓷碎片或朽木片等人类活动的遗物,在大孔壁上常有白色钙质粉末。在深色土中,白色物呈现菌丝状或条纹状分布;在浅色土中,白色物呈星点状分布,有时混钙质结核,呈零星分布。

C.0.2 当现场鉴别不明确时,可按下列试验指标判定:

1 在 50~150kPa 压力段变形较大,小压力下具高压缩性。

2 利用判别式判定

$$R = -68.45e + 10.98a - 7.16\gamma + 1.18w$$

$$R_0 = -154.80$$

当 $R > R_0$ 时,可将该土判为新近堆积黄土。

式中 e——土的孔隙比;

a——压缩系数(MPa^{-1}),宜取 50~150kPa 或 0~100kPa压力下的大值;

w——土的天然含水量(%);

γ——土的重度(kN/m^3)。

附录 D 钻孔内采取不扰动土样的操作要点

D.0.1 在钻孔内采取不扰动土样,必须严格掌握钻进方法、取样方法,使用合适的清孔器,并应符合下列操作要点:

1 应采用回转钻进,应使用螺旋(纹)钻头,控制回次进尺的深度,并应根据土质情况,控制钻头的垂直进入速度和旋转速度,严格掌握"1米3钻"的操作顺序,即取土间距为 1m 时,其下部 1m 深度内仍按上述方法操作。

2 清孔时,不应加压或少许加压,慢速钻进,应使用薄壁取样器压入清孔,不得用小钻头钻进,大钻头清孔。

D.0.2 应用"压入法"取样,取样前应将取土器轻轻吊放至孔内预定深度处,然后以匀速连续压入,中途不得停顿,在压入过程中,钻杆应保持垂直不摇摆,压入深度以土样超过盛土段 30~50mm 为宜。当使用有内衬的取样器时,其内衬应与取样器内壁紧贴(塑料或酚醛压管)。

D.0.3 宜使用带内衬的黄土薄壁取样器,对结构较松散的黄土,不宜使用无内衬的黄土薄壁取样器,其内径不宜小于 120mm,刃口壁的厚度不宜大于 3mm,刃口角度为 10°~12°,控制面积比为 12%~15%,其尺寸规格可按表 D-1 采用,取样器的构造见附图 D。

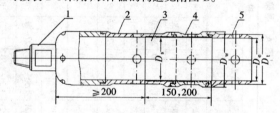

图 D-1 黄土薄壁取样器示意图

1—导径接头;2—废土筒;3—衬管;4—取样管;
5—刃口;D_s—衬管内径;D_w—取样管外径;
D_e—刃口内径;D_t—刃口外径

表 D-1 黄土薄壁取样器的尺寸

外径 (mm)	刃口 内径 (mm)	放置内衬 后内径 (mm)	盛土 筒长 (mm)	盛土 筒厚 (mm)	余(废) 土筒长 (mm)	面积比 (%)	切削 刃口 角度 (°)
<129	120	122	150,200	2.00~2.50	200	<15	12

D.0.4 在钻进和取土样过程中,应遵守下列规定:

1 严禁向钻孔内注水;

2 在卸土过程中,不得敲打取土器;

3 土样取出后,应检查土样质量,如发现土样有受压、扰动、碎裂和变形等情况时,应将其废弃并

4 应经常检查钻头、取土器的完好情况，当发现钻头、取土器有变形、刃口缺损时，应及时校正或更换；

5 对探井内和钻孔内的取样结果，应进行对比、检查，发现问题及时改进。

附录 E 各类建筑的举例

表 E

各类建筑	举　例
甲	高度大于 60m 的建筑；14 层及 14 层以上的体型复杂的建筑；高度大于 50m 的筒仓；高度大于 100m 的电视塔；大型展览馆、博物馆；一级火车站主楼；6000 人以上的体育馆；标准游泳馆；跨度不小于 36m、吊车额定起重量不小于 100t 的机加工车间；不小于 10000t 的水压机车间；大型热处理车间；大型电镀车间；大型炼钢车间；大型轧钢压延车间；大型电解车间；大型煤气发生站；大型火力发电站主体建筑；大型选矿、选煤车间；煤矿主井多绳提升井塔；大型水厂；大型污水处理厂；大型游泳池；大型漂、染车间；大型屠宰车间；10000t 以上的冷库；净化工房；有剧毒或有放射污染的建筑
乙	高度为 24~60m 的建筑；高度为 30~50m 的筒仓；高度为 50~100m 的烟囱；省（市）级影剧院、民航机场指挥及候机楼、铁路信号、通讯楼、铁路机务洗修库、高校试验楼；跨度等于或大于 24m、小于 36m 和吊车额定起重量等于或大于 30t、小于 100t 的机加工车间；小于 10000t 的水压机车间；中型轧钢车间；中型选矿车间、中型火力发电厂主体建筑；中型水厂；中型污水处理厂；中型漂、染车间；大中型浴室；中型屠宰车间
丙	7 层及 7 层以下的多层建筑；高度不超过 30m 的筒仓、高度不超过 50m 的烟囱；跨度小于 24m、吊车额定起重量小于 30t 的机加工车间；单台小于 10t 的锅炉房；一般浴室、食堂；县（区）影剧院、理化试验室；一般的工具、机修、木工车间、成品库
丁	1~2 层的简易房屋、小型车间和小型库房

附录 F 水池类构筑物的设计措施

F.0.1 水池类构筑物应根据其重要性、容量大小、地基湿陷等级，并结合当地建筑经验，采取设计措施。

埋地管道与水池之间或水池相互之间的防护距离：在自重湿陷性黄土场地，应与建筑物之间的防护距离的规定相同，当不能满足要求时，必须加强池体的防渗漏处理；在非自重湿陷性黄土场地，可按一般地区的规定设计。

F.0.2 建筑物防护范围内的水池类构筑物，当技术经济合理时，应架空明设于地面（包括地下室地面）以上。

F.0.3 水池类构筑物应采用防渗漏现浇钢筋混凝土结构。预埋件和穿池壁的套管，应在浇筑混凝土前埋设，不得事后钻孔、凿洞。不宜将爬梯嵌入水位以下的池壁中。

F.0.4 水池类构筑物的地基处理，应采用整片土（或灰土）垫层。在非自重湿陷性黄土场地，灰土垫层的厚度不宜小于 0.30m，土垫层的厚度不应小于 0.50m；在自重湿陷性黄土场地，对一般水池，应设 1.00~2.50m 厚的土（或灰土）垫层，对特别重要的水池，宜消除地基的全部湿陷量。

土（或灰土）垫层的压实系数不得小于 0.97。

基槽侧向宜采用灰土回填，其压实系数不宜小于 0.93。

附录 G 湿陷性黄土场地地下水位上升时建筑物的设计措施

G.0.1 对未消除全部湿陷量的地基，应根据地下水位可能上升的幅度，采取防止增加不均匀沉降的有效措施。

G.0.2 建筑物的平面、立面布置，应力求简单、规则。当有困难时，宜将建筑物分成若干简单、规则的单元。单元之间拉开一定距离，设置能适应沉降的连接体或采取其他措施。

G.0.3 多层砌体承重结构房屋，应有较大的刚度，房屋的单元长高比，不宜大于 3。

G.0.4 在同一单元内，各基础的荷载、型式、尺寸和埋置深度，应尽量接近。当门廊等附属建筑与主体建筑的荷载相差悬殊时，应采取有效措施，减少主体建筑下沉对门廊等附属建筑的影响。

G.0.5 在建筑物的同一单元内，不宜设置局部地下室。对有地下室的单元，应用沉降缝将其与相邻单元分开，并应采取有效措施。

G.0.6 建筑物沉降缝处的基底压力，应适当减小。

G.0.7 在建筑物的基础附近，堆放重物或堆放重型设备时，应采取有效措施，减小附加沉降对建筑物的影响。

G.0.8 对地下室和地下管沟，应根据地下水位上升的可能，采取防水措施。

G.0.9 在非自重湿陷性黄土场地，应根据填方厚度、地下水位可能上升的幅度，判断场地转化为自重湿陷性黄土场地的可能性，并采取相应的防治措施。

附录 H 单桩竖向承载力
静载荷浸水试验要点

H.0.1 单桩竖向承载力静载荷浸水试验，应符合下列规定：

1 当试桩进入湿陷性黄土层内的长度不小于10m时，宜对其桩周和桩端的土体进行浸水；

2 浸水坑的平面尺寸（边长或直径）：如只测定单桩竖向承载力特征值，不宜小于5m；如需要测定桩侧的摩擦力，不宜小于湿陷性黄土层的深度，并不应小于10m；

3 试坑深度不宜小于500mm，坑底面应铺100～150mm厚度的砂、石，在浸水期间，坑内水头高度不宜小于300mm。

H.0.2 单桩竖向承载力静载荷浸水试验，可选择下列方法中的任一款：

1 加载前向试坑内浸水，连续浸水时间不宜少于10d，当桩周湿陷性黄土层深度内的含水量达到饱和时，在继续浸水条件下，可对单桩进行分级加载，加至设计荷载值的1.00～1.50倍，或加至极限荷载止；

2 在土的天然湿度下分级加载，加至单桩竖向承载力的预估值，沉降稳定后向试坑内昼夜浸水，并观测在恒压下的附加下沉量，直至稳定，也可在继续浸水条件下，加至极限荷载止。

H.0.3 设置试桩和锚桩，应符合下列要求：

1 试桩数量不宜少于工程桩总数的1%，并不应少于3根；

2 为防止试桩在加载中桩头破坏，对其桩顶应适当加强；

3 设置锚桩，应根据锚桩的最大上拔力，纵向钢筋截面应按桩身轴力变化配置，如需利用工程桩作锚桩，应严格控制其上拔量；

4 灌注桩的桩身混凝土强度应达到设计要求，预制桩压（或打）入土中不得少于15d，方可进行加载试验。

H.0.4 试验装置、量测沉降用的仪表，分级加载额定量，加、卸载的沉降观测和单桩竖向承载力的确定等要求，应符合现行国家标准《建筑地基基础设计规范》GB50007的有关规定。

附录 J 垫层、强夯和挤密等地基
的静载荷试验要点

J.0.1 在现场采用静载荷试验检验或测定垫层、强夯和挤密等方法处理地基的承载力及有关变形参数，应符合下列规定：

1 承压板应为刚性，其底面宜为圆形或方形。

2 对土（或灰土）垫层和强夯地基，承压板的直径（d）或边长（b），不宜小于1m，当处理土层厚度较大时，宜分层进行试验。

3 对土（或灰土）挤密桩复合地基：

1）单桩和桩间土的承压板直径，宜分别为桩孔直径的1倍和1.50倍。

2）单桩复合地基的承压板面积，应为1根土（或灰土）挤密桩承担的处理地基面积。当桩孔按正三角形布置时，承压板直径（d）应为桩距的1.05倍，当桩孔按正方形布置时，承压板直径应为桩距的1.13倍。

3）多桩复合地基的承压板，宜为方形或矩形，其尺寸应按承压板下的实际桩数确定。

J.0.2 开挖试坑和安装载荷试验设备，应符合下列要求：

1 试坑底面的直径或边长，不应小于承压板直径或边长的3倍；

2 试坑底面标高，宜与拟建的建筑物基底标高相同或接近；

3 应注意保持试验土层的天然湿度和原状结构；

4 承压板底面下应铺10～20mm厚度的中、粗砂找平；

5 基准梁的支点，应设在压板直径或边长的3倍范围以外；

6 承压板的形心与荷载作用点应重合。

J.0.3 加荷等级不宜少于10级，总加载量不宜小于设计荷载值的2倍。

J.0.4 每加一级荷载的前、后，应分别测记1次压板的下沉量，以后每0.50h测记1次，当连续2h内，每1h的下沉量小于0.10mm时，认为压板下沉已趋稳定，即可加下一级荷载。且每级荷载的间隔时间不应少于2h。

J.0.5 当需要测定处理后的地基土是否消除湿陷性时，应进行浸水载荷试验，浸水前，宜加至1倍设计荷载，下沉稳定后向试坑内昼夜浸水，连续浸水时间不宜少于10d，坑内水头不应小于200mm，附加下沉稳定，试验终止。必要时，宜继续浸水，再加1倍设计荷载后，试验终止。

J.0.6 当出现下列情况之一时，可终止加载：

1 承压板周围的土，出现明显的侧向挤出；

2 沉降s急骤增大，压力-沉降（p-s）曲线出现陡降段；

3 在某一级荷载下，24h内沉降速率不能达到稳定标准；

4 s/b（或s/d）≥ 0.06。

当满足前三种情况之一时，其对应的前一级荷载可定为极限荷载。

J.0.7 卸荷可分为 3~4 级，每卸一级荷载测记回弹量，直至变形稳定。

J.0.8 处理后的地基承载力特征值，应根据压力（p）与承压板沉降量（s）的 $p\text{-}s$ 曲线形态确定：

1 当 $p\text{-}s$ 曲线上的比例界限明显时，可取比例界限所对应的压力；

2 当 $p\text{-}s$ 曲线上的极限荷载小于比例界限的 2 倍时，可取极限荷载的一半；

3 当 $p\text{-}s$ 曲线上的比例界限不明显时，可按压板沉降（s）与压板直径（d）或宽度（b）之比值即相对变形确定：

1）土垫层地基、强夯地基和桩间土，可取 s/d 或 $s/b = 0.010$ 所对应的压力；

2）灰土垫层地基，可取 s/d 或 $s/b = 0.006$ 所对应的压力；

3）灰土挤密桩复合地基，可取 s/d 或 $s/b = 0.006 \sim 0.008$ 所对应的压力；

4）土挤密桩复合地基，可取 s/d 或 $s/b = 0.010$ 所对应的压力。

按相对变形确定上述地基的承载力特征值，不应大于最大加载压力的 1/2。

本规范用词说明

1 为了便于在执行本规范条文时区别对待，对要求严格程度不同的用词说明如下：

1）表示很严格，非这样做不可的用词
正面词采用"必须"，反面词采用"严禁"；

2）表示严格，在正常情况下均应这样做的用词
正面词采用"应"，反面词采用"不应"或"不得"；

3）表示允许稍有选择，在条件许可时首先应这样做的用词
正面词采用"宜"，反面词采用"不宜"。

表示有选择，在一定条件下可以这样做的，采用"可"。

2 条文中指定必须按其他有关标准执行时，写法为"应符合……的规定"。非必须按所指的标准或其他规定执行时，写法为"可参照……"。

中华人民共和国国家标准

湿陷性黄土地区建筑规范

GB 50025—2004

条 文 说 明

目 次

1 总则 ·· 12—32
3 基本规定 ·································· 12—32
4 勘察 ·· 12—33
  4.1 一般规定 ····························· 12—33
  4.2 现场勘察 ····························· 12—33
  4.3 测定黄土湿陷性的试验 ·········· 12—34
    （Ⅰ）室内压缩试验 ················· 12—34
    （Ⅱ）现场静载荷试验 ·············· 12—34
    （Ⅲ）现场试坑浸水试验 ··········· 12—35
  4.4 黄土湿陷性评价 ···················· 12—35
5 设计 ·· 12—37
  5.1 一般规定 ····························· 12—37
  5.2 场址选择与总平面设计 ·········· 12—37
  5.3 建筑设计 ····························· 12—38
  5.4 结构设计 ····························· 12—39
  5.5 给水排水、供热与通风设计 ······ 12—40
    （Ⅰ）给水、排水管道 ·············· 12—40
    （Ⅱ）供热管道与风道 ·············· 12—42
  5.6 地基计算 ····························· 12—42
  5.7 桩基础 ································· 12—43
6 地基处理 ·································· 12—45
  6.1 一般规定 ····························· 12—45
  6.2 垫层法 ································· 12—47
  6.3 强夯法 ································· 12—48
  6.4 挤密法 ································· 12—49
  6.5 预浸水法 ····························· 12—50
7 既有建筑物的地基加固和纠倾 ····· 12—51

7.1 单液硅化法和碱液加固法 ··········· 12—51
  （Ⅰ）单液硅化法 ····················· 12—51
  （Ⅱ）碱液加固法 ····················· 12—52
7.2 坑式静压桩托换法 ···················· 12—52
7.3 纠倾法 ································· 12—52
8 施工 ·· 12—53
  8.1 一般规定 ····························· 12—53
  8.2 现场防护 ····························· 12—54
  8.3 基坑或基槽的施工 ·················· 12—54
  8.4 建筑物的施工 ······················· 12—54
  8.5 管道和水池的施工 ·················· 12—54
9 使用与维护 ······························· 12—56
  9.1 一般规定 ····························· 12—56
  9.2 维护和检修 ·························· 12—56
  9.3 沉降观测和地下水位观测 ········· 12—56
附录 A 中国湿陷性黄土工程地质
      分区略图 ······················· 12—56
附录 C 判别新近堆积黄土的规定 ····· 12—56
附录 D 钻孔内采取不扰动土样的
      操作要点 ······················· 12—57
附录 G 湿陷性黄土场地地下水位
      上升时建筑物的设计措施 ····· 12—58
附录 H 单桩竖向承载力静载荷浸水
      试验要点 ······················· 12—59
附录 J 垫层、强夯和挤密等地基的
      静载荷试验要点 ··············· 12—59

1 总　则

1.0.1 本规范总结了"GBJ25—90规范"发布以来的建设经验和科研成果，并对该规范进行了全面修订。它是湿陷性黄土地区从事建筑工程的技术法规，体现了我国现行的建设政策和技术政策。

在湿陷性黄土地区进行建设，防止地基湿陷，保证建筑工程质量和建（构）筑物的安全使用，做到技术先进、经济合理、保护环境，这是制订本规范的宗旨和指导思想。

在建设中必须全面贯彻国家的建设方针，坚持按正常的基建程序进行勘察、设计和施工。边勘察、边设计、边施工和不勘察进行设计和施工，应成为历史，不应继续出现。

1.0.2 我国湿陷性黄土主要分布在山西、陕西、甘肃的大部分地区，河南西部和宁夏、青海、河北的部分地区，此外，新疆维吾尔自治区、内蒙古自治区和山东、辽宁、黑龙江等省，局部地区亦分布有湿陷性黄土。

湿陷性黄土地区建筑工程（包括主体工程和附属工程）的勘察、设计、地基处理、施工、使用与维护，均应按本规范的规定执行。

1.0.3 湿陷性黄土是一种非饱和的欠压密土，具有大孔和垂直节理，在天然湿度下，其压缩性较低，强度较高，但遇水浸湿时，土的强度显著降低，在附加压力或在附加压力与土的自重压力下引起的湿陷变形，是一种下沉量大、下沉速度快的失稳性变形，对建筑物危害性大。为此本条仍按原规范规定，强调在湿陷性黄土地区进行建设，应根据湿陷性黄土的特点和工程要求，因地制宜，采取以地基处理为主的综合措施，防止地基浸水湿陷对建筑物产生危害。

防止湿陷性黄土地基湿陷的综合措施，可分为地基处理、防水措施和结构措施三种。其中地基处理措施主要用于改善土的物理力学性质，减小或消除地基的湿陷变形；防水措施主要用于防止或减少地基受水浸湿；结构措施主要用于减小和调整建筑物的不均匀沉降，或使上部结构适应地基的变形。

显然，上述三种措施的作用及功能各不相同，故本规范强调以地基处理为主的综合措施，即以治本为主，治标为辅，标、本兼治，突出重点，消除隐患。

1.0.4 本规范是根据我国湿陷性黄土的特征编制的，湿陷性黄土地区的建设工程除应执行本规范的规定外，对本规范未规定的有关内容，尚应执行有关现行的国家强制性标准的规定。

3 基本规定

3.0.1 本次修订将建筑物分类适当修改后独立为一章，作为本规范的第3章，放在勘察、设计的前面，解决了各类建筑的名称出现在建筑物分类之前的问题。

建筑物的种类很多，使用功能不尽相同，对建筑物分类的目的是为设计采取措施区别对待，防止不论工程大小采取"一刀切"的措施。

原规范把地基受水浸湿可能性的大小作为建筑物分类原则的主要内容之一，反映了湿陷性黄土遇水湿陷的特点，工程界早已确认，本规范继续沿用。地基受水浸湿可能性的大小，可归纳为以下三种：

　1 地基受水浸湿可能性大，是指建筑物内的地面经常有水或可能积水、排水沟较多或地下管道很多；

　2 地基受水浸湿可能性较大，是指建筑物内局部有一般给水、排水或暖气管道；

　3 地基受水浸湿可能性小，是指建筑物内无水暖管道。

原规范把高度大于40m的建筑划为甲类，把高度为24～40m的建筑划为乙类。鉴于高层建筑日益增多，而且高度越来越高，为此，本规范把高度大于60m和14层及14层以上体型复杂的建筑划为甲类，把高度为24～60m的建筑划为乙类。这样，甲类建筑的范围不致随部分建筑的高度增加而扩大。

凡是划为甲类建筑，地基处理均要求从严，不允许留剩余湿陷量，各类建筑的划分，可结合本规范附录E的建筑举例进行类比。

高层建筑的整体刚度大，具有较好的抵抗不均匀沉降的能力，但对倾斜控制要求较严。

埋地设置的室外水池，地基处于卸荷状态，本规范对水池类构筑物不按建筑物对待，未作分类，关于水池类构筑物的设计措施，详见本规范附录F。

3.0.2 原规范规定的三种设计措施，在湿陷性黄土地区的工程建设中已使用很广，对防治地基湿陷事故，确保建筑物安全使用具有重要意义，本规范继续使用。防止和减小建筑物地基浸水湿陷的设计措施，可分为地基处理、防水措施和结构措施三种。

在三种设计措施中，消除地基的全部湿陷量或采用桩基础穿透全部湿陷性黄土层，主要用于甲类建筑；消除地基的部分湿陷量，主要用于乙、丙类建筑；丁类属次要建筑，地基可不处理。

防水措施和结构措施，一般用于地基不处理或消除地基部分湿陷量的建筑，以弥补地基处理的不足。

3.0.3 原规范对沉降观测虽有规定，但尚未引起有关方面的重视，沉降观测资料寥寥无几，建筑物出了事故分析亦很困难，目前许多单位对此有不少反映，普遍认为通过沉降观测，可掌握计算与实测沉降量的关系，并可为发现事故提供信息，以便查明原因及时对事故进行处理。为此，本条继续规定对甲类建筑和乙类中的重要建筑应进行沉降观测，对其他建筑各单位可根据实际情况自行确定是否观测，但要避免观测项目太多，不能长期坚持而流于形式。

4 勘 察

4.1 一 般 规 定

4.1.1 湿陷性黄土地区岩土勘察的任务，除应查明黄土层的时代、成因、厚度、湿陷性、地下水位深度及变化等工程地质条件外，尚应结合建筑物功能、荷载与结构等特点对场地与地基作出评价，并就防止、降低或消除地基的湿陷性提出可行的措施建议。

4.1.3 按国家的有关规定，一个工程建设项目的确定和批准立项，必须有可行性研究为依据；可行性研究报告中要求有必要的关于工程地质条件的内容，当工程项目的规模较大或地层、地质与岩土性质较复杂时，往往需进行少量必要的勘察工作，以掌握关于场地湿陷类型、湿陷量大小、湿陷性黄土层的分布与厚度变化、地下水位的深浅及有无影响场址安全使用的不良地质现象等的基本情况。有时，在可行性研究阶段会有不只一个场址方案，这时就有必要对它们分别做一定的勘察工作，以利场址的科学比选。

4.1.7 现行国家标准《岩土工程勘察规范》规定，土试样按扰动程度划分为四个质量等级，其中只有Ⅰ级土试样可用于进行土类定名、含水量、密度、强度、压缩性等试验，因此，显而易见，黄土土试样的质量等级必须是Ⅰ级。

正反两方面的经验一再证明，探井是保证取得Ⅰ级湿陷性黄土土样质量的主要手段，国内、国外都是如此。基于这一认识，本规范加强了对采取土试样的要求，要求探井数量宜为取土勘探点总数的1/3～1/2，且不宜少于3个。

本规范允许在"有足够数量的探井"的前提下，用钻孔采取土试样。但是，仅仅依靠好的薄壁取土器，并不一定能取得不扰动的Ⅰ级土试样。前提是必须先有合理的钻井工艺，保证拟取的土试样不受钻进操作的影响，保持原状，不然，再好的取样工艺和科学的取土器也无济于事。为此，本规范要求在钻孔中取样时严格按附录D的规定执行。

4.1.9 近年来，原位测试技术在湿陷性黄土地区已有不同程度的使用，但是由于湿陷性黄土的主要岩土技术指标，必须能直接反映土湿陷性的大小，因此，除了浸水载荷试验和试坑浸水试验（这两种方法有较多应用）外，其他原位测试技术只能说有一定的应用，并发挥着相应的作用。例如，采用静力触探了解地层的均匀性，划分地层，确定地基承载力，计算单桩承载力等。除此，标准贯入试验、轻型动力触探、重型动力触探，乃至超重型动力触探等也有不同程度的应用，不过它们的对象一般是湿陷性黄土地基中的

非湿陷性黄土层、砂砾层或碎石层，也常用于检测地基处理的效果。

4.2 现 场 勘 察

4.2.1 地质环境对拟建工程有明显的制约作用，在场址选择或可行性研究勘察阶段，增加对地质环境进行调查了解很有必要。例如，沉降尚未稳定的采空区，有毒、有害的废弃物等，在勘察期间必须详细调查了解和探查清楚。

不良地质现象，包括泥石流、滑坡、崩塌、湿陷凹地、黄土溶洞、岸边冲刷、地下潜蚀等内容。地质环境，包括地下采空区、地面沉降、地裂缝、地下水的水位上升、工业及生活废弃物的处置和存放、空气及水质的化学污染等内容。

4.2.2～4.2.3 对场地存在的不良地质现象和地质环境问题，应查明其分布范围、成因类型及对工程的影响。

1 建设和环境是互相制约的，人类活动可以改造环境，但环境也制约工程建设，据瑞典国际开发署和联合国的调查，由于环境恶化，在原有的居住环境中，已无法生存而不得不迁移的"环境难民"，全球达2500万人之多。因此工程建设尚应考虑是否会形成新的地质环境问题。

2 原规范第6款中，勘探点的深度"宜为10～20m"，一般满足多层建（构）筑物的需要，随着建筑物向高、宽、大方向发展，本规范改为勘探点的深度，应根据湿陷性黄土层的厚度和地基压缩层深度的预估值确定。

3 原规范第3款"当按室内试验资料和地区建筑经验不能明确判定场地湿陷类型时，应进行现场试坑浸水试验，按实测自重湿陷量判定"。本规范4.3.8条改为"对新建地区的甲类和乙类中的重要建筑，应进行现场试坑浸水试验，按自重湿陷的实测值判定场地湿陷类型"。

由于人口的急剧增加，人类的居住空间已从冲洪积平原、低阶地，向黄土源和高阶地发展，这些区域基本上无建筑经验，而按室内试验结果计算出的自重湿陷量与现场试坑浸水试验的实测值往往不完全一致，有些地区相差较大，故对上述情况，改为"按自重湿陷的实测值判定场地湿陷类型"。

4.2.4～4.2.5

1 原规范第4款，详细勘察勘探点的间距只考虑了场地的复杂程度，而未与建筑类别挂钩，本规范改为结合建筑类别确定勘探点的间距。

2 原规范第5款，勘探点的深度"除应大于地基压缩层的深度外，对非自重湿陷性黄土场地还应大于基础底面以下5m"。随着多、高层建筑的发展，基础宽度的增大，地基压缩层的深度也相应增大，为此，本规范将原规定大于5m改为大于10m。

3 湿陷系数、自重湿陷系数、湿陷起始压力均为黄土场地的主要岩土参数，详勘阶段宜将上述参数绘制在随深度变化的曲线图上，并宜进行相关分析。

4 当挖、填方厚度较大时，黄土场地的湿陷类型、湿陷等级可能发生变化，在这种情况下，应自挖（或填）方整平后的地面（或设计地面）标高算起。勘察时，设计地面标高如不确定，编制勘察方案宜与建设方紧密配合，使其尽量符合实际，以满足黄土湿陷性评价的需要。

5 针对工程建设的现状及今后发展方向，勘察成果增补了深基坑开挖与桩基工程的有关内容。

4.3 测定黄土湿陷性的试验

4.3.1 原规范中的黄土湿陷性试验放在附录六，本规范将其改为"测定黄土湿陷性的试验"放入第4章第3节，修改后，由附录变为正文，并分为室内压缩试验、现场静载荷试验和现场试坑浸水试验。

室内压缩试验主要用于测定黄土的湿陷系数、自重湿陷系数和湿陷起始压力；现场静载荷试验可测定黄土的湿陷性和湿陷起始压力，基于室内压缩试验测定黄土的湿陷性比较简便，而且可同时测定不同深度的黄土湿陷性，所以仅规定在现场测定湿陷起始压力；现场试坑浸水试验主要用于确定自重湿陷量的实测值，以判定场地湿陷类型。

（Ⅰ）室内压缩试验

4.3.2 采用室内压缩试验测定黄土的湿陷性应遵守有关统一的要求，以保证试验方法和过程的统一性及试验结果的可比性。这些要求包括试验土样、试验仪器、浸水水质、试验变形稳定标准等方面。

4.3.3～4.3.4 本条规定了室内压缩试验测定湿陷系数的试验程序，明确了不同试验压力范围内每级压力增量的允许数值，并列出了湿陷系数的计算式。

本条规定了室内压缩试验测定自重湿陷系数的试验程序，同时给出了计算试样上覆土的饱和自重压力所需饱和密度的计算公式。

4.3.5 在室内测定土样的湿陷起始压力有单线法和双线法两种。单线法试验较为复杂，双线法试验相对简单，已有的研究资料表明，只要对试样及试验过程控制得当，两种方法得到的湿陷起始压力试验结果基本一致。

但在双线法试验中，天然湿度试样在最后一级压力下浸水饱和附加下沉稳定高度与浸水饱和试样在最后一级压力下的下沉稳定高度通常不一致，如图4.3.7所示，h_0ABCC_1曲线与$h_0AA_1B_2C_2$曲线不闭合，因此在计算各级压力下的湿陷系数时，需要对试验结果进行修正。研究表明，单线法试验的物理意义更为明确，其结果更符合实际，对试验结果进行修正时以单线法为准来修正浸水饱和试样各级压力下的稳定高

度，即将$A_1B_2C_2$曲线修正至$A_1B_1C_1$曲线，使饱和试样的终点C_2与单线法试验的终点C_1重合，以此来计算各级压力下的湿陷系数。

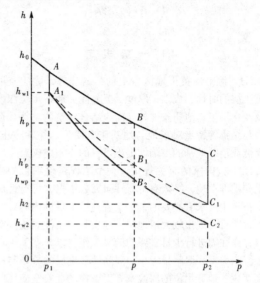

图 4.3.7 双线法压缩试验

在实际计算中，如需计算压力p下的湿陷系数δ_s，则假定：

$$\frac{h_{wl} - h_2}{h_{wl} - h_{w2}} = \frac{h_{wl} - h'_p}{h_{wl} - h_{wp}} = k$$

有，$h'_p = h_{wl} - k(h_{wl} - h_{wp})$

得：$\delta_s = \dfrac{h_p - h'_p}{h_0} = \dfrac{h_p - [h_{wl} - k(h_{wl} - h_{wp})]}{h_0}$

其中，$k = \dfrac{h_{wl} - h_2}{h_{wl} - h_{w2}}$，它可作为判别试验结果是否可以采用的参考指标，其范围宜为1.0 ± 0.2，如超出此限，则应重新试验或舍弃试验结果。

计算实例：某一土样双线法试验结果及对试验结果的修正与计算见下表。

p(kPa)	25	50	75	100	150	200	浸 水
h_p(mm)	19.940	19.870	19.778	19.685	19.494	19.160	17.280
h_{wp}(mm)	19.855	19.260	19.006	18.440	17.605	17.075	
$k = (19.855 - 17.280) \div (19.855 - 17.075) = 0.926$							
h'_p	18.855	19.570	19.069	18.545	17.772	17.280	
δ_s	0.004	0.015	0.035	0.062	0.086	0.094	

绘制$p \sim \delta_s$曲线，得$\delta_s = 0.015$对应的湿陷起始压力p_{sh}为50kPa。

（Ⅱ）现场静载荷试验

4.3.6 现场静载荷试验主要用于测定非自重湿陷性黄土场地的湿陷起始压力，自重湿陷性黄土场地的湿陷起始压力值小，无使用意义，一般不在现场测定。

在现场测定湿陷起始压力与室内试验相同，也分为单线法和双线法。二者试验结果有的相同或接近，有的互有大小。一般认为，单线法试验结果较符合实际，但单线法的试验工作量较大，在同一场地的相同标高及相同土层，单线法需做3台以上静载荷试验，而双线法只需做2台静载荷试验（一个为天然湿度，一个为浸水饱和）。

本条对现场测定湿陷起始压力的方法与要求作了规定，可选择其中任一方法进行试验。

4.3.7 本条对现场静载荷试验的承压板面积、试坑尺寸、分级加压增量和加压后的观测时间及稳定标准等进行了规定。

承压板面积通常为 $0.25m^2$、$0.50m^2$ 和 $1m^2$ 三种。通过大量试验研究比较，测定黄土湿陷和湿陷起始压力，承压板面积宜为 $0.50m^2$，压板底面宜为方形或圆形，试坑深度宜与基础底面标高相同或接近。

（Ⅲ）现场试坑浸水试验

4.3.8 采用现场试坑浸水试验可确定自重湿陷量的实测值，用以判定场地湿陷类型比较准确可靠，但浸水试验时间较长，一般需要 1～2 个月，而且需要较多的用水。本规范规定，在缺乏经验的新建地区，对甲类和乙类中的重要建筑，应采用试坑浸水试验，乙类中的一般建筑和丙类建筑以及有建筑经验的地区，均可按自重湿陷量的计算值判定场地湿陷类型。

本条规定了浸水试验的试坑尺寸采用"双指标"控制，此外，还规定了观测自重湿陷量的深、浅标点的埋设方法和观测要求以及停止浸水的稳定标准等。上述规定，对确保试验数据的完整性和可靠性具有实际意义。

4.4 黄土湿陷性评价

黄土湿陷性评价，包括全新世 Q_4（Q_4^1 及 Q_4^2）黄土、晚更新世 Q_3 黄土、部分中更新世 Q_2 黄土的土层、场地和地基三个方面，湿陷性黄土包括非自重湿陷性黄土和自重湿陷性黄土。

4.4.1 本条规定了判定非湿陷性黄土和湿陷性黄土的界限值。

黄土的湿陷性通常是在现场采取不扰动土样，将其送至试验室用有侧限的固结仪测定，也可用三轴压缩仪测定。前者，试验操作较简便，我国自20世纪50年代至今，生产单位一直广泛使用；后者试样制备及操作较复杂，多为教学和科研使用。鉴于此，本条仍按"GBJ 25—90 规范"规定及各生产单位习惯采用的固结仪进行压缩试验，根据试验结果，以湿陷系数 $\delta_s < 0.015$ 定为非湿陷性黄土，湿陷系数 $\delta_s \geqslant 0.015$，定为湿陷性黄土。

4.4.2 本条是新增内容。多年来的试验研究资料和工程实践表明，湿陷系数 $\delta_s \leqslant 0.03$ 的湿陷性黄土，

湿陷起始压力值较大，地基受水浸湿时，湿陷性轻微，对建筑物危害性较小；$0.03 < \delta_s \leqslant 0.07$ 的湿陷性黄土，湿陷性中等或较强烈，湿陷起始压力值小的具有自重湿陷性，地基受水浸湿时，下沉速度较快，附加下沉量较大，对建筑物有一定危害性；$\delta_s > 0.07$ 的湿陷性黄土，湿陷起始压力值小的具有自重湿陷性，地基受水浸湿时，湿陷性强烈，下沉速度快，附加下沉量大，对建筑物危害性大。勘察、设计，尤其地基处理，应根据上述湿陷系数的湿陷特点区别对待。

4.4.3 本条将判定场地湿陷类型的实测自重湿陷量和计算自重湿陷量分别改为自重湿陷量的实测值和计算值。

自重湿陷量的实测值是在现场采用试坑浸水试验测定，自重湿陷量的计算值是在现场采取不同深度的不扰动土样，通过室内浸水压缩试验在上覆土的饱和自重压力下测定。

4.4.4 自重湿陷量的计算值与起算地面有关。起算地面标高不同，场地湿陷类型往往不一致，以往在建设中整平场地，由于挖、填方的厚度和面积较大，致使场地湿陷类型发生变化。例如，山西某矿生活区，在勘察期间判定为非自重湿陷性黄土场地，后来整平场地，部分地段填方厚度达 3～4m，下部土层的压力增大至 50～80kPa，超过了该场地的湿陷起始压力值而成为自重湿陷性黄土场地。建筑物在使用期间，管道漏水浸湿地基引起湿陷事故，室外地面亦出现裂缝，后经补充勘察查明，上述事故是由于场地整平，填方厚度过大产生自重湿陷所致。由此可见，当场地的挖方或填方的厚度和面积较大时，测定自重湿陷系数的试验压力和自重湿陷量的计算值，均应自整平后的（或设计）地面算起，否则，计算和判定结果不符合现场实际情况。

此外，根据室内浸水压缩试验资料和现场试坑浸水试验资料分析，发现在同一场地，自重湿陷量的实测值和计算值相差较大，并与场地所在地区有关。例如：陇西地区和陇东一陕北一晋西地区，自重湿陷量的实测值大于计算值，实测值与计算值之比值均大于1；陕西关中地区自重湿陷量的实测值与计算值有的接近或相同，有的互有大小，但总体上相差较小，实测值与计算值之比值接近1；山西、河南、河北等地区，自重湿陷量的实测值通常小于计算值，实测值与计算值之比值均小于1。

为使同一场地自重湿陷量的实测值与计算值接近或相同，对因地区土质而异的修正系数 β_0，根据不同地区，分别规定不同的修正值：陇西地区为1.5；陇东一陕北一晋西地区为1.2；关中地区为0.9；其他地区为0.5。

同一场地，自重湿陷量的实测值与计算值的比较见表4.4.4。

表 4.4.4 同一场地自重湿陷量的实测值与计算值的比较

地区名称	试验地点	浸水试坑尺寸 (m×m)	自重湿陷量的 实测值 (mm)	自重湿陷量的 计算值 (mm)	实测值 计算值
陇西	兰州砂井驿	10×10	185	104	1.78
		14×14	155	91.20	1.70
	兰州龚家湾	11.75×12.10	567	360	1.57
		12.70×13.00	635		1.77
	兰州连城铝厂	34×55	1151.50	540	2.13
		34×17	1075		1.99
	兰州西固棉纺厂	15×15	860	231.50*	δ_{zs}为在天然湿度的土自重压力下求得
		*5×5	360		
	兰州东岗钢厂	φ10	959	501	1.91
		10×10	870		1.74
	甘肃天水	16×28	586	405	1.45
	青海西宁	15×15	395	250	1.58
陇东-陕北-晋西	宁夏七营	φ15	1288	935	1.38
		20×5	1172	855	1.38
	延安丝绸厂	9×9	357	229	1.56
	陕西合阳糖厂	10×10	477	365	1.31
		*5×5	182		
	河北张家口	φ11	105	88.75	1.10
陕西关中	陕西富平张桥	10×10	207	212	0.97
	陕西三原	10×10	338	292	1.16
	西安韩森寨	12×12	364	308	1.19
		*6×6	25		
	西安北郊 524 厂	φ12*	90	142	0.64
	陕西宝鸡二电	20×20	344	281.50	1.22
山西、河北等	山西榆次	φ10	86	126	0.68
				202	0.43
	山西潞城化肥厂	φ15	66	120	0.55
	山西河津铝厂	15×15	92	171	0.53
	河北矾山	φ20	213.5	480	0.45

4.4.5 本条规定说明如下:

1 按本条规定求得的湿陷量是在最不利情况下的湿陷量,且是最大湿陷量,考虑采用不同含水量下的湿陷量,试验较复杂,不容易为生产单位接受,故本规范仍采用地基土受水浸湿达饱和时的湿陷量作为评定湿陷等级采取设计措施的依据。这样试验较简便,并容易推广使用,但本条规定,并不是指湿陷性黄土只在饱和含水量状态下才产生湿陷。

2 根据试验研究资料,基底下地基土的侧向挤出与基础宽度有关,宽度小的基础,侧向挤出大,宽度大的基础,侧向挤出小或无侧向挤出。鉴于基底下 0～5m 深度内,地基土受水浸湿及侧向挤出的可能性大,为此本条规定,取 β=1.5;基底下 5～10m 深度内,取 β=1;基底下 10m 以下至非湿陷性黄土层顶面,在非自重湿陷性黄土场地可不计算,在自重湿陷性黄土场地,可取工程所在地区的 β_0 值。

3 湿陷性黄土地基的湿陷变形量大,下沉速度快,且影响因素复杂,按室内试验计算结果与现场试验结果往往有一定差异,故在湿陷量的计算公式中增加一项修正系数 β,以调整其差异,使湿陷量的计算值接近实测值。

4 原规范规定,在非自重湿陷性黄土场地,湿陷量的计算深度累计至基底下 5m 深度止,考虑近年来,7～8 层的建筑不断增多,基底压力和地基压缩层深度相应增大,为此,本条将其改为累计至基底下 10m(或压缩层)深度止。

5 一般建筑基底下 10m 内的附加压力与土的自重压力之和接近 200kPa,10m 以下附加压力很小,忽略不计,主要是上覆土层的自重压力。当以湿陷系数 δ_s 判定黄土湿陷性时,其试验压力应自基础底面(如基底标高不确定时,自地面下 1.5m)算起,10m 内的土层用 200kPa,10m 以下至非湿陷性黄土层顶面,直接用其上覆土的饱和自重压力(当大于 300kPa 时,仍用 300kPa),这样湿陷性黄土层深度的下限不致随土自重压力增加而增大,且勘察试验工作量也有所减少。

基底下 10m 以下至非湿陷性黄土层顶面,用其上覆土的饱和自重压力测定的自重湿陷系数值,既可用于自重湿陷量的计算,也可取代湿陷系数 δ_s 用于湿陷量的计算,从而解决了基底下 10m 以下,用 300kPa 测定湿陷系数与用上覆土的饱和自重压力的测定结果互不一致的矛盾。

4.4.6 湿陷起始压力是反映非自重湿陷性黄土特性的重要指标,并具有实用价值。本条规定了按现场静载荷试验结果和室内压缩试验结果确定湿陷起始压力的方法。前者根据 20 组静载荷试验资料,按湿陷系数 $\delta_s = 0.015$ 所对应的压力,相当于在 p-s_s 曲线上的 s_s/b(或 s_s/d)= 0.017。为此规定,如 p-s 曲线上的转折点不明显,可取浸水下沉量(s_s)与承压板直径(d)或宽度(b)之比值等于 0.017 所对应的压力作为湿陷起始压力值。

4.4.7 非自重湿陷性黄土场地湿陷量的计算深度,由基底下 5m 改为累计至基底下 10m 深度后,自重湿陷性黄土场地和非自重湿陷性黄土场地湿陷量的计算值均有所增大,为此将 Ⅱ～Ⅲ 级和 Ⅲ～Ⅳ 级的地基湿陷等级界限值作了相应调整。

5 设 计

5.1 一 般 规 定

5.1.1 设计措施的选取关系到建筑物的安全与技术经济的合理性，本条根据湿陷性黄土地区的建筑经验，对甲、乙、丙三类建筑采取以地基处理措施为主，对丁类建筑采取以防水措施为主的指导思想。

大量工程实践表明，在Ⅲ～Ⅳ级自重湿陷性黄土场地上，地基未经处理，建筑物在使用期间地基受水浸湿，湿陷事故难以避免。

例如：**1** 兰州白塔山上有一座古塔建筑，系砖木结构，距今约 600 余年，20 世纪 70 年代前未发现该塔有任何破裂或倾斜，80 年代为搞绿化引水上山，在塔周围种植了一些花草树木，浇水过程中水渗入地基引起湿陷，导致塔身倾斜，墙体裂缝。

2 兰州西固绵纺厂的染色车间，建筑面积超过 10000m²，湿陷性黄土层的厚度约 15m，按"BJG 20—66 规范"评定为Ⅲ级自重湿性黄土地基，基础下设置 500mm 厚度的灰土垫层，采取严格防水措施，投产十多年，维护管理工作搞得较好，防水措施发挥了有效作用，地基未受水浸湿，1974～1976 年修订"BJG20—66 规范"，在兰州召开征求意见会时，曾邀请该厂负责维护管理工作的同志在会上介绍经验。但以后由于人员变动，忽视维护管理工作，地下管道年久失修，过去采取的防水措施都失去作用，1987 年在该厂调查时，由于地基受水浸湿引起严重湿陷事故的无粮上浆房已被拆去，而染色车间亦丧失使用价值，所有梁、柱和承重部位均已设置临时支撑，后来该车间也拆去。

类似上述情况的工程实例，其他地区也有不少，这里不一一例举。由这些实例不难看出，未处理或未彻底消除湿陷性的地基，所采取的防水措施一旦失效，地基就有可能浸水湿陷，影响建筑物的安全与正常使用。

本规范保留了原规范对各类建筑采取设计措施的同时，在非自重湿陷性黄土场地增加了地基处理后对下部未处理湿陷性黄土的湿陷起始压力值的要求。这些规定，对保证工程质量，减少湿陷事故，节约投资都是有益的。

3 通过对原规范多年使用，在总结经验的基础上，对原规定的防水措施进行了调整。有关地基处理的要求均按本规范第 6 章地基处理的规定执行。

4 本规范将丁类建筑地基一律不处理，改为对丁类建筑的地基可不处理。

5 近年来在实际工程中，乙、丙类建筑部分室内设备和地面也有严格要求，因此，本规范将该条单列，增加了必要时可采取地基处理措施的内容。

5.1.2 本条规定是在特殊情况下采取的措施，它是 5.1.1 条的补充。湿陷性黄土地基比较复杂，有些特殊情况，按一般规定选取设计措施，技术经济不一定合理，而补充规定比较符合实际。

5.1.3 本条规定，当地基内各层土的湿陷起始压力值均大于基础附加压力与上覆土的饱和自重压力之和时，地基即使充分浸水也不会产生湿陷，按湿陷起始压力设计基础尺寸的建筑，可采用天然地基，防水措施和结构措施均可按一般地区的规定设计，以降低工程造价，节约投资。

5.1.4 对承受较大荷载的设备基础，宜按建筑物对待，采取与建筑物相同的地基处理措施和防水措施。

5.1.5 新近堆积黄土的压缩性高、承载力低，当乙、丙类建筑的地基处理厚度小于新近堆积黄土层的厚度时，除应验算下卧层的承载力外，还应计算下卧层的压缩变形，以免因地基处理深度不够，导致建筑物产生有害变形。

5.1.6 据调查，建筑物建成后，由于生产、生活用水明显增加，以及周围环境水等影响，地下水位上升不仅非自重湿陷性黄土场地存在，近些年来某些自重湿陷性场地亦不例外，严重者影响建筑物的安全使用，故本条规定未区分非自重湿陷性黄土场地和自重湿陷性黄土场地，各类建筑的设计措施除应按本章的规定执行外，尚应符合本规范附录 G 的规定。

5.2 场址选择与总平面设计

5.2.1 近年来城乡建设发展较快，设计机构不断增加，设计人员的素质和水平很不一致，场址选择一旦失误，后果将难以设想，不是给工程建设造成浪费，就是不安全，为此本条将场址选择由宜符合改为应符合下列要求。

此外，地基湿陷等级高或厚度大的新近堆积黄土、高压缩性的饱和黄土等地段，地基处理的难度大，工程造价高，所以应避免将重要建设项目布置在上述地段。这一规定很有必要，值得场址选择和总平面设计引起重视。

5.2.2 山前斜坡地带，下伏基岩起伏变化大，土层厚薄不一，新近堆积黄土往往分布在这些地段，地基湿陷等级较复杂，填方厚度过大，下部土层的压力明显增大，土的湿陷类型就会发生变化，即由"非自重湿陷性黄土场地"变为"自重湿陷性黄土场地"。

挖方，下部土层一般处于卸荷状态，但挖方容易破坏或改变原有的地形、地貌和排水线路，有的引起边坡失稳，甚至影响建筑物的安全使用，故对挖方也应慎重对待，不可到处任意开挖。

考虑到水池类建筑物和有湿润生产过程的厂房，其地基容易受水浸湿，并容易影响邻近建筑物。因此，宜将上述建筑布置在地下水流向的下游地段或地形较低处。

5.2.3 将原规范中的山前地带的建筑场地，应整平成若干单独的台阶改为台地。近些年来，随着基本建设事业的发展和尽量少占耕地的原则，山前斜坡地带的利用比较突出，尤其在 ①~ ⑪ 区，自重湿陷性黄土分布较广泛，山前坡地，地质情况复杂，必须采取措施处理后方可使用。设计应根据山前斜坡地带的黄土特性和地层构造、地形、地貌、地下水位等情况，因地制宜地将斜坡地带划分成单独的台地，以保证边坡的稳定性。

边坡容易受地表水流的冲刷，在整平单独台地时，必须有组织地引导雨水排泄，此外，对边坡宜做护坡或在坡面种植草皮，防止坡面直接受雨水冲刷，导致边坡失稳或产生滑移。

5.2.4 本条表 5.2.4 规定的防护距离的数值，主要是针对消除部分湿陷量的乙、丙类建筑和不处理地基的丁类建筑所作的规定。

规范中有关防护距离，系根据编制 BJG 20—60 规范时，在西安、兰州等地区模拟的自渗管道试验结果，并结合建筑物调查资料而制定的。几十年的工程实践表明，原有表中规定的这些数值，基本上符合实际情况。通过在兰州、太原、西安等地区的进一步调查，并结合新的湿陷等级和建筑类别，本规范将防护距离的数值作了适当调整和修改，乙类建筑包括 24~60m 的高层建筑，在 Ⅲ~Ⅳ 级自重湿陷性黄土场地上，防护距离的数值比原规定增大 1~2m，丙类建筑一般为多层办公楼和多层住宅楼等，相当于原规范中的乙类和丙类建筑，由于 Ⅰ~Ⅱ 级非自重湿陷性黄土场地的湿陷起始压力值较大，湿陷事故较少，为此，将非自重湿陷性黄土场地的防护距离比原规范规定减少约 1m。

5.2.5 防护距离的计算，将宜自…算起，改为应自…算起。

5.2.6 据调查，当自重湿陷性黄土层厚度较大时，新建水渠与建筑物之间的防护距离仅以 25m 控制不够安全。

例如：**1** 青海有一新建工程，湿陷性黄土层厚度约 17m，采用预浸水法处理地基，浸水坑边缘距既有建筑物 37m，浸水过程中水渗透至既有建筑物地基引起湿陷，导致墙体开裂。

2 兰州东岗有一水渠远离既有建筑物 30m，由于水渠漏水，该建筑物发生裂缝。

上述实例说明，新建水渠距既有建筑物的距离 30m 偏小，本条规定在自重湿陷性黄土场地，新建水渠距既有建筑物的距离不得小于湿陷性黄土层厚度的 3 倍，并不应小于 25m，用"双指标"控制更为安全。

5.2.14 新型优质的防水材料日益增多，本条未做具体规定，设计时可结合工程的实际情况或使用功能等特点选用。

5.3 建筑设计

5.3.1 多层砌体承重结构建筑，其长高比不宜大于 3，室内地坪高出室外地坪不应小于 450mm。

上述规定的目的是：

1 前者在于加强建筑物的整体刚度，增强其抵抗不均匀沉降的能力。

2 后者为建筑物周围排水畅通创造有利条件，减少地基浸水湿陷的机率。

工程实践表明，长高比大于 3 的多层砌体房屋，地基不均匀下沉往往导致建筑物严重破坏。

例如：**1** 西安某厂有一幢四层宿舍楼，系砌体结构，内墙承重，尽管基础内和每层都设有钢筋混凝土圈梁，但由于房屋的长高比大于 3.5，整体刚度较差，地基不均匀下沉，内、外墙普遍出现裂缝，严重影响使用。

2 兰州化学公司有一幢三层试验楼，砌体承重结构，外墙厚 370mm，楼板和屋面板均为现浇钢筋混凝土，条形基础，埋深 1.50m，地基湿陷等级为 Ⅲ 级，具有自重湿陷性，且未采取处理措施，建筑物使用期间曾两次受水浸湿，建筑物的沉降最大值达 551mm，倾斜率最大值为 18‰，被迫停止使用。后来，对其地基和建筑采用浸水和纠倾措施，使该建筑物恢复原位，重新使用。

上述实例说明，长高比大于 3 的建筑物，其整体刚度和抵抗不均匀沉降的能力差，破坏后果严重，加固的难度大而且不一定有效，长高比小于 3 的建筑物，虽然严重倾斜，但整体刚度好，未导致破坏，易于修复和恢复使用功能。

此外，本条规定用水设施宜集中设置，缩短地下管线，使漏水限制在较小的范围内，便于发现和检修。

5.3.3 沿建筑物外墙周围设置散水，有利于屋面水、地面水顺利地排向雨水明沟或其他排水系统，以远离建筑物，避免雨水直接从外墙基础侧面渗入地基。

5.3.4 基础施工后，其侧向一般比较狭窄，回填夯实操作困难，而且不好检查，故规定回填土的干密度比土垫层的干密度小，否则，一方面难以达到，另一方面夯击过头影响基础。但为防止建筑物的屋面水、周围地面水从基础侧面渗入地基，增宽散水及其垫层的宽度较为有利，借以覆盖基础侧向的回填土，本条对散水垫层外缘和建筑物外墙基底外缘的宽度，由原规定 300mm 改为 500mm。

一般地区的散水伸缩缝间距为 6~12m，湿陷性黄土地区气候寒冷，昼夜温差大，气候对散水混凝土的影响也大，并容易使其产生冻胀和开裂，成为渗水的隐患，基于上述理由，便将散水伸缩缝改为每隔 6~10m 设置一条。

5.3.5 经常受水浸湿或可能积水的地面，建筑物地基容易受水浸湿，所以应按防水地面设计。

近年来，随着建材工业的发展，出现了不少新的优质可靠防水材料，使用效果良好，受到用户的重视和推广。为此，本条推荐采用优质可靠卷材防水层或其他行之有效的防水层。

5.3.7 为适应地基的变形，在基础梁底下往往需要预留一定高度的净空，但对此若不采取措施，地面水便可从梁底下的净空渗入地基。为此，本条规定应采取有效措施，防止地面水从梁底下的空隙渗入地基。

随着高层建筑的兴起，地下采光井日益增多，为防止雨水或其他水渗入建筑物地基引起湿陷，本条规定对地下室采光井应做好防、排水设施。

5.4 结 构 设 计

5.4.1 1 增加建筑物类别条件

划分建筑物类别的目的，是为了针对不同情况采用严格程度不同的设计措施，以保证建筑物在使用期内满足承载能力及正常使用的要求。原规范未提建筑物类别的条件，本次修订予以增补。

2 取消原规范中"构件脱离支座"的条文。该条文是针对砌体结构为简支构件的情况，已不适应目前中、高层建筑结构型式多样化的要求，故予取消。

3 增加墙体宜采用轻质材料的要求

原规范仅对高层建筑建议采用轻质高强材料，而对多层砌体房屋则未提及。实际上，我国对多层砌体房屋的承重墙体，推广应用 KPI 型黏土多孔砖及混凝土小型空心砌块已积累不少经验，并已纳入相应的设计规范。本次修订增加了墙体改革的内容。当有条件时，对承重墙、隔墙及围护墙等，均提倡采用轻质材料，以减轻建筑物自重，减小地基附加压力，这对在非自重湿陷性黄土场地上按湿陷起始压力进行设计，有重要意义。

5.4.2 将原规范建筑物的"体型"一词，改为"平面、立面布置"。

因使用功能及建筑多样化的要求，有的建筑物平面布置复杂，凸凹较多；有的建筑物立面布置复杂，收进或外挑较多；有的建筑物则上述两种情况兼而有之。本次修订明确指出"建筑物平面、立面布置复杂"，比原规范的"体型复杂"更为简捷明了。

与平面、立面布置复杂相对应的是简单、规则。就考虑湿陷变形特点对建筑物平面、立面布置的要求而言，目前因无足够的工程经验，尚难提出量化指标。故本次修订只能从概念设计的角度，提出原则性的要求。

应注意到我国湿陷性黄土地区，大都属于抗震设防地区。在具体工程设计中，应根据地基条件、抗震设防要求与温度区段长度等因素，综合考虑设置沉降缝的问题。

原规范规定"砌体结构建筑物的沉降缝处，宜设置双墙"。就结构类型而言，仅指砌体结构；就承重构件而言，仅指墙体。以上提法均有涵盖面较窄之嫌。如砌体结构的单外廊式建筑，在沉降缝处则应设置双墙、双柱。

沉降缝处不宜采用牛腿搭梁的做法。一是结构单元要保证足够的空间刚度，不应形成三面围合，靠缝一侧开敞的形式；二是采用牛腿搭梁的"铰接"做法，构造上很难实现理想铰；一旦出现较大的沉降差时，由于沉降缝两侧的结构单元未能彻底脱开而互相牵扯、互相制约，将会导致沉降缝处局部损坏较严重的不良后果。

5.4.3 1 将原规范的"宜"均改为"应"，且加上"优先"二字，强调高层建筑减轻建筑物自重尤为重要。

2 增加了当不设沉降缝时，宜采取的措施：

1) 高层建筑肯定属于甲、乙类建筑，均采取了地基处理措施——全部或部分消除地基湿陷量。本条建议是在上述地基处理的前提下考虑的。

2) 第 1 款、第 2 款未明确区分主楼与裙房之间是否设置沉降缝，以与 5.4.2 条"平面、立面布置复杂"相呼应；第 3 款则指主楼与裙房之间未设沉降缝的情况。

5.4.4 甲、乙类建筑的基础埋置深度均大于 1m，故只规定丙类建筑基础的埋置深度。

5.4.5 调整了原规范第 2 条"管沟"与"管道"的顺序，使之与该条第一行的词序相同。

5.4.6 1 在钢筋混凝土圈梁之前增加"现浇"二字（以下各款不再重复），即不提倡采用装配整体式圈梁，以利于加强砌体结构房屋的整体性。

2 增加了构造柱、芯柱的内容，以适应砌体结构块材多样性的要求。

3 原规范未包括单层厂房、单层空旷砖房的内容，参照现行国家标准《砌体结构设计规范》GB 50003 中 6.1.2 条的精神予以增补。

4 在第 2 款中，将原"混凝土配筋带"改为"配筋砂浆带"，以方便施工。

5 在第 4 款中增加了横向圈梁水平间距限值的要求，主要是考虑增强砌体结构房屋的整体性和空间刚度。

纵、横向圈梁在平面内互相拉结（特别是当楼、屋盖采用预制板时）才能发挥其有效作用。横向圈梁水平间距不大于 16m 的限值，是按照现行国家标准《砌体结构设计规范》表 3.2.1，房屋静力计算方案为刚性时对横墙间距的最严格要求而规定的。对于多层砌体房屋，实则规定了横墙的最大间距；对于单层厂房或单层空旷砖房，则要求将屋面承重构件与纵向圈梁能可靠拉结。

对整体刚度起重要作用的横墙系指大房间的横隔墙、楼梯间横墙及平面局部凸凹部位凹角处的横墙等。

6 增加了圈梁遇洞口时惯用的构造措施，应符合现行国家标准《砌体结构设计规范》GB 50003 和《建筑抗震设计规范》GB 50011 的有关规定。

7 增加了设置构造柱、芯柱的要求。

砌体结构由于所用材料及连接方式的特点决定了它的脆性性质，使其适应不均匀沉降的能力很差；而湿陷变形的特点是速度快、变形量大。为改善砌体房屋的变形能力以及当墙体出现较大裂缝后，仍能保持一定的承担竖向荷载的能力，为增强其整体性和空间刚度，应将圈梁与构造柱或芯柱协调配合设置。

5.4.7 增加了芯柱的内容。

5.4.8 增加了预制钢筋混凝土板在梁上支承长度的要求。

5.5 给水排水、供热与通风设计

（Ⅰ）给水、排水管道

5.5.1 在建筑物内、外布置给排水管道时，从方便维护和管理着眼，有条件的理应采取明设方式。但是，随着高层建筑日益增多，多层建筑已很普遍，管道集中敷设已成趋势，或由于建筑物的装修标准高，需要暗设管道。尤其在住宅和公用建筑物内的管道布置已趋隐蔽，再强调应尽量明装已不符合工程实际需要。目前，只有在厂房建筑内管道明装是适宜的，所以本条改为"室内管道宜明装。暗设管道必须设置便于检修的设施。"这样规定，既保证暗设管道的正常运行，又能满足一旦出现事故，也便于发现和检修，杜绝漏水浸入地基。

为了保证建筑物内、外合理设置给排水设施，对建筑物防护范围外和防护范围内的管道布置应有所区别。

"室外管道宜布置在防护范围外"，这主要指建筑物内无用水设施，仅是户外有外网管道或是其他建筑物的配水管道，此时就可以将管道远离该建筑物布置在防护距离外，该建筑物内的防水措施即可从简；若室内有用水设施，在防护范围内包括室内地下一定有管道敷设，在此情况下，则要求"应简捷，并缩短其长度"，再按本规范 5.1.1 条和 5.1.2 条的规定，采取综合设计措施。在防水措施方面，采用设有检漏防水的设施，使渗漏水的影响，控制在较小的、便于检查的范围内。

无论是明管、还是暗管，管道本身的强度及接口的严密性均是防止建筑物湿陷事故的第一道防线。据调查统计，由于管道接口和管材损坏发生渗漏而引起的湿陷事故率，仅次于场地积水引起的事故率。所以，本条规定"管道接口应严密不漏水，并具有柔性"。过去，在压力管道中，接口使用石棉水泥材料较多。此类接口仅能承受微量不均匀变形，实际仍属

刚性接口，一旦断裂，由于压力水作用，事故发生迅速，且不易修复，还容易造成恶性循环。

近年来，国内外开展柔性管道系统的技术研究。这种系统有利于消除温差或施工误差引起的应力转移，增强管道系统及其与设备连接的安全性。这种系统采用的元件主要是柔性接口管，柔性接口阀门，柔性管接头，密封胶圈等。这类柔性管件的生产，促进了管道工程的发展。

湿陷性黄土地区，为防止因管道接口漏水，一直寻求理想的柔性接口。随着柔性管道系统的开发应用，这一问题相应得到解决。目前，在压力管道工程中，逐渐采用柔性接口，其形式有：卡箍式、松套式、避震喉、不锈钢波纹管，还有专用承插柔性接口管及管件。它们有的在管道系统全部接口安设，有的是在一定数量接口间隔安设，或者在管道转换方向（如三通、四通）的部分接口处安设。这对由于各种原因招致的不均匀沉降都有很好的抵御能力。

随着国家建设的发展，为"节约资源，保护环境"，湿陷性黄土地区对压力管道系统应逐渐推广采用相适应的柔性接口。

室内排水（无压）管道，建设部对住宅建筑有明确规定：淘汰砂模铸造铸铁排水管，推广柔性接口机制铸铁排水管；在《建筑给水排水设计规范》中，也要求建筑排水管道采用粘接连接的排水塑料管和柔性接口的排水铸铁管。这对高层建筑和地震区建筑的管道抵抗不均匀沉降、防震起到有效的作用。考虑到湿陷性黄土地区的地震烈度大都在 7 度以上（仅塔克拉玛干沙漠，陕北白干山与毛乌素沙漠之间小于 6 度）。就是说，湿陷性黄土地区兼有湿陷、震陷双重危害性。在湿陷性黄土地区，理应明确在防护范围内的地上、地下敷设的管道须加强设防标准，以柔性接口连接，无论架设和埋设的管道，包括管沟内架设，均应考虑采用柔性接口。

室外地下直埋（即小区、市政管道）排水管，由调查得知，60%～70%的管线均因管材和接口损坏漏水，严重影响附近管线和线路的安全运行。此类管受交通和多种管线的相互干扰，很难理想布置，一旦漏水，修复工作量较大。基于此情况，应提高管材材质标准，且在适当部位和有条件的地方，均应做柔性接口，同时加强对管基的处理。对管道与构筑物（如井、沟、池壁）连接部位，因属受力不均匀的薄弱部位，也应加强管道接口的严密和柔韧性。

综上所述，在湿陷性黄土地区，应适当推广柔性管道接口，以形成柔性管道系统。

5.5.2 本条规定是管材选用的范围。

压力管道的材质，据调查，普遍反映球墨铸铁管的柔韧性好，造价适中，管径适用幅度大（在 DN200～DN2200 之间），而且具有胶圈承插柔性接口、防腐内衬、开孔技术易掌握，便于安装等优点。此类管

材，在湿陷性黄土地区应为首选管材。但在建筑小区内或建筑物内的进户管，因受管径限制，没有小口径球墨铸铁管，则在此部位只有采用塑料管、给水铸铁管，或者不锈钢管等。有的工程甚至采用铜管。

镀锌钢管材质低劣，使用过程中内壁锈蚀，易滋生细菌和微生物，对饮用水产生二次污染，危害人体健康。建设部在 2000 年颁发通知："在住宅建筑中禁止使用镀锌钢管。"工厂内的工业用水管道虽然无严格限制，但在生产、生活共用给水系统中，也不能采用镀锌钢管。

塑料管与传统管材相比，具有重量轻，耐腐蚀，水流阻力小，节约能源，安装简便、迅速，综合造价较低等优点，受到工程界的青睐。随着科学技术不断提高，原材料品质的改进，各种添加剂的问世，塑料管的质量已大幅度提高，并克服了噪声大的弱点。近十年来，塑料管开发的种类有硬质聚氯乙烯（UPVC）管、氯化聚氯乙烯（CPVC）管、聚乙烯（PE）管、聚丙烯（PP—R）管、铝塑复合（PAP）管、钢塑复合（SP）管等 20 多种塑料管。其中品种不同，规格不同，分别适宜于各种不同的建筑给水、排水管材及管件和城市供水、排水管材及管件。规范中不一一列举。需要说明的是目前市场所见塑料管材质量参差不齐，规格系列不全，管材、管件配套不完善，甚至因质量监督不力，尚有伪劣产品充斥市场。鉴于国家已确定塑料管材为科技开发重点，并逐步完善质量管理措施，并制定相关塑料产品标准，塑料管材的推广应用将可得到有力的保证。工程中无论采用何种塑料管，必须按有关现行国家标准进行检验。凡符合国家标准并具有相应塑料管道工程的施工及验收规范的才可选用。

通过工程实践，在采用检漏、严格防水措施时，塑料管在防护范围内仍应设置在管沟内；在室外，防护范围外地下直埋敷设时，应采用市政用塑料管并尽量避开外界人为活动因素的影响和上部荷载的干扰，采取深埋方式，同时做好管基处理较为妥当。

预应力钢筋混凝土管是 20 世纪 60~70 年代发展起来的管材。近年来发现，大量地下钢筋混凝土管的保护层脱落，管身露筋引起锈蚀，管壁冒汗、渗水，管道承压降低，有的甚至发生爆管，地面大面积塌方，给就近的综合管线（如给水管、电缆管等）带来危害……实践证明，预应力钢筋混凝土管的使用年限约为 20~30 年，而且自身有难以修复的致命弱点。今后需加强研究改进，寻找替代产品，故本次修订，将其排序列后。

耐酸陶瓷管、陶土管，质脆易断，管节短、接口多，对防水不利，但因有一定的防腐蚀能力，经济适用，在管沟内敷设或者建筑物防护范围外深埋尚可，故保留。

本条新增加预应力钢筒混凝土管。

预应力钢筒混凝土管在国内尚属新型管材。制管工艺由美国引进，管道缩写为"PCCP"。目前，我国无锡、山东、深圳等地均有生产。管径大多在 $\phi 600 \sim \phi 3000mm$，工程应用已近 1000km。各项工程都是一次通水成功，符合滴水不漏的要求。管材结构特点：混凝土层夹钢筒，外缠绕预应力钢丝并喷涂水泥砂浆层。管连接用橡胶圈承插口。该管同时生产有转换接口、弯头、三通、双橡胶圈承插口，极大地方便了管线施工。该管材接口严密不漏水，综合造价低、易维护、好管理，作为输水管线在湿陷性黄土地区是值得推荐的好管材，故本条特别列出。

自流管道的管材，据调查反映：人工成型或人工机械成型的钢筋混凝土管，基本属于土法振捣的钢筋混凝土管，因其质量不过关，故本规范不推荐采用，保留离心成型钢筋混凝土管。

5.5.5 以往在严格防水措施的检漏管沟中，仅采用油毡防水层。近年来，工程实践表明，新型的复合防水材料及高分子卷材均具有防水可靠、耐热、耐寒、耐久，施工方便，价格适中，是防水卷材的优良品种。涂膜防水层、水泥聚合物涂膜防水层、氰凝防水材料等，都是高效、优质防水材料。当今，技术发展快，产品种类繁多，不再一一列举。只要是可靠防水层，均可应用。为此，在本规范规定的严格防水措施中，对管沟的防水材料，将卷材防水层或塑料油膏防水改为可靠防水层。防水层并应做保护层。

自 20 世纪 60 年代起，检漏设施主要是检漏管沟和检漏井。这种设施占地多，显得陈旧落后，而且使用期间，务必经常维护和检修才能有效。近年来，由国外引进的高密度聚乙烯外护套管聚氨质泡沫塑料预制直埋保温管，具有较好的保温、防水、防潮作用。此管简称为"管中管"。某些工程，在管道上还装有渗漏水检测报警系统，增加了直埋管道的安全可靠性，可以代替管沟敷设。经技术经济分析，"管中管"的造价低于管沟。该技术在国内已大面积采用，取得丰富经验。至于有"电讯检漏系统"的报警装置，仅在少量工程中采用，尤其热力管道和高寒地带的输配水管道，取得丰富经验。现在建设部已颁发《高密度聚乙烯外护套管聚氨脂泡沫塑料预制直埋保温管》城建建工产品标准。这对采用此类直埋管提供了可靠保证。规范对高层建筑或重要建筑，明确规定可采用有电讯检漏系统的"直埋管中管"设施。

5.5.6 排水出户管道一般具有 0.02 的坡度，而给水进户管道管径小，坡度也小。在进出户管沟的沟底，往往忽略了排水方向，沟底多见积水长期聚集，对建筑物地基造成浸水隐患。本条除强调检漏管沟的沟底坡向外，并增加了进、出户管的管沟沟底坡度宜大于 0.02 的规定。

考虑到高层建筑或重要建筑大都设有地下室或半地下室。为方便检修，保护地基不受水浸湿，管道设计应充分利用地下部分的空间，设置管道设备层。为此，本条明确规定，对甲类建筑和自重湿陷性黄土场地上乙类中的重要建筑，室内地下管线宜敷设在地下室或半地下室的设备层内，穿出外墙的进出户管段，宜集中设置在半通行管沟内，这样有利于加强维护和检修，并便于排除积水。

5.5.11 非自重湿陷性黄土场地的管道工程，虽然管道、构筑物的基底压力小，一般不会超过湿陷起始压力，但管道是一线型工程；管道与附属构筑物连接部位是受力不均匀的薄弱部位。受这些因素影响，易造成管道损坏，接口开裂。据非自重湿陷性黄土场地的工程经验，在一些输配水管道及其附属构筑物基底做土垫层和灰土垫层，效果很好，故本条扩大了使用范围，凡是湿陷性黄土地区的管基和基底均这样做管基。

5.5.13 原规范要求管道穿水池池壁处设柔性防水套管，管道从套管伸出，环形壁缝用柔性填料封堵。据调查反映，多数施工难以保证质量，普遍有渗水现象。工程实践中，多改为在池壁处直接埋设带有止水环的管道，在管道外加设柔性接口，效果很好，故本条增加了此种做法。

（Ⅱ）供热管道与风道

5.5.14 本条强调了在湿陷性黄土地区应重视选择质量可靠的直埋供热管道的管材。采用直埋敷设热力管道，目前技术已较成熟，国内广大采暖地区采用直埋敷设热力管道已占主流。近年来，经过工程技术人员的努力探索，直埋敷设热力管道技术被大量推广应用。国家并颁布有相应的行业标准，即：《城镇直埋供热管道工程技术规程》CJJ/T 81 及《聚氨酯泡沫塑料预制保温管》CJ/T 3002。但由于国内市场不规范，生产了大量的低标准管材，有关部门已注意到此种倾向。为保证湿陷性黄土地区直埋敷设供热管道总体质量，本规范不推荐采用玻璃钢保护壳，因其在现场施工条件下，质量难以保证。

5.5.15～5.5.16 热力管道的管沟遍布室内和室外，甚至防护范围外。室内暖气管沟较长，沟内一般有检漏井，检漏井可与检查井合并设置。所以本条规定，管沟的沟底应设坡向室外检漏井的坡度，以便将水引向室外。

据调查，暖气管道的过门沟，渗漏水引起地基湿陷的机率较高。尤其在自重湿陷性黄土强烈的 ① 、Ⅱ区，冬季较长，过门沟及其沟内装置一旦有渗漏水，如未及时发现和检修，管道往往被冻裂，为此增加在过门管沟的末端应采取防冻措施的规定，防止湿陷事故的发生或恶化。

5.5.17 本条增加了对"直埋敷设供热管道"地基处理的要求。直埋供热管道在运行时要承受较大的轴向应力，为细长不稳定压杆。管道是依靠覆土而保持稳定的，当敷设地点的管道地基发生湿陷时，有可能产生管道失稳，故应对"直埋供热管道"的管基进行处理，防止产生湿陷。

5.5.18～5.5.19 随着高层建筑的发展以及内装修标准的提高，室内空调系统日益增多，据调查，目前室内外管网的泄水、凝结水，任意引接和排放的现象较严重。为此，本条增加对室内、外管网的泄水、凝结水不得任意排放的规定，以便引起有关方面的重视，防止地基浸水湿陷。

5.6 地基计算

5.6.1 计算黄土地基的湿陷变形，主要目的在于：

1 根据自重湿陷量的计算值判定建筑场地的湿陷类型；

2 根据基底下各土层累计的湿陷量和自重湿陷量的计算值等因素，判定湿陷性黄土地基的湿陷等级；

3 对于湿陷性黄土地基上的乙、丙类建筑，根据地基处理后的剩余湿陷量并结合其他综合因素，确定设计措施的采取。

对于甲、乙类建筑或有特殊要求的建筑，由于荷载和压缩层深度比一般建筑物相对较大，所以在计算地基湿陷量或地基处理后的剩余湿陷量时，可考虑按实际压力相应的湿陷系数和压缩层深度的下限进行计算。

5.6.2 变形计算在地基计算中的重要性日益显著，对于湿陷性黄土地基，有以下几个特点需要考虑：

1 本规范明确规定在湿陷性黄土地区的建设中，采取以地基处理为主的综合措施，所以在计算地基土的压缩变形时，应考虑地基处理后压缩层范围内土的压缩性的变化，采用地基处理后的压缩模量作为计算依据；

2 湿陷性黄土在近期浸水饱和后，土的湿陷性消失并转化为高压缩性，对于这类饱和黄土地基，一般应进行地基变形计算；

3 对需要进行变形验算的黄土地基，其变形计算和变形允许值，应符合现行国家标准《建筑地基基础设计规范》的规定。考虑到黄土地区的特点，根据原机械工业部勘察研究院等单位多年来在黄土地区积累的建（构）筑物沉降观测资料，经分析整理后得到沉降计算经验系数（即沉降实测值与按分层总和法所得沉降计算值之比）与变形计算深度范围内压缩模量的当量值之间存在着一定的相关关系，如条文中的表5.6.2。

4 计算地基变形时，传至基础底面上的荷载效应，应按正常使用极限状态准永久组合，不应计入风荷载和地震作用。

5.6.3 本条对黄土地基承载力明确了以下几点：

1 为了与现行国家标准《建筑地基基础设计规范》相适应，以地基承载力特征值作为地基计算的代表数值。其定义为在保证地基稳定的条件下，使建筑物或构筑物的沉降量不超过容许值的地基承载能力。

2 地基承载力特征值的确定，对甲、乙类建筑，可根据静载荷试验或其他原位测试、公式计算并结合工程实践经验等方法综合确定。当有充分根据时，对乙、丙、丁类建筑可根据当地经验确定。

本规范对地基承载力特征值的确定突出了两个重点：一是强调了载荷试验及其他原位测试的重要作用；二是强调了系统总结工程实践经验和当地经验（包括地区性规范）的重要性。

5.6.4 本条规定了确定基础底面积时计算荷载和抗力的相应规定。荷载效应应根据正常使用极限状态标准组合计算；相应的抗力应采用地基承载力特征值。当偏心作用时，基础底面边缘的最大压力值，不应超过修正后的地基承载力特征值的1.2倍。

5.6.5 本规范对地基承载力特征值的深、宽修正作如下规定：

1 深、宽修正计算公式及其符号意义与现行国家标准《建筑地基基础设计规范》相同；

2 深、宽修正系数取值与《湿陷性黄土地区建筑规范》GBJ 25—90相同，未作修改；

3 对饱和黄土的有关物理性质指标分档说明作了一些更改，分别改为 e 及 I_L（两个指标）都小于0.85，e 或 I_L（其中只要有一个指标）大于0.85，e 及 I_L（两个指标）都不小于1三档。另外，还规定只适用于 $I_p > 10$ 的饱和黄土（粉质黏土）。

5.6.6 对于黄土地基的稳定性计算，除满足一般要求外，针对黄土地区的特点，还增加了两条要求。一条是在确定滑动面（或破裂面）时，应考虑黄土地基中可能存在的竖向节理和裂隙。这是因为在实际工程中，黄土地基（包括斜坡）的滑动面（或破裂面）与饱和软黏土和一般黏性土是不相同的；另一条是在可能被水浸湿的黄土地基，强度指标应根据饱和状态的试验结果求得。这是因为对于湿陷性黄土来说，含水量增加会使强度显著降低。

5.7 桩 基 础

5.7.1 湿陷性黄土场地，地基一旦浸水，便会引起湿陷给建筑物带来危害，特别是对于上部结构荷载大并集中的甲、乙类建筑；对整体倾斜有严格限制的高耸结构；对不均匀沉降有严格限制的甲类建筑和设备基础以及主要承受水平荷载和上拔力的建筑或基础等，均应从消除湿陷性的危害角度出发，针对建筑物的具体情况和场地条件，首先从经济技术条件上考虑采取可靠的地基处理措施，当采用地基处理措施不能满足设计要求或经济技术分析比较，采用地基处理不适宜的建筑，可采用桩基础。自20世纪70年代以

来，陕西、甘肃、山西等湿陷性黄土地区，大量采用了桩基础，均取得了良好的经济技术效果。

5.7.2 在湿陷性黄土场地桩周浸水后，桩身尚有一定的正摩擦力，在充分发挥并利用桩周正摩擦力的前提下，要求桩端支承在压缩性较低的非湿陷性黄土层中。

自重湿陷性黄土场地建筑物地基浸水后，桩周土可能产生负摩擦力，为了避免由此产生下拉力，使桩的轴向力加大而产生较大沉降，桩端必须支承在可靠的持力层中。桩底端应坐落在基岩上，采用端承桩；或桩底端坐落在卵石、密实的砂类土和饱和状态下液性指数 $I_L < 0$ 的硬黏性土层上，采用以端承力为主的摩擦端承桩。

除此之外，对于混凝土灌注桩纵向受力钢筋的配置长度，虽然在规范中没有提出明确要求，但在设计中应有所考虑。对于在非自重湿陷性黄土层中的桩，虽然不会产生较大的负摩擦力，但一经浸水桩周土可能变软或产生一定量的负摩擦力，对桩产生不利影响。因此，建议桩的纵向钢筋除应自桩顶按1/3桩长配置外，配筋长度尚应超过湿陷性黄土层的厚度；对于在自重湿陷性黄土层中的端承桩，由于桩侧可能承受较大的负摩擦力，中性点截面处的轴向压力往往大于桩顶，全桩长的轴向压力均较大。因此，建议桩身纵向钢筋应通长配置。

5.7.3 在湿陷性黄土地区，采用的桩型主要有：钻、挖孔（扩底）灌注桩，沉管灌注桩，静压桩和打入式钢筋混凝土预制桩等。选用桩型时，应根据工程要求、场地湿陷类型、地基湿陷等级、岩土工程地质条件、施工条件及场地周围环境等综合因素确定。如在非自重湿陷性黄土场地，可采用钻、挖孔（扩底）灌注桩，近年来，陕西关中地区普遍采用锅锥钻、挖成孔的灌注桩施工工艺，获得较好的经济技术效果；在地基湿陷性等级较高的自重湿陷性黄土场地，宜采用干作业成孔（扩底）灌注桩；还可充分利用黄土能够维持较大直立边坡的特性，采用人工挖孔（扩底）灌注桩；在可能条件下，可采用钢筋混凝土预制桩，沉桩工艺有静力压桩法和打入法两种。但打入法因噪声大和污染严重，不宜在城市中采用。

5.7.4 本节规定了在湿陷性黄土层厚度等于或大于10m的场地，对于采用桩基础的甲类建筑和乙类中的重要建筑，其单桩竖向承载力特征值应通过静载荷浸水试验方法确定。

同时还规定，对于采用桩基础的其他建筑，其单桩竖向承载力特征值，可按有关规范的经验公式估算，即：

$$R_a = q_{pa} \cdot A_p + u q_{sa}(l - Z) - u \overline{q}_{sa} Z$$

$$(5.7.4\text{-}1)$$

式中 q_{pa}——桩端土的承载力特征值（kPa）；

A_p——桩端横截面的面积（m²）；

u——桩身周长（m）；

$\overline{q}_{sa}$——桩周土的平均摩擦力特征值（kPa）；

l——桩身长度（m）；

Z——桩在自重湿陷性黄土层的长度（m）。

对于上式中的 q_{pa} 和 q_{sa} 值，均应按饱和状态下的土性指标确定。饱和状态下的液性指数，可按下式计算：

$$I_l = \frac{S_r e / D_r - w_p}{w_L - w_p} \qquad (5.7.4-2)$$

式中　S_r——土的饱和度，可取85%；

e——土的孔隙比；

D_r——土粒相对密度；

w_L，w_p——分别为土的液限和塑限含水量，以小数计。

上述规定的理由如下：

1 湿陷性黄土层的厚度越大，湿陷性可能越严重，由此产生的危害也可能越大，而采用地基处理方法从根本上消除其湿陷性，有效范围大多在10m以内，当湿陷性黄土层等于或大于10m的场地，往往要采用桩基础。

2 采用桩基础一般都是甲、乙类建筑。其中一部分是地基受水浸湿可能性大的重要建筑；一部分是高、重建筑，地基一旦浸水，便有可能引起湿陷给建筑物带来危害。因此，确定单桩竖向承载力特征值时，应按饱和状态考虑。

3 天然黄土的强度较高，当桩的长度和直径较大时，桩身的正摩擦力相当大。在这种情况下，即使桩端支承在湿陷性黄土层上，在进行载荷试验时如不浸水，桩的下沉量也往往不大。例如，20世纪70年代建成投产的甘肃刘家峡化肥厂碱洗塔工程，采用的井桩基础未穿透湿陷性黄土层，但由于载荷试验未进行浸水，荷载加至3000kN，下沉量仅6mm。井桩按单桩竖向承载力特征值为1500kN进行设计，当时认为安全系数取2已足够安全，但建成投产后不久，地基浸水产生了严重的湿陷事故，桩周土体的自重湿陷量达600mm，桩周土的正摩擦力完全丧失，并产生负摩擦力，使桩产生了大量的下沉。由此可见，湿陷性黄土地区的桩基静载荷试验，必须在浸水条件下进行。

5.7.5 桩周的自重湿陷性黄土层浸水后发生自重湿陷时，将产生土层对桩的向下位移，桩将产生一个向下的作用力，即负摩擦力。但对于非自重湿陷性黄土场地和自重湿陷性黄土场地，负摩擦力将有不同程度的发挥。因此，在确定单桩竖向承载力特征值时，应分别采取如下措施：

1 在非自重湿陷性黄土场地，当自重湿陷量小于50mm时，桩侧由此产生的负摩擦力很小，可忽略不计，桩侧主要还是正摩擦力起作用。因此规定，此时"应计入湿陷性黄土层范围内饱和状态下的桩侧正摩擦力"。

2 在自重湿陷性黄土场地，确定单桩竖向承载力特征值时，除不计湿陷性黄土层范围内饱和状态下的桩侧正摩擦力外，尚应考虑桩侧的负摩擦力。

1）按浸水载荷试验确定单桩竖向承载力特征值时，由于浸水坑的面积较小，在试验过程中，桩周土体一般还未产生自重湿陷，因此应从试验结果中扣除湿陷性黄土层范围内的桩侧正、负摩擦力。

2）桩侧负摩擦力应通过现场浸水试验确定，但一般情况下不容易做到。因此，许多单位提出希望规范能给出具体数据或参考值。

自20世纪70年代开始，我国有关单位根据设计要求，在青海大通、兰州和西安等地，采用悬吊法实测桩侧负摩擦力，其结果见表5.7.5-1。

表 5.7.5-1　用悬吊法实测的桩周负摩擦力

桩的类型	试验地点	自重湿陷量的实测值（mm）	桩侧平均负摩擦力（kPa）
挖孔灌注桩	兰　州	754	16.30
	青　海	60	15.00
预制桩	兰　州	754	27.40
	西　安	90	14.20

国外有关标准中规定桩侧负摩擦力可采用正摩擦力的数值，但符号相反。现行国家标准《建筑地基基础设计规范》对桩周正摩擦力特征值 q_{sa} 规定见表5.7.5-2。

表 5.7.5-2　预制桩的桩侧正摩擦力的特征值

土的名称	土的状态	正摩擦力（kPa）
黏性土	$I_L > 1$	10～17
	$0.75 < I_L \leqslant 1.00$	17～24
粉　土	$e > 0.90$	10～20
	$0.70 < e \leqslant 0.90$	20～30

如黄土的液限 $w_L = 28\%$，塑限 $w_p = 18\%$，孔隙比 $e \geqslant 0.90$，饱和度 $S_r \geqslant 80\%$ 时，液性指数一般大于1，按照上述规定，饱和状态黄土层中预制桩桩侧的正摩擦力特征值为 10～20kPa，与现场负摩擦力的实测结果大体上相符。

关于桩的类型对负摩擦力的影响

试验结果表明，预制桩的侧表面虽比灌注桩光滑，但其单位面积上的负摩擦力却比灌注桩为大。这主要是由于预制桩在打桩过程中将桩周土挤密，挤密土在桩周形成一层硬壳，牢固地粘附在桩侧表面上。桩周土体发生自重湿陷时不是沿桩身而是沿硬壳层滑移，增加了桩的侧表面面积，负摩擦力也随之增大。因此，对于具有挤密作用的预制桩与无挤密作用的钻、挖孔灌注桩，其桩侧负摩擦力应分别给出不同的数值。

关于自重湿陷量的大小对负摩擦力的影响

兰州钢厂两次负摩擦力的测试结果表明，经过8年之后，由于地下水位上升，地基土的含水量提高以及地面堆载的影响，场地土的湿陷性降低，负摩擦力值也明显减小，钻孔灌注桩两次的测试结果见表5.7.5-3。

表 5.7.5-3　兰州钢厂钻孔灌注桩负摩擦力的测试结果

时　间	自重湿陷量的实测值（mm）	桩身平均负摩擦力（kPa）
1975	754	16.30
1988	100	10.80

试验结果表明，桩侧负摩擦力与自重湿陷量的大小有关，土的自重湿陷性愈强，地面的沉降速度愈大，桩侧负摩擦力值也愈大。因此，对自重湿陷量 $\Delta_{zs} < 200\text{mm}$ 的弱自重湿陷性黄土与 $\Delta_{zs} \geq 200\text{mm}$ 较强的自重湿陷性黄土，桩侧负摩擦力的数值差异较大。

3) 对桩侧负摩擦力进行现场试验确有困难时，GBJ 25—90 规范曾建议按表 5.7.5-4 中的数值估算：

表 5.7.5-4　桩侧平均负摩擦力（kPa）

自重湿陷量的计算值（mm）	钻、挖孔灌注桩	预制桩
70 ~ 100	10	15
≥200	15	20

鉴于目前自重湿陷性黄土场地桩侧负摩擦力的试验资料不多，本规范有关桩侧负摩擦力计算的规定，有待于今后通过不断积累资料逐步完善。

5.7.6　在水平荷载和弯矩作用下，桩身将产生挠曲变形，并挤压桩侧土体，土体则对桩产生水平抗力，其大小和分布与桩的变形以及土质条件、桩的入土深度等因素有关。设在湿陷性黄土层中的桩，在天然含水量条件下，桩侧土对桩往往可以提供较大的水平抗力；一旦浸水桩周土变软，强度显著降低，从而桩周土体对桩侧的水平抗力就会降低。

5.7.8　在自重湿陷性黄土层中的桩基，一经浸水桩侧产生的负摩擦力，将使桩基竖向承载力不同程度的降低。为了提高桩基的竖向承载力，设在自重湿陷性黄土场地的桩基，可采取减小桩侧负摩擦力的措施，如：

1　在自重湿陷性黄土层中，桩的负摩擦力试验资料表明，在同一类土中，挤土桩的负摩擦力大于非

挤土桩的负摩擦力。因此，应尽量采用非挤土桩（如钻、挖孔灌注桩），以减小桩侧负摩擦力。

2　对位于中性点以上的桩侧表面进行处理，以减小负摩擦力的产生。

3　桩基施工前，可采用强夯、挤密土桩等进行处理，消除上部或全部土层的自重湿陷性。

4　采取其他有效而合理的措施。

5.7.9　本条规定的目的是：

1　防止雨水和地表水流入桩孔内，避免桩孔周围土产生自重湿陷；

2　防止泥浆护壁或钻孔法的泥浆循环液，渗入附近自重湿陷黄土地基引起自重湿陷。

6　地 基 处 理

6.1　一 般 规 定

6.1.1　当地基的变形（湿陷、压缩）或承载力不能满足设计要求时，直接在天然土层上进行建筑或仅采取防水措施和结构措施，往往不能保证建筑物的安全与正常使用，因此本条规定应针对不同土质条件和建筑物的类别，在地基压缩层内或湿陷性黄土层内采取处理措施，以改善土的物理力学性质，使土的压缩性降低、承载力提高、湿陷性消除。

湿陷变形是当地基的压缩变形还未稳定或稳定后，建筑物的荷载不改变，而是由于地基受水浸湿引起的附加变形（即湿陷）。此附加变形经常是局部和突然发生的，而且很不均匀，尤其是地基受水浸湿初期，一昼夜内往往可产生 150 ~ 250mm 的湿陷量，因而上部结构很难适应和抵抗量大、速率快及不均匀的地基变形，故对建筑物的破坏性大，危害性严重。

湿陷性黄土地基处理的主要目的：一是消除其全部湿陷量，使处理后的地基变为非湿陷性黄土地基，或采用桩基础穿透全部湿陷性黄土层，使上部荷载通过桩基础传递至压缩性低或较低的非湿陷性黄土（岩）层上，防止地基产生湿陷，当湿陷性黄土层厚度较薄时，也可直接将基础设置在非湿陷性黄土（岩）层上；二是消除地基的部分湿陷量，控制下部未处理湿陷性黄土层的剩余湿陷量或湿陷起始压力值符合本规范的规定数值。

鉴于甲类建筑的重要性、地基受水浸湿的可能性和使用上对不均匀沉降的严格限制等与乙、丙类建筑有所不同，地基一旦发生湿陷，后果很严重，在政治、经济等方面将会造成不良影响或重大损失，为此，不允许甲类建筑出现任何破坏性的变形，也不允许因地基变形影响建筑物正常使用，故对其处理从严，要求消除地基的全部湿陷量。

乙、丙类建筑涉及面广，地基处理过严，建设投资将明显增加，因此规定消除地基的部分湿陷量，然

后根据地基处理的程度及下部未处理湿陷性黄土层的剩余湿陷量或湿陷起始压力值的大小，采取相应的防水措施和结构措施，以弥补地基处理的不足，防止建筑物产生有害变形，确保建筑物的整体稳定性和主体结构的安全。地基一旦浸水湿陷，非承重部位出现裂缝，修复容易，且不影响安全使用。

6.1.2 湿陷性黄土地基的处理，在平面上可分为局部处理与整片处理两种。

"BGJ 20—66"、"TJ 25—78"和"GBJ 25—90"等规范，对局部处理和整片处理的平面范围，在有关处理方法，如土（或灰土）垫层法、重夯法、强夯法和土（或灰土）挤密桩法等的条文中都有具体规定。

局部处理一般按应力扩散角（即 $B = b + 2Z\tan\theta$）确定，每边超出基础的宽度，相当于处理土层厚度的 $1/3$，且不小于 400mm，但未按场地湿陷类型不同区别对待；整片处理每边超出建筑物外墙基础外缘的宽度，不小于处理土层厚度的 $1/2$，且不小于 2m。考虑在同一规范中，对相同性质的问题，在不同的地基处理方法中分别规定，显得分散和重复。为此本次修订将其统一放在地基处理第 1 节 "一般规定" 中的 6.1.2 条进行规定。

对局部处理的平面尺寸，根据场地湿陷类型的不同作了相应调整，增大了自重湿陷性黄土场地局部处理的宽度。局部处理是将大于基础底面下一定范围内的湿陷性黄土层进行处理，通过处理消除拟处理土层的湿陷性，改善地基应力扩散，增强地基的稳定性，防止地基受水浸湿产生侧向挤出，由于局部处理的平面范围较小，地沟和管道等漏水，仍可自其侧向渗入下部未处理的湿陷性黄土层引起湿陷，故采取局部处理措施，不考虑防水、隔水作用。

整片处理是将大于建（构）筑物底层平面范围内的湿陷性黄土层进行处理，通过整片处理消除拟处理土层的湿陷性，减小拟处理土层的渗透性，增强整片处理土层的防水作用，防止大气降水、生产及生活用水，从上向下或侧向渗入下部未处理的湿陷性黄土层引起湿陷。

6.1.3 试验研究成果表明，在非自重湿陷性黄土场地，仅在上覆土的自重压力下受水浸湿，往往不产生自重湿陷或自重湿陷量的实测值小于 70mm，在附加压力与上覆土的饱和自重压力共同作用下，建筑物地基受水浸湿后的变形范围，通常发生在基础底面下地基的压缩层内，压缩层深度下限以下的湿陷性黄土层，由于附加应力很小，地基即使充分受水浸湿，也不产生湿陷变形，故对非自重湿陷性黄土地基，消除其全部湿陷量的处理厚度，规定为基础底面以下附加压力与上覆土的饱和自重压力之和大于或等于湿陷起始压力的全部湿陷性黄土层，或按地基压缩层的深度确定，处理至附加压力等于土自重压力 20% （即 $p_z = 0.20p_{cz}$）的土层深度止。

在自重湿陷性黄土场地，建筑物地基充分浸水时，基底下的全部湿陷性黄土层产生湿陷，处理基础底面下部分湿陷性黄土层只能减小地基的湿陷量，欲消除地基的全部湿陷量，应处理基础底面以下的全部湿陷性黄土层。

6.1.4 根据湿陷性黄土地基充分受水浸湿后的湿陷变形范围，消除地基部分湿陷量应主要处理基础底面以下湿陷性大（$\delta_s \geq 0.07$、$\delta_{zs} \geq 0.05$）及湿陷性较大（$\delta_s \geq 0.05$、$\delta_{zs} \geq 0.03$）的土层，因为贴近基底下的上述土层，附加应力大，并容易受管道和地沟等漏水引起湿陷，故对建筑物的危害性大。

大量工程实践表明，消除建筑物地基部分湿陷量的处理厚度太小时，一是地基处理后下部未处理湿陷性黄土层的剩余湿陷量大；二是防水效果不理想，难以做到阻止生产、生活用水以及大气降水，自上向下渗入下部未处理的湿陷性黄土层，潜在的危害性未全部消除，因而不能保证建筑物地基不发生湿陷事故。

乙类建筑包括高度为 24~60m 的建筑，其重要性仅次于甲类建筑，基础之间的沉降差亦不宜过大，避免建筑物产生不允许的倾斜或裂缝。

建筑物调查资料表明，地基处理后，当下部未处理湿陷性黄土层的剩余湿陷量大于 220mm 时，建筑物在使用期间地基受水浸湿，可产生严重及较严重的裂缝；当下部未处理湿陷性黄土层的剩余湿陷量大于 130mm 小于或等于 220mm 时，建筑物在使用期间地基受水浸湿，可产生轻微或较轻微的裂缝。

考虑地基处理后，特别是整片处理的土层，具有较好的防水、隔水作用，可保护下部未处理的湿陷性黄土层不受水或少受水浸湿，其剩余湿陷量则有可能不产生或不充分产生。

基于上述原因，本条对乙类建筑规定消除地基部分湿陷量的最小处理厚度，在非自重湿陷性黄土场地，不应小于地基压缩层深度的 $2/3$，并控制下部未处理湿陷性黄土层的湿陷起始压力值不应小于 100kPa；在自重湿陷性黄土场地，不应小于全部湿陷性黄土深度的 $2/3$，并控制下部未处理湿陷性黄土层的剩余湿陷量不应大于 150mm。

对基础宽度大或湿陷性黄土层厚度大的地基，处理地基压缩层深度的 $2/3$ 或处理全部湿陷性黄土层深度的 $2/3$ 确有困难时，本条规定在建筑物范围内应采用整片处理。

6.1.5 丙类建筑包括多层办公楼、住宅楼和理化试验室等，建筑物的内外一般装有上、下水管道和供热管道，使用期间建筑物内局部范围内存在漏水的可能性，其地基处理的好坏，直接关系着城乡用户的财产和安全。

考虑在非自重湿陷性黄土场地，Ⅰ 级湿陷性黄土地基，湿陷性轻微，湿陷起始压力值较大。单层建筑荷载较轻，基底压力较小，为发挥湿陷起始压力的作用，地基可不处理；而多层建筑的基底压力一般大于湿陷起始压力值，地基不处理，湿陷难以避免。为此本条规定，对多层丙类建筑，地基处理厚度不应小于1m，且下部未处理湿陷性黄土层的湿陷起始压力值不宜小于100kPa。

在非自重湿陷性黄土场地和自重湿陷性黄土场地都存在Ⅱ级湿陷性黄土地基，其自重湿陷量的计算值：前者不大于70mm，后者大于70mm，不大于300mm。地基浸水时，二者具有中等湿陷性。本条规定：在非自重湿陷性黄土场地，单层建筑的地基处理厚度不应小于1m，且下部未处理湿陷性黄土层的湿陷起始压力值不宜小于80kPa；多层建筑的地基处理厚度不应小于2m，且下部未处理湿陷性黄土层的湿陷起始压力值不宜小于100kPa。在自重湿陷性黄土场地湿陷起始压力值小，无使用意义，因此，不论单层或多层建筑，其地基处理厚度均不宜小于2.50m，且下部未处理湿陷性黄土层的剩余湿陷量不应大于200mm。

地基湿陷等级为Ⅲ级或Ⅳ级，均为自重湿陷性黄土场地，湿陷性黄土层厚度较大，湿陷性分别属于严重和很严重，地基受水浸湿，湿陷性敏感，湿陷速度快，湿陷量大。本条规定，对多层建筑宜采用整片处理，其目的是通过整片处理既可消除拟处理土层的湿陷性，又可减小拟处理土层的渗透性，增强整片处理土层的防水、隔水作用，以保护下部未处理的湿陷性黄土层难以受水浸湿，使其剩余湿陷量不产生或不全部产生，确保建筑物安全正常使用。

6.6.6 试验研究资料表明，在非自重湿陷性黄土场地，湿陷性黄土地基在附加压力和上覆土的饱和自重压力下的湿陷变形范围主要是在压缩层深度内。本条规定的地基压缩层深度：对条形基础，可取其宽度的3倍，对独立基础，可取其宽度的2倍。也可按附加压力等于土自重压力20%的深度处确定。

压缩层深度除可用于确定非自重湿陷性黄土地基湿陷量的计算深度和地基的处理厚度外，并可用于确定非自重湿陷性黄土场地上的勘探点深度。

6.1.7~6.1.9 在现场采用静载荷试验检验地基处理后的承载力比较准确可靠，但试验工作量较大，宜采取抽样检验。此外，静载荷试验的压板面积较小，地基处理厚度大时，如不分层进行检验，试验结果只能反映上部土层的情况，同时由于消除部分湿陷量的地基，下部未处理的湿陷性黄土层浸水时仍有可能产生湿陷。而地基湿陷是在水和压力的共同作用下产生的，基底压力大，对减小湿陷不利，故处理后的地基承载力不宜得过大。

6.1.10 湿陷性黄土的干密度小，含水量较低，属于欠压密的非饱和土，其可压（或夯）实和可挤密的效果好，采取地基处理措施应根据湿陷性黄土的特点和

工程要求，确定地基处理的厚度及平面尺寸。地基通过处理可改善土的物理力学性质，使拟处理土层的干密度增大、渗透性减小、压缩性降低、承载力提高、湿陷性消除。为此，本条规定了几种常用的成孔挤密或夯实挤密的地基处理方法及其适用范围。

6.1.11 雨期、冬期选择土（或灰土）垫层法、强夯法或挤密法处理湿陷性黄土地基，不利因素较多，尤其垫层法，挖、填土方量大，施工期长，基坑和填料（土及灰土）容易受雨水浸湿或冻结，施工质量不易保证。施工期间应合理安排地基处理的施工程序，加快施工进度，缩短地基处理及基坑（槽）的暴露时间。对面积大的场地，可分段进行处理，采取防雨措施确有困难时，应做好场地周围排水，防止地面水流入已处理和未处理的场地（或基坑）内。在雨天和负温度下，并应防止土料、灰土和土源受雨水浸泡或冻结，施工中土呈软塑状态或出现"橡皮土"时，说明土的含水量偏大，应采取措施减小其含水量，将"橡皮土"处理后方可继续施工。

6.1.12 条文内对做好场地平整、修通道路和接通水、电等工作进行了规定。上述工作是为完成地基处理施工必须具备的条件，以确保机械设备和材料进入现场。

6.1.13 目前从事地基处理施工的队伍较多、较杂，技术素质高低不一。为确保地基处理的质量，在地基处理施工进程中，应有专人或专门机构进行监理，地基处理施工结束后，应对其质量进行检验和验收。

6.1.14 土（或灰土）垫层、强夯和挤密等方法处理地基的承载力，在现场采用静载荷试验进行检验比较准确可靠。为了统一试验方法和试验要求，在本规范附录J中增加静载荷试验要点，将有章可循。

6.2 垫 层 法

6.2.1 本规范所指的垫层是素土或灰土垫层。

垫层法是一种浅层处理湿陷性黄土地基的传统方法，在湿陷性黄土地区使用较广泛，具有因地制宜、就地取材和施工简便等特点，处理厚度一般为1~3m，通过处理基底下部分湿陷性黄土层，可以减小地基的湿陷量。处理厚度超过3m，挖、填土方量大，施工期长，施工质量不易保证，选用时应通过技术经济比较。

6.2.3 垫层的施工质量，对其承载力和变形有直接影响。为确保垫层的施工质量，本条规定采用压实系数 λ_c 控制。

压实系数 λ_c 是控制（或设计要求）干密度 ρ_d 与室内击实试验求得土（或灰土）最大干密度 ρ_{dmax} 的比值（即 $\lambda_c = \dfrac{\rho_d}{\rho_{dmax}}$）。

目前我国使用的击实设备分为轻型和重型两种。前者击锤质量为2.50kg，落距为305mm，单位体积的

击实功为 591.60kJ/m³，后者击锤质量为 4.50kg，落距为 457mm，单位体积的击实功为 2682.70kJ/m³，前者的击实功是后者的 4.53 倍。

采用上述两种击实设备对同一场地的 3:7 灰土进行击实试验，轻型击实设备得出的最大干密度为 1.56g/m³，最优含水量为 20.90%；重型击实设备得出的最大干密度为 1.71g/m³，最优含水量为 18.60%。击实试验结果表明，3:7 灰土的最大干密度，后者是前者的 1.10 倍。

根据现场检验结果，将该场地 3:7 灰土垫层的干密度与按上述两种击实设备得出的最大干密度的比值（即压实系数）汇总于表 6.2.2。

表 6.2.2 3:7 灰土垫层的干密度与压实系数

检验点号	土　样			压实系数	
	深度 (m)	含水量 (%)	干密度 (g/cm³)	轻　型	重　型
1 号	0.10	17.10	1.56	1.000	0.914
	0.30	14.10	1.60	1.026	0.938
	0.50	17.80	1.65	1.058	0.967
2 号	0.10	15.63	1.57	1.006	0.920
	0.30	14.93	1.61	1.032	0.944
	0.50	16.25	1.71	1.096	1.002
3 号	0.10	19.89	1.57	1.006	0.920
	0.30	14.96	1.65	1.058	0.967
	0.50	15.64	1.67	1.071	0.979
4 号	0.10	15.10	1.64	1.051	0.961
	0.30	16.94	1.68	1.077	0.985
	0.50	16.10	1.69	1.083	0.991
	0.70	15.74	1.67	1.091	0.979
5 号	0.10	16.00	1.59	1.019	0.932
	0.30	16.68	1.74	1.115	1.020
	0.50	16.66	1.75	1.122	1.026
6 号	0.10	18.40	1.55	0.994	0.909
	0.30	18.60	1.65	1.058	0.967
	0.50	18.10	1.64	1.051	0.961

上表中的压实系数是按现场检测的干密度与室内采用轻型和重型两种击实设备得出的最大干密度的比值，二者相差近 9%，前者大，后者小。由此可见，采用单位体积击实功不同的两种击实设备进行击实试验，以相同数值的压实系数作为控制垫层质量标准是不合适的，而应分别规定。

"GBJ 25—90 规范"在第四章第二节第 4.2.4 条中，对控制垫层质量的压实系数，按垫层厚度不大于 3m 和大于 3m，分别统一规定为 0.93 和 0.95，未区分

轻型和重型两种击实设备单位体积击实功不同，得出的最大干密度也不同等因素。本次修订将压实系数按轻型标准击实试验进行了规定，而对重型标准击实试验未作规定。

基底下 1~3m 的土（或灰土）垫层是地基的主要持力层，附加应力大，且容易受生产及生活用水浸湿，本条规定的压实系数，现场通过精心施工是可以达到的。

当土（或灰土）垫层厚度大于 3m 时，其压实系数：3m 以内不应小于 0.95，大于 3m，超过 3m 部分不应小于 0.97。

6.2.4 设置土（或灰土）垫层主要在于消除拟处理土层的湿陷性，其承载力有较大提高，并可通过现场静载荷试验或动、静触探等试验确定。当无试验资料时，按本条规定取值可满足工程要求，并有一定的安全储备。总之，消除部分湿陷量的地基，其承载力不宜用得太高，否则，对减小湿陷不利。

6.2.5~6.2.6 垫层质量的好坏与施工因素有关，诸如土料或灰土的含水量、灰与土的配合比、灰土拌合的均匀程度、虚铺土（或灰土）的厚度、夯（或压）实次数等是否符合设计规定。

为了确保垫层的施工质量，施工中将土料过筛，在最优或接近最优含水量下，将土（或灰土）分层夯实至关重要。

在施工进程中应分层取样检验，检验点位置应每层错开，即：中间、边缘、四角等部位均应设置检验点。防止只集中检验中间，而不检验或少检验边缘及四角，并以每层表面下 2/3 厚度处的干密度换算的压实系数，符合本规范的规定为合格。

6.3 强　夯　法

6.3.1 采用强夯法处理湿陷性黄土地基，在现场选点进行试夯，可以确定在不同夯击能下消除湿陷性黄土层的有效深度，为设计、施工提供有关参数，并可验证强夯方案在技术上的可行性和经济上的合理性。

6.3.2 夯点的夯击次数以达到最佳次数为宜，超过最佳次数再夯击，容易将表层土夯松，消除湿陷性黄土层的有效深度并不增大。在强夯施工中，夯击次数既不是越少越好，也不是越多越好。最佳或合适的夯击次数可按试夯记录绘制的夯击次数与夯击下沉量（以下简称夯沉量）的关系曲线确定。

单击夯击能量不同，最后 2 击平均夯沉量也不同。单击夯击能量大，最后 2 击的平均夯沉量也大；反之，则小。最后 2 击平均夯沉量符合规定，表示夯击次数达到要求，可通过试夯确定。

6.3.3~6.3.4 本条表 6.3.3 中的数值，总结了黄土地区有关强夯试夯资料及工程实践经验，对选择强夯方案，预估消除湿陷性黄土层的有效深度有一定作用。

强夯法的单位夯击能，通常根据消除湿陷性黄土层的有效深度确定。单位夯击能大，消除湿陷性黄土层的深度也相应大，但设备的起吊能力增加太大往往不易解决。在工程实践中常用的单位夯击能多为 1000 ~ 4000kN·m，消除湿陷性黄土层的有效深度一般为 3 ~ 7m。

6.3.5 采用强夯法处理湿陷性黄土地基，土的含水量至关重要。天然含水量低于 10% 的土，呈坚硬状态，夯击时表层土容易松动，夯击能量消耗在表层土上，深部土层不易夯实，消除湿陷性黄土层的有效深度小；天然含水量大于塑限含水量 3% 以上的土，夯击时呈软塑状态，容易出现"橡皮土"；天然含水量相当于或接近最优含水量的土，夯击时土粒间阻力较小，颗粒易于互相挤密，夯击能量向纵深方向传递，在相应的夯击次数下，总夯沉量和消除湿陷性黄土层的有效深度均大。为方便施工，在工地可采用塑限含水量 w_p － （1% ~ 3%）或 $0.6w_L$（液限含水量）作为最优含水量。

当天然土的平均含水量低于最优含水量 5% 以上时，宜对拟夯实的土层加水增湿，并可按下式计算：

$$Q = (w_{op} - \overline{w}) \frac{\overline{\rho}}{1 + 0.01\overline{w}} h \cdot A \quad (6.3.5)$$

式中 Q——增湿拟夯实土层的计算加水量（m³）；

w_{op}——最优含水量（%）；

$\overline{w}$——在拟夯实层范围内，天然土的含水量加权平均值（%）；

$\overline{\rho}$——在拟夯实层范围内，天然土的密度加权平均值（g/cm³）；

h——拟增湿的土层厚度（m）；

A——拟进行强夯的地基土面积（m²）。强夯施工前 3 ~ 5d，将计算加水量均匀地浸入拟增湿的土层内。

6.3.6 湿陷性黄土处于或略低于最优含水量，孔隙内一般不出现自由水，每夯完一遍不必等孔隙水压力消散，采取连续夯击，可减少吊车移位，提高强夯施工效率，对降低工程造价有一定意义。

夯点布置可结合工程具体情况确定，按正三角形布置，夯点之间的土夯实较均匀。第一遍夯点夯击完毕后，用推土机将高出夯坑周围的土推至夯坑内填平，再在第一遍夯点之间布置第二遍夯点，第二遍夯击是将第二遍夯点及第一遍填平的夯坑同时进行夯击，完毕后，用推土机平整场地；第三遍夯点通常满堂布置，夯击完毕后，用推土机再平整一次场地；最后一遍用轻锤、低落距（4 ~ 5m）连续满拍 2 ~ 3 击，将表层土夯实拍平，完毕后，经检验合格，在夯面以上宜及时铺设一定厚度的灰土垫层或混凝土垫层，并进行基础施工，防止强夯表层土晒裂或受雨水浸泡。

第一遍和第二遍夯击主要是将夯坑底面以下的土层进行夯实，第三遍和最后一遍拍夯主要是将夯坑底面以上的填土及表层松土夯实拍平。

6.3.7 为确保采用强夯法处理地基的质量符合设计要求，在强夯施工进程中和施工结束后，对强夯施工及其地基土的质量进行监督和检验至关重要。强夯施工过程中主要检查强夯施工记录，基础内各夯点的累计夯沉量应达到试夯或设计规定的数值。

强夯施工结束后，主要是在已夯实的场地内挖探井取土样进行室内试验，测定土的干密度、压缩系数和湿陷系数等指标。当需要在现场采用静载荷试验检验强夯土的承载力时，宜于强夯施工结束一个月左右进行。否则，由于时效因素，土的结构和强度尚未恢复，测试结果可能偏小。

6.4 挤 密 法

6.4.1 本条增加了挤密法适用范围的部分内容，对一般地区的建筑，特别是有一些经验的地区，只要掌握了建筑物的使用情况、要求和建筑物场地的岩土工程地质情况以及某些必要的土性参数（包括击实试验资料等），就可以按照本节的条文规定进行挤密地基的设计计算。工程实践及检验测试结果表明，设计计算的准确性能够满足一般地区和建筑的使用要求，这也是从原规范开始比过去显示出来的一种进步。对这类工程，只要求地基挤密结束后进行检验测试就可以了，它是对设计效果和施工质量的检验。

对某些比较重要的建筑和缺乏工程经验的地区，为慎重起见，可在地基处理施工前，在工程现场选择有代表性的地段进行试验或试验性施工，必要时应按实际的试验测试结果，对设计参数和施工要求进行调整。

当地基土的含水量略低于最优含水量（指击实试验结果）时，挤密的效果最好；当含水量过大或者过小时，挤密效果不好。

当地基土的含水量 $w \geq 24\%$、饱和度 $S_r > 65\%$ 时，一般不宜直接选用挤密法。但当工程需要时，在采取了必要的有效措施后，如对孔周围的土采取有效"吸湿"和加强孔填料强度，也可采用挤密法处理地基。

对含水量 $w < 10\%$ 的地基土，特别是在整个处理深度范围内的含水量普遍很低，一般宜采取增湿措施，以达到提高挤密法的处理效果。

相比之下，爆扩挤密比其他方法挤密，对地基土含水量的要求要严格一些。

6.4.2 此条规定了挤密地基的布孔原则和孔心距的确定方法，原规范第 4.4.2 条和第 4.4.3 条的条文说明仍适合于本条规定。

本条的孔心距计算式与原规范计算式基本相同，仅在式中增加了"预钻孔直径"项。对无预钻孔的挤密法，计算式中的预钻孔直径为"0"，此时的计算式与原规范完全一样。

此条与原规范比较，除包括原规范的内容外，还增加了预钻孔的选用条件和有关的孔径规定。

4.4.3 当挤密法处理深度较大时，才能够充分体现出预钻孔的优势。当处理深度不太大的情况下，采用不预钻孔的挤密法，将比采用预钻孔的挤密法更加优越，因为此时在处理效果相同的条件下，前者的孔心距将大于后者（指与挤密填料孔直径的相对比值），后者需要增加孔内的取土量和填料量，而前者没有取土量，孔内填料量比后者少。在孔心距相同的情况下，预钻孔挤密比不预钻孔挤密，多预钻孔体积的取土量和相当于预钻孔体积的夯填量。为此，在本条中作了挤密法处理深度小于 12m 时，不宜预钻孔，当处理深度大于 12m 时可预钻孔的规定。

6.4.4 此条与原规范的第 4.4.3 条相同，仅将原规范的"成孔后"改为"挤密填孔后"，以适合包括"预钻孔挤密"在内的各种挤密法。

6.4.5 此条包括了原规范第 4.4.4 条的全部内容，为帮助人们正确、合理、经济的选用孔内填料，增加了如何选用孔内填料的条文规定。

根据大量的试验研究和工程实践，符合施工质量要求的夯实灰土，其防水、隔水性明显不如素土（指符合一般施工质量要求的素填土），孔内夯填灰土及其他强度高的材料，有提高复合地基承载力或减小地基处理宽度的作用。

6.4.6 原规范条文中提出了挤密法的几种具体方法，如沉管、爆扩、冲击等。虽说冲击法挤密中涵盖了"夯扩法"的内容，但鉴于近 10 年在西安、兰州等地工程中，采用了比较多的挤密，其中包括一些"土法"与"洋法"预钻孔后的夯扩挤密，特别在处理深度比较大或挤密机械不便进入的情况下，比较多的选用了夯扩挤密或采用了一些特制的挤密机械（如小型挤密机等）。

为此，在本条中将"夯扩"法单独列出，以区别以往冲击法中包含的不够明确的内容。

6.4.7 为提高地基的挤密效果，要求成孔挤密应间隔分批、及时夯填，这样可以使挤密地基达到有效、均匀、处理效果好。在局部处理时，必须强调由外向里施工，否则挤密不好，影响到地基处理效果。而在整片处理时，应首先从边缘开始、分行、分点、分批，在整个处理场地平面范围内均匀分布，逐步加密进行施工，不宜像局部处理时那样，过份强调由外向里的施工原则，整片处理应强调"从边缘开始、均匀分布、逐步加密、及时夯填"的施工顺序和施工要求。

6.4.8 规定了不同挤密方法的预留松动层厚度，与原规范规定基本相同，仅对个别数字进行了调整，以更加适合工程实际。

6.4.11 为确保工程质量，避免设计、施工中可能出

现的问题，增加了这一条规定。

对重要或大型工程，除应按 6.4.11 条检测外，还应进行下列测试工作，综合判定实际的地基处理效果。

1 在处理深度内应分层取样，测定孔间挤密土和孔内填料的湿陷性、压缩性、渗透性等；

2 对挤密地基进行现场载荷试验、局部浸水与大面积浸水试验、其他原位测试等。

通过上述试验测试，所取得的结果和试验中所揭示的现象，将是进一步验证设计内容和施工要求是否合理、全面，也是调整补充设计内容和施工要求的重要依据，以保证这些重要或大型工程的安全可靠及经济合理。

6.5 预 浸 水 法

6.5.1 本条规定了预浸水法的适用范围。工程实践表明，采用预浸水法处理湿陷性黄土层厚度大于 10m 和自重湿陷量的计算值大于 500mm 的自重湿陷性黄土场地，可消除地面下 6m 以下土层的全部湿陷性，地面下 6m 以上土层的湿陷性也可大幅度减小。

6.5.2 采用预浸水法处理自重湿陷性黄土地基，为防止在浸水过程中影响周边邻近建筑物或其他工程的安全使用以及场地边坡的稳定性，要求浸水坑边缘至邻近建筑物的距离不宜小于 50m，其理由如下：

1 青海省地质局物探队的拟建工程，位于西宁市西郊西川河南岸Ⅲ级阶地，该场地的湿陷性黄土层厚度为 13～17m。青海省建筑勘察设计院于 1977 年在该场地进行勘察，为确定场地的湿陷类型，曾在现场采用 15m×15m 的试坑进行浸水试验。

2 为消除拟建住宅楼地基土的湿陷性，该院于 1979 年又在同一场地采用预浸法进行处理，浸水坑的尺寸为 53m×33m。

试坑浸水试验和预浸水法的实测结果以及地表开裂范围等，详见表 6.5.2。

青海省物探队拟建场地

表 6.5.2 试坑浸水试验和预浸水法的实测结果

时间	浸 水		自重湿陷量的实测值（mm）		地表开裂范围（m）	
	试坑尺寸（m×m）	时 间（昼夜）	一般	最大	一般	最大
1977 年	15×15	64	300	400	14	18
1979 年	53×33	120	650	904	30	37

从表 6.5.2 的实测结果可以看出，试坑浸水试验和预浸水法，二者除试坑尺寸（或面积）及浸水时间有所不同外，其他条件基本相同，但自重湿陷量的实

测值与地表开裂范围相差较大。说明浸水影响范围与浸水试坑面积的大小有关。为此，本条规定采用预浸水法处理地基，其试坑边缘至周边邻近建筑物的距离不宜小于 50m。

6.5.3 采用预浸水法处理地基，土的湿陷性及其他物理力学性质指标有很大变化和改善，本条规定浸水结束后，在基础施工前应进行补充勘察，重新评定场地或地基土的湿陷性，并应采用垫层法或其他方法对上部湿陷性黄土层进行处理。

7 既有建筑物的地基加固和纠倾

7.1 单液硅化法和碱液加固法

7.1.1 碱液加固法在自重湿陷性黄土场地使用较少，为防止采用碱液加固法加固既有建筑物地基产生附加沉降，本条规定加固自重湿陷性黄土地基应通过试验确定其可行性，取得必要的试验数据，再扩大其应用范围。

7.1.2 当既有建筑物和设备基础出现不均匀沉降，或地基受水浸湿产生湿陷时，采用单液硅化法或碱液加固法对其地基进行加固，可阻止其沉降和裂缝继续发展。

采用上述方法加固拟建的构筑物或设备基础的地基，由于上部荷载还未施加，在灌注溶液过程中，地基不致产生附加下沉，经加固的地基，土的湿陷性消除，比天然土的承载力可提高 1 倍以上。

7.1.3 地基加固施工前，在拟加固地基的建筑物附近进行单孔或多孔灌注溶液试验，主要目的为确定设计施工所需的有关参数，并可查明单液硅化法或碱液加固法加固地基的质量及效果。

7.1.4~7.1.5 地基加固完毕后，通过一定时间的沉降观测，可取得建筑物或设备基础的沉降有无稳定或发展的信息，用以评定加固效果。

（Ⅰ）单液硅化法

7.1.6 单液硅化加固湿陷性黄土地基的灌注工艺，分为压力灌注和溶液自渗两种。

压力灌注溶液的速度快，渗透范围大。试验研究资料表明，在灌注溶液过程中，溶液与土接触初期，尚未产生化学反应，被浸湿的土体强度不但未提高，并有所降低，在自重湿陷严重的场地，采用此法加固既有建筑物地基时，其附加沉降可达 300mm 以上，既有建筑物显然是不允许的。故本条规定，压力单液硅化宜用于加固自重湿陷性黄土场地上拟建工程的地基，也可用于加固非自重湿陷性黄土场地上的既有建筑物地基。非自重湿陷性黄土的湿陷起始压力值较大，当基底压力不大于湿陷起始压力时，不致出现附加沉降，并已为工程实践和试验研究资料所证明。

压力灌注需要加压设备（如空压机）和金属灌注管等，加固费用较高，其优点是水平向的加固范围较大，基础底面以下的部分土层也能得到加固。

溶液自渗的速度慢，扩散范围小，溶液与土接触初期，被浸湿的土体小，既有建筑物和设备基础的附加沉降很小（一般约 10mm），对建筑物无不良影响。

溶液自渗的灌注孔可用钻机或洛阳铲完成，不要用灌注管和加压等设备，加固费用比压力灌注的费用低，饱和度不大于 60% 的湿陷性黄土，采用溶液自渗，技术上可行，经济上合理。

7.1.7 湿陷性黄土的天然含水量较小，孔隙中不出现自由水，采用低浓度（10%~15%）的硅酸钠溶液注入土中，不致被孔隙中的水稀释。

此外，低浓度的硅酸钠溶液，粘滞度小，类似水一样，溶液自渗较畅通。

水玻璃（即硅酸钠）的模数值是二氧化硅与氧化钠（百分率）之比，水玻璃的模数值越大，表明 SiO_2 的成分越多。因为硅化加固主要是由 SiO_2 对土的胶结作用，水玻璃模数值的大小对加固土的强度有明显关系。试验研究资料表明，模数值为 $\frac{SiO_2\%}{Na_2O\%}=1$ 的纯偏硅酸钠溶液，加固土的强度很小，完全不适合加固土的要求，模数值在 2.50~3.30 范围内的水玻璃溶液，加固土的强度可达最大值。当模数值超过 3.30 以上时，随着模数值的增大，加固土的强度反而降低。说明 SiO_2 过多，对加固土的强度有不良影响，因此，本条规定采用单液硅化加固湿陷性黄土地基，水玻璃的模数值宜为 2.50~3.30。

7.1.8 加固湿陷性黄土的溶液用量与土的孔隙率（或渗透性）、土颗粒表面等因素有关，计算溶液量可作为采购材料（水玻璃）和控制工程总预算的主要参数。注入土中的溶液量与计算溶液量相同，说明加固土的质量符合设计要求。

7.1.9 为使加固土体联成整体，按现场灌注溶液试验确定的间距布置灌注孔较合适。

加固既有建筑物和设备基础的地基，只能在基础侧向（或周边）布置灌注孔，以加固基础侧向土层，防止地基产生侧向挤出。但对宽度大的基础，仅加固基础侧向土层，有时难以满足工程要求。此时，可结合工程具体情况在基础侧向布置斜向基础底面中心以下的灌注孔，或在其台阶布置穿透基础的灌注孔，使基础底面下的土层获得加固。

7.1.10 采用压力灌注，溶液有可能冒出地面。为防止在灌注溶液过程中，溶液出现上冒，灌注管打入土中后，在连接胶皮管时，不得摇动灌注管，以免灌注管外壁与土脱离产生缝隙，灌注溶液前，并应将灌注管周围的表层土夯实或采取其他措施进行处理。灌注压力由小逐渐增大，剩余溶液不多时，可适当提高压力，但最大压力不宜超过 200kPa。

7.1.11 溶液自渗，不需要分层打灌注管和分层灌注溶液。设计布置的灌注孔，可用钻机或洛阳铲一次钻（或打）至设计深度。孔成后，将配好的溶液注满灌注孔，溶液面宜高出基础底面标高 0.50m，借助孔内水头高度使溶液自行渗入土中。

灌注孔数量不多时，钻（或打）孔和灌溶液，可全部一次施工，否则，可采取分批施工。

7.1.12 灌注溶液前，对拟加固地基的建筑物进行沉降和裂缝观测，并可同加固结束后的观测情况进行比较。

在灌注溶液过程中，自始至终进行沉降观测，有利于及时发现问题并及时采取措施进行处理。

7.1.13 加固地基的施工记录和检验结果，是验收和评定地基加固质量好坏的重要依据。通过精心施工，才能确保地基的加固质量。

硅化加固土的承载力较高，检验时，采用静力触探或开挖取样有一定难度，以检查施工记录为主，抽样检验为辅。

（Ⅱ）碱液加固法

7.1.14 碱液加固法分为单液和双液两种。当土中可溶性和交换性的钙、镁离子含量大于本条规定值时，以氢氧化钠一种溶液注入土中可获得较好的加固效果。如土中的钙、镁离子含量较低，采用氢氧化钠和氯化钙两种溶液先后分别注入土中，也可获得较好的加固效果。

7.1.15 在非自重湿性黄土场地，碱液加固地基的深度可为基础宽度的 2～3 倍，或根据基底压力和湿陷性黄土层深度等因素确定。已有工程采用碱液加固地基的深度大都为 2～5m。

7.1.16 将碱液加热至 80～100℃再注入土中，可提高碱液加固地基的早期强度，并对减小拟加固建筑物的附加沉降有利。

7.2 坑式静压桩托换法

7.2.1 既有建筑物的沉降未稳定或还在发展，但尚未丧失使用价值，采用坑式静压桩托换法对其基础地基进行加固补强，可阻止该建筑物的沉降、裂缝或倾斜继续发展，以恢复使用功能。托换法适用于钢筋混凝土基础或基础内设有地（或圈）梁的多层及单层建筑。

7.2.2 坑式静压桩托换法与硅化、碱液或其他加固方法有所不同，它主要是通过托换桩将原有基础的部分荷载传给较好的下部土层中。

桩位通常沿纵、横墙的基础交接处、承重墙基础的中间、独立基础的四角等部位布置，以减小基底压力，阻止建筑物沉降不再继续发展为主要目的。

7.2.3 坑式静压桩主要是在基础底面以下进行施工，预制桩或金属管桩的尺寸都要按本条规定制作或加工。尺寸过大，搬运及操作都很困难。

7.2.4 静压桩的边长较小，将其压入土中对桩周的土挤密作用较小，在湿陷性黄土地基中，采用坑式静压桩，可不考虑消除土的湿陷性，桩尖应穿透湿陷性黄土层，并应支承在压缩性低或较低的非湿陷性黄土层中。桩身在自重湿陷性黄土层中，尚应考虑扣去桩侧的负摩擦力。

7.2.5 托换管的两端，应分别与基础底面及桩顶面牢固连接，当有缝隙时，应用铁片塞严实，基础的上部荷载通过托换管传给桩及桩端下部土层。为防止托换管腐蚀生锈，在托换管外壁宜涂刷防锈油漆，托换管安放结束后，其周围宜浇筑 C20 混凝土，混凝土内并可加适量膨胀剂，也可采用膨胀水泥，使混凝土与原基础接触紧密，连成整体。

7.2.6 坑式静压桩属于隐蔽工程，将其压入土中后，不便进行检验，桩的质量与砂、石、水泥、钢材等原材料以及施工因素有关。施工验收，应侧重检验控制桩的原材料化验结果以及钢材、水泥出厂合格证、混凝土试块的试验报告和压桩记录等内容。

7.3 纠 倾 法

7.3.1 某些已经建成并投入使用的建筑物，甚至某些正在建造中的建筑物，由于场地地基土的湿陷性及压缩性较高，雨水、场地水、管网水、施工用水、环境水管理不好，使地基土发生湿陷变形及压缩变形，造成建筑物倾斜和其他形式的不均匀下沉、建筑物裂缝和构件断裂等，影响建筑物的使用和安全。在这种情况下，解决工程事故的方法之一，就是采取必要的有效措施，使地基过大的不均匀变形减小到符合建筑物的允许值，满足建筑物的使用要求，本规范称此法为纠倾法。

湿陷性黄土浸水湿陷，这是湿陷性黄土地区有别于其他地区的一个特点。由此出发，本条将纠倾法分为湿法和干法两种。

浸水湿陷是一种有害的因素，但可以变有害为有利，利用湿陷性黄土浸水湿陷这一特性，对建筑物地基相对下沉较小的部位进行浸水，强迫其下沉，使既有建筑物的倾斜得以纠正，本法称为湿法纠倾。兰化有机厂生产楼地基下沉停产事故、窑街水泥厂烟囱倾斜事故等工程中，采用了湿法纠倾，使生产楼恢复生产、烟囱扶正，并恢复了它们的使用功能，节省了大量资金。

对某些建、构筑物，由于邻近范围内有建、构筑物或有大量的地下构筑物等，采用湿法纠倾，将会威胁到邻近地上或地下建、构筑物的安全，在这种情况下，对地基应选择不浸水或少浸水的方法，对不浸水的方法，称为干法纠倾，如掏土法、加压法、顶升法等。早在 20 世纪 70 年代，甘肃省建筑科学研究院用加压法处理了当时影响很大的天水军民两用机场跑道下沉全工程停工的特大事故，使整个工程复工，经过近 30 年的使用考验，证明处理效果很好。

又如甘肃省建筑科学研究院对兰化烟囱的纠倾，采用了小切口竖向调整和局部横向扇形掏土法；西北铁科院对兰州白塔山的纠倾，采用了横向掏土和竖向顶升法，都取得了明显的技术、经济和社会效益。

7.3.2 在湿陷性黄土场地对既有建筑物进行纠倾时，必须全面掌握原设计与施工的情况、场地的岩土工程地质情况、事故的现状、产生事故的原因及影响因素、地基的变形性质与规律、下沉的数量与特点、建筑物本身的重要性和使用上的要求、邻近建筑物及地下构筑物的情况、周围环境等各方面的资料，当某些重要资料缺少时，应先进行必要的补充工作，精心做好纠倾前的准备。纠倾方案，应充分考虑到实施过程中可能出现的不利情况，做到有对策、留余地，安全可靠、经济合理。

7.3.3~7.3.6 规定了纠倾法的适用范围和有关要求。

采用浸水法时，一定要注意控制浸水范围、浸水量和浸水速率。地基下沉的速率以 5~10mm/d 为宜，当达到预估的浸水滞后沉降量时，应及时停水，防止产生相反方向的新的不均匀变形，并防止建筑物产生新的损坏。

采用浸水法对既有建筑物进行纠倾，必须考虑到对邻近建筑物的不利影响，应有一定的安全防护距离。一般情况下，浸水点与邻近建筑物的距离，不宜小于 1.5 倍湿陷性黄土层深度的下限，并不宜小于 20m；当土层中有碎石类土和砂土夹层时，还应考虑到这些夹层的水平向串水的不利影响，此时防护距离宜取大值；在土体水平向渗透性小于垂直向和湿陷性黄土层深度较小（如小于 10m）的情况下，防护距离也可适当减小。

当采用浸水法纠倾难于达到目的时，可将两种或两种以上的方法因地、因工程制宜地结合使用，或将几种干法纠倾结合使用，也可以将干、湿两种方法兼用。

7.3.7 本条从安全角度出发，规定了不得采用浸水法的有关情况。

靠近边坡地段，如果采用浸水法，可能会使本来稳定的边坡成为不稳定的边坡，或使原来不太稳定的边坡进一步恶化。

靠近滑坡地段，如果采用浸水法，可能会使土体含水量增大，滑坡体的重量加大，土的抗剪强度减小，滑动面的阻滑作用减小，滑坡体的滑动作用增大，甚至会触发滑坡体的滑动。

所以在这些地段，不得采用浸水法纠倾。

附近有建、构筑物和地下管网时，采用浸水法，可能顾此失彼，不但会损害附近地面、地下的建、构筑物及管网，还可能由于管道断裂，建筑物本身有可能产生新的次生灾害，所以在这种情况下，不宜采用浸水法。

7.3.8 在纠倾过程中，必须对拟纠倾的建筑物和周围情况进行监控，并采取有效的安全措施，这是确保工程质量和施工安全的关键。一旦出现异常，应及时处理，不得拖延时间。

纠倾过程中，监测工作一般包括下列内容：

1 建筑物沉降、倾斜和裂缝的观测；

2 地面沉降和裂缝的观测；

3 地下水位的观测；

4 附近建筑物、道路和管道的监测。

7.3.9 建筑物纠倾后，如果在使用过程中还可能出现新的事故，经分析认为确实存在潜在的不利因素时，应对该建筑物进行地基加固并采取其他有效措施，防止事故再次发生。

对纠倾后的建筑物，开始宜缩短观测的间隔时间，沉降趋于稳定后，间隔时间可适当延长，一旦发现沉降异常，应及时分析原因，采取相应措施增加观测次数。

8 施 工

8.1 一般规定

8.1.1~8.1.2 合理安排施工程序，关系着保证工程质量和施工进度及顺利完成湿陷性黄土地区建设任务的关键。以往在建设中，有些单位不是针对湿陷性黄土的特点安排施工，而是违反基建程序和施工程序，如只图早开工，忽视施工准备，只顾房屋建筑，不重视附属工程；只抓主体工程，不重视收尾竣工……因而往往造成施工质量低劣、返工浪费、拖延进度以及地基浸水湿陷等事故，使国家财产遭受不应有的损失，施工程序的主要内容是：

1 强调做好施工准备工作和修通道路、排水设施及必要的护坡、挡土墙等工程，可为施工主体工程创造条件；

2 强调"先地下后地上"的施工程序，可使施工人员重视并抓紧地下工程的施工，避免场地积水浸入地基引起湿陷，并防止由于施工程序不当，导致建筑物产生局部倾斜或裂缝；

3 强调先修通排水管道，并先完成其下游，可使排水畅通，消除不良后果。

8.1.3 本条规定的地下坑穴，包括古墓、古井和砂井、砂巷。这些地下坑穴都埋藏在地表下不同深度内，是危害建筑物安全使用的隐患，在地基处理或基础施工前，必须将地下坑穴探查清楚与处理妥善，并应绘图、记录。

目前对地下坑穴的探查和处理，没有统一规定。如：有的由建设部门或施工单位负责，也有的由文物部门负责。由于各地情况不同，故本条仅规定应探查和处理的范围，而未规定完成这项任务的具体部门或单位，各地可根据实际情况确定。

8.1.4 在湿陷性黄土地区，雨季和冬季约占全年时间的 1/3 以上，对保证施工质量，加快施工进度的不利因素较多，采取防雨、防冻措施需要增加一定的工程造价，但绝不能因此而不采取有效的防雨、防冻措施。

基坑（或槽）暴露时间过长，基坑（槽）内容易积水，基坑（槽）壁容易崩塌，在开挖基坑（槽）或大型土方前，应充分做好准备工作，组织分段、分批流水作业，快速施工，各工序之间紧密配合，尽快完成地基基础和地下管道等的施工与回填，只有这样，才能缩短基坑（槽）的暴露时间。

8.1.5 近些年来，城市建设和高层建筑发展较迅速，地下管网及其他地下工程日益增多，房屋越来越密集，在既有建筑物的邻近修建地下工程时，不仅要保证地下工程自身的安全，而且还应采取有效措施确保原有建筑物和管道系统的安全使用。否则，后果不堪设想。

8.2 现场防护

8.2.1 湿陷性黄土地区气候比较干燥，年降雨量较少，一般为 300～500mm，而且多集中在 7～9 三个月，因此暴雨较多，危害性较大，建筑场地的防洪工程不但应提前施工，并应在雨季到来之前完成，防止洪水淹没现场引起灾害。

8.2.2 施工期间用的临时防洪沟、水池、洗料场、淋灰池等，其设施都很简易，渗漏水的可能性大，应尽可能将这些临时设施布置在施工现场的地形较低处或地下水流向的下游地段，使其远离主要建筑物，以防止或减少上述临时设施的渗漏水渗入建筑物地基。

据调查，在非自重湿陷性黄土场地，水渠漏水的横向浸湿范围约为 10～12m，淋灰池漏水的横向浸湿范围与上述数值基本相同，而在自重湿陷性黄土场地，水渠漏水的横向浸湿范围一般为 20m 左右。为此，本条对上述设施距建筑物外墙的距离，按非自重湿陷性黄土场地和自重湿陷性黄土场地，分别规定为不宜小于 12m 和 25m。

8.2.3 临时给水管是为施工用水而装设的临时管道，施工结束后务必及时拆除，避免将临时给水管道，长期埋在地下腐蚀漏水。例如，兰州某办公楼的墙体严重裂缝，就是由于竣工后未及时拆除临时给水管道而被埋在地下腐蚀漏水所造成的湿陷事故。总结已有经验教训，本条规定，对所有临时给水管道，均应在施工期间将其绘在施工总平图上，以便检查和发现，施工完毕，不再使用时，应立即拆除。

8.2.4 已有经验说明，不少取土坑成为积水坑，影响建筑物安全使用，为此本条规定，在建筑物周围 20m 范围内不得设置取土坑。当确有必要设置时，应设在现场的地形较低处，取土完毕后，应用其他土将取土坑回填夯实。

8.3 基坑或基槽的施工

8.3.3 随着建设的发展，湿陷性黄土地区的基坑开挖深度越来越大，有的已超过 10m，原来认为湿陷性黄土地区基坑开挖不需要采取支护措施，现在已经不能满足工程建设的要求，而黄土地区基坑事故却屡有发生。因而有必要在本规范内新增有关湿陷性黄土地区深基坑开挖与支护的内容。

除了应符合现行国家标准《岩土工程勘察规范》和国家行业标准《建筑基坑支护技术规程》的有关规定外，湿陷性黄土地区的深基坑开挖与支护还有其特殊的要求，其中最为突出的有：

1 要对基坑周边外宽度为 1～2 倍开挖深度的范围内进行土体裂隙调查，并分析其对坑壁稳定性的影响。一些工程实例表明，黄土坑壁的失稳或破坏，常常呈现坍落或坍滑的形式，滑动面或破坏面的后壁常呈现直立或近似直立，与土体中的垂直节理或裂隙有关。

2 湿陷性黄土遇水增湿后，其强度将显著降低导致坑壁失稳。不少工程实例都表明，黄土地区的基坑事故大都与黄土坑壁浸水增湿软化有关。所以对黄土基坑来说，严格的防水措施是至关重要的。当基坑壁有可能受水浸湿时，宜采用饱和状态下黄土的物理力学性质指标进行设计与验算。

3 在需要对基坑进行降低地下水位时，所需的水文地质参数特别是渗透系数，宜根据现场试验确定，而不应根据室内渗透试验确定。实践经验表明，现场测定的渗透系数将比室内测定结果要大得多。

8.4 建筑物的施工

8.4.1 各种施工缝和管道接口质量不好，是造成管沟和管道渗漏水的隐患，对建筑物危害极大。为此，本条规定，各种管沟应整体穿过建筑物基础。对穿过外墙的管沟要求一次做到室外的第一个检查井或距基础 3m 以外，防止在基础内或基础附近接头，以保证接头质量。

8.5 管道和水池的施工

8.5.1 管材质量的优、劣，不仅影响其使用寿命，更重要的是关系到是否漏水渗入地基。近些年，由于市场管理不规范，产品鉴定不严格，一些不符合国家标准的劣质产品流入施工现场，给工程带来危害。为把好质量关，本条规定，对各种管材及其配件进场时，必须按设计要求和有关现行国家标准进行检查。经检查不合格的不得使用。

8.5.2 根据工程实践经验，从管道基槽开挖至回填结束，施工时间越长，问题越多。本条规定，施工管道及其附属构筑物的地基与基础时，应采取分段、流水作业，或分段进行基槽开挖、检验和回填。即：完成一段，再施工另一段，以便缩短管道和沟槽的暴露时间，防止雨水和其他水流入基槽内。

8.5.6 对埋地压力管道试压次数的规定：

1 据调查，在非自重湿陷性黄土场地（如西安地区），大量埋地压力管道安装后，仅进行1次强度和严密性试验，在沟槽回填过程中，对管道基础和管道接口的质量影响不大。进行1次试压，基本上能反映出管道的施工质量。所以，在非自重湿陷性黄土场地，仍按原规范规定应进行1次强度和严密性试验。

2 在自重湿陷性黄土场地（如兰州地区），普遍反映，非金属管道进行2次强度和严密性试验是必要的。因为非金属管道各品种的加工、制作工艺不稳定，施工过程中易损易坏。从工程实例分析，管道接口处的事故发生率较高，接口处易产生环向裂缝，尤其在管基垫层质量较差的情况下，回填土时易造成隐患。管口在回填土后一旦产生裂缝，稍有渗漏，自重湿陷性黄土的湿陷很敏感，极易影响前、后管基下沉，管口拉裂，扩大破坏程度，甚至造成返工。所以，本规范要求做2次强度和严密性试验，而且是在沟槽回填前、后分别进行。

金属管道，因其管材质量相对稳定；大口径管道接口已普遍采用橡胶止水环的柔性材料；小口径管道接口施工质量有所提高；直埋管中管，管材材质好，接口质量严密……从金属管道整体而言，均有一定的抗不均匀沉陷的能力。调查中，普遍认为没有必要做2次试压。所以，本次修订明确指出，金属管道进行1次强度和严密性试验。

8.5.7 从压力管道的功能而言，有两种状况：在建筑物基础内外，基本是防护距离以内，为其建筑物的生产、生活直接服务的附属配水管道。这些管道的管径较小，但数量较多，很繁杂，可归为建筑物内的压力管道；还有的是穿越城镇或建筑群区域内（远离建筑物）的主体输水管道。此类管道虽然不在建筑物防护距离之内，但从管道自身的重要性和管道直接埋地的敷设环境看，对建筑群区域的安全存在不可忽视的威胁。这些压力管道在本规范中基本属于构筑物的范畴，是建筑物的室外压力管道。

原规范中规定：埋地压力管道的强度试验压力应符合有关现行国家标准的规定；严密性试验的压力值为工作压力加100kPa。这种写法没有区分室内和室外压力管道，较为笼统。在工程实践中，一些单位反映，目前室内、室外压力管道的试压标准较混乱无统一标准遵循。

1998年建设部颁发实施的国家标准《给水排水管道工程施工及验收规范》（以下简称"管道规范"）解决了室外压力管道试压问题。该"管道规范"明确规定适用于城镇和工业区的室外给排水管道工程的施工及验收；在严密性试验中，"管道规范"的要求明显高于原规范，其试验方法与质量检测标准也较高。考

虑到湿陷性黄土对防水有特殊要求，所以，室外压力管道的试压标准应符合现行国家标准"管道规范"的要求。

在本次修订中，明确规定了室外埋地压力管道的试验压力值，并强调强度和严密性的试验方法、质量检验标准，应符合现行国家标准《给水排水管道工程施工及验收规范》的有关规定，这是最基本的要求。

8.5.8 本条对室内管道，包括防护范围内的埋地压力管道进行水压试验，基本上仍按原规范规定，高于一般地区的要求。其中规定室内管道强度试验的试验压力值，在严密性试验时，沿用原规范规定的工作压力加0.10MPa。测试时间：金属管道仍为2h，非金属管道为4h，并尽量使试验工作在一个工作日内完成。

建筑物内的工业埋地压力给水管道，因随工艺不同，有其不同的要求，所以本条另写，按有关专门规定执行。

塑料管品种繁多，又不断更新，国家标准正陆续制定，尚未系列化，所以，本规范对塑料管的试压要求未作规定。在塑料管道工程中，对塑料管的试压要求，只有参照非金属管的要求试压或者按相应现行国家标准执行。

8.5.9 据调查，雨水管道漏水引起的湿陷事故率仅次于污水管。雨水汇集在管道内的时间虽短暂，但量大，来得猛、管道又易受外界因素影响。如：小区内雨水管距建筑物基础近；有的屋面水落管入地后直埋于柱基附近，再与地下雨水管相接，本身就处于不均匀沉降敏感部位；小区和市政雨水管防渗漏效果的好坏将直接影响交通和环境……所以，在湿陷性黄土地区，提高了对雨水管的施工和试验检验的标准，与污水管同等对待，当作埋地无压管道进行水压试验，同时明确要求采用闭水法试验。

8.5.10 本条将室外埋地无压管道单独规定，采用闭水试验方法，具体实施应按"管道规范"规定，比原规范规定的试验标准有所提高。

8.5.11 本条与8.5.10条相对应，将室内埋地无压管道的水压试验单独规定。至于采用闭水法试验，注水水头，室内雨水管道闭水试验水头的取值都与原规范一致。因合理、适用，则未作修订。

8.5.12 现行国家标准《给水排水构筑物施工及验收规范》，对水池满水试验的充水水位观测，蒸发量测定，渗水量计算等都有详细规定和严格要求。本次修订，本规范仅将原规范条文改写为对水池应按设计水位进行满水试验。其方法与质量标准应符合《给水排水构筑物施工及验收规范》的规定和要求。

8.5.13 工程实例说明，埋地管道沟槽回填质量不规范，有的甚至凹陷有隐患。为此，本次修订，明确在0.50m范围内，压实系数按0.90控制，其他部位按0.95控制。基本等同于池（沟）壁与基槽间的标准，保护管道，也便于定量检验。

9 使用与维护

9.1 一般规定

9.1.1~9.1.2 设计、施工所采取的防水措施，在使用期间能否发挥有效作用，关键在于是否经常坚持维护和检修。工程实践和调查资料表明，凡是对建筑物和管道重视维护和检修的使用单位，由于建筑物周围场地积水、管道漏水引起的湿陷事故就少，否则，湿陷事故就多。

为了防止和减少湿陷事故的发生，保证建筑物和管道的安全使用，总结已有的经验教训，本章规定，在使用期间，应对建筑物和管道经常进行维护和检修，以确保设计、施工所采取的防水措施发挥有效作用。

用户部门应根据本章规定，结合本部门或本单位的实际，安排或指定有关人员负责组织制订使用与维护管理细则，督促检查维护管理工作，使其落到实处，并成为制度化、经常化，避免维护管理流于形式。

9.1.4 据调查，在建筑物使用期间，有些单位为了改建或扩建，在原有建筑物的防护范围内随意增加或改变用水设备，如增设开水房、淋浴室等，但没有按规范规定和原设计意图采取相应的防水措施和排水设施，以至造成许多湿陷事故。本条规定，有利于引起使用部门的重视，防止有章不循。

9.2 维护和检修

9.2.1~9.2.6 本节各条都是维护和检修的一些要求和做法，其规定比较具体，故未作逐条说明，使用单位只要认真按本规范规定执行，建筑物的湿陷事故有可能杜绝或减到最少。

埋地管道未设检漏设施，其渗漏水无法检查和发现。尽管埋地管道大都是设在防护范围外，但如果长期漏水，不仅使大量水浪费，而且还可能引起场地地下水位上升，甚至影响建筑物安全使用，为此，9.2.1 条规定，每隔 3~5 年，对埋地压力管道进行工作压力下的泄漏检查，以便发现问题及时采取措施进行检修。

9.3 沉降观测和地下水位观测

9.3.3~9.3.4 在使用期间，对建筑物进行沉降观测和地下水位观测的目的是：

1 通过沉降观测可及时发现建筑物地基的湿陷变形。因为地基浸水湿陷往往需要一定的时间，只要按规范规定坚持经常对建筑物和地下水位进行观测，即可为发现建筑物的不正常沉降情况提供信息，从而可以采取措施，切断水源，制止湿陷变形的发展。

2 根据沉降观测和地下水位观测的资料，可以分析判断地基变形的原因和发展趋势，为是否需要加固地基提供依据。

附录 A 中国湿陷性黄土工程地质分区略图

本附录 A 说明为新增内容。随着城市高层建筑的发展，岩土工程勘探的深度也在不断加深，人们对黄土的认识进一步深入，因此，本次修订过程中，除了对原版面的清晰度进行改观，主要收集和整理了山西、陕西、甘肃、内蒙古和新疆等地区有关单位近年来的勘察资料。对原图中的湿陷性黄土层厚度、湿陷系数等数据进行了部分修改和补充，共计 27 个城镇点，涉及到陕西、甘肃、山西等省、区。在边缘地区 Ⅶ区新增内蒙古中部—辽西区 (Ⅶ₃) 和新疆—甘西—青海区 (Ⅶ₄)；同时根据最新收集的张家口地区的勘察资料，据其湿陷类型和湿陷等级将该区划分在山西—冀北地区即汾河流域—冀北区 (Ⅳ₁)。本次修订共新增代表性城镇点 19 个，受资料所限，略图中未涉及的地区还有待于进一步补充和完善。

湿陷性黄土在我国分布很广，主要分布在山西、陕西、甘肃大部分地区以及河南的西部。此外，新疆、山东、辽宁、宁夏、青海、河北以及内蒙古的部分地区也有分布，但不连续。本图为湿陷性黄土工程地质分区略图，它使人们对全国范围内的湿陷性黄土性质和分布有一个概括的认识和了解，图中所标明的湿陷性黄土层厚度和高、低价地湿陷系数平均值，大多数资料的收集和整理源于建筑物集中的城镇区，而对于该区的台塬、大的冲积扇、河漫滩等地貌单元的资料或湿陷性黄土层厚度与湿陷系数值，则应查阅当地的工程地质资料或分区详图。

附录 C 判别新近堆积黄土的规定

C.0.1 新近堆积黄土的鉴别方法，可分为现场鉴别和按室内试验的指标鉴别。现场鉴别是根据场地所处地貌部位、土的外观特征进行。通过现场鉴别可以知道哪些地段和地层，有可能属于新近堆积黄土，在现场鉴别把握性不大时，可以根据土的物理力学性质指标作出判别分析，也可按两者综合分析判定。

新近堆积黄土的主要特点是，土的固结成岩作用差，在小压力下变形较大，其所反映的压缩曲线与晚更新世（Q₃）黄土有明显差别。新近堆积黄土是在小压力下（0~100kPa 或 50~150kPa）呈现高压缩性，而晚更新世（Q₃）黄土是在 100~200kPa 压力段压缩性的变化增大，在小压力下变形不大。

C.0.2 为对新近堆积黄土进行定量判别，并利用土的物理力学性质指标进行了判别函数计算分析，将新近堆积黄土和晚更新世（Q_3）黄土的两组样品作判别分析，可以得到以下四组判别式：

$$R = -6.82e + 9.72a \qquad (C.0.2-1)$$

$R_0 = -2.59$，判别成功率为 79.90%

$$R = -10.86e + 9.77a - 0.48\gamma \qquad (C.0.2-2)$$

$R_0 = -12.27$，判别成功率为 80.50%

$$R = -68.45e + 10.98a - 7.16\gamma + 1.18w \qquad (C.0.2-3)$$

$R_0 = -154.80$，判别成功率为 81.80%

$$R = -65.19e + 10.67a - 6.91\gamma + 1.18w + 1.79w_L \qquad (C.0.2-4)$$

$R_0 = -152.80$，判别成功率为 81.80%

当有一半土样的 $R > R_0$ 时，所提供指标的土层为新近堆积黄土。式中 e 为土的孔隙比；a 为 0~100kPa，50~150kPa 压力段的压缩系数之大者，单位为 MPa^{-1}；γ 为土的重度，单位为 kN/m^3；w 为土的天然含水量（%）；w_L 为土的液限（%）。

判别实例：

陕北某场地新近堆积黄土，判别情况如下：

1 现场鉴定

拟建场地位于延河Ⅰ级阶地，部分地段位于河漫滩，在场地表面分布有 3~7m 厚黄褐~褐黄色的粉土，土质结构松散，孔隙发育，见较多虫孔及植物根孔，常混有粉质粘土土块及砂、砾或岩石碎屑，偶见陶瓷及朽木片。从现场土层分布及土性特征看，可初步定为新近堆积黄土。

2 按试验指标判定

根据该场地对应地层的土样室内试验结果，$w = 16.80\%$，$\gamma = -14.90kN/m^3$，$e = 1.070$，$a_{50-150} = 0.68MPa^{-1}$，代入附（C.0.2-3）式，得 $R = -152.64 > R_0 = -154.80$，通过计算有一半以上土样的土性指标达到了上述标准。

由此可以判定该场地上部的黄土为新近堆积黄土。

附录 D 钻孔内采取不扰动土样的操作要点

D.0.1~D.0.2 为了使土样不受扰动，要注意掌握的因素很多，但主要有钻进方法，取样方法和取样器三个环节。

采用合理的钻进方法和清孔器是保证取得不扰动土样的第一个前提，即钻进方法与清孔器的选用，首先着眼于防止或减少孔底拟取土样的扰动，这对结构敏感的黄土显得更为重要。选择合理的取样器，是保证采取不扰动土样的关键。经过多年来的工程实践，以及西北综合勘察设计研究院、国家电力公司西北电力设计院、信息产业部电子综合勘察院等，通过对探井与钻孔取样的直接对比，其结果（见附表 D-2）证明：按附录 D 中的操作要点，使用回转钻进、薄壁清孔器清孔、压入法取样，能够保证取得不扰动土样。

目前使用的黄土薄壁取样器中，内衬大多使用镀锌薄钢板。由于薄钢板重复使用容易变形，内外壁易粘附残留的蜡和土等弊病，影响土样的质量，因此将逐步予以淘汰，并以塑料或酚醛层压纸管代替。

D.0.3 近年来，在湿陷性黄土地区勘察中，使用的黄土薄壁取样器的类型有：无内衬和有内衬两种。为了说明按操作要点以及使用两种取样器的取样效果，在同一勘探点处，对探井与两种类型三种不同规格、尺寸的取样器（见附表 D-1）的取土质量进行直接对比，其结果（见附表 D-2）说明：应根据土质结构、当地经验、选择合适的取样器。

当采用有内衬的黄土薄壁取样器取样时，内衬必须是完好、干净、无变形，且与取样器的内壁紧贴。当采用无内衬的取样器取样时，内壁必须均匀涂抹润滑油，取土样时，应使用专门的工具将取样器中的土样缓缓推出。但在结构松散的黄土层中，不宜使用无内衬的取样器。以免土样从取样器另装入盛土筒过程中，受到扰动。

钻孔内取样所使用的几种黄土薄壁取样器的规格，见附表 D-1。

同一勘探点处，在探井内与钻孔内的取样质量对比结果，见附表 D-2。

西安咸阳机场试验点，在探井内与钻孔内的取样质量对比，见附表 D-3。

附表 D-1 黄土薄壁取土器的尺寸、规格

取土器类型	最大外径（mm）	刃口内径（mm）	样筒内径（mm）		盛土筒长（mm）	盛土筒厚（mm）	余（废）土筒长（mm）	面积比（%）	切削刃口角度（℃）	生产单位
			无衬	有衬						
TU—127—1	127	118.5	—	120	150	3.00	200	14.86	10	西北综合勘察设计研究院
TU—127—2	127	120	121	—	200	2.25	200	7.57	10	
TU—127—3	127	116	118	—	185	2.00	264	6.90	12.50	信息产业部电子综勘院

取样方法 试验场地	孔 隙 比（e）				湿陷系数（δ_s）				备注
对比指标	探井	TU127-1	TU127-2	TU127-3	探井	TU127-1	TU127-2	TU127-3	
咸阳机场	1.084	1.116	1.103	1.146	0.065	0.055	0.069	0.063	
平均差	—	0.032	0.019	0.062		0.001	0.004	0.002	
西安等驾坡	1.040	1.042	1.069	1.024	0.032	0.027	0.035	0.030	Q₃黄土
平均差	—	0.002	0.029	0.016		0.005	0.003	0.002	
陕西蒲城	1.081	1.070	—	—	0.050	0.044			
平均差	—	0.011				0.006			
陕西永寿	0.942	—	—	0.964	0.056	—		0.073	
平均差	—			0.022				0.017	
湿陷等级	按钻孔试验结果评定的湿陷等级与探井完全吻合								

取样方法 取土深度（m）	孔 隙 比（e）				湿陷系数（δ_s）			
对比指标	探井	钻孔 1	钻孔 2	钻孔 3	探井	钻孔 1	钻孔 2	钻孔 3
1.00～1.15	1.097	—	1.060		0.103	—		
2.00～2.15	1.035	1.045	1.010	1.167	0.086	0.070	0.066	0.081
3.00～3.15	1.152	1.118	0.991	1.184	0.067	0.058	0.039	0.087
4.00～4.15	1.222	1.336	1.316	1.106	0.069	0.075	0.077	0.050
5.00～5.15	1.174	1.251	1.249	1.323	0.071	0.060	0.061	0.080
6.00～6.15	1.173	1.264	1.256	1.192	0.083	0.089	0.085	0.068
7.00～7.15	1.258	1.209	1.238	1.194	0.083	0.079	0.084	0.065
8.00～8.15	1.770	1.202	1.217	1.205	0.102	0.091	0.079	0.079
9.00～9.15	1.103	1.057	1.117	1.152	0.046	0.029	0.057	0.066
10.00～10.15	1.018	1.040	1.121	1.131	0.026	0.016	0.036	0.038
11.00～11.15	0.776	0.926	0.888	0.993	0.002	0.006	0.006	0.010
12.00～12.15	0.824	0.830	0.770	0.963	0.040	0.020	0.009	0.016
说　明	钻孔 1 采用 TU127-1 型取土器；钻孔 2 采用 TU127-2 型取土器；钻孔 3 采用 TU127-3 型取土器							

附录 G　湿陷性黄土场地地下水位上升时建筑物的设计措施

湿陷性黄土地基土增湿和减湿，对其工程特性均有显著影响。本措施主要适用于建筑物在使用期内，由于环境条件恶化导致地下水位上升影响地基主要持力层的情况。

G.0.1　未消除地基全部湿陷量，是本附录的前提条件。

G.0.2～G.0.7　基本保持原规范条文的内容，仅在个别处作了文字修改，主要是为防止不均匀沉降采取的措施。

G.0.8　设计时应考虑建筑物在使用期间，因环境条件变化导致地下水位上升的可能，从而对地下室和地下管沟采取有效的防水措施。

G.0.9　本条是根据山西省引黄工程太原呼延水厂的工程实例编写的。该厂距汾河二库的直线距离仅 7.8km，水头差高达 50m。厂址内的工程地质条件很复杂，有非自重湿陷性黄土场地与自重湿陷性黄土场地，且有碎石地层露头。水厂设计地面分为三个台地，有填方，也有挖方。在方案论证时，与会专家均指出，设计应考虑原非自重湿陷性黄土场地转化为自重湿陷性黄土场地的可能性。这里，填方与地下水位上升是导致场地湿陷类型转化的外因。

附录 H 单桩竖向承载力静载荷浸水试验要点

H.0.1～H.0.2 对单桩竖向承载力静载荷浸水试验提出了明确的要求和规定。其理由如下：

湿陷性黄土的天然含水量较小，其强度较高，但它遇水浸湿时，其强度显著降低。由于湿陷性黄土与其他黏性土的性质有所不同，所以在湿陷性黄土场地上进行单桩承载力静载荷试验时，要求加载前和加载至单桩竖向承载力的预估值后向试坑内昼夜浸水，以使桩身周围和桩底端持力层内的土均达到饱和状态，否则，单桩竖向静载荷试验测得的承载力偏大，不安全。

附录 J 垫层、强夯和挤密等地基的静载荷试验要点

J.0.1 荷载的影响深度和荷载的作用面积密切相关。

压板的直径越大，影响深度越深。所以本条对垫层地基和强夯地基上的载荷试验压板的最小尺寸作了规定，但当地基处理厚度大或较大时，可分层进行试验。

挤密桩复合地基静载荷试验，宜采用单桩或多桩复合地基静载荷试验。如因故不能采用复合地基静载荷试验，可在桩顶和桩间土上分别进行试验。

J.0.5 处理后的地基土密实度较高，水不易下渗，可预先在试坑底部打适量的浸水孔，再进行浸水载荷试验。

J.0.6 对本条规定的试验终止条件说明如下：

1 为地基处理设计（或方案）提供参数，宜加至极限荷载终止；

2 为检验处理地基的承载力，宜加至设计荷载值的 2 倍终止。

J.0.8 本条提供了三种地基承载力特征值的判定方法。大量资料表明，垫层的压力-沉降曲线一般呈直线或平滑的曲线，复合地基载荷试验的压力-沉降曲线大多是一条平滑的曲线，均不易找到明显的拐点。因此承载力按控制相对变形的原则确定较为适宜。本条首次对土（或灰土）垫层的相对变形值作了规定。

中华人民共和国国家标准

膨胀土地区建筑技术规范

Technical code for buildings in expansive soil regions

GB 50112—2013

主编部门：中华人民共和国住房和城乡建设部
批准部门：中华人民共和国住房和城乡建设部
施行日期：２０１３年５月１日

中华人民共和国住房和城乡建设部
公　告

第 1587 号

住房城乡建设部关于发布国家标准
《膨胀土地区建筑技术规范》的公告

　　现批准《膨胀土地区建筑技术规范》为国家标准，编号为 GB 50112-2013，自 2013 年 5 月 1 日起实施。其中，第 3.0.3、5.2.2、5.2.16 条为强制性条文，必须严格执行。原国家标准《膨胀土地区建筑技术规范》GBJ 112-87 同时废止。

　　本规范由我部标准定额研究所组织中国建筑工业出版社出版发行。

中华人民共和国住房和城乡建设部
2012 年 12 月 25 日

前　言

　　本规范是根据住房和城乡建设部《关于印发〈2009 年工程建设标准规范制订、修订计划〉的通知》(建标[2009]88 号)的要求，由中国建筑科学研究院会同有关设计、勘察、施工、研究与教学单位，对原国家标准《膨胀土地区建筑技术规范》GBJ 112-87 修订而成。

　　本规范在修订过程中，修订组经广泛调查研究，认真总结实践经验，并广泛征求意见，最后经审查定稿。

　　本规范共分 7 章和 9 个附录。主要技术内容有：总则、术语和符号、基本规定、勘察、设计、施工、维护管理等。

　　本次修订主要技术内容有：

　　1. 增加了术语、基本规定、膨胀土自由膨胀率与蒙脱石含量、阳离子交换量的关系（附录 A）等。

　　2. "岩土的工程特性指标"计算表达式。

　　3. 坡地上基础埋深的计算公式。

　　本规范中以黑体字标志的条文为强制性条文，必须严格执行。

　　本规范由住房和城乡建设部负责管理和对强制性条文的解释，由中国建筑科学研究院负责日常管理和具体技术内容的解释。执行本规范过程中如有意见或建议，请寄送中国建筑科学研究院国家标准《膨胀土地区建筑技术规范》管理组（地址：北京市北三环东路 30 号；邮编：100013），以供今后修订时参考。

　　本 规 范 主 编 单 位：中国建筑科学研究院

　　本 规 范 参 编 单 位：中国建筑技术集团有限公司
　　　　　　　　　　　　中国有色金属工业昆明勘察设计研究院
　　　　　　　　　　　　中国航空规划建设发展有限公司
　　　　　　　　　　　　中国建筑西南勘察设计研究院有限公司
　　　　　　　　　　　　广西华蓝岩土工程有限公司
　　　　　　　　　　　　中国人民解放军总后勤部建筑设计研究院
　　　　　　　　　　　　云南省设计院
　　　　　　　　　　　　中航勘察设计研究院有限公司
　　　　　　　　　　　　中南建筑设计院股份有限公司
　　　　　　　　　　　　中南勘察设计院有限公司
　　　　　　　　　　　　广西大学
　　　　　　　　　　　　云南锡业设计院
　　　　　　　　　　　　中铁二院工程集团有限责任公司建筑工程设计研究院

　　本规范主要起草人员：陈希泉　黄熙龄　朱玉明
　　　　　　　　　　　　陆忠伟　刘文连　汤小军
　　　　　　　　　　　　康景文　卢玉南　孙国卫
　　　　　　　　　　　　林　闽　王笃礼　徐厚军
　　　　　　　　　　　　张晓玉　欧孝夺　陆家宝
　　　　　　　　　　　　龚宪伟　陈修礼　何友其
　　　　　　　　　　　　陈冠尧

　　本规范主要审查人员：袁内镇　张　雁　陈祥福
　　　　　　　　　　　　顾宝和　宋二祥　汪德果
　　　　　　　　　　　　邓　江　杨俊峰　杨旭东
　　　　　　　　　　　　殷建春　王惠昌　滕延京

目 次

1 总则 ·· 13—5
2 术语和符号 ······························· 13—5
  2.1 术语 ····································· 13—5
  2.2 符号 ····································· 13—5
3 基本规定 ··································· 13—6
4 勘察 ··· 13—6
  4.1 一般规定 ······························· 13—6
  4.2 工程特性指标 ·························· 13—7
  4.3 场地与地基评价 ····················· 13—7
5 设计 ··· 13—8
  5.1 一般规定 ······························· 13—8
  5.2 地基计算 ······························· 13—8
  5.3 场址选择与总平面设计 ········· 13—10
  5.4 坡地和挡土结构 ····················· 13—11
  5.5 建筑措施 ······························· 13—11
  5.6 结构措施 ······························· 13—12
  5.7 地基基础措施 ························· 13—13
  5.8 管道 ····································· 13—14
6 施工 ··· 13—14
  6.1 一般规定 ······························· 13—14
  6.2 地基和基础施工 ····················· 13—14
  6.3 建筑物施工 ···························· 13—14
7 维护管理 ··································· 13—14

7.1 一般规定 ·································· 13—14
7.2 维护和检修 ······························ 13—14
7.3 损坏建筑物的治理 ·················· 13—15
附录 A 膨胀土自由膨胀率与蒙脱
       石含量、阳离子交换量的
       关系 ································· 13—15
附录 B 建筑物变形观测方法 ········ 13—15
附录 C 现场浸水载荷试验要点 ···· 13—16
附录 D 自由膨胀率试验 ·············· 13—17
附录 E 50kPa 压力下的膨胀率
       试验 ································· 13—17
附录 F 不同压力下的膨胀率及
       膨胀力试验 ····················· 13—18
附录 G 收缩试验 ························· 13—19
附录 H 中国部分地区的蒸发力及
       降水量表 ·························· 13—20
附录 J 使用要求严格的地面
       构造 ································· 13—21
本规范用词说明 ····························· 13—21
引用标准名录 ································· 13—21
附：条文说明 ································· 13—22

Contents

1 General Provisions ···················· 13—5
2 Terms and Symbols ···················· 13—5
    2.1 Terms ···························· 13—5
    2.2 Symbols ························· 13—5
3 Basic Requirement ·················· 13—6
4 Geotechnical Investigation ········· 13—6
    4.1 General Requirement ·········· 13—6
    4.2 Engineering Property Index of
          Rock-soil ······················ 13—7
    4.3 Site and Subsoils Evaluation ·········· 13—7
5 Design ······························· 13—8
    5.1 General Requirement ·········· 13—8
    5.2 Subsoil Calculation ··········· 13—8
    5.3 Site Selection and Site
          Planning ····················· 13—10
    5.4 Slope Land and Retaining
          Structure ···················· 13—11
    5.5 Architecture Measures ········ 13—11
    5.6 Structure Measures ·········· 13—12
    5.7 Subsoil and Foundation
          Measures ···················· 13—13
    5.8 Pipeline ····················· 13—14
6 Construction ······················ 13—14
    6.1 General Requirement ········· 13—14
    6.2 Subsoil and Foundation
          Construction ················· 13—14
    6.3 Building Construction ········ 13—14
7 Maintenance Management ·········· 13—14
    7.1 General Requirement ········· 13—14
    7.2 Maintenance and Overhaul ·········· 13—14
    7.3 Improvement of the Damaged
          Building ···················· 13—15
Appendix A The Relationship
                Between the Free
                Swelling Ratio and
                the Content of Mon-
                tmorillonite, Cation
                Exchange Capacity ········· 13—15

Appendix B The Method of Obs-
                erving the Deforma-
                tion of a Building ········ 13—15
Appendix C Main Points of the
                In-site Loading
                Test under Water
                Immersed ··············· 13—16
Appendix D The Test of Free
                Swelling Ratio ·········· 13—17
Appendix E The Test of Swe-
                lling Ratio under
                50kPa Pressure ·········· 13—17
Appendix F The Test of Swel-
                ling Ratio under
                Different Press-
                ure and the Test
                of Swelling Force ········ 13—18
Appendix G The Test of Shri-
                nkage ···················· 13—19
Appendix H The Table of Eva-
                porative Power
                and Amount of
                Precipitation in
                Some Regions
                of China ················ 13—20
Appendix J Ground Floor
                Construction with
                Strict Request
                for Utilization ··········· 13—21
Explanation of Wording in This
    Code ······························· 13—21
List of Quoted Standards ············· 13—21
Addition: Explanation of
              Provisions ················ 13—22

1 总 则

1.0.1 为了在膨胀土地区建筑工程中贯彻执行国家的技术经济政策，做到安全适用、技术先进、经济合理、保护环境，制定本规范。

1.0.2 本规范适用于膨胀土地区建筑工程的勘察、设计、施工和维护管理。

1.0.3 膨胀土地区的工程建设，应根据膨胀土的特性和工程要求，综合考虑地形地貌条件、气候特点和土中水分的变化情况等因素，注重地方经验，因地制宜，采取防治措施。

1.0.4 膨胀土地区建筑工程勘察、设计、施工和维护管理，除应符合本规范外，尚应符合有关现行国家标准的规定。

2 术语和符号

2.1 术 语

2.1.1 膨胀土 expansive soil

土中黏粒成分主要由亲水性矿物组成，同时具有显著的吸水膨胀和失水收缩两种变形特性的黏性土。

2.1.2 自由膨胀率 free swelling ratio

人工制备的烘干松散土样在水中膨胀稳定后，其体积增加值与原体积之比的百分率。

2.1.3 膨胀潜势 swelling potentiality

膨胀土在环境条件变化时可能产生胀缩变形或膨胀力的量度。

2.1.4 膨胀率 swelling ratio

固结仪中的环刀土样，在一定压力下浸水膨胀稳定后，其高度增加值与原高度之比的百分率。

2.1.5 膨胀力 swelling force

固结仪中的环刀土样，在体积不变时浸水膨胀产生的最大内应力。

2.1.6 膨胀变形量 value of swelling deformation

在一定压力下膨胀土吸水膨胀稳定后的变形量。

2.1.7 线缩率 linear shrinkage ratio

天然湿度下的环刀土样烘干或风干后，其高度减少值与原高度之比的百分率。

2.1.8 收缩系数 coefficient of shrinkage

环刀土样在直线收缩阶段含水量每减少1％时的竖向线缩率。

2.1.9 收缩变形量 value of shrinkage deformation

膨胀土失水收缩稳定后的变形量。

2.1.10 胀缩变形量 value of swelling-shrinkage deformation

膨胀土吸水膨胀与失水收缩稳定后的总变形量。

2.1.11 胀缩等级 grade of swelling-shrinkage

膨胀土地基胀缩变形对低层房屋影响程度的地基评价指标。

2.1.12 大气影响深度 climate influenced layer

在自然气候影响下，由降水、蒸发和温度等因素引起地基土胀缩变形的有效深度。

2.1.13 大气影响急剧层深度 climate influenced markedly layer

大气影响特别显著的深度。

2.2 符 号

2.2.1 作用和作用效应

P_e ——土的膨胀力；

p_k ——相应于荷载效应标准组合时，基础底面处的平均压力值；

p_{kmax} ——相应于荷载效应标准组合时，基础底面边缘的最大压力值；

Q_k ——对应于荷载效应标准组合，最不利工况下作用于桩顶的竖向力；

s_c ——地基分级变形量；

s_e ——地基土的膨胀变形量；

s_{es} ——地基土的胀缩变形量；

s_s ——地基土的收缩变形量；

v_e ——在大气影响急剧层内桩侧土的最大胀拔力标准值。

2.2.2 材料性能和抗力

f_a ——修正后的地基承载力特征值；

f_{ak} ——地基承载力特征值；

q_{sa} ——桩的侧阻力特征值；

q_{pa} ——桩的端阻力特征值；

w_1 ——地表下1m处土的天然含水量；

w_p ——土的塑限含水量；

γ_m ——基础底面以上土的加权平均重度；

δ_{ef} ——土的自由膨胀率；

δ_{ep} ——某级荷载下膨胀土的膨胀率；

δ_s ——土的竖向线缩率；

λ_s ——土的收缩系数；

ψ_w ——土的湿度系数。

2.2.3 几何参数

A_P ——桩端截面积；

d ——基础埋置深度；

d_a ——大气影响深度；

h_i ——第 i 层土的计算厚度；

h_0 ——土样的原始高度；

h_w ——某级荷载下土样浸水膨胀稳定后的高度；

l ——建筑物相邻柱基的中心距离；

l_a ——桩端进入大气影响急剧层以下或非膨胀土层中的长度；

l_p ——基础外边缘至坡肩的水平距离；

u_p ——桩身周长；

v_0 ——土样原始体积；

v_w ——土样在水中膨胀稳定后的体积；

z_i ——第 i 层土的计算深度；

z_{en} ——膨胀变形计算深度；

z_{sn} ——收缩变形计算深度；

β ——设计斜坡的角度。

2.2.4 设计参数和计算系数

ψ_e ——膨胀变形量计算经验系数；

ψ_{es} ——胀缩变形量计算经验系数；

ψ_s ——收缩变形量计算经验系数；

λ ——桩侧土的抗拔系数。

3 基 本 规 定

3.0.1 膨胀土应根据土的自由膨胀率、场地的工程地质特征和建筑物破坏形态综合判定。必要时，尚应根据土的矿物成分、阳离子交换量等试验验证。进行矿物分析和化学分析时，应注重测定蒙脱石含量和阳离子交换量，蒙脱石含量和阳离子交换量与土的自由膨胀率的相关性可按本规范表 A 采用。

3.0.2 膨胀土场地上的建筑物，可根据其重要性、规模、功能要求和工程地质特征以及土中水分变化可能造成建筑物破坏或影响正常使用的程度，将地基基础分为甲、乙、丙三个设计等级。设计时，应根据具体情况按表 3.0.2 选用。

表 3.0.2 膨胀土场地地基基础设计等级

设计等级	建筑物和地基类型
甲级	1）覆盖面积大、重要的工业与民用建筑物； 2）使用期间用水量较大的湿润车间、长期承受高温的烟囱、炉、窑以及负温的冷库等建筑物； 3）对地基变形要求严格或对地基往复升降变形敏感的高温、高压、易燃、易爆的建筑物； 4）位于坡地上的重要建筑物； 5）胀缩等级为Ⅲ级的膨胀土地基上的低层建筑物； 6）高度大于 3m 的挡土结构、深度大于 5m 的深基坑工程
乙级	除甲级、丙级以外的工业与民用建筑物
丙级	1）次要的建筑物； 2）场地平坦、地基条件简单且荷载均匀的胀缩等级为Ⅰ级的膨胀土地基上的建筑物

3.0.3 地基基础设计应符合下列规定：

1 建筑物的地基计算应满足承载力计算的有关规定；

2 地基基础设计等级为甲级、乙级的建筑物，均应按地基变形设计；

3 建造在坡地或斜坡附近的建筑物以及受水平荷载作用的高层建筑、高耸构筑物和挡土结构、基坑支护等工程，尚应进行稳定性验算。验算时应计及水平膨胀力的作用。

3.0.4 地基基础设计时，所采用的作用效应设计值应符合现行国家标准《建筑地基基础设计规范》GB 50007 的有关规定。

3.0.5 膨胀土地区建筑物设计使用年限及耐久性设计，应符合现行国家标准《工程结构可靠性设计统一标准》GB 50153 的规定。

3.0.6 地基基础设计等级为甲级的建筑物，应按本规范附录 B 的要求进行长期的升降和水平位移观测。地下室侧墙和高度大于 3m 的挡土结构，宜对侧墙和挡土结构进行土压力观测。

4 勘 察

4.1 一 般 规 定

4.1.1 膨胀土地区的岩土工程勘察可分为可行性研究勘察、初步勘察和详细勘察阶段。对场地面积较小、地质条件简单或有建设经验的地区，可直接进行详细勘察。对地形、地质条件复杂或有大量建筑物破坏的地区，应进行施工勘察等专门性的勘察工作。各阶段勘察除应符合现行国家标准《岩土工程勘察规范》GB 50021 的规定外，尚应符合本规范第 4.1.2 条～第 4.1.6 条的规定。

4.1.2 可行性研究勘察应对拟建场址的稳定性和适宜性作出初步评价。可行性研究勘察应包括下列内容：

1 搜集区域地质资料，包括土的地质时代、成因类型、地形形态、地层和构造。了解原始地貌条件，划分地貌单元；

2 采取适量原状土样和扰动土样，分别进行自由膨胀率试验，初步判定场地内有无膨胀土及其膨胀潜势；

3 调查场地内不良地质作用的类型、成因和分布范围；

4 调查地表水集聚、排泄情况，以及地下水类型、水位及其变化幅度；

5 收集当地不少于 10 年的气象资料，包括降水量、蒸发力、干旱和降水持续时间以及气温、地温等，了解其变化特点；

6 调查当地建筑经验，对已开裂破坏的建筑物进行研究分析。

4.1.3 初步勘察应确定膨胀土的胀缩等级，应对场地的稳定性和地质条件作出评价，并应为确定建筑总平面布置、主要建筑物地基基础方案和预防措施，以及不良地质作用的防治提供资料和建议，同时应包括下列内容：

1 当工程地质条件复杂且已有资料不满足设计要求时，应进行工程地质测绘，所用比例尺宜采用 $1/1000\sim1/5000$；

2 查明场地内滑坡、地裂等不良地质作用，并评价其危害程度；

3 预估地下水位季节性变化幅度和对地基土胀缩性、强度等性能的影响；

4 采取原状土样进行室内基本物理力学性质试验、收缩试验、膨胀力试验和 50kPa 压力下的膨胀率试验，判定有无膨胀土及其膨胀潜势，查明场地膨胀土的物理力学性质及地基胀缩等级。

4.1.4 详细勘察应查明各建筑物地基土层分布及其物理力学性质和胀缩性能，并应为地基基础设计、防治措施和边坡防护，以及不良地质作用的治理提供详细的工程地质资料和建议，同时应包括下列内容：

1 采取原状土样进行室内 50kPa 压力下的膨胀率试验、收缩试验及其资料的统计分析，确定建筑物地基的胀缩等级；

2 进行室内膨胀力、收缩和不同压力下的膨胀率试验；

3 对于地基基础设计等级为甲级和乙级中有特殊要求的建筑物，应按本规范附录 C 的规定进行现场浸水载荷试验；

4 对地基基础设计和施工方案、不良地质作用的防治措施等提出建议。

4.1.5 勘探点的布置、孔深和土样采取，应符合下列要求：

1 勘探点的布置及控制性钻孔深度应根据地形地貌条件和地基基础设计等级确定，钻孔深度不应小于大气影响深度，且控制性勘探孔不应小于 8m，一般性勘探孔不应小于 5m；

2 取原状土样的勘探点应根据地基基础设计等级、地貌单元和地基土胀缩等级布置，其数量不应少于勘探点总数的 1/2；详细勘察阶段，地基基础设计等级为甲级的建筑物，不应少于勘探点总数的 2/3，且不得少于 3 个勘探点；

3 采取原状土样应从地表下 1m 处开始，在地表下 1m 至大气影响深度内，每 1m 取土样 1 件；土层有明显变化处，宜增加取土数量；大气影响深度以下，取土间距可为 1.5m～2.0m。

4.1.6 钻探时，不得向孔内注水。

4.2 工程特性指标

4.2.1 自由膨胀率试验应按本规范附录 D 的规定进行。膨胀土的自由膨胀率应按下式计算：

$$\delta_{ef} = \frac{\nu_w - \nu_0}{\nu_0} \times 100 \qquad (4.2.1)$$

式中：δ_{ef}——膨胀土的自由膨胀率（%）；

ν_w——土样在水中膨胀稳定后的体积（mL）；

ν_0——土样原始体积（mL）。

4.2.2 膨胀率试验应按本规范附录 E 和附录 F 的规定执行。某级荷载下膨胀土的膨胀率应按下式计算：

$$\delta_{ep} = \frac{h_w - h_0}{h_0} \times 100 \qquad (4.2.2)$$

式中：δ_{ep}——某级荷载下膨胀土的膨胀率（%）；

h_w——某级荷载下土样在水中膨胀稳定后的高度（mm）；

h_0——土样原始高度（mm）。

4.2.3 膨胀力试验应按本规范附录 F 的规定执行。

4.2.4 收缩系数试验应按本规范附录 G 的规定执行。膨胀土的收缩系数应按下式计算：

$$\lambda_s = \frac{\Delta \delta_s}{\Delta w} \qquad (4.2.4)$$

式中：λ_s——膨胀土的收缩系数；

$\Delta \delta_s$——收缩过程中直线变化阶段与两点含水量之差对应的竖向线缩率之差（%）；

Δw——收缩过程中直线变化阶段两点含水量之差（%）。

4.3 场地与地基评价

4.3.1 场地评价应查明膨胀土的分布及地形地貌条件，并应根据工程地质特征及土的膨胀潜势和地基胀缩等级等指标，对建筑场地进行综合评价，对工程地质及土的膨胀潜势和地基胀缩等级进行分区。

4.3.2 建筑场地的分类应符合下列要求：

1 地形坡度小于 5°，或地形坡度为 5°～14°且距坡肩水平距离大于 10m 的坡顶地带，应为平坦场地；

2 地形坡度大于等于 5°，或地形坡度小于 5°且同一建筑物范围内局部地形高差大于 1m 的场地，应为坡地场地。

4.3.3 场地具有下列工程地质特征及建筑物破坏形态，且土的自由膨胀率大于等于 40% 的黏性土，应判定为膨胀土：

1 土的裂隙发育，常有光滑面和擦痕，有的裂隙中充填有灰白、灰绿等杂色黏土。自然条件下呈坚硬或硬塑状态；

2 多出露于二级或二级以上的阶地、山前和盆地边缘的丘陵地带。地形较平缓，无明显自然陡坎；

3 常见有浅层滑坡、地裂。新开挖坑（槽）壁易发生坍塌等现象；

4 建筑物多呈"倒八字"、"X"或水平裂缝，裂缝随气候变化而张开和闭合。

4.3.4 膨胀土的膨胀潜势应按表 4.3.4 分类。

表 4.3.4 膨胀土的膨胀潜势分类

自由膨胀率 δ_{ef}（％）	膨胀潜势
$40 \leqslant \delta_{ef} < 65$	弱
$65 \leqslant \delta_{ef} < 90$	中
$\delta_{ef} \geqslant 90$	强

4.3.5 膨胀土地基应根据地基胀缩变形对低层砌体房屋的影响程度进行评价，地基的胀缩等级可根据地基分级变形量按表 4.3.5 分级。

表 4.3.5 膨胀土地基的胀缩等级

地基分级变形量 s_c（mm）	等级
$15 \leqslant s_c < 35$	Ⅰ
$35 \leqslant s_c < 70$	Ⅱ
$s_c \geqslant 70$	Ⅲ

4.3.6 地基分级变形量应根据膨胀土地基的变形特征确定，可分别按本规范式（5.2.8）、式（5.2.9）和式（5.2.14）进行计算，其中土的膨胀率应按本规范附录 E 试验确定。

4.3.7 地基承载力特征值可由载荷试验或其他原位测试、结合工程实践经验等方法综合确定，并应符合下列要求：

　　1 荷载较大的重要建筑物宜采用本规范附录 C 现场浸水载荷试验确定；

　　2 已有大量试验资料和工程经验的地区，可按当地经验确定。

4.3.8 膨胀土的水平膨胀力可根据试验资料或当地经验确定。

5 设　计

5.1 一般规定

5.1.1 膨胀土地基上建筑物的设计应遵循预防为主、综合治理的原则。设计时，应根据场地的工程地质特征和水文气象条件以及地基基础的设计等级，结合当地经验，注重总平面和竖向布置，采取消除或减小地基胀缩变形量以及适应地基不均匀变形能力的建筑和结构措施；并应在设计文件中明确施工和维护管理要求。

5.1.2 建筑物地基设计应根据建筑结构对地基不均匀变形的适应能力，采取相应的措施。地基分级变形量小于 15mm 以及建造在常年地下水位较高的低洼场地上的建筑物，可按一般地基设计。

5.1.3 地下室外墙的土压力应同时计及水平膨胀力的作用。

5.1.4 对烟囱、炉、窑等高温构筑物和冷库等低温建筑物，应根据可能产生的变形危害程度，采取隔热保温措施。

5.1.5 在抗震设防地区，建筑和结构防治措施应同时满足抗震构造要求。

5.2 地基计算

Ⅰ 基础埋置深度

5.2.1 膨胀土地基上建筑物的基础埋置深度，应综合下列条件确定：

　　1 场地类型；

　　2 膨胀土地基胀缩等级；

　　3 大气影响急剧层深度；

　　4 建筑物的结构类型；

　　5 作用在地基上的荷载大小和性质；

　　6 建筑物的用途，有无地下室、设备基础和地下设施，基础形式和构造；

　　7 相邻建筑物的基础埋深；

　　8 地下水位的影响；

　　9 地基稳定性。

5.2.2 膨胀土地基上建筑物的基础埋置深度不应小于 1m。

5.2.3 平坦场地上的多层建筑物，以基础埋深为主要防治措施时，基础最小埋深不应小于大气影响急剧层深度；对于坡地，可按本规范第 5.2.4 条确定；建筑物对变形有特殊要求时，应通过地基胀缩变形计算确定，必要时，尚应采取其他措施。

5.2.4 当坡地坡角为 5°～14°，基础外边缘至坡肩的水平距离为 5m～10m 时，基础埋深（图 5.2.4）可按下式确定：

$$d = 0.45d_a + (10 - l_p)\tan\beta + 0.30 \quad (5.2.4)$$

式中：d——基础埋置深度（m）；

　　　d_a——大气影响深度（m）；

　　　β——设计斜坡坡角（°）；

　　　l_p——基础外边缘至坡肩的水平距离（m）。

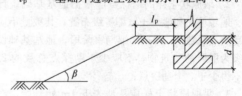

图 5.2.4　坡地上基础埋深计算示意

Ⅱ 承载力计算

5.2.5 基础底面压力应符合下列规定：

　　1 当轴心荷载作用时，基础底面压力应符合下式要求：

$$p_k \leqslant f_a \quad (5.2.5-1)$$

式中：p_k——相应于荷载效应标准组合时，基础底面
　　　　处的平均压力值（kPa）；

f_a——修正后的地基承载力特征值（kPa）。

2 当偏心荷载作用时，基础底面压力除应符合式
(5.2.5-1) 要求外，尚应符合下式要求：

$$p_{kmax} \leqslant 1.2 f_a \qquad (5.2.5-2)$$

式中：p_{kmax}——相应于荷载效应标准组合时，基础底
　　　　　面边缘的最大压力值（kPa）。

5.2.6 修正后的地基承载力特征值应按下式计算：

$$f_a = f_{ak} + \gamma_m (d - 1.0) \qquad (5.2.6)$$

式中：f_{ak}——地基承载力特征值（kPa），按本规范
　　　　　第 4.3.7 条的规定确定；

γ_m——基础底面以上土的加权平均重度，地
　　　　下水位以下取浮重度。

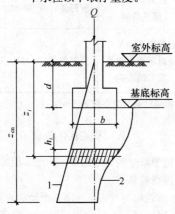

图 5.2.8　地基土的膨胀变形计算示意
1—自重压力曲线；2—附加压力曲线

Ⅲ　变　形　计　算

5.2.7 膨胀土地基变形量，可按下列变形特征分别
计算：

1 场地天然地表下 1m 处土的含水量等于或接
近最小值或地面有覆盖且无蒸发可能，以及建筑物在
使用期间，经常有水浸湿的地基，可按膨胀变形量
计算；

2 场地天然地表下 1m 处的含水量大于 1.2
倍塑限含水量或直接受高温作用的地基，可按收缩变
形量计算；

3 其他情况下可按胀缩变形量计算。

5.2.8 地基土的膨胀变形量应按下式计算：

$$s_e = \psi_e \sum_{i=1}^{n} \delta_{epi} \cdot h_i \qquad (5.2.8)$$

式中：s_e——地基土的膨胀变形量（mm）；

ψ_e——计算膨胀变形量的经验系数，宜根据当
　　　地经验确定，无可依据经验时，三层及
　　　三层以下建筑物可采用 0.6；

δ_{epi}——基础底面下第 i 层土在平均自重压力与
　　　对应于荷载效应准永久组合时的平均附

加压力之和作用下的膨胀率（用小数
计），由室内试验确定；

h_i——第 i 层土的计算厚度（mm）；

n——基础底面至计算深度内所划分的土层
　　数，膨胀变形计算深度 z_{en}（图 5.2.8），
　　应根据大气影响深度确定，有浸水可能
　　时可按浸水影响深度确定；

5.2.9 地基土的收缩变形量应按下式计算：

$$s_s = \psi_s \sum_{i=1}^{n} \lambda_{si} \cdot \Delta w_i \cdot h_i \qquad (5.2.9)$$

式中：s_s——地基土的收缩变形量（mm）；

ψ_s——计算收缩变形量的经验系数，宜根据当
　　　地经验确定，无可依据经验时，三层及
　　　三层以下建筑物可采用 0.8；

λ_{si}——基础底面下第 i 层土的收缩系数，由室
　　　内试验确定；

Δw_i——地基土收缩过程中，第 i 层土可能发生
　　　的含水量变化平均值（以小数表示），
　　　按本规范式 (5.2.10-1) 计算；

n——基础底面至计算深度内所划分的土层
　　数，收缩变形计算深度 z_{sn}（图 5.2.9），
　　应根据大气影响深度确定；当有热源影
　　响时，可按热源影响深度确定；在计算
　　深度内有稳定地下水位时，可计算至水
　　位以上 3m。

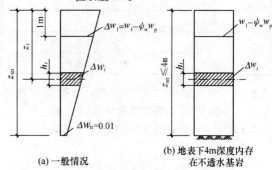

(a) 一般情况　　　(b) 地下 4m 深度内存
　　　　　　　　　在不透水基岩

图 5.2.9　地基土收缩变形计算含水量变化示意

5.2.10 收缩变形计算深度内各土层的含水量变化值
（图 5.2.9），应按下列公式计算。地表下 4m 深度内
存在不透水基岩时，可假定含水量变化值为常数 [图
5.2.9 (b)]：

$$\Delta w_i = \Delta w_1 - (\Delta w_1 - 0.01) \frac{z_i - 1}{z_{sn} - 1}$$

$$(5.2.10-1)$$

$$\Delta w_1 = w_1 - \psi_w w_p \qquad (5.2.10-2)$$

式中：Δw_i——第 i 层土的含水量变化值（以小数表
　　　　　示）；

Δw_1——地表下 1m 处土的含水量变化值（以
　　　小数表示）；

w_1、w_p ——地表下 1m 处土的天然含水量和塑限（以小数表示）；

ψ_w ——土的湿度系数，在自然气候影响下，地表下 1m 处土层含水量可能达到的最小值与其塑限之比。

5.2.11 土的湿度系数应根据当地 10 年以上土的含水量变化确定，无资料时，可根据当地有关气象资料按下式计算：

$$\psi_w = 1.152 - 0.726\alpha - 0.00107c \qquad (5.2.11)$$

式中：α ——当地 9 月至次年 2 月的月份蒸发力之和与全年蒸发力之比值（月平均气温小于 0℃的月份不统计在内）。我国部分地区蒸发力及降水量的参考值可按本规范附录 H 取值；

c ——全年中干燥度大于 1.0 且月平均气温大于 0℃月份的蒸发力与降水量差值之总和（mm），干燥度为蒸发力与降水量之比值。

5.2.12 大气影响深度应由各气候区土的深层变形观测或含水量观测及地温观测资料确定；无资料时，可按表 5.2.12 采用。

表 5.2.12 大气影响深度（m）

土的湿度系数 ψ_w	大气影响深度 d_a
0.6	5.0
0.7	4.0
0.8	3.5
0.9	3.0

5.2.13 大气影响急剧层深度，可按本规范表 5.2.12 中的大气影响深度值乘以 0.45 采用。

5.2.14 地基土的胀缩变形量应按下式计算：

$$s_{es} = \psi_{es} \sum_{i=1}^{n} (\delta_{epi} + \lambda_{si} \cdot \Delta w_i) h_i \qquad (5.2.14)$$

式中：s_{es} ——地基土的胀缩变形量（mm）；

ψ_{es} ——计算胀缩变形量的经验系数，宜根据当地经验确定，无可依据经验时，三层及三层以下可取 0.7。

5.2.15 膨胀土地基变形量取值，应符合下列规定：

1 膨胀变形量应取基础的最大膨胀上升量；

2 收缩变形量应取基础的最大收缩下沉量；

3 胀缩变形量应取基础的最大胀缩变形量；

4 变形差应取相邻两基础的变形量之差；

5 局部倾斜应取砌体承重结构沿纵墙 6m～10m 内基础两点的变形量之差与其距离的比值。

5.2.16 膨胀土地基上建筑物的地基变形计算值，不应大于地基变形允许值。地基变形允许值应符合表 5.2.16 的规定。表 5.2.16 中未包括的建筑物，其地基变形允许值应根据上部结构对地基变形的适应能力及功能要求确定。

表 5.2.16 膨胀土地基上建筑物地基变形允许值

结构类型		相对变形		变形量
		种类	数值	（mm）
砌体结构		局部倾斜	0.001	15
房屋长度三到四开间及四角有构造柱或配筋砌体承重结构		局部倾斜	0.0015	30
工业与民用建筑相邻柱基	框架结构无填充墙时	变形差	0.001l	30
	框架结构有填充墙时	变形差	0.0005l	20
	当基础不均匀升降时不产生附加应力的结构	变形差	0.003l	40

注：l 为相邻柱基的中心距离（m）。

Ⅳ 稳定性计算

5.2.17 位于坡地场地上的建筑物地基稳定性，应按下列规定进行验算：

1 土质较均匀时，可按圆弧滑动法验算；

2 土层较薄，土层与岩层间存在软弱层时，应取软弱层面为滑动面进行验算；

3 层状构造的膨胀土，层面与坡面斜交，且交角小于 45°时，应验算层面的稳定性。

5.2.18 地基稳定性安全系数可取 1.2。验算时，应计算建筑物和堆料的荷载、水平膨胀力，并应根据试验数据或当地经验及削坡卸荷应力释放、土体吸水膨胀后强度衰减的影响。

5.3 场址选择与总平面设计

5.3.1 场址选择宜符合下列要求：

1 宜选择地形条件比较简单，且土质比较均匀、胀缩性较弱的地段；

2 宜具有排水畅通或易于进行排水处理的地形条件；

3 宜避开地裂、冲沟发育和可能发生浅层滑坡等地段；

4 坡度宜小于 14°并有可能采用分级低挡土结构治理的地段；

5 宜避开地下溶沟、溶槽发育、地下水变化剧烈的地段。

5.3.2 总平面设计应符合下列要求：

1 同一建筑物地基土的分级变形量之差，不宜大于 35mm；

2 竖向设计宜保持自然地形和植被，并宜避免大挖大填；

3 挖方和填方地基上的建筑物，应防止挖填部分地基的不均匀性和土中水分变化所造成的危害；

4 应避免场地内排水系统管道渗水对建筑物升降变形的影响；

5 地基基础设计等级为甲级的建筑物，应布置在膨胀土埋藏较深、胀缩等级较低或地形较平坦的地段；

6 建筑物周围应有良好的排水条件，距建筑物外墙基础外缘 5m 范围内不得积水。

5.3.3 场地内的排洪沟、截水沟和雨水明沟，其沟底应采取防渗处理。排洪沟、截水沟的沟边土坡应设支挡。

5.3.4 地下给、排水管道接口部位应采取防渗漏措施，管道距建筑物外墙基础外缘的净距不应小于 3m。

5.3.5 场地内应进行环境绿化，并应根据气候条件、膨胀土地基胀缩等级，结合当地经验采取下列措施：

1 建筑物周围散水以外的空地，宜多种植草皮和绿篱；

2 距建筑物外墙基础外缘 4m 以外的空地，宜选用低矮、耐修剪和蒸腾量小的树木；

3 在湿度系数小于 0.75 或孔隙比大于 0.9 的膨胀土地区，种植桉树、木麻黄、滇杨等速生树种时，应设置隔离沟，沟与建筑物距离不应小于 5m。

5.4 坡地和挡土结构

5.4.1 建筑场地条件符合本规范第 4.3.2 条第 2 款规定时，建筑物应按坡地场地进行设计，并应符合下列规定：

1 应按本规范第 5.2.17 条和第 5.2.18 条的规定验算坡体的稳定性；

2 应采取防止坡体水平位移和坡体内土的水分变化对建筑物影响的措施；

3 对不稳定或潜在不稳定的斜坡，应先进行滑坡治理。

5.4.2 防治滑坡应综合工程地质、水文地质和工程施工影响等因素，分析可能产生滑坡的主要因素，并应结合当地建设经验，采取下列措施：

1 应根据计算的滑体推力和滑动面或软弱结合面的位置，设置一级或多级抗滑支挡，或采取其他措施；

2 挡土结构基础埋深应由稳定性验算确定，并应埋置在滑动面以下，且不应小于 1.5m；

3 应设置场地截水、排水及防渗系统，对坡体裂缝应进行封闭处理；

4 应根据当地经验在坡面干砌或浆砌片石，设置支撑盲沟，种植草皮等。

5.4.3 挡土墙设计应符合下列构造要求（图

5.4.3）：

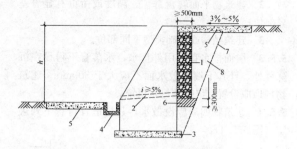

图 5.4.3 挡土墙构造示意
1—滤水层；2—泄水孔；3—垫层；4—防渗排水沟；
5—封闭地面；6—隔水层；7—开挖面；8—非膨胀土

1 墙背碎石或砂卵石滤水层的宽度不应小于 500mm。滤水层以外宜选用非膨胀性土回填，并应分层压实；

2 墙顶和墙脚地面应设封闭面层，宽度不宜小于 2m；

3 挡土墙每隔 6m～10m 和转角部位应设变形缝；

4 挡土墙墙身应设泄水孔，间距不应大于 3m，坡度不应小于 5%，墙背泄水孔口下方应设置隔水层，厚度不应小于 300mm。

5.4.4 高度不大于 3m 的挡土墙，主动土压力宜采用楔体试算法确定。当构造符合本规范第 5.4.3 条规定时，土压力的计算可不计水平膨胀力的作用。破裂面上的抗剪强度指标应采用饱和快剪强度指标。当土体中有明显通过墙址的裂隙面或层面时，尚应以该面作为破裂面验算其稳定性。

5.4.5 高度大于 3m 的挡土结构土压力计算时，应根据试验数据或当地经验确定土体膨胀后抗剪强度衰减的影响，并应计算水平膨胀力的作用。

5.4.6 坡地上建筑物的地基设计，符合下列条件时，可按平坦场地上建筑物的地基进行设计：

1 布置在坡顶的建筑物，按本规范第 5.4.3 条设置挡土墙且基础外边缘距挡土墙距离大于 5m；

2 布置在挖方地段的建筑物，基础外边缘至坡脚支挡结构的净距大于 3m。

5.5 建筑措施

5.5.1 在满足使用功能的前提下，建筑物的体型应力求简单，并应符合下列要求：

1 建筑物选址宜位于膨胀土层厚度均匀，地形坡度小的地段；

2 建筑物宜避让胀缩性相差较大的土层，应避开地裂带，不宜建在地下水位升降变化大的地段。当无法避免时，应采取设置沉降缝或提高建筑结构整体抗变形能力等措施。

5.5.2 建筑物的下列部位，宜设置沉降缝：

1 挖方与填方交界处或地基土显著不均匀处；

2 建筑物平面转折部位、高度或荷重有显著差异部位；

3 建筑结构或基础类型不同部位。

5.5.3 屋面排水宜采用外排水，水落管不得设在沉降缝处，且其下端距散水面不应大于 300mm。建筑物场地应设置有组织的排水系统。

5.5.4 建筑物四周应设散水，其构造宜符合下列规定（图 5.5.4）：

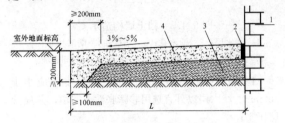

图 5.5.4 散水构造示意

1—外墙；2—交接缝；3—垫层；4—面层

1 散水面层宜采用 C15 混凝土或沥青混凝土，散水垫层宜采用 2：8 灰土或三合土，面层和垫层厚度宜按表 5.5.4 选用；

2 散水面层的伸缩缝间距不应大于 3m；

3 散水最小宽度应按表 5.5.4 选用。散水外缘距基槽不应小于 300mm，坡度应为 3%～5%；

4 散水与外墙的交接缝和散水之间的伸缩缝，应填嵌柔性防水材料。

表 5.5.4 散水构造尺寸

地基胀缩等级	散水最小宽度 L（m）	面层厚度（mm）	垫层厚度（mm）
Ⅰ	1.2	≥100	≥100
Ⅱ	1.5	≥100	≥150
Ⅲ	2.0	≥120	≥200

5.5.5 平坦场地胀缩等级为Ⅰ级、Ⅱ级的膨胀土地基，当采用宽散水作为主要防治措施时，其构造应符合下列规定（图 5.5.5）：

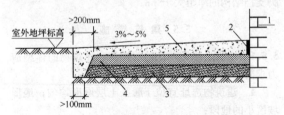

图 5.5.5 宽散水构造示意

1—外墙；2—交接缝；3—垫层；4—隔热保温层；5—面层

1 面层可采用强度等级 C15 的素混凝土或沥青混凝土，厚度不应小于 100mm；

2 隔热保温层可采用 1：3 石灰焦渣，厚度宜为 100mm～200mm；

3 垫层可采用 2：8 灰土或三合土，厚度宜为 100mm～200mm；

4 胀缩等级为Ⅰ级的膨胀土地基散水宽度不应小于 2m，胀缩等级为Ⅱ级的膨胀土地基散水宽度不应小于 3m，坡度宜为 3%～5%。

5.5.6 建筑物的室内地面设计应符合下列要求：

1 对使用要求严格的地面，可根据地基土的胀缩等级按本规范附录 J 要求，采取相应的设计措施。胀缩等级为Ⅲ级的膨胀土地基和使用要求特别严格的地面，可采用地面配筋或地面架空等措施。经常用水房间的地面应设防水层，并应保持排水通畅；

2 大面积地面应设置分格变形缝。地面、墙体、地沟、地坑和设备基础之间宜用变形缝隔开。变形缝内应填嵌柔性防水材料；

3 对使用要求没有严格限制的工业与民用建筑地面，可按普通地面进行设计。

5.5.7 建筑物周围的广场、场区道路和人行便道设计，应符合下列要求：

1 建筑物周围的广场、场区道路和人行便道的标高应低于散水外缘；

2 广场应设置有组织的截水、排水系统，地面做法可按本规范第 5.5.6 条第 2 款的规定进行设计；

3 场区道路宜采用 2：8 灰土上铺砌大块石及砂卵石垫层、沥青混凝土或沥青表面处置面层。路肩宽度不应小于 0.8m；

4 人行便道宜采用预制块铺设，并宜与房屋散水相连接。

5.6 结 构 措 施

5.6.1 建筑物结构设计应符合下列规定：

1 应选择适宜的结构体系和基础形式；

2 应加强基础和上部结构的整体强度和刚度。

5.6.2 砌体结构设计应符合下列规定：

1 承重墙体应采用实心墙，墙厚不应小于 240mm，砌体强度等级不应低于 MU10，砌筑砂浆强度等级不应低于 M5，不应采用空斗墙、砖拱、无砂大孔混凝土和无筋中型砌块；

2 建筑平面拐角部位不应设置门窗洞口，墙体尽端至门窗洞口边的有效宽度不宜小于 1m；

3 楼梯间不宜设在建筑物的端部。

5.6.3 砌体结构的圈梁设置应符合下列要求：

1 砌体结构除应在基础顶部和屋盖处各设置一道钢筋混凝土圈梁外，对于Ⅰ级、Ⅱ级膨胀土地基上的多层房屋，其他楼层可隔层设置圈梁；对于Ⅲ级膨胀土地基上的多层房屋，应每层设置圈梁；

2 单层工业厂房的围护墙体除应在基础顶部和屋盖处各设置一道钢筋混凝土圈梁外，对于Ⅰ级、Ⅱ级膨胀土地基，应沿墙高每隔 4m 增设一道圈梁；对于Ⅲ级膨胀土地基，应沿墙高每隔 3m 增设一道圈梁；

 3 圈梁应在同一平面内闭合；

 4 基础顶面和屋盖处的圈梁高度不应小于 240mm，其他位置的圈梁不应小于 180mm。圈梁的纵向配筋不应小于 4φ12，箍筋不应小于 φ6@200。基础圈梁混凝土强度等级不应低于 C25，其他位置圈梁混凝土强度等级不应低于 C20。

5.6.4 砌体结构应设置构造柱，并应符合下列要求：

 1 构造柱应设置在房屋的外墙拐角、楼（电）梯间、内、外墙交接处、开间大于 4.2m 的房间纵、横墙交接处及隔开间横墙与内纵墙交接处；

 2 构造柱的截面不应小于 240mm×240mm，纵向钢筋不应小于 4φ12，箍筋不应小于 φ6@200，混凝土强度等级不应低于 C20；

 3 构造柱与圈梁连接处，构造柱的纵筋应上下贯通穿过圈梁，或锚入圈梁不小于 35d；

 4 构造柱可不单独设置基础，但纵筋应伸入基础圈梁或基础梁内不小于 35d。

5.6.5 门窗洞口或其他洞孔宽度大于等于 600mm 时，应采用钢筋混凝土过梁，不得采用砖拱过梁。在底层窗台处宜设置 60mm 厚的钢筋混凝土带，并应与构造柱拉接。

5.6.6 预制钢筋混凝土梁支承在墙体上的长度不应小于 240mm；预制钢筋混凝土板支承在墙体上的长度不应小于 100mm、支承在梁上的长度不应小于 80mm。预制钢筋混凝土梁、板与支承部位应可靠拉接。

5.6.7 框、排架结构的围护墙体与柱应采取可靠拉接，且宜砌置在基础梁上，基础梁下宜预留 100mm 空隙，并应做防水处理。

5.6.8 吊车梁应采用简支梁，吊车梁与吊车轨道之间应采用便于调整的连接方式。吊车顶面与屋架下弦的净空不宜小于 200mm。

5.7 地基基础措施

5.7.1 膨胀土地基处理可采用换土、土性改良、砂石或灰土垫层等方法。

5.7.2 膨胀土地基换土可采用非膨胀性土、灰土或改良土，换土厚度应通过变形计算确定。膨胀土土性改良可采用掺和水泥、石灰等材料，掺和比和施工工艺应通过试验确定。

5.7.3 平坦场地上胀缩等级为Ⅰ级、Ⅱ级的膨胀土地基宜采用砂、碎石垫层。垫层厚度不应小于 300mm。垫层宽度应大于基底宽度，两侧宜采用与垫层相同的材料回填，并应做好防、隔水处理。

5.7.4 对较均匀且胀缩等级为Ⅰ级的膨胀土地基，可采用条形基础，基础埋深较大或基底压力较小时，宜采用墩基础；对胀缩等级为Ⅲ级或设计等级为甲级

的膨胀土地基，宜采用桩基础。

5.7.5 桩基础设计时，基桩和承台的构造和设计计算，除应符合现行国家标准《建筑地基基础设计规范》GB 50007 的规定外，尚应符合本规范第 5.7.6 条～第 5.7.9 条的规定。

5.7.6 桩顶标高低于大气影响急剧层深度的高、重建筑物，可按一般桩基础进行设计。

5.7.7 桩顶标高位于大气影响急剧层深度内的三层及三层以下的轻型建筑物，桩基础设计应符合下列要求：

 1 按承载力计算时，单桩承载力特征值可根据当地经验确定。无资料时，应通过现场载荷试验确定；

 2 按变形计算时，桩基础升降位移应符合本规范第 5.2.16 条的要求。桩端进入大气影响急剧层深度以下或非膨胀土层中的长度应符合下列规定：

  1) 按膨胀变形计算时，应符合下式要求：

$$l_a \geqslant \frac{v_e - Q_k}{u_p \cdot \lambda \cdot q_{sa}} \quad (5.7.7\text{-}1)$$

  2) 按收缩变形计算时，应符合下式要求：

$$l_a \geqslant \frac{Q_k - A_p \cdot q_{pa}}{u_p \cdot q_{sa}} \quad (5.7.7\text{-}2)$$

  3) 按胀缩变形计算时，计算长度应取式（5.7.7-1）和式（5.7.7-2）中的较大值，且不得小于 4 倍桩径及 1 倍扩大端的直径，最小长度应大于 1.5m。

式中：l_a——桩端进入大气影响急剧层以下或非膨胀土层中的长度（m）；

 v_e——在大气影响急剧层内桩侧土的最大胀拔力标准值，应由当地经验或试验确定（kN）；

 Q_k——对应于荷载效应标准组合，最不利工况下作用于桩顶的竖向力，包括承台和承台上土的自重（kN）；

 u_p——桩身周长（m）；

 λ——桩侧土的抗拔系数，应由试验或当地经验确定；当无此资料时，可按现行行业标准《建筑桩基技术规范》JGJ 94 的相关规定取值；

 A_p——桩端截面积（m²）；

 q_{pa}——桩的端阻力特征值（kPa）；

 q_{sa}——桩的侧阻力特征值（kPa）。

5.7.8 当桩身承受胀拔力时，应进行桩身抗拉强度和裂缝宽度控制验算，并应采取通长配筋，最小配筋率应符合现行国家标准《建筑地基基础设计规范》GB 50007 的规定。

5.7.9 桩承台梁下应留有空隙，其值应大于土层浸水后的最大膨胀量，且不应小于 100mm。承台梁两侧应采取防止空隙堵塞的措施。

5.8 管　　道

5.8.1 给水管和排水管宜敷设在防渗管沟中，并应设置便于检修的检查井等设施；管道接口应严密不漏水，并宜采用柔性接头。

5.8.2 地下管道及其附属构筑物的基础，宜设置防渗垫层。

5.8.3 检漏井应设置在管沟末端和管沟沿线分段检查处，井内应设置集水坑。

5.8.4 地下管道或管沟穿过建筑物的基础或墙时，应设预留孔洞。洞与管沟或管道间的上下净空不宜小于100mm。洞边与管沟外壁应脱开，其缝隙应采用不透水的柔性材料封堵。

5.8.5 对高压、易燃、易爆管道及其支架基础的设计，应采取防止地基土不均匀胀缩变形可能造成危害的地基处理措施。

6 施　　工

6.1 一般规定

6.1.1 膨胀土地区的建筑施工，应根据设计要求、场地条件和施工季节，针对膨胀土的特性编制施工组织设计。

6.1.2 地基基础施工前应完成场地平整、挡土墙、护坡、截洪沟、排水沟、管沟等工程，并应保持场地排水通畅、边坡稳定。

6.1.3 施工用水应妥善管理，并应防止管网漏水。临时水池、洗料场、淋灰池、截洪沟及搅拌站等设施距建筑物外墙的距离，不应小于10m。临时生活设施距建筑物外墙的距离，不应小于15m，并应做好排（隔）水设施。

6.1.4 堆放材料和设备的施工现场，应采取保持场地排水畅通的措施。排水流向应背离基坑（槽）。需大量浇水的材料，堆放在距基坑（槽）边缘的距离不应小于10m。

6.1.5 回填土应分层回填夯实，不得采用灌（注）水作业。

6.2 地基和基础施工

6.2.1 开挖基坑（槽）发现地裂、局部上层滞水或土层地质情况等与勘察文件不符合时，应及时会同勘察、设计等单位协商处理措施。

6.2.2 地基基础施工宜采取分段作业，施工过程中基坑（槽）不得暴晒或泡水。地基基础工程宜避开雨天施工；雨期施工时，应采取防水措施。

6.2.3 基坑（槽）开挖时，应及时采取封闭措施。土方开挖应在基底设计标高以上预留150mm～300mm土层，并应待下一工序开始前继续挖除，验

槽后，应及时浇筑混凝土垫层或采取其他封闭措施。

6.2.4 坡地土方施工时，挖方作业应由坡上方自上而下开挖；填方作业应自下而上分层压实。坡面形成后，应及时封闭。

开挖土方时应保护坡脚。坡顶弃土至开挖线的距离应通过稳定性计算确定，且不应小于5m。

6.2.5 灌注桩施工时，成孔过程中严禁向孔内注水。孔底虚土经清理后，应及时灌注混凝土成桩。

6.2.6 基础施工出地面后，基坑（槽）应及时分层回填，填料宜选用非膨胀土或经改良后的膨胀土，回填压实系数不应小于0.94。

6.3 建筑物施工

6.3.1 底层现浇钢筋混凝土楼板（梁），宜采用架空或桁架支模的方法，并应避免直接支撑在膨胀土上。浇筑和养护混凝土过程中应注意养护水的管理，并应防止水流（渗）入地基内。

6.3.2 散水应在室内地面做好后立即施工。施工前应先夯实基土，基土为回填土时，应检查回填土质量，不符合要求时，应重新处理。伸缩缝内的防水材料应充填密实，并应略高于散水，或做成脊背形状。

6.3.3 管道及其附属建筑物的施工，宜采用分段快速作业法。管道和电缆沟穿过建筑物基础时，应做好接头。室内管道敷设时，应做好管沟底的防渗漏及倾向室外的坡度。管道敷设完成后，应及时回填、加盖或封面。

6.3.4 水池、水沟等水工构筑物应符合防漏、防渗要求，混凝土浇筑时不宜留施工缝，必须留缝时应加止水带，也可在池壁及底板增设柔性防水层。

6.3.5 屋面施工完毕，应及时安装天沟、落水管，并应与排水系统及时连通。散水的伸缩缝应避开水落管。

6.3.6 水池、水塔等溢水装置应与排水管沟连通。

7 维护管理

7.1 一般规定

7.1.1 膨胀土场地内的建筑物、管道、地面排水、环境绿化、边坡、挡土墙等使用期间，应按设计要求进行维护管理。

7.1.2 管理部门应对既有建筑物及其附属设施制定维护管理制度，并应对维护管理工作进行监督检查。

7.1.3 使用单位应妥善保管勘察、设计和施工中的相关技术资料，并应实施维护管理工作，建立维护管理档案。

7.2 维护和检修

7.2.1 给水、排水和供热管道系统遇有漏水或其他

故障时，应及时进行检修和处理。

7.2.2 排水沟、雨水明沟、防水地面、散水等应定期检查，发现开裂、渗漏、堵塞等现象时，应及时修复。

7.2.3 除按本规范第 3.0.6 条的规定进行升降观测的建筑物外，其他建筑物也应定期观察使用状况。当发现墙柱裂缝、地面隆起开裂、吊车轨道变形、烟囱倾斜、窑体下沉等异常现象时，应做好记录，并应及时采取处理措施。

7.2.4 坡脚地带不得任意挖土，坡肩地带不应大面积堆载，建筑物周围不得任意开挖和堆土。不能避免时，应采取必要的保护措施。

7.2.5 坡体位移情况应定期观察，当出现裂缝时，应及时采取治理措施。

7.2.6 场区内的绿化，应按设计要求的品种和距离种植，并应定期修剪。绿化地带浇水应控制水量。

7.3 损坏建筑物的治理

7.3.1 建筑物及其附属设施，出现危及安全或影响使用功能的开裂等损坏情况时，应及时会同勘察、设计部门调查分析、查明损坏原因。

7.3.2 建筑物的损坏等级应按现行国家标准《民用建筑可靠性鉴定标准》GB 50292 的有关规定鉴定；应根据损坏程度确定治理方案，并应及时付诸实施。

附录 A 膨胀土自由膨胀率与蒙脱石含量、阳离子交换量的关系

表 A 膨胀土的自由膨胀率与蒙脱石含量、阳离子交换量的关系

自由膨胀率 δ_{ef} （%）	蒙脱石含量 （%）	阳离子交换量 CEC（NH_4^+）（mmol/kg 土）	膨胀潜势
$40 \leqslant \delta_{ef} < 65$	7～14	170～260	弱
$65 \leqslant \delta_{ef} < 90$	14～22	260～340	中
$\delta_{ef} \geqslant 90$	>22	>340	强

注：1 表中蒙脱石含量为干土全重含量的百分数，采用次甲基蓝吸附法测定；

　　2 对不含碳酸盐的土样，采用醋酸铵法测定其阳离子交换量；对含碳酸盐的土样，采用氯化铵—醋酸铵法测定其阳离子交换量。

附录 B 建筑物变形观测方法

B.0.1 变形观测可包括建筑物的升降、水平位移、基础转动、墙体倾斜和裂缝变化等项目。

B.0.2 变形观测方法、所用仪器和精度，应符合现行行业标准《建筑变形测量规范》JGJ 8 的规定。

B.0.3 水准基点设置应符合下列要求：

1 水准基点的埋设应以不受膨胀土胀缩变形影响为原则，宜埋设在邻近的基岩露头或非膨胀土层内。基点应按现行国家标准《工程测量规范》GB 50026规定的二等水准要求布置。邻近没有非膨胀土层时，可在多年的深水井壁上或在常年潮湿、保水条件良好的地段设置深埋式水准基点。深埋式水准基点应加设套管，并应加强保湿措施；

2 深埋式水准基点（图 B.0.3）不宜少于 3 个。每次变形观测时，应进行水准基点校核。水准基点离建筑物较远时，可在建筑物附近设置观测水准基点，其深度不得小于该地区的大气影响深度。

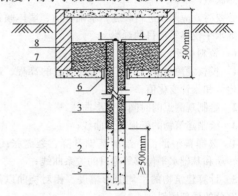

图 B.0.3 深埋式水准基点示意

1—焊接在钢管上的水准标芯；2—ϕ30mm～50mm 钢管；3—ϕ60mm～110mm 套管；4—导向环；5—底部现浇混凝土；6—油毡二层；7—木屑；8—保护井

B.0.4 观测点设置应符合下列要求：

1 观测点的布置应全面反映建筑物的变形情况，在砌体承重的房屋转角处、纵横墙交接处以及横墙中部，应设置观测点；在房屋转角附近宜加密至每隔 2m 设 1 个观测点；承重内隔墙中部应设置内墙观测点，室内地面中心及四周应设置地面观测点。框架结构的房屋沿柱基或纵横轴线应设置观测点。烟囱、水塔、油罐等构筑物的观测点应沿周边对称设置。每栋建筑物可选择最敏感的（1～2）个剖面设置观测点；

2 建筑物墙体和地面裂缝观测应选择重点剖面设置观测点（图 B.0.4）。每条裂缝应在不同位置上

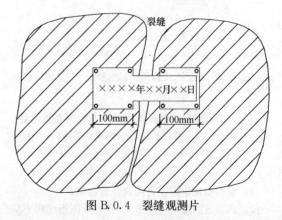

图 B.0.4 裂缝观测片

设置两组以上的观测标志；

3 观测点的埋设可按建筑物的特点采用不同的类型，观测点的埋设应符合现行行业标准《建筑变形测量规范》JGJ 8 的规定。

B.0.5 对新建建筑物，应自施工开始即进行升降观测，并应在施工过程的不同荷载阶段进行定期观测。竣工后，应每月进行一次。观测工作宜连续进行 5 年以上。在掌握房屋季节性变形特点的基础上，应选择收缩下降的最低点和膨胀上升的最高点，以及变形交替的季节，每年观测 4 次。在久旱和连续降雨后应增加观测次数。

必要时，应同期进行裂缝、基础转动、墙体倾斜及基础水平位移等项目的观测。

B.0.6 资料整理，应包括下列内容：

1 校核观测数据，计算每个观测点的高程、逐次变化值和累计变化值；

2 绘制观测点的时间一变形曲线；

3 绘制建筑物的变形展开曲线；

4 选择典型剖面，绘制基础升降、裂缝张闭、基础转动和基础水平位移等项目的关系曲线；

5 计算建筑物的平均变形幅度、相对挠曲以及易损部分的局部倾斜；

6 编写观测报告。

附录 C 现场浸水载荷试验要点

C.0.1 现场浸水载荷试验可用于以确定膨胀土地基的承载力和浸水时的膨胀变形量。

C.0.2 现场浸水载荷试验（图 C.0.2）的方法与步骤，应符合下列规定：

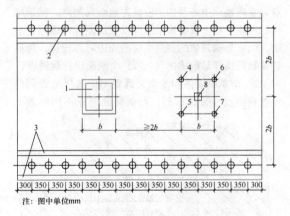

注：图中单位mm

图 C.0.2 现场浸水载荷试验试坑及设备布置示意
1—方形压板；2—ϕ127 砂井；3—砖砌砂槽；4—1b 深测标；5—2b 深测标；6—3b 深测标；7—大气影响深度测标；8—深度为零的测标

1 试验场地应选在有代表性的地段；

2 试验坑深度不应小于 1.0m，承压板面积不应

小于 0.5m²，采用方形承压板时，其宽度 b 不应小于 707mm；

3 承压板外宜设置一组深度为零、1b、2b、3b 和等于当地大气影响深度的分层测标，或采用一孔多层测标方法，以观测各层土的膨胀变形量；

4 可采用砂井和砂槽双面浸水。砂槽和砂井内应填满中、粗砂，砂井的深度不应小于当地的大气影响深度，且不应小于 4b；

5 应采用重物分级加荷和高精度水准仪观测变形量；

6 应分级加荷至设计荷载。当土的天然含水量大于或等于塑限含水量时，每级荷载可按 25kPa 增加；当土的天然含水量小于塑限含水量时，每级荷载可按 50kPa 增加；每级荷载施加后，应按 0.5h、1h 各观测沉降一次，以后可每隔 1h 或更长一些时间观测一次，直至沉降达到相对稳定后再加下一级荷载；

7 连续 2h 的沉降量不大于 0.1mm/h 时可认为沉降稳定；

8 当施加最后一级荷载（总荷载达到设计荷载）沉降达到稳定标准后，应在砂槽和砂井内浸水，浸水水面不应高于承压板底面；浸水期间应每 3d 观测一次膨胀变形；膨胀变形相对稳定的标准为连续两个观测周期内，其变形量不应大于 0.1mm/3d。浸水时间不应少于两周；

9 浸水膨胀变形达到相对稳定后，应停止浸水并按本规范第 C.0.2 条第 6、7 款要求继续加荷直至达到极限荷载；

10 试验前和试验后应分层取原状土样在室内进行物理力学试验和膨胀试验。

C.0.3 现场浸水载荷试验资料整理及计算，应符合下列规定：

1 应绘制各级荷载下的变形和压力曲线（图 C.0.3）以及分层测标变形与时间关系曲线，确定土的承载力和可能的膨胀量；

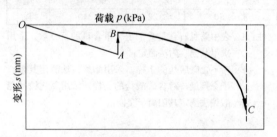

图 C.0.3 现场浸水载荷试验 p-s 关系曲线示意
OA—分级加载至设计荷载；AB—浸水膨胀稳定；
BC—分级加载至极限荷载

2 同一土层的试验点数不应少于 3 点，当实测值的极差不大于其平均值的 30% 时，可取平均值为其承载力极限值，应取极限荷载的 1/2 作为地基土承载力的特征值；

3 必要时可用试验指标按承载力公式计算其承载力，并应与现场载荷试验所确定的承载力值进行对比。在特殊情况下，可按地基设计要求的变形值在 *p-s* 曲线上选取所对应的荷载作为地基土承载力的特征值。

附录 D 自由膨胀率试验

D.0.1 自由膨胀率试验可用于判定黏性土在无结构力影响下的膨胀潜势。

D.0.2 试验仪器设备应符合下列规定：

1 玻璃量筒容积应为 50mL，最小分度值应为 1mL。容积和刻度应经过校准；

2 量土杯容积应为 10mL，内径应为 20mm；

3 无颈漏斗上口直径应为 50mm～60mm，下口直径应为 4mm～5mm；

4 搅拌器应由直杆和带孔圆盘构成，圆盘直径应小于量筒直径 2mm，盘上孔径宜为 2mm（图 D.0.2）；

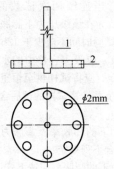

图 D.0.2 搅拌器示意
1—直杆；2—圆盘

5 天平最大称量应为 200g，最小分度值应为 0.01g；

6 应选取的其他试验仪器设备包括平口刮刀、漏斗支架、取土匙和孔径 0.5mm 的筛等。

D.0.3 试验方法与步骤应符合下列规定：

1 应用四分对角法取代表性风干土 100g，应碾细并全部过 0.5mm 筛，石子、姜石、结核等应去除；

2 应将过筛的试样拌匀，并应在 105℃～110℃下烘至恒重，同时应在干燥器内冷却至室温；

3 应将无颈漏斗放在支架上，漏斗下口应对准量土杯中心并保持 10mm 距离（图 D.0.3）；

4 应用取土匙取适量试样倒入漏斗中，倒土时匙应与漏斗壁接触，且应靠近漏斗底部，应边倒边用细铁丝轻轻搅动，并应避免漏斗堵塞。当试样装满量土杯并开始溢出时，应停止向漏斗倒土，应移开漏斗刮去杯口多余的土。应将量土杯中试样倒入匙中，再次将量土杯（图 D.0.3）置于漏斗下方，应将匙中土

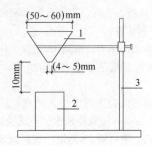

图 D.0.3 漏斗与量土杯示意
1—无颈漏斗；2—量土杯；3—支架

按上述方法倒入漏斗，使其全部落入量土杯中，刮去多余土后称量量土杯中试样质量。本步骤应进行两次重复测定，两次测定的差值不得大于 0.1g；

5 应在量筒内注入 30mL 纯水，并加入 5mL 浓度为 5% 的分析纯氯化钠溶液。应将量土杯中试样倒入量筒内，用搅拌器搅拌悬液，上近液面，下至筒底，上下搅拌各 10 次，用纯水清洗搅拌器及量筒壁，使悬液达 50mL；

6 待悬液澄清后，应每隔 2h 测读一次土面高度（估读 0.1mL）。直至两次读数差值不大于 0.2mL，可认为膨胀稳定，土面倾斜时，读数可取其中值；

7 应按本规范式（4.2.1）计算自由膨胀率。

附录 E 50kPa 压力下的膨胀率试验

E.0.1 50kPa 压力下的膨胀率试验可用于 50kPa 压力和有侧限条件下原状土或扰动土样的膨胀率测定。

E.0.2 膨胀率试验仪器设备应符合下列规定：

1 压缩仪试验前应校准在 50kPa 压力下的仪器压缩量；

2 试样面积应为 3000mm² 或 5000mm²，高应为 20mm；

3 百分表最大量程应为 5mm～10mm，最小分度值应为 0.01mm；

4 环刀面积应为 3000mm² 或 5000mm²，高应为 25mm；

5 天平最大称量应为 200g，最小分度值应为 0.01g；

6 推土器直径应略小于环刀内径，高度应为 5mm。

E.0.3 膨胀率试验方法与步骤应符合下列规定：

1 应用内壁涂有薄层润滑油带护环的环刀切取代表性试样，用推土器将试样推出 5mm，削去多余的土，称其重量准确至 0.01g，测定试前含水量；

2 应按压缩试验要求，将试样装入容器内，放入透水石和薄型滤纸，加压盖板，调整杠杆使之水平。加 1kPa～2kPa 压力（保持该压力至试验结束，不计算在加荷压力之内），并加 50kPa 的瞬时压力，

使加荷支架、压板、土样、透水石等紧密接触，调整百分表，记下初读数；

3 应加 50kPa 压力，每隔 1h 记录一次百分表读数。当两次读数差值不超过 0.01mm 时，即为下沉稳定；

4 应向容器内自下而上注入纯水，使水面超过试样顶面约 5mm，并应保持该水位至试验结束；

5 浸水后，应每隔 2h 测记一次百分表读数，当连续两次读数不超过 0.01mm 时，可以为膨胀稳定，随即卸荷至零，膨胀稳定后，记录读数；

6 试验结束，应吸去容器中的水，取出试样称其重量，准确至 0.01g。应将试样烘至恒重，在干燥器内冷却至室温，称量并计算试样的试后含水量、密度和孔隙比。

E.0.4 试验资料整理和校核应符合下列规定：

1 50kPa 压力下的膨胀率应按下式计算：

$$\delta_{e50} = \frac{z_{50} + z_{c50} - z_0}{h_0} \times 100 \qquad (E.0.4)$$

式中：δ_{e50}——在 50kPa 压力下的膨胀率（%）；

z_{50}——压力为 50kPa 时试样膨胀稳定后百分表的读数（mm）；

z_{c50}——压力为 50kPa 时仪器的变形值（mm）；

z_0——压力为零时百分表的初读数（mm）；

h_0——试样加荷前的原始高度（mm）。

2 试后孔隙比应按本规范式（F.0.4-2）计算，计算值与实测值之差不应大于 0.01。

附录 F 不同压力下的膨胀率及膨胀力试验

F.0.1 不同压力下的膨胀率及膨胀力试验可用于测定有侧限条件下原状或扰动土样的膨胀率与压力之间的关系，以及土样在体积不变时由于膨胀产生的最大内应力。

F.0.2 不同压力下的膨胀率及膨胀力试验仪器设备应符合下列规定：

1 压缩仪试验前应校准仪器在不同压力下的压缩量和卸荷回弹量；

2 试样面积应为 3000mm² 或 5000mm²，高应为 20mm；

3 百分表最大量程应为 5mm～10mm，最小分度值应为 0.01mm；

4 环刀面积应为 3000mm² 或 5000mm²，高应为 25mm；

5 天平最大称量应为 200g，最小分度值应为 0.01g；

6 推土器直径应略小于环刀内径，高度应为 5mm。

F.0.3 不同压力下的膨胀率及膨胀力试验方法与步骤，应符合下列规定：

1 应用内壁涂有薄层润滑油带有护环的环刀切取代表性试样，由推土器将试样推出 5mm，削去多余的土，称其重量准确至 0.01g，测定试样含水量；

2 应按压缩试验要求，将试样装入容器内，放入干透水石和薄型滤纸。调整杠杆使之水平，加 1kPa～2kPa 的压力（保持该压力至试验结束，不计算在加荷压力之内）并加 50kPa 瞬时压力，使加荷支架、压板、试样和透水石等紧密接触。调整百分表，并记录初读数；

3 应对试样分级连续在 1min～2min 内施加所要求的压力。所要求的压力可根据工程的要求确定，但应略大于试样的膨胀力。压力分级，当要求的压力大于或等于 150kPa 时，可按 50kPa 分级；当压力小于 150kPa 时，可按 25kPa 分级；压缩稳定的标准应为连续两次读数差值不超过 0.01mm；

4 应向容器内自下而上注入纯水，使水面超过试样上端面约 5mm，并应保持至试验终止。待试样浸水膨胀稳定后，应按加荷等级分级卸荷至零；

5 试验过程中每退一级荷重，应相隔 2h 测记一次百分表读数。当连续两次读数的差值不超过 0.01mm 时，可认为在该级压力下膨胀达到稳定，但每级荷重下膨胀试验时间不应少于 12h；

6 试验结束，应吸去容器中的水，取出试样称量，准确至 0.01g。应将试样烘至恒重，在干燥器内冷却至室温，称量并计算试样的试后含水量、密度和孔隙比。

F.0.4 不同压力下的膨胀率及膨胀力试验资料的整理和校核，应符合下列规定：

1 各级压力下的膨胀率应按下式计算：

$$\delta_{epi} = \frac{z_p + z_{cp} - z_0}{h_0} \times 100 \qquad (F.0.4-1)$$

式中：δ_{epi}——某级荷载下膨胀土的膨胀率（%）；

z_p——在一定压力作用下试样浸水膨胀稳定后百分表的读数（mm）；

z_{cp}——在一定压力作用下，压缩仪卸荷回弹的校准值（mm）；

z_0——试样压力为零时百分表的初读数（mm）；

h_0——试样加荷前的原始高度（mm）。

2 试样的试后孔隙比应按下式计算：

$$e = \frac{\Delta h_0}{h_0}(1 + e_0) + e_0 \qquad (F.0.4-2)$$

$$\Delta h_0 = z_{p0} + z_{c0} - z_0 \qquad (F.0.4-3)$$

式中：e——试样的试后孔隙比；

Δh_0——卸荷至零时试样浸水膨胀稳定后的变形量（mm）；

z_{p0}——试样卸荷至零时浸水膨胀稳定后百分表

读数（mm）；

z_{c0}——为压缩仪卸荷至零时的回弹校准值（mm）（图F.0.4-1）；

e_0——试样的初始孔隙比。

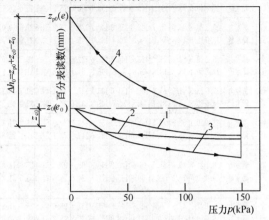

图 F.0.4-1 Δh_0 计算示意

1—仪器压缩校准曲线；2—仪器回弹校准曲线；

3—土样加荷压缩曲线；4—土样浸水卸荷膨胀曲线

3 计算的试后孔隙比与实测值之差不应大于0.01。

4 应以各级压力下的膨胀率为纵坐标，压力为横坐标，绘制膨胀率与压力的关系曲线，该曲线与横坐标的交点为试样的膨胀力（图F.0.4-2）。

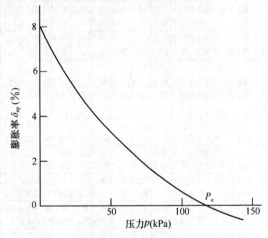

图 F.0.4-2 膨胀率-压力曲线示意

附录G 收 缩 试 验

G.0.1 收缩试验可用于测定黏性土样的线收缩率、收缩系数等指标。

G.0.2 收缩试验的仪器设备应符合下列规定：

1 收缩试验装置（图G.0.2）的测板直径应为10mm，多孔垫板直径应为70mm，板上小孔面积应占整个面积的50%以上；

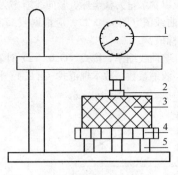

图 G.0.2 收缩试验装置示意图

1—百分表；2—测板；3—土样；

4—多孔垫板；5—垫块

2 环刀面积应为3000mm²，高应为20mm；

3 推土器直径应为60mm，推进量应为21mm；

4 天平最大称量应为200g，最小分度值应为0.01g；

5 百分表最大量程应为5mm～10mm，最小分度值应为0.01mm。

G.0.3 收缩试验的方法与步骤应符合下列规定：

1 应用内壁涂有薄层润滑油的环刀切取试样，用推土器从环刀内推出试样（若试样较松散应采用风干脱环法），立即把试样放入收缩装置，使测板位于试样上表面中心处（图G.0.2）；称取试样重量，准确至0.01g；调整百分表，记下初读数。在室温下自然风干，室温超过30℃时，宜在恒温（20℃）条件下进行；

2 试验初期，应根据试样的初始含水量及收缩速度，每隔1h～4h测记一次读数，先读百分表读数，后称试样的重量；称量后，应将百分表调回至称重前的读数处。因故停止试验时，应采取措施保湿；

3 两日后，应根据试样收缩速度，每隔6h～24h测读一次，直至百分表读数小于0.01mm；

4 试验结束，应取下试样，称量，在105℃～110℃下烘至恒重，称干土重量。

G.0.4 收缩试验资料整理及计算应符合下列规定：

1 试样含水量应按下式计算：

$$w_i = \left(\frac{m_i}{m_d} - 1\right) \times 100 \quad (G.0.4\text{-}1)$$

式中：w_i——与m_i对应的试样含水量（%）；

m_i——某次称得的试样重量（g）；

m_d——试样烘干后的重量（g）。

2 竖向线缩率应按下式计算：

$$\delta_{si} = \frac{z_i - z_0}{h_0} \times 100 \quad (G.0.4\text{-}2)$$

式中：δ_{si}——与z_i对应的竖向线缩率（%）；

z_i——某次百分表读数（mm）；

z_0——百分表初始读数（mm）；

h_0——试样原始高度（mm）。

3 应以含水量为横坐标、竖向线缩率为纵坐标，绘制收缩曲线图（图G.0.4）；应根据收缩曲线确定下列各指标值：

　　1）竖向线缩率，按式（G.0.4-2）计算；

　　2）收缩系数，按本规范式（4.2.4）计算。

　　其中：$\Delta w = w_1 - w_2$，$\Delta\delta_s = \delta_{s2} - \delta_{s1}$。

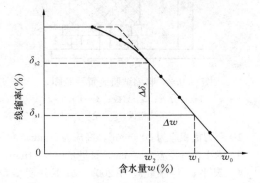

图 G.0.4　收缩曲线示意

4 收缩曲线的直线收缩段不应少于三个试验点数据，不符合要求时，应在试验资料中注明该试验曲线无明显直线段。

附录 H　中国部分地区的蒸发力及降水量表

表 H　中国部分地区的蒸发力及降水量（mm）

站名	项别	1	2	3	4	5	6	7	8	9	10	11	12
汉中	蒸发力	14.2	20.6	43.6	60.3	94.1	114.8	121.5	118.1	57.4	39.0	17.6	11.9
	降水量	7.5	10.7	32.2	68.1	86.6	110.2	158.0	141.7	146.9	80.3	38.0	9.3
安康	蒸发力	18.5	27.0	51.0	67.3	98.3	122.8	132.6	131.9	67.2	43.9	20.6	16.3
	降水量	4.4	11.1	33.2	80.8	88.5	78.6	120.7	118.7	133.7	70.2	32.8	7.0
通州	蒸发力	15.6	21.5	51.0	87.3	136.9	144.0	130.6	111.2	74.4	44.6	20.1	12.3
	降水量	2.7	7.7	9.2	22.7	35.6	70.6	197.1	243.5	64.0	21.0	7.8	1.6
唐山	蒸发力	14.3	20.3	49.8	83.0	138.8	140.8	126.2	112.4	75.5	45.5	20.4	19.1
	降水量	2.1	6.2	6.5	27.2	24.3	64.4	224.8	196.5	46.2	22.5	6.9	4.4
泰安	蒸发力	16.8	24.9	56.8	85.6	132.5	148.1	133.8	123.6	78.5	54.6	23.8	14.2
	降水量	5.5	8.7	16.5	36.8	42.4	87.4	228.8	163.2	70.7	32.2	26.4	8.1
兖州	蒸发力	16.0	24.9	58.2	87.7	137.9	158.5	140.3	129.5	81.0	56.6	24.8	14.7
	降水量	8.2	11.2	20.4	42.1	40.0	90.4	237.1	156.7	60.8	30.0	27.0	11.3
临沂	蒸发力	17.2	24.3	53.1	78.9	123.7	137.2	123.5	123.7	77.5	56.2	25.6	15.5
	降水量	11.5	15.1	24.4	52.1	48.2	111.1	284.8	183.1	160.4	33.7	32.3	13.3
文登	蒸发力	13.2	20.2	47.7	71.5	120.4	121.1	110.4	112.3	73.4	48.0	21.4	12.0
	降水量	12.5	12.5	22.4	44.3	43.3	82.4	194.3	194.3	107.0	37.0	35.0	16.3
南京	蒸发力	19.5	24.9	50.1	70.5	103.5	120.6	140.0	139.1	80.7	59.0	27.3	17.8
	降水量	31.8	53.0	78.7	98.7	97.3	139.9	182.0	121.0	100.9	44.3	53.2	21.2
蚌埠	蒸发力	19.0	25.9	52.0	74.4	114.3	136.7	143.0	136.0	79.1	57.8	28.2	18.5
	降水量	26.7	32.6	60.8	62.5	74.3	106.8	205.8	153.7	87.0	38.2	40.3	22.0
合肥	蒸发力	19.0	25.8	51.3	71.7	111.5	131.9	150.0	146.3	80.8	59.2	27.9	18.5
	降水量	33.6	50.2	75.4	106.1	105.9	96.3	181.5	114.1	80.0	43.2	52.5	31.5

站名	项别	1	2	3	4	5	6	7	8	9	10	11	12
巢湖	蒸发力	22.8	27.6	54.2	72.6	111.3	134.8	159.7	149.9	84.2	64.7	31.2	21.6
	降水量	27.4	45.5	73.7	111.1	110.2	89.0	158.1	98.9	76.6	40.1	59.6	26.1
许昌	蒸发力	20.3	26.8	33.0	75.7	122.3	153.0	140.7	125.2	76.8	54.6	27.5	19.0
	降水量	13.0	15.0	19.8	53.0	53.8	70.4	185.7	156.4	72.2	39.9	37.9	10.7
南阳	蒸发力	19.2	29.9	53.3	74.4	113.8	144.8	137.6	132.6	78.8	55.6	26.5	18.6
	降水量	14.2	16.1	36.2	69.9	66.0	84.0	196.8	163.1	93.8	47.3	31.5	10.2
郧阳	蒸发力	17.5	23.3	46.5	65.7	105.3	131.0	135.7	127.0	69.4	49.0	23.3	16.2
	降水量	14.5	20.3	43.7	84.1	74.8	74.7	145.2	134.6	109.7	61.7	38.9	12.3
钟祥	蒸发力	23.4	29.1	52.2	70.5	108.6	131.2	151.3	146.2	89.9	62.5	31.9	21.7
	降水量	26.4	30.3	55.9	99.4	119.5	136.5	184.6	114.0	73.7	53.1	47.2	22.8
江陵荆州	蒸发力	20.1	24.8	45.6	61.7	96.5	120.2	146.8	136.9	82.3	54.4	27.0	18.8
	降水量	30.0	40.7	77.1	132.7	160.2	165.9	177.6	124.6	70.0	74.0	53.5	31.2
全州	蒸发力	29.1	27.9	47.1	59.4	90.6	105.8	151.5	137.7	98.6	68.5	35.7	27.5
	降水量	55.0	89.0	131.9	250.1	231.0	198.9	110.6	130.8	48.3	69.9	86.0	58.6
桂林	蒸发力	32.5	31.2	44.7	61.6	91.5	106.7	138.4	133.5	106.9	78.5	42.4	33.5
	降水量	55.6	76.1	134.0	279.7	318.4	315.8	227.4	166.9	65.2	97.3	83.2	56.6
百色	蒸发力	31.6	36.9	67.6	90.5	123.1	117.9	134.1	128.6	96.8	68.3	40.0	26.4
	降水量	19.9	17.3	31.1	66.1	168.7	195.7	170.3	109.4	81.3	51.6	39.6	17.7
田东	蒸发力	37.1	41.2	70.1	68.0	125.5	122.0	138.5	132.8	101.1	73.9	42.7	35.5
	降水量	17.4	22.3	37.2	66.0	159.4	213.5	153.7	211.2	134.5	67.3	37.2	22.4
贵港	蒸发力	41.8	36.7	52.7	67.6	110.6	109.2	135.0	133.1	111.4	91.2	52.1	42.1
	降水量	33.3	48.4	63.2	144.0	183.6	302.5	221.4	244.9	166.8	48.0	38.0	27.4
南宁	蒸发力	25.1	33.4	51.2	71.3	116.0	115.7	136.3	130.5	101.9	81.7	46.1	35.3
	降水量	40.2	41.8	63.0	84.1	183.3	241.8	179.9	203.6	110.1	67.0	43.3	25.1
上思	蒸发力	45.0	34.7	54.9	74.3	123.0	108.5	127.2	119.0	91.4	73.4	42.5	34.6
	降水量	23.4	26.0	23.1	62.4	126.7	144.3	201.0	235.6	141.7	74.1	40.4	18.0
来宾	蒸发力	36.0	34.2	51.3	76.4	107.5	112.6	140.9	135.7	107.0	79.9	43.3	34.2
	降水量	28.8	52.7	67.2	116.9	182.8	296.1	195.9	209.0	68.5	78.3	57.3	36.3
韶关（曲江）	蒸发力	32.2	31.8	51.4	65.0	103.4	111.4	155.6	141.2	109.9	79.5	44.4	32.2
	降水量	52.4	83.2	149.7	226.2	239.9	264.1	127.6	138.4	90.8	57.3	49.3	43.5
广州	蒸发力	40.1	35.9	53.1	66.2	105.4	109.2	137.5	131.1	99.5	88.4	54.5	41.8
	降水量	39.3	62.5	91.3	158.2	266.7	299.2	220.0	225.5	204.0	52.2	42.0	19.7
湛江	蒸发力	43.0	37.1	55.9	26.9	123.8	122.3	144.9	132.0	105.1	87.8	58.9	46.2
	降水量	25.2	38.7	63.5	40.6	183.2	209.2	163.5	251.2	254.4	90.9	44.7	19.5
绵阳	蒸发力	16.8	21.4	43.8	61.2	92.8	97.0	109.4	104.0	56.7	38.2	21.9	15.2
	降水量	6.1	10.9	20.2	54.5	83.5	162.0	244.0	224.6	143.6	43.9	19.7	6.1
成都	蒸发力	17.5	21.4	43.6	59.7	91.0	94.3	107.7	102.1	50.7	37.5	21.7	15.7
	降水量	5.1	11.3	21.8	51.3	88.3	119.8	229.4	365.5	113.7	48.0	16.5	6.4
昭通	蒸发力	23.4	31.4	66.1	83.0	97.7	81.9	101.9	92.8	61.7	40.1	27.2	21.2
	降水量	5.6	6.6	12.6	26.6	74.3	144.1	162.0	124.0	101.2	62.2	15.2	7.0
昆明	蒸发力	35.6	47.2	85.1	103.4	122.6	91.9	90.2	90.3	67.6	53.0	36.9	30.1
	降水量	10.0	10.9	13.6	19.7	78.5	182.0	216.5	195.1	123.0	94.9	33.6	16.0
开远	蒸发力	44.4	56.9	99.6	116.7	140.2	105.4	107.5	100.8	81.6	66.5	44.2	39.2
	降水量	14.2	14.2	25.9	40.9	75.7	131.8	166.6	135.1	83.2	55.2	33.2	20.0
元江	蒸发力	54.2	69.4	114.3	123.3	148.7	118.8	121.2	116.9	95.3	76.4	52.2	44.8
	降水量	12.5	11.1	17.2	41.9	80.3	142.6	132.1	133.3	72.4	74.1	37.1	26.9
文山	蒸发力	36.1	45.8	84.3	104.4	120.8	94.5	99.3	93.6	70.5	59.4	40.4	34.3
	降水量	13.7	12.4	24.5	61.6	103.9	154.0	194.6	175.0	103.6	64.9	31.1	23.0
蒙自	蒸发力	40.4	58.4	100.8	117.6	134.5	102.3	102.6	97.7	78.7	66.0	47.8	41.3
	降水量	12.9	16.4	26.2	45.9	90.1	131.8	150.8	150.5	81.1	52.8	27.7	19.8
贵阳	蒸发力	21.0	25.0	51.8	70.3	90.9	92.7	116.9	110.1	74.4	46.7	28.1	21.1
	降水量	19.7	21.8	33.2	108.3	191.8	213.2	178.9	142.0	82.6	89.2	55.9	25.7

注：表中"站名"为气象站所在地。

附录 J 使用要求严格的地面构造

表 J 混凝土地面构造要求

设计要求	δ_{ep0}(%)	$2\leqslant\delta_{ep0}<4$	$\delta_{ep0}\geqslant4$
混凝土垫层厚度(mm)		100	120
换土层总厚度 h(mm)		300	$300+(\delta_{ep0}-4)\times100$
变形缓冲层材料最小粒径(mm)		$\geqslant150$	$\geqslant200$

注: 1 表中 δ_{ep0} 取膨胀试验卸荷到零时的膨胀率;
2 变形缓冲层材料可采用立砌漂石、块石,要求小头朝下;
3 换土层总厚度 h 为室外地面标高至变形缓冲层底标高的距离。

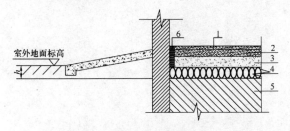

图 J 混凝土地面构造示意
1—面层;2—混凝土垫层;3—非膨胀土填充层;
4—变形缓冲层;5—膨胀土地基;6—变形缝

本规范用词说明

1 为便于在执行本规范条文时区别对待,对要求严格程度不同的用词说明如下:

1) 表示很严格,非这样做不可的:
正面词采用"必须",反面词采用"严禁";

2) 表示严格,在正常情况下均应这样做的:
正面词采用"应",反面词采用"不应"或"不得";

3) 表示允许稍有选择,在条件许可时首先应这样做的:
正面词采用"宜",反面词采用"不宜";

4) 表示有选择,在一定条件下可以这样做的,采用"可"。

2 条文中指明应按其他有关标准执行的写法为:"应按……执行"或"应符合……的规定"。

引用标准名录

1 《建筑地基基础设计规范》GB 50007
2 《岩土工程勘察规范》GB 50021
3 《工程测量规范》GB 50026
4 《工程结构可靠性设计统一标准》GB 50153
5 《民用建筑可靠性鉴定标准》GB 50292
6 《建筑变形测量规范》JGJ 8
7 《建筑桩基技术规范》JGJ 94

中华人民共和国国家标准

膨胀土地区建筑技术规范

GB 50112—2013

条 文 说 明

修 订 说 明

《膨胀土地区建筑技术规范》GB 50112－2013，经住房和城乡建设部 2012 年 12 月 25 日以第 1587 号公告批准、发布。

本规范是在《膨胀土地区建筑技术规范》GBJ 112－87 的基础上修订而成的。《膨胀土地区建筑技术规范》GBJ 112－87 的主编单位是中国建筑科学研究院，参编单位是中国有色金属总公司昆明勘察院、航空航天部第四规划设计研究院、云南省设计院、个旧市建委设计室、湖北省综合勘察设计研究院、陕西省综合勘察院、中国人民解放军总后勤部营房设计院、平顶山市建委、航空航天部勘察公司、平顶山矿务局科研所、云南省云锡公司、广西区建委综合设计院、湖北省工业建筑设计院、广州军区营房设计所。主要起草人为黄熙龄、陆忠伟、何信芳、穆伟贤、徐祖森、陈希泉、陈林、汪德果、陈开山、王思义。

本规范修订过程中，修订组进行了广泛的调查研究，总结了我国工程建设的实践经验，同时参考了国外先进技术法规、技术标准。

为便于广大设计、施工、科研、学校等单位有关人员在使用本规范时能正确理解和执行条文规定，《膨胀土地区建筑技术规范》修订组按章、节、条顺序编制了本规范的条文说明，对条文规定的目的、依据以及执行中需注意的有关事项进行了说明。但是，本条文说明不具备与规范正文同等的法律效力，仅供使用者作为理解和把握规范规定的参考。在使用中若发现本条文说明有不妥之处，请将意见函寄中国建筑科学研究院。

目　次

1 总则 ·· 13—25
2 术语和符号 ···································· 13—25
　2.1 术语 ··· 13—25
　2.2 符号 ··· 13—25
3 基本规定 ··· 13—25
4 勘察 ·· 13—27
　4.1 一般规定 ·································· 13—27
　4.2 工程特性指标 ························· 13—28
　4.3 场地与地基评价 ···················· 13—28
5 设计 ·· 13—32
　5.1 一般规定 ·································· 13—32
　5.2 地基计算 ·································· 13—32
　5.3 场址选择与总平面设计 ········· 13—41

　5.4 坡地和挡土结构 ···················· 13—41
　5.5 建筑措施 ·································· 13—42
　5.6 结构措施 ·································· 13—43
　5.7 地基基础措施 ························· 13—43
　5.8 管道 ··· 13—45
6 施工 ·· 13—45
　6.1 一般规定 ·································· 13—45
　6.2 地基和基础施工 ···················· 13—46
　6.3 建筑物施工 ···························· 13—46
7 维护管理 ··· 13—46
　7.1 一般规定 ·································· 13—46
　7.2 维护和检修 ···························· 13—46
　7.3 损坏建筑物的治理 ················ 13—47

1 总 则

1.0.1 本条明确了制定本规范的目的和指导思想：在膨胀土地区的工程建设过程中，针对膨胀土的特性，结合当地的工程经验，认真执行国家的经济技术政策。保护环境，特别是保持地质环境中的原始地形地貌、天然泄排水系统和植被不遭到破坏以及合理的环境绿化也是预防膨胀土危害的重要措施，应予以高度重视。

1.0.2 本规范定义的膨胀土不包括膨胀类岩石、膨胀性含盐岩土以及受酸和电解液等污染的土。当建设工程遇有该情况时，应进行专门研究。

1.0.3 为实现膨胀土地区建筑工程的安全和正常使用，遵照《工程结构可靠性设计统一标准》GB 50153 的有关规定，在岩土工程勘察、工程设计和施工以及维护管理等方面提出下列要求：

1) 我国膨胀土分布广泛，成因类型和矿物组成复杂，应根据土的自由膨胀率、工程地质特征和房屋开裂破坏形态综合判定膨胀土；

2) 建筑场地的地形地貌条件和气候特点以及土的膨胀潜势决定着膨胀土对建筑工程的危害程度。场地条件应考虑上述因素的影响，以地基的分级变形量为指示性指标综合评价；

3) 膨胀土上的房屋受环境诸因素变化的影响，经常承受反复不均匀升降位移的作用，特别是坡地上的房屋还伴随有水平位移，较小的位移幅度往往导致低层砌体结构房屋的破坏，且难于修复。因此，对膨胀土的危害应遵循"预防为主，综合治理"的原则。

上述要求是根据膨胀土的特性以及当前国内外对膨胀土科学研究的现状和经验总结提出的。一般地基只有在极少数情况下才考虑气候条件与土中水分变化的影响，但对膨胀土地基，大量降雨、严重干旱就足以导致房屋大幅度位移而破坏。土中水分变化不仅与气候有关，还受覆盖、植被和热源等影响，这些都是在设计中必须考虑的因素。

1.0.4 本规范各章节的技术要求和措施是针对膨胀土地基的特性制定的，按照工程建设程序，在岩土工程勘察、荷载效应和地震设防以及结构设计等方面还应符合有关现行国家标准的规定。

2 术语和符号

2.1 术 语

根据《工程建设标准编写规定》（建标〔2008〕

182号）的要求，新增了本规范相关术语的定义及其英文术语。主要包括膨胀土及其特性参数、指标的术语。

2.1.1 本规范对膨胀土的定义包括三个内容：

1) 控制膨胀土胀缩势能大小的物质成分主要是土中蒙脱石的含量、离子交换量以及小于 $2\mu m$ 黏粒含量。这些物质成分本身具有较强的亲水特性，是膨胀土具有较大胀缩变形的物质基础；

2) 除亲水特性外，物质本身的结构也很重要，电镜试验证明，膨胀土的微观结构属于面—面叠聚体，它比团粒结构有更大的吸水膨胀和失水收缩的能力；

3) 任何黏性土都具有胀缩性，问题在于这种特性对房屋安全的危害程度。本规范以未经处理的一层砌体结构房屋的极限变形幅度 15mm 作为划分标准，当计算建筑物地基土的胀缩变形量超过此值时，即应按本规范进行勘察、设计、施工和维护管理。

2.2 符 号

符号以沿用《膨胀土地区建筑技术规范》GBJ 112-87 既有符号为主，按属性分为四类：作用和作用效应、材料性能和抗力、几何参数、设计参数和计算系数。并根据现行标准体系对以下参数符号进行了修改：

1) "地基承载力标准值（f_k）"改为"地基承载力特征值（f_{ak}）"；

2) "桩侧与土的容许摩擦力（$[f_s]$）"改为"桩的侧阻力特征值（q_{sa}）"；

3) "桩端单位面积的容许承载力（$[f_p]$）"改为"桩的端阻力特征值（q_{pa}）"。

3 基 本 规 定

3.0.1 膨胀土一般为黏性土，就其黏土矿物学来说，黏土矿物的硅氧四面体和铝氧八面体的表面都富存负电荷，并吸附着极性水分子形成不同厚度的结合水膜，这是所有黏土吸水膨胀的共性。而蒙脱石 $[(Mg \cdot Al)_2(Si_4O_{10})(OH)_2 \cdot nH_2O]$ 是在富镁的微碱性环境中生成的含镁和水的硅铝酸盐矿物，它的比表面积高达 810m^2/g，约为伊利石的 10 倍。蒙脱石不但具有结合水膜增厚的膨胀（俗称粒间膨胀），而且具有伊利石、高岭石、绿泥石等矿物所没有的极为显著的晶格间膨胀。国外的研究表明：蒙脱石的含水量在 10%、29.5%和59%的 d（001）晶面间距分别为 11.2Å、15.1Å 和 17.8Å。当蒙脱石加水到呈胶体时，其晶面间距可达 20Å 左右，而钠蒙脱石在淡水中的晶面间距可达 120Å，体积增大 10 倍。因此，蒙脱石的含量决定着黏土膨胀潜势的强弱。这与 Na_2SO_4 在一定温度下能吸附 10 个水分子形成 $Na_2SO_4 \cdot 10H_2O$ 的盐胀性有着本质的区别。黏土的膨胀不仅与蒙脱石含量关系密切，而且与其表面吸附的可交换阳离子种类有关。钠蒙脱石比钙蒙脱石具有更大的膨胀潜势就是一个例证。

20 世纪 80 年代"膨胀土地基设计"课题组以及近期曲永新研究员等人的研究表明：我国膨胀土的分布广，矿物成分复杂多变，土中小于 $2\mu m$ 的黏粒含量一般大于 30%。作为膨胀性矿物的蒙脱石常以混层的形式出现，如伊利石/蒙脱石、高岭石/蒙脱石和绿泥石/蒙脱石等。而混层比（即蒙脱石占混层矿物总数的百分数）的大小决定着膨胀潜势的强弱。

所谓综合判定并非多指标判定，而是根据自由膨胀率并综合工程地质特征和房屋开裂破坏形态作多因素判定。膨胀土地区的工程地质特征和房屋开裂破坏形态是地基土长期胀缩往复循环变形的表征，是膨胀土固有的属性，在一般地基上罕见。

自由膨胀率是干土颗粒在无结构力影响时的膨胀特性指标，且较为直观，试验方法简单易行。大量试验研究表明：自由膨胀率与土的蒙脱石含量和阳离子交换量有较好的相关关系，见图 1 和图 2。图中的试验数据是全国有代表性膨胀土的试验资料的统计分析结果。试验用土样都是在不同开裂破坏程度房屋的附近取得的，其中尚有一般黏土和红黏土。

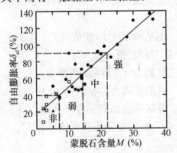

图 1 蒙脱石含量与自由膨胀率关系
●膨胀土；△一般黏土；□红黏土
$\delta_{ef} = 3.3459M + 16.894 \quad R^2 = 0.8114$

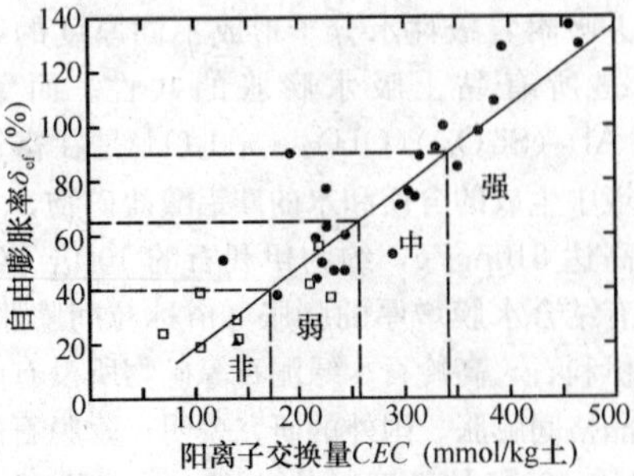

图 2 阳离子交换量与自由膨胀率关系
●膨胀土；△一般黏土；□红黏土
$\delta_{ef} = 0.2949CEC - 10.867 \quad R^2 = 0.7384$

当自由膨胀率小于 40%、蒙脱石含量小于 7%、阳离子交换量小于 170 时，地基的分级变形量小于 15mm，低层砌体结构房屋完好或有少量微小裂缝，可判为非膨胀土；当土的自由膨胀率大于 90%、蒙脱石含量大于 22%、阳离子交换量大于 340 时，地基的分级变形量可能大于 70mm，房屋会严重开裂破坏，裂缝宽度可达 100mm 以上。本规范附录 A 和表 A.0.1 以及第 4.3.3 条和第 4.3.4 条就是根据上述资料制定的。

我国幅员辽阔，膨胀土的成因类型和矿物组成复杂，对膨胀土胀缩机理的研究和认识尚处于逐步提高、统一认识的阶段。本规范对膨胀土的判定及其指标的选取着重于建筑工程的工程意义，而非拘泥于土质学和矿物学的理论分析。矿物和化学分析费用高、时间长，一般试验室难于承担。当工程的规模大、功能要求严格且对土的膨胀性能有疑问时，可按本规范附录 A 的规定，通过矿物和化学分析进一步验证确认。

3.0.2 膨胀土上建筑物的地基基础设计等级是根据下列因素确定的：

1) 建筑物的建筑规模和使用要求；

2) 场地工程地质特征；

3) 诸多环境因素影响下地基产生往复胀缩变形对建筑物所造成的危害程度等。

本规范表 3.0.2 的甲级建筑物中，覆盖面积大的重要工业与民用建筑物系指规模面积大的生产车间和大型民用公共建筑（如展览馆、体育场馆、火车站、机场候机楼和跑道等）。由于占地面积大，膨胀土中的水分变化受"覆盖效应"影响较大。大面积的建筑覆盖，基本上隔绝了大气降水和地面蒸发对土中水分变化的影响。在室内外和土中上下温度和湿度梯度的驱动下，水分向建筑物中部区域迁移并集聚而导致结构物的隆起；而在建筑物四周，受气候变化的影响较大，结构会产生较大幅度的升降位移。上述中部区域的隆起和四周升降位移是不均匀的，幅度达到一定的程度将导致建筑结构产生难于承受的次应力而破坏。再者，大型结构跨度大，结构形式往往是新型的网架或壳体屋盖和组合柱，对基础差异升降位移要求严格且适应能力较差，容易遭到破坏或影响正常使用。

用水量较大的湿润车间，如自来水厂、污水处理厂和造纸、纺织印染车间等大型的储水构筑物须采取严格的防水措施，以防止长时间的跑冒滴漏导致土中水分增加而产生过大的膨胀变形；而烟囱、炉、窑由于长期的高温烘烤会导致基础下部和周围的土体失水收缩。如有一炼焦炉三面环绕的烟道长期经受 200℃ 的高温烘烤，引起地基土大量失水，产生了 53mm 的附加沉降，使总沉降量达到 106mm，差异沉降 79mm，基础底板出现多条裂缝。长期工作在低温或负温条件下的冷藏、冷冻库房等建筑物，与环境温度差异较大，在温度梯度驱动下，水分向建筑物下的土体转移，引起幅度较大的不均匀膨胀变形，使房屋开裂而影响使用。设计时必须采取保温隔热措施。

精密仪器仪表制造和使用车间、测绘用房以及高温、高压和易燃、易爆的化工厂、核电站等的生产装置和管道等设施，或鉴于生产工艺和使用精度需要，或因为安全防护，对建筑地基的总变形和差异变形要求极为严格，地基基础设计必须采取相应的对策。

位于坡地上的房屋，其临坡面的墙体变形与平坦场地有很大差异。由于坡地临空面大，土中水分的变化对大气降水和蒸发的影响敏感，房屋平均变形和差异变形的幅度大于平坦场地。地基的变形特点除有竖向位移外，还兼有较大的水平位移，当土中水分变化较大时，这种水平位移是不可逆的。因此，坡地上房屋开裂破坏程度比平坦场地严重，将建于坡地上的重要建筑物（如纪念性建筑、高档民用房屋等）的地基基础设计等级列为甲级。

胀缩等级为Ⅲ级的地基，其低层房屋的变形量可能大于 70mm，设计的技术难度和处理费用较高，有时需采取多种措施综合治理，必要时还需要在加强上部结构刚度的同时采用桩基础。膨胀土地区的挡土结构，当高度不大于 3m 时，只要符合本规范第 5.4.3 条的构造要求，一般都是安全的，这是总结建筑经验的结果。对于高度大于 3m 的挡土结构，在设计计算时要考虑土中裂隙发育程度和土体遇水膨胀后抗剪强度的降低，并考虑水平膨胀力的影响。因此，在计算参数和滑裂面选取以及水平膨胀力取值等方面的技术难度高，需进行专门研究。对于膨胀土地区深基坑的支护设计，存在同样的问题需要认真应对。

本规范表 3.0.2 中地基基础设计等级为丙级的建筑物，由于场地平坦、地基条件简单均匀，且地基土的胀缩等级为Ⅰ级，其最大变形幅度一般小于 35mm，只要采取一些简单的预防措施就能保证其安全和正常使用。

建筑物规模和结构形式繁多，影响膨胀土地基变形的因素复杂，技术难度高，设计时应根据建筑物和地基的具体情况确定其设计等级。本规范表 3.0.2 中未包含的内容，应参考现行国家标准《建筑地基基础设计规范》GB 50007 中有关的规定执行。

3.0.3 根据建筑物地基基础设计等级及长期荷载作用下地基胀缩变形和压缩变形对上部结构的影响程度，本条规定了膨胀土地基的设计原则：

1）所有建筑物的地基计算和其他地基一样必须满足承载力的要求，这是保证建筑物稳定的基本要求。

2）膨胀土上的建筑物遭受开裂破坏多为砌体结构的低层房屋，四层以上的建筑物很少有危害产生。低层砌体结构的房屋一般整体刚度和强度较差，基础埋深较浅，土中

水分变化容易受环境因素的影响，长期往复的不均匀胀缩变形使结构遭受正反两个方向的挠曲变形作用。即使在较小的位移幅度下，也常可导致建筑物的破坏，且难于修复。因此，膨胀土地基的设计必须按变形计算控制，严格控制地基的变形量不超过建筑物地基允许的变形值。这对下列设计等级为甲、乙级的建筑物尤为重要：

(1) 建筑规模大的建筑物；

(2) 使用要求严格的建筑物；

(3) 建筑场地为坡地和地基条件复杂的建筑物。

对于高重建筑物作用于地基主要受力层中的压力大于土的膨胀力时，地基变形主要受土的压缩变形和可能的失水收缩变形控制，应对其压缩变形和收缩变形进行设计计算。

3）对于设计等级为丙级的建筑物，当其地基条件简单，荷载差异不大，且采取有效的预防胀缩措施时，可不做变形验算。

4）建造于斜坡及其邻近的建筑物和经常受水平荷载作用的高层建筑以及挡土结构的失稳是灾难性的。建筑地基和挡土结构的失稳，一方面是由于荷载过大，土中应力超过土体的抗剪强度引起的，必须通过设计计算予以保证；另一方面，土中水的作用是主要的外因，所谓"十滑九水"对于膨胀土地基来说更为贴切。水不但导致土体膨胀而使其抗剪强度降低，同时也产生附加的水平膨胀力，设计时应考虑其影响，并采取防水保湿措施，保持土中水分的相对平衡。

3.0.6 本条规定地基基础设计等级为甲级的建筑物应进行长期的升降和水平位移观测，其目的是为建筑物后期的维护管理提供指导，同时，也为地区的膨胀土研究积累经验与数据。

4 勘 察

4.1 一般规定

4.1.1 根据膨胀土的特点，在现行国家标准《岩土工程勘察规范》GB 50021 的基础上，增加了一些膨胀土地区岩土工程勘察的特殊要求：

1）各勘察阶段应增加的工作；

2）勘探布点及取土数量与深度；

3）试验项目，如膨胀试验、收缩试验等。

4.1.2 明确可行性研究勘察阶段以工程地质调查为主，主要内容为初步查明有无膨胀土。工程地质调查的内容是按综合判定膨胀土的要求提出的，即土的自由膨胀率、工程地质特征、建筑物损坏情况等。

4.1.3 初步勘察除要求查明不良地质作用、地貌、地下水等情况外，还要求进行原状土基本物理力学性质、膨胀、收缩、膨胀力试验，以确定膨胀土的膨胀潜势和地基胀缩等级，为建筑总平面布置、主要建筑物地基基础方案和预防措施以及不良地质作用的防治提供资料和建议。

4.1.4 详细勘察除一般要求外，应确定各单体建筑物地基土层分布及其物理力学性质和胀缩性能，为地基基础的设计、防治措施和边坡防护以及不良地质作用的治理，提供详细的工程地质资料和建议。

4.1.5 结合膨胀土地基的特殊情况，对勘探点的布置、孔深和土样采取提出要求。根据大气影响深度及胀缩性评价所需的最少土样数量，规定膨胀土地面下8m以内必须采取土样，地基基础设计等级为甲级的建筑物，取原状土样的勘探点不得少于3个。大气影响深度范围内是膨胀土的活动带，故要求增加取样数量。经多年现场观测，我国膨胀土地区平坦场地的大气影响深度一般在5m以内，地面5m以下由于土的含水量受大气影响较小，故采取土样进行胀缩性试验的数量可适当减少。但如果地下水位波动很大，或有溶沟溶槽水时，则应根据具体情况确定勘探孔的深度和取原状土样的数量。

对于膨胀土地区的高层建筑，其岩土工程勘察尚应符合现行国家标准《岩土工程勘察规范》GB 50021 的相关规定。

4.2 工程特性指标

4.2.1~4.2.4 膨胀土的工程特性指标包括自由膨胀率、不同压力下的膨胀率、膨胀力和收缩系数等四项，本规范附录D~附录G对试验方法的技术要求作了具体的规定。

自由膨胀率是判定膨胀土时采用的指标，不能反映原状土的胀缩变形，也不能用来定量评价地基土的胀缩幅度。不同压力下的膨胀率和收缩系数是膨胀土地区设计计算变形的两项主要指标。膨胀力较大的膨胀土，地基计算压力也可相应增大，在选择基础形式及基底压力时，膨胀力是很有用的指标。

4.3 场地与地基评价

4.3.1 膨胀土场地的综合评价是工程实践经验的总结，包括工程地质特征、自由膨胀率及场地复杂程度三个方面。工程地质特征与自由膨胀率是判别膨胀土的主要依据，但都不是唯一的，最终的决定因素是地基的分级变形量及胀缩的循环变形特性。

在使用本规范时，应特别注意收缩性强的土与膨胀土的区分。膨胀土的处理措施有些不适于收缩性强的土，如地面处理、基础埋深、防水处理等方面两者有很大的差别。对膨胀土而言，既要防止收缩，又要防止膨胀。

此外，膨胀土分布的规律和均匀性较差，在一栋建筑物场地内，有的属膨胀土，有的不属膨胀土。有些地层上层是非膨胀土，而下层是膨胀土。在一个场区内，这种例子更多。因此，对工程地质及土的膨胀潜势和地基的胀缩等级进行分区具有重要意义。

4.3.2 在场地类别划分上没有采用现行国家标准《岩土工程勘察规范》GB 50021 规定的三个场地等级：一级场地（复杂场地）、二级场地（中等复杂场地）和三级场地（简单场地），而采用平坦场地和坡地场地。膨胀土地区自然坡很缓，超过14°就有蠕动和滑坡的现象，同时，大于5°坡上的建筑物变形受坡的影响而沉降量也较大。房屋损坏严重，处理费用较高。为使设计施工人员明确膨胀土坡地的危害及治理方法的特别要求，将三级场地（简单场地）划为平坦场地，将二级场地（中等复杂场地）和一级场地（复杂场地）划为坡地场地。膨胀土地区坡地的坡度大于14°已属于不良地形，处理费用太高，一般应避开。建议在一般情况下，不要将建筑物布置在大于14°的坡地上。

场地类别划分的依据：膨胀土固有的特性是胀缩变形，土的含水量变化是胀缩变形的重要条件。自然环境不同，对土的含水量影响也随之而异，必然导致胀缩变形的显著区别。平坦场地和坡地场地处于不同的地形地貌单元上，具有各自的自然环境，便形成了独自的工程地质条件。根据对我国膨胀土分布地区的8个省、9个研究点的调查，从坡地场地上房屋的损坏程度、边坡变形和斜坡上的房屋变形特点等来说明将其划分为两类场地的必要性。

1）坡地场地

（1）建筑物损坏普遍而严重，两次调查统计见表1。

表 1　坡地上建筑物损坏情况调查统计

序号	建筑物位置	调查统计
1	坡顶建筑物	调查了324栋建筑物，损坏的占64.0%，其中严重损坏的占24.8%
2	坡腰建筑物	调查了291栋建筑物，损坏的占77.4%，其中严重损坏的占30.6%
3	坡脚建筑物	调查了36栋建筑物，损坏的占6.8%，其损坏程度仅为轻微~中等
4	阶地及盆地中部建筑物	由于地形地貌简单、场地平坦，除少量建筑物遭受破坏外，大多数完好

（2）边坡变形特点

湖北郧县人民法院附近的斜坡上，曾布置了2个剖面的变形观测点，测点布置见图3，观测结果列于表2。从观测结果来看，在边坡上的各测点不但有升降变形，而且有水平位移；升降变形幅度和水平位移量都以坡面上的点最大，随着离坡面距离的增大而逐渐减小；当其离坡面15m时，尚有9mm的水平位移，也就是说，边坡的影响距离至少在15m左右；水平位移的发展导致坡肩地裂的产生。

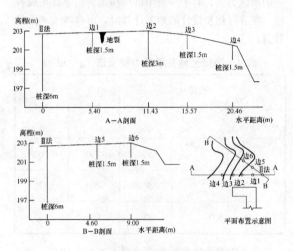

图3 湖北郧县人民法院边坡变形观测测点布置示意

表2 湖北郧县人民法院边坡观测结果

剖面长度（m）	点号	间距（m）	水平位移（mm）"＋"	水平位移（mm）"－"	点号	升降变形幅度（mm）
20.46 （Ⅱ法～测点边4）	Ⅱ法～边1	5.40	4.00	3.10	Ⅱ法	10.29
	～边2	11.43		9.90	边1	49.29
	～边3	15.57	20.60	10.70	边2	34.66
	～边4	20.46	34.20		边3	47.45
					边4	47.07
9.00 （Ⅱ法～测点边6）	Ⅱ法～边5	4.60	3.00	6.10	边5	45.01
	～边6	9.00	24.40		边6	51.96

注：1. "＋"表示位移量增大，"－"表示位移量减小；

2. 测点"边1"～"边2"间有一条地裂。

（3）坡地场地上建筑物变形特征

云南个旧东方红农场小学教室及个旧冶炼厂5栋家属宿舍，均处于5°～12°的边坡上，7年的升降观测，发现临坡面的变形与时间关系曲线是逐年渐次下降的，非临坡面基本上是波状升降。观测结果列于表3。从观测结果来看，临坡面观测点的变形幅度是非临坡面的1.35倍，边坡的影响加剧了建筑物临坡面的变形，从而导致建筑物的损坏。

表3 云南个旧东方红农场等处5°～12° 边坡上建筑物升降变形观测结果

建筑物名称	至坡边距离（m）	坎高（m）	临坡面（前排）的变形幅度（mm）点号	临坡面（前排）的变形幅度（mm）最大	临坡面（前排）的变形幅度（mm）平均	非临坡面（后排）的变形幅度（mm）点号	非临坡面（后排）的变形幅度（mm）最大	非临坡面（后排）的变形幅度（mm）平均
东方红农场小学教室（Ⅰ$_1$）	4.0	3.2	Ⅰ$_1$～1 ～2 ～3 ～4 ～5	88.10 119.70 146.80 112.80 125.50	118.60	Ⅰ$_1$～7 ～8 ～9 ～10	103.30 100.10 114.40 48.10	90.00
个旧冶炼厂家属宿舍（Ⅱ$_2$）	4.4	2.13～2.60	Ⅱ$_2$～1 ～2 ～3	25.20 12.20 12.30	16.60	Ⅱ$_2$～4 ～5	8.10 20.10	14.10
个旧冶炼厂家属宿舍（Ⅱ$_3$）	4.0	1.00～1.16	Ⅱ$_3$～1 ～2 ～3 ～4	28.70 11.50 25.10 32.30	24.40	Ⅱ$_3$～4 ～5	8.70 11.80	10.25
个旧冶炼厂家属宿舍（Ⅱ$_4$）	4.6	1.75～2.61	Ⅱ$_4$～1 ～2 ～3 ～4	36.50 11.00 20.80 30.60 27.00	25.18	Ⅱ$_4$～5 ～6 ～7	12.90 22.60 10.60	15.37
个旧冶炼厂家属宿舍（Ⅱ$_5$）	2.0	0.75～1.09	Ⅱ$_5$～1 ～2 ～3 ～4 ～7 ～8	50.30 23.50 34.70 24.30 62.20 42.10	49.40	Ⅱ$_5$～6	44.20	44.20
总体比较					46.84			34.78

表3中Ⅰ$_1$栋建筑物：地形坡度为5°，一面临坡，无挡土墙；Ⅱ$_2$～Ⅱ$_5$栋建筑物：地形坡度为12°，Ⅱ$_3$～Ⅱ$_5$栋两面临坡。Ⅱ$_2$栋一面临坡，有挡土墙。

（4）上述调查结果揭示了坡地场地的复杂性，说明坡地场地有其独特的工程地质条件：

① 地形地貌与地质组成结构密切相关。一般情况下地质组成的成层性基本与山坡一致，建筑物场地选择在斜坡时，场地平整挖填后，地基往往不均匀，见图4。由于地基土的不均匀，土的含水量也就有差

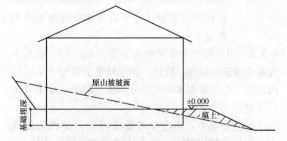

图4 坡地场地上的建筑物地质剖面示意

异。在这种情况下，建筑物建成后，地基土的含水量与起始状态不一致，在新的环境下重新平衡，从而产生土的不均匀胀缩变形，对建筑物产生不利的影响。

② 坡地场地切坡平整后，在场地的前缘形成陡坡或土坎。土中水的蒸发既有坡肩蒸发，也有临空的坡面蒸发。鉴于两面蒸发和随距蒸发面的距离增加而蒸发逐渐减弱的状况，边坡楔形干燥区呈近似三角形（坡脚至坡肩上一点的连线与坡肩与坡面形成的三角形）。若山坡上冲沟发育而遭受切割时，就可能形成二向坡或三向坡，楔形干燥区也相应地增加。蒸发作用是如此，雨水浸润作用同样如此。两者比较，以蒸发作用最为显著，边坡的影响使坡地场地楔形干燥区内土的含水量急剧变化。东方红农场小学教室边坡地带土的含水量观测结果表明：楔形干燥区内土的含水量变化幅度为 4.7%～8.4%，楔形干燥区外土的含水量变化幅度为 1.7%～3.4%，前者是后者的（2.21～3.36）倍。由于楔形干燥区内土的含水量变化急剧，导致建筑物临坡面的变形是非临坡面的 1.35 倍（表 3）。这说明边坡对建筑物影响的复杂性。

③ 场地开挖边坡形成后，由于土的自重应力和土的回弹效应，坡体内土的应力要重新分布：坡肩处产生张力，形成张力带；坡脚处最大主应力方向产生旋转，临空面附近，最小主应力急剧降低，在坡面上降为"0"，有时甚至转变为拉应力。最大最小主应力差相应而增，形成坡体内最大的剪力区。

膨胀土边坡，当其土因受雨水浸润而膨胀时，土的自重压力对竖向变形有一定的制约作用。但坡体内的侧向应力有愈靠近坡面而显著降低和在临空面上降至"0"的特点，在此种应力状态下，加上膨胀引起的侧向膨胀力作用，坡体变形便向坡外发展，形成较大的水平位移。同时，坡体内土体受水浸润，抗剪强度大为衰减，坡顶处的张力带必将扩展，坡脚处剪应力区的应力更加集中，更加促使边坡的变形，甚至演变成蠕动和塑性滑坡。

2）平坦场地

平坦场地的地形地貌简单，地基土相对较为均匀，地基水分蒸发是单向的。形成与坡地场地工程地质条件大不相同的特点。

3）综上所述，平坦场地与坡地场地具有不同的工程地质条件，为便于有针对地对坡地场地地基采取相应可靠、经济的处理措施，把建筑场地划分为平坦场地和坡地场地两类是必要的。

4.3.3 当土的自由膨胀率大于等于 40% 时，应按本规范要求进行勘察、设计、施工和维护管理。某些特殊地区，也可根据本规范划分膨胀土的原则作出具体的规定。

规范还重申，不应单纯按成因区分是否为膨胀土。例如下蜀纪黏土，在武昌青山地区属非膨胀土，而合肥地区则属膨胀土；红黏土有的属于膨胀土，有的则不属于膨胀土。因此，划分场区地基土的胀缩等级具有重要的工程意义。

4.3.7 为研究膨胀土地基的承载力问题，在全国不同自然地质条件的有代表性的试验点进行了 65 台载荷试验、85 台旁压试验、64 孔标准贯入试验以及 87 组室内抗剪强度试验，试图经过统计分析找出其规律。但因我国膨胀土的成因类型多，土质复杂且不均，所得结果离散性大。因此，很难给出一个较为统一的承载力表。对于一般中低层房屋，由于其荷载较轻，在进行初步设计的地基计算时，可参考表 4 中的数值。

表 4 膨胀土地基承载力特征值 f_{ak}（kPa）

含水比	孔隙比		
	0.6	0.9	1.1
<0.5	350	280	200
0.5～0.6	300	220	170
0.6～0.7	250	200	150

表 4 中含水比为天然含水量与液限的比值；表 4 适用于基坑开挖时土的天然含水量小于等于勘察取土试验时土的天然含水量。

鉴于不少地区已有较多的载荷试验资料及实测建筑物变形资料，可以建立地区性的承载力表。

对于高重或重要的建筑物应采用本规范规定的承载力试验方法并结合当地经验综合确定地基承载力。试验表明，土吸水愈多，膨胀量愈大，其强度降低愈多，俗称"天晴一把刀，下雨一团糟"。因此，如果先浸水后做试验，必将得到较小的承载力，这显然不符合实际情况。正确的方法是，先加载至设计压力，然后浸水，再加荷载至极限值。

采用抗剪强度指标计算地基承载力时，必须注意裂隙的发育及方向。在三轴饱和不固结不排水剪试验中，常常发生浸水后试件立即沿裂隙面破坏的情况，所得抗剪强度太低，也不符合半无限体的集中受压条件。此情况不应直接用该指标进行承载力计算。

4.3.8 膨胀土地基的水平膨胀力可采用室内试验或现场试验测定，但现场的试验数据更接近实际，其试验方法和步骤、试验资料整理和计算方法建议如下，该试验可测定场地原状土和填土的水平膨胀力。实施时可根据不同需要予以简化。

1 试验方法和步骤

1）选择有代表性的地段作为试验场地，试坑和试验设备的布置如图 5 所示；

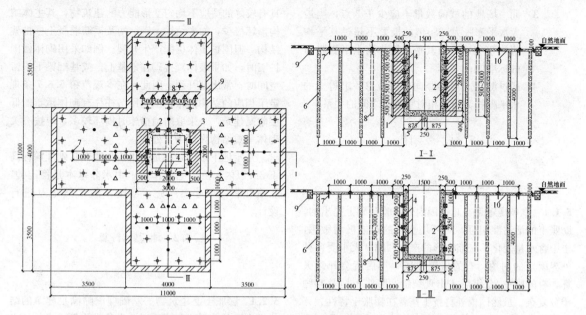

图 5　现场水平膨胀力试验试坑和试验设备布置示意（图中单位：mm）
1—试验坑；2—钢筋混凝土井；3—非膨胀土；4—压力盒；5—抗滑梁；6—φ127 砂井；7—地表观测点；
8—深层观测点（深度分别为 0.5m、1.0m、1.5m、2.0m、2.5m、3.0m）；9—砖砌墙；10—砂层

2）挖除试验区表层土，并开挖 2m×3m 深 3m 的试验坑；

3）试验坑内现场浇筑 2m×2m 高 3.2m 的钢筋混凝土井，相对的一组井壁与坑壁浇灌在一起，另一组井壁与坑壁之间留 0.5m 的间隙，间隙采用非膨胀土分层回填，人工压实，压实系数不小于 0.94。钢筋混凝土井底部设置抗水平移动的抗滑梁；

4）钢筋混凝土井浇筑前，在井壁外侧地表下 0.5m、1.0m、1.5m、2.0m、2.5m 处设置 5 层土压力盒，每层布置 12 个土压力盒（每侧布置 3 个）；

5）试验坑四周均匀布置 φ127 的浸水砂井，砂井内填满中、粗砂，深度不小于当地大气影响急剧层深度，且不小于 4m；

6）浸水砂井设置区域的四周采用砖砌墙形成砂槽，槽内满铺厚 100mm 的中、粗砂；

7）布置地表和深层观测点（图 5），以测定地面及深层土体的竖向变形。观测水准基点及观测精度要求符合本规范附录 B 的有关规定；

8）土压力盒、地表观测点和深层观测点在浸水前测定其初测值；

9）在砂槽和砂井内浸水，浸水初期至少每 8h 观测一次，以捕捉最大水平膨胀力。后期可延长观测间隔时间，但每周不少于一次，直至膨胀稳定。观测包括压力盒读数、地表观测点和深层观测点测量等。测点某一时刻的水平膨胀力值等于压力盒测试值与其初测值之差；

10）试验前和试验后，分层取原状土样在室内进行物理力学试验和竖向不同压力下的膨胀率及膨胀力试验。

2　试验资料整理及计算

1）绘制不同深度水平膨胀力随时间的变化曲线（图 6），以确定不同深度的最大水平膨胀力；

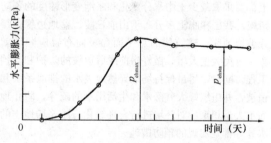

图 6　深度 h 处水平膨胀压力随时间变化曲线示意

2）绘制水平膨胀力随深度的分布曲线（图 7）；

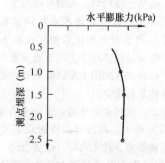

图 7　水平膨胀力随深度分布曲线示意

3）同一场地的试验数量不应少于 3 点，当最大水平膨胀力试验值的极差不超过其平均值的 30% 时，取其平均值作为水平膨胀力的标准值；

4）通过测定土层的竖向分层位移，求得土的水平膨胀力与其相对膨胀量之间的关系。

5 设 计

5.1 一般规定

5.1.1 本条规定是在总结国内外经验基础上提出的。膨胀土的活动性很强，对环境变化的影响极为敏感，土中含水量变化、胀缩变形的产生和幅度大小受多种外界因素的制约。有的房屋建成一年后就会开裂破坏，有的则在 20 年后才出现裂缝。膨胀土地基问题十分复杂，虽然国内外科技工作者在膨胀土特性、评价和设计处理方面进行了大量的研究和实测工作，但目前尚未形成一门系统的学科。特别是在膨胀土危害防治方面尚需进一步研究和实践。

建造在膨胀土地基上的低层房屋，若不采取预防措施时，10mm～20mm 的胀缩变形幅度就能导致砌体结构的破坏，比一般地基上的允许变形值要小得多。之前，在国内和外事工程中由于对膨胀土的特性缺乏认识，造成新建房屋成片开裂破坏，损失极大。因此，在膨胀土上进行工程建设时，必须树立预防为主的理念，有时在可行性研究阶段应予"避让"。

所谓"综合治理"就是在设计、施工和维护管理上都要采取减少土中水分变化和胀缩变形幅度的预防措施。我国膨胀土多分布于山前丘陵、盆地边缘、缓丘坡地地带。建筑物的总平面和竖向布置应顺坡就势，避免大挖大填，做好房前屋后边坡的防护和支挡工程。同时，尽量保持场地天然地表水的排泄系统和植被，并组织好大气降水和生活用水的疏导，防止地面水大量积聚。对环境进行合理绿化，涵养场地土的水分等都是宏观的预防措施。

单体工程设计时，应根据建筑物规模和重要性综合考虑地基基础设计等级和工程地质条件，采取本规范规定的单一措施或以一种措施为主辅以其他措施预防。例如：地基土较均匀，胀缩等级为Ⅰ、Ⅱ级膨胀土上的房屋可采取以基础埋深来降低其胀缩变形幅度，保证建筑物的安全和正常使用；而场地条件复杂，胀缩等级为Ⅲ级膨胀土上的重要建筑物，以桩基为主要预防措施，在结构上配以圈梁和构造柱等辅助措施，确保建筑物安全。

应当指出，我国幅员辽阔，膨胀土的成因类型和气候条件差异较大，在设计时应吸取并注重地方经验，做到因地制宜、技术可行、经济合理。

5.1.2 根据膨胀土地区的调查材料，膨胀土地基上

具有较好的适应不均匀变形能力的建筑物，其主体结构损坏极少，如木结构、钢结构及钢筋混凝土框排架结构。但围护墙体可能产生开裂。例如采用砌体做围护墙时，如果墙体直接砌在地基上，或基础梁下未留空间时，常出现开裂。因此，在本规范第 5.6.7 条规定了相应的结构措施；工业厂房往往有砌体承重的低层附属建筑，未采取防治措施时损坏较多，应按有关砌体承重结构设计条文处理。

常年地下水位较高是指水位一般在基础埋深标高下 3m 以内，由于毛细作用土中水分基本是稳定的，胀缩可能性极小。因此，可按一般天然地基进行设计。

5.2 地基计算

Ⅰ 基础埋置深度

5.2.1 膨胀土上建筑物的基础埋深除满足建筑的结构类型、基础形式和用途以及设备设施等要求外，尚应考虑膨胀土的地质特征和胀缩等级对结构安全的影响。

5.2.2 膨胀土场地大量的分层测标、含水量和地温等多年观测结果表明：在大气应力的作用下，近地表土层长期受到湿胀干缩循环变形的影响，土中裂隙发育，土的强度指标特别是凝聚力严重降低，坡地上的大量浅层滑动也往往发生在地表下 1.0m 的范围内。该层是活动性极为强烈的地带，因此，本规范规定建筑物基础埋置深度不应小于 1.0m。

5.2.3 当以基础埋深为主要预防措施时，对于平坦场地，基础埋深不应小于当地的大气影响急剧层。例如：安徽合肥基础埋深大于 1.6m 时，地基的胀缩变形量已能满足要求，可不再采取其他防治措施；云南鸡街地区有 6 栋平房基础埋深 1.5m～2.0m，经过多年的位移观测，房屋的变形幅度仅为 1.4mm～4.7mm，房屋完好无损。而另一栋房屋基础埋深为 0.6m，房屋的位移幅度达到 49.6mm，房屋严重破坏。但是，对于胀缩等级为Ⅰ级的膨胀土地基上的（1～2）层房屋，过大的基础埋深可能使得造价偏高。因此，可采用墩式基础、柔性结构以及宽散水、砂垫层等措施减小基础埋深。如在某地损坏房屋地基上建造的试验房屋，采用墩式基础加砂垫层后，基础埋深为 0.5m，也未发现房屋开裂。但是离地表 1m 深度内地基土含水量变化幅度及上升、下降变形都较大，对Ⅱ、Ⅲ级膨胀土上的建筑物容易引起开裂。

由于各种结构的允许变形值不同，通过变形计算确定合适的基础埋深，是比较有效而经济的方法。

5.2.4 式（5.2.4）是基于坡度小于 14° 边坡为稳定边坡的概念以及本规范第 4.3.2 条第 1 款平坦场地的条件而定的。当场地的坡度为 5°～14°、基础外边缘距坡肩距离大于 10m 时，按平坦场地考虑；小于等

于 10m 时，基础埋深的增加深度按（10－l_p）$\tan\beta$＋0.30 取用，以降低因坡地临空面增大而引起的环境变化对土中水分的影响。

Ⅱ 承载力计算

5.2.6 鉴于膨胀土中发育着不同方向的众多裂隙，有时还存在薄的软弱夹层，特别是吸水膨胀后土的抗剪强度指标 C、ϕ 值呈较大幅度降低的特性，膨胀土地基承载力的修正不考虑基础宽度的影响，而深度修正系数取 1.0。如原苏联学者索洛昌用天然含水量为 32%～37% 的膨胀土在无荷条件下浸水膨胀稳定后进行快剪试验，ϕ 值由 14° 降为 7°，降低了 50%；C 值由 67kPa 降为 15kPa，降低了 78%。我国学者廖济川用天然含水量为 28% 的滑坡后土样进行先干缩后浸水的快剪及固结快剪试验，其 C、ϕ 值都减少了 50% 以上。

Ⅲ 变形计算

5.2.7 对全国膨胀土地区 7 个省中 167 栋不同场地条件有代表性的房屋和构筑物（其中包括 23 栋新建试验房）进行了（4～10）年的竖向和水平位移、墙体裂缝、室内外不同深度的土体变形和含水量、地温以及树木影响的观测工作，对 158 栋较完整的资料进行统计分析表明，由于各地场地、气候和覆盖等条件的不同，膨胀土地基的竖向变形特征可分为上升型、下降型和升降循环波动型三种，如图 8 所示。

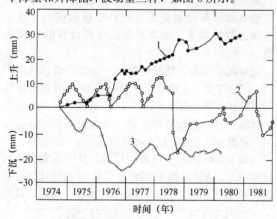

图 8 膨胀土上房屋的变形形态
1—上升型变形；2—升降循环型变形；3—下降型变形

表 5 是我国膨胀土地区 155 栋有代表性的房屋长期竖向位移观测结果的统计。

表 5 膨胀土上房屋位移统计

地区	位移形态	上升型（栋数）	下降型（栋数）	升降循环型（栋数）
云 南	蒙 自	1	10	5
	江水地	1	4	2
	鸡 街	4	14	6

续表 5

地区	位移形态	上升型（栋数）	下降型（栋数）	升降循环型（栋数）
广 西	南 宁	1	5	5
	宁 明		10	5
	贵 县	1	2	1
	柳 州	2		
广 东	湛 江	2		4
河 北	邯 郸	1		5
河 南	平顶山	12	9	
安 徽	合 肥		3	14
湖 北	荆 门	3		3
	郧 县		5	8
	枝 江		1	2
	卫家店			3
小计（占%）		28（18.1%）	63（40.6%）	64（41.3%）

上升型位移是由于房屋建成后地基土吸水膨胀产生变形，导致房屋持续多年的上升，如图 8 中的曲线 1。例如：河南平顶山市一栋平房建于 1975 年的旱季，房屋各点均持续上升，到 1979 年上升量达到 45mm。应当指出，房屋各处的上升是不均匀的，且随季节波动，这种不均匀变形达到一定程度，就会导致房屋开裂破坏。产生上升型位移的主要原因如下：

1) 建房时气候干旱，土中含水量偏低；
2) 基坑长期曝晒；
3) 建筑物使用期间长期受水浸润。

波动型的特点是房屋位移随季节性降雨、干旱等气候变化而周期性的上升或下降，一个水文年基本为一循环周期，如图 8 曲线 2。我国膨胀土多分布于亚干旱和亚湿润气候区，土的天然含水量接近塑限，房屋位移随气候变化的特征比较明显。表 6 是各地气候与房屋位移状况的对照。可以看出，在广西、云南地区，房屋一般在二、三季度的雨季因土中含水量增加而膨胀上升；在四、一季度的旱季随土中水分大量蒸发而收缩下沉。但长江以北的中原、江淮和华北地区，情况却与之相反。这是因为该地区雨季集中在（7～8）月份，并常以暴雨形式出现，地面径流量大，向土中渗入量少。房屋的位移主要受地温梯度的变化影响而上升或下降。在冬、春季节，地表温度远低于下部恒温带。根据土中水分由高温向低温转移的规律，水分由下部向上部转移，使上部土中的含水量增大而导致地基土上升；在夏、秋季节，水分向下转移并有大量的地面蒸发，使地基土失水而收缩下沉。

表 6 各地气候与房屋位移

项目\地区	年蒸发量(mm) / 年降雨量(mm)	雨季 起止日期 / 降雨占总数(%)	位移	旱季 起止日期 / 降雨占总数(%)	位移	地温(℃) 最高(日期) / 最低(日期)	深度(m)
云南 (蒙自、鸡街)	2369.3 / 852.4	5~8月 / 75%	上升	10~4月 / 25%	下降	25.8(8月) / 14.0(1月)	0.2
广西 (南宁、宁明)	1681.1 / 1356.6	4~9月 / 69%	上升	10~3月 / 31%	下降	28.0(9月) / 15.6(1月)	0.5
湖北 (郧县、荆门)	1600.0 / 100.0	4~10月 / 89%	下降	11~3月 / 11%	上升	26.5(8月) / 5.5(1月)	0.5
河南平顶山	2154.6 / 759.1	6~9月 / 64%	下降	10~3月 / 36%	上升	27.6(8月) / 5.2(1月)	0.4
安徽合肥	1538.9 / 969.5	4~9月 / 62%	下降	10~3月 / 38%	上升	32.1(8月) / 4.9(1月)	
河北邯郸	1901.7 / 603.1	7~8月 / 70%	下降	11~5月 / 30%	上升	25.2(7月) / 2.5(1月)	0.5

下降型常出现在土的天然含水量较高（例如大于 $1.2w_p$）或建筑物靠近边坡地带，如图 8 中的曲线 3。在平坦场地，房屋下降位移主要是土中水分减少，地基产生收缩变形的结果。土中水分减少，可能是气候干旱，水分大量蒸发的结果，也可能是局部热源或蒸腾量大的种木（如桉树）大量吸取土中水分的结果。至于临坡建筑物，位移持续下降，一方面是坡体临空面大于平地，土中水分更容易蒸发而导致较平坦场地更大的收缩变形。另一方面，坡体向外侧移而产生的竖向变形（即剪应变引起），这种在三向应力条件下侧向位移引起的竖向变形是不可逆的。湖北郧县膨胀土边坡观测中就发现了上述状况，它的发展必然导致坡体滑动。上述下降收缩变形的计算是指土体失水收缩而引起的竖向下沉，在设计中应避免后一种情况的发生。

本条给出的天然地表下 1.0m 深度处的含水量值，是经统计分析得出的一般规律，未包括荷载、覆盖、地温之差等作用的影响。当土中的应力大于其膨胀力时，土体就不会发生膨胀变形，由收缩变形控制。对于高重的建筑物，当基础埋于大气影响急剧层以下时，主要受地基的压缩变形控制，应按相关技术标准进行建筑物的沉降计算。

5.2.8 式（5.2.8）实际上是地基土在不同压力下各层土膨胀量的分层总和。计算图式和参数的选择是根据膨胀土两个重要性质确定的：

1）当土的初始含水量一定时，上覆压力小膨胀量大，压力大时膨胀量小。当压力超过土的膨胀力时就不膨胀，并出现压缩，膨胀力与膨胀量呈非线性关系。在计算过程中，如某压力下的膨胀率为负值时，即不发生膨胀变形，该层土的膨胀量为零。

2）当土的上覆压力一定时，初始含水量高的土膨胀量小，初始含水量低的土膨胀量大。含水量与膨胀量之间也为非线性关系。地基土的膨胀变形过程是其含水量不断增加的过程，膨胀量随其含水量的增加而持续增大，最终到达某一定值。因此，膨胀量的计算值是预估的最终膨胀变形量，而不是某一时段的变形量。

3）关于膨胀变形计算的经验系数

室内和原位的膨胀试验以及房屋的变形观测资料，都能反映地基土的膨胀变形随土中含水量和上覆压力的不同而变化的特征，为我们提供了用室内试验指标来计算地基膨胀变形量的可能性。但是，由室内试验指标提供的计算参数，是用厚度和面积都较小的试件，在有侧限的环刀内经充分浸水而取得的。而地基土在膨胀变形过程中，受力情况及浸水和边界条件都与室内试验有着较大的差别。上述因素综合影响的结果给计算膨胀变形量和实测变形量之间带来较大的差别。为使计算膨胀变形量较为接近实际，必须对室内外的试验观测结果全面地进行计算分析和比对，找出其间的数量关系，这就是膨胀变形计算的经验系数 ψ_e。

对河北邯郸、河南平顶山、安徽合肥、湖北荆门、广西宁明、云南鸡街和蒙自等地的 40 项浸水载荷试验和 6 栋试验性房屋以及 12 栋民用房屋的室内外试验资料分别计算膨胀量，与实测最大值进行比对。根据统计分析，浸水部分的 $\psi_e = 0.47 \pm 0.12$。

图 9 是按 $\psi_e = 0.47$ 修正后的计算值与实测值的比较结果。表 7 和图 10 为浸水部分 ψ_e 的统计分布状况。12 栋民用房屋的 ψ_e 中值与浸水部分相同，只有

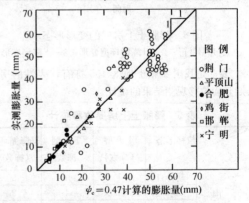

图 9 计算膨胀量与实测膨胀量的比较

平顶山地区的 ψ_e 偏大且离散性也较大，这是由于室内试验资料较少且欠完整的缘故。考虑到实际应用，取 $\psi_e=0.6$ 时，对 80% 的房屋是偏于安全的。

表7 膨胀量（浸水部分）计算的经验系数 ψ_e 统计分布

ψ_e	0.1~0.2	0.2~0.3	0.3~0.4	0.4~0.5	0.5~0.6	0.6~0.7	0.7~0.8	0.8~0.9	总数
频数	1	0	31	41	28	8	1	3	
频率	0.89	0.00	27.43	36.28	24.78	7.08	0.89	2.65	113
累计频率	0.89	0.89	28.32	64.60	89.38	96.46	97.35	100.00	

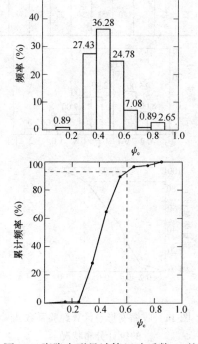

图 10 膨胀变形量计算经验系数 ψ_e 的统计分布状况

5.2.9 失水收缩是膨胀土的另一属性。收缩变形量的大小取决于土的成分、密度和初始含水量。

1) 就同一性质的膨胀土而言，在相同条件下，其初始含水量 w_0 越高（饱和度越高，孔隙比越大），在收缩过程中失水量就越多，收缩变形量也就越大。表 8 和图 11 是广西南宁原状土样室内收缩试验所测得的收缩量与含水量之间的关系。图中的三条曲线表明，当土样的起始含水量分别为 36.0%~44.7%，并同样干燥到缩限 w_s 时，其线缩率 δ_s 从 3.7% 增大到 7.3%。所谓缩限，是土体在收缩变形过程中，由半固态转入固态时的界限含水量。从每条曲线的斜率变化可以看出：当土的含水量达到缩限之后，

土体虽然仍在失水，但其变形量已经很小，从对建筑工程的影响来说，已失去其实际的意义。

表8 同质土的线缩率 δ_s 与含水量 w 关系

土号	γ (g/m³)	w_0 (%)	e_0	δ_s (%)	w_s (%)	收缩系数 λ_s
I-1	1.76	44.7	1.22	7.3	25.5	0.38
I-2	1.80	41.9	1.13	5.7	26.0	0.37
I-3	1.89	36.0	0.94	3.7	26.0	0.37

2) 收缩变形量主要取决于土体本身的收缩性能以及含水量变化幅度，表 9 和图 12 为不同质土的线缩率 δ_s 与含水量 w 关系。由图 11 和图 12 可知：当土体在收缩过程中其含水量在某一起始值与缩限之间变化时，收缩变形量与含水量间的变化呈直线关系，其斜率因土质不同而异。取直线段的斜率作为收缩变形量的计算参数，即土的收缩系数 λ_s。$\lambda_s=\dfrac{\Delta\delta_s}{\Delta w}$，其中，$\Delta w$ 为图 12 中直线段两点含水量之差值（%），$\Delta\delta_s$ 为与 Δw 对应的线缩率的变化值。

表9 不同质土的线缩率 δ_s 与含水量 w 关系

土号	γ (g/m³)	w_0（%）	e_0	收缩系数 λ_s
2A-1	2.02	22.0	0.63	0.55
9-1	2.04	20.6	0.59	0.28

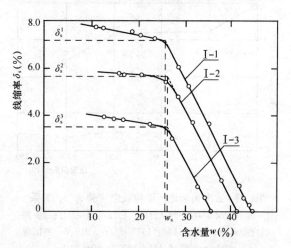

图 11 同质土的线缩率 δ_s 与含水量 w 关系

3) 土失水收缩与外部荷载作用下的固结压密变形是同向的变形，都是孔隙比减少、密度增大的结果。但两者有根本性的区别：失水收缩主要是土的黏粒周围薄膜水或晶

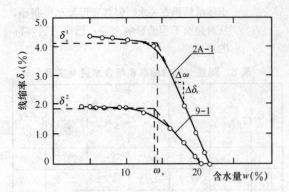

图 12 不同质土的线缩率 δ_s 与含水量 w 关系

格水大量散失的结果；固结压密变形是在荷重的作用下土颗粒移动重新排列的结果（特别是非饱和土，在一般压力下并无固结排水现象）。由收缩产生的内应力要比固结压密产生的内应力大得多。虽然实际工程中膨胀土的失水收缩和荷载作用下的压缩沉降变形难于分开，但在试验室内可有意识地将两种性质不同的变形区别开来。

4）膨胀土多呈坚硬和半坚硬状态，其压缩模量大。在一般低层房屋所能产生的压力范围内，土的密度改变较小。所以，土在收缩前所处的压力大小对收缩量的影响较小；至于收缩过程中，土样一旦收缩便处于超压密状态，压力改变土密度的影响更可以忽略不计。图 13 为云南鸡街地区，膨胀土在自然风干条件下，不同荷载的压板试验沉降稳定后，在干旱季节所测得的收缩变形量，可说明上述问题。

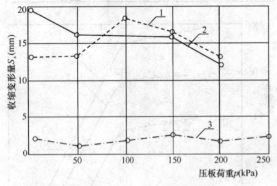

图 13 云南鸡街地区原位收缩试验 s_s-p 关系
1—基础埋深 0.7m，测试日期：1975 年 4～5 月；2—基础埋深 0.7m，测试日期：1977 年 3～5 月；3—基础埋深 2.0m，测试日期：1977 年 10～12 月

5）关于收缩变形计算的经验系数
与膨胀变形量计算的道理一样，小土样的室内试验提供的计算指标与原位地基土在收缩变形过程中的工作条件存在一定的差别。为使计算的收缩变形量与实测的变形量较为接近，在全国几个膨胀土地区结合

实际工程，进行了室内外的试验观测工作，并按收缩变形计算公式进行计算与统计分析，以确定收缩变形量计算值与实测值之间的关系。对四个地区 15 栋民用房屋室内外试验资料进行计算并与实测值比对，其结果为收缩变形量计算经验系数 $\psi_s=0.58\pm0.23$。取 $\psi_s=0.8$，对实际工程而言，80% 是偏于安全的，ψ_s 的统计分布见表 10 和图 14。

表 10 收缩量计算的经验系数 ψ_s 统计分布

ψ_s	0.2～0.3	0.3～0.4	0.4～0.5	0.5～0.6	0.6～0.7	0.7～0.8	0.8～0.9	0.9～1.0	1.0～1.1	1.1～1.2	1.2～1.3	总数
频数	8	15	22	12	13	13	7	5	1	2	2	
频率	8	15	22	12	13	13	7	5	1	2	2	100
累计频率	8	23	45	57	70	83	90	95	96	98	100	

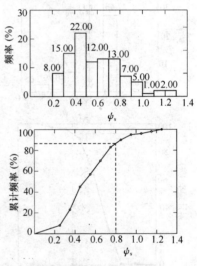

图 14 收缩变形量计算经验系数 ψ_s 的统计分布状况

6）计算收缩变形量的公式是一个通式，其中最困难的是含水量变化值，应根据引起水分减少的主要因素确定。局部热源及树木蒸腾很难采用计算来确定其收缩变形量。

5.2.10、5.2.11 87 规范编制时的研究证明，我国膨胀土在自然气候影响下，土的最小含水量与塑限之间有密切关系。同时，在地下水位深的情况下，土中含水量的变化主要受气候因素的降水和蒸发之间的湿度平衡所控制。由此，可根据长期（10 年以上）含水量的实测资料，预估土的湿度系数值。从地区看，某一地区的气候条件比较稳定，可以用上述方法统计解决，这样可能更准确。从全国看，特别是一些没有观测资料的地区，最小含水量仍无法预测，因此，原规范组建立了气候条件与湿度系数的关系。从此关系中，还可预测某些地区膨胀土的胀缩势能可能产生的影响，及其对建筑物的危害程度。例如，在湿度系数为 0.9 的地区，即使为强亲水性的膨胀土，其地基上的胀缩等级可能为弱的 I 级，而在 0.7、0.6 的地区可能是 II、III 级。即土质完全相同的情况下，在湿度系数较高的地区，其分级变形量将低于湿度系数较低的地区；在湿度系数较低的地区，其分级变形量将高于湿度系数较高的地区。

湿度系数计算举例：
1) 某膨胀土地区，中国气象局（1951~1970）年蒸发力和降水量月平均值资料如表 11，干燥度大于 1 的月份的蒸发力和降水量月平均值资料如表 12。

表 11 某地 20 年蒸发力和降水量月平均值

月份	蒸发力（mm）	降水量（mm）
1	21.0	19.7
2	25.0	21.8
3	51.8	33.2
4	70.3	108.3
5	90.9	191.8
6	92.7	213.2
7	116.9	178.9
8	110.1	142.0
9	74.7	82.5
10	46.7	89.2
11	28.1	55.9
12	21.1	25.7

表 11 中由于实际蒸发量尚难全面科学测定，中国气象局按彭曼（H. L. Penman）公式换算出蒸发力。经证实，实用效果较好。公式包括日照、气温、辐射平衡、相对湿度、风速等气象要素。

表 12 干燥度大于 1 的月份的蒸发力和降水量

月份	蒸发力（mm）	降水量（mm）
1	21.0	19.7
2	25.0	21.8
3	51.8	33.2

2) 计算过程见表 13。

表 13 湿度系数 ψ_w 计算过程表

序号	计算参数	计算值
①	全年蒸发力之和	749.0
②	九月至次年二月蒸发力之和	216.3
③	α＝②/①	0.289
④	c＝全年中干燥度>1 的月份的蒸发力减降水量差值的总和	23.1
⑤	0.726α	0.210
⑥	$0.00107c$	0.025
⑦	湿度系数 $\psi_w = 1.152 - 0.726\alpha - 0.00107c$	0.917

由表 13 可知，算例湿度系数 $\psi_w \approx 0.9$。

5.2.12 实测资料表明，环境因素的变化对胀缩变形及土中水分变化的影响是有一定深度范围的。该深度除与当地的气象条件（如降雨量、蒸发量、气温和湿度以及地温等）有关外，还与地形地貌、地下水和土层分布有关。图 15 是云南鸡街在两年内对三个工程场地四个剖面的含水量沿深度变化的统计结果。在地表下 0.5m 处含水量变化幅度为 7%；而在 4.5m 处，变化幅度为 2%，其环境影响已很微弱。图 16 由深层测标测得土体变形幅度沿其深度衰减的状况，表明平坦场地与坡地地形差别的影响较为显著。本规范表 5.2.12 给出的数值是根据平坦场地上多个实测资料，结合当地气象条件综合分析的结果，它不包括局部热源、长期浸水以及树木蒸腾吸水等特殊状况。

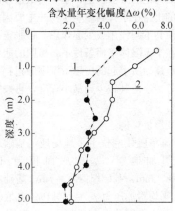

图 15 土中含水量沿深度的变化
1—室内；2—室外

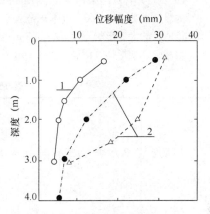

图 16 不同地形条件下的分层位移量
1—湖北荆门（平坦场地）；
2—湖北郧县（山地坡肩）

5.2.14 室内土样在一定压力下的干湿循环试验与实际建筑的胀缩波动变形的观测资料表明：膨胀土吸水膨胀和失水收缩变形的可逆性是其一种重要的属性。其胀缩变形的幅度同样取决于压力和初始含水量的大小。因此，膨胀土胀缩变形量的大小也完全可通过室内试验获得的特性指标 δ_{epi} 和 λ_{si} 以及上覆压力的大小和水分变化的幅度估算。本规范式（5.2.14）实质上是式（5.2.8）和式（5.2.9）的叠加综合。

大量现场调查以及沉降观测证明，膨胀土地基上的房屋损坏，在建筑场地稳定的条件下，均系长期的往复地基胀缩变形所引起。同时，轻型房屋比重型房屋变形大，且不均匀，损坏也重。因此，设计的指导思想是控制建筑物地基的最大变形幅度使其不大于建筑物地基所允许的变形值。

引起变形的因素很多，有些问题目前尚不清楚，有些问题要通过复杂的试验和计算才能得到。例如有边坡时房屋变形值要比平坦地形时大，其增大的部分决定于在旱、雨循环条件下坡体的水平位移。在这方面虽然可以定性地说明一些问题，但从计算上还没有找到合适而简化的方法。土力学中类似这样的问题很多，解决的出路在于找到影响事物的主要因素，通过技术措施使其不起作用或少起作用。膨胀土地基变形计算，指在半无限体平面条件下，房屋的胀缩变形计算。对边坡蠕动所引起的房屋下沉则通过挡土墙、护坡、保湿等措施使其减少到最小程度，再按变形控制的原则进行设计。

胀缩变形量算例：

1）某单层住宅位于平坦场地，基础形式为墩基加地梁，基础底面积为 800mm×800mm，基础埋深 $d=1$m，基础底面处的平均附加压力 $p_0=100$kPa。基底下各层土的室内试验指标见表14。根据该地区 10 年以上有关气象资料统计并按本规范式（5.2.11）计算结果，地表下 1m 处膨胀土的湿度系数 $\psi_w=0.8$，查本规范表 5.2.12，该地区的大气影响深度 $d_a=3.5$m。因而取地基胀缩变形计算深度 $z_n=3.5$m。

表 14　土的室内试验指标

土号	取土深度（m）	天然含水量 w	塑限 w_p	不同压力下的膨胀率 δ_{epi}				收缩系数 λ_s
				0（kPa）	25（kPa）	50（kPa）	100（kPa）	
1#	0.85~1.00	0.205	0.219	0.0592	0.0158	0.0084	0.0008	0.28
2#	1.85~2.00	0.204	0.225	0.0718	0.0357	0.0290	0.0187	0.48
3#	2.65~2.80	0.232	0.232	0.0435	0.0205	0.0156	0.0083	0.31
4#	3.25~3.40	0.242	0.242	0.0597	0.0303	0.0249	0.0157	0.37

2）将基础埋深 d 至计算深度 z_n 范围的土按 0.4 倍基础宽度分成 8 层，并分别计算出各分层顶面处的自重压力 p_{ci} 和附加压力 p_{0i}（图 17）。

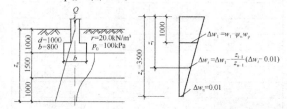

图 17　地基胀缩变形量计算分层示意

3）求出各分层的平均总压力 p_i，在各相应的 $\delta_{ep}-p$ 曲线上查出 δ_{epi}，并计算 $\sum\limits_{i=1}^{n}\delta_{epi}\cdot h_i$（表 15）：

$$s_e = \sum_{i=1}^{n}\delta_{epi}\cdot h_i = 43.3\text{mm}$$

表 15　膨胀变形量计算表

点号	深度 z_i（m）	分层厚度 h_i（mm）	自重压力 p_{ci}（kPa）	$\dfrac{l}{b}$	$\dfrac{z_i-d}{b}$	附加压力系数 α	附加压力 p_{zi}（kPa）	平均值（kPa）			膨胀率 δ_{epi}	膨胀量 $\delta_{epi}\cdot h_i$（mm）	累计膨胀量 $\sum\limits_{i=1}^{n}\delta_{epi}\cdot h_i$（mm）
								自重压力 p_{0i}	附加压力 p_z	总压力 p_i			
0	1.00		20.0		0	1.000	100.0						
1	1.32	320	26.4		0.400	0.800	80.0	23.2	90.00	113.20	0	0	0
2	1.64	320	32.8		0.800	0.449	44.9	29.6	62.45	92.05	0.0015	0.5	0.5
3	1.96	320	39.2		1.200	0.257	25.7	36.0	35.30	71.30	0.0240	7.7	8.2
4	2.28	320	45.6	1.0	1.600	0.160	16.0	42.4	20.85	63.25	0.0250	8.0	16.2
5	2.50	320	50.0		1.875	0.121	12.1	47.8	14.05	61.85	0.0260	8.3	24.5
6	2.82	320	56.4		2.275	0.085	8.5	53.2	10.30	63.50	0.0130	4.2	28.7
7	3.14	320	62.8		2.675	0.065	6.5	59.6	7.50	67.10	0.0220	7.0	35.7
8	3.50	360	70.0		3.125	0.048	4.8	66.4	5.65	72.05	0.0210	7.6	43.3

表15中基础长度为 L(mm)，基础宽度为 b(mm)。

4）表14查出地表下1m处的天然含水量为 w_1 =0.205，塑限 w_p=0.219；

则 $\Delta w_1 = w_1 - \psi_w w_p = 0.205 - 0.8 \times 0.219 = 0.0298$

按本规范公式（5.2.10−1），$\Delta w_i = \Delta w_1 -$

$(w_1 - 0.01)\dfrac{z_i-1}{z_n-1}$，分别计算出各分层土的含水量变化值，并计算 $\sum\limits_{i=1}^{n}\lambda_{si}\cdot\Delta w_i\cdot h_i$（表16）：

$$s_s = \sum\limits_{i=1}^{n}\lambda_{si}\cdot\Delta w_i\cdot h_i = 19.4mm$$

表16 收缩变形量计算表

点号	深度 z_i (m)	分层厚度 h_i (mm)	计算深度 z_n (m)	$\Delta w_1 = w_1-\psi_w w_p$	$\dfrac{z_i-1}{z_n-1}$	Δw_i	平均值 Δw_i	收缩系数 λ_{si}	收缩量 $\lambda_{si}\cdot\Delta w_i\cdot h_i$ (mm)	累计收缩量 (mm)
0	1.00				0	0.0298				
1	1.32	320			0.13	0.0272	0.0285	0.28	2.6	2.6
2	1.64	320			0.26	0.0247	0.0260	0.28	2.3	4.9
3	1.96	320			0.38	0.0223	0.0235	0.48	3.6	8.5
4	2.28	320	3.50	0.0298	0.51	0.0197	0.0210	0.48	3.2	11.7
5	2.50	320			0.60	0.0179	0.0188	0.48	2.9	14.6
6	2.82	320			0.73	0.0153	0.0166	0.31	1.6	16.2
7	3.14	320			0.86	0.0128	0.0141	0.37	1.7	17.9
8	3.50	360			1.00	0.0100	0.0114	0.37	1.5	19.4

5）由本规范式（5.2.14），求得地基胀缩变形总量为：

$$s_{es} = \psi_{es}(s_e + s_s) = 0.7 \times (43.3 + 19.4) = 43.9mm$$

5.2.16 通过对55栋新建房屋位移观测资料的统计，并结合国外有关资料的分析，得出表5.2.16有关膨胀土上建筑物地基变形值的允许值。上述55栋房屋有的在结构上采取了诸如设置钢筋混凝土圈梁（或配筋砌体）、构造柱等加强措施，其结果按不同状况分述如下：

1）砌体结构

表17和表18为砌体结构的实测变形量与其开裂破坏的状况。

表17 砖石承重结构的变形量

变形量(mm)		<10	10~20	20~30	30~40	40~50	50~60
完好 29栋	栋数	17	6	1	3	1	1
	%	58.62	20.69	3.45	10.34	3.45	3.45
墙体开裂 17栋	栋数	2	7	5	2	1	0
	%	11.76	41.18	29.41	11.76	5.88	0

表18 砖石承重结构的局部倾斜值

局部倾斜（‰）		<1	1~2	2~3	3~4
完好 18栋	栋数	7	8	2	1
	%	38.89	44.44	11.11	5.56
墙体开裂 14栋	栋数	0	8	5	1
	%	0	57.14	35.72	7.14

从46栋砖石承重结构的变形量可以看出：29栋完好房屋中，变形量小于10mm的占其总数的58.62%；小于20mm的占其总数的79.31%。17栋损坏房屋中，88.24%的房屋变形量大于10mm。

从32栋砖石承重结构的局部倾斜值可以看出：18栋完好房屋中，局部倾斜值小于1‰的占其总数的38.89%；小于2‰的占其总数的83.33%。14栋墙体开裂房屋的局部倾斜值均大于1‰，在1‰~2‰时其损坏率达到57.14%。

综上所述，对于砖石承重结构，当其变形量小于等于15mm，局部倾斜值小于等于1‰时，房屋一般不会开裂破坏。

2）墙体设置钢筋混凝土圈梁或配筋的砌体结构

表19列出了7栋墙体设置钢筋混凝土圈梁或配筋砌体的房屋，其中完好的房屋有5栋，其变形量为4.9mm~26.3mm；局部倾斜为0.83‰~1.55‰。两栋开裂损坏的房屋变形量为19.2mm~40.2mm；局部倾斜为1.33‰~1.83‰。其中办公楼（三层）上部结构的处理措施为：在房屋的转角处设置钢筋混凝土构造柱，三道圈梁，墙体配筋。建筑场地地质条件复杂且有局部浸水和树木影响。房屋竣工后不到一年就开裂破坏。招待所（二层）墙体设置两道圈梁，内外墙交接处及墙端配筋。房屋的平面为"匚冂"形，三个单元由沉降缝隔开。场地的地质条件单一。房屋两端破坏较重，中间单元整体倾斜，损坏较轻。因此，设置圈梁或配筋的砌体结构，房屋的允许变形量取小于等于30mm；局部倾斜值取小于等于1.5‰。

表19　承重墙设圈梁或配筋的砖砌体

工程名称	变形量 (mm)	局部倾斜 (‰)	房屋状况
宿舍（Ⅰ-4）	26.3	1.52	完好
宿舍（Ⅰ-5）	21.4	1.03	完好
塑胶车间	19.7	0.83	完好
试验房（Ⅰ-5）	4.9	1.55	完好
试验房（2）	6.3	0.94	完好
办公楼	19.2	1.33	损坏
招待所	40.2	1.83	损坏

　　3）钢筋混凝土排架结构

　　钢筋混凝土排架结构的工业厂房，只观测了两栋。其中一栋仅墙体开裂，主要承重结构完好无损。见表20。

表20　钢筋混凝土排架结构

工程名称	变形量 (mm)	变形差	房屋状况
机修车间	27.5	$0.0025l$	墙体开裂
反射炉车间	4.3	$0.0003l$	完好

　　机修车间1979年6月外纵墙开裂时的最大变形量为27.5mm，相邻两柱间的变形差为$0.0025l$。到1981年12月最大变形量达41.3mm，变形差达$0.003l$。究其原因，归咎于附近一棵大桉树的吸水蒸腾作用，引起地基土收缩下沉。从而导致墙体开裂。但主体结构并未损坏。

　　单层排架结构的允许变形值，主要由相邻柱基的升降差控制。对有桥式吊车的厂房，应保证其纵向和横向吊车轨道面倾斜不超过3‰，以保证吊车的正常运行。

　　我国现行的地基基础设计规范规定：单层排架结构基础的允许沉降量在中低压缩性土上为120mm；吊车轨面允许倾斜：纵向0.004，横向0.003。原苏联1978年出版的《建筑物地基设计指南》中规定：由于不均匀沉降在结构中不产生附加应力的房屋，其沉降差为$0.006l$，最大或平均沉降量不大于150mm。对膨胀土地基，将上述数值分别乘以0.5和0.25的系数。即升降差取$0.003l$，最大变形量为37.5mm。结合现有有限的资料，可取最大变形量为40mm，升降差取$0.003l$为单层排架结构（6m柱距）的允许变形量。

　　4）从全国调查研究的结果表明：膨胀土上损坏较多的房屋是砌体结构；钢筋混凝土排架和框架结构房屋的破坏较少。砖砌烟囱有因倾斜过大被拆除的实例，但无完整的观测资料。对于浸湿房屋和高温构筑物主要应做好防水和隔热措施。对于表中未包括的其他房屋和构筑物地基的允许变形量，可根据上部结构对膨胀土特殊变形状况的适应能力以及使用要求，参考有关规定确定。

　　5）上述变形量的允许值与国外一些报道的资料基本相符，如原苏联的索洛昌认为：膨胀土上的单层房屋不设置任何预防措施，当变形量达到10mm～20mm时，墙体将出现约为10mm宽的裂缝。对于钢筋混凝土框架结构，允许变形量为20mm；对于未配筋加强的砌体结构，允许变形量为20mm，配筋加强时可加大到35mm。根据南非大量膨胀土上房屋的观测资料，J·E·詹宁格斯等建议当房屋的变形量大于12mm～15mm时，必须采取专门措施预先加固。

　　6）膨胀土上房屋的允许变形量之所以小于一般地基土，原因在于膨胀土变形的特殊性。在各种外界因素（如土质的不均匀性、季节气候、地下水、局部水源和热源、树木和房屋覆盖的作用等）影响下，房屋随着地基持续的不均匀变形，常常呈现正反两个方向的挠曲。房屋所承受的附加应力随着升降变形的循环往复而变化，使墙体的强度逐渐衰减。在竖向位移的同时，往往伴随有水平位移及基础转动，几种位移共同作用的结果，使结构处于更为复杂的应力状态。从膨胀土的特征来看，土质一般情况下较坚硬，调整上部结构不均匀变形的作用也较差。鉴于上述种种因素，膨胀土上低层砌体结构往往在较小的位移幅度时就产生开裂破坏。

Ⅳ　稳定性计算

5.2.17　根据目前获得的大量工程实践资料，虽然膨胀土具有自身的工程特性，但在比较均匀或其他条件无明显差异的情况下，其滑面形态基本上属于圆弧形，可以按一般均质土体的圆弧滑动法验算其稳定性。当膨胀土中存在相对软弱的夹层时，地基的失稳往往沿此面首先滑动，因此将此面作为控制性验算面。层状构造土系指两类不同土层相间成韵律的沉积物、具有明显层状构造特征的土。由于层状构造土的层状特性，表现在其空间分布上的不均匀性、物理性指标的差异性、力学性指标的离散性、设计参数的不确定性等方面使土的各向异性特征更加突出。因此，其特性基本控制了场地的稳定性。当层面与坡面斜交的交角大于45°时，稳定性由层状构造土的自身特性所控制，小于45°时，由土层间特性差异形成相对软弱带所控制。

5.3 场址选择与总平面设计

5.3.1 本条第 4 款"坡度小于 14°并有可能采用分级低挡土墙治理的地段",这里所指的坡度是指自然坡,它是根据近百个坡体的调查后得出的斜坡稳定坡度值。但应说明,地形坡度小于 14°,大于或等于 5°坡角时,还有滑动可能,应按坡地地基有关规定进行设计。

本条第 5 款要求是针对深层膨胀土的变形提出的。一般情况下,膨胀土场地(或地区)地下水埋藏较深,膨胀土的变形主要受气候、温差、覆盖等影响。但是在岩溶发育地区,地下水活动在岩土界面处,有可能出现下层土的胀缩变形,而这种变形往往局限在一个狭长的范围内,同时,也有可能出现土洞。在这种地段建设问题较多,治理费用高,故应尽量避开。

5.3.2 本条规定同一建筑物地基土的分级胀缩变形量之差不宜大于 35mm,膨胀土地基上房屋的允许变形量比一般土低。在表 5.2.16 中允许变形值均小于 40mm。如果同一建筑物地基土的分级胀缩变形量之差大于 35mm,则该建筑物处于两个不同地基等级的土层上,其结果将造成处理上的困难,费用大量增加。因此,最好避免这种情况,如不可能时,可用沉降缝将建筑物分成独立的单元体,或采用不同基础形式或不同基础埋深,将变形调整到允许变形值。

5.3.5 绿化环境不仅对人类的生存和身心健康有着重要的社会效益,对膨胀土地区的建筑物安危也有着举足轻重的作用。合理植被具有涵养土中水分并保持相对平稳的积极效应,在建筑物近旁单独种植吸水和蒸腾量大的树木(如桉树),往往使房屋遭到较严重的破坏。特别是在土的湿度系数小于 0.75 和孔隙比大于 0.9 的地区更为突出。调查和实测资料表明,一棵高 16m 的桉树一天耗水可达 457kg。云南蒙自某 6 号楼在其四周零星种植树杆直径 0.4m~0.6m 的桉树,由于大量吸收土中水分,该建筑地基最大下沉量达 96mm,房屋严重开裂。同样在云南鸡街的一栋房屋,其近旁有一棵矮小桉树,从 1975 年至 1977 年房屋因桉树吸水下沉量为 4mm;但从 1977 年底到 1979 年 5 月的一年半时间,随着桉树长大吸水量的增加,房屋下沉量达 46.4mm,房屋严重开裂破坏。上述情形国外也曾大量报道,如在澳大利亚墨尔本东区,膨胀土上房屋开裂破坏原因有 75%是不合理种植蒸腾量大的树木引起的。所以,本条规定房屋周围绿化植被宜选种蒸腾量小的女贞、落叶果树和针叶树种或灌木,且宜成林,并离开建筑物不小于 4m 的距离。种植高大乔木时,应在距建筑物外墙不小于 5m 处设置灰土隔离沟,确保人居和自然的和谐共存。

5.4 坡地和挡土结构

5.4.1、5.4.2 非膨胀土坡地只需验算坡体稳定性,但对膨胀土坡地上的建筑,仅满足坡体稳定要求还不足以保证房屋的正常使用。为此,提出了考虑坡体水平移动和坡体内土的含水量变化对建筑物的影响,这种影响主要来自下列方面:

1) 挖填方过大时,土体原来的含水量状态会发生变化,需经过一段时间后,地基土中的水分才能达到新的平衡;

2) 由于平整场地破坏了原有地貌、自然排水系统及植被,土的含水量将因蒸发而大量减少,如果降雨,局部土质又会发生膨胀;

3) 坡面附近土层受多向蒸发的作用,大气影响深度将大于坡肩较远的土层;

4) 坡比较陡时,旱季会出现裂缝、崩坍。遇雨后,雨水顺裂隙渗入坡体,又可能出现浅层滑动。久旱之后的降雨,往往造成坡体滑动,这是坡地建筑设计中至关重要的问题。

防治滑坡包括排水措施、设置支挡和设置护坡三个方面。护坡对膨胀土边坡的作用不仅是防止冲刷,更重要的是保持坡体内含水量的稳定。采用全封闭的面层只能防止蒸发,但将造成土体水分增加而有胀裂的可能,因此采用支撑盲沟间植草的办法可以收到调节坡内水分的作用。

5.4.3~5.4.5 建造在膨胀土中的挡土结构(包括挡土墙、地下室外墙以及基坑支护结构等)都要承受水平膨胀力的作用。水平膨胀变形和膨胀压力是土体三向膨胀的问题,它比单纯的竖向膨胀要复杂得多。"膨胀土地基设计"专题组曾在 20 世纪 80 年代在三轴仪上对原状膨胀土样进行试验研究工作,其结果是:在三轴仪测得的竖向膨胀率比固结仪上测得的数值小,有的竖向膨胀比横向膨胀大;有的却相反。土的成因类型和矿物组成不同是导致上述结果的主要原因。广西大学柯尊敬教授通过试验研究也得出了土中矿物颗粒片状水平排列时土的竖向膨胀潜势要大于横向的结论。中国建筑科学研究院研究人员在黄熙龄院士指导下,在改进的三轴仪上对黑棉土(非洲)和粉色膨胀土(安徽淮南)重塑土样的侧向变形性质进行试验研究表明:膨胀土的三向膨胀性能在土性和压力等条件不变时,线膨胀率和体膨胀率随土的密度增大和初始含水量减小而增大;压力是抑制膨胀变形的主要因素,图 18 是非洲黑棉土($w = 35.0\%$,$\gamma_d = 12.4 \text{kN/m}^3$)的试验结果。由图中曲线可知:保持径向变形为定值时,竖向压力 σ_1 小时侧向压力 σ_3 也小;竖向压力 σ_1 大时侧向压力 σ_3 亦大。当径向变形为零时,所需的侧向压力即为水平膨胀力。同样,竖向压力大时,其水平膨胀力亦大。这与现场在土自重压力

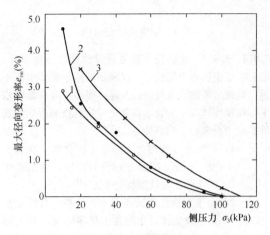

图 18　最大径向膨胀率与侧压力关系

1—σ_1=30kPa；2—σ_1=50kPa；3—σ_1=80kPa

下通过浸水试验测得的结果是一致的，即当土性和土的初始含水量一定时，土的水平膨胀力在一定深度范围内随深度（自重压力）的增加而增大。

膨胀土水平膨胀力的大小与竖向膨胀力一样，都应通过室内和现场的测试获得。湖北荆门在地表下2m深范围内经过四年的浸水试验，观测到的水平膨胀力为（10～16）kPa。原铁道部科学研究院西北研究所张颖钧采用安康、成都狮子山、云南蒙自等地的土样，在自制的三向膨胀仪上用边长40mm的立方体试样测得的原状土水平膨胀力为 7.3kPa～21.6kPa，约为其竖向膨胀力的一半；而其击实土样的水平膨胀力 15.1kPa～50.4kPa，约为其竖向膨胀力的 0.65 倍；在初始含水量基本一致的前提下，重塑土样的水平膨胀力约为原状土样的 2 倍。

前苏联的索洛昌曾对萨尔马特黏土在现场通过浸水试验测试水平膨胀力，天然含水量为 31.1%、干密度为 13.8kN/m³ 的侧壁填土在 1.0m～3.0m 深度内的水平膨胀力是随深度增加而增大，最大值分别为 49kPa、51kPa 和 53kPa，相应的稳定值分别为 41kPa、41kPa 和 43kPa。土在浸水过程的初期水平膨胀力达到一峰值后，随着土体的膨胀其密度和强度降低，压力逐渐减小至稳定值。在工程应用时，索洛昌建议可不考虑水平膨胀力沿深度的变化，取 0.8 倍的最大值进行设计计算。

上述试验结果表明：作用于挡土结构上的水平膨胀力相当大，是导致膨胀土上挡土墙破坏失效的主要原因，设计时应考虑水平膨胀力的作用。在总结国内成功经验的基础上，本规范第 5.4.3 条对于高度小于3m 的挡土墙提出构造要求。当墙背设置砂卵石等散体材料时，一方面可起到滤水的作用，另一方面还可起到一定的缓冲膨胀变形、减小膨胀力的作用。

因此，墙后最好选用非膨胀土作为填料。无非膨胀土时，可在一定范围内填膨胀土与石灰的混合料，离墙顶 1m 范围内，可填膨胀土，但砂石滤水层不得

取消。高度小于等于 3m 的挡土墙，在满足本条构造要求的情况下，才可不考虑土的水平膨胀力。应当说明，挡土墙设计考虑膨胀土水平压力后，造价将成倍增加，从经济上看，填膨胀性材料是不合适的。

虽然在膨胀土地区的挡土结构中进行过一些水平力测试试验，但因膨胀土成因复杂、土质不均，所得结果离散性大。鉴于缺少试验及实测资料，对高度大于 3m 的挡土墙的膨胀土水平压力取值，设计者应根据地方经验或试验资料确定。

5.4.6　在膨胀土地基的坡地上建造房屋，除了与非膨胀土坡地建筑一样必须采取抗滑、排水等措施外，本条目的是为了减少房屋地基变形的不均匀程度，使房屋的损坏尽可能降到最低程度，指明设有挡土墙的建筑物的位置。如符合本条两条件时，坡地上建筑物的地基设计，实际上可转变为平坦场地上建筑物的地基设计，这样，本规范有关平坦场地上建筑物地基设计原则皆可按照执行了。除此之外，本规范第 5.2.4 条还规定了坡地上建筑物的基础埋深。

需要说明，87 规范编制时，调查了坡上一百余栋设有挡土墙与未设挡土墙的房屋，两者相比，前者损坏较后者轻微。从理论上可以说明这个结论的合理性，前面已经介绍了影响坡上房屋地基变形很不均匀的因素，其中长期影响变形的因素是气候，靠近坡肩部分因受多面蒸发影响，大气影响深度最深，随着距坡肩距离的增加，影响深度逐渐接近于平坦地形条件下的影响深度。因此，建在坡地上的建筑物若不设挡土墙时最好将建筑物布置在离坡肩较远的地方。设挡土墙后蒸发条件改变为垂直向，与平坦地形条件下相近，变形的不均匀性将会减少，建筑物的损坏也将减轻。所以采用分级低挡土墙是坡地建筑的一个很有效的措施，它有节约用地、围护费用少的经济效益。

除设低挡土墙的措施外，还要考虑挖填方所造成的不均匀性，所以在本规范第 5 章第 5、6 节建筑措施和结构措施中还有相应的要求。

5.5　建　筑　措　施

5.5.2　沉降缝的设置系根据膨胀土地基上房屋损坏情况的调查提出的。在设计时应注意，同一类型的膨胀土，扰动后重新夯实与未经扰动的相比，其膨胀或收缩特性都不相同。如果基础分别埋在挖方和填方上时，在挖填方交界处的墙体及地面常常出现断裂。因此，一般都采用沉降缝分离的方法。

5.5.4、5.5.5　房屋四周受季节性气候和其他人为活动的影响大，因而，外墙部位土的含水量变化和结构的位移幅度都较室内大，容易遭到破坏。当房屋四周辅以混凝土等宽散水时（宽度大于 2m），能起到防水和保湿的作用，使外墙的位移量减小。例如，广西宁明某相邻办公楼间有一混凝土球场，尽管办公楼的另两端均在急剧下沉，邻近球场一端的位移幅度却很

小。再如四川成都某仓库，两相邻库房间由三合土覆盖，此端房屋的位移幅度仅为未覆盖端的1/5。同样在湖北郧县种子站仓库前有一大混凝土晒场，房屋四周也有宽散水，整栋房屋的位移幅度仅为3mm左右。而同一地区房屋的位移幅度都远大于这一数值，致使其严重开裂。

图19是成都军区后勤部营房设计所在某试验房散水下不同部位的升降位移试验资料。从图中曲线可以看出，房屋四周一定宽度的散水对减小膨胀土上基础的位移起到了明显的作用。应当指出，大量的实际调查资料证明，作为主要预防措施来说，散水对于地势平坦、胀缩等级为Ⅰ、Ⅱ级的膨胀土其效果较好；对于地形复杂和胀缩等级为Ⅲ级的膨胀土上的房屋，散水应配合其他措施使用。

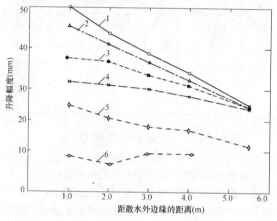

图19 散水下不同部位的位移
1—0.5m深标；2—1.0m深标；3—1.5m深标；
4—2.0m深标；5—3.0m深标；6—4.0m深标

5.5.6 膨胀土上房屋室内地面的开裂、隆起比较常见，大面积处理费用太高。因此，处理的原则分为两种，一是要求严格的地面，如精密加工车间、大型民用公共建筑等，地面的不均匀变形会降低产品的质量或正常使用，后果严重。二是如食堂、住宅的地面，开裂后可修理使用。前者可根据膨胀量大小换土处理，后者宜将大面积浇筑面层改为分段浇筑嵌缝处理方法，或采用铺砌的办法。对于某些使用要求特别严格的地面，还可采用架空楼板方法。

5.6 结 构 措 施

5.6.1 根据调查材料，膨胀土地基上的木结构、钢结构及钢筋混凝土框排架结构具有较好的适应不均匀变形能力，主体结构损坏极少，膨胀土地区房屋应优先采用这些结构体系。

5.6.3 圈梁设置有助于提高房屋的整体性并控制裂缝的发展。根据房屋沉降观测资料得知，膨胀土上建筑物地基的变形有的是反向挠曲，也有的是正向挠曲，有时在同一栋建筑内同时出现反向挠曲和正向挠

曲，特别在房屋的端部，反向挠曲变形较多，因此在本条中特别强调设置顶部圈梁的作用，并将其高度增加至240mm。

5.6.4 砌体结构中设置构造柱的作用主要在于对墙体的约束，有助于提高房屋的整体性并增加房屋的刚度。构造柱须与各层圈梁或梁板连接才能发挥约束作用。

5.6.7 钢和钢筋混凝土框、排架结构本身具有足够的适应变形的能力，但围护墙体仍易开裂。当以砌体作围护结构时，应将砌体放在基础梁上，基础梁与土表面脱空以防土的膨胀引起梁的过大变形。

5.6.8 有吊车的厂房，由于不均匀变形会引起吊车卡轨，影响使用，故要求连接方法便于调整并预留一定空隙。

5.7 地基基础措施

5.7.1、5.7.2 膨胀土的改良一般是在土中掺入一定比例的石灰、水泥或粉煤灰等材料，较适用于换土。采用上述材料的浆液向原状土地基中压力灌浆的效果不佳，应慎用。

大量室内外试验和工程实践表明：土中掺入2%～8%的石灰粉并拌和均匀是简单、经济的方法。表21是王新征用河南南阳膨胀土进行室内试验的结果。

表21 掺入石灰粉后膨胀土胀缩性试验结果表

掺灰量（%）	龄期（d）	膨胀试验			收缩试验	
		无压膨胀率（%）	50kPa膨胀率（%）	膨胀力（kPa）	缩限（%）	线缩率（%）
0		36.0	9.3	284.0	16.20	3.10
6	7	0.5	0.0	9.6	5.20	1.90
	28	0.2	0.0	0.7	4.30	1.07

膨胀土中掺入一定比例的石灰后，通过Ca^+离子交换、水化和碳化以及孔隙充填和粘结作用，可以降低甚至消除土的膨胀性，并能提高扰动土的强度。使用时应根据土的膨胀潜势通过试验确定石灰的掺量。石灰宜用熟石灰粉，施工时主料最大粒径不应大于15mm，并控制其含水量，拌和均匀，分层压实。

5.7.5～5.7.9 桩在膨胀土中的工作性状相当复杂，上部土层因水分变化而产生的胀缩变形对桩有不同的效应。桩的承载力与土性、桩长、土中水分变化幅度和桩顶作用的荷载大小关系密切。土体膨胀时，因含水量增加和密度减小导致桩侧阻和端阻降低；土体收缩时，可能导致该部分土体产生大量裂缝，甚至与桩体脱离而丧失桩侧阻力（图20）。因此，在桩基设计时应考虑桩周土的胀缩变形对其承载力的不利影响。

对于低层房屋的短桩来说，土体膨胀隆起时，胀拔力将导致桩的上拔。国内外的现场试验资料表明：

图 20　膨胀土收缩时桩周土体与桩体
脱离情况现场实测

土层的膨胀隆起量决定桩的上拔量，上部土层隆起量较大，且随深度增加而减小，对桩产生上拔作用；下部土层隆起量小甚至不膨胀，将抑制桩的上拔，起到"锚固作用"，如图 21 所示。

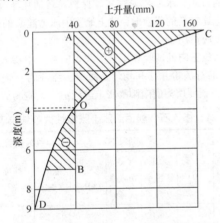

图 21　土层隆起量与桩的上升量关系

　　图中 CD 表示 9m 深度内土的膨胀隆起量随深度的变化曲线，AB 则为 7m 桩长的单桩上拔量为40mm。CD 和 AB 线交点 O 处的隆起量与桩的上拔量相等，即称为"中性点"。O 点以上桩承受胀拔力，以下则为"锚固力"。当由胀拔力产生的上拔力大于"锚固力"时，桩就会被上拔。为抑制上拔量，在桩基设计时，桩顶荷载应等于或略大于上拔力。

　　上述中性点的位置和胀拔力的大小与土的膨胀潜势和土中水分变化幅度及深度有关。目前国内外关于胀拔力大小的资料很少，只能通过现场试验或地方经验确定。至于膨胀土中桩基的设计，只能提出计算原则。在所提出原则中分别考虑了膨胀和收缩两种情况。在膨胀时考虑了桩周胀拔力，该值宜通过现场试验确定。在收缩时因裂缝出现，不考虑收缩时所产生的负摩擦力，同样也不考虑在大气影响急剧层内的侧阻力。云南锡业公司与原冶金部昆明勘察公司曾为此进行试验：桩径230mm，桩长分别为 3m、4m，桩尖脱空，3m 桩长荷载为 42.0kN，4m 桩长为 57.6kN；

经过两年观察，3m 桩下沉达 60mm 以上，4m 桩仅为6mm 左右，与深标观测值接近（图22）。当地实测大气影响急剧层为 3.3m，可以看出 3.3m 长度内还有一定的摩阻力来抵抗由于收缩后桩上承受的荷载。因此，假定全部荷重由大气影响急剧层以下的桩长来承受是偏于安全的。

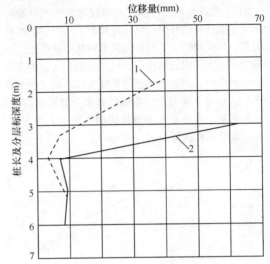

图 22　桩基与分层标位移量
1—分层标；2—桩基

　　对于土层膨胀、收缩过程中桩的受力状态，尚有待深入研究。例如在膨胀过程或收缩过程中，沿桩周各点土的变形状态、变形速率、变形大小是否一致就是一个问题。本规范在考虑桩的设计原则时，假定在大气影响急剧层深度内桩的胀拔力存在，及土层收缩时桩周出现裂缝情况。今后还需进一步研究，验证假定的合理性并找出简便的计算模型。

　　膨胀土中单桩承载力及其在大气影响层内桩侧土的最大胀拔力可通过室内试验或现场浸水胀拔力和承载力试验确定，但现场的试验数据更接近实际，其试验方法和步骤、试验资料整理和计算建议如下。实施时可根据不同需要予以简化。

1　试验的方法和步骤

1）选择有代表性的地段作为试验场地，试验桩和试验设备的布置如图 23 的所示；

2）胀拔力试验桩桩径宜为 φ400，工程桩试验桩按设计桩长和桩径设置。试验桩间距不小于 3 倍桩径，试验桩与锚桩间距不小于 4 倍桩径；

3）每组试验可布置三根试验桩，桩长分别为大气影响急剧层深度、大气影响深度和设计桩长深度；

4）桩长为大气影响急剧层深度和大气影响深度的胀拔力试验桩，其桩端脱空不小于 100mm；

5）采用砂井和砂槽双面浸水。砂槽和砂井内填满中、粗砂，砂井的深度不小于当地的

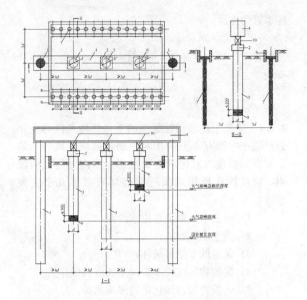

图 23　桩的现场浸水胀拔力和承载力试验
布置示意（图中单位：mm）

1—锚桩；2—桩帽；3—胀拔力试验桩（大气影响深度）；
4—支承梁；5—工程桩试验桩；6—胀拔力试验桩（大气
影响急剧层深度）；7—φ127 砂井；8—砖砌砂槽；9—桩
端空隙；10—测力计（千斤顶）

大气影响深度；

6）试验宜采用锚桩反力梁装置，其最大抗拔能力除满足试验荷载的要求外，应严格控制锚桩和反力梁的变形量；

7）试验桩桩顶设置测力计，现场浸水初期至少每 8h 进行一次桩的胀拔力观测，以捕捉最大的胀拔力，后期可加大观测时间间隔，直至浸水膨胀稳定；

8）浸水膨胀稳定后，停止浸水并将桩顶测力计更换为千斤顶，采用慢速加载维持法进行单桩承载力试验，测定浸水条件下的单桩承载力；

9）试验前和试验后，分层取原状土样在室内进行物理力学试验和膨胀试验。

2　试验资料整理及计算

1）绘制桩的现场浸水胀拔力随时间发展变化曲线（图24）；

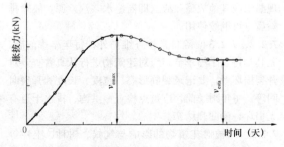

图 24　桩的现场浸水胀拔力随时间发展变化曲线示意

2）根据桩长为大气影响急剧层深度或大气影响深度试验桩的现场实测单桩最大胀拔力，可按下式计算大气影响急剧层深度或大气影响深度内桩侧土的最大胀切力平均值：

$$\overline{q}_{esk} = \frac{v_{emax}}{\pi \cdot d \cdot l}$$

式中：$\overline{q}_{esk}$——大气影响急剧层深度或大气影响深度内桩侧土的最大胀切力平均值（kPa）；

v_{emax}——单桩最大胀拔力实测值（kN）；

d——试验桩桩径（m）；

l——试验桩桩长（m）。

3）浸水条件下，根据桩长为大气影响急剧层深度或大气影响深度试验桩测定的单桩极限承载力，可按下式计算浸水条件下大气影响急剧层深度或大气影响深度内桩侧阻力特征值的平均值：

$$\overline{q}_{sa} = \frac{Q_u}{2 \cdot \pi \cdot d \cdot l}$$

式中：$\overline{q}_{sa}$——浸水条件下，大气影响急剧层深度或大气影响深度内桩侧阻力特征值的平均值（kPa）；

Q_u——浸水条件下，单桩极限承载力实测值（kN）。

4）浸水条件下，工程桩试验桩单桩极限承载力的测定，应符合现行国家标准《建筑地基基础设计规范》GB 50007的有关规定；

5）同一场地的试验数量不应少于 3 点，当基桩最大胀拔力或极限承载力试验值的极差不超过其平均值的 30% 时，取其平均值作为该场地基桩最大胀拔力或极限承载力的标准值。

5.8　管　道

5.8.1～5.8.3　地下管道的附属构筑物系指管沟、检查井、检漏井等。管道接头的防渗漏措施仅仅是技术保证，重要的是保持长期的定时检查和维修。因此，检漏井等的设置对于检查管道是否漏水是一项关键措施。对于要求很高的建筑物，有必要采用地下管道集中排水的方法，才可能做到及时发现、及时维修。

5.8.4　管道在基础下通过时易因局部承受地基胀缩往复变形和应力，容易遭到损坏而发生渗漏，故应尽量避免。必须穿越时，应采取措施。

6　施　工

6.1　一　般　规　定

6.1.1　膨胀土地区的建筑施工，是落实设计措施、保证建筑物的安全和正常使用的重要环节。因此，要求施工人员应掌握膨胀土工程特性，在施工前作好施工准备工作，进行技术交底，落实技术责任制。

6.1.2 本条规定旨在说明膨胀土地区的工程建设必须遵循"先治理，后建设"的原则，也是落实"预防为主，综合治理"要求的重要环节。由于膨胀土含有大量的亲水矿物，伴随土体湿度的变化产生较大体积胀缩变化。因此，在地基基础施工前，应首先完成对场地的治理，减少施工时地基土含水量的变化幅度，从而防止场地失稳或后期地基胀缩变形量的增大。先期治理措施包括：

　　1）场地平整；
　　2）挡土墙、护坡等确保场地稳定的挡土结构施工；
　　3）截洪沟、排水沟等确保场地排水畅通的排水系统施工；
　　4）后期施工可能会增加主体结构地基胀缩变形量的工程应先于主体进行施工，如管沟等。

6.2　地基和基础施工

6.2.1～6.2.4 地基和基础施工，要确保地基土的含水量变化幅度减少到最低。施工方案和施工措施都应围绕这一目的实施。因此，膨胀土场地上进行开挖工程时，应采取严格保护措施，防止地基土体遭到长时间的曝露、风干、浸湿或充水。分段开挖、及时封闭，是减少地基的含水量变化幅度的主要措施；预留部分土层厚度，到下一道工序开始前再清除，能同时达到防止持力层土的扰动和减少水分较大变化的目的。

　　对开挖深度超过5m（含5m）的基坑（槽）的土方开挖、支护工程，以及开挖深度虽未超过5m，但地质条件、周围环境和地下管线复杂，或影响毗邻建筑（构筑）物安全的基坑（槽）的土方开挖、支护工程，应对其安全施工方案进行专项审查。

6.2.6 基坑（槽）回填土，填料可选用非膨胀土、弱膨胀土及掺有石灰或其他材料的膨胀土，并保证一定的压实度。对于地下室外墙处的肥槽，宜采用非膨胀土或经改良的弱膨胀土及级配砂石作填料，可减少水平膨胀力的不利影响。

6.3　建筑物施工

6.3.1 为防止现浇钢筋混凝土养护水渗入地基，不应多次或大量浇水养护，宜用润湿法养护。

　　现浇混凝土时，其模板不宜支在地面上，采用架空法支模较好；构造柱应采用相邻砖墙做模板以保证相互结合。

6.3.6 工程竣工使用后，防止建（构）筑物给排水渗入地基，其给排水系统应有效连通，溢水装置应与排水管沟连通。

7　维护管理

7.1　一般规定

7.1.1 膨胀土是活动性很强的土，环境条件的变化会打破土中原有水分的相对平衡，加剧建筑场地的胀缩变形幅度，对房屋造成危害。国内外的经验证明，建筑物在使用期间开裂破坏有以下几个主要原因：

　　1）地面水集聚和管道水渗漏；
　　2）挡土墙失效；
　　3）保湿散水变形破坏；
　　4）建筑物周边树木快速生长或砍伐；
　　5）建筑物周边绿化带过多浇灌等。

　　例如：湖北某厂仓库结构施工期间，外墙中部留有一大坑未填埋，坑中长期积水而使土体膨胀，导致该处墙体开裂，室内地坪大面积开裂。再如：广西宁明一使用不到一年的房屋，因大量生活用水集聚浸泡地基土，房屋最大上升量达65mm而造成墙体开裂。

　　因此，膨胀土地区的建筑物，不仅在设计时要求采取有效的预防措施，施工质量合格，在使用期间做好长期有效的维护管理工作也至关重要，维护管理工作是膨胀土地区建筑技术不可或缺的环节。只有做好维护管理工作，才能保证建筑物的安全和正常使用。

7.1.2、7.1.3 维护管理工作应根据设计要求，由业主单位的管理部门制定制度和详细的实施计划，并负责监督检查。使用单位应建立建设工程档案，设计图纸、竣工图、设计变更通知、隐蔽工程施工验收记录和勘察报告及维护管理记录应及时归档，妥善保管。管理人员更换时，应认真办理上述档案的交接手续。

7.2　维护和检修

7.2.1 给水、排水和供热管道系统，主要包括有水或有汽的所有管道、检查井、检漏井、阀门井等。发现漏水或其他故障，应立即断绝水（汽）源，故障排除后方可继续使用。

7.2.2、7.2.3 除日常检查维护外，每年旱季前后，尤其是特别干旱季节，应对建筑物进行认真普查。对开裂损坏者，要记录裂缝形态、宽度、长度和开裂时间等。每年雨季前，应重点检查截洪沟、排水干道有无损坏、渗漏和堵塞。

7.2.6 植被对建筑物的影响与气候、树种、土性等因素有关。为防止绿化不当对建筑物造成危害，绿化方案（植物种类、间距及防治措施等）不得随意更改。提倡采用喷灌、滴灌等现代节水灌溉技术。

7.3 损坏建筑物的治理

7.3.1 为了避免对损坏建筑物盲目拆除并就地重建，建了又坏，造成严重浪费，要求发现建筑物损坏，应及时会同有关单位全面调查，分析原因。必要时应进行维护勘察。

7.3.2 应按有关标准的规定，鉴定建筑物的损坏程度。区别不同情况，采取相应的治理措施。做到对症下药，标本兼治。

中华人民共和国行业标准

建筑基坑支护技术规程

Technical specification for retaining and protection of
building foundation excavations

JGJ 120—2012

批准部门：中华人民共和国住房和城乡建设部
施行日期：２０１２年１０月１日

中华人民共和国住房和城乡建设部
公 告

第 1350 号

关于发布行业标准《建筑基坑支护技术规程》的公告

现批准《建筑基坑支护技术规程》为行业标准，编号为 JGJ 120 - 2012，自 2012 年 10 月 1 日起实施。其中，第 3.1.2、8.1.3、8.1.4、8.1.5、8.2.2 条为强制性条文，必须严格执行。原行业标准《建筑基坑支护技术规程》JGJ 120 - 99 同时废止。

本规程由我部标准定额研究所组织中国建筑工业出版社出版发行。

中华人民共和国住房和城乡建设部
2012 年 4 月 5 日

前 言

根据原建设部《〈关于印发二〇〇四年度工程建设城建、建工行业标准制订、修订计划〉的通知》（建标〔2004〕66 号）的要求，规程编制组经广泛调查研究，认真总结实践经验，参考有关国际标准和国外先进标准，并在广泛征求意见的基础上，修订了《建筑基坑支护技术规程》JGJ 120 - 99。

本规程主要技术内容是：基本规定、支挡式结构、土钉墙、重力式水泥土墙、地下水控制、基坑开挖与监测。

本次修订的主要技术内容是：1. 调整和补充了支护结构的几种稳定性验算；2. 调整了部分稳定性验算表达式；3. 强调了变形控制设计原则；4. 调整了选用土的抗剪强度指标的规定；5. 新增了双排桩结构；6. 改进了不同施工工艺下锚杆粘结强度取值的有关规定；7. 充实了内支撑结构设计的有关规定；8. 新增了支护与主体结构结合及逆作法；9. 新增了复合土钉墙；10. 引入了土钉墙土压力调整系数；11. 充实了各种类型支护结构构造与施工的有关规定；12. 强调了地下水资源的保护；13. 改进了降水设计方法；14. 充实了截水设计与施工的有关规定；15. 充实了地下水渗透稳定性验算的有关规定；16. 充实了基坑开挖的有关规定；17. 新增了应急措施；18. 取消了逆作拱墙。

本规程中以黑体字标志的条文为强制性条文，必须严格执行。

本规程由住房和城乡建设部负责管理和对强制性条文的解释，由中国建筑科学研究院负责具体技术内容的解释。执行过程中如有意见或建议，请寄送中国

建筑科学研究院地基基础研究所（地址：北京市北三环东路 30 号，邮编：100013）。

本 规 程 主 编 单 位：中国建筑科学研究院
本 规 程 参 编 单 位：中冶建筑研究总院有限公司
华东建筑设计研究院有限公司
同济大学
深圳市勘察研究院有限公司
福建省建筑科学研究院
机械工业勘察设计研究院
广东省建筑科学研究院
深圳市住房和建设局
广州市城乡建设委员会
中国岩土工程研究中心

本规程主要起草人员：杨 斌 黄 强 杨志银
王卫东 杨生贵 杨 敏
左怀西 刘小敏 侯伟生
白生翔 朱玉明 张 炜
冯 禄 徐其功 李荣强
陈如桂 魏章和

本规程主要审查人员：顾晓鲁 顾宝和 张旷成
丁金粟 程良奎 袁内镇
桂业琨 钱力航 刘国楠
秦四清

目 次

1 总则 ┈┈┈┈┈┈┈┈┈┈┈┈┈┈┈┈┈ 14—5
2 术语和符号 ┈┈┈┈┈┈┈┈┈┈┈┈┈ 14—5
  2.1 术语 ┈┈┈┈┈┈┈┈┈┈┈┈┈┈ 14—5
  2.2 符号 ┈┈┈┈┈┈┈┈┈┈┈┈┈┈ 14—6
3 基本规定 ┈┈┈┈┈┈┈┈┈┈┈┈┈┈ 14—6
  3.1 设计原则 ┈┈┈┈┈┈┈┈┈┈┈┈ 14—6
  3.2 勘察要求与环境调查 ┈┈┈┈┈ 14—8
  3.3 支护结构选型 ┈┈┈┈┈┈┈┈ 14—9
  3.4 水平荷载 ┈┈┈┈┈┈┈┈┈┈┈ 14—9
4 支挡式结构 ┈┈┈┈┈┈┈┈┈┈┈┈ 14—12
  4.1 结构分析 ┈┈┈┈┈┈┈┈┈┈┈ 14—12
  4.2 稳定性验算 ┈┈┈┈┈┈┈┈┈┈ 14—14
  4.3 排桩设计 ┈┈┈┈┈┈┈┈┈┈┈ 14—16
  4.4 排桩施工与检测 ┈┈┈┈┈┈┈ 14—17
  4.5 地下连续墙设计 ┈┈┈┈┈┈┈ 14—18
  4.6 地下连续墙施工与检测 ┈┈┈ 14—19
  4.7 锚杆设计 ┈┈┈┈┈┈┈┈┈┈┈ 14—19
  4.8 锚杆施工与检测 ┈┈┈┈┈┈┈ 14—21
  4.9 内支撑结构设计 ┈┈┈┈┈┈┈ 14—23
  4.10 内支撑结构施工与检测 ┈┈┈ 14—24
  4.11 支护结构与主体结构的结合
       及逆作法 ┈┈┈┈┈┈┈┈┈┈ 14—25
  4.12 双排桩设计 ┈┈┈┈┈┈┈┈┈ 14—27
5 土钉墙 ┈┈┈┈┈┈┈┈┈┈┈┈┈┈ 14—28
  5.1 稳定性验算 ┈┈┈┈┈┈┈┈┈┈ 14—28
  5.2 土钉承载力计算 ┈┈┈┈┈┈┈ 14—30

  5.3 构造 ┈┈┈┈┈┈┈┈┈┈┈┈┈ 14—31
  5.4 施工与检测 ┈┈┈┈┈┈┈┈┈ 14—32
6 重力式水泥土墙 ┈┈┈┈┈┈┈┈┈ 14—33
  6.1 稳定性与承载力验算 ┈┈┈┈ 14—33
  6.2 构造 ┈┈┈┈┈┈┈┈┈┈┈┈┈ 14—34
  6.3 施工与检测 ┈┈┈┈┈┈┈┈┈ 14—35
7 地下水控制 ┈┈┈┈┈┈┈┈┈┈┈┈ 14—35
  7.1 一般规定 ┈┈┈┈┈┈┈┈┈┈┈ 14—35
  7.2 截水 ┈┈┈┈┈┈┈┈┈┈┈┈┈ 14—35
  7.3 降水 ┈┈┈┈┈┈┈┈┈┈┈┈┈ 14—36
  7.4 集水明排 ┈┈┈┈┈┈┈┈┈┈┈ 14—40
  7.5 降水引起的地层变形计算 ┈┈ 14—40
8 基坑开挖与监测 ┈┈┈┈┈┈┈┈┈ 14—40
  8.1 基坑开挖 ┈┈┈┈┈┈┈┈┈┈┈ 14—40
  8.2 基坑监测 ┈┈┈┈┈┈┈┈┈┈┈ 14—41
附录A 锚杆抗拔试验要点 ┈┈┈┈┈ 14—43
附录B 圆形截面混凝土支护桩的正
     截面受弯承载力计算 ┈┈┈ 14—44
附录C 渗透稳定性验算 ┈┈┈┈┈┈ 14—45
附录D 土钉抗拔试验要点 ┈┈┈┈┈ 14—46
附录E 基坑涌水量计算 ┈┈┈┈┈┈ 14—47
本规程用词说明 ┈┈┈┈┈┈┈┈┈┈ 14—48
引用标准名录 ┈┈┈┈┈┈┈┈┈┈┈ 14—48
附：条文说明 ┈┈┈┈┈┈┈┈┈┈┈ 14—49

Contents

1 General Provisions ···················· 14—5

2 Terms and Symbols ··················· 14—5

  2.1 Terms ································· 14—5

  2.2 Symbols ······························ 14—6

3 Basic Requirements ·················· 14—6

  3.1 Principles of Design ··············· 14—6

  3.2 Investigation of Excavated Site and
Surrounding Area ··················· 14—8

  3.3 Choice of Structural Types ··········· 14—9

  3.4 Horizontal Load ···················· 14—9

4 Retaining Structures ················· 14—12

  4.1 Structural Analysis ················· 14—12

  4.2 Stability Analysis ·················· 14—14

  4.3 Design of Soldier Pile Wall ·········· 14—16

  4.4 Construction and Test of Soldier
Pile Wall ·························· 14—17

  4.5 Design of Diaphragm Wall ··········· 14—18

  4.6 Construction and Testing of
Diaphragm Wall ··················· 14—19

  4.7 Design of Anchor ·················· 14—19

  4.8 Construction and Test of Anchor ··· 14—21

  4.9 Design of Strut ···················· 14—23

  4.10 Construction and Testing of Strut ··· 14—24

  4.11 Excavations Supported by Permanent
Structure and Top-Down
Method ···························· 14—25

  4.12 Design of Double-Row-Piles
Wall ······························· 14—27

5 Soil Nailing Wall ···················· 14—28

  5.1 Stability Analysis ·················· 14—28

  5.2 Bearing Capacity Calculation of
Soil Nail ·························· 14—30

  5.3 Structural Details of Soil Nailing
Wall ······························· 14—31

  5.4 Construction and Testing of Soil

Nailing Wall ······················· 14—32

6 Gravity Cement-Soil Wall ··········· 14—33

  6.1 Stability Analysis and Bearing
Capacity ··························· 14—33

  6.2 Structural Details of Gravity
Cement-Soil Wall ··················· 14—34

  6.3 Construction and Test of Gravity
Cement-Soil Wall ··················· 14—35

7 Groundwater Control ················· 14—35

  7.1 General Requirements ··············· 14—35

  7.2 Cut-Off Drains ···················· 14—35

  7.3 Dewatering ························· 14—36

  7.4 Drainage Galleries ················· 14—40

  7.5 Calculation of Ground Settlement
due to Dewatering ·················· 14—40

8 Excavation and Monitoring ········· 14—40

  8.1 Excavation ························· 14—40

  8.2 Monitoring ························· 14—41

Appendix A Kernel of Anchor Pull
out Test ··············· 14—43

Appendix B Flexural Capacity Calcu
lation of R.C. Pile ········ 14—44

Appendix C Seepage Stability
Analysis ··············· 14—45

Appendix D Kernel of Soil Nail
Pull out Test ·········· 14—46

Appendix E Simplified Calculation for
Water Discharge in
Excavation Pit ·········· 14—47

Explanation of Wording in This
Specification ··························· 14—48

List of Quoted Standards ················ 14—48

Addition: Explanation of Provisions ····· 14—49

1 总　则

1.0.1 为了在建筑基坑支护设计、施工中做到安全适用、保护环境、技术先进、经济合理、确保质量，制定本规程。

1.0.2 本规程适用于一般地质条件下临时性建筑基坑支护的勘察、设计、施工、检测、基坑开挖与监测。对湿陷性土、多年冻土、膨胀土、盐渍土等特殊土或岩石基坑，应结合当地工程经验应用本规程。

1.0.3 基坑支护设计、施工与基坑开挖，应综合考虑地质条件、基坑周边环境要求、主体地下结构要求、施工季节变化及支护结构使用期等因素，因地制宜、合理选型、优化设计、精心施工、严格监控。

1.0.4 基坑支护工程除应符合本规程的规定外，尚应符合国家现行有关标准的规定。

2　术语和符号

2.1　术　语

2.1.1 基坑　excavations
为进行建（构）筑物地下部分的施工由地面向下开挖出的空间。

2.1.2 基坑周边环境　surroundings around excavations
与基坑开挖相互影响的周边建（构）筑物、地下管线、道路、岩土体与地下水体的统称。

2.1.3 基坑支护　retaining and protection for excavations
为保护地下主体结构施工和基坑周边环境的安全，对基坑采用的临时性支挡、加固、保护与地下水控制的措施。

2.1.4 支护结构　retaining and protection structure
支挡或加固基坑侧壁的结构。

2.1.5 设计使用期限　design workable life
设计规定的从基坑开挖到预定深度至完成基坑支护使用功能的时段。

2.1.6 支挡式结构　retaining structure
以挡土构件和锚杆或支撑为主的，或仅以挡土构件为主的支护结构。

2.1.7 锚拉式支挡结构　anchored retaining structure
以挡土构件和锚杆为主的支挡式结构。

2.1.8 支撑式支挡结构　strutted retaining structure
以挡土构件和支撑为主的支挡式结构。

2.1.9 悬臂式支挡结构　cantilever retaining structure
仅以挡土构件为主的支挡式结构。

2.1.10 挡土构件　structural member for earth retaining

设置在基坑侧壁并嵌入基坑底面的支挡式结构竖向构件。例如，支护桩、地下连续墙。

2.1.11 排桩　soldier pile wall
沿基坑侧壁排列设置的支护桩及冠梁组成的支挡式结构部件或悬臂式支挡结构。

2.1.12 双排桩　double-row-piles wall
沿基坑侧壁排列设置的由前、后两排支护桩和梁连接成的刚架及冠梁组成的支挡式结构。

2.1.13 地下连续墙　diaphragm wall
分槽段用专用机械成槽、浇筑钢筋混凝土所形成的连续地下墙体。亦可称为现浇地下连续墙。

2.1.14 锚杆　anchor
由杆体（钢绞线、预应力螺纹钢筋、普通钢筋或钢管）、注浆固结体、锚具、套管所组成的一端与支护结构构件连接，另一端锚固在稳定岩土体内的受拉杆件。杆体采用钢绞线时，亦可称为锚索。

2.1.15 内支撑　strut
设置在基坑内的由钢筋混凝土或钢构件组成的用以支撑挡土构件的结构部件。支撑构件采用钢材、混凝土时，分别称为钢内支撑、混凝土内支撑。

2.1.16 冠梁　capping beam
设置在挡土构件顶部的将挡土构件连为整体的钢筋混凝土梁。

2.1.17 腰梁　waling
设置在挡土构件侧面的连接锚杆或内支撑杆件的钢筋混凝土梁或钢梁。

2.1.18 土钉　soil nail
植入土中并注浆形成的承受拉力与剪力的杆件。例如，钢筋杆体与注浆固结体组成的钢筋土钉，击入土中的钢管土钉。

2.1.19 土钉墙　soil nailing wall
由随基坑开挖分层设置的、纵横向密布的土钉群、喷射混凝土面层及原位土体所组成的支护结构。

2.1.20 复合土钉墙　composite soil nailing wall
土钉墙与预应力锚杆、微型桩、旋喷桩、搅拌桩中的一种或多种组成的复合型支护结构。

2.1.21 重力式水泥土墙　gravity cement-soil wall
水泥土桩相互搭接成格栅或实体的重力式支护结构。

2.1.22 地下水控制　groundwater control
为保证支护结构、基坑开挖、地下结构的正常施工，防止地下水变化对基坑周边环境产生影响所采用的截水、降水、排水、回灌等措施。

2.1.23 截水帷幕　curtain for cutting off drains
用以阻隔或减少地下水通过基坑侧壁与坑底流入基坑和控制基坑外地下水位下降的幕墙状竖向截水体。

2.1.24 落底式帷幕　closed curtain for cutting off drains
底端穿透含水层并进入下部隔水层一定深度的截水帷幕。

2.1.25 悬挂式帷幕 unclosed curtain for cutting off drains

底端未穿透含水层的截水帷幕。

2.1.26 降水 dewatering

为防止地下水通过基坑侧壁与坑底流入基坑，用抽水井或渗水井降低基坑内外地下水位的方法。

2.1.27 集水明排 open pumping

用排水沟、集水井、泄水管、输水管等组成的排水系统将地表水、渗漏水排泄至基坑外的方法。

2.2 符 号

2.2.1 作用和作用效应

E_{ak}、E_{pk}——主动土压力、被动土压力标准值；

G——支护结构和土的自重；

J——渗透力；

M——弯矩设计值；

M_k——作用标准组合的弯矩值；

N——轴向拉力或轴向压力设计值；

N_k——作用标准组合的轴向拉力值或轴向压力值；

p_{ak}、p_{pk}——主动土压力强度、被动土压力强度标准值；

p_0——基础底面附加压力的标准值；

p_s——分布土反力；

p_{s0}——分布土反力初始值；

P——预加轴向力；

q——降水井的单井流量；

q_0——均布附加荷载标准值；

s——降水引起的建筑物基础或地面的固结沉降量；

s_d——基坑地下水位的设计降深；

S_d——作用组合的效应设计值；

S_k——作用标准组合的效应或作用标准值的效应；

u——孔隙水压力；

V——剪力设计值；

V_k——作用标准组合的剪力值；

v——挡土构件的水平位移。

2.2.2 材料性能和抗力

C——正常使用极限状态下支护结构位移或建筑物基础、地面沉降的限值；

c——土的黏聚力；

E_c——锚杆的复合弹性模量；

E_m——锚杆固结体的弹性模量；

E_s——锚杆杆体或支撑的弹性模量或土的压缩模量；

f_{cs}——水泥土开挖龄期时的轴心抗压强度设计值；

f_{py}——预应力筋的抗拉强度设计值；

f_y——普通钢筋的抗拉强度设计值；

k——土的渗透系数；

R_k——锚杆或土钉的极限抗拔承载力标准值；

q_{sk}——土与锚杆或土钉的极限粘结强度标准值；

q_0——单井出水能力；

R_d——结构构件的抗力设计值；

R——影响半径；

γ——土的天然重度；

γ_{cs}——水泥土墙的重度；

γ_w——地下水的重度；

φ——土的内摩擦角。

2.2.3 几何参数

A——构件的截面面积；

A_p——预应力筋的截面面积；

A_s——普通钢筋的截面面积；

b——截面宽度；

d——桩、锚杆、土钉的直径或基础埋置深度；

h——基坑深度或构件截面高度；

H——潜水含水层厚度；

l_d——挡土构件的嵌固深度；

l_0——受压支撑构件的长度；

M——承压水含水层厚度；

r_w——降水井半径；

β——土钉墙坡面与水平面的夹角；

α——锚杆、土钉的倾角或支撑轴线与水平面的夹角。

2.2.4 设计参数和计算系数

k_s——土的水平反力系数；

k_R——弹性支点轴向刚度系数；

K——安全系数；

K_a——主动土压力系数；

K_p——被动土压力系数；

m——土的水平反力系数的比例系数；

α——支撑松弛系数；

γ_F——作用基本组合的综合分项系数；

γ_0——支护结构重要性系数；

ζ——坡面倾斜时的主动土压力折减系数；

λ——支撑不动点调整系数；

μ——墙体材料的抗剪断系数；

ψ_w——沉降计算经验系数。

3 基 本 规 定

3.1 设 计 原 则

3.1.1 基坑支护设计应规定其设计使用期限。基坑支护的设计使用期限不应小于一年。

3.1.2 基坑支护应满足下列功能要求：

　　1 保证基坑周边建（构）筑物、地下管线、道路的安全和正常使用；

2 保证主体地下结构的施工空间。

3.1.3 基坑支护设计时，应综合考虑基坑周边环境和地质条件的复杂程度、基坑深度等因素，按表3.1.3采用支护结构的安全等级。对同一基坑的不同部位，可采用不同的安全等级。

表 3.1.3 支护结构的安全等级

安全等级	破 坏 后 果
一级	支护结构失效、土体过大变形对基坑周边环境或主体结构施工安全的影响很严重
二级	支护结构失效、土体过大变形对基坑周边环境或主体结构施工安全的影响严重
三级	支护结构失效、土体过大变形对基坑周边环境或主体结构施工安全的影响不严重

3.1.4 支护结构设计时应采用下列极限状态：

1 承载能力极限状态

1）支护结构构件或连接因超过材料强度而破坏，或因过度变形而不适于继续承受荷载，或出现压屈、局部失稳；

2）支护结构和土体整体滑动；

3）坑底因隆起而丧失稳定；

4）对支挡式结构，挡土构件因坑底土体丧失嵌固能力而推移或倾覆；

5）对锚拉式支挡结构或土钉墙，锚杆或土钉因土体丧失锚固能力而拔动；

6）对重力式水泥土墙，墙体倾覆或滑移；

7）对重力式水泥土墙、支挡式结构，其持力土层因丧失承载能力而破坏；

8）地下水渗流引起的土体渗透破坏。

2 正常使用极限状态

1）造成基坑周边建（构）筑物、地下管线、道路等损坏或影响其正常使用的支护结构位移；

2）因地下水位下降、地下水渗流或施工因素而造成基坑周边建（构）筑物、地下管线、道路等损坏或影响其正常使用的土体变形；

3）影响主体地下结构正常施工的支护结构位移；

4）影响主体地下结构正常施工的地下水渗流。

3.1.5 支护结构、基坑周边建筑物和地面沉降、地下水控制的计算和验算应采用下列设计表达式：

1 承载能力极限状态

1）支护结构构件或连接因超过材料强度或过度变形的承载能力极限状态设计，应符合下式要求：

$$\gamma_0 S_d \leqslant R_d \qquad (3.1.5\text{-}1)$$

式中：γ_0——支护结构重要性系数，应按本规程第

3.1.6条的规定采用；

S_d——作用基本组合的效应（轴力、弯矩等）设计值；

R_d——结构构件的抗力设计值。

对临时性支护结构，作用基本组合的效应设计值应按下式确定：

$$S_d = \gamma_F S_k \qquad (3.1.5\text{-}2)$$

式中：γ_F——作用基本组合的综合分项系数，应按本规程第3.1.6条的规定采用；

S_k——作用标准组合的效应。

2）整体滑动、坑底隆起失稳、挡土构件嵌固段推移、锚杆与土钉拔动、支护结构倾覆与滑移、土体渗透破坏等稳定性计算和验算，均应符合下式要求：

$$\frac{R_k}{S_k} \geqslant K \qquad (3.1.5\text{-}3)$$

式中：R_k——抗滑力、抗滑力矩、抗倾覆力矩、锚杆和土钉的极限抗拔承载力等土的抗力标准值；

S_k——滑动力、滑动力矩、倾覆力矩、锚杆和土钉的拉力等作用标准值的效应；

K——安全系数。

2 正常使用极限状态

由支护结构水平位移、基坑周边建筑物和地面沉降等控制的正常使用极限状态设计，应符合下式要求：

$$S_d \leqslant C \qquad (3.1.5\text{-}4)$$

式中：S_d——作用标准组合的效应（位移、沉降等）设计值；

C——支护结构水平位移、基坑周边建筑物和地面沉降的限值。

3.1.6 支护结构构件按承载能力极限状态设计时，作用基本组合的综合分项系数不应小于1.25。对安全等级为一级、二级、三级的支护结构，其结构重要性系数分别不应小于1.1、1.0、0.9。各类稳定性安全系数应按本规程各章的规定取值。

3.1.7 支护结构重要性系数与作用基本组合的效应设计值的乘积（$\gamma_0 S_d$）可采用下列内力设计值表示：

弯矩设计值

$$M = \gamma_0 \gamma_F M_k \qquad (3.1.7\text{-}1)$$

剪力设计值

$$V = \gamma_0 \gamma_F V_k \qquad (3.1.7\text{-}2)$$

轴向力设计值

$$N = \gamma_0 \gamma_F N_k \qquad (3.1.7\text{-}3)$$

式中：M——弯矩设计值（kN·m）；

M_k——作用标准组合的弯矩值（kN·m）；

V——剪力设计值（kN）；

V_k——作用标准组合的剪力值（kN）；

N——轴向拉力设计值或轴向压力设计值（kN）；

N_k——作用标准组合的轴向拉力或轴向压力值（kN）。

3.1.8 基坑支护设计应按下列要求设定支护结构的水平位移控制值和基坑周边环境的沉降控制值：

1 当基坑开挖影响范围内有建筑物时，支护结构水平位移控制值、建筑物的沉降控制值应按不影响其正常使用的要求确定，并应符合现行国家标准《建筑地基基础设计规范》GB 50007中对地基变形允许值的规定；当基坑开挖影响范围内有地下管线、地下构筑物、道路时，支护结构水平位移控制值、地面沉降控制值应按不影响其正常使用的要求确定，并应符合现行相关标准对其允许变形的规定；

2 当支护结构构件同时用作主体地下结构构件时，支护结构水平位移控制值不应大于主体结构设计对其变形的限值；

3 当无本条第1款、第2款情况时，支护结构水平位移控制值应根据地区经验按工程的具体条件确定。

3.1.9 基坑支护应按实际的基坑周边建筑物、地下管线、道路和施工荷载等条件进行设计。设计中应提出明确的基坑周边荷载限值、地下水和地表水控制等基坑使用要求。

3.1.10 基坑支护设计应满足下列主体地下结构的施工要求：

1 基坑侧壁与主体地下结构的净空间和地下水控制应满足主体地下结构及其防水的施工要求；

2 采用锚杆时，锚杆的锚头及腰梁不应妨碍地下结构外墙的施工；

3 采用内支撑时，内支撑及腰梁的设置应便于地下结构及其防水的施工。

3.1.11 支护结构按平面结构分析时，应按基坑各部位的开挖深度、周边环境条件、地质条件等因素划分设计计算剖面。对每一计算剖面，应按其最不利条件进行计算。对电梯井、集水坑等特殊部位，宜单独划分计算剖面。

3.1.12 基坑支护设计应规定支护结构各构件施工顺序及相应的基坑开挖深度。基坑开挖各阶段和支护结构使用阶段，均应符合本规程第3.1.4条、第3.1.5条的规定。

3.1.13 在季节性冻土地区，支护结构设计应根据冻胀、冻融对支护结构受力和基坑侧壁的影响采取相应的措施。

3.1.14 土压力及水压力计算、土的各类稳定性验算时，土、水压力的分、合算方法及相应的土的抗剪强度指标类别应符合下列规定：

1 对地下水位以上的黏性土、黏质粉土，土的抗剪强度指标应采用三轴固结不排水抗剪强度指标 c_{cu}、φ_{cu} 或直剪固结快剪强度指标 c_{cq}、φ_{cq}，对地下水位以上的砂质粉土、砂土、碎石土，土的抗剪强度指标应采用有效应力强度指标 c'、φ'；

2 对地下水位以下的黏性土、黏质粉土，可采用土压力、水压力合算方法；此时，对正常固结和超固结土，土的抗剪强度指标应采用三轴固结不排水抗剪强度指标 c_{cu}、φ_{cu} 或直剪固结快剪强度指标 c_{cq}、φ_{cq}，对欠固结土，宜采用有效自重压力下预固结的三轴不固结不排水抗剪强度指标 c_{uu}、φ_{uu}；

3 对地下水位以下的砂质粉土、砂土和碎石土，应采用土压力、水压力分算方法；此时，土的抗剪强度指标应采用有效应力强度指标 c'、φ'，对砂质粉土，缺少有效应力强度指标时，也可采用三轴固结不排水抗剪强度指标 c_{cu}、φ_{cu} 或直剪固结快剪强度指标 c_{cq}、φ_{cq} 代替，对砂土和碎石土，有效应力强度指标 φ' 可根据标准贯入试验实测击数和水下休止角等物理力学指标取值；土压力、水压力采用分算方法时，水压力可按静水压力计算；当地下水渗流时，宜按渗流理论计算水压力和土的竖向有效应力；当存在多个含水层时，应分别计算各含水层的水压力；

4 有可靠的地方经验时，土的抗剪强度指标尚可根据室内、原位试验得到的其他物理力学指标，按经验方法确定。

3.1.15 支护结构设计时，应根据工程经验分析判断计算参数取值和计算分析结果的合理性。

3.2 勘察要求与环境调查

3.2.1 基坑工程的岩土勘察应符合下列规定：

1 勘探点范围应根据基坑开挖深度及场地的岩土工程条件确定；基坑外宜布置勘探点，其范围不宜小于基坑深度的1倍；当需要采用锚杆时，基坑外勘探点的范围不宜小于基坑深度的2倍；当基坑外无法布置勘探点时，应通过调查取得相关勘察资料并结合场地内的勘察资料进行综合分析；

2 勘探点应沿基坑边布置，其间距宜取15m～25m；当场地存在软弱土层、暗沟或岩溶等复杂地质条件时，应加密勘探点并查明其分布和工程特性；

3 基坑周边勘探孔的深度不宜小于基坑深度的2倍；基坑面以下存在软弱土层或承压水含水层时，勘探孔深度应穿过软弱土层或承压水含水层；

4 应按现行国家标准《岩土工程勘察规范》GB 50021的规定进行原位测试和室内试验并提出各层土的物理性质指标和力学指标；对主要土层和厚度大于3m的素填土，应按本规程第3.1.14条的规定进行抗剪强度试验并提出相应的抗剪强度指标；

5 当有地下水时，应查明各含水层的埋深、厚度和分布，判断地下水类型、补给和排泄条件；有承压水时，应分层测量其水头高度；

6 应对基坑开挖与支护结构使用期内地下水位的变化幅度进行分析；

7 当基坑需要降水时，宜采用抽水试验测定各含水层的渗透系数与影响半径；勘察报告中应提出各含水层的渗透系数；

8 当建筑地基勘察资料不能满足基坑支护设计与施工要求时，应进行补充勘察。

3.2.2 基坑支护设计前，应查明下列基坑周边环境条件：

1 既有建筑物的结构类型、层数、位置、基础形式和尺寸、埋深、使用年限、用途等；

2 各种既有地下管线、地下构筑物的类型、位置、尺寸、埋深等；对既有供水、污水、雨水等地下输水管线，尚应包括其使用状况及渗漏状况；

3 道路的类型、位置、宽度、道路行驶情况、最大车辆荷载等；

4 基坑开挖与支护结构使用期内施工材料、施工设备等临时荷载的要求；

5 雨期时的场地周围地表水汇流和排泄条件。

3.3 支护结构选型

3.3.1 支护结构选型时，应综合考虑下列因素：

1 基坑深度；

2 土的性状及地下水条件；

3 基坑周边环境对基坑变形的承受能力及支护结构失效的后果；

4 主体地下结构和基础形式及其施工方法、基坑平面尺寸及形状；

5 支护结构施工工艺的可行性；

6 施工场地条件及施工季节；

7 经济指标、环保性能和施工工期。

3.3.2 支护结构应按表3.3.2选型。

表 3.3.2 各类支护结构的适用条件

结构类型		适用条件	
	安全等级	基坑深度、环境条件、土类和地下水条件	
支挡式结构	锚拉式结构	适用于较深的基坑	1 排桩适用于可采用降水或截水帷幕的基坑 2 地下连续墙宜同时用作主体地下结构外墙，可同时用于截水 3 锚杆不宜用在软土层和高水位的碎石土、砂土层中 4 当邻近基坑有建筑物地下室、地下构筑物等，锚杆的有效锚固长度不足时，不应采用锚杆 5 当锚杆施工会造成基坑周边建（构）筑物的损害或违反城市地下空间规划等规定时，不应采用锚杆
	支撑式结构	适用于较深的基坑	
	悬臂式结构	适用于较浅的基坑	
	双排桩	当锚拉式、支撑式和悬臂式结构不适用时，可考虑采用双排桩	
	支护结构与主体结构结合的逆作法	适用于基坑周边环境条件很复杂的深基坑	

续表 3.3.2

结构类型		适用条件	
	安全等级	基坑深度、环境条件、土类和地下水条件	
土钉墙	单一土钉墙	适用于地下水位以上或降水的非软土基坑，且基坑深度不宜大于12m	当基坑潜在滑动面内有建筑物、重要地下管线时，不宜采用土钉墙
	预应力锚杆复合土钉墙	适用于地下水位以上或降水的非软土基坑，且基坑深度不宜大于15m	
	水泥土桩复合土钉墙	二级 三级	用于非软土基坑时，基坑深度不宜大于12m；用于淤泥质土基坑时，基坑深度不宜大于6m；不宜用在高水位的碎石土、砂土层中	
	微型桩复合土钉墙	适用于地下水位以上或降水的基坑，用于非软土基坑时，基坑深度不宜大于12m；用于淤泥质土基坑时，基坑深度不宜大于6m	
重力式水泥土墙		二级 三级	适用于淤泥质土、淤泥基坑，且基坑深度不宜大于7m	
放坡		三级	1 施工场地满足放坡条件 2 放坡与上述支护结构形式结合	

注：1 当基坑不同部位的周边环境条件、土层性状、基坑深度等不同时，可在不同部位分别采用不同的支护形式；

2 支护结构可采用上、下部以不同结构类型组合的形式。

3.3.3 采用两种或两种以上支护结构形式时，其结合处应考虑相邻支护结构的相互影响，且应有可靠的过渡连接措施。

3.3.4 支护结构上部采用土钉墙或放坡、下部采用支挡式结构时，上部土钉墙应符合本规程第5章的规定，支挡式结构应考虑上部土钉墙或放坡的作用。

3.3.5 当坑底以下为软土时，可采用水泥土搅拌桩、高压喷射注浆等方法对坑底土体进行局部或整体加固。水泥土搅拌桩、高压喷射注浆加固体可采用格栅或实体形式。

3.3.6 基坑开挖采用放坡或支护结构上部采用放坡时，应按本规程第5.1.1条的规定验算边坡的滑动稳定性，边坡的圆弧滑动稳定安全系数（K_s）不应小于1.2。放坡坡面应设置防护层。

3.4 水 平 荷 载

3.4.1 计算作用在支护结构上的水平荷载时，应考虑下列因素：

1 基坑内外土的自重（包括地下水）；

2 基坑周边既有和在建的建（构）筑物荷载；

3 基坑周边施工材料和设备荷载；

4 基坑周边道路车辆荷载；

5 冻胀、温度变化及其他因素产生的作用。

3.4.2 作用在支护结构上的土压力应按下列规定确

定：

1 支护结构外侧的主动土压力强度标准值、支护结构内侧的被动土压力强度标准值宜按下列公式计算（图 3.4.2）：

　　1）对地下水位以上或水土合算的土层

$$p_{ak} = \sigma_{ak}K_{a,i} - 2c_i\sqrt{K_{a,i}} \qquad (3.4.2\text{-}1)$$

$$K_{a,i} = \tan^2\left(45° - \frac{\varphi_i}{2}\right) \qquad (3.4.2\text{-}2)$$

$$p_{pk} = \sigma_{pk}K_{p,i} + 2c_i\sqrt{K_{p,i}} \qquad (3.4.2\text{-}3)$$

$$K_{p,i} = \tan^2\left(45° + \frac{\varphi_i}{2}\right) \qquad (3.4.2\text{-}4)$$

式中：p_{ak}——支护结构外侧，第 i 层土中计算点的主动土压力强度标准值（kPa）；当 $p_{ak} < 0$ 时，应取 $p_{ak} = 0$；

　　σ_{ak}、σ_{pk}——分别为支护结构外侧、内侧计算点的土中竖向应力标准值（kPa），按本规程第 3.4.5 条的规定计算；

　　$K_{a,i}$、$K_{p,i}$——分别为第 i 层土的主动土压力系数、被动土压力系数；

　　c_i、φ_i——分别为第 i 层土的黏聚力（kPa）、内摩擦角（°）；按本规程第 3.1.14 条的规定取值；

　　p_{pk}——支护结构内侧，第 i 层土中计算点的被动土压力强度标准值（kPa）。

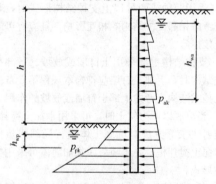

图 3.4.2　土压力计算

　　2）对于水土分算的土层

$$p_{ak} = (\sigma_{ak} - u_a)K_{a,i} - 2c_i\sqrt{K_{a,i}} + u_a$$
$$(3.4.2\text{-}5)$$

$$p_{pk} = (\sigma_{pk} - u_p)K_{p,i} + 2c_i\sqrt{K_{p,i}} + u_p$$
$$(3.4.2\text{-}6)$$

式中：u_a、u_p——分别为支护结构外侧、内侧计算点的水压力（kPa）；对静止地下水，按本规程第 3.4.4 条的规定取值；当采用悬挂式截水帷幕时，应考虑地下水从帷幕底向基坑内的渗流对水压力的影响。

2 在土压力影响范围内，存在相邻建筑物地下

墙体等稳定界面时，可采用库仑土压力理论计算界面内有限滑动楔体产生的主动土压力，此时，同一土层的土压力可采用沿深度线性分布形式，支护结构与土之间的摩擦角宜取零。

3 需要严格限制支护结构的水平位移时，支护结构外侧的土压力宜取静止土压力。

4 有可靠经验时，可采用支护结构与土相互作用的方法计算土压力。

3.4.3 对成层土，土压力计算时的各土层计算厚度应符合下列规定：

1 当土层厚度较均匀、层面坡度较平缓时，宜取邻近勘察孔的各土层厚度，或同一计算剖面内各土层厚度的平均值；

2 当同一计算剖面内各勘察孔的土层厚度分布不均时，应取最不利勘察孔的各土层厚度；

3 对复杂地层且距勘探孔较远时，应通过综合分析土层变化趋势后确定土层的计算厚度；

4 当相邻土层的土性接近，且对土压力的影响可以忽略不计或有利时，可归并为同一计算土层。

3.4.4 静止地下水的水压力可按下列公式计算：

$$u_a = \gamma_w h_{wa} \qquad (3.4.4\text{-}1)$$

$$u_p = \gamma_w h_{wp} \qquad (3.4.4\text{-}2)$$

式中：γ_w——地下水重度（kN/m³），取 $\gamma_w = 10\text{kN}/\text{m}^3$；

　　h_{wa}——基坑外侧地下水位至主动土压力强度计算点的垂直距离（m）；对承压水，地下水位取测压管水位；当有多个含水层时，应取计算点所在含水层的地下水位；

　　h_{wp}——基坑内侧地下水位至被动土压力强度计算点的垂直距离（m）；对承压水，地下水位取测压管水位。

3.4.5 土中竖向应力标准值应按下式计算：

$$\sigma_{ak} = \sigma_{ac} + \sum \Delta\sigma_{k,j} \qquad (3.4.5\text{-}1)$$

$$\sigma_{pk} = \sigma_{pc} \qquad (3.4.5\text{-}2)$$

式中：σ_{ac}——支护结构外侧计算点，由土的自重产生的竖向总应力（kPa）；

　　σ_{pc}——支护结构内侧计算点，由土的自重产生的竖向总应力（kPa）；

　　$\Delta\sigma_{k,j}$——支护结构外侧第 j 个附加荷载作用下计算点的土中附加竖向应力标准值（kPa），应根据附加荷载类型，按本规程第 3.4.6 条～第 3.4.8 条计算。

3.4.6 均布附加荷载作用下的土中附加竖向应力标准值应按下式计算（图 3.4.6）：

$$\Delta\sigma_k = q_0 \qquad (3.4.6)$$

式中：q_0——均布附加荷载标准值（kPa）。

3.4.7 局部附加荷载作用下的土中附加竖向应力标准值可按下列规定计算：

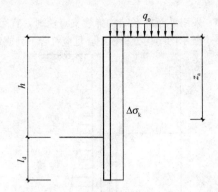

图 3.4.6 均布竖向附加荷载作用下的
土中附加竖向应力计算

1 对条形基础下的附加荷载（图 3.4.7a）：

当 $d+a/\tan\theta \leqslant z_a \leqslant d+(3a+b)/\tan\theta$ 时

$$\Delta\sigma_k = \frac{p_0 b}{b+2a} \qquad (3.4.7\text{-}1)$$

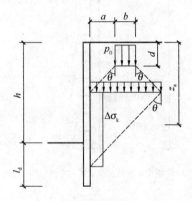

(a) 条形或矩形基础

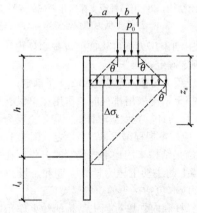

(b) 作用在地面的条形或矩形附加荷载

图 3.4.7 局部附加荷载作用下的土中
附加竖向应力计算

式中：p_0——基础底面附加压力标准值（kPa）；

d——基础埋置深度（m）；

b——基础宽度（m）；

a——支护结构外边缘至基础的水平距离
（m）；

θ——附加荷载的扩散角（°），宜取 $\theta=45°$；

z_a——支护结构顶面至土中附加竖向应力计算
点的竖向距离。

当 $z_a<d+a/\tan\theta$ 或 $z_a>d+(3a+b)/\tan\theta$ 时，
取 $\Delta\sigma_k = 0$。

2 对矩形基础下的附加荷载（图 3.4.7a）：

当 $d+a/\tan\theta \leqslant z_a \leqslant d+(3a+b)/\tan\theta$ 时

$$\Delta\sigma_k = \frac{p_0 bl}{(b+2a)(l+2a)} \qquad (3.4.7\text{-}2)$$

式中：b——与基坑边垂直方向上的基础尺寸（m）；

l——与基坑边平行方向上的基础尺寸（m）。

当 $z_a<d+a/\tan\theta$ 或 $z_a>d+(3a+b)/\tan\theta$ 时，取
$\Delta\sigma_k=0$。

3 对作用在地面的条形、矩形附加荷载，按本
条第 1、2 款计算土中附加竖向应力标准值 $\Delta\sigma_k$ 时，
应取 $d=0$（图 3.4.7b）。

3.4.8 当支护结构顶部低于地面，其上方采用放坡
或土钉墙时，支护结构顶面以上土体对支护结构的作
用宜按库仑土压力理论计算，也可将其视作附加荷载
并按下列公式计算土中附加竖向应力标准值（图
3.4.8）：

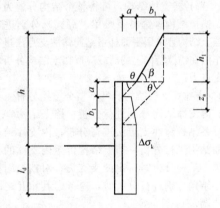

图 3.4.8 支护结构顶部以上采用放坡或
土钉墙时土中附加竖向应力计算

1 当 $a/\tan\theta \leqslant z_a \leqslant (a+b_1)/\tan\theta$ 时

$$\Delta\sigma_k = \frac{\gamma h_1}{b_1}(z_a-a) + \frac{E_{ak1}(a+b_1-z_a)}{K_a b_1^2}$$

$$(3.4.8\text{-}1)$$

$$E_{ak1} = \frac{1}{2}\gamma h_1^2 K_a - 2ch_1\sqrt{K_a} + \frac{2c^2}{\gamma}$$

$$(3.4.8\text{-}2)$$

2 当 $z_a>(a+b_1)/\tan\theta$ 时

$$\Delta\sigma_k = \gamma h_1 \qquad (3.4.8\text{-}3)$$

3 当 $z_a<a/\tan\theta$ 时

$$\Delta\sigma_k = 0 \qquad (3.4.8\text{-}4)$$

式中：z_a——支护结构顶面至土中附加竖向应力计算
点的竖向距离（m）；

a——支护结构外边缘至放坡坡脚的水平距离（m）；

b_1——放坡坡面的水平尺寸（m）；

θ——扩散角（°），宜取 $\theta = 45°$；

h_1——地面至支护结构顶面的竖向距离（m）；

γ——支护结构顶面以上土的天然重度（kN/m³）；对多层土取各层土按厚度加权的平均值；

c——支护结构顶面以上土的黏聚力（kPa）；按本规程第3.1.14条的规定取值；

K_a——支护结构顶面以上土的主动土压力系数；对多层土取各层土按厚度加权的平均值；

E_{ak1}——支护结构顶面以上土体的自重所产生的单位宽度主动土压力标准值（kN/m）。

4 支挡式结构

4.1 结 构 分 析

4.1.1 支挡式结构应根据结构的具体形式与受力、变形特性等采用下列分析方法：

1 锚拉式支挡结构，可将整个结构分解为挡土结构、锚拉结构（锚杆及腰梁、冠梁）分别进行分析；挡土结构宜采用平面杆系结构弹性支点法进行分析；作用在锚拉结构上的荷载应取挡土结构分析时得出的支点力；

2 支撑式支挡结构，可将整个结构分解为挡土结构、内支撑结构分别进行分析；挡土结构宜采用平面杆系结构弹性支点法进行分析；内支撑结构可按平面结构进行分析，挡土结构传至内支撑的荷载应取挡土结构分析时得出的支点力；对挡土结构和内支撑结构分别进行分析时，应考虑其相互之间的变形协调；

3 悬臂式支挡结构、双排桩，宜采用平面杆系结构弹性支点法进行分析；

4 当有可靠经验时，可采用空间结构分析方法对支挡式结构进行整体分析或采用结构与土相互作用的分析方法对支挡式结构与基坑土体进行整体分析。

4.1.2 支挡式结构应对下列设计工况进行结构分析，并应按其中最不利作用效应进行支护结构设计：

1 基坑开挖至坑底时的状况；

2 对锚拉式和支撑式支挡结构，基坑开挖至各层锚杆或支撑施工面时的状况；

3 在主体地下结构施工过程中需要以主体结构构件替换支撑或锚杆的状况；此时，主体结构构件应满足替换后各设计工况下的承载力、变形及稳定性要求；

4 对水平内支撑式支挡结构，基坑各边水平荷载不对等的各种状况。

4.1.3 采用平面杆系结构弹性支点法时，宜采用图4.1.3-1所示的结构分析模型，且应符合下列规定：

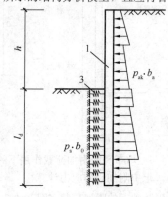

(a) 悬臂式支挡结构

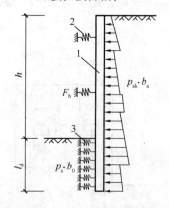

(b) 锚拉式支挡结构或支撑式支挡结构

图 4.1.3-1　弹性支点法计算

1—挡土结构；2—由锚杆或支撑简化而成的弹性支座；
3—计算土反力的弹性支座

1 主动土压力强度标准值可按本规程第3.4节的有关规定确定；

2 土反力可按本规程第4.1.4条确定；

3 挡土结构采用排桩时，作用在单根支护桩上的主动土压力计算宽度应取排桩间距，土反力计算宽度（b_0）应按本规程第4.1.7条确定（图4.1.3-2）；

4 挡土结构采用地下连续墙时，作用在单幅地下连续墙上的主动土压力计算宽度和土反力计算宽度（b_0）应取包括接头的单幅墙宽度；

5 锚杆和内支撑对挡土结构的约束作用应按弹性支座考虑，并应按本规程第4.1.8条确定。

4.1.4 作用在挡土构件上的分布土反力应符合下列规定：

1 分布土反力可按下式计算：

$$p_s = k_s v + p_{s0} \tag{4.1.4-1}$$

2 挡土构件嵌固段上的基坑内侧土反力应符合下列条件，当不符合时，应增加挡土构件的嵌固长度或取 $P_{sk} = E_{pk}$ 时的分布土反力。

$$P_{sk} \leqslant E_{pk} \tag{4.1.4-2}$$

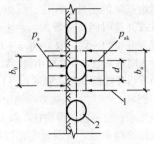

(a) 圆形截面排桩计算宽度

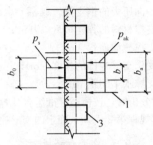

(b) 矩形或工字形截面排桩计算宽度

图 4.1.3-2 排桩计算宽度

1—排桩对称中心线；2—圆形桩；3—矩形桩或工字形桩

式中：p_s——分布土反力（kPa）；

k_s——土的水平反力系数（kN/m³），按本规程第 4.1.5 条的规定取值；

v——挡土构件在分布土反力计算点使土体压缩的水平位移值（m）；

p_{s0}——初始分布土反力（kPa）；挡土构件嵌固段上的基坑内侧初始分布土反力可按本规程公式（3.4.2-1）或公式（3.4.2-5）计算，但应将公式中的 p_{ak} 用 p_{s0} 代替、σ_{ak} 用 σ_{pk} 代替、u_a 用 u_p 代替，且不计（$2c_i\sqrt{K_{a,i}}$）项；

P_{sk}——挡土构件嵌固段上的基坑内侧土反力标准值（kN），通过按公式（4.1.4-1）计算的分布土反力得出；

E_{pk}——挡土构件嵌固段上的被动土压力标准值（kN），通过按本规程公式（3.4.2-3）或公式（3.4.2-6）计算的被动土压力强度标准值得出。

4.1.5 基坑内侧土的水平反力系数可按下式计算：

$$k_s = m(z - h) \qquad (4.1.5)$$

式中：m——土的水平反力系数的比例系数（kN/m⁴），按本规程第 4.1.6 条确定；

z——计算点距地面的深度（m）；

h——计算工况下的基坑开挖深度（m）。

4.1.6 土的水平反力系数的比例系数宜按桩的水平荷载试验及地区经验取值，缺少试验和经验时，可按下列经验公式计算：

$$m = \frac{0.2\varphi^2 - \varphi + c}{v_b} \qquad (4.1.6)$$

式中：m——土的水平反力系数的比例系数（MN/m⁴）；

c，φ——分别为土的黏聚力（kPa）、内摩擦角（°），按本规程第 3.1.14 条的规定确定；对多层土，按不同土层分别取值；

v_b——挡土构件在坑底处的水平位移量（mm），当此处的水平位移不大于 10mm 时，可取 $v_b = 10$mm。

4.1.7 排桩的土反力计算宽度应按下列公式计算（图 4.1.3-2）：

对圆形桩

$$b_0 = 0.9(1.5d + 0.5) \qquad (d \leqslant 1\text{m})$$

$$(4.1.7\text{-}1)$$

$$b_0 = 0.9(d + 1) \qquad (d > 1\text{m})$$

$$(4.1.7\text{-}2)$$

对矩形桩或工字形桩

$$b_0 = 1.5b + 0.5 \qquad (b \leqslant 1\text{m}) \quad (4.1.7\text{-}3)$$

$$b_0 = b + 1 \qquad (b > 1\text{m}) \quad (4.1.7\text{-}4)$$

式中：b_0——单根支护桩上的土反力计算宽度（m）；当按公式（4.1.7-1）～公式（4.1.7-4）计算的 b_0 大于排桩间距时，b_0 取排桩间距；

d——桩的直径（m）；

b——矩形或工字形桩的宽度（m）。

4.1.8 锚杆和内支撑对挡土结构的作用力应按下式确定：

$$F_h = k_R(v_R - v_{R0}) + P_h \qquad (4.1.8)$$

式中：F_h——挡土结构计算宽度内的弹性支点水平反力（kN）；

k_R——挡土结构计算宽度内弹性支点刚度系数（kN/m）；采用锚杆时可按本规程第 4.1.9 条的规定确定，采用内支撑时可按本规程第 4.1.10 条的规定确定；

v_R——挡土构件在支点处的水平位移值（m）；

v_{R0}——设置锚杆或支撑时，支点的初始水平位移值（m）；

P_h——挡土结构计算宽度内的法向预加力（kN）；采用锚杆或竖向斜撑时，取 $P_h = P \cdot \cos\alpha \cdot b_a/s$；采用水平对撑时，取 $P_h = P \cdot b_a/s$；对不预加轴向压力的支撑，取 $P_h = 0$；采用锚杆时，宜取 $P = 0.75N_k \sim 0.9N_k$，采用支撑时，宜取 $P = 0.5N_k \sim 0.8N_k$；

P——锚杆的预加轴向拉力值或支撑的预加轴向压力值（kN）；

α——锚杆倾角或支撑仰角（°）；

b_a——挡土结构计算宽度（m），对单根支护桩，取排桩间距，对单幅地下连续墙，取包括接头的单幅墙宽度；

s——锚杆或支撑的水平间距（m）；

N_k——锚杆轴向拉力标准值或支撑轴向压力标准值（kN）。

4.1.9 锚拉式支挡结构的弹性支点刚度系数应按下列规定确定：

1 锚拉式支挡结构的弹性支点刚度系数宜通过本规程附录 A 规定的基本试验按下式计算：

$$k_R = \frac{(Q_2 - Q_1)b_a}{(s_2 - s_1)s} \qquad (4.1.9\text{-}1)$$

式中：Q_1、Q_2——锚杆循环加荷或逐级加荷试验中 $(Q\text{-}s)$ 曲线上对应锚杆锁定值与轴向拉力标准值的荷载值（kN）；对锁定前进行预张拉的锚杆，应取循环加荷试验中在相当于预张拉荷载的加载量级下卸载后的再加载曲线上的荷载值；

s_1、s_2——$(Q\text{-}s)$ 曲线上对应于荷载为 Q_1、Q_2 的锚头位移值（m）；

s——锚杆水平间距（m）。

2 缺少试验时，弹性支点刚度系数也可按下式计算：

$$k_R = \frac{3E_s E_c A_p A b_a}{[3E_c A l_f + E_s A_p (l - l_f)]s} \qquad (4.1.9\text{-}2)$$

$$E_c = \frac{E_s A_p + E_m (A - A_p)}{A} \qquad (4.1.9\text{-}3)$$

式中：E_s——锚杆杆体的弹性模量（kPa）；

E_c——锚杆的复合弹性模量（kPa）；

A_p——锚杆杆体的截面面积（m²）；

A——注浆固结体的截面面积（m²）；

l_f——锚杆的自由段长度（m）；

l——锚杆长度（m）；

E_m——注浆固结体的弹性模量（kPa）。

3 当锚杆腰梁或冠梁的挠度不可忽略不计时，应考虑梁的挠度对弹性支点刚度系数的影响。

4.1.10 支撑式支挡结构的弹性支点刚度系数宜通过对内支撑结构整体进行线弹性结构分析得出的支点力与水平位移的关系确定。对水平对撑，当支撑腰梁或冠梁的挠度可忽略不计时，计算宽度内弹性支点刚度系数可按下式计算：

$$k_R = \frac{\alpha_R E A b_a}{\lambda l_0 s} \qquad (4.1.10)$$

式中：λ——支撑不动点调整系数：支撑两对边基坑的土性、深度、周边荷载等条件相近，且分层对称开挖时，取 $\lambda = 0.5$；支撑两

对边基坑的土性、深度、周边荷载等条件或开挖时间有差异时，对土压力较大或先开挖的一侧，取 $\lambda = 0.5 \sim 1.0$，且差异大时取大值，反之取小值；对土压力较小或后开挖的一侧，取 $(1 - \lambda)$；当基坑一侧取 $\lambda = 1$ 时，基坑另一侧应按固定支座考虑；对竖向斜撑构件，取 $\lambda = 1$；

α_R——支撑松弛系数，对混凝土支撑和预加轴向压力的钢支撑，取 $\alpha_R = 1.0$，对不预加轴向压力的钢支撑，取 $\alpha_R = 0.8 \sim 1.0$；

E——支撑材料的弹性模量（kPa）；

A——支撑截面面积（m²）；

l_0——受压支撑构件的长度（m）；

s——支撑水平间距（m）。

4.1.11 结构分析时，按荷载标准组合计算的变形值不应大于按本规程第 3.1.8 条确定的变形控制值。

4.2 稳定性验算

4.2.1 悬臂式支挡结构的嵌固深度 (l_d) 应符合下式嵌固稳定性的要求（图 4.2.1）：

$$\frac{E_{pk} a_{p1}}{E_{ak} a_{a1}} \geqslant K_e \qquad (4.2.1)$$

式中：K_e——嵌固稳定安全系数；安全等级为一级、二级、三级的悬臂式支挡结构，K_e 分别不应小于 1.25、1.2、1.15；

E_{ak}、E_{pk}——分别为基坑外侧主动土压力、基坑内侧被动土压力标准值（kN）；

a_{a1}、a_{p1}——分别为基坑外侧主动土压力、基坑内侧被动土压力合力作用点至挡土构件底端的距离（m）。

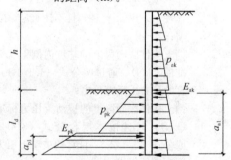

图 4.2.1 悬臂式结构嵌固稳定性验算

4.2.2 单层锚杆和单层支撑的支挡式结构的嵌固深度 (l_d) 应符合下式嵌固稳定性的要求（图 4.2.2）：

$$\frac{E_{pk} a_{p2}}{E_{ak} a_{a2}} \geqslant K_e \qquad (4.2.2)$$

式中：K_e——嵌固稳定安全系数；安全等级为一级、二级、三级的锚拉式支挡结构和支撑式支挡结构，K_e 分别不应小于 1.25、1.2、1.15；

a_{a2}、a_{p2}——基坑外侧主动土压力、基坑内侧被动土

压力合力作用点至支点的距离（m）。

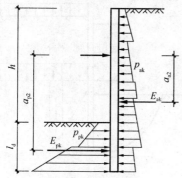

图 4.2.2 单支点锚拉式支挡结构和支撑式支挡结构的
嵌固稳定性验算

4.2.3 锚拉式、悬臂式支挡结构和双排桩应按下列规定进行整体滑动稳定性验算：

1 整体滑动稳定性可采用圆弧滑动条分法进行验算；

2 采用圆弧滑动条分法时，其整体滑动稳定性应符合下列规定（图 4.2.3）：

$$\min\{K_{s,1}, K_{s,2}, \cdots, K_{s,i}, \cdots\} \geqslant K_s$$

(4.2.3-1)

$$K_{s,i} = \frac{\sum\{c_j l_j + [(q_j b_j + \Delta G_j)\cos\theta_j - u_j l_j]\tan\varphi_j\} + \sum R'_{k,k}[\cos(\theta_k + \alpha_k) + \psi_v]/s_{x,k}}{\sum(q_j b_j + \Delta G_j)\sin\theta_j}$$

(4.2.3-2)

式中：K_s——圆弧滑动稳定安全系数；安全等级为一级、二级、三级的支挡式结构，K_s 分别不应小于 1.35、1.3、1.25；

$K_{s,i}$——第 i 个圆弧滑动体的抗滑力矩与滑动力矩的比值；抗滑力矩与滑动力矩之比的最小值宜通过搜索不同圆心及半径的所有潜在滑动圆弧确定；

c_j、φ_j——分别为第 j 土条滑弧面处土的黏聚力（kPa）、内摩擦角（°），按本规程第 3.1.14 条的规定取值；

b_j——第 j 土条的宽度（m）；

θ_j——第 j 土条滑弧面中点处的法线与垂直面的夹角（°）；

l_j——第 j 土条的滑弧长度（m），取 $l_j = b_j/\cos\theta_j$；

q_j——第 j 土条上的附加分布荷载标准值（kPa）；

ΔG_j——第 j 土条的自重（kN），按天然重度计算；

u_j——第 j 土条滑弧面上的水压力（kPa）；采用落底式截水帷幕时，对地下水位以下的砂土、碎石土、砂质粉土，在基坑外侧，可取 $u_j = \gamma_w h_{wa,j}$，在基坑内侧，可

取 $u_j = \gamma_w h_{wp,j}$；滑弧面在地下水位以上或对地下水位以下的黏性土，取 $u_j = 0$；

γ_w——地下水重度（kN/m³）；

$h_{wa,j}$——基坑外侧第 j 土条滑弧面中点的压力水头（m）；

$h_{wp,j}$——基坑内侧第 j 土条滑弧面中点的压力水头（m）；

$R'_{k,k}$——第 k 层锚杆在滑动面以外的锚固段的极限抗拔承载力标准值与锚杆杆体受拉承载力标准值（$f_{ptk}A_p$）的较小值（kN）；锚固段的极限抗拔承载力应按本规程第 4.7.4 条的规定计算，但锚固段应取滑动面以外的长度；对悬臂式、双排桩支挡结构，不考虑 $\sum R'_{k,k}[\cos(\theta_k + \alpha_k) + \psi_v]/s_{x,k}$ 项；

α_k——第 k 层锚杆的倾角（°）；

θ_k——滑弧面在第 k 层锚杆处的法线与垂直面的夹角（°）；

$s_{x,k}$——第 k 层锚杆的水平间距（m）；

ψ_v——计算系数；可按 $\psi_v = 0.5\sin(\theta_k + \alpha_k)\tan\varphi$ 取值；

φ——第 k 层锚杆与滑弧交点处土的内摩擦角（°）。

3 当挡土构件底端以下存在软弱下卧土层时，整体稳定性验算滑动面中应包括由圆弧与软弱土层层面组成的复合滑动面。

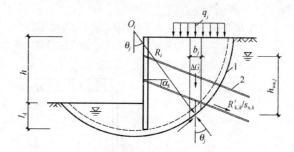

图 4.2.3 圆弧滑动条分法整体稳定性验算
1—任意圆弧滑动面；2—锚杆

4.2.4 支挡式结构的嵌固深度应符合下列坑底隆起稳定性要求：

1 锚拉式支挡结构和支撑式支挡结构的嵌固深度应符合下列规定（图 4.2.4-1）：

$$\frac{\gamma_{m2} l_d N_q + c N_c}{\gamma_{m1}(h + l_d) + q_0} \geqslant K_b$$

(4.2.4-1)

$$N_q = \tan^2\left(45° + \frac{\varphi}{2}\right)e^{\pi\tan\varphi}$$

(4.2.4-2)

$$N_c = (N_q - 1)/\tan\varphi$$

(4.2.4-3)

式中：K_b——抗隆起安全系数；安全等级为一级、二级、三级的支护结构，K_b 分别不应

小于1.8、1.6、1.4；

γ_{m1}、γ_{m2}——分别为基坑外、基坑内挡土构件底面以上土的天然重度（kN/m^3）；对多层土，取各层土按厚度加权的平均重度；

l_d——挡土构件的嵌固深度（m）；

h——基坑深度（m）；

q_0——地面均布荷载（kPa）；

N_c、N_q——承载力系数；

c、φ——分别为挡土构件底面以下土的黏聚力（kPa）、内摩擦角（°），按本规程第3.1.14条的规定取值。

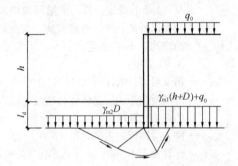

图 4.2.4-1　挡土构件底端平面下土的隆起稳定性验算

2　当挡土构件底面以下有软弱下卧层时，坑底隆起稳定性的验算部位尚应包括软弱下卧层。软弱下卧层的隆起稳定性可按公式（4.2.4-1）验算，但式中的 γ_{m1}、γ_{m2} 应取软弱下卧层顶面以上土的重度（图4.2.4-2），l_d 应以 D 代替。

注：D 为基坑底面至软弱下卧层顶面的土层厚度（m）。

3　悬臂式支挡结构可不进行隆起稳定性验算。

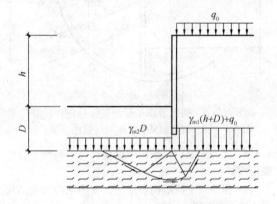

图 4.2.4-2　软弱下卧层的隆起稳定性验算

4.2.5　锚拉式支挡结构和支撑式支挡结构，当坑底以下为软土时，其嵌固深度应符合下列以最下层支点为轴心的圆弧滑动稳定性要求（图4.2.5）：

$$\frac{\sum \left[c_j l_j + (q_j b_j + \Delta G_j)\cos\theta_j \tan\varphi_j\right]}{\sum (q_j b_j + \Delta G_j)\sin\theta_j} \geqslant K_r$$

（4.2.5）

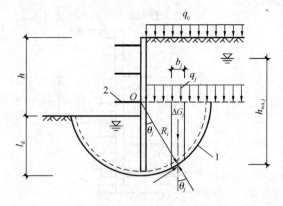

图 4.2.5　以最下层支点为轴心的圆弧滑动稳定性验算
1—任意圆弧滑动面；2—最下层支点

式中：K_r——以最下层支点为轴心的圆弧滑动稳定安全系数；安全等级为一级、二级、三级的支挡式结构，K_r 分别不应小于2.2、1.9、1.7；

c_j、φ_j——分别为第 j 土条在滑弧面处土的黏聚力（kPa）、内摩擦角（°），按本规程第3.1.14条的规定取值；

l_j——第 j 土条的滑弧长度（m），取 $l_j = b_j / \cos\theta_j$；

q_j——第 j 土条顶面上的竖向压力标准值（kPa）；

b_j——第 j 土条的宽度（m）；

θ_j——第 j 土条滑弧面中点处的法线与垂直面的夹角（°）；

ΔG_j——第 j 土条的自重（kN），按天然重度计算。

4.2.6　采用悬挂式截水帷幕或坑底以下存在水头高于坑底的承压水含水层时，应按本规程附录C的规定进行地下水渗透稳定性验算。

4.2.7　挡土构件的嵌固深度除应满足本规程第4.2.1条～第4.2.6条的规定外，对悬臂式结构，尚不宜小于0.8h；对单支点支挡式结构，尚不宜小于0.3h；对多支点支挡式结构，尚不宜小于0.2h。

注：h 为基坑深度。

4.3　排桩设计

4.3.1　排桩的桩型与成桩工艺应符合下列要求：

1　应根据土层的性质、地下水条件及基坑周边环境要求等选择混凝土灌注桩、型钢桩、钢管桩、钢板桩、型钢水泥土搅拌桩等桩型；

2　当支护桩施工影响范围内存在对地基变形敏感、结构性能差的建筑物或地下管线时，不应采用挤土效应严重、易塌孔、易缩径或有较大振动的桩型和施工工艺；

3　采用挖孔桩且成孔需要降水时，降水引起的地层变形应满足周边建筑物和地下管线的要求，否则应采取截水措施。

4.3.2 混凝土支护桩的正截面和斜截面承载力应符合下列规定：

1 沿周边均匀配置纵向钢筋的圆形截面支护桩，其正截面受弯承载力宜按本规程第 B.0.1 条的规定进行计算；

2 沿受拉区和受压区周边局部均匀配置纵向钢筋的圆形截面支护桩，其正截面受弯承载力宜按本规程第 B.0.2 条~第 B.0.4 条的规定进行计算；

3 圆形截面支护桩的斜截面承载力，可用截面宽度为 1.76r 和截面有效高度为 1.6r 的矩形截面代替圆形截面后，按现行国家标准《混凝土结构设计规范》GB 50010 对矩形截面斜截面承载力的规定进行计算，但其剪力设计值应按本规程第 3.1.7 条确定，计算所得的箍筋截面面积应作为支护桩圆形箍筋的截面面积；

4 矩形截面支护桩的正截面受弯承载力和斜截面受剪承载力，应按现行国家标准《混凝土结构设计规范》GB 50010 的有关规定进行计算，但其弯矩设计值和剪力设计值应按本规程第 3.1.7 条确定。

注：r 为圆形截面半径。

4.3.3 型钢、钢管、钢板支护桩的受弯、受剪承载力应按现行国家标准《钢结构设计规范》GB 50017 的有关规定进行计算，但其弯矩设计值和剪力设计值应按本规程第 3.1.7 条确定。

4.3.4 采用混凝土灌注桩时，对悬臂式排桩，支护桩的桩径宜大于或等于 600mm；对锚拉式排桩或支撑式排桩，支护桩的桩径宜大于或等于 400mm；排桩的中心距不宜大于桩直径的 2.0 倍。

4.3.5 采用混凝土灌注桩时，支护桩的桩身混凝土强度等级、钢筋配置和混凝土保护层厚度应符合下列规定：

1 桩身混凝土强度等级不宜低于 C25；

2 纵向受力钢筋宜选用 HRB400、HRB500 钢筋，单桩的纵向受力钢筋不宜少于 8 根，其净间距不应小于 60mm；支护桩顶部设置钢筋混凝土构造冠梁时，纵向钢筋伸入冠梁的长度宜取冠梁厚度；冠梁按结构受力构件设置时，桩身纵向受力钢筋伸入冠梁的锚固长度应符合现行国家标准《混凝土结构设计规范》GB 50010 对钢筋锚固的有关规定；当不能满足锚固长度的要求时，其钢筋末端可采取机械锚固措施；

3 箍筋可采用螺旋式箍筋；箍筋直径不应小于纵向受力钢筋最大直径的 1/4，且不应小于 6mm；箍筋间距宜取 100mm~200mm，且不应大于 400mm 及桩的直径；

4 沿桩身配置的加强箍筋应满足钢筋笼起吊安装要求，宜选用 HPB300、HRB400 钢筋，其间距宜取 1000mm~2000mm；

5 纵向受力钢筋的保护层厚度不应小于 35mm；采用水下灌注混凝土工艺时，不应小于 50mm；

6 当采用沿截面周边非均匀配置纵向钢筋时，受压区的纵向钢筋根数不应少于 5 根；当施工方法不能保证钢筋的方向时，不应采用沿截面周边非均匀配置纵向钢筋的形式；

7 当沿桩身分段配置纵向受力主筋时，纵向受力钢筋的搭接应符合现行国家标准《混凝土结构设计规范》GB 50010 的相关规定。

4.3.6 支护桩顶部应设置混凝土冠梁。冠梁的宽度不宜小于桩径，高度不宜小于桩径的 0.6 倍。冠梁钢筋应符合现行国家标准《混凝土结构设计规范》GB 50010 对梁的构造配筋要求。冠梁用作支撑或锚杆的传力构件或按空间结构设计时，尚应按受力构件进行截面设计。

4.3.7 在有主体建筑地下管线的部位，冠梁宜低于地下管线。

4.3.8 排桩桩间土应采取防护措施。桩间土防护措施宜采用内置钢筋网或钢丝网的喷射混凝土面层。喷射混凝土面层的厚度不宜小于 50mm，混凝土强度等级不宜低于 C20，混凝土面层内配置的钢筋网的纵横向间距不宜大于 200mm。钢筋网或钢丝网宜采用横向拉筋与两侧桩体连接，拉筋直径不宜小于 12mm，拉筋锚固在桩内的长度不宜小于 100mm。钢筋网宜采用桩间土内打入直径不小于 12mm 的钢筋钉固定，钢筋钉打入桩间土中的长度不宜小于排桩净间距的 1.5 倍且不应小于 500mm。

4.3.9 采用降水的基坑，在有可能出现渗水的部位应设置泄水管，泄水管应采取防止土颗粒流失的反滤措施。

4.3.10 排桩采用素混凝土桩与钢筋混凝土桩间隔布置的钻孔咬合桩形式时，支护桩的桩径可取 800mm~1500mm，相邻桩咬合长度不宜小于 200mm。素混凝土桩应采用塑性混凝土或强度等级不低于 C15 的超缓凝混凝土，其初凝时间宜控制在 40h~70h 之间，坍落度宜取 12mm~14mm。

4.4 排桩施工与检测

4.4.1 排桩的施工应符合现行行业标准《建筑桩基技术规范》JGJ 94 对相应桩型的有关规定。

4.4.2 当排桩桩位邻近的既有建筑物、地下管线、地下构筑物对地基变形敏感时，应根据其位置、类型、材料特性、使用状况等相应采取下列控制地基变形的防护措施：

1 宜采用间隔成桩的施工顺序；对混凝土灌注桩，应在混凝土终凝后，再进行相邻桩的成孔施工；

2 对松散或稍密的砂土、稍密的粉土、软土等易坍塌或流动的软弱土层，对钻孔灌注桩宜采取改善泥浆性能等措施，对人工挖孔桩宜采取减小每节挖孔和护壁的长度、加固孔壁等措施；

3 支护桩成孔过程出现流砂、涌泥、塌孔、缩径等异常情况时，应暂停成孔并及时采取有针对性的措施进行处理，防止继续塌孔；

4 当成孔过程中遇到不明障碍物时，应查明其性质，且在不会危害既有建筑物、地下管线、地下构筑物的情况下方可继续施工。

4.4.3 对混凝土灌注桩，其纵向受力钢筋的接头不宜设置在内力较大处。同一连接区段内，纵向受力钢筋的连接方式和连接接头面积百分率应符合现行国家标准《混凝土结构设计规范》GB 50010 对梁类构件的规定。

4.4.4 混凝土灌注桩采用分段配置不同数量的纵向钢筋时，钢筋笼制作和安放时应采取控制非通长钢筋竖向定位的措施。

4.4.5 混凝土灌注桩采用沿桩截面周边非均匀配置纵向受力钢筋时，应按设计的钢筋配置方向进行安放，其偏转角度不得大于 10°。

4.4.6 混凝土灌注桩设有预埋件时，应根据预埋件用途和受力特点的要求，控制其安装位置及方向。

4.4.7 钻孔咬合桩的施工可采用液压套管全长护壁、机械冲抓成孔工艺，其施工应符合下列要求：

1 桩顶应设置导墙，导墙宽度宜取 3m～4m，导墙厚度宜取 0.3m～0.5m；

2 相邻咬合桩应按先施工素混凝土桩、后施工钢筋混凝土桩的顺序进行；钢筋混凝土桩应在素混凝土桩初凝前，通过成孔时切割部分素混凝土桩身形成与素混凝土桩的互相咬合，但应避免过早切割；

3 钻机就位及吊设第一节钢套管时，应采用两个测斜仪贴附在套管外壁并用经纬仪复核套管垂直度，其垂直度允许偏差应为 0.3%；液压套管应正反扭动加压下切；抓斗在套管内取土时，套管底部应始终位于抓土面下方，且抓土面与套管底的距离应大于 1.0m；

4 孔内虚土和沉渣应清除干净，并用抓斗夯实孔底；灌注混凝土时，套管应随混凝土浇筑逐段提拔；套管应垂直提拔，阻力过大时应转动套管同时缓慢提拔。

4.4.8 除有特殊要求外，排桩的施工偏差应符合下列规定：

1 桩位的允许偏差应为 50mm；

2 桩垂直度的允许偏差应为 0.5%；

3 预埋件位置的允许偏差应为 20mm；

4 桩的其他施工允许偏差应符合现行行业标准《建筑桩基技术规范》JGJ 94 的规定。

4.4.9 冠梁施工时，应将桩顶浮浆、低强度混凝土及破碎部分清除。冠梁混凝土浇筑采用土模时，土面应修理整平。

4.4.10 采用混凝土灌注桩时，其质量检测应符合下列规定：

1 应采用低应变动测法检测桩身完整性，检测桩数不宜少于总桩数的 20%，且不得少于 5 根；

2 当根据低应变动测法判定的桩身完整性为Ⅲ类或Ⅳ类时，应采用钻芯法进行验证，并应扩大低应变动测法检测的数量。

4.5 地下连续墙设计

4.5.1 地下连续墙的正截面受弯承载力、斜截面受剪承载力应按现行国家标准《混凝土结构设计规范》GB 50010 的有关规定进行计算，但其弯矩、剪力设计值应按本规程第 3.1.7 条确定。

4.5.2 地下连续墙的墙体厚度宜根据成槽机的规格，选取 600mm、800mm、1000mm 或 1200mm。

4.5.3 一字形槽段长度宜取 4m～6m。当成槽施工可能对周边环境产生不利影响或槽壁稳定性较差时，应取较小的槽段长度。必要时，宜采用搅拌桩对槽壁进行加固。

4.5.4 地下连续墙的转角处或有特殊要求时，单元槽段的平面形状可采用 L 形、T 形等。

4.5.5 地下连续墙的混凝土设计强度等级宜取 C30～C40。地下连续墙用于截水时，墙体混凝土抗渗等级不宜小于 P6。当地下连续墙同时作为主体地下结构构件时，墙体混凝土抗渗等级应满足现行国家标准《地下工程防水技术规范》GB 50108 等相关标准的要求。

4.5.6 地下连续墙的纵向受力钢筋应沿墙身两侧均匀配置，可按内力大小沿墙体纵向分段配置，但通长配置的纵向钢筋不应小于总数的 50%；纵向受力钢筋宜选用 HRB400、HRB500 钢筋，直径不宜小于 16mm，净间距不宜小于 75mm。水平钢筋及构造钢筋宜选用 HPB300 或 HRB400 钢筋，直径不宜小于 12mm，水平钢筋间距宜取 200mm～400mm。冠梁按构造设置时，纵向钢筋伸入冠梁的长度宜取冠梁厚度。冠梁按结构受力构件设置时，墙身纵向受力钢筋伸入冠梁的锚固长度应符合现行国家标准《混凝土结构设计规范》GB 50010 对钢筋锚固的有关规定。当不能满足锚固长度的要求时，其钢筋末端可采取机械锚固措施。

4.5.7 地下连续墙纵向受力钢筋的保护层厚度，在基坑内侧不宜小于 50mm，在基坑外侧不宜小于 70mm。

4.5.8 钢筋笼端部与槽段接头之间、钢筋笼端部与相邻墙段混凝土面之间的间隙不应大于 150mm，纵向钢筋下端 500mm 长度范围内宜按 1:10 的斜度向内收口。

4.5.9 地下连续墙的槽段接头应按下列原则选用：

1 地下连续墙宜采用圆形锁口管接头、波纹管接头、楔形接头、工字形钢接头或混凝土预制接头等柔性接头；

2 当地下连续墙作为主体地下结构外墙，且需要形成整体墙体时，宜采用刚性接头；刚性接头可采用一字形或十字形穿孔钢板接头、钢筋承插式接头等；当采取地下连续墙顶设置通长冠梁、墙壁内侧槽段接缝位置设置结构壁柱、基础底板与地下连续墙刚性连接等措施时，也可采用柔性接头。

4.5.10 地下连续墙顶应设置混凝土冠梁。冠梁宽度不宜小于墙厚，高度不宜小于墙厚的 0.6 倍。冠梁钢筋应符合现行国家标准《混凝土结构设计规范》GB 50010 对梁的构造配筋要求。冠梁用作支撑或锚杆的传力构件或按空间结构设计时，尚应按受力构件进行截面设计。

4.6 地下连续墙施工与检测

4.6.1 地下连续墙的施工应根据地质条件的适应性等因素选择成槽设备。成槽施工前应进行成槽试验，并应通过试验确定施工工艺及施工参数。

4.6.2 当地下连续墙邻近的既有建筑物、地下管线、地下构筑物对地基变形敏感时，地下连续墙的施工应采取有效措施控制槽壁变形。

4.6.3 成槽施工前，应沿地下连续墙两侧设置导墙，导墙宜采用混凝土结构，且混凝土强度等级不宜低于C20。导墙底面不宜设置在新近填土上，且埋深不宜小于1.5m。导墙的强度和稳定性应满足成槽设备和顶拔接头管施工的要求。

4.6.4 成槽前，应根据地质条件进行护壁泥浆材料的试配及室内性能试验，泥浆配比应按试验确定。泥浆拌制后应贮放24h，待泥浆材料充分水化后方可使用。成槽时，泥浆的供应及处理设备应满足泥浆使用量的要求，泥浆的性能应符合相关技术指标的要求。

4.6.5 单元槽段宜采用间隔一个或多个槽段的跳幅施工顺序。每个单元槽段，挖槽分段不宜超过3个。成槽时，护壁泥浆液面应高于导墙底面500mm。

4.6.6 槽段接头应满足混凝土浇筑压力对其强度和刚度的要求。安放槽段接头时，应紧贴槽段垂直缓慢沉放至槽底。遇到阻碍时，槽段接头应在清除障碍后入槽。混凝土浇灌过程中应采取防止混凝土产生绕流的措施。

4.6.7 地下连续墙有防渗要求时，应在吊放钢筋笼前，对槽段接头和相邻墙段混凝土面用刷槽器等方法进行清刷，清刷后的槽段接头和混凝土面不得夹泥。

4.6.8 钢筋笼制作时，纵向受力钢筋的接头不宜设置在受力较大处。同一连接区段内，纵向受力钢筋的连接方式和连接接头面积百分率应符合现行国家标准《混凝土结构设计规范》GB 50010 对板类构件的规定。

4.6.9 钢筋笼应设置定位垫块，垫块在垂直方向上的间距宜取3m～5m，在水平方向上宜每层设置2块～3块。

4.6.10 单元槽段的钢筋笼宜整体装配和沉放。需要

分段装配时，宜采用焊接或机械连接，钢筋接头的位置宜选在受力较小处，并应符合现行国家标准《混凝土结构设计规范》GB 50010 对钢筋连接的有关规定。

4.6.11 钢筋笼应根据吊装的要求，设置纵横向起吊桁架。桁架主筋宜采用 HRB400 级钢筋，钢筋直径不宜小于 20mm，且应满足吊装和沉放过程中钢筋笼的整体性及钢筋笼骨架不产生塑性变形的要求。钢筋连接点出现位移、松动或开焊时，钢筋笼不得入槽，应重新制作或修整完好。

4.6.12 地下连续墙应采用导管法浇筑混凝土。导管拼接时，其接缝应密闭。混凝土浇筑时，导管内应预先设置隔水栓。

4.6.13 槽段长度不大于6m时，混凝土宜采用两根导管同时浇筑；槽段长度大于6m时，混凝土宜采用三根导管同时浇筑。每根导管分担的浇筑面积应基本均等。钢筋笼就位后应及时浇筑混凝土。混凝土浇筑过程中，导管埋入混凝土面的深度宜在 2.0m～4.0m 之间，浇筑液面的上升速度不宜小于 3m/h。混凝土浇筑面宜高于地下连续墙设计顶面 500mm。

4.6.14 除有特殊要求外，地下连续墙的施工偏差应符合现行国家标准《建筑地基基础工程施工质量验收规范》GB 50202 的规定。

4.6.15 冠梁的施工应符合本规程第 4.4.9 条的规定。

4.6.16 地下连续墙的质量检测应符合下列规定：

1 应进行槽壁垂直度检测，检测数量不得小于同条件下总槽段数的 20%，且不应少于 10 幅；当地下连续墙作为主体地下结构构件时，应对每个槽段进行槽壁垂直度检测；

2 应进行槽底沉渣厚度检测；当地下连续墙作为主体地下结构构件时，应对每个槽段进行槽底沉渣厚度检测；

3 应采用声波透射法对墙体混凝土质量进行检测，检测墙段数量不宜少于同条件下总墙段数的 20%，且不得少于 3 幅，每个检测墙段的预埋超声波管数不应少于 4 个，且宜布置在墙身截面的四边中点处；

4 当根据声波透射法判定的墙身质量不合格时，应采用钻芯法进行验证；

5 地下连续墙作为主体地下结构构件时，其质量检测尚应符合相关标准的要求。

4.7 锚 杆 设 计

4.7.1 锚杆的应用应符合下列规定：

1 锚拉结构宜采用钢绞线锚杆；承载力要求较低时，也可采用钢筋锚杆；当环境保护不允许在支护结构使用功能完成后锚杆杆体滞留在地层内时，应采用可拆芯钢绞线锚杆；

2 在易塌孔的松散或稍密的砂土、碎石土、粉土、填土层，高液性指数的饱和黏性土层，高水压力

的各类土层中，钢绞线锚杆、钢筋锚杆宜采用套管护壁成孔工艺；

　　3 锚杆注浆宜采用二次压力注浆工艺；

　　4 锚杆锚固段不宜设置在淤泥、淤泥质土、泥炭、泥炭质土及松散填土层内；

　　5 在复杂地质条件下，应通过现场试验确定锚杆的适用性。

4.7.2 锚杆的极限抗拔承载力应符合下式要求：

$$\frac{R_k}{N_k} \geqslant K_t \qquad (4.7.2)$$

式中：K_t——锚杆抗拔安全系数；安全等级为一级、二级、三级的支护结构，K_t 分别不应小于 1.8、1.6、1.4；

　　　　N_k——锚杆轴向拉力标准值（kN），按本规程第 4.7.3 条的规定计算；

　　　　R_k——锚杆极限抗拔承载力标准值（kN），按本规程第 4.7.4 条的规定确定。

4.7.3 锚杆的轴向拉力标准值应按下式计算：

$$N_k = \frac{F_h s}{b_a \cos \alpha} \qquad (4.7.3)$$

式中：N_k——锚杆轴向拉力标准值（kN）；

　　　　F_h——挡土构件计算宽度内的弹性支点水平反力（kN），按本规程第 4.1 节的规定确定；

　　　　s——锚杆水平间距（m）；

　　　　b_a——挡土结构计算宽度（m）；

　　　　α——锚杆倾角（°）。

4.7.4 锚杆极限抗拔承载力应按下列规定确定：

　　1 锚杆极限抗拔承载力应通过抗拔试验确定，试验方法应符合本规程附录 A 的规定。

　　2 锚杆极限抗拔承载力标准值也可按下式估算，但应通过本规程附录 A 规定的抗拔试验进行验证：

$$R_k = \pi d \sum q_{sk,i} l_i \qquad (4.7.4)$$

式中：d——锚杆的锚固体直径（m）；

　　　　l_i——锚杆的锚固段在第 i 土层中的长度（m）；锚固段长度为锚杆在理论直线滑动面以外的长度，理论直线滑动面按本规程第 4.7.5 条的规定确定；

　　　　$q_{sk,i}$——锚固体与第 i 土层的极限粘结强度标准值（kPa），应根据工程经验并结合表 4.7.4 取值。

表 4.7.4　锚杆的极限粘结强度标准值

土的名称	土的状态或密实度	q_{sk}（kPa）	
		一次常压注浆	二次压力注浆
填土		16~30	30~45
淤泥质土		16~20	20~30

续表 4.7.4

土的名称	土的状态或密实度	q_{sk}（kPa）	
		一次常压注浆	二次压力注浆
黏性土	$I_L > 1$	18~30	25~45
	$0.75 < I_L \leqslant 1$	30~40	45~60
	$0.50 < I_L \leqslant 0.75$	40~53	60~70
	$0.25 < I_L \leqslant 0.50$	53~65	70~85
	$0 < I_L \leqslant 0.25$	65~73	85~100
	$I_L \leqslant 0$	73~90	100~130
粉土	$e > 0.90$	22~44	40~60
	$0.75 \leqslant e \leqslant 0.90$	44~64	60~90
	$e < 0.75$	64~100	80~130
粉细砂	稍密	22~42	40~70
	中密	42~63	75~110
	密实	63~85	90~130
中砂	稍密	54~74	70~110
	中密	74~90	100~130
	密实	90~120	130~170
粗砂	稍密	80~130	100~140
	中密	130~170	170~220
	密实	170~220	220~250
砾砂	中密、密实	190~260	240~290
风化岩	全风化	80~100	120~150
	强风化	150~200	200~260

注：1　采用泥浆护壁成孔工艺时，应按表取低值后再根据具体情况适当折减；

　　2　采用套管护壁成孔工艺时，可取表中的高值；

　　3　采用扩孔工艺时，可在表中数值基础上适当提高；

　　4　采用二次压力分段劈裂注浆工艺时，可在表中二次压力注浆数值基础上适当提高；

　　5　当砂土中的细粒含量超过总质量的 30% 时，表中数值应乘以 0.75；

　　6　对有机质含量为 5%~10% 的有机质土，应按表中值后适当折减；

　　7　当锚杆锚固段长度大于 16m 时，应对表中数值适当折减。

　　3 当锚杆锚固段主要位于黏土层、淤泥质土层、填土层时，应考虑土的蠕变对锚杆预应力损失的影响，并应根据蠕变试验确定锚杆的极限抗拔承载力。锚杆的蠕变试验应符合本规程附录 A 的规定。

4.7.5 锚杆的非锚固段长度应按下式确定，且不应小于 5.0m（图 4.7.5）：

$$l_f \geqslant \frac{(a_1 + a_2 - d \tan \alpha) \sin \left(45° - \dfrac{\varphi_m}{2}\right)}{\sin \left(45° + \dfrac{\varphi_m}{2} + \alpha\right)} + \frac{d}{\cos \alpha} + 1.5$$

$$(4.7.5)$$

式中：l_f——锚杆非锚固段长度（m）；

  α——锚杆倾角（°）；

  a_1——锚杆的锚头中点至基坑底面的距离（m）；

  a_2——基坑底面至基坑外侧主动土压力强度与基坑内侧被动土压力强度等值点 O 的距离（m）；对成层土，当存在多个等值点时应按其中最深的等值点计算；

  d——挡土构件的水平尺寸（m）；

  φ_m——O 点以上各土层按厚度加权的等效内摩擦角（°）。

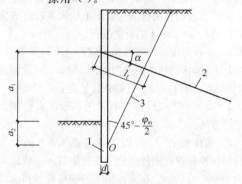

图 4.7.5　理论直线滑动面
1—挡土构件；2—锚杆；3—理论直线滑动面

4.7.6 锚杆杆体的受拉承载力应符合下式规定：

$$N \leqslant f_{py} A_p \qquad (4.7.6)$$

式中：N——锚杆轴向拉力设计值（kN），按本规程第 3.1.7 条的规定计算；

  f_{py}——预应力筋抗拉强度设计值（kPa）；当锚杆杆体采用普通钢筋时，取普通钢筋的抗拉强度设计值；

  A_p——预应力筋的截面面积（m²）。

4.7.7 锚杆锁定值宜取锚杆轴向拉力标准值的（0.75～0.9）倍，且应与本规程第 4.1.8 条中的锚杆预加轴向拉力值一致。

4.7.8 锚杆的布置应符合下列规定：

1 锚杆的水平间距不宜小于 1.5m；对多层锚杆，其竖向间距不宜小于 2.0m；当锚杆的间距小于 1.5m 时，应根据群锚效应对锚杆抗拔承载力进行折减或改变相邻锚杆的倾角；

2 锚杆锚固段的上覆土层厚度不宜小于 4.0m；

3 锚杆倾角宜取 15°～25°，不应大于 45°，不应小于 10°；锚杆的锚固段宜设置在强度较高的土层内；

4 当锚杆上方存在天然地基的建筑物或地下构筑物时，宜避开易塌孔、变形的土层。

4.7.9 钢绞线锚杆、钢筋锚杆的构造应符合下列规定：

1 锚杆成孔直径宜取 100mm～150mm；

2 锚杆自由段的长度不应小于 5m，且应穿过潜在滑动面并进入稳定土层不小于 1.5m；钢绞线、钢筋杆体在自由段应设置隔离套管；

3 土层中的锚杆锚固段长度不宜小于 6m；

4 锚杆杆体的外露长度应满足腰梁、台座尺寸及张拉锁定的要求；

5 锚杆杆体用钢绞线应符合现行国家标准《预应力混凝土用钢绞线》GB/T 5224 的有关规定；

6 钢筋锚杆的杆体宜选用预应力螺纹钢筋、HRB400、HRB500 螺纹钢筋；

7 应沿锚杆杆体全长设置定位支架；定位支架应能使相邻定位支架中点处锚杆杆体的注浆固结体保护层厚度不小于 10mm，定位支架的间距宜根据锚杆杆体的组装刚度确定，对自由段宜取 1.5m～2.0m；对锚固段宜取 1.0m～1.5m；定位支架应能使各根钢绞线相互分离；

8 锚具应符合现行国家标准《预应力筋用锚具、夹具和连接器》GB/T 14370 的规定；

9 锚杆注浆应采用水泥浆或水泥砂浆，注浆固结体强度不宜低于 20MPa。

4.7.10 锚杆腰梁可采用型钢组合梁或混凝土梁。锚杆腰梁应按受弯构件设计。锚杆腰梁的正截面、斜截面承载力，对混凝土腰梁，应符合现行国家标准《混凝土结构设计规范》GB 50010 的规定；对型钢组合腰梁，应符合现行国家标准《钢结构设计规范》GB 50017 的规定。当锚杆锚固在混凝土冠梁上时，冠梁应按受弯构件设计。

4.7.11 锚杆腰梁应根据实际约束条件按连续梁或简支梁计算。计算腰梁内力时，腰梁的荷载应取结构分析时得出的支点力设计值。

4.7.12 型钢组合腰梁可选用双槽钢或双工字钢，槽钢之间或工字钢之间应用缀板焊接为整体构件，焊缝连接应采用贴角焊。双槽钢或双工字钢之间的净间距应满足锚杆杆体平直穿过的要求。

4.7.13 采用型钢组合腰梁时，腰梁应满足在锚杆集中荷载作用下的局部受压稳定与受扭稳定的构造要求。当需要增加局部受压和受扭稳定性时，可在型钢翼缘端口处配置加劲肋板。

4.7.14 混凝土腰梁、冠梁宜采用斜面与锚杆轴线垂直的梯形截面；腰梁、冠梁的混凝土强度等级不宜低于 C25。采用梯形截面时，截面的上边水平尺寸不宜小于 250mm。

4.7.15 采用楔形钢垫块时，楔形钢垫块与挡土构件、腰梁的连接应满足受压稳定性和锚杆垂直分力作用下的受剪承载力要求。采用楔形现浇混凝土垫块时，混凝土垫块应满足抗压强度和锚杆垂直分力作用下的受剪承载力要求，且其强度等级不宜低于 C25。

4.8　锚杆施工与检测

4.8.1 当锚杆穿过的地层附近存在既有地下管线、地下构筑物时，应在调查或探明其位置、尺寸、走向、类型、使用状况等情况后再进行锚杆施工。

4.8.2 锚杆的成孔应符合下列规定：

1 应根据土层性状和地下水条件选择套管护壁、干成孔或泥浆护壁成孔工艺，成孔工艺应满足孔壁稳定性要求；

2 对松散和稍密的砂土、粉土、碎石土、填土、有机质土、高液性指数的饱和黏性土宜采用套管护壁成孔工艺；

3 在地下水位以下时，不宜采用干成孔工艺；

4 在高塑性指数的饱和黏性土层成孔时，不宜采用泥浆护壁成孔工艺；

5 当成孔过程中遇不明障碍物时，在查明其性质前不得钻进。

4.8.3 钢绞线锚杆和钢筋锚杆杆体的制作安装应符合下列规定：

1 钢绞线锚杆杆体绑扎时，钢绞线应平行、间距均匀；杆体插入孔内时，应避免钢绞线在孔内弯曲或扭转；

2 当锚杆杆体选用 HRB400、HRB500 钢筋时，其连接宜采用机械连接、双面搭接焊、双面帮条焊；采用双面焊时，焊缝长度不应小于杆体钢筋直径的 5 倍；

3 杆体制作和安放时应除锈、除油污、避免杆体弯曲；

4 采用套管护壁工艺成孔时，应在拔出套管前将杆体插入孔内；采用非套管护壁成孔时，杆体应匀速推送至孔内；

5 成孔后应及时插入杆体及注浆。

4.8.4 钢绞线锚杆和钢筋锚杆的注浆应符合下列规定：

1 注浆液采用水泥浆时，水灰比宜取 0.5～0.55；采用水泥砂浆时，水灰比宜取 0.4～0.45，灰砂比宜取 0.5～1.0，拌合用砂宜选用中粗砂；

2 水泥浆或水泥砂浆内可掺入提高注浆固结体早期强度或微膨胀的外加剂，其掺入量宜按室内试验确定；

3 注浆管端部至孔底的距离不宜大于 200mm；注浆及拔管过程中，注浆管口应始终埋入注浆液面内，应在水泥浆液从孔口溢出后停止注浆；注浆后浆液面下降时，应进行孔口补浆；

4 采用二次压力注浆工艺时，注浆管应在锚杆末端 $l_a/4$～$l_a/3$ 范围内设置注浆孔，孔间距宜取 500mm～800mm，每个注浆截面的注浆孔宜取 2 个；二次压力注浆液宜采用水灰比 0.5～0.55 的水泥浆；二次注浆管应固定在杆体上，注浆管的出浆口应有逆止构造；二次压力注浆应在水泥浆初凝后、终凝前进行，终止注浆的压力不应小于 1.5MPa；

注：l_a 为锚杆的锚固段长度。

5 采用二次压力分段劈裂注浆工艺时，注浆宜在固结体强度达到 5MPa 后进行，注浆管的出浆孔宜沿锚固段全长设置，注浆应由内向外分段依次进行；

6 基坑采用截水帷幕时，地下水位以下的锚杆注浆应采取孔口封堵措施；

7 寒冷地区在冬期施工时，应对注浆液采取保温措施，浆液温度应保持在 5℃ 以上。

4.8.5 锚杆的施工偏差应符合下列要求：

1 钻孔孔位的允许偏差应为 50mm；

2 钻孔倾角的允许偏差应为 3°；

3 杆体长度不应小于设计长度；

4 自由段的套管长度允许偏差应为 ±50mm。

4.8.6 组合型钢锚杆腰梁、钢台座的施工应符合现行国家标准《钢结构工程施工质量验收规范》GB 50205 的有关规定；混凝土锚杆腰梁、混凝土台座的施工应符合现行国家标准《混凝土结构工程施工质量验收规范》GB 50204 的有关规定。

4.8.7 预应力锚杆的张拉锁定应符合下列要求：

1 当锚杆固结体的强度达到 15MPa 或设计强度的 75% 后，方可进行锚杆的张拉锁定；

2 拉力型钢绞线锚杆宜采用钢绞线束整体张拉锁定的方法；

3 锚杆锁定前，应按本规程表 4.8.8 的检测值进行锚杆预张拉；锚杆张拉应平缓加载，加载速率不宜大于 $0.1N_k/min$；在张拉值下的锚杆位移和压力表压力应能保持稳定，当锚头位移不稳定时，应判定此根锚杆不合格；

4 锁定时的锚杆拉力应考虑锁定过程的预应力损失量；预应力损失量宜通过对锁定前、后锚杆拉力的测试确定；缺少测试数据时，锁定时的锚杆拉力可取锁定值的 1.1 倍～1.15 倍；

5 锚杆锁定应考虑相邻锚杆张拉锁定引起的预应力损失，当锚杆预应力损失严重时，应进行再次锁定；锚杆出现锚头松弛、脱落、锚具失效等情况时，应及时进行修复并对其进行再次锁定；

6 当锚杆需要再次张拉锁定时，锚具外杆体长度和完好程度应满足张拉要求。

4.8.8 锚杆抗拔承载力的检测应符合下列规定：

1 检测数量不应少于锚杆总数的 5%，且同一土层中的锚杆检测数量不应少于 3 根；

2 检测试验应在锚固段注浆固结体强度达到 15MPa 或达到设计强度的 75% 后进行；

3 检测锚杆应采用随机抽样的方法选取；

4 抗拔承载力检测值应按表 4.8.8 确定；

5 检测试验应按本规程附录 A 的验收试验方法进行；

6 当检测的锚杆不合格时，应扩大检测数量。

表 4.8.8　锚杆的抗拔承载力检测值

支护结构的安全等级	抗拔承载力检测值与轴向拉力标准值的比值
一级	≥1.4
二级	≥1.3
三级	≥1.2

4.9 内支撑结构设计

4.9.1 内支撑结构可选用钢支撑、混凝土支撑、钢与混凝土的混合支撑。

4.9.2 内支撑结构选型应符合下列原则：

  1 宜采用受力明确、连接可靠、施工方便的结构形式；

  2 宜采用对称平衡性、整体性强的结构形式；

  3 应与主体地下结构的结构形式、施工顺序协调，应便于主体结构施工；

  4 应利于基坑土方开挖和运输；

  5 需要时，可考虑内支撑结构作为施工平台。

4.9.3 内支撑结构应综合考虑基坑平面形状及尺寸、开挖深度、周边环境条件、主体结构形式等因素，选用有立柱或无立柱的下列内支撑形式：

  1 水平对撑或斜撑，可采用单杆、桁架、八字形支撑；

  2 正交或斜交的平面杆系支撑；

  3 环形杆系或环形板系支撑；

  4 竖向斜撑。

4.9.4 内支撑结构宜采用超静定结构。对个别次要构件失效会引起结构整体破坏的部位宜设置冗余约束。内支撑结构的设计应考虑地质和环境条件的复杂性、基坑开挖步序的偶然变化的影响。

4.9.5 内支撑结构分析应符合下列原则：

  1 水平对撑与水平斜撑，应按偏心受压构件进行计算；支撑的轴向压力应取支撑间距内挡土构件的支点力之和；腰梁或冠梁应按以支撑为支座的多跨连续梁计算，计算跨度可取相邻支撑点的中心距；

  2 矩形基坑的正交平面杆系支撑，可分解为纵横两个方向的结构单元，并分别按偏心受压构件进行计算；

  3 平面杆系支撑、环形杆系支撑，可按平面杆系结构采用平面有限元法进行计算；计算时应考虑基坑不同方向上的荷载不均匀性；建立的计算模型中，约束支座的设置应与支护结构实际位移状态相符，内支撑结构边界向基坑外位移处应设置弹性约束支座，向基坑内位移处不应设置支座，与边界平行方向应根据支护结构实际位移状态设置支座；

  4 内支撑结构应进行竖向荷载作用下的结构分析；设有立柱时，在竖向荷载作用下内支撑结构宜按空间框架计算，当作用在内支撑结构上的竖向荷载较小时，内支撑结构的水平构件可按连续梁计算，计算跨度可取相邻立柱的中心距；

  5 竖向斜撑应按偏心受压杆件进行计算；

  6 当有可靠经验时，宜采用三维结构分析方法，对支撑、腰梁与冠梁、挡土构件进行整体分析。

4.9.6 内支撑结构分析时，应同时考虑下列作用：

  1 由挡土构件传至内支撑结构的水平荷载；

  2 支撑结构自重；当支撑作为施工平台时，尚应考虑施工荷载；

  3 当温度改变引起的支撑结构内力不可忽略不计时，应考虑温度应力；

  4 当支撑立柱下沉或隆起量较大时，应考虑支撑立柱与挡土构件之间差异沉降产生的作用。

4.9.7 混凝土支撑构件及其连接的受压、受弯、受剪承载力计算应符合现行国家标准《混凝土结构设计规范》GB 50010 的规定；钢支撑结构构件及其连接的受压、受弯、受剪承载力及各类稳定性计算应符合现行国家标准《钢结构设计规范》GB 50017 的规定。支撑的承载力计算应考虑施工偏心误差的影响，偏心距取值不宜小于支撑计算长度的 1/1000，且对混凝土支撑不宜小于 20mm，对钢支撑不宜小于 40mm。

4.9.8 支撑构件的受压计算长度应按下列规定确定：

  1 水平支撑在竖向平面内的受压计算长度，不设置立柱时，应取支撑的实际长度；设置立柱时，应取相邻立柱的中心间距；

  2 水平支撑在水平平面内的受压计算长度，对无水平支撑杆件交汇的支撑，应取支撑的实际长度；对有水平支撑杆件交汇的支撑，应取与支撑相交的相邻水平支撑杆件的中心间距；当水平支撑杆件的交汇点不在同一水平面内时，水平平面内的受压计算长度宜取与支撑相交的相邻水平支撑杆件中心间距的 1.5 倍；

  3 对竖向斜撑，应按本条第 1、2 款的规定确定受压计算长度。

4.9.9 预加轴向压力的支撑，预加力值宜取支撑轴向压力标准值的（0.5～0.8）倍，且应与本规程第 4.1.8 条中的支撑预加轴向压力一致。

4.9.10 立柱的受压承载力可按下列规定计算：

  1 在竖向荷载作用下，内支撑结构按框架计算时，立柱应按偏心受压构件计算；内支撑结构的水平构件按连续梁计算时，立柱可按轴心受压构件计算；

  2 立柱的受压计算长度应按下列规定确定：

    1）单层支撑的立柱、多层支撑底层立柱的受压计算长度应取底层支撑至基坑底面的净高度与立柱直径或边长的 5 倍之和；

    2）相邻两层水平支撑间的立柱受压计算长度应取此两层水平支撑的中心间距；

  3 立柱的基础应满足抗压和抗拔的要求。

4.9.11 内支撑的平面布置应符合下列规定：

  1 内支撑的布置应满足主体结构的施工要求，宜避开地下主体结构的墙、柱；

  2 相邻支撑的水平间距应满足土方开挖的施工要求；采用机械挖土时，应满足挖土机械作业的空间要求，且不宜小于 4m；

  3 基坑形状有阳角时，阳角处的支撑应在两边

4 当采用环形支撑时，环梁宜采用圆形、椭圆形等封闭曲线形式，并应按使环梁弯矩、剪力最小的原则布置辐射支撑；环形支撑宜采用与腰梁或冠梁相切的布置形式；

5 水平支撑与挡土构件之间应设置连接腰梁；当支撑设置在挡土构件顶部时，水平支撑应与冠梁连接；在腰梁或冠梁上支撑点的间距，对钢腰梁不宜大于 4m，对混凝土梁不宜大于 9m；

6 当需要采用较大水平间距的支撑时，宜根据支撑冠梁、腰梁的受力和承载力要求，在支撑端部两侧设置八字斜撑杆与冠梁、腰梁连接，八字斜撑杆宜在主撑两侧对称布置，且斜撑杆的长度不宜大于 9m，斜撑杆与冠梁、腰梁之间的夹角宜取 45°～60°；

7 当设置支撑立柱时，临时立柱应避开主体结构的梁、柱及承重墙；对纵横双向交叉的支撑结构，立柱宜设置在支撑的交汇点处；对用作主体结构柱的立柱，立柱在基坑支护阶段的负荷不得超过主体结构的设计要求；立柱与支撑端部及立柱之间的间距应根据支撑构件的稳定要求和竖向荷载的大小确定，且对混凝土支撑不宜大于 15m，对钢支撑不宜大于 20m；

8 当采用竖向斜撑时，应设置斜撑基础，且应考虑与主体结构底板施工的关系。

4.9.12 支撑的竖向布置应符合下列规定：

1 支撑与挡土构件连接处不应出现拉力；

2 支撑应避开主体地下结构底板和楼板的位置，并应满足主体地下结构施工对墙、柱钢筋连接长度的要求；当支撑下方的主体结构楼板在支撑拆除前施工时，支撑底面与下方主体结构楼板间的净距不宜小于 700mm；

3 支撑至坑底的净高不宜小于 3m；

4 采用多层水平支撑时，各层水平支撑宜布置在同一竖向平面内，层间净高不宜小于 3m。

4.9.13 混凝土支撑的构造应符合下列规定：

1 混凝土的强度等级不应低于 C25；

2 支撑构件的截面高度不宜小于其竖向平面内计算长度的 1/20；腰梁的截面高度（水平尺寸）不宜小于其水平方向计算跨度的 1/10，截面宽度（竖向尺寸）不应小于支撑的截面高度；

3 支撑构件的纵向钢筋直径不宜小于 16mm，沿截面周边的间距不宜大于 200mm；箍筋的直径不宜小于 8mm，间距不宜大于 250mm。

4.9.14 钢支撑的构造应符合下列规定：

1 钢支撑构件可采用钢管、型钢及其组合截面；

2 钢支撑受压杆件的长细比不应大于 150，受拉杆件长细比不应大于 200；

3 钢支撑连接宜采用螺栓连接，必要时可采用焊接连接；

4 当水平支撑与腰梁斜交时，腰梁上应设置牛腿或采用其他能够承受剪力的连接措施；

5 采用竖向斜撑时，腰梁和支撑基础上应设置牛腿或采用其他能够承受剪力的连接措施；腰梁与挡土构件之间应采用能够承受剪力的连接措施；斜撑基础应满足竖向承载力和水平承载力要求。

4.9.15 立柱的构造应符合下列规定：

1 立柱可采用钢格构、钢管、型钢或钢管混凝土等形式；

2 当采用灌注桩作为立柱基础时，钢立柱锚入桩内的长度不宜小于立柱长边或直径的 4 倍；

3 立柱长细比不宜大于 25；

4 立柱与水平支撑的连接可采用铰接；

5 立柱穿过主体结构底板的部位，应有有效的止水措施。

4.9.16 混凝土支撑构件的构造，应符合现行国家标准《混凝土结构设计规范》GB 50010 的有关规定。钢支撑构件的构造，应符合现行国家标准《钢结构设计规范》GB 50017 的有关规定。

4.10 内支撑结构施工与检测

4.10.1 内支撑结构的施工与拆除顺序，应与设计工况一致，必须遵循先支撑后开挖的原则。

4.10.2 混凝土支撑的施工应符合现行国家标准《混凝土结构工程施工质量验收规范》GB 50204 的规定。

4.10.3 混凝土腰梁施工前应将排桩、地下连续墙等挡土构件的连接表面清理干净，混凝土腰梁应与挡土构件紧密接触，不得留有缝隙。

4.10.4 钢支撑的安装应符合现行国家标准《钢结构工程施工质量验收规范》GB 50205 的规定。

4.10.5 钢腰梁与排桩、地下连续墙等挡土构件间隙的宽度宜小于 100mm，并应在钢腰梁安装定位后，用强度等级不低于 C30 的细石混凝土填充密实或采用其他可靠连接措施。

4.10.6 对预加轴向压力的钢支撑，施加预压力时应符合下列要求：

1 对支撑施加压力的千斤顶应有可靠、准确的计量装置；

2 千斤顶压力的合力点应与支撑轴线重合，千斤顶应在支撑轴线两侧对称、等距放置，且应同步施加压力；

3 千斤顶的压力应分级施加，施加每级压力后应保持压力稳定 10min 后方可施加下一级压力；预压力加至设计规定值后，应在压力稳定 10min 后，方可按设计预压力值进行锁定；

4 支撑施加压力过程中，当出现焊点开裂、局部压曲等异常情况时应卸除压力，在对支撑的薄弱处进行加固后，方可继续施加压力；

5 当监测的支撑压力出现损失时，应再次施加预压力。

4.10.7 对钢支撑,当夏期施工产生较大温度应力时,应及时对支撑采取降温措施。当冬期施工降温产生的收缩使支撑端头出现空隙时,应及时用铁楔将空隙楔紧或采用其他可靠连接措施。

4.10.8 支撑拆除应在替换支撑的结构构件达到换撑要求的承载力后进行。当主体结构底板和楼板分块浇筑或设置后浇带时,应在分块部位或后浇带处设置可靠的传力构件。支撑的拆除应根据支撑材料、形式、尺寸等具体情况采用人工、机械和爆破等方法。

4.10.9 立柱的施工应符合下列要求:

    1 立柱桩混凝土的浇筑面宜高于设计桩顶500mm;

    2 采用钢立柱时,立柱周围的空隙应用碎石回填密实,并宜辅以注浆措施;

    3 立柱的定位和垂直度宜采用专门措施进行控制,对格构柱、H型钢柱,尚应同时控制转向偏差。

4.10.10 内支撑的施工偏差应符合下列要求:

    1 支撑标高的允许偏差应为30mm;

    2 支撑水平位置的允许偏差应为30mm;

    3 临时立柱平面位置的允许偏差应为50mm,垂直度的允许偏差应为1/150。

4.11 支护结构与主体结构的结合及逆作法

4.11.1 支护结构与主体结构可采用下列结合方式:

    1 支护结构的地下连续墙与主体结构外墙相结合;

    2 支护结构的水平支撑与主体结构水平构件相结合;

    3 支护结构的竖向支承立柱与主体结构竖向构件相结合。

4.11.2 支护结构与主体结构相结合时,应分别按基坑支护各设计状况与主体结构各设计状况进行设计。与主体结构相关的构件之间的结点连接、变形协调与防水构造应满足主体结构的设计要求。按支护结构设计时,作用在支护结构上的荷载除应符合本规程第3.4节、第4.9节的规定外,尚应同时考虑施工时的主体结构自重及施工荷载;按主体结构设计时,作用在主体结构外墙上的土压力宜采用静止土压力。

4.11.3 地下连续墙与主体结构外墙相结合时,可采用单一墙、复合墙或叠合墙结构形式,其结合应符合下列要求(图4.11.3):

    1 对于单一墙,永久使用阶段应按地下连续墙承担全部外墙荷载进行设计;

    2 对于复合墙,地下连续墙内侧应设置混凝土衬墙;地下连续墙与衬墙之间的结合面应按不承受剪力进行构造设计,永久使用阶段水平荷载作用下的墙体内力宜按地下连续墙与衬墙的刚度比例进行分配;

    3 对于叠合墙,地下连续墙内侧应设置混凝土衬墙;地下连续墙与衬墙之间的结合面应按承受剪力

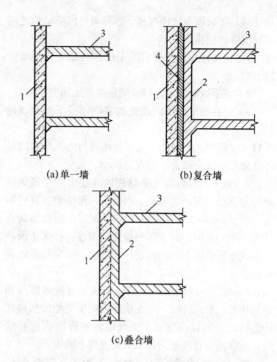

(a)单一墙   (b)复合墙

(c)叠合墙

图4.11.3 地下连续墙与主体结构外墙结合的形式

1—地下连续墙;2—衬墙;3—楼盖;4—衬垫材料

进行连接构造设计,永久使用阶段地下连续墙与衬墙应按整体考虑,外墙厚度应取地下连续墙与衬墙厚度之和。

4.11.4 地下连续墙与主体结构外墙相结合时,主体结构各设计状况下地下连续墙的计算分析应符合下列规定:

    1 水平荷载作用下,地下连续墙应按以楼盖结构为支承的连续板或连续梁进行计算,结构分析尚应考虑与支护阶段地下连续墙内力、变形叠加的工况;

    2 地下连续墙应进行裂缝宽度验算;除特殊要求外,应按现行国家标准《混凝土结构设计规范》GB 50010的规定,按环境类别选用不同的裂缝控制等级及最大裂缝宽度限值;

    3 地下连续墙作为主要竖向承重构件时,应分别按承载能力极限状态和正常使用极限状态验算地下连续墙的竖向承载力和沉降量;地下连续墙的竖向承载力宜通过现场静载荷试验确定;无试验条件时,可按钻孔灌注桩的竖向承载力计算公式进行估算,墙身截面有效周长应取与周边土体接触部分的长度,计算侧阻力时的墙体长度应取坑底以下的嵌固深度;地下连续墙采用刚性接头时,应对刚性接头进行抗剪验算;

    4 地下连续墙承受竖向荷载时,应按偏心受压构件计算正截面承载力;

    5 墙顶冠梁与地下连续墙及上部结构的连接处应验算截面受剪承载力。

4.11.5 当地下连续墙作为主体结构的主要竖向承重

构件时，可采取下列协调地下连续墙与内部结构之间差异沉降的措施：

    1 宜选择压缩性较低的土层作为地下连续墙的持力层；

    2 宜采取对地下连续墙墙底注浆加固的措施；

    3 宜在地下连续墙附近的基础底板下设置基础桩。

4.11.6 用作主体结构的地下连续墙与内部结构的连接及防水构造应符合下列规定：

    1 地下连续墙与主体结构的连接可采用墙内预埋弯起钢筋、钢筋接驳器、钢板等，预埋钢筋直径不宜大于 20mm，并应采用 HPB300 钢筋；连接钢筋直径大于 20mm 时，宜采用钢筋接驳器连接；无法预埋钢筋或埋设精度无法满足设计要求时，可采用预埋钢板的方式；

    2 地下连续墙墙段间的竖向接缝宜设置防渗和止水构造；有条件时，可在墙体内侧接缝处设扶壁式构造柱或框架柱；当地下连续墙内侧设有构造衬墙时，应在地下连续墙与衬墙间设置排水通道；

    3 地下连续墙与结构顶板、底板的连接接缝处，应按地下结构的防水等级要求，设置刚性止水片、遇水膨胀橡胶止水条或预埋注浆管注浆止水等构造措施。

4.11.7 水平支撑与主体结构水平构件相结合时，支护阶段用作支撑的楼盖的计算分析应符合下列规定：

    1 应符合本规程第 4.9 节的有关规定；

    2 当楼盖结构兼作为施工平台时，应按水平和竖向荷载同时作用进行计算；

    3 同层楼板面存在高差的部位，应验算该部位构件的受弯、受剪、受扭承载能力；必要时，应设置可靠的水平向转换结构或临时支撑等措施；

    4 结构楼板的洞口及车道开口部位，当洞口两侧的梁板不能满足传力要求时，应采用设置临时支撑等措施；

    5 各层楼盖设结构分缝或后浇带处，应设置水平传力构件，其承载力应通过计算确定。

4.11.8 水平支撑与主体结构水平构件相结合时，主体结构各设计状况下主体结构楼盖的计算分析应考虑与支护阶段楼盖内力、变形叠加的工况。

4.11.9 当楼盖采用梁板结构体系时，框架梁截面的宽度，应根据梁柱节点位置框架梁主筋穿过的要求，适当大于竖向支承立柱的截面宽度。当框架梁宽度在梁柱节点位置不能满足主筋穿过的要求时，在梁柱节点位置应采取梁的宽度方向加腋、环梁节点、连接环板等措施。

4.11.10 竖向支承立柱与主体结构竖向构件相结合时，支护阶段立柱和立柱桩的计算分析除应符合本规程第 4.9.10 条的规定外，尚应符合下列规定：

    1 立柱及立柱桩的承载力与沉降计算时，立柱

及立柱桩的荷载应包括支护阶段施工的主体结构自重及其所承受的施工荷载，并应按其安装的垂直度允许偏差考虑竖向荷载偏心的影响；

    2 在主体结构底板施工前，立柱基础之间及立柱与地下连续墙之间的差异沉降不宜大于 20mm，且不宜大于柱距的 1/400。

4.11.11 在主体结构的短暂与持久设计状况下，宜考虑立柱基础之间的差异沉降及立柱与地下连续墙之间的差异沉降引起的结构次应力，并应采取防止裂缝产生的措施。立柱桩采用钻孔灌注桩时，可采用后注浆措施减小立柱桩的沉降。

4.11.12 竖向支承立柱与主体结构竖向构件相结合时，一根结构柱位置宜布置一根立柱及立柱桩。当一根立柱无法满足逆作施工阶段的承载力与沉降要求时，也可采用一根结构柱位置布置多根立柱和立柱桩的形式。

4.11.13 与主体结构竖向构件结合的立柱的构造应符合下列规定：

    1 立柱应根据支护阶段承受的荷载要求及主体结构设计要求，采用格构式钢立柱、H 型钢立柱或钢管混凝土立柱等形式；立柱桩宜采用灌注桩，并应尽量利用主体结构的基础桩；

    2 立柱采用角钢格构柱时，其边长不宜小于 420mm；采用钢管混凝土柱时，钢管直径不宜小于 500mm；

    3 外包混凝土形成主体结构框架柱的立柱，其形式与截面应与地下结构梁板和柱的截面与钢筋配置相协调，其节点构造应保证结构整体受力与节点连接的可靠性；立柱应在地下结构底板混凝土浇筑完后，逐层在立柱外侧浇筑混凝土形成地下结构框架柱；

    4 立柱与水平构件连接节点的抗剪钢筋、栓钉或钢牛腿等抗剪构造应根据计算确定；

    5 采用钢管混凝土立柱时，插入立柱桩的钢管的混凝土保护层厚度不应小于 100mm。

4.11.14 地下连续墙与主体结构外墙相结合时，地下连续墙的施工应符合下列规定：

    1 地下连续墙成槽施工应采用具有自动纠偏功能的设备；

    2 地下连续墙采用墙底后注浆时，可将墙段折算成截面面积相等的桩后，按现行行业标准《建筑桩基技术规范》JGJ 94 的有关规定确定后注浆参数，后注浆的施工应符合该规范的有关规定。

4.11.15 竖向支承立柱与主体结构竖向构件相结合时，立柱及立柱桩的施工除应符合本规程第 4.10.9 条规定外，尚应符合下列要求：

    1 立柱采用钢管混凝土柱时，宜通过现场试充填试验确定钢管混凝土的施工工艺与施工参数；

    2 立柱桩采用后注浆时，后注浆的施工应符合

现行行业标准《建筑桩基技术规范》JGJ 94 有关灌注桩后注浆施工的规定。

4.11.16 主体结构采用逆作法施工时，应在地下各层楼板上设置用于垂直运输的孔洞。楼板的孔洞应符合下列规定：

　　1 同层楼板上需要设置多个孔洞时，孔洞的位置应考虑楼板作为内支撑的受力和变形要求，并应满足合理布置施工运输的要求；

　　2 孔洞宜尽量利用主体结构的楼梯间、电梯井或无楼板处等结构开口；孔洞的尺寸应满足土方、设备、材料等垂直运输的施工要求；

　　3 结构楼板上的运输预留孔洞、立柱预留孔洞部位，应验算水平支撑力和施工荷载作用下的应力和变形，并应采取设置边梁或增强钢筋配置等加强措施；

　　4 对主体结构逆作施工后需要封闭的临时孔洞，应根据主体结构对孔洞处二次浇筑混凝土的结构连接要求，预先在洞口周边设置连接钢筋或抗剪预埋件等结构连接措施；有防水要求的洞口应设置刚性止水片、遇水膨胀橡胶止水条或预埋注浆管注浆止水等构造措施。

4.11.17 逆作的主体结构的梁、板、柱，其混凝土浇筑应采用下列措施：

　　1 主体结构的梁板等构件宜采用支模法浇筑混凝土；

　　2 由上向下逐层逆作主体结构的墙、柱时，墙、柱的纵向钢筋预先埋入下方土层内的钢筋连接段应采取防止钢筋污染的措施，与下层墙、柱钢筋的连接应符合现行国家标准《混凝土结构设计规范》GB 50010 对钢筋连接的规定；浇筑下层墙、柱混凝土前，应将已浇筑的上层墙、柱混凝土的结合面及预留连接钢筋、钢板表面的泥土清除干净；

　　3 逆作浇筑各层墙、柱混凝土时，墙、柱的模板顶部宜做成向上开口的喇叭形，且上层梁板在柱、墙节点处宜预留墙、柱的混凝土浇捣孔；墙、柱混凝土与上层墙、柱的结合面应浇筑密实、无收缩裂缝；

　　4 当前后两次浇筑的墙、柱混凝土结合面可能出现裂缝时，宜在结合面处的模板上预留充填裂缝的压力注浆孔。

4.11.18 与主体结构结合的地下连续墙、立柱及立柱桩，其施工偏差应符合下列规定：

　　1 除有特殊要求外，地下连续墙的施工偏差应符合现行国家标准《建筑地基基础工程施工质量验收规范》GB 50202 的规定；

　　2 立柱及立柱桩的平面位置允许偏差应为 10mm；

　　3 立柱的垂直度允许偏差应为 1/300；

　　4 立柱桩的垂直度允许偏差应为 1/200。

4.11.19 竖向支承立柱与主体结构竖向构件相结合时，立柱及立柱桩的检测应符合下列规定：

　　1 应对全部立柱进行垂直度与柱位进行检测；

　　2 应采用敲击法对钢管混凝土立柱进行检验，检测数量应大于立柱总数的 20%；当发现立柱缺陷时，应采用声波透射法或钻芯法进行验证，并扩大敲击法检测数量。

4.11.20 与支护结构结合的主体结构构件的设计、施工、检测，应符合本规程第 4.5 节、第 4.6 节、第 4.9 节、第 4.10 节的有关规定。

4.12 双排桩设计

4.12.1 双排桩可采用图 4.12.1 所示的平面刚架结构模型进行计算。

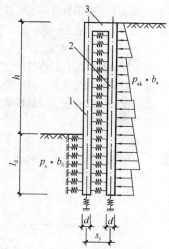

图 4.12.1　双排桩计算
1—前排桩；2—后排桩；3—刚架梁

4.12.2 采用图 4.12.1 的结构模型时，作用在后排桩上的主动土压力应按本规程第 3.4 节的规定计算，前排桩嵌固段上的土反力应按本规程第 4.1.4 条确定，作用在单根后排支护桩上的主动土压力计算宽度应取排桩间距，土反力计算宽度应按本规程第 4.1.7 条的规定取值（图 4.12.2）。前、后排桩间土对桩侧的压力可按下式计算：

$$p_c = k_c \Delta v + p_{c0} \qquad (4.12.2)$$

式中：p_c——前、后排桩间土对桩侧的压力（kPa）；可按作用在前、后排桩上的压力相等考虑；

　　　　k_c——桩间土的水平刚度系数（kN/m³）；

　　　　Δv——前、后排桩水平位移的差值（m）；当其相对位移减小时为正值；当其相对位移增加时，取 $\Delta v = 0$；

　　　　p_{c0}——前、后排桩间土对桩侧的初始压力（kPa），按本规程第 4.12.4 条计算。

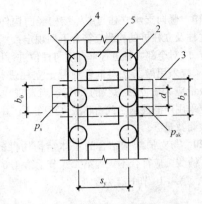

图 4.12.2 双排桩桩顶连梁及计算宽度
1—前排桩；2—后排桩；3—排桩对称
中心线；4—桩顶冠梁；5—刚架梁

4.12.3 桩间土的水平刚度系数可按下式计算：

$$k_c = \frac{E_s}{s_y - d} \qquad (4.12.3)$$

式中：E_s——计算深度处，前、后排桩间土的压缩模量（kPa）；当为成层土时，应按计算点的深度分别取相应土层的压缩模量；

s_y——双排桩的排距（m）；

d——桩的直径（m）。

4.12.4 前、后排桩间土对桩侧的初始压力可按下列公式计算：

$$p_{c0} = (2\alpha - \alpha^2)\, p_{ak} \qquad (4.12.4\text{-}1)$$

$$\alpha = \frac{s_y - d}{h \tan(45 - \varphi_m/2)} \qquad (4.12.4\text{-}2)$$

式中：p_{ak}——支护结构外侧，第 i 层土中计算点的主动土压力强度标准值（kPa），按本规程第 3.4.2 条的规定计算；

h——基坑深度（m）；

φ_m——基坑底面以上各土层按厚度加权的等效内摩擦角平均值（°）；

α——计算系数，当计算的 α 大于 1 时，取 α = 1。

4.12.5 双排桩的嵌固深度（l_d）应符合下式嵌固稳定性的要求（图 4.12.5）：

$$\frac{E_{pk}a_p + G a_G}{E_{ak}a_a} \geqslant K_e \qquad (4.12.5)$$

式中：K_e——嵌固稳定安全系数；安全等级为一级、二级、三级的双排桩，K_e 分别不应小于 1.25、1.2、1.15；

E_{ak}、E_{pk}——分别为基坑外侧主动土压力、基坑内侧被动土压力标准值（kN）；

a_a、a_p——分别为基坑外侧主动土压力、基坑内侧被动土压力合力作用点至双排桩底端的距离（m）；

G——双排桩、刚架梁和桩间土的自重之和（kN）；

a_G——双排桩、刚架梁和桩间土的重心至前排桩边缘的水平距离（m）。

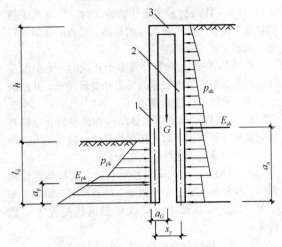

图 4.12.5 双排桩抗倾覆稳定性验算
1—前排桩；2—后排桩；3—刚架梁

4.12.6 双排桩排距宜取 $2d \sim 5d$。刚架梁的宽度不应小于 d，高度不宜小于 $0.8d$，刚架梁高度与双排桩排距的比值宜取 $1/6 \sim 1/3$。

4.12.7 双排桩结构的嵌固深度，对淤泥质土，不宜小于 $1.0h$；对淤泥，不宜小于 $1.2h$；对一般黏性土、砂土，不宜小于 $0.6h$。前排桩端宜置于桩端阻力较高的土层。采用泥浆护壁灌注桩时，施工时的孔底沉渣厚度不应大于 50mm，或应采用桩底后注浆加固沉渣。

4.12.8 双排桩应按偏心受压、偏心受拉构件进行支护桩的截面承载力计算，刚架梁应根据其跨高比按普通受弯构件或深受弯构件进行截面承载力计算。双排桩结构的截面承载力和构造应符合现行国家标准《混凝土结构设计规范》GB 50010 的有关规定。

4.12.9 前、后排桩与刚架梁节点处，桩的受拉钢筋与刚架梁受拉钢筋的搭接长度不应小于受拉钢筋锚固长度的 1.5 倍，其节点构造尚应符合现行国家标准《混凝土结构设计规范》GB 50010 对框架顶层端节点的有关规定。

5 土 钉 墙

5.1 稳定性验算

5.1.1 土钉墙应按下列规定对基坑开挖的各工况进行整体滑动稳定性验算：

1 整体滑动稳定性可采用圆弧滑动条分法进行验算。

2 采用圆弧滑动条分法时，其整体滑动稳定性应符合下列规定（图 5.1.1）：

$$\min\{K_{s,1}, K_{s,2}\cdots, K_{s,i}, \cdots\} \geqslant K_s$$

$$(5.1.1\text{-}1)$$

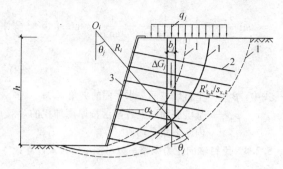

(a)土钉墙在地下水位以上

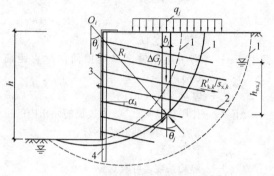

(b)水泥土桩或微型桩复合土钉墙

图 5.1.1 土钉墙整体滑动稳定性验算
1—滑动面；2—土钉或锚杆；3—喷射混凝土面层；
4—水泥土桩或微型桩

$$K_{s,i} = \frac{\sum\left[c_j l_j + (q_j b_j + \Delta G_j)\cos\theta_j \tan\varphi_j\right] + \sum R'_{k,k}\left[\cos(\theta_k + \alpha_k) + \psi_v\right]/s_{x,k}}{\sum(q_j b_j + \Delta G_j)\sin\theta_j}$$

(5.1.1-2)

式中：K_s——圆弧滑动稳定安全系数；安全等级为
二级、三级的土钉墙，K_s 分别不应小
于 1.3、1.25；

$K_{s,i}$——第 i 个圆弧滑动体的抗滑力矩与滑动力
矩的比值；抗滑力矩与滑动力矩之比
的最小值宜通过搜索不同圆心及半径
的所有潜在滑动圆弧确定；

c_j、φ_j——分别为第 j 土条滑弧面处土的黏聚力
（kPa）、内摩擦角（°），按本规程第
3.1.14 条的规定取值；

b_j——第 j 土条的宽度（m）；

θ_j——第 j 土条滑弧面中点处的法线与垂直面
的夹角（°）；

l_j——第 j 土条的滑弧长度（m），取 $l_j = b_j/\cos\theta_j$；

q_j——第 j 土条上的附加分布荷载标准值
（kPa）；

ΔG_j——第 j 土条的自重（kN），按天然重度
计算；

$R'_{k,k}$——第 k 层土钉或锚杆在滑动面以外的锚固
段的极限抗拔承载力标准值与杆体受

拉承载力标准值（$f_{yk}A_s$ 或 $f_{ptk}A_p$）的
较小值（kN）；锚固段的极限抗拔承载
力应按本规程第 5.2.5 条和第 4.7.4 条
的规定计算，但锚固段应取圆弧滑动
面以外的长度；

α_k——第 k 层土钉或锚杆的倾角（°）；

θ_k——滑弧面在第 k 层土钉或锚杆处的法线与
垂直面的夹角（°）；

$s_{x,k}$——第 k 层土钉或锚杆的水平间距（m）；

ψ_v——计算系数；可取 $\psi_v = 0.5\sin(\theta_k + \alpha_k)\tan\varphi$；

φ——第 k 层土钉或锚杆与滑弧交点处土的内
摩擦角（°）。

3 水泥土桩复合土钉墙，在需要考虑地下水压
力的作用时，其整体稳定性应按本规程公式（4.2.3-
1）、公式（4.2.3-2）验算，但 $R'_{k,k}$ 应按本条的规定
取值。

4 当基坑面以下存在软弱下卧土层时，整体稳
定性验算滑动面中应包括由圆弧与软弱土层层面组成
的复合滑动面。

5 微型桩、水泥土桩复合土钉墙，滑弧穿过其
嵌固段的土条可适当考虑桩的抗滑作用。

5.1.2 基坑底面下有软土层的土钉墙结构应进行坑
底隆起稳定性验算，验算可采用下列公式（图
5.1.2）。

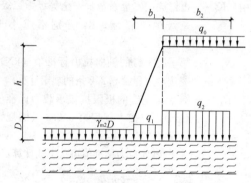

图 5.1.2 基坑底面下有软土层的土钉
墙隆起稳定性验算

$$\frac{\gamma_{m2}DN_q + cN_c}{(q_1 b_1 + q_2 b_2)/(b_1 + b_2)} \geqslant K_b \quad (5.1.2-1)$$

$$N_q = \tan^2\left(45° + \frac{\varphi}{2}\right)e^{\pi\tan\varphi} \quad (5.1.2-2)$$

$$N_c = (N_q - 1)/\tan\varphi \quad (5.1.2-3)$$

$$q_1 = 0.5\gamma_{m1}h + \gamma_{m2}D \quad (5.1.2-4)$$

$$q_2 = \gamma_{m1}h + \gamma_{m2}D + q_0 \quad (5.1.2-5)$$

式中：K_b——抗隆起安全系数；安全等级为二级、
三级的土钉墙，K_b 分别不应小于
1.6、1.4；

q_0——地面均布荷载（kPa）；

γ_{m1}——基坑底面以上土的天然重度（kN/

m^3）；对多层土取各层土按厚度加权的平均重度；

h——基坑深度（m）；

γ_{m2}——基坑底面至抗隆起计算平面之间土层的天然重度（kN/m^3）；对多层土取各层土按厚度加权的平均重度；

D——基坑底面至抗隆起计算平面之间土层的厚度（m）；当抗隆起计算平面为基坑底平面时，取$D=0$；

N_c、N_q——承载力系数；

c、φ——分别为抗隆起计算平面以下土的黏聚力（kPa）、内摩擦角（°），按本规程第3.1.14条的规定取值；

b_1——土钉墙坡面的宽度（m）；当土钉墙坡面垂直时取$b_1=0$；

b_2——地面均布荷载的计算宽度（m），可取$b_2=h$。

5.1.3 土钉墙与截水帷幕结合时，应按本规程附录C的规定进行地下水渗透稳定性验算。

5.2 土钉承载力计算

5.2.1 单根土钉的极限抗拔承载力应符合下式规定：

$$\frac{R_{k,j}}{N_{k,j}} \geq K_t \qquad (5.2.1)$$

式中：K_t——土钉抗拔安全系数；安全等级为二级、三级的土钉墙，K_t分别不应小于1.6、1.4；

$N_{k,j}$——第j层土钉的轴向拉力标准值（kN），应按本规程第5.2.2条的规定计算；

$R_{k,j}$——第j层土钉的极限抗拔承载力标准值（kN），应按本规程第5.2.5条的规定确定。

5.2.2 单根土钉的轴向拉力标准值可按下式计算：

$$N_{k,j} = \frac{1}{\cos \alpha_j} \zeta \eta_j p_{ak,j} s_{x,j} s_{z,j} \qquad (5.2.2)$$

式中：$N_{k,j}$——第j层土钉的轴向拉力标准值（kN）；

α_j——第j层土钉的倾角（°）；

ζ——墙面倾斜时的主动土压力折减系数，可按本规程第5.2.3条确定；

η_j——第j层土钉轴向拉力调整系数，可按本规程公式（5.2.4-1）计算；

$p_{ak,j}$——第j层土钉处的主动土压力强度标准值（kPa），应按本规程第3.4.2条确定；

$s_{x,j}$——土钉的水平间距（m）；

$s_{z,j}$——土钉的垂直间距（m）。

5.2.3 坡面倾斜时的主动土压力折减系数可按下式计算：

$$\zeta = \tan \frac{\beta - \varphi_m}{2} \left(\frac{1}{\tan \frac{\beta + \varphi_m}{2}} - \frac{1}{\tan \beta} \right) / \tan^2 \left(45° - \frac{\varphi_m}{2} \right)$$

$$(5.2.3)$$

式中：β——土钉墙坡面与水平面的夹角（°）；

φ_m——基坑底面以上各土层按厚度加权的等效内摩擦角平均值（°）。

5.2.4 土钉轴向拉力调整系数可按下列公式计算：

$$\eta_j = \eta_a - (\eta_a - \eta_b) \frac{z_j}{h} \qquad (5.2.4-1)$$

$$\eta_a = \frac{\sum (h - \eta_b z_j) \Delta E_{aj}}{\sum (h - z_j) \Delta E_{aj}} \qquad (5.2.4-2)$$

式中：z_j——第j层土钉至基坑顶面的垂直距离（m）；

h——基坑深度（m）；

ΔE_{aj}——作用在以$s_{x,j}$、$s_{z,j}$为边长的面积内的主动土压力标准值（kN）；

η_a——计算系数；

η_b——经验系数，可取$0.6 \sim 1.0$；

n——土钉层数。

5.2.5 单根土钉的极限抗拔承载力应按下列规定确定：

1 单根土钉的极限抗拔承载力应通过抗拔试验确定，试验方法应符合本规程附录D的规定。

2 单根土钉的极限抗拔承载力标准值也可按下式估算，但应通过本规程附录D规定的土钉抗拔试验进行验证：

$$R_{k,j} = \pi d_j \sum q_{sk,i} l_i \qquad (5.2.5)$$

式中：d_j——第j层土钉的锚固体直径（m）；对成孔注浆土钉，按成孔直径计算，对打入钢管土钉，按钢管直径计算；

$q_{sk,i}$——第j层土钉与第i土层的极限粘结强度标准值（kPa）；应根据工程经验并结合表5.2.5取值；

l_i——第j层土钉滑动面以外的部分在第i土层中的长度（m），直线滑动面与水平面的夹角取$\frac{\beta + \varphi_m}{2}$。

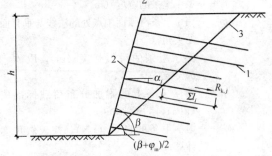

图5.2.5 土钉抗拔承载力计算

1—土钉；2—喷射混凝土面层；3—滑动面

3 对安全等级为三级的土钉墙，可按公式（5.2.5）确定单根土钉的极限抗拔承载力。

4 当按本条第（1~3）款确定的土钉极限抗拔承载力标准值大于 $f_{yk}A_s$ 时，应取 $R_{k,j}=f_{yk}A_s$。

表5.2.5　土钉的极限粘结强度标准值

土的名称	土的状态	q_{sk}（kPa）	
		成孔注浆土钉	打入钢管土钉
素填土		15~30	20~35
淤泥质土		10~20	15~25
黏性土	$0.75<I_L\leqslant1$	20~30	20~40
	$0.25<I_L\leqslant0.75$	30~45	40~55
	$0<I_L\leqslant0.25$	45~60	55~70
	$I_L\leqslant0$	60~70	70~80
粉土		40~80	50~90
砂土	松散	35~50	50~65
	稍密	50~65	65~80
	中密	65~80	80~100
	密实	80~100	100~120

5.2.6 土钉杆体的受拉承载力应符合下列规定：

$$N_j \leqslant f_y A_s \qquad (5.2.6)$$

式中：N_j——第 j 层土钉的轴向拉力设计值（kN），按本规程第3.1.7的规定计算；

f_y——土钉杆体的抗拉强度设计值（kPa）；

A_s——土钉杆体的截面面积（m^2）。

5.3　构　造

5.3.1 土钉墙、预应力锚杆复合土钉墙的坡比不宜大于1:0.2；当基坑较深、土的抗剪强度较低时，宜取较小坡比。对砂土、碎石土、松散填土，确定土钉墙坡度时应考虑开挖时坡面的局部自稳能力。微型桩、水泥土桩复合土钉墙，应采用微型桩、水泥土桩与土钉墙面层贴合的垂直墙面。

注：土钉墙坡比指其墙面垂直高度与水平宽度的比值。

5.3.2 土钉墙宜采用洛阳铲成孔的钢筋土钉。对易塌孔的松散或稍密的砂土、稍密的粉土、填土，或易缩径的软土宜采用打入式钢管土钉。对洛阳铲成孔或钢管土钉打入困难的土层，宜采用机械成孔的钢筋土钉。

5.3.3 土钉水平间距和竖向间距宜为1m~2m；当基坑较深、土的抗剪强度较低时，土钉间距应取小值。土钉倾角宜为5°~20°。土钉长度应按各层土钉受力均匀、各土钉拉力与相应土钉极限承载力的比值相近的原则确定。

5.3.4 成孔注浆型钢筋土钉的构造应符合下列要求：

1 成孔直径宜取70mm~120mm；

2 土钉钢筋宜选用HRB400、HRB500钢筋，钢筋直径宜取16mm~32mm；

3 应沿土钉全长设置对中定位支架，其间距宜取1.5m~2.5m，土钉钢筋保护层厚度不宜小于20mm；

4 土钉孔注浆材料可采用水泥浆或水泥砂浆，其强度不宜低于20MPa。

5.3.5 钢管土钉的构造应符合下列要求：

1 钢管的外径不宜小于48mm，壁厚不宜小于3mm；钢管的注浆孔应设置在钢管末端 $l/2~2l/3$ 范围内；每个注浆截面的注浆孔宜取2个，且应对称布置，注浆孔的孔径宜取5mm~8mm，注浆孔外应设置保护倒刺；

2 钢管的连接采用焊接时，接头强度不应低于钢管强度；钢管焊接可采用数量不少于3根、直径不小于16mm的钢筋沿截面均匀分布拼焊，双面焊接时钢筋长度不应小于钢管直径的2倍。

注：l 为钢管土钉的总长度。

5.3.6 土钉墙高度不大于12m时，喷射混凝土面层的构造应符合下列要求：

1 喷射混凝土面层厚度宜取80mm~100mm；

2 喷射混凝土设计强度等级不宜低于C20；

3 喷射混凝土面层中应配置钢筋网和通长的加强钢筋，钢筋网宜采用HPB300级钢筋，钢筋直径宜取6mm~10mm，钢筋间距宜取150mm~250mm；钢筋网间的搭接长度应大于300mm；加强钢筋的直径宜取14mm~20mm；当充分利用土钉杆体的抗拉强度时，加强钢筋的截面面积不应小于土钉杆体截面面积的1/2。

5.3.7 土钉与加强钢筋宜采用焊接连接，其连接应满足承受土钉拉力的要求；当在土钉拉力作用下喷射混凝土面层的局部受冲切承载力不足时，应采用设置承压钢板等加强措施。

5.3.8 当土钉墙后存在滞水时，应在含水层部位的墙面设置泄水孔或采取其他疏水措施。

5.3.9 采用预应力锚杆复合土钉墙时，预应力锚杆应符合下列要求：

1 宜采用钢绞线锚杆；

2 用于减小地面变形时，锚杆宜布置在土钉墙的较上部位；用于增强面层抵抗土压力的作用时，锚杆应布置在土压力较大及墙背土层较软弱的部位；

3 锚杆的拉力设计值不应大于土钉墙墙面的局部受压承载力；

4 预应力锚杆应设置自由段，自由段长度应超过土钉墙坡体的潜在滑动面；

5 锚杆与喷射混凝土面层之间应设置腰梁连接，腰梁可采用槽钢腰梁或混凝土腰梁，腰梁与喷射混凝土面层应紧密接触，腰梁规格应根据锚杆拉力设计值确定；

6 除应符合上述规定外，锚杆的构造尚应符合本规程第4.7节有关构造的规定。

5.3.10 采用微型桩垂直复合土钉墙时，微型桩应符合下列要求：

1 应根据微型桩施工工艺对土层特性和基坑周边环境条件的适用性选用微型钢管桩、型钢桩或灌注桩等桩型；

2 采用微型桩时，宜同时采用预应力锚杆；

3 微型桩的直径、规格应根据对复合墙面的强度要求确定；采用成孔后插入微型钢管桩、型钢桩的工艺时，成孔直径宜取 130mm～300mm，对钢管，其直径宜取 48mm～250mm，对工字钢，其型号宜取 I10～I22，孔内应灌注水泥浆或水泥砂浆并充填密实；采用微型混凝土灌注桩时，其直径宜取 200mm～300mm；

4 微型桩的间距应满足土钉墙施工时桩间土的稳定性要求；

5 微型桩伸入坑底的长度宜大于桩径的 5 倍，且不应小于 1m；

6 微型桩应与喷射混凝土面层贴合。

5.3.11 采用水泥土桩复合土钉墙时，水泥土桩应符合下列要求：

1 应根据水泥土桩施工工艺对土层特性和基坑周边环境条件的适用性选用搅拌桩、旋喷桩等桩型；

2 水泥土桩伸入坑底的长度宜大于桩径的 2 倍，且不应小于 1m；

3 水泥土桩应与喷射混凝土面层贴合；

4 桩身 28d 无侧限抗压强度不宜小于 1MPa；

5 水泥土桩用作截水帷幕时，应符合本规程第 7.2 节对截水的要求。

5.4 施工与检测

5.4.1 土钉墙应按土钉层数分层设置土钉、喷射混凝土面层、开挖基坑。

5.4.2 当有地下水时，对易产生流砂或塌孔的砂土、粉土、碎石土等土层，应通过试验确定土钉施工工艺及其参数。

5.4.3 钢筋土钉的成孔应符合下列要求：

1 土钉成孔范围内存在地下管线等设施时，应在查明其位置并避开后，再进行成孔作业；

2 应根据土层的性状选用洛阳铲、螺旋钻、冲击钻、地质钻等成孔方法，采用的成孔方法应能保证孔壁的稳定性、减小对孔壁的扰动；

3 当成孔遇不明障碍物时，应停止成孔作业，在查明障碍物的情况并采取针对性措施后方可继续成孔；

4 对易塌孔的松散土层宜采用机械成孔工艺；成孔困难时，可采用注入水泥浆等方法进行护壁。

5.4.4 钢筋土钉杆体的制作安装应符合下列要求：

1 钢筋使用前，应调直并清除污锈；

2 当钢筋需要连接时，宜采用搭接焊、帮条焊连接；焊接应采用双面焊，双面焊的搭接长度或帮条长度不应小于主筋直径的 5 倍，焊缝高度不应小于主筋直径的 0.3 倍；

3 对中支架的截面尺寸应符合对土钉杆体保护层厚度的要求，对中支架可选用直径 6mm～8mm 的钢筋焊制；

4 土钉成孔后应及时插入土钉杆体，遇塌孔、缩径时，应在处理后再插入土钉杆体。

5.4.5 钢筋土钉的注浆应符合下列要求：

1 注浆材料可选用水泥浆或水泥砂浆；水泥浆的水灰比宜取 0.5～0.55；水泥砂浆的水灰比宜取 0.4～0.45，同时，灰砂比宜取 0.5～1.0，拌合用砂宜选用中粗砂，按重量计的含泥量不得大于 3%；

2 水泥浆或水泥砂浆应拌合均匀，一次拌合的水泥浆或水泥砂浆应在初凝前使用；

3 注浆前应将孔内残留的虚土清除干净；

4 注浆应采用将注浆管插至孔底、由孔底注浆的方式，且注浆管端部至孔底的距离不宜大于 200mm；注浆及拔管时，注浆管出浆口应始终埋入注浆液面内，应在新鲜浆液从孔口溢出后停止注浆；注浆后，当浆液液面下降时，应进行补浆。

5.4.6 打入式钢管土钉的施工应符合下列要求：

1 钢管端部应制成尖锥状；钢管顶部宜设置防止施打变形的加强构造；

2 注浆材料应采用水泥浆；水泥浆的水灰比宜取 0.5～0.6；

3 注浆压力不宜小于 0.6MPa；应在注浆至钢管周围出现返浆后停止注浆；当不出现返浆时，可采用间歇注浆的方法。

5.4.7 喷射混凝土面层的施工应符合下列要求：

1 细骨料宜选用中粗砂，含泥量应小于 3%；

2 粗骨料宜选用粒径不大于 20mm 的级配砾石；

3 水泥与砂石的重量比宜取 1:4～1:4.5，砂率宜取 45%～55%，水灰比宜取 0.4～0.45；

4 使用速凝剂等外加剂时，应通过试验确定外加剂掺量；

5 喷射作业应分段依次进行，同一分段内应自下而上均匀喷射，一次喷射厚度宜为 30mm～80mm；

6 喷射作业时，喷头应与土钉墙面保持垂直，其距离宜为 0.6m～1.0m；

7 喷射混凝土终凝 2h 后应及时喷水养护；

8 钢筋与坡面的间隙应大于 20mm；

9 钢筋网可采用绑扎固定；钢筋连接宜采用搭接焊，焊缝长度不应小于钢筋直径的 10 倍；

10 采用双层钢筋网时，第二层钢筋网应在第一层钢筋网被喷射混凝土覆盖后铺设。

5.4.8 土钉墙的施工偏差应符合下列要求：

1 土钉位置的允许偏差应为 100mm；

2 土钉倾角的允许偏差应为 3°；

3 土钉杆体长度不应小于设计长度；

4 钢筋网间距的允许偏差应为±30mm；

5 微型桩桩位的允许偏差应为50mm；

6 微型桩垂直度的允许偏差应为0.5%。

5.4.9 复合土钉墙中预应力锚杆的施工应符合本规程第4.8节的有关规定。微型桩的施工应符合现行行业标准《建筑桩基技术规范》JGJ 94 的有关规定。水泥土桩的施工应符合本规程第7.2节的有关规定。

5.4.10 土钉墙的质量检测应符合下列规定：

1 应对土钉的抗拔承载力进行检测，土钉检测数量不宜少于土钉总数的1%，且同一土层中的土钉检测数量不应少于3根；对安全等级为二级、三级的土钉墙，抗拔承载力检测值分别不应小于土钉轴向拉力标准值的1.3倍、1.2倍；检测土钉应采用随机抽样的方法选取；检测试验应在注浆固结体强度达到10MPa或达到设计强度的70%后进行，应按本规程附录D的试验方法进行；当检测的土钉不合格时，应扩大检测数量；

2 应进行土钉墙面层喷射混凝土的现场试块强度试验，每500m² 喷射混凝土面积的试验数量不应少于一组，每组试块不应少于3个；

3 应对土钉墙的喷射混凝土面层厚度进行检测，每500m² 喷射混凝土面积的检测数量不应少于一组，每组的检测点不应少于3个；全部检测点的面层厚度平均值不应小于厚度设计值，最小厚度不应小于厚度设计值的80%；

4 复合土钉墙中的预应力锚杆，应按本规程第4.8.8条的规定进行抗拔承载力检测；

5 复合土钉墙中的水泥土搅拌桩或旋喷桩用作截水帷幕时，应按本规程第7.2.14条的规定进行质量检测。

6 重力式水泥土墙

6.1 稳定性与承载力验算

6.1.1 重力式水泥土墙的滑移稳定性应符合下式规定（图6.1.1）：

$$\frac{E_{pk} + (G - u_m B)\tan\varphi + cB}{E_{ak}} \geqslant K_{sl} \quad (6.1.1)$$

式中： K_{sl}——抗滑移安全系数，其值不应小于1.2；

E_{ak}、E_{pk}——分别为水泥土墙上的主动土压力、被动土压力标准值(kN/m)，按本规程第3.4.2条的规定确定；

G——水泥土墙的自重（kN/m）；

u_m——水泥土墙底面上的水压力（kPa）；水泥土墙底位于含水层时，可取 $u_m = \gamma_w (h_{wa} + h_{wp})/2$，在地下水位以上时，取 $u_m = 0$；

c、φ——分别为水泥土墙底面下土层的黏聚力（kPa）、内摩擦角（°），按本规程第3.1.14条的规定取值；

B——水泥土墙的底面宽度（m）；

h_{wa}——基坑外侧水泥土墙底处的压力水头（m）；

h_{wp}——基坑内侧水泥土墙底处的压力水头（m）。

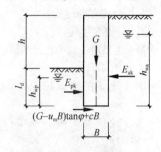

图6.1.1 滑移稳定性验算

6.1.2 重力式水泥土墙的倾覆稳定性应符合下式规定（图6.1.2）：

$$\frac{E_{pk}a_p + (G - u_m B)a_G}{E_{ak}a_a} \geqslant K_{ov} \quad (6.1.2)$$

式中： K_{ov}——抗倾覆安全系数，其值不应小于1.3；

a_a——水泥土墙外侧主动土压力合力作用点至墙趾的竖向距离（m）；

a_p——水泥土墙内侧被动土压力合力作用点至墙趾的竖向距离（m）；

a_G——水泥土墙自重与墙底水压力合力作用点至墙趾的水平距离（m）。

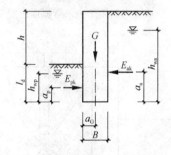

图6.1.2 倾覆稳定性验算

6.1.3 重力式水泥土墙应按下列规定进行圆弧滑动稳定性验算：

1 可采用圆弧滑动条分法进行验算；

2 采用圆弧滑动条分法时，其稳定性应符合下列规定（图6.1.3）：

$$\min\{K_{s,1}, K_{s,2}, \cdots, K_{s,i} \cdots\} \geqslant K_s$$

(6.1.3-1)

$$K_{s,i} = \frac{\sum \{c_j l_j + [(q_j b_j + \Delta G_j)\cos\theta_j - u_j l_j]\tan\varphi_j\}}{\sum (q_j b_j + \Delta G_j)\sin\theta_j}$$

(6.1.3-2)

式中：K_s——圆弧滑动稳定安全系数，其值不应小于1.3；

$K_{s,i}$——第i个圆弧滑动体的抗滑力矩与滑动力矩的比值；抗滑力矩与滑动力矩之比的最小值宜通过搜索不同圆心及半径的所有潜在滑动圆弧确定；

c_j、φ_j——分别为第j土条滑弧面处土的黏聚力（kPa）、内摩擦角（°）；按本规程第3.1.14条的规定取值；

b_j——第j土条的宽度（m）；

θ_j——第j土条滑弧面中点处的法线与垂直面的夹角（°）；

l_j——第j土条的滑弧长度（m）；取$l_j = b_j/\cos\theta_j$；

q_j——第j土条上的附加分布荷载标准值（kPa）；

ΔG_j——第j土条的自重（kN），按天然重度计算；分条时，水泥土墙可按土体考虑；

u_j——第j土条滑弧面上的孔隙水压力（kPa）；对地下水位以下的砂土、碎石土、砂质粉土，当地下水是静止的或渗流水力梯度可忽略不计时，在基坑外侧，可取$u_j = \gamma_w h_{wa,j}$，在基坑内侧，可取$u_j = \gamma_w h_{wp,j}$；滑弧面在地下水位以上或对地下水位以下的黏性土，取$u_j = 0$；

γ_w——地下水重度（kN/m³）；

$h_{wa,j}$——基坑外侧第j土条滑弧面中点的压力水头（m）；

$h_{wp,j}$——基坑内侧第j土条滑弧面中点的压力水头（m）。

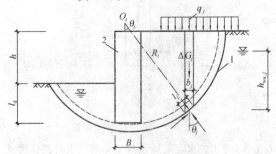

图6.1.3 整体滑动稳定性验算

3 当墙底以下存在软弱下卧土层时，稳定性验算的滑动面中应包括由圆弧与软弱土层层面组成的复合滑动面。

6.1.4 重力式水泥土墙，其嵌固深度应符合下列坑底隆起稳定性要求：

1 隆起稳定性可按本规程公式（4.2.4-1）～公式（4.2.4-3）验算，但公式中γ_{m1}应取基坑外墙底面以上土的重度，γ_{m2}应取基坑内墙底面以上土的重度，

l_d应取水泥土墙的嵌固深度，c、φ应取水泥土墙底面以下土的黏聚力、内摩擦角；

2 当重力式水泥土墙底面以下有软弱下卧层时，隆起稳定性验算的部位应包括软弱下卧层，此时，公式（4.2.4-1）～公式（4.2.4-3）中的γ_{m1}、γ_{m2}应取软弱下卧层顶面以上土的重度，l_d应以D代替。

注：D为坑底至软弱下卧层顶面的土层厚度（m）。

6.1.5 重力式水泥土墙墙体的正截面应力应符合下列规定：

1 拉应力：

$$\frac{6M_i}{B^2} - \gamma_{cs}z \leqslant 0.15f_{cs} \qquad (6.1.5-1)$$

2 压应力：

$$\gamma_0\gamma_F\gamma_{cs}z + \frac{6M_i}{B^2} \leqslant f_{cs} \qquad (6.1.5-2)$$

3 剪应力：

$$\frac{E_{aki} - \mu G_i - E_{pki}}{B} \leqslant \frac{1}{6}f_{cs} \qquad (6.1.5-3)$$

式中：M_i——水泥土墙验算截面的弯矩设计值（kN·m/m）；

B——验算截面处水泥土墙的宽度（m）；

γ_{cs}——水泥土墙的重度（kN/m³）；

z——验算截面至水泥土墙顶的垂直距离（m）；

f_{cs}——水泥土开挖龄期时的轴心抗压强度设计值（kPa），应根据现场试验或工程经验确定；

γ_F——荷载综合分项系数，按本规程第3.1.6条取用；

E_{aki}、E_{pki}——分别为验算截面以上的主动土压力标准值、被动土压力标准值（kN/m），可按本规程第3.4.2条的规定计算；验算截面在坑底以上时，取$E_{pk,i} = 0$；

G_i——验算截面以上的墙体自重（kN/m）；

μ——墙体材料的抗剪断系数，取0.4～0.5。

6.1.6 重力式水泥土墙的正截面应力验算应包括下列部位：

1 基坑面以下主动、被动土压力强度相等处；

2 基坑底面处；

3 水泥土墙的截面突变处。

6.1.7 当地下水位高于坑底时，应按本规程附录C的规定进行地下水渗透稳定性验算。

6.2 构 造

6.2.1 重力式水泥土墙宜采用水泥土搅拌桩相互搭接成格栅状的结构形式，也可采用水泥土搅拌桩相互搭接成实体的结构形式。搅拌桩的施工工艺宜采用喷浆搅拌法。

6.2.2 重力式水泥土墙的嵌固深度，对淤泥质土，不宜小于1.2h，对淤泥，不宜小于1.3h；重力式水泥土墙的宽度，对淤泥质土，不宜小于0.7h，对淤泥，不宜小于0.8h。

注：h为基坑深度。

6.2.3 重力式水泥土墙采用格栅形式时，格栅的面积置换率，对淤泥质土，不宜小于0.7；对淤泥，不宜小于0.8；对一般黏性土、砂土，不宜小于0.6。格栅内侧的长宽比不宜大于2。每个格栅内的土体面积应符合下式要求：

$$A \leqslant \delta \frac{cu}{\gamma_m} \qquad (6.2.3)$$

式中：A——格栅内的土体面积（m^2）；

δ——计算系数；对黏性土，取$\delta=0.5$；对砂土、粉土，取$\delta=0.7$；

c——格栅内土的黏聚力（kPa），按本规程第3.1.14条的规定确定；

u——计算周长（m），按图6.2.3计算；

γ_m——格栅内土的天然重度（kN/m^3）；对多层土，取水泥土墙深度范围内各层土按厚度加权的平均天然重度。

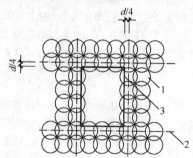

图6.2.3 格栅式水泥土墙
1—水泥土桩；2—水泥土桩中心线；3—计算周长

6.2.4 水泥土搅拌桩的搭接宽度不宜小于150mm。

6.2.5 当水泥土墙兼作截水帷幕时，应符合本规程第7.2节对截水的要求。

6.2.6 水泥土墙体的28d无侧限抗压强度不宜小于0.8MPa。当需要增强墙体的抗拉性能时，可在水泥土桩内插入杆筋。杆筋可采用钢筋、钢管或毛竹。杆筋的插入深度宜大于基坑深度。杆筋应锚入面板内。

6.2.7 水泥土墙顶面宜设置混凝土连接面板，面板厚度不宜小于150mm，混凝土强度等级不宜低于C15。

6.3 施工与检测

6.3.1 水泥土搅拌桩的施工应符合现行行业标准《建筑地基处理技术规范》JGJ 79的规定。

6.3.2 重力式水泥土墙的质量检测应符合下列规定：

1 应采用开挖方法检测水泥土搅拌桩的直径、搭接宽度、位置偏差；

2 应采用钻芯法检测水泥土搅拌桩的单轴抗压强度、完整性、深度。单轴抗压强度试验的芯样直径不应小于80mm。检测桩数不应少于总桩数的1%，且不应少于6根。

7 地下水控制

7.1 一般规定

7.1.1 地下水控制应根据工程地质和水文地质条件、基坑周边环境要求及支护结构形式选用截水、降水、集水明排方法或其组合。

7.1.2 当降水会对基坑周边建（构）筑物、地下管线、道路等造成危害或对环境造成长期不利影响时，应采用截水方法控制地下水。采用悬挂式帷幕时，应同时采用坑内降水，并宜根据水文地质条件结合坑外回灌措施。

7.1.3 地下水控制设计应符合本规程第3.1.8条对基坑周边建（构）筑物、地下管线、道路等沉降控制值的要求。

7.1.4 当坑底以下有水头高于坑底的承压水时，各类支护结构均应按本规程第C.0.1条的规定进行承压水作用下的坑底突涌稳定性验算。当不满足突涌稳定性要求时，应对该承压水含水层采取截水、减压措施。

7.2 截 水

7.2.1 基坑截水应根据工程地质条件、水文地质条件及施工条件等，选用水泥土搅拌桩帷幕、高压旋喷或摆喷注浆帷幕、地下连续墙或咬合式排桩。支护结构采用排桩时，可采用高压旋喷或摆喷注浆与排桩相互咬合的组合帷幕。对碎石土、杂填土、泥炭质土、泥炭、pH值较低的土或地下水流速较大时，水泥土搅拌桩帷幕、高压喷射注浆帷幕宜通过试验确定其适用性或外加剂品种及掺量。

7.2.2 当坑底以下存在连续分布、埋深较浅的隔水层时，应采用落底式帷幕。落底式帷幕进入下卧隔水层的深度应满足下式要求，且不宜小于1.5m：

$$l \geqslant 0.2\Delta h - 0.5b \qquad (7.2.2)$$

式中：l——帷幕进入隔水层的深度（m）；

Δh——基坑内外的水头差值（m）；

b——帷幕的厚度（m）。

7.2.3 当坑底以下含水层厚度大而需采用悬挂式帷幕时，帷幕进入透水层的深度应满足本规程第C.0.2条、第C.0.3条对地下水从帷幕底绕流的渗透稳定性要求，并应对帷幕外地下水位下降引起的基坑周边建（构）筑物、地下管线沉降进行分析。

7.2.4 截水帷幕在平面布置上应沿基坑周边闭合。当采用沿基坑周边非闭合的平面布置形式时，应对地下水沿帷幕两端绕流引起的渗流破坏和地下水位下降进行分析。

7.2.5 采用水泥土搅拌桩帷幕时，搅拌桩直径宜取450mm～800mm，搅拌桩的搭接宽度应符合下列规定：

1 单排搅拌桩帷幕的搭接宽度，当搅拌深度不大于10m时，不应小于150mm；当搅拌深度为10m～15m时，不应小于200mm；当搅拌深度大于15m时，不应小于250mm。

2 对地下水位较高、渗透性较强的地层，宜采用双排搅拌桩截水帷幕；搅拌桩的搭接宽度，当搅拌深度不大于10m时，不应小于100mm；当搅拌深度为10m～15m时，不应小于150mm；当搅拌深度大于15m时，不应小于200mm。

7.2.6 搅拌桩水泥浆液的水灰比宜取0.6～0.8。搅拌桩的水泥掺量宜取土的天然质量的15％～20％。

7.2.7 水泥土搅拌桩帷幕的施工应符合现行行业标准《建筑地基处理技术规范》JGJ 79的有关规定。

7.2.8 搅拌桩的施工偏差应符合下列要求：

1 桩位的允许偏差应为50mm；

2 垂直度的允许偏差应为1％。

7.2.9 采用高压旋喷、摆喷注浆帷幕时，注浆固结体的有效半径宜通过试验确定；缺少试验时，可根据土的类别及其密实程度、高压喷射注浆工艺，按工程经验采用。摆喷注浆的喷射方向与摆喷点连线的夹角宜取10°～25°，摆动角度宜取20°～30°。水泥土固结体的搭接宽度，当注浆孔深度不大于10m时，不应小于150mm；当注浆孔深度为10m～20m时，不应小于250mm；当注浆孔深度为20m～30m时，不应小于350mm。对地下水位较高、渗透性较强的地层，可采用双排高压喷射注浆帷幕。

7.2.10 高压喷射注浆水泥浆液的水灰比宜取0.9～1.1，水泥掺量宜取土的天然质量的25％～40％。

7.2.11 高压喷射注浆应按水泥土固结体的设计有效半径与土的性状确定喷射压力、注浆流量、提升速度、旋转速度等工艺参数，对较硬的黏性土、密实的砂土和碎石土宜取较小提升速度、较大喷射压力。当缺少类似土层条件下的施工经验时，应通过现场试验确定施工工艺参数。

7.2.12 高压喷射注浆帷幕的施工应符合下列要求：

1 采用与排桩咬合的高压喷射注浆帷幕时，应先进行排桩施工，后进行高压喷射注浆施工；

2 高压喷射注浆的施工作业顺序应采用隔孔分序方式，相邻孔喷射注浆的间隔时间不宜小于24h；

3 喷射注浆时，应由下而上均匀喷射，停止喷射的位置宜高于帷幕设计顶面1m；

4 可采用复喷工艺增大固结体半径、提高固结体强度；

5 喷射注浆时，当孔口的返浆量大于注浆量的20％时，可采用提高喷射压力等措施；

6 当因浆液渗漏而出现孔口不返浆的情况时，应将注浆管停置在不返浆处持续喷射注浆，并宜同时采用从孔口填入中粗砂、注浆液掺入速凝剂等措施，直至出现孔口返浆；

7 喷射注浆后，当浆液析水、液面下降时，应进行补浆；

8 当喷射注浆因故中途停喷后，继续注浆时应与停喷前的注浆体搭接，其搭接长度不应小于500mm；

9 当注浆孔邻近既有建筑物时，宜采用速凝浆液进行喷射注浆；

10 高压旋喷、摆喷注浆帷幕的施工尚应符合现行行业标准《建筑地基处理技术规范》JGJ 79的有关规定。

7.2.13 高压喷射注浆的施工偏差应符合下列要求：

1 孔位的允许偏差应为50mm；

2 注浆孔垂直度的允许偏差应为1％。

7.2.14 截水帷幕的质量检测应符合下列规定：

1 与排桩咬合的高压喷射注浆、水泥土搅拌桩帷幕，与土钉墙面层贴合的水泥土搅拌桩帷幕，应在基坑开挖前或开挖时，检测水泥土固结体的尺寸、搭接宽度；检测点应按随机方法选取或选取施工中出现异常、开挖中出现漏水的部位；对设置在支护结构外侧单独的截水帷幕，其质量可通过开挖后的截水效果判断；

2 对施工质量有怀疑时，可在搅拌桩、高压喷射注浆液固结后，采用钻芯法检测帷幕固结体的单轴抗压强度、连续性及深度；检测点的数量不应少于3处。

7.3 降 水

7.3.1 基坑降水可采用管井、真空井点、喷射井点等方法，并宜按表7.3.1的适用条件选用。

表7.3.1 各种降水方法的适用条件

方法	土类	渗透系数(m/d)	降水深度(m)
管井	粉土、砂土、碎石土	0.1～200.0	不限
真空井点	黏性土、粉土、砂土	0.005～20.0	单级井点＜6 多级井点＜20
喷射井点	黏性土、粉土、砂土	0.005～20.0	＜20

7.3.2 降水后基坑内的水位应低于坑底0.5m。当主体结构有加深的电梯井、集水井时，坑底应按电梯井、集水井底面考虑或对其另行采取局部地下水控制措施。基坑采用截水结合坑外减压降水的地下水控制

方法时，尚应规定降水井水位的最大降深值和最小降深值。

7.3.3 降水井在平面布置上应沿基坑周边成闭合状。当地下水流速较小时，降水井宜等间距布置；当地下水流速较大时，在地下水补给方向宜适当减小降水井间距。对宽度较小的狭长形基坑，降水井也可在基坑一侧布置。

7.3.4 基坑地下水位降深应符合下式规定：

$$s_i \geqslant s_d \qquad (7.3.4)$$

式中：s_i——基坑内任一点的地下水位降深（m）；

s_d——基坑地下水位的设计降深（m）。

7.3.5 当含水层为粉土、砂土或碎石土时，潜水完整井的地下水位降深可按下式计算（图7.3.5-1、图7.3.5-2）：

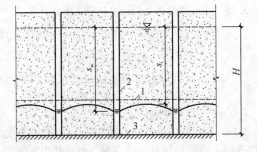

图7.3.5-1 潜水完整井地下水位降深计算
1—基坑面；2—降水井；3—潜水含水层底板

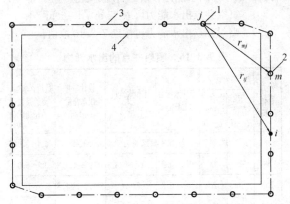

图7.3.5-2 计算点与降水井的关系
1—第j口井；2—第m口井；3—降水井所围面积的边线；4—基坑边线

$$s_i = H - \sqrt{H^2 - \sum_{j=1}^{n} \frac{q_j}{\pi k} \ln \frac{R}{r_{ij}}} \qquad (7.3.5)$$

式中：s_i——基坑内任一点的地下水位降深（m）；基坑内各点中最小的地下水位降深可取各个相邻降水井连线上地下水位降深的最小值，当各降水井的间距和降深相同时，可取任一相邻降水井连线中点的地下水位降深；

H——潜水含水层厚度（m）；

q_j——按干扰井群计算的第j口降水井的单井流

量（m³/d）；

k——含水层的渗透系数（m/d）；

R——影响半径（m），应按现场抽水试验确定；缺少试验时，也可按本规程公式（7.3.7-1）、公式（7.3.7-2）计算并结合当地工程经验确定；

r_{ij}——第j口井中心至地下水位降深计算点的距离（m）；当$r_{ij} > R$时，应取$r_{ij} = R$；

n——降水井数量。

7.3.6 对潜水完整井，按干扰井群计算的第j个降水井的单井流量可通过求解下列n维线性方程组计算：

$$s_{w,m} = H - \sqrt{H^2 - \sum_{j=1}^{n} \frac{q_j}{\pi k} \ln \frac{R}{r_{jm}}} \ (m = 1, \cdots, n)$$

$$(7.3.6)$$

式中：$s_{w,m}$——第m口井的井水位设计降深（m）；

r_{jm}——第j口井中心至第m口井中心的距离（m）；当$j = m$时，应取降水井半径r_w；当$r_{jm} > R$时，应取$r_{jm} = R$。

7.3.7 当含水层为粉土、砂土或碎石土，各降水井所围平面形状近似圆形或正方形且各降水井的间距、降深相同时，潜水完整井的地下水位降深也可按下列公式计算：

$$s_i = H - \sqrt{H^2 - \frac{q}{\pi k} \sum_{j=1}^{n} \ln \frac{R}{2r_0 \sin \frac{(2j-1)\pi}{2n}}}$$

$$(7.3.7-1)$$

$$q = \frac{\pi k (2H - s_w) s_w}{\ln \frac{R}{r_w} + \sum_{j=1}^{n-1} \ln \frac{R}{2r_0 \sin \frac{j\pi}{n}}} \qquad (7.3.7-2)$$

式中：q——按干扰井群计算的降水井单井流量（m³/d）；

r_0——井群的等效半径（m）；井群的等效半径应按各降水井所围多边形与等效圆的周长相等确定，取$r_0 = u/(2\pi)$；当$r_0 > R/(2\sin((2j-1)\pi/2n))$时，公式（7.3.7-1）中应取$r_0 = R/(2\sin((2j-1)\pi/2n))$；当$r_0 > R/(2\sin(j\pi/n))$时，公式（7.3.7-2）中应取$r_0 = R/(2\sin(j\pi/n))$；

j——第j口降水井；

s_w——井水位的设计降深（m）；

r_w——降水井半径（m）；

u——各降水井所围多边形的周长（m）。

7.3.8 当含水层为粉土、砂土或碎石土时，承压完整井的地下水位降深可按下式计算（图7.3.8）：

$$s_i = \sum_{j=1}^{n} \frac{q_j}{2\pi Mk} \ln \frac{R}{r_{ij}} \qquad (7.3.8)$$

M——承压水含水层厚度（m）。

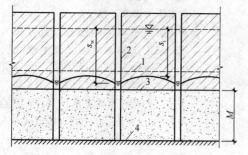

图 7.3.8　承压水完整井地下水位降深计算
1—基坑面；2—降水井；3—承压水含水层顶板；
4—承压水含水层底板

7.3.9　对承压完整井，按干扰井群计算的第 j 个降水井的单井流量可通过求解下列 n 维线性方程组计算：

$$s_{w,m} = \sum_{j=1}^{n} \frac{q_j}{2\pi Mk} \ln \frac{R}{r_{jm}} \quad (m = 1, \cdots, n)$$

(7.3.9)

7.3.10　当含水层为粉土、砂土或碎石土，各降水井所围平面形状近似圆形或正方形且各降水井的间距、降深相同时，承压完整井的地下水位降深也可按下列公式计算：

$$s_i = \frac{q}{2\pi Mk} \sum_{j=1}^{n} \ln \frac{R}{2r_0 \sin \frac{(2j-1)\pi}{2n}}$$

(7.3.10-1)

$$q = \frac{2\pi Mk s_w}{\ln \frac{R}{r_w} + \sum_{j=1}^{n-1} \ln \frac{R}{2r_0 \sin \frac{j\pi}{n}}}$$

(7.3.10-2)

式中：r_0——井群的等效半径（m）；井群的等效半径应按各降水井所围多边形与等效圆的周长相等确定，取 $r_0 = u/(2\pi)$；当 $r_0 > R/(2\sin((2j-1)\pi/2n))$ 时，公式 (7.3.10-1) 中应取 $r_0 = R/(2\sin((2j-1)\pi/2n))$；当 $r_0 > R/(2\sin(j\pi/n))$ 时，公式 (7.3.10-2) 中应取 $r_0 = R/(2\sin(j\pi/n))$。

7.3.11　含水层的影响半径宜通过试验确定。缺少试验时，可按下列公式计算并结合当地经验取值：

1　潜水含水层

$$R = 2s_w \sqrt{kH}$$

(7.3.11-1)

2　承压水含水层

$$R = 10s_w \sqrt{k}$$

(7.3.11-2)

式中：R——影响半径（m）；

s_w——井水位降深（m）；当井水位降深小于 10m 时，取 $s_w = 10$m；

k——含水层的渗透系数（m/d）；

H——潜水含水层厚度（m）。

7.3.12　当基坑降水影响范围内存在隔水边界、地表水体或水文地质条件变化较大时，可根据具体情况，对按本规程第 7.3.5 条～第 7.3.10 条计算的单井流量和地下水位降深进行适当修正或采用非稳定流方法、数值法计算。

7.3.13　降水井间距和井位设计降深，除应符合公式 (7.3.4) 的要求外，尚应根据单井流量和单井出水能力并结合当地经验确定。

7.3.14　真空井点降水的井间距宜取 0.8mm～2.0m；喷射井点降水的井间距宜取 1.5m～3.0m；当真空井点、喷射井点的井口至设计降水水位的深度大于 6m 时，可采用多级井点降水，多级井点上下级的高差宜取 4m～5m。

7.3.15　降水井的单井设计流量可按下式计算：

$$q = 1.1 \frac{Q}{n}$$

(7.3.15)

式中：q——单井设计流量；

Q——基坑降水总涌水量（m³/d），可按本规程附录 E 中相应条件的公式计算；

n——降水井数量。

7.3.16　降水井的单井出水能力应大于按本规程公式 (7.3.15) 计算的设计单井流量。当单井出水能力小于单井设计流量时，应增加井的数量、直径或深度。各类井的单井出水能力可按下列规定取值：

1　真空井点出水能力可取 36 m³/d～60m³/d；

2　喷射井点出水能力可按表 7.3.16 取值；

表 7.3.16　喷射井点的出水能力

外管直径(mm)	喷射管喷嘴直径(mm)	喷射管混合室直径(mm)	工作水压力(MPa)	工作水流量(m³/d)	设计单井出水流量(m³/d)	适用含水层渗透系数(m/d)
38	7	14	0.6～0.8	112.8～163.2	100.8～138.2	0.1～5.0
68	7	14	0.6～0.8	110.4～148.8	103.2～138.2	0.1～5.0
100	10	20	0.6～0.8	230.4	259.2～388.8	5.0～10.0
162	19	40	0.6～0.8	720.0	600.0～720.0	10.0～20.0

3　管井的单井出水能力可按下式计算：

$$q_0 = 120\pi r_s l \sqrt[3]{k}$$

(7.3.16)

式中：q_0——单井出水能力（m³/d）；

r_s——过滤器半径（m）；

l——过滤器进水部分的长度（m）；

k——含水层渗透系数（m/d）。

7.3.17　含水层的渗透系数应按下列规定确定：

1　宜按现场抽水试验确定；

2　对粉土和黏性土，也可通过原状土样的室内渗透试验并结合经验确定；

3　当缺少试验数据时，可根据土的其他物理指标按工程经验确定。

7.3.18 管井的构造应符合下列要求:

1 管井的滤管可采用无砂混凝土滤管、钢筋笼、钢管或铸铁管。

2 滤管内径应按满足单井设计流量要求而配置的水泵规格确定,宜大于水泵外径50mm。滤管外径不宜小于200mm。管井成孔直径应满足填充滤料的要求。

3 井管与孔壁之间填充的滤料宜选用磨圆度好的硬质岩石成分的圆砾,不宜采用棱角形石渣料、风化料或其他黏质岩石成分的砾石。滤料规格宜满足下列要求:

1) 砂土含水层

$$D_{50} = 6d_{50} \sim 8d_{50} \qquad (7.3.18\text{-}1)$$

式中: D_{50}——小于该粒径的填料质量占总填粒质量50%所对应的填料粒径(mm);

d_{50}——含水层中小于该粒径的土颗粒质量占总土颗粒质量50%所对应的土颗粒粒径(mm)。

2) d_{20} 小于2mm的碎石土含水层

$$D_{50} = 6d_{20} \sim 8d_{20} \qquad (7.3.18\text{-}2)$$

式中: d_{20}——含水层中小于该粒径的土颗粒质量占总土颗粒质量20%所对应的土颗粒粒径(mm)。

3) 对 d_{20} 大于或等于2mm的碎石土含水层,宜充填粒径为10mm～20mm的滤料。

4) 滤料的不均匀系数应小于2。

4 采用深井泵或深井潜水泵抽水时,水泵的出水量应根据单井出水能力确定,水泵的出水量应大于单井出水能力的1.2倍。

5 井管的底部应设置沉砂段,井管沉砂段长度不宜小于3m。

7.3.19 真空井点的构造应符合下列要求:

1 井管宜采用金属管,管壁上渗水孔宜按梅花状布置,渗水孔直径宜取12mm～18mm,渗水孔的孔隙率应大于15%,渗水段长度应大于1.0m;管壁外应根据土层的粒径设置滤网;

2 真空井管的直径应根据单井设计流量确定,井管直径宜取38mm～110mm;井的成孔直径应满足填充滤料的要求,且不宜大于300mm;

3 孔壁与井管之间的滤料宜采用中粗砂,滤料上方应使用黏土封堵,封堵至地面的厚度应大于1m。

7.3.20 喷射井点的构造应符合下列要求:

1 喷射井点过滤器的构造应符合本规程第7.3.19条第1款的规定;喷射器混合室直径可取14mm,喷嘴直径可取6.5mm;

2 井的成孔直径宜取400mm～600mm,井孔应比滤管底部深1m以上;

3 孔壁与井管之间填充滤料的要求应符合本规程第7.3.19条第3款的规定;

4 工作水泵可采用多级泵,水泵压力宜大于2MPa。

7.3.21 管井的施工应符合下列要求:

1 管井的成孔施工工艺应适合地层特点,对不易塌孔、缩颈的地层宜采用清水钻进,钻孔深度宜大于降水井设计深度0.3m～0.5m;

2 采用泥浆护壁时,应在钻进到孔底后清除孔底沉渣并立即置入井管、注入清水,当泥浆比重不大于1.05时,方可投入滤料;遇塌孔时不得置入井管,滤料填充体积不应小于计算量的95%;

3 填充滤料后,应及时洗井,洗井应直至过滤器及滤料滤水畅通,并应抽水检验井的滤水效果。

7.3.22 真空井点和喷射井点的施工应符合下列要求:

1 真空井点和喷射井点的成孔工艺可选用清水或泥浆钻进、高压水套管冲击工艺(钻孔法、冲孔法或射水法),对不易塌孔、缩颈的地层也可选用长螺旋钻机成孔;成孔深度宜大于降水井设计深度0.5m～1.0m;

2 钻进到设计深度后,应注水冲洗钻孔、稀释孔内泥浆;滤料填充应密实均匀,滤料宜采用粒径为0.4mm～0.6mm的纯净中粗砂;

3 成井后应及时洗孔,并应抽水检验井的滤水效果;抽水系统不应漏水、漏气;

4 抽水时的真空度应保持在55kPa以上,且抽水不应间断。

7.3.23 抽水系统在使用期的维护应符合下列要求:

1 降水期间应对井水位和抽水量进行监测,当基坑侧壁出现渗水时,应检查井的抽水效果,并采取有效措施;

2 采用管井时,应对井口采取防护措施,井口宜高于地面200mm以上,应防止物体坠入井内;

3 冬季负温环境下,应对抽排水系统采取防冻措施。

7.3.24 抽水系统的使用期应满足主体结构的施工要求。当主体结构有抗浮要求时,停止降水的时间应满足主体结构施工期的抗浮要求。

7.3.25 当基坑降水引起的地层变形对基坑周边环境产生不利影响时,宜采用回灌方法减少地层变形量。回灌方法宜采用管井回灌,回灌应符合下列要求:

1 回灌井应布置在降水井外侧,回灌井与降水井的距离不宜小于6m;回灌井的间距应根据回灌水量的要求和降水井的间距确定;

2 回灌井宜进入稳定水面不小于1m,回灌井过滤器应置于渗透性强的土层中,且宜在透水层全长设置过滤器;

3 回灌水量应根据水位观测孔中的水位变化进行控制和调节,回灌后的地下水位不应高于降水前的水位。采用回灌水箱时,箱内水位应根据回灌水量的要求确定；

4 回灌用水应采用清水，宜用降水井抽水进行回灌；回灌水质应符合环境保护要求。

7.3.26 当基坑面积较大时，可在基坑内设置一定数量的疏干井。

7.3.27 基坑排水系统的输水能力应满足基坑降水的总涌水量要求。

7.4 集水明排

7.4.1 对坑底汇水、基坑周边地表汇水及降水井抽出的地下水，可采用明沟排水；对坑底渗出的地下水，可采用盲沟排水；当地下室底板与支护结构间不能设置明沟时，也可采用盲沟排水。

7.4.2 排水沟的截面应根据设计流量确定，排水沟的设计流量应符合下式规定：

$$Q \leqslant V/1.5 \tag{7.4.2}$$

式中：Q——排水沟的设计流量（m^3/d）；

V——排水沟的排水能力（m^3/d）。

7.4.3 明沟和盲沟的坡度不宜小于 0.3%。采用明沟排水时，沟底应采取防渗措施。采用盲沟排出坑底渗出的地下水时，其构造、填充料及其密实度应满足主体结构的要求。

7.4.4 沿排水沟宜每隔 30m～50m 设置一口集水井；集水井的净截面尺寸应根据排水流量确定。集水井应采取防渗措施。

7.4.5 基坑坡面渗水宜采用渗水部位插入导水管排出。导水管的间距、直径及长度应根据渗水量及渗水土层的特性确定。

7.4.6 采用管道排水时，排水管道的直径应根据排水量确定。排水管的坡度不宜小于 0.5%。排水管道材料可选用钢管、PVC 管。排水管道上宜设置清淤孔，清淤孔的间距不宜大于 10m。

7.4.7 基坑排水设施与市政管网连接口之间应设置沉淀池。明沟、集水井、沉淀池使用时应排水畅通并应随时清理淤积物。

7.5 降水引起的地层变形计算

7.5.1 降水引起的地层压缩变形量可按下式计算：

$$s = \psi_w \sum \frac{\Delta\sigma'_{zi} \Delta h_i}{E_{si}} \tag{7.5.1}$$

式中：s——计算剖面的地层压缩变形量（m）；

ψ_w——沉降计算经验系数，应根据地区工程经验取值，无经验时，宜取 $\psi_w = 1$；

$\Delta\sigma'_{zi}$——降水引起的地面下第 i 土层的平均附加有效应力（kPa）；对黏性土，应取降水结束时土的固结度下的附加有效应力；

Δh_i——第 i 层土的厚度（m）；土层的总计算厚度应按渗流分析或实际土层分布情况确定；

E_{si}——第 i 层土的压缩模量（kPa）；应取土的自重应力至自重应力与附加有效应力之和的压力段的压缩模量。

7.5.2 基坑外土中各点降水引起的附加有效应力宜按地下水稳定渗流分析方法计算；当符合非稳定渗流条件时，可按地下水非稳定渗流计算。附加有效应力也可根据本规程第 7.3.5 条、第 7.3.6 条计算的地下水位降深，按下列公式计算（图 7.5.2）：

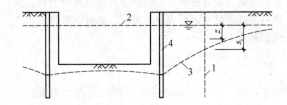

图 7.5.2 降水引起的附加有效应力计算
1—计算剖面 1；2—初始地下水位；
3—降水后的水位；4—降水井

1 第 i 土层位于初始地下水位以上时

$$\Delta\sigma'_{zi} = 0 \tag{7.5.2-1}$$

2 第 i 土层位于降水后水位与初始地下水位之间时

$$\Delta\sigma'_{zi} = \gamma_w z \tag{7.5.2-2}$$

3 第 i 土层位于降水后水位以下时

$$\Delta\sigma'_{zi} = \lambda_i \gamma_w s_i \tag{7.5.2-3}$$

式中：γ_w——水的重度（kN/m^3）；

z——第 i 层土中点至初始地下水位的垂直距离（m）；

λ_i——计算系数，应按地下水渗流分析确定，缺少分析数据时，也可根据当地工程经验取值；

s_i——计算剖面对应的地下水位降深（m）。

7.5.3 确定土的压缩模量时，应考虑土的超固结比对压缩模量的影响。

8 基坑开挖与监测

8.1 基坑开挖

8.1.1 基坑开挖应符合下列规定：

1 当支护结构构件强度达到开挖阶段的设计强度时，方可下挖基坑；对采用预应力锚杆的支护结构，应在锚杆施加预加力后，方可下挖基坑；对土钉墙，应在土钉、喷射混凝土面层的养护时间大于 2d 后，方可下挖基坑；

2 应按支护结构设计规定的施工顺序和开挖深度分层开挖；

3 锚杆、土钉的施工作业面与锚杆、土钉的高差不宜大于 500mm；

4 开挖时，挖土机械不得碰撞或损害锚杆、腰梁、土钉墙面、内支撑及其连接件等构件，不得损害已施工的基础桩；

5 当基坑采用降水时，应在降水后开挖地下水位以下的土方；

6 当开挖揭露的实际土层性状或地下水情况与设计依据的勘察资料明显不符，或出现异常现象、不明物体时，应停止开挖，在采取相应处理措施后方可继续开挖；

7 挖至坑底时，应避免扰动基底持力土层的原状结构。

8.1.2 软土基坑开挖除应符合本规程第8.1.1条的规定外，尚应符合下列规定：

1 应按分层、分段、对称、均衡、适时的原则开挖；

2 当主体结构采用桩基础且基础桩已施工完成时，应根据开挖面下软土的性状，限制每层开挖厚度，不得造成基础桩偏位；

3 对采用内支撑的支护结构，宜采用局部开槽方法浇筑混凝土支撑或安装钢支撑；开挖到支撑作业面后，应及时进行支撑的施工；

4 对重力式水泥土墙，沿水泥土墙方向应分区段开挖，每一开挖区段的长度不宜大于40m。

8.1.3 当基坑开挖面上方的锚杆、土钉、支撑未达到设计要求时，严禁向下超挖土方。

8.1.4 采用锚杆或支撑的支护结构，在未达到设计规定的拆除条件时，严禁拆除锚杆或支撑。

8.1.5 基坑周边施工材料、设施或车辆荷载严禁超过设计要求的地面荷载限值。

8.1.6 基坑开挖和支护结构使用期内，应按下列要求对基坑进行维护：

1 雨期施工时，应在坑顶、坑底采取有效的截排水措施；对地势低洼的基坑，应考虑周边汇水区域地面径流向基坑汇水的影响；排水沟、集水井应采取防渗措施；

2 基坑周边地面宜作硬化或防渗处理；

3 基坑周边的施工用水应有排放措施，不得渗入土体内；

4 当坑体渗水、积水或有渗流时，应及时进行疏导、排泄、截断水源；

5 开挖至坑底后，应及时进行混凝土垫层和主体地下结构施工；

6 主体地下结构施工时，结构外墙与基坑侧壁之间应及时回填。

8.1.7 支护结构或基坑周边环境出现本规程第8.2.23条规定的报警情况或其他险情时，应立即停止开挖，并应根据危险产生的原因和可能进一步发展的破坏形式，采取控制或加固措施。危险消除后，方可继续开挖。必要时，应对危险部位采取基坑回

填、地面卸土、临时支撑等应急措施。当危险由地下水管道渗漏、坑体渗水造成时，应及时采取截断渗漏水源、疏排渗水等措施。

8.2 基坑监测

8.2.1 基坑支护设计应根据支护结构类型和地下水控制方法，按表8.2.1选择基坑监测项目，并应根据支护结构的具体形式、基坑周边环境的重要性及地质条件的复杂性确定监测点部位及数量。选用的监测项目及其监测部位应能够反映支护结构的安全状态和基坑周边环境受影响的程度。

表8.2.1 基坑监测项目选择

监测项目	支护结构的安全等级		
	一级	二级	三级
支护结构顶部水平位移	应测	应测	应测
基坑周边建（构）筑物、地下管线、道路沉降	应测	应测	应测
坑边地面沉降	应测	应测	宜测
支护结构深部水平位移	应测	应测	选测
锚杆拉力	应测	应测	选测
支撑轴力	应测	应测	选测
挡土构件内力	应测	宜测	选测
支撑立柱沉降	应测	宜测	选测
挡土构件、水泥土墙沉降	应测	宜测	选测
地下水位	应测	应测	选测
土压力	宜测	选测	选测
孔隙水压力	宜测	选测	选测

注：表内各监测项目中，仅选择实际基坑支护形式所含有的内容。

8.2.2 安全等级为一级、二级的支护结构，在基坑开挖过程与支护结构使用期内，必须进行支护结构的水平位移监测和基坑开挖影响范围内建（构）筑物、地面的沉降监测。

8.2.3 支挡式结构顶部水平位移监测点的间距不宜大于20m，土钉墙、重力式挡墙顶部水平位移监测点的间距不宜大于15m，且基坑各边的监测点不应少于3个。基坑周边有建筑物的部位、基坑各边中部及地质条件较差的部位应设置监测点。

8.2.4 基坑周边建筑物沉降监测点应设置在建筑物的结构墙、柱上，并应分别沿平行、垂直于坑边的方向上布设。在建筑物邻基坑一侧，平行于坑边方向上的测点间距不宜大于15m。垂直于坑边方向上的测点，宜设置在柱、隔墙与结构缝部位。垂直于坑边方向上的布点范围应能反映建筑物基础的沉降差。必要时，可在建筑物内部布设测点。

8.2.5 地下管线沉降监测，当采用测量地面沉降的间接方法时，其测点应布设在管线正上方。当管线上方为刚性路面时，宜将测点设置于刚性路面下。对直埋的刚性管线，应在管线节点、竖井及其两侧等易破裂处设置测点。测点水平间距不宜大于20m。

8.2.6 道路沉降监测点的间距不宜大于30m，且每条道路的监测点不应少于3个。必要时，沿道路宽度方向可布设多个测点。

8.2.7 对坑边地面沉降、支护结构深部水平位移、锚杆拉力、支撑轴力、立柱沉降、挡土构件沉降、水泥土墙沉降、挡土构件内力、地下水位、土压力、孔隙水压力进行监测时，监测点应布设在邻近建筑物、基坑各边中部及地质条件较差的部位，监测点或监测面不宜少于3个。

8.2.8 坑边地面沉降监测点应设置在支护结构外侧的土层表面或柔性地面上。与支护结构的水平距离宜在基坑深度的0.2倍范围以内。有条件时，宜沿坑边垂直方向在基坑深度的（1～2）倍范围内设置多个测点，每个监测面的测点不宜少于5个。

8.2.9 采用测斜管监测支护结构深部水平位移时，对现浇混凝土挡土构件，测斜管应设置在挡土构件内，测斜管深度不应小于挡土构件的深度；对土钉墙、重力式挡墙，测斜管应设置在紧邻支护结构的土体内，测斜管深度不宜小于基坑深度的1.5倍。测斜管顶部应设置水平位移监测点。

8.2.10 锚杆拉力监测宜采用测量锚杆杆体总拉力的锚头压力传感器。对多层锚杆支挡式结构，宜在同一剖面的每层锚杆上设置测点。

8.2.11 支撑轴力监测点宜设置在主要支撑构件、受力复杂和影响支撑结构整体稳定性的支撑构件上。对多层支撑支挡式结构，宜在同一剖面的每层支撑上设置测点。

8.2.12 挡土构件内力监测点应设置在最大弯矩截面处的纵向受拉钢筋上。当挡土构件采用沿竖向分段配置钢筋时，应在钢筋截面面积减小且弯矩较大部位的纵向受拉钢筋上设置测点。

8.2.13 支撑立柱沉降监测点宜设置在基坑中部、支撑交汇处及地质条件较差的立柱上。

8.2.14 当挡土构件下部为软弱持力土层，或采用大倾角锚杆时，宜在挡土构件顶部设置沉降监测点。

8.2.15 当监测地下水位下降对基坑周边建筑、道路、地面等沉降的影响时，地下水位监测点应设置在降水井或截水帷幕外侧且宜尽量靠近被保护对象。基坑内地下水位的监测点可设置在基坑内或相邻降水井之间。当有回灌井时，地下水位监测点应设置在回灌井外侧。水位观测管的滤管应设置在所测含水层内。

8.2.16 各类水平位移观测、沉降观测的基准点应设置在变形影响范围外，且基准点数量不应少于两个。

8.2.17 基坑各监测项目采用的监测仪器的精度、分

辨率及测量精度应能反映监测对象的实际状况。

8.2.18 各监测项目应在基坑开挖前或测点安装后测得稳定的初始值，且次数不应少于两次。

8.2.19 支护结构顶部水平位移的监测频次应符合下列要求：

1 基坑向下开挖期间，监测不应少于每天一次，直至开挖停止后连续三天的监测数值稳定；

2 当地面、支护结构或周边建筑物出现裂缝、沉降，遇到降雨、降雪、气温骤变，基坑出现异常的渗水或漏水，坑外地面荷载增加等各种环境条件变化或异常情况时，应立即进行连续监测，直至连续三天的监测数值稳定；

3 当位移速率大于前次监测的位移速率时，则应进行连续监测；

4 在监测数值稳定期间，应根据水平位移稳定值的大小及工程实际情况定期进行监测。

8.2.20 支护结构顶部水平位移之外的其他监测项目，除应根据支护结构施工和基坑开挖情况进行定期监测外，尚应在出现下列情况时进行监测，直至连续三天的监测数值稳定。

1 出现本规程第8.2.19条第2、3款的情况时；

2 锚杆、土钉或挡土构件施工时，或降水井抽水等引起地下水位下降时，应进行相邻建筑物、地下管线、道路的沉降观测。

8.2.21 对基坑监测有特殊要求时，各监测项目的测点布置、量测精度、监测频度等应根据实际情况确定。

8.2.22 在支护结构施工、基坑开挖期间以及支护结构使用期内，应对支护结构和周边环境的状况随时进行巡查，现场巡查时应检查有无下列现象及其发展情况：

1 基坑外地面和道路开裂、沉陷；

2 基坑周边建（构）筑物、围墙开裂、倾斜；

3 基坑周边水管漏水、破裂，燃气管漏气；

4 挡土构件表面开裂；

5 锚杆锚头松动，锚具夹片滑动，腰梁及支座变形，连接破损等；

6 支撑构件变形、开裂；

7 土钉墙土钉滑脱，土钉墙面层开裂和错动；

8 基坑侧壁和截水帷幕渗水、漏水、流砂等；

9 降水井抽水异常，基坑排水不通畅。

8.2.23 基坑监测数据、现场巡查结果应及时整理和反馈。当出现下列危险征兆时应立即报警：

1 支护结构位移达到设计规定的位移限值；

2 支护结构位移速率增长且不收敛；

3 支护结构构件的内力超过其设计值；

4 基坑周边建（构）筑物、道路、地面的沉降达到设计规定的沉降、倾斜限值；基坑周边建（构）筑物、道路、地面开裂；

5 支护结构构件出现影响整体结构安全性的损坏;

6 基坑出现局部坍塌;

7 开挖面出现隆起现象;

8 基坑出现流土、管涌现象。

附录 A 锚杆抗拔试验要点

A.1 一 般 规 定

A.1.1 试验锚杆的参数、材料、施工工艺及其所处的地质条件应与工程锚杆相同。

A.1.2 锚杆抗拔试验应在锚固段注浆固结体强度达到 15MPa 或达到设计强度的 75% 后进行。

A.1.3 加载装置(千斤顶、油压系统)的额定压力必须大于最大试验压力,且试验前应进行标定。

A.1.4 加载反力装置的承载力和刚度应满足最大试验荷载的要求,加载时千斤顶应与锚杆同轴。

A.1.5 计量仪表(位移计、压力表)的精度应满足试验要求。

A.1.6 试验锚杆宜在自由段与锚固段之间设置消除自由段摩阻力的装置。

A.1.7 最大试验荷载下的锚杆杆体应力,不应超过其极限强度标准值的 0.85 倍。

A.2 基 本 试 验

A.2.1 同一条件下的极限抗拔承载力试验的锚杆数量不应少于 3 根。

A.2.2 确定锚杆极限抗拔承载力的试验,最大试验荷载不应小于预估破坏荷载,且试验锚杆的杆体截面面积应符合本规程第 A.1.7 条对锚杆杆体应力的规定。必要时,可增加试验锚杆的杆体截面面积。

A.2.3 锚杆极限抗拔承载力试验宜采用多循环加载法,其加载分级和锚头位移观测时间应按表 A.2.3 确定。

表 A.2.3 多循环加载试验的加载分级与锚头位移观测时间

循环次数	分级荷载与最大试验荷载的百分比(%)						
	初始荷载	加载过程			卸载过程		
第一循环	10	20	40	50	40	20	10
第二循环	10	30	50	60	50	30	10
第三循环	10	40	60	70	60	40	10
第四循环	10	50	70	80	70	50	10
第五循环	10	60	80	90	80	60	10
第六循环	10	70	90	100	90	70	10
观测时间(min)	5	5	5	10	5	5	5

A.2.4 当锚杆极限抗拔承载力试验采用单循环加载法时,其加载分级和锚头位移观测时间应按本规程表 A.2.3 中每一循环的最大荷载及相应的观测时间逐级加载和卸载。

A.2.5 锚杆极限抗拔承载力试验,其锚头位移测读和加卸载应符合下列规定:

1 初始荷载下,应测读锚头位移基准值 3 次,当每间隔 5min 的读数相同时,方可作为锚头位移基准值;

2 每级加、卸载稳定后,在观测时间内测读锚头位移不应少于 3 次;

3 在每级荷载的观测时间内,当锚头位移增量不大于 0.1mm 时,可施加下一级荷载;否则应延长观测时间,并应每隔 30min 测读锚头位移 1 次,当连续两次出现 1h 内的锚头位移增量小于 0.1mm 时,可施加下一级荷载;

4 加至最大试验荷载后,当未出现本规程第 A.2.6 条规定的终止加载情况,且继续加载后满足本规程第 A.1.7 条对锚杆杆体应力的要求时,宜继续进行下一循环加载,加卸载的各分级荷载增量宜取最大试验荷载的 10%。

A.2.6 锚杆试验中遇下列情况之一时,应终止继续加载:

1 从第二级加载开始,后一级荷载产生的单位荷载下的锚头位移增量大于前一级荷载产生的单位荷载下的锚杆位移增量的 5 倍;

2 锚头位移不收敛;

3 锚杆杆体破坏。

A.2.7 多循环加载试验应绘制锚杆的荷载-位移 $(Q\text{-}s)$ 曲线、荷载-弹性位移 $(Q\text{-}s_e)$ 曲线和荷载-塑性位移 $(Q\text{-}s_p)$ 曲线。锚杆的位移不应包括试验反力装置的变形。

A.2.8 锚杆极限抗拔承载力标准值应按下列方法确定:

1 锚杆的极限抗拔承载力,在某级试验荷载下出现本规程第 A.2.6 条规定的终止继续加载情况时,应取终止加载时的前一级荷载值;未出现时,应取终止加载时的荷载值;

2 参加统计的试验锚杆,当极限抗拔承载力的极差不超过其平均值的 30% 时,锚杆极限抗拔承载力标准值可取平均值;当级差超过平均值的 30% 时,宜增加试验锚杆数量,并应根据级差过大的原因,按实际情况重新进行统计后确定锚杆极限抗拔承载力标准值。

A.3 蠕 变 试 验

A.3.1 蠕变试验的锚杆数量不应少于三根。

A.3.2 蠕变试验的加载分级和锚头位移观测时间应按表 A.3.2 确定。在观测时间内荷载必须保持恒定。

表 A.3.2 蠕变试验的加载分级与锚头位移观测时间

加载分级	0.50 N_k	0.75 N_k	1.00 N_k	1.20 N_k	1.50 N_k
观测时间 t_2 (min)	10	30	60	90	120
观测时间 t_1 (min)	5	15	30	45	60

注：表中 N_k 为锚杆轴向拉力标准值。

A.3.3 每级荷载按时间间隔 1min、5min、10min、15min、30min、45min、60min、90min、120min 记录蠕变量。

A.3.4 试验时应绘制每级荷载下锚杆的蠕变量-时间对数（s-$\lg t$）曲线。蠕变率应按下式计算：

$$k_c = \frac{s_2 - s_1}{\lg t_2 - \lg t_1} \qquad (A.3.4)$$

式中：k_c——锚杆蠕变率；

s_1——t_1 时间测得的蠕变量（mm）；

s_2——t_2 时间测得的蠕变量（mm）。

A.3.5 锚杆的蠕变率不应大于 2.0mm。

A.4 验 收 试 验

A.4.1 锚杆抗拔承载力检测试验，最大试验荷载不应小于本规程第 4.8.8 条规定的抗拔承载力检测值。

A.4.2 锚杆抗拔承载力检测试验可采用单循环加载法，其加载分级和锚头位移观测时间应按表 A.4.2 确定。

表 A.4.2 单循环加载试验的加载分级与锚头位移观测时间

最大试验荷载		分级荷载与锚杆轴向拉力标准值 N_k 的百分比（%）						
1.4N_k	加载	10	40	60	80	100	120	140
	卸载	10	30	50		100	120	—
1.3N_k	加载	10	40	60	80	100		130
	卸载	10	30	50		100	120	—
1.2N_k	加载	10	40	60		100	—	120
	卸载	10	30	50		100	—	—
观测时间（min）		5	5	5	5	5		10

A.4.3 锚杆抗拔承载力检测试验，其锚头位移测读和加、卸载应符合下列规定：

1 初始荷载下，应测读锚头位移基准值 3 次，当每间隔 5min 的读数相同时，方可作为锚头位移基准值；

2 每级加、卸载稳定后，在观测时间内测读锚头位移不应少于 3 次；

3 当观测时间内锚头位移增量不大于 1.0mm

时，可视为位移收敛；否则，观测时间应延长至 60min，并应每隔 10min 测读锚头位移 1 次；当该 60min 内锚头位移增量小于 2.0mm 时，可视为锚头位移收敛，否则视为不收敛。

A.4.4 锚杆试验中遇本规程第 A.2.6 条规定的终止继续加载情况时，应终止继续加载。

A.4.5 单循环加载试验应绘制锚杆的荷载-位移（Q-s）曲线。锚杆的位移不应包括试验反力装置的变形。

A.4.6 检测试验中，符合下列要求的锚杆应判定合格：

1 在抗拔承载力检测值下，锚杆位移稳定或收敛；

2 在抗拔承载力检测值下测得的弹性位移量应大于杆体自由段长度理论弹性伸长量的 80%。

附录 B 圆形截面混凝土支护桩的正截面受弯承载力计算

B.0.1 沿周边均匀配置纵向钢筋的圆形截面钢筋混凝土支护桩，其正截面受弯承载力应符合下列规定（图 B.0.1）：

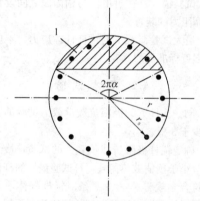

图 B.0.1 沿周边均匀配置纵向钢筋的圆形截面

1—混凝土受压区

$$M \leqslant \frac{2}{3} f_c A r \frac{\sin^3 \pi \alpha}{\pi} + f_y A_s r_s \frac{\sin \pi \alpha + \sin \pi \alpha_t}{\pi}$$

$$(B.0.1-1)$$

$$\alpha f_c A \left(1 - \frac{\sin 2\pi \alpha}{2\pi \alpha}\right) + (\alpha - \alpha_t) f_y A_s = 0$$

$$(B.0.1-2)$$

$$\alpha_t = 1.25 - 2\alpha \qquad (B.0.1-3)$$

式中：M——桩的弯矩设计值（kN·m），按本规程第 3.1.7 的规定计算；

f_c——混凝土轴心抗压强度设计值（kN/m²）；当混凝土强度等级超过 C50 时，f_c 应以 $\alpha_1 f_c$ 代替，当混凝土强度等级为 C50 时，取 $\alpha_1 = 1.0$，当混凝土强度等级为 C80 时，取 $\alpha_1 = 0.94$，其间按线性内插法确定；

A——支护桩截面面积（m^2）；

r——支护桩的半径（m）；

α——对应于受压区混凝土截面面积的圆心角（rad）与2π的比值；

f_y——纵向钢筋的抗拉强度设计值（kN/m^2）；

A_s——全部纵向钢筋的截面面积（m^2）；

r_s——纵向钢筋重心所在圆周的半径（m）；

α_t——纵向受拉钢筋截面面积与全部纵向钢筋截面面积的比值，当$\alpha > 0.625$时，取$\alpha_t = 0$。

注：本条适用于截面内纵向钢筋数量不少于6根的情况。

B.0.2 沿受拉区和受压区周边局部均匀配置纵向钢筋的圆形截面钢筋混凝土支护桩，其正截面受弯承载力应符合下列规定（图B.0.2）：

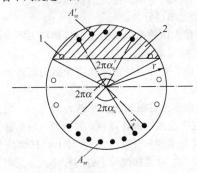

图 B.0.2 沿受拉区和受压区周边局部均匀配置纵向钢筋的圆形截面

1—构造钢筋；2—混凝土受压区

$$M \leqslant \frac{2}{3} f_c Ar \frac{\sin^3 \pi\alpha}{\pi} + f_y A_{sr} r_s \frac{\sin \pi\alpha_s}{\pi\alpha_s} + f_y A'_{sr} r_s \frac{\sin \pi\alpha'_s}{\pi\alpha'_s} \quad (B.0.2\text{-}1)$$

$$\alpha f_c A \left(1 - \frac{\sin 2\pi\alpha}{2\pi\alpha}\right) + f_y (A'_{sr} - A_{sr}) = 0 \quad (B.0.2\text{-}2)$$

$$\cos \pi\alpha \geqslant 1 - \left(1 + \frac{r_s}{r} \cos \pi\alpha_s\right) \xi_b \quad (B.0.2\text{-}3)$$

$$\alpha \geqslant \frac{1}{3.5} \quad (B.0.2\text{-}4)$$

式中：α——对应于混凝土受压区截面面积的圆心角（rad）与2π的比值；

α_s——对应于受拉钢筋的圆心角（rad）与2π的比值；α_s宜取$1/6 \sim 1/3$，通常可取0.25；

α'_s——对应于受压钢筋的圆心角（rad）与2π的比值，宜取$\alpha'_s \leqslant 0.5\alpha$；

A_{sr}、A'_{sr}——分别为沿周边均匀配置在圆心角$2\pi\alpha_s$、$2\pi\alpha'_s$内的纵向受拉、受压钢筋的截面面积（m^2）；

ξ_b——矩形截面的相对界限受压区高度，应

按现行国家标准《混凝土结构设计规范》GB 50010的规定取值。

注：本条适用于截面受拉区内纵向钢筋数量不少于3根的情况。

B.0.3 沿受拉区和受压区周边局部均匀配置的纵向钢筋数量，宜使按本规程公式（B.0.2-2）计算的α大于1/3.5，当$\alpha < 1/3.5$时，其正截面受弯承载力应符合下列规定：

$$M \leqslant f_y A_{sr} \left(0.78r + r_s \frac{\sin \pi\alpha_s}{\pi\alpha_s}\right) \quad (B.0.3)$$

B.0.4 沿圆形截面受拉区和受压区周边实际配置的均匀纵向钢筋的圆心角应分别取为$2\frac{n-1}{n}\pi\alpha_s$和$2\frac{m-1}{m}\pi\alpha'_s$。配置在圆形截面受拉区的纵向钢筋，按全截面面积计算的配筋率不宜小于0.2%和$0.45f_t/f_y$的较大值。在不配置纵向受力钢筋的圆周范围内应设置周边纵向构造钢筋，纵向构造钢筋直径不应小于纵向受力钢筋直径的1/2，且不应小于10mm；纵向构造钢筋的环向间距不应大于圆截面的半径和250mm的较小值。

注：1 n、m 为受拉区、受压区配置均匀纵向钢筋的根数；

2 f_t 为混凝土抗拉强度设计值。

附录C 渗透稳定性验算

C.0.1 坑底以下有水头高于坑底的承压水含水层，且未用截水帷幕隔断其基坑内外的水力联系时，承压水作用下的坑底突涌稳定性应符合下式规定（图C.0.1）：

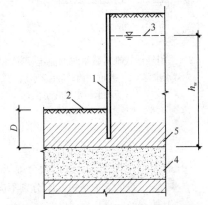

图 C.0.1 坑底土体的突涌稳定性验算

1—截水帷幕；2—基底；3—承压水测管水位；4—承压水含水层；5—隔水层

$$\frac{D\gamma}{h_w \gamma_w} \geqslant K_h \quad (C.0.1)$$

式中：K_h——突涌稳定安全系数；K_h不应小于1.1；

D——承压水含水层顶面至坑底的土层厚度（m）；

γ——承压水含水层顶面至坑底土层的天然重度（kN/m³）；对多层土，取按土层厚度加权的平均天然重度；

h_w——承压水含水层顶面的压力水头高度（m）；

$γ_w$——水的重度（kN/m³）。

C.0.2 悬挂式截水帷幕底端位于碎石土、砂土或粉土含水层时，对均质含水层，地下水渗流的流土稳定性应符合下式规定（图 C.0.2），对渗透系数不同的非均质含水层，宜采用数值方法进行渗流稳定性分析。

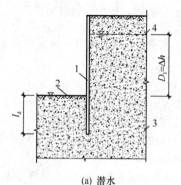

(a) 潜水

(b) 承压水

图 C.0.2 采用悬挂式帷幕截水时的流土稳定性验算
1—截水帷幕；2—基坑底面；3—含水层；
4—潜水水位；5—承压水测管水位；
6—承压水含水层顶面

$$\frac{(2l_d + 0.8D_1)γ'}{\Delta h γ_w} \geqslant K_f \qquad (C.0.2)$$

式中：K_f——流土稳定性安全系数；安全等级为一、二、三级的支护结构，K_f 分别不应小于 1.6、1.5、1.4；

l_d——截水帷幕在坑底以下的插入深度（m）；

D_1——潜水面或承压水含水层顶面至基坑底面的土层厚度（m）；

$γ'$——土的浮重度（kN/m³）；

Δh——基坑内外的水头差（m）；

$γ_w$——水的重度（kN/m³）。

C.0.3 坑底以下为级配不连续的砂土、碎石土含水

层时，应进行土的管涌可能性判别。

附录 D 土钉抗拔试验要点

D.0.1 试验土钉的参数、材料、施工工艺及所处的地质条件应与工程土钉相同。

D.0.2 土钉抗拔试验应在注浆固结体强度达到10MPa或达到设计强度的70%后进行。

D.0.3 加载装置（千斤顶、油压系统）的额定压力必须大于最大试验压力，且试验前应进行标定。

D.0.4 加荷反力装置的承载力和刚度应满足最大试验荷载的要求，加载时千斤顶应与土钉同轴。

D.0.5 计量仪表（位移计、压力表）的精度应满足试验要求。

D.0.6 在土钉墙面层上进行试验时，试验土钉应与喷射混凝土面层分离。

D.0.7 最大试验荷载下的土钉杆体应力不应超过其屈服强度标准值。

D.0.8 同一条件下的极限抗拔承载力试验的土钉数量不应少于3根。

D.0.9 确定土钉极限抗拔承载力的试验，最大试验荷载不应小于预估破坏荷载，且试验土钉的杆体截面面积应符合本规程第D.0.7条对土钉杆体应力的规定。必要时，可增加试验土钉的杆体截面面积。

D.0.10 土钉抗拔承载力检测试验，最大试验荷载不应小于本规程第5.4.10条规定的抗拔承载力检测值。

D.0.11 确定土钉极限抗拔承载力的试验和土钉抗拔承载力检测试验可采用单循环加载法，其加载分级和土钉位移观测时间应按表D.0.11确定。

表 D.0.11 单循环加载试验的加载分级与土钉位移观测时间

观测时间（min）		5	5	5	5	5	10
加载量与最大试验荷载的百分比（%）	初始荷载	—	—	—	—	—	10
	加载	10	50	70	80	90	100
	卸载	10	20	50	80	90	—

注：单循环加载试验用于土钉抗拔承载力检测时，加至最大试验荷载后，可一次卸载至最大试验荷载的10%。

D.0.12 土钉极限抗拔承载力试验，其土钉位移测读和加卸载应符合下列规定：

1 初始荷载下，应测读土钉位移基准值3次，当每间隔5min的读数相同时，方可作为土钉位移基准值；

2 每级加、卸载稳定后，在观测时间内测读土钉位移不应少于3次；

3 在每级荷载的观测时间内，当土钉位移增量不大于0.1mm时，可施加下一级荷载；否则应延长

观测时间，并应每隔 30min 测读土钉位移 1 次；当连续两次出现 1h 内的土钉位移增量小于 0.1mm 时，可施加下一级荷载。

D.0.13 土钉抗拔承载力检测试验，其土钉位移测读和加、卸载应符合下列规定：

1 初始荷载下，应测读土钉位移基准值 3 次，当每间隔 5min 的读数相同时，方可作为土钉位移基准值；

2 每级加、卸载稳定后，在观测时间内测读土钉位移不应少于 3 次；

3 当观测时间内土钉位移增量不大于 1.0mm 时，可视为位移收敛；否则，观测时间应延长至 60min，并应每隔 10min 测读土钉位移 1 次；当该 60min 内土钉位移增量小于 2.0mm 时，可视为土钉位移收敛，否则视为不收敛。

D.0.14 土钉试验中遇下列情况之一时，应终止继续加载：

1 从第二级加载开始，后一级荷载产生的单位荷载下的土钉位移增量大于前一级荷载产生的单位荷载下的土钉位移增量的 5 倍；

2 土钉位移不收敛；

3 土钉杆体破坏。

D.0.15 试验应绘制土钉的荷载-位移（Q-s）曲线。土钉的位移不应包括试验反力装置的变形。

D.0.16 土钉极限抗拔承载力标准值应按下列方法确定：

1 土钉的极限抗拔承载力，在某级试验荷载下出现本规程 D.0.14 条规定的终止继续加载情况时，应取终止加载时的前一级荷载值；未出现时，应取终止加载时的荷载值；

2 参加统计的试验土钉，当满足其级差不超过平均值的 30% 时，土钉极限抗拔承载力标准值可取平均值；当级差超过平均值的 30% 时，宜增加试验土钉数量，并应根据级差过大的原因，按实际情况重新进行统计后确定土钉极限抗拔承载力标准值。

D.0.17 检测试验中，在抗拔承载力检测值下，土钉位移稳定或收敛应判定土钉合格。

附录 E 基坑涌水量计算

E.0.1 群井按大井简化时，均质含水层潜水完整井的基坑降水总涌水量可按下式计算（图 E.0.1）：

$$Q = \pi k \frac{(2H - s_d)s_d}{\ln\left(1 + \frac{R}{r_0}\right)} \quad (E.0.1)$$

式中：Q——基坑降水总涌水量（m³/d）；

k——渗透系数（m/d）；

H——潜水含水层厚度（m）；

s_d——基坑地下水位的设计降深（m）；

R——降水影响半径（m）；

r_0——基坑等效半径（m）；可按 $r_0 = \sqrt{A/\pi}$ 计算；

A——基坑面积（m²）。

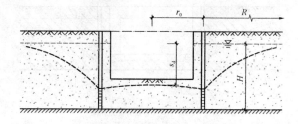

图 E.0.1 均质含水层潜水完整井的基坑涌水量计算

E.0.2 群井按大井简化时，均质含水层潜水非完整井的基坑降水总涌水量可按下列公式计算（图 E.0.2）：

$$Q = \pi k \frac{H^2 - h^2}{\ln\left(1 + \frac{R}{r_0}\right) + \frac{h_m - l}{l}\ln\left(1 + 0.2\frac{h_m}{r_0}\right)} \quad (E.0.2-1)$$

$$h_m = \frac{H + h}{2} \quad (E.0.2-2)$$

式中：h——降水后基坑内的水位高度（m）；

l——过滤器进水部分的长度（m）。

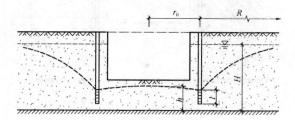

图 E.0.2 均质含水层潜水非完整井的基坑涌水量计算

E.0.3 群井按大井简化时，均质含水层承压水完整井的基坑降水总涌水量可按下式计算（图 E.0.3）：

$$Q = 2\pi k \frac{M s_d}{\ln\left(1 + \frac{R}{r_0}\right)} \quad (E.0.3)$$

式中：M——承压水含水层厚度（m）。

E.0.4 群井按大井简化时，均质含水层承压水非完整井的基坑降水总涌水量可按下式计算（图 E.0.4）：

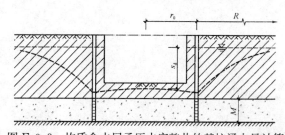

图 E.0.3 均质含水层承压水完整井的基坑涌水量计算

$$Q = 2\pi k \frac{Ms_d}{\ln\left(1 + \frac{R}{r_0}\right) + \frac{M-l}{l}\ln\left(1 + 0.2\frac{M}{r_0}\right)}$$

(E.0.4)

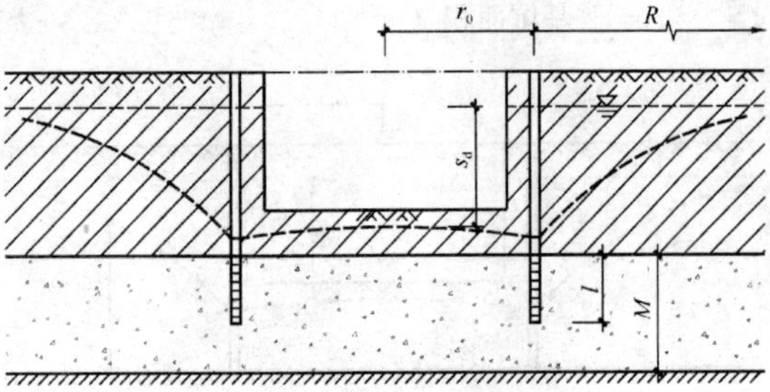

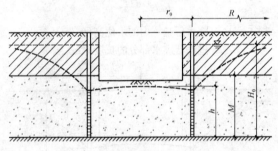

图 E.0.4　均质含水层承压水
非完整井的基坑涌水量计算

E.0.5　群井按大井简化时，均质含水层承压水—潜水完整井的基坑降水总涌水量可按下式计算（图 E.0.5）：

$$Q = \pi k \frac{(2H_0 - M)M - h^2}{\ln\left(1 + \frac{R}{r_0}\right)}$$

(E.0.5)

式中：H_0——承压水含水层的初始水头。

图 E.0.5　均质含水层承压水—潜水完整
井的基坑涌水量计算

本规程用词说明

1　为便于在执行本规程条文时区别对待，对要求严格程度不同的用词说明如下：

1)　表示很严格，非这样做不可的：
正面词采用"必须"，反面词采用"严禁"；

2)　表示严格，在正常情况下均应这样做的：
正面词采用"应"，反面词采用"不应"或"不得"；

3)　表示允许稍有选择，在条件许可时首先应这样做的：
正面词采用"宜"，反面词采用"不宜"；

4)　表示有选择，在一定条件下可以这样做的，采用"可"。

2　条文中指明应按其他有关标准执行的写法为："应符合……的规定"或"应按……执行"。

引用标准名录

1　《建筑地基基础设计规范》GB 50007

2　《混凝土结构设计规范》GB 50010

3　《钢结构设计规范》GB 50017

4　《岩土工程勘察规范》GB 50021

5　《地下工程防水技术规范》GB 50108

6　《建筑地基基础工程施工质量验收规范》GB 50202

7　《混凝土结构工程施工质量验收规范》GB 50204

8　《钢结构工程施工质量验收规范》GB 50205

9　《预应力混凝土用钢绞线》GB/T 5224

10　《预应力筋用锚具、夹具和连接器》GB/T 14370

11　《建筑地基处理技术规范》JGJ 79

12　《建筑桩基技术规范》JGJ 94

中华人民共和国行业标准

建筑基坑支护技术规程

JGJ 120 - 2012

条 文 说 明

修 订 说 明

《建筑基坑支护技术规程》JGJ 120 - 2012，经住房和城乡建设部 2012 年 4 月 5 日以第 1350 号公告批准、发布。

本规程是在《建筑基坑支护技术规程》JGJ 120—99 基础上修订而成，上一版的主编单位是中国建筑科学研究院，参编单位是深圳市勘察研究院、福建省建筑科学研究院、同济大学、冶金部建筑研究总院、广州市建筑科学研究院、江西省新大地建设监理公司、北京市勘察设计研究院、机械部第三勘察研究院、深圳市工程质量监督检验总站、重庆市建筑设计研究院、肇庆市建设工程质量监督站，主要起草人是黄强、杨斌、李荣强、侯伟生、杨敏、杨志银、陈新余、陈如桂、刘小敏、胡建林、白生翔、张在明、刘金砺、魏章和、李子新、李瑞茹、王铁宏、郑生庆、张昌邑。本次修订的主要技术内容是：1. 调整和补充了支护结构的几种稳定性验算；2. 调整了部分稳定性验算表达式；3. 强调了变形控制设计原则；4. 调整了选用土的抗剪强度指标的规定；5. 新增了双排桩结构；6. 改进了不同施工工艺下锚杆粘结强度取值的有关规定；7. 充实了内支撑结构设计的有关规定；8. 新增了支护与主体结构结合及逆作法；9. 新增了复合土钉墙；10. 引入了土钉墙土压力调整系数；11. 充实了各种类型支护结构构造与施工的有关规定；12. 强调了地下水资源的保护；13. 改进了降水设计方法；14. 充实了截水设计与施工的有关规定；15. 充实了地下水渗透稳定性验算的有关规定；16. 充实了基坑开挖的有关规定；17. 新增了应急措施；18. 取消了逆作拱墙。

本规程修订过程中，编制组进行了国内基坑支护应用情况的调查研究，总结了我国工程建设中基坑支护领域的实践经验，同时参考了国外先进技术法规、技术标准，通过试验、工程验证及征求意见取得了本规程修订技术内容的有关重要技术参数。

为便于广大设计、施工、科研、学校等单位有关人员在使用本规程时能正确理解和执行条文规定，《建筑基坑支护技术规程》编制组按章、节、条顺序编制了本规程的条文说明，对条文规定的目的、依据以及执行中需注意的有关事项进行了说明，还着重对强制性条文的强制性理由作了解释。但是，本条文说明不具备与规程正文同等的法律效力，仅供使用者作为理解和把握规程规定的参考。

目 次

1 总则 ················· 14—52
3 基本规定 ············· 14—52
　3.1 设计原则 ··········· 14—52
　3.2 勘察要求与环境调查 ···· 14—56
　3.3 支护结构选型 ········ 14—56
　3.4 水平荷载 ··········· 14—57
4 支挡式结构 ··········· 14—58
　4.1 结构分析 ··········· 14—58
　4.2 稳定性验算 ········· 14—59
　4.3 排桩设计 ··········· 14—60
　4.4 排桩施工与检测 ······ 14—61
　4.5 地下连续墙设计 ······ 14—61
　4.6 地下连续墙施工与检测 ·· 14—62
　4.7 锚杆设计 ··········· 14—62
　4.8 锚杆施工与检测 ······ 14—64
　4.9 内支撑结构设计 ······ 14—64
　4.11 支护结构与主体结构的结合
　　　 及逆作法 ········· 14—65
　4.12 双排桩设计 ········ 14—67
5 土钉墙 ·············· 14—68
　5.1 稳定性验算 ········· 14—68

5.2 土钉承载力计算 ······· 14—68
5.3 构造 ··············· 14—69
5.4 施工与检测 ·········· 14—69
6 重力式水泥土墙 ········ 14—69
　6.1 稳定性与承载力验算 ··· 14—69
　6.2 构造 ·············· 14—70
　6.3 施工与检测 ········· 14—70
7 地下水控制 ··········· 14—70
　7.1 一般规定 ·········· 14—70
　7.2 截水 ·············· 14—70
　7.3 降水 ·············· 14—71
　7.4 集水明排 ·········· 14—72
　7.5 降水引起的地层变形计算 · 14—72
8 基坑开挖与监测 ········ 14—73
　8.1 基坑开挖 ·········· 14—73
　8.2 基坑监测 ·········· 14—73
附录 B 圆形截面混凝土支护桩的
　　　 正截面受弯承载力计算 ··· 14—73
附录 C 渗透稳定性验算 ······ 14—74

1 总　则

1.0.1 本规程在《建筑基坑支护技术规程》JGJ 120 - 99（以下简称原规程）基础上修订，原规程是我国第一本建筑基坑支护技术标准，自 1999 年 9 月 1 日施行以来，对促进我国各地区在基坑支护设计方法与施工技术上的规范化，提高基坑工程的设计施工质量起到了积极作用。基坑工程在建筑行业内是属于高风险的技术领域，全国各地基坑工程事故的发生率虽然逐年减少，但仍不断地出现。不合理的设计与低劣的施工质量是造成这些基坑事故的主要原因。基坑工程中保证环境安全与工程安全，提高支护技术水平，控制施工质量，同时合理地降低工程造价，是从事基坑工程工作的技术与管理人员应遵守的基本原则。

　　基坑支护在功能上的一个显著特点是，它不仅用于为主体地下结构的施工创造条件和保证施工安全，更为重要的是要保护周边环境不受到危害。基坑支护在保护环境方面的要求，对城镇地域尤为突出。对此，工程建设及监理单位、基坑支护设计施工单位乃至工程建设监督管理部门应该引起高度关注。

1.0.2 本条明确了本规程的适用范围。本规程的规定限于临时性基坑支护，支护结构是按临时性结构考虑的，因此，规程中有关结构和构造的规定未考虑耐久性问题，荷载及其分项系数按临时作用考虑。地下水控制的一些方法也是仅按适合临时性措施考虑的。一般土质地层是指全国范围内第四纪全新世 Q_4 与晚更新世 Q_3 沉积土中，除去某些具有特殊物理力学及工程特性的特殊土类之外的各种土类地层。现行国家标准《岩土工程勘察规范》GB 50021 中定义的有些特殊土是属于适用范围以内的，如软土、混合土、填土、残积土，但是对湿陷性土、多年冻土、膨胀土等特殊土，本规程中采用的土压力计算与稳定分析方法等尚不能考虑这些土固有的特殊性质的影响。对这些特殊土地层，应根据地区经验在充分考虑其特殊性质对基坑支护的影响后，再按本规程的相关内容进行设计与施工。对岩质地层，因岩石压力的形成机理与土质地层不同，本规程未涉及岩石压力的计算，但有关支护结构的内容，岩石地层的基坑支护可以参照。本规程未涵盖的其他内容，应通过专门试验、分析并结合实际经验加以解决。

1.0.4 基坑支护技术涉及岩土与结构的多门学科及技术，对结构工程领域的混凝土结构、钢结构等，对岩土工程领域的桩、地基处理方法、岩土锚固、地下水渗流等，对湿陷性黄土、多年冻土、膨胀土、盐渍土、岩石基坑等和按抗震要求设计时，需要同时采用相应规范。因此，在应用本规程时，尚应根据具体的问题，遵守其他相关规范的要求。

3 基本规定

3.1 设计原则

3.1.1 基坑支护是为主体结构地下部分施工而采取的临时措施，地下结构施工完成后，基坑支护也就随之完成其用途。由于支护结构的使用期短（一般情况在一年之内），因此，设计时采用的荷载一般不需考虑长期作用。如果基坑开挖后支护结构的使用持续时间较长，荷载可能会随时间发生改变，材料性能和基坑周边环境也可能会发生变化。所以，为了防止人们忽略由于延长支护结构使用期而带来的荷载、材料性能、基坑周边环境等条件的变化，避免超越设计状况，设计时应确定支护结构的使用期限，并应在设计文件中给出明确规定。

　　支护结构的支护期限规定不小于一年，除考虑主体地下结构施工工期的因素外，也是考虑到施工季节对支护结构的影响。一年中的不同季节，地下水位、气候、温度等外界环境的变化会使土的性状及支护结构的性能随之改变，而且有时影响较大。受各种因素的影响，设计预期的施工季节并不一定与实际施工的季节相同，即使对支护结构使用期不足一年的工程，也应使支护结构一年四季都能适用。因而，本规程规定支护结构使用期限应不小于一年。

　　对大多数建筑工程，一年的支护期能满足主体地下结构的施工周期要求，对有特殊施工周期要求工程，应该根据实际情况延长支护期限并应对荷载、结构构件的耐久性等设计条件作相应考虑。

3.1.2 基坑支护工程是为主体结构地下部分的施工而采取的临时性措施。因基坑开挖涉及基坑周边环境安全，支护结构除满足主体结构施工要求外，还需满足基坑周边环境要求。支护结构的设计和施工应把保护基坑周边环境安全放在重要位置。本条规定了基坑支护应具有的两种功能。首先基坑支护应具有防止基坑的开挖危害周边环境的功能，这是支护结构的首要的功能。其次，应具有保证工程自身主体结构施工安全的功能，应为主体地下结构施工提供正常施工的作业空间及环境，提供施工材料、设备堆放和运输的场地、道路条件，隔断基坑内外地下水、地表水以保证地下结构和防水工程的正常施工。该条规定的目的，是明确基坑支护工程不能为了考虑本工程项目的要求和利益，而损害环境和相邻建（构）筑物所有权人的利益。

3.1.3 安全等级表 3.1.3 仍维持了原规程对支护结构安全等级的原则性划分方法。本规程依据国家标准《工程结构可靠性设计统一标准》GB 50153 - 2008 对结构安全等级确定的原则，以破坏后果严重程度，将支护结构划分为三个安全等级。对基坑支护而言，破坏后果具体表现为支护结构破坏、土体过大变形对基坑周边环境及主体结构施工安全的影响。支护结构的安全等级，主要反映在设计时支护结构及其构件的重要性系数和各种稳定性安全系数的取值上。

本规程对支护结构安全等级采用原则性划分方法而未采用定量划分方法，是考虑到基坑深度、周边建筑物距离及埋深、结构及基础形式、土的性状等因素对破坏后果的影响程度难以用统一标准界定，不能保证普遍适用，定量化的方法对具体工程可能会出现不合理的情况。

设计者及发包商在按本规程表 3.1.3 的原则选用支护结构安全等级时应掌握的原则是：基坑周边存在受影响的重要既有住宅、公共建筑、道路或地下管线等时，或因场地的地质条件复杂、缺少同类地质条件下相近基坑深度的经验时，支护结构破坏、基坑失稳或过大变形对人的生命、经济、社会或环境影响很大，安全等级应定为一级。当支护结构破坏、基坑过大变形不会危及人的生命、经济损失轻微、对社会或环境的影响不大时，安全等级可定为三级。对大多数基坑，安全等级应该定为二级。

对内支撑结构，当基坑一侧支撑失稳破坏会殃及基坑另一侧支护结构因受力改变而使支护结构形成连续倒塌时，相互影响的基坑各边支护结构应取相同的安全等级。

3.1.4 依据国家标准《工程结构可靠性设计统一标准》GB 50153-2008 的规定并结合基坑工程自身的特殊性，本条对承载能力极限状态与正常使用极限状态这两类极限状态在基坑支护中的具体表现形式进行了归类，目的是使工程技术人员能够对基坑支护各类结构的各种破坏形式有一个总体认识，设计时对各种破坏模式和影响正常使用的状态进行控制。

3.1.5 本条的极限状态设计方法的通用表达式依据国家标准《工程结构可靠性设计统一标准》GB 50153-2008 而定，是本规程各章各种支护结构统一的设计表达式。

对承载能力极限状态，由材料强度控制的结构构件的破坏类型采用极限状态设计法，按公式（3.1.5-1）给出的表达式进行设计计算和验算，荷载效应采用荷载基本组合的设计值，抗力采用结构构件的承载力设计值并考虑结构构件的重要性系数。涉及岩土稳定性的承载能力极限状态，采用单一安全系数法，按公式（3.1.5-3）给出的表达式进行计算和验算。本规程的修订，对岩土稳定性的承载能力极限状态问题恢复了传统的单一安全系数法，一是由于新制定的国家标准《工程结构可靠性设计统一标准》GB 50153-2008 中明确提出了可以采用单一安全系数法，不会造成与基本规范不协调统一的问题；二是由于国内岩土工程界目前仍普遍认可单一安全系数法，单一安全系数法适于岩土工程问题。

以支护结构水平位移限值等为控制指标的正常使用极限状态的设计表达式也与有关结构设计规范保持一致。

3.1.6 原规程的荷载综合分项系数取 1.25，是依据原国家标准《建筑结构荷载规范》GBJ 9-87 而定的。但随着我国建筑结构可靠度设计标准的提高，国家标准《建筑结构荷载规范》GB 50009-2001 已将永久荷载、可变荷载的分项系数调高，对由永久荷载效应控制的永久荷载分项系数取 $\gamma_G = 1.35$。各结构规范也均相应对此进行了调整。由于本规程对象是临时性支护结构，在修订时，也研究讨论了荷载分项系数如何取值问题。如荷载综合分项系数由 1.25 调为 1.35，这样将会大大增加支护结构的工程造价。在征求了国内一些专家、学者的意见后，认为还是维持原规程的规定为好，支护结构构件按承载能力极限状态设计时的作用基本组合综合分项系数 γ_F 仍取 1.25。其理由如下：其一，支护结构是临时性结构，一般来说，支护结构使用时间不会超过一年，正常施工条件下最长的工程也小于两年，在安全储备上与主体建筑结构应有所区别。其二，荷载综合分项系数的调高只影响支护结构构件的承载力设计，如增加挡土构件的截面配筋、锚杆的钢绞线数量等，并未提高有关岩土的稳定性安全系数，如圆弧滑动稳定性、隆起稳定性、锚杆抗拔力、倾覆稳定性等，而大部分基坑工程事故主要还是岩土类型的破坏形式。为避免与《工程结构可靠性设计统一标准》GB 50153 及《建筑结构荷载规范》GB 50009-2001 的荷载分项系数取值不一致带来的不统一问题，其系数称为荷载综合分项系数，荷载综合分项系数中包括了临时性结构对荷载基本组合下的调整。

支护结构的重要性系数，遵循《工程结构可靠性设计统一标准》GB 50153 的规定，对安全等级为一级、二级、三级的支护结构可分别取 1.1、1.0 及 0.9。当需要提高安全标准时，支护结构的重要性系数可以根据具体工程的实际情况取大于上述数值。

3.1.7 本规程的结构构件极限状态设计表达式（3.1.5-1）在具体应用到各种结构构件的承载力计算时，将公式中的荷载基本组合的效应设计值 S_d 与结构构件的重要性系数 γ_0 相乘后，用内力设计值代替。这样在各章的结构构件承载力计算时，各具体表达式或公式中就不再出现重要性系数 γ_0，因为 γ_0 已含在内力设计值中了。根据内力的具体意义，其设计值可为弯矩设计值 M、剪力设计值 V 或轴向拉力、压力设计值 N 等。公式（3.1.7-1）～公式（3.1.7-3）中，弯矩值 M_k、剪力值 V_k 及轴向拉力、压力值 N_k 按荷载标准组合计算。对于作用在支护结构上的土压力荷载的标准值，当按朗肯或库仑方法计算时，土性参数黏聚力 c、摩擦角 φ 及土的重度 γ 按本规程第 3.1.15 条的规定取值，朗肯土压力荷载的标准值按本规程第

3.3.4 条的有关公式计算。

3.1.8 支护结构的水平位移是反映支护结构工作状况的直观数据，对监控基坑与基坑周边环境安全能起到相当重要的作用，是进行基坑工程信息化施工的主要监测内容。因此，本规程规定应在设计文件中提出明确的水平位移控制值，作为支护结构设计的一个重要指标。本条对支护结构水平位移控制值的取值提出了三点要求：第一，是支护结构正常使用的要求，应根据本条第 1 款的要求，按基坑周边建筑、地下管线、道路等环境对象对基坑变形的适应能力及主体结构设计施工的要求确定，保护基坑周边环境的安全与正常使用。由于基坑周边环境条件的多样性和复杂性，不同环境对象对基坑变形的适应能力及要求不同，所以，目前还很难定出统一的、定量的限值以适合各种情况。如支护结构位移和周边建筑物沉降限值按统一标准考虑，可能会出现有些情况偏严、有些情况偏松的不合理地方。目前还是由设计人员根据工程的实际条件，具体问题具体分析确定较好。所以，本规程未给出正常使用要求下具体的支护结构水平位移控制值和建筑物沉降控制值。支护结构水平位移控制值和建筑物沉降控制值如何定的合理是个难题，今后应对此问题开展深入具体的研究工作，积累试验、实测数据，进行理论分析研究，为合理确定支护结构水平位移控制值打下基础。同时，本款提出支护结构水平位移控制值和环境保护对象沉降控制值应符合现行国家标准《建筑地基基础设计规范》GB 50007 中对地基变形允许值的要求及相关规范对地下管线、地下构筑物、道路变形的要求，在执行时会存在沉降值是从建筑物等建设时还是基坑支护施工前开始度量的问题，按这些规范要求应从建筑物等建设时算起，但基坑周边建筑物等从建设到基坑支护施工前这段时间又可能缺少地基变形的数据，存在操作上的困难，需要工程相关人员斟酌掌握。第二，当支护结构构件同时用作主体地下结构构件时，支护结构水平位移控制值不应大于主体结构设计对其变形的限值的规定，是主体结构设计对支护结构构件的要求。这种情况有时在采用地下连续墙和内支撑结构时会作为一个控制指标。第三，当基坑周边无需要保护的建筑物等时，设计文件中也要设定支护结构水平位移控制值，这是出于控制支护结构承载力和稳定性等达到极限状态的要求。实测位移是检验支护结构受力和稳定状态的一种直观方法，岩土失稳或结构破坏前一般会产生一定的位移量，通常变形速率增长且不收敛，而在出现位移速率增长前，会有较大的累积位移量。因此，通过支护结构位移从某种程度上能反映支护结构的稳定状况。由于基坑支护破坏形式和土的性质的多样性，难以建立稳定极限状态与位移的定量关系，本规程没有规定此情况下的支护结构水平位移控制值，而应根据地区经验确定。国内一些地方基坑支护技术标准根据

当地经验提出了支护结构水平位移的量化要求，如：北京市地方标准《建筑基坑支护技术规程》DB 11/489 - 2007 中规定，"当无明确要求时，最大水平变形限值：一级基坑为 0.002h，二级基坑为 0.004h，三级基坑为 0.006h。"深圳市标准《深圳地区建筑深基坑支护技术规范》SJG 05 - 96 中规定，当无特殊要求时的支护结构最大水平位移允许值见表 1：

表 1 支护结构最大水平位移允许值

安全等级	支护结构最大水平位移允许值（mm）	
	排桩、地下连续墙、坡率法、土钉墙	钢板桩、深层搅拌
一级	0.0025h	—
二级	0.0050h	0.0100h
三级	0.0100h	0.0200h

注：表中 h 为基坑深度（mm）。

新修订的深圳市标准《深圳地区建筑深基坑支护技术规范》对支护结构水平位移控制值又作了一定调整，如表 2 所示：

表 2 支护结构顶部最大水平位移允许值（mm）

安全等级	排桩、地下连续墙加内支撑支护	排桩、地下连续墙加锚杆支护，双排桩，复合土钉墙	坡率法，土钉墙或复合土钉墙，水泥土挡墙，悬臂式排桩，钢板桩等
一级	0.002h 与 30mm 的较小值	0.003h 与 40mm 的较小值	
二级	0.004h 与 50mm 的较小值	0.006h 与 60mm 的较小值	0.01h 与 80mm 的较小值
三级		0.01h 与 80mm 的较小值	0.02h 与 100mm 的较小值

注：表中 h 为基坑深度（mm）。

湖北省地方标准《基坑工程技术规程》DB 42/159 - 2004 中规定，"基坑监测项目的监控报警值，如设计有要求时，以设计要求为依据，如设计无具体要求时，可按如下变形量控制：

重要性等级为一级的基坑，边坡土体、支护结构水平位移（最大值）监控报警值为 30mm；重要性等级为二级的基坑，边坡土体、支护结构水平位移（最大值）监控报警值为 60mm。"

3.1.9 本条有两个含义：第一，防止设计的盲目性。基坑支护的首要功能是保护周边环境（建筑物、地下管线、道路等）的安全和正常使用，同时基坑周边建筑物、地下管线、道路又对支护结构产生附加荷载、对支护结构施工造成障碍，管线中地下水的渗漏会降低土的强度。因此，支护结构设计必须要针对情况选择合理的方案，支护结构变形和地下水控制方法要按

基坑周边建筑物、地下管线、道路的变形要求进行控制，基坑周边建筑物、地下管线、道路、施工荷载对支护结构产生的附加荷载、对施工的不利影响等因素要在设计时仔细地加以考虑。第二，设计中应提出明确的基坑周边荷载限值、地下水和地表水控制等基坑使用要求，这些设计条件和基坑使用要求应作为重要内容在设计文件中明确体现，支护结构设计总平面图、剖面图上应准确标出，设计说明中应写明施工注意事项，以防止在支护结构施工和使用期间的实际状况超过这些设计条件，从而酿成安全事故和恶果。

3.1.10 基坑支护的另一个功能是提供安全的主体地下结构施工环境。支护结构的设计与施工除应保护基坑周边环境安全外，还应满足主体结构施工及使用对基坑的要求。

3.1.11 支护结构简化为平面结构模型计算时，沿基坑周边的各个竖向平面的设计条件常常是不同的。除了各部位基坑深度、周边环境条件及附加荷载可能不同外，地质条件的变异性是支护结构不同于上部结构的一个很重要的特性。自然形成的成层土，各土层的分布及厚度往往在基坑尺度的范围内就存在较大的差异。因而，当基坑深度、周边环境及地质条件存在差异时，这些差异对支护结构的土压力荷载的影响不可忽略。本条强调了按基坑周边的实际条件划分设计与计算剖面的原则和要求，具体划分为多少个剖面根据工程的实际情况来确定，每一个剖面也应按剖面内的最不利情况取设计计算参数。

3.1.12 由于基坑支护工程具有基坑开挖与支护结构施工交替进行的特点，所以，支护结构的计算应按基坑开挖与支护结构的实际过程分工况计算，且设计计算的工况应与实际施工的工况相一致。大多数情况下，基坑开挖到坑底时内力与变形最大，但少数情况下，支护结构某构件的受力状况不一定随开挖进程是递增的，也会出现开挖过程某个中间工况的内力最大。设计文件中应指明支护结构各构件施工顺序及相应的基坑开挖深度，以防止在基坑开挖过程中，未按设计工况完成某项施工内容就开挖到下一步基坑深度，从而造成基坑超挖。由于基坑超挖使支护结构实际受力状态大大超过设计要求而使基坑垮塌的实际工程事故，其教训是十分惨痛的。

3.1.14 本条对各章土压力、土的各种稳定性验算公式中涉及的土的抗剪强度指标的试验方法进行了归纳并作出统一规定。因为土的抗剪强度指标随排水、固结条件及试验方法的不同有多种类型的参数，不同试验方法做出的抗剪强度指标的结果差异很大，计算和验算时不能任意取用，应采用与基坑开挖过程土中孔隙水的排水和应力路径基本一致的试验方法得到的指标。由于各章有关公式很多，在各个公式中一一指明其试验方法和指标类型难免重复累赘，因此，在这里作出统一说明，应用具体章节的公式计算时，应与此

对照，防止误用。

根据土的有效应力原理，理论上对各种土均采用水土分算方法计算土压力更合理，但实际工程应用时，黏性土的孔隙水压力计算问题难以解决，因此对黏性土采用总应力法更为实用，可以通过将土与水作为一体的总应力强度指标反映孔隙水压力的作用。砂土采用水土分算计算土压力是可以做到的，因此本规程对砂土采用水土分算方法。原规程对粉土是按水土合算方法，本规程修订改为黏质粉土用水土合算，砂质粉土用水土分算。

根据土力学中有效应力原理，土的抗剪强度与有效应力存在相关关系，也就是说只有有效抗剪强度指标才能真实地反映土的抗剪强度。但在实际工程中，黏性土无法通过计算得到孔隙水压力随基坑开挖过程的变化情况，从而也就难以采用有效应力法计算支护结构的土压力、水压力和进行基坑稳定性分析。从实际情况出发，本条规定在计算土压力与进行土的稳定分析时，黏性土应采用总应力法。采用总应力法时，土的强度指标按排水条件是采用不排水强度指标还是固结不排水强度指标应根据基坑开挖过程的应力路径和实际排水情况确定。由于基坑开挖过程是卸载过程，基坑外侧的土中总应力是小主应力减小，大主应力不增加，基坑内侧的土中竖向总应力减小，同时，黏性土在剪切过程可看作是不排水的。因此认为，土压力计算与稳定性分析时，均采用固结快剪较符合实际情况。

对于地下水位以下的砂土，可认为剪切过程水能排出而不出现超静水压力。对静止地下水，孔隙水压力可按水头高度计算。所以，采用有效应力方法并取相应的有效强度指标较为符合实际情况，但砂土难以用三轴剪切试验与直接剪切试验得到原状土的抗剪强度指标，要通过其他方法测得。

土的抗剪强度指标试验方法有三轴剪切试验与直接剪切试验。理论上讲，用三轴试验更科学合理，但目前大量工程勘察仅提供了直接剪切试验的抗剪强度指标，致使采用直接剪切试验强度指标设计计算的基坑工程为数不少，在支护结构设计上积累了丰富的工程经验。从目前的岩土工程试验技术的实际发展状况看，直接剪切试验尚会与三轴剪切试验并存，不会被三轴剪切试验完全取代。同时，相关的勘察规范也未对采用哪种抗剪强度试验方法作出明确规定。因此，为适应目前的现实状况，本规程采用了上述两种试验方法均可选用的处理办法。但从发展的角度，应提倡用三轴剪切试验强度指标，但应与已有成熟工程应用经验的直接剪切试验指标进行对比。目前，在缺少三轴剪切试验强度指标的情况下，用直接剪切试验强度指标计算土压力和验算土的稳定性是符合我国现实情况的。

为避免个别工程勘察项目抗剪强度试验数据粗糙

对直接取用抗剪强度试验参数所带来的设计不安全或不合理，选取土的抗剪强度指标时，尚需将剪切试验的抗剪强度指标与土的其他室内与原位试验的物理力学参数进行对比分析，判断其试验指标的可靠性，防止误用。当抗剪强度指标与其他物理力学参数的相关性较差，或岩土勘察资料中缺少符合实际基坑开挖条件的试验方法的抗剪强度指标时，在有经验时应结合类似工程经验和相邻、相近场地的岩土勘察试验数据并通过可靠的综合分析判断后合理取值。缺少经验时，则应取偏于安全的试验方法得出的抗剪强度指标。

3.2 勘察要求与环境调查

3.2.1 本条提出的是除常规建筑物勘察之外，针对基坑工程的特殊勘察要求。建筑基坑支护的岩土工程勘察通常在建筑物岩土工程勘察过程中一并进行，但基坑支护设计和施工对岩土勘察的要求有别于主体建筑的要求，勘察的重点部位是基坑外对支护结构和周边环境有影响的范围，而主体建筑的勘察孔通常只需布置在基坑范围以内。目前，大多数基坑工程使用的勘察报告，其勘察钻孔均在基坑内，只能根据这些钻孔的地质剖面代替基坑外的地层分布情况。当场地土层分布较均匀时，采用基坑内的勘察孔是可以的，但土层分布起伏大或某些软弱土层仅局部存在时，会使基坑支护设计的岩土依据与实际情况偏离，从而造成基坑工程风险。因此，有条件的场地应按本条要求增设勘察孔，当建筑物岩土工程勘察不能满足基坑支护设计施工要求时应进行补充勘察。

当基坑面以下有承压含水层时，由于在基坑开挖后坑内土自重压力的减少，如承压水头高于基坑底面应考虑是否会产生含水层水压力作用下顶破上覆土层的突涌破坏。因此，基坑面以下存在承压含水层时，勘探孔深度应能满足测出承压含水层水头的需要。

3.2.2 基坑周边环境条件是支护结构设计的重要依据之一。城市内的新建建筑物周围通常存在既有建筑物、各种市政地下管线、道路等，而基坑支护的作用主要是保护其周边环境不受损害。同时，基坑周边有建筑物荷载会增加作用在支护结构上的荷载，支护结构的施工也需要考虑周边建筑物地下室、地下管线、地下构筑物等的影响。实际工程中因对基坑周边环境因素缺乏准确了解或忽视而造成的工程事故经常发生，为了使基坑支护设计具有针对性，应查明基坑周边环境条件，并按这些环境条件进行设计，施工时应防止对其造成损坏。

3.3 支护结构选型

3.3.1、3.3.2 在本规程中，支挡式结构是由挡土构件和锚杆或支撑组成的一类支护结构体系的统称，其结构类型包括：排桩－锚杆结构、排桩－支撑结构、

地下连续墙－锚杆结构、地下连续墙－支撑结构、悬臂式排桩或地下连续墙、双排桩等，这类支护结构都可用弹性支点法的计算简图进行结构分析。支挡式结构受力明确，计算方法和工程实践相对成熟，是目前应用最多也较为可靠的支护结构形式。支挡式结构的具体形式应根据本规程第3.3.1条、第3.3.2条中的选型因素和适用条件选择。锚拉式支挡结构（排桩－锚杆结构、地下连续墙－锚杆结构）和支撑式支挡结构（排桩－支撑结构、地下连续墙－支撑结构）易于控制水平变形，挡土构件内力分布均匀，当基坑较深或基坑周边环境对支护结构位移的要求严格时，常采用这种结构形式。悬臂式支挡结构顶部位移较大，内力分布不理想，但可省去锚杆和支撑，当基坑较浅且基坑周边环境对支护结构位移的限制不严格时，可采用悬臂式支挡结构。双排桩支挡结构是一种刚架结构形式，其内力分布特性明显优于悬臂式结构，水平变形也比悬臂式结构小得多，适用的基坑深度比悬臂式结构略大，但占用的场地较大，当不适合采用其他支护结构形式且在场地条件及基坑深度均满足要求的情况下，可采用双排桩支挡结构。

仅从技术角度讲，支撑式支挡结构比锚拉式支挡结构适用范围更宽，但内支撑的设置给后期主体结构施工造成很大障碍，所以，当能用其他支护结构形式时，人们一般不愿意首选内支撑结构。锚拉式支挡结构可以给后期主体结构施工提供很大的便利，但有些条件下是不适合使用锚杆的，本条列举了不适合采用锚拉式结构的几种情况。另外，锚杆长期留在地下，给相邻地域的使用和地下空间开发造成障碍，不符合保护环境和可持续发展的要求。一些国家在法律上禁止锚杆侵入红线之外的地下区域，但我国绝大部分地方目前还没有这方面的限制。

土钉墙是一种经济、简便、施工快速、不需大型施工设备的基坑支护形式。曾经一段时期，在我国部分省市，不管环境条件如何、基坑多深，几乎不受限制的应用土钉墙，甚至有人说用土钉墙支护的基坑深度能达到18m～20m。即使基坑周边既有浅基础建筑物很近时，也贸然采用土钉墙。一段时间内，土钉墙支护的基坑工程险情不断、事故频繁。土钉墙支护的基坑之所以在基坑坍塌事故中所占比例大，除去施工质量因素外，主要原因之一是在土钉墙的设计理论还不完善的现状下，将常规的经验设计参数用于基坑深度或土质条件超限的基坑工程中。目前的土钉墙设计方法，主要按土钉墙整体滑动稳定性控制，同时对单根土钉抗拔力控制，而土钉墙面层及连接按构造设计。土钉墙设计与支挡式结构相比，一些问题尚未解决或没有成熟、统一的认识。如：①土钉墙作为一种结构形式，没有完整的实用结构分析方法，工作状况下土钉拉力、面层受力问题没有得到解决。面层设计只能通过构造要求解决，本规程规定了面层构造要

求，但限定在深度 12m 以内的非软土、无地下水条件下的基坑。②土钉墙位移计算问题没有得到根本解决。由于国内土钉墙的通常作法是土钉不施加预应力，只有在基坑有一定变形后土钉才会达到工作状态下的受力水平，因此，理论上土钉墙位移和沉降较大。当基坑周边变形影响范围内有建筑物等时，是不适合采用土钉墙支护的。

土钉墙与水泥土桩、微型桩及预应力锚杆组合形成的复合土钉墙，主要有下列几种形式：①土钉墙＋预应力锚杆；②土钉墙＋水泥土桩；③土钉墙＋水泥土桩＋预应力锚杆；④土钉墙＋微型桩＋预应力锚杆。不同的组合形式作用不同，应根据实际工程需要选择。

水泥土墙是一种非主流的支护结构形式，适用的土质条件较窄，实际工程应用也不广泛。水泥土墙一般用在深度不大的软土基坑。这种条件下，锚杆没有合适的锚固土层，不能提供足够的锚固力，内支撑又会增加主体地下结构施工的难度。这时，当经济、工期、技术可行性等的综合比较较优时，一般才会选择水泥土墙这种支护方式。水泥土墙一般采用搅拌桩，墙体材料是水泥土，其抗拉、抗剪强度较低。按梁式结构设计时性能很差，与混凝土材料无法相比。因此，只有按重力式结构设计时，才会具有一定优势。本规程对水泥土墙的规定，均指重力式结构。

水泥土墙用于淤泥质土、淤泥基坑时，基坑深度不宜大于 7m。由于按重力式设计，需要较大的墙宽。当基坑深度大于 7m 时，随基坑深度增加，墙的宽度、深度都太大，经济上、施工成本和工期都不合适，墙的深度不足会使墙位移、沉降，宽度不足，会使墙开裂甚至倾覆。

搅拌桩水泥土墙虽然也可用于黏性土、粉土、砂土等土类的基坑，但一般不如选择其他支护形式更优。特殊情况下，搅拌桩水泥土墙对这些土类还是可以用的。由于目前国内搅拌桩成桩设备的动力有限，土的密实度、强度较低时才能钻进和搅拌。不同成桩设备的最大钻进搅拌深度不同，新生产、引进的搅拌设备的能力也在不断提高。

3.4 水平荷载

3.4.1 支护结构作为分析对象时，作用在支护结构上的力或间接作用为荷载。除土体直接作用在支护结构上形成土压力之外，周边建筑物、施工材料、设备、车辆等荷载虽未直接作用在支护结构上，但其作用通过土体传递到支护结构上，也对支护结构上土压力的大小产生影响。土的冻胀、温度变化也会使土压力发生改变。本条列出影响土压力的常见因素，其目的是为了在土压力计算时，要把各种影响因素考虑全。基坑周边建筑物、施工材料、设备、车辆等附加荷载传递到支护结构上的附加竖向应力的计算，本规程第 3.4.6 条、第 3.4.7 条给出了简化的具体计算公式。

3.4.2 挡土结构上的土压力计算是个比较复杂的问题，从土力学这门学科的土压力理论上讲，根据不同的计算理论和假定，得出了多种土压力计算方法，其中有代表性的经典理论如朗肯土压力、库仑土压力。由于每种土压力计算方法都有各自的适用条件与局限性，也就没有一种统一的且普遍适用的土压力计算方法。

由于朗肯土压力方法的假定概念明确，与库仑土压力理论相比具有能直接得出土压力的分布，从而适合结构计算的优点，受到工程设计人员的普遍接受。因此，原规程采用的是朗肯土压力。原规程施行后，经过十多年国内基坑工程应用的考验，实践证明是可行的，本规程将继续采用。但是，由于朗肯土压力是建立在半无限土体的假定之上，在实际基坑工程中基坑的边界条件有时不符合这一假定，如基坑邻近有建筑物的地下室时，支护结构与地下室之间是有限宽度的土体；再如，对排桩顶面低于自然地面的支护结构，是将桩顶以上土的自重化作均布荷载作用在桩顶平面上，然后再按朗肯公式计算土压力。但是当桩顶位置较低时，将桩顶以上土层的自重折算成荷载后计算的土压力会明显小于这部分土自重实际产生的土压力。对于这类基坑边界条件，按朗肯土压力计算会有较大误差。所以，当朗肯土压力方法不能适用时，应考虑采用其他计算方法解决土压力的计算精度问题。

库仑土压力理论（滑动楔体法）的假定适用范围较广，对上面提到的两种情况，库仑方法能够计算出土压力的合力。但其缺点是如何解决成层土的土压力分布问题。为此，本规程规定在不符合按朗肯土压力计算条件下，可采用库仑方法计算土压力。但库仑方法在考虑墙背摩擦角时计算的被动土压力偏大，不应用于被动土压力的计算。

考虑结构与土相互作用的土压力计算方法，理论上更科学，从长远考虑该方法应是岩土工程中支挡结构计算技术的一个发展方向。从促进技术发展角度，对先进的计算方法不应加以限制。但是，目前考虑结构与土相互作用的土压力计算方法在工程应用上尚不够成熟，现阶段只有在有经验时才能采用，如方法使用不当反而会弄巧成拙。

总之，本规程考虑到适应实际工程特殊情况及土压力计算技术发展的需要，对土压力计算方法适当放宽，但同时对几种计算方法的适用条件也作了原则规定。本规程未采纳一些土力学书中的经验土压力方法。

本条各公式是朗肯土压力理论的主动、被动土压力计算公式。水土合算与水土分算时，其公式采用不同的形式。

3.4.3 天然形成的成层土，各土层的分布和厚度是不均匀的。为尽量使土压力的计算准确，应按土层分布和厚度的变化情况将土层沿基坑划分为不同的剖面分别计算土压力。但场地任意位置的土层标高及厚度是由岩土勘察相邻钻探孔的各土层层面实测标高及通过分析土层分布趋势，在相邻勘察孔之间连线而成。即使土层计算剖面划分的再细，各土层的计算厚度还是会与实际地层存在一定差异，本条规定的划分土层厚度的原则，其目的是要求做到计算的土压力不小于实际的土压力。

4 支挡式结构

4.1 结 构 分 析

4.1.1 支挡式结构应根据具体形式与受力、变形特性等采用下列分析方法：

第1～3款方法的分析对象为支护结构本身，不包括土体。土体对支护结构的作用视作荷载或约束。这种分析方法将支护结构看作杆系结构，一般都按线弹性考虑，是目前最常用和成熟的支护结构分析方法，适用于大部分支挡式结构。

本条第1款针对锚拉式支挡结构，是对如何将空间结构分解为两类平面结构的规定。首先将结构的挡土构件部分（如：排桩、地下连续墙）取作分析对象，按梁计算。挡土结构宜采用平面杆系结构弹性支点法进行分析。

由于挡土结构端部嵌入土中，土对结构变形的约束作用与通常结构支承不同，土的变形影响不可忽略，不能看作固支端。锚杆作为梁的支承，其变形的影响同样不可忽略，也不能作为铰支座或滚轴支座。因此，挡土结构按梁计算时，土和锚杆对挡土结构的支承应简化为弹性支座，应采用本节规定的弹性支点法计算简图。经计算分析比较，分别用弹性支点法和非弹性支座计算的挡土结构内力和位移相差较大，说明按非弹性支座进行简化是不合适的。

腰梁、冠梁的计算较为简单，只需以挡土结构分析时得出的支点力作为荷载，根据腰梁、冠梁的实际约束情况，按简支梁或连续梁算出其内力，将支点力转换为锚杆轴力。

本条第2款针对支撑式支挡结构，其结构的分解简化原则与锚拉式支挡结构相同。同样，首先将结构的挡土构件部分（如：排桩、地下连续墙）取作分析对象，按梁计算。挡土结构宜采用平面杆系结构弹性支点法进行分析。分解出的内支撑结构按平面结构进行分析，将挡土结构分析时得出的支点力作为荷载反向加至内支撑上，内支撑计算分析的具体要求见本规程第4.9节。值得注意的是，将支撑式支挡结构分解为挡土结构和内支撑结构并分别独立计算时，在其连接处是应满足变形协调条件的。当计算的变形不协调时，应调整在其连接处简化的弹性支座的弹簧刚度等约束条件，直至满足变形协调。

本条第3款悬臂式支挡结构是支撑式和锚拉式支挡结构的特例，对挡土结构而言，只是将锚杆或支撑所简化的弹性支座取消即可。双排桩支挡结构按平面刚架简化，具体计算模型见本规程第4.12节。

本条第4款针对空间结构体系和针对支护结构与土为一体进行整体分析的两种方法。

实际的支护结构一般都是空间结构。空间结构的分析方法复杂，当有条件时，希望根据受力状态的特点和结构构造，将实际结构分解为简单的平面结构进行分析。本规程有关支挡式结构计算分析的内容主要是针对平面结构的。但会遇到一些特殊情况，按平面结构简化难以反映实际结构的工作状态。此时，需要按空间结构模型分析。但空间结构的分析方法复杂，不同问题要不同对待，难以作出细化的规定。通常，需要在有经验时，才能建立出合理的空间结构模型。按空间结构分析时，应使结构的边界条件与实际情况足够接近，这需要设计人员有较强的结构设计经验和水平。

考虑结构与土相互作用的分析方法是岩土工程中先进的计算方法，是岩土工程计算理论和计算方法的发展方向，但需要可靠的理论依据和试验参数。目前，将该类方法对支护结构计算分析的结果直接用于工程设计中尚不成熟，仅能在已有成熟方法计算分析结果的基础上用于分析比较，不能滥用。采用该方法的前提是要有足够把握和经验。

传统和经典的极限平衡法可以手算，在许多教科书和技术手册中都有介绍。由于该方法的一些假定与实际受力状况有一定差别，且不能计算支护结构位移，目前已很少采用了。经与弹性支点法的计算对比，在有些情况下，特别是对多支点结构，两者的计算弯矩与剪力差别较大。本规程取消了极限平衡法计算支护结构的方法。

4.1.2 基坑支护结构的有些构件，如锚杆与支撑，是随基坑开挖过程逐步设置的，基坑需按锚杆或支撑的位置逐层开挖。支护结构设计状况，是指设计时就要拟定锚杆和支撑与基坑开挖的关系，设计好开挖与锚杆或支撑设置的步骤，对每一开挖过程支护结构的受力与变形状态进行分析。因此，支护结构施工和基坑开挖时，只有按设计的开挖步骤才能满足符合设计受力状况的要求。一般情况下，基坑开挖到基底时受力与变形最大，但有时也会出现开挖中间过程支护结构内力最大，支护结构构件的截面或锚杆抗拔力按开挖中间过程确定的情况。特别是，当用结构楼板作为支撑替代锚杆或支护结构的支撑时，此时支护结构构件的内力可能会是最大的。

4.1.3～4.1.10 这几条是对弹性支点法计算方法的规定。弹性支点法的计算要求，总体上保持了原规程的模式，主要在以下方面做了变动：

1 土的反力项由 $p_s=k_sv_s$ 改为 $p_s=k_sv_s+p_{s0}$，即增加了常数项 p_{s0}，同时，基坑面以下的土压力分布由不考虑该处的自重作用的矩形分布改为考虑土的自重作用的随深度线性增长的三角形分布。修改后，挡土结构嵌固段两侧的土压力之和没有变化，但按郎肯土压力计算时，基坑外侧基坑面上方和下方均采用主动土压力荷载，形式上直观、与其他章节表达统一、计算简化。

2 增加了挡土构件嵌固段的土反力上限值控制条件 $P_{sk}\leqslant E_{pk}$。由于土反力与土的水平反力系数的关系采用线弹性模型，计算出的土反力将随位移 v 增加线性增长。但实际上土的抗力是有限的，如采用摩尔－库仑强度准则，则不应超过被动土压力，即以 $P_{sk}=E_{pk}$ 作为土反力的上限。

3 计算土的水平反力系数的比例 m 值的经验公式（4.1.6），是根据大量实际工程的单桩水平载荷试验，按公式 $m=\left[\dfrac{H_{cr}}{x_{cr}}\right]^{\frac{5}{3}}/b_0\,(EI)^{\frac{2}{3}}$，经与土层的 c、φ 值进行统计建立的。本次修订取消了按原规程公式（C.3.1）的计算方法，该公式引自《建筑桩基技术规范》JGJ 94，需要通过单桩水平荷载试验得到单桩水平临界荷载，实际应用中很难实现，因此取消。

4 排桩嵌固段土反力的计算宽度，将原规程的方形桩公式改为矩形桩公式，同时适用于工字形桩，比原规程的适用范围扩大。同时，对桩径或桩的宽度大于 1m 的情况，改用公式（4.1.7-2）和公式（4.1.7-4）计算。

5 在水平对撑的弹性支点刚度系数的计算公式中，增加了基坑两对边荷载不对称时的考虑方法。

4.2 稳定性验算

4.2.1、4.2.2 原规程对支挡式结构弹性支点法的计算过程的规定是：先计算挡土构件的嵌固深度，然后再进行结构计算。这样的计算方法使计算过程简化，省去了某些验算内容。因为按原规程规定的方法确定挡土构件嵌固深度后，一些原本需要验算的稳定性问题自然满足要求了。但这样带来了一个问题，嵌固深度必须按原规程的计算方法确定，假如设计需要嵌固深度短一些，可能按此设计的支护结构会不能满足原规程未作规定的某种稳定性要求。另外对有些缺少经验的设计者，可能会误以为不需考虑这些稳定性问题，而忽视必要的土力学概念。从以上思路考虑，本规程将嵌固深度计算改为验算，可供设计选择的嵌固深度范围增大了，但同时也就需要增加各种稳定性验算的内容，使计算过程相对繁琐了。第4.2.1条是对悬臂结构嵌固深度验算的规定，是绕挡土构件底部转动的整体极限平衡，控制的是挡土构件的倾覆稳定性。第4.2.2条对单支点结构嵌固深度验算的规定，是绕支点转动的整体极限平衡，控制的是挡土构件嵌固段的踢脚稳定性。悬臂结构绕挡土构件底部转动的力矩平衡和单支点结构绕支点转动的力矩平衡都是嵌固段土的抗力对转动点的抵抗力矩起稳定性控制作用，因此，其安全系数称为嵌固稳定安全系数。重力式水泥土墙绕墙底转动的力矩平衡，抵抗力矩中墙体重力占一定比例，因此其安全系数称为抗倾覆安全系数。双排绕挡土构件底部转动的力矩平衡，抵抗力矩包括嵌固段土的抗力对转动点的力矩和重力对转动点的力矩两部分，但由于嵌固段土的抗力作用在总的抵抗力矩中占主要部分，因此其安全系数也称为嵌固稳定安全系数 K_{em}。

4.2.3 锚拉式支挡结构的整体滑动稳定性验算公式（4.2.3-2）以瑞典条分法边坡稳定性计算公式为基础，在力的极限平衡关系上，增加了锚杆拉力对圆弧滑动体圆心的抗滑力矩项。极限平衡状态分析时，仍以圆弧滑动土体为分析对象，假定滑动面上土的剪力达到极限强度的同时，滑动面外锚杆拉力也达到极限拉力（正常设计情况下，锚杆极限拉力由锚杆与土之间的粘结力达到极限强度控制，但有时由锚杆杆体强度或锚杆注浆固结体对杆体的握裹力控制）。

滑弧稳定性验算应采用搜索的方法寻找最危险滑弧。由于目前程序计算已能满足在很短时间对圆心及圆弧半径以微小步长变化的所有滑动体完成搜索，所以不提倡采用经典教科书中先设定辅助线，然后在辅助线上寻找最危险滑弧圆心的简易方法。最危险滑弧的搜索范围限于通过挡土构件底端和在挡土构件下方的各个滑弧。因支护结构的平衡性和结构强度已通过结构分析解决，在截面抗剪强度满足剪应力作用下的抗剪要求后，挡土构件不会被剪断。因此，穿过挡土构件的各滑弧不需验算。

为了适用于地下水位以下的圆弧滑动体，并考虑到滑弧同时穿过砂土、黏性土的计算问题，对原规程整体滑动稳定性验算公式作了修改。此种情况下，在滑弧面上，黏性土的抗剪强度指标需要采用总应力强度指标，砂土的抗剪强度指标需要采用有效应力强度指标，并应考虑水压力的作用。公式（4.2.3-2）是通过将土骨架与孔隙水一起取为隔离体进行静力平衡分析的方法，可用于滑弧同时穿过砂土、黏性土的整体稳定性验算公式，与原规程公式相比增加了孔隙水压力一项。

4.2.4 对深度较大的基坑，当嵌固深度较小、土的强度较低时，土体从挡土构件底端以下向基坑内隆起挤出是锚拉式支挡结构和支撑式支挡结构的一种破坏模式。这是一种土体丧失竖向平衡状态的破坏模式，由于锚杆和支撑只能对支护结构提供水平方向的平衡力，对隆起破坏不起作用，对特定基坑深度和土性，只能通过增加挡土构件嵌固深度来提高抗隆起稳定性。

本规程抗隆起稳定性的验算方法，采用目前常用的地基极限承载力的 Prandtl（普朗德尔）极限平衡理论公式，但 Prandtl 理论公式的有些假定与实际情况存在差异，具体应用有一定局限性。如：对无黏性土，当嵌固深度为零时，计算的抗隆起安全系数 $K_{he}=0$，而实际上在一定基坑深度内是不会出现隆起的。因此，当挡土构件嵌固深度很小时，不能采用该公式验算坑底隆起稳定性。

抗隆起稳定性计算是一个复杂的问题。需要说明的是，当按本规程抗隆起稳定性验算公式计算的安全系数不满足要求时，虽然不一定发生隆起破坏，但可能会带来其他不利后果。由于 Prandtl 理论公式忽略了支护结构底以下滑动区内土的重力对隆起的抵抗作用，抗隆起安全系数与滑移线深度无关，对浅部滑移体和深部滑移体得出的安全系数是一样的，与实际情况有一定偏差。基坑外挡土构件底部以上的土体重量简化为作用在该平面上的柔性均布荷载，并忽略了该部分土中剪应力对隆起的抵抗作用。对浅部滑移体，如果考虑挡土构件底端平面以上土中剪应力，抗隆起安全系数会有明显提高；当滑移体逐步向深层扩展时，虽然该剪应力抵抗隆起的作用在总抗力中所占比例随之逐渐减小，但滑动区内土的重力抵抗隆起的作用则会逐渐增加。如在抗隆起验算公式中考虑土中剪力对隆起的抵抗作用，挡土构件底端平面土中竖向应力将减小。这样，作用在挡土构件上的土压力也会相应增大，会降低支护结构的安全性。因此，本规程抗隆起稳定性验算公式，未考虑该剪应力的有利作用。

4.2.5 本条以最下层支点为转动轴心的圆弧滑动模式的稳定性验算方法是我国软土地区习惯采用的方法。特别是上海地区，在这方面积累了大量工程经验，实际工程中常常以这种方法作为挡土构件嵌固深度的控制条件。该方法假定破坏面为通过桩、墙底的圆弧形，以力矩平衡条件进行分析。现有资料中，力矩平衡的转动点有的取在最下道支撑或锚拉点处，有的取在开挖面处。本规程验算公式取转动点在最下道支撑或锚拉点处。在平衡力系中，桩、墙在转动点截面处的抗弯力矩在嵌固深度近于零时，会使计算结果出现反常情况，在正常设计的嵌固深度下，与总的抵抗力矩相比所占比例很小，因此在公式（4.2.5）中被忽略不计。

上海市标准《基坑工程设计规程》DBJ 08-61-97 中抗隆起分项系数的取值，对安全等级为一级、二级、三级的基坑分别取 2.5、2.0 和 1.7，工程实践表明，这些抗隆起分项系数偏大，很多工程都难以达到。新编制的上海基坑工程技术规范，根据几十个实际基坑工程抗隆起验算结果，拟将安全等级为一级、

二级、三级的支护结构抗隆起分项系数分别调整为 2.2、1.9 和 1.7。因此本规程参照上海规范，对安全等级为一级、二级、三级的支挡结构，其安全系数分别取 2.2、1.9 和 1.7。

4.2.6 地下水渗透稳定性的验算方法和规定，对本章支挡式结构和本规程其他章的复合土钉墙、重力式水泥土墙是相同的，故统一放在本规程附录。

4.3 排桩设计

4.3.1 国内实际基坑工程中，排桩的桩型采用混凝土灌注桩的占绝大多数，但有些情况下，适合采用型钢桩、钢管桩、钢板桩或预制桩等，有时也可以采用 SMW 工法施工的内置型钢水泥土搅拌桩。这些桩型用作挡土构件时，与混凝土灌注桩的结构受力类型是相同的，可按本章支挡式支护结构进行设计计算。但采用这些桩型时，应考虑其刚度、构造及施工工艺上的不同特点，不能盲目使用。

4.3.2 圆形截面支护桩，沿受拉区和受压区周边局部均匀配置纵向钢筋的正截面受弯承载力计算公式中，因纵向受拉、受压钢筋集中配置在圆心角 $2\pi\alpha_s$、$2\pi\alpha_s'$ 内的做法很少采用，本次修订将原规程公式中集中配置钢筋有关项取消。同时，增加了圆形截面支护桩的斜截面承载力计算要求。由于现行国家标准《混凝土结构设计规范》GB 50010 中没有圆形截面的斜截面承载力计算公式，所以采用了将圆形截面等代成矩形截面，然后再按上述规范中矩形截面的斜截面承载力公式计算的方法，即"可用截面宽度 b 为 $1.76r$ 和截面有效高度 h_0 为 $1.6r$ 的矩形截面代替圆形截面后，按现行国家标准《混凝土结构设计规范》GB 50010 对矩形截面斜截面承载力的规定进行计算，此处，r 为圆形截面半径。等效成矩形截面的混凝土支护桩，应将计算所得的箍筋截面面积作为圆形箍筋的截面面积，且应满足该规范对梁的箍筋配置的要求。"

4.3.4 本条规定悬臂桩桩径不宜小于 600mm、锚拉式排桩与支撑式排桩桩径不宜小于 400mm，是通常情况下桩径的下限，桩径的选取主要还是应按弯矩大小与变形要求确定，以达到受力与桩承载力匹配，同时还要满足经济合理和施工条件的要求。特殊情况下，排桩间距的确定还要考虑桩间土的稳定性要求。根据工程经验，对大桩径或黏性土，排桩的净间距在900mm 以内，对小桩径或砂土，排桩的净间距在600mm 以内较常见。

4.3.5 该条对混凝土灌注桩的构造规定，以保证排桩为混凝土构件的基本受力性能。有些情况下支护桩不宜采用非均匀配置纵向钢筋，如，采用泥浆护壁水下灌注混凝土成桩工艺而钢筋笼顶端低于泥浆面，钢筋笼顶与桩的孔口高差较大等难以控制钢筋笼方向的情况。

4.3.6 排桩冠梁低于地下管线是从后期主体结构施工上考虑的。因为，当排桩及冠梁高于后期主体结构各种地下管线的标高时，会给后续的施工造成障碍，需将其凿除。所以，排桩桩顶的设计标高，在不影响支护桩顶以上部分基坑的稳定与基坑外环境对变形的要求时，宜避开主体建筑地下管线通过的位置。一般情况，主体建筑各种管线引出接口的埋深不大，是容易做到的，但如果将桩顶降至管线以下，影响了支护结构的稳定或变形要求，则应首先按基坑稳定或变形要求确定桩顶设计标高。

4.3.7 冠梁是排桩结构的组成部分，应符合梁的构造要求。当冠梁上不设置锚杆或支撑时，冠梁可以仅按构造要求设计，按构造配筋。此时，冠梁的作用是将排桩连成整体，调整各个桩受力的不均匀性，不需对冠梁进行受力计算。当冠梁上设置锚杆或支撑时，冠梁起到传力作用，除需满足构造要求外，应按梁的内力进行截面设计。

4.3.9 泄水管的构造与规格应根据土的性状及地下水特点确定。一些实际工程中，泄水管采用长度不小于300mm，内径不小于40mm的塑料或竹制管，泄水管外壁包裹土工布并按含水土层的粒径大小设置反滤层。

4.4 排桩施工与检测

4.4.1 基坑支护中支护桩的常用桩型与建筑桩基相同，主要桩型的施工要求在现行国家行业标准《建筑桩基技术规范》JGJ 94中已作规定。因此，本规程仅对桩用于基坑支护时的一些特殊施工要求进行了规定，对桩的常规施工要求不再重复。

4.4.2 本条是对当桩的附近存在既有建筑物、地下管线等环境且需要保护时，应注意的一些桩的施工问题。这些问题处理不当，经常会造成基坑周边建筑物、地下管线等被损害的工程事故。因具体工程的条件不同，应具体问题具体分析，结合实际情况采取相应的有效保护措施。

4.4.3 支护桩的截面配筋一般由受弯或受剪承载力控制，为保证内力较大截面的纵向受拉钢筋的强度要求，接头不宜设置在该处。同一连接区段内，纵向受力钢筋的连接方式和连接接头面积百分率应符合现行国家标准《混凝土结构设计规范》GB 50010对梁类构件的规定。

4.4.7 相互咬合形成竖向连续体的排桩是一种新型的排桩结构，是本次规程修订新增的内容。排桩采用咬合的形式，其目的是使排桩既能作为挡土构件，又能起到截水作用，从而不用另设截水帷幕。由于需要达到截水的效果，对咬合排桩的施工垂直度就有严格的要求，否则，当桩与桩之间产生间隙，将会影响截水效果。通常咬合排桩是采用钢筋混凝土桩与素混凝土桩相互搭接，由配有钢筋的桩承受土压力荷载，素混凝土桩只用于截水。目前，这种兼作截水的支护结构形式已在一些工程上采用，施工质量能够得到保证时，其截水效果是良好的。

液压钢套管护壁、机械冲抓成孔工艺是咬合排桩的一种形式，其施工要点如下：

1 在桩顶预先设置导墙，导墙宽度取（3～4）m，厚度取（0.3～0.5）m；

2 先施作素混凝土桩，并在混凝土接近初凝时施作与其相交的钢筋混凝土桩；

3 压入第一节钢套管时，在钢套管相互垂直的两个竖向平面上进行垂直度控制，其垂直度偏差不得大于3‰；

4 抓土过程中，套管内抓斗取土与套管压入同步进行，抓土面在套管底面以上的高度应始终大于1.0m；

5 成孔后，夯实孔底；混凝土浇筑过程中，浇筑混凝土与提拔套管同步进行，混凝土面应始终高于套管底面；套管应垂直提拔；提拔阻力大时，可转动套管并缓慢提拔。

4.4.9 冠梁通过传递剪力调整桩与桩之间力的分配，当锚杆或支撑设置在冠梁上时，通过冠梁将排桩上的土压力传递到锚杆与支撑上。由于冠梁与桩的连接处是混凝土两次浇筑的结合面，如该结合面薄弱或钢筋锚固不够时，会剪切破坏不能传递剪力。因此，应保证冠梁与桩结合面的施工质量。

4.5 地下连续墙设计

4.5.1 地下连续墙作为混凝土受弯构件，可直接按现行国家标准《混凝土结构设计规范》GB 50010的有关规定进行截面与配筋设计，但因为支护结构与永久性结构的内力设计值取值规定不同，荷载分项系数不同，按上述规范的有关公式计算截面承载力时，内力应按本规程的有关规定取值。

4.5.2 目前地下连续墙在基坑工程中已有广泛的应用，尤其在深大基坑和环境条件要求严格的基坑工程，以及支护结构与主体结构相结合的工程。按现有施工设备能力，现浇地下连续墙最大墙厚可达1500mm，采用特制挖槽机械的薄层地下连续墙，最小墙厚仅450mm。常用成槽机的规格为600mm、800mm、1000mm或1200mm墙厚。

4.5.3 对环境条件要求高、槽段深度较深，以及槽段形状复杂的基坑工程，应通过槽壁稳定性验算，合理划分槽段的长度。

4.5.9 槽段接头是地下连续墙的重要部件，工程中常用的施工接头如图1、图2所示。

4.5.10 地下连续墙采用分幅施工，墙顶设置通长的冠梁将地下连续墙连成结构整体。冠梁宜与地下连续墙迎土面平齐，以避免凿除导墙，用导墙对墙顶以上挡土护坡。

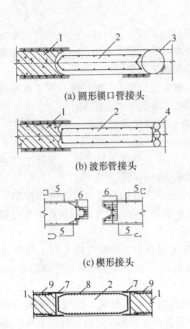

(a) 圆形锁口管接头

(b) 波形管接头

(c) 楔形接头

(d) 工字形型钢接头

图1 地下连续墙柔性接头

1—先行槽段；2—后续槽段；3—圆形锁扣管；4—波形管；
5—水平钢筋；6—端头纵筋；7—工字钢接头；
8—地下连续墙钢筋；9—止浆板

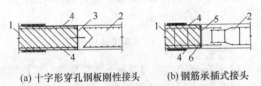

(a) 十字形穿孔钢板刚性接头   (b) 钢筋承插式接头

图2 地下连续墙刚性接头

1—先行槽段；2—后续槽段；3—十字钢板；
4—止浆片；5—加强筋；6—隔板

4.6 地下连续墙施工与检测

4.6.1 为了确保地下连续墙成槽的质量，应根据不同的深度情况、地质条件选择合适的成槽设备。在软土中成槽可采用常规的抓斗式成槽设备，当在硬土层或岩层中成槽施工时，可选用钻抓、抓铣结合的成槽工艺。成槽机宜配备有垂直度显示仪表和自动纠偏装置，成槽过程中利用成槽机上的垂直度仪表及自动纠偏装置来保证成槽垂直度。

4.6.2 当地下连续墙邻近既有建（构）筑物或对变形敏感的地下管线时，应根据相邻建筑物的结构和基础形式、相邻地下管线的类型、位置、走向和埋藏深度及场地的工程地质和水文地质特性等因素，按其允许变形要求采取相应的防护措施。如：

　　1 采取间隔成槽的施工顺序，并在浇筑的混凝土终凝后，进行相邻槽段的成槽施工；

　　2 对松散或稍密的砂土和碎土石、稍密的粉土、

软土等易坍塌的软弱土层，地下连续墙成槽时，可采取改善泥浆性质、槽壁预加固、控制单幅槽段宽度和挖槽速度等措施增强槽壁稳定性。

4.6.3 导墙是控制地下连续墙轴线位置及成槽质量的关键环节。导墙的形式有预制和现浇钢筋混凝土两种，现浇导墙较常用，质量易保证。现浇导墙形状有"L"、倒"L"、"〔"等形状，可根据地质条件选用。当土质较好时，可选用倒"L"形；采用"L"形导墙时，导墙背后应注意回填夯实。导墙上部宜与道路连成整体。当浅层土质较差时，可预先加固导墙两侧土体，并将导墙底部加深至原状土上。两侧导墙净距通常大于设计槽宽40mm～50mm，以便于成槽施工。

　　导墙顶部可高出地面100mm～200mm以防止地表水流入导墙沟，同时为了减少地表水的渗透，墙侧应用密实的黏性土回填，不应使用垃圾及其他透水材料。导墙拆模后，应在导墙间加设支撑，可采用上下两道槽钢或木撑，支撑水平间距一般2m左右，并禁止重型机械在尚未达到强度的导墙附近作业，以防止导墙位移或开裂。

4.6.4 护壁泥浆的配比试验、室内性能试验、现场成槽试验对保证槽壁稳定性是很有必要的，尤其在松散或渗透系数较大的土层中成槽，更应注意适当增大泥浆黏度，调整好泥浆配合比。对槽底稠泥浆和沉淀渣土的清除可以采用底部抽吸同时上部补浆的方法，使底部泥浆比重降至1.2，减少槽底沉渣厚度。当泥浆配比不合适时，可能会出现槽壁较严重的坍塌，这时应将槽段回填，调整施工参数后再重新成槽。有时，调整泥浆配比能解决槽壁坍塌问题。

4.6.5 每幅槽段的长度，决定挖槽的幅数和次序。常用作法是：对三抓成槽的槽段，采用先抓两边后抓中间的顺序；相邻两幅地下连续墙槽段深度不一致时，先施工深的槽段，后施工浅的槽段。

4.6.6 地下连续墙水下浇筑混凝土时，因成槽时槽壁坍塌或槽段接头安放不到位等原因都会导致混凝土绕流，混凝土一旦形成绕流会对相邻幅槽段的成槽和墙体质量产生不良影响，因此在工程中要重视混凝土绕流问题。

4.6.10 当单元槽段的钢筋笼必须分段装配沉放时，上下段钢筋笼的连接在保证质量的情况下应尽量采用连接快速的方式。

4.6.14 因《建筑地基基础工程施工质量验收规范》GB 50202已对地下连续墙施工偏差有详细、全面的规定，本规程不再对此进行规定。

4.7 锚 杆 设 计

4.7.1 锚杆有多种类型，基坑工程中主要采用钢绞线锚杆，当设计的锚杆承载力较低时，有时也采用钢筋锚杆。有些地区也采用过自钻式锚杆，将钻杆留在孔内作为锚杆杆体。自钻式锚杆不需要预先成孔，与

先成孔再置入杆体的钢绞线、钢筋锚杆相比，施工对地层变形影响小，但其承载力较低，目前很少采用。从锚杆杆体材料上讲，钢绞线锚杆杆体为预应力钢绞线，具有强度高、性能好、运输安装方便等优点，由于其抗拉强度设计值是普通热轧钢筋的4倍左右，是性价比最好的杆体材料。预应力钢绞线锚杆在张拉锁定的可操作性、施加预应力的稳定性方面均优于钢筋。因此，预应力钢绞线锚杆应用最多、也最有发展前景。随着锚杆技术的发展，钢绞线锚杆又可细分为多种类型，最常用的是拉力型预应力锚杆，还有拉力分散型锚杆、压力型预应力锚杆、压力分散型锚杆，压力型锚杆可应用钢绞线回收技术，适应愈来愈引起人们关注的环境保护的要求。这些内容可参见中国工程建设标准化协会标准《岩土锚杆（索）技术规程》CECS 22：2005。

锚杆成孔工艺主要有套管护壁成孔、螺旋钻杆干成孔、浆液护壁成孔等。套管护壁成孔工艺下的锚杆孔壁松弛小、对土体扰动小、对周边环境的影响最小。工程实践中，螺旋钻杆成孔、浆液护壁成孔工艺锚杆承载力低、成孔施工导致周边建筑物地基沉降的情况时有发生。设计和施工时应根据锚杆所处的土质、承载力大小等因素，选定锚杆的成孔工艺。

目前常用的锚杆注浆工艺有一次常压注浆和二次压力注浆。一次常压注浆是浆液在自重压力作用下充填锚杆孔。二次压力注浆需满足两个指标，一是第二次注浆时的注浆压力，一般需不小于1.5MPa，二是第二次注浆时的注浆量。满足这两个指标的关键是控制浆不从孔口流失。一般的做法是：在一次注浆液初凝后一定时间，开始进行二次注浆，或者在锚杆锚固段起点处设置止浆装置。可重复分段劈裂注浆工艺（袖阀管注浆工艺）是一种较好的注浆方法，可增加二次压力注浆量和沿锚固段的注浆均匀性，并可对锚杆实施多次注浆，但这种方法目前在工程中的应用还不普遍。

4.7.2 本次修订，锚杆长度设计采用了传统的安全系数法，锚杆杆体截面设计仍采用原规程的分项系数法。原规程中，锚杆承载力极限状态的设计表达式是采用分项系数法，其荷载分项系数、抗力分项系数和重要性系数三者的乘积在数值上相当于安全系数。其乘积，对于安全等级为一级、二级、三级的支护结构分别为1.7875、1.625、1.4625。实践证明，该安全储备是合适的。本次修订规定临时支护结构中的锚杆抗拔安全系数对于安全等级为一级、二级、三级的支护结构分别取1.8、1.6、1.4，与原规程取值相当。需要注意的是，当锚杆为永久结构构件时，其安全系数取值不能按照本规程的规定，需符合其他有关技术标准的规定。

4.7.4 本条强调了锚杆极限抗拔力应通过现场抗拔试验确定的取值原则。由于锚杆抗拔试验的目的是确定或验证在特定土层条件、施工工艺下锚固体与土体之间的粘结强度、锚杆长度等设计参数是否正确，因而试验时应使锚杆在极限承载力下，其破坏形式是锚杆摩阻力达到极限粘结强度时的拔出破坏，而不应是锚杆杆体被拉断。为防止锚杆杆体应力达到极限抗拉强度先于锚杆摩阻力达到极限粘结强度，必要时，试验锚杆可适当增加预应力筋的截面面积。

本次规程修订，从20多个地区共收集到500多根锚杆试验资料，对所收集资料进行了统计分析，并进行了不同成孔工艺、不同注浆工艺条件下锚杆抗拔承载力的专题研究。根据上述资料，对原规程表4.4.3进行了修订和扩充，形成本规程表4.7.4。需要注意的是，由于我国各地区相同土类的土性亦存在差异，施工水平也参差不齐，因此，使用该表数值时应根据当地经验和不同的施工工艺合理使用。二次高压注浆的注浆压力、注浆量、注浆方法（普通二次压力注浆和可重复分段压力注浆）的不同，均会影响土体与锚固体的实际极限粘结强度的数值。

4.7.5 锚杆自由段长度是锚杆杆体不受注浆固结体约束可自由伸长的部分，也就是杆体用套管与注浆固结体隔离的部分。锚杆的非锚杆段是理论滑动面以内的部分，与锚杆自由段有所区别。锚杆自由段应超过理论滑动面（大于非锚固段长度）。锚杆总长度为非锚固段长度加上锚固段长度。

锚杆的自由段长度越长，预应力损失越小，锚杆拉力越稳定。自由段长度过小，锚杆张拉锁定后的弹性伸长较小，锚具变形、预应力筋回缩等因素引起的预应力损失较大，同时，受支护结构位移的影响也越敏感，锚杆拉力会随支护结构位移有较大幅度增加，严重时锚杆会因杆体应力超过其强度发生脆性破坏。因此，锚杆的自由段长度除了满足本条规定外，尚需满足不小于5m的规定。自由段越长，锚杆拉力对锚头位移越不敏感。在实际基坑工程设计时，如计算的自由段较短，宜适当增加自由段长度。

4.7.8 锚杆布置是以排和列的群体形式出现的，如果其间距太小，会引起锚杆周围的高应力区叠加，从而影响锚杆抗拔力和增加锚杆位移，即产生"群锚效应"，所以本条规定了锚杆的最小水平间距和竖向间距。

为了使锚杆与周围土层有足够的接触应力，本条规定锚固体上覆土层厚度不宜小于4.0m，上覆土层厚度太小，其接触应力也小，锚杆与土的粘结强度会较低。当锚杆采用二次高压注浆时，上覆土层有一定厚度才能保证在较高注浆压力作用下注浆不会从地表溢出或流入地下管线内。

理论上讲，锚杆水平倾角越小，锚杆拉力的水平分力所占比例越大。但是锚杆水平倾角太小，会降低浆液向锚杆周围土层内渗透，影响注浆效果。锚杆水平倾角越大，锚杆拉力的水平分力所占比例越小，锚杆拉力的有效部分减小或需要更长的锚杆长度，也就越不经济。同时锚杆的竖向分力较大，对锚头连接要求更高并使挡土构件有向下变形的趋势。本条规定了适宜的水平倾角的范围值，设计时，应该尽量使锚杆锚固段进入粘结强度较高土层的原则确定锚杆倾角。

锚杆施工时的塌孔、对地层的扰动，会引起锚杆上部土体的下沉，若锚杆之上存在建筑物、构筑物等，锚杆成孔造成的地基变形可能使其发生沉降甚至损坏，此类事故在实际工程中时有发生。因此，设置锚杆需避开易塌孔、变形的地层。

根据有关参考资料，当土层锚杆间距为 1.0m 时，考虑群锚效应的锚杆抗拔力折减系数可取 0.8，锚杆间距在 1.0m～1.5m 之间时，锚杆抗拔力折减系数可按此内插。

4.7.11 腰梁是锚杆与挡土结构之间的传力构件。钢筋混凝土腰梁一般是整体现浇，梁的长度较长，应按连续梁设计。组合型钢腰梁需在现场安装拼接，每节一般按简支梁设计，腰梁较长时，则可按连续梁设计。

4.7.12 根据工程经验，在常用的锚杆拉力、锚杆间距条件下，槽钢的规格常在 [18～[36 之间选用，工字钢的规格常在 I16～I32 之间选用。具体工程中锚杆腰梁规格取值与锚杆的设计拉力和锚杆间距有关，应根据按第 4.7.11 条规定计算的腰梁内力确定。锚杆的设计拉力或锚杆间距越大，内力越大，腰梁型钢的规格也就越大。组合型钢腰梁的双型钢焊接为整体，可增加腰梁的整体稳定性，保证双型钢共同受力。

4.7.13 对于组合型钢腰梁，锚杆拉力通过锚具、垫板以集中力的形式作用在型钢上。当垫板厚度不够大时，在较大的局部压力作用下，型钢腹板会出现局部失稳，型钢翼缘会出现局部弯曲，从而导致腰梁失效，进而引起整个支护结构的破坏。因此，设计需考虑腰梁的局部受压稳定性。加强型钢腰梁的受扭承载力及局部受压稳定性有多种措施和方法，如：可在型钢翼缘端口、锚杆锚具位置处配置加劲肋（图 3），肋板厚度一般不小于 8mm。

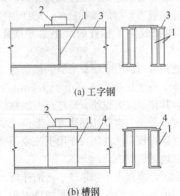

(a) 工字钢

(b) 槽钢

图 3　钢腰梁的局部加强构造形式
1—加强肋板；2—锚头；3—工字钢；4—槽钢

4.7.14 混凝土腰梁截面的上边水平尺寸不宜小于 250mm，是考虑到混凝土浇筑、振捣的施工要求而定。

4.7.15 组合型钢腰梁与挡土构件之间的连接构造，需有足够的承载力和刚度。连接构造一般不能有变形，或者变形相对于腰梁的变形可忽略不计。

4.8　锚杆施工与检测

4.8.2 锚杆成孔是锚杆施工的一个关键环节，主要应注意以下问题：①塌孔。造成锚杆杆体不能插入，使注浆液掺入杂物而影响固结体完整性和强度、影响握裹力和粘结强度，使钻孔周围土体塌落、建筑物基础下沉等。②遇障碍物。使锚杆达不到设计长度，如果碰到电力、通信、煤气管线等地下管线会使其损坏并酿成严重后果。③孔壁形成泥皮。在高塑性指数的饱和黏性土层及采用螺旋钻杆成孔时易出现这种情况，使粘结强度和锚杆抗拔力大幅度降低。④涌水涌砂。当采用帷幕截水时，在地下水位以下特别是承压水土层成孔会出现孔内向外涌水冒砂，造成无法成孔、钻孔周围土体坍塌、地面或建筑物基础下沉、注浆液被水稀释不能形成固结体、锚头部位长期漏水等。

4.8.7 锚杆张拉锁定时，张拉值大于锚杆轴向拉力标准值，然后将拉力在锁定值的（1.1～1.15）倍进行锁定。第一，是为了在锚杆锁定时对每根锚杆进行过程检验，当锚杆抗拔力不足时可事先发现，减少锚杆的质量隐患。第二，通过张拉可检验在设计荷载下锚杆各连接节点的可靠性。第三，可减小锁定后锚杆的预应力损失。

工程实测表明，锚杆张拉锁定后一般预应力损失较大，造成预应力损失的主要因素有土体蠕变、锚头及连接的变形、相邻锚杆影响等。锚杆锁定时的预应力损失约为 10%～15%。当采用的张拉千斤顶在锁定时不会产生预应力损失，则锁定时的拉力不需提高 10%～15%。

钢绞线多余部分宜采用冷切割方法切除，采用热切割时，钢绞线过热会使锚具夹片表面硬度降低，造成钢绞线滑动，降低锚杆预应力。当锚杆需要再次张拉锁定时，锚具外的杆体预留长度应满足张拉要求。确保锚杆不用再张拉时，冷切割的锚具外的杆体保留长度一般不小于 50mm，热切割时，一般不小于 80mm。

4.9　内支撑结构设计

4.9.1 钢支撑，不仅具有自重轻、安装和拆除方便、施工速度快、可以重复利用等优点，而且安装后能立即发挥支撑作用，对减小由于时间效应而产生的支护结构位移十分有效，因此，对形状规则的基坑常采用钢支撑。但钢支撑节点构造和安装相对复杂，需要具有一定的施工技术水平。

混凝土支撑是在基坑内现浇而成的结构体系，布置形式和方式基本不受基坑平面形状的限制，具有刚度大、整体性好、施工技术相对简单等优点，所以，应用范围较广。但混凝土支撑需要较长的制作和养护时间，制作后不能立即发挥支撑作用，需要达到一定的材料强度后，才能进行其下的土方开挖。此外，拆除混凝土支撑工作量大，一般需要采用爆破方法拆除，支撑材料不能重复使用，从而产生大量的废弃混凝土垃圾需要处理。

4.9.3 内支撑结构形式很多，从结构受力形式划分，可主要归纳为以下几类（图4）：①水平对撑或斜撑，包括单杆、桁架、八字形支撑。②正交或斜交的平面杆系支撑。③环形杆或板系支撑。④竖向斜撑。每类内支撑形式又可根据具体情况有多种布置形式。一般来说，对面积不大、形状规则的基坑常采用水平对撑或斜撑；对面积较大或形状不规则的基坑有时需采用正交或斜交的平面杆系支撑；对圆形、方形及近似圆形的多边形的基坑，为能形成较大开挖空间，可采用环形杆或环形板系支撑；对深度较浅、面积较大基坑，可采用竖向斜撑，但需注意，在设置斜撑基础、安装竖向斜撑前，无撑支护结构应能够满足承载力、变形和整体稳定要求。对各类支撑形式，支撑结构的布置要重视支撑体系总体刚度的分布，避免突变，尽可能使水平力作用中心与支撑刚度中心保持一致。

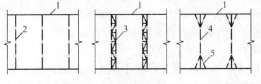

(a) 水平对撑（单杆）　(b) 水平对撑（桁架）　(c) 水平对撑（八字撑杆）

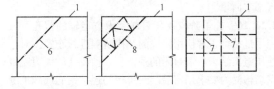

(d) 水平斜撑（单杆）　(e) 水平斜撑（桁架）　(f) 正交平面杆系支撑

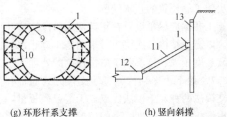

(g) 环形杆系支撑　　　　(h) 竖向斜撑

图 4　内支撑结构常用类型

1—腰梁或冠梁；2—水平单杆支撑；3—水平桁架支撑；4—水平支撑主杆；5—八字撑杆；6—水平角撑；7—水平正交支撑；8—水平斜交支撑；9—环形支撑；10—支撑杆；11—竖向斜撑；12—竖向斜撑基础；13—挡土构件

4.9.5 实际工程中支撑和冠梁及腰梁、排桩或地下连续墙以及立柱等连接成一体并形成空间结构。因此，在一般情况下应考虑支撑体系在平面上各点的不同变形与排桩、地下连续墙的变形协调作用而优先采用整体分析的空间分析方法。但是，支护结构的空间分析方法由于建立模型相对复杂，部分模型参数的确定也没有积累足够的经验，因此，目前将空间支护结构简化为平面结构的分析方法和平面有限元法应用较为广泛。

4.9.6 温度变化会引起钢支撑轴力改变，但由于对钢支撑温度应力的研究较少，目前对此尚无成熟的计算方法。温度变化对钢支撑的影响程度与支撑构件的长度有较大的关系，根据经验，对长度超过40m的支撑，认为可考虑10%～20%的支撑内力变化。

目前，内支撑的计算一般不考虑支撑立柱与挡土构件之间、各支撑立柱之间的差异沉降，但支撑立柱下沉或隆起，会使支撑立柱与排桩、地下连续墙之间，立柱与立柱之间产生一定的差异沉降。当差异沉降较大时，在支撑构件上增加的偏心距，会使水平支撑产生次应力。因此，当预估或实测差异沉降较大时，应按此差异沉降量对内支撑进行计算分析并采取相应措施。

4.9.9 预加轴向压力可减小基坑开挖后支护结构的水平位移、检验支撑连接结点的可靠性。但如果预加轴向力过大，可能会使支挡结构产生反向变形、增大基坑开挖后的支撑轴力。根据以往的设计和施工经验，预加轴向力取支撑轴向压力标准值的（0.5～0.8）倍较合适。但特殊条件下，不一定受此限制。

4.9.14 钢支撑的整体刚度依赖于构件之间的合理连接，其构件的拼接尚应满足截面等强度的要求。常用的连接方法有螺栓连接和焊接。螺栓连接施工方便，速度快，但整体性不如焊接好。焊接一般在现场拼接，由于焊接条件差，对焊接技术水平要求较高。

4.11　支护结构与主体结构的结合及逆作法

4.11.1 主体工程与支护结构相结合，是指在施工期利用地下结构外墙或地下结构的梁、板、柱兼作基坑支护体系，不设置或仅设置部分临时基坑支护体系。它在变形控制、降低工程造价等方面具有诸多优点，是建设高层建筑多层地下室和其他多层地下结构的有效方法。将主体地下结构与支护结构相结合，其中蕴含巨大的社会、经济效益。支护结构与主体结构相结合的工程类型可采用以下几类：①地下连续墙"两墙合一"结合坑内临时支撑系统；②临时支护墙结合水平梁板体系取代临时内撑；③支护结构与主体结构全面相结合。

4.11.2 利用地下结构兼作基坑支护结构时，施工期和使用期的荷载状况和结构状态均有较大的差别，因此需要分别进行设计和计算，同时满足各种情况下承载能力极限状态和正常使用极限状态的设计要求。

4.11.3 与主体结构相结合的地下连续墙在较深的基坑工程中较为普遍。通常情况下，采用单一墙时，基坑内部槽段接缝位置需设置钢筋混凝土壁柱，并留设隔潮层、设置砖衬墙。采用叠合墙时，地下连续墙墙体内表面需进行凿毛处理，并留设剪力槽和插筋等预埋措施，确保与内衬结构墙之间剪力的可靠传递。复合墙和叠合墙结构形式，在基坑开挖阶段，仅考虑地下连续墙作为基坑支护结构进行受力和变形计算；在正常使用阶段，考虑内衬钢筋混凝土墙体的复合或叠合作用。

4.11.5 地下连续墙多为矩形，与圆形的钻孔灌注桩相比，成槽过程中的槽底沉渣更加难以控制，因此对地下连续墙进行注浆加固是必要的。当地下连续墙承受较大的竖向荷载时，槽底注浆有利于地下连续墙与主体结构之间的变形协调。

4.11.6 地下连续墙的防水薄弱点在槽段接缝和地下连续墙与基础底板的连接位置，因此应设置必要的构造措施保证其连接和防水可靠性。

4.11.7、4.11.8 当采用梁板体系且结构开口较多时，可简化为仅考虑梁系的作用，进行在一定边界条件下，在周边水平荷载作用下的封闭框架的内力和变形计算，其计算结果是偏安全的。当梁板体系需考虑板的共同作用，或结构为无梁楼盖时，应采用平面有限元的方法进行整体计算分析，根据计算分析结果并结合工程概念和经验，合理确定结构构件的内力。

当主体地下水平结构需作为施工期的施工作业面，供挖土机、土方车以及吊车等重载施工机械进行施工作业时，此时水平构件不仅需承受坑外水土的侧向水平向压力，同时还承受施工机械的竖向荷载。因此其构件的设计在满足正常使用阶段的结构受力及变形要求之外，尚需满足施工期水平向和竖向两种荷载共同作用下的受力和变形要求。

主体地下水平结构作为基坑施工期的水平支撑，需承受坑外传来的水土侧向压力。因此水平结构应具有直接的、完整的传力体系。如同层楼板面标高出现较大的高差时，应通过计算设置有效的转换结构以利于水平力的传递。另外，应在结构楼板出现较大面积的缺失区域以及地下各层水平结构梁板的结构分缝以及施工后浇带等位置，通过计算设置必要的水平支撑传力构件。

4.11.9 在主体地下水平结构与支护结构相结合的工程中，梁柱节点位置由于竖向支承钢立柱的存在，使得该位置框架梁钢筋穿越与钢立柱的矛盾十分突出，将框架梁截面宽度适当加大，以缓解梁柱节点位置钢筋穿越的难题。当钢立柱采用钢管混凝土柱，且框架梁截面宽度较小，框架梁钢筋无法满足穿越要求时，可采取环梁节点、加强连接环板或双梁节点等措施，以满足梁柱节点位置各个阶段的受力要求。

4.11.10~4.11.12 支护结构与主体结构相结合工程中的竖向支承钢立柱和立柱桩一般尽量设置于主体结构柱位置，并利用结构柱下工程桩作为立柱桩，钢立柱则在基坑逆作阶段结束后外包混凝土形成主体结构劲性柱。

竖向支承立柱和立柱桩的位置和数量，要根据地下室的结构布置和制定的施工方案经计算确定，其承受的最大荷载，是地下室已修筑至最下一层，而地面上已修筑至规定的最高层数时的结构构件重量与施工超载的总和。除承载能力必须满足荷载要求外，钢立柱底部桩基础的主要设计控制参数是沉降量，目标是使相邻立柱以及立柱与地下连续墙之间的沉降差控制在允许范围内，以免结构梁板中产生过大附加应力，导致裂缝的发生。

型钢格构立柱是最常采用的钢立柱形式；在逆作阶段荷载较大并且主体结构允许的情况下也可采用钢管混凝土立柱。

立柱桩浇筑过程中，混凝土导管需要穿过钢立柱，如果角钢格构柱边长过小，导管上拔过程中容易被卡住；如果钢管立柱内径过小，则钢管内混凝土的浇捣质量难以保证，因此需要对角钢格构柱的最小边长和钢管混凝土立柱的钢管最小直径进行规定。

竖向支承钢立柱由于柱中心的定位误差、柱身倾斜、基坑开挖或浇筑柱身混凝土时产生位移等原因，会产生立柱中心偏离设计位置的情况，过大偏心不仅造成立柱承载能力的下降，而且也会给正常使用带来问题。施工中必须对立柱的定位精度严加控制，并应根据立柱允许偏差按偏心受压构件验算施工偏心的影响。

4.11.15 为保证钢立柱在土体未开挖前的稳定性，要求在立柱桩施工完毕后必须对桩孔内钢立柱周边进行密实回填。

4.11.16 施工阶段用作材料和土方运输的留孔一般应尽量结合正常使用阶段的结构留洞进行布置。对于逆作施工结束后需封闭的预留孔，预留孔的周边需根据结构受力要求预留后续接梁板的连接钢筋或施工缝位置的抗剪件，同时应沿预留孔周边留止水措施，以解决施工缝位置的止水问题。

施工孔洞应尽量设置在正常使用阶段结构开口的部位，以避免结构二次浇筑带来的施工缝止水、抗剪等后续难度较大、且不利于质量控制的处理工作。

4.11.17 地下水平结构施工的支模方式通常有土模法和支模法两种。土模法优点在于节省模板量，且无需考虑模板的支撑高度带来的超挖问题，但土模法由于直接利用土作为梁板的模板，结构梁板混凝土自重的作用下，土模易发生变形进而影响梁板的平整度，不利于结构梁板施工质量的控制。因此，从保证永久结构的质量角度上，地下水平结构构件宜采用支模法施工，支护结构设计计算时，应计入采用支模法而带来的超挖量等因素。

逆作法的工艺特点决定地下部分的柱、墙等竖向结构均待逆作结束之后再施工，地下各层水平结构施工时必须预先留设好柱、墙竖向结构的连接钢筋以及浇捣孔。预留连接钢筋在整个逆作施工过程中须采取措施加以保护，避免潮气、施工车辆碰撞等因素作用下预留钢筋出现锈蚀、弯折。另外柱、墙施工时，应对二次浇筑的结合面进行清洗处理，对于受力大、质量要求高的结合面，可预留消除裂缝的压力注浆孔。

4.11.19 钢管混凝土立柱承受荷载水平高，但由于混凝土水下浇筑、桩与柱混凝土标号不统一等原因，施工质量控制的难度较高。为了确保施工质量满足设计要求，必须根据本条规定对钢管混凝土立柱进行严格检测。

4.12 双排桩设计

4.12.1~4.12.4 双排桩结构是本规程的新增内容。实际的基坑工程中，在某些特殊条件下，锚杆、土钉、支撑受到实际条件的限制而无法实施，而采用单排悬臂桩又难以满足承载力、基坑变形等要求或者采用单排悬臂桩造价明显不合理的情况下，双排桩刚架结构是一种可供选择的基坑支护结构形式。与常用的支挡式支护结构如单排悬臂桩结构、锚拉式结构、支撑式结构相比，双排桩刚架支护结构有以下特点：

1 与单排悬臂桩相比，双排桩为刚架结构，其抗侧移刚度远大于单排悬臂桩结构，其内力分布明显优于悬臂结构，在相同的材料消耗条件下，双排桩刚架结构的桩顶位移明显小于单排悬臂桩，其安全可靠性、经济合理性优于单排悬臂桩。

2 与支撑式支挡结构相比，由于基坑内不设支撑，不影响基坑开挖、地下结构施工，同时省去设置、拆除内支撑的工序，大大缩短了工期。在基坑面积很大、基坑深度不很大的情况下，双排桩刚架支护结构的造价常低于支撑式支挡结构。

3 与锚拉式支挡结构相比，在某些情况下，双排桩刚架结构可避免锚拉式支挡结构难以克服的缺点。如：①在拟设置锚杆的部位有已建地下结构、障碍物，锚杆无法实施；②拟设置锚杆的土层为高水头的砂层（有隔水帷幕），锚杆无法实施或实施难度、风险大；③拟设置锚杆的土层无法提供要求的锚固力；④拟设置锚杆的工程，地方法律、法规规定支护结构不得超出用地红线。此外，由于双排桩具有施工工艺简单、不与土方开挖交叉作业、工期短等优势，在可以采用悬臂桩、支撑式支挡结构、锚拉式支挡结构条件下，也应在考虑技术、经济、工期等因素并进行综合分析对比后，合理选用支护方案。

双排桩结构虽然已在少数实际工程中应用，但目前基坑支护规范中尚没有提出双排桩结构计算方法，使得一些设计者对如何设计双排桩还处于一种模糊状态。本规程根据以往的双排桩工程实例总结及通过模型试验与工程测试的研究，提出了一种双排桩的设计计算的简化实用方法。本结构分析模型，作用在结构两侧的荷载与单排桩相同，不同的是如何确定夹在前后排桩之间土体的反力与变形关系，这是解决双排桩计算模式的关键。本模型采用土的侧限约束假定，认为桩间土对前后排桩的土反力与桩间土的压缩变形有关，将桩间土看作水平向单向压缩体，按土的压缩模量确定水平刚度系数。同时，考虑基坑开挖后桩间土应力释放后仍存在一定的初始压力，计算土反力时应反映其影响，本模型初始压力按桩间土自重占滑动体自重的比值关系确定。按上述假定和结构模型，经计算分析的内力与位移随各种计算参数变化的规律较好，与工程实测的结果也较吻合。由于双排桩首次编入规程，为慎重起见，本规程只给出了前后排桩矩形布置的计算方法。

4.12.5 双排桩的嵌固稳定性验算问题与单排悬臂桩类似，应满足作用在后排桩上的主动土压力与作用在前排桩嵌固段上的被动土压力的力矩平衡条件。与单排桩不同的是，在双排桩的抗倾覆稳定性验算公式(4.12.4)中，是将双排桩与桩间土整体作为力的平衡分析对象，考虑了土与桩自重的抗倾覆作用。

4.12.6 双排桩的排距、刚架梁高度是双排桩设计的重要参数。根据本规程修订组的专项研究及相关文献的报道，排距过小受力不合理，排距过大刚架效果减弱，排距合理的范围为 $2d\sim5d$。双排桩顶部水平位移随刚架梁高度的增大而减小，但当梁高大于 $1d$ 时，再增大梁高桩顶水平位移基本不变了。因此，规定刚架梁高度不宜小于 $0.8d$，且刚架梁高度与双排桩排距的比值取 $1/6\sim1/3$ 为宜。

4.12.7 根据结构力学的基本原理及计算分析结果，双排桩刚架结构中的桩与单排桩的受力特点有较大的区别。锚拉式、支撑式、悬臂式排桩，在水平荷载作用下只产生弯矩和剪力。而双排桩刚架结构在水平荷载作用下，桩的内力除弯矩、剪力外，轴力不容忽视。前排桩的轴力为压力，后排桩的轴力为拉力。在其他参数不变的条件下，桩身轴力随着双排桩排距的减小而增大。桩身轴力的存在，使得前排桩发生向下的竖向位移，后排桩发生相对向上的竖向位移。前后排桩出现不同方向的竖向位移，正如普通刚架结构对相邻柱间的沉降差非常敏感一样，双排桩刚架结构前、后排桩沉降差对结构的内力、变形影响很大。通过对某一实例的计算分析表明，在其他条件不变的情况下，桩顶水平位移、桩身最大弯矩随着前、后排桩沉降差的增大基本呈线性增加。与前后排桩桩底沉降差为零相比，当前后排桩桩底沉降差与排距之比等于0.002时，计算的桩顶位移增加24%，桩身最大弯矩增加10%。后排桩由于全桩长范围有土的约束，向上的竖向位移很小。减小前排桩沉降的有效的措施有：桩端选择强度较高的土层、泥浆护壁钻孔桩需控制沉渣厚度、采用桩底后注浆技术等。

4.12.8 双排桩的桩身内力有弯矩、剪力、轴力，因此需按偏心受压、偏心受拉构件进行设计。双排桩刚架梁两端均有弯矩，在根据《混凝土结构设计规范》GB 50010 判别刚架梁是否属于深受弯构件时，按照连续梁考虑。

4.12.9 本规程的双排桩结构是指由相隔一定间距的前、后排桩及桩顶梁构成的刚架结构，桩顶与刚架梁的连接按完全刚接考虑，其受力特点类似于混凝土结构中的框架顶层，因此，该处的连接构造需符合框架顶层端节点的有关规定。

5 土 钉 墙

5.1 稳定性验算

5.1.1 土钉墙是分层开挖、分层设置土钉及面层形成的。每一开挖状况都可能是不利工况，也就需要对每一开挖工况进行土钉墙整体滑动稳定性验算。本条的圆弧滑动条分法保持原规程的方法，该方法在原规程颁布以来，一直广泛采用，大量工程应用证明是符合实际情况的，本次修订继续采用。由于本规程在设计方法上，对土的稳定性一类极限状态由分项系数表示法改为单一安全系数法，公式（5.1.1-2）在具体形式上与原规程公式不同，但公式的实质没变。

由于本章增加了复合土钉墙的内容，考虑到圆弧滑动条分法需要适用于复合土钉墙这一要求，公式（5.1.1-2）增加了锚杆作用下的抗滑力矩项，因锚杆和土钉对滑动稳定性的作用是一样的，公式中将锚杆和土钉的极限拉力用同一符号 $R'_{k,k}$ 表示。由于土钉墙整体稳定性验算采用的是极限平衡法，假定锚杆和土钉同时达到极限状态，与锚杆预加力无关，因而，验算公式中不含锚杆预应力项。

复合土钉墙中锚杆应施加预应力，预应力的大小应考虑土钉与锚杆的变形协调，土钉在基坑有一定变形发生后才受力，预应力锚杆随基坑变形拉力也会增长。土钉和锚杆同时达到极限状态是最理想的，选取锚杆长度和确定锚杆预加力时，应按此原则考虑。

在复合土钉墙中，微型桩、搅拌桩或旋喷桩对总抗滑力矩是有贡献的，但难以定量。对水泥土桩，其截面的抗剪强度不能按全部考虑。因为水泥土桩比土的刚度大的多，当水泥土桩达到强度极限时，土的抗剪强度还未充分发挥，而土达到极限强度时，水泥土桩在此之前已被剪断，即两者不能同时达到极限。对微型钢管桩，当土达到极限强度时，微型钢管桩是有上拔趋势的，而不是剪切强度控制。因此，尚不能定量给出水泥土桩、微型桩的抵抗力矩，需要考虑其作用时，只能根据经验和水泥土桩、微型桩的设计参

数，适当考虑其抗滑作用。当无经验时，最好不考虑其抗滑作用，当作安全储备来处理。

5.2 土钉承载力计算

5.2.1～5.2.4 按本规程公式（5.2.1）的要求确定土钉抗拔承载力，目的是控制单根土钉拔出或土钉杆体拉断所造成的土钉墙局部破坏。单根土钉拉力取分配到每根土钉的土钉墙墙面面积上的土压力，单根土钉抗拔承载力为图 5.2.5 所示的假定直线滑动面外土钉的抗拔承载力。由于土钉墙结构具有土与土钉共同工作的特性，受力状态复杂，目前尚没有研究清楚土钉的受力机理，土钉拉力计算方法也不成熟。因此，本节的土钉抗拔承载力计算方法只是近似的。

由于土钉墙墙面可以是倾斜的，倾斜墙面上的土压力比同样高度的垂直墙面上的土压力小。用朗肯方法计算时，需要按墙面倾斜情况对土压力进行修正。本规程采用的是对按垂直墙面计算的土压力乘以折减系数的修正方法。折减系数计算公式与原规程相同。

土压力沿墙面的分布形式，原规程直接采用朗肯土压力线性分布。原规程施行后，根据一些实际工程设计情况，人们发现按朗肯土压力线性分布计算土钉承载力时，往往土钉墙底部的土钉需要长度很长才能满足承载力要求。土钉墙底部的土钉过长，其承载力不一定能充分发挥，使土钉墙面层强度或土钉端部的连接强度成为控制条件，土钉墙面层或土钉端部连接会在土钉达到设计拉力前破坏。因此，一些实际工程设计中土钉墙底部土钉长度往往会做些消减。工程实际表明，适当减短土钉墙底部土钉长度后，并没有出现土钉被拔出破坏的现象。土钉长度计算不合理的问题主要原因在于所采用的朗肯土压力按线性分布是否合理。由于土钉墙墙面是柔性的，且分层开挖裸露面上土压力是零，建立新的力平衡使土压力向周围转移，墙面上的土压力则重新分布。为解决土钉计算长度不合理的问题，本次修订考虑了墙面上土压力会存在重分布的规律，对按朗肯公式计算的土压力线性分布进行了修正，即在计算每根土钉轴向拉力时，分别乘以由公式（5.2.4-1）和公式（5.2.4-2）给出的调整系数 η_j。每根土钉的轴向拉力调整系数 η_j 值是不同的，每根土钉乘以轴向拉力调整系数 η_j 后，各土钉轴向拉力之和与调整前的各土钉轴向拉力之和相等。该调整方法在概念上虽然可行，但存在一定近似性，还需要做进一步研究和试验工作，以使通过计算得到的土压力分布规律和数值与实际情况更接近。

5.2.5 本次修订对表 5.2.5 中土钉的极限粘结强度标准值在数值上作了一定调整，调整后的数值是根据原规程施行以来对大量实际工程土钉抗拔试验数据统计并结合已有的资料作出的。同时，表 5.2.5 中增加了打入式钢管土钉的极限粘结强度标准值。锚固体与土层之间的粘结强度大小与很多因素有关，主要包括

土层条件、注浆工艺及注浆量、成孔工艺等，在采用表5.2.5数值时，还应根据这些因素及施工经验合理选择。

5.2.6 土钉的承载力由以土的粘结强度控制的抗拔承载力和以杆体强度控制的受拉承载力两者的较小值决定。当土钉注浆固结体强度不足时，可能还会由固结体对杆体的握裹力控制。一般在确定了按土的粘结强度控制的土钉抗拔承载力后，再按本规程公式（5.2.6）配置杆体截面。

5.3 构　造

5.3.1～5.3.11 土钉墙和复合土钉墙的构造要求，是实际工程中总结的经验数据，应根据具体工程的土质、基坑深度、土钉拉力和间距等因素选用。

土钉采用洛阳铲成孔比较经济，同时施工速度快，对一般土层宜优先使用。打入式钢管土钉可以克服洛阳铲成孔时塌孔、缩径的问题，避免因塌孔、缩径带来的土体扰动和沉陷，对保护基坑周边环境有利，此时可以用打入式钢管土钉。机械成孔的钢筋土钉成本高，且土钉数量一般都很多，需要配备一定数量的钻机，只有在其他方法无法实施的情况下才适合采用。

5.4 施工与检测

5.4.1 土钉墙是分层分段施工形成的，每完成一层土钉和土钉位置以上的喷射混凝土面层后，基坑才能挖至下一层土钉施工标高。设计和施工都必须重视土钉墙这一形成特点。设计时，应验算每形成一层土钉并开挖至下一层土钉面标高时土钉墙的稳定性和土钉拉力是否满足要求。施工时，应在每层土钉及相应混凝土面层完成并达到设计要求的强度后才能开挖下一层土钉施工面以上的土方，挖土严禁超过下一层土钉施工面。超挖会造成土钉墙的受力状况超过设计状态。因超挖引起的基坑坍塌和位移过大的工程事故屡见不鲜。

5.4.3～5.4.6 本节钢筋土钉的成孔、制作和注浆要求，打入式钢管土钉的制作和注浆要求是多年来施工经验的总结，是保证施工质量的关键环节。

5.4.7 混凝土面层是土钉墙结构的重要组成部分之一，喷射混凝土的施工方法与现场浇筑混凝土不同，也是一项专门的施工技术，在隧道、井巷和洞室等地下工程应用普遍且技术成熟。土钉墙用于基坑支护工程，也采用了这一施工技术。本条规定了喷射混凝土施工的基本要求。按现有施工技术水平和常用操作程序，一般采用以下做法和要求：

　　1 混凝土喷射机设备能力的允许输送粒径一般需大于25mm，允许输送水平距离一般不小于100m，允许垂直距离一般不小于30m；

　　2 根据喷射机工作风压和耗风量的要求，空压

机耗风量一般需达到9m³/min；

　　3 输料管的承受压力需不小于0.8MPa；

　　4 供水设施需满足喷头水压不小于0.2MPa的要求；

　　5 喷射混凝土的回弹率不大于15%；

　　6 喷射混凝土的养护时间根据环境的气温条件确定，一般为3d～7d；

　　7 上层混凝土终凝超过1h后，再进行下层混凝土喷射，下层混凝土喷射时应先对上层喷射混凝土表面喷水。

5.4.10 土钉墙中，土钉群是共同受力、以整体作用考虑的。对单根土钉的要求不像锚杆那样受力明确，各自承担荷载。但土钉仍有必要进行抗拔力检测，只是对其离散性要求可比锚杆略放松。土钉抗拔检测是工程质量竣工验收依据，本条规定了试验数量和要求，试验方法见本规程附录D。

抗压强度是喷射混凝土的主要指标，一般能反映施工质量的优劣。喷射混凝土试块最好采用在喷射混凝土板件上切取制作，它与实际比较接近。但由于在目前实际工程中受切割加工条件限制，因此，也就允许使用150mm的立方体无底试模，喷射混凝土制作试块。喷射混凝土厚度是质量控制的主要内容，喷射混凝土厚度的检测最好在施工中随时进行，也可喷射混凝土施工完成后统一检查。

6　重力式水泥土墙

6.1　稳定性与承载力验算

6.1.1～6.1.3 按重力式设计的水泥土墙，其破坏形式包括以下几类：①墙整体倾覆；②墙整体滑移；③沿墙体以外土中某一滑动面的土体整体滑动；④墙下地基承载力不足而使墙体下沉并伴随基坑隆起；⑤墙身材料的应力超过抗拉、抗压或抗剪强度而使墙体断裂；⑥地下水渗流造成的土体渗透破坏。重力式水泥土墙的设计，墙的嵌固深度和墙的宽度是两个主要设计参数，土体整体滑动稳定性、基坑隆起稳定性与嵌固深度密切相关，而基本与墙宽无关。墙的倾覆稳定性、墙的滑移稳定性不仅与嵌固深度有关，而且与墙宽有关。有关资料的分析研究结果表明，一般情况下，当墙的嵌固深度满足整体稳定条件时，抗隆起条件也会满足。因此，常常是整体稳定性条件决定嵌固深度下限。采用按整体稳定条件确定的嵌固深度，再按墙的抗倾覆条件计算墙宽，此墙宽一般自然能够同时满足抗滑移条件。

6.1.5 水泥土墙的上述各种稳定性验算基于重力式结构的假定，应保证墙为整体。墙体满足抗拉、抗压和抗剪要求是保证墙为整体条件。

6.1.6 在验算截面的选择上，需选择内力最不利的

截面、墙身水泥土强度较低的截面，本条规定的计算截面，是应力较大处和墙体截面薄弱处，作为验算的重点部位。

6.2 构 造

6.2.3 水泥土墙常布置成格栅形，以降低成本、工期。格栅形布置的水泥土墙应保证墙体的整体性，设计时一般按土的置换率控制，即水泥土面积与水泥土墙的总面积的比值。淤泥土的强度指标差，呈流塑状，要求的置换率也较大，淤泥质土次之。同时要求格栅的格子长宽比不宜大于 2。

格栅形水泥土墙，应限制格栅内土体所占面积。格栅内土体对四周格栅的压力可按谷仓压力的原理计算，通过公式（6.2.3）使其压力控制在水泥土墙承受范围内。

6.2.4 搅拌桩重力式水泥土墙靠桩与桩的搭接形成整体，桩施工应保证垂直度偏差要求，以满足搭接宽度要求。桩的搭接宽度不小于 150mm，是最低要求。当搅拌桩较长时，应考虑施工时垂直度偏差问题，增加设计搭接宽度。

6.2.6 水泥土标准养护龄期为 90d，基坑工程一般不可能等到 90d 养护期后再开挖，故设计时以龄期 28d 的无侧限抗压强度为标准。一些试验资料表明，一般情况下，水泥土强度随龄期的增长规律为，7d 的强度可达标准强度的 30%～50%，30d 的强度可达标准强度的 60%～75%，90d 的强度为 180d 强度的 80% 左右，180d 以后水泥土强度仍在增长。水泥强度等级也影响水泥土强度，一般水泥强度等级提高 10 后，水泥土的标准强度可提高 20%～30%。

6.2.7 为加强整体性，减少变形，水泥土墙顶需设置钢筋混凝土面板，设置面板不但可便利后期施工，同时可防止因雨水从墙顶渗入水泥土格栅。

6.3 施工与检测

6.3.1、6.3.2 重力式水泥土墙由搅拌桩搭接组成格栅形式或实体式墙体，控制施工质量的关键是水泥土的强度、桩体的相互搭接、水泥土桩的完整性和深度。所以，主要检测水泥土固结体的直径、搭接宽度、位置偏差、单轴抗压强度、完整性及水泥土墙的深度。

7 地下水控制

7.1 一般规定

7.1.1 地下水控制方法包括：截水、降水、集水明排。地下水回灌不作为独立的地下水控制方法，但可作为一种补充措施与其他方法一同使用。仅从支护结构安全性、经济性的角度，降水可消除水压力从而降低作用在支护结构上的荷载，减少地下水渗透破坏的

风险，降低支护结构施工难度等。但降水后，随之带来对周边环境的影响问题。在有些地质条件下，降水会造成基坑周边建筑物、市政设施等的沉降而影响其正常使用甚至损坏。降水引起的基坑周边建筑物、市政设施等沉降、开裂、不能正常使用的工程事故时有发生。另外，有些城市地下水资源紧缺，降水造成地下水大量流失、浪费，从环境保护的角度，在这些地方采用基坑降水不利于城市的综合发展。为此，有的城市的地方政府已实施限制基坑降水的地方行政法规。

根据具体工程的特点，基坑工程可采用单一地下水控制方法，也可采用多种地下水控制方法相结合的形式。如悬挂式截水帷幕＋坑内降水，基坑周边控制降深的降水＋截水帷幕，截水或降水＋回灌，部分基坑边截水＋部分基坑边降水等。一般情况，降水或截水都要结合集水明排。

7.1.2～7.1.4 采用哪种地下水控制的方式是基坑周边环境条件的客观要求，基坑支护设计时应首先确定地下水控制方法，然后再根据选定的地下水控制方法，选择支护结构形式。地下水控制应符合国家和地方法规对地下水资源、区域环境的保护要求，符合基坑周边建筑物、市政设施保护的要求。当降水不会对基坑周边环境造成损害且国家和地方法规允许时，可优先考虑采用降水，否则应采用基坑截水。采用截水时，对支护结构的要求更高，增加排桩、地下连续墙、锚杆等的受力，需采取防止土的流砂、管涌、渗透破坏的措施。当坑底以下有承压水时，还要考虑坑底突涌问题。

7.2 截 水

7.2.1 水泥土搅拌桩、高压喷射注浆常用普通硅酸盐水泥，也可采用矿渣硅酸盐水泥、火山灰质硅酸盐水泥。需要注意的是，当地下水流速高时，需在水泥浆液中掺入适量的外加剂，如氯化钙、水玻璃、三乙醇胺和氯化钠等。由于不同地区，即使土的基本性状相同，但成分也会有所差异，对水泥的固结性产生不同影响。因此，当缺少实际经验时，水泥掺量和外加剂品种及掺量应通过试验确定。

7.2.2 落底式截水帷幕进入下卧隔水层一定长度，是为了满足地下水绕过帷幕底部的渗透稳定性要求。公式（7.2.2）是验算帷幕进入隔水层的长度能否满足渗透稳定性的经验公式。隔水层是相对的，相对所隔含水层而言其渗透系数较小。在有水头差时，隔水层内也会有水的渗流，也应满足渗流和渗透稳定性要求。

7.2.5、7.2.9 搅拌桩、旋喷桩帷幕一般采用单排或双排布置形式（图 5），理论上，单排搅拌桩、旋喷桩帷幕只要桩体能够相互搭接、桩体连续、渗透系数小于 10^{-6} cm/s 是可以起到截水效果的，但受施工偏

差制约，很难达到理想的搭接宽度要求。假设桩长15m，设计搭接200mm，当位置偏差为50mm、垂直度偏差为1‰时，则帷幕底部在平面上会偏差200mm。此时，实际上桩之间就不能形成有效搭接。如桩的设计搭接过大，则桩的间距减小、桩的有效部分过少，造成浪费和增加工期。所以帷幕超过15m时，单排桩难免出现搭接不上的情况。图5中的双排桩帷幕形式可以克服施工偏差的搭接不足，对较深基坑双排桩帷幕比单排桩帷幕的截水效果要好得多。

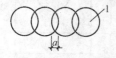
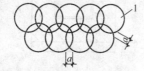

(a) 单排搅拌桩或旋喷桩帷幕　　(b) 双排搅拌桩或旋喷桩帷幕

图 5　搅拌桩、旋喷桩帷幕平面布置形式

1—旋喷桩或搅拌桩

摆喷帷幕一般采用图6所示的平面布置形式。由于射流范围集中，摆喷注浆的喷射长度比旋喷注浆的喷射长度大，喷射范围内固结体的均匀性也更好。实际工程中高压喷射注浆帷幕采用单排布置时常采用摆喷形式。

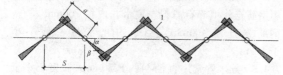

图 6　摆喷帷幕平面形式

1—摆喷帷幕

旋喷固结体的直径、摆喷固结体的半径受施工工艺、喷射压力、提升速度、土类和土性等因素影响，根据国内一些有关资料介绍，旋喷固结体的直径一般在表3的范围，摆喷固结体的半径约为旋喷固结体半径的1.0～1.5倍。

表 3　旋喷注浆固结体有效直径经验值

土类	方法	单管法	二重管法	三重管法
黏性土	$0<N\leqslant5$	0.5～0.8	0.8～1.2	1.2～1.8
	$5<N\leqslant10$	0.4～0.7	0.7～1.1	1.0～1.6
砂土	$0<N\leqslant10$	0.6～1.0	1.0～1.4	1.5～2.0
	$10<N\leqslant20$	0.5～0.9	0.9～1.3	1.2～1.8
	$20<N\leqslant30$	0.4～0.8	0.8～1.2	0.9～1.5

注：N 为标准贯入试验锤击数。

图7是搅拌桩、高压喷射注浆与排桩常见的连接形式。高压喷射注浆与排桩组合的帷幕，高压喷射注浆可采用旋喷、摆喷形式。组合帷幕中支护桩与旋喷、摆喷桩的平面轴线关系应使旋喷、摆喷固结体受力后与支护桩之间有一定的压合面。

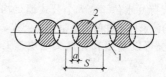

(a) 旋喷固结体或搅拌桩与排桩组合帷幕

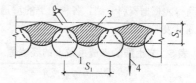

(b) 摆喷固结体与排桩组合帷幕

图 7　截水帷幕平面形式

1—支护桩；2—旋喷固结体或搅拌桩；

3—摆喷固结体；4—基坑方向

7.2.11　旋喷帷幕和摆喷帷幕一般采用双喷嘴喷射注浆。与排桩咬合的截水帷幕，当采用半圆形、扇形摆喷时，一般采用单喷嘴喷射注浆。根据目前国内的设备性能，实际工程中常见的高压喷射注浆的施工工艺参数见表4。

表 4　常用的高压喷射注浆工艺参数

工艺	水压(MPa)	气压(MPa)	浆压(MPa)	注浆流量(L/min)	提升速度(m/min)	旋转速度(r/min)
单管法			20～28	80～120	0.15～0.20	20
二重管法		0.7	20～28	80～120	0.12～0.25	20
三重管法	25～32	0.7	≥0.3	80～150	0.08～0.15	5～15

7.2.12　根据工程经验，在标准贯入锤击数 $N>12$ 的黏性土、标准贯入锤击数 $N>20$ 的砂土中，最好采用复喷工艺，以增大固结体半径、提高固结体强度。

7.3　降　　水

7.3.15　基坑降水的总涌水量，可将基坑视作一口大井按概化的大井法计算。本规程附录E给出了均质含水层潜水完整井、均质含水层潜水非完整井、均质含水层承压水完整井、均质含水层承压水非完整井和均质含水层承压水—潜水完整井5种典型条件的计算公式。实际的含水层分布远非这样理想，按上述公式计算时应根据工程的实际水文地质条件进行合理概化。如，相邻含水层渗透系数不同时，可概化成一层含水层，其渗透系数可按各含水层厚度加权平均。当相邻含水层渗透系数相差很大时，有的情况下按渗透系数加权平均后的一层含水层计算会产生较大误差，这时反而不如只计算渗透系数大的含水层的涌水量与实际更接近。大井的井水位应取降水后的基坑水位，而不应取单井的实际井水位。这5个公式都是均质含水层、远离补给源条件下井的涌水量计算公式，其他边界条件的情况可以参照有关水文地质、工程地质手册。

7.3.17 含水层渗透系数可通过现场抽水试验测得，粉土和黏性土的渗透系数也可通过原状土样的室内渗透试验测得。根据资料介绍，各种土类的渗透系数的一般范围见表5：

表5　岩土层的渗透系数 k 的经验值

土的名称	渗透系数 k	
	m/d	cm/s
黏　土	<0.005	$<6\times10^{-6}$
粉质黏土	$0.005\sim0.1$	$6\times10^{-6}\sim1\times10^{-4}$
黏质粉土	$0.1\sim0.5$	$1\times10^{-4}\sim6\times10^{-4}$
黄　土	$0.25\sim10$	$3\times10^{-4}\sim1\times10^{-2}$
粉　土	$0.5\sim1.0$	$6\times10^{-4}\sim1\times10^{-3}$
粉　砂	$1.0\sim5$	$1\times10^{-3}\sim6\times10^{-3}$
细　砂	$5\sim10$	$6\times10^{-3}\sim1\times10^{-2}$
中　砂	$10\sim20$	$1\times10^{-2}\sim2\times10^{-2}$
均质中砂	$35\sim50$	$4\times10^{-2}\sim6\times10^{-2}$
粗　砂	$20\sim50$	$2\times10^{-2}\sim6\times10^{-2}$
均质粗砂	$60\sim75$	$7\times10^{-2}\sim8\times10^{-2}$
圆　砾	$50\sim100$	$6\times10^{-2}\sim1\times10^{-1}$
卵　石	$100\sim500$	$1\times10^{-1}\sim6\times10^{-1}$
无充填物卵石	$500\sim1000$	$6\times10^{-1}\sim1\times10^{0}$

7.3.19 真空井点管壁外的滤网一般设两层，内层滤网采用30目～80目的金属网或尼龙网，外层滤网采用3目～10目的金属网或尼龙网；管壁与滤网间应留有间隙，可采用金属丝螺旋形缠绕在管壁上隔离滤网，并在滤网外缠绕金属丝固定。

7.3.20 喷射井点的常用尺寸参数：外管直径为73mm～108mm，内管直径为50mm～73mm，过滤器直径为89mm～127mm，井孔直径为400mm～600mm，井孔比滤管底深1m以上。喷射井点的常用多级高压水泵，其流量为50m³/h～80m³/h，压力为0.7MPa～0.8MPa。每套水泵可用于20根～30根井管的抽水。

7.4　集　水　明　排

7.4.1 集水明排的作用是：①收集外排坑底、坑壁渗出的地下水；②收集外排降雨形成的基坑内、外地

表水；③收集外排降水井抽出的地下水。

7.4.3 图8是一种常用明沟的截面尺寸及构造。

盲沟常采用图9所示的截面尺寸及构造。排泄坑底渗出的地下水时，盲沟常在基坑内纵横向布置，盲沟的间距一般取25m左右。盲沟内宜采用级配碎石充填，并在碎石外铺设两层土工布反滤层。

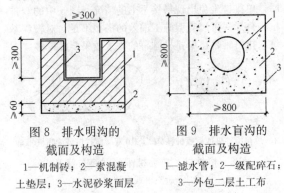

图8　排水明沟的
截面及构造
1—机制砖；2—素混凝
土垫层；3—水泥砂浆面层

图9　排水盲沟的
截面及构造
1—滤水管；2—级配碎石；
3—外包二层土工布

7.4.4 明沟的集水井常采用如下尺寸及做法：矩形截面的净尺寸500mm×500mm左右，圆形截面内径500mm左右；深度一般不小于800mm。集水井采用砖砌并用水泥砂浆抹面。

盲沟的集水井常采用如下尺寸及做法：集水井采用钢筋笼外填碎石滤料，集水井内径700mm左右，钢筋笼直径400mm左右，井的深度一般不小于1.2m。

7.4.5 导水管常用直径不小于50mm，长度不小于300mmPVC管，埋入土中的部分外包双层尼龙网。

7.5　降水引起的地层变形计算

7.5.1～7.5.3 降水引起的地层变形计算可以采用分层总和法。与建筑物地基变形计算时的分层总和法相比，降水引起的地层变形在有些方面是不同的。主要表现在以下方面：①附加压力作用下的建筑物地基变形计算，土中总应力是增加的。地基最终固结时，土中任意点的附加有效应力等于附加总应力，孔隙水压力不变。降水引起的地层变形计算，土中总应力基本不变。最终固结时，土中任意点的附加有效应力等于孔隙水压力的负增量。②地基变形计算，土中的最大附加有效应力在基础中点的纵轴上，基础范围内是附加应力的集中区域，基础以外的附加应力衰减很快。降水引起的地层变形计算，土中的最大附加有效应力在最大降深的纵轴上，也就是降水井的井壁处，附加应力随着远离降水井逐渐衰减。③地基变形计算，附加应力从基底向下沿深度逐渐衰减。降水引起的地层变形计算，附加应力从初始地下水位向下沿深度逐渐增加。降水后的地下水位以下，含水层内土中附加有效应力也会发生改变。

计算建筑物地基变形时，按分层总和法计算出的地基变形量乘以沉降计算经验系数后的数值为地基最

终变形量。沉降计算经验系数是根据大量工程实测数据统计出的修正系数，以修正直接按分层总和法计算的方法误差。降水引起的地层变形，直接按分层总和法计算的变形量与实测变形量也往往差异很大。由于缺少工程实测统计资料，暂时还无法给出定量的修正系数对计算结果进行修正。如采用现行国家标准《建筑地基基础设计规范》GB 50007中地基变形计算的沉降计算经验系数，则由于两者的土中附加应力产生的原因和附加应力分布规律不同，从理论上没有说服力，与实际情况也难以吻合。目前，降水引起的地层变形计算方法尚不成熟，只能在今后积累大量工程实测数据及进行充分研究后，再加以改进充实。现阶段，宜根据地区基坑降水工程的经验，结合计算与工程类比综合确定降水引起的地层变形量和分析降水对周边建筑物的影响。

8 基坑开挖与监测

8.1 基坑开挖

8.1.1 本条规定了基坑开挖的一般原则。锚杆、支撑或土钉是随基坑土方开挖分层设置的，设计将每设置一层锚杆、支撑或土钉后，再挖土至下一层锚杆、支撑或土钉的施工面作为一个设计工况。因此，如开挖深度超过下层锚杆、支撑或土钉的施工面标高时，支护结构受力及变形会超越设计状况。这一现象通常称作超挖。许多实际工程实践证明，超挖轻则引起基坑过大变形，重则导致支护结构破坏、坍塌，基坑周边环境受损，酿成重大工程事故。

施工作业面与锚杆、土钉或支撑的高差不宜大于500mm，是施工正常作业的要求。不同的施工设备和施工方法，对其施工面高度要求是不同的，可能的情况下应尽量减小这一高度。

降水前如开挖地下水位以下的土层，因地下水的渗流可能导致流砂、流土的发生，影响支护结构、周边环境的安全。降水后，由于土体的含水量降低，会使土体强度提高，也有利于基坑的安全与稳定。

8.1.2 软土基坑如果一步挖土深度过大或非对称、非均衡开挖，可能导致基坑内局部土体失稳、滑动、造成立柱桩、基础桩偏移。另外，软土的流变特性明显，基坑开挖到某一深度后，变形会随暴露时间增长。因此，软土地层基坑的支撑设置应先撑后挖并且越快越好，尽量缩短基坑每一步开挖时的无支撑时间。

8.1.3~8.1.5 基坑支护工程属住房和城乡建设部《危险性较大的分部分项工程安全管理办法》建质[2009] 87 号文中的危险性较大的分部分项工程范围，施工与基坑开挖不当会对基坑周边环境和人的生命安全酿成严重后果。基坑开挖面上方的锚杆、支撑、土钉未达到设计要求时向下超挖土方、临时性锚杆或支撑在未达到设计拆除条件时进行拆除、基坑周边施工材料、设施或车辆荷载超过设计地面荷载限值，至使支护结构受力超越设计状态，均属严重违反设计要求进行施工的行为。锚杆、支撑、土钉未按设计要求设置，锚杆和土钉注浆体、混凝土支撑和混凝土腰梁的养护时间不足而未达到开挖时的设计承载力，锚杆、支撑、腰梁、挡土构件之间的连接强度未达到设计强度，预应力锚杆、预加轴力的支撑未按设计要求施加预加力等情况均为未达到设计要求。当主体地下结构施工过程需要拆除局部锚杆或支撑时，拆除锚杆或支撑后支护结构的状态是应考虑的设计工况之一。拆除锚杆或支撑的设计条件，即以主体地下结构构件进行替换的要求或将基坑回填高度的要求等，应在设计中明确规定。基坑周边施工设施是指施工设备、塔吊、临时建筑、广告牌等，其对支护结构的作用可按地面荷载考虑。

8.2 基坑监测

8.2.1~8.2.20 由于地质条件可能与设计采用的土的物理、力学参数不符，且基坑支护结构在施工期和使用期可能出现土层含水量、基坑周边荷载、施工条件等自然因素和人为因素的变化，通过基坑监测可以及时掌握支护结构受力和变形状态、基坑周边受保护对象变形状态是否在正常设计状态之内。当出现异常时，以便采取应急措施。基坑监测是预防不测，保证支护结构和周边环境安全的重要手段。因支护结构水平位移和基坑周边建筑物沉降能直观、快速反应支护结构的受力、变形状态及对环境的影响程度，安全等级为一级、二级的支护结构均应对其进行监测，且监测应覆盖基坑开挖与支护结构使用期的全过程。根据支护结构形式、环境条件的区别，其他监测项目应视工程具体情况按本规程第8.2.1条的规定选择。

8.2.22、8.2.23 大量工程实践表明，多数基坑工程事故是有征兆的。基坑工程施工和使用期间及时发现异常现象和事故征兆并采取有效措施是防止事故发生的重要手段。不同的土质条件、支护结构形式、施工工艺和环境条件，基坑的异常现象和事故征兆会不一样，应能加以判别。当支护结构变形过大、变形不收敛、地面下沉、基坑出现失稳征兆等情况时，及时停止开挖并立即回填是防止事故发生和扩大的有效措施。

附录 B 圆形截面混凝土支护桩的正截面受弯承载力计算

B.0.1~B.0.4 挡土构件承受的荷载主要是水平力，一般轴向力可忽略，通常挡土构件按受弯构件考虑。对同时承受竖向荷载的情况，如设置竖向斜撑、大角度锚杆或顶部承受较大竖向荷载的排桩、地下连续墙，轴向力较大的双排桩等，则需要按偏心受压或偏心受拉构件考虑。

对最常见的沿截面周边均匀配置纵向受力钢筋的圆形截面混凝土桩，本规程按现行国家标准《混凝土结构设计规范》GB 50010，给出计算正截面受弯承载力的方法。对其他截面的混凝土桩，可按现行国家标准《混凝土结构设计规范》GB 50010 的有关规定计算正截面受弯承载力。

在混凝土支护桩截面设计时，沿截面受拉区和受压区周边局部均匀配筋这种非对称配筋形式有时是需要的，可以提高截面的受弯承载力或节省钢筋。对非对称配置纵向受力钢筋的情况，《混凝土结构设计规范》GB 50010 中没有对应的截面承载力计算公式。因此，本规程给出了沿受拉区和受压区周边局部均匀配筋时的正截面受弯承载力的计算方法。

附录 C　渗透稳定性验算

C.0.1、C.0.2　本规程公式（C.0.1）、公式（C.0.2）是两种典型渗流模型的渗透稳定性验算公式。其中公式（C.0.2）用于渗透系数为常数的均质含水层的渗透稳定性验算，公式（C.0.1）用于基底下有水平向连续分布的相对隔水层，而其下方为承压含水层的渗透稳定性验算（即所谓突涌）。如该相对隔水层顶板低于基底，其上方为砂土等渗透性较强的土层，其重量对相对隔水层起到压重的作用，所以，按公式（C.0.1）验算时，隔水层上方的砂土等应按天然重度取值。

中华人民共和国国家标准

建筑基坑工程监测技术规范

Technical code for monitoring of building
excavation engineering

GB 50497—2009

主编部门：山　东　省　建　设　厅
批准部门：中华人民共和国住房和城乡建设部
施行日期：２００９年９月１日

中华人民共和国住房和城乡建设部
公 告

第 289 号

关于发布国家标准
《建筑基坑工程监测技术规范》的公告

现批准《建筑基坑工程监测技术规范》为国家标准，编号为 GB 50497—2009，自 2009 年 9 月 1 日起实施。其中，第 3.0.1、7.0.4（1、2、3、4、5、6、7、8、9、10）、8.0.1、8.0.7 条（款）为强制性条文，必须严格执行。

本规范由我部标准定额研究所组织中国计划出版社出版发行。

中华人民共和国住房和城乡建设部
二○○九年三月三十一日

前 言

本规范是根据原建设部《关于印发"2006 年工程建设标准规范制订、修订计划（第一批）"的通知》（建标〔2006〕77 号文）的要求，由济南大学会同 10 个单位共同编制完成。

本规范是我国首次编制的建筑基坑工程监测技术规范。在编制过程中，编制组调查总结了近年来我国建筑基坑工程监测的实践经验，吸收了国内外相关科技成果，开展了多项专题研究并形成了专题研究报告。本规范的初稿、征求意见稿通过各种方式在全国范围内广泛征求了意见，并经多次编制工作会议讨论、反复修改后，形成送审稿并通过了审查。

本规范共有 9 章和 7 个附录，内容包括总则、术语、基本规定、监测项目、监测点布置、监测方法及精度要求、监测频率、监测报警、数据处理与信息反馈等。

本规范以黑体字标志的条文为强制性条文，必须严格执行。

本规范由住房和城乡建设部负责管理和对强制性条文的解释，山东省建设厅负责日常管理，济南大学负责具体技术内容的解释。

为了提高本规范的质量，请各单位在执行本标准的过程中，注意总结经验，积累资料，随时将有关意见和建议反馈给济南大学国家标准《建筑基坑工程监测技术规范》管理组（地址：山东省济南市济微路 106 号，邮政编码：250022），以便今后修订时参考。

本规范主编单位、参编单位、主要起草人和主要审查人：

主 编 单 位：济南大学
莱西市建筑总公司
山东省工程建设标准造价协会

参 编 单 位：同济大学
中国科学院武汉岩土力学研究所
上海市隧道工程轨道交通设计研究院
青岛建设集团公司
昆山市建设工程质量检测中心
济南鼎汇土木工程技术有限公司
济宁华园建筑设计研究院有限责任公司
上海地矿工程勘察有限公司

主要起草人：刘俊岩　应惠清　孔令伟
陈善雄　张 波　王松山
顾浩声　刘观仕　任 锋
张道远　王美林　张同波
王成荣　史春乐　张行良
丁洪斌　孙华明　陈培泰
高景云　蔡宽余

主要审查人：叶可明　赵志缙　袁内镇
桂业琨　郑 刚　高文生
张 勤　焦安亮　叶作楷
于志军　吴才德

目　次

1　总则 ························· 24—5
2　术语 ························· 24—5
3　基本规定 ····················· 24—5
4　监测项目 ····················· 24—6
　　4.1　一般规定 ················· 24—6
　　4.2　仪器监测 ················· 24—6
　　4.3　巡视检查 ················· 24—6
5　监测点布置 ··················· 24—6
　　5.1　一般规定 ················· 24—6
　　5.2　基坑及支护结构 ············ 24—7
　　5.3　基坑周边环境 ·············· 24—7
6　监测方法及精度要求 ············· 24—8
　　6.1　一般规定 ················· 24—8
　　6.2　水平位移监测 ·············· 24—8
　　6.3　竖向位移监测 ·············· 24—8
　　6.4　深层水平位移监测 ·········· 24—8
　　6.5　倾斜监测 ················· 24—8
　　6.6　裂缝监测 ················· 24—8
　　6.7　支护结构内力监测 ·········· 24—9
　　6.8　土压力监测 ··············· 24—9
　　6.9　孔隙水压力监测 ············ 24—9
　　6.10　地下水位监测 ············· 24—9

　　6.11　锚杆及土钉内力监测 ········ 24—9
　　6.12　土体分层竖向位移监测 ······ 24—9
7　监测频率 ····················· 24—9
8　监测报警 ····················· 24—10
9　数据处理与信息反馈 ············· 24—11
附录 A　水平位移和竖向位移
　　　　监测日报表 ··············· 24—11
附录 B　深层水平位移监测日
　　　　报表 ···················· 24—11
附录 C　围护墙内力、立柱内力
　　　　及土压力、孔隙水压力
　　　　监测日报表 ··············· 24—12
附录 D　支撑轴力、锚杆及土钉
　　　　拉力监测日报表 ··········· 24—12
附录 E　地下水位、周边地表竖
　　　　向位移、坑底隆起监测
　　　　日报表 ·················· 24—12
附录 F　裂缝监测日报表 ··········· 24—13
附录 G　巡视检查日报表 ··········· 24—13
本规范用词说明 ·················· 24—13
引用标准名录 ···················· 24—13
附：条文说明 ···················· 24—14

Contents

1 General provisions ·················· 24—5
2 Technical terms ················ 24—5
3 Basic regulations ··············· 24—5
4 Monitoring items ················ 24—6
  4.1 General regulations ··············· 24—6
  4.2 Instrument monitoring ·········· 24—6
  4.3 Inspection and examination ··········· 24—6
5 Arrangement of monitoring
  point ··············· 24—6
  5.1 General regulations ·············· 24—6
  5.2 Building excavation and bracing and
    retaining structure ··············· 24—7
  5.3 Surroundings around building
    excavation ··············· 24—7
6 Monitoring methods
  and precision requirements ·········· 24—8
  6.1 General regulations ·············· 24—8
  6.2 Monitoring of horizontal
    displacement ··············· 24—8
  6.3 Monitoring of vertical
    displacement ··············· 24—8
  6.4 Monitoring of horizontal displacement
    in deep stratum ··············· 24—8
  6.5 Monitoring of inclination ··········· 24—8
  6.6 Monitoring of crack ·············· 24—8
  6.7 Monitoring of internal force in
    bracing and retaining structure ········ 24—9
  6.8 Monitoring of soil pressure ··········· 24—9
  6.9 Monitoring of pore water
    pressure ··············· 24—9
  6.10 Monitoring of water table ·········· 24—9
  6.11 Monitoring of tensile force in anchor
    rod and soil nail ··············· 24—9
  6.12 Monitoring of vertical displacement
    in different stratum ··············· 24—9
7 Frequency of monitoring ·············· 24—9
8 Alarming on monitoring ·············· 24—10

9 Data processing and information
  feedback ··············· 24—11
Appendix A Daily report on
    horizontal displa-
    cement and vertical
    displacement ·············· 24—11
Appendix B Daily report on horizontal
    displacement in deep
    stratum ··············· 24—11
Appendix C Daily report on internal
    force in retaining stru-
    cture or column, soil
    pressure, and pore
    water pressure ·········· 24—12
Appendix D Daily report on axial
    force in bracing and
    tensile force in anchor
    rod and soil nail ·········· 24—12
Appendix E Daily report on water
    table, ground vertical
    displacement, and
    upheaval in the
    bottom ··············· 24—12
Appendix F Daily report on
    crack ··············· 24—13
Appendix G Daily report on
    inspection and
    examination ·············· 24—13
Explanation of wording
  in this code ··············· 24—13
List of quoted standards ·············· 24—13
Addition: explanation of
    provisions ··············· 24—14

1 总 则

1.0.1 为规范建筑基坑工程监测工作,保证监测质量,为信息化施工和优化设计提供依据,做到成果可靠、技术先进、经济合理,确保建筑基坑安全和保护基坑周边环境,制定本规范。

1.0.2 本规范适用于一般土及软土建筑基坑工程监测,不适用于岩石建筑基坑工程以及冻土、膨胀土、湿陷性黄土等特殊土和侵蚀性环境的建筑基坑工程监测。

1.0.3 建筑基坑工程监测应综合考虑基坑工程设计方案、建设场地的岩土工程条件、周边环境条件、施工方案等因素,制订合理的监测方案,精心组织和实施监测。

1.0.4 建筑基坑工程监测除应符合本规范外,尚应符合国家现行有关标准的规定。

2 术 语

2.0.1 建筑基坑 building excavation

为进行建(构)筑物基础、地下建(构)筑物施工所开挖形成的地面以下空间。

2.0.2 基坑周边环境 surroundings around building excavation

在建筑基坑施工及使用阶段,基坑周围可能受基坑影响的或可能影响基坑的既有建(构)筑物、设施、管线、道路、岩土体及水系等的统称。

2.0.3 建筑基坑工程监测 monitoring of building excavation engineering

在建筑基坑施工及使用阶段,对建筑基坑及周边环境实施的检查、量测和监视工作。

2.0.4 支护结构 bracing and retaining structure

为保证基坑开挖和地下结构的施工安全以及保护基坑周边环境,对基坑侧壁进行临时支挡、加固的一种结构体系。包括围护墙和支撑(或拉锚)体系。

2.0.5 围护墙 retaining structure

基坑周边承受坑侧土、水压力及一定范围内地面荷载的壁状结构。

2.0.6 支撑 bracing

在基坑内用以承受围护墙传来荷载的构件或构件体系。

2.0.7 锚杆 anchor rod

一端与围护墙联结,另一端锚固在土层或岩层中的承受围护墙传来荷载的受拉杆件。

2.0.8 冠梁 top beam

设置在围护墙顶部并与围护墙连接的用于传力或增加围护墙整体刚度的梁式构件。

2.0.9 监测点 monitoring point

直接或间接设置在监测对象上并能反映其变化特征的观测点。

2.0.10 监测频率 frequency of monitoring

单位时间内的监测次数。

2.0.11 监测报警值 alarming value on monitoring

为保证建筑基坑及周边环境安全,对监测对象可能出现异常、危险所设定的警戒值。

3 基 本 规 定

3.0.1 开挖深度大于等于5m或开挖深度小于5m但现场地质情况和周围环境较复杂的基坑工程以及其他需要监测的基坑工程应实施基坑工程监测。

3.0.2 基坑工程设计提出的对基坑工程监测的技术要求应包括监测项目、监测频率和监测报警值等。

3.0.3 基坑工程施工前,应由建设方委托具备相应资质的第三方对基坑工程实现现场监测。监测单位应编制监测方案,监测方案需经建设方、设计方、监理方等认可,必要时还需与基坑周边环境涉及的有关管理单位协商一致后方可实施。

3.0.4 监测工作宜按下列步骤进行:

1 接受委托。

2 现场踏勘,收集资料。

3 制订监测方案。

4 监测点设置与验收,设备、仪器校验和元器件标定。

5 现场监测。

6 监测数据的处理、分析及信息反馈。

7 提交阶段性监测结果和报告。

8 现场监测工作结束后,提交完整的监测资料。

3.0.5 监测单位在现场踏勘、资料收集阶段的主要工作应包括:

1 了解建设方和相关单位的具体要求。

2 收集和熟悉岩土工程勘察资料、气象资料、地下工程和基坑工程的设计资料以及施工组织设计(或项目管理规划)等。

3 按监测需要收集基坑周边环境各监测对象的原始资料和使用现状等资料。必要时可采用拍照、录像等方法保存有关资料或进行必要的现场测试取得有关资料。

4 通过现场踏勘,复核相关资料与现场状况的关系,确定拟监测项目现场实施的可行性。

5 了解相邻工程的设计和施工情况。

3.0.6 监测方案应包括下列内容:

1 工程概况。

2 建设场地岩土工程条件及基坑周边环境状况。

3 监测目的和依据。

4 监测内容及项目。

5 基准点、监测点的布设与保护。

6 监测方法及精度。

7 监测期和监测频率。

8 监测报警及异常情况下的监测措施。

9 监测数据处理与信息反馈。

10 监测人员的配备。

11 监测仪器设备及检定要求。

12 作业安全及其他管理制度。

3.0.7 下列基坑工程的监测方案应进行专门论证:

1 地质和环境条件复杂的基坑工程。

2 临近重要建筑和管线,以及历史文物、优秀近现代建筑、地铁、隧道等破坏后果很严重的基坑工程。

3 已发生严重事故,重新组织施工的基坑工程。

4 采用新技术、新工艺、新材料、新设备的一、二级基坑工程。

5 其他需要论证的基坑工程。

3.0.8 监测单位应严格实施监测方案。当基坑工程设计或施工有重大变更时,监测单位应与建设方及相关单位研究并及时调整监测方案。

3.0.9 监测单位应及时处理、分析监测数据,并将监测结果和评价及时向建设方及相关单位做信息反馈,当监测数据达到监测报警值时必须立即通报建设方及相关单位。

3.0.10 基坑工程监测期间建设方及施工方应协助监测单位保护监测设施。

3.0.11 监测结束阶段,监测单位应向建设方提供以下资料,并按档案管理规定,组卷归档。

    1 基坑工程监测方案。

    2 测点布设、验收记录。

    3 阶段性监测报告。

    4 监测总结报告。

4 监测项目

4.1 一般规定

4.1.1 基坑工程的现场监测应采用仪器监测与巡视检查相结合的方法。

4.1.2 基坑工程现场监测的对象应包括:

    1 支护结构。

    2 地下水状况。

    3 基坑底部及周边土体。

    4 周边建筑。

    5 周边管线及设施。

    6 周边重要的道路。

    7 其他应监测的对象。

4.1.3 基坑工程的监测项目应与基坑工程设计、施工方案相匹配。应针对监测对象的关键部位,做到重点观测、项目配套并形成有效的、完整的监测系统。

4.2 仪器监测

4.2.1 基坑工程仪器监测项目应根据表 4.2.1 进行选择。

表 4.2.1 建筑基坑工程仪器监测项目表

监测项目 \ 基坑类别	一级	二级	三级
围护墙(边坡)顶部水平位移	应测	应测	应测
围护墙(边坡)顶部竖向位移	应测	应测	应测
深层水平位移	应测	应测	宜测
立柱竖向位移	应测	宜测	宜测
围护墙内力	宜测	可测	可测
支撑内力	应测	宜测	可测
立柱内力	可测	可测	可测
锚杆内力	应测	宜测	可测
土钉内力	宜测	可测	可测
坑底隆起(回弹)	宜测	可测	可测
围护墙侧向土压力	宜测	可测	可测
孔隙水压力	宜测	可测	可测
地下水位	应测	应测	应测
土体分层竖向位移	宜测	可测	可测
周边地表竖向位移	应测	应测	宜测

续表 4.2.1

监测项目 \ 基坑类别		一级	二级	三级
周边建筑	竖向位移	应测	应测	应测
	倾斜	应测	宜测	可测
	水平位移	应测	宜测	可测
周边建筑、地表裂缝		应测	应测	应测
周边管线变形		应测	应测	应测

注:基坑类别的划分按照现行国家标准《建筑地基基础工程施工质量验收规范》GB 50202—2002 执行。

4.2.2 当基坑周边有地铁、隧道或其他对位移有特殊要求的建筑及设施时,监测项目应与有关管理部门或单位协商确定。

4.3 巡视检查

4.3.1 基坑工程施工和使用期内,每天均应由专人进行巡视检查。

4.3.2 基坑工程巡视检查宜包括以下内容:

    1 支护结构:

      1)支护结构成型质量;

      2)冠梁、围檩、支撑有无裂缝出现;

      3)支撑、立柱有无较大变形;

      4)止水帷幕有无开裂、渗漏;

      5)墙后土体有无裂缝、沉陷及滑移;

      6)基坑有无涌土、流沙、管涌。

    2 施工工况:

      1)开挖后暴露的土质情况与岩土勘察报告有无差异;

      2)基坑开挖分段长度、分层厚度及支锚设置是否与设计要求一致;

      3)场地地表水、地下水排放状况是否正常,基坑降水、回灌设施是否运转正常;

      4)基坑周边地面有无超载。

    3 周边环境:

      1)周边管道有无破损、泄漏情况;

      2)周边建筑有无新增裂缝出现;

      3)周边道路(地面)有无裂缝、沉陷;

      4)邻近基坑及建筑的施工变化情况。

    4 监测设施:

      1)基准点、监测点完好状况;

      2)监测元件的完好及保护情况;

      3)有无影响观测工作的障碍物。

    5 根据设计要求或当地经验确定的其他巡视检查内容。

4.3.3 巡视检查宜以目测为主,可辅以锤、钎、量尺、放大镜等工器具以及摄像、摄影等设备进行。

4.3.4 对自然条件、支护结构、施工工况、周边环境、监测设施等的巡视检查情况应做好记录。检查记录应及时整理,并与仪器监测数据进行综合分析。

4.3.5 巡视检查如发现异常和危险情况,应及时通知建设方及其他相关单位。

5 监测点布置

5.1 一般规定

5.1.1 基坑工程监测点的布置应能反映监测对象的实际状态及其变化趋势,监测点应布置在内力及变形关键特征点上,并应满足监控要求。

5.1.2 基坑工程监测点的布置应不妨碍监测对象的正常工作,并应减少对施工作业的不利影响。

5.1.3 监测标志应稳固、明显、结构合理,监测点的位置应避开障碍物,便于观测。

5.2 基坑及支护结构

5.2.1 围护墙或基坑边坡顶部的水平和竖向位移监测点应沿基坑周边布置,周边中部、阳角处应布置监测点。监测点水平间距不宜大于20m,每边监测点数目不宜少于3个。水平和竖向位移监测点宜为共用点,监测点宜设置在围护墙顶或基坑坡顶上。

5.2.2 围护墙或土体深层水平位移监测点宜布置在基坑周边的中部、阳角处及有代表性的部位。监测点水平间距宜为20m～50m,每边监测点数目不应少于1个。

用测斜仪观测深层水平位移时,当测斜管埋设在围护墙体内,测斜管长度不宜小于围护墙的深度;当测斜管埋设在土体中,测斜管长度不宜小于基坑开挖深度的1.5倍,并应大于围护墙的深度。以测斜管底为固定起算点时,管底应嵌入到稳定的土体中。

5.2.3 围护墙内力监测点应布置在受力、变形较大且有代表性的部位。监测点数量和水平间距视具体情况而定。竖直方向监测点应布置在弯矩极值处,竖向间距宜为2m～4m。

5.2.4 支撑内力监测点的布置应符合下列要求:

1 监测点宜设置在支撑内力较大或在整个支撑系统中起控制作用的杆件上。

2 每层支撑的内力监测点不应少于3个,各层支撑的监测点位置在竖向上宜保持一致。

3 钢支撑的监测截面宜选择在两支点间1/3部位或支撑的端头;混凝土支撑的监测截面宜选择在两支点间1/3部位,并避开节点位置。

4 每个监测点截面内传感器的设置数量及布置应满足不同传感器测试要求。

5.2.5 立柱的竖向位移监测点宜布置在基坑中部、多根支撑交汇处、地质条件复杂处的立柱上。监测点不应少于立柱总根数的5%,逆作法施工的基坑不应少于10%,且均不应少于3根。立柱的内力监测点宜布置在受力较大的立柱上,位置宜设在坑底以上各层立柱下部的1/3部位。

5.2.6 锚杆的内力监测点应选择在受力较大且有代表性的位置,基坑每边中部、阳角处和地质条件复杂的区段宜布置监测点。每层锚杆的内力监测点数量应为该层锚杆总数的1%～3%,并不应少于3根。各层监测点位置在竖向上宜保持一致。每根杆体上的测试点宜设置在锚头附近和受力有代表性的位置。

5.2.7 土钉的内力监测点应选择在受力较大且有代表性的位置,基坑每边中部、阳角处和地质条件复杂的区段宜布置监测点。监测点数量和间距视具体情况而定,各层监测点位置在竖向上宜保持一致。每根土钉杆体上的测试点应设置在有代表性的受力位置。

5.2.8 坑底隆起(回弹)监测点的布置应符合下列要求:

1 监测点宜按纵向或横向剖面布置,剖面宜选择在基坑的中央以及其他能反映变形特征的位置,剖面数量不应少于2个。

2 同一剖面上监测点横向间距宜为10m～30m,数量不应少于3个。

5.2.9 围护墙侧向土压力监测点的布置应符合下列要求:

1 监测点应布置在受力、土质条件变化较大或其他有代表性的部位。

2 平面布置上基坑每边不宜少于2个监测点。竖向布置上监测点间距宜为2m～5m,下部宜加密。

3 当按土层分布情况布设时,每层应至少布设1个测点,且宜布置在各层土的中部。

5.2.10 孔隙水压力监测点宜布置在基坑受力、变形较大或有代表性的部位。竖向布置上监测点宜在水压力变化影响深度范围内按土层分布情况布设,竖向间距宜为2m～5m,数量不宜少于3个。

5.2.11 地下水位监测点的布置应符合下列要求:

1 基坑内地下水位当采用深井降水时,水位监测点宜布置在基坑中央和两相邻降水井的中间部位;当采用轻型井点、喷射井点降水时,水位监测点宜布置在基坑中央和周边拐角处,监测点数量应视具体情况确定。

2 基坑外地下水位监测点应沿基坑、被保护对象的周边或在基坑与被保护对象之间布置,监测点间距宜为20m～50m。相邻建筑、重要的管线或管线密集应布置水位监测点;当有止水帷幕时,宜布置在止水帷幕的外侧约2m处。

3 水位观测管的管底埋置深度应在最低设计水位或最低允许地下水位之下3m～5m。承压水水位监测管的滤管应埋置在所测的承压含水层中。

4 回灌井点观测井应设置在回灌井点与被保护对象之间。

5.3 基坑周边环境

5.3.1 从基坑边缘以外1～3倍基坑开挖深度范围内需要保护的周边环境应作为监测对象。必要时尚应扩大监测范围。

5.3.2 位于重要保护对象安全保护区范围内的监测点的布置,尚应满足相关部门的技术要求。

5.3.3 建筑竖向位移监测点的布置应符合下列要求:

1 建筑四角、沿外墙每10m～15m处或每隔2～3根柱基上,且每侧不少于3个监测点。

2 不同地基或基础的分界处。

3 不同结构的分界处。

4 变形缝、抗震缝或严重开裂处的两侧。

5 新、旧建筑或高、低建筑交接处的两侧。

6 高耸构筑物基础轴线的对称部位,每一构筑物不应少于4点。

5.3.4 建筑水平位移监测点应布置在建筑的外墙墙角、外墙中间部位的墙上或柱上、裂缝两侧以及其他有代表性的部位,监测点间距视具体情况而定,一侧墙体的监测点不宜少于3点。

5.3.5 建筑倾斜监测点的布置应符合下列要求:

1 监测点宜布置在建筑角点、变形缝两侧的承重柱或墙上。

2 监测点应沿主体顶部、底部上下对应布设,上、下监测点应布置在同一竖直线上。

3 当由基础的差异沉降推算建筑倾斜时,监测点的布置应符合本规范第5.3.3条的规定。

5.3.6 建筑裂缝、地表裂缝监测点应选择有代表性的裂缝进行布置,当原有裂缝增大或出现新裂缝时,应及时增设监测点。对需要观测的裂缝,每条裂缝的监测点至少应设2个,且宜设置在裂缝的最宽处及裂缝末端。

5.3.7 管线监测点的布置应符合下列要求:

1 应根据管线修建年份、类型、材料、尺寸及现状等情况,确定监测点设置。

2 监测点宜布置在管线的节点、转角点和变形曲率较大的部位,监测点平面间距宜为15m～25m,并宜延伸至基坑边缘以外1～3倍基坑开挖深度范围内的管线。

3 供水、煤气、暖气等压力管线宜设置直接监测点,在无法埋设直接监测点的部位,可设置间接监测点。

5.3.8 基坑周边地表竖向位移监测点宜按监测剖面设在坑边中部或其他有代表性的部位。监测剖面应与坑边垂直,数量视具体情况确定。每个监测剖面上的监测点数量不宜少于5个。

5.3.9 土体分层竖向位移监测孔应布置在靠近被保护对象且有代表性的部位,数量应视具体情况而定。在竖向布置上测点宜设置在各层土的界面上,也可等间距设置。测点深度、测点数量应视具体情况确定。

6 监测方法及精度要求

6.1 一般规定

6.1.1 监测方法的选择应根据基坑类别、设计要求、场地条件、当地经验和方法适用性等因素综合确定,监测方法应合理易行。

6.1.2 变形监测网的基准点、工作基点布设应符合下列要求:

　　1 每个基坑工程至少应有 3 个稳定,可靠的点作为基准点。

　　2 工作基点应选在相对稳定和方便使用的位置。在通视条件良好、距离较近、观测项目较少的情况下,可直接将基准点作为工作基点。

　　3 监测期间,应定期检查工作基点和基准点的稳定性。

6.1.3 监测仪器、设备和元件应符合下列规定:

　　1 满足观测精度和量程的要求,且应具有良好的稳定性和可靠性。

　　2 应经过校准或标定,且校核记录和标定资料齐全,并应在规定的校准有效期内使用。

　　3 监测过程中应定期进行监测仪器、设备的维护保养、检测以及监测元件的检查。

6.1.4 对同一监测项目,监测时宜符合下列要求:

　　1 采用相同的观测方法和观测路线。

　　2 使用同一监测仪器和设备。

　　3 固定观测人员。

　　4 在基本相同的环境和条件下工作。

6.1.5 监测项目初始值应在相关施工工序之前测定,并取至少连续观测 3 次的稳定值的平均值。

6.1.6 地铁、隧道等其他基坑周边环境的监测方法和监测精度应符合相关标准的规定以及主管部门的要求。

6.1.7 除使用本规范规定的监测方法外,亦可采用能达到本规范规定精度要求的其他方法。

6.2 水平位移监测

6.2.1 测定特定方向上的水平位移时,可采用视准线法、小角度法、投点法等;测定监测点任意方向的水平位移时,可视监测点的分布情况,采用前方交会法、后方交会法、极坐标法等;当监测点与基准点无法通视或距离较远时,可采用 GPS 测量或三角、三边、边角测量与基准线法相结合的综合测量方法。

6.2.2 水平位移监测基准点的埋设应符合国家现行标准《建筑变形测量规范》JGJ 8 的有关规定,宜设置有强制对中的观测墩,并宜采用精密的光学对中装置,对中误差不宜大于 0.5mm。

6.2.3 基坑围护墙(边坡)顶部、基坑周边管线、邻近建筑水平位移监测精度应根据其水平位移报警值按表 6.2.3 确定。

表 6.2.3　水平位移监测精度要求(mm)

水平位移报警值	累计值 D(mm)	$D<20$	$20 \leqslant D < 40$	$40 \leqslant D < 60$	$D>60$
	变化速率 v_D(mm/d)	$v_D < 2$	$2 \leqslant v_D < 4$	$4 \leqslant v_D < 6$	$v_D > 6$
	监测点坐标中误差	$\leqslant 0.3$	$\leqslant 1.0$	$\leqslant 1.5$	$\leqslant 3.0$

注:1　监测点坐标中误差,是指监测点相对于测站点(如工作基点等)的坐标中误差,为点位中误差的 $1/\sqrt{2}$。

　　2　当根据累计值和变化速率选择的精度要求不一致时,水平位移监测精度优先按变化速率报警值的要求确定。

　　3　本规范以中误差作为衡量精度的标准。

6.3 竖向位移监测

6.3.1 竖向位移监测可采用几何水准或液体静力水准等方法。

6.3.2 坑底隆起(回弹)宜通过设置回弹监测标,采用几何水准并配合传递高程的辅助设备进行监测,传递高程的金属杆或钢尺等应进行温度、尺长和拉力等项修正。

6.3.3 围护墙(边坡)顶部、立柱、基坑周边地表、管线和邻近建筑的竖向位移监测精度应根据其竖向位移报警值按表 6.3.3 确定。

表 6.3.3　竖向位移监测精度要求(mm)

竖向位移报警值	累计值 S(mm)	$S<20$	$20 \leqslant S < 40$	$40 \leqslant S < 60$	$S>60$
	变化速率 v_S(mm/d)	$v_S < 2$	$2 \leqslant v_S < 4$	$4 \leqslant v_S < 6$	$v_S > 6$
	监测点测站高差中误差	$\leqslant 0.15$	$\leqslant 0.3$	$\leqslant 0.5$	$\leqslant 1.5$

注:监测点测站高差中误差是指相应精度与视距的几何水准测量单程一测站的高差中误差。

6.3.4 坑底隆起(回弹)监测的精度应符合表 6.3.4 的要求。

表 6.3.4　坑底隆起(回弹)监测的精度要求(mm)

坑底回弹(隆起)报警值	$\leqslant 40$	$40 \sim 60$	$60 \sim 80$
监测点测站高差中误差	$\leqslant 1.0$	$\leqslant 2.0$	$\leqslant 3.0$

6.3.5 各监测点与水准基准点或工作基点应组成闭合环路或附合水准路线。

6.4 深层水平位移监测

6.4.1 围护墙或土体深层水平位移的监测宜采用在墙体或土体中预埋测斜管、通过测斜仪观测各深度处水平位移的方法。

6.4.2 测斜仪的系统精度不宜低于 0.25mm/m,分辨率不宜低于 0.02mm/500mm。

6.4.3 测斜管应在基坑开挖 1 周前埋设,埋设时应符合下列要求:

　　1 埋设前应检查测斜管质量,测斜管连接时应保证上、下管段的导槽相互对准、顺畅,各段接头及管底应保证密封。

　　2 测斜管埋设时应保持竖直,防止发生上浮、断裂、扭转;测斜管一对导槽的方向应与所需测量的位移方向保持一致。

　　3 当采用钻孔法埋设时,测斜管与钻孔之间的孔隙应填充密实。

6.4.4 测斜仪探头置入测斜管底后,应待探头接近管内温度时再量测,每个监测点均应进行正、反两次量测。

6.4.5 当以上部管口作为深层水平位移的起算点时,每次监测均应测定管口坐标的变化并修正。

6.5 倾 斜 监 测

6.5.1 建筑倾斜观测应根据现场观测条件和要求,选用投点法、前方交会法、激光铅直仪法、垂吊法、倾斜仪法和差异沉降法等方法。

6.5.2 建筑倾斜观测精度应符合国家现行标准《工程测量规范》GB 50026 及《建筑变形测量规范》JGJ 8 的有关规定。

6.6 裂 缝 监 测

6.6.1 裂缝监测应监测裂缝的位置、走向、长度、宽度,必要时尚应监测裂缝深度。

6.6.2 基坑开挖前应记录监测对象已有裂缝的分布位置和数量,测定其走向、长度、宽度和深度等情况,监测标志应具有可供量测的明晰端面或中心。

6.6.3 裂缝监测可采用以下方法:

　　1 裂缝宽度监测宜在裂缝两侧贴埋标志,用千分尺或游标卡尺等直接量测,也可用裂缝计、粘贴安装千分表量测或摄影量测等。

　　2 裂缝长度监测宜采用直接量测法。

3 裂缝深度监测宜采用超声波法、凿出法等。

6.6.4 裂缝宽度量测精度不宜低于 0.1mm，裂缝长度和深度量测精度不宜低于 1mm。

6.7 支护结构内力监测

6.7.1 支护结构内力可采用安装在结构内部或表面的应变计或应力计进行量测。

6.7.2 混凝土构件可采用钢筋应力计或混凝土应变计等量测，钢构件可采用轴力计或应力计等量测。

6.7.3 内力监测值宜考虑温度变化等因素的影响。

6.7.4 应力计或应变计的量程宜为设计值的 2 倍，精度不宜低于 0.5%F·S，分辨率不宜低于 0.2%F·S。

6.7.5 内力监测传感器埋设前应进行性能检验和编号。

6.7.6 内力监测传感器宜在基坑开挖前至少 1 周埋设，并取开挖前连续 2d 获得的稳定测试数据的平均值作为初始值。

6.8 土压力监测

6.8.1 土压力宜采用土压力计量测。

6.8.2 土压力计的量程应满足被测压力的要求，其上限可取设计压力的 2 倍，精度不宜低于 0.5%F·S，分辨率不宜低于 0.2%F·S。

6.8.3 土压力计埋设可采用埋入式或边界式。埋设时应符合下列要求：

1 受力面与所监测的压力方向垂直并紧贴被监测对象。

2 埋设过程中应有土压力膜保护措施。

3 采用钻孔法埋设时，回填应均匀密实，且回填材料宜与周围岩土体一致。

4 做好完整的埋设记录。

6.8.4 土压力计埋设以后应立即进行检查测试，基坑开挖前应至少经过 1 周时间的监测并取得稳定初始值。

6.9 孔隙水压力监测

6.9.1 孔隙水压力宜通过埋设钢弦式或应变式等孔隙水压力计测试。

6.9.2 孔隙水压力计应满足以下要求：量程满足被测压力范围的要求，可取静水压力与超孔隙水压力之和的 2 倍；精度不宜低于 0.5%F·S，分辨率不宜低于 0.2%F·S。

6.9.3 孔隙水压力计埋设可采用压入法、钻孔法等。

6.9.4 孔隙水压力计应事前埋设，埋设前应符合下列要求：

1 孔隙水压力计应浸泡饱和，并排除透水石中的气泡。

2 核查标定数据，记录探头编号，测读初始读数。

6.9.5 采用钻孔法埋设孔隙水压力计时，钻孔直径宜为 110mm～130mm，不宜使用泥浆护壁成孔，钻孔应圆直、干净；封口材料宜采用直径 10mm～20mm 的干燥膨润土球。

6.9.6 孔隙水压力计埋设后应测量初始值，且宜逐日量测 1 周以上并取得稳定初始值。

6.9.7 应在孔隙水压力监测的同时测量孔隙水压力计埋设位置附近的地下水位。

6.10 地下水位监测

6.10.1 地下水位监测宜通过孔内设置水位管，采用水位计进行量测。

6.10.2 地下水位量测精度不宜低于 10mm。

6.10.3 潜水水位管应在基坑施工前埋设，滤管长度应满足量测要求；承压水位监测时被测含水层与其他含水层之间应采取有效的隔水措施。

6.10.4 水位管宜在基坑开始降水前至少 1 周埋设，且宜逐日连续观测水位并取得稳定初始值。

6.11 锚杆及土钉内力监测

6.11.1 锚杆和土钉的内力监测宜采用专用测力计、钢筋应力计或应变计，当使用钢筋束时宜监测每根钢筋的受力。

6.11.2 专用测力计、钢筋应力计和应变计的量程宜为对应设计值的 2 倍，量测精度不宜低于 0.5%F·S，分辨率不宜低于 0.2%F·S。

6.11.3 锚杆或土钉施工完成后应对专用测力计、应力计或应变计进行检查测试，并取下一层土方开挖前连续 2d 获得的稳定测试数据的平均值作为其初始值。

6.12 土体分层竖向位移监测

6.12.1 土体分层竖向位移可通过埋设磁环式分层沉降标，采用分层沉降仪进行量测；或者通过埋设深层沉降标，采用水准测量方法进行量测。

6.12.2 磁环式分层沉降标或深层沉降标应在基坑开挖前至少 1 周埋设。采用磁环式分层沉降标时，应保证沉降管安置到位后与土密贴牢固。

6.12.3 土体分层竖向位移的初始值应在磁环式分层沉降标或深层沉降标埋设后量测，稳定时间不应少于 1 周并获得稳定的初始值。

6.12.4 采用分层沉降仪量测时，每次测量应重复 2 次并取其平均值作为测量结果，2 次读数较差不大于 1.5mm，沉降仪的系统精度不宜低于 1.5mm；采用深层沉降标结合水准测量时，水准监测精度宜参照表 6.3.4 确定。

6.12.5 采用磁环式分层沉降标监测时，每次监测均应测定沉降管口高程的变化，然后换算出沉降管内各监测点的高程。

7 监测频率

7.0.1 基坑工程监测频率的确定应满足能系统反映监测对象所测项目的重要变化过程而又不遗漏其变化时刻的要求。

7.0.2 基坑工程监测工作应贯穿于基坑工程和地下工程施工全过程。监测期从基坑工程施工前开始，直至地下工程完成为止。对有特殊要求的基坑周边环境的监测应根据需要延续至变形趋于稳定后结束。

7.0.3 监测项目的监测频率应综合考虑基坑类别、基坑及地下工程的不同施工阶段以及周边环境、自然条件的变化和当地经验而确定。当监测值相对稳定时，可适当降低监测频率。对于应测项目，在无数据异常和事故征兆的情况下，开挖后现场仪器监测频率可按表 7.0.3 确定。

表 7.0.3 现场仪器监测的监测频率

基坑类别	施工进程		基坑设计深度(m)			
			≤5	5～10	10～15	>15
一级	开挖深度(m)	≤5	1次/1d	1次/2d	1次/2d	1次/2d
		5～10	—	1次/1d	1次/1d	1次/1d
		>10	—	—	2次/1d	2次/1d
	底板浇筑后时间(d)	≤7	1次/1d	1次/1d	2次/1d	2次/1d
		7～14	1次/3d	1次/3d	1次/2d	1次/1d
		14～28	1次/5d	1次/5d	1次/3d	1次/2d
		>28	1次/7d	1次/5d	1次/3d	1次/3d
二级	开挖深度(m)	≤5	1次/2d	1次/2d	—	—
		5～10	—	1次/1d	—	—

基坑类别	施工进程	基坑设计深度(m)			
		≤5	5~10	10~15	>15
二级	底板浇筑后时间(d) ≤7	1次/2d	1次/2d	—	—
	7~14	1次/3d	1次/3d	—	—
	14~28	1次/7d	1次/5d	—	—
	>28	1次/10d	1次/10d	—	—

注:1 有支撑的支护结构各道支撑开始拆除到拆除完成后3d内监测频率应为1次/1d;
　　2 基坑工程施工至开挖前的监测频率视具体情况确定;
　　3 当基坑类别为三级时,监测频率可视具体情况适当降低;
　　4 宜测、可测项目的仪器监测频率可视具体情况适当降低。

7.0.4 当出现下列情况之一时,应提高监测频率:

1 监测数据达到报警值。

2 监测数据变化较大或者速率加快。

3 存在勘察未发现的不良地质。

4 超深、超长开挖或未及时加撑等违反设计工况施工。

5 基坑及周边大量积水、长时间连续降雨、市政管道出现泄漏。

6 基坑附近地面荷载突然增大或超过设计限值。

7 支护结构出现开裂。

8 周边地面突发较大沉降或出现严重开裂。

9 邻近建筑突发较大沉降、不均匀沉降或出现严重开裂。

10 基坑底部、侧壁出现管涌、渗漏或流沙等现象。

11 基坑工程发生事故后重新组织施工。

12 出现其他影响基坑及周边环境安全的异常情况。

7.0.5 当有危险事故征兆时,应实时跟踪监测。

8 监测报警

8.0.1 基坑工程监测必须确定监测报警值,监测报警值应满足基坑工程设计、地下结构设计以及周边环境中被保护对象的控制要求。监测报警值应由基坑工程设计方确定。

8.0.2 基坑内、外地层位移控制应符合下列要求:

1 不得导致基坑的失稳。

2 不得影响地下结构的尺寸、形状和地下工程的正常施工。

3 对周边已有建筑引起的变形不得超过相关技术规范的要求或影响其正常使用。

4 不得影响周边道路、管线、设施等正常使用。

5 满足特殊环境的技术要求。

8.0.3 基坑工程监测报警值应由监测项目的累计变化量和变化速率值共同控制。

8.0.4 基坑及支护结构监测报警值应根据土质特征、设计结果及当地经验等因素确定;当无当地经验时,可根据土质特征、设计结果以及表8.0.4确定。

表 8.0.4 基坑及支护结构监测报警值

序号	监测项目	支护结构类型	一级 累计值 绝对值(mm)	一级 累计值 相对基坑深度(h)控制值	一级 变化速率(mm/d)	二级 累计值 绝对值(mm)	二级 累计值 相对基坑深度(h)控制值	二级 变化速率(mm/d)	三级 累计值 绝对值(mm)	三级 累计值 相对基坑深度(h)控制值	三级 变化速率(mm/d)
1	围护墙(边坡)顶部水平位移	放坡、土钉墙、喷锚支护、水泥土墙	30~35	0.3%~0.4%	5~10	50~60	0.6%~0.8%	10~15	70~80	0.8%~1.0%	15~20
		钢板桩、灌注桩、型钢水泥土墙、地下连续墙	25~30	0.2%~0.3%	2~3	40~50	0.5%~0.7%	4~6	60~70	0.6%~0.8%	8~10

8.0.5 基坑周边环境监测报警值应根据主管部门的要求确定,如主管部门无具体规定,可按表8.0.5采用。

表 8.0.5 建筑基坑工程周边环境监测报警值

	监测对象 项目		累计值(mm)	变化速率(mm/d)	备注
1	地下水位变化		1000	500	—
2	管线位移	刚性管道 压力	10~30	1~3	直接观察点数据
		刚性管道 非压力	10~40	3~5	
		柔性管线	10~40	3~5	
3	邻近建筑位移		10~60	1~3	
4	裂缝宽度	建筑	1.5~3	持续发展	
		地表	10~15	持续发展	

注:建筑整体倾斜度累计值达到2/1000或倾斜速度连续3d大于0.0001H/d(H为建筑承重结构高度)时应报警。

8.0.6 基坑周边建筑、管线的报警值除考虑基坑开挖造成的变形外,尚应考虑其原有变形的影响。

8.0.7 当出现下列情况之一时,必须立即进行危险报警,并应对基坑支护结构和周边环境中的保护对象采取应急措施。

1 监测数据达到监测报警值的累计值。

2 基坑支护结构或周边土体的位移值突然明显增大或基坑出现流沙、管涌、隆起、陷落或较严重的渗漏等。

3 基坑支护结构的支撑或锚杆体系出现过大变形、压屈、断裂、松弛或拔出的迹象。

4 周边建筑的结构部分、周边地面出现较严重的突发裂缝或危害结构的变形裂缝。

5 周边管线变形突然明显增长或出现裂缝、泄漏等。

6 根据当地工程经验判断,出现其他必须进行危险报警的情况。

续表 8.0.4

序号	监测项目	支护结构类型	一级 累计值 绝对值(mm)	一级 累计值 相对基坑深度(h)控制值	一级 变化速率(mm/d)	二级 累计值 绝对值(mm)	二级 累计值 相对基坑深度(h)控制值	二级 变化速率(mm/d)	三级 累计值 绝对值(mm)	三级 累计值 相对基坑深度(h)控制值	三级 变化速率(mm/d)
2	围护墙(边坡)顶部竖向位移	放坡、土钉墙、喷锚支护、水泥土墙	20~40	0.3%~0.4%	3~5	50~60	0.6%~0.8%	5~8	70~80	0.8%~1.0%	8~10
		钢板桩、灌注桩、型钢水泥土墙、地下连续墙	10~20	0.1%~0.2%	2~3	25~30	0.3%~0.5%	3~4	35~40	0.5%~0.6%	4~5
3	深层水平位移	水泥土墙	30~35	0.3%~0.4%	2~3	50~60	0.6%~0.8%	4~6	70~80	0.8%~1.0%	8~10
		钢板桩	50~60	0.6%~0.7%		80~85	0.7%~0.8%		90~100	0.9%~1.0%	
		型钢水泥土墙	50~55	0.5%~0.6%		75~80	0.7%~0.8%		80~90	0.9%~1.0%	
		灌注桩	45~50	0.4%~0.5%		70~75	0.6%~0.7%		70~80	0.8%~0.9%	
		地下连续墙	40~50	0.4%~0.5%		70~75	0.7%~0.8%		80~90	0.9%~1.0%	
4	立柱竖向位移		25~35		2~3	35~45		4~6	55~65		8~10
5	基坑周边地表竖向位移		25~35		2~3	35~45		4~6	55~65		8~10
6	坑底隆起(回弹)		25~35		2~3	50~60		4~6	60~80		8~10
7	土压力		(60%~70%)f1			(70%~80%)f1			(70%~80%)f1		
8	孔隙水压力										
9	支撑内力										
10	围护墙内力		(60%~70%)f2			(70%~80%)f2			(70%~80%)f2		
11	立柱内力										
12	锚杆内力										

注:1 h为基坑设计开挖深度,f1为荷载设计值,f2为构件承载能力设计值;

　　2 累计值取绝对值和相对基坑深度(h)控制值两者的小值;

　　3 当监测项目的变化速率达到表中规定值或连续3d超过该值的70%,应报警;

　　4 嵌岩的灌注桩或地下连续墙位移报警值宜按表中数值的50%取用。

9 数据处理与信息反馈

9.0.1 监测分析人员应具有岩土工程、结构工程、工程测量的综合知识和工程实践经验，具有较强的综合分析能力，能及时提供可靠的综合分析报告。

9.0.2 现场量测人员应对监测数据的真实性负责，监测分析人员应对监测报告的可靠性负责，监测单位应对整个项目监测质量负责。监测记录和监测技术成果均应有责任人签字，监测技术成果应加盖成果章。

9.0.3 现场的监测资料应符合下列要求：

1 使用正式的监测记录表格。

2 监测记录应有相应的工况描述。

3 监测数据的整理应及时。

4 对监测数据的变化及发展情况的分析和评述应及时。

9.0.4 外业观测值和记事项目应在现场直接记录于观测记录表中。任何原始记录不得涂改、伪造和转抄。

9.0.5 观测数据出现异常时，应分析原因，必要时应进行重测。

9.0.6 监测项目数据分析应结合其他相关项目的监测数据和自然环境条件、施工工况等情况及以往数据进行，并对其发展趋势作出预测。

9.0.7 技术成果应包括当日报表、阶段性报告和总结报告。技术成果提供的内容应真实、准确、完整，并宜用文字阐述与绘制变化曲线或图形相结合的形式表达。技术成果应按时报送。

9.0.8 监测数据的处理与信息反馈宜采用专业软件，专业软件的功能和参数应符合本规范的有关规定，并宜具备数据采集、处理、分析、查询和管理一体化以及监测成果可视化的功能。

9.0.9 基坑工程监测的观测记录、计算资料和技术成果应进行组卷、归档。

9.0.10 当日报表应包括下列内容：

1 当日的天气情况和施工现场的工况。

2 仪器监测项目各监测点的本次测试值、单次变化值、变化速率以及累计值等，必要时绘制有关曲线图。

3 巡视检查的记录。

4 对监测项目应有正常或异常、危险的判断性结论。

5 对达到或超过监测报警值的监测点应有报警标示，并有分析和建议。

6 对巡视检查发现的异常情况应有详细描述，危险情况应有报警标示，并有分析和建议。

7 其他相关说明。

当日报表宜采用本规范附录 A～附录 G 的样式。

9.0.11 阶段性报告应包括下列内容：

1 该监测阶段相应的工程、气象及周边环境概况。

2 该监测阶段的监测项目及测点的布置图。

3 各项监测数据的整理、统计及监测成果的过程曲线。

4 各监测项目监测值的变化分析、评价及发展预测。

5 相关的设计和施工建议。

9.0.12 总结报告应包括下列内容：

1 工程概况。

2 监测依据。

3 监测项目。

4 监测点布置。

5 监测设备和监测方法。

6 监测频率。

7 监测报警值。

8 各监测项目全过程的发展变化分析及整体评述。

9 监测工作结论与建议。

附录 A 水平位移和竖向位移监测日报表

表 A 水平位移和竖向位移监测日报表（   ）

第　页 共　页

第　次

工程名称：　　报表编号：　　　　　　天气：

观测者：　　　计算者：　　校核者：　　测试时间：　年 月 日 时

点号	水平位移				竖向位移				备注
	本次测试值(mm)	单次变化(mm)	累计变化量(mm)	变化速率(mm/d)	本次测试值(mm)	单次变化(mm)	累计变化量(mm)	变化速率(mm/d)	
工况	当日监测的简要分析及判断性结论：								

工程负责人：　　　　　　　　　　　　　　　　监测单位：

附录 B 深层水平位移监测日报表

表 B 深层水平位移监测日报表　　第　页 共　页

第　次

工程名称：　　报表编号：　　天气：

观测者：　　　计算者：　　校核者：　　测试时间：　年 月 日 时

孔号	深度(m)	本次位移增量(mm)	累计位移(mm)	变化速率(mm/d)	位移量(mm)
					深度(m)
工况：					
当日监测的简要分析及判断性结论：					

工程负责人：　　　　　　　　　　　　　　　　监测单位：

附录 C　围护墙内力、立柱内力及土压力、
孔隙水压力监测日报表

表 C　围护墙内力、立柱内力及土压力、孔隙水压力监测日报表(　　　)　　　第　页共　页

第　　次

工程名称：　　　　　　　　　　报表编号：　　　　　　　　　　天气：

观测者：　　　　　　　　　　　计算者：　　　　　　　　校核者：　　　　测试时间：　年 月 日 时

组号	点号	深度(m)	本次应力(kPa)	上次应力(kPa)	本次变化(kPa)	累计变化(kPa)	备注	组号	点号	深度(m)	本次应力(kPa)	上次应力(kPa)	本次变化(kPa)	累计变化(kPa)	备注
工况		当日监测的简要分析及判断性结论：													

工程负责人：　　　　　　　　　　　　　　监测单位：

附录 D　支撑轴力、锚杆及土钉拉力监测日报表

表 D　支撑轴力、锚杆及土钉拉力监测日报表(　　　)　　　第　页共　页

第　　次

工程名称：　　　　　　　　　　报表编号：　　　　　　　　　　天气：

测试者：　　　　　　　　　　　计算者：　　　　　　　　校核者：　　　　测试时间：　年 月 日 时

点号	本次内力(kN)	单次变化(kN)	累计变化(kN)	备注	点号	本次内力(kN)	单次变化(kN)	累计变化(kN)	备注
工况		当日监测的简要分析及判断性结论：							

工程负责人：　　　　　　　　　　　　　　监测单位：

附录 E　地下水位、周边地表竖向位移、坑底隆起监测日报表

表 E　地下水位、周边地表竖向位移、坑底隆起监测日报表(　　　)　　　第　页共　页

第　　次

工程名称：　　　　　　　　　　报表编号：　　　　　　　　　　天气：

测试者：　　　　　　　　　　　计算者：　　　　　　　　校核者：　　　　测试时间：　年 月 日

组号	点号	初始高程(m)	本次高程(m)	上次高程(m)	本次变化量(mm)	累计变化量(mm)	变化速率(mm/d)	备注
工况		当日监测的简要分析及判断性结论：						

工程负责人：　　　　　　　　　　　　　　监测单位：

附录 F 裂缝监测日报表

表 F 裂缝监测日报表　　第 页 共 页

第 次

工程名称：　　　　　　　　　　报表编号：　　天气：

观测者：　　　计算者：　　　校核者：　　　测试时间：　年 月 日 时

点号	长度				宽度				形态
	本次测试值(mm)	单次变化(mm)	累计变化量(mm)	变化速率(mm/d)	本次测试值(mm)	单次变化(mm)	累计变化量(mm)	变化速率(mm/d)	
工况：									
当日监测的简要分析及判断性结论：									

工程负责人：　　　　　　　监测单位：

附录 G 巡视检查日报表

表 G 巡视检查日报表　　第 页 共 页

第 次

工程名称：　　　　　　　　　　报表编号：

观测者：　　　计算者：　　　观测日期：　年 月 日 时

分类	巡视检查内容	巡视检查结果	备注
自然条件	气温		
	雨量		
	风级		
	水位		
支护结构	支护结构成型质量		
	冠梁、支撑、围檩裂缝		
	支撑、立柱变形		
	止水帷幕开裂、渗漏		
	墙后土体沉陷、裂缝与滑移		
	基坑涌土、流沙、管涌		
	其他		

续表 G

分类	巡视检查内容	巡视检查结果	备注
施工工况	土质情况		
	基坑开挖分段长度及分层厚度		
	地表水、地下水状况		
	基坑降水、回灌设施运转情况		
	基坑周边地面堆载情况		
	其他		
周边环境	管道破损、泄漏情况		
	周边建筑裂缝		
	周边道路(地面)裂缝、沉陷		
	邻近施工情况		
	其他		
监测设施	基准点、测点完好状况		
	监测元件完好情况		
	观测工作条件		

工程负责人：　　　　　　　监测单位：

本规范用词说明

1 为便于在执行本规范条文时区别对待，对要求严格程度不同的用词说明如下：

1）表示很严格，非这样做不可的：

正面词采用"必须"，反面词采用"严禁"；

2）表示严格，在正常情况下均应这样做的：

正面词采用"应"，反面词采用"不应"或"不得"；

3）表示允许稍有选择，在条件许可时首先应这样做的：

正面词采用"宜"，反面词采用"不宜"；

4）表示有选择，在一定条件下可以这样做的，采用"可"。

2 条文中指明应按其他有关标准执行的写法为："应符合……的规定"或"应按……执行"。

引用标准名录

《工程测量规范》GB 50026—2007

《建筑地基基础工程施工质量验收规范》GB 50202—2002

《建筑变形测量规范》JGJ 8—2007

中华人民共和国国家标准

建筑基坑工程监测技术规范

GB 50497—2009

条 文 说 明

制 订 说 明

20世纪80年代以来我国高层建筑和地下工程得到了迅猛发展，基坑工程的重要性逐渐被人们所认识，基坑工程设计、施工技术水平也随着工程经验的积累不断提高。但是在基坑工程实践中，工程的实际工作状态与设计工况往往存在一定的差异，基坑工程设计还不能全面而准确地反映工程的各种变化，所以在理论分析指导下有计划地进行现场工程监测就显得十分必要。

基坑工程现场监测可以为基坑工程信息化施工、设计优化等提供依据；更重要的是通过监测和预警，可以及时发现安全隐患，保护基坑及周边环境的安全；同时监测工作还是发展基坑工程设计理论的重要手段。为此我们依据原建设部《2006年工程建设标准规范制定、修订计划（第一批）》的要求，编制了本规范。现就编制工作情况说明如下：

一、标准编制遵循的主要原则

1. 科学性原则。标准的技术规定应以行之有效的实践经验和可靠的科学研究成果为依据。对需要进行专题研究或验证的项目，认真组织研究或验证并写出成果报告；对已经实践检验的技术上成熟、经济上合理的科研成果，应纳入规范。

2. 先进性原则。一是应积极采用基坑工程监测的新方法、新技术；二是标准规定的技术要求应在全国范围内达到平均先进水平。

3. 实用性原则。标准的规定应具有现实的可操作性，便于基坑工程监测工作的开展，便于工程技术人员的执行。

4. 协调性原则。标准的技术规定应与国家现行标准相协调，避免矛盾。

二、编制工作概况

（一）各阶段的主要工作

编制工作按准备、征求意见、审查和批准四个阶段进行。

1. 准备阶段。主编单位于2006年4月启动编制准备工作，筹建编制组；在山东省工程建设标准《建筑基坑工程监测技术规范》DBJ 14—024—2004和初步调研的基础上，草拟编制工作大纲，并召开专家座谈会听取对该编制工作大纲的意见，为第一次编制工作会议的召开打下了一个良好的基础。同年8月25日编制组成立暨第一次工作会议在青岛召开。

2. 征求意见阶段。编写组依据编制大纲的要求于2006年8月～2007年2月开展了各项专题研究，并形成了专题研究报告。编制组在专题研究的基础上编写完成了规范的初稿，于2007年8月在青岛召开

了第二次编制工作会议，会议对初稿进行了认真的组内讨论，并就若干技术问题达成统一意见。初稿后经编制组多次认真修改，于2008年2月初形成了征求意见稿初稿。2008年2月下旬第三次编制工作会议在昆山召开，会议对征求意见稿初稿进行了充分的讨论，形成了征求意见稿。2008年3月下旬，本规范的征求意见稿在网上公布，正式开始征求意见工作。

3. 送审阶段。2008年8月下旬，第四次编制会议在同济大学召开。会议认真讨论了征求到的各方意见以及对意见的处理和答复；逐条讨论、修改了送审稿初稿，形成了送审稿。2008年10月中旬，本规范送审稿审查会在青岛召开。审查会专家听取了编制组所作的送审报告，对本规范的编制工作和送审稿进行了认真的审查并通过了送审稿。

4. 报批阶段。编制组根据审查会的意见，对送审稿及条文说明进行了个别修改，于2008年12月形成了报批稿并完成了报批报告等报批文件。

（二）开展专题研究工作

为保证编制质量，编写组依据编制大纲开展了各项专题研究，专题研究项目为：

1. 国内外关于基坑工程监测的管理规定和技术标准的调研。

2. 不同条件下基坑工程监测项目和监测报警值的研究。

3. 不同条件下基坑工程监测频率的研究。

4. 现有基坑工程监测方法和监测仪器性能的调研。

编制组收集了美国及欧洲国家的相关研究成果，掌握了其研究动态。国内收集了相关的国家标准、行业标准、地方标准以及国内诸多城市有关基坑工程的规定，编制组对其进行了认真的整理和研究，以作为编写的依据或参考。

编制组相继对北京、天津、上海、广州、济南、杭州、武汉、福州、昆明、南宁、青岛、深圳等17个城市的100多位基坑工程设计、施工、监测单位的专家、学者进行了广泛调研，发放和收集调研表近200份，内容涉及基坑监测项目、监控报警值、巡视检查等关键技术难题。编制组采取了调查研究与资料查询相结合的方法，广泛收集全国关于基坑监测频率的工程实例。调研共收集基坑监测实例86项，实例工程分布于上海、广东、江苏、浙江、辽宁、北京、天津、山东、山西、河南、安徽、江西、湖北等地区，所收集的资料具有较广泛的代表性。

编制组在此期间完成了"国内外关于基坑工程的

管理规定和技术标准的调研报告"、"监测项目与报警控制值的研究报告"、"现有基坑工程监测方法和监测仪器及性能的调研报告"以及"不同条件下基坑工程监测频率的研究报告",为本规范的编写奠定了基础。

(三)征求意见的范围及主要意见

本规范的征求意见稿由主编部门网上公布,征求社会各方意见。另外,编制组在全国范围内确定了近20位专家作为走访或函询的对象,其中包括相关国家标准、行业标准的主编,高等院校相关研究方向的学者,基坑工程设计、施工、监测单位的专家等。

征求到的意见主要涉及:

1. 本规范技术内容对不同地质条件下基坑工程的适用性。

2. 基坑工程监测新技术的应用。

3. 基坑工程的管理规定等问题。

编制组对收集到的意见逐条进行了归纳并整理成册,在认真研究、吸收各方面意见的基础之上,对征求意见稿进行了修改。

(四)审查情况及主要结论

参加送审稿审查会议的有住房和城乡建设部标准定额司的代表,地方建设行政管理部门的代表,相关国家标准编制组或管理组的代表,高等院校、科研单位、设计单位、施工单位等有经验的专家以及本规范编制组成员等。

会议听取了本规范编制组长所作的送审报告和征求意见稿征求意见的处理意见汇报;审查了送审资料;会议代表对标准送审稿进行了认真审查,对其中重要内容的编制依据和成熟度进行了充分讨论和协商,并取得了一致意见。

审查会议认为该规范(送审稿)体例适宜,内容全面系统。规范所确定的监测项目、测点布置、监测频率、监控报警依据较充分,科学合理,适合工程需要,为确保基坑工程监测质量提供了操作性强的技术依据,对保证基坑工程安全、保护周边环境具有重要意义。

三、重要技术问题说明

(一)基坑工程监测的管理规定

有关基坑工程监测的管理规定,本规范主要涉及两个重要内容:一是由建设方委托具备资质的监测单位实施第三方监测,二是基坑工程监测的实施范围。这两个重要内容的确定主要是依据编制组开展的"国内外关于基坑工程监测的管理规定和技术标准的调研"成果。

由建设单位委托、实施第三方监测和对监测单位提出资质要求是从保证监测的客观性和公正性、走专业化道路、保证监测质量等方面综合考虑的,我国开展基坑工程监测较早、较好的一些主要省市均提出了类似的管理规定。

建设部《建筑工程预防坍塌事故若干规定》(建

质〔2003〕82号)中规定:"深基坑是指开挖深度超过5m的基坑,或深度未超过5m但地质条件和周边环境较复杂的基坑"。并规定应对其相邻的建筑物、道路的沉降及位移情况进行观测。本规范的规定与国家建设主管部门的规定是一致的。

上海、山东以及深圳、南京等国内诸多省市关于深基坑工程的有关规定对深基坑都作出了相似的定义,并规定深基坑工程应实施基坑工程监测。从实施效果看,对保证基坑工程及周边环境的安全起到了较好的控制作用,同时也兼顾对建设项目建设成本的影响。从征求意见稿的意见看,此条文规定在全国范围内已基本达成共识。

(二)监测项目、监测报警值的确定

监测项目和监测报警值是本规范的重要内容,这些条文的确定依据主要是三个方面:一是专家调查及专题研究报告,二是相关的国家、行业和地方标准,三是工程实践经验的总结。

现行国家、行业标准中涉及基坑工程仪器监测项目的规范较多,如《建筑地基基础设计规范》GB 50007—2002、《建筑边坡工程技术规范》GB 50330—2002、《建筑基坑支护技术规程》JGJ 120—99、《建筑基坑工程技术规范》YB 9258—97等都有关于基坑仪器监测项目的条文;但规范之间有相互矛盾、要求不一致的地方。山东、上海、浙江、湖北、深圳、广州等一些地方标准中也提出了结合当地实际的监测项目。这些规范从不同的角度或地区特点对基坑工程仪器监测项目提出了不同的要求及标准。这次国家规范的编写将调研结果及现行有关规范中关于基坑工程监测的条文进行了比较与分析,综合考虑现行规范的规定,结合专家调查结果和工程实践经验得出了项目较为全面、选择性和适应性较广的仪器监测项目。

编制组针对全国103位基坑工程专家调查得到的数据,经过数据处理与分析,得到了基坑工程报警值的专家调研结果。编制组又综合考虑了国家现行标准的规定、参考了部分地方标准的报警指标以及工程实践经验,推荐了本规范确定的基坑工程监测报警值。考虑到基坑工程报警的复杂性、目前认知能力的局限性等因素,本规范该条文的用词程度为"可"。

(三)监测频率的确定

目前现行的国家标准、行业标准尚无对基坑工程监测频率的明确规定。基坑工程监测频率的确定是一项经验性很强的工作,总结以往的经验教训对合理地确定基坑监测频率具有重要指导意义。为此,编制组采取了调查研究与资料查询相结合的方法,广泛收集全国关于基坑工程监测频率的工程实例。本次调研共收集基坑监测实例86项,实例工程地区分布较广,所收集的资料具有较广泛的代表性。

编制组通过对收集资料的定性分析和定量统计分析,参考国家现行标准以及地方标准的有关规定,确定了应测项目在无数据异常和事故征兆情况下的仪器监测频率。该监测频率能系统地反映基坑及周边环境的受力与变形的重要变化过程，在目前工程实践中有广泛的应用基础，技术成熟度较高。

四、本标准尚需深入研究的有关问题

1. 开展对特殊土以及岩石基坑工程监测的研究。

由于受到各地建筑基坑工程监测开展程度的影响以及现有认知能力、技术装备、技术水平和技术成熟度的限制，本次规范编制过程中对冻土、膨胀土、湿陷性黄土等特殊土和岩石基坑工程实施监测的研究还不够。今后随着基坑工程监测工作的推广，编制组需要加强对东北地区、西部地区基坑工程监测的调研，开展对特殊土以及岩石基坑工程监测的研究，进一步扩大本规范的适用范围。

2. 进一步开展不同地质条件下监测报警值的研究。

基坑工程监测报警值是一个十分严肃和复杂的问题，不但与基坑类别、支护形式有关，还与所处的地质条件密切相关。规范本次提供的监测报警值是一个取值范围，今后尚需通过对不同地质条件下基坑支护主要形式的调研，选择有代表性的地区开展专题研究，搜集工程技术信息，进一步深入研究不同地质条件下各种支护形式的监测报警值。

3. 进一步研究、总结基坑工程监测的新技术。

随着新的监测设备和传感器的开发与应用，基坑工程监测技术得到不断发展，目前正向系统化、自动化、远程化方面发展，编制组今后将进一步跟踪研究、总结基坑工程监测的新技术，开展必要的专题研究，为本规范以后的修订工作打下基础。

结语

为了准确理解本规范的技术规定，按照《工程建设标准编写规定》的要求，编制组编写了《建筑基坑工程监测技术规范》条文说明。本条文说明的内容均为解释性内容，不应作为标准规定使用。

目　次

1　总则 ·························· 24—19

3　基本规定 ······················ 24—19

4　监测项目 ······················ 24—20

　4.1　一般规定 ··················· 24—20

　4.2　仪器监测 ··················· 24—21

　4.3　巡视检查 ··················· 24—21

5　监测点布置 ···················· 24—22

　5.1　一般规定 ··················· 24—22

　5.2　基坑及支护结构 ·············· 24—22

　5.3　基坑周边环境 ··············· 24—22

6　监测方法及精度要求 ·············· 24—23

　6.1　一般规定 ··················· 24—23

　6.2　水平位移监测 ··············· 24—23

　6.3　竖向位移监测 ··············· 24—24

　6.4　深层水平位移监测 ············ 24—24

　6.5　倾斜监测 ··················· 24—24

　6.6　裂缝监测 ··················· 24—24

　6.7　支护结构内力监测 ············ 24—24

　6.8　土压力监测 ················· 24—24

　6.9　孔隙水压力监测 ·············· 24—24

　6.10　地下水位监测 ·············· 24—24

　6.11　锚杆及土钉内力监测 ········· 24—24

　6.12　土体分层竖向位移监测 ······· 24—24

7　监测频率 ······················ 24—24

8　监测报警 ······················ 24—25

9　数据处理与信息反馈 ·············· 24—26

1 总 则

1.0.1 20世纪80年代以来我国城市建设发展很快,尤其是高层建筑和地下工程得到了迅猛发展,基坑工程的重要性逐渐被人们所认识,基坑工程设计、施工技术水平也随着工程经验的积累不断提高。但是在基坑工程实践中,工程的实际工作状态与设计工况往往存在一定的差异,设计值还不能全面、准确地反映工程的各种变化,所以在理论分析指导下有计划地进行现场工程监测就显得十分必要。

造成设计值与实际工作状态差异的主要原因是:

1 地质勘察所获得的数据还很难准确代表岩土层的全面情况。

2 基坑工程设计理论和依据还不够完善,对岩土层和支护结构本身所做的本构模型、计算假定以及参数选用等与实际状况相比存在着一定的近似性和相对误差。

3 基坑工程施工过程中,支护结构的受力经常发生动态变化,诸如地面堆载突变、超挖等偶然因素的发生,使得结构荷载作用时间和影响范围难以预料,出现施工工况与设计工况不一致的情况。

基于上述情况,基坑工程的设计计算虽能大致描述正常施工条件下支护结构以及相邻周边环境的变形规律和受力范围,但必须在基坑工程期间开展严密的现场监测,才能保证基坑及周边环境的安全,保证建设工程的顺利进行。归纳起来,开展基坑工程现场监测的目的主要为:

1 为信息化施工提供依据。通过监测随时掌握岩土层和支护结构内力、变形的变化情况以及周边环境中各种建筑、设施的变形情况,将监测数据与设计值进行对比、分析,以判断前步施工是否符合预期要求,确定和优化下一步施工工艺和参数,以此达到信息化施工的目的,使监测成果成为现场施工工程技术人员作出正确判断的依据。

2 为基坑周边环境中的建筑、各种设施的保护提供依据。通过对基坑周边建筑、管线、道路等的现场监测,验证基坑工程环境保护方案的正确性,及时分析出现的问题并采取有效措施,以保证周边环境的安全。

3 为优化设计提供依据。基坑工程监测是验证基坑工程设计的重要方法,设计计算中未曾考虑或考虑不周的各种复杂因素,可以通过现场监测结果的分析、研究,加以局部的修改、补充和完善,因此基坑工程监测可以为动态设计和优化设计提供重要依据。

4 监测工作是发展基坑工程设计理论的重要手段。

基坑工程监测应做到可靠性、技术性和经济性的统一。监测方案应以保证基坑及周边环境安全为前提,以监测技术的先进性为保障,同时也要考虑监测方案的经济性。在保证监测质量的前提下,降低监测成本,达到技术先进性与经济合理性的统一。

基坑工程监测涉及建设单位、设计单位、施工单位和监理单位等,本规范不只是规范监测单位的监测行为,其他相关各方也应遵守和执行本规范的规定。

1.0.2 本条是对本规范适用范围的界定。本规范适用于建(构)筑物地下工程开挖形成的基坑以及基坑开挖影响范围内的建(构)筑物及各种设施、管线、道路等监测。

本规范适用于一般土及软土建筑基坑工程监测,但对岩石基坑工程以及冻土、膨胀土、湿陷性黄土等特殊土的基坑及周边环境监测,由于基坑工程设计、施工、监测积累的经验以及科研成果尚显不足,编写规范的条件还不成熟,因此尚不在本规范的适用范围之内。这些地区的基坑工程应依据相关规范的要求,充分考虑当

地的工程经验开展监测。在积极开展基坑工程监测的同时,总结和积累工程经验,为本规范的修订打下基础。

侵蚀性环境是指基坑所处的环境(土质、水、空气)中含有对基坑支护材料(如钢材等)产生较严重腐蚀的成分,直接影响材料的正常使用及安全性能。

1.0.3 影响基坑工程监测的因素很多,主要有:

1 基坑工程设计与施工方案。

2 建设基地的岩土工程条件。

3 邻近建(构)筑物、设施、管线、道路等的现状及使用状态。

4 施工工期。

5 作业条件。

建筑基坑工程监测要求综合考虑以上因素的影响,制订合理的监测方案,方案经审批后,由监测单位组织和实施监测。

1.0.4 建筑基坑工程需要遵守的标准有很多,本规范只是其中之一;另外,有关国家现行标准中对建筑基坑工程监测也有一些相关规定,因此本条规定除遵守本规范外,基坑工程监测尚应符合国家现行有关标准的规定。与本规范有关的国家现行规范、规程主要有:

1 《建筑地基基础设计规范》GB 50007。

2 《建筑地基基础工程施工质量验收规范》GB 50202。

3 《建筑边坡工程技术规范》GB 50330。

4 《民用建筑可靠性鉴定标准》GB 50292。

5 《工程测量规范》GB 50026。

6 《建筑变形测量规范》JGJ 8。

7 《建筑基坑支护技术规程》JGJ 120。

3 基 本 规 定

3.0.1 本条为强制性条文。本条是对建筑基坑工程监测实施范围的界定。基坑支护结构以及周边环境的变形和稳定与基坑的开挖深度有关,相同条件下基坑开挖深度越深,支护结构变形以及对周边环境的影响越大;基坑工程的安全性还与场地的岩土工程条件以及周边环境的复杂性密切相关。建设部《建筑工程预防坍塌事故若干规定》(建质〔2003〕82号)中规定:深基坑是指开挖深度超过5m的基坑或深度未超过5m但地质条件和周边环境较复杂的基坑。上海、山东以及深圳、南京等国内诸多省市关于深基坑工程的有关规定对深基坑都作出了相似的定义,并且规定深基坑工程应实施基坑工程监测。对深基坑及周边环境复杂的基坑工程实施监测是确保基坑及周边环境安全的重要措施。

考虑到基坑工程施工涉及市政、公用、供电、通讯、人防及文物等管理单位,各地方相关管理单位会出台一些地方性规定,因此本条还规定"其他需要监测的基坑工程应实施基坑工程监测"。

3.0.2 由于基坑工程设计理论还不够完善,施工场地也存在着各种复杂因素的影响,基坑工程设计方案能否真实地反映基坑工程实际状况,只有在方案实施过程中才能得到最终的验证,其中现场监测是获得上述验证的重要和可靠手段,因此在基坑工程设计阶段应该由设计方提出对基坑工程进行现场监测的要求。由设计方提出的监测要求,并非是一个很详尽的监测方案,但有些内容或指标应由设计方明确提出,例如:应该进行哪些监测项目的监测?监测频率和监测报警值是多少?只有这样,监测单位才能依据设计方的要求编制出合理的监测方案。

3.0.3 基坑工程监测既要保证基坑的安全,也要保证周边环境中市政、公用、供电、通讯及人防、文物等的安全与正常使用,涉及建设、设计、监理、施工以及周边有关单位等各方利益,建设单位是建设项目的第一责任主体,因此应由建设单位委托基坑工程监测。

基坑工程监测对技术人员的专业水平要求较高。要求监测数

据分析人员要有岩土工程、结构工程、工程测量等方面的综合知识和较为丰富的工程实践经验。为了保证监测质量，国内外在监测管理方面开始走专业化的道路，实践证明，专业化有力地促进了监测工作和监测技术的健康发展。此外，实施第三方监测有利于保证监测的客观性和公正性，一旦发生重大环境安全事故或社会纠纷时，监测结果是责任判定的重要依据。因此本条规定基坑工程施工前，由建设方委托具备相应资质的第三方对基坑工程实施现场监测。

第三方监测并不取代施工单位自己开展的必要的施工监测，施工单位在施工过程中仍应进行必要的施工监测。

依据《建设工程勘察设计资质管理规定》(建设部160令)，考虑建筑基坑工程监测的专业特点，为保证基坑工程监测工作的质量，基坑工程监测单位应同时具备岩土工程和工程测量两方面的专业资质。监测单位应具备承担基坑工程监测任务的相应设备、仪器及其他测试条件，有经过专门培训的监测人员以及经验丰富的数据分析人员，有必要的监测程序和审核制度等工作制度及其他管理制度。

监测单位拟订出监测方案后，提交工程建设单位，建设单位应遵照建设主管部门的有关规定，组织设计、监理、施工、监测等单位讨论审定监测方案。当基坑工程影响范围内有重要的市政、公用、供电、通讯、人防工程以及文物等时，还应组织有关相关主管单位参加的协调会议，监测方案经协商一致后，监测工作才能正式开始。必要时，应根据有关部门的要求，编制专项监测方案。

3.0.4 本条提供了监测单位开展监测工作宜遵循的一般工作程序。

3.0.5 监测单位通过了解建设单位和设计方对监测工作的技术要求，进一步明确监测目的，并以此做好编制监测方案前的各项准备工作。现场踏勘、搜集已有合格资料是准备工作中的一项重要内容。由于这项工作涉及方方面面的单位和人员，有些单位和个人同建设项目的关系属于近外层、远外层的关系，这就增加了完成这项准备工作的难度，在现场踏勘、搜集资料不全面的情况下，编制出的监测方案往往容易出现纰漏。例如，基坑支护设计计算工况、计算结果资料收集不全，支护结构的内力观测点的布设位置就难以把握；基坑周边管线的使用年限和老化程度调查不清，就难以准确地确定报警值。因此，监测单位应当积极争取有关各方的配合，认真完成这项准备工作。

本条对现场踏勘、资料搜集阶段工作提出了具体要求。为了正确地对基坑工程进行监测和评价，提高基坑监测工作的质量，做到有的放矢，应尽可能详细地了解和搜集有关的技术资料。另外，有时委托方的介绍和提出的要求是笼统的、非技术性的，也需要通过调查来进一步明确委托方的具体要求和现场实施的可行性。

本条的第三款要求监测单位应搜集的周边环境原始资料和使用阶段资料包括：周边建筑、管线、道路、人防等周边环境各监测对象的原始资料和使用阶段资料。了解监测对象当前的工作性状非常重要，一方面，因为时间久远、保管不善，有些资料难以搜集；另一方面，如建筑物、管线等在使用中往往也改变了原始状态，或者出现了超出设计荷载使用的现象。如果监测单位不能掌握这些情况，一方面会影响监测数据的分析、判断；另一方面在出现纠纷的时候，责任难以分清，所以当有异常情况时，监测单位应当注意利用现代技术，保存现场影像资料。

本条的第四款要求监测单位通过现场踏勘掌握相关资料与现场状况是否属实。周边环境中各监测对象的布设和性状由于时间、工程变更等各种因素的影响有时会出现与原始资料不相符的情况，如果监测单位只是依据原始资料确定监测方案，可能会影响拟监测项目现场实施的可行性。

本条的第五款要求监测单位了解相邻工程的设计和施工情况，比如相邻工程的打桩、基坑支护与降水、土方开挖及运输情况和施工进度计划等，避免相互干扰与影响。

3.0.6 监测方案是监测单位实施监测的重要技术依据和文件。为了规范监测方案、保证质量，本条概括出了监测方案所包括的12个主要方面。

3.0.7 本条对基坑工程监测方案的专门论证作出了规定。

优秀近现代建筑是指自19世纪中期以来建造的，能够反映近现代城市发展历史，具有较高历史、艺术和科学价值的建筑物(群)、构筑物(群)和历史遗迹。优秀近现代建筑的确定依据各地有关部门的管理规定。

"新材料、新技术、新工艺、新设备"是指尚未被规范和有关文件认可的新的建筑材料、建筑技术和结构形式、施工工艺、施工设备等。

对工程中出现的超过规范应用范围的重大技术难题、新成果的合理推广应用以及严重事故的处理，采用专门技术论证的方式可以达到安全适用、技术先进、经济合理的良好效果。上海等省市在主管部门的领导下，采用专家技术论证的方式在解决重大基坑工程技术难题和减少工程事故方面已取得良好的效果，值得借鉴。

3.0.8 监测单位应严格按照审定后的监测方案对基坑工程进行监测，不得任意减少监测项目、测点，降低监测频率。当在实施过程中，由于客观原因需要对监测方案作调整时，应按照工程变更的程序和要求，向建设单位提出书面申请，新的监测方案经审定后方可实施。

3.0.9 监测单位应严格依据监测方案进行监测，为基坑工程实施动态设计和信息化施工提供可靠依据。实施动态设计和信息化施工的关键是监测成果的准确、及时反馈，监测单位应建立有效的信息处理和信息反馈系统，将监测成果准确、及时地反馈到建设、监理、施工等有关单位。当监测数据达到监测报警值时监测单位必须立即通报建设方及相关单位，以便建设单位和有关各方及时分析原因、采取措施。建设、施工等单位应认真对待监测单位的报警，以避免事故的发生。在这一方面，工程实践中的教训是很深刻的。

3.0.11 本条规定要求监测单位在监测结束阶段应向建设方提供监测竣工资料。监测方案应是审核批准后的实施方案；测点的验收记录应有建设方和监测方相关责任人的签字；阶段性监测报告可以根据合同的要求采用周报、旬报、月报或者按照基坑工程的形象进度而定；在结束阶段监测单位还应完成对整个监测工作的总结报告，建设方应按照有关档案管理规定将监测竣工资料组卷归档。另外，监测过程的原始记录和数据处理资料是唯一能反映当时真实状况的可追溯性文件，监测单位也应归档保存。

4 监 测 项 目

4.1 一 般 规 定

4.1.1 基坑工程的现场监测应采用仪器监测与巡视检查相结合的方法，多种观测方法互为补充、相互验证。仪器监测可以取得定量的数据，进行定量分析；以目测为主的巡视检查更加及时，可以起到定性、补充的作用，从而避免片面地分析和处理问题。例如观察周边建筑和地表的裂缝分布规律，判别裂缝的新旧区别等，对于我们分析基坑工程对临近建筑的影响程度有着重要作用。

4.1.2 本条将基坑工程现场监测的对象分为七大类。支护结构包括围护墙、支撑或锚杆、立柱、冠梁和围檩；地下水状况包括基坑内外原有水位、承压水状况、降水或回灌后的水位；基坑底部及周边土体指的是基坑开挖影响范围内的坑内、坑外土体；周边建筑指的是在基坑开挖影响范围之内的建筑物、构筑物；周边管线及设施主要包括供水管道、排污管道、通讯、电缆、煤气管道、人防、地铁、隧道等，这些都是城市生命线工程；周边重要的道路是指基坑开挖影响范围之内的高速公路、国道、城市主要干道和桥梁等；此外，根据工程的具体情况，可能会有一些其他应监测的对象，由设计和有关单位共同确定。

4.1.3 基坑工程监测是一个系统，系统内的各项目监测有着必然的、内在的联系。基坑在开挖过程中，其力学效应是从各个侧面同时展现出来的，例如支护结构的挠曲、支撑轴力、地表位移之间存在着相互间的必然联系，它们共存于同一个集合体，即基坑工程内。限于测试手段、精度及现场条件，某一单项的监测结果往往不能揭示和反映基坑工程的整体情况，必须形成一个有效的、完整的、与设计、施工工况相适应的监测系统并跟踪监测，才能提供完整、系统的测试数据和资料，才能通过监测项目之间的内在联系作出准确地分析、判断，为优化设计和信息化施工提供可靠的依据。当然，选择监测项目还必须注意控制费用，在保证监测质量和基坑工程安全的前提下，通过周密地考虑，去除不必要的监测项目，因此本条要求抓住关键部位，做到重点观测、项目配套。

4.2 仪器监测

4.2.1 基坑工程现场监测项目的选择与基坑工程类别有关。本规范对基坑工程等级的划分方法根据现行国家标准《建筑地基基础工程施工质量验收规范》GB 50202—2002确定，见表1。

表1 基坑工程类别

类别	分类标准
一级	重要工程或支护结构作主体结构的一部分； 开挖深度大于10m； 与临近建筑物、重要设施的距离在开挖深度以内的基坑； 基坑范围内有历史文物、近代优秀建筑、重要管线等需严加保护的基坑
二级	除一级和三级外的基坑属二级基坑
三级	开挖深度小于7m，且周围环境无特别要求时的基坑

表4.2.1列出了基坑工程仪器监测的项目，这些项目是经过大量工程调研并征询全国近20个城市的百余名专家的意见，结合现行的有关规范，并考虑了我国目前基坑工程监测技术水平后提出的，是我国基坑工程发展近20年来的经验总结，有较强的可操作性。监测项目的选择既关系到基坑工程的安全，也关系到监测费用的大小。盲目减少监测项目很可能因小失大，造成严重的工程事故和更大的经济损失，得不偿失；随意增加监测项目也会造成不必要的浪费。对于一个具体工程必须始终把安全放在第一位，在此前提下可以根据基坑工程等级等有目的、有针对地选择监测项目。

本规范共列出了18项监测项目，主要反映的是监测对象的物理力学性能：受力和变形。对于同一个监测对象，这两个指标有着内在的必然联系，相辅相成，配套监测，可以帮助判断数据的真伪，做到去伪存真。

考虑到围护墙（边坡）顶部水平位移、深层水平位移的监测是分别进行的，而且它们的监测仪器、方法都不同，因此规范本条将水平位移分为围护墙（边坡）顶部水平位移、深层水平位移两个监测项目。围护墙（边坡）顶部水平位移监测较为重要，对于三种等级的基坑工程都定为"应测"；深层水平位移监测可以描述出围护墙沿深度方向上不同点的水平位移曲线，并且可以及时地确定最大水平位移值及其位置，对于分析围护墙的稳定和变形发挥了重要的作用。因此，一、二级基坑工程均应监测。由于深层水平位移的观测工作量较大，需要埋设测斜管，而且实际工程中，三级基坑观测深层水平位移的也不多，所以三级基坑采用"宜测"较为合适。

许多专家提出，围护墙（边坡）顶部的竖向位移也是反映基坑安全的一个重要指标。我国现有的相关标准大多都明文列出。另外，考虑到围护墙（边坡）顶部竖向位移的监测简便易行，本条规定三个等级的基坑工程此监测项目都确定为"应测"。

开挖引起坑内土体的隆起或沉陷是必然的，立柱竖向位移则可反映这一情况；立柱的竖向位移对支撑轴力的影响很大，对立柱变形进行监测可以预防支撑失稳。因此本条规定一级基坑立柱竖向位移采用"应测"，二、三级基坑立柱竖向位移采用"宜测"。

围护墙内力监测是防止支护结构发生强度破坏的一种较为可靠的监控措施，但由于内力分析较为清晰，调研过程中，许多专家认为一般围护墙体设计的安全储备较大，实际工程中发生强度破坏的现象很少，因此建议可适当降低监测要求。本条规定一级基坑围护墙内力监测采用"宜测"，二、三级基坑采用"可测"。

支撑内力监测以轴力为主，一般二、三级基坑支撑设计的安全储备较大，发生强度破坏的现象很少，因此本条规定对于二、三级基坑此监测项目分别采用"宜测"、"可测"。

基坑开挖是一个卸荷的过程，随着坑内土的开挖，坑内外形成一个水土压力差，引起坑底土体隆起，进行底部隆起观测可以及时了解基坑整体的变形状况。

对围护墙界面上的土压力和孔隙水压力监测的目的是为了了解实际情况与设计值的差异，有利于进行反分析和施工控制。对于一级基坑来讲，水、土压力宜进行监测。

地下水是影响基坑安全的一个重要因素，且监测手段简单，本条规定对一、二、三级基坑地下水位监测均为"应测"，当基坑开挖范围内有承压水的影响时，应进行承压水位的监测。

土体分层竖向位移的监测可以掌握土层中不同深度处土体的变形情况，同时可对坑外土体通过围护墙底部涌入坑内的不利情况提供预警信息，但其监测方法及仪器相对复杂，测点不宜保护，监测费用较高，因此，本条规定对于一级基坑该项目宜进行监测，其他等级的基坑在必要时可进行该项目的监测。

周边地表竖向位移的监测对于综合分析基坑的稳定以及地层位移对周边环境的影响有很大帮助。该项目监测简便易行，本条规定对一、二级基坑为"应测"，三级基坑为"宜测"。

周边建筑的监测项目分别为竖向位移、倾斜和水平位移。基坑开挖后周边建筑竖向位移的反应最直接，监测也较简便，三个基坑等级该项目都定为"应测"；建筑的竖向位移（差异沉降）可间接反映其倾斜状况，因此，对倾斜的监测要求适当放宽，周边建筑水平位移在实际工程中不常见，而且其发生量也较小，本条规定二级基坑该项目为"宜测"、三级基坑该项目为"可测"。

裂缝直接反映了周边建筑、地表的破坏程度，裂缝的监测比较简单，对于三个基坑等级该项目都定为"应测"。裂缝监测包括裂缝的宽度监测和深度监测，在基坑施工之前必须先进行现场踏勘，记录建筑已有裂缝的分布位置和数量，测定其走向、长度、宽度及深度，作为判断裂缝发展趋势的依据。

周边管线的变形破坏产生的后果很大，本条规定三个等级的基坑工程此监测项目都为"应测"。

4.3 巡视检查

4.3.1 本条强调在基坑工程的施工和使用期内，应由有经验的监测人员每天对基坑工程进行巡视检查。基坑工程施工期间的各种变化具有时效性和突发性，加强巡视检查是预防基坑工程事故非常简便、经济而又有效的方法。

4.3.2 本条分五个方面列出了巡视检查的主要内容，这些项目的确定都是根据百余名基坑工程专家意见，结合工程实践总结出来的，具有很好的参考价值。监测单位在具体工程中可根据工程对象进行相关项目的巡视监测，也可补充新的监测内容。

4.3.3 巡视检查主要以目测为主，配以简单的工器具，这样的检查方法速度快、周期短，可以及时弥补仪器监测的不足。

4.3.4 各巡视检查项目之间大多存在着内在的联系，对各项目的巡视检查结果都必须做好详细的记录，从而为基坑工程监测分析工作提供完整的资料。通过巡视检查和仪器监测，可以把定性、定量结合起来，更加全面地分析基坑的工作状态，作出正确的判断。

4.3.5 巡视检查的任何异常情况都可能是事故的预兆，必须引起足够重视，发现问题要及时汇报给建设方及相关单位，以便尽早作出判断和进行处理，避免引起严重后果。

5 监测点布置

5.1 一般规定

5.1.1、5.1.2 测点的位置应尽可能地反映监测对象的实际受力、变形状态，以保证对监测对象的状况作出准确的判断。在监测对象内力和变形变化大的代表性部位及周边环境重点监测部位，监测点应适当加密，以便更加准确地反映监测对象的受力和变形特征。

影响监测费用的主要方面是监测项目的多少、监测点的数量以及监测频率的大小。基坑工程监测点的布置首先要满足对监测对象监控的要求，这就要求必须保证一定数量的监测点。但不是测点越多越好，基坑工程监测一般工作量比较大，又受人员、光线、仪器数量的限制，测点过多，当天的工作量过大会影响监测的质量，同时也增加了监测费用。

测点标志不应妨碍结构的正常受力、降低结构的变形刚度和承载能力，这一点尤其是在布设围护结构、立柱、支撑、锚杆、土钉等的应力应变观测时应注意。管线的观测点布设不能影响管线的正常使用和安全。

在满足监控要求的前提下，应尽量减少在材料运输、堆放和作业密集区埋设测点，以减少对施工作业产生的不利影响，同时也可以避免测点遭到破坏，提高测点的成活率。

5.1.3 本条规定是为了保证量通通视，以减小转站引点导致的误差。观测标志的形式和埋设依照国家现行标准《建筑变形测量规范》JGJ 8执行。

5.2 基坑及支护结构

5.2.1 围护墙或基坑边坡顶部的水平和竖向位移监测点应沿基坑周边布置，监测点水平间距不宜大于20m。一般基坑每边的中部、阳角处变形较大，所以中部、阳角处应设测点。为便于监测，水平位移观测点宜同时作为垂直位移的观测点。为了测量观测点与基线的距离变化，基坑每边的测点不宜少于3点。观测点设置在基坑边坡混凝土护面或围护墙顶（冠梁）上，有利于观测点的保护和提高观测精度。

5.2.2 围护墙或土体深层水平位移的监测是观测基坑围护体系变形最直接的手段，监测孔应布置在基坑平面上挠曲计算值最大的位置。一般情况下基坑每侧中部、阳角处的变形较大，因此该处宜设监测孔；对于边长大于50m的基坑，每边可适当增设监测孔；基坑开挖次序以及局部挖深会使护体系最大变形位置发生变化，布置监测孔时应予以考虑。

深层水平位移观测目前多用测斜仪观测。为了真实地反映围护墙的挠曲状况和地层位移情况，应保证测斜管的埋设深度。因为测斜仪测出的是相对位移，若以测斜管底端为固定起算点（基准点），应保持管底端不动，否则就无法准确推算各点的水平位移，所以要求测斜管管端嵌入到稳定的土体中。

5.2.3 围护墙内力监测点应考虑围护墙内力计算图形，布置在围护墙出现弯矩极值的部位，监测点数量和横向间距视具体情况而定。平面上宜选择在围护墙相邻两支撑的跨中部位、开挖深度较大以及地面堆载较大的部位；竖直方向（监测断面）上监测点宜布置在支撑处和相邻两层支撑的中间部位，间距宜为2m～4m。

5.2.4 支撑内力的监测多根据支撑杆件采用的不同材料，选择不同的监测方法和监测传感器。对于混凝土支撑杆件，目前主要采用钢筋应力计或混凝土应变计；对于钢支撑杆件，多采用轴力计（也称反力计）或表面应变计。

支撑内力监测点的位置应根据支护结构计算书确定，监测截面应选择在轴力较大杆件上受剪力影响小的部位，因此本条第3款要求当采用应力计和应变计测试时，监测截面宜选择在两相邻

立柱支点间支撑杆件的1/3部位；钢管支撑采用轴力计测试时，轴力计宜设置在支撑端头。

5.2.5 立柱的竖向位移（沉降或隆起）对支撑轴力的影响很大，有工程实践表明，立柱沉降20mm～30mm，支撑轴力会增大约1倍，因此对支撑体系应加强立柱的位移监测。监测点应布置在立柱受力、变形较大和容易发生差异沉降的部位，例如基坑中部、多根支撑交汇处、地质条件复杂处。逆作法施工时，承担上部结构的立柱应加强监测。

5.2.6 为了分析不同工况下锚杆内力的变化情况，对监测到的锚杆内力值与设计计算值进行比较，各层监测点位置在竖向上宜保持一致。锚头附近位置锚杆拉力大，当用锚杆测力计测试时，测试点宜设置在锚头附近。

5.2.7 为了分析不同工况下土钉内力的变化情况，便于对监测到的土钉内力值与设计计算值进行比较，各层监测点位置在竖向上宜保持一致，土钉上测试点的位置应考虑设计计算情况，选择在受力有代表性的位置。例如软土地区复合土钉墙支护，随着基坑开挖深度的增加，土钉上的轴力最大处从靠近基坑围护墙面层向土钉中部变化，最后多是呈现中部大、两端小的状况。

5.2.8 基坑隆起（回弹）监测点的埋设和施工过程中的保护比较困难，监测点不宜设置过多，以能够测出必要的基坑隆起（回弹）数据为原则，本条规定监测剖面数量不应少于2个，同一剖面上监测点数量不应少于3个，基坑中央宜设监测点，依据这些监测点绘出的隆起（回弹）断面图可以基本反映坑底的变形变化规律。

5.2.9 围护墙侧向土压力监测点的布置应选择在受力、土质条件变化较大的部位，在平面上宜与深层水平位移监测点、围护墙内力监测点位置等匹配，这样监测数据之间可以相互验证，便于对监测项目的综合分析。在竖直方向（监测断面）上监测点应考虑土压力的计算图形、土层的分布以及与围护墙内力监测点位置的匹配。

5.2.10 孔隙水压力的变化是地层位移的前兆，对控制打桩、沉井、基坑开挖、隧道开挖等引起的地层位移起到十分重要的作用。孔隙水压力监测点宜靠近这些基坑受力、变形较大或有代表性的部位布置。

5.2.11 地下水位测量主要是通过水位观测孔（地下水位监测点）进行。地下水位监测点的作用一是检验降水井的降水效果，二是观测降水对周边环境的影响。

检验降水井降水效果的水位监测点应布置在降水井点（群）降水区降水能力弱的部位，因此当采用深井降水时，水位监测点宜布置在基坑中央和两相邻降水井的中间部位；当采用轻型井点、喷射井点降水时，水位监测点宜布置在基坑中央和周边拐角处。

当用水位监测点观测降水对周边环境影响时，地下水位监测点应沿被保护对象的周边布置。如有止水帷幕，水位监测点宜布置在帷幕的施工搭接处、转角处等有代表性的部位，位置在止水帷幕的外侧约2m处，以便于观测止水帷幕的止水效果。

检验降水井降水效果的水位监测点，观测管的管底埋置深度应在最低设计水位之下3m～5m。观测降水对周边环境影响的监测点，观测管的管底埋置深度应在最低允许地下水位之下3m～5m。

承压水的观测孔埋置深度应保证能反映承压水水位的变化。

5.3 基坑周边环境

5.3.1 基坑工程周边环境的监测范围既要考虑基坑开挖的影响范围，保证周边环境中各保护对象的安全使用，也要考虑对监测成本的影响。现行行业标准《建筑基坑支护技术规程》JGJ 120—99第3.8.2条规定"从基坑边缘以外1～2倍开挖深度范围内的需要保护物体均应作为监控对象"。我国部分地方标准的规定是：山东规定"从基坑边缘以外1～3倍基坑开挖深度范围内需要保护的建（构）筑物，地下管线等均应作为监测对象。必要时，尚应扩大监控范围"；上海规定"监测范围宜达到基坑边线以外2倍以上的基坑

深度,并符合工程保护范围的规定,或按工程设计要求确定";深圳规定相邻物体是指"距离深基坑边2倍深度范围内的建筑物、构筑物、道路、地下设施、地下管线等"。综合基坑工程经验,结合我国各地的规定,本条规定了从基坑边缘以外1~3倍开挖深度范围内需要保护的建筑、管线、道路、人防工程等均应作为监控对象。具体范围应根据土质条件、周边保护对象的重要性等确定。

5.3.2 重要保护对象是指地铁、隧道、重要管线、重要文物和设施、近现代优秀建筑等。

5.3.3 为了反映建筑竖向位移的特征和便于分析,监测点应布置在建筑竖向位移差异大的地方。

5.3.4 当能判断出建筑的水平位移方向时,可以仅观测其此方向上的位移,因此本条规定一侧墙体的监测点不宜少于3点。

5.3.5 建筑整体倾斜监测可根据不同的监测条件选择不同的监测方法,监测点的布置也有所不同。当建筑具有较大的结构刚度和基础刚度时,通常采用观测基础差异沉降推算建筑的倾斜,这时监测点的布置应考虑建筑的基础形式、体态特征、结构形式以及地质条件的变化等,要求同建筑的竖向位移观测基本一致。

5.3.6 裂缝监测应选择有代表性的裂缝进行观测。每条需要观测的裂缝应至少设2个监测点,每个监测点设一组观测标志,每组观测标志可使用两个对应的标志分别设在裂缝的两侧。对需要观测的裂缝及监测点应统一进行编号。

5.3.7 管线的观测分为直接法和间接法。

当采用直接法时,常用的测点设置方法有:

抱箍法:在特制的圆环(也称抱箍)上连接固定测杆,圆环固定在管线上,将测杆与管线连接成一个整体,测杆不超出地面,地面处设置相应的窨井,保证道路、交通和人员的正常通行。此法观测精度较高,其不足之处是必须凿开路面,开挖至管线的底面,这对城市主干道是很难实施的,但对于次干道和十分重要的地下管道,如高压煤气管道,按此方法设置测点并予以严格监测是可行和必要的。

对于埋深浅、管径较大的地下管线也可以取点直接埋至管线顶表面,露出管线接头或阀门,在凸出部位做上标示作为测点。

套管法:用一根硬塑料管或金属管打设或埋设于所测管顶面和地表之间,量测时将测杆放入埋管内,再将标尺搁置在测杆顶端,只要测杆放置的位置固定不变,测试结果就能够反映出管线的沉降变化。此法的特点是简单易行,可避免道路开挖,但观测精度较低。

间接法就是不直接观测管线本身,而是通过观测管线周边的土体,分析管线的变形。此法观测精度较低。当采用间接法时,常用的测点设置方法有:

底面观测:将测点设在靠近管线底面的土体中,观测底面的土体位移。此法常用于分析管道纵向弯曲受力状态或跟踪注浆、调整管道差异沉降。

顶面观测:将测点设在管线轴线相对应的地表或管线的窨井盖上观测。由于测点与管线本身存在介质,因而观测精度较差,但可避免破土开挖,只有在设防标准较低的场合采用,一般情况下不宜采用。

5.3.9 土体分层竖向位移监测是为了量测不同深度处土的沉降与隆起。目前监测方法多采用磁环式分层沉降标监测(分层沉降仪监测)、磁锤式深层标或测杆式深层标监测。当采用磁环式分层沉降标时为一孔多标,采用磁锤式和测杆式分层标监测时为一孔一标。监测孔的位置应选择在靠近被保护对象且具有代表性的部位。沉降标(测点)的埋设深度和数量应考虑基坑开挖、降水对土体垂直方向位移的影响范围以及土层的分布。上海市地方标准《基坑工程施工监测规程》DG/T 08—2001—2006规定"监测点布置深度宜大于2.5倍基坑开挖深度,且不应小于基坑围护结构以下 5m~10m"。

6 监测方法及精度要求

6.1 一般规定

6.1.1 基坑监测方法的选择应综合考虑各种因素,监测方法简便易行、有利于适应施工现场条件的变化和施工进度的要求。

6.1.2 变形监测网的网点宜分为基准点、工作基点和变形监测点。

基准点不应受基坑开挖、降水、桩基施工以及周边环境变化的影响,应设置在位移和变形影响范围以外、位置稳定、易于保存的地方,并应定期复测,以保证基准点的可靠性。复测周期视基准点所在位置的稳定情况而定。

每期变形观测时均应将工作基点与基准点进行联测。

6.1.3 本条规定是监测工作能否顺利开展的基本保证。根据监测仪器的自身特点、使用环境和使用频率等情况,在相对固定的周期内进行维护保养,有助于监测仪器在检定使用期内的正常工作。

6.1.4 本条规定是为了将监测中的系统误差减到最小,达到提高监测精度的目的。监测时尽量使仪器在基本相同的环境和条件(如环境温度、湿度、光线、工作时段等)下工作,但在异常情况下可不做强制要求。

6.1.5 实际上各监测项目都不可能取得绝对稳定的初始值,因此本条所说的稳定值实际上是指在较小范围内变化的初始观测值,且其变化幅度相对于该监测项目的报警值而言可以忽略不计。

6.1.7 目前基坑工程监测技术发展很快,如自动全站仪非接触监测、光纤监测、GPS定位、摄影测量等采用高新技术的监测方法已应用于基坑工程监测。为了促进新技术的应用,本条规定当这些新的监测方法能够满足本规范的精度要求时,亦可以采用。

6.2 水平位移监测

6.2.1 水平位移的监测方法较多,但各种方法的适用条件不一,在方法选择和施测时应特别注意。

如采用小角度法时,监测前应对经纬仪的垂直轴倾斜误差进行检验,当垂直角超出±3°范围时,应进行垂直轴倾斜修正;采用视准线法时,其测点埋设偏离基准线的距离不宜大于20mm,对活动觇牌的零位差进行测定;采用前方交会法时,交会角应在60°~120°之间,并宜采用三点交会法等。

6.2.3 水平位移监测精度确定时,考虑了以下几方面因素:一是应能满足监测报警的要求,包括变化速率及报警累计值两个监测报警值的控制要求;二是与现行测量规范规定的测量精度相协调;三是在控制监测成本的前提下适当提高精度要求。

表2是根据本规范表8.0.4列出的一、二、三级基坑的围护墙(边坡)顶部水平位移累计值和变化速率的报警值范围。对于水平位移累计值,依据现行国家标准《工程测量规范》GB 50026—2007,以允许变形量的1/20作为测量精度要求值。但这样的精度还不能满足部分变形速率要求严格的基坑工程,对于管线和邻近建筑的监测精度要求也存在类似的问题。因此,必须进一步结合变形速率报警值的要求提高监测精度。由于变形速率报警值是连续分布的,本规范以2~3倍中误差作为极限误差,同时考虑不同基坑类别的变形速率报警值分布特征,制定出本条监测精度,与国家现行标准《工程测量规范》GB 50026和《建筑变形测量规范》JGJ 8等的监测精度等级基本上相匹配。

表2 基坑围护墙(坡)顶水平位移报警范围

基坑类别	一级	二级	三级
累计值(mm)	25~35	40~60	60~80
变化速率(mm/d)	2~10	4~15	8~20

考虑到基坑施工的不确定性因素较多以及监测人员的水平差异,适当提高精度要求会促使监测单位尽量选用精度等级高的仪器,这样虽然会使成本有所增加,但有利于保证监测质量。

采用小角法或视准线法时,选用国内现在使用的不同精度级别的测绘仪器可以达到本规范规定的精度要求,必要时还可以适当降低仪器精度要求,通过增加测回数来提高监测精度。

6.3 竖向位移监测

6.3.1 当不便使用水准几何测量或需要进行自动监测时,可采用液体静力水准测量方法。

6.3.3 竖向位移监测精度确定方法与水平位移监测精度基本相同。

6.3.4 由于坑底隆起观测过程往往需要进行高程传递,精度较难保证,因此在参考本规范第6.3.3条规定的基础上适当调低了精度要求,这样既考虑了测量的困难又能满足监测报警值控制要求。

表3为根据表8.0.4分类列出的一、二、三类基坑的坑底隆起(回弹)累计值和变化速率的报警值范围。

表3 坑底隆起(回弹)报警范围

基坑类别	一级	二级	三级
累计值(mm)	25~35	50~60	60~80
变化速率(mm/d)	2~3	4~6	8~10

6.4 深层水平位移监测

6.4.1 测斜仪依据探头是否固定在被测物体上分为固定式和活动式两种。基坑工程监测中常用的是活动式测斜仪,即先埋设测斜管,每隔一定的时间将探头放入管内沿导槽滑动,通过量测测斜管斜度变化推算水平位移。本规范中的深层水平位移监测均采用此监测方法。

6.4.2 本条规定能满足本规范第8.0.4条中深层水平位移报警值的监测要求,同时考虑了国内外现有的大部分测斜仪都能达到此精度,而要在此基础上提高精度,目前则成本过高。

6.4.3 保证测斜管的埋设质量是获得可靠数据和保证精度的前提,因此本条对测斜管的埋设提出了具体要求。

6.4.4 进行正、反两次量测是必要的,目的是为了消除仪器误差,也是仪器测试原理的要求。

6.5 倾斜监测

6.5.1 根据不同的现场观测条件和要求,当被测建筑具有明显的外部特征点和宽敞的观测场地时,宜选用投点法、前方交会法等;当被测建筑内部有一定的竖向通视条件时,宜选用垂吊法、激光铅直仪观测法等;当被测建筑具有较大的结构刚度和基础刚度时,可选用倾斜仪法或差异沉降法。

6.5.2 国家现行标准《建筑变形测量规范》JGJ 8对建筑倾斜监测精度作了比较细致的规定。

6.6 裂缝监测

6.6.3 本条第1款贴埋标志方法主要针对精度要求不高的部位。可用石膏饼法在测量部位粘贴石膏饼,如开裂,石膏饼随之开裂,即可测量裂缝的宽度;或用划平行线法测量裂缝的上、下错位;或用金属片固定法把两块白铁片分别固定在裂缝两侧,并相互紧贴,再在铁片表面涂上油漆,裂缝发展时,两块铁片逐渐拉开,露出的未油漆部分铁片,即为新增的裂缝宽度和错位。

本条第3款,裂缝深度较小时宜采用单面接触超声波法量测;深度较大时裂缝宜采用超声波法量测。

6.7 支护结构内力监测

6.7.1 测试混凝土构件内力的钢筋应力计可在构件制作时焊接在主筋上。

6.8 土压力监测

6.8.3 由于土压力计的结构形式和埋设部位不同,埋设方法很多,例如挂布法、顶入法、弹入法、插入法、钻孔法等。土压力计埋设在围护墙构筑期间或完成后均可进行。若在围护墙完成后进行,由于土压力计无法紧贴围护墙埋设,因而所测数据与围护墙上实际作用的土压力有一定差别。若土压力计埋设与围护墙构筑同期进行,则需解决好土压力计在围护墙迎土面上的安装问题。在水下浇筑混凝土过程中,要防止混凝土将面向土层的土压力计表面钢膜包裹,使其无法感应土压力作用,造成埋设失败。另外,还要保持土压力计的承压面与土的应力方向垂直。

6.9 孔隙水压力监测

6.9.3 孔隙水压力探头埋设有两个关键,一是保证探头周围填沙渗水通畅和透水石不堵塞;二是防止上、下层水压力的贯通。

采用压入法时宜在无硬壳层的软土层中使用,或钻孔到软土层再采用压入的方法埋设;钻孔法若采用一钻孔多探头方法埋设则应保证封孔质量,防止上、下层水压力形成贯通。

6.9.4 孔隙水压力计在埋设时有可能产生超孔隙水压力,要求孔隙水压力计在基坑施工前2~3周埋设,有利于超孔隙水压力的消散,得到的初始值更加合理。

6.9.5 泥浆护壁成孔后钻孔不容易清洗干净,会引起孔隙水压力计前端透水石的堵塞。

6.9.7 量测静水位的变化,以便在计算中消除水位变化影响,获得真实的超孔隙水压力值。

6.10 地下水位监测

6.10.1 有条件时也可考虑利用降水井进行地下水位监测。

6.10.3 潜水水位管滤管以上应用膨润土球封至孔口,防止地表水进入;承压水位管含水层以上部分应用膨润土球或注浆封孔。

6.11 锚杆及土钉内力监测

6.11.1 锚杆及土钉内力监测的目的是掌握锚杆或土钉内力的变化,确认其工作性能。由于钢筋束内每根钢筋的初始拉紧程度不一样,所受的拉力与初始拉紧程度关系很大。

6.11.3 专用测力计、应力计或应变计应在锚杆或土钉预应力施加前安装并取得初始值。根据质量要求,锚杆或土钉锚固体未达到足够强度不得进行下一层土方的开挖,为此一般应保证锚固有3d的养护时间后才允许下一层土方开挖。本条规定取下一层土方开挖前连续2d获得的稳定测试数据的平均值作为其初始值。

6.12 土体分层竖向位移监测

6.12.2 沉降管埋设时应先钻孔,再放入沉降管,沉降管和孔壁之间宜采用黏土水泥浆而不宜用砂进行回填。

6.12.4 土体分层沉降仪的量测精度与沉降管上设置的钢环数量有关,钢环设置的密度越高,所得到的分层沉降规律就越连贯和清晰;量测精度还与沉降管同土层密贴程度以及能否自由下沉或隆起有关,所以沉降管的安装和埋设好坏对测试精度至关重要。2次读数较差是指相同深度测点的2次竖向位移测量值的差值。

7 监测频率

7.0.1 这是确定基坑工程监测频率的总原则。基坑工程监测应能及时反映监测项目的重要发展变化情况,以便对设计与施工进行动态控制,纠正设计与施工中的偏差,保证基坑及周边环境的安全。基坑工程的监测频率还与投入的监测工作量和监测费用有关，既要注意不遗漏重要的变化时刻，也应当注意合理调整监测人员的工作量，控制监测费用。

7.0.2 基坑开挖到达设计深度以后，土体变形与应力、支护结构的变形与内力并非保持不变，而将继续发展，基坑并不一定是最安全状态，因此，监测工作应贯穿于基坑开挖和地下工程施工全过程。

总的来讲，基坑工程监测是从基坑开挖前的准备工作开始，直至地下工程完成为止。地下工程完成一般是指地下室结构完成、基坑回填完毕，而对逆作法则是指地下结构完成。对于一些监测项目如果不能在基坑开挖前进行，就会大大削弱监测的作用，甚至使整个监测工作失去意义。例如，用测斜仪观测围护墙或土体的深层水平位移，如果在基坑开挖后埋设测斜管开始监测，就不会测得稳定的初始值，也不会得到完整、准确的变形累计值，使得监控报警难以准确进行；土压力、孔隙水压力、围护墙内力、围护墙深部位移、基坑坡顶位移、地面沉降、建筑及管线变形等都是同样道理。当然，也有个别监测项目是在基坑开挖过程中开始监测的，例如，支撑轴力、支撑及立柱变形、锚杆及土钉内力等。

一般情况下，地下工程完成就可以结束监测工作。对于一些临近基坑的重要建筑及管线的监测，由于基坑的回填或地下水停止抽水，建筑及管线会进一步调整，建筑及管线变形会继续发展，监测工作还需要延续至变形趋于稳定后才能结束。

7.0.3 基坑类别、基坑及地下工程的不同施工阶段以及周边环境、自然条件的变化等是确定监测频率应考虑的主要因素。

基坑工程的监测频率不是一成不变的，应根据基坑开挖及地下工程的施工进程、施工工况以及其他外部环境影响因素的变化及时作出调整。一般在基坑开挖期间，地基土处于卸荷阶段，支护体系处于逐渐加荷状态，应适当加密监测；当基坑开挖完后一段时间，监测值相对稳定时，可适当降低监测频率。当出现异常现象和数据，或临近报警状态时，应提高监测频率甚至连续监测。

表7.0.3的监测频率是从工程实践中总结出来的经验成果，在无数据异常和事故征兆的情况下，基本能够满足现场监控的要求，在确定现场监测频率时可选用。

表7.0.3的监测频率针对的是应测项目的仪器监测。对于宜测、可测项目的仪器监测频率可视具体情况适当降低，一般可取应测项目监测频率值的2～3倍。

另外，目前有的基坑工程对位移、支撑内力、土压力、孔隙水压力等监测项目实施了自动化监测。一般情况下自动化采集的频率可以设置很高，因此，这些监测项目的监测频率可以较表7.0.3值大大提高，以获得更连续的实时监测数据，但监测费用基本上不会增加。

7.0.4 本条为强制性条文。本条所描述的情况均属于施工违规操作、外部环境变化趋向恶劣、基坑工程临近或超过报警标准、有可能导致或出现基坑工程安全事故的征兆或现象，应引起各方的足够重视，因此应加强监测，提高监测频率。

8 监测报警

8.0.1 本条为强制性条文。监测报警是建筑基坑工程实施监测的目的之一，是预防基坑工程事故发生、确保基坑及周边环境安全的重要措施。监测报警值是监测工作的实施前提，是监测期间对基坑工程正常、异常和危险三种状态进行判断的重要依据，因此基坑工程监测必须确定监测报警值。监测报警值应由基坑工程设计方根据基坑工程的设计计算结果、周边环境中被保护对象的控制要求等确定，如基坑支护结构作为地下主体结构的一部分，地下结构设计要求也应予以考虑，为此本条明确规定了监测报警值应由

基坑工程设计方确定。

8.0.2 与结构受力分析相比，基坑变形的计算比较复杂，且计算理论还不够成熟，目前各地区积累起来的工程经验很重要。本条提出了变形控制的一般性原则，在确定变形控制的报警值时必须满足这些基本要求。

8.0.3 基坑工程监测报警不但要控制监测项目的累计变化量，还要注意控制其变化速率。基坑工程工作状态一般分为正常、异常和危险三种情况。异常是指监测对象受力或变形呈现出不符合一般规律的状态。危险是指监测对象的受力或变形呈现出低于结构安全储备、可能发生破坏的状态。累计变化量反映的是监测对象即时状态与危险状态的关系，而变化速率反映的是监测对象发展变化的快慢。过大的变化速率，往往是突发事故的先兆。例如，对围护墙变形的监测数据进行分析时，应把位移的大小和位移速率结合起来分析，考察其发展趋势，如果累计变化量不大，但发展很快，说明情况异常，基坑的安全正受到严重威胁。因此在确定监测报警值时应同时给出变化速率和累计变化量，当监测数据超过其中之一时即进入异常或危险状态，监测人员必须及时报警。

8.0.4 基坑工程设计方应根据土质特性和周边环境保护要求对支护结构的内力、变形进行必要的计算与分析，并结合当地的工程经验确定合适的监测报警值。

确定基坑工程监测项目的监测报警值是一个十分严肃、复杂的课题，建立一定量化的报警指标体系对于基坑工程的安全监控意义重大。但是由于设计理论的不尽完善以及基坑工程的地质、环境差异性及复杂性，人们的认知能力和经验还十分不足，在确定监测报警值时还需要综合考虑各种影响因素。实际工作中主要依据三方面的数据和资料：

设计结果：

基坑工程设计人员对于围护墙、支撑或锚杆的受力和变形、坑内外土层位移、抗渗等均进行过详尽的设计计算或分析，其计算结果可以作为确定监测报警值的依据。

相关规范标准的规定值以及有关部门的规定：

例如，确定基坑工程相邻的民用建筑监测报警值时，可以参照现行国家标准《民用建筑可靠性鉴定标准》GB 50292—1999。随着基坑工程经验的积累，各地区可以用地方标准或规定的方式提出符合当地实际的基坑监控定量化指标。如上海的地方标准《基坑工程设计规程》DBJ 08—61—97就提出："对难以查清的煤气管、上水管及重要通讯电缆，可按相对转角1/100作为设计和监控标准"。

工程经验类比：

基坑工程的设计与施工中，工程经验起到十分重要的作用。参考已建类似工程项目的受力和变形规律，提出并确定本工程的基坑报警值，往往能取得较好的效果。

表8.0.4是经过大量工程调研及征询全国近20个城市的百余名多年从事基坑工程的研究、设计、勘察、施工、监测工作的专家意见，并结合现行的有关规范提出的报警值，具有较好的参考价值。

其中，位移报警值采用了累计变化量和变化速率两项指标共同控制。位移的累计变化量中又分为绝对值和相对基坑深度（h）控制值，其中相对基坑深度（h）控制值是指位移相对基坑深度（h）的变化量。对较浅的基坑一般总位移量不大，其安全性主要受相对基坑深度（h）控制值的控制，而较深的基坑往往变形虽未超过相对基坑深度（h）控制值，但其绝对值已超限，因此，本条规定了累计变化量取绝对值和相对基坑深度（h）控制值之间的小值。

土压力和孔隙水压力等的报警值采用了对应于荷载设计值的百分比值确定。荷载设计值是具有一定安全保证率的荷载取值（荷载标准值乘以荷载分项系数）。对基坑工程，如监测到的荷载已达到设计值的60%～80%，说明实际荷载已经达到或接近理论计算的荷载标准值，虽然此时不会引起基坑安全问题，但应该报警引起

重视。因此，考虑基坑的安全等级，对土压力和孔隙水压力，一级基坑达到荷载设计值的 60%～70%，而二、三级基坑达到 70%～80% 报警是适宜的。

支撑及围护墙等结构内力报警值则采用了对应于构件承载能力设计值的百分比确定。构件的承载能力设计值是由材料强度设计值和几何参数设计值所确定的结构构件所能承受最大外加荷载的设计值。为了满足结构规定的安全性，构件的承载力设计值应大于或等于荷载效应的设计值。在基坑工程中，当设计中构件的承载力设计值等于荷载效应的设计值，如监测到构件内力已达到承载能力设计值的 60%～80% 时，结构仍能满足结构设计的安全性而不至于引起构件破坏，但此时构件的内力已相当于按荷载标准值计算所得的内力，所以应该及时报警以引起重视。而当设计中构件的承载力较为富裕，其设计值大于荷载效应的设计值，则构件的实际内力一般不会达到其承载能力设计值的 60%～80%。因此，考虑基坑的安全等级，对支撑内力等构件内力，一级基坑达到承载能力设计值的 60%～70%，而二、三级基坑达到 70%～80% 报警是适宜的。

8.0.5 表 8.0.5 是根据调研结果并参考相关规范及有关地方经验确定的。表 8.0.5 对基坑周边环境中的管线、建筑的报警值给出了一个范围，工程中可根据需保护对象建造年代、结构类型和现状、离基坑的距离等确定，建造年代已久、结构较差、离基坑较近的可取下限，而对较新的、结构较好、离基坑较远的可取上限。

8.0.6 周边建筑的安全性与其沉降或变形总量有关，其中基坑开挖造成的沉降仅为其中的一部分。应保证周边建筑原有的沉降或变形与基坑开挖造成的附加沉降或变形叠加后，不能超过允许的最大沉降或变形值，因此，在监测前应收集周边建筑使用阶段监测的原有沉降与变形资料，结合建筑裂缝观测确定周边建筑的报警值。

8.0.7 本条为强制性条文。本条列出的都是在工程实践中总结出来的基坑及周边环境出现的危险情况，一旦出现这些情况，将可能严重威胁基坑以及周边环境中被保护对象的安全，必须立即发出危险报警，通知建设、设计、施工、监理及其他相关单位及时采取措施，保证基坑及周边环境的安全。工程实践中，由于疏忽大意未能及时报警或报警后未引起各方足够重视，贻误抢险或抢险时机，从而造成工程事故的例子很多，应吸取这些深刻教训，为此本条列为强制性条文，必须严格执行。

9 数据处理与信息反馈

9.0.1 基坑工程监测分析工作事关基坑及周边环境的安全，是一项技术性非常强的工作，只有保证监测分析人员的素质，才能及时提供高质量的综合分析报告，为信息化施工和优化设计提供可靠依据，避免事故的发生。监测分析人员要熟悉基坑工程的设计和施工，能对房屋结构状态进行分析，因此不但要求具备工程测量的知识，还要具备岩土工程、结构工程的综合知识和工程实践经验。

9.0.2 为了确保监测工作质量，保证基坑及周边环境的安全和正常使用，防止监测工作中的弄虚作假，本条分别强调了基坑工程监测人员及单位的责任。为了明确责任，保证监测记录和监测成果的可追溯性，本条还规定有关责任人应签字，技术成果应加盖技术成果章。

9.0.6 基坑工程监测是一个系统，系统内的各项监测有着必然的、内在的联系。某一单项的监测结果往往不能揭示和反映整体情况，应结合相关项目的监测数据和自然环境、施工工况等情况以及以往数据进行分析，才能通过相互印证、去伪存真，正确地把握基坑及周边环境的真实状态，提供出高质量的综合分析报告。

9.0.7 对大量的测试数据进行综合整理后，应将结果制成表格。通常情况下，还要绘出各类变化曲线或图形，使监测成果"形象化"，让工程技术人员能够一目了然，以便及时发现问题和分析问题。

9.0.8 目前基坑工程监测技术发展很快，主要体现在监测方法的自动化、远程化以及数据处理和信息管理的软件化。建立基坑工程监测数据处理和信息管理系统，利用专业软件帮助实现数据的实时采集、分析、处理和查询，使监测成果反馈更具有时效性，并提高成果可视化程度，更好地为设计和施工服务。

9.0.10 当日报表是信息化施工的重要依据。每次测试完成后，监测人员应及时进行数据处理和分析，形成当日报表，提供给委托单位和有关方面。当日报表强调及时性和准确性，对监测项目应有正常、异常和危险的判断性结论。

9.0.11 阶段性报告是经过一段时间的监测后，监测单位通过对以往监测数据和相关资料、工况的综合分析，总结出的各监测项目以及整个监测系统的变化规律、发展趋势及其评价，用于总结经验、优化设计和指导下一步的施工。阶段性监测报告可以是周报、旬报、月报或根据工程的需要不定期地提交。报告的形式是文字叙述和图形曲线相结合，对于监测项目监测值的变化过程和发展趋势尤以过程曲线表示为好。阶段性监测报告强调分析和预测的科学性、准确性，报告的结论要有充分的依据。

9.0.12 总结报告是基坑工程监测工作全部完成后监测单位提交给委托单位的竣工报告。总结报告一是要提供完整的监测资料；二是要总结工程的经验与教训，为以后的基坑工程设计、施工和监测提供参考。

中华人民共和国行业标准

建筑变形测量规范

Code for deformation measurement
of building and structure

JGJ 8 — 2016

批准部门：中华人民共和国住房和城乡建设部
施行日期：２０１６年１２月１日

中华人民共和国住房和城乡建设部
公　告

第 1204 号

住房城乡建设部关于发布行业标准
《建筑变形测量规范》的公告

现批准《建筑变形测量规范》为行业标准，编号为 JGJ 8-2016，自 2016 年 12 月 1 日起实施。其中，第 3.1.1、3.1.6 条为强制性条文，必须严格执行。原《建筑变形测量规范》JGJ 8-2007 同时废止。

本规范由我部标准定额研究所组织中国建筑工业出版社出版发行。

2016 年 7 月 9 日

前　言

根据住房和城乡建设部《关于印发〈2014 年工程建设标准规范制订、修订计划〉的通知》（建标〔2013〕169 号）的要求，规范编制组经广泛调查研究，认真总结实践经验，参考有关国际标准和国外先进标准，并在广泛征求意见的基础上，修订了本规范。

本规范的主要技术内容是：1. 总则；2. 术语和符号；3. 基本规定；4. 变形观测方法；5. 基准点布设与测量；6. 场地、地基及周边环境变形观测；7. 基础及上部结构变形观测；8. 成果整理与分析；9. 质量检验。

本规范修订的主要技术内容是：强化了技术设计与作业实施规定；增加了新的变形测量技术方法，删除了目前已很少使用的方法，并将原第 8 章有关基准点稳定性分析并入第 5 章中；对原第 5、6、7 章进行了全面修改，并按变形测量对象及类型调整为目前的第 6、7 章，增加了收敛变形观测、结构健康监测，细化了各类变形测量中监测点的布设要求、测定方法和成果要求；将原第 8、9 章的内容进行了扩充，重点强化了成果质量检验的规定；对附录内容作了较大调整。

本规范中以黑体字标志的条文为强制性条文，必须严格执行。

本规范由住房和城乡建设部负责管理和对强制性条文的解释，由建设综合勘察研究设计院有限公司负责具体技术内容的解释。执行过程中如有意见或建议，请寄送建设综合勘察研究设计院有限公司（地址：北京市东城区东直门内大街 177 号，邮政编码：100007）。

本规范主编单位：建设综合勘察研究设计院有限公司
安徽同济建设集团有限责任公司

本规范参编单位：西北综合勘察设计研究院
上海岩土工程勘察设计研究院有限公司
重庆市勘测院
广州市城市规划勘测设计研究院
北京市测绘设计研究院
天津市勘察院
中国有色金属工业西安勘察设计研究院
国家测绘产品质量检验测试中心
深圳市建设综合勘察设计院有限公司
武汉市测绘研究院

本规范主要起草人员：王　丹　刘广盈　郭春生
谢征海　赵业荣　林　鸿
张凤录　黄恩兴　刘振萍
王树东　王双龙　吴晓东
王百发　严小平　张训虎
杨永兴　王　峰　常君锋

本规范主要审查人员：徐亚明　秦长利　张　坤
王金坡　石俊成　杨书涛
赵安明　柏桂清　杨铁荣

目 次

1 总则 ┄┄┄┄┄┄┄┄┄┄┄┄ 16—5
2 术语和符号 ┄┄┄┄┄┄┄┄┄ 16—5
  2.1 术语 ┄┄┄┄┄┄┄┄┄┄┄ 16—5
  2.2 符号 ┄┄┄┄┄┄┄┄┄┄┄ 16—5
3 基本规定 ┄┄┄┄┄┄┄┄┄┄ 16—6
  3.1 总体要求 ┄┄┄┄┄┄┄┄┄ 16—6
  3.2 精度等级 ┄┄┄┄┄┄┄┄┄ 16—6
  3.3 技术设计与实施 ┄┄┄┄┄┄ 16—7
4 变形观测方法 ┄┄┄┄┄┄┄┄ 16—8
  4.1 一般规定 ┄┄┄┄┄┄┄┄┄ 16—8
  4.2 水准测量 ┄┄┄┄┄┄┄┄┄ 16—8
  4.3 静力水准测量 ┄┄┄┄┄┄┄ 16—9
  4.4 三角高程测量 ┄┄┄┄┄┄ 16—10
  4.5 全站仪测量 ┄┄┄┄┄┄┄ 16—11
  4.6 卫星导航定位测量 ┄┄┄┄ 16—13
  4.7 激光测量 ┄┄┄┄┄┄┄┄ 16—14
  4.8 近景摄影测量 ┄┄┄┄┄┄ 16—15
5 基准点布设与测量 ┄┄┄┄┄ 16—16
  5.1 一般规定 ┄┄┄┄┄┄┄┄ 16—16
  5.2 沉降基准点布设与测量 ┄┄ 16—17
  5.3 位移基准点布设与测量 ┄┄ 16—17
  5.4 基准点稳定性分析 ┄┄┄┄ 16—17
6 场地、地基及周边环境变形观测 ┄ 16—18
  6.1 场地沉降观测 ┄┄┄┄┄┄ 16—18
  6.2 地基土分层沉降观测 ┄┄┄ 16—18
  6.3 斜坡位移监测 ┄┄┄┄┄┄ 16—19
  6.4 基坑及其支护结构变形观测 ┄ 16—20

  6.5 周边环境变形观测 ┄┄┄┄ 16—21
7 基础及上部结构变形观测 ┄┄ 16—21
  7.1 沉降观测 ┄┄┄┄┄┄┄┄ 16—21
  7.2 水平位移观测 ┄┄┄┄┄┄ 16—22
  7.3 倾斜观测 ┄┄┄┄┄┄┄┄ 16—22
  7.4 裂缝观测 ┄┄┄┄┄┄┄┄ 16—23
  7.5 挠度观测 ┄┄┄┄┄┄┄┄ 16—23
  7.6 收敛变形观测 ┄┄┄┄┄┄ 16—24
  7.7 日照变形观测 ┄┄┄┄┄┄ 16—25
  7.8 风振观测 ┄┄┄┄┄┄┄┄ 16—25
  7.9 结构健康监测 ┄┄┄┄┄┄ 16—26
8 成果整理与分析 ┄┄┄┄┄┄ 16—26
  8.1 一般规定 ┄┄┄┄┄┄┄┄ 16—26
  8.2 数据整理 ┄┄┄┄┄┄┄┄ 16—27
  8.3 监测点变形分析 ┄┄┄┄┄ 16—27
  8.4 建模和预报 ┄┄┄┄┄┄┄ 16—27
9 质量检验 ┄┄┄┄┄┄┄┄┄ 16—28
  9.1 一般规定 ┄┄┄┄┄┄┄┄ 16—28
  9.2 质量检查 ┄┄┄┄┄┄┄┄ 16—28
  9.3 质量验收 ┄┄┄┄┄┄┄┄ 16—28
附录 A 变形观测成果表 ┄┄┄┄ 16—28
附录 B 质量检查记录表 ┄┄┄┄ 16—30
本规范用词说明 ┄┄┄┄┄┄┄ 16—30
引用标准名录 ┄┄┄┄┄┄┄┄ 16—30
附：条文说明 ┄┄┄┄┄┄┄┄ 16—31

Contents

1 General Provisions ·················· 16—5

2 Terms and Symbols ·············· 16—5

  2.1 Terms ························· 16—5

  2.2 Symbols ······················ 16—5

3 Basic Requirements ··············· 16—6

  3.1 General Requirements ············ 16—6

  3.2 Accuracy Class ················ 16—6

  3.3 Technical Design and
Implementation ·············· 16—7

4 Deformation Observation
Methods ······················ 16—8

  4.1 General Requirements ··········· 16—8

  4.2 Leveling ······················ 16—8

  4.3 Hydrostatic Leveling ··········· 16—9

  4.4 Trigometric Leveling ············ 16—10

  4.5 Surveying with Totalstation ····· 16—11

  4.6 Surveying with GNSS ·········· 16—13

  4.7 Laser-based Surveying ·········· 16—14

  4.8 Close Range Photogrammetry ······ 16—15

5 Layout and Surveying of
Benchmarks ···················· 16—16

  5.1 General Requirements ··········· 16—16

  5.2 Layout and Surveying of Settlement
Benchmarks ·················· 16—17

  5.3 Layout and Surveying of Displacement
Benchmarks ·················· 16—17

  5.4 Stability Analysis of Benchmarks ··· 16—17

6 Deformation Observation for Field,
Ground and Surroundings ·········· 16—18

  6.1 Settlement Observation for Field ······ 16—18

  6.2 Settlement Observation for
Foundation Soils Layers ·········· 16—18

  6.3 Slope Displacement Monitoring ······ 16—19

  6.4 Deformation Observation for Foundation
Pit and Supported Structure ·········· 16—20

  6.5 Deformation Observation for
Surroundings ···················· 16—21

7 Deformation Observation for
Foundation and Upper
Structure ······················ 16—21

  7.1 Settlement Observation ············ 16—21

  7.2 Horizontal Displacement
Observation ·················· 16—22

  7.3 Inclination Observation ············ 16—22

  7.4 Gap Observation ················ 16—23

  7.5 Deflection Observation ············ 16—23

  7.6 Convergence Deformation
Observation ·················· 16—24

  7.7 Sunshining Deformation
Observation ·················· 16—25

  7.8 Wind Loading Deformation
Obervation ·················· 16—25

  7.9 Structure Health Monitoring ········ 16—26

8 Results Compilation and
Analysis ······················ 16—26

  8.1 General Requirements ············ 16—26

  8.2 Data Compilation ·············· 16—27

  8.3 Monitoring Points Analysis ········· 16—27

  8.4 Modelling and Prediction ·········· 16—27

9 Quality Inspection and
Accetpance ···················· 16—28

  9.1 General Requirements ············ 16—28

  9.2 Quality Inspection ·············· 16—28

  9.3 Quality Accetpance ·············· 16—28

Appendix A   Deformation Observation
Results Sheets ············· 16—28

Appendix B   Quality Inspection Log
Sheet ···················· 16—30

Explanation of Wording in This Code ······ 16—30

List of Quoted Standards ·················· 16—30

Addition: Explanation of
Provisions ················ 16—31

1 总　则

1.0.1 为了在建筑变形测量中贯彻执行国家有关技术经济政策，做到安全适用、技术先进、经济合理、确保质量，制定本规范。

1.0.2 本规范适用于各种建筑在施工期间和使用期间变形测量的技术设计、作业实施、成果整理及质量检验等。

1.0.3 建筑变形测量除应符合本规范的规定外，尚应符合国家现行有关标准的规定。

2 术语和符号

2.1 术　语

2.1.1 变形　deformation

建筑在荷载作用下产生的形状或位置变化的现象。可分为沉降和位移两大类。沉降指竖向的变形，包括下沉和上升；而位移为除沉降外其他变形的统称，包括水平位移、倾斜、挠度、裂缝、收敛变形、风振变形和日照变形等。

2.1.2 建筑变形测量　deformation measurement of building and structure

对建筑物或构筑物的场地、地基、基础、上部结构及周边环境受荷载作用而产生的形状或位置变化进行观测，并对观测结果进行处理、表达和分析的工作。

2.1.3 差异沉降　differential settlement

不同位置在同一时间段产生的不均匀沉降现象。

2.1.4 倾斜　inclination

包括基础倾斜和上部结构倾斜。基础倾斜指的是基础两端由于不均匀沉降而产生的差异沉降现象；上部结构倾斜指的是建筑的中心线或其墙、柱上某点相对于底部对应点产生的偏离现象。

2.1.5 挠度　deflection

建筑的基础、构件或上部结构等在弯矩作用下因挠曲而产生的变形。

2.1.6 收敛变形　convergence deformation

隧道、涵洞等类型的建筑在施工或运营过程中因围岩应力变化产生的变形。

2.1.7 风振变形　wind loading deformation

建筑受强风作用而产生的变形。

2.1.8 日照变形　sunshining deformation

建筑受阳光照射受热不均而产生的变形。

2.1.9 变形值　deformation value

变形大小的数值，也称变形量。

2.1.10 变形允许值　allowable deformation value

为保证建筑正常使用而确定的变形控制值。

2.1.11 变形预警值　prewarning deformation value

在变形允许值范围内，根据建筑变形的敏感程度，以变形允许值的一定比例计算的或直接给定的警示值。

2.1.12 基准点　benchmark, reference point

为进行变形测量而布设的稳定的、长期保存的测量点。根据变形测量的类型，可分为沉降基准点和位移基准点。

2.1.13 工作基点　working reference point

为便于现场变形观测作业而布设的相对稳定的测量点。根据变形测量的类型，可分为沉降工作基点和位移工作基点。

2.1.14 监测点　monitoring point

布设在建筑场地、地基、基础、上部结构或周边环境的敏感位置上能反映其变形特征的测量点。根据变形测量的类型，可分为沉降监测点和位移监测点。

2.1.15 变形速率　rate of deformation

单位时间的变形量。

2.1.16 观测频率　observation frequency

一定时间内的观测次数。

2.1.17 观测周期　observation cycle

相邻两次观测之间的时间间隔。

2.1.18 变形因子　deformation factor

引起建筑变形的因素，如荷载、时间等。

2.1.19 时间序列　time series

等时间间隔的一系列观测数据按观测时间先后排序而成的数列。

2.1.20 结构健康监测　structural health monitoring

利用自动化监测系统实时获取结构的几何及应力、应变等特征信息，进而分析和识别结构健康状况的工作。

2.2 符　号

2.2.1 变形量

A——风力振幅；

d——位移分量；偏离值；

f_c——基础相对弯曲度；

f_1——水平方向的挠度值；

f_2——垂直方向的挠度值；

s——沉降量；

α——倾斜度；夹角；

Δ——两期间的变形量；

Δd——位移分量差；

Δs——沉降差。

2.2.2 观测量

D——距离；边长；

h——高差；

L——附合路线、环线或视准线长度；

n——测回数；测站数；高差个数；

S——视线长度；

α_v——垂直角；

υ——棱镜高。

2.2.3 中误差

m_d——位移分量或偏离值测定中误差；

$m_{\Delta d}$——位移分量差测定中误差；

m_h——测站高差中误差；

m_0——水准测量单程观测每测站高差中误差；

m_s——沉降量测定中误差；

$m_{\Delta s}$——沉降差测定中误差；

m_α——方向观测中误差；

m_β——测角中误差；

μ——单位权中误差。

2.2.4 仪器参数

i——水准仪视准轴与水准管轴的夹角；

k——收敛尺的温度线膨胀系数；

$2C$——经纬仪两倍视准误差。

2.2.5 其他符号

K——大气垂直折光系数；

R——地球平均曲率半径。

3 基 本 规 定

3.1 总 体 要 求

3.1.1 下列建筑在施工期间和使用期间应进行变形测量：

1 地基基础设计等级为甲级的建筑。

2 软弱地基上的地基基础设计等级为乙级的建筑。

3 加层、扩建建筑或处理地基上的建筑。

4 受邻近施工影响或受场地地下水等环境因素变化影响的建筑。

5 采用新型基础或新型结构的建筑。

6 大型城市基础设施。

7 体型狭长且地基土变化明显的建筑。

3.1.2 建筑在施工期间的变形测量应符合下列规定：

1 对各类建筑，应进行沉降观测，宜进行场地沉降观测、地基土分层沉降观测和斜坡位移观测。

2 对基坑工程，应进行基坑及其支护结构变形观测和周边环境变形观测；对一级基坑，应进行基坑回弹观测。

3 对高层和超高层建筑，应进行倾斜观测。

4 当建筑出现裂缝时，应进行裂缝观测。

5 建筑施工需要时，应进行其他类型的变形观测。

3.1.3 建筑在使用期间的变形测量应符合下列规定：

1 对各类建筑，应进行沉降观测。

2 对高层、超高层建筑及高耸构筑物，应进行水平位移观测、倾斜观测。

3 对超高层建筑，应进行挠度观测、日照变形观测、风振变形观测。

4 对市政桥梁、博览（展览）馆及体育场馆等大跨度建筑，应进行挠度观测、风振变形观测。

5 对隧道、涵洞等，应进行收敛变形观测。

6 当建筑出现裂缝时，应进行裂缝观测。

7 当建筑运营对周边环境产生影响时，应进行周边环境变形观测。

8 对超高层建筑、大跨度建筑、异型建筑以及地下公共设施、涵洞、桥隧等大型市政基础设施，宜进行结构健康监测。

9 建筑运营管理需要时，应进行其他类型的变形观测。

3.1.4 建筑变形测量可采用独立的平面坐标系统及高程基准。对大型或有特殊要求的项目，宜采用2000国家大地坐标系及1985国家高程基准或项目所在城市使用的平面坐标系统及高程基准。

3.1.5 建筑变形测量应采用公历纪元、北京时间作为统一时间基准。

3.1.6 建筑变形测量过程中发生下列情况之一时，应立即实施安全预案，同时应提高观测频率或增加观测内容：

1 变形量或变形速率出现异常变化。

2 变形量或变形速率达到或超出变形预警值。

3 开挖面或周边出现塌陷、滑坡。

4 建筑本身或其周边环境出现异常。

5 由于地震、暴雨、冻融等自然灾害引起的其他变形异常情况。

3.1.7 在现场从事建筑变形测量作业，应采取安全防护措施。

3.2 精 度 等 级

3.2.1 建筑变形测量应以中误差作为衡量精度的指标，并以二倍中误差作为极限误差。

3.2.2 对通常的建筑变形测量项目，可根据建筑类型、变形测量类型以及项目勘察、设计、施工、使用或委托方的要求，从表3.2.2中选择适宜的观测精度等级。

表 3.2.2 建筑变形测量的等级、精度指标及其适用范围

等级	沉降监测点测站高差中误差（mm）	位移监测点坐标中误差（mm）	主要适用范围
特等	0.05	0.3	特高精度要求的变形测量

续表 3.2.2

等级	沉降监测点测站高差中误差（mm）	位移监测点坐标中误差（mm）	主要适用范围
一等	0.15	1.0	地基基础设计为甲级的建筑的变形测量；重要的古建筑、历史建筑的变形测量；重要的城市基础设施的变形测量等
二等	0.5	3.0	地基基础设计为甲、乙级的建筑的变形测量；重要场地的边坡监测；重要的基坑监测；重要管线的变形测量；地下工程施工及运营中的变形测量；重要的城市基础设施的变形测量等
三等	1.5	10.0	地基基础设计为乙、丙级的建筑的变形测量；一般场地的边坡监测；一般的基坑监测；地表、道路及一般管线的变形测量；一般的城市基础设施的变形测量；日照变形测量；风振变形测量等
四等	3.0	20.0	精度要求低的变形测量

注：1 沉降监测点测站高差中误差：对水准测量，为其测站高差中误差；对静力水准测量、三角高程测量，为相邻沉降监测点间等价的高差中误差；

2 位移监测点坐标中误差：指的是监测点相对于基准点或工作基点的坐标中误差、监测点相对于基准线的偏差中误差、建筑上某点相对于其底部对应点的水平位移分量中误差等。坐标中误差为其点位中误差的 $1/\sqrt{2}$ 倍。

3.2.3 对明确要求按建筑地基变形允许值来确定精度等级或需要对变形过程进行研究分析的建筑变形测量项目，应符合下列规定：

1 应根据变形测量的类型和现行国家标准《建筑地基基础设计规范》GB 50007 规定或工程设计给定的建筑地基变形允许值，先按下列方法估算变形测量精度：

1）对沉降观测，应取差异沉降的沉降差允许值的 $\frac{1}{10} \sim \frac{1}{20}$ 作为沉降差测定的中误差，并将该数值视为监测点测站高差中误差；

2）对位移观测，应取变形允许值的 $\frac{1}{10} \sim \frac{1}{20}$ 作为位移量测定中误差，并根据位移量测定的具体方法计算监测点坐标中误差或测站高差中误差。

2 估算出变形测量精度后，应按下列规则选择本规范表 3.2.2 规定的精度等级：

1）当仅给定单一变形允许值时，应按所估算的精度选择满足要求的精度等级；当给定多个同类型变形允许值时，应分别估算精度，按其中最高精度选择满足要求的精度等级；

2）当估算的精度低于本规范表 3.2.2 中四等精度的要求时，应采用四等精度；

3）对需要研究分析变形过程的变形测量项目，宜在上述确定的精度等级基础上提高一个等级。

3.3 技术设计与实施

3.3.1 建筑变形测量的技术设计与实施，应能反映建筑场地、地基、基础、上部结构及周边环境在荷载和环境等因素影响下的变形程度或变形趋势，并应满足建筑设计、施工和管理对变形信息的使用要求。

3.3.2 对建筑变形测量项目，应根据项目委托方要求、建筑类型、岩土工程勘察报告、地基基础和建筑结构设计资料、施工计划以及测区条件等编写技术设计。技术设计应包括下列主要内容：

1 任务要求。

2 待测建筑概况，包括建筑及其结构类型、岩土工程条件、建筑规模、所在位置、所处工程阶段等。

3 已有变形测量成果资料及其分析。

4 依据的技术标准名称及编号。

5 变形测量的类型和精度等级。

6 采用的平面坐标系统、高程基准。

7 基准点、工作基点和监测点布设方案，包括标石与标志型式、埋设方式、点位分布及数量等。

8 观测频率及观测周期。

9 变形预警值及预警方式。

10 仪器设备及其检校要求。

11 观测作业及数据处理方法要求。

12 提交成果的内容、形式及时间要求。

13 成果质量检验方式。

14 相关附图、附表等。

3.3.3 建筑变形测量基准点和工作基点的布设及观

测应符合本规范第 5 章的规定。变形监测点的布设应根据建筑结构、形状和场地工程地质条件等确定，点位应便于观测、易于保护，标志应稳固。

3.3.4 建筑变形测量的仪器设备应符合下列规定：

    1 水准仪及配套水准尺、全站仪、卫星导航定位测量系统等仪器设备，应经法定计量检定机构检定合格，并应在检定有效期内使用。

    2 作业前和作业过程中，应根据现场作业条件的变化情况，对所用仪器设备进行检查校正。

    3 作业时，仪器设备应避免安置在有空压机、搅拌机、卷扬机、起重机等振动影响的范围内。

    4 仪器设备应在其说明书给出的作业条件下使用，有关安装、操作及设备维护等应符合其说明书的规定。

3.3.5 建筑变形测量应根据确定的观测频率和观测周期进行观测。变形观测频率和观测周期应根据建筑的工程安全等级、变形类型、变形特征、变形量、变形速率、施工进度计划以及外界因素影响等情况确定。

3.3.6 对建筑变形测量项目的基准点、工作基点和监测点，首期（即零期）应连续进行两次独立测量。当相应两次观测数据的较差不大于极限误差时，应取其算术平均值作为该项目变形测量的初始值，否则应立即进行重测。

3.3.7 各期变形测量应在短时间内完成。对不同期测量，宜采用相同的观测网形、观测路线和观测方法，并宜使用相同的测量仪器设备。对于特等和一等变形观测，尚宜固定观测人员、选择最佳观测时段在相近的环境条件下观测。

3.3.8 各期变形测量作业过程中，应进行观测数据的记录存储；同时应进行现场巡视，并应记录建筑状态、施工进度、气象和周边环境状况以及作业中出现的有关情况。

3.3.9 当某期变形测量作业中，出现监测点被破坏或不能被观测时，应在备注中说明，并应及时通报项目委托方。

3.3.10 当按任务要求或项目技术设计，变形测量作业将要终止时，若变形尚未达到稳定状态，应及时与项目委托方沟通，并应在项目技术报告中明确说明。

3.3.11 各期变形测量应进行数据整理和成果质量检查。最终项目综合成果应进行质量验收。

4 变形观测方法

4.1 一 般 规 定

4.1.1 对建筑变形测量项目，应根据所需测定的变形类型、精度要求和现场作业条件来选择相应的观测方法。一个项目中可组合使用多种观测方法。对有特殊要求的变形测量项目，可同时选择多种观测方法相互校验。

4.1.2 当采用光学水准仪、光学经纬仪、电子经纬仪、光电测距仪等进行建筑变形观测时，技术要求可按本规范关于数字水准仪和全站仪测量的相关规定及国家现行有关标准的规定执行。

4.1.3 当变形测量需采用特等精度时，应对所用测量方法、仪器设备及具体作业过程等进行专门的技术设计、精度分析，并宜进行试验验证。

4.2 水 准 测 量

4.2.1 当采用水准测量进行沉降观测时，所用仪器型号和标尺类型应符合表 4.2.1 的规定。

表 4.2.1 水准仪型号和标尺类型

等级	水准仪型号	标尺类型
一等	DS05	因瓦条码标尺
二等	DS05	因瓦条码标尺、玻璃钢条码标尺
	DS1	因瓦条码标尺
三等	DS05、DS1	因瓦条码标尺、玻璃钢条码标尺
	DS3	玻璃钢条码标尺
四等	DS1	因瓦条码标尺、玻璃钢条码标尺
	DS3	玻璃钢条码标尺

4.2.2 水准测量的作业方式应符合表 4.2.2 的规定。

表 4.2.2 沉降观测作业方式

沉降观测等级	基准点测量、工作基点联测及首期沉降观测			其他各期沉降观测			观测顺序
	DS05 型仪器	DS1 型仪器	DS3 型仪器	DS05 型仪器	DS1 型仪器	DS3 型仪器	
一等	往返测	—	—	往返测或单程双测站	—	—	奇数站：后-前-前-后 偶数站：前-后-后-前
二等	往返测	往返测或单程双测站	—	单程观测	单程双测站	—	奇数站：后-前-前-后 偶数站：前-后-后-前
三等	单程双测站	单程双测站	往返测或单程双测站	单程观测	单程观测	单程双测站	后-前-前-后
四等	—	单程双测站	往返测或单程双测站	—	单程观测	单程双测站	后-后-前-前

4.2.3 水准测量应符合下列规定：

    1 观测视线长度、前后视距差、视线高度及重复测量次数应符合表 4.2.3-1 的规定。

表 4.2.3-1 数字水准仪观测要求

沉降观测等级	视线长度 (m)	前后视距差 (m)	前后视距差累积 (m)	视线高度 (m)	重复测量次数 (次)
一等	≥4 且≤30	≤1.0	≤3.0	≥0.65	≥3
二等	≥3 且≤50	≤1.5	≤5.0	≥0.55	≥2
三等	≥3 且≤75	≤2.0	≤6.0	≥0.45	≥2
四等	≥3 且≤100	≤3.0	≤10.0	≥0.35	≥2

注：1 在室内作业时，视线高度不受本表的限制。
2 当采用光学水准仪时，观测要求应满足表中各项要求。

2 观测限差应符合表 4.2.3-2 的规定。

表 4.2.3-2 数字水准仪观测限差（mm）

沉降观测等级	两次读数所测高差之差限差	往返较差及附合或环线闭合差限差	单程双测站所测高差较差限差	检测已测测段高差之差限差
一等	0.5	$0.3\sqrt{n}$	$0.2\sqrt{n}$	$0.45\sqrt{n}$
二等	0.7	$1.0\sqrt{n}$	$0.7\sqrt{n}$	$1.5\sqrt{n}$
三等	3.0	$3.0\sqrt{n}$	$2.0\sqrt{n}$	$4.5\sqrt{n}$
四等	5.0	$6.0\sqrt{n}$	$4.0\sqrt{n}$	$8.5\sqrt{n}$

注：1 表中 n 为测站数。
2 当采用光学水准仪时，基、辅分划或黑、红面读数较差应满足表中两次读数所测高差之差限差。

4.2.4 每期观测开始前，应测定数字水准仪的 i 角。当其值对一等、二等沉降观测超过 $15''$，对三等、四等沉降观测超过 $20''$ 时，应停止使用，立即送检。当观测成果出现异常，经分析可能与仪器有关时，应及时对仪器进行检验。

4.2.5 水准测量作业应符合下列规定：

1 应在标尺分划线成像清晰和稳定的条件下进行观测，不得在日出后或日落前约半小时、太阳中天前后、风力大于四级、气温突变时以及标尺分划线的成像跳动而难以照准时进行观测，阴天可全天观测。

2 观测前半小时，应将数字水准仪置于露天阴影下，使仪器与外界气温趋于一致。观测前，应进行不少于 20 次单次测量的预热。晴天观测时，应使用测伞遮蔽阳光。

3 应避免望远镜直接对着太阳，并应避免观测视线被遮挡。仪器应在其生产厂家规定的温度范围内工作。当遇临时振动影响时，应暂停作业。当长时间受振动影响时，应增加重复测量次数。

4 各期观测过程中，当发现相邻监测点高差变动异常或附近地面、建筑基础和墙体出现裂缝时，应

进行记录。

4.2.6 观测成果的重测和取舍应符合下列规定：

1 凡超出本规范表 4.2.3-2 规定限差的成果，均应在分析原因的基础上进行重测。当测站观测限差超限时，对在本站观测时发现的，应立即重测；当迁站后发现超限时，应从稳固可靠的点开始重测。

2 当测段往返测高差较差超限时，应先对可靠性小的往测或返测测段进行重测，并应符合下列规定：

1）当重测的高差与同方向原测高差的不符值大于往返测高差不符值的限差，但与另一单程的高差不符值未超出限差时，可取用重测结果；

2）当同方向两高差的不符值未超出限差，且其算术平均值与另一单程原测高差的不符值亦不超出限差时，可取同方向两高差算术平均值作为该单程的高差；

3）当重测高差或同方向两高差算术平均值与另一单程高差的不符值超出限差时，应重测另一单程；

4）当出现同向不超限但异向超限时，若同方向高差不符值小于限差的 1/2，可取原测的往返高差算术平均值作为往测结果，取重测的往返高差算术平均值作为返测结果。

3 单程双测站所测高差较差超限时，可只重测一个单线，并应与原测结果中符合限差的一个单线取算术平均值采用。若重测结果与原测结果均符合限差时，可取三个单线的算术平均值。当重测结果与原测两个单线结果均超限时，应再重测一个单线。

4 当线路往返测高差较差、附合路线或环线闭合差超限时，应对路线上可靠性小的测段进行重测。

4.3 静力水准测量

4.3.1 静力水准测量可用于自动化沉降观测。应根据观测精度要求和预估沉降量，选取相应精度和量程的静力水准传感器。对一等、二等沉降观测，宜采用连通管式静力水准；对二等及以下等级沉降观测，可采用压力式静力水准。采用静力水准测量进行沉降观测，宜将传感器稳固安装在待测结构上。

4.3.2 一组静力水准测量系统可由一个参考点和多个监测点组成。当采用多组串联方式构成观测路线时，在相邻组的交接处，应在同一建筑结构的上下位置设置转接点。当观测范围小于 300m，且转接点数不大于 2 个时，可将一端的参考点设置在相对稳定的区域作为工作基点；否则，宜在观测路线的两端分别布设工作基点。工作基点应采用水准测量方法定期与基准点联测。

4.3.3 静力水准观测的技术要求应符合表 4.3.3 的规定。

表 4.3.3 静力水准观测技术要求（mm）

沉降观测等级	一等	二等	三等	四等
传感器标称精度	≤0.1	≤0.3	≤1.0	≤2.0
两次观测高差较差限差	0.3	1.0	3.0	6.0
环线及附合路线闭合差限差	$0.3\sqrt{n}$	$1.0\sqrt{n}$	$3.0\sqrt{n}$	$6.0\sqrt{n}$

注：n 为高差个数。

4.3.4 静力水准测量装置的安装应符合下列规定：

1 管路内液体应具有流动性。

2 观测前向连通管内充水时，可采用自然压力排气充水法或人工排气充水法，不得将空气带入，管路应平顺，管路不应出现 Ω 形，管路转角不应形成滞气死角。

3 安装在室外的静力水准系统，应采取措施保证全部连通管管路温度均匀，避免阳光直射。

4 对连通管式静力水准，同组中的传感器应安装在同一高度，安装标高差异不得消耗其量程的20%；管路中任何一段的高度均应低于蓄水罐底部，但不宜低于 0.2m。

4.3.5 静力水准测量系统的数据采集与计算应符合下列规定：

1 观测时间应选在气温最稳定的时段，观测读数应在液体完全呈静态下进行。

2 每次观测应读数 3 次，读数较差应小于表 4.3.3 中相应等级的仪器标称精度，取读数的算术平均值作为观测值。

3 多组串联组成静力水准观测路线时，应先按测段进行闭合差分配后计算各组参考点的高程，再根据参考点计算各监测点的高程。

4.3.6 静力水准测量系统应与水准测量进行互校。使用期间应定期维护，发现性能异常时应及时修复或更换。

4.4 三角高程测量

4.4.1 基于全站仪的三角高程测量可用于三等、四等沉降观测。三角高程测量应采用中间设站观测方式，所用全站仪的标称精度应符合表 4.4.1 的规定，并宜采用高低棱镜组及配件。

表 4.4.1 三角高程测量所用全站仪标称精度要求

沉降观测等级	一测回水平方向标准差（″）	测距中误差（mm）
三等	≤1.0	≤（1mm+1ppm）
四等	≤2.0	≤（2mm+2ppm）

注：1ppm 表示每千米 1mm，2ppm 表示每千米 2mm，下同。

4.4.2 三角高程测量，应符合下列规定：

1 应在后视点、前视点上设置棱镜，在其中间设置全站仪。观测视线长度不宜大于 300m，最长不宜超过 500m，视线垂直角不应超过 20°。每站的前后视线长度之差，对三等观测不宜超过 30m，四等观测不宜超过 50m。

2 视线高度及离开障碍物的间距宜大于 1.3m。

3 当采用单棱镜观测时，每站应变动 1 次仪器高进行 2 次独立测量。当 2 次独立测量所计算高差的较差符合表 4.4.2 的规定时，取其算术平均值作为最终高差值。

表 4.4.2 两次测量高差较差限差

沉降观测等级	两次测量高差较差限差（mm）
三等	$10\sqrt{D}$
四等	$20\sqrt{D}$

注：D 为两点间距离，以 km 为单位。

4 当采用高低棱镜组观测时，每站应分别以高、低棱镜中心为照准目标各进行 1 次距离和垂直角观测；观测宜采用全站仪自动照准和跟踪测量功能按自动化测量模式进行；当分别以高、低棱镜中心所测成果计算高差的较差符合表 4.4.2 的规定时，取其算术平均值作为最终高差值。

4.4.3 三角高程测量中的距离和垂直角观测，应符合下列规定：

1 每次距离观测时，前后视应各测 2 个测回。每测回应照准目标 1 次、读数 4 次。距离观测应符合表 4.4.3-1 的规定。

表 4.4.3-1 距离观测要求

全站仪测距标称精度	一测回读数间较差限差（mm）	测回间较差限差（mm）	气象数据测定最小读数	
			温度（℃）	气压（mmHg）
1mm+1ppm	3	4.0	0.2	0.5
2mm+2ppm	5	7.0	0.2	0.5

2 每次垂直角观测时，应采用中丝双照准法观测，观测测回数及限差应符合表 4.4.3-2 的规定。

表 4.4.3-2 垂直角观测要求

全站仪测角标称精度	测回数		两次照准目标读数差限差（″）	垂直角测回差限差（″）	指标差较差限差（″）
	三等	四等			
0.5″	2	1	1.5	3	3
1″	4	2	4	5	5
2″	—	4	6	7	7

3 观测宜在日出后 2h 至日落前 2h 的期间内目

标成像清晰稳定时进行，阴天和多云天气可全天观测。

4.4.4 三角高程测量单次观测的高差应按下式计算：

$$h_{12} = (D_2 \tan\alpha_2 - D_1 \tan\alpha_1) + \left(\frac{D_2^2 - D_1^2}{2R}\right) - \left(\frac{D_2^2}{2R}K_2 - \frac{D_1^2}{2R}K_1\right) - (v_2 - v_1) \quad (4.4.4)$$

式中：h_{12}——后视点与前视点之间的高差（m）；

D_1、D_2——后视、前视水平距离（m）；

α_1、α_2——后视、前视垂直角；

R——地球平均曲率半径（m）；

K_1、K_2——后视、前视大气垂直折光系数；

v_1、v_2——后视、前视棱镜高（m）。

4.5 全站仪测量

4.5.1 全站仪边角测量法可用于位移基准点网观测及基准点与工作基点间的联测；全站仪小角法、极坐标法、前方交会法和自由设站法可用于监测点的位移观测；全站仪自动监测系统可用于日照、风振变形测量，以及监测点数量多、作业环境差、人员出入不便的建筑变形测量项目。

4.5.2 位移观测所用全站仪的标称精度应符合表4.5.2的规定。

表4.5.2　全站仪标称精度要求

位移观测等级	一测回水平方向标准差（"）	测距中误差（mm）
一等	≤0.5	≤（1mm+1ppm）
二等	≤1.0	≤（1mm+2ppm）
三等	≤2.0	≤（2mm+2ppm）
四等	≤2.0	≤（2mm+2ppm）

4.5.3 当采用全站仪边角测量法进行位移基准点网观测及基准点与工作基点间联测时，应符合下列规定：

1 基准点及工作基点应组成多边形网，网的边长宜符合表4.5.3的规定。

表4.5.3　基准点及工作基点网边长要求

位移观测等级	边长（m）
一等	≤300
二等	≤500
三等	≤800
四等	≤1000

2 应在各基准点、工作基点上设站观测，观测应边角同测。

3 视线高度及离开障碍物的间距宜大于1.3m。

4.5.4 全站仪水平角观测应符合下列规定：

1 水平角观测应采用方向观测法，测回数应符合表4.5.4-1的规定，观测限差应符合表4.5.4-2的规定。

表4.5.4-1　水平角观测测回数

全站仪测角标称精度	位移观测等级			
	一等	二等	三等	四等
0.5"	4	2	1	1
1"	—	4	2	1
2"	—	—	4	2

表4.5.4-2　水平角观测限差

全站仪测角标称精度	半测回归零差限差（"）	一测回内2C互差限差（"）	同一方向值各测回互差限差（"）
0.5"	3	5	3
1"	6	9	6
2"	13	13	9

2 观测应在通视良好、成像清晰稳定时进行。晴天的日出、日落前后和太阳中天前后不宜观测。作业中仪器不得受阳光直接照射，当气泡偏离超过一格时，应在测回间重新整置仪器。当视线靠近吸热或放热强烈的地形地物时，应选择阴天或有风但不影响仪器稳定的时间进行观测。

3 每站观测中，宜避免二次调焦。当观测方向的边长悬殊较大需调焦时，宜采用正倒镜同时观测法，该方向的2C值可不参与互差计算。对于大倾角方向的观测，水平气泡偏移不应超过一格。

4 当水平角观测成果超出限差时，应按下列规定进行重测：

1）当2C互差或各测回互差超限时，应重测超限方向，并联测零方向；

2）当归零差或零方向的2C互差超限时，应重测该测回；

3）一测回中，当重测方向数超过所测方向总数的1/3时，应重测该测回；

4）一个测站上，当重测的方向测回数超过全部方向测回总数的1/3时，应重测该测站所有方向。

4.5.5 全站仪距离观测应符合下列规定：

1 一等位移观测，距离应往返各观测4个测回；二等、三等、四等位移观测，距离应往返各观测2个测回。每测回应照准目标1次、读数4次。有关技术要求应符合表4.5.5的规定，其中往返观测值较差应将斜距化算到同一水平面上方可比较。

表 4.5.5　距离观测技术要求

全站仪测距标称精度	一测回读数间较差限差（mm）	测回间较差限差（mm）	往返测较差限差（mm）	气象数据测定最小读数	
				温度（℃）	气压（mmHg）
1mm＋1ppm	3	4.0	6.0	0.2	0.5
1mm＋2ppm	4	5.5	8.0	0.2	0.5
2mm＋2ppm	5	7.0	10.0	0.2	0.5

2　测距应在成像清晰、气象条件稳定时进行。阴天、有微风时可全天观测；晴天最佳观测时间宜为日出后 1h 和日落前 1h；雷雨前后、大雾、大风、雨、雪天和大气透明度很差时，不应进行观测。

3　晴天作业时，应对全站仪和反光镜打伞遮阳，严禁将仪器照准头对准太阳。

4　观测时的气象数据测定，应采用经检定合格的温度计和气压计。气象数据应在每边观测始末时在两端进行测定，取其算术平均值。

5　测距边两端点的高差，对一等、二等观测可采用四等水准测量或三等三角高程测量方法测定；对三等、四等观测可采用四等三角高程测量方法测定。

6　测距边归算到水平距离时，应在观测的斜距中加入气象改正和仪器加常数、乘常数、周期误差改正，并化算到同一水平面上。

7　当距离观测成果超限时，应按下列规定进行重测：

　　1）当一测回读数间较差超限时，应重测该测回；

　　2）当测回间较差超限时，可加测 2 个测回，去掉其中最大、最小测回观测值后再进行比较，如仍超限，应重测该边的所有测回；

　　3）当往返测较差超限时，应分析原因，重测单方向的距离。如重测后仍超限，应重测往返两方向的距离。

4.5.6　当采用全站仪小角法测定某个方向上的水平位移时，应符合下列规定：

1　应垂直于所测位移方向布设视准线，并应以工作基点作为测站点。

2　测站点与监测点之间的距离宜符合表 4.5.6 的规定。

表 4.5.6　全站仪小角法观测距离要求（m）

全站仪测角标称精度	位移观测等级			
	一等	二等	三等	四等
0.5″	≤300	≤500	≤800	≤1200
1″	—	≤300	≤500	≤800
2″	—	—	≤300	≤500

3　监测点偏离视准线的角度不应超过 30′。

4　每期观测时，利用全站仪观测各监测点的小角值，观测不应少于 1 测回。

5　监测点偏离视准线的垂直距离 d（图 4.5.6）应按下式计算：

$$d = \alpha / \rho \times D \qquad (4.5.6)$$

式中：α——偏角（″）；

　　　D——监测点至测站点之间的距离（mm）；

　　　ρ——常数，其值为 206265″。

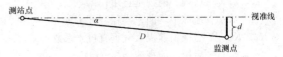

图 4.5.6　小角法示意图

4.5.7　当采用全站仪极坐标法进行位移观测时，应符合下列规定：

1　测站点与监测点之间的距离宜符合表 4.5.7-1 的规定。

表 4.5.7-1　全站仪观测距离长度要求（m）

全站仪标称精度	位移观测等级			
	一等	二等	三等	四等
0.5″ 1mm＋1ppm	≤300	≤500	≤800	≤1200
1″ 1mm＋2ppm	—	≤300	≤500	≤800
2″ 2mm＋2ppm	—	—	≤300	≤500

2　边长和角度观测测回数应符合表 4.5.7-2 的规定。

表 4.5.7-2　全站仪观测测回数

全站仪标称精度	位移观测等级			
	一等	二等	三等	四等
0.5″ 1mm＋1ppm	2	1	1	1
1″ 1mm＋2ppm	—	2	1	1
2″ 2mm＋2ppm	—	—	2	1

4.5.8　当采用全站仪前方交会法进行位移观测时，应符合下列规定：

1　应选择合适的测站位置，使各监测点与其之间形成的交会角在 60°～120°之间。测站点与监测点之间的距离宜符合本规范表 4.5.7-1 的规定。

2 水平角、距离观测测回数应符合本规范表4.5.7-2的规定。

3 当采用边角交会时，应在2个测站上测定各监测点的水平角和水平距离。

4 当仅采用测角或测边交会时，应至少在3个测站点上测定各监测点的水平角或水平距离。

4.5.9 当采用全站仪自由设站法进行位移观测时，应符合下列规定：

1 设站点应与3个基准点或工作基点通视，且该部分基准点或工作基点的平面分布范围应大于90°，设站点与监测点之间的距离宜符合本规范表4.5.7-1的规定。

2 所观测的监测点中，至少有2个点应在其他测站同期观测。

3 宜边角同测。水平角和距离观测测回数应符合本规范表4.5.7-2的规定。

4.5.10 当采用全站仪自动监测系统进行变形测量时，应符合下列规定：

1 自动化数据采集的仪器设备应安装牢固，并不应影响监测对象的安全运营。使用期间应定期维护设备，发现性能异常时应及时修复。

2 全站仪的自动照准应稳定、有效，单点单次照准时间不宜大于10s。

3 应根据观测精度要求、全站仪精度等级、监测点到仪器测站点的视线长度，进行观测方法设计和精度估算。有关技术要求可按本规范第4.5.7条～第4.5.9条的规定执行。每点每次观测的测回数宜符合本规范表4.5.7-2的规定。

4 后台控制程序应能按预定顺序逐点观测，数据不正常时应能补测，并应能根据即时指令增加观测。

5 多台全站仪联合组网观测时，相邻测站应有重叠的观测目标。

6 每期观测时均应进行基准点联测、稳定性判断和观测精度评定，然后再进行监测点数据计算。

4.6 卫星导航定位测量

4.6.1 卫星导航定位测量方法可用于二等、三等和四等位移观测。对二等观测，应采用静态测量模式；对三等、四等观测，可采用静态测量模式或动态测量模式。对日照、风振等变形测量，应采用动态测量模式。

4.6.2 卫星导航定位测量设备的选用应符合表4.6.2的规定。

表 4.6.2　卫星导航定位测量设备选用

位移观测等级		二等	三、四等
静态测量	接收机类型	双频	双频或单频
	标称静态精度	≤(3mm+1ppm)	≤(5mm+1ppm)

续表 4.6.2

位移观测等级		二等	三、四等
动态测量	接收机类型	—	双频
	标称静态精度	—	≤(5mm+1ppm)
	基准站接收机天线	—	扼流圈天线
	标称动态精度	—	≤(10mm+1ppm)

4.6.3 卫星导航定位测量接收设备的检定、检验应符合现行行业标准《卫星定位城市测量技术规范》CJJ/T 73的规定，并应符合下列要求：

1 新购置的接收设备应进行全面检验后方可使用，检验内容应包括一般检验、常规检验、通电检验和实测检验。

2 每期变形测量作业前，应对所用接收设备进行实测检验。

3 当接收机或天线受到强烈撞击后，或更新接收机部件及更新天线与接收机的匹配关系后，应按新购置设备做全面检验。

4.6.4 采用卫星导航定位测量进行变形测量作业，其点位选择应符合下列规定：

1 视场内障碍物的高度角不宜超过15°。

2 离电视台、电台、微波站等大功率无线电发射源的距离不应小于200m，离高压输电线和微波无线电信号传输通道的距离不应小于50m，附近不应有强烈反射卫星信号的大面积水域、大型建筑以及热源等。

3 通视条件好，应便于采用全站仪等手段进行后续测量作业。

4.6.5 卫星导航定位测量静态测量作业应符合下列规定：

1 静态测量作业的基本技术要求应符合表4.6.5的规定。

表 4.6.5　静态测量基本技术要求

位移观测等级	二等	三等	四等
有效观测卫星数	≥6	≥4	≥4
卫星截止高度角（°）	≥15	≥15	≥15
观测时段长度（min）	20～60	15～45	15～45
数据采样间隔（s）	10～30	10～30	10～30
位置精度因子（PDOP）	≤5	≤6	≤6

2 对二等位移测量，应采用零相位天线，削弱多路径误差，并采用强制对中器安置接收机天线，对中误差不应大于0.5mm，天线应统一指向正北。

3 作业中应按规定的时间计划进行观测。

4 经检查接收机电源电缆和天线等各项连接无

误后，方可开机。

5 开机后经检验有关指示灯与仪表显示正常后，方可进行自测试及输入测站名、时段等控制信息。

6 接收机启动前与作业过程中，应填写测量手簿中的记录项目。

7 观测开始、结束时，应分别量测 1 次天线高，两次较差不应大于 3mm，并应取其算术平均值作为天线高。

8 观测期间，应防止接收设备振动，并应防止人员和其他物体碰动天线或阻挡信号。

9 观测期间，不得在天线附近使用电台、对讲机和手机等无线电通信设备。

10 作业时，接收机应避免阳光直接照晒。雷雨天气时，应关机停测，并应卸下天线以防雷击。

11 作业过程中，不得进行下列操作：

 1) 接收机关闭又重新启动；
 2) 进行自测试；
 3) 改变卫星截止高度角；
 4) 改变数据采样间隔；
 5) 改变天线位置；
 6) 按动关闭文件和删除文件功能键。

12 对二等位移测量，宜采用高精度解算软件和精密星历进行数据处理；对三等或四等位移测量，可采用商用软件和预报星历进行数据处理。观测数据的处理和质量检查应符合现行行业标准《卫星定位城市测量技术规范》CJJ/T 73 的规定。同一时段观测值的数据采用率宜大于 85%。

4.6.6 卫星导航定位测量动态测量作业应符合下列规定：

1 动态变形测量应建立由参考点站、监测点站、通信网络和数据处理分析系统组成的卫星导航定位测量动态变形监测系统。

2 动态变形监测系统应至少设置 1 个参考点站，必要时可增加 1 个参考点站。

3 参考点站应选在变形区域影响范围之外，距变形监测点的距离不应超过 3km。

4 参考点站宜直接设置在位移基准点上。当位移基准点不能作为参考点站时，应设置位移工作基点，并将其作为动态变形监测系统的参考点站。

5 对高频次或变化敏感的监测点，应一个天线配置一台接收机，接收机宜具备 1Hz 以上的数据输出能力；对变化缓慢的变形监测点，可多个天线配置一台接收机。

6 参考点站和监测点站应与数据处理分析系统通过通信网络进行连通，并应保证数据实时传输。

7 数据处理分析系统软件应具有下列基本功能：

 1) 具备自动数据后处理和 1Hz 及以上速率的实时动态数据处理能力，能提供监测点的三维坐标；

 2) 具备监测点变形量限差检核和报警能力，能进行监测点最大变形量、连续同向变形趋势允许量设置报警；
 3) 具备数据存储、管理和分析的能力；
 4) 具备全过程全自动管理能力；
 5) 具备输出 RINEX 格式的原始数据和 NMEA 格式的结果数据的能力；
 6) 具备信号去噪、单历元变形量解算能力；
 7) 具备实时在线数据分析和图形化报表能力；
 8) 具备对参考点站、监测点站进行监控和参数调整的功能。

4.7 激光测量

4.7.1 激光测量可分为激光准直测量、激光垂准测量和激光扫描测量。激光准直测量可用于测定建筑水平位移；激光垂准测量可用于测定建筑倾斜；激光扫描测量可用于测定建筑沉降及水平位移。

4.7.2 当采用激光准直测量方法测定建筑水平位移时，应符合下列规定：

1 对一等或二等位移观测，可采用 1″级经纬仪配置高稳定性氦氖激光器或半导体激光器构成激光经纬仪，并采用高精度光电探测器获取读数；对三等或四等位移观测，可采用 2″级经纬仪配置氦氖激光器或半导体激光器构成激光经纬仪，并采用光电探测器或有机玻璃格网板获取读数。

2 激光经纬仪在使用前必须进行检校，仪器射出的激光束轴线、发射系统轴线和望远镜照准轴应三者重合，观测目标与最小激光斑应重合。

3 应在视准线一端安置激光经纬仪，瞄准安置在另一端的固定觇牌进行定向，待监测点上的探测器或格网板移至视准线上时读数。每个监测点应按表 4.7.2 规定的测回数进行往测与返测。

表 4.7.2　激光经纬仪观测测回数

经纬仪标称精度	位移观测等级			
	一等	二等	三等	四等
1″	4	2	1	1
2″			2	1

4 监测点与设站点之间的距离不应超过激光器的有效测程。监测点偏离激光视准线的距离不应超过探测器或格网板的可读数范围。

4.7.3 当采用激光垂准测量方法测定建筑水平位移或倾斜时，应符合下列规定：

1 待测处与底部之间应竖向通视。

2 应在待测处安置激光接收靶，在其垂线下方地面上安置激光垂准仪。

3 所用激光垂准仪的标称精度及作业范围应符合表 4.7.3 的规定。

表 4.7.3 激光垂准仪的标称精度及作业范围

仪器垂直测量标称精度	位移观测等级			
	一等	二等	三等	四等
1/100000	≤100m	有效测程内	有效测程内	有效测程内
1/40000	≤40m	≤120m	有效测程内	有效测程内

4 作业中，激光垂准仪应置平、对中。应在0°、90°、180°和270°四个位置分别捕捉四个激光点，并应取该四个激光点的几何中心位置作为观测结果。

4.7.4 采用激光扫描测量方法可进行四等沉降观测和三等、四等位移观测。所用激光扫描仪的性能及观测要求应符合表4.7.4的规定。

表 4.7.4 激光扫描仪性能及观测要求

变形测量等级	沉降观测	位移观测	
	四等	三等	四等
标称精度（mm）	测距中误差≤2@D或点位中误差≤3@D	测距中误差≤2@D或点位中误差≤3@D	测距中误差≤5@D或点位中误差≤8@D
采样点间距（mm）	≤3	≤3	≤10
有效测程（m）	≤D且≤$S/2$	≤D且≤$S/2$	≤1.5D且≤$S/2$
测回数	7	7	4

注：1 标称精度中@前的数据是指扫描仪的标称测距中误差或点位中误差值，D是指标称精度对应的距离，S是指标称测程。

2 测回数是指照准扫描的次数。

4.7.5 当采用激光扫描测量方法进行建筑沉降和位移观测时，应符合下列规定：

1 应设置参考点。参考点数不应少于4个，分布应均匀，并位于变形区域外。参考点的坐标应采用全站仪按本规范第5.1节关于工作基点测量的要求进行测定。

2 参考点和监测点应设置标靶，并应采用与激光扫描仪配套的标靶。标靶布设应牢固可靠，宜采用遮光防水膜保护，每次测量后应及时遮盖。

3 不应利用测站之间的公共标靶通过点云拼接的方式来获得监测点的坐标。

4 对具有对中整平装置的激光扫描仪，宜在工作基点上设站扫描作业。

4.7.6 激光扫描测量的测站布设应符合下列规定：

1 应设置在视野开阔、地面稳定、车流量较小的安全区域。

2 应使观测的标靶在本规范表4.7.4规定的有

效测程内。

3 测站可通视的参考点不应少于4个；当在工作基点上直接设站扫描时，可通视的参考点应不少于2个。

4 当采用平面标靶时，激光束相对标靶平面的入射角度不应大于50°。

4.7.7 激光扫描测量作业前，应将激光扫描仪放置在观测环境中进行温度平衡，并应对其进行一般检查和通电检验。检查检验后，应符合下列规定：

1 激光扫描仪外观应无破损，附件配备应齐全，电源、电缆线、数据线等的连接应紧密稳固。

2 激光扫描仪应能正常获取并存储数据，电源容量和存储容量应充足。

4.7.8 激光扫描测量作业应符合下列规定：

1 扫描作业时，应输入当前温度和气压值。

2 当在工作基点上设站扫描时，仪器应对中、整平。

3 扫描作业应按建立扫描项目、设置扫描范围、设置点间距或者采集分辨率、开始扫描、获取点云、精确扫描标靶等步骤进行操作。

4 扫描获取的数据应及时导入计算机中，并应对标靶数据的完整性、可用性进行检查。当某测站标靶数据不完整、不能识别，或者识别的坐标点明显偏离靶心时，应重测该测站。

5 扫描过程中如出现断电、死机等异常情况，或者仪器位置发生变化，应重测该测站。

4.7.9 激光扫描测量的数据处理与分析应符合下列规定：

1 应直接利用参考点将各测回监测点的坐标从仪器坐标系转换到工程坐标系。

2 坐标转换的残差应小于本规范表4.7.4规定的相应等级的点位中误差值。

3 当采用对中整平作业方式时，各测回监测点应采用一个参考点和设站点进行坐标转换，并采用另一个参考点进行检核，检核较差不应大于本规范表4.7.4规定的相应等级的标称点位中误差值。

4 应取各测回监测点的坐标算术平均值作为监测点的本期测量坐标值，计算监测点的本期变形量和累积变形量。

4.7.10 当采用激光扫描测量进行变形观测时，除应提交各类变形测量成果图表外，尚应提交下列资料：

1 激光扫描监测点、参考点及测站分布图。

2 参考点测量成果及手簿。

3 激光扫描标靶成果及处理记录。

4 坐标转换成果及处理记录。

5 激光扫描点云数据。

4.8 近景摄影测量

4.8.1 近景摄影测量方法可用于测定下列二等、三等和四等变形测量：

　　1 建筑场地边坡监测。

　　2 建筑倾斜及三维变形测量。

　　3 大面积且不便人工量测的众多裂缝观测。

　　4 日照变形测量等。

4.8.2 当采用近景摄影测量方法进行建筑变形测量作业时，应根据所需测定的变形类型、精度要求、所用仪器设备及软件、测量对象形状大小及周边环境等进行技术设计。

4.8.3 近景摄影测量摄站点的布设，应符合下列规定：

　　1 应根据项目要求和技术设计，选择采用单基线立体摄影测量方法或多基线摄影测量方法。

　　2 对矩形外表的建筑，摄站点宜布设在与其长轴线相平行的一条直线上，并使摄影主光轴垂直于被摄建筑的主立面；对圆柱形外表的建筑，摄站点可均匀布设在与建筑中轴线等距的四周。

　　3 摄站点可直接利用工作基点，也可单独布设。单独布设的摄站点应与基准点进行联测。

4.8.4 近景摄影测量像控点和检查点的布设、测定及监测点的标志设置，应符合下列规定：

　　1 像控点应布设在监测点周边，并应在摄影景深范围内均匀分布。

　　2 采用单基线立体摄影方式时，像对内应至少布设 6 个像控点；采用多基线摄影方式时，应在区域四周及中部、相邻影像连接处布设像控点，区域四周宜布设双点。

　　3 每个项目应设置分布较为均匀的检查点。检查点数不宜少于 5 个。数据处理时，检查点不应作为像控点使用。

　　4 像控点和检查点应设置观测标志。标志可采用十字形或同心圆形，颜色可采用与被摄建筑色调有明显反差的黑、白相间两色。

　　5 像控点和检查点点位测定中误差，应符合表 4.8.4 的规定。

表 4.8.4　像控点和检查点点位测定精度要求

变形测量等级	点位中误差（mm）
二等	≤1.0
三等	≤3.0
四等	≤6.0

　　6 对二等或三等变形测量，监测点应设置观测标志。

4.8.5 近景摄影测量影像获取和处理，应符合下列规定：

　　1 应采用固定焦距的数码相机，作业前后宜对其进行检定。

　　2 影像数据应完整地覆盖像控点、检查点和监测点。单基线立体摄影时，两摄站点上的影像之间应 100% 重叠；多基线摄影时，同一摄线上的影像之间应至少 80% 重叠，相邻摄线上的影像之间应至少 60% 重叠。

　　3 摄取的影像应清晰完整，反差应适中，并应符合量测要求。

　　4 影像处理可采用数字摄影测量系统或专门的近景摄影测量数据处理系统进行，处理时应能对数码相机进行自检校。

　　5 应利用布设的检查点对近景摄影测量成果的精度进行检验，中误差应符合本规范表 4.8.4 的要求。

4.8.6 近景摄影测量作业的其他技术要求，可参照现行国家标准《工程摄影测量规范》GB 50167 的相关规定执行。

5　基准点布设与测量

5.1　一般规定

5.1.1 建筑变形测量的基准点应设置在变形影响范围以外且位置稳定、易于长期保存的地方，宜避开高压线。

5.1.2 基准点应埋设标石或标志，且应在埋设达到稳定后方可开始进行变形测量。稳定期应根据观测要求与地质条件确定，不宜少于 7d。

5.1.3 基准点应每期检测、定期复测，并应符合下列规定：

　　1 基准点复测周期应视其所在位置的稳定情况确定，在建筑施工过程中宜 1 月～2 月复测 1 次，施工结束后宜每季度或每半年复测 1 次。

　　2 当某期检测发现基准点有可能变动时，应立即进行复测。

　　3 当某期变形测量中多数监测点观测成果出现异常，或当测区受到地震、洪水、爆破等外界因素影响时，应立即进行复测。

　　4 复测后，应按本规范第 5.4 节的规定对基准点的稳定性进行分析。

5.1.4 基准点可分为沉降基准点和位移基准点。当需同时测定建筑的沉降和位移或三维变形时，宜设置同时满足沉降基准点和位移基准点布设要求的基准点。

5.1.5 当基准点与所测建筑距离较远致使变形测量作业不方便时，宜设置工作基点，并应符合下列规定：

　　1 工作基点应设在相对稳定且便于进行作业的地方，并应设置相应的标志。

　　2 每期变形测量作业开始时，应先将工作基点与基准点进行联测，再利用工作基点对监测点进行观测。

5.1.6 基准点测量及基准点与工作基点之间联测的精度等级，对四等变形测量，应采用三等沉降或位移观测精度；对其他等级变形测量，不应低于所选沉降或位移观测精度等级。

5.2 沉降基准点布设与测量

5.2.1 沉降观测应设置沉降基准点。特等、一等沉降观测，基准点不应少于 4 个；其他等级沉降观测，基准点不应少于 3 个。基准点之间应形成闭合环。

5.2.2 沉降基准点的点位选择应符合下列规定：

1 基准点应避开交通干道主路、地下管线、仓库堆栈、水源地、河岸、松软填土、滑坡地段、机器振动区以及其他可能使标石、标志易遭腐蚀和破坏的地方。

2 密集建筑区内，基准点与待测建筑的距离应大于该建筑基础最大深度的 2 倍。

3 二等、三等和四等沉降观测，基准点可选择在满足前款距离要求的其他稳固的建筑上。

4 对地铁、高架桥等大型工程，以及大范围建设区域等长期变形测量工程，宜埋设 2 个~3 个基岩标作为基准点。

5.2.3 沉降工作基点可根据作业需要设置，并应符合下列规定：

1 工作基点与基准点之间宜便于采用水准测量方法进行联测。

2 当采用三角高程测量方法进行联测时，相关各点周围的环境条件宜相近。

3 当采用连通管式静力水准测量方法进行沉降观测时，工作基点宜与沉降监测点设在同一高程面上，偏差不应超过 10mm。当不能满足这一要求时，应在不同高程面上设置上下位置垂直对应的辅助点传递高程。

5.2.4 沉降基准点和工作基点标石、标志的选型及埋设应符合下列规定：

1 基准点的标石应埋设在基岩层或原状土层中，在冻土地区，应埋至当地冻土线 0.5m 以下。根据点位所在位置的地质条件，可选埋基岩水准基点标石、深埋双金属管水准基点标石、深埋钢管水准基点标石或混凝土基本水准标石。在基岩壁或稳固的建筑上，可埋设墙上水准标志。

2 工作基点的标石可根据现场条件选用浅埋钢管水准标石、混凝土普通水准标石或墙上水准标志。

5.2.5 沉降基准点观测宜采用水准测量。对三等或四等沉降观测的基准点观测，当不便采用水准测量时，可采用三角高程测量方法。

5.3 位移基准点布设与测量

5.3.1 位移观测基准点的设置应符合下列规定：

1 对水平位移观测、基坑监测或边坡监测，应设置位移基准点。基准点数对特等和一等不应少于 4 个，对其他等级不应少于 3 个。当采用视准线法和小角度法时，当不便设置基准点时，可选择稳定的方向标志作为方向基准。

2 对风振变形观测、日照变形观测或结构健康监测，应设置满足三维测量要求的基准点。基准点数不应少于 2 个。

3 对倾斜观测、挠度观测、收敛变形观测或裂缝观测，可不设置位移基准点。

5.3.2 根据位移观测现场作业的需要，可设置若干位移工作基点。位移工作基点应与位移基准点进行组网和联测。

5.3.3 位移基准点、工作基点的位置除应满足本规范第 5.1 节的要求外，尚应符合下列规定：

1 应便于埋设标石或建造观测墩。

2 应便于安置仪器设备。

3 应便于观测人员作业。

4 若采用卫星导航定位测量方法观测，应符合本规范第 4.6.4 条的规定。

5.3.4 位移基准点、工作基点标志的型式及埋设应符合下列规定：

1 对特等和一等位移观测的基准点及工作基点，应建造具有强制对中装置的观测墩或埋设专门观测标石。强制对中装置的对中误差不应超过 0.1mm。

2 照准标志应具有明显的几何中心或轴线，并应符合图像反差大、图案对称、相位差小和本身不变形等要求。应根据点位不同情况，选择重力平衡球式标、旋入式杆状标、直插式觇牌、屋顶标和墙上标等型式的标志。

5.3.5 位移基准点的测量可采用全站仪边角测量或卫星导航定位测量等方法。当需测定三维坐标时，可采用卫星导航定位测量方法，或采用全站仪边角测量、水准测量或三角高程测量组合方法。位移工作基点的测量可采用全站仪边角测量、边角后方交会以及卫星导航定位测量等方法。

5.4 基准点稳定性分析

5.4.1 首期基准点测量及每期复测后，应进行数据处理，获得各期基准点的平面坐标和高程。对两期及以上的变形测量，应根据测量结果对基准点的稳定性进行检验分析。

5.4.2 沉降基准点稳定性检验分析应符合下列规定：

1 基准点网复测后，对所有基准点应分别按两两组合，计算本期平差后的高差数据与上期平差后高差数据之间的差值。

2 当计算的所有高差差值均不大于按下列公式计算的限差时，认为所有基准点稳定：

$$\delta = 2\sqrt{2}\,\sigma_h \qquad (5.4.2\text{-}1)$$

$$\sigma_h = \sqrt{n}\mu \qquad (5.4.2-2)$$

式中：δ——高差差值限差（mm）；

　　　μ——对应精度等级的测站高差中误差（mm）（按本规范表 3.2.2 取值）；

　　　n——两个基准点之间的观测测站数。

3 当有差值超过限差时，应通过分析判断找出不稳定的点。

5.4.3 位移基准点的稳定性检验分析应符合下列规定：

1 当水平位移观测、基坑监测、边坡监测中设置了不少于 3 个位移基准点时，可按照本规范第 5.4.2 条通过比较平差后基准点的坐标差值对基准点的稳定性进行分析判断。

2 对大范围的建筑水平位移监测或大型边坡监测等项目，当设置的基准点数多于 4 个，采用本条第 1 款方法难以分析判断找出不稳定点时，宜通过统计检验的方法进行稳定性分析，找出变动显著的基准点。

3 对风振变形观测、日照变形观测或结构健康监测，当基于不同基准点测定的监测点数据存在明显的系统性偏差时，应分析判断并排除不稳定的基准点。

5.4.4 对不稳定基准点的处理，应符合下列规定：

1 应进行现场勘察分析，若确认其不宜继续作为基准点，应予以舍弃，并应及时补充布设新基准点。

2 应检查分析与不稳定基准点有关的各期变形测量成果，并应在剔除不稳定基准点的影响后，重新进行数据处理。

3 处理结果应及时与项目委托方进行沟通，并应在变形测量技术报告中说明。

6 场地、地基及周边环境变形观测

6.1 场地沉降观测

6.1.1 建筑场地沉降观测的内容应符合下列规定：

1 应测定建筑影响范围之内的相邻地基沉降。

2 应测定建筑影响范围之外的场地地面沉降。

6.1.2 建筑场地沉降点位的选择应符合下列规定：

1 相邻地基沉降监测点可选在建筑纵横轴线或边线的延长线上，亦可选在通过建筑重心的轴线延长线上。其点位间距应视基础类型、荷载大小及地质条件，与设计人员共同确定或征求设计人员意见后确定。点位可在建筑基础深度 1.5 倍～2.0 倍的距离范围内，由支护结构向外由密到疏布设，但距基础最远的监测点应设置在沉降量为零的沉降临界点以外。

2 场地地面沉降监测点应在相邻地基沉降监测点布设线路之外的地面上均匀布设。根据地形地质条

件，可选择采用平行轴线方格网法、沿建筑四角辐射网法或散点法布设。

6.1.3 建筑场地沉降点标志的类型及埋设应符合下列规定：

1 相邻地基沉降监测点的标志可选择浅埋标或深埋标，并应符合下列规定：

　　1）浅埋标可采用普通水准标石或用直径 0.25m 的水泥管现场浇灌，埋深宜为 1m～2m；当在季节冻土区埋设时，标石底部宜埋设于冻土线下 0.5m；当在永久冻土区埋设时，标石底部宜埋设于最大溶解深度线下（永冻层中）1.0m；

　　2）深埋标可采用内管外加保护管的标石型式，埋深应与建筑基础深度相适应，标石顶部应埋入地面下 0.2m～0.3m，并应砌筑带盖的窨井加以保护。

2 场地地面沉降监测点的标志与埋设，应根据观测要求确定，可采用浅埋标。

6.1.4 建筑场地沉降观测的观测方法、观测精度及其他技术要求可按本规范第 7.1 节沉降观测的有关规定执行。

6.1.5 建筑场地沉降观测的周期，应根据不同任务要求、产生沉降的不同情况以及沉降速率等因素具体分析确定，并应符合下列规定：

1 在基础施工期间的相邻地基沉降观测，在基坑降水时和基坑土开挖过程中应每天观测 1 次。混凝土底板浇完 10d 以后，可每 2d～3d 观测 1 次，直至地下室顶板完工和水位恢复，若水位恢复时间较短、恢复速度较快，应在水位恢复的前后一周内每 2d～3d 观测 1 次，同时应观测水位变化。此后可每周观测 1 次至回填土完工。

2 在上部结构施工期间的相邻地基沉降观测和场地地面沉降观测的周期可按本规范第 7.1 节的有关规定确定。

6.1.6 建筑场地沉降观测应提交下列成果资料：

1 监测点布置图。

2 观测成果表。

3 相邻地基沉降的距离-沉降曲线。

4 场地地面等沉降曲线。

6.2 地基土分层沉降观测

6.2.1 地基土分层沉降观测应测定场地及地基内部各分层土的沉降量、沉降速率以及有效压缩层的厚度。

6.2.2 分层沉降监测点的布设应符合下列规定：

1 对建筑场地，监测点应根据场地形状及土层分布情况布设，每一土层应至少布设 1 个点。

2 对建筑地基，监测点应在地基中心附近 2m× 2m 或各点间距不大于 0.5m 的范围内，沿铅垂线方

向上的各层土内布置。点位数量与深度应根据分层土的分布情况确定，每一土层应至少布设1个点，最浅的点位应在基础底面下不小于0.5m处，最深的点位应在超过压缩层理论厚度处或设在压缩性低的砾石或岩石层上。

6.2.3 分层沉降观测可采用分层沉降计、沉降磁环或直接埋设分层沉降标志的方法。分层沉降计、沉降磁环以及分层沉降标志的埋设，在填土区可在填土时分层埋设，在原状土区可采用钻孔法埋设。

6.2.4 分层沉降观测宜采用二等沉降观测精度。分层沉降观测应采用水准测量分别测出各标顶的高程，或采用分层沉降仪分别测量各土层的压缩量，计算各土层的沉降量。

6.2.5 分层沉降观测应从基坑开挖后基础施工前开始，直至建筑竣工后沉降稳定时为止。观测周期可按本规范第7.1节建筑沉降观测的有关规定确定。首期观测应在标志埋好7d后进行。

6.2.6 地基土分层沉降观测应提交下列成果资料：
1 监测点布置图。
2 观测成果表。
3 各土层荷载-沉降-深度曲线。
4 各土层沉降量-填土高度时程曲线。

6.3 斜坡位移监测

6.3.1 对存在不良地质作用的建筑边坡，或存在对建筑的安全和稳定有影响的自然斜坡和人工边坡，应进行斜坡位移监测。

6.3.2 斜坡位移监测的内容，应根据斜坡滑移的危害程度或防治工程等级确定。作业时，可根据工程的不同阶段按表6.3.2的规定进行选择。

表6.3.2 斜坡位移监测内容

阶段	主要监测内容
前期	地表（或边坡表面）裂缝
整治期	地表（或边坡）的水平位移或垂直位移、深部钻孔测斜、土体或岩体应力、地下水位
整治后	地表（或边坡）的水平位移或垂直位移、深部钻孔测斜、地表倾斜、地表（或边坡表面）裂缝、土体或岩体应力、地下水位

6.3.3 斜坡位移监测可采用二等或三等精度。对局部斜坡或人工高边坡，不应低于四等精度。当有特殊要求时，应另行确定监测精度。

6.3.4 斜坡位移监测的基准点应布设在场地周邻的稳定区域且不少于3点，宜采用带有强制对中装置的观测墩。

6.3.5 斜坡位移监测点的布设，应符合下列规定：
1 场地整体地面水平位移监测点，应根据地形地质条件，采用平行轴线方格网法均匀布设。其点位

间距应视相关基础类型、荷载大小及地质条件，与设计人员共同确定。

2 场地滑坡监测，除在滑坡体上均匀布点外，还应符合下列规定：
  1）应在滑坡周界外稳定的部位和周界内稳定的部位布设监测点，且应在滑动量较大和滑动速度较快的部位增加布点；
  2）当滑坡体的主滑方向和滑动范围明确时，可根据滑坡规模选取十字形或格网形平面布点方式；当主滑方向和滑动范围不明确时，可根据现场条件，采用放射形平面布点方式；
  3）对已加固的滑坡，应在其支挡锚固结构的主要受力构件上布设应力计和监测点；
  4）当需测定滑坡体深部位移时，应将相关监测点钻孔位置布设在主滑轴线上。

3 人工高边坡监测点可根据边坡的高度、层（台）级和围护结构，按上、中、下成排布设，点位间距宜根据边坡设计图纸或与设计人员共同确定。

6.3.6 斜坡位移监测点位的标石标志及其埋设应符合下列规定：
1 土体上的监测点可埋设预制混凝土标石。根据观测精度要求，顶部的标志可采用具有强制对中装置的活动标志或嵌入加工成半球状的钢筋标志。标石埋深不宜小于1m，在季节冻土区标石底部宜埋设于冻土线下0.5m，在永久冻土区标石底部宜埋设于最大溶解深度线下（永冻层中）1.0m。标石顶部应露出地面0.2m～0.3m。

2 岩体上的监测点可采用砂浆现场浇筑的钢筋标志。凿孔深度不宜小于0.1m。标志埋好后，其顶部应露出岩体面0.05m。

3 必要的临时性或过渡性监测点以及观测期短、次数少的小型斜坡位移监测点，可埋设硬质大木桩，但顶部应安置照准标志，底部应埋至当地冻土线以下。

4 斜坡体深部位移观测钻孔应穿过潜在滑动面进入稳定的基岩面以下不小于1m。观测钻孔应铅直，孔径不应小于110mm。测斜管与孔壁之间应填实。

6.3.7 斜坡位移监测点的位移观测方法，可根据现场条件，按下列要求选用：

1 当建筑数量多、地形复杂时，宜采用以三方向交会为主的测角前方交会法，交会角宜在50°～110°之间，长短边不宜悬殊。也可采用测距交会法、测距导线法以及极坐标法。

2 对视野开阔的场地，当面积小时，可采用放射线观测网法，从两个测站点上按放射状布设交会角宜为30°～150°的若干条观测线，两条观测线的交点即为监测点。每次观测时，应以解析法或图解法测出监测点偏离两测线交点的位移量。当场地面积大时，

可采用任意方格网法，格网布设、观测方法等与放射线观测网法基本相同，但应根据需要增加测站点与定向点。

3 对带状斜坡，当通视较好时，可采用测线支距法，在与滑动轴线的垂直方向，布设若干条测线，沿测线选定测站点、定向点与监测点。每次观测时，应按支距法测出监测点的位移量与位移方向。当斜坡体窄而长时，可采用十字交叉观测网法。

4 对抗滑墙（桩）和要求高的单独测线，可采用视准线法。

5 对可能有大滑动的斜坡，除采用测角前方交会等方法外，亦可采用近景摄影测量方法同时测定监测点的水平和垂直位移。

6 斜坡体内深部监测点的位移观测，宜采用测斜仪法。

7 当斜坡位移监测点数较多且场地条件满足卫星导航定位测量作业时，可采用单机多天线卫星导航定位测量方法观测。

8 对精度要求高、变形敏感且危害大的斜坡位移监测宜采用全站仪自动监测系统。

6.3.8 斜坡位移监测点的高程测量宜采用水准测量方法，对困难点位可采用三角高程测量方法。观测路线均应组成闭合或附合网形。

6.3.9 斜坡位移监测的频率应视斜坡的发育程度及季节变化等情况确定，并应符合下列规定：

1 在雨季，宜每半月或1月观测1次；干旱季节，可每季度观测1次。

2 当发现滑移速度增快，或遇暴雨、地震、解冻等情况时，应提高观测频率。

3 当发现有大范围的滑移可能或其他异常时，应在确保观测作业安全的前提下，提高观测频率，并立即将观测结果报告项目委托方。

6.3.10 斜坡位移监测预报应采用现场严密监视和资料综合分析相结合的方法进行。每次观测后，应及时整理绘制出各监测点的滑移曲线。当发现有异常观测值，应在加强观测的同时，观察滑移前征兆，并应结合工程地质、水文地质、地震和气象等方面资料进行全面分析，作出斜坡滑移预报，并及时预警防范。

6.3.11 场地斜坡位移监测应提交下列成果资料：

1 监测点布置图。

2 观测成果表。

3 监测点位移综合曲线。

4 建筑场地斜坡滑移的边界、面积、滑动量、滑移方向、主滑线以及滑动速度资料等。

6.4 基坑及其支护结构变形观测

6.4.1 基坑变形观测可分为基坑支护结构变形观测和基坑回弹观测。基坑支护结构变形观测应测定围护墙或基坑边坡顶部的水平和垂直位移、围护墙或边坡外土体深层水平位移。基坑回弹观测应测定基坑开挖到底及基础浇灌施工前的回弹量。

6.4.2 基坑支护结构变形观测精度应根据支护结构类型、基坑形状、大小和深度、周边建筑及设施的重要程度、工程地质与水文地质条件和设计变形控制值等因素按本规范第3.2节的规定确定。

6.4.3 围护墙或基坑边坡顶部变形监测点的布置应符合下列规定：

1 监测点应沿基坑周边布置，周边中部、阳角处、受力变形较大处应设点。

2 监测点间距不宜大于20m，关键部位应适当加密，且每侧边不宜少于3个。

3 水平和垂直监测点宜共用同一点。

6.4.4 围护墙或土体深层水平位移监测点的布置应符合下列规定：

1 监测点宜布置在围护墙的中间部位、阳角处，点间距20m～50m，每侧边不应少于1个。

2 采用测斜仪观测水平位移，当测斜管埋设在土体中时，测斜管埋设长度不应小于围护墙的入土深度。

6.4.5 基坑支护结构变形观测的方法应根据基坑类别、现场条件、设计要求等进行选择，并应符合下列规定：

1 对一级基坑，应采用自动化监测方式。

2 应采用视准线、测小角、前方交会、极坐标、方向线偏移法、卫星导航定位测量或测斜仪等方法进行水平位移观测。

3 应采用水准测量、三角高程测量或静力水准测量方法进行垂直位移观测。

4 宜采用应变计、应力计、土压力计、孔隙水压力计、水位计等传感器对支护结构内力、土体压力、孔隙水压力、水位等进行观测。

5 具体观测要求应符合现行国家标准《建筑基坑工程监测技术规范》GB 50497和本规范第4章的相应规定。

6.4.6 当采用测斜仪测定基坑深层水平位移时，应符合下列规定：

1 测斜仪的分辨率不宜低于0.02mm/500mm，系统精度不应低于4mm/15m。

2 应根据基坑施工设计方案安排测斜管的安装，并在基坑开挖前完成初始值的测取。埋设可采用钻孔法，在地下连续墙、钻孔灌注桩、排桩等围护结构中宜采用捆扎法、钢抱箍法。

3 每期观测应测1测回。

4 每个测斜导管的初测值，应测2测回，并取其算术平均值作为初始观测成果。

6.4.7 基坑支护结构位移观测的周期应根据施工进度确定，并应符合下列规定：

1 基坑变形观测应从基坑围护结构施工开始，

基坑开挖期间宜根据基坑开挖深度和基坑安全等级每 1d～2d 观测 1 次，位移速率或位移量大时应每天 1 次～2 次。基坑开挖间隙或开挖及桩基施工结束后，且变形趋于稳定时，可 7d 观测 1 次。

2 当基坑的位移速率或位移量迅速增大、达到报警值或出现其他异常时，应在确保观测作业安全的前提下，提高观测频率，并立即报告项目委托方。

6.4.8 基坑回弹观测应测定基坑纵横断面的回弹量。其监测点的布设，应根据基坑形状、大小、深度及地质条件确定，并应符合下列规定：

1 对矩形基坑，应在基坑中央及长短轴线上布点，同一剖面上监测点横向间距宜为 10m～30m，数量不应少于 3 个。可利用基坑回弹变形的近似对称特性，仅在一半的范围内布点。对其他形状不规则的基坑，可与设计人员商定后确定。

2 对基坑外的监测点，应埋设常用的普通水准点标石。监测点应在所选坑内方向线的延长线上距基坑深度 1.5 倍～2.0 倍距离内布置。当所选点位遇到地下管线或其他物体时，可将监测点移至与之对应方向线的空位置上。

3 应在基坑外相对稳定且不受施工影响的地点选设工作基点。

4 应测定并记录监测点的平面位置。

6.4.9 基坑回弹观测标志应埋入基坑底面以下 0.2m～0.3m。根据开挖深度和地层土质情况，可采用钻孔法或探井法埋设辅助杆压入式、钻杆送入式或直埋式标志。也可采用带导向引线的挂钩式回弹标志，结合测斜仪和测定坐标的方法进行回弹观测。

6.4.10 基坑回弹观测应符合下列规定：

1 宜采用二等或三等沉降观测精度。

2 观测路线应组成起讫于沉降基准点或工作基点的闭合或附合路线。

3 回弹观测不应少于 3 次，其中第一次应在基坑开挖之前，第二次应在基坑挖好之后，第三次应在浇灌基础混凝土之前。当基坑开挖施工完成至基础施工的间隔时间较长时，应适当提高观测频率。

4 基坑开挖前的回弹观测，宜采用数字水准仪配以铅垂钢尺读数的钢尺法。较浅基坑的观测，可采用数字水准仪配辅助杆垫高水准尺读数的辅助杆法。观测结束后，应在观测孔底充填厚度约为 1m 的白灰。

5 基坑开挖后的回弹观测，应利用传递到坑底的临时工作点，按所观测精度，用水准测量及时测出每一监测点的高程。当全部点挖出后，再统一观测一次。

6.4.11 基坑及其支护结构变形观测应提交下列成果资料：

1 基坑支护结构变形观测应包括下列内容：

    1） 监测点布置图；

    2） 观测成果表；

    3） 基坑支护结构变形曲线。

2 基坑回弹观测应包括下列内容：

    1） 监测点布置图；

    2） 观测成果表；

    3） 回弹纵、横断面图。

6.5 周边环境变形观测

6.5.1 当某建筑的施工或运营对其周边的其他建筑、道路、管线、地面等造成影响，导致周边环境可能发生变化时，应对周边环境进行变形观测。

6.5.2 周边环境的变形测量，应根据具体变形对象和变形类型，分别采用本规范第 6 章和第 7 章的相应方法进行。

6.5.3 周边环境的监测应根据需要延续至变形趋于稳定状态后结束。

7 基础及上部结构变形观测

7.1 沉 降 观 测

7.1.1 沉降观测应测定建筑的沉降量、沉降差及沉降速率，并应根据需要计算基础倾斜、局部倾斜、相对弯曲及构件倾斜。

7.1.2 沉降监测点的布设应符合下列规定：

1 应能反映建筑及地基变形特征，并应顾及建筑结构和地质结构特点。当建筑结构或地质结构复杂时，应加密布点。

2 对民用建筑，沉降监测点宜布设在下列位置：

    1） 建筑的四角、核心筒四角、大转角处及沿外墙每 10m～20m 处或每隔 2 根～3 根柱基上；

    2） 高低层建筑、新旧建筑和纵横墙等交接处的两侧；

    3） 建筑裂缝、后浇带两侧、沉降缝两侧、基础埋深相差悬殊处、人工地基与天然地基接壤处、不同结构的分界处及填挖方分界处以及地质条件变化处两侧；

    4） 对宽度大于或等于 15m、宽度虽小于 15m 但地质复杂以及膨胀土、湿陷性土地区的建筑，应在承重内隔墙中部设内墙点，并在室内地面中心及四周设地面点；

    5） 邻近堆置重物处、受振动显著影响的部位及基础下的暗浜处；

    6） 框架结构及钢结构建筑的每个或部分柱基上或沿纵横轴线上；

    7） 筏形基础、箱形基础底板或接近基础的结构部分之四角处及其中部位置；

    8） 重型设备基础和动力设备基础的四角、基础形式或埋深改变处；

　　9）超高层建筑或大型网架结构的每个大型结构柱监测点数不宜少于 2 个，且应设置在对称位置。

　　3　对电视塔、烟囱、水塔、油罐、炼油塔、高炉等大型或高耸建筑，监测点应设在沿周边与基础轴线相交的对称位置上，点数不应少于 4 个。

　　4　对城市基础设施，监测点的布设应符合结构设计及结构监测的要求。

7.1.3　沉降监测点的标志可根据待测建筑的结构类型和墙体材料等情况进行选择，并应符合下列规定：

　　1　标志的立尺部位应加工成半球形或有明显的突出点，并宜涂上防腐剂。

　　2　标志的埋设位置应避开雨水管、窗台线、散热器、暖水管、电气开关等有碍设标与观测的障碍物，并应视立尺需要离开墙面、柱面或地面一定距离，宜与设计部门沟通。

　　3　标志应美观，易于保护。

　　4　当采用静力水准测量进行沉降观测时，标志的型式及其埋设，应根据所用静力水准仪的型号、结构、安装方式以及现场条件等确定。

7.1.4　沉降观测应根据现场作业条件，采用水准测量、静力水准测量或三角高程测量等方法进行。沉降观测的精度等级应符合本规范第 3.2 节的规定。对建筑基础和上部结构，沉降观测精度不应低于三等。

7.1.5　沉降观测的周期和观测时间应符合下列规定：

　　1　建筑施工阶段的观测应符合下列规定：

　　　　1）宜在基础完工后或地下室砌完后开始观测。

　　　　2）观测次数与间隔时间应视地基与荷载增加情况确定。民用高层建筑宜每加高 2 层～3层观测 1 次，工业建筑宜按回填基坑、安装柱子和屋架、砌筑墙体、设备安装等不同施工阶段分别进行观测。若建筑施工均匀增高，应至少在增加荷载的 25%、50%、75% 和 100% 时各观测 1 次；

　　　　3）施工过程中若暂时停工，在停工时及重新开工时应各观测 1 次，停工期间可每隔 2月～3 月观测 1 次。

　　2　建筑运营阶段的观测次数，应视地基土类型和沉降速率大小确定。除有特殊要求外，可在第一年观测 3 次～4 次，第二年观测 2 次～3 次，第三年后每年观测 1 次，至沉降达到稳定状态或满足观测要求为止。

　　3　观测过程中，若发现大规模沉降、严重不均匀沉降或严重裂缝等，或出现基础附近地面荷载突然增减、基础四周大量积水、长时间连续降雨等情况，应提高观测频率，并应实施安全预案。

　　4　建筑沉降达到稳定状态可由沉降量与时间关系曲线判定。当最后 100d 的最大沉降速率小于

0.01mm/d～0.04mm/d 时，可认为已达到稳定状态。对具体沉降观测项目，最大沉降速率的取值宜结合当地地基土的压缩性能来确定。

7.1.6　每期观测后，应计算各监测点的沉降量、累计沉降量、沉降速率及所有监测点的平均沉降量。根据需要，可按下式计算基础或构件的倾斜度 α：

$$\alpha = (s_A - s_B)/L \qquad (7.1.6)$$

式中：s_A、s_B——基础或构件倾斜方向上 A、B 两点的沉降量（mm）；

　　　　L——A、B 两点间的距离（mm）。

7.1.7　沉降观测应提交下列成果资料：

　　1　监测点布置图。

　　2　观测成果表。

　　3　时间-荷载-沉降量曲线。

　　4　等沉降曲线。

7.2　水平位移观测

7.2.1　建筑水平位移按坐标系统可分为横向水平位移、纵向水平位移及特定方向的水平位移。横向水平位移和纵向水平位移可通过监测点的坐标测量获得。特定方向的水平位移可直接测定。

7.2.2　水平位移的基准点应选择在建筑变形以外的区域。水平位移监测点应选在建筑的墙角、柱基及一些重要位置，标志可采用墙上标志，具体型式及其埋设应根据现场条件和观测要求确定。

7.2.3　水平位移观测应根据现场作业条件，采用全站仪测量、卫星导航定位测量、激光测量或近景摄影测量等方法进行。水平位移观测的精度等级应符合本规范第 3.2 节的规定。

7.2.4　水平位移观测的周期，应符合下列规定：

　　1　施工期间，可在建筑每加高 2 层～3 层观测 1次；主体结构封顶后，可每 1 月～2 月观测 1 次。

　　2　使用期间，可在第一年观测 3 次～4 次，第二年观测 2 次～3 次，第三年后每年观测 1 次，直至稳定为止。

　　3　若在观测期间发现异常或特殊情况，应提高观测频率。

7.2.5　水平位移观测应提交下列成果资料：

　　1　监测点布置图。

　　2　观测成果表。

　　3　水平位移图。

7.3　倾　斜　观　测

7.3.1　建筑施工过程中及竣工验收前，宜对建筑上部结构或墙面、柱等进行倾斜观测。建筑运营阶段，当发生倾斜时，应及时进行倾斜观测。

7.3.2　倾斜监测点的布设及标志设置应符合下列规定：

1 当测定顶部相对于底部的整体倾斜时，应沿同一竖直线分别布设顶部监测点和底部对应点。

2 当测定局部倾斜时，应沿同一竖直线分别布设所测范围的上部监测点和下部监测点。

3 建筑顶部的监测点标志，宜采用固定的觇牌和棱镜，墙体上的监测点标志可采用埋入式照准标志或粘贴反射片标志。

4 对不便埋设标志的塔形、圆形建筑以及竖直构件，可粘贴反射片标志，也可照准视线所切同高边缘确定的位置或利用符合位置与照准要求的建筑特征部位。

7.3.3 倾斜观测的周期，宜根据倾斜速率每1月～3个月观测1次。当出现基础附近因大量堆载或卸载、场地降雨长期积水等导致倾斜速度加快时，应提高观测频率。施工期间倾斜观测的周期和频率，宜与沉降观测同步。

7.3.4 倾斜观测作业应避开风荷载影响大的时间段。对于高层和超高层建筑的倾斜观测，也应避开强日照时间段。

7.3.5 当从建筑外部进行倾斜观测时，应符合下列规定：

1 宜采用全站仪投点法、水平角观测法或前方交会法进行观测。当采用投点法时，测站点宜选在与倾斜方向成正交的方向线上距照准目标1.5倍～2.0倍目标高度的固定位置，测站点的数量不宜少于2个；当采用水平角观测法时，应设置好定向点。当观测精度为二等及以上时，测站点和定向点应采用带有强制对中装置的观测墩。

2 当建筑上监测点数量较多时，可采用激光扫描测量或近景摄影测量等方法进行观测。

7.3.6 当利用建筑或构件的顶部与底部之间的竖向通视条件进行倾斜观测时，可采用激光垂准测量或正、倒垂线等方法。

7.3.7 当利用相对沉降量间接确定建筑倾斜时，可采用水准测量或静力水准测量等方法通过测定差异沉降来计算倾斜值及倾斜方向，有关要求应符合本规范第7.1节的规定。

7.3.8 当需要测定建筑垂直度时，可采用与倾斜观测相同的方法进行。

7.3.9 倾斜观测应提交下列成果资料：

1 监测点布置图。

2 观测成果表。

3 倾斜曲线。

7.4 裂 缝 观 测

7.4.1 对建筑上明显的裂缝，应进行裂缝观测。裂缝观测应测定裂缝的位置分布和裂缝的走向、长度、宽度、深度及其变化情况。深度观测宜选在裂缝最宽的位置。

7.4.2 对需要观测的裂缝应统一编号。每次观测时，应绘出裂缝的位置、形态和尺寸，注明观测日期，并拍摄裂缝照片。

7.4.3 每条裂缝应至少布设3组观测标志，其中一组应在裂缝的最宽处，另两组应分别在裂缝的末端。每组应使用两个对应的标志，分别设在裂缝的两侧。

7.4.4 裂缝观测标志应便于量测。长期观测时，可采用镶嵌或埋入墙面的金属标志、金属杆标志或楔形板标志；短期观测时，可采用油漆平行线标志或用建筑胶粘贴的金属片标志。当需要测出裂缝纵、横向变化值时，可采用坐标方格网板标志。采用专用仪器设备观测的标志，可按具体要求另行设计。

7.4.5 裂缝的宽度量测精度不应低于1.0mm，长度量测精度不应低于10.0mm，深度量测精度不应低于3.0mm。

7.4.6 裂缝观测方法应符合下列规定：

1 对数量少、量测方便的裂缝，可分别采用比例尺、小钢尺或游标卡尺等工具定期量出标志间距离求得裂缝变化值，或用方格网板定期读取坐标差计算裂缝变化值。

2 对大面积且不便于人工量测的众多裂缝，宜采用前方交会或单片摄影方法观测。

3 当需要连续监测裂缝变化时，可采用测缝计或传感器自动测记方法观测。

4 对裂缝深度量测，当裂缝深度较小时，宜采用凿出法和单面接触超声波法监测；当深度较大时，宜采用超声波法监测。

7.4.7 裂缝观测的周期应根据裂缝变化速率确定。开始时可半月测1次，以后1月测1次。当发现裂缝加大时，应提高观测频率。

7.4.8 裂缝观测应提交下列成果资料：

1 裂缝位置分布图。

2 观测成果表。

3 裂缝变化曲线。

7.5 挠 度 观 测

7.5.1 当建筑基础、桥梁、大跨度构件、建筑上部结构、墙、柱等发生挠度变形或有要求时，应进行挠度观测。

7.5.2 挠度观测的周期应根据荷载情况并结合设计和施工要求确定。观测的精度等级可采用二等或三等。

7.5.3 竖向的挠度观测应符合下列规定：

1 建筑基础挠度观测可与沉降观测同时进行。监测点应沿基础的轴线或边线布设，每一轴线或边线上不得少于3点。

2 桥梁、大跨度构件等线形建筑的挠度观测，监测点应沿其表面左右两侧布设。

3 监测点的标志设置和观测方法应符合本规范

第7.1节的规定。

4 竖向的挠度值 f_1（图 7.5.3）应按下列公式计算：

$$f_1 = \Delta s_{AE} - \frac{L_{AE}}{L_{AE} + L_{EB}} \Delta s_{AB} \quad (7.5.3\text{-}1)$$

$$\Delta s_{AE} = s_E - s_A \quad (7.5.3\text{-}2)$$

$$\Delta s_{AB} = s_B - s_A \quad (7.5.3\text{-}3)$$

式中：s_A、s_B、s_E——A、B、E 点的沉降量（mm），其中 E 点位于 A、B 两点之间；

L_{AE}、L_{EB}——A、E 之间及 E、B 之间的距离（m）。

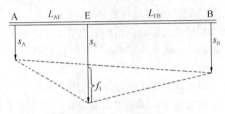

图 7.5.3 竖向的挠度

7.5.4 横向的挠度观测应符合下列规定：

1 对建筑上部结构挠度观测，监测点应按建筑结构类型沿同一竖直方向在不同高度上布设，点的标志设置和观测方法可按本规范第 7.3 节的规定执行。

2 对墙、柱等挠度观测，可采用本条第 1 款相同的方法；当具备作业条件时，亦可采用挠度计、位移传感器等直接测定其挠度值。

3 横向的挠度值 f_2（图 7.5.4）应按下列公式计算：

$$f_2 = \Delta d_{AE} - \frac{L_{AE}}{L_{AE} + L_{EB}} \Delta d_{AB} \quad (7.5.4\text{-}1)$$

$$\Delta d_{AE} = d_E - d_A \quad (7.5.4\text{-}2)$$

$$\Delta d_{AB} = d_B - d_A \quad (7.5.4\text{-}3)$$

式中：d_A、d_B、d_E——A、B、E 点的位移分量（mm），其中 E 点位于 A、B 两点之间；

L_{AE}、L_{EB}——A、E 之间及 E、B 之间的距离（m）。

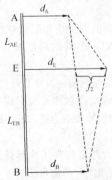

图 7.5.4 横向的挠度

7.5.5 挠度观测应提交下列成果资料：

1 监测点布置图。

2 观测成果表。

3 挠度曲线。

7.6 收敛变形观测

7.6.1 对矿山法施工的隧道围岩和衬砌结构、盾构法施工的隧道拼装环管片、其他地下坑道或结构等，应进行收敛变形观测。

7.6.2 收敛变形观测采用的方法应符合下列规定：

1 当需要测量特定位置的净空对向相对变形时，应采用固定测线法。

2 当需要测量净空断面的综合变形时，可采用全断面扫描法。

3 当需要测量连续范围的净空收敛变形时，可采用激光扫描法。

7.6.3 收敛变形观测应以测线长度测量中误差作为精度衡量指标。对一等和二等精度观测，应采用固定测线法；对三等和四等精度观测，可采用固定测线法、全断面扫描法或激光扫描法。

7.6.4 当采用收敛尺进行固定测线的收敛变形观测时，应符合下列规定：

1 固定测线两端的监测点应安装牢固，监测点的测头应与收敛尺的挂钩匹配。安装后应进行监测点与收敛尺接触点的符合性检查，符合性检查应独立观测 3 次，观测较差不应大于测线长度中误差的 2 倍。

2 各等级固定测线的长度宜符合表 7.6.4 的规定。

表 7.6.4 固定测线收敛变形观测的最大测线长度

等级	一等	二等	三等、四等
最大测线长度（m）	≤20	≤30	≤50

3 收敛尺观测时应施加标定时的拉力，收敛尺尺面应平直，不得扭曲。每条固定测线应独立观测 3 次，较差不应大于测线长度中误差的 2 倍，取算术平均值作为观测值。

4 收敛变形观测成果应进行尺长改正和温度改正。一等和二等观测的温度测量最小读数为 0.2℃，三等和四等观测时温度测量最小读数为 1℃，并应按下式进行温度改正：

$$\delta_L = k \times L \times \delta_T \quad (7.6.4)$$

式中：δ_L——温度变化改正数（mm）；

k——收敛尺的温度线膨胀系数；

L——固定测线的长度读数（m）；

δ_T——温度变化量（℃）。

7.6.5 当采用全站仪对边测量法进行固定测线的收敛变形观测时，应符合下列规定：

1 固定测线两端宜布设棱镜或反射片等观测标志。二等及以下固定测线采用免棱镜观测时，可布设简易定位标志。

  2 一等观测的全站仪标称精度不应低于 1″和（1mm＋1ppm）；二等及以下观测，当采用基于无合作目标激光测距功能的全站仪观测时，标称精度不应低于 2″和（2mm＋2ppm）。观测前应测定无合作目标测距加常数，并应对观测边长进行加常数改正。

  3 对边测量时，应依次照准固定测线的两个端点，通过分别测定其三维坐标，计算固定测线的长度。观测技术要求应符合表 7.6.5 的规定。

表 7.6.5 全站仪固定测线的收敛变形观测技术要求

等级	测回数	较差及测回差（mm）
一等	2	1
二等及以下	1	2

7.6.6 当采用手持测距仪进行二等及以下固定测线收敛变形观测时，应符合下列规定：

  1 固定测线两端应分别设置对中点、瞄准点。

  2 手持测距仪的标称精度不应低于 1.5mm，尾部应有对中装置。

  3 观测前应检测测距仪加常数。对收敛变形观测成果，应进行加常数改正。

  4 观测时，测距仪应分别对中、瞄准固定测线的两个端点。每条测线应独立观测 3 测回，测回间应重新对中、瞄准，当测回间互差不大于 2mm 时，应取算术平均值作为观测成果。

7.6.7 当采用全站仪断面扫描法进行二等及以下收敛变形观测时，应符合下列规定：

  1 应在同一竖向剖面内设置仪器对中点、定向点和检核点，收敛断面应垂直于结构中线。

  2 采用具有免棱镜激光测距功能、自动驱动型全站仪，全站仪标称精度不应低于 2″和（2mm＋2ppm）。

  3 断面上的测点宜按 0.2m～0.3m 步长等密度采集，采集点应包含起点、终点、拼装缝等特征点，断面上每段线形（直线或圆弧）的监测点不应少于 5 点。宜采用全站仪的机载数据采集软件进行自动采集。

  4 应结合结构表面特点建立数据处理模型。数据处理前应删除异常点，数据处理后应输出包括特征点的径向长度在内的断面变形数据，进行不同期数据的比较。

  5 成果应以表格和展开图的形式表达。

7.6.8 当采用激光扫描法进行收敛变形观测时，作业要求应符合本规范第 4.7 节的相应规定。

7.6.9 收敛变形观测应提交下列成果资料：

  1 固定测线或收敛断面布置图。

  2 观测成果表。

  3 收敛变形观测成果图。

7.7 日照变形观测

7.7.1 对超高层建筑或高耸结构进行日照变形观测，应测定建筑或结构上部受阳光照射受热不均引起的偏移量及变化轨迹。

7.7.2 当从建筑内部进行日照变形观测时，应符合下列规定：

  1 建筑内部应具备竖向通视条件。

  2 当采用激光垂准仪进行观测时，应在通道顶部或适当位置安置激光接收靶，并应在其垂线下方安置激光垂准仪。

  3 当采用正垂仪进行观测时，应在通道顶部或适当位置安置正垂仪，并应在其垂线下方安置坐标仪。

7.7.3 当从建筑或结构外部进行日照变形观测时，应符合下列规定：

  1 监测点应设在建筑或结构的顶部或其他适当位置。

  2 当采用全站仪自动监测系统进行观测时，监测点上应安置棱镜或激光反射片。作业要求应符合本规范第 4.5 节的规定。

  3 当采用卫星导航定位测量动态测量模式进行观测时，监测点上应安置卫星导航定位接收机天线。作业要求应符合本规范第 4.6 节的规定。

7.7.4 日照变形观测宜选在夏季日照充分、昼夜温差较大时进行。宜进行不少于 24h 的连续观测，观测频率宜为 1 次/h～2 次/h。每次观测时，应测定建筑向阳面与背阳面的温度，并应测定风速和风向。

7.7.5 日照变形观测的精度，可根据观测对象、观测目的和所用方法，选择本规范第 3.2.2 条规定的二等、三等或四等精度。

7.7.6 日照变形观测应提交下列成果资料：

  1 监测点布置图。

  2 观测成果表。

  3 日照变形曲线。

7.8 风 振 观 测

7.8.1 对超高层建筑或高耸结构进行风振观测，应在受强风作用的时间段内，同步测定其顶部的水平位移、风速、风向。测定的时间段长度可根据观测目的和要求确定，不宜少于 1h。

7.8.2 风振观测中的水平位移观测应符合下列规定：

  1 宜采用卫星导航定位测量动态测量模式测定，观测频率宜为 1Hz。

  2 监测点应设置在待测建筑或结构的顶部，并应能安置卫星导航定位接收机天线。

  3 观测作业要求应符合本规范第 4.6 节的规定。

  4 应利用获得的监测点平面坐标时间序列计算其水平位移分量时间序列，计算时可选择最初观测时点的平面坐标作为位移计算起始值。

7.8.3 风速和风向应采用风速计或风速传感器测定，观测频率宜为 1 次/min。

7.8.4 风振观测应提交下列成果资料：

　　1 监测点布置图。

　　2 观测成果表。

　　3 两个坐标方向上的位移-时间曲线。

　　4 风速-时间曲线及风向变化图等。

7.9　结构健康监测

7.9.1 结构健康监测应采用自动化健康监测系统采集结构及现场环境信息，并应通过分析结构的各种特征对结构健康状况进行评价。对重要结构，宜同时采用常规监测手段。

7.9.2 结构健康监测应根据建筑结构的特点及监测要求、现场条件等选择监测内容及传感器，并应符合下列规定：

　　1 监测内容宜符合表 7.9.2 的规定。

表 7.9.2　结构健康监测内容

监测类别	监测内容
几何形变类	水平位移、沉降、倾斜、挠度等
结构反应类	应变、内力、速度、加速度等
环境参数类	温度、湿度、风速、地震等
外部荷载类	车速、车载等
材料特性类	锈蚀、裂缝、疲劳等

　　2 对几何形变类的监测，宜选择全站仪测量、静力水准测量、卫星导航定位测量、激光测量、近景摄影测量等方法进行，观测技术要求应符合本规范第 4 章的相应规定。

　　3 对结构反应类、环境参数类、外部荷载类和材料特性类的监测，采用传感器的性能参数及技术要求等应符合现行国家有关标准的规定。

7.9.3 传感器应布置在能充分反映结构及环境特性的位置上。具体位置应符合下列规定：

　　1 应布置在结构受力最不利处或已损伤处。

　　2 应利用结构对称性原则，优化传感器数量。

　　3 对重点部位应增加传感器。

　　4 应能缩短信号传输距离。

　　5 应便于安装和更换传感器。

7.9.4 结构健康监测的频率应以能反映被监测的结构行为和结构状态，并满足分析评价要求为准则来确定。当需要对各监测点数据做相关分析时，应同步采集其数据。

7.9.5 对传感器采集的数据应进行降噪处理，剔除由监测系统自身引起的异常数据。对沉降、水平位移、倾斜、挠度监测，其数据处理尚应符合本规范第 8.2 节的规定。

7.9.6 应按本规范和现行国家有关标准的规定，整理各类监测数据，绘制各监测参数的变化状态曲线，分析趋势，并对结构的应力、变形等参数的相关性进行分析。对于风险较大的结构，宜建立有限元模型，根据实测参数反算结构其他参数的符合性，评估结构的安全状况。应根据安全评估结果，进行相应的安全预警。

7.9.7 结构健康监测应提交下列成果资料：

　　1 监测数据。

　　2 监测技术方案与报告。

　　3 自动化监测系统及技术资料。

8　成果整理与分析

8.1　一般规定

8.1.1 每次变形观测结束后，应及时进行成果整理。项目完成后，应对成果资料进行整理并分类装订。成果整理应符合下列规定：

　　1 观测记录内容应真实完整，采用电子方式记录的数据，应完整存储在可靠的介质上。

　　2 数据处理、成果图表及检验分析资料应完整、清晰。

　　3 图式符号应规格统一、注记清楚。

　　4 沉降观测、位移观测成果表宜符合本规范附录 A 的规定。

　　5 观测记录、计算资料和技术成果均应有相关责任人签字，技术成果应加盖技术成果章。

　　6 观测记录、计算资料和技术成果应进行归档。

8.1.2 根据项目委托方的要求，可按期或按变形发展情况提交下列变形测量阶段性成果：

　　1 本期及前 1 期～2 期的观测成果。

　　2 与前一期观测间的变形量和变形速率。

　　3 本期观测后的累计变形量。

　　4 相关图表及简要说明和建议等。

8.1.3 当建筑变形测量任务全部完成或项目委托方需要时，应提交各期观测成果和技术报告作为综合成果。

8.1.4 建筑变形测量技术报告结构应清晰，重点应突出，结论应明确，并应包括下列主要内容：

　　1 项目概况。应包括项目来源，观测目的和要求，测区地理位置及周边环境，项目起止时间，总观测次数，实际布设和测定的基准点、工作基点、监测点点数，项目承担方及主要人员等。

　　2 作业过程及技术方法。应包括变形测量依据的技术标准，采用的平面坐标系或高程基准，项目技术设计或施测方案的技术变更情况，所用仪器设备及其检校情况，基准点及监测点的标志及其布设情况，变形测量精度等级，观测及数据处理方法，各期观测时间，观测成果及精度统计情况等。

　　3 成果质量检验情况。

4 变形测量过程中出现的异常、预警及其他特殊情况。

5 变形分析方法、结论及建议。

6 项目成果清单。

7 图、表等附件。

8.1.5 建筑变形测量的观测记录、计算资料及成果的管理和分析宜采用变形测量数据处理与信息管理系统进行。该系统宜具备下列功能：

1 应能接收各期变形测量的观测数据，并对数据格式进行转换。

2 应能进行各期观测数据的检核和处理。

3 应能进行基准点、工作基点及监测点标识信息管理。

4 应能进行基准点网的平差计算和稳定性分析。

5 应能对观测数据、计算数据、成果数据建立相应的数据库。

6 应能对监测点进行变形分析。

7 应能生成变形测量成果图表。

8 宜能进行变形测量数据建模和预报。

9 宜能进行变形的三维可视化表达。

10 应具有用户管理和安全管理功能。

8.2 数据整理

8.2.1 每期变形观测结束后，应依据测量误差理论和统计检验原理对获得的观测数据及时进行平差计算处理，并计算各种变形量。

8.2.2 建筑变形观测数据的平差计算，应符合下列规定：

1 应利用稳定的基准点作为起算点。

2 应采用严密的平差方法和可靠的软件系统。

3 应确保平差计算所用观测数据、起算数据准确无误。

4 应剔除含有粗差的观测数据。

5 对特等和一等变形测量，应对可能含有系统误差的观测值进行系统误差改正。

8.2.3 对各类建筑变形监测点网和变形测量成果，平差计算的单位权中误差及变形参数的精度应符合本规范第3章相应等级变形测量的精度要求。

8.2.4 建筑变形测量平差计算分析中的数据取位应符合表8.2.4的规定。

表8.2.4　变形测量平差计算分析中的数据取位要求

等级	高差 (mm)	角度 (″)	距离 (mm)	坐标 (mm)	高程 (mm)	沉降值 (mm)	位移值 (mm)
特等	0.01	0.01	0.01	0.01	0.01	0.01	0.01
一等	0.01	0.01	0.1	0.1	0.01	0.01	0.1
二、三等	0.1	0.1	0.1	0.1	0.1	0.1	0.1
四等	0.1	1	1	1	0.1	0.1	1

8.3 监测点变形分析

8.3.1 对二等和三等及部分一等变形测量，相邻两期监测点的变形分析可通过比较监测点相邻两期的变形量与测量极限误差来进行。当变形量小于测量极限误差时，可认为该监测点在这两期之间没有变形或变形不显著。

8.3.2 对特等及有特殊要求的一等变形测量，当监测点两期间的变形量符合公式（8.3.2）时，可认为该监测点在这两期之间没有变形或变形不显著：

$$\Delta < 2\mu\sqrt{Q} \qquad (8.3.2)$$

式中：Δ——两期间的变形量；

μ——单位权中误差，可取两期平差单位权中误差的算术平均值；

Q——监测点变形量的协因数。

8.3.3 对多期变形观测成果，应综合分析多期的累积变形特征。当监测点相邻两期间变形量小、但多期间变形量呈现出明显变化趋势时，应认为其有变形。

8.4 建模和预报

8.4.1 对于多期建筑变形观测成果，根据需要，应建立反映变形量与变形因子关系的数学模型，对引起变形的原因作出分析和解释，必要时还应对变形的发展趋势进行预报。

8.4.2 建筑变形测量的建模应符合下列规定：

1 当一个目标体上所有监测点或部分监测点的变形状况总体一致时，可利用这些监测点的平均变形量建立相应的数学模型。

2 当各监测点变形状况差异大或某些监测点变形状况特殊时，应对各监测点或特殊的监测点分别建立数学模型。

3 对特等和有特殊要求的一等变形观测成果，可利用地理信息系统技术对整体变形进行空间分析和可视化表达。

8.4.3 建立变形量与变形因子关系数学模型可采用回归分析方法，并应符合下列规定：

1 应以不少于10期的观测数据为依据，通过分析各期所测的变形量与相应荷载、时间之间的相关性，建立荷载或时间-变形量数学模型。

2 变形量与变形因子之间的回归模型应简单，包含的变形因子数不宜超过2个。回归模型可采用线性回归模型和指数回归模型、多项式回归模型等非线性回归模型。

3 当只有1个变形因子时，可采用一元回归分析方法。

4 当考虑多个变形因子时，宜采用逐步回归分析方法，确定影响显著的因子。

8.4.4 对沉降观测，当观测周期为等时间间隔时，可采用灰色建模方法，建立沉降量与时间之间的灰色模型；对风振、日照等变形观测，可采用时间序列分析方法对获得的时间序列数据进行建模并进行分析。

8.4.5 建立变形量与变形因子关系模型后，应对模型的有效性进行检验分析。用于后续分析预报的数学模型应是有效的。

8.4.6 当利用变形量与变形因子关系模型进行变形趋势预报时，应给出预报结果的误差范围及适用条件。

9 质量检验

9.1 一般规定

9.1.1 对建筑变形测量成果的质量宜实行两级检查一级验收，并应符合下列规定：

 1 两级检查中的一级检查和二级检查应分别由项目承担方的作业部门、质量管理部门实施。

 2 验收宜由项目委托方组织实施。

9.1.2 变形测量成果质量检验应依据下列文件进行：

 1 项目委托书或合同书，以及项目委托方与承担方达成的其他文件。

 2 技术设计或施测方案。

 3 依据的技术标准。

 4 项目承担方的质量管理文件。

9.1.3 对变形测量成果，应根据质量检验结果评定质量等级。质量等级应分为合格和不合格两级。当成果出现下列问题之一时，应判定为质量不合格：

 1 基准点的数量及标志不符合规范要求。

 2 所用仪器设备不满足规范规定的精度要求，或未经检定，或未在检定有效期内使用。

 3 观测成果精度不符合规范要求。

 4 数据不真实。

 5 成果内容不符合本规范第8.1.2条或第8.1.3条的要求。

9.1.4 变形测量成果质量检验应符合下列规定：

 1 对所有变形观测记录、计算和分析结果，应进行一级检查。

 2 对提交给委托方的变形测量阶段性成果，应进行二级检查。

 3 对变形测量综合成果，应进行二级检查，并宜进行验收。

 4 质量检验中，当需要利用仪器设备时，其精度等级不应低于该项目作业时所用仪器设备的精度等级。

 5 质量检验过程应形成记录，并进行归档。

9.2 质量检查

9.2.1 变形测量成果质量的两级检查均应采用内业全数检查、外业针对性检查的方式进行。检查过程应填写记录，记录样式宜符合本规范附录B的规定。

9.2.2 对首期变形测量成果，应检查下列主要内容：

 1 基准点、监测点的布设位置图。

 2 标石、标志的构造及埋设照片。

 3 仪器设备的检定和检验资料。

 4 外业观测记录和内业计算资料。

 5 变形测量成果图表。

 6 与项目有关的其他资料。

9.2.3 对其他各期变形测量成果，应检查下列主要内容：

 1 仪器设备的检定和检验资料。

 2 外业观测记录和内业计算资料。

 3 基准点检测分析资料。

 4 变形测量成果图表。

 5 与项目有关的其他资料。

9.2.4 对变形测量综合成果，应在质量检查后编写质量检查报告。质量检查报告应包括检查工作概况、项目成果概况、检查依据、检查内容及方法、主要质量问题及处理情况、质量统计及质量等级等内容。

9.2.5 当质量检查中发现不符合项时，应立即提出处理意见，返回作业部门进行纠正。纠正后的成果应重新进行质量检查，直至符合要求。

9.3 质量验收

9.3.1 当变形测量成果需要进行质量验收时，可采用抽样核查方式，并应符合下列规定：

 1 应对各类变形观测成果分别进行质量验收。

 2 首期观测成果应为必查样本。

 3 对其他各期成果，应随机抽取不少于期数的10%作为样本，且至少为1期。

 4 对抽取的样本，应进行内业全数核查、外业针对性核查。

9.3.2 变形测量成果质量验收时应核查下列主要内容：

 1 技术设计或施测方案。

 2 技术报告。

 3 质量检查记录或报告。

 4 与项目有关的其他资料。

9.3.3 变形测量成果质量验收宜形成质量验收报告并评定质量等级。质量验收报告应包括验收工作概况、项目成果概况、验收依据、抽样情况、核查内容及方法、主要质量问题及处理情况、质量统计及质量等级等内容。

附录A 变形观测成果表

A.0.1 建筑沉降观测成果表宜符合表A.0.1的规定。

表 A.0.1 建筑沉降观测成果表样式

沉降观测成果表

项目名称：　　　　　　　　项目编号：　　　　　　　天气：　　　　　　第　页　共　页

| 观测期数 | | | | | | 观测期数 | | | | | |
| 观测日期 | | | | | | 观测日期 | | | | | |
点号	高程 (m)	沉降量 (mm)	累计沉降量 (mm)	本期沉降速率 (mm/d)	备注	点号	高程 (m)	沉降量 (mm)	累计沉降量 (mm)	本期沉降速率 (mm/d)	备注
工况						工况					
说明						说明					

项目负责人：　　　　观测：　　　　计算：　　　　检查：　　　　测量单位：

A.0.2 建筑位移观测成果表宜符合表 A.0.2 的规定。

表 A.0.2 建筑位移观测成果表样式

位移观测成果表

项目名称：　　　　　　　　项目编号：　　　　　　　第　页　共　页

上期观测日期：　年　月　日　　　　　　　　本期观测日期：　年　月　日

点号	初始观测值 (m)		上期观测值 (m)		本期观测值 (m)		单期变化量 (mm)		累计变化量 (mm)		本期变化速率 (mm/d)	
	X	Y	X	Y	X	Y	ΔX	ΔY	ΔX	ΔY	$\Delta X/D$	$\Delta Y/D$
工况												
说明				简要分析								

项目负责人：　　　　观测：　　　　计算：　　　　检查：　　　　测量单位：

附录 B 质量检查记录表

B.0.1 建筑变形测量成果质量检查记录表宜符合表 B.0.1的规定。

表 B.0.1 建筑变形测量成果质量检查记录表

项目名称：　　　　　　　项目编号：

检查内容	检查结果	备注
执行技术设计或施测方案及技术标准、政策法规情况		
使用的仪器设备及其检定情况		
记录和计算所用软件系统情况		
基准点和监测点布设及标石、标志情况		
实际观测情况，包括观测频率、观测周期、观测方法和操作程序的正确性等		
基准点稳定性检测与分析情况		
观测限差和精度统计情况		
记录的完整准确性及记录项目的齐全性		
观测数据的各项改正情况		
计算过程的正确性、资料整理的完整性、精度统计和质量评定的合理性		
变形测量成果分析的合理性		
提交成果的可靠性、完整性及符合性情况		
技术报告内容的完整性、统计数据的准确性、结论的可靠性及体例的规范性		
成果签署的完整性和符合性情况		

检查阶段：　　□一级检查　　　□二级检查
质量等级：　　□合格　　　　　□不合格

检查人：　　检查日期：　　年　　月　　日

本规范用词说明

1 为便于在执行本规范条文时区别对待，对要求严格程度不同的用词说明如下：

　　1）表示很严格，非这样做不可的：
　　　　正面词采用"必须"，反面词采用"严禁"；
　　2）表示严格，在正常情况下均应这样做的：
　　　　正面词采用"应"，反面词采用"不应"或"不得"；
　　3）表示允许稍有选择，在条件许可时首先这样做的：
　　　　正面词采用"宜"，反面词采用"不宜"；
　　4）表示有选择，在一定条件下可以这样做的，采用"可"。

2 条文中指明应按其他有关标准执行的写法为："应符合……的规定"或"应按……执行"。

引用标准名录

1 《建筑地基基础设计规范》GB 50007
2 《工程摄影测量规范》GB 50167
3 《建筑基坑工程监测技术规范》GB 50497
4 《卫星定位城市测量技术规范》CJJ/T 73

中华人民共和国行业标准

建筑变形测量规范

JGJ 8—2016

条 文 说 明

修 订 说 明

《建筑变形测量规范》JGJ 8 - 2016 经住房城乡建设部 2016 年 7 月 9 日以第 1204 号公告批准、发布。

本规范是在《建筑变形测量规范》JGJ 8 - 2007 的基础上修订而成的，上一版的主编单位是建设综合勘察研究设计院，参编单位是上海岩土工程勘察设计研究院有限公司、西北综合勘察设计研究院、南京工业大学、深圳市勘察测绘院有限公司、中国有色金属工业西安勘察设计研究院、北京市测绘设计研究院、武汉市勘测设计研究院、广州市城市规划勘测设计研究院、长沙市勘测设计研究院、重庆市勘测院、北京威远图数据开发有限公司，主要起草人员是王丹、陆学智、张肇基、潘庆林、王双龙、王百发、刘广盈、张凤录、严小平、欧海平、戴建清、谢征海、陈宜金、孙焰。

本规范修订的主要技术内容是：对原第 3 章进行了扩充，强化了技术设计与作业实施规定；将原第 4 章做较大修改后拆分为目前的第 4、5 章，增加了新的变形测量技术方法，删除了目前已很少使用的方法，并将原第 8 章有关基准点稳定性分析并入第 5 章中；对原第 5、6、7 章进行了全面修改，并按变形测量对象及类型调整为目前的第 6、7 章，增加了收敛变形观测、结构健康监测，细化了各类变形测量中监测点的布设要求、测定方法和成果要求；将原第 8、9 章的内容进行了扩充，重点强化了成果质量检验的规定；对附录内容作了较大调整，将原附录的部分内容修改后放入有关条文说明中。

本规范修订过程中，编制组进行了广泛的调查研究，总结了我国建筑变形测量领域有关科研和技术发展成果，同时参考了有关国家标准和行业标准。

为便于广大测绘、勘察、设计、建设、管理、科研、学校等单位有关人员在使用本规范时能正确理解和执行条文规定，《建筑变形测量规范》编制组按章、节、条顺序编制了本规范的条文说明，对条文规定的目的、依据以及执行中需注意的有关事项进行了说明。但是，本条文说明不具备与规范正文同等的法律效力，仅供使用者作为理解和把握规范规定的参考。

目　次

1　总则 ················· 16—34

2　术语和符号 ············ 16—34

　　2.1　术语 ············· 16—34

　　2.2　符号 ············· 16—34

3　基本规定 ············· 16—34

　　3.1　总体要求 ··········· 16—34

　　3.2　精度等级 ··········· 16—35

　　3.3　技术设计与实施 ········ 16—37

4　变形观测方法 ·········· 16—37

　　4.1　一般规定 ··········· 16—37

　　4.2　水准测量 ··········· 16—38

　　4.3　静力水准测量 ········· 16—38

　　4.4　三角高程测量 ········· 16—39

　　4.5　全站仪测量 ·········· 16—40

　　4.6　卫星导航定位测量 ······ 16—40

　　4.7　激光测量 ··········· 16—41

　　4.8　近景摄影测量 ········· 16—43

5　基准点布设与测量 ······· 16—44

　　5.1　一般规定 ··········· 16—44

　　5.2　沉降基准点布设与测量 ···· 16—44

　　5.3　位移基准点布设与测量 ···· 16—46

　　5.4　基准点稳定性分析 ······ 16—46

6　场地、地基及周边环境变形观测 ··· 16—47

　　6.1　场地沉降观测 ········· 16—47

　　6.2　地基土分层沉降观测 ········ 16—48

　　6.3　斜坡位移监测 ·········· 16—49

　　6.4　基坑及其支护结构变形观测 ··· 16—50

　　6.5　周边环境变形观测 ········ 16—52

7　基础及上部结构变形观测 ····· 16—52

　　7.1　沉降观测 ············ 16—52

　　7.2　水平位移观测 ·········· 16—53

　　7.3　倾斜观测 ············ 16—53

　　7.4　裂缝观测 ············ 16—53

　　7.5　挠度观测 ············ 16—53

　　7.6　收敛变形观测 ·········· 16—54

　　7.7　日照变形观测 ·········· 16—56

　　7.8　风振观测 ············ 16—56

　　7.9　结构健康监测 ·········· 16—56

8　成果整理与分析 ········· 16—56

　　8.1　一般规定 ············ 16—56

　　8.2　数据整理 ············ 16—57

　　8.3　监测点变形分析 ········· 16—57

　　8.4　建模和预报 ··········· 16—57

9　质量检验 ············· 16—58

　　9.1　一般规定 ············ 16—58

　　9.2　质量检查 ············ 16—58

　　9.3　质量验收 ············ 16—58

1 总　则

1.0.1 建筑变形测量是测量技术与工程建设紧密结合的产物，其任务是测定建筑物、构筑物在施工及使用期间形状与位置的变化特征，获取可靠的变形信息，为工程质量安全管理提供信息支持和技术服务。为此，需要根据国家有关技术经济政策，遵循安全适用、技术先进、经济合理、确保质量的基本原则，明确规定建筑变形测量的基本技术质量要求，这就是制定本规范的目的。

1.0.2 本规范规定了建筑在施工期间和使用期间变形测量的技术设计、作业实施、成果整理及质量检验等要求，适用于各种建筑变形测量工作。本规范以待测建筑为对象，将变形测量目标分为建筑场地、地基、基础、上部结构和周边环境。本规范从第一版起一直使用"建筑"一词作为变形测量的对象。这里的建筑是广义的，包括狭义的建筑物（房屋）和构筑物。房屋是指有基础、墙、顶、门、窗，能够遮风避雨，供人在其内居住、工作、学习、娱乐、储藏物品或进行其他活动的空间场所。构筑物则是指房屋以外的其他建筑设施，如烟囱、隧道、立交桥等，人们一般不直接在其内进行生产和生活活动。

1.0.3 建筑变形测量业务涉及测量、土木工程、工程建设管理等多专业。实际作业中，除应执行本规范外，还应执行国家现行有关测量、仪器设备检定、岩土工程勘察、地基基础与结构设计、工程施工与管理等方面标准的相关规定。

2　术语和符号

2.1　术　语

2.1.10 该术语引自国家标准《建筑地基基础设计规范》GB 50007-2011。

2.1.11 该术语根据国家标准《工程测量基本术语标准》GB/T 50228-2011修改而成。

2.1.20 结构健康监测（structural health monitoring，简称SHM）在大型桥梁等工程中应用已久，并开始成为一些桥梁工程的基本子系统。目前，国内外超高层建筑工程中也已开展结构健康监测。关于SHM的方法及要求等见本规范第7.9节。

2.2　符　号

2.2.1~2.2.5 给出了本规范正文中出现的主要符号的意义。

3　基本规定

3.1　总体要求

3.1.1 建筑变形测量的目的是获取建筑场地、地基、基础、上部结构及周边环境在建筑施工期间和使用期间的变形信息，为建筑施工、运营及质量安全管理等提供信息支持与服务，并为工程设计、管理及科研等积累和提供技术资料。根据国家标准《建筑地基基础设计规范》GB 50007-2002和《岩土工程勘察规范》GB 50021-2001的有关规定，本规范2007版设置了该强制性条文，规定对5类建筑必须进行变形测量。规范实施以来，变形测量已经成为一项基本的测量活动，为建筑质量安全管理提供了有力支持，受到了各级政府工程建设监管部门及工程设计、施工、建设等单位的肯定和重视。从保障工程质量安全的角度出发，本次修订认为有必要继续设置该强制性条文。鉴于国家标准《建筑地基基础设计规范》GB 50007-2011、《岩土工程勘察规范》GB 50021-2001（2009年版）对其原有相关条文进行了修订或局部修订，本规范对2007版条文中的第1款~第5款作了相应修改，成为目前的第1款~第5款。大型城市基础设施建设与运行及体型狭长且地基土变化明显的建筑的安全监测日益受到重视，根据近年来的工程实践，本条增加了两款（第6款和第7款），将其列入其中。

本条所列建筑在整个施工期间均应进行变形测量，在使用期间应进行变形测量，但当变形达到稳定状态时，可终止变形测量。对沉降类变形，变形是否达到稳定状态可按本规范第7.1.5条第4款的规定；对位移类变形，则需视具体变形情况分析确定。

本条中建筑地基基础设计等级按国家标准《建筑地基基础设计规范》GB 50007-2011表3.0.1的规定执行。

3.1.2、3.1.3 高层和超高层建筑的划分参见国家标准《民用建筑设计通则》GB 50352-2005第3.1.2条。为方便使用，这里将其摘录如下："住宅建筑按层数分类：一层至三层为低层住宅，四层至六层为多层住宅，七层至九层为中高层住宅，十层及十层以上为高层住宅；除住宅建筑之外的民用建筑高度不大于24m为单层和多层建筑，大于24m者为高层建筑（不包括建筑高度大于24m的单层公共建筑）；建筑高度大于100m的民用建筑为超高层建筑"。高耸构筑物指的是电视塔、烟囱、桥墩柱等高度较大、横断面相对较小的构筑物。

3.1.4 建筑变形测量主要以测定建筑的变形特征为目的。变形特征具有相对意义，因此就空间基准而言，建筑变形测量可以采用独立的平面坐标系统及高程基准，这也是变形测量不同于其他测量的重要特点之一。但从变形测量成果的利用和变形测量与施工测量等成果衔接的角度出发，对大型或重要工程项目，应尽可能采用国家统一的或项目所在城市使用的平面坐标系统及高程基准。对一个具体的建筑变形测量项目，为便于变形测量成果的进一步使用和管理，应在其技术设计和技术报告中对所采用的平面坐标系统及高程基准的类型作出明确的说明，具体见本规范第3.3节和第8.1节的相应要求。

3.1.5 建筑变形测量获取的是建筑的形状或位置随时间变化的特征信息，因此应该采用国家统一的时间基准。

3.1.6 为保证建筑及其周边环境在施工和运营阶段的安全，当变形测量过程中出现异常情况时，必须立即实施安全预案。与此同时，应提高观测频率或增加其他观测内容，获取更多、更全面、更准确的变形信息，从而为采取安全技术措施提供信息支持服务。

出现本条5款中任一情形时，均必须立即实施安全预案。安全预案内容可分为复核性测量、分析原因、停止进一步施工采取技术措施、停工抢险等。具体是：当出现条款1或2的情形时，安全预案应包括复核性测量、分析原因，必要时应停止进一步施工采取技术措施等；当出现条款3或4的情形时，安全预案应包括停止进一步施工采取技术措施、停工抢险等；当出现条款5的情形时，安全预案应包括分析原因、停止进一步施工采取技术措施、停工抢险。

本条第2款中的变形预警值有两种确定方式：一是取对应变形允许值的60%、2/3或3/4；二是在工程设计时直接给定。对一个具体变形测量项目，应在变形测量技术设计中明确给出（见本规范第3.3.2条第9款）。当按第一种方式计算变形预警值时，所需变形允许值按现行国家标准《建筑地基基础设计规范》GB 50007-2011 表5.3.4的规定（参见本规范第3.2.3条的条文说明）执行。

本条为强制性条文，必须严格执行。

3.1.7 建筑变形测量现场作业始于建筑施工开工，贯穿施工全过程，并延续至使用期间。建筑施工现场环境条件复杂，建筑所处地带通常也毗邻交通要道。因此，变形测量作业时，需要按照建筑施工现场安全生产管理要求，采取必要的人身和仪器设备安全防护措施，避免人员和仪器设备受施工中的坠落物、危险物、障碍物、往来车辆以及出现异常情况等带来的伤害。

3.2 精 度 等 级

3.2.1 中误差是最常用的衡量测量精度的指标，可由观测数据按相应的公式来计算，也称方均根差。极限误差指的是在一定观测条件下测量误差的绝对值不应超过的最大值。

3.2.2 在本规范1997版和2007版中，精度等级一直采用"级"来表述，分为特级、一级、二级和三级

4个级别。现行其他测量规范（如《工程测量规范》GB 50026、《城市测量规范》CJJ/T 8等）中的精度等级多采用"等"和"级"的组合，精度较高的用"等"，精度较低的用"级"。本次修订中，根据一些测量单位和建设单位的建议，综合多方面因素，将精度等级改用"等"来表述，并在原4级的基础上进行了扩充。修订后变形测量精度等级的对应关系为：现特等、一等、二等、三等的精度即分别为原规范的特级、一级、二级、三级精度；新增加的四等精度为在三等精度的基础上放宽1倍。这样处理一方面是为了保持本规范修订前后精度指标的延续性；另一方面也将精度要求相对低一些的变形测量业务纳入统一的精度等级体系中。

本条适用范围中的建筑地基基础设计等级按国家标准《建筑地基基础设计规范》GB 50007-2011 表3.0.1的规定执行。为方便使用，这里将其简要列出（表1）。

表1 地基基础设计等级

设计等级	建筑和地基类型
甲级	重要的工业与民用建筑物 30层以上的高层建筑物 体型复杂，层数相差超过10层的高低层连成一体的建筑物 大面积的多层地下建筑物（如地下车库、商场、运动场等） 对地基变形有特殊要求的建筑物 复杂地质条件下的坡上建筑物（包括高边坡） 对原有工程影响较大的新建筑物 场地和地基条件复杂的一般建筑物 位于复杂地质条件及软土地区的二层及二层以上地下室的基坑工程 开挖深度大于15m的基坑工程 周边环境条件复杂、环境保护要求高的基坑工程
乙级	除甲级、丙级以外的工业与民用建筑物 除甲级、丙级以外的基坑工程
丙级	场地和地基条件简单、荷载分布均匀的七层及七层以下民用建筑及一般工业建筑；次要的轻型建筑物 非软土地区且场地地质条件简单、基坑周边环境条件简单、环境保护要求不高且开挖深度小于5m的基坑工程

本规范表3.2.2中各等级沉降观测的精度指标按下述方法确定。以国家水准测量规范规定的各等水准测量每千米往返测高差中数的偶然中误差 M_Δ 及相应最长视线长度 S 为基础，由公式（1）计算单程观测测站高差中误差 m_0，经取舍后可得沉降测量基本精度指标（表2）。而特等精度则是根据有关统计数据，并考虑其与一等精度之间的数值比例关系而确定。

$$m_0 = M_\Delta \sqrt{S/250} \qquad (1)$$

表 2　各等级沉降观测精度指标计算

等级	M_Δ (mm)	S (m)	换算的 m_0 值 (mm)	取用值 (mm)
一等	0.45	30	0.16	0.15
二等	1.0	50	0.45	0.5
三等	3.0	75	1.64	1.5
四等	5.0	100	3.16	3.0

位移观测精度等级主要是根据有关统计数据并结合实际应用情况而确定。

3.2.3 在各种确定建筑变形测量精度的方法中，依据建筑地基变形允许值进行精度估算被认为是较为合理的一种方法，本规范 1997 版和 2007 版对此都作了详细规定，但该方法实际工程中使用的却较少。在目前的建筑变形测量生产实践中，大多数都没有通过精度估算来确定精度等级，而是按规范给定的适用范围直接选择精度等级。本次修订时，对此作了进一步的分析梳理，规定通常情况下的建筑变形测量项目，可根据建筑类型、变形测量类型以及项目勘察、设计、施工、使用或委托方要求，直接选择本规范表 3.2.2 中适宜的精度等级（本规范第 3.2.2 条）。这样规定更切合实际，也具有可操作性。而对于有特殊要求的建筑变形测量项目，可按本规范第 3.2.3 条的规定来确定精度等级。

研究表明，为保障建筑安全而进行变形测量，可取变形允许值的 1/10～1/20 作为变形测量的精度；而若为研究变形的过程，变形测量的精度则应更高。具体可参见有关工程测量及变形测量文献。

就沉降观测而言，应主要依据差异沉降的沉降差允许值来确定其测量精度，因为均匀沉降对建筑质量安全的危害远小于差异沉降的危害。需要指出的是，某些类型的位移观测（如基础倾斜），可以采用沉降观测方法来实现，因此本条第 1 款第 2 项规定可"根据位移量测定的具体方法计算监测点测站高差中误差"。为保证变形测量成果的质量和可用性，本规范规定，当估算的精度低于本规范表 3.2.2 中四等精度的要求时，应采用四等精度，而这一精度也是不难实现的。

下面给出两个示例来说明根据变形允许值确定变形测量精度等级的具体过程。

示例一：沉降观测。国家标准《建筑地基基础设计规范》GB 50007 - 2011 规定，对中、低压缩土地区框架结构的工业与民用建筑相邻柱基的沉降差允许值为 0.002l，l 为相邻柱基的中心距离，若取 l 为 6m，则相邻柱基沉降差允许值为 12mm。取其 1/20 作为变形测量的精度，则沉降差测定的中误差不应低于 0.6mm。一般用一个测站即可测定此沉降差，因此该值即为监测点测站高差中误差。按本规

范表 3.2.2，选择二等精度即可。

示例二：倾斜观测。对某高度为 50m 的建筑，按国家标准《建筑地基基础设计规范》GB 50007 - 2011，其整体倾斜度允许值为 0.003，则其位移允许值为 150mm。取其 1/20 作为变形测量的精度，则位移测定的中误差为 7.5mm。若采用全站仪投点方法，通过测定建筑顶部点相对于底部点在相互垂直的两个方向上的位移分量来获得此位移值，则位移分量测定中误差不应低于 5.2mm。此数值相当于本规范表 3.2.2 中的监测点坐标中误差。按本规范表 3.2.2，选择二等精度即可。

本条文中涉及的建筑地基变形允许值按现行国家标准《建筑地基基础设计规范》GB 50007 的规定执行。为方便实际使用，此处将 GB 50007 - 2011 中的表 5.3.4 列出（表 3）。

表 3　建筑的地基变形允许值

变形特征	地基土类别	
	中、低压缩性土	高压缩性土
砌体承重结构基础的局部倾斜	0.002	0.003
工业与民用建筑相邻柱基的沉降差 （1）框架结构 （2）砌体墙填充的边排柱 （3）当基础不均匀沉降时不产生附加应力的结构	0.002l 0.0007l 0.005l	0.003l 0.001l 0.005l
单层排架结构（柱距为 6m）柱基的沉降量（mm）	(120)	200
桥式吊车轨面的倾斜（按不调整轨道考虑） 　纵向 　横向	0.004 0.003	
多层和高层建筑物的整体倾斜 　$H_g \leqslant 24$ 　$24 < H_g \leqslant 60$ 　$60 < H_g \leqslant 100$ 　$H_g > 100$	0.004 0.003 0.0025 0.002	
体型简单的高层建筑基础的平均沉降量（mm）	200	
高耸结构基础的倾斜 　$H_g \leqslant 20$ 　$20 < H_g \leqslant 50$ 　$50 < H_g \leqslant 100$ 　$100 < H_g \leqslant 150$ 　$150 < H_g \leqslant 200$ 　$200 < H_g \leqslant 250$	0.008 0.006 0.005 0.004 0.003 0.002	
高耸结构基础的沉降量（mm） 　$H_g \leqslant 100$ 　$100 < H_g \leqslant 200$ 　$200 < H_g \leqslant 250$	400 300 200	

注：1　本表数值为建筑物地基实际最终变形允许值；
　　2　有括号者仅适用于中压缩性土；
　　3　l 为相邻柱基的中心距离（mm），H_g 为自室外地面起算的建筑物高度（m）；
　　4　倾斜指基础倾斜方向两端点的沉降差与其距离的比值；
　　5　局部倾斜指砌体承重结构沿纵向 6m～10m 内基础两点的沉降差与其距离的比值。

3.3 技术设计与实施

3.3.1 建筑变形测量的基本要求就是准确地获取建筑在荷载及环境等影响下的变形程度或变形趋势。这一要求应体现在变形测量的技术设计和实施全过程，并需要测绘工程及土木工程等多学科知识的支持和建筑设计、施工、管理等人员的合作。

3.3.2 建筑变形测量项目技术设计应在收集相关资料、进行现场踏勘的基础上编写。一个建筑变形测量项目的技术设计，应包括本条规定的内容。其中涉及的建筑类型、项目所在位置、基准点和监测点点位分布、标石和标志型式及埋设方法等宜以图表等形式直观展示。技术设计编写时，可参考现行行业标准《测绘技术设计规定》CH/T 1004 的有关要求，并注意与勘察、设计、施工、管理人员进行必要的沟通交流。

3.3.4 测量仪器设备的可靠性对于保障建筑变形测量成果的质量，从而为建筑质量安全管理提供可靠的信息支持具有十分重要的意义。因此，用于建筑变形测量作业的仪器设备，应经法定计量检定机构检定合格，并在检定证书标出的有效期内使用。目前需要定期进行检定的测量仪器设备主要包括全站仪、水准仪、卫星导航定位测量接收机等，检定机构应出具正式的检定合格证书。

测量仪器设备即使在检定有效期内，由于搬运等引起的振动因素也可能导致仪器设备的部分技术指标发生变化，使变形观测成果达不到设计要求，因此变形测量作业时，应根据作业条件的变化情况对所使用的主要仪器设备进行检查校正。

建筑变形测量使用的仪器设备种类较多，特别是经常要使用一些电子传感器（如测斜仪、应力计、应变计等），这些产品更新换代速度快，安装和操作方法各异。变形测量作业中，应按仪器设备使用说明书的规定正确地使用。

3.3.5 观测频率和观测周期的确定应以能系统地反映所测建筑变形的变化过程且不遗漏其变化时刻为原则，并综合考虑建筑的变形情况、施工进度及外界因素影响等。对一个建筑变形测量项目，基准点和监测点应按照选择的观测频率和观测周期进行观测。本规范第 6 章、第 7 章在规定各类变形测量具体要求时，对相应的观测频率和观测周期有进一步的规定。

3.3.6 变形测量的时间性很强，其成果反映的是某一时刻监测点相对于基准点的变形程度或变形趋势。首期观测值（初始值）是整个变形测量的基础数据，进行两次同精度独立测量，可以保证首期测量成果具有足够的可靠性。首期两次测量，不仅针对基准点网的测量，也针对利用基准点（或借助工作基点）对所有监测点进行的测量。这里的极限误差为所选观测等级对应的中误差数值（见表 3.2.2）的 2 倍。

3.3.7 各期的测量在尽可能短的时间内完成，可以保证同期的变形观测数据在时态上保持基本一致。对于不同期的变形测量，特别是高等级的变形测量，应尽可能采用相同的观测网形、观测路线、观测方法、仪器设备，并在同等或相近的环境条件下观测。这样规定的目的是为了尽可能地减弱系统误差影响，提高观测精度，保证成果质量。

3.3.8 建筑变形测量一般延续时间较长，除实施过程需要提供阶段性成果外，项目完成后还需要进行系统的分析并提交技术报告。因此，变形测量过程中除应做好观测数据的记录存储外，还应进行工程现场巡视，并及时准确地做好相关记录，留取资料。这些记录包括每一期观测时建筑的状态情况、施工进展、气象和周边环境状况以及作业中与项目委托方和设计施工人员沟通及其他情况等。

3.3.9 建筑变形测量过程较长，经常会出现少数点受到破坏或被遮挡而不能观测的情况，该点本期没有观测数据，可模拟计算变形量，对模拟量应作出标记和说明，并通报项目委托方。

3.3.10 由于大多数的建筑变形测量项目都是受委托方委托开展的，项目合同或任务书上一般都有明确的观测次数和观测周期限定。一些情况下，此时建筑尚未达到稳定状态，变形仍在继续发展。从建筑安全的角度出发，项目承担方应与项目委托方沟通，探讨签订补充合同继续进行观测的可能性。如仍按原合同的规定结束项目工作，应在项目技术报告中进行详细说明，并应对下一步工作提出必要的建议。

3.3.11 建筑变形测量是一个动态过程，各期观测结束后都可能要向项目委托方提交阶段性成果，项目完成后则提交综合成果。为此需要及时进行数据的处理和整理，并进行质量检验。相关要求在本规范第 8 章、第 9 章有规定。

4 变形观测方法

4.1 一般规定

4.1.1 本规范前两个版本将主要变形观测方法放入变形控制测量章节中，本次修订时将其单独作为一章。本章给出目前变形测量生产实践中较为普遍使用的观测方法，对其适用场合和作业技术要求等作出规定。实际作业时，应根据变形测量的对象、变形特征、现场条件及精度要求等选择合适的方法。本章主要按所采用的仪器设备对观测方法进行区分。一些项目，即使测定同一类变形，也可选用不同的作业方法。某些情况下，如对变形测量成果的可靠性有很高的要求，可以同时选择多种观测方法以相互验证。

4.1.2 数字水准仪、全站仪作业方便快捷，性价比高，已被广泛应用于各种变形测量中。目前，光学水准仪、光学经纬仪、电子经纬仪、光电测距仪等测量仪器在建筑变形测量中已很少使用，如仍需要采用这些仪器进行变形观测，作业技术要求可按本规范及现行有关国家标准（如《国家一、二等水准测量规范》GB/T 12897、《国家三、四等水准测量规范》GB/T 12898、《工程测量规范》GB 50026 等）的规定执行。

4.1.3 本规范仅规定了一等及以下精度等级建筑变形测量的作业方法和技术要求。当需要采用特等精度进行建筑变形测量时，应在认真分析研究测量对象、测量内容、仪器设备、现场条件等基础上，有针对性地进行专门的技术设计、精度分析，并宜通过必要的试验验证对实际精度进行检验。技术设计和实施时，可参考现行国家标准《精密工程测量规范》GB/T 15314 和有关工程测量及变形测量文献。

4.2 水 准 测 量

4.2.1 在沉降类变形观测中，水准测量（也称几何水准测量）是最常用的方法。目前，数字水准仪和条码式水准标尺已经普遍应用于水准测量作业中，本次修订主要针对利用数字水准仪进行的测量，使用的标尺是因瓦条码标尺或玻璃钢条码标尺。

4.2.3 本条中一等、二等测量的技术指标与现行国家标准《国家一、二等水准测量规范》GB/T 12897 的相关规定基本一致；三等、四等测量的技术指标主要参考《国家三、四等水准测量规范》GB/T 12898 的相关规定，并考虑了数字水准仪的作业特点和实际建筑变形测量的作业条件。

4.2.4 本条给出数字水准仪及标尺日常检验的要求，其中 i 角的测定方法可参见《国家一、二等水准测量规范》GB/T 12897。数字水准仪及标尺的检定应由专业部门按国家现行有关标准进行。

4.3 静力水准测量

4.3.1 静力水准测量目前有连通管式静力水准和压力式静力水准两种装置，其原理图如图 1 所示。

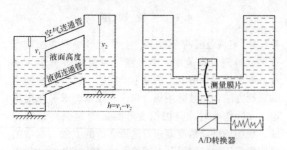

（a）普通连通管式静力水准系统　（b）压力式静力水准系统

图 1　连通管式与压力式静力水准系统原理图

目前在用的静力水准测量系统多为连通管式静力水准，其利用相连容器中静止液面在重力作用下保持同一水平这一特征来测量各监测点间的高差。各监测点间的液体通过管路连通，俗称连通管法，其特点是各个容器中的液体是连通的，存在液体流动和交换。压力式静力水准系统是近年才出现的，其容器间的液体被金属膜片分断，不存在液体间的相互交换，通过压力传感器测量金属膜片压力差的变化可计算监测点间的高差。

量程和精度是静力水准的两个重要指标。对于同一型号的传感器，一般情况下，量程越大，精度就越低。目前常用的连通管式液体静力水准仪有 20mm～200mm 多种量程，安装时要求同组的传感器大致位于同一水准面高度。压力式传感器的量程较大，一般大于 500mm，现场安装要求可适当放宽。静力水准的标称精度一般与量程相关，不同型号的传感器标称精度通常为满量程的 0.1%～0.7%。一等及以上精度的观测宜采用连通管式静力水准系统。

静力水准测量具有结构简单、精度高、稳定性好、无须通视等特点，易于实现自动化沉降测量。自动化测量应有配套的数据采集系统、通信系统以及数据处理与发布软件系统。静力水准测量系统一般采用在监测点上固定安装的方式，在轨道交通、大坝、大型建筑底板等建筑结构的差异沉降观测中有较广泛的应用。在大型设备安装的沉降观测中，也可使用。

4.3.2 连通管式静力水准系统要求所有测点的液面都位于一个水准面上，初始安装时要求各传感器安装在同一高度，安装高度的偏差直接影响沉降测量的量程。压力式静力水准系统的高差限制较宽，但也有相应要求。

对于有纵坡的线路结构，常常需分段分组安装测线，相邻测线交接处应在同一结构的上、下设置两个传感器作为转接点（图 2）。变形测量作业现场，静力水准的参考点很难布设到稳定区域，点位稳定性很难满足基准点的要求，应定期进行水准联测。

图例　■静力水准传感器　▲参考点　□转接点

图 2　静力水准线路分组安装示意图

4.3.4 静力水准浮子上、下的活动范围有限，传感器的安装高度应统一，较大的差异直接影响其量程。应保证管路内液体的流动性，环境温度可能达到冰点的安装现场，填充液应采用防冻液。

静力水准测量误差源主要有液面高度（受外界环境影响）、液压读取元件等两方面。液面高度受外界环境影响又分为：1）非均匀温度场下管路内液体不均匀膨胀，导致液面高度变化；2）不同气压、风力导致局部液面压力异常，导致液面高度变化；3）液面受外界强迫振动影响，如地铁隧道中安装的静力水准系统受列车运行的振动影响。

4.3.5 对连通管式静力水准系统，同一测段内静力水准测量的沉降观测值按下式计算：

$$\Delta H_{kg}^{ij} = (h_k^i - h_g^i) - (h_k^j - h_g^j) \qquad (2)$$

式中：ΔH_{kg}^{ij}——k 测点第 i 次测量相对于测点 g 第 j 次测量的沉降值（mm）；

h_k^i——k 测点第 i 测次相对于蓄液罐内液面安装高度的距离（mm）；

h_g^i——g 测点第 i 测次相对于蓄液罐内液面安装高度的距离（mm）；

h_k^j——k 测点第 j 测次相对于蓄液罐内液面安装高度的距离（mm）；

h_g^j——g 测点第 j 测次相对于蓄液罐内液面安装高度的距离（mm）。

经验表明，液面受外界强迫振动影响显著。经对安装在地铁隧道内的一台电容式静力水准液面高度进行了跟踪观测，列车开过前后典型的液面振荡曲线见图 3。该图表明，此传感器在列车通过前后的振荡幅度达 0.85mm。静力水准观测时间应选在气温最稳定的时段，观测读数应在液体完全呈静态下进行。

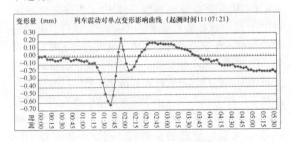

图 3　静力水准典型液面振荡曲线

4.3.6 静力水准测量系统在长期运营期间，难免发生液体蒸发引起的液面下降、个别传感器损坏、局部管路渗漏等情况，应定期对其进行维护。发生意外情况时为保证数据能顺延，静力水准测量系统应与水准测量进行互校。

4.4　三角高程测量

4.4.1 已有大量实践表明，利用高精度全站仪配合专门的觇牌、棱镜组及配件进行三角高程测量在一定条件下可以代替三等、四等甚至二等水准测量。就建筑变形测量而言，当采用常规水准测量作业较困难、效率较低时，可利用高精度全站仪进行三角高程测量作业。考虑到建筑变形测量的特点，该作业可用于沉降基准点网的观测、基准点与工作基点的联测以及某些监测点（如斜坡、建筑场地、市政工程等）的观测中。

中间设站观测方式，类似于常规的水准测量作业

方式，即在两个监测点上分别架设棱镜，在其中间适当位置架设全站仪。这种方式作业中，棱镜高可固定，一般也无须测定仪器高，从而提高测量成果精度和作业效率。为确保观测成果的精度，本规范只给出将其用于三、四等沉降观测的技术要求。本节有关技术指标和要求是在认真总结相关应用案例并考虑变形测量特点的基础上给定的。

目前，利用全站仪进行精密三角高程测量时，高低棱镜组使用较多，图 4～图 6 给出了一种常用的形式及相关配件。使用高低棱镜组时，应保证棱镜中心连线竖直，且两棱镜中心距离固定不变。图 4 中距离 DH 称为棱镜互差，一般为 10cm 左右为宜。高低棱镜组可以加装在仪器或者棱镜杆上，上层的棱镜称为高棱镜，下层的棱镜称为低棱镜。加装在仪器上时，安装后要进行检校 DH 值，并检查棱镜中心与仪器竖轴是否一致。

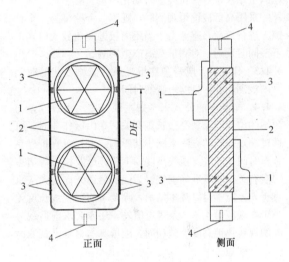

正面　　　　　　　侧面

图 4　精密三角高程测量高低棱镜组
1—圆棱镜套装；2—连接钢板；
3—螺钉；4—连接杆安装孔槽

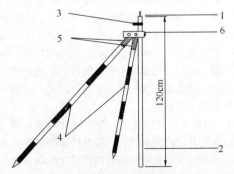

图 5　架设棱镜组的三脚架
1—与棱镜组配套的连接杆；2—棱镜杆（棱镜杆底部必须是平滑的）；3—圆水准器；4—支撑杆；5—支撑杆高度微调环；6—支撑杆与棱镜杆的固定器

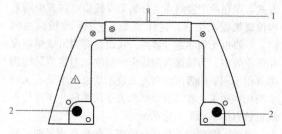

图 6 用于安装棱镜组的全站仪提把
1—与棱镜组配套的连接杆；2—提把开关

4.4.2 规定中间设站方式下的前后视线长度差是为了有效地消减地球曲率与大气垂直折光影响。全站仪三角高程可通过编制程序进行自动化测量。第一种方式是编写程序并上传至全站仪，在全站仪操作界面设置测量参数完成测量作业；第二种方式是编写程序安装在掌上电脑、笔记本电脑等设备上，通过外置设备控制全站仪进行三角高程自动化测量。

采用高低棱镜组观测时，观测一个棱镜另一个棱镜应进行遮盖，避免由于当距离较近倾角较大时，上下镜同时反射，对测量距离产生影响。

4.4.3 作业时，应避免在折光系数急剧变化的时间段内观测，并尽量缩短观测时间。

4.4.4 本条中的公式未考虑垂线偏差。垂线偏差与测站的位置以及观测边长等有关，在山区作业时，可通过缩短边长的方法来减小其影响。大气垂直折光系数与时间、天气、视线高度、下覆地形及植被等诸多因素有关，难以准确确定。为使前后视方向的大气垂直折光差能够得以基本抵消，除要求前后视线长度差小于本规范第4.4.2条规定值外，还应要求前后视方向的视线离地高度大致相同，地形基本对称，观测时间尽量缩短。

4.5 全站仪测量

4.5.1 全站仪在建筑变形测量中的用途非常广泛。除本规范第4.4节利用全站仪三角高程测量进行沉降观测外，在位移类变形测量中，常用的方法有全站仪边角测量法、小角法、极坐标法、前方交会法和自由设站法等。其中边角测量法主要用于位移基准点网的施测，其他几种方法可用于测定监测点的位移，包括水平位移、倾斜、挠度等。全站仪自动监测系统（也称机器人自动监测系统）近年来发展较快，可用于日照、风振等变形测量。

4.5.3 随着全站仪的普及，传统的单纯测角网、测边网已被边角同测网取代。尽管卫星导航定位测量技术非常成熟，全站仪边角测量在建筑变形观测中仍有一定的应用价值。与城市控制网不同，建筑变形测量中基准点之间的距离相对较短，但精度要求高。本条及本规范第4.5.4条、第4.5.5条的技术指标在沿用本规范2007版的基础上参考了行业标准《城市测量

规范》CJJ/T 8-2011的相关规定。全站仪边角测量的具体作业要求可参考行业标准《城市测量规范》CJJ/T 8-2011第4.5节的规定。

4.5.4 影响全站仪水平角观测精度的因素较多，本条规定全站仪水平角观测作业时应注意的主要事项以及观测成果超限时的处理方式。其中2C为全站仪的2倍水平视准差。对于没有管状水准气泡（长气泡）的全站仪，利用倾斜补偿器倾斜示值（或垂直度示值），调节脚螺旋使电子水准气泡严格居中，精确整平仪器，同时打开补偿器和水平改正，确保水平角、垂直角得到补偿改正。

4.5.9 全站仪自由设站法实际上也是一种全站仪边角后方交会测量方法，目前在高速铁路CPIII控制网测量中得到广泛应用，在建筑变形测量中也已开始使用。

4.5.10 全站仪自动监测系统的测量原理与极坐标或前方交会类似。前者采用一台全站仪，后者采用两台或多台全站仪同步测量，借助软件系统可测定监测点坐标并进行数据处理分析等。多台全站仪联合组网观测时，相邻仪器间宜至少设置两个360°棱镜进行联测。

4.6 卫星导航定位测量

4.6.1 基于北斗导航系统（BDS）、全球定位系统（GPS）等全球导航卫星系统（GNSS）进行卫星导航定位测量，作业模式有静态测量模式和动态测量模式等。随着技术的不断发展，卫星导航定位测量的数据处理模型已经得到显著改善和精化，成果精度进一步提高，已越来越多地应用于变形测量生产实践。当变形频率较小时（亦称静态变形，如十部水平位移、倾斜等），可采用静态测量模式；当变形频率较大时（亦称动态变形，如日照变形、风振变形等），则应采用动态测量模式。从精度和可靠性角度出发，本规范规定二等位移观测应采用静态测量模式，三等、四等位移观测可采用静态测量模式或动态测量模式。

4.6.2 应用卫星导航定位测量方法进行建筑变形测量时，应根据变形测量的精度要求，选用适用的接收机。在实时动态测量时，为保证基准点的稳定，本条对基准站的接收天线提出了相应的技术要求。由于测量数据的处理在数据处理中心完成，变形监测点站的接收机可选用不具备RTK功能的接收机，但应能完整地接收观测数据并传输给数据处理中心。

4.6.3 行业标准《卫星定位城市测量技术规范》CJJ/T 73-2010对卫星导航定位测量接收设备的检验作了明确规定，主要是：

1 一般检验。包括：接收机及天线型号应与标称一致，外观应良好；各种部件及其附件应匹配、齐全和完好，紧固的部件不得松动和脱落；设备使用手册和后处理软件操作手册及磁（光）盘应齐全。

2 常规检验。包括：天线或基座圆水准器和光学对点器应符合标准规定；天线高的量尺应完好，尺长精度应符合标准规定；数据传录设备及软件应齐全，数据传输性能应完好；数据后处理软件应通过实例计算测试和评估确认结果满足要求后方可使用。

3 通电检验。包括：电源及工作状态指示灯工作应正常；按键和显示系统工作应正常；测试应利用自测试命令进行；应检验接收机锁定卫星时间，接收信号强弱及信号失锁情况。

4 实测检验。包括：接收机内部噪声水平测试；接收机天线相位中心稳定性测试；接收机野外作业性能及不同测程精度指标测试；接收机高、低温性能测试；接收机综合性能评价等。

4.6.4 卫星导航定位测量，对点的周边环境有一定的要求，为保障测量成果的可靠性，在选择基准点、工作基点以及监测点的点位时应予以考虑。同时，测量监测点时，有可能采用全站仪或其他方法，因此选点时也要保证相邻点之间能够通视，以为后续作业提供便利。

4.6.5 本条有关技术指标与行业标准《卫星定位城市测量技术规范》CJJ/T 73 - 2010 第 5.3.11 条的规定基本一致。经实际应用证明，快速静态测量不能有效地提高工效，本次修订中删去了相关内容。对二等变形测量，由于精度要求高，增加了高精度解算软件要求。本规范 2007 版要求数据采用率宜大于 95%，实际作业中很难达到。行业标准《卫星定位城市测量技术规范》CJJ/T 73 - 2010 要求同一时段观测值的数据剔除率不宜大于 20%。参考其他有关规范，本次修订时将数据采用率修改为宜大于 85%。

4.6.6 卫星导航定位动态测量是测定日照变形、风振变形及其他动态变形的合适方法。对本条的规定，需要作几点说明：

1 应用卫星导航定位动态测量模式进行变形观测一般都是连续不间断或高频次的测量。为进行数据实时采集、处理和分析，应建立参考点站、监测点站，并通过通信网络和数据处理系统组成实时监测系统。

2 建筑变形测量的监测范围较小，一般 1 个参考点站就可以满足作业要求。当监测范围较大，或为提高监测成果的可靠性，可增加 1 个参考点站。对多个参考点站，应保证其位置间相对稳定。

3 数据处理是获得监测点站和参考点站间的相对位置关系。参考点站需设置在变形区域以外，且具备通信、供电和固定场所等限制条件，就变形测量而言，本规范规定在 1km 内为最佳，但不能超过 3km。

4 为节约成本，当观测数据连续性要求不高时，在监测点站上，可采用多个天线配置一台接收机进行数据采集，通过时分多址的天线切换技术，按设定次序顺序接收各天线的数据。

5 数据处理分析系统是变形监测系统的枢纽，可实现对参考点站、监测点站进行控制、调整以及数据收集、处理、存储、分析、预报、报警等功能，本条仅规定了数据处理分析系统软件应具有的基本功能。

4.7 激 光 测 量

4.7.1 基于激光技术的变形测量方法主要包括激光准直测量、激光垂准测量和激光扫描测量等。激光准直测量是一种水平视准线测量方法，采用激光经纬仪或专门的激光准直系统来测定水平位移。激光垂准测量是一种垂直视准线测量方法，采用激光垂准仪来测定主体倾斜。这两种方法已在建筑变形测量中得到广泛应用。采用三维激光扫描仪进行激光扫描测量，是 20 世纪 90 年代中期激光应用研究的重大突破，该方法改变了传统单点采集数据的作业模式，能快速自动连续获取海量点云数据，从而提高数据采集效率。参考激光扫描用于变形测量的相关文献，本次规范修订时增加了地面激光扫描测量内容，并在资料分析、试验研究的基础上，对地面激光扫描测量方法用于建筑变形测量涉及的仪器选用、观测指标、作业准备、站点布设、扫描作业、数据处理和提交资料等作出规定。

4.7.2 利用激光经纬仪测定水平位移是一种典型的视准线测量方法，其原理较为简单。作业中可利用工作基点作为设站点和固定觇牌点，用一条视准线通常测定一系列的监测点。这里一个测回指的是自设站点由近至远（往测）、再由远至近（返测）逐一观测各监测点的过程。

4.7.3 采用激光垂准仪测定建筑水平位移或倾斜的前提条件是建筑的待测处（顶部或其他位置）与底部之间具有竖向通视条件。激光垂准仪的性能主要有垂直测量相对精度和有效测程。目前激光垂准仪主要型号有苏光 JC100 激光垂准仪（精度1/100000）、苏光 DZJ2 激光垂准仪（精度 1/45000），新北光 DZJ2-L 激光垂准仪（精度 1/45000），博飞 DZJ3-L1 激光垂准仪（精度 1/40000）等，其有效测程一般白天在 125m 左右、晚上在 250m 左右。

4.7.4 应用激光扫描测量进行建筑变形测量有以下几点需要说明：

1 标称精度。目前激光扫描仪发展迅速，品种多，仪器标称精度的表述也不统一，有采用测距中误差，也有采用点位中误差，且标称精度的距离也不一致（表4）。作业时，应根据作业要求选择相应仪器。

2 有效测程。为了确保激光扫描测量的观测精度，本规范根据仪器标称测程和标称精度对应的距离规定了有效仪器测程要求。

3 测回数。为了研究激光扫描测量的测回数，进行了下述实验。

试验场地选择在某建筑楼顶天台，在距离设站点约 5m～160m 处的柱子、墙面及周边建筑物上均匀布设 40 个标靶，标靶与站点的高差在 10m 以内，采用 Leica TM30 全站仪测量全部标靶（图 7）的全局坐标。

表 4　现有部分激光扫描仪主要技术参数

仪器型号	厂家	点位中误差(或测距中误差)	角度分辨率(″)	测程(m)
HDS 6200	Leica	±2mm@25m，±3mm@50m	±25	79
HDS 8800		±10mm@200m，±50mm@2000m	±36	2000
HDS C5		±2mm	±12	300
HDS C10		±2mm	±12	300
HDS P20		±2mm@50m	±8	120
ILRIS-3D	Optech	±8mm@100m	±4	1700
ILRIS-HD		±8mm@100m	±4	1800
ILRIS-HR		±8mm@100m	±4	3000
Trimble GS 200	Trimble	±7mm@100m	±12	350
Trimble GX		±7mm@100m	±12	350
Trimble CX		±1.2mm@30m，±2mm@50m	±15，±25	80
Trimble FX		±1mm@15m	±8	140
TrimbleTX 5		±2mm@10m～25m	±30	120
TrimbleTX 8		±2mm@100m	±8	340
LMS-Z620	Riegl	±10mm@100m	±15	2000
LMS-Z420i		±6mm@100m	±1.8	1000
LMS-VZ400		±3mm@100m	±1.8	400
LMS-VZ1000		±5mm@100m	±1.8	1000
Focus3D	FARO	±2mm@10m～25m	±14	150
Focus3D X330		±2mm@10m～25m	±32	330
GLS-1500	Topcon	±4mm@150	±6	330
GLS-2000		±3.5mm@150	±6	350

图 7　实验采用的反射片标靶

采用 Riegl LMS-VZ400 扫描仪，分上午和下午进行了两次实验。实验时，室外温度 27℃～32℃，晴，微风，使用遮阳伞避免阳光直射仪器。

第一次实验在上午，同一测站扫描测量 10 测回，从 40 个标靶抽取 4 个分布均匀的标靶作为参考点，利用参考点将每个测回的标靶坐标从仪器坐标系转换到全局坐标系，分别求取 2、3、4、5、6、7、8、9、10 个测回转换后的标靶坐标均值，以 10 测回的均值为真值进行比较，得出统计曲线；接着再从 40 个标

靶中抽取另一组 4 个标靶作为参考点，进行上述计算，绘制统计曲线(图 8，图中较差单位为 mm)。

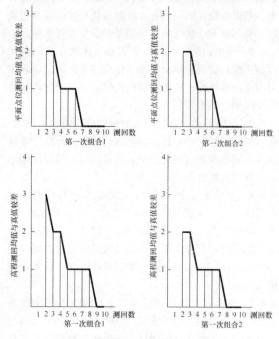

图 8　激光扫描测量平面位置及高程较差与测回数关系

下午的第二次实验变换了站点位置，进行了相同的扫描实验，得出以下统计曲线(图 9)。

根据以上实验，4 个～5 个测回的均值较差会有

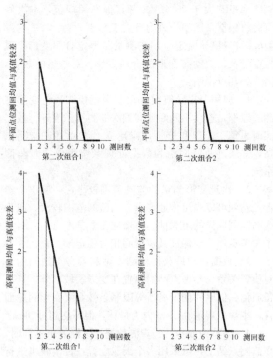

图 9　变换测站后的激光扫描测量平面位置及高程与测回数关系

一次显著减小，7个～9个测回均值较差接近于0，因此本规范表4.7.4规定四等沉降观测和三等位移观测应不少于7测回，四等位移观测应不少于4测回。

4.7.5 激光扫描测量需要设置标靶。标靶是用专门材质制作的具有特殊形状的标志，其在点云中能够很好地被识别和量测。激光扫描测量中将作为激光扫描数据坐标转换的基准且布设在变形区域以外的标靶点称为参考点。现行激光扫描仪一般只提供粗略整平功能，只有水准气泡而没有自动补偿装置，或者提供的自动补偿装置精度不高，无法精确整平，因此激光扫描点云由仪器坐标系向工程坐标系转换，一般采用至少3个已知两坐标系中坐标的参考点标靶建立转换关系。标靶在工程坐标系中的坐标由全站仪测量，其测量精度对监测点的精度有直接影响，所以本规范规定参考点观测技术指标不低于工作基点测定要求。

激光扫描所用的标靶由高反射率材料制成，长期被雨淋、阳光照射，会造成标靶材质反射率降低且变得不均匀，会使得激光扫描识别标靶的精度变低，甚至不能识别，因此本规范要求对需长期使用的标靶采取一定保护措施。

点云拼接是把不同站点获取的三维激光扫描点云数据通过测站之间的公共标靶两两配准到一起的过程。根据点云拼接原理，点云拼接精度受同名点提取精度、坐标转换精度的影响。大量文献报道，激光扫描测量采用一次点云拼接会使得点位测量中误差达到厘米级，因此建筑变形测量中应直接采用参考点进行单测站的坐标转换，而不应采用公共标靶进行测站间点云拼接。

4.7.6 关于扫描标靶入射角度和精度之间的关系问题，采用激光扫描仪 Leica HDS3000 进行了实验（见同济大学2009年博士论文《地面三维激光扫描数据处理技术及作业方法的研究》），绘制出标靶的激光束入射角度、测量距离与靶心反射强度的关系图（图10）。根据该图分析，当入射角小于60°，可以较好地提取靶心坐标。

此外，中国科学院地理科学与资源研究所分别采用 LeicaHDS3000 和 LeicaHDS4500 进行实验（见《激光杂志》2008年第1期"地面三维激光扫描标靶研究"一文），得出的结论是：激光扫描获取高精度成果要使用标靶作为拼接的连接点和坐标转换时的控制点，扫描过程中标靶的自动提取与扫描时标靶的倾角和扫描的距离有关；应尽量使用与扫描仪型号配套的标靶；在扫描倾角50°内使用配套的标靶可以获得良好的精度。

根据以上实验，本规范规定扫描入射角度不大于50°。

4.8 近景摄影测量

4.8.1 目前近景摄影测量主要采用高性能数码相机获取影像数据，也称之为数字近景摄影测量。与其他测量方法相比，数字近景摄影测量方法具有以下优点：1)可获取被测目标大量信息，特别适用于监测点较多的情况；2)是一种非接触测量方法，不干扰被测物体的自然状态；3)有相当高的精度和可靠性，可提供千分之一至十万分之一的相对测量精度；4)可获得基于三维空间坐标的数据、图像、数字表面模型

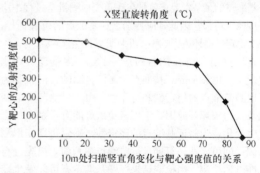

(a) 10m处扫描角度变化与靶心强度值的关系

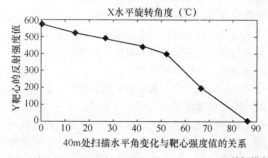

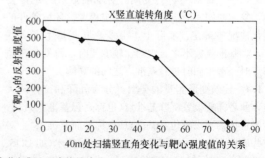

(b) 40m处扫描角度变化与靶心强度值的关系

图10 标靶的激光束入射角度、测量距离与靶心反射强度间关系

(DSM)等成果。数字近景摄影测量技术需要专门的仪器设备和处理软件，对现场作业空间有一定要求。

4.8.2 近景摄影测量的应用广泛，能测定物体的形状、大小和动态参数。但由于变形测量对象形状大小不同，采用的数码相机及处理软件功能性能不同，需要针对具体的项目进行技术设计。根据工程经验，近景摄影测量要获得高的精度，应尽量采用高影像分辨率、长焦距的数码相机。

4.8.3 摄站点指的是用于架设数码相机进行摄影的点。当测定的建筑范围较小时，可采用单基线立体摄影方式，只需设置 2 个摄站点；而当需要测定的建筑范围较大时，一般需要采用多基线摄影方式，此时需要设置多个摄站点，这些摄站点可能形成单摄线（类似航摄中的单航线），也可能由多条摄线组成区域网（类似航摄中的区域网）。

4.8.4 采用近景摄影测量方法进行建筑变形测量，成果精度与像控点数量、分布及测定精度等密切相关，本条对其作出明确规定。为评价近景摄影测量成果的精度，一般通过设置一定数量的检查点来实现，检查点可与像控点同时测定。数据处理时，检查点不能作为像控点使用，以保证精度衡量的可靠性和有效性。

5 基准点布设与测量

5.1 一般规定

5.1.1 基准点是进行建筑变形测量工作的基础和参照。对基准点的最基本要求就是在建筑变形测量全过程中应保持稳定可靠。因此，应特别重视基准点的位置选择，使之稳定、受环境影响小，并且可以长期保存。

5.1.3 基准点布设的目的是为了建立多期变形观测的统一、可靠基准。基准点检测、复测的目的就是为了检验基准点的稳定性和可靠性。由于自然环境的变化及人为破坏等原因，不可避免地可能有个别点位会发生变化，为验证基准点的稳定性，确保每期变形测量成果的可靠性，每期进行监测点观测前，应先进行基准点的检测，当检测结果怀疑基准点有可能发生变动时，应立即对其进行复测。对基准点进行定期复测，复测时间间隔应根据点位稳定程度及环境条件的变化情况等确定。实际上，很多变形测量生产实践中，当基准点数不多，观测比较方便时，每期观测监测点时一般也同时进行基准点之间的观测。

5.1.4 建筑变形测量的类型可分为沉降和位移两大类，前者需要设置沉降基准点（也称高程基准点），后者经常也需要设置位移基准点（也称平面基准点）。对一些应用而言，采用卫星导航定位测量技术（如 BDS、GPS 等）可以同时测定三维变形，此种情况下宜设置同时满足本规范关于沉降基准点和位移基准点要求的

基准点。若不能设置这样的基准点，则应分别设置沉降基准点和位移基准点。

5.1.5 设置工作基点的主要目的是为方便较大规模变形测量项目的每期作业。由于工作基点位置距待测建筑一般较近，因此在每期变形观测开始时，应先进行工作基点与基准点的联测，然后再利用工作基点进行监测点的测量。

5.1.6 基准点测量及基准点与工作基点之间联测的目的是进行基准点的稳定性检查分析，并为测定监测点提供支持。对四等变形测量，由于规范规定的精度较低，此时基准点测量及基准点与工作基点之间联测的精度应高一个等级（即采用三等精度），这样的精度在实际作业中也不难实现。对特等、一等、二等、三等变形测量，采用不低于所选沉降或位移观测的精度等级即可。

5.2 沉降基准点布设与测量

5.2.1 沉降观测是一种多期监测，因此需要设置沉降基准点。规定特等和一等沉降观测的基准点数不应少于 4 个、其他等级沉降观测的基准点数不应少于 3 个，是为了保证有足够数量的基准点可用于检测其稳定性，从而保证沉降观测成果的可靠性。要求基准点之间布设成闭合环是为便于观测成果的检核校验。

5.2.2 本条根据地基基础设计的相关规定和经验总结，对沉降基准点的位置选择作了规定，目的是为了保证沉降基准点的（相对）稳定并便于长期保存。在沉降观测生产实践中，有时受现场条件限制基准点只能布设在建筑区内，此时基准点应尽可能布设在待测建筑的影响范围之外，影响距离一般认为应大于基础最大深度的 2 倍。

对于特殊的重要变形测量项目，基准点埋设基岩标是为了在较长期的变形测量过程中提供稳定的基准。基岩标的数量视区域大小确定，一般宜布设 2 个～3 个。基岩标的规格可参照现行国家标准《国家一、二等水准测量规范》GB/T 12897 的有关规定设计。目前，许多城市（如广州、武汉等）已广泛采用基岩标。

5.2.3 对较大规模的建筑沉降观测，每一期的作业时间往往也较长，为方便作业，通常设置工作基点。工作基点与基准点之间一般采用水准测量方法进行联测；在地形条件特殊、环境适宜情况下，也可采用三角高程测量方法进行联测。当采用三角高程测量方法时，为消减有关气象因素的影响，应注意基准点和工作基点位置的选择。当采用静力水准测量方法进行沉降观测时，一般都要设置工作基点，工作基点的设置应考虑所用静力水准测量装置的有效工作量程，必要时则需要设置辅助点。

5.2.4 沉降基准点标石、标志的形式有多种，图11～图18给出一些常用的形式。特殊性岩土地区或有特殊要求的标石、标志规格及埋设，需另行设计。有关水准测量、工程测量、城市测量等标准规范的相关规

定也可参考。

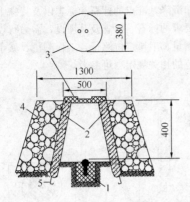

图 11 基岩水准基点标石(单位：mm)

1—抗蚀的金属标志；2—钢筋混凝土井圈；
3—井盖；4—砌石土丘；5—井圈保护层

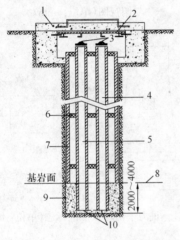

图 12 深埋双金属管水准基点标石(单位：mm)

1—钢筋混凝土标盖；2—钢板标盖；3—标心；4—钢心
管；5—铝心管；6—橡胶环；7—钻孔保护钢管；8—新鲜
基岩面；9—M20 水泥砂浆；10—钢心管底板与根络

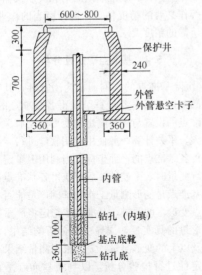

图 13 深埋钢管水准基点标石(单位：mm)

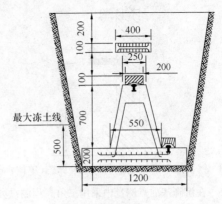

图 14 混凝土基本水准标石(单位：mm)

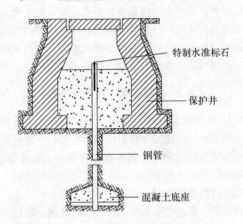

图 15 浅埋钢管水准标石

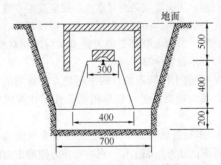

图 16 混凝土普通水准标石(单位：mm)

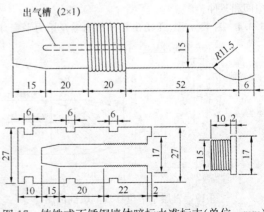

图 17 铸铁或不锈钢墙体暗标水准标志(单位：mm)

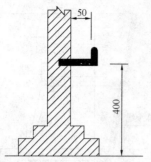

图 18　铸铁或不锈钢墙体明标水准标志(单位：mm)

5.2.5 在沉降基准点测量中采用三角高程测量方法，主要是考虑到一些情况下可能难以进行高效率的水准测量作业。为减少垂线偏差和折光影响，对三角高程测量观测视线的行径要高度重视，尽可能使两个端点周围的地形相互对称，并缩短视线距离、提高视线高度，使视线通过类似的地貌和植被。

5.3　位移基准点布设与测量

5.3.1 水平位移观测、基坑监测、边坡监测通常都是多期监测，因此需要设置位移基准点，为较可靠地分析基准点的稳定性，基准点数应有一定数量要求。因现场环境及通视条件限制，当采用视准线法和小角度法进行位移观测时，一般选择稳定的方向标志作为方向基准。风振变形观测、日照变形观测、结构健康监测一般都是在基准点上利用卫星定位测量技术连续自动观测，为保障成果的可靠性，规定基准点数不少于 2 个是必要的。而建筑倾斜观测、挠度观测、收敛变形观测、裂缝观测都是测定建筑本身的相对变形，因此可以不设置位移基准点。

5.3.2 设置工作基点的目的主要是方便每期的位移观测。其位置及数量可根据现场条件和作业需要来确定。

5.3.3 本规范第 5.1 节规定，位移基准点应选择在稳定可靠的地方，而工作基点应选在方便测定监测点且相对稳定的地方。由于这些点上需要架设测量仪器、天线或专门的照准标志，其周围应有一定的作业空间和条件。

5.3.4 图 19 ～图 21 给出几种观测墩及重力平衡球

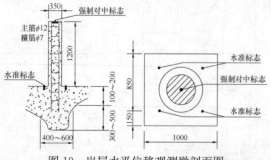

图 19　岩层水平位移观测墩剖面图
与俯视图(单位：mm)

式照准标志的样式。对用作位移基准点的深埋式标志、兼作沉降基准点的标石和标志以及特殊土地区或有特殊要求的标石、标志及其埋设，需另行设计。有关大地测量、卫星定位测量、工程测量、城市测量等标准规范的相关规定也可参考。

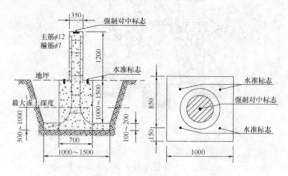

图 20　土层水平位移观测墩剖面图
与俯视图(单位：mm)

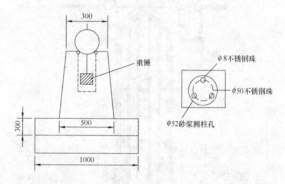

图 21　重力平衡球式照准标志(单位：mm)

5.3.5 位移基准点的测量方法较多，各种方法的适用场合也不尽一致。本规范第 4 章对其中主要方法的作业技术要求作了规定。对具体变形测量项目，需要根据现场作业条件、基准点网结构和所用仪器设备性能特点等作必要的精度估算，选择恰当的作业方法，以满足所需的精度要求。

5.4　基准点稳定性分析

5.4.1 沉降基准点的构网通常为闭合环，其数据处理较为简单，通过平差计算可获得各基准点的高程。位移基准点的设置与所要测定的变形类型有关，构网差别较大，平差计算一般使用专用软件进行，通过计算可获得各基准点的平面坐标。当利用卫星定位测量方法进行测量时，平差计算后可获得各基准点的三维坐标。基准点是变形测量工作的基础，是能否有效获取监测点变形量的关键，基准点不稳定将严重影响监测点变形量的真实性，误导变形分析的结果，因此，对两期及以上的变形测量，需要根据测量结果对基准点的稳定性进行检验分析，以判断基准点是否稳定可靠。

5.4.2 基准点稳定性检验虽提出了许多方法，但都有其局限性。对于建筑变形测量，一般均按本规范的相关规定设置了稳定可靠的基准点。沉降基准点的数量一般为 3 个～4 个，采用本条提出的方法可以较为方便地对其稳定性作出分析判断。需要指出的是，当出现多个差值超限时，该方法可能失效，此时需结合基准点埋设情况及周边环境变化情况作出尽可能合理的判断。

5.4.3 本条第 2 款中所述统计检验方法也有很多种，也都有不同的局限性。其中一种较为典型的基准点稳定性统计检验方法称之为"平均间隙法"，其基本思想是：

1 对两期观测成果，按秩亏自由网方法分别进行平差。

2 使用 F 检验法进行两期图形一致性检验（或称"整体检验"），如果检验通过，则确认所有基准点是稳定的。

3 如果检验不通过，使用"尝试法"，依次去掉每一点，计算图形不一致性减少的程度，使得图形不一致性减少最大的那一点是不稳定的点。排除不稳定点后再重复上述过程，直至去掉不稳定点后的图形一致性通过检验为止。

5.4.4 通过重测结果分析判断确定不稳定基准点后，应及时实地勘察，尽可能找出产生不稳定的原因，如若认为其不宜继续作为基准点使用，则应按照本规范关于基准点布设的要求重新布设新的基准点。同时，对于已经利用不稳定基准点施测的有关各期成果，应在剔除影响后重新进行数据处理，获得可靠的成果。发生这类情况时，应做好相应的记录，及时与项目委托方进行沟通，并在技术报告中予以说明。

6 场地、地基及周边环境变形观测

6.1 场地沉降观测

6.1.1 建筑场地沉降观测可分为相邻地基沉降观测和场地地面沉降观测，这是根据建筑设计、施工的实际需要特别是软土地区密集房屋之间的建筑施工需要确定的。其中，相邻地基沉降指的是由于毗邻建筑间的荷载差异引起的相邻地基土应力重新分布而产生的附加沉降；场地地面沉降指的是由于长期降雨、管道漏水、地下水位大幅度变化、大面积堆载、地裂缝、大面积潜蚀、砂土液化以及地下采空等原因引起的一定范围内的地面沉降。

毗邻的高层与低层建筑或新建与已建的建筑，由于荷载的差异，引起相邻地基土的应力重新分布，而产生差异沉降，致使毗邻建筑物遭到不同程度的危害。差异沉降越大，危害愈烈，轻者门窗变形，重则地坪与墙面开裂、地下管道断裂，甚至房屋倒塌。因此，建筑场地沉降观测的首要任务是监视已有建筑安全，开展相邻地基沉降观测。

在相邻地基变形范围之外的地面，由于降雨、地下水等自然因素与堆卸、采掘等人为因素的影响，也产生一定沉降，并且有时相邻地基沉降与场地地面沉降还会交替重叠。但两者的变形性质与程度毕竟不同，分别进行观测便于区分建筑沉降与场地地面沉降，对于研究场地与建筑共同沉降的程度、进行整体变形分析和有效验证设计参数是有益的。

6.1.2 对相邻地基沉降监测点的布设，规定可在以建筑基础深度 1.5 倍～2.0 倍的距离为半径的范围内，以外墙附近向外由密到疏进行布置，这是根据软土地基上建筑相邻影响距离的有关规定和研究成果分析确定的。

1 取原《上海地基基础设计规范》DG J08-11-2010 编制说明介绍的沉桩影响距离（表 5）和《建筑地基基础设计规范》GB 50007-2002 表 7.3.3 相邻建筑基础间的净距（表 6）作为分析的依据。

表 5　沉桩影响距离（m）

被影响建筑物类型	影响距离
结构差的三层以下房屋	$(1.0\sim1.5)L$
结构较好的三至五层楼房	$1.0L$
采用箱基、桩基六层以上楼房	$0.5L$

注：L 为桩基长度（m）。

表 6　相邻建筑基础间的净距（m）

影响建筑的预估平均沉降量	被影响建筑的长高比	
	$2.0\sim3.0$	$3.0\sim5.0$
70mm～150mm	2～3	3～6
160mm～250mm	3～6	6～9
260mm～400mm	6～9	9～12
>400mm	9～12	≥12

注：当被影响建筑的长高比为 1.5～2.0 时，其间净距可适当缩小。

2 从表 5 和表 6 可知，影响距离与沉降量、建筑结构形式有着复杂的相关关系，从测量工作预期的相邻没有建筑的影响范围和使用方便考虑，取表 5 中的最大影响距离 $(1.0\sim1.5)L$ 再乘以系数 $\sqrt{2}$ 作为选设监测点的范围半径，亦即以建筑基础深度的 1.5 倍～2.0 倍之距离为半径，是比较合理、安全和可行的。

3 沉降影响随离所测建筑的距离增大而减小，因此本规范规定监测点应从其建筑支护结构开始向外由密到疏布设。

6.1.3 对相邻地基沉降观测，短期监测可采用浅埋标，长期监测应采用深埋标。对场地地面沉降观测，主要是监测地表沉降，一般情况下采用浅埋标即可。

6.1.5 建筑场地沉降观测的周期可以根据建筑场地沉降量的大小，分不同时期确定观测周期。基坑降水和基坑土开挖阶段由于水位下降影响和基坑土开挖后的荷载减小，沉降速率较大，对建筑场地安全影响较大，应采用短周期观测。以后随着施工进度，沉降速率逐渐减小，观测周期可以加长。但是，在基坑水位快速恢复的过程中应采用短周期的观测。上部结构施工的相邻地基沉降和场地地面沉降与施工荷载增加关系密切，应与建筑沉降观测周期一致。

6.1.6 有关成果图表示例如下（图22、图23）：
  1 相邻地基沉降的距离-沉降曲线见图22。
  2 场地地面等沉降曲线见图23。

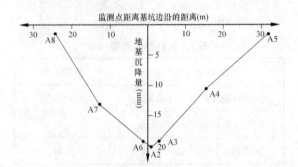

图 22 相邻地基沉降的距离-沉降曲线

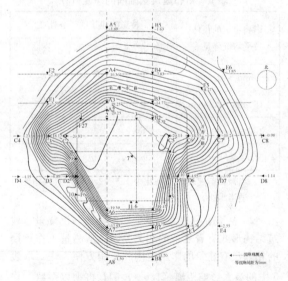

图 23 场地地面等沉降曲线

6.2 地基土分层沉降观测

6.2.1 地基指的是支承基础的土体或岩体，基础则是指将结构所承受的各种作用传递到地基上的结构组成部分。地基土分层沉降观测对建筑结构设计人员处理建筑主体与裙楼之间、不同地基基础之间等的沉降差有很大帮助。地基土分层沉降可分为原状土区的分层沉降和填土区的分层沉降。

6.2.2 规定建筑地基分层沉降监测点的布设是为了方便观测作业。分层沉降观测一般从基础施工开始直到建筑沉降稳定为止，观测时间较长，监测点应在建筑底面上加砌窖井与护盖，其标志将不再取出。

6.2.3 为方便实际应用，这里介绍采用钻孔法埋设分层沉降计及分层沉降标志的方法。

  1 采用钻孔法埋设分层沉降计的要点如下（图24）：

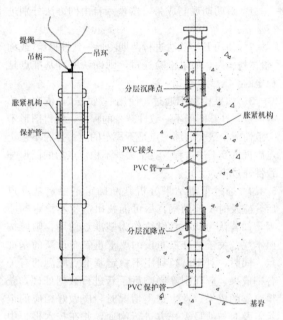

图 24 钻孔法埋设分层沉降计

  1） 钻孔：在测点位置准确放样后即可进行钻孔，孔径为φ110mm，采用铅垂测量钻孔。钻孔深度应穿过软土层并大于地基压缩层厚度，直至基岩且应入岩0.5m。为避免缩孔或塌孔等现象，钻头应在预装完成后再拔出并立即进行埋设。

  2） 预装：根据钻孔深度和所测土层高程计算出每截PVC管的长度和提绳的长度，计算时PVC管长度应加1m，提绳长度应加10m。根据每截单点沉降单元测量高程连接不同长度的提绳，提绳上要做好标示，标示包括编号（层号）和用途，提绳连接必须牢固。然后将PVC管、PVC接头、单点沉降单元按安装顺序依次摆放于孔口，用手电钻引钻PVC管自攻螺丝孔，并穿好提绳，提绳尽量不要缠绕。

  3） 安装：将穿好提绳的PVC管、PVC接头、单点沉降单元依次装入孔内，用螺丝连接牢固。安装时要特别注意不要让控制胀开机构的提绳受力，以免胀紧机构未到测量高程就胀开。到底后用控制测量机构的提绳将测量机构提到要求高程，用读数仪校对，确认每一个测量机构都可以提到要求高程，由下至上提起每一个控制胀开机构的提绳，胀开机构胀紧在所需位置。锯掉多余的PVC管和提绳，盖上孔盖。

2 采用钻孔法埋设分层沉降标志的要点如下（图25）：

  1）标志加工：标志长度应与点位深度相适应，顶端加工成半球形并露出地面，下端为焊接的标脚，应埋设于预定的监测点位置。

  2）钻孔：钻孔孔径大小应符合设计要求，并应保持孔壁铅垂。

  3）安装：下标志时，应用活塞将长50mm的套管和保护管挤紧（图25a）；测标、保护管与套管三者应整体徐徐放入孔底，若测杆较长、钻孔较深，应在测标与保护管之间加入固定滑轮，避免测标在保护管内摆动（图25b）；整个标脚应压入孔底面以下，当孔底土质坚硬时，可用钻机钻一小孔后再压入标脚（图25c）。

  4）检查：标志埋好后，应用钻机卡住保护管提起0.3m～0.5m，然后在提起部分和保护管与孔壁之间的空隙内灌砂，提高标志随所在土层活动的灵敏性。最后，应用定位套箍将保护管固定在基础底板上，并以保护管测头随时检查保护管在观测过程中有无脱落情况（图25d）。

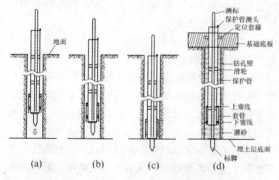

图25 钻孔法埋设分层沉降标志

6.2.4 地基土的分层及其沉降情况比较复杂，不仅各地区的地质分层不一，而且同一基础各分层的沉降量相差也比较悬殊，例如最浅层的沉降量可能和建筑的沉降量相同，而最深层（超过理论压缩层）的沉降量可能等于零，因此就难以预估分层沉降量，所以观测精度过低没有意义。采用数字水准仪观测时，需要在不同土层分别钻孔埋设分层沉降标志，分别测量分

层沉降标志的高程，然后用各分层沉降监测点的高程计算各土层的分层沉降量。采用分层沉降计时，可只在一个钻孔内埋设一组分层沉降计分别测量各土层的压缩量。

6.2.6 地基土分层沉降成果示例如下：

  1 各土层荷载-沉降-深度曲线（图26）。

  2 各土层沉降量-填土高度时程曲线（图27）。

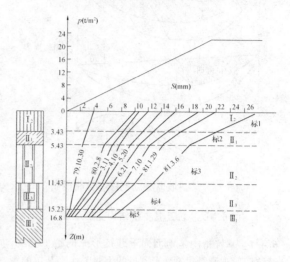

图26 各土层荷载-沉降-深度曲线

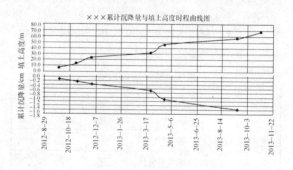

图27 各土层沉降量-填土高度时程曲线

6.3 斜坡位移监测

6.3.2 斜坡位移监测主要包括建筑场地整体水平位移监测、局部场地水平位移监测、施工形成的高边坡水平位移监测及场地周邻自然山体（或坡地、台地）地形的滑坡监测，同时也包括地质软弱层或地裂缝引起的场地位移监测。必要时，还需进行相关的应力、应变监测和地下水位监测。具体作业时，可根据工程的不同阶段按本规范表6.3.2的规定进行选择。

6.3.11 监测点布置图可辅以在位移监测过程中拍摄的、与监测成果相适应的场地代表性远景或近景照片，用于直观地辅助说明监测情况。斜坡位移监测点位移综合曲线示例（图28）。

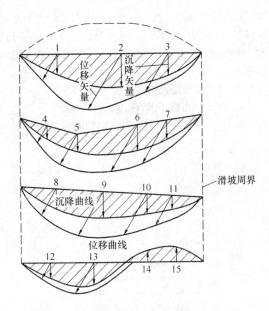

图 28　某斜坡监测点位移综合曲线图

6.4　基坑及其支护结构变形观测

6.4.1　基坑指的是地面向下开挖形成的地下空间。基坑变形观测是建筑变形测量的重要工作。基坑的观测内容比较多，涉及范围较广，既有基坑本身的，也有周边环境（如建筑物、管线和地表等）的，还有自然环境（雨水、洪水、气温、水位等）的。根据《建筑基坑工程监测技术规范》GB 50497－2009 的规定，基坑的监测内容选择如下（表 7）。

表 7　基坑监测内容

监测项目	基坑工程等级		
	一级	二级	三级
围护墙（边坡）顶部水平位移	应测	应测	应测
围护墙（边坡）顶部垂直位移	应测	应测	应测
深层水平位移	应测	应测	应测
立柱垂直位移	应测	宜测	宜测
围护墙内力	宜测	可测	可测
支撑内力	应测	宜测	可测
立柱内力	可测	可测	可测
锚杆内力	应测	宜测	可测
土钉内力	宜测	可测	可测
坑底隆起（回弹）	宜测	可测	可测
围护墙侧向土压力	宜测	可测	可测
孔隙水压力	宜测	可测	可测
地下水位	应测	应测	应测
土体分层垂直位移	宜测	可测	可测
周边地表垂直位移	应测	应测	宜测

基坑安全等级划分各地区并不完全一致。为便于测量人员了解基坑安全等级，现将国家标准《建筑地基基础工程施工质量验收规范》GB 50202－2002 的有关规定罗列于此。该规范将建筑基坑安全等级划分为一级、二级和三级，具体分级如下：1）符合下列情况之一，为一级基坑：①重要工程或支护结构做主体结构的一部分；②开挖深度大于 10m；③与邻近建筑物、重要设施的距离在开挖深度内的基坑；④基坑范围内有历史文物、近代优秀建筑、重要管线等需要严加保护的基坑。2）三级基坑为开挖深度小于 7m，且周围环境无特别要求的基坑。3）除一级和三级外的基坑属二级基坑。4）当周围已有的设施有特殊要求时，尚应符合这些要求。

6.4.5　现行国家标准《建筑基坑工程监测技术规范》GB 50497 对基坑监测的方法和精度等均作出规定，其中也将本规范作为引用标准。基坑监测安全性要求高，具体作业时应遵照该国家标准的相关规定。

6.4.6　测斜仪观测一测回指的是，由管底开始向上提升测头至待测位置，并沿导槽全长每隔 500mm（轮距）测读一次，将测头旋转 180° 再测一次。两次观测位置（深度）应一致。

测斜管埋设时，测斜管应保持垂直，并使十字形槽口对准观测的水平位移方向。连接测斜管时应对准导槽，使之保持在一直线上。管底端应装底盖，每个接头及底盖处应密封。埋设于基坑围护结构中的测斜管，应将测斜管绑扎在钢筋笼上，同步放入成孔或槽内，通过浇筑混凝土后固定在桩墙中或外侧。

钻孔埋设测斜管时，应先用地质钻机成孔，将分段测斜管连接放入孔内，测斜管连接部分应密封处理，测斜管与钻孔壁之间空隙宜回填细砂或水泥与膨润土拌合的灰浆，其配合比应根据土层的物理力学性能和水文地质情况确定。

6.4.7　位移速率的大小应根据具体工程情况和工程类比经验分析确定。当无法确定时，可将 5mm/d～10mm/d 作为位移速率大的参考标准。位移量大，是指与报警值比较的结果。为了保证基坑安全，当出现异常或特殊情况（如位移速率或位移量突变、出现较大的裂缝等）时应提高观测频率，并将结果及时报告项目委托方。由于基坑壁侧向位移观测的特殊性，紧急情况下进行观测前，应采取有效措施保护好观测人员和设备的安全。

6.4.8　基坑内的回弹对于基坑周边支护结构的安全有一定的影响，观测基坑回弹有利于分析基坑周边支护结构产生变形的原因，对基坑支护结构设计可以提供帮助。基坑外的回弹对基坑周边建筑物安全有一定的影响，根据基坑回弹量结合周边建筑物沉降测量，可以分析基坑周边建筑物的安全程度。

基坑回弹观测比较复杂，需要建筑设计、施工和测量人员密切配合才能完成。回弹监测点的埋设也十分费时、费工，在基坑开挖时保护也相当困难，因此在选定点位时要与设计人员讨论，原则上以较少数量的点位能测出基坑必要的回弹量为出发点。

6.4.9 回弹标志的埋设方法说明如下。

1 辅助杆压入式标志应按以下步骤埋设（图29）：

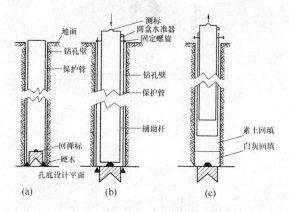

图29 辅助杆压入式标志埋设步骤

1）回弹标志的直径应与保护管内径相适应，采用长0.2m的圆钢，其一端中心应加工成半径为15mm～20mm的半球状，另一端应加工成楔形。

2）钻孔可用小口径（如127mm）工程地质钻机，孔深应达孔底设计平面以下0.2m～0.3m。孔口与孔底中心偏差不宜大于3/1000，并应将孔底清除干净；应将回弹标套在保护管下端顺孔口放入孔底（图29a）；不得有孔壁土或地面杂物掉入，应保证观测时辅助杆与标头严密接触（图29b）。

3）观测时，应先将保护管提起约0.1m，在地面临时固定，然后将辅助杆立于回弹标头即行观测。测毕，应将辅助杆与保护管拔出地面，先用白灰回填厚0.5m，再填素土至填满全孔（图29c）。

2 钻杆送入式标志（图30）应采用下列要求埋设：

1）标志的直径应与钻杆外径相适应。标头可加工成直径20mm的半球体；连接圆盘用直径100mm钢板制成；标身由断面角钢制成；标头、连接钻杆反丝扣、连接圆盘和标身等四部分应焊接成整体。

2）钻孔要求应与埋设辅助杆压入式标志的要求相同。

3）当用磁锤观测时，孔内应下套管至基坑设计标高以下。观测前，应先提出钻杆卸下钻头，换上标志打入土中，使标头送至低于坑底面0.2m～0.3m，防止开挖基坑时被铲坏。然后，拧动钻杆使与标志自然脱开，提出钻杆即可进行观测。

4）当用电磁探头观测时，在上述埋标过程中

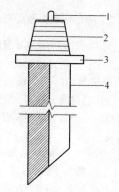

图30 钻杆送入式标志
1—标头；2—连接钻杆反丝扣；
3—连接圆盘；4—标身

可免除下套管工序，直接将电磁探头放入钻杆内进行观测。

3 直埋式标志可用于深度不大于10m的浅基坑配合探井成孔使用。标志可用直径20mm～24mm、长0.4m的圆钢或螺纹钢制成，其一端应加工成半球状，另一端应锻尖。探井口直径不应大于1m，挖深应至基坑底部设计标高以下0.1m处，标志可直接打入至其顶部低于坑底设计标高30mm～50mm为止。

4 采用电磁式沉降仪观测时，亦可采用以上方法埋设电磁环标志，电磁环标志的埋设可参照安装使用说明书。

6.4.10 地基回弹观测不应少于3次是进行地基回弹观测数据分析的最低要求，有条件的时候尽量在基坑开挖阶段，根据基坑分层支护，分层开挖的原则，每层进行基坑回弹观测。以取得较为详尽的回弹资料，供建筑结构设计人员使用。同时，也能避免由于个别监测点破坏，基坑回弹数据几乎不能使用的情况发生。基坑开挖前的回弹观测结束后，为了防止点位被破坏和便于寻找点位，应在观测孔底充填厚度约为1m左右的白灰。基坑开挖后的回弹观测应在每个监测点挖出后即时进行观测，是为保证基坑回弹标志挖出后能够即时测量到该点的基坑回弹数值，而不会因为基坑其他地方的开挖破坏基坑回弹标志。

6.4.11 回弹监测点位布置图及回弹纵、横断面图示例（图31）。

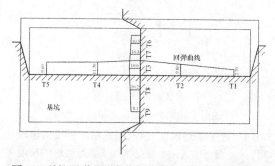

图31 基坑回弹监测点位布置图及回弹纵、横断面图

6.5 周边环境变形观测

6.5.1 建筑周边环境指的是建筑周围可能受其施工或运营影响的其他建筑、道路、管线、地面等。周边环境是相对于待测建筑而言的。该建筑的施工或运营，将对其周边的其他建筑、道路、管线和地面等产生影响，导致他们发生变形，因而需要对周边环境进行必要的变形测量。

6.5.2 建筑周边环境变形测量的基本方法与建筑本身的变形测量方法基本一致。具体应视变形对象和变形类型，按本规范第6章、第7章的相应规定执行。

7 基础及上部结构变形观测

7.1 沉降观测

7.1.1 沉降观测是最常见的建筑变形测量内容。沉降观测一般贯穿于建筑的整个施工阶段并延续至运营使用阶段。沉降观测数据的积累，对一个地区建筑基础的设计具有重要的作用。

7.1.2 沉降监测点位布设对获取和分析建筑的沉降特征有重要影响。对具体的建筑变形测量项目，布设监测点时，要与基础设计、结构设计及岩土工程勘察等专业人员进行必要的沟通。

7.1.3 沉降监测点标志可采用墙或柱标志、基础标志或隐蔽式标志等形式。标志埋设前，要与建设、监理、设计、施工单位进行沟通，了解建筑外墙装饰方式和使用的材料，并提前考虑建筑外墙装饰后要能够继续观测，使沉降观测资料的连续性不被破坏。图32～图34为几种常用的沉降监测点标志及其埋设示意图，作业中可以选用。

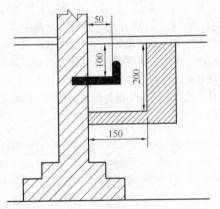

图 32　窨井式标志
（适用于建筑内部埋设，单位：mm）

7.1.4 通常情况下，沉降观测的精度可根据建筑基础设计等级直接选用本规范第3.2.2条给出的精度等级。有特殊要求时，可按本规范第3.2.3条的规定确

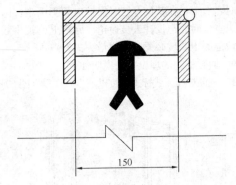

图 33　盒式标志
（适用于设备基础上埋设，单位：mm）

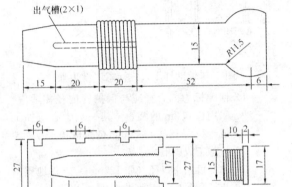

图 34　螺栓式标志
（适用于墙体上埋设，单位：mm）

定精度等级。由于四等沉降观测的精度较低，不应用来进行建筑基础和上部结构的沉降观测。

7.1.5 本条关于建筑沉降观测周期与观测时间的规定，是在综合有关标准规定和工程实践经验基础上给出的。由于观测目的不同，荷载和地基类型各异，执行中还应结合实际情况灵活运用。对于从施工开始直至沉降达到稳定状态为止的长期观测项目，应统一考虑施工期间及竣工后的观测周期、次数与观测时间。对于已建建筑或从基础浇灌后才开始观测的项目，在分析最终沉降量时，要注意所漏测的基础沉降问题。

当出现异常需要采取安全预案时，预案内容可参照本规范第3.1.6条的条文说明。

对沉降是否达到稳定状态，本规范采用最后100d的最大沉降速率是否小于 $0.01mm/d \sim 0.04mm/d$ 作为判断标准。该取值来源于对几个城市有关设计、勘测单位的调查。实际生产中，最大沉降速率的具体取值尚需结合不同地区地基土的压缩性能来综合确定，并在项目技术设计中予以规定。

7.1.7 沉降观测有关图表示例如下：

　　1 时间-荷载-沉降量曲线见图35。

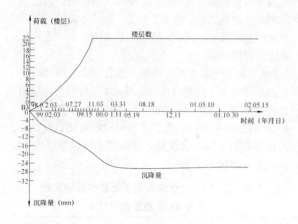

图 35　时间-荷载-沉降量曲线

2　等沉降曲线见图 36。

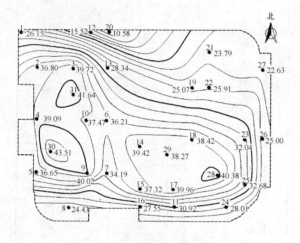

图 36　等沉降曲线

7.2　水平位移观测

7.2.5　水平位移图示例见图 37。

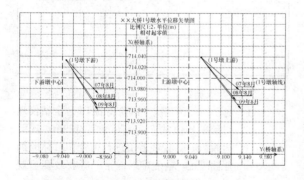

图 37　水平位移图

7.3　倾　斜　观　测

7.3.1　倾斜包括基础倾斜和上部结构倾斜。基础倾

斜可利用沉降观测成果计算，具体规定见本规范第 7.1 节。本节主要规定上部结构倾斜观测的技术要求。上部结构倾斜观测可通过测定相互垂直的两个方向上的倾斜分量来获得倾斜值、倾斜方向和倾斜速率。倾斜观测可以测定整体倾斜或局部倾斜，前者测的是顶部监测点相对于底部对应点间的倾斜，后者测的是局部范围内上部监测点相对于下部监测点间的倾斜。

建筑运营过程中，有可能导致建筑发生倾斜的情形包括：建筑基础外围荷载发生重大变化，如大量堆土；建筑自身基础发生较大变化，如基础浸水；遭遇强大外力冲撞致使建筑承重结构发生改变或破坏；遭遇自然灾害，如发生地震、滑坡、洪水或泥石流等。

7.3.8　建筑施工过程中及竣工验收前，经常要进行垂直度测量。垂直度测量的目的主要是检查工程施工的质量。垂直度测量的方法与倾斜观测方法基本一致，垂直度可由倾斜值和建筑的相对高度方便地计算出。

7.4　裂　缝　观　测

7.4.1、7.4.2　裂缝观测主要针对已发生裂缝的建筑。观测时，要对裂缝进行统一编号，绘制位置分布图，并拍摄相应的照片。

7.4.6　传统的采用比例尺、小钢尺或游标卡尺观测裂缝方法简单。随着高层、超高层建筑的增加，传统方法已难以使用，因此可采用测缝计或传感器等进行自动观测。单片摄影就是采用数码相机对裂缝进行摄影，借助水平线、垂直线及某些已知构件长度等相对关系，对影像进行纠正，进而量取裂缝的长度和宽度。

7.5　挠　度　观　测

7.5.1　挠度指的是建筑的基础、构件或上部结构等在弯矩作用下因挠曲引起的变形，包括竖向挠度（对基础、桥梁、大跨度构件等）和横向挠度（对建筑上部结构、墙、柱等）。由于挠度发生的方向不同，测定方法有所不同。

7.5.3　桥梁的桥面挠度变化是反映桥面线形变化的重要指标。桥面挠度点沿桥面两侧路沿顶布设，根据桥跨长度选择在 1/2、1/4、1/8 等桥跨距处及跨端墩顶处设置监测点位。挠度曲线图以点位分布为横轴，挠度值为纵轴，将各挠度点的挠度值依次连接为平滑曲线。

7.5.4　测定横向的挠度时需要注意，不同高度上所测位移分量应为同一坐标方向上的值。实际作业中，可测定其在相互垂直的两个方向上的位移分量，分别计算相应的挠度。

7.5.5　挠度曲线示例见图 38。

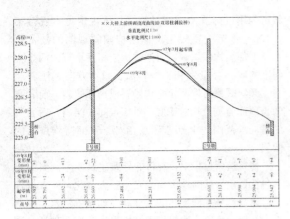

图 38 挠度曲线

7.6 收敛变形观测

7.6.1 收敛变形观测主要用于结构净空变化的测量，在地下工程矿山法施工的隧道围岩和衬砌结构稳定性监测、盾构法施工的隧道拼装环管片安全监测以及其他地下坑道、结构、支撑物净空尺寸的变化测量中有广泛应用。该项测量有其特殊性，本次规范修订时将其纳入。本节对其作业方法及要求作出规定。

7.6.2 收敛变形观测的实施方法主要有固定测线法、全断面扫描法和激光扫描法等三种，其特点和适用场合为：

1 固定测线法适合测定特定位置的净空对向相对变形。作业时，应根据采用的具体观测方法（主要有收敛尺法、全站仪对边测距法、手持测距仪法等），在待监测的空间布置两个对应的观测标志，构成固定测线。

2 全断面扫描法一般采用全站仪按预定间距对监测断面进行扫描，评价测量断面与结构设计断面及前期扫描断面的几何尺寸的变化。目前在上海、杭州、宁波等软土地区运营期的轨道交通长期健康监测工作中有广泛应用。

3 激光扫描法采用地面激光扫描仪对空间表面进行高密度扫描，快速自动连续获取海量点云数据，通过解算获得结构变形情况。

全断面扫描法、激光扫描法获得的收敛变形观测成果能表达断面内或测量空间范围内多方位的净空变形，解析数据能导出多个监测点相对于基准点（线）的距离及其变化或多组对应监测点间矢量长度及其净空变形。

7.6.3 本条规定收敛变形观测精度等级时，以测线长度测量中误差为精度衡量指标，其值对应于本规范表 3.2.2 中位移观测监测点坐标中误差。该值应为监测点相对于基准线（点）的距离或多组对应监测点间矢量长度的最弱精度。

7.6.4 钢尺量距有尺长改正、温度改正、倾斜改正、悬曲改正等改正项目。本条要求固定测线上的收敛变形观测时施加标定时的拉力，要求尺面平直，历次观测两端点间的高差、悬曲等状态一致，不需进行倾斜改正、悬曲改正。因此，收敛变形观测主要考虑尺长改正、温度改正。

7.6.5 收敛变形观测的视距一般较短，二等及以下观测采用基于无合作目标的测距技术是可行的，但需进行短测程的加常数改正。经采用 10 台全站仪在 7.2m 的测线上进行了无合作目标测距对比试验。每台仪器分别架设 2 次仪器，每测站正倒镜各观测 10 次，统计数据见表 8。

表 8　采用 10 台全站仪基于无合作目标测距各测量 40 次的数据统计表

序号	仪器型号	同仪器的40个观测值的比较					各台均值与所有观测值均值之差(mm)
		平均值(m)	最大值(m)	最小值(m)	最大与最小值较差(mm)	标准偏差(mm)	
1	Leica TS30	7.2096	7.2106	7.2084	2.1	0.49	0.56
2	Leica TC402	7.2057	7.2071	7.2045	2.6	0.57	-3.34
3	Leica TS15	7.2090	7.2103	7.2079	2.4	0.58	-0.04
4	Leica TS06	7.2120	7.2129	7.2115	1.4	0.34	2.96
5	Leica TS06	7.2092	7.2107	7.2077	3.0	0.72	0.16
6	Leica TC802	7.2129	7.2142	7.2105	3.7	0.76	3.86
7	Leica TC1201	7.2047	7.2055	7.2040	1.5	0.29	-4.34
8	Leica TC1201	7.2093	7.2103	7.2078	2.4	0.54	0.26
9	Leica TC1201	7.2086	7.2092	7.2072	2.0	0.40	-0.44
10	Leica TC1201	7.2109	7.2118	7.2098	1.9	0.51	1.86

根据表 8 数据：

1) 对于同一条基线，试验用的 10 台全站仪观测量平均值从 7.2047m～7.2129m，较差达 8.2mm，说明若不进行无合作目标的加常数改正，精度难以满足二等收敛变形观测 3mm 的精度要求。

2) 同仪器 40 个观测值比较，标准偏差均未大于 0.76mm。若进行加常数修正，基于无合作目标测距的方法能满足二等收敛变形观测 3mm 的精度要求。

3）仪器年度检校时一般不进行无合作目标加常数的检校，因此本规范要求作业单位使用前应进行自检校。

4）各台仪器40个观测值内部比较，最大、最小值的较差也有1.4mm～3.7mm不等，说明单次测量的偶然误差对长期收敛变形观测3mm的精度影响较大，本规范规定收敛变形观测应观测1测回。

5）基于以上分析，本规范认为二等及以下精度的收敛变形观测可采用基于无合作目标测距技术的收敛变形观测方法，此时观测标志可采用"十"字形刻画标志。

关于正倒镜观测的限差要求，考虑了同期观测时采用同台仪器、观测条件相同，正倒镜观测数据的较差视为内符合精度。参考《城市测量规范》CJJ/T 8-2011第4.4.14条的条文说明，内符合精度取外符合精度的1/3。一等观测时，全站仪的测距精度1mm，内符合精度约为 $m_内 = 0.33mm$，固定测线两个端点观测的空间长度误差概算（未考虑夹角影响）为 $m_内 = 0.47mm$，正倒镜观测较差取中误差2倍，因此本规范要求1mm。

二等以下采用无合作目标观测时，经对地铁15个区间的盾构法隧道2316个收敛测线正倒镜的观测数据进行统计，正、倒镜最大较差为4.1mm，标准差为0.7mm，各区间较差分布见表9。

表9　收敛测线正倒镜观测较差统计

统计区间	$\|c\|\leq\pm0.7$	$\pm0.7<\|c\|\leq1.4$	$1.4<\|c\|\leq2.1$	$2.1<\|c\|\leq\pm4.2$
个数	1629	2183	2293	2316
点总数比率	70.3%	94.3%	99.0%	100.0%

根据表9，基于无合作目标测距技术的正倒镜较差在2mm以内的监测点数量占99%，正倒镜观测较差的限差取2mm是合理的。

7.6.6 手持测距仪通常用于房产测量、地形测量等场合，对其没有强制对中要求。手持测距仪用于收敛变形观测，需采取以下措施：1）使用标称精度不低于1.5mm的激光测距仪；2）测距仪尾部需设置锥形对中装置，观测时尾部对中装置与固定测线的一端标志对中、可见的激光点瞄准固定测线的另一端点，以保证历次测距轴线与固定测线重合；3）加上尾部对中标志后，对中标志顶部的对中点与测距中心的偏差应实测确定，并对测距仪显示的长度进行归算。

7.6.7 断面扫描收敛变形观测常用于盾构法隧道的收敛变形观测。收敛变形观测数据表明，各管片之间的典型收敛变形如图39所示，封顶块向下移动，隧道管片将绕着A点、B点、C点转动。在A点处，隧道接缝外部张开，B点处，隧道接缝内部张开，C点处，隧道接缝内部张开。由于管片刚度相对接口部位强度较大，同一管片的形态变形较小。

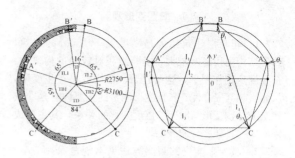

图39　典型的收敛变形示意图

断面扫描收敛变形观测成果除应反映剖面的水平、竖向变形外，还能反映管片的旋转、相邻管片的错台等变形信息。以铅垂方向为展开起始方向、顺时针展开的变形曲线见图40。

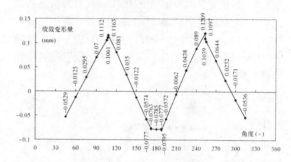

图40　基于多弧段拟合法的断面变形展开图

7.6.9 固定测线法收敛变形测量报表和变化曲线见图41。

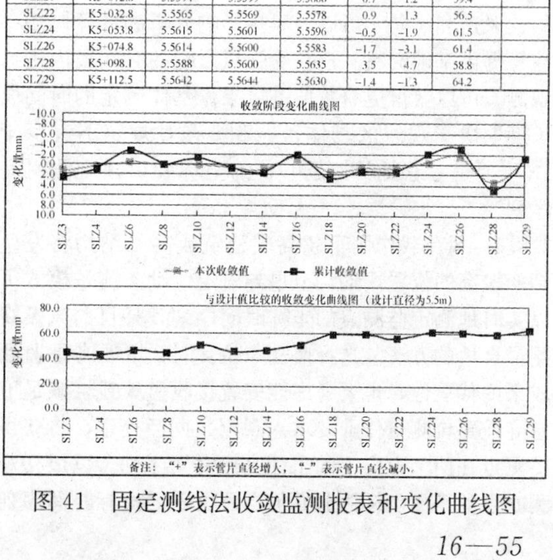

××项目固定测线法收敛监测报表

测点编号	里程	初始值 11-5-21 (m)	上次直径 11-6-26 (m)	本次直径 11-6-29 (m)	收敛变化值 (mm) 本次	收敛变化值 (mm) 累计	与设计值比较的收敛值 (mm)	备注
SLZ3	K4+823.0	5.5444	5.5455	5.5455	1.5	2.6	44.4	
SLZ4	K4+844.0	5.5431	5.5437	5.5442	0.5	1.0	43.1	
SLZ6	K4+865.0	5.5472	5.5450	5.5446	-0.4	-2.7	43.8	
SLZ8	K4+887.6	5.5438	5.5438	5.5438	0.0	0.0	43.8	
SLZ10	K4+906.7	5.5512	5.5500	5.5499	-0.1	-1.3	51.2	
SLZ12	K4+928.1	5.5463	5.5463	5.5470	0.7	0.7	46.3	
SLZ14	K4+950.5	5.5477	5.5482	5.5492	1.0	1.5	47.7	
SLZ16	K4+972.7	5.5512	5.5515	5.5499	-1.6	-1.9	51.8	
SLZ18	K4+992.3	5.5598	5.5611	5.5625	1.4	2.7	59.8	
SLZ20	K5+012.8	5.5594	5.5599	5.5606	0.7	1.2	59.4	
SLZ22	K5+032.8	5.5565	5.5569	5.5578	0.9	1.3	56.5	
SLZ24	K5+053.8	5.5615	5.5601	5.5596	-0.5	-1.9	61.5	
SLZ26	K5+074.8	5.5614	5.5600	5.5583	-1.7	-3.1	61.4	
SLZ28	K5+098.1	5.5588	5.5600	5.5635	3.5	4.7	58.8	
SLZ29	K5+112.5	5.5642	5.5656	5.5644	-1.4	-1.3	64.2	

收敛阶段变化曲线图

与设计值比较的收敛变化曲线图（设计直径为5.5m）

备注："+"表示管片直径增大，"-"表示管片直径减小。

图41　固定测线法收敛监测报表和变化曲线图

7.7 日照变形观测

7.7.1 超高层建筑指的是高度大于 100m 的建筑，高耸结构则指高度较大、横断面相对较小的构筑物。在温度变化作用下，这些建筑、结构容易产生变形，从而影响其安全性。日照变形测量的主要内容是获取建筑或结构变形与时间、温度变化的关系，其主要成果形式为日照变形曲线图。

7.7.2 激光垂准仪的观测方法见本规范第 4.7 节。采用正垂仪时，垂线可选用直径为 0.6mm～1.2mm 的不锈钢丝或因瓦丝，并使用无缝钢管保护。垂线上端可锚固在通道顶部或待测处设置的支点上。用于稳定重锤的油箱中应装有阻尼液。观测时，可利用安置的坐标仪测出水平位移。

7.7.6 日照变形曲线示例见图 42。该图为某超高层建筑第 70 层相对于第 50 层的观测结果。观测时间从 2008 年 11 月 13 日 3：00～11 月 14 日 13：00，总时长 34h。观测仪器为数字正垂仪，观测数据经过小波滤波处理。

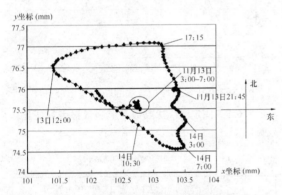

图 42　某超高层建筑日照变形曲线

7.8 风振观测

7.8.1 风振观测的目的是获得超高层建筑或高耸结构顶部在风荷载作用下的位置振动特征。测定水平位移、风速和风向，可以为风振影响分析和计算风振参数等提供基础资料。选在受强风影响的时间段内进行观测，可以获得更有价值的成果。具体测定的时间段长度取决于观测的具体目的和要求，规定不宜少于 1h 主要是考虑要获得足够长的坐标和风速观测时间序列。

7.8.2 风荷载作用下超高层建筑或高耸结构将发生频率较高的位置振动，卫星导航定位动态测量模式可以实时地测定监测点的坐标时间序列，是目前风振观测最合适的方法。选择监测点位置时，既要考虑监测成果的代表性，也要考虑能安置接收机天线，满足卫星导航定位测量作业要求。观测数据经处理，将获得监测点在两个方向上的平面坐标时间序列。以最初观测时点的平面坐标为起始值，可由平面坐标时间序列

方便地计算出水平位移分量时间序列。

7.9 结构健康监测

7.9.1 结构健康监测系统一般由传感器系统、数据采集与传输系统、数据处理与控制系统、数据库系统、安全评估系统等几部分组成。结构健康监测系统设计时要综合考虑监测对象结构形式、受力特点、关键部位、使用功能及所处的环境，充分考虑工程结构各阶段的健康监测需求，既要保证监测效果，又要经济可行。

7.9.2 各类结构健康监测内容选择可参考表 10。

表 10　结构健康监测内容选择表

监测类别	建筑类型		
	建筑物	桥梁	隧道
几何形变类	✓	✓	✓
结构反应类	○	✓	○
环境参数类	○	✓	○
外部荷载类	○	○	○
材料特性类	○	○	○

注：✓——应测，○——选测。

除几何形变类监测外，其他监测所用传感器的性能参数及技术要求主要包括量程、采样频率、线性度、灵敏度、分辨率、迟滞、重复性、漂移、供电方式、使用环境及寿命等方面。

7.9.3 传感器布置时需与结构设计方沟通。可充分利用结构的对称性，优化传感器的布设，以较少的传感器来反映结构的健康特征。

7.9.4 结构健康监测系统按监测频率一般划分为 3 级：一级为在线实时监测系统；二级为定期在线连续监测系统；三级为定期监测系统。实际工程中可根据需要进行选择。

7.9.7 监测报告分为监测预警报告、定期报告与总结报告。监测预警报告分短信报告和纸质报告。短信报告和纸质报告的内容包括监测点位置、点号、预警控制值、预警报告值等。定期报告与总结报告主要包括项目概况、监测目的、监测内容、技术标准及依据、现场巡查、监测成果数据处理分析、监测结论及建议、附件等。自动化监测系统的技术资料包括系统的用户手册及系统验收资料等。

8　成果整理与分析

8.1　一般规定

8.1.1 电子方式记录的数据应注意存储介质的可靠性。为了保证变形测量成果的质量和可靠性，有关观测记录、计算资料和技术成果应有责任人签字，技术

成果应加盖成果章。这里的技术成果包括本规范第8.1.2条和第8.1.3条中的阶段性成果和综合成果。建筑变形测量的各项记录、计算资料以及阶段性成果和综合成果应按照档案管理的规定及时进行完整的归档。

8.1.2、8.1.3 本规范将建筑变形测量技术成果分为阶段性成果和综合成果。这是因为变形测量是按期进行，且观测时间一般延续较长，观测过程中需要及时向项目委托方提交阶段性成果。变形测量任务全部完成后，或项目委托方需要时，则应提交技术报告。技术报告是一个变形测量项目的重要综合成果，其要求及应包括的主要内容见本规范第8.1.4条。需要说明的是，变形测量过程中提交的阶段性成果实际上是综合成果的重要组成部分，应切实保证阶段性成果的质量及其与综合成果之间的一致性。

8.1.4 建筑变形测量技术报告是变形测量的主要成果，编写时可参考现行行业标准《测绘技术总结编写规定》CH/T 1001的相关要求。报告书的内容应涵盖本条所列的各个方面。其中，项目成果清单应列出该项目已提交和将要提交的各项成果名称，如技术设计或施测方案、各阶段性成果资料名称、技术报告等；附图宜包括变形测量工程平面位置图、基准点、工作基点和监测点点位分布图、标石标志规格图、基准点埋设过程照片以及各种成果图等；附表应包括各种成果表和统计表；附件应包括所用仪器的检定资料和变形测量过程出现特殊情况记录（如观测内容变更、变形异常及预警报告等）。

8.1.5 建筑变形测量手段和处理方法的自动化程度正在不断提高。在条件允许的情况下，建立变形测量数据处理和信息管理系统，对实现变形观测数据记录、处理、分析和管理的一体化，方便信息资源共享和应用，具有重要意义。目前已开发出许多系统，本条给出这些系统具有的主要功能。

8.2 数据整理

8.2.1 建筑变形测量数据的平差计算和分析处理是变形测量作业的一个重要环节，应该高度重视。

8.2.2 变形测量平差计算应利用稳定的基准点作为起算点。某期平差计算和分析中，如果发现有基准点变动，不得使用该点作为起算点。

变形观测数据平差计算和处理的方法很多，目前已有许多成熟的平差计算软件系统。这些软件一般都具有粗差探测、系统误差补偿和精度评定等功能。平差计算，需要特别注意的是要确保输入的原始观测数据和起算数据正确无误。

8.3 监测点变形分析

8.3.1、8.3.2 监测点的变动分析一般可直接通过比较监测点相邻两期的变形量与测量极限误差（取两倍中误差）来进行。对特等及有特殊要求的一等变形测量，可通过比较变形量与该变形测量的测定精度来进行。公式（8.3.2）中的 $\mu\sqrt{Q}$ 实际上就是该变形量的测定精度。

8.3.3 对多期变形观测成果，需要综合分析多期的累积变形特征。某监测点，相邻两期间的变形量可能较小，按本规范第8.3.1条～第8.3.2条判断未产生变形或变形不显著、但多期间变形量呈现出明显的变化趋势时，应认为该监测点产生了变形。

8.4 建模和预报

8.4.1 建筑变形分析与预报的目的是，对多期变形观测成果，通过分析变形量与变形因子之间的相关性，建立变形量与变形因子之间的数学模型，并根据需要对变形的发展趋势进行预报。这是建筑变形测量的任务之一，但也是一个较困难的环节。目前变形分析与预报的研究成果较多，但许多方法尚处在探索中。本规范主要吸收和采纳了其中一些相对成熟和便于使用的方法。

8.4.2 由于一个变形体上各监测点的变形状况不可能完全一致，因此对一个变形观测项目，可能需要建立多个反映变形量与变形因子之间关系的数学模型，具体应根据实际变形状况及应用的要求来确定。一般可利用平均变形量对整个变形体建立一个数学模型。如果需要，可选择几个变形量较大的或特殊的点建立相应于单个点或一组点的模型。当有多个变形数学模型时，则可以利用地理信息系统的空间分析技术实现整体变形的空间分析和可视化。

8.4.3 回归分析是建立变形量与变形因子关系数学模型最常用的方法。该方法简单，使用也较方便。在使用中需要注意：

1 回归模型应尽可能简单，包含的变形因子数不宜过多，对于建筑变形而言，一般没有必要超过2个。

2 常用的回归模型是线性回归模型、指数回归模型和多项式回归模型。后两种非线性回归模型可以通过变量变换的方法转化成线性回归模型来处理。变量变换方法在各种回归分析教材中均有详细介绍。

3 当有多个变形因子时，有必要采用逐步回归分析方法，确定影响最显著的几个关键因子。

8.4.4 灰色建模方法已经成为变形观测（主要是沉降观测）建模的一种较常用的方法。该方法要求有4期以上的观测数据即可建模，建模过程也比较简单。灰色建模方法认为，变形体的变形可看成是一个复杂的动态过程，这一过程每一时刻的变形量可以视为变形体内部状态的过去变化与外部所有因素的共同作用的结果。基于这一思想，可以通过关联分析提取建模所需变量，对离散数据建立微分方程的动态模型，即灰色模型。灰色模型有多种，变形分析中最常用的为

GM（1，1）模型，只包括一个变量（时间）。应用灰色建模方法的前提是，变形量的取得应呈等时间间隔，即应为时间序列数据。实际中，当不完全满足这一要求时，可通过插值的方式进行插补。

日照、风振等变形观测获得的是大量的时间序列数据，对这些数据可采用时间序列分析方法建模并做分析。变形分析通常以变形的频率和变形的幅度为主要参数进行，可采用时域法和频域法两种时间序列分析方法。当变形周期很长时，变形值常呈现出密切的相关性，对于这类序列宜采用时域法分析。该方法是以时间序列的自相关函数作为拟合的基础。当变形周期较短时，宜采用频域法。该方法是对时间序列的谱分布进行统计分析作为主要的诊断工具。当预报精度要求高时，还应对拟合后的残差序列进行分析计算或进一步拟合。

8.4.5 对于不同类型的数学模型，检验其有效性的方法不同。对于一元线性回归，主要是通过计算相关系数来判定；对于灰色模型 GM（1，1），则是通过计算后验差比值和小误差概率来判定。特别需要注意的是，只有有效的数学模型，才能用于进一步分析和预报。

8.4.6 利用变形量与变形因子模型进行变形趋势预报是一种模型外推行为，肯定存在一定的误差和不确定性。为合理利用预报结果，防止不必要的误判，变形预报时除给出某一时刻变形量的预报值外，还应同时给出该预报值的误差范围及有效的边界条件。

9 质量检验

9.1 一般规定

9.1.1 建筑变形测量成果资料的正确无误，要依靠完善的质量管理体系来实现，两级检查一级验收是多年来形成的行之有效的质量保证制度。本条对两级检查一级验收的实施作了明确规定，其中验收可由项目委托方自行进行或组织专家进行。需要说明的是，在建筑变形测量项目实施过程中，一般已向项目委托方提交了每期或阶段性观测成果，这些成果已被项目委托方接受和采用。因此，项目完成后，有的委托方不再组织专门的质量验收。此种情况下，可视为该项目成果已验收。

9.1.2 质量检验主要依据项目委托书、合同书、技术设计及技术标准等进行。由于变形测量观测延续时间较长，对成果时效性要求高，当项目现场实际观测条件发生变化时，可能导致对成果要求的变化，因此

变形测量过程中项目委托方与承担方之间达成的其他文件也应作为成果检验的依据。

9.1.3 从实用性和方便操作角度出发，本规范规定建筑变形测量成果质量分为合格、不合格两个等级。本条给出了变形测量成果质量不合格的几种情况，凡发生其中之一时，应将相应成果的质量判定为不合格。

9.1.4 变形测量延续的时间一般较长，实施过程中需要及时提交阶段性成果。考虑到实施的可行性，阶段性成果难以进行验收，因此本规范规定对外提交的阶段性成果应进行两级检查，而项目完成后提交的综合成果除应进行两级检查外，宜进行验收。

9.2 质量检查

9.2.1 建筑变形测量延续的时间较长，通常要逐期或分期提交成果，每期或多期成果都可以视为阶段性成果。内业全数检查、外业针对性检查就是对成果首先应进行100%的内业检查，如内业检查中发现的问题需要实地查看判定，则应到现场对其进行针对性检查。

9.2.2 变形测量的首期观测成果非常重要，基准点和监测点的布设以及仪器设备、测量方法、平差软件的选择，都将影响整个变形测量项目的质量，此阶段发现问题后可及时返工纠正，从而避免给后续观测带来更大问题。

9.2.3 各期观测成果观测完后立即送检，以便发现问题能及时进行返工。

9.2.5 变形测量的时效性决定了测量过程的不可完全重复，因此一级检查二级检查都应及时进行。当质量检查出现不合格项时，应分析原因，立即通过现场复测、重测措施进行纠正。纠正后的成果应重新进行质量检查，直至符合要求。

9.3 质量验收

9.3.1 抽样核查是指从成果中抽取一定数量的样本进行核查。考虑到首期成果的特殊性，本规范规定其为必查样本，其他各期抽取不少于期数的10%作为样本。例如，某项目沉降观测进行了16次、倾斜观测进行了6次，验收时沉降观测应抽取3次（含首期）的观测成果、倾斜观测应抽取2次（含首期）的观测成果作为核查样本。内业全数核查、外业针对性核查指的是对抽样成果首先应进行100%的内业核查，如内业核查中发现的问题需要实地查看判定，则应到现场对其进行针对性核查。

中华人民共和国国家标准

水利水电工程地质勘察规范

Code for engineering geological investigation
of water resources and hydropower

GB 50487—2008

主编部门：中华人民共和国水利部
批准部门：中华人民共和国住房和城乡建设部
施行日期：２００９年８月１日

中华人民共和国住房和城乡建设部
公 告

第 193 号

关于发布国家标准
《水利水电工程地质勘察规范》的公告

现批准《水利水电工程地质勘察规范》为国家标准，编号为 GB 50487—2008，自 2009 年 8 月 1 日起实施。其中，第 5.2.7(1,5)、6.2.2(1,4)、6.2.6(5)、6.2.7、6.3.1(2)、6.4.1(2,3)、6.5.1(2,3,4)、6.8.1(4)、6.9.1(4,7,11)、6.19.2(2,3)、9.4.8(1,2)条（款）为强制性条文，必须严格执行。

本规范由我部标准定额研究所组织中国计划出版社出版发行。

中华人民共和国住房和城乡建设部
二〇〇八年十二月十五日

前 言

根据建设部"关于印发《二〇〇四年工程建设国家标准制订、修订计划》的通知"（建标〔2004〕67号），按照《工程建设标准编写规定》（建标〔1996〕626 号）的规定，水利部组织水利部水利水电规划设计总院和长江勘测规划设计研究院等单位，总结了《水利水电工程地质勘察规范》GB 50287—99（以下简称原规范），颁布以来我国水利水电工程地质勘察的技术、方法和经验，对原规范进行了全面、系统的修订。

本规范共 9 章和 21 个附录，主要内容包括总则，术语和符号，基本规定，规划阶段工程地质勘察，可行性研究阶段工程地质勘察，初步设计阶段工程地质勘察，招标设计阶段工程地质勘察，施工详图设计阶段工程地质勘察，病险水库除险加固工程地质勘察等。

对原规范修订的主要内容包括：

1. 对原规范的章节结构进行了调整。

2. 增加了术语和符号一章。

3. 增加了招标设计阶段的工程地质勘察。

4. 增加了病险水库除险加固工程的工程地质勘察。

5. 增加了引调水工程、防洪工程、灌区工程、河道整治工程及移民新址的工程地质勘察。

6. 增加了附录 B "物探方法适用性"、附录 J "边坡岩体卸荷带划分"、附录 M "河床深厚砂卵砾石层取样与原位测试技术规定"、附录 Q "岩爆判别"、附录 R "特殊土勘察要点"、附录 S "膨胀土的判别"和附录 W "外水压力折减系数"。

7. 删除了原规范中有关抽水蓄能电站勘察的条款。

本规范中以黑体字标志的条文为强制性条文，必须严格执行。

本规范由住房和城乡建设部负责管理和对强制性条文的解释，由水利部水利水电规划设计总院负责具体技术内容的解释。本规范在执行过程中，请各单位注意总结经验，积累资料，如发现需要修改或补充之处，请将意见和建议寄至水利部水利水电规划设计总院（地址：北京市西城区六铺炕北小街 2-1 号，邮政编码：100120），以供修订时参考。

本规范主编单位、参编单位和主要起草人：

主 编 单 位： 水利部水利水电规划设计总院
长江水利委员会长江勘测规划设计研究院

参 编 单 位： 中水北方勘测设计研究有限责任公司
黄河勘测规划设计有限公司
中水东北勘测设计研究有限责任公司
长江岩土工程总公司（武汉）
陕西省水利电力勘测设计研究院
新疆水利水电勘测设计研究院
河南省水利勘测有限公司
中国水利水电科学研究院
长江科学院
长江勘测技术研究所
成都理工大学

主要起草人：陈德基　司富安　蔡耀军　高玉生　　　　　马贵生　黄润秋　刘丰收　吴伟功
　　　　　　　郭麒麟　路新景　张晓明　徐福兴　　　　　魏迎奇　周火明　宋肖冰　苏爱军
　　　　　　　鞠占斌　蔺如生　汪海涛　孙云志　　　　　李彦坡　边建峰　冯　伟
　　　　　　　赵健仓　颜慧明　余永志　李会中

目　　次

1　总则 ……………………………… 17—6
2　术语和符号 …………………… 17—6
　2.1　术语 ………………………… 17—6
　2.2　符号 ………………………… 17—6
3　基本规定 ……………………… 17—6
4　规划阶段工程地质勘察 ……… 17—7
　4.1　一般规定 …………………… 17—7
　4.2　区域地质和地震 …………… 17—7
　4.3　水库 ………………………… 17—7
　4.4　坝址 ………………………… 17—8
　4.5　引调水工程 ………………… 17—8
　4.6　防洪排涝工程 ……………… 17—9
　4.7　灌区工程 …………………… 17—9
　4.8　河道整治工程 ……………… 17—9
　4.9　天然建筑材料 ……………… 17—10
　4.10　勘察报告 ………………… 17—10
5　可行性研究阶段工程地质
　勘察 …………………………… 17—10
　5.1　一般规定 …………………… 17—10
　5.2　区域构造稳定性 …………… 17—10
　5.3　水库 ………………………… 17—11
　5.4　坝址 ………………………… 17—12
　5.5　发电引水线路及厂址 ……… 17—14
　5.6　溢洪道 ……………………… 17—15
　5.7　渠道及渠系建筑物 ………… 17—15
　5.8　水闸及泵站 ………………… 17—16
　5.9　深埋长隧洞 ………………… 17—16
　5.10　堤防及分蓄洪工程 ……… 17—16
　5.11　灌区工程 ………………… 17—17
　5.12　河道整治工程 …………… 17—17
　5.13　移民选址 ………………… 17—17
　5.14　天然建筑材料 …………… 17—18
　5.15　勘察报告 ………………… 17—18
6　初步设计阶段工程地质勘察 … 17—19
　6.1　一般规定 …………………… 17—19
　6.2　水库 ………………………… 17—19
　6.3　土石坝 ……………………… 17—21
　6.4　混凝土重力坝 ……………… 17—22
　6.5　混凝土拱坝 ………………… 17—23

　6.6　溢洪道 ……………………… 17—24
　6.7　地面厂房 …………………… 17—25
　6.8　地下厂房 …………………… 17—25
　6.9　隧洞 ………………………… 17—26
　6.10　导流明渠及围堰工程 …… 17—26
　6.11　通航建筑物 ……………… 17—27
　6.12　边坡工程 ………………… 17—27
　6.13　渠道及渠系建筑物 ……… 17—27
　6.14　水闸及泵站 ……………… 17—28
　6.15　深埋长隧洞 ……………… 17—29
　6.16　堤防工程 ………………… 17—29
　6.17　灌区工程 ………………… 17—30
　6.18　河道整治工程 …………… 17—30
　6.19　移民新址 ………………… 17—31
　6.20　天然建筑材料 …………… 17—31
　6.21　勘察报告 ………………… 17—31
7　招标设计阶段工程地质勘察 … 17—32
　7.1　一般规定 …………………… 17—32
　7.2　工程地质复核与勘察 ……… 17—32
　7.3　勘察报告 …………………… 17—32
8　施工详图设计阶段工程地质
　勘察 …………………………… 17—33
　8.1　一般规定 …………………… 17—33
　8.2　专门性工程地质勘察 ……… 17—33
　8.3　施工地质 …………………… 17—33
　8.4　勘察报告 …………………… 17—33
9　病险水库除险加固工程地质
　勘察 …………………………… 17—33
　9.1　一般规定 …………………… 17—33
　9.2　安全评价阶段工程地质勘察 … 17—34
　9.3　可行性研究阶段工程地质勘察 … 17—34
　9.4　初步设计阶段工程地质勘察 … 17—35
　9.5　勘察报告 …………………… 17—36
附录A　工程地质勘察报告
　　　　附件 …………………… 17—37
附录B　物探方法适用性 ……… 17—38
附录C　喀斯特渗漏评价 ……… 17—38
附录D　浸没评价 ……………… 17—40
附录E　岩土物理力学参数

附录 F　岩土体渗透性分级 ………… 17—42

附录 G　土的渗透变形判别 ………… 17—43

附录 H　岩体风化带划分 …………… 17—44

附录 J　边坡岩体卸荷带划分 ……… 17—45

附录 K　边坡稳定分析技术
　　　　规定 ………………………… 17—45

附录 L　环境水腐蚀性评价 ………… 17—46

附录 M　河床深厚砂卵砾石层取样与原位
　　　　测试技术规定 …………… 17—47

附录 N　围岩工程地质分类 ………… 17—47

附录 P　土的液化判别 ……………… 17—49

附录 Q　岩爆判别 …………………… 17—50

附录 R　特殊土勘察要点 …………… 17—50

附录 S　膨胀土的判别 ……………… 17—52

附录 T　黄土湿陷性及湿陷起始压力
　　　　的判定 …………………… 17—53

附录 U　岩体结构分类 ……………… 17—54

附录 V　坝基岩体工程地质
　　　　分类 ……………………… 17—54

附录 W　外水压力折减系数 ………… 17—55

本规范用词说明 ……………………… 17—56

附：条文说明 ………………………… 17—57

1 总　则

1.0.1 为了统一水利水电工程地质勘察工作，明确勘察工作深度和要求，保证勘察工作质量，制定本规范。

1.0.2 本规范适用于大型水利水电工程地质勘察工作。

1.0.3 水利水电工程地质勘察宜分为规划、项目建议书、可行性研究、初步设计、招标设计和施工详图设计等阶段。项目建议书阶段的勘察工作宜基本满足可行性研究阶段的深度要求。

1.0.4 病险水库除险加固工程勘察宜分为安全评价、可行性研究和初步设计三个阶段。

1.0.5 水利水电工程地质勘察除应符合本规范外，尚应符合国家现行有关标准的规定。

2　术语和符号

2.1　术　语

2.1.1 活断层　active fault

晚更新世（10 万年）以来有活动的断层。

2.1.2 水库渗漏　reservoir leakage

水库内水体经由库盆岩土体向库外渗漏而漏失水量的现象。

2.1.3 水库浸没　reservoir immersion

由于水库蓄水使库区周边地区的地下水位抬高，导致地面产生盐渍化、沼泽化及建筑物地基条件恶化等次生地质灾害的现象。

2.1.4 水库塌岸　reservoir bank caving

水库蓄水后或蓄水过程中，受水位变化和风浪作用的影响，引起岸坡土体稳定性发生变化，导致岸坡遭受破坏坍塌的现象。

2.1.5 水库诱发地震　reservoir induced earthquake

因蓄水引起库盆及库周原有地震活动性发生明显变化的现象。

2.1.6 移民选址工程地质勘察　engineering geological investigation for resettlement sites

为水利水电工程建设移民安置选址所进行的工程地质勘察工作。

2.1.7 河床深厚覆盖层　thick overburden

厚度大于 40m 的河床覆盖层。

2.1.8 卸荷变形　unloading deformation

地表岩体由于天然地质作用或人类工程活动减载卸荷，内部应力调整而引起的变形。

2.1.9 透水率　permeability rate

以吕荣值为单位表征岩体渗透性的指标。

2.1.10 渗透稳定性　seepage stability

在渗透水流作用下，岩土体内松散物质抵抗渗透变形的能力。

2.1.11 软弱夹层　weak interbed

岩层中厚度相对较薄，力学强度较低的软弱层或带。

2.1.12 长隧洞　long tunnel

钻爆法施工长度大于 3km 的隧洞；TBM 法施工长度大于 10km 的隧洞。

2.1.13 深埋隧洞　deep tunnel

埋深大于 600m 的隧洞。

2.2　符　号

M_L——近震震级标度；

H_{cr}——浸没地下水埋深临界值（m）；

H_k——土的毛管水上升高度（m）；

f——抗剪强度摩擦系数；

f'——抗剪断强度摩擦系数；

c'——抗剪断强度粘聚力（MPa）；

K——渗透系数（cm/s）；

q——透水率（Lu）；

R_b——岩石饱和单轴抗压强度（MPa）；

P——土的细颗粒含量，以质量百分率计（%）；

C_u——不均匀系数；

J_{cr}——临界水力比降；

S——围岩强度应力比；

K_v——岩体完整性系数；

β_c——外水压力折减系数。

3　基本规定

3.0.1 水利水电工程各阶段的工程地质勘察工作，应符合本规范的有关规定。

3.0.2 勘察单位在开展野外工作之前，应收集和分析已有的地质资料，进行现场踏勘，了解自然条件和工作条件，结合工程设计方案和任务要求，编制工程地质勘察大纲。

勘察大纲在执行过程中应根据客观情况变化适时调整。

3.0.3 工程地质勘察大纲应包括下列内容：

　　1 任务来源、工程概况、勘察阶段、勘察目的和任务。

　　2 勘察地区的地形地质概况及工作条件。

　　3 已有地质资料、前阶段勘察成果的主要结论及审查、评估的主要意见。

　　4 勘察工作依据的规程、规范及有关规定。

　　5 勘察工作关键技术问题和主要技术措施。

　　6 勘察内容、技术要求、工作方法和勘探工程布置图。

7 计划工作量和进度安排。

8 资源配置及质量、安全保证措施。

9 提交成果内容、形式、数量和日期。

3.0.4 水利水电工程地质勘察应按勘察程序分阶段进行，并应保证勘察周期和勘察工作量。勘察工作过程中，应保持与相关专业的沟通和协调。

3.0.5 勘察工作应根据工程的类型和规模、地形地质条件的复杂程度、各勘察阶段工作的深度要求，综合运用各种勘察手段，合理布置勘察工作，注意运用新技术、新方法。

3.0.6 工程地质勘察应先进行工程地质测绘，在工程地质测绘成果的基础上布置其他勘察工作。

3.0.7 应根据地形地质条件、岩土体的地球物理特性和探测目的选择物探方法。

3.0.8 应根据地形地质条件和水工建筑物类型，选择坑（槽）、孔、硐、井等勘探工程，并应有专门设计或技术要求。

3.0.9 岩土物理力学试验的项目、数量和方法应结合工程特点、岩土体条件、勘察阶段、试验方法的适用性等确定。试样和原位测试点的选取均应具有地质代表性。

3.0.10 工程地质勘察应重视原位监测及长期观测工作。对需要根据位移（变形）趋势或动态变化作出判断或结论的重要地质现象，应及时布设原位监测或长期观测点（网）。

3.0.11 天然建筑材料的勘察工作应确保各勘察阶段的精度和成果质量满足设计要求。

3.0.12 对重大而复杂的水文地质、工程地质问题应列专题进行研究。

3.0.13 工程地质勘察应重视分析工程建设可能引起环境地质条件的改变及其影响。

3.0.14 勘察工作中的各项原始资料应真实、准确、完整，并应及时整理和分析。

3.0.15 各勘察阶段均应编制并提交工程地质勘察报告。报告应结合水工建筑物的类型和特点，加强对水文地质、工程地质问题的综合分析。报告正文可按照本规范有关条款编写，其附件应符合本规范附录 A 的规定。

4 规划阶段工程地质勘察

4.1 一般规定

4.1.1 规划阶段工程地质勘察应对规划方案和近期开发工程选择进行地质论证，并提供工程地质资料。

4.1.2 规划阶段工程地质勘察应包括下列内容：

1 了解规划河流、河段或工程的区域地质和地震概况。

2 了解规划河流、河段或工程的工程地质条件，

为各类型水资源综合利用工程规划选点、选线和合理布局进行地质论证。重点了解近期开发工程的地质条件。

3 了解梯级坝址及水库的工程地质条件和主要工程地质问题，论证梯级兴建的可能性。

4 了解引调水工程、防洪排涝工程、灌区工程、河道整治工程等的工程地质条件。

5 对规划河流（段）和各类规划工程天然建筑材料进行普查。

4.2 区域地质和地震

4.2.1 区域地质和地震的勘察应包括下列内容：

1 区域的地形地貌形态、阶地发育情况和分布范围。

2 区域内沉积岩、岩浆岩、变质岩的分布范围、形成时代和岩性、岩相特点，第四纪沉积物的成因类型、组成物质和分布。

3 区域内的主要构造单元，褶皱和断裂的类型、产状、规模和构造发展史，历史和现今地震情况及地震动参数等。

4 大型泥石流、崩塌、滑坡、喀斯特（岩溶）、移动沙丘及冻土等的发育特点和分布情况。

5 主要含水层和隔水层的分布情况，潜水的埋深，泉水的出露情况与类型等区域水文地质特征。

4.2.2 区域地质勘察工作应在收集和分析各类最新区域地质资料的基础上，利用卫片、航片解译编绘区域综合地质图，并应根据需要进行地质复核。

4.2.3 地震勘察工作应收集最新正式公布的历史和近代地震目录、地震区划资料、相关省区仪测地震及地震研究资料、邻近地区工程场地的地震安全性评价结论，编绘区域构造与地震震中分布图。应按现行国家标准《中国地震动参数区划图》GB 18306 确定各工程场地的地震动参数。

4.2.4 区域综合地质图、区域构造与地震震中分布图的比例尺可选用1:500000～1:200000。编图范围应包括规划河道或引调水线路两侧各不小于150km。

4.2.5 对近期开发工程，宜根据区域地质环境背景、断层活动性、历史及现今地震活动性、地震动参数区划等进行区域构造稳定性分析。

4.3 水 库

4.3.1 水库区勘察应包括下列内容：

1 了解水库的地质和水文地质条件。

2 了解可能威胁水库成立的滑坡、潜在不稳定岸坡、泥石流等的分布，并分析其可能影响。

3 了解水库运行后可能对城镇、重大基础设施的安全产生严重不良影响的不稳定地体、坍岸和浸没等的分布范围。

4 了解透水层与隔水层的分布范围、可溶岩地

区的喀斯特发育情况、河谷和分水岭的地下水位，对水库封闭条件及渗漏的可能性进行分析。

5 了解水库区可能对水环境产生影响的地质条件。

6 了解重要矿产的分布情况。

4.3.2 水库勘察宜结合区域地质研究工作进行。当水库可能存在渗漏、坍岸、浸没、滑坡等工程地质问题且影响工程决策时，应进行相应的工程地质测绘，并应根据需要布置勘探工作。

4.3.3 水库工程地质测绘比例尺可选用 1∶100000～1∶50000，可溶岩地区可选用 1∶50000～1∶10000。水库渗漏的工程地质测绘范围应扩大至与渗漏有关的地段。

4.4 坝 址

4.4.1 坝址勘察应包括下列内容：

1 了解坝址所在河段的河流形态、河谷地形地貌特征及河谷地质结构。

2 了解坝址的地层岩性、岩体结构特征、软弱岩层分布规律、岩体渗透性及卸荷与风化程度。了解第四纪沉积物的成因类型、厚度、层次、物质组成、渗透性，以及特殊土体的分布。

3 了解坝址的地质构造，特别是大断层、缓倾角断层和第四纪断层的发育情况。

4 了解坝址及近坝地段的物理地质现象和岸坡稳定情况。

5 了解透水层和隔水层的分布情况，地下水埋深及补给、径流、排泄条件。

6 了解可溶岩坝址喀斯特洞穴的发育程度、两岸喀斯特系统的分布特征和坝址防渗条件。

7 分析坝址地形、地质条件及其对不同坝型的适应性。

4.4.2 近期开发工程坝址勘察除应符合本规范第4.4.1条的规定外，尚应重点了解下列内容：

1 坝基中主要软弱夹层的分布、物质组成、天然性状。

2 坝基主要断层、缓倾角断层和破碎带性状及其延伸情况。

3 坝肩岩体的稳定情况。

4 当第四纪沉积物作为坝基时，土层的层次、厚度、级配、性状、渗透性、地下水状态。

5 当可能采用地下厂房布置方案时，地下洞室围岩的成洞条件。

6 当可能采用当地材料坝方案时，溢洪道布置地段的地形地质条件及筑坝材料的分布与储量。

4.4.3 坝址的勘察方法应符合下列规定：

1 坝址工程地质测绘比例尺，峡谷区可选用1∶10000～1∶5000，丘陵平原区可选用1∶50000～1∶10000。测绘范围应包括比选坝址、绕坝渗漏的

岸坡地段，以及附近低于水库水位的垭口、古河道等。

2 在地形和岩性条件适合的情况下，可布置1条顺河物探剖面和1～3条横河物探剖面，近期开发工程应适当增加。物探方法的选择应符合本规范附录B的规定。

3 坝址勘探宜符合下列规定：

1）沿坝址代表性轴线可布置1～3个钻孔，河床较为开阔的坝址，河床钻孔数可适当增加。近期开发工程坝址或地质条件较为复杂的坝址可布置3～5个钻孔，其中两岸至少各有1个钻孔。峡谷地区坝址，两岸宜布置平硐，平硐应进入相对完整的岩体。

2）河床控制性钻孔深度宜为坝高的1～1.5倍。在深厚覆盖层河床或地下水位低于河水位地段，钻孔深度可根据需要加深。

3）钻孔基岩段应进行压水试验。

4）钻孔基岩段宜进行综合测试。

4 坝区主要岩土体应取样做岩矿鉴定和少量室内物理力学试验。

5 对地下水、地表水进行水质简分析。

4.5 引调水工程

4.5.1 引调水工程线路勘察应包括下列内容：

1 了解沿线地形地貌特征。

2 了解沿线地层岩性，第四纪沉积物的分布和成因类型。

3 了解沿线地质构造特征。

4 了解沿线的水文地质条件，可溶岩区的喀斯特发育特征。

5 了解沿线崩塌、滑坡、泥石流、地下采空区、移动沙丘等的分布情况。

6 了解沿线沟谷、浅埋隧洞及进出口地段的覆盖层厚度，岩体的风化、卸荷发育程度和山坡的稳定性。

7 了解主要渠系建筑物的工程地质条件和主要工程地质问题。

8 了解沿线矿产、地下构筑物和地下管线等的分布。

4.5.2 引调水工程线路的勘察方法应符合下列规定：

1 收集和分析引调水工程区域地质、航（卫）片解译资料，编绘综合地质图。

2 引调水工程线路应进行工程地质测绘，比例尺可选用1∶50000～1∶10000，测绘范围宜包括各比选线路两侧各1000～3000m，对于深埋长隧洞宜适当扩大。

3 根据地形和地质条件选用合适的物探方法。物探剖面应结合勘探剖面布置，并应充分利用勘探钻

孔进行综合测试。

4 沿渠道中心线宜布置勘探剖面，勘探点间距宜控制在 3000～5000m 之间，勘探点深度根据需要确定。沿线的不同地貌单元、地下采空区、跨河建筑物等地段应布置钻孔。

5 隧洞沿线的勘探点宜布置在进出口及浅埋段。

6 应测定沿线地下水位，并取水样进行水质简分析。

7 引调水工程沿线主要岩土层，可进行少量室内试验。根据需要进行原位测试。

4.6 防洪排涝工程

4.6.1 防洪排涝工程勘察应包括下列内容：

1 了解工程区的地形地貌特征。

2 了解工程区地层的成因类型、分布和性质，特别是工程性质不良岩土层的分布情况。

3 了解对工程有影响的物理地质现象分布情况。

4 了解工程区水文地质条件。

4.6.2 防洪排涝工程的勘察方法应符合下列规定：

1 调查、访问、收集分析有关资料。

2 工程地质测绘比例尺可选用 1：50000～1：10000，测绘范围应包括线路两侧各 1000～3000m。

3 根据需要进行少量勘探和室内试验工作。

4.7 灌区工程

4.7.1 灌区工程勘察包括灌排渠道及渠系建筑物的工程地质勘察和灌区水文地质勘察。

4.7.2 灌排渠道及渠系建筑物的工程地质勘察应包括下列内容：

1 了解地形地貌特征。

2 了解地层岩性和第四纪沉积物的分布情况，尤其是工程性质不良岩土层的分布情况。

3 了解泥石流、地面沉降、地下采空区、移动沙丘等的分布情况。

4 了解水文地质条件。

4.7.3 灌排渠道及渠系建筑物的工程地质勘察方法应符合下列规定：

1 工程地质测绘比例尺可选用 1：50000～1：10000，测绘范围宜包括各比选线路两侧各 1000～3000m。

2 根据需要开展地面物探工作。

3 勘探工作应符合下列规定：

1）沿灌排渠道宜布置勘探剖面，勘探点宜结合渠系建筑物布置。

2）勘探剖面上的勘探点间距宜控制在 3000～5000m。

3）勘探工作以坑探为主，结合建筑物需要布置少量钻孔，钻孔深度根据建筑物类型和

地质条件确定。

4 岩土试验以物理性质试验为主，主要岩土层的试验累计组数不应少于 3 组。

4.7.4 灌区水文地质勘察应包括下列内容：

1 了解水文、气象、农田水利及水资源利用状况。

2 了解主要含水层的空间分布及其水文地质特征，地下水的补给、排泄、径流条件，初步划分水文地质单元。

3 了解地下水化学特征及其变化规律。

4 了解土壤盐渍化的类型、程度及其分布特征。

5 对于可能利用地下水作为灌溉水源的灌区，圈定可能富水地段，概略评价地下水资源，估算地下水允许开采量。

4.7.5 灌区的水文地质勘察方法应符合下列规定：

1 调查收集灌区水文、气象、土壤、地下水资源开发利用现状等资料。

2 水文地质测绘比例尺可选用 1：50000～1：10000，测绘范围应根据灌区规划面积和所处水文地质单元确定。

3 根据需要开展物探工作。

4 勘探工作应符合下列规定：

1）勘探剖面宜沿水文地质条件和土壤盐渍化变化最大的方向布置，剖面间距根据复杂程度确定。

2）每个地貌单元应有坑或钻孔控制。

3）钻孔孔应达到潜水位以下 5～10m；地下水资源勘探孔的孔深应能够确定主要含水层的埋深、厚度。

5 根据需要开展水文地质试验工作。

4.8 河道整治工程

4.8.1 河道整治工程勘察应包括下列内容：

1 了解区域地质特征，分析主要区域构造对河势的影响。

2 了解河道整治地段的地形地貌和河势变化情况。

3 了解河道整治地段地层岩性，第四纪沉积物的成因类型，重点了解松散、软弱、膨胀、易溶等工程性质不良岩土层的分布情况。

4 了解河道整治地段崩塌、滑坡等物理地质现象的分布与规模。

5 了解河道整治地段的水文地质条件。

6 了解河道整治地段河岸利用现状与观测成果，各类已建岸边工程对河道的影响。

7 了解河道整治工程建筑物的工程地质条件和主要工程地质问题。

4.8.2 河道整治工程的勘察方法应符合下列规定：

1 工程地质测绘比例尺可选用 1：50000～

1：10000，测绘范围应包括河道整治地段内的所有工程建筑物，并满足规划方案的需要。

2 不同地貌单元和护岸、裁弯等工程地段可布置勘探坑、孔。

3 可采用工程地质类比法提出主要岩土体的物理力学参数，根据需要进行少量试验验证。

4 对地表水和地下水进行水质分析。

4.9 天然建筑材料

4.9.1 应对规划工程所需的天然建筑材料进行普查。

4.9.2 对近期开发工程所需的天然建筑材料宜进行初查，初步评价推荐料场的储量、质量及开采、运输条件。

4.10 勘察报告

4.10.1 规划阶段工程地质勘察报告正文应包括绪言、区域地质概况、各规划方案的工程地质条件及主要工程地质问题、结论和附件等。

4.10.2 绪言应包括规划方案概况、区域地理概况、以往地质研究程度和本阶段完成的勘察工作量。

4.10.3 区域地质概况应包括地形地貌、地层岩性、地质构造与地震、物理地质现象和水文地质条件等。

4.10.4 流域水利水电综合利用规划各方案的工程地质条件应按梯级序次编写，各梯级可按水库、坝址等建筑物分别编写，内容包括基本地质条件及主要工程地质问题初步分析。

4.10.5 引调水工程各方案的工程地质条件可按取水建筑物、渠道及渠系建筑物、隧洞等编写，内容包括基本地质条件及主要工程地质问题初步分析。

4.10.6 流域防洪规划各方案的工程地质条件应按水库、堤防、河道整治等分别编写，内容包括基本地质条件及主要工程地质问题初步分析。

4.10.7 灌区工程应按灌排渠道、渠系建筑物工程地质条件及灌区水文地质条件分别编写。渠道及渠系建筑物工程地质条件应包括基本地质条件及主要工程地质问题初步分析；灌区水文地质条件应包括基本水文地质条件、土壤类型、地下水埋深等，对灌区施灌后可能产生的盐渍化、沼泽化等次生灾害进行分析；当采用地下水作为灌溉水源时，应包括地下水资源初步评价的有关内容。

4.10.8 河道整治工程的工程地质条件可按工程类型分别编写，内容包括区域地质特征与河势、基本地质条件及主要工程地质问题初步分析。

4.10.9 天然建筑材料宜结合规划方案和料源类型编写。

4.10.10 结论应包括对规划方案和近期开发工程选择的地质意见和对下阶段工程地质勘察工作的建议。

5 可行性研究阶段工程地质勘察

5.1 一般规定

5.1.1 可行性研究阶段工程地质勘察应在河流、河段或工程规划方案的基础上选择工程的建设位置，并应对选定的坝址、场址、线路等和推荐的建筑物基本形式、代表性工程布置方案进行地质论证，提供工程地质资料。

5.1.2 可行性研究阶段工程地质勘察应包括下列内容：

1 进行区域构造稳定性研究，确定场地地震动参数，并对工程场地的构造稳定性作出评价。

2 初步查明工程区及建筑物的工程地质条件、存在的主要工程地质问题，并作出初步评价。

3 进行天然建筑材料初查。

4 进行移民集中安置点选址的工程地质勘察，初步评价新址区场地的整体稳定性和适宜性。

5.2 区域构造稳定性

5.2.1 区域构造稳定性评价应包括下列内容：

1 区域构造背景研究。

2 活断层及其活动性质判定。

3 确定地震动参数。

5.2.2 区域构造背景研究应符合下列规定：

1 收集研究坝址周围半径不小于150km范围内的沉积建造、岩浆活动、火山活动、变质作用、地球物理场异常、表层和深部构造、区域性活断层、现今地壳形变、现代构造应力场、第四纪火山活动情况及地震活动性等资料，进行Ⅱ、Ⅲ级大地构造单元和地震区（带）划分，复核区域构造与地震震中分布图。

2 收集与利用区域地质图，调查坝址周围半径不小于25km范围内的区域性断裂，鉴定其活动性。当可能存在活动断层时，应进行坝址周围半径8km范围内的坝区专门性构造地质测绘，测绘比例尺可选用1：50000～1：10000。评价活断层对坝址的影响。

3 引调水线路区域构造背景研究按本条第1款进行，范围为线路两侧各50～100km。

5.2.3 活断层的判定内容应包括活断层的识别、活动年代、活动性质、现今活动强度和最大位移速率等。

5.2.4 活断层可根据下列标志直接判定：

1 错动晚更新世（Q_3）以来地层的断层。

2 断裂带中的构造岩或被错动的脉体，经绝对年龄测定，最新一次错动年代距今10万年以内。

3 根据仪器观测，沿断裂有大于0.1mm/年的位移。

4 沿断层有历史和现代中、强震震中分布或有晚更新世以来的古地震遗迹，或者有密集而频繁的近期微震活动。

5 在地质构造上，证实与已知活断层有共生或同生关系的断裂。

5.2.5 具有下列标志之一的断层，可能为活断层，应结合其他有关资料，综合分析判定：

1 沿断层晚更新世以来同级阶地发生错位；在跨越断裂处水系、山脊有明显同步转折现象或断裂两侧晚更新世以来的沉积物厚度有明显的差异。

2 沿断层有断层陡坎，断层三角面平直新鲜，山前分布有连续的大规模的崩塌或滑坡，沿断裂有串珠状或呈线状分布的斜列式盆地、沼泽和承压泉等。

3 沿断层有水化学异常带、同位素异常带或温泉及地热异常带分布。

5.2.6 活断层的活动年龄应根据下列鉴定结果综合判定：

1 活断层上覆的未被错动地层的年龄。

2 被错动的最新地层和地貌单元的年龄。

3 断层中最新构造岩的年龄。

5.2.7 工程场地地震动参数确定应符合下列规定：

1 **坝高大于 200m 的工程或库容大于 10×10^9 m^3 的大（1）型工程，以及 50 年超越概率 10% 的地震动峰值加速度大于或等于 0.10g 地区且坝高大于 150m 的大（1）型工程，应进行场地地震安全性评价工作。**

2 对 50 年超越概率 10% 的地震动峰值加速度大于或等于 0.10g 地区，土石坝坝高超过 90m、混凝土坝及浆砌石坝坝高超过 130m 的其他大型工程，宜进行场地地震安全性评价工作。

3 对 50 年超越概率 10% 的地震动峰值加速度大于或等于 0.10g 地区的引调水工程的重要建筑物，宜进行场地地震安全性评价工作。

4 其他大型工程可按现行国家标准《中国地震动参数区划图》GB 18306 确定地震动参数。

5 **场地地震安全性评价应包括工程使用期限内，不同超越概率水平下，工程场地基岩的地震动参数。**

5.2.8 在构造稳定性方面，坝（场）址选择应符合下列准则：

1 坝（场）址不宜选在 50 年超越概率 10% 的地震动峰值加速度大于或等于 0.40g 的强震区。

2 大坝等主体建筑物不宜建在活断层上。

3 在上述两种情况下建坝时，应进行专门论证。

5.3 水 库

5.3.1 水库区工程地质勘察应包括下列内容：

1 初步查明水库区的水文地质条件，确定可能的渗漏地段，估算可能的渗漏量。

2 初步查明库岸稳定条件，确定崩塌、滑坡、泥石流、危岩体及潜在不稳定岸坡的分布位置，初步

评价其在天然情况及水库运行后的稳定性。

3 初步查明可能坍岸位置，初步预测水库运行后的坍岸形式和范围，初步评价其对工程、库区周边城镇、居民区、农田等的可能影响。

4 初步查明可能产生浸没地段的地质和水文地质条件，初步预测水库浸没范围和严重程度。

5 初步研究并预测水库诱发地震的可能性、发震位置及强度。

6 调查是否存在影响水质的地质体。

5.3.2 水库渗漏勘察应包括下列内容：

1 初步查明可溶岩、强透水岩土层、通向库外的大断层、古河道以及单薄（低矮）分水岭等的分布及其水文地质条件，初步分析渗漏的可能性，估算水库建成后的渗漏量。

2 碳酸盐岩地区应初步查明喀斯特的发育和分布规律、隔水层和非喀斯特岩层的分布特征及构造封闭条件、不同层组的喀斯特化程度，主要喀斯特泉水的流量及其补给范围、地下水分水岭的位置、水位、地下水动态，初步分析水库渗漏的可能性和渗漏形式，估算渗漏量，初步评价对建库的影响程度和处理的可能性。喀斯特渗漏评价应符合本规范附录 C 的规定。

3 修建在干河谷或悬河上的水库，应初步查明水库的垂向渗漏和侧向渗漏情况，以及地下水的外渗途径和排泄区。

5.3.3 水库库岸稳定勘察应包括下列内容：

1 初步查明库岸地形地貌、地层岩性、地质构造、岩土体结构及物理地质现象等。

2 初步查明库岸地下水补给、径流与排泄条件。

3 初步查明库岸岩土体物理力学性质，调查水上、水下与水位变动带稳定坡角。

4 初步查明水库区对工程建筑物、城镇和居民区环境有影响的滑坡、崩塌和其他潜在不稳定岸坡的分布、范围与规模，分析库岸变形失稳模式，初步评价水库蓄水前和蓄水后的稳定性及其危害程度。

5 由第四纪沉积物组成的岸坡，应初步预测水库坍岸带的范围。

6 进行库岸稳定性工程地质分段。

5.3.4 水库浸没勘察应包括下列内容：

1 调查当地气候，降雨，冻土层深度，盐渍化、沼泽化的历史及现状等自然情况。

2 初步查明水库周边的地貌特征，潜水含水层的厚度，地层岩性、分层，基岩或相对隔水层的埋藏深度，地下水位以及地下水的补排条件。

3 初步查明土壤盐渍化、沼泽化现状，主要农作物种类、根须层厚度、表层土的毛管水上升高度。

4 调查城镇和居民区建筑物的类型、基础形式和埋深及是否存在膨胀土、黄土、软土等工程性质不良岩土层。

5 预测浸没的可能性，初步确定浸没范围和危害程度。浸没判别应符合本规范附录 D 的规定。

5.3.5 水库区的工程地质勘察方法应符合下列规定：

1 工程地质测绘的比例尺可选用 1∶50000～1∶10000，对可能威胁工程安全的滑坡和潜在不稳定岸坡，可选用更大的比例尺。

2 测绘范围除应包括整个库盆外，还应包括下列地区：

　1）喀斯特地区应包括可能存在渗漏的河间地块、邻谷和坝下游地段。

　2）盆地或平原型水库应测到水库正常蓄水位以上可能浸没区所在阶地后缘或相邻地貌单元的前缘。

　3）峡谷型水库应测到两岸坡顶，并包括坝址下游附近的塌滑体、泥石流沟和潜在不稳定岸坡分布地段。

3 物探应根据地形、地质条件，采用综合物探方法，探测库区滑坡体，可能发生渗漏或浸没地区的地下水位、隔水层的埋深、古河道和喀斯特通道以及隐伏大断层破碎带的延伸情况等。

4 水库区勘探剖面和勘探点的布置应符合下列规定：

　1）可能渗漏地段水文地质勘探剖面应平行地下水流向或垂直渗漏带布置。勘探剖面上的钻孔应进入可靠的相对隔水层或可溶岩层中的非喀斯特化岩层。

　2）浸没区水文地质勘探剖面应垂直库岸或平行地下水流向布置。勘探点宜采用试坑或钻孔，试坑应挖到地下水位，钻孔应进入相对隔水层。

　3）坍岸预测剖面应垂直库岸布置，水库死水位或陡坡脚高程以下应有坑、孔控制。

　4）滑坡体应按滑动方向布置纵横剖面。剖面上的勘探坑、孔、竖井应进入下伏稳定岩土体 5～10m，平硐应揭露可能的滑动面。

5 岩土试验应根据需要，结合勘探工程布置。有关岩土物理力学性质参数，可根据试验成果或按工程地质类比法选用。岩土物理力学性质参数的取值应符合本规范附录 E 的规定。

6 可能发生渗漏或浸没的地段，应利用已有钻孔和水井进行地下水位观测。重点地段宜埋设长期观测装置进行地下水动态观测，观测时间不应少于一个水文年。对可能渗漏地段，有条件时应进行连通试验。

7 近坝库区的大型不稳定岸坡应布置岩土体位移监测和地下水动态观测。

5.3.6 水库诱发地震预测应包括下列内容：

1 进行全库区的水库诱发地震地质环境分区。

2 预测可能诱发地震的库段。

3 预测可能发生诱发地震的成因类型。

4 预测水库诱发地震的最大震级和相应烈度。

5.3.7 水库诱发地震预测研究工作宜包括下列内容：

1 初步查明水库区及影响区地层岩性、火成岩的分布和岩体结构类型。

2 初步查明水库区及影响区区域性和地区性断裂带的产状、规模、展布、力学性质、现今活动性、透水性及与库水的水力联系。

3 初步查明水库区及影响区中新生代构造盆地的分布、其边界断裂的现今活动性、透水性及与库水的水力联系。

4 初步查明水库区及影响区的水文地质条件，泉水和温泉的分布、地热异常分布、喀斯特发育程度、规模及与库水的关系。

5 收集水库区及影响区历史地震记载和现代仪测地震。

6 了解水库区的现今构造应力场。

7 初步查明水库区岸坡卸荷变形破坏现象和采矿矿洞分布及规模。

8 初步查明水库区及影响区天然喀斯特塌陷和矿洞塌陷的规模和频度。

9 水库诱发地震的预测研究工作应充分利用水库区工程地质勘察和地震安全性评价工作的成果。

5.3.8 当预测有可能发生水库诱发地震时，应提出设立临时地震台站和建设地震台网的初步规划和建议。

5.4 坝　　址

5.4.1 坝址勘察应包括下列内容：

1 初步查明坝址区地形地貌特征，平原区河流坝址应初步查明牛轭湖、决口口门、沙丘、古河道等的分布、埋藏情况、规模及形态特征。当基岩埋深较浅时，应初步查明基岩面的倾斜和起伏情况。

2 初步查明基岩的岩性、岩相特征，进行详细分层，特别是软岩、易溶岩、膨胀性岩层和软弱夹层等的分布和厚度，初步评价其对坝基或边坡岩体稳定的可能影响。

3 初步查明河床和两岸第四纪沉积物的厚度、成因类型、组成物质及其分层和分布，湿陷性黄土、软土、膨胀土、分散性土、粉细砂和架空层等的分布，基岩面的埋深、河床深槽的分布。初步评价其对坝基、坝肩稳定和渗漏的可能影响。

4 初步查明坝址区内主要断层、破碎带，特别是顺河断层和缓倾角断层的性质、产状、规模、延伸情况、充填和胶结情况，进行节理裂隙统计，初步评价各类结构面的组合对坝基、边坡岩体稳定和渗漏的影响。

5 初步查明坝址区地下水的类型、赋存条件、水位、分布特征及其补排条件，含水层和相对隔水层埋深、厚度、连续性、渗透性，进行岩土渗透性分级，初步评价坝基、坝肩渗漏的可能性、渗透稳定性和渗控工程条件。岩土体渗透性分级应符合本规范附录 F 的规定，土的渗透变形判别应符合本规范附录 G 的规定。

6 初步查明坝址区岩体风化、卸荷的深度和程度，初步评价不同风化带、卸荷带的工程地质特性。岩体风化带划分应符合本规范附录 H 的规定，岩体卸荷带划分应符合本规范附录 J 的规定。

7 初步查明坝址区崩塌、滑坡、危岩及潜在不稳定体的分布和规模，初步评价其可能的变形破坏形式及对坝址选择和枢纽建筑物布置的影响。边坡稳定初步评价应符合本规范附录 K 的规定。

8 初步查明坝址区泥石流的分布、规模、物质组成、发生条件及形成区、流通区、堆积区的范围，初步评价其发展趋势及对坝址选择和枢纽建筑物布置的影响。

9 可溶岩坝址区应初步查明喀斯特发育规律及主要洞穴、通道的规模、分布、连通和充填情况，初步评价可能发生渗漏的地段、渗漏量，喀斯特洞穴对坝址和枢纽建筑物的影响。

黄土地区应初步查明黄土喀斯特分布、规模及发育特征，初步评价其对坝址和枢纽建筑物的影响。

10 初步查明坝址区环境水的水质，初步评价环境水的腐蚀性。环境水腐蚀性判别应符合本规范附录 L 的规定。

11 初步查明岩土体的物理力学性质，初步提出岩土体物理力学参数。

12 初步评价各比选址及枢纽建筑物的工程地质条件，提出坝址比选和基本坝型的地质建议。

5.4.2 坝址的勘察方法应符合下列规定：

1 工程地质测绘应符合下列规定：

1）工程地质测绘范围包括各比选坝址主副坝、导流工程和枢纽建筑物布置等有关地段。当比选址相距在 2km 及以上时，可分别单独测绘成图。

2）工程地质测绘比例尺可选用 1∶5000～1∶2000。

2 物探应符合下列规定：

1）物探方法应根据勘察目的及坝址区的地形、地质条件和岩土体的物理特性等确定。

2）物探剖面宜结合勘探剖面布置，并应充分利用钻孔进行综合测试。

3）坝址两岸应利用平硐进行岩体弹性波测试。

3 坝址勘探布置应符合下列规定：

1）各比选坝址应布置一条主要勘探剖面。坝高 70m 及以上或地质条件复杂的主要坝址，应在主要勘探剖面上、下游布置辅助勘探剖面。

2）主要勘探剖面勘探点间距不应大于 100m。其中，河床部位不应少于 2 个钻孔。两岸坝肩部位，在设计正常蓄水位以上也应布置钻孔。

3）峡谷区河流坝址两岸坝肩部位应分高程布置平硐。坝高在 70m 及以上或拱坝，在设计正常蓄水位以上可根据需要布置平硐。

4）土石坝应沿河流方向布置渗流分析勘探剖面，勘探钻孔间距视需要确定。土石坝的混凝土建筑物应沿建筑物轴线布置勘探剖面。

5）当存在影响坝址选择的顺河断层、河床深槽和潜在不稳定岸坡等不良地质现象时，应布置钻孔，可视需要布置平硐。

6）软弱夹层及主要缓倾角结构面勘探应布置探井（大口径钻孔）和平硐。

7）坝址区有较厚粉细砂或软土、淤泥质土等工程性质不良岩土层分布时，应布置原位测试孔。

8）对影响坝址选择的重要地质现象，应根据需要布置专门性的勘探工作。

4 坝址勘探钻孔深度应符合下列规定：

1）峡谷区坝址河床钻孔深度应符合表 5.4.2 的规定，两岸岸坡上的钻孔深度应达到河水位高程以下，并进入相对隔水层。

表 5.4.2 峡谷区坝址河床钻孔深度

覆盖层厚度 (m)	钻孔进入基岩深度 (m)	
	坝高 $H \geqslant 70m$	坝高 $H < 70m$
<40	$H/2 \sim H$	H
≥40，且<H	>50	30～50
≥40，且>H	>20	

2）平原区建在深厚覆盖层上的坝，勘探钻孔进入建基面以下的深度不应小于坝高的 1.5 倍，在此深度内若遇有泥炭、软土、粉细砂及强透水层等时，还应进入下卧承载力较高的土层或相对隔水层。

当基岩埋深小于坝高的 1.5 倍时，钻孔进入基岩深度不宜小于 10m。

3）可溶岩地区钻孔深度可根据具体情况确定。

4）控制性钻孔或专门性钻孔深度应按实际需要确定。

5 水文地质测试应符合下列规定：

1）勘探中应观测地下水位，收集勘探过程中的水文地质资料。

2）基岩地层应进行钻孔压（注）水试验，测定岩体透水率或渗透系数；根据需要采用物探方法测试地下水的有关参数。

3）第四纪沉积物应进行钻孔抽水或注水试验，测定渗透系数。

4) 可能存在集中渗漏的地带应进行连通试验。

5) 应进行水质分析。

6 岩土试验应符合下列规定：

    1) 每一主要岩石（组）室内试验累计有效组数不应少于 6 组。每一主要土层室内试验累计有效组数不应少于 6 组。

    2) 土基应根据土的类型选择标准贯入、动力触探、静力触探、十字板剪切等方法进行原位试验，主要土层试验累计有效数量不宜少于 6 组（段、点）。河床深厚砂卵砾石层取样与原位测试宜符合本规范附录 M 的规定。

    3) 控制坝基稳定和变形的岩土层可进行原位变形和剪切试验，剪切试验不少于 2 组，变形试验不少于 3 点。

    4) 特殊岩土应根据其工程地质特性进行专门试验。

7 长期观测应符合下列规定：

    1) 勘察期间应进行地下水动态观测，对推荐的坝址应布置地下水长期观测孔。

    2) 影响坝址选择的潜在不稳定岸坡应进行岸坡位移变形观测，观测线应在平行和垂直可能位移变形的方向布置。

5.5 发电引水线路及厂址

5.5.1 发电引水线路勘察应包括下列内容：

1 初步查明引水线路地段地形地貌特征和滑坡、泥石流等不良物理地质现象的分布、规模。

2 初步查明引水线路地段地层岩性、覆盖层厚度、物质组成和松散、软弱、膨胀等工程性质不良岩土层的分布及其工程地质特性。隧洞线路尚应初步查明喀斯特发育特征、放射性元素及有害气体等。

3 初步查明引水线路地段的褶皱、断层、破碎带等各类结构面的产状、性状、规模、延伸情况及岩体结构等，初步评价其对边坡和隧洞围岩稳定的影响。

4 初步查明引水线路岩体风化、卸荷特征，初步评价其对渠道、隧洞进出口、傍山浅埋及明管铺设地段的边坡和洞室稳定性的影响。

5 初步查明引水线路地段地下水位、主要含水层、汇水构造和地下水溢出点的位置、高程，补排条件等，初步评价其对引水线路的影响。隧洞尚应初步查明与地表溪沟连通的断层破碎带、喀斯特通道等的分布，初步评价掘进时突水（泥）、涌水的可能性及对围岩稳定和周边环境的可能影响。

6 进行岩土体物理力学性质试验，初步提出有关物理力学参数。

7 进行隧洞围岩工程地质初步分类。围岩工程地质分类应符合本规范附录 N 的规定。

5.5.2 地面式厂房勘察应包括下列内容：

1 初步查明场址区地形地貌特征及岩体风化带、卸荷带、倾倒体、滑坡、崩塌堆积体、喀斯特、地下采空区等的分布，初步评价其对厂房及附属建筑物场地稳定的影响。

2 初步查明场址区的地层岩性，软弱和易溶岩层、软土、粉细砂、湿陷性黄土、膨胀土和分散性土的分布与埋藏条件，并对岩土的物理力学性质和承载能力作出初步评价。对可能地震液化土应进行液化判别，土的地震液化判别应符合本规范附录 P 的规定。

3 初步查明场址区的地质构造，断层、破碎带、节理裂隙等的性质、产状、规模和展布情况，结构面的组合关系及其对厂址和边坡稳定的影响。

4 初步查明场址区的水文地质条件。初步评价电站压力前池的渗漏、渗透稳定条件以及基坑开挖发生涌水、涌砂的可能性。

5 进行岩土体物理力学性质试验，初步提出有关物理力学性质参数。

5.5.3 地下厂房勘察除应符合本规范第 5.5.1 条的有关规定外，尚应包括下列内容：

1 初步查明地下厂房和洞群布置地段的岩性组成和岩体结构特征及各类结构面的产状、性状、规模、空间展布和相互切割组合情况，初步评价其对顶拱、边墙、洞群间岩体、交岔段、进出口以及高压管道上覆岩体等稳定的影响。

2 初步查明地下厂房地段地应力、地温、有害气体和放射性元素等情况，初步评价其影响。

5.5.4 发电引水线路及厂址的勘察方法应符合下列规定：

1 工程地质测绘应符合以下规定：

    1) 引水线路测绘范围应包括线路及两侧 300～1000m，厂址测绘范围应包括厂房和附属建筑物场地及周围 200～500m。

    2) 引水线路测绘比例尺可选用 1∶10000～1∶2000，隧洞进出口段及厂址测绘比例尺可选用 1∶2000～1∶1000。

2 宜采用综合物探方法探测覆盖层厚度、地下水位、古河道、隐伏断层、喀斯特洞穴等，并应利用钻孔和平硐进行综合测试。

3 勘探应符合下列规定：

    1) 沿引水线路轴线应布置勘探剖面。进出口、调压井、高压管道和厂房等场地宜布置横剖面。勘探点应结合地形地质条件布置。

    2) 隧洞进出口、傍山、浅埋、明管铺设等地段以及存在重大地质问题的地段应布置勘探钻孔或平硐。

    3) 地下厂房区可布置平硐。

    4) 引水隧洞、地下厂房钻孔深度宜进入设计洞底、厂房建基面高程以下 10～30m，但不应小于隧洞洞径或地下厂房跨度。

地面厂房钻孔深度，当地基为基岩时宜进入建基面高程以下 20～30m；当地基为第四纪沉积物时应根据地质条件和建筑物荷载大小综合确定。

4 勘探过程中应收集水文地质资料。隧洞和建筑物场地钻孔应根据需要进行抽水、压（注）水试验和地下水动态观测。

5 岩土试验应符合下列规定：

1）主要岩土层室内试验累计有效组数不应少于 6 组。

2）特殊岩土应根据其工程地质特性进行专门试验。

3）土基厂址的主要土层应进行原位测试。

6 隧洞和地下厂房可利用平硐或钻孔进行岩体变形参数、岩体波速等原位测试。

7 隧洞和地下厂房应利用平硐或钻孔进行地应力、地温、有害气体和放射性元素测试。岩爆的判别宜符合本规范附录 Q 的规定。

5.6 溢 洪 道

5.6.1 溢洪道勘察应包括下列内容：

1 初步查明溢洪道区地形地貌特征及滑坡、泥石流、崩塌体等的分布和规模。

2 初步查明溢洪道区地层岩性，覆盖层厚度、物质组成，基岩风化、卸荷深度和岩土体透水性。

3 初步查明溢洪道区断层、破碎带、软弱夹层、缓倾角结构面等的性质、产状、规模和展布情况，结构面的组合关系。

4 进行岩土体物理力学性质试验，初步提出有关物理力学参数。

5 初步评价溢洪道边坡、泄洪闸基的稳定条件以及下游消能段岩体的抗冲条件和冲刷坑岸坡的稳定条件。

5.6.2 溢洪道的勘察方法应符合下列规定：

1 工程地质测绘比例尺可选用 1:5000～1:2000。当溢洪道与坝址邻近时，可与坝址一并测绘成图。

2 勘探剖面应沿设计溢洪道中心线和消能设施等主要建筑物布置，钻孔深度宜进入设计建基面高程以下 20～30m，泄洪闸基岩石钻孔深度应满足防渗要求。

3 泄洪闸基岩钻孔应进行压水试验。

4 主要岩土层室内试验累计有效组数不应少于 6 组。

5.7 渠道及渠系建筑物

5.7.1 渠道勘察应包括下列内容：

1 初步查明渠道沿线的地形地貌和喀斯特塌陷区、古河道、移动沙丘、地下采空区及矿产等的分布与规模。对于穿越城镇、工矿区的渠道，应调查和探测地下构筑物、地下管线等。

2 初步查明渠道沿线的地层岩性，重点是工程性质不良岩土层的分布及其对渠道的影响。特殊土勘察要点应符合本规范附录 R 的规定。

3 初步查明渠道沿线含水层和隔水层的分布，地下水补排条件、水位、水质、岩土体的渗透性、土壤的盐渍化现状，并对环境水文地质条件的可能变化进行初步预测。

4 初步查明傍山渠道沿线崩塌体、滑坡体、泥石流、洪积扇、残坡积土等的分布、规模及覆盖层厚度，基岩风化带、卸荷带深度、地质构造和主要结构面的组合等，并对边坡稳定性进行初步评价。

5 初步查明岩土物理力学性质，初步提出岩土物理力学参数。

6 进行渠道工程地质初步分段。对可能发生严重渗漏、浸没、地震液化、岩土膨胀、黄土湿陷、滑塌、冻胀与融沉等工程地质问题作出初步评价。膨胀土的判别应符合本规范附录 S 的规定。黄土湿陷性及湿陷起始压力的判定应符合本规范附录 T 的规定。

5.7.2 渠系建筑物勘察除应符合本规范第 5.7.1 条的规定外，尚应包括下列内容：

1 初步查明建筑物区水文地质条件，对地基渗漏和渗透稳定条件及基坑开挖过程中发生涌水、涌砂的可能性作出初步评价。

2 结合建筑物基础形式，初步查明各岩土层的物理力学性质。

3 应对建筑物地基进行工程地质初步评价。

5.7.3 渠道及渠系建筑物的勘察方法应符合下列规定：

1 工程地质测绘比例尺：渠道可选用 1:10000～1:5000，渠系建筑物可选用 1:2000～1:1000。

2 工程地质测绘范围应包括各比选渠线两侧各 500～1500m，渠系建筑物应包括对建筑物可能有影响的地段，对高边坡及傍山渠段测绘范围应适当扩大。

3 宜采用物探方法探测覆盖层厚度、岩体风化程度、地下水位、古河道、隐伏断层、喀斯特洞穴、地下采空区、地下构筑物和地下管线等。

4 勘探布置应符合下列规定：

1）沿渠道中心线应布置勘探坑、孔，勘探点间距 500～1000m；勘探横剖面间距 1000～2000m，横剖面上的钻孔数不应少于 3 个。傍山渠道勘探点应适当加密，高边坡地段宜布置勘探平硐。

2）渠系建筑物宜布置纵、横勘探剖面，建筑物轴线钻孔间距宜控制在 100～200m 之间，剖面上的钻孔数不宜少于 3 个。

3）挖方渠道钻孔深度宜进入设计渠底板以下5～10m，填方渠道钻孔深度应能满足稳定分析的要求；渠系建筑物钻孔深度宜进入设计建基面以下20～30m，或进入基础以下一定深度。特殊情况应适当加深。

4）钻孔在钻进过程中应收集水文地质资料，并应根据需要进行抽水、压（注）水试验和地下水动态观测，对可能存在渗漏、浸没或盐渍化地段，应进行野外注水试验。

5　岩土试验应符合下列规定：

1）岩土物理力学性质试验应以室内试验为主。原位测试方法宜根据土（岩）类和工程需要选择。

2）对特殊土应进行专门试验。

3）渠道各工程地质单元（段）和渠系建筑物地基主要岩土层的室内试验累计有效组数不应少于6组。

5.8　水闸及泵站

5.8.1　水闸及泵站场址勘察应包括以下内容：

1　初步查明水闸及泵站场地的地形地貌，重点为古河道、牛轭湖、决口口门等的位置、分布和埋藏情况。

2　初步查明水闸及泵站场地滑坡、泥石流等不良地质现象的分布。

3　初步查明水闸及泵站场地的地层结构、岩土类型和物理力学性质，重点为工程性质不良岩土层的分布情况和工程特性。

4　初步查明地下水类型、埋深及岩土透水性，透水层和相对隔水层的分布，地表水和地下水水质，初步评价地表水、地下水对混凝土及钢结构的腐蚀性。

5　进行岩土物理力学性质试验，初步提出岩土物理力学参数。

6　初步评价建筑物场地地基承载力、渗透稳定、抗滑稳定、地震液化和边坡稳定性等。

5.8.2　水闸及泵站场址的勘察方法应符合下列规定：

1　工程地质测绘比例尺可选用1∶5000～1∶1000。测绘范围应包括比选方案在内的所有建筑物地段，进水和泄水方向应包括可能危及工程安全运行的地段。

2　可采用物探或调查访问方法确定古河道、牛轭湖、决口口门、沙丘等的分布、位置和埋藏情况。宜采用物探方法测定土体的动力参数。

3　纵、横勘探剖面和勘探点应结合建筑物、场址的地形地质条件布置；主要勘探剖面的钻孔间距宜控制在50～100m之间，每条剖面不应少于3个孔。

4　闸基勘探钻孔进入建基面以下的深度，不应小于闸底板宽度的1.5倍，在此深度内遇有泥炭、软土、粉细砂及强透水层等工程性质不良岩土层时，钻孔应进入下卧的承载力较高的土层或相对隔水层。当基岩埋深小于闸底板宽度的1.5倍时，钻孔进入基岩深度不宜小于5～10m。

5　泵站勘探钻孔深度，当地基为基岩时宜进入建基面以下10～15m，当地基为第四纪沉积物时应根据持力层情况确定。

6　分层取原状土样进行物理力学性质试验及渗透试验。各建筑物地基主要岩土层的室内试验累计有效组数均不应少于6组；当主要持力层为第四纪沉积物时，应根据土层类别选择合适的原位测试方法，每一主要土层试验累计有效数量不宜少于6组（段、点）。

7　根据需要进行抽水试验、压（注）水试验、地下水动态观测工作。应取水样进行水质分析。

5.9　深埋长隧洞

5.9.1　深埋长隧洞勘察除应符合本规范第5.5.1条的有关规定外，尚应包括下列内容：

1　初步查明可能产生高外水压力、突（涌）水（泥）的地质条件。

2　初步查明可能产生围岩较大变形的岩组及大断裂破碎带的分布及特征。

3　初步查明地应力特征及产生岩爆的可能性。

4　初步查明地温分布特征。

5　初步评价成洞条件及存在的主要地质问题，提出地质超前预报的初步设想。

5.9.2　深埋长隧洞进出口段及浅埋段的勘察方法应符合本规范第5.5.4条的有关规定。

5.9.3　深埋段的勘察方法应符合下列规定：

1　收集本区已有的航片、卫片、各种比例尺的地质图及相关资料，进行分析与航片、卫片解译。

2　工程地质测绘比例尺可选用1∶50000～1∶10000，测绘范围应包括隧洞各比选线及其两侧各1000～5000m，当水文地质条件复杂时可根据需要扩大。

3　选择合适的物探方法，探测深部地质构造特征、喀斯特发育特征等。

4　宜选择合适位置布置深孔，进行地应力、地温、地下水位、岩体渗透性、岩体波速等综合测试。

5　进行岩石物理力学性质试验。

5.10　堤防及分蓄洪工程

5.10.1　堤防及分蓄洪工程勘察应包括下列内容：

1　初步查明新建堤防各堤线的水文地质、工程地质条件及存在的主要工程地质问题，并对堤线进行比较，初步预测堤防挡水后可能出现的环境地质问题。

2　调查已建堤防工程散浸、管涌、堤防溃口等历史险情。对堤身质量进行检测、评价。

3 初步查明已建堤防堤基的水文地质、工程地质条件及存在的主要工程地质问题，结合历年险情隐患对堤基进行初步分段评价。

4 初步查明堤岸岸坡的水文地质、工程地质条件，并对岸坡稳定性进行初步分段评价。

5 初步查明分蓄洪区围堤，转移道路、桥梁和安全区内各建筑物的水文地质、工程地质条件及存在的主要工程地质问题。

6 初步提出各土（岩）层的物理力学参数。

5.10.2 堤防及分蓄洪工程的勘察方法应符合下列规定：

1 工程地质测绘比例尺可选用 1：50000～1：10000。新建堤防测绘范围为堤线两侧各 500～2000m，已建堤防为堤线两侧各 300～1000m，并应包括各类险情分布范围。

2 勘探纵剖面沿堤线布置，钻孔间距宜为 500～1000m；横剖面垂直堤线布置，间距宜为纵剖面上钻孔间距的 2～4 倍，孔距宜为 20～200m。钻孔进入堤基的深度宜为堤身高度的 1.5～2.0 倍。

3 应取样进行物理力学性质试验及渗透试验。每一工程地质单元各主要土（岩）层试验累计有效组数不应少于 6 组。

5.11 灌区工程

5.11.1 灌区的工程地质勘察内容应符合本规范第 5.7.1 条和第 5.7.2 条的规定。

5.11.2 灌区的工程地质勘察方法应符合下列规定：

1 进行渠道纵横剖面工程地质测绘，比例尺可选用 1：10000～1：1000。

2 渠道勘探以坑、孔为主，间距宜为 500～1000m，深度宜进入设计渠底板以下不小于 5m 或根据需要确定；各建筑物场地应布置钻孔，钻孔深度宜进入设计建基面以下 20～30m，或进入基础以下一定深度。

3 岩土物理力学性质试验应以室内试验为主。原位测试方法宜根据土（岩）类和工程需要选择。

5.11.3 灌区水文地质勘察应包括下列内容：

1 初步查明地层岩性、第四纪沉积物的成因类型和分布情况。

2 初步查明主要含水层的空间分布及其水文地质特征，地下水的补给、排泄、径流条件及其动态变化规律。

3 当采用地下水作为灌溉水源时，初步查明主要含水层水质、补给量、储存量和允许开采量。对拟建水源地的可靠性进行评价。

4 初步查明地下水的水质、土壤盐渍化的类型、程度及其分布特征。

5 初步确定地下水埋深临界值和地下排水模数。

6 初步评价土壤改良的水文地质条件，提出防治土壤盐渍化、沼泽化的建议。

5.11.4 灌区的水文地质勘察方法应符合下列规定：

1 水文地质测绘比例尺可选用 1：50000～1：10000，测绘范围应根据水文地质条件确定。

2 进行地面物探和水文测井工作。

3 勘探剖面一般应沿水文地质条件和土壤盐渍化变化最大的方向布置，勘探点、线的间距应根据水文地质复杂程度合理确定。

4 进行水文地质试验和地下水动态观测工作。

5.12 河道整治工程

5.12.1 河道整治工程勘察应包括下列内容：

1 初步查明河道整治地段的岸坡形态、滩地、冲沟、古河道等的分布和近岸河底形态。

2 初步查明河道整治地段河势稳定状况、河床的冲淤变化，并对岸坡、滩地等的稳定性进行初步评价。

3 初步查明河道整治地段地层岩性，重点是软土、粉细砂等土层的分布和向近岸水下延伸情况。

4 初步查明河道整治地段崩塌、滑坡等物理地质现象的分布与规模。

5 初步查明河道整治地段的地下水类型、地下水位和水质。

6 初步查明各岩土层物理力学性质，初步提出岩土层物理力学参数。

7 初步查明河道整治工程建筑物的工程地质条件和主要工程地质问题。

5.12.2 河道整治工程的勘察方法应符合下列规定：

1 工程地质测绘比例尺可选用 1：10000～1：5000。测绘范围为工程边线外 200～500m，并应包括各类险情分布范围。

2 可根据各类河道整治工程的要求布置勘探坑、孔。钻孔深度应进入河道深泓底以下 5～10m。

3 根据需要进行取样试验和原位测试。

5.13 移民选址

5.13.1 可行性研究阶段移民选址工程地质勘察应结合移民安置规划进行，为初选移民新址提供地质依据。

5.13.2 移民选址工程地质勘察应包括下列内容：

1 评价新址区区域构造稳定性。

2 初步查明新址区基本地形地质条件，重点是对场址整体稳定性有影响的地质结构及特殊岩（土）体的分布。

3 初步查明新址区及外围滑坡、崩塌、危岩、冲沟、泥石流、坍岸、喀斯特等不良地质现象的分布范围及规模，初步分析其对新址区场地稳定性的影响。

4 初步查明生产、生活用水水源、水量、水质及开采条件。

5 进行新址区场地稳定性、建筑适宜性初步评价。

5.13.3 移民选址的工程地质勘察方法应符合下列规定：

1 应收集区域地质、地震、矿产、航片、卫片、气象、水文等资料。

2 新址区工程地质测绘比例尺可选用1:10000～1:2000，工程地质测绘范围应包括新址区及对新址区场地稳定性评价有影响的地区。

3 按地形坡度小于10°、10°～15°、15°～20°和大于20°分别统计面积。

4 新址区勘探剖面应结合地貌单元及地质条件布置，不同地貌单元应有勘探点控制。

5 取样进行试验和原位测试。每一主要岩（土）层的试验累计有效组数不宜少于6组。试验项目宜根据场地岩土体的实际条件确定。

6 对生产、生活用水水源应进行水质分析。

5.14 天然建筑材料

5.14.1 对工程所需的天然建筑材料应进行初查，对影响设计方案选择的料场宜进行详查。

5.14.2 初步查明料场地形地质条件、岩土结构、岩性、夹层性质及空间分布，地下水位，剥离层、无用层厚度及方量，有用层储量、质量，开采运输条件和对环境的影响。

5.14.3 初查储量与实际储量的误差不应超过40%；初查储量不得少于设计需要量的3倍。

5.15 勘察报告

5.15.1 可行性研究阶段工程地质勘察报告正文应包括绪言、区域地质概况、工程区及建筑物工程地质条件、天然建筑材料以及结论与建议等。

5.15.2 绪言应包括工程概况、勘察地区的自然地理条件，历次所进行的勘察工作情况和研究深度，有关审查和评估意见，本阶段及历次完成的工作项目和工作量等。

5.15.3 区域地质概况应包括区域地形地貌、地层岩性、地质构造与地震、物理地质现象、水文地质条件、区域构造稳定性及地震动参数等。

5.15.4 水库区工程地质条件应包括库区的地质概况、水库渗漏、浸没、库岸稳定、泥石流等工程地质问题及初步评价，水库诱发地震的预测结果及监测建议等。

5.15.5 坝址区的工程地质条件应按坝址、引水发电系统、溢洪道、主要临时建筑物等节编写。

1 坝址工程地质条件应包括坝址地质概况、各比选坝址的工程地质条件、对坝址选择的意见、推荐坝址的工程地质条件和主要工程地质问题。

2 引水发电系统的工程地质条件应包括地质概况、各比选方案的工程地质条件，推荐方案隧洞进出口段、洞身段、调压井和厂房等的工程地质条件和主要工程地质问题。

3 溢洪道、通航建筑物及其他建筑物的工程地质条件。

5.15.6 引调水工程的工程地质条件应包括地质概况、各比选方案的工程地质条件、方案比选地质意见和推荐方案的工程地质条件。推荐方案可按渠道、渠系建筑物、管道、隧洞等分别进行论述和评价。

5.15.7 水闸和泵站工程地质条件应包括地质概况、各比选闸（站）址的工程地质条件、闸（站）址方案比选地质意见和推荐闸（站）址的工程地质条件。

5.15.8 灌区工程地质条件应按灌排渠道、渠系建筑物工程地质条件及灌区水文地质条件分别编写。灌排渠道、渠系建筑物工程地质条件应包括基本地质条件、各比选方案的工程地质条件、方案比选地质意见和推荐方案的工程地质条件；灌区水文地质条件应包括基本水文地质条件、土壤类型、地下水埋深等，对灌区施灌后可能产生的盐渍化、沼泽化等次生灾害进行分析；当采用地下水作为灌溉水源时，应包括地下水资源初步评价的有关内容。

5.15.9 堤防及分蓄洪区工程地质条件应按堤防、涵闸、泵站、护岸工程等分节编写，并应符合下列规定：

1 堤防工程地质条件应包括地质概况、各比选堤线的工程地质条件和线路比选地质意见，推荐堤线的工程地质分段说明，对已有堤防，还应说明堤身的填筑质量和历年出险情况。

2 涵闸和泵站工程地质条件应包括地基各土层的分布、物理力学特性，存在的主要工程地质问题和地基处理建议等。

3 护岸工程地质条件应包括地貌特征、河岸演变、土层特性、冲刷深度、岸坡稳定现状等。

5.15.10 河道整治工程地质条件应包括地质概况、开挖岩土层类别、建议开挖的边坡等。

5.15.11 天然建筑材料编写内容应包括设计需求量、各料场位置及地形地质条件、勘探和取样、储量和质量、开采和运输条件等。

5.15.12 结论与建议应包括方案比选地质意见、推荐方案各主要建筑物的工程地质结论、下阶段勘察工作建议。

5.15.13 移民选址工程地质勘察报告编写应符合下列规定：

1 移民选址工程地质勘察报告应包括绪言、区域地质概况、基本地质条件、主要工程地质与环境地质问题、生产及生活水源、场地稳定性和场地适宜性评价、结论与建议。

2 报告附图宜包括移民新址综合地质图及地质

剖面图等。

6 初步设计阶段工程地质勘察

6.1 一般规定

6.1.1 初步设计阶段工程地质勘察应在可行性研究阶段选定的坝（场）址、线路上进行。查明各类建筑物及水库区的工程地质条件，为选定建筑物形式、轴线、工程总布置提供地质依据。对选定的各类建筑物的主要工程地质问题进行评价，并提供工程地质资料。

6.1.2 初步设计阶段工程地质勘察应包括下列内容：

　　1 根据需要复核或补充区域构造稳定性研究与评价。

　　2 查明水库区水文地质、工程地质条件，评价存在的工程地质问题，预测蓄水后的变化，提出工程处理措施建议。

　　3 查明各类水利水电工程建筑物区的工程地质条件，评价存在的工程地质问题，为建筑物设计和地基处理方案提供地质资料和建议。

　　4 查明导流工程及其他主要临时建筑物的工程地质条件。根据需要进行施工和生活用水水源调查。

　　5 进行天然建筑材料详查。

　　6 设立或补充、完善地下水动态观测和岩土体位移监测设施，并应进行监测。

　　7 查明移民新址区工程地质条件，评价场地的稳定性和适宜性。

6.2 水　　库

6.2.1 水库勘察应包括下列内容：

　　1 查明可能严重渗漏地段的水文地质条件，对水库渗漏问题作出评价。

　　2 查明可能浸没区的水文地质、工程地质条件，确定浸没影响范围。

　　3 查明滑坡、崩塌等潜在不稳定库岸的工程地质条件，评价其影响。

　　4 查明土质岸坡的工程地质条件，预测坍岸范围。

　　5 论证水库诱发地震可能性，评价其对工程和环境的影响。

6.2.2 可溶岩区水库严重渗漏地段勘察应查明下列内容：

　　1 **可溶岩层、隔水层及相对隔水层的厚度、连续性和空间分布。**

　　2 喀斯特发育程度、主要喀斯特洞穴系统的空间分布特征及其与邻谷、河间地块、下游河弯地块的关系。

　　3 喀斯特水文地质条件、主要喀斯特水系统

（泉、暗河）的补给、径流和排泄特征，地下水位及其动态变化特征、河谷水动力条件。

　　4 **主要渗漏地段或主要渗漏通道的位置、形态和规模，喀斯特渗漏的性质，估算渗漏量，提出防渗处理范围、深度和处理措施的建议。**

6.2.3 非可溶岩区水库严重渗漏地段勘察，应查明断裂带、古河道、第四纪松散层等渗漏介质的分布及其透水性，确定可能发生严重渗漏的地段、渗漏量及危害性，提出防渗处理范围和措施的建议。

6.2.4 水库严重渗漏地段的勘察方法应符合下列规定：

　　1 水文地质测绘比例尺可选用 1 ∶10000～1 ∶2000。

　　2 水文地质测绘范围应包括需查明渗漏地段喀斯特发育特征和水文地质条件的区域，重点是可能渗漏通道及其进出口地段。对能追索的喀斯特洞穴均应进行测绘。

　　3 根据地形、地质条件选择物探方法，探测喀斯特的空间分布和强透水带的位置。

　　4 勘探剖面应根据水文地质结构和地下水渗流情况，并结合可能的防渗处理方案布置。在多层含水层结构区，各可能渗漏岩组内不应少于 2 个钻孔。钻孔应进入隔水层、相对隔水层或枯水期地下水位以下一定深度；喀斯特发育区钻孔深度应穿过喀斯特强烈发育带；在河谷近岸喀斯特水虹吸循环带，应有控制性深孔，了解喀斯特洞穴发育深度。平硐主要用于查明地下水位以上的喀斯特洞穴和通道。

　　5 应进行地下水动态观测，并基本形成长期观测网。各可能渗漏岩组内不应少于 2 个观测孔。观测内容除常规项目外，还应观测降雨时的洞穴涌水和流量变化情况。雨季观测时间间隔应缩短。地下水位、降雨量、喀斯特泉流量应同步观测。

　　6 喀斯特区应进行连通试验，查明喀斯特洞穴间的连通情况。可采用堵洞抬水、抽水试验等方法了解大面积的连通情况。

　　7 根据喀斯特水文地质条件的复杂程度，可选择对地下水的渗流场、化学场、温度场、同位素场及喀斯特水均衡进行勘察研究。

6.2.5 水库浸没勘察应包括下列内容：

　　1 查明可能浸没区的地貌、地层的层次、厚度、物理性质、渗透系数、表层土的毛管水上升高度、给水度、土壤含盐量。

　　2 查明可能浸没区的水文地质结构、含水层的类型、埋深和厚度，隔水层底板的埋深，地下水补给、径流和排泄条件、地下水流向、地下水位及其动态、地下水化学成分和矿化度。确定浸没类型。

　　3 喀斯特区水库应在查明库周喀斯特发育与连通情况，水库蓄水后库水、地表水与地下水之间的补给、排泄关系的基础上，查明库周洼地、槽谷的分

布、形态、岩土类型和水文地质条件。

4 对于农作物区，应根据各种现有农作物的种类、分布，查明土壤盐渍化现状，确定地下水埋深临界值。

5 对于建筑物区，应根据各种现有建筑物的类型、数量和分布，查明基础类型和埋深，确定地下水埋深临界值。查明黄土、软土、膨胀土等工程性质不良岩土层的分布情况、性状和土的冻结深度，评价其影响。

6 确定浸没的范围及危害程度。

6.2.6 水库浸没的勘察方法应符合下列规定：

1 工程地质测绘比例尺，农作物区可选用 1：10000～1：5000，建筑物区可选用 1：2000～1：1000。测绘范围，顶托型浸没应包括可能浸没区所在阶地的后缘或相邻地貌单元的前缘，渗漏型浸没应包括渗漏补给区、径流区和排泄区及其邻近洼地。

2 勘探剖面应垂直库岸、堤坝或平行地下水流向布置。剖面间距，农作物区宜为 500～1000m，建筑物区宜为 200～500m，水文地质条件复杂地区应适当加密。

3 勘探工作布置应符合下列规定：

　1）勘探剖面上的钻孔间距，农作物区应为 500～1000m，建筑物区应为 200～500m，剖面上每个地貌单元钻孔不应少于 2 个，水库正常蓄水位线附近应布置钻孔。钻孔深度应到达基岩或相对隔水层以下 1m，钻孔内应测定稳定地下水位。

　2）试坑宜与钻孔相间布置，试坑深度应到达表部土层底板或稳定的地下水位以下 0.5m。

　3）当勘察区地层为双层结构，下部为承压含水层，且上部黏土层厚度较大时，宜在钻孔旁边布置试坑，对比试坑内地下水位与钻孔内地下水位之间的关系。

　4）勘探剖面之间根据需要采用物探方法了解剖面间地下水位、基岩或相对隔水层埋深的变化情况。

4 试验工作应符合下列规定：

　1）通过室内试验测定各主要地层的物理性质、渗透系数、给水度、毛管水上升高度、地下水化学成分和矿化度。每一主要土层的试验累计有效组数不宜少于 6 组。

　2）毛管水上升高度还应在试坑内实测确定。

　3）渗漏型浸没区应进行一定数量的现场试验，确定渗透系数。

　4）可能次生盐渍化的农作物浸没区应测定表部土层含盐的成分和数量。

　5）建筑物浸没区应测定持力层在天然含水率和饱和含水率状态下的抗剪强度和压缩性。

5 建筑物浸没区和范围较大的农作物浸没区应建立地下水动态观测网；当浸没区地层为双层结构，且上部土层厚度较大时，应分别观测下部含水层和上部土层内的地下水动态。

6 水库蓄水后地下水壅高计算可采用地下水动力学方法。渗漏型浸没区可采用水均衡法计算。渗流场较复杂的浸没区宜采用三维数值分析方法进行计算。

7 当勘察区的水文地质条件较复杂时，应编制地下水等水位线图。当原布置的勘探剖面方向与地下水流向有较大差别时，应根据地下水等水位线图调整计算剖面方向。

8 浸没计算应采用正常蓄水位，分期蓄水水库应采用分期蓄水位。水库末端应采用考虑库尾翘高后的水位值，多泥沙河流的水库应考虑淤积对库水位的影响。

9 当地层为双层结构，且上部黏土层厚度较大时，浸没地下水位的确定应考虑黏性土层对承压水头折减的影响。

6.2.7 水库库岸滑坡、崩塌和坍岸区的勘察应包括下列内容：

1 查明水库区对工程建筑物、城镇和居民区环境有影响的滑坡、崩塌的分布、范围、规模和地下水动态特征。

2 查明库岸滑坡、崩塌和坍岸区岩土体物理力学性质，调查库岸水上、水下与水位变动带稳定坡角。

3 查明坍岸区岸坡结构类型、失稳模式、稳定现状，预测水库蓄水后坍岸范围及危害性。

4 评价水库蓄水前和蓄水后滑坡、崩塌体的稳定性，估算滑坡、崩塌入库方量、涌浪高度及影响范围，评价其对航运、工程建筑物、城镇和居民区环境的影响。

5 提出库岸滑坡、崩塌和坍岸的防治措施和长期监测方案建议。

6.2.8 库岸滑坡、崩塌堆积体的工程地质勘察方法应符合下列规定：

1 收集滑坡区水文、气象、地震、人类活动、地表变形、影像和当地治理滑坡的工程经验等资料。

2 滑坡区工程地质测绘比例尺可选用 1：2000～1：500，范围应包括滑坡区和可能的次生地质灾害区。

3 滑坡勘探应在工程地质测绘、物探基础上进行。主勘探线应布设在滑坡主滑方向且滑坡体厚度最大的部位，纵穿整个滑坡体；横剖面勘探线的布设应满足控制滑坡形态的要求。

4 滑坡勘探线间距可选用 50～200m，主勘探线上勘探点数不宜少于 3 个，滑坡后缘以外稳定岩土体上勘探点不应少于 1 个。

5 滑坡勘探钻孔深度进入最低滑面（或潜在滑面）以下不应小于10m。

6 大型滑坡或对工程建筑物、城镇和居民区环境有重要影响的滑坡宜布置竖井、平硐。竖井、平硐深度应穿过最低滑面（或潜在滑面）进入稳定岩土体，且应保证满足取样、现场原位试验、地下水和变形监测等要求。

7 对已经出现或可能出现地表变形的滑坡，宜进行滑坡体深部位移监测，辅助确定滑动带位置；对滑体和滑床应分别观测地下水位，当滑坡体中存在两个以上含水系统时，亦应分层观测。

8 对水工建筑物、城镇、居民点及主要交通线路的安全有影响的不稳定岩体的滑带土应进行室内物理力学性质试验，试验累计有效组数不应少于6组。根据需要可进行原位抗剪试验、涌浪模型试验和滑带土的黏土矿物分析。

9 崩塌堆积体的工程地质勘察方法可参照滑坡的工程地质勘察方法执行。

6.2.9 库岸坍岸区的工程地质勘察方法应符合下列规定：

1 坍岸区工程地质测绘比例尺，城镇地区可选用1:2000～1:1000，农业地区可选用1:10000～1:2000，范围应包括坍岸区及其影响区。

2 坍岸预测剖面应垂直库岸布置，靠近岸边的坑、孔应进入水库死水位或相当于陡坡脚高程以下。勘探线间距，城镇地区可选用200～1000m，农业地区可选用1000～5000m。

3 根据需要进行土层物理力学性质试验。

4 坍岸预测宜采取多种方法，坍岸范围与危害性宜进行综合评价。

5 每一勘探剖面不应少于2个坑、孔，坑、孔间距视可能坍岸宽度确定，靠近岸坡边缘应布置钻孔，钻孔深度应穿过可能坍岸面以下5m。

6.2.10 泥石流勘察应包括下列内容：

1 查明形成区及周边的水源类型、水量、汇水条件、地形地貌特征、岩体组成、地质构造特征及不良地质现象的发育情况。

2 查明可能形成泥石流固体物质的组成、分布范围、储量及流通区、堆积区的地形地貌特征。

3 分析评价对建筑物、水库运行及周边环境的影响，提出处理措施的建议。

6.2.11 泥石流的勘察方法应符合下列规定：

1 勘察方法以工程地质测绘和调查为主，测绘范围应包括沟谷至分水岭的全部地段和可能受泥石流影响的地段，测绘比例尺宜采用1:10000～1:2000。

2 勘探、物探、试验及监测工作可根据具体情况确定。

6.2.12 水库诱发地震预测应符合下列规定：

1 当可行性研究阶段预测有可能发生水库诱发地震时，应对诱发地震可能性较大的地段进行工程地质和地震地质论证，校核可能发震库段的诱震条件，预测发震地段、类型和发震强度，并应对工程建筑物的影响作出评价。

2 对需要进行水库诱发地震监测的工程，应进行水库诱发地震监测台网总体方案设计。台网布设应有效控制库首及水库诱发地震可能性较大的库段，监测震级（M_L）下限应为0.5级左右。台网观测宜在水库蓄水前1～2年开始。

6.3 土 石 坝

6.3.1 土石坝坝址勘察应包括下列内容：

1 查明坝基基岩面形态、河床深槽、古河道、埋藏谷的具体范围、深度以及深槽或埋藏谷侧壁的坡度。

2 查明坝基河床及两岸覆盖层的层次、厚度和分布，重点查明软土层、粉细砂、湿陷性黄土、架空层、漂孤石层以及基岩中的石膏夹层等工程性质不良岩土层的情况。

3 查明心墙、斜墙、面板趾板及反滤层、垫层、过渡层等部位坝基有无断层破碎带、软弱岩体、风化岩体及其变形特性、允许水力比降。

4 查明坝基水文地质结构，地下水埋深，含水层或透水层和相对隔水层的岩性、厚度变化和空间分布，岩土体渗透性。重点查明可能导致强烈漏水和坝基、坝肩渗透变形的集中渗漏带的具体位置，提出坝基防渗处理的建议。

5 评价地下水、地表水对混凝土及钢结构的腐蚀性。

6 查明岸坡风化卸荷带的分布、深度，评价其稳定性。

7 查明坝区喀斯特发育特征，主要喀斯特洞穴和通道的分布规律，喀斯特泉的位置和流量，相对隔水层的埋藏条件，提出防渗处理范围的建议。

8 提出坝基岩土体的渗透系数、允许水力比降和承载力、变形模量、强度等各种物理力学参数，对地基的沉陷、不均匀沉陷、湿陷、抗滑稳定、渗漏、渗透变形、地震液化等问题作出评价，并提出坝基处理的建议。

6.3.2 土石坝坝址的勘察方法应符合下列规定：

1 工程地质测绘比例尺宜选用1:5000～1:1000，测绘范围应包括坝址区水工建筑物场地和对工程有影响的地段。

2 物探应符合下列规定：

　1）物探方法应根据坝址区的地形、地质条件等确定。

　2）可采用电法、地震法探测覆盖层厚度、基岩面起伏情况及断层破碎带的分布。物探剖面应尽量结合勘探剖面进行布置。

    3) 可采用综合测试查明覆盖层层次，测定土层的密度。

    4) 可采用单孔法、跨孔法测定纵、横波速。

    5) 应利用勘探平硐和勘探竖井进行岩体弹性波波速测试。

3 勘探应符合下列规定：

    1) 勘探剖面应结合坝轴线、心墙、斜墙和趾板防渗线、排水减压井、消能建筑物等布置。

    2) 勘探点间距宜采用50～100m。

    3) 基岩坝基钻孔深度宜为坝高的1/3～1/2，防渗线上的钻孔深度应深入相对隔水层不少于10m或不小于坝高。

    4) 覆盖层坝基钻孔深度，当下伏基岩埋深小于坝高时，钻孔进入基岩深度不宜小于10m，防渗线上钻孔深度可根据防渗需要确定；当下伏基岩埋深大于坝高时，钻孔深度宜根据透水层与相对隔水层的具体情况确定。

    5) 专门性钻孔的孔距和孔深应根据具体需要确定。

    6) 对两岸岩体风化带、卸荷带以及对坝肩岩体稳定和绕坝渗漏有影响的断层破碎带、喀斯特洞穴（通道）等宜布置平硐。

4 岩土试验应符合下列规定：

    1) 坝基主要土层的物理力学性质试验累计有效组数不应少于12组。土层抗剪强度宜采用三轴试验，细粒土还应进行标准贯入试验和触探试验等原位测试。

    2) 根据需要进行现场渗透变形试验和载荷试验，以及可能地震液化土的室内三轴振动试验。

    3) 根据需要进行岩体物理力学性质试验。

5 水文地质试验应符合下列规定：

    1) 根据第四纪沉积物的成层特性和水文地质结构进行单孔或多孔抽水试验，坝基主要透水层的抽水试验不应少于3组。

    2) 强透水的断裂带应做专门的水文地质试验。

    3) 防渗线上的基岩孔段应做压水试验，其他部位可根据需要确定。

6 地下水动态观测和不稳定岩土体位移监测的要求应符合本规范第6.4.2条第6款和第7款的规定。

6.4 混凝土重力坝

6.4.1 混凝土重力坝（砌石重力坝）坝址勘察应包括下列内容：

1 查明覆盖层的分布、厚度、层次及其组成物质，以及河床深槽的具体分布范围和深度。

2 查明岩体的岩性、层次，易溶岩层、软弱岩层、软弱夹层和蚀变带等的分布、性状、延续性、起伏差、充填物、物理力学性质以及与上下岩层的接触情况。

3 查明断层、破碎带、断层交汇带和裂隙密集带的具体位置、规模和性状，特别是顺河断层和缓倾角断层的分布和特征。

4 查明岩体风化带和卸荷带在各部位的厚度及其特征。

5 查明坝基、坝肩岩体的完整性、结构面的产状、延伸长度、充填物性状及其组合关系。确定坝基、坝肩稳定分析的边界条件。

6 查明坝基、坝肩喀斯特洞穴、通道及长大溶蚀裂隙的分布、规模、充填状况及连通性，查明喀斯特泉的分布和流量。

7 查明两岸岸坡和开挖边坡的稳定条件。结合边坡地质结构，提出工程边坡开挖坡比和支护措施建议。

8 查明坝址的水文地质条件，相对隔水层埋藏深度，坝基、坝肩岩体渗透性的各向异性，以及岩体渗透性的分级，提出渗控工程的建议。

9 查明地表水和地下水的物理化学性质，评价其对混凝土和钢结构的腐蚀性。

10 查明消能建筑物及泄流冲刷段的工程地质条件，评价泄流冲刷、泄流水雾对坝基及两岸边坡稳定的影响。

11 峡谷坝址应根据需要测试岩体应力，分析其对坝基开挖岩体卸荷回弹的影响。

12 进行坝基岩体结构分类，岩体结构分类应符合本规范附录U的规定。

13 在分析坝基岩石性质、地质构造、岩体结构、岩体应力、风化卸荷特征、岩体强度和变形性质的基础上进行坝基岩体工程地质分类，提出各类岩体的物理力学参数建议值，并对坝基工程地质条件作出评价。坝基岩体工程地质分类应符合本规范附录V的规定。

14 提出建基岩体的质量标准，确定可利用岩面的高程，并提出重大地质缺陷处理的建议。

15 土基上的混凝土闸坝勘察内容可参照土石坝和水闸的有关规定。

6.4.2 混凝土重力坝坝址的勘察方法应符合下列规定：

1 工程地质测绘应符合下列规定：

    1) 工程地质测绘比例尺可选用1：2000～1：1000。

    2) 工程地质测绘范围应包括坝址水工建筑物场地和对工程有影响的地段。

    3) 当岩性变化或存在软弱夹层时，应测绘详细的地层柱状图。

2 物探应符合下列规定：

1) 宜采用综合测试和孔内电视等方法，确定对坝基（肩）岩体稳定有影响的结构面、软弱带及软弱岩石、低波速松弛岩带等的产状、分布，含水层和渗漏带的位置等。

2) 可采用单孔法、跨孔法、跨洞法测定各类岩体纵波或横波速度。

3) 喀斯特区可采用孔间或洞间测试以及层析成像技术调查喀斯特洞穴的分布。

3 勘探应符合下列规定：

1) 勘探剖面应根据具体地质条件结合建筑物特点布置。选定的坝线应布置坝轴线勘探剖面和上下游辅助勘探剖面，剖面的间距根据坝高和地质条件可采用 50～100m。上游坝踵、下游坝趾、消能建筑物及泄流冲刷等部位应有勘探剖面控制。溢流坝段、非溢流坝段、厂房坝段、通航坝段、泄洪中心线部位等均应有代表性勘探纵剖面。

2) 坝轴线勘探剖面上的勘探点间距可采用 20～50m，其他勘探剖面上的勘探点间距可视具体需要和地质条件变化确定。

3) 钻孔深度应进入拟定建基面高程以下 1/3～1/2 坝高的深度，帷幕线上的钻孔深度可采用 1 倍坝高或进入相对隔水层不小于 10m。

4) 专门性钻孔的孔距、孔深可根据具体需要确定。当需要查明河床坝基顺河断层、缓倾角软弱结构面时可布置倾斜钻孔。

5) 平硐、竖井、大口径钻孔应结合建筑物位置、两岸地形地质条件和岩体原位测试工作的需要布置。高陡岸坡宜布置平硐，地形和地层平缓时宜布置竖井或大口径钻孔。

6) 当钻孔或平硐遇到溶洞或大量漏水时，应继续追索或采用其他手段查明情况。

4 岩土试验应符合下列规定：

1) 各主要岩体（组）及控制性软弱夹层，应进行现场变形试验和抗剪试验，每一主要岩体（组）变形试验累计有效数量不应少于 6 点，同一类型夹层抗剪试验累计有效组数不应少于 4 组。建基主要岩体（组）应进行混凝土/岩石接触面现场抗剪试验，每一主要岩体（组）累计有效组数不应少于 4 组。根据需要，进行室内岩石物理力学性质试验。

2) 根据需要可进行岩体应力测试和现场载荷等专门试验。

5 水文地质试验应符合下列规定：

1) 坝基、坝肩及帷幕线上的基岩钻孔应进行压水试验，其他部位的钻孔可根据需要确定。坝高大于 200m 时，宜进行大于设计水头的高压压水试验及为查明渗漏各向异性的定向渗透试验。

2) 喀斯特区及为查明坝基集中渗漏带的渗流特征、连通情况，可根据需要进行地下水连通试验和抽水试验。

3) 强透水的破碎带可做专门的渗透试验和渗透变形试验。

4) 在水文地质条件复杂的坝址区，宜进行数值模拟等专题研究，分析建坝前后渗流场的变化，编制建坝前后的等水位（压）线图和流网图，为渗控处理设计提供依据。

5) 进行地下水和地表水水质分析。

6 地下水动态观测应符合下列规定：

1) 观测网点的布置应与地下水的流向平行和垂直。

2) 观测内容应包括水位、水温、水化学、流量或涌水量等。

3) 观测时间应延续一个水文年以上，并逐步完善观测网。

7 根据需要，对不稳定岩土体可逐步建立和完善监测网，监测网应由观测剖面和观测点组成。

8 土基上的混凝土闸坝坝址的勘察方法可参照土石坝和水闸的有关规定。

6.5 混凝土拱坝

6.5.1 混凝土拱坝（砌石拱坝）坝址的勘察内容除应符合本规范第 6.4.1 条的规定外，还应包括下列内容：

1 查明坝址河谷形态、宽高比、两岸地形完整程度，评价建坝地形的适宜性。

2 查明与拱座岩体有关的岸坡卸荷、岩体风化、断裂、喀斯特洞穴及溶蚀裂隙、软弱层（带）、破碎带的分布与特征，确定拱座利用岩面和开挖深度，评价坝基和拱座岩体质量，提出处理建议。

3 查明与拱座岩体变形有关的断层、破碎带、软弱层（带）、喀斯特洞穴及溶蚀裂隙、风化、卸荷岩体的分布及工程地质特性，提出处理建议。

4 查明与拱座抗滑稳定有关的各类结构面，特别是底滑面、侧滑面的分布、性状、连通率，确定拱座抗滑稳定的边界条件，分析岩体变形与抗滑稳定的相互关系，提出处理建议。

5 查明拱肩槽及水垫塘两岸边坡的稳定条件，对影响边坡稳定的岩体风化、卸荷、断裂构造、喀斯特洞穴、软弱层（带）、水文地质等因素进行综合分析，并结合边坡地质结构，进行分区、分段稳定性评价，提出工程边坡开挖坡比和支护措施建议。

6 查明坝址区岩体应力状态，评价高应力对确定建基面、建基岩体力学特性和岩体稳定的影响。

7 查明水垫塘及二道坝的工程地质条件，并作出评价。

6.5.2 混凝土拱坝坝址的勘察方法除应符合本规范第6.4.2条的规定外，还应符合下列规定：

1 工程地质测绘应符合下列规定：

1) 工程地质测绘比例尺可选用1:1000，高拱坝和断裂构造复杂的坝址可选用1:500。

2) 工程地质测绘范围应包括坝址水工建筑物场地和对工程有影响的地段。

3) 对影响拱座和坝基岩体稳定的软弱层（带）、喀斯特洞穴、软弱结构面等，应根据地表露头，结合勘探揭露情况，确定分布范围、产状、规模、性状、连通率等要素，编制拱座岩体稳定分析的纵横剖面图和不同高程的平切面图。

2 物探工作除应符合本规范第6.4.2条第2款的规定外，尚应在平硐、钻孔中采用声波、地震、电磁波等方法，探测岩体质量和地质缺陷。

3 勘探除应符合本规范第6.4.2条第3款的规定外，还应符合下列规定：

1) 两岸拱肩及抗力岩体部位勘探应以平硐为主，视地质条件复杂程度和坝高，宜每隔30～50m高差布设一层平硐，每层平硐的探测范围应能查明拱肩及上下游一定范围岩体的工程地质条件。平硐深度可根据岩体风化、卸荷、喀斯特发育、断裂、软弱（层）带等因素确定，控制性平硐长度不宜小于1.5倍坝高。

2) 影响拱座岩体稳定的控制性结构面、软弱（层）带、喀斯特洞穴等应布设专门平硐查明。

4 岩土试验除应符合本规范第6.4.2条第4款的规定外，还应符合下列规定：

1) 坝基及拱座各类持力岩体和对变形有影响的软弱（层）带均应布置原位变形试验，每一主要持力岩体或软弱（层）带累计有效数量不应少于6点，并建立岩体波速与变形模量的相关关系。

2) 原位抗剪和抗剪断试验应在分析研究岩体滑移模式的基础上进行，每一主要持力岩体和控制坝肩（基）岩体抗滑稳定的结构面，累计有效组数分别不应少于4组。

3) 对影响坝肩变形和稳定的主要软弱岩体（带）应进行流变试验。

4) 高地应力区坝高大于200m的拱坝坝址宜在不同高程、不同平硐深度进行岩体应力测试。

5 水文地质试验应符合本规范第6.4.2条第5款的规定。

6 地下水动态观测应符合本规范第6.4.2条第6款的规定。

7 对两岸边坡和不稳定岩土体应进行变形监测。

6.6 溢洪道

6.6.1 溢洪道勘察应包括下列内容：

1 查明溢洪道地段地层岩性，特别是软弱、膨胀、湿陷等工程性质不良岩土层和架空层的分布及工程地质特性。

2 查明溢洪道地段的断层、裂隙密集带、层间剪切带和缓倾角结构面等的性状及分布特征。

3 查明溢洪道地段岩体风化、卸荷的深度和程度，评价不同风化、卸荷带的工程地质特性。

4 查明地下水分布特征和岩土体透水性。

5 查明下游消能段、冲刷坑岩体结构特征和抗冲性能。

6 进行岩土体物理力学性质试验，提出有关物理力学参数。

7 评价泄洪闸基及控制段、泄槽段建筑物地基稳定性，以及溢洪道沿线边坡、下游消能冲刷区和泄洪雾雨区的边坡稳定性。

6.6.2 溢洪道的勘察方法应符合下列规定：

1 工程地质测绘应符合下列规定：

1) 工程地质测绘比例尺可选用1:2000～1:1000。地质条件复杂的泄洪闸和控制段、泄槽段建筑物场地及下游消能冲刷区，比例尺可选用1:1000～1:500。

2) 地质条件复杂的边坡段应进行工程地质剖面测绘，比例尺可选用1:1000～1:500。

3) 测绘范围包括引渠、控制段、泄槽段、消能段以及为论证溢洪道边坡稳定所需要的地段。

2 勘探应符合下列规定：

1) 不同工程地质分段可布置横向勘探剖面。

2) 泄洪闸、泄槽及消能等建筑物和地质条件复杂地段应布置勘探剖面。

3) 钻孔深度宜进入设计建基面高程以下20～30m，泄洪闸基钻孔深度应满足防渗要求，其他地段孔深视需要确定。

4) 根据需要泄洪闸边坡部位可布置平硐。

3 泄洪闸基及两侧帷幕区的钻孔应进行压水或注水试验。

4 控制泄洪闸基和边坡稳定的岩土与软弱夹层的室内物理力学性质试验累计有效组数不应少于6组。根据需要可进行原位变形和抗剪试验。

5 根据需要可进行地下水动态和不稳定岩土体位移变形观测。

6.7 地面厂房

6.7.1 地面厂房勘察应包括下列内容：

1 查明厂址区风化、卸荷深度，滑坡、泥石流、崩塌堆积、采空区和不稳定体等的分布、规模。

2 查明厂址区地层岩性，特别是软弱岩类、膨胀性岩类、易溶和喀斯特化岩层以及湿陷性土、膨胀土、软土、粉细砂、架空层等工程性质不良岩土层的分布及其工程地质特性。

厂址地基为可能地震液化土层时，应进行地震液化判别。

3 查明厂址区断层、破碎带、裂隙密集带、软弱结构面、缓倾角结构面的性状、分布、规模及组合关系。

4 查明厂址区水文地质条件和岩土体的透水性。估算基坑涌水量。

5 进行岩土体物理力学性质试验，提出有关物理力学参数。

6 评价厂房地基、边坡的稳定性及压力前池的渗漏和渗透稳定性。

6.7.2 地面厂房的勘察方法应符合下列规定：

1 工程地质测绘比例尺可选用 1：1000～1：500。测绘范围应包括厂房及压力前池或调压井（塔）、压力管道、尾水渠、开关站等建筑物场地及周边地段。

2 勘探剖面应结合建筑物轴线布置。对建筑物安全有影响的边坡地段可布置钻孔和平硐。

3 厂房、调压井（塔）、压力管道地段，当地基为基岩时，勘探钻孔深度宜进入建基面以下 10～15m；当地基为第四纪沉积物时，勘探钻孔深度应根据持力层分布确定。压力前池勘探钻孔深度宜为 1～2 倍水深，黄土地区宜为 2～3 倍水深。

4 厂房和压力前池地段的钻孔应进行压水或抽水试验。

5 每一主要岩土层（组）室内试验累计有效组数不应少于 6 组。

6 厂房等建筑物场地为第四纪沉积物时，根据需要可进行地基承载力及土体动力参数的原位测试。

7 厂址区钻孔宜进行地下水动态观测，观测时间不得少于一个水文年。

8 对建筑物安全有影响的不稳定岩土体应布置位移观测。

6.8 地 下 厂 房

6.8.1 地下厂房系统勘察应包括下列内容：

1 查明厂址区的地形地貌条件、沟谷发育情况、岩体风化、卸荷、滑坡、崩塌、变形体及泥石流等不良物理地质现象。

2 查明厂址区地层岩性、岩体结构，特别是松散、软弱、膨胀、易溶和喀斯特化岩层的分布。

3 查明厂址区岩层的产状、断层破碎带的位置、产状、规模、性状及裂隙发育特征，分析各类结构面的组合关系。

4 查明厂址区水文地质条件，含水层、隔水层、强透水带的分布及特征。可溶岩区应查明喀斯特水系统分布，预测掘进时发生突水（泥）的可能性，估算最大涌水量和对围岩稳定的影响，提出处理建议。

5 外水压力折减系数的确定应符合本规范附录 W 的规定。

6 进行岩体物理力学性质试验，提出有关物理力学参数。

7 进行原位地应力测试，分析地应力对围岩稳定的影响，预测岩爆的可能性和强度，提出处理建议。

8 查明岩层中的有害气体或放射性元素的赋存情况。

9 对地下厂房系统应分别对顶拱、边墙、端墙、洞室交叉段等进行围岩工程地质分类。

10 根据厂址区的工程地质条件和围岩类型，提出地下厂房位置和轴线方向的建议，并对地下厂房、主变压器室、调压井（室）方案的边墙、顶拱、端墙进行稳定性评价。采用地面主变压器室和开敞式调压井时，应评价地基和边坡的稳定性。

6.8.2 地下厂房系统的勘察方法应符合下列规定：

1 工程地质测绘应符合下列规定：

1）复核可行性研究阶段厂址区工程地质图。

2）厂址区工程地质测绘比例尺可选用 1：1000～1：500。

2 物探应符合本规范第 5.5.4 条第 2 款的规定。

3 勘探应符合下列规定：

1）各建筑物地段应布置勘探剖面。

2）勘探剖面上的钻孔深度可视地质复杂程度和洞室规模确定，深度宜进入设计洞底高程以下 10～30m。

3）应在厂房系统布置纵、横方向平硐，硐深宜超过控制稳定的主要结构面。

4 岩土试验应符合下列规定：

1）洞室主要围岩应进行岩体现场变形试验、抗剪断试验，试验组数视需要确定。当存在软岩时，可进行流变试验。

2）洞室群区应进行岩体应力测试，测试孔、点应满足应力场分析需要。

5 水文地质试验应符合下列规定：

1）勘探钻孔应根据需要进行压水试验。高压管道及气垫式调压室布置地段应进行高压压水试验，试验压力应超过内水水头或气垫压力。

2）喀斯特水系统可进行地下水连通试验。

6 地下厂址区钻孔应进行地下水动态观测，观测时间不应少于一个水文年。

7 对建筑物安全有影响的不稳定边坡和岩土体应进行变形监测。

6.9 隧　洞

6.9.1 隧洞勘察应包括下列内容：

1 查明隧洞沿线的地形地貌条件和物理地质现象、过沟地段、傍山浅埋段和进出口边坡的稳定条件。

2 查明隧洞沿线的地层岩性，特别是松散、软弱、膨胀、易溶和喀斯特化岩层的分布。

3 查明隧洞沿线岩层产状、主要断层、破碎带和节理裂隙密集带的位置、规模、性状及其组合关系。隧洞穿过活断层时应进行专门研究。

4 查明隧洞沿线的地下水位、水温和水化学成分，特别要查明涌水量丰富的含水层、汇水构造、强透水带以及与地表溪沟连通的断层、破碎带、节理裂隙密集带和喀斯特通道，预测掘进时突水（泥）的可能性，估算最大涌水量，提出处理建议。提出外水压力折减系数。

5 可溶岩区应查明隧洞沿线的喀斯特发育规律、主要洞穴的发育层位、规模、充填情况和富水性。洞线穿越大的喀斯特水系统或喀斯特洼地时应进行专门研究。

6 查明隧洞进出口边坡的地质结构、岩体风化、卸荷特征，评价边坡的稳定性，提出开挖处理建议。

7 提出各类岩体的物理力学参数。结合工程地质条件进行围岩工程地质分类。

8 查明过沟谷浅埋隧洞上覆岩土层的类型、厚度及工程特性，岩土体的含水特性和渗透性，评价围岩的稳定性。

9 对于跨度较大的隧洞尚应查明主要软弱结构面的分布和组合情况，并结合岩体应力评价顶拱、边墙和洞室交叉段岩体的稳定性。

10 查明压力管道地段上覆岩体厚度和岩体应力状态，高水头压力管道地段尚应调查上覆山体的稳定性、侧向边坡的稳定性、岩体的地质结构特征和高压水渗透特性。

11 查明岩层中有害气体或放射性元素的赋存情况。

6.9.2 隧洞的勘察方法应符合下列规定：

1 工程地质测绘应符合下列规定：

1）复核可行性研究阶段的工程地质图。

2）隧洞进出口、傍山浅埋段、过沟段及穿过喀斯特水系统、喀斯特洼地等地质条件复杂的洞段，应进行专门性工程地质测绘或调查，比例尺可选用1：2000～1：1000。

3）根据地质条件与需要，局部地段可进行比

例尺1：500的工程地质测绘。

2 物探应符合本规范第5.5.4条第2款的规定。

3 勘探应符合下列规定：

1）进出口及各建筑物地段应布置勘探剖面。

2）勘探剖面上的钻孔深度应深入洞底10～20m，从洞顶以上5倍洞径处起始，以下孔段均应进行压水试验。

3）隧洞进出口宜布置平硐。

4 岩土试验应符合下列规定：

1）每一类岩土室内物理力学性质试验累计有效组数不应少于6组。

2）大跨度隧洞应进行岩体变形模量、弹性抗力系数、岩体应力测试等。

5 高水头压力管道地段宜进行高压压水试验。

6 隧洞沿线的钻孔宜进行地下水动态观测，观测时间不应少于一个水文年。喀斯特发育区应进行连通试验及地表、地下水径流观测。

7 进行地温、有害气体和放射性元素探测。

8 对建筑物安全有影响的不稳定边坡和岩土体应进行变形监测。

6.10　导流明渠及围堰工程

6.10.1 导流明渠及围堰工程勘察应包括下列内容：

1 查明导流明渠和围堰布置地段的地形条件。

2 查明地层岩性特征。基岩区应查明软弱岩层、喀斯特化岩层的分布及其工程地质特性；第四纪沉积物应查明其厚度、物质组成，特别是软土、粉细砂、湿陷性黄土和架空层的分布及其工程地质特性。

3 查明主要断层、破碎带、裂隙密集带、缓倾角结构面的性状、规模、分布特征。

4 查明围堰堰基含水层、相对隔水层的分布及岩土体渗透性、渗透稳定性。

5 进行岩体物理力学性质试验，提出有关物理力学参数。提出导流明渠岩土体抗冲流速。

6 评价堰基稳定性、导流明渠和围堰开挖边坡稳定性及导流明渠岩土体抗冲刷性。

6.10.2 导流明渠及围堰工程的勘察方法应符合下列规定：

1 工程地质测绘范围应包括明渠、围堰及其两侧各100～200m地段，为论证边坡稳定性可适当扩大范围。比例尺宜选用1：2000～1：1000。

2 勘探剖面应沿导流明渠和围堰中心线布置。围堰上、下游可根据需要布置辅助勘探剖面，导流明渠边坡可布置专门性勘探。

3 勘探方法视地质条件复杂程度宜采用物探、坑槽探、钻探。勘探点间距视需要确定。

4 围堰地基为基岩时，钻孔深度宜为堰高的1/3。围堰地基为第四纪沉积物时，当下伏基岩埋深小于堰高，钻孔深度进入基岩不宜小于10m；当下伏

基岩埋深大于堰高，钻孔深度宜进入相对隔水层或基岩面以下 5m。

5 根据需要可进行钻孔抽水试验。

6 每一主要岩土层（组）室内物理力学性质试验累计有效组数不宜少于 6 组。特殊性土应进行专门试验。当地质条件简单时，可采用工程地质类比法确定工程地质参数。

7 围堰地基为第四纪沉积物时应进行标准贯入、静力触探、动力触探、十字板剪切等原位测试。

6.11 通航建筑物

6.11.1 通航建筑物的工程地质勘察应包括下列内容：

1 查明引航道、升船机、船闸闸首、闸室、闸墙等的地基、边坡的水文地质、工程地质条件。

2 岩基上的通航建筑物应查明软岩、断层、层间剪切带、主要裂隙及其组合与地基、边坡的关系，提出岩土体的物理力学性质参数，评价地基、开挖边坡的稳定性。

3 土基上的通航建筑物应对地基的沉陷、湿陷、抗滑稳定、渗透变形、地震液化等问题作出评价。

6.11.2 通航建筑物的勘察方法应符合下列规定：

1 工程地质测绘比例尺可选用 1∶2000～1∶1000。

2 工程地质测绘范围应包括整个通航建筑物及对工程有影响的地段。

3 可采用物探综合测试、孔内电视、孔间穿透等方法进行覆盖层的分层，探测喀斯特洞穴、溶蚀裂隙带的分布与规模，测定土层的密度和岩土体的纵波波速；根据需要可采用跨孔法测定横波波速，确定动剪切模量。

4 勘探剖面应结合建筑物布置。基岩地基钻孔深度应进入闸底板以下 10～30m 或弱风化岩顶面以下 5～10m。覆盖层地基钻孔深度宜结合建筑物规模确定。

5 对通航建筑物安全有影响的边坡应布置勘探剖面，钻孔深度可根据需要确定。

6 岩土物理力学性质试验应根据建筑物或工程地质分段进行，每一主要土层的物理力学性质试验组数累计有效组数不应少于 12 组，每一主要岩石（组）室内物理力学性质试验组数累计有效组数不应少于 6 组。根据需要可进行土层原位测试。

7 建筑物基坑的钻孔应进行抽水试验或压（注）水试验。

8 建筑物区应进行地下水动态观测，并应符合本规范第6.4.2条第 6 款的规定；对建筑物安全有影响的不稳定边坡和岩土体应进行变形监测。

6.12 边 坡 工 程

6.12.1 边坡工程地质勘察应包括以下内容：

1 查明边坡工程区地形地貌、地层岩性、地质构造、地下水特征及边坡稳定性现状。

2 岩质边坡尚应查明岩体结构类型，风化、卸荷特征，各类结构面和软弱层的类型、产状、分布、性质及其组合关系，分析对边坡稳定的影响。

3 土质边坡尚应查明土体结构类型及分布特征。

4 查明岩土体及结构面的物理力学性质。

5 对工程运行前后开挖边坡和自然边坡的变形破坏形式和稳定性进行分析评价。

6 提出工程处理措施和变形监测的建议。

6.12.2 边坡工程的勘察方法应符合下列规定：

1 边坡工程地质勘察宜结合建筑物勘察进行。对于重要边坡、高边坡和地质条件复杂边坡，应进行专门性边坡工程地质勘察。

2 测绘比例尺宜选用 1∶2000～1∶500，测绘范围应包括可能对边坡稳定有影响的地段。

3 物探工作可根据需要布置。

4 边坡工程勘探应符合下列规定：

1) 勘探剖面应垂直边坡走向布置，剖面的长度应大于稳定分析的范围。剖面间距宜选用 50～200m，且不应少于 2 条。

2) 每条勘探剖面上勘探点不应少于 3 个，当遇到软弱层或不利结构面时应适当增加。勘探点间距宜为 50～200m。

3) 钻孔深度应穿过可能的滑移面、变形岩体等，进入稳定岩体不小于 10m。

4) 应根据地形条件和边坡变形破坏特征布置竖井或平硐。

5) 勘探工程的布置应满足测试、试验和监测的要求。

5 试验应符合下列规定：

1) 对控制土质边坡稳定的土层的室内物理力学试验，每层试验累计有效组数不应少于 12 组。

2) 对控制岩质边坡稳定的软弱结构面，应进行现场原位抗剪试验，试验累计有效组数不宜少于 4 组。

3) 对特殊岩土体组成的边坡，可进行针对性的试验。

6 应进行地下水长期观测，必要时应进行边坡变形的位移监测。

6.13 渠道及渠系建筑物

6.13.1 渠道勘察应包括下列内容：

1 查明渠道沿线地层岩性，重点是粉细砂、湿陷性黄土、膨胀土（岩）等工程性质不良岩土层的分布和性状。

2 查明渠道沿线冲洪积扇、滑坡、崩塌、泥石流、新生冲沟、喀斯特等的分布、规模和稳定条件，并评价其对渠道的影响。对于沙漠地区渠道，还应查明移动沙丘及植被的分布等情况。

3 查明渠道沿线含水层和隔水层的分布，地下水补排关系和水位，特别是强透水层和承压含水层等对渠道渗漏、涌水、渗透稳定、浸没、沼泽化、湿陷等的影响以及对环境水文地质条件的影响。

4 查明渠道沿线地下采空区和隐藏喀斯特洞穴塌陷等形成的地表移动盆地，地震塌陷区的分布范围、规模和稳定状况，并评价其对渠道的影响。对于穿越城镇、工矿区的渠段，还应探明地下构筑物及地下管线的分布。

5 查明傍山渠道沿线不稳定山坡的类型、范围、规模等，评价其对渠道的影响。

6 查明深挖方和高填方渠段渠坡和地基岩土性质与物理力学参数及其承载能力，评价其稳定性。

7 进行渠道工程地质分段，提出各段岩土体的物理力学参数和开挖渠坡坡比建议值，进行工程地质评价，并提出工程处理措施建议。

6.13.2 渡槽勘察除应符合本规范第 6.13.1 条的有关规定外，尚应包括下列内容：

1 查明渡槽跨越地段岸坡的稳定性。

2 查明渡槽桩基或墩基可供选择的持力层的埋藏深度、厚度及其岩性变化，岩土体的强度等。

3 提出渡槽桩基或墩基相关的岩土体物理力学参数，并作出工程地质评价。

6.13.3 倒虹吸勘察除应符合本规范第 6.13.1 条的有关规定外，尚应包括下列内容：

1 查明倒虹吸跨越地段岸坡的稳定性。

2 查明强透水层和承压含水层的埋藏条件，评价基坑涌水、涌砂、渗透变形的可能性及其对工程的影响，提出排水措施建议。

3 查明基础可供选择的持力层的埋藏深度、厚度及其岩性变化，岩土体的强度等。

4 提出倒虹吸基础开挖所需的岩土体物理力学参数、基坑开挖坡比建议值，并对基坑稳定作出工程地质评价。

5 倒虹吸的围堰工程勘察内容应符合本规范第 6.10.1 条的规定。

6.13.4 渠道与渠系建筑物的勘察方法应符合下列规定：

1 工程地质测绘应符合下列规定：

1）工程地质测绘比例尺：渠道可选用 1∶5000～1∶1000，渠系建筑物可选用 1∶2000～1∶500。

2）工程地质测绘范围应包括渠道两侧各 200～1000m 地带，当有局部线路调整、弃土场、移民等要求时，可适当加宽；渠系建筑物测绘范围应包括建筑物边界线外 200～300m 地带，并应包括有配套建筑物

和设计施工要求的地段。

2 宜采用物探方法探测覆盖层厚度、岩体风化程度、地下水位、古河道、隐伏断层、喀斯特洞穴、地下采空区、地下构筑物和地下管线等。

3 勘探应符合下列规定：

1）渠道中心线应布置勘探剖面，勘探点间距 200～500m；各工程地质单元（段）均应布置勘探横剖面，横剖面间距宜为渠道中心线钻孔间距的 2～3 倍，横剖面长不宜小于渠顶开口宽度的 2～3 倍，每条横剖面上的勘探点数不应少于 3 点。钻孔深度宜进入渠道底板下 5～10m。

2）渠系建筑物应布置纵横勘探剖面，钻孔应结合建筑物基础形式布置。采用桩（墩）基的渡槽，每个桩（墩）位至少应有 1 个钻孔，桩基孔深应进入桩端以下 5m，墩基孔深宜进入墩基以下 10～20m；倒虹吸轴线钻孔间距宜为 50～100m，横剖面间距宜为轴线钻孔间距的 2～4 倍，钻孔深度宜进入建筑物底板下 10～20m。遇软土、喀斯特发育的可溶岩等时，钻孔应适当加深。

4 岩土试验应符合下列规定：

1）渠道每一工程地质单元（段）和渠系建筑物地基，每一岩土层均应取原状样进行室内物理力学性质试验。每一主要岩土层试验累计有效组数不应少于 12 组。

2）各土层应结合钻探选择适宜的原位测试方法。

3）特殊性岩土应取样进行特殊性试验。

5 水文地质试验应符合下列规定：

1）可能存在渗漏、基坑涌水问题的渠段，应进行抽（注）水试验。对于强透（含）水层，抽（注）水试验不应少于 3 段。

2）渠道底部和建筑物岩石地基应进行钻孔压水试验。

3）根据需要可布置地下水动态观测。

6 对渠道沿线的地下采空区，应充分收集矿区开采资料；调查地表移动盆地的分布范围、规模、变形发展与稳定情况，根据需要可进行勘探验证和布置变形监测网。

6.14 水闸及泵站

6.14.1 水闸及泵站勘察应包括以下内容：

1 查明水闸及泵站场址区的地层岩性，重点查明软土、膨胀土、湿陷性黄土、粉细砂、红黏土、冻土、石膏等工程性质不良岩土层的分布范围、性状和物理力学性质，基岩埋藏较浅时应调查基岩面的倾斜和起伏情况。

2 查明场址区的地质构造和岩体结构，重点是

断层、破碎带、软弱夹层和节理裂隙发育规律及其组合关系。

3 查明场址区滑坡、潜在不稳定岩体以及泥石流等物理地质现象。

4 查明场址区的水文地质条件和岩土体的透水性。

5 评价地基和边坡的稳定性及渗透变形条件。

6.14.2 水闸及泵站的勘察方法应符合下列规定：

1 工程地质测绘比例尺可选用 1∶2000～1∶500。

2 勘探剖面应根据具体地质条件结合建筑物特点布置，并应符合下列规定：

1）对于水闸，应在闸轴线及其上、下游，防冲消能段、导（翼）墙等部位布置勘探剖面。剖面上钻孔间距可为 20～50m。

2）对于泵站，应结合泵房轴线、进水池、出水管道、出水池等建筑物布置勘探剖面。泵房基础剖面上钻孔间距不应大于 50m，其他建筑物基础剖面钻孔间距可适当放宽。

3）对水闸、泵站安全有影响的边坡应布置勘探剖面。

3 勘探剖面上钻孔应结合建筑物进行布置，钻孔深度宜根据覆盖层厚度及建基面高程确定，并符合下列规定：

1）当覆盖层厚度小于建筑物底宽时，钻孔深度应进入基岩 5～10m。

2）当覆盖层厚度大于建筑物底宽时，钻孔深度宜为建筑物底宽的 1～2 倍，并应进入下伏承载力较高的土层或相对隔水层。

3）当建筑物地基为基岩时，钻孔深度宜进入建基面下 10～15m 或根据帷幕设计深度确定。

4）专门性钻孔的孔距、孔深可根据具体需要确定。

4 分层取原状土样进行物理力学性质试验及渗透试验，建筑物地基每一主要土层室内试验累计有效组数不宜少于 12 组；对于重要建筑物地基，应进行三轴试验，每一主要土层试验累计有效组数不宜少于 6 组；特殊土的特殊试验项目，应根据土层分布情况确定，每一土层试验累计有效组数不宜少于 6 组。当建筑物地基为基岩时，每一主要岩石（组）室内试验累计有效组数不宜少于 6 组。

5 根据土层类别选择合适的原位试验方法。动力触探（标准贯入）试验、十字板剪切试验累计有效数量不宜少于 12 段（点），静力触探试验孔累计有效数量不宜少于 6 孔。根据需要可进行原位载荷试验、可能地震液化土的三轴振动试验等专门性试验工作。当需要进行现场变形和抗剪试验时，试验组数各不宜少于 2 组。

6 建筑物渗控剖面上的钻孔应进行压（注）水或抽水试验。

7 建筑物渗控剖面的钻孔应进行地下水动态观测，其要求应符合本规范第 6.4.2 条第 6 款的规定；对于建筑物区附近潜在不稳定边坡及岩土体，应进行变形监测。

6.15 深埋长隧洞

6.15.1 深埋长隧洞勘察除应符合本规范第 6.9.1 条的有关规定外，尚应包括下列内容：

1 基本查明可能产生高外水压力、突涌水（泥）的水文地质、工程地质条件。

2 基本查明可能产生围岩较大变形的岩组及大断裂破碎带的分布及特征。

3 基本查明地应力特征，并判别产生岩爆的可能性。

4 基本查明地温分布特征。

5 基本确定地质超前预报方法。

6 对存在的主要水文地质、工程地质问题进行评价。

6.15.2 深埋长隧洞进出口及浅埋段的勘察方法应符合本规范第 6.9.2 条的有关规定。

6.15.3 深埋段的勘察方法应符合下列规定：

1 复核可行性研究阶段工程地质测绘成果。

2 宜采用综合方法对可行性研究阶段探测的断裂带、储水构造、喀斯特等进行验证。

3 宜选择合适位置布置深孔或平硐，进一步测定地应力、地温、地下水位、岩体渗透性、波速、有害气体和放射性元素等；进行岩石物理力学性质试验。

6.16 堤 防 工 程

6.16.1 堤防工程勘察应包括下列内容：

1 查明新建和已建堤防加固工程沿线的水文地质、工程地质条件。

2 查明已建堤防加固工程堤身和堤基的历史险情和隐患的类型、规模、危害程度和抢险处理措施及其效果，并分析其成因和危害程度，提出相应处理措施的建议。

3 对堤基进行工程地质分段评价，并对堤基抗滑稳定、沉降变形、渗透变形和抗冲能力等工程地质问题作出评价。

4 预测新建堤防工程挡水或已建堤防采取垂直防渗措施后，堤基及堤内相关地段水文地质、工程地质条件的变化，并提出相应处理措施的建议。

5 查明涵闸地基的水文地质、工程地质条件，对存在的主要工程地质问题进行评价，对加固、扩建、改建涵闸工程与地质有关的险情隐患提出处理措施的建议。

6 查明堤岸防护段的水文地质、工程地质条件，结合护坡方案评价堤岸的稳定性。

6.16.2 堤防工程的勘察方法应符合下列规定：

1 工程地质测绘比例尺可选用 1：5000～1：2000。新建堤防测绘范围为堤线两侧各 500～1000m，已建堤防为堤线两侧各 300～1000m，并应包括各类险情分布范围。

2 勘探纵剖面沿堤线布置，钻孔间距宜为 100～500m；横剖面垂直堤线布置，间距宜为纵剖面上钻孔间距的 2～4 倍，孔距宜为 20～200m。钻孔进入堤基深度宜为堤身高度的 1.5～2.0 倍。

3 应取样进行物理力学性质试验及渗透试验。每一工程地质单元各主要土（岩）层的室内试验累计有效组数均不应少于 12 组。

6.17 灌区工程

6.17.1 灌区的工程地质勘察内容应符合本规范第 6.13.1～6.13.3 条的规定。

6.17.2 灌区的工程地质勘察方法应符合下列规定：

1 渠道纵横断面工程地质测绘比例尺可选用 1：5000～1：2000；建筑物场地平面工程地质测绘比例尺可选用 1：1000～1：500，测绘范围应包括各比选方案渠系建筑物及其配套建筑物布置地段。

2 开展物探工作，探测地层结构、覆盖层厚度等。

3 渠线勘察以钻孔、坑探为主，沿渠线的勘探点间距宜为 200～500m，勘探深度宜进入渠底高程以下不小于 5m，控制性钻孔孔深根据需要确定；建筑物场地钻孔应结合建筑物基础形式布置，控制性钻孔深度应能揭穿主要持力层。

4 岩土物理力学性质试验应以室内试验和现场原位测试相结合，每一工程地质分段各主要岩土层试验累计有效组数均不少于 12 组，特殊性岩土应根据其特性进行专门性试验。

5 根据需要可进行抽水、压水、注水试验和地下水动态观测等。

6.17.3 灌区水文地质勘察应包括下列内容：

1 查明与灌区建设有关的环境水文地质问题。

2 查明土壤盐渍化的类型、程度及其分布特征。

3 查明土壤改良的水文地质条件，提出防治土壤盐渍化、沼泽化的地质建议。

4 当采用地下水作为灌溉水源时，应建立数值模型，预测不同开采条件下的地下水水位、水量、水质的变化，计算和评价补给量，确定允许开采量。提出地下水水源保护措施。

6.17.4 灌区的水文地质勘察方法应符合下列规定：

1 水文地质测绘比例尺可选用 1：10000。

2 进行物探工作，调查主要含水层和隔水层界限。

3 地下水源地勘探以水文地质钻孔为主，土壤改良水文地质勘探以浅孔和试坑为主，坑、孔数量应根据水文地质复杂程度合理确定。

4 进行水文地质试验及地下水动态观测工作。

6.18 河道整治工程

6.18.1 护岸工程勘察应包括下列内容：

1 调查工程区的岸坡形态、坡度、滩地宽度和近年河底形态及冲淤变化情况，古河道、冲沟、渊塘等的分布与规模。

2 查明工程区崩塌、滑坡等的分布与规模，并对岸坡的稳定性及其对堤防工程稳定性的影响分段进行工程地质评价。

3 调查工程区坍岸险情的发生经过、原因及抢险处理措施与效果。

4 查明工程区的地层岩性，重点是软土、粉细砂等土层的分布厚度及其变化情况。

5 查明工程区含水层和隔水层的分布、地下水位。

6 提出护岸工程岸坡土层的物理力学参数和护岸坡比建议值，并评价其稳定性。

6.18.2 护岸工程的勘察方法应符合下列规定：

1 工程地质测绘比例尺可选用 1：2000～1：1000，测绘范围可根据需要确定。

2 顺河流方向沿岸肩布置勘探纵剖面，钻孔间距宜为 200～500m；垂直岸线的横剖面间距宜为纵剖面钻孔间距的 2～4 倍，横剖面上钻孔宜为 3 个（水上 1 个）。钻孔深度进入深泓底以下不宜少于 10m。

3 应取样进行物理力学性质试验，每一主要岩土层试验累计有效组数不宜少于 12 组。

4 应进行地表水、地下水的水质分析及评价。

6.18.3 裁弯工程勘察应包括下列内容：

1 查明工程区的地形地貌特征，河道弯曲形态。

2 查明工程区地层岩性和土体结构。

3 查明工程区含水层和隔水层的分布，地下水位及其变化。

4 进行工程地质分段评价。

5 提出工程区各土层物理力学参数、抗冲性能及疏浚土的类别。对裁弯取直新河道岸坡的稳定性进行评价。

6.18.4 裁弯工程的勘察方法应符合下列规定：

1 工程地质测绘比例尺可选用 1：2000～1：1000，测绘范围应满足设计、施工的需要。

2 裁弯工程中心线应布置勘探纵剖面，钻孔间距宜为 100～500m；垂直岸线的横剖面间距宜为纵剖面钻孔间距的 2～4 倍，横剖面上钻孔不宜少于 3 个，剖面长度为新开河道开口宽度的 1.5～2.0 倍。钻孔深度宜进入设计新开河道底板以下不小于 10m。

3 应取样进行物理力学性质试验，并应进行崩解试验和抗冲试验。每一主要岩土层试验累计有效组数不宜少于12组。

6.18.5 丁坝、顺直坝和潜坝勘察应包括下列内容：

1 查明工程区岸坡和近岸河底的地形地貌形态及其稳定性。

2 查明工程区各地层岩性、土体结构及其工程地质性质。

3 提出各土层的物理力学参数及允许承载力等指标，并对坝基稳定性进行工程地质评价。

6.18.6 丁坝、顺直坝和潜坝的勘察方法应符合下列规定：

1 工程地质测绘应根据工程区的具体条件及需要确定，测绘比例尺可选用1：1000～1：500。

2 沿坝轴线布置勘探纵剖面，钻孔间距宜为100～200m。钻孔深度宜为坝高的1.0～1.5倍，当河流冲刷深度较大或有软土分布时，孔深应加大。

3 应取样进行物理力学性质试验，每一主要岩土层试验累计有效组数不宜少于6组。

4 宜进行标准贯入试验等原位测试，软土宜进行十字板剪切试验。

6.19 移民新址

6.19.1 初步设计阶段移民新址工程地质勘察应在可行性研究阶段工程地质勘察的基础上进行，为选定新址提供地质依据。

6.19.2 移民新址工程地质勘察应包括下列内容：

1 查明对新址区整体稳定性有影响的地质结构及特殊岩（土）体的分布、微地貌及不同坡度场地的分布情况。

2 查明新址区及外围滑坡、崩塌、危岩、冲沟、泥石流、坍岸、喀斯特等不良地质现象的分布范围及规模，分析其对新址区场地稳定性的影响。

3 查明生产、生活用水水源、水量、水质及开采条件。

4 进行新址区场地稳定性、建筑适宜性评价。

6.19.3 移民新址的工程地质勘察方法应符合下列规定：

1 工程地质测绘比例尺可选用1：2000～1：500，范围包括新址区及对新址区场地稳定性评价有影响的地区。

2 复核新址区地形坡度分区和统计面积。

3 针对新址区工程地质与环境地质问题布置勘探工作。

4 新址区应布置控制性勘探剖面，勘探剖面间距山区宜为100～300m，平原区宜为300～500m，勘探点间距不宜大于150m，每条勘探剖面上钻孔数不宜少于3个，孔深宜根据任务要求和岩土条件确定。对工程地质条件复杂或县级以上新址应增加勘探剖面；对于平原区乡镇以下新址，勘探剖面可适当

减少。

5 应进行岩土体室内试验和原位测试，每一主要岩土层试验累计有效组数不宜少于12组。

6 应对生产、生活用水水源、水质进行复核。

6.20 天然建筑材料

6.20.1 应对工程所需各类天然建筑材料进行详查。

6.20.2 详细查明料场地形地质条件、岩土结构、岩性、夹层性质及空间分布，地下水位，剥离层、无用层厚度及方量，有用层储量、质量，开采运输条件和对环境的影响。

6.20.3 详查储量与实际储量的误差应不超过15%，详查储量不得少于设计需要量的2倍。

6.21 勘察报告

6.21.1 初步设计阶段工程地质勘察报告正文应包括绪言、区域地质概况、工程区及建筑物工程地质条件、天然建筑材料、结论与建议等。

6.21.2 绪言应包括下列内容：

1 工程位置、工程主要指标、主要建筑物的布置方案。

2 可行性研究阶段工程地质勘察主要结论及审查、评估意见。

3 本阶段工程地质勘察工作概况，历次完成的工作项目和工作量。

6.21.3 区域地质概况应包括下列内容：

1 区域基本地质条件。

2 可行性研究阶段区域构造稳定性的结论和地震动参数。

3 区域构造稳定性复核工作及结论。

6.21.4 水库区工程地质条件应包括下列内容：

1 基本地质条件。

2 水库渗漏的性质、途径和范围，渗漏量及处理措施建议。

3 水库浸没的范围，严重程度分区及防治措施建议。

4 库岸不稳定体及坍岸的范围、边界条件、稳定性和危害程度，处理措施建议。

5 水库诱发地震类型、位置、震级上限，对工程和环境的影响，监测方案总体情况。

6.21.5 大坝及其他枢纽建筑物的工程地质条件应包括下列内容：

1 坝址工程地质条件应包括地质概况，各比选坝线的工程地质条件及存在的问题，坝线比选的地质意见，选定坝线与坝型的工程地质条件、防渗条件、坝基岩体分类、坝基坝肩稳定、物理力学参数及工程处理措施建议等。

2 引水隧洞、泄洪隧洞工程地质条件应包括进出口边坡，隧洞工程地质条件分段及说明，围岩工程

地质分类和工程地质问题评价及处理建议。

　　3　厂址工程地质条件应包括厂区工程地质条件，调压井（塔）或压力前池、地下压力管道或明管、地面（地下）厂房、尾水渠（洞）的工程地质条件，地下洞室围岩分类，主要工程地质问题评价与建议。

　　4　溢洪道、通航建筑物和导流工程等工程地质条件及工程地质问题评价。

6.21.6　边坡工程地质条件应包括基本地质条件，主要节理、裂隙及断层等结构面分布及组合关系，边坡稳定分析的边界条件和物理力学参数，边坡稳定性及工程处理措施建议等。

6.21.7　引调水工程的工程地质条件应包括基本地质条件，渠道（管涵）、隧洞、渠系建筑物的工程地质条件、物理力学参数、主要工程地质问题评价及处理措施建议。

6.21.8　水闸及泵站工程地质条件应包括基本地质条件，物理力学参数，主要工程地质问题评价及处理措施建议。

6.21.9　堤防工程地质条件应包括基本地质条件，已建堤防堤身质量情况，堤基、穿堤建筑物及堤岸工程地质条件，物理力学参数，主要工程地质问题评价及处理措施建议。

6.21.10　灌区工程地质条件应包括基本地质条件，地下水源水文地质条件，灌区水文地质条件，渠道及渠系建筑物工程地质条件，物理力学参数，主要水文地质、工程地质问题评价及处理措施建议。

6.21.11　河道整治工程地质条件应包括基本地质条件，护岸、裁弯取直、疏浚及有关建筑物的工程地质条件，物理力学参数，主要工程地质问题评价及处理措施建议。

6.21.12　天然建筑材料编写内容应包括设计需求量，各料场位置及地形地质条件，勘探和取样，储量和质量，开采和运输条件等。

6.21.13　结论和建议应包括主要工程地质结论，下阶段勘察工作的建议。

6.21.14　移民新址工程地质勘察报告编写应符合下列规定：

　　1　移民新址工程地质勘察报告应包括绪言，区域地质概况，场地工程地质条件，主要工程地质与环境地质问题，生产及生活水源，场地稳定性和建筑适宜性评价，结论与建议。

　　2　报告附图宜包括移民新址综合地质图及地质剖面图等。

7　招标设计阶段工程地质勘察

7.1　一般规定

7.1.1　招标设计阶段工程地质勘察应在审查批准的初步设计报告基础上，复核初步设计阶段的地质资料与结论，查明遗留的工程地质问题，为完善和优化设计及编制招标文件提供地质资料。

7.1.2　招标设计阶段工程地质勘察应包括下列内容：

　　1　复核初步设计阶段的主要勘察成果。

　　2　查明初步设计阶段遗留的工程地质问题。

　　3　查明初步设计阶段工程地质勘察报告审查中提出的工程地质问题。

　　4　提供与优化设计有关的工程地质资料。

7.2　工程地质复核与勘察

7.2.1　工程地质复核应包括下列主要内容：

　　1　水库工程地质条件及结论。

　　2　建筑物工程地质条件及结论。

　　3　主要临时建筑物工程地质条件及结论。

　　4　天然建筑材料的储量、质量及开采运输条件。

7.2.2　工程地质复核方法应符合下列规定：

　　1　分析研究初步设计阶段工程地质勘察成果和审查意见。

　　2　补充收集水库区及附近地区地震资料，进一步分析研究水库区地震活动特征或诱震条件，复核可能发生水库诱发地震库段的发震地段和强度。

　　3　提出实施台网建设建议，编制水库诱发地震监测台网招标文件。

　　4　对边坡、地下水等的观（监）测成果做进一步分析。

7.2.3　工程地质勘察应包括下列主要内容：

　　1　水库及建筑物区尚需研究的工程地质问题。

　　2　施工组织设计需要研究的工程地质问题。

　　3　当料场条件发生变化或需要开辟新的料场时，应对天然建筑材料进行复查或补充勘察。

7.2.4　工程地质勘察方法应符合下列规定：

　　1　勘察方法和勘察工作量应根据地质问题的复杂程度确定。

　　2　根据具体情况补充地质测绘、勘探与试验工作。

　　3　分析和利用各种监测与观测资料。

　　4　天然建筑材料的复查或补充勘察的方法，应针对具体问题选择。

7.3　勘察报告

7.3.1　根据需要编制单项或总体招标设计阶段工程地质勘察报告。

7.3.2　单项工程地质勘察报告应包括绪言、地质概况、工程地质条件及评价、结论。

7.3.3　招标设计阶段工程地质勘察报告内容应包括概述、水库工程地质、水工建筑物工程地质、临时建筑物工程地质、天然建筑材料及结论与建议。

8 施工详图设计阶段工程地质勘察

8.1 一般规定

8.1.1 施工详图设计阶段工程地质勘察应在招标设计阶段基础上，检验、核定前期勘察的地质资料与结论，补充论证专门性工程地质问题，进行施工地质工作，为施工详图设计、优化设计、建设实施、竣工验收等提供工程地质资料。

8.1.2 施工详图设计阶段工程地质勘察应包括下列内容：

1 对招标设计报告评审中要求补充论证的和施工中出现的工程地质问题进行勘察。

2 水库蓄水过程中可能出现的专门性工程地质问题。

3 优化设计所需的专门性工程地质勘察。

4 进行施工地质工作，检验、核定前期勘察成果。

5 提出对工程地质问题处理措施的建议。

6 提出施工期和运行期工程地质监测内容、布置方案和技术要求的建议。

8.2 专门性工程地质勘察

8.2.1 专门性工程地质勘察应针对确定的工程地质问题进行，其勘察内容应根据具体情况确定。

8.2.2 专门性工程地质勘察宜包括下列内容：

1 施工期和水库蓄水过程中，当震情发生变化时，应收集和分析台网监测资料，对发震库段进行地震地质补充调查，鉴定地震类型，增设流动台站进行强化监测，预测水库诱发地震的发展趋势。

2 当建筑物地基、地下洞室围岩及开挖边坡出现新的地质问题，导致建筑物设计条件发生变化时，应进一步查明其水文地质、工程地质条件，复核岩土体物理力学参数，评价其影响，提出处理建议。

8.2.3 当料场情况发生变化时或需新辟料场时，应查明或复查天然建筑材料的储量、质量及开采条件。

8.2.4 专门性工程地质的勘察方法应符合下列规定：

1 勘察方法、勘察布置和工作量应根据地质问题的复杂性、已经完成的勘察工作和场地条件等因素确定。

2 应利用施工开挖条件，收集地质资料。

3 充分分析和利用各种监测与观测资料。

4 当设计方案有较大变化或施工中出现新的地质问题时，应进行工程地质测绘，布置专门的勘探和试验。

8.3 施工地质

8.3.1 施工地质应包括下列内容：

1 收集建筑物场地在施工过程中揭露的地质现象，检验前期的勘察资料。

2 编录和测绘建筑物基坑、工程边坡、地下建筑物围岩的地质现象。

3 进行地质观测和预报可能出现的地质问题。

4 进行地基、围岩、工程边坡加固和工程地质问题处理措施的研究，提出优化设计和施工方案的地质建议。

5 提出专门性工程地质问题专项勘察建议。

6 进行地基、边坡、围岩等的岩体质量评价，参与与地质有关的工程验收。

7 提出运行期工程地质监测内容、布置方案和技术要求的建议。

8 渗控工程、水库、建筑材料等的施工地质工作内容应根据具体情况确定。

8.3.2 施工地质方法应符合下列规定：

1 地质巡视，编写施工日志和简报。

2 采用观察、素描、实测、摄影、录像等手段编录和测绘施工揭露的地质现象。

3 根据需要采用波速、点荷载强度、回弹值等测试方法鉴定岩体质量。

4 根据需要复核岩土体物理力学性质。

8.3.3 施工地质资料应及时进行分类整编，分阶段编制施工地质技术成果。

8.4 勘察报告

8.4.1 专门性工程地质勘察报告内容应根据工程实际需要确定。针对单项工程或建筑物的勘察报告正文可包括绪言、地质概况、分段工程地质条件、主要工程地质问题分析与评价、地质结论和建议。

8.4.2 竣工地质报告和安全鉴定自检报告正文应包括工程的主要工程地质条件、前期勘察的工程地质结论，各建筑物场地施工开挖后的实际地质情况，工程地质问题及地基和围岩处理措施，工程地质评价，工程地质监测建议等。

9 病险水库除险加固工程地质勘察

9.1 一般规定

9.1.1 病险水库除险加固工程地质勘察的主要任务是复核水库工程区水文地质、工程地质条件，分析病险产生的地质原因，检查坝体填筑质量，为水库大坝安全评价、除险加固设计提供地质资料和物理力学参数，对水库安全评价和加固处理措施提出地质建议。

9.1.2 病险水库除险加固工程地质勘察的对象包括水库近坝库岸、各建筑物地基及边坡、隧洞围岩、防渗帷幕及土石坝坝体等。

9.1.3 病险水库除险加固工程地质勘察应充分利用

已有工程地质勘察资料、施工和运行期间有关监测资料，针对影响大坝安全的主要地质缺陷和隐患布置勘察工作，采用适用的勘探技术与方法。

9.2 安全评价阶段工程地质勘察

9.2.1 安全评价阶段工程地质勘察应符合下列规定：

1 收集分析已有的地质、设计、施工和水库运行监测及水库险情处理资料。

2 全面复查工程区水文地质、工程地质条件，重点检查水库运行以来地质条件的变化。

3 对坝基、岸坡、地下洞室等处理效果作出地质初步分析。

4 了解坝体填筑质量并作出地质分析。

5 复核工程区场址的地震动参数。

9.2.2 土石坝工程安全评价勘察应符合下列规定：

1 土石坝坝体勘察应包括下列内容：

1) 了解坝体现状，包括坝身结构、坝体填土组成及填筑质量，特别是软弱土体（层）及施工填筑形成的软弱带等的厚度和空间分布情况。复核填筑土的物理力学参数。

2) 检查大坝防渗体（心墙、水平铺盖等）、过渡层及反滤排水体等质量，了解填料级配、密实度、渗透系数等。

3) 了解坝体埋管、输水涵洞及其周边的渗漏情况。

4) 调查坝体渗漏、开裂、沉陷、滑坡以及其他建筑物的险情的分布位置、范围、特征及抢险处理措施与效果，初步分析病害险情的类型、成因。

2 土石坝坝区勘察应包括下列内容：

1) 了解坝基、坝肩及各建筑物地基的地层结构、岩（土）体层次特性及主要物理力学性质。

2) 了解坝基清基情况，河床深槽情况（包括基础风化深槽），覆盖层分布、层次、厚度、性状、物理力学性质及渗透性等。

3) 了解岩（土）体透水性、相对隔水层的埋藏深度、厚度和连续性，重点是地基渗漏情况，并对原基础防渗效果及渗透稳定性进行初步评价。

4) 地基分布有特殊岩土体时，应了解其性状，初步分析其对建筑物的影响。

5) 了解可溶岩坝基喀斯特发育情况及其对渗漏和大坝安全的影响。

6) 了解输水、泄水建筑物边坡工程地质条件，初步分析其稳定性。

7) 了解地下洞室围岩稳定性和渗漏状况及进出口边坡的稳定性。

8) 了解近坝库区与建筑物安全有关的滑坡体、

坍滑体的分布范围、规模，初步分析其稳定性。

9.2.3 土石坝工程安全评价的勘察方法应符合下列规定：

1 根据现行国家标准《中国地震动参数区划图》GB 18306 复核工程区地震动参数。

2 收集分析有关资料，包括已有的勘察、设计、施工、监测和险情处理等资料。

3 调查与隐患险情有关的现象。

4 宜采用综合物探方法探测坝基、坝体隐患。

5 勘探剖面应平行、垂直建筑物轴线或防渗线布置，垂直剖面不少于 3 条，其中 1 条应布置在最大坝高处。

6 根据需要布置坑、孔、井勘探工作。

7 宜进行压水或注水试验和地下水位观测。

8 应分层（区）取样，每层（区）试验累计有效组数不应少于 6 组。

9 当坝基存在可能液化地层时，应进行标准贯入试验。

9.2.4 混凝土坝工程安全评价勘察应包括下列内容：

1 了解坝基、坝肩岩体的层次、岩体完整性及风化特征，复查软弱岩层、软弱夹层、断层破碎带、缓倾角结构面等的性状、分布以及接触情况。

2 了解地基开挖情况及地质缺陷的处理情况。

3 了解坝基和绕坝渗漏的分布范围、途径和渗漏量的动态变化。

4 了解可溶岩坝基喀斯特发育情况，渗漏、塌陷对大坝安全的影响。

5 了解混凝土与地基接触状况。

6 了解两岸及近坝库区边坡的稳定状况。

7 了解泄流冲刷地段的工程地质条件，冲坑发育特征及其对大坝、边坡的影响。

9.2.5 混凝土坝工程安全评价的勘察方法除应按本规范第 9.2.3 条第 1～7 款的有关规定执行外，尚应根据需要对坝体混凝土与坝基接触部位、影响坝基（肩）抗滑稳定与变形的结构面和岩体等取样进行室内物理力学性质试验。

9.2.6 其他建筑物区安全评价可结合工程的实际情况，按本规范第 9.2.1～9.2.5 条的有关内容执行。

9.3 可行性研究阶段工程地质勘察

9.3.1 可行性研究阶段工程地质勘察应符合下列规定：

1 初步查明病险水库安全评价报告和安全鉴定成果核查意见中的主要地质问题、工程病害和隐患的部位、范围和类型，分析工程隐患的原因。

2 进行天然建筑材料初查。

9.3.2 土石坝勘察应符合下列规定：

1 初步查明坝体填筑料组成、填筑质量、坝体填料物理力学性质及渗透特性。

2 初步查明坝身病害，包括坝坡滑坡、开裂、塌陷、渗水以及其他各种病害险情和不良地质现象的分布位置、范围、特征、险情成因。了解已发生险情过程，抢险措施及效果。

3 分析坝体浸润线与库水位的关系。

4 初步查明坝基与坝体接触部位的物质组成及渗透特性。

5 初步查明坝体埋管、输水涵洞及其周边的渗漏情况。

6 初步查明建筑物地基地层岩性、地质构造、岩土体结构及其透水性，特别是坝基覆盖层分布、层次、厚度、性状、物理力学性质及渗透性等。

7 初步查明坝基渗漏和绕坝渗漏性质、范围及渗漏量。

9.3.3 混凝土坝勘察应符合下列规定：

1 初步查明坝基、坝肩岩体的层次和软弱岩层、软弱夹层、断层破碎带、缓倾角结构面等的性状、分布以及接触情况。

2 初步查明坝基渗漏和绕坝渗漏的分布范围、渗漏形式、渗漏量与库水位的关系。

3 初步查明混凝土与地基接触状况，评价地质缺陷的处理效果。

4 初步查明可溶岩坝基、坝肩喀斯特发育规律，主要渗漏通道的分布、连通、充填和已处理情况。

5 初步查明泄流冲刷地段的工程地质条件，冲坑发育特征及其对大坝、边坡的影响。

9.3.4 可行性研究阶段的工程地质勘察方法应符合下列规定：

1 复核原有工程地质图，根据需要补充工程地质测绘，测绘比例尺可选用 1∶2000～1∶500。

2 根据水库病害的类型和地质条件，选用合适的物探方法。

3 钻探工作应符合下列规定：

　1) 钻孔应结合查明水库险情隐患布置。

　2) 防渗剖面钻孔进入地基相对不透水层不应小于 10m，其他钻孔深度按隐患或险情的情况综合确定。

　3) 钻孔应进行原状土取样，孔内应进行原位测试和地下水位观测等。

　4) 基岩段应进行钻孔压水试验，对坝体（含防渗体）、覆盖层应进行钻孔注水试验。

　5) 所有钻孔应及时进行封堵。

4 应分层（区）取样，每层（区）试验累计有效组数不应少于 12 组。岩石取样试验根据需要确定。

9.4 初步设计阶段工程地质勘察

9.4.1 渗漏及渗透稳定性勘察应包括下列内容：

1 土石坝坝体渗漏及渗透稳定性应查明下列

内容：

　1) 坝体填筑土的颗粒组成、渗透性、分层填土的结合情况，特别是坝体与岸坡接合部位填料的物质组成、密实性和渗透性。

　2) 防渗体的颗粒组成、渗透性及新老防渗体之间的结合情况，评价其有效性。

　3) 反滤排水棱体的有效性，坝体浸润线分布。

　4) 坝体埋管、输水涵洞及其周边的渗漏情况。

　5) 坝体下游坡渗水的部位、特征、渗漏量的变化规律及渗透稳定性。

　6) 坝体塌陷、裂缝及生物洞穴的分布位置、规模及延伸连通情况。

2 坝基及坝肩岩土体渗漏及渗透稳定性勘察应查明下列内容：

　1) 坝基、坝肩第四纪沉积物和基岩风化带的厚度、性质、颗粒组成及渗透特性。

　2) 坝基、坝肩断层破碎带、节理裂隙密集带的性状、规模、产状、延续性和渗透性。

　3) 可溶岩层喀斯特的发育和分布规律，主要喀斯特通道的延伸形态、规模和连通情况。

　4) 古河道及单薄分水岭等的分布情况。

　5) 两岸地下水位及其动态，地下水位低槽带与漏水点的关系。渗漏量与库水位的相关性。

　6) 渗控工程的有效性。

9.4.2 渗漏及渗透稳定性的勘察方法应符合下列规定：

1 应收集分析已有地质勘察、施工编录和防渗加固处理资料，运行期的渗流量、两岸地下水位、坝体浸润线、坝基扬压力、幕后排水量等及其与库水位的关系。

2 工程地质测绘可在可行性研究阶段地质测绘的基础上进行，比例尺可选用 1∶1000～1∶500，测绘范围应包括与渗漏有关的地段。

3 宜采用综合物探方法探测坝体渗漏、喀斯特的空间分布、渗漏通道和强透水带的位置及埋藏深度。

4 沿可能的渗漏通道部位应布置勘探剖面，钻孔间距可根据渗漏特点确定。

5 防渗线上的钻孔深度应进入隔水层或相对隔水层 10～15m；喀斯特区钻孔应穿过喀斯特强烈发育带，其他部位的钻孔深度可根据具体情况确定。

6 防渗体上的钻孔应进行压（注）水试验。

7 土石坝坝体应取原状样进行室内物理力学和渗透试验。

9.4.3 不稳定边（岸）坡勘察应查明下列内容：

1 边坡的地形地貌特征和基本地质条件。

2 不稳定边坡的分布范围、边界条件、规模、地质结构和地下水位。

3 潜在滑动面的类型、产状、力学性质及与临空面的关系。

4 分析不稳定边坡变形影响因素，评价其失稳后可能对工程安全产生的影响。

5 对加固处理措施和监测方案提出建议。

9.4.4 不稳定边坡的勘察方法应符合下列规定：

1 应收集分析与边坡变形有关的地质资料。

2 工程地质测绘比例尺可选用 1∶2000～1∶500。测绘范围应包括可能对边坡稳定有影响的地段。

3 宜采用钻探、坑槽等方法，根据需要可布置平硐或竖井。勘探剖面应平行和垂直边坡走向布置。

4 勘探剖面上的钻孔间距视不稳定边坡规模、危害程度等具体情况确定，孔深应进入稳定岩（土）体。

5 对控制边坡稳定的软弱结构面应取样进行物理力学性质试验，根据需要进行现场抗剪试验。

6 根据需要在勘察过程中对不稳定边坡进行监测。

9.4.5 坝（闸）基及坝肩抗滑稳定勘察应查明下列内容：

1 地层岩性和地质构造，特别是缓倾角结构面及其他不利结构面的分布、性质、延伸性、组合关系及与上、下岩层的接触情况，确定坝（闸）基及坝肩稳定分析的边界条件。

2 坝基（肩）水文地质条件。

3 坝体与基岩接触面特征。

4 冲刷坑及抗力体的工程地质条件，评价泄洪冲刷对坝（闸）基及坝肩抗滑稳定的影响。

5 提出滑动控制结构面的物理力学参数建议值。

9.4.6 坝（闸）基及坝肩抗滑稳定的勘察方法应符合下列规定：

1 应收集分析施工期基础处理情况、冲刷坑现状、运行期各种观测资料。

2 工程地质测绘比例尺可选用 1∶500。测绘范围应包括与坝（闸）基、坝肩抗滑稳定分析有关的地段。

3 宜采用钻探、坑槽等方法，根据需要布置平硐或竖井。勘探剖面应沿垂直坝轴线方向布置，剖面上钻孔间距和位置应根据可能滑动面的分布情况确定，每条剖面不应少于 2～3 个钻孔，钻孔深度应进入可能滑动面以下稳定岩体。

4 应进行取样试验，根据需要进行原位抗剪试验。

9.4.7 溢洪道地基抗滑稳定、边坡稳定问题的勘察内容和方法可执行本规范第 9.4.3～9.4.6 条的有关规定。

9.4.8 坝体变形与地基沉降勘察应包括下列内容：

1 查明土石坝填筑料的物质组成、压实度、强

度和渗透特性。

2 查明坝体滑坡、开裂、塌陷等病害险情的分布位置、范围、特征、成因，险情发生过程与抢险措施，运行期坝体变形位移情况及变化规律。

3 查明地基地层结构、分布、物质组成，重点查明软土、湿陷性土等工程性质不良岩土层的分布特征及物理力学特性，可溶岩区喀斯特洞穴的分布、充填情况及埋藏深度。

4 查明坝基开挖和地基处理情况。

9.4.9 坝体变形与地基沉降的勘察方法应符合下列规定：

1 应收集和分析已有的观测资料和坝体变形与地基沉降险情处理资料。

2 应进行工程地质测绘，比例尺可选用 1∶1000～1∶500。

3 宜采用综合物探方法探测空洞、裂缝等位置。

4 应在坝体变形和地基沉降部位布置勘探剖面和勘探点，勘探深度可根据具体情况确定。

5 应取样进行室内物理力学性质试验。

9.4.10 土的地震液化勘察应包括下列内容：

1 查明坝基和坝体无黏性土和少黏性土层的分布范围，厚度变化等情况。

2 查明土层的土体结构、颗粒组成、密实度、排水条件等。

3 查明坝基水文地质条件和坝体浸润线位置。

4 评价饱和无黏性土和少黏性土的地震液化可能性，提出加固处理措施地质建议。

9.4.11 土的地震液化的勘察方法应符合下列规定：

1 应布置钻探、坑槽，其数量和深度根据需要确定。

2 应进行剪切波速测试和标准贯入试验。

3 应取原状土样，测定土的天然含水率、密度和颗粒组成等。

9.5 勘 察 报 告

9.5.1 病险水库工程地质勘察报告由正文、附图和附件组成。

9.5.2 安全评价工程地质勘察报告正文应包括绪言、地质概况、土石坝坝体状况及评价、各建筑物地基及边坡工程地质条件及评价、结论及建议。

9.5.3 绪言宜包括工程概况、工程运行中出现的问题、历次除险加固概况、本阶段勘察工作开展情况及完成的工作量。

9.5.4 地质概况宜包括区域地质概况、工程区基本地质条件。

9.5.5 土石坝坝体状况宜包括坝体结构组成、填料物质组成、物理力学指标及渗透性参数、已有险情、坝体质量评价。

9.5.6 各建筑物地基及边坡工程地质条件宜包括基

本地质条件、存在的地质问题及险情、工程地质评价。

9.5.7 结论及建议宜包括本阶段勘察的主要结论、需要说明的问题、下一阶段工作建议。

9.5.8 可行性研究阶段和初步设计阶段工程地质勘察报告正文应包括绪言、地质概况、险情或隐患工程地质评价、天然建筑材料、结论与建议。

9.5.9 险情或隐患工程地质评价宜包括基本地质条件，险情或隐患的特征、分布范围、边界条件及成因，有关物理力学性质及渗透性指标，处理措施及建议。

9.5.10 天然建筑材料宜包括设计需求量，各料场位置及地形地质条件，勘探和取样，储量和质量，开采和运输条件等。

附录 A 工程地质勘察报告附件

表 A 工程地质勘察报告附件表

序号	附件名称	规划阶段	可行性研究阶段	初步设计阶段	招标设计阶段	施工详图设计阶段
1	区域综合地质图（附综合地层柱状图和典型地质剖面）*	√	+	—	—	—
2	区域构造与地震震中分布图*	√	√	+	+	+
3	水库区综合地质图（附综合地层柱状图和典型地质剖面）	+	√	√	+	—
4	水库区专门性问题工程地质图	—	+	+	+	—
5	坝址及附属建筑物区工程地质图（附综合地层柱状图）	+	√	√	√	—
6	专门性水文地质图*	+	+	+	+	+
7	坝址基岩地质图（包括基岩面等高线）	—	+	+	+	—
8	工程区专门性问题地质图*	—	+	+	+	—
9	竣工工程地质图*	—	—	—	—	√
10	引调水工程综合地质图	√	√	√	√	—
11	堤防工程综合地质图	—	√	√	√	—
12	河道整治工程综合地质图	—	√	√	√	—
13	水闸（泵站）综合地质图	+	√	√	√	—
14	灌区工程综合地质图	+	√	√	√	—
15	天然建筑材料产地分布图*	+	√	√	+	—
16	料场综合地质图*	—	√	√	√	—
17	坝址、引水线路或其他建筑物场地工程地质剖面图	+	√	√	√	—
18	坝基（防渗线）渗透剖面图	—	√	√	√	—
19	专门性问题地质剖面图或平切面图*	—	+	—	+	+
20	引调水工程及主要建筑物地质剖面图	+	√	√	√	—
21	堤防及主要建筑物地质剖面图	+	√	√	√	—
22	河道整治工程典型地段地质剖面图	—	√	√	√	—
23	水闸（泵站）工程地质剖面图	—	√	√	√	—
24	灌区工程地质剖面图	—	+	√	√	—
25	钻孔柱状图*	+	+	+	+	+
26	试坑、平硐、竖井展示图*	+	+	+	+	+
27	岩、土、水试验成果汇总表*	—	√	√	√	√
28	地下水动态、岩土体变形等监测成果汇总表*	—	+	+	+	+
29	水库诱发地震等监测成果汇总表	—	+	+	+	+
30	岩矿鉴定报告*	+	+	+	+	+
31	地震安全性评价报告	—	+	+	+	+
32	物探报告*	+	√	√	√	+
33	岩土试验报告*	—	√	√	√	+
34	水质分析报告*	—	+	+	+	+
35	专门性工程地质问题研究报告*	—	+	+	+	+

注：1 "√"表示应提交的附图附件；"+"表示视需要而定的附图附件；"—"表示不需要提交的附图附件。

2 *表示各类水利水电工程都需要考虑的图件。

表 B 物探方法适用性选择表

物探方法		覆盖层探测	岩体完整性	岩性界线	断层破碎带	地下管线	溶洞	软弱夹层	含水层	地下水位	地下水流速流向	渗漏地段	滑坡体	动弹性力学参数	密度	洞室围岩松弛圈	爆破影响检测	灌浆效果检测	洞室超前探测	深埋洞室勘探	砂土地震液化
电法	电测深法	✓	+	✓	+	—	✓	—	✓	✓	—	—	✓	—	—	—	—	—	—	—	—
	电剖面法	+	—	✓	✓	+	—	—	—	—	—	+	—	—	—	—	—	—	—	—	—
	自然电场法	—	—	—	+	—	—	—	—	—	+	—	—	—	—	—	—	—	—	—	—
	充电法	—	—	—	✓	—	—	—	—	—	—	—	—	—	—	—	—	—	—	—	—
	激发极化法	—	—	—	+	—	—	—	—	—	—	—	—	—	—	—	—	—	—	—	—
	大地电磁频谱探测（MD）	—	—	✓	—	—	—	—	+	—	—	—	—	—	—	—	—	—	—	✓	—
	可控源音频大地电磁测深（CSAMT）	—	—	✓	—	—	—	—	—	—	—	—	—	—	—	—	—	—	—	✓	—
	瞬变电磁法	✓	—	+	—	—	—	—	+	+	—	—	✓	—	—	—	—	—	—	—	—
地震法	浅层折射法	✓	—	✓	✓	—	—	—	—	—	—	—	—	—	—	—	—	—	—	✓	—
	浅层反射法	✓	—	✓	✓	—	—	—	—	—	—	—	—	—	—	—	—	—	+	✓	—
	面波法	✓	—	—	—	—	—	—	—	—	—	—	—	—	—	—	—	—	—	—	✓
弹性波测试法	声波波速测试	—	✓	—	—	—	—	+	—	—	—	—	—	✓	—	✓	✓	+	—	—	—
	声波穿透法	—	+	—	—	—	—	—	—	—	—	—	—	—	—	+	+	+	—	—	—
	地震波波速测试	—	✓	—	—	—	—	—	—	—	—	—	—	✓	—	✓	—	—	✓	—	—
	地震波穿透法	—	—	—	+	—	—	—	—	—	—	—	—	—	—	+	—	+	+	—	—
层析成像法（CT）	电磁波 CT	—	+	—	✓	—	✓	—	—	—	—	—	—	—	—	✓	✓	—	—	—	—
	地震 CT	—	—	—	✓	—	✓	—	—	—	—	—	—	—	—	✓	—	—	—	—	—
	探地雷达法	+	—	—	—	✓	✓	—	—	—	—	—	—	—	—	—	—	—	—	✓	—
测井法	电测井	+	—	✓	+	—	—	—	✓	—	—	—	—	—	—	—	—	—	—	—	—
	声波测井	—	✓	+	—	—	—	+	—	—	—	—	—	—	—	✓	—	—	—	—	—
	放射性测井	+	+	+	—	—	—	—	✓	—	—	—	—	—	✓	—	—	—	—	—	—
	电磁波法	—	—	—	+	—	✓	—	—	—	—	—	—	—	—	—	—	—	—	—	—
	钻孔电视	—	—	+	+	—	—	—	—	—	—	—	—	—	—	—	—	—	+	—	—
	同位素示踪法	—	—	—	—	—	—	—	—	—	✓	✓	—	—	—	—	—	—	—	—	—

注："✓"表示主要方法；"+"为辅助方法；"—"为不适用的方法。

附录 C 喀斯特渗漏评价

C.0.1 喀斯特渗漏评价应在区域和工程区喀斯特发育规律、水文地质和渗漏条件勘察研究的基础上，根据地形地貌、地质构造、可溶岩的层组类型、空间分布和喀斯特化程度、喀斯特发育规律和水文地质条件等，对渗漏的可能性、渗漏量、渗漏对工程的危害和对环境的影响等作出综合评价。

C.0.2 喀斯特渗漏评价应分为水库渗漏（向邻谷或下游河弯）、坝基和绕坝渗漏两类。水库渗漏仅与工程效益和环境有关，坝基和绕坝渗漏还与工程建筑物安全有关。

C.0.3 喀斯特水库渗漏评价可分为不渗漏、溶隙型渗漏、溶隙与管道混合型渗漏和管道型渗漏四类。

1 水库存在下列条件之一时，可判断为水库不存在喀斯特渗漏：

1）水库周边有可靠的非喀斯特化地层或厚度较大的弱喀斯特化地层封闭。

2）水库与邻谷或与下游河弯地块有可靠的地下水分水岭，且分水岭水位高于水库正常蓄水位。

3）水库与邻谷或与下游河弯地块的地下水分水岭水位略低于水库正常蓄水位，但分水岭地段喀斯特化程度轻微。

4）邻谷常年地表水或地下水水位高于水库正常设计蓄水位。

2 水库存在下列条件之一时，可判断为可能存在溶隙型渗漏：

1）河间或河弯地块存在地下水分水岭，地下水位低于水库正常蓄水位，但库内、外无大的喀斯特水系统（泉、暗河）发育，无贯穿河间或河弯地块的地下水位低槽。

2）河间或河弯地块地下水分水岭水位低于水库正常蓄水位，库内、外有喀斯特水系统发育，但地下分水岭地块中部为弱喀斯特化地层。

3 水库存在下列条件之一时，可判断为可能存在溶隙与管道混合型渗漏或管道型渗漏：

1）可溶岩层通向库外低邻谷或下游支流，可溶岩地层喀斯特化强烈，河间或河弯地块地下水分水岭水位低平且低于水库正常蓄水位，喀斯特洼地呈线或带状穿越分水岭地段，分水岭一侧或两侧有喀斯特水系统发育。

2）经连通试验或水文测验证实，天然条件下河流向邻谷或下游河弯排泄。

3）悬托型或排泄型河谷，天然条件下存在喀斯特渗漏。

4）库内外有喀斯特水系统发育，系统之间在水库蓄水位以下曾发生过相互袭夺现象，或有对应的成串状喀斯特洼地穿越分水岭地块，经连通试验证实地下水经喀斯特洼地、漏斗、落水洞流向库外。

C.0.4 坝基和绕坝渗漏的主要判别依据有：河谷喀斯特水动力条件、河谷地质结构、可溶岩层空间分布和喀斯特化程度、坝址所处的地貌单元和断裂构造特征。

1 存在下列条件之一时，可判断为坝基和绕坝渗漏轻微：

1）坝址为横向谷，坝基及两岸岩体喀斯特化轻微，补给型喀斯特水动力条件，两岸水力坡降较大。

2）横向谷，坝基及两岸为不纯碳酸盐岩或夹有非喀斯特化地层，且未被断裂构造破坏。

2 存在下列条件之一时，可判断为坝基和绕坝渗漏较严重：

1）坝址河谷宽缓，两岸地下水位低平，或为补排型河谷水动力类型，可溶岩喀斯特化程度较强。

2）坝址上、下游均有喀斯特水系统发育，且顺河向断裂较发育。

3）为悬托型或排泄型喀斯特水动力类型，天然条件下河水补给地下水，河谷及两岸深部喀斯特洞隙较发育。

3 存在下列条件之一时，可判断为坝基和绕坝渗漏问题复杂，可能存在严重的喀斯特渗漏：

1）坝址为纵向谷，可溶岩喀斯特发育，两岸地下水位低平，较大范围内具有统一地下水位，且有良好的水力联系。

2）为悬托型或排泄型喀斯特水动力类型，天然条件下河水补给地下水；河床或两岸存在纵向地下径流或有纵向地下水凹槽，或坝址上游有明显水量漏失现象。

3）坝区有顺河向的断层、裂隙带、层面裂隙或埋藏古河道发育，并有与之相应的喀斯特系统发育。

C.0.5 喀斯特渗漏量估算应根据岩体喀斯特化程度、地下水赋存及运动特征、计算单元内水力联系等情况概化计算模型，用相应的计算方法进行估算。溶隙型渗漏可采用地下水动力学方法和水量均衡法进行估算，管道型渗漏可采用水力学法和水量均衡法进行估算，管道与溶隙混合型渗漏可分别估算后迭加，此外也可采用数值模拟方法估算。由于喀斯特渗漏量计算的边界条件和参数十分复杂，需对各种计算方法取得的成果进行相互验证，作出合理判断。

C.0.6 喀斯特渗漏处理的范围、深度、措施和标准，应根据渗漏影响程度评价，通过技术经济比较，依照下列原则确定：

1 喀斯特渗漏处理应根据与工程安全的关系、水量损失和对环境的影响等情况区别对待。影响工程安全的渗漏要以满足建筑物渗控要求为原则进行处理；仅有水量损失的渗漏，可视水库库容、河流多年平均流量和水库调节性能等，以不影响工程效益的正常发挥为原则进行处理；具有一定环境效益的渗漏，如补给地下水或泉水，使地下水位升高，泉水流量增加，可发挥环境效益的水库渗漏，在不严重影响工程效益的前提下可不予处理，但对有次生灾害的渗漏应予以处理。

2 与工程建筑物安全有关的防渗处理应利用隔水层和相对隔水层，提高防渗的可靠性，防止坝基坝肩附近溶洞、溶隙中的充填物在工程运行期发生冲刷破坏，并满足建筑物渗控要求。

3 为减少水库渗漏量进行的防漏处理可分期实施，水库蓄水前应对可能出现严重渗漏的部位进行处理，对可能存在溶隙型渗漏的部位可待蓄水后视渗漏情况确定是否处理。

4 喀斯特防渗处理措施可根据具体条件，宜采用封、堵、围、截、灌等综合防渗措施。防渗帷幕通过溶洞时，应先封堵溶洞，以保证灌浆的可靠性。

附录 D 浸没评价

D.0.1 浸没评价按初判、复判两阶段进行。

D.0.2 根据地质测绘结果、拟建水库水位情况或渠道水位情况进行浸没可能性初判。

初判认定的不可能浸没地段不再进行工作。初判认定的可能浸没地段应通过勘探、试验、观测和计算确定浸没范围和浸没程度。

D.0.3 初判时符合下列情况之一的地段可判定为不可能浸没地段：

1 库岸或渠道由相对不透水岩土层组成的地段。

2 与水库无直接水力联系的地段：被相对不透水层阻隔，且该相对不透水层顶部高程高于水库设计正常蓄水位；被经常水流的溪沟阻隔，且溪沟水位高于水库设计正常蓄水位。

3 渠道周围地下水位高于渠道设计水位的地段。

D.0.4 初判时符合下列情况之一的地段可判定为不可能次生盐渍化地段：

1 处于湿润性气候区，降水量大，径流条件好。

2 地下水矿化度较低。

3 表层黏性土较薄，下部含水层透水性较强，排泄条件较好。

4 排水设施完善。

D.0.5 判别时应确定该地区的浸没地下水埋深临界值。当预测的蓄水后地下水埋深值小于临界值时，该地区应判定为浸没区。

D.0.6 初判时，浸没地下水埋深临界值可按式（D.0.6）确定：

$$H_{cr} = H_k + \Delta H \qquad (D.0.6)$$

式中 H_{cr}——浸没地下水埋深临界值（m）；
　　　H_k——土的毛管水上升高度（m）；
　　　ΔH——安全超高值（m）。对农业区，该值即根系层的厚度；对城镇和居民区，该值取决于建筑物荷载、基础形式、砌

置深度。

D.0.7 复判时农作物区的浸没地下水埋深临界值应根据下列因素确定：

1 对可能次生盐渍化地区，应根据地下水矿化度和表部土层性质确定防止土壤次生盐渍化地下水埋深临界值。

2 对不可能次生盐渍化地区，应根据现有农作物种类确定适于农作物生长的地下水埋深临界值。

3 在确定上述两种地下水埋深临界值时，应对当地农业管理部门、农业科研部门和农民进行调查，收集相关资料，根据需要开挖试坑验证。

D.0.8 复判时建筑物区的浸没地下水埋深临界值应根据下列因素确定：

1 居住环境标准：浸没地下水埋深临界值等于表土层的毛管水上升高度。

2 建筑物安全标准：当勘探、试验成果表明现有建筑物地基持力层在饱和状态下强度显著下降导致承载力不足，或沉陷值显著增大超出建筑物的允许值时，浸没地下水埋深临界值等于该类建筑物的基础砌置深度加土的毛管水上升高度。

3 上述两种情况确定建筑物区的浸没地下水埋深临界值，要根据表层土的毛管水上升高度、地基持力层情况、冻结深度以及当地现有建筑物的类型、层数、基础形式和深度等确定，根据需要进行开挖验证。地基持力层情况主要包括是否存在黄土、淤泥、软土、膨胀土等地层，持力层在含水率改变下的变形增大率及强度降低率等。

D.0.9 当复判的浸没区面积较大时，宜按浸没影响程度划分为严重和轻微两种浸没区。

附录 E 岩土物理力学参数取值

E.0.1 岩土物理力学参数取值应符合下列规定：

1 收集工程区域内岩土体的成因、物质组成、结构面分布、地应力场和水文地质条件等地质资料，掌握岩土体的均质和非均质特性。

2 了解枢纽布置方案、工程建筑类型、工程荷载作用方向及大小，以及对地基、边坡和地下洞室围岩的质量要求等设计意图。

3 岩土物理力学参数应根据有关的试验方法标准，通过原位测试、室内试验等直接或间接的方法确定，并应考虑室内、外试验条件与实际工程岩土体的差别等因素的影响。

4 应进行工程地质单元划分和工程岩体分级，在此基础上根据工程问题进行岩土力学试验设计，确定试验方法、试验数量以及试验布置。

5 试验成果整理可按相关岩土试验规程进行。抗剪强度参数可采用最小二乘法、优定斜率法或小值

平均法，分别按峰值、屈服值、比例极限值、残余强度值、长期强度等进行整理。

6 收集岩土试验样品的原始结构、颗粒成分、矿物成分、含水率、应力状态、试验方法、加载方式等相关资料，并分析试验成果的可信程度。

7 按岩土体类别、岩体质量级别、工程地质单元、区段或层位，可采用数理统计法整理试验成果，在充分论证的基础上舍去不合理的离散值。

注：可按极限误差法（样本容量＞10）或格拉布斯（Grubbs）法（样本容量≤10）舍去不合理的离散值。

8 岩土物理力学参数应以试验成果为依据，以整理后的试验值作为标准值。

9 根据岩土体岩性、岩相变化、试样代表性、实际工作条件与试验条件的差别，对标准值进行调整，提出地质建议值。

10 设计采用值应由设计、地质、试验三方共同研究确定。对于重要工程以及对参数敏感的工程应做专门研究。

E.0.2 土的物理力学参数标准值选取应符合下列规定：

1 各参数的统计宜包括统计组数、最大值、最小值、平均值、大值平均值、小值平均值、标准差、变异系数。

2 当同一土层的各参数变异系数较大时，应分析土层水平与垂直方向上的变异性。

　1）当土层在水平方向上变异性大时，宜分析参数在水平方向上的变化规律，或进行分区（段）。

　2）当土层在垂直方向上变异性大时，宜分析参数随深度的变化规律，或进行垂直分带。

3 土的物理性质参数应以试验算术平均值为标准值。

4 地基土的允许承载力可根据载荷试验（或其他原位试验）、公式计算确定标准值。

5 地基土渗透系数标准值应根据抽水试验、注（渗）水试验或室内试验确定，并应符合下列规定：

　1）用于人工降低地下水位及排水计算时，应采用抽水试验的小值平均值。

　2）水库（渠道）渗漏量、地下洞室涌水量及基坑涌水量计算的渗透系数，应采用抽水试验的大值平均值。

　3）用于浸没区预测的渗透系数，应采用试验的平均值。

　4）用于供水工程计算时，应采用抽水试验的小值平均值。

　5）其他情况下，可根据其用途综合确定。

6 土的压缩模量可从压力-变形曲线上，以建筑物最大荷载下相应的变形关系选取，或按压缩试验的

压缩性能，根据其固结程度选定标准值。对于高压缩性软土，宜以试验压缩模量的小值平均值作为标准值。

7 土的抗剪强度标准值可采用直剪试验峰值强度的小值平均值。

8 当采用有效应力进行稳定分析时，地基土的抗剪强度标准值应符合下列规定：

　1）对三轴压缩试验测定的抗剪强度，宜采用试验平均值。

　2）对黏性土地基，应测定或估算孔隙水压力，以取得有效应力强度。

9 当采用总应力进行稳定分析时，地基土抗剪强度的标准值应符合下列规定：

　1）对排水条件差的黏性土地基，宜采用饱和快剪强度或三轴压缩试验不固结不排水剪切强度；对软土可采用原位十字板剪切强度。

　2）对上、下土层透水性较好或采取了排水措施的薄层黏性土地基，宜采用饱和固结快剪强度或三轴压缩试验固结不排水剪切强度。

　3）对透水性良好，不易产生孔隙水压力或能自由排水的地基土层，宜采用慢剪强度或三轴压缩试验固结排水剪切强度。

10 当需要进行动力分析时，地基土抗剪强度标准值应符合下列规定：

　1）对地基土进行总应力动力分析时，宜采用动三轴压缩试验测定的动强度作为标准值。

　2）对于无动力试验的黏性土和紧密砂砾等非地震液化性土，宜采用三轴压缩试验饱和固结不排水剪测定的总强度和有效应力强度中的最小值作为标准值。

　3）当需要进行有效应力动力分析时，应测定饱和砂土的地震附加孔隙水压力、地震有效应力强度，可采用静力有效应力强度作为标准值。

11 混凝土坝、闸基础与地基土间的抗剪强度标准值应符合下列规定：

　1）对黏性土地基，内摩擦角标准值可采用室内饱和固结快剪试验内摩擦角平均值的90%，凝聚力标准值可采用室内饱和固结快剪试验凝聚力平均值的20%～30%。

　2）对砂性土地基，内摩擦角标准值可采用室内饱和固结快剪试验内摩擦角平均值的85%～90%。

　3）对软土地基，力学参数标准值宜采用室内试验、原位测试，结合当地经验确定。抗剪强度指标宜采用室内三轴压缩试验指标，原位测试宜采用十字板剪切试验。

12 对边坡工程，土的抗剪强度标准值宜符合下列规定：

    1）滑坡滑动面（带）的抗剪强度宜取样进行岩矿分析、物理力学试验，并结合反算分析确定。对工程有重要影响的滑坡，还应结合原位抗剪试验成果等综合选取。

    2）边坡土体抗剪强度宜根据设计工况分别选取饱和固结快剪、快剪强度的小值平均值或取三轴压缩试验的平均值。

E.0.3 规划与可行性研究阶段的坝、闸基础与地基土间的摩擦系数，可结合地质条件根据表 E.0.3 选用地质建议值。

表 E.0.3 坝、闸基础与地基土间的摩擦系数地质建议值

地基土类型		摩擦系数 f
卵石、砾石		$0.55 \geqslant f > 0.50$
砂		$0.50 \geqslant f > 0.40$
粉土		$0.40 \geqslant f > 0.25$
黏土	坚硬	$0.45 \geqslant f > 0.35$
	中等坚硬	$0.35 \geqslant f > 0.25$
	软弱	$0.25 \geqslant f > 0.20$

E.0.4 岩体（石）的物理力学参数取值应按下列规定进行：

    1 岩体的密度、单轴抗压强度、抗拉强度、点荷载强度、波速等物理力学参数可采用试验成果的算术平均值作为标准值。

    2 岩体变形参数取原位试验成果的算术平均值作为标准值。

    3 软岩的允许承载力采用载荷试验极限承载力的 1/3 与比例极限二者的小值作为标准值；无载荷试验成果时，可通过三轴压缩试验确定或按岩石单轴饱和抗压强度的 1/10～1/5 取值。坚硬岩、半坚硬岩可按岩石单轴饱和抗压强度折减后取值：坚硬岩取岩石单轴饱和抗压强度的 1/25～1/20，中硬岩取岩石单轴饱和抗压强度的 1/20～1/10。

    4 混凝土坝基础与基岩间抗剪断强度参数按峰值强度参数的平均值取值，抗剪强度参数按残余强度参数与比例极限强度参数二者的小值作为标准值。

    5 岩体抗剪断强度参数按峰值强度平均值取值。抗剪强度参数对于脆性破坏岩体按残余强度与比例极限强度二者的小值作为标准值，对于塑性破坏岩体取屈服强度作为标准值。

    6 规划阶段及可行性研究阶段，当试验资料不足时，可根据表 E.0.4 结合地质条件提出地质建议值。

表 E.0.4 坝基岩体抗剪断（抗剪）强度参数及变形参数经验值表

岩体分类	混凝土与基岩接触面				岩体				岩体变形模量
	抗剪断		抗剪		抗剪断		抗剪		
	f'	C'(MPa)	f		f'	C'(MPa)	f		E(GPa)
I	1.50～1.30	1.50～1.30	0.85～0.75		1.60～1.40	2.50～2.00	0.90～0.80		＞20
II	1.30～1.10	1.30～1.10	0.75～0.65		1.40～1.20	2.00～1.50	0.80～0.70		20～10
III	1.10～0.90	1.10～0.70	0.65～0.55		1.20～0.80	1.50～0.70	0.70～0.60		10～5
IV	0.90～0.70	0.70～0.30	0.55～0.40		0.80～0.55	0.70～0.45	0.60～0.45		5～2
V	0.70～0.40	0.30～0.05	0.40～0.30		0.55～0.40	0.30～0.05	0.45～0.35		2～0.2

注：表中参数限于硬质岩，软质岩应根据软化系数进行折减。

E.0.5 结构面的抗剪断强度参数标准值取值按下列规定进行：

    1 硬性结构面抗剪断强度参数按峰值强度平均值取值，抗剪强度参数按残余强度平均值取值作为标准值。

    2 软弱结构面抗剪断强度参数按峰值强度小值平均值取值，抗剪强度参数按屈服强度平均值取值作为标准值。

    3 规划阶段及可行性研究阶段，当试验资料不足时，可结合地质条件根据表 E.0.5 提出地质建议值。

表 E.0.5 结构面抗剪断(抗剪)强度参数经验取值表

结构面类型		f'	C'(MPa)	f
胶结结构面		0.90～0.70	0.30～0.20	0.70～0.55
无充填结构面		0.70～0.55	0.20～0.10	0.55～0.45
软弱结构面	岩块岩屑型	0.55～0.45	0.10～0.08	0.45～0.35
	岩屑夹泥型	0.45～0.35	0.08～0.04	0.35～0.28
	泥夹岩屑型	0.35～0.25	0.05～0.02	0.28～0.22
	泥型	0.25～0.18	0.01～0.005	0.22～0.18

注：1 表中胶结结构面、无充填结构面的抗剪强度参数限于坚硬岩，半坚硬岩、软质岩中结构面应进行折减。

    2 胶结结构面、无充填结构面抗剪断（抗剪）强度参数应根据结构面胶结程度和粗糙程度取大值或小值。

附录 F 岩土体渗透性分级

表 F 岩土体渗透性分级

渗透性等级	标准	
	渗透系数 K（cm/s）	透水率 q（Lu）
极微透水	$K < 10^{-6}$	$q < 0.1$
微透水	$10^{-6} \leqslant K < 10^{-5}$	$0.1 \leqslant q < 1$
弱透水	$10^{-5} \leqslant K < 10^{-4}$	$1 \leqslant q < 10$

渗透性等级	标 准	
	渗透系数 K (cm/s)	透水率 q (Lu)
中等透水	$10^{-4} \leqslant K < 10^{-2}$	$10 \leqslant q < 100$
强透水	$10^{-2} \leqslant K < 1$	
极强透水	$K \geqslant 1$	$q \geqslant 100$

附录 G 土的渗透变形判别

G.0.1 土的渗透变形特征应根据土的颗粒组成、密度和结构状态等因素综合分析确定。

1 土的渗透变形宜分为流土、管涌、接触冲刷和接触流失四种类型。

2 黏性土的渗透变形主要是流土和接触流失两种类型。

3 对于重要工程或不易判别渗透变形类型的土，应通过渗透变形试验确定。

G.0.2 土的渗透变形判别应包括下列内容：

1 判别土的渗透变型类型。

2 确定流土、管涌的临界水力比降。

3 确定土的允许水力比降。

G.0.3 土的不均匀系数应采用下式计算：

$$C_u = \frac{d_{60}}{d_{10}} \qquad (G.0.3)$$

式中 C_u——土的不均匀系数；

d_{60}——小于该粒径的含量占总土重 60% 的颗粒粒径 (mm)；

d_{10}——小于该粒径的含量占总土重 10% 的颗粒粒径 (mm)。

G.0.4 细颗粒含量的确定应符合下列规定：

1 级配不连续的土：颗粒大小分布曲线上至少有一个以上粒组的颗粒含量小于或等于 3% 的土，称为级配不连续的土。以上述粒组在颗粒大小分布曲线上形成的平缓段的最大粒径和最小粒径的平均值或最小粒径作为粗、细颗粒的区分粒径 d，相应于该粒径的颗粒含量为细颗粒含量 P。

2 级配连续的土：粗、细颗粒的区分粒径为

$$d = \sqrt{d_{70} \cdot d_{10}} \qquad (G.0.4)$$

式中 d_{70}——小于该粒径的含量占总土重 70% 的颗粒粒径 (mm)。

G.0.5 无黏性土渗透变形类型的判别可采用以下方法：

1 不均匀系数小于等于 5 的土可判为流土。

2 对于不均匀系数大于 5 的土可采用下列判别方法：

　　1）流土：

$$P \geqslant 35\% \qquad (G.0.5-1)$$

　　2）过渡型取决于土的密度、粒级和形状：

$$25\% \leqslant P < 35\% \qquad (G.0.5-2)$$

　　3）管涌：

$$P < 25\% \qquad (G.0.5-3)$$

3 接触冲刷宜采用下列方法判别：

对双层结构地基，当两层土的不均匀系数均等于或小于 10，且符合下式规定的条件时，不会发生接触冲刷。

$$\frac{D_{10}}{d_{10}} \leqslant 10 \qquad (G.0.5-4)$$

式中 D_{10}、d_{10}——分别代表较粗和较细一层土的颗粒粒径 (mm)，小于该粒径的土重占总土重的 10%。

4 接触流失宜采用下列方法判别：

对于渗流向上的情况，符合下列条件将不会发生接触流失。

　　1）不均匀系数等于或小于 5 的土层：

$$\frac{D_{15}}{d_{85}} \leqslant 5 \qquad (G.0.5-5)$$

式中 D_{15}——较粗一层土的颗粒粒径 (mm)，小于该粒径的土重占总土重的 15%；

d_{85}——较细一层土的颗粒粒径 (mm)，小于该粒径的土重占总土重的 85%。

　　2）不均匀系数等于或小于 10 的土层：

$$\frac{D_{20}}{d_{70}} \leqslant 7 \qquad (G.0.5-6)$$

式中 D_{20}——较粗一层土的颗粒粒径 (mm)，小于该粒径的土重占总土重的 20%；

d_{70}——较细一层土的颗粒粒径 (mm)，小于该粒径的土重占总土重的 70%。

G.0.6 流土与管涌的临界水力比降宜采用下列方法确定：

1 流土型宜采用下式计算：

$$J_{cr} = (G_s - 1)(1 - n) \qquad (G.0.6-1)$$

式中 J_{cr}——土的临界水力比降；

G_s——土粒比重；

n——土的孔隙率（以小数计）。

2 管涌型或过渡型可采用下式计算：

$$J_{cr} = 2.2(G_s - 1)(1 - n)^2 \frac{d_5}{d_{20}} \qquad (G.0.6-2)$$

式中 d_5、d_{20}——分别为小于该粒径的含量占总土重的 5% 和 20% 的颗粒粒径 (mm)。

3 管涌型也可采用下式计算：

$$J_{cr} = \frac{42 d_3}{\sqrt{\dfrac{K}{n^3}}} \qquad (G.0.6-3)$$

式中 K——土的渗透系数 (cm/s)；

d_3——小于该粒径的含量占总土重 3% 的颗粒粒径 (mm)。

G.0.7 无黏性土的允许比降宜采用下列方法确定：

1 以土的临界水力比降除以 1.5～2.0 的安全系数；当渗透稳定对水工建筑物的危害较大时，取 2 的安全系数；对于特别重要的工程也可用 2.5 的安全系数。

2 无试验资料时，可根据表 G.0.7 选用经验值。

表 G.0.7 无黏性土允许水力比降

允许水力比降	渗透变形类型					
	流土型			过渡型	管涌型	
	$C_u \leqslant 3$	$3 < C_u \leqslant 5$	$C_u \geqslant 5$		级配连续	级配不连续
$J_{允许}$	0.25～0.35	0.35～0.50	0.50～0.80	0.25～0.40	0.15～0.25	0.10～0.20

注：本表不适用于渗流出口有反滤层的情况。

附录 H 岩体风化带划分

H.0.1 岩体风化带的划分一般应符合表 H.0.1 的规定。

表 H.0.1 岩体风化带划分

风化带		主要地质特征	风化岩与新鲜岩纵波速之比
全风化		全部变色，光泽消失 岩石的组织结构完全破坏，已崩解和分解成松散的土状或砂状，有很大的体积变化，但未移动，仍残留有原始结构痕迹 除石英颗粒外，其余矿物大部分风化蚀变为次生矿物 锤击有松软感，出现凹坑，矿物手可捏碎，用锹可以挖动	<0.4
强风化		大部分变色，只有局部岩块保持原有颜色 岩石的组织结构大部分已破坏，小部分岩石已分解或崩解成土，大部分岩石呈不连续的骨架或心石，风化裂隙发育，有时含大量次生夹泥 除石英外，长石、云母和铁镁矿物已风化蚀变 锤击哑声，岩石大部分变酥，易碎，用镐撬可以挖动，坚硬部分需爆破	0.4～0.6
弱风化（中等风化）	上带	岩石表面或裂隙面大部分变色，断口色泽较新鲜 岩石原始组织结构清楚完整，但大多数裂隙已风化，裂隙壁风化剧烈，宽一般 5～10cm，大者可达数十厘米 沿裂隙铁镁矿物氧化锈蚀，长石变得浑浊、模糊不清 锤击哑声，用镐难挖，需用爆破	0.6～0.8

续表 H.0.1

风化带		主要地质特征	风化岩与新鲜岩纵波速之比
弱风化（中等风化）	下带	岩石表面或裂隙面大部分变色，断口色泽新鲜 岩石原始组织结构清楚完整，沿部分裂隙风化，裂隙壁风化较剧烈，宽一般 1～3cm 沿裂隙铁镁矿物氧化锈蚀，长石变得浑浊、模糊不清 锤击发音较清脆，开挖需用爆破	0.6～0.8
微风化		岩石表面或裂隙面有轻微褪色 岩石组织结构无变化，保持原始完整结构 大部分裂隙闭合或为钙质薄膜充填，仅沿大裂隙有风化蚀变现象，或有锈膜浸染 锤击发音清脆，开挖需用爆破	0.8～0.9
新鲜		保持新鲜色泽，仅大的裂隙面偶见褪色 裂隙面紧密、完整或焊接状充填，仅个别裂隙面有锈膜浸染或轻微蚀变 锤击发音清脆，开挖需用爆破	0.9～1.0

H.0.2 碳酸盐岩溶蚀风化带划分一般应符合下列规定：

1 灰岩、白云质灰岩、灰质白云岩、白云岩等碳酸盐岩，其风化往往具溶蚀风化特点，风化带的划分应符合表 H.0.2 规定。

2 部分白云岩（因微裂隙极其发育）、灰岩（因特殊结构构造，如豆状、瘤状等），有时具均匀风化特征，当其均匀风化特征明显时，风化带的划分宜按表 H.0.1 进行。

3 灰岩与泥岩之间的过渡类岩石，随着泥质含量的增加，其风化形式逐渐由溶蚀风化为主向均匀风化过渡，当以溶蚀风化为主时，风化带应按表 H.0.2 划分，当以均匀风化为主时，风化带按表 H.0.1 划分。

表 H.0.2 碳酸盐岩溶蚀风化带划分

风化带	主要地质特征
表层强烈溶蚀风化	沿断层、裂隙及层面等结构面溶蚀风化强烈，风化裂隙发育。在地表往往形成上宽下窄溶缝、溶沟、溶槽，其宽（深）一般数厘米至数米不等，且多有黏土、碎石土充填；而在地下（如勘探平硐等）则多见溶蚀风化裂隙、宽缝（洞穴）等，其规模一般数厘米至数十厘米不等，且多有黏土、碎石土等充填 溶蚀风化结构面之间，岩石断口保持新鲜岩石色泽，岩石原始组织结构清楚完整 该带岩体一般完整性较差，力学强度低

风化带		主 要 地 质 特 征
裂隙性溶蚀风化	上带	沿断层、裂隙及层面等结构面溶蚀风化现象较普遍，风化裂隙较发育，结构面胶结物风化蚀变明显或溶蚀充泥现象普遍，溶蚀风化张开宽度一般 3～10mm 不等 结构面间的岩石组织结构无变化，保持原始完整结构，岩石表面或裂隙面风化蚀变或褪色明显 岩体完整性受结构面溶蚀风化影响明显，岩体强度略有下降
	下带	沿部分断层、裂隙及层面等结构面有溶蚀风化现象，结构面上见有风化膜或锈膜浸染，但溶蚀充泥或夹泥膜现象少见且宽度一般小于 3mm 岩石原始结构清楚，组织结构无变化，岩石表面或裂隙面有轻微褪色 岩体完整性受结构面溶蚀风化影响轻微，岩体强度降低不明显
微新岩体		保持新鲜色泽，仅岩石表面或大的裂隙面偶见褪色 大部分裂隙紧密、闭合或为钙质薄膜充填，仅个别裂隙面有锈膜浸染或轻微蚀变

H.0.3 使用表 H.0.1 和表 H.0.2 时，遇有下列情况之一时，岩体风化带的划分可适当调整：

1 除弱风化岩体外，当其他风化岩体厚度较大时，也可根据需要进一步划分。

2 选择性风化作用地区，当发育囊状风化、隔层风化、沿裂隙风化等特定形态的风化带时，可根据岩石的风化状态确定其等级。

3 某些特定地区，岩体风化剖面呈非连续性过渡时，分级可缺少一级或二级。

附录 J 边坡岩体卸荷带划分

表 J 边坡岩体卸荷带划分

卸荷类型	卸荷带分布	主 要 地 质 特 征	特征指标	
			张开裂隙宽度	波速比
正常卸荷松弛	强卸荷带	近坡体浅表部卸荷裂隙发育的区域 裂隙密度较大，贯通性好，呈明显张开，宽度在几厘米至几十厘米之间，充填岩屑、碎块石、植物根须，并可见条带状、团块状次生夹泥，规模较大的卸荷裂隙内部多呈架空状，可见明显的松动或变位错落，裂隙面普遍锈染 雨季沿裂隙多有线状流水或成串滴水 岩体整体松弛	张开宽度＞1cm 的裂隙发育（或每米硐段张开裂隙累计宽度＞2cm）	＜0.5

卸荷类型	卸荷带分布	主 要 地 质 特 征	特征指标	
			张开裂隙宽度	波速比
正常卸荷松弛	弱卸荷带	强卸荷带以里可见卸荷裂隙较为发育的区域 裂隙张开，其宽度几毫米，并具有较好的贯通性；裂隙内可见岩屑、细脉状或膜状次生夹泥充填，裂隙面轻微锈染 雨季沿裂隙可见串珠状滴水或较强渗水 岩体部分松弛	张开宽度＜1cm 的裂隙较发育（或每米硐段张开裂隙累计宽度＜2cm）	0.5～0.75
异常卸荷松弛	深卸荷带	相对完整段以里出现的深部裂隙松弛段 深部裂缝一般无充填，少数有锈染 岩体纵波速度相对周围岩体明显降低	—	—

附录 K 边坡稳定分析技术规定

K.0.1 边坡稳定分析应收集下列资料：

1 地形和地貌特征。

2 地层岩性和岩土体结构特征。

3 断层、裂隙和软弱层的展布、产状、充填物质以及结构面的组合与连通率。

4 边坡岩体风化、卸荷深度。

5 各类岩土和潜在滑动面的物理力学参数。

6 岩土体变形监测和地下水观测资料。

7 坡脚淹没、地表水位变幅和坡体透水与排水资料。

8 降雨历时、降雨强度和冻融资料。

9 地震动参数。

10 边坡施工开挖方式、开挖程序、爆破方法、边坡外荷载、坡脚采空和开挖坡的高度与坡度等。

K.0.2 边坡变形破坏应根据表 K.0.2 进行分类。

表 K.0.2 边坡变形破坏分类

变形破坏类型		变形破坏特征
崩塌		边坡岩体坠落或滚动
滑动	平面型	边坡岩体沿某一结构面滑动
	弧面型	散体结构、碎裂结构的岩质边坡或土坡沿弧形滑动面滑动
	楔形体	结构面组合的楔形体，沿滑动面交线方向滑动

续表 K.0.2

变形破坏类型		变形破坏特征
蠕变	倾倒	反倾向层状结构的边坡，表部岩层逐渐向外弯曲、倾倒
	溃屈	顺倾向层状结构的边坡，岩层倾角与坡角大致相似，边坡下部岩层逐渐向上鼓起，产生层面拉裂和脱开
	侧向张裂	双层结构的边坡，下部软岩产生塑性变形或流动，使上部岩层发生扩展、移动张裂和下沉
流动		崩塌碎屑类堆积向坡脚流动，形成碎屑流

K.0.3 当边坡存在下列现象之一时，应进行稳定分析：

1 坡脚被水淹没或被开挖的新老滑坡或崩塌体。

2 边坡岩体中存在倾向坡外、倾角小于坡角的结构面。

3 边坡岩体中存在两组或两组以上结构面组合的楔形体，其交线倾向坡外、倾角小于边坡角。

4 坡面上出现平行坡向的张裂缝或环形裂缝的边坡。

5 顺坡向卸荷裂隙发育的高陡边坡，表层岩体已发生蠕变的边坡。

6 已发生倾倒变形的高陡边坡。

7 已发生张裂变形的下软上硬的双层结构边坡。

8 分布有巨厚崩坡积物的高陡边坡。

9 其他稳定性可疑的边坡。

K.0.4 边坡稳定分析应符合下列规定：

1 边坡岩体中实测结构面的产状、延伸长度，可进行结构面网络模拟，确定结构面贯通情况或连通率；应用赤平投影方法，确定结构面组合交线产状。

2 根据边坡工程地质条件，对边坡的变形破坏类型作出初步判断。

3 岩质边坡稳定分析可采用刚体极限平衡方法，根据滑动面或潜在滑动面的几何形状，选用合适的公式计算。同倾向多滑动面的岩质边坡宜采用平面斜分条块法和斜分块弧面滑动法，试算出临界滑动面和最小安全系数；均匀的土质边坡可采用滑弧条分法计算。根据工程实际需要可进行模型试验和原位监测资料的反分析，验证其稳定性。

4 应选择代表性的地质剖面进行计算，并应采用不同的计算公式进行校核，综合评定该边坡的稳定安全系数。

5 计算中应考虑地下水压力对边坡稳定性的不利作用。分析水位骤降时的库岸稳定性应计入地下水渗透压力的影响。在 50 年超越概率 10% 的地震动峰值加速度大于或等于 0.10g 的地区，应计算地震作用力的影响。

6 稳定性计算的岩土体物理力学参数可参照本规范附录 E 的有关规定选取。

附录 L 环境水腐蚀性评价

L.0.1 判别环境水的腐蚀性时，应收集流域地区或工程建筑物场地的气候条件、冰冻资料、海拔高程，岩土性质，环境水的补给、排泄、循环、滞留条件和污染情况以及类似条件下工程建筑物的腐蚀情况。

L.0.2 环境水对混凝土的腐蚀性判别，应符合表 L.0.2 的规定。

表 L.0.2 环境水对混凝土腐蚀性判别标准

腐蚀性类型	腐蚀性判定依据	腐蚀程度	界限指标
一般酸性型	pH 值	无腐蚀 弱腐蚀 中等腐蚀 强腐蚀	pH>6.5 $6.5 \geqslant pH > 6.0$ $6.0 \geqslant pH > 5.5$ $pH \leqslant 5.5$
碳酸型	侵蚀性 CO_2 含量 (mg/L)	无腐蚀 弱腐蚀 中等腐蚀 强腐蚀	$CO_2 < 15$ $15 \leqslant CO_2 < 30$ $30 \leqslant CO_2 < 60$ $CO_2 \geqslant 60$
重碳酸型	HCO_3^- 含量 (mmol/L)	无腐蚀 弱腐蚀 中等腐蚀 强腐蚀	$HCO_3^- > 1.07$ $1.07 \geqslant HCO_3^- > 0.70$ $HCO_3^- \leqslant 0.70$ —
镁离子型	Mg^{2+} 含量 (mg/L)	无腐蚀 弱腐蚀 中等腐蚀 强腐蚀	$Mg^{2+} < 1000$ $1000 \leqslant Mg^{2+} < 1500$ $1500 \leqslant Mg^{2+} < 2000$ $Mg^{2+} \geqslant 2000$
硫酸盐型	SO_4^{2-} 含量 (mg/L)	无腐蚀 弱腐蚀 中等腐蚀 强腐蚀	$SO_4^{2-} < 250$ $250 \leqslant SO_4^{2-} < 400$ $400 \leqslant SO_4^{2-} < 500$ $SO_4^{2-} \geqslant 500$

注：1 本表规定的判别标准所属场地应是不具有干湿交替或冻融交替作用的地区和具有干湿交替或冻融交替作用的半湿润、湿润地区。当所属场地为具有干湿交替或冻融交替作用的干旱、半干旱地区以及高程 3000m 以上的高寒地区时，应进行专门论证。

2 混凝土建筑物不应直接接触污染源。有关污染源对混凝土的直接腐蚀作用应专门研究。

L.0.3 环境水对钢筋混凝土结构中钢筋的腐蚀性判别，应符合表 L.0.3 的规定。

表 L.0.3 环境水对钢筋混凝土结构中钢筋的腐蚀性判别标准

腐蚀性判定依据	腐蚀程度	界限指标
Cl^- 含量 (mg/L)	弱腐蚀 中等腐蚀 强腐蚀	100~500 500~5000 >5000

注：1 表中是指干湿交替作用的环境条件。

2 当环境水中同时存在氯化物和硫酸盐时，表中的 Cl^- 含量是指氯化物中的 Cl^- 与硫酸盐折算后的 Cl^- 之和，即 Cl^- 含量 $= Cl^- + SO_4^{2-} \times 0.25$，单位为 mg/L。

L.0.4 环境水对钢结构的腐蚀性判别，应符合表 L.0.4 的规定。

表 L.0.4 环境水对钢结构的腐蚀性判别标准

腐蚀性判定依据	腐蚀程度	界限指标
pH 值、$(Cl^- + SO_4^{2-})$ 含量（mg/L）	弱腐蚀	pH 值 3～11、$(Cl^- + SO_4^{2-}) < 500$
	中等腐蚀	pH 值 3～11、$(Cl^- + SO_4^{2-}) \geqslant 500$
	强腐蚀	pH < 3、$(Cl^- + SO_4^{2-})$ 任何浓度

注：1 表中是指氧能自由溶入的环境水。
2 本表亦适用于钢管道。
3 如环境水的沉淀物中有褐色絮状物沉淀（铁）、悬浮物中有褐色生物膜、绿色丛块，或有硫化氢臭味，应做铁细菌、硫酸盐还原细菌的检查，查明有无细菌腐蚀。

附录 M 河床深厚砂卵砾石层取样与原位测试技术规定

M.0.1 河床深厚砂卵砾石层的取样方法与原位测试方法应视覆盖层物质组成、结构以及地下水位等情况进行选择。

M.0.2 河床深厚砂卵砾石层宜采用金刚石或硬质合金回转钻具、硬质合金钻具干钻、冲击管钻、管靴逆爪取样器等取样方法。采用金刚石或硬质合金回转钻具取样时应选择合适的冲洗液。

M.0.3 河床深厚砂卵砾石层原位测试宜采用重型或超重型动力触探试验、旁压试验、波速测试和钻孔载荷试验等方法，并应采用多种方法互相验证。

M.0.4 波速测试可选择单孔声波法、孔间穿透声波法、地震测井及孔间穿透地震波速测试等方法，测定砂卵砾石层的纵波、横波。

附录 N 围岩工程地质分类

N.0.1 围岩工程地质分类分为初步分类和详细分类。

初步分类适用于规划阶段、可研阶段以及深埋洞室施工之前的围岩工程地质分类，详细分类主要用于初步设计、招标和施工图设计阶段的围岩工程地质分类。根据分类结果，评价围岩的稳定性，并作为确定支护类型的依据，其标准应符合表 N.0.1 的规定。

N.0.2 围岩初步分类以岩石强度、岩体完整程度、岩体结构类型为基本依据，以岩层走向与洞轴线的关系、水文地质条件为辅助依据，并应符合表 N.0.2 的规定。

表 N.0.1 围岩稳定性评价

围岩类型	围岩稳定性评价	支护类型
I	稳定。围岩可长期稳定，一般无不稳定块体	不支护或局部锚杆或喷薄层混凝土。大跨度时，喷混凝土、系统锚杆加钢筋网
II	基本稳定。围岩整体稳定，不会产生塑性变形，局部可能产生掉块	
III	局部稳定性差。围岩强度不足，局部会产生塑性变形，不支护可能产生塌方或变形破坏。完整的较软岩，可能暂时稳定	喷混凝土、系统锚杆加钢筋网。采用 TBM 掘进时，需及时支护。跨度 > 20m 时，宜采用锚索或刚性支护
IV	不稳定。围岩自稳时间很短，规模较大的各种变形和破坏都可能发生	喷混凝土、系统锚杆加钢筋网，刚性支护，并浇筑混凝土衬砌。不适宜于开敞式 TBM 施工
V	极不稳定。围岩不能自稳，变形破坏严重	

表 N.0.2 围岩初步分类

围岩类别	岩质类型	岩体完整程度	岩体结构类型	围岩分类说明
I、II	硬质岩	完整	整体或巨厚层状结构	坚硬岩定 I 类，中硬岩定 II 类
II、III			块状结构、次块状结构	坚硬岩定 II 类，中硬岩定 III 类，薄层状结构定 III 类
II、III		较完整	厚层或中厚层状结构、层（片理）面结合牢固的薄层状结构	
III、IV			互层状结构	洞轴线与岩层走向夹角小于 30°时，定 IV 类
III、IV		完整性差	薄层状结构	岩质均一且无软弱夹层时可定 III 类
III			镶嵌结构	—
IV、V		较破碎	碎裂结构	有地下水活动时定 V 类
V		破碎	碎块或碎屑状散体结构	—
III、IV	软质岩	完整	整体或巨厚层状结构	较软岩定 III 类，软岩定 IV 类
		较完整	块状或次块状结构	较软岩定 IV 类，软岩定 V 类
IV、V			厚层、中厚层或互层状结构	
		完整性差	薄层状结构	较软岩无夹层时可定 IV 类
		较破碎	碎裂结构	较软岩可定 IV 类
		破碎	碎块或碎屑状散体结构	—

N.0.3 岩质类型的确定，应符合表 N.0.3 的规定。

表 N.0.3 岩质类型划分

岩质类型	硬质岩		软质岩		
	坚硬岩	中硬岩	较软岩	软岩	极软岩
岩石饱和单轴抗压强度 R_b（MPa）	$R_b > 60$	$60 \geqslant R_b > 30$	$30 \geqslant R_b > 15$	$15 \geqslant R_b > 5$	$R_b \leqslant 5$

N.0.4 岩体完整程度根据结构面组数、结构面间距确定，并应符合表 N.0.4 的规定。

表 N.0.4　岩体完整程度划分

组数 间距(cm)	1～2	2～3	3～5	>5 或 无序
>100	完整	完整	较完整	较完整
50～100	完整	较完整	较完整	差
30～50	较完整	较完整	差	较破碎
10～30	较完整	差	较破碎	破碎
<10	差	较破碎	破碎	破碎

N.0.5 岩体结构类型划分应符合附录 U 的规定。

N.0.6 对深埋洞室，当可能发生岩爆或塑性变形时，围岩类别宜降低一级。

N.0.7 围岩工程地质详细分类应以控制围岩稳定的岩石强度、岩体完整程度、结构面状态、地下水和主要结构面产状五项因素之和的总评分为基本判据，围岩强度应力比为限定判据，并应符合表 N.0.7 的规定。

表 N.0.7　地下洞室围岩详细分类

围岩类别	围岩总评分 T	围岩强度应力比 S
Ⅰ	>85	>4
Ⅱ	85≥T>65	>4
Ⅲ	65≥T>45	>2
Ⅳ	45≥T>25	>2
Ⅴ	T≤25	—

注：Ⅱ、Ⅲ、Ⅳ类围岩，当围岩强度应力比小于本表规定时，围岩类别宜相应降低一级。

N.0.8 围岩强度应力比 S 可根据下式求得：

$$S = \frac{R_b \cdot K_v}{\sigma_m} \qquad (N.0.8)$$

式中　R_b——岩石饱和单轴抗压强度（MPa）；

　　　K_v——岩体完整性系数；

　　　σ_m——围岩的最大主应力（MPa），当无实测资料时可以自重应力代替。

N.0.9 围岩详细分类中五项因素的评分应符合下列规定：

1 岩石强度的评分应符合表 N.0.9-1 的规定。

表 N.0.9-1　岩石强度评分

岩质类型	硬质岩		软质岩	
	坚硬岩	中硬岩	较软岩	软岩
饱和单轴抗压强度 R_b （MPa）	R_b>60	60≥R_b >30	30≥R_b >15	R_b≤15
岩石强度评分 A	30～20	20～10	10～5	5～0

注：1　岩石饱和单轴抗压强度大于100MPa时，岩石强度的评分为30。

　　2　岩石饱和单轴抗压强度小于5MPa时，岩石强度的评分为0。

2 岩体完整程度的评分应符合表 N.0.9-2 的规定。

表 N.0.9-2　岩体完整程度评分

岩体完整程度		完整	较完整	完整性差	较破碎	破碎
岩体完整性 系数 K_v		K_v≥ 0.75	0.75≥K_v >0.55	0.55≥K_v >0.35	0.35≥K_v >0.15	K_v ≤0.15
岩体完整 性评分 B	硬质岩	40～30	30～22	22～14	14～6	<6
	软质岩	25～19	19～14	14～9	9～4	<4

注：1　当60MPa≥R_b>30MPa，岩体完整程度与结构面状态评分之和>65时，按65评分。

　　2　当30MPa≥R_b>15MPa，岩体完整程度与结构面状态评分之和>55时，按55评分。

　　3　当15MPa≥R_b>5MPa，岩体完整程度与结构面状态评分之和>40时，按40评分。

　　4　当R_b≤5MPa，岩体完整程度与结构面状态不参加评分。

3 结构面状态的评分应符合表 N.0.9-3 的规定。

表 N.0.9-3　结构面状态评分

	宽度 W (mm)	$W<$ 0.5		0.5≤W<5.0								W≥5.0		
结构面状态	充填物	—		无充填		岩屑		泥质				岩屑	泥质	无充填
	起伏粗糙状况	起伏粗糙	平直光滑	起伏粗糙	起伏光滑或平直粗糙	平直光滑	起伏粗糙	起伏光滑或平直粗糙	平直光滑	起伏粗糙	起伏光滑或平直粗糙	平直光滑		
结构面状态评分 C	硬质岩	27	21	24	21	15	21	17	12	15	12	9	12	6	0～3
	较软岩	27	21	24	21	15	21	17	12	15	12	9	12	6	0～3
	软岩	18	14	17	14	8	14	11	8	11	8	6	8	4	0～2

注：1　结构面的延伸长度小于3m时，硬质岩、较软岩的结构面状态评分另加3分，软岩加2分；结构面延伸长度大于10m时，硬质岩、较软岩减3分，软岩减2分。

　　2　结构面状态最低分为0。

4 地下水状态的评分应符合表 N.0.9-4 的规定。

表 N.0.9-4　地下水评分

活动状态		渗水到滴水	线状流水	涌水
水量 Q [L/（min・10m洞长）] 或压力水头 H (m)		Q≤25 或 H≤10	25<Q≤125 或10<H≤100	Q>125 或 H>100
基本因素评分 T'	T'>85	0	0～-2	-2～-6
	85≥T'>65	0～-2	-2～-6	-6～-10
	65≥T'>45	-2～-6	-6～-10	-10～-14
	45≥T'>25	-6～-10	-10～-14	-14～-18
	T'≤25	-10～-14	-14～-18	-18～-20

（地下水评分 D）

注：1　基本因素评分 T' 是前述岩石强度评分 A、岩体完整性评分 B 和结构面状态评分 C 的和。

　　2　干燥状态取0分。

5 主要结构面产状的评分应符合表 N.0.9-5 规定。

表 N.0.9-5 主要结构面产状评分

结构面走向与洞轴线夹角 β	90°≥β≥60°			60°>β≥30°			β<30°			
结构面倾角α(°)	α>70°	70°≥α>45°	45°≥α>20°	α≤20°	α>70°	70°≥α>45°	45°≥α>20°	α≤20°	α>70°	70°≥α>45°	45°≥α>20°	α≤20°
结构面产状评分E 洞顶	0	-2	-5	-10	-2	-5	-10	-12	-5	-10	-12	-12
结构面产状评分E 边墙	-2	-5	-2	0	-5	-10	-2	0	-10	-12	-5	0

注：按岩体完整程度分级为完整性差、较破碎和破碎的围岩不进行主要结构面产状评分的修正。

N.0.10 对过沟段、极高地应力区（>30MPa）、特殊岩土及喀斯特化岩体的地下洞室围岩稳定性以及地下洞室施工期的临时支护措施需专门研究，对钙（泥）质弱胶结的干燥砂砾石、黄土等土质围岩的稳定性和支护措施需要开展针对性的评价研究。

N.0.11 跨度大于 20m 的地下洞室围岩的分类除采用本附录的分类外，还宜采用其他有关国家标准综合评定，对国际合作的工程还可采用国际通用的围岩分类进行对比使用。

附录 P 土的液化判别

P.0.1 地震时饱和无黏性土和少黏性土的液化破坏，应根据土层的天然结构、颗粒组成、松密程度、地震前和地震时的受力状态、边界条件和排水条件以及地震历时等因素，结合现场勘察和室内试验综合分析判定。

P.0.2 土的地震液化判定工作可分初判和复判两个阶段。初判应排除不会发生地震液化的土层。对初判可能发生液化的土层，应进行复判。

P.0.3 土的地震液化初判应符合下列规定：

1 地层年代为第四纪晚更新世 Q_3 或以前的土，可判为不液化。

2 土的粒径小于 5mm 颗粒含量的质量百分率小于或等于 30% 时，可判为不液化。

3 对粒径小于 5mm 颗粒含量质量百分率大于 30% 的土，其中粒径小于 0.005mm 的颗粒含量质量百分率（ρ_c）相应于地震动峰值加速度为 0.10g、0.15g、0.20g、0.30g 和 0.40g 分别不小于 16%、17%、18%、19% 和 20% 时，可判为不液化；当黏粒含量不满足上述规定时，可通过试验确定。

4 工程正常运用后，地下水位以上的非饱和土，可判为不液化。

5 当土层的剪切波速大于式（P.0.3-1）计算的上限剪切波速时，可判为不液化。

$$V_{st}=291\sqrt{K_H \cdot Z \cdot r_d} \qquad \text{(P.0.3-1)}$$

式中 V_{st}——上限剪切波速度（m/s）；

K_H——地震动峰值加速度系数；

Z——土层深度（m）；

r_d——深度折减系数。

6 地震动峰值加速度可按现行国家标准《中国地震动参数区划图》GB 18306 查取或采用场地地震安全性评价结果。

7 深度折减系数可按下列公式计算：

$$Z=0\sim10m,\ r_d=1.0-0.01Z \qquad \text{(P.0.3-2)}$$
$$Z=10\sim20m,\ r_d=1.1-0.02Z \qquad \text{(P.0.3-3)}$$
$$Z=20\sim30m,\ r_d=0.9-0.01Z \qquad \text{(P.0.3-4)}$$

P.0.4 土的地震液化复判应符合下列规定：

1 标准贯入锤击数法。

1）符合下式要求的土应判为液化土：

$$N<N_{cr} \qquad \text{(P.0.4-1)}$$

式中 N——工程运用时，标准贯入点在当时地面以下 d_s（m）深度处的标准贯入锤击数；

N_{cr}——液化判别标准贯入锤击数临界值。

2）当标准贯入试验贯入点深度和地下水位在试验地面以下的深度，不同于工程正常运用时，实测标准贯入锤击数应按式（P.0.4-2）进行校正，并应以校正后的标准贯入锤击数 N 作为复判依据。

$$N=N'\left(\frac{d_s+0.9d_w+0.7}{d'_s+0.9d'_w+0.7}\right) \qquad \text{(P.0.4-2)}$$

式中 N'——实测标准贯入锤击数；

d_s——工程正常运用时，标准贯入点在当时地面以下的深度（m）；

d_w——工程正常运用时，地下水位在当时地面以下的深度（m），当地面淹没于水面以下时，d_w 取 0；

d'_s——标准贯入试验时，标准贯入点在当时地面以下的深度（m）；

d'_w——标准贯入试验时，地下水位在当时地面以下的深度（m）；若当时地面淹没于水面以下时，d'_w 取 0。

校正后标准贯入锤击数和实测标准贯入锤击数均不进行钻杆长度校正。

3）液化判别标准贯入锤击数临界值应根据下式计算：

$$N_{cr}=N_0\left[0.9+0.1(d_s-d_w)\right]\sqrt{\frac{3\%}{\rho_c}}$$

$$\text{(P.0.4-3)}$$

式中 ρ_c——土的黏粒含量质量百分率（%），当 ρ_c<3% 时，ρ_c 取 3%。

N_0——液化判别标准贯入锤击数基准值。

d_s——当标准贯入点在地面以下 5m 以内的深度时，应采用 5m 计算。

4) 液化判别标准贯入锤击数基准值 N_0，按表 P.0.4-1 取值。

表 P.0.4-1 液化判别标准贯入锤击数基准值

地震动峰值加速度	0.10g	0.15g	0.20g	0.30g	0.40g
近震	6	8	10	13	16
远震	8	10	12	15	18

注：当 $d_s=3m$，$d_w=2m$，$\rho_c \leqslant 3\%$ 时的标准贯入锤击数称为液化标准贯入锤击数基准值。

5) 公式（P.0.4-3）只适用于标准贯入点地面以下 15m 以内的深度，大于 15m 的深度内有饱和砂或饱和少黏性土，需要进行地震液化判别时，可采用其他方法判定。

6) 当建筑物所在地区的地震设防烈度比相应的震中烈度小 2 度或 2 度以上时定为远震，否则为近震。

7) 测定土的黏粒含量时应采用六偏磷酸钠作分散剂。

2 相对密度复判法。当饱和无黏性土（包括砂和粒径大于 2mm 的砂砾）的相对密度不大于表 P.0.4-2 中的液化临界相对密度时，可判为可能液化土。

表 P.0.4-2 饱和无黏性土的液化临界相对密度

地震动峰值加速度	0.05g	0.10g	0.20g	0.40g
液化临界相对密度 $(Dr)_{cr}$（%）	65	70	75	85

3 相对含水率或液性指数复判法。

1) 当饱和少黏性土的相对含水率大于或等于 0.9 时，或液性指数大于或等于 0.75 时，可判为可能液化土。

2) 相对含水率应按下式计算：

$$W_u = \frac{W_s}{W_L} \qquad (P.0.4-4)$$

式中 W_u——相对含水率（%）；
W_s——少黏性土的饱和含水率（%）；
W_L——少黏性土的液限含水率（%）。

3) 液性指数应按下式计算：

$$I_L = \frac{W_s - W_p}{W_L - W_p} \qquad (P.0.4-5)$$

式中 I_L——液性指数；
W_p——少黏性土的塑限含水率（%）。

附录 Q 岩 爆 判 别

Q.0.1 岩体同时具备高地应力、岩质硬脆、完整性好~较好、无地下水的洞段，可初步判别为易产生岩爆。

Q.0.2 岩爆分级可按表 Q.0.2 进行判别。

表 Q.0.2 岩爆分级及判别

岩爆分级	主要现象和岩性条件	岩石强度应力比 R_b/σ_m	建议防治措施
轻微岩爆（Ⅰ级）	围岩表层有爆裂射落现象，内部有噼啪、撕裂声响，人耳偶然可以听到。岩爆零星间断发生。一般影响深度 0.1~0.3m。对施工影响较小	4~7	根据需要进行简单支护
中等岩爆（Ⅱ级）	围岩爆裂弹射现象明显，有似子弹射击的清脆爆裂声响，有一定的持续时间。破坏范围较大，一般影响深度 0.3~1m。对施工有一定影响，对设备及人员安全有一定威胁	2~4	需进行专门支护设计。多进行喷锚支护等
强烈岩爆（Ⅲ级）	围岩大片爆裂，出现强烈弹射，发生岩块抛射及岩粉喷射现象，巨响，似爆破声，持续时间长，并向围岩深部发展，破坏范围和块度大，一般影响深度 1~3m。对施工影响大，威胁机械设备及人员人身安全	1~2	主要考虑采取应力释放钻孔、超前导洞等措施，进行超前应力解除，降低围岩应力。也可采取超前锚固及格栅钢支撑等措施加固围岩。需进行专门支护设计
极强岩爆（Ⅳ级）	洞室断面大部分围岩严重爆裂，大块岩片出现剧烈弹射，震动强烈，响声剧烈，似闷雷。迅速向围岩深处发展，破坏范围和块度大，一般影响深度大于 3m，乃至整个洞室遭受破坏。严重影响施工，人财损失巨大。最严重者可造成地面建筑物破坏	<1	

注：表中 R_b 为岩石饱和单轴抗压强度（MPa），σ_m 为最大主应力。

附录 R 特殊土勘察要点

R.1 软 土

R.1.1 软土勘察应包括下列内容：

1 查明软土分布区表层硬壳层的性状、厚度及下卧硬土层或基岩的埋深与起伏状况。

2 查明软土的有机质含量。

3 调查降水、开挖、回填、堆筑、打桩等对软土强度和压缩性的影响以及在类似软土上已建工程的建筑经验。

R.1.2 软土的勘察方法应符合下列规定：

1 软土的抗剪强度宜采用三轴试验或十字板剪

切试验测定。

2 应进行固结试验，根据需要进行少量代表性的次固结试验，其最大固结压力应按上覆土层与建筑物荷载之和确定。

R.1.3 软土工程地质评价应包括下列内容：

1 当地表存在硬壳层时，应评价其利用的可能性。

2 评价软土地基的抗滑稳定性、侧向挤出和沉降变形特性。

3 软土地基处理措施建议。

R.2 黄 土

R.2.1 黄土勘察应包括下列内容：

1 查明黄土形成时代，并区分老黄土（Q_1、Q_2）、新黄土（Q_3、Q_4^1）和新近堆积黄土（Q_4^2）。

2 查明黄土的成因类型、厚度、黄土层的均匀性与结构特征，古土壤与钙质结核层的分布与数量，单层厚度等。

3 查明湿陷性黄土层的厚度、湿陷类型和湿陷等级、湿陷系数随深度的变化情况。

4 查明黄土滑坡、崩塌、错落、陷穴、潜蚀洞穴、垂直节理、卸荷裂隙等的分布范围、规模、性质等。

5 查明黄土的地下水类型，地下水位及其变化幅度。

6 应按黄土湿陷性程度分别提出物理力学参数、承载力和开挖边坡坡比建议值，并结合建筑物的基础形式进行工程地质评价。

R.2.2 黄土的勘察方法应符合下列规定：

1 宜在探坑（井）内采取黄土原状样。

2 应进行黄土湿陷试验，测定湿陷系数、自重湿陷系数、湿陷起始压力等参数。

R.2.3 黄土工程地质评价应包括下列内容：

1 黄土物理力学性质和湿陷性随深度的变化规律，湿陷类型和等级。

2 冲沟、陷穴、碟型洼地、溶蚀洞穴、滑坡、错落、崩塌等的分布范围、规模、发育特点及其对工程的影响。

3 各类裂隙、溶蚀洞穴、地下水等对建筑物地基、边坡和洞室稳定的影响。

4 提出处理措施建议。

R.3 盐 渍 土

R.3.1 盐渍土勘察应包括下列内容：

1 调查植物生长情况和溶蚀洞穴的分布与发育程度。

2 查明盐渍土的形成条件、含盐类型和含盐程度，了解含盐量在水平和垂直方向上的分布特征。

3 查明盐渍土的毛管水上升高度和蒸发作用影响深度（蒸发强度）。

4 调查盐渍土地区已有建筑物被腐蚀破坏情况。

5 收集工程区气温、湿度、降水量等气象资料。

R.3.2 盐渍土的勘察方法应符合下列规定：

1 测定含盐量的土样宜在地表下 1.0m 深度范围内分层采取，平均取样间隔 0.25m，近地表取样间隔应适当减小，地下水位埋深小于 1.0m 时取样至地下水位，地下水位埋深大于 1.0m 且 1.0m 深度以下含盐量仍然很高时，可适当加大取样深度，取样间隔可为 0.5m，取样宜在干旱季节进行。

2 测定毛管水上升高度。

3 对溶陷性盐渍土，应采用浸水载荷试验确定其溶陷性；对盐胀性盐渍土，宜现场测定有效盐胀厚度和总盐胀量，当土中硫酸钠含量不超过 1% 时可不考虑盐胀性。

4 溶陷性试验和化学成分分析，根据需要对土的微观结构进行鉴定。

5 进行混凝土和钢结构的腐蚀性试验。

R.3.3 盐渍土工程地质评价应包括下列内容：

1 含盐类型、含盐量及主要含盐矿物对土的特性的影响。

2 土的溶陷性、盐胀性、腐蚀性和场地工程建设的适宜性。

3 对于浅挖、半填半挖和填土渠段，预测渠水渗漏形成次生盐渍土的可能性。

4 提出处理措施建议。

R.4 膨 胀 土

R.4.1 膨胀土勘察应包括下列内容：

1 调查膨胀土地区的自然坡高和坡度。

2 收集降雨量、蒸发量、地温、气温和大气影响深度等。

3 查明膨胀土的结构、构造、裂隙发育与充填情况、夹层性状及膨胀特性在水平与垂直方向的变化规律，土体特性与含水率的关系。

4 查明膨胀土的黏土矿物成分、化学成分。

5 调查膨胀土地区滑坡的特点和范围，建筑物变形损坏情况和基础埋置深度。

R.4.2 膨胀土的勘察方法应符合下列规定：

1 测定土的黏土矿物成分和化学成分。

2 测定自由膨胀率、膨胀率、收缩系数、膨胀力和崩解速率等。

3 按膨胀土的垂直分带，分别测定土的残余抗剪强度、快剪或固结快剪强度，根据需要进行现场剪切试验。

R.4.3 膨胀土工程地质评价应包括下列内容：

1 对膨胀土的胀缩性进行评价，按膨胀潜势对膨胀土地基分类。

2 根据膨胀土的强度特性、含水率的变化幅度以及大气影响深度等，评价膨胀土边坡稳定性。

　　3　提出膨胀土处理措施建议。

R.5　人工填土

　　R.5.1　人工填土勘察应包括下列内容：

　　1　填土的类型、年限、填筑方法。

　　2　原始地形起伏状况，掩埋的坑、塘、暗沟等情况。

　　3　填土的物质成分、颗粒级配、均匀性及物理力学性质。

　　4　填土地基上已有建筑物的变形或破坏情况。

　　R.5.2　人工填土的勘察方法应符合下列规定：

　　1　对杂填土，宜进行注水试验，了解其渗透性。

　　2　当无法取得室内试验资料时，宜进行动力触探试验或载荷试验。

　　R.5.3　根据人工填土的物质组成、颗粒级配、均匀性、密实程度和渗透性，评价地基不均匀变形及渗透稳定性，提出处理措施的建议。

R.6　分散性土

　　R.6.1　分散性土勘察应包括下列内容：

　　1　收集水文、气象资料，调查土壤类型、分布、植物生长情况、土壤水和潜水状况、自然冲蚀和工程破坏情况以及分散性土的处理措施与效果。

　　2　查明分散性土形成的地质背景和特征、黏土矿物成分、化学成分、结构、构造及含盐类型。

　　R.6.2　分散性土的判定应在野外调查的基础上，通过室内试验综合判定。

　　R.6.3　评价分散性土对工程的影响。

　　R.6.4　提出处理措施建议。

R.7　冻　　土

　　R.7.1　冻土勘察应包括下列内容：

　　1　季节性冻土的冻胀性及形成条件，了解积水、排水条件、冻土层厚度、最大埋深；多年冻土的融沉性及含冰情况，不同地貌单元冻土层埋藏深度、厚度、延伸情况及相互关系。

　　2　查明多年冻土的分布范围及上限深度。

　　3　查明多年冻土的类别、厚度、总含水率、结构特征、热物理性质、冻胀性和融沉性分级。

　　4　查明多年冻土层上水、层间水、层下水的赋存形式、相互关系及其对工程的影响。

　　5　查明多年冻土区厚层地下冰、冰锥、冰丘、冻土沼泽、热融滑塌、热融湖塘、融冻泥流、寒冻裂隙等的形态特征、形成条件、分布范围、发生发展规律及其对工程的危害。

　　R.7.2　季节性冻土工程地质评价应包括下列内容：

　　1　冻土的温度状况，包括地表积雪、植被、水体、沼泽化、大气降水渗透作用、土的含水率、地形等对地温的影响。

　　2　评价冻土的融沉性和冻胀性。

　　R.7.3　多年冻土工程地质评价除应符合本规范R.7.2的规定外，尚应包括下列内容：

　　1　季节融化层的厚度及其变化特征。

　　2　对多年冻土的融沉性和季节融化层的冻胀性进行分级。

　　3　根据冻土工程地质条件及其变化，提出利用原则及其相应的保护和防治措施建议。

R.8　红　黏　土

　　R.8.1　红黏土勘察应包括下列内容：

　　1　查明不同地貌单元原生红黏土与次生红黏土的分布、厚度、物质组成、土性、土体结构等特征及其差异。

　　2　查明下伏基岩岩性或可溶岩岩性及层组类型、产状、基岩面起伏状况、隐伏喀斯特发育特征及其与红黏土分布、物理力学性质的关系。

　　3　查明地表水与地下水对红黏土湿度状态、垂直分带和物理力学性质的影响。

　　4　调查土体中裂隙的发育情况，分析其对边坡稳定的影响。

　　5　调查红黏土地裂的分布、成因等发育情况及其对已有建筑物的影响。

　　6　查明地基及其附近土洞发育情况。

　　7　收集红黏土地区勘察设计及施工处理经验。

　　R.8.2　红黏土的勘察方法应符合下列规定：

　　1　应采用钻探、原位测试和室内试验等方法进行勘察。

　　2　判别红黏土的胀缩性宜进行收缩试验、复浸水试验，确定承载力宜进行天然土与饱和土的无侧限抗压强度试验，原位试验宜采用载荷试验、静力触探等方法。

　　3　对裂隙发育的红黏土，宜进行三轴剪切试验。

　　4　评价边坡长期稳定性时，应采用反复剪切试验指标。

　　R.8.3　红黏土工程地质评价应包括下列内容：

　　1　红黏土的塑性状态分类、结构分类、复浸水特性分类、均匀性分类。

　　2　根据湿度状态的垂向变化，评价地基抗滑稳定及沉降变形问题。

　　3　根据红黏土裂隙发育、干湿循环等情况评价边坡稳定性。

　　4　提出工程处理措施建议。

附录S　膨胀土的判别

　　S.0.1　膨胀土是一种含有大量亲水性矿物、湿度变化时有较大体积变化、变形受约束时产生较大内应力的黏性土。膨胀土的判别分初判和详判。初判是判定场地有无膨胀土，对拟选场地的稳定性和适宜性作出工程地质评价；详判是确定膨胀土的工程特性指标，对场地膨胀土进行膨胀潜势分类及工程地质条件评价，提出膨胀土处理措施方案。

S. 0. 2 具有下列特征的土可初判为膨胀土：

1 地层年代为第四纪晚更新世 Q_3 以前，多分布在二级或二级以上阶地，山前丘陵和盆地边缘。

2 地形平缓，无明显自然陡坎，常见浅层滑坡和地裂。

3 土体裂隙发育，常有光滑面和擦痕，有的裂隙中充填灰白或灰绿色黏土，干时坚硬，遇水软化，自然条件下呈坚硬或硬塑状态。

4 浅部胀缩裂隙中含有上层滞水，无统一地下水位，水量较贫且随季节变化明显。

5 新开挖边坡工程易发生坍塌，地基未经处理的建筑物破坏严重，刚性结构较柔性结构严重，建筑物裂缝宽度随季节变化。

S. 0. 3 膨胀土详判包括膨胀潜势分类和地基胀缩等级划分，并应符合下列规定：

1 膨胀土的膨胀潜势可按表 S. 0.3-1 分为三类。

表 S. 0. 3-1　膨胀土的膨胀潜势分类

自由膨胀率 δ_{ef}（%）	膨胀潜势分类
$40 \leqslant \delta_{ef} < 65$	弱
$65 \leqslant \delta_{ef} < 90$	中
$\delta_{ef} \geqslant 90$	强

2 膨胀土地基的胀缩等级可按表 S. 0.3-2 分为三级。

表 S. 0. 3-2　膨胀土地基的胀缩等级

地基分级变形量 S_c（mm）	胀缩等级
$15 \leqslant S_c < 35$	I
$35 \leqslant S_c < 70$	II
$S_c \geqslant 70$	III

S. 0. 4 地基分级变形量应按现行国家标准《膨胀土地区建筑技术规范》GBJ 112 的有关规定计算。

附录 T　黄土湿陷性及湿陷起始压力的判定

T. 0. 1 黄土湿陷性的判别可分初判和复判两阶段进行。

T. 0. 2 黄土湿陷性初判宜采用下列标准：

1 根据黄土层地质时代初判：

早更新世 Q_1 黄土不具有湿陷性；

中更新世 Q_2^1 黄土不具有湿陷性；

中更新世 Q_2^2 顶部部分黄土具有湿陷性；

上更新世 Q_3 与全新世 Q_4 黄土具有湿陷性。

2 根据典型黄土塬区完整黄土地层剖面初判：

自地表向下第一层黄土（Q_3）宜判为强湿陷性或中等湿陷性；第二层黄土（Q_2 上部）宜判为轻微湿陷性；第三层及以下各层黄土（含古土壤层）可判为无湿陷性。第一层与第二层（Q_3-Q_2 上部）所夹的古土壤层宜判为轻微湿陷性。

3 上更新世 Q_3 黄土，天然含水率超过塑限含水率时，宜判为轻微湿陷性或不具湿陷性。

T. 0. 3 黄土湿陷性试验可分为室内压缩试验和现场浸水载荷试验两种。取样与试验应符合以下规定：

1 取样要求：地下水位以上黄土层，应开挖竖井取样；地下水位以下的饱和黄土，可采用钻孔薄壁取土器静压法取样，并应符合 I 级土样质量要求。

2 试验取样应穿透湿陷性土层。

3 试验压力一般可采用 0～300kPa，当基底压力大于 300kPa 时，宜按实际压力进行湿陷性试验。

4 重要工程除做室内固结试验外，还应做现场浸水载荷试验，确定黄土湿陷性及湿陷起始压力。在 200kPa 压力下浸水载荷试验的附加湿陷量与承压板宽度之比等于或大于 0.023 的土，应判定为湿陷性土。

T. 0. 4 黄土湿陷性的复判，应包括黄土的湿陷性质、场地湿陷类型、地基湿陷等级等。判别标准和方法应符合下列规定：

1 湿陷性黄土的湿陷程度，可根据湿陷系数 δ_s 值的大小分为下列三种：

1）当 $0.015 \leqslant \delta_s \leqslant 0.03$ 时，湿陷性轻微。

2）当 $0.03 < \delta_s \leqslant 0.07$ 时，湿陷性中等。

3）当 $\delta_s > 0.07$ 时，湿陷性强烈。

2 湿陷性黄土场地的湿陷类型，应按自重湿陷量的实测值 Δ_{zs}' 或计算值 Δ_{zs} 判定，并应符合下列规定。

1）当自重湿陷量的实测值 Δ_{zs}' 或计算值 Δ_{zs} 小于或等于 70mm 时，应定为非自重湿陷性黄土场地。

2）当自重湿陷量的实测值 Δ_{zs}' 或计算值 Δ_{zs} 大于 70mm 时，应定为自重湿陷性黄土场地。

3）当自重湿陷量的实测值和计算值出现矛盾时，应按自重湿陷量的实测值判定。

3 湿陷性黄土地基的湿陷等级，应根据湿陷量的计算值和自重湿陷量的计算值等按表 T. 0.4 判定。

表 T. 0. 4　湿陷性黄土地基的湿陷等级

湿陷类型　　　　Δ_{zs} (mm)　Δ_s (mm)	非自重湿陷性场地	自重湿陷性场地	
	$\Delta_{zs} \leqslant 70$	$70 < \Delta_{zs} \leqslant 350$	$\Delta_{zs} > 350$
$\Delta_s \leqslant 300$	I（轻微）	II（中等）	—

湿陷类型 / Δ_s(mm) \ Δ_{zs}(mm)	非自重湿陷性场地 $\Delta_{zs} \leqslant 70$	自重湿陷性场地 $70 < \Delta_{zs} \leqslant 350$	$\Delta_{zs} > 350$
$300 < \Delta_s \leqslant 700$	Ⅱ(中等)	* Ⅱ(中等)或Ⅲ(严重)	Ⅲ(严重)
$\Delta_s > 700$	Ⅱ(中等)	Ⅲ(严重)	Ⅳ(很严重)

注：* 当湿陷量的计算值 $\Delta_s > 600mm$、自重湿陷量的计算值 $\Delta_{zs} > 300mm$ 时，可判为Ⅲ级，其他情况可判为Ⅱ级。

T.0.5 湿陷性黄土的湿陷起始压力 p_{sh} 值，可按下列方法确定：

1 当按现场浸水载荷试验结果确定时，应在 $p-s_s$（压力与浸水下沉量）曲线上，取其转折点所对应的压力值为湿陷起始压力。当曲线上的转折点不明显时，可取浸水下沉量（s_s）与承压板直径（d）或宽度（b）之比值等于 0.017 所对应的压力值为湿陷起始压力值。

2 当按室内压缩试验结果确定时，在 $p-\delta_s$ 曲线上宜取 $\delta_s = 0.015$ 所对应的压力值为湿陷起始压力值。

3 对于非自重湿陷性黄土场地，当地基内土层的湿陷起始压力值大于其附加压力与上覆土的饱和自重压力之和时，可按非湿陷性黄土评价。

附录 U 岩体结构分类

表 U 岩体结构分类

类型	亚类	岩体结构特征
块状结构	整体结构	岩体完整，呈巨块状，结构面不发育，间距大于 100cm
	块状结构	岩体较完整，呈块状，结构面轻度发育，间距一般 50～100cm
	次块状结构	岩体较完整，呈次块状，结构面中等发育，间距一般 30～50cm
层状结构	巨厚层状结构	岩体完整，呈巨厚状，层面不发育，间距大于 100cm
	厚层状结构	岩体较完整，呈厚层状，层面轻度发育，间距一般 50～100cm
	中厚层状结构	岩体较完整，呈中厚层状，层面中等发育，间距一般 30～50cm
	互层结构	岩体较完整或完整性差，呈互层状，层面较发育或发育，间距一般 10～30cm
	薄层结构	岩体完整性差，呈薄层状，层面发育，间距一般小于 10cm

续表 U

类型	亚类	岩体结构特征
镶嵌结构		岩体完整性差，岩块镶嵌紧密，结构面较发育到很发育，间距一般 10～30cm
碎裂结构	块裂结构	岩体完整性差，岩块间有岩屑和泥质物充填，嵌合中等紧密～较松弛，结构面较发育到很发育，间距一般 10～30cm
	碎裂结构	岩体破碎，结构面很发育，间距一般小于 10cm
散体结构	碎块状结构	岩体破碎，岩块夹岩屑或泥质物
	碎屑状结构	岩体破碎，岩屑或泥质物夹岩块

附录 V 坝基岩体工程地质分类

表 V 坝基岩体工程地质分类

类别		A 坚硬岩（$R_b > 60MPa$）		
		岩体特征	岩体工程性质评价	岩体主要特征值
Ⅰ	A_I	岩体呈整体状或块状、巨厚层状、厚层状结构，结构面不发育～轻度发育，延展性差，多闭合，岩体力学特性各方向的差异性不显著	岩体完整，强度高，抗滑、抗变形性能强，不需作专门性地基处理，属优良高混凝土坝地基	$R_b > 90MPa$，$V_p > 5000m/s$，$RQD > 85\%$，$K_v > 0.85$
Ⅱ	A_{II}	岩体呈块状或次块状、厚层状结构，结构面中等发育，软弱结构面局部分布，不成为控制性结构面，不存在影响坝基或坝肩稳定的大型楔体或棱体	岩体较完整，强度高，软弱结构面不控制岩体稳定，抗滑、抗变形性能较高，专门性地基处理工程量不大，属良好高混凝土坝地基	$R_b > 60MPa$，$V_p > 4500m/s$，$RQD > 70\%$，$K_v > 0.75$
Ⅲ	A_{III1}	岩体呈次块状、中厚层状结构或焊合牢固的薄层结构。结构面中等发育，岩体中分布有缓倾角或陡倾角（坝肩）的软弱结构面，存在影响局部坝基或坝肩稳定的楔体或棱体	岩体较完整，局部完整性差，强度较高，抗滑、抗变形性能在一定程度上受结构面控制。对影响岩体变形和稳定的结构面应做局部专门处理	$R_b > 60MPa$，$V_p = 4000\sim4500m/s$，$RQD = 40\%\sim70\%$，$K_v = 0.55\sim0.75$
	A_{III2}	岩体呈互层状、镶嵌状结构，层面为硅质或钙质胶结薄层状结构。结构面发育，但延展差，多闭合，岩块间嵌合力较好	岩体强度较高，但完整性差，抗滑、抗变形性能受结构面发育程度、岩块间嵌合能力，以及岩体整体强度特性控制，基础处理以提高岩体的整体性为重点	$R_b > 60MPa$，$V_p = 3000\sim4500m/s$，$RQD = 20\%\sim40\%$，$K_v = 0.35\sim0.55$

类别	A 坚硬岩（$R_b > 60$MPa）		
	岩体特征	岩体工程性质评价	岩体主要特征值
Ⅳ	$A_{Ⅳ1}$：岩体呈互层状或薄层状结构，层间结合较差。结构面较发育～发育，明显存在不利于坝基及坝肩稳定的软弱结构面、较大的楔体或棱体	岩体完整性差，抗滑、抗变形性能明显受结构面控制。能否作为高混凝土坝地基，视处理难度和效果而定	$R_b > 60$MPa，$V_p = 2500 \sim 3500$m/s，$RQD = 20\% \sim 40\%$，$K_v = 0.35 \sim 0.55$
	$A_{Ⅳ2}$：岩体呈镶嵌或碎裂结构，结构面很发育，且多张开或夹碎屑和泥，岩块间嵌合力弱	岩体较破碎，抗滑、抗变形性能差，一般不宜作高混凝土坝地基。当坝基局部存在该类岩体时，需做专门处理	$R_b > 60$MPa，$V_p < 2500$m/s，$RQD < 20\%$，$K_v < 0.35$
Ⅴ	$A_Ⅴ$：岩体呈散体结构，由岩块夹泥或泥包岩块组成，具有散体连续介质特征	岩体破碎，不能为高混凝土坝地基。当坝基局部地段分布该类岩体时，需做专门处理	—

类别	B 中硬岩（$R_b = 30 \sim 60$MPa）		
	岩体特征	岩体工程性质评价	岩体主要特征值
Ⅰ	—	—	—
Ⅱ	$B_Ⅱ$：岩体结构特征与 $A_Ⅰ$ 相似	岩体完整，强度较高，抗滑、抗变形性能较强，专门性地基处理工程量不大，属良好高混凝土坝地基	$R_b = 40 \sim 60$MPa，$V_p = 4000 \sim 4500$m/s，$RQD > 70\%$，$K_v > 0.75$
Ⅲ	$B_{Ⅲ1}$：岩体结构特征与 $A_Ⅱ$ 相似	岩体较完整，有一定强度，抗滑、抗变形性能一定程度受结构面和岩石强度控制，影响岩体变形和稳定的结构面应做局部专门处理	$R_b = 40 \sim 60$MPa，$V_p = 3500 \sim 4000$m/s，$RQD = 40\% \sim 70\%$，$K_v = 0.55 \sim 0.75$
	$B_{Ⅲ2}$：岩体呈次块或中厚层状结构，或硅质、钙质胶结的薄层结构，结构面中等发育，多闭合，岩块间嵌合力较好，贯穿性结构面不多见	岩体较完整，局部完整性差，抗滑、抗变形性能受结构面和岩石强度控制	$R_b = 40 \sim 60$MPa，$V_p = 3000 \sim 3500$m/s，$RQD = 20\% \sim 40\%$，$K_v = 0.35 \sim 0.55$

类别	B 中硬岩（$R_b = 30 \sim 60$MPa）		
	岩体特征	岩体工程性质评价	岩体主要特征值
Ⅳ	$B_{Ⅳ1}$：岩体呈互层状或薄层状，层间结合较差，存在不利于坝基（肩）稳定的软弱结构面、较大楔体或棱体	同 $A_{Ⅳ1}$	$R_b = 30 \sim 60$MPa，$V_p = 2000 \sim 3000$m/s，$RQD = 20\% \sim 40\%$，$K_v < 0.35$
	$B_{Ⅳ2}$：岩体呈薄层状或碎裂状，结构面发育～很发育，多张开，岩块间嵌合力差	同 $A_{Ⅳ2}$	$R_b = 30 \sim 60$MPa，$V_p < 2000$m/s，$RQD < 20\%$，$K_v < 0.35$
Ⅴ	同 $A_Ⅴ$	同 $A_Ⅴ$	

类别	C 软质岩（$R_b < 30$MPa）		
Ⅰ	—	—	—
Ⅱ	—	—	—
Ⅲ	$C_Ⅲ$：岩石强度 $15 \sim 30$MPa，岩体呈整体状或巨厚层状结构，结构面不发育～中等发育，岩体力学特性各方向的差异性不显著	岩体完整，抗滑、抗变形性能受岩石强度控制	$R_b < 30$MPa，$V_p = 2500 \sim 3500$m/s，$RQD > 50\%$，$K_v > 0.55$
Ⅳ	$C_Ⅳ$：岩石强度大于 15MPa，但结构面较发育；或岩体强度小于 15MPa，结构面中等发育	岩体较完整，强度低，抗滑、抗变形性能差，不作为高混凝土坝地基，当坝基局部存在该类岩体，需专门处理	$R_b < 30$MPa，$V_p < 2500$m/s，$RQD < 50\%$，$K_v < 0.55$
	—	—	—
Ⅴ	同 $A_Ⅴ$	同 $A_Ⅴ$	

注：本分类适用于高度大于 70m 的混凝土坝。R_b 为饱和单轴抗压强度，V_p 为声波纵波波速，K_v 为岩体完整性系数，RQD 为岩石质量指标。

附录 W 外水压力折减系数

W.0.1 前期勘察阶段可根据岩土体渗透性等级按表 W.0.1 确定外水压力折减系数。

表 W.0.1 外水压力折减系数

岩土体渗透性等级	渗透系数 K（cm/s）	透水率 q（Lu）	外水压力折减系数 β_e
极微透水	$K < 10^{-6}$	$q < 0.1$	$0 \leqslant \beta_e < 0.1$
微透水	$10^{-6} \leqslant K < 10^{-5}$	$0.1 \leqslant q < 1$	$0.1 \leqslant \beta_e < 0.2$

续表 W.0.1

岩土体渗透性等级	渗透系数 K (cm/s)	透水率 q (Lu)	外水压力折减系数 β_e
弱透水	$10^{-5} \leqslant K < 10^{-4}$	$1 \leqslant q < 10$	$0.2 \leqslant \beta_e < 0.4$
中等透水	$10^{-4} \leqslant K < 10^{-2}$	$10 \leqslant q < 100$	$0.4 \leqslant \beta_e < 0.8$
强透水	$10^{-2} \leqslant K < 1$	$q \geqslant 100$	$0.8 \leqslant \beta_e \leqslant 1$
极强透水	$K \geqslant 1$		

W.0.2 地下工程施工期间或有勘探平硐时，可按表 W.0.2 确定外水压力折减系数。当有内水组合时，β_e 应取小值，无内水组合时，β_e 应取大值。

表 W.0.2　外水压力折减系数经验取值表

级别	地下水活动状态	地下水对围岩稳定的影响	折减系数
1	洞壁干燥或潮湿	无影响	0.00～0.20
2	沿结构面有渗水或滴水	软化结构面的充填物质，降低结构面的抗剪强度。软化软弱岩体	0.10～0.40
3	严重滴水，沿软弱结构面有大量滴水、线状流水或喷水	泥化软弱结构面的充填物质，降低其抗剪强度，对中硬岩体发生软化作用	0.25～0.60
4	严重滴水，沿软弱结构面有小量涌水	地下水冲刷结构面中的充填物质，加速岩体风化，对断层等软弱带软化泥化，并使其膨胀崩解及产生机械管涌。有渗透压力，能鼓开较薄的软弱层	0.40～0.80
5	严重股状流水，断层等软弱带有大量涌水	地下水冲刷带出结构面中的充填物质，分离岩体，有渗透压力，能鼓开一定厚度的断层等软弱带，并导致围岩塌方	0.65～1.00

注：本表引自《水工隧洞设计规范》SL 279—2002。

本规范用词说明

1 为便于在执行本规范条文时区别对待，对要求严格程度不同的用词说明如下：

1) 表示很严格，非这样做不可的用词：
正面词采用"必须"，反面词采用"严禁"。

2) 表示严格，在正常情况下均应这样做的用词：
正面词采用"应"，反面词采用"不应"或"不得"。

3) 表示允许稍有选择，在条件许可时首先应这样做的用词：
正面词采用"宜"，反面词采用"不宜"；
表示有选择，在一定条件下可以这样做的用词，采用"可"。

2 本规范中指明应按其他有关标准、规范执行的写法为"应符合……的规定"或"应按……执行"。

中华人民共和国国家标准

水利水电工程地质勘察规范

GB 50487—2008

条 文 说 明

目　次

1 总则 ·················· 17—60
2 术语和符号 ·················· 17—60
　2.1 术语 ·················· 17—60
3 基本规定 ·················· 17—60
4 规划阶段工程地质勘察 ·········· 17—63
　4.1 一般规定 ·················· 17—63
　4.2 区域地质和地震 ············ 17—63
　4.3 水库 ·················· 17—63
　4.4 坝址 ·················· 17—64
　4.5 引调水工程 ·············· 17—64
　4.6 防洪排涝工程 ············ 17—64
　4.7 灌区工程 ················ 17—64
　4.8 河道整治工程 ············ 17—64
　4.9 天然建筑材料 ············ 17—64
　4.10 勘察报告 ·············· 17—64
5 可行性研究阶段工程地质
　勘察 ·················· 17—65
　5.1 一般规定 ················ 17—65
　5.2 区域构造稳定性 ············ 17—65
　5.3 水库 ·················· 17—65
　5.4 坝址 ·················· 17—66
　5.5 发电引水线路及厂址 ········ 17—66
　5.7 渠道及渠系建筑物 ·········· 17—66
　5.8 水闸及泵站 ·············· 17—67
　5.9 深埋长隧洞 ·············· 17—67
　5.10 堤防及分蓄洪工程 ········ 17—67
　5.11 灌区工程 ················ 17—67
　5.12 河道整治工程 ············ 17—68
　5.13 移民选址 ················ 17—68
　5.15 勘察报告 ················ 17—69
6 初步设计阶段工程地质勘察 ······ 17—69
　6.1 一般规定 ················ 17—69
　6.2 水库 ·················· 17—69
　6.3 土石坝 ················ 17—71
　6.4 混凝土重力坝 ············ 17—71
　6.5 混凝土拱坝 ·············· 17—71
　6.6 溢洪道 ················ 17—72
　6.7 地面厂房 ················ 17—72
　6.8 地下厂房 ················ 17—72

　6.9 隧洞 ·················· 17—72
　6.10 导流明渠及围堰工程 ········ 17—73
　6.11 通航建筑物 ·············· 17—73
　6.12 边坡工程 ················ 17—73
　6.13 渠道及渠系建筑物 ·········· 17—78
　6.14 水闸及泵站 ·············· 17—79
　6.15 深埋长隧洞 ·············· 17—79
　6.16 堤防工程 ················ 17—79
　6.17 灌区工程 ················ 17—79
　6.18 河道整治工程 ············ 17—79
　6.19 移民新址 ················ 17—79
　6.21 勘察报告 ················ 17—80
7 招标设计阶段工程地质勘察 ······· 17—80
　7.1 一般规定 ················ 17—80
　7.2 工程地质复核与勘察 ········ 17—80
8 施工详图设计阶段工程地质
　勘察 ·················· 17—81
　8.1 一般规定 ················ 17—81
　8.2 专门性工程地质勘察 ········ 17—81
　8.3 施工地质 ················ 17—81
　8.4 勘察报告 ················ 17—81
9 病险水库除险加固工程地质
　勘察 ·················· 17—81
　9.1 一般规定 ················ 17—81
　9.2 安全评价阶段工程地质勘察 ···· 17—82
　9.3 可行性研究阶段工程地质勘察 ·· 17—82
　9.4 初步设计阶段工程地质勘察 ···· 17—82
附录 B 物探方法适用性 ·········· 17—82
附录 C 喀斯特渗漏评价 ·········· 17—83
附录 D 浸没评价 ·············· 17—83
附录 E 岩土物理力学参数取值 ······ 17—84
附录 F 岩土体渗透性分级 ········ 17—85
附录 G 土的渗透变形判别 ········ 17—85
附录 H 岩体风化带划分 ·········· 17—86
附录 J 边坡岩体卸荷带划分 ········ 17—87
附录 K 边坡稳定分析技术规定 ······ 17—87
附录 L 环境水腐蚀性评价 ········ 17—88
附录 M 河床深厚砂卵砾石层取样

　　　　与原位测试技术规定 ………… 17—88
附录 N　围岩工程地质分类 ………… 17—89
附录 P　土的液化判别 ……………… 17—89
附录 Q　岩爆判别 …………………… 17—91
附录 R　特殊土勘察要点 …………… 17—91
附录 S　膨胀土的判别 ……………… 17—93

附录 T　黄土湿陷性及湿陷起始
　　　　压力的判定 ………………… 17—93
附录 U　岩体结构分类 ……………… 17—94
附录 V　坝基岩体工程地质分类 …… 17—94
附录 W　外水压力折减系数 ………… 17—94

1 总 则

1.0.1 《水利水电工程地质勘察规范》GB 50287—99（以下简称原规范）自颁布以来，对规范我国水利水电工程地质勘察工作发挥了重要的作用。但是近十余年来，随着国民经济的高速发展和科学技术的进步，国内很多大型水利水电工程相继建成，积累了丰富的经验，勘察技术和方法日趋先进和多样化；原规范侧重于水库、大坝及水力发电工程，对防洪工程、灌溉工程等水利工程涉及相对偏少；引调水工程、病险水库除险加固工程及深埋长隧洞工程等项目越来越多，对工程地质勘察提出新的要求；水利水电工程的勘察阶段也有新的调整，勘察内容与方法都发生了较大变化，因此，原规范的内容已不能满足实际工作的需要。为了适应新的形势要求，进一步统一和明确大型水利水电工程地质勘察的工作程序、深度要求及勘察内容、方法，对原规范进行了修订。

1.0.2 本规范适用的大型水利水电工程是指按现行国家标准《防洪标准》GB 50201 所确定的大型工程。

1.0.3 根据目前水利水电工程勘测设计阶段划分的实际情况，对工程地质勘察阶段作了相应调整，增加了项目建议书阶段，将原来技施设计阶段改为招标设计阶段和施工详图设计阶段。

1.0.4 根据国家发展和改革委员会办公厅与水利部办公厅联合发布的《病险水库除险加固工程项目建设管理办法》（发改办农经〔2005〕806 号）规定，除险加固工程前期工作包括安全鉴定、安全鉴定复核和项目审批三部分。安全鉴定和安全鉴定复核以安全评价工作为基础，而安全评价需要开展一些必要的勘察、测试工作。项目审批规定总投资 2 亿元（含 2 亿元）以上或总库容在 10 亿 m³（含 10 亿 m³）以上的病险水库除险加固工程，分为可行性研究和初步设计两个阶段，其他大中型工程只有初步设计阶段。据此，本规范规定病险水库除险加固工程的工程地质勘察分为安全评价、可行性研究和初步设计三个阶段。

2 术语和符号

2.1 术 语

2.1.1 原规范规定，经绝对年龄测定，最后一次错动年代距今 10 万～15 万年的断层为活断层。这一标

准跨越时间尺度过大，不宜掌握。近些年，国家有关部门颁布的《工程场地地震安全性评价》GB 17741—2005、《活动断层探测方法》DB/T 15—2005，均对活动断层有明确定义，即活动断层是指晚第四纪以来有活动的断层，其中晚第四纪是指距今 10 万～12 万年以来的时段。在《核电厂厂址选择中的地震问题》〔HAF0101(1)〕(1994) 中，将"能动断层"定义为晚更新世（约 10 万年）以来有过活动的断层。我国台湾对活断层分为三类：第一类，1 万年内曾发生错移的断层；第二类，10 万年内曾发生错移的断层；第三类，存疑性活断层，根据文献资料无法纳入前两类的断层。综合以上资料，结合近些年西部地区水利水电工程建设的实际，本规范采用最后一次错动年代距今 10 万年的断层为活断层标准。

2.1.12 根据水工隧洞施工经验，本规范对钻爆法和 TBM 法施工的长隧洞的长度分别作出了规定。

2.1.13 本规范规定埋深大于 600m 的隧洞为深埋隧洞，是基于目前常规的地质钻探可以达到的深度；超过这一深度其他的勘探方法也难以取得可靠的资料。

3 基 本 规 定

3.0.3 本条关于工程地质勘察大纲的内容，较原规范作了较多补充。包括任务来源、前阶段勘察的主要结论及审查、评估的主要意见，勘察工作依据的规程、规范及有关技术规定等，勘察工作关键技术问题和主要技术措施，资源配置及质量，安全保证措施，包括人力、设备资源、项目组织管理及质量、安全保证措施等。这些补充规定都是根据这些年的实践经验概括出来的。

3.0.4 新增本条的目的既是对勘察工作的要求，也是对主管部门和任务委托单位的约束，明确工程地质勘察应分阶段、由浅入深地进行。

3.0.5 我国幅员辽阔，自然条件和地质条件复杂，且地区间差异很大。不同的自然条件和地质条件，不同类型的水工建筑物，工程地质勘察工作的重点、深度要求、采用的手段、方法均有很大差异。在基本规定中强调勘察工作量、勘察手段、方法和勘察工作布置要结合地质条件复杂程度，表 1～表 3 是针对几种代表性水利水电工程而编制的地质条件复杂程度划分标准。

本规范规定在勘察工作中，要注意新技术、新方法的应用，体现了科学技术是第一生产力的精神。

表 1 水利水电工程枢纽建筑物区地质条件复杂程度划分

因子等级		项目	Ⅰ类（简单）	Ⅱ类（中等）	Ⅲ类（复杂）
Ⅰ	2	地形地貌及物理地质现象	地形较完整，相对高差小于 100m，岸坡小于 20°	地形较完整，相对高差 100～300m，岸坡 20°～35°	地形较破碎～破碎，相对高差大于 300m，岸坡大于 35°

因子等级		项目	Ⅰ类（简单）	Ⅱ类（中等）	Ⅲ类（复杂）
Ⅰ	2	地形地貌及物理地质现象	无剧烈物理地质现象	局部有剧烈物理地质现象	不良物理地质现象发育
	1		枢纽区附近不存在影响建筑物安全的重大地质灾害		枢纽区附近存在影响建筑物安全的重大地质灾害
	2		风化卸荷带厚度一般小于10m	风化卸荷带厚度10～40m	风化卸荷带厚度大于40m
Ⅰ	1	区域构造环境及地震活动性	构造稳定区，地震基本烈度小于或等于6度	构造较稳定区～较不稳定区，地震基本烈度大于6度小于8度	构造较不稳定～不稳定区，距枢纽区8km范围内有活动断裂，地震基本烈度大于或等于8度
Ⅰ	1	地层岩性	地台型沉积，地层岩性均一	地台和准地台型沉积，地层岩性不均一，岩相较稳定	地槽或准地槽型沉积，地层岩性复杂，岩相变化大
	2		河床覆盖层厚度小于10m	河床覆盖层厚度10～40m，岩性较单一	河床覆盖层厚度大于40m，岩性较复杂
Ⅰ	1	地质构造	近水平或单斜构造，地层产状稳定	单斜构造或正常褶皱，地层产状变化较大	非正常褶皱，地层产状变化剧烈
Ⅰ	1		断层裂隙不发育	断层裂隙较发育	近枢纽建筑物区有区域性断层通过，断裂构造发育
Ⅰ	1		无影响建筑物稳定的控制性软弱结构面		影响建筑物稳定的控制性软弱结构面发育
Ⅰ	1	水文地质	非岩溶地区，无承压含水层或仅有裂隙承压水，相对隔水层埋深小于1/3坝高	岩溶不发育，仅有裂隙承压水，相对隔水层埋深1/2～1/3坝高	岩溶发育，防渗工程复杂且量大，存在对建筑物稳定有影响的承压水
Ⅱ	2		岩体透水性弱而均一	岩体透水性弱～中等，且不均一	岩体透水性强，且不均一
Ⅱ	2	天然建筑材料	坝址5km范围内有合适的天然建筑材料	坝址5～10km范围内有合适的天然建筑材料	不论何种坝型，天然建筑材料都不理想
备注			Ⅰ-1类因子单独一项即可决定本工程的复杂程度，当存在多个Ⅰ-1类因子时，取高类；其他可视因子等级组合情况综合判定工程地质条件的复杂程度。		

表2　引调水工程地质条件复杂程度划分

建筑物	Ⅰ类（简单）	Ⅱ类（中等）	Ⅲ类（复杂）
渠道	1. 地震基本烈度等于或小于6度区，或虽为7度区，但对建筑抗震有利的地段 2. 平原、丘陵地貌 3. 岩质边坡坡高小于15m，土质边坡坡高小于10m 4. 不良地质作用（岩溶、滑坡、崩塌、危岩、泥石流、采空区、地面沉降）不发育 5. 地层岩性较单一，无特殊性岩土 6. 产状有利于边坡稳定，断层裂隙不发育 7. 水文地质条件简单，岩土体透水性弱而均一；无大的渗漏或浸没问题	1. 地震基本烈度7度区，对建筑抗震不利的地段 *2. 丘陵、山区地貌 *3. 岩质边坡坡高15～30m，土质边坡坡高10～20m *4. 不良地质作用较发育 5. 岩土种类较多，边坡或渠基下分布有特殊性岩土及易地震液化的粉细砂，但延续性差，范围小 6. 地层产状较不利于边坡稳定，断层裂隙较发育 7. 水文地质条件较复杂岩土体透水性弱～中等，但不均一；局部存在较严重的渗漏或浸没问题	1. 地震基本烈度7度或大于7度区，且对建筑抗震危险的地段 *2. 高山深谷地貌 3. 岩质边坡坡高大于30m，土质边坡坡高大于20m 4. 不良地质作用强烈发育 5. 岩土种类多，性质变化大。边坡或渠基分布有较大范围的特殊土及粉细砂，渠道变形、稳定及地震液化问题突出；沙漠渠道 6. 地层产状变化剧烈，且在较大范围不利于边坡稳定；断裂构造发育，渠线有区域性断层通过 7. 水文地质条件复杂，有影响工程的多层地下水，存在严重的渗漏或浸没问题

建筑物	Ⅰ类（简单）	Ⅱ类（中等）	Ⅲ类（复杂）
引水隧洞	1. 地震基本烈度等于或小于6度区，或虽为7度区，但对建筑抗震有利的地段 2. 周边地质环境良好，无剧烈物理地质现象 3. 地质构造较简单，断裂构造不发育，低地应力 4. 地层岩性较单一，无特殊岩土层分布 5. 水文地质条件简单，不存在大的涌水突泥问题 6. 进出口边坡地质条件较好	*1. 地震基本烈度7度区，对建筑抗震不利的地段 2. 周边地质环境较差，存在对建筑物有影响的物理地质现象，但规模不大，类型较单一 3. 地质构造较复杂，断裂构造发育，但产状较有利。无区域性断裂通过，地应力中等 4. 地层岩性较复杂，有厚度不大的软岩 *5. 无有害气体，无地温异常，有轻度岩爆 6. 水文地质条件较复杂，有范围不大的强透水带，局部承压水，局部存在涌水突泥问题 *7. 进出口边坡存在局部稳定问题	1. 深埋长隧洞；水下（湖、河、海）隧洞；城市地面下隧洞 2. 地震基本烈度7度或大于7度区，且对建筑抗震危险的地段 3. 周边地质环境差，物理地质现象强烈 4. 地质构造复杂，有大断裂或区域性断裂通过，高地应力 5. 地层岩性复杂，有较大范围的软岩、特殊岩土分布；新第三系或第四系松散地层中的隧洞 6. 存在有害气体，或地温异常，或中～重度岩爆 7. 水文地质条件复杂，岩溶发育区，有强透水带，局部承压水。存在涌水突泥问题 *8. 进出口为高陡边坡
备注	1 中等和复杂地区，除有*项为非决定因子外，其他任一项因子，即可确定该地区的复杂等级。 2 对建筑抗震有利、不利和危险地段划分，可按现行国家标准《建筑抗震设计规范》GB 50011 的规定确定。		

表3 水闸及泵站场地地质条件复杂程度划分

因子等级	项目	Ⅰ类（简单）	Ⅱ类（中等）	Ⅲ类（复杂）
2	建筑抗震	地震基本烈度等于或小于6度，或地震基本烈度7度但对建筑抗震有利的地段	地震基本烈度7度，对建筑抗震不利的地段	地震基本烈度等于或大于7度的地区，且对建筑抗震危险的地段
2	地形地貌	平原地区，地形较完整，相对高差<50m	平原-丘陵区，地形较完整，相对高差50～150m	丘陵-山区，地形较破碎，相对高差>150m
1	场区及周边地质环境	地质构造稳定，场区、近场区无活动断裂通过	地质构造较稳定，场区、近场区无活动断裂通过	地质构造稳定性差，近场区有活动断裂通过
1		不良地质作用（岩溶、滑坡、危岩和崩塌、崩岸、泥石流、采空区、地面沉降等）不发育	不良地质作用较发育	不良地质作用强烈发育
2	地基	岩土种类单一，均匀，性质变化不大	岩土种类较多，不均匀，性质变化较大	岩土种类多，很不均匀，性质变化大
1		无特殊性土（红黏土、软土、自重湿陷性黄土、膨胀土、人工杂填土、分散性土、多年冻土等）及粉细砂层	局部有特殊土或粉细砂分布，对建筑物稳定、变形有一定影响	有特殊土或粉细砂层分布，导致地基严重沉陷、变形、抗滑稳定、地震液化等，需做较复杂的工程处理
2	地下水	地下水对工程无影响；地下水对混凝土、金属结构无腐蚀性	基础位于地下水位以下的场地；有承压含水层，但对工程影响小；地下水对混凝土有一般性腐蚀	水文地质条件复杂，有岩溶水活动，有影响工程的承压含水层；地下水对混凝土、金属结构有强腐蚀性
备注	1 1类因子一项即可决定场地复杂程度级别，2类因子需两项组合取高类确定场地地质条件复杂程度级别。 2 对建筑抗震有利、不利和危险地段划分，按现行国家标准《建筑抗震设计规范》GB 50011 的规定确定。			

3.0.6 本条强调了工程地质测绘在水利水电工程地质勘察工作中的基础作用。工程地质测绘应执行国家现行标准《水利水电工程地质测绘规程》SL 299—2004。

3.0.7 不同的物探方法因其工作原理及适用条件不同，可以解决的地质问题也不同，因此物探方法的选择应考虑地形地质条件和岩土体的物性特点。物探工作应执行《水利水电工程物探规程》SL 326—2005。

3.0.9 与原规范相比，本条明确了试验方法的选择应根据试验对象和试验项目的重要性确定；试验项目、数量和方法的确定，不仅要根据勘察阶段和工程特点，还应结合岩土体条件（地质条件）。岩土物理力学试验应符合国家现行标准《水利水电岩石试验规程》SL 264—2001 和《土工试验规程》SL 237—1999 的规定。

3.0.10 本条是根据近十余年工程地质勘察的实践经验，结合国外经验新增的条文，目的是要求工程地质工作者高度重视观测、监测手段的运用，特别是对一些需要根据位移（变形）趋势或动态变化作出判断或结论的重要地质现象，如位置重要的大型滑坡的稳定性评价，重要人工开挖边坡的变形情况，地下开挖、坝基开挖卸荷变形，对区域构造稳定性评价有重要意义的活动断层，重要的泉水、承压水等，均应及时布设原位监测或长期观测点。长期观测工作在以往的勘察工作中虽然也在进行，但有愈来愈降低要求的趋势，观测网的布置、观测时间和观测延续的时段常常获取不到长期观测应该提供的资料，所以这次修编的基本规定中，将其单列一条加以强调。

3.0.11 新增本条是因为在过去的工作中，对天然建筑材料的勘察不够重视，因此本条明确规定"天然建筑材料的勘察工作应确保各勘察阶段的精度和成果质量满足设计要求"。天然建筑材料勘察应按照国家现行标准《水利水电工程天然建筑材料勘察规程》SL 251—2000 的要求进行。

3.0.12 根据多年来工程地质勘察实践经验，对重大而复杂的水文地质、工程地质问题列专题进行研究是保证勘察成果质量的重要措施。

3.0.13 随着国家对环境保护的日益重视，水利水电工程建设对环境的影响越来越引起社会的关注，本条是为适应这种要求而制定的。

4 规划阶段工程地质勘察

4.1 一般规定

4.1.2 本条修改主要体现了以下几点：

1 增加了"了解规划河流、河段或工程的工程地质条件，为各类型水资源综合利用工程规划选点、选线和合理布局进行地质论证"。这应该是规划阶段工程地质勘察的主要任务。

2 原规范的内容侧重于河流梯级规划，具体内容主要是坝址和水库，本次修改增加了引调水工程、防洪排涝工程、灌区工程、河道整治工程等勘察内容。

3 明确将"重点了解近期开发工程的地质条件"作为规划阶段的勘察内容和任务。

4.2 区域地质和地震

4.2.1 区域地质和地震的勘察内容主要包括 5 个方面，即地形地貌、地层岩性、地质构造与地震、物理地质现象和水文地质条件。这些资料是分析水利水电工程地质条件的基础。

本条中各款只列举了应研究的主要地质内容，详细内容或需展开研究的问题可根据规划河流（河段）及工程区的具体区域地质特征有所侧重。例如可溶岩地区，重点应放在喀斯特发育情况和水文地质条件上；在地震活动性较强的地区，要特别注意地质构造和断裂活动情况；在第四系分布区，要重点了解第四纪沉积物的类型、河流发育史和阶地发育情况等。

4.2.2 目前，国内大部分地区已完成了 1∶200000 区域地质图，正在新编 1∶250000 区域地质图，少数地区已完成 1∶50000 区域地质测图。大多数省已出版了区域地质志。不少地区还编制有区域地质图、区域水文地质图、环境地质图和灾害地质图。这些资料都是进行规划阶段区域地质研究的基础资料。但是这些图件出版年代不一，其内容也往往不能满足水利水电工程的需要。因此，本条规定，河流或河段区域综合地质图的编图应在收集和分析各类最新区域地质资料的基础上，利用卫片、航片解译等进行编绘，并根据需要进行地质复核。地质复核方法可采用遥感地质方法和路线地质调查方法。

4.2.3 在原规范中本条内容与第 4.2.2 条同属一条，本次修编中考虑到区域地质与地震勘察工作的内容方法有所差别，为明确地震勘察内容，将其分为两条。目前，国家地震部门出版有中国历史强震目录、中国近代强震目录、地震动参数区划图和地震区带划分图；各省区现今仪器地震记录日臻完善，并编有系统的仪测地震目录；大多省区编有地震构造图。地震勘察工作以收集资料为主，进行适当野外调查，即可满足规划阶段编图和评价的需要。按国家颁布的地震动参数区划图确定各工程场地的地震动参数。

4.2.4 区域综合地质图、区域构造与地震震中分布图的比例尺可根据流域面积的大小、规划工程范围、区域地质的复杂程度、地震活动强烈程度等在1∶500000～1∶200000 之间选择。

4.2.5 为新增条文。近期开发工程的勘察工作要求相对较深，因此要求进行区域构造稳定性分析。

4.3 水 库

4.3.1 水库的勘察内容主要根据威胁水库或梯级成立的重大地质问题而提出。大规模的坍塌、泥石流、滑坡等物理地质现象以及严重的水库渗漏常常影响水库效益，可溶岩地区的喀斯特水库渗漏甚至影响梯级方案的成立，坍岸、浸没等则可能对库周的城镇、重大基础设施的安全构成威胁。这些问题在本阶段都需要进行初步调查，了解其严重程度，以便选择最适宜的梯级开发方案。此外，本次修订把影响库区水环境的地质条件作为勘察内容之一。

4.3.2、4.3.3 水库的勘察方法基本上分两种情况：

1 根据已有的区域地质资料分析水库地质条件，如不存在严重威胁水库成立的地质问题，本阶段可以不进行水库工程地质测绘。

2 当水库可能存在影响工程方案成立或对库周重大基础设施安全构成威胁的严重渗漏或大规模滑坡、坍岸、浸没等工程地质问题时，应进行水库工程地质测绘。测绘比例尺的选择可以根据水库面积和地质条件复杂程度等因素综合考虑选定。

为了解这些问题的严重程度，可布置少量的勘探工作。

4.4 坝 址

4.4.1 规划阶段对坝址地质勘察的内容偏重于基本地质情况的了解。条文中所列各款内容，都是梯级规划所需要的基本地质资料。本次修编增加了坝址地形、地质条件对不同坝型适应性的分析内容。

4.4.2 本条规定了近期开发工程规划阶段的坝址地质的勘察内容。当第四纪沉积物作为坝基时，应了解对大坝基础可能有明显影响的软土、砂性土等工程性质不良岩土层的空间分布与性状。对于当地材料坝方案，需要优先考虑是否具备布置溢洪道的地形地质条件及筑坝材料，特别是防渗材料的分布与储量。为此，本次修编增加了相关勘察内容。

4.4.3 规划阶段坝址的勘察方法主要采用工程地质测绘、物探和少量钻探（或平硐）。

工程地质测绘是最基本的方法。应当根据坝址区地形的陡缓、地层和构造的复杂程度及坝址区面积的大小等因素，综合考虑选定合适的比例尺。

物探方法是规划阶段坝址勘探的主要手段之一。物探方法可用于探测河床冲积层厚度、较大的断层和溶洞等地质缺陷，但地形条件和岩性条件对物探精度有较大影响，应根据实际条件选择合适的方法。

本阶段坝址钻探工作量一般较少，所以对近期开发工程和一般梯级坝址的钻孔布置应区别对待。条文中的钻孔数量是最低要求，地质条件复杂时可以适当增加。对于峡谷地区坝址，两岸宜布置勘探平硐，以便更好地揭示岩性、风化与卸荷深度。

钻孔深度的确定受很多具体因素的影响，如坝高、河床冲积层厚度、两岸风化深度、基岩的完整性和透水性等。各地情况千差万别，本阶段不确定因素较多，难以具体规定，根据国内外经验，一般约为1~1.5倍坝高。执行中可结合实际情况灵活掌握。

4.5 引调水工程

4.5.1 引调水工程是指长距离和跨流域的引调水工程，如南水北调工程、引黄入晋工程、引大入秦工程、辽宁东水西调工程、引额济乌工程等。建筑物主要包括渠道、隧洞及渠系建筑物。规划阶段的勘察

任务主要是了解引调水工程基本地质条件，与原规范第3.5.1条相比，增加了对沿线地下构筑物和地下管线分布情况的勘察。

4.5.2

1 关于引调水工程线路的勘察方法，首先要收集和分析已有的地质资料，特别是利用航（卫）片资料分析线路的主要地质现象和主要工程地质问题。

2 工程地质测绘是规划阶段引调水工程的主要工程地质勘察方法。考虑到规划阶段方案变化较大，测绘范围大一些有利于方案比选。

4 沿渠道布置勘察点应以坑、井为主，钻孔可在一些关键地质部位布置。

5 隧洞进出口及浅埋段常常是地质条件薄弱部位，是隧洞勘察的重点。

4.6 防洪排涝工程

4.6.1 防洪排涝工程包括堤防、泵站和水闸工程等，多在平原区及河流中下游地区，因此本条的勘察内容主要侧重第四纪沉积物。

4.6.2 对于已有工程，由于已经运行多年，原勘察资料及历年险情、隐患资料较多，在开展规划阶段工程地质勘察时应首先调查、访问和收集资料，然后开展工程地质测绘和必要的勘探、试验。

4.7 灌区工程

4.7.2 鉴于灌区工程主要涉及第四纪沉积物，因此本条的勘察内容主要侧重于第四纪地层，要求对基本地质条件有所了解。

4.7.4 灌区水文地质勘察包括两部分内容，一是了解灌区土壤情况及水文地质条件，特别是老灌区在运行过程中已经形成的盐渍化和沼泽化问题，预测灌区工程建成运行后可能产生的次生地质问题；二是对于可能利用地下水源的灌区，应了解地下水源地的水文地质条件。

4.8 河道整治工程

4.8.1 河道整治工程包括导流坝（顺直坝、丁坝、潜坝等）、护岸、裁弯取直、堵汊（口）、疏浚河道等多种类型工程。河势变化及崩岸、滑坡的分布等对河道整治工程很重要，在此规定为勘察内容。

4.9 天然建筑材料

原规范对规划阶段的天然建筑材料勘察仅列了第3.4.4条一条，本次修订将其扩展为一节，要求在规划阶段对工程区内天然建筑材料进行普查，从而了解天然建筑材料的分布及质量情况。对于近期开发的工程，必要时可进行初查。

4.10 勘察报告

本节对阶段工程地质勘察报告的基本内容作了简

要规定。由于工程类型和规划内容差别较大，报告的编写内容也不同，因此在编写工程地质勘察报告时，要结合规划内容和工程类型确定编写提纲和编写内容，其中心意思是勘察报告要全面、系统地反映勘察成果。这里的基本地质条件是指工程区或建筑物区的地形地貌、地层岩性、地质构造、物理地质现象及水文地质条件等。

5 可行性研究阶段工程地质勘察

5.1 一般规定

5.1.1 本条规定了可行性研究阶段工程地质勘察的任务和目的。原规范主要针对水利水电枢纽工程，本次修订涵盖了各类水利水电工程。

5.1.2 与原规范相比，本条内容作了适当调整。

1 将勘察的对象统称为工程区及建筑物，以包括所有水利水电工程。工程区包括坝址区、水库区、灌区等。

2 增加了移民集中安置点选址的勘察内容。对水库工程而言，如果采用后靠方案，则移民选址勘察在水库区勘察工作的基础上进行；如采用外迁方案则需单独进行勘察。其他水利水电工程，如引调水工程、防洪工程等涉及移民选址时，根据具体情况布置勘察工作。

5.2 区域构造稳定性

5.2.1 区域构造稳定性问题是关系水利水电工程是否可行的根本地质问题，要求在可行性研究阶段作出明确评价。本条规定了区域构造稳定性评价的内容。

区域构造背景研究是评价所有工程地质问题的基础工作，也是地震安全性评价中潜在震源区划分的基本依据之一。

断裂活动性问题是评价坝址和其他建筑物场地构造稳定性以及进行地震安全性评价的主要依据，也是关系建筑物安全的重大问题，所以本阶段要求对场地和邻近地区的活断层作出鉴定。

地震动参数是工程抗震设计的重要依据，要求在可行性研究阶段确定工程场地的地震动参数及相应的地震基本烈度。

5.2.2 本条内容主要根据《工程场地地震安全性评价》GB 17741—2005 进行修订。与原规范相比，主要修改包括：将原规范区域地质构造背景研究范围由300km 改为 150km；将区域构造调查范围由原来20～40km 改为 25km；明确引调水线路区域地质构造研究范围为 50～100km，其依据是南水北调中线一期工程总干渠工程沿线地震动参数区划的工作经验。

5.2.4 关于活断层的判别标志与原规范相比基本一致，仅将原规范中的"最后一次错动年代距今 10 万

～15 万年"改为 10 万年以内。

5.2.7 关于地震安全性评价，近几年国家颁布了一系列法规和条例，如《中国地震动参数区划图》GB 18306—2001、《地震安全性评价管理条例》（2001年）等，在此基础上各地方又相继颁布了一些地方法规，都对需要做地震安全性评价的工程范围作了界定。本条内容在原规范基础上作了适当修改：①根据《水利水电工程等级划分及洪水标准》SL 252—2000中有关水工建筑物级别确定的有关规定，对于土石坝坝高超过 90m、混凝土坝及浆砌石坝坝高超过 130m 的 2 级建筑物等级可提高一级；根据《水工建筑物抗震设计规范》SL 203—97，对 1 级壅水建筑物根据其遭受强震影响的危害性，可在基本烈度基础上提高一度作为设计烈度。因此，本次修编时将原规范第 4.2.8 条第 2 款有关内容"……对地震基本烈度为七度及以上地区的坝高为 100～150m 的工程，当历史地震资料较少时，应进行地震基本烈度复核"改为"对 50 年超越概率 10%的地震动峰值加速度大于或等于 0.10g 地区，土石坝坝高超过 90m、混凝土坝及浆砌石坝坝高超过 130m 的其他大型工程，宜进行场地地震安全性评价工作"。②增加了"50 年超越概率10%的地震动峰值加速度大于或等于 0.10g 地区的引调水工程的重要建筑物，宜进行场地地震安全性评价工作"的规定，主要是针对引调水工程的单项重要建筑物，至于引调水工程是否需要全面做地震安全性评价，则未做硬性规定。

5.2.8 本条从区域构造稳定性观点出发，提出了坝址选择应遵守的三条准则，这是基于水工建筑物抗震安全考虑的。

5.3 水 库

5.3.1 增加了第 6 款"调查是否存在影响水质的地质体"，主要指是否存在大范围的岩盐、石膏及其他有害矿层，从而严重污染水质。

5.3.4 通过工程地质测绘进行浸没初判，对于可能发生浸没或次生盐渍化的地段进一步开展勘察工作。

5.3.6、5.3.7 本规范要求大型水库工程都应进行水库诱发地震研究。水库诱发地震研究的范围为水库及影响区，一般指水库正常蓄水位淹没线内及外延10km 的范围。

原规范将水库诱发地震的研究内容列在区域构造稳定性评价之内。考虑到水库诱发地震是工程运行后水库区出现的一种地震现象，且常常不是地质构造活动引起的地震，本次修订时将其作为水库工程地质问题之一。

已有的水库诱发地震震例显示，中等强度以上的水库诱发地震，有可能对大坝和水工建筑物造成损害，对库区环境和城镇建筑物产生一定的影响。从工程宏观决策和规划设计工作的需要考虑，在水利水电

工程的可行性研究阶段，必须对水库诱发地震的危险性作出合理的预测或评估。

5.3.8 当可行性研究阶段预测有可能发生水库诱发地震时，应研究进行监测的必要性，并提出监测的初步设想，以便在工程立项时预留经费，为初步设计阶段进行监测台网设计及以后的监测工作提供条件。

5.4 坝　址

5.4.1 本条对原规范的规定作了必要的结构调整和内容补充。

地形、地貌条件是影响方案布置、施工组织设计、工程造价的重要因素，不同坝型对地形地貌条件的要求亦不相同。在第 1 款增加了初步查明地形地貌特征的要求。

缓倾角结构面特别是缓倾角断层是混凝土坝基和基岩边坡稳定的重要影响因素，因此，在第 4 款中进一步强调了对缓倾角断层应初步查明的内容。勘察中应注意分析与其他结构面的组合关系，特别是不稳定组合的形态、性质。

黄土喀斯特是黄土地区坝址主要的工程地质问题。因此，第 9 款增加了对黄土喀斯特调查的规定。

根据对国内已建工程现状的调查，环境水（天然河水和地下水）对水利水电工程混凝土及钢筋混凝土中的钢筋和钢结构的腐蚀问题日渐突出。因此，第 10 款专门作了应对环境水的腐蚀性进行初步评价的规定。

5.4.2

3、4　对峡谷区河流坝址及宽谷区或深厚覆盖层河流上坝址勘探的布置、方法选择、钻孔深度分别作了规定。

为了保证各比较坝址方案的可比性，条文规定各比较坝址均应有一条主要勘探剖面，如地质条件较复杂或坝较高，可在主要勘探剖面的上、下游布置辅助勘探剖面，其数量视具体需要决定。

条文所指的勘探点包括钻孔、平硐和探井等重型勘探工程。根据以往经验，本阶段勘探点的间距不应大于 100m。但有的峡谷型坝址，河宽不足百米，为了取得河床部位可靠的地质资料，条文规定峡谷河床部位不应少于 2 个钻孔。另外还规定对坝址比较有重大影响的工程地质问题，都应有钻孔或平硐等勘探工程控制。

土石坝的混凝土建筑物是指混合坝型的混凝土坝段、土石坝的混凝土连接坝段、导流墙和混凝土面板坝堆石的趾板等。

平硐在了解地形坡度较陡的岸坡和产状较陡的地质构造等方面，探井在了解缓倾角软弱夹层方面都有较好的效果。所以条文对此作了强调。

勘探钻孔深度取决于勘探目的的需要和地质条件的复杂程度。

对于峡谷区的坝址，条文规定 70m 以上的高坝，河床覆盖层小于 40m 的，钻孔进入基岩深度为 $H/2 \sim H$（H 为坝高），从坝基稳定和防渗要求来说，孔深达到这个深度已可满足要求。当覆盖层较厚时，为调查基岩中有无埋藏深槽和避免对河床覆盖层厚度的误判，孔深达到基岩面以下 20m 是必要的。

平原区建在深厚覆盖层上的坝，勘探钻孔深度是根据持力层厚度、渗流分析及防渗方案需要考虑的。在此深度内如仍未揭穿工程性质不良岩土层时，应根据具体情况加大孔深。

6　考虑试验成果数理统计的合理性，对试验组数作了调整。有效试验组数是指剔除不合理成果的试验后，可纳入统计分析计算的试验组数。

条文规定的特殊岩土应根据其工程地质特性进行专门试验，主要包括湿陷性土的湿陷试验、膨胀性土的膨胀试验、分散性土的分散性试验、盐渍土的含盐性质和含盐量试验等。

5.5　发电引水线路及厂址

5.5.1　水利水电枢纽工程中引水式水电站的引水线路方案选择，对工程可行性有重要影响，是工程可行性研究的主要任务之一。本次修订将原规范引水隧洞线路和渠道线路的勘察内容合并为一条。

5.7　渠道及渠系建筑物

5.7.1　渠道工程地质勘察内容中，喀斯特塌陷、采空区、物理地质现象及特殊岩土层的勘察是重点和难点，对工程选线至关重要。

渠道工程地质初步分段是本阶段的重要内容之一。目前还没有成熟的分段标准，根据已有勘察经验，分段的依据主要包括地形地貌、地质构造、岩土体性质、物理地质现象、特殊岩土体的分布、水文地质条件及存在的主要工程地质问题等。

5.7.2　渠系建筑物的类型很多，包括倒虹吸、渡槽、分水闸、节制闸、退水闸等。条文所列勘察内容适用于所有渠系建筑物。但是由于各类建筑物的荷载条件和基础形式不同，对地基地质条件的评价应有所区别。

5.7.3　工程地质测绘比例尺按渠道和渠系建筑物分别列出，并可根据地质条件的复杂程度选用。

物探方法对探测覆盖层厚度、地下水位、喀斯特洞穴、采空区和断层等，有一定效果，宜尽量选用。

钻孔是最常用的主要勘探手段，沿渠道中心线和渠系建筑物轴线上均应布置钻孔，形成纵、横勘探剖面线，钻孔间距可根据建筑物类型、地形地质条件等进行调整。特别是在容易出现工程地质问题的地段应有控制性钻孔。

探坑或竖井是平原丘陵区渠道和建筑物区研究黄土湿陷性、膨胀岩土的性状及渠道浸没等的一种最直观有效的手段。勘探平硐可作为渠道高边坡，傍山边坡和跨河岸坡稳定研究的一种勘探手段。

岩土物理力学性质试验仍以室内试验和简易原位试验为主。对膨胀土、湿陷性黄土、分散性土、冻土等特殊性土，除常规试验项目外，规定应进行专门试验，以便有利于选择相关参数和工程性质评价。

5.8 水闸及泵站

5.8.1 水闸及泵站主要建在平原地区的土基上，这些条文是针对土基的，岩基上的涵闸及泵站未作规定，可参照岩基上混凝土闸坝的有关规定进行勘察。

古河道、牛轭湖、决口口门、沙丘等多是强透水地层或地层结构复杂的地段，且地表不易发现，对水闸及泵站选址影响较大，因此在地貌调查中应予以重视。

在地层结构、岩土类型中，强调查明工程性质不良岩土层如湿陷性黄土、泥炭、淤泥质土、淤泥、膨胀土、分散性土、粉细砂和架空层等的重要性。

5.8.2 工程地质测绘比例尺应根据工程规模和地质条件的复杂程度选用，工程范围大且地质条件相对简单的工程可选用较小比例尺；工程范围较小且地质条件复杂的工程可选用较大比例尺。进水和泄水方向容易遭受水流的冲刷侵蚀，其影响区应包括在工程地质测绘范围内。

勘探坑、孔应沿建筑物轴线和水流方向布置，形成勘探剖面。

对主要持力层的原位试验，黏性土、砂性土主要采用标准贯入试验和静力触探试验；淤泥、淤泥质土等软土采用十字板剪切试验；砂性土等强透水层分层进行注水试验等。

5.9 深埋长隧洞

5.9.1 深埋长隧洞工程有其自身的特点，地应力水平较高，地层岩性多变，同时可能会存在突涌水（泥）、岩体大变形、有害有毒气体、高地温、高地应力及岩爆等工程地质问题。因此，产生这些问题的水文地质、工程地质条件是深埋长隧洞的勘察重点。

5.9.2 深埋长隧洞由于埋深大、洞线长，又常常位于山高坡陡地区，工程地质勘察难度极大。当前还没有成熟、可靠的勘察手段和方法。

广泛收集已有的各种比例尺的地质图和航片、卫片资料，充分利用航片、卫片解译技术，对已建工程进行调研，总结已有工程经验，进行工程地质类比分析，是一项重要工作。

重视工程地质测绘工作，必要时进行较大范围的测绘和对重要地质现象进行野外追踪，对地质问题的宏观判断极为重要。可行性研究阶段深埋长隧洞的工程地质测绘比例尺定为1∶50000～1∶10000，主要考虑深埋长隧洞通过地带的地形和地质条件的复杂性。

工程地质测绘范围除满足分析水文地质、工程地质问题的需要外，应考虑工程布置可能的调整范围。

常规的物探方法对深部地质体的探测效果不理想。近些年来，国内一些单位进行了有益的尝试，如黄河勘测规划设计有限公司、中水北方勘测规划设计有限公司和铁道部第一勘测规划设计研究院等采用多种物探方法［包括可控源音频大地电磁测深（CSAMT）和大地电磁频谱探测（MD）等方法］，对深部地质结构进行探测，取得了一些成果。

钻探是最常用的勘探手段，但对于深埋长隧洞线路钻孔深度大，而有效进尺少，因此利用率很低。另外，深埋长隧洞工程区通常是高山峡谷地区，交通不便，实施钻探困难，无法规定钻孔的间距。但选择合适位置布置深孔是必要的，在孔内应尽可能地进行地应力、地温、地下水位、岩体渗透性等测试，以取得更多的资料。

5.10 堤防及分蓄洪工程

本节为新增章节，其内容主要是根据国家现行标准《堤防工程地质勘察规程》SL 188—2005 的有关条款编写的。新建堤防挡水后引起的环境地质问题主要指因采取垂直防渗措施截断地下水的排泄出路而引起的堤内地下水壅高带来的问题。收集和调查已建堤防的历史险情和加固的资料，并结合其分析地质条件是非常重要的。

5.11 灌区工程

5.11.1、5.11.2 灌区渠道及渠系建筑物的勘察内容与第5.7节渠道及渠系建筑物相同，考虑到灌区工程的渠道及渠系建筑物规模相对较小，因此勘察方法与第5.7.2条相比适当简化，一般不要求进行平面工程地质测绘，而进行纵、横剖面工程地质测绘。

5.11.3 灌区水文地质勘察分两部分，即地下水源地水文地质勘察和土壤改良水文地质勘察。

地下水源地的水文地质勘察，可行性研究阶段控制的地下水允许开采量应相当于《供水水文地质勘察规范》GB 50027—2001 的C级精度要求，当地下水开采对灌区规划影响较大时，宜达到B级精度。

盐渍化土壤改良水文地质勘察，应在查明地下水水位埋藏深度、土体特别是根系层的含盐量及地形、地貌条件的基础上，根据灌区所处的水文地质类型，对盐渍化土壤形成原因、地下水临界深度、地下排水模数、盐渍化土壤对作物的危害程度及其发展预测等作出综合评价。在包气带岩性变化较大的地区，应根据观测、试验或调查结果，提出地下水临界深度系列值和地下排水模数。地下排水模数是单位面积上、单位时间内需要排走的地下水量，包括年平均值和月最大值，单位为 $m^3/(s \cdot km^2)$。

防治土壤盐渍化的主要目标是，把地下水水位控制在临界深度以下，使土壤逐渐向脱盐方向发展。同时，应注意把盐渍化土壤改良与咸水利用改造结合起来。对可能形成新的土壤盐渍化的地区提出预防措施建议。对于土壤盐渍化已经得到基本治理的地区，也须防止反复。

5.12 河道整治工程

历史上的河道整治工程往往没有或很少做过地质勘察工作。近年来，河道整治工程的地质勘察工作已引起各方面的重视。长江中下游河道整治特别是下荆江河段和河口综合整治工程，黄河、珠江河口治理工程，均先后开展了各相应设计阶段的地质勘察工作。

本节为新增章节，所列勘察内容都是河道整治工程设计所需要的基本地质资料。其中近岸水下地形变化和冲淤情况、软土、粉细砂等的分布，对岸坡稳定和护岸工程影响较大，应特别注意。

5.13 移民选址

5.13.1 随着国家对移民安置工作的高度重视，移民选址工程地质勘察已越来越重要。然而长期以来，由于没有规范可循，勘察内容与勘察深度没有统一标准，导致选定的新址出现许多重大工程地质问题，其教训是深刻的。故迫切需要规范移民选址工程地质勘察工作，为此，本次规范修订增加了这一节内容。

根据《水利水电工程建设征地移民设计规范》SL 290—2003 的规定，对农村移民，可行性研究阶段要编制农村移民安置初步规划；对于集镇、城镇移民，可行性研究阶段要初拟迁建方案，初选新址地点。因此，本规范规定可行性研究阶段选址的勘察必须结合移民安置规划进行，为初选新址提供地质资料和依据。

5.13.2 可行性研究阶段移民选址工程地质勘察的中心任务是：确保所选新址稳定、安全，在建设和使用过程中，不会发生危及新址安全的重大环境地质问题。因此本条规定的勘察内容主要侧重于选址，勘察的重点是新址场地的稳定性及外围有无崩塌、滑坡、泥石流等对新址安全不利的地质灾害，不同于在场址上进行的岩土工程勘察工作。

在新址区场地稳定性、建筑适宜性初步评价方面，三峡工程移民选址工程积累了一些经验。根据新址区的主要工程地质条件和地表改造程度，将场地的稳定性划分为 5 类，即稳定区（A）、基本稳定区（B）、潜在非稳定区（C）、非稳定区（D）和特殊地质问题区（E），详见表4。根据新址区的地形坡度、地基强度、场地稳定程度、对外交通和城镇排水状况，将场地的建筑适宜程度划分为 5 类，即最佳建筑场地区（Ⅰ）、良好建筑场地区（Ⅱ）、一般建筑场地区（Ⅲ）、不宜建筑场地区（Ⅳ）和特殊地质问题场地区（Ⅴ），见表5。

表4　三峡工程移民选址场地稳定程度分区

场地稳定程度类别	主要工程地质条件	地表改造程度
稳定区（A）	地层岩性相对均一，产状稳定且平缓；地层倾向山体且反倾裂隙不发育；地层倾向坡外但坡脚没有临空面；地层走向与坡面走向夹角大	无
基本稳定区（B）	地层岩性比较复杂，但产状比较稳定；地层倾向山体且反倾裂隙不甚发育；地层倾向坡外，仅局部坡脚存在临空面；地层走向与坡面走向夹角大于30°	弱
潜在非稳定区（C）	地层岩性比较复杂，但产状比较稳定；地层倾向山体且反倾裂隙不甚发育；地层倾向坡外，仅局部坡脚存在临空面；地层走向与坡面走向夹角小于30°	较强
非稳定区（D）	地层岩性复杂，产状不稳定；地层倾向山体且反倾裂隙发育；地层倾向坡外，坡脚存在临空面；地层走向与坡面走向夹角小于30°	强
特殊地质问题区（E）	古滑坡体、近代滑坡体、近代有变形迹象的崩坡积与冲洪积层，近代崩塌错落体，岩溶塌陷，落水洞，暗河，特殊类土，采空区，泥石流区	极强

注：地表改造是指人工边坡开挖、人工填土加载、人工改造地表水系等。

表5　三峡工程移民选址场地建筑适宜程度分区

建筑适宜程度类别	地形坡度（°）	地基强度（kPa）	场地稳定程度类别	对外交通状况	城镇给排水状况
最佳建筑场地区（Ⅰ）	≤10	≥120	稳定区（A）	良好	良好
良好建筑场地区（Ⅱ）	10～15	100～120	基本稳定区（B）	好	好
一般建筑场地区（Ⅲ）	15～20	100～120	潜在非稳定区（C）	较好	较好
不宜建筑场地区（Ⅳ）	≥20	≤100	非稳定区（D）	一般	一般
特殊地质问题场地区（Ⅴ）			特殊地质问题区（E）		

5.13.3 本条提出了可行性研究阶段移民选址工程地质的勘察方法及相关的技术规定。

2 工程地质测绘是移民选址工程地质勘察最为重要的基础地质工作，为此本款规定了移民选址工程地质测绘的范围及比例尺。已经开展的部分工程经验是，北京市区及卫星城镇、上海市、南京市、青岛市、杭州市总体规划阶段移民选址勘察工程地质图比例尺都为 1:10000；三峡库区移民城镇总体规划阶段（该工程称为初步勘察阶段）工程地质测绘比例尺使用过 1:2000（1984 年以前）、1:5000（1991～1993 年）和 1:10000（1991～1993 年）。

3 从环境地质问题考虑，新建城镇不宜大规模地改造地表形态，应尽可能利用自然地形布置建筑物。为此，新址区地形坡度分区是移民选址工程地质勘察的重要内容。本款规定了地形坡度分区的级别。

4 本款强调了新址区勘探剖面应结合地形地貌、地质条件布置，不同地貌单元应有勘探控制点。

5.15 勘察报告

5.15.1 本条中的工程区及建筑物工程地质条件是水库区工程地质条件、坝址工程地质条件、渠道及渠系建筑物工程地质条件、水闸及泵站工程地质条件、堤防及分蓄洪区工程地质条件、河道整治工程地质条件等的总称，在编制报告时，可根据具体工程项目内容取舍。

5.15.13 移民选址勘察按单独编制勘察报告考虑，本阶段应重点评价选址的稳定性和适宜性。

6 初步设计阶段工程地质勘察

6.1 一般规定

6.1.2 本条内容作了如下调整：

1 本款为新增内容。区域构造稳定性评价及地震动参数一般情况下在可行性研究阶段都应该有明确的结论，但对于地震地质条件复杂特别是工程区附近存在活动性断层等情况时，往往需要在初步设计阶段进一步开展一些专项研究或复核工作，如断层活动性的复核、断层活动性的监测等。

7 本款为新增内容。目前国家对移民安置工作非常重视，也提出了更高的要求。在初步设计阶段要落实移民安置具体地点，因此移民新址的勘察工作，是在可行性研究阶段初步选定的新址上，查明移民新址的工程地质条件，评价新址场地的稳定性和适宜性。

6.2 水库

6.2.1 初步设计阶段工程地质勘察是在可行性研究阶段工程地质勘察工作的基础上进行，一般不再进行全面的勘察，而是针对存在的主要工程地质问题开展工作。

6.2.2 可行性研究阶段对水库渗漏问题已经作出初步评价，初步设计阶段是针对严重渗漏地段的进一步勘察。

喀斯特渗漏问题比较复杂，在本阶段仍应对可溶岩、隔水层或相对隔水层、喀斯特发育特征和洞穴系统、喀斯特水文地质条件、地下水位及动态进行勘察研究，确定渗漏通道的位置、形态和规模，估算渗漏量。喀斯特发育程度是根据可溶岩岩性、岩层组合和喀斯特化程度的差异等确定，可分强、中、弱三类，同时应特别注意弱喀斯特化地层的作用及空间分布。对于喀斯特水文地质条件，要特别重视喀斯特水系统（泉、暗河）的勘察研究，对代表稳定地下水的泉和暗河，要尽可能查明补给、径流、水量、水化学及其动态，分析泉水之间的相互关系。最后，根据勘察成果及地质评价结论，提出防渗处理的范围、深度和措施的建议。

6.2.4 喀斯特水文地质测绘的范围，应包括与查明喀斯特发育特征、水文地质条件有关的区域如低邻谷、低喀斯特洼地、下游河湾等。

喀斯特洞穴追索是查明洞穴形态、大小、方向和了解发育特征的重要手段，对有水流洞穴的追索还可了解地下水的情况。

随着物探仪器设备的不断改进及探测技术、解释方法的不断完善，物探在喀斯特洞穴和含水特性的探测均有一定的效果。由于每种物探方法都有一定的适用条件，因此应采用多种物探方法互相印证。

连通试验可用于查明地表水与地下水的联系，以及地下水的流向，洞穴之间、洞穴与泉水之间的连通情况，判断洞穴的规模和通畅程度，确定喀斯特水系统之间的关系等。连通试验的示踪剂有荧光素、石松孢子、食盐、钼酸铵、同位素等，具体可根据连通试验的长度、水量和通畅程度等条件选择。有条件时，还可采用堵洞试验或抽水试验了解连通情况。

地下水渗流场、温度场、化学场、同位素和水均衡勘察研究，应根据需要、可能和具体条件确定。

6.2.5、6.2.6 对初步设计阶段水库浸没问题的勘察内容和方法进行了规定，其勘察范围是可行性研究阶段初判可能浸没的地段。

这两条的规定也适用于渠道等其他类型水利水电工程浸没问题的勘察。

1 浸没区的成因和影响对象分类。

按其成因，浸没可分为顶托型和渗漏型两种基本类型。

顶托型浸没：天然情况下，地下水向河流排泄，水库蓄水后，原来的补给、排泄关系不变，致使地下水位壅高。水库周边产生的浸没现象多属于这种类型，也可称为补给区浸没。

渗漏型浸没：水库、渠道运行后产生渗漏，导致排泄区的地下水位升高，造成浸没，也可称为排泄区浸没。堤坝下游（特别是平原地区的围坝型水库下游）、渠道（特别是填方渠道）两侧、水库渗漏排泄区的低洼地段，均易产生渗漏型浸没。

按照浸没影响的对象，可分为农作物区和建筑物区两类。

浸没区由于成因类型和影响对象不同，因而在勘察范围、勘察内容和精度要求（包括测绘比例尺、勘探剖面线、勘探点密度等）、试验项目、分析计算方法、评价标准等方面都有很大差异，在工作初期应根据具体情况判断可能出现的浸没类型，确定影响对象，据此制订相应的工作计划。

2 上部土层地下水位与下部含水层地下水位之间的差异。

当地层为双层结构，上部黏性土厚度较大且其水位受下部承压含水层水位影响时，工程实际调查资料显示，黏土层中的地下水位不等于且总是低于下部承压水位。

嫩江尼尔基水利枢纽右岸副坝下游浸没现场调查时，先挖试坑至黏土层稳定地下水位，然后用钻孔钻穿黏土层，测定下部含水层地下水位，或在钻孔旁边另挖试坑至黏土层内地下水位。

表6是1999年和2004年两次调查的结果汇总。勘探点共14个，黏土层内水位无一例外地均低于含水层承压水位。α值范围在0.29至0.92之间，表明尼尔基层黏土的非均质性，但总体上仍具有一定的规律性。

表6 尼尔基右岸副坝下游浸没调查结果

勘探点号	黏土层厚度（m）	黏土层水位埋深（m）	含水层水位埋深（m）	T（m）	H_0（m）	α（T/H_0）
Sj12	13.50	8.50	5.50	5.00	8.00	0.63
Sj13	4.70	4.30	3.95	0.40	0.75	0.53
Sj16	8.00	6.40	5.60	1.60	2.40	0.67
Sj18	4.80	4.60	4.10	0.20	0.70	0.29
TZ03	7.40	5.80	3.86	1.60	3.54	0.45
TZ05	9.20	6.80	5.20	2.40	4.00	0.60
TZ06	8.60	4.56	4.56	3.20	4.04	0.79
TZ08	6.50	5.80	5.20	0.70	1.30	0.54
TZ09	6.50	5.80	4.56	0.40	0.90	0.44
Sj02	8.00	3.20	2.56	4.80	5.44	0.88
Sj03	7.40	3.72	3.72	3.20	3.68	0.92
Sj05	9.20	5.30	3.30	3.90	5.90	0.66
Sj08	6.50	6.20	5.73	0.20	0.77	0.39
Sj10	7.40	5.60	3.86	1.80	3.54	0.51

黏土层中的含水带厚度（T）与下伏承压水头（H_0）之间的折减关系（α）可采用野外实测或室内试验确定。

3 坑探在浸没区勘察的作用。

条文中把坑探与钻探并列作为浸没区勘探的主要手段，目的是：了解表部土层厚度和性质的变化；在

坑壁实测土的毛管水上升高度；位于钻孔旁边的试坑可以了解土层水位与含水层水位之间可能存在的差异。

4 试验工作。

用室内测定的土的毛细力来代替土的毛管水上升高度，其结果较实际情况偏大。因此规范强调有条件时，应在试坑内现场测定。测定方法包括试坑现场观察、根据含水率计算饱和度、含水量变化曲线与液限对比等，可根据具体情况选择。

对于顶托型浸没而言，渗透系数的影响不十分敏感，但对渗漏型浸没，渗透系数是重要参数，故除室内试验外，应进行一定数量的现场试验。

为了准确评价建筑物区的浸没影响，应进行持力层在不同含水率情况下抗剪强度和压缩性试验，当地基存在黄土、淤泥、膨胀土等工程性质不良岩土层时，试验数量应相应增加。

5 分析计算。

地下水等水位线图是揭示勘察区在建库前地下水渗流条件的重要图件。实践表明，垂直于库岸或堤坝轴线布置的勘探剖面线往往并不平行于地下水流线，有时差异较大，水文地质条件复杂地区、有支流汇入地区尤其如此。绘制地下水等水位线图有助于揭示这种现象。为了使计算更符合实际情况，必要时应调整计算剖面方向。绘制地下水等水位线图需要较多的勘探点，充分利用现有的民井资料有助于提高图件精度。

地下水位壅高计算通常采用地下水动力学方法，可根据具体情况选择相应公式。水均衡法是研究地下水补给、排泄条件与水位的动态关系，也就是由于收入项与支出项均衡的结果，造成地区水位动态变化，官厅水库怀涿盆地惠民北渠灌区的浸没计算采用过这种方法。

数值分析方法有许多种，常用的是有限元法。有限元法就是将描述地下水运动规律的偏微分方程离散，利用变分原理，将该偏微分方程转化为一组线性方程组，通过微机模拟计算，从而求得有限个节点的地下水位，该方法适用于各种复杂的边界形状和边界条件，同时要求对地层和天然地下水位的变化有较详细的了解。

6.2.7 本条规定了初步设计阶段水库滑坡、崩塌及坍岸勘察应包括的内容，是在可行性研究阶段勘察成果的基础上，对存在滑坡、崩塌及坍岸问题的具体库岸段进行的勘察。水库库岸工程地质勘察的内容是多方面的，但重点是对工程建筑物、城镇和居民区环境有影响的滑坡、崩塌体的勘察。

6.2.8 对于滑坡而言，底滑面的勘察是关键。实践证明，竖井、平硐是揭露底滑面最直观的手段，不仅效果好，而且也便于取原状样进行试验甚至进行现场原位试验，因此条件具备时应优先考虑布置竖井或

平硐。

通常滑体和滑床的地下水位是不同的，对地下水位必须分层进行观测；有时由于滑坡体堆积的多序次或在形成过程中多次滑动，也会在滑坡体中形成两个以上含水层系统，如三峡库区巴东黄蜡石滑坡、万州和平广场滑坡等，有的滑坡体还存在局部承压水，如万州枇杷坪滑坡、云阳寨坝滑坡，因此应进行地下水位的分层观测。

6.2.9 本条规定了库岸坍岸工程地质勘察的技术方法。勘探坑、孔的布置，向上应包括可能坍岸的范围和影响区，向下应达到死水位以下波浪淘刷深度。

水库坍岸预测理论最早来源于前苏联。在20世纪40、50年代，前苏联萨瓦连斯基、卡丘金、佐洛塔廖夫等研究了水库坍岸问题，提出了坍岸预测的基本计算方法和图解法。目前水库坍岸预测常用的方法有：工程地质类比法、卡丘金法、图解法等。由于坍岸的影响因素多，条件比较复杂，为此，本条规定坍岸预测宜采用多种方法综合确定。

6.2.12 可行性研究阶段对设置地震监测台网的必要性已有充分论证，初步设计阶段应进行地震监测台网设计。监测台网设计一般包括台网技术要求、台网布局和台站选址、台网信道、系统设备选型及配置、资料分析与预测、运行与管理等内容。

地震观测起始时间宜在水库蓄水前1~2年，其目的是掌握水库区的地震活动的本底情况，便于和蓄水后地震活动情况进行对比。原规范规定，观测时间宜延续至库水位达到设计正常蓄水位后2~3年，由于水库诱发地震形成条件比较复杂，其起始时间不同，水库差异较大，故本次修订对水库诱发地震监测台网的观测时限未作统一规定。根据统计资料，当蓄水后地震活动没有变化，观测时限宜延续至水库达设计正常蓄水位后2~3年；水库蓄水后，地震活动有变化，观测时限宜延续至地震活动水平恢复到原活动水平后2~3年。

6.3 土 石 坝

6.3.1 土石坝坝址包括第四纪地层坝址和基岩坝址，由于当地材料坝对坝基强度的要求相对较低，基岩坝基一般都可以满足要求，故条文内容侧重于第四纪地层坝基。对于基岩坝基，条文中只强调了心墙和趾板基岩的风化带、卸荷带、岩体透水性和岩体中主要的透水层（带）和相对隔水层、喀斯特情况等的勘察。

软土层、粉细砂、湿陷性黄土、架空层、漂孤石层以及基岩中的石膏夹层等工程性质不良岩土层对坝基的渗漏、渗透稳定、不均匀变形等影响较大，是土石坝坝基勘察的重点内容。

6.3.2

3 勘探点间距包括不同类型的勘探点间距。

由于覆盖层坝基和基岩坝基条件差别较大，对勘探钻孔深度分别作了规定，对防渗线钻孔和一般勘探孔也作了不同规定。

4 本款规定主要土层物理力学性质试验累计有效组数不应少于12组，是按数据统计的要求规定的。

6.4 混凝土重力坝

6.4.1 本条为岩基上混凝土重力坝坝址的勘察内容。土基上的混凝土重力坝（闸），由于土基的岩性、岩相和厚度变化大，结构松散，压缩性较大，易产生不均匀沉陷且渗流控制较复杂，一般只适宜修建中、低闸坝，其勘察内容和方法可参照土石坝和水闸的有关规定。

第2款、第3款内容是影响重力坝坝基抗滑稳定、坝基变形、渗透稳定的主要地质因素，因此是勘察工作的重点。

确定建基岩体质量标准和可利用岩面高程，是本阶段混凝土重力坝的重要勘察内容。影响建基岩体质量标准的主要因素有岩体风化程度、岩体完整程度、岩体强度、透水性等。

6.4.2

1 工程地质测绘中规定当岩性变化或存在软弱夹层时，应测绘详细的地层柱状图，是指砂岩、页岩或泥灰岩、灰岩、页岩相互交替出现，岩性变化复杂或性状差、软弱夹层密度高的情况下，而测绘比例尺又不易反映时，应该按岩性逐层测量和进行描述，并编制出柱状图或联合柱状图，供制图和地质分析用。

2 强调物探工作，是因为初步设计阶段勘探钻孔、平硐数量较多，有条件开展多种物探方法，以便取得更多的信息，为工程地质分析提供更多的依据。孔内电视近些年应用较为广泛，对探测结构面、软弱带及软弱岩石、卸荷带、含水层和渗漏带等分布和性状，有较好的效果。

3 对主勘探剖面、辅助勘探剖面等的布置，帷幕孔与一般勘探孔的深度，不同建筑物部位、不同地形地质条件对勘探手段、勘探点间距、勘探深度等作了不同规定，其目的是使勘探布置的目的性和针对性更加明确。布置倾斜钻孔查明坝基顺河断层是根据有关工程的经验提出来的。河底勘探平硐施工难度较大，只有当常规勘探手段不能满足要求时，才考虑布置河底勘探平硐，因此，本次修订未做具体规定。

勘探点间距是指钻孔、平硐、竖井等各类重型勘探工程的间距。

岩土试验条文中所列项目是常规项目，工作中可根据具体情况进行一些专门性试验。

6.5 混凝土拱坝

6.5.1 混凝土拱坝的勘察内容有很多与混凝土重力坝相同，但拱坝对地形地质条件有特殊要求，因此本条所列7款内容都是针对拱坝需要勘察并加以查明的工程地质条件。

对于拱坝，两岸岩体的质量直接影响拱座开挖深度、抗滑稳定、变形稳定等问题的评价。拱肩嵌入深度取决于岩体风化、卸荷、喀斯特发育强度及工程荷载等因素。根据国家现行标准《混凝土拱坝设计规范》SL 282—2003，拱坝建基岩体根据坝基具体地质情况，结合坝高选择新鲜、微风化或弱风化中、下部岩体。

条文要求查明与拱座抗滑稳定有关的各类结构面，确定拱座抗滑稳定的边界条件。一般来说，缓倾结构面构成底滑面，与河流呈小锐角相交的结构面构成侧滑面，而岩体中厚度较大的软弱（层）带构成压缩变形的"临空面"。

拱座变形稳定评价中，要注意拱座不同部位岩体质量的不均一性，还应注意两岸岩体质量的差异。

由于拱坝一般选择在峡谷河段，坝基特别是两岸坝肩开挖后存在两岸拱肩槽及水垫塘开挖边坡稳定问题，因此条文中强调了对边坡稳定问题的勘察研究，要求提出安全合理的坡比及加固处理建议，并进行变形监测。

6.5.2 工程地质测绘要特别注意与拱座岩体稳定有关的各类结构面的调查。高陡边坡的峡谷坝址，可在两岸不同高程修建勘探路或半隧洞，既可用于交通，又可揭露地质现象。

勘探手段中，查明两岸拱座岩体的工程地质条件应以平硐为主，河床以钻孔为主，并充分利用勘探平硐、钻孔等进行各类物探测试。

岩体原位变形试验应考虑不同岩性、不同方向。岩体及结构面原位抗剪试验，混凝土与岩体胶结面抗剪试验点的选择应具有代表性。

6.6 溢 洪 道

6.6.1 根据初步设计阶段溢洪道工程地质勘察的基本任务和有关工程的勘察经验，本条对原规范第5.7.1条的内容作了补充。主要包括查明溢洪道地段工程性质不良岩土层的分布及其工程地质特性，分析评价溢洪道特别是泄洪、消能建筑物地基稳定、边坡稳定、抗冲刷等工程地质问题。抗冲刷是溢洪道特殊的工程地质问题，包括消能段和下游两岸岸坡的冲刷，条文对此专门提出了要求。此外，冲刷坑的向上游掏蚀冲刷也应予以注意。

6.6.2 工程地质测绘范围除建筑物地段外还应包括为论证岸坡稳定所需的有关地段，即建筑物地段开挖的工程边坡和冲刷区等的天然岸坡，以便查明对开挖边坡有影响的各类结构面的情况。

6.7 地面厂房

6.7.1 本条根据原规范第5.6节的有关内容对地面电站厂房的勘察内容作了规定。

滑坡、泥石流、崩塌堆积及不稳定岩土体的分布、规模，常常是影响厂址选择和厂基稳定的主要物理地质因素，峡谷区尤为突出，勘察中应予重视。

地面厂房的边坡主要包括厂址区的天然边坡和厂房地基开挖边坡。其中，厂址区的天然边坡，特别是厂房后山坡的高边坡，常常是地面厂房的主要工程地质问题。因此，条文规定要查明厂址区地质构造和岩体结构特征，评价厂址区边坡和厂基开挖边坡稳定条件。

6.7.2 勘探钻孔深度的规定是指一般情况而言，有特殊需要时应根据具体情况确定。压力前池等建筑物荷载小，主要是渗水后对地基的影响，根据以往经验钻孔深度应为1～2倍水深。黄土因垂直裂隙发育，垂直渗透性相对较大，另外考虑到黄土特有的湿陷问题，勘探钻孔深度宜增加至2～3倍水深。

6.8 地 下 厂 房

6.8.1、6.8.2 地下厂房系统的勘察范围包括主厂房，主变压器室、副厂房等建筑物。

地下厂房掘进时如发生突水（泥）影响施工安全和施工进度，岩层中如存在有害气体或放射性元素，不仅影响施工安全而且对长期运行会造成不利影响，必须予以重视。

初步设计阶段地下厂房除应布置顺厂房轴线的主勘平硐外，还应布置相应的横向平硐，目的是控制厂房两侧边墙的地质条件，正确评价边墙稳定性，为确定施工方法和支护措施提供地质资料。勘探平硐最好能结合施工和总体布置，使之（或扩大后）能在施工中或作为永久建筑加以利用。

6.9 隧 洞

6.9.1 条文根据原规范第5.4节的有关内容对隧洞的勘察内容作了具体规定。本条所指的隧洞包括导流洞、泄洪洞、引水洞、放空洞及输水隧洞等。

3 增加了对隧洞穿过活动断裂带应进行专题研究的规定，主要是考虑近年来西部地区隧洞工程往往要跨越活动断裂带，评价活动断裂带的活动情况及其对工程的影响，也是采取工程措施的依据。

4 增加了提出岩体外水压力折减系数的要求。

5 当隧洞穿越喀斯特水系统、喀斯特汇水盆地时，地质条件复杂，勘察难度大，根据多年实践经验，需要扩大测绘范围，并应进行专题研究，提高预测评价的准确性。

9 根据多年实践经验，隧洞洞径大于15m时，需分部位研究结构面的组合及其对围岩稳定的影响。

11 隧洞掘进时如发生突水（泥）影响施工安全和施工进度，岩层中如存在有害气体或放射性元素，不仅影响施工安全而且对长期运行会造成不利影响，必须予以重视。

6.10 导流明渠及围堰工程

6.10.1、6.10.2 根据大型水利水电工程设计和施工的需要，本次修订将导流明渠和围堰的工程地质勘察单独列为一节。

导流明渠、施工围堰虽然是水利水电工程施工建设的临时性工程，但对枢纽布置、施工组织设计、工程施工安全影响很大。因此，要重视导流明渠及围堰工程的勘察。

由于大坝的规模、形式及施工方式、工期的不同，导流明渠及施工围堰的规模及其可能的工程地质问题也不同。因此，执行中应结合实际、具体运用。

6.11 通航建筑物

6.11.1 一般来说，通航建筑物包括船闸和升船机两种类型，其勘察范围除船闸和升船机外，还应包括引航道，上、下游码头和两侧边坡等。

土基上的通航建筑物在平原地区比较常见，主要类型是船闸。

6.12 边坡工程

6.12.1 水利水电工程建设中边坡类型多，高度大，运行条件复杂，常常成为工程设计和运行中的重大问题，也是工程地质勘察中的重点和难点问题之一，同时边坡工程也是典型的岩土工程，因此本次修订规范时将边坡工程单独列为一节。

边坡工程地质分类有很多种，表7～表10为现行国家标准《中小型水利水电工程地质勘察规范》SL 55—2005中的有关分类，可供参考。

表7 边坡一般性分类

分类依据	分类名称	分类特征说明
与工程关系	自然边坡	未经人工改造的边坡
	工程边坡	经人工改造的边坡
岩性	岩质边坡	由岩石组成的边坡
	土质边坡	由土层组成的边坡
	岩土混合边坡	部分由岩石、部分由土层组成的边坡
变形	未变形边坡	边坡岩（土）体未发生变形
	变形边坡	边坡岩（土）体曾发生或正在发生变形
边坡坡度	缓坡	$\theta \leqslant 10°$
	斜坡	$10° < \theta \leqslant 30°$
	陡坡	$30° < \theta \leqslant 45°$
	峻坡	$45° < \theta \leqslant 65°$
	悬坡	$65° < \theta \leqslant 90°$
	倒坡	$90° < \theta$
工程边坡高度 H（m）	超高边坡	$150 \leqslant H$
	高边坡	$50 \leqslant H \leqslant 150$
	中边坡	$20 \leqslant H < 50$
	低边坡	$H < 20$
失稳边坡体积（m³）	特大型滑坡	$1000 \times 10^4 \leqslant V$
	大型滑坡	$100 \times 10^4 \leqslant V < 1000 \times 10^4$
	中型滑坡	$10 \times 10^4 \leqslant V < 100 \times 10^4$
	小型滑坡	$V < 10 \times 10^4$

表8 岩质边坡分类（按岩体结构）

边坡类型	主要特征	影响稳定的主要因素	可能主要变形破坏形式	与水利水电工程关系	处理原则与方法建议
块状结构岩质边坡	由岩浆岩或巨厚层沉积岩组成，岩性相对较均一	1. 节理裂隙的切割状况及充填物情况 2. 风化特征	以松弛张裂变形为主，常有卸荷裂隙分布，有时出现局部崩塌	一般较稳定。但应注意不利节理组合，分析局部塌滑的可能性；当有卸荷裂隙分布时，注意边坡上输水建筑物漏水引起边坡局部失稳	1. 对可能产生局部崩塌的岩体可采用锚固处理 2. 对可能引起渗漏的卸荷裂隙做灌浆防渗处理 3. 做好边坡排水，防止裂隙充水引起边坡局部失稳
层状同向缓倾结构岩质边坡	由坚硬层状岩石组成，坡面与层面同向，坡角大于岩层倾角，岩层层面被坡面切断	1. 岩层倾角大小 2. 层面抗剪强度 3. 节理发育特征及充填物情况	1. 顺层滑动 2. 因坡脚软弱导致上部张裂变形或蠕变 3. 沿软弱夹层蠕滑	层面因施工开挖常被切断，若岩层中有软弱夹层，易产生顺层滑动；某些红层地区常沿缓倾角泥岩夹层产生蠕滑，雨后更易滑动，不利于建筑物边坡稳定	1. 防止沿软弱层面滑动 2. 局部锚固 3. 挖除软层并回填处理 4. 采用支挡工程防滑 5. 做好排水

边坡类型	主要特征	影响稳定的主要因素	可能主要变形破坏形式	与水利水电工程关系	处理原则与方法建议
层状同向陡倾结构岩质边坡	由坚硬层状岩石组成，坡面与层面同向，坡角小于岩层倾角，岩层层面未被坡面切断	1. 节理裂隙特别是缓倾角节理发育情况及充填物情况 2. 软弱夹层发育状况 3. 裂隙水作用 4. 振动	1. 表层岩层蠕滑弯曲、倾倒 2. 局部崩塌 3. 滑动	一般较稳定，但在薄层岩层和有较多软弱夹层分布地区，施工开挖可能诱发边坡倾倒蠕变	1. 开挖坡角不应大于岩层倾角，勿切断坡脚岩层，坡高时应设置马道 2. 注意查明节理分布特征，分析有无不利抗滑的组合结构面
层状反向结构岩质边坡	由层状岩石组成，坡面与层面反向	1. 节理裂隙分布特征 2. 岩性及软弱夹层分布状况 3. 地下水、地应力及风化特征	1. 蠕变倾倒、松动变形 2. 坡有软层分布时上部张裂变形 3. 局部崩塌、滑动	一般较稳定，但在薄层岩层或有较多软弱夹层分布地区，施工开挖可能诱发边坡倾倒蠕变	1. 注意查明节理裂隙发育特征，适当削坡防止局部崩塌、滑动 2. 局部锚固
斜向结构岩质边坡	由层状岩石组成，岩石走向与坡面走向呈一定夹角	节理裂隙发育特征	1. 崩塌 2. 楔状滑动	一般较稳定	注意查明节理裂隙产状，分析产生楔状滑动的可能性，必要时适当清除或锚固
碎裂结构岩质边坡	不规则的节理裂隙强烈发育的坚硬岩石边坡	1. 岩体破碎程度 2. 节理裂隙发育特征 3. 裂隙水作用 4. 振动	1. 崩塌 2. 坍滑	易局部崩塌，影响建筑物安全；透水；不利坝肩稳定及承受荷载	1. 适当清除，合理选择稳定坡角 2. 表部喷锚保护 3. 做好排水

表9 土质边坡分类（按土层性质）

边坡类型	主要特征	影响稳定的主要因素	可能的主要变形破坏形式	与水利水电工程关系	处理原则与方法建议
黏性土边坡	以黏粒为主，干时坚硬，遇水膨胀崩解。某些黏土具大孔隙性（山西南部）；某些黏土甚坚固（南方网纹红土）；某些黏土呈半成岩状，但含可溶盐量高（黄河上游）；某些黏土具水平层理（淮河下游）	1. 矿物成分，特别是亲水、膨胀、溶滤性矿物含量 2. 节理裂隙的发育状况 3. 水的作用 4. 冻融作用	1. 裂隙性黏土常沿光滑裂隙面形成滑面，含膨胀性亲水矿物黏土易产生滑坡，巨厚层半成岩黏土高边坡，因坡脚蠕变可导致高速滑坡 2. 因冻融产生剥落 3. 坍塌	作为水库或渠道边坡，因蓄水、输水可能引起部分黏土边坡变形滑动，注意库岸大范围黏土边坡滑动带来不利影响；寒冷地区工程边坡因冻融剥落而破坏	1. 防水、排水 2. 削坡压脚 3. 对冻融剥落边坡，植草或护砌覆盖，坡体内排水，保持坡面干燥
砂性土边坡	以砂粒为主，结构较疏松，凝聚力低为其特点，透水性较大，包括厚层全风化花岗岩残积层	1. 颗粒成分及均匀程度 2. 含水情况 3. 振动 4. 外水及地下水作用 5. 密实程度	1. 饱和均质砂性土边坡，在振动力作用下，易产生地震液化滑坡 2. 管涌、流土 3. 坍塌和剥落	1. 在高地震烈度区的渠道边坡或其他建筑物边坡，地震时产生液化滑坡，机械振动也可能出现局部滑坡 2. 基坑排水时易出现管涌、流土	1. 排水 2. 削坡压脚 3. 预先采取振冲加密、封闭措施，并注意排水

边坡类型	主要特征	影响稳定的主要因素	可能的主要变形破坏形式	与水利水电工程关系	处理原则与方法建议
黄土边坡	以粉粒为主、质地均一。一般含钙量高，无层理，但柱状节理发育，天然含水量低，干时坚硬，部分黄土遇水湿陷，有些呈固结状，有时呈多元结构	主要是水的作用，因水湿陷，或水对边坡浸泡，水下渗使下垫隔水黏土层泥化等	1. 崩塌 2. 张裂 3. 湿陷 4. 高或超高边坡可能出现高速滑坡	渠道边坡，因通水可能出现滑坡；库岸边坡因库水浸泡可能坍岸或滑动；黄土塬上灌溉使地下水位抬高，可出现黄土湿陷，谷坡开裂崩塌，半成岩黄土区深切河谷可出现高速滑坡；因湿化引起古滑坡复活	1. 防水、排水，尽可能避免输水建筑物漏水 2. 合理削坡 3. 对坍岸、古滑坡做好监测及预测
软土边坡	以淤泥、泥炭、淤泥质土等抗剪强度极低的土为主，塑流变形严重	1. 土性软弱（低抗剪强度高压缩性塑流变形特性） 2. 外力作用、振动	1. 滑坡 2. 塑流变形 3. 坍滑、边坡难以成形	渠道通过软土地区因塑流变形而不能成形，坡脚有软土层时，因软土流变挤出使边坡坐塌	1. 彻底清除 2. 避开 3. 反压回填 4. 排水固结
膨胀土边坡	具有特殊物理力学特性，因富含蒙脱石等易膨胀矿物，内摩擦角很小，干湿效应明显	1. 干湿变化 2. 水的作用	1. 浅层滑坡 2. 浅层崩解	边坡开挖后因自然条件变化、表层膨胀、崩解引起连续滑动或坍塌	1. 尽可能不改变土体含水条件 2. 预留保护层，开挖后速盖压保湿 3. 注意选择稳定坡角 4. 加强排水，砌护封闭
分散性土边坡	属中塑性土及粉质黏土类，含一定量钠蒙脱石，易被水冲蚀，尤其遇低含盐量水，表面土粒依次脱落，呈悬液或土粒被流动的水带走，迅速分散	1. 低含盐量环境水 2. 孔隙水溶液中钠离子含量较高，介质高碱性 3. 土体裸露，水土接触	1. 冲蚀孔洞、孔道 2. 管涌、崩陷和溶蚀孔洞 3. 坍滑、崩塌和滑坡	堤坝和渠道边坡在施工和运行中随机发生变形破坏或有潜在危害	1. 尽量不用分散性土作地基和建筑材料 2. 全封闭，使土水隔离 3. 设置反滤 4. 改土，如掺石灰等 5. 改善工程环境水，增大其含盐量
碎石土边坡	由坚硬岩石碎块和砂土颗粒或砾质土组成的边坡，可分为堆积、残坡积混合结构、多元结构	1. 黏土颗粒的含量及分布特征 2. 坡体含水情况 3. 下伏基岩面产状	1. 土体滑坡 2. 坍塌	因施工切挖导致局部坍塌，作为库岸边坡因水库蓄水可导致局部坍滑或上部坡体开裂，库水骤降易引起滑坡	1. 合理选择稳定坡角 2. 加强边坡排水，防止人为向坡体注水 3. 库岸重要地段蓄水期应进行监测
岩土混合边坡	边坡上部为土层、下部为岩层，或上部为岩层、下部为土层（全风化岩石），多层叠置	1. 下伏基岩面产状 2. 水对土层浸泡，水渗入土体	1. 土层沿下伏基岩面滑动 2. 土层局部坍滑 3. 上部土体沿土层蠕动或错落	叠置型岩土混合边坡基岩面与边坡同向且倾角较大时，蓄水、暴雨后或振动时易沿基岩面产生滑动	1. 合理选择稳定坡角 2. 加强边坡排水，防止人为向坡体注水 3. 库岸重要地段蓄水期应进行监测

表 10　变形边坡分类

变形类型	边坡分类名称		示意剖面	主要特征	影响稳定的主要因素	与水利水电工程关系	处理原则与方法建议
滑动变形	土质滑坡	黏性土滑坡		黏土干时坚硬，遇水崩解膨胀，不易排水，连续降雨或遇水湿化可使强度降低，易滑	1. 水的作用：暴雨浸水，人为注水，排水不畅　2. 振动：地震、爆破　3. 开挖方式不当：切脚，头部堆载，先下后上开挖	滑坡区不宜布置建筑物，滑坡对渠道边坡稳定不利；注意丘陵峡谷库区移民后靠区蓄水后出现滑动	1. 注意开挖方式和程序　2. 坡面及坡体排水　3. 支挡结构如抗滑桩等
		黄土滑坡		垂直裂隙发育，易透水湿陷，黄土塬边或峡谷高陡边坡的滑坡规模较大，当有黏土夹层时，连续大雨后易滑			
		砂性土滑坡		透水性强，当有饱和砂层时，因地震可能产生液化滑坡，因暴雨排水不畅而滑动			
		碎石土滑坡		土石混杂，结构较松散，易透水，多为坡残积层，常沿基岩接触面滑动			
	岩质滑坡	均质软岩滑坡		滑体形态主要受软岩强度控制，滑面常呈弧形、切层，与软弱结构面不一定吻合，特别是大型滑坡	1. 岩石强度　2. 水的作用　3. 边坡坡度和高度	滑坡规模一般较大，条件恶化可能复活，滑坡区不宜布置建筑物	1. 避开　2. 清除或部分清除　3. 排水
		顺层滑坡		一般沿岩层层面产生的滑坡，滑体形态主要受岩层层面控制	1. 软弱夹层或顺层面抗剪强度　2. 淘蚀切脚，开挖不当　3. 水的作用	作为建筑物边坡危及建筑物安全，不宜作渠道边坡	1. 清除或部分清除　2. 排水　3. 规模小时支挡或锚固
		切层滑坡		滑面切过层面，滑体形态受几组节理裂隙的控制	1. 节理切割状况　2. 岩体强度　3. 水的作用　4. 缓倾结构面及软弱夹层	不宜作渠道或其他建筑物边坡	1. 清除或部分清除　2. 排水　3. 规模小时支挡或锚固
		破碎岩石滑坡		节理裂隙密集发育，滑面产生于破碎岩体中，滑面形态受破碎岩体强度控制	1. 节理裂隙切割状况　2. 岩体强度　3. 水的作用	透水强烈不利于坝肩防渗，不宜作渠道边坡	1. 削坡清除　2. 排水　3. 规模小时支挡

变形类型	边坡分类名称	示意剖面	主要特征	影响稳定的主要因素	与水利水电工程关系	处理原则与方法建议
蠕动变形	岩质边坡	倾倒型蠕动变形边坡	岩体向外倒，层序未乱，但岩体松动，裂隙发育，层间相对错动，倾倒幅度向深部逐渐变小，边坡表部有时出现反坎	1. 开挖切脚 2. 振动 3. 充水并排水不畅	对抗渗不利，沉陷变形大，不利于承受工程荷载，开挖切脚常引起连续坍塌	1. 自上而下清除，开挖坡角不宜大于自然坡角 2. 坡面和坡体排水防渗 3. 变形速度快者，应留开挖保护层
		松动型蠕动变形边坡	岩层层序扰动，岩块松动架空，与下部完整岩层无明显完整界面，多系倾倒型进一步发展而成	1. 开挖切脚 2. 振动 3. 充水并排水不畅	对抗渗承载不利，开挖切脚常引起连续坍塌，库岸大范围松动体蓄水后可能变形，不宜作大坝接头、洞脸、渠道和建筑物边坡	1. 维持原状不予扰动，保持自然稳定 2. 坡面及坡体排水 3. 自上而下清除，开挖坡角不宜大于自然坡角
	岩质边坡	扭曲型蠕动变形边坡	多出现于塑性薄层岩层，岩层向坡外挠曲，很少折裂（注意和构造变形相区别），有层间错动，但张裂隙不显著	1. 岩石流变效应 2. 水的作用 3. 振动 4. 开挖卸荷及开挖方式不当	局部顺层滑动或缓慢扭曲变形，影响建筑物安全，除表层外，一般透水不甚强烈	1. 削坡清除，开挖坡角应适当 2. 预留开挖保护层 3. 局部锚固
		塑流型蠕动变形边坡	脆性岩体沿下垫塑性软弱夹层缓慢流动，或挤入软层中	1. 塑性层因水的作用进一步泥化 2. 软层的流变效应	切脚后边坡缓慢滑动或局部坍塌，影响建筑物安全，作为渠道及水库边坡易于滑动	1. 坡面及坡体排水 2. 局部锚固 3. 沿塑流层将上部岩体清除
	土质边坡	土层蠕动变形边坡	因土层塑性蠕变、流动导致上部土体开裂、倾倒或沿蠕变带产生微量位移，严重者可发展成滑坡或坍滑，常为滑动变形前兆	1. 水的作用 2. 坡脚或坡体内土层遇水软化流变 3. 长期重力作用下坡体土层流变	遇水、遇振动易发展成滑坡，不宜作渠道或其他建筑物边坡	1. 按稳定坡角开挖 2. 清除 3. 坡面及坡体排水

变形类型	边坡分类名称	示意剖面	主要特征	影响稳定的主要因素	与水利水电工程关系	处理原则与方法建议
张裂变形	岩质边坡 / 张裂变形边坡		岩体向坡外张裂，但未发生剪切位移或崩落滚动，有微量角变位，多发生于厚层或块状坚硬岩石中，特别当坡角有软弱层（如煤层、断层破碎带）分布时	1. 岩体向坡外张裂 2. 岩层面（特别是软弱夹层）	强烈透水对坝肩防渗不利；垂直于裂缝的变形大，不利于拱坝坝肩承载；崩塌岩体失稳造成灾害	1. 防止坡脚垫层被进一步软化和人为破坏 2. 控制爆破规模和方法 3. 固结灌浆或锚固 4. 必要时减载
崩塌变形	岩（土）质边坡 / 崩塌变形边坡		陡坡地段，上部岩（土）体突然脱离母岩翻滚或坠落坡脚，坡脚常堆积岩土块堆积体	1. 风化作用、冰冻膨胀 2. 暴雨、排水不畅 3. 振动坡脚被淘蚀软化	变形破坏急剧影响施工建筑安全；堆积物疏松，强烈透水，对防渗不利，堆积物不均匀沉陷变形	1. 清除危岩，保护建筑物 2. 局部锚固、支挡 3. 用堆积物作地基时，需进行特殊防渗加固处理
坍滑变形	岩（土）质边坡 / 坍滑变形边坡		边坡岩（土）体解体坐塌，并伴随局部或整体滑动，滑面多不平整，局部可能崩塌，为滑动、崩塌、蠕变松动等复合型变形边坡	1. 塑流层蠕变 2. 暴雨、排水不畅 3. 振动 4. 不利的岩性组合和结构面	堆积物疏松，透水性大，易不均匀沉陷变形，浸水后局部可能继续滑动	1. 坡面防渗，坡体排水 2. 清除 3. 局部支挡
剥落变形	石（土）质边坡 / 剥落变形边坡		高寒地区黏性土边坡因冻融作用表层剥落，南方硬质黏土边坡因干湿效应而剥落，强风化泥质岩层剥落，影响不深，但可连续剥落	1. 冻融作用 2. 干湿效应 3. 风化	使渠道或其他工程边坡表部疏松解体，增加维护困难	1. 护砌植草或坡面覆盖 2. 排水 3. 预留保护层

6.12.2 一般情况下，建筑物区的边坡与建筑物的关系密不可分，在工程地质勘察时应一并考虑进行。本条规定的内容是针对边坡专门性工程地质勘察而言的。

2 地质测绘是边坡工程地质勘察的基本方法。地质测绘比例尺确定为 1：2000～1：500，是根据近些年边坡工程地质勘察的实践经验确定的，1：500大比例尺测绘主要用于地质条件复杂、边坡稳定问题突出的边坡工程。

3 工程物探常与其他勘探方法配合使用。

4 边坡工程地质勘探的目的是查明边坡地段的地质结构等，并满足必要的测试、试验及监测的要求。勘探点、线的布置是总结了近些年我国水利水电工程边坡勘察经验后确定的，勘探手段与一般地质勘察使用的勘探手段相同，主要包括钻探、槽探、井（坑）探和硐探。通过钻探可以了解边坡深部地质情况，并可进行多种试验、测试等。通过硐（井）探可以直接观测到组成边坡工程岩土体的地质结构、滑移面特征等，并可进行现场试验、测试，其效果要优于钻探、物探，应尽可能布置。同时要尽可能利用勘探硐、井、孔进行有关测试和试验工作。

5 边坡工程岩土物理力学试验项目中，对边坡稳定分析计算影响最大的是抗剪试验，在测定抗剪强度时，应结合边坡岩体变形运动特征，真实地模拟岩土体破坏面情况，尽可能采用野外大剪试验。

6.13 渠道及渠系建筑物

6.13.1 通过可行性研究阶段的工程地质测绘，地形地貌条件已查清楚，初步设计阶段不再作为勘察内容规定。近些年来引调水工程及长距离渠道工程建设经验表明，因勘察精度不够，施工阶段岩土分界变化引起的土石方工程量变化是导致工程投资增加的重要原因之一，因此在实际工程地质勘察中，除对渠道存在的工程地质问题进行重点勘察外，还应重视不同地层分布特别是土岩分界面起伏变化的勘察。

傍山渠道往往地形、地质条件复杂，滑坡、泥石流等物理地质现象发育，修建渠道的地质问题较多，是工程地质勘察的重点和难点，对此本规范规定除要勘察渠道的工程地质条件外，第5款特别强调对渠道所在山坡整体稳定的勘察与工程地质评价。

6.13.4

1 关于渠道工程地质测绘比例尺，平原地区普遍分布第四纪地层，比例尺过大，会增加很多工作量而对勘察精度提高有限，因此比例尺可小一些；山区渠道或傍山渠道，一般来说地形、地质条件都较复杂，比例尺可大一些。对于渠系建筑物工程地质测绘比例尺，可结合地形、地质条件复杂程度和建筑物范围大小选用，地形、地质条件复杂或建筑物范围较小，可选较大的比例尺，反之选较小的比例尺。

2 实践证明，在地形条件适合、物探方法选用得当的条件下，对探测覆盖层厚度、地下水位、古河道、隐伏断层、喀斯特洞穴、地下采空区、地下构筑物和地下管线等有较好的效果。纵向剖面上的勘探点间距较大，控制的勘探精度较低，因此沿渠道轴线方向也应布置物探剖面。

6 由于对地下采空区的分布探测困难、处理难度大且经处理后还可能留下工程安全隐患，因此选线时尽量避开。如渠道工程不能避开，对其勘察应高度重视。

6.14 水闸及泵站

6.14.1 勘察内容与原规范第5.6节地面电站与泵站厂址的内容基本一样，只是局部调整。一般来说，当第四纪沉积物作为水闸或泵站地基时，勘察主要是解决地基强度、沉陷、不均匀变形、渗透稳定、开挖边坡、基坑排水等问题；当基岩作为水闸或泵站地基时，地基强度及变形问题不突出，勘察主要是查明岩体结构、地质构造及岩体风化、卸荷情况等。因此，在工程地质勘察时应各有侧重。

6.14.2 勘察工作要结合水闸及泵站建筑物布局布置，不同建筑物部位都应有勘探剖面控制。另外，我国北方地区常常需要修建高扬程的提水泵站，出水管道较长且顺山坡从下向上布置，管道镇墩地基和边坡稳定问题较为突出，是这类泵站勘察的重点之一。水闸的导墙、翼墙对地基条件要求较高，布置勘探工作时要特别注意。

6.15 深埋长隧洞

限于当前的技术水平和勘探手段，在初步设计阶段深埋长隧洞勘察的主要任务是对可行性研究阶段的成果进行复核及进一步勘察。勘察内容上，与可行性

研究阶段的相同；勘察方法上，强调在地形及勘探条件许可时，布置深孔或平硐进一步开展有关测试和地质条件的复核工作。

6.16 堤防工程

6.16.1 本条对堤防工程地质的勘察内容进行了规定，新建堤防和已建堤防勘察内容差别较大，对于已建堤防，不仅要勘察堤基的工程地质条件，还要勘察堤身质量，初步设计阶段勘察的重点是地质条件较差堤段或险情隐患部位。

6.16.2 本条仅对堤防工程地质测绘、勘探布置及试验的主要要求作了规定，详细内容见国家现行标准《堤防工程地质勘察规程》SL 188。关于试验数量，本规范规定每一工程地质单元各主要土（岩）层的累计有效室内试验组数与《堤防工程地质勘察规程》SL 188—2005中规定不同，今后堤防工程地质勘察时应以此为准。

6.17 灌区工程

6.17.1 灌区工程的渠道与渠系建筑物工程地质勘察内容与本规范第6.13节相同，只是工程规模相对小一些。因此，本条规定"灌区工程地质的勘察内容应符合本规范第6.13.1～6.13.3条的规定。"

6.17.3、6.17.4 初步设计阶段对地下水源地的水文地质勘察深度要求应相当于现行国家标准《供水水文地质勘察规范》GB 50027—2001中的勘探阶段，探明的地下水允许开采量应满足B级精度要求。

6.18 河道整治工程

6.18.1、6.18.2 岸坡的稳定性对护岸工程十分重要，因此影响岸坡稳定的软弱土层及其物理力学性质是主要勘察内容。当地层单一且工程性质较好时，勘探剖面及勘探点的间距可选大值，反之选小值。

6.18.3、6.18.4 裁弯工程地质勘察的对象主要为第四纪沉积物，其勘察的重点是裁弯工程段的物质组成、物理力学特性和允许开挖边坡。

6.18.5、6.18.6 丁坝、顺直坝和潜坝地基常常位于河水位以下，只有当场地无水时才能进行工程地质测绘，同时考虑到工程地质测绘的实际作用不大，因此，没有强调工程地质测绘工作。

6.19 移民新址

6.19.1 根据国家现行标准《水利水电工程建设征地移民设计规范》SL 290—2003的规定，对农村移民，初步设计阶段要编制农村移民安置规划，确定安置方案；对于集镇、城镇，初步设计阶段确定迁建方案和新址的地点。因此，本规范规定初步设计阶段是为选定新址提供地质依据。

6.19.2 本条提出了初步设计阶段移民选址工程地质

勘察应包括的内容。大体包括三个方面：一为新址区外围的环境地质条件，二为新址区内的地质条件，三为新址区场地稳定程度和建筑适宜程度。考虑到查明新址区环境地质条件及其环境地质问题对移民新址的重要性，将本条的第 2、3 款列为强制性条文。

6.19.3 本条提出了初步设计阶段移民选址工程地质的勘察方法及相关的技术规定。

1 规定工程地质测绘比例尺应结合新址区的地形地质条件和新址的规模等选定。对于平原区或较大城镇可选用较小的比例尺，对于山区或规模较小的新址可选用较大的比例尺。

2 地形坡度是决定新址场地建筑适宜程度的重要条件，因此本款规定对第 5.13.3 条按坡度分区统计的面积进行复核。如果需要，可对大于 20° 的地形进一步细分。

3 规定勘探工作的布置原则是根据新址区的地质条件和存在的工程地质问题确定，存在的工程地质问题不同，勘探布置的原则和工作量也不同。例如，外围滑坡可能对新址安全构成威胁，需要对滑坡进行勘察时，就要按本规范有关滑坡的勘察内容和方法开展工作；存在坍岸问题时，对坍岸进行具体的勘察等。

4 强调勘探剖面针对新址场地进行布置，其目的是通过适当的勘探剖面，掌握新址区的地质条件，便于进行场地建筑适宜性评价。关于勘探剖面的间距，主要是参考了国家现行标准《城市规划工程地质勘察规范》CJJ 57—94 中详细规划阶段 I、II、III 类场地的工程地质勘察勘探剖面间距综合确定的，见表11。

表 11　勘探线、点间距（m）

场地类别	间　距	
	线距	点距
I 类场地	50～100	<50
II 类场地	100～200	50～150
III 类场地	200～400	150～300

注：勘探点包括钻孔、浅井、竖井。

6.21　勘察报告

6.21.1 本条的工程区及建筑物工程地质条件包括：水库工程地质条件、大坝及其他枢纽建筑物工程地质条件、边坡工程地质条件、引调水工程（渠道、隧洞及渠系建筑物）工程地质条件、水闸及泵站工程地质条件、堤防工程地质条件、灌区工程地质条件及河道整治工程地质条件等，在编制报告时，可根据具体工程项目内容取舍。

6.21.3 初步设计阶段如进行了区域构造稳定性复核工作，应重点论述。

6.21.5 在评价大坝工程地质条件时，针对不同坝型（混凝土重力坝、拱坝、土石坝）对地质条件的要求，内容应各有所侧重。

6.21.10 地下水源水文地质勘察一般都有专题报告，因此，这里只需对主要勘察结论进行说明。

7　招标设计阶段工程地质勘察

7.1　一般规定

7.1.1 根据 1998 年水利部发布的《水利工程建设程序管理暂行规定》，招标设计属于施工准备阶段的一项工作内容。招标设计的前提是初步设计报告已经批准。通过招标设计阶段工程地质勘察，进一步复核工程地质结论，查明遗留的工程地质问题，为完善和优化设计以及落实招标合同有关的问题提供地质资料。要求形成完整的阶段性成果，并作为招标编制的基础。因此本章为规范修订新增内容。

7.1.2 本条规定了招标设计阶段工程地质勘察的四项主要内容。

2、3 初步设计阶段遗留的或初步设计报告审批提出的专门性工程地质问题，是招标设计阶段工程地质勘察的主要内容。

4 工程设计进一步优化需要补充的有关工程地质资料。

7.2　工程地质复核与勘察

7.2.2 工程地质复核以内业工作为主，分析初步设计阶段工程地质勘察成果、观（监）测成果，复核工程地质结论，并根据复核情况，确定相应的勘察工作内容。

对水库诱发地震，应在初步设计阶段勘察的基础上，进行第 2、3 款规定的工作内容。

7.2.3 招标设计阶段工程地质勘察内容，应根据每个工程的具体情况和存在的工程地质问题确定。

本条第 2 款说明的是因施工组织设计需要，宜对主要临时（辅助）建筑物存在的工程地质问题应进行补充勘察或研究。临时（辅助）建筑物的规模、布置与施工要求密切相关，特别与建设单位的要求有很大关系，但在招标设计阶段只能根据施工组织设计总布置，在选定的位置进行地质勘察工作，对有关工程地质问题提出初步评价，以满足招标文件编制的需要。详细地质勘察工作可在施工详图设计阶段进行。

近年来工程实际情况表明，天然建筑材料在工程开工后出现问题较多，因此本条第 3 款对天然建筑材料招标设计阶段的复查或补充勘察工作作了规定。料场需要进行复查或补充勘察的主要原因有：料场条件发生变化需对详查级别的勘察成果进行复查；初步设计报告审批或项目评估要求补充论证；设计方案改变，要求开辟新的料场。

7.2.4 鉴于招标设计阶段的特点，本阶段需要勘察的内容差别很大，因此本条文对勘察方法只作了原则性规定。

勘察方法应针对要查明问题的性质、复杂程度、已有的勘察成果和场地条件等确定。

8 施工详图设计阶段工程地质勘察

8.1 一般规定

8.1.1 本条规定了施工详图设计阶段工程地质勘察的基本前提和任务。通过施工详图设计阶段工程地质勘察，可以检验、核定前期勘察成果质量，进一步提高勘察成果精度，并配合施工开挖开展施工地质工作，为施工详图设计、优化设计、建设实施、竣工验收等提供工程地质资料。

由于勘察阶段的调整，原"技施设计阶段"改作"施工详图设计阶段"，但其勘察内容基本保持不变。

8.1.2 条文中规定了施工详图设计阶段工程地质勘察的主要内容。

1、2 由于自然界地质环境的复杂性和其他原因，在前期勘察中可能会遗留（漏）某些工程地质问题；在施工和水库蓄水过程中，可能会出现新的工程地质问题。对这些工程地质问题进行专门勘察是施工详图设计阶段勘察的主要内容之一。

4、5 明确了本阶段包括施工地质工作，施工地质工作应结合施工开挖及时进行，并贯穿工程施工的全过程。

8.2 专门性工程地质勘察

8.2.1 施工详图设计阶段勘察工作通常都是针对特定的建筑物和确定的工程地质问题进行，这是本阶段勘察工作的一个重要特征。

8.2.2 条文中列举了专门性工程地质勘察的主要内容，将原规范第6.2.2～6.2.5条的内容进行了简化归纳，使规范结构上更趋合理。

1 关于水库诱发地震的勘察工作，主要任务是监测台网建设和初期运行资料的分析整理，以及当库区周边发生较强烈地震时的现场地震地质调查等工作。

8.2.3 施工详图设计阶段进行天然建筑材料专门性勘察，往往是由于设计方案变更或其他原因需新辟料场，天然或人为因素造成料场储量或质量发生明显改变等。

8.2.4 本阶段专门性工程地质的勘察应充分利用各种开挖面揭露的地质情况和各种监测与观测资料。

8.3 施工地质

8.3.1 条文中规定了施工地质的8款内容。

对建筑物的基坑、工程边坡、地下建筑物的围岩进行地质编录和观测是基础性的工作。随着工程开挖的不断进行，岩土体实际状况逐渐暴露。因此，从开始开挖到施工结束的整个施工期间均要进行地质编录和观测，不断积累资料。通过地质编录和观测检验前期勘察成果，预测不良地质现象，对施工方法和地基加固处理提出建议，为工程验收和运行期研究有关问题提供地质资料。

本条第5款为新增内容。施工地质应根据施工揭露的地质情况变化，当需要时，及时提出专门性工程地质勘察建议。进行专门性工程地质问题勘察时，应充分利用施工地质工作成果。

进行工程地质评价、参加工程验收和进行地质预报是施工地质的主要内容。施工地质人员应认真检查地基、围岩、边坡和有关地质问题处理的质量是否达到验收标准；如发现施工方法不当，岩土体急剧变形或有失稳前兆，应及时向有关单位提出建议。

8.3.2 本条对施工地质方法作了原则性规定，将原规范第6.3.2条的内容进行了分解，使规范结构上更趋合理。

第1款是本条新增加的规定。地质巡视，编写施工日志和简报是施工地质的一项承上启下的日常性工作，是施工地质工作中最基本、也最重要的工作。

由于工程开挖与回填交替进行，施工地质与施工有一定的干扰。因此，要求施工地质工作应及时和准确，所采用的手段要简易和轻便。除采用观察、素描、实测、摄影和录像外，也可采用波速、点荷载强度、回弹值等测试方法鉴定岩体质量。

8.3.3 本条为新增内容。大型水利水电工程施工地质工作周期较长，资料种类多、数量大，如不及时整理，将不利于后期成果的编制。同时，水利水电工程施工地质需编制多种技术成果，如块（段）地质小结、阶段性竣工地质报告、安全鉴定工程地质自检报告等。这些技术成果常需要分阶段进行，并为最终竣工地质报告提供可靠的技术支撑。

8.4 勘察报告

8.4.1 本条在原规范第6.2.8条的基础上，针对专门性工程地质勘察报告正文内容作了一般规定。专门性工程地质勘察报告编制内容要根据工程存在的实际问题拟定。

8.4.2 竣工地质报告包括单项工程竣工地质报告和工程竣工地质总报告。

9 病险水库除险加固工程地质勘察

9.1 一般规定

9.1.1 本条对病险水库除险加固工程勘察的任务作

了规定。除险加固工程勘察就是要查明病险部位及其产生的原因，勘察工作必须抓住这个重点有针对性地进行，避免盲目扩大勘察范围。

9.1.3 由于病险水库是已建工程，有些病害已长期存在，甚至经过多次除险加固处理，已经积累了很多资料，因此条文强调应首先收集已有地质勘察、施工处理及运行监测资料，并对所收集的资料进行综合分析，这样既可充分利用已有的勘察成果，减少勘探工作量，又能深入了解工程问题的实质，使勘察工作做到有的放矢。

9.2 安全评价阶段工程地质勘察

9.2.1 本条对安全评价阶段工程地质的勘察内容作了规定。其中，第5款提出"复核工程区场址的地震动参数"，是由于我国地震基本烈度或地震动参数区划图先后已经出版四代，并且在有些地方有很大调整。

9.2.2、9.2.3 这两条规定了土石坝工程安全评价阶段工程地质的勘察内容与勘察方法，是在总结我国近5年工程实践经验的基础上提出的，针对性较强。鉴于病险水库土石坝坝体存在的质量问题较为普遍，因此，在本规范第9.2.2条第1款第4项中特别强调了对坝体渗漏、开裂、滑坡、沉陷等险情隐患的调查了解。至于勘察方法，由于工程已经建成，因此收集已有的各种资料，如前期勘察资料，访问施工期间的开挖处理和坝体填筑情况，详细了解运行观测资料等，就显得尤为重要。

9.2.4、9.2.5 这两条规定了混凝土坝工程安全评价阶段工程地质的勘察内容与勘察方法。对于混凝土坝勘察方法，除参照本规范第9.2.3条土石坝的有关规定外，特别规定了针对坝体混凝土与坝基接触部位、坝基（肩）抗滑稳定及拱坝坝肩变形问题而需要开展的试验工作。

9.3 可行性研究阶段工程地质勘察

9.3.1 本条规定了可行性研究阶段病险水库除险加固工程地质勘察是在安全评价阶段基础上确定病险的类型和范围，初步评价大坝与地质有关的险情和隐患的危害程度，并进行天然建筑材料初查。

9.3.2、9.3.3 分别对土石坝和混凝土坝在可行性研究阶段的勘察内容提出明确要求。由于地质条件及已经存在的病险差别较大，实际工作中应根据具体地质条件、工程特点及病险情况等确定勘察内容。

9.3.4 本条规定了可行性研究阶段工程地质的勘察方法。

1 工程地质测绘主要是对原坝址工程地质图进行复核，如没有前期测绘资料，则应进行工程地质测绘。测绘比例尺选用1∶2000～1∶500是根据近年各单位实际操作确定的。

2 对于大坝的洞穴、裂缝，渗漏通道等隐患的规模、位置和埋深，可选用电法勘探、探地雷达、弹性波测试和同位素示踪等进行探测。

3 本款第2项规定"防渗剖面钻孔深度应进入地基相对不透水层不应小于10m"是为了满足防渗的需要而提出的。

9.4 初步设计阶段工程地质勘察

除险加固初步设计阶段工程地质勘察应在可行性研究阶段工程地质勘察的基础上，针对有关地质问题（病害）进行详细勘察，目的是查明病险详细情况、原因及地质条件，提出处理措施建议，为制定除险加固设计方案提供地质依据。

由于病险种类多，原因复杂，因此，对所有病害的勘察内容和方法不可能一一列出，条文重点对工程中常见的病害，如渗漏及渗透稳定性问题、不稳定边（岸）坡问题、坝（闸）基及坝肩抗滑稳定问题、地基沉陷与坝体变形问题、土的地震液化问题等的主要勘察内容、勘察方法作了规定。

至于勘察方法，条文特别强调对已有地质资料、施工编录以及运行观测等资料的收集和分析；工程地质测绘比例尺的选择，是根据所研究的问题确定的；采用何种勘探方法，勘探点的间距则可根据具体情况综合考虑。

由于土石坝上、下游坝坡的环境条件和功能不同，浸润线上、下坝体土的含水性质有着质的差别，对于坝体取样试验工作强调分区取样，避免取样数量过少或代表性不强。

第9.4.8条第1、2款"查明土石坝填筑料的物质组成、压实度、强度和渗透特性"、"查明坝体滑坡、开裂、塌陷等病害险情的分布位置、范围、特征、成因，险情发生过程与抢险措施，运行期坝体变形位移情况及变化规律"是评价坝体变形与地基沉陷的重要地质条件，同时也是进行除险加固措施论证的重要地质依据，因此，将此两款列为强制性条文。

附录B 物探方法适用性

该附录为新增附录。

物探是水利水电工程地质勘察的重要手段之一。物探方法的种类很多，如：电法勘探、地震勘探、弹性波测试、层析成像法、探地雷达法及测井法等。物探方法轻便、高效，但其应用有一定条件和局限性。所以应用物探方法时，要根据实地的地形地质和物性条件等因素，综合考虑，选择有效的方法，以获得最佳的效果。

本附录所列的方法均是目前水利水电勘测单位经常使用的方法，同时也将近几年在深埋隧洞勘探中取得一定效果的大地电磁频谱探测（MD）和可控源音频大地电磁测深（CSAMT）等方法吸收了进来。

本附录将所列物探方法分为主要方法和辅助方法两类，主要方法一般可以对相应的地质情况作出较为有效的探测，辅助方法则需要结合其他方法或手段进行综合判断。

附录C 喀斯特渗漏评价

C.0.2 本规定明确区分水库渗漏与坝基和绕坝渗漏两类，有利于对渗漏评价和防渗处理区别对待。把渗漏对环境的影响列入评价内容，包括对环境的负面影响和正面影响，正面影响如有些水库渗漏可补充地下水，使干涸的泉水恢复生机，净化地下水质等。

C.0.3、C.0.4 喀斯特水库渗漏评价分为不渗漏、溶隙型渗漏、溶隙与管道混合型渗漏和管道型渗漏四类。每种渗漏的判别条件，主要依据已建工程渗漏实例和勘察经验总结。

坝基和绕坝渗漏评价分为轻微、较严重和严重三级，并列出了相应的判别条件，其中两岸地下水水力坡降较大，一般指大于5%。

渗漏判别条件中岩体或地块喀斯特化程度划分，一般可根据岩组类型、喀斯特地貌特征，溶洞及暗河发育程度，水量大小，钻孔、平硐揭露溶洞的数量、规模等综合判定。岩体或地块喀斯特化强烈的标志，一般为峰丛洼地、峰林谷地地貌特征，溶蚀洼地、漏斗、落水洞广泛分布，暗河、溶洞规模大，喀斯特水系统网络复杂，钻孔遇洞率高等。相反，岩体或地块喀斯特化程度轻微则表现为喀斯特地貌不明显，喀斯特水系统不发育，主要为喀斯特裂隙水、地下水水力坡降较大，钻孔遇洞率低等特征。

C.0.5 水库喀斯特渗漏量计算问题十分复杂，主要是计算模型和参数难以准确确定，计算成果只能作为渗漏评价的参考。

附录D 浸没评价

D.0.1 浸没评价按初判、复判两阶段进行。初判阶段的任务是在工程地质测绘的基础上，根据拟建水库或渠道的设计水位和周边地区的地形、地质条件，判定哪些地段可能发生浸没。复判是在初判基础上，对可能浸没地段进一步勘察，最终确定浸没范围和危害程度，为采取防治措施设计提供资料。

D.0.7 农作物区的地下水埋深临界值有两个标准，一是适宜于作物生长的地下水埋深临界值，二是防止土壤次生盐渍化的地下水埋深临界值。

1 适宜于作物生长的地下水埋深临界值。

农作物在不同的生长期要求保持一定的地下水适宜深度，即土壤中的水分和空气状况适宜于作物根系生长的地下水深度。

我国幅员广阔，各地区自然条件差异较大，而影响地下水适宜埋深的因素又很多，如农作物种类、品种，以及气候、土壤、生育阶段、农业技术措施等，难以定出统一标准。

水稻是喜水作物，但地下水位长期过高，也会影响产量。根据广东、江苏等省的试验，水稻在分蘖末期的晒田期间，地下水埋深以0.3～0.6m为宜。为了满足机收机耕的要求，撤水后地下水适宜埋深为0.7～1.0m。

江苏省试验调查资料，小麦生育阶段的适宜地下水埋深，播种出苗期为0.5m左右，分蘖越冬期为0.6～0.8m，返青、拔节至成熟期为1.0～1.2m。棉花生育阶段的适宜地下水埋深，苗期为0.5～0.8m，蕾期为1.2～1.5m，花铃期和吐絮成熟期为1.5m。

我国部分地区几种作物所要求的地下水埋深临界值见表12。

表12 我国部分地区农作物要求的地下水位埋深临界值（m）

地区	小麦	棉花	马铃薯	苎麻	蔬菜	甘蔗
长江中下游	0.5～0.6	1.0～1.4	0.8～0.9	1.0～1.4	0.8～1.0	0.8～1.4
华北	0.6～0.7	1.0～1.4	0.9～1.1	—	0.9～1.1	—

确定适宜于作物生长的地下水埋深临界值的合理方法是对当地农业管理和科研部门以及农民进行调研，针对实际农作物类型因地制宜地确定适当的地下水埋深临界值。

用传统的公式（土的毛管水上升高度加农作物根系深度）确定适宜的地下水最小埋深，难以反映不同农作物的实际情况和需求，且据此确定的浸没范围往往偏大，因此只适用于初判。

2 防止土壤次生盐渍化的地下水埋深临界值。

土壤次生盐渍化的影响因素较多，其中气候（主要是降雨量和蒸发量）是基本因素，干旱、半干旱地区易于产生土壤次生盐渍化，而湿润性气候区不会出现盐渍化。土壤质地和地下水矿化度是影响次生盐渍化的主要因素。砂性土的毛管水上升高度虽比黏性土低，但其输水速度却大于黏性土，上升的水量多，更易于产生盐渍化。地下水矿化度低，土壤积盐作用就小，反之，地下水矿化度高，土壤积盐作用就大。

各地区的防止盐渍化地下水埋深临界值各不相同，应根据实地调查和观测试验资料确定。总体而言，防止土壤次生盐渍化所要求的地下水埋深临界值要大于作物适宜生长的地下水埋深临界值。

无资料地区，防止土壤次生盐渍化的地下水埋深临界值及盐渍化程度分级可参考表13和表14确定。

表13　几种土在不同矿化度下防止次生盐渍化的地下水埋深临界值

地下水矿化度（g/L）	地下水埋深临界值（m）			
	砂土	砂壤土	黏壤土	黏土
1～3	1.4～1.6	1.8～2.1	1.5～1.8	1.2～1.9
3～5	1.6～1.8	2.1～2.2	1.8～2.0	1.2～2.1
5～8	1.8～1.9	2.2～2.4	2.0～2.2	1.4～2.3

表14　土壤盐渍化程度分级（%）

成分	轻度盐渍化	中度盐渍化	重度盐渍化	盐土
苏打(CO_3^{2-} + HCO_3^-)	0.1～0.3	0.3～0.5	0.5～0.7	>0.7
氯化物(CL^-)	0.2～0.4	0.4～0.6	0.6～1.0	>1.0
硫酸盐(SO_4^{2-})	0.3～0.5	0.5～0.7	0.7～1.2	>1.2

D.0.8　建筑物区因地下水上升引起的环境恶化主要表现为：地面经常处于潮湿状态，无法居住；房屋开裂、沉陷以致倒塌。

第一种情况，表明地下水位或毛管水带到达地面，导致生态环境恶化，应判定为浸没区。这种情况的浸没地下水埋深临界值为地下水的毛管水上升高度。

第二种情况，房屋开裂、沉陷、倒塌的原因有：冻胀作用（北方地区）；地基持力层饱水后强度大幅度下降，承载力不足或持力层饱水后产生大量沉降变形或不均匀变形。上述这些情况是否会出现，与现有建筑物的类型、层数、基础形式、砌置深度、持力层性质（特别是有无湿陷性黄土、淤泥、软土、膨胀土等工程性质不良岩土层）密切相关。因此应针对具体情况进行相应调查、勘察和试验研究工作，在掌握充分资料后进行建筑物区浸没可能性评价。当地基持力层在饱水后出现承载力不足或大量沉陷时，浸没地下水埋深临界值为土的毛管水上升高度加基础砌置深度。

不做任何调查分析，简单地采用土的毛管水上升高度加基础砌置深度作为临界值进行建筑物区浸没评价，实际上是认为任何建筑物的持力层，只要含水量达到饱和，就必然承载力不足或产生过量沉陷，而实际情况显然不完全都是如此，结果将造成预测的浸没范围偏大。

D.0.9　当判定的浸没区面积较大时，浸没的影响程度可能不尽相同，为了使评价结果更有针对性，宜按浸没影响程度划分亚区，即严重浸没区和轻微浸没区。

进行浸没程度分区前，应根据勘察区的具体情况和勘察结果，确定严重浸没区和轻微浸没区相应的地下水埋深临界值。

附录 E　岩土物理力学参数取值

E.0.1　本条是岩土体物理力学参数取值的基本原则。第3款旨在强调岩土体物理力学参数要在室内、外试验及原位测试等的基础上，考虑试验条件和工程特点等综合确定。第9款规定了地质建议值的选取原则，地质建议值的选择是一项综合性工作，与标准值之间不是简单地通过一个系数折减的问题，要考虑试验成果、试验条件、地质条件及工程运行条件等多方面因素后综合确定。工程实践中，对于一些重要的地质参数有时要通过多方研究，甚至召开专门的专家论证会确定。

E.0.2　本条是土的物理力学参数标准值的取值原则，与原规范相比没有原则性变化。第2款是新增内容，在统计试验成果时，如果同一土层参数变异系数较大时，应分析土层性质在水平方向和垂直方向的变化，如水平、垂直方向上岩性变化较大，应考虑分段或分带统计试验数据。第5款是从偏于安全的角度提出渗透系数的选取原则。

E.0.4　对于岩体（石）各项物理力学参数标准值的取值原则，条文中都作了明确规定。有以下几点需重点加以说明。

3　岩石地基的容许承载力是反映岩基整体强度的性质，取决于岩石强度和岩体完整程度，对于软质岩还需要考虑长期强度问题，另外还应当考虑岩体三维应力状态。第3款所列根据岩石单轴饱和抗压强度，按不同的岩石类别进行不同比例折减（1/25～1/5），以选用岩体容许承载力的做法，最早出处为原苏联《水工手册》（1955年），以后国内一些教科书和设计规范中都引用这一方法。目前，这种取值方法已约定俗成，成为勘测设计人员估算岩石地基承载力的通用方法。这种方法过于粗糙，但由于坚硬、半坚硬岩石的岩体承载力一般不起控制作用，所以用这方法估算的结果通常没有引起争议，而对于软岩，这种方法适用性较差，需要进行载荷试验或三轴试验，根据试验成果确定软岩地基容许承载力。还有其他一些通过岩石单轴饱和抗压强度求取岩体承载力的经验方法，但还都缺乏足够的论证，没有形成共识，故未推荐使用。

6　岩体抗剪断（抗剪）强度参数经验取值表（表E.0.4）与原规范相同，但在选取地质建议值时考虑到规划、可行性研究阶段试验数量较少的情况，宜参照已建工程相似岩体条件的试验成果和设计采用值，以及相关的规程、规范类比采用。考虑到采用纯摩公式进行坝基稳定分析的需要，增加了抗剪强度参数取值。

E.0.5 关于软弱结构面抗剪断强度参数取值，原规范规定应取屈服强度或流变强度。对于坝基抗滑稳定来说，当采用剪摩计算公式计算时，安全系数按要求取 3.0～3.5，已经考虑了破坏机理和时间效应等影响因素，因此软弱结构面抗剪断强度参数按峰值强度小值平均值取值是合理的。根据近些年的经验，对原规范表 D.0.5 进行了调整，并增加了抗剪强度参数取值。表中的岩块岩屑型、岩屑夹泥型、泥夹岩屑型、泥型，其黏粒（粒径小于0.005mm）的百分含量分别为少或无、小于 10%、10%～30%、大于 30%。

附录 F 岩土体渗透性分级

　　岩土体渗透性分级标准与原规范相比没有变化。但考虑到原规范中各级渗透性所对应的岩体特征和土的类别在实际工作中难以一一对应，本次修订删掉了这部分内容。为便于参考，将原规范中岩土体渗透性分级在此列出，见表 15。

　　土体的透水性分级以渗透系数为依据，岩体的透水性分级以透水率为依据。但强透水～极强透水岩体宜采用渗透系数作为划分依据。

　　渗透系数是通过室内试验或现场试验测定的岩土体透水性指标，其单位为 cm/s 或 m/d。

　　透水率是通过现场压水试验测定的岩体透水性指标，其单位为 Lu（吕荣）。

　　针对具体工程拟定的防渗帷幕标准，可根据压水试验资料在渗透剖面图上增加一条 3Lu 或 5Lu 界线。

表 15　原规范中的岩土体渗透分级

渗透性等级	标准		岩体特征	土类
	渗透系数 K（cm/s）	透水率 q（Lu）		
极微透水	$K<10^{-6}$	$q<0.1$	完整岩石，含等价开度<0.025mm裂隙的岩体	黏土
微透水	$10^{-6}\leqslant K<10^{-5}$	$0.1\leqslant q<1$	含等价开度 0.025～0.05mm 裂隙的岩体	黏土-粉土
弱透水	$10^{-5}\leqslant K<10^{-4}$	$1\leqslant q<10$	含等价开度 0.05～0.1mm 裂隙的岩体	粉土-细粒土质砂
中等透水	$10^{-4}\leqslant K<10^{-2}$	$10\leqslant q<100$	含等价开度 0.1～0.5mm 裂隙的岩体	砂-砂砾
强透水	$10^{-2}\leqslant K<10^{0}$	$q\geqslant 100$	含等价开度 0.5～2.5mm裂隙的岩体	砂砾-砾石、卵石
极强透水	$K\geqslant 10^{0}$		含连通孔洞或等价开度>2.5mm裂隙的岩体	粒径均匀的巨砾

附录 G 土的渗透变形判别

G.0.1 土体在渗流作用下发生破坏，由于土体颗粒级配和土体结构的不同，存在流土、管涌、接触冲刷和接触流失四种破坏形式。

　　流土：在上升的渗流作用下局部土体表面的隆起、顶穿，或者粗细颗粒群同时浮动而流失称为流土。前者多发生于表层为黏性土与其他细粒土组成的土体或较均匀的粉细砂层中，后者多发生在不均匀的砂土层中。

　　管涌：土体中的细颗粒在渗流作用下，由骨架孔隙通道流失称为管涌，主要发生在砂砾石地基中。

　　接触冲刷：当渗流沿着两种渗透系数不同的土层接触处，或建筑物与地基的接触面流动时，沿接触面带走细颗粒称接触冲刷。

　　接触流失：在层次分明、渗透系数相差悬殊的两土层中，当渗流垂直于层面将渗透系数小的一层中的细颗粒带到渗透系数大的一层中的现象称为接触流失。

　　前两种类型主要出现在单一土层中，后两种类型多出现在多层结构土层中。除分散性黏性土外，黏性土的渗透变形形式主要是流土。本附录土的渗透变形判定主要适用于天然地基。

G.0.4 由多种粒径组成的天然不均匀土层，可视为由粗、细两部分组成，粗粒为骨架，细粒为填料，混合料的渗流特性决定于占质量 30% 的细粒的渗透性质，因此对土的孔隙大小起决定作用的是细粒。

　　最优细粒含量是判别渗透破坏形式的标准。粗粒孔隙全被细粒料充满时的细料颗粒含量为最优细粒含量，相应级配称为最优级配。最优细粒含量由式（1）确定。

$$P_{cp}=\frac{0.30+3n^2-n}{1-n} \qquad (1)$$

式中　P_{cp}——最优细粒颗粒含量（%）；
　　　　n——孔隙率（%）。

　　试验和计算结果均证明，最优级配时的细粒颗粒含量变化于 30% 左右的范围内。从实用观点出发，可以认为细粒颗粒含量等于 30% 是细料开始参与骨架作用的界限值。当细粒颗粒含量小于 30% 时，填不满粗粒的孔隙，因此对渗透系数起控制作用的是粗粒的渗透性；当细粒颗粒含量大于 30% 时，混合料的孔隙开始与细粒发生密切关系。

　　将许多级配不连续土的渗透稳定试验结果，根据破坏水力比降与细粒颗粒含量的关系绘成曲线，可得图 1 的形式，图中当 P<25% 时破坏水力比降很小，仅变化于 0.1～0.25 之间，破坏水力比降不随细粒颗

粒含量的变化而变化。这表明当 $P<25\%$ 时，各种混合料中的细粒均处于不稳定状态，渗透破坏都是管涌的一种形式。当 $P>35\%$ 时，破坏水力比降的变化随细粒颗粒含量的增大而缓慢增加，其值接近或大于理论计算的流土比降。这表明细粒土全部填满了粗孔隙，渗透破坏形式变为流土型。图 1 从渗透稳定试验方面进一步证明了最优细粒颗粒含量的理论是正确的，而且阐明了 $P>25\%$ 以后，细粒开始逐渐受约束，直到 $P>35\%$ 时细粒和粗粒之间完全形成了统一的整体。对于级配连续的土，同样可用细粒颗粒含量作为渗透破坏形式的判别标准，关键问题是细粒区分粒径问题，可用几何平均粒径 $d=\sqrt{d_{70} \cdot d_{10}}$ 作为区分粒径，有一定的可靠性。

原规范中第 M.0.2 条第 1 款中流土和管涌的判别式（M.0.2-1）和式（M.0.2-2）在实际应用中存在一定的不确定性，目前也无更确切的表述，为避免错判，本次修订予以删除。

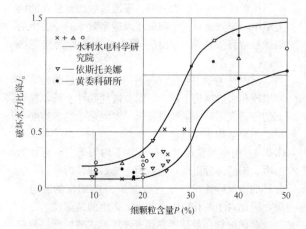

图 1 破坏水力比降与细颗粒含量关系曲线

G.0.6 土的级配和土的孔隙率对临界水力比降的影响明显，本附录针对上述情况，分别列出几种通用的临界水力比降计算方法，可根据土层的地质条件选择或进行综合比较。对于重要的大型工程或地层结构复杂的地基土的临界水力比降和允许水力比降应通过专门试验确定。

流土的临界水力比降计算式（G.0.6-1）对无黏性土比较合适，而对黏性土或泥化夹层等不适用。

室内大量试验显示，对于管涌型渗透破坏，从出现颗粒流失到土体塌落往往有一个较长的过程。有人将开始出现颗粒流失的水力比降称为启动比降或起始比降；之后，随着水力比降增大，每次均有一定的颗粒流失，但当水力比降稳定后，水流也会逐渐变得清晰，土体骨架并不发生破坏；直到水力比降达到某个较大的值（即破坏比降），颗粒流失才会不断发生，并最终导致土体塌落。因而这一类型的临界比降有一个较大的区间，实际应用时可根据工程的重要性等选取合适的临界值。

考虑当前土的渗透系数测试方法的规范化和普遍性，无需通过土的其他物性试验结果来近似推算土的渗透系数，避免测试误差的传递，本次修订将原规范第 M.0.3 条中第 4 款渗透系数的近似计算公式 $K=6.3C_u^{-3/8}d_{20}^2$ 删除。

附录 H 岩体风化带划分

H.0.1 风化是一种普遍存在的地质作用，在鉴定和描述岩体风化作用的产物时，应以地质特征为主要标志，包括岩石的颜色、结构构造、矿物成分、化学成分的变化；岩石的崩解、解体程度，矿物蚀变程度及其次生矿物成分等。间接标志如锤击反应、波速变化也是重要的辅助手段。

岩体风化分带的划分主要考虑风化岩石的类型及组合特征，岩体的宏观结构及完整性，物理力学性质及水文地质条件等。岩体风化分带的划分仍主要采用国内外通用的 5 级分类法，并采用国际统一术语命名。但由于各地气候条件，原岩性质和裂隙发育情况差异很大，导致岩体风化程度和状态的变化极为复杂，本次修订主要是将中等风化（弱风化）进一步分为上、下两个亚带，并增加了碳酸盐岩风化带划分标准，而仍保留了原规范中对全、强、微风化带的划分规定。

这次规范修订对风化岩与新鲜岩波速比作了部分修正。对原规范表 E.0.1 中等风化岩与新鲜岩纵波速之比由 ">0.6~0.8" 修正为 "0.6~0.8"，将微风化波速比由 ">0.8~1.0" 修正为 "0.8~0.9"，将新鲜波速比由 ">1.0" 修正为 "0.9~1.0"（因为波速比理论上不可能大于 1）。

随着工程技术的进步与工程经验的积累，工程可利用岩体条件有所放宽。基于这一情况，从工程实际需要出发，并参考国内多个工程经验，将弱风化带进一步分为上、下两个亚带。

《三峡工程地质研究》（长江水利委员会编）一书总结了三峡工程的经验，从疏松物质含量、RQD 值、岩体纵波速度、视电阻率、回弹指数、岩体变形模量、透水率等多方面对弱风化上带与下带岩体特性作了详细对比，二者的宏观特征分别为：上带-"半坚硬及疏松状岩石夹坚硬状岩石。大部分裂隙已风化，风化宽一般 5~10cm，最宽可达 1.0m。疏松物含量达 10%~20%"；下带-"坚硬状岩石夹少量风化岩，沿部分裂隙风化，风化宽一般 1~4cm，疏松物含量小于 1%"。

H.0.2 为新增内容，其提出主要基于以下考虑：

碳酸盐岩的风化，特别是石灰岩的风化特征明显有别于其他岩体风化，原规范附录 E 风化标准划分显然不适用于此类岩石。统一认识并规范碳酸盐岩风化带划分标准是十分必要的。

石灰岩一般是没有典型意义的风化现象的，除了岩体浅表部因溶蚀、卸荷，充填夹泥需要开挖清除外，岩石本身则是没有风化或风化程度轻微，因此在石灰岩地区不必刻意划分岩石的风化带；但同属碳酸盐岩的白云岩，情况则完全不同，质纯的白云岩可以发育非常完全的风化带，典型的全风化带表现为白砂糖似的白云岩风化砂，以下逐渐过渡到新鲜岩体。最有代表性的是乌江渡水电站上坝址，寒武系娄山关组白云岩，全风化带呈砂状的白云岩岩粉最厚达二十余米，整个风化带厚达四十余米。至于石灰岩与白云岩之间的过渡岩类，如白云质灰岩、灰质白云岩等，则视岩石的组分、结构、构造及当地的自然条件而呈现复杂的情况。

碳酸盐岩地区大量的工程实践，尤其是清江、乌江流域诸工程（如隔河岩、高坝洲、水布垭、彭水等）在碳酸盐岩风化带划分方面所取得的成果，为表H.0.2的制订奠定了基础。

考虑到碳酸盐岩地区溶蚀与风化常为互为影响，现象互相混杂的，因此将溶蚀与风化一并考虑，将碳酸盐岩的风化划分为表层强烈溶蚀风化和裂隙性溶蚀风化两个带；而后考虑到风化特征之差异，以及岩体可利用性问题，把裂隙性溶蚀风化带进一步分为上、下两带。

关于表H.0.2的适用范围。因为碳酸盐岩不仅包括灰岩、白云岩两大岩类及其过渡岩类，而且还包括与泥岩之间的过渡岩类，因岩性及其结构构造（如微裂隙发育程度等）的不同，其风化特征也存在一定差异，如部分白云岩（三峡、乌东德等地的震旦系灯影组白云岩）因微裂隙极其发育，其溶蚀风化特征有时并不突出，而具有均匀风化特征，再如豆状灰岩，有时也具有均匀风化的特点。与泥岩的过渡类岩石，则随着含泥量的增加，其风化特征往往由以溶蚀风化为主逐渐向均匀风化过渡。因此，在进行碳酸盐岩风化带划分时，还要视具体情况而定，以均匀风化为主时采用表H.0.1进行风化带划分，而以溶蚀风化为主时则采用表H.0.2进行风化带划分。此外，表H.0.2不适合于深部岩溶。

附录J 边坡岩体卸荷带划分

我国水利水电工程建设中曾大量遇到岩体卸荷所带来的复杂问题。近些年来，随着水利水电工程建设重点向西部地区转移，工程所处的地质环境多为深山峡谷、新构造运动强烈与高地应力区，卸荷作用强烈，在一些工程建设中卸荷现象已成为一个突出的问题，如二滩、小湾、构皮滩、溪洛渡、锦屏、百色、紫坪铺、九甸峡、吉林台等。岩体卸荷直接关系到坝肩稳定、边坡稳定、建筑物地基变形和洞室围岩稳定等，是影响基础开挖和处理工程量以及方案比选的重要因素。

长期以来，在水利水电工程建设中没有统一的岩体卸荷带划分标准。在工程实践中，有的工程只划分出卸荷带和非卸荷带；有的工程则划分强卸荷带和弱卸荷带；而三峡船闸高边坡岩体卸荷带则按强卸荷带、弱卸荷带和轻微卸荷带进行划分。由于划分标准不统一，给岩体质量评价和地基处理设计带来很多不便。因此本次修订增加了本附录。

边坡卸荷是岩体应力差异性释放的结果，表现为谷坡应力降低、岩体松弛、裂隙张开，其中裂隙张开是卸荷的重要标志。

本规范规定的卸荷带划分标准是以地质特征为主要标志，辅以裂隙张开宽度及波速比等特征指标。

波速比是指卸荷岩体的纵波速度与该处未卸荷岩体的纵波速度的比值。

对大型水利水电工程，强卸荷带岩体不宜作为坝基（特别是拱坝坝基），一般予以挖除，如需作为坝基，应进行专题研究；弱卸荷带岩体通过工程处理可作为坝基。

异常卸荷松弛（深卸荷带）是指岸坡深部、正常卸荷带以里较远部位发育在较完整岩体中的宽张裂隙带。其形成机制还有待进一步研究，对工程的影响和处理措施应进行专门论证。

附录K 边坡稳定分析技术规定

K.0.1 影响边坡稳定的因素很多，如地形地貌、岩性构造、岩体结构、水的作用、地应力、人为因素、地震作用等。根据《岩质高边坡稳定与研究》中，对117个边坡的统计（表16），可分为天然和人为两种诱发因素。统计结果表明：水的作用和人类工程活动对边坡失稳影响最大，水的作用中暴雨所引起的边坡变形破坏所占比例最大，而人类开挖活动在所有诱发因素中所占比例最大。

表16 边坡变形、破坏诱发因素统计

诱发因素	数量	其　　中				备注
		稳定（个）	所占比例（%）	变形破坏（个）	所占比例（%）	
水的作用：	62	30	48.4	32	51.6	大中型或巨型滑坡为主
1. 暴雨	32	15	46.9	17	53.1	
2. 水库蓄水	18	10	55.6	8	44.4	
3. 地下水变化	3	1	33.3	2	66.7	
4. 降雨、地下水	6	3	50.0	3	50.0	
5. 冲刷	3	1	33.3	2	66.7	

诱发因素	数量	其　中				备注
		稳定（个）	所占比例（%）	变形破坏（个）	所占比例（%）	
人类活动： 1. 开挖 2. 采矿	44 41 3	12 12 0	27.3 29.3 —	32 29 3	72.7 70.7 100	中小型楔体滑动为主，拉裂及大型崩塌
其他： 1. 重力 2. 降雨、地震	11 7 4	4 3 1	36.4 42.9 25.0	7 4 3	63.6 57.1 75.0	倾倒、崩塌及溃屈、滑动
合　计	117	46	39.3	71	60.7	

K.0.2 在此列出常见的边坡变形破坏分类，便于判断边坡变形破坏机制，选择边坡稳定分析方法。

K.0.3 本条所列出的现象，表明边坡处于变形或潜在不稳定状态，需要进行稳定性分析。

K.0.4 规范只列出通用的几种边坡稳定分析方法，它们都属于极限平衡稳定分析方法的范畴。极限平衡法虽然在理论上存在一些缺陷，但目前仍是边坡稳定分析的一种简便的、行之有效的方法。

考虑到边坡稳定安全系数在有关规程、规范中已有规定，本规范对此不再作规定。

附录 L　环境水腐蚀性评价

L.0.1 环境水主要指天然地表水和地下水。当环境水中含有某些腐蚀性离子，可能会对混凝土、金属等建筑材料产生腐蚀。因此，水利水电工程地质勘察应进行环境水腐蚀性判别。

本次修订删去了原规范附录 G 中 G.0.1 环境水对混凝土腐蚀程度分级的规定，增加了环境水对钢筋混凝土结构中钢筋和钢结构腐蚀性判别的规定。

L.0.2 对原规范附录 G 中第 G.0.3 条的内容作了技术性调整。

环境水是多种腐蚀性介质的复合溶液，在对混凝土产生腐蚀时各种离子相互影响、共同作用，但其中某些离子起着主要作用。因此表 L.0.2 是以一种起主要作用的离子作为腐蚀性的判定依据。关于界限指标，原规范是综合了国内外标准并结合我国水利水电工程情况制定的，本次修订仍保留使用。

环境水的腐蚀性分类有多种方法，目前尚无统一标准，较常见的是按环境水的腐蚀机理和环境水的腐蚀介质特征进行分类。本次修订按环境水的腐蚀介质特征将腐蚀性类型分为一般酸性型、碳酸型、重碳酸型、镁离子型、硫酸盐型五类。

原规范附录 G 表 G.0.3 中对 SO_4^{2-} 的腐蚀性分别

规定了普通水泥和抗硫酸盐水泥的界限指标。鉴于目前没有关于抗硫酸盐水泥耐腐蚀性指标的规定，因此本次修订删去了原规范表 G.0.3 中 SO_4^{2-} 对抗硫酸盐水泥腐蚀的界限指标。《抗硫酸盐硅酸盐水泥》GB 748—1996 中，曾规定中抗硫酸盐水泥可抵抗 SO_4^{2-} 浓度不超过 2500mg/L 的纯硫酸盐腐蚀，高抗硫酸盐水泥可抵抗 SO_4^{2-} 浓度不超过 8000mg/L 的纯硫酸盐腐蚀。这些规定虽然在《抗硫酸盐硅酸盐水泥》GB 748-2005 中已被取消，但据材质分析仍可参照使用。

气候条件对环境水的腐蚀性具有加速和延续作用。不同气候条件下，腐蚀介质对混凝土的腐蚀作用是不同的。如在寒冷的气候条件下，硫酸盐型腐蚀能力加强；而其他类型腐蚀，则在炎热气候条件下腐蚀能力加强。干湿交替、冻融交替等将引起物理风化，也会加速介质对混凝土的腐蚀作用。由于我国幅员辽阔，各地气候差异很大，要制订一个全面具体的标准是困难的，因此对表 L.0.2 适用的气候条件作了限定。

环境水作用于混凝土建筑物的方式（如有压、无压、表面接触、渗透接触）、混凝土建筑物的规模尺寸以及混凝土的质量（如密实性、水灰比）等，是环境水腐蚀性的重要影响因素。原规范附录 G 中第 G.0.4 条第 2、3 款的规定，在工程地质勘察阶段难以合理考虑，因此本次修订予以删除。但对除险加固及改扩建工程进行环境水腐蚀性评价时，这些因素是可以考虑的。

L.0.3、L.0.4 环境水对钢筋混凝土结构中钢筋和钢结构腐蚀性判别标准引自《岩土工程勘察规范》GB 50021—2001 第 12 章水和土腐蚀性的评价。

钢筋长期浸泡在水中，由于氧溶入较少，不易发生电化学反应，故钢筋不易被腐蚀；处于干湿交替状态的钢筋，由于氧溶入较多，易发生电化学反应，钢筋易被腐蚀。所以，表 L.0.3 中仅对钢筋混凝土结构中钢筋在干湿交替环境条件下的腐蚀性规定了判别标准。

表 L.0.4 判别指标中，若一项具有腐蚀性，则按该项相应的腐蚀等级判定；若两项均具有腐蚀性，则以具有较高腐蚀等级者判定；若两项均为同一腐蚀等级，可提高一个腐蚀等级判定。

附录 M　河床深厚砂卵砾石层取样
与原位测试技术规定

M.0.1 本条是对河床深厚砂卵砾石层取样方法与原位测试方法选择的原则要求。

河床深厚砂卵砾石层的钻进取样与原位测试是一项技术复杂且难度较大的工作。目前还没有成熟的经验，仍处于探索阶段。

M.0.2 覆盖层的取样方法大致可分为钻具钻进取样和取样器取样两大类。钻具钻进取样就是采用适于覆盖层钻进的各种钻具，或为了提高岩芯样的质量对钻具作了结构性能改进后的取样钻具，通过控制冲洗液种类、护壁方式和回次长度进行钻进，所获得的岩芯样质量取决于覆盖层的颗粒组成及级配，一般对于细粒土效果较好，粗粒土较差。

由于河床深厚砂卵砾石层厚度大、颗粒粗和结构松散等特点，常规的细粒土取样方法和取样器都不适用，本条推荐的都是实际工作中较常用的方法。成都勘测设计研究院研制的 SD 系列金刚石钻头结合 SM 植物胶取芯技术，近些年在水利水电系统应用比较广泛，效果较好，能取到近似原状样，其他几种方法取得的为扰动样。

M.0.3 由于河床砂卵砾石层的组成极不均匀，因此在实际工作中最好能多使用几种原位测试方法，以便互相验证，为综合评价砂卵砾石层的工程地质条件提供资料。

M.0.4 波速测试方法有很多，这里推荐的是在钻孔内测试的方法，包括声波、地震波及其单孔法、跨孔法等。

附录 N 围岩工程地质分类

本附录提出的围岩分类分为初步分类和详细分类。初步分类为本次修订时增加，用于规划、可行性研究阶段以及深埋隧洞在施工前的围岩工程地质评价。这是考虑到这两种情况勘察资料较少，无法得到详细分类所需的各种参数条件下使用。

初步分类以比较容易获取的岩石强度、岩体完整性、岩体结构类型等三个参数为基本依据，以岩层走向与洞轴线的关系、水文地质条件等两项指标为辅助依据。岩体完整性和岩体结构类型可通过地面地质调查、地质测绘，或结合勘探资料确定；水文地质条件可根据岩性、地质构造和地面水文地质调查等分析确定。初步分类可以实现在资料较少的情况下围岩分类的可操作性，同时又能总体上把握洞室的围岩稳定性。

详细分类是在"六五"国家科技攻关研究成果的基础上，参考了国内外一些主要的隧洞围岩分类方法和我国鲁布革、天生桥、彭水、小浪底、水丰等十几个大型水利水电工程的实际分类而编制的。详细分类采用累计评分的综合评价法进行多因素分类，它以岩石强度、岩体完整性、结构面状态为基本因素（取正分），以地下水活动状态和主要结构面产状为修正因素（取负分），同时根据围岩强度应力比做相应调整。自原规范颁布实施以来，该分类在水利水电工程勘察中得到广泛应用，效果良好。因此，本次修订时基本保留了原分类格局，只作了局部修改调整。

考虑结构面状态是本附录围岩分类的特色。结构面状态是控制围岩稳定的重要因素之一。实践证明，在地下洞室围岩稳定分析中不考虑结构面状态或把岩体当作均质体，只考虑岩石的完整性系数是不合适的。结构面状态是指地下洞室某一洞段内比较发育的、强度最弱的结构面的状态，包括宽度、充填物、起伏粗糙和延伸长度等情况。结构面宽度分为小于 0.5mm、0.5～5.0mm、大于 5mm 三个等级。充填物分为无充填、岩屑和泥质充填三种。起伏粗糙分为起伏粗糙、起伏光滑或平直粗糙、平直光滑三种情况。延伸长度反映结构面的贯穿性，本分类参照国际岩石力学学会建议的五级，依据国内目前洞室跨度情况简化为三级，即：短（<3m）、中等（3～10m）、长（>10m）。上述三项因素是围岩工程地质分类的基本因素，均为正值。

修正因素为地下水和主要结构面产状两项因素，均为负值。地下水活动性分为干燥、渗水或滴水、线流和涌水四种状态，当Ⅲ、Ⅳ类围岩水量很大、水压很高时，对围岩稳定影响较大，故负评分较低，对围岩稳定影响最大时为负 20 分，即围岩类别降低 1 类。主要结构面产状与地下工程轴线夹角不同，对围岩稳定性的影响显著不同。例如：高倾角的主要结构面，当其走向与地下工程轴线近于平行时，则对围岩稳定很不利；反之，其走向与之近于正交时，则几乎不影响围岩的稳定。把结构面走向与轴线夹角分为 60°～90°、30°～60°、<30° 三档，把结构面倾角分为 >70°、45°～70°、20°～45°、<20° 四档。由于地下厂房、尾水调压室等的边墙高达几十米，因此，对洞顶及边墙围岩分别进行评分。

围岩强度应力比 S 值，是反映围岩应力大小与围岩强度相对关系的定量指标。提出围岩强度应力比这一分类判据，目的是控制各类围岩的变形破坏特性。Ⅱ类以上围岩不允许出现塑性挤出变形，Ⅲ类围岩允许局部出现塑性变形。因此，Ⅰ、Ⅱ类围岩要求大于 4，Ⅲ、Ⅳ类围岩要求大于 2，否则围岩类别要降低。围岩强度应力比还可作为判别地下洞室开挖时围岩可能发生岩爆的强烈程度指标。如天生桥二级引水隧洞 2 号支洞，S<2.5 时有强烈岩爆；S>2.5 时，有中等岩爆；S>5 时，有时也有岩爆，但不强烈。工程实践表明，地应力水平较高时，洞室顶拱部位较边墙更易出现块体失稳。

原规范自颁布以来，TBM 施工技术已经在我国水利水电工程得到大量应用，本次修订时适当考虑了 TBM 施工时的支护建议。TBM 施工方法在Ⅰ、Ⅱ类围岩条件下能充分发挥其优越性，塌方及涌水（突水）或突泥对 TBM 施工影响最大。

附录 P 土的液化判别

P.0.1 土体由固体状态转化为液体状态的作用或过

程都可称为土的液化，但若没有导致工程上不能容许的变形时，不认为是破坏。土的液化破坏主要是在静力或动力作用（包括渗流作用）下土中孔隙压力上升、抗剪强度（或剪切刚度）降低并趋于消失所引起的，表现为喷水冒砂、丧失承载能力、发生流动变形。本附录主要给出评价地震时可能发生液化破坏土层的原则和一些判别标准。

P.0.2 液化判别分为初判和复判两个阶段。初判主要是应用已有的勘察资料或较简单的测试手段对土层进行初步鉴别，以排除不会发生地震液化的土层。对于初判可能发生地震液化的土层，则再进行复判。对于重要工程，则应做更深入的专门研究。

初判的目的在于排除一些不需要再进一步考虑地震液化问题的土，以减少勘察工作量。因此所列判别指标从安全出发，大都选用了临近可能发生液化的上限。

P.0.3 本条规定了初判不液化的标准。

1 说明第四纪晚更新世 Q_3 或以前的土，一般可判为不液化，主要依据是在邢台、海城、唐山等地震中没有发现 Q_3 及 Q_3 以前地质年代的土层发生过液化的实际资料。

3 目前新的地震区划图是以地震动峰值加速度划分的，7 度区对应地震动峰值加速度为 $0.10g$ 和 $0.15g$，8 度区对应地震动峰值加速度 $0.20g$ 和 $0.30g$，9 度区对应地震动峰值加速度 $0.40g$，相应的黏粒含量也按内插的方法分为 16%、17%、18%、19%、20% 五级。

原规范规定"粒径大于 5mm 的颗粒含量的质量百分率小于 70% 时，若无其他整体判别方法时，可按粒径小于 5mm 的这部分判定其液化性能"是基于当时的试验条件，判别结果偏于安全。目前大型动三轴试验应用较为普遍，所以对该内容进行相应修改，合并到该款。

4 鉴于水工建筑物正常运用时的地下水位往往不同于地质勘察时的地下水位，而抗震设计需要考虑工程正常运用后的情况，因此特别写明为工程正常运用后的地下水位。

7 规定了 r_d 的取值方法。本附录公式 $V_{st}=291\sqrt{K_H \cdot Zr_d}$ 中，深度折减系数 r_d 不仅随土层的深度 Z 的增大而减小，并且在同一个深度变幅内又随 Z 的增大而减小较多。因此如何选择合适的 r_d 值，涉及土层性质、厚度以及地震特征等多种因素，是一个很复杂的问题。表 17 是原规范对此进行的分析，可以看出，用本附录建议方法计算的不同深度的 r_d 值，上限保证率不小于 85%，上限误差率不大于 14.6%，作为初判使用有一定的安全余度。

对于深度大于 30m 的情况，建议仍用 $r_d=0.9-0.01Z$，但不小于 0.5。

P.0.4

1 考虑水利水电工程的特殊性，工程运行时地下水位会发生变化，因此在评价时，应按工程运行后的地下水位来考虑，并采用式（P.0.4-2）进行相应的换算。表 P.0.4-1 按照现行国家标准《建筑抗震设计规范》GB 50011 的规定对标准贯入试验锤击数基准值进行了相应的修改。

2 表 P.0.4-2 中采用"液化临界相对密度 $(Dr)_{cr}$（%）"一词，是作为相对密度 Dr（%）的界限值提出来的，以示区别。表 P.0.4-2 中包括了地震动峰值加速度为 $0.05g$、$0.10g$、$0.20g$、$0.40g$ 的液化临界相对密度值，它们都是有宏观实际资料作为依据的，与国家现行标准《水工建筑物抗震设计规范》DL 5073 中一致。相对密度复判法可适用于饱和无黏性土（包括砂和粒径大于 2mm 的砂砾），而标准贯入试验主要只适用于砂土和少黏性土地基。因此相对密度复判法可以延伸标准贯入锤击数法所不能判别的范围。在标准贯入试验适用的范围内，可以标准贯入试验锤击数作为判别的主要依据，同时相对密度也可用以相互印证。对于地震动峰值加速度为 $0.15g$ 和 $0.30g$ 对应的临界相对密度，可根据表 P.0.4-2 内插取得。

3 饱和少黏性土相对含水量及液性指数的判别可以作为标准贯入试验延伸到少黏性土范围的印证之用。

表 17　深度折减系数 r_d 取值及其上限保证率和误差率分析

深度 Z (m)	范围值			平均值			征求意见稿 $r_d=1-0.01Z$			修改后建议值			
	上限量	下限量	变幅	数值 r_d	误差率	上限保证率（%）	数值 r_d	上限保证率（%）	上限误差率（%）	公式	数值 r_d	上限保证率（%）	上限误差率（%）
0	1.00	1.00	0.00	1.00	0.0	100	1.00	100	0.0	$r_d=1.0$ $-0.01Z$	1.00	100	0.0
5	0.99	0.95	0.04	0.97	±2.1	98	0.95	96	4.2		0.95	96	4.2

深度 Z (m)	范围值			平均值			征求意见稿 $r_d=1-0.01Z$			修改后建议值			
	上限量	下限量	变幅	数值 r_d	误差率	上限保证率 (%)	数值 r_d	上限保证率 (%)	上限误差率 (%)	公式	数值 r_d	上限保证率 (%)	上限误差率 (%)
10	0.96	0.84	0.12	0.90	±6.7	94	0.90	94	6.7	$r_d=1.1 -0.02Z$	0.90	94	6.7
15	0.90	0.60	0.30	0.75	±20.0	83	0.85	94	5.9		0.80	89	12.5
20	0.82	0.42	0.40	0.62	±32.2	76	0.80	98	2.5	$r_d=0.9 -0.01Z$	0.70	85	14.6
25	0.76	0.33	0.43	0.55	±39.4	72	0.75	99	1.3		0.65	86	14.5
30	0.70	0.30	0.40	0.50	±40.0	71	0.70	100	0.0		0.60	86	14.6

附录 Q 岩 爆 判 别

Q.0.1 岩爆判别应视工程前期工作的不同阶段和勘测设计工作的不同深度分阶段进行。

可行性研究阶段，根据野外地质测绘，通过对区域历次构造形迹的调查和近期构造运动的分析，以及少量地应力测量资料，初步确定初始应力的最大主应力方向和量级，结合室内岩石学试验成果，对工程项目可能发生岩爆的最高烈度做出判断，对工程不同地段可能发生的岩爆烈度初步进行分级。如地质勘察资料较少，可通过区域地质构造及应力场资料的分析，对是否有发生岩爆的可能性作出初步的宏观判断。若工程区位于以构造应力为主的强烈上升地区（产生岩爆无临界深度）或洞室埋深大于500m以上的以自重应力为主的地区，或洞室地处高山峡谷区、属边坡应力集中的傍山隧洞（室），并具备围岩岩质硬脆、完整性好～较好、无地下水等四项基本条件，即可能产生岩爆。

初步设计至施工详图设计阶段，根据洞室围岩完整性、地应力测量、岩石力学试验成果、岩体结构特征、最大主应力与岩体主节理面夹角、地下水等资料，确定岩爆发生的工程地段和强弱程度以及在工程断面上的部位。很多工程实例表明，岩爆不是在工程整个地段和工程全断面上发生。

根据有关研究成果，最大主应力与岩体节理（裂隙）的夹角与岩爆关系密切，在其他条件相同情况下，夹角越小，岩爆越强烈。当夹角小于20°时可能发生强烈或极强烈岩爆；当夹角大于50°时可能发生轻微岩爆。

Q.0.2 本条内容是在总结了国内外一些学者的研究成果的基础上制定的，本规范规定根据岩爆现象和岩石强度应力比进行岩爆分级和判别。

关于岩爆防治，一般对不同烈度的岩爆采取不同的预防和治理措施。从目前的经验看，由于不同行业及其拥有技术力量的差异，在处理方法上则不尽相同。总的来说，岩爆防治可分为预防和治理两大类。

所谓预防旨在消除产生岩爆的条件，尽可能杜绝岩爆发生的危险。为此，应首先判别岩爆可能发生的地域、地段，工程选址时应尽量避开。在难以避开的情况下，需进一步分析地应力、岩体结构和洞室轴线的关系，调整、优化洞室轴线，以降低岩爆级别。

关于岩爆治理大体上有以下几种措施：

释放岩体应力。对可能发生岩爆的部位采取围岩应力解除，如超前应力释放钻孔、松动爆破或震动爆破，使岩体应力降低，能量在开挖前释放。

弱化岩体弹脆性。一般采用注水或表面喷水。

加固围岩。加固围岩的方法有超前锚固，即采用不同长度的锚杆，先锚后挖，挖锚循环作业，以阻止岩爆发生。适用于在隧洞掌子面上和坝基产生岩爆的地段。另一种是岩后喷锚法，可视岩爆的强烈程度，分别对弱、中、强不同级别的岩爆裂带，采取一般性喷浆、喷锚、钢纤维混凝土喷锚或挂网喷锚。对强、极强者除做喷锚支护外，多采取钢支撑或结合混凝土挡墙等工程措施。

附录 R 特殊土勘察要点

R.1 软 土

R.1.1 天然孔隙比大于或等于1.0，且天然含水量大于液限的细粒土应判定为软土，如淤泥、淤泥质土、泥炭、泥炭质土等。有时处于地下水位以下的黄土状土在孔隙比较高时也具有软土的性质。软土引起的工程地质问题主要有承载力不足、地基沉降变形和不均匀变形、边坡稳定等。

R.1.2 软土勘察的重点是查明其空间分布，可采用钻探与静力触探相结合的手段，静力触探是软土地区十分有效的原位测试方法，标准贯入试验对软土的适应性较差。其抗剪强度指标室内宜采用三轴试验，原位测试宜采用十字板剪切试验。

R.1.3 在评价其承载力和分析地基沉降变形时，还应注意对邻近建筑物的影响。在分析评价过程中，应充分吸收和借鉴当地工程经验。

R.2 黄 土

R.2.1 黄土的物理力学性质与黄土形成时代存在较密切的关系，因此黄土勘察首先应查明黄土的形成时代。此外，黄土勘察还应重点研究黄土的湿陷性、物理地质现象和地下水的分布。黄土的力学性质在干燥状态和饱水状态下存在很大的差别，应根据土体在天然状态、施工期和工程运行期的地下水条件提出合适的力学指标。

R.2.2 黄土的物理力学性质对含水量较为敏感，且土体具有弱～中等透水性，钻孔内取样难以保证其原状性，因此规范推荐坑槽或竖井内取样。

R.2.3 黄土的湿陷性分自重湿陷和非自重湿陷两种，且湿陷性黄土多分布在地表下数米范围内。

R.3 盐 渍 土

R.3.1 盐渍土系指含有较多易溶盐的土体。对易溶盐含量大于 0.3%，且具有吸湿、松胀等特性的土称为盐渍土。在干旱半干旱地区、地势低洼排水不畅地区、灌溉退水及渗漏渠道两侧可能出现土壤盐渍化。

土壤盐渍化的影响主要有三个方面：影响农作物生长、腐蚀建筑物和改变土体物理力学性质。氯盐类有较大的吸湿性，具有保持水分的能力，结晶时体积不膨胀；硫酸盐类在结晶时体积发生膨胀，因而具有盐胀性；碳酸钠的水溶液具有较大的碱性反应，对土颗粒具有分散作用。

R.3.2 盐渍土的厚度与地下水埋深、土的毛细作用上升高度以及蒸发强度有关，一般分布在地表下 1.5～4.0m 范围内。

土壤盐渍化程度可按表 18 确定。

表 18 盐渍土按含盐量分类

盐渍土名称	平均含盐量（%）		
	氯及亚氯类	硫酸及亚硫酸类	碱性盐
弱盐渍土	0.3～1.0	—	—
中盐渍土	1.0～5.0	0.3～2.0	0.3～1.0
强盐渍土	5.0～8.0	2.0～5.0	1.0～2.0
超盐渍土	>8.0	>5.0	>2.0

溶陷性指标的测定可按湿陷性土的湿陷性试验方法进行。

R.4 膨 胀 土

R.4.1 膨胀土地区的自然地面坡度往往与土的膨胀性相关，可以间接地反映土体的膨胀潜势。膨胀土的大气影响深度在平原地区一般为数米，过去一些规范或著作中多认为不超过 5m。近几年，南水北调中线工程围绕膨胀土渠坡的稳定性开展了大量的专门勘察研究，认为大气影响带可进一步分为两个带：一是剧烈影响带，平原地区深度一般在 2m 左右；二是过渡带，平原地区深度一般在 5～7m。在人工开挖的渠道两侧边坡，大气影响深度有加大趋势。

膨胀土地区的滑坡有多种成因机理，除了渐进式浅层滑坡外，尚有受层间软弱带控制的渐进深层滑坡和受多种因素控制的深层整体式滑坡。

R.4.2 我国的膨胀土具有明显的时代特征。自由膨胀率仍是目前广泛使用的膨胀性划分指标，但在工程应用时应综合分析蒙脱石矿物含量、黏粒含量、膨胀力等指标，以免造成误判。

膨胀土在空间上的相变往往较大，膨胀性在平面和垂直方向上变化频繁，因而勘探及取样应保证一定的密度。

膨胀土的抗剪强度是一个难以确定的指标，目前尚无公认的方法。膨胀土的抗剪强度与土体含水量、裂隙发育程度密切相关。南水北调中线工程的勘察研究显示，膨胀土抗剪强度具有明显的尺寸效应，且垂直方向上具有明显的分带特征。此外，膨胀土开挖边坡土体的物理力学性质尚具有随时间变化的动态特性，地质建议值应充分考虑土体结构、分带性、施工及运行工况等不同条件下的差异。

R.5 人 工 填 土

R.5.2 人工填土的最大特点是不均匀，应针对不同的物质组成，采用不同的勘察手段。除了钻探外，应有一定数量的探井，以查明填土的结构。

R.5.3 对于人工填土，不能采用常规的数理统计方法对试验成果进行统计分析，而应根据勘察试验成果对土体进行分区分段，查明存在工程地质问题的部位。

填土的成分比较复杂，利用填土作为天然地基时应慎重。

R.6 分 散 性 土

R.6.1 分散性土是指土在遇水后即分散成原级颗粒的土，我国主要分布在西北、东北等地区。分散性土不能作为大坝、渠道的填筑料。

R.6.2 分散性土的鉴别首先以地形、地貌、岩性等宏观特征做初步判断，再以室内试验进行综合评判。目前经常采用的分散性试验包括针孔试验、孔隙水溶液试验、土块试验、双比重计试验等方法。

R.7 冻 土

R.7.1 土体在冻结状态时，具有较高的强度和较低的压缩性。但冻土融化后则承载力大为降低，使地基产生融沉（或融陷）；在冻结过程中则产生冻胀。土颗粒愈小，冻胀和融沉性愈强。

冻土勘察应紧密结合设计原则。

R.7.3 多年冻土融沉性可根据总含水量和平均融沉系数分为五级。

R.8 红 黏 土

R.8.1 红黏土是指棕红或褐黄色、覆盖于碳酸盐岩之上、其液限大于等于50%的高塑性黏土。原生红黏土经搬运、沉积后仍保留其基本特征，且其液限大于45%的黏土可判定为次生红黏土。形成时代较早、后期又被其他地层覆盖的棕红色高塑性黏土可能具有红黏土的部分特性。

红黏土的主要特征是上硬下软、表面收缩、裂隙发育。红黏土具有胀缩性，且主要表现为收缩。土体高含水量及裂隙发育是土体稳定的不利因素。

R.8.2 红黏土底部常有软弱土层分布，应注意选用合适的勘探方法和密度。

R.8.3 在提出红黏土地区建筑物基础埋置深度和基础类型地质建议时应特别慎重，红黏土上硬下软的特性和浅表受大气影响的特性是一对矛盾，对于重要建筑物，宜采用桩基。

附录 S 膨胀土的判别

S.0.1 本规范规定对膨胀土的判别采用初判和详判，工作逐步深入，可以避免误判。

S.0.2 我国中东部及西南地区Q_2、Q_1土体普遍有膨胀潜势，Q_3土体一般只有微弱膨胀潜势，源于Q_2、Q_1地层或上第三系～侏罗系的全新统地层或残坡积层可能具有弱膨胀潜势。

膨胀土的特征可以概括为以下几个方面：

野外特征：多分布在二级及二级以上阶地与山前丘陵地区，个别分布在一级阶地上，呈龙岗、丘陵与浅而宽的沟谷，地形坡度平缓，一般小于12°，无明显的自然陡坎。在流水冲刷作用下，水沟水渠常易崩塌、滑动而淤塞。

结构特征：膨胀土多呈坚硬～半坚硬状态，结构致密，成棱形土块者常具有胀缩性，棱形土块越小，胀缩性越强。土内分布有裂隙，斜交剪切裂隙越发育，胀缩性越严重。另外，膨胀土多由细腻的胶体颗粒组成，断口光滑，土内常包含钙质结核和铁锰结核，呈零星分布，有时富集成层。

地表特征：分布在沟谷头部、库岸和开挖边坡上的膨胀土常易出现浅层滑坡，新开挖的边坡，旱季常出现剥落，雨季则出现表面溜塌。有时，在旱季出现长可达数十米至近百米、深数米的地裂，雨季闭合。

地下水特征：膨胀土地区多为上层滞水或裂隙水，无统一地下水位，随着季节水位变化，常引起地基的不均匀胀缩变形。

S.0.3 膨胀土的判别，目前尚无统一的标准和方法。国内不同单位或标准采用的指标主要有自由膨胀率、蒙脱石或伊利石含量、黏粒含量、膨胀力等，国外也有采用缩率作为判别指标。其中自由膨胀率是一个广泛采用的评价指标，但在确定土的膨胀性及进行工程地质评价时，应结合土的宏观特征、膨胀力及其他物理指标进行综合评判。

长江勘测规划设计研究院结合南水北调中线一期工程地质勘察，对南阳盆地的膨胀土进行了较为深入的研究，提出按膨胀土的结构特征和强度指标进行分类，见表19。

表19 膨胀土工程地质分类

膨胀土分类		结构特征	膨胀力(kPa)	抗剪强度			变形模量 E (kPa)	承载比例界限值(kPa)
				室内直剪		现场大剪		
				$\tan\varphi$	$\tan\varphi_r$	$\tan\varphi$		
强膨胀土 I		灰白色黏土，网状裂隙发育，土体呈碎块状结构，水对其影响特别显著	>120	0.27～0.35	0.15～0.25	0.20～0.30	18000～30000	150～200
中膨胀土	II₁	棕黄色黏土，裂隙发育，充填灰白色黏土，层状结构，水对其影响显著	40～120	0.32～0.42	0.25～0.30	0.30～0.35	30000～40000	200～300
	II₂	棕黄色或红色黏土夹姜石，裂隙较发育，部分充填灰白色黏土，厚层状或块状结构	40～70	0.38～0.45	0.30～0.32	0.32～0.52	40000～60000	280～400
弱膨胀土 III		灰褐或褐黄色黏土，裂隙不发育，块状结构	<50	0.33～0.46	0.32～0.35	0.32～0.44	40000～50000	220～330

附录 T 黄土湿陷性及湿陷起始压力的判定

T.0.1 黄土是干旱、半干旱气候条件下形成的，颜色以黄色为主，色调有深浅差异，颗粒组成以粉粒为主，级配均匀，具有大孔隙，富含碳酸盐的第四纪黏性土。具有湿陷性的黄土是特殊土，浸水时，发生湿陷变形，并造成危害。天然状态下，强度较高，压缩性较低，稳定性较好；增湿时，综合性能弱化或恶化，稳定性降低，甚至失稳。

本条规定了黄土湿陷性的判别分为初判与复判。初判是定性的；对初判认为可能具有湿陷性的黄土，应进行定量的复判。

T.0.2 黄土的湿陷性初判，可按黄土层地质时代、地层剖面进行初判，本次修订基本保持原规范条文的内容。根据西北电力设计院、陕西省水利电力勘测设计研究院等单位的最新研究成果，仅对Q_2黄土层湿陷性初判作了修改。

T.0.3、T.0.4 对湿陷性黄土取样、试验及复判作了规定。复判的标准、内容和方法与现行国家标准《湿陷性黄土地区建筑规范》GB 50025—2004 相同；根据水利水电工程特点，修改了取样要求，提高了取样标准。

T.0.5 为新增条文。明确了湿陷性黄土的湿陷起始压力 P_{sh} 值的确定方法及应用；根据经验，湿陷性黄土地基的评价应结合湿陷性黄土总湿陷量 Δ_s、自重湿陷量 Δ_{zs} 和湿陷起始压力 P_{sh} 值综合进行。

附录 U　岩体结构分类

与原规范相比，本次修订中有 3 处较大的改动：

1 将镶嵌结构从碎裂结构中分出，作为一种单独类型列出。这是考虑到二者有较大的差别。在岩体质量评价中，镶嵌结构岩体一般可划为Ⅲ级，而碎裂结构岩体一般只能划为Ⅳ级。

2 碎裂结构中增加块裂结构亚类。块裂结构的特点是岩体的破碎程度较碎裂结构轻，岩块块度较大，岩块间嵌合程度紧密～较松弛，但紧密程度不如镶嵌结构岩体。

3 对于层状结构中的巨厚层状结构、厚层状结构，若内部结构面发育，可进一步划分亚类。巨厚层状结构划分为：巨厚层块状结构、巨厚层次块状结构、巨厚层镶嵌结构；厚层状结构划分为：厚层块状结构、厚层次块状结构和厚层镶嵌结构。

附录 V　坝基岩体工程地质分类

原规范的附录 L "坝基岩体工程地质分类"，经多年使用总体上是好的，有可操作性。本次修订保留了原附录的基本框架和主要内容，仅作了以下重要的修改和补充。

1 增加了岩体主要特征值一栏，给出了体现岩体主要工程性质的一些力学参数，包括：岩石抗压强度、岩体纵波速度（声波）、岩体完整性系数、RQD 值等。这些参数不是推荐用作设计采用，而是与岩体工程地质分类定性描述相匹配的评价体系。该表是调查、统计、分析了三峡、丹江口、隔河岩、葛洲坝、万安、皂市、构皮滩、彭水、二滩、五强溪、江垭、东江、双牌、万家寨、潘家口、漫湾、大朝山、百色、白山、安康、小浪底、军渡等二十余个工程建基岩体的资料，综合整理分析后提出的。一般情况下，岩体的工程地质类别是可以和相应的特征值对应的，但也有一些例外的情况，这是由于岩体的特异性和复杂性所决定的。

2 对薄层状结构的岩体，根据其层面的结合、胶结情况作了区分，分别归入 $A_{Ⅲ1}$、$A_{Ⅲ2}$ 和 $A_{Ⅳ1}$，而原规范将薄层状结构只列入 $A_{Ⅳ1}$ 类中，这是欠妥当的。大量的工程实践证明，薄层状结构岩体的工程特性差别很大，主要取决于层面的结合情况。对于隐形和变质的薄层结构、硅质胶结的薄层岩体（如乌东德枢纽的硅质薄层大理岩和灰岩），其强度和完整性可以很好（其他节理裂隙不发育时），钙质胶结的薄层岩体也可以是好的岩体，如下奥陶系南津关组第二段页岩（O_{1n}^2）。只有泥质胶结或成岩作用差，层面间胶结很弱的薄层岩体才是性状很差的岩体，如：三叠系巴东组页岩、葛洲坝坝基的薄层粉砂岩等。有人建议将第一种情况的薄层状结构岩体划为 $A_Ⅱ$ 类，这是一个值得讨论的问题，本次修订未作考虑。

3 对于强度很高，裂隙发育，但裂隙间无松软物质充填，岩块间嵌合紧密的岩体，俗称"硬脆碎"岩体，如故县水库，皂市水库等工程的坝基岩体。这类岩体的主要特点是岩石强度很高（一般大于100MPa），但岩体变形模量较低，坝基开挖应力解除后，岩体易解体。本次修订将其划为 $A_{Ⅲ2}$ 类，并对其特性及工程处理措施作了较准确的描述。

4 $A_{Ⅲ1}$ 与 $A_{Ⅲ2}$，$A_{Ⅳ1}$ 与 $A_{Ⅳ2}$ 的差别，在岩体特征与工程性质评价栏中，文字作了必要的调整，使二者特点的区别更明显。前者的特点是坝基变形、稳定主要受软弱结构面的控制，工程需针对软弱结构面做专门性处理；而后者主要是提高岩体的完整性和整体抗变形能力，工程处理以加强常规固结灌浆为主。

附录 W　外水压力折减系数

W.0.1

1 根据国家现行标准《水工隧洞设计规范》SL 279—2002，作用在隧洞衬砌结构外表面上的外水压力，可按下式估算：

$$P_e = \beta_e \cdot \gamma_w \cdot H_e \qquad (2)$$

式中　P_e——作用在衬砌结构外表面上的地下水压力（kN/m²）；

β_e——外水压力折减系数，$\beta_e = 0 \sim 1.0$；

γ_w——水的重度（kN/m³），一般采用 9.81kN/m³；

H_e——地下水位线至隧洞中心线的作用水头（m）。

上覆岩（土）体中地下水渗流产生的作用于衬砌外表面的水压力往往不等于地下水位至隧洞中心线的水头（静水压力 P_e），存在水头的折减用折减系数 β_e 表示。

2 由于前期勘察阶段无法取得地下水活动状态的完整资料，用地下水活动状态判定外水压力折减系数依据不足，易产生大的偏差，国家现行标准《水工隧洞设计规范》SL 279—2002 附录 H 外水压力折减系数表在前期勘察中难以应用。

3 地下水活动状态主要反映岩体的渗透特性。岩（土）体渗透性的强弱是岩体渗透特性的综合反映，大体上也能反映出地下水可能的活动状态，而在前期勘察中可以得到较丰富的岩土体渗透性资料，因此本附录用岩土体渗透性指标确定外水压力折减系数。

4 表 W.0.1 表明岩（土）体渗透性越弱，其相对应的 β_e 值越小，甚至趋近于 0；反之岩土体渗透性越大，β_e 值越大，可趋近于 1。这是符合地下水渗透规律的，并被工程实例所证实。但表 W.0.1 的渗透性分级与 β_e 值对应关系，目前还缺乏试验和工程观测资料，需要进一步补充修改和完善。

中华人民共和国国家标准

盐渍土地区建筑技术规范

Technical code for building in saline soil regions

GB/T 50942—2014

主编部门：中华人民共和国住房和城乡建设部
批准部门：中华人民共和国住房和城乡建设部
施行日期：2 0 1 5 年 2 月 1 日

中华人民共和国住房和城乡建设部
公　告

第 417 号

住房城乡建设部关于发布国家标准
《盐渍土地区建筑技术规范》的公告

现批准《盐渍土地区建筑技术规范》为国家标准，编号为 GB/T 50942-2014，自 2015 年 2 月 1 日起实施。

本规范由我部标准定额研究所组织中国计划出版社出版发行。

中华人民共和国住房和城乡建设部
2014 年 5 月 16 日

前　言

本规范是根据住房城乡建设部《关于印发〈2009 年工程建设标准规范制订、修订计划〉的通知（建标〔2009〕88 号）》的要求，由合肥工业大学、中建三局第三建筑工程有限责任公司会同有关单位共同编制完成的。

本规范编制组经广泛调查研究，认真总结实践经验，参考有关国内标准和国外先进标准，并在广泛征求意见的基础上，编制本规范。

本规范共分 8 章和 7 个附录，主要内容包括：总则、术语和符号、基本规定、勘察、设计、施工、地基处理、质量检验与维护等。

本规范由住房城乡建设部负责管理，由合肥工业大学负责具体技术内容的解释。执行过程中如有意见或建议，请寄送合肥工业大学（地址：合肥市屯溪路 193 号，邮政编码：230009），以供今后修订时参考。

本规范主编单位、参编单位、主要起草人和主要审查人：

主 编 单 位：合肥工业大学
　　　　　　中建三局第三建筑工程有限责任公司
参 编 单 位：中国建筑科学研究院
　　　　　　中国石油集团工程设计有限公司
　　　　　　国机集团机械工业勘察设计研究院
　　　　　　中交第一公路勘察设计研究院有限公司
　　　　　　新疆维吾尔自治区建筑设计研究院
　　　　　　新疆城乡岩土工程勘察设计研究院
　　　　　　建设综合勘察研究设计院有限公司
　　　　　　胜利油田胜利勘察设计研究院有限公司
　　　　　　中国能源建设集团安徽省电力设计院
　　　　　　中航勘察设计研究院有限公司
　　　　　　河海大学
　　　　　　新疆农业大学
　　　　　　山东科技大学
　　　　　　长安大学
　　　　　　甘肃省建筑设计研究院

主要起草人：

杨成斌	何　穆	杨　军	张　炜
陈情来	张留俊	赵祖禄	张卫明
张长城	汪　海	郭明田	李传滨
张建青	吴春萍	王保田	王大军
张远芳	丁　冰	高江平	王　伟
黄兴怀	高　盟	耿鹤良	周亮臣
顾宝和	张苏民	钱力航	

主要审查人：

顾晓鲁	滕延京	高永强	高文生
刘汉龙	张振拴	柳建国	刘国楠
郭书太	但新惠	余雄飞	

目　次

1 总则 ················· 18—5
2 术语和符号 ············ 18—5
　2.1 术语 ·············· 18—5
　2.2 符号 ·············· 18—5
3 基本规定 ············· 18—6
4 勘察 ················ 18—7
　4.1 一般规定 ··········· 18—7
　4.2 溶陷性评价 ·········· 18—8
　4.3 盐胀性评价 ·········· 18—8
　4.4 腐蚀性评价 ·········· 18—8
5 设计 ················ 18—9
　5.1 一般规定 ··········· 18—9
　5.2 防水排水设计 ········ 18—10
　5.3 建筑与结构设计 ······· 18—10
　5.4 防腐设计 ··········· 18—11
6 施工 ················ 18—11
　6.1 一般规定 ·········· 18—11
　6.2 防水排水工程施工 ······ 18—12
　6.3 基础与结构工程施工 ···· 18—12
　6.4 防腐工程施工 ········ 18—12
7 地基处理 ············· 18—13
　7.1 一般规定 ··········· 18—13

　7.2 地基处理方法 ········· 18—13
8 质量检验与维护 ········· 18—15
　8.1 质量检验 ··········· 18—15
　8.2 监测与维护 ········· 18—15
附录A 盐渍土物理性质指标
　　　测定方法 ··········· 18—16
附录B 粗粒土易溶盐含量
　　　测定方法 ··········· 18—17
附录C 盐渍土地基浸水载荷
　　　试验方法 ··········· 18—17
附录D 盐渍土溶陷系数室内
　　　试验方法 ··········· 18—18
附录E 硫酸盐渍土盐胀性现场
　　　试验方法 ··········· 18—19
附录F 硫酸盐渍土盐胀性室内
　　　试验方法 ··········· 18—19
附录G 盐渍土浸水影响深度
　　　测定方法 ··········· 18—20
本规范用词说明 ·········· 18—20
引用标准名录 ············ 18—20
附：条文说明 ············ 18—21

Contents

1 General provisions .... 18—5

2 Terms and symbols .... 18—5

  2.1 Terms .... 18—5

  2.2 Symbols .... 18—5

3 Basic requirements .... 18—6

4 Investigation .... 18—7

  4.1 General requirements .... 18—7

  4.2 Saline soil resolving slump
evaluation .... 18—8

  4.3 Saline soil expansion
evaluation .... 18—8

  4.4 Saline soil corrosivity
evaluation .... 18—8

5 Design .... 18—9

  5.1 General requirements .... 18—9

  5.2 Waterproofing & drainage
design .... 18—10

  5.3 Architecture and structural
design .... 18—10

  5.4 Proof-corrosion design .... 18—11

6 Construction .... 18—11

  6.1 General requirements .... 18—11

  6.2 Waterproofing & drainage
construction .... 18—12

  6.3 Base and structure construction ...... 18—12

  6.4 Proof-corrosion construction .... 18—12

7 Saline soil foundation treatment ... 18—13

  7.1 General requirements .... 18—13

  7.2 Common foundation treatment
method .... 18—13

8 Quality inspection and
maintenance .... 18—15

  8.1 Construction quality inspection ...... 18—15

  8.2 Monitor and maintenance .... 18—15

Appendix A: Test method of physical
property index of saline
soil .... 18—16

Appendix B: Salinity test method of
coarse-grained soil .... 18—17

Appendix C: Load test method of saline
soil foundation .... 18—17

Appendix D: Laboratory test method of
coefficient of salt resolving
slump .... 18—18

Appendix E: Site test method of
coefficient of salt
expansion .... 18—19

Appendix F: Laboratory test method of
coefficient of salt expan-
sion .... 18—19

Appendix G: Test method of soaking
depth .... 18—20

Explanation of wording in this
code .... 18—20

List of quoted standards .... 18—20

Addition: Explanation of
provisions .... 18—21

1 总　则

1.0.1 为使盐渍土地区的建筑工程符合安全可靠、技术先进、经济合理、保护环境的要求,制定本规范。

1.0.2 本规范适用于盐渍土场地建筑工程的勘察、设计、施工、质量检测与维护。

1.0.3 盐渍土地区的工程建设应坚持因地制宜、以防为主、防治结合、综合治理的原则,根据各地盐渍土的特性,结合地形、地貌、地层岩性、水文、气候和环境等因素,做到周密勘察、慎重设计、严格施工、精心维护。

1.0.4 盐渍土地区的建筑工程除应符合本规范的规定外,尚应符合国家现行有关标准的规定。

2 术语和符号

2.1 术　语

2.1.1 盐渍土　saline soil

易溶盐含量大于或等于 0.3% 且小于 20%,并具有溶陷或盐胀等工程特性的土。

2.1.2 粗颗粒盐渍土　coarse particle saline soil

洗盐后,按土颗粒粒径组成定名为粗粒土的盐渍土。

2.1.3 细颗粒盐渍土　fine particle saline soil

洗盐后,按土颗粒粒径组成定名为细粒土的盐渍土。

2.1.4 盐渍化　salinization

土体中盐分的迁移和积聚,并最终达到一定的含盐量的过程。

2.1.5 次生盐渍化　secondary salinization

由于人类活动而引起的土盐渍化的过程。

2.1.6 盐渍土地基　saline soil foundation

主要受力层由盐渍土组成的地基。

2.1.7 盐渍土场地　saline soil field

由盐渍土地基和周边的盐渍土环境组成的建筑场地。

2.1.8 溶解度　solubility

在一定温度下,某固态盐在 100g 水中达到饱和状态时所溶解的质量。

2.1.9 含盐量　salinity content

土中所含盐的质量与土颗粒质量之比。

2.1.10 含液量　saline solution content

土中所含盐溶液的质量与土颗粒质量之比。

2.1.11 易溶盐　soluble salt

易溶于水的盐类,主要指氯盐、碳酸钠、碳酸氢钠、硫酸钠、硫酸镁等,在 20℃ 时,其溶解度约为 9%~43%。

2.1.12 中溶盐　medium dissolved salt

中等程度可溶于水的盐类,主要指硫酸钙,在 20℃ 时,其溶解度约为 0.2%。

2.1.13 难溶盐　insoluble salt

难溶于水的盐类,主要指碳酸钙,在 20℃ 时,其溶解度约为 0.0014%。

2.1.14 溶陷　collapsibility

因水对土中盐类的溶解和迁移作用而产生的土体沉陷。

2.1.15 溶陷系数　coefficient of collapsibility

单位厚度的盐渍土的溶陷量。

2.1.16 盐胀　salt expansion

盐渍土因温度或含水量变化而产生的土体体积增大。

2.1.17 盐胀系数　coefficient of salt expansion

单位厚度的盐渍土的盐胀量。

2.1.18 盐化法　salinization method

用饱和盐水灌入地基,以减小盐渍土溶陷性的地基处理方法。

2.1.19 隔断层　separation layer

由高止水材料或不透水材料构成的隔断毛细水运移的结构层。

2.1.20 保护层　protective layer

为保护隔断层不被破坏失效而在隔断层上(下)铺设的过渡层。

2.1.21 毛细水强烈上升高度　capillary water lifting height

受地下水直接补给的毛细水上升高度。

2.2 符　号

2.2.1 几何与变形:

b——条形基础的宽度;

b'——砂石垫层底宽;

d_e——有效排水直径;

d_w——竖井直径;

Δh——年度盐胀量;

h_0——盐渍土不扰动土样的原始高度;

h_i——第 i 层土的厚度;

h_{jr}——浸润深度;

h_p——压力 P 作用下变形稳定后土样高度;

h'_p——压力 P 作用下浸水溶滤变形稳定后土样高度;

Δh_p——压力 P 作用下浸水变形稳定前后土样高度差;

h_{yz}——有效盐胀区厚度;盐胀深度;

n——基础底面以下可能产生溶陷的盐渍土的层数;

$[s]$——建(构)筑物地基变形允许值;

s_0——地基在不浸水状态的变形值;

Δs_{i-1}、Δs_i——第 i 层顶面和底面在浸水前后的沉降差;

S_0——盐胀前平均路面高程;

S_{max}——平均最大盐胀量高程;

s_{rx}——盐渍土地基的总溶陷量计算值;

s_{yz}——盐渍土地基的总盐胀量计算值;总盐胀量;

V_d——试样体积;

z——砂石垫层的厚度;

δ_{rx}——溶陷系数;

$\bar{\delta}_{rx}$——平均溶陷系数;

δ_{rxi}——室内试验测定的第 i 层土的溶陷系数;

δ_{yz}——盐胀系数;

$\bar{\delta}_{yz}$——平均盐胀系数;

δ_{yzi}——室内试验测定的第 i 层土的盐胀系数;

θ——垫层压力扩散角。

2.2.2 物理性质:

表 3.0.4　盐渍土按含盐量分类

B——土中水的含盐量;

C——试样的含盐量;

m'——蜡封试样在纯水中的质量;

m_0——称量试样质量;

m_d——计算试样质量;

m_w——蜡封试样质量;

T_d——土基内平均最低温度;

T_q——冬季平均最低气温;

w——含水量;

w_B——含液量;

ρ_0——试样的湿密度;

ρ_d——试样的干密度;

ρ_{dmax}——试样的最大干密度;

ρ_w——蜡的密度;

ρ_{wl}——纯水在温度 t 时的密度。

2.2.3　其他:

a、b——土层温度系数;

DI——干燥度;

E——蒸发量;

r——降水量;

K_G——与土性有关的经验系数;

$\sum t$——日平均气温不低于 10℃时期内的积温。

3　基 本 规 定

3.0.1　在盐渍土地区宜选择溶陷性、盐胀性、腐蚀性弱的场地进行建设,并避开水环境和地质环境变化大的地段,且应对建设项目的使用环境作出限定。

3.0.2　盐渍土场地上的各类建筑工程,在勘察、设计、施工、使用和维护期间,均应根据盐渍土的溶陷、盐胀和腐蚀程度,采取措施确保建筑工程的使用功能、安全性、稳定性和耐久性。位于盐渍土地区的非盐渍土地基,应防止盐分迁移导致的工程问题。

3.0.3　盐渍土按盐的化学成分分类时,应符合表 3.0.3 的规定。

表 3.0.3　盐渍土按盐的化学成分分类

盐渍土名称	$\dfrac{c(\text{Cl}^-)}{2c(\text{SO}_4^{2-})}$	$\dfrac{2c(\text{CO}_3^{2-})+c(\text{HCO}_3^-)}{c(\text{Cl}^-)+2c(\text{SO}_4^{2-})}$
氯盐渍土	>2.0	—
亚氯盐渍土	>1.0,≤2.0	—
亚硫酸盐渍土	>0.3,≤1.0	—
硫酸盐渍土	≤0.3	—
碱性盐渍土	—	>0.3

注:$c(\text{Cl}^-)$、$c(\text{SO}_4^{2-})$、$c(\text{CO}_3^{2-})$、$c(\text{HCO}_3^-)$分别表示氯离子、硫酸根离子、碳酸根离子、碳酸氢根离子在 0.1kg 土中所含毫摩尔数,单位为 mmol/0.1kg。

3.0.4　盐渍土按含盐量分类时,应符合表 3.0.4 的规定。

表 3.0.4　盐渍土按含盐量分类

盐渍土名称	盐渍土层的平均含盐量(%)		
	氯盐渍土及亚氯盐渍土	硫酸盐渍土及亚硫酸盐渍土	碱性盐渍土
弱盐渍土	≥0.3,<1.0	—	—
中盐渍土	≥1.0,<5.0	≥0.3,<2.0	≥0.3,<1.0
强盐渍土	≥5.0,<8.0	≥2.0,<5.0	≥1.0,<2.0
超盐渍土	≥8.0	≥5.0	≥2.0

3.0.5　盐渍土按土颗粒粒径组成可分为粗颗粒盐渍土和细颗粒盐渍土,对其含盐量应按本规范附录 A、附录 B 规定的测试方法进行测定。

3.0.6　盐渍土场地应根据地基土含盐量、含盐类型、水文与水文地质条件、地形、气候、环境等因素按表 3.0.6 划分为简单、中等复杂和复杂三类场地。

表 3.0.6　盐渍土场地类型分类

场地类型	条件
复杂场地	①平均含盐量为强或超盐渍土;②水文和水文地质条件复杂;③气候条件多变,正处于积盐或褪盐期
中等复杂场地	①平均含盐量为中盐渍土;②水文和水文地质条件可预测;③气候条件、环境条件单向变化
简单场地	①平均含盐量为弱盐渍土;②水文和水文地质条件简单;③气候环境条件稳定

注:场地划分应从复杂向简单推定,以最先满足的为准;每类场地满足相应的单个或多个条件均可。

3.0.7　盐渍土地区的建筑工程应根据其规模、性质、重要性、破坏后果以及对盐渍土的溶陷、盐胀、腐蚀特性的敏感程度、场地复杂程度等划分地基基础设计等级,并应符合表 3.0.7 的规定。

表 3.0.7　盐渍土地区地基基础设计等级

设计等级	建筑和地基类型
甲级	重要的工业与民用建筑物;30 层以上的高层建筑;体型复杂,层数相差超过 10 层的高低层连成一体建筑物;大面积的多层地下建筑物(如地下车库、商场、运动场等);对于地基形有特殊要求的建筑物;复杂地质条件下的坡上建筑物(包括高边坡);对原有工程影响较大的新建建筑物;场地和地基条件复杂的一般建筑物;位于复杂地质条件下及软土地区的 2 层及 2 层以上地下室的基坑工程;开挖深度大于 15m 的基坑工程;周边环境条件复杂、环境保护要求高的基坑工程
乙级	除甲级、丙级以外的工业与民用建筑物;除甲级、丙级以外的基坑工程
丙级	场地和地基条件简单,荷载分布均匀的 7 层及 7 层以下民用建筑及一般工业建筑;次要的轻型建筑物;非软土地区且场地地质条件简单、基坑周边环境条件简单、环境保护要求不高且开挖深度小于 5.0m 的基坑工程

3.0.8　盐渍土地区的建筑工程应评价水、温度、湿度等环境条件对盐渍土地基的影响,并提出处理措施的建议。

3.0.9　根据工程实施前后环境条件的变化和工程使用过程中的环境条件,盐渍土地基可分为 A 类使用环境和 B 类使用环境:

　　1　A 类使用环境:工程实施前后及工程使用过程中不会发生大的环境变化,能保持盐渍土地基的天然结构状态,地基受淡水侵蚀的可能性小或能够有效防止淡水侵蚀。

　　2　B 类使用环境:工程实施前后和工程使用过程中会发生较大的环境变化,盐渍土地基受淡水侵蚀的可能性大,且难以防范。

3.0.10　保护盐渍土地基使用环境的工程措施应与主体工程同时设计、同时施工、同时交付使用。

3.0.11 对复杂场地和中等复杂场地盐渍土地基上的设计等级为甲级和乙级的建（构）筑物宜进行长期变形观察和基础腐蚀程度观察。

3.0.12 对非盐胀和非溶陷性盐渍土地基，除应采取防腐蚀措施外，可按非盐渍土地基对待。

4 勘　察

4.1　一般规定

4.1.1 盐渍土地区的岩土工程勘察应符合下列规定：

　　1 收集当地的气象资料和水文资料；

　　2 调查场地及附近盐渍土地区地表植被种属、发育程度及分布特点；

　　3 调查场地及附近盐渍土地区工程建设经验和既有建（构）筑物使用、损坏情况；

　　4 查明盐渍土的成因、分布、含盐类型和含盐量；

　　5 查明地表水的径流、排泄和积聚情况；

　　6 查明地下水类型、埋藏条件、水质、水位、毛细水上升高度及季节性变化规律；

　　7 测定盐渍土的物理和力学性质指标；

　　8 评价盐渍土地基的溶陷性及溶陷等级；

　　9 评价盐渍土地基的盐胀性及盐胀等级；

　　10 评价环境条件对盐渍土地基的影响；

　　11 评价盐渍土对建筑材料的腐蚀性；

　　12 测定天然状态和浸水条件下的地基承载力特征值；

　　13 提出地基处理方案及防护措施的建议。

4.1.2 盐渍土地区的勘察阶段可分为可行性研究勘察阶段、初步勘察阶段和详细勘察阶段，各阶段勘察应符合下列规定：

　　1 可行性研究勘察阶段：应通过现场踏勘，工程地质调查和测绘，收集有关自然条件、盐渍土危害程度与治理经验等资料，初步查明盐渍土的分布范围、盐渍化程度及其变化规律，为建筑场地选择提供必要的资料；

　　2 初步勘察阶段：应通过详细的地形、地貌、植被、气象、水文、地质、盐渍土病害等的调查，配合必要的勘探、现场测试、室内试验，查明场地盐渍土的类型、盐渍化程度、分布规律及对建（构）筑物可能产生的作用效应，提出盐渍土地基设计参数、地基处理和防护的初步方案；

　　3 详细勘察阶段：在初步勘察的基础上详细查明盐渍土地基的含盐性质、含盐量、盐分分布规律、变化趋势等，并根据各单项工程地基的盐渍土类型及含盐特点，进行岩土工程分析评价，提出地基综合治理方案；

　　4 对场地面积不大，地质条件简单或有建筑经验的地区，可简化勘察阶段，但应符合初步勘察和详细勘察两个阶段的要求；

　　5 对工程地质条件复杂或有特殊要求的建（构）筑物，宜进行施工勘察或专项勘察。

4.1.3 盐渍土场地各勘察阶段勘探点的数量、间距和深度应符合下列规定：

　　1 在详细勘察阶段，每幢独立建（构）筑物的勘探点不应少于3个；取不扰动土样勘探点数不应少于总勘探点数的1/3；勘探点中应有一定数量的探井（槽）；初勘阶段的勘探点应符合现行国家标准《岩土工程勘察规范》GB 50021的规定。

　　2 勘探点间距应根据建（构）筑物的等级和盐渍土场地的复杂程度按表4.1.3确定。

表4.1.3　勘探点间距（m）

场地复杂程度	可行性研究勘察阶段	初步勘察阶段	详细勘察阶段
简单场地	—	75~200	30~50
中等复杂场地	100~200	40~100	15~30
复杂场地	50~100	30~50	10~15

　　3 勘探深度应根据盐渍土层的厚度、建（构）筑物荷载大小与重要性及地下水位等因素确定，以钻穿盐渍土层或至地下水位以下2m~3m为宜，且不应小于建（构）筑物地基压缩层计算深度。当盐渍土层厚度很大时，宜有一定量的勘探点钻穿盐渍土层。

4.1.4 盐渍土试样的采取应符合下列规定：

　　1 对扰动土样的采取，其取样间距为：在深度小于5m时，应为0.5m；在深度为5m~10m时，应为1.0m；在深度大于10m时，应为2.0m。

　　2 对不扰动土试样的采取，应从地表处开始，在10m深度内取样间距应为1.0m~2.0m，在10m深度以下应为2.0m~3.0m，初步勘察取大值，详细勘察取小值；在地表、地层分界处及地下水位附近应加密取样。

　　3 对于细粒土，扰动土试样的重量不应少于500g；对于粗粒土，粒径小于2mm的颗粒的重量不应少于500g，粒径小于5mm的颗粒的重量不应少于1000g；非均质土样不应少于3000g。

4.1.5 在进行盐渍土物理性质试验时，应分别测定天然状态和洗除易溶盐后的物理性质指标。各项指标的测试除应符合现行国家标准《土工试验方法标准》GB/T 50123的规定外，尚应符合本规范附录A、附录B的有关规定。对以中溶盐为主的盐渍土，也宜测定洗盐后的物理性质指标。

4.1.6 盐渍土的化学成分分析应按现行国家标准《土工试验方法标准》GB/T 50123执行，试验应包含下列内容：

　　1 pH值、易溶盐含量、中溶盐含量、总盐量；

　　2 易溶盐中的Na^+、K^+、Ca^{2+}、Mg^{2+}、NH_4^+、SO_4^{2-}、Cl^-、CO_3^{2-}、HCO_3^-离子含量；

　　3 中溶盐$CaSO_4$的含量。

4.1.7 盐渍土场地勘察时，在勘察深度范围内有地下水时，应取地下水试样进行室内试验，取样数量每一建筑场地不得少于3件，每件不少于1000mL；各项指标的测试应按现行国家标准《土工试验方法标准》GB/T 50123执行，室内试验应包含下列内容：

　　1 pH值、总矿化度、总碱度、蒸发残渣；

2 K^+、Na^+、Ca^{2+}、Mg^{2+}、NH_4^+、Cl^-、SO_4^{2-}、OH^-、游离CO_2、侵蚀性CO_2、HCO_3^-、CO_3^{2-} 等离子含量。

4.1.8 盐渍土地场地勘察时,应确定毛细水强烈上升高度。设计等级为甲级的建(构)筑物宜实测毛细水强烈上升高度,设计等级为乙级、丙级的建(构)筑物可按表4.1.8的规定取值。

表4.1.8　各类土毛细水强烈上升高度经验值

土 的 名 称	毛细水强烈上升高度(m)
含砂黏土	3.00～4.00
含黏砂土	1.90～2.50
粉砂	1.40～1.90
细砂	0.90～1.20
中砂	0.50～0.80
粗砂	0.20～0.40

4.1.9 对地下水位变化幅度较大或变化趋势对建(构)筑物不利的地段,应从初步勘察阶段开始对地下水位动态进行长期观测。

4.1.10 盐渍土场地附近有地表水时,应采取地表水试样进行分析,分析内容应与本规范第4.1.7条相同,并宜对地表水体的水质进行长期监测。

4.2 溶陷性评价

4.2.1 当碎石土盐渍土、砂土盐渍土以及粉土盐渍土的湿度为饱和,黏性土盐渍土状态为软塑～流塑,且工程的使用环境条件不变时,可不计溶陷性对建(构)筑物的影响。

4.2.2 当初步判定为溶陷性土时,应根据现场土体类型、场地复杂程度、工程重要性等级,采用下列方法测定盐渍土的溶陷系数:

1 本规范附录C规定的现场浸水载荷试验法;

2 本规范附录D规定的室内压缩试验法;

3 当无条件进行现场浸水载荷试验和室内压缩试验时,可采用本规范附录D规定的液体排开法。

4.2.3 对于设计等级为甲级、乙级的建(构)筑物,每一建设场区或同一地质单元均应进行不少于3处测定溶陷系数的浸水载荷试验;对于设计等级为丙级的建(构)筑物,可采用室内溶陷性试验。

4.2.4 当溶陷系数(δ_{rx})大于或等于0.01时,应判定为溶陷性盐渍土。根据溶陷系数的大小可将盐渍土的溶陷程度分为下列三类:

1 当 $0.01 < \delta_{rx} \leqslant 0.03$ 时,溶陷性轻微;

2 当 $0.03 < \delta_{rx} \leqslant 0.05$ 时,溶陷性中等;

3 当 $\delta_{rx} > 0.05$ 时,溶陷性强。

4.2.5 盐渍土地基的总溶陷量(s_{rx})除可按本规范附录C的方法直接测定外,也可按下式计算:

$$s_{rx} = \sum_{i=1}^{n} \delta_{rxi} h_i, (i = 1, \cdots, n) \qquad (4.2.5)$$

式中:s_{rx}——盐渍土地基的总溶陷量计算值(mm);

δ_{rxi}——室内试验测定的第 i 层土的溶陷系数;

h_i——第 i 层土的厚度(mm);

n——基础底面以下可能产生溶陷的土层层数。

4.2.6 盐渍土地基的溶陷等级分为三级。溶陷等级的确定应符合表4.2.6的规定。

表4.2.6　盐渍土地基的溶陷等级

溶陷 等级	总溶陷量 s_{rx}(mm)
Ⅰ级 弱溶陷	$70 < s_{rx} \leqslant 150$
Ⅱ级 中溶陷	$150 < s_{rx} \leqslant 400$
Ⅲ级 强溶陷	$s_{rx} > 400$

4.2.7 各类盐渍土场地的溶陷性均应根据地基的溶陷等级,结合场地的使用环境条件A或B作出综合评价。

4.3 盐胀性评价

4.3.1 盐渍土地基中硫酸钠含量小于1%,且使用环境条件不变时,可不计盐胀性对建(构)筑物的影响。

4.3.2 当初步判定为盐胀性土时,应根据现场土体类型、场地复杂程度、工程重要性等级,采用下列试验方法测定盐胀性:

1 本规范附录E规定的现场试验方法;

2 本规范附录F规定的室内试验法。

4.3.3 对于设计等级为甲级、乙级的建(构)筑物,每一建设场区或同一地质单元进行的现场浸水试验不应少于3处;对于设计等级为丙级的建(构)筑物,可进行室内盐胀性试验。

4.3.4 盐渍土的盐胀性可根据盐胀系数(δ_{yz})的大小和硫酸钠含量按表4.3.4进行分类。

表4.3.4　盐渍土的盐胀性分类

指标盐胀性	非盐胀性	弱盐胀性	中盐胀性	强盐胀性
盐胀系数 δ_{yz}	$\delta_{yz} \leqslant 0.01$	$0.01 < \delta_{yz} \leqslant 0.02$	$0.02 < \delta_{yz} \leqslant 0.04$	$\delta_{yz} > 0.04$
硫酸钠含量 C_{ssn}(%)	$C_{ssn} \leqslant 0.5$	$0.5 < C_{ssn} \leqslant 1.2$	$1.2 < C_{ssn} \leqslant 2.0$	$C_{ssn} > 2.0$

注:当盐胀系数和硫酸钠含量两个指标判断的盐胀性不一致时,应以硫酸钠含量为主。

4.3.5 盐渍土地基的总盐胀量除可按本规范附录E的方法直接测定外,也可按下式计算:

$$s_{yz} = \sum_{i=1}^{n} \delta_{yzi} h_i, (i = 1, \cdots, n) \qquad (4.3.5)$$

式中:s_{yz}——盐渍土地基的总盐胀量计算值(mm);

δ_{yzi}——室内试验测定的第 i 层土的盐胀系数;

n——基础底面以下可能产生盐胀的土层层数。

4.3.6 盐渍土地基的盐胀等级分为三级。盐胀等级的确定应符合表4.3.6的规定。

表4.3.6　盐渍土地基的盐胀等级

盐胀 等级	总盐胀量 s_{yz}(mm)
Ⅰ级 弱盐胀	$30 < s_{yz} \leqslant 70$
Ⅱ级 中盐胀	$70 < s_{yz} \leqslant 150$
Ⅲ级 强盐胀	$s_{yz} > 150$

4.3.7 各类盐渍土场地的盐胀性均应根据地基的盐胀等级,结合场地的使用环境条件A或B作出综合评价。

4.4 腐蚀性评价

4.4.1 盐渍土对建(构)筑物的腐蚀性,可分为强腐蚀性、中腐蚀性、弱腐蚀性和微腐蚀性四个等级。

4.4.2 当环境土层为弱盐渍土、土体含水量小于3%且工程处于A类使用环境条件时,可初步认定工程场地及其附近的土为弱腐蚀性,可不进行腐蚀性评价。

4.4.3 水试样和土试样的采集应符合现行国家标准《岩土工程勘察规范》GB 50021的规定。

4.4.4 水试样和土试样腐蚀性的测试项目和测试方法应符合下列规定:

1 土试样的检测项目应符合本规范第4.1.6条的规定;

2 水试样的检测项目应符合本规范第4.1.7条的规定;

3 水、土对钢结构的腐蚀性应增加检测:氧化还原电位、极化电流密度、电阻率和质量损失等;

4 各检测项目的试验方法应符合现行国家标准《土工试验方法标准》GB/T 50123的规定。

4.4.5 土对钢结构、水和土对钢筋混凝土结构中钢筋、水和土对混凝土结构的腐蚀性评价应符合现行国家标准《岩土工程勘察规范》GB 50021的规定。

4.4.6 水和土对砌体结构、水泥和石灰的腐蚀性评价应符合表4.4.6-1、表4.4.6-2和表4.4.6-3的规定。

表 4.4.6-1 地下水中盐离子含量及其腐蚀性

离子种类	埋置条件	指标范围	对砖、水泥、石灰的腐蚀
SO_4^{2-} (mg/L)	全浸	>4000	强
		>1000,≤4000	中
		>250,≤1000	弱
		≤250	微
Cl^- (mg/L)	干湿交替	>5000	中
		>500,≤5000	弱
		≤500	微
	全浸	>20000	弱
		>5000,≤20000	弱
		>500,≤5000	微
		≤500	微
NH_4^+ (mg/L)	全浸	>1000	中
		>500,≤1000	弱
		>100,≤500	微
		≤100	微
Mg^{2+} (mg/L)	全浸	>4000	强
		>2000,≤4000	中
		>1000,≤2000	弱
		≤1000	微
总矿化度 (mg/L)	全浸	>50000	强
		>20000,≤50000	中
		>10000,≤20000	弱

续表 4.4.6-1

离子种类	埋置条件	指标范围	对砖、水泥、石灰的腐蚀
pH 值	全浸	≤4.0	强
		>4.0,≤5.0	中
		>5.0,≤6.5	弱
		>6.5	微
侵蚀性 CO_2(mg/L)	全浸	>60	强
		>30,≤60	中
		≤30	弱

表 4.4.6-2 土中盐离子含量及其腐蚀性

离子种类	埋置条件	指标范围	对砖、水泥、石灰的腐蚀
SO_4^{2-} (mg/kg)	干燥	>6000	强
		>4000,≤6000	中
		>2000,≤4000	弱
		≤2000	微
	潮湿	>4000	强
		>2000,≤4000	中
		>400,≤2000	弱
		≤400	微
Cl^- (mg/kg)	干燥	>20000	中
		>5000,≤20000	弱
		>2000,≤5000	微
		≤2000	微
	潮湿	>7500	中
		>1000,≤7500	弱
		>500,≤1000	微
		≤500	微

表 4.4.6-3 土中盐离子含量及其腐蚀性

介质指标	离子种类	埋置条件	指标范围	对砖、水泥、石灰的腐蚀
土中总盐量 (mg/kg)	正负离子总和	有蒸发面	>10000	强
			>5000,≤10000	中
			>3000,≤5000	弱
			≤3000	微
		无蒸发面	>50000	强
			>20000,≤50000	中
			>5000,≤20000	弱
			≤5000	微
水土酸碱度 (pH 值)			≤4.0	强
			>4.0,≤5.0	中
			>5.0,≤6.5	弱
			>6.5	微

注：1 当氯盐和硫酸盐同时存在并作用于钢筋混凝土构件时，应以各项指标中腐蚀性最高的确定腐蚀等级；
　　2 在强透水性地层中，腐蚀性可提高半级至一级；在弱透水性地层中，腐蚀性可降低半级至一级；
　　3 基础或结构的干湿交替部位应提高防腐蚀等级；
　　4 对天然含水量小于3%的土，可视为干燥土；
　　5 腐蚀评价中，以最高的腐蚀性等级确定防腐蚀措施。

4.4.7 对丙类建(构)筑物，当同时具备弱透水性土、无干湿交替、不冻区段三个条件时，盐渍土的腐蚀性可降低一级。

5 设 计

5.1 一般规定

5.1.1 在盐渍土地区进行工程建设时，宜避开超、强盐渍土场地，以及分布有浅埋高矿化度地下水的盐渍土地区，并宜选择含盐量较低、场地条件较易于处理的地段，避开下列地段：
　　1 排水不利地段，低洼地段；
　　2 地下水位有可能上升的地段；
　　3 次生盐渍化程度明显增加的地段。

5.1.2 盐渍土地区的建筑总平面布置应符合下列规定：
　　1 重要建筑宜布置在含盐量较低、地下水位较深、地势较高、排水通畅的地段；
　　2 单体建(构)筑物宜布置在含盐量均匀的地层上。

5.1.3 盐渍土地区的各类建(构)筑物设计时，应综合分析下列因素的影响：
　　1 地基承载力及其变化；
　　2 地基溶陷等级与地基总溶陷量；
　　3 地基盐胀等级与地基总盐胀量；
　　4 盐渍土对地基基础及地下构筑物、管线的腐蚀性。

5.1.4 盐渍土地基承载力的确定应符合下列规定：
　　1 设计等级为甲级、乙级的建(构)筑物应按浸水载荷试验确定地基承载力特征值。单体建筑试验数量不应少于3处，群体建筑试验数量不应少于5处；
　　2 设计等级为丙级的建(构)筑物可按浸水后的物理与力学性质指标结合含盐量、含盐类型、溶陷性等综合确定地基承载力，试验数量不应少于6组；

3 A类使用环境下的建(构)筑物可用不浸水载荷试验确定地基承载力,但应有其他试验评价地基土的溶陷性,并确定对溶陷性的防护措施。

4 对于经过处理的地基,应按处理后的试验、检测结果综合评价确定地基承载力,试验数量应符合本规范的规定。

5.1.5 在溶陷性盐渍土地基上的建(构)筑物,地基变形计算应符合下式规定:

$$s_0 + s_{rx} \leqslant [s] \qquad (5.1.5)$$

式中:s_0——天然状态下地基变形值(mm),其计算应符合现行国家标准《建筑地基基础设计规范》GB 50007 的规定;

s_{rx}——地基总溶陷量(mm),可按本规范第 4.2.5 条确定。A类使用环境或无浸水可能性时取 0;采用地基处理的,可按处理后的地基变形量确定;

$[s]$——建(构)筑物地基变形允许值(mm)。

5.1.6 当地基变形量大,不能满足设计要求时,应根据建(构)筑物的类别、承受不均匀沉降的能力、溶陷等级、盐胀等级、浸水可能性等,分别或综合采取地基处理措施、防水排水措施、基础结构措施、上部结构措施等。

5.2 防水排水设计

5.2.1 场地排水设计应符合下列规定:

1 山前倾斜平原地区的建设场地,场外应设截水沟,并建立地表水排水系统,确保排水、排洪通畅;

2 建(构)筑物周围 6m 以内的场地坡度应大于 2%,6m 以外应大于 0.5%;

3 建(构)筑物周围 6m 范围内为防水监护区,其内不宜设水池、排水明沟、直埋式排水管道、绿化带等;

4 所有排水设施应有防渗措施。

5.2.2 地面防水设计应符合下列规定:

1 建(构)筑物周围应及时回填并做好散水处理,散水坡宽度应大于 1.0m,坡度应大于 5%。散水宜采用现浇混凝土,其下应设置 150mm～200mm 硬质不透水层,与外墙交接处应做柔性防水处理。

2 经常受水浸或可能积水的地面,应做防水地面,其下也应设 150mm～200mm 的防水层。

3 在中盐渍土至超盐渍土地区,建(构)筑物的室内地面、室外地坪、场地道路与盐渍土层之间均应设置隔离层或隔断层,其宽度应大于基础宽度 100mm～200mm,使用耐久性应确保与建(构)筑物设计使用年限一致。

4 有下列情况之一时,可采用架空地板:

1)地面不允许出现裂缝或局部变形;

2)地下水位接近室内地面;

3)地基土为强盐渍土至超盐渍土;

4)地基土为盐胀性盐渍土。

5.2.3 管道防渗应符合下列规定:

1 应防止管道渗漏,在管道接头处设置柔性防水,重要部位设置检修井、检漏管沟、集水井等,这些装置自身也应有防渗功能;

2 各类管道穿过墙、梁、井、沟时,应采用柔性防水接头。

5.2.4 在中盐渍土至超盐渍土地区,基础与墙体防水应符合下列规定:

1 建(构)筑物基础下应设置防水垫层;

2 建(构)筑物室外墙体自地坪起向上 0.8m～1.2m 及干湿交替段,宜采取防水措施。

5.2.5 对沉降缝、伸缩缝、抗震缝等,应对两侧墙体自地坪起向上 1.0m 范围内采取防水措施,并与墙体其他部分封闭。

5.2.6 当构件受水、土影响有防水、防腐要求并且要求严格控制裂缝宽度时,构件侧面的分布钢筋配筋率不宜低于 0.4%,且分布钢筋间距不宜大于 150mm。

5.2.7 建(构)筑物周边的绿化带应与建(构)筑物保持安全距离,防止绿化用水浸入基础下部。

5.3 建筑与结构设计

5.3.1 建(构)筑物平面布置宜规则,体型宜简单。

5.3.2 中盐渍土至超盐渍土地区的甲级、乙级建(构)筑物,在地基承载力或溶陷变形不能满足设计要求时,可进行地基处理或采用桩基础;当采用桩基础时,应符合下列规定:

1 宜采用钢筋混凝土实心预制桩,并采取有效的防腐措施;

2 应分析桩周土浸水溶陷产生负摩阻力的可能性;

3 在B类使用环境条件下,应通过现场浸水载荷试验确定桩的承载力。

5.3.3 在以盐胀为主的盐渍土地区,宜采取加大基底附加压力的措施约束盐胀变形,或适当增大基础埋深,减少盐胀引起的差异变形。

5.3.4 在中盐渍土至超盐渍土地区,不宜采用各种类型的壳体等薄壁型基础。

5.3.5 建(构)筑物结构方案的选择应符合下列规定:

1 宜选用整体性强、空间刚度大的结构形式,且建(构)筑物的长高比不宜大于 3.0;

2 宜选用抗不均匀沉降能力强的结构;

3 在以溶陷性为主的盐渍土地区,宜优先采用轻型结构和轻质材料;

4 多层砌体结构不宜采用纵墙承重体系;

5 强盐胀场地的低层房屋宜适当增加基础埋置深度。

5.3.6 砌体结构设计除按现行国家标准《砌体结构设计规范》GB 50003 执行外,在强盐胀区,对设计等级为甲级、乙级的建(构)筑物的设计尚应符合下列规定:

1 砌体内配置通长钢筋网片,钢筋网片宜焊接,不宜绑扎,并应符合表 5.3.6 的规定;

表 5.3.6 墙体加强钢筋配筋规定

溶陷等级	Ⅰ	Ⅱ		Ⅲ
配筋位置	底层窗台以下	底层全高或 3m	底层全高	二层以上
配筋竖向最大间距	600mm	600mm	600mm	600mm
配筋量与最小直径	$2\phi6$	$2\phi6$	$2\phi6$	$2\phi6$

注:钢筋网片横向分布钢筋可选用 $\phi5$ 高强钢丝。

2 烧结普通砖强度等级不得低于 MU15,混凝土砌块强度等级不得低于 MU10,砌筑砂浆强度不得低于 M10;

3 在同一单元不宜内外纵墙转折;

4 门窗洞口布置宜整齐、适中,上下对齐,且应设钢筋混凝土过梁,过梁的支承长度每边不应小于 240mm。

5.3.7 圈梁设计应符合下列规定:

1 对于多层房屋,在基础顶面、屋面处以及每层楼板处均应设置一道钢筋混凝土圈梁。

2 对于单层厂房,除基础顶面和屋盖应各设置一道钢筋混凝土圈梁外,当墙高大于 3m 时,沿墙高每隔 3m 应增设一道钢筋混凝土圈梁。

3 圈梁应在所有内外纵横墙同一标高上贯通闭合;当不能闭合时,应采取加强措施。

4 基础顶面处圈梁的高度不宜小于 240mm,其他位置不宜小于 180mm,圈梁的宽度不宜小于 240mm。

5 基础顶面处圈梁的纵向钢筋不宜少于 $6\phi12$,其他位置不得少于 $4\phi12$,圈梁箍筋的间距宜为 200mm,但在有水源的开间及其毗邻开间,底层圈梁的箍筋间距宜加密;圈梁混凝土强度等级不宜低于 C25。

6 圈梁与构造柱或框架、排架柱应有可靠连接。

5.3.8 构造柱设计应符合下列规定:

1 在有水源的开间及其毗邻开间的房屋四角宜各设置一根钢筋混凝土构造柱。

2 钢筋混凝土构造柱与芯柱纵向钢筋不宜少于 $4\phi12$，箍筋间距宜为 150mm～200mm；构造柱混凝土强度等级不宜低于 C25。

3 构造柱和芯柱应与墙体紧密拉结成整体。

5.3.9 基础结构的混凝土标号、最小配筋率、钢筋的保护层厚度应符合现行国家标准《混凝土结构设计规范》GB 50010 和《建筑地基基础设计规范》GB 50007 的规定。

5.3.10 单层钢筋混凝土厂房，墙与柱或基础梁、圈梁与柱之间应采用拉结钢筋连成整体。

5.3.11 厂房内吊车顶面与屋架下弦之间应留有不小于 200mm 的净空。

5.3.12 建（构）筑物中有管道穿过墙体时，管道周边应预留 100mm～200mm 的间隙。

5.4 防 腐 设 计

5.4.1 盐渍土地区地下结构防腐蚀设计应根据结构的设计使用年限和腐蚀等级确定采取相应的防腐蚀措施。

5.4.2 盐渍土地区地下结构的防腐蚀耐久性设计应能确保结构在其使用年限内的安全性、适用性和可修复性，并应包含使用过程中的维护、检测或更换的相关规定。

5.4.3 同一结构中的不同构件和同一构件中的不同部位处于下列环境情况或局部环境存在差异时应区别对待：

1 结构或构件一面接触土体一面接触空气层；

2 结构或构件面处于干湿交替的环境。

5.4.4 砌体结构的建（构）筑物，其防腐措施应符合下列规定：

1 室外部分地表向上 1m 以内的区段以及干湿交替和冻融循环的部位应作为采取防腐措施的重点部位；

2 应将提高建筑材料自身的抗腐蚀能力作为重要的防腐措施；

3 选用混凝土外加剂时，以硫酸盐为主的腐蚀环境，可选用减水剂、密实剂、防硫酸盐添加剂等；

4 在以上措施尚不能满足防腐要求时，可在建（构）筑物受腐蚀侧外表面进行涂覆、渗透、隔离等处理，采取防腐涂料、浸透层、玻璃钢、耐腐蚀砖板、聚合物防腐砂浆等措施。

5.4.5 混凝土和钢筋混凝土结构的建（构）筑物，在满足结构受力要求的前提下，其防腐蚀措施可按表 5.4.5 选用。

表 5.4.5 防腐蚀措施

项　目		环境等级		
		弱	中	强
内部防腐措施	水泥品种	普通水泥、矿渣水泥	普硅水泥、矿渣水泥、抗硫酸盐水泥	普硅水泥、矿渣水泥、抗硫酸盐水泥
	混凝土最低强度等级	C30	C35	C40
	最小水泥用量（kg/m³）	300	320	340
	最大水灰比	0.5	0.45	0.4
	保护层厚度（mm）	≥50	≥50	≥50
	外加剂	阻锈剂、减水剂、密实剂等	阻锈剂、减水剂、密实剂等	阻锈剂、减水剂、密实剂等
外部防腐措施	干湿交替	—	沥青类、渗透类、渗透类涂层	沥青类、渗透类、树脂类涂层、玻璃钢、耐腐蚀板砖类等
	湿	防水层	防水层	防水层
	干	—	—	沥青类涂层

5.4.6 氯盐为主的环境下不宜单独采用硅酸盐或普通硅酸盐水泥作为胶凝材料配制混凝土，应加入 20%～50%的矿物掺合料，并宜加入少量硅灰。水泥用量不应少于 240kg/m³；用于氯离子环

境中的钢筋混凝土构件，其混凝土 28d 的氯离子扩散系数 D_{RCM} 值宜符合表 5.4.6 的规定。

表 5.4.6 混凝土中的氯离子扩散系数 D_{RCM}（28d 龄期，10^{-12} m²/s）

环境等级 设计使用年限	弱	中级及以上
100 年	<7	<4
50 年	<10	<6

注：1 D_{RCM} 值为标准养护条件下 28d 龄期混凝土试件的测定值，仅适用于氯盐环境下采用较大掺量和大掺量矿物掺合料的混凝土。对于其他组分的混凝土以及更长龄期的混凝土，应采用更低的 D_{RCM} 值作为抗氯离子侵入性能的评定依据；

2 扩散系数 D_{RCM} 的测试方法按现行国家标准《普通混凝土长期性能和耐久性能试验方法标准》GB/T 50082 执行。

5.4.7 硫酸盐为主的环境下不宜采用灰土基础、石灰桩、灰土桩等；水泥宜选用铝酸三钙含量小于 5%的普通硅酸盐水泥或抗硫酸盐水泥，配置混凝土时宜掺加矿物掺合料。

5.4.8 钢筋混凝土和预应力钢筋混凝土的裂缝控制等级和最大裂缝控制宽度应符合现行国家标准《工业建筑防腐蚀设计规范》GB 50046 和《混凝土结构设计规范》GB 50010 的规定。

5.4.9 普通钢筋应优先选用 HRB400 级钢筋，受力钢筋直径不应小于 12mm，当构件处于可能遭受强腐蚀的环境时，受力钢筋直径不应小于 16mm。

5.4.10 对于中等腐蚀性至强腐蚀性环境下的混凝土构件中的钢筋构件，应与浇筑在混凝土中并部分暴露在外的吊环、紧固件、连接件等铁件隔离。

6 施　工

6.1 一 般 规 定

6.1.1 盐渍土地区建（构）筑物及工程设施的施工，应根据盐渍土的特性和设计要求，合理安排施工程序，防止施工用水和场地雨水流入建（构）筑物地基、基坑或基础周围，应在施工组织设计中明确提出防止施工用水渗漏的要求。

6.1.2 施工前应完成下列工作：

1 熟悉岩土工程勘察报告、施工图纸等资料；

2 结合现场实际情况，了解本地区盐渍土地基、基础处理经验，编制施工组织设计或施工大纲；

3 平整施工场地，做好原地面临时排水设施，清除地表盐壳和不符合设计要求的表土，并碾压密实；对过湿或积水洼地以及软弱地基，应按设计要求做好排水、清淤换填工作；

4 根据施工需要修建护坡、挡土墙等；

5 进行工艺性试验，确定施工工艺流程及有关工艺参数。

6.1.3 施工的时间和程序安排应符合下列规定：

1 施工时间选择应结合当地盐渍土的水盐状态，宜在枯水季节施工，不宜在冬季施工；

2 在冬季或雨季进行施工时，应采取防冻、防雨雪、排洪等防止管道冻裂漏水以及突发性山洪侵入地基、基坑等措施；

3 应先施工建（构）筑物的地下工程和埋置较深、荷载较大或需要采取地基处理措施的基础，基坑应及时回填、分层夯实；

4 敷设管道时，应先施工排水管道，并确保其畅通。

6.1.4 施工期间各种用水应引至排水系统，不得随意排放；混

凝土基础不宜采用浇淋养护；各用水点均应与建（构）筑物基础保持一定距离，其最小净距应符合表 6.1.4 的规定。

表 6.1.4　施工用水点距离建（构）筑物基础的最小净距

施工用水种类	距离基础边缘的最小净距（m）
浇砖用水、临时给水管道	10
浇料场、淋灰池、混凝土搅拌站、水池	20

6.1.5　施工过程中，应严格执行有关安全、劳动保护和环境保护等规定。

6.2　防水排水工程施工

6.2.1　防水工程施工应包括场地排水、地面防水、地下管、沟、集水井、检漏井、防（检）漏沟敷设以及地基中隔水层的铺筑等。

6.2.2　场地排水施工应符合下列规定：

1　施工前应布置好排水系统，施工过程中应保持排水系统畅通，并应使场地及其附近无积水；

2　排水困难的场地或基坑有被水淹没的可能时，应在场地外设置排水系统、护坡或挡土墙；在地下水位较高场地，除引导地表水外，应在坑底设置集水井、排水沟，以降低场地的地下水位。

6.2.3　地下管、沟、集水井、检漏井、防（检）漏沟敷设应符合下列规定：

1　各种管材及其配件进场时，应按设计要求和国家现行有关标准进行检查，管道敷设前应对管材及其配件的规格、尺寸和外观质量逐件检查，并应抽样试验，严禁使用不合格产品。

2　管道及其附属构筑物的施工宜采用分段快速作业法；管道应与管基（或支架）密合，管道接口应严密不漏水；新、旧管道连接时，应先做好排水设施；管道敷设完成后，应及时回填、加盖或封面；检漏井等的地基与基础应在邻近的管道敷设前施工完毕。

3　地下管、沟、集水井、检漏井、防（检）漏沟等的施工，必须确保砌体砂浆饱满，混凝土浇捣密实，防水层严密不漏水；管道穿过井（或沟）时，应在井（或沟）壁处预留洞孔，管道与洞孔间的缝隙应用不透水的柔性材料填塞；铺设盖板前，应将井、沟底清理干净，井、沟壁与基槽间应用素土分层回填夯实，其压实系数不应小于 0.90。

4　管道、井、沟（漕）等施工完毕后，应进行压水或注水试验，不合格的应返修或加固，重做试验，直至合格为止。

6.2.4　地基中隔水层的铺筑应符合下列规定：

1　盐渍土地基中隔水层材料宜采用土工合成材料中的复合土工膜或土工膜。采用二布一膜的复合土工膜时，可不设上、下保护层；采用一布一膜的复合土工膜时，可仅在有膜的一面设保护层；采用单层土工膜时，应设上、下保护层。保护层材料宜采用砂料，其粉粒和黏粒含量应小于 15%。

2　土工合成材料铺设时，应采取全断面铺设，并铺设平展且紧贴下承层，无褶皱。铺设中应确保其整体性，相邻两幅采用焊接或缝接时，其接头应折向下坡方向；当搭接时，搭接宽度应大于 200mm。铺设完后应检查有无破损处，有破损时应在破损处的上面加铺设防止破损处漏水的土工合成材料进行补强。

3　土工合成材料铺设时，表面平整度与横坡应符合设计要求。

4　土工合成材料铺设完成后，严禁行人、牲畜和各种车辆通行，并应及时填筑保护层或填料，避免受到阳光长时间的直接暴晒。第一层填料应采用轻型推土机、前置式装载机或人工摊铺，厚度不得小于 300mm，土中不得夹有带棱角的石块；在距土工合成材料层 80mm 以内的填料，其最大粒径不得大于 20mm。运料车应采用倒行卸料或人工倒运摊铺的方法。

5　在土工膜上填筑粗粒土时，应设上保护层。保护层摊平后先碾压 2 遍～3 遍，再铺一层粗粒土，与上保护层一起碾压，保护层总厚度不应大于 400mm。

6　土工合成材料的进场检验、运输、存放等应按现行国家标准《土工合成材料应用技术规范》GB 50290 执行，其质量和保护层的规格应符合设计要求和相关规定。

6.3　基础与结构工程施工

6.3.1　基础和结构工程施工前应完成场区土石方、挡土墙、护坡、防洪沟及排水沟等工程，确保边坡稳定，排水通畅。

6.3.2　基坑的开挖和施工应符合下列规定：

1　基坑开挖时，应防止坑壁坍塌；基坑挖土接近基底设计标高时，宜在其上部预留 150mm～300mm 土层，待下一工序开始前继续挖除。

2　当基坑挖至设计深度时，应进行验槽；验槽后，宜及时浇筑混凝土垫层或采取封闭坑底措施，严禁基坑浸水。

6.3.3　各种管沟穿过建（构）筑物的基础时，不宜留施工缝；当穿过外墙时，宜一次做到室外的第一个检查井，或距基础 3m 以外；沟底应有向外排水的坡度，施工完毕后，应及时清理、验收、加盖和回填。

6.3.4　地下工程施工到设计地坪后，应进行室内和室外回填土施工，回填料应为非盐渍土，压实度应符合现行国家标准《建筑地基基础设计规范》GB 50007 的规定；上部结构施工期间应针对回填土采取防水措施。

6.3.5　应合理安排基础施工、防水层（隔水层）施工、防腐层施工、回填土施工等施工工序。

6.3.6　当预制桩采用预钻孔方法施工时，钻孔直径应小于桩径，钻孔深度应浅于设计桩尖标高 0.5m～1.0m。

6.4　防腐工程施工

6.4.1　防腐工程施工前，应根据施工环境温度、工作条件及材料等因素，通过试验确定施工配合比和操作方法后方可进行正式施工。

6.4.2　建筑材料的含盐量控制应符合下列规定：

1　成品砖的含盐量应符合表 6.4.2-1 规定。

表 6.4.2-1　成品砖的含盐量

盐种类	含盐量控制指标（mg/kg）	备注
SO_4^{2-}	＜700	超过者用水浸出至合格
Cl^-	＜5000	

2　混凝土、砂浆用砂的含盐量应符合表 6.4.2-2 的规定。

表 6.4.2-2　砂的含盐量

盐种类		含盐量（%）	规定
NaCl	有钢筋	≤0.04	可直接使用
		＞0.04，≤0.10	设计等级为甲级、乙级的建（构）筑物掺钢筋阻锈剂
		＞0.10，≤0.30	掺钢筋阻锈剂
		＞0.30	不宜采用
	无钢筋	≤0.30	可使用
		＞0.30	不宜采用
SO_4^{2-}		≤0.10	可使用
		＞0.10，≤0.30	一般工程可用
		＞0.30	不宜采用

3　混凝土搅拌、砂浆搅拌用水的含盐量应符合表 6.4.2-3 的规定。

表 6.4.2-3　施工用水的含盐量

盐种类	含盐量（mg/L）	规定
Cl^-	≤300	可直接使用
	＞300，≤600	一般工程可直接使用，设计等级为甲级、乙级的建（构）筑物掺钢筋阻锈剂
	＞600，≤3000	掺钢筋阻锈剂
	＞3000	不宜采用

续表 6.4.2-3

盐种类	含盐量(mg/L)	规　　定
SO₄²⁻	≤300	可直接使用
	>300,≤1000	一般工程可用
	>1000	不宜采用

6.4.3 涂抹防腐层的混凝土结构物的表面,应坚实平整、无裂缝及蜂窝麻面,表面干燥,强度应符合设计要求;涂抹高度应高于接触盐渍土或矿化水的部位 0.5m~1.0m;沥青防腐层宜分两层施工,厚度宜为 2mm~5mm。

6.4.4 盐渍土环境中的混凝土或钢筋混凝土,外加剂的选用应符合下列规定:

　　1 在中、强腐蚀环境中,应选用非氯盐和非硫酸盐外加剂;

　　2 所有外加剂不得促进盐腐蚀作用,并应确保对混凝土的质量及耐久性无危害作用。

6.4.5 防腐工程的质量及验收标准除应执行本规范外,尚应符合现行国家标准《建筑防腐蚀工程施工及验收规范》GB 50212 的规定。

7 地基处理

7.1 一般规定

7.1.1 盐渍土地基的处理应根据土的含盐类型、含盐量和环境条件等因素选择地基处理方法和抗腐蚀能力强的建筑材料。

7.1.2 所选择的地基处理方法应在有利于消除或减轻盐渍土溶陷性和盐胀性对建(构)筑物的危害的同时,提高地基承载力和减少地基变形。

7.1.3 选择溶陷性和盐胀性盐渍土地基的处理方案时,应根据水环境变化和大气环境变化对处理方案的影响,采取有效的防范措施。

7.1.4 采用排水固结法处理盐渍土地基时,应根据盐溶液的黏滞性和吸附性,缩短排水路径、增加排水附加应力。

7.1.5 处理硫酸盐为主的盐渍土地基时,应采用抗硫酸盐水泥,不宜采用石灰材料;处理氯盐为主的盐渍土地基时,不宜直接采用钢筋增强材料。

7.1.6 水泥搅拌法、注浆法、化学注浆法等在无可靠经验时,应通过试验确定其适用性。

7.1.7 盐渍土地基处理施工完成后,应检验处理效果,判定是否能满足设计要求。

7.2 地基处理方法

Ⅰ 换 填 法

7.2.1 换填法适用于地下水埋置较深的浅层盐渍土地基和不均匀盐渍土地基。

7.2.2 换填料应为非盐渍化的级配砂砾石、中粗砂、碎石、矿渣、粉煤灰等,不宜采用石灰和水泥混合料,并应符合下列规定:

　　1 碎、卵石最大粒径不应大于 50mm,含泥量不应大于 5%;

　　2 中、粗砂的颗粒的不均匀系数应大于 10,含泥量不应大于5%;

　　3 矿渣应采用粒径 20mm~60mm 的分级矿渣,不得混入植物、生活垃圾和有机质等杂物;

　　4 粉煤灰的粒径应为 0.001mm~2mm,粒径小于 0.075mm的颗粒含量宜大于 45%。

7.2.3 在满足承载力要求的前提下,换填深度宜大于溶陷性和盐胀性土层的厚度,换填宽度应满足基础底面应力扩散的要求,且残留的盐渍土层的溶陷量和盐胀量不得大于上部结构的允许变形值。

7.2.4 应做好垫层的防水或排水设计,防止垫层次生盐渍化;换填土的底面高度宜大于地下水位与毛细水强烈上升高度之和,也可设置盐分隔断层。

7.2.5 强盐渍土地区,应对换填垫层的含盐量变化情况和建(构)筑物的变形进行定期观察。

7.2.6 换填材料施工时应分层摊铺碾压,分层摊铺厚度不宜大于0.3m,每层压实遍数宜通过试验确定,并应根据换填料性质的不同采用不同的碾压方式。

7.2.7 换填材料的底面宜铺设在同一标高上,当深度不同时,基底面应挖成台阶,各层搭接位置宜错开 0.5m~1.0m 的距离。

7.2.8 地下水位高于基坑底面时,应采取排水、降水措施。

7.2.9 盐渍化软土地基采用粉煤灰换填时,应先在基底铺设一定厚度的粗砂垫层稳定表土,之后再摊铺粉煤灰。粉煤灰换填结束并验收合格后,应及时施工上部结构或采取封层措施,防止干燥松散起尘污染环境,并禁止车辆在其上通行。

Ⅱ 预 压 法

7.2.10 预压法适用于处理盐渍土中的淤泥质土、淤泥和吹填土等饱和软土地基。当采用预压法处理时,宜在地基中设置竖向排水体加速排水固结,竖向排水体可采用塑料排水带、袋装砂井或普通砂井。

7.2.11 对设计等级为甲级、乙级的建(构)筑物,应选择有代表性的场地进行预压法试验,通过试验确定岩土体的强度、变形参数和地下水运移特征,为设计和施工提供依据。

7.2.12 预压法设置的竖向和水平向排水通道应有较大的空隙和较好的连通性。

7.2.13 排水竖井的井径比(n)为竖向排水体的有效排水直径(d_e)与竖井直径(d_w)之比,其取值宜符合下列规定:

　　1 对塑料排水板或袋装砂井,$n=10\sim15$;

　　2 对普通砂井,$n=4\sim6$。

7.2.14 采用堆载预压、超载预压、真空预压等多种方式时,其设计、计算、施工和质量控制应按现行行业标准《建筑地基处理技术规范》JGJ 79 执行。

7.2.15 塑料排水带在施工现场堆放时,应加以覆盖,不得长时间暴晒;袋装砂井宜采用干砂灌制,并应灌制密实;普通砂井的灌砂量不得小于计算值的 95%。

7.2.16 塑料排水带和袋装砂井的施工机械可以通用,主要机具可用导管式打桩机;塑料排水带施工宜采用矩形或菱形断面的导管,袋装砂井施工宜采用圆形断面的导管;普通砂井宜采用沉管法施工。

7.2.17 塑料排水带搭接应采用滤套内芯板平接的方法,芯板应对扣,凹凸应对齐,搭接长度不应小于 0.2m,滤套包裹应有固定措施。

7.2.18 堆载预压荷载施加过程中应进行竖向变形、水平位移等项目的监测,根据监测资料控制加载速率,确保地基在加载过程中的稳定性。

7.2.19 卸除预压荷载的时间宜根据地基的沉降速率确定,当沉降速率小于容许值时方可卸载。

Ⅲ 强夯法和强夯置换法

7.2.20 强夯法和强夯置换法适用于处理盐渍土中的碎石土、砂土、粉土和低塑性黏性土地基以及由此类土组成的填土地基,不宜用于处理盐胀性地基。

7.2.21 强夯法和强夯置换法在设计或施工前,应通过现场试验确定其适用性和处理效果,同时确定夯击能量、有效加固深度、夯点间距、夯击间隔时间等工艺和参数;试夯区应具有代表性,试夯区面积不应小于 500m²。

7.2.22 夯坑换填料应为抗腐蚀、抗盐胀的砂石类集合料,可采用级配良好的块石、碎石、矿渣、建筑垃圾等坚硬粗颗粒材料,粒径大于 300mm 的颗粒含量不宜超过全重的 30%;为确保强夯置换体的整体性、密实性和透水性,桩体材料的最大粒径不宜大于夯锤底面直径的 20%,含泥量不宜超过 10%;换填料顶面宜高出地下水位 1.0m~2.0m。

7.2.23 根据场地条件,在强夯和强夯置换前,地表应铺设一定厚度的垫层,垫层材料可采用碎石、矿渣、建筑垃圾等坚硬粗颗粒材料。

7.2.24 强夯锤可采用圆形或多边形底面的钢筋混凝土锤或铸钢锤,锤体内宜对称设置 2 个~4 个上下贯通、孔径为 250mm~300mm 的排气孔;锤体质量可取 10t~40t,强夯锤锤底静接地压力值可取 25kPa~40kPa;强夯置换锤锤底静接地压力值可取 100kPa~200kPa。

7.2.25 盐渍土地基采用强夯法处理时,土体的含水量可按表 7.2.25 控制;强夯置换法不受此限制。

表 7.2.25 强夯地基含水量控制表

土质	粉土	粉质黏土	黏土
地基天然含水量	12%~22%	14%~25%	15%~27%

Ⅳ 砂石(碎石)桩法

7.2.26 砂石(碎石)桩法适用于处理溶陷性盐渍土中的松散砂土、碎石土、粉土、黏性土和填土等地基。

7.2.27 在设计和施工前应选择有代表性的场地进行现场试验,确定施工方式、施工机械、施工参数和处理效果;试桩的数量不宜少于 5 根。

7.2.28 桩体材料应使用含泥量小于 5%、级配合理的碎石、卵石、含石砂砾、矿渣或其他性能稳定的硬质材料,不宜使用风化易碎的石料、砂料和石灰、水泥混合料。

7.2.29 砂石(碎石)桩可采用振动沉管、锤击沉管、冲击成孔或振冲等方法成桩,盐渍化软土地基处理宜采用振动沉管法。

7.2.30 采用振动沉管法成桩时,应根据沉管和挤密情况控制填料数量、拔管高度和速度、挤压次数和时间、电机的工作电流等施工控制参数。

7.2.31 砂石(碎石)桩施工后,应将松散表层挖除或压实,宜在桩顶铺设厚度为 200mm~400mm 的碎石垫层,并宜在基础和垫层间设置盐分隔离层。

7.2.32 砂石桩法可与强夯法、强夯置换法、预压法、排水固结法等结合使用。

Ⅴ 浸水预溶法

7.2.33 浸水预溶法适用于处理厚度不大、渗透性较好的无侧向盐分补给的盐渍土地基;黏性土、粉土以及含盐量高或厚度大的盐渍土地基,不宜采用浸水预溶法。

7.2.34 浸水预溶法的设计与施工应符合下列规定:

1 应有充足的低矿化度水源;

2 宜选在蒸发量小的季节进行浸水施工;

3 应防止返盐,在地下水位埋藏较深时才可使用;

4 浸水预溶后应有足够的稳定时间。

7.2.35 采用浸水预溶法前,应进行小型现场浸水试验,初步确定浸水量、浸水所要时间、浸水有效影响深度和浸水降低的溶陷量等。

7.2.36 浸水预溶法施工应符合下列规定:

1 水头高度不应小于 300mm;

2 浸水坑的平面尺寸每边应大于拟建建筑外缘 2.5m;

3 连续浸水时间应以最后 5d 的平均溶陷量小于 5mm 为稳定标准;

4 浸水施工应防止对邻近建(构)筑物以及管、沟、道路等工程设施产生不利影响;

5 冬季不宜进行浸水预溶施工。

7.2.37 地基浸水预溶后,应检测预溶的深度及所消除的溶陷量;在基础施工前应重新检验盐渍土的主要物理力学性质指标,评定盐渍土的承载力和溶陷性;相关的试验检测方法应符合本规范附录 C、附录 G 的有关规定。

7.2.38 浸水预溶法可与强夯法、砂石桩法等其他地基处理方法结合使用。

Ⅵ 盐化法

7.2.39 盐化法适用于盐渍土含盐量很高、土层较厚、地下水位较深、淡水资源缺乏以及其他方法难以处理的地基。

7.2.40 采用盐化法处理地基时,应进行现场试验,确定达到设计要求所需的每平方米地基用盐量、盐化遍数、盐化时间和间歇时间等主要参数。

7.2.41 盐化法地基处理所需材料与设备为盐、制作饱和盐水装置、盛盐水的罐(桶)或池,并应有计量刻度。

7.2.42 盐化法的施工过程应符合下列规定:

1 开挖基坑或基槽至基础设计标高,基坑宽度应大于基础边缘不少于 1m;

2 沿基坑或基槽应每隔一定距离放置盛饱和盐水的罐(桶)以及胶皮管或钢管;

3 将制好的饱和盐水装入罐(桶)内,并应安好胶皮管或钢管;

4 向基坑或基槽内注入饱和盐水,并保持 0.3m 高的水头,盐化时间应根据土的渗透性确定,宜为 7d~10d。

7.2.43 应待盐水全部浸入地基并停歇 3d~5d 后,对盐化效果进行检测。

Ⅶ 隔断层法

7.2.44 隔断层法适用于在盐渍土地基中隔断盐分和水分的迁移。

7.2.45 盐渍土地基中设置的隔断层应有足够的抗拉强度和耐腐蚀性。

7.2.46 盐渍土中采用隔断层时,应综合利用其防盐、治盐和提高地基承载力等作用。

7.2.47 盐渍土中隔断层的设计、施工和质量控制应按设计要求执行。

8 质量检验与维护

8.1 质 量 检 验

8.1.1 防水工程的质量检验应符合下列规定：

1 场区防洪工程应检查排洪系统的系统性、连通性、完整性和排洪能力；

2 场内排水工程应检查雨水防渗、雨水排放、散水坡坡度等；

3 应检查各类排水管、沟、槽的基础稳定性、抗渗防漏性、密闭性与抗水压能力；

4 隔水层的施工应检验土工膜的抗拉强度、抗老化性能、防腐蚀性能、搭接宽度、焊接强度、保护层厚度等。

8.1.2 防腐工程的质量检验应包括下列内容：

1 实测砖、砂、石、水等建筑材料的含盐量；

2 现场检测各类防腐涂料的产品质量和防腐涂层的施工质量；

3 现场控制各种防腐添加剂的用法和用量。

8.1.3 基础与结构工程的质量检验应按现行国家标准《砌体结构工程施工质量验收规范》GB 50203 和《混凝土结构工程施工质量验收规范》GB 50204 执行。

8.1.4 地基处理工程的质量检验应符合下列规定：

1 换土垫层的质量检验应包含下列内容：

1)分层检验填料的含泥量、级配、含盐量等；

2)分层检验虚铺厚度；

3)分层检验压实系数。

2 预压法质量检验应符合下列规定：

1)竖向排水体施工质量的检查应符合表 8.1.4-1 的要求；

表 8.1.4-1 竖向排水体的施工质量标准

项次	项目	规定值或允许偏差	检查方法和频率
1	桩距	±100mm	抽查 5%
2	桩径	不小于设计值	抽查 5%
3	桩长	不小于设计值	查施工记录
4	竖直度	1%	查施工记录
5	砂井灌砂率	不小于设计值	查施工记录

2)检查水平向排水体的连通性和排水能力；

3)监测堆载加荷过程中土体的沉降速率和侧向位移；

4)用静力触探仪、十字板剪切仪、取土试样等方法评价预压法加固效果，检测数量不宜少于 6 处；

5)设计等级为甲级、乙级的建(构)筑物应进行静载荷试验，评价加固后的地基承载力，每一个场地不宜少于 3 处。

3 强夯法与强夯置换法的质量检验应符合下列规定：

1)施工过程中应随时检查夯完后的夯坑位置，发现超过允许偏差或漏夯应及时纠正，施工结束后 2 周～4 周，应对地基的处理效果进行检验；对黏性土和软土地基，宜由孔隙水压力观察结果确定检验时间；

2)对于强夯法处理的地基，可采用标准贯入试验、静力触探、动力触探、十字板剪切、静载荷试验和室内土工试验等方法检测地基土强度的变化情况，评价强夯的效果；

3)对于强夯置换法处理的地基，可采用静载试验检验单桩承载力和桩体变形模量，采用超重型或重型动力触探检验桩体的密实度和桩长，采用标准贯入试验、静力触探、十字板剪切、静载试验和室内土工试验等方法检验桩间土强度的变化情况；

4)确定软黏性土中强夯置换桩地基承载力特征值时，可不计入桩间土的作用，其承载力应通过现场荷载试验确定；

5)对强夯法处理的地基，静载试验的数量宜为 1 处/3000m²，

且单体建筑不应少于 3 处；对于强夯置换法处理的地基，宜为桩数的 0.5%，且不应少于 3 处；

6)对强夯置换桩长的检验数量，宜为桩数的 1%～2%，且不应少于 3 处。

4 砂石桩法的质量检验应符合下列规定：

1)盐渍化软土宜在成桩结束 30d 后，按 1%～2%的抽查频率，采用重型($N_{63.5}$)动力触探检测桩身密实度，采用静力触探、十字板、取土试样等方法检测桩间土的加固效果；

2)宜在成桩 30d 后进行载荷试验，检验单桩承载力和复合地基承载力是否达到设计要求，抽查频率不宜少于0.5%，且不应少于 3 处；

3)其余项目应符合表 8.1.4-2 的规定。

表 8.1.4-2 砂石桩桩体质量标准

项次	项目	规定值或允许偏差	检查方法和频率
1	桩距	±150mm	抽查 2%
2	桩径	不小于设计值	抽查 2%
3	桩长	不小于设计值	查施工记录
4	竖直度	1.5%	查施工记录
5	粒料灌入率	不小于设计值	查施工记录

5 浸水预溶法的质量检验应符合下列规定：

1)实测浸水下沉量和有效浸水影响深度；

2)实测浸水预溶后的地基承载力和各项岩土参数。

6 应对盐化法浸水影响深度、范围和含盐量进行质量检验，检验可采用挖探、钻探、物探等方法，盐化法浸水影响深度宜按本规范附录 G 的规定进行测定。

7 隔断层法的质量检验应符合下列规定：

1)应检测隔断层材料的抗拉强度，每一批次的检测数量不应少于 3 组；

2)应检测隔断层的施工质量，重点检测接缝处的焊接质量、搭接宽带和铺设的平整度，焊接质量每 50m～100m 抽检一次；

3)应检查上、下保护层的施工质量，保护层内不得有尖刺状物质，下保护层应平整。

8.2 监测与维护

8.2.1 设计等级为甲级、乙级的建(构)筑物应定期监测其周边、基础附近土体含盐量的变化情况，分析其变化趋势，判定其对建(构)筑物可能产生的影响，一般每 2 年检测 1 次。

8.2.2 盐胀性盐渍土地区应定期监测地面变形，判定硫酸盐的集盐程度，宜在室内地面和室外道路、广场等重要部位或温差变化大的地点进行监测，监测次数宜为秋季、冬季、春季每月 2 次。

8.2.3 对于大型和特大型建设项目，宜对下列因素进行长期观察：

1 对地下水水位进行长期观察，判定集盐过程的发展方向；

2 对气候干燥度和年度温差进行长期观察，判定集盐速率。

8.2.4 建(构)筑物使用单位应对防水和防腐措施进行定期检查和记录，确保各种防水和防腐措施发挥正常作用。防水工程的检查维护每年不应少于 1 次，防腐工程检查每 3 年不应少于 1 次。

8.2.5 给水和热力管网系统应定期检查，遇有漏水或故障，应立即排除故障后方可使用。

8.2.6 各种检漏井、检查井及其他池、沟等均应定期检查，不得有积水、堵塞物或裂缝。

8.2.7 各种地面排水、防水设施的检查和维护应符合下列规定：

1 每年雨季或山洪到来前，对山前防洪截水沟、缓洪调节池、排水沟、集水井等均应进行检查，清除淤积物，确保排水畅通；

2 对建(构)筑物防护范围内的防水地面、排水沟、散水坡的伸缩缝和散水与外墙的交接处，室内生产、生活用水多的室内地面

及水池、水槽等均应定期检查，不得有缝隙；

　　3 建(构)筑物的室外地面应保持原设计的排水坡度；

　　4 建(构)筑物周围 6m 以内不得堆放阻碍排水的物品，应保持排水畅通；

　　5 应定期对排水、防水设备进行检查。

8.2.8 管道防冻检查和维护应符合下列规定：

　　1 每年冻结期前，均应对有可能冻裂的水管采取保温措施；

　　2 暖气管道在送汽前，应进行防漏检查；

　　3 应定期对管道的接口部位进行检查。

附录 A　盐渍土物理性质指标测定方法

A.0.1 盐渍土常规物理性质指标的测定应符合现行国家标准《土工试验方法标准》GB/T 50123 的规定。

A.0.2 盐渍土应分别测定天然和浸水淋滤后两种状态下的比重。前者用中性液体的比重瓶法测定，后者用蒸馏水的比重瓶法测定。

A.0.3 细颗粒盐渍土含盐量的测定应按现行国家标准《土工试验方法标准》GB/T 50123 执行，并做全盐量分析。

A.0.4 含液量应按下式计算：

$$w_B = \frac{w(1+B)}{1-Bw}\qquad (A.0.4)$$

式中：w_B——含液量(%)；

　　　　B——土中水的含盐量(%)。当 B 值大于在某温度下的溶解度时，取等于该盐的溶解度(表 A.0.4-1 和表 A.0.4-2)；

　　　　w——含水量(%)，用常规烘干法测出。

A.0.4-1　不同温度下水中盐的溶解度

盐类的分子式	可结合的结晶水	温度为 t 时，100g 溶液中能溶解的盐量(g)		
		$t=0℃$	$t=20℃$	$t=60℃$
NaCl	—	35.7	36.8	37.3
KCl	—	22.2	25.5	31.3
CaCl$_2$	6H$_2$O	37.3	42.7	—
CaCl$_2$	4H$_2$O	—	—	57.8
MgCl$_2$	6H$_2$O	34.6	35.3	37.9
NaHCO$_3$	—	6.9	9.6	16.4

续表 A.0.4-1

盐类的分子式	可结合的结晶水	温度为 t 时，100g 溶液中能溶解的盐量(g)		
		$t=0℃$	$t=20℃$	$t=60℃$
Ca(HCO$_3$)$_2$	—	16.5	16.6	17.5
Na$_2$CO$_3$	10H$_2$O	7.0	21.5	31.7
MgSO$_4$	7H$_2$O	—	26.8	35.5
Na$_2$SO$_4$	10H$_2$O	4.5	16.1	—
Na$_2$SO$_3$	—	—	—	45.3
CaSO$_4$	2H$_2$O	0.18	0.20	0.20
CaCO$_3$	—	—	0.0014	0.0015

表 A.0.4-2　不同温度下 Na$_2$SO$_4$ 在不同浓度的 NaCl 水溶液中的溶解度(g/100g 水)

10℃		21.5℃		27℃		33℃		35℃	
NaCl	Na$_2$SO$_4$	NaCl	Na$_2$SO$_4$	NaCl	Na$_2$SO$_4$	NaCl	Na$_2$SO$_4$	NaCl	Na$_2$SO$_4$
0.00	9.14	0.00	21.33	0.00	31.00	0.00	48.48	0.00	47.94
4.28	6.42	9.05	15.48	2.66	28.73	1.20	46.49	2.14	43.75
9.60	4.76	17.48	13.73	5.29	27.17	1.99	45.16	13.57	26.75
15.63	3.99	20.41	13.62	7.90	26.02	2.64	44.09	18.78	19.74
21.82	3.97	26.01	15.05	16.13	24.82	3.47	42.61	31.91	8.28
28.13	4.15	26.53	14.44	18.91	21.14	12.14	29.32	35.63	0.00
30.11	4.34	31.80	10.20	19.64	20.11	32.84	8.76	—	—
32.27	4.53	33.69	4.73	20.77	19.29	33.99	4.63	—	—
33.76	4.75	35.46	0.00	32.33	9.53	34.77	2.75	—	—

A.0.5 天然密度的测定应根据土的类别、胶结状态、现场条件及试验条件，分别采取环刀、蜡封、灌砂和灌水等方法测定。

A.0.6 粗颗粒盐渍土应按常规土工试验方法分别进行天然(含盐时)和淋滤后(不含盐)两种状态下的颗粒分析。以淋滤后的试验参数确定名称。

A.0.7 细颗粒盐渍土应按常规土工试验方法分别进行天然(含盐时)状态下的液性、塑性界限含液量和淋滤后(不含盐)状态下的液性、塑性界限含水量分析。以淋滤后的试验参数确定名称。

A.0.8 孔隙比、饱和度、干密度等其他物理性质指标均可根据测得的土粒比重、含液量和天然密度代入计算公式求得。

附录 B　粗粒土易溶盐含量测定方法

B.0.1 碎石土易溶盐总量的测定应采用通过 5mm 筛孔的风干土样不少于 300g，土：水比例为 1：5，含盐量的测定方法应按现行国家标准《土工试验方法标准》GB/T 50123 执行，一般应测易溶盐含量，必要时应加测中溶盐及难溶盐含量，并应做全盐量分析。

B.0.2 砂土易溶盐总量的测定采用通过 2mm 筛孔的风干土样不应少于 200g，土：水比例应为 1：5，含盐量的测定方法按现行国家标准《土工试验方法标准》GB/T 50123 执行，一般应测易溶盐含量，必要时应加测中溶盐及难溶盐含量，并应做全盐量分析。

B.0.3 应将易溶盐试验中测得的各种离子含量，按其结合原则进行成盐计算，求得各种盐的质量百分含量；各种离子结合的原则应按阳离子与阴离子以等当量的方式结合，且应按盐的溶解度由小到大或由大到小的顺序相结合。

附录 C　盐渍土地基浸水载荷试验方法

C.1　测定溶陷系数的浸水载荷试验

C.1.1 测定溶陷系数的浸水载荷试验适用于现场测定盐渍土地基的溶陷量、平均溶陷系数。

C.1.2 测定溶陷系数的浸水载荷试验适用于各种土质的盐渍土地基，特别是粗粒土或无法取得规整不扰动土的情况。

C.1.3 试坑宽度不宜小于承压板宽度或直径的 3 倍。承压板的面积可采用 0.5m²；对浸水后软弱的地基，不应小于 1.0m²。

C.1.4 浸水压力 p 应符合设计要求，一般不宜小于 200kPa，总加荷分级不宜少于 8 级。

C.1.5 试验过程应按下列步骤进行：

1　根据岩土工程勘察资料，选择对工程有代表性的盐渍土试验点；

2　开挖试坑，在试坑中心处铺设 2cm～5cm 厚的中粗砂层，并使之密实，然后在其上安放承压板；

3　逐级加荷至浸水压力 p，每级加荷后，按间隔 10min、10min、10min、15min、15min，以后每隔半小时测读一次沉降；连续两小时内，每小时的沉降量小于 0.1mm 时，则认为稳定，待沉降稳定后，测得承压板沉降量；

4　维持浸水压力 p 并向基坑内均匀注水（淡水），保持水头高为 30cm，浸水时间根据土的渗透性确定，以 5d～12d 为宜；待溶陷稳定后，测得相应的总溶陷量 s_{rx}。

C.1.6 盐渍土地基试验土层的平均溶陷系数 $\bar{\delta}_{rx}$ 应按下式计算：

$$\bar{\delta}_{rx} = \frac{s_{rx}}{h_{jr}} \tag{C.1.6}$$

式中：$\bar{\delta}_{rx}$——平均溶陷系数；

s_{rx}——承压板压力为 p 时，盐渍土层浸水的总溶陷量（cm）；

h_{jr}——承压板下盐渍土的浸润深度（cm），通过钻探、挖坑或瑞利波速测定，瑞利波速测定浸润深度应按本规范附录 G 的规定进行。

C.2　测定盐渍土地基承载力特征值的浸水载荷试验

C.2.1 测定盐渍土地基承载力特征值的浸水载荷试验适用于测定盐渍土地基浸水稳定后的地基承载力特征值和变形参数。

C.2.2 承压板面积不应小于 0.5m²，对于软土，不应小于 1.0m²。试验基坑宽度不小于承压板宽度或直径的 3 倍。

C.2.3 浸水（淡水）应在载荷试验加压开始前进行，浸水水头应保持不低于 30cm，加压前的浸水时间应根据土的渗透性确定，宜为 5d～12d。

C.2.4 载荷试验过程中，仍应保持浸水水头不低于 30cm。

C.2.5 应对载荷试验开始前土体浸水产生的沉降进行测定。

C.2.6 加荷分级不应小于 8 级，最大加载量不应小于设计要求的 2 倍。

C.2.7 每级加载后，按间隔 10min、10min、10min、15min、15min，以后每隔半小时测读一次沉降量，当在连续两个小时内，每小时的沉降量小于 0.1mm 时，则认为已趋稳定，可加下一级荷载。

C.2.8 当出现下列情况之一时，即可终止加载：

1　承压板周围的土体明显的侧向挤出；

2　沉降 s 急骤增大，荷载-沉降（p-s）曲线出现陡降段；

3　在某一级荷载下，24h 内沉降速率不能达到稳定标准；

4　沉降量与承压板宽度或直径之比大于或等于 0.06。

C.2.9 当满足本规范第 C.2.8 条前三款的情况之一时，其对应的前一级荷载应为极限荷载。

C.2.10 承载力特征值的确定应符合下列规定：

1　当 p-s 曲线上有比例极限时，应取该比例界限所对应的荷载值；

2　当极限荷载小于对应比例界限荷载值的 2 倍时，应取极限荷载值的一半；

3　当不能按上述两款要求确定时，若压板面积为 0.5m²，可取 s/b＝0.01～0.015 所对应的荷载，但其值不应大于最大加载量的一半。

C.2.11 同一土层参加统计的试验点不应少于 3 点，各试验实测值的极差不应大于其平均值的 30%，取此平均值作为该土层的地基承载力特征值（f_{ak}）。

附录 D　盐渍土溶陷系数室内试验方法

D.1　压缩试验法

D.1.1　压缩试验法适用于可以取得规整形状的细粒盐渍土。

D.1.2　压缩试验应符合现行国家标准《土工试验方法标准》GB/T 50123 的规定，在固结仪上测定时，分单线法和双线法两种。

D.1.3　单线法应按常规压缩试验步骤进行，并应符合下列规定：

　　1　准备：试样按常规步骤装置到固结仪上，预加 1.0kPa 载荷使试样和仪器各部紧密接触，百分表调至零，去掉预压载荷；

　　2　加荷：0kPa～200kPa 每 25kPa～50kPa 为一级载荷，大于 200kPa 后每 50kPa～100kPa 为一级载荷，逐级加载，每级载荷施压时隔 10min～30min 读百分表读数，至该级载荷变形稳定为止，变形稳定标准为每小时变形量不大于 0.01mm；

　　3　浸水加荷：当加荷到试验的浸水压力且变形稳定后，加淡水使试样浸水溶滤，读取浸水后试样变形量至稳定为止；继续逐级加荷到终止压力，读取各级变形量至稳定为止。

D.1.4　双线法是采用两个相同的原状盐渍土样，一个土样不加水逐级加载做压缩试验，另一个在浸水溶滤条件下逐级加载做压缩试验。

D.1.5　试验数据分析和整理应按下列步骤进行：

　　1　绘制溶陷试验曲线图，见图 D.1.5-1 和图 D.1.5-2；

　　2　按下式计算试样的溶陷系数：

$$\delta_{rx} = \Delta h_p / h_0 = (h_p - h_p') / h_0 \qquad (D.1.5)$$

式中：h_0——盐渍土不扰动土样的原始高度；

　　　　Δh_p——压力 P 作用下浸水变形稳定前后土样高度差；

　　　　h_p——压力 P 作用下变形稳定后土样高度；

　　　　h_p'——压力 P 作用下浸水溶滤变形稳定后土样高度。

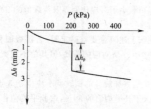

图 D.1.5-1　室内溶陷试验（单线法）

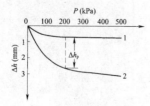

图 D.1.5-2　室内溶陷试验（双线法）

D.2　液体排开法

D.2.1　液体排开法适用于测定形状不规则的原状砂土盐渍土及粉土盐渍土的溶陷系数。

D.2.2　试验仪器设备应包括：

　　1　烘箱：应能控制温度 80℃～120℃；

　　2　天平：称重 500g，感量 0.1g；

　　3　量筒：容积大于 2000mL，标好刻度；

　　4　蜡封设备：应备熔蜡加热器；

　　5　金属圆筒：容积 250mL 和 1000mL，内径为 5cm 和 10cm，高为 12.7cm，附护筒；

　　6　振动叉：两端击球应等量；

　　7　击锤：锤质量 1.25kg，落高 15cm，锤直径 5cm。

D.2.3　盐渍土试样干密度 ρ_d 的测定应按下列步骤进行：

　　1　选取具有代表性的试样，土块大小以能放入量筒内且不与量筒内壁接触为宜，清除表面浮土及尖锐棱角，系上细线，称试样质量 m_0，精确到 0.01g；

　　2　将蜡熔化，蜡液温度以蜡液达到熔点以后不出现气泡为准；

　　3　持线将试样缓缓浸入过熔点的蜡液中，浸没后应立即提出，检查试样周边的蜡膜，当有气泡时应用针刺破，再用蜡液补平，冷却后称蜡封试样质量 m_w；

　　4　将蜡封试样挂在天平的一端，浸没于盛有纯水的烧杯（或量筒）中，测定蜡封试样在纯水中的质量 m'，并测定纯水的温度 t；

　　5　取出试样，擦干蜡面上的水分，再称蜡封试样质量 m_w。当浸水后试样质量增加时应另取试样重新试验；

　　6　试样的湿密度 ρ_0 应按下式计算：

$$\rho_0 = \frac{m_0}{\dfrac{m_w - m'}{\rho_{w1}} - \dfrac{m_w - m_0}{\rho_w}} \qquad (D.2.3-1)$$

式中：ρ_0——试样的湿密度（g/cm³）；

　　　　m_0——试样质量（g）；

　　　　m_w——蜡封试样质量（g）；

　　　　m'——蜡封试样在纯水中的质量（g）；

　　　　ρ_{w1}——纯水在温度 t 时的密度（g/cm³）；

　　　　ρ_w——蜡的密度（g/cm³）。

　　7　试样的干密度 ρ_d 应按下式计算：

$$\rho_d = \frac{\rho_0}{1 + w} \qquad (D.2.3-2)$$

式中：ρ_d——试样的干密度（g/cm³）；

　　　　w——试样的含水量（%）。

D.2.4　盐渍土试样最大干密度 ρ_{dmax} 的测定应按下列步骤进行：

　　1　将上述试样剥去蜡膜，然后用蒸馏水充分浸泡、淋洗 1d～2d，洗去土中的盐分，将去盐后的试样风干；

　　2　试样经风干后碾碎，拌匀，倒入金属圆筒进行击实，用振动叉以每分钟往返 150 次～200 次的速度敲击圆筒两侧，并用锤击试样，直至试样体积不变；

　　3　刮平试样，称圆筒和试样总质量，计算出试样质量 m_d。根据试样在圆筒内的高度和圆筒内径，计算出去盐击实后的试样体积 V_d；

　　4　试样的最大干密度 ρ_{dmax} 应按下式计算：

$$\rho_{dmax} = \frac{m_d}{V_d} \qquad (D.2.4)$$

式中：ρ_{dmax}——试样的最大干密度（g/cm³）；

　　　　m_d——试样质量（g）；

　　　　V_d——试样体积（cm³）。

D.2.5　试样的溶陷系数 δ_{rx} 应按下式计算：

$$\delta_{rx} = K_G \frac{\rho_{dmax} - \rho_d(1 - C)}{\rho_{dmax}} \qquad (D.2.5)$$

式中：K_G——与土性有关的经验系数，取值为 0.85～1.00；

　　　　C——试样的含盐量（%）。

S_0——盐胀前平均路面高程(mm)；

Δh——年度盐胀量(mm)；

h_{yz}——盐胀深度(mm)，无可靠资料或无方法确定时可取 1600mm～2000mm。

附录E 硫酸盐渍土盐胀性现场试验方法

E.1 单 点 法

E.1.1 单点法适用于测定现场条件下盐渍土地基有效盐胀区厚度及盐胀量，试验宜在秋末冬初、土温变化大的时候进行。

E.1.2 试验设备宜采用高精度水准仪1台，带读尺的深层观测标杆若干个，地面观测板1块，钢钢尺1个。

E.1.3 试验过程应按下列步骤进行：

1 在试验区的平整地面上砌筑一高为0.3m面积不小于4m×4m的围水墙，在其中心安放地面观测板，并在3m深度范围内，每隔0.5m设置深层观测标杆；

2 在试验区范围内均匀注水，直至浸水深度超过1.5倍标准冻结深度时为止，并观测地面及各观侧标的沉降，直至沉降稳定；

3 进行停止注水后的变形观测，每日观测两次，早6时，午后3时，直至盐胀量趋于稳定。

E.1.4 将不同深度处测点位移逐日汇总，编绘曲线图（图E.1.4），由图E.1.4可得出该场地地基的有效盐胀区厚度(h_{yz})和总盐胀量(s_{yz})。

E.1.5 平均盐胀系数$\bar{\delta}_{yz}$应按下式计算：

$$\delta_{yz} = s_{yz}/h_{yz} \qquad (E.1.5)$$

式中：$\bar{\delta}_{yz}$——平均盐胀系数；

h_{yz}——有效盐胀区厚度(mm)；

s_{yz}——总盐胀量(mm)。

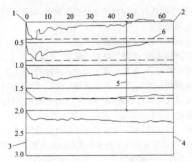

图 E.1.4 现场盐胀性试验曲线示意

1—停止注水(d)；2—时间(d)；3—深度(m)；4—测点位移(mm)；
5—有效盐胀区高度(h_{yz})；6—总盐胀量(s_{yz})

E.2 多 点 法

E.2.1 多点法宜在盐渍土场地选择盐胀破坏状况有代表性的三块测试地点进行：无盐胀，表面平整；一般盐胀，表面有裂纹；严重盐胀，表面裂纹鼓包。

E.2.2 每个测试地点长、宽宜为20m～30m，用射钉在地面上布点，测点间距纵向1.5m，横向1.0m，每个测试地点不宜少于100点。

E.2.3 应在9月上旬以前，将固定观测测点用水平仪测量一次高程，作为盐胀前基本高程。此后，宜自11月至次年3月，每月测量1次～2次，确定最大盐胀量高程。

E.2.4 本点冬季年度总盐胀量s_{yz}应按下列公式计算：

$$s_{yz} = S_{max} - S_0 \qquad (E.2.4-1)$$

$$\bar{\delta}_{yz} = \Delta h/h_{yz} \qquad (E.2.4-2)$$

式中：S_{max}——平均最大盐胀量高程(mm)；

附录F 硫酸盐渍土盐胀性室内试验方法

F.0.1 本法适用于室内测定硫酸盐渍土的分层盐胀系数，评价土体的盐胀性。

F.0.2 试件制作应取工程所在地有代表性的盐渍土，分两份：一份用于测定其硫酸盐含量；一份风干后加纯水拌制成ϕ50mm×50mm试样。试样的含水量应控制在最佳范围内，密实度应控制在相应地基压实度范围，试样做好后在20℃环境下养护12h～24h。

F.0.3 将试件用具有弹性的橡皮膜密封，置于盛有氯化钙溶液的测试瓶内，见图F.0.3。将安装好的测试瓶放入低温控制箱，从+15℃～−15℃，每降温5℃保持恒温30min～40min，通过滴定管读取该温度区胀量值，可求得该温度区的盐胀系数。

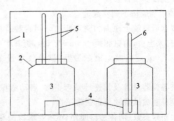

F.0.3 盐胀试验装置示意图

1—冰箱；2—广口瓶；3—氯化钙溶液；4—试件；5—滴定管；6—温度计

F.0.4 试验数据分析应按下列步骤进行：

1 将各组试验数据点绘成各组曲线，见图F.0.4；

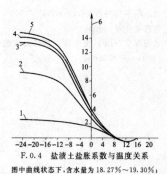

F.0.4 盐渍土盐胀系数与温度关系

图中曲线状态下,含水量为 18.27%～19.30%;

1—硫酸钠含量 0.633%;2—硫酸钠含量 1.697%;3—硫酸钠含量 3.387%;

4—硫酸钠含量 4.589%;5—硫酸钠含量 5.589%;6—盐胀系数(%)

2 根据试验土样所在土层深度的土基最低气温在"盐胀系数与温度关系图"上读取相应的盐胀系数 δ_{yz}。

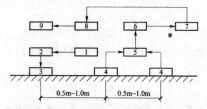

图 G.0.3-1 瑞利波速试验仪器设备布置

1—程控信号发生器/波形调制器;2—功率放大器;3—激振器;4—拾振传感器;

5—电荷放大器;6—程控滤波器;7—A/D 版;8—控制计算机;9—绘图打印机

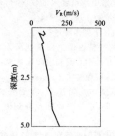

图 G.0.3-2 瑞利波速随深度的变化曲线

G.0.4 应通过实测波速随深度的变化曲线上的突变点确定测点处的浸水影响深度;由若干测点处的浸水深度连成剖面图,求得地基浸水的影响范围。

附录 G 盐渍土浸水影响深度测定方法

G.0.1 本法适用于测定盐渍土地基浸水的影响深度和范围。

G.0.2 仪器设备应包括:

1 程控信号发生器(包括波形调制器)1 台,频率 1Hz～300Hz,分辨率为量程的 0.05%;失真度小于 1%,输出电压 5V;

2 电磁激振器 1 台,频率 1Hz～300Hz,激振力幅值由测试深度定,一般为 400kN～1000kN;

3 功率放大器 1 台,与激振器匹配;

4 电荷放大器 2 个,频率 0.1kHz～200kHz,灵敏度 0.1mV/Pc～10V/Pc;

5 加速度计 2 个,频率 0.1kHz～0.3kHz,灵敏度大于 2000Pc/g;

6 控制计算机 1 台,数据采集仪 1 台,绘图打印机 1 台;

7 程控滤波器 1 台。

G.0.3 试验过程应按下列步骤进行:

1 在浸水后盐渍土地面的测点两边分别将装有传感器的两个金属锥钉打入土中,两钉相距 0.5m～1.0m,距其中一个传感器距离 0.5m～1.0m 处安放电磁激振器,试验仪器设备布置见图 G.0.3-1;

2 检查各仪器设备及其连接是否正常,启动激振器,施加小激振力,检验整套测试系统是否正常工作;

3 输入初始参数:两传感器间距(m),要求检测深度(m);检测深度增量(m);起始检测深度(m);平均次数 n;

4 按预设的频率变化自动进行扫频激振,并自动计算出沿深度分布土层波速,由绘图打印机绘出曲线(图 G.0.3-2)。

本规范用词说明

1 为便于在执行本规范条文时区别对待,对要求严格程度不同的用词说明如下:

　1)表示很严格,非这样做不可的:

　　正面词采用"必须",反面词采用"严禁";

　2)表示严格,在正常情况下均应这样做的:

　　正面词采用"应",反面词采用"不应"或"不得";

　3)表示允许稍有选择,在条件许可时首先应这样做的:

　　正面词采用"宜",反面词采用"不宜";

　4)表示有选择,在一定条件下可以这样做的,采用"可"。

2 条文中指明应按其他有关标准执行的写法为:"应符合……的规定"或"应按……执行"。

引用标准名录

《砌体结构设计规范》GB 50003

《建筑地基基础设计规范》GB 50007

《混凝土结构设计规范》GB 50010

《岩土工程勘察规范》GB 50021

《工业建筑防腐蚀设计规范》GB 50046

《普通混凝土长期性能和耐久性能试验方法标准》GB/T 50082

《土工试验方法标准》GB/T 50123

《砌体结构工程施工质量验收规范》GB 50203

《混凝土结构工程施工质量验收规范》GB 50204

《建筑防腐蚀工程施工及验收规范》GB 50212

《土工合成材料应用技术规范》GB 50290

《建筑地基处理技术规范》JGJ 79

中华人民共和国国家标准

盐渍土地区建筑技术规范

GB/T 50942—2014

条 文 说 明

制 订 说 明

《盐渍土地区建筑技术规范》GB/T 50942—2014，经住房和城乡建设部 2014 年 5 月 16 日以第 417 号公告批准发布。

本规范编制过程中，编制组对国内盐渍土地区建筑工程情况进行了调查研究，总结了我国在盐渍土地区进行工程建设的实践经验，开展了相关试验研究和经验总结。

为便于广大勘察、设计、施工、科研、学校、管理等单位有关人员在使用本规范时能正确理解和执行条文规定，《盐渍土地区建筑技术规范》编制组按章、节、条顺序编制了本规范的条文说明，对条文规定的目的、依据以及执行中需注意的有关事项进行了说明。但是，本条文说明不具备与规范正文同等的法律效力，仅供使用者作为理解和把握规范规定的参考。

目 次

1 总则 ……………………………… 18—24
3 基本规定 ………………………… 18—24
4 勘察 ……………………………… 18—27
  4.1 一般规定 …………………… 18—27
  4.2 溶陷性评价 ………………… 18—29
  4.3 盐胀性评价 ………………… 18—29
  4.4 腐蚀性评价 ………………… 18—30
5 设计 ……………………………… 18—30
  5.1 一般规定 …………………… 18—30
  5.2 防水排水设计 ……………… 18—30
  5.3 建筑与结构设计 …………… 18—31
  5.4 防腐设计 …………………… 18—31
6 施工 ……………………………… 18—31
  6.1 一般规定 …………………… 18—31
  6.2 防水排水工程施工 ………… 18—31
  6.3 基础与结构工程施工 ……… 18—31
  6.4 防腐工程施工 ……………… 18—32
7 地基处理 ………………………… 18—32
  7.1 一般规定 …………………… 18—32

  7.2 地基处理方法 ……………… 18—32
8 质量检验与维护 ………………… 18—35
  8.1 质量检验 …………………… 18—35
  8.2 监测与维护 ………………… 18—35
附录A 盐渍土物理性质指标
     测定方法 ………………… 18—35
附录B 粗粒土易溶盐含量
     测定方法 ………………… 18—35
附录C 盐渍土地基浸水载荷
     试验方法 ………………… 18—36
附录D 盐渍土溶陷系数室内
     试验方法 ………………… 18—36
附录E 硫酸盐渍土盐胀性现场
     试验方法 ………………… 18—37
附录F 硫酸盐渍土盐胀性室内
     试验方法 ………………… 18—37
附录G 盐渍土浸水影响深度
     测定方法 ………………… 18—37

1 总　则

1.0.1 本规范总结了近年来盐渍土地区的建设经验和科研成果，是盐渍土地区从事建筑工程的技术法规，体现了我国现行的建设政策和技术政策。

在盐渍土地区进行建设，防止地基溶陷、盐胀及腐蚀，保证建筑工程质量和建（构）筑物的安全使用，做到技术先进、经济合理、保护环境，这是制订本规范的宗旨和指导思想。

1.0.2 场地地基土中易溶盐平均含量大于或等于 0.3% 时可定为盐渍土场地，对含中溶盐为主的盐渍土，可根据其溶解度和水环境条件折算后按本规范执行。

（1）本规范应用时，应区分盐渍土、盐渍土地基和盐渍土场地三者的不同概念。盐渍土地基是指地基主要受力层范围内，由盐渍土构成的地基；盐渍土场地是指建（构）筑物的有效环境影响范围内由盐渍土构成的场地。

（2）本规范中的盐渍土不包括盐岩以及含盐量大于 20%（或以盐为主）的土体。

我国盐渍土主要分布在新疆、青海、甘肃、宁夏、内蒙古、陕西、西藏等地区，此外，东北地区也有部分盐渍土分布。盐渍土地区的建筑工程的勘察、设计、地基处理、施工、检测、监测和维护，均应按本规范的规定执行。

1.0.3 一般情况下的盐渍土具有溶陷、盐胀及腐蚀中的一种或几种工程危害，这些危害多表现为遇水加剧，土体强度和结构发生显著变化，对建筑物危害较大。为此，本条强调在盐渍土地区要根据不同盐渍土的特点和工程要求，因地制宜，采取以防为主、防治结合、综合治理的方针，防止盐渍土地基对建筑物产生危害。

1.0.4 本规范根据我国盐渍土的特征编制，盐渍土地区的建筑工程除应执行本规范的规定外，尚应符合国家现行有关标准的规定。

3 基本规定

3.0.1 盐渍土的溶陷性、盐胀性、腐蚀性与其所含盐分的类型和数量息息相关。由于各类盐分的溶解度不同，所以在同一盐渍土地区，不同的地理、地貌、工程地质和水文地质环境下，其分布在宏观上是有一定规律的。

地形地貌对盐渍土的形成有很大影响，从而也影响了盐渍土的类别和分布规律。以青海省为例，从昆仑山向柴达木盆地中心，按地貌单元依次可分为：山前区，山前冲、洪积倾斜平原区，冲、洪积平原区，湖积平原区和察尔汗盐湖区。地形由陡变缓，土的粒径组成也由粗变细，从卵石、砾石、砾砂逐步过渡到粗、中、细、粉砂以及粉土或黏性土，地下水位离地表逐渐由深变浅。由于碳酸盐的溶解度小，所以在山前冲、洪积倾斜平原区，形成以碳酸盐为主的盐渍土带。而在冲、洪积平原区，则成为过渡带，含有少量的碳酸盐，过渡到以含硫酸盐为主的硫酸盐、亚硫酸盐和氯盐渍土。在毗邻察尔汗盐湖的湖积平原区，地下水位很高，土中含的主要是易溶的氯盐。

故在盐渍土地区选址时，要注意通过分析盐渍土的成因及分布规律，尽量选择溶陷性、盐胀性、腐蚀性小的场地。

此外，水环境和地质环境是影响盐渍土溶陷性、盐胀性和腐蚀性的直接因素和重要因素，故在进行规划时，要尽量避开水环境和地质环境变化大的地段以及有外源盐分补充的地段和盐渍化倾向的场地。土壤盐渍化分区可参考表 1。

3.0.2 本条对盐渍土地区工程建设的全过程进行了规定，要求在勘察、设计、施工、使用和维护期间，均要考虑盐渍土的溶陷性、盐胀性和腐蚀性对工程建设的影响。关于勘察、设计、施工、使用和维护的具体规定，在本规范第 4 章～第 8 章进行了详细的说明。

表 1　中国土壤盐渍化分区表

区名	范围	气候特征						水文、水文地质特点	积盐特征及盐渍类型
		灾害性天气	干燥度	年蒸发量 (mm)	年降水量 (mm)	$\sum t$(℃)	无霜期 (d)		
滨海湿润～半湿润海水浸渍盐渍区	沿海一带，北起辽东半岛经渤海湾、黄海、东海、台湾海峡、南海、海南岛等滨海	中部及南部时有台风袭击、偶有海啸袭击，造成局部海浸	1.0～1.5		400～700	3200～4100	北部 165～225	地处河流下游，河流出口与海洋相通。水质有规律地呈带状分布，越靠近海矿化度越高	盐渍类型主要以 NaCl 为主，北部含有 NaHCO₃ 成分，南部有酸性硫酸盐
			0.75～1.0		800～2000	4500～8000	中部 240		
			0.5～1.0	800～1800	1200～2000	8000～9500	南部 240～365		
东北半湿润～半干旱草原盐渍区	三江平原、松嫩平原和辽河平原	寒冷、冻结期长	1.0～1.5	1600～1800	400～800	2000～3400	120～180	除黑龙江、松花江、辽河等外流河外，还有许多无尾河，积水成为泡子，地下水和泡子水多含 NaHCO₃ 成分	冻融过程对盐分积累有重要影响，土壤和地下水的 NaHCO₃ 含量占总盐量的 50%～80%

区名	范围	气候特征						水文、水文地质特点	积盐特征及盐渍类型
		灾害性天气	干燥度	年蒸发量 (mm)	年降水量 (mm)	$\sum t$(℃)	无霜期 (d)		
黄淮海半湿润～半干旱耕作盐渍区	冀、鲁、豫、苏、皖的黄河、淮河、海河的广大冲积平原	常受旱、涝危害	1.0～1.5	1800～2000	500～700	3400～4500	170～220	主要为黄河、淮河、海河三大水系。黄河为地上河,对两岸有很大威胁	在低矿化条件下积盐,具有季节性积盐或脱盐,盐分在土壤中表聚性很强,以 SO_4-Cl 盐或 Cl-SO_4 盐为主
内蒙古高原干旱～半荒漠盐渍区	内蒙古东部高平原的呼伦贝尔和中部草原,狼山以北直抵中蒙边境	常遇寒冷暴风雪的袭击	1.25～1.5	2000	200～350	2000～3000	140～160	除海拉尔河、伊敏河等外流河外,内流水系发育成咸水湖、盐湖	在干旱草原条件下,碱土具有明显的剖面发育。在河迹和湖周发育为 $NaHCO_3$ 草甸盐渍土,还有大面积的潜在盐渍土

区名	范围	气候特征						水文、水文地质特点	积盐特征及盐渍类型
		灾害性天气	干燥度	年蒸发量 (mm)	年降水量 (mm)	$\sum t$(℃)	无霜期 (d)		
黄河中、上游半干旱～半荒漠盐渍区	陕、甘、青、蒙的一部分和宁大部分黄河流经地区	受干旱威胁,又常遭受强暴雨而发生水土流失		1800～2400	150～500	2500～3500	140～180	黄河流经本区,在鄂尔多斯高平原内有一些盐池和碱池	黄土高原中有潜在盐渍化,在黄河河套冲积平原有碱土、$NaHCO_3$ 盐渍土以及 SO_4-Cl 盐或 Cl-SO_4 盐渍土等
甘、新、蒙干旱～荒漠盐渍区	河西走廊、阿拉善以西和准葛尔盆地	受干旱、风沙威胁		2000 以上	100～200,个别<100	2500～3500		除新疆额尔齐斯河外流外,其余均为内流区,盐湖、咸水湖发育	残余积盐大面积发育,土壤盐碱化发育

区名	范围	气候特征						水文、水文地质特点	积盐特征及盐渍类型
		灾害性天气	干燥度	年蒸发量 (mm)	年降水量 (mm)	$\sum t(℃)$	无霜期 (d)		
青、新极端干旱～荒漠盐渍区	吐鲁番盆地、塔里木盆地、疏勒河下游和柴达木盆地	受干旱、风沙威胁		2000～3000	15～80	2000～4000		完全封闭的内流盆地，盐湖、盐池、咸水湖大量分布	土壤盐渍化普遍存在，各种类型的盐渍土均有发育，残余积盐过程和现代积盐过程大面积分布
西藏高寒荒漠盐渍区	西藏高原	受高原恶劣天气变化影响			100～300，个别<100			羌塘高原闭流区，咸水湖广泛发育	冻融过程对盐分富集有重要影响，盐渍土主要分布在湖周边和河谷低地，盐渍类型以硫酸盐为主

注：$\sum t$ 为日平均气温不低于 10℃ 时期内的年积温。

盐分的迁移直接关系到盐渍土的成因。盐渍土中的盐分主要来源于岩石、工业废水、海水入侵等，盐分的迁移主要是靠风力和水流完成。在干旱地区，大风常将盐或含盐的土粒和粉尘吹落到远处，积聚起来，使盐分重新分布；雨水、冰雪融水等水流，一部分渗入地下，其余形成地表水，从地势高处流向低处，地表水和地下水将其流动过程中所溶解的盐带到低洼处，有时形成较大的盐湖，在含盐水流经的途中，如遇到干旱的气候条件或地区，水流中的部分盐分就会因强烈的地面蒸发而析出并积聚在那里。近年来，由于人类的活动，尤其是工程建设活动，也使得不少本来不含盐的土层产生盐渍化，形成次生盐渍土。在盐渍土地区的工程建设，尤其是在地基处理过程中，一定对处理方法进行全面分析，避免造成"边治理、边污染"，杜绝在治理盐渍土的同时发生非盐渍土盐渍化或弱盐渍土强盐渍化的现象。

3.0.3～3.0.5 盐渍土的分类方法很多，但分类原则一般都是根据盐渍土本身特点，按其对工业、农业或交通运输业的影响和危害程度进行分类。盐渍土对不同工程对象的危害特点和影响程度是不同的，如对铁路或公路的危害，与对建筑物的地基和基础就不同，所以各部门根据各自的特点和需要来划分盐渍土的类别。此外，尚应指出，各种盐渍土分类方法中的界限，都是人为确定的，考虑的因素和角度不同，盐渍土分类的界限值也不完全相同。本规范采用的几种盐渍土分类方法，综合考虑了盐渍土地区的工程建设特点。

(1)按含盐化学成分分类(第3.0.3条)：地基中常含多种盐类，不同性质盐的含量多少，影响着盐渍土的工程性质。如含氯盐为主的盐渍土，因氯盐的溶解度较大，遇水后土中的结晶盐极易溶解，使土质变软，强度降低，并产生溶陷变形。此外，其盐溶液对钢筋混凝土基础和其他地下设施中的钢筋或钢材产生腐蚀。含硫酸盐为主的盐渍土，除会产生溶陷变形外，其中的硫酸钠(俗称芒硝)在温度和湿度变化时，还将产生较大的体积变形，造成地基的

膨胀或收缩，此外，其溶液对基础和其他地下设施的材料也会产生腐蚀作用。碳酸盐对土的工程性质的影响，视盐的成分而定，碳酸钙和碳酸镁等很难溶于水，对土起着胶结和稳定的作用，而碳酸钠和碳酸氢钠则使土在遇水后产生膨胀。因此，需要对盐渍土中含盐成分按常规方法进行全量化学分析，确定各种盐的含量，然后进行分类，以判断哪种或哪几种盐对盐渍土的工程性质起主导作用。对此，目前一般采用 0.1kg 土中阴离子含量的比值作为分类标准。土中的主要成分一般为氯盐、硫酸盐和碳酸盐，故根据氯离子、硫酸根离子、碳酸根离子和碳酸氢根离子含量的比值，按表3.0.3分为氯盐渍土、亚氯盐渍土、亚硫酸盐渍土、硫酸盐渍土、碱性盐渍土。该分类对盐渍土中的含盐成分作出了定性的间接说明，而作为建筑物地基，其危害性则并不十分清楚。此外，该分类多适用于路基的设计，也可供建筑物地基设计时参考。

(2)按含盐量分类(第3.0.4条)：综合国内外对盐渍土按含盐量进行分类的方法，可知以含盐量作为单一指标来区分盐渍土工程危害的严重程度是不合理的，无法准确反映它对工程的实际危害性。例如，易溶盐含量超过 0.5% 的砂土，浸水后可能产生较大溶陷，而同样的含盐量对黏土几乎不产生溶陷；即便对同一类土，含盐量和含盐性质相同，其溶陷性也可能相差甚远，对土骨架紧密接触的结构，盐仅填充土中孔隙，盐的溶解对土的结构变化影响较小；反之，如土骨架之间是通过盐结晶胶结的，则盐的溶解使土的结构完全解体，造成很大的溶陷变形。表 3.0.4 是在现行行业标准《铁路工程特殊岩土勘察规程》TB 10038 对盐渍土按含盐量分类的基础上，结合近年来对盐渍土含盐量与盐渍土危害程度的关系研究，做了一定的修改得出的。

(3)现行国家标准《土工试验方法标准》GB/T 50123 对易溶盐的测定中，未规定粒径范围，但近年来的大量工程实践表明：相同的含盐量和相同的含盐类型，在不同粒径的土体中表现出不同的溶陷性和盐胀性，为此，本规范区分了粗颗粒盐渍土和细颗粒盐

渍土，并采用不同的含盐量测试规定。粗颗粒盐渍土是指粗粒组土粒质量之和多于总土质量50%的盐渍土，细颗粒盐渍土是指细粒组土粒质量之和多于或等于总土质量50%的盐渍土。粒组范围如下：粗粒组≥0.075mm，细粒组<0.075mm，其中，粒组大于2mm土粒质量之和多于总土质量50%的粗粒土称为碎石土，粒组界于0.075mm～2mm的土粒质量之和多于总土质量50%的粗粒土称为砂土。

3.0.6 关于水文和水文地质条件以及气候环境条件，需结合当地经验资料进行判断，必要时要进行现场专业测定。

3.0.7 区分地基基础设计等级对于采取工程措施、保证工程安全、合理确定投资等都是必要的，因此，本规范基本上引用了现行国家标准《建筑地基基础设计规范》GB 50007的分级方法。

3.0.8 盐渍土基本上是属于被盐污染的污染土，而盐的变化（相变和迁移）受环境的影响很大，影响土壤的环境因素主要是水、温度、湿度，因此，本条规定需进行水、温度和湿度对盐渍土影响的评价。

3.0.9 由于环境条件尤其是水环境对盐渍土的工程危害性具有决定性作用，故本规范以此为依据对盐渍土场地的使用环境进行了划分。有的项目寿命周期较短，在寿命期内水环境可以有效预测；有的项目位置特殊（如位于沙漠或戈壁）并且有长期气象观测资料，可以准确预测水环境条件。

3.0.10 同时设计、同时施工、同时交付使用的规定可确保盐渍土的使用环境与设计时考虑的环境条件相同。

3.0.11 盐渍土的腐蚀作用和溶陷变形、盐胀变形有时是缓慢发生的，并且在地下，不易被发现，因此，对重要建筑物进行长期观察。

3.0.12 对大部分土体和地下水来说，腐蚀是共性问题，只是程度不同而已，所以，对无溶陷性和无盐胀性的土应按非盐渍土对待。

4 勘 察

4.1 一般规定

4.1.1 盐渍土是具有特殊性质的土，其勘察工作除应首先满足现行国家标准《岩土工程勘察规范》GB 50021的要求外，还应满足本规范的要求。

1 为分析盐渍土的形成与气候条件的关系，通常收集气温、地温、温度、降水、蒸发等5个主要气象要素及土的最大冻结深度、干燥度等气象资料，其中降水和蒸发两个要素最为重要。极端干旱的气候条件，不仅能加速地表盐分的积累，同时气温的剧烈变化改变着盐类的溶解度和相态，影响盐渍土的工程性质。

干燥度是划分气候干旱程度的指标，目前多采用中国科学院自然区划工作委员会（1959）采用的计算公式：

$$DI = E/r \tag{1}$$

式中：DI——干燥度；

E——可能蒸发量$(0.016\Sigma t)$（mm）；

Σt——日平均气温不低于10℃时期内的积温（℃），可按表1取值；

r——同期降水量（mm）。

2 盐渍土地区植物生长和分布与土中含盐程度和类型、地下水位深度及矿化度等有密切关系，利用植物的这一特点，对于查明盐渍土的分布规律及地下水的赋存条件、矿化度都很有帮助，可节省勘探、试验工作量，收到事半功倍的效果。在植物调查中，要充分利用指示植物的作用，并掌握如下工作方法：

（1）首先收集区域性各种盐渍土指示植物的有关资料和标本，熟悉其名称、生态特征；

（2）对已确定盐渍土类型的地段，应详细描述记录代表性植物的有关特征；

（3）根据各种植物的生长变化情况和生态习性，研究植物分布与地下水、地表盐渍化程度和类型的关系。

通过地表植物的生长情况和植物的耐盐性质调查，可初步判断盐渍土的类型。植物在生长时，吸收地下水，而将盐分"遗留"在土中，间接加大了地下水的矿化度。如：芦苇生于地下水位较浅的弱盐渍土地带，胡杨生长于地下水位较深的弱盐渍土地带；盐角草生长于沼泽盐渍土地带，土层含盐量较高，硫酸盐多于氯盐，碳酸盐含量低；盐梭梭生长于潮湿的土层，地下水位一般为1m～2m，土层含盐量较高；盐穗木生长于含盐量高的土层；盐蓬生长于干燥的土层，含盐量较低，含碱量较高。盐渍土地区常见的指示植物种类如表2所示。

表2 盐渍土地区常见的指示植物种类

盐渍土名称	常见的指示性植物
氯盐渍土	碱蓬（盐蒿）、盐爪爪、莨菪草、白刺
硫酸盐渍土	盐穗木、昆蓬柴、盐梭梭、怪柳、骆驼刺、甘草
碱性盐渍土	碱蒿、蒌萝蒿、羊胡子堆、铺草、海乳草、胡杨、剪刀股

3 盐渍土场地及附近地区已有建（构）筑物的长期使用情况，对盐渍土的腐蚀性、盐胀性、溶陷性均有反映，是盐渍土地区勘察工作的良好建筑实例。

4 盐渍土的成因是决定盐渍土各项性质的主要因素。我国盐渍土的分布范围很广，青海、新疆、西藏等西部地区有大面积的内陆盐渍土，沿海各省有滨海盐渍土，内地还有冲积平原盐渍土。这三种盐渍土在成因、颗粒级配、厚度和工程特性上各不相同。内陆盐渍土的特点是：成因复杂，颗粒粗细混杂，厚度多变，对工程危害性大。在成因方面，这类盐渍土有冲积、洪积和风积等；在颗粒级配上，从以粗颗粒为主、粗细混杂的碎石土到以细粒为主的黏性土、粉土、黄土状土都出现过；在厚度上，从几米到超过20m不等，变化很大；在对工程的危害性方面，干燥的盐渍土以溶陷性为主，盐胀性次之，腐蚀性较轻，含水量大的盐渍土则以腐蚀性为主，基本不具有溶陷性。滨海盐渍土和冲积平原盐渍土在颗粒级配上主要是细颗粒的黏性土，厚度均不大，一般不超过4m，其工程危害性也比较单一，主要是腐蚀性。

分布范围包括盐渍土在平面和竖向的范围。竖向范围指盐渍土在竖向的分布位置和厚度；针对大面积建设项目，应在平面上划分盐渍土的分布区域。

盐渍土中含盐化学成分和含盐量对盐渍土的工程特性影响较为显著。氯盐类的溶解度随温度变化甚微，吸湿饱水性强，使土体软化；硫酸盐类则随温度的变化而产生膨缩，破坏土体结构使其强度降低；碳酸盐类的水溶液有强碱性反应，使黏土胶体颗粒分散，引起土体膨胀。

5 地表水所携带的盐分受流经地层的控制，其排泄和积聚情况决定了盐渍土的沉积位置和厚度。

6 地下水所含盐分决定盐渍土的含盐成分，同时地下水矿化度越高，向土层输送的盐分越多；地下水的埋深、变化幅度与盐分的积聚有密切关系，地下水位越高，蒸发越强，土层的积盐也越强；毛细水上升会携带盐分上升，为上部地层提供盐分，使土层的积盐发生变化。

8 盐渍土遇水后，可溶盐溶解于水或流失，致使土体结构松散，在土的饱和自重压力或附加压力作用下，产生溶陷。盐渍土溶陷性的大小与可溶盐的性质、含量、赋存状态、水的径流条件和浸水时间长短有关。

9 盐渍土地基产生盐胀的原因，一般是土中硫酸钠在温度或湿度变化时结晶而发生体积膨胀。硫酸钠的溶解度随温度变化而变化，当温度由高变低时，硫酸钠的溶解度降低，硫酸钠结晶析出，同时结合水分子，最多可结晶10个水分子，体积膨大3倍以上。温度上升时，硫酸钠的溶解度升高，至32.4℃时可形成无水硫酸钠。温度在 $-5℃\sim5℃$ 区间,硫酸钠体积变化最大。

10 在盐渍土地区进行勘察时,要特别注意内陆地区干燥的盐渍土,这种土在天然状态下有较高的结构强度,较大的地基承载力,但一旦浸水后会产生较大的溶陷变形,对工程建设的危害极大。

11 盐渍土地基的主要特点是:浸水后因盐溶解而产生地基溶陷;在盐类溶滤过程中,土的物理力学性质会发生变化,其强度指标显著降低;某些盐渍土(含有硫酸钠的土),在温度和湿度变化时,会产生体积膨胀,对建(构)筑物和地面设施造成危害;土中的盐溶液会导致建(构)筑物基础或地下设施的材料腐蚀。因此,对盐渍土地基上建(构)筑物或其他设施的设计、施工以及使用和维修时,均应充分考虑到这些特点,并结合各地盐渍土的区域特点(地形、地貌、气候和地下水等条件),根据具体情况,因地制宜,采取防水与地基处理或结构措施相结合的综合治理原则(以防为主),实践证明,按照这一原则,可以保证建(构)筑物的安全和正常使用。

4.1.2 本条规定了勘察工作宜分阶段进行,是根据工程建设的实际情况,并结合岩土工程勘察多年的经验规定的。不同设计阶段对勘察成果要求的深度不一样。工作中应结合设计阶段、工程规模和盐渍土场地及地基条件等情况进行相应阶段的勘察工作,但要求每个工程均分阶段进行是不实际也不必要的,勘察单位应根据任务要求和客观情况进行相应阶段的勘察工作。在有经验的地区,当建筑平面布置已经确定,且工程规模较小,已有资料可以满足各阶段设计要求时,可直接进行一次性详细勘察。但内陆盐渍土地区工程场址一般位于远离城镇和岩土工程勘察资料缺乏的地区,大多处于荒漠区,没有任何经验资料可借鉴,为提高勘察资料的准确性并避免设计的盲目性,有条件时应尽量分阶段进行勘察。

对于工程地质条件复杂的盐渍土地区或有特殊要求的建(构)筑物,常规勘察周期内可能无法查清盐渍土的分布、类型及工程地质性质,需要在施工阶段进行进一步勘察或投入更多时间和精力进行专门勘察。

盐渍土地区分阶段勘察工作除首先满足现行国家标准《岩土工程勘察规范》GB 50021 的要求外,还要满足本条的分阶段勘察要求,针对盐渍土的特性进行勘察工作。

1 可行性研究勘察阶段又称为选址阶段勘察,本阶段对无任何岩土工程资料的大型场址尤其重要,其主要任务是对盐渍土场地的适宜性进行评价和场址方案的比选分析,以收集资料和工程地质调绘为主。

盐渍土地表形态是一定盐渍化程度和类型的外表特征,通过工程地质调查,能大致判断各种盐渍土的分布规律,如表3所示。

表3 不同盐渍土地表形态特征

盐渍土类型	地表形态特征
氯盐渍土	地表常结成厚度几厘米至几十厘米的褐黄色坚硬盐壳,地表高低不平,波浪起伏,犹如刚犁过的耕地,足踏"咔嚓咔嚓"作响,盐壳厚者相对积盐富集,盐壳较薄或呈结皮状者积盐较轻
硫酸盐渍土	因盐胀作用,表面形成厚约 $3cm\sim5cm$ 的白色疏松层,似海绵,踏之有陷人感,白色粉末尝之有苦涩味
碱性盐渍土	地表常有白色的盐霜或结块,但厚度较小,仅数毫米,结块背面多分布有大小孔,白色粉末尝之有咸味。胶碱土地表极少生长植物,干燥时龟裂,潮湿时则泥泞不堪

2 初步勘察阶段的主要内容为对拟建盐渍土场地作出适宜性评价。场地适宜性问题(包括地基处理和防护方案)应在初勘阶段基本解决,不宜留给详细勘察阶段。

3 详细勘察阶段,建(构)筑物总平面已经确定,需要对具体单体工程地基基础的设计提供详细的盐渍土岩土工程勘察资料和设计施工所需的岩土参数,并应进行相应的岩土工程评价与建议。

4.1.3 表聚性盐渍土取样以探井、探槽为主。本条依据现行国家标准《岩土工程勘察规范》GB 50021,为方便盐渍土地区进行勘

察工作,根据场地复杂程度和勘察阶段,对勘察工作量的布置区别对待。

本条不对勘探点的数量作出具体规定,只作原则性规定,是根据众多勘察单位的实际工作经验作来。以往对勘探点数量作具体规定,一方面,使勘察工作人员受限于规定,不能发挥高水平技术人员的知识水平和主观能动性;另一方面,个别勘察工作人员死板执行规定,却未能查明盐渍土的分布规律,故本条规定不应少于3个勘探点,仅为满足采取土试样和数据比对的需要。

根据盐渍土地基特点,提出了勘探深度以钻穿盐渍土或至地下水位以下 $2m\sim3m$ 为宜,这样才能满足地基溶陷计算的需要。每一个建筑场地,原则上要求有一个勘探点钻穿盐渍土层,这对于选择合理的地基处理措施是十分重要的。考虑到西北地区有些山前倾斜平原,含盐的碎石土层很厚,可能超过20m,在这种情况下,勘探深度可为 $15m\sim20m$,对于一般建筑工程,可以满足要求。

4.1.4 根据大量调查资料统计,盐渍土的含盐量一般是距地表不深处变化较大,尤其是表层 2.0m 深度盐分比较富集,深部变化较小。因此,对取土样间隔的规定,浅层较小深部较大。建筑工程项目不同,其地基要求、基础形式、防护措施不同,故取样深度不同。

4.1.5 通常盐渍土需要测定的物理指标与一般土相同,但因盐渍土的三相组成与常规土不同,区别在于其固态骨架中除土的固体颗粒外,还有不稳定的结晶盐,遇水后部分或全部转变成液态,如同冻土中的冰结晶一样。所以,测定盐渍土的物理指标时应考虑到两种状态,即天然状态和浸水(盐溶解后的)状态。盐渍土中难溶盐基本不溶解,故可作为固态骨架,所以在测定盐渍土的物理指标中,含盐量中不包含难溶盐,至于是否包含中溶盐,则视具体情况而定。就我国西部青海、新疆地区的盐渍土来说,中溶盐的含量均比较小,一般是 1% 左右,即使有条件使土中全部中溶盐溶解(而实际溶解度很小,如石膏仅为 0.2%),对物理指标的影响也不大。考虑到中溶盐含量的分析试验较为困难,本规范除以中溶盐为主的盐渍土外,可不考虑中溶盐对物理指标的影响。

4.1.6、4.1.7 这两条的试验项目是根据现行国家标准《岩土工程勘察规范》GB 50021 对水和土腐蚀性评价部分并结合盐渍土的特点作出的。地下水水质分析与其上部土层中的盐应同时进行测定,进行相互验证。此外,地下水的取样应根据勘察深度确定。

4.1.8 盐渍土层中毛细水的上升可直接造成地基土或换填土吸水软化及次生盐渍化,促使溶陷、盐胀等病害的发生,为此,盐渍土地区勘察应查明土中毛细水强烈上升高度,为地基设计提供依据。

盐渍土毛细水强烈上升高度的观测,可根据场地条件选用试坑直接观测法、曝晒前后含水曲线交汇法和塑限与含水量曲线交汇法,黏性土用塑限含水量判定。这些毛细水强烈上升高度的确定方法,是铁道部一院多年来在南疆铁路、青藏铁路、南疆公路、和静及焉耆等地区的试验观测成果,其理论建立在土中水存在状态和转移途径的基础上。地下水向上运移主要通过下列方式:①由于毛细水与地下水表面压力梯度所引起的毛细水上升运动;②由于土孔隙中不同浓度溶液的渗透压力梯度所引起矿化水渗透运动;③由于土粒表面电分子的吸附力梯度所引起薄膜水楔入运动;④由于蒸汽压力梯度所引起气态水扩散运动。在上述四种运动方式中,毛细水上升运动和矿化水渗透运动是属于自由水运动,其运动速度快、溶盐能力强、参与运动的水量大,对土中的水、盐运移起着主导作用。从物理意义上看,当黏性土处于塑限、砂类土处于最大分子吸水率时,土中的水属于结合水,大于这个含水量界线便转化为自由运动的毛细水;从盐胀角度而言,当土中含水量超过塑限或最大分子吸水率时,就会出现显著的聚集现象,从而导致盐胀灾害,促进土中盐分的转移。

毛细水强烈上升高度可用下列方法测定:

(1)直接观测法:在开挖试坑1d~2d后,直接观测坑壁干湿变化情况,变化明显处至地下水位的距离,为毛细水强烈上升高度。

（2）曝晒法：

①当测点地下水位深度大于毛细水强烈上升高度与蒸发强烈影响深度之和时，分别在开挖试坑的时刻和曝晒 1d～2d 后，沿坑壁分层（间距 15cm～20cm）取样，测定其含水量并按图 1 格式绘制含水量曲线，两曲线最上面的交点至地下水位的距离为毛细水强烈上升高度，两曲线最上面的交点至地面的距离为蒸发强烈影响深度。

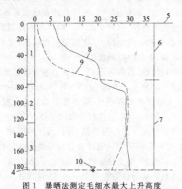

图 1　暴晒法测定毛细水最大上升高度

1—粉质黏土；2—粉土；3—粉砂；4—深度（m）；5—含水率（%）；
6—蒸发强烈影响深度；7—毛细水强烈上升高度；8—天然含水率曲线；
9—暴晒后含水率曲线；10—地下水位线

②当测点地下水位较浅，毛细水强烈上升高度超出地面，不能在天然土层中直接测出时，可利用测点附近的高地、土包或土工建（构）筑物进行观测，不得时，尚可人工夯填土堆，待土堆中含水量稳定后再进行观测，方法同上。

（3）塑限含水量曲线交汇法：于试坑壁每隔 15cm～20cm，取样测量天然含水量测定，并根据土质成分，黏性土做塑限含水量、砂类土做筛分试验，并绘制天然含水量分布曲线，如图 2 所示，用竖直线段在图上标出相应土层的塑限，竖直线段与含水量曲线最上面的交点即为毛细水强烈上升高度的顶点，此点到地下水位的距离为毛细水强烈上升高度。

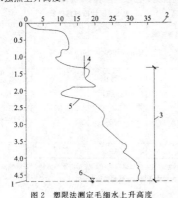

图 2　塑限法测定毛细水上升高度

1—深度（m）；2—含水率（%）；3—毛细水强烈上升高度；
4—对应的土层塑限；5—开挖试坑时含水率曲线；6—地下水位线

4.1.9 可以采用钻孔对地下水位进行持续观测。通过对地下水位的动态观测，有助于分析场地、地基的盐渍化发展趋势，以便做好相关防护工作。

4.2　溶陷性评价

4.2.1 本条源于我国新疆、青海等盐渍土地区多年来工程建设的经验总结。

4.2.2 本条规定了盐渍土溶陷性的试验方法。根据统计，干燥和稍湿盐渍土才具有溶陷性，且大都为自重溶陷性，土的自重压力一般均超过起始溶陷压力。所以，没有必要再区分自重溶陷与非自重溶陷，故本规范仅采用溶陷系数作为评价盐渍土溶陷性的指标。

关于确定盐渍土溶陷系数的试验方法，应根据土质条件而定。对于土质比较均一、不含粗砾的黏性土、粉土和含少量黏性土的砂土，均可采取原状土，以室内压缩试验测定溶陷系数，其测定方法与黄土的湿陷系数相似；对于土质不均一、含砂土盐渍土以及碎石土盐渍土，难以采取原状土，则需在现场进行浸水载荷试验，实践证明，现场浸水载荷试验测定的盐渍土平均溶陷系数与实际情况最为接近，且对各类盐渍土均可采用；液体排开法适用于难以取出完整不扰动土样，但可以取得形状不规则完整土块的盐渍土。

4.2.3 现场浸水载荷试验方法测定的盐渍土溶陷系数最接近实际，故认为是最基本的方法。每一建筑场区，特别是重要建筑，均应进行现场浸水载荷试验，结合其他试验方法，综合判定盐渍土的溶陷性，比较可靠。如果现场条件许可，每个建筑场地最好进行大型试坑浸水试验，试坑直径大于或等于 10m，浸水时间 40d～60d，水头保持 30cm，这种试验最为可靠。有的大型试坑浸水试验可与强夯、振动碾压处理结合进行。

4.2.4～4.2.6 有关非溶陷性土溶陷系数 δ_{rx} 小于 0.01，是参考行业标准《盐渍土地区建筑规范》SY/T 0317 并结合我国西部地区盐渍土的特点规定的，由于盐渍土浸水后的溶陷发展速度一般比黄土快，尤其对砂土和碎石土盐渍土（而黄土为黏性土，浸水后尚有一定黏性），故比《湿陷性黄土地区建筑技术规范》GB 50025 中有关湿陷性黄土的标准湿陷系数 0.015 要严格。有的盐渍土均匀性比黄土差得多，渗透性大。工程经验表明，溶陷引起的建（构）筑物的破坏性较严重，所以对 δ_{rx} 要控制更严格。必须确保 δ_{rx} 小于 0.01 的盐渍土才可以按一般处理，其变形不计入公式（4.2.5）。对盐渍土的进一步分类，没有特别重要的工程意义，因为 δ_{rx} 的含义只表示一个土样的溶陷沉降率，即溶陷性大的盐渍土，若该土层厚度不大，也不会产生较大的溶陷量；反之亦然。所以，在评价盐渍土地基时，还应同时考虑盐渍土层的厚度，采用可能产生的总溶陷量来评价盐渍土地基的溶陷等级。通过现场测定的总溶陷量一般小于总溶陷量计算值，因前者还取决于浸水的程度、基础的埋深等，但现场测定的溶陷量往往更直接近于实际，综合相关因素，从安全角度出发，建议在设计中取两者中的较大值。

4.3　盐胀性评价

4.3.1 研究表明，很多盐类在结晶时都具有一定的膨胀性，只是膨胀程度各异而已，表 4 列出了土中几种主要盐类结晶后的体积膨胀量。

表 4　各种盐类结晶后的体积膨胀量

盐类吸水结晶	ΔV（%）
$CaCl_2 \cdot 2H_2O \rightarrow CaCl_2 \cdot 4H_2O$	35
$CaCl_2 \cdot 4H_2O \rightarrow CaCl_2 \cdot 6H_2O$	24
$MgSO_4 \cdot H_2O \rightarrow MgSO_4 \cdot 6H_2O$	145
$MgSO_4 \cdot 6H_2O \rightarrow MgSO_4 \cdot 7H_2O$	11
$Na_2CO_3 \cdot H_2O \rightarrow Na_2CO_3 \cdot 10H_2O$	148
$NaCl \rightarrow NaCl \cdot 2H_2O$	130
$Na_2SO_4 \rightarrow Na_2SO_4 \cdot 10H_2O$	311

盐渍土地基产生盐胀的主要原因是土中 Na_2SO_4 在温度或湿度变化时结晶而发生体积膨胀。Na_2SO_4 的溶解度随温度变化，当温度由高变低时，溶解度变小，使部分 Na_2SO_4 结晶析出。当地温低于 32.4℃ 时，如土的原始含水量较高，溶解了较多的硫酸盐，后因水分蒸发含水量减小，也会使水中含盐量饱和以重结晶析出。Na_2SO_4 结晶时，结合 10 个水分子，体积膨胀可达 3 倍以上，造成不良后果。由上所述，盐渍土地基的膨胀量大小除与硫酸盐的含量有关外，主要取决于温度和含水量的变化。此外，它还与地基上压力的大小有关，实践证明，当土中 Na_2SO_4 的含量小于 1% 时，可以不考虑其膨胀作用。此外，盐渍土地区建筑工程在考虑盐胀的同时应考虑冻胀，内陆盐渍土多位于干旱地区，冬天气候寒冷，地下水位较高，在盐胀的同时往往伴随有冻胀，在有些情况下冻胀远

比盐胀量大，如新疆库尔勒的部分地区就存在这种现象。

4.3.2 盐渍土的盐胀同膨胀土的膨胀机理完全不同，且不如膨胀土那么严重，具有盐胀性的盐渍土，大多难以采取原状土进行室内试验，因此，评价盐渍土地基的盐胀性本规范以根据现场试验测定的有效盐胀层厚度及总盐胀量确定为主。

4.3.4 盐渍土的盐胀性以土体的盐胀系数为指标。盐渍土盐胀性可分为非盐胀性、弱盐胀性、中盐胀性和强盐胀性，如表4.3.4所示。应重点指出，评价盐胀性应采用硫酸钠含量而不是硫酸盐含量。在内陆盆地，有的含盐地层中含有大量的硫酸钙，这种土一般不产生强烈盐胀，此外，评价盐胀性时应做全盐分析，求得各种成盐比值，进行论证。同时，与盐胀系数相对应的硫酸钠含量也是评价地基在盐胀条件下工作状态的一个指标，不能认为是地基土容许含盐量的指标。

4.4 腐蚀性评价

4.4.1 盐渍土含盐量较高，尤其是易溶盐，它使土具有明显的腐蚀性，对建筑物基础和地下设施构成一种严酷的腐蚀环境，影响其耐久性和安全使用。土的腐蚀性、含盐地水的腐蚀性以及土、水、气接触界面的变化共同构成了这一腐蚀环境。本条对腐蚀性环境等级进行了划分，与现行国家标准《岩土工程勘察规范》GB 50021的规定一致。

4.4.2 本条是对腐蚀性环境条件进行初步判别，并根据判别结果确定下一步工作内容。把腐蚀性的研究对象分为三类：钢结构、混凝土结构和砌体结构，其腐蚀特征主要有如下几点：

(1) 盐渍土的腐蚀，既与土体自身的腐蚀及其相关因素紧密相关，又取决于含盐的性质、种类和数量等；

(2) 以氯盐为主的盐渍土，主要对金属的腐蚀危害大，如罐、池、混凝土中的钢筋及地下管线等。氯盐类也通过结晶、晶变等胀缩作用对地基土的稳定性产生影响，对一般混凝土也有轻微影响；

(3) 以硫酸盐为主的盐渍土，主要是通过化学作用、结晶胀缩作用，对水泥、砂浆、混凝土和黏土砖类建筑材质发生膨胀腐蚀破坏；此外，对钢结构、混凝土中钢筋、地下管道等也有一定腐蚀作用；

(4) 氯盐和硫酸盐同时存在的盐渍土，具有更强的腐蚀性，其他可溶盐的存在通常会提高土的腐蚀性；

(5) 盐渍土的腐蚀性还与大环境(温度、湿度、降水量、冻融条件等)和小环境(物件埋设条件、干湿交替条件等)紧密相联。

4.4.3~4.4.5 水、土试样的采集，检测项目和检测方法，水、土对钢结构、混凝土结构中的钢筋和混凝土结构的腐蚀性评价等原则上采用现行国家标准《岩土工程勘察规范》GB 50021的规定，这样做便于勘察设计单位统一认识，使勘察设计成果在同一水平上。

4.4.6 氯盐主要腐蚀钢材，对以氯盐为主的盐渍土，重点评价其对钢筋的腐蚀性；硫酸盐主要与混凝土、石灰、黏土砖等发生物理化学反应，对以硫酸盐为主的盐渍土，重点评价其对混凝土、石灰、黏土砖的腐蚀性。

5 设　计

5.1 一般规定

5.1.1 盐渍土与一般土所不同之处，即在于它具有溶陷性、盐胀性和腐蚀性，所以在场地选择时，要尽可能使建筑避开强溶陷性、盐胀性或腐蚀性的地段，以降低造价。除本条中提到的三种地段外，针对某些容易积盐的地段，亦应提起高度重视，如山体有含盐岩层分布的坡脚、山(沟)口地段。

5.1.2 同一幢建(构)筑物范围内，如果地基土含盐量差异较大，在浸水的情况下容易造成不均匀沉降，导致建(构)筑物开裂。

5.1.3 盐渍土地区的工程设计，除需考虑地基的承载力外，还应着重注意盐渍土的溶陷性、盐胀性导致的变形，并应考虑针对腐蚀性作出防护设计措施。盐胀与溶陷不同，其体积变化一般是增大的，对应地基变形是膨胀的。因此就目前对盐胀变形对建筑物的影响的研究水平而言，还无法准确地用类似于公式(5.1.5)的形式对盐胀与地基允许变形值进行定量的规定，但这并不代表盐胀是不需重视的。

5.1.4 确定地基承载力特征值，除需考虑地基基础设计等级对承载力试验方法的选择影响外，还应注意盐渍土类型对试验方法选择的影响。如盐渍黏性土、粉土地基，一般可根据其洗盐后的物理力学指标，按现行国家标准《建筑地基基础设计规范》GB 50007的有关规定确定地基承载力；而粗颗粒盐渍土地基，一般则采用现场浸水载荷试验分别确定天然状态下和浸水状态下的地基承载力特征值。若采用其他原位测试方法确定地基承载力，可与载荷试验成果相对比后应用。一般而言，处于同一地貌单元且盐渍土类型相同时，可以适当减少载荷试验数量，但不应少于统计数量。

5.1.5 获取地基溶陷量 s_{re} 的试验中，浸水压力应与天然状态下地基变形值 s_0 计算过程中的附加压力取值相同。

5.1.6 不同措施的选取可按表5执行。

表5　设计措施选择表

建(构)筑物类别 ＼ 地基变形等级	I 70mm~150mm	II 150mm~400mm	III ≥400mm
甲级	[1]+[2]或 [1]+[3]	[1]+[2]+[3]	[1]+[2]+[3]+[4]或 [1]+[3]+[4]
乙级	[1]或[2]或[3]	[1]+[2]或[3] [1]+[3]	[1]+[2]+[3]或[1]+[3] 或[1]+[4]
丙级	[0]	[1]	[1]

注：表中[0]表示不需要采取措施；[1]表示防水措施；[2]表示地基处理措施；[3]表示基础措施；[4]表示结构措施。

5.2 防水排水设计

盐渍土中盐分发生的各种作用与现象，几乎都与水有关。盐渍土地区工程建设所发生的各种工程危害的根源一般在于水。要保证盐渍土地区工程建设的安全，防水是最基本的措施，应在设计阶段给予高度重视。

5.2.1 设置截水沟，可保证排洪通畅，避免上方雨水流入建筑物地基。场地排水设计中也需考虑地下水的影响。需在监护区内设置排水池等时，应采取有效措施防止水渗入建筑物地基。给水排水、热力管网及采暖等地下管道应设置防漏检漏管沟，压力管道宜架空。

5.2.2 硬质不透水层可选择使用沥青砂等材料。

5.2.6 实际应用本条时，应结合现行国家标准《混凝土结构设计规范》GB 50010和《地下工程防水技术规范》GB 50108的相关规定综合执行。

5.2.7 以往的工程建设往往忽略绿化带与建（构）筑物的安全间距，鉴于盐渍土对水的敏感性以及若干因绿化带导致的工程事故，本条专门对绿化带进行了规定，要求给予高度重视。

5.3 建筑与结构设计

多年来，尽管盐渍土地区遇水产生不均匀变形造成的危害已逐渐为人们所认识，但由于对建筑物的破坏机理认识不深，缺乏有效的治理手段，建筑因地基不均匀变形而导致的破坏仍屡屡发生。因此，本规范对建筑和结构设计过程进行了专门规定，提出了一些措施。

5.3.2 采取地基设计措施的目的是为了保证在盐渍土地区有溶陷、盐胀或腐蚀作用下，建筑物基础的安全可靠和耐久性。

5.3.3 具体工程中，基底附加压力和基础埋深的大小主要取决于具体的工程情况以及工程设计人员的设计，且基础梁的调整能力有限，因此本条仅规定"宜"，作为一般性建议规定提出。

5.3.5 关于本条第 1 款，作如下说明：①在进行上部结构设计时，一般较少考虑不均匀沉降带来的不利影响，所以，对盐渍土也不能过于依赖上部结构的刚度、结构冗余度；②考虑上部结构与基础共同作用的结构计算方法多用于高层建筑，采用箱、筏基础，且上部结构刚度较大；③上部结构与基础之间的配合宜强弱相当，但不可分增加上部结构的刚度、整体性，反过来对基础也会产生额外的负担。此外，考虑到工业厂房的长高比一般较大，故本条文采用"宜"作出一般建议性规定。

5.3.6～5.3.11 应对盐渍土有害影响的最根本措施在于地基处理和基础的选型与设置，上部结构做适当加强即可，如地基处理和基础的选型与设置不当，极可能引起上部结构的开裂，而本规范上述条文提到的所有措施对于限制裂缝发展确有一定效果，但不足以彻底防止裂缝的发生，所以效果极其有限，不能只依赖于此。

5.4 防腐设计

盐渍土地基中的基础和设施是否需进行防腐蚀处理以及采取何种处理方案，首先应由设计人员提出并确定。在设计阶段，设计人员应深入了解和掌握有关资料，依据腐蚀环境、地基基础设施的重要性、使用年限要求、经济合理性等综合提出可供实施的方案。本节中规定的防腐措施保护对象主要是指埋入盐渍土中或与盐渍土相接触的建（构）筑物基础与构件以及其上的一定区域。

5.4.4 主要的防腐措施包括水泥和砖石品种的选择，提高水泥用量，降低水灰比，增加混凝土厚度等。

5.4.7 相关研究表明，混凝土中掺加矿物掺合料有助于增强其抗腐蚀性能以及稳定性。

6 施 工

6.1 一般规定

对于盐渍土地区的工程建设而言，合理的设计是很重要的，但是施工同样关键，不应被忽视。因为盐渍土的危害在施工阶段就可能显现出来或在施工阶段就可能蕴藏着使建筑物发生破坏的潜在因素。实践也确实表明，在盐渍土地区的工程施工中常常存在下列问题：

（1）施工单位素质差，水平低，在施工准备阶段不能作出详细的施工组织设计方案；在施工阶段，管理混乱，现场设施布局、建筑材料堆放杂乱无章，结果造成施工用水乱放乱排，浸入地基，发生溶陷，使正在施工中的建筑物发生破坏，甚至有可能使附近已建好的建筑物都受到影响。

（2）为抢工期，施工现场的排水泄洪设施尚未完成，就仓促进行主体工程的施工，造成雨水等侵入地基，发生溶陷破坏事故。

（3）施工不彻底，只抓主体工程，而对地下给排水管道、水井和管沟等隐蔽工程质量不重视，或在竣工后施工用水管道未及时拆除，结果又可能发生管道漏水侵入地基，造成危害。

（4）对建筑施工材料不加以选择或不严格检验，如使用含盐量大的水搅拌混凝土和砂浆或对含盐量大的砂子不注意清洗，使大量的盐分进入混凝土或砂浆之中，这些盐分会侵蚀混凝土、钢筋或砖石砌体，逐渐导致结构发生破坏。

由上述问题可见，对于盐渍土地区的工程来说，施工阶段确有其独有的特点，必须慎重对待，必须采取一些相应的特殊措施，才能保证建筑物或其他工程设施的顺利建成且安全耐久。

6.1.1～6.1.3 调查表明，有相当一部分工程在施工过程中就已溶陷。所以，条文要求图纸明确提出对雨水和施工用水的防渗漏要求。施工时间安排和工序搭接要考虑出现水害的可能，采取预防措施，做好施工前的准备工作。通常，土建工种与其他专业工种不协调，造成基坑长时间不能回填或者填挖频繁交替，不仅浪费人力物力，拖延工期，而且可能对建（构）筑物地基造成直接或潜在危害。因此，应引起足够重视。

6.1.4 现场经验和一些试验结果表明，在易溶盐含量较大的盐渍土层，水浸入后，盐分溶解速度快，水的渗透距离也较远，影响深度也较大，所以施工所用的各种水源都要与正建的建筑物和现有的建筑物之间保持足够的距离。本条中表 6.1.4 的最小净距是根据现场调查和浸水试验结果规定的，如果现场条件允许，可适当再远一些，更偏于安全。

6.2 防水排水工程施工

6.2.2 施工用水和施工场地的排水问题不容忽视，施工给排水管道布置情况应绘制在施工总平面图上。施工中应按设计要求，做好施工场地及附近的临时排水设施，并尽量与永久性排水设施相结合。施工验收范围要扩大到整个防水监护区。

6.2.3 管道、井（或沟）等施工的临时用水管道，历来疏于检查验收，漏水现象十分普遍，因此规定要打压检验。

6.2.4 地基中隔水层可以防止水由地表浸入地基，同时也起到防止盐渍土从基底对基础材料腐蚀的作用。

6.3 基础与结构工程施工

6.3.4 防水措施建议采用铺设塑料薄膜等简易保护措施，同时要求施工期间控制施工用水。

6.3.6 盐渍土中采用打入式预制钢筋混凝土桩的主要问题，除了防止盐对桩身材料的侵蚀外，还需解决难打入的问题。为了减少预制桩的打入阻力，可采用先钻后打的施工方法，钻孔直径应小于

（或等于）桩径，钻孔深度应浅于设计桩尖标高 0.5m～1.0m。若盐渍土的易溶盐含量很高（超过 20%），则可采用注水打桩的施工方法，国外的经验表明，若用热水注入盐渍土中，可以较好地减小打桩阻力，显著提高打桩效率。

6.4 防腐工程施工

6.4.1 基础和地下设施防腐可靠性的最终结果，很大程度上取决于防腐工程的施工质量，这除与施工队伍的专业性、技术性及人员素质直接相关外，从腐蚀机理的角度而言，还有多而复杂的因素影响腐蚀，因此，通过试验确定适宜的施工配合比和操作方法显得很有必要。

6.4.2 砖中含盐量的控制指标是参照新疆地区相关规定和实际经验中盐分情况制订的。关于砂中盐含量，其中氯盐是参照日本和我国海上工程相关规定制订的。硫酸盐是参照有关规范关于水、土中的有害物质和英国资料中认为进入混凝土中的量大于 0.3%（水泥重量）可能产生危害而制订的，目前，国内尚无在砂中限量的明确规定，施工用水则应保证为无腐蚀或弱腐蚀。干旱地区采用河湖水或拦蓄地面水不宜长期敞放蒸发后使用，若使用应进行期间水质分析。

6.4.4 因盐渍土本身已具腐蚀性，故要求不再掺入氯盐、硫酸盐作为混凝土外加剂等是十分必要的。否则钢筋混凝土结构将受到内、外盐腐蚀，造成更大危害。

7 地 基 处 理

7.1 一 般 规 定

盐渍土地基处理的目的，主要在于改善土的力学性质，消除或减少地基因浸水而引起的溶陷或盐胀等。与其他类土的地基处理目的有所不同，盐渍土地基处理的范围和深度应根据其含盐类型、含盐量、分布状态、盐渍土的物理和力学性质、溶陷等级、盐胀特性及建筑物类型等来选定。盐渍土地基处理的方法很多，本章所规定的几种方法主要从实用角度出发，施工技术和设备工具都比较简单易行。实际上，每种处理方法都有其适用范围和局限性，对具体工程来说，究竟选用何种处理方法，不仅需要考虑地质条件、施工机具设备、材料来源、施工期限、处理费用等因素，还应考虑处理方法的适用范围，根据具体情况可以采用单一的地基处理方法，也可采用两种或两种以上的综合处理方法。总之，应对各种处理方法进行技术和经济比较后，再选择经济、合理、可靠的处理方法。

7.1.1 选择因素除应考虑含盐类型和盐渍化程度外，还应考虑土层情况、盐渍土分布、地下水情况等因素。目前我国西北地区的一些项目，位于戈壁滩，地基土为卵石，按目前规定评价为盐渍土，但并没有溶陷性，作为垫层或回填材料应当是可行的，否则在百公里内无法找到理想的材料，对此，可以结合相关经验和试验结果选取该材料。

7.1.5 钢筋增强材料指的是含有钢筋成分的增强材料。

7.2 地基处理方法

Ⅰ 换 填 法

对于溶陷性较高，但层厚不大的盐渍土采用换填法消除其溶陷性是较为可靠的，即把基础下一定深度范围内的盐渍土挖除，如果盐渍土层较薄，可全部挖除，然后回填不含盐的砂石、灰土等换填盐渍土层，分层压实。作为建筑物基础的持力层，可部分挖除或完全消除盐渍土的溶陷性，减小地基的变形，提高地基的承载能力。

7.2.1 换填法涉及挖方和填方，因此盐渍土层厚度成为是否选择换填法的一个制约条件。如盐渍土层厚度偏大，全部采用换填法就显得不经济。此外，当地下水埋深较浅时，一方面对换填施工造成很大困难，另一方面，在换填过程中如不对地下水进行有效隔离，换填结束后的新地基可能会因为地下水的毛细和蒸腾作用，再次成为盐渍土，导致处理失效。

7.2.2 盐渍土地基的换填处理，一般采用砂石垫层，在具有较好经验的相关地区，也可以取用风积沙作为垫层材料。在盐渍土地区，有的盐渍土层仅存在于地表下 1m～5m 厚，对于该情况，可采用砂石垫层处理地基，如基础下盐渍土层全部挖除，回填不含盐的砂石材料，应注意，此种方法仅适用于盐渍土层不厚，可全部替换的情况。因砂石垫层透水性较好，如果砂石垫层下还残留部分溶陷性盐渍土层，则地基浸水后同样会产生溶陷。采用砂石垫层是针对完全消除地基溶陷而言，其挖除深度随盐渍土层厚度而定，但一般不宜大于 5m，太深会给施工带来较大困难，也不经济。砂石垫层的厚度应保证下卧层顶面处的压力小于该土层浸水后的承载力，还应保证垫层周围盐渍土溶陷时砂石垫层的稳定性，如果垫层宽度不够，四周盐渍土浸水后产生溶陷，强度降低，垫层就有可能部分被挤入侧壁的盐渍土中，使基础沉降增大。

对于砂石垫层宽度的计算，一般采用扩散角法，以条形基础为例，砂石垫层的宽度应满足下式：

$$b' \geqslant b + 2z\tan\theta \qquad (2)$$

式中：b'——砂石垫层底宽（m）；

　　　b——条形基础的宽度（m）；

　　　z——砂石垫层的厚度（m）；

　　　θ——垫层压力扩散角，当材料为碎石时，$\theta=40°$，为粗砂或中砂时，$\theta=30°$。不论是条形基础还是矩形基础，垫层每边超过基础底面的宽度不能小于垫层厚度的 25%，且不小于 0.5m。

7.2.3 当换填深度未能超过溶陷性和盐胀性土层的厚度时，才存在残留的盐渍土层的溶陷量和盐胀量。

7.2.6 对换填材料一般有如下要求：

（1）砂石：宜采用级配良好、质地坚硬的粒料，其颗粒的不均匀系数不小于 10，以中、粗砂为好，不得含有草根、垃圾等杂物，含泥量不大于 5%。碎、卵石最大粒径不大于 50mm，一般为 5mm～40mm 的天然级配，含泥量不大于 5%。

（2）石屑：其粒径小于 2mm 部分不得超过总重的 40%，含粉量（即粒径小于 0.074mm）不得超过总重的 9%，含泥量不大于 5%。

（3）素土：土料中有机质含量不大于 5%，不得含有冻土或膨胀土。当含有碎石时，其粒径不宜大于 50mm。

（4）灰土：石灰剂量，系按熟石灰占混合料总重的百分比计，一般为 8%，磨细生石灰为 6%。土料宜用黏性土，塑性指数大于 15，不得含有松软杂质，并应过筛，其颗粒粒径不大于 15mm。石灰宜用新鲜的生石灰，其颗粒粒径不大于 5mm，不得夹有半熟化的生石灰块。其质量要求通常以 CaO＋MgO 含量不低于 55%控制。

Ⅱ 预 压 法

7.2.10 本条提出适用于预压法处理的土类。对于在持续荷载作用下体积会发生很大压缩、强度会明显增长的土，这种方法特别适用。对超固结土，只有当土层的有效上覆压力与预压荷载所产生的应力水平明显大于土的先期固结压力时，土层才会发生明显的压缩。竖井排水预压法对处理泥炭土、有机质土和其他次固结变形占很大比例的土效果较差，只有当主固结变形与次固结变形相比所占比例较大时才有明显效果。

7.2.11 对地基基础设计等级为甲级、乙级的工程，应预先选择有代表性的地段进行预压试验，通过试验区获得的竖向变形与时间关系曲线、孔隙水压力与时间关系曲线等推算土的固结系数。固结系数是预压工程地基固结计算的主要参数，可根据前期荷载所推算的固结系数预计后期荷载下地基不同时间的变形并根据实测值进行修正，这样就可以得到更符合实际的固结系数。此外，由变形与时间曲线可推算出预压荷载下地基的最终变形、预压阶段不同时间的固结度等，为卸载时间的确定、预压效果的评价以及指导设计与施工提供主要依据。

7.2.12 由于盐渍土中的液相与普通土不同，它为具有一定浓度的盐溶液，盐溶液具有一定的黏滞性，它为在预压过程中使其有效排除，故规定排水通道需有较大的空隙和较好的连通性。

7.2.13 竖井间距的选择，应根据地基土的固结特性、预定时间内所要求达到的固结度以及施工影响等通过计算、分析确定。根据我国的工程实践，普通砂井之井径比取 6～8，塑料排水带或袋装砂井之井径比取 15～22，均取得良好的处理效果。本条结合盐渍土的经验和盐溶液黏滞性的特点，采用的井径比值小于普通土。

7.2.14 预压法处理地基分为堆载预压和真空预压两类。降水预压和电渗排水预压在工程上应用甚少，暂未列入。堆载预压分塑料排水带或砂井地基堆载预压和天然地基堆载预压。通常，当软土层厚度小于 4.0m 时，可采用天然地基堆载预压法处理，当软土层厚度超过 4.0m 时，为加速预压过程，应采用塑料排水带、砂井等竖向排水预压法处理地基。对真空预压工程，应在地基内设置排水竖井。

7.2.16 塑料排水带施工所用套管应保证插入地基中的带子平直、不扭曲。塑料排水带的纵向通水量除与侧压力大小有关外，还与排水带的平直、扭曲程度有关。扭曲的排水带将使纵向通水量减小。因此施工所用套管应采用菱形断面或出口段扁矩形断面，不应全长都采用圆形断面。

Ⅲ 强夯法和强夯置换

7.2.20 强夯法是反复将夯锤（质量一般为 10t～40t）提到一定高度使其自由落下（落距一般为 10m～40m），给地基以冲击和振动能量，从而提高地基的承载力并降低其压缩性，改善地基性能。由于强夯法具有加固效果显著、适用土类广、设备简单、施工方便、节省劳力、施工期短、节约材料、施工文明和施工费用低等优点，我国自 20 世纪 70 年代引进此法后迅速在全国推广应用。大量工程实例证明，强夯法用于处理碎石土、砂土、低饱和度的粉土与黏性土、湿陷性黄土、素填土和杂填土等地基，一般均能取得较好的效果。对于软土地基，一般来说处理效果不显著。

强夯置换是采用在夯坑内回填块石、碎石等粗颗粒材料，用夯锤夯击形成连续的强夯置换墩。强夯置换是 20 世纪 80 年代后期开发的方法，适用于高饱和度的粉土与软塑～流塑的黏性土等地基上对变形控制要求不严的工程。

7.2.21 强夯法虽然已在工程中得到了广泛的应用，但有关强夯机理的研究，至今尚未取得满意的结果。因此，目前还没有一套成熟的设计计算方法。此外，强夯置换法具有加固效果显著、施工期短、施工费用低等优点，目前已用于公路、机场、房屋建筑、油罐等工程，一般效果良好，个别工程因设计、施工不当，加固后出现下沉较大或墩体与墩间土下沉不等的情况。因此，本条特别强调采用强夯法和强夯置换法前，应通过现场试验确定其适用性和处理效果，否则不得采用。

在缺乏试验资料或经验时，可按表 6 预估有效加固深度。

表 6　强夯法的有效加固深度(m)

单击夯击能	碎石土、砂土等粗颗粒土	粉土、黏性土等细颗粒土
1000kN·m	5.0～6.0	4.0～5.0
2000kN·m	6.0～7.0	5.0～6.0
3000kN·m	7.0～8.0	6.0～7.0
4000kN·m	8.0～9.0	7.0～8.0
5000kN·m	9.0～9.5	8.0～8.5
6000kN·m	9.5～10.0	8.5～9.0
8000kN·m	10.0～10.5	9.0～9.5

注：强夯法的有效加固深度应从最初起夯面算起。

7.2.24 强夯和强夯置换的施工机械要求如下：

（1）起重机械：起吊夯锤用的机械设备一般选用履带式起重机（起重量分别有 15t、20t、25t、30t 和 50t 几种），其稳定性好，在施工场地行走较方便。在夯锤重量、落距大时，还可以在吊臂两侧辅以门架防止落锤时机架倾覆，提高起重能力。

（2）自动脱钩装置：当采用履带式起重机作为强夯起重设备时，一般是通过动滑轮组用脱钩装置来起落夯锤。脱钩装置要求有足够的强度，使用灵活，脱钩快速、安全。自动脱钩器由吊环、耳板、销环、吊钩等组成。拉绳一端固定在销柄上，另一端穿过转向滑轮，固定在悬臂杆底部横轴上，当夯锤起吊到要求高度时，升钩拉绳随即拉开销柄，脱钩装置开启，夯锤便自动脱钩下落，同时自动复位。

（3）夯锤：夯锤设计原则是重心低，稳定性好，产生负压和气垫作用小。一般夯锤用钢板作外壳，内部焊接钢筋骨架后浇注混凝土，一般为圆形（圆台形），也有方形。方形夯锤虽制作简单，但起吊时由于夯锤旋转，难以保证前几次夯击的夯坑重合，结果造成锤角与夯坑壁接触，使一部分夯击能消耗在坑壁上，对夯击效果有影响。锤底面积可按土的性质确定，锤底静接地压力值可取 25kPa～40kPa，对于饱和细颗粒土宜取较小值。夯锤底面设上下贯通的排气孔，以便空气迅速排走，减小阻力，同时减小起锤时锤底与土面形成真空产生的吸附力。排气孔的孔径一般为 250mm～300mm。国内夯锤质量一般为 8t、10t、16t、25t。

Ⅳ 砂石(碎石)桩法

7.2.26 碎石桩、砂桩和砂石桩总称为砂石桩，是指采用振动、冲击或水冲等方式在软弱地基中成孔后，再将砂或砂石挤压入已成的孔中，形成砂石构成的大直径密实桩体。砂石桩法早期主要用于挤密砂土地基，随着研究和实践的深入，特别是高效能专用机具出现后，应用范围不断扩大。为提高其在黏性土中的处理效果，砂石桩填料由砂扩展到砂、砾及碎石。

砂石桩用于松散砂土、粉土、黏性土、素填土及杂填土地基，主要靠桩的挤密和施工中的振动作用使桩周围土的密度增大，从而使地基的承载能力提高，压缩性降低。国内外的实际工程经验证明，砂石桩法处理砂土及填土地基效果显著，并已得到广泛应用。

7.2.28 关于砂石桩填料的要求，对于砂基，要求不严格，只要比原土层砂质好同时易于施工即可，一般应注意就地取材。按照各有关资料的要求，最好用级配较好的中、粗砂，当然也可用砂砾及碎石。对饱和黏性土，因为要构成复合地基，特别是当原地基土较软弱、侧限不大时，为了有利于成桩，宜选用级配好、强度高的砂砾混合料或碎石。填料中最大颗粒尺寸的限制取决于桩管直径和桩尖的构造，以能顺利出料为宜。考虑到有利于排水，同时保证具有较高的强度，规定砂石桩填料中小于 0.005mm 的颗粒含量（即含泥量）不能超过 5%。

7.2.29、7.2.30 砂石桩的施工应选用与处理深度相适应的机械。可用的砂石桩施工机械类型很多，除专用机械外，还可利用一般的打桩机改装。砂石桩机械主要可分为两类，即振动式砂石桩机和锤击式砂石桩机。此外，也有用振捣器或叶片状加密机，但应用较少。

用垂直上下振动的机械施工的称为振动沉管成桩法，用锤击式机械施工成桩的称为锤击沉管成桩法，锤击沉管成桩的处理深度可达10m。砂石桩机通常包括桩机架、桩管及桩尖、提升装置、挤密装置(振动锤或冲击锤)、上料设备及检测装置等部分。为了使砂石有效地排出或使桩管容易打入,高能量的振动砂石桩机配有高压空气或水的喷射装置,同时配有自动记录桩管贯入深度、提升量、压入量、管内砂石位置及变化(灌砂石及排砂石量)以及电机电流变化等的检测装置。国外有的设备还装有微机,根据地层阻力的变化自动控制灌砂石量并保证沿深度均匀挤密全面达到设计标准。

7.2.32 碎石桩结合其他处理方法时,起到的主要作用是加速盐溶液的排除。

V 浸水预溶法

浸水预溶法即对拟建的建筑物地基预先浸水,在渗透过程中土中易溶盐溶解,并渗流到较深的土层中,易溶盐的溶解破坏了土颗粒之间的原有结构,在土自重压力下产生压密。对以砂、砾石土和渗透性较好的非饱和黏性土为主的盐渍土,有的土结构疏松,具有大孔隙结构特征,而这些"砂颗粒"中很多是由很小的土颗粒经胶结而成的集粒,遇水后,盐类被溶解,导致由盐胶而成的集粒还原成细小土粒,填充孔隙,因而土体产生溶陷。由于地基土预先浸水已产生溶陷,所以建筑在该场地上的建筑物即使再遇水,其溶陷变形也要小得多,实际上,这是一种简易的"原位换土法",即通过预浸水洗去土中盐分,把盐渍土改良为非盐渍土。一些文献指出,浸水预溶法可消除溶陷量的70%~80%,这也相当于改善了地基溶陷等级,具有效果较好、施工方便、成本低等特点。

7.2.33 浸水预溶法用于减低或消除盐渍土的溶陷性,一般适用于厚度较大、渗透性较好的砂、砾石土、粉土。对于渗透性较差的黏性土不宜采用浸水预溶法。该法用水量大,场地要具有充足的水源。另外,最好在空旷的新场地采用,如在已建场地附近采用时,浸水场地与已建场地之间要有足够的安全距离。

7.2.34 采用浸水预溶法处理地基应注意如下几点:

(1)浸水预溶不得在冬季有冻结可能的条件下进行;

(2)应考虑对邻近建筑物和其他设施的影响,根据相关试验结果,其影响半径可达到1.2倍的浸水坑直径;

(3)浸水预溶结束10d左右应进行基础施工,在施工过程中应保持地基土湿润,因在含水量减低的情况下,土的溶陷性有恢复的可能性。

7.2.36 采用浸水预溶法处理地基时:

(1)浸水场地面积应根据建筑物的平面尺寸和溶陷土层厚度确定,浸水场地平面尺寸每边应超过拟建建筑物边缘不小于2.5m;

(2)预浸深度应超过盐渍土溶陷性土层厚度或预计可能的浸水深度,浸水水头高度不宜低于0.3m,浸水时间一般为2~3个月,浸水量一般与盐渍土类型、含盐量、厚度、水的矿化度及浸水时的气温等因素有关;

(3)采用浸水预溶时,应考虑对邻近建(构)筑物和其他设施的影响;

(4)对渗透性小,含盐量高或厚度大的盐渍土地基,宜采用附加措施增大预溶效果(如钻孔渗水等)。

7.2.37 为查明浸水预溶法处理地基土的溶陷性消除程度、残留的溶陷性土层厚度及地基的溶陷等级等,应在基础施工前进行专门性的勘察评定。浸水预溶后土中含水量增大,压缩性增高,承载力降低,应通过载荷试验确定处理后地基土的承载力。

7.2.38 浸水预溶加强夯法是将浸水预溶法与其他地基处理方式结合使用的一个典型。多用于含结晶盐较多的砂石类土中。例如,青海西部地区的盐渍土大部分属于砂石类土,部分土层为粉土,处于干旱或半干旱状态,天然含水量低,平均含水量在5%左右,且土的天然结构强度很高,所以,单独采用强夯法减小地基的浸水溶陷比较困难,对一些比较重要或对沉降有特殊要求的工程,为消除地基浸水溶陷的问题,提出了先浸水后强夯的方法,即先对

拟建建筑物地基进行浸水预溶,然后再进行强夯,这种方法的处理效果与浸水时间、强夯能量、土质条件等密切相关。

VI 盐化法

7.2.39 对于干旱地区含盐量较高、盐渍土层很厚的地基土,可考虑采用盐化处理方法,即所谓的"以盐制盐",在建筑物地基中注入饱和或过饱和的盐溶液,形成一定厚度的盐饱和土层,使地基土发生如下变化:①饱和盐溶液注入地基后随着水分的蒸发,盐结晶析出,填充原来土中的孔隙,并可起到土颗粒骨架作用;②饱和盐溶液注入地基后析出后减少了原来孔隙比,使盐渍土渗透性减小。地基经盐化处理后,由于本身的致密性增大,透水性减小,既保持或增加了原土层较高的结构强度,又使地基受到水浸时也不会发生较大的溶陷,这在地下水位较低、气候干燥的西北地区是有可能实现的,特别是与地基防水措施结合起来,将是一种经济有效的方法。相关试验结果表明,盐化法可使处理后的盐渍土地基浸水的沉降减小到处理前浸水沉降的1/5~1/7。

该法仅宜于在西部干旱地区一般轻型建(构)筑物中结合表层压实法一起使用。

7.2.42 地基盐化法处理的施工,可采用大开挖,对整个基坑底面全部进行盐化处理,如果不是大开挖,也可对某一柱基或条基进行盐化处理,无论哪种方法,盐化处理的范围都尽量大于基础外缘2.0m,开挖到基础设计标高后注入饱和盐溶液,饱和盐溶液要从基础的四角注入。

盐化用盐一般可采用工业锅炉用盐或一般食盐,水可用当地饮用自来水,也可直接用当地的盐湖水来代替。施工现场应备有若干较大的空油桶或容器,以备饱和盐溶液的加工。

相关单位在青海西部盐渍土地区进行盐化法处理,发现其优点是:可就地取材,降低造价;施工简便,消耗人力物力少;施工周期短,如与防水措施结合使用,更增强了建筑物安全使用的可靠性。

VII 隔断层法

隔断层主要包括土工膜(布)、砂砾隔断层、复合土工膜、复合防水板等。从部分公路工程的实践来看,在盐渍化严重的地区,单一土工膜或单一防渗土工布作为隔断层时,易在膜下产生水分和盐分聚集,使地基土软化和加重盐渍化,效果不好。

8 质量检验与维护

8.1 质量检验

8.1.4 对于砂石桩成桩后进行质量检验的时间间隔建议取 30d，目的是使盐渍土地基充分稳定。在因气候因素操作困难的部分地区，亦可根据地区经验结合相关规范综合确定时间间隔。

8.2 监测与维护

8.2.1~8.2.8 本节各条都是监测与维护的一些要求和做法，其规定比较具体，故不作逐条说明，使用单位应按本规范规定认真执行，将建筑物因盐渍土的溶陷、盐胀及腐蚀导致的事故减到最少。

附录A 盐渍土物理性质指标测定方法

A.0.1 与非盐渍土一样，盐渍土三相组成的比例关系能表征土的一系列物理性质，这些物理性质同样可以用诸如：颗粒组成、土颗粒比重、含水量、孔隙比、液塑限等表示，但是，盐渍土与非盐渍土的不同在于盐渍土含有较多的盐类（尤其是易溶盐），这种特性对盐渍土的物理性质有较大的影响，所以在测定各项物理指标时也应与非盐渍土加以区别。

A.0.2 对于盐渍土来说，采用比重瓶进行比重试验时，不能用水作为排开的液体，因为土中含有盐分，当土遇水后，尤其在试验的煮沸过程中，易溶盐会溶解于水，形成盐溶液。因此对于含有易溶盐或中溶盐的盐渍土，应采用中性液体（如煤油等）代替蒸馏水进行比重试验，以防盐类溶解，如果要测定盐渍土纯土颗粒的比重，则应在洗盐后用蒸馏水进行测定。

A.0.3 氯盐渍土中主要含有 $NaCl$、KCl，其次是 $CaCl_2$、$MgCl_2$ 等易溶盐类；硫酸盐渍土中主要含有 Na_2SO_4 和 $CaSO_4$；碳酸盐渍土中主要含有 Na_2CO_3 和 $NaHCO_3$。盐渍土中各种盐类，按其在 20℃水中的溶解度分为三类：易溶盐、中溶盐和难溶盐。各类盐的测定方法按现行国家标准《土工试验方法标准》GB/T 50123 进行。粒径大于 0.075mm 的颗粒质量不超过总质量的 50% 的土，应定名为细粒土。本条仅对细粒土含盐量测定进行了规定，关于粗粒土含盐量测定方法见附录 B。此外，盐渍土含盐量测定时，一般测易溶盐，必要时加测中溶盐及难溶盐。

A.0.4 土中的含水量是计算其他物理指标的基本指标之一。盐渍土中含有易溶盐时，天然条件下，这部分易溶盐不足以被土中所含的水分所溶解，此时土中水溶液已经达到饱和状态，而未被溶

的盐以固态的形式存在于土中，且与土颗粒一样起着固体骨架作用。但是，这部分骨架是不稳定的，当含水量增加时，它便被水溶解而变成液态。现行国家标准《土工试验方法标准》GB/T 50123 中土的天然含水量的测定方法（烘干法）中，土中的固态盐或液态盐均被作为固体骨架的一部分考虑。试验表明，对比采用含液量的计算结果，用含水量计算出的干重度偏大，而孔隙比、饱和度偏小，这是因为用烘干法获得含水量是把盐（包括原土中固态盐和液态盐）作为固体土骨架的一部分而得的，从而没有正确地反映土中固体土颗粒与土中液相的物理关系，对于实际工程而言，这是偏不安全的。土中水含盐量 B 的确定，应综合含盐量、含水量的测定结果综合得出。

A.0.5 盐渍土的天然密度的测定方法与非盐渍土相同，只是对于含有较多具有结晶特性易溶盐的盐渍土，应考虑其在低温情况下的结晶膨胀特性对湿密度的测定值带来的影响。

A.0.6 盐渍土的颗粒和非盐渍土一样，指的是岩石、矿物及非晶体化合物的零散碎屑。由于盐渍土中含盐，使土中的微粒胶结成小颗粒，此外，由于土中还含有结晶状的结晶盐，因此，如果在进行颗粒分析试验之前，不预先除去土中的盐，则所测得的盐渍土的细颗粒含量较少，而浸水洗盐后，由于易溶盐被溶解，原来由盐胶结而成的集粒解体以及结晶的盐颗粒也被溶解而除去，所以得出的试验结果是土颗粒分散度增高，细颗粒含量明显增大。因此，盐渍土的颗粒分析试验，应在洗盐前后分别进行，以得到正确的粒径组成，并以洗盐后的数据来确定土的名称，否则，可能得不到正确的结果。

A.0.7 相关资料表明，含盐量对盐渍土的塑性指标的影响较大，据国内曾对含盐量为 6%~10% 的 60 个盐渍土土样进行洗盐前后塑性指标的试验研究表明，未经洗盐的盐渍土，其液限含水量平均值比洗盐后的土小 2%~3%，塑限含水量小 1%~2%。由于工程上往往用塑性指标来对黏性土进行分类和评价，所以最好分别做去盐前后的塑限和液限试验，以免对土的评价不合理或相差甚远。

附录B 粗粒土易溶盐含量测定方法

试验表明，易溶盐含量超过 0.5% 的砂土，浸水后可能产生较大的溶陷，而同样的含盐量对黏土几乎不产生溶陷，因此，含盐量本身的测定方法值得进一步研究，尤其是对粗粒土，若只考虑粒径小于 2mm 的干土重，显然就放大了土的含盐量指标；但如果将粗粒土中全部粒径大于 2mm 的干土重量均计入，则含盐量很低，部分粗粒土将被误判为"非盐渍土"，且无法合理的反映粗颗粒盐渍土的工程特性。故为准确定名，评价其盐影响，本规范将细粒土的含盐量测定、碎石土含盐量、砂土含盐量分开考虑。

B.0.1 根据现行国家标准《岩土工程勘察规范》GB 50021 规定，粒径大于 2mm 的颗粒质量超过总质量 50% 的土，应定名为碎石土。土水比应视土中含盐量，以充分溶解为原则，不少于 1:5。

B.0.2 根据现行国家标准《岩土工程勘察规范》GB 50021 规定，粒径大于 2mm 的颗粒质量不超过总质量 50%，粒径大于 0.075mm 的颗粒质量超过总质量 50% 的土，应定名为砂土。土水比例应视土中含盐量，以充分溶解为原则，不少于 1:5。

B.0.3 将各种离子按阴离子、阳离子等当量的方式结合，按溶解度由小到大或由大到小的顺序组合是对盐渍土中具体盐分作出分析，以用于盐渍土盐胀、腐蚀性等的判断。

附录C 盐渍土地基浸水载荷试验方法

C.1 测定溶陷系数的浸水载荷试验

现场浸水载荷试验,是在常规载荷试验基础上结合盐渍土的溶陷特性作出规定的。浸水时间除要考虑土的渗透性外,还要根据土的类别和盐的性质而定。当盐渍土地基由含盐量不同的多层土组成时,浸水后地基可分为三个区域(见图3):I区内为重力渗流区,承压板的沉降主要由该区盐渍土的溶陷导致;Ⅱ区盐渍土的含水量在浸水后有不同程度的明显提高,但对承压板的影响不是主要的;Ⅲ区的盐渍土仍保持浸水前的状态。多层盐渍土地基的浸水载荷试验,除了观测承压板的沉降量,另可分层设置土中的观测标,测定不同深度处的沉降量,观测标可按土层情况分层设置,但分层厚度不宜超过1m,所有沉降观测标均应设置在I区。通过试验,根据各分层上下两个观测标的浸水前后沉降差 Δs_{i-1} 和 Δs_i,即可求出各层土的溶陷系数:

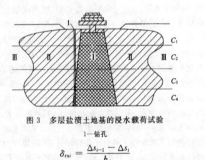

图3 多层盐渍土地基的浸水载荷试验
1—钻孔

$$\delta_{rxi} = \frac{\Delta s_{i-1} - \Delta s_i}{h_i} \qquad (3)$$

式中:Δs_{i-1}、Δs_i——第 i 层顶面和底面观测标在浸水前后的沉降差(cm);

h_i——第 i 层的厚度。

为检测渗流浓度和浸水深度等,也可在基坑内设观察孔,在浸水试验期间定时测量分析。

C.1.5 针对本条文,需要说明如下几点:

(1)"对工程有代表性"一般指的是根据前期钻孔获得的土层、含盐量信息,结合基础设计要求,综合判定溶陷的最不利点。但在实际工程中,获取绝对上的最不利点是不容易的,只能尽可能接近。

(2)铺设中粗砂层主要目的有两个:一是找平,使载荷板水平放置,压力均匀地传递到试验土层表面上;二是保证载荷板正方土体浸水的渗透速度。当中粗砂层厚度过大时,势必会在荷载作用下产生较大变形,甚至从载荷板下部侧向挤出,此外,考虑到盐渍土地区土体透水性一般较好,本条规定厚度为2cm~5cm。

(3)一般的载荷试验仅有一个"稳定标准",本条的"稳定标准"为"连续两小时内,每小时的沉降量小于0.1mm";要达到"注水标准",除应满足"稳定标准"外,还要达到相应的浸水压力;要达到"溶陷稳定标准",除应满足"稳定标准"外,还应满足浸水时间要求,一般5d~12d为宜,各地区可根据现场土层的渗透性进行选择确定,以浸透盐渍土层为基本要求。

C.1.6 针对本条文,需要说明如下几点:

(1)通过本试验最直接、最直观测得的物理量是溶陷量,为对场地溶陷性作出综合评价,本条提出平均溶陷系数的计算公式。目前浸润深度的取值仍主要以钻探、挖坑或瑞利波速测定为主,其中钻探最为常见。针对浸润深度的取值,部分专家提出应综合荷载作用深度和实际浸水深度确定,以免人为导致溶陷系数过大或过小,目前该法正在进一步研究中,本规范仍采用以钻探、挖坑或瑞利波速测定为主的方法确定浸润深度。

(2)本试验实际上对应室内测定溶陷系数的单线法。研究表明,如果在获取浸水压力时的溶陷量后继续增加荷载,继而测定地基承载力特征值存在一定的可行性。但要说明的是:首先,该情况下测定的地基承载力特征值是地基在浸水稳定状况下的承载力;其次,该情况下确定承载力,只能采用溶陷稳定后的后半段压力沉降曲线,如采用相对变形值确定承载力时,若相对变形在前半段曲线上,则对应的压力仅为未浸水状态下的地基承载力特征值。

C.2 测定盐渍土地基承载力特征值的浸水载荷试验

该试验方法与常规载荷试验基本相同,只是增加了浸水环节;为了节约试验费用,通常将测定溶陷系数的浸水载荷试验和测定盐渍土地基承载力特征值的浸水载荷试验结合起来,在前者试验完成后,接着按第C.2.6条的步骤进行后者试验,注意点与第C.1.6条的条文说明相同。

附录D 盐渍土溶陷系数室内试验方法

D.1 压缩试验法

D.1.3 由图D.1.5-2可知,Δh_p 与所加的压力 p 有关,所以土的溶陷系数实际上也随压力变化。因此,在计算盐渍土地基的溶陷时,溶陷系数不仅对不同的盐渍土层取不同的值,而且应根据该土层在地基中所受总压力的大小,确定其溶陷系数。显然,在事先无法得到该土层受多大压力 p 的情况下,采用双线法的室内压缩试验是适宜的。对建筑物地基的溶陷性评价或对建筑物基础的溶陷量进行估算时,为简便起见,也可以采用单线法进行试验,在没有明确规定压力下,该压力可取 200kPa。

D.2 液体排开法

D.2.4 注意本条文中的"最大干密度"与现行国家标准《土工试验方法标准》GB/T 50123中"击实试验"中的"最大干密度"是不同的概念,本条文中的"最大干密度"仅指在本试验规定方法下所获取最大的干密度值。

如在现场可以通过钻孔或探坑取得形状不规整的原状盐渍土土块,则可在室内用液体排开法测定洗盐前后土体积的变化,确定溶陷系数。由于试验无法实现在压力 p 下测定洗盐后的土体体积,故采用此法所求得的溶陷系数要比前两种试验方法所得的要大,因此,式(D.2.5)中要引入小于1的经验系数 K_G。

附录 E 硫酸盐渍土盐胀性现场试验方法

E.1 单 点 法

E.1.3 观测时间和观测次数可以根据现场所在地区温度变化等因素进行综合调整和安排。

E.1.4 在观测时间范围内,若某深度处的土层以及该层以下的土层均无盐胀导致的向上的位移,则取该层到地表的距离为有效盐胀区厚度。总盐胀量取地表观测所得的盐胀位移。

E.2 多 点 法

E.2.1 这种方法测得的盐胀系数是一个综合值,它与土基的含盐量、含盐性质、含水量及原地面结构有关,所以每个测试地段在测试期间应进行 1 次~2 次的试坑调查和取样试验,分析测点的工作状况,综合判断盐胀系数的取值。

附录 G 盐渍土浸水影响深度测定方法

查明地基浸水范围或深度的传统方法只有挖探或钻探,前者费工费时,且深度有限,后者在建筑物内部或贴近建筑物处很难施展。冶金部建筑研究总院根据盐渍土地基在浸水前后的波速有明显差别的原理,利用瑞利波法测定地基浸水深度取得了较好的效果。表 9 为测试结果对比。

表 9 瑞利波测试结果与开挖结果比较

试验编号	瑞利波测得浸水深度(m)	开挖测得浸水深度(m)	误差(%)
1	1.55	1.50	3.0
2	1.75	1.80	2.8
3	2.14	2.25	4.9
4	3.04	2.75	10.5
5	3.84	3.80	1.1

附录 F 硫酸盐渍土盐胀性室内试验方法

F.0.4 关于土基最低温度的测定方法,相关单位在新疆焉耆地区做过一些研究,得出土体温度与气温有关,可按下列经验关系确定:

$$T_d = (T_q + b)/a \qquad (4)$$

式中:T_d——土基内平均最低温度。

　　T_q——冬季平均最低气温。

　　a、b——各土层温度系数,参照表 7。

表 7 土层温度系数

深度(cm)	地表	0~20	20~40	40~60	60~80	80~100	100~120	120~140	140~160	160~180	180~200
a	0.937	0.832	0.832	0.930	1.004	1.126	1.227	1.410	1.536	1.770	2.003
b	3.465	6.287	7.300	9.373	11.884	14.553	16.526	20.117	23.048	28.198	33.161

冬季平均最低气温可用调查时前 5 年~10 年的冬季各月(10月至次年 2 月)平均气温资料。考虑到年度降温幅度变化等因素,以冬季平均最低气温加一5℃作为鉴别土基盐胀系数的冬季平均最低气温。按公式(4)可求得各土层温度,见表 8。

表 8 各土层温度

深度(cm)	0~20	20~40	40~60	60~80	80~100	100~120	120~140	140~160	160~180	180~200
土温(℃)	-10.4	-9.25	-6.05	-3.10	-0.39	1.24	3.63	5.24	7.43	8.93

中华人民共和国国家标准

建筑边坡工程技术规范

Technical code for building slope engineering

GB 50330—2013

主编部门：重 庆 市 城 乡 建 设 委 员 会
批准部门：中华人民共和国住房和城乡建设部
施行日期：2 0 1 4 年 6 月 1 日

中华人民共和国住房和城乡建设部
公　告

第 195 号

<hr>

住房城乡建设部关于发布国家标准
《建筑边坡工程技术规范》的公告

现批准《建筑边坡工程技术规范》为国家标准，编号为 GB 50330－2013，自 2014 年 6 月 1 日起实施。其中，第 3.1.3、3.3.6、18.4.1、19.1.1 条为强制性条文，必须严格执行。原《建筑边坡工程技术规范》GB 50330－2002 同时废止。

本规范由我部标准定额研究所组织中国建筑工业出版社出版发行。

中华人民共和国住房和城乡建设部
2013 年 11 月 1 日

前　言

根据原建设部《关于印发〈2007 年工程建设标准规范制订、修订计划（第一批）〉的通知》（建标［2007］125 号）的要求，规范编制组经广泛调查研究，认真总结实践经验，参考有关国内标准和国际标准，并在广泛征求意见的基础上，修订了《建筑边坡工程技术规范》GB 50330－2002。

本规范主要技术内容是：1. 总则；2. 术语和符号；3. 基本规定；4. 边坡工程勘察；5. 边坡稳定性评价；6. 边坡支护结构上的侧向岩土压力；7. 坡顶有重要建（构）筑物的边坡工程；8. 锚杆（索）；9. 锚杆（索）挡墙；10. 岩石锚喷支护；11. 重力式挡墙；12. 悬臂式挡墙和扶壁式挡墙；13. 桩板式挡墙；14. 坡率法；15. 坡面防护与绿化；16. 边坡工程排水；17. 工程滑坡防治；18. 边坡工程施工；19. 边坡工程监测、质量检验及验收。

本规范修订的主要技术内容是：

1. 明确临时性边坡（包括岩质基坑边坡）的有关参数（如破裂角、等效内摩擦角等）取值，给出临时性边坡的侧向压力计算；

2. 将锚杆有关计算（锚杆截面、锚固体与地层的锚固长度和杆体与锚固体的锚固长度计算）由原规范的概率极限状态计算方法转换成安全系数法；

3. 调整边坡稳定性分析评价方法：圆弧形滑动面稳定性计算时推荐采用毕肖普法，折线形滑动面稳定性计算时推荐采用传递系数隐式解法；

4. 增加分阶坡形的侧压力计算方法，给出了抗震时边坡支护结构侧压力的计算内容；

5. 对永久性边坡的岩石锚喷支护进行了局部修改完善，补充了临时性边坡及坡面防护的锚喷支护的有关内容；

6. 增加扶壁式挡墙形式，补充有关技术内容；

7. 新增"桩板式挡墙"一章，给出了桩板式挡墙的设计原则、计算、构造及施工等有关技术内容；

8. 新增"坡面防护与绿化"一章，规定了坡面防护与绿化的设计原则、计算、构造及施工等有关技术内容；

9. 将原规范第 3.5 节"排水措施"扩充成"边坡工程排水"一章，规定了边坡工程坡面防水、地下排水及防渗的设计和施工方法；

10. 将原规范第 3.6 节"坡顶有重要建（构）筑物的边坡工程设计"与第 14 章"边坡变形控制"合并，形成本规范的第 7 章"坡顶有重要建（构）筑物的边坡工程"，规定了坡顶有重要建（构）筑物边坡工程设计原则、方法、岩土侧压力的修订方法，抗震设计及安全施工的具体要求；

11. 修改工程滑坡的防治，删除危岩和崩塌防治内容；

12. 对边坡工程监测、质量检验及验收进行局部修改完善，并给出了边坡工程监测的预警值。

本规范中以黑体字标志的条文为强制性条文，必须严格执行。

本规范由住房和城乡建设部负责管理和对强制性条文的解释，由重庆市设计院负责具体技术内容的解释。执行过程中如有意见或建议，请寄送重庆市设计院（地址：重庆市渝中区人和街 31 号，邮政编码：400015）。

本规范主编单位：重庆市设计院
　　　　　　　　中国建筑技术集团有限公司

本规范参编单位：中国人民解放军后勤工程学院
　　　　　　　　中冶建筑研究总院有限公司
　　　　　　　　重庆市建筑科学研究院
　　　　　　　　重庆交通大学
　　　　　　　　中铁二院重庆勘察设计研究院有限责任公司
　　　　　　　　中国科学院地质与地球物理研究所
　　　　　　　　建设综合勘察研究设计院有限公司
　　　　　　　　大连理工大学
　　　　　　　　中国建筑西南勘察设计研究院有限公司

北京市勘察设计研究院有限公司
重庆市建设工程勘察质量监督站
重庆大学
重庆一建建设集团有限公司

本规范主要起草人员：郑生庆　郑颖人　黄　强
　　　　　　　　　　陈希昌　汤启明　刘兴远
　　　　　　　　　　陆　新　胡建林　凌天清
　　　　　　　　　　黄家愉　周显毅　何　平
　　　　　　　　　　康景文　贾金青　李正川
　　　　　　　　　　沈小克　伍法权　周载阳
　　　　　　　　　　杨素春　李耀刚　张季茂
　　　　　　　　　　王　华　姚　刚　周忠明
　　　　　　　　　　张智浩　张培文

本规范主要审查人员：滕延京　钱志雄　张旷成
　　　　　　　　　　杨　斌　罗济章　薛尚铃
　　　　　　　　　　王德华　钟　阳　戴一鸣
　　　　　　　　　　常大美

目　　次

1 总则 ……………………………… 19—8
2 术语和符号 …………………… 19—8
　2.1 术语 ………………………… 19—8
　2.2 符号 ………………………… 19—9
3 基本规定 ……………………… 19—9
　3.1 一般规定 …………………… 19—9
　3.2 边坡工程安全等级 ………… 19—10
　3.3 设计原则 ………………… 19—11
4 边坡工程勘察 ………………… 19—12
　4.1 一般规定 ………………… 19—12
　4.2 边坡工程勘察要求 ……… 19—13
　4.3 边坡力学参数取值 ……… 19—14
5 边坡稳定性评价 ……………… 19—16
　5.1 一般规定 ………………… 19—16
　5.2 边坡稳定性分析 ………… 19—16
　5.3 边坡稳定性评价标准 …… 19—16
6 边坡支护结构上的侧向岩土压力 … 19—17
　6.1 一般规定 ………………… 19—17
　6.2 侧向土压力 ……………… 19—17
　6.3 侧向岩石压力 …………… 19—19
7 坡顶有重要建（构）筑物的边坡
　工程 …………………………… 19—19
　7.1 一般规定 ………………… 19—19
　7.2 设计计算 ………………… 19—20
　7.3 构造设计 ………………… 19—21
　7.4 施工 ……………………… 19—21
8 锚杆（索） …………………… 19—21
　8.1 一般规定 ………………… 19—21
　8.2 设计计算 ………………… 19—22
　8.3 原材料 …………………… 19—23
　8.4 构造设计 ………………… 19—24
　8.5 施工 ……………………… 19—24
9 锚杆（索）挡墙 ……………… 19—25
　9.1 一般规定 ………………… 19—25
　9.2 设计计算 ………………… 19—25
　9.3 构造设计 ………………… 19—26
　9.4 施工 ……………………… 19—26
10 岩石锚喷支护 ……………… 19—26
　10.1 一般规定 ……………… 19—26

10.2 设计计算 ………………… 19—27
10.3 构造设计 ………………… 19—27
10.4 施工 …………………… 19—28
11 重力式挡墙 ………………… 19—28
　11.1 一般规定 ……………… 19—28
　11.2 设计计算 ……………… 19—28
　11.3 构造设计 ……………… 19—29
　11.4 施工 …………………… 19—29
12 悬臂式挡墙和扶壁式挡墙 …… 19—30
　12.1 一般规定 ……………… 19—30
　12.2 设计计算 ……………… 19—30
　12.3 构造设计 ……………… 19—30
　12.4 施工 …………………… 19—31
13 桩板式挡墙 ………………… 19—31
　13.1 一般规定 ……………… 19—31
　13.2 设计计算 ……………… 19—31
　13.3 构造设计 ……………… 19—32
　13.4 施工 …………………… 19—33
14 坡率法 ……………………… 19—33
　14.1 一般规定 ……………… 19—33
　14.2 设计计算 ……………… 19—33
　14.3 构造设计 ……………… 19—34
　14.4 施工 …………………… 19—34
15 坡面防护与绿化 …………… 19—34
　15.1 一般规定 ……………… 19—34
　15.2 工程防护 ……………… 19—34
　15.3 植物防护与绿化 ……… 19—35
　15.4 施工 …………………… 19—35
16 边坡工程排水 ……………… 19—36
　16.1 一般规定 ……………… 19—36
　16.2 坡面排水 ……………… 19—36
　16.3 地下排水 ……………… 19—36
　16.4 施工 …………………… 19—37
17 工程滑坡防治 ……………… 19—37
　17.1 一般规定 ……………… 19—37
　17.2 工程滑坡防治 ………… 19—38
　17.3 施工 …………………… 19—38
18 边坡工程施工 ……………… 19—39
　18.1 一般规定 ……………… 19—39

　18.2　施工组织设计 ……………… 19—39

　18.3　信息法施工 ………………… 19—39

　18.4　爆破施工 …………………… 19—39

　18.5　施工险情应急处理 ………… 19—40

19　边坡工程监测、质量检验及

　　验收 ……………………………… 19—40

　19.1　监测 ………………………… 19—40

　19.2　质量检验 …………………… 19—41

　19.3　验收 ………………………… 19—41

附录A　不同滑面形态的边坡稳定性

　　　　计算方法 ………………… 19—42

附录B　几种特殊情况下的侧向压力

　　　　计算 …………………………… 19—43

附录C　锚杆试验 ………………… 19—45

附录D　锚杆选型 ………………… 19—46

附录E　锚杆材料 ………………… 19—47

附录F　土质边坡的静力平衡法和

　　　　等值梁法 ………………… 19—47

附录G　岩土层地基系数 ………… 19—49

本规范用词说明 …………………… 19—49

引用标准名录 ……………………… 19—49

附：条文说明 ……………………… 19—50

Contents

1 General Provisions ················· 19—8
2 Terms and Symbols ··············· 19—8
　2.1 Terms ·························· 19—8
　2.2 Symbols ······················ 19—9
3 Basic Requirements ·············· 19—9
　3.1 General Requirements ········ 19—9
　3.2 Safety Level of Slop Engineering ····· 19—10
　3.3 Principles of Design ········· 19—11
4 Geological Investigation of
　Slope Engineering ··············· 19—12
　4.1 General Requirements ········· 19—12
　4.2 Geological Investigation of Slope ····· 19—13
　4.3 Physical Parameters of Slope ········ 19—14
5 Stability Assessment of Slope ····· 19—16
　5.1 General Requirements ··········· 19—16
　5.2 Stability Analysis of Slope ········· 19—16
　5.3 Stability Assessment of Slope ······· 19—16
6 Lateral Pressure of Slope
　Retaining Structure ·············· 19—17
　6.1 General Requirements ·········· 19—17
　6.2 Lateral Earth Pressure ········· 19—17
　6.3 Lateral Rock Pressure ·········· 19—19
7 Slope Engineering for Important
　Construction on Slope Top ········· 19—19
　7.1 General Requirements ·········· 19—19
　7.2 Design Calculations ··········· 19—20
　7.3 Structure Design ············· 19—21
　7.4 Construction ················ 19—21
8 Anchor ························· 19—21
　8.1 General Requirements ·········· 19—21
　8.2 Design Calculations ··········· 19—22
　8.3 Raw Materials ··············· 19—23
　8.4 Structure Design ············· 19—24
　8.5 Construction ················ 19—24
9 Retaining Wall with Anchor ········ 19—25
　9.1 General Requirements ·········· 19—25
　9.2 Design Calculations ··········· 19—25
　9.3 Structure Design ············· 19—26
　9.4 Construction ················ 19—26

10 Rock Slope Retaining by Anchor-
　shotcrete Retaining ··············· 19—26
　10.1 General Requirements ·········· 19—26
　10.2 Design Calculations ··········· 19—27
　10.3 Structure Design ·············· 19—27
　10.4 Construction ················· 19—28
11 Gravity Retaining Wall ··········· 19—28
　11.1 General Requirements ·········· 19—28
　11.2 Design Calculations ··········· 19—28
　11.3 Structure Design ·············· 19—29
　11.4 Construction ················· 19—29
12 Cantilever Retaining Wall and
　Counterfort Retaining Wall ········ 19—30
　12.1 General Requirements ·········· 19—30
　12.2 Design Calculations ··········· 19—30
　12.3 Structure Design ·············· 19—30
　12.4 Construction ················· 19—31
13 Pile-sheet Retaining ············· 19—31
　13.1 General Requirements ·········· 19—31
　13.2 Design Calculations ··········· 19—31
　13.3 Structure Design ·············· 19—32
　13.4 Construction ················· 19—33
14 Slope Ratio Method ·············· 19—33
　14.1 General Requirements ·········· 19—33
　14.2 Design Calculations ··········· 19—33
　14.3 Structure Design ·············· 19—34
　14.4 Construction ················· 19—34
15 Protection and Virescence
　of Slope ······················· 19—34
　15.1 General Requirements ·········· 19—34
　15.2 Engineering Protection ········· 19—34
　15.3 Plant Protection and Virescence ··· 19—35
　15.4 Construction ················· 19—35
16 Drainage of Slope Engineering ··· 19—36
　16.1 General Requirements ·········· 19—36
　16.2 External Drainage ············· 19—36
　16.3 Internal Drainage ············· 19—36
　16.4 Construction ················· 19—37
17 Prevention of Engineering-

triggered Landslide ·············· 19—37

17.1 General Requirements ················ 19—37

17.2 Prevention of Engineering-triggered
Landslide ································ 19—38

17.3 Construction ························· 19—38

18 Construction of Slope
Engineering ·························· 19—39

18.1 General Requirements ················ 19—39

18.2 Construction Design ··············· 19—39

18.3 Information Construction
Method ······························· 19—39

18.4 Blasting Construction ··············· 19—39

18.5 Emergency Treatment for
Construction Hazards ················· 19—40

19 Monitoring, Inspection and
Quality Acceptance of Slope
Engineering ·························· 19—40

19.1 Monitoring ··························· 19—40

19.2 Inspection ························· 19—41

19.3 Quality Acceptance ················· 19—41

Appendix A Slope Stability Calculation
for Various Sliding Surface

Forms ························· 19—42

Appendix B Lateral Pressure Calculation
for Several Special
Circumstances ··············· 19—43

Appendix C Testing of Anchor ····· 19—45

Appendix D Style of Anchor ············ 19—46

Appendix E Materials of Anchor ····· 19—47

Appendix F Static Equilibrium Method
and Equivalent Beam
Method for Soil Slope ···········
······························· 19—47

Appendix G Foundation Coefficient for
Embedding Segment of
Anti-Slide Pile ··········· 19—49

Explanation of Wording in This
Code ·· 19—49

List of Quoted Standards ········· 19—49

Addition: Explanation of
Provisions ························ 19—50

1 总 则

1.0.1 为在建筑边坡工程的勘察、设计、施工及质量控制中贯彻执行国家技术经济政策，做到技术先进、安全可靠、经济合理、确保质量和保护环境，制定本规范。

1.0.2 本规范适用于岩质边坡高度为30m以下（含30m）、土质边坡高度为15m以下（含15m）的建筑边坡工程以及岩石基坑边坡工程。

超过上述限定高度的边坡工程或地质和环境条件复杂的边坡工程除应符合本规范的规定外，尚应进行专项设计，采取有效、可靠的加强措施。

1.0.3 软土、湿陷性黄土、冻土、膨胀土和其他特殊性岩土以及侵蚀性环境的建筑边坡工程，尚应符合国家现行相应专业标准的规定。

1.0.4 建筑边坡工程应综合考虑工程地质、水文地质、边坡高度、环境条件、各种作用、邻近的建（构）筑物、地下市政设施、施工条件和工期等因素，因地制宜，精心设计，精心施工。

1.0.5 建筑边坡工程除应符合本规范外，尚应符合国家现行有关标准的规定。

2 术语和符号

2.1 术 语

2.1.1 建筑边坡 building slope

在建筑场地及其周边，由于建筑工程和市政工程开挖或填筑施工所形成的人工边坡和对建（构）筑物安全或稳定有不利影响的自然斜坡。本规范中简称边坡。

2.1.2 边坡支护 slope retaining

为保证边坡稳定及其环境的安全，对边坡采取的结构性支挡、加固与防护行为。

2.1.3 边坡环境 slope environment

边坡影响范围内或影响边坡安全的岩土体、水系、建（构）筑物、道路及管网等的统称。

2.1.4 永久性边坡 longterm slope

设计使用年限超过2年的边坡。

2.1.5 临时性边坡 temporary slope

设计使用年限不超过2年的边坡。

2.1.6 锚杆（索） anchor（anchorage）

将拉力传至稳定岩土层的构件（或系统）。当采用钢绞线或高强钢丝束并施加一定的预拉应力时，称为锚索。

2.1.7 锚杆挡墙 retaining wall with anchors

由锚杆（索）、立柱和面板组成的支护结构。

2.1.8 锚喷支护 anchor-shotcrete retaining

由锚杆和喷射混凝土面板组成的支护结构。

2.1.9 重力式挡墙 gravity retaining wall

依靠自身重力使边坡保持稳定的支护结构。

2.1.10 扶壁式挡墙 counterfort retaining wall

由立板、底板、扶壁和墙后填土组成的支护结构。

2.1.11 桩板式挡墙 pile-sheet retaining

由抗滑桩和桩间挡板等构件组成的支护结构。

2.1.12 坡率法 slope ratio method

通过调整、控制边坡坡率维持边坡整体稳定和采取构造措施保证边坡及坡面稳定的边坡治理方法。

2.1.13 工程滑坡 engineering-triggered landslide

因建筑和市政建设等工程行为而诱发的滑坡。

2.1.14 软弱结构面 weak structural plane

断层破碎带、软弱夹层、含泥或岩屑等结合程度很差、抗剪强度极低的结构面。

2.1.15 外倾结构面 out-dip structural plane

倾向坡外的结构面。

2.1.16 边坡塌滑区 landslip zone of slope

计算边坡最大侧压力时潜在滑动面和控制边坡稳定的外倾结构面以外的区域。

2.1.17 岩体等效内摩擦角 equivalent angle of internal friction

包括边坡岩体黏聚力、重度和边坡高度等因素影响的综合内摩擦角。

2.1.18 动态设计法 method of information design

根据信息法施工和施工勘察反馈的资料，对地质结论、设计参数及设计方案进行再验证，确认原设计条件有较大变化，及时补充、修改原设计的设计方法。

2.1.19 信息法施工 construction of information

根据施工现场的地质情况和监测数据，对地质结论、设计参数进行验证，对施工安全性进行判断并及时修正施工方案的施工方法。

2.1.20 逆作法 topdown construction method

在建筑边坡工程施工中自上而下分阶开挖及支护的施工方法。

2.1.21 土层锚杆 anchored bar in soil

锚固于稳定土层中的锚杆。

2.1.22 岩石锚杆 anchored bar in rock

锚固于稳定岩层内的锚杆。

2.1.23 系统锚杆 system of anchor bars

为保证边坡整体稳定，在坡体上按一定方式设置的锚杆群。

2.1.24 坡顶重要建（构）筑物 important construction on top of slope

位于边坡坡顶上的破坏后果很严重、严重的建（构）筑物。

2.1.25 荷载分散型锚杆 load-dispersive anchorage

在锚杆孔内，由多个独立的单元锚杆所组成的复合锚固体系。每个单元锚杆由独立的自由段和锚固段构成，能使锚杆所承担的荷载分散于各单元锚杆的锚固段上。一般可分为压力分散型锚杆和拉力分散型锚杆。

2.1.26 地基系数 coefficient of subgrade reaction

弹性半空间地基上某点所受的法向压力与相应位移的比值，又称温克尔系数。

2.2 符　号

2.2.1 作用和作用效应

e_a——修正前侧向土压力；

e'_a——修正后侧向土压力；

e_p——挡墙前侧向被动土压力；

E_a——相应于荷载标准组合的主动岩土压力合力；

E'_a——修正主动岩土压力合力；

E'_{ah}——侧向岩土压力合力水平分力修正值；

E_0——静止土压力；

E_p——挡墙前侧向被动土压力合力；

G——四边形滑裂体自重；挡墙每延米自重；滑体单位宽度自重；

H_{tk}——锚杆水平拉力标准值；

K_a——主动岩、土压力系数；

K_0——静止土压力系数；

K_p——被动岩、土压力系数；

q——地表均布荷载标准值；

q_L——局部均布荷载标准值；

α_w——边坡综合水平地震系数。

2.2.2 材料性能和抗力性能

c——岩土体的黏聚力；滑移面的黏聚力；

c'——有效应力的岩土体的黏聚力；

c_s——边坡外倾软弱结构面的黏聚力；

φ——岩土体的内摩擦角；

φ'——有效应力的岩土体的内摩擦角；

φ_s——边坡外倾软弱结构面内摩擦角；

γ——岩土体的重度；

γ'——岩土体的浮重度；

γ_{sat}——岩土体的饱和重度；

γ_w——水的重度；

D_r——土体的相对密实度；

w_L——土体的液限；

I_L——土的液性指数；

μ——挡墙底与地基岩土体的摩擦系数；

ρ——地震角。

2.2.3 几何参数

a——上阶边坡的宽度；坡脚到坡顶重要建筑物基础外边缘的水平距离；

A——锚杆杆体截面面积；滑动面面积；

A_c——锚固体截面面积；

A_s——锚杆钢筋或预应力钢绞线截面面积；

B——肋柱宽度；

B_p——桩身计算宽度；

H——边坡高度；挡墙高度；

L——边坡坡顶塌滑区外缘至坡底边缘的水平投影距离；

l_a——锚杆锚固体与地层间的锚固段长度或锚筋与砂浆间的锚固长度；

α——锚杆倾角；支挡结构墙背与水平面的夹角；

α'——边坡面与水平面的夹角；

α_0——挡墙底面倾角；

β——填土表面与水平面的夹角；地表斜坡面与水平面的夹角；

δ——墙背与岩土的摩擦角；

δ_r——稳定且无软弱层的岩石坡面与填土间的内摩擦角；

θ——边坡的破裂角；缓倾的外倾软弱结构面的倾角；假定岩土体滑动面与水平面的夹角；稳定岩石坡面或假定边坡岩土体滑动面与水平面的夹角；滑面倾角。

2.2.4 计算系数

F_s——边坡稳定性系数；挡墙抗滑移稳定系数；

F_t——挡墙抗倾覆稳定系数；

F_{st}——边坡稳定安全系数；

K——安全系数；

K_b——锚杆杆体抗拉安全系数，或锚杆钢筋抗拉安全系数；

β_1——岩质边坡主动岩石压力修正系数；

β_2——锚杆挡墙侧向岩土压力修正系数；

γ_0——支护结构重要性系数；

γ_k——滑坡稳定安全系数。

3　基本规定

3.1　一般规定

3.1.1 建筑边坡工程设计时应取得下列资料：

1 工程用地红线图、建筑平面布置总图、相邻建筑物的平、立、剖面和基础图等；

2 场地和边坡勘察资料；

3 边坡环境资料；

4 施工条件、施工技术、设备性能和施工经验等资料；

5 有条件时宜取得类似边坡工程的经验。

3.1.2 一级边坡工程应采用动态设计法。二级边坡工程宜采用动态设计法。

3.1.3 建筑边坡工程的设计使用年限不应低于被保

护的建（构）筑物设计使用年限。

3.1.4 建筑边坡支护结构形式应考虑场地地质和环境条件、边坡高度、边坡侧压力的大小和特点、对边坡变形控制的难易程度以及边坡工程安全等级等因素，可按表3.1.4选定。

表 3.1.4　边坡支护结构常用形式

支护结构 / 条件	边坡环境条件	边坡高度 H (m)	边坡工程安全等级	备注
重力式挡墙	场地允许，坡顶无重要建（构）筑物	土质边坡，$H \leqslant 10$ 岩质边坡，$H \leqslant 12$	一、二、三级	不利于控制边坡变形。土方开挖后边坡稳定较差时不应采用
悬臂式挡墙、扶壁式挡墙	填方区	悬臂式挡墙，$H \leqslant 6$ 扶壁式挡墙，$H \leqslant 10$	一、二、三级	适用于土质边坡
桩板式挡墙		悬臂式，$H \leqslant 15$ 锚拉式，$H \leqslant 25$	一、二、三级	桩嵌固段土质较差时不宜采用，当对挡墙变形要求较高时宜采用锚拉式桩板挡墙
板肋式或格构式锚杆挡墙		土质边坡，$H \leqslant 15$ 岩质边坡，$H \leqslant 30$	一、二、三级	边坡高度较大或稳定性较差时宜采用逆作法施工。对挡墙变形有较高要求的边坡，宜采用预应力锚杆
排桩式锚杆挡墙	坡顶建（构）筑物需要保护，场地狭窄	土质边坡，$H \leqslant 15$ 岩质边坡，$H \leqslant 30$	一、二、三级	有利于对边坡变形控制。适用于稳定性较差的土质边坡、有外倾软弱结构面的岩质边坡、垂直开挖施工尚不能保证稳定的边坡
岩石锚喷支护		Ⅰ类岩质边坡，$H \leqslant 30$	一、二、三级	适用于岩质边坡
		Ⅱ类岩质边坡，$H \leqslant 30$	二、三级	
		Ⅲ类岩质边坡，$H \leqslant 15$	二、三级	
坡率法	坡顶无重要建（构）筑物，场地有放坡条件	土质边坡，$H \leqslant 10$ 岩质边坡，$H \leqslant 25$	一、二、三级	不良地质段，地下水发育区，软塑及流塑状土时不应采用

3.1.5 规模大、破坏后果很严重、难以处理的滑坡、

危岩、泥石流及断层破碎带地区，不应修筑建筑边坡。

3.1.6 山区工程建设时应根据地质、地形条件及工程要求，因地制宜设置边坡，避免形成深挖高填的边坡工程。对稳定性较差且边坡高度较大的边坡工程宜采用放坡或分阶放坡方式进行治理。

3.1.7 当边坡体内洞室密集而对边坡产生不利影响时，应根据洞室大小和深度等因素进行稳定性分析，采取相应的加强措施。

3.1.8 存在临空外倾结构面的岩土质边坡，支护结构基础必须置于外倾结构面以下稳定地层内。

3.1.9 边坡工程平面布置、竖向及立面设计应考虑对周边环境的影响，做到美化环境，体现生态保护要求。

3.1.10 当施工期边坡变形较大且大于规范、设计允许值时，应采取包括边坡施工期临时加固措施的支护方案。

3.1.11 对已出现明显变形、发生安全事故及使用条件发生改变的边坡工程，其鉴定和加固应按现行国家标准《建筑边坡工程鉴定与加固技术规范》GB 50843的有关规定执行。

3.1.12 下列边坡工程的设计及施工应进行专门论证：

1　高度超过本规范适用范围的边坡工程；

2　地质和环境条件复杂、稳定性极差的一级边坡工程；

3　边坡塌滑区有重要建（构）筑物、稳定性较差的边坡工程；

4　采用新结构、新技术的一、二级边坡工程。

3.1.13 建筑边坡工程的混凝土结构耐久性设计应符合现行国家标准《混凝土结构设计规范》GB 50010的规定。

3.2　边坡工程安全等级

3.2.1 边坡工程应根据其损坏后可能造成的破坏后果（危及人的生命、造成经济损失、产生不良社会影响）的严重性、边坡类型和边坡高度等因素，按表3.2.1确定边坡工程安全等级。

表 3.2.1　边坡工程安全等级

边坡类型		边坡高度 H (m)	破坏后果	安全等级
岩质边坡	岩体类型为Ⅰ或Ⅱ类	$H \leqslant 30$	很严重	一级
			严重	二级
			不严重	三级
		$15 < H \leqslant 30$	很严重	一级
	岩体类型为Ⅲ或Ⅳ类		严重	二级
		$H \leqslant 15$	很严重	一级
			严重	二级
			不严重	三级

续表 3.2.1

边坡类型	边坡高度 H（m）	破坏后果	安全等级
土质边坡	10＜H≤15	很严重	一级
		严重	二级
	H≤10	很严重	一级
		严重	二级
		不严重	三级

注：1　一个边坡工程的各段，可根据实际情况采用不同的安全等级；

2　对危害性极严重、环境和地质条件复杂的边坡工程，其安全等级应根据工程情况适当提高；

3　很严重：造成重大人员伤亡或财产损失；严重：可能造成人员伤亡或财产损失；不严重：可能造成财产损失。

3.2.2　破坏后果很严重、严重的下列边坡工程，其安全等级应定为一级：

1　由外倾软弱结构面控制的边坡工程；

2　工程滑坡地段的边坡工程；

3　边坡塌滑区有重要建（构）筑物的边坡工程。

3.2.3　边坡塌滑区范围可按下式估算：

$$L = \frac{H}{\tan\theta} \qquad (3.2.3)$$

式中：L——边坡坡顶塌滑区外缘至坡底边缘的水平投影距离（m）；

H——边坡高度（m）；

θ——坡顶无荷载时边坡的破裂角（°）；对直立土质边坡可取 $45°+\varphi/2$，φ 为土体的内摩擦角；对斜面土质边坡，可取 $(\beta+\varphi)/2$，β 为坡面与水平面的夹角，φ 为土体的内摩擦角；对直立岩质边坡可按本规范第 6.3.3 条确定；对倾斜坡面岩质边坡可按本规范第 6.3.4 条确定。

3.3　设计原则

3.3.1　边坡工程设计应符合下列规定：

1　支护结构达到最大承载能力、锚固系统失效、发生不适于继续承载的变形或坡体失稳应满足承载能力极限状态的设计要求；

2　支护结构和边坡达到支护结构或邻近建（构）筑物的正常使用所规定的变形限值或达到耐久性的某项规定限值应满足正常使用极限状态的设计要求。

3.3.2　边坡工程设计所采用作用效应组合与相应的抗力限值应符合下列规定：

1　按地基承载力确定支护结构或构件的基础底面积及埋深或按单桩承载力确定桩数时，传至基础或桩上的作用效应应采用荷载效应标准组合；相应的抗力应采用地基承载力特征值或单桩承载力特征值；

2　计算边坡与支护结构的稳定性时，应采用荷载效应基本组合，但其分项系数均为 1.0；

3　计算锚杆面积、锚杆杆体与砂浆的锚固长度、锚杆锚固体与岩土层的锚固长度时，传至锚杆的作用效应应采用荷载效应标准组合；

4　在确定支护结构截面、基础高度、计算基础或支护结构内力、确定配筋和验算材料强度时，应采用荷载效应基本组合，并应满足下式的要求：

$$\gamma_0 S \leq R \qquad (3.3.2)$$

式中：S——基本组合的效应设计值；

R——结构构件抗力的设计值；

γ_0——支护结构重要性系数，对安全等级为一级的边坡不应低于 1.1，二、三级边坡不应低于 1.0。

5　计算支护结构变形、锚杆变形及地基沉降时，应采用荷载效应的准永久组合，不计入风荷载和地震作用，相应的限值应为支护结构、锚杆或地基的变形允许值；

6　支护结构抗裂计算时，应采用荷载效应标准组合，并考虑长期作用影响；

7　抗震设计时地震作用效应和荷载效应的组合应按国家现行有关标准执行。

3.3.3　地震区边坡工程应按下列原则考虑地震作用的影响：

1　边坡工程抗震设防烈度应根据中国地震动参数区划图确定的本地区地震基本烈度，且不应低于边坡塌滑区内建筑物的设防烈度；

2　抗震设防的边坡工程，其地震作用计算应按国家现行有关标准执行；抗震设防烈度为 6 度的地区，边坡工程支护结构可不进行地震作用计算，但应采取抗震构造措施，抗震设防烈度 6 度以上的地区，边坡工程支护结构应进行地震作用计算，临时性边坡可不作抗震计算；

3　支护结构和锚杆外锚头等，应按抗震设防烈度要求采取相应的抗震构造措施。

3.3.4　抗震设防区，支护结构或构件承载能力应采用地震作用效应和荷载效应基本组合进行验算。

3.3.5　边坡工程设计应包括支护结构的选型、平面及立面布置、计算、构造和排水，并对施工、监测及质量验收等提出要求。

3.3.6　**边坡支护结构设计时应进行下列计算和验算：**

1　**支护结构及其基础的抗压、抗弯、抗剪、局部抗压承载力的计算；支护结构基础的地基承载力计算；**

2　**锚杆锚固体的抗拔承载力及锚杆杆体抗拉承载力的计算；**

3　**支护结构稳定性验算。**

3.3.7　边坡支护结构设计时尚应进行下列计算和验算：

1　地下水发育边坡的地下水控制计算；

2　对变形有较高要求的边坡工程还应结合当地经验进行变形验算。

4 边坡工程勘察

4.1 一般规定

4.1.1 下列建筑边坡工程应进行专门性边坡工程地质勘察：

　　1 超过本规范适用范围的边坡工程；

　　2 地质条件和环境条件复杂、有明显变形迹象的一级边坡工程；

　　3 边坡邻近有重要建（构）筑物的边坡工程。

4.1.2 除本规范第 4.1.1 条规定外的其他边坡工程可与建筑工程地质勘察一并进行，但应满足边坡勘察的工作深度和要求，勘察报告应有边坡稳定性评价的内容。大型和地质环境复杂的边坡工程宜分阶段勘察；当地质环境复杂、施工过程中发现地质环境与原勘察资料不符且可能影响边坡治理效果或因设计、施工原因变更边坡支护方案时尚应进行施工勘察。

4.1.3 岩质边坡的破坏形式应按表 4.1.3 划分。

表 4.1.3 岩质边坡的破坏形式分类

破坏形式	岩 体 特 征		破坏特征
滑移型	由外倾结构面控制的岩体	硬性结构面的岩体	沿外倾结构面滑移，分单面滑移与多面滑移
		软弱结构面的岩体	
	不受外倾结构面控制和无外倾结构面的岩体	块状岩体、碎裂状、散体状岩体	沿极软岩、强风化岩、碎裂结构或散体状岩体中最不利滑动面滑移
崩塌型	受结构面切割控制的岩体	被结构面切割的岩体	沿陡倾、临空的结构面塌滑；山内、外倾结构不利组合面切割，块体失稳倾倒；岩腔上岩体沿结构面剪切或坠落破坏
	无外倾结构面的岩体	整体状岩体、巨块状岩体	陡立边坡，因卸荷作用产生拉张裂缝导致岩体倾倒

4.1.4 岩质边坡工程勘察应根据岩体主要结构面与坡向的关系、结构面的倾角大小、结合程度、岩体完整程度等因素对边坡岩体类型进行划分，并应符合表 4.1.4 的规定。

表 4.1.4 岩质边坡的岩体分类

边坡岩体类型	判 定 条 件			
	岩体完整程度	结构面结合程度	结构面产状	直立边坡自稳能力
Ⅰ	完整	结构面结合良好或一般	外倾结构面或外倾不同结构面的组合线倾角＞75°或＜27°	30m 高的边坡长期稳定，偶有掉块
Ⅱ	完整	结构面结合良好或一般	外倾结构面或外倾不同结构面的组合线倾角 27°～75°	15m 高的边坡稳定，15m～30m 高的边坡欠稳定
	完整	结构面结合差	外倾结构面或外倾不同结构面的组合线倾角＞75°或＜27°	15m 高的边坡稳定，15m～30m 高的边坡欠稳定
	较完整	结构面结合良好或一般	外倾结构面或外倾不同结构面的组合线倾角＞75°或＜27°	边坡出现局部落块
Ⅲ	完整	结构面结合差	外倾结构面或外倾不同结构面的组合线倾角 27°～75°	8m 高的边坡稳定，15m 高的边坡欠稳定
	较完整	结构面结合良好或一般	外倾结构面或外倾不同结构面的组合线倾角 27°～75°	8m 高的边坡稳定，15m 高的边坡欠稳定
	较完整	结构面结合差	外倾结构面或外倾不同结构面的组合线倾角＞75°或＜27°	8m 高的边坡稳定，15m 高的边坡欠稳定
	较破碎	结构面结合良好或一般	外倾结构面或外倾不同结构面的组合线倾角＞75°或＜27°	8m 高的边坡稳定，15m 高的边坡欠稳定
	较破碎（碎裂镶嵌）	结构面结合良好或一般	结构面无明显规律	8m 高的边坡稳定，15m 高的边坡欠稳定

续表4.1.4

边坡岩体类型	判 定 条 件			
	岩体完整程度	结构面结合程度	结构面产状	直立边坡自稳能力
Ⅳ	较完整	结构面结合差或很差	外倾结构面以层面为主，倾角多为27°～75°	8m高的边坡不稳定
	较破碎	结构面结合一般或差	外倾结构面或外倾不同结构面的组合线倾角27°～75°	8m高的边坡不稳定
	破碎或极破碎	碎块间结合很差	结构面无明显规律	8m高的边坡不稳定

注：1 结构面指原生结构面和构造结构面，不包括风化裂隙；

2 外倾结构面系指倾向与坡向的夹角小于30°的结构面；

3 不包括全风化基岩；全风化基岩可视为土体；

4 Ⅰ类岩体为软岩，应降为Ⅱ类岩体；Ⅰ类岩体为较软岩且边坡高度大于15m时，可降为Ⅱ类；

5 当地下水发育时，Ⅱ、Ⅲ类岩体可根据具体情况降低一档；

6 强风化岩应划为Ⅳ类；完整的极软岩可划为Ⅲ类或Ⅳ类；

7 当边坡岩体较完整、结构面结合差或很差、外倾结构面或外倾不同结构面的组合线倾角27°～75°，结构面贯通性差时，可划为Ⅲ类；

8 当有贯通性较好的外倾结构面时应验算沿该结构面破坏的稳定性。

4.1.5 当无外倾结构面及外倾不同结构面组合时，完整、较完整的坚硬岩、较硬岩宜划为Ⅰ类，较破碎的坚硬岩、较硬岩宜划为Ⅱ类；完整、较完整的较软岩、软岩宜划为Ⅱ类，较破碎的较软岩、软岩可划为Ⅲ类。

4.1.6 确定岩质边坡的岩体类型时，由坚硬程度不同的岩石互层组成且每层厚度小于或等于5m的岩质边坡宜视为由相对软弱岩石组成的边坡。当边坡岩体由两层以上单层厚度大于5m的岩体组成时，可分段确定边坡岩体类型。

4.1.7 已有变形迹象的边坡宜在勘察期间进行变形监测。

4.1.8 边坡工程勘察等级应根据边坡工程安全等级和地质环境复杂程度按表4.1.8划分。

表4.1.8 边坡工程勘察等级

边坡工程安全等级	边坡地质环境复杂程度		
	复杂	中等复杂	简单
一级	一级	一级	二级
二级	一级	二级	三级
三级	二级	三级	三级

4.1.9 边坡地质环境复杂程度可按下列标准判别：

1 地质环境复杂：组成边坡的岩土体种类多，强度变化大，均匀性差，土质边坡潜在滑面多，岩质边坡受外倾结构面或外倾不同结构面组合控制，水文地质条件复杂；

2 地质环境中等复杂：介于地质环境复杂与地质环境简单之间；

3 地质环境简单：组成边坡的岩土体种类少，强度变化小，均匀性好，土质边坡潜在滑面少，岩质边坡受外倾结构面或外倾不同结构面组合控制，水文地质条件简单。

4.1.10 工程滑坡应根据工程特点按现行国家有关标准执行。

4.2 边坡工程勘察要求

4.2.1 边坡工程勘察前除应收集边坡及邻近边坡的工程地质资料外，尚应取得下列资料：

1 附有坐标和地形的拟建边坡支挡结构的总平面布置图；

2 边坡高度、坡底高程和边坡平面尺寸；

3 拟建场地的整平高程和挖方、填方情况；

4 拟建支挡结构的性质、结构特点及拟采取的基础形式、尺寸和埋置深度；

5 边坡滑塌区及影响范围内的建（构）筑物的相关资料；

6 边坡工程区域的相关气象资料；

7 场地区域最大降雨强度和二十年一遇及五十年一遇最大降水量；河、湖历史最高水位和二十年一遇及五十年一遇的水位资料；可能影响边坡水文地质条件的工业和市政管线、江河等水源因素，以及相关水库水位调度方案资料；

8 对边坡工程产生影响的汇水面积、排水坡度、长度和植被等情况；

9 边坡周围山洪、冲沟和河流冲淤等情况。

4.2.2 边坡工程勘察应包括下列内容：

1 场地地形和场地所在地貌单元；

2 岩土时代、成因、类型、性状、覆盖层厚度、基岩面的形态和坡度、岩石风化和完整程度；

3 岩、土体的物理力学性能；

4 主要结构面特别是软弱结构面的类型、产状、发育程度、延伸程度、结合程度、充填状况、充水状况、组合关系、力学属性和与临空面的关系；

5 地下水水位、水量、类型、主要含水层分布情况、补给及动态变化情况；

6 岩土的透水性和地下水的出露情况；

7 不良地质现象的范围和性质；

8 地下水、土对支挡结构材料的腐蚀性；

9 坡顶邻近（含基坑周边）建（构）筑物的荷载、结构、基础形式和埋深，地下设施的分布和埋深。

4.2.3 边坡工程勘察应先进行工程地质测绘和调查。工程地质测绘和调查工作应查明边坡的形态、坡角、结构面产状和性质等，工程地质测绘和调查范围应包括可能对边坡稳定有影响及受边坡影响的所有地段。

4.2.4 边坡工程勘探应采用钻探（直孔、斜孔）、坑（井）探、槽探和物探等方法。对于复杂、重要的边坡工程可辅以洞探。位于岩溶发育的边坡除采用上述方法外，尚应采用物探。

4.2.5 边坡工程勘探范围应包括坡面区域和坡面外围一定的区域。对无外倾结构面控制的岩质边坡的勘探范围：到坡顶的水平距离一般不应小于边坡高度；外倾结构面控制的岩质边坡的勘探范围应根据组成边坡的岩土性质及可能破坏模式确定。对于可能按土体内部圆弧形破坏的土质边坡不应小于 1.5 倍坡高。对可能沿岩土界面滑动的土质边坡，后部应大于可能的后缘边界，前缘应大于可能的剪出口位置。勘察范围尚应包括可能对建（构）筑物有潜在安全影响的区域。

4.2.6 勘探线应以垂直边坡走向或平行主滑方向布置为主，在拟设置支挡结构的位置应布置平行和垂直的勘探线。成图比例尺应大于或等于 1：500，剖面的纵横比例应相同。

4.2.7 勘探点分为一般性勘探点和控制性勘探点。控制性勘探点宜占勘探点总数的 1/5～1/3，地质环境条件简单、大型的边坡工程取 1/5，地质环境条件复杂、小型的边坡工程取 1/3，并应满足统计分析的要求。

4.2.8 详细勘察的勘探线、点间距可按表 4.2.8 或地区经验确定。每一单独边坡段勘探线不应少于 2 条，每条勘探线不应少于 2 个勘探点。

表 4.2.8 详细勘察的勘探线、点间距

边坡勘察等级	勘探线间距（m）	勘探点间距（m）
一级	≤20	≤15
二级	20～30	15～20
三级	30～40	20～25

注：初步勘察的勘探线、点间距可适当放宽。

4.2.9 边坡工程勘探点深度应进入最下层潜在滑面 2.0m～5.0m，控制性钻孔取大值，一般性钻孔取小值；支挡位置的控制性勘探孔深度应根据可能选择的支护结构形式确定。对于重力式挡墙、扶壁式挡墙和锚杆挡墙可进入持力层不小于 2.0m；对于悬臂桩进入嵌固段的深度土质时不宜小于悬臂长度的 1.0 倍，岩质时不小于 0.7 倍。

4.2.10 对主要岩土层和软弱层应采样进行室内物理力学性能试验，其试验项目应包括物性、强度及变形指标，试样的含水状态应包括天然状态和饱和状态。用于稳定性计算时土的抗剪强度指标宜采用直接剪切试验获取，用于确定地基承载力时土的峰值抗剪强度指标宜采用三轴试验获取。主要岩土层采集试样数量：土层不少于 6 组，对于现场大剪试验，每组不应少于 3 个试件；岩样抗压强度不应少于 9 个试件。岩石抗剪强度不少于 3 组。需要时应采集岩样进行变形指标试验，有条件时应进行结构面的抗剪强度试验。

4.2.11 建筑边坡工程勘察应提供水文地质参数。对于土质边坡及较破碎、破碎和极破碎的岩质边坡宜在不影响边坡安全条件下，通过抽水、压水或渗水试验确定水文地质参数。

4.2.12 建筑边坡工程勘察除应进行地下水力学作用和地下水物理、化学作用的评价以外，还应论证孔隙水压力变化规律和对边坡应力状态的影响，并应考虑雨季和暴雨过程的影响。

4.2.13 对于地质条件复杂的边坡工程，初步勘察时宜选择部分钻孔埋设地下水和变形监测设备进行监测。

4.2.14 除各类监测孔外，边坡工程勘察工作中的探井、探坑和探槽等在野外工作完成后应及时封填密实。

4.2.15 对大型待填的填土边坡宜进行料源勘察，针对可能的取料地点，查明用于边坡填筑的岩土工程性质，为边坡填筑的设计和施工提供依据。

4.3 边坡力学参数取值

4.3.1 岩体结构面抗剪强度指标的试验应符合现行国家标准《工程岩体试验方法标准》GB/T 50266 的有关规定。当无条件进行试验时，结构面的抗剪强度指标标准值在初步设计时可按表 4.3.1 并结合类似工程经验确定。

表 4.3.1 结构面抗剪强度指标标准值

结构面类型		结构面结合程度	内摩擦角 φ（°）	黏聚力 c（MPa）
硬性结构面	1	结合好	>35	>0.13
	2	结合一般	35～27	0.13～0.09
	3	结合差	27～18	0.09～0.05

续表 4.3.1

结构面类型		结构面结合程度	内摩擦角 φ（°）	黏聚力 c（MPa）
软弱结构面	4	结合很差	18～12	0.05～0.02
	5	结合极差（泥化层）	＜12	＜0.02

注：1 除第1项和第5项外，结构面两壁岩性为极软岩、软岩时取较低值；
2 取值时应考虑结构面的贯通程度；
3 结构面浸水时取较低值；
4 临时性边坡可取高值；
5 已考虑结构面的时间效应；
6 未考虑结构面参数在施工期和运行期受其他因素影响发生的变化，当判定为不利因素时，可进行适当折减。

4.3.2 岩体结构面的结合程度可按表4.3.2确定。

表4.3.2 结构面的结合程度

结合程度	结合状况	起伏粗糙程度	结构面张开度（mm）	充填状况	岩体状况
结合良好	铁硅钙质胶结	起伏粗糙	≤3	胶结	硬岩或较软岩
结合一般	铁硅钙质胶结	起伏粗糙	3～5	胶结	硬岩或较软岩
	铁硅钙质胶结	起伏粗糙	≤3	胶结	软岩
	分离	起伏粗糙	≤3（无充填时）	无充填或岩块、岩屑充填	硬岩或较软岩
结合差	分离	起伏粗糙	≤3	干净无充填	软岩
	分离	平直光滑	≤3（无充填时）	无充填或岩块、岩屑充填	各种岩层
	分离	平直光滑		岩块、岩屑夹泥或附泥膜	各种岩层
结合很差	分离	平直光滑、略有起伏		泥质或泥夹岩屑充填	各种岩层
	分离	平直很光滑	≤3	无充填	各种岩层

续表 4.3.2

结合程度	结合状况	起伏粗糙程度	结构面张开度（mm）	充填状况	岩体状况
结合极差	结合极差	—	—	泥化夹层	各种岩层

注：1 起伏度：当 $R_A ≤ 1\%$ 时，平直；当 $1\% < R_A ≤ 2\%$ 时，略有起伏；当 $2\% < R_A$ 时，起伏；其中 $R_A = A/L$，A 为连续结构面起伏幅度（cm），L 为连续结构面取样长度（cm），测量范围 L 一般为 1.0m～3.0m；
2 粗糙度：很光滑，感觉非常细腻如镜面；光滑，感觉比较细腻，无颗粒感觉；较粗糙，可以感觉到一定的颗粒状；粗糙，明显感觉到颗粒状。

4.3.3 当无试验资料和缺少当地经验时，天然状态或饱和状态岩体内摩擦角标准值可根据天然状态或饱和状态岩块的内摩擦角标准值结合边坡岩体完整程度按表4.3.3中系数折减确定。

表4.3.3 边坡岩体内摩擦角的折减系数

边坡岩体完整程度	内摩擦角的折减系数
完整	0.95～0.90
较完整	0.90～0.85
较破碎	0.85～0.80

注：1 全风化层可按成分相同的土层考虑；
2 强风化基岩可根据地方经验适当折减。

4.3.4 边坡岩体等效内摩擦角宜按当地经验确定。当缺乏当地经验时，可按表4.3.4取值。

表4.3.4 边坡岩体等效内摩擦角标准值

边坡岩体类型	Ⅰ	Ⅱ	Ⅲ	Ⅳ
等效内摩擦角 φ_e（°）	$\varphi_e > 72$	$72 ≥ \varphi_e > 62$	$62 ≥ \varphi_e > 52$	$52 ≥ \varphi_e > 42$

注：1 适用于高度不大于30m的边坡；当高度大于30m时，应作专门研究；
2 边坡高度较大时宜取较小值；高度较小时宜取较大值；当边坡岩体变化较大时，应按同等高度段分别取值；
3 已考虑时间效应；对于Ⅱ、Ⅲ、Ⅳ类岩质临时边坡可取上限值，Ⅰ类岩质临时边坡可根据岩体强度及完整程度取大于72°的数值；
4 适用于完整、较完整的岩体；破碎、较破碎的岩体可根据地方经验适当折减。

4.3.5 边坡稳定性计算应根据不同的工况选择相应

的抗剪强度指标。土质边坡按水土合算原则计算时，地下水位以下宜采用土的饱和自重固结不排水抗剪强度指标；按水土分算原则计算时，地下水位以下宜采用土的有效抗剪强度指标。

4.3.6 填土边坡的力学参数宜根据试验并结合当地经验确定。试验方法应根据工程要求、填料的性质和施工质量等确定，试验条件应尽可能接近实际状况。

4.3.7 土质边坡抗剪强度试验方法的选择应符合下列规定：

    1 根据坡体内的含水状态选择天然或饱和状态的抗剪强度试验方法；

    2 用于土质边坡，在计算土压力和抗倾覆计算时，对黏土、粉质黏土宜选择直剪固结快剪或三轴固结不排水剪，对粉土、砂土和碎石土宜选择有效应力强度指标；

    3 用于土质边坡计算整体稳定、局部稳定和抗滑稳定性时，对一般的黏性土、砂土和碎石土，按第2款相同的试验方法，但对饱和软黏性土，宜选择直剪快剪、三轴不固结不排水试验或十字板剪切试验。

5 边坡稳定性评价

5.1 一般规定

5.1.1 下列建筑边坡应进行稳定性评价：

    1 选作建筑场地的自然斜坡；

    2 由于开挖或填筑形成、需要进行稳定性验算的边坡；

    3 施工期出现新的不利因素的边坡；

    4 运行期条件发生变化的边坡。

5.1.2 边坡稳定性评价应在查明工程地质、水文地质条件的基础上，根据边坡岩土工程条件，采用定性分析和定量分析相结合的方法进行。

5.1.3 对土质较软、地面荷载较大、高度较大的边坡，其坡脚地面抗隆起、抗管涌和抗渗流等稳定性评价应按国家现行有关标准执行。

5.2 边坡稳定性分析

5.2.1 边坡稳定性分析之前，应根据岩土工程地质条件对边坡的可能破坏方式及相应破坏方向、破坏范围、影响范围等作出判断。判断边坡的可能破坏方式时应同时考虑到受岩土体强度控制的破坏和受结构面控制的破坏。

5.2.2 边坡抗滑移稳定性计算可采用刚体极限平衡法。对结构复杂的岩质边坡，可结合采用极射赤平投影法和实体比例投影法；当边坡破坏机制复杂时，可采用数值极限分析法。

5.2.3 计算沿结构面滑动的稳定性时，应根据结构面形态采用平面或折线形滑面。计算土质边坡、极软岩边坡、破碎或极破碎岩质边坡的稳定性时，可采用圆弧形滑面。

5.2.4 采用刚体极限平衡法计算边坡抗滑稳定性时，可根据滑面形态按本规范附录A选择具体计算方法。

5.2.5 边坡稳定性计算时，对基本烈度为7度及7度以上地区的永久性边坡应进行地震工况下边坡稳定性校核。

5.2.6 塌滑区内无重要建（构）筑物的边坡采用刚体极限平衡法和静力数值计算法计算稳定性时，滑体、条块或单元的地震作用可简化为一个作用于滑体、条块或单元重心处、指向坡外（滑动方向）的水平静力，其值应按下列公式计算：

$$Q_e = \alpha_w G \qquad (5.2.6\text{-}1)$$

$$Q_{ei} = \alpha_w G_i \qquad (5.2.6\text{-}2)$$

式中：Q_e、Q_{ei}——滑体、第i计算条块或单元单位宽度地震力（kN/m）；

    G、G_i——滑体、第i计算条块或单元单位宽度自重［含坡顶建（构）筑物作用］（kN/m）；

    α_w——边坡综合水平地震系数，由所在地区地震基本烈度按表5.2.6确定。

表5.2.6 水平地震系数

地震基本烈度	7度		8度		9度
地震峰值加速度	0.10g	0.15g	0.20g	0.30g	0.40g
综合水平地震系数 α_w	0.025	0.038	0.050	0.075	0.100

5.2.7 当边坡可能存在多个滑动面时，对各个可能的滑动面均应进行稳定性计算。

5.3 边坡稳定性评价标准

5.3.1 除校核工况外，边坡稳定性状态分为稳定、基本稳定、欠稳定和不稳定四种状态，可根据边坡稳定性系数按表5.3.1确定。

表5.3.1 边坡稳定性状态划分

边坡稳定性系数 F_s	$F_s <$ 1.00	$1.00 \leqslant F_s$ < 1.05	$1.05 \leqslant F_s$ $< F_{st}$	$F_s \geqslant$ F_{st}
边坡稳定性状态	不稳定	欠稳定	基本稳定	稳定

注：F_{st}——边坡稳定安全系数。

5.3.2 边坡稳定安全系数 F_{st} 应按表5.3.2确定，当边坡稳定性系数小于边坡稳定安全系数时应对边坡进行处理。

表 5.3.2 边坡稳定安全系数 F_{st}

稳定安全系数 / 边坡类型	边坡工程安全等级	一级	二级	三级
永久边坡	一般工况	1.35	1.30	1.25
永久边坡	地震工况	1.15	1.10	1.05
临时边坡		1.25	1.20	1.15

注：1 地震工况时，安全系数仅适用于塌滑区内无重要建（构）筑物的边坡；
　　2 对地质条件很复杂或破坏后果极严重的边坡工程，其稳定安全系数应适当提高。

6 边坡支护结构上的侧向岩土压力

6.1 一般规定

6.1.1 侧向岩土压力分为静止岩土压力、主动岩土压力和被动岩土压力。当支护结构变形不满足主动岩土压力产生条件时，或当边坡上方有重要建筑物时，应对侧向岩土压力进行修正。

6.1.2 侧向岩土压力可采用库仑土压力或朗金土压力公式求解。侧向总土压力可采用总岩土压力公式直接计算或按岩土压力公式求和计算，侧向岩土压力和分布应根据支护类型确定。

6.1.3 在各种岩土侧压力计算时，可用解析公式求解。对于复杂情况也可采用数值极限分析法进行计算。

6.2 侧向土压力

6.2.1 静止土压力可按下式计算：

$$e_{0i} = \left(\sum_{j=1}^{i} \gamma_j h_j + q \right) K_{0i} \qquad (6.2.1)$$

式中：e_{0i}——计算点处的静止土压力（kN/m^2）；
　　γ_j——计算点以上第 j 层土的重度（kN/m^3）；
　　h_j——计算点以上第 j 层土的厚度（m）；
　　q——坡顶附加均布荷载（kN/m^2）；
　　K_{0i}——计算点处的静止土压力系数。

6.2.2 静止土压力系数宜由试验确定。当无试验条件时，对砂土可取 0.34~0.45，对黏性土可取 0.5~0.7。

6.2.3 根据平面滑裂面假定（图 6.2.3），主动土压力合力可按下列公式计算：

$$E_a = \frac{1}{2}\gamma H^2 K_a \qquad (6.2.3-1)$$

$$K_a = \frac{\sin(\alpha+\beta)}{\sin^2\alpha \sin^2(\alpha+\beta-\varphi-\delta)}$$
$$\{ K_q [\sin(\alpha+\delta)\sin(\alpha-\delta)$$
$$+ \sin(\varphi+\delta)\sin(\varphi-\beta)]$$
$$+ 2\eta \sin\alpha \cos\varphi \cos(\alpha+\beta-\varphi-\delta)$$
$$- 2\sqrt{K_q \sin(\alpha+\beta)\sin(\varphi-\beta) + \eta\sin\alpha\cos\varphi}$$
$$\times \sqrt{K_q \sin(\alpha-\delta)\sin(\varphi+\delta) + \eta\sin\alpha\cos\varphi} \}$$
$$(6.2.3-2)$$

$$K_q = 1 + \frac{2q\sin\alpha\cos\beta}{\gamma H \sin(\alpha+\beta)} \qquad (6.2.3-3)$$

$$\eta = \frac{2c}{\gamma H} \qquad (6.2.3-4)$$

式中：E_a——相应于荷载标准组合的主动土压力合力（kN/m）；
　　K_a——主动土压力系数；
　　H——挡土墙高度（m）；
　　γ——土体重度（kN/m^3）；
　　c——土的黏聚力（kPa）；
　　φ——土的内摩擦角（°）；
　　q——地表均布荷载标准值（kN/m^2）；
　　δ——土对挡土墙墙背的摩擦角（°），可按表 6.2.3 取值；
　　β——填土表面与水平面的夹角（°）；
　　α——支挡结构墙背与水平面的夹角（°）。

表 6.2.3　土对挡土墙墙背的摩擦角 δ

挡土墙情况	摩擦角 δ
墙背平滑，排水不良	$(0.00 \sim 0.33)\varphi$
墙背粗糙，排水良好	$(0.33 \sim 0.50)\varphi$
墙背很粗糙，排水良好	$(0.50 \sim 0.67)\varphi$
墙背与填土间不可能滑动	$(0.67 \sim 1.00)\varphi$

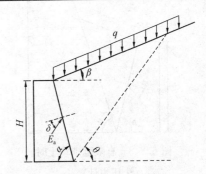

图 6.2.3　土压力计算

6.2.4 当墙背直立光滑、土体表面水平时，主动土压力可按下式计算：

$$e_{ai} = \left(\sum_{j=1}^{i} \gamma_j h_j + q\right) K_{ai} - 2c_i \sqrt{K_{ai}} \quad (6.2.4)$$

式中：e_{ai}——计算点处的主动土压力（kN/m²）；当 $e_{ai} < 0$ 时取 $e_{ai} = 0$；

    K_{ai}——计算点处的主动土压力系数，取 $K_{ai} = \tan^2(45° - \varphi_i/2)$；

    c_i——计算点处土的黏聚力（kPa）；

    φ_i——计算点处土的内摩擦角（°）。

6.2.5 当墙背直立光滑、土体表面水平时，被动土压力可按下式计算：

$$e_{pi} = \left(\sum_{j=1}^{i} \gamma_j h_j + q\right) K_{pi} + 2c_i \sqrt{K_{pi}} \quad (6.2.5)$$

式中：e_{pi}——计算点处的被动土压力（kN/m²）；

    K_{pi}——计算点处的被动土压力系数，取 $K_{pi} = \tan^2(45° + \varphi_i/2)$。

6.2.6 边坡坡体中有地下水但未形成渗流时，作用于支护结构上的侧压力可按下列规定计算：

1 对砂土和粉土应按水土分算原则计算；

2 对黏性土宜根据工程经验按水土分算或水土合算原则计算；

3 按水土分算原则计算时，作用在支护结构上的侧压力等于土压力和静止水压力之和，地下水位以下的土压力采用浮重度（γ'）和有效应力抗剪强度指标（c'、φ'）计算；

4 按水土合算原则计算时，地下水位以下的土压力采用饱和重度（γ_{sat}）和总应力抗剪强度指标（c、φ）计算。

6.2.7 边坡坡体中有地下水形成渗流时，作用于支护结构上的侧压力，除按本规范第 6.2.6 条计算外，尚应按国家现行有关标准的规定计算渗透力。

6.2.8 当挡墙后土体破裂面以内有较陡的稳定岩石坡面时，应视为有限范围填土情况计算主动土压力（图 6.2.8）。有限范围填土时，主动土压力合力可按下列公式计算：

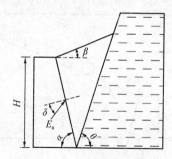

图 6.2.8 有限范围填土时
土压力计算

$$E_a = \frac{1}{2}\gamma H^2 K_a \quad (6.2.8-1)$$

$$K_a = \frac{\sin(\alpha + \beta)}{\sin(\alpha - \delta + \theta - \delta_r)\sin(\theta - \beta)}$$
$$\left[\frac{\sin(\alpha + \theta)\sin(\theta - \delta_r)}{\sin^2\alpha} - \eta\frac{\cos\delta_r}{\sin\alpha}\right] \quad (6.2.8-2)$$

式中：θ——稳定岩石坡面的倾角（°）；

    δ_r——稳定且无软弱层的岩石坡面与填土间的内摩擦角（°），宜根据试验确定。当无试验资料时，可取 $\delta_r = (0.40\sim0.70)$ φ。φ 为填土的内摩擦角。

6.2.9 当坡顶作用有线性分布荷载、均布荷载和坡顶填土表面不规则时或岩土边坡为二阶竖直时，在支护结构上产生的侧压力可按本规范附录 B 简化计算。

6.2.10 当边坡的坡面为倾斜、坡顶水平、无超载时（图 6.2.10），土压力的合力可按下列公式计算，边坡破坏时的平面破裂角可按公式（6.2.10-3）计算：

$$E_a = \frac{1}{2}\gamma H^2 K_a \quad (6.2.10-1)$$

$$K_a = (\cot\theta - \cot\alpha')\tan(\theta - \varphi) - \frac{\eta\cos\varphi}{\sin\theta\cos(\theta - \varphi)} \quad (6.2.10-2)$$

$$\theta = \arctan\left[\frac{\cos\varphi}{\sqrt{1 + \frac{\cot\alpha'}{\eta + \tan\varphi}} - \sin\varphi}\right] \quad (6.2.10-3)$$

$$\eta = \frac{2c}{\gamma h} \quad (6.2.10-4)$$

式中：E_a——水平土压力合力（kN/m）；

    K_a——水平土压力系数；

    h——边坡的垂直高度（m）；

    γ——支护结构后的土体重度，地下水位以下用有效重度（kN/m³）；

    α'——边坡坡面与水平面的夹角（°）；

    c——土的黏聚力（kPa）；

    φ——土的内摩擦角（°）；

    θ——土体的临界滑动面与水平面的夹角（°）。

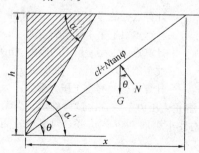

图 6.2.10 边坡的坡面为倾斜时计算简图

6.2.11 考虑地震作用时，作用于支护结构上的地震主动土压力可按本规范公式（6.2.3-1）计算，主动土压力系数应按下式计算：

$$K_a = \frac{\sin(\alpha+\beta)}{\cos\rho\sin^2\alpha\sin^2(\alpha+\beta-\varphi-\delta)}$$
$$\{K_q[\sin(\alpha+\beta)\sin(\alpha-\delta-\rho)$$
$$+\sin(\varphi+\delta)\sin(\varphi-\rho-\beta)]$$
$$+2\eta\sin\alpha\cos\varphi\cos\rho\cos(\alpha+\beta-\varphi-\delta)$$
$$-2[(K_q\sin(\alpha+\beta)\sin(\varphi-\rho-\beta)$$
$$+\eta\sin\alpha\cos\varphi\cos\rho)$$
$$(K_q\sin(\alpha-\delta-\rho)\sin(\varphi+\delta)$$
$$+\eta\sin\alpha\cos\varphi\cos\rho)]^{0.5}\} \qquad (6.2.11)$$

式中：ρ——地震角，可按表 6.2.11 取值。

表 6.2.11　地震角 ρ

类别	7度		8度		9度
	0.10g	0.15g	0.20g	0.30g	0.40g
水上	1.5°	2.3°	3.0°	4.5°	6.0°
水下	2.5°	3.8°	5.0°	7.5°	10.0°

6.3　侧向岩石压力

6.3.1　对沿外倾结构面滑动的边坡，主动岩石压力合力可按下列公式计算：

$$E_a = \frac{1}{2}\gamma H^2 K_a \qquad (6.3.1-1)$$

$$K_a = \frac{\sin(\alpha+\beta)}{\sin^2\alpha\sin(\alpha-\delta+\theta-\varphi_s)\sin(\theta-\beta)}$$
$$[K_q\sin(\alpha+\theta)\sin(\theta-\varphi_s)-\eta\sin\alpha\cos\varphi_s] \qquad (6.3.1-2)$$

$$\eta = \frac{2c_s}{\gamma H} \qquad (6.3.1-3)$$

式中：θ——边坡外倾结构面倾角（°）；
　　　c_s——边坡外倾结构面黏聚力（kPa）；
　　　φ_s——边坡外倾结构面内摩擦角（°）；
　　　K_q——系数，可按公式 6.2.3-3）计算；
　　　δ——岩石与挡墙背的摩擦角（°），取（0.33～0.50）φ_s。

当有多组外倾结构面时，应计算每组结构面的主动岩石压力并取其大值。

6.3.2　对沿缓倾的外倾软弱结构面滑动的边坡（图 6.3.2），主动岩石压力合力可按下式计算：

$$E_a = G\tan(\theta-\varphi_s) - \frac{c_s L\cos\varphi_s}{\cos(\theta-\varphi_s)} \qquad (6.3.2)$$

式中：G——四边形滑裂体自重（kN/m）；
　　　L——滑裂面长度（m）；
　　　θ——缓倾的外倾软弱结构面的倾角（°）；
　　　c_s——外倾软弱结构面的黏聚力（kPa）；
　　　φ_s——外倾软弱结构面内摩擦角（°）。

6.3.3　岩质边坡的侧向岩石压力计算和破裂角应符合下列规定：

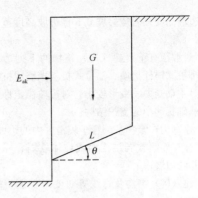

图 6.3.2　岩质边坡四边形滑裂时侧向压力计算

1　对无外倾结构面的岩质边坡，应以岩体等效内摩擦角按侧向土压力方法计算侧向岩石压力；对坡顶无建筑荷载的永久性边坡和坡顶有建筑荷载时的临时性边坡和基坑边坡，破裂角按 $45°+\varphi/2$ 确定，Ⅰ类岩体边坡可取 75°左右；坡顶无建筑荷载的临时性边坡和基坑边坡的破裂角，Ⅰ类岩体边坡取 82°；Ⅱ类岩体边坡取 72°；Ⅲ类岩体边坡取 62°；Ⅳ类岩体边坡取 $45°+\varphi/2$；

2　当有外倾硬性结构面时，应分别以外倾硬性结构面的抗剪强度参数按本规范第 6.3.1 条的方法和以岩体等效内摩擦角按侧向土压力方法分别计算，取两种结果的较大值；破裂角取本条第 1 款和外倾结构面倾角两者中的较小值。

3　当边坡沿外倾软弱结构面破坏时，侧向岩石压力应按本规范第 6.3.1 条和第 6.3.2 条计算，破裂角取该外倾结构面的倾角，同时应按本条第 1 款进行验算。

6.3.4　当岩质边坡的坡面为倾斜、坡顶水平、无超载时，岩石压力的合力可按本规范公式（6.2.10-1）计算。当岩体存在外倾结构面时，θ 可取外倾结构面的倾角，抗剪强度指标取外倾结构面的抗剪强度指标；当存在多个外倾结构面时，应分别计算，取其中的最大值为设计值。

6.3.5　考虑地震作用时，作用于支护结构上的地震主动岩石压力应按本规范第 6.3.1 条公式（6.3.1-1）计算，其主动岩石压力系数应按下式计算：

$$K_a = \frac{\sin(\alpha+\beta)}{\cos\rho\sin^2\alpha\sin(\alpha-\delta+\theta-\varphi_s)\sin(\theta-\beta)}$$
$$[K_q\sin(\alpha+\theta)\sin(\theta-\varphi_s+\rho)$$
$$-\eta\sin\alpha\cos\varphi_s\cos\rho] \qquad (6.3.5)$$

式中：ρ——地震角，可按本规范表 6.2.11 取值。

7　坡顶有重要建（构）筑物的边坡工程

7.1　一般规定

7.1.1　本章适用于抗震设防烈度为 7 度及 7 度以下地区、建（构）筑物位于岩土质边坡塌滑区、土质边坡 1 倍边坡高度和岩质边坡 0.5 倍边坡高度范围的边坡工程。

7.1.2 对坡顶有重要建（构）筑物的下列边坡应优先采用排桩式锚杆挡墙、锚拉式桩板挡墙或抗滑桩板式挡墙等主动受力、变形较小、对边坡稳定性和建筑物地基基础扰动小的支护结构：

1 建（构）筑物基础置于塌滑区内的边坡；

2 存在外倾软弱结构面或坡体软弱、开挖后稳定性较差的边坡；

3 建（构）筑物及管线等对变形控制有较高要求的边坡；

4 采用其他支护方案在施工期可能降低边坡稳定性的边坡

7.1.3 对坡顶邻近建（构）筑物、道路及管线等可能引发较大变形或危害的边坡工程应加强监测并采取设计和施工措施。当出现可能产生较大危害的变形时，应按现行国家标准《建筑边坡工程鉴定与加固技术规范》GB 50843 的有关规定执行。

7.2 设计计算

7.2.1 坡顶有重要建（构）筑物的边坡工程设计应符合下列规定：

1 应调查建（构）筑物的结构形式、基础平面布置、基础荷载、基础类型、埋置深度、建（构）筑物的开裂及场地变形以及地下管线等现状情况；

2 应根据基础方案、构造做法和基础到边坡的距离等因素，考虑建筑物基础与边坡支护结构的相互影响；

3 应考虑建筑物基础传递的垂直荷载、水平荷载和弯矩等对边坡支护结构强度和变形的影响，并应对边坡稳定性进行验算；

4 应考虑边坡变形对地基承载力和基础变形的不利影响，并应对建筑物基础和地基稳定性进行验算；

5 边坡支护结构距建（构）筑物基础外边缘的最小安全距离应满足坡顶建筑（构）物抗倾覆、基础嵌固和传递水平荷载等要求，其值应根据设防烈度、边坡的稳定性、边坡岩土构成、边坡高度和建筑高度等因素并结合地区工程经验综合确定；不满足时应根据工程和现场条件采取有效加固措施；

6 对于有外倾结构面的岩质边坡以及土质边坡，边坡开挖后不应使建（构）筑物的基础置于有临空且有外倾软弱结构面的岩体上和稳定性极差的土质边坡塌滑区。

7.2.2 边坡与坡顶建（构）筑物同步设计的边坡工程及坡顶新建建（构）筑物的既有边坡工程应符合下列规定：

1 应避免坡顶重要建（构）筑物产生的垂直荷载直接作用在边坡潜在塌滑体上；应采取桩基础、加

深基础、增设地下室或降低边坡高度等措施，将建（构）筑物的荷载直接传至边坡潜在破裂面以下足够深度的稳定岩土层内；

2 新建建（构）筑物的基础设计、边坡支护结构距建（构）筑物基础外边缘的距离应满足本规范第7.2.1 条的相关规定；

3 应考虑建（构）筑物基础施工过程引起地下水变化对边坡稳定性的影响；

4 位于抗震设防区，边坡支护结构抗震设计应符合现行国家标准《建筑抗震设计规范》GB 50011 的有关规定；坡顶的建（构）筑物的抗震设计应按抗震不利地段考虑，地震效应放大系数应符合现行国家标准《建筑抗震设计规范》GB 50011 的有关规定；

5 新建建（构）筑物的部分荷载作用于原有边坡支护结构而使其安全度和耐久性不满足要求时，应按现行国家标准《建筑边坡工程鉴定与加固技术规范》GB 50843 的要求进行加固处理。

7.2.3 无外倾结构面的岩土质边坡坡顶有重要建（构）筑物时，可按表 7.2.3 确定支护结构上的侧向岩土压力。

表 7.2.3 侧向岩土压力取值

坡顶重要建（构）筑物基础位置		侧向岩土压力取值
土质边坡	$a<0.5H$	E_0
	$0.5H \leqslant a \leqslant 1.0H$	$E'_a = \frac{1}{2}(E_0 + E_a)$
	$a>1.0H$	E_a
岩质边坡	$a<0.5H$	$E'_a = \beta_1 E_a$
	$a \geqslant 0.5H$	E_a

注：1 E_a——主动岩土压力合力，E'_a——修正主动岩土压力合力，E_0——静止土压力合力；

2 β_1——主动岩石压力修正系数；

3 a——坡脚点到坡顶重要建（构）筑物基础外边缘的水平距离；

4 对多层建筑物，当基础浅埋时 H 取边坡高度；当基础埋深较大时，若基础周边与岩土间设置摩擦小的软性材料隔离层，能使基础垂直荷载传至边坡破裂面以下足够深度的稳定岩土层内且其水平荷载对边坡不造成较大影响，则 H 可从隔离层下端算至坡底；否则，H 仍取边坡高度；

5 对高层建筑物应设置钢筋混凝土地下室，并在地下室侧墙临边坡一侧设置摩擦小的软性材料隔离层，使建筑物基础的水平荷载不传给支护结构，并应将建筑物垂直荷载传至边坡破裂面以下足够深度的稳定岩土层内时，H 可从地下室底标高算至坡底；否则，H 仍取边坡高度。

7.2.4 岩质边坡主动岩石压力修正系数 β_1，可根据边坡岩体类别按表 7.2.4 确定。

表 7.2.4　主动岩石压力修正系数 β_1

边坡岩体类型	Ⅰ	Ⅱ	Ⅲ	Ⅳ
主动岩石压力修正系数 β_1	1.30	1.30～1.45		1.45～1.55

注：1　当裂隙发育时取大值，裂隙不发育时取小值；

2　坡顶有重要既有建（构）筑物对边坡变形控制要求较高时取大值；

3　对临时性边坡及基坑边坡取小值。

7.2.5　坡顶有重要建（构）筑物的有外倾结构面的岩土质边坡侧压力修正应符合下列规定：

1　对有外倾结构面的土质边坡，其侧压力修正值应按本规范第 7.2.4 条计算后乘以 1.30 的增大系数，应按本规范第 7.2.3 条分别计算并取两个计算结果的最大值；

2　对有外倾结构面的岩质边坡，其侧压力修正值应按本规范第 6.3.1 条和本规范第 6.3.2 条计算并乘以 1.15 的增大系数，应按本规范第 7.2.3 条分别计算并取两个计算结果的最大值。

7.2.6　采用锚杆挡墙的岩土质边坡侧压力设计值应按本章规定计算的岩土侧压力修正值和本规范第 9.2.2 条计算的岩土侧压力修正值两者中的大值确定。

7.2.7　对支护结构变形控制有较高要求时，可按本规范第 7.2.3～7.2.5 条确定边坡侧压力修正值。

7.2.8　当岩质边坡塌滑区或土质边坡 1 倍坡高范围内有建（构）筑物基础传递较大荷载时，除应验算边坡工程的整体稳定性外，还应加长锚杆，使锚固段锚入岩质边坡塌滑区外，土质边坡的与地面线间成 45° 外不应少于 5m～8m，并应采用长短相间的设置方法。

7.2.9　在已建挡墙坡脚新建建（构）筑时，其基础及地下室等宜与边坡有一定的距离，避免对边坡稳定造成不利影响，否则应采取措施处理。

7.2.10　位于边坡坡顶的挡墙及建（构）筑物基础应按国家现行有关规范的规定进行局部稳定性验算。

7.3　构造设计

7.3.1　支护结构的混凝土强度等级不应低于 C30。

7.3.2　在已有边坡坡顶新建重要建（构）筑物时，穿越边坡滑塌体及软弱结构面高度范围的新建重要建（构）筑物基础周边与岩土间应设有摩擦小的软性材料隔离层，使基础垂直荷载传递至边坡破裂面及软弱结构面以下足够深度的稳定岩土层内。

7.3.3　穿越边坡滑塌体及软弱结构面的桩基础经隔离处理后，应按国家现行相关标准的规定加强基础结构配筋及基础节点构造，桩身最小配筋率不宜小于 0.60%。

7.3.4　边坡支护结构及其锚杆的设置应注意避免与坡顶建筑结构及其基础相碰。

7.3.5　设计时应明确提出避免对周边环境和坡顶建（构）筑物、道路及管线等造成伤害的技术要求和措施。当边坡开挖需要降水时，应考虑降水、排水对坡顶建筑物、道路、管线及边坡可能产生的不利影响，并有避免造成结构性损坏的措施。

7.3.6　坡顶邻近有重要建（构）筑物时，应根据其重要性、对变形的适应能力和岩土性状等因素，按当地经验确定边坡支护结构的变形允许值，并应采取措施避免边坡支护结构过大变形和地下水的变化、施工因素的干扰等造成坡顶建（构）筑物结构开裂及其基础沉降超过允许值。

7.4　施　工

7.4.1　边坡工程施工应采用信息法，施工过程中应对边坡工程及坡顶建（构）筑物进行实时监测，及时了解和分析监测信息，对可能出现的险情应制定防范措施和应急预案。施工中发现与勘察、设计不符或者出现异常情况时，应停止施工作业，并及时向建设、勘察、施工、监理、监测等单位反馈，研究解决措施。

7.4.2　施工前应根据现场实际情况作好地表截排水措施。应采用逆作法施工的边坡，应在上层边坡支护完成后方可进行下一层的开挖。边坡开挖后应及时支挡，避免长时间暴露。

7.4.3　稳定性较差的边坡开挖方案应按不利工况进行边坡稳定和变形验算，当开挖的边坡稳定性不满足要求时，应采取措施增强施工期边坡稳定性。

7.4.4　当水钻成孔可能诱发边坡和周边环境变形过大等不良影响时，应采用无水成孔法。

8　锚杆（索）

8.1　一般规定

8.1.1　当边坡工程采用锚固方案或包含有锚固措施时，应充分考虑锚杆的特性、锚杆与被锚固结构体系的稳定性、经济性以及施工可行性。

8.1.2　锚杆（索）主要分为拉力型、压力型、荷载拉力分散型和荷载压力分散型，适用于边坡工程和岩质基坑工程。

8.1.3　锚杆设计使用年限应与所服务的边坡工程设计使用年限相同，其防腐等级应达到相应的要求。

8.1.4　锚杆的锚固段不应设置在未经处理的下列岩土层中：

1　有机质土，淤泥质土；

2　液限 w_L 大于 50% 的土层；

3　松散的砂土或碎石土。

8.1.5　下列情况宜采用预应力锚杆：

1 边坡变形控制要求严格时；

2 边坡在施工期稳定性很差时；

3 高度较大的土质边坡采用锚杆支护时；

4 高度较大且存在外倾软弱结构面的岩质边坡采用锚杆支护时；

5 滑坡整治采用锚杆支护时。

8.1.6 下列情况的锚杆（索）应进行基本试验，并应符合本规范附录 C 的规定：

1 采用新工艺、新材料或新技术的锚杆（索）；

2 无锚固工程经验的岩土层内的锚杆（索）；

3 一级边坡工程的锚杆（索）。

8.1.7 锚杆（索）的形式应根据锚固段岩土层的工程特性、锚杆（索）承载力大小、锚杆（索）材料和长度以及施工工艺等因素综合考虑，可按本规范附录 D 选择。

8.2 设 计 计 算

8.2.1 锚杆（索）轴向拉力标准值应按下式计算：

$$N_{ak} = \frac{H_{tk}}{\cos\alpha} \qquad (8.2.1)$$

式中：N_{ak}——相应于作用的标准组合时锚杆所受轴向拉力（kN）；

H_{tk}——锚杆水平拉力标准值（kN）；

α——锚杆倾角（°）。

8.2.2 锚杆（索）钢筋截面面积应满足下列公式的要求：

普通钢筋锚杆：

$$A_s \geqslant \frac{K_b N_{ak}}{f_y} \qquad (8.2.2\text{-}1)$$

预应力锚索锚杆：

$$A_s \geqslant \frac{K_b N_{ak}}{f_{py}} \qquad (8.2.2\text{-}2)$$

式中：A_s——锚杆钢筋或预应力锚索截面面积（m^2）；

f_y、f_{py}——普通钢筋或预应力钢绞线抗拉强度设计值（kPa）；

K_b——锚杆杆体抗拉安全系数，应按表8.2.2取值。

表 8.2.2 锚杆杆体抗拉安全系数

边坡工程安全等级	安全系数	
	临时性锚杆	永久性锚杆
一级	1.8	2.2
二级	1.6	2.0
三级	1.4	1.8

8.2.3 锚杆（索）锚固体与岩土层间的长度应满足下式的要求：

$$l_a \geqslant \frac{KN_{ak}}{\pi \cdot D \cdot f_{rbk}} \qquad (8.2.3)$$

式中：K——锚杆锚固体抗拔安全系数，按表8.2.3-1取值；

l_a——锚杆锚固段长度（m），尚应满足本规范第8.4.1条的规定；

f_{rbk}——岩土层与锚固体极限粘结强度标准值（kPa），应通过试验确定；当无试验资料时可按表8.2.3-2和表8.2.3-3取值；

D——锚杆锚固段钻孔直径（mm）。

表 8.2.3-1 岩土锚杆锚固体抗拔安全系数

边坡工程安全等级	安全系数	
	临时性锚杆	永久性锚杆
一级	2.0	2.6
二级	1.8	2.4
三级	1.6	2.2

表 8.2.3-2 岩石与锚固体极限粘结强度标准值

岩石类别	f_{rbk}值（kPa）
极软岩	270～360
软 岩	360～760
较软岩	760～1200
较硬岩	1200～1800
坚硬岩	1800～2600

注：1 适用于注浆强度等级为M30；

2 仅适用于初步设计，施工时应通过试验检验；

3 岩体结构面发育时，取表中下限值；

4 岩石类别根据天然单轴抗压强度 f_r 划分：$f_r <$ 5MPa 为极软岩，5MPa $\leqslant f_r <$ 15MPa 为软岩，15MPa $\leqslant f_r <$ 30MPa 为较软岩，30MPa $\leqslant f_r <$ 60MPa 为较硬岩，$f_r \geqslant$ 60MPa 为坚硬岩。

表 8.2.3-3 土体与锚固体极限粘结强度标准值

土层种类	土的状态	f_{rbk}值（kPa）
黏性土	坚硬	65～100
	硬塑	50～65
	可塑	40～50
	软塑	20～40
砂土	稍密	100～140
	中密	140～200
	密实	200～280
碎石土	稍密	120～160
	中密	160～220
	密实	220～300

注：1 适用于注浆强度等级为M30；

2 仅适用于初步设计，施工时应通过试验检验。

8.2.4 锚杆（索）杆体与锚固砂浆间的锚固长度应

满足下式的要求：

$$l_a \geq \frac{KN_{ak}}{n\pi d f_b} \quad (8.2.4)$$

式中：l_a——锚筋与砂浆间的锚固长度（m）；

d——锚筋直径（m）；

n——杆体（钢筋、钢绞线）根数（根）；

f_b——钢筋与锚固砂浆间的粘结强度设计值（kPa），应由试验确定，当缺乏试验资料时可按表8.2.4取值。

表8.2.4 钢筋、钢绞线与砂浆之间的粘结强度设计值 f_b

锚杆类型	水泥浆或水泥砂浆强度等级		
	M25	M30	M35
水泥砂浆与螺纹钢筋间的粘结强度设计值 f_b	2.10	2.40	2.70
水泥砂浆与钢绞线、高强钢丝间的粘结强度设计值 f_b	2.75	2.95	3.40

注：1 当采用二根钢筋点焊成束的做法时，粘结强度应乘0.85折减系数；

2 当采用三根钢筋点焊成束的做法时，粘结强度应乘0.7折减系数；

3 成束钢筋的根数不应超过三根，钢筋截面总面积不应超过锚孔面积的20%。当锚固段钢筋和注浆材料采用特殊设计，并经试验验证锚固效果良好时，可适当增加锚筋用量。

8.2.5 永久性锚杆抗震验算时，其安全系数应按0.8折减。

8.2.6 锚杆（索）的弹性变形和水平刚度系数应由锚杆抗拔试验确定。当无试验资料时，自由段无粘结的岩石锚杆水平刚度系数 K_h 及自由段无粘结的土层锚杆水平刚度系数 K_t 可按下列公式进行估算：

$$K_h = \frac{AE_s}{l_f} \cos^2\alpha \quad (8.2.6\text{-}1)$$

$$K_t = \frac{3AE_s E_c A_c}{3l_f E_c A_c + E_s A l_a} \cos^2\alpha \quad (8.2.6\text{-}2)$$

式中：K_h——自由段无粘结的岩石锚杆水平刚度系数（kN/m）；

K_t——自由段无粘结的土层锚杆水平刚度系数（kN/m）；

l_f——锚杆无粘结自由段长度（m）；

l_a——锚杆锚固段长度，特指锚杆杆体与锚固体粘结的长度（m）；

E_s——杆体弹性模量（kN/m²）；

E_m——注浆体弹性模量（kN/m²）；

E_c——锚固体组合弹性模量，$E_c = \frac{AE_s + (A_c - A)E_m}{A_c}$；

A——杆体截面面积（m²）；

A_c——锚固体截面面积（m²）；

α——锚杆倾角（°）。

8.2.7 预应力岩石锚杆和全粘结岩石锚杆可按刚性拉杆考虑。

8.3 原 材 料

8.3.1 锚杆（索）原材料性能应符合国家现行标准的有关规定，并应满足设计要求，方便施工，且材料之间不应产生不良影响。

8.3.2 锚杆（索）杆体可使用普通钢材、精轧螺纹钢、钢绞线包括无粘结钢绞线和高强钢丝，其材料尺寸和力学性能应符合本规范附录E的规定；不宜采用镀锌钢材。

8.3.3 灌浆材料性能应符合下列规定：

1 水泥宜使用普通硅酸盐水泥，需要时可采用抗硫酸盐水泥；

2 砂的含泥量按重量计不得大于3%，砂中云母、有机物、硫化物和硫酸盐等有害物质的含量按重量计不得大于1%；

3 水中不应含有影响水泥正常凝结和硬化的有害物质，不得使用污水；

4 外加剂的品种和掺量应由试验确定；

5 浆体配制的灰砂比宜为0.80~1.50，水灰比宜为0.38~0.50；

6 浆体材料28d的无侧限抗压强度，不应低于25MPa。

8.3.4 锚具应符合下列规定：

1 预应力筋用锚具、夹具和连接器的性能均应符合现行国家标准《预应力筋用锚具、夹具和连接器》GB/T 14370的规定；

2 预应力锚具的锚固效率应至少发挥预应力杆体极限抗拉力的95%以上，达到实测极限拉力时的总应变应小于2%；

3 锚具应具有补偿张拉和松弛的功能，需要时可采用可以调节拉力的锚头；

4 锚具罩应采用钢材或塑料材料制作加工，需完全罩住锚杆头和预应力筋的尾端，与支承面的接缝应为水密性接缝。

8.3.5 套管材料和波纹管应符合下列规定：

1 具有足够的强度，保证其在加工和安装过程中不损坏；

2 具有抗水性和化学稳定性；

3 与水泥浆、水泥砂浆或防腐油脂接触无不良反应。

8.3.6 防腐材料应符合下列规定：

1 在锚杆设计使用年限内，保持其防腐性能和耐久性；

2 在规定的工作温度内或张拉过程中不得开裂、

变脆或成为流体；

3 应具有化学稳定性和防水性，不得与相邻材料发生不良反应；不得对锚杆自由段的变形产生限制和不良影响。

8.3.7 导向帽、隔离架应由钢、塑料或其他对杆体无害的材料组成，不得使用木质隔离架。

8.4 构 造 设 计

8.4.1 锚杆总长度应为锚固段、自由段和外锚头的长度之和，并应符合下列规定：

1 锚杆自由段长度应为外锚头到潜在滑裂面的长度；预应力锚杆自由段长度应不小于 5.0m，且应超过潜在滑裂面 1.5m；

2 锚杆锚固段长度应按本规范公式（8.2.3）和公式（8.2.4）进行计算，并取其中大值。同时，土层锚杆的锚固段长度不应小于 4.0m，并不宜大于 10.0m；岩石锚杆的锚固段长度不应小于 3.0m，且不宜大于 45D 和 6.5m，预应力锚索不宜大于 55D 和 8.0m；

3 位于软质岩中的预应力锚索，可根据地区经验确定最大锚固长度；

4 当计算锚固段长度超过构造要求长度时，应采取改善锚固段岩土体质量、压力灌浆、扩大锚固段直径、采用荷载分散型锚杆等，提高锚杆承载能力。

8.4.2 锚杆的钻孔直径应符合下列规定：

1 钻孔内的锚杆钢筋面积不超过钻孔面积的 20%；

2 钻孔内的锚杆钢筋保护层厚度，对永久性锚杆不应小于 25mm，对临时性锚杆不应小于 15mm。

8.4.3 锚杆的倾角宜采用 $10°\sim35°$，并应避免对相邻构筑物产生不利影响。

8.4.4 锚杆隔离架应沿锚杆轴线方向每隔 1m～3m 设置一个，对土层应取小值，对岩层可取大值。

8.4.5 预应力锚杆传力结构应符合下列规定：

1 预应力锚杆传力结构应有足够的强度、刚度、韧性和耐久性；

2 强风化或软弱破碎岩质边坡和土质边坡宜采用框架格构型钢筋混凝土传力结构；

3 对Ⅰ、Ⅱ类及完整性好的Ⅲ类岩质边坡，宜采用墩座或地梁型钢筋混凝土传力结构；

4 传力结构与坡面的结合部位应做好防排水设计及防腐措施；

5 承压板及过渡管宜由钢板和钢管制成，过渡管钢管壁厚不宜小于 5mm。

8.4.6 当锚固段岩体破碎、渗（失）水量大时，应对岩体作灌浆加固处理。

8.4.7 永久性锚杆的防腐蚀处理应符合下列规定：

1 非预应力锚杆的自由段位于岩土层中时，可采用除锈、刷沥青船底漆和沥青玻纤布缠裹二层进行

防腐蚀处理；

2 对采用钢绞线、精轧螺纹钢制作的预应力锚杆（索），其自由段可按本条第 1 款进行防腐蚀处理后装入套管中；自由段套管两端 100mm～200mm 长度范围内用黄油充填，外绕扎工程胶布固定；

3 对位于无腐蚀性岩土层内的锚固段，水泥浆或水泥砂浆保护层厚度应不小于 25mm；对位于腐蚀性岩土层内的锚固段，应采取特殊防腐蚀处理，且水泥浆或水泥砂浆保护层厚度不应小于 50mm；

4 经过防腐蚀处理后，非预应力锚杆的自由段外端应埋入钢筋混凝土构件内 50mm 以上；对预应力锚杆，其锚头的锚具经除锈、涂防腐漆三度后应采用钢筋网罩、现浇混凝土封闭，且混凝土强度等级不应低于 C30，厚度不应小于 100mm，混凝土保护层厚度不应小于 50mm。

8.4.8 临时性锚杆的防腐蚀可采取下列处理措施：

1 非预应力锚杆的自由段，可采用除锈后刷沥青防锈漆处理；

2 预应力锚杆的自由段，可采用除锈后刷沥青防锈漆或加套管处理；

3 外锚头可采用外涂防腐材料或外包混凝土处理。

8.5 施 工

8.5.1 锚杆施工前应做好下列准备工作：

1 应掌握锚杆施工区建（构）筑物基础、地下管线等情况；

2 应判断锚杆施工对邻近建筑物和地下管线的不良影响，并制定相应预防措施；

3 编制符合锚杆设计要求的施工组织设计；并应检验锚杆的制作工艺和张拉锁定方法与设备；确定锚杆注浆工艺并标定张拉设备；

4 应检查原材料的品种、质量和规格型号，以及相应的检验报告。

8.5.2 锚孔施工应符合下列规定：

1 锚孔定位偏差不宜大于 20.0mm；

2 锚孔偏斜度不应大于 2%；

3 钻孔深度超过锚杆设计长度不应小于 0.5m。

8.5.3 钻孔机械应考虑钻孔通过的岩土类型、成孔条件、锚固类型、锚杆长度、施工现场环境、地形条件、经济性和施工速度等因素进行选择。在不稳定地层中或地层受扰动导致水土流失会危及邻近建筑物或公用设施的稳定时，应采用套管护壁钻孔或干钻。

8.5.4 锚杆的灌浆应符合下列规定：

1 灌浆前应清孔，排放孔内积水；

2 注浆管宜与锚杆同时放入孔内；向水平孔或下倾孔内注浆时，注浆管出浆口应插入距孔底 100mm～300mm 处，浆液自下而上连续灌注；向上倾斜的钻孔内注浆时，应在孔口设置密封装置；

3 孔口溢出浆液或排气管停止排气并满足注浆要求时，可停止注浆；

4 根据工程条件和设计要求确定灌浆方法和压力，确保钻孔灌浆饱满和浆体密实；

5 浆体强度检验用试块的数量每 30 根锚杆不应少于一组，每组试块不应少于 6 个。

8.5.5 预应力锚杆锚头承压板及其安装应符合下列规定：

1 承压板应安装平整、牢固，承压面应与锚孔轴线垂直；

2 承压板底部的混凝土应填充密实，并满足局部抗压强度要求。

8.5.6 预应力锚杆的张拉与锁定应符合下列规定：

1 锚杆张拉宜在锚固体强度大于 20MPa 并达到设计强度的 80% 后进行；

2 锚杆张拉顺序应避免相近锚杆相互影响；

3 锚杆张拉控制应力不宜超过 0.65 倍钢筋或钢绞线的强度标准值；

4 锚杆进行正式张拉之前，应取 0.10 倍～0.20 倍锚杆轴向拉力值，对锚杆预张拉 1 次～2 次，使其各部位的接触紧密和杆体完全平直；

5 宜进行锚杆设计预应力值 1.05 倍～1.10 倍的超张拉，预应力保留值应满足设计要求；对地层及被锚固结构位移控制要求较高的工程，预应力锚杆的锁定值宜为锚杆轴向拉力特征值；对容许地层及被锚固结构产生一定变形的工程，预应力锚杆的锁定值宜为锚杆设计预应力值的 0.75 倍～0.90 倍。

9 锚杆（索）挡墙

9.1 一般规定

9.1.1 锚杆挡墙可分为下列形式：

1 根据挡墙的结构形式可分为板肋式锚杆挡墙、格构式锚杆挡墙和排桩式锚杆挡墙；

2 根据锚杆的类型可分为非预应力锚杆挡墙和预应力锚杆（索）挡墙。

9.1.2 下列边坡宜采用排桩式锚杆挡墙支护：

1 位于滑坡区或切坡后可能引发滑坡的边坡；

2 切坡后可能沿外倾软弱结构面滑动、破坏后果严重的边坡；

3 高度较大、稳定性较差的土质边坡；

4 边坡塌滑区内有重要建筑物基础的 Ⅳ 类岩质边坡和土质边坡。

9.1.3 在施工期稳定性较好的边坡，可采用板肋式或格构式锚杆挡墙。

9.1.4 填方锚杆挡墙在设计和施工时应采取有效措施防止新填方土体沉降造成的锚杆附加拉应力过大。高度较大的新填方边坡不宜采用锚杆挡墙方案。

9.2 设计计算

9.2.1 锚杆挡墙设计应包括下列内容：

1 侧向岩土压力计算；

2 挡墙结构内力计算；

3 立柱嵌入深度计算；

4 锚杆计算和混凝土结构局部承压强度以及抗裂性计算；

5 挡板、立柱（肋柱或排桩）及其基础设计；

6 边坡变形控制设计；

7 整体稳定性分析；

8 施工方案建议和监测要求。

9.2.2 坡顶无建（构）筑物且不需对边坡变形进行控制的锚杆挡墙，其侧向岩土压力合力可按下式计算：

$$E'_{ah} = E_{ah}\beta_2 \qquad (9.2.2)$$

式中：E'_{ah}——相应于作用的标准组合时，每延米侧向岩土压力合力水平分力修正值（kN）；

E_{ah}——相应于作用的标准组合时，每延米侧向主动岩土压力合力水平分力（kN）；

β_2——锚杆挡墙侧向岩土压力修正系数，应根据岩土类别和锚杆类型按表 9.2.2 确定。

表 9.2.2 锚杆挡墙侧向岩土压力修正系数 β_2

锚杆类型 岩土类别	非预应力锚杆			预应力锚杆	
	土层锚杆	自由段为土层的岩石锚杆	自由段为岩层的岩石锚杆	自由段为土层时	自由段为岩层时
β_2	1.1～1.2	1.1～1.2	1.0	1.2～1.3	1.1

注：当锚杆变形计算值较小时取大值，较大时取小值。

9.2.3 确定岩土自重产生的锚杆挡墙侧压力分布，应考虑锚杆层数、挡墙位移大小、支护结构刚度和施工方法等因素，可简化为三角形、梯形或当地经验图形。

9.2.4 填方锚杆挡墙和单排锚杆的土层锚杆挡墙的侧压力，可近似按库仑理论取为三角形分布。

9.2.5 对岩质边坡以及坚硬、硬塑状黏性土和密实、中密砂土类边坡，当采用逆作法施工的、柔性结构的多层锚杆挡墙时，侧压力分布可近似按图 9.2.5 确定，图中 e'_{ah} 按下列公式计算：

对岩质边坡：

$$e'_{ah} = \frac{E'_{ah}}{0.9H} \qquad (9.2.5-1)$$

对土质边坡：

$$e'_{ah} = \frac{E'_{ah}}{0.875H} \qquad (9.2.5-2)$$

式中：e'_{ah}——相应于作用的标准组合时侧向岩土压力水平分力修正值（kN/m²）；

H——挡墙高度（m）。

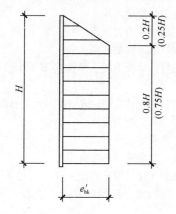

图 9.2.5 锚杆挡墙侧压力分布图
（括号内数值适用于土质边坡）

9.2.6 对板肋式和排桩式锚杆挡墙，立柱荷载取立柱受荷范围内的最不利荷载效应标准组合值。

9.2.7 岩质边坡以及坚硬、硬塑状黏性土和密实、中密砂土类边坡的锚杆挡墙，立柱可按下列规定计算：

1 立柱可按支承于刚性锚杆上的连续梁计算内力；当锚杆变形较大时立柱宜按支承于弹性锚杆上的连续梁计算内力；

2 根据立柱下端的嵌岩程度，可按铰接端或固定端考虑；当立柱位于强风化岩层以及坚硬、硬塑状黏性土和密实、中密砂土内时，其嵌入深度可按等值梁法计算。

9.2.8 除坚硬、硬塑状黏性土和密实、中密砂土类外的土质边坡锚杆挡墙，结构内力宜按弹性支点法计算。当锚固点水平变形较小时，结构内力可按静力平衡法或等值梁法计算，计算方法可按本规范附录 F 执行。

9.2.9 根据挡板与立柱连接构造的不同，挡板可简化为支撑在立柱上的水平连续板、简支板或双铰拱板；设计荷载可取板所处位置的岩土压力值。岩质边坡锚杆挡墙或坚硬、硬塑状黏性土和密实、中密砂土等且排水良好的挖方土质边坡锚杆挡墙，可根据当地的工程经验考虑两立柱间岩土形成的卸荷拱效应。

9.2.10 当锚固点变形较小时，钢筋混凝土格构式锚杆挡墙可简化为支撑在锚固点上的井字梁进行内力计算；当锚固点变形较大时，应考虑变形对格构式挡墙内力的影响。

9.2.11 由支护结构、锚杆和地层组成的锚杆挡墙体系的整体稳定性验算可采用圆弧滑动法或折线滑动法，并应符合本规范第 5 章的相关规定。

9.3 构 造 设 计

9.3.1 锚杆挡墙支护结构立柱的间距宜采用 2.0m

~6.0m。

9.3.2 锚杆挡墙支护中锚杆的布置应符合下列规定：

1 锚杆上下排垂直间距、水平间距均不宜小于 2.0m；

2 当锚杆间距小于上述规定或锚固段岩土层稳定性较差时，锚杆宜采用长短相间的方式布置；

3 第一排锚杆锚固体上覆土层的厚度不宜小于 4.0m，上覆岩层的厚度不宜小于 2.0m；

4 第一锚点位置可设于坡顶下 1.5m～2.0m 处；

5 锚杆的倾角宜采用 10°～35°；

6 锚杆布置应尽量与边坡走向垂直，并应与结构面呈较大倾角相交；

7 立柱位于土层时宜在立柱底部附近设置锚杆。

9.3.3 立柱、挡板和格构梁的混凝土强度等级不应小于 C25。

9.3.4 立柱的截面尺寸除应满足强度、刚度和抗裂要求外，还应满足挡板的支座宽度、锚杆钻孔和锚固等要求。肋柱截面宽度不宜小于 300mm，截面高度不宜小于 400mm；钻孔桩直径不宜小于 500mm，人工挖孔桩直径不宜小于 800mm。

9.3.5 立柱基础应置于稳定的地层内，可采用独立基础、条形基础或桩基础等形式。

9.3.6 对永久性边坡，现浇挡板和拱板厚度不宜小于 200mm。

9.3.7 锚杆挡墙立柱宜对称配筋；当第一锚点以上悬臂部分内力较大或柱顶设单锚时，可根据立柱的内力包络图采用不对称配筋做法。

9.3.8 格构梁截面尺寸应按强度、刚度和抗裂要求计算确定，且格构梁截面宽度和截面高度均不宜小于 300mm。

9.3.9 锚杆挡墙现浇混凝土构件的伸缩缝间距不宜大于 20m～25m。

9.3.10 锚杆挡墙立柱的顶部宜设置钢筋混凝土构造连梁。

9.3.11 当锚杆挡墙的锚固区内有建（构）筑物基础传递较大荷载时，除应验算挡墙的整体稳定性外，还应适当加长锚杆，并采用长短相间的设置方法。

9.4 施 工

9.4.1 排桩式锚杆挡墙和在施工期边坡可能失稳的板肋式锚杆挡墙，应采用逆作法进行施工。

9.4.2 对施工期处于不利工况的锚杆挡墙，应按临时性支护结构进行验算。

10 岩石锚喷支护

10.1 一 般 规 定

10.1.1 岩石锚喷支护应符合下列规定：

1 对永久性岩质边坡（基坑边坡）进行整体稳定性支护时，Ⅰ类岩质边坡可采用混凝土锚喷支护；Ⅱ类岩质边坡宜采用钢筋混凝土锚喷支护；Ⅲ类岩质边坡应采用钢筋混凝土锚喷支护，且边坡高度不宜大于 15m；

2 对临时性岩质边坡（基坑边坡）进行整体稳定性支护时，Ⅰ、Ⅱ类岩质边坡可采用混凝土锚喷支护；Ⅲ类岩质边坡宜采用钢筋混凝土锚喷支护，且边坡高度不应大于 25m；

3 对边坡局部不稳定岩石块体，可采用锚喷支护进行局部加固；

4 符合本规范第 14.2.2 条的岩质边坡，可采用锚喷支护进行坡面防护，且构造要求应符合本规范第 10.3.3 条要求。

10.1.2 膨胀性岩质边坡和具有严重腐蚀性的边坡不应采用锚喷支护。有深层外倾滑动面或坡体渗水明显的岩质边坡不宜采用锚喷支护。

10.1.3 岩质边坡整体稳定用系统锚杆支护后，对局部不稳定块体尚应采用锚杆加强支护。

10.2 设计计算

10.2.1 采用锚喷支护的岩质边坡整体稳定性计算应符合下列规定：

1 岩石侧压力分布可按本规范第 9.2.5 条的规定确定；

2 锚杆轴向拉力可按下式计算：

$$N_{ak} = e'_{ah} s_{xj} s_{yj} / \cos\alpha \qquad (10.2.1)$$

式中：N_{ak}——锚杆所受轴向拉力（kN）；

s_{xj}、s_{yj}——锚杆的水平、垂直间距（m）；

e'_{ah}——相应于作用的标准组合时侧向岩石压力水平分力修正值（kN/m）；

α——锚杆倾角（°）。

10.2.2 锚喷支护边坡时，锚杆计算应符合本规范第 8.2.2～8.2.4 条的规定。

10.2.3 岩石锚杆总长度应符合本规范第 8.4.1 条的相关规定。

10.2.4 采用局部锚杆加固不稳定岩石块体时，锚杆承载力应符合下式的规定：

$$K_b (G_t - fG_n - cA) \leqslant \Sigma N_{akti} + f\Sigma N_{akni}$$

$$(10.2.4)$$

式中：A——滑动面面积（m²）；

c——滑移面的黏聚力（kPa）；

f——滑动面上的摩擦系数；

G_t、G_n——分别为不稳定块体自重在平行和垂直于滑面方向的分力（kN）；

N_{akti}、N_{akni}——单根锚杆轴向拉力在抗滑方向和垂直

于滑动面方向上的分力（kN）；

K_b——锚杆钢筋抗拉安全系数，按本规范第 8.2.2 条规定取值。

10.3 构造设计

10.3.1 系统锚杆的设置宜符合下列规定：

1 锚杆布置宜采用行列式排列或菱形排列；

2 锚杆间距宜为 1.25m～3.00m，且不应大于锚杆长度的一半；对Ⅰ、Ⅱ类岩体边坡最大间距不应大于 3.00m，对Ⅲ、Ⅳ类岩体边坡最大间距不应大于 2.00m；

3 锚杆安设倾角宜为 10°～20°；

4 应采用全粘结锚杆。

10.3.2 锚喷支护用于岩质边坡整体支护时，其面板应符合下列规定：

1 对永久性边坡，Ⅰ类岩质边坡喷射混凝土面板厚度不应小于 50mm，Ⅱ类岩质边坡喷射混凝土面板厚度不应小于 100mm，Ⅲ类岩体边坡钢筋网喷射混凝土面板厚度不应小于 150mm；对临时性边坡，Ⅰ类岩质边坡喷射混凝土面板厚度不应小于 50mm，Ⅱ类岩质边坡喷射混凝土面板厚度不应小于 80mm，Ⅲ类岩体边坡钢筋网喷射混凝土面板厚度不应小于 100mm；

2 钢筋直径宜为 6mm～12mm，钢筋间距宜为 100mm～250mm，单层钢筋网喷射混凝土面板厚度不应小于 80mm，双层钢筋网喷射混凝土面板厚度不应小于 150mm；钢筋保护层厚度不应小于 25mm；

3 锚杆钢筋与面板的连接应有可靠的连接构造措施。

10.3.3 岩质边坡坡面防护宜符合下列规定：

1 锚杆布置宜采用行列式排列，也可采用菱形排列；

2 应采用全粘结锚杆，锚杆长度为 3m～6m，锚杆倾角宜为 15°～25°，钢筋直径可采用 16mm～22mm，钻孔直径为 40mm～70mm；

3 Ⅰ、Ⅱ类岩质边坡可采用混凝土锚喷防护，Ⅲ类岩质边坡宜采用钢筋混凝土锚喷防护，Ⅳ类岩质边坡应采用钢筋混凝土锚喷防护；

4 混凝土喷层厚度可采用 50mm～80mm，Ⅰ、Ⅱ类岩质边坡可取小值，Ⅲ、Ⅳ类岩质边坡宜取大值；

5 可采用单层钢筋网，钢筋直径为 6mm～10mm，间距 150mm～200mm。

10.3.4 喷射混凝土强度等级，对永久性边坡不应低于 C25，对防水要求较高的不应低于 C30；对临时性边坡不应低于 C20。喷射混凝土 1d 龄期的抗压强度设计值不应小于 5MPa。

10.3.5 喷射混凝土的物理力学参数可按表 10.3.5 采用。

表 10.3.5　喷射混凝土物理力学参数

喷射混凝土强度等级 物理力学参数	C20	C25	C30
轴心抗压强度设计值 （MPa）	9.60	11.90	14.30
抗拉强度设计值（MPa）	1.10	1.27	1.43
弹性模量（MPa）	2.10 ×10⁴	2.30 ×10⁴	2.50 ×10⁴
重度（kN/m³）	22.00		

10.3.6　喷射混凝土与岩面的粘结力，对整体状和块状岩体不应低于 0.80MPa，对碎裂状岩体不应低于 0.40MPa。喷射混凝土与岩面粘结力试验应符合现行国家标准《锚杆喷射混凝土支护技术规范》GB 50086 的规定。

10.3.7　面板宜沿边坡纵向每隔 20m～25m 的长度分段设置竖向伸缩缝。

10.3.8　坡体泄水孔及截水、排水沟等的设置应符合本规范的相关规定。

10.4　施　工

10.4.1　边坡坡面处理宜尽量平缓、顺直，且应锤击密实，凹处填筑应稳定。

10.4.2　应清除坡面松散层及不稳定的块体。

10.4.3　Ⅲ类岩体边坡应采用逆作法施工，Ⅱ类岩体边坡可部分采用逆作法施工。

11　重力式挡墙

11.1　一　般　规　定

11.1.1　根据墙背倾斜情况，重力式挡墙可分为俯斜式挡墙、仰斜式挡墙、直立式挡墙和衡重式挡墙等类型。

11.1.2　采用重力式挡墙时，土质边坡高度不宜大于 10m，岩质边坡高度不宜大于 12m。

11.1.3　对变形有严格要求或开挖土石方可能危及边坡稳定的边坡不宜采用重力式挡墙，开挖土石方危及相邻建筑物安全的边坡不应采用重力式挡墙。

11.1.4　重力式挡墙类型应根据使用要求、地形、地质和施工条件等综合考虑确定，对岩质边坡和挖方形成的土质边坡宜优先采用仰斜式挡墙，高度较大的土质边坡宜采用衡重式或仰斜式挡墙。

11.2　设　计　计　算

11.2.1　土质边坡采用重力式挡墙高度不小于 5m 时，主动土压力宜按本规范第 6.2 节计算的主动土压力值乘以增大系数确定。挡墙高度 5m～8m 时增大系

数宜取 1.1，挡墙高度大于 8m 时增大系数宜取 1.2。

11.2.2　重力式挡墙设计应进行抗滑移和抗倾覆稳定性验算。当挡墙地基软弱、有软弱结构面或位于边坡坡顶时，还应按本规范第 5 章有关规定进行地基稳定性验算。

11.2.3　重力式挡墙的抗滑移稳定性应按下列公式验算（图 11.2.3）：

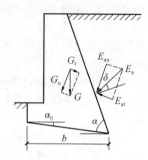

图 11.2.3　挡墙抗滑移
稳定性验算

$$F_s = \frac{(G_n + E_{an})\mu}{E_{at} - G_t} \geqslant 1.3 \quad (11.2.3-1)$$

$$G_n = G\cos\alpha_0 \quad (11.2.3-2)$$

$$G_t = G\sin\alpha_0 \quad (11.2.3-3)$$

$$E_{at} = E_a\sin(\alpha - \alpha_0 - \delta) \quad (11.2.3-4)$$

$$E_{an} = E_a\cos(\alpha - \alpha_0 - \delta) \quad (11.2.3-5)$$

式中：E_a——每延米主动岩土压力合力（kN/m）；

　　　F_s——挡墙抗滑移稳定系数；

　　　G——挡墙每延米自重（kN/m）；

　　　α——墙背与墙底水平投影的夹角（°）；

　　　α_0——挡墙底面倾角（°）；

　　　δ——墙背与岩土的摩擦角（°），可按本规范的表 6.2.3 选用；

　　　μ——挡墙底与地基岩土体的摩擦系数，宜由试验确定，也可按表 11.2.3 选用。

表 11.2.3　岩土与挡墙底面摩擦系数 μ

岩土类别		摩擦系数 μ
黏性土	可　塑	0.20～0.25
	硬　塑	0.25～0.30
	坚　硬	0.30～0.40
粉　土		0.25～0.35
中砂、粗砂、砾砂		0.35～0.40
碎石土		0.40～0.50
极软岩、软岩、较软岩		0.40～0.60
表面粗糙的坚硬岩、较硬岩		0.65～0.75

11.2.4　重力式挡墙的抗倾覆稳定性应按下列公式进行验算（图 11.2.4）：

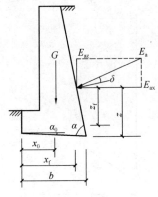

图 11.2.4 挡墙抗倾覆
稳定性验算

$$F_t = \frac{Gx_0 + E_{az}x_f}{E_{ax}z_f} \geqslant 1.6 \quad (11.2.4-1)$$

$$E_{ax} = E_a \sin(\alpha - \delta) \quad (11.2.4-2)$$

$$E_{az} = E_a \cos(\alpha - \delta) \quad (11.2.4-3)$$

$$x_f = b - z\cot\alpha \quad (11.2.4-4)$$

$$z_f = z - b\tan\alpha_0 \quad (11.2.4-5)$$

式中：F_t——挡墙抗倾覆稳定系数；

b——挡墙底面水平投影宽度（m）；

x_0——挡墙中心到墙趾的水平距离（m）；

z——岩土压力作用点到墙踵的竖直距离（m）。

11.2.5 地震工况时，重力式挡墙的抗滑移稳定系数不应小于 1.10，抗倾覆稳定性不应小于 1.30。

11.2.6 重力式挡墙的地基承载力和结构强度计算，应符合国家现行有关标准的规定。

11.3 构 造 设 计

11.3.1 重力式挡墙材料可使用浆砌块石、条石、毛石混凝土或素混凝土。块石、条石的强度等级不应低于 MU30，砂浆强度等级不应低于 M5.0；混凝土强度等级不应低于 C15。

11.3.2 重力式挡墙基底可做成逆坡。对土质地基，基底逆坡坡度不宜大于 1：10；对岩质地基，基底逆坡坡度不宜大于 1：5。

11.3.3 挡墙地基表面纵坡大于 5% 时，应将基底设计为台阶式，其最下一级台阶底宽不宜小于 1.00m。

11.3.4 块石或条石挡墙的墙顶宽度不宜小于 400mm，毛石混凝土、素混凝土挡墙的墙顶宽度不宜小于 200mm。

11.3.5 重力式挡墙的基础埋置深度，应根据地基稳定性、地基承载力、冻结深度、水流冲刷情况以及岩石风化程度等因素确定。在土质地基中，基础最小埋置深度不宜小于 0.50m，在岩石地基中，基础最小埋置深度不宜小于 0.30m。基础埋置深度应从坡脚排水沟底算起。受水流冲刷时，埋深应从预计冲刷底面算起。

11.3.6 位于稳定斜坡地面的重力式挡墙，其墙趾最小埋入深度和距斜坡面的最小水平距离应符合表 11.3.6 的规定。

表 11.3.6 斜坡地面墙趾最小埋入深度和距斜坡地面的最小水平距离（m）

地基情况	最小埋入深度（m）	距斜坡地面的最小水平距离（m）
硬质岩石	0.60	0.60～1.50
软质岩石	1.00	1.50～3.00
土质	1.00	3.00

注：硬质岩指单轴抗压强度大于 30MPa 的岩石，软质岩指单轴抗压强度小于 15MPa 的岩石。

11.3.7 重力式挡墙的伸缩缝间距，对条石、块石挡墙宜为 20m～25m，对混凝土挡墙宜为 10m～15m。在挡墙高度突变处及与其他建（构）筑物连接处应设置伸缩缝，在地基岩土性状变化处应设置沉降缝。沉降缝、伸缩缝的缝宽宜为 20mm～30mm，缝中应填塞沥青麻筋或其他有弹性的防水材料，填塞深度不应小于 150mm。

11.3.8 挡墙后面的填土，应优先选择抗剪强度高和透水性较强的填料。当采用黏性土作填料时，宜掺入适量的砂砾或碎石。不应采用淤泥质土、耕植土、膨胀性黏土等软弱有害的岩土体作为填料。

11.3.9 挡墙的防渗与泄水布置应根据地形、地质、环境、水体来源及填料等因素分析确定。

11.3.10 挡墙后填土地表应设置排水良好的地表排水系统。

11.4 施 工

11.4.1 浆砌块石、条石挡墙的施工所用砂浆宜采用机械拌合。块石、条石表面应清洗干净，砂浆填塞应饱满，严禁干砌。

11.4.2 块石、条石挡墙所用石材的上下面应尽可能平整，块石厚度不应小于 200mm。挡墙应分层错缝砌筑，墙体砌筑时不应有垂直通缝，且外露面应用 M7.5 砂浆勾缝。

11.4.3 墙后填土应分层夯实，选料及其密实度均应满足设计要求，填料回填应在砌体或混凝土强度达到设计强度的 75% 以上后进行。

11.4.4 当填方挡墙墙后地面的横坡坡度大于 1：6 时，应进行地面粗糙处理后再填土。

11.4.5 重力式挡墙在施工前应预先设置好排水系统，保持边坡和基坑坡面干燥。基坑开挖后，基坑内不应积水，并应及时进行基础施工。

11.4.6 重力式抗滑挡墙应分段、跳槽施工。

12 悬臂式挡墙和扶壁式挡墙

12.1 一般规定

12.1.1 悬臂式挡墙和扶壁式挡墙适用于地基承载力较低的填方边坡工程。

12.1.2 悬臂式挡墙和扶壁式挡墙适用高度对悬臂式挡墙不宜超过 6m，对扶壁式挡墙不宜超过 10m。

12.1.3 悬臂式挡墙和扶壁式挡墙结构应采用现浇钢筋混凝土结构。

12.1.4 悬臂式挡墙和扶壁式挡墙的基础应置于稳定的岩土层内，其埋置深度应符合本规范第 11.3.5 条和第 11.3.6 条的规定。

12.2 设计计算

12.2.1 计算挡墙整体稳定性和立板内力时，可不考虑挡墙前底板以上土的影响；在计算墙趾板内力时，应计算底板以上填土的自重。

12.2.2 计算挡墙实际墙背和墙踵板的土压力时，可不计填料与板间的摩擦力。

12.2.3 悬臂式挡墙和扶壁式挡墙的侧向主动土压力宜按第二破裂面法进行计算。当不能形成第二破裂面时，可用墙踵下缘与墙顶内缘的连线或通过墙踵的竖向面作为假想墙背计算，取其中不利状态的侧向压力作为设计控制值。

12.2.4 计算立板内力时，侧向压力分布可按图 12.2.4 或根据当地经验图形确定。

12.2.5 悬臂式挡墙的立板、墙趾板和墙踵板等结构构件可取单位宽度按悬挑构件进行计算。

12.2.6 对扶壁式挡墙，根据其受力特点可按下列简化模型进行内力计算：

  1 立板和墙踵板可根据边界约束条件按三边固定、一边自由的板或以扶壁为支点的连续板进行计算；

  2 墙趾底板可简化为固定在立板上的悬臂板进行计算；

  3 扶壁可简化为 T 形悬臂梁进行计算，其中立板为梁的翼缘，扶壁为梁的腹板。

12.2.7 悬臂式挡墙和扶壁式挡墙的结构构件截面设计应按现行国家标准《混凝土结构设计规范》GB 50010 的有关规定执行。

12.2.8 挡墙结构应进行混凝土裂缝宽度的验算。迎土面的裂缝宽度不应大于 0.2mm，背土面的裂缝宽度不应大于 0.3mm，并应符合现行国家标准《混凝土结构设计规范》GB 50010 的有关规定。

12.2.9 悬臂式挡墙和扶壁式挡墙的抗滑、抗倾稳定性验算应按本规范的第 10.2 节的有关规定执行。当存在深部潜在滑面时，应按本规范的第 5 章的有关规

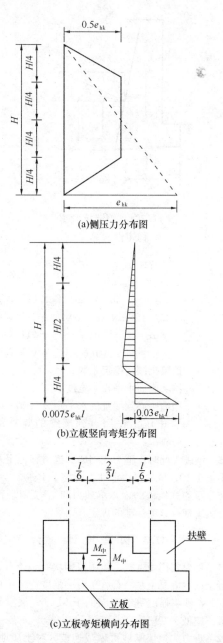

(a)侧压力分布图

(b)立板竖向弯矩分布图

(c)立板弯矩横向分布图

图 12.2.4 扶壁式挡墙侧向压力分布图

$M_{中}$—板跨中弯矩；H—墙面板的高度；

e_{hk}—墙面板底端内填料引起的法向土压力；

l—扶壁之间的净距

定进行有关潜在滑面整体稳定性验算。

12.2.10 悬臂式挡墙和扶壁式挡墙的地基承载力和变形验算按国家现行有关规范执行。

12.3 构造设计

12.3.1 悬臂式挡墙和扶壁式挡墙的混凝土强度等级应根据结构承载力和所处环境类别确定，且不应低于 C25。立板和扶壁的混凝土保护层厚度不应小于 35mm，底板的保护层厚度不应小于 40mm。受力钢筋直径不应小于 12mm，间距不宜大于 250mm。

12.3.2 悬臂式挡墙截面尺寸应根据强度和变形计算确定，立板顶宽和底板厚度不应小于200mm。当挡墙高度大于4m时，宜加根部翼。

12.3.3 扶壁式挡墙尺寸应根据强度和变形计算确定，并应符合下列规定：

1 两扶壁之间的距离宜取挡墙高度的1/3～1/2；

2 扶壁的厚度宜取扶壁间距的1/8～1/6，且不宜小于300mm；

3 立板顶端和底板的厚度不应小于200mm；

4 立板在扶壁处的外伸长度，宜根据外伸悬臂固端弯矩与中间跨固端弯矩相等的原则确定，可取两扶壁净距的0.35倍左右。

12.3.4 悬臂式挡墙和扶壁式挡墙结构构件应根据其受力特点进行配筋设计，其配筋率、钢筋的连接和锚固等应符合现行国家标准《混凝土结构设计规范》GB 50010的有关规定。

12.3.5 当挡墙受滑动稳定控制时，应采取提高抗滑能力的构造措施。宜在墙底下设防滑键，其高度应保证键前土体不被挤出。防滑键厚度应根据抗剪强度计算确定，且不应小于300mm。

12.3.6 悬臂式挡墙和扶壁式挡墙位于纵向坡度大于5%的斜坡时，基底宜做成台阶形。

12.3.7 对软弱地基或填方地基，当地基承载力不满足设计要求时，应进行地基处理或采用桩基础方案。

12.3.8 悬臂式挡墙和扶壁式挡墙的泄水孔设置及构造要求等应按本规范相关规定执行。

12.3.9 悬臂式挡墙和扶壁式挡墙纵向伸缩缝间距宜采用10m～15m。宜在不同结构单元处和地层性状变化处设置沉降缝；且沉降缝与伸缩缝宜合并设置。其他要求应符合本规范的第11.3.7条的规定。

12.3.10 悬臂式挡墙和扶壁式挡墙的墙后填料质量和回填质量应符合本规范第11.3.8条的要求。

12.4 施 工

12.4.1 施工时应做好排水系统，避免水软化地基的不利影响，基坑开挖后应及时封闭。

12.4.2 施工时应清除填土中的草和树皮、树根等杂物。在墙身混凝土强度达到设计强度的70%后方可填土，填土应分层夯实。

12.4.3 扶壁间回填宜对称实施，施工时应控制填土对扶壁式挡墙的不利影响。

12.4.4 当挡墙墙后表面的横坡坡度大于1：6时，应在进行表面粗糙处理后再填土。

13 桩板式挡墙

13.1 一般规定

13.1.1 桩板式挡墙适用于开挖土石方可能危及相邻建筑物或环境安全的边坡、填方边坡支挡以及工程滑坡治理。

13.1.2 桩板式挡墙按其结构形式分为悬臂式桩板挡墙、锚拉式桩板挡墙。挡板可以采用现浇板或预制板。桩板式挡墙形式的选择应根据工程特点、使用要求、地形、地质和施工条件等综合考虑确定。

13.1.3 悬臂式桩板挡墙高度不宜超过12m，锚拉式桩板挡墙高度不宜大于25m。桩间距不宜小于2倍桩径或桩截面短边尺寸。

13.1.4 桩间距、桩长和截面尺寸应根据岩土侧压力大小和锚固段地基承载力等因素确定，达到安全可靠、经济合理。

13.1.5 锚拉式桩板挡墙可采用单点锚固或多点锚固的结构形式，当其高度较大、边坡推力较大时宜采用预应力锚杆。

13.1.6 填方锚拉式桩板挡墙应符合本规范第9.1.4条的规定。

13.1.7 桩板式挡墙用于滑坡治理时应符合本规范第17章的相关规定。

13.1.8 锚拉式桩板挡墙的锚杆（索）的设计和施工应符合本规范第8章的相关规定。

13.2 设 计 计 算

13.2.1 桩板式挡墙的岩土侧向压力可按库仑主动土压力计算，并根据对支护结构变形的不同限制要求，按本规范第6章的相关规定确定岩土侧向压力。锚拉式桩板挡墙的岩土侧压力可按本规范第9.2.2条确定。

13.2.2 对有潜在滑动面的边坡及工程滑坡，应取滑动剩余下滑力与主动岩土压力两者中的较大值进行桩板式挡墙设计。

13.2.3 作用在桩上的荷载宽度可按左右两相邻桩桩中心之间距离的各一半之和计算。作用在挡板上的荷载宽度可取板的计算板跨度。

13.2.4 桩板式挡墙用于滑坡支挡时，滑动面以上桩前滑体抗力可由桩前剩余抗滑力或被动土压力确定，设计时选较小值。当桩前滑体可能滑动时，不应计其抗力。

13.2.5 桩板式挡墙桩身内力计算时，临空段或边坡滑动面以上部分桩身内力，应根据岩土侧压力或滑坡推力计算。嵌入段或滑动面以下部分桩身内力，宜根据埋入段地面或滑动面处弯矩和剪力，采用地基系数法计算。根据岩土条件可选用"k法"或"m法"。地基系数k和m值宜根据试验资料、地方经验和工程类比综合确定，初步设计阶段可按本规范附录G取值。

13.2.6 桩板式挡墙的桩嵌入岩土层部分的内力采用地基系数法计算时，桩的计算宽度可按下列规定取值：

圆形桩：$d \leqslant 1m$ 时，$B_p = 0.9(1.5d + 0.5)$;

$d > 1m$ 时，$B_p = 0.9(d + 1)$;

矩形桩：$b \leqslant 1m$ 时，$B_p = 1.5b + 0.5$;

$b > 1m$ 时，$B_p = b + 1$;

式中：B_p——桩身计算宽度（m）;

$\quad\quad b$——桩宽（m）;

$\quad\quad d$——桩径（m）。

13.2.7 桩底支承应结合岩土层情况和桩基埋入深度可按自由端或铰支端考虑。

13.2.8 桩嵌入岩土层的深度应根据地基的横向承载力特征值确定，并应符合下列规定：

1 嵌入岩层时，桩的最大横向压应力 σ_{max} 应小于或等于地基的横向承载力特征值 f_H。桩为矩形截面时，地基的横向承载力特征值可按下式计算：

$$f_H = K_H \eta f_{rk} \quad (13.2.8-1)$$

式中：f_H——地基的横向承载力特征值（kPa）;

$\quad\quad K_H$——在水平方向的换算系数，根据岩层构造可取 0.50～1.00;

$\quad\quad \eta$——折减系数，根据岩层的裂缝、风化及软化程度可取 0.30～0.45;

$\quad\quad f_{rk}$——岩石天然单轴极限抗压强度标准值（kPa）。

2 嵌入土层或风化层土、砂砾状岩层时，滑动面以下或桩嵌入稳定岩土层内深度为 $h_2/3$ 和 h_2（滑动面以下或嵌入稳定岩土层内桩长）处的横向压应力不应大于地基横向承载力特征值。悬臂抗滑桩（图 13.2.8）地基横向承载力特征值可按下列公式计算：

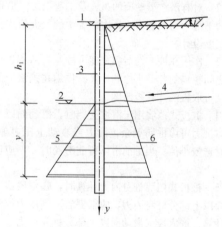

图 13.2.8 悬臂抗滑桩土质地基横向
承载力特征值计算简图

1—桩顶地面；2—滑面；3—抗滑桩；4—滑动方向；
5—被动土压力分布图；6—主动土压力分布图

1）当设桩处沿滑动方向地面坡度小于 8° 时，地基 y 点的横向承载力特征值可按下式计算：

$$f_H = 4\gamma_2 y \frac{\tan\varphi_0}{\cos\varphi_0}$$

$$- \gamma_1 h_1 \frac{1 - \sin\varphi_0}{1 + \sin\varphi_0} \quad (13.2.8-2)$$

式中：f_H——地基的横向承载力特征值（kPa）;

$\quad\quad \gamma_1$——滑动面以上土体的重度（kN/m³）;

$\quad\quad \gamma_2$——滑动面以下土体的重度（kN/m³）;

$\quad\quad \varphi_0$——滑动面以下土体的等效内摩擦角（°）;

$\quad\quad h_1$——设桩处滑动面至地面的距离（m）;

$\quad\quad y$——滑动面至计算点的距离（m）。

2）当设桩处沿滑动方向地面坡度 $i \geqslant 8°$ 且 $i \leqslant \varphi_0$ 时，地基 y 点的横向承载力特征值可按下式计算：

$$f_H = 4\gamma_2 y \frac{\cos^2 i}{\cos^2\varphi} \sqrt{\cos^2 i - \cos^2\varphi}$$

$$- \gamma_1 h_1 \cos i \frac{\cos i - \sqrt{\cos^2 i - \cos^2\varphi}}{\cos i + \sqrt{\cos^2 i - \cos^2\varphi}}$$

$$(13.2.8-3)$$

式中：φ——滑动面以下土体的内摩擦角（°）。

13.2.9 桩基嵌固段顶端地面处的水平位移不宜大于 10mm。当地基强度或位移不能满足要求时，应通过调整桩的埋深、截面尺寸或间距等措施进行处理。

13.2.10 桩板式挡墙的桩身按受弯构件设计，当无特殊要求时，可不作裂缝宽度验算。

13.2.11 锚拉式桩板挡墙计算时可考虑将桩、锚固段岩土体及锚索（杆）视为一整体，锚索（杆）视为弹性支座，桩简化为受横向变形约束的弹性地基梁，根据位移变形协调原理，按"k 法"或"m 法"计算锚杆（索）拉力及桩各段内力和位移。

13.2.12 锚拉桩采用锚固段为岩石的预应力锚杆（索）或全粘结岩石锚杆时，锚杆（索）可按刚性杆考虑，将桩简化为单跨简支梁或多跨连续梁，计算桩各段内力和位移。

13.3 构 造 设 计

13.3.1 桩的混凝土强度等级不应低于 C25，用于滑坡支挡时桩身混凝土强度等级不应低于 C30。挡板的混凝土强度等级不应低于 C25，灌注锚杆（索）孔的水泥砂浆强度等级不应低于 M30。

13.3.2 桩受力主筋混凝土保护层不应小于 50mm，挡板受力主筋混凝土保护层挡土一侧不应小于 25mm，临空一侧不应小于 20mm。

13.3.3 桩内不宜采用斜筋抗剪。剪力较大时可采用调整混凝土强度等级、箍筋直径和间距和桩身截面尺寸等措施，以满足斜截面抗剪强度要求。

13.3.4 桩的箍筋宜采用封闭式，肢数不宜多于 4 肢，箍筋直径不应小于 8mm。

13.3.5 桩的两侧和受压边应配置纵向构造钢筋，两侧纵向钢筋直径不宜小于 12mm，间距不宜大于

400mm；受压边钢筋直径不宜小于14mm，间距不宜大于200mm。

13.3.6 锚拉式桩板挡墙锚孔距桩顶距离不宜小于1500mm，锚固点附近桩身箍筋应适当加密，锚杆（索）构造应按本规范第8.4节有关规定设计。

13.3.7 悬臂式桩板挡墙桩长在岩质地基中嵌固深度不宜小于桩总长的1/4，土质地基中不宜小于1/3。

13.3.8 桩板式挡墙应根据其受力特点进行配筋设计，其配筋率、钢筋搭接和锚固应符合现行国家标准《混凝土结构设计规范》GB 50010 的有关规定。

13.3.9 桩板式挡墙纵向伸缩缝间距不宜大于25m。伸缩缝构造应符合本规范第10.3.7条的规定。

13.3.10 桩板式挡墙墙后填料质量和回填质量应符合本规范第11.3.8条的规定。

13.4 施　　工

13.4.1 挖方区悬臂式桩板挡墙应先施工桩，再施工挡板；挖方区锚拉式桩板挡墙应先施工桩，再采用逆作法施工锚杆（索）及挡板。

13.4.2 桩身混凝土应连续灌注，不得形成水平施工缝。当需加快施工进度时，宜采用速凝、早强混凝土。

13.4.3 桩纵筋的接头不得设在土石分界处和滑动面处。

13.4.4 墙后填土必须分层夯实，选料及其密实度均应满足设计要求。

13.4.5 桩和挡板设计未考虑大型碾压机的荷载时，桩板后至少2m内不得使用大型碾压机械填筑。

13.4.6 工程滑坡治理施工尚应符合本规范第17.3节的规定。

14 坡率法

14.1 一般规定

14.1.1 当工程场地有放坡条件，且无不良地质作用时宜优先采用坡率法。

14.1.2 有下列情况之一的边坡不应单独采用坡率法，应与其他边坡支护方法联合使用：

　　1 放坡开挖对相邻建（构）筑物有不利影响的边坡；

　　2 地下水发育的边坡；

　　3 软弱土层等稳定性差的边坡；

　　4 坡体内有外倾软弱结构面或深层滑动面的边坡；

　　5 单独采用坡率法不能有效改善整体稳定性的边坡；

　　6 地质条件复杂的一级边坡。

14.1.3 填方边坡采用坡率法时可与加筋材料联合应用。

14.1.4 采用坡率法时应进行边坡环境整治、坡面绿化和排水处理。

14.1.5 高度较大的边坡应分级开挖放坡。分级放坡时应验算边坡整体的和各级的稳定性。

14.2 设计计算

14.2.1 土质边坡的坡率允许值应根据工程经验，按工程类比的原则并结合已有稳定边坡的坡率值分析确定。当无经验且土质均匀良好、地下水贫乏、无不良地质作用和地质环境条件简单时，边坡坡率允许值可按表14.2.1确定。

表 14.2.1　土质边坡坡率允许值

边坡土体类别	状态	坡率允许值（高宽比）	
		坡高小于5m	坡高5m～10m
碎石土	密实	1：0.35～1：0.50	1：0.50～1：0.75
	中密	1：0.50～1：0.75	1：0.75～1：1.00
	稍密	1：0.75～1：1.00	1：1.00～1：1.25
黏性土	坚硬	1：0.75～1：1.00	1：1.00～1：1.25
	硬塑	1：1.00～1：1.25	1：1.25～1：1.50

注：1　碎石土的充填物为坚硬或硬塑状态的黏性土；
　　2　对于砂土或充填物为砂土的碎石土，其边坡坡率允许值应按砂土或碎石土的自然休止角确定。

14.2.2 在边坡保持整体稳定的条件下，岩质边坡开挖的坡率允许值应根据工程经验，按工程类比的原则结合已有稳定边坡的坡率值分析确定。对无外倾软弱结构面的边坡，放坡坡率可按表14.2.2确定。

表 14.2.2　岩质边坡坡率允许值

边坡岩体类型	风化程度	坡率允许值（高宽比）		
		$H<8m$	$8m{\leqslant}H<15m$	$15m{\leqslant}H<25m$
I 类	未（微）风化	1：0.00～1：0.10	1：0.10～1：0.15	1：0.15～1：0.25
	中等风化	1：0.10～1：0.15	1：0.15～1：0.25	1：0.25～1：0.35
II 类	未（微）风化	1：0.10～1：0.15	1：0.15～1：0.25	1：0.25～1：0.35
	中等风化	1：0.15～1：0.25	1：0.25～1：0.35	1：0.35～1：0.50
III 类	未（微）风化	1：0.25～1：0.35	1：0.35～1：0.50	—
	中等风化	1：0.35～1：0.50	1：0.50～1：0.75	—

续表 14.2.2

边坡岩体类型	风化程度	坡率允许值（高宽比）		
		$H<8m$	$8m\leqslant H$ $<15m$	$15m\leqslant H$ $<25m$
Ⅳ类	中等风化	$1:0.50\sim$ $1:0.75$	$1:0.75\sim$ $1:1.00$	—
	强风化	$1:0.75\sim$ $1:1.00$	—	—

注：1 H——边坡高度；
 2 Ⅳ类强风化包括各类风化程度的极软岩；
 3 全风化岩体可按土质边坡坡率取值。

14.2.3 下列边坡的坡率允许值应通过稳定性计算分析确定：

 1 有外倾软弱结构面的岩质边坡；

 2 土质较软的边坡；

 3 坡顶边缘附近有较大荷载的边坡；

 4 边坡高度超过本规范表 14.2.1 和表 14.2.2 范围的边坡。

14.2.4 填土边坡的坡率允许值应根据边坡稳定性计算结果并结合地区经验确定。

14.2.5 土质边坡稳定性计算应考虑边坡影响范围内的建（构）筑物和边坡支护处理对地下水运动等水文地质条件的影响，以及由此而引起的对边坡稳定性的影响。

14.2.6 边坡稳定性评价应符合本规范第 5 章的有关规定。

14.3 构 造 设 计

14.3.1 边坡整体高度可按同一坡率进行放坡，也可根据边坡岩土的变化情况按不同的坡率放坡。

14.3.2 位于斜坡上的人工压实填土边坡应验算填土沿斜坡滑动的稳定性。分层填筑前应将斜坡的坡面修成若干台阶，使压实填土与斜坡面紧密接触。

14.3.3 边坡排水系统的设置应符合下列规定：

 1 边坡坡顶、坡面、坡脚和水平台阶应设排水沟，并作好坡脚防护；在坡顶外围应设截水沟；

 2 当边坡表层有积水湿地、地下水渗出或地下水露头时，应根据实际情况设置外倾排水孔、排水盲沟和排水钻孔。

14.3.4 对局部不稳定块体应清除，或采用锚杆和其他有效加固措施。

14.3.5 永久性边坡宜采用锚喷、浆砌片石或格构等构造措施护面。在条件许可时，宜尽量采用格构或其他有利于生态环境保护和美化的护面措施。临时性边坡可采用水泥砂浆护面。

14.4 施 工

14.4.1 挖方边坡施工开挖应自上而下有序进行，并

应保持两侧边坡的稳定，保证弃土、弃渣的堆填不应导致边坡附加变形或破坏现象发生。

14.4.2 填土边坡施工应自下而上分层进行，每一层填土施工完成后应进行相应技术指标的检测，质量检验合格后方可进行下一层填土施工。

14.4.3 边坡工程在雨期施工时应做好水的排导和防护工作。

15 坡面防护与绿化

15.1 一 般 规 定

15.1.1 边坡整体稳定但其坡面岩土体易风化、剥落或有浅层崩塌、滑落及掉块等时，应进行坡面防护。

15.1.2 边坡坡面防护工程应在稳定边坡上设置。对欠稳定的或存在不良地质因素的边坡，应先进行边坡治理后进行坡面防护与绿化。

15.1.3 边坡坡面防护应根据工程区域气候、水文、地形、地质条件、材料来源及使用条件采取工程防护和植物防护相结合的综合处理措施，并应考虑下列因素经技术经济比较确定：

 1 坡面风化作用；

 2 雨水冲刷；

 3 植物生长效果、环境效应；

 4 冻胀、干裂作用；

 5 坡面防渗、防淘刷等需要；

 6 其他需要考虑的因素。

15.1.4 临时防护措施应与永久防护措施相结合。

15.1.5 地下水和地表水较为丰富的边坡，应将边坡防护结合排水措施进行综合设计。

15.2 工 程 防 护

15.2.1 砌体护坡应符合下列规定：

 1 砌体护坡可采用浆砌条石、块石、片石或混凝土预制块等作为砌筑材料，适用于坡度缓于 $1:1$ 的易风化的岩石和土质挖方边坡；

 2 石料强度等级不应低于 MU30，浆砌块石、片石、卵石护坡的厚度不宜小于 250mm；

 3 预制块的混凝土强度等级不应低于 C20；厚度不小于 150mm；

 4 铺砌层下应设置碎石或砂砾垫层，厚度不宜小于 100mm；

 5 砌筑砂浆强度等级不应低于 M5.0，在严寒地区和地震地区或水下部分的砌筑砂浆强度等级不应低于 M7.5；

 6 砌体护坡应设置伸缩缝和泄水孔；

 7 砌体护坡伸缩缝间距宜为 20m～25m、缝宽 20mm～30mm；在地基性状和护坡高度变化处应设沉降缝，沉降缝与伸缩缝宜合并设置；缝中应填塞沥青

麻筋或其他有弹性的防水材料,填塞深度不应小于150mm;在拐角处应采取适当的加强构造措施。

15.2.2 护面墙防护设计应符合下列规定:

1 护面墙可采用浆砌条石、块石或混凝土预制块等作为砌筑材料,也可现浇素混凝土;适用于防护易风化或风化严重的软质岩石或较破碎岩石挖方边坡,以及坡面易受侵蚀的土质边坡;

2 窗孔式护面墙防护的边坡坡率应缓于1:0.75;拱式护面墙适用于边坡下部岩层较完整而上部需防护的边坡,边坡坡率应缓于1:0.50;

3 单级护面墙的高度不宜超过10m;其墙背坡率与边坡坡率一致,顶宽不应小于500mm,底宽不应小于1000mm,并应设置伸缩缝和泄水孔;

4 伸缩缝的间距宜为20m~25m,但对素混凝土护面墙应为10m~15m;

5 护面墙基础应设置在稳定的地基上,基础埋置深度应根据地质条件确定;冰冻地区应埋置在冰冻深度以下不小于250mm;护面墙前趾应低于排水沟铺砌的底面。

15.2.3 对边坡坡度不大于60°、中风化的易风化岩质边坡可采用喷射砂浆进行坡面防护。喷射砂浆防护厚度不宜小于50mm,砂浆强度等级不应低于M20;喷护坡面应设置泄水孔和伸缩缝,泄水孔纵、横间距宜为2.5m,伸缩缝间距宜为10m~15m。

15.2.4 喷射混凝土防护工程应符合本规范第10章的规定。

15.3 植物防护与绿化

15.3.1 植物防护与绿化工程设计应符合下列规定:

1 植草宜选用易成活、生长快、根系发达、叶茎矮或有匍匐茎的多年生当地草种;草种的配合、播种量等应根据植物的生长特点、防护地点及施工方法确定;

2 铺草皮适用于需要快速绿化的边坡,且坡率缓于1:1.00的土质边坡和严重风化的软质岩石边坡;草皮应选择根系发达、茎矮叶茂耐旱草种,不宜采用喜水草种,严禁采用生长在泥沼地的草皮;

3 植树宜用于坡率缓于1:1.50的边坡;树种应选用能迅速生长且根深枝密的低矮灌木类;

4 湿法喷播绿化适用于土质边坡、土夹石边坡、严重风化岩石的坡率缓于1:0.50的挖方和填方边坡防护;

5 客土喷播与绿化适用于风化岩石、土壤较少的软质岩石、养分较少的土壤、硬质土壤,植物立地条件差的高大陡峭面和受侵蚀显著的坡面;当坡率陡于1:1.00时,宜设置挂网或混凝土格构。

15.3.2 骨架植物防护工程中的骨架可采用浆砌片石或混凝土作骨架,且应符合下列规定:

1 骨架植物防护适用于边坡坡率缓于1:0.75

的土质和全风化的岩石边坡防护与绿化,当坡面受雨水冲刷严重或潮湿时,坡度应缓于1:1.00;

2 应根据边坡坡率、土质和当地情况确定骨架形式,并与周围景观相协调;骨架内应采用植物或其他辅助防护措施;

3 当降雨量较大且集中的地区,骨架宜做成截水槽型;截水槽断面尺寸由降雨强度计算确定。

15.3.3 混凝土空心块植物防护适用于坡度缓于1:0.75的土质边坡和全风化、强风化的岩石挖方边坡,并根据需要设置浆砌片石或混凝土骨架。空心预制块的混凝土强度等级不应低于C20,厚度不应小于150mm。空心预制块内应填充种植土,喷播植草。

15.3.4 锚杆钢筋混凝土格构植物防护与绿化适用于土质边坡和坡体中无不良结构面、风化破碎的岩石挖方边坡。钢筋混凝土格构的混凝土强度等级不应低于C25,格构几何尺寸应根据边坡高度和地层情况等确定,格构内宜植草。在多雨地区,格构上应设置截水槽,截水槽断面尺寸由降雨强度计算确定。

15.4 施 工

15.4.1 坡面防护施工应符合下列规定:

1 根据开挖坡面地质水文情况逐段核实边坡防护措施有效性,且应符合信息法施工要求;

2 挖方边坡防护工程应采用逆作法施工,开挖一级防护一级,并应及时进行养护;

3 施工前应对边坡进行修整,清除边坡上的危石及不密实的松土;

4 坡面防护层应与坡面密贴结合,不得留有空隙;

5 在多雨地区或地下水发育地段,边坡防护工程施工应采取有效截、排水措施。

15.4.2 喷浆或喷射混凝土防护施工应符合下列规定:

1 喷护前应采取措施对泉水、渗水进行处治,并按设计要求设置泄水孔,排、防积水;

2 施工作业前应进行试喷,选择合适的水灰比和喷射压力;喷射顺序应自下而上进行;

3 砂浆或混凝土初凝后,应立即开始养护,喷浆养护期不应少于5d,喷射混凝土养护期不应少于7d;

4 应及时对喷浆或混凝土层顶部进行封闭处理。

15.4.3 砌体护坡工程施工应符合下列规定:

1 砌体护坡施工前应将坡面整平;在铺设混凝土预制块前,对局部坑洞处应预先采用混凝土或浆砌片石填补平整;

2 浆砌块石、片石、卵石护坡应采取坐浆法施工,预制块应错缝砌筑;护坡面应平顺,并与相邻坡面顺接;

3 砂浆初凝后,应立即进行养护;砂浆终凝前,砌块应覆盖。

15.4.4 护面墙施工应符合下列规定：

  1 护面墙施工前，应清除边坡风化层至新鲜岩面；对风化迅速的岩层，清挖到新鲜岩面后应立即修筑护面墙；

  2 护面墙背应与坡面密贴，边坡局部凹陷处，应挖成台阶后用混凝土填充或浆砌片石嵌补；

  3 坡顶护面墙与坡面之间应按设计要求做好防渗处理。

15.4.5 植被防护施工应符合下列规定：

  1 种草施工，草籽应撒布均匀，同时做好保护措施；

  2 灌木、树木应在适宜季节栽植；

  3 客土喷播施工所喷播植草混合料中植生土、土壤稳定剂、水泥、肥料、混合草籽和水等的配合比应根据边坡坡率、地质情况和当地气候条件确定，混合草籽用量每 1000㎡ 不宜少于 25kg；在气温低于 12℃时不宜喷播作业；

  4 铺、种植被后，应适时进行洒水、施肥等养护管理，植物成活率应达到 90% 以上；养护用水不应含油、酸、碱、盐等有碍草木生长的成分。

16 边坡工程排水

16.1 一般规定

16.1.1 边坡工程排水应包括排除坡面水、地下水和减少坡面水下渗等措施。坡面排水、地下排水与减少坡面雨水下渗措施宜统一考虑，并形成相辅相成的排水、防渗体系。

16.1.2 坡面排水应根据汇水面积、降雨强度、历时和径流方向等进行整体规划和布置。边坡影响区内、外的坡面和地表排水系统宜分开布置，自成体系。

16.1.3 地下排水措施宜根据边坡水文地质和工程地质条件选择，当其在地下水位以上时应采取措施防止渗漏。

16.1.4 边坡工程的临时性排水设施，应满足坡面水尤其是季节性暴雨、地下水和施工用水等的排放要求，有条件时应结合边坡工程的永久性排水措施进行。

16.1.5 边坡排水应满足使用功能要求、排水结构安全可靠、便于施工、检查和养护维修。

16.2 坡面排水

16.2.1 建筑边坡坡面排水设施应包括截水沟、排水沟、跌水与急流槽等，应结合地形和天然水系进行布设，并作好进出水口的位置选择。应采取措施防止截排水沟出现堵塞、溢流、渗漏、淤积、冲刷和冻结等

现象。

16.2.2 各类坡面排水设施设置的位置、数量和断面尺寸应根据地形条件、降雨强度、历时、分区汇水面积、坡面径流量和坡体内渗出的水量等因素计算分析确定。各类坡面排水沟顶应高出沟内设计水面 200mm 以上。

16.2.3 截、排水沟设计应符合下列规定：

  1 坡顶截水沟宜结合地形进行布设，且距挖方边坡坡口或潜在塌滑区后缘不应小于 5m；填方边坡上侧的截水沟距填方坡脚的距离不宜小于 2m；在多雨地区可设一道或多道截水沟；

  2 需将截水沟、边坡附近低洼处汇集的水引向边坡范围以外时，应设置排水沟；

  3 截、排水沟的底宽和顶宽不宜小于 500mm，可采用梯形断面或矩形断面，其沟底纵坡不宜小于 0.3%；

  4 截、排水沟需进行防渗处理；砌筑砂浆强度等级不应低于 M7.5，块石、片石强度等级不应低于 MU30，现浇混凝土或预制混凝土强度等级不应低于 C20；

  5 当截、排水沟出水口处的坡面坡度大于 10%、水头高差大于 1.0m 时，可设置跌水和急流槽将水流引出坡体或引入排水系统。

16.3 地下排水

16.3.1 在设计地下排水设施前应查明场地水文地质条件，获取设计、施工所需的水文地质参数。

16.3.2 边坡地下排水设施包括渗流沟、仰斜式排水孔等。地下排水设施的类型、位置及尺寸应根据工程地质和水文地质条件确定，并与坡面排水设施相协调。

16.3.3 渗流沟设计应符合下列规定：

  1 对于地下水埋藏浅或无固定含水层的土质边坡宜采用渗流沟排除坡体内的地下水；

  2 边坡渗流沟应垂直嵌入边坡坡体，其基底宜设置在含水层以下较坚实的土层上；寒冷地区的渗流沟出口，应采取防冻措施；其平面形状宜采用条带形布置；对范围较大的潮湿坡体，可采用增设支沟，按分岔形布置或拱形布置；

  3 渗流沟侧壁及顶部应设置反滤层，底部应设置封闭层；渗流沟迎水侧可采用砂砾石、无砂混凝土、渗水土工织物作反滤层。

16.3.4 仰斜式排水孔和泄水孔设计应符合下列规定：

  1 用于引排边坡内地下水的仰斜式排水孔的仰角不宜小于 6°，长度应伸至地下水富集部位或潜在滑动面，并宜根据边坡渗水情况成群分布；

  2 仰斜式排水孔和泄水孔排出的水宜引入排水沟予以排除，其最下一排的出水口应高于地面或排水

沟设计水位顶面，且不应小于200mm；

　　3　仰斜式泄水孔其边长或直径不宜小于100mm、外倾坡度不宜小于5‰、间距宜为2m～3m，并宜按梅花形布置；在地下水较多或有大股水流处，应加密设置；

　　4　在泄水孔进水侧应设置反滤层或反滤包；反滤层厚度不应小于500mm，反滤包尺寸不应小于500mm×500mm×500mm，反滤层和反滤包的顶部和底部应设厚度不小于300mm的黏土隔水层。

16.4　施　　工

16.4.1　边坡排水设施施工前，宜先完成临时排水设施；施工期间，应对临时排水设施进行经常维护，保证排水畅通。

16.4.2　截水沟和排水沟施工应符合下列规定：

　　1　截水沟和排水沟采用浆砌块石、片石时，砂浆应饱满，沟底表面粗糙；

　　2　截水沟和排水沟的水沟线形要平顺，转弯处宜为弧线形。

16.4.3　渗流沟施工应符合下列规定：

　　1　边坡上的渗流沟宜从下向上分段间隔开挖，开挖作业面应根据土质选用合理的支撑形式，并应随挖随支撑、及时回填，不可暴露太久；

　　2　渗流沟渗水材料顶面不应低于坡面原地下水位；在冰冻地区，渗流沟埋置深度不应小于当地最小冻结深度；

　　3　在渗流沟的迎水面反滤层应采用颗粒大小均匀的碎、砾石分层填筑；土工布反滤层采用缝合法施工时，土工布的搭接宽度应大于100mm；铺设时应紧贴保护层，不宜拉得过紧；

　　4　渗流沟底部的封闭层宜采用浆砌片石或干砌片石水泥砂浆勾缝，寒冷地区应设保温层，并加大出水口附近纵坡；保温层可采用炉渣、砂砾、碎石或草皮等。

16.4.4　排水孔施工应符合下列规定：

　　1　仰斜式排水孔成孔直径宜为75mm～150mm，仰角不应小于6°；孔深应延伸至富水区；

　　2　仰斜式排水管直径宜为50mm～100mm，渗水孔宜采用梅花形排列，渗水段裹1层～2层无纺土工布，防止渗水孔堵塞；

　　3　边坡防护工程上的泄水孔可采取预埋PVC管等方式施工，管径不宜小于50mm，外倾坡度不宜小于0.5％。

17　工程滑坡防治

17.1　一　般　规　定

17.1.1　工程滑坡类型可按表17.1.1进行划分。

表17.1.1　工程滑坡类型

滑坡类型	诱发因素	滑体特征	滑动特征
工程滑坡	人工弃土滑坡　切坡顺层滑坡　切坡岩层滑坡　切坡土层滑坡	开挖坡脚、坡顶加载、施工用水等因素	由外倾且软弱的岩土面上填土构成；　由层面外倾且较软弱的岩土体构成；　由外倾软弱结构面控制稳定的岩体构成	弃土沿下卧层岩土层面或弃土体内滑动；　沿外倾的下卧潜在滑面或土体内滑动；　沿岩体外倾、临空软弱结构面滑动
自然滑坡或工程滑坡	堆积体滑坡　岩体顺层滑坡　土体顺层滑坡	暴雨、洪水或地震等自然因素，或人为因素	由滑坡和崩塌碎、块石堆积构成，已有老滑面；　由顺层岩体构成，已有老滑面；　由顺层土体构成，已有老滑面	沿外倾下卧岩土层老滑面或体内滑动；　沿外倾软弱岩层、老滑面或体内滑动；　沿外倾土层滑面或体内滑动

17.1.2　在滑坡区或潜在滑坡区进行工程建设和滑坡整治时应以防为主，防治结合，先治坡，后建房。应根据滑坡特性采取治坡与治水相结合的措施，合理有效地综合整治滑坡。

17.1.3　当滑坡体上有重要建（构）筑物时，滑坡防治在确保滑体整体稳定的同时，应选择有利于减小坡体变形的方案，避免危及建（构）筑物安全和保证其正常使用功能。

17.1.4　滑坡防治方案除应满足滑坡整治稳定性要求外，尚应考虑支护结构与相邻建（构）筑物基础关系，并满足建筑功能要求。在滑坡区尤其是在主滑段进行工程建设时，建筑物基础宜采用桩基础或桩锚基础等方案，将荷载直接传至稳定岩土层中，并应符合本规范第7章的有关规定。

17.1.5　工程滑坡的发育阶段可按表17.1.5划分。

表17.1.5　滑坡发育阶段

演变阶段	弱变形阶段	强变形阶段	滑动阶段	停滑阶段
滑动带及滑动面	主滑段滑动带在蠕动变形，但滑体尚未沿滑动带位移	主滑段滑动带已大部分形成，部分探井及钻孔可发现滑动带有镜面、擦痕及搓揉现象。滑体局部沿滑动带位移	整个滑坡已全面形成，滑带土特征明显且新鲜，绝大多数探井及钻孔发现滑动带有镜面、擦痕及搓揉现象，滑带土含水量常较高	滑体不再沿滑动带位移，滑带土含水量降低，进入固结阶段

演变阶段	弱变形阶段	强变形阶段	滑动阶段	停滑阶段
滑坡前缘	前缘无明显变化，未发现新泉点	前缘有隆起，有放射状裂隙或大体呈垂直等高线的压致张拉裂缝，有时有局部坍塌现象或出现湿地或有泉水溢出	前缘出现明显的剪出口并经常剪出，剪出口附近湿地明显，有一个或多个泉点，有时形成了滑坡舌，滑坡舌常明显伸出，鼓胀及放射状裂隙加剧并常伴有坍塌	前缘滑坡舌伸出，覆盖于原地表上或到达前方阻挡体壅高，前缘湿地明显，鼓丘不再发展
滑坡后缘	后缘地表或建构筑物出现一条或数条与地形等高线大体平行的拉张裂缝，裂缝断续分布	后缘地表或建（构）筑物拉张裂缝多而宽且贯通，外侧下错	后缘张裂缝常出现多个阶坎或地堑式沉陷带，滑坡壁常较明显	后缘裂缝不再增多，不再扩大，滑坡壁明显
滑坡两侧	两侧无明显裂缝，边界不明显	两侧出现雁行羽状剪切裂缝	羽状裂缝与滑坡后缘张裂缝连通，滑坡周界明显	羽状裂缝不再扩大，不再增多甚至闭合
滑坡体	无明显异常，偶见滑坡体上树木倾斜	有裂缝及少量沉陷等异常现象，可见滑坡体上树木倾斜	有差异运动形成的纵向裂缝，中、后部水塘、水沟或水田渗漏，滑坡体上不少树木倾斜，滑坡整体位移	滑体变形不再发展，原始地形总体坡度变小，裂缝不再增多甚至闭合
稳定状态	基本稳定	欠稳定	不稳定	欠稳定～稳定
稳定系数	$1.05 < F_s < F_{st}$	$1.00 < F_s < 1.05$	$F_s < 1.00$	$1.00 < F_s \sim F_s > F_{st}$

注：F_{st}——滑坡稳定性安全系数。

17.1.6 滑坡治理尚应符合本规范第 3 章的有关规定。

17.2 工程滑坡防治

17.2.1 工程滑坡治理应考虑滑坡类型成因、滑坡形态、工程地质和水文地质条件、滑坡稳定性、工程重要性、坡上建（构）筑物和施工影响等因素，分析滑坡的有利和不利因素、发展趋势及危害性，并应采取下列工程措施进行综合治理：

1 排水：根据工程地质、水文地质、暴雨、洪水和防治方案等条件，采取有效的地表排水和地下排水措施；可采用在滑坡后缘外设置环形截水沟、滑坡体上设分级排水沟、裂隙封填以及坡面封闭等措施，排放地表水，防止暴雨和洪水对滑体和滑面的浸蚀软化；需要时可采用设置地下横、纵向排水盲沟、廊道和仰斜式孔等措施，疏排滑体及滑带水；

2 支挡：滑坡整治时应根据滑坡稳定性、滑坡推力和岩土性状等因素，按本规范表 3.1.4 选用支挡结构类型；

3 减载：刷方减载应在滑坡的主滑段实施；

4 反压：反压填方应设置在滑坡前缘抗滑段区域，可采用土石回填或加筋土反压以提高滑坡的稳定性；同时应加强反压区地下水引排；

5 对滑带注浆条件和注浆效果较好的滑坡，可采用注浆法改善滑坡带的力学特性；注浆法宜与其他抗滑措施联合使用；严禁因注浆堵塞地下水排泄通道；

6 植被绿化，并应符合本规范第 15 章的相关规定。

17.2.2 滑坡治理设计及计算应符合下列规定：

1 滑坡计算应考虑滑坡自重、滑坡体上建（构）筑物等的附加荷载、地下水及洪水的静水压力和动水压力以及地震作用等的影响，取荷载效应的最不利组合值作为滑坡的设计控制值；

2 滑坡稳定系数应与滑坡所处的滑动特征、发育阶段相适应，并应符合本规范第 17.1.5 条的规定；

3 滑坡稳定性分析计算剖面不宜少于 3 条，其中应有一条是主轴（主滑方向）剖面，剖面间距不宜大于 30m；

4 当滑体具有多层滑面时，应分别计算各滑动面的滑坡推力，取滑坡推力作用效应（对支护结构产生的弯矩或剪力）最大值作为设计值；

5 滑坡滑面（带）的强度指标应考虑岩土性质、滑坡的变形特征及含水条件等因素，根据试验值、反算值和地区经验值等综合分析确定；

6 作用在抗滑支挡结构上的滑坡推力分布，可根据滑体性质和高度等因素确定为三角形、矩形或梯形；

7 滑坡支挡设置应保证滑体不从支挡结构顶部越过、桩间挤出和产生新的深层滑动。

17.2.3 工程滑坡稳定性分析及剩余下滑力计算应按本规范第 5 章有关规定执行。工程滑坡稳定安全系数应按本规范表 5.3.2 确定。

17.3 施 工

17.3.1 工程滑坡治理应采用信息法施工。

17.3.2 工程滑坡治理各单项工程的施工程序应有利

于施工期滑坡的稳定和治理。

17.3.3 滑坡区地段的工程切坡应自上而下、分段跳槽方式施工，严禁通长大断面开挖。开挖弃渣不得随意堆放在滑坡的推力段，以免诱发坡体滑动或引起新的滑坡。

17.3.4 工程滑坡治理开挖不宜在雨期实施，应控制施工用水，做好施工排水措施。

17.3.5 工程滑坡治理不宜采用普通爆破法施工。

17.3.6 工程滑坡的抗滑桩应从滑坡两端向主轴方向分段间隔施工，开挖中应核实滑动面位置和性状，当与原勘察设计不符时应及时向相关部门反馈信息。

18 边坡工程施工

18.1 一般规定

18.1.1 边坡工程应根据安全等级、边坡环境、工程地质和水文地质、支护结构类型和变形控制要求等条件编制施工方案，采取合理、可行、有效的措施保证施工安全。

18.1.2 对土石方开挖后不稳定或欠稳定的边坡，应根据边坡的地质特征和可能发生的破坏方式等情况，采取自上而下、分段跳槽、及时支护的逆作法或部分逆作法施工。未经设计许可严禁大开挖、爆破作业。

18.1.3 不应在边坡潜在塌滑区超量堆载。

18.1.4 边坡工程的临时性排水措施应满足地下水、暴雨和施工用水等的排放要求，有条件时宜结合边坡工程的永久性排水措施进行。

18.1.5 边坡工程开挖后应及时按设计实施支护结构施工或采取封闭措施。

18.1.6 一级边坡工程施工应采用信息法施工。

18.1.7 边坡工程施工应进行水土流失、噪声及粉尘控制等的环境保护。

18.1.8 边坡工程施工除应符合本章规定外，尚应符合本规范其他有关章节及现行国家标准《土方与爆破工程施工及验收规范》GB 50201 的有关规定。

18.2 施工组织设计

18.2.1 边坡工程的施工组织设计应包括下列基本内容：

1 工程概况

边坡环境及邻近建（构）筑物基础概况、场区地形、工程地质与水文地质特点、施工条件、边坡支护结构特点、必要的图件及技术难点。

2 施工组织管理

组织机构图及职责分工，规章制度及落实合同工期。

3 施工准备

熟悉设计图、技术准备、施工所需的设备、材料进场、劳动力等计划。

4 施工部署

平面布置，边坡施工的分段分阶、施工程序。

5 施工方案

土石方及支护结构施工方案、附属构筑物施工方案、试验与监测。

6 施工进度计划

采用流水作业原理编制施工进度、网络计划及保证措施。

7 质量保证体系及措施

8 安全管理及文明施工

18.2.2 采用信息法施工的边坡工程组织设计应反映信息法施工的特殊要求。

18.3 信息法施工

18.3.1 信息法施工的准备工作应包括下列内容：

1 熟悉地质及环境资料，重点了解影响边坡稳定性的地质特征和边坡破坏模式；

2 了解边坡支护结构的特点和技术难点，掌握设计意图及对施工的特殊要求；

3 了解坡顶需保护的重要建（构）筑物基础、结构和管线情况及其要求，必要时采取预加固措施；

4 收集同类边坡工程的施工经验；

5 参与制定和实施边坡支护结构、邻近建（构）筑物和管线的监测方案；

6 制定应急预案。

18.3.2 信息法施工应符合下列规定：

1 按设计要求实施监测，掌握边坡工程监测情况；

2 编录施工现场揭示的地质状态与原地质资料对比变化图，为施工勘察提供资料；

3 根据施工方案，对可能出现的开挖不利工况进行边坡及支护结构强度、变形和稳定验算；

4 建立信息反馈制度，当开挖后的实际地质情况与原勘察资料变化较大，支护结构变形较大，监测值达到报警值等不利于边坡稳定的情况发生时，应及时向设计、监理、业主通报，并根据设计处理措施调整施工方案；

5 施工中出现险情时应按本规范第18.5节要求进行处理。

18.4 爆破施工

18.4.1 岩石边坡开挖爆破施工应采取避免边坡及邻近建（构）筑物震害的工程措施。

18.4.2 当地质条件复杂、边坡稳定性差、爆破对坡顶建（构）筑物震害较严重时，不应采用爆破开挖方案。

18.4.3 边坡爆破施工应符合下列规定：

1 在爆破危险区应采取安全保护措施；

2 爆破前应对爆破影响区建（构）筑物的原有状况进行查勘记录，并布设好监测点；

3 爆破施工应符合本规范第 18.2 节要求；当边坡开挖采用逆作法时，爆破应配合放阶施工；当爆破危害较大时，应采取控制爆破措施；

4 支护结构坡面爆破宜采用光面爆破法；爆破坡面宜预留部分岩层采用人工挖掘修整；

5 爆破施工技术尚应符合国家现行有关标准的规定。

18.4.4 爆破影响区有建筑物时，爆破产生的地面质点震动速度应按表 18.4.4 确定。

表 18.4.4　爆破安全允许震动速度

保护对象类别	安全允许震动速度（cm/s）		
	<10Hz	10Hz~50Hz	50Hz~100Hz
土坯房、毛石房屋	0.5~1.0	0.7~1.2	1.1~1.5
一般砖房、非抗震的大型砌块建筑	2.0~2.5	2.3~2.8	2.7~3.0
混凝土结构房屋	3.0~4.0	3.5~4.5	4.2~5.0

注：Hz——赫兹，频率符号。

18.4.5 对稳定性较差的边坡或爆破影响范围内坡顶有重要建筑物的边坡，爆破震动效应应通过爆破震动效应监测或试爆试验确定。

18.5　施工险情应急处理

18.5.1 当边坡变形过大，变形速率过快，周边环境出现沉降开裂等险情时，应暂停施工，并根据险情状况采用下列应急处理措施：

1 坡底被动区临时压重；

2 坡顶主动区卸土减载，并应严格控制卸载程序；

3 做好临时排水、封面处理；

4 临时加固支护结构；

5 加强险情段监测；

6 立即向勘察、设计等单位反馈信息，及时按施工现状开展勘察及设计资料复审工作。

18.5.2 边坡施工出现险情时，施工单位应做好边坡支护结构及边坡环境异常情况收集、整理、汇编等工作。

18.5.3 边坡施工出现险情后，施工单位应会同相关单位查清险情原因，并应按边坡排危抢险方案的原则制定施工抢险方案。

18.5.4 施工单位应根据施工抢险方案及时开展边坡工程抢险工作。

19　边坡工程监测、质量检验及验收

19.1　监　测

19.1.1 边坡塌滑区有重要建（构）筑物的一级边坡工程施工时必须对坡顶水平位移、垂直位移、地表裂缝和坡顶建（构）筑物变形进行监测。

19.1.2 边坡工程应由设计提出监测项目和要求，由业主委托有资质的监测单位编制监测方案，监测方案应包括监测项目、监测目的、监测方法、测点布置、监测项目报警值和信息反馈制度等内容，经设计、监理和业主等共同认可后实施。

19.1.3 边坡工程可根据安全等级、地质环境、边坡类型、支护结构类型和变形控制要求，按表 19.1.3 选择监测项目。

表 19.1.3　边坡工程监测项目表

测试项目	测点布置位置	边坡工程安全等级		
		一级	二级	三级
坡顶水平位移和垂直位移	支护结构顶部或预估支护结构变形最大处	应测	应测	应测
地表裂缝	墙顶背后 1.0H（岩质）~1.5H（土质）范围内	应测	应测	选测
坡顶建（构）筑物变形	边坡坡顶建筑物基础、墙面和整体倾斜	应测	应测	选测
降雨、洪水与时间关系	—	应测	应测	选测
锚杆（索）拉力	外锚头或锚杆主筋	应测	选测	可不测
支护结构变形	主要受力构件	应测	选测	可不测
支护结构应力	应力最大处	选测	选测	可不测
地下水、渗水与降雨关系	出水点	应测	选测	可不测

注：1　在边坡塌滑区内有重要建（构）筑物，破坏后果严重时，应加强对支护结构的应力监测；

　　2　H——边坡高度（m）。

19.1.4 边坡工程监测应符合下列规定：

1 坡顶位移观测，应在每一典型边坡段的支护结构顶部设置不少于 3 个监测点的观测网，观测位移量、移动速度和移动方向；

2 锚杆拉力和预应力损失监测，应选择有代表性的锚杆（索），测定锚杆（索）应力和预应力损失；

  3 非预应力锚杆的应力监测根数不宜少于锚杆总数 3%，预应力锚索的应力监测根数不宜少于锚索总数的 5%，且均不应少于 3 根；

  4 监测工作可根据设计要求、边坡稳定性、周边环境和施工进程等因素进行动态调整；

  5 边坡工程施工初期，监测宜每天一次，且应根据地质环境复杂程度、周边建（构）筑物、管线对边坡变形敏感程度、气候条件和监测数据调整监测时间及频率；当出现险情时应加强监测；

  6 一级永久性边坡工程竣工后的监测时间不宜少于 2 年。

19.1.5 地表位移监测可采用 GPS 法和大地测量法，可辅以电子水准仪进行水准测量。在通视条件较差的环境下，采用 GPS 监测为主；在通视条件较好的情况下采用大地测量法。边坡变形监测与测量精度应符合现行国家标准《工程测量规范》GB 50026 的有关规定。

19.1.6 应采取有效措施监测地表裂缝、位错等变化。监测精度对于岩质边坡分辨率不应低于 0.50mm，对于土质边坡分辨率不应低于 1.00mm。

19.1.7 边坡工程施工过程中及监测期间遇到下列情况时应及时报警，并采取相应的应急措施：

  1 有软弱外倾结构面的岩土边坡支护结构坡顶有水平位移迹象或支护结构受力裂缝有发展；无外倾结构面的岩质边坡或支护结构构件的最大裂缝宽度达到国家现行相关标准的允许值；土质边坡支护结构坡顶的最大水平位移已大于边坡开挖深度的 1/500 或 20mm，以及其水平位移速度已连续 3d 大于 2mm/d；

  2 土质边坡坡顶邻近建筑物的累计沉降、不均匀沉降或整体倾斜已大于现行国家标准《建筑地基基础设计规范》GB 50007 规定允许值的 80%，或建筑物的整体倾斜度变化速度已连续 3d 每天大于 0.00008；

  3 坡顶邻近建筑物出现新裂缝、原有裂缝有新发展；

  4 支护结构中有重要构件出现应力骤增、压屈、断裂、松弛或破坏的迹象；

  5 边坡底部或周围岩土体已出现可能导致边坡剪切破坏的迹象或其他可能影响安全的征兆；

  6 根据当地工程经验判断已出现其他必须报警的情况。

19.1.8 对地质条件特别复杂的、采用新技术治理的一级边坡工程，应建立边坡工程长期监测系统。边坡工程监测系统包括监测基准网和监测点建设、监测设备仪器安装和保护、数据采集与传输、数据处理与分析、预测预报或总结等。

19.1.9 边坡工程监测报告应包括下列主要内容：

  1 边坡工程概况；

  2 监测依据；

  3 监测项目和要求；

  4 监测仪器的型号、规格和标定资料；

  5 测点布置图、监测指标时程曲线图；

  6 监测数据整理、分析和监测结果评述。

19.2 质量检验

19.2.1 边坡支护结构的原材料质量检验应包括下列内容：

  1 材料出厂合格证检查；

  2 材料现场抽检；

  3 锚杆浆体和混凝土的配合比试验，强度等级检验。

19.2.2 锚杆的质量验收应按本规范附录 C 的规定执行。软土层锚杆质量验收应按国家现行有关标准执行。

19.2.3 灌注桩检验可采取低应变动测法、预埋管声波透射法或其他有效方法，并应符合下列规定：

  1 对低应变检测结果有怀疑的灌注桩，应采用钻芯法进行补充检测；钻芯法应进行单孔或跨孔声波检测，混凝土质量与强度评定按国家现行有关标准执行；

  2 对一级边坡桩，当长边尺寸不小于 2.0m 或桩长超过 15.0m 时，应采用声波透射法检验桩身完整性；当对桩身质量有怀疑时，可采用钻芯法进行复检。

19.2.4 钢筋位置、间距、数量和保护层厚度可采用钢筋探测仪复检，当对钢筋规格有怀疑时可直接凿开检查。

19.2.5 喷射混凝土护壁厚度和强度的检验应符合下列规定：

  1 可用凿孔法或钻孔法检测面板护壁厚度，每 100m² 抽检一组；芯样直径为 100mm 时，每组不应少于 3 个点；

  2 厚度平均值应大于设计厚度，最小值不应小于设计厚度的 80%；

  3 混凝土抗压强度的检测和评定应符合现行国家标准《建筑结构检测技术标准》GB/T 50344 的有关规定。

19.2.6 边坡工程质量检测报告应包括下列内容：

  1 工程概况；

  2 检测主要依据；

  3 检测方法与仪器设备型号；

  4 检测点分布图；

  5 检测数据分析；

  6 检测结论。

19.3 验　　收

19.3.1 边坡工程验收应取得下列资料：

  1 施工记录、隐蔽工程检查验收记录和竣工图；

2 边坡工程与周围建（构）筑物位置关系图；

3 原材料出厂合格证、场地材料复检报告或委托试验报告；

·**4** 混凝土强度试验报告、砂浆试块抗压强度试验报告；

5 锚杆抗拔试验等现场实体检测报告；

6 边坡和周围建（构）筑物监测报告；

7 勘察报告、设计施工图和设计变更通知、重大问题处理文件及技术洽商记录；

8 各分项、分部工程验收记录。

19.3.2 边坡工程验收应按现行国家标准《建筑工程施工质量验收统一标准》GB 50300 的有关规定执行。

附录 A 不同滑面形态的边坡稳定性计算方法

A.0.1 圆弧形滑面的边坡稳定性系数可按下列公式计算（图 A.0.1）：

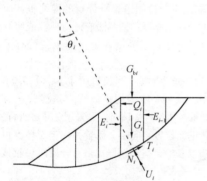

图 A.0.1 圆弧形滑面边坡计算示意

$$F_s = \frac{\sum\limits_{i=1}^{n} \frac{1}{m_{\theta i}} \left[c_i l_i \cos\theta_i + (G_i + G_{bi} - U_i \cos\theta_i) \tan\varphi_i \right]}{\sum\limits_{i=1}^{n} \left[(G_i + G_{bi}) \sin\theta_i + Q_i \cos\theta_i \right]}$$

(A.0.1-1)

$$m_{\theta i} = \cos\theta_i + \frac{\tan\varphi_i \sin\theta_i}{F_s}$$ (A.0.1-2)

$$U_i = \frac{1}{2} \gamma_w (h_{wi} + h_{w,i-1}) l_i$$ (A.0.1-3)

式中：F_s——边坡稳定性系数；

c_i——第 i 计算条块滑面黏聚力（kPa）；

φ_i——第 i 计算条块滑面内摩擦角（°）；

l_i——第 i 计算条块滑面长度（m）；

θ_i——第 i 计算条块滑面倾角（°），滑面倾向与滑动方向相同时取正值，滑面倾向与滑动方向相反时取负值；

U_i——第 i 计算条块滑面单位宽度总水压力（kN/m）；

G_i——第 i 计算条块单位宽度自重（kN/m）；

G_{bi}——第 i 计算条块单位宽度竖向附加荷载

（kN/m）；方向指向下方时取正值，指向上方时取负值；

Q_i——第 i 计算条块单位宽度水平荷载（kN/m）；方向指向坡外时取正值，指向坡内时取负值；

h_{wi}，$h_{w,i-1}$——第 i 及第 $i-1$ 计算条块滑面前端水头高度（m）；

γ_w——水重度，取 10kN/m³；

i——计算条块号，从后方起编；

n——条块数量。

A.0.2 平面滑动面的边坡稳定性系数可按下列公式计算（图 A.0.2）：

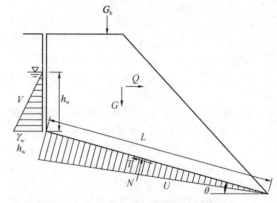

图 A.0.2 平面滑动面边坡计算简图

$$F_s = \frac{R}{T}$$ (A.0.2-1)

$$R = \left[(G + G_b)\cos\theta - Q\sin\theta - V\sin\theta - U \right]\tan\varphi + cL$$
(A.0.2-2)

$$T = (G + G_b)\sin\theta + Q\cos\theta + V\cos\theta$$
(A.0.2-3)

$$V = \frac{1}{2}\gamma_w h_w^2$$ (A.0.2-4)

$$U = \frac{1}{2}\gamma_w h_w L$$ (A.0.2-5)

式中：T——滑体单位宽度重力及其他外力引起的下滑力（kN/m）；

R——滑体单位宽度重力及其他外力引起的抗滑力（kN/m）；

c——滑面的黏聚力（kPa）；

φ——滑面的内摩擦角（°）；

L——滑面长度（m）；

G——滑体单位宽度自重（kN/m）；

G_b——滑体单位宽度竖向附加荷载（kN/m）；方向指向下方时取正值，指向上方时取负值；

θ——滑面倾角（°）；

U——滑面单位宽度总水压力（kN/m）；

V——后缘陡倾裂隙面上的单位宽度总水压力（kN/m）；

Q——滑体单位宽度水平荷载（kN/m）；方向指向坡外时取正值，指向坡内时取负值；

h_w——后缘陡倾裂隙充水高度（m），根据裂隙情况及汇水条件确定。

A.0.3 折线形滑动面的边坡可采用传递系数法隐式解，边坡稳定性系数可按下列公式计算（图 A.0.3）：

$$P_n = 0 \qquad (A.0.3\text{-}1)$$

$$P_i = P_{i-1}\psi_{i-1} + T_i - R_i/F_s \qquad (A.0.3\text{-}2)$$

$$\psi_{i-1} = \cos(\theta_{i-1} - \theta_i) - \sin(\theta_{i-1} - \theta_i)\tan\varphi_i/F_s \qquad (A.0.3\text{-}3)$$

$$T_i = (G_i + G_{bi})\sin\theta_i + Q_i\cos\theta_i \qquad (A.0.3\text{-}4)$$

$$R_i = c_il_i + [(G_i + G_{bi})\cos\theta_i - Q_i\sin\theta_i - U_i]\tan\varphi_i \qquad (A.0.3\text{-}5)$$

式中：P_n——第 n 条块单位宽度剩余下滑力（kN/m）；

P_i——第 i 计算条块与第 $i+1$ 计算条块单位宽度剩余下滑力（kN/m）；当 $P_i < 0$（$i < n$）时取 $P_i = 0$；

T_i——第 i 计算条块单位宽度重力及其他外力引起的下滑力（kN/m）；

R_i——第 i 计算条块单位宽度重力及其他外力引起的抗滑力（kN/m）。

ψ_{i-1}——第 $i-1$ 计算条块对第 i 计算条块的传递系数；其他符号同前。

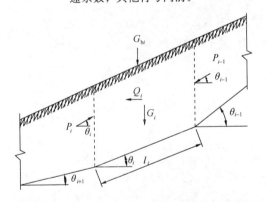

图 A.0.3 折线形滑面边坡传递系数法计算简图

注：在用折线形滑面计算边坡推力时，应将公式（A.0.3-2）和公式（A.0.3-3）中的稳定系数 F_i 替换为安全系数 F_{st}，以此计算的 P_n，即为滑坡的推力。

附录 B 几种特殊情况下的侧向压力计算

B.0.1 距支护结构顶端作用有线分布荷载时（图 B.0.1），附加侧向压力分布可简化为等腰三角形，最大附加侧向土压力可按下式计算：

$$e_{h,max} = \left(\frac{2Q_L}{h}\right)\sqrt{K_a} \qquad (B.0.1)$$

式中：$e_{h,max}$——最大附加侧向压力（kN/m²）；

h——附加侧向压力分布范围（m），$h = a(\tan\beta - \tan\varphi)$，$\beta = 45° + \varphi/2$；

Q_L——线分布荷载标准值（kN/m）；

K_a——主动土压力系数，$K = \tan^2(45° - \varphi/2)$。

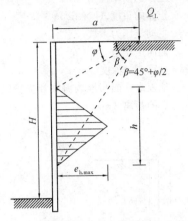

图 B.0.1 线荷载产生的附加侧向压力分布图

B.0.2 距支护结构顶端作用有宽度的均布荷载时，附加侧向压力分布可简化为有限范围内矩形（图 B.0.2），附加侧向土压力可按下式计算：

$$e_h = K_a \cdot q_L \qquad (B.0.2)$$

式中：e_h——附加侧向土压力（kN/m²）；

K_a——主动土压力系数；

q_L——局部均布荷载标准值（kN/m²）。

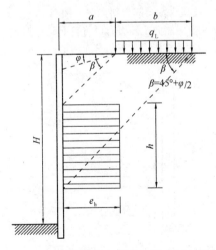

图 B.0.2 局部荷载产生的附加侧向压力分布图

B.0.3 当坡顶地面非水平时，支护结构上的主动土压力可按下列规定进行计算：

1 坡顶地表局部为水平时（图 B.0.3-1），支护结构上的主动土压力可按下列公式计算：

$$e_a = \gamma z\cos\beta\frac{\cos\beta - \sqrt{\cos^2\beta - \cos^2\varphi}}{\cos\beta + \sqrt{\cos^2\beta - \cos^2\varphi}} \qquad (B.0.3\text{-}1)$$

$$e'_a = K_a \gamma (z+h) - 2c \sqrt{K_a} \quad \text{(B.0.3-2)}$$

式中：β——边坡坡顶地表斜坡面与水平面的夹角（°）；

$\quad\quad c$——土体的黏聚力（kPa）；

$\quad\quad \varphi$——土体的内摩擦角（°）；

$\quad\quad \gamma$——土体的重度（kN/m³）；

$\quad\quad K_a$——主动土压力系数；

$\quad e_a、e'_a$——侧向土压力（kN/m²）；

$\quad\quad z$——计算点的深度（m）；

$\quad\quad h$——地表水平面与地表斜坡和支护结构相交点的距离（m）。

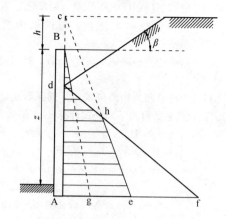

图 B.0.3-3　地面中部为斜面时支护结构上主动土压力的近似计算

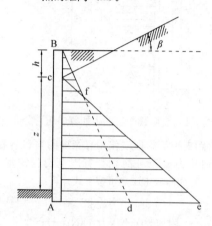

图 B.0.3-1　地面局部为水平时支护结构上主动土压力的近似计算

2 坡顶地表局部为斜面时（图 B.0.3-2），计算支护结构上的侧向土压力时可将斜面延长到 c 点，则 BAdfB 为主动土压力的近似分布图形；

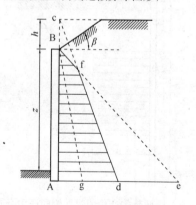

图 B.0.3-2　地面局部为斜面时支护结构上主动土压力的近似计算

3 坡顶地表中部为斜面时（图 B.0.3-3），支护结构上主动土压力可按本条第 1 款和第 2 款的方法叠加计算。

B.0.4 当边坡为二阶且竖直、坡顶水平且无超载时（图 B.0.4），岩土压力的合力和边坡破坏时的平面破裂角应符合下列规定：

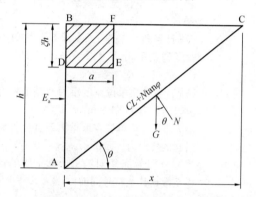

图 B.0.4　二阶竖直边坡的计算简图

1 岩土压力的合力应按下列公式计算：

$$E_a = \frac{1}{2} \gamma h^2 K_a \quad \text{(B.0.4-1)}$$

$$K_a = \left(\cot\theta - \frac{2a\xi}{h} \right) \tan(\theta - \varphi) - \frac{\eta \cos\varphi}{\sin\theta \cos(\theta - \varphi)}$$

$$\text{(B.0.4-2)}$$

式中：E_a——水平岩土压力合力（kN/m）；

$\quad\quad K_a$——水平岩土压力系数；

$\quad\quad \gamma$——支挡结构后的岩土体重度，地下水位以下用有效重度（kN/m³）；

$\quad\quad h$——边坡的垂直高度（m）；

$\quad\quad a$——上阶边坡的宽度（m）；

$\quad\quad \xi$——上阶边坡的高度与总的边坡高度的比值；

$\quad\quad \varphi$——岩土体或外倾结构面的内摩擦角（°）；

$\quad\quad \theta$——岩土体的临界滑动面与水平面的夹角（°）。当岩体存在外倾结构面时，θ 可取外倾结构面的倾角，取外倾结构面的抗剪强度指标；当存在多个外倾结构面时，应分别计算，取其中的最大值为设计值；当岩体中不存在外倾结构面时，θ 可按式（B.0.4-3）计算。

2 边坡破坏时的平面破裂角应按下列公式计算：

$$\theta = \arctan\left[\sqrt{1+\frac{2a\xi}{h(\eta+\tan\varphi)}}-\sin\varphi\right]$$

（B.0.4-3）

$$\eta = \frac{2c}{\gamma h}$$

（B.0.4-4）

式中：γ——支挡结构后的岩土体重度，地下水位以下用有效重度（kN/m^3）；

h——边坡的垂直高度（m）；

a——上阶边坡的宽度（m）；

ξ——上阶边坡的高度与总的边坡高度的比值；

c——岩土体或外倾结构面的黏聚力（kPa）；

φ——岩土体或外倾结构面的内摩擦角（°）。

附录 C 锚 杆 试 验

C.1 一 般 规 定

C.1.1 锚杆试验包括锚杆的基本试验、验收试验。锚杆蠕变试验应符合国家现行有关标准的规定。

C.1.2 锚杆试验的千斤顶和油泵以及测力计、应变计和位移计等计量仪表应在试验前进行计量检定合格，且精度应经过确认，并在试验期间应保持不变。

C.1.3 锚杆试验的反力装置在计划的最大试验荷载下应具有足够的强度和刚度。

C.1.4 锚杆锚固体强度达到设计强度90%后方可进行试验。

C.1.5 锚杆试验记录表可按表 C.1.5 制定。

表 C.1.5 锚杆试验记录表

工程名称：

施工单位：

试验类别		试验日期		砂浆强度等级	设计		
试验编号		灌浆日期			实际		
岩土性状		灌浆压力		杆体材料	规格		
锚固段长度		自由段长度			数量		
钻孔直径		钻孔倾角			长度		
序号	荷载(kN)	百分表位移（mm）			本级位移量(mm)	增量累计(mm)	备注
		1	2	3			

校核：   试验记录：

C.2 基 本 试 验

C.2.1 锚杆基本试验的地质条件、锚杆材料和施工工艺等应与工程锚杆一致。

C.2.2 基本试验时最大的试验荷载不应超过杆体标准值的 0.85 倍，普通钢筋不应超过其屈服值 0.90 倍。

C.2.3 基本试验主要目的是确定锚固体与岩土层间粘结强度极限标准值、锚杆设计参数和施工工艺。试验锚杆的锚固长度和锚杆根数应符合下列规定：

1 当进行确定锚固体与岩土层间粘结强度极限标准值、验证杆体与砂浆间粘结强度极限标准值的试验时，为使锚固体与地层间首先破坏，当锚固段长度取设计锚固长度时应增加锚杆钢筋用量，或采用设计锚杆时应减短锚固长度，试验锚杆的锚固长度对硬质岩取设计锚固长度的 0.40 倍，对软质岩取设计锚固长度的 0.60 倍；

2 当进行确定锚固段变形参数和应力分布的试验时，锚固段长度应取设计锚固长度；

3 每种试验锚杆数量均不应少于3根。

C.2.4 锚杆基本试验应采用循环加、卸荷法，并应符合下列规定：

1 每级荷载施加或卸除完毕后，应立即测读变形量；

2 在每级加荷等级观测时间内，测读位移不应少于 3 次，每级荷载稳定标准为 3 次百分表读数的累计变位量不超过 0.10mm；稳定后即可加下一级荷载；

3 在每级卸荷时间内，应测读锚头位移 2 次，荷载全部卸除后，再测读 2 次～3 次；

4 加、卸荷等级、测读间隔时间宜按表 C.2.4 确定。

表 C.2.4 锚杆基本试验循环加、卸荷等级与位移观测间隔时间

加荷标准循环数	预估破坏荷载的百分数（%）												
	每级加载量					累计加载量	每级卸载量					
第一循环	10	20	20			50				20	20	10
第二循环	10	20	20	20		70			20	20	20	10
第三循环	10	20	20	20	20	90		20	20	20	20	10
第四循环	10	20	20	20	20	10	100	10	20	20	20	20	10
观测时间(min)	5	5	5	5	5	5		5	5	5	5	5	5

C.2.5 锚杆试验中出现下列情况之一时可视为破坏，应终止加载：

1 锚头位移不收敛，锚固体从岩土层中拔出或锚杆从锚固体中拔出；

2 锚头总位移量超过设计允许值；

3 土层锚杆试验中后一级荷载产生的锚头位移增量，超过上一级荷载位移增量的 2 倍。

C.2.6 试验完成后，应根据试验数据绘制：荷载-位移（Q-s）曲线、荷载-弹性位移（Q-s_e）曲线、荷载-塑性位移（Q-s_p）曲线。

C.2.7 拉力型锚杆弹性变形在最大试验荷载作用下，所测得的弹性位移量应超过该荷载下杆体自由段理论弹性伸长值的 80%，且小于杆体自由段长度与 1/2 锚固段之和的理论弹性伸长值。

C.2.8 锚杆极限承载力标准值取破坏荷载前一级的荷载值；在最大试验荷载作用下未达到本规范附录 C 第 C.2.5 条规定的破坏标准时，锚杆极限承载力取最大荷载值为标准值。

C.2.9 当锚杆试验数量为 3 根，各根极限承载力值的最大差值小于 30% 时，取最小值作为锚杆的极限承载力标准值；若最大差值超过 30%，应增加试验数量，按 95% 的保证概率计算锚杆极限承载力标准值。

C.2.10 基本试验的钻孔，应钻取芯样进行岩石力学性能试验。

C.3 验 收 试 验

C.3.1 锚杆验收试验的目的是检验施工质量是否达到设计要求。

C.3.2 验收试验锚杆的数量取每种类型锚杆总数的 5%，自由段位于 Ⅰ、Ⅱ、Ⅲ 类岩石内时取总数的 1.5%，且均不得少于 5 根。

C.3.3 验收试验的锚杆应随机抽样。质监、监理、业主或设计单位对质量有疑问的锚杆也应抽样作验收试验。

C.3.4 验收试验荷载对永久性锚杆为锚杆轴向拉力 N_{ak} 的 1.50 倍；对临时性锚杆为 1.20 倍。

C.3.5 前三级荷载可按试验荷载值的 20% 施加，以后每级按 10% 施加；达到检验荷载后观测 10min，在 10min 持荷时间内锚杆的位移量应小于 1.00mm。当不能满足时持荷至 60min 时，锚杆位移量应小于 2.00mm。卸荷到试验荷载的 0.10 倍并测出锚头位移。加载时的测读时间可按本规范附录 C 表 C.2.4 确定。

C.3.6 锚杆试验完成后应绘制锚杆荷载-位移（Q-s）曲线图。

C.3.7 符合下列条件时，试验的锚杆应评定为合格：

1 加载到试验荷载计划最大值后变形稳定；

2 符合本规范附录 C 第 C.2.8 条规定。

C.3.8 当验收锚杆不合格时，应按锚杆总数的 30% 重新抽检；重新抽检有锚杆不合格时应全数进行检验。

C.3.9 锚杆总变形量应满足设计允许值，且应与地区经验基本一致。

附录 D 锚 杆 选 型

表 D 锚杆选型

锚杆类别	锚杆特征 / 锚固形式	材料	锚杆轴向拉力 N_{ak}（kN）	锚杆长度（m）	应力状况	备　　注
土层锚杆		普通螺纹钢筋	<300	<16	非预应力	锚杆超长时，施工安装难度较大
		钢绞线 高强钢丝	300～800	>10	预应力	锚杆超长时施工方便
		预应力螺纹钢筋（直径 18mm～25mm）	300～800	>10	预应力	杆体防腐性好，施工安装方便
		无粘结钢绞线	300～800	>10	预应力	压力型、压力分散型锚杆
岩层锚杆		普通螺纹钢筋	<300	<16	非预应力	锚杆超长时，施工安装难度较大
		钢绞线 高强钢丝	300～3000	>10	预应力	锚杆超长时施工方便
		预应力螺纹钢筋（直径 25mm～32mm）	300～1100	>10	预应力或非预应力	杆体防腐性好，施工安装方便
		无粘结钢绞线	300～3000	>10	预应力	压力型、压力分散型锚杆

附录 E 锚杆材料

E.0.1 锚杆材料可根据锚固工程性质、锚固部位和工程规模等因素，选择高强度、低松弛的普通钢筋、预应力螺纹钢筋、预应力钢丝或钢绞线。

E.0.2 锚杆材料的物理力学性能应符合下列规定：

1 采用高强预应力钢丝时，其力学性能必须符合现行国家标准《预应力混凝土用钢丝》GB/T 5223的规定；

2 采用预应力钢绞线时，其力学性能必须符合现行国家标准《预应力混凝土用钢绞线》GB/T 5224的规定，其抗拉强度应符合表 E.0.2-1 的规定；

3 采用预应力螺纹钢筋时，其抗拉强度应符合表 E.0.2-2 的规定；

4 采用无粘结钢绞线时，其主要技术参数应符合表 E.0.2-3 的规定；

5 采用普通螺纹钢筋时，其抗拉强度应符合表 E.0.2-4 的规定。

表 E.0.2-1 钢绞线抗拉强度设计值、标准值（N/mm²）

种类	直径 (mm)	抗拉强度设计值 (f_{py})	屈服强度标准值 (f_{pyk})	极限强度标准值 (f_{ptk})
1×3 三股	8.6, 10.8, 12.9	1220	1410	1720
		1320	1670	1860
		1390	1760	1960
1×7 七股	9.5, 12.7, 15.2, 17.8	1220	1540	1720
		1320	1670	1860
		1390	1760	1960
	21.6	1220	1590	1720
		1320	1670	1860

表 E.0.2-2 预应力螺纹钢筋抗拉强度设计值、标准值（N/mm²）

种类	直径 (mm)	符号	抗拉强度设计值 (f_y)	屈服强度标准值 (f_{yk})	极限强度标准值 (f_{stk})
预应力螺纹钢筋	18 25 32 40 50	PSB785	650	785	980
		PSB930	770	930	1030
		PSB1080	900	1080	1230

表 E.0.2-3 无粘结钢绞线主要技术参数

防腐油脂含重量 (g/m)		>32		钢材与PE层间摩擦系数		0.04～0.10	
PE层厚度 (mm)	双层	外层	0.80～1.00	成品重量 (kg/m)		单层	双层
		内层	0.80～1.00		φ15.2	1.218	1.27
	单层		0.80～1.00		φ12.7	0.871	0.907

表 E.0.2-4 普通螺纹钢筋抗拉强度设计值、标准值（N/mm²）

种类		直径 (mm)	抗拉强度设计值 (f_y)	屈服强度标准值 (f_{yk})	极限强度标准值 (f_{stk})
热轧钢筋	HRB335 HRBF335	6～50	300	335	455
	HRB400 HRBF400 RRB400	6～50	360	400	540
	HRB500 HRBF500	6～50	435	500	630

附录 F 土质边坡的静力平衡法和等值梁法

F.0.1 对板肋式及桩锚式挡墙，当立柱（肋柱和桩）嵌入深度较小或坡脚土体较软弱时，可视立柱下端为自由端，按静力平衡法计算。当立柱嵌入深度较大或为岩层或坡脚土体较坚硬时，可视立柱下端为固定端，按等值梁法计算。

F.0.2 采用静力平衡法或等值梁计算立柱内力和锚杆水平分力时，应符合下列假定：

1 采用从上到下的逆作法施工；

2 假定上部锚杆施工后开挖下部边坡时，上部分的锚杆内力保持不变；

3 立柱在锚杆处为不动点。

F.0.3 采用静力平衡法（图 F.0.3）计算时应符合下列规定：

1 锚杆水平分力可按下式计算：

$$H_{tkj} = E_{akj} - E_{pkj} - \sum_{i=1}^{j-1} H_{tki} \quad (\text{F.0.3-1})$$
$$(j = 1, 2, \cdots, n)$$

式中：H_{tki}、H_{tkj}——相应于作用的标准组合时，第 i、j 层锚杆水平分力（kN）；

E_{akj}——相应于作用的标准组合时，挡墙后侧向主动土压力合力（kN）；

E_{pkj}——相应于作用的标准组合时，坡脚地面以下挡墙前侧向被动土压力合力（kN）；

n——沿边坡高度范围内设置的锚杆总层数。

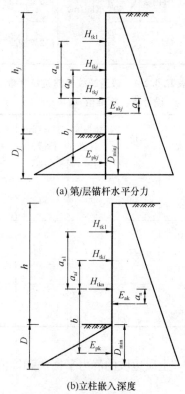

(a) 第 j 层锚杆水平分力

(b)立柱嵌入深度

图 F.0.3 静力平衡法计算简图

2 最小嵌入深度 D_{min} 可按下式计算确定：

$$E_{pk}b - E_{ak}a_n - \sum_{i=1}^{n} H_{tki}a_{ai} = 0 \quad (F.0.3-2)$$

式中：E_{ak}——相应于作用的标准组合时，挡墙后侧向主动土压力合力（kN）；

E_{pk}——相应于作用的标准组合时，挡墙前侧向被动土压力合力（kN）；

a_{a1}——H_{tk1} 作用点到 H_{tkn} 的距离（m）；

a_{ai}——H_{tki} 作用点到 H_{tkn} 的距离（m）；

a_n——E_{ak} 作用点到 H_{tkn} 的距离（m）；

b——E_{pk} 作用点到 H_{tkn} 的距离（m）。

3 立柱设计嵌入深度 h_r 可按下式计算：

$$h_r = \xi h_{r1} \quad (F.0.3-3)$$

式中：ξ——立柱嵌入深度增大系数，对一、二、三级边坡分别为 1.50、1.40、1.30；

h_r——立柱设计嵌入深度（m）；

h_{r1}——挡墙最低一排锚杆设置后，开挖高度为边坡高度时立柱的最小嵌入深度（m）。

4 立柱的内力可根据锚固力和作用于支护结构上侧压力按常规方法计算。

F.0.4 采用等值梁法（图 F.0.4）计算时应符合下列规定：

1 坡脚地面以下立柱反弯点到坡脚地面的距离 Y_n 可按下式计算：

$$e_{ak} - e_{pk} = 0 \quad (F.0.4-1)$$

式中：e_{ak}——相应于作用的标准组合时，挡墙后侧向主动土压力（kN/m²）；

e_{pk}——相应于作用的标准组合时，挡墙前侧向被动土压力（kN/m²）。

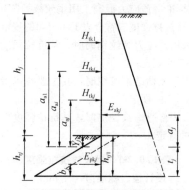

(a) 第 j 层锚杆水平分力

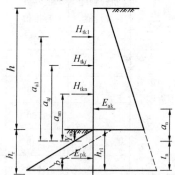

(b)立柱嵌入深度

图 F.0.4 等值梁法计算简图

2 第 j 层锚杆的水平分力可按下式计算：

$$H_{tkj} = \frac{E_{akj}a_j - \sum_{i=1}^{j-1} H_{tki}a_{ai}}{a_{aj}} \quad (F.0.4-2)$$

$$(j = 1,2,\cdots,n)$$

式中：a_{ai}——H_{tki} 作用点到反弯点的距离（m）；

a_{aj}——H_{tkj} 作用点到反弯点的距离（m）；

a_j——E_{akj} 作用点到反弯点的距离（m）。

3 立柱的最小嵌入深度 h_r 可按下列公式计算确定：

$$h_r = Y_n + t_n \quad (F.0.4-3)$$

$$t_n = \frac{E_{pk} \cdot b}{E_{ak} - \sum_{i=1}^{n} H_{tki}} \quad (F.0.4-4)$$

式中：b——桩前作用于立柱的被动土压力合力 E_{pk} 作用点到立柱底的距离（m）。

  4 立柱设计嵌入深度可按本规范附录 F 的公式（F.0.3-3）计算。

  5 立柱的内力可根据锚固力和作用于支护结构上的侧压力按常规方法计算。

F.0.5 计算挡墙后侧向压力时，在坡脚地面以上部分计算宽度应取立柱间的水平距离，在坡脚地面以下部分计算宽度对肋柱取 $1.5b+0.50$（其中 b 为肋柱宽度），对桩取 $0.90（1.5d+0.50）$（其中 d 为桩直径）。

F.0.6 挡墙前坡脚地面以下被动侧向压力，应考虑墙前岩土层稳定性、地面是否无限等情况，按当地工程经验折减使用。

附录 G　岩土层地基系数

G.0.1 较完整岩层和土层的地基系数可按表 G.0.1-1 和 G.0.1-2 取值。

表 G.0.1-1　较完整岩层的地基系数

序号	岩体单轴极限抗压强度（kPa）	地基系数（kN/m³）	
		水平方向 k	竖直方向 k_0
1	10000	60000~160000	100000~200000
2	15000	150000~200000	250000
3	20000	180000~240000	300000
4	30000	240000~320000	400000
5	40000	360000~480000	600000
6	50000	480000~640000	800000
7	60000	720000~960000	1200000
8	80000	900000~2000000	1500000~2500000

注：$k=（0.6~0.8）k_0$。

表 G.0.1-2　土质地基系数

序号	土的名称	水平方向 m（kN/m⁴）	竖向方向 m_0（kN/m⁴）
1	$0.75<I_L<1.0$ 的软塑黏土及粉黏土；淤泥	500~1400	1000~2000
2	$0.5<I_L<0.75$ 的软塑粉质黏土及黏土	1000~2800	2000~4000
3	硬塑粉质黏土及黏土；细砂和中砂	2000~4200	4000~6000
4	坚硬的粉质黏土及黏土；粗砂	3000~7000	6000~10000
5	砾砂；碎石土、卵石土	5000~14000	10000~20000

续表 G.0.1-2

序号	土的名称	水平方向 m（kN/m⁴）	竖向方向 m_0（kN/m⁴）
6	密实的大漂石	40000~84000	80000~120000

注：1　I_L——土的液性指数；

  2　对于土质地基系数 m 和 m_0，相应于桩顶位移 6mm~10mm；

  3　有可靠资料和经验时，可不受本表的限制。

本规范用词说明

  1 为便于在执行本规范条文时区别对待，对要求严格程度不同的用词说明如下：

   1） 表示很严格，非这样做不可的用词：

    正面词采用"必须"，反面词采用"严禁"；

   2） 表示严格，在正常情况下均应这样做的用词：

    正面词采用"应"，反面词采用"不应"或"不得"；

   3） 表示允许稍有选择，在条件许可时首先应这样做的用词：

    正面词采用"宜"，反面词采用"不宜"；

   4） 表示有选择，在一定条件下可以这样做的用词，采用"可"。

  2 条文中指明应按其他有关标准执行的写法为："应符合……的规定"或"应按……执行"。

引用标准名录

  1《建筑地基基础设计规范》GB 50007

  2《混凝土结构设计规范》GB 50010

  3《建筑抗震设计规范》GB 50011

  4《工程测量规范》GB 50026

  5《锚杆喷射混凝土支护技术规范》GB 50086

  6《土方与爆破工程施工及验收规范》GB 50201

  7《工程岩体试验方法标准》GB/T 50266

  8《建筑工程施工质量验收统一标准》GB 50300

  9《建筑结构检测技术标准》GB/T 50344

  10《建筑边坡工程鉴定与加固技术规范》GB 50843

  11《预应力混凝土用钢丝》GB/T 5223

  12《预应力混凝土用钢绞线》GB/T 5224

  13《预应力筋用锚具、夹具和连接器》GB/T 14370

中华人民共和国国家标准

建筑边坡工程技术规范

GB 50330—2013

条 文 说 明

修 订 说 明

《建筑边坡工程技术规范》GB 50330 - 2013 经住房和城乡建设部 2013 年 11 月 1 日以第 195 号公告批准、发布。

本规范是在《建筑边坡工程技术规范》GB 50330 - 2002 的基础上修订而成的，上一版的主编单位是重庆市设计院，参编单位是解放军后勤工程学院、建设部综合勘察研究设计院、中国科学院地质与地球物理研究所、重庆市建筑科学研究院、重庆交通学院、重庆大学，主要起草人员是郑生庆、郑颖人、李耀刚、陈希昌、黄家愉、伍法权、周载阳、方玉树、徐锡权、欧阳仲春、庄斌耀、张四平、贾金青。

本规范修订过程中，修订组进行了广泛的调查研究，总结了我国工程建设的实践经验，同时参考了国外先进技术法规、技术标准，许多单位和学者的研究成果是本次修订中极有价值的参考资料。通过征求意见和试算，对增加和修订条文内容进行反复讨论、分析、论证，取得了重要技术参数。

为便于广大设计、施工、科研、学校等单位有关人员在使用本规范时能正确理解和执行条文规定，《建筑边坡工程技术规范》修订组按章、节、条顺序编制了本规范的条文说明，对条文规定的目的、依据以及执行中需注意的有关事项进行了说明，还着重对强制性条文的强制性理由作了解释。但是条文说明不具备与规范正文同等的法律效力，仅供使用者作为理解和把握规范规定的参考。

目 次

1 总则 ································· 19—54
3 基本规定 ··························· 19—54
　3.1 一般规定 ····················· 19—54
　3.2 边坡工程安全等级 ··········· 19—55
　3.3 设计原则 ····················· 19—55
4 边坡工程勘察 ····················· 19—56
　4.1 一般规定 ····················· 19—56
　4.2 边坡工程勘察要求 ··········· 19—56
　4.3 边坡力学参数取值 ··········· 19—57
5 边坡稳定性评价 ·················· 19—58
　5.1 一般规定 ····················· 19—58
　5.2 边坡稳定性分析 ············· 19—58
　5.3 边坡稳定性评价标准 ········ 19—59
6 边坡支护结构上的侧向岩土压力 ··· 19—59
　6.1 一般规定 ····················· 19—59
　6.2 侧向土压力 ··················· 19—59
　6.3 侧向岩石压力 ················ 19—60
7 坡顶有重要建（构）筑物的
　边坡工程 ························· 19—61
　7.1 一般规定 ····················· 19—61
　7.2 设计计算 ····················· 19—61
　7.3 构造设计 ····················· 19—62
　7.4 施工 ·························· 19—62
8 锚杆（索） ······················· 19—62
　8.1 一般规定 ····················· 19—62
　8.2 设计计算 ····················· 19—63
　8.3 原材料 ······················· 19—64
　8.4 构造设计 ····················· 19—64
9 锚杆（索）挡墙 ·················· 19—65
　9.1 一般规定 ····················· 19—65
　9.2 设计计算 ····················· 19—66
　9.3 构造设计 ····················· 19—66
　9.4 施工 ·························· 19—67
10 岩石锚喷支护 ··················· 19—67

10.1 一般规定 ····················· 19—67
10.2 设计计算 ····················· 19—67
10.3 构造设计 ····················· 19—67
10.4 施工 ·························· 19—67
11 重力式挡墙 ····················· 19—67
　11.1 一般规定 ···················· 19—67
　11.2 设计计算 ···················· 19—68
　11.3 构造设计 ···················· 19—68
　11.4 施工 ························· 19—68
12 悬臂式挡墙和扶壁式挡墙 ········ 19—68
　12.1 一般规定 ···················· 19—68
　12.2 设计计算 ···················· 19—68
　12.3 构造设计 ···················· 19—69
　12.4 施工 ························· 19—69
13 桩板式挡墙 ····················· 19—69
　13.1 一般规定 ···················· 19—69
　13.2 设计计算 ···················· 19—70
　13.3 构造设计 ···················· 19—71
　13.4 施工 ························· 19—71
14 坡率法 ·························· 19—71
　14.1 一般规定 ···················· 19—71
　14.2 设计计算 ···················· 19—71
　14.3 构造设计 ···················· 19—71
15 坡面防护与绿化 ················· 19—71
　15.1 一般规定 ···················· 19—71
　15.2 工程防护 ···················· 19—72
　15.3 植物防护与绿化 ············· 19—72
　15.4 施工 ························· 19—72
16 边坡工程排水 ··················· 19—73
　16.1 一般规定 ···················· 19—73
　16.2 坡面排水 ···················· 19—73
　16.3 地下排水 ···················· 19—73
　16.4 施工 ························· 19—74
17 工程滑坡防治 ··················· 19—74
　17.1 一般规定 ···················· 19—74

17.2 工程滑坡防治 …………… 19—74
17.3 施工 …………………… 19—74
18 边坡工程施工 …………… 19—75
18.1 一般规定 ……………… 19—75
18.2 施工组织设计 …………… 19—75
18.3 信息法施工 …………… 19—75
18.4 爆破施工 ……………… 19—75
19 边坡工程监测、质量检验及
验收 …………………… 19—75
19.1 监测 …………………… 19—75
19.2 质量检验 ……………… 19—76
19.3 验收 …………………… 19—76

1 总　则

1.0.1　山区建筑边坡支护技术，涉及工程地质、水文地质、岩土力学、支护结构、锚固技术、施工及监测等多门学科，边坡支护理论及技术发展也较快。但因勘察、设计、施工不当，已建的边坡工程中时有垮塌事故和浪费现象，造成国家和人民生命财产严重损失，同时遗留了一些安全度、耐久性及抗震性能低的边坡支护结构物。制定本规范的主要目的是使建筑边坡工程技术标准化，符合技术先进、经济合理、安全适用、确保质量、保护环境的要求，以保障建筑边坡工程建设健康发展。

1.0.2　本规范适用于建（构）筑物或市政工程开挖和填方形成的人工边坡，工程滑坡，岩石基坑边坡，以及破坏后危及建（构）筑物安全的自然斜坡的支护设计。

软土边坡有关抗隆起、抗渗流、边坡稳定、锚固技术、地下水处理、结构选型等较特殊的问题以及其他特殊岩土的边坡，应按现行相关专业规范执行。对于开矿、采石等形成的边坡，不适用于本规范，应按相关专业规范执行。

1.0.3　本条中岩质建筑边坡应用高度限值确定为30m、土质建筑边坡确定为15m，主要考虑超过以上高度的超高边坡支护设计，应参考本规范的原则作专项设计，根据工程情况采取有效的加强措施。

1.0.4　边坡工程的设计和施工除考虑条文中所述工程地质、周边环境等因素外，强调借鉴地区经验因地制宜是非常必要的。结合本规范给出的边坡支护形式、施工工艺及岩土参数，各地区可根据岩土的特性、地质情况等作具体补充。

1.0.5　边坡支护是一门综合性和边缘性强的工程技术，本规范难以全面反映地质勘察、地基及基础、钢筋混凝土结构及抗震设计等技术。因此，本条规定除遵守本规范外，尚应符合国家现行有关标准的规定。

3 基 本 规 定

3.1 一般规定

3.1.2　动态设计法是本规范边坡支护设计的基本原则。采用动态设计时，应提出对施工方案的特殊要求和监测要求，应掌握施工现场的地质状况、施工情况和变形、应力监测的反馈信息，并根据实际地质状况和监测信息对原设计作校核、修改和补充。当地质勘察参数难以准确确定、设计理论和方法带有经验性和类比性时，根据施工中反馈的信息和监控资料完善设计，是一种客观求实、准确安全的设计方法，可以达到以下效果：

1 避免勘察结论失误。山区地质情况复杂、多变，受多种因素制约，地质勘察资料准确性的保证率较低，勘察主要结论失误造成边坡工程失败的现象不乏其例。因此规定地质情况复杂的一级边坡在施工开挖中补充施工勘察工作，收集地质资料，查对核实原地质勘察结论。这样可有效避免勘察结论失误而造成工程事故。在有专门审查制度的地区，场地和边坡勘察报告应含有审查合格书。

2 设计者掌握施工开挖反映的真实地质特征、边坡变形量、应力测定值等，对原设计作校核和补充、完善设计，确保工程安全，设计合理。

3 边坡变形和应力监测资料是加快施工速度或排危应急抢险，确保工程安全施工的重要依据。

4 有利于积累工程经验，总结和发展边坡工程支护技术。

设计应提出对施工方案的特殊要求和监测要求，掌握施工现场的地质状况、施工情况和变形、应力监测的反馈信息，根据实际地质状况和监测信息对原设计作校核、修改和补充。

3.1.3　边坡的使用年限指边坡工程的支护结构能发挥正常支护功能的年限，边坡工程设计年限临时边坡为2年，永久边坡按50年设计，当受边坡支护结构保护的建筑物（坡顶塌滑区、坡下塌方区）为临时或永久性时，支护结构的设计使用年限应不低于上述值。因此，本条为强制性条文，应严格执行。

3.1.4　综合考虑场地地质条件、边坡变形控制的难易程度、边坡重要性及安全等级、施工可行性及经济性、选择合理的支护设计方案是设计成功的关键。为便于确定设计方案，本条介绍了工程中常用的边坡支护形式，其中，锚拉式桩板式挡墙、板肋式或格构式锚杆挡墙、排桩式锚杆挡墙属于有利于对边坡变形进行控制的支护形式，其余支护形式均不利于边坡变形控制。

3.1.5　建筑边坡场地有无不良地质现象是建筑物及建筑边坡选址首先必须考虑的重大问题。显然在滑坡、危岩及泥石流规模大、破坏后果严重、难以处理的地段规划建筑场地是难以满足安全可靠、经济合理的原则的，何况自然灾害的发生也往往不以人们的意志为转移。因此在规模大、难以处理的、破坏后果很严重的滑坡、危岩、泥石流及断层破碎带地区不应修建建筑边坡。

3.1.6　稳定性较差的高大边坡，采用后仰放坡或分阶放坡方案，有利于减小侧压力，提高施工期的安全和降低施工难度。分阶放坡时水平台阶应有足够宽度，否则应考虑上阶边坡对下阶边坡的荷载影响。

3.1.7　当边坡坡体内及支护结构基础下洞室（人防洞室或天然溶洞）密集时，可能造成边坡工程施工期塌方或支护结构变形过大，已有不少工程教训，设计时应引起充分重视。

3.1.11 在边坡工程的使用期，当边坡出现明显变形，发生安全事故及使用条件改变时，例如开挖坡脚、坡顶超载、需加高坡体高度时，都必须进行鉴定和加固设计，并按现行国家标准《建筑边坡工程鉴定与加固技术规范》GB 50843 的规定执行。

3.1.12 本条所指"稳定性极差、较差"的边坡工程是指按本规范有关规定处理后安全度控制都非常困难、困难的边坡。本条所指的"新结构、新技术"是指尚未被规范和有关文件认可的新结构、新技术。对工程中出现超过规范应用范围的重大技术难题，新结构、新技术的合理推广应用以及严重事故的正确处理，采用专门技术论证的方式可达到技术先进、确保质量、安全经济的良好效果。重庆、广州和上海等地区在主管部门领导下，采用专家技术论证方式在解决重大边坡工程技术难题和减少工程事故方面已取得良好效果。因此本规范推荐专门论证做法。

3.2 边坡工程安全等级

3.2.1 边坡工程安全等级是支护工程设计、施工中根据不同的地质环境条件及工程具体情况加以区别对待的重要标准。本条提出边坡安全等级分类的原则，除根据现行国家标准《建筑结构可靠度设计统一标准》GB 50068 按破坏后果严重性分为很严重、严重、不严重外，尚考虑了边坡稳定性因素（岩土类别和坡高）。从边坡工程事故原因分析看，高度大、稳定性差的边坡（土质软弱、滑坡区、外倾软弱结构面发育的边坡等）发生事故的概率较高，破坏后果也较严重，因此本条将稳定性很差的、坡高较大的边坡均划入一级边坡。

表 3.2.1 中对高度 15m 以上的Ⅲ、Ⅳ类岩质边坡取消了破坏后果不严重分级，主要是这类边坡岩石整体性相对差，边坡较高时若因支护结构安全度不够可能会造成较大范围的边坡垮塌，对周边环境的破坏大，而相同高度的Ⅰ、Ⅱ类岩质边坡整体性好，即使支护结构安全度不够也不会出现大范围的边坡垮塌。对 10m 以上的土质边坡，取消破坏后果不严重，也是基于边坡较高，一旦破坏，影响的范围较大。

对危害性极严重、环境和地质条件复杂的边坡工程，当安全等级已为一级时，主要通过组织专家进行专项论证的方式来保证边坡支护方案的安全性和合理性。

3.2.2 由外倾软弱结构面控制边坡稳定的边坡工程和工程滑坡地段的边坡工程，其边坡稳定性很差，发生边坡塌滑事故的概率高，且破坏后果常很严重，边坡塌滑区内有重要建（构）筑物的边坡工程，破坏后直接危及到重要建（构）筑物安全，后果极其严重，因此对上述边坡工程安全等级定为一级。

3.2.3 无外倾结构面的岩土边坡，塌滑区及附近有荷载，特别是重大建筑物荷载作用时，将会因荷载作用加大边坡塌滑区的范围，设计时应作对应的考虑和处理。并按本规范第 7 章的相关规定执行，工程滑坡及有外倾软弱结构面的岩土质边坡塌滑区应按滑坡面及软弱结构面的范围确定。

3.3 设计原则

3.3.1 本条说明边坡工程设计的两类极限状态的相关内容。

1 承载能力极限状态

锚杆设计时原规范采用承载力概率极限状态分项系数的设计方法。本次修订改为综合安全系数代替荷载分项系数及锚杆工作条件系数，以锚杆极限承载力为抗力的基本参数。这种调整一方面实现了与现行国家标准《建筑地基基础设计规范》GB 50007 和《锚杆喷射混凝土支护技术规范》GB 50086 的规定一致，便于使用；另一方面岩土性状的不确定性对锚杆承载力可靠性的影响，使锚杆承载力概率极限状态设计尚属不完全的可靠性分析设计，进行调整是合理的。

2 正常使用极限状态

为保证支护结构的耐久性和防腐性达到正常使用极限状态的要求，支护结构的钢筋混凝土构件的构造和抗裂应按现行国家标准《混凝土结构设计规范》GB 50010 有关规定执行。锚杆是承受高应力的受拉构件，其锚固砂浆的裂缝开展较大，计算一般难以满足规范要求，设计中应采取严格的防腐构造措施，保证锚杆的耐久性。

3.3.2 本次修订对边坡工程计算或验算的内容采用的不同荷载效应组合与相应的抗力进行了规定。

1 确定支护结构或构件的基础底面积及埋深或桩基数量时，应采用正常使用极限状态，相应的作用效应为标准组合；

2 确定锚杆面积、锚杆杆体与砂浆的锚固长度时，由于本次规范修订采用了安全系数法，均采用荷载效应标准组合；

3 计算支护结构或构件内力及配筋时，应采用混凝土结构相应的设计方法；荷载相应采用基本组合，抗力采用包含抗力分项系数的设计值；

4 边坡变形验算时，仅考虑荷载的长期组合，不考虑偶然荷载的作用；支护结构抗裂计算与钢筋混凝土结构裂缝计算一致，采用荷载相应标准组合和荷载准永久组合。

3.3.3 建筑边坡抗震设防的必要性成为工程界的统一认识。城市中建筑边坡一旦破坏将直接危及到相邻的建筑，后果极为严重，因此抗震设防的建筑边坡与建筑物的基础同样重要。本条提出在边坡设计中应考虑抗震构造要求，其构造应满足现行国家标准《建筑抗震设计规范》GB 50011 中对梁的相应要求，当立柱竖向附加荷载较大时，尚应满足对柱的相应要求。

对坡顶有重要建（构）筑物的边坡工程，边坡的抗震加强措施主要通过增大地震作用来进行加强处理，具体内容本规范第7章有专门介绍。

3.3.6 本条第1~3款所列内容是支护结构承载力计算和稳定性计算的基本要求，是边坡工程满足承载能力极限状态的具体内容，是支护结构安全的重要保证；因此，本条定为强制性条文，设计时上述内容应认真计算，满足规范要求以确保工程安全。

3.3.7 本条对存在地下水的不利作用以及变形验算作出规定：

1　当坡顶荷载较大（如建筑荷载等）、土质较软、地下水发育时，边坡尚应进行地下水控制、坡底隆起、稳定性及渗流稳定性验算，方法可按国家现行有关规范执行。

2　影响边坡及支护结构变形的因素复杂，工程条件繁多，目前尚无实用的理论计算方法可用于工程实践。本规范第8.2.6条关于锚杆的变形计算，也只是近似的简化计算。在工程设计中，为保证下列类型的一级边坡满足正常使用极限状态条件，主要依据地区经验、工程类比及信息法施工等控制性措施解决。对边坡变形有较高要求的边坡工程，主要有以下几类：

1）边坡塌滑区附近有建（构）筑物的边坡工程；

2）坡顶建（构）筑物主体结构对地基变形敏感，不允许地基有较大变形的边坡工程；

3）预估变形值较大、设计需要控制变形的高大土质边坡工程。

4　边坡工程勘察

4.1　一般规定

4.1.1 本条为新增条文。专门性边坡工程岩土勘察报告应包括以下主要内容：

1　勘察目的、任务要求和执行的主要技术标准；

2　边坡安全等级和勘察等级；

3　边坡概况（含边坡要素、边坡组成、边坡类型、边坡性质等）；

4　勘察方法、工作量布置和质量评述；

5　自然地理概况；

6　地质环境；

7　边坡岩体类别划分和可能的破坏模式；

8　岩土体物理力学性质；

9　地震效应和地下水腐蚀性评价；

10　边坡稳定性评价（定性、定量评价—计算模式、计算工况、计算参数取值依据、稳定状态判定等）及支护建议；

11　结论与建议。

4.1.2 本条在原规范第4.1.1条的基础上作了局部

修改，并将原强制性条文的部分改为一般性条文。

4.1.3 本条为原规范第3.1.2条。本次在崩塌破坏模式中增加了常见的坡顶破坏模式。

4.1.4 表4.1.4在原规范表A-1的基础上作了以下调整：

1　表中结构面倾角由35°改为27°；本次修改中既考虑了垂直边坡又考虑了倾斜边坡，缓倾结构面在斜边坡中容易发生破坏，因而将结构面倾角降低为27°；

2　不完整（散体、碎裂）改为破碎或极破碎；

3　调整了表注：1）明确表中结构面系指构造结构面，不包括风化裂隙；2）不包括全风化基岩；3）完整的极软岩可划为Ⅲ类或Ⅳ类。

边坡岩体分类是非常重要的。本规范从岩体力学观点出发，强调结构面对边坡稳定的控制作用，按岩体边坡的稳定性进行分类。

本次修订补充了受外倾结构面控制的岩质边坡的岩体分类。

4.1.5 本条为新增条文，对原规范第4.1.4条中未能包含的岩体类型予以补充。

4.1.7 本条对原规范第4.1.4条的调整。强调对已有变形迹象的边坡应在勘察过程中进行变形监测。

4.1.8、4.1.9 划分工程勘察等级的目的是突出重点，区别对待，指导勘察工作的布置，以利管理。边坡工程勘察的工作量布置与勘察等级关系密切，而原规范无边坡工程勘察等级的内容。故本次新增此内容。

4.2　边坡工程勘察要求

4.2.1、4.2.2 本条是对边坡工程的具体要求，也是基本要求：

本次修订在原规范第4.2.1条中去掉原有的第5、6款（因已包含在第4.2.2条应查明的内容中），新增第6、7、8款有关气象、水文的内容（原规范第4.3.1条的部分内容）。

在原规范的第4.2.2条中新增"地下水、土对支护结构材料的腐蚀性"一款。

4.2.3 地质测绘和调查是工程勘察的重要基础工作之一。一般应在可行性研究或初勘阶段进行。本条对测绘内容和范围进行了规定。在边坡工程调查与勘察中应加强对沟底及山前堆积物的勘察。

4.2.4 本条是对边坡勘察中勘探工作的具体要求。本次修订增加了岩溶发育的边坡尚应采用物探方法的要求。

4.2.5 本条为原规范第4.1.2条的调整、补充。本次对岩质边坡区分了有、无外倾结构面控制的岩质边坡，增加了考虑潜在滑动面的勘探范围要求。

本次增加的涉水边坡的勘察范围主要指河、湖岸的边坡；对于海岸涉水边坡，应根据有关行业标准或地方经验确定。

4.2.6 边坡的破坏主要是重力作用下的一种地质现象，其破坏方式主要是沿垂直边坡方向的滑移失稳，故勘察线应沿垂直边坡布置。沿可能支挡位置布置剖面是设计的需要。本次增加了对成图比例尺的规定。规定纵、横剖面的比例尺应相同。

4.2.7 本条对控制性勘探点的数量进行了规定。

4.2.10 本次主要修订内容：1) 明确规定岩石抗剪强度（试验）的试样数量不少于 3 组；并在 2) 明确有条件时应进行结构面的抗剪强度试验。

本规范采用概率理论对测试数据进行处理，根据概率理论，最小数据量 n 由 $t_p/\sqrt{n} = \Delta r/\delta$ 确定。式中 t_p 为 t 分布的系数值，与置信水平 P_s 自由度（$n-1$）有关。一般土体的性质指标变异多为变异性很低~低，要较之岩体（变异性多为低~中等）为低。故土体 6 个测试数据（测试单值）基本能满足置信概率 $P_s=0.95$ 时的精度要求，而岩体则需 9 个测试数据（测试单值）才能达到置信概率 $P_s=0.95$ 时的精度要求。由于岩石三轴剪试验费用较高等原因，所以工作中可以根据地区经验确定岩体的 c、φ 值并应用测试成果作校核。

抗剪强度指标 c、φ 是一对负相关的指标，不应直接用符合正态分布单指标统计方法进行数理统计。应用单指标 τ 进行数理统计后，再按作图法或用最小二乘法计算出 c、φ，但这样做较为麻烦。经将 146 组抗剪强度试验值用先统计 τ，再计算 c、φ 和直接统计 c、φ 进行比较后，发现 φ 相差甚微，c 相差 5% 以内。故当变异系数小于或等于 0.20 时，也可以直接统计 c、φ。

当试验数据量不足时，一般可采用平均值乘以 0.85~0.95 的折减系数作为标准值。1) 当 $3<n\leqslant6$ 且极差小于平均值的 30%，宜取平均值乘以 0.85~0.95 的折减系数作为标准值（其数值不应小于最小值）；2) 当 $n=3$ 或 $3<n\leqslant6$ 且极差大于平均值的 30%，可取平均值乘以 0.85~0.95 的折减系数作为标准值（其数值不应大于最小值）。折减系数根据岩土均匀性确定。均匀时取较大值，不均匀时取较小值。

在专门性边坡工程地质勘察时，对有特殊要求的岩体边坡宜作岩体蠕变试验。

岩石（体）作为一种材料，具有在静载作用下随时间推移出现强度降低的"蠕变效应"（或称"流变效应"）。岩石（体）流变试验在我国（特别是建筑边坡）进行得不是很多。根据研究资料表明，长期强度一般为平均标准强度的 80% 左右。对于一些有特殊要求的岩质边坡，从安全、经济的角度出发，进行"岩体流变"试验是必要的。

4.2.11 必要的水文地质参数是边坡稳定性评价、预测及排水系统设计所必需的，为获取水文地质参数而进行的现场试验必须在确保边坡稳定的前提下进行。

本次修订仅在"不影响边坡条件下"之前增加了附加条件；将"在不影响边坡安全条件下，可进行……"改为"宜在不影响边坡安全条件下，通过……"。

同时明确了影响边坡安全的岩土条件为土质边坡、较破碎、破碎和极破碎的岩质边坡。土质边坡、较破碎、破碎和极破碎的岩质边坡有可能在进行水文测试过程中导致边坡失稳，故应慎重。

4.2.12 本条要求在边坡工程勘察中，对边坡岩土体或可能的支护结构由于地下水产生的侵蚀、矿物成分改变等物理、化学影响及影响程度进行调查研究与评价。

4.2.13 地下水的长期观测和深部位移观测是十分重要的。地下水的长期观测可以为地下水的动态变化提供依据；深部位移观测则是滑坡预测的重要手段之一。

4.2.14 本条是对边坡岩土体和环境保护的基本要求。

4.3 边坡力学参数取值

4.3.1 条文中增加了"并结合类似工程经验"一句话。在表注中作了调整：1) 取消"无经验时取表中的低值"；2) 将"岩体结构面贯通性差取表中高值"改为"取值时应考虑结构面的贯通程度"；3) 新增注 6。

现场剪切试验是确定结构面抗剪强度的一种有效手段，但是，由于受现场试验条件限制、试验费用较高、试验时间较长等影响，在勘察时难以普遍采用。而且，试验点的抗剪强度与整个结构面的抗剪强度可能会存在较大的偏差，这种"以点代面"可能与实际不符。此外，结构面的抗剪强度还将受施工期和运行期各种因素的影响。故本次修订未对现场剪切试验作明确规定，但是当试验条件具备时，一级边坡宜进行现场剪切试验。

准确确定结构面的抗剪强度指标是十分困难的，需要综合试验成果、地区经验，并考虑施工期和运行期各种影响因素，才能合理取值。表 4.3.1 所提供的结构面的抗剪强度指标经验值，经多年使用，情况反映良好，本次修订除附注外未作修改。

本次修订时增加的表注 2"取值时应考虑结构面的贯通程度"是基于构造裂隙面一般延伸长度均有限，当边坡高度较大时，往往在边坡高度范围内裂隙并未完全贯通，有"岩桥"存在。此时边坡整体稳定性不仅受裂隙面的强度控制，更要受到岩体强度的控制。故判定裂隙的贯通程度是边坡勘察工作的重点之一。当采用斜孔、平洞等手段确能判定裂隙延长贯通深度小于边坡高度 1/2 时，裂隙面的抗剪强度的取值要提高（可在本档上限值的基础上适当提高）。

本次修订收集了结构面试验资料范围涉及铁路、水利、公路、城市建筑等领域岩体结构面试验成果共计30余组；并根据需要补充完成了结构面现场试验及室内中型试验共21组作为修订的依据。结构面性状包括层面和裂隙。主要考虑因素包括结构面的结合程度、裂隙宽度、充填物性状、起伏粗糙度、岩壁软硬及水的影响等。通过分析整理，对原《建筑边坡工程技术规范》GB 50330-2002进行完善和补充。需要说明的是，本次收集的结构面试验成果均为抗剪断峰值强度，经折减后成为设计值。具体说明如下：

1）结构面仍然分为五类，对边坡工程实用而言，应该重点研究Ⅱ、Ⅲ、Ⅳ类岩石边坡结构面的性质。

2）原有分类方法主要考虑了结构面张开度、充填性质、岩壁粗糙起伏程度，总体说来还比较笼统。本次提出的分类方法更为具体，分别考虑了结构面结合状况、起伏粗糙度、结构面张开度、充填状况、岩壁状况等5个因素。将结构面类型细分为更多的亚类，力求与实际结构面强度的确定相对应。

3）根据使用意见和研究成果，对各类结构面的表述与指标也作了一些修改，使其更为完善准确，但并无原则性的变动。

4.3.2 补充修改了结构面结合程度判据，更便于操作。

4.3.3 岩体因受结构面的影响，其抗剪强度是低于岩块的。研究表明，较之岩块，岩体的内摩擦角降低不大，而黏聚力却削弱很多。本规范根据大量现场试验资料，给出了边坡岩体内摩擦角的折减系数。

4.3.4 本条的表4.3.4是根据大量边坡工程总结出的经验值。本次修订将各类岩体边坡类型的等效内摩擦角均提高了2°。

4.3.6 本条是对填土力学参数取值和试验方法的规定。

5 边坡稳定性评价

5.1 一般规定

5.1.1 施工期出现新的不利因素的边坡，指在建筑和边坡加固措施尚未完成的施工阶段可能出现显著变形、破坏及其他显著影响边坡稳定性因素的边坡。对于这些边坡，应对施工期出现新的不利因素作用下的边坡稳定性作出评价。

运行期条件发生变化的边坡，指在边坡运行期由于新建工程等而改变坡形（如加高、开挖坡脚等）、水文地质条件、荷载及安全等级的边坡。

5.1.2 定性分析和定量分析相结合的方法，指在边坡稳定性评价中，应以边坡地质结构、变形破坏模式、变形破坏与稳定性状态的地质判断为基础，根据边坡地质结构和破坏类型选取恰当的方法进行定量计算分析，并综合考虑定性判断和定量分析结果作出边坡稳定性评价。

5.2 边坡稳定性分析

5.2.1 根据边坡工程地质条件、可能的破坏模式以及已经出现的变形破坏迹象对边坡的稳定性状态作出定性判断，并对其稳定性趋势作出估计，是边坡稳定性分析的基础。

稳定性分析包括滑动失稳和倾倒失稳。滑动失稳可按本章方法进行；倾倒失稳尚不能用传统极限分析方法判定，可采用数值极限分析方法。

受岩土体强度控制的破坏，指地质结构面不能构成破坏滑动面，边坡破坏主要受边坡应力场和岩土体强度相对关系控制。

5.2.2 对边坡规模较小、结构面组合关系较复杂的块体滑动破坏，采用赤平极射投影法及实体比例投影法较为方便。

对于破坏机制复杂的边坡，难以采用传统的方法计算，目前国外和国内水利水电部门已广泛采用数值极限分析方法进行计算。数值极限分析方法与传统极限分析方法求解原理相同，只是求解方法不同，两种方法得到的计算结果是一致的，对复杂边坡传统极限分析方法无法求解，需要作许多人为假设，影响计算精度，而数值极限分析方法适用性广，不另作假设就可直接求得。

5.2.3 对于均质土体边坡，一般宜采用圆弧滑动面条分法进行边坡稳定性计算。岩质边坡在发育3组以上结构面，且不存在优势外倾结构面组的条件下，可以认为岩体为各向同性介质，在斜坡规模相对较大时，其破坏通常按近似圆弧滑面发生，宜采用圆弧滑动面条分法计算。

通过边坡地质结构分析，存在平面滑动可能性的边坡，可采用平面滑动稳定性计算方法计算。对建筑边坡来说，坡体后缘存在竖向贯通裂缝的情况较少，是否考虑裂隙水压力应视具体情况确定。

对于规模较大，地质结构较复杂，或者可能沿基岩与覆盖层界面滑动的情形，宜采用折线滑动面计算方法进行边坡稳定性计算。

5.2.4 对于圆弧形滑动面，本规范建议采用简化毕肖普法进行计算，通过多种方法的比较，证明该方法有很高的准确性，已得到国内外的公认。以往广泛应用的瑞典法，虽然求解简单，但计算误差较大，过于安全而造成浪费，所以瑞典法不再列入规范。

对于折线形滑动面，本规范建议采用传递系数隐式解法。传递系数法有隐式解与显式解两种形式。显式解的出现是由于当时计算机不普及，对传递系数作一个简化的假设，将传递系数中的安全系数值假设为1，从而使计算简化，但增加了计算误差。同时对安全系数作了新的定义，在这一定义中当荷载增大时只考虑下滑力的增大，不考虑抗滑力的提高，这也不符合力学规律。因而隐式解优于显式解，当前计算机已经很普及，应当回归到原来的传递系数法。

无论隐式解与显式解法，传递系数法都存在一个缺陷，即对折线形滑面有严格的要求，如果两滑面间的夹角（即转折点处的两倾角的差值）过大，就会出现不可忽视的误差。因而当转折点处的两倾角的差值超过10°时，需要对滑面进行处理，以消除尖角效应。一般可采用对突变的倾角作圆弧连接，然后在弧上插点，来减少倾角的变化值，使其小于10°，处理后，误差可以达到工程要求。

对于折线形滑动面，国际上通常采用摩根斯坦-普赖斯法进行计算。摩根斯坦-普赖斯法是一种严格的条分法，计算精度很高，也是国外和国内水利水电部门等推荐采用的方法。由于国内许多工程界习惯采用传递系数法，通过比较，尽管传递系数法是一种非严格的条分法，如果采用隐式解法且两滑面间的夹角不大，该法也有很高的精度，而且计算简单，国内广为应用，我国工程师比较熟悉，所以本规范建议采用传递系数隐式解法。在实际工程中，也可采用国际上通用的摩根斯坦-普赖斯法进行计算。

附录A主要是用来计算边坡的稳定性系数，对于折线形滑面的滑坡推力可采用附录A中的传递系数法，计算时，应将公式（A.0.3-2）和公式（A.0.3-3）中的稳定系数 F_i 替换为安全系数 F_{st}，以此计算的 P_n，即为滑坡的推力。

5.2.6 本条表5.2.6中的水平地震系数的取值是采用新的现行国家标准《建筑抗震鉴定标准》GB 50023中的值换算得到的。

5.3 边坡稳定性评价标准

5.3.1 为了边坡的维修工作的方便，提出了边坡稳定状态分类的评价标准。

5.3.2 由于建筑边坡规模较小，一般工况中采用的安全系数又较高，所以不再考虑土体的雨季饱和工况。对于受雨水或地下水影响大的边坡工程，可结合当地做法，按饱和工况计算，即按饱和重度与饱和状态时的抗剪强度参数。

规范中边坡安全系数是按通常情况确定的，特殊情况（如坡顶存在安全等级为一级的建构筑物，存在油库等破坏后有严重后果的建筑边坡）下安全系数可适当提高。

6 边坡支护结构上的侧向岩土压力

6.1 一般规定

6.1.1、6.1.2 当前，国内外对土压力的计算一般采用著名的库仑公式与朗金公式，但上述公式基于极限平衡理论，要求支护结构发生一定的侧向变形。若挡墙的侧向变形条件不符合主动极限平衡状态条件时则需对侧向岩土压力进行修正，其修正系数可依据经验确定。

土质边坡的土压力计算应考虑如下因素：

1 土的物理力学性质（重力密度、抗剪强度、墙与土之间的摩擦系数等）；

2 土的应力历史和应力路径；

3 支护结构相对土体位移的方向、大小；

4 地面坡度、地面超载和邻近基础荷载；

5 地震荷载；

6 地下水位及其变化；

7 温差、沉降、固结的影响；

8 支护结构类型及刚度；

9 边坡与基坑的施工方法和顺序。

岩质边坡的岩石压力计算应考虑如下因素：

1 岩体的物理力学性质（重力密度、岩石的抗剪强度和结构面的抗剪强度）；

2 边坡岩体类别（包括岩体结构类型、岩石强度、岩体完整性、地表水浸蚀和地下水状况、岩体结构面产状、倾向、结构面的结合程度等）；

3 岩体内单个软弱结构面的数量、产状、布置形式及抗剪强度；

4 支护结构相对岩体位移的方向与大小；

5 地面坡度、地面超载和邻近基础荷载；

6 地震荷载；

7 支护结构类型及刚度；

8 岩石边坡与基坑的施工方法与顺序。

6.1.3 侧向岩土压力的计算公式主要是采用著名的库仑公式与朗金公式，但对复杂情况的侧压力计算，近年来数值计算技术发展较快，计算机及相关的软件也较多。目前国际上和我国水利水电部门广泛采用数值极限分析方法，如有限元强度折减法和超载法，其计算结果与传统极限分析法相同，对于传统极限分析法无法求解的复杂问题十分适用，因此对于复杂情况下岩土侧压力计算可采用数值极限分析法。如岩土组合边坡的稳定性分析采用有限元强度折减法可以方便地求出稳定安全系数与滑动面。

6.2 侧向土压力

6.2.1~6.2.5 按经典土压力理论计算静止土压力、主动与被动土压力。本条规定主动土压力可用库仑公式与朗金公式，被动土压力采用朗金公式。一般认为，库仑公式计算主动土压力比较接近实际，但计算被动土压力误差较大；朗金公式计算主动土压力偏于保守，但算被动土压力反而偏小。建议实际应用中，用库仑公式计算主动土压力，用朗金公式计算被动土压力。

静止土压力系数可以用 K_0 试验测试，测定 K_0 的仪器有静止侧压力系数测定仪或三轴仪，在现行行业标准《土工试验规程》SL 237，静止侧压力系数试验（SL237-028-1999）中规定了具体试验的要求。但由于该项试验方法还未列入国家标准《土工试验方法标准》GB/T 50123 中，所以实际工程中，多数采用经验公式或经验参数，这二者得到的数值差不多，原规范推荐采用经验参数，本次修订时仍然采用经验参数。一般说来，在实际工程应用时，对正常固结的黏性土或砂土，颗粒越粗或土越密实，K_0 取本规范推荐的低值，反之取高值。但对超固结土，有时存在土的水平应力大于竖直应力，会出现 K_0 大于 1 的情况，使用时应注意超固结土的情况。

6.2.6、6.2.7 采用水土分算还是水土合算，是当前有争议的问题。一般认为，对砂土与粉土采用水土分算，黏性土采用水土合算。水土分算时采用有效应力抗剪强度；水土合算时采用总应力抗剪强度。对正常固结土，一般以室内自重固结下不排水指标求主动土压力；以不固结不排水指标求被动土压力。

6.2.8 本条主动土压力是按挡墙后有较陡的稳定岩石土坡情况下导出的。

本次规范修订时，对于稳定且无软弱层岩石坡面与填土间的摩擦角 δ_r 的取值及其影响，以及对于稳定岩石角度 θ 的影响，课题组进行了专门的研究，研究结论认为，稳定岩石与土之间的摩擦角 δ_r 对主动土压力计算值影响很大。随稳定岩石坡面与土之间的摩擦角 δ_r 的增加，主动土压力值会明显减小。当 $\delta_r = \varphi$ 时，应用公式（6.2.8）计算得到的值比公式（6.2.3）得到的值略小，它们间的结果相近；当 $\delta_r = 0.5\varphi$ 时，应用公式（6.2.8）计算得到的值比公式（6.2.3）得到的值大 1.541 倍～2.549 倍，同时随 c 值的增大而增加。另外随稳定岩石角度 θ 的增加，主动土压力的值会有所减小，但影响值明显比稳定岩石与土之间的摩擦角 δ_r 影响小。稳定岩石坡面与填土间的摩擦角取值宜根据试验确定。当无试验资料时，可按本条中提出的建议值 $\delta_r = (0.40 \sim 0.70)\varphi$。一般说来对黏性土与粉土取低值，对砂性土与碎石土取高值。

6.2.9 本条提出的一些特殊情况下的土压力计算公式，是依据土压力理论结合经验而确定的半经验公式。

本条在原规范的基础上，增加了边坡为二阶时，岩土边坡土压力的计算公式。二阶的直立岩土质边坡是常见的边坡，根据平面滑裂面导出了在二阶的边坡上总岩土压力计算式与滑裂面的倾角。二阶直立岩石边坡上总岩石压力计算式与滑裂面的倾角计算的计算公式与二阶直立土质边坡的计算基本相同，但如岩体中存在外倾结构面时，滑裂面的倾角取外倾结构面的倾角。对于单阶边坡，此式可退化为朗肯公式。

6.2.10 当土质边坡的坡面为倾斜时，根据平面滑裂面，得到了土压力计算公式与滑裂面的计算公式（6.2.10）。

本条规定的关于边坡坡面为倾斜时的土压力计算公式，可以确定边坡破坏时平面破裂角。用公式（6.2.10）计算主动土压力值与公式（6.2.3）的值一致，但对一般的斜边坡公式（6.2.10）比公式（6.2.3）更为简洁，当 $\alpha = 90°$ 或倾斜边坡坡高为临界高度时，$\theta = (\alpha + \varphi)/2$。

6.2.11 在地震作用下，考虑地震作用时的土压力计算，应考虑地震角的影响，地震角的大小与地震设计烈度有关，并采用库仑理论公式计算。本规范中的关于地震情况下的土压力计算公式，是参照国内建筑、铁路、公路、交通等行业的抗震规范提出的，计算时，土的重度除以地震角的余弦，墙背填土的内摩擦角和墙背摩擦角分别减去地震角和增加地震角。地震角的取值是采用现行国家标准《建筑抗震鉴定标准》GB 50023 中的值。

6.3 侧向岩石压力

6.3.1 岩体与土体不同，滑裂角为外倾结构面倾角，因而由此推出的岩石压力公式与库仑公式不同，当滑裂角 $\theta = 45° + \varphi/2$ 时公式（6.3.1）即为库仑公式。当岩体无明显结构面时或为破碎、散体岩体时 θ 角取 $45° + \varphi/2$。

6.3.2 有些岩体中存在外倾的软弱结构面，即使结构面倾角很小，仍可能产生四面楔体滑落，对滑落体的大小按当地实际情况确定。滑落体的稳定分析采用力多边形法验算。

6.3.3 本条给出滑移型永久性边坡且坡顶无建筑荷载时岩质边坡侧向岩石压力计算方法，以及破裂角设计取值原则。本条中的无建筑荷载主要是指无重要建筑物或荷载较大的建筑物。本条规定侧压力可按理论公式和按取等效内摩擦角的经验公式计算，两者中取大值作为设计依据。一般情况下，由于规定的等效内摩擦角取得很大，经验公式算出的结果都会小于理论公式计算的结果（除Ⅵ类岩体边坡外）。当岩质和结构面结合程度高时，导致按理论计算公式计算得到的推力为零或极小，以致不需要支护或支护量极少。为保证工程安全，实际工程中这种情况下仍然需要一定的支护。经验公式不会算出推力为零或极小的情况，起到了保证最少支护量的作用。经验公式计算考虑以下因素：①建筑岩石边坡在使用期内，受不利因素与时间效应的影响，岩石及结构面强度可能软化降低；②考虑偶然地震荷载作用的不利影响；③考虑地质参数取值可能存在变异性的不利影响，本条的计算方法力图达到边坡支护的可靠度，满足现行标准的要求。

对临时岩质边坡侧向岩石压力计算和破裂角的取值作出一定的修正，其依据是临时边坡设计中可以不考虑时间效应和地震效应等不利因素的影响，因此岩压力的计算可以适当放松，按经验公式计算时等效内摩擦角可取规范中的高值；另外，对于破裂角的取值也可提高。但坡顶有建（构）筑物荷载的临时边坡应考虑坡顶建（构）筑物荷载对边坡塌滑区范围的扩大影响，同时应满足永久性边坡的相关规定。

6.3.4 当岩石边坡的坡面为倾斜时，根据平面滑裂面假定，得到了岩石压力计算公式与滑裂面的计算公式 [同公式（6.2.10）]，如果岩体中存在外倾结构面时，滑裂面的倾角取外倾结构面的倾角。

6.3.5 在地震作用下，考虑地震作用时的岩石侧压力计算，应考虑地震角的影响，地震角的大小与地震设计烈度有关。根据现行国家标准《铁路工程抗震设计规范》GB 50111-2006（2009 年版）条文说明中第 6.1.6 条，工程震害调查表明，位于岩石地基上的挡土墙震害比在土基上的挡土墙稍轻微，因而岩石地基上的地震角取值与本规范第 6.2.11 条相同，并采用库仑理论公式计算。

7 坡顶有重要建（构）筑物的边坡工程

7.1 一般规定

7.1.1 本条确定了本章的适用范围及坡顶有建（构）筑物时边坡工程的分类。可分为坡顶有既有建（构）筑物的边坡工程、边坡与坡顶建（构）筑物同步施工的边坡工程及坡顶新建建（构）筑物的既有边坡工程。对 7 度以上地区，可参照本章相关规定并结合地区特点加强处理。

7.1.2 当坡顶邻近有重要建筑物时，支护结构方案选择时应优先选择排桩式锚杆挡墙、锚拉式桩板式挡墙或抗滑桩，其具有受力可靠、边坡变形小、施工期对边坡稳定性和建筑地基基础扰动小的优点，对土质边坡或有外倾结构面的岩质边坡宜采用预应力锚杆，更有利于控制边坡变形，确保坡顶建（构）筑物安全。除按本章优选支护方案外，还应充分考虑下列因素：

1 边坡开挖对坡顶邻近建筑物的安全和正常使用的不利影响程度；

2 坡顶邻近建筑物基础形式及距坡顶邻近建筑物的距离；

3 坡顶邻近建（构）筑物及管线等对边坡变形的接受程度；

4 施工开挖期边坡的稳定状况及施工安全和可行性。

7.2 设计计算

7.2.1、7.2.2 当坡顶建筑物基础位于边坡塌滑区，建筑物基础传来的垂直荷载、水平荷载及弯矩部分作

用于支护结构时，边坡支护结构强度、整体稳定和变形验算均应根据工程具体情况，考虑建筑物传来的荷载对边坡支护结构的作用。其中建筑水平荷载对边坡支护结构作用的定性及定量近似估算，可根据基础方案、构造做法、荷载大小、基础到边坡的距离、边坡岩土体性状等因素确定。建筑物传来的水平荷载由基础抗侧力、地基摩擦力及基础与边坡间坡体岩土抗力承担，当水平作用力大于上述抗力之和时由支护结构承担不平衡的水平力。

坡顶建筑物基础与边坡支护结构的相互作用主要考虑建筑荷载传给支护结构，对边坡稳定影响，因边坡临空状使建筑物地基侧向约束减小后地基承载力相应降低及新施工的建筑基础和施工开挖期对边坡原有水系产生的不利影响。

在已有建筑物的相邻处开挖边坡，目前已有不少成功的工程实例，但危及建筑物安全的事故也时有发生。建筑物的基础与支护结构之间距离越近，事故发生的可能性越大，危害性越大。本条规定的目的是尽可能保证建筑物基础与支护结构间较合理的安全距离，减少边坡工程事故发生的可能性。确因工程需要时，应采取相应措施确保勘察、设计和施工的可靠性。不应出现因新开挖边坡使原稳定的建筑基础置于稳定性极差的临空状外倾软弱结构面的岩体和稳定性极差的土质边坡塌滑区外边缘，造成高风险的边坡工程。

7.2.3 当坡肩有建筑物、挡墙的变形量较大时，将危及建筑物的安全及正常使用。为使边坡的变形量控制在允许范围内，根据建筑物基础与边坡外边缘的关系和岩土外倾结构面条件采用第 7.2.3 条、第 7.2.4条和第 7.2.5 条确定的岩土侧压力设计值。其目的是使边坡受力稳定的同时，确保边坡只发生较小变形，这样有利于保证坡顶建筑物的安全及正常使用。

对高层建筑，其传至边坡的水平荷载较大，按第7.2.1 条的条文分析可知，支护结构可能承担高层建筑物基础传来的不平衡的水平力，设计时应充分重视，应设置钢筋混凝土地下室，并加大地下室埋深，借用钢筋混凝土地下室的刚体及其底板与地基间的摩阻力平衡高层建筑物传来的部分水平力，同时高层建筑钢筋混凝土地下室基础可采用桩基础（桩周边加设隔离层）将基础垂直荷载传至边坡破裂面以下足够深度的稳定岩土层内，此时，H 值可从地下室底标高算至坡底，否则，H 仍取边坡高度。除设置钢筋混凝土地下室外，还应加强支护结构的抗侧力以平衡高层建筑物可能传来的水平力。

7.2.4 本条主动岩石压力修正系数 β_1 的确定考虑以下因素：

1 有利于控制坡顶有重要建（构）筑物的边坡变形，保证坡顶建（构）筑物的功能和安全；

2 岩石边坡开挖后侧向变形受支护结构或预应

力锚杆约束，边坡侧压力相应增大，本规范按岩石主动土压力乘以修正系数 β_1 来反映土压力增大现象；

3 β_1 值的定量确定目前无工程实测资料和相关标准可以借鉴，从理论分析看，坚硬的块石类土静止土压力约为主动土压力 1.80 倍左右，以此类比，岩体结构面结合较差，岩体完整程度为较破碎的Ⅳ类岩体，本规范主动土压力系数 β_1 定为 1.45～1.55，考虑Ⅰ～Ⅲ类岩石的结构完整性，则分别采用 1.30～1.45。

7.3 构造设计

7.3.6 当坡顶附近有重要建（构）筑物时除应保证边坡整体稳定性外，还应控制边坡工程变形对坡顶建（构）筑物的危害。边坡的变形值大小与边坡高度、坡顶建（构）筑物荷载的大小、地质条件、水文条件、支护结构类型、施工开挖方案等因素相关，变形计算复杂且不够成熟，有关规范均未提出较成熟的计算方法，工程实践中只能根据地区经验，采用工程类比的方法，从设计、施工、变形监测等方面采取措施控制边坡变形。

同样，支护结构变形允许值涉及因素较多，难以用理论分析和数值计算确定，工程设计中可根据边坡条件按地区经验确定。

7.4 施 工

7.4.1 施工时应加强监测和信息反馈，并作好有关工程应急预案。

7.4.3 稳定性较差的岩土边坡（较软弱的土边坡，有外倾软弱结构面的岩石边坡，潜在滑坡等）开挖时，

不利组合荷载下的不利工况时边坡的稳定和变形控制应满足有关规定要求，避免出现施工事故，必要时应采取施工措施增强施工期的稳定性。

8 锚杆（索）

8.1 一般规定

8.1.2 锚杆是能将张拉力传递到稳定的或适宜的岩土体中的一种受拉杆件（体系），一般由锚头、杆体自由段和杆体锚固段组成。当采用钢绞线或钢丝束作杆体材料时，可称为锚索（图1）。根据锚固段灌浆体受力的不同，主要分为拉力型、压力型、荷载分散型（拉力分散型与压力分散型）等（图2）。拉力型锚杆锚固段灌浆体受拉，浆体易开裂，防腐性能差，但易于施工；压力型锚杆锚固段灌浆体受压，浆体不易开裂，防腐性能好，承载力高，可用于永久性工程。锚杆挡墙是由锚杆和钢筋混凝土肋柱及挡板组成的支挡结构物，它依靠锚固于稳定岩土层内锚杆的抗拔力平衡挡板处的土压力。近年来，锚杆技术发展迅速，在边坡支护、危岩锚定、滑坡整治、洞室加固及高层建筑基础锚固等工程中广泛应用，具有实用、安全、经济的特点。

8.1.5 当坡顶边缘附近有重要建（构）筑物时，一般不允许支护结构发生较大变形，此时采用预应力锚杆能有效控制支护结构及边坡的变形量，有利于建（构）筑物的安全。

对施工期稳定性较差的边坡，采用预应力锚杆减少变形同时增加边坡滑裂面上的正应力及阻滑力，有利于边坡的稳定。

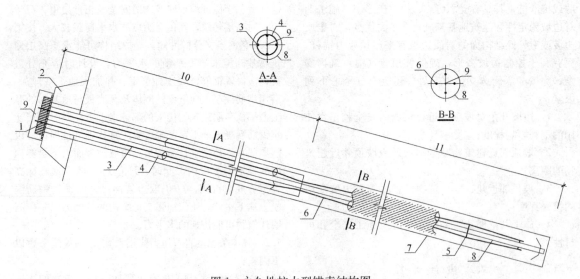

图 1 永久性拉力型锚索结构图

1—锚具；2—垫座；3—涂塑钢绞线；4—光滑套管；5—隔离架；6—无包裹钢绞线；
7—钻孔壁；8—注浆管；9—保护罩；10—自由段区；11—锚固段区

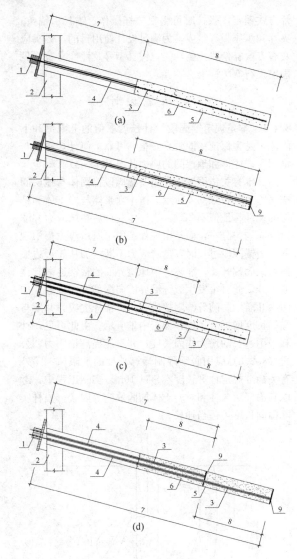

图 2　压力分散型锚杆简图
(a) 拉力型锚杆；(b) 压力型锚杆；
(c) 拉力分散型锚杆；(d) 压力分散型锚杆
1—锚头；2—支护结构；3—杆体；4—保护套管；
5—锚杆钻孔；6—锚固段灌浆体；7—自由段区；
8—锚固段区；9—承载板（体）

8.2　设 计 计 算

本节将锚杆（索）设计部分涉及的杆体（钢筋、钢绞线、预应力钢丝）截面积、锚固体与地层的锚固长度，杆体与锚固体（水泥浆、水泥砂浆等）的锚固长度计算由原规范中的概率极限状态设计方法转换成传统意义的安全系数法计算，以便与国家现行岩土工程类多数标准修改稿的思路保持一致。对应的地层（岩石与土体）与锚固体之间粘结强度特征值由地层与锚固体间粘结强度极限标准值替代。原规范中的临时性锚杆、永久性锚杆的荷载分项系数、杆体抗拉工作条件系数、锚固体与地层间粘结工作条件系数、杆

体与锚固体粘结强度工作条件系数在锚杆杆体抗拉安全系数和岩土锚杆锚固体抗拔安全系数中综合考虑。

此外，对不同边坡工程安全等级所对应的临时性锚杆、永久性锚杆的锚杆杆体抗拉安全系数和锚杆锚固体抗拔安全系数按不同的边坡工程安全等级逐一作出了规定。

8.2.1　用于边坡支护的锚杆轴向拉力 N_{ak} 是荷载分项系数 1.0 的荷载效应基本组合时，锚杆挡墙计算求得的锚杆拉力组合值，可按本规范第 6 章的静力平衡法或等值梁法（附录 F）计算的锚杆挡墙支点力求得。

用于滑坡和边坡抗滑稳定支护的锚杆轴向拉力为荷载分项系数 1.0 时，用满足滑坡和边坡安全稳定系数（表 5.3.2）时的滑坡推力和边坡推力对锚杆挡墙计算求得。

8.2.2~8.2.4　锚杆设计宜先按式（8.2.2）计算所用锚杆钢筋的截面积，选择每根锚杆实配的钢筋根数、直径和锚孔直径，再用选定的锚孔直径按式（8.2.3）确定锚固体长度 l_a［此时，锚杆（索）承载力极限值 $N = A_s f_y (A_s f_{py})$ 或 $\pi D f_{rbki} l_a$ 的较小值］。然后再用选定的锚杆钢筋面积按式（8.2.3）和式（8.2.4）确定锚杆杆体的锚固长度 l_a。

锚杆杆体与锚固体材料之间的锚固力一般高于锚固体与土层间的锚固力，因此土层锚杆锚固段长度计算结果一般均为式（8.2.3）控制。

极软岩和软质岩中的锚固破坏一般发生于锚固体与岩层间，硬质岩中的锚固端破坏可发生在锚杆杆体与锚固体材料之间，因此岩石锚杆锚固段长度应分别按式（8.2.3）和式（8.2.4）计算，取其中大值。

表 8.2.3-2 主要根据重庆及国内其他地方的工程经验，并结合国外有关标准而定的；表 8.2.3-3 数值主要参考现行国家标准《锚杆喷射混凝土支护技术规范》GB 50086 及国外有关标准确定。锚杆极限承载力标准值由基本试验确定，对于二、三级边坡工程中的锚杆，其极限承载力标准值也可由地层与锚固体粘结强度标准值与其两者的接触表面积的乘积来估算。

锚杆设计顺序和内容可按图 3 进行。

8.2.6　自由段作无粘结处理的非预应力岩石锚杆受拉变形主要是非锚固段钢筋的弹性变形，岩石锚固段理论计算变形值或实测变形值均很小。根据重庆地区大量现场锚杆锚固段变形实测结果统计，砂岩和泥岩锚固性能较好，3ϕ25 四级精轧螺纹钢，用 M30 级砂浆锚入整体结构的中风化泥岩中 2m 时，在 600kN 荷载作用下锚固段钢筋弹性变形仅为 1mm 左右。因此非预应力无粘结岩石锚杆的伸长变形主要是自由段钢筋的弹性变形，其水平刚度可近似按式（8.2.6-1）估算。

自由段无粘结的土层锚杆主要考虑锚杆自由段和锚固段的弹性变形，其水平刚度系数可近似按式

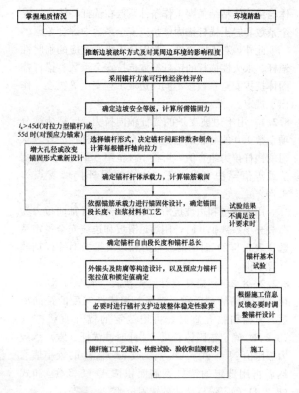

图 3　锚杆设计顺序及内容

（掌握地质情况 / 环境踏勘）

推断边坡破坏方式及对其周边环境的影响程度

采用锚杆方案可行性经济性评价

确定边坡安全等级，计算所需锚固力

$l_a>45d$（对拉力型锚杆）或 $55d$（对预应力锚索）时，增大孔径或改变锚固形式重新设计

选择锚杆形式，决定锚杆间距排数和倾角，计算每根锚杆轴向拉力

确定锚杆杆体承载力，计算锚筋截面

依据锚筋承载力进行锚固体设计，确定锚固段长度、注浆材料和工艺

确定锚杆自由段长度和锚杆总长

外锚头及防腐等构造设计，以及预应力锚杆张拉值和锁定值确定

必要时进行锚杆支护边坡整体稳定性验算

锚杆施工工艺建议、性能试验、验收和监测要求

试验结果不满足设计要求时

锚杆基本试验

根据施工信息反馈必要时调整锚杆设计

施工

（8.2.6-2）估算。

8.2.7　预应力岩石锚杆由于预应力的作用效应，锚固段变形极小。当锚杆承受的拉力小于预应力值时，整根预应力岩石锚杆受拉变形值都较小，可忽略不计。全粘结岩石锚杆的理论计算变形值和实测值也较小，可忽略不计，故可按刚性拉杆考虑。

8.3　原　材　料

8.3.2　对非预应力全粘结型锚杆，当锚杆承载力标准值低于 400kN 时，采用Ⅱ、Ⅲ级钢筋能满足设计要求，其构造简单，施工方便。承载力设计值较大的预应力锚杆，宜采用钢绞线或高强钢丝，首先是因为其抗拉强度远高于Ⅱ、Ⅲ级钢筋，能满足设计值要求，同时可大幅度地降低钢材用量；二是预应力锚索需要的锚具、张拉机具等配件有成熟的配套产品，供货方便；三是其产生的弹性伸长总量远高于Ⅱ、Ⅲ级钢筋，当锚头松动，钢筋松弛等原因引起的预应力损失值也要小得多；四是钢绞线、钢丝运输、安装较粗钢筋方便，在狭窄的场地也可施工。高强精轧螺纹钢则适用于中级承载能力的预应力锚杆，有钢绞线和普通粗钢筋的类同优点，其防腐的耐久性和可靠性较高，锚杆处于水下，腐蚀性较强的地层中，且需预应力时宜优先采用。

镀锌钢材在酸性土质中易产生化学腐蚀，发生"氢脆"现象，故作此条规定。

8.3.4　锚具的构造应使每束预应力钢绞线可采用夹

片方式锁定，张拉时可整根锚杆操作。锚具由锚头、夹片和承压板等组成，为满足设计使用目的，锚头应具有多次补偿张拉的功能，锚具型号及性能参数详见国家现行有关标准。

8.4　构　造　设　计

8.4.1　本条规定锚固段设计长度取值的上限值和下限值，是为保证锚固效果安全、可靠，使计算结果与锚固段锚固体和地层间的应力状况基本一致。

日本有关锚固工法介绍的锚固段锚固体与地层间锚固应力分布如图 4 所示。由于灌浆体与岩土体和杆体的弹性特征值不一致，当杆体受拉后粘结应力并非沿纵向均匀分布，而是出现如图中Ⅰ所示应力集中现象。当锚固段过长时，随着应力不断增加从靠近边坡面处锚固端开始，灌浆体与地层界面的粘结逐渐软化或脱开，此时可发生裂缝沿界面向深部发展现象，如图中Ⅱ所示。随着锚固效应弱化，锚杆抗拔力并不与锚固长度增加成正比，如图中Ⅲ所示。由此可见，计算采用过长的增大锚固长度，并不能提高锚固力，公式（8.2.3）应用必须限制计算长度的上限值，国外有关标准规定计算长度不超过 10m。实际工程中，考虑到锚杆耐久性和对岩土体加固效应等因素，锚杆实际锚固长度可适当加长。

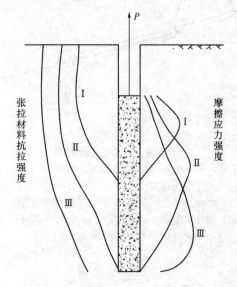

图 4　拉力型锚杆锚固应力分布图
Ⅰ—锚杆工作阶段应力分布图；
Ⅱ—锚杆应力超过工作阶段，变形
增大时应力分布图；Ⅲ—锚固段
处于破坏阶段时应力分布图

反之，锚固段长度设计过短时，由于实际施工期锚固区地层局部强度可能降低，或岩体中存在不利组合结构面时，锚固段被拔出的危险性增大，为确保锚固安全度的可靠性，国内外有关标准均规定锚固段构造长度不得小于 3.0m～4.0m。

大量的工程试验证实，在硬质岩和软质岩中，中、小级承载力锚杆在工作阶段锚固段应力传递深度约为1.5m～3.0m（12倍～20倍钻孔直径），三峡工程锚固于花岗岩中3000kN级锚索工作阶段应力传递深度实测值约为4.0m（约25倍孔径）。

综合以上原因，本规范根据大量锚杆试验结果及锚固段设计安全度及构造需要，提出了锚固段的设计计算长度应满足本条要求。

当计算锚固段长度超过限值时，可采取锚固段压力灌浆（二次劈裂灌浆）方法加固锚固段周围土体、提高土体与锚固体粘结摩阻力，以获得更高单位长度锚固段抗拔承载力。一般情况下，采取压力灌浆方法可提高锚固力1.2倍～1.5倍。此外，还可采用改变锚固体形式的方法即荷载分散型锚杆。荷载分散型锚杆是在同一个锚杆孔内安装几个单元锚杆，每个单元锚杆均有各自的锚杆杆体、自由段和锚固段。承受集中拉力荷载时，各个不同的单元锚杆锚固段分别承担较小的拉力荷载，使锚杆锚固段上粘结应力大大减小且相应于整根锚杆分布均匀，能最大限度地调用整个加固范围内土层强度。可根据具体锚杆孔直径大小与承载力要求设置单元锚杆个数，使锚杆承载力可随锚固段长度的增加正比例提高，满足使用要求。此外，压力分散型锚杆还可增加防腐能力，减小预应力损失，特别适用于相对软弱又对变形及承载力要求较高的岩土体。锚固应力分布见图5。

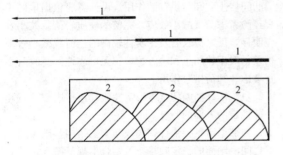

图5 荷载分散型锚杆锚固应力分布图
1—单元锚杆；2—粘结阻力

8.4.3 锚杆轴线与水平面的夹角小于10°后，锚杆外端灌浆饱满度难以保证，因此建议夹角一般不小于10°。由于锚杆水平抗拉力等于拉杆强度与锚杆倾角余弦值的乘积，锚杆倾角过大时锚杆有效水平拉力下降过多，同时将对锚肋作用较大的垂直分力，该垂直分力在锚肋基础设计时不能忽略，同时对施工期锚杆挡墙的竖向稳定不利，因此锚杆倾角宜为10°～35°。

8.4.6 在锚固段岩体破碎，渗水严重时，水泥固结灌浆可达到密封裂隙，封阻渗水，保证和提高锚固性能效果。

8.4.7、8.4.8 锚杆防腐处理的可靠性及耐久性是影响锚杆使用寿命的重要因素之一，"应力腐蚀"和"化学腐蚀"双重作用将使杆体锈蚀速度加快，锚杆

使用寿命大大降低，防腐处理应保证锚杆各段均不出现杆体材料局部腐蚀现象。

锚杆的防腐保护等级与措施应根据锚杆的设计使用年限及所处地层有无腐蚀性确定。腐蚀环境中的永久性锚杆应采用Ⅰ级防腐保护构造；非腐蚀环境中的永久性锚杆及腐蚀环境中的临时性锚杆应采用Ⅱ级防护，非腐蚀环境中的临时性锚杆可采用Ⅲ级简单防腐保护构造。具体防腐做法及要求可参见现行国家标准《锚杆喷射混凝土支护技术规范》GB 50086 相关要求。

9 锚杆（索）挡墙

9.1 一般规定

9.1.1 本条列举锚杆挡墙的常用形式，此外还有竖肋和板为预制构件的装配肋板式锚杆挡墙，下部为挖方、上部为填方的组合锚杆挡墙。

根据地形、地质特征和边坡荷载等情况，各类锚杆挡墙的方案特点和其适用性如下：

1 钢筋混凝土装配式锚杆挡土墙适用于填方地段。

2 现浇钢筋混凝土板肋式锚杆挡土墙适用于挖方地段，当土方开挖后边坡稳定性较差时应采用"逆作法"施工。

3 排桩式锚杆挡墙：适用于边坡稳定性很差、坡肩有建（构）筑物等附加荷载地段的边坡。当采用现浇钢筋混凝土板肋式锚杆挡土墙，还不能确保施工期的坡体稳定时宜采用本方案。排桩可采用人工挖孔桩、钻孔桩或型钢。排桩施工完后用"逆作法"施工锚杆及钢筋混凝土挡板或拱板。

4 钢筋混凝土格架式锚杆挡土墙：墙面垂直型适用于稳定性、整体性较好的Ⅰ、Ⅱ类岩石边坡，在坡面上现浇网格状的钢筋混凝土格架梁，竖向肋和水平梁的结点上加设锚杆，岩面可加钢筋网并喷射混凝土作支挡或封面处理；墙面后仰型可用于各类岩石边坡和稳定性较好的土质边坡，格架内墙面根据稳定性可作封面、支挡或绿化处理。

5 钢筋混凝土预应力锚杆挡土墙：当挡土墙的变形需要严格控制时，宜采用预应力锚杆。锚杆的预应力也可增大滑面或破裂面上的静摩擦力并产生抗力，更有利于坡体稳定。

9.1.2 工程经验证明，稳定性差的边坡支护，采用排桩式预应力锚杆挡墙且逆作施工是安全可靠的，设计方案有利于边坡的稳定及控制边坡水平及垂直变形。故本条提出了几种稳定性差、危害性大的边坡支护宜采用上述方案。此外，采用增设锚杆、对锚杆和边坡施加预应力或跳槽开挖等措施，也可增加边坡的稳定性。设计应结合工程地质环境、重要性及施工条

件等因素综合确定支护方案。

9.1.4 填方锚杆挡土墙垮塌事故经验证实，控制好填方的质量及采取有效措施减小新填土沉降压缩、固结变形对锚杆拉力增加和对挡墙的附加推力增加是高填方锚杆挡墙成败关键。因此本条规定新填方锚杆挡墙应作特殊设计，采取有效措施控制填方对锚杆拉力增加过大的不利情况发生。当新填方边坡高度较大且无成熟的工程经验时，不宜采用锚杆挡墙方案。

9.2 设 计 计 算

9.2.2 挡墙侧向压力大小与岩土力学性质、墙高、支护结构形式及位移方向和大小等因素有关。根据挡墙位移的方向及大小，其侧向压力可分为主动土压力、静止土压力和被动土压力。由于锚杆挡墙构造特殊，侧向压力的影响因素更为复杂，例如：锚杆变形量大小、锚杆是否加预应力、锚杆挡土墙的施工方案等都直接影响挡墙的变形，使土压力发生变化；同时，挡土板、锚杆和地基间存在复杂的相互作用关系，因此目前理论上还未有准确的计算方法如实反映各种因素对锚杆挡墙的侧向压力的影响。从理论分析和实测资料看，土质边坡锚杆挡墙的土压力大于主动土压力，采用预应力锚杆挡墙时土压力增加更大，本规范采用土压力增大系数 β 来反映锚杆挡墙侧向压力的增大。岩质边坡变形小，应力释放较快，锚杆对岩体约束后侧向压力增大不明显，故对非预应力锚杆挡墙不考虑侧压力增大，预应力锚杆考虑 1.1 的增大值。

9.2.3～9.2.5 从理论分析和实测结果看，影响锚杆挡墙侧向压力分布图形的因素复杂，主要为填方或挖方、挡墙位移大小与方向、锚杆层数及弹性大小、是否采用逆作施工方法、墙后岩土类别和硬软等情况。不同条件时分布图形可能是三角形、梯形或矩形，仅用侧向压力随深度成线性增加的三角形应力图已不能反映许多锚杆挡墙侧向压力的实际情况。本规范第9.2.5条对满足特定条件时的应力分布图形作了梯形分布规定，与国内外工程实测资料和相关标准一致。主要原因为逆作施工法的锚杆对边坡变形约束作用、支撑作用及岩石和硬土的竖向拱效应明显，使边坡侧向压力向锚固点传递，造成矩形应力分布图形与有支撑时基坑土压力呈矩形、梯形分布图形不同。反之，上述条件以外的非硬土边坡宜采用库仑三角形应力分布图形或地区经验图形。

9.2.7、9.2.8 锚杆挡墙与墙后岩土体是相互作用、相互影响的一个整体，其结构内力除与支护结构的刚度有关外，还与岩土体的变形有关，因此要准确计算是较为困难的。根据目前的研究成果，可按连续介质理论采用有限元、边界元及弹性支点法等方法进行较精确的计算。但在实际工程中，也有采用等值梁法或静力平衡法等进行近似计算。

在平面分析模型中弹性支点法根据连续梁理论，考虑支护结构与其后岩土体的变形协调，其计算结果较为合理，因此规范推荐此方法。等值梁法或静力平衡法假定上部锚杆施工后开挖下部边坡时上部分的锚杆内力保持不变，并且在锚杆处为不动点，不能反映挡墙实际受力特点。因锚杆受力后将产生变形，支护结构刚度也较小，属柔性结构。但在锚固点变形较小时其计算结果能满足工程需要，且其计算较为简单。因此对岩质边坡及较坚硬的土质边坡，也可作为近似方法。对较软弱土的边坡，宜采用弹性支点法或其他较精确的方法。

9.2.9 挡板为支承于竖肋上的连续板或简支板、拱构件，其设计荷载按板的位置及标高处的岩土压力值确定，这是常规的能保证安全的设计方法。大量工程实测值证实，挡土板的实际应力值存在小于设计值的情况，其主要原因是挡土板后的岩土存在拱效应，岩土压力部分荷载通过"拱作用"直接传至肋柱上，从而减少作用在挡土板上荷载。影响"拱效应"的因素复杂，主要与岩土密实性、排水情况、挡板的刚度、施工方法和力学参数等因素有关。目前理论研究还不能作出定量的计算，一些地区主要是采取工程类比的经验方法。相同的地质条件、相同的板跨，采用定量的设计用料。本条按以上原则对于存在"拱效应"较强的岩石和土质密实且排水可靠的挖方挡墙，可考虑两肋间岩土"卸荷拱"的作用。设计者应根据地区工程经验考虑荷载减小效应。完整的硬质岩荷载减小效应明显，反之极软岩及密实性较高的土荷载减小效果稍差；对于软弱土和填方边坡，无可靠地区经验时不宜考虑"卸荷拱"作用。

9.2.11 锚杆挡墙的整体稳定性验算包括内部稳定和外部稳定两方面的验算。

内部稳定是指锚杆锚固段与支护结构基础假想支点之间滑动面的稳定验算，可结合本规范第5章的有关规定，并参考国家现行相关规范关于土钉墙稳定计算方法进行验算。

外部稳定是指支护结构、锚杆和包括锚固段岩土体在内的岩土体的整体稳定，可结合本规范第5章的有关规定，采用圆弧法验算边坡的整体稳定。

9.3 构 造 设 计

9.3.2 锚杆轴线与水平面的夹角小于10°后，锚杆外端灌浆饱满度难以保证，因此建议夹角一般不小于10°。由于锚杆水平抗拉力等于拉杆强度与锚杆倾角余弦值的乘积，锚杆倾角过大时锚杆有效水平拉力下降过多，同时将对锚肋作用较大的垂直分力，该垂直分力在锚肋基础设计时不能忽略，同时对施工期锚杆挡墙的竖向稳定不利，因此锚杆倾角宜为10°～35°。

提出锚杆间距控制主要考虑到当锚杆间距过密

时，由于"群锚效应"锚杆承载力将降低，锚固段应力影响区段土体被拉坏可能性增大。

由于锚杆每米直接费用中钻孔费约占一半左右，因此在设计中应适当减少钻孔量，采用承载力低而密的锚杆是不经济的，应选用承载力较高的锚杆，同时也可避免发生"群锚效应"不利影响。

9.3.6 本条提出现浇挡板的厚度不宜小于 200mm 的建议要求，主要考虑现场立模和浇混凝土的条件较差，为保证混凝土质量的施工要求。为确保挡土板混凝土浇筑密实度，一般情况下，不宜采用喷射混凝土施工。

9.3.9 在岩壁上一次浇筑混凝土板的长度不宜过大，以避免当混凝土收缩时岩石的"约束"作用产生拉应力，导致挡土板开裂，此时宜减短浇筑长度。

9.4 施 工

9.4.1 稳定性一般的高边坡，当采用大爆破、大开挖或开挖后不及时支护或存在外倾结构面时，均有可能发生边坡失稳和局部岩体塌方，此时应采用自上而下、分层开挖和锚固的逆作施工法。

10 岩石锚喷支护

10.1 一 般 规 定

10.1.1 本次修订新增第 2 款、第 3 款和第 4 款，锚喷支护应用范围确定为Ⅰ、Ⅱ、Ⅲ类岩石永久边坡，Ⅰ、Ⅱ、Ⅲ类岩石临时边坡，以及Ⅰ～Ⅲ类岩石边坡整体稳定前提下的坡面防护，共三种类型，同时明确了永久性边坡、临时性边坡相应的适用高度。锚喷支护具有性能可靠、施工方便、工期短等优势，但喷层外表不佳且易污染；采用现浇钢筋混凝土板能改善美观，因而表面处理也可采用喷射混凝土和现浇混凝土面板。

10.1.3 锚喷支护中锚杆有系统锚杆与局部锚杆两种类型。系统锚杆用以维持边坡整体稳定，采用本规范相关的直线滑裂面的极限平衡法计算。局部锚杆用以维持不稳定块体的稳定，采用赤平投影法或块体平衡法计算。

10.2 设 计 计 算

10.2.1～10.2.3 锚喷支护边坡的整体稳定性计算，边坡侧压力及分布图形，锚杆总长度以及锚杆计算均按本规范第 6 章和第 7 章相关规定执行。本条说明锚喷支护的锚杆轴向拉力标准值的计算方法，但顶层锚杆应按本规范第 9.2.5 条应力分布图形中的顶部梯形分布图进行计算。

10.2.4 本条说明用局部锚杆加固不稳定块体的具体计算方法。

10.3 构 造 设 计

10.3.1、10.3.2 岩石边坡在稳定性较好时，锚喷支护中的锚杆多采用全长粘结性锚杆，主要是由于全长粘结性锚杆具有性能可靠、使用年限长，便于岩石边坡施工的优点，一般长度不宜过长。对于提高岩石边坡整体稳定性的锚喷支护，一般在坡面上采用按一定规律布设的系统锚杆来提高整体稳定，系统锚杆在坡面上多采用已被工程实践证明了加固效果优于其他布设方式的行列式或菱形排列，且锚杆间的最大间距，以确保两根锚杆间的岩体稳定。锚杆最大间距显然与岩坡分类有关，岩坡分类等级越低，最大间距应当越小。对于系统锚杆未能加固的局部不稳定区或不稳定块体，可采用随机布设的、数量较少的随机锚杆进行加固，以确保岩石边坡局部区域及不稳定块体的稳定性。

10.3.3 本条为新增条文，采用坡面防护构造处理的岩质边坡应符合本规范第 13.2.2 条的规定，此时边坡的整体稳定已采用坡率法保证，本条的做法仅起到坡面防护和坡体浅层加固的作用。本条各款中具体参数的选择可按Ⅰ、Ⅱ类边坡或高度较低的边坡取小值，Ⅲ、Ⅳ类边坡或高度较高的边坡取大值的原则执行，对临时性边坡取较小值。

10.3.4 喷射混凝土应重视早期强度，通常规定 1d 龄期的抗压强度不应低于 5.0MPa。

10.3.6 边坡的岩面条件通常要比地下工程中的岩面条件差，因而喷射混凝土与岩面的粘结力略低于地下工程中喷射混凝土与岩面的粘结力。现行国家标准《锚杆喷射混凝土支护技术规范》GB 50086 规定，Ⅰ、Ⅱ类围岩喷射混凝土与岩面粘结力不低于 0.8MPa；Ⅲ类围岩不低于 0.5MPa。本条规定整体状与块体岩体不应低于 0.8MPa；碎裂状岩体不应低于 0.4MPa。

10.4 施 工

10.4.3 锚喷支护应尽量采用部分逆作法施工，这样既能确保工程开挖中的安全，又便于施工。但应注意，对未支护开挖段岩体的高度与宽度应依据岩体的破碎、风化程度作严格控制，以免施工中出现事故。

11 重力式挡墙

11.1 一 般 规 定

11.1.2 重力式挡墙基础底面大、体积大。如高度过大，则既不利于土地的开发利用，也往往是不经济的。当土质边坡高度大于 10m、岩质边坡高度大于 12m 时，上述状况已明显存在，故本条对挡墙高度作了限制。

本次修订结合实际工程经验，对挡墙适用高度进行了适当放松。

11.1.3 一般情况下，重力式挡墙位移较大，难以满足对变形的严格要求。

挖方挡墙施工难以采用逆作法，开挖面形成后边坡稳定性相对较低，有时可能危及边坡稳定及相邻建筑物安全。因此本条对重力式挡墙适用范围作了限制。

11.1.4 重力式挡墙形式的选择对挡墙的安全与经济影响较大。在同等条件下，挡墙中主动土压力以仰斜最小，直立居中，俯斜最大，因此仰斜式挡墙较为合理。但不同的墙型往往使挡墙条件（如挡墙高度、填土质量）不同。故重力式挡墙形式应综合考虑多种因素而确定。

挖方边坡采用仰斜式挡墙时，墙背可与边坡坡面紧贴，不存在填方施工不便、质量受影响的问题，仰斜当是首选墙型。

挡墙高度较大时，土压力较大，降低土压力已成为突出问题，故宜采用衡重式或仰斜式。

11.2 设 计 计 算

11.2.1 对于高大挡土墙，通常不允许出现达到极限状态的位移值，因此土压力计算时考虑增大系数，同时也与现行国家标准《建筑地基基础设计规范》GB 50007 一致。

11.2.3～11.2.5 抗滑移稳定性及抗倾覆稳定性验算是重力式挡墙设计中十分重要的一环，式（11.2.3-1）及式（11.2.4-1）应得到满足。当抗滑移稳定性不满足要求时，可采取增大挡墙断面尺寸、墙底做成逆坡、换土做砂石垫层等措施使抗滑移稳定性满足要求。当抗倾覆稳定性不满足要求时，可采取增大挡墙断面尺寸、增长墙趾或改变墙背做法（如在直立墙背上做卸荷台）等措施使抗倾覆稳定性满足要求。

地震工况时，土压力按本规范第 6 章有关规定进行计算。

11.2.6 土质地基有软弱层或岩质地基有软弱结构面时，存在着挡墙地基整体失稳破坏的可能性，故需进行地基稳定性验算。

11.3 构 造 设 计

11.3.1 条石、块石及素混凝土是重力式挡墙的常用材料，也有采用砖及其他材料的。

11.3.2 挡墙基底做成逆坡对增加挡墙的稳定性有利，但基底逆坡坡度过大，将导致墙踵陷入地基中，也会使保持挡墙墙身的整体性变得困难。为避免这一情况，本条对基底逆坡坡度作了限制。

11.3.6 本次补充了稳定斜坡地面基础埋置条件。其中距斜坡地面水平距离的上、下限值的采用，可根据地基的地质情况，斜坡坡度等综合确定。如较完整的硬质岩，节理不发育、微风化的、坡度较缓的可取上

限值 0.6m；节理发育的、坡度较陡时可取下限值 1.5m；对岩石单轴抗压强度在 15MPa～30MPa 的岩石，可根据具体环境情况取中间值。

11.4 施 工

11.4.4 本条规定是为了避免填方沿原地面滑动。填方基底处理办法有铲除草皮和耕植土、开挖台阶等。

12 悬臂式挡墙和扶壁式挡墙

12.1 一 般 规 定

12.1.1、12.1.2 本条对适用范围作调整。根据现行相关规范及行业的要求，限制悬臂式挡墙和扶壁式挡墙在不良地质地段和地震时的应用。

扶壁式挡墙由立板、底板及扶壁（立板的肋）三部分组成，底板分为墙趾板和墙踵板。扶壁式挡墙适用于石料缺乏、地基承载力较低的填方边坡工程。一般采用现浇钢筋混凝土结构。扶壁式挡墙回填不应采用特殊类土（如淤泥、软土、黄土、膨胀土、盐渍土、有机质土等），主要考虑这些土物理力学性质不稳定、变异大，因此限制使用。扶壁式挡墙高度不宜超过 10m 的规定是考虑地基承载力、结构受力特点及经济等因素定的，一般高度为 6m～10m 的填方边坡采用扶壁式挡墙较为经济合理。

12.1.4 扶壁式挡墙基础应置于稳定的地层内，这是挡墙稳定的前提。本条规定的挡墙基础埋置深度是参考国内外有关规范而定的，这是为满足地基承载力、稳定和变形条件的构造要求。在实际工程中应根据工程地质条件和挡墙结构受力情况，采用合适的埋置深度，但不应小于本条规定的最小值。在受冲刷或受冻胀影响的边坡工程，还应考虑这些因素的不利影响，挡墙基础应在其影响之下的一定深度。

12.2 设 计 计 算

扶壁式挡墙的设计内容主要包括边坡侧向土压力计算、地基承载力验算、结构内力及配筋、裂缝宽度验算及稳定性计算。在计算时应根据计算内容分别采用相应的荷载组合及分项系数。扶壁式挡墙外荷载一般包括墙后土体自重及坡顶地面活载。当受水或地震影响或坡顶附近有建筑物时，应考虑其产生的附加侧向土压力作用。

12.2.1 扶壁式挡墙基础埋深较小，墙趾处回填土往往难以保证夯填密实，因此在计算挡墙整体稳定及立板内力时，可忽略墙前底板以上土的有利影响，但在计算墙趾板内力时则应考虑墙趾板以上土体的重量。

12.2.2 计算挡墙实际墙背和墙踵板的土压力时，可不计填料与墙间的摩擦力。

12.2.3 根据国内外模型试验及现场测试的资料，按

库仑理论采用第二破裂面法计算侧向土压力较符合工程实际。但目前美国及日本等均采用通过墙踵的竖向面为假想墙背计算侧向压力。因此本条规定当不能形成第二破裂面时，可用墙踵下缘与墙顶内缘的连线作为假想墙及通过墙踵的竖向面为假想墙背计算侧向压力。同时侧向土压力计算应符合本规范第6章的有关规定。

12.2.4 影响扶壁式挡墙的侧向压力分布的因素很多，主要包括墙后填土、支护结构刚度、地下水、挡墙变形及施工方法等，可简化为三角形、梯形或矩形。应根据工程具体情况，并结合当地经验确定符合实际的分布图形，这样结构内力计算才合理。

12.2.5 增加悬臂式挡墙结构的计算模型的规定。

12.2.6 扶壁式挡墙是较复杂的空间受力结构体系，要精确计算是比较困难复杂的。根据扶壁式挡墙的受力特点，可将空间受力问题简化为平面问题近似计算。这种方法能反映构件的受力情况，同时也是偏于安全的。立板和墙踵板可简化为靠近底板部分为三边固定，一边自由的板及上部以扶壁为支承的连续板；墙趾底板可简化为固端在立板上的悬臂板进行计算；扶壁可简化为悬臂的T形梁，立板为梁的翼，扶壁为梁的腹板。

12.2.7 本条明确悬臂式挡墙和扶壁式挡墙结构构件截面设计要求。

12.2.8 扶壁式挡墙为钢筋混凝土结构，其受力较大时可能开裂，钢筋净保护层厚度减小，受水浸蚀影响较大。为保证扶壁式挡墙的耐久性，本条规定了扶壁式挡墙裂缝宽度计算的要求。

12.2.9 增加悬臂式挡墙和扶壁式挡墙的抗滑、抗倾稳定性验算的规定。

12.2.10 增加有关地基承载力及变形验算的规定。

12.3 构 造 设 计

12.3.1 根据现行国家标准《混凝土结构设计规范》GB 50010规定了扶壁式挡墙的混凝土强度等级、钢筋直径和间距及混凝土保护层厚度的要求。

12.3.2 本条明确悬臂式挡墙的截面形式及构造要求。

12.3.3 扶壁式挡墙的尺寸应根据强度及刚度等要求计算确定，同时还应当满足锚固、连接等构造要求。本条根据工程实践经验总结得来。

12.3.4 扶壁式挡墙配筋应根据其受力特点进行设计。立板和墙踵板按板配筋，墙趾板按悬臂板配筋，扶壁按倒T形悬臂深梁进行配筋；立板与扶壁、底板与扶壁之间根据传力要求计算设计连接钢筋。宜根据立板、墙踵板及扶壁的内力大小分段分级配筋，同时立板、底板及扶壁的配筋率、钢筋的搭接和锚固等应符合现行国家标准《混凝土结构设计规范》GB 50010的有关规定。

12.3.5 在挡墙底部增设防滑键是提高挡墙抗滑稳定

的一种有效措施。当挡墙稳定受滑动控制时，宜在墙底下设防滑键。防滑键应具有足够的抗剪强度，并保证键前土体足够抗力不被挤出。

12.3.6、12.3.7 挡墙基础是保证挡墙安全正常工作的十分重要的部分。实际工程中许多挡墙破坏都是地基基础设计不当引起的。因此设计时必须充分掌握工程地质及水文地质条件，在安全、可靠、经济的前提下合理选择基础形式，采取恰当的地基处理措施。当挡墙纵向坡度较大时，为减少开挖及挡墙高度，节省造价，在保证地基承载力的前提下可设计成台阶形。当地基为软土层时，可采用换土层法或采用桩基础等地基处理措施。不应将基础置于未经处理的地层上。

12.3.8 本条补充悬臂式挡墙和扶壁式挡墙的泄水孔设置及构造要求。

12.3.9 本次修订将伸缩缝间距减小，并扩大到悬臂式挡墙。

钢筋混凝土结构扶壁式挡墙因温度变化引起材料变形，增加结构的附加内力，当长度过长时可能使结构开裂。本条参照现行有关标准规定了伸缩缝的构造要求。

扶壁式挡墙对地基不均匀变形敏感，在不同结构单元及地层岩土性状变化时，将产生不均匀变形。为适应这种变化，宜采用沉降缝分成独立的结构单元。有条件时伸缩缝与沉降缝宜合并设置。

12.3.10 墙后填土直接影响侧向土压力，因此宜选用重度小、内摩擦角大的填料，不得采用物理力学性质不稳定、变异大的填料（如黏性土、淤泥、耕土、膨胀土、盐渍土及有机质土等特殊土）。同时，要求填料透水性强，易排水，这样可显著减小墙后侧向土压力。

12.4 施 工

12.4.1 本条规定在施工时应做好地下水、地表水及施工用水的排放工作，避免水软化地基，降低地基承载力。基坑开挖后应及时进行封闭和基础施工。

12.4.2、12.4.3 挡墙后填料应严格按设计要求就地选取，并应清除填土中的草、树皮树根等杂物。在结构达到设计强度的70%后进行回填。填土应分层压实，其压实度应满足设计要求。扶壁间的填土应对称进行，减小因不对称回填对挡墙的不利影响。挡墙泄水孔的反滤层应当在填筑过程中及时施工。

13 桩板式挡墙

13.1 一 般 规 定

13.1.1 采用桩板式挡墙作为边坡支护结构时，可有效地控制边坡变形，因而是高大填方边坡、坡顶附近有建筑物挖方边坡的较好支挡形式。

桩板式挡墙的桩基施工工艺和桩间是否设置挡板

及挡板做法的选择应综合考虑场地条件和施工可行性等多种因素后确定。

13.1.3 悬臂式桩板挡墙高度过大，支挡结构承担的岩土压力及产生的桩顶位移均会出现较大幅度增长，不利于控制边坡安全，且悬臂桩断面过大。因此，从安全性和经济性的角度出发，控制桩板式挡墙的高度，一般不宜超过10m。

13.1.5 桩板式挡墙桩顶位移过大时，在桩上加设预应力锚杆（索）或非预应力锚杆可起到控制挡墙变形、降低桩身内力的作用。边坡现状稳定性较差时，采用预应力锚拉式桩板挡墙可起到边坡预加固作用，提高了边坡施工期的安全度。

13.2 设 计 计 算

13.2.5 在无试验值及地区经验值等数据依据时，可以通过现场踏勘调查，根据地层种类参考表1估算滑坡体和滑床的物理力学指标及地基系数，对于抢险项目和项目前期投资估算具有实用价值。

表1 岩质地层物理力学指标及地基系数

地层种类	内摩擦角	弹性模量 E_0 (kPa)	泊松比 ν	地基系数 k (kN/m³)	剪切应力 (kPa)
细粒花岗岩、正长岩	80°以上	5430~6900	0.25~0.30	2.0×10⁶~2.5×10⁶	1500以上
辉绿岩、玢岩		6700~7870	0.28	2.5×10⁶	
中粒花岗岩	80°以上	5430~6500	0.25	1.8×10⁶~2.0×10⁶	1500以上
粗粒正长岩、坚硬白云岩		6560~7000			
坚硬石灰岩		4400~10000			
坚硬砂岩、大理岩	80°	4660~5430	0.25~0.30	1.2×10⁶~2.0×10⁶	1500
粗粒花岗岩、花岗片麻岩		5430~6000			
较坚硬石灰岩		4400~9000			
较坚硬砂岩	75°~80°	4460~5000	0.25~0.30	0.8×10⁶~1.2×10⁶	1200~1400
不坚硬花岗岩		5430~6000			
坚硬页岩		2000~5500	0.15~0.30		
普通石灰岩	70°~75°	4400~8000	0.25~0.30	0.4×10⁶~0.8×10⁶	700~1200
普通砂岩		4600~5000	0.25~0.30		
坚硬泥灰岩		800~1200	0.29~0.38		
较坚硬页岩	70°	1980~3600	0.25~0.30	0.3×10⁶~0.4×10⁶	500~700
不坚硬石灰岩		4400~6000	0.25~0.30		
不坚硬砂岩		1000~2780	0.25~0.30		
较坚硬泥灰岩		700~900	0.29~0.38		
普通页岩	65°	1900~3000	0.15~0.20	0.2×10⁶~0.3×10⁶	300~500
软石灰岩		4400~5000	0.25		
不坚硬泥灰岩		30~500	0.29~0.38		
硬化黏土		10~300	0.30~0.37		
软片岩		500~700	0.15~0.18		
硬煤		50~300	0.30~0.40		
密实黏土	45°	10~300	0.30~0.37	0.06×10⁶~0.12×10⁶	150~300
普通煤		50~300	0.30~0.40		
胶结卵石		50~100			
掺石土		50~100			

13.2.7 当锚固段为松散介质、较完整同种岩层或虽然是不同的岩层但岩层刚度相差不大时，桩端支承可视为自由端。

当锚固段上部为土层，桩底嵌入一定深度的较完整基岩时，桩端可采用自由端或铰支端计算。当采用自由端时，各层的地基系数必须根据具体情况选用；当采用铰支端计算时，应把计算"铰支点"选在嵌入段基岩的顶面，并根据嵌入段的地层反力计算嵌入段的深度。

当桩嵌岩段桩底附近围岩的侧向 k 相比桩底基岩的 k_b 较大时，桩端支承可视为铰支端。

13.2.8 地基系数法通过假定埋入地面以下桩与岩土体的协调变形，确定桩埋入段截面、配筋及长度。本条给出了桩埋入段地基横向承载力的计算公式，便于桩基截面和埋深的设计调整。

13.2.9 地基系数 k 和 m 是根据地面处桩位移值为 6mm～10mm 时得出来的，试验资料证明，桩的变形和地基抗力不成线性关系，而是非线性的，变形愈大，地基系数愈小，所以当地面处桩的水平位移超过 10mm 时，常规地基系数便不能采用，必须进行折减，折减以后地基系数变小，得出桩的变形更大，形成恶性循环，故通常采用增加桩截面或加大埋深来防止地面处桩水平位移过大。

13.2.10 悬臂式桩板挡墙桩身内力最大部位一般位于锚固段，桩身裂缝对桩的承载力影响小，通常情况下不必进行桩身裂缝宽度验算。当支护结构所处环境为二 b 类环境及更差环境、坡顶边坡滑塌区有重要建筑时，应验算桩身裂缝宽度。

13.3 构 造 设 计

13.3.3、13.3.4 主要考虑到用于抗滑的桩桩身截面较大，多采用人工挖孔，为方便施工，不宜设置过多的箍筋肢数。

13.3.5 为使钢筋骨架有足够的刚度和便于人工作业，对纵向分布钢筋的最小直径作了一定限制，同时结合桩基受力特点，对纵向分布钢筋间距作了适当放松。

13.4 施 工

13.4.3 土石分界处及滑动面处往往属于受力最大部位，本条规定桩纵筋接头避开有利于保证桩身承载力的发挥。

14 坡 率 法

14.1 一 般 规 定

14.1.1 本规范的坡率法是指控制边坡高度和坡度、无需对边坡整体进行支护而自身稳定的一种人工放坡

设计方法。坡率法是一种比较经济、施工方便的边坡治理方法，对有条件的且地质条件不复杂的场地宜优先用坡率法。

14.1.2 本条规定对地质条件复杂、破坏后果很严重的边坡工程治理不应单独使用坡率法，单独采用坡率法时可靠性低，因此应与其他边坡支护方法联合使用，可采用坡率法（或边坡上段采用坡率法）提高边坡稳定性，降低边坡下滑力后再采用锚杆挡墙等支护结构，控制边坡的稳定，确保达到安全可靠的效果。

14.1.3 对于填方边坡可在填料中增加加筋材料提高边坡的稳定性或加大放坡的坡度以保证边坡的稳定性。

14.2 设 计 计 算

14.2.1～14.2.6 采用坡率法的边坡，原则上都应进行稳定性计算和评价，但对于工程地质及水文地质条件简单的土质边坡和整体无外倾结构面的岩质边坡，在有成熟的地区经验时，可参照地区经验或表 14.2.1 或表 14.2.2 确定放坡坡率。对于填土边坡由于所用土料及密实度要求可能有很大差别，不能一概而论，应根据实际情况按本规范第 5 章的有关规定通过稳定性计算确定边坡坡率；无经验时可按现行国家标准《建筑地基基础设计规范》GB 50007 的有关规定确定填土边坡的坡率允许值。

14.3 构 造 设 计

14.3.1～14.3.5 在坡高范围内，不同的岩土层，可采用不同的坡率放坡。边坡坡率设计应注意边坡环境的防护整治，边坡水系应因势利导保持畅通。考虑到边坡的永久性，坡面应采取保护措施，防止土体流失、岩层风化及环境恶化造成边坡稳定性降低。

15 坡面防护与绿化

由于人类对环境保护与景观的要求越来越高，在保证建筑边坡稳定与安全的基础上，逐步注重边坡工程的景观与绿化的设计和使用要求，为便于指导边坡工程的植物绿化（美化）工程的设计、施工等要求，这次修订新增一章"坡面防护与绿化"，以加强岩土工程环境保护，在工程实践中应不断补充、完善相关技术措施。

15.1 一 般 规 定

15.1.1 边坡整体稳定但其岩土体易风化、剥落或有浅层崩塌、滑落及掉块等影响边坡坡面的耐久性或正常使用，或可能威胁到人身和财产安全及边坡环境保护要求时，应进行坡面防护。

15.1.2 边坡防护工程只能在稳定边坡上设置。对于边坡稳定性不足和存在不良地质因素的坡段，应先采

用治理措施保证边坡整体安全性，再采取坡面防护措施，坡面防护措施应能保持自身稳定。

当边坡支护结构与坡面防护措施联合使用时，可统一进行计算。

15.1.3 坡面防护工程一般分为工程防护和植物防护两大类。工程防护存在的主要问题是与周围环境不协调、景观效果差，在城市建筑边坡坡面防护中应尽量使景观设计和环境保护相结合，注意与周围自然环境和当地人文环境的融合，并结合边坡碎落台、平台上种植攀藤植物，如爬墙虎，或者采用客土喷播等岩面植生（植物防护与绿化）措施，以减少对周围环境的不利影响。

15.1.5 对于位于地下水和地面水较为丰富地段的边坡，其坡面防护效果的好坏直接与水的处理密切相关，应进行边坡坡面防护与排水措施的综合设计。

15.2 工 程 防 护

15.2.1 工程防护包括喷护、锚杆挂网喷浆、浆砌片石护坡、格构梁和护面墙等不同结构形式的工程防护。砌体防护用于边坡坡面防护时，应注意与边坡渗沟或仰斜排（泄）水孔等配合使用，防止边坡产生变形破坏。浆砌片石护坡高度较大时，应设置防滑耳墙，保证护坡砌体稳定。

15.2.2 护面墙主要是一种浆砌片石覆盖层，适用于防护易风化或风化严重的软质岩石或较破碎岩石挖方边坡，以及坡面易受侵蚀的土质边坡。护面墙除自重外，不承受其他荷重，亦不承受墙背土压力。护面墙高度一般不超过 10m，可以分级，中间设平台，墙背可设耳墙，纵向每隔 10m 宜设一条伸缩缝，墙身应预留泄水孔，基础要求稳固，顶部应封闭。墙基软弱地段，可用拱形结构跨过。坡面开挖后形成的凹陷，应以砌石填塞平整，称之为支补墙。

15.2.3、15.2.4 对坡面较陡或易风化的坡面，可以在喷浆或喷射混凝土前先铺设加筋材料，加筋材料可以用铁丝网或土工格栅，由短锚杆固定在边坡坡面上，此时常称为"挂网喷浆防护"或"挂网喷射混凝土防护"。

15.3 植物防护与绿化

15.3.1 植物防护形式较多，其中三维植被网以热塑树脂为原料，采用科学配方，经挤出、拉伸、焊接、收缩等工序而制成。其结构分为上下两层，下层为一个经双面拉伸的高模量基础层，强度足以防止植被网变形，上层由具有一定弹性的、规则的、凹凸不平的网包组成。由于网包的作用，能降低雨滴的冲蚀能量，并通过网包阻挡坡面雨水，同时网包能很好地固定充填物（土、营养土、草籽）不被雨水冲走，为植被生长创造良好条件。另外，三维网固定在坡面上，直接对坡面起固筋作用。当植物生长茂盛后，根系与

三维网盘错、连接、纠缠在一起，坡面和土相接，形成一个坚固的绿色复合保护整体，起到复合护坡的作用。

湿法喷播是一种以水为载体的机械化植被建植技术。它采用专门的设备（喷播机）施工。种子在较短时间内萌芽、生长成株、覆盖坡面，达到迅速绿化、稳固边坡之目的。

客土喷播是将客土（提供植物生育的基盘材料）、纤维（基盘辅助材料）、侵蚀防止剂、缓效肥料和种子按一定比例，加入专用设备中充分混合后，喷射到坡面，使植物获得必要的生长基础，达到快速绿化的目的。

15.3.2、15.3.3 浆砌片石（混凝土块）骨架植草防护适用于土质和强风化的岩石边坡，防止边坡受雨水侵蚀，避免土质坡面上产生沟槽。其形式多样，主要有拱形骨架、菱形（方格）骨架、人字形骨架、多边形混凝土空心块等。浆砌片石（混凝土块）骨架植草防护既稳定边坡，又能节省材料、造价较低、施工方便、造型美观，能与周围环境自然融合，值得广泛推广应用。

15.3.4 锚杆混凝土框架植草防护是近年来在总结了锚杆挂网喷浆（混凝土）防护的经验教训后发展起来的，它既保留了锚杆对风化破碎岩石边坡主动支护作用，防止岩石边坡经开挖卸荷和爆破松动而产生的局部楔形破坏，又吸收了浆砌片石（混凝土块）骨架植草防护的造型美观、便于绿化的优点。锚杆混凝土框架植草防护形式有多种组合：锚杆混凝土框架＋喷播植草、锚杆混凝土框架＋挂三维土工网＋喷播植草、锚杆混凝土框架＋土工格栅＋喷播植草、锚杆混凝土框架＋混凝土空心块＋喷播植草等。

坡面绿化与植物防护是一个统一体，是在两个不同视野上的不同体现。

坡面绿化与植物防护的唯一区别在于：前者注重美化边坡与景观作用，后者注重植物根系的固土作用，因而在植物种类的选择上有所区别。在建筑边坡中，经常是两者同时兼顾。因此，边坡绿化既可美化环境、涵养水源、防止水土流失和坡面滑动、净化空气，也可以对坡面起到防护作用。对于石质挖方边坡而言，边坡绿化的环保意义和对山地城市景观的改善尤其突出。

15.4 施 工

本部分内容主要参考了国家现行行业标准《公路路基施工技术规范》JTG F10、《铁路路基设计规范》TB 10001 和《铁路混凝土与砌体工程施工规范》TB 10210 等规范，并根据建筑边坡与公路和铁路边坡的不同之处进行了相应的调整。

16 边坡工程排水

由于边坡的稳定与安全和水的关系密切，为加强与指导边坡工程排水设计，本次修订在原规范的"3.5 排水措施"基础上，新增一章"边坡工程排水"以加强边坡工程排水措施，并应在工程实践中不断补充、完善相关技术措施。

16.1 一般规定

16.1.1~16.1.5 边坡坡面、地表的排水和地下排水与防渗措施宜统一考虑，使之形成相辅相成的排水、防渗体系。为了确保实践中排水措施的有效性，坡面排水设施需采取措施防止渗漏。

边坡排水中的部分内容（如渗沟、跌水、急流槽等），在建筑室内外排水专业设计中不会涉及，都是交由边坡工程师自己来设计，但在以往的边坡工程设计中没有得到足够重视，因此，在此次规范修订中予以补充。

16.2 坡面排水

16.2.1 坡面、地表的排水设施应结合地形和天然水系进行布设，并作好进出口的位置选择和处理，防止出现堵塞、溢流、渗漏、淤积、冲刷等现象。地表排水沟（管）排放的水流不得直接排入饮用水水源、养殖池等水源。

16.2.2 排水设施的几何尺寸应根据集水面积、降雨强度、历时、分区汇水面积、坡面径流量、坡体内渗出的水量等因素进行计算确定，并作好整体规划和布置。关于坡面排水设施几何尺寸确定，本规范未作详细规定，可参考现行国家标准《室外排水设计规范》GB 50014 等有关规定进行设计计算。

16.2.3 截水沟根据具体情况可设一道或数道。设置截水沟的作用是拦截来自边坡或山坡上方的地面水、保护边坡不受冲刷。截水沟的横断面尺寸需经流量计算确定（详见《公路排水设计规范》JTG/T D33）。为防止边坡的破坏，截水沟设置的位置和道数是十分重要的，应经过详细水文、地质、地形等调查后确定截水沟的位置。截水沟应采取有效的防渗措施，出水口应引伸到边坡范围以外，出口处设置消能设施，确保边坡的稳定性。

跌水和急流槽主要用于陡坡地段的坡面排水或者用在截、排水沟出水口处的坡面坡度大于10%、水头高差大于1m的地段，达到水流的消能和减缓流速的目的。跌水和急流槽的设计可参考现行行业标准《公路排水设计规范》JTG/T D33 的有关规定执行。

16.3 地下排水

16.3.1 设计前应收集既有的工程地下排水设施、边坡地质和水文地质等有关资料，应查明水文地质参数，作出地下水对边坡影响的评价，为地下排水设计提供可靠的依据。

16.3.2 仰斜式排水孔是排泄挖方边坡上地下水的有效措施，当坡面上有集中地下水时，采用仰斜式排水孔排泄，且成群布置，能取得较好的效果。当坡面上无集中地下水，但土质潮湿、含水量高，如高液限土、红黏土、膨胀土边坡，设置渗沟能有效排泄坡体中地下水，提高土体强度，增强边坡稳定性。在滑坡治理工程中也经常采用支撑渗沟与抗滑支挡结构联合治理滑坡。

16.3.3 渗沟根据使用部位、结构形式，可将渗沟分为填石渗沟、管式渗沟、边坡渗沟、无砂混凝土渗沟。

填石渗沟也称为盲沟，一般适用于地下水流量不大、渗沟不长的地段。填石渗沟较易淤塞。管式渗沟一般适用于地下水流量较大、引水较长的地段。条件允许时，应优先采用管式渗沟。随着我国建筑材料工业的发展，渗沟透水管和反滤层材料也有多种新材料可供选择。

边坡渗沟则主要用于疏干潮湿的土质边坡坡体和引排边坡上局部出露的上层滞水或泉水，坡面采用干砌片石覆盖，以确保边坡干燥、稳定。

用于渗沟的反滤土工布及防渗土工布（又称复合土工膜），设计时应根据水文地质条件、使用部位等可按现行国家标准 GB/T 17638~GB/T 17642 选用。防渗土工布也可采用喷涂热沥青的土工布。

无砂混凝土既可作为反滤层，也可作为渗沟，是近几年在交通行业地下排水设施中应用的新型排水设施，用无砂混凝土作为透水的井壁和沟壁以替代施工较复杂的反滤层和渗水孔设备，并可承受适当的荷载，具有透水性和过滤性好、施工简便、省料等优点，值得推广应用。预制无砂混凝土板块作为反滤层，用在卵砾石、粗中砂含水层中效果良好；如用于细颗粒土地层，应在无砂混凝土板块外侧铺设土工织物作反滤层，用以防止细颗粒土堵塞无砂混凝土块的孔隙。

一般情况下，渗沟每隔30m或在平面转弯、纵坡变坡点等处，宜设置检查、疏通井。检查井直径不宜小于1m，井内应设检查梯，井口应设井盖，当深度大于20m时，应增设护栏等安全设备。

填石渗沟最小纵坡不宜小于1.00%；无砂混凝土渗沟、管式渗沟最小纵坡不宜小于0.50%。渗沟出口段宜加大纵坡，出口处宜设置栅板或端墙，出水口应高出坡面排水沟槽常水位200mm以上。

16.3.4 仰斜式排水孔是采用小直径的排水管在边坡体内排除深层地下水的一种有效方法，它可以快速疏干地下水，提高岩土体抗剪强度，防止边坡失稳，并减少对岩（土）体的开挖，加快工程进度和降低造价，因而在国内外边坡工程中得到广泛的应用。近年来在广东、福建、四川等省取得了良好的应用效果，最长排水孔已达 50m。

仰斜式排水孔钻孔直径一般为 75mm～150mm，仰角不应小于 6°，长度应伸至地下水富集或潜在滑动面。孔内透水管直径一般为 50mm～100mm。透水管应外包 1 层～2 层渗水土工布，防止泥土将渗水孔堵塞，管体四周宜用透水土工布作反滤层。

16.4 施 工

本节内容主要参考了现行行业标准《公路路基施工技术规范》JTG F10、《公路排水设计规范》JTG/T D33 和《铁路混凝土与砌体工程施工规范》TB 10210 等的有关规定，并根据建筑边坡与公路及铁路边坡的不同之处进行了相应的补充完善、修改和删减。

17 工程滑坡防治

17.1 一般规定

17.1.1 本规范根据滑坡的诱发因素、滑体及滑动特征将滑坡分为工程滑坡和自然滑坡（含工程古滑坡）两大类，以此作为滑坡设计及计算的分类依据。对工程滑坡，规范推荐采用与边坡工程类同的设计计算方法及有关参数和安全度；对自然滑坡，则采用本章规定的与传统方法基本一致的方法。

滑坡根据运动方式、成因、稳定程度及规模等因素，还可分为推力式滑坡、牵引式滑坡、活滑坡、死滑坡和大中小型等滑坡。

17.1.2 对于潜在滑坡，其滑动面尚未全面贯通，岩土力学性能要优于滑坡产生后滑动面贯通的情况，因此事先对滑坡采取较简易的预防措施所费人力、物力要比滑坡产生后再设法整治的费用少得多，且可避免滑坡危害，这就是"以防为主，防治结合"的原则。

从某种意义上讲，无水不滑坡。因此治水是改善滑体土的物理力学性质的重要途径，是滑坡治本思想的体现，滑坡的防治一定要采取"坡水两治"的办法才能从根本上解决问题。

17.1.3 当滑坡体上有建（构）筑物，滑坡治理除必需保证滑体的承载能力极限状态功能外，还应避免因支护结构的变形或滑坡体的再压缩变形等造成危及重要建（构）筑物正常使用功能状况发生，并应从设计方案上采取相应处理措施。

17.1.5 本节将滑坡从发生到消亡分成五个阶段，各阶段滑带土的剪应力逐渐变化，抗剪强度从峰值逐渐变化到残余值，滑坡变形特征逐渐加剧，其稳定系数发生变化。通过现场调查，分析滑坡变形特征，可以明确滑坡所处阶段，对于滑带土抗剪强度的取值、滑

坡治理安全系数的取值、滑坡治理措施的选取，都有重要的意义。对于无主滑段、牵引段和抗滑段之分的滑坡，比如滑面为直线型的滑坡，一般发育迅速，其各阶段转化快，难以划分发育阶段，应根据各类滑坡的特性和变形状况区别对待。

17.2 工程滑坡防治

17.2.1 产生滑坡涉及的因素很多，应针对性地选择一种或多种有效措施，制定合理的方案。本条提出的一些治理措施是经过工程检验、得到广大工程技术人员认可的成功经验的总结。

1 排水：滑坡有"无水不滑"的特点，根据滑坡的地形、工程地质、水文地质、暴雨、洪水和防治方案等条件，采取有效的地表排水和地下排水措施，是滑坡治理的首选有力措施之一；

2 支挡：支挡结构是治理滑坡的常用措施，设计时结合滑坡的特性，按表 3.1.4 优化选择；

3 减载：刷方减载应在滑坡的主滑段实施，并应采取措施防止地面水浸入坡体内。严禁在滑坡的抗滑段减载和减载诱发次生地质灾害；

4 反压：当反压土体抗剪强度低或反压土体厚度受控制时，可以采用加筋土反压提高反压效果；应加强反压区地下水引排，严禁因反压堵塞地下水排泄通道，严禁在工程地质条件不明确或稳定性差的区域回填反压，应确保反压区地基的稳定性；

5 改良滑带：对滑带注浆条件和注浆效果较好的滑坡，可采用注浆法改善滑坡带的力学特性，注浆法宜与其他抗滑措施联合使用，改良范围应以因改良滑带后可能出现的新的滑移面最小稳定系数满足安全要求为准。严禁因注浆堵塞地下水排泄通道。

17.2.2 滑坡支挡设计是一种结构设计，应遵循的规定很多，本条仅对作用于支挡结构上的外力计算作了一些规定。

滑坡推力分布图形受滑体岩土性状、滑坡类型、支护结构刚度等因素影响较大，规范难以给出各类滑坡的分布图形。从工程实测统计分析来看有以下特点，当滑体为较完整的块石、碎石类土时呈三角形分布，当滑体为黏土时呈矩形分布，当为介于两者间的滑体时呈梯形分布。设计者应根据工程情况和地区经验等因素，确定较合理的分布图形。

17.2.3 本条说明见第 5 章相关规定。

17.3 施 工

17.3.1 滑坡是一种复杂的地质现象，由于种种原因人们对它的认识有局限性、时效性。因此根据施工现场的反馈信息采用动态设计和信息法施工是非常必要的；条文中提出的几点要求，也是工程经验教训的总结。

18 边坡工程施工

18.1 一般规定

18.1.1 地质环境条件复杂、稳定性差的边坡工程，其安全施工是建筑边坡工程成功的重要环节，也是边坡工程事故的多发阶段。施工方案应结合边坡的具体工程条件及设计基本原则，采取合理可行、行之有效的综合措施，在确保工程施工安全、质量可靠的前提下加快施工进度。

18.1.2 对土石方开挖后不稳定的边坡无序大开挖、大爆破造成事故的工程实例太多。采用"自上而下、分阶施工、跳槽开挖、及时支护"的逆作法或半逆作法施工是边坡施工成功经验的总结，应根据边坡的稳定条件选择安全的开挖施工方案。

18.2 施工组织设计

18.2.1 边坡工程施工组织设计是贯彻实施设计意图、执行规范、规程，确保工程进度、工期、工程质量，指导施工活动的主要技术文件，施工单位应认真编制，严格审查，实行多方会审制度。

18.3 信息法施工

18.3.1、18.3.2 信息法施工是将动态设计、施工、监测及信息反馈融为一体的现代化施工法。信息法施工是动态设计法的延伸，也是动态设计法的需要，是一种客观、求实的施工工作方法。地质情况复杂、稳定性差的边坡工程，施工期的稳定安全控制更为重要和困难。建立监控网和信息反馈可达到控制施工安全、完善设计，是边坡工程经验总结和发展起来的先进施工方法，应当给予大力推广。

信息法施工的基本原则应贯穿于施工组织设计和现场施工的全过程，使监控网、信息反馈系统与动态设计和施工活动有机结合在一起，不断将现场水文地质变化情况反馈到设计和施工单位，以调整设计与施工参数，指导设计与施工。

信息法施工可根据其特殊情况或设计要求，将监控网的监测范围延伸至相邻建（构）筑物或周边环境，及时反馈信息，以便对边坡工程的整体或局部稳定作出准确判断，必要时采取应急措施，保障施工质量和顺利施工。

18.4 爆破施工

18.4.1 边坡工程施工中常因爆破施工控制不当对边坡及邻近建（构）筑物产生震害，因此本条作为强制性条文必须严格执行，规定爆破施工时应采取严密的爆破施工方案及控制爆破等有效措施，爆破方案应经设计、监理和相关单位审查后执行，并应采取避免产生震害的工程措施。

18.4.3 周边建筑物密集或建（构）筑物对爆破震动敏感时，爆破前应对周边建（构）筑物原有变形、损伤、裂缝及安全状况等情况采用拍照、录像等方法作好详细勘查记录，有条件时应请有鉴定资质的单位作好事前鉴定，避免不必要的工程或法律纠纷，并设置相应的震动监测点和变形观测点加强震动和建（构）筑物变形的监测。

19 边坡工程监测、质量检验及验收

19.1 监 测

19.1.1 坡顶有重要建（构）筑物的一级边坡工程风险较高，破坏后果严重，因此规定坡顶有重要建（构）筑物的一级边坡工程施工时应进行监测，并明确了必须监测的项目，其他监测项目应根据建筑边坡工程施工的技术特点、难点和边坡环境，由设计单位确定。监测工作可为评估边坡工程安全状态、预防灾害的发生、避免产生不良社会影响以及为动态设计和信息法施工提供实测数据，故本条作为强制性条文应严格执行。

19.1.2 该条给出了边坡工程监测工作的组织和实施方法。为确保边坡工程监测工作顺利、有效和可靠地进行，应编制边坡工程监测方案，本条给出了边坡工程监测方案编制的基本要求。

19.1.3 边坡工程监测项目的确定可根据其地质环境、安全等级、边坡类型、支护结构类型和变形控制等条件，经综合分析后确定，当无相关地区经验时可按表19.1.3确定监测项目。

19.1.4 为做好边坡工程监测工作，本条给出了边坡工程监测工作的最低要求。

19.1.5 本条给出了地表位移监测的方法和监测精度的基本要求；无论采用何种检测手段，确保监测数据的有效性和可靠性是选择监测方法的前提条件。

19.1.6 本条明确规定应采取有效措施监测地表裂缝、位错的出现和变化，同时监测设备应满足监测精度要求。

19.1.7 边坡工程及支护结构变形值的大小与边坡高度、地质条件、水文条件、支护类型、坡顶荷载等多种因素有关，变形计算复杂且不成熟，国家现行有关标准均未提出较成熟的计算理论。因此，目前较准确地提出边坡工程变形预警值也是困难的，特别是对岩体或岩土体边坡工程变形控制标准更难提出统一的判定标准，工程实践中只能根据地区经验，采取工程类比的方法确定。本条给出了边坡工程施工过程中及监测期间应报警和采取相应的应急措施的几种情况，报警值的确定考虑了边坡类型、安全等级及被保护对象对变形的敏感程度等因素，变形控制比单纯的地基不均匀沉降要严。

19.1.8 对地质条件特别复杂的、采用新技术治理的一级边坡工程，由于缺少相关的实践经验和试验验证，为确保边坡工程安全和发展边坡工程监测理论及技术应建立有效的、可靠的监测系统获取该类边坡工程长期监测数据。

19.1.9 本条给出了边坡工程监测报告应涵盖的基本内容。

19.2 质量检验

19.2.1 本条给出了边坡支护结构的原材料质量检验的基本内容。

19.2.2 本条给出了锚杆质量的检验方法。

19.2.3 为确保灌注桩桩身质量符合规定的质量要求，应进行相应的检测工作，应根据工程实际情况采取有效、可靠的检验方法，真实反映灌注桩桩身质量；特别强调在特定条件下应采用声波透射法检验桩身完整性，对灌注桩桩身质量存在疑问时，可采用钻芯法进行复检。

19.2.4～19.2.6 给出了混凝土支护结构现场复检、喷射混凝土护壁厚度和强度的检验方法；从对已有边坡工程检测报告的调查发现，检测报告形式繁多，表达内容、方式各不相同，报告水平参差不齐现象十分严重，为此统一规定了边坡工程检测报告的基本要求。

19.3 验　收

19.3.1 本条规定了边坡工程验收前应获取的基本资料。

19.3.2 边坡工程属构筑物，工程验收应符合现行国家标准《建筑工程施工质量验收统一标准》GB 50300的有关规定。

中华人民共和国国家标准

工程结构可靠性设计统一标准

Unified standard for reliability design of
engineering structures

GB 50153—2008

主编部门：中华人民共和国住房和城乡建设部
批准部门：中华人民共和国住房和城乡建设部
施行日期：２００９年７月１日

中华人民共和国住房和城乡建设部
公　告

第 156 号

关于发布国家标准
《工程结构可靠性设计统一标准》的公告

现批准《工程结构可靠性设计统一标准》为国家标准，编号为 GB 50153—2008，自 2009 年 7 月 1 日起实施。其中，第 3.2.1、3.3.1 条为强制性条文，必须严格执行。原《工程结构可靠度设计统一标准》GB 50153—92 同时废止。

本标准由我部标准定额研究所组织中国建筑工业出版社出版发行。

中华人民共和国住房和城乡建设部
2008 年 11 月 12 日

前　　言

根据建设部《关于印发〈二○○二～二○○三年度工程建设国家标准制订、修订计划〉的通知》（建标［2003］102 号）的要求，中国建筑科学研究院会同有关单位共同对国家标准《工程结构可靠度设计统一标准》GB 50153—92 进行了全面修订。

本标准在修订过程中，积极借鉴了国际标准化组织 ISO 发布的国际标准《结构可靠性总原则》ISO 2394：1998 和欧洲标准化委员会 CEN 批准通过的欧洲规范《结构设计基础》EN 1990：2002，同时认真贯彻了从中国实际出发的方针，总结了我国大规模工程实践的经验，贯彻了可持续发展的指导原则。修订后的新标准比原标准在内容上有所扩展，涵盖了工程结构设计基础的基本内容，是一项工程结构设计的基础标准。

修订后的新标准对建筑工程、铁路工程、公路工程、港口工程、水利水电工程等土木工程各领域工程结构设计的共性问题，即工程结构设计的基本原则、基本要求和基本方法作出了统一规定，以使我国土木工程各领域之间在处理结构可靠性问题上具有统一性和协调性，并与国际接轨。本标准把土木工程各领域工程结构设计的共性要求列入了正文；而将专门领域的具体规定和对专门问题的规定列入了附录。主要内容包括：总则、术语、符号、基本规定、极限状态设计原则、结构上的作用和环境影响、材料和岩土的性能及几何参数、结构分析和试验辅助设计、分项系数设计方法等。

本标准以黑体字标志的条文为强制性条文，必须严格执行。

本标准由住房和城乡建设部负责对强制性条文的管理和解释，由中国建筑科学研究院负责具体技术内容的解释。为了提高本标准质量，请各单位在执行本标准的过程中，注意总结经验，积累资料，随时将有关的意见和建议寄给中国建筑科学研究院（地址：北京市北三环东路 30 号；邮政编码：100013），以供今后修订时参考。

本标准主编单位：中国建筑科学研究院

本标准参编单位：中国铁道科学研究院、铁道第三勘察设计院集团有限公司、中交公路规划设计院有限公司、中交水运规划设计院有限公司、水电水利规划设计总院、水利部水利水电规划设计总院、大连理工大学、西安建筑科技大学、上海交通大学、中国工程建设标准化协会

本标准主要起草人：袁振隆、史志华、李明顺、胡德炘、陈基发、李云贵、邸小坛、刘晓光、李铁夫、张玉玲、赵君黎、杜廷瑞、杨松泉、沈义生、周建平、雷兴顺、贡金鑫、姚继涛、鲍卫刚、姚明初、刘西拉、邵卓民、赵国藩

目　次

1 总则 ……………………………… 20—4
2 术语、符号 …………………………… 20—4
　2.1 术语 ………………………………… 20—4
　2.2 符号 ………………………………… 20—6
3 基本规定 ……………………………… 20—7
　3.1 基本要求 …………………………… 20—7
　3.2 安全等级和可靠度 ………………… 20—7
　3.3 设计使用年限和耐久性 …………… 20—7
　3.4 可靠性管理 ………………………… 20—8
4 极限状态设计原则 ……………… 20—8
　4.1 极限状态 …………………………… 20—8
　4.2 设计状况 …………………………… 20—8
　4.3 极限状态设计 ……………………… 20—8
5 结构上的作用和环境影响 …… 20—9
　5.1 一般规定 …………………………… 20—9
　5.2 结构上的作用 ……………………… 20—9
　5.3 环境影响 …………………………… 20—10
6 材料和岩土的性能及几何
　参数 …………………………………… 20—10
　6.1 材料和岩土的性能 ………………… 20—10
　6.2 几何参数 …………………………… 20—10
7 结构分析和试验辅助设计 …… 20—10
　7.1 一般规定 …………………………… 20—10
　7.2 结构模型 …………………………… 20—10
　7.3 作用模型 …………………………… 20—11
　7.4 分析方法 …………………………… 20—11
　7.5 试验辅助设计 ……………………… 20—11
8 分项系数设计方法 ……………… 20—11
　8.1 一般规定 …………………………… 20—11
　8.2 承载能力极限状态 ………………… 20—11
　8.3 正常使用极限状态 ………………… 20—13
附录A　各类工程结构的专门
　　　　规定 ………………………… 20—13
　A.1 房屋建筑结构的专门规定 ………… 20—13
　A.2 铁路桥涵结构的专门规定 ………… 20—14
　A.3 公路桥涵结构的专门规定 ………… 20—15

　A.4 港口工程结构的专门规定 ………… 20—16
附录B　质量管理 ………………… 20—18
　B.1 质量控制要求 ……………………… 20—18
　B.2 设计审查及施工检查 ……………… 20—19
附录C　作用举例及可变作用代
　　　　表值的确定原则 ………… 20—19
　C.1 作用举例 …………………………… 20—19
　C.2 可变作用代表值的确定原则 ……… 20—19
附录D　试验辅助设计 …………… 20—21
　D.1 一般规定 …………………………… 20—21
　D.2 试验结果的统计评估原则 ………… 20—21
　D.3 单项性能指标设计值的统
　　　计评估 …………………………… 20—21
附录E　结构可靠度分析基础和
　　　　可靠度设计方法 ………… 20—22
　E.1 一般规定 …………………………… 20—22
　E.2 结构可靠指标计算 ………………… 20—22
　E.3 结构可靠度校准 …………………… 20—23
　E.4 基于可靠指标的设计 ……………… 20—23
　E.5 分项系数的确定方法 ……………… 20—24
　E.6 组合值系数的确定方法 …………… 20—24
附录F　结构疲劳可靠性验算
　　　　方法 ………………………… 20—24
　F.1 一般规定 …………………………… 20—24
　F.2 疲劳作用 …………………………… 20—25
　F.3 疲劳抗力 …………………………… 20—25
　F.4 疲劳可靠性验算方法 ……………… 20—26
附录G　既有结构的可靠性评定 … 20—27
　G.1 一般规定 …………………………… 20—27
　G.2 安全性评定 ………………………… 20—27
　G.3 适用性评定 ………………………… 20—28
　G.4 耐久性评定 ………………………… 20—28
　G.5 抗灾害能力评定 …………………… 20—28
本标准用词说明 …………………… 20—29
附：条文说明 ……………………… 20—30

1 总 则

1.0.1 为统一房屋建筑、铁路、公路、港口、水利水电等各类工程结构设计的基本原则、基本要求和基本方法，使结构符合可持续发展的要求，并符合安全可靠、经济合理、技术先进、确保质量的要求，制定本标准。

1.0.2 本标准适用于整个结构、组成结构的构件以及地基基础的设计；适用于结构施工阶段和使用阶段的设计；适用于既有结构的可靠性评定。

1.0.3 工程结构设计宜采用以概率理论为基础、以分项系数表达的极限状态设计方法；当缺乏统计资料时，工程结构设计可根据可靠的工程经验或必要的试验研究进行，也可采用容许应力或单一安全系数等经验方法进行。

1.0.4 各类工程结构设计标准和其他相关标准应遵守本标准规定的基本准则，并应制定相应的具体规定。

1.0.5 工程结构设计除应遵守本标准的规定外，尚应遵守国家现行有关标准的规定。

2 术语、符号

2.1 术 语

2.1.1 结构 structure

能承受作用并具有适当刚度的由各连接部件有机组合而成的系统。

2.1.2 结构构件 structural member

结构在物理上可以区分出的部件。

2.1.3 结构体系 structural system

结构中的所有承重构件及其共同工作的方式。

2.1.4 结构模型 structural model

用于结构分析、设计等的理想化的结构体系。

2.1.5 设计使用年限 design working life

设计规定的结构或结构构件不需进行大修即可按预定目的使用的年限。

2.1.6 设计状况 design situations

代表一定时段内实际情况的一组设计条件，设计应做到在该组条件下结构不超越有关的极限状态。

2.1.7 持久设计状况 persistent design situation

在结构使用过程中一定出现，且持续期很长的设计状况，其持续期一般与设计使用年限为同一数量级。

2.1.8 短暂设计状况 transient design situation

在结构施工和使用过程中出现概率较大，而与设计使用年限相比，其持续期很短的设计状况。

2.1.9 偶然设计状况 accidental design situation

在结构使用过程中出现概率很小，且持续期很短的设计状况。

2.1.10 地震设计状况 seismic design situation

结构遭受地震时的设计状况。

2.1.11 荷载布置 load arrangement

在结构设计中，对自由作用的位置、大小和方向的合理确定。

2.1.12 荷载工况 load case

为特定的验证目的，一组同时考虑的固定可变作用、永久作用、自由作用的某种相容的荷载布置以及变形和几何偏差。

2.1.13 极限状态 limit states

整个结构或结构的一部分超过某一特定状态就不能满足设计规定的某一功能要求，此特定状态为该功能的极限状态。

2.1.14 承载能力极限状态 ultimate limit states

对应于结构或结构构件达到最大承载力或不适于继续承载的变形的状态。

2.1.15 正常使用极限状态 serviceability limit states

对应于结构或结构构件达到正常使用或耐久性能的某项规定限值的状态。

2.1.16 不可逆正常使用极限状态 irreversible serviceability limit states

当产生超越正常使用极限状态的作用卸除后，该作用产生的超越状态不可恢复的正常使用极限状态。

2.1.17 可逆正常使用极限状态 reversible serviceability limit states

当产生超越正常使用极限状态的作用卸除后，该作用产生的超越状态可以恢复的正常使用极限状态。

2.1.18 抗力 resistance

结构或结构构件承受作用效应的能力。

2.1.19 结构的整体稳固性 structural integrity（structural robustness）

当发生火灾、爆炸、撞击或人为错误等偶然事件时，结构整体能保持稳固且不出现与起因不相称的破坏后果的能力。

2.1.20 连续倒塌 progressive collapse

初始的局部破坏，从构件到构件扩展，最终导致整个结构倒塌或与起因不相称的一部分结构倒塌。

2.1.21 可靠性 reliability

结构在规定的时间内，在规定的条件下，完成预定功能的能力。

2.1.22 可靠度 degree of reliability（reliability）

结构在规定的时间内，在规定的条件下，完成预定功能的概率。

2.1.23 失效概率 p_f probability of failure p_f

结构不能完成预定功能的概率。

2.1.24 可靠指标 β reliability index β

度量结构可靠度的数值指标，可靠指标 β 与失效概率 p_f 的关系为 $\beta = -\Phi^{-1}(p_f)$，其中 $\Phi^{-1}(\cdot)$ 为标准正态分布函数的反函数。

2.1.25 基本变量 basic variable

代表物理量的一组规定的变量，用于表示作用和环境影响、材料和岩土的性能以及几何参数的特征。

2.1.26 功能函数 performance function

关于基本变量的函数，该函数表征一种结构功能。

2.1.27 概率分布 probability distribution

随机变量取值的统计规律，一般采用概率密度函数或概率分布函数表示。

2.1.28 统计参数 statistical parameter

在概率分布中用来表示随机变量取值的平均水平和离散程度的数字特征。

2.1.29 分位值 fractile

与随机变量概率分布函数的某一概率相应的值。

2.1.30 名义值 nominal value

用非统计方法确定的值。

2.1.31 极限状态法 limit state method

不使结构超越某种规定的极限状态的设计方法。

2.1.32 容许应力法 permissible (allowable) stress method

使结构或地基在作用标准值下产生的应力不超过规定的容许应力（材料或岩土强度标准值除以某一安全系数）的设计方法。

2.1.33 单一安全系数法 single safety factor method

使结构或地基的抗力标准值与作用标准值的效应之比不低于某一规定安全系数的设计方法。

2.1.34 作用 action

施加在结构上的集中力或分布力（直接作用，也称为荷载）和引起结构外加变形或约束变形的原因（间接作用）。

2.1.35 作用效应 effect of action

由作用引起的结构或结构构件的反应。

2.1.36 单个作用 single action

可认为与结构上的任何其他作用之间在时间和空间上为统计独立的作用。

2.1.37 永久作用 permanent action

在设计所考虑的时期内始终存在且其量值变化与平均值相比可以忽略不计的作用，或其变化是单调的并趋于某个限值的作用。

2.1.38 可变作用 variable action

在设计使用年限内其量值随时间变化，且其变化与平均值相比不可忽略不计的作用。

2.1.39 偶然作用 accidental action

在设计使用年限内不一定出现，而一旦出现其量值很大，且持续期很短的作用。

2.1.40 地震作用 seismic action

地震对结构所产生的作用。

2.1.41 土工作用 geotechnical action

由岩土、填方或地下水传递到结构上的作用。

2.1.42 固定作用 fixed action

在结构上具有固定空间分布的作用。当固定作用在结构某一点上的大小和方向确定后，该作用在整个结构上的作用即得以确定。

2.1.43 自由作用 free action

在结构上给定的范围内具有任意空间分布的作用。

2.1.44 静态作用 static action

使结构产生的加速度可以忽略不计的作用。

2.1.45 动态作用 dynamic action

使结构产生的加速度不可忽略不计的作用。

2.1.46 有界作用 bounded action

具有不能被超越的且可确切或近似掌握其界限值的作用。

2.1.47 无界作用 unbounded action

没有明确界限值的作用。

2.1.48 作用的标准值 characteristic value of an action

作用的主要代表值，可根据对观测数据的统计、作用的自然界限或工程经验确定。

2.1.49 设计基准期 design reference period

为确定可变作用等的取值而选用的时间参数。

2.1.50 可变作用的组合值 combination value of a variable action

使组合后的作用效应的超越概率与该作用单独出现时其标准值作用效应的超越概率趋于一致的作用值；或组合后使结构具有规定可靠指标的作用值。可通过组合值系数（$\psi_c \leqslant 1$）对作用标准值的折减来表示。

2.1.51 可变作用的频遇值 frequent value of a variable action

在设计基准期内被超越的总时间占设计基准期的比率较小的作用值；或被超越的频率限制在规定频率内的作用值。可通过频遇值系数（$\psi_f \leqslant 1$）对作用标准值的折减来表示。

2.1.52 可变作用的准永久值 quasi-permanent value of a variable action

在设计基准期内被超越的总时间占设计基准期的比率较大的作用值。可通过准永久值系数（$\psi_q \leqslant 1$）对作用标准值的折减来表示。

2.1.53 可变作用的伴随值 accompanying value of a variable action

在作用组合中，伴随主导作用的可变作用值。可变作用的伴随值可以是组合值、频遇值或准永久值。

2.1.54 作用的代表值 representative value of an action

极限状态设计所采用的作用值。它可以是作用的标准值或可变作用的伴随值。

2.1.55 作用的设计值 design value of an action

作用的代表值与作用分项系数的乘积。

2.1.56 作用组合（荷载组合） combination of actions（load combination）

在不同作用的同时影响下，为验证某一极限状态的结构可靠度而采用的一组作用设计值。

2.1.57 环境影响 environmental influence

环境对结构产生的各种机械的、物理的、化学的或生物的不利影响。环境影响会引起结构材料性能的劣化，降低结构的安全性或适用性，影响结构的耐久性。

2.1.58 材料性能的标准值 characteristic value of a material property

符合规定质量的材料性能概率分布的某一分位值或材料性能的名义值。

2.1.59 材料性能的设计值 design value of a material property

材料性能的标准值除以材料性能分项系数所得的值。

2.1.60 几何参数的标准值 characteristic value of a geometrical parameter

设计规定的几何参数公称值或几何参数概率分布的某一分位值。

2.1.61 几何参数的设计值 design value of a geometrical parameter

几何参数的标准值增加或减少一个几何参数的附加量所得的值。

2.1.62 结构分析 structural analysis

确定结构上作用效应的过程。

2.1.63 一阶线弹性分析 first order linear-elastic analysis

基于线性应力—应变或弯矩—曲率关系，采用弹性理论分析方法对初始结构几何形体进行的结构分析。

2.1.64 二阶线弹性分析 second order linear-elastic analysis

基于线性应力—应变或弯矩—曲率关系，采用弹性理论分析方法对已变形结构几何形体进行的结构分析。

2.1.65 有重分布的一阶或二阶线弹性分析 first order（or second order）linear-elastic analysis with redistribution

结构设计中对内力进行调整的一阶或二阶线弹性分析，与给定的外部作用协调，不做明确的转动能力计算的结构分析。

2.1.66 一阶非线性分析 first order non-linear analysis

基于材料非线性变形特性对初始结构的几何形体进行的结构分析。

2.1.67 二阶非线性分析 second order non-linear analysis

基于材料非线性变形特性对已变形结构几何形体进行的结构分析。

2.1.68 弹塑性分析（一阶或二阶）elasto-plastic analysis（first or second order）

基于线弹性阶段和随后的无硬化阶段构成的弯矩-曲率关系的结构分析。

2.1.69 刚性-塑性分析 rigid plastic analysis

假定弯矩-曲率关系为无弹性变形和无硬化阶段，采用极限分析理论对初始结构的几何形体进行的直接确定其极限承载力的结构分析。

2.1.70 既有结构 existing structure

已经存在的各类工程结构。

2.1.71 评估使用年限 assessed working life

可靠性评定所预估的既有结构在规定条件下的使用年限。

2.1.72 荷载检验 load testing

通过施加荷载评定结构或结构构件的性能或预测其承载力的试验。

2.2 符 号

2.2.1 大写拉丁字母的符号：

A_{Ek} ——地震作用的标准值；

A_d ——偶然作用的设计值；

C ——设计对变形、裂缝等规定的相应限值；

F_d ——作用的设计值；

F_r ——作用的代表值；

G_k ——永久作用的标准值；

P ——预应力作用的有关代表值；

Q_k ——可变作用的标准值；

R ——结构或结构构件的抗力；

R_d ——结构或结构构件抗力的设计值；

S ——结构或结构构件的作用效应；

$S_{A_{Ek}}$ ——地震作用标准值的效应；

S_{A_d} ——偶然作用设计值的效应；

S_d ——作用组合的效应设计值；

$S_{d.dst}$ ——不平衡作用效应的设计值；

$S_{d.stb}$ ——平衡作用效应的设计值；

S_{G_k} ——永久作用标准值的效应；

S_P ——预应力作用有关代表值的效应；

S_{Q_k} ——可变作用标准值的效应；

T ——设计基准期；

X ——基本变量。

2.2.2 小写拉丁字母的符号：

a ——几何参数；

a_d ——几何参数的设计值；

a_k ——几何参数的标准值；

f_d ——材料性能的设计值；

f_k ——材料性能的标准值；

p_f ——结构构件失效概率的运算值。

2.2.3 大写希腊字母的符号：

Δ_a ——几何参数的附加量。

2.2.4 小写希腊字母的符号：

β ——结构构件的可靠指标；

γ_0 ——结构重要性系数；

γ_I ——地震作用重要性系数；

γ_F ——作用的分项系数；

γ_G ——永久作用的分项系数；

γ_L ——考虑结构设计使用年限的荷载调整系数；

γ_M ——材料性能的分项系数；

γ_Q ——可变作用的分项系数；

γ_P ——预应力作用的分项系数；

ψ_c ——作用的组合值系数；

ψ_f ——作用的频遇值系数；

ψ_q ——作用的准永久值系数。

3 基 本 规 定

3.1 基 本 要 求

3.1.1 结构的设计、施工和维护应使结构在规定的设计使用年限内以适当的可靠度且经济的方式满足规定的各项功能要求。

3.1.2 结构应满足下列功能要求：

1 能承受在施工和使用期间可能出现的各种作用；

2 保持良好的使用性能；

3 具有足够的耐久性能；

4 当发生火灾时，在规定的时间内可保持足够的承载力；

5 当发生爆炸、撞击、人为错误等偶然事件时，结构能保持必需的整体稳固性，不出现与起因不相称的破坏后果，防止出现结构的连续倒塌。

注：1 对重要的结构，应采取必要的措施，防止出现结构的连续倒塌；对一般的结构，宜采取适当的措施，防止出现结构的连续倒塌。

2 对港口工程结构，"撞击"指非正常撞击。

3.1.3 结构设计时，应根据下列要求采取适当的措施，使结构不出现或少出现可能的损坏：

1 避免、消除或减少结构可能受到的危害；

2 采用对可能受到的危害反应不敏感的结构类型；

3 采用当单个构件或结构的有限部分被意外移除或结构出现可接受的局部损坏时，结构的其他部分仍能保存的结构类型；

4 不宜采用无破坏预兆的结构体系；

5 使结构具有整体稳固性。

3.1.4 宜采取下列措施满足对结构的基本要求：

1 采用适当的材料；

2 采用合理的设计和构造；

3 对结构的设计、制作、施工和使用等制定相应的控制措施。

3.2 安全等级和可靠度

3.2.1 工程结构设计时，应根据结构破坏可能产生的后果（危及人的生命、造成经济损失、对社会或环境产生影响等）的严重性，采用不同的安全等级。工程结构安全等级的划分应符合表3.2.1的规定。

表 3.2.1 工程结构的安全等级

安全等级	破坏后果
一级	很严重
二级	严 重
三级	不严重

注：对重要的结构，其安全等级应取为一级；对一般的结构，其安全等级宜取为二级；对次要的结构，其安全等级可取为三级。

3.2.2 工程结构中各类结构构件的安全等级，宜与结构的安全等级相同，对其中部分结构构件的安全等级可进行调整，但不得低于三级。

3.2.3 可靠度水平的设置应根据结构构件的安全等级、失效模式和经济因素等确定。对结构的安全性和适用性可采用不同的可靠度水平。

3.2.4 当有充分的统计数据时，结构构件的可靠度宜采用可靠指标 β 度量。结构构件设计时采用的可靠指标，可根据对现有结构构件的可靠度分析，并结合使用经验和经济因素等确定。

3.2.5 各类结构构件的安全等级每相差一级，其可靠指标的取值宜相差0.5。

3.3 设计使用年限和耐久性

3.3.1 工程结构设计时，应规定结构的设计使用年限。

3.3.2 房屋建筑结构、铁路桥涵结构、公路桥涵结构和港口工程结构的设计使用年限应符合附录A的规定。

注：1 其他工程结构的设计使用年限应符合国家现行标准的有关规定；

2 特殊工程结构的设计使用年限可另行规定。

3.3.3 工程结构设计时应对环境影响进行评估，当结构所处的环境对其耐久性有较大影响时，应根据不同的环境类别采用相应的结构材料、设计构造、防护措施、施工质量要求等，并应制定结构在使用期间的定期检修和维护制度，使结构在设计使用年限内不致因材料的劣化而影响其安全或正常使用。

3.3.4 环境对结构耐久性的影响，可根据工程经验、试验研究、计算或综合分析等方法进行评估。

3.3.5 环境类别的划分和相应的设计、施工、使用及维护的要求等，应遵守国家现行有关标准的规定。

3.4 可靠性管理

3.4.1 为保证工程结构具有规定的可靠度，除应进行必要的设计计算外，还应对结构的材料性能、施工质量、使用和维护等进行相应的控制。控制的具体措施，应符合附录B和有关的勘察、设计、施工及维护等标准的专门规定。

3.4.2 工程结构的设计必须由具有相应资格的技术人员担任。

3.4.3 工程结构的设计应符合国家现行的有关荷载、抗震、地基基础和各种材料结构设计规范的规定。

3.4.4 工程结构的设计应对结构可能受到的偶然作用、环境影响等采取必要的防护措施。

3.4.5 对工程结构所采用的材料及施工、制作过程应进行质量控制，并按国家现行有关标准的规定进行竣工验收。

3.4.6 工程结构应按设计规定的用途使用，并应定期检查结构状况，进行必要的维护和维修；当需变更使用用途时，应进行设计复核和采取必要的安全措施。

4 极限状态设计原则

4.1 极 限 状 态

4.1.1 极限状态可分为承载能力极限状态和正常使用极限状态，并应符合下列要求：

1 承载能力极限状态

当结构或结构构件出现下列状态之一时，应认为超过了承载能力极限状态：

    1) 结构构件或连接因超过材料强度而破坏，或因过度变形而不适于继续承载；

    2) 整个结构或其一部分作为刚体失去平衡；

    3) 结构转变为机动体系；

    4) 结构或结构构件丧失稳定；

    5) 结构因局部破坏而发生连续倒塌；

    6) 地基丧失承载力而破坏；

    7) 结构或结构构件的疲劳破坏。

2 正常使用极限状态

当结构或结构构件出现下列状态之一时，应认为超过了正常使用极限状态：

    1) 影响正常使用或外观的变形；

    2) 影响正常使用或耐久性能的局部损坏；

    3) 影响正常使用的振动；

    4) 影响正常使用的其他特定状态。

4.1.2 对结构的各种极限状态，均应规定明确的标志或限值。

4.1.3 结构设计时应对结构的不同极限状态分别进行计算或验算；当某一极限状态的计算或验算起控制作用时，可仅对该极限状态进行计算或验算。

4.2 设 计 状 况

4.2.1 工程结构设计时应区分下列设计状况：

    1 持久设计状况，适用于结构使用时的正常情况；

    2 短暂设计状况，适用于结构出现的临时情况，包括结构施工和维修时的情况等；

    3 偶然设计状况，适用于结构出现的异常情况，包括结构遭受火灾、爆炸、撞击时的情况等；

    4 地震设计状况，适用于结构遭受地震时的情况，在抗震设防地区必须考虑地震设计状况。

4.2.2 工程结构设计时，对不同的设计状况，应采用相应的结构体系、可靠度水平、基本变量和作用组合等。

4.3 极限状态设计

4.3.1 对本章第4.2.1条规定的四种工程结构设计状况应分别进行下列极限状态设计：

    1 对四种设计状况，均应进行承载能力极限状态设计；

    2 对持久设计状况，尚应进行正常使用极限状态设计；

    3 对短暂设计状况和地震设计状况，可根据需要进行正常使用极限状态设计；

    4 对偶然设计状况，可不进行正常使用极限状态设计。

4.3.2 进行承载能力极限状态设计时，应根据不同的设计状况采用下列作用组合：

    1 基本组合，用于持久设计状况或短暂设计状况；

    2 偶然组合，用于偶然设计状况；

    3 地震组合，用于地震设计状况。

4.3.3 进行正常使用极限状态设计时，可采用下列作用组合：

    1 标准组合，宜用于不可逆正常使用极限状态设计；

    2 频遇组合，宜用于可逆正常使用极限状态设计；

    3 准永久组合，宜用于长期效应是决定性因素的正常使用极限状态设计。

4.3.4 对每一种作用组合，工程结构的设计均应采用其最不利的效应设计值进行。

4.3.5 结构的极限状态可采用下列极限状态方程描述：

$$g(X_1, X_2, \cdots, X_n) = 0 \qquad (4.3.5)$$

式中　　$g(\cdot)$——结构的功能函数；

$X_i (i = 1, 2, \cdots, n)$——基本变量，指结构上的各种作用和环境影响、材料和岩土的性能及几何参数等；在进行可靠度分析时，基本变量应作为随机变量。

4.3.6 结构按极限状态设计应符合下列要求：

$$g(X_1, X_2, \cdots, X_n) \geqslant 0 \qquad (4.3.6-1)$$

当采用结构的作用效应和结构的抗力作为综合基本变量时，结构按极限状态设计应符合下列要求：

$$R - S \geqslant 0 \qquad (4.3.6-2)$$

式中　　R——结构的抗力；

S——结构的作用效应。

4.3.7 结构构件的设计应以规定的可靠度满足本章第4.3.6条的要求。

4.3.8 结构构件宜根据规定的可靠指标，采用由作用的代表值、材料性能的标准值、几何参数的标准值和各相应的分项系数构成的极限状态设计表达式进行设计；有条件时也可根据附录E的规定直接采用基于可靠指标的方法进行设计。

5　结构上的作用和环境影响

5.1　一　般　规　定

5.1.1 工程结构设计时，应考虑结构上可能出现的各种作用（包括直接作用、间接作用）和环境影响。

5.2　结构上的作用

5.2.1 结构上的各种作用，当可认为在时间上和空间上相互独立时，则每一种作用可分别作为单个作用；当某些作用密切相关且有可能同时以最大值出现时，也可将这些作用一起作为单个作用。

5.2.2 同时施加在结构上的各单个作用对结构的共同影响，应通过作用组合（荷载组合）来考虑；对不可能同时出现的各种作用，不应考虑其组合。

5.2.3 结构上的作用可按下列性质分类：

　　1 按随时间的变化分类：

　　　　1）永久作用；

　　　　2）可变作用；

　　　　3）偶然作用。

　　2 按随空间的变化分类：

　　　　1）固定作用；

　　　　2）自由作用。

　　3 按结构的反应特点分类：

　　　　1）静态作用；

　　　　2）动态作用。

　　4 按有无限值分类：

　　　　1）有界作用；

　　　　2）无界作用。

　　5 其他分类。

5.2.4 结构上的作用随时间变化的规律，宜采用随机过程的概率模型来描述，但对不同的问题可采用不同的方法进行简化。

　　对永久作用，在结构可靠性设计中可采用随机变量的概率模型。

　　对可变作用，在作用组合中可采用简化的随机过程概率模型。在确定可变作用的代表值时可采用将设计基准期内最大值作为随机变量的概率模型。

5.2.5 当永久作用和可变作用作为随机变量时，其统计参数和概率分布类型，应以观测数据为基础，运用参数估计和概率分布的假设检验方法确定，检验的显著性水平可取0.05。

5.2.6 当有充分观测数据时，作用的标准值应按在设计基准期内最不利作用概率分布的某个统计特征值确定；当有条件时，可对各种作用统一规定该统计特征值的概率定义；当观测数据不充分时，作用的标准值也可根据工程经验通过分析判断确定；对有明确界限值的有界作用，作用的标准值应取其界限值。

　　注：可变作用的标准值可按本标准附录C规定的原则确定。

5.2.7 工程结构按不同极限状态设计时，在相应的作用组合中对可能同时出现的各种作用，应采用不同的作用代表值。对可变作用，其代表值包括标准值、组合值、频遇值和准永久值。组合值、频遇值和准永久值可通过对可变作用的标准值分别乘以不大于1的组合值系数 ψ_c、频遇值系数 ψ_f 和准永久值系数 ψ_q 等折减系数来表示。

　　注：可变作用的组合值、频遇值和准永久值可按本标准附录C规定的原则确定。

5.2.8 对偶然作用，应采用偶然作用的设计值。偶然作用的设计值应根据具体工程情况和偶然作用可能出现的最大值确定，也可根据有关标准的专门规定确定。

5.2.9 对地震作用，应采用地震作用的标准值。地震作用的标准值应根据地震作用的重现期确定。地震作用的重现期宜采用475年，也可根据具体工程情况采用其他地震作用的重现期。

5.2.10 当结构上的作用比较复杂且不能直接描述时，可根据作用形成的机理，建立适当的数学模型来表征作用的大小、位置、方向和持续期等性质。

　　结构上的作用 F 的大小一般可采用下列数学

模型：

$$F = \varphi(F_0, \omega) \qquad (5.2.10)$$

式中　$\varphi(\cdot)$——所采用的函数；

　　　F_0——基本作用，通常具有随时间和空间的变异性（随机的或非随机的），但一般与结构的性质无关；

　　　ω——用以将 F_0 转化为 F 的随机或非随机变量，它与结构的性质有关。

5.2.11 当结构的动态性能比较明显时，结构应采用动力模型描述。此时，结构的动力分析应考虑结构的刚度、阻尼以及结构上各部分质量的惯性。当结构容许简化分析时，可计算"准静态作用"响应，并乘以动力系数作为动态作用的响应。

5.2.12 对自由作用应考虑各种可能的荷载布置，并与固定作用等一起作为验证结构某特定极限状态的荷载工况。

5.3　环境影响

5.3.1 环境影响可分为永久影响、可变影响和偶然影响。

5.3.2 对结构的环境影响应进行定量描述；当没有条件进行定量描述时，也可通过环境对结构的影响程度的分级等方法进行定性描述，并在设计中采取相应的技术措施。

6　材料和岩土的性能及几何参数

6.1　材料和岩土的性能

6.1.1 材料和岩土的强度、弹性模量、变形模量、压缩模量、内摩擦角、黏聚力等物理力学性能，应根据有关的试验方法标准经试验确定。

6.1.2 材料性能宜采用随机变量概率模型描述。材料性能的各种统计参数和概率分布类型，应以试验数据为基础，运用参数估计和概率分布的假设检验方法确定。检验的显著性水平可取 0.05。

6.1.3 当利用标准试件的试验结果确定结构中实际的材料性能时，尚应考虑实际结构与标准试件、实际工作条件与标准试验条件的差别。结构中的材料性能与标准试件材料性能的关系，应根据相应的对比试验结果通过换算系数或函数来反映，或根据工程经验判断确定。结构中材料性能的不定性，应由标准试件材料性能的不定性和换算系数或函数的不定性两部分组成。

岩土性能指标和地基、桩基承载力等，应通过原位测试、室内试验等直接或间接的方法确定，并应考虑由于钻探取样的扰动、室内外试验条件与实际工程结构条件的差别以及所采用公式的误差等因素的影响。

6.1.4 材料强度的概率分布宜采用正态分布或对数正态分布。

材料强度的标准值可按其概率分布的 0.05 分位值确定。材料弹性模量、泊松比等物理性能的标准值可按其概率分布的 0.5 分位值确定。

当试验数据不充分时，材料性能的标准值可采用有关标准的规定值，也可根据工程经验，经分析判断确定。

6.1.5 岩土性能的标准值宜根据原位测试和室内试验的结果，按有关标准的规定确定。

当有条件时，岩土性能的标准值可按其概率分布的某个分位值确定。

6.2　几何参数

6.2.1 结构或结构构件的几何参数 a 宜采用随机变量概率模型描述。几何参数的各种统计参数和概率分布类型，应以正常生产情况下结构或结构构件几何尺寸的测试数据为基础，运用参数估计和概率分布的假设检验方法确定。

当测试数据不充分时，几何参数的统计参数可根据有关标准中规定的公差，经分析判断确定。

当几何参数的变异性对结构抗力及其他性能的影响很小时，几何参数可作为确定性变量。

6.2.2 几何参数的标准值可采用设计规定的公称值，或根据几何参数概率分布的某个分位值确定。

7　结构分析和试验辅助设计

7.1　一般规定

7.1.1 结构分析可采用计算、模型试验或原型试验等方法。

7.1.2 结构分析的精度，应能满足结构设计要求，必要时宜进行试验验证。

7.1.3 在结构分析中，宜考虑环境对材料、构件和结构性能的影响。

7.2　结构模型

7.2.1 结构分析采用的基本假定和计算模型应能合理描述所考虑的极限状态下的结构反应。

7.2.2 根据结构的具体情况，可采用一维、二维或三维的计算模型进行结构分析。

7.2.3 结构分析所采用的各种简化或近似假定，应具有理论或试验依据，或经工程验证可行。

7.2.4 当结构的变形可能使作用的影响显著增大时，应在结构分析中考虑结构变形的影响。

7.2.5 结构计算模型的不定性应在极限状态方程中采用一个或几个附加基本变量来考虑。附加基本变量的概率分布类型和统计参数，可通过按计算模型的计算结果与按精确方法的计算结果或实际的观测结果相比较，经统计分析确定，或根据工程经验判断确定。

7.3 作 用 模 型

7.3.1 对与时间无关的或不计累积效应的静力分析，可只考虑发生在设计基准期内作用的最大值和最小值；当动力性能起控制作用时，应有比较详细的过程描述。

7.3.2 在不能准确确定作用参数时，应对作用参数给出上下限范围，并进行比较以确定不利的作用效应。

7.3.3 当结构承受自由作用时，应根据每一自由作用可能出现的空间位置、大小和方向，分析确定对结构最不利的荷载布置。

7.3.4 当考虑地基与结构相互作用时，土工作用可采用适当的等效弹簧或阻尼器来模拟。

7.3.5 当动力作用可被认为是拟静力作用时，可通过把动力作用分析结果包括在静力作用中或对静力作用乘以等效动力放大系数等方法，来考虑动力作用效应。

7.3.6 当动力作用引起的振幅、速度、加速度使结构有可能超过正常使用极限状态的限值时，应根据实际情况对结构进行正常使用极限状态验算。

7.4 分 析 方 法

7.4.1 结构分析应根据结构类型、材料性能和受力特点等因素，采用线性、非线性或试验分析方法；当结构性能始终处于弹性状态时，可采用弹性理论进行结构分析，否则宜采用弹塑性理论进行结构分析。

7.4.2 当结构在达到极限状态前能够产生足够的塑性变形，且所承受的不是多次重复的作用时，可采用塑性理论进行结构分析；当结构的承载力由脆性破坏或稳定控制时，不应采用塑性理论进行分析。

7.4.3 当动力作用使结构产生较大加速度时，应对结构进行动力响应分析。

7.5 试验辅助设计

7.5.1 对某些没有适当分析模型的特殊情况，可进行试验辅助设计，其具体方法宜符合附录 D 的规定。

7.5.2 采用试验辅助设计的结构，应达到相关设计状况采用的可靠度水平，并应考虑试验结果的数量对相关参数统计不定性的影响。

8 分项系数设计方法

8.1 一 般 规 定

8.1.1 结构构件极限状态设计表达式中所包含的各种分项系数，宜根据有关基本变量的概率分布类型和

统计参数及规定的可靠指标，通过计算分析，并结合工程经验，经优化确定。

当缺乏统计数据时，可根据传统的或经验的设计方法，由有关标准规定各种分项系数。

8.1.2 基本变量的设计值可按下列规定确定：

1 作用的设计值 F_d 可按下式确定：

$$F_d = \gamma_F F_r \qquad (8.1.2\text{-}1)$$

式中 F_r ——作用的代表值；

γ_F ——作用的分项系数。

2 材料性能的设计值 f_d 可按下式确定：

$$f_d = \frac{f_k}{\gamma_M} \qquad (8.1.2\text{-}2)$$

式中 f_k ——材料性能的标准值；

γ_M ——材料性能的分项系数，其值按有关的结构设计标准的规定采用。

3 几何参数的设计值 a_d 可采用几何参数的标准值 a_k。当几何参数的变异性对结构性能有明显影响时，几何参数的设计值可按下式确定：

$$a_d = a_k \pm \Delta_a \qquad (8.1.2\text{-}3)$$

式中 Δ_a ——几何参数的附加量。

4 结构抗力的设计值 R_d 可按下式确定：

$$R_d = R(f_k / \gamma_M, a_d) \qquad (8.1.2\text{-}4)$$

注：根据需要，也可从材料性能的分项系数 γ_M 中将反映抗力模型不定性的系数 γ_{Rd} 分离出来。

8.2 承载能力极限状态

8.2.1 结构或结构构件按承载能力极限状态设计时，应考虑下列状态：

1 结构或结构构件（包括基础等）的破坏或过度变形，此时结构的材料强度起控制作用；

2 整个结构或其一部分作为刚体失去静力平衡，此时结构材料或地基的强度不起控制作用；

3 地基的破坏或过度变形，此时岩土的强度起控制作用；

4 结构或结构构件的疲劳破坏，此时结构的材料疲劳强度起控制作用。

8.2.2 结构或结构构件按承载能力极限状态设计时，应符合下列要求：

1 结构或结构构件（包括基础等）的破坏或过度变形的承载能力极限状态设计，应符合下式要求：

$$\gamma_0 S_d \leqslant R_d \qquad (8.2.2\text{-}1)$$

式中 γ_0 ——结构重要性系数，其值按附录 A 的有关规定采用；

S_d ——作用组合的效应（如轴力、弯矩或表示几个轴力、弯矩的向量）设计值；

R_d ——结构或结构构件的抗力设计值。

2 整个结构或其一部分作为刚体失去静力平衡的承载能力极限状态设计，应符合下式要求：

$$\gamma_0 S_{d,dst} \leqslant S_{d,stb} \qquad (8.2.2\text{-}2)$$

式中　$S_{d,dst}$——不平衡作用效应的设计值；

　　　　$S_{d,stb}$——平衡作用效应的设计值。

　　3　地基的破坏或过度变形的承载能力极限状态设计，可采用分项系数法进行，但其分项系数的取值与式（8.2.2-1）中所包含的分项系数的取值可有区别。

　　注：地基的破坏或过度变形的承载力设计，也可采用容许应力法等进行。

　　4　结构或结构构件的疲劳破坏的承载能力极限状态设计，可按附录 F 规定的方法进行。

8.2.3　承载能力极限状态设计表达式中的作用组合，应符合下列规定：

　　1　作用组合应为可能同时出现的作用的组合；

　　2　每个作用组合中应包括一个主导可变作用或一个偶然作用或一个地震作用；

　　3　当结构中永久作用位置的变异，对静力平衡或类似的极限状态设计结果很敏感时，该永久作用的有利部分和不利部分应分别作为单个作用；

　　4　当一种作用产生的几种效应非全相关时，对产生有利效应的作用，其分项系数的取值应予降低；

　　5　对不同的设计状况应采用不同的作用组合。

8.2.4　对持久设计状况和短暂设计状况，应采用作用的基本组合。

　　1　基本组合的效应设计值可按下式确定：

$$S_d = S\Big(\sum_{i \geqslant 1} \gamma_{G_i} G_{ik} + \gamma_P P + \gamma_{Q_1} \gamma_{L1} Q_{1k}$$
$$+ \sum_{j>1} \gamma_{Q_j} \psi_{cj} \gamma_{Lj} Q_{jk}\Big) \qquad (8.2.4\text{-}1)$$

式中　$S(\cdot)$——作用组合的效应函数；

　　　　G_{ik}——第 i 个永久作用的标准值；

　　　　P——预应力作用的有关代表值；

　　　　Q_{1k}——第 1 个可变作用（主导可变作用）的标准值；

　　　　Q_{jk}——第 j 个可变作用的标准值；

　　　　γ_{G_i}——第 i 个永久作用的分项系数，应按附录 A 的有关规定采用；

　　　　γ_P——预应力作用的分项系数，应按附录 A 的有关规定采用；

　　　　γ_{Q_1}——第 1 个可变作用（主导可变作用）的分项系数，应按附录 A 的有关规定采用；

　　　　γ_{Q_j}——第 j 个可变作用的分项系数，应按附录 A 的有关规定采用；

　　　　γ_{L1}、γ_{Lj}——第 1 个和第 j 个考虑结构设计使用年限的荷载调整系数，应按有关规定采用，对设计使用年限与设计基准期相同的结构，应取 γ_L $=1.0$；

　　　　ψ_{cj}——第 j 个可变作用的组合值系数，

应按有关规范的规定采用。

　　注：在作用组合的效应函数 $S(\cdot)$ 中，符号"$\sum$"和"$+$"均表示组合，即同时考虑所有作用对结构的共同影响，而不表示代数相加。

　　2　当作用与作用效应按线性关系考虑时，基本组合的效应设计值可按下式计算：

$$S_d = \sum_{i \geqslant 1} \gamma_{G_i} S_{G_{ik}} + \gamma_P S_P + \gamma_{Q_1} \gamma_{L1} S_{Q_{1k}}$$
$$+ \sum_{j>1} \gamma_{Q_j} \psi_{cj} \gamma_{Lj} S_{Q_{jk}} \qquad (8.2.4\text{-}2)$$

式中　$S_{G_{ik}}$——第 i 个永久作用标准值的效应；

　　　　S_P——预应力作用有关代表值的效应；

　　　　$S_{Q_{1k}}$——第 1 个可变作用（主导可变作用）标准值的效应；

　　　　$S_{Q_{jk}}$——第 j 个可变作用标准值的效应。

　　注：1　对持久设计状况和短暂设计状况，也可根据需要分别给出作用组合的效应设计值；

　　　　2　可根据需要从作用的分项系数中将反映作用效应模型不定性的系数 γ_{Sd} 分离出来。

8.2.5　对偶然设计状况，应采用作用的偶然组合。

　　1　偶然组合的效应设计值可按下式确定：

$$S_d = S\Big[\sum_{i \geqslant 1} G_{ik} + P + A_d + (\psi_{f1} \text{ 或 } \psi_{q1}) Q_{1k}$$
$$+ \sum_{j>1} \psi_{qj} Q_{jk}\Big] \qquad (8.2.5\text{-}1)$$

式中　A_d——偶然作用的设计值；

　　　　ψ_{f1}——第 1 个可变作用的频遇值系数，应按有关规范的规定采用；

　　　　ψ_{q1}、ψ_{qj}——第 1 个和第 j 个可变作用的准永久值系数，应按有关规范的规定采用。

　　2　当作用与作用效应按线性关系考虑时，偶然组合的效应设计值可按下式计算：

$$S_d = \sum_{i \geqslant 1} S_{G_{ik}} + S_P + S_{A_d} + (\psi_{f1} \text{ 或 } \psi_{q1}) S_{Q_{1k}}$$
$$+ \sum_{j>1} \psi_{qj} S_{Q_{jk}} \qquad (8.2.5\text{-}2)$$

式中　S_{A_d}——偶然作用设计值的效应。

8.2.6　对地震设计状况，应采用作用的地震组合。

　　1　地震组合的效应设计值，宜根据重现期为 475 年的地震作用（基本烈度）确定，其效应设计值应符合下列规定：

　　　1)　地震组合的效应设计值宜按下式确定：

$$S_d = S\Big(\sum_{i \geqslant 1} G_{ik} + P + \gamma_I A_{Ek} + \sum_{j>1} \psi_{qj} Q_{jk}\Big)$$

$$(8.2.6\text{-}1)$$

式中　γ_I——地震作用重要性系数，应按有关的抗震设计规范的规定采用；

　　　　A_{Ek}——根据重现期为 475 年的地震作用（基本烈度）确定的地震作用的标准值。

　　　2)　当作用与作用效应按线性关系考虑时，地震组合效应设计值可按下式计算：

$$S_d = \sum_{i \geqslant 1} S_{G_{ik}} + S_P + \gamma_1 S_{A_{Ek}} + \sum_{j \geqslant 1} \psi_{qj} S_{Q_{jk}}$$

$$(8.2.6-2)$$

式中 $S_{A_{Ek}}$——地震作用标准值的效应。

注：当按线弹性分析计算地震作用效应时，应将计算结果除以结构性能系数以考虑结构延性的影响，结构性能系数按有关的抗震设计规范的规定采用。

2 地震组合的效应设计值，也可根据重现期大于或小于 475 年的地震作用确定，其效应设计值应符合有关的抗震设计规范的规定。

8.2.7 当永久作用效应或预应力作用效应对结构构件承载力起有利作用时，式（8.2.4）中永久作用分项系数 γ_G 和预应力作用分项系数 γ_P 的取值不应大于 1.0。

8.3 正常使用极限状态

8.3.1 结构或结构构件按正常使用极限状态设计时，应符合下式要求：

$$S_d \leqslant C \qquad (8.3.1)$$

式中 S_d——作用组合的效应（如变形、裂缝等）设计值；

C——设计对变形、裂缝等规定的相应限值，应按有关的结构设计规范的规定采用。

8.3.2 按正常使用极限状态设计时，可根据不同情况采用作用的标准组合、频遇组合或准永久组合。

1 标准组合

1）标准组合的效应设计值可按下式确定：

$$S_d = S\left(\sum_{i \geqslant 1} G_{ik} + P + Q_{1k} + \sum_{j > 1} \psi_{cj} Q_{jk} \right)$$

$$(8.3.2-1)$$

2）当作用与作用效应按线性关系考虑时，标准组合的效应设计值可按下式计算：

$$S_d = \sum_{i \geqslant 1} S_{G_{ik}} + S_P + S_{Q_{1k}} + \sum_{j > 1} \psi_{cj} S_{Q_{jk}}$$

$$(8.3.2-2)$$

2 频遇组合

1）频遇组合的效应设计值可按下式确定：

$$S_d = S\left(\sum_{i \geqslant 1} G_{ik} + P + \psi_{f1} Q_{1k} + \sum_{j > 1} \psi_{qj} Q_{jk} \right)$$

$$(8.3.2-3)$$

2）当作用与作用效应按线性关系考虑时，频遇组合的效应设计值可按下式计算：

$$S_d = \sum_{i \geqslant 1} S_{G_{ik}} + S_P + \psi_{f1} S_{Q_{1k}} + \sum_{j > 1} \psi_{qj} S_{Q_{jk}}$$

$$(8.3.2-4)$$

3 准永久组合

1）准永久组合的效应设计值可按下式确定：

$$S_d = S\left(\sum_{i \geqslant 1} G_{ik} + P + \sum_{j \geqslant 1} \psi_{qj} Q_{jk} \right)$$

$$(8.3.2-5)$$

2）当作用与作用效应按线性关系考虑时，准永久组合的效应设计值可按下式计算：

$$S_d = \sum_{i \geqslant 1} S_{G_{ik}} + S_P + \sum_{j \geqslant 1} \psi_{qj} S_{Q_{jk}} \quad (8.3.2-6)$$

注：标准组合宜用于不可逆正常使用极限状态；频遇组合宜用于可逆正常使用极限状态；准永久组合宜用在当长期效应是决定性因素时的正常使用极限状态。

8.3.3 对正常使用极限状态，材料性能的分项系数 γ_M，除各种材料的结构设计规范有专门规定外，应取为 1.0。

附录 A 各类工程结构的专门规定

A.1 房屋建筑结构的专门规定

A.1.1 房屋建筑结构的安全等级，应根据结构破坏可能产生后果的严重性按表 A.1.1 划分。

表 A.1.1 房屋建筑结构的安全等级

安全等级	破坏后果	示 例
一级	很严重：对人的生命、经济、社会或环境影响很大	大型的公共建筑等
二级	严重：对人的生命、经济、社会或环境影响较大	普通的住宅和办公楼等
三级	不严重：对人的生命、经济、社会或环境影响较小	小型的或临时性贮存建筑等

注：房屋建筑结构抗震设计中的甲类建筑和乙类建筑，其安全等级宜规定为一级；丙类建筑，其安全等级宜规定为二级；丁类建筑，其安全等级宜规定为三级。

A.1.2 房屋建筑结构的设计基准期为 50 年。

A.1.3 房屋建筑结构的设计使用年限，应按表 A.1.3 采用。

表 A.1.3 房屋建筑结构的设计使用年限

类别	设计使用年限（年）	示 例
1	5	临时性建筑结构
2	25	易于替换的结构构件
3	50	普通房屋和构筑物
4	100	标志性建筑和特别重要的建筑结构

A.1.4 房屋建筑结构构件持久设计状况承载能力极限状态设计的可靠指标，不应小于表A.1.4的规定。

表 A.1.4 房屋建筑结构构件的可靠指标 β

破坏类型	安全等级		
	一级	二级	三级
延性破坏	3.7	3.2	2.7
脆性破坏	4.2	3.7	3.2

A.1.5 房屋建筑结构构件持久设计状况正常使用极限状态设计的可靠指标，宜根据其可逆程度取 $0\sim1.5$。

A.1.6 在承载能力极限状态设计中，对持久设计状况和短暂设计状况，尚应符合下列要求：

1 作用组合的效应设计值应按式（8.2.4-1）及下式中最不利值确定：

$$S_d = S\left(\sum_{i \geq 1} \gamma_{G_i} G_{ik} + \gamma_P P + \gamma_L \sum_{j \geq 1} \gamma_{Q_j} \psi_{cj} Q_{jk} \right)$$

（A.1.6-1）

2 当作用与作用效应按线性关系考虑时，作用组合的效应设计值应按式（8.2.4-2）及下式中最不利值计算：

$$S_d = \sum_{i \geq 1} \gamma_{G_i} S_{G_{ik}} + \gamma_P S_P + \gamma_L \sum_{j \geq 1} \gamma_{Q_j} \psi_{cj} S_{Q_{jk}}$$

（A.1.6-2）

A.1.7 房屋建筑的结构重要性系数 γ_0，不应小于表A.1.7的规定。

表 A.1.7 房屋建筑的结构重要性系数 γ_0

结构重要性系数	对持久设计状况和短暂设计状况			对偶然设计状况和地震设计状况
	安全等级			
	一级	二级	三级	
γ_0	1.1	1.0	0.9	1.0

A.1.8 房屋建筑结构作用的分项系数，应按表A.1.8采用。

表 A.1.8 房屋建筑结构作用的分项系数

作用分项系数 \ 适用情况	当作用效应对承载力不利时		当作用效应对承载力有利时
	对式(8.2.4-1)和式(8.2.4-2)	对式(A.1.6-1)和式(A.1.6-2)	
γ_G	1.2	1.35	$\leqslant 1.0$
γ_P	1.2		1.0
γ_Q	1.4		0

A.1.9 房屋建筑考虑结构设计使用年限的荷载调整系数，应按表A.1.9采用。

表 A.1.9 房屋建筑考虑结构设计使用年限的荷载调整系数 γ_L

结构的设计使用年限（年）	γ_L
5	0.9
50	1.0
100	1.1

注：对设计使用年限为 25 年的结构构件，γ_L 应按各种材料结构设计规范的规定采用。

A.2 铁路桥涵结构的专门规定

A.2.1 铁路桥涵结构的安全等级为一级。

A.2.2 铁路桥涵结构的设计基准期为 100 年。

A.2.3 铁路桥涵结构的设计使用年限应为 100 年。

A.2.4 铁路桥涵结构承载能力极限状态设计，应采用作用的基本组合和偶然组合。

1 基本组合

1）基本组合的效应设计值应按下式确定：

$$S_d = \gamma_{Sd} S\left(\sum_{i \geq 1} \gamma_{G_i} G_{ik} + \gamma_{Q_1} Q_{1k} + \sum_{j > 1} \gamma_{Q_j} Q_{jk} \right)$$

（A.2.4-1）

式中 γ_{Sd} ——作用模型不定性系数，一般取为 1.0；

$S(\cdot)$ ——作用组合的效应函数，其中符号"$\sum$"和"$+$"表示组合；

G_{ik} ——第 i 个永久作用的标准值；

Q_{1k}、Q_{jk} ——第 1 个和第 j 个可变作用的标准值；

γ_{G_i} ——第 i 个永久作用的分项系数；

γ_{Q_1}、γ_{Q_j} ——承载能力极限状态设计第 1 个和第 j 个可变作用的组合分项系数。

2）当作用与作用效应按线性关系考虑时，基本组合的效应设计值应按下式计算：

$$S_d = \gamma_{Sd}\left(\sum_{i \geq 1} \gamma_{G_i} S_{G_{ik}} + \gamma_{Q_1} S_{Q_{1k}} + \sum_{j > 1} \gamma_{Q_j} S_{Q_{jk}} \right)$$

（A.2.4-2）

式中 $S_{G_{ik}}$ ——第 i 个永久作用标准值的效应；

$S_{Q_{1k}}$、$S_{Q_{jk}}$ ——第 1 个和第 j 个可变作用标准值的效应。

2 偶然组合

1）偶然组合的效应设计值可按下式确定：

$$S_d = S\left(\sum_{i \geq 1} G_{ik} + A_d + \sum_{j \geq 1} \gamma_{Q_j} Q_{jk} \right)$$

（A.2.4-3）

式中 A_d ——偶然作用的设计值。

2）当作用与作用效应按线性关系考虑时，偶然组合的效应设计值可按下式计算：

$$S_d = \sum_{i \geq 1} S_{G_{ik}} + S_{A_d} + \sum_{j \geq 1} \gamma_{Q_j} S_{Q_{jk}}$$

（A.2.4-4）

式中 S_{A_d}——偶然作用设计值的效应。

A.2.5 铁路桥涵结构正常使用极限状态设计，应采用作用的标准组合。

1 标准组合的效应设计值应按下式确定：

$$S_d = \gamma_{Sd} S\left(\sum_{i \geq 1} G_{ik} + Q_{1k} + \sum_{j > 1} \gamma_{Q_j} Q_{jk}\right)$$

(A.2.5-1)

式中 γ_{Q_j}——正常使用极限状态设计第 j 个可变作用的组合分项系数。

2 当作用与作用效应按线性关系考虑时，标准组合的效应设计值应按下式计算：

$$S_d = \gamma_{Sd}\left(\sum_{i \geq 1} S_{G_{ik}} + S_{Q_{1k}} + \sum_{j > 1} \gamma_{Q_j} S_{Q_{jk}}\right)$$

(A.2.5-2)

A.2.6 铁路桥涵结构正常使用极限状态的设计，应根据线路等级、桥梁类型制定以下各种限值：

1 桥跨结构在静活载作用下竖向挠度限值、梁端转角限值和竖向自振频率限值；

2 桥跨结构横向宽跨比限值、横向水平变位限值和桥梁整体横向振动频率限值；

3 对在列车运行速度不小于 200km/h 的线路上，桥梁结构尚应进行车桥耦合动力响应分析，列车运行应满足的安全性和舒适性限值；

4 钢筋混凝土和允许出现裂缝的部分预应力构件，在不同侵蚀性环境下的裂缝宽度限值；

5 混凝土受弯构件变形计算时应考虑刚度疲劳折减系数对构件计算刚度的影响。

A.2.7 铁路桥涵结构中承受列车活载反复应力的焊接或非焊接的受拉或拉压钢结构构件及混凝土受弯构件，应按下列要求进行疲劳承载力验算：

1 铁路桥涵结构的疲劳荷载可采用根据不同运量等级线路调查统计分析制定的典型疲劳列车及疲劳作用（应力）谱、标准荷载效应比谱；

2 铁路桥涵结构疲劳承载能力极限状态验算，宜采用等效等幅重复应力法。

A.3 公路桥涵结构的专门规定

A.3.1 公路桥涵结构的安全等级，应按表 A.3.1 的要求划分。

表 A.3.1 公路桥涵结构的安全等级

安全等级	类型	示例
一级	重要结构	特大桥、大桥、中桥、重要小桥
二级	一般结构	小桥、重要涵洞、重要挡土墙
三级	次要结构	涵洞、挡土墙、防撞护栏

A.3.2 公路桥涵结构的设计基准期为 100 年。

A.3.3 公路桥涵结构的设计使用年限，应按表 A.3.3 采用。

表 A.3.3 公路桥涵结构的设计使用年限

类别	设计使用年限（年）	示例
1	30	小桥、涵洞
2	50	中桥、重要小桥
3	100	特大桥、大桥、重要中桥

注：对有特殊要求结构的设计使用年限，可在上述规定基础上经技术经济论证后予以调整。

A.3.4 公路桥涵结构承载能力极限状态设计，对持久设计状况和短暂设计状况应采用作用的基本组合，对偶然设计状况应采用作用的偶然组合。

1 基本组合

1） 基本组合的效应设计值 S_d，可按下式确定：

$$S_d = S\left(\sum_{i \geq 1} \gamma_{G_i} G_{ik} + \gamma_{Q_1} \gamma_L Q_{1k} + \psi_c \gamma_L \sum_{j > 1} \gamma_{Q_j} Q_{jk}\right)$$

(A.3.4-1)

式中 $S(\cdot)$——作用组合的效应函数，其中符号"$\sum$"和"$+$"表示组合；

G_{ik}——第 i 个永久作用的标准值；

Q_{1k}——第 1 个可变作用（主导可变作用）的标准值；

Q_{jk}——第 j 个可变作用的标准值；

γ_{G_i}——第 i 个永久作用的分项系数，应按表 A.3.7 采用；

γ_{Q_1}——第 1 个可变作用（主导可变作用）的分项系数，应按有关的公路桥涵结构规范的规定采用；

γ_{Q_j}——第 j 个可变作用的分项系数，应按有关的公路桥涵结构规范的规定采用。

γ_L——考虑结构设计使用年限的荷载调整系数，应按有关的公路桥涵结构规范的规定采用；

ψ_c——可变作用的组合值系数，应按有关的公路桥涵结构规范的规定采用。

2） 当作用与作用效应按线性关系考虑时，基本组合的效应设计值 S_d，可按下式计算：

$$S_d = \sum_{i \geq 1} \gamma_{G_i} S_{G_{ik}} + \gamma_{Q_1} \gamma_L S_{Q_{1k}} + \psi_c \gamma_L \sum_{j > 1} \gamma_{Q_j} S_{Q_{jk}}$$

(A.3.4-2)

式中 $S_{G_{ik}}$——第 i 个永久作用标准值的效应；

$S_{Q_{1k}}$——第 1 个可变作用（主导可变作用）标准值的效应；

$S_{Q_{jk}}$——第 j 个可变作用标准值的效应。

2 偶然组合

1） 偶然组合的效应设计值 S_d，可按下式确定：

$$S_d = S\left(\sum_{i \geqslant 1} G_{ik} + A_d + (\psi_{f1} \text{ 或 } \psi_{q1})Q_{1k} + \sum_{j > 1} \psi_{qj}Q_{jk}\right)$$

(A. 3. 4-3)

式中　A_d ——偶然作用的设计值；

　　ψ_{f1} ——第 1 个可变作用的频遇值系数，应按
　　　　有关的公路桥涵结构规范的规定
　　　　采用；

　　ψ_{q1}、ψ_{qj} ——第 1 个和第 j 个可变作用的准永久值
　　　　系数，应按有关的公路桥涵结构规范
　　　　的规定采用。

　　2）当作用与作用效应按线性关系考虑时，
　　　　偶然组合的效应设计值可按下式计算：

$$S_d = \sum_{i \geqslant 1} S_{G_{ik}} + S_{A_d} + (\psi_{f1} \text{ 或 } \psi_{q1})S_{Q_{1k}} + \sum_{j > 1} \psi_{qj}S_{Q_{jk}}$$

(A. 3. 4-4)

式中　S_{A_d} ——偶然作用设计值的效应。

A. 3. 5 公路桥涵结构正常使用极限状态设计，应根据不同情况采用作用的标准组合、频遇组合或准永久组合。

1　标准组合

　　1）标准组合的效应设计值 S_d，可按下式确定：

$$S_d = S\left(\sum_{i \geqslant 1} G_{ik} + Q_{1k} + \psi_c \sum_{j > 1} Q_{jk}\right)$$

(A. 3. 5-1)

　　2）当作用与作用效应按线性关系考虑时，标准组合的效应设计值 S_d，可按下式计算：

$$S_d = \sum_{i \geqslant 1} S_{G_{ik}} + S_{Q_{1k}} + \psi_c \sum_{j > 1} S_{Q_{jk}}$$

(A. 3. 5-2)

2　频遇组合

　　1）频遇组合的效应设计值 S_d，可按下式确定：

$$S_d = S\left(\sum_{i \geqslant 1} G_{ik} + \psi_{f1}Q_{1k} + \sum_{j > 1} \psi_{qj}Q_{jk}\right)$$

(A. 3. 5-3)

　　2）当作用与作用效应按线性关系考虑时，频遇组合的效应设计值 S_d，应按下式计算：

$$S_d = \sum_{i \geqslant 1} S_{G_{ik}} + \psi_{f1}S_{Q_{1k}} + \sum_{j > 1} \psi_{qj}S_{Q_{jk}}$$

(A. 3. 5-4)

3　准永久组合

　　1）准永久组合的效应设计值 S_d，可按下式确定：

$$S_d = S\left(\sum_{i \geqslant 1} G_{ik} + \sum_{j > 1} \psi_{qj}Q_{jk}\right)$$ (A. 3. 5-5)

　　2）当作用与作用效应按线性关系考虑时，准永久组合的效应设计值 S_d，应按下式

计算：

$$S_d = \sum_{i \geqslant 1} S_{G_{ik}} + \sum_{j > 1} \psi_{qj}S_{Q_{jk}}$$ (A. 3. 5-6)

A. 3. 6 公路桥涵结构的结构重要性系数，不应小于表 A. 3. 6 的规定。

表 A. 3. 6　公路桥涵结构重要性系数 γ_0

安全等级	一级	二级	三级
结构重要性系数 γ_0	1.1	1.0	0.9

A. 3. 7 公路桥涵结构永久作用的分项系数，应按表 A. 3. 7 采用。

表 A. 3. 7　公路桥涵结构永久作用的分项系数 γ_G

编号	作用类别		当作用效应对结构的承载力不利时	当作用效应对结构的承载力有利时
1	混凝土和圬工结构重力（包括结构附加重力）		1.2	1.0
	钢结构重力（包括结构附加重力）		1.1～1.2	
2	预加力		1.2	
3	土的重力		1.2	
4	混凝土的收缩及徐变作用		1.0	
5	土侧压力		1.4	
6	水的浮力		1.0	
7	基础变位作用	混凝土和圬工结构	0.5	0.5
		钢结构	1.0	1.0

A. 4　港口工程结构的专门规定

A. 4. 1 港口工程结构的安全等级，应按表 A. 4. 1 的要求划分。

表 A. 4. 1　港口工程结构的安全等级

安全等级	失效后果	适用范围
一级	很严重	有特殊安全要求的结构
二级	严重	一般港口工程结构
三级	不严重	临时性港口工程结构

A. 4. 2 港口工程结构的设计基准期为 50 年。

A. 4. 3 港口工程结构的设计使用年限，应按表 A. 4. 3 采用。

表 A. 4. 3　设计使用年限分类

类别	设计使用年限（年）	示　例
1	5～10	临时性港口建筑物
2	50	永久性港口建筑物

A. 4. 4　港口工程结构持久设计状况承载能力极限状态设计的可靠指标，不宜小于表 A. 4. 4 的规定。

表 A. 4. 4　港口工程结构的可靠指标

结　　构	安 全 等 级		
	一级	二级	三级
一般港口工程结构	4.0	3.5	3.0

注：不包括土坡及地基稳定和防波堤结构。

A. 4. 5　对承载能力极限状态，应根据不同的设计状况采用作用的持久组合、短暂组合、偶然组合和地震组合进行设计。

　　1　持久组合

　　　　1）港口工程结构作用持久组合的效应设计值，宜按下式确定：

$$S_d = S\left(\sum_{i \geqslant 1} \gamma_{G_i} G_{ik} + \gamma_P P + \gamma_{Q_1} Q_{1k} + \sum_{j>1} \gamma_{Q_j} \psi_{cj} Q_{jk}\right)$$

（A. 4. 5-1）

式中　$S(\cdot)$——作用组合的效应函数，其中符号"$\sum$"和"$+$"表示组合；

　　　　G_{ik}——第 i 个永久作用的标准值；

　　　　P——预应力的代表值；

　　　　Q_{1k}、Q_{jk}——第 1 个和第 j 个可变作用的标准值；

　　　　γ_{G_i}——第 i 个永久作用的分项系数，可按表 A. 4. 12 取值；

　　　　γ_P——预应力的分项系数；

　　　　γ_{Q_1}、γ_{Q_j}——第 1 个和第 j 个可变作用分项系数，可按表 A. 4. 12 取值；

　　　　ψ_{cj}——可变作用的组合值系数，可取 0.7；对经常以界限值出现的有界作用，可取 1.0。

　　　　2）当作用与作用效应按线性关系考虑时，作用持久组合的效应设计值可按下式计算：

$$S_d = \sum_{i \geqslant 1} \gamma_{G_i} S_{G_{ik}} + \gamma_P S_P + \gamma_{Q_1} S_{Q_{1k}} + \sum_{j>1} \gamma_{Q_j} \psi_{cj} S_{Q_{jk}}$$

（A. 4. 5-2）

　　　　3）对某些情况，作用持久组合的效应设计值，亦可按下式确定：

$$S_d = \gamma_F S\left(\sum_{i \geqslant 1} G_{ik} + \sum_{j \geqslant 1} Q_{jk}\right)$$ （A. 4. 5-3）

式中　γ_F——作用综合分项系数，由各有关设计规

范中给出。

　　2　短暂组合

　　　　1）港口工程结构作用短暂组合的效应设计值，宜按下式确定：

$$S_d = S\left(\sum_{i \geqslant 1} \gamma_{G_i} G_{ik} + \gamma_P P + \sum_{j \geqslant 1} \gamma_{Q_j} Q_{jk}\right)$$

（A. 4. 5-4）

　　　　2）当作用与作用效应按线性关系考虑时，可按下式计算：

$$S_d = \sum_{i \geqslant 1} \gamma_{G_i} S_{G_{ik}} + \gamma_P S_P + \sum_{j \geqslant 1} \gamma_{Q_j} S_{Q_{jk}}$$

（A. 4. 5-5）

式中　γ_{Q_j}——第 j 个可变作用分项系数，可按表 A. 4. 12 中所列数值减小 0.1 采用。

　　　　3）对某些情况，作用短暂组合的效应设计值，亦可按式（A. 4. 5-3）确定。

　　3　偶然组合

　　偶然组合应符合下列要求：

　　　　1）偶然作用的分项系数为 1.0；

　　　　2）与偶然作用同时出现的可变作用取标准值。

　　4　地震组合

　　地震组合应符合下列要求：

　　　　1）地震作用代表值的分项系数为 1.0；

　　　　2）具体的设计表达式及各种系数，应按国家现行有关标准的规定采用。

A. 4. 6　对持久设计状况正常使用极限状态，根据不同的设计要求，可分别采用作用的标准组合、频遇组合和准永久组合进行设计，使变形、裂缝等作用效应的设计值符合式（8.3.1）的规定。

　　1　标准组合

　　　　1）标准组合的效应设计值，可按下式确定：

$$S_d = S\left(\sum_{i \geqslant 1} G_{ik} + P + Q_{1k} + \sum_{j>1} \psi_{cj} Q_{jk}\right)$$

（A. 4. 6-1）

　　　　2）当作用与作用效应按线性关系考虑时，标准组合的效应设计值，可按下式计算：

$$S_d = \sum_{i \geqslant 1} S_{G_{ik}} + S_P + S_{Q_{1k}} + \sum_{j>1} \psi_{cj} S_{Q_{jk}}$$

（A. 4. 6-2）

　　2　频遇组合

　　　　1）频遇组合的效应设计值，可按下式确定：

$$S_d = S\left(\sum_{i \geqslant 1} G_{ik} + P + \psi_f Q_{1k} + \sum_{j>1} \psi_{qj} Q_{jk}\right)$$

（A. 4. 6-3）

　　　　2）当作用与作用效应按线性关系考虑时，频遇组合的效应设计值，可按下式计算：

$$S_d = \sum_{i \geqslant 1} S_{G_{ik}} + S_P + \psi_f S_{Q_{1k}} + \sum_{j>1} \psi_{cj} S_{Q_{jk}}$$

$$(A.4.6-4)$$

3 准永久组合

    1) 准永久组合的效应设计值，可按下式确定：

$$S_d = S\left(\sum_{i \geqslant 1} G_{ik} + P + \sum_{j \geqslant 1} \psi_{tj} Q_{jk}\right)$$

$$(A.4.6-5)$$

    2) 当作用与作用效应按线性关系考虑时，准永久组合的效应设计值，可按下式计算：

$$S_d = \sum_{i \geqslant 1} S_{G_{ik}} + S_P + \sum_{j \geqslant 1} \psi_{tj} S_{Q_{jk}}$$

$$(A.4.6-6)$$

式中 ψ_{cj}、ψ_f、ψ_{tj}——可变作用的组合值系数、频遇值系数和准永久值系数。

A.4.7 承载能力极限状态的作用组合，对海港工程计算水位应按下列规定确定：

    1 持久组合：对设计高水位、设计低水位、极端高水位和极端低水位以及设计高水位与设计低水位之间的某一不利水位，及与地下水位相结合分别进行计算；

    2 短暂组合：对设计高水位和设计低水位以及设计高水位与设计低水位之间的某一不利水位，及与地下水位相结合分别进行计算。

A.4.8 承载能力极限状态的作用组合，对河港工程计算水位应按下列规定确定：

    1 持久组合：对设计高水位、设计低水位及与地下水位相组合的某一不利水位分别进行计算；

    2 短暂组合：对设计高水位和设计低水位分别进行计算，施工期间可按某一不利水位进行设计。

A.4.9 承载能力极限状态的地震组合，计算水位应符合国家现行有关标准的规定。

A.4.10 正常使用极限状态设计采用的作用组合可不考虑极端水位。

A.4.11 港口工程结构重要性系数，应按表 A.4.11 采用。

表 A.4.11 港口工程结构重要性系数

安全等级	一级	二级	三级
结构重要性系数 γ_0	1.1	1.0	0.9

注：1 安全等级为一级的港口工程结构，当对安全有特殊要求时，γ_0 可适当提高；

    2 自然条件复杂、维护有困难时，γ_0 可适当提高。

A.4.12 承载能力极限状态持久组合的作用分项系数，应按表 A.4.12 采用。

表 A.4.12 作用分项系数

荷载名称	分项系数	荷载名称	分项系数
永久荷载（不包括土压力、静水压力）	1.2	铁路荷载	
五金钢铁荷载		汽车荷载	
散货荷载		缆车荷载	
起重机械荷载	1.5	船舶系缆力	1.4
船舶撞击力		船舶挤靠力	
水流力		运输机械荷载	
冰荷载		风荷载	
波浪力（构件计算）		人群荷载	
一般件杂货、集装箱荷载	1.4	土压力	1.35
液体管道（含推力）荷载		剩余水压力	1.05

注：1 当永久作用效应对结构承载能力起有利作用时，永久作用分项系数 γ_G 取值不应大于 1.0；

    2 同一来源的作用，当总的作用效应对结构承载能力不利时，分作用均乘以不利作用的分项系数；

    3 永久荷载为主时，其分项系数应不小于 1.3；

    4 当两个可变作用完全相关，其中一个为主导可变作用时，其非主导可变作用的分项系数应按主导可变作用的分项系数考虑；

    5 海港结构在极端高水位和极端低水位情况下，承载能力极限状态持久组合的可变作用分项系数应减小 0.1；

    6 相关结构规范抗倾、抗滑稳定计算时的波浪力分项系数按相关结构规范规定执行。

附录 B 质 量 管 理

B.1 质量控制要求

B.1.1 材料和构件的质量可采用一个或多个质量特征表达。在各类材料的结构设计与施工规范中，应对材料和构件的力学性能、几何参数等质量特征提出明确的要求。

    材料和构件的合格质量水平，应根据各类工程结构有关规范规定的结构构件可靠指标确定。

B.1.2 材料宜根据统计资料，按不同质量水平划分等级。等级划分不宜过密。对不同等级的材料，设计时应采用不同的材料性能的标准值。

B.1.3 对工程结构应实施为保证结构可靠性所必需的质量控制。工程结构的各项质量控制要求应由有关标准作出规定。工程结构的质量控制应包括下列内容：

1 勘察与设计的质量控制；

2 材料和制品的质量控制；

3 施工的质量控制；

4 使用和维护的质量控制。

B.1.4 勘察与设计的质量控制应达到下列要求：

1 勘察资料应符合工程要求，数据准确，结论可靠；

2 设计方案、基本假定和计算模型合理，数据运用正确；

3 图纸和其他设计文件符合有关规定。

B.1.5 为进行施工质量控制，在各工序内应实行质量自检，在各工序间应实行交接质量检查。对工序操作和中间产品的质量，应采用统计方法进行抽查；在结构的关键部位应进行系统检查。

B.1.6 材料和构件的质量控制应包括下列两种控制：

1 生产控制：在生产过程中，应根据规定的控制标准，对材料和构件的性能进行经常性检验，及时纠正偏差，保持生产过程中质量的稳定性。

2 合格控制（验收）：在交付使用前，应根据规定的质量验收标准，对材料和构件进行合格性验收，保证其质量符合要求。

B.1.7 合格控制可采用抽样检验的方法进行。

各类材料和构件应根据其特点制定具体的质量验收标准，其中应明确规定验收批量、抽样方法和数量、验收函数和验收界限等。

质量验收标准宜在统计理论的基础上制定。

B.1.8 对生产连续性较差或各批间质量特征的统计参数差异较大的材料和构件，在制定质量验收标准时，必须控制用户方风险率。计算用户方风险率时采用的极限质量水平，可按各类材料结构设计规范的有关要求和工程经验确定。

仅对连续生产的材料和构件，当产品质量稳定时，可按控制生产方风险率的条件制定质量验收标准。

B.1.9 当一批材料或构件经抽样检验判为不合格时，应根据有关的质量验收标准对该批产品进行复查或重新确定其质量等级，或采取其他措施处理。

B.2 设计审查及施工检查

B.2.1 工程结构应进行设计审查与施工检查，设计审查与施工检查的要求应符合有关规定。

注：对重要工程或复杂工程，当采用计算机软件作结构计算时，应至少采用两套计算模型符合工程实际的软件，并对计算结果进行分析对比，确认其合理、正确后方可用于工程设计。

附录 C 作用举例及可变作用代表值的确定原则

C.1 作 用 举 例

C.1.1 永久作用可分为以下几类：

1 结构自重；

2 土压力；

3 水位不变的水压力；

4 预应力；

5 地基变形；

6 混凝土收缩；

7 钢材焊接变形；

8 引起结构外加变形或约束变形的各种施工因素。

C.1.2 可变作用可分为以下几类：

1 使用时人员、物件等荷载；

2 施工时结构的某些自重；

3 安装荷载；

4 车辆荷载；

5 吊车荷载；

6 风荷载；

7 雪荷载；

8 冰荷载；

9 地震作用；

10 撞击；

11 水位变化的水压力；

12 扬压力；

13 波浪力；

14 温度变化。

C.1.3 偶然作用可分为以下几类：

1 撞击；

2 爆炸；

3 地震作用；

4 龙卷风；

5 火灾；

6 极严重的侵蚀；

7 洪水作用。

注：地震作用和撞击可认为是规定条件下的可变作用，或可认为是偶然作用。

C.2 可变作用代表值的确定原则

C.2.1 可变作用标准值可按下述原则确定：

1 当可变作用采用平稳二项随机过程模型时，设计基准期 T 内可变作用最大值的概率分布函数 $F_T(x)$ 可按下式计算：

$$F_T(x) = [F(x)]^m \qquad (C.2.1-1)$$

式中　$F(x)$——可变作用随机过程的截口概率分布
函数；

　　m——可变作用在设计基准期 T 内的平均
　　　　出现次数。

当截口概率分布为极值Ⅰ型分布时（如年最大风压）：

$$F(x) = \exp\left[-\exp\left(-\frac{x-u}{\alpha}\right)\right] \quad \text{(C.2.1-2)}$$

其最大值概率分布函数为：

$$F_{\mathrm{T}}(x) = \exp\left\{-\exp\left[-\frac{x-(u+\alpha\ln m)}{\alpha}\right]\right\}$$
$$\text{(C.2.1-3)}$$

　　2　可变作用的标准值 Q_k 可由可变作用在设计基准期 T 内最大值概率分布的统计特征值确定，最常用的统计特征值有平均值、中值和众值，也可采用其他的指定概率 p 的分位值，即：

$$F_{\mathrm{T}}(Q_{\mathrm{k}}) = p \quad \text{(C.2.1-4)}$$

此时，对标准值 Q_k 在设计基准期内最大值分布上的超越概率为 $1-p$。

　　3　在很多情况下，特别是对自然作用，采用重现期 T_{R} 来表达可变作用的标准值 Q_k 比较方便，重现期是指连续两次超过作用值 Q_k 的平均间隔时间，Q_k 与 T_{R} 的关系如下：

$$F(Q_{\mathrm{k}}) = 1 - 1/T_{\mathrm{R}} \quad \text{(C.2.1-5)}$$

重现期 T_{R}、概率 p 和确定标准值的设计基准期 T 还存在下述近似关系：

$$T_{\mathrm{R}} \approx \frac{1}{\ln(1/p)} T \quad \text{(C.2.1-6)}$$

C.2.2　可变作用频遇值可按下述原则确定：

　　1　按作用值被超越的总持续时间与设计基准期的规定比率确定频遇值。

在可变作用的随机过程的分析中，将作用值超过某水平 Q_{x} 的总持续时间 $T_{\mathrm{x}} = \sum\limits_{i \geqslant 1} t_i$ 与设计基准期 T 的比率 $\eta_{\mathrm{x}} = T_{\mathrm{x}}/T$ 来表征频遇值作用的短暂程度（图 C.2.2-1a）。图 C.2.2-1b 给出的是可变作用 Q 在非零

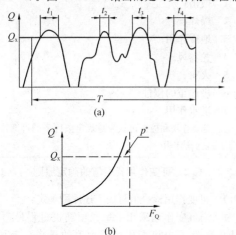

(a)

(b)

图 C.2.2-1　以作用值超过某水平 Q_{x} 的总持续时间
与设计基准期 T 的比率定义可变作用频遇值

时域内任意时点作用值 Q^* 的概率分布函数 $F_{Q^*}(x)$，超过 Q_{x} 水平的概率 p^* 可按下式确定：

$$p^* = 1 - F_{Q^*}(Q_{\mathrm{x}}) \quad \text{(C.2.2-1)}$$

对各态历经的随机过程，存在下列关系式：

$$\eta_{\mathrm{x}} = p^* q \quad \text{(C.2.2-2)}$$

式中　q——作用 Q 的非零概率。

当 η_{x} 为规定值时，相应的作用水平 Q_{x} 可按下式确定：

$$Q_{\mathrm{x}} = F_{Q^*}^{-1}\left(1 - \frac{\eta_{\mathrm{x}}}{q}\right) \quad \text{(C.2.2-3)}$$

对与时间有关联的正常使用极限状态，作用的频遇值可考虑按这种方式取值，当允许某些极限状态在一个较短的持续时间内被超越，或在总体上不长的时间内被超越，就可采用较小的 η_{x} 值（不大于 0.1），按式（C.2.2-3）计算作用的频遇值 $\psi_{\mathrm{f}} Q_{\mathrm{k}}$。

　　2　按作用值被超越的总频数或单位时间平均超越次数（跨阈率）确定频遇值。

在可变作用的随机过程的分析中，将作用值超过某水平 Q_{x} 的次数 n_{x} 或单位时间内的平均超越次数 $\nu_{\mathrm{x}} = n_{\mathrm{x}}/T$（跨阈率）来表征频遇值出现的疏密程度（图 C.2.2-2）。

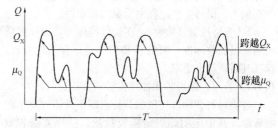

图 C.2.2-2　以跨阈率定义可变作用频遇值

跨阈率可通过直接观察确定，一般也可应用随机过程的某些特性（如谱密度函数）间接确定。当其任意时点作用 Q^* 的均值 μ_{Q^*} 及其跨阈率 ν_{m} 为已知，而且作用是高斯平稳各态历经的随机过程，则对应于跨阈率 ν_{x} 的作用水平 Q_{x} 可按下式确定：

$$Q_{\mathrm{x}} = \mu_{Q^*} + \sigma_{Q^*}\sqrt{\ln(\nu_{\mathrm{m}}/\nu_{\mathrm{x}})^2} \quad \text{(C.2.2-4)}$$

式中　σ_{Q^*}——任意时点作用 Q^* 的标准差。

对与作用超越次数有关联的正常使用极限状态，作用的频遇值 $\psi_{\mathrm{f}} Q_{\mathrm{k}}$ 可考虑按这种方式取值，当结构振动时涉及人的舒适性、影响非结构构件的性能和设备的使用功能等的极限状态，都可采用频遇值来衡量结构的正常性。

C.2.3　可变作用准永久值可按下述原则确定：

　　1　对在结构上经常出现的部分可变作用，可将其出现部分的均值作为准永久值 $\psi_{\mathrm{q}} Q_{\mathrm{k}}$ 采用。

　　2　对不易判别的可变作用，可以按作用值被超越的总持续时间与设计基准期的规定比率确定，此时比率可取 0.5。当可变作用可认为是各态历经的随机过程时，准永久值 $\psi_{\mathrm{q}} Q_{\mathrm{k}}$ 可直接按式（C.2.2-3）确定。

C.2.4 可变作用组合值可按下述原则确定

1 可变作用近似采用等时段荷载组合模型，假设所有作用的随机过程 $Q(t)$ 都是由相等时段 τ 组成的矩形波平稳各态历经过程（图 C.2.4）。

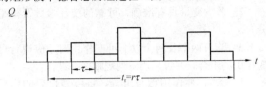

图 C.2.4 等时段矩形波随机过程

2 根据各个作用在设计基准期内的时段数 r 的大小将作用按序排列，在诸作用的组合中必然有一个作用取其最大作用 Q_{max}，而其他作用则分别取各自的时段最大作用或任意时点作用，统称为组合作用 Q_c。

3 按设计值方法的原理，该最大作用的设计值 Q_{maxd} 和组合作用 Q_{cd} 各为：

$$Q_{maxd} = F_{Q_{max}}^{-1} \left[\Phi(0.7\beta) \right] \quad \text{(C.2.4-1)}$$

$$Q_{cd} = F_{Qc}^{-1} \left[\Phi(0.28\beta) \right] \quad \text{(C.2.4-2)}$$

$$\psi_c = \frac{Q_{cd}}{Q_{maxd}} = \frac{F_{Qc}^{-1} \left[\Phi(0.28\beta) \right]}{F_{Q_{max}}^{-1} \left[\Phi(0.7\beta) \right]}$$

$$= \frac{F_{Q_{max}}^{-1} \left[\Phi(0.28\beta)^r \right]}{F_{Q_{max}}^{-1} \left[\Phi(0.7\beta) \right]}$$

$$\text{(C.2.4-3)}$$

对极值 I 型的作用，还给出相应的公式：

$$\psi_c = \frac{1 - 0.78v \{ 0.577 + \ln \left[-\ln \left(\Phi(0.28\beta) \right) \right] + \ln r \}}{1 - 0.78v \{ 0.577 + \ln \left[-\ln \left(\Phi(0.7\beta) \right) \right] \}}$$

$$\text{(C.2.4-4)}$$

式中 v——作用最大值的变异系数。

4 组合值系数也可作为伴随作用的分项系数，按附录 E.5 和 E.6 的有关内容确定。

附录 D 试验辅助设计

D.1 一般规定

D.1.1 试验辅助设计应符合下列要求：

1 在试验进行之前，应制定试验方案；试验方案应包括试验目的、试件的选取和制作，以及试验实施和评估等所有必要的说明；

2 为制定试验方案，应预先进行定性分析，确定所考虑结构或结构构件性能的可能临界区域和相应极限状态标志；

3 试件应采用与构件实际加工相同的工艺制作；

4 按试验结果确定设计值时，应考虑试验数量的影响。

D.1.2 应通过适当的换算或修正系数考虑试验条件与结构实际条件的不同。换算系数 η 应通过试验或理论分析来确定。影响换算系数 η 的主要因素包括尺寸效应、时间效应、试件的边界条件、环境条件、工艺条件等。

D.2 试验结果的统计评估原则

D.2.1 统计评估应符合下列基本原则：

1 在评估试验结果时，应将试件的性能和失效模式与理论预测值进行对比，当偏离预测值过大时，应分析原因，并做补充试验；

2 应根据已有的分布类型及参数信息，以统计方法为基础对试验结果进行评估；本附录给出的方法仅适用于统计数据（或先验信息）取自同一母体的情况；

3 试验的评估结果仅对所考虑的试验条件有效，不宜将其外推应用。

D.2.2 材料性能、模型参数或抗力设计值的确定应符合下列基本原则：

1 可采用经典统计方法或"贝叶斯法"推断材料性能、模型参数或抗力的设计值；先确定标准值，然后除以一个分项系数，必要时要考虑换算系数的影响；

2 在进行材料性能、模型参数或抗力设计值评估时，应考虑试验数据的离散性、与试验数量相关的统计不定性和先验的统计知识。

D.3 单项性能指标设计值的统计评估

D.3.1 单项性能指标设计值统计评估，应符合下列一般规定：

1 单项性能 X 可代表构件的抗力或提供构件抗力的性能；

2 D.3.2 和 D.3.3 的所有结论是以构件的抗力或提供构件抗力的性能服从正态分布或对数正态分布给出的；

3 若没有关于平均值的先验知识，一般可基于经典方法进行设计值估算，其中"δ_x 未知"对应于没有变异系数先验知识的情况，"δ_x 已知"对应于已知变异系数全部知识的情况；

4 若已有关于平均值的先验知识，可基于贝叶斯方法进行设计值估算。

D.3.2 经典统计方法

1 当性能 X 服从正态分布时，其设计值 X_d 可写成如下形式：

$$X_d = \eta_d \frac{X_{k(n)}}{\gamma_m} = \frac{\eta_d}{\gamma_m} \mu_x (1 - k_{nk} \delta_x)$$

$$\text{(D.3.2-1)}$$

式中 η_d——换算系数的设计值，换算系数的评估主要取决于试验类型和材料；

γ_m——分项系数，具体数值应根据试验结果的应用领域来选定；

k_{nk}——标准值单侧容限系数；

μ_x——性能 X 的平均值；

δ_x——性能 X 的变异系数。

2 当性能 X 服从对数正态分布时，式(D.3.2-1)可改写为：

$$X_d = \frac{\eta_d}{\gamma_m} \exp\left(\mu_y - k_{nk}\sigma_y\right) \quad (D.3.2-2)$$

式中 μ_y——变量 $Y = \ln X$ 的平均值，取 $\mu_y = m_y = \frac{1}{n}\sum_{i=1}^{n}\ln x_i$；

σ_y——变量 $Y = \ln X$ 的均方差；

当 δ_x 已知时，$\sigma_y = \sqrt{\ln(\delta_x^2 + 1)}$；

当 δ_x 未知时，取

$$\sigma_y = S_y = \sqrt{\frac{1}{n-1}\sum_{i=1}^{n}(\ln x_i - m_y)^2}\ ;$$

x_i——性能 X 的第 i 个试验观测值。

D.3.3 贝叶斯法

1 当性能 X 服从正态分布时，其设计值可按下式确定：

$$X_d = \eta_d \frac{X_{K(n)}}{\gamma_m} = \frac{\eta_d}{\gamma_m}(m'' - k_{nv}\sigma'') \quad (D.3.3-1)$$

其中 $k_{nv} = t_{p,v''}\sqrt{1 + \frac{1}{n''}}$，$n'' = n' + n$，

$v'' = v' + v + \delta(n')$，$m''n'' = m'n' + m_x n$，

$[(\sigma'')^2 v'' + (m'')^2 n''] = [(\sigma')^2 v' + (m')^2 n'] + [(\sigma_x)^2 v + (m_x)^2 n]$

式中 $t_{p,v''}$——自由度为 v'' 的 t 分布函数对应分位值 p 的自变量值，$P_t\{x > t_{p,v''}\} = p$；

m'、σ'、n'、v'——先验分布参数。

2 先验分布参数 n' 和 v' 的确定，应符合下列原则：

1) 当有效数据很少时，则应取 n' 和 v' 等于零，此时贝叶斯法评估结果与经典统计方法的"δ_x 未知"情况相同；

2) 当根据过去经验几乎可以取平均值和标准差为定值时，则 n' 和 v' 可取相对较大值，如取 50 或更大；

3) 在一般情况下，可假定只有很少数据或无先验数据，此时 $n' = 0$，这样可能获得较佳的估算值。

附录 E 结构可靠度分析基础和可靠度设计方法

E.1 一般规定

E.1.1 当按本附录方法确定分项系数和组合值系数时，除进行分析计算外，尚应根据工程经验对分析结果进行判断，必要时进行调整。

E.1.2 按本附录进行结构可靠度分析和设计时，应具备下列条件：

1 具有结构的极限状态方程；

2 基本变量具有准确、可靠的统计参数及概率分布。

E.1.3 当有两个及两个以上可变作用时，应进行可变作用的组合，并可采用下列规则之一进行：

1 设 m 种作用参与组合，将模型化后的作用 $Q_i(t)$ 在设计基准期 T 内的总时段数 r_i，按顺序由小到大排列，即 $r_1 \leqslant r_2 \leqslant \cdots \leqslant r_m$，取任一作用 $Q_i(t)$ 在 $[0,T]$ 内的最大值 $\max_{t\in[0,T]} Q_i(t)$ 与其他作用组合，得 m 种组合的最大作用 $Q_{\max,j}$（$j = 1,2,\cdots,m$），其中作用最大的组合为起控制作用的组合。

2 设 m 种作用参与组合，取任一作用 $Q_i(t)$ 在 $[0,T]$ 内的最大值 $\max_{t\in[0,T]} Q_i(t)$ 与其他作用任意时点值 $Q_j(t_0)$（$i \neq j$）进行组合，得 m 种组合的最大作用 $Q_{\max,j}$（$j = 1,2,\cdots,m$），其中作用最大的组合为起控制作用的组合。

E.2 结构可靠指标计算

E.2.1 结构或构件的可靠指标宜采用考虑随机变量概率分布类型的一次可靠度方法计算，也可采用其他方法。

E.2.2 当采用一次可靠度方法计算可靠指标时，应符合下列要求：

1 当仅有作用效应和结构抗力两个相互独立的综合变量且均服从正态分布时，结构或结构构件的可靠指标可按下式计算：

$$\beta = \frac{\mu_R - \mu_S}{\sqrt{\sigma_R^2 + \sigma_S^2}} \quad (E.2.2-1)$$

式中 β——结构或结构构件的可靠指标；

μ_S、σ_S——结构或结构构件作用效应的平均值和标准差；

μ_R、σ_R——结构或结构构件抗力的平均值和标准差。

2 当有多个相互独立的非正态基本变量且极限状态方程为式（4.3.5）时，结构或结构构件的可靠指标按下面的公式迭代计算：

$$\beta = \frac{g(x_1^*, x_2^*, \cdots, x_n^*) + \sum_{j=1}^{n}\frac{\partial g}{\partial X_j}\Big|_P (\mu_{X'_j} - x_j^*)}{\sqrt{\sum_{j=1}^{n}\left(\frac{\partial g}{\partial X_j}\Big|_P \sigma_{X'_j}\right)^2}}$$

$$(E.2.2-2)$$

$$\alpha_{X'_i} = -\frac{\frac{\partial g}{\partial X_i}\Big|_P \sigma_{X'_i}}{\sqrt{\sum_{j=1}^{n}\left(\frac{\partial g}{\partial X_j}\Big|_P \sigma_{X'_j}\right)^2}} \quad (i = 1,2,\cdots,n)$$

$$(E.2.2-3)$$

$$x_i^* = \mu_{X'_i} + \beta\alpha_{X'_i}\sigma_{X'_i} \quad (i = 1,2,\cdots,n)$$

$$(E.2.2-4)$$

$$\mu_{X'_i} = x_i^* - \Phi^{-1}[F_{X_i}(x_i^*)]\sigma_{X'_i} \quad (i = 1,2,\cdots,n)$$

$$(E.2.2\text{-}5)$$

$$\sigma_{X'_i} = \frac{\varphi\{\Phi^{-1}[F_{X_i}(x_i^*)]\}}{f_{X_i}(x_i^*)} \quad (i = 1,2,\cdots,n)$$

$$(E.2.2\text{-}6)$$

式中　　$g(\cdot)$——结构或构件的功能函数，包括计算模式的不定性；

$X_i(i = 1,2,\cdots,n)$——基本变量；

$x_i^*(i = 1,2,\cdots,n)$——基本变量 X_i 的验算点坐标值；

$\left.\dfrac{\partial g}{\partial X_i}\right|_P$——功能函数 $g(X_1, X_2,\cdots,X_n)$ 的一阶偏导数在验算点 $P(x_1^*, x_2^*,\cdots,x_n^*)$ 处的值；

$\mu_{X'_i}$、$\sigma_{X'_i}$——基本变量 X_i 的当量正态化变量 X'_i 的平均值和标准差；

$f_{X_i}(\cdot)$、$F_{X_i}(\cdot)$——基本变量 X_i 的概率密度函数和概率分布函数；

$\varphi(\cdot)$、$\Phi(\cdot)$、$\Phi^{-1}(\cdot)$——标准正态随机变量的概率密度函数、概率分布函数和概率分布函数的反函数。

3　当有多个非正态相关的基本变量且极限状态方程为式（4.3.5）时，将式（E.2.2-2）和式（E.2.2-3）用下面的公式替换后进行迭代计算：

$$\beta = \frac{g(x_1^*, x_2^*,\cdots,x_n^*) + \sum_{j=1}^{n}\left.\dfrac{\partial g}{\partial X_j}\right|_P(\mu_{X'_j} - x_j^*)}{\sqrt{\sum_{k=1}^{n}\sum_{j=1}^{n}\left(\left.\dfrac{\partial g}{\partial X_k}\right|_P\left.\dfrac{\partial g}{\partial X_j}\right|_P\rho_{X'_k,X'_j}\sigma_{X'_k}\sigma_{X'_j}\right)}}$$

$$(E.2.2\text{-}7)$$

$$\alpha_{X'_i} = -\frac{\sum_{j=1}^{n}\left.\dfrac{\partial g}{\partial X_j}\right|_P\rho_{X'_i,X'_j}\sigma_{X'_j}}{\sqrt{\sum_{k=1}^{n}\sum_{j=1}^{n}\left.\dfrac{\partial g}{\partial X_k}\right|_P\left.\dfrac{\partial g}{\partial X_j}\right|_P\rho_{X'_k,X'_j}\sigma_{X'_k}\sigma_{X'_j}}}$$

$$(i = 1,2,\cdots n) \quad (E.2.2\text{-}8)$$

式中　　$\rho_{X'_i,X'_j}$——当量正态化变量 X'_i 与 X'_j 的相关系数，可近似取变量 X_i 与 X_j 的相关系数 ρ_{X_i,X_j}。

E.3　结构可靠度校准

E.3.1　结构可靠度校准是用可靠度方法分析按传统方法所设计结构的可靠度水平，也是确定设计时采用的可靠指标的基础，校准中所选取的结构或结构构件应具有代表性。

E.3.2　结构可靠度校准可采用下列步骤：

1　确定校准范围，如选取结构物类型（建筑结构、桥梁结构、港工结构等）或结构材料形式（混凝土结构、钢结构等），根据目标可靠指标的适用范围选取代表性的结构或结构构件（包括构件的破坏形

式）；

2　确定设计中基本变量的取值范围，如可变作用标准值与永久作用标准值比值的范围；

3　分析传统设计方法的表达式，如受弯表达式、受剪表达式等；

4　计算不同结构或结构构件的可靠指标 β_i；

5　根据结构或结构构件在工程中的应用数量和重要性，确定一组权重系数 ω_i，并满足：

$$\sum_{i=1}^{n}\omega_i = 1 \qquad (E.3.2\text{-}1)$$

6　按下式确定所校准结构或结构构件可靠指标的加权平均：

$$\beta_{\text{ave}} = \sum_{i=1}^{n}\omega_i\beta_i \qquad (E.3.2\text{-}2)$$

E.3.3　结构或结构构件的目标可靠指标 β_t，应根据可靠度校准的 β_{ave} 经综合分析判断确定。

E.4　基于可靠指标的设计

E.4.1　根据目标可靠指标进行结构或结构构件设计时，可采用下列方法之一：

1　所设计结构或结构构件的可靠指标应满足下式要求：

$$\beta \geqslant \beta_t \qquad (E.4.1\text{-}1)$$

式中　　β——所设计结构或结构构件的可靠指标；

β_t——所设计结构或结构构件的目标可靠指标。

当不满足式（E.4.1-1）的要求时，应重新进行设计，直至满足要求为止。

2　对某些结构构件的截面设计，如钢筋混凝土构件截面配筋，当抗力服从对数正态分布时，可在满足（E.4.1-1）式的条件下按下式直接求解结构构件的几何参数：

$$\frac{R(f_k, a_k)}{k_R} = \sqrt{1 + \delta_R^2}\exp\left(\frac{\mu_{R'}}{r^*} - 1 + \ln r^*\right)$$

$$(E.4.1\text{-}2)$$

式中　　$R(\cdot)$——抗力函数；

$\mu_{R'}$——迭代计算求得的正态化抗力的平均值；

r^*——迭代计算求得的抗力验算点值；

δ_R——抗力的变异系数；

f_k——材料性能标准值；

a_k——几何参数的标准值，如钢筋混凝土构件钢筋的截面面积等；

k_R——均值系数，即变量平均值与标准值的比值。

E.4.2　当按可靠指标方法设计的结果与传统方法设计的结果有明显差异时，应分析产生差异的原因。只有当证明了可靠指标方法设计的结果合理后方可采用。

E.5 分项系数的确定方法

E.5.1 结构或结构构件设计表达式中分项系数的确定,应符合下列原则:

1 结构上的同种作用采用相同的作用分项系数,不同的作用采用各自的作用分项系数;

2 不同种类的构件采用不同的抗力分项系数,同一种构件在任何可变作用下,抗力分项系数不变;

3 对各种构件在不同的作用效应比下,按所选定的作用分项系数和抗力系数进行设计,使所得的可靠指标与目标可靠指标 β_t 具有最佳的一致性。

E.5.2 结构或结构构件设计表达式中分项系数的确定可采用下列步骤:

1 选定代表性的结构或结构构件(或破坏方式)、一个永久作用和一个可变作用组成的简单组合(如对建筑结构永久作用+楼面可变作用,永久作用+风作用)和常用的作用效应比(可变作用效应标准值与永久作用效应标准值的比值);

2 对安全等级为二级的结构或结构构件,重要性系数 γ_0 取为1.0;

3 对选定的结构或结构构件,确定分项系数 γ_G 和 γ_Q 下简单组合的抗力设计值;

4 对选定的结构或结构构件,确定抗力系数 γ_R 下简单组合的抗力标准值;

5 计算选定结构或结构构件简单组合下的可靠指标 β;

6 对选定的所有代表性结构或结构构件、所有 γ_G 和 γ_Q 的范围(以0.1或0.05的级差),优化确定 γ_R;选定一组使按分项系数表达式设计的结构或结构构件的可靠指标 β 与目标可靠指标 β_t 最接近的分项系数 γ_G、γ_Q 和 γ_R;

7 根据以往的工程经验,对优化确定的分项系数 γ_G、γ_Q 和 γ_R 进行判断,必要时进行调整;

8 当永久作用起有利作用时,分项系数表达式中的永久作用取负号,根据已经选定的分项系数 γ_Q 和 γ_R,通过优化确定分项系数 γ_G(以0.1或0.05的级差);

9 对安全等级为一、三级的结构或结构构件,以上面确定的安全等级为二级结构或结构构件的分项系数为基础,同样以按分项系数表达式设计的结构或结构构件的可靠指标 β 与目标可靠指标 β_t 最接近为条件,优化确定结构重要性系数 γ_0。

E.6 组合值系数的确定方法

E.6.1 可变作用组合值系数的确定应符合下列原则:

在可变作用分项系数 γ_G、γ_Q 和抗力分项系数 γ_R 已确定的前提下,对两种或两种以上可变作用参与组合的情况,确定的组合值系数应使按分项系数表达式设计的结构或结构构件的可靠指标 β 与目标可靠指标

β_t 具有最佳的一致性。

E.6.2 可变作用组合值系数的确定可采用下列步骤:

1 以安全等级为二级的结构或结构构件为基础,选定代表性的结构或结构构件(或破坏方式)、由一个永久作用和两个或两个以上可变作用组成的组合和常用的作用效应比(主导可变作用效应标准值与永久作用效应标准值的比值,伴随可变作用效应标准值与主导可变作用效应标准值的比值);

2 根据已经确定的分项系数 γ_G、γ_Q,计算不同结构或结构构件、不同作用组合和常用作用效应比下的抗力设计值;

3 根据已经确定的抗力分项系数 γ_R,计算不同结构或结构构件、不同作用组合和常用作用效应比下的抗力标准值;

4 计算不同结构或结构构件、不同作用组合和常用作用效应比下的可靠指标;

5 对选定的所有代表性结构或结构构件、作用组合和常用的作用效应比,优化确定组合值系数 ψ_c,使按分项系数表达式设计的结构或结构构件的可靠指标 β 与目标可靠指标 β_t 具有最佳的一致性;

6 根据以往的工程经验,对优化确定的组合值系数 ψ_c 进行判断,必要时进行调整。

附录F 结构疲劳可靠性验算方法

F.1 一 般 规 定

F.1.1 本附录适用于工程结构的疲劳可靠性验算。房屋建筑结构、铁路和公路桥涵结构、市政工程结构中承受高周疲劳作用的结构,可按本附录规定对结构的疲劳可靠性进行验算。

F.1.2 在下列情况下应对结构或构造的疲劳可靠性进行验算:

1 结构整体或局部构造承受反复荷载作用;

2 结构或局部构造存在应力集中现象且为交变作用;

3 反复荷载作用的持续时间与结构设计使用年限相比占主要部分。

F.1.3 根据需要可分别对结构疲劳可靠性进行承载能力极限状态或正常使用极限状态验算。

F.1.4 对结构的某个或多个细部构造可分别进行疲劳可靠性验算。

F.1.5 结构的疲劳可靠性验算应按下列步骤进行:

1 根据对结构的受力分析,确定关键部位或由委托方明确验算部位;

2 根据对结构使用期间承受荷载历程的调研和预测,制定相应的疲劳标准荷载频谱;

3 对结构或局部构造上的疲劳作用和对应的疲劳抗力进行分析评定;

4 提出疲劳可靠性的验算结论。

F.1.6 本附录涉及的力学模型和内力计算，应符合第7章的有关规定。

F.1.7 结构的疲劳承载能力验算应以验算部位的计算名义应力不超过结构相应部位的疲劳强度设计值为准则。

F.1.8 疲劳强度设计值应根据结构或局部构造的疲劳试验结果，取某一概率分布的上分位值，以名义应力形式（非应力集中部位应力）确定。

F.1.9 疲劳验算采用的目标可靠指标可根据校准法确定。

F.2 疲 劳 作 用

F.2.1 结构承受的变幅重复荷载，其荷载历程可通过实测或模拟等方法确定。根据荷载历程，采用"雨流计数法"或"蓄水池法"，可转换为表示荷载变程 $\Delta Q(\Delta Q = Q_{max} - Q_{min})$ 与循环次数 n 关系的荷载频谱（图 F.2.1）。根据"荷载频谱"可转换为结构、连接或局部构造关键部位的应力频谱。其中，应力变程 $\Delta\sigma = \sigma_{max} - \sigma_{min}$，可根据荷载变程 ΔQ 计算确定。

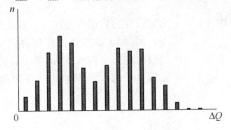

图 F.2.1 荷载频谱

F.2.2 根据结构构件（或连接）的应力频谱，采用"Miner 累积损伤准则"，可换算为指定循环次数的等效等幅重复应力，考虑必要的影响参数后可形成等效疲劳作用（必要时还应包括恒载）。在一般情况下，等效等幅重复应力的指定循环次数可采用 2×10^6 次。

钢结构和混凝土结构构造细节的疲劳作用计算方法如下：

1 钢结构疲劳作用

钢结构等效疲劳作用可按式（F.2.2-1）计算。

$$\Delta\sigma_{aek} = K_{a1} K_{a2} K_{a3} \cdots K_{ai} \Delta\sigma_{ac} = (\prod_{i=1}^{m} K_{ai}) \Delta\sigma_{ac}$$

（F.2.2-1）

式中 $\Delta\sigma_{aek}$ ——钢结构验算部位等效疲劳应力变程标准值；

$\Delta\sigma_{ac}$ ——荷载标准值作用下钢结构验算部位应力变程的标准值；

K_{ai} ——钢结构第 i 个疲劳影响参数，其值由自身影响统计结果和 $\Delta\sigma_{ac}$ 的比值确定，并与 $\Delta\sigma_{ac}$ 以及相应疲劳抗力标准值规定的循环次数相协调；

m ——钢结构疲劳影响参数的个数，与结构有关。

2 混凝土结构疲劳作用

混凝土结构等效疲劳作用可按式（F.2.2-2）、（F.2.2-3）、（F.2.2-4）计算。

$$\sigma_{cek} = K_{c1} K_{c2} K_{c3} \cdots K_{ci}\sigma_{cc} = (\prod_{i=1}^{n} K_{ci})\sigma_{cc}$$

（F.2.2-2）

$$\Delta\sigma_{pek} = K_{p1} K_{p2} K_{p3} \cdots K_{pi} \Delta\sigma_{pc} = (\prod_{i=1}^{n} K_{pi})\Delta\sigma_{pc}$$

（F.2.2-3）

$$\Delta\sigma_{sek} = K_{s1} K_{s2} K_{s3} \cdots K_{si} \Delta\sigma_{sc} = (\prod_{i=1}^{n} K_{si})\Delta\sigma_{sc}$$

（F.2.2-4）

式中 σ_{cek}、$\Delta\sigma_{pek}$、$\Delta\sigma_{sek}$ ——分别为混凝土结构验算部位的混凝土等效疲劳应力标准值、预应力钢筋等效疲劳应力变程标准值、非预应力钢筋等效疲劳应力变程标准值；

σ_{cc}、$\Delta\sigma_{pc}$、$\Delta\sigma_{sc}$ ——分别为荷载标准值作用下混凝土结构验算部位的混凝土应力标准值、预应力钢筋应力变程标准值、非预应力钢筋应力变程标准值；

K_{ci}、K_{pi}、K_{si} ——分别为混凝土结构验算部位混凝土、预应力钢筋、非预应力钢筋第 i 个疲劳影响参数，其值分别由自身影响统计结果和相应的 σ_{cc}、$\Delta\sigma_{pc}$、$\Delta\sigma_{sc}$ 的比值确定，并分别与 σ_{cc}、$\Delta\sigma_{pc}$、$\Delta\sigma_{sc}$ 以及各自相应疲劳抗力标准值规定的循环次数相协调；

n ——混凝土结果影响参数的个数，与结构形式有关。

F.2.3 疲劳作用中各影响参数的概率分布类型和统计参数可采用数理统计方法确定，其标准值应取与静力作用相同的概率分布的平均值。

F.3 疲 劳 抗 力

F.3.1 疲劳抗力是指结构或局部构造抵抗规定循环次数疲劳作用的能力。

F.3.2 材料及非焊接钢结构的疲劳抗力与所受疲劳作用引起的最大应力 σ_{max} 和应力比 ρ 以及结构构造细节有关。焊接钢结构的疲劳抗力与所受疲劳作用引起

的应力变程 $\Delta\sigma$ 和结构构造细节有关。钢结构和混凝土结构构造细节的疲劳抗力计算方法分述如下：

1 钢结构疲劳抗力

钢结构疲劳抗力表达式可通过式（F.3.2-1）所示的 S-N 疲劳曲线方程表述：

$$\Delta\sigma^m N = C \qquad (F.3.2-1)$$

式中 $\Delta\sigma$——钢结构验算部位构造细节的等幅疲劳应力变程（MPa）；

N——疲劳失效时的应力循环次数；

m、C——疲劳参数，根据结构或构件的构造和受力特征，通过疲劳试验确定。

钢结构构件的疲劳抗力 Δf_{aek} 是指钢结构验算部位构造细节在指定循环次数、指定安全保证率下由式（F.3.2-1）确定的最大疲劳应力变程标准值。

2 混凝土结构疲劳抗力

1）混凝土

影响混凝土结构中混凝土疲劳抗力的因素包括疲劳强度、疲劳弹性模量和疲劳变形模量。

混凝土的疲劳强度标准值可根据混凝土静载强度标准值乘以疲劳强度等效折减系数确定：

$$f_{cek} = K_{ce} f_{ck} \qquad (F.3.2-2)$$

式中 f_{cek}——混凝土疲劳强度标准值；

K_{ce}——混凝土疲劳强度折减系数，与混凝土应力最小值等因素有关；

f_{ck}——混凝土静载强度标准值。

混凝土的疲劳弹性模量可通过试验确定。对适筋混凝土受弯构件，混凝土的疲劳弹性模量标准值可取静载弹性模量标准值乘以 0.7。

混凝土的疲劳变形模量可通过试验确定。对适筋混凝土受弯构件，混凝土的疲劳变形模量标准值可取静载变形模量标准值乘以 0.6。

2）预应力钢筋或钢筋

混凝土结构中预应力钢筋或钢筋的疲劳强度可通过式（F.3.2-1）所示的 S-N 疲劳曲线方程确定。其疲劳抗力 Δf_{pek} 或 Δf_{sek} 是指混凝土结构验算部位预应力钢筋或钢筋在指定循环次数、指定安全保证率下由式（F.3.2-1）确定的最大疲劳应力变程标准值。

F.4 疲劳可靠性验算方法

F.4.1 钢结构的疲劳可靠性一般按疲劳承载能力极限状态进行验算。根据需要可采用等效等幅重复应力法、极限损伤度法、断裂力学方法。

1 等效等幅重复应力法

1）当等效等幅重复应力法以容许应力设计法表达时，疲劳验算应满足下式的要求：

$$\Delta\sigma_{aek} \leqslant \Delta f_{aek} \qquad (F.4.1-1)$$

2）当等效等幅重复应力法以分项系数设计法表达时，疲劳作用的设计值可采用结构构件在设计使用年限内疲劳荷载名义效应的等效等幅重复作用标准值乘以疲劳作用分项系数。疲劳抗力可根据结构构造取与等效等幅重复作用相同循环次数的疲劳强度试验确定。此时，疲劳验算应满足式（F.4.1-2）的要求：

$$\gamma_0 \gamma_{aek} \Delta\sigma_{aek} \leqslant \frac{\Delta f_{aek}}{\gamma_{af}} \qquad (F.4.1-2)$$

式中 γ_0——结构重要性系数；

γ_{aek}——考虑等效等幅疲劳作用和疲劳作用模型不定性的分项系数；

γ_{af}——疲劳抗力分项系数，当疲劳抗力取值的保证率为 97.7% 时，$\gamma_{af} = 1.0$。

2 极限损伤度法

1）当极限损伤度法以疲劳损伤度为验算项目时，其量值为结构承受的不同疲劳作用和相应次数与该作用下破坏的次数之比的总和。根据 Palmgren-Miner 线性累积损伤法则，疲劳验算应满足式（F.4.1-3）的要求：

$$\sum \frac{n_i}{N_i} < D_c \qquad (F.4.1-3)$$

式中 n_i——为疲劳应力频谱中在应力变程水准 $\Delta\sigma_i$ 下，实际施加的疲劳作用循环次数，当疲劳应力变程水准 $\Delta\sigma_i$ 低于疲劳某特定值 $\Delta\sigma_0$ 时，相应的疲劳作用循环次数取其乘以 $\left(\dfrac{\Delta\sigma_i}{\Delta\sigma_0}\right)^2$ 折减后的次数计算；

N_i——为在应力变程水准 $\Delta\sigma_i$ 下的致伤循环次数；

D_c——为疲劳损伤度的临界值，理想状态下损伤度的临界值为 1.0。

2）当极限损伤度法以分项系数设计法表达时，疲劳验算应满足下列公式的要求：

$$\sum \frac{n_i}{N_i} < \frac{D_c}{\gamma_d} \qquad (F.4.1-4)$$

$$N_i = N_i \left(\gamma_d, \gamma_{\Delta\sigma_i} \Delta\sigma_i, \frac{\Delta f_{aek}}{\gamma_{ak}}\right) \qquad (F.4.1-5)$$

式中 γ_d——考虑累积损伤准则、设计使用年限和失效后果不定性的分项系数；

$\gamma_{\Delta\sigma_i}$——考虑疲劳应力变程水准和疲劳作用模型不定性的分项系数；

γ_{ak}——考虑材料和构造疲劳抗力模型不定性的分项系数。

3 断裂力学方法

当钢结构在低温环境下工作时，应采用断裂力学方法。

F.4.2 对需要进行疲劳承载能力极限状态验算的混凝土结构，应分别对混凝土和钢筋进行疲劳验算。可根据需要采用等效等幅重复应力法、极限损伤度法。

1 等效等幅重复应力法

1）当等效等幅重复应力法以容许应力设计法表达时，结构验算部位混凝土、预应力钢筋、钢筋的疲劳验算应满足式(F.4.2-1)～式(F.4.2-3)的要求：

$$\sigma_{cek} \leqslant f_{cek} \qquad (F.4.2\text{-}1)$$

$$\Delta\sigma_{pek} \leqslant \Delta f_{pek} \qquad (F.4.2\text{-}2)$$

$$\Delta\sigma_{sek} \leqslant \Delta f_{sek} \qquad (F.4.2\text{-}3)$$

2）当等效等幅重复应力法以分项系数设计法表达时，疲劳作用的设计值可采用结构构件在设计使用年限内疲劳荷载名义效应的等效等幅重复作用标准值乘以疲劳作用分项系数。疲劳抗力可根据结构构造取与等效等幅重复作用相同循环次数的疲劳强度试验确定。此时，结构验算部位混凝土、预应力钢筋、钢筋的疲劳验算应满足式(F.4.2-4)～式(F.4.2-6)的要求：

$$\gamma_0\gamma_{cek}\sigma_{cek} \leqslant \frac{f_{cek}}{\gamma_{cf}} \qquad (F.4.2\text{-}4)$$

$$\gamma_0\gamma_{pek}\Delta\sigma_{pek} \leqslant \frac{\Delta f_{pek}}{\gamma_{pf}} \qquad (F.4.2\text{-}5)$$

$$\gamma_0\gamma_{sek}\Delta\sigma_{sek} \leqslant \frac{\Delta f_{sek}}{\gamma_{sf}} \qquad (F.4.2\text{-}6)$$

式中 γ_{cek}、γ_{pek}、γ_{sek} ——分别为考虑混凝土、预应力钢筋、钢筋的等效等幅疲劳作用和疲劳作用模型不定性的分项系数；

γ_{cf}、γ_{pf}、γ_{sf} ——分别为混凝土、预应力钢筋、钢筋的疲劳抗力分项系数。

2 极限损伤度法

混凝土结构按极限损伤度法进行疲劳承载能力极限状态可靠性验算方法与附录第 F.4.1 条中第 2 款所列钢结构的疲劳验算方法相同，其中验算部位的材料为混凝土、预应力钢筋、钢筋。

F.4.3 当结构疲劳需要按使用极限状态进行可靠性验算时，应首先建立正常使用极限状态约束方程。当疲劳作用效应需要且可以线性叠加时，应在正常使用极限状态约束方程中体现。在疲劳使用极限约束值的计算中，要考虑结构材料疲劳而可能引起的变形增大。

附录 G　既有结构的可靠性评定

G.1　一　般　规　定

G.1.1 本附录适用于按有关标准设计和施工的既有结构的可靠性评定。

G.1.2 在下列情况下宜对既有结构的可靠性进行评定：

1 结构的使用时间超过规定的年限；

2 结构的用途或使用要求发生改变；

3 结构的使用环境出现恶化；

4 结构存在较严重的质量缺陷；

5 出现影响结构安全性、适用性或耐久性的材料性能劣化、构件损伤或其他不利状态；

6 对既有结构的可靠性有怀疑或有异议。

G.1.3 既有结构的可靠性评定应在保证结构性能的前提下，尽量减少工程处置工作量。

G.1.4 既有结构的可靠性评定可分为安全性评定、适用性评定和耐久性评定，必要时尚应进行抗灾害能力评定。

G.1.5 既有结构的可靠性评定，应根据国家现行有关标准的要求进行。

G.1.6 既有结构的可靠性评定应按下列步骤进行：

1 明确评定的对象、内容和目的；

2 通过调查或检测获得与结构上的作用和结构实际的性能和状况相关的数据和信息；

3 对实际结构的可靠性进行分析；

4 提出评定报告。

G.2　安全性评定

G.2.1 既有结构的安全性评定应包括结构体系和构件布置、连接和构造、承载力等三个评定项目。

G.2.2 既有结构的结构体系和构件布置，应以现行结构设计标准的要求为依据进行评定。

G.2.3 既有结构的连接和与安全性相关的构造，应以现行结构设计标准的要求为依据进行评定。

G.2.4 对结构体系和构件布置、连接和构造的评定结果满足第 G.2.2 和 G.2.3 条要求的结构，其承载力可根据结构的不同情况采取下列方法进行评定：

1 基于结构良好状态的评定方法；

2 基于分项系数或安全系数的评定方法；

3 基于可靠指标调整抗力分项系数的评定方法；

4 基于荷载检验的评定方法；

5 其他适用的评定方法。

G.2.5 当结构处于良好使用状态时，宜采用基于结构良好状态的评定方法，此时对同时满足下列要求的结构，可评定其承载力符合要求：

1 结构未出现明显的影响结构正常使用的变形、裂缝、位移、振动等适用性问题；

2 在评估使用年限内，结构上的作用和环境不会发生显著的变化。

G.2.6 当采取基于分项系数或安全系数的方法评定时，对同时满足下列要求的结构，可评定其承载力符合要求：

1 构件的承载力应按现行结构设计标准提供的结构计算模型确定，且应对模型中指标或参数进行符合实际情况的调整：

　　1）构件材料强度的取值，宜以实测数据为依据，按现行结构检测标准规定的方法确定；

　　2）计算模型的几何参数，可按构件的实际尺寸确定；

　　3）在计算分析构件承载力时，应考虑不可恢复性损伤的不利影响；

　　4）经过验证后，在计算模型中可增补对构件承载力有利因素的实际作用。

　　2 作用和作用效应应按国家现行标准的规定确定，并可进行下列参数或分析方法的调整：

　　1）永久作用应以现场实测数据为依据按现行工程结构荷载标准规定的方法确定；

　　2）部分可变作用可根据评估使用年限情况采用考虑结构设计使用年限的荷载调整系数；

　　3）在计算作用效应时，应考虑轴线偏差、尺寸偏差和安装偏差等的不利影响；

　　4）应按可能出现的最不利作用组合确定作用效应。

　　3 按上述方法计算得到的构件承载力不小于作用效应或安全系数不小于有关结构设计标准的要求。

G.2.7　当可确定一批构件的实际承载力及其变异系数时，可采用基于可靠指标调整抗力分项系数的评定方法，此时对同时满足下列要求的一批构件，可评定其承载力符合要求：

　　1 作用效应的计算，应符合第 G.2.6 条的规定；

　　2 根据结构构件承载力的实际变异情况调整抗力分项系数；

　　3 按上述原则计算得到的承载力不小于作用效应。

G.2.8　对具备相应条件的结构或结构构件，可采用基于荷载检验的评定方法，此时对同时满足下列要求的结构或结构构件，可评定其承载力符合要求：

　　1 检验荷载的形式应与结构承受的主要作用的情况基本一致，检验荷载不应使结构或构件出现不可逆的变形或损伤；

　　2 荷载检验及相应的计算分析结果符合有关标准的要求。

G.2.9　对承载力评定为不符合要求的结构或结构构件，应提出采取加固措施的建议，必要时，也可提出对其限制使用的要求。

G.3　适用性评定

G.3.1　在结构安全性得到保证的情况下，对影响结构正常使用的变形、裂缝、位移、振动等适用性问题，应以现行结构设计标准的要求为依据进行评定，

但在下列情况下可根据实际情况调整或确定正常使用极限状态的限值：

　　1 已出现明显的适用性问题，但结构或构件尚未达到正常使用极限状态的限值；

　　2 相关标准提出的质量控制指标不能准确反映结构适用性状况。

G.3.2　对已经存在超过正常使用极限状态限值的结构或构件，应提出进行处理的意见。

G.3.3　对未达到正常使用极限状态限值的结构或构件，宜进行评估使用年限内结构适用性的评定。此时宜遵守下列原则：

　　1 评定时可采用现行结构设计标准提供的计算模型，但模型中的指标和参数应进行符合结构实际情况的调整；

　　2 在条件许可时，可采用荷载检验或现场试验的评定方法；

　　3 对适用性评定为不满足要求的结构或构件，应提出采取处理措施的建议。

G.4　耐久性评定

G.4.1　既有结构的耐久性评定应以判定结构相应耐久年数与评估使用年限之间关系为目的。

　　注：耐久年数为结构在环境作用下达到相应正常使用极限状态限值的年数。

G.4.2　结构在环境作用下的正常使用极限状态限值或标志应按下列原则确定：

　　1 结构构件出现尚未明显影响承载力的表面损伤；

　　2 结构构件材料的性能劣化，使其产生脆性破坏的可能性增大。

G.4.3　既有结构的耐久年数推定，应将环境作用效应和材料性能相同的结构构件作为一个批次。

G.4.4　评定批结构构件的耐久年数，可根据结构已经使用的时间、材料相关性能变化的状况、环境作用情况和结构构件材料性能劣化的规律推定。

G.4.5　对耐久年数小于评估使用年限的结构构件，应提出适宜的维护处理建议。

G.5　抗灾害能力评定

G.5.1　既有结构的抗灾害能力宜从结构体系和构件布置、连接和构造、承载力、防灾减灾和防护措施等方面进行综合评定。

G.5.2　对可确定作用的地震、台风、雨雪和水灾等自然灾害，宜通过结构安全性校核评定其抗灾害能力。

G.5.3　对发生在结构局部的爆炸、撞击、火灾等偶然作用，宜通过评价其减小偶然作用及作用效应的措施、结构不发生与起因不相称的破坏和减小偶然作用影响范围措施等评定其抗灾害能力。

减小偶然作用及作用效应的措施包括防爆与泄爆措施、防撞击和抗撞击措施、可燃物质的控制与消防设施等。

减小偶然作用影响范围的措施包括结构变形缝设置和防止发生次生灾害的措施等。

G. 5. 4 对结构不可抗御的灾害，应评价其预警措施和疏散措施等。

本标准用词说明

1 为便于在执行本标准条文时区别对待，对要求严格程度不同的用词说明如下：

　　1) 表示很严格，非这样做不可的用词：

正面词采用"必须"，反面词采用"严禁"；

　　2) 表示严格，在正常情况下均应这样做的用词：

正面词采用"应"，反面词采用"不应"或"不得"；

　　3) 表示允许稍有选择，在条件许可时首先应这样做的用词：

正面词采用"宜"，反面词采用"不宜"；

表示有选择，在一定条件下可以这样做的用词，采用"可"。

2 条文中指明应按其他有关标准、规范执行时，写法为："应符合……的规定"或"应按……执行"。

中华人民共和国国家标准

工程结构可靠性设计统一标准

GB 50153—2008

条 文 说 明

目　次

1　总则 ……………………………… 20—32

2　术语、符号 …………………… 20—33
　2.1　术语 ……………………… 20—33

3　基本规定 ……………………… 20—34
　3.1　基本要求 ………………… 20—34
　3.2　安全等级和可靠度 ……… 20—35
　3.3　设计使用年限和耐久性 … 20—35
　3.4　可靠性管理 ……………… 20—35

4　极限状态设计原则 …………… 20—35
　4.1　极限状态 ………………… 20—35
　4.2　设计状况 ………………… 20—35
　4.3　极限状态设计 …………… 20—36

5　结构上的作用和环境影响 …… 20—36
　5.1　一般规定 ………………… 20—36
　5.2　结构上的作用 …………… 20—36
　5.3　环境影响 ………………… 20—38

6　材料和岩土的性能及几何
　　参数 ………………………… 20—38
　6.1　材料和岩土的性能 ……… 20—38
　6.2　几何参数 ………………… 20—39

7　结构分析和试验辅助设计 …… 20—39
　7.1　一般规定 ………………… 20—39
　7.2　结构模型 ………………… 20—39
　7.3　作用模型 ………………… 20—39
　7.4　分析方法 ………………… 20—39
　7.5　试验辅助设计 …………… 20—40

8　分项系数设计方法 …………… 20—40
　8.1　一般规定 ………………… 20—40
　8.2　承载能力极限状态 ……… 20—40
　8.3　正常使用极限状态 ……… 20—42

附录A　各类工程结构的专门
　　　　规定 …………………… 20—42
　A.1　房屋建筑结构的专门规定 … 20—42
　A.2　铁路桥涵结构的专门规定 … 20—43

　A.3　公路桥涵结构的专门规定 … 20—43
　A.4　港口工程结构的专门规定 … 20—44

附录B　质量管理 ……………… 20—45
　B.1　质量控制要求 …………… 20—45
　B.2　设计审查及施工检查 …… 20—46

附录C　作用举例及可变作用代表
　　　　值的确定原则 ………… 20—46
　C.1　作用举例 ………………… 20—46
　C.2　可变作用代表值的确定
　　　　原则 …………………… 20—46

附录D　试验辅助设计 ………… 20—47
　D.3　单项性能指标设计值的统
　　　　计评估 ………………… 20—47

附录E　结构可靠度分析基础和可
　　　　靠度设计方法 ………… 20—48
　E.1　一般规定 ………………… 20—48
　E.2　结构可靠指标计算 ……… 20—48
　E.3　结构可靠度校准 ………… 20—49
　E.4　基于可靠指标的设计 …… 20—49
　E.5　分项系数的确定方法 …… 20—50
　E.6　组合值系数的确定方法 … 20—50

附录F　结构疲劳可靠性验算
　　　　方法 …………………… 20—50
　F.1　一般规定 ………………… 20—50
　F.2　疲劳作用 ………………… 20—50
　F.3　疲劳抗力 ………………… 20—51
　F.4　疲劳可靠性验算方法 …… 20—51

附录G　既有结构的可靠性评定 … 20—51
　G.1　一般规定 ………………… 20—51
　G.2　安全性评定 ……………… 20—52
　G.3　适用性评定 ……………… 20—52
　G.4　耐久性评定 ……………… 20—53
　G.5　抗灾害能力评定 ………… 20—53

1 总 则

1.0.1 本标准是我国工程建设领域的一本重要的基础性国家标准，是制定我国工程建设其他相关标准的基础。本标准对包括房屋建筑、铁路、公路、港口、水利水电在内的各类工程结构设计的基本原则、基本要求和基本方法做出了统一规定，其目的是使设计建造的各类工程结构能够满足确保人的生命和财产安全并符合国家的技术经济政策的要求。

近年来，"可持续发展"越来越成为各类工程结构发展的主题，在最新的国际标准草案《房屋建筑的可持续性——总原则》ISO/DIS 15392（Sustainability in building construction—General principles）中还对可持续发展（sustainable development）给出了如下定义："这种发展满足当代人的需要而不损害后代人满足其需要的能力"。有鉴于此，本次修订中增加了"使结构符合可持续发展的要求"。

对于工程结构而言，可持续发展需要考虑经济、环境和社会三个方面的内容：

一、经济方面

应尽量减少从工程的规划、设计、建造、使用、维修直至拆除等各阶段费用的总和，而不是单纯从某一阶段的费用进行衡量。以墙体为例，如仅着眼于降低建造费用而使墙体的保暖性不够，则在使用阶段的采暖费用必然增加，就不符合可持续发展的要求。

二、环境方面

要做到减少原材料和能源的消耗，减少污染。建筑工程对环境的冲击性很大。以工程结构中大量采用的钢筋混凝土为例，减少对环境冲击的方法有提高水泥、混凝土、钢材的性能和强度，淘汰低性能和强度的材料；提高钢筋混凝土的耐久性；利用粉煤灰等作为水泥的部分替代用品（生产水泥时会大量产生二氧化碳），利用混凝土碎块作为骨料的部分替代用品等。

三、社会方面

要保护使用者的健康和舒适，保护建筑工程的文化价值。可持续发展的最终目标还是发展，工程结构的性能、功能必须好，能满足使用者日益提高的要求。

为了提高可持续性的应用水平，国际上正在做出努力，例如，国际标准化组织正在编制的国际标准或技术规程有《房屋建筑的可持续性——总原则》ISO 15392、《房屋建筑的可持续性——建筑工程环境性能评估方法框架》ISO/TS 21931（Sustainability in building construction—Framework for methods of assessment for environmental performance of construction work）等。

我国需要制定标准、规范，以大力推行可持续发展的房屋及土木工程。

1.0.2 本条规定了本标准的适用范围。本标准作为我国工程结构领域的一本基础标准，所规定的基本原则、基本要求和基本方法适用于整个结构、组成结构的构件及地基基础的设计；适用于结构的施工阶段和使用阶段；也适用于既有结构的可靠性评定。

1.0.3 我国在工程结构设计领域积极推广并已得到广泛采用的是以概率理论为基础、以分项系数表达的极限状态设计方法，但这并不意味着要排斥其他有效的结构设计方法，采用什么样的结构设计方法，应根据实际条件确定。概率极限状态设计方法需要以大量的统计数据为基础，当不具备这一条件时，工程结构设计可根据可靠的工程经验或通过必要的试验研究进行，也可继续按传统模式采用容许应力或单一安全系数等经验方法进行。

荷载对结构的影响除了其量值大小外，荷载的离散性对结构的影响也相当大，因而不同的荷载采用不同的分项系数，如永久荷载分项系数较小，风荷载分项系数较大；另一方面，荷载对地基的影响除了其量值大小外，荷载的持续性对地基的影响也很大。例如对一般的房屋建筑，在整个使用期间，结构自重始终持续作用，因而对地基的变形影响大，而风荷载标准值的取值为平均 50 年一遇值，因而对地基承载力和变形影响均相对较小，有风组合下的地基容许承载力应该比无风组合下的地基容许承载力大。

基础设计时，如用容许应力方法确定基础底面积，用极限状态方法确定基础厚度及配筋，虽然在基础设计上用了两种方法，但实际上也是可行的。

除上述两种设计方法外，还有单一安全系数方法，如在地基稳定性验算中，要求抗滑力矩与滑动力矩之比大于安全系数 K。

钢筋混凝土挡土墙设计是三种设计方法有可能同时应用的一个例子：挡土墙的结构设计采用极限状态法，稳定性（抗倾覆稳定性、抗滑移稳定性）验算采用单一安全系数法，地基承载力计算采用容许应力法。如对结构和地基采用相同的荷载组合和相同的荷载系数，表面上是统一了设计方法，实际上是不正确的。

设计方法虽有上述三种可用，但结构设计仍应采用极限状态法，有条件时采用以概率理论为基础的极限状态法。欧洲规范为极限状态设计方法用于土工设计，使极限状态方法在工程结构设计中得以全面实施，已经做出努力，在欧洲规范 7《土工设计》（Eurocode 7 Geotechnical design）中，专门列出了土工设计状况。在土工设计状况中，各分项系数与持久、短暂设计状况中的分项系数有所不同。本标准因缺乏这方面的研究工作基础，因而未能对土工设计状况做出明确的表述。

1.0.4、1.0.5 本标准是制定各类工程结构设计标准和其他相关标准应遵守的基本准则，它并不能代替各类工程结构设计标准和其他相关标准，如从结构设计看，本标准主要制定了各类工程结构设计所共同面临的各种基本变量（作用、环境影响、材料性能和几何参数）的取值原则、作用组合的规则、作用组合效应的确定方法等，结构设计中各基本变量的具体取值及在各种受力状态下作用效应和结构抗力具体计算方法应由各类工程结构的设计标准和其他相关标准作出相应规定。

2 术语、符号

本章的术语和符号主要依据国家标准《工程结构设计基本术语和通用符号》GBJ 132—90、国际标准《结构可靠性总原则》ISO 2394：1998和原国家标准《工程结构可靠度设计统一标准》GB 50153—92，并主要参考国家标准《建筑结构可靠度设计统一标准》GB 50068—2001和欧洲规范《结构设计基础》EN1990：2002等。

2.1 术 语

2.1.2 结构构件
例如，柱、梁、板、基桩等。

2.1.5 设计使用年限
在2000年第279号国务院令颁布的《建设工程质量管理条例》中，规定了基础设施工程、房屋建筑的地基基础工程和主体结构工程的最低保修期限为设计文件规定的该工程的"合理使用年限"；在1998年国际标准《结构可靠性总原则》ISO 2394：1998中，提出了"设计工作年限（design working life）"，其含义与"合理使用年限"相当。

在国家标准《建筑结构可靠度设计统一标准》GB 50068—2001中，已将"合理使用年限"与"设计工作年限"统一称为"设计使用年限"，本标准首次将这一术语推广到各类工程结构，并规定工程结构在超过设计使用年限后，应进行可靠性评估，根据评估结果，采取相应措施，并重新界定其使用年限。

设计使用年限是设计规定的一个时段，在这一规定时段内，结构只需进行正常的维护而不需进行大修就能按预期目的使用，并完成预定的功能，即工程结构在正常使用和维护下所应达到的使用年限，如达不到这个年限则意味着在设计、施工、使用与维护的某一或某些环节上出现了非正常情况，应查找原因。所谓"正常维护"包括必要的检测、防护及维修。

2.1.6 设计状况
以房屋建筑为例，房屋结构承受家具和正常人员荷载的状况属持久状况；结构施工时承受堆料荷载的状况属短暂状况；结构遭受火灾、爆炸、撞击等作用的状况属偶然状况；结构遭受罕遇地震作用的状况属地震状况。

2.1.11 荷载布置

荷载布置就是布置荷载的位置、大小和方向。只有自由作用有荷载布置的问题，固定作用不存在这个问题。荷载布置通常被称为图形加载。荷载布置的一个最简单例子，如对一根多跨连续梁，有各跨均加载、每隔一跨加载或相邻二跨加载而其余跨均不加载等荷载布置。

2.1.12 荷载工况
荷载工况就是确定荷载组合和每一种荷载组合下的各种荷载布置。假设某一结构设计共有3种荷载组合，荷载组合①有3种荷载布置，组合②有4种荷载布置，组合③有12种荷载布置，则该结构设计共有19种荷载工况。设计时对每一种荷载工况都要按式（8.2.4-1）或式（8.2.4-2）计算出荷载效应，结构各截面的荷载效应最不利值就是按式（8.2.4-1）或式（8.2.4-2）计算的基本组合的效应设计值。

除有经验、有把握排除对设计不起控制的荷载工况外，对每一种荷载工况均需要进行相应的结构分析。分析的目的是要找到各个截面、各个构件、结构各个部分及整个结构的最不利荷载效应。只要达到这个目的，任何计算过程都是可以的。

当荷载与荷载效应为线性关系时，叠加原理适用，荷载组合可转换为荷载效应叠加，即用式（8.2.4-2）取代式（8.2.4-1），此时，可先对每一种荷载（的每一种布置），计算出其荷载效应，然后按式（8.2.4-2）进行荷载效应叠加。

2.1.18 抗力
例如，承载力、刚度、抗裂度等。

2.1.19 结构的整体稳固性
结构的整体稳固性系指结构在遭遇偶然事件时，仅产生局部的损坏而不致出现与起因不相称的整体性破坏。

2.1.22 可靠度
对于新建结构，"规定的时间"是指设计使用年限。结构的可靠度是对可靠性的定量描述，即结构在规定的时间内，在规定的条件下，完成预定功能的概率。这是从统计数学观点出发的比较科学的定义，因为在各种随机因素的影响下，结构完成预定功能的能力只能用概率来度量。结构可靠度的这一定义，与其他各种从定值观点出发的定义是有本质区别的。

2.1.24 可靠指标 β
对于新建结构，与可靠度相对应的可靠指标 β，是指设计使用年限的 β。

2.1.28 统计参数
例如，平均值、标准差、变异系数等。

2.1.30 名义值
例如，根据物理条件或经验确定的值。

2.1.35 作用效应
例如，内力、变形和裂缝等。

2.1.49 设计基准期

原标准中设计基准期，一是用于可靠指标 β，指设计基准期的 β，二是用于可变作用的取值。本标准中设计基准期只用于可变作用的取值。

设计基准期是为确定可变作用的取值而规定的标准时段，它不等同于结构的设计使用年限。设计如需采用不同的设计基准期，则必须相应确定在不同的设计基准期内最大作用的概率分布及其统计参数。

2.1.53 可变作用的伴随值

在作用组合中，伴随主导作用的可变作用值。主导作用：在作用的基本组合中为代表值采用标准值的可变作用；在作用的偶然组合中为偶然作用；在作用的地震组合中为地震作用。

2.1.54 作用的代表值

作用的代表值包括作用标准值、组合值、频遇值和准永久值，其量值从大到小的排序依次为：作用标准值＞组合值＞频遇值＞准永久值。这四个值的排序不可颠倒，但个别种类的作用，组合值与频遇值可能取相同值。

2.1.56 作用组合（荷载组合）

原标准《工程结构可靠度设计统一标准》GB 50153—92在术语上都是沿用作用效应组合，在概念上主要强调的是在设计时对不同作用（或荷载）经过合理搭配后，将其在结构上的效应叠加的过程。实际上在结构设计中，当作用与作用效应间为非线性关系时，作用组合时采用简单的线性叠加就不再有效，因此在采用效应叠加时，还必须强调作用与作用效应"可按线性关系考虑"的条件。为此，在不同作用（或荷载）的组合时，不再强调在结构上效应叠加的涵义，而且其组合内容，除考虑它们的合理搭配外，还应包括它们在某种极限状态结构设计表达式中设计值的规定，以保证结构具有必要的可靠度。

2.1.63～2.1.69 一阶线弹性分析～刚性-塑性分析

一阶分析与二阶分析的划分界限在于结构分析时所依据的结构是否已考虑变形。如依据的是初始结构即未变形结构，则是一阶分析；如依据的是已变形结构，则是二阶分析。

事实上结构承受荷载时总是要产生变形的，如变形很小，由结构变形产生的次内力不影响结构的安全性和适用性，则结构分析时可略去变形的影响，根据初始结构的几何形体进行一阶分析，以简化计算工作。

3 基 本 规 定

3.1 基 本 要 求

3.1.1 结构可靠度与结构的使用年限长短有关，本标准所指的结构的可靠度或失效概率，对新建结构，是指设计使用年限的结构可靠度或失效概率，当结构的使用年限超过设计使用年限后，结构的失效概率可能较设计预期值增大。

3.1.2 在工程结构必须满足的 5 项功能中，第 1、4、5 项是对结构安全性的要求，第 2 项是对结构适用性的要求，第 3 项是对结构耐久性的要求，三者可概括为对结构可靠性的要求。

所谓足够的耐久性能，系指结构在规定的工作环境中，在预定时期内，其材料性能的劣化不致导致结构出现不可接受的失效概率。从工程概念上讲，足够的耐久性能就是指在正常维护条件下结构能够正常使用到规定的设计使用年限。

偶然事件发生时，防止结构出现连续倒塌的设计方法有二类：1 直接设计法；2 间接设计法。

1 直接设计法

对可能承受偶然作用的主要承重构件及其连接予以加强或予以保护，使这些构件能承受荷载规范规定的或业主专门提出的偶然作用值。当技术上难以达到或经济上代价昂贵时，允许偶然事件引发结构局部破坏，但结构应具备荷载第二传递途径以替代原来的传递途径。前者有的称之为关键构件设计法，后者有的称之为荷载替代传递途径法。

直接设计法比通常用的设计方法复杂得多，代价也高。

2 间接设计法

实际上就是增强结构的整体稳固性。结构的整体稳固性是我国规范需要重点解决的问题。以房屋建筑为例，最简易可行的方法是将房屋捆扎牢固，如对钢筋混凝土框架结构，在楼盖和屋盖内部，设置沿柱列纵、横两个方向的系杆，系杆均需要通长设置，并且在楼盖和屋盖周边设置整个周边通长的系杆，将柱与整个结构连系牢固；房屋稍高时，除设置上述水平向系杆外，在柱内设置从基础到屋盖通长的竖直向系杆。系杆设置的具体要求和方法应遵守相关技术规范的规定。而对钢筋混凝土承重墙结构，将承重墙与楼盖、屋盖连系牢固，组成"细胞状"结构。结构的延性、体系的连续性，都是设计时应予以注意的。

间接设计法的优点是易于实施，虽然这种方法不是建立在偶然作用下对结构详细分析的基础上，但是混凝土结构中连续的系杆和钢结构中加强的连接，可以使结构在偶然作用下发挥出高于其原有的承载力。虽然水平的系杆不能有效承受竖向荷载，但是原来由受损害部分承受的荷载有可能重分配至未受损害部分。

由于连续倒塌的风险对大多数建筑物而言是低的，因而可以根据结构的重要性采取不同的对策以防止出现结构的连续倒塌：

对于次要的结构，可不考虑结构的连续倒塌问题；

对于一般的结构，宜采用间接设计法；

对于重要的结构，应采用间接设计法，当业主有要求时，可采用直接设计法；

对于特别重要的结构，应采用直接设计法。

3.1.3、3.1.4 为满足对结构的基本要求，使结构避免或减少可能的损坏，宜采取的若干主要措施。

3.2 安全等级和可靠度

3.2.1 本条为强制性条文。在本标准中，按工程结构破坏后果的严重性统一划分为三个安全等级，其中，大量的一般结构宜列入中间等级；重要的结构应提高一级；次要的结构可降低一级。至于重要结构与次要结构的划分，则应根据工程结构的破坏后果，即危及人的生命、造成经济损失、对社会或环境产生影响等的严重程度确定。

3.2.2 同一工程结构内的各种结构构件宜与结构采用相同的安全等级，但允许对部分结构构件根据其重要程度和综合经济效果进行适当调整。如提高某一结构构件的安全等级所需额外费用很少，又能减轻整个结构的破坏从而大大减少人员伤亡和财物损失，则可将该结构构件的安全等级比整个结构的安全等级提高一级；相反，如某一结构构件的破坏并不影响整个结构或其他结构构件，则可将其安全等级降低一级。

3.2.4、3.2.5 可靠指标 β 的功能主要有两个：其一，是度量结构构件可靠性大小的尺度，对有充分的统计数据的结构构件，其可靠性大小可通过可靠指标 β 度量与比较；其二，目标可靠指标是分项系数法所采用的各分项系数取值的基本依据，为此，不同安全等级和失效模式的可靠指标宜适当拉开档次，参照国内外对规定可靠指标的分级，规定安全等级每相差一级，可靠指标取值宜相差 0.5。

3.3 设计使用年限和耐久性

3.3.1 本条为强制性条文。设计文件中需要标明结构的设计使用年限，而无需标明结构的设计基准期、耐久年限、寿命等。

3.3.2 随着我国市场经济的发展，迫切要求明确各类工程结构的设计使用年限。根据我国实际情况，并借鉴有关的国际标准，附录 A 对各类工程结构的设计使用年限分别作出了规定。国际标准《结构可靠性总原则》ISO 2394：1998 和欧洲规范《结构设计基础》EN 1990：2002 也给出了各类结构的设计使用年限的示例。表 1 是欧洲规范《结构设计基础》EN 1990：2002 给出的结构设计使用年限类别的示例：

表 1　设计使用年限类别示例

类别	设计使用年限（年）	示　例
1	10	临时性结构
2	10～25	可替换的结构构件

续表 1

类别	设计使用年限（年）	示　例
3	15～30	农业和类似结构
4	50	房屋结构和其他普通结构
5	100	标志性建筑的结构、桥梁和其他土木工程结构

3.4 可靠性管理

3.4.1～3.4.6 结构达到规定的可靠度水平是有条件的，结构可靠度是在"正常设计、正常施工、正常使用"条件下结构完成预定功能的概率，本节是从实际出发，对"三个正常"的要求作出了具有可操作性的规定。

4　极限状态设计原则

4.1　极　限　状　态

4.1.1 承载能力极限状态可理解为结构或结构构件发挥允许的最大承载能力的状态。结构构件由于塑性变形而使其几何形状发生显著改变，虽未达到最大承载能力，但已彻底不能使用，也属于达到这种极限状态。

疲劳破坏是在使用中由于荷载多次重复作用而达到的承载能力极限状态。

正常使用极限状态可理解为结构或结构构件达到使用功能上允许的某个限值的状态。例如，某些构件必须控制变形、裂缝才能满足使用要求。因过大的变形会造成如房屋内粉刷层剥落、填充墙和隔断墙开裂及屋面积水等后果；过大的裂缝会影响结构的耐久性；过大的变形、裂缝也会造成用户心理上的不安全感。

4.2　设　计　状　况

4.2.1 原标准规定结构设计时应考虑持久设计状况、短暂设计状况和偶然设计状况等三种设计状况，本次修订中增加了地震设计状况。这主要由于地震作用具有与火灾、爆炸、撞击或局部破坏等偶然作用不同的特点：首先，我国很多地区处于地震设防区，需要进行抗震设计且很多结构是由抗震设计控制的；其二，地震作用是能够统计并有统计资料的，可以根据地震的重现期确定地震作用，因此，本次修订借鉴了欧洲规范《结构设计基础》EN 1990：2002 的规定，在原有三种设计状况的基础上，增加了地震设计状况。结构设计应分别考虑持久设计状况、短暂设计状况、偶然设计状况，对处于地震设防区的结构尚应考虑地震设计状况。

4.3 极限状态设计

4.3.1 当考虑偶然事件产生的作用时，主要承重结构可仅按承载能力极限状态进行设计，此时采用的结构可靠指标可适当降低。

4.3.2～4.3.4 工程结构按极限状态设计时，对不同的设计状况应采用相应的作用组合，在每一种作用组合中还必须选取其中的最不利组合进行有关的极限状态设计。设计时应针对各种有关的极限状态进行必要的计算或验算，当有实际工程经验时，也可采用构造措施来代替验算。

4.3.5 基本变量是指极限状态方程中所包含的影响结构可靠度的各种物理量。它包括：引起结构作用效应 S（内力等）的各种作用，如恒荷载、活荷载、地震、温度变化等；构成结构抗力 R（强度等）的各种因素，如材料性能、几何参数等。分析结构可靠度时，也可将作用效应或结构抗力作为综合的基本变量考虑。基本变量一般可认为是相互独立的随机变量。

极限状态方程是当结构处于极限状态时各有关基本变量的关系式。当结构设计问题中仅包含两个基本变量时，在以基本变量为坐标的平面上，极限状态方程为直线（线性问题）或曲线（非线性问题）；当结构设计问题中包含多个基本变量时，在以基本变量为坐标的空间中，极限状态方程为平面（线性问题）或曲面（非线性问题）。

4.3.6、4.3.7 为了合理地统一我国各类材料结构设计规范的结构可靠度和极限状态设计原则，促进结构设计理论的发展，本标准采用了以概率理论为基础的极限状态设计方法。

以往采用的半概率极限状态设计方法，仅在荷载和材料强度的设计取值上分别考虑了各自的统计变异性，没有对结构构件的可靠度给出科学的定量描述。这种方法常常使人误认为只要设计中采用了某一给定的安全系数，结构就能百分之百的可靠，将设计安全系数与结构可靠度简单地等同了起来。而以概率理论为基础的极限状态设计方法则是以结构失效概率来定义结构可靠度，并以与结构失效概率相对应的可靠指标 β 来度量结构可靠度，从而能较好地反映结构可靠度的实质，使设计概念更为科学和明确。

5 结构上的作用和环境影响

5.1 一般规定

5.1.1 本章内容是对结构上的外界因素进行系统的分类和规定。外界因素包括在结构上可能出现的各种作用和环境影响，其中最主要的是各种作用，就作用形态的不同，还可分为直接作用和间接作用，前者是指施加在结构上的集中力或分布力，习惯上常称为荷载；不以力的形式出现在结构上的作用，归类为间接作用，它们都是引起结构外加变形和约束变形的原因，例如地面运动、基础沉降、材料收缩、温度变化等。无论是直接作用还是间接作用，都将使结构产生作用效应，诸如应力、内力、变形、裂缝等。

环境影响与作用不同，它是指能使结构材料随时间逐渐恶化的外界因素，随影响性质的不同，它们可以是机械的、物理的、化学的或生物的，与作用一样，它们也要影响到结构的安全性和适用性。

5.2 结构上的作用

5.2.1 结构上的大部分作用，例如建筑结构的楼面活荷载和风荷载，它们各自出现与否以及出现时量值的大小，在时间和空间上都是互相独立的，这种作用在计算其结构效应和进行组合时，均可按单个作用考虑。某些作用在结构上的出现密切相关且有可能同时以最大值出现，例如桥梁上诸多单独的车辆荷载，可以将它们以车队形式作为单个荷载来考虑。此外，冬季的雪荷载和结构上的季节温度差，它们的最大值有可能同时出现，就不能各自按单个作用考虑它们的组合。

5.2.2 对有可能同时出现的各种作用，应该考虑它们在时间和空间上的相关关系，通过作用组合（荷载组合）来处理对结构效应的影响；对于不可能同时出现的作用，就不应考虑其同时出现的组合。

5.2.3 作用按随时间的变化分类是作用最主要的分类，它直接关系到作用变量概率模型的选择。

永久作用的统计参数与时间基本无关，故可采用随机变量概率模型来描述；永久作用的随机性通常表现在随空间变异上。可变作用的统计参数与时间有关，故宜采用随机过程概率模型来描述；在实用上经常可将随机过程概率模型转化为随机变量概率模型来处理。

作用按不同性质进行分类，是出于结构设计规范化的需要，例如，车辆荷载，按随时间变化的分类属于可变荷载，应考虑它对结构可靠性的影响；按随空间变化的分类属于自由作用，应考虑它在结构上的最不利位置；按结构反应特点的分类属于动态荷载，还应考虑结构的动力响应。

在选择作用的概率模型时，很多典型的概率分布类型的取值往往是无界的，而实际上很多随机作用的量值由于客观条件的限制而具有不能被超越的界限值，例如水坝的最高水位，具有敞开泄压口的内爆炸荷载等。选用这类有界作用的概率分布类型时，应考虑它们的特点，例如可采用截尾的分布类型。

作用的其他分类，例如，当进行结构疲劳验算时，可按作用随时间变化的低周性和高周性分类；当考虑结构徐变效应时，可按作用在结构上持续期的长短分类。

5.2.4～5.2.7 作为基本变量的作用，应尽可能根据它随时间变化的规律，采用随机过程的概率模型来描述，但由于对作用观测数据的局限性，对于不同问题还可给以合理的简化。譬如，在设计基准期内结构上的最不利作用（最大作用或最小作用），原则上也应按随机过程的概率模型，但通过简化，也可采用随机变量的概率模型来描述。

在一个确定的设计基准期 T 内，对荷载随机过程作一次连续观测（例如对某地的风压连续观测 30～50 年），所获得的依赖于观测时间的数据就称为随机过程的一个样本函数。每个随机过程都是由大量的样本函数构成的。

荷载随机过程的样本函数是十分复杂的，它随荷载的种类不同而异。目前对各类荷载随机过程的样本函数及其性质了解甚少。对于常见的活荷载、风荷载、雪荷载等，为了简化起见，采用了平稳二项随机过程概率模型，即将它们的样本函数统一模型化为等时段矩形波函数，矩形波幅值的变化规律采用荷载随机过程 $\{Q(t), t \in [0, T]\}$ 中任意时点荷载的概率分布函数 $F_Q(x) = P\{Q(t_0) \leqslant x, t_0 \in [0, T]\}$ 来描述。

对于永久荷载，其值在设计基准期内基本不变，从而随机过程就转化为与时间无关的随机变量 $\{G(t) = G, t \in [0, T]\}$，所以样本函数的图像是平行于时间轴的一条直线。此时，荷载一次出现的持续时间 $\tau = T$，在设计基准期内的时段数 $r = \frac{T}{\tau} = 1$，而且在每一时段内出现的概率 $p = 1$。

对于可变荷载（活荷载及风、雪荷载等），其样本函数的共同特点是荷载一次出现的持续时间 $\tau < T$，在设计基准期内的时段数 $r > 1$，且在 T 内至少出现一次，所以平均出现次数 $m = pr \geqslant 1$。不同的可变荷载，其统计参数 τ、p 以及任意时点荷载的概率分布函数 $F_Q(x)$ 都是不同的。

对于活荷载及风、雪荷载随机过程的样本函数采用这种统一的模型，为推导设计基准期最大荷载的概率分布函数和计算组合的最大荷载效应（综合荷载效应）等带来很多方便。

当采用一次二阶矩极限状态设计法时，必须将荷载随机过程转化为设计基准期最大荷载：

$$Q_T = \max_{0 \leqslant t \leqslant T} Q(t)$$

因 T 已规定，故 Q_T 是一个与时间参数 t 无关的随机变量。

各种荷载的概率模型必须通过调查实测，根据所获得的资料和数据进行统计分析后确定，使之尽可能反映荷载的实际情况，并不要求一律选用平稳二项随机过程这种特定的概率模型。

任意时点荷载的概率分布函数 $F_Q(x)$ 是结构可靠度分析的基础。它应根据实测数据，运用 χ^2 检验或 K-S 检验等方法，选择典型的概率分布如正态、对数正态、伽马、极值Ⅰ型、极值Ⅱ型、极值Ⅲ型等来拟合，检验的显著性水平可取 0.05。显著性水平是指所假设的概率分布类型为真而经检验被拒绝的最大概率。

荷载的统计参数，如平均值、标准差、变异系数等，应根据实测数据，按数理统计学的参数估计方法确定。当统计资料不足而一时又难以获得时，可根据工程经验经适当的判断确定。

虽然任何作用都具有不同性质的变异性，但在工程设计中，不可能直接引用反映其变异性的各种统计参数并通过复杂的概率运算进行设计。因此，在设计时，除了采用能便于设计者使用的设计表达式外，对作用仍应赋予一个规定的量值，称为作用的代表值。根据设计的不同要求，可规定不同的代表值，以使能更确切地反映它在设计中的特点。在本标准中参考国际标准对可变作用采用四种代表值：标准值、组合值、频遇值和准永久值，其中标准值是作用的基本代表值，而其他代表值都可在标准值的基础上乘以相应的系数后来表示。

作用标准值是指其在结构设计基准期内可能出现的最大作用值。由于作用本身的随机性，因而设计基准期内的最大作用也是随机变量，尤其是可变作用，原则上都可用它们的统计分布来描述。作用标准值统一由设计基准期最大作用概率分布的某个分位值来确定，设计基准期应该统一规定，譬如为 50 年或 100 年，此外还应对该分位值的百分数作明确规定，这样标准值就可取分布的统计特征值（均值、众值、中值或较高的分位值，譬如 90% 或 95% 的分位值），因此在国际上也称标准值为特征值。

对可变作用的标准值，有时可以通过平均重现期的规定来定义，见附录第 C.2.1 条第 3 款。

在实际工程中，有时由于无法对所考虑的作用取得充分的数据，也不得不从实际出发，根据已有的工程实践经验，通过分析判断后，协议一个公称值或名义值作为作用的代表值。

当有两种或两种以上的可变作用在结构上要求同时考虑时，由于所有可变作用同时达到其单独出现时可能达到的最大值的概率极小，因此在结构按承载能力极限状态设计时，除主导作用应采用标准值为代表值外，其他伴随作用均应采用主导作用出现时段内的最大量值，即以小于其标准值的组合值为代表值（见附录第 C.2.4 条）。

当结构按正常使用极限状态的要求进行设计时，例如要求控制结构的变形、局部损坏以及振动时，理应从不同的要求出发，来选择不同的作用代表值；目前规范提供的除标准值和组合值外，还有频遇值和准永久值。频遇值是代表某个约定条件下不被超越的作用水平，例如在设计基准期内被超越的总时间与设计基准期之比规定为某个较小的比率，或被超越的频率限制在规定的频率内的作用水平。准永久值是代表作用在设计基准期内经常出现的水平，也即其持久性部分，当对持久性部分无法定性时，也可按频遇值定义，在设计基准期内被超越的总时间与设计基准期之比规定为某个较大的比率来确定（详见附录C.2.2和C.2.3条）。

5.2.8 偶然作用是指在设计使用年限内不一定出现，而一旦出现其量值很大，且持续期在多数情况下很短的作用，例如爆炸、撞击、龙卷风、偶然出现的雪荷载、风荷载等。因此，偶然作用的出现是一种意外事件，它们的代表值应根据具体的工程情况和偶然作用可能出现的最大值，并且考虑经济上的因素，综合地加以确定，也可通过有关的标准规定。

对这类作用，由于历史资料的局限性，一般都是根据工程经验，通过分析判断，经协议确定其名义值。当有可能获取偶然作用的量值数据并可供统计分析，但是缺乏失效后果的定量和经济上的优化分析时，国际标准建议可采用重现期为万年的标准确定其代表值。

当采用偶然作用为结构的主导作用时，设计应保证结构不会由于作用的偶然出现而导致灾难性的后果。

5.2.9 地震作用的代表值按传统都采用当地地区的基本烈度，根据大部分地区的统计资料，它相当于设计基准期为50年最大烈度90%的分位值。如果采用重现期表示，基本烈度相当于重现期为475年地震烈度。我国规范将抗震设防划分三个水准，第一水准是低于基本烈度，也称为众值烈度，俗称小震，它相当于50年最大烈度36.8%的分位值；第二水准是基本烈度；第三水准是罕遇地震烈度，它远高于基本烈度，俗称大震，相当于50年最大烈度98%分位值，或重现期为2500年地震烈度。

5.2.10 为了能适应各种不同形式的结构，将结构上的作用分成两部分因素：与结构类型无关的基本作用和与结构类型（包括外形和变形性能）有关的因素。基本作用 F_0 通常具有随时间和空间的变异性，它应具有标准化的定义，例如对结构自重可定义为结构的图纸尺寸和材料的标准重度；对雪荷载可定义标准地面上的雪重为基本雪压；对风荷载可定义标准地面上10m高处的标准时距的平均风速为基本风压，如此等等。而作用值应在基本作用的基础上，考虑与结构有关的其他因素，通过反映作用规律的数学函数 $\varphi(\cdot)$ 来表述，例如，对雪荷载的情况，可根据屋面的不同条件将基本雪压换算为屋面上的雪荷载；对风荷载的情况，可根据场地地面粗糙度情况、结构外形及结构不同高度，将基本风压换算为结构上的风荷载。

5.2.11 当作用对结构产生不可忽略的加速度时，即与加速度对应的结构效应占有相当比重时，结构应采

用动力模型来描述。此时，动态作用必须按某种方式描述其随时间的变异性（随机性），作用可根据分析的方便与否采用时域或频域的描述方式，作用历程中的不定性可通过选定随机参数的非随机函数来描述，也可进一步采用随机过程来描述，各种随机过程经常被假定为分段平稳的。

在有些情况下，动态作用与材料性能和结构刚度、质量及各类阻尼有关，此时对作用的描述首先是在偏于安全的前提下规定某些参数，例如结构质量、初速度等。通常还可以进一步将这些参数转化为等效的静态作用。

如果认为所选用的参数还不能保证其结果偏于安全，就有必要对有关作用模型按不同的假设进行计算，从中选出认为可靠的结果。

5.3 环 境 影 响

5.3.1、5.3.2 环境影响可以具有机械的、物理的、化学的或生物的性质，并且有可能使结构的材料性能随时间发生不同程度的退化，向不利方向发展，从而影响结构的安全性和适用性。

环境影响在很多方面与作用相似，而且可以和作用相同地进行分类，特别是关于它们在时间上的变异性，因此，环境影响可分类为永久、可变和偶然影响三类。例如，对处于海洋环境中的混凝土结构，氯离子对钢筋的腐蚀作用是永久影响，空气湿度对木材强度的影响是可变影响等。

环境影响对结构的效应主要是针对材料性能的降低，它是与材料本身有密切关系的，因此，环境影响的效应应根据材料特点而加以规定。在多数情况下是涉及化学的和生物的损害，其中环境湿度的因素是最关键的。

如同作用一样，对环境影响应尽量采用定量描述；但在多数情况下，这样做是有困难的，因此，目前对环境影响只能根据材料特点，按其抗侵蚀性的程度来划分等级，设计时按等级采取相应措施。

6 材料和岩土的性能及几何参数

6.1 材料和岩土的性能

6.1.1、6.1.2 材料性能实际上是随时间变化的，有些材料性能，例如木材、混凝土的强度等，这种变化相当明显，但为了简化起见，各种材料性能仍作为与时间无关的随机变量来考虑，而性能随时间的变化一般通过引进换算系数来估计。

6.1.3 用材料的标准试件试验所得的材料性能 f_{spe}，一般说来，不等同于结构中实际的材料性能 f_{str}，有时两者可能有较大的差别。例如，材料试件的加荷速度远超过实际结构的受荷速度，致使试件的材料强度

较实际结构中偏高；试件的尺寸远小于结构的尺寸，致使试件的材料强度受到尺寸效应的影响而与结构中不同；有些材料，如混凝土，其标准试件的成型与养护与实际结构并不完全相同，有时甚至相差很大，以致两者的材料性能有所差别。所有这些因素一般习惯于采用换算系数或函数 K_0 来考虑，从而结构中实际的材料性能与标准试件材料性能的关系可用下式表示：

$$f_{str} = K_0 f_{spe}$$

由于结构所处的状态具有变异性，因此换算系数或函数 K_0 也是随机变量。

6.1.4 材料强度标准值一般取概率分布的低分位值，国际上一般取 0.05 分位值，本标准也采用这个分位值确定材料强度标准值。此时，当材料强度按正态分布时，标准值为：

$$f_k = \mu_f - 1.645\sigma_f$$

当按对数正态分布时，标准值近似为：

$$f_k = \mu_f \exp(-1.645\delta_f)$$

式中 μ_f、σ_f 及 δ_f 分别为材料强度的平均值、标准差及变异系数。

当材料强度增加对结构性能不利时，必要时可取高分位值。

6.1.5 岩土性能参数的标准值当有可能采用可靠性估值时，可根据区间估计理论确定，单侧置信界限值由式 $f_k = \mu_f \left(1 \pm \dfrac{t_\alpha}{\sqrt{n}} \delta_f\right)$ 求得，式中 t_α 为学生氏函数，按置信度 $1-\alpha$ 和样本容量 n 确定。

6.2 几 何 参 数

6.2.1 结构的某些几何参数，例如梁跨和柱高，其变异性一般对结构抗力的影响很小，设计时可按确定量考虑。

7 结构分析和试验辅助设计

7.1 一 般 规 定

7.1.1~7.1.3 结构分析是确定结构上作用效应的过程，结构上的作用效应是指在作用影响下的结构反应，包括构件截面内力（如轴力、剪力、弯矩、扭矩）以及变形和裂缝。

在结构分析中，宜考虑环境对材料、构件和结构性能的影响，如湿度对木材强度的影响，高温对钢结构性能的影响等。

7.2 结 构 模 型

7.2.1 建立结构分析模型一般都要对结构原型进行适当简化，考虑决定性因素，忽略次要因素，并合理考虑构件及其连接，以及构件与基础间的力-变形关系等因素。

7.2.2 一维结构分析模型适用于结构的某一维尺寸（长度）比其他两维大得多的情况，或结构在其他两维方向上的变化对结构分析结果影响很小的情况，如连续梁；二维结构分析模型适用于结构的某一维尺寸比其他两维小得多的情况，或结构在某一维方向上的变化对分析结果影响很小的情况，如平面框架；三维结构分析模型适用于结构中没有一维尺寸显著大于或小于其他两维的情况。

7.2.4 在许多情况下，结构变形会引起几何参数名义值产生显著变异。一般称这种变形效应为几何非线性或二阶效应。如果这种变形对结构性能有重要影响，原则上应与结构的几何不完整性一样在设计中加以考虑。

7.2.5 结构分析模型描述各有关变量之间在物理上或经验上的关系。这些变量一般是随机变量。计算模型一般可表达为：

$$Y = f(X_1, X_2, \cdots, X_n)$$

式中　　　　　Y ——模型预测值；

$f(\cdot)$ ——模型函数；

X_i $(i=1, 2, \cdots, n)$ ——变量。

如果模型函数 $f(\cdot)$ 是完整、准确的，变量 $X_i(i=1,2,\cdots,n)$ 值在特定的试验中经量测已知，则结果 Y 可以预测无误；但多数情况下模型并不完整，这可能因为缺乏有关知识，或者为设计方便而过多简化造成的。模型预测值的试验结果 Y' 可以写成如下：

$$Y' = f'(X_1, X_2, \cdots, X_n, \theta_1, \theta_2, \cdots, \theta_n)$$

式中 θ_i $(i=1, 2, \cdots, n)$ 为有关参数，它包含着模型不定性，且按随机变量处理。在多数情况下其统计特性可通过试验或观测得到。

7.3 作 用 模 型

7.3.1 一个完善的作用模型应能描述作用的特性，如作用的大小、位置、方向、持续时间等。在有些情况下，还应考虑不同特性之间的相关性，以及作用与结构反应之间的相互作用。

在多数情况中，结构动态反应是由作用的大小、位置或方向的急剧变化所引起的。结构构件的刚度或抗力的突然改变，亦可能产生动态效应。当动态性能起控制作用时，需要比较详细的过程描述。动态作用的描述可以时间为主或以频率为主给出，依方便而定。为描述作用在时间变化历程中的各种不定性，可将作用描述为一个具有选定随机参数的时间非随机函数，或作为一个分段平稳的随机过程。

7.4 分 析 方 法

7.4.1、7.4.2 当结构的材料性能处于弹性状态时，一般可假定力与变形（或变形率）之间的相互关系是线性的，可采用弹性理论进行结构分析，在这种情况下，分析比较简单，效率也较高；而当结构的材料性能处于弹塑性状态或完全塑性状态时，力与变形（或变形率）之间的相互关系比较复杂，一般情况下都是非线性的，这时宜采用弹塑性理论或塑性理论进行结构分析。

7.4.3 结构动力分析主要涉及结构的刚度、惯性力和阻尼。动力分析刚度与静力分析所采用的原则一致。尽管重复作用可能产生刚度的退化，但由于动力影响，亦可能引起刚度增大。惯性力是由结构质量、非结构质量和周围流体、空气和土壤等附加质量的加速度引起的。阻尼可由许多不同因素产生，其中主要因素有：

1 材料阻尼，例如源于材料的弹性特性或塑性特性；

2 连接中的摩擦阻尼；

3 非结构构件引起的阻尼；

4 几何阻尼；

5 土壤材料阻尼；

6 空气动力和流体动力阻尼。

在一些特殊情况下，某些阻尼项可能是负值，导致从环境到结构的能量流动。例如疾驰、颤动和在某些程度上的游涡所引起的反应。对于强烈地震时的动力反应，一般需要考虑循环能量衰减和滞回能量消失。

7.5 试验辅助设计

7.5.1、7.5.2 试验辅助设计（简称试验设计）是确定结构和结构构件抗力、材料性能、岩土性能以及结构作用和作用效应设计值的方法。该方法以试验数据的统计评估为依据，与概率设计和分项系数设计概念相一致。在下列情况下可采用试验辅助设计：

1 规范没有规定或超出规范适用范围的情况；

2 计算参数不能确切反映工程实际的特定情况；

3 现有设计方法可能导致不安全或设计结果过于保守的情况；

4 新型结构（或构件）、新材料的应用或新设计公式的建立；

5 规范规定的特定情况。

对于新技术、新材料等，在工程应用中应特别慎重，可能还有其他政策和规范要求，也应遵守。

8 分项系数设计方法

8.1 一般规定

8.1.1 尽管概率极限状态设计方法全部更新了结构可靠性的概念与分析方法，但提供给设计人员实际使用的仍然是分项系数设计表达方式，它与设计人员长期使用的表达形式相同，从而易于掌握。

概率极限状态设计方法必须以统计数据为基础，考虑到对各类工程结构所具有的统计数据在质与量二个方面都很有很大差异，在某些领域根本没有统计数据，因而规定当缺乏统计数据时，可以不通过可靠指标 β，直接按工程经验确定分项系数。

8.1.2 本条规定了各种基本变量设计值的确定方法。

1 作用的设计值 F_d 一般可表示为作用的代表值 F_r 与作用的分项系数 γ_F 的乘积。对可变作用，其代表值包括标准值、组合值、频遇值和准永久值。组合值、频遇值和准永久值可通过对可变作用标准值的折减来表示，即分别对可变作用的标准值乘以不大于 1 的组合值系数 ψ_c、频遇值系数 ψ_f 和准永久值系数 ψ_q。

工程结构按不同极限状态设计时，在相应的作用组合中对可能同时出现的各种作用，应采用不同的作用设计值 F_d，见表 2：

表 2 作用的设计值 F_d

极限状态	作用组合	永久作用	主导作用	伴随可变作用	公式
承载能力极限状态	基本组合	$\gamma_{G_i} G_{ik}$	$\gamma_{Q_1} \gamma_{L1} Q_{1k}$	$\gamma_{Q_j} \psi_{cj} \gamma_{Lj} Q_{jk}$	(8.2.4-1)
	偶然组合	G_{ik}	A_d	$(\psi_{f1}\ 或\ \psi_{q1}) Q_{1k}$ 和 $\psi_{qj} Q_{jk}$	(8.2.5-1)
	地震组合	G_{ik}	$\gamma_I A_{Ek}$	$\psi_{qj} Q_{jk}$	(8.2.6-1)
正常使用极限状态	标准组合	G_{ik}	Q_{1k}	$\psi_{cj} Q_{jk}$	(8.3.2-1)
	频遇组合	G_{ik}	$\psi_{f1} Q_{1k}$	$\psi_{qj} Q_{jk}$	(8.3.2-3)
	准永久组合	G_{ik}	—	$\psi_{qj} Q_{jk}$	(8.3.2-5)

作用分项系数 γ_F 的取值，应符合现行国家有关标准的规定。如对房屋建筑，γ_F 的取值为：不利时，$\gamma_G = 1.2$ 或 1.35，$\gamma_Q = 1.4$；有利时，$\gamma_G \leqslant 1.0$，$\gamma_Q = 0$。

8.2 承载能力极限状态

8.2.1 本条列出了四种承载能力极限状态，应根据四种状态性质的不同，采用不同的设计表达方式及与之相应的分项系数数值。

对于疲劳破坏，有些材料（如钢筋）的疲劳强度宜采用应力变程（应力幅）而不采用强度绝对值来表达。

8.2.2 式（8.2.2-1）中，S_d 包括荷载系数，R_d 包括材料系数（或抗力系数），这二类系数在一定范围内是可以互换的。

以房屋建筑结构中安全等级为二级、设计使用年限为 50 年的钢筋混凝土轴心受拉构件为例：

设永久作用标准值的效应 $N_{G_k} = 10$kN，可变作用标准值的效应 $N_{Q_k} = 20$kN，钢筋强度标准值 $f_{yk} = 400$N/mm^2，求所需钢筋面积 A_s。

方案 1 取 $\gamma_G = 1.2$，$\gamma_Q = 1.4$，$\gamma_s = 1.1$，则由式（8.2.4-2），作用组合的效应设计值 N_d

$= \gamma_G N_{G_k} + \gamma_Q N_{Q_k} = 1.2 \times 10 + 1.4 \times 20 = 40(kN)$，取 $R_d = A_s f_{yk}/\gamma_s = N_d = 40$ (kN)，则 $A_s = 40 \times 1.1/(400 \times 0.001) = 110(mm^2)$。

方案 2　取 $\gamma_G = 1.2 \times 1.1/1.2 = 1.1$，$\gamma_Q = 1.4 \times 1.1/1.2 = 1.283$，$\gamma_s = 1.1/(1.1/1.2) = 1.2$，则由式（8.2.4-2），作用组合的效应设计值 $N_d = \gamma_G N_{G_k} + \gamma_Q N_{Q_k} = 1.1 \times 10 + 1.283 \times 20 = 36.66(kN)$，取 $R_d = A_s f_{yk}/\gamma_s = N_d = 36.66(kN)$，则 $A_s = 36.66 \times 1.2/(400 \times 0.001) = 110(mm^2)$。

方案 1 和方案 2 是完全等价的，用相同的钢筋截面积承受相同的拉力设计值，安全度是完全相同的。

方案 1 的荷载系数及材料系数与国际及国内比较靠近，而方案 2 则有明显差异。方案 2 不可取，不利于各类工程结构之间的协调对比。

8.2.4　对基本组合，原标准只给出了用函数形式的表达式，设计人员无法用作设计。《建筑结构可靠度设计统一标准》GB 50068—2001给出了用显式的表达式，设计人员可用作设计，但仅限于作用与作用效应按线性关系考虑的情况，非线性关系时不适用。

本标准首次提出对各类工程结构、对线性与非线性两种关系全部适用的，设计人员可直接采用的表达式。

本标准对结构的重要性系数用 γ_0 表示，这与原标准相同。

当结构的设计使用年限与设计基准期不同时，应对可变作用的标准值进行调整，这是因为结构上的各种可变作用均是根据设计基准期确定其标准值的。以房屋建筑为例，结构的设计基准期为 50 年，即房屋建筑结构上的各种可变作用的标准值取其 50 年一遇的最大值分布上的"某一分位值"，对设计使用年限为 100 年的结构，要保证结构在 100 年时具有设计要求的可靠度水平，理论上要求结构上的各种可变作用应采用 100 年一遇的最大值分布上的相同分位值作为可变作用的"标准值"，但这种作法对同一种可变作用会随设计使用年限的不同而有多种"标准值"，不便于荷载规范表达和设计人员使用，为此，本标准首次提出考虑结构设计使用年限的荷载调整系数 γ_L，以设计使用年限 100 年为例，γ_L 的含义是在可变作用 100 年一遇的最大值分布上，与该可变作用 50 年一遇的最大值分布上标准值的相同分位值的比值，其他年限可类推。在附录 A.1 中对房屋建筑结构给出了 γ_L 的具体取值，设计人员可直接采用；对设计使用年限为 50 年的结构，其设计使用年限与设计基准期相同，不需调整可变作用的标准值，则取 $\gamma_L = 1.0$。

永久荷载不随时间而变化，因而与 γ_L 无关。

当设计使用年限大于基准期时，除在荷载方面考虑 γ_L 外，在抗力方面也需采取相应措施，如采用较高的混凝土强度等级、加大混凝土保护层厚度或对钢筋作涂层处理等，使结构在更长的时间内不致因材料劣化而降低可靠度。

8.2.5　偶然作用的情况复杂，种类很多，因而对偶然组合，原标准只用文字作简单叙述，本标准给出了偶然组合效应设计值的表达式，但未能统一选定式（8.2.5-1）或式（8.2.5-2）中用 ψ_{f1} 或 ψ_{q1}，有关的设计规范应予以明确。

8.2.6　各类工程结构都会遭遇地震，很多结构是由抗震设计控制的。目前我国地震作用的取值标准在各类工程结构之间相差很大，需加以协调。

国内外对地震作用的研究，今天已发展到可统计且有统计数据了。可以给出不同重现期的地震作用，根据地震作用不同的取值水平提出对结构相应的性能要求，这和现在无法统计或没有统计数据的偶然作用显然不同。将地震设计状况单独列出的客观条件已经具备，列出这一状况有利于各类工程结构抗震设计的统一协调与发展。

对房屋建筑而言，式（8.2.6-1）中地震作用的取值标准由重现期为 50 年的地震作用即多遇地震作用，提高到重现期为 475 年的地震作用即基本烈度地震作用（后者的地震加速度约为前者的 3 倍），作为选定截面尺寸和配筋量的依据，其目的绝不是要普遍提高地震设防水平，普遍增加材料用量，而是要将对结构抗震至关重要的结构体系延性作为抗震设计的重要参数，使设计合理。

结构在基本烈度地震作用下已处于弹塑性阶段，结构体系延性高，耗能能力强，可大幅度降低结构按弹性分析所得出的地震作用效应，鼓励设计人员设计出高延性的结构体系，降低地震作用效应，缩小截面，减少资源消耗。

上述做法在国际上是通用的，在有关标准规范中均有明确规定。国际标准《结构上的地震作用》ISO 3010，规定了结构系数（structural factor）k_D；欧洲规范《结构抗震设计》EN 1998，规定了性能系数（behaviour factor）q；美国规范《国际建筑规范》IBC 及《建筑荷载规范》ASCE7，规定了反应修正系数（response modification coefficient）R，这些系数虽然名称不同、符号各异，但含义类似。采用这些系数后，在设计基本地震加速度相同的条件下，可使延性高的结构体系与延性低的结构体系相比，大幅度降低结构承载力验算时的地震力。

式（8.2.6-1）中的地震作用重要性系数 γ_1 与式（8.2.2-1）中的结构重要性系数 γ_0 不应同时采用。在房屋建筑中，将量大面广的丙类建筑 γ_1 取值为 1.0，对甲类、乙类建筑 γ_1 取大于 1。

γ_1 与第 8.2.4 条说明中 γ_L 的含义类似。假设对甲类建筑采用重现期为 2500 年的地震，则对甲类建

筑的 γ_1，含义就是 2500 年一遇的地震作用与 475 年一遇的地震作用的比值。

8.3 正常使用极限状态

8.3.1 对承载能力极限状态，安全与失效之间的分界线是清晰的，如钢材的屈服、混凝土的压坏、结构的倾覆、地基的滑移，都是清晰的物理现象。对正常使用极限状态，能正常使用与不能正常使用之间的分界线是模糊的，难以找到清晰的物理现象，区分正常与不正常，在很大程度上依靠工程经验确定。

8.3.2 列出了三种组合，来源于《结构可靠性总原则》ISO 2394 和《结构设计基础》EN 1990。

正常使用极限状态的可逆与不可逆的划分很重要。如不可逆，宜用标准组合；如可逆，宜用频遇组合或准永久组合。

可逆与不可逆不能只按所验算构件的情况确定，而且需要与周边构件联系起来考虑。以钢梁的挠度为例，钢梁的挠度本身当然是可逆的，但如钢梁下有隔墙，钢梁与隔墙之间又未作专门处理，钢梁的挠度会使隔墙损坏，则仍被认为是不可逆的，应采用标准组合进行设计验算；如钢梁的挠度不会损坏其他构件（结构的或非结构的），只影响到人的舒适感，则可采用频遇组合进行设计验算；如钢梁的挠度对各种性能要求均无影响，只是个外观问题，则可采用准永久组合进行设计验算。

附录 A 各类工程结构的专门规定

A.1 房屋建筑结构的专门规定

A.1.2 房屋建筑结构取设计基准期为 50 年，即房屋建筑结构的可变作用取值是按 50 年确定的。

A.1.3 根据《建筑结构可靠度设计统一标准》GB 50068—2001 给出了各类房屋建筑结构的设计使用年限。

A.1.4 表 A.1.4 中规定的房屋建筑结构构件持久设计状况承载能力极限状态设计的可靠指标，是以建筑结构安全等级为二级时延性破坏的 β 值 3.2 作为基准，其他情况下相应增减 0.5。可靠指标 β 与失效概率运算值 p_f 的关系见表 3：

表 3 可靠指标 β 与失效概率运算值 p_f 的关系

β	2.7	3.2	3.7	4.2
p_f	3.5×10^{-3}	6.9×10^{-4}	1.1×10^{-4}	1.3×10^{-5}

表 A.1.4 中延性破坏是指结构构件在破坏前有明显的变形或其他预兆；脆性破坏是指结构构件在破坏前无明显的变形或其他预兆。

表 A.1.4 中作为基准的 β 值，是根据对 20 世纪

70 年代各类材料结构设计规范校准所得的结果并经综合平衡后确定的，表中规定的 β 值是房屋建筑各种材料结构设计规范应采用的最低值。

表 A.1.4 中规定的 β 值是对结构构件而言的。对于其他部分如连接等，设计时采用的 β 值，应由各种材料的结构设计规范另作规定。

目前由于统计资料不够完备以及结构可靠度分析中引入了近似假定，因此所得的失效概率 p_f 及相应的 β 尚非实际值。这些值是一种与结构构件实际失效概率有一定联系的运算值，主要用于对各类结构构件可靠度作相对的度量。

A.1.5 为促进房屋使用性能的改善，根据《结构可靠性总原则》ISO 2394：1998 的建议，结合国内近年来对我国建筑结构构件正常使用极限状态可靠度所作的分析研究成果，对结构构件正常使用的可靠度作出了规定。对于正常使用极限状态，其可靠指标一般应根据结构构件作用效应的可逆程度选取：可逆程度较高的结构构件取较低值；可逆程度较低的结构构件取较高值，例如《结构可靠性总原则》ISO 2394：1998规定，对可逆的正常使用极限状态，其可靠指标取为0；对不可逆的正常使用极限状态，其可靠指标取为 1.5。

不可逆极限状态指产生超越状态的作用被卸除后，仍将永久保持超越状态的一种极限状态；可逆极限状态指产生超越状态的作用被卸除后，将不再保持超越状态的一种极限状态。

A.1.6 为保证以永久荷载为主结构构件的可靠指标符合规定值，根据《建筑结构可靠度设计统一标准》GB 50068—2001 的规定，式（A.1.6-1）与式（8.2.4-1）同时使用，式（A.1.6-1）对以永久荷载为主的结构起控制作用。

A.1.7 结构重要性系数 γ_0 是考虑结构破坏后果的严重性而引入的系数，对于安全等级为一级和三级的结构构件分别取不小于 1.1 和 0.9。可靠度分析表明，采用这些系数后，结构构件可靠指标值较安全等级为二级的结构构件分别增减 0.5 左右，与表 A.1.4 的规定基本一致。考虑不同投资主体对建筑结构可靠度的要求可能不同，故允许结构重要性系数 γ_0 分别取不应小于 1.1、1.0 和 0.9。

A.1.8 对永久荷载系数 γ_G 和可变荷载系数 γ_Q 的取值，分别根据对结构构件承载能力有利和不利两种情况，作出了具体规定。

在某些情况下，永久荷载效应与可变荷载效应符号相反，而前者对结构承载能力起有利作用。此时，若永久荷载分项系数仍取同号效应时相同的值，则结构构件的可靠度将严重不足。为了保证结构构件具有必要的可靠度，并考虑到经济指标不致波动过大和应用方便，规定当永久荷载效应对结构构件的承载能力有利时，γ_G 不应大于 1.0。

荷载分项系数系按下列原则经优选确定的：在各种荷载标准值已给定的前提下，要选取一组分项系数，使按极限状态设计表达式设计的各种结构构件具有的可靠指标与规定的可靠指标之间在总体上误差最小。在定值过程中，原《建筑结构设计统一标准》GBJ 68—84 对钢、薄钢、钢筋混凝土、砖石和木结构选择了 14 种有代表性的构件，若干种常遇的荷载效应比值（可变荷载效应与永久荷载效应之比）以及 3 种荷载效应组合情况（恒荷载与住宅楼面活荷载、恒荷载与办公楼楼面活荷载、恒荷载与风荷载）进行分析，最后确定，在一般情况下采用 $\gamma_G = 1.2$，$\gamma_Q = 1.4$，国标《建筑结构可靠度设计统一标准》GB 50068—2001 对以永久荷载为主的结构，又补充了采用 $\gamma_G = 1.35$ 的规定，本标准继续采用。

A.1.9 对设计使用年限为 100 年和 5 年的结构构件，通过考虑结构设计使用年限的荷载调整系数 γ_L 对可变荷载取值进行调整。

A.2 铁路桥涵结构的专门规定

A.2.1～A.2.3 依据国内外有关标准，规定了铁路桥涵结构的安全等级和设计使用年限。铁路桥涵结构的设计基准期选择与结构设计使用年限相同量级为 100 年，作为确定桥梁结构上可变作用最大值概率分布的时间参数。在结构设计基准期内可变作用重现期为 100 年的超越概率为 63.2%，年超越概率为 1%。

A.2.4 根据第 4.3.2 条，桥梁结构承载能力极限状态设计采用荷载（作用）的基本组合和偶然组合，地震组合表达形式与偶然组合相同。根据对现行桥规各类结构标准设计的校准优化确定结构目标可靠指标 β_t，采用《结构可靠性总原则》ISO 2394：1998 附录 E.7.2 基于校准的分项系数方法优化确定桥梁结构承载能力极限状态设计组合的分项系数，使各类组合的结构可靠指标 β 接近所选定的目标可靠指标 β_t。

假设分项系数模式表达式为：

$$g\left(\frac{f_{k1}}{\gamma_{m1}}, \frac{f_{k2}}{\gamma_{m2}}, \cdots, \gamma_{f1}F_{k1}, \gamma_{f2}F_{k2}, \cdots\right) \geqslant 0$$

式中 f_{ki}——材料 i 的强度标准值；

　　　γ_{mi}——材料 i 的分项系数；

　　　F_{kj}——荷载（作用）j 的标准值；

　　　γ_{fj}——荷载（作用）j 的分项系数。

选定的分项系数组（γ_{m1}，γ_{m2}，…，γ_{f1}，γ_{f2}，…）设计的结构构件的可靠指标 β_k 使聚集的偏差 D 为最小：

$$D = \sum_{k=1}^{n}\left[\beta_k(\gamma_{mi}, \gamma_{fj}) - \beta_t\right]^2 \rightarrow \min$$

β_k 可以选定为桥梁结构中权重系数最大的结构可靠指标。

A.2.5 根据第 4.3.3 条，桥梁结构正常使用极限状态设计采用荷载（作用）标准组合，其分项系数根据

与现行桥规（容许应力法）采用相同的荷载（作用）设计值确定。

A.2.6 铁路桥涵结构正常使用极限状态设计，对不同线路等级、运行速度和桥梁类型提出不同的限值要求，且随着列车运营速度的不断提高，要求越来越严格。对桥梁变形（竖向和横向）和振动的限值要求以保证列车运行的安全和乘坐舒适度，保证结构材料的受力特性在弹性范围内，对桥梁裂缝宽度限值要求保证桥梁结构的耐久性。目前铁道部已颁布的行业标准以《铁路桥涵设计基本规范》TB 10002.1—2005 为基准，适用于铁路网中客货列车共线运行、旅客列车设计行车速度小于或等于 160km/h，货物列车设计行车速度小于或等于 120km/h 的Ⅰ、Ⅱ级标准轨距铁路桥涵设计；以《新建时速 200 公里客货共线铁路设计暂行规定》（铁建设函〔2005〕285 号）、《新建时速 200～250 公里客运专线铁路设计暂行规定》（铁建设〔2005〕140 号）、《京沪高速铁路设计暂行规定》（铁建设〔2004〕157 号）为补充，分别制定出适用于不同速度等级客货共线和客运专线的限制规定，以满足列车运行的安全性和舒适性。

A.2.7 铁路桥梁结构承受较大的列车动力活载的反复作用，对焊接或非焊接的受拉或拉压钢结构构件及混凝土受弯构件应进行疲劳承载能力验算，以满足结构设计使用年限的要求。根据对不同运量等级线路调查，测试统计分析制定出典型疲劳列车及标准荷载效应比频谱，把桥梁构件承受的变幅重复应力转换为等效等幅重复应力，并考虑结构模型、结构构造、线路数量及运量的影响系数，应满足结构构件或细节的 200 万次疲劳强度设计值要求。现行《铁路桥梁钢结构设计规范》TB 10002.2—2005 第 3.2.7 条表 3.2.7-1、表 3.2.7-2 分别规定出各种构件或连接的疲劳容许应力幅、构件或连接基本形式及疲劳容许应力幅类别用以钢结构构件或细节的疲劳容许应力验算。

A.3 公路桥涵结构的专门规定

A.3.2 公路桥涵结构的设计基准期为 100 年，以保持和现行的公路行业标准采用的时间域一致。

施于桥梁上的可变荷载是随时间变化的，所以它的统计分析要用随机过程概率模型来描述。随机过程所选择的时间域即为基准期。在承载能力极限状态可靠度分析中，由于采用了以随机变量概率模型表达的一次二阶矩法，可变荷载的统计特征是以设计基准期内出现的荷载最大值的随机变量来代替随机过程进行统计分析。《公路工程结构可靠度设计统一标准》GB/T 50283—1999 确定公路桥涵结构的设计基准期为 100 年，是因为公路桥涵的主要可变荷载汽车、人群等，按其设计基准期内最大值分布的 0.95 分位值所取标准值，与原规范的规定值相近。这样，就可避免公路桥涵在荷载取值上过大变动，保持结构设计的

连续性。

A.3.3 表 A.3.3 所列设计使用年限，是在总结以往实践经验，考虑设计、施工和维护的难易程度，以及结构一旦失效所造成的经济损失和对社会、环境的影响基础上确定的；通过广泛征求意见得到认可。表中所列特大桥、大桥、中桥、小桥是指《公路工程技术标准》JTG B01—2003 规定的单孔跨径，而非多孔跨径总长。在设计使用年限内，桥涵主体结构在正常施工和使用条件下，必须完成预定的安全性、耐久性和适用性功能的要求。对于桥涵附属的、可更换的构件不在本条规定之列，它们的设计使用年限可根据该构件所用材料、具体使用条件另行规定。

A.3.4 本条列出了公路桥涵结构承载能力极限状态设计有关作用组合的设计表达式，规定分为基本组合和偶然组合两种情况。

1 公式（A.3.4-1）为基本组合中作用设计值名义上的组合；公式（A.3.4-2）为作用设计值效应的组合。后者是结构设计所需要的。

上述作用设计值效应的组合原则是：首先把永久作用效应与主导可变作用效应（公路桥涵一般为汽车作用效应）组合；然后再与其他伴随可变作用效应组合，在该组合前面乘以组合值系数。这样的组合原则顺应于目标可靠指标—结构设计依据的运算方法和作用组合方式。应该指出，结构可靠指标和永久作用与可变作用的比值有关，为了使运算不过于复杂化，在"标准"计算可靠指标时，采用了永久作用（结构自重）效应与主导可变作用（汽车）效应的最简单组合，通过一系列运算后判断确定了目标可靠指标。所以，公路工程结构有关统一标准中给出的可靠指标 β 值是在作用效应最简单基本组合下给出的。当多个可变作用参与组合时，将影响原先确定的可靠指标值，因而需要引入组合值系数 ψ_{ci}，对伴随可变作用标准值进行折减，这样所得最终作用效应组合表达式，可使原定可靠指标保持不变。

以上公式中的作用分项系数，可变作用的组合系数可在确定的目标可靠指标下，通过优化运算确定，或根据工程经验确定。

2 公路桥梁的偶然作用包括船舶撞击、汽车撞击等，在偶然组合中作为主导作用。由于偶然作用出现的概率很小，持续的时间很短，所以不能有两个偶然作用同时参与组合。组合中除永久作用（一般不考虑混凝土收缩及徐变作用）和偶然作用外，根据具体情况还可采用其他可变作用代表值，当缺乏观测调查资料时，可取用可变作用频遇值或准永久值。

A.3.5 现行公路桥涵有关规范中，应用于正常使用极限状态设计的作用组合，规定采用作用的频遇组合和准永久组合。参照国际标准《结构可靠性总原则》ISO 2394：1998，新增了作用的标准组合。

A.3.6 公路桥涵结构重要性系数仍采用《公路桥涵设计通用规范》JTG D60—2004 第 4.1.6 条的规定值。

A.3.7 公路桥涵结构永久作用的分项系数采用了《公路桥涵设计通用规范》JTG D60—2004 第 4.1.6 条的规定值。

本附录暂未规定考虑结构设计使用年限的荷载调整系数的具体取值，它需要在修编行业标准和规范时开展研究工作并规定具体的设计取值。

A.4 港口工程结构的专门规定

A.4.1 将安全等级为三级的结构具体化，即为临时性结构，如港口工程的临时护岸、围堰。永久性港口结构安全等级为一级或二级，如集装箱干线港的大型集装箱码头结构、大型原油码头而附近又没有可替代的港口工程、液化天然气码头结构等可按安全等级为一级设计。大量的一般港口工程结构的安全等级为二级，既足够安全也是经济合理的。

A.4.2 与《港口工程结构可靠度设计统一标准》GB 50158—92保持相同。

A.4.3 随着各种防腐蚀技术的成熟、可靠及高性能、高耐久混凝土的广泛应用，根据《港口工程结构设计使用年限调查专题研究》，从混凝土材料的耐久性方面，重力式、板桩码头正常使用情况下，使用年限可以达到 50a 以上，按高性能混凝土设计、施工的海港高桩码头结构，使用年限可以达到 50a 以上。考虑港口工程结构的造价在整个港口工程的总投资的比例平均为 20% 左右，永久性港口建筑物的设计使用年限为 50a 是合理的。

A.4.4 给出的可靠指标是根据对港口工程结构可靠度校准结果确定的，在设计中可作为可靠指标的下限值采用。

土坡及地基稳定由于抗力变异性较大，防波堤水平波浪力和波浪浮托力相关性强，因此其可靠指标值较低。

A.4.5、A.4.6 根据本标准第 8 章的原则，反映港口工程结构的特点，并与港口工程各结构规范相协调。

A.4.7～A.4.10 在港口工程结构设计中，设计水位是一个相当重要而又比较复杂的问题。对于承载能力极限状态的持久组合，海港工程规定了 5 种水位，河港工程规定了 3 种水位；对于承载能力极限状态的短暂组合，海港工程规定了 3 种水位；河港工程规定了 2 种水位，比《港口工程结构可靠度设计统一标准》GB 50158—92又增加了施工期间某一不利水位。海港工程和河港工程均需要考虑地下水位的影响。

需要提出注意的是，设计高水位、设计低水位、极端高水位和极端低水位都是设计水位。

A.4.11 重要性系数在标准中是考虑结构破坏后果的严重性而引入的系数，称为结构重要性系数，根据

《港口工程结构安全等级研究报告》，本次修订维持安全等级为一、二、三级的结构重要性系数分别取1.1、1.0和0.9。可靠度分析表明，采用这些系数后，安全等级相差1级，结构可靠指标相差0.5左右。考虑不同投资主体对港口结构可靠度的要求可能不同，故允许根据自然条件、维护条件、使用年限和特殊要求等对重要性系数 γ_0 进行调整，但安全等级不变。结构安全等级为一、二、三级的 γ_0 分别不应小于1.1、1.0和0.9。

A.4.12 为使作用分项系数统一和便于设计人员采用，表中给出了港口工程结构设计的主要作用的分项系数；抗倾、抗滑稳定计算时的波浪力作用分项系数由相关结构规范给出。

对永久作用和可变作用的分项系数，分别根据对结构承载能力有利和不利两种情况，做出了具体规定。

对于以永久作用为主（约占50%）的结构，为使结构的可靠指标满足第A.4.4条的要求，永久作用的分项系数应增大为不小于1.3。

当两个可变作用完全相关时，应根据总的作用效应有利或不利选用分项系数。对结构承载能力有利时取为0，对结构承载能力不利时，两个完全相关的可变作用应取相同作用的分项系数。

附录 B 质量管理

B.1 质量控制要求

B.1.1 材料和构件的质量可采用一个或多个质量特征来表达，例如，材料的试件强度和其他物理力学性能以及构件的尺寸误差等。为了保证结构具有预期的可靠度，必须对结构设计、原材料生产以及结构施工提出统一配套的质量水平要求。材料与构件的质量水平可按结构构件可靠指标 β 近似地确定，并以有关的统计参数来表达。当荷载的统计参数已知后，材料与构件的质量水平原则上可采用下列质量方程来描述：

$$q(\mu_f, \delta_f, \beta, f_k) = 0$$

式中 μ_f 和 δ_f 为材料和构件的某个质量特征 f 的平均值和变异系数，β 为规范规定的结构构件可靠指标。

应当指出，当按上述质量方程确定材料和构件的合格质量水平时，需以安全等级为二级的典型结构构件的可靠指标为基础进行分析。材料和构件的质量水平要求，不应随安全等级而变化，以便于生产管理。

B.1.2 材料的等级一般以材料强度标准值划分。同一等级的材料采用同一标准值。无论天然材料还是人工材料，对属于同一等级的不同产地和不同厂家的材料，其性能的质量水平一般不宜低于可靠指标 β 的要求。按本标准制定质量要求时，允许各有关规范根据材料和构件的特点对此指标稍作增减。

B.1.6 材料及构件的质量控制包括两种，其中生产控制属于生产单位内部的质量控制；合格控制是在生产单位和用户之间进行的质量控制，即按统一规定的质量验收标准或双方同意的其他规则进行验收。

在生产控制阶段，材料性能的实际质量水平应控制在规定的合格质量水平之上。当生产有暂时性波动时，材料性能的实际质量水平亦不得低于规定的极限质量水平。

B.1.7 由于交验的材料和构件通常是大批量的，而且很多质量特征的检验是破损性的，因此，合格控制一般采用抽样检验方式。对于有可靠依据采用非破损检验方法的，必要时可采用全数检验方式。

验收标准主要包括下列内容：

1 批量大小——每一交验批中材料或构件的数量；

2 抽样方法——可为随机的或系统的抽样方法；系统的抽样方法是指抽样部位或时间是固定的；

3 抽样数量——每一交验批中抽取试样的数量；

4 验收函数——验收中采用的试样数据的某个函数，例如样本平均值、样本方差、样本最小值或最大值等；

5 验收界限——与验收函数相比较的界限值，用以确定交验批合格与否。

当前在材料和构件生产中，抽样检验标准多数是根据经验来制定的。其缺点在于没有从统计学观点合理考虑生产方和用户方的风险率或其他经济因素，因而所规定的抽样数量和验收界限往往缺乏科学依据，标准的松严程度也无法相互比较。

为了克服非统计抽样检验方法的缺点，本标准规定宜在统计理论的基础上制定抽样质量验收标准，以使达不到质量要求的交验批基本能判为不合格，而已达到质量要求的交验批基本能判为合格。

B.1.8 现有质量验收标准形式很多，本标准系按下述原则考虑：

对于生产连续性较差或各批间质量特征的统计参数差异较大的材料和构件，很难使产品批的质量基本维持在合格质量水平之上，因此必须按控制用户方风险率制定验收标准。此时，所涉及的极限质量水平，可按各类材料结构设计规范的有关要求和工程经验确定，与极限质量水平相应的用户风险率，可根据有关标准的规定确定。

对于工厂内成批连续生产的材料和构件，可采用计数或计量的调整型抽样检验方案。当前可参考国际标准《计数检验的抽样程序》ISO 2859（Sampling procedures for inspection by attributes）及《计量检验的抽样程序》ISO 3951（Sampling procedures for inspection by variables）制定合理的验收标准和转换规则。规定转换规则主要是为了限制劣质产品出厂，促进提高生产管理水平；此外，对优质产品也提供了减少检验费用的可能性。考虑到生产过程可能出现质量波动，以及不同生产单位的质量可能有差别，允许在生产中对质量验收标准的松严程度进行调整。当产品质量比较稳定时，质量验收标准通常可按控制生产方的风险率来制定。此时所涉及的合格质量水平，可按规范规定的结构构件可靠指标 β 来确定。确定生产方的风险率时，应根据有关标准的规定并考虑批量大小、检验技术水平等因素确定。

B. 1. 9 当交验的材料或构件按质量验收标准检验判为不合格时，并不意味着这批产品一定不能使用，因为实际上存在着抽样检验结果的偶然性和试件的代表性等问题。为此，应根据有关的质量验收标准采取各种措施对产品作进一步检验和判定。例如，可以重新抽取较多的试样进行复查；当材料或构件已进入结构物时，可直接从结构中截取试件进行复查，或直接在结构物上进行荷载试验；也允许采用可靠的非破损检测方法并经综合分析后对结构作出质量评估。对于不合格的产品允许降级使用，直至报废。

B. 2　设计审查及施工检查

B. 2. 1　结构设计的可靠性水平的实现是以正常设计、正常施工和正常使用为前提的，因此必须对设计、施工进行必要的审查和检查，我国有关部门和规范对此有明确规定，应予遵守。

国外标准对结构的质量管理十分重视，对设计审查和施工检查也有明确要求，如欧洲规范《结构设计基础》EN 1990：2002 主要根据结构的可靠性等级（类似于我国结构的安全等级）的不同设置了不同的设计监督和施工检查水平的最低要求。规定结构的设计监督分为扩大监督和常规监督，扩大监督由非本设计单位的第三方进行；常规监督由本单位该项目设计人之外的其他人员按照组织程序进行或由该项目设计人员进行自检。同样，结构的施工检查也分为扩大检查和常规检查，扩大检查由第三方进行；常规检查即按照组织程序进行或由该项目施工人员进行自检。

附录 C　作用举例及可变作用
代表值的确定原则

C. 1　作　用　举　例

在作用的举例中，第 C.1.2 条中的地震作用和第 C.1.3 条中的撞击既可作为可变作用，也可作为偶然作用，这完全取决于业主对结构重要性的评估，对一般结构，可以按规定的可变作用考虑。由于偶然作用是指在设计使用年限内很不可能出现的作用，因而对重要结构，除了可采用重要性系数的办法以提高安全

度外，也可以通过偶然设计状况将作用按量值较大的偶然作用来考虑，其意图是要求一旦出现意外作用时，结构也不至于发生灾难性的后果。

对于一般结构的设计，可以采用当地的地震烈度按规范规定的可变作用来考虑，但是对于重要结构，可提高地震烈度，按偶然作用的要求来考虑；同样，对结构的撞击，也应该区分问题的普遍性和特殊性，将经常出现的撞击和偶尔发生的撞击加以区分，例如轮船停靠码头时对码头结构的撞击就是经常性的，而车辆意外撞击房屋一般是偶发的。欧洲规范还规定将雪荷载也可按偶然作用考虑，以适应重要结构一旦遭遇意外的大雪事件的设计需要。

C. 2　可变作用代表值的确定原则

C. 2. 1　可变作用的标准值

可变作用的概率模型，为了便于分析，经常被简化为平稳二项随机过程的模型，这样，关于它在设计基准期内的最大值就可采用经过简化后的随机变量来描述。

可变作用的标准值通常是根据它在设计基准期内最大值的统计特征值来确定，常用的特征值有平均值、中值和众值。对大多数可变作用在设计基准期内最大值的统计分布，都可假定它为极值Ⅰ型（Gumbel）分布。当作用为风、雪等自然作用时，其在设计基准期内最大值按传统都采用分布的众值，也即概率密度最大的值作为标准值。对其他可变作用，一般也都是根据传统的取值，必要时也可取用较高的分位值，例如传统的地震烈度，它是相当于设计基准期为50年最大烈度分布的90％的分位值。

通过重现期 T_R 来表达可变作用的标准值水平，有时比较方便，尤其是对自然作用，公式（C.2.1-5）给出作用的标准值和重现期的关系。当重现期有足够大时（一般在 10 年以上），对重现期 T_R、与分位值对应的概率 p 和确定标准值的设计基准期 T 还存在公式（C.2.1-6）的近似关系。

C. 2. 2　可变作用的频遇值

由于可变作用的标准值表征的是作用在设计基准期内的最大值，因此在按承载能力极限状态设计时，经常是以其标准值为设计代表值。但是在按正常使用极限状态设计时，作用的标准值有时很难适应正常使用的设计要求，例如在房屋建筑适用性要求中，短暂时间内超越适用性限值往往是可以被允许的，此时以作用的标准值为设计代表值，就显得与实际要求不相符合了；在有些正常使用极限状态设计中，涉及的是影响构件性能的恶化（耐久性）问题，此时在设计基准期内的超越作用某个值的次数往往是关键的参数。

可变作用的频遇值就是在上述意义上通常的一种代表值，理论上可以根据不同要求按附录提供的原理来确定，而实际上，目前在设计中还少有应用，只是

在个别问题中得到采用，而且在取值上大多也是根据经验。

C. 2. 3　可变作用的准永久值

可变作用的准永久值是表征其经常在结构上存在的持久部分，它主要是在考察结构长期的作用效应时所必需的作用代表值，也即相当于在以往结构设计中的所谓长期作用的取值。

对可变作用，当在结构上经常出现的持久部分能够明显识别时，我们可以通过数据的汇集和统计来确定；而对于不易识别的情况，我们可以参照确定频遇值的原则，按作用值被超越的总持续时间与设计基准期的比率取 0.5 的规定来确定，这也表明在设计基准期一半的时间内它被超越，而另一半时间内它不被超越，当可变作用可以认为是各态历经的随机过程，准永久值就相当于作用在设计基准期内的均值。

C. 2. 4　可变作用的组合值

按本标准对可变作用组合值的定义，它是指在设计基准期内使组合后的作用效应值的超越概率与该作用单独出现时的超越概率一致的作用值，或组合后使结构具有规定可靠指标的作用值。

早在国际标准《结构可靠性总原则》ISO 2394 第 2 版（1986）附录 B 中，已经提供了确定基本变量设计值的原理及简化规则；在第 3 版（1998）附录 E. 6 中依旧保留该设计值方法的内容。

在一阶可靠度方法（FORM）中，基本变量 X_i 的设计值 X_{id} 与变量统计参数和所假设的分布类型、对有关的极限状态和设计状况的目标可靠指标 β 以及按在 FORM 中定义的灵敏度系数 α_i 有关。对变量 X_i 有任意分布 $F(X_i)$ 的设计值 X_{id} 可由下式给出：

$$F(X_{id}) = \Phi(-\alpha_i\beta)$$

在按 FORM 分析时，灵敏度系数具有下述性质，即：

$$-1 \leqslant \alpha_i \leqslant 1 \quad 和 \quad \sum\alpha_i^2 = 1$$

灵敏度的计算在原则上将经过多次迭代而带来不便，但是根据经验制定一套取值的规则，即对抗力的主导变量，取 $\alpha_{Ri} = 0.8$，抗力的其他变量，取 $\alpha_{Ri} = 0.8 \times 0.4 = 0.32$；对作用的主导变量，取 $\alpha_{Si} = -0.7$，作用的其他伴随变量，取 $\alpha_{Si} = -0.7 \times 0.4 = -0.28$。只要 $0.16 < \sigma_{Si}/\sigma_{Ri} < 6.6$，由于简化带来的误差是可接受的，而且还都是偏保守的。

附录按此原理给出作用组合值系数的近似公式，并且对多数情况采用极值 I 型的作用，还给出相应的计算公式。

附录 D　试验辅助设计

D. 3　单项性能指标设计值的统计评估

D. 3. 2　标准值单侧容限系数 k_{nk} 计算。

1　单项性能指标 X 的变异系数 δ_x 值可通过试验结果按下列公式计算：

$$\sigma_x^2 = \frac{1}{n-1}\sum_{i=1}^{n}(x_i - m_x)^2$$

$$m_x = \frac{1}{n}\sum_{i=1}^{n}x_i$$

$$\delta_x = \sigma_x/m_x$$

2　标准值单侧容限系数 k_{nk} 分"δ_x 已知"和"δ_x 未知"两种情况，可分别按下列公式计算：

$$k_{nk} = u_p\sqrt{1+\frac{1}{n}} \qquad (\delta_x\ 已知)$$

$$k_{nk} = t_{p,\upsilon}\sqrt{1+\frac{1}{n}} \qquad (\delta_x\ 未知)$$

式中　n——试验样本数量；

u_p——对应分位值 p 的标准正态分布函数自变量值，$P_\Phi\{x > u_p\} = p$，当分位值 $p = 0.05$ 时，$u_p = 1.645$；

$t_{p,\upsilon}$——自由度 $\upsilon = n-1$ 的 t 分布函数对应分位值 p 的自变量值，$P_t\{x > t_{p,\upsilon}\} = p$。

对于材料，一般取标准值的分位值 $p = 0.05$，k_{nk} 值可由表 4 给出：

表 4　分位值 $p = 0.05$ 时标准值单侧容限系数 k_{nk}

样本数 n	3	4	5	6	8	10	20	30	∞
δ_x 已知	1.90	1.84	1.80	1.78	1.75	1.73	1.69	1.67	1.65
δ_x 未知	3.37	2.63	2.34	2.18	2.01	1.92	1.77	1.73	1.65

D. 3. 3　在统计学中，有两大学派，一个是经典学派，另一个是贝叶斯（Bayesian）学派。贝叶斯学派的基本观点是：重要的先验信息是可能得到的，并且应该充分利用。贝叶斯参数估计方法的实质是以先验信息为基础，以实际观测数据为条件的一种参数估计方法。在贝叶斯参数估计方法中，把未知参数 θ 视为一个已知分布 $\pi(\theta)$ 的随机变量，从而将先验信息数学形式化，并加以利用。

1　m'、σ'、n' 和 υ' 为先验分布参数，一般可将先验信息理解为假定的先验试验结果：m' 为先验样本的平均值；σ' 为先验样本的标准差；n' 为先验样本数；υ' 为先验样本的自由度，$\upsilon' = \frac{1}{2\delta'^2}$，其中 δ' 为先验样本的变异系数。

2　当参数 $n' > 0$ 时，取 $\delta(n') = 1$；当 $n' = 0$ 时，取 $\delta(n') = 0$，此时存在如下简化关系：

$$n'' = n, \upsilon'' = \upsilon' + \upsilon$$

$$m'' = m_x, \sigma'' = \sqrt{\frac{(\sigma')^2\upsilon' + (\sigma_x)^2\upsilon}{\upsilon' + \upsilon}}$$

3 t 分布函数对应分位值 $p=0.05$ 的自变量值 $t_{p,v''}$，可由下表给出：

表5 t 分布函数对应分位值 $p=0.05$ 的自变量值 $t_{p,v''}$

自由度 v''	2	3	4	5	7	10	20	30	∞
$t_{p,v''}$	2.93	2.35	2.13	2.02	1.90	1.81	1.72	1.70	1.65

附录 E 结构可靠度分析基础和可靠度设计方法

E.1 一般规定

E.1.1 从概念上讲，结构可靠性设计方法分为确定性方法和概率方法，如图1所示。在确定性方法中，设计中的变量按定值看待，安全系数完全凭经验确定，属于早期的设计方法。概率方法分为全概率方法和一次可靠度方法（FORM）。

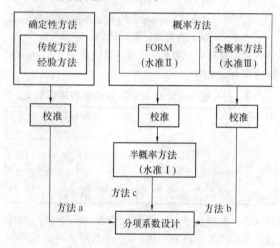

图1 结构可靠性设计方法概况

全概率方法使用随机过程模型及更准确的概率计算方法，从原理上讲，可给出可靠度的准确结果，但因为通常缺乏统计数据及数值计算上的困难，设计规范的校准很少使用全概率方法。一次可靠度方法使用随机变量模型和近似的概率计算方法，与当前的数据收集情况及计算手段是相适应的，所以，目前国内外设计规范的校准基本都采用一次可靠度方法。

本附录说明了结构可靠度校准、直接用可靠指标进行设计的方法及用可靠度确定设计表达式中分项系数和组合值系数的方法。

本附录只适用于一般的结构，不包括特大型、高耸、长大及特种结构，也不包括地震作用和由风荷载控制的结构。

E.1.2 进行结构可靠度分析的基本条件是建立结构的极限状态方程和确定基本随机变量的概率分布函数。功能函数描述了要分析结构的某一功能所处的状态；$Z>0$ 表示结构处于可靠状态；$Z=0$ 表示结构处于极限状态；$Z<0$ 表示结构处于失效状态。计算结构可靠度就是计算功能函数 $Z>0$ 的概率。概率分布函数描述了基本变量的随机特征，不同的随机变量具有不同的随机特征。

E.1.3 结构一般情况下会受到两个或两个以上可变作用的作用，如果这些作用不是完全相关，则同时达到最大值的概率很小，按其设计基准期内的最大值随机变量进行可靠度分析或设计是不合理的，需要进行作用组合。结构作用组合是一个比较复杂的问题，完全用数学方法解决很困难，目前国际上通用的是各种实用组合方法，所以工程上常用的是简便的组合规则。本条提供了两种组合规则，规则1为"结构安全度联合委员会"（JCSS）组合规则，规则2为Turkstra组合规则，这两种组合规则在国内外都得到广泛的应用。

E.2 结构可靠指标计算

E.2.1 结构可靠度的计算方法有多种，如一次可靠度方法（FORM）、二次可靠度方法（SORM）、蒙特卡洛模拟（Monte Carlo Simulation）方法等。本条推荐采用国内外标准普遍采用的一次可靠度方法，对于一些比较特殊的情况，也可以采用其他方法，如计算精度要求较高时，可采用二次可靠度方法，极限状态方程比较复杂时可采用蒙特卡洛方法等。

E.2.2 由简单到复杂，本条给出了3种情况的可靠指标计算方法。第1种情况用于说明可靠指标的概念；第2种情况是变量独立情况下可靠指标的一般计算公式；第3种情况是变量相关情况下可靠指标的一般计算公式，是对独立随机变量一次可靠度方法的推广，与独立变量一次可靠度方法的迭代计算步骤没有区别。迭代计算可靠指标的方法很多，下面是本附录建议的迭代计算步骤：

1 假定变量 X_1，X_2，$\cdots$，X_n 的验算点初值 $x_i^{*(0)}(i=1, 2, \cdots, n)$ [一般可取 $\mu_{X_i}(i=1, 2, \cdots, n)$]；

2 取 $x_i^*=x_i^{*(0)}(i=1, 2, \cdots, n)$，按(E.2.2-6)、(E.2.2-5)式计算 $\sigma_{X_i'}$、$\mu_{X_i'}(i=1, 2, \cdots, n)$；

3 按(E.2.2-2)式或(E.2.2-7)式计算 β；

4 按(E.2.2-3)式或(E.2.2-8)式计算 $\alpha_{X_i'}(i=1, 2, \cdots, n)$；

5 按(E.2.2-4)式计算 $x_i^*(i=1, 2, \cdots, n)$；

6 如果 $\sqrt{\sum\limits_{i=1}^{n}(x_i^*-x_i^{*(0)})^2} \leqslant \varepsilon$，其中 ε 为规定的误差，则本次计算的 β 即为要求的可靠指标，停止计算；否则取 $x_i^{*(0)}=x_i^*(i=1,2,\cdots,n)$ 转步骤2重新计算。

当随机变量 X_i 与 X_j 相关时，按上述方法迭代计算可靠指标，需要使用当量正态化变量 X_i' 与 X_j' 的相关系数 $\rho_{X_i',X_j'}$，本附录建议取变量 X_i 与 X_j 的相关系数 ρ_{X_i,X_j}。这是因为当随机变量 X_i 与 X_j 的变异系数不是很大时（小于 0.3），$\rho_{X_i',X_j'}$ 与 ρ_{X_i,X_j} 相差不大。例如，如果 X_i 服从正态分布，X_j 服从对数正态分布，则有

$$\rho_{X_i,\ln X_j} = \frac{\rho_{X_i,X_j}\delta_{X_j}}{\sqrt{\ln(1+\delta_{X_j}^2)}}$$

如果 X_i 和 X_j 同服从正态分布，则有

$$\rho_{\ln X_i,\ln X_j} = \frac{\ln(1+\rho_{X_i,X_j}\delta_{X_i}\delta_{X_j})}{\sqrt{\ln(1+\delta_{X_i}^2)\ln(1+\delta_{X_j}^2)}}$$

如果 $\delta_{X_i} \leqslant 0.3$，$\delta_{X_j} \leqslant 0.3$，则有

$\sqrt{\ln(1+\delta_{X_i}^2)} \approx \delta_{X_i}$，$\sqrt{\ln(1+\delta_{X_j}^2)} \approx \delta_{X_j}$，$\ln(1+\rho_{X_i,X_j}\delta_{X_i}\delta_{X_j}) \approx \rho_{X_i,X_j}\delta_{X_i}\delta_{X_j}$ 从而 $\rho_{X_i,\ln X_j} \approx \rho_{X_i,X_j}$，$\rho_{\ln X_i,\ln X_j} \approx \rho_{X_i,X_j}$。

当随机变量 X_i 与 X_j 服从其他分布时，通过 Nataf 分布可以求得 $\rho_{X_i',X_j'}$ 与 ρ_{X_i,X_j} 的近似关系，丹麦学者 Ditlevsen O 和挪威学者 Madsen HO 的著作 "Structural Reliability Methods" 列表给出了 X_i 与 X_j 不同分布时 $\rho_{X_i',X_j'}$ 与 ρ_{X_i,X_j} 比值的关系。当 X_i 与 X_j 的变异系数不超过 0.3 时，可靠指标计算中 $\rho_{X_i',X_j'}$ 取 ρ_{X_i,X_j} 是可以的。

另外，在一次可靠度理论中，对可靠指标影响最大的是平均值，其次是方差，再次才是协方差，所以将 $\rho_{X_i',X_j'}$ 取为 ρ_{X_i,X_j} 对计算结果影响不大，没有必要求 $\rho_{X_i',X_j'}$ 的准确值。

从数学上讲，对于一般的工程问题，一次可靠度方法具有足够的计算精度，但计算所得到的可靠指标或失效概率只是一个运算值，这是因为：

1 影响结构可靠性的因素不只是随机性，还有其他不确定性因素，这些因素目前尚不能通过数学方法加以分析，还需通过工程经验进行决策；

2 尽管我国编制各统一标准时对各种结构承受的作用进行过大量统计分析，但由于客观条件的限制，如数据收集的持续时间和数据的样本容量，这些统计结果尚不能完全反映所分析变量的统计规律；

3 为使可靠度计算简化，一些假定与实际情况不一定完全符合，如作用效应与作用的线性关系只是在一定条件下成立的，一些条件下是近似的，近似的程度目前尚难以判定。

尽管如此，可靠度方法仍然是一种先进的方法，它建立了结构失效概率的概念（尽管计算的失效概率只是一个运算值，但可用于相同条件下的比较），扩大了概率理论在结构设计中应用的范围和程度，使结构设计由经验向科学过渡又迈出了一步。总的来讲，可靠度设计方法的优点不在于如何去计算可靠指标，而是在整个结构设计中根据变量的随机特性引入概率

的概念，随着对事物本质认识的加深，使概率的应用进一步深化。

E.3 结构可靠度校准

E.3.1 结构可靠度校准的目的是分析现行结构设计方法的可靠度水平和确定结构设计的目标可靠指标，以保证结构的安全可靠和经济合理。校准法的基本思想是利用可靠度理论，计算按现行设计规范设计的结构的可靠指标，进而确定今后结构设计的可靠度水平。这实际上是承认按现行设计规范设计的结构或结构构件的平均可靠水平是合理的。随着国家经济的发展，有必要对结构或结构构件的可靠度进行调整，但也要以可靠度校准为依据。所以结构可靠度校准是结构可靠度设计的基础。

E.3.2 本条说明了结构可靠度校准的步骤。这一步骤只供参考，对于不同的结构，可靠度分析的方法可能不同，校准的步骤可能也有所差别。

E.4 基于可靠指标的设计

E.4.1 本标准提供了两种直接用可靠度进行设计的方法。第 1 种实际上是可靠指标校核方法，因为很多情况下设计中一个量的变化可涉及多种情况的验算，如对于港口工程重力式码头的设计，需要进行稳定性验算、抗滑移验算及承载力验算，码头截面尺寸变化时，这三种情况都需要重新进行分析。第 2 种方法适合于比较简单的截面设计的情况，如承载力服从对数正态分布的钢筋混凝土构件的截面配筋计算，对于这种情况，可采用下面的迭代计算步骤：

1 根据永久作用效应 S_G、可变作用效应 S_1，S_2，$\cdots$，S_m 和结构抗力 R 建立极限状态方程

$$Z = R - S_G - \sum_{i=1}^{m} S_i = 0$$

式中 $S_i(i=1,2,\cdots,m)$ —— 第 i 个作用效应随机变量，如采用 JCSS 组合规则，则有 m 个组合，在第 1 个组合 $S_{Qm,1}$ 中，S_1，S_2，$\cdots$，S_m 分别为 $\max_{t\in[0,T]}S_{Q_1}(t)$，$\max_{t\in\tau_1}S_{Q_2}(t)$，$\max_{t\in\tau_2}S_{Q_3}(t)$，$\cdots$，$\max_{t\in\tau_{m-1}}S_{Q_m}(t)$，在第 2 个组合 $S_{Qm,2}$ 中，S_1，S_2，$\cdots$，S_m 分别为 $S_{Q_1}(t_0)$，$\max_{t\in[0,T]}S_{Q_2}(t)$，$\max_{t\in\tau_2}S_{Q_3}(t)$，$\cdots$，$\max_{t\in\tau_{m-1}}S_{Q_m}(t)$，以此类推；

2 假定初值 $s_G^{*(0)}$（一般取 μ_{S_G}）、$s_i^{*(0)}(i=1,2,\cdots,m)$ [一般取 $\mu_{S_i}(i=1,2,\cdots,m)$] 和 $r^{*(0)}$（一般取 $s_G^{*(0)} + \sum_{i=1}^{m}s_i^{*(0)}$）；

3 取 $s_G^* = s_G^{*(0)}$、$s_i^* = s_i^{*(0)}(i=1,2,\cdots,m)$ 和 $r^* = r^{*(0)}$，按 (E.2.2-6)、(E.2.2-5) 式计算 σ_{S_i}、$\mu_{S_i}(i=1,2,\cdots,m)$，按下式计算 σ_R'：

$$\sigma_{R'} = r^*\sqrt{\ln(1+\delta_R^2)}\,;$$

4 按(E.2.2-3)式计算 $\alpha_{s_i^*}(i = 1, 2, \cdots, m)$ 和 $\alpha_{R'}$；

5 按(E.2.2-4)式计算 s_G^* 和 $s_i^*(i = 1, 2, \cdots, m)$，按下式求解 r^*：

$$r^* = s_G^* + \sum_{i=1}^{m} s_i^*;$$

6 如果 $|r^* - r^{*(0)}| \leqslant \varepsilon$，其中 ε 为规定的误差，转步骤 7；否则取 $s_G^{*(0)} = s_G^*$，$s_i^{*(0)} = s_i^*$ ($i = 1, 2, \cdots, m$)，$r_i^{*(0)} = r_i^*$ 转步骤 3 重新进行计算；

7 按(E.2.2-4)式计算 $\mu_{R'}$；

8 按(E.4.1-2)式计算结构构件的几何参数。

E.4.2 直接用可靠指标方法对结构或结构构件进行设计，理论上是科学的，但目前尚没有这方面的经验，需要慎重。如果用可靠指标方法设计的结果与按传统方法设计的结果存在差异，并不能说明哪种方法的结果一定是合理的，而要根据具体情况进行分析。

E.5 分项系数的确定方法

E.5.1 本条规定了确定结构或结构构件设计表达式中分项系数的原则。

E.5.2 本条说明了确定结构或结构构件设计表达式中分项系数的步骤，对于不同的结构或结构构件，可能有所差别，可根据具体情况进行适当调整。国外很多规范都采用类似的方法，国际结构安全度联合委员会还开发了一个用优化方法确定分项系数、重要性系数的软件 PROCODE。

E.6 组合值系数的确定方法

E.6.1 本条规定了结构或结构构件设计表达式中组合值系数的确定原则。

E.6.2 本条说明了确定结构或结构构件设计表达式中组合值系数的步骤，对于不同的结构或结构构件，可能有所差别，可根据具体情况适当调整。

附录 F 结构疲劳可靠性验算方法

F.1 一般规定

F.1.1 本附录条文主要是针对我国近年来结构用钢大大增加，进而对应的钢结构疲劳问题日渐突出，需要特别关注的前提下，根据生产实践及科学试验的现有经验编写的，因此适用范围尽管包含了房屋建筑结构、铁路和公路桥涵结构、市政工程结构，但其经验主要来源于铁路桥梁，在一定程度上有其局限之处。一般讲，在单纯由于动荷载产生的疲劳、疲劳应力小于强度设计值（屈服强度除以某安全系数）规定、验算疲劳循环次数代表值在 $1.0 \times 10^4 \sim 1.0 \times 10^7$ 范围，采用本附录进行疲劳验算是适宜的，对于由于其他原因如腐蚀疲劳、低周疲劳（高应力、低寿命）或无限寿命设计的情况，应先进行科学试验和研究工作，必要时还应进行现场观测，以取得设计所需的数据和经验来补充本条文之不足。

由于对既有结构的疲劳可靠性评定，除了进行与新结构设计步骤类似的对未来寿命的预测外，需要进行已经发生疲劳损伤的评估，而且所针对的结构是疲劳损伤过的，因此需要作专门的评定。

F.1.2 结构或局部构造存在应力集中现象，并不仅仅指结构的表面。所有焊接结构由于不可避免存在缺陷，都属于存在应力集中现象的范畴，需要进行疲劳可靠性验算。

F.1.3 结构疲劳可靠性，包括疲劳承载能力极限状态可靠性和疲劳正常使用极限状态可靠性。一般钢结构按承载能力极限状态进行验算，混凝土结构根据不同验算目的采用承载能力极限状态或正常使用极限状态进行验算。验算疲劳承载能力极限状态可靠性时，应以结构危险部位的材料达到疲劳破损或产生过大变形作为失效准则。验算疲劳正常使用承载极限状态可靠性时，主要考虑重复荷载对结构变形的不利影响。

F.1.4 对整个结构体系，应根据结构受力特征采用系统可靠性分析方法，分别在子系统（多个细部构造）疲劳可靠性验算基础上进行系统可靠性验算，本规定中暂未包含系统可靠性问题。

F.1.5 结构的疲劳可靠性验算步骤是按照确定验算部位——确定疲劳作用——确定疲劳抗力——可靠性验算的思路进行的。

F.1.6 为便于设计人员操作，疲劳可靠性验算的力学模型和内力计算，应与强度计算模型一致，仅在验算的具体规定中有区别。

F.1.7 在验算结构疲劳时，采用计算名义应力，即根据疲劳荷载按弹性理论方法确定，作为疲劳作用；疲劳抗力也是以构造细节加载试验名义应力为基本要素给出相应 S-N 曲线方程，焊缝热点应力以及其他应力集中的影响均通过疲劳 S-N 曲线反映，如果应力集中影响严重，疲劳 S-N 曲线在双对数坐标图中的位置就低，反之就高。

F.1.8 根据按相关试验规范进行的疲劳试验结果，疲劳强度设计值取其平均值减去某概率分布上分位值对应程度的标准差。通常情况下，取平均值减去 2 倍标准差，所对应的概率分布按照正态分布，其上分位值为 97.7%。

F.1.9 在目前的条件下，用校准法确定目标可靠指标是科学的，关键还是可操作的，即根据现有结构设计水准得出与之相当的可靠指标。更为准确合理的指标需要在系统积累足够样本数据的时候方可实施。

F.2 疲劳作用

F.2.1 疲劳荷载是结构设计寿命内实际承受的变幅

重复荷载的总和，一般用谱荷载形式可以较为直观、确切地表达。对短期测量得到的荷载，不能直接作为疲劳荷载进行检算，需要考虑结构用途可能发生的改变，例如，桥梁通行能力的增加，荷载特征的变化等；有动力效应时疲劳荷载应计入其影响；当结构由于外载引起变形或者振动而产生次效应时，疲劳荷载应计入。

疲劳荷载频谱依据荷载的形式和变化规律形成模式，在结构验算部位引起所有大小不同的应力，为应力历程，将各种大小不同的名义应力出现率进行列表，即为应力频谱。列表中各级名义应力及其相应出现的次数，采用雨流计数法和蓄水池法得到。

疲劳应力频谱是疲劳荷载频谱在疲劳验算部位引起的应力效应。疲劳应力频谱可以根据疲劳荷载频谱通过弹性理论分析求得，也可通过实测应力频谱推算。疲劳设计应力频谱是结构设计寿命内所有加载事件引起的应力总和，可采用列表或直方图的形式表示。

F.2.2 迄今为止，大部分室内疲劳试验都是研究等幅荷载下的疲劳问题。而实际结构承受的是随机变幅荷载。Palmgren 和 Miner 根据试验研究，对二者的关系提出疲劳线性累积损伤准则，即认为疲劳是不同应力水平 σ_i 及其发生次数 n_i 所产生的疲劳损伤的线性累加。用公式表示即为式（1）

$$D = \sum_{i=1}^{n} \frac{n_i}{N_i} \qquad (1)$$

式中　n_i——与应力水平 σ_i 对应的循环次数；

　　　N_i——与应力水平 σ_i 对应的疲劳破坏循环次数。

当 $D \geqslant 1$ 时产生疲劳破坏。据此推导的等效等幅重复应力计算表达式为式（2）。

$$\sigma_{eq} = \left(\frac{\sum n_i \sigma_i^m}{N} \right)^{\frac{1}{m}} \qquad (2)$$

式中　σ_{eq}——等效等幅重复应力；

　　　N——σ_{eq} 作用下的疲劳破坏循环次数，此时 $N = \sum n_i$；

　　　σ_i——变幅荷载引起的各应力水平；

　　　n_i——与应力水平 σ_i 对应的循环次数。

"Miner 累积损伤准则"假定：低于疲劳极限的应力不产生疲劳损伤；忽略加载大小的顺序对疲劳的影响。这些假定使由式（2）计算的结果有一定误差。但由于使用方便，各国规范的疲劳设计均采用该准则。

F.3　疲　劳　抗　力

F.3.2 根据大量试验，对焊接钢结构，由于存在残余应力，疲劳抗力对疲劳作用引起的应力变程敏感，而对所采用的材质变化和所施加疲劳作用引起的应力比变化的影响相对不敏感。为了便于设计人员使用，

通常将对钢材料的疲劳验算统一用应力变程表述，混凝土材料的疲劳验算用最大应力表述。

F.4　疲劳可靠性验算方法

F.4.1、F.4.2 等效等幅重复应力法是以指定循环次数下的疲劳抗力为验算项目；极限损伤法是以结构设计寿命内的累积损伤度为验算项目。因此等效等幅重复应力法比较简便和偏于安全，极限损伤法更加贴近实际情况。

本条文列出的三个分析方法，从顺序上有以下考虑：第一个方法，即等效等幅重复应力法，在实际中应用最多；第二个方法，即极限损伤法，因其计算相对复杂一点，用得少些，但该方法更反映实际的疲劳损伤，因此也推荐作为疲劳验算的方法之一；第三个方法，即断裂力学方法，仅给出了方法的名称和使用条件，这是根据近年青藏铁路等低温疲劳断裂研究，表明低温环境下结构的疲劳不能按照常规理念的疲劳问题考虑，这主要是由于低温下结构破坏临界裂纹长度减小，导致疲劳安全储备下降，表现在裂纹稳定扩展区和急剧扩展区的交界点提前。断裂力学理论能够较为合理地分析和解释低温疲劳脆断破坏现象，进而得出安全合理的评判结果。具体方法因为尚需进一步补充和完善，故未在条文中列出。断裂力学方法是疲劳可靠性验算方法的一部分，设计者在验算低温环境下结构疲劳问题时应予以注意。

公式（F.4.1-3）中 n_i 的定义中，提到当疲劳应力变程水准 $\Delta\sigma_i$ 低于疲劳某特定值 $\Delta\sigma_0$ 时，相应的疲劳作用循环次数 n_i 取其乘以 $\left(\dfrac{\Delta\sigma_i}{\Delta\sigma_0} \right)^2$ 折减后的次数计算，这是因为不同构造存在一个不同的 $\Delta\sigma_0$，当疲劳应力低于该值时，对结构的疲劳损伤程度降低，因此相应循环次数可以折减。

F.4.3 不同结构可根据本条的原则进行疲劳正常使用极限状态可靠性验算。

附录 G　既有结构的可靠性评定

G.1　一　般　规　定

G.1.1 村镇中的一些既有结构和城市中的棚户房屋没有正规的设计与施工，不具备进行可靠性评定的基础，不宜按本附录的原则和方法进行评定。结构工程设计质量和施工质量的评定应该按结构建造时有效的标准规范评定。

G.1.2 本条提出对既有结构检测评定的建议。第 1 款中的"规定的年限"不仅仅限于设计使用年限，有些行业规定既有结构使用 5~10 年就要进行检测鉴定，重新备案。出现第 4 款和第 6 款的情况，当争议

的焦点是设计质量和施工质量问题时,可先进行工程质量的评定,再进行可靠性评定。

G.1.3 既有结构可靠性评定的基本原则是确保结构的性能符合相应的要求,考虑可持续发展的要求;尽量减少业主对既有结构加固等的工程量。这里所说的相应的要求是现行结构标准对结构性能的基本要求。

G.1.4 把安全性、适用性、耐久性和抗灾害能力等评定内容分开可避免概念的混淆,避免引发不必要的问题,同时便于业主根据问题的轻重缓急适时采取适当的处理措施。对既有结构进行可靠性评定时,业主可根据结构的具体情况提出进行某项性能的评定,也可进行全部性能的评定。

G.1.5 既有结构的可靠性评定以现行结构标准的相关要求为依据是国际上通行的原则,也是本附录提出的"保障结构性能"的基本要求。但是,评定不是照搬设计规范的全部公式,要考虑既有结构的特点,对结构构件的实际状况(不是原设计预期状况)进行评定,这是实现尽量减少加固等工程量的具体措施。

G.1.6 既有结构可靠性评定时,应尽量获得结构性能的信息,以便于对结构性能的实际状况进行评定。

G.2 安全性评定

G.2.1 既有结构的安全性是指直接影响人员或财产安全的评定内容。为了便于评定工作的实施,本条把结构安全性的评定分成结构体系和构件布置、连接和构造、承载力三个评定项目。

G.2.2 结构体系和构件布置存在问题的结构必然会出现相应的安全事故,现行结构设计规范对结构体系和构件布置的要求是当前工程界普遍认同的下限要求,既有结构的结构体系在满足相应要求的情况下可以评为符合要求。在结构安全性评定中的结构体系和构件布置要求,不包括结构抗灾害的特殊要求。

G.2.3 连接和构造存在问题的结构也会出现相应的安全事故,现行结构设计规范对连接和构造的要求是当前工程界普遍认同的相关下限要求,既有结构的连接和构造在满足相应要求的情况下可以评为符合要求。本条所提到的构造仅涉及与构件承载力相关的构造,与结构适用性和耐久性相关的构造要求不在本条规定的范围之内。

G.2.4 本条提出的承载力评定的方法,前提是要求既有结构的结构体系和构件布置、连接和构造要符合现行结构设计规范的要求。

G.2.5 本条提出基于结构良好状态的评定方法的评定原则,结构构件与连接部位未达到正常使用极限状态的限值且结构上的作用不会出现明显的变化,结构的安全性可以得到保证,当既有结构经历了相应的灾害而未出现达到正常使用极限状态限值的现象,也可以认定该结构可以抵抗这种灾害的作用。

G.2.6 本条提出基于结构分项系数或安全系数的评定原则。

结构的设计阶段有三类问题需要结构设计规范确定,其一为规律性问题,结构设计规范用计算模型反映规律问题;其二为离散性问题,结构设计规范用分项系数或安全系数解决这个问题;其三为不确定性问题,结构设计规范用额外的安全储备解决设计阶段的不确定性问题,这类储备一般不计入规范规定的安全系数或分项系数。对于既有结构来说,设计阶段的不确定性因素已经成为确定的,有些可以通过检验与测试定量确定。当这些因素确定后,在既有结构承载力评定中可以适度利用这些储备,在保证分项系数或安全系数满足现行规范要求的前提下,尽量减少结构的加固工程量,体现可持续发展的要求。

例如:关于构件材料强度的取值,可利用混凝土的后期强度和钢材实际屈服点应力高于结构规范提供的强度标准值的部分;现行结构设计规范计算公式中未考虑的对构件承载力有利的因素,如纵向钢筋对构件受剪承载力的有利影响等。

既有结构还有一些已经确定的因素是对构件承载力不利的,例如轴线偏差、尺寸偏差以及不可恢复性损伤(钢筋锈蚀等),这些因素也应该在承载力评定时考虑。

经过上述符合实际情况的调整后,现行规范要求的分项系数或安全系数得到保证时,构件承载力可评为符合要求。

G.2.7 当构件的承载能力及其变异系数为已知时,计算模型中承载力的某些不确定储备可以利用,具体的方法是在保证可靠指标满足要求的前提下适度调整分项系数。

G.2.8 荷载检验是确定构件承载力的方法之一。本条提出荷载检验确定承载力的原则。当结构主要承受重力作用时,应采用重力荷载的检验方法;当结构主要承受静水压力作用时,可采用蓄水检验的方法。检验的荷载值应通过预先的计算估计,并在检验时逐级进行控制,避免产生结构或构件的过大变形或损伤。

对于检验荷载未达到设计荷载的情况,可采取辅助计算分析的方法实现。

G.2.9 限制使用条件是桥梁结构常用的方法。对于现有建筑结构来说,对所有承载力不满足要求的构件都进行加固也许并不是最好的选择,例如:当楼板承载力不足时,也许采取限制楼板的使用荷载是最佳的选择。

G.3 适用性评定

G.3.1 本条对既有结构的适用性进行的定义,是在安全性得到保障的情况下影响结构使用性能的问题。以裂缝为例,有些裂缝是构件承载力不满足要求的标志,不能简单地看成适用性问题;只有在安全性得到保障的前提下，才能评定裂缝对结构的适用性构成影响。

G.3.2 本条提出存在适用性问题的结构也要处理。但是适用性问题的处理并非一定要采取提高构件承载力的加固措施。

G.3.3 本条提出未达到正常使用极限状态限值的结构或构件适用性评定原则和评定方法。

G.4 耐久性评定

G.4.1 结构的耐久年数为结构在环境作用下出现相应正常使用极限状态限值或标志的年限，判定耐久年数是否大于评估使用年限是结构耐久性评定的目的。

G.4.2 本条提出确定与耐久性有关的极限状态限值或标志的原则，耐久性属于正常使用极限状态范畴，不属于承载能力极限状态范畴。达到与耐久性有关的极限状态标志或限值表明应该对结构或构件采取修复措施。

G.4.3 环境是造成构件材料性能劣化的外界因素，材料性能体现其抵抗环境作用的能力，将环境作用效应和材料性能相同的构件作为一个批次进行评定，有利于既有结构的业主采取合理的修复措施。

G.4.4 本条提出构件的耐久年数的评定方法。

G.4.5 对于耐久年数小于评估使用年限的构件的维护处理可以减慢材料劣化的速度，推迟修复的时间。

G.5 抗灾害能力评定

G.5.1 本条提出既有结构的抗灾害能力评定的项目。

G.5.2 目前对于部分灾害的作用已经有了具体的规定，此时，既有结构抗灾害的能力应该按照这些规定进行评定。

G.5.3 对于不能准确确定作用或作用效应的灾害，应该评价减小灾害作用及作用效应的措施及减小灾害影响范围和破坏范围等措施。

G.5.4 山体滑坡和泥石流等灾害是结构不可抗御的灾害，采取规避的措施也许是最为经济的；对于不能规避这类灾害的既有结构，应该有灾害的预警措施和人员疏散的措施。

中华人民共和国行业标准

建筑基桩检测技术规范

Technical code for testing of building foundation piles

JGJ 106—2014

批准部门：中华人民共和国住房和城乡建设部
施行日期：２０１４年１０月１日

中华人民共和国住房和城乡建设部
公　告

第 384 号

住房城乡建设部关于发布行业标准
《建筑基桩检测技术规范》的公告

现批准《建筑基桩检测技术规范》为行业标准，编号为 JGJ 106-2014，自 2014 年 10 月 1 日起实施。其中，第 4.3.4、9.2.3、9.2.5 和 9.4.5 条为强制性条文，必须严格执行。原《建筑基桩检测技术规范》JGJ 106-2003 同时废止。

本规范由我部标准定额研究所组织中国建筑工业出版社出版发行。

中华人民共和国住房和城乡建设部
2014 年 4 月 16 日

前　　言

根据住房和城乡建设部《关于印发〈2010 年工程建设标准规范制订、修订计划〉的通知》（建标［2010］43 号）的要求，规范编制组经广泛调查研究，认真总结实践经验，参考有关国外先进标准，并在广泛征求意见的基础上，修订了《建筑基桩检测技术规范》JGJ 106-2003。

本规范主要技术内容是：1. 总则；2. 术语和符号；3. 基本规定；4. 单桩竖向抗压静载试验；5. 单桩竖向抗拔静载试验；6. 单桩水平静载试验；7. 钻芯法；8. 低应变法；9. 高应变法；10. 声波透射法。

本规范修订的主要技术内容是：1. 取消了工程桩承载力验收检测应通过统计得到承载力特征值的要求；2. 修改了抗拔桩验收检测实施的有关要求；3. 修改了水平静载试验要求以及水平承载力特征值的判定方法；4. 补充、修改了钻芯法桩身完整性判定方法；5. 增加了低应变法检测时应进行辅助验证检测的要求；6. 取消了高应变法对动测承载力检测值进行统计的要求；7. 补充、修改了声波透射法现场测试和异常数据剔除的要求；8. 增加了采用变异系数对检测剖面声速异常判断概率统计值进行限定的要求；9. 修改了声波透射法多测线、多剖面的空间关联性判据；10. 增加了滑动测微计测量桩身应变的方法。

本规范以黑体字标志的条文为强制性条文，必须严格执行。

本规范由住房和城乡建设部负责管理和对强制性条文的解释，由中国建筑科学研究院负责具体技术内容的解释。执行过程中如有意见或建议，请寄送中国

建筑科学研究院（地址：北京市北三环东路 30 号，邮编：100013）。

本 规 范 主 编 单 位：中国建筑科学研究院

本 规 范 参 编 单 位：广东省建筑科学研究院
中冶建筑研究总院有限公司
福建省建筑科学研究院
中交上海三航科学研究院有限公司
辽宁省建设科学研究院
中国科学院武汉岩土力学研究所
机械工业勘察设计研究院
宁波三江检测有限公司
青海省建筑建材科学研究院
河南省建筑科学研究院

本规范主要起草人员：陈　凡　徐天平　钟冬波
高文生　陈久照　滕延京
刘艳玲　关立军　施　峰
吴　锋　王敏权　张　杰
郑建国　彭立新　蒋荣夫
高永强　赵海生

本规范主要审查人员：沈小克　张　雁　顾国荣
顾宝和　刘金砺　顾晓鲁
刘松玉　束伟农　何玉珊
刘金光　谢昭晖　林奕禧

目　次

1 总则 ·················· 21—5

2 术语和符号 ··········· 21—5

  2.1 术语 ·············· 21—5

  2.2 符号 ·············· 21—5

3 基本规定 ············· 21—6

  3.1 一般规定 ·········· 21—6

  3.2 检测工作程序 ······· 21—6

  3.3 检测方法选择和检测数量 ··· 21—7

  3.4 验证与扩大检测 ····· 21—8

  3.5 检测结果评价和检测报告 ··· 21—8

4 单桩竖向抗压静载试验 ··· 21—8

  4.1 一般规定 ·········· 21—8

  4.2 设备仪器及其安装 ··· 21—9

  4.3 现场检测 ·········· 21—9

  4.4 检测数据分析与判定 · 21—10

5 单桩竖向抗拔静载试验 ··· 21—10

  5.1 一般规定 ········· 21—10

  5.2 设备仪器及其安装 ·· 21—11

  5.3 现场检测 ········· 21—11

  5.4 检测数据分析与判定 · 21—11

6 单桩水平静载试验 ····· 21—12

  6.1 一般规定 ········· 21—12

  6.2 设备仪器及其安装 ·· 21—12

  6.3 现场检测 ········· 21—12

  6.4 检测数据分析与判定 · 21—12

7 钻芯法 ············· 21—13

  7.1 一般规定 ········· 21—13

  7.2 设备 ············· 21—13

  7.3 现场检测 ········· 21—13

  7.4 芯样试件截取与加工 · 21—14

7.5 芯样试件抗压强度试验 ··· 21—14

7.6 检测数据分析与判定 ··· 21—14

8 低应变法 ············ 21—16

  8.1 一般规定 ········· 21—16

  8.2 仪器设备 ········· 21—16

  8.3 现场检测 ········· 21—16

  8.4 检测数据分析与判定 · 21—16

9 高应变法 ············ 21—18

  9.1 一般规定 ········· 21—18

  9.2 仪器设备 ········· 21—18

  9.3 现场检测 ········· 21—18

  9.4 检测数据分析与判定 · 21—18

10 声波透射法 ········· 21—20

  10.1 一般规定 ········ 21—20

  10.2 仪器设备 ········ 21—20

  10.3 声测管埋设 ······ 21—21

  10.4 现场检测 ········ 21—21

  10.5 检测数据分析与判定 · 21—21

附录 A 桩身内力测试 ···· 21—24

附录 B 混凝土桩桩头处理 · 21—25

附录 C 静载试验记录表 ·· 21—25

附录 D 钻芯法检测记录表 · 21—26

附录 E 芯样试件加工和测量 · 21—27

附录 F 高应变法传感器安装 · 21—27

附录 G 试打桩与打桩监控 · 21—28

本规范用词说明 ········· 21—29

引用标准名录 ··········· 21—29

附：条文说明 ··········· 21—30

Contents

1 General Provisions ················· 21—5

2 Terms and Symbols ··············· 21—5

  2.1 Terms ························· 21—5

  2.2 Symbols ····················· 21—5

3 Basic Requirements ·············· 21—6

  3.1 General Requirements ········· 21—6

  3.2 Testing Procedures ··········· 21—6

  3.3 Selection of Test Methods, Number of Test Piles ··········· 21—7

  3.4 Verification and Extended Tests ······ 21—8

  3.5 Test Results Assessment and Report ······················ 21—8

4 Vertical Compressive Static Load Test on Single Pile ·············· 21—8

  4.1 General Requirements ········· 21—8

  4.2 Equipments and Installation ······· 21—9

  4.3 Field Test ··················· 21—9

  4.4 Test Data Interpretation ········· 21—10

5 Vertical Uplift Static Load Test on Single Pile ····················· 21—10

  5.1 General Requirements ········· 21—10

  5.2 Equipments and Installation ······ 21—11

  5.3 Field Test ··················· 21—11

  5.4 Test Data Interpretation ········ 21—11

6 Lateral Static Load Test on Single Pile ······················· 21—12

  6.1 General Requirements ········· 21—12

  6.2 Equipments and Installation ······ 21—12

  6.3 Field Test ··················· 21—12

  6.4 Test Data Interpretation ········ 21—12

7 Core Drilling Method ··········· 21—13

  7.1 General Requirements ········· 21—13

  7.2 Equipments ················· 21—13

  7.3 Field Test ··················· 21—13

  7.4 Interception and Processing of Core Sample ················· 21—14

  7.5 Compressive Strength Testing of Core Specimen ··············· 21—14

  7.6 Test Data Interpretation ········ 21—14

8 Low-strain Integrity Test ······· 21—16

  8.1 General Requirements ············ 21—16

  8.2 Equipments ················· 21—16

  8.3 Field Test ··················· 21—16

  8.4 Test Data Interpretation ········ 21—16

9 High-strain Dynamic Test ··········· 21—18

  9.1 General Requirements ········· 21—18

  9.2 Equipments ················· 21—18

  9.3 Field Test ··················· 21—18

  9.4 Test Data Interpretation ········ 21—18

10 Cross-hole Sonic Logging ·········· 21—20

  10.1 General Requirements ········· 21—20

  10.2 Equipments ················· 21—20

  10.3 Installation of Access Tubes ······ 21—21

  10.4 Field Test ··················· 21—21

  10.5 Test Data Interpretation ········ 21—21

Appendix A Internal Force Testing of Pile Shaft ·············· 21—24

Appendix B Head Treatment of Concrete Piles ·············· 21—25

Appendix C Record Table of Static Load Test ····················· 21—25

Appendix D Record Table of Core Drilling Test ·············· 21—26

Appendix E Processing and Measurement of Core Specimens ···················· 21—27

Appendix F Sensor Attachment for High-strain Dynamic Testing ········· 21—27

Appendix G Trial Pile Driving and Driven Pile Installation Monitoring ················ 21—28

Explanation of Wording in This Code ····························· 21—29

List of Quoted Standards ·············· 21—29

Addition: Explanation of Provisions ···················· 21—30

1 总 则

1.0.1 为了在基桩检测中贯彻执行国家的技术经济政策，做到安全适用、技术先进、数据准确、评价正确，为设计、施工及验收提供可靠依据，制定本规范。

1.0.2 本规范适用于建筑工程基桩的承载力和桩身完整性的检测与评价。

1.0.3 基桩检测应根据各种检测方法的适用范围和特点，结合地基条件、桩型及施工质量可靠性、使用要求等因素，合理选择检测方法，正确判定检测结果。

1.0.4 建筑工程基桩检测除应符合本规范外，尚应符合国家现行有关标准的规定。

2 术语和符号

2.1 术 语

2.1.1 基桩 foundation pile

桩基础中的单桩。

2.1.2 桩身完整性 pile integrity

反映桩身截面尺寸相对变化、桩身材料密实性和连续性的综合定性指标。

2.1.3 桩身缺陷 pile defects

在一定程度上使桩身完整性恶化，引起桩身结构强度和耐久性降低，出现桩身断裂、裂缝、缩颈、夹泥（杂物）、空洞、蜂窝、松散等不良现象的统称。

2.1.4 静载试验 static load test

在桩顶部逐级施加竖向压力、竖向上拔力或水平推力，观测桩顶部随时间产生的沉降、上拔位移或水平位移，以确定相应的单桩竖向抗压承载力、单桩竖向抗拔承载力或单桩水平承载力的试验方法。

2.1.5 钻芯法 core drilling method

用钻机钻取芯样，检测桩长、桩身缺陷、桩底沉渣厚度以及桩身混凝土的强度，判定或鉴别桩端岩土性状的方法。

2.1.6 低应变法 low-strain integrity testing

采用低能量瞬态或稳态方式在桩顶激振，实测桩顶部的速度时程曲线，或在实测桩顶部的速度时程曲线同时，实测桩顶部的力时程曲线。通过波动理论的时域分析或频域分析，对桩身完整性进行判定的检测方法。

2.1.7 高应变法 high-strain dynamic testing

用重锤冲击桩顶，实测桩顶附近或桩顶部的速度和力时程曲线，通过波动理论分析，对单桩竖向抗压承载力和桩身完整性进行判定的检测方法。

2.1.8 声波透射法 cross-hole sonic logging

在预埋声测管之间发射并接收声波，通过实测声波在混凝土介质中传播的声时、频率和波幅衰减等声学参数的相对变化，对桩身完整性进行检测的方法。

2.1.9 桩身内力测试 internal force testing of pile shaft

通过桩身应变、位移的测试，计算荷载作用下桩侧阻力、桩端阻力或桩身弯矩的试验方法。

2.2 符 号

2.2.1 抗力和材料性能

c——桩身一维纵向应力波传播速度（简称桩身波速）；

E——桩身材料弹性模量；

f_{cor}——混凝土芯样试件抗压强度；

m——地基土水平抗力系数的比例系数；

Q_u——单桩竖向抗压极限承载力；

R_a——单桩竖向抗压承载力特征值；

R_c——凯司法单桩承载力计算值；

R_x——缺陷以上部位土阻力的估计值；

Z——桩身截面力学阻抗；

ρ——桩身材料质量密度。

2.2.2 作用与作用效应

F——锤击力；

H——单桩水平静载试验中作用于地面的水平力；

P——芯样抗压试验测得的破坏荷载；

Q——单桩竖向抗压静载试验中施加的竖向荷载、桩身产生的轴力；

s——桩顶竖向沉降、桩身竖向位移；

U——单桩竖向抗拔静载试验中施加的上拔荷载；

V——质点运动速度；

Y_0——水平力作用点的水平位移；

δ——桩顶上拔量；

σ_s——钢筋应力；

σ_t——桩身锤击拉应力。

2.2.3 几何参数

A——桩身截面面积；

B——矩形桩的边宽；

b_0——桩身计算宽度；

D——桩身直径（外径）；

d——芯样试件的平均直径；

I——桩身换算截面惯性矩；

L——测点下桩长；

l'——每检测剖面相应两声测管的外壁间净距离；

x——传感器安装点至桩身缺陷或桩身某一位置的距离；

z——测线深度。

2.2.4 计算系数

J_c——凯司法阻尼系数;

α——桩的水平变形系数;

β——高应变法桩身完整性系数;

λ——样本中不同统计个数对应的系数;

ν_y——桩顶水平位移系数;

ξ——混凝土芯样试件抗压强度折算系数。

2.2.5 其他

A_m——某一检测剖面声测线波幅平均值;

A_p——声测线的波幅值;

a——信号首波峰值电压;

a_0——零分贝信号峰值电压;

c_m——桩身波速的平均值;

C_v——变异系数;

f——频率、声波信号主频;

n——数目、样本数量;

PSD——声时-深度曲线上相邻两点连线的斜率与声时差的乘积;

s_x——标准差;

T——信号周期;

t'——声测管及耦合水层声时修正值;

t_0——仪器系统延迟时间;

t_1——速度第一峰对应的时刻;

t_c——声时;

t_i——时间、声时测量值;

t_r——速度或锤击力上升时间;

t_x——缺陷反射峰对应的时刻;

Δf——幅频曲线上桩底相邻谐振峰间的频差;

$\Delta f'$——幅频曲线上缺陷相邻谐振峰间的频差;

ΔT——速度波第一峰与桩底反射波峰间的时间差;

Δt_x——速度波第一峰与缺陷反射波峰间的时间差;

v_0——声速异常判断值;

v_c——声速异常判断临界值;

v_L——声速低限值;

v_m——声速平均值;

v_p——混凝土试件的声速平均值。

3 基 本 规 定

3.1 一 般 规 定

3.1.1 基桩检测可分为施工前为设计提供依据的试验桩检测和施工后为验收提供依据的工程桩检测。基桩检测应根据检测目的、检测方法的适应性、桩基的设计条件、成桩工艺等,按表 3.1.1 合理选择检测方法。当通过两种或两种以上检测方法的相互补充、验证,能有效提高基桩检测结果判定的可靠性时,应选择两种或两种以上的检测方法。

3.1.2 当设计有要求或有下列情况之一时,施工前应进行试验桩检测并确定单桩极限承载力:

表 3.1.1 检测目的及检测方法

检测目的	检测方法
确定单桩竖向抗压极限承载力; 判定竖向抗压承载力是否满足设计要求; 通过桩身应变、位移测试,测定桩侧、桩端阻力,验证高应变法的单桩竖向抗压承载力检测结果	单桩竖向抗压静载试验
确定单桩竖向抗拔极限承载力; 判定竖向抗拔承载力是否满足设计要求; 通过桩身应变、位移测试,测定桩的抗拔侧阻力	单桩竖向抗拔静载试验
确定单桩水平临界荷载和极限承载力,推定土抗力参数; 判定水平承载力或水平位移是否满足设计要求; 通过桩身应变、位移测试,测定桩身弯矩	单桩水平静载试验
检测灌注桩桩长、桩身混凝土强度、桩底沉渣厚度,判定或鉴别桩端持力层岩土性状,判定桩身完整性类别	钻芯法
检测桩身缺陷及其位置,判定桩身完整性类别	低应变法
判定单桩竖向抗压承载力是否满足设计要求; 检测桩身缺陷及其位置,判定桩身完整性类别; 分析桩侧和桩端土阻力; 进行打桩过程监控	高应变法
检测灌注桩桩身缺陷及其位置,判定桩身完整性类别	声波透射法

1 设计等级为甲级的桩基;

2 无相关试桩资料可参考的设计等级为乙级的桩基;

3 地基条件复杂、基桩施工质量可靠性低;

4 本地区采用的新桩型或采用新工艺成桩的桩基。

3.1.3 施工完成后的工程桩应进行单桩承载力和桩身完整性检测。

3.1.4 桩基工程除应在工程桩施工前和施工后进行基桩检测外,尚应根据工程需要,在施工过程中进行质量的检测与监测。

3.2 检测工作程序

3.2.1 检测工作应按图 3.2.1 的程序进行。

3.2.2 调查、资料收集宜包括下列内容:

1 收集被检测工程的岩土工程勘察资料、桩基设计文件、施工记录,了解施工工艺和施工中出现的

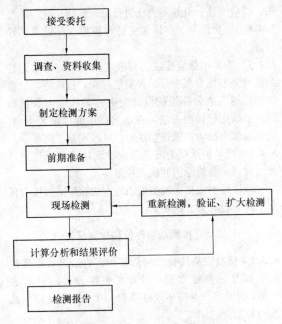

图 3.2.1　检测工作程序框图

异常情况；

　　2　委托方的具体要求；

　　3　检测项目现场实施的可行性。

3.2.3　检测方案的内容宜包括：工程概况、地基条件、桩基设计要求、施工工艺、检测方法和数量、受检桩选取原则、检测进度以及所需的机械或人工配合。

3.2.4　基桩检测用仪器设备应在检定或校准的有效期内；基桩检测前，应对仪器设备进行检查调试。

3.2.5　基桩检测开始时间应符合下列规定：

　　1　当采用低应变法或声波透射法检测时，受检桩混凝土强度不应低于设计强度的 70%，且不应低于 15MPa；

　　2　当采用钻芯法检测时，受检桩的混凝土龄期应达到 28d，或受检桩同条件养护试件强度应达到设计强度要求；

　　3　承载力检测前的休止时间，除应符合本条第 2 款的规定外，当无成熟的地区经验时，尚不应少于表 3.2.5 规定的时间。

表 3.2.5　休止时间

土的类别		休止时间（d）
砂土		7
粉土		10
黏性土	非饱和	15
	饱和	25

注：对于泥浆护壁灌注桩，宜延长休止时间。

3.2.6　验收检测的受检桩选择，宜符合下列规定：

　　1　施工质量有疑问的桩；

　　2　局部地基条件出现异常的桩；

　　3　承载力验收检测时部分选择完整性检测中判定的Ⅲ类桩；

　　4　设计方认为重要的桩；

　　5　施工工艺不同的桩；

　　6　除本条第 1～3 款指定的受检桩外，其余受检桩的检测数量应符合本规范第 3.3.3～3.3.8 条的相关规定，且宜均匀或随机选择。

3.2.7　验收检测时，宜先进行桩身完整性检测，后进行承载力检测。桩身完整性检测应在基坑开挖至基底标高后进行。承载力检测时，宜在检测前、后，分别对受检桩、锚桩进行桩身完整性检测。

3.2.8　当发现检测数据异常时，应查找原因，重新检测。

3.2.9　当现场操作环境不符合仪器设备使用要求时，应采取有效的防护措施。

3.3　检测方法选择和检测数量

3.3.1　为设计提供依据的试验桩检测应依据设计确定的基桩受力状态，采用相应的静载试验方法确定单桩极限承载力，检测数量应满足设计要求，且在同一条件下不应少于 3 根；当预计工程桩总数小于 50 根时，检测数量不应少于 2 根。

3.3.2　打入式预制桩有下列要求之一时，应采用高应变法进行试打桩的打桩过程监测。在相同施工工艺和相近地基条件下，试打桩数量不应少于 3 根。

　　1　控制打桩过程中的桩身应力；

　　2　确定沉桩工艺参数；

　　3　选择沉桩设备；

　　4　选择桩端持力层。

3.3.3　混凝土桩的桩身完整性检测方法选择，应符合本规范第 3.1.1 条的规定；当一种方法不能全面评价基桩完整性时，应采用两种或两种以上的检测方法，检测数量应符合下列规定：

　　1　建筑桩基设计等级为甲级，或地基条件复杂、成桩质量可靠性较低的灌注桩工程，检测数量不应少于总桩数的 30%，且不应少于 20 根；其他桩基工程，检测数量不应少于总桩数的 20%，且不应少于 10 根；

　　2　除符合本条上款规定外，每个柱下承台检测桩数不应少于 1 根；

　　3　大直径嵌岩灌注桩或设计等级为甲级的大直径灌注桩，应在本条第 1、2 款规定的检测桩数范围内，按不少于总桩数 10% 的比例采用声波透射法或钻芯法检测；

　　4　当符合本规范第 3.2.6 条第 1、2 款规定的桩数较多，或为了全面了解整个工程基桩的桩身完整性情况时，宜增加检测数量。

3.3.4　当符合下列条件之一时，应采用单桩竖向抗压静载试验进行承载力验收检测。检测数量不应少于同一条件下桩基分项工程总桩数的1%，且不应少于3根；当总桩数小于50根时，检测数量不应少于2根。

　　1 设计等级为甲级的桩基；

　　2 施工前未按本规范第3.3.1条进行单桩静载试验的工程；

　　3 施工前进行了单桩静载试验，但施工过程中变更了工艺参数或施工质量出现了异常；

　　4 地基条件复杂、桩施工质量可靠性低；

　　5 本地区采用的新桩型或新工艺；

　　6 施工过程中产生挤土上浮或偏位的群桩。

3.3.5 除本规范第3.3.4条规定外的工程桩，单桩竖向抗压承载力可按下列方式进行验收检测：

　　1 当采用单桩静载试验时，检测数量宜符合本规范第3.3.4条的规定；

　　2 预制桩和满足高应变法适用范围的灌注桩，可采用高应变法检测单桩竖向抗压承载力，检测数量不宜少于总桩数的5%，且不得少于5根。

3.3.6 当有本地区相近条件的对比验证资料时，高应变法可作为本规范第3.3.4条规定条件下单桩竖向抗压承载力验收检测的补充，其检测数量宜符合本规范第3.3.5条第2款的规定。

3.3.7 对于端承型大直径灌注桩，当受设备或现场条件限制无法检测单桩竖向抗压承载力时，可选择下列方式之一，进行持力层核验：

　　1 采用钻芯法测定桩底沉渣厚度，并钻取桩端持力层岩土芯样检验桩端持力层，检测数量不应少于总桩数的10%，且不应少于10根；

　　2 采用深层平板载荷试验或岩基平板载荷试验，检测应符合国家现行标准《建筑地基基础设计规范》GB 50007和《建筑桩基技术规范》JGJ 94的有关规定，检测数量不应少于总桩数的1%，且不应少于3根。

3.3.8 对设计有抗拔或水平力要求的桩基工程，单桩承载力验收检测应采用单桩竖向抗拔或单桩水平静载试验，检测数量应符合本规范第3.3.4条的规定。

3.4 验证与扩大检测

3.4.1 单桩竖向抗压承载力验证应采用单桩竖向抗压静载试验。

3.4.2 桩身浅部缺陷可采用开挖验证。

3.4.3 桩身或接头存在裂隙的预制桩可采用高应变法验证，管桩可采用孔内摄像的方式验证。

3.4.4 单孔钻芯检测发现桩身混凝土存在质量问题时，宜在同一基桩增加钻孔验证，并根据前、后钻芯结果对受检桩重新评价。

3.4.5 对低应变法检测中不能明确桩身完整性类别的桩或Ⅲ类桩，可根据实际情况采用静载法、钻芯法、高应变法、开挖等方法进行验证检测。

3.4.6 桩身混凝土实体强度可在桩顶浅部钻取芯样验证。

3.4.7 当采用低应变法、高应变法和声波透射法检测桩身完整性发现有Ⅲ、Ⅳ类桩存在，且检测数量覆盖的范围不能为补强或设计变更方案提供可靠依据时，宜采用原检测方法，在未检桩中继续扩大检测。当原检测方法为声波透射法时，可改用钻芯法。

3.4.8 当单桩承载力或钻芯法检测结果不满足设计要求时，应分析原因并扩大检测。

　　验证检测或扩大检测采用的方法和检测数量应得到工程建设有关方的确认。

3.5 检测结果评价和检测报告

3.5.1 桩身完整性检测结果评价，应给出每根受检桩的桩身完整性类别。桩身完整性分类应符合表3.5.1的规定，并按本规范第7~10章分别规定的技术内容划分。

表 3.5.1　桩身完整性分类表

桩身完整性类别	分类原则
Ⅰ类桩	桩身完整
Ⅱ类桩	桩身有轻微缺陷，不会影响桩身结构承载力的正常发挥
Ⅲ类桩	桩身有明显缺陷，对桩身结构承载力有影响
Ⅳ类桩	桩身存在严重缺陷

3.5.2 工程桩承载力验收检测应给出受检桩的承载力检测值，并评价单桩承载力是否满足设计要求。

3.5.3 检测报告应包含下列内容：

　　1 委托方名称，工程名称、地点，建设、勘察、设计、监理和施工单位，基础、结构形式，层数，设计要求，检测目的，检测依据，检测数量，检测日期；

　　2 地基条件描述；

　　3 受检桩的桩型、尺寸、桩号、桩位、桩顶标高和相关施工记录；

　　4 检测方法，检测仪器设备，检测过程叙述；

　　5 受检桩的检测数据，实测与计算分析曲线、表格和汇总结果；

　　6 与检测内容相应的检测结论。

4 单桩竖向抗压静载试验

4.1 一般规定

4.1.1 本方法适用于检测单桩的竖向抗压承载力。

当桩身埋设有应变、位移传感器或位移杆时，可按本规范附录 A 测定桩身应变或桩身截面位移，计算桩的分层侧阻力和端阻力。

4.1.2 为设计提供依据的试验桩，应加载至桩侧与桩端的岩土阻力达到极限状态；当桩的承载力由桩身强度控制时，可按设计要求的加载量进行加载。

4.1.3 工程桩验收检测时，加载量不应小于设计要求的单桩承载力特征值的 2.0 倍。

4.2 设备仪器及其安装

4.2.1 试验加载设备宜采用液压千斤顶。当采用两台或两台以上千斤顶加载时，应并联同步工作，且应符合下列规定：

　　1 采用的千斤顶型号、规格应相同；

　　2 千斤顶的合力中心应与受检桩的横截面形心重合。

4.2.2 加载反力装置可根据现场条件，选择锚桩反力装置、压重平台反力装置、锚桩压重联合反力装置、地锚反力装置等，且应符合下列规定：

　　1 加载反力装置提供的反力不得小于最大加载值的 1.2 倍；

　　2 加载反力装置的构件应满足承载力和变形的要求；

　　3 应对锚桩的桩侧土阻力、钢筋、接头进行验算，并满足抗拔承载力的要求；

　　4 工程桩作锚桩时，锚桩数量不宜少于 4 根，且应对锚桩上拔量进行监测；

　　5 压重宜在检测前一次加足，并均匀稳固地放置于平台上，且压重施加于地基的压应力不宜大于地基承载力特征值的 1.5 倍；有条件时，宜利用工程桩作为堆载支点。

4.2.3 荷载测量可用放置在千斤顶上的荷重传感器直接测定。当通过并联于千斤顶油路的压力表或压力传感器测定油压并换算荷载时，应根据千斤顶率定曲线进行荷载换算。荷重传感器、压力传感器或压力表的准确度应优于或等于 0.5 级。试验用压力表、油泵、油管在最大加载时的压力不应超过规定工作压力的 80%。

4.2.4 沉降测量宜采用大量程的位移传感器或百分表，且应符合下列规定：

　　1 测量误差不得大于 0.1%FS，分度值/分辨力应优于或等于 0.01mm；

　　2 直径或边宽大于 500mm 的桩，应在其两个方向对称安置 4 个位移测试仪表，直径或边宽小于等于 500mm 的桩可对称安置 2 个位移测试仪表；

　　3 基准梁应具有足够的刚度，梁的一端应固定在基准桩上，另一端应简支于基准桩上；

　　4 固定和支撑位移计（百分表）的夹具及基准梁不得受气温、振动及其他外界因素的影响；当基准梁暴露在阳光下时，应采取遮挡措施。

4.2.5 沉降测定平面宜设置在桩顶以下 200mm 的位置，测点应固定在桩身上。

4.2.6 试桩、锚桩（压重平台支墩边）和基准桩之间的中心距离，应符合表 4.2.6 的规定。当试桩或锚桩为扩底桩或多支盘桩时，试桩与锚桩的中心距不应小于 2 倍扩大端直径。软土场地压重平台堆载重量较大时，宜增加支墩边与基准桩中心和试桩中心之间的距离，并在试验过程中观测基准桩的竖向位移。

表 4.2.6 试桩、锚桩（或压重平台支墩边）和基准桩之间的中心距离

反力装置	距离		
	试桩中心与锚桩中心（或压重平台支墩边）	试桩中心与基准桩中心	基准桩中心与锚桩中心（或压重平台支墩边）
锚桩横梁	≥4(3)D 且>2.0m	≥4(3)D 且>2.0m	≥4(3)D 且>2.0m
压重平台	≥4(3)D 且>2.0m	≥4(3)D 且>2.0m	≥4(3)D 且>2.0m
地锚装置	≥4D 且>2.0m	≥4(3)D 且>2.0m	≥4D 且>2.0m

注：1 D 为试桩、锚桩或地锚的设计直径或边宽，取其较大者；

　　2 括号内数值可用于工程桩验收检测时多排桩设计桩中心距离小于 4D 或压重平台支墩下 2 倍～3 倍宽影响范围内的地基土已进行加固处理的情况。

4.2.7 测试桩侧阻力、桩端阻力、桩身截面位移时，桩身内传感器、位移杆的埋设应符合本规范附录 A 的规定。

4.3 现场检测

4.3.1 试验桩的桩型尺寸、成桩工艺和质量控制标准应与工程桩一致。

4.3.2 试验桩桩顶宜高出试坑底面，试坑底面宜与桩承台底标高一致。混凝土桩头加固可按本规范附录 B 执行。

4.3.3 试验加、卸载方式应符合下列规定：

　　1 加载应分级进行，且采用逐级等量加载；分级荷载宜为最大加载值或预估极限承载力的 1/10，其中，第一级加载量可取分级荷载的 2 倍；

　　2 卸载应分级进行，每级卸载量宜取加载时分级荷载的 2 倍，且应逐级等量卸载；

　　3 加、卸载时，应使荷载传递均匀、连续、无冲击，且每级荷载在维持过程中的变化幅度不得超过分级荷载的 ±10%。

4.3.4 为设计提供依据的单桩竖向抗压静载试验应采用慢速维持荷载法。

4.3.5 慢速维持荷载法试验应符合下列规定：

1 每级荷载施加后，应分别按第 5min、15min、30min、45min、60min 测读桩顶沉降量，以后每隔 30min 测读一次桩顶沉降量；

2 试桩沉降相对稳定标准：每一小时内的桩顶沉降量不得超过 0.1mm，并连续出现两次（从分级荷载施加后的第 30min 开始，按 1.5h 连续三次每 30min 的沉降观测值计算）；

3 当桩顶沉降速率达到相对稳定标准时，可施加下一级荷载；

4 卸载时，每级荷载应维持 1h，分别按第 15min、30min、60min 测读桩顶沉降量后，即可卸下一级荷载；卸载至零后，应测读桩顶残余沉降量，维持时间不得少于 3h，测读时间分别为第 15min、30min，以后每隔 30min 测读一次桩顶残余沉降量。

4.3.6 工程桩验收检测宜采用慢速维持荷载法。当有成熟的地区经验时，也可采用快速维持荷载法。

快速维持荷载法的每级荷载维持时间不应少于 1h，且当本级荷载作用下的桩顶沉降速率收敛时，可施加下一级荷载。

4.3.7 当出现下列情况之一时，可终止加载：

1 某级荷载作用下，桩顶沉降量大于前一级荷载作用下的沉降量的 5 倍，且桩顶总沉降量超过 40mm；

2 某级荷载作用下，桩顶沉降量大于前一级荷载作用下的沉降量的 2 倍，且经 24h 尚未达到本规范第 4.3.5 条第 2 款相对稳定标准；

3 已达到设计要求的最大加载值且桩顶沉降达到相对稳定标准；

4 工程桩作锚桩时，锚桩上拔量已达到允许值；

5 荷载-沉降曲线呈缓变型时，可加载至桩顶总沉降量 60mm～80mm；当桩端阻力尚未充分发挥时，可加载至桩顶累计沉降量超过 80mm。

4.3.8 检测数据宜按本规范表 C.0.1 的格式进行记录。

4.3.9 测试桩身应变和桩身截面位移时，数据的测读时间宜符合本规范第 4.3.5 条的规定。

4.4 检测数据分析与判定

4.4.1 检测数据的处理应符合下列规定：

1 确定单桩竖向抗压承载力时，应绘制竖向荷载-沉降（Q-s）曲线、沉降-时间对数（s-$\lg t$）曲线；也可绘制其他辅助分析曲线；

2 当进行桩身应变和桩身截面位移测定时，应按本规范附录 A 的规定，整理测试数据，绘制桩身轴力分布图，计算不同土层的桩侧阻力和桩端阻力。

4.4.2 单桩竖向抗压极限承载力应按下列方法分析确定：

1 根据沉降随荷载变化的特征确定：对于陡降型 Q-s 曲线，应取其发生明显陡降的起始点对应的荷载值；

2 根据沉降随时间变化的特征确定：应取 s-$\lg t$ 曲线尾部出现明显向下弯曲的前一级荷载值；

3 符合本规范第 4.3.7 条第 2 款情况时，宜取前一级荷载值；

4 对于缓变型 Q-s 曲线，宜根据桩顶总沉降量，取 s 等于 40mm 对应的荷载值；对 D（D 为桩端直径）大于等于 800mm 的桩，可取 s 等于 0.05D 对应的荷载值；当桩长大于 40m 时，宜考虑桩身弹性压缩；

5 不满足本条第 1～4 款情况时，桩的竖向抗压极限承载力宜取最大加载值。

4.4.3 为设计提供依据的单桩竖向抗压极限承载力的统计取值，应符合下列规定：

1 对参加算术平均的试验桩检测结果，当极差不超过平均值的 30% 时，可取其算术平均值为单桩竖向抗压极限承载力；当极差超过平均值的 30% 时，应分析原因，结合桩型、施工工艺、地基条件、基础形式等工程具体情况综合确定极限承载力；不能明确极差过大的原因时，宜增加试桩数量；

2 试验桩数量小于 3 根或桩基承台下的桩数不大于 3 根时，应取低值。

4.4.4 单桩竖向抗压承载力特征值应按单桩竖向抗压极限承载力的 50% 取值。

4.4.5 检测报告除应包括本规范第 3.5.3 条规定的内容外，尚应包括下列内容：

1 受检桩桩位对应的地质柱状图；

2 受检桩和锚桩的尺寸、材料强度、配筋情况以及锚桩的数量；

3 加载反力种类，堆载法应指明堆载重量，锚桩法应有反力梁布置平面图；

4 加、卸载方法；

5 本规范第 4.4.1 条要求绘制的曲线；

6 承载力判定依据；

7 当进行分层侧阻力和端阻力测试时，应包括传感器类型、安装位置，轴力计算方法，各级荷载作用下的桩身轴力曲线，各土层的桩侧极限侧阻力和桩端阻力。

5 单桩竖向抗拔静载试验

5.1 一般规定

5.1.1 本方法适用于检测单桩的竖向抗拔承载力。当桩身埋设有应变、位移传感器或桩端埋设有位移测量杆时，可按本规范附录 A 测定桩身应变或桩端上拔量，计算桩的分层抗拔侧阻力。

5.1.2 为设计提供依据的试验桩，应加载至桩侧岩土阻力达到极限状态或桩身材料达到设计强度；工程桩验收检测时，施加的上拔荷载不得小于单桩竖向抗拔承载力特征值的 2.0 倍或使桩顶产生的上拔量达到设计要求的限值。

当抗拔承载力受抗裂条件控制时，可按设计要求确定最大加载值。

5.1.3 检测时的抗拔桩受力状态，应与设计规定的受力状态一致。

5.1.4 预估的最大试验荷载不得大于钢筋的设计强度。

5.2 设备仪器及其安装

5.2.1 试验加载设备宜采用液压千斤顶，加载方式应符合本规范第 4.2.1 条的规定。

5.2.2 试验反力系统宜采用反力桩提供支座反力，反力桩可采用工程桩；也可根据现场情况，采用地基提供支座反力。反力架的承载力应具有 1.2 倍的安全系数，并应符合下列规定：

1 采用反力桩提供支座反力时，桩顶面应平整并具有足够的强度；

2 采用地基提供反力时，施加于地基的压应力不宜超过地基承载力特征值的 1.5 倍；反力梁的支点重心应与支座中心重合。

5.2.3 荷载测量及其仪器的技术要求应符合本规范第 4.2.3 条的规定。

5.2.4 上拔量测量及其仪器的技术要求应符合本规范第 4.2.4 条的规定。

5.2.5 上拔量测量点宜设置在桩顶以下不小于 1 倍桩径的桩身上，不得设置在受拉钢筋上；对于大直径灌注桩，可设置在钢筋笼内侧的桩顶面混凝土上。

5.2.6 试桩、支座和基准桩之间的中心距离，应符合表 4.2.6 的规定。

5.2.7 测试桩侧抗拔侧阻力分布和桩端上拔位移时，桩身内传感器、桩端位移杆的埋设应符合本规范附录 A 的规定。

5.3 现场检测

5.3.1 对混凝土灌注桩、有接头的预制桩，宜在拔桩试验前采用低应变法检测受检桩的桩身完整性。为设计提供依据的抗拔灌注桩，施工时应进行成孔质量检测，桩身中、下部位出现明显扩径的桩，不宜作为抗拔试验桩；对有接头的预制桩，应复核接头强度。

5.3.2 单桩竖向抗拔静载试验应采用慢速维持荷载法。设计有要求时，可采用多循环加、卸载方法或恒载法。慢速维持荷载法的加、卸载分级以及桩顶上拔量的测读方式，应分别符合本规范第 4.3.3 条和第 4.3.5 条的规定。

5.3.3 当出现下列情况之一时，可终止加载：

1 在某级荷载作用下，桩顶上拔量大于前一级上拔荷载作用下的上拔量 5 倍；

2 按桩顶上拔量控制，累计桩顶上拔量超过 100mm；

3 按钢筋抗拉强度控制，钢筋应力达到钢筋强度设计值，或某根钢筋拉断；

4 对于工程桩验收检测，达到设计或抗裂要求的最大上拔量或上拔荷载值。

5.3.4 检测数据可按本规范表 C.0.1 的格式进行记录。

5.3.5 测试桩身应变和桩端上拔位移时，数据的测读时间宜符合本规范第 4.3.5 条的规定。

5.4 检测数据分析与判定

5.4.1 数据处理应绘制上拔荷载-桩顶上拔量（U-δ）关系曲线和桩顶上拔量-时间对数（δ-$\lg t$）关系曲线。

5.4.2 单桩竖向抗拔极限承载力应按下列方法确定：

1 根据上拔量随荷载变化的特征确定：对陡变型 U-δ 曲线，应取陡升起始点对应的荷载值；

2 根据上拔量随时间变化的特征确定：应取 δ-$\lg t$ 曲线斜率明显变陡或曲线尾部明显弯曲的前一级荷载值；

3 当在某级荷载下抗拔钢筋断裂时，应取前一级荷载值。

5.4.3 为设计提供依据的单桩竖向抗拔极限承载力，可按本规范第 4.4.3 条的统计方法确定。

5.4.4 当验收检测的受检桩在最大上拔荷载作用下，未出现本规范第 5.4.2 条第 1～3 款情况时，单桩竖向抗拔极限承载力应按下列情况对应的荷载值取值：

1 设计要求最大上拔量控制值对应的荷载；

2 施加的最大荷载；

3 钢筋应力达到设计强度值时对应的荷载。

5.4.5 单桩竖向抗拔承载力特征值应按单桩竖向抗拔极限承载力的 50% 取值。当工程桩不允许带裂缝工作时，应取桩身开裂的前一级荷载作为单桩竖向抗拔承载力特征值，并与按极限荷载 50% 取值确定的承载力特征值相比，取低值。

5.4.6 检测报告除应包括本规范第 3.5.3 条规定的内容外，尚应包括下列内容：

1 临近受检桩桩位的代表性地质柱状图；

2 受检桩尺寸（灌注桩宜标明孔径曲线）及配筋情况；

3 加、卸载方法；

4 本规范第 5.4.1 条要求绘制的曲线；

5 承载力判定依据；

6 当进行抗拔侧阻力测试时，应包括传感器类型、安装位置、轴力计算方法、各级荷载作用下的桩身轴力曲线，各土层的抗拔极限侧阻力。

6 单桩水平静载试验

6.1 一般规定

6.1.1 本方法适用于在桩顶自由的试验条件下，检测单桩的水平承载力，推定地基土水平抗力系数的比例系数。当桩身埋设有应变测量传感器时，可按本规范附录 A 测定桩身横截面的弯曲应变，计算桩身弯矩以及确定钢筋混凝土桩受拉区混凝土开裂时对应的水平荷载。

6.1.2 为设计提供依据的试验桩，宜加载至桩顶出现较大水平位移或桩身结构破坏；对工程桩抽样检测，可按设计要求的水平位移允许值控制加载。

6.2 设备仪器及其安装

6.2.1 水平推力加载设备宜采用卧式千斤顶，其加载能力不得小于最大试验加载量的 1.2 倍。

6.2.2 水平推力的反力可由相邻桩提供；当专门设置反力结构时，其承载能力和刚度应大于试验桩的 1.2 倍。

6.2.3 荷载测量及其仪器的技术要求应符合本规范第 4.2.3 条的规定；水平力作用点宜与实际工程的桩基承台底面标高一致；千斤顶和试验桩接触处应安置球形铰支座，千斤顶作用力应水平通过桩身轴线；当千斤顶与试桩接触面的混凝土不密实或不平整时，应对其进行补强或补平处理。

6.2.4 桩的水平位移测量及其仪器的技术要求应符合本规范第 4.2.4 条的有关规定。在水平力作用平面的受检桩两侧应对称安装两个位移计；当测量桩顶转角时，尚应在水平力作用平面以上 50cm 的受检桩两侧对称安装两个位移计。

6.2.5 位移测量的基准点设置不应受试验和其他因素的影响，基准点应设置在与作用力方向垂直且与位移方向相反的试桩侧面，基准点与试桩净距不应小于 1 倍桩径。

6.2.6 测量桩身应变时，各测试断面的测量传感器应沿受力方向对称布置在远离中性轴的受拉和受压主筋上；埋设传感器的纵剖面与受力方向之间的夹角不得大于 10°。地面下 10 倍桩径或桩宽的深度范围内，桩身的主要受力部分应加密测试断面，断面间距不宜超过 1 倍桩径；超过 10 倍桩径或桩宽的深度，测试断面间距可以加大。桩身内传感器的埋设应符合本规范附录 A 的规定。

6.3 现 场 检 测

6.3.1 加载方法宜根据工程桩实际受力特性，选用单向多循环加载法或按本规范第 4 章规定的慢速维持荷载法。当对试桩桩身横截面弯曲应变进行测量时，宜采用维持荷载法。

6.3.2 试验加、卸载方式和水平位移测量，应符合下列规定：

1 单向多循环加载法的分级荷载，不应大于预估水平极限承载力或最大试验荷载的 1/10；每级荷载施加后，恒载 4min 后，可测读水平位移，然后卸载至零，停 2min 测读残余水平位移，至此完成一个加卸载循环；如此循环 5 次，完成一级荷载的位移观测；试验不得中间停顿；

2 慢速维持荷载法的加、卸载分级以及水平位移的测读方式，应分别符合本规范第 4.3.3 条和第 4.3.5 条的规定。

6.3.3 当出现下列情况之一时，可终止加载：

1 桩身折断；

2 水平位移超过 30mm～40mm；软土中的桩或大直径桩时可取高值；

3 水平位移达到设计要求的水平位移允许值。

6.3.4 检测数据可按本规范附录 C 表 C.0.2 的格式进行记录。

6.3.5 测试桩身横截面弯曲应变时，数据的测读宜与水平位移测量同步。

6.4 检测数据分析与判定

6.4.1 检测数据的处理应符合下列规定：

1 采用单向多循环加载法时，应分别绘制水平力-时间-作用点位移（H-t-Y_0）关系曲线和水平力-位移梯度（H-$\Delta Y_0/\Delta H$）关系曲线；

2 采用慢速维持荷载法时，应分别绘制水平力-力作用点位移（H-Y_0）关系曲线、水平力-位移梯度（H-$\Delta Y_0/\Delta H$）关系曲线、力作用点位移-时间对数（Y_0-$\lg t$）关系曲线和水平力-力作用点位移双对数（$\lg H$-$\lg Y_0$）关系曲线；

3 绘制水平力、水平力作用点水平位移-地基土水平抗力系数的比例系数的关系曲线（H-m、Y_0-m）。

6.4.2 当桩顶自由且水平力作用位置位于地面处时，m 值应按下列公式确定：

$$m = \frac{(\nu_y \cdot H)^{\frac{5}{3}}}{b_0 \, Y_0^{\frac{5}{3}} \, (EI)^{\frac{2}{3}}} \qquad (6.4.2\text{-}1)$$

$$\alpha = \left(\frac{mb_0}{EI}\right)^{\frac{1}{5}} \qquad (6.4.2\text{-}2)$$

式中：m——地基土水平抗力系数的比例系数（kN/m⁴）；

α——桩的水平变形系数（m⁻¹）；

ν_y——桩顶水平位移系数，由式（6.4.2-2）试算 α，当 $\alpha h \geqslant 4.0$ 时（h 为桩的入土深度），$\nu_y = 2.441$；

H——作用于地面的水平力（kN）；

Y_0——水平力作用点的水平位移（m）；

EI——桩身抗弯刚度（kN·m²）；其中 E 为桩身材料弹性模量，I 为桩身换算截面惯性矩；

b_0——桩身计算宽度（m）；对于圆形桩；当桩径 $D \leqslant 1$m 时，$b_0 = 0.9(1.5D+0.5)$；当桩径 $D > 1$m 时，$b_0 = 0.9(D+1)$；对于矩形桩，当边宽 $B \leqslant 1$m 时，$b_0 = 1.5B + 0.5$，当边宽 $B > 1$m 时，$b_0 = B + 1$。

6.4.3 对进行桩身横截面弯曲应变测定的试验，应绘制下列曲线，且应列表给出相应的数据：

    1 各级水平力作用下的桩身弯矩分布图；

    2 水平力-最大弯矩截面钢筋拉应力（H-σ_s）曲线。

6.4.4 单桩的水平临界荷载可按下列方法综合确定：

    1 取单向多循环加载法时的 H-t-Y_0 曲线或慢速维持荷载法时的 H-Y_0 曲线出现拐点的前一级水平荷载值；

    2 取 H-$\Delta Y_0/\Delta H$ 曲线或 $\lg H$-$\lg Y_0$ 曲线上第一拐点对应的水平荷载值；

    3 取 H-σ_s 曲线第一拐点对应的水平荷载值。

6.4.5 单桩水平极限承载力可按下列方法确定：

    1 取单向多循环加载法时的 H-t-Y_0 曲线产生明显陡降的前一级，或慢速维持荷载法时的 H-Y_0 曲线发生明显陡降的起始点对应的水平荷载值；

    2 取慢速维持荷载法时的 Y_0-$\lg t$ 曲线尾部出现明显弯曲的前一级水平荷载值；

    3 取 H-$\Delta Y_0/\Delta H$ 曲线或 $\lg H$-$\lg Y_0$ 曲线上第二拐点对应的水平荷载值；

    4 取桩身折断或受拉钢筋屈服时的前一级水平荷载值。

6.4.6 为设计提供依据的水平极限承载力和水平临界荷载，可按本规范第 4.4.3 条的统计方法确定。

6.4.7 单桩水平承载力特征值的确定应符合下列规定：

    1 当桩身不允许开裂或灌注桩的桩身配筋率小于 0.65% 时，可取水平临界荷载的 0.75 倍作为单桩水平承载力特征值。

    2 对钢筋混凝土预制桩、钢桩和桩身配筋率不小于 0.65% 的灌注桩，可取设计桩顶标高处水平位移所对应荷载的 0.75 倍作为单桩水平承载力特征值；水平位移可按下列规定取值：

      1）对水平位移敏感的建筑物取 6mm；

      2）对水平位移不敏感的建筑物取 10mm。

    3 取设计要求的水平允许位移对应的荷载作为单桩水平承载力特征值，且应满足桩身抗裂要求。

6.4.8 检测报告除应包括本规范第 3.5.3 条规定的内容外，尚应包括下列内容：

    1 受检桩桩位对应的地质柱状图；

    2 受检桩的截面尺寸及配筋情况；

    3 加、卸载方法；

    4 本规范第 6.4.1 条要求绘制的曲线；

    5 承载力判定依据；

    6 当进行钢筋应力测试并由此计算桩身弯矩时，应包括传感器类型、安装位置、内力计算方法以及本规范第 6.4.2 条要求的计算结果。

7 钻 芯 法

7.1 一 般 规 定

7.1.1 本方法适用于检测混凝土灌注桩的桩长、桩身混凝土强度、桩底沉渣厚度和桩身完整性。当采用本方法判定或鉴别桩端持力层岩土性状时，钻探深度应满足设计要求。

7.1.2 每根受检桩的钻芯孔数和钻孔位置，应符合下列规定：

    1 桩径小于 1.2m 的桩的钻孔数量可为 1 个~2 个孔，桩径为 1.2m~1.6m 的桩的钻孔数量宜为 2 个孔，桩径大于 1.6m 的桩的钻孔数量宜为 3 个孔；

    2 当钻芯孔为 1 个时，宜在距桩中心 10cm~15cm 的位置开孔；当钻芯孔为 2 个或 2 个以上时，开孔位置宜在距桩中心 0.15D~0.25D 范围内均匀对称布置；

    3 对桩端持力层的钻探，每根受检桩不应少于 1 个孔。

7.1.3 当选择钻芯法对桩身质量、桩底沉渣、桩端持力层进行验证检测时，受检桩的钻芯孔数可为 1 孔。

7.2 设 备

7.2.1 钻取芯样宜采用液压操纵的高速钻机，并配置适宜的水泵、孔口管、扩孔器、卡簧、扶正稳定器和可捞取松软渣样的钻具。

7.2.2 基桩桩身混凝土钻芯检测，应采用单动双管钻具钻取芯样，严禁使用单动单管钻具。

7.2.3 钻头应根据混凝土设计强度等级选用合适粒度、浓度、胎体硬度的金刚石钻头，且外径不宜小于 100mm。

7.2.4 锯切芯样的锯切机应具有冷却系统和夹紧固定装置。芯样试件端面的补平器和磨平机，应满足芯样制作的要求。

7.3 现 场 检 测

7.3.1 钻机设备安装必须周正、稳固、底座水平。钻机在钻芯过程中不得发生倾斜、移位，钻芯孔垂直度偏差不得大于 0.5%。

7.3.2 每回次钻孔进尺宜控制在 1.5m 内；钻至桩底时，宜采取减压、慢速钻进、干钻等适宜的方法和工艺，钻取沉渣并测定沉渣厚度；对桩端强风化岩层或土层，可采用标准贯入试验、动力触探等方法对桩端持力层的岩土性状进行鉴别。

7.3.3 钻取的芯样应按回次顺序放进芯样箱中；钻机操作人员应按本规范表 D.0.1-1 的格式记录钻进情况和钻进异常情况，对芯样质量进行初步描述；检测人员应按本规范表 D.0.1-2 的格式对芯样混凝土，桩底沉渣以及桩端持力层详细编录。

7.3.4 钻芯结束后，应对芯样和钻探标示牌的全貌进行拍照。

7.3.5 当单桩质量评价满足设计要求时，应从钻芯孔孔底往上用水泥浆回灌封闭；当单桩质量评价不满足设计要求时，应封存钻芯孔，留待处理。

7.4 芯样试件截取与加工

7.4.1 截取混凝土抗压芯样试件应符合下列规定：

1 当桩长小于 10m 时，每孔应截取 2 组芯样；当桩长为 10m～30m 时，每孔应截取 3 组芯样，当桩长大于 30m 时，每孔应截取芯样不少于 4 组；

2 上部芯样位置距桩顶设计标高不宜大于 1 倍桩径或超过 2m，下部芯样位置距桩底不宜大于 1 倍桩径或超过 2m，中间芯样宜等间距截取；

3 缺陷位置能取样时，应截取 1 组芯样进行混凝土抗压试验；

4 同一基桩的钻芯孔数大于 1 个，且某一孔在某深度存在缺陷时，应在其他孔的该深度处，截取 1 组芯样进行混凝土抗压强度试验。

7.4.2 当桩端持力层为中、微风化岩层且岩芯可制作成试件时，应在接近桩底部位 1m 内截取岩石芯样；遇分层岩性时，宜在各分层岩面取样。岩石芯样的加工和测量应符合本规范附录 E 的规定。

7.4.3 每组混凝土芯样应制作 3 个抗压试件。混凝土芯样试件的加工和测量应符合本规范附录 E 的规定。

7.5 芯样试件抗压强度试验

7.5.1 混凝土芯样试件的抗压强度试验应按现行国家标准《普通混凝土力学性能试验方法标准》GB/T 50081 执行。

7.5.2 在混凝土芯样试件抗压强度试验中，当发现试件内混凝土粗骨料最大粒径大于 0.5 倍芯样试件平均直径，且强度值异常时，该试件的强度值不得参与统计平均。

7.5.3 混凝土芯样试件抗压强度应按下式计算：

$$f_{cor} = \frac{4P}{\pi d^2} \qquad (7.5.3)$$

式中：f_{cor}——混凝土芯样试件抗压强度（MPa），精

确至 0.1MPa；

P——芯样试件抗压试验测得的破坏荷载（N）；

d——芯样试件的平均直径（mm）。

7.5.4 混凝土芯样试件抗压强度可根据本地区的强度折算系数进行修正。

7.5.5 桩底岩芯单轴抗压强度试验以及岩石单轴抗压强度标准值的确定，宜按现行国家标准《建筑地基基础设计规范》GB 50007 执行。

7.6 检测数据分析与判定

7.6.1 每根受检桩混凝土芯样试件抗压强度的确定应符合下列规定：

1 取一组 3 块试件强度值的平均值，作为该组混凝土芯样试件抗压强度检测值；

2 同一受检桩同一深度部位有两组或两组以上混凝土芯样试件抗压强度检测值时，取其平均值作为该桩该深度处混凝土芯样试件抗压强度检测值；

3 取同一受检桩不同深度位置的混凝土芯样试件抗压强度检测值中的最小值，作为该桩混凝土芯样试件抗压强度检测值。

7.6.2 桩端持力层性状应根据持力层芯样特征，并结合岩石芯样单轴抗压强度检测值、动力触探或标准贯入试验结果，进行综合判定或鉴别。

7.6.3 桩身完整性类别应结合钻芯孔数、现场混凝土芯样特征、芯样试件抗压强度试验结果，按本规范表 3.5.1 和表 7.6.3 所列特征进行综合判定。

当混凝土出现分层现象时，宜截取分层部位的芯样进行抗压强度试验。当混凝土抗压强度满足设计要求时，可判为Ⅱ类；当混凝土抗压强度不满足设计要求或不能制作成试件时，应判为Ⅳ类。

多于三个钻芯孔的基桩桩身完整性可类比表 7.6.3 的三孔特征进行判定。

表 7.6.3 桩身完整性判定

类别	特征		
	单 孔	两 孔	三 孔
Ⅰ	混凝土芯样连续、完整、胶结好，芯样侧表面光滑、骨料分布均匀，芯样呈长柱状、断口吻合		
	芯样侧表面仅见少量气孔	局部芯样侧表面有少量气孔、蜂窝麻面、沟槽，但在另一孔同一深度部位的芯样中未出现，否则应判为Ⅱ类	局部芯样侧表面有少量气孔、蜂窝麻面、沟槽，但在三孔同一深度部位的芯样中未同时出现，否则应判为Ⅱ类

类别	特 征		
	单 孔	两 孔	三 孔
Ⅱ	混凝土芯样连续、完整、胶结较好，芯样侧表面较光滑、骨料分布基本均匀，芯样呈柱状、断口基本吻合。有下列情况之一： 1 局部芯样侧表面有蜂窝麻面、沟槽或较多气孔； 2 芯样侧表面蜂窝麻面严重、沟槽连续或局部芯样骨料分布极不均匀，但对应部位的混凝土芯样试件抗压强度检测值满足设计要求，否则应判为Ⅲ类	1 芯样侧表面有较多气孔、严重蜂窝麻面、连续沟槽或局部混凝土芯样骨料分布不均匀，但在两孔同一深度部位的芯样中未同时出现； 2 芯样侧表面有较多气孔、严重蜂窝麻面、连续沟槽或局部混凝土芯样骨料分布不均匀，且在另一孔同一深度部位的芯样中同时出现，但该深度部位的混凝土芯样试件抗压强度检测值满足设计要求，否则应判为Ⅲ类； 3 任一孔局部混凝土芯样破碎段长度不大于10cm，且在另一孔同一深度部位的局部混凝土芯样的外观判定完整性类别为Ⅰ类或Ⅱ类，否则应判为Ⅲ类或Ⅳ类	1 芯样侧表面有较多气孔、严重蜂窝麻面、连续沟槽或局部混凝土芯样骨料分布不均匀，但在三孔同一深度部位的芯样中未同时出现； 2 芯样侧表面有较多气孔、严重蜂窝麻面、连续沟槽或局部混凝土芯样骨料分布不均匀，且在任两孔或三孔同一深度部位的芯样中同时出现，但该深度部位的混凝土芯样试件抗压强度检测值满足设计要求，否则应判为Ⅲ类； 3 任一孔局部混凝土芯样破碎段长度不大于10cm，且在另两孔同一深度部位的局部混凝土芯样的外观判定完整性类别为Ⅰ类或Ⅱ类，否则应判为Ⅲ类或Ⅳ类
Ⅲ	大部分混凝土芯样胶结较好，无松散、夹泥现象。有下列情况之一： 1 芯样不连续、多呈短柱状或块状； 2 局部混凝土芯样破碎段长度不大于10cm	大部分混凝土芯样胶结较好，无松散、夹泥现象。有下列情况之一： 1 芯样不连续、多呈短柱状或块状； 2 任一孔局部混凝土芯样破碎段长度大于10cm但不大于20cm，且在另一孔同一深度部位的局部混凝土芯样的外观判定完整性类别为Ⅰ类或Ⅱ类，否则应判为Ⅳ类	大部分混凝土芯样胶结较好。有下列情况之一： 1 芯样不连续、多呈短柱状或块状； 2 任一孔局部混凝土芯样破碎段长度大于10cm但不大于30cm，且在另两孔同一深度部位的局部混凝土芯样的外观判定完整性类别为Ⅰ类或Ⅱ类，否则应判为Ⅳ类； 3 任一孔局部混凝土芯样松散段长度不大于10cm，且在另两孔同一深度部位的局部混凝土芯样的外观判定完整性类别为Ⅰ类或Ⅱ类，否则应判为Ⅳ类
Ⅳ	有下列情况之一： 1 因混凝土胶结质量差而难以钻进； 2 混凝土芯样任一段松散或夹泥； 3 局部混凝土芯样破碎长度大于10cm	有下列情况之一： 1 任一孔因混凝土胶结质量差而难以钻进； 2 混凝土芯样任一段松散或夹泥； 3 任一孔局部混凝土芯样破碎长度大于20cm； 4 两孔同一深度部位的混凝土芯样破碎	有下列情况之一： 1 任一孔因混凝土胶结质量差而难以钻进； 2 混凝土芯样任一段松散或夹泥段长度大于10cm； 3 任一孔局部混凝土芯样破碎长度大于30cm； 4 其中两孔在同一深度部位的混凝土芯样破碎、松散或夹泥

注：当上一缺陷的底部位置标高与下一缺陷的顶部位置标高的高差小于30cm时，可认定两缺陷处于同一深度部位。

7.6.4 成桩质量评价应按单根受检桩进行。当出现下列情况之一时，应判定该受检桩不满足设计要求：

1 混凝土芯样试件抗压强度检测值小于混凝土设计强度等级；

2 桩长、桩底沉渣厚度不满足设计要求；

3 桩底持力层岩土性状（强度）或厚度不满足设计要求。

当桩基设计资料未作具体规定时，应按国家现行标准判定成桩质量。

7.6.5 检测报告除应包括本规范第 3.5.3 条规定的内容外，尚应包括下列内容：

1 钻芯设备情况；

2 检测桩数、钻孔数量、开孔位置，架空高度、混凝土芯进尺、持力层进尺、总进尺、混凝土试件组数、岩石试件个数、圆锥动力触探或标准贯入试验结果；

3 按本规范表 D.0.1-3 格式编制的每孔柱状图；

4 芯样单轴抗压强度试验结果；

5 芯样彩色照片；

6 异常情况说明。

8 低应变法

8.1 一般规定

8.1.1 本方法适用于检测混凝土桩的桩身完整性，判定桩身缺陷的程度及位置。桩的有效检测桩长范围应通过现场试验确定。

8.1.2 对桩身截面多变且变化幅度较大的灌注桩，应采用其他方法辅助验证低应变法检测的有效性。

8.2 仪器设备

8.2.1 检测仪器的主要技术性能指标应符合现行行业标准《基桩动测仪》JG/T 3055 的有关规定。

8.2.2 瞬态激振设备应包括能激发宽脉冲和窄脉冲的力锤和锤垫；力锤可装有力传感器；稳态激振设备应为电磁式稳态激振器，其激振力可调，扫频范围为 10Hz～2000Hz。

8.3 现场检测

8.3.1 受检桩应符合下列规定：

1 桩身强度应符合本规范第 3.2.5 条第 1 款的规定；

2 桩头的材质、强度应与桩身相同，桩头的截面尺寸不宜与桩身有明显差异；

3 桩顶面应平整、密实，并与桩轴线垂直。

8.3.2 测试参数设定，应符合下列规定：

1 时域信号记录的时间段长度应在 $2L/c$ 时刻后延续不少于 5ms；幅频信号分析的频率范围上限不应小于 2000Hz；

2 设定桩长应为桩顶测点至桩底的施工桩长，设定桩身截面积应为施工截面积；

3 桩身波速可根据本地区同类型桩的测试值初步设定；

4 采样时间间隔或采样频率应根据桩长、桩身波速和频域分辨率合理选择；时域信号采样点数不宜少于 1024 点；

5 传感器的设定值应按计量检定或校准结果设定。

8.3.3 测量传感器安装和激振操作，应符合下列规定：

1 安装传感器部位的混凝土应平整；传感器安装应与桩顶面垂直；用耦合剂粘结时，应具有足够的粘结强度；

2 激振点与测量传感器安装位置应避开钢筋笼的主筋影响；

3 激振方向应沿桩轴线方向；

4 瞬态激振应通过现场敲击试验，选择合适重量的激振力锤和软硬适宜的锤垫；宜用宽脉冲获取桩底或桩身下部缺陷反射信号，宜用窄脉冲获取桩身上部缺陷反射信号；

5 稳态激振应在每一个设定频率下获得稳定响应信号，并应根据桩径、桩长及桩周土约束情况调整激振力大小。

8.3.4 信号采集和筛选，应符合下列规定：

1 根据桩径大小，桩心对称布置 2 个～4 个安装传感器的检测点；实心桩的激振点应选择在桩中心，检测点宜在距桩中心 2/3 半径处；空心桩的激振点和检测点宜为桩壁厚的 1/2 处，激振点和检测点与桩中心连线形成的夹角宜为 90°；

2 当桩径较大或桩上部横截面尺寸不规则时，除应按上款在规定的激振点和检测点位置采集信号外，尚应根据实测信号特征，改变激振点和检测点的位置采集信号；

3 不同检测点及多次实测时域信号一致性较差时，应分析原因，增加检测点数量；

4 信号不应失真和产生零漂，信号幅值不应大于测量系统的量程；

5 每个检测点记录的有效信号数不宜少于 3 个；

6 应根据实测信号反映的桩身完整性情况，确定采取变换激振点位置和增加检测点数量的方式再次测试，或结束测试。

8.4 检测数据分析与判定

8.4.1 桩身波速平均值的确定，应符合下列规定：

1 当桩长已知、桩底反射信号明确时，应在地基条件、桩型、成桩工艺相同的基桩中，选取不少于 5 根 Ⅰ 类桩的桩身波速值，按下列公式计算其平均值：

$$c_{\mathrm{m}} = \frac{1}{n}\sum_{i=1}^{n} c_i \qquad (8.4.1\text{-}1)$$

$$c_i = \frac{2000L}{\Delta T} \qquad (8.4.1\text{-}2)$$

$$c_i = 2L \cdot \Delta f \qquad (8.4.1\text{-}3)$$

式中：c_{m}——桩身波速的平均值（m/s）；

c_i——第 i 根受检桩的桩身波速值（m/s），且 $|c_i - c_{\mathrm{m}}| / c_{\mathrm{m}}$ 不宜大于 5%；

L——测点下桩长（m）；

ΔT——速度波第一峰与桩底反射波峰间的时间差（ms）；

Δf——幅频曲线上桩底相邻谐振峰间的频差（Hz）；

n——参加波速平均值计算的基桩数量（$n \geqslant 5$）。

2 无法满足本条第 1 款要求时，波速平均值可根据本地区相同桩型及成桩工艺的其他桩基工程的实测值，结合桩身混凝土的骨料品种和强度等级综合确定。

8.4.2 桩身缺陷位置应按下列公式计算：

$$x = \frac{1}{2000} \cdot \Delta t_{\mathrm{x}} \cdot c \qquad (8.4.2\text{-}1)$$

$$x = \frac{1}{2} \cdot \frac{c}{\Delta f'} \qquad (8.4.2\text{-}2)$$

式中：x——桩身缺陷至传感器安装点的距离（m）；

Δt_{x}——速度波第一峰与缺陷反射波峰间的时间差（ms）；

c——受检桩的桩身波速（m/s），无法确定时可用桩身波速的平均值替代；

$\Delta f'$——幅频信号曲线上缺陷相邻谐振峰间的频差（Hz）。

8.4.3 桩身完整性类别应结合缺陷出现的深度、测试信号衰减特性以及设计桩型、成桩工艺、地基条件、施工情况，按本规范表 3.5.1 和表 8.4.3 所列时域信号特征或幅频信号特征进行综合分析判定。

表 8.4.3 桩身完整性判定

类别	时域信号特征	幅频信号特征
I	$2L/c$ 时刻前无缺陷反射波，有桩底反射波	桩底谐振峰排列基本等间距，其相邻频差 $\Delta f \approx c/2L$
II	$2L/c$ 时刻前出现轻微缺陷反射波，有桩底反射波	桩底谐振峰排列基本等间距，其相邻频差 $\Delta f \approx c/2L$，轻微缺陷产生的谐振峰与桩底谐振峰之间的频差 $\Delta f' > c/2L$
III	有明显缺陷反射波，其他特征介于 II 类和 IV 类之间	

续表 8.4.3

类别	时域信号特征	幅频信号特征
IV	$2L/c$ 时刻前出现严重缺陷反射波或周期性反射波，无桩底反射波；或因桩身浅部严重缺陷使波形呈现低频大振幅衰减振动，无桩底反射波	缺陷谐振峰排列基本等间距，相邻频差 $\Delta f' > c/2L$，无桩底谐振峰；或因桩身浅部严重缺陷只出现单一谐振峰，无桩底谐振峰

注：对同一场地、地基条件相近、桩型和成桩工艺相同的基桩，因桩端部分桩身阻抗与持力层阻抗相匹配导致实测信号无桩底反射波时，可按本场地同条件下有桩底反射波的其他桩实测信号判定桩身完整性类别。

8.4.4 采用时域信号分析判定受检桩的完整性类别时，应结合成桩工艺和地基条件区分下列情况：

1 混凝土灌注桩桩身截面渐变后恢复至原桩径并在该阻抗突变处的反射，或扩径突变处的一次和二次反射；

2 桩侧局部强土阻力引起的混凝土预制桩负向反射及其二次反射；

3 采用部分挤土方式沉桩的大直径开口预应力管桩，桩孔内土芯闭塞部位的负向反射及其二次反射；

4 纵向尺寸效应使混凝土桩桩身阻抗突变处的反射波幅值降低。

当信号无畸变且不能根据信号直接分析桩身完整性时，可采用实测曲线拟合法辅助判定桩身完整性或借助实测导纳值、动刚度的相对高低辅助判定桩身完整性。

8.4.5 当按本规范第 8.3.3 条第 4 款的规定操作不能识别桩身浅部阻抗变化趋势时，应在测量桩顶速度响应的同时测量锤击力，根据实测力和速度信号起始峰的比例差异大小判断桩身浅部阻抗变化程度。

8.4.6 对于嵌岩桩，桩底时域反射信号为单一反射波且与锤击脉冲信号同向时，应采取钻芯法、静载试验或高应变法核验桩端嵌岩情况。

8.4.7 预制桩在 $2L/c$ 前出现异常反射，且不能判断该反射是正常接桩反射时，可按本规范第 3.4.3 条进行验证检测。

实测信号复杂，无规律，且无法对其进行合理解释时，桩身完整性判定宜结合其他检测方法进行。

8.4.8 低应变检测报告应给出桩身完整性检测的实测信号曲线。

8.4.9 检测报告除应包括本规范第 3.5.3 条规定的内容外，尚应包括下列内容：

1 桩身波速取值;

2 桩身完整性描述、缺陷的位置及桩身完整性类别;

3 时域信号时段所对应的桩身长度标尺、指数或线性放大的范围及倍数;或幅频信号曲线分析的频率范围、桩底或桩身缺陷对应的相邻谐振峰间的频差。

9 高应变法

9.1 一般规定

9.1.1 本方法适用于检测基桩的竖向抗压承载力和桩身完整性;监测预制桩打入时的桩身应力和锤击能量传递比,为选择沉桩工艺参数及桩长提供依据。对于大直径扩底桩和预估 Q-s 曲线具有缓变型特征的大直径灌注桩,不宜采用本方法进行竖向抗压承载力检测。

9.1.2 进行灌注桩的竖向抗压承载力检测时,应具有现场实测经验和本地区相近条件下的可靠对比验证资料。

9.2 仪器设备

9.2.1 检测仪器的主要技术性能指标不应低于现行行业标准《基桩动测仪》JG/T 3055 规定的 2 级标准。

9.2.2 锤击设备可采用筒式柴油锤、液压锤、蒸汽锤等具有导向装置的打桩机械,但不得采用导杆式柴油锤、振动锤。

9.2.3 高应变检测专用锤击设备应具有稳固的导向装置。重锤应形状对称,高径(宽)比不得小于 1。

9.2.4 当采取落锤上安装加速度传感器的方式实测锤击力时,重锤的高径(宽)比应为 1.0~1.5。

9.2.5 采用高应变法进行承载力检测时,锤的重量与单桩竖向抗压承载力特征值的比值不得小于 0.02。

9.2.6 当作为承载力检测的灌注桩桩径大于 600mm 或混凝土桩桩长大于 30m 时,尚应对桩径或桩长增加引起的桩-锤匹配能力下降进行补偿,在符合本规范第 9.2.5 条规定的前提下进一步提高检测用锤的重量。

9.2.7 桩的贯入度可采用精密水准仪等仪器测定。

9.3 现场检测

9.3.1 检测前的准备工作,应符合下列规定:

1 对于不满足本规范表 3.2.5 规定的休止时间的预制桩,应根据本地区经验,合理安排复打时间,确定承载力的时间效应;

2 桩顶面应平整,桩顶高度应满足锤击装置的要求,桩锤重心应与桩顶对中,锤击装置架立应

垂直;

3 对不能承受锤击的桩头应进行加固处理,混凝土桩的桩头处理应符合本规范附录 B 的规定;

4 传感器的安装应符合本规范附录 F 的规定;

5 桩头顶部应设置桩垫,桩垫可采用 10mm~30mm 厚的木板或胶合板等材料。

9.3.2 参数设定和计算,应符合下列规定:

1 采样时间间隔宜为 $50\mu s$~$200\mu s$,信号采样点数不宜少于 1024 点;

2 传感器的设定值应按计量检定或校准结果设定;

3 自由落锤安装加速度传感器测力时,力的设定值由加速度传感器设定值与重锤质量的乘积确定;

4 测点处的桩截面尺寸应按实际测量确定;

5 测点以下桩长和截面积可采用设计文件或施工记录提供的数据作为设定值;

6 桩身材料质量密度应按表 9.3.2 取值;

表 9.3.2 桩身材料质量密度 (t/m³)

钢桩	混凝土预制桩	离心管桩	混凝土灌注桩
7.85	2.45~2.50	2.55~2.60	2.40

7 桩身波速可结合本地经验或按同场地同类型已检桩的平均波速初步设定,现场检测完成后应按本规范第 9.4.3 条进行调整;

8 桩身材料弹性模量应按下式计算:

$$E = \rho \cdot c^2 \qquad (9.3.2)$$

式中: E——桩身材料弹性模量(kPa);

c——桩身应力波传播速度(m/s);

ρ——桩身材料质量密度(t/m³)。

9.3.3 现场检测应符合下列规定:

1 交流供电的测试系统应接地良好,检测时测试系统应处于正常状态;

2 采用自由落锤为锤击设备时,应符合重锤低击原则,最大锤击落距不宜大于 2.5m;

3 试验目的为确定预制桩打桩过程中的桩身应力、沉桩设备匹配能力和选择桩长时,应按本规范附录 G 执行;

4 现场信号采集时,应检查采集信号的质量,并根据桩顶最大动位移、贯入度、桩身最大拉应力、桩身最大压应力、缺陷程度及其发展情况等,综合确定每根受检桩记录的有效锤击信号数量;

5 发现测试波形紊乱,应分析原因;桩身有明显缺陷或缺陷程度加剧,应停止检测。

9.3.4 承载力检测时应实测桩的贯入度,单击贯入度宜为 2mm~6mm。

9.4 检测数据分析与判定

9.4.1 检测承载力时选取锤击信号,宜取锤击能量较大的击次。

9.4.2 出现下列情况之一时，高应变锤击信号不得作为承载力分析计算的依据：

1 传感器安装处混凝土开裂或出现严重塑性变形使力曲线最终未归零；

2 严重锤击偏心，两侧力信号幅值相差超过1倍；

3 四通道测试数据不全。

9.4.3 桩底反射明显时，桩身波速可根据速度波第一峰起升沿的起点到速度反射峰起升或下降沿的起点之间的时差与已知桩长值确定（图9.4.3）；桩底反射信号不明显时，可根据桩长、混凝土波速的合理取值范围以及邻近桩的桩身波速值综合确定。

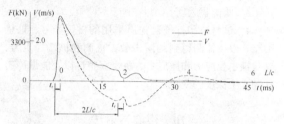

图 9.4.3　桩身波速的确定

9.4.4 桩身材料弹性模量和锤击力信号的调整应符合下列规定：

1 当测点处原设定波速随调整后的桩身波速改变时，相应的桩身材料弹性模量应按本规范式（9.3.2）重新计算；

2 对于采用应变传感器测量应变并由应变换算冲击力的方式，当原始力信号按速度单位存储时，桩身材料弹性模量调整后尚应对原始实测力值校正；

3 对于采用自由落锤安装加速度传感器实测锤击力的方式，当桩身材料弹性模量或桩身波速改变时，不得对原始实测力值进行调整，但应扣除响应传感器安装点以上的桩头惯性力影响。

9.4.5 高应变实测的力和速度信号第一峰起始段不成比例时，不得对实测力或速度信号进行调整。

9.4.6 承载力分析计算前，应结合地基条件、设计参数，对下列实测波形特征进行定性检查：

1 实测曲线特征反映出的桩承载性状；

2 桩身缺陷程度和位置，连续锤击时缺陷的扩大或逐步闭合情况。

9.4.7 出现下列情况之一时，应采用静载试验方法进一步验证：

1 桩身存在缺陷，无法判定桩的竖向承载力；

2 桩身缺陷对水平承载力有影响；

3 触变效应的影响，预制桩在多次锤击下承载力下降；

4 单击贯入度大，桩底同向反射强烈且反射峰较宽，侧阻力波、端阻力波反射弱，波形表现出的桩竖向承载性状明显与勘察报告中的地基条件不符合；

5 嵌岩桩桩底同向反射强烈，且在时间$2L/c$后

无明显端阻力反射；也可采用钻芯法核验。

9.4.8 采用凯司法判定中、小直径桩的承载力，应符合下列规定：

1 桩身材质、截面应基本均匀。

2 阻尼系数J_c宜根据同条件下静载试验结果校核，或应在已取得相近条件下可靠对比资料后，采用实测曲线拟合法确定J_c值，拟合计算的桩数不应少于检测总桩数的30%，且不应少于3根。

3 在同一场地、地基条件相近和桩型及其截面积相同情况下，J_c值的极差不宜大于平均值的30%。

4 单桩承载力应按下列凯司法公式计算：

$$R_c = \frac{1}{2}(1 - J_c) \cdot [F(t_1) + Z \cdot V(t_1)] + \frac{1}{2}(1 + J_c) \cdot$$
$$\left[F\left(t_1 + \frac{2L}{c}\right) - Z \cdot V\left(t_1 + \frac{2L}{c}\right)\right] \quad (9.4.8\text{-}1)$$

$$Z = \frac{E \cdot A}{c} \quad (9.4.8\text{-}2)$$

式中：R_c——凯司法单桩承载力计算值（kN）；

$\quad\quad J_c$——凯司法阻尼系数；

$\quad\quad t_1$——速度第一峰对应的时刻；

$\quad\quad F(t_1)$——t_1时刻的锤击力（kN）；

$\quad\quad V(t_1)$——t_1时刻的质点运动速度（m/s）；

$\quad\quad Z$——桩身截面力学阻抗（kN·s/m）；

$\quad\quad A$——桩身截面面积（m²）；

$\quad\quad L$——测点下桩长（m）。

5 对于$t_1 + 2L/c$时刻桩侧和桩端土阻力均已充分发挥的摩擦型桩，单桩竖向抗压承载力检测值可采用式（9.4.8-1）的计算值。

6 对于土阻力滞后于$t_1 + 2L/c$时刻明显发挥或先于$t_1 + 2L/c$时刻发挥并产生桩中上部强烈反弹这两种情况，宜分别采用下列方法对式（9.4.8-1）的计算值进行提高修正，得到单桩竖向抗压承载力检测值：

　　1）将t_1延时，确定R_c的最大值；

　　2）计入卸载回弹的土阻力，对R_c值进行修正。

9.4.9 采用实测曲线拟合法判定桩承载力，应符合下列规定：

1 所采用的力学模型应明确、合理，桩和土的力学模型应能分别反映桩和土的实际力学性状，模型参数的取值范围应能限定；

2 拟合分析选用的参数应在岩土工程的合理范围内；

3 曲线拟合时间段长度在$t_1 + 2L/c$时刻后延续时间不应小于20ms；对于柴油锤打桩信号，在$t_1 + 2L/c$时刻后延续时间不应小于30ms；

4 各单元所选用的土的最大弹性位移s_q值不应超过相应桩单元的最大计算位移值；

5 拟合完成时，土阻力响应区段的计算曲线与实测曲线应吻合，其他区段的曲线应基本吻合；

6 贯入度的计算值应与实测值接近。

9.4.10 单桩竖向抗压承载力特征值R_a应按本方法得到的单桩竖向抗压承载力检测值的50%取值。

9.4.11 桩身完整性可采用下列方法进行判定：

1 采用实测曲线拟合法判定时，拟合所选用的桩、土参数应符合本规范第9.4.9条第1～2款的规定；根据桩的成桩工艺，拟合时可采用桩身阻抗拟合或桩身裂隙以及混凝土预制桩的接桩缝隙拟合；

2 等截面桩且缺陷深度x以上部位的土阻力R_x未出现卸载回弹时，桩身完整性系数β和桩身缺陷位置x应分别按下列公式计算，桩身完整性可按表9.4.11并结合经验判定。

$$\beta = \frac{F(t_1) + F(t_x) + Z \cdot [V(t_1) - V(t_x)] - 2R_x}{F(t_1) - F(t_x) + Z \cdot [V(t_1) + V(t_x)]}$$
(9.4.11-1)

$$x = c \cdot \frac{t_x - t_1}{2000}$$
(9.4.11-2)

式中：t_x——缺陷反射峰对应的时刻（ms）；

x——桩身缺陷至传感器安装点的距离（m）；

R_x——缺陷以上部位土阻力的估计值，等于缺陷反射波起始点的力与速度乘以桩身截面力学阻抗之差值（图9.4.11）；

β——桩身完整性系数，其值等于缺陷x处桩身截面阻抗与x以上桩身截面阻抗的比值。

表9.4.11　桩身完整性判定

类　别	β值
I	$\beta = 1.0$
II	$0.8 \leqslant \beta < 1.0$
III	$0.6 \leqslant \beta < 0.8$
IV	$\beta < 0.6$

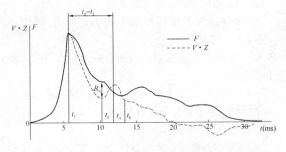

图9.4.11　桩身完整性系数计算

9.4.12 出现下列情况之一时，桩身完整性宜按地基条件和施工工艺，结合实测曲线拟合法或其他检测方法综合判定：

1 桩身有扩径；

2 混凝土灌注桩桩身截面渐变或多变；

3 力和速度曲线在第一峰附近不成比例，桩身浅部有缺陷；

4 锤击力波上升缓慢；

5 本规范第9.4.11条第2款的情况：缺陷深度x以上部位的土阻力R_x出现卸载回弹。

9.4.13 桩身最大锤击拉、压应力和桩锤实际传递给桩的能量，应分别按本规范附录G的公式进行计算。

9.4.14 高应变检测报告应给出实测的力与速度信号曲线。

9.4.15 检测报告除应包括本规范第3.5.3条规定的内容外，尚应包括下列内容：

1 计算中实际采用的桩身波速值和J_c值；

2 实测曲线拟合法所选用的各单元桩和土的模型参数、拟合曲线、土阻力沿桩身分布图；

3 实测贯入度；

4 试打桩和打桩监控所采用的桩锤型号、桩垫类型，以及监测得到的锤击数、桩侧和桩端静阻力、桩身锤击拉应力和压应力、桩身完整性以及能量传递比随入土深度的变化。

10　声波透射法

10.1　一般规定

10.1.1 本方法适用于混凝土灌注桩的桩身完整性检测，判定桩身缺陷的位置、范围和程度。对于桩径小于0.6m的桩，不宜采用本方法进行桩身完整性检测。

10.1.2 当出现下列情况之一时，不得采用本方法对整桩的桩身完整性进行评定：

1 声测管未沿桩身通长配置；

2 声测管堵塞导致检测数据不全；

3 声测管埋设数量不符合本规范第10.3.2条的规定。

10.2　仪器设备

10.2.1 声波发射与接收换能器应符合下列规定：

1 圆柱状径向换能器沿径向振动应无指向性；

2 外径应小于声测管内径，有效工作段长度不得大于150mm；

3 谐振频率应为30kHz～60kHz；

4 水密性应满足1MPa水压不渗水。

10.2.2 声波检测仪应具有下列功能：

1 实时显示和记录接收信号时程曲线以及频率测量或频谱分析；

2 最小采样时间间隔应小于等于0.5μs，系统频带宽度应为1kHz～200kHz，声波幅值测量相对误差应小于5%，系统最大动态范围不得小于100dB；

3 声波发射脉冲应为阶跃或矩形脉冲，电压幅值应为200 V～1000V；

4 首波实时显示；

5 自动记录声波发射与接收换能器位置。

10.3 声测管埋设

10.3.1 声测管埋设应符合下列规定：

1 声测管内径应大于换能器外径；

2 声测管应有足够的径向刚度，声测管材料的温度系数应与混凝土接近；

3 声测管应下端封闭、上端加盖、管内无异物；声测管连接处应光顺过渡，管口应高出混凝土顶面100mm以上；

4 浇灌混凝土前应将声测管有效固定。

10.3.2 声测管应沿钢筋笼内侧呈对称形状布置（图10.3.2），并依次编号。声测管埋设数量应符合下列规定：

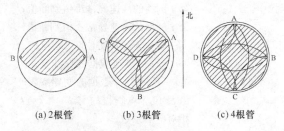

(a)2根管 (b)3根管 (c)4根管

图 10.3.2　声测管布置示意图

注：检测剖面编组（检测剖面序号为 j）分别为：2根管时，AB剖面（$j=1$）；3根管时，AB剖面（$j=1$），BC剖面（$j=2$），CA剖面（$j=3$）；4根管时，AB剖面（$j=1$），BC剖面（$j=2$），CD剖面（$j=3$），DA剖面（$j=4$），AC剖面（$j=5$），BD剖面（$j=6$）。

1 桩径小于或等于800mm时，不得少于2根声测管；

2 桩径大于800mm且小于或等于1600mm时，不得少于3根声测管；

3 桩径大于1600mm时，不得少于4根声测管；

4 桩径大于2500mm时，宜增加预埋声测管数量。

10.4 现场检测

10.4.1 现场检测开始的时间除应符合本规范第3.2.5条第1款的规定外，尚应进行下列准备工作：

1 采用率定法确定仪器系统延迟时间；

2 计算声测管及耦合水层声时修正值；

3 在桩顶测量各声测管外壁间净距离；

4 将各声测管内注满清水，检查声测管畅通情况；换能器应能在声测管全程范围内正常升降。

10.4.2 现场平测和斜测应符合下列规定：

1 发射与接收声波换能器应通过深度标志分别置于两根声测管中；

2 平测时，声波发射与接收声波换能器应始终保持相同深度（图10.4.2a）；斜测时，声波发射与

接收换能器应始终保持固定高差（图10.4.2b），且两个换能器中点连线的水平夹角不应大于30°；

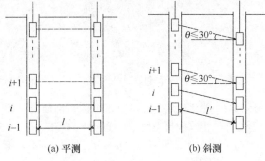

(a) 平测　　　　(b) 斜测

图 10.4.2　平测、斜测示意图

3 声波发射与接收换能器应从桩底向上同步提升，声测线间距不应大于100mm；提升过程中，应校核换能器的深度和校正换能器的高差，并确保测试波形的稳定性，提升速度不宜大于0.5m/s；

4 应实时显示、记录每条声测线的信号时程曲线，并读取首波声时、幅值；当需要采用信号主频值作为异常声测线辅助判据时，尚应读取信号的主频值；保存检测数据的同时，应保存波列图信息；

5 同一检测剖面的声测线间距、声波发射电压和仪器设置参数应保持不变。

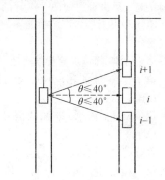

图 10.4.3　扇形扫测示意图

10.4.3 在桩身质量可疑的声测线附近，应采用增加声测线或采用扇形扫测（图10.4.3）、交叉斜测、CT影像技术等方式，进行复测和加密测试，确定缺陷的位置和空间分布范围，排除因声测管耦合不良等非桩身缺陷因素导致的异常声测线。采用扇形扫测时，两个换能器中点连线的水平夹角不应大于40°。

10.5 检测数据分析与判定

10.5.1 当因声测管倾斜导致声速数据有规律地偏高或偏低变化时，应先对管距进行合理修正，然后对数据进行统计分析。当实测数据明显偏离正常值而又无法进行合理修正时，检测数据不得作为评价桩身完整性的依据。

10.5.2 平测时各声测线的声时、声速、波幅及主频，应根据现场检测数据分别按下列公式计算，并绘制声速-深度曲线和波幅-深度曲线，也可绘制辅助的

主频-深度曲线以及能量-深度曲线。

$$t_{ci}(j) = t_i(j) - t_0 - t' \quad (10.5.2\text{-}1)$$

$$v_i(j) = \frac{l'_i(j)}{t_{ci}(j)} \quad (10.5.2\text{-}2)$$

$$A_{pi}(j) = 20\lg\frac{a_i(j)}{a_0} \quad (10.5.2\text{-}3)$$

$$f_i(j) = \frac{1000}{T_i(j)} \quad (10.5.2\text{-}4)$$

式中：i——声测线编号，应对每个检测剖面自下而上（或自上而下）连续编号；

j——检测剖面编号，按本规范第 10.3.2 条编组；

$t_{ci}(j)$——第 j 检测剖面第 i 声测线声时（μs）；

$t_i(j)$——第 j 检测剖面第 i 声测线声时测量值（μs）；

t_0——仪器系统延迟时间（μs）；

t'——声测管及耦合水层声时修正值（μs）；

$l'_i(j)$——第 j 检测剖面第 i 声测线的两声测管的外壁间净距离（mm），当两声测管平行时，可取为两声测管管口的外壁间净距离；斜测时，$l'_i(j)$ 为声波发射和接收换能器各自中点对应的声测管外壁处之间的净距离，可由桩顶面两声测管的外壁间净距离和发射接收声波换能器的高差计算得到；

$v_i(j)$——第 j 检测剖面第 i 声测线声速（km/s）；

$A_{pi}(j)$——第 j 检测剖面第 i 声测线的首波幅值（dB）；

$a_i(j)$——第 j 检测剖面第 i 声测线信号首波幅值（V）；

a_0——零分贝信号幅值（V）；

$f_i(j)$——第 j 检测剖面第 i 声测线信号主频值（kHz），可经信号频谱分析得到；

$T_i(j)$——第 j 检测剖面第 i 声测线信号周期（μs）。

10.5.3 当采用平测或斜测时，第 j 检测剖面的声速异常判断概率统计值应按下列方法确定：

1 将第 j 检测剖面各声测线的声速值 $v_i(j)$ 由大到小依次按下式排序：

$$v_1(j) \geqslant v_2(j) \geqslant \cdots v_k{}'(j) \geqslant \cdots v_{i-1}(j)$$
$$\geqslant v_i(j) \geqslant v_{i+1}(j)$$
$$\geqslant \cdots v_{n-k}(j) \geqslant \cdots v_{n-1}(j)$$
$$\geqslant v_n(j) \quad (10.5.3\text{-}1)$$

式中：$v_i(j)$——第 j 检测剖面第 i 声测线声速，$i=1, 2, \cdots, n$；

n——第 j 检测剖面的声测线总数；

k——拟去掉的低声速值的数据个数，$k=0, 1, 2, \cdots\cdots$；

k'——拟去掉的高声速值的数据个数，$k=0, 1, 2, \cdots\cdots$。

2 对逐一去掉 $v_i(j)$ 中 k 个最小数值和 k' 个最大数值后的其余数据，按下列公式进行统计计算：

$$v_{01}(j) = v_m(j) - \lambda \cdot s_x(j) \quad (10.5.3\text{-}2)$$

$$v_{02}(j) = v_m(j) + \lambda \cdot s_x(j) \quad (10.5.3\text{-}3)$$

$$v_m(j) = \frac{1}{n-k-k'}\sum_{i=k'+1}^{n-k} v_i(j) \quad (10.5.3\text{-}4)$$

$$s_x(j) = \sqrt{\frac{1}{n-k-k'-1}\sum_{i=k'+1}^{n-k}(v_i(j)-v_m(j))^2}$$
$$(10.5.3\text{-}5)$$

$$C_v(j) = \frac{s_x(j)}{v_m(j)} \quad (10.5.3\text{-}6)$$

式中：$v_{01}(j)$——第 j 剖面的声速异常小值判断值；

$v_{02}(j)$——第 j 剖面的声速异常大值判断值；

$v_m(j)$——$(n-k-k')$ 个数据的平均值；

$s_x(j)$——$(n-k-k')$ 个数据的标准差；

$C_v(j)$——$(n-k-k')$ 个数据的变异系数；

λ——由表 10.5.3 查得的与 $(n-k-k')$ 相对应的系数。

表 10.5.3 统计数据个数 $(n-k-k')$ 与对应的 λ 值

$n-k-k'$	10	11	12	13	14	15	16	17	18	20
λ	1.28	1.33	1.38	1.43	1.47	1.50	1.53	1.56	1.59	1.64
$n-k-k'$	20	22	24	26	28	30	32	34	36	38
λ	1.64	1.69	1.73	1.77	1.80	1.83	1.86	1.89	1.91	1.94
$n-k-k'$	40	42	44	46	48	50	52	54	56	58
λ	1.96	1.98	2.00	2.02	2.04	2.05	2.07	2.09	2.10	2.11
$n-k-k'$	60	62	64	66	68	70	72	74	76	78
λ	2.13	2.14	2.15	2.17	2.18	2.19	2.20	2.21	2.22	2.23
$n-k-k'$	80	82	84	86	88	90	92	94	96	98
λ	2.24	2.25	2.26	2.27	2.28	2.29	2.29	2.30	2.31	2.32
$n-k-k'$	100	105	110	115	120	125	130	135	140	145
λ	2.33	2.34	2.36	2.38	2.39	2.41	2.42	2.43	2.45	2.46
$n-k-k'$	150	160	170	180	190	200	220	240	260	280
λ	2.47	2.50	2.52	2.54	2.56	2.58	2.61	2.64	2.67	2.69
$n-k-k'$	300	320	340	360	380	400	420	440	470	500
λ	2.72	2.74	2.76	2.77	2.79	2.81	2.82	2.84	2.86	2.88
$n-k-k'$	550	600	650	700	750	800	850	900	950	1000
λ	2.91	2.94	2.96	2.98	3.00	3.02	3.04	3.06	3.08	3.09
$n-k-k'$	1100	1200	1300	1400	1500	1600	1700	1800	1900	2000
λ	3.12	3.14	3.17	3.19	3.21	3.23	3.24	3.26	3.28	3.29

3 按 $k=0$、$k'=0$、$k=1$、$k'=1$、$k=2$、$k'=2$

……的顺序，将参加统计的数列最小数据 $v_{n-k}(j)$ 与异常小值判断值 $v_{01}(j)$ 进行比较，当 $v_{n-k}(j)$ 小于等于 $v_{01}(j)$ 时剔除最小数据；将最大数据 $v_{k'+1}(j)$ 与异常大值判断值 $v_{02}(j)$ 进行比较，当 $v_{k'+1}(j)$ 大于等于 $v_{02}(j)$ 时剔除最大数据；每次剔除一个数据，对剩余数据构成的数列，重复式（10.5.3-2）～（10.5.3-5）的计算步骤，直到下列两式成立：

$$v_{n-k}(j) > v_{01}(j) \qquad (10.5.3-7)$$

$$v_{k'+1}(j) < v_{02}(j) \qquad (10.5.3-8)$$

4 第 j 检测剖面的声速异常判断概率统计值，应按下式计算：

$$v_0(j) = \begin{cases} v_{\mathrm{m}}(j)(1-0.015\lambda) & \text{当 } C_{\mathrm{v}}(j) < 0.015 \text{ 时} \\ v_{01}(j) & \text{当 } 0.015 \leqslant C_{\mathrm{v}}(j) \leqslant 0.045 \text{ 时} \\ v_{\mathrm{m}}(j)(1-0.045\lambda) & \text{当 } C_{\mathrm{v}}(j) > 0.045 \text{ 时} \end{cases}$$

$$(10.5.3-9)$$

式中：$v_0(j)$ ——第 j 检测剖面的声速异常判断概率统计值。

10.5.4 受检桩的声速异常判断临界值，应按下列方法确定：

1 应根据本地区经验，结合预留同条件混凝土试件或钻芯法获取的芯样试件的抗压强度与声速对比试验，分别确定桩身混凝土声速低限值 v_{L} 和混凝土试件的声速平均值 v_{p}。

2 当 $v_0(j)$ 大于 v_{L} 且小于 v_{p} 时

$$v_{\mathrm{c}}(j) = v_0(j) \qquad (10.5.4)$$

式中：$v_{\mathrm{c}}(j)$ ——第 j 检测剖面的声速异常判断临界值；

$v_0(j)$ ——第 j 检测剖面的声速异常判断概率统计值。

3 当 $v_0(j)$ 小于等于 v_{L} 或 $v_0(j)$ 大于等于 v_{p} 时，应分析原因；第 j 检测剖面的声速异常判断临界值可按下列情况的声速异常判断临界值综合确定：

1）同一根桩的其他检测剖面的声速异常判断临界值；

2）与受检桩属同一工程、相同桩型且混凝土质量较稳定的其他桩的声速异常判断临界值。

4 对只有单个检测剖面的桩，其声速异常判断临界值等于检测剖面声速异常判断临界值；对具有三个及三个以上检测剖面的桩，应取各个检测剖面声速异常判断临界值的算术平均值，作为该桩各声测线的声速异常判断临界值。

10.5.5 声速 $v_i(j)$ 异常应按下式判定：

$$v_i(j) \leqslant v_{\mathrm{c}} \qquad (10.5.5)$$

10.5.6 波幅异常判断的临界值，应按下列公式计算：

$$A_{\mathrm{m}}(j) = \frac{1}{n} \sum_{j=1}^{n} A_{\mathrm{p}j}(j) \qquad (10.5.6\text{-}1)$$

$$A_{\mathrm{c}}(j) = A_{\mathrm{m}}(j) - 6 \qquad (10.5.6\text{-}2)$$

波幅 $A_{\mathrm{p}i}(j)$ 异常应按下式判定：

$$A_{\mathrm{p}i}(j) < A_{\mathrm{c}}(j) \qquad (10.5.6\text{-}3)$$

式中：$A_{\mathrm{m}}(j)$ ——第 j 检测剖面各声测线的波幅平均值（dB）；

$A_{\mathrm{p}i}(j)$ ——第 j 检测剖面第 i 声测线的波幅值（dB）；

$A_{\mathrm{c}}(j)$ ——第 j 检测剖面波幅异常判断的临界值（dB）；

n ——第 j 检测剖面的声测线总数。

10.5.7 当采用信号主频值作为辅助异常声测线判据时，主频-深度曲线上主频值明显降低的声测线可判定为异常。

10.5.8 当采用接收信号的能量作为辅助异常声测线判据时，能量-深度曲线上接收信号能量明显降低可判定为异常。

10.5.9 采用斜率法作为辅助异常声测线判据时，声时-深度曲线上相邻两点的斜率与声时差的乘积 PSD 值应按下式计算。当 PSD 值在某深度处突变时，宜结合波幅变化情况进行异常声测线判定。

$$PSD(j,i) = \frac{[t_{\mathrm{c}i}(j) - t_{\mathrm{c}i-1}(j)]^2}{z_i - z_{i-1}} \qquad (10.5.9)$$

式中：PSD ——声时-深度曲线上相邻两点连线的斜率与声时差的乘积（$\mu\mathrm{s}^2/\mathrm{m}$）；

$t_{\mathrm{c}i}(j)$ ——第 j 检测剖面第 i 声测线的声时（$\mu\mathrm{s}$）；

$t_{\mathrm{c}i-1}(j)$ ——第 j 检测剖面第 $i-1$ 声测线的声时（$\mu\mathrm{s}$）；

z_i ——第 i 声测线深度（m）；

z_{i-1} ——第 $i-1$ 声测线深度（m）。

10.5.10 桩身缺陷的空间分布范围，可根据以下情况判定：

1 桩身同一深度上各检测剖面桩身缺陷的分布；

2 复测和加密测试的结果。

10.5.11 桩身完整性类别应结合桩身缺陷处声测线的声学特征、缺陷的空间分布范围，按本规范表 3.5.1 和表 10.5.11 所列特征进行综合判定。

表 10.5.11 桩身完整性判定

类别	特 征
I	所有声测线声学参数无异常，接收波形正常； 存在声学参数轻微异常、波形轻微畸变的异常声测线，异常声测线在任一检测剖面的任一区段内纵向不连续分布，且在任一深度横向分布的数量小于检测剖面数量的 50%

类别	特 征
II	存在声学参数轻微异常、波形轻微畸变的异常声测线，异常声测线在一个或多个检测剖面的一个或多个区段内纵向连续分布，或在一个或多个深度横向分布的数量大于或等于检测剖面数量的 50%； 存在声学参数明显异常、波形明显畸变的异常声测线，异常声测线在任一检测剖面的任一区段内纵向不连续分布，且在任一深度横向分布的数量小于检测剖面数量的 50%
III	存在声学参数明显异常、波形明显畸变的异常声测线，异常声测线在一个或多个检测剖面的一个或多个区段内纵向连续分布，但在任一深度横向分布的数量小于检测剖面数量的 50%； 存在声学参数明显异常、波形明显畸变的异常声测线，异常声测线在任一检测剖面的任一区段内纵向不连续分布，但在一个或多个深度横向分布的数量大于或等于检测剖面数量的 50%； 存在声学参数严重异常、波形严重畸变或声速低于低限值的异常声测线，异常声测线在任一检测剖面的任一区段内纵向不连续分布，且在任一深度横向分布的数量小于检测剖面数量的 50%
IV	存在声学参数明显异常、波形明显畸变的异常声测线，异常声测线在一个或多个检测剖面的一个或多个区段内纵向连续分布，且在一个或多个深度横向分布的数量大于或等于检测剖面数量的 50%； 存在声学参数严重异常、波形严重畸变或声速低于低限值的异常声测线，异常声测线在一个或多个检测剖面的一个或多个区段内纵向连续分布，或在一个或多个深度横向分布的数量大于或等于检测剖面数量的 50%

注：1 完整性类别由 IV 类往 I 类依次判定。
2 对于只有一个检测剖面的受检桩，桩身完整性判定应按该检测剖面代表桩全部横截面的情况对待。

10.5.12 检测报告除应包括本规范第 3.5.3 条规定的内容外，尚应包括下列内容：

1 声测管布置图及声测剖面编号；

2 受检桩每个检测剖面声速-深度曲线、波幅-深度曲线，并将相应判据临界值所对应的标志线绘制于同一个坐标系；

3 当采用主频值、PSD 值或接收信号能量进行辅助分析判定时，应绘制相应的主频-深度曲线、PSD 曲线或能量-深度曲线；

4 各检测剖面实测波列图；

5 对加密测试、扇形扫测的有关情况说明；

6 当对管距进行修正时，应注明进行管距修正的范围及方法。

附录 A 桩身内力测试

A.0.1 桩身内力测试适用于桩身横截面尺寸基本恒定或已知的桩。

A.0.2 桩身内力测试宜根据测试目的、试验桩型及施工工艺选用电阻应变式传感器、振弦式传感器、滑动测微计或光纤式应变传感器。

A.0.3 传感器测量断面应设置在两种不同性质土层的界面处，且距桩顶和桩底的距离不宜小于 1 倍桩径。在地面处或地面以上应设置一个测量断面作为传感器标定断面。传感器标定断面处应对称设置 4 个传感器，其他测量断面处可对称埋设 2 个~4 个传感器，当桩径较大或试验要求较高时取高值。

A.0.4 采用滑动测微计时，可在桩身内通长埋设 1 根或 1 根以上的测管，测管内宜每隔 1m 设测标或测量断面一个。

A.0.5 应变传感器安装，可根据不同桩型选择下列方式：

1 钢桩可将电阻应变计直接粘贴在桩身上，振弦式和光纤式传感器可采用焊接或螺栓连接固定在桩身上；

2 混凝土桩可采用焊接或绑焊工艺将传感器固定在钢筋笼上；对采用蒸汽养护或高压蒸养的混凝土预制桩，应选用耐高温的电阻应变计、粘贴剂和导线。

A.0.6 电阻应变式传感器及其连接电缆，应有可靠的防潮绝缘防护措施；正式测试前，传感器及电缆的系统绝缘电阻不得低于 200MΩ。

A.0.7 应变测量所用的仪器，宜具有多点自动测量功能，仪器的分辨力应优于或等于 $1\mu\varepsilon$。

A.0.8 弦式钢筋计应按主筋直径大小选择，并采用与之匹配的频率仪进行测量。频率仪的分辨力应优于或等于 1Hz，仪器的可测频率范围应大于桩在最大加载时的频率的 1.2 倍。使用前，应对钢筋计逐个标定，得出压力（拉力）与频率之间的关系。

A.0.9 带有接长杆的弦式钢筋计宜焊接在主筋上，不宜采用螺纹连接。

A.0.10 滑动测微计测管的埋设应确保测标同桩身位移协调一致，并保持测标清洁。测管安装可根据下列情况采用不同的方法：

1 对钢管桩，可通过安装在测管上的测标与钢管桩的焊接，将测管固定在桩壁内侧；

2 对非高温养护预制桩，可将测管预埋在预制桩中；管桩可在沉桩后将测管放入中心孔中，用含膨润土的水泥浆充填测管与桩壁间的空隙；

3 对灌注桩，可在浇筑混凝土前将测管绑扎在主筋上，并应采取防止钢筋笼扭曲的措施。

A.0.11 滑动测微计测试前后，应进行仪器标定，获得仪器零点和标定系数。

A.0.12 当桩身应变与桩身位移需要同时测量时，桩身位移测试应与桩身应变测试同步。

A.0.13 测试数据整理应符合下列规定：

1 采用电阻应变式传感器测量，但未采用六线制长线补偿时，应按下列公式对实测应变值进行导线电阻修正：

采用半桥测量时：

$$\varepsilon = \varepsilon' \cdot \left(1 + \frac{r}{R}\right) \qquad (A.0.13\text{-}1)$$

采用全桥测量时：

$$\varepsilon = \varepsilon' \cdot \left(1 + \frac{2r}{R}\right) \qquad (A.0.13\text{-}2)$$

式中：ε——修正后的应变值；

ε'——修正前的应变值；

r——导线电阻（Ω）；

R——应变计电阻（Ω）。

2 采用弦式钢筋计测量时，应根据率定系数将钢筋计的实测频率换算成力值，再将力值换算成与钢筋计截面处混凝土应变相等的钢筋应变量。

3 采用滑动测微计测量时，应按下列公式计算应变值：

$$e = (e' - z_0) \cdot K \qquad (A.0.13\text{-}3)$$
$$\varepsilon = e - e_0 \qquad (A.0.13\text{-}4)$$

式中：e——仪器读数修正值；

e'——仪器读数；

z_0——仪器零点；

K——率定系数；

ε——应变值；

e_0——初始测试仪器读数修正值。

4 数据处理时，应删除异常测点数据，求出同一断面有效测点的应变平均值，并应按下式计算该断面处的桩身轴力：

$$Q_i = \bar{\varepsilon}_i \cdot E_i \cdot A_i \qquad (A.0.13\text{-}5)$$

式中：Q_i——桩身第 i 断面处轴力（kN）；

$\bar{\varepsilon}_i$——第 i 断面处应变平均值，长期监测时应消除桩身徐变影响；

E_i——第 i 断面处桩身材料弹性模量（kPa）；当混凝土桩桩身测量断面与标定断面两者的材质、配筋一致时，应按标定断面处的应力与应变的比值确定；

A_i——第 i 断面处桩身截面面积（m^2）。

5 每级试验荷载下，应将桩身不同断面处的轴力值制成表格，并绘制轴力分布图。桩侧土的分层侧阻力和桩端阻力应分别按下列公式计算：

$$q_{si} = \frac{Q_i - Q_{i+1}}{u \cdot l_i} \qquad (A.0.13\text{-}6)$$

$$q_p = \frac{Q_n}{A_0} \qquad (A.0.13\text{-}7)$$

式中：q_{si}——桩第 i 断面与 $i+1$ 断面间侧阻力（kPa）；

q_p——桩的端阻力（kPa）；

i——桩检测断面顺序号，$i = 1, 2, \cdots\cdots, n$，并自桩顶以下从小到大排列；

u——桩身周长（m）；

l_i——第 i 断面与第 $i+1$ 断面之间的桩长（m）；

Q_n——桩端的轴力（kN）；

A_0——桩端面积（m^2）。

6 桩身第 i 断面处的钢筋应力应按下式计算：

$$\sigma_{si} = E_s \cdot \varepsilon_{si} \qquad (A.0.13\text{-}8)$$

式中：σ_{si}——桩身第 i 断面处的钢筋应力（kPa）；

E_s——钢筋弹性模量（kPa）；

ε_{si}——桩身第 i 断面处的钢筋应变。

A.0.14 指定桩身断面的沉降以及两个指定桩身断面之间的沉降差，可采用位移杆测量。位移杆应具有一定的刚度，宜采用内外管形式：外管固定在桩身，内管下端固定在需测试断面，顶端高出外管 100mm～200mm，并能与测试断面同步位移。

A.0.15 测量位移杆位移的检测仪器应符合本规范第 4.2.4 条的规定。数据的测读应与桩顶位移测量同步。

附录 B 混凝土桩桩头处理

B.0.1 混凝土桩应凿掉桩顶部的破碎层以及软弱或不密实的混凝土。

B.0.2 桩头顶面应平整，桩头中轴线与桩身上部的中轴线应重合。

B.0.3 桩头主筋应全部直通至桩顶混凝土保护层之下，各主筋应在同一高度上。

B.0.4 距桩顶 1 倍桩径范围内，宜用厚度为 3mm～5mm 的钢板围裹或距桩顶 1.5 倍桩径范围内设置箍筋，间距不宜大于 100mm。桩头应设置钢筋网片 1 层～2 层，间距 60mm～100mm。

B.0.5 桩头混凝土强度等级宜比桩身混凝土提高 1 级～2 级，且不得低于 C30。

B.0.6 高应变法检测的桩头测点处截面尺寸应与原桩身截面尺寸相同。

B.0.7 桩顶应用水平尺找平。

附录 C 静载试验记录表

C.0.1 单桩竖向抗压静载试验的现场检测数据宜按表 C.0.1 的格式记录。

C.0.2 单桩水平静载试验的现场检测数据宜按表 C.0.2 的格式记录。

表 C.0.1　单桩竖向抗压静载试验记录表

工程名称								桩号		日期		
加载级	油压（MPa）	荷载（kN）	测读时间	位移计（百分表）读数				本级沉降（mm）	累计沉降（mm）	备注		
				1号	2号	3号	4号					

检测单位：　　　　　　　　　　校核：　　　　　　　　　记录：

表 C.0.2　单桩水平静载试验记录表

工程名称				桩号			日期			上下表距	
油压（MPa）	荷载（kN）	观测时间	循环数	加载		卸载		水平位移（mm）		加载上下表读数差	转角
				上表	下表	上表	下表	加载	卸载		

检测单位：　　　　　　　　　　校核：　　　　　　　　　记录：

附录 D　钻芯法检测记录表

D.0.1　钻芯法检测的现场操作记录和芯样编录应分别按表 D.0.1-1 和表 D.0.1-2 的格式记录；检测芯样综合柱状图应按表 D.0.1-3 的格式记录和描述。

表 D.0.1-1　钻芯法检测现场操作记录表

桩号		孔号		工程名称		
时间		钻进（m）		芯样编号	芯样长度（m）	残留芯样	芯样初步描述及异常情况记录
自	至	自	至	计			
检测日期		机长		记录		页次

表 D.0.1-2　钻芯法检测芯样编录表

工程名称			日期		
桩号/钻芯孔号		桩径		混凝土设计强度等级	
项目	分段（层）深度（m）	芯样描述		取样编号取样深度	备注
桩身混凝土		混凝土钻进深度，芯样连续性、完整性、胶结情况、表面光滑情况、断口吻合程度、混凝土芯是否为柱状、骨料大小分布情况，以及气孔、空洞、蜂窝麻面、沟槽、破碎、夹泥、松散的情况			

续表 D.0.1-2

项目	分段（层）深度（m）	芯样描述	取样编号取样深度	备注
桩底沉渣		桩端混凝土与持力层接触情况、沉渣厚度		
持力层		持力层钻进深度，岩土名称、芯样颜色、结构构造、裂隙发育程度、坚硬及风化程度；分层岩层应分层描述	（强风化或土层时的动力触探或标贯结果）	

检测单位：　　　　记录员：　　　检测人员：

表 D.0.1-3　钻芯法检测芯样综合柱状图

桩号/孔号		混凝土设计强度等级		桩顶标高	开孔时间
施工桩长		设计桩径		钻孔深度	终孔时间
层序号	层底标高（m）	层底深度（m）	分层厚度（m）	混凝土/岩土芯柱状图（比例尺）	桩身混凝土、持力层描述	序号芯样强度深度（m）	备注
						□	
						□	
						□	

编制：　　校核：

注：□代表芯样试件取样位置。

附录 E 芯样试件加工和测量

E.0.1 芯样加工时应将芯样固定，锯切平面垂直于芯样轴线。锯切过程中应淋水冷却金刚石圆锯片。

E.0.2 锯切后的芯样试件不满足平整度及垂直度要求时，应选用下列方法进行端面加工：

1 在磨平机上磨平；

2 用水泥砂浆、水泥净浆、硫磺胶泥或硫磺等材料在专用补平装置上补平；水泥砂浆或水泥净浆的补平厚度不宜大于 5mm，硫磺胶泥或硫磺的补平厚度不宜大于 1.5mm。

E.0.3 补平层应与芯样结合牢固，受压时补平层与芯样的结合面不得提前破坏。

E.0.4 试验前，应对芯样试件的几何尺寸做下列测量：

1 平均直径：在相互垂直的两个位置上，用游标卡尺测量芯样表观直径偏小的部位的直径，取其两次测量的算术平均值，精确至 0.5mm；

2 芯样高度：用钢卷尺或钢板尺进行测量，精确至 1mm；

3 垂直度：用游标量角器测量两个端面与母线的夹角，精确至 0.1°；

4 平整度：用钢板尺或角尺紧靠在芯样端面上，一面转动钢板尺，一面用塞尺测量与芯样端面之间的缝隙。

E.0.5 芯样试件出现下列情况时，不得用作抗压或单轴抗压强度试验：

1 试件有裂缝或有其他较大缺陷时；

2 混凝土芯样试件内含有钢筋时；

3 混凝土芯样试件高度小于 $0.95d$ 或大于 $1.05d$ 时（d 为芯样试件平均直径）；

4 岩石芯样试件高度小于 $2.0d$ 或大于 $2.5d$ 时；

5 沿试件高度任一直径与平均直径相差达 2mm 以上时；

6 试件端面的不平整度在 100mm 长度内超过 0.1mm 时；

7 试件端面与轴线的不垂直度超过 2°时；

8 表观混凝土粗骨料最大粒径大于芯样试件平均直径 0.5 倍时。

附录 F 高应变法传感器安装

F.0.1 高应变法检测时的冲击响应可采用对称安装在桩顶下桩侧表面的加速度传感器测量；冲击力可按下列方式测量：

1 采用对称安装在桩顶下桩侧表面的应变传感器测量测点处的应变，并将应变换算成冲击力；

2 在自由落锤锤体顶面下对称安装加速度传感器直接测量冲击力。

F.0.2 在桩顶下桩侧表面安装应变传感器和加速度传感器（图 F.0.1a～图 F.0.1c）时，应符合下列规定：

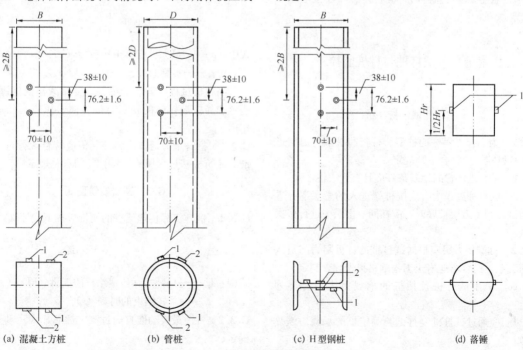

图 F.0.1 传感器安装示意图

注：图中尺寸单位为 mm。

1—加速度传感器；2—应变传感器；B—矩形桩的边宽；D—桩身外径；H_r—落锤锤体高度

1 应变传感器和加速度传感器，宜分别对称安装在距桩顶不小于 $2D$ 或 $2B$ 的桩侧表面处；对于大直径桩，传感器与桩顶之间的距离可适当减小，但不得小于 D；传感器安装面处的材质和截面尺寸应与原桩身相同，传感器不得安装在截面突变处附近；

2 应变传感器与加速度传感器的中心应位于同一水平线上；同侧的应变传感器和加速度传感器间的水平距离不宜大于 80mm；

3 各传感器的安装面材质应均匀、密实、平整；当传感器的安装面不平整时，可采用磨光机将其磨平；

4 安装传感器的螺栓钻孔应与桩侧表面垂直；安装完毕后的传感器应紧贴桩身表面，传感器的敏感轴应与桩中心轴平行；锤击时传感器不得产生滑动；

5 安装应变式传感器时，应对其初始应变值进行监视；安装后的传感器初始应变值不应过大，锤击时传感器的可测轴向变形余量的绝对值应符合下列规定：

　1）混凝土桩不得小于 $1000\mu\varepsilon$；

　2）钢桩不得小于 $1500\mu\varepsilon$。

F.0.3 自由落锤锤体上安装加速度传感器（图 F.0.1d）时，除应符合本规范第 F.0.2 条的有关规定外，尚应保证安装在桩侧表面的加速度传感器距桩顶的距离，不小于下列数值中的较大者：

1 $0.4H_r$；

2 D 或 B。

F.0.4 当连续锤击监测时，应将传感器连接电缆有效固定。

附录 G　试打桩与打桩监控

G.1　试 打 桩

G.1.1 为选择工程桩的桩型、桩长和桩端持力层进行试打桩时，应符合下列规定：

1 试打桩位置的地基条件应具有代表性；

2 试打桩过程中，应按桩端进入的土层逐一进行测试；当持力层较厚时，应在同一土层中进行多次测试。

G.1.2 桩端持力层应根据试打桩的打桩阻力与贯入度的关系，结合场地岩土工程勘察报告综合判定。

G.1.3 采用试打桩预估桩的承载力应符合下列规定：

1 应通过试打桩复打试验确定桩的承载力恢复系数；

2 复打至初打的休止时间应符合本规范表 3.2.5 的规定；

3 试打桩数量不应少于 3 根。

G.2　桩身锤击应力监测

G.2.1 桩身锤击应力监测应符合下列规定：

1 被监测桩的桩型、材质应与工程桩相同；施打机械的锤型、落距和垫层材料及状况应与工程桩施工时相同；

2 监测应包括桩身锤击拉应力和锤击压应力两部分。

G.2.2 桩身锤击应力最大值监测宜符合下列规定：

1 桩身锤击拉应力宜在预计桩端进入软土层或桩端穿过硬土层进入软夹层时测试；

2 桩身锤击压应力宜在桩端进入硬土层或桩侧土阻力较大时测试。

G.2.3 传感器安装点以下深度的桩身锤击拉应力应按下式计算：

$$
\begin{aligned}
\sigma_t = \frac{1}{2A}\Big[& F\left(t_1+\frac{2L}{c}\right) - Z\cdot V\left(t_1+\frac{2L}{c}\right) \\
& + F\left(t_1+\frac{2L-2x}{c}\right) \\
& + Z\cdot V\left(t_1+\frac{2L-2x}{c}\right) \Big]
\end{aligned}
$$
（G.2.3）

式中：σ_t——深度 x 处的桩身锤击拉应力（kPa）；

　　　x——传感器安装点至计算点的深度（m）；

　　　A——桩身截面面积（m^2）。

G.2.4 最大桩身锤击拉应力出现的深度，应与式（G.2.3）确定的最大桩身锤击拉应力相对应。

G.2.5 最大桩身锤击压应力可按下式计算：

$$\sigma_p = \frac{F_{max}}{A}$$
（G.2.5）

式中：σ_p——最大桩身锤击压应力（kPa）；

　　　F_{max}——实测的最大锤击力（kN）。

当打桩过程中突然出现贯入度骤减甚至拒锤时，应考虑与桩端接触的硬层对桩身锤击压应力的放大作用。

G.2.6 桩身最大锤击应力控制值应符合现行行业标准《建筑桩基技术规范》JGJ 94 的有关规定。

G.3　锤击能量监测

G.3.1 桩锤实际传递给桩的能量应按下式计算：

$$E_n = \int_0^{t_e} F\cdot V\cdot dt$$
（G.3.1）

式中：E_n——桩锤实际传递给桩的能量（kJ）；

　　　t_e——采样结束的时刻（s）。

G.3.2 桩锤最大动能宜通过测定锤芯最大运动速度确定。

G.3.3 桩锤传递比应按桩锤实际传递给桩的能量与桩锤额定能量的比值确定；桩锤效率应按实测的桩锤最大动能与桩锤额定能量的比值确定。

本规范用词说明

1 为便于在执行本规范条文时区别对待，对要求严格程度不同的用词说明如下：

 1）表示很严格，非这样做不可的用词：

  正面词采用"必须"，反面词采用"严禁"；

 2）表示严格，在正常情况均应这样做的用词：

  正面词采用"应"，反面词采用"不应"或"不得"；

 3）表示允许稍有选择，在条件许可时首先应这样做的用词：

  正面词采用"宜"，反面词采用"不宜"；

 4）表示有选择，在一定条件下可以这样做的用词，采用"可"。

2 条文中指明按其他有关标准执行的写法为："应符合……的规定"或"应按……执行"。

引用标准名录

1 《建筑地基基础设计规范》GB 50007

2 《普通混凝土力学性能试验方法标准》GB/T 50081

3 《建筑桩基技术规范》JGJ 94

4 《基桩动测仪》JG/T 3055

中华人民共和国行业标准

建筑基桩检测技术规范

JGJ 106—2014

条 文 说 明

修 订 说 明

《建筑基桩检测技术规范》JGJ 106‑2014，经住房和城乡建设部2014年4月16日以第384公告批准、发布。

本规范是在《建筑基桩检测技术规范》JGJ 106‑2003的基础上修订而成的。上一版的主编单位是中国建筑科学研究院，参编单位是广东省建筑科学研究院、上海港湾工程设计研究院、冶金工业工程质量监督总站检测中心、中国科学院武汉岩土力学研究所、深圳市勘察研究院、辽宁省建设科学研究院、河南省建筑工程质量检验测试中心站、福建省建筑科学研究院、上海市建筑科学研究院。主要起草人为陈凡、徐天平、朱光裕、钟冬波、刘明贵、刘金砺、叶万灵、滕延京、李大展、刘艳玲、关立军、李荣强、王敏权、陈久照、赵海生、柳春、季沧江。本次修订的主要技术内容是：1. 原规范的10条强制性条文修订减少为4条；2. 取消了原规范对检测机构和人员的要求；3. 基桩检测方法选择原则及抽检数量的规定；4. 大吨位堆载时支墩边与基准桩中心距离的要求；5. 桩底持力层岩土性状评价时截取岩芯数量的要求；6. 钻芯法判定桩身完整性的一桩多钻芯孔关联性判据，桩身混凝土强度对桩身完整性分类的影响；7. 对低应变法检测结果判定时易出现误判情况进行识别的要求；8. 长桩提前卸载对高应变法桩身完整性系数计算的影响；9. 声测管埋设的要求；10. 声波透射法现场自动检测及其仪器的相关要求；11. 声波透射法的声速异常判断临界值的确定方法；12. 声波透射法多测线、多剖面的空间关联性判据。

本规范修订过程中，编制组对我国基桩检测现状进行了调查研究，总结了《建筑基桩检测技术规范》JGJ 106‑2003实施以来的实践经验、出现的问题，同时参考了国外的先进检测技术、方法标准，通过调研、征求意见，对增加和修订的内容进行反复讨论、分析、论证，开展专题研究和工程实例验证等工作，为本次规范修订提供了依据。

为便于广大工程检测、设计、施工、监理、科研、学校等单位有关人员在使用本规范时能正确理解和执行条文规定，《建筑基桩检测技术规范》编制组按章、节、条顺序编制了本规范的条文说明。对条文规定的目的、依据以及执行中需注意的有关事项进行了说明，还着重对强制性条文的强制性理由做了解释。但是，本条文说明不具备与规范正文同等的法律效力，仅供使用者作为理解和把握规范规定的参考。

目　　次

1　总则 ……………………………… 21—33
2　术语和符号 ……………………… 21—33
　2.1　术语 ………………………… 21—33
3　基本规定 ………………………… 21—34
　3.1　一般规定 …………………… 21—34
　3.2　检测工作程序 ……………… 21—35
　3.3　检测方法选择和检测数量 … 21—36
　3.4　验证与扩大检测 …………… 21—37
　3.5　检测结果评价和检测报告 … 21—38
4　单桩竖向抗压静载试验 ………… 21—39
　4.1　一般规定 …………………… 21—39
　4.2　设备仪器及其安装 ………… 21—39
　4.3　现场检测 …………………… 21—40
　4.4　检测数据分析与判定 ……… 21—41
5　单桩竖向抗拔静载试验 ………… 21—42
　5.1　一般规定 …………………… 21—42
　5.2　设备仪器及其安装 ………… 21—42
　5.3　现场检测 …………………… 21—42
　5.4　检测数据分析与判定 ……… 21—43
6　单桩水平静载试验 ……………… 21—43
　6.1　一般规定 …………………… 21—43
　6.2　设备仪器及其安装 ………… 21—43
　6.3　现场检测 …………………… 21—43
　6.4　检测数据分析与判定 ……… 21—43

7　钻芯法 …………………………… 21—44
　7.1　一般规定 …………………… 21—44
　7.2　设备 ………………………… 21—45
　7.3　现场检测 …………………… 21—45
　7.4　芯样试件截取与加工 ……… 21—46
　7.5　芯样试件抗压强度试验 …… 21—46
　7.6　检测数据分析与判定 ……… 21—47
8　低应变法 ………………………… 21—48
　8.1　一般规定 …………………… 21—48
　8.2　仪器设备 …………………… 21—48
　8.3　现场检测 …………………… 21—49
　8.4　检测数据分析与判定 ……… 21—50
9　高应变法 ………………………… 21—53
　9.1　一般规定 …………………… 21—53
　9.2　仪器设备 …………………… 21—53
　9.3　现场检测 …………………… 21—54
　9.4　检测数据分析与判定 ……… 21—56
10　声波透射法 …………………… 21—59
　10.1　一般规定 ………………… 21—59
　10.2　仪器设备 ………………… 21—59
　10.3　声测管埋设 ……………… 21—59
　10.4　现场检测 ………………… 21—59
　10.5　检测数据分析与判定 …… 21—60
附录A　桩身内力测试 …………… 21—63

1 总　则

1.0.1 桩基础是国内应用最为广泛的一种基础形式，其工程质量涉及上部结构的安全。我国年用桩量逾千万根，施工单位数量庞大且技术水平参差不齐，面对如此之大的用桩量，确保质量一直备受建设各方的关注。我国地质条件复杂多样，桩基工程技术的地域应用和发展水平不平衡。桩基工程质量除受岩土工程条件、基础与结构设计、桩土相互作用、施工工艺以及专业水平和经验等关联因素影响外，还具有施工隐蔽性高、更容易存在质量隐患的特点，发现质量问题难，出现事故处理更难。因此，设计规范、施工验收规范将桩的承载力和桩身结构完整性的检测均列为强制性要求，可见检测方法及其评价结果的正确与否直接关系上部结构的正常使用与安全。

2003 版规范较好地解决了各种基桩检测方法的技术能力定位、方法合理选择搭配、结果评价等问题，使基桩检测方法、数量选择、检测操作和结果评价在建工行业内得到了统一，对保证桩基工程质量提供了有力的支持。

2003 版规范实施以来，基桩的检测方法及其分析技术也在不断进步，工程桩检测的理论与实践经验也得到了丰富与积累。近十年来随着桩基技术和建设规模的快速发展，全国各地超高层、大跨结构普遍使用超大荷载基桩，单项工程出现了几千甚至上万根基桩用量，这些对基桩质量检测工作如何做到安全且适用提出了新的要求。因此，规范基桩检测工作，总结经验，提高基桩检测工作的质量，对促进基桩检测技术的健康发展将起到积极作用。

1.0.2 本规范适用于建工行业建筑和市政桥梁工程基桩的试验与检测。具体分为施工前为设计提供依据的试验桩检测和施工后为验收提供依据的工程桩检测，重点放在后者，主要检测参数为基桩的承载力和桩身完整性。

本规范所指的基桩是混凝土灌注桩、混凝土预制桩（包括预应力管桩）和钢桩。基桩的承载力和桩身完整性检测是基桩质量检测中的两项重要内容，除此之外，质量检测的其他内容与要求已在相关的设计和施工质量验收规范中作了明确规定。本规范的适用范围是根据现行国家标准《建筑地基基础设计规范》GB 50007 和《建筑地基基础工程施工质量验收规范》GB 50202 的有关规定制定的，水利、交通、铁路等工程的基桩检测可参照使用。此外，对于支护桩以及复合地基增强体设计强度等级不小于 C15 的高粘结强度桩（水泥粉煤灰碎石桩），其桩身完整性检测的原理、方法与本规范基桩的桩身完整性检测无异，同样可参照本规范执行。

1.0.3 本条是本规范编制的基本原则。桩基工程的

安全与单桩本身的质量直接相关，而地基条件、设计条件（桩的承载性状、桩的使用功能、桩型、基础和上部结构的形式等）和施工因素（成桩工艺、施工过程的质量控制、施工质量的均匀性、施工方法的可靠性等）不仅对单桩质量而且对整个桩基的正常使用均有影响。另外，检测得到的数据和信号也包含了诸如地基条件、桩身材料、不同桩型及其成桩可靠性、桩的休止时间等设计和施工因素的作用和影响，这些也直接决定了与检测方法相应的检测结果判定是否可靠，及所选择的受检桩是否具有代表性等。如果基桩检测及其结果判定时抛开这些影响因素，就会造成不必要的浪费或隐患。同时，由于各种检测方法在可靠性或经济性方面存在不同程度的局限性，多种方法配合时又具有一定的灵活性。因此，应根据检测目的、检测方法的适用范围和特点，考虑上述各种因素合理选择检测方法，使各种检测方法尽量能互为补充或验证，实现各种方法合理搭配、优势互补，即在达到"正确评价"目的的同时，又体现经济合理性。

1.0.4 由于基桩检测工作需在工地现场开展，因此基桩检测不仅应满足国家现行有关标准的技术性要求，显然还应符合工地安全生产、防护、环保等有关标准的规定。

2　术语和符号

2.1　术　语

2.1.2 桩身完整性是一个综合定性指标，而非严格的定量指标，其类别是按缺陷对桩身结构承载力的影响程度划分的。这里有三点需要说明：

1　连续性包涵了桩长不够的情况。因动测法只能估算桩长，桩长明显偏短时，给出断桩的结论是正常的。而钻芯法则不同，可准确测定桩长。

2　作为完整性定性指标之一的桩身截面尺寸，由于定义为"相对变化"，所以先要确定一个相对衡量尺度。但检测时，桩径是否减小可能会比照以下条件之一：

　　1) 按设计桩径；

　　2) 根据设计桩径，并针对不同成桩工艺的桩型按施工验收规范考虑桩径的允许负偏差；

　　3) 考虑充盈系数后的平均施工桩径。

所以，灌注桩是否缩颈必须有一个参考基准。过去，在动测法检测并采用开挖验证时，说明动测结论与开挖验证结果是否符合通常是按第一种条件。但严格地讲，应按施工验收规范，即第二个条件才是合理的，但因为动测法不能对缩颈严格定量，于是才定义为"相对变化"。

3　桩身结构承载力与混凝土强度有关，设计上根据混凝土强度等级验算桩身结构承载力是否满足设

计荷载的要求。按本条的定义和表3.5.1描述，桩身完整性是与桩结构承载力相关的非定量指标，限于检测技术水平，本规范中的完整性检测方法（除钻芯法可通过混凝土芯样抗压试验给出实体强度外）显然不能给出混凝土抗压强度的具体数值。虽然完整性检测结果无法给出混凝土强度的具体数值，但显而易见：桩身存在密实性类缺陷将降低混凝土强度，桩身缩颈会减少桩身有效承载断面等，这些都影响桩身结构承载力，而对结构承载力的影响程度是借助对桩身完整性的感观、经验判断得到的，没有具体量化值。另外，灌注桩桩身混凝土强度作为桩基工程验收的主控项目，以28d标养或同条件试块抗压强度值为依据已是惯例。相对而言，钻芯法在工程桩验收的完整性检测中应用较少。

2.1.3 桩身缺陷有三个指标，即位置、类型（性质）和程度。高、低应变动测时，不论缺陷的类型如何，其综合表现均为桩的阻抗变小，即完整性动力检测中分析的仅是阻抗变化，阻抗的变小可能是任何一种或多种缺陷类型及其程度大小的表现。因此，仅根据阻抗的变小不能判断缺陷的具体类型，如有必要，应结合地质资料、桩型、成桩工艺和施工记录等进行综合判断。对于扩径而表现出的阻抗变大，应在分析判定时予以说明，不应作为缺陷考虑。

2.1.6、2.1.7 基桩动力检测方法按动荷载作用产生的桩顶位移和桩身应变大小可分为高应变法和低应变法。前者的桩顶位移量与竖向抗压静载试验接近，桩周岩土全部或大部进入塑性变形状态，桩身应变量通常在0.1‰～1.0‰范围内；后者的桩-土系统变形完全在弹性范围内，桩身应变量一般小于或远小于0.01‰。对于普通钢桩，桩身应变超过1.0‰已接近钢材屈服台阶所对应的变形；对于混凝土桩，视混凝土强度等级的不同，其出现明显塑性变形对应的应变量小于或远小于0.5‰～1.0‰。

3 基 本 规 定

3.1 一 般 规 定

3.1.1 桩基工程一般按勘察、设计、施工、验收四个阶段进行，基桩试验和检测工作多数情况下分别放在设计和验收两阶段，即施工前和施工后。大多数桩基工程的试验和检测工作确是在这两个阶段展开的，但对桩数较多、施工周期较长的大型桩基工程，验收检测应尽早在施工过程中穿插进行，而且这种做法应大力提倡。

本条强调检测方法合理选择搭配，目的是提高检测结果的可靠性和检测过程的可操作性，也是第1.0.3条的原则体现。表3.1.1所列7种方法是基桩检测中最常用的检测方法。对于冲钻孔、挖孔和沉管

灌注桩以及预制桩等桩型，可采用其中多种甚至全部方法进行检测；但对异型桩、组合型桩，表3.1.1中的部分方法就不能完全适用（如高、低应变动测法）。因此在具体选择检测方法时，应根据检测目的、内容和要求，结合各检测方法的适用范围和检测能力，考虑设计、地基条件、施工因素和工程重要性等情况确定，不允许超适用范围滥用。同时也要兼顾实施中的经济合理性，即在满足正确评价的前提下，做到快速经济。

工程桩承载力验收检测方法，应根据基桩实际受力状态和设计要求合理选择。以竖向承压为主的基桩通常采用竖向抗压静载试验，考虑到高应变法快速、经济和检测桩数覆盖面较大的特点，对符合一定条件及高应变法适用范围的桩基工程，也可选用高应变法作为补充检测。例如条件相同、预制桩量大的桩基工程中，一部分桩可选用静载法检测，而另一部分可用高应变法检测，前者应作为后者的验证对比资料。对不具备条件进行静载试验的端承型大直径灌注桩，可采用钻芯法检查桩端持力层情况，也可采用深层载荷板试验进行核验。对专门承受竖向抗拔荷载或水平荷载的桩基，则应选用竖向抗拔静载试验方法或水平静载试验方法。

桩身完整性检测方法有低应变法、声波透射法、高应变法和钻芯法，除中小直径灌注桩外，大直径灌注桩一般同时选用两种或多种的方法检测，使各种方法能相互补充印证，优势互补。另外，对设计等级高、地基条件复杂、施工质量变异性大的桩基，或低应变完整性判定可能有技术困难时，提倡采用直接法（静载试验、钻芯和开挖，管桩可采用孔内摄像）进行验证。

3.1.2 施工前进行试验桩检测并确定单桩极限承载力，目的是为设计单位选定桩型和桩端持力层、掌握桩侧桩端阻力分布并确定基桩承载力提供依据，同时也为施工单位在新的地基条件下设定并调整施工工艺参数进行必要的验证。对设计等级高且缺乏地区经验的工程，为获得既经济又可靠的设计施工参数，减少盲目性，前期试桩尤为重要。本条规定的第1～3款条件，与现行国家标准《建筑地基基础设计规范》GB 50007、现行行业标准《建筑桩基技术规范》JGJ 94的原则一致。考虑到桩基础选型、成桩工艺选择与地基条件、桩型和工法的成熟性密切相关，为在推广应用新桩型或新工艺过程中不断积累经验，使其能达到预期的质量和效益目标，规定本地区采用新桩型或新工艺也应在施工前进行试桩。通常为设计提供依据的试验桩静载试验往往应加载至极限破坏状态，但受设备条件和反力提供方式的限制，试验可能做不到破坏状态，为安全起见，此时的单桩极限承载力取试验时最大加载值，但前提是应符合设计的预期要求。

3.1.3 工程桩的承载力和桩身完整性（或桩身质量）

是国家标准《建筑地基基础工程施工质量验收规范》GB 50202－2002 桩基验收中的主控项目，也是现行国家标准《建筑地基基础设计规范》GB 50007 和现行行业标准《建筑桩基技术规范》JGJ 94 以强制性条文形式规定的必检项目。因工程桩的预期使用功能要通过单桩承载力实现，完整性检测的目的是发现某些可能影响单桩承载力的缺陷，最终仍是为减少安全隐患、可靠判定工程桩承载力服务。所以，基桩质量检测时，承载力和完整性两项内容密不可分，往往是通过低应变完整性普查，找出基桩施工质量问题并得到对整体施工质量的大致估计，而工程桩承载力是否满足设计要求则需通过有代表性的单桩承载力检验来实现。

3.1.4 鉴于目前对施工过程中的检测重视不够，本条强调了施工过程中的检测，以便加强施工过程的质量控制，做到信息化施工。如：冲钻孔灌注桩施工中应提倡或明确规定采用一些成熟的技术和常规的方法进行孔径、孔斜、孔深、沉渣厚度和桩端岩性鉴别等项目的检验；对于打入式预制桩，提倡沉桩过程中的高应变监测等。

桩基施工过程中可能出现以下情况：设计变更、局部地基条件与勘察报告不符、工程桩施工工艺与施工前为设计提供依据的试验桩不同、原材料发生变化、施工单位更换等，都可能造成质量隐患。除施工前为设计提供依据的检测外，仅在施工后进行验收检测，即使发现质量问题，也只是事后补救，造成不必要的浪费。因此，基桩检测除在施工前和施工后进行外，尚应加强桩基施工过程中的检测，以便及时发现并解决问题，做到防患于未然，提高效益。

基桩检测工作不论在何时、何地开展，相关单位应时刻牢记和切实执行安全生产的有关规定。

3.2 检测工作程序

3.2.1 框图 3.2.1 是检测机构应遵循的检测工作程序。实际执行检测程序中，由于不可预知的原因，如委托要求的变化、现场调查情况与委托方介绍的不符，或在现场检测尚未全部完成就已发现质量问题而需要进一步排查，都可能使原检测方案中的检测数量、受检桩桩位、检测方法发生变化。如首先用低应变法普测（或扩检），再根据低应变法检测结果，采用钻芯法、高应变法或静载试验，对有缺陷的桩重点抽测。总之，检测方案并非一成不变，可根据实际情况动态调整。

3.2.2 根据第 1.0.3 条的原则及基桩检测工作的特殊性，本条对调查阶段工作提出了具体要求。为了正确地对基桩质量进行检测和评价，提高基桩检测工作的质量，做到有的放矢，应尽可能详细了解和搜集有关技术资料，并按表 1 填写受检桩设计施工概况表。另外，有时委托方的介绍和提出的要求是笼统的、非

技术性的，也需要通过调查来进一步明确委托方的具体要求和现场实施的可行性；有些情况下还需要检测技术人员到现场了解和搜集。

表 1 受检桩设计施工概况表

桩号	桩横截面尺寸	混凝土设计强度等级（MPa）	设计桩顶标高（m）	检测时桩顶标高（m）	施工桩底标高（m）	施工桩长（m）	成桩日期	设计桩端持力层	单桩承载力特征值或极限值（kN）	备注
工程名称			地点				桩型			

3.2.3 本条提出的检测方案内容为一般情况下包含的内容，某些情况下还需要包括桩头加固、处理方案以及场地开挖、道路、供电、照明等要求。有时检测方案还需要与委托方或设计方共同研究制定。

3.2.4 检测所用仪器必须进行定期检定或校准，以保证基桩检测数据的准确可靠性和可追溯性。虽然测试仪器在有效计量检定或校准周期之内，但由于基桩检测工作的环境较差，使用期间仍可能由于使用不当或环境恶劣等造成仪器仪表受损或校准因子发生变化。因此，检测前还应加强对测试仪器、配套设备的期间核查；发现问题后应重新检定或校准。

3.2.5 混凝土是一种与龄期相关的材料，其强度随时间的增加而增长。在最初几天内强度快速增加，随后逐渐变缓，其物理力学、声学参数变化趋势亦大体如此。桩基工程受季节气候、周边环境或工期紧的影响，往往不允许等到全部工程桩施工完并都达到 28d 龄期强度后再开始检测。为做到信息化施工，尽早发现桩的施工质量问题并及时处理，同时考虑到低应变法和声波透射法检测内容是桩身完整性，对混凝土强度的要求可适当放宽。但如果混凝土龄期过短或强度过低，应力波或声波在其中的传播衰减加剧，或同一场地由于桩的龄期相差大，声速的变异性增大。因此，对于低应变法或声波透射法的测试，规定桩身混凝土强度应大于设计强度的 70%，并不得低于 15MPa。钻芯法检测的内容之一是桩身混凝土强度，显然受检桩应达到 28d 龄期或同条件养护试块达到设计强度，如果不是以检测混凝土强度为目的的验证检测，也可根据实际情况适当缩短混凝土龄期。高应变法和静载试验在桩身产生的应力水平高，若桩身混凝土强度低，有可能引起桩身损伤或破坏。为分清责任，桩身混凝土应达到 28d 龄期或设计强度。另外，

桩身混凝土强度过低，也可能出现桩身材料应力-应变关系的严重非线性，使高应变测试信号失真。

桩在施工过程中不可避免地扰动桩周土，降低土体强度，引起桩的承载力下降，以高灵敏度饱和黏性土中的摩擦桩最明显。随着休止时间的增加，土体重新固结，土体强度逐渐恢复提高，桩的承载力也逐渐增加。成桩后桩的承载力随时间而变化的现象称为桩的承载力时间（或歇后）效应，我国软土地区这种效应尤为突出。大量资料表明，时间效应可使桩的承载力比初始值增长 40%～400%。其变化规律一般是初期增长速度较快，随后渐慢，待达到一定时间后趋于相对稳定，其增长的快慢和幅度除与土性和类别有关，还与桩的施工工艺有关。除非在特定的土质条件和成桩工艺下积累大量的对比数据，否则很难得到承载力的时间效应关系。另外，桩的承载力随时间减小也应引起注意，除挤土上浮、负摩擦等原因引起承载力降低外，已有桩端泥岩持力层遇水软化导致承载力下降的报道。

桩的承载力包括两层涵义，即桩身结构承载力和支撑桩结构的地基岩土承载力，桩的破坏可能是桩身结构破坏或支撑桩结构的地基岩土承载力达到了极限状态，多数情况下桩的承载力受后者制约。如果混凝土强度过低，桩可能产生桩身结构破坏而地基土承载力尚未完全发挥，桩身产生的压缩量较大，检测结果不能真正反映设计条件下桩的承载力与桩的变形情况。因此，对于承载力检测，应同时满足地基土休止时间和桩身混凝土龄期（或设计强度）双重规定，若验收检测工期紧，无法满足休止时间规定时，应在检测报告中注明。

3.2.6 由于检测成本和周期问题，很难做到对桩基工程全部基桩进行检测。施工后验收检测的最终目的是查明隐患、确保安全。为了在有限的检测数量中更能充分暴露桩基存在的质量问题，宜优先检测本条第 1～5 款所列的桩，其次再考虑随机性。

3.2.7 相对于静载试验而言，本规范规定的完整性检测（除钻芯法外）方法作为普查手段，具有速度快、费用较低和检测数量大的特点，容易发现桩基的整体施工质量问题，至少能为有针对性地选择静载试验提供依据。所以，完整性检测安排在静载试验之前是合理的。当基础埋深较大时，基坑开挖产生土体侧移将桩推断或机械开挖将桩碰断的现象时有发生，此时完整性检测应等到开挖至基底标高后进行。

竖向抗压静载试验中，有时会因桩身缺陷、桩身截面突变处应力集中或桩身强度不足造成桩身结构破坏，有时也因锚桩质量问题而导致试桩失败或中途停顿，故建议在试桩前后对试验桩和锚桩进行完整性检测，为分析桩身结构破坏的原因提供证据和确定锚桩能否正常使用。

对于混凝土桩的抗拔、水平或高应变试验，常因拉应力过大造成桩身开裂或破损，因此承载力检测完成后的桩完整性检测比检测前更有价值。

3.2.8 测试数据异常通常是因测试人员误操作、仪器设备故障及现场准备不足造成的。用不正确的测试数据进行分析得出的结果必然不正确。对此，应及时分析原因，组织重新检测。

3.2.9 操作环境要求是按测量仪器设备对使用温湿度、电压波动、电磁干扰、振动冲击等现场环境条件的适应性规定的。

3.3 检测方法选择和检测数量

3.3.1 本条所说的"基桩受力状态"是指桩的承压、抗拔和水平三种受力状态。

"地基条件、桩长相近，桩端持力层、桩型、桩径、成桩工艺相同"即为本规范所指的"同一条件"。对于大型工程，"同一条件"可能包含若干个桩基分项（子分项）工程。同一桩基分项工程可能由两个或两个以上"同一条件"的桩组成，如直径 400mm 和 500mm 的两种规格的管桩应区别对待。

本条规定同一条件下的试桩数量不得少于一组 3 根，是保障合理评价试桩结果的低限要求。若实际中由于某些原因不足以为设计提供可靠依据或设计另有要求时，可根据实际情况增加试桩数量。另外，如果施工时桩参数发生了较大变动或施工工艺发生了变化，应重新试桩。

对于端承型大直径灌注桩，当受设备或现场条件限制无法做竖向抗压静载试验时，可依据现行行业标准《建筑桩基技术规范》JGJ 94 相关要求，按现行国家标准《建筑地基基础设计规范》GB 50007 进行深层平板载荷试验、岩基载荷试验；或在其他条件相同的情况下进行小直径桩静载试验，通过桩身内力测试，确定承载力参数，并建议考虑尺寸效应的影响。另外，采用上述替代方案时，应先通过相关质量责任主体组织的技术论证。

试验桩场地的选择应有代表性，附近应有地质钻孔。设计提出侧阻和端阻测试要求时，应在试验桩施工中安装测试桩身应变或变形的元件，以得到试桩的侧摩阻力分布及桩端阻力，为设计选择桩基持力层提供依据。试验桩的设计应符合试验目的的要求，静载试验装置的设计和安装应符合试验安全的要求。

3.3.2 本条的要求恰好是在打入式预制桩（特别是长桩、超长桩）情况下的高应变法技术优势所在。进行打桩过程监控可减少桩的破损率和选择合理的入土深度，进而提高沉桩效率。

3.3.3 桩身完整性检测，应在保证准确全面判定的原则上，首选适用、快速、经济的检测方法。当一种方法不能全面评判基桩完整性时，应采用两种或多种检测方法组合进行检测。例如：（1）对多节预制桩，接头质量缺陷是较常见的问题。在无可靠验证对比资料和经验时，低应变法对不同形式的接头质量判定尺度较难掌握，所以对接头质量有怀疑时，宜采用低应变法与高应变法或孔内摄像相结合的方式检测。

（2）中小直径灌注桩常采用低应变法，但大直径灌注桩一般设计承载力高，桩身质量是控制承载力的主要因素；随着桩径的增大和桩长超长，尺寸效应和有效检测深度对低应变法的影响加剧，而钻芯法、声透法恰好适合于大直径桩的检测（对于嵌岩桩，采用钻芯法可同时钻取桩端持力层岩芯和检测沉渣厚度）。同时，对大直径桩采用联合检测方式，多种方法并举，可以实现低应变法与钻芯法、声波透射法之间的相互补充或验证，优势互补，提高完整性检测的可靠性。

按设计等级、地质情况和成桩质量可靠性确定灌注桩的检测比例大小，20多年来的实践证明是合理的。

"每个柱下承台检测桩数不得少于1根"的规定涵盖了单桩单柱应全数检测之意。但应避免为满足本条1～3款最低抽检数量要求而贪图省事、不负责任地选择受检桩：如核心筒部位荷载大、基桩密度大，但受检桩却大量挑选在裙楼基础部位；又如9桩或9桩以上的柱下承台仅检测1根桩。

当对复合地基中类似于素混凝土桩的增强体进行检测时，检测数量应按《建筑地基处理技术规范》JGJ 79规定执行。

3.3.4 桩基工程属于一个单位工程的分部（子分部）工程中的分项工程，一般以分项工程单独验收，所以本规范将承载力验收检测的工程桩数量限定在分项工程内。本条同时规定了在何种条件下工程桩应进行单桩竖向抗压静载试验及检测数量低限。

采用挤土沉桩工艺时，由于土体的侧挤和隆起，质量问题（桩被挤断、拉断、上浮等）时有发生，尤其是大面积密集群桩施工，加上施工顺序不合理或打桩速率过快等不利因素，常引发严重的质量事故。有时施工前虽做过静载试验并以此作为设计依据，但因前期施工的试桩数量毕竟有限，挤土效应并未充分显现，施工后的单桩承载力与施工前的试桩结果相差甚远，对此应给予足够的重视。

另需注意：当符合本条六款条件之一，但单桩竖向抗压承载力检测的数量或方法的选择不能按本条执行时，为避免无法实施竖向抗压承载力检测的情况出现，本规范的第3.3.6条和第3.3.7条作为本条的补充条款给予了出路。

3.3.5 预制桩和满足高应变法适用检测范围的灌注桩，可采用高应变法。高应变法作为一种以检测承载力为主的试验方法，尚不能完全取代静载试验。该方法的可靠性的提高，在很大程度上取决于检测人员的技术水平和经验，绝非仅通过一定量的静动对比就能解决。由于检测人员水平、设备匹配能力、桩土相互作用复杂性等原因，超出高应变法适用范围后，静动

对比在机理上就不具备可比性。如果说"静动对比"是衡量高应变法是否可靠的唯一"硬"指标的话，那么对比结果就不能只是与静载承载力数值的比较，还应比较动测得到的桩的沉降和土参数取值是否合理。同时，在不受第3.3.4条规定条件限制时，尽管允许采用高应变法进行验收检测，但仍需不断积累验证资料、提高分析判断能力和现场检测技术水平。尤其针对灌注桩检测中，实测信号质量有时不易保证、分析中不确定因素多的情况，本规范第9.1.1～9.1.2条对此已作了相应规定。

3.3.6 为了全面了解工程桩的承载力情况，使验收检测达到既安全又经济的目的，本条提出可采用高应变法作为静载试验的"补充"，但无完全代替静载试验之意。如场地地基条件复杂、桩施工变异大，但按本规范第3.3.4条规定的静载试桩数量很少，存在抽样数量不足、代表性差的问题，此时在满足本规范第3.3.4条规定的静载试桩数量的基础上，只能是额外增加高应变检测；又如场地地基条件和施工变异不大，按1‰抽检的静载试桩数量较大，根据经验能认定高应变法适用且其结果与静载试验有良好的可比性，此时可适当减少静载试桩数量，采用高应变检测作为补充。

3.3.7 端承型大直径灌注桩（事实上对所有高承载力的桩），往往不允许任何一根桩承载力失效，否则后果不堪设想。由于试桩荷载大或场地限制，有时很难、甚至无法进行单桩竖向抗压承载力静载检测。对此，本条规定实际是对本规范第3.3.4条的补充，体现了"多种方法合理搭配，优势互补"的原则，如深层平板载荷试验、岩基载荷试验、终孔后混凝土灌注前的桩端持力层鉴别、成桩后的钻芯法沉渣厚度测定、桩端持力层钻芯鉴别（包括动力触探、标贯试验、岩芯试件抗压强度试验）。

3.4 验证与扩大检测

3.4.1～3.4.5 这五条内容针对检测中出现的缺乏依据、无法或难于定论的情况，提出了验证检测原则。用准确可靠程度（或直观性）高的检测方法来弥补或复核准确可靠程度（或直观性）低的检测方法结果的不确定性，称为验证检测。

管桩孔内摄像的优点是直观、定量化，其原理及操作细节可参见中国工程建设标准化协会发布的《基桩孔内摄像检测技术规程》。

本规范第3.4.4条的做法，介于重新检测和验证检测之间，使验证检测结果与首次检测结果合并在一起，重新对受检桩进行评价。

应该指出：桩身完整性不符合要求和单桩承载力不满足设计要求是两个独立概念。完整性为Ⅰ类或Ⅱ类而承载力不满足设计要求显然存在结构安全隐患；竖向抗压承载力满足设计要求而完整性为Ⅲ类或Ⅳ类

则可能存在安全和耐久性方面的隐患。如桩身出现水平整合型裂缝（灌注桩因挤土、开挖等原因也常出现）或断裂，低应变完整性为Ⅲ类或Ⅳ类，但高应变完整性可能为Ⅱ类，且竖向抗压承载力可能满足设计要求，但存在水平承载力和耐久性方面的隐患。

3.4.6 当需要验证运送至现场某批次混凝土强度或对预留的试块强度和浇注后的混凝土强度有异议时，可按结构构件取芯的方式，验证评价桩身实体混凝土强度。注意本条提出的桩实体强度取芯验证与本规范第7章钻芯法有差别，前者只要按《混凝土结构现场检测技术标准》GB/T 50784，在满足随机抽样的代表性和数量要求的条件下，可以给出具有保证率的检验批混凝土强度推定值；后者常因检测桩数少、缺乏代表性而仅对受检单桩的混凝土强度进行评价。

3.4.7、3.4.8 通常，因初次抽样检测数量有限，当抽样检测中发现承载力不满足设计要求或完整性检测中Ⅲ、Ⅳ类桩比例较大时，应会同有关各方分析和判断桩基整体的质量情况，如果不能得出准确判断，为补强或设计变更方案提供可靠依据时，应扩大检测。扩大检测数量宜根据地基条件、桩基设计等级、桩型、施工质量变异性等因素合理确定。

3.5 检测结果评价和检测报告

3.5.1 桩身结构承载力不仅与桩身完整性有关，显然亦与混凝土强度有关，对此已在本规范第2.1.2条条文说明做了解释。如需了解桩身混凝土强度对结构承载力的影响程度，可通过钻取混凝土芯样，按本规范第7章有关规定得到桩身混凝土强度检测值，然后据此验算评价。

表3.5.1规定了桩身完整性类别划分标准，有利于对完整性检测结果的判定和采用。需要特别指出：分项工程施工质量验收时的检查项目很多，桩身完整性仅是主控检查项目之一（承载力也如此），通常所有的检查项目都满足规定要求时才给出是否合格的结论，况且经设计复核或补强处理还允许通过验收。

桩基整体施工质量问题可由桩身完整性普测发现，如果不能就提供的完整性检测结果判断对桩承载力的影响程度，进而估计是否危及上部结构安全，那么在很大程度上就减少了桩身完整性检测的实际意义。桩的承载功能是通过桩身结构承载力实现的。完整性类别划分主要是根据缺陷程度，但这种划分不能机械地理解为不需考虑桩的设计条件和施工因素。综合判定能力对检测人员极为重要。

按桩身完整性定义中连续性的涵义，只要实测桩长小于施工记录桩长，桩身完整性就应判为Ⅳ类。这对桩长虽短、桩端进入了设计要求的持力层且桩的承载力基本不受影响的情况也如此。

按表3.5.1和惯例，Ⅰ、Ⅱ类桩属于所谓"合格"桩，Ⅲ、Ⅳ类桩为"不合格"桩。对Ⅲ、Ⅳ类桩，工程上一般会采取措施进行处理，如对Ⅳ类桩的处理内容包括：补强、补桩、设计变更或由原设计单位复核是否可满足结构安全和使用功能要求；而对Ⅲ桩，也可能采用与处理Ⅳ类桩相同的方式，也可能采用其他更可靠的检测方法验证后再做决定。另外，低应变反射波法出现Ⅲ类桩的判定结论后，可能还附带检测机构要求对该桩采用其他方法进一步验证的建议。

3.5.2 承载力现场试验的实测数据通过分析或综合分析所确定或判定的值称为承载力检测值，该值也包括采用正常使用极限状态要求的某一限值（如变形、裂缝）所对应的加载量值。

本次修订，对原规范条文"……并据此给出单位工程同一条件下的单桩承载力特征值是否满足设计要求的结论"进行了修改，原因是：

1 因为某些桩基分项工程采用多种规格（承载力）的桩，如对每个规格（承载力）的桩均按"1%且不少于3根"的数量做静载检验有时很难实现，故删除了原条文中的"同一条件下"。

2 针对工程桩验收检测，已在静载试验和高应变法相关章节取消了通过统计得到承载力极限值，并以此进行整体评价的要求。因为采用统计方式进行整体评价相当于用小样本推断大母体，基桩检测所采用的百分比抽样并非概率统计学意义上的抽样方式，结果评价时的错判概率和漏判概率未知。举一浅显的例子，假设有两个桩基分项工程，同一条件下的总桩数分别为300根和3000根，验收时应分别做3根和30根静载试验，按算术平均后的极限值（除以2后为特征值）对桩基分项工程进行承载力的符合性评价，显然前者结果的可靠性要低于后者。故不再使用经统计得到的承载力值，避免与工程中常见的具有保证率的验收评价结果相混淆。

3 对于验收检测，尚无要求单桩承载力特征值（或极限值）需通过多根试桩结果的统计得到，自然可以针对一根桩或多根桩的承载力特征值（或极限值），做出是否满足设计要求的符合性结论。

4 原规范条文采用了经过"统计"的承载力值进行符合性评价，有两层含义：（1）承载力验收检验的符合性结论即便明确是针对整个分项工程做出的，理论上也不能代表该工程全部基桩的承载力都满足设计要求；（2）符合性结论即便是针对每根受检桩的承载力而非整个工程做出的，也不会被误解为"仅对来样负责"而无法验收。虽然2003版规范要求符合性结论应针对桩基分项工程整体做出，但在近十年的实施中，绝大多数检测机构出具的符合性结论是按单桩承载力做出的，即只要有一根桩的承载力不满足要求，就需采取补救措施（如增加试桩、补桩或加固等），否则不能通过分项工程验收。可见，新版规范对承载力符合性评价的要求比2003版规范要严。

最后还需说明两点：（1）承载力检测因时间短暂，其结果仅代表试桩那一时刻的承载力，不能包含日后自然或人为因素（如桩周土湿陷、膨胀、冻胀、融沉、侧移、基础上浮、地面超载等）对承载力的影响。（2）承载力评价可能出现矛盾的情况，即承载力不满足设计要求而满足有关规范要求。因为规范一般给出满足安全储备和正常使用功能的最低要求，而设计时常在此基础上留有一定余量。考虑到责权划分，可以作为问题或建议提出，但仍需设计方复核和有关各责任主体方确认。

3.5.3 检测报告应根据所采用的检测方法和相应的检测内容出具检测结论。为使报告具有较强的可读性和内容完整，除众所周知的要求——报告用词规范、检测结论明确、必要的概况描述外，报告中还应包括检测原始记录信息或由其直接导出的信息，即检测报告应包含各受检桩的原始检测数据和曲线，并附有相关的计算分析数据和曲线。本条之所以这样详尽规定，目的就是要杜绝检测报告仅有检测结果而无任何检测数据和图表的现象发生。

4 单桩竖向抗压静载试验

4.1 一般规定

4.1.1 单桩抗压静载试验是公认的检测基桩竖向抗压承载力最直观、最可靠的传统方法。本规范主要是针对我国建筑工程中惯用的维持荷载法进行了技术规定。根据桩的使用环境、荷载条件及大量工程检测实践，在国内其他行业或国外，尚有循环荷载等变形速率及特定荷载下长时间维持等方法。

通过在桩身埋设测试元件，并与桩的静载荷试验同步进行的桩身内力测试，是充分了解桩周土层侧阻力和桩底端阻力发挥特征的主要手段，对于优化桩基设计，积累土层侧阻力和端阻力与土性指标关系的资料具有十分重要的意义。

4.1.2 本条明确规定为设计提供依据的静载试验应加载至桩的承载极限状态甚至破坏，即试验应进行到能判定单桩极限承载力为止。对于以桩身强度控制承载力的端承型桩，当设计另有规定时，应从其规定。

4.1.3 在对工程桩验收检测时，规定了加载量不应小于单桩承载力特征值的 2.0 倍，以保证足够的安全储备。

4.2 设备仪器及其安装

4.2.1 为防止加载偏心，千斤顶的合力中心应与反力装置的重心、桩横截面形心重合（桩顶扩径可能是例外），并保证合力方向与桩顶面垂直。使用单台千斤顶的要求也如此。

4.2.2 实际应用中有多种反力装置形式，如伞形堆重装置、斜拉锚桩反力装置等，但都可以归结为本条中的四种基本反力装置形式，无论采用哪种反力装置，都需要符合本条的规定，实际应用中根据具体情况选取。对单桩极限承载力较小的摩擦桩可用土锚作反力；对岩面浅的嵌岩桩，可利用岩锚提供反力。

对于利用静力压桩机进行抗压静载试验的情况，由于压桩机支腿尺寸的限制，试验场地狭小，如果压桩机支腿（视为压重平台支墩）、试桩、基准桩三者之间的距离不满足本规范表 4.2.6 的规定，则不得使用压桩机作为反力装置进行静载试验。

锚桩抗拔力由锚桩桩周岩土的性质和桩身材料强度决定，抗拔力验算时应分别计算桩周岩土的抗拔承载力及桩身材料的抗拉承载力，结果取两者的小值。当工程桩作锚桩且设计对桩身有特殊要求时，应征得有关方同意。此外，当锚桩还受水平力时，尚应在试验中监测锚桩水平位移。

4.2.3 用荷重传感器（直接方式）和油压表（间接方式）两种荷载测量方式的区别在于：前者采用荷重传感器测力，不需考虑千斤顶活塞摩擦对出力的影响；后者需通过率定换算千斤顶出力。同型号千斤顶在保养正常状态下，相同油压时的出力相对误差约为 $1\%\sim2\%$，非正常时可超过 5%。采用传感器测量荷重或油压，容易实现加卸荷与稳压自动化控制，且测量准确度较高。准确度等级一般是指仪器仪表测量值的最大允许误差，如采用惯用的弹簧管式精密压力表测定油压时，符合准确度等级要求的为 0.4 级，不得使用大于 0.5 级的压力表控制加载。当油路工作压力较高时，有时出现油管爆裂、接头漏油、油泵加压不足造成千斤顶出力受限，压力表在超过其 3/4 满量程时的示值误差增大。所以，应适当控制最大加荷时的油压，选用耐压高、工作压力大和量程大的油管、油泵和压力表。另外，也应避免将大吨位级别的千斤顶用于小荷载（相对千斤顶最大出力）的静载试验中。

4.2.4 对于大量程（50mm）百分表，计量检定规程规定：全程最大示值误差和回程误差应分别不超过 $40\mu m$ 和 $8\mu m$，相当于满量程最大允许测量误差不大于 0.1%FS。基准桩应打入地面以下足够的深度，一般不小于 1m。基准梁应一端固定，另一端简支，这是为减少温度变化引起的基准梁弯曲变形。在满足表 4.2.6 的规定条件下，基准梁不宜过长，并应采取有效遮挡措施，以减少温度变化和刮风下雨的影响，尤其在昼夜温差较大且白天有阳光照射时更应注意。当基准桩、基准梁不具备规定要求的安装条件，可采用光学仪器测试，其安装的位置应满足表 4.2.6 的要求。

4.2.5 沉降测定平面宜在千斤顶底座承压板以下的桩身位置，即不得在承压板上或千斤顶上设置沉降观测点，避免因承压板变形导致沉降观测数据失实。

4.2.6 在试桩加卸载过程中，荷载将通过锚桩（地锚）、压重平台支墩传至试桩、基准桩周围地基土并使之变形。随着试桩、基准桩和锚桩（或压重平台支墩）三者间相互距离缩小，地基土变形对试桩、基准桩的附加应力和变位影响加剧。

1985年，国际土力学与基础工程协会（ISSMFE）提出了静载试验的建议方法并指出：试桩中心到锚桩（或压重平台支墩边）和到基准桩各自间的距离应分别"不小于2.5m或3D"，这和我国现行规范规定的"大于等于4D且不小于2.0m"相比更容易满足（小直径桩按3D控制，大直径桩按2.5m控制）。高重建筑物下的大直径桩试验荷载大、桩间净距小（最小中心距为3D），往往受设备能力制约，采用锚桩法检测时，三者间的距离有时很难满足"不小于4D"的要求，加长基准梁又难避免气候环境影响。考虑到现场验收试验中的困难，且压重平台支墩桩下沉或锚桩上拔对基准桩、试桩的影响小于天然地基作为压重平台支墩对它们的影响，以及支墩下2倍~3倍墩宽应力影响范围内的地基进行加固后将减少对试桩和基准桩的影响，故本规范中对部分间距的规定放宽为"不小于3D"。因此，对群桩间距小于4D但大于等于3D时的试验现场，可尽量利用受检桩周边的工程桩作为压重平台的支墩或锚桩。

关于压重平台支墩边与基准桩和试桩之间的最小间距问题，应区别两种情况对待。在场地土较硬时，堆载引起的支墩及其周边地面沉降和试验加载引起的地面回弹均很小。如ϕ1200灌注桩采用（10×10）m²平台堆载11550kN，土层自上而下为凝灰岩残积土、强风化和中风化凝灰岩，堆载和试验加载过程中，距支墩边1m、2m处观测到的地面沉降及回弹量几乎为零。但在软土场地，大吨位堆载由于支墩影响范围大而应引起足够的重视。以某一场地ϕ500管桩用（7×7）m²平台堆载4000kN为例：在距支墩边0.95m、1.95m、2.55m和3.5m设四个观测点，平台堆载至4000kN时观测点下沉量分别为13.4mm、6.7mm、3.0mm和0.1mm；试验加载至4000kN时观测点回弹量分别为2.1mm、0.8mm、0.5mm和0.4mm。但也有报导管桩堆载6000kN，支墩产生明显下沉，试验加载至6000kN时，距支墩边2.9m处的观测点回弹近8mm。这里出现两个问题：其一，当支墩边距试桩较近时，大吨位堆载地面下沉将对桩产生负摩阻力，特别对摩擦型桩将明显影响其承载力；其二，桩加载（地面卸载）时地基土回弹对基准桩产生影响。支墩对试桩、基准桩的影响程度与荷载水平及土质条件等有关。对于软土场地超过10000kN的特大吨位堆载（目前国内压重平台法堆载已超过50000kN），为减少对试桩产生附加影响，应考虑对支墩影响范围内的地基土进行加固；对大吨位堆载支墩出现明显下沉的情况，尚需进一步积累资料和研究可靠的沉降测量方法，简易的办法是在远离支墩处用水准仪或张紧

的钢丝观测基准桩的竖向位移。

4.3 现场检测

4.3.1 本条是为使试桩具有代表性而提出的。

4.3.2 为便于沉降测量仪表安装，试桩顶部宜高出试坑地面；为使试验桩受力条件与设计条件相同，试坑地面宜与承台底标高一致。对于工程桩验收检测，当桩身荷载水平较低时，允许采用水泥砂浆将桩顶抹平的简单桩头处理方法。

4.3.3 本条是按我国的传统做法，对维持荷载法进行的原则性规定。

4.3.4 慢速维持荷载法是我国公认且已沿用几十年的标准试验方法，是其他工程桩竖向抗压承载力验收检测方法的唯一参照标准，也是与桩基设计有关的行业或地方标准的设计参数规定值获取的最可信方法。

4.3.5、4.3.6 按本规范第4.3.5条第2款，慢速维持荷载法每级荷载持载时间最少为2h。对绝大多数桩基而言，为保证上部结构正常使用，控制桩基绝对沉降是第一重要的，这是地基基础按变形控制设计的基本原则。在工程桩验收检测中，国内某些行业或地方标准允许采用快速维持荷载法。国外许多国家的维持荷载法相当于我国的快速维持荷载法，最少持载时间为1h，但规定了较为宽松的沉降相对稳定标准，与我国快速法的差别就在于此。1985年ISSMFE在推荐的试验方法中建议："维持荷载法加载为每小时一级，稳定标准为0.1mm/20min"。当桩端嵌入基岩时，个别国家还允许缩短时间；也有些国家为测定桩的蠕变沉降速率建议采用终级荷载长时间维持法。

快速维持荷载法在国内从20世纪70年代就开始应用，我国港口工程规范从1983年、上海地基设计规范从1989年起就将这一方法列入，与慢速法一起并列为静载试验方法。快速法由于每级荷载维持时间为1h，各级荷载下的桩顶沉降相对慢速法确实要小一些。相对而言，这种差异是能接受的，因为如将"慢速法"的加荷速率与建筑物建造过程中的施工加载速率相比，显然"慢速法"加荷速率已非常快了，经验表明：慢速法试桩得到的使用荷载对应的桩顶沉降与建筑物桩基在长期荷载作用下的实际沉降相比，要小几倍到十几倍。

快速法试验得到的极限承载力一般略高于慢速法，其中黏性土中桩的承载力提高要比砂土中的桩明显。

在我国，如有些软土中的摩擦桩，按慢速法加载，在最大试验荷载（一般为2倍承载力特征值）的前几级，就已出现沉降稳定时间逐渐延长，即在2h甚至更长时间内不收敛。此时，采用快速法是不适宜的。而也有很多地方的工程桩验收试验，在每级荷载施加不久，沉降迅速稳定，缩短持载时间不会明显影

响试桩结果；且因试验周期的缩短，又可减少昼夜温差等环境影响引起的沉降观测误差。在此，给出快速维持荷载法的试验步骤供参考：

1 每级荷载施加后维持1h，按第5min、15min、30min测读桩顶沉降量，以后每隔15min测读一次。

2 测读时间累计为1h时，若最后15min时间间隔的桩顶沉降增量与相邻15min时间间隔的桩顶沉降增量相比未明显收敛时，应延长维持荷载时间，直至最后15min的沉降增量小于相邻15min的沉降增量为止。

3 终止加荷条件可按本规范第4.3.7条第1、3、4、5款执行。

4 卸载时，每级荷载维持15min，按第5min、15min测读桩顶沉降量后，即可卸下一级荷载。卸载至零后，应测读桩顶残余沉降量，维持时间为1h，测读时间为第5min、15min、30min。

各地在采用快速法时，应总结积累经验，并可结合当地条件提出适宜的沉降相对稳定控制标准。

4.3.7 当桩身存在水平整合型缝隙、桩端有沉渣或吊脚时，在较低竖向荷载时常出现本级荷载沉降超过上一级荷载对应沉降5倍的陡降，当缝隙闭合或桩端与硬持力层接触后，随着持载时间或荷载增加，变形梯度逐渐变缓，以此分析陡降原因。当摩擦桩桩端产生刺入破坏或桩身强度不足桩被压断时，也会出现陡降，但与前相反，随着沉降增加，荷载不能维持甚至大幅降低。所以，出现陡降后终止加载并不代表终止试验，尚应在桩顶下沉量超过40mm后，记录沉降满足稳定标准时的桩顶最大沉降所对应的荷载，以大致判断造成陡降的原因。

非嵌岩的长（超长）桩和大直径（扩底）桩的 Q-s 曲线一般呈缓变型，在桩顶沉降达到40mm时，桩端阻力一般不能充分发挥。前者由于长细比大、桩身较柔，弹性压缩量大，桩顶沉降较大时，桩端位移还很小；后者虽桩端位移较大，但尚不足以使端阻力充分发挥。因此，放宽桩顶总沉降量控制标准是合理的。

4.4 检测数据分析与判定

4.4.1 除 Q-s、s-$\lg t$ 曲线外，还可绘制 s-$\lg Q$ 曲线及其他分析曲线，如为了直观反映整个试验过程情况，可给出连续的荷载-时间（Q-t）曲线和沉降-时间（s-t）曲线，并为方便比较绘制于一图中。同一工程的一批试桩曲线应按相同的沉降纵坐标比例绘制，满刻度沉降值不宜小于40mm，当桩顶累计沉降量大于40mm时，可按总沉降量以10mm的整模数倍增加满刻度值，使结果直观、便于比较。

4.4.2 太沙基和ISSMFE指出：当沉降量达到桩径的10%时，才可能出现极限荷载；黏性土中端阻充分发挥所需的桩端位移为桩径的4%～5%，而砂土中可能高到15%。故第4款对缓变型 Q-s 曲线，按 s 等于0.05D确定大直径桩的极限承载力大体上是保守的；且因D大于等于800mm时定义为大直径桩，当D等于800mm时，0.05D等于40mm，正好与中、小直径桩的取值标准衔接。应该注意，世界各国按桩顶总沉降确定极限承载力的规定差别较大，这和各国安全系数的取值大小、特别是上部结构对桩基沉降的要求有关。因此当按本规范建议的桩顶沉降量确定极限承载力时，尚应考虑上部结构对桩基沉降的具体要求。

关于桩身弹性压缩量：当进行桩身应变或位移测试时是已知的；缺乏测试数据时，可假设桩身轴力沿桩长倒梯形分布进行估算，或忽略端承力按倒三角形保守估算，计算公式为 $\dfrac{QL}{2EA}$。

4.4.3 本条只适用于为设计提供依据时的竖向抗压极限承载力试验结果的统计，统计取值方法按《建筑地基基础设计规范》GB 50007的规定执行。前期静载试验的桩数一般很少，而影响单桩承载力的因素复杂多变。为数有限的试验桩中常出现个别桩承载力过低或过高，若恰好不是偶然原因造成，简单算术平均容易造成浪费或不安全。因此规定极差超过平均值的30%时，首先应分析、查明原因，结合工程实际综合确定。例如一组5根试桩的极限承载力值依次为800kN、900kN、1000kN、1100kN、1200kN，平均值为1000kN，单桩承载力最低值和最高值的极差为400kN，超过平均值的30%，则不宜简单地将最低值800kN去掉用后面4个值取平均，或将最低和最高值都去掉取中间3个值的平均值，应查明是否出现桩的质量问题或场地条件变异情况。当低值承载力的出现并非偶然原因造成时，例如施工方法本身质量可靠性较低，但能够在之后的工程桩施工中加以控制和改进，出于安全考虑，按本例可依次去掉高值后取平均，直至满足极差不超过30%的条件，此时可取平均值900kN为极限承载力；又如桩数为3根或3根以下承台，或以后工程桩施工为密集挤土桩，出于安全考虑，极限承载力可取低值800kN。

4.4.4 《建筑地基基础设计规范》GB 50007规定的单桩竖向抗压承载力特征值是按单桩竖向抗压极限承载力除以安全系数2得到的，综合反映了桩侧、桩端极限阻力控制承载力特征值的低限要求。

本条中的"单桩竖向抗压极限承载力"来自两种情况：对于验收检测，即为按第4.4.2条得到的单根桩极限承载力值；而对于为设计提供依据的检测，还需按第4.4.3条进行统计取值。

4.4.5 本条规定了检测报告中应包含的一些内容，有利于委托方、设计及检测部门对报告的审查和分析。

5 单桩竖向抗拔静载试验

5.1 一 般 规 定

5.1.1 单桩竖向抗拔静载试验是检测单桩竖向抗拔承载力最直观、可靠的方法。与本规范的抗压静载试验相似，国内外抗拔桩试验多采用维持荷载法。本规范规定采用慢速维持荷载法。

5.1.2 当为设计提供依据时，应加载到能判别单桩抗拔极限承载力为止，或加载到桩身材料设计强度限值，这里所说的限值对钢筋混凝土桩而言，实则为钢筋的强度设计值。考虑到可能出现承载力变异和钢筋受力不均等情况，最好适当增加试桩的配筋量。工程桩验收检测时，要求加载量不低于单桩竖向抗拔承载力特征值2倍旨在保证桩侧岩土阻力具有足够的安全储备。

桩侧岩土阻力的抗力分项系数比桩身混凝土要大、比钢材要大很多，因此时常出现设计对抗拔桩有裂缝控制要求时，抗裂验算给出的荷载可能小于或远小于单桩竖向抗拔承载力特征值的2倍，因此试验时的最大上拔荷载只能按设计要求确定。设计对桩上拔量有要求时也如此。

5.1.3 与桩顶受竖向压力作用所发挥的桩侧（正）摩阻力相比，当桩顶受拔使桩身受拉时，由于桩周土中的垂直向主应力减小、桩身泊松效应等，将造成桩侧抗拔（负）摩阻力弱化。对于混凝土抗拔桩，当抗拔承载力相对较高且对抗裂有限制要求时，采用常规模式——桩顶拉拔受力状态（桩身受拉）的抗拔桩恐难设计。这一难题可通过无粘结预应力并在桩端用挤压锚锚固的方式予以解决，此时桩身完全处于受压状态且桩侧负摩阻力能得到提升。这种受力状态的抗拔桩承载力特征值检测，也可等价地采用在桩底上顶桩的方式（加载装置放在桩底）来实现，但若桩的设计受力状态为桩顶拉拔（桩身受拉）方式，仍采用桩底上顶的方式显然不正确，已有实例表明：同条件下的抗拔桩，桩底上顶时的承载力远高于桩顶拉拔时的承载力。

5.1.4 对于钢筋混凝土桩，最大试验荷载不得超过钢筋的强度设计值，以避免因钢筋拉断提前中止试验或出现安全事故。除此之外，建议检测单位尽量了解设计条件，如抗裂或裂缝宽度验算、作用和抗力的考虑（如抗浮桩设计时的设防水位、桩的浮重度、抗拔阻力取值等），这些因素将对抗拔桩的配筋和承载力取值产生影响。

5.2 设备仪器及其安装

5.2.1 本条的要求基本同本规范第4.2.1条。因拔桩试验时千斤顶安放在反力架上面，当采用二台以上

千斤顶加载时，应采取一定的安全措施，防止千斤顶倾倒或其他意外事故发生。

5.2.2 当采用地基作反力时，两边支座处的地基强度应相近，且两边支座与地面的接触面积宜相同，避免加载过程中两边沉降不均造成试桩偏心受拉。

5.2.5 本条规定出于以下两种考虑：（1）桩顶上拔量测量平面必须在桩身位置，严禁在混凝土桩的受拉钢筋上设置位移观测点，避免因钢筋变形导致上拔量观测数据失实；（2）为防止混凝土桩保护层开裂对上拔量测试的影响，上拔量观测点应避开混凝土明显破裂区域设置。

5.2.6 本条虽等同采用本规范第4.2.6条，但应注意：在采用天然地基提供支座反力时，拔桩时的加载相当于给支座处地面加载，支座附近的地面会出现不同程度的沉降。荷载越大，地下沉越大。为防止支座处地基沉降对基准桩产生影响，一是应使基准桩与支座、试桩各自之间的间距满足表4.2.6的规定，二是基准桩需打入试坑地面以下一定深度（一般不小于1m）。

5.3 现 场 检 测

5.3.1 本条包含以下四个方面内容：

1 在拔桩试验前，对混凝土灌注桩及有接头的预制桩采用低应变法检查桩身质量，目的是防止因试验桩自身质量问题而影响抗拔试验成果。

2 对抗拔试验的钻孔灌注桩在浇注混凝土前进行成孔检测，目的是查明桩身有无明显扩径现象或出现扩大头，因这类桩的抗拔承载力缺乏代表性，特别是扩大头桩及桩身中下部有明显扩径的桩，其抗拔极限承载力远远高于长度和桩径相同的非扩径桩，且相同荷载下的上拔量也有明显差别。

3 对有接头的预制桩应进行接头抗拉强度验算。对电焊接头的管桩除验算其主筋强度外，还要考虑主筋墩头的折减系数以及管节端板偏心受拉时的强度及稳定性。墩头折减系数可按有关规范取0.92，而端板强度的验算则比较复杂，可按经验取一个较为安全的系数。

4 对于管桩抗拔试验，存在预应力钢棒连接的问题，可通过在桩管中放置一定长度的钢筋笼并浇筑混凝土来解决。

5.3.2 本条规定拔桩试验应采用慢速维持荷载法，其荷载分级、试验方法及稳定标准均同本规范第4.3.5～4.3.6条有关规定。考虑到拔桩过程中对桩身混凝土开裂情况观测较为困难，本次规范修订将"仔细观察桩身混凝土开裂情况"的要求取消。

5.3.3 本条规定出现所列四种情况之一时，可终止加载。但若在较小荷载下出现某级荷载的桩顶上拔量大于前一级荷载下的5倍时，应综合分析原因，有条件加载时可继续加载，因混凝土桩当桩身出现多条环

向裂缝后，桩顶位移可能会出现小的突变，而此时并非达到桩侧土的极限抗拔力。

对工程桩的验收检测，当设计对桩顶最大上拔量或裂缝控制有明确的荷载要求时，应按设计要求执行。

5.4 检测数据分析与判定

5.4.1 拔桩试验与压桩试验一样，一般应绘制 U-δ 曲线和 δ-$\lg t$ 曲线，但当上述二种曲线难以判别时，也可以辅以 δ-$\lg U$ 曲线或 $\lg U$-$\lg \delta$ 曲线，以确定拐点位置。

5.4.2 本条前两款确定的抗拔极限承载力是土的极限抗拔阻力与桩（包括桩向上运动所带动的土体）的自重标准值两部分之和。第 3 款所指的"断裂"是因钢筋强度不够情况下的断裂。如果因抗拔钢筋受力不均匀，部分钢筋因受力太大而断裂，应视该桩试验无效并进行补充试验。不能将钢筋断裂前一级荷载作为极限荷载。

5.4.4 工程桩验收检测时，混凝土桩抗拔承载力可能受抗裂或钢筋强度制约，而土的抗拔阻力尚未充分发挥，只能取最大试验荷载或上拔量控制值所对应的荷载作为极限荷载，不能轻易外推。当然，在上拔量或抗裂要求不明确时，试验控制的最大加载值就是钢筋强度的设计值。

6 单桩水平静载试验

6.1 一般规定

6.1.1 桩的水平承载力静载试验除了桩顶自由的单桩试验外，还有带承台桩的水平静载试验（考虑承台的底面阻力和侧面抗力，以便充分反映桩基在水平力作用下的实际工作状况）、桩顶不能自由转动的不同约束条件及桩顶施加垂直荷载等试验方法，也有循环荷载的加载方法。这一切都可根据设计的特殊要求给予满足，并参考本方法进行。

桩的抗弯能力取决于桩和土的力学性能、桩的自由长度、抗弯刚度、桩宽、桩顶约束等因素。试验条件应尽可能和实际工作条件接近，将各种影响降低到最小的程度，使试验成果能尽量反映工程桩的实际情况。通常情况下，试验条件很难做到和工程桩的情况完全一致，此时应通过试验桩测得桩周土的地基反力特性，即地基土的水平抗力系数。它反映了桩在不同深度处桩侧土抗力和水平位移之间的关系，可视为土的固有特性。根据实际工程桩的情况（如不同桩顶约束、不同自由长度），用它确定土抗力大小，进而计算单桩的水平承载力和弯矩。因此，通过试验求得地基土的水平抗力系数具有更实际、更普遍的意义。

6.2 设备仪器及其安装

6.2.3 若水平力作用点位置高于基桩承台底标高，试验时在相对承台底面处产生附加弯矩，影响测试结果，也不利于将试验成果根据实际桩顶的约束予以修正。球形铰支座的作用是在试验过程中，保持作用力的方向始终水平和通过桩轴线，不随桩的倾斜或扭转而改变。

6.2.6 为保证各测试断面的应力最大值及相应弯矩的测量精度，试桩设置时应严格控制测点的纵剖面与力作用方向之间的偏差。对承受水平荷载的桩而言，桩的破坏是由于桩身弯矩引起的结构破坏。因此对中长桩而言，浅层土的性质起了重要作用，在这段范围内的弯矩变化也最大。为找出最大弯矩及其位置，应加密测试断面。

6.3 现场检测

6.3.1 单向多循环加载法，主要是为了模拟实际结构的受力形式。由于结构物承受的实际荷载异常复杂，所以当需考虑长期水平荷载作用影响时，宜采用本规范第 4 章规定的慢速维持荷载法。由于单向多循环荷载的施加会给内力测试带来不稳定因素，为保证测试质量，建议采用本规范第 4 章规定的慢速或快速维持荷载法；此外水平试验桩通常以结构破坏为主，为缩短试验时间，也可参照港口工程桩基水平承载力试验方法，采用更短时间的快速维持荷载法。

6.3.3 对抗弯性能较差的长桩或中长桩而言，承受水平荷载桩的破坏特征是弯曲破坏，即桩身发生折断，此时试验自然终止。在工程桩水平承载力验收检测中，终止加荷条件可按设计要求或标准规范规定的水平位移允许值控制。考虑软土的侧向约束能力较差以及大直径桩的抗弯刚度大等特点，终止加载的变形限可取上限值。

6.4 检测数据分析与判定

6.4.2 本条中的地基土水平抗力系数随深度增长的比例系数 m 值的计算公式仅适用于水平力作用点至试坑地面的桩自由长度为零时的情况。按桩、土相对刚度不同，水平荷载作用下的桩-土体系有两种工作状态和破坏机理，一种是"刚性短桩"，因转动或平移而破坏，相当于 $\alpha h < 2.5$ 时的情况；另一种是工程中常见的"弹性长桩"，桩身产生挠曲变形，桩下段嵌固于土中不能转动，即本条中 $\alpha h \geqslant 4.0$ 的情况。在 $2.5 \leqslant \alpha h < 4.0$ 范围内，称为"有限长度的中长桩"。《建筑桩基技术规范》JGJ 94 对中长桩的 ν_y 变化给出了具体数值（见表 2）。因此，在按式（6.4.2-1）计算 m 值时，应先试算 αh 值，以确定 αh 是否大于或等于 4.0，若在 2.5～4.0 范围以内，应调整 ν_y 值重新计算 m 值（有些行业标准不考虑）。当 $\alpha h < 2.5$ 时，式

(6.4.2-1) 不适用。

表 2　桩顶水平位移系数 ν_y

桩的换算埋深 ah	4.0	3.5	3.0	2.8	2.6	2.4
桩顶自由或铰接时的 ν_y 值	2.441	2.502	2.727	2.905	3.163	3.526

注：当 $ah>4.0$ 时取 $ah=4.0$。

试验得到的地基土水平抗力系数的比例系数 m 不是一个常量，而是随地面水平位移及荷载而变化的曲线。

6.4.4 对于混凝土长桩或中长桩，随着水平荷载的增加，桩侧土体的塑性区自上而下逐渐开展扩大，最大弯矩断面下移，最后形成桩身结构的破坏。所测水平临界荷载 H_{cr} 为桩身产生开裂前所对应的水平荷载。因为只有混凝土桩才会产生开裂，故只有混凝土桩才有临界荷载。

6.4.5 单桩水平极限承载力是对应于桩身折断或桩身钢筋应力达到屈服时的前一级水平荷载。

6.4.7 单桩水平承载力特征值除与桩的材料强度、截面刚度、入土深度、土质条件、桩顶水平位移允许值有关外，还与桩顶边界条件（嵌固情况和桩顶竖向荷载大小）有关。由于建筑工程基桩的桩顶嵌入承台深度通常较浅，桩与承台连接的实际约束条件介于固接与铰接之间，这种连接相对于桩顶完全自由时可减少桩顶位移，相对于桩顶完全固接时可降低桩顶约束弯矩并重新分配桩身弯矩。如果桩顶完全固接，水平承载力按位移控制时，是桩顶自由时的 2.60 倍；对较低配筋率的灌注桩按桩身强度（开裂）控制时，由于桩顶弯矩的增加，水平临界承载力是桩顶自由时的 0.83 倍。如果考虑桩顶竖向荷载作用，混凝土桩的水平承载力将会产生变化，桩顶荷载是压力，其水平承载力增加，反之减小。

桩顶自由的单桩水平试验得到的承载力和弯矩仅代表试桩条件的情况，要得到符合实际工程桩嵌固条件的受力特性，需将试桩结果转化，而求得地基土水平抗力系数是实现这一转化的关键。考虑到水平荷载-位移关系的非线性且 m 值随荷载或位移增加而减小，有必要给出 H-m 和 Y_0-m 曲线并按以下考虑确定 m 值：

1 可按设计给出的实际荷载或桩顶位移确定 m 值；

2 设计未作具体规定的，可取水平承载力特征值对应的 m 值。

与竖向抗压、抗拔桩不同，混凝土桩（除高配筋率桩外）在水平荷载作用下的破坏模式一般为弯曲破坏，极限承载力由桩身强度控制。在单桩水平承载力特征值 H_a 的确定上，不采用水平极限承载力除以某

一固定安全系数的做法，而是把桩身强度、开裂或允许位移等条件作为控制因素。也正是因为水平承载桩的承载能力极限状态主要受桩身强度（抗弯刚度）制约，通过水平静载试验给出的极限承载力和极限弯矩对强度控制设计非常必要。

抗裂要求不仅涉及桩身抗弯刚度，也涉及桩的耐久性。虽然本条第 3 款可按设计要求的水平允许位移确定水平承载力，但根据现行国家标准《混凝土结构设计规范》GB 50010，只有裂缝控制等级为三级的构件，才允许出现裂缝，且桩所处的环境类别至少为二级以上（含二级），裂缝宽度限值为 0.2mm。因此，当裂缝控制等级为一、二级时，水平承载力特征值就不应超过水平临界荷载。

7 钻 芯 法

7.1 一 般 规 定

7.1.1 钻芯法是检测钻（冲）孔、人工挖孔等现浇混凝土灌注桩的成桩质量的一种有效手段，不受场地条件的限制，特别适用于大直径混凝土灌注桩的成桩质量检测。钻芯法检测的主要目的有四个：

1 检测桩身混凝土质量情况，如桩身混凝土胶结状况、有无气孔、松散或断桩等，桩身混凝土强度是否符合设计要求；

2 桩底沉渣厚度是否符合设计或规范的要求；

3 桩端持力层的岩土性状（强度）和厚度是否符合设计或规范要求；

4 施工记录桩长是否真实。

受检桩长径比较大时，成孔的垂直度和钻芯孔的垂直度很难控制，钻芯孔容易偏离桩身，故要求受检桩桩径不宜小于 800mm，长径比不宜大于 30。

桩端持力层岩土性状的准确判断直接关系到受检桩的使用安全。《建筑地基基础设计规范》GB 50007 规定：嵌岩灌注桩要求按端承桩设计，桩端以下 3 倍桩径范围内无软弱夹层、断裂破碎带和洞隙分布，在桩底应力扩散范围内无岩体临空面。虽然施工前已进行岩土工程勘察，但有时钻孔数量有限，对较复杂的地基条件，很难全面弄清岩石、土层的分布情况。因此，应对桩端持力层进行足够深度的钻探。

7.1.2 当钻芯孔为一个时，规定宜在距桩中心 10cm～15cm 的位置开孔，一是考虑导管附近的混凝土质量相对较差、不具有代表性，二是方便验证时的钻孔位置布置。

为准确确定桩的中心点，桩头宜开挖裸露；来不及开挖或不便开挖的桩，应采用全站仪或经纬仪确定桩位中心。

7.1.3 当采用钻芯法对桩长、桩身混凝土强度、桩身局部缺陷、桩底沉渣、桩端持力层进行验证检测

时，应根据具体验证的目的进行检测，不需要按本规范第7.6节进行单桩全面评价。如验证桩身混凝土强度，可将桩作为单根构件，在桩顶浅部对多桩（或单桩多孔）钻取混凝土芯样，且当抽检桩的代表性和数量符合混凝土结构检测标准的相关要求时，可推定基桩的检测批次混凝土强度。如验证桩身局部缺陷，钻进深度可控制为缺陷以下1m～2m处，对芯样混凝土质量进行评价，并应进行芯样试件抗压强度试验。

7.2 设　备

7.2.1 钻机宜采用岩芯钻探的液压高速钻机，并配有相应的钻塔和牢固的底座，机械技术性能良好，不得使用立轴旷动过大的钻机。钻杆应顺直，直径宜为50mm。

钻机设备参数应满足：额定最高转速不低于790r/min；转速调节范围不少于4档；额定配用压力不低于1.5MPa。

水泵的排水量宜为50L/min～160L/min，泵压宜为1.0 MPa～2.0MPa。

孔口管、扶正稳定器（又称导向器）及可捞取松软渣样的钻具应根据需要选用。桩较长时，应使用扶正稳定器确保钻芯孔的垂直度。桩顶面与钻机塔座距离大于2m时，宜安装孔口管，孔口管应垂直且牢固。

7.2.2 钻取芯样的真实程度与所用钻具有很大关系，进而直接影响桩身完整性的类别判定。为提高钻取桩身混凝土芯样的完整性，钻芯检测用钻具应为单动双管钻具，明确禁止使用单动单管钻具。

7.2.3 为了获得比较真实的芯样，要求钻芯法检测应采用金刚石钻头，钻头胎体不得有肉眼可见的裂纹、缺边、少角喇叭形磨损。此外，还需注意金刚石钻头、扩孔器与卡簧的配合和使用的细节：金刚石钻头与岩芯管之间必须安有扩孔器，用以修正孔壁；扩孔器外径应比钻头外径大0.3mm～0.5mm，卡簧内径应比钻头内径小0.3mm左右；金刚石钻头和扩孔器应按外径先大后小的排列顺序使用，同时考虑钻头内径小的先用，内径大的后用。

芯样试件直径不宜小于骨料最大粒径的3倍，在任何情况下不得小于骨料最大粒径的2倍，否则试件强度的离散性较大。目前，钻头外径有76mm、91mm、101mm、110mm、130mm几种规格，从经济合理的角度综合考虑，应选用外径为101mm和110mm的钻头；当受检桩采用商品混凝土、骨料最大粒径小于30mm时，可选用外径为91mm的钻头；如果不检测混凝土强度，可选用外径为76mm的钻头。

7.2.4 芯样制作分两部分，一部分是锯切芯样，另一部分是对芯样端部进行处理。锯切芯样时应尽可能保证芯样不缺角、两端面平行，可采用单面锯或双面锯。当芯样端部不满足要求时，可采取补平或磨平方式进行处理。具体要求见本规范附录E。

7.3 现　场　检　测

7.3.1 钻芯设备应精心安装，钻机立轴中心、天轮中心（天车前沿切点）与孔口中心必须在同一铅垂线上。设备安装后，应进行试运转，在确认正常后方能开钻。钻进初始阶段应对钻机立轴进行校正，及时纠正立轴偏差，确保钻芯过程不发生倾斜、移位。

当出现钻芯孔与桩体偏离时，应立即停机记录，分析原因。当有争议时，可进行钻孔测斜，以判断是受检桩倾斜超过规范要求还是钻芯孔倾斜超过规定要求。

7.3.2 因为钻进过程中钻孔内循环水流不会中断，因此可根据回水含砂量及颜色，发现钻进中的异常情况，调整钻进速度，判断是否钻至桩端持力层。钻至桩底时，为检测桩底沉渣或虚土厚度，应采用减压、慢速钻进。若遇钻具突降，应立即停钻，及时测量机上余尺，准确记录孔深及有关情况。

当持力层为中、微风化岩石时，可将桩底0.5m左右的混凝土芯样、0.5m左右的持力层以及沉渣纳入同一回次。当持力层为强风化岩层或土层时，可采用合金钢钻头干钻的方法和工艺钻取沉渣并测定沉渣厚度。

对中、微风化岩的桩端持力层，可直接钻取岩芯鉴别；对强风化岩层或土层，可采用动力触探、标准贯入试验等方法鉴别。试验宜在距桩底1m内进行。

7.3.3 芯样取出后，钻机操作人员应由上而下按回次顺序放进芯样箱中，芯样侧表面上应清晰标明回次数、块号、本回次总块数（宜写成带分数的形式，如 $2\frac{3}{5}$ 表示第2回次共有5块芯样，本块芯样为第3块）。及时记录孔号、回次数、起至深度、块数、总块数、芯样质量的初步描述及钻进异常情况。

有条件时，可采用孔内摄像辅助判断混凝土质量。

检测人员对桩身混凝土芯样的描述包括桩身混凝土钻进深度，芯样连续性、完整性、胶结情况、表面光滑情况、断口吻合程度、混凝土芯样是否为柱状、骨料大小分布情况，气孔、蜂窝麻面、沟槽、破碎、夹泥、松散的情况，以及取样编号和取样位置。

检测人员对持力层的描述包括持力层钻进深度、岩土名称、芯样颜色、结构构造、裂隙发育程度、坚硬及风化程度，以及取样编号和取样位置，或动力触探、标准贯入试验位置和结果。分层岩层应分别描述。

7.3.4 芯样和钻探标示牌的内容包括：工程名称、桩号、钻芯孔号、芯样试件采取位置、桩长、孔深、检测单位名称等，可将一部分内容在芯样上标识，另一部分标识在指示牌上。对全貌拍完彩色照片后，再截取芯样试件。取样完毕剩余的芯样宜移交委托单位妥善保存。

7.4 芯样试件截取与加工

7.4.1 以概率论为基础、用可靠性指标度量桩基的可靠度是比较科学的评价基桩强度的方法，即在钻芯法受检桩的芯样中截取一批芯样试件进行抗压强度试验，采用统计的方法判断混凝土强度是否满足设计要求。但在应用上存在以下一些困难：一是由于基桩施工的特殊性，评价单根受检桩的混凝土强度比评价整个桩基工程的混凝土强度更合理。二是混凝土桩应作为受力构件考虑，薄弱部位的强度（结构承载能力）能否满足使用要求，直接关系到结构安全。综合多种因素考虑，规定按上、中、下截取芯样试件。

一般来说，蜂窝麻面、沟槽等缺陷部位的强度较正常胶结的混凝土芯样强度低，无论是严把质量关，尽可能查明质量隐患，还是便于设计人员进行结构承载力验算，都有必要对缺陷部位的芯样进行取样试验。因此，缺陷位置能取试验时，应截取一组芯样进行混凝土抗压试验。

如果同一基桩的钻芯孔数大于一个，其中一孔在某深度存在蜂窝麻面、沟槽、空洞等缺陷，芯样试件强度可能不满足设计要求，按本规范第 7.6.1 条的多孔强度计算原则，在其他孔的相同深度部位取样进行抗压试验是非常必要的，在保证结构承载能力的前提下，减少加固处理费用。

7.4.2 由于单个岩石芯样截取的长度至少是其直径的 2 倍，通常在桩底以下 1m 范围内很难截取 3 个完整芯样，因此本次修订取消了原规范截取岩石芯样试件数量为"一组 3 个"的要求。

为便于设计人员对端承力的验算，提供分层岩性的各层强度值是必要的。为保证岩石天然状态，拟截取的岩石芯样应及时密封包装后浸泡在水中，避免暴晒雨淋，特别是软岩。

7.4.3 对于基桩混凝土芯样来说，芯样试件可选择的余地较大，因此，为了避免试件强度的离散性较大，在选取芯样试件时，应观察芯样侧表面的表观混凝土粗骨料粒径，确保芯样试件平均直径不小于 2 倍表观混凝土粗骨料最大粒径。

为了避免再对芯样试件高径比进行修正，规定有效芯样试件的高度不得小于 0.95d 且不得大于 1.05d 时（d 为芯样试件平均直径）。

附录 E 规定平均直径测量精确至 0.5mm；沿试件高度任一直径与平均直径相差达 2mm 以上时不得用作抗压强度试验。这里作以下几点说明：

1 一方面要求直径测量误差小于 1mm，另一方面允许不同高度处的直径相差大于 1mm，增大了芯样试件强度的不确定度。考虑到钻芯过程对芯样直径

的影响是强度低的地方直径偏小，而抗压试验时直径偏小的地方容易破坏，因此，在测量芯样平均直径时宜选择表观直径偏小的芯样部位。

2 允许沿试件高度任一直径与平均直径相差达 2mm，极端情况下，芯样试件的最大直径与最小直径相差可达 4mm，此时固然满足规范规定，但是，当芯样侧表面有明显波浪状时，应检查钻机的性能，钻头、扩孔器、卡簧是否合理配置，机座是否安装稳固，钻机立轴是否摆动过大，提高钻机操作人员的技术水平。

3 在诸多因素中，芯样试件端面的平整度是一个重要的因素，容易被检测人员忽视，应引起足够的重视。

7.5 芯样试件抗压强度试验

7.5.1 芯样试件抗压破坏时的最大压力值可能与混凝土标准试件明显不同，芯样试件抗压强度试验时应合理选择压力机的量程和加荷速率，保证试验精度。

根据桩的工作环境状态，试件宜在 20±5℃ 的清水中浸泡一段时间后进行抗压强度试验。但考虑到钻芯过程中诸因素影响均使芯样试件强度降低，同时也为方便起见，允许芯样试件加工完毕后，立即进行抗压强度试验。

7.5.2 当出现截取芯样未能制作成试件、芯样试件平均直径小于 2 倍试件内混凝土粗骨料最大粒径时，应重新截取芯样试件进行抗压强度试验。条件不具备时，可将另外两个强度的平均值作为该组混凝土芯样试件抗压强度值。在报告中应对有关情况予以说明。

7.5.3、7.5.4 混凝土芯样试件的强度值不等于在施工现场取样、成型、同条件养护试块的抗压强度，也不等于标准养护 28 天的试块抗压强度。

芯样试件抗压强度与同条件试块或标养试块抗压强度之间存在差别，其原因主要是成型工艺和养护条件的不同，为了综合考虑上述差别以及混凝土徐变、持续持荷等方面的影响，《混凝土结构设计规范》GB 50010 在设计强度取值时采用了 0.88 的折减系数。

大部分实测数据表明桩身混凝土芯样抗压强度低于控制混凝土材料质量的立方体试件抗压强度，但降低幅度存在较大的波动范围，也有一些实测数据表明桩身混凝土芯样抗压强度并不低于控制混凝土材料质量的立方体试件抗压强度。广东有 137 组数据表明在桩身混凝土中的钻芯强度与立方体强度的比值的统计平均值为 0.749。为考察小芯样取芯的离散性（如尺寸效应、机械扰动等），广东、福建、河南等地 6 家单位在标准立方体试块中钻取芯样进行抗压强度试验（强度等级 C15～C50，芯样直径 68mm～100mm，共 184 组），目的是排除龄期、振捣和养护条件的差异。结果表明：芯样试件强度与立方体强度的比值分别为 0.689、0.848、0.895、0.915、1.106、1.106，平均

为 0.943，其中有两单位得出了 $\phi68$、$\phi80$ 芯样强度与 $\phi100$ 芯样强度相比均接近于 1.0 的结论。当排除龄期和养护条件（温度、湿度）差异时，尽管普遍认同芯样强度低于立方体强度，尤其是在桩身混凝土中钻芯更是如此，但上述结果表明，尚不能采用一个统一的折算系数来反映芯样强度与立方体强度的差异。作为行业标准，为了安全起见，本规范不推荐采用某一个统一的折算系数，对芯样强度进行修正。

考虑到我国幅员辽阔，在桩身混凝土材料及配比、成孔成桩工艺、施工水平等方面，各地存在较多差异，本规范第 7.5.4 条允许有条件的省、市、地区，通过详尽的对比试验并报当地主管部门审批，在地方标准或相关的规范性文件中提供有地区代表性的芯样强度折算系数。

7.5.5 与工程地质钻探相比，桩端持力层钻芯的主要目的是判断或鉴别桩端持力层岩土性状，因单桩钻芯所能截取的完整岩芯数量有限，当岩石芯样单轴抗压强度试验仅仅是配合判断桩端持力层岩性时，检测报告中可不给出岩石单轴抗压强度标准值，只给出单个芯样单轴抗压强度检测值。

按岩土工程勘察的做法和现行国家标准《建筑地基基础设计规范》GB 50007 的相关规定，需要在岩石的地质年代、名称、风化程度、矿物成分、结构、构造相同条件下至少钻取 6 个以上完整岩石芯样，才有可能确定岩石单轴抗压强度标准值。显然这项工作要通过多桩、多孔钻芯来完成。

岩土工程勘察提供的岩石单轴抗压强度值一般是在岩石饱和状态下得到的，因为水下成孔、灌注施工会不同程度造成岩石强度下降，故采用饱和强度是安全的做法。基桩钻芯法钻取岩芯相当于成桩后的验收检验，正常情况下应尽量使岩芯保持钻时的"天然"含水状态。只有明确要求提供岩石饱和单轴抗压强度标准值时，岩石芯样试件应在清水中浸泡不少于 12h 后进行试验。

7.6 检测数据分析与判定

7.6.1 混凝土芯样试件抗压强度的离散性比混凝土标准试件要大，通过对几千组数据进行验算，证实取平均值作为检测值的方法可行。

同一根桩有两个或两个以上钻芯孔时，应综合考虑各孔芯样强度来评定桩身承载力。取同一深度部位各孔芯样试件抗压强度（每孔取一组混凝土芯样试件抗压强度检测值参与平均）的平均值作为该深度的混凝土芯样试件抗压强度检测值，是一种简便实用方法。

虽然桩身轴力上大下小，但从设计角度考虑，桩身承载力受最薄弱部位的混凝土强度控制。因此，规定受检桩中不同深度位置的混凝土芯样试件抗压强度检测值中的最小值为该桩混凝土芯样试件抗压强度检测值。

7.6.2 检测人员可能不熟悉岩土性状的描述和判定，建议有工程地质专业人员参与。

7.6.3 与 2003 版规范相比，在本次修订中，对同一受检桩钻取两孔或三孔芯样的桩身完整性判定做了较大调整：一是强调同一深度部位的不同钻孔的芯样质量的关联性，二是强调局部芯样强度检测值对桩身完整性判定的影响。虽然桩身完整性和混凝土芯样试件抗压强度是两个不同的概念，本规范第 2.1.2 条和第 3.5.1 条的条文说明已做了说明。但是为了充分利用钻芯法的有效检测信息、更客观地评价成桩质量，本规范强调完整性判断应根据混凝土芯样表观特征和缺陷分布情况并结合局部芯样强度检测值进行综合判定，关注缺陷部位能否取样制作成芯样试件以及缺陷部位的芯样试件强度的高低。当混凝土芯样的外观完整性介于Ⅱ类和Ⅲ类之间时，利用出现缺陷部位的"混凝土芯样试件抗压强度检测值是否满足设计要求"这一辅助手段，加以区分。

为便于理解，以三孔桩身完整性Ⅱ类特征之 3 款为例，做两点说明：（1）"且在另两孔同一深度部位的局部混凝土芯样的外观判定完整性类别为Ⅰ类或Ⅱ类"的表述强调了将同一深度部位的局部混凝土芯样质量单列出来进行评价，确定某深度局部范围内的混凝土质量有没有达到完整性Ⅰ类或Ⅱ类判定条件，这里的"Ⅰ类或Ⅱ类"涵盖了芯样完好、芯样有蜂窝等轻微缺陷等情况。（2）对"否则应判为Ⅲ类或Ⅳ类"的理解，例如符合三孔桩身完整性Ⅳ类特征之 4 款条件，完整性应判为Ⅳ类；而既非Ⅱ类又非Ⅳ类者，应判为Ⅲ类。

桩长检测精度应考虑桩底锅底形的影响。按连续性涵义，实测桩长小于施工记录桩长应判为Ⅳ类。

当存在水平裂缝时，可结合水平荷载设计要求和水平裂缝深度进行综合判断：当桩受水平荷载较大且水平裂缝位于桩上部时应判为Ⅳ类桩；当设计对水平承载力无要求且水平裂缝位于桩下部时可判为Ⅱ类桩；其他情况可判为Ⅲ类桩。

7.6.4 本规范第 8~10 章检测方法都能判定桩身完整性类别，限于目前测试技术水平，尚不能将桩身混凝土强度是否满足设计要求与桩身完整性类别直接联系起来，虽然钻芯法能检测桩身混凝土强度，但并非本规范第 3.5.1 条的要求。此外，钻芯法的桩身完整性Ⅰ类判据中，也未考虑混凝土强度问题，因此，如没有对芯样抗压强度检测的要求，有可能出现完整性为Ⅰ类但混凝土强度却不满足设计要求。

判定受检桩是否满足设计要求除考虑桩长和芯样试件抗压强度检测值外，当设计有要求时，应判断桩底的沉渣厚度、持力层岩土性状（强度）或厚度是否满足设计要求，否则，应判断是否满足相关规范的要求。另外，钻芯法与本规范第 8~10 章的检测方法不同，属于直接法，桩身完整性类别是通过芯样及其外表特征观察得到的。根据表 7.6.3 关于Ⅳ类桩判据的描述，Ⅳ类桩肯定存在局部的且影响桩身结构承载力的低质混凝土，即桩身混凝土强度不满足设计要求。因此，对于完整性评价为Ⅳ类的桩，可以明确该桩不满足设计要求。

8 低应变法

8.1 一般规定

8.1.1 目前国内外普遍采用瞬态冲击方式，通过实测桩顶加速度或速度响应时域曲线，籍一维波动理论分析来判定基桩的桩身完整性，这种方法称之为反射波法（或瞬态时域分析法）。目前国内几乎所有检测机构采用这种方法，所用动测仪器一般都具有傅立叶变换功能，可通过速度幅频曲线辅助分析判定桩身完整性，即所谓瞬态频域分析法；也有些动测仪器还具备实测锤击力并对其进行傅立叶变换的功能，进而得到导纳曲线，这称之为瞬态机械阻抗法。当然，采用稳态激振方式直接测得导纳曲线，则称之为稳态机械阻抗法。无论瞬态激振的时域分析还是瞬态或稳态激振的频域分析，只是习惯上从波动理论或振动理论两个不同角度去分析，数学上忽略截断和泄漏误差时，时域信号和频域信号可通过傅立叶变换建立对应关系。所以，当桩的边界和初始条件相同时，时域和频域分析结果应殊途同归。综上所述，考虑到目前国内外使用方法的普遍程度和可操作性，本规范将上述方法合并编写并统称为低应变（动测）法。

一维线弹性杆件模型是低应变法的理论基础。有别于静力学意义下按长细比大小来划分杆件，考虑波传播时满足一维杆平截面假设成立的前提：瞬态激励脉冲有效高频分量的波长与杆的横向尺寸之比不宜小于 10。另外，基于平截面假设成立的要求，设计桩身横截面宜基本规则。对于薄壁钢管桩、大直径现浇薄壁混凝土管桩和类似于 H 型钢桩的异型桩，若激励响应在桩顶面接收时，本方法不适用。钢桩桩身质量检验以焊缝检查和焊缝探伤为主。

本方法对桩身缺陷程度不做定量判定，尽管利用实测曲线拟合法分析能给出定量的结果，但由于桩的尺寸效应、测试系统的幅频与相频响应、高频波的弥散、滤波等造成的实测波形畸变，以及桩侧土阻尼、土阻力和桩身阻尼的耦合影响，曲线拟合法还不能达到精确定量的程度。

对于桩身不同类型的缺陷，低应变测试信号中主要反映桩身阻抗减小，缺陷性质往往较难区分。例如，混凝土灌注桩出现的缩颈与局部松散、夹泥、空洞等，只凭测试信号就很难区分。因此，对缺陷类型进行判定，应结合地质、施工情况综合分析，或采取

开挖、钻芯、声波透射等其他方法验证。

由于受桩周土约束、激振能量、桩身材料阻尼和桩身截面阻抗变化等因素的影响，应力波从桩顶传至桩底再从桩底反射回桩顶的传播为一能量和幅值逐渐衰减过程。若桩过长（或长径比较大）或桩身截面阻抗多变或变幅较大，往往应力波尚未反射回桩顶甚至尚未传到桩底，其能量已完全衰减或提前反射，致使仪器测不到桩底反射信号，而无法评定整根桩的完整性。在我国，若排除其他条件差异而只考虑各地区地基条件差异时，桩的有效检测长度主要受桩土刚度比大小的制约。因各地提出的有效检测范围变化很大，如长径比 30～50、桩长 30m～50m 不等，故本条未规定有效检测长度的控制范围。具体工程的有效检测桩长，应通过现场试验，依据能否识别桩底反射信号，确定该方法是否适用。

对于最大有效检测深度小于实际桩长的长桩、超长桩检测，尽管测不到桩底反射信号，但若有效检测长度范围内存在缺陷，则实测信号中必有缺陷反射信号。因此，低应变方法仍可用于查明有效检测长度范围内是否存在缺陷。

8.1.2 本条要求对桩身截面多变且变化幅度较大的灌注桩的检测有效性进行辅助验证，主要考虑以下几点：

1 阻抗变化会引起应力波多次反射，且阻抗变化截面离桩顶越近，反射越强，当多个阻抗变化截面的一次或多次反射相互叠加时，造成波形难于识别；

2 阻抗变化对应力波向下传播有衰减，截面变化幅度越大引起的衰减越严重；

3 大直径灌注桩的横向尺寸效应，桩径越大，短波长窄脉冲激励造成响应波形的失真就越严重，难以采用；

4 桩身阻抗变化范围的纵向尺度与激励脉冲波长相比越小，阻抗变化的反射就越弱，即所谓偏离一维杆波动理论的"纵向尺寸效应"越显著。

因此，承接这类灌注桩检测前，应在积累本地区经验的基础上，了解工艺和施工情况（例如充盈系数、护壁尺寸、何种土层采用何种施工工艺更容易出现塌孔等），使所选用的验证方法切实可行，降低误判几率。

另外，应用机械啮合接头等施工工艺的预制桩，接缝明显，也会造成检测结果判断不准确。

8.2 仪器设备

8.2.1 低应变动力检测采用的测量响应传感器主要是压电式加速度传感器（国内多数厂家生产的仪器尚能兼容磁电式速度传感器测试），根据其结构特点和动态性能，当压电式传感器的可用上限频率在其安装谐振频率的 1/5 以下时，可保证较高的冲击测量精度，且在此范围内，相位误差几乎可以忽略。所以应

尽量选用安装谐振频率较高的加速度传感器。

对于桩顶瞬态响应测量，习惯上是将加速度计的实测信号积分成速度曲线，并据此进行判读。实践表明：除采用小锤硬碰硬敲击外，速度信号中的有效高频成分一般在2000Hz以内。但这并不等于说，加速度计的频响线性段达到2000Hz就足够了。这是因为，加速度原始波形比积分后的速度波形要包含更多和更尖的毛刺，高频尖峰毛刺的宽窄和多寡决定了它们在频谱上占据的频带宽窄和能量大小。事实上，对加速度信号的积分相当于低通滤波，这种滤波作用对尖峰毛刺特别明显。当加速度计的频响线性段较窄时，就会造成信号失真。所以，在±10%幅频误差内，加速度计幅频线性段的高限不宜小于5000Hz，同时也应避免在桩顶敲击处表面凹凸不平时用硬质材料锤（或不加锤垫）直接敲击。

高阻尼磁电式速度传感器固有频率在10Hz～20Hz之间时，幅频线性范围（误差±10%时）约在20Hz～1000Hz内，若要拓宽使用频带，理论上可通过提高阻尼比来实现。但从传感器的结构设计、制作以及可用性看却又难于做到。因此，若要提高高频测量上限，必须提高固有频率，势必造成低频段幅频特性恶化，反之亦然。同时，速度传感器在接近固有频率时使用，还存在因相位越迁引起的相频非线性问题。此外由于速度传感器的体积和质量均较大，其二阶安装谐振频率受安装条件影响很大，安装不良时会大幅下降并产生自身振荡，虽然可通过低通滤波将自振信号滤除，但在安装谐振频率附近的有用信息也将随之滤除。综上所述，高频窄脉冲冲击响应测量不宜使用速度传感器。

8.2.2 瞬态激振操作应通过现场试验选择不同材质的锤头或锤垫，以获得低频宽脉冲或高频窄脉冲。除大直径桩外，冲击脉冲中的有效高频分量可选择不超过2000Hz（钟形力脉冲宽度为1ms，对应的高频截止分量约为2000Hz）。目前激振设备普遍使用的是力锤、力棒，其锤头或锤垫多选用工程塑料、高强尼龙、铝、铜、铁、橡皮垫等，锤的质量为几百克至几十千克不等。

稳态激振设备可包括扫频信号发生器、功率放大器及电磁式激振器。由扫频信号发生器输出等幅值、频率可调的正弦信号，通过功率放大器放大至电磁激振器输出同频率正弦激振力作用于桩顶。

8.3 现 场 检 测

8.3.1 桩顶条件和桩头处理好坏直接影响测试信号的质量。因此，要求受检桩桩顶的混凝土质量、截面尺寸应与桩身设计条件基本等同。灌注桩应凿去桩顶浮浆或松散、破损部分，露出坚硬的混凝土表面；桩顶表面应平整干净且无积水；妨碍正常测试的桩顶外露主筋应割掉。对于预应力管桩，当法兰盘与桩身混凝土之间结合紧密时，可不进行处理，否则，应采用电锯将桩头锯平。

当桩头与承台或垫层相连时，相当于桩头处存在很大的截面阻抗变化，对测试信号会产生影响。因此，测试时桩头应与混凝土承台断开；当桩头侧面与垫层相连时，除非对测试信号没有影响，否则应断开。

8.3.2 从时域波形中找到桩底反射位置，仅仅是确定了桩底反射的时间，根据$\Delta T = 2L/c$，只有已知桩长L才能计算波速c，或已知波速c计算桩长L。因此，桩长参数应以实际记录的施工桩长为依据，按测点至桩底的距离设定。测试前桩身波速可根据本地区同类桩型的测试值初步设定，实际分析时应按桩长计算的波速重新设定或按本规范第8.4.1条确定的波速平均值c_m设定。

对于时域信号，采样频率越高，则采集的数字信号越接近模拟信号，越有利于缺陷位置的准确判断。一般应在保证测得完整信号（1024个采样点，且时段不少于$2L/c + 5ms$）的前提下，选用较高的采样频率或较小的采样时间间隔。但是，若要兼顾频域分辨率，则应按采样定理适当降低采样频率或增加采样点数。

稳态激振是按一定频率间隔逐个频率激振，并持续一段时间。频率间隔的选择决定于速度幅频曲线和导纳曲线的频率分辨率，它影响桩身缺陷位置的判定精度；间隔越小，精度越高，但检测时间很长，降低工作效率。一般频率间隔设置为3Hz、5Hz、10Hz。每一频率下激振持续时间，理论上越长越好，这样有利于消除信号中的随机噪声。实际测试过程中，为提高工作效率，只要保证获得稳定的激振力和响应信号即可。

8.3.3 本条是为保证响应信号质量而提出的基本要求：

1 传感器安装底面与桩顶面之间不得留有缝隙，安装部位混凝土凹凸不平时应磨平，传感器用耦合剂粘结时，粘结层应尽可能薄。

2 激振点与传感器安装点应远离钢筋笼的主筋，其目的是减少外露主筋对测试产生干扰信号。若外露主筋过长而影响正常测试时，应将其割短。

3 激振方向应沿桩轴线方向的要求是为了有效减少敲击时的水平分量。

4 瞬态激振通过改变锤的重量及锤头材料，可改变冲击入射波的脉冲宽度及频率成分。锤头质量较大或硬度较小时，冲击入射波脉冲较宽，低频成分为主；当冲击力大小相同时，其能量较大，应力波衰减较慢，适合于获得长桩桩底信号或下部缺陷的识别。锤头较轻或硬度较大时，冲击入射波脉冲较窄，含高频成分较多；冲击力大小相同时，虽其能量较小并加剧大直径桩的尺寸效应影响，但较适宜于桩身浅部缺陷的识别及定位。

5 稳态激振在每个设定的频率下激振时，为避免频率变换过程产生失真信号，应具有足够的稳定激振时间，以获得稳定的激振力和响应信号，并根据桩径、桩长及桩周土约束情况调整激振力。稳态激振器的安装方式及好坏对测试结果起着很大的作用。为保证激振系统本身在测试频率范围内不至于出现谐振，激振器的安装宜采用柔性悬挂装置，同时在测试过程中应避免激振器出现横向振动。

8.3.4 本条主要是对激振点和检测点位置进行了规定，以保证从现场获取的信息尽量完备：

1 本条第1款有两层含义：

第一是减小尺寸效应影响。相对桩顶横截面尺寸而言，激振点处为集中力作用，在桩顶部位可能出现与桩的横向振型相对应的高频干扰。当锤击脉冲变窄或桩径增加时，这种由三维尺寸效应引起的干扰加剧。传感器安装点与激振点距离和位置不同，所受干扰的程度各异。理论研究表明：实心桩安装点在距桩中心约2/3半径R时，所受干扰相对较小；空心桩安装点与激振点平面夹角等于或略大于90°时也有类似效果，该处相当于横向耦合低阶振型的驻点。传感器安装点、激振（锤击）点布置见图1。另应注意：加大安装与激振两点距离或平面夹角将增大锤击点与安装点响应信号时间差，造成波速或缺陷定位误差。

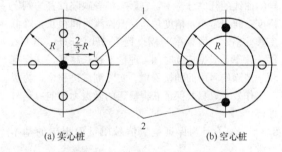

图1 传感器安装点、激振（锤击）点布置示意图
1—传感器安装点；2—激振锤击点

第二是使同一场地同一类型桩的检测信号具有可比性。因不同的激振点和检测点所测信号的差异主要随桩径或桩上部截面尺寸不规则程度变大而变强，因此尽量找出同一场地相近条件下各桩信号的规律性，对复杂波形的判断有利。

当预制桩桩顶高于地面很多，或灌注桩桩顶部分桩身截面很不规则，或桩顶与承台等其他结构相连而不具备传感器安装条件时，可将两支测量响应传感器对称安装在桩顶以下的桩侧表面，且宜远离桩顶。

2 本条第2款所述"适当改变激振点和检测点的位置"是指位置选择可不受第1款的限制。

3 桩径增大时，桩截面各部位的运动不均匀性也会增加，桩浅部的阻抗变化往往表现出明显的方向性，故应增加检测点数量，使检测结果能全面反映桩

身结构完整性情况。

4 对现场检测人员的要求绝不能仅满足于熟练操作仪器，因为只有通过检测人员对所获波形在现场的合理、快速判断，才有可能决定下一步激振点、检测点以及敲击方式（锤重、锤垫等）的选择。

5 应合理选择测试系统量程范围，特别是传感器的量程范围，避免信号波峰削波。

6 每个检测点有效信号数不宜少于3个，通过叠加平均可提高信噪比。

8.4 检测数据分析与判定

8.4.1 为分析不同时段或频段信号所反映的桩身阻抗信息、核验桩底信号并确定桩身缺陷位置，需要确定桩身波速及其平均值 c_m。波速除与桩身混凝土强度有关外，还与混凝土的骨料品种、粒径级配、密度、水灰比、成桩工艺（导管灌注、振捣、离心）等因素有关。波速与桩身混凝土强度整体趋势上呈正相关关系，即强度高波速高，但二者并不为一一对应关系。在影响混凝土波速的诸多因素中，强度对波速的影响并非首位。中国建筑科学研究院的试验资料表明：采用普硅水泥，粗骨料相同，不同试配强度及龄期强度相差1倍时，声速变化仅为10%左右；根据辽宁省建设科学研究院的试验结果：采用矿渣水泥，28d强度为3d强度的4倍～5倍，一维波速增加20%～30%；分别采用碎石和卵石并按相同强度等级试配，发现以碎石为粗骨料的混凝土一维波速比卵石高约13%。天津市政研究院也得到类似辽宁院的规律，但有一定离散性，即同一组（粗骨料相同）混凝土试配强度不同的杆件或试块，同龄期强度低约10%～15%，但波速或声速略有提高。也有资料报导正好相反，例如福建省建筑科学研究院的试验资料表明：采用普硅水泥，按相同强度等级试配，骨料为卵石的混凝土声速略高于骨料为碎石的混凝土声速。因此，不能依据波速去评定混凝土强度等级，反之亦然。

虽然波速与混凝土强度二者并不呈一一对应关系，但考虑到二者整体趋势上呈正相关关系，且强度等级是现场最易得到的参考数据，故对于超长桩或无法明确找出桩底反射信号的桩，可根据本地区经验并结合混凝土强度等级，综合确定波速平均值，或利用成桩工艺、桩型相同且桩长相对较短并能够找出桩底反射信号的桩确定的波速，作为波速平均值。此外，当某根桩露出地面且有一定的高度时，可沿桩长方向间隔一可测量的距离段设置两个测振传感器，通过测量两个传感器的响应时差，计算该桩段的波速值，以该值代表整根桩的波速值。

8.4.2 本方法确定桩身缺陷的位置是有误差的，原因是：缺陷位置处 Δt_x 和 $\Delta f'$ 存在读数误差；采样点数不变时，提高采样频率降低了频域分辨率；波速确定的方式及用抽样所得平均值 c_m 替代某具体桩身段

波速带来的误差。其中，波速带来的缺陷位置误差$\Delta x = x \cdot \Delta c/c$（$\Delta c/c$为波速相对误差）影响最大，如波速相对误差为5%，缺陷位置为10m时，则误差有0.5m；缺陷位置为20m时，则误差有1.0m。

对瞬态激振还存在另一种误差，即锤击后应力波主要以纵波形式直接沿桩身向下传播，同时在桩顶又主要以表面波和剪切波的形式沿径向传播。因锤击点与传感器安装点有一定的距离，接收点测到的入射峰总比锤击点处滞后，考虑到表面波或剪切波的传播速度比纵波低得多，特别对大直径桩或直径较大的管桩，这种从锤击点起由近及远的时间线性滞后将明显增加。而波从缺陷或桩底以一维平面应力波反射回桩顶时，引起的桩顶面径向各点的质点运动却在同一时刻都是相同的，即不存在由近及远的时间滞后问题。严格地讲，按入射峰-桩底反射峰确定的波速将比实际的高，若按"正确"的桩身波速确定缺陷位置将比实际的浅；另外桩身截面阻抗在纵向较长一段范围内变化较大时，将引起波的绕行距离增加，使"真实的一维杆波速"降低。基于以上两种原因，按照目前的锤击方式测桩，不可能精确地测到桩的"一维杆纵波波速"。

8.4.3 表8.4.3列出了根据实测时域或幅频信号特征、所划分的桩身完整性类别。完整桩典型的时域信号和速度幅频信号见图2和图3，缺陷桩典型的时域信号和速度幅频信号见图4和图5。

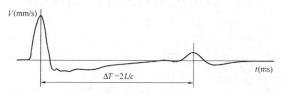

图2 完整桩典型时域信号特征

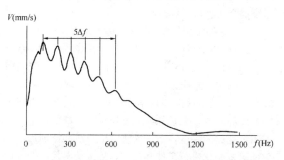

图3 完整桩典型速度幅频信号特征

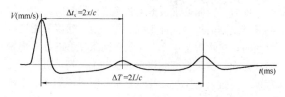

图4 缺陷桩典型时域信号特征

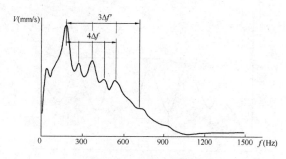

图5 缺陷桩典型速度幅频信号特征

完整桩分析判定，据时域信号或频域曲线特征判定相对来说较简单直观，而分析缺陷桩信号则复杂些，有的信号的确是因施工质量缺陷产生的，但也有是因设计构造或成桩工艺本身局限导致的，例如预制打入桩的接缝，灌注桩的逐渐扩径再缩回原桩径的变截面，地层硬夹层影响等。因此，在分析测试信号时，应仔细分清哪些是缺陷波或缺陷谐振峰，哪些是因桩身构造、成桩工艺、土层影响造成的类似缺陷信号特征。另外，根据测试信号幅值大小判定缺陷程度，除受缺陷程度影响外，还受桩周土阻力（阻尼）大小及缺陷所处深度的影响。相同程度的缺陷因桩周土岩性不同或缺陷埋深不同，在测试信号中其幅值大小各异。因此，如何正确判定缺陷程度，特别是缺陷十分明显时，如何区分是Ⅲ类桩还是Ⅳ类桩，应仔细对照桩型、地基条件、施工情况结合当地经验综合分析判断；不仅如此，还应结合基础和上部结构形式对桩的承载安全性要求，考虑桩身承载力不足引发桩身结构破坏的可能性，进行缺陷类别划分，不宜单凭测试信号定论。

桩身缺陷的程度及位置，除直接从时域信号或幅频曲线上判定外，还可借助其他计算方式及相关测试量作为辅助的分析手段：

1 时域信号曲线拟合法：将桩划分为若干单元，以实测或模拟的力信号作为已知条件，设定并调整桩身阻抗及土参数，通过一维波动方程数值计算，计算出速度时域波形并与实测的波形进行反复比较，直到两者吻合程度达到满意为止，从而得出桩身阻抗的变化位置及变化量大小。该计算方法类似于高应变的曲线拟合法。

2 根据速度幅频曲线或导纳曲线中基频位置，利用实测导纳值与计算导纳值相对高低、实测动刚度的相对高低进行判断。此外，还可对速度幅频信号曲线进行二次谱分析。

图6为完整桩的速度导纳曲线。计算导纳值N_c、实测导纳值N_m和动刚度K_d分别按下列公式计算：

导纳理论计算值：
$$N_c = \frac{1}{\rho c_m A} \qquad (1)$$

实测导纳几何平均值：$N_m = \sqrt{P_{max} \cdot Q_{min}}$ （2）

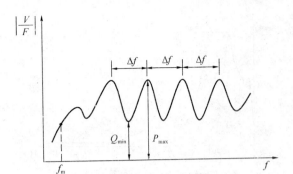

图 6　均匀完整桩的速度导纳曲线图

动刚度：

$$K_d = \frac{2\pi f_m}{\left|\dfrac{V}{F}\right|_m} \qquad (3)$$

式中：ρ ——桩材质量密度（kg/m^3）；

c_m ——桩身波速平均值（m/s）；

A ——设计桩身截面积（m^2）；

P_{max} ——导纳曲线上谐振波峰的最大值（m/s·N^{-1}）；

Q_{min} ——导纳曲线上谐振波谷的最小值（m/s·N^{-1}）；

f_m ——导纳曲线上起始近似直线段上任一频率值（Hz）；

$\left|\dfrac{V}{F}\right|_m$ ——与 f_m 对应的导纳幅值（m/s·N^{-1}）。

理论上，实测导纳值 N_m、计算导纳值 N_c 和动刚度 K_d 就桩身质量好坏而言存在一定的相对关系：完整桩，N_m 约等于 N_c，K_d 值正常；缺陷桩，N_m 大于 N_c，K_d 值低，且随缺陷程度的增加其差值增大；扩径桩，N_m 小于 N_c，K_d 值高。

值得说明，由于稳态激振过程在某窄小频带上激振，其能量集中、信噪比高、抗干扰能力强等特点，所测的导纳曲线、导纳值及动刚度比采用瞬态激振方式重复性好、可信度较高。

表 8.4.3 没有列出桩身无缺陷或有轻微缺陷但无桩底反射这种信号特征的类别划分。事实上，测不到桩底信号这种情况受多种因素和条件影响，例如：

——软土地区的超长桩，长径比很大；

——桩周土约束很大，应力波衰减很快；

——桩身阻抗与持力层阻抗匹配良好；

——桩身截面阻抗显著突变或沿桩长渐变；

——预制桩接头缝隙影响。

其实，当桩侧和桩端阻力很强时，高应变法同样也测不出桩底反射。所以，上述原因造成无桩底反射也属正常。此时的桩身完整性判定，只能结合经验、参照本场地和本地区的同类型桩综合分析或采用其他方法进一步检测。

对承载有利的扩径灌注桩，不应判定为缺陷桩。

8.4.4 当灌注桩桩截面形态呈现如图 7 情况时，桩身截面（阻抗）渐变或突变，在阻抗突变处的一次或

二次反射常表现为类似明显扩径、严重缺陷或断桩的相反情形，从而造成误判。桩侧局部强土阻力和大直径开口预应力管桩桩孔内土塞部位反射也有类似情况，即一次反射似扩径，二次反射似缺陷。纵向尺寸效应与一维杆平截面假设相违，即桩身阻抗突变段的反射幅值随突变段纵向范围的缩小而减弱。例如支盘桩的支盘直径很大，但随着支盘厚度的减小，扩径反射将愈来愈不明显；若此情形换为缩颈，其危险性不言而喻。以上情况可结合施工、地层情况综合分析加以区分；无法区分时，应结合其他检测方法综合判定。

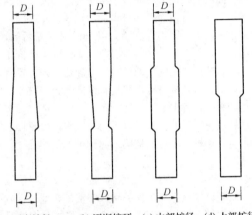

(a) 逐渐扩径　(b) 逐渐缩颈　(c) 中部扩径　(d) 上部扩径

图 7　混凝土灌注桩截面（阻抗）变化示意图

当桩身存在不止一个阻抗变化截面（见图 7c）时，由于各阻抗变化截面的一次和多次反射波相互叠加，除距桩顶第一阻抗变化截面的一次反射能辨认外，其后的反射信号可能变得十分复杂，难于分析判断。此时，在信号没有受尺寸效应、测试系统频响等影响产生畸变的前提下，可按下列建议尝试采用实测曲线拟合法进行辅助分析：

1 宜采用实测力波形作为边界条件输入；

2 桩顶横截面尺寸应按现场实际测量结果确定；

3 通过同条件下、截面基本均匀的相邻桩曲线拟合，确定引起应力波衰减的桩土参数取值。

8.4.5 本条是这次修订增加的内容。由于受横向尺寸效应的制约，激励脉冲的波长有时很难明显小于浅部阻抗变化的深度，造成无法对桩身浅部特别是极浅部的阻抗变化进行定性和定位，甚至是误判，如浅部局部扩径，波形可能主要表现出扩径恢复后的"似缩颈"反射。因此要求根据力和速度信号起始峰的比例差异情况判断桩身浅部阻抗变化程度。建议采用这种方法时，按本规范第 8.3.4 条在同条件下进行多根桩对比，在解决阻抗变化定性的基础上，判定阻抗变化程度，不过，在阻抗变化位置很浅时可能仍无法准确定位。

8.4.6 对嵌岩桩，桩底沉渣和桩端下存在的软弱夹

层、溶洞等是直接关系到该桩能否安全使用的关键因素。虽然本方法不能确定桩底情况，但理论上可以将嵌岩桩桩端视为杆件的固定端，并根据桩底反射波的方向及其幅值判断桩端端承效果，也可通过导纳值、动刚度的相对高低提供辅助分析。采用本方法判定桩端嵌固效果差时，应采用钻芯、静载或高应变等检测方法核验桩端嵌岩情况，确保基桩使用安全。

8.4.8 人员水平低、测量系统动态范围窄、激振设备选择或操作不当、人为信号再处理影响信号真实性等，都会直接影响结论判断的正确性，只有根据原始信号曲线才能鉴别。

9 高 应 变 法

9.1 一 般 规 定

9.1.1 高应变法的主要功能是判定单桩竖向抗压承载力是否满足设计要求。这里所说的承载力是指在桩身强度满足桩身结构承载力的前提下，得到的桩周岩土对桩的抗力（静阻力）。所以要得到极限承载力，应使桩侧和桩端岩土阻力充分发挥，否则不能得到承载力的极限值，只能得到承载力检测值。

与低应变法检测的快捷、廉价相比，高应变法检测桩身完整性虽然是附带性的。但由于其激励能量和检测有效深度大的优点，特别在判定桩身水平整合型缝隙、预制桩接头等缺陷时，能够在查明这些"缺陷"是否影响竖向抗压承载力的基础上，合理判定缺陷程度。当然，带有普查性的完整性检测，采用低应变法更为恰当。

高应变检测技术是从打入式预制桩发展起来的，试打桩和打桩监控属于其特有的功能，是静载试验无法做到的。

除嵌入基岩的大直径桩和摩擦型大直径桩外，大直径灌注桩、扩底桩（墩）由于桩端尺寸效应明显，通常其静载 Q-s 曲线表现为缓变型，端阻力发挥所需的位移很大。另外，增加桩径使桩身截面阻抗（或桩的惯性）按直径的平方增加，而桩侧阻力按直径的一次方增加，桩-锤匹配能力下降。而多数情况下高应变检测所用锤的重量有限，很难在桩顶产生较长持续时间的荷载作用，达不到使土阻力充分发挥所需的位移量。另一原因如本规范第9.1.2条条文说明所述。

9.1.2 灌注桩的截面尺寸和材质的非均匀性、施工的隐蔽性（干作业成孔桩除外）及由此引起的承载力变异性普遍高于打入式预制桩，而灌注桩检测采集的波形质量低于预制桩，波形分析中的不确定性和复杂性又明显高于预制桩。与静载试验结果对比，灌注桩高应变检测判定的承载力误差也如此。因此，积累灌注桩现场测试、分析经验和相近条件下的可靠对比验

证资料，对确保检测质量尤其重要。

9.2 仪 器 设 备

9.2.1 本条对仪器的主要技术性能指标要求是按建筑工业行业标准《基桩动测仪》JG/T 3055 提出的，比较适中，大部分型号的国产和进口仪器能满足。因动测仪器的使用环境较差，故仪器的环境性能指标和可靠性也很重要。本条对安装于距桩顶附近桩身侧表面的响应测量传感器——加速度计的量程未做具体规定，原因是对不同类型的桩，各种因素影响使最大冲击加速度变化很大。建议根据实测经验来合理选择，宜使选择的量程大于预估最大冲击加速度值的一倍以上。如对钢桩，宜选择 $20000m/s^2 \sim 30000m/s^2$ 量程的加速度计。

9.2.2 导杆式柴油锤荷载上升时间过于缓慢，容易造成速度响应信号失真。

本条没有对锤重的选择做出规定，因为利用打桩机械测试不一定是休止后的承载力检测，软土场地对长或超长桩的初打监控，出现锤重不符合本规范第9.2.5～9.2.6条规定的情况属于正常。另外建工行业多采用筒式柴油锤，它与自由落锤相比冲击动能较大，轻锤也可能完成沉桩工作。

9.2.3 本条之所以定为强制性条文，是因为锤击设备的导向和锤体形状直接关系到信号质量与现场试验的安全。

无导向锤的脱钩装置多基于杠杆式原理制成，操作人员需在离锤很近的范围内操作，缺乏安全保障，且脱钩时会不同程度地引起锤的摇摆，更容易造成锤击严重偏心而产生垃圾信号。另外，如果采用汽车吊直接将锤吊起并脱钩，因锤的重量突然释放造成吊车吊臂的强烈反弹，对吊臂造成损害。因此稳固的导向装置的另一个作用是：在落锤脱钩前需将锤的重量通过导向装置传递给锤击装置的底盘，使吊车吊臂不再受力。扁平状锤如分片组装式锤的单片或混凝土浇筑的强夯锤，下落时不易导向且平稳性差，容易造成严重锤击偏心，影响测试质量。因此规定锤体的高径（宽）比不得小于1。

9.2.4 自由落锤安装加速度计测量桩顶锤击力的依据是牛顿第二和第三定律。其成立条件是同一时刻锤体内各质点的运动和受力无差异，也就是说，虽然锤为弹性体，只要锤体内部不存在波传播的不均匀性，就可视锤为一刚体或具有一定质量的质点。波动理论分析结果表明：当沿正弦波传播方向的介质尺寸小于正弦波波长的1/10时，可认为在该尺寸范围内无波传播效应，即同一时刻锤的受力和运动状态均匀。除钢桩外，较重的自由落锤在桩身产生的力信号中的有效频率分量（占能量的90%以上）在200Hz以内，超过300Hz后可忽略不计。按不利条件估计，对力信号有贡献的高频分量波长一般也不小于20m。所

以，在大多数采用自由落锤的场合，牛顿第二定律能较严格地成立。规定锤体高径（宽）比不大于 1.5 正是为了避免波传播效应造成的锤内部运动状态不均匀。这种方式与在桩头附近的桩侧表面安装应变式传感器的测力方式相比，优缺点是：

1 避免了桩头损伤和安装部位混凝土质量差导致的测力失败以及应变式传感器的经常损坏。

2 避免了因混凝土非线性造成的力信号失真（混凝土受压时，理论上讲是对实测力值放大，是不安全的）。

3 直接测定锤击力，即使混凝土的波速、弹性模量改变，也无需修正；当混凝土应力-应变关系的非线性严重时，不存在通过应变环测试换算冲击力造成的力值放大。

4 测量响应的加速度计只能安装在距桩顶较近的桩侧表面，尤其不能安装在桩头变阻抗截面以下的桩身上。

5 桩顶只能放置薄层桩垫，不能放置尺寸和质量较大的桩帽（替打）。

6 锤高一般以 2.0m～2.5m 为限，则最大使用的锤重可能受到限制，除非采用重锤或厚软锤垫减少锤上的波传播效应。

7 锤在非受力状态时有负向（向下）的加速度，可能被误认为是冲击力变化：如撞击前锤体自由下落时的 $-g$（g 为重力加速度）加速度；撞击后锤体可能与桩顶脱离接触（反弹）并回落而产生负向加速度，锤愈轻、桩的承载力或桩身阻抗愈大，反弹表现就愈显著。

8 重锤撞击桩顶瞬时难免与导架产生碰撞或摩擦，导致锤体上产生高频纵、横干扰波，锤的纵、横尺寸越小，干扰波频率就越高，也就越容易被滤除。

9.2.5 我国每年高应变法检测桩的总量粗估在 15 万根桩以上，已超过了单桩静载验收检测的总桩数，但该法在国内发展不均衡，主要在沿海地区应用。本条强制性条文的规定连同第 9.2.6 条规定之涵义，在 2003 年版规范中曾合并于一条强条来表述。为提高强条的可操作性，本次修订保留了锤重低限值的强制性要求。锤的重量大小直接关系到桩侧、桩端岩土阻力发挥的高低，只有充分包含土阻力发挥信息的信号才能视为有效信号，也才能作为高应变承载力分析与评价的依据。锤重不变时，随着桩横截面尺寸、桩的质量或单桩承载力的增加，锤与桩的匹配能力下降，试验中直观表象是锤的强烈反弹，锤落距提高引起的桩顶动位移或贯入度增加不明显，而桩身锤击应力的增加比传递给桩的有效能量的增加效果更为显著，因此轻锤高落距锤击是错误的做法。个别检测机构，为了降低运输（搬运）、吊（安）装成本和试验难度，一味采用轻锤进行试验，由于土阻力（承载力）发挥信息严重不足，遂随意放大调整实测信号，导致承载

力虚高；有时，轻锤高击还引起桩身破损。

本条是保证信号有效性规定的最低锤重要求，也是体现高应变法"重锤低击"原则的最低要求。国际上，应尽量加大动测用锤重的观点得到了普遍推崇，如美国材料与试验协会 ASTM 在 2000 年颁布的《桩的高应变动力检测标准试验方法》D4945 中提出：锤重选择以能充分调动桩侧、桩端岩土阻力为原则，并无具体低限值的要求；而在 2008 年修订时，针对灌注桩增加了"落锤锤重至少为极限承载力期望值的 1%～2%"的要求，相当于本规范所用锤重与单桩竖向抗压承载力特征值的比值为 2%～4%。

另需注意：本规范第 9.2.3 条关于锤的导向和形状要求是从避免出现表观垃圾信号的角度提出，不能证明信号的有效性，即承载力发挥信息是否充分。

9.2.6 本条未规定锤重增加范围的上限值，一是体现"重锤低击"原则，二是考虑以下情况：

1 桩较长或桩径较大时，一般使侧阻、端阻充分发挥所需位移大；

2 桩是否容易被"打动"取决于桩身"广义阻抗"的大小。广义阻抗与桩身截面波阻抗和桩周土岩土阻力均有关。随着桩直径增加，波阻抗的增加通常快于土阻力，而桩身阻抗的增加实际上就是桩的惯性质量增加，仍按承载力特征值的 2% 选取锤重，将使锤对桩的匹配能力下降。

因此，不仅从土阻力，也要从桩身惯性质量两方面考虑提高锤重是更科学的做法。当桩径或桩长明显超过本条低限值时，例如，1200mm 直径灌注桩，桩长 20m，设计要求的承载力特征值较低，仅为 2000kN，即使将锤重与承载力特征值的比值提高到 3%，即采用 60kN 的重锤仍感锤重偏轻。

9.2.7 测量贯入度的方法较多，可视现场具体条件选择：

1 如采用类似单桩静载试验架设基准梁的方式测量，准确度较高，但现场工作量大，特别是重锤对桩冲击使桩周土产生振动，使受检桩附近架设的基准梁受影响，导致桩的贯入度测量结果可靠度下降；

2 预制桩锤击沉桩时利用锤击设备导架的某一标记作基准，根据一阵锤（如 10 锤）的总下沉量确定平均贯入度，简便但准确度不高；

3 采用加速度信号二次积分得到的最终位移作为贯入度，操作最为简便，但加速度计零漂大和低频响应差（时间常数小）时将产生明显的积分漂移，且零漂小的加速度计价格很高；另外因信号采集时段短，信号采集结束时若桩的运动尚未停止（以柴油锤打桩时为甚）则不能采用；

4 用精密水准仪时受环境振动影响小，观测准确度相对较高。

9.3 现场检测

9.3.1 承载力时间效应因地而异，以沿海软土地区

最显著。成桩后，若桩周岩土无隆起、侧挤、沉陷、软化等影响，承载力随时间增长。工期紧休止时间不够时，除非承载力检测值已满足设计要求，否则应休止到满足表3.2.5规定的时间为止。

锤击装置垂直、锤击平稳对中、桩头加固和加设桩垫，是为了减小锤击偏心和避免击碎桩头；在距桩顶规定的距离下的合适部位对称安装传感器，是为了减小锤击在桩顶产生的应力集中和对偏心进行补偿。所有这些措施都是为保证测试信号质量提出的。

9.3.2 采样时间间隔为$100\mu s$，对常见的工业与民用建筑的桩是合适的。但对于超长桩，例如桩长超过60m，采样时间间隔可放宽为$200\mu s$，当然也可增加采样点数。

应变式传感器直接测到的是其安装面上的应变，并按下式换算成锤击力：

$$F = A \cdot E \cdot \varepsilon \qquad (4)$$

式中：F——锤击力；

A——测点处桩截面积；

E——桩材弹性模量；

ε——实测应变值。

显然，锤击力的正确换算依赖于测点处设定的桩参数是否符合实际。另一需注意的问题是：计算测点以下原桩身的阻抗变化、包括计算的桩身运动及受力大小，都是以测点处桩头单元为相对"基准"的。

测点下桩长是指桩头传感器安装点至桩底的距离，一般不包括桩尖部分。

对于普通钢桩，桩身波速可直接设定为5120m/s。对于混凝土桩，桩身波速取决于混凝土的骨料品种、粒径级配、成桩工艺（导管灌注、振捣、离心）及龄期，其值变化范围大多为3000m/s～4500m/s。混凝土预制桩可在沉桩前实测无缺陷桩的桩身平均波速作为设定值；混凝土灌注桩应结合本地区混凝土波速的经验值或同场地已知值初步设定，但在计算分析前，应根据实测信号进行校正。

9.3.3 对本条各款依次说明如下：

1 传感器外壳与仪器外壳共地，测试现场潮湿，传感器对地未绝缘，交流供电时常出现50Hz干扰，解决办法是良好接地或改用直流供电。

2 根据波动理论分析：若视锤为一刚体，则桩顶的最大锤击应力只与锤冲击桩顶时的初速度有关，落距越高，锤击应力和偏心越大，越容易击碎桩头（桩端进入基岩时因桩端压应力放大造成桩尖破损）。此外，强锤击压应力是使桩身出现较强反射拉应力的先决条件，即使桩头不会被击碎，但当打桩阻力较低（例如挤土上浮桩、深厚软土中的摩擦桩）、且入射压力脉冲较窄（即锤较轻）或桩较长时，桩身有可能被拉裂。轻锤高击并不能有效提高锤锤传递给桩的能量和增大桩顶位移，因为力脉冲作用持续时间显著与锤重有关；锤击脉冲越窄，波传播的不均匀性，即桩身

受力和运动的不均匀性（惯性效应）越明显，实测波形中土的动阻力影响加剧，而与位移相关的静土阻力呈明显的分段发挥态势，使承载力的测试分析误差增加。事实上，若将锤重增加到单桩承载力特征值的10%～20%以上，则可得到与静动法（STATNAMIC法）相似的长持续力脉冲作用。此时，由于桩身中的波传播效应大大减弱，桩侧、桩端岩土阻力的发挥更接近静载作用时桩的荷载传递性状。因此，"重锤低击"是保障高应变法检测承载力准确性的基本原则，这与低应变法充分利用波传播效应（窄脉冲）准确探测缺陷位置有着概念上的区别。

3 打桩过程监测是指预制桩施打开始后进行的打桩全部过程测试，也可根据重点关注的预计穿越土层或预计达到的持力层段测试。

4 高应变试验成功的关键是信号质量以及信号中的信息是否充分。所以应根据每锤信号质量以及动位移、贯入度和大致的土阻力发挥情况，初步判别采集到的信号是否满足检测目的的要求。同时，也要检查混凝土桩锤击拉、压应力和缺陷程度大小，以决定是否进一步锤击，以免桩头或桩身受损。自由落锤锤击时，锤的落距应由低到高；打入式预制桩则按每次采集一阵（10击）的波形进行判别。

5 检测工作现场情况复杂，经常产生各种不利影响。为确保采集到可靠的数据，检测人员应能正确判断波形质量、识别干扰，熟练诊断测量系统的各类故障。

9.3.4 贯入度的大小与桩尖刺入或桩端压密塑性变形量相对应，是反映桩侧、桩端土阻力是否充分发挥的一个重要信息。贯入度小，即通常所说的"打不动"，使检测得到的承载力低于极限值。本条是从保证承载力分析计算结果的可靠性出发，给出的贯入度合适范围，不能片面理解成在检测中应减小锤重使单击贯入度不超过6mm。贯入度大且桩身无缺陷的波形特征是$2L/c$处桩底反射强烈，其后的土阻力反射或桩的回弹不明显。贯入度过大造成的桩周土扰动大，高应变承载力分析所用的土的力学模型，对真实的桩-土相互作用的模拟接近程度变差。据国内发现的一些实例和国外的统计资料：贯入度较大时，采用常规的理想弹-塑性土阻力模型进行实测曲线拟合分析，不少情况下预示的承载力明显低于静载试验结果，统计结果离散性很大！而贯入度较小、甚至桩几乎未被打动时，静动对比的误差相对较小，且统计结果的离散性也不大。若采用考虑桩端土附加质量的能量耗散机制模型修正，与贯入度小时的承载力提高幅度相比，会出现难以预料的承载力成倍提高。原因是：桩底反射强意味着桩端的运动加速度和速度强烈，附加土质量产生的惯性力和动阻力恰好分别与加速度和速度成正比。可以想见，对于长细比较大、侧阻力较强的摩擦型桩，上述效应就不会明显。此外，

6mm贯入度只是一个统计参考值，本章第9.4.7条第4款已针对此情况作了具体规定。

9.4 检测数据分析与判定

9.4.1 从一阵锤击信号中选取分析用信号时，除要考虑有足够的锤击能量使桩周岩土阻力充分发挥外，还应注意下列问题：

　　1 连续打桩时桩周土的扰动及残余应力；

　　2 锤击使缺陷进一步发展或拉应力使桩身混凝土产生裂隙；

　　3 在桩易打或难打以及长桩情况下，速度基线修正带来的误差；

　　4 对桩垫过厚和柴油锤冷锤信号，因加速度测量系统的低频特性造成速度信号出现偏离基线的趋势项。

9.4.2 高质量的信号是得出可靠分析计算结果的基础。除柴油锤施打的长桩信号外，力的时程曲线应最终归零。对于混凝土桩，高应变测试信号质量不但受传感器安装好坏、锤击偏心程度和传感器安装面处混凝土是否开裂的影响，也受混凝土的不均匀性和非线性的影响。这些影响对采用应变式传感器测试、经换算得到的力信号尤其敏感。混凝土的非线性一般表现为：随应变的增加，割线模量减小，并出现塑性变形，使根据应变换算到的力值偏大且力曲线尾部不归零。本规范所指的锤击偏心相当于两侧力信号之一与力平均值之差的绝对值超过平均值的33%。通常锤击偏心很难避免，因此严禁用单侧力信号代替平均力信号。

9.4.3 桩身平均波速也可根据下行波起升沿的起点和上行波下降沿的起点之间的时差与已知桩长值确定。对桩底反射峰变宽或有水平裂缝的桩，不应根据峰与峰间的时差来确定平均波速。桩较短且锤击力波上升缓慢时，可采用低应变法确定平均波速。

9.4.4 通常，当平均波速按实测波形改变后，测点处的原设定波速也按比例线性改变，弹性模量则按平方的比例关系改变。当采用应变式传感器测力时，多数仪器并非直接保存实测应变值，有些是以速度（$V = c \cdot \varepsilon$）的单位存储。若弹性模量随波速改变后，仪器不能自动修正以速度为单位存储的力值，则应对原始实测力值校正。注意：本条所说的"力值校正"与本规范第9.4.5条所禁止的"比例失调时"的随意调整是截然不同的两种行为。

　　对于锤上安装加速度计的测力方式，由于力值 F 是按牛顿第二定律 $F = m_r a_r$（式中 m_r 和 a_r 分别为锤体的质量和锤体的加速度）直接测量得到的，因此不存在对实测力值进行校正的问题。F 仅代表作用在桩顶的力，而分析计算则需要在桩身下安装测量响应加速度计横截面上的作用力，所以需要考虑测量响应加速度计以上的桩头质量产生的惯性力，对实测桩顶力

值修正。

9.4.5 通常情况下，如正常施打的预制桩，力和速度信号在第一峰处应基本成比例，即第一峰处的 F 值与 $V \cdot Z$ 值基本相等（见图9.4.3）。但在以下几种不成比例（比例失调）的情况下属于正常：

　　1 桩浅部阻抗变化和土阻力影响；

　　2 采用应变式传感器测力时，测点处混凝土的非线性造成力值明显偏高；

　　3 锤击力波上升缓慢或桩很短时，土阻力波或桩底反射波的影响。

　　信号随意比例调整均是对实测信号的歪曲，并产生虚假的结果。如通过放大实测力或速度进行比例调整的后果是计算承载力不安全。因此，为保证信号真实性，禁止将实测力或速度信号重新标定。这一点必须引起重视，因为有些仪器具有比例自动调整功能。

9.4.6 高应变分析计算结果的可靠性高低取决于动测仪器、分析软件和人员素质三个要素。其中起决定作用的是具有坚实理论基础和丰富实践经验的高素质检测人员。高应变法之所以有生命力，表现在高应变信号不同于随机信号的可解释性——即使不采用复杂的数学计算和提炼，只要检测波形质量有保证，就能定性地反映桩的承载性状及其他相关的动力学问题。因此对波形的正确定性解释的重要性超过了软件建模分析计算本身，对人员的要求首先是解读波形，其次才是熟练使用相关软件。增强波形正确判读能力的关键是提高人员的素质，仅靠技术规范以及仪器和软件功能的增强是无法做到的。因此，承载力分析计算前，应有高素质的检测人员对信号进行定性检查和判断。

9.4.7 当出现本条所述五款情况时，因高应变法难于分析判定承载力和预示桩身结构破坏的可能性，建议进行验证检测。本条第4、5款反映的代表性波形见图8，波形反映出的桩承载性状与设计条件不符（基本无侧阻、端阻反射，桩顶最大动位移11.7mm，贯入度6mm～8mm）。原因解释参见本规范第9.3.4条的条文说明。由图9可见，静载验证试验尚未压至

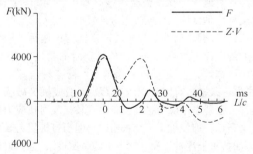

图8　灌注桩高应变实测波形

注：Φ800mm钻孔灌注桩，桩端持力层为全风化花岗片麻岩，测点下桩长16m。采用60kN重锤，先做高应变检测，后做静载验证检测。

破坏，但高应变测试的锤重符合要求，贯入度表明承载力已"充分"发挥。当采用波形拟合法分析承载力时，由于承载力比按勘察报告估算的低很多，除采用直接法验证外，不能主观臆断或采用能使拟合的承载力大幅提高的桩-土模型及其参数。

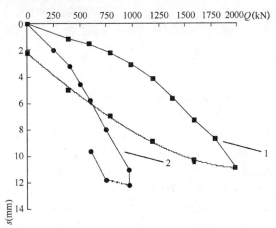

图 9　静载和动载模拟的 Q-s 曲线
1—静载曲线；2—动测曲线

9.4.8　凯司法与实测曲线拟合法在计算承载力上的本质区别是：前者在计算极限承载力时，单击贯入度与最大位移是参考值，计算过程与它们无关。另外，凯司法承载力计算公式是基于以下三个假定推导出的：

1　桩身阻抗基本恒定；

2　动阻力只与桩底质点运动速度成正比，即全部动阻力集中于桩端；

3　土阻力在时刻 $t_2=t_1+2L/c$ 已充分发挥。

显然，它较适用于摩擦型的中、小直径预制桩和截面较均匀的灌注桩。

公式中的唯一未知数——凯司法无量纲阻尼系数 J_c 定义为仅与桩端土性有关，一般遵循随土中细粒含量增加阻尼系数增大的规律。J_c 的取值是否合理在很大程度上决定了计算承载力的准确性。所以，缺乏同条件下的静动对比校核或大量相近条件下的对比资料时，将使其使用范围受到限制。当贯入度达不到规定值或不满足上述三个假定时，J_c 值实际上变成了一个无明确意义的综合调整系数。特别值得一提的是灌注桩，也会在同一工程、相同桩型及持力层时，可能出现 J_c 取值变异过大的情况。为防止凯司法的不合理应用，规定应采用静动对比或实测曲线拟合法校核 J_c 值。

由于式（9.4.8-1）给出的 R_c 值与位移无关，仅包含 $t_2=t_1+2L/c$ 时刻之前所发挥的土阻力信息，通常除桩长较短的摩擦型桩外，土阻力在 $2L/c$ 时刻不会充分发挥，尤以端承型桩显著。所以，需要采用将 t_1 延时求出承载力最大值的最大阻力法（RMX法），对与位移相关的土阻力滞后 $2L/c$ 发挥的情况进行提

高修正。

桩身在 $2L/c$ 之前产生较强的向上回弹，使桩身从顶部逐渐向下产生土阻力卸载（此时桩的中下部土阻力属于加载）。这对于桩较长、侧阻力较大而荷载作用持续时间相对较短的桩较为明显。因此，需要采用将桩中上部卸载的土阻力进行补偿提高修正的卸载法（RSU法）。

RMX法和RSU法判定承载力，体现了高应变法波形分析的基本概念——应充分考虑与位移相关的土阻力发挥状况和波传播效应，这也是实测曲线拟合法的精髓所在。另外，凯司法还有几种子方法可在积累了成熟经验后采用，它们是：

1　在桩尖质点运动速度为零时，动阻力也为零，此时有两种与 J_c 无关的计算承载力"自动"法，即 RAU法和RA2法。前者适用于桩侧阻力很小的情况，后者适用于桩侧阻力适中的场合。

2　通过延时求出承载力最小值的最小阻力法（RMN法）。

9.4.9　实测曲线拟合法是通过波动问题数值计算，反演确定桩和土的力学模型及其参数值。其过程为：假定各桩单元的桩和土力学模型及其模型参数，利用实测的速度（或力、上行波、下行波）曲线作为输入边界条件，数值求解波动方程，反算桩顶的力（或速度、下行波、上行波）曲线。若计算的曲线与实测曲线不吻合，说明假设的模型及参数不合理，有针对性地调整模型及参数再行计算，直至计算曲线与实测曲线（以及贯入度的计算值与实测值）的吻合程度良好且不易进一步改善为止。虽然从原理上讲，这种方法是客观唯一的，但由于桩、土以及它们之间的相互作用等力学行为的复杂性，实际运用时还不能对各种桩型、成桩工艺、地基条件，都能达到十分准确地求解桩的动力学和承载力问题的效果。所以，本条针对该法应用中的关键技术问题，作了具体阐述和规定：

1　关于桩与土模型：(1) 目前已有成熟使用经验的土的静阻力模型为理想弹-塑性或考虑土体硬化或软化的双线性模型；模型中有两个重要参数——土的极限静阻力 R_u 和土的最大弹性位移 s_q，可以通过静载试验（包括桩身内力测试）来验证。在加载阶段，土体变形小于或等于 s_q 时，土体在弹性范围工作；变形超过 s_q 后，进入塑性变形阶段（理想弹-塑性时，静阻力达到 R_u 后不再随位移增加而变化）。对于卸载阶段，同样要规定卸载路径的斜率和弹性位移限。(2) 土的动阻力模型一般习惯采用与桩身运动速度成正比的线性粘滞阻尼，带有一定的经验性，且不易直接验证。(3) 桩的力学模型一般为一维杆模型，单元划分应采用等时单元（实际为特征线法求解的单元划分模式），即应力波通过每个桩单元的时间相等，由于没有高阶项的影响，计算精度高。(4) 桩单元除考虑 A、E、c 等参数外，也可考虑桩身阻尼和裂隙。

另外，也可考虑桩底的缝隙、开口桩或异形桩的土塞、残余应力影响和其他阻尼形式。(5)所用模型的物理力学概念应明确，参数取值应能限定；避免采用可使承载力计算结果产生较大变异的桩-土模型及其参数。

2 拟合时应根据波形特征，结合施工和地基条件合理确定桩土参数取值。因为拟合所用的桩土参数的数量和类型繁多，参数各自和相互间耦合的影响非常复杂，而拟合结果并非唯一解，需通过综合比较判断进行参数选取或调整。正确选取或调整的要点是参数取值应在岩土工程的合理范围内。

3 本款考虑两点原因：一是自由落锤产生的力脉冲持续时间通常不超过 20ms（除非采用很重的落锤），但柴油锤信号在主峰过后的尾部仍能产生较长的低幅值延续；二是与位移相关的总静阻力一般会不同程度地滞后于 $2L/c$ 发挥，当端承型桩的端阻力发挥所需位移很大时，土阻力发挥将产生严重滞后，因此规定 $2L/c$ 后延时足够的时间，使曲线拟合能包含土阻力响应区段的全部土阻力信息。

4 为防止土阻力未充分发挥时的承载力外推，设定的 s_q 值不应超过对应单元的最大计算位移值。若桩、土间相对位移不足以使桩周岩土阻力充分发挥，则给出的承载力结果只能验证岩土阻力发挥的最低程度。

5 土阻力响应区是指波形上呈现的静土阻力信息较为突出的时间段。所以本条特别强调此区段的拟合质量，避免只重波形头尾，忽视中间土阻力响应区段拟合质量的错误做法，并通过合理的加权方式计算总的拟合质量系数，突出土阻力响应区段拟合质量的影响。

6 贯入度的计算值与实测值是否接近，是判断拟合选用参数、特别是 s_q 值是否合理的辅助指标。

9.4.10 高应变法动测承载力检测值（见第 3.5.2 条的条文说明）多数情况下不会与静载试验桩的明显破坏特征或产生较大的桩顶沉降相对应，总趋势是沉降量偏小。为了与静载的极限承载力相区别，称为本方法得到的承载力检测值或动测承载力。需要指出：本次修订取消了验收检测中对单桩承载力进行统计平均的规定。单桩静载试验常因加荷量或设备能力限制，试桩达不到极限承载力，不论是否取平均，只要一组试桩有一根桩的极限承载力达不到特征值的 2 倍，结论就是不满足设计要求。动测承载力则不同，可能出现部分桩的承载力远高于承载力特征值的 2 倍，即使个别桩的承载力不满足设计要求，但"高"和"低"取平均后仍可能满足设计要求。所以，本章修订取消了通过算术平均进行承载力统计取值的规定，以规避高估承载力的风险。

9.4.11 高应变法检测桩身完整性具有锤击能量大，可对缺陷程度定量计算，连续锤击可观察缺陷的扩大

和逐步闭合情况等优点。但和低应变法一样，检测的仍是桩身阻抗变化，一般不宜判定缺陷性质。在桩身情况复杂或存在多处阻抗变化时，可优先考虑用实测曲线拟合法判定桩身完整性。

式（9.4.11-1）适用于截面基本均匀桩的桩顶下第一个缺陷的程度定量计算。当有轻微缺陷，并确认为水平裂缝（如预制桩的接头缝隙）时，裂缝宽度 δ_w 可按下式计算：

$$\delta_w = \frac{1}{2} \int_{t_a}^{t_b} \left(V - \frac{F - R_x}{Z} \right) \cdot dt \qquad (5)$$

当满足本条第 2 款"等截面桩"和"土阻力未卸载回弹"的条件时，β 值计算公式为解析解，即 β 值测试属于直接法，在结果的可信度上，与属于半直接法的高应变法检测判定承载力是不同的。"土阻力未卸载回弹"限制条件是指：当土阻力 R_x 先于 $t_1 + 2x/c$ 时刻发挥并产生桩中上部明显反弹时，x 以上桩段侧阻提前卸载造成 R_x 被低估，β 计算值被放大，不安全，因此公式（9.4.11-1）不适用。此种情况多在长桩存在深部缺陷时出现。

9.4.12 对于本条第 1～2 款情况，宜采用实测曲线拟合法分析桩身扩径、桩身截面渐变或多变的情况，但应注意合理选择土参数。

高应变法锤击的荷载上升时间通常在 1ms～3ms 范围，因此对桩身浅部缺陷的定位存在盲区，不能定量给出缺陷的具体部位，也无法根据式（9.4.11-1）来判断缺陷程度，只能根据力和速度曲线不成比例的情况来估计浅部缺陷程度；当锤击力波上升缓慢时，可能出现力和速度曲线不成比例的似浅部阻抗变化情况，但不能排除土阻力的耦合影响。对浅部缺陷桩，宜用低应变法检测并进行缺陷定位。

9.4.13 桩身锤击拉应力是混凝土预制桩施打抗裂控制的重要指标。在深厚软土地区，打桩初始阶段侧阻和端阻虽小，但桩身长，桩锤能正常爆发起跳（高幅值锤击压应力是产生强拉应力的必要条件），桩底反射回来的上行拉力波的头部（拉应力幅值最大）与下行传播的锤击压力波尾部叠加，在桩身某一部位产生净的拉应力。当拉应力强度超过混凝土抗拉强度时，引起桩身拉裂。开裂部位一般发生在桩的中上部，且桩愈长或锤击力持续时间愈短，最大拉应力部位就愈往下移。当桩进入硬土层后，随着打桩阻力的增加拉应力逐步减小，桩身压应力逐步增加，如果桩在易裂情况下已出现拉应力水平裂缝，渐强的压力在已有裂缝处产生应力集中，使裂缝处混凝土逐渐破碎并最终导致桩身断裂。

入射压力波遇桩身截面阻抗增大时，会引起小阻抗桩身压应力放大，桩身可能出现下列破坏形态：表面纵向裂缝、保护层脱落、主筋压曲外凸、混凝土压碎崩裂。例如：打桩过程中桩端碰上硬层（基岩、孤石、漂石等）表现出的突然贯入度骤减或拒锤，继续

施打会造成桩身压应力过大而破坏。此时，最大压应力出现在接近桩端的部位。

9.4.14 本条解释同本规范第8.4.8条。

10 声波透射法

10.1 一般规定

10.1.1 声波透射法是利用声波的透射原理对桩身混凝土介质状况进行检测，适用于桩在灌注成型时已经预埋了两根或两根以上声测管的情况。当桩径小于0.6m时，声测管的声耦合误差使声时测试的相对误差增大，因此桩径小于0.6m时应慎用本方法；基桩经钻芯法检测后（有两个以及两个以上的钻孔）需进一步了解钻芯孔之间的混凝土质量时也可采用本方法检测。

由于桩内跨孔测试的测试误差高于上部结构混凝土的检测，且桩身混凝土纵向各部位硬化环境不同，粗细骨料分布不均匀，因此该方法不宜用于推定桩身混凝土强度。

10.2 仪器设备

10.2.1 声波换能器有效工作面长度指起到换能作用的部分的实际轴向尺寸，该长度过大将夸大缺陷实际尺寸并影响测试结果。

换能器的谐振频率越高，对缺陷的分辨率越高，但高频声波在介质中衰减快，有效测距变小。选配换能器时，在保证有一定的接收灵敏度的前提下，原则上尽可能选择较高频率的换能器。提高换能器谐振频率，可使其外径减少到30mm以下，有利于换能器在声测管中升降顺畅或减小声测管直径。但因声波发射频率的提高，将使声波穿透能力下降。所以，本规范规定用30kHz～60kHz谐振频率范围的换能器，在混凝土中产生的声波波长约8cm～15cm，能探测的缺陷尺度约在分米量级。当测距较大接收信号较弱时，宜选用带前置放大器的接收换能器，也可采用低频换能器，提高接收信号的幅度，但后者要以牺牲分辨力为代价。

桩中的声波检测一般以水作为耦合剂，换能器在1MPa水压下不渗水也就是在100m水深能正常工作，这可以满足一般的工程桩检测要求。对于超长桩，宜考虑更高的水密性指标。

声波换能器宜配置扶正器，防止换能器在声测管内摆动影响测试声参数的稳定性。

10.2.2 由于混凝土灌注桩的声波透射法检测没有涉及桩身混凝土强度的推定，因此系统的最小采样时间间隔放宽至0.5μs。首波自动判读可采用阈值法，亦可采用其他方法，对于判定为异常的波形，应人工校核数据。

10.3 声测管埋设

10.3.1 声测管内径与换能器外径相差过大时，声耦合误差明显增加；相差过小时，影响换能器在管中的移动，因此两者差值取10mm为宜。声测管管壁太薄或材质较软时，混凝土灌注后的径向压力可能会使声测管产生过大的径向变形，影响换能器正常升降，甚至导致试验无法进行，因此要求声测管有一定的径向刚度，如采用钢管、镀锌管等管材，不宜采用PVC管。由于钢材的温度系数与混凝土相近，可避免混凝土凝固后与声测管脱开产生空隙。声测管的平行度是影响测试数据可靠性的关键，因此，应保证成桩后各声测管之间基本平行。

10.3.2 检测剖面、声测线和检测横截面的编组和编号见图10。

本次修订将桩中预埋三根声测管的桩径范围上限由2000mm降至1600mm，使声波的检测范围更能有效覆盖大部分桩身横截面。因多数工程桩的桩径仍在此范围，这首先既保证了检测准确性，又适当兼顾了经济性，即三根声测管构成三个检测剖面时，使声测管利用率最高。声测管按规定的顺序编号，便于复检、验证试验，以及对桩身缺陷的加固、补强等工程处理。

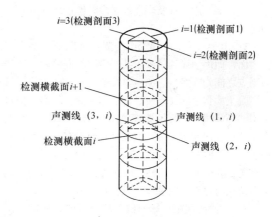

图10 检测剖面、声测线、检测横截面编组和编号示意图

10.4 现场检测

10.4.1 本条说明如下：

1 原则上，桩身混凝土满28d龄期后进行声波透射法检测是合理的。但是，为了加快工程建设进度、缩短工期，当采用声波透射法检测桩身缺陷和判定其完整性类别时，可适当将检测时间提前，以便能在施工过程中尽早发现问题，及时补救，赢得宝贵时间。这种适当提前检测时间的做法基于以下两个原因：一是声波透射法是一种非破损检测方法，不会因检测导致桩身混凝土强度降低或破坏；二是在声波透射法检测桩身完整性时，没有涉及混凝土强度问题，

对各种声参数的判别采用的是相对比较法，混凝土的早期强度和满龄期后的强度有一定的相关性，而混凝土内因各种原因导致的内部缺陷一般不会因时间的增长而明显改善。因此，按本规范第3.2.5条第1款的规定，原则上只要混凝土硬化并达到一定强度即可进行检测。

2 率定法测定仪器系统延迟时间的方法是将发射、接收换能器平行悬于清水中，逐次改变点源距离并测量相应声时，记录不少于4个点的声时数据并作线性回归的时距曲线：

$$t = t_0 + b \cdot l \qquad (6)$$

式中：b——直线斜率（$\mu s/mm$）；

　　　l——换能器表面净距离（mm）；

　　　t——声时（μs）；

　　　t_0——仪器系统延迟时间（μs）。

3 声测管及耦合水层声时修正值按下式计算：

$$t' = \frac{d_1 - d_2}{v_t} + \frac{d_2 - d'}{v_w} \qquad (7)$$

式中：d_1——声测管外径（mm）；

　　　d_2——声测管内径（mm）；

　　　d'——换能器外径（mm）；

　　　v_t——声测管材料声速（km/s）；

　　　v_w——水的声速（km/s）；

　　　t'——声测管及耦合水层声时修正值（μs）。

10.4.2 对本条说明如下：

1 由于每一个声测管中的测点可能对应多个检测剖面，而声测线则是组成某一检测剖面的两声测管中测点之间的连线，它的声学特征与其声场辐射区域的混凝土质量之间具有较显著的相关性，故本次修订采用"声测线"代替了原规范采用的"测点"。径向换能器在径向无指向性，但在垂直面上有指向性，且换能器的接收响应随着发、收换能器中心连线与水平面夹角 θ 的增大而非线性递减。为达到斜测目的，测试系统应有足够的灵敏度，且夹角 θ 不应大于 30°。

2 声测线间距将影响桩身缺陷纵向尺寸的检测精度，间距越小，检测精度越高，但需花费更多的时间。一般混凝土灌注桩的缺陷在空间有一定的分布范围，规定声测线间距不大于 100mm，可满足工程检测精度的要求。当采用自动提升装置时，声测线间距还可进一步减小。

非匀速下降的换能器在由静止（或缓降）变为向下运动（或快降）时，由于存在不同程度的失重现象，使电缆线出现不同程度松弛，导致换能器位置不准确。因此应从桩底开始同步提升换能器进行检测才能保证记录的换能器位置的准确性。

自动记录声波发射与接收换能器位置时，提升过程中电缆线带动编码器卡线轮转动，编码器计数卡线轮转动值换算得到换能器位置。电缆线与编码器卡线轮之间滑动、卡线轮直径误差等因素均会导致编码器

位置计数与实际传感器位置有一定误差，因此每隔一定间距应进行一次高差校核。此外，自动记录声波发射与接收换能器位置时，如果同步提升声波发射与接收换能器的提升速度过快，会导致换能器在声测管中剧烈摆动，甚至与声测管管壁发生碰撞，对接受的声波波形产生不可预测的影响。因此换能器的同步提升速度不宜过快，应保证测试波形的稳定性。

3 在现场对可疑声测线应结合声时（声速）、波幅、主频、实测波形等指标进行综合判定。

4 桩内预埋 n 根声测管可以有 C_n^2 个检测剖面，预埋2根声测管有1个检测剖面，预埋3根声测管有3个检测剖面，预埋4根声测管有6个检测剖面，预埋5根声测管有10个检测剖面。

5 不仅要求同一检测剖面，最好是一根桩各检测剖面，检测时都能满足各检测剖面声波发射电压和仪器设置参数不变的条件，使各检测剖面的声学参数具有可比性，利于综合判定。但应注意：4管6剖面时，若采用四个换能器同步提升并自动记录则属例外，此时对角线剖面的测距比边线剖面的测距大1.41倍，而长测距会增大声波衰减。

10.4.3 经平测或斜测普查后，找出各检测剖面的可疑声测线，再经加密平测（减小测线间距）、交叉斜测等方式既可检验平测普查的结论是否正确，又可以依据加密测试结果判定桩身缺陷的边界，进而推断桩身缺陷的范围和空间分布特征。

10.5 检测数据分析与判定

10.5.1 当声测管平行时，构成某一检测剖面的两声测管外壁在桩顶面的净距离 l 等于该检测剖面所有声测线测距，当声测管弯曲时，各测线测距将偏离 l 值，导致声速值偏离混凝土声速正常取值。一般情况下声测管倾斜造成的各测线测距变化沿深度方向有一定规律，表现为各条声测线的声速值有规律地偏离混凝土正常取值，此时可采用高阶曲线拟合等方法对各条测线测距作合理修正，然后重新计算各测线的声速。

如果不对斜管进行合理的修正，将严重影响声速的临界值合理取值，因此本条规定声测管倾斜时应作测距修正。但是，对于各声测线声速值的偏离沿深度方向无变化规律的，不得随意修正。因堵管导致数据不全，只能对有效检测范围内的桩身进行评价，不能整桩评价。

10.5.2 在声测中，不同声测线的波幅差异很大，采用声压级（分贝）来表示波幅更方便。式（10.5.2-4）用于模拟式声波仪通过信号周期来推算主频率；数字式声波仪具有频谱分析功能，可通过频谱分析获得信号主频。

10.5.3 对本条解释如下：

1 同批次混凝土试件在正常情况下强度值的波

动是服从正态分布规律的，这已被大量的实测数据证实。由于混凝土构件的声速与其强度存在较显著的相关性，所以其声速值的波动也近似地服从正态分布规律。灌注桩作为一种混凝土构件，可认为在正常情况下其各条声测线的声速测试值也近似服从正态分布规律。这是用概率法计算混凝土灌注桩各剖面声速异常判断概率统计值的前提。

2 如果某一剖面有 n 条声测线，相当于进行了 n 个试件的声速试验，在正常情况下，这 n 条声测线的声速值的波动可认为服从正态分布规律。但是，由于桩身混凝土在成型过程中，环境条件或人为过失的影响或测试系统的误差等都将会导致 n 个测试值中的某些值偏离正态分布规律，在计算某一剖面声速异常判断概率统计值时，应剔除偏离正态分布的声测线，通过对剩余的服从正态分布规律的声测线数据进行统计计算就可以得到该剖面桩身混凝土在正常波动水平下可能出现的最低声速，这个声速值就是判断该剖面各声测线声速是否异常的概率统计值。

3 本规范在计算剖面声速异常判断概率统计值时采用了"双边剔除法"。一方面，桩身混凝土硬化条件复杂、混凝土粗细骨料不均匀、桩身缺陷、声测管耦合状况的变化、测距的变异性（将桩顶面的测距设定为整个检测剖面的测距）、首波判读的误差等因素可能导致某些声测线的声速值向小值方向偏离正态分布。另一方面，混凝土离析造成的局部粗骨料集中、声测管耦合状况的变化、测距的变异、首波判读的误差以及部分声测线可能存在声波沿环向钢筋的绕射等因素也可能导致某些声测线声速值向大值方向偏离正态分布，这也属于非正常情况，在声速异常判断概率统计值的计算时也应剔除，否则两边的数据不对称，加剧剩余数据偏离正态分布，影响正态分布特征参数 v_m 和 s_x 的推定。

双剔法是按照下列顺序逐一剔除：（1）异常小，（2）异常大，（3）异常小，……，每次统计计算后只剔一个，每次异常值的误判次数均为 1，没有改变原规范的概率控制条件。

在实际计算时，先将某一剖面 n 条声测线的声速测试值从大到小排列为一数列，计算这 n 个测试值在正常情况下（符合正态分布规律下）可能出现的最小值 $v_{01}(j) = v_m(j) - \lambda \cdot s_x(j)$ 和最大值 $v_{02}(j) = v_m(j) + \lambda \cdot s_x(j)$，依次将声速数列中大于 $v_{02}(j)$ 或小于 $v_{01}(j)$ 的数据逐一剔除（这些被剔除的数据偏离了正态分布规律），再对剩余数据构成的数列重新计算，直至式（10.5.3-7）和式（10.5.3-8）同时满足，此时认为剩余数据全部服从正态分布规律。$v_{01}(j)$ 就是判断声速异常的概率法统计值。

由于统计计算的样本数是 10 个以上，因此对于短桩，可通过减小声测线间距获得足够的声测线数。

桩身混凝土均匀性可采用变异系数 $C_v = $

$s_x(j)/v_m(j)$ 评价。

为比较"单边剔除法"和"双边剔除法"两种计算方法的差异，将 21 根工程桩共 72 个检测剖面的实测数据分别用两种方法计算得到各检测剖面的声速异常判断概率统计值，如图 11 所示。1 号～15 号桩（对应剖面为 1～48）桩身混凝土均匀、质量较稳定，两种计算方法得到的声速异常判断概率统计值差异不大（双剔法略高）；16 号～21 号桩（对应剖面为 49～72）桩身存在较多缺陷，混凝土质量不稳定，两种计算方法得到的声速异常判断概率统计值差异较大，单剔法得到的异常判断概率统计值甚至会出现明显不合理的低值，而双剔法得到的声速异常判断概率统计值则比较合理。

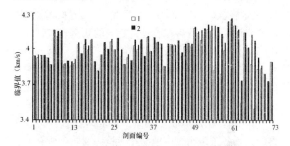

图 11　21 根桩 72 个检测剖面双剔法与单剔法的异常判断概率统计值比较

1—单边剔除法；2—双边剔除法

再分别将两种计算方法对同一根桩的各个剖面声速异常判断概率统计值的标准差进行统计分析，结果如图 12 所示。由该图可以看到，双剔法计算得到的每根桩各个检测剖面声速异常判断概率统计值的标准差普遍小于单剔法。在工程上，同一根桩的混凝土设计强度，配合比、地基条件、施工工艺相同，不同检测剖面（自下而上）不存在明显差异，各剖面声速异常判断概率统计值应该是相近的，其标准差趋于变小才合理。所以双剔法比单剔法更符合工程实际情况。

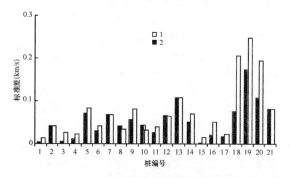

图 12　21 根桩双剔法与单剔法的标准差比较

1—单边剔除法；2—双边剔除法

双剔法的结果更符合规范总则——安全适用。一方面对于混凝土质量较稳定的桩，双剔法异常判断概率统计值接近或略高于单剔法（在工程上偏于安全）；

另一方面对于混凝土质量不稳定的桩，尤其是桩身存在多个严重缺陷的桩，双剔法有效降低了因为声速标准差过大而导致声速异常判断概率统计值过低（如小于 3500m/s），从而漏判桩身缺陷而留下工程隐患的可能性。

4 当桩身混凝土质量稳定，声速测试值离散小时，由于标准差 $s_x(j)$ 较小，可能导致异常判断概率统计值 $v_{01}(j)$ 过高从而误判；另一方面当桩身混凝土质量不稳定，声速测试值离散大时，由于 $s_x(j)$ 过大，可能会导致异常判断概率统计值 $v_{01}(j)$ 过小从而导致漏判。为尽量减小出现上述两种情况的几率，对变异系数 $C_v(j)$ 作了限定。

通过大量工程桩检测剖面统计分析，发现将 $C_v(j)$ 限定在 [0.015, 0.045] 区间内，声速异常判断概率统计值的取值落在合理范围内的几率较大。

10.5.4 对本条各款依次解释如下：

1 v_L 和 v_p 的合理确定是大量既往检测经验的体现。当桩身混凝土未达到龄期而提前检测时，应对 v_L 和 v_p 的取值作适当调整。

2 概率法从本质上说是一种相对比较法，它考察的只是各条声测线声速与相应检测剖面内所有声测线声速平均值的偏离程度。当声测管倾斜或桩身存在多个缺陷时，同一检测剖面内各条声测线声速值离散很大，这些声速值实际上已严重偏离了正态分布规律，基于正态分布规律的概率法判据已失效，此时，不能将概率法临界值 $v_0(j)$ 作为该检测剖面各声测线声速异常判断临界值 v_c，式（10.5.4）就是对概率法判据值作合理的限定。

3 同一桩型是指施工工艺相同、混凝土的设计强度和配合比相同的桩。

4 声速的测试值受非缺陷因素影响小，测试值较稳定，不同剖面间的声速测试值具有可比性。取各检测剖面声速异常判断临界值的平均值作为该桩各剖面内所有声测线声速异常判断临界值，可减小各剖面间因为用概率法计算的临界值差别过大造成的桩身完整性判别上的不合理性。另一方面，对同一根桩，桩身混凝土设计强度和配合比以及施工工艺都是一样的，应该采用一个临界值标准来判定各剖面所有声测线对应的混凝土质量。当某一剖面声速临界值明显偏离合理取值范围时，应分析原因，计算时应剔除。

10.5.6 波幅临界值判据为 $A_{pi}(j) < A_m(j) - 6$，即选择当信号首波幅值衰减量为对应检测剖面所有信号首波幅值衰减量平均值的一半时的波幅分贝数为临界值，在具体应用中应注意下面几点：

波幅判据没有采用如声速判据那样的各检测剖面取平均值的办法，而是采用单剖面判据，这是因为不同剖面间测距及声耦合状况差别较大，使波幅不具有可比性。此外，波幅的衰减受桩身混凝土不均匀性、声波传播路径和点源距离的影响，故应考虑声测管间距较大时波幅分散性而采取适当的调整。

因波幅的分贝数受仪器、传感器灵敏度及发射能量的影响，故应在考虑这些影响的基础上再采用波幅临界值判据。当波幅差异性较大时，应与声速变化及主频变化情况相结合进行综合分析。

10.5.7 声波接收信号的主频漂移程度反映了声波在桩身混凝土中传播时的衰减程度，而这种衰减程度又能体现混凝土质量的优劣。接收信号的主频受诸如测试系统的状态、声耦合状况、测距等许多非缺陷因素的影响，测试值没有声速稳定，对缺陷的敏感性不及波幅。在实用时，作为声速、波幅等主要声参数判据之外的一个辅助判据。

在使用主频判据时，应保持声波换能器具有单峰的幅频特性和良好的耦合一致性，接收信号不应超量程，否则削波带来的高频谐波会影响分析结果。若采用 FFT 方法计算主频值，还应保证足够的频域分辨率。

10.5.8 接收信号的能量与接收信号的幅值存在正相关性，可以将约定的某一足够长时间段内的声波时域曲线的绝对值对时间积分后得到的结果（或约定的某一足够长时段内的声波时域曲线的平均幅值）作为能量指标。接收信号的能量反映了声波在混凝土介质中各个声传播路径上能量总体衰减情况，是测区混凝土质量的综合反映，也是波形畸变程度的量化指标。使用能量判据时，接收信号不应超量程（削波）。

10.5.9 在桩身缺陷的边缘，声时将发生突变，桩身存在缺陷的声测线对应声时-深度曲线上的突变点。经声时差加权后的 PSD 判据图更能突出桩身存在缺陷的声测线，并在一定程度上减小了声测管的平行度差或混凝土不均匀等非缺陷因素对数据分析判断的影响。实际应用时可先假定缺陷的性质（如夹层、空洞、蜂窝等）和尺寸，计算临界状态的 PSD 值，作为 PSD 临界值判据，但需对缺陷区的声速作假定。

10.5.10 声波透射法与其他的桩身完整性检测方法相比，具有信息量更丰富、全面、细致的特点：可以依据对桩身缺陷处加密测试（斜测、交叉斜测、扇形扫测以及 CT 影像技术）来确定缺陷几何尺寸；可以将不同检测剖面在同一深度的桩身缺陷状况进行横向关联，来判定桩身缺陷的横向分布。

10.5.11 表 10.5.11 中声波透射法桩身完整性类别分类特征是根据以下几个因素来划分的：(1) 缺陷空间几何尺寸的相对大小；(2) 声学参数异常的相对程度；(3) 接收波形畸变的相对程度；(4) 声速与低限值比较。这几个因素中除声速可与低限值作定量对比外，如Ⅰ、Ⅱ类桩混凝土声速不低于低限值，Ⅲ、Ⅳ类桩局部混凝土声速低于低限值，其他参数均是以相对大小或异常程度来作定性的比较。

预埋有多个声测管的声波透射法测试过程中，多个检测剖面中也常出现某一检测剖面个别声测线声学参数明显异常情况，即空间范围内局部较小区域出现明显缺陷。这种情况，可依据缺陷在深度方向出现的位置和影响程度，以及基桩荷载分布情况和使用特点，将类别划分的等级提高一级，即多个检测剖面中某一检测剖面只有个别声测线声学参数明显异常、波形明显畸变，该特征归类到Ⅱ类桩；而声学参数严重异常、接收波形严重畸变或接收不到信号，则归类到Ⅲ类桩。

这里需要说明：对于只预埋2根声测管的基桩，仅有一个检测剖面，只能认定该检测剖面代表基桩全部横截面，无论是连续多根声测线还是个别声测线声学参数异常均表示为全断面的异常，相当于表中的"大于或等于检测剖面数量的一半"。

根据规范规定采用的换能器频率对应的波长以及100mm最大声测线间距，使异常声测线至少连续出现2次所对应的缺陷尺度一般不会低于10cm量级。

声波接收波形畸变程度示例见图13。

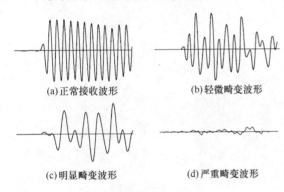

(a)正常接收波形　　　　(b)轻微畸变波形

(c)明显畸变波形　　　　(d)严重畸变波形

图13　接收波形畸变程度示意

10.5.12 实测波形的后续部分可反映声波在接、收换能器之间的混凝土介质中各种声传播路径上总能量衰减状况，其影响区域大于首波，因此检测剖面的实测波形波列图有助于测试人员对桩身缺陷程度及位置直观地判定。

附录 A　桩身内力测试

A.0.1 通过内力测试可解决如下问题：对竖向抗压静载试验桩，可得到桩侧各土层的分层抗压侧阻力和桩端支承力；对竖向抗拔静载试验桩，可得到桩侧土的分层抗拔侧阻力；对水平静荷载试验桩，可求得桩身弯矩分布，最大弯矩位置等；对需进行负摩阻力测试的试验桩，可得到桩侧各土层的负摩阻力及中性点位置；对打入式预制混凝土桩和钢桩，可得到打桩过程中桩身各部位的锤击拉、压应力。

灌注桩桩身轴力换算准确与否与桩身横截面尺寸有关，某一成孔工艺对不同地层条件的适应性不同，因此对成孔质量无把握或预计桩身将出现较大变径

时，应进行灌注前的成孔质量检测。

A.0.2 测试方案选择是否合适，一定程度上取决于检测技术人员对试验要求、施工工艺及其细节的了解，以及对振弦、光纤和电阻应变式传感器的测量原理及其各自的技术、环境性能的掌握。对于灌注桩，传感器的埋设难度随埋设数量的增加而增大，为确保传感器埋设后有较高的成活率，重点需要协调成桩过程中与传感器及其电缆固定方式相关的防护问题；为了确保测试结果可靠，检测前应针对传感器的防水、温度补偿、长电缆及受力状态引起的灵敏度变化等实际情况，对传感器逐个进行检查和自校。当需要检测桩身某断面或桩端位移时，可在需检测断面设置位移杆，也可通过滑动测微计直接测量。

A.0.4 滑动测微计测管的体积较大，测管的埋设数量一般根据桩径的大小以及桩顶以上的操作空间决定：对灌注桩宜对称埋设不少于2根；对预制桩，当埋设1根测管时，宜将测管埋设在桩中心轴上。对水平静荷载试验桩，宜沿受力方向在桩两侧对称埋设2根测管，测管可不通长埋设，但应大于水平力影响深度。

A.0.5 应变式传感器可按全桥或半桥方式制作，宜优先采用全桥方式。传感器的测量片和补偿片应选用同一规格同一批号的产品，按轴向、横向准确地粘贴在钢筋同一断面上。测点的连接应采用屏蔽电缆，导线的对地绝缘电阻值应在 500MΩ 以上；使用前应将整卷电缆除两端外全部浸入水中 1h，测量芯线与水的绝缘；电缆屏蔽线应与钢筋绝缘；测量和补偿所用连接电缆的长度和线径应相同。

应变式传感器可视以下情况采用不同制作方法：

1 对钢桩可采用以下两种方法之一：

1）将应变计用特殊的粘贴剂直接贴在钢桩的桩身，应变计宜采用标距 3mm～6mm 的 350Ω 胶基箔式应变计，不得使用纸基应变计。粘贴前应将贴片区表面除锈磨平，用有机溶剂去污清洗，待干燥后粘贴应变计。粘贴好的应变计应采取可靠的防水防潮密封防护措施。

2）将应变式传感器直接固定在测量位置。

2 对混凝土预制桩和灌注桩，应变传感器的制作和埋设可视具体情况采用以下两种方法之一：

1）在 600mm～1000mm 长的钢筋上，轴向、横向粘贴四个（二个）应变计组成全桥（半桥），经防水绝缘处理后，到材料试验机上进行应力-应变关系标定。标定时的最大拉力宜控制在钢筋抗拉强度设计值的 60% 以内，经三次重复标定，应力-应变曲线的线性、滞后和重复性满足要求后，方可采用。传感器应在浇筑混凝土前按指定位置焊接或绑扎（泥浆护壁灌注桩应焊

接）在主筋上，并满足规范对钢筋锚固长度的要求。固定后带应变计的钢筋不得弯曲变形或有附加应力产生。

2）直接将电阻应变计粘贴在桩身指定断面的主筋上，其制作方法及要求同本条第1款钢桩上粘贴应变计的方法及要求。

A.0.10 滑动测微计探头直接测试的是相邻测标间的应变，应确保测标能与桩体位移协调一致才能测试得到桩体的应变；同时桩身内力测试对应变测试的精度要求极高，必须保持测标在埋设直至测试结束过程中的清洁，防止杂质污染。对灌注桩，若钢筋笼过长、主筋过细，会导致钢筋笼及绑扎在其上的测管严重扭曲从而影响测试，宜采取措施防范。

A.0.13 电阻应变测量通常采用四线制，导线长度超过5m～10m就需对导线电阻引起的桥压下降进行修正。采用六线制长线补偿是指通过增加2根导线作为补偿取样端，从而形成闭合回路，消除长导线电阻及温度变化带来的误差。

由于混凝土属于非线性材料，当应变或应力水平增加时，其模量会发生不同程度递减，E_i并非常数，实则为割线模量。因此需要将测量断面实测应变值对照标定断面的应力-应变曲线进行内插取值。

进行长期监测时，桩体在内力长期作用下除发生弹性应变外，也会发生徐变，若得到的应变中包含较大的徐变量，应将徐变量予以扣除。

A.0.14、A.0.15 两相邻位移杆（沉降杆）的沉降差代表该段桩身的平均应变，通常位移杆的埋设数量有限，仅依靠位移杆测试桩身应变，很难准确测出桩身轴力分布（导致无法详细了解桩侧阻力的分布）。但有时为了了解端承力的发挥程度，可仅在桩端埋设位移杆，通过测得的桩端沉降估计端承力的发挥状况，此外结合桩顶沉降还可确定桩身（弹性）压缩量。当位移杆底端固定断面处桩身埋设有应变传感器时，可得到该断面处桩身轴力Q_i和竖向位移s_i。

中华人民共和国行业标准

建筑地基检测技术规范

Technical code for testing of building foundation soils

JGJ 340—2015

批准部门：中华人民共和国住房和城乡建设部
施行日期：2 0 1 5 年 1 2 月 1 日

中华人民共和国住房和城乡建设部
公 告

第 786 号

住房城乡建设部关于发布行业标准
《建筑地基检测技术规范》的公告

现批准《建筑地基检测技术规范》为行业标准，编号为 JGJ 340－2015，自 2015 年 12 月 1 日起实施。其中，第 5.1.5 条为强制性条文，必须严格执行。

本规范由我部标准定额研究所组织中国建筑工业

出版社出版发行。

2015 年 3 月 30 日

前 言

根据住房和城乡建设部《〈关于印发 2010 年工程建设标准规范制订、修订计划〉的通知》（建标〔2010〕43 号）的要求，规范编制组经过广泛调查研究，认真总结实践经验，参考有关国际标准和国外先进标准，并在广泛征求意见的基础上，编制本规范。

本规范的主要技术内容是：1 总则；2 术语和符号；3 基本规定；4 土（岩）地基载荷试验；5 复合地基载荷试验；6 竖向增强体载荷试验；7 标准贯入试验；8 圆锥动力触探试验；9 静力触探试验；10 十字板剪切试验；11 水泥土钻芯法试验；12 低应变法试验；13 扁铲侧胀试验；14 多道瞬态面波试验。

本规范中以黑体字标志的条文为强制性条文，必须严格执行。

本规范由住房和城乡建设部负责管理和对强制性条文的解释，由福建省建筑科学研究院负责具体技术内容的解释。执行过程中如有意见或建议，请寄送福建省建筑科学研究院（地址：福建省福州市杨桥中路162 号，邮编：350025）。

本 规 范 主 编 单 位：福建省建筑科学研究院
福州建工（集团）总公司

本 规 范 参 编 单 位：福建省建筑工程质量检测中心有限公司
建研地基基础工程有限责任公司
广东省建筑科学研究院
建设综合勘察研究设计院

有限公司
机械工业勘察设计研究院
上海岩土工程勘察设计研究院有限公司
同济大学
深圳冶建院建筑技术有限公司
中国科学院武汉岩土力学研究所
现代建筑设计集团上海申元岩土工程有限公司
深圳市勘察研究院有限公司
福建省永固基强夯工程有限公司

本规范主要起草人员：侯伟生　施　峰　许国平
高文生　刘越生　徐天平
刘艳玲　李耀刚　张继文
陈　晖　叶为民　杨志银
汪　稔　水伟厚　梁　曦
严　涛　刘小敏　简浩洋
陈利洲　曾　文

本规范主要审查人员：龚晓南　滕延京　顾宝和
张　雁　张永钧　王卫东
戴一鸣　刘国楠　康景文
朱武卫

目　　次

1　总则 ……………………………… 22—6
2　术语和符号 …………………… 22—6
　2.1　术语 ………………………… 22—6
　2.2　符号 ………………………… 22—6
3　基本规定 ……………………… 22—7
　3.1　一般规定 …………………… 22—7
　3.2　检测方法 …………………… 22—7
　3.3　检测报告 …………………… 22—8
4　土（岩）地基载荷试验 ……… 22—8
　4.1　一般规定 …………………… 22—8
　4.2　仪器设备及其安装 ………… 22—8
　4.3　现场检测 …………………… 22—9
　4.4　检测数据分析与判定 ……… 22—10
5　复合地基载荷试验 …………… 22—11
　5.1　一般规定 …………………… 22—11
　5.2　仪器设备及其安装 ………… 22—11
　5.3　现场检测 …………………… 22—12
　5.4　检测数据分析与判定 ……… 22—12
6　竖向增强体载荷试验 ………… 22—13
　6.1　一般规定 …………………… 22—13
　6.2　仪器设备及其安装 ………… 22—13
　6.3　现场检测 …………………… 22—13
　6.4　检测数据分析与判定 ……… 22—13
7　标准贯入试验 ………………… 22—14
　7.1　一般规定 …………………… 22—14
　7.2　仪器设备 …………………… 22—14
　7.3　现场检测 …………………… 22—14
　7.4　检测数据分析与判定 ……… 22—15
8　圆锥动力触探试验 …………… 22—16
　8.1　一般规定 …………………… 22—16
　8.2　仪器设备 …………………… 22—16
　8.3　现场检测 …………………… 22—16
　8.4　检测数据分析与判定 ……… 22—17
9　静力触探试验 ………………… 22—18
　9.1　一般规定 …………………… 22—18
　9.2　仪器设备 …………………… 22—18
　9.3　现场检测 …………………… 22—19

　9.4　检测数据分析与判定 ……… 22—19
10　十字板剪切试验 ……………… 22—20
　10.1　一般规定 …………………… 22—20
　10.2　仪器设备 …………………… 22—20
　10.3　现场检测 …………………… 22—21
　10.4　检测数据分析与判定 ……… 22—21
11　水泥土钻芯法试验 …………… 22—22
　11.1　一般规定 …………………… 22—22
　11.2　仪器设备 …………………… 22—22
　11.3　现场检测 …………………… 22—22
　11.4　芯样试件抗压强度 ………… 22—23
　11.5　检测数据分析与判定 ……… 22—23
12　低应变法试验 ………………… 22—24
　12.1　一般规定 …………………… 22—24
　12.2　仪器设备 …………………… 22—24
　12.3　现场检测 …………………… 22—24
　12.4　检测数据分析与判定 ……… 22—24
13　扁铲侧胀试验 ………………… 22—26
　13.1　一般规定 …………………… 22—26
　13.2　仪器设备 …………………… 22—26
　13.3　现场检测 …………………… 22—26
　13.4　检测数据分析与判定 ……… 22—26
14　多道瞬态面波试验 …………… 22—27
　14.1　一般规定 …………………… 22—27
　14.2　仪器设备 …………………… 22—27
　14.3　现场检测 …………………… 22—28
　14.4　检测数据分析与判定 ……… 22—28
附录A　原始记录图表格式 ……… 22—29
附录B　地基土试验数据统计计算
　　　　方法 …………………………… 22—35
附录C　圆锥动力触探锤击数修正 … 22—35
附录D　静力触探头率定 ………… 22—36
本规范用词说明 …………………… 22—36
引用标准名录 ……………………… 22—37
附：条文说明 ……………………… 22—38

Contents

1 General Provisions ················ 22—6

2 Terms and Symbols ··············· 22—6

  2.1 Terms ························· 22—6

  2.2 Symbols ······················ 22—6

3 Basic Requirements ·············· 22—7

  3.1 General Requirements ············ 22—7

  3.2 Test Methods ·················· 22—7

  3.3 Test Report ··················· 22—8

4 Loading Test for Foundation Soils

  (Rock) ························ 22—8

  4.1 General Requirements ············ 22—8

  4.2 Equipments and Installation ········· 22—8

  4.3 Field Test ···················· 22—9

  4.4 Test Data Interpretation ··········· 22—10

5 Loading Test for Composite

  Foundation ···················· 22—11

  5.1 General Requirements ············ 22—11

  5.2 Equipments and Installation ········· 22—11

  5.3 Field Test ···················· 22—12

  5.4 Test Data Interpretation ··········· 22—12

6 Loading Test for Vertical

  Reinforcement ·················· 22—13

  6.1 General Requirements ············ 22—13

  6.2 Equipments and Installation ········· 22—13

  6.3 Field Test ···················· 22—13

  6.4 Test Data Interpretation ··········· 22—13

7 Standard Penetration Test ········· 22—14

  7.1 General Requirements ············ 22—14

  7.2 Equipments ··················· 22—14

  7.3 Field Test ···················· 22—14

  7.4 Test Data Interpretation ··········· 22—15

8 Dynamic Penetration Test ·········· 22—16

  8.1 General Requirements ············ 22—16

  8.2 Equipments ··················· 22—16

  8.3 Field Test ···················· 22—16

  8.4 Test Data Interpretation ··········· 22—17

9 Cone Penetration Test ············ 22—18

  9.1 General Requirements ············ 22—18

  9.2 Equipments ··················· 22—18

  9.3 Field Test ···················· 22—19

  9.4 Test Data Interpretation ··········· 22—19

10 Vane Shear Test ················ 22—20

  10.1 General Requirements ··········· 22—20

  10.2 Equipments ·················· 22—20

  10.3 Field Test ··················· 22—21

  10.4 Test Data Interpretation ·········· 22—21

11 Core Drilling Method for

  Cement-soil Piles ··············· 22—22

  11.1 General Requirements ··········· 22—22

  11.2 Equipments ·················· 22—22

  11.3 Field Test ··················· 22—22

  11.4 Compressive Strength Testing of

    Core Specimen ··············· 22—23

  11.5 Test Data Interpretation ·········· 22—23

12 Low Strain Integrity Test ········· 22—24

  12.1 General Requirements ··········· 22—24

  12.2 Equipments ·················· 22—24

  12.3 Field Test ··················· 22—24

  12.4 Test Data Interpretation ·········· 22—24

13 Dilatometer Test ··············· 22—26

  13.1 General Requirements ··········· 22—26

  13.2 Equipments ·················· 22—26

  13.3 Field Test ··················· 22—26

  13.4 Test Data Interpretation ·········· 22—26

14 Multi-channel Transient Surface

  Wave Exploration Test ··········· 22—27

  14.1 General Requirements ··········· 22—27

  14.2 Equipments ·················· 22—27

  14.3 Field Test ··················· 22—28

  14.4 Test Data Interpretation ·········· 22—28

Appendix A　Figure and Table

            Format of Records ····· 22—29

Appendix B   Statistical Calculating
             Method of Data Obtained
             from Foundation Soils
             Experiments ·············· 22—35
Appendix C   Modification Coefficient
             of Cone Penetrating
             Number ··················· 22—35
Appendix D   Calibration Coefficient

             of Static Penetration
             Test ······················· 22—36
Explanation of Wording in This
   Code ··································· 22—36
List of Quoted Standards ··············· 22—37
Addition: Explanation of
          Provisions ···················· 22—38

1 总 则

1.0.1 为了在建筑地基检测中贯彻执行国家的技术经济政策，做到安全适用、技术先进、确保质量、保护环境，制定本规范。

1.0.2 本规范适用于建筑地基性状及施工质量的检测和评价。

1.0.3 建筑地基检测方法的选择应根据各种检测方法的特点和适用范围，考虑地质条件及施工质量可靠性、使用要求等因素因地制宜、综合确定。

1.0.4 建筑地基检测除应符合本规范外，尚应符合国家现行有关标准的规定。

2 术语和符号

2.1 术 语

2.1.1 人工地基 artificial ground

为提高地基承载力，改善其变形性质或渗透性质，经人工处理后的地基。

2.1.2 地基检测 foundation soil test

在现场采用一定的技术方法，对建筑地基性状、设计参数、地基处理的效果进行的试验、测试、检验，以评价地基性状的活动。

2.1.3 平板载荷试验 plate load test

在现场模拟建筑物基础工作条件的原位测试。可在试坑、深井或隧洞内进行，通过一定尺寸的承压板，对岩土体施加垂直荷载，观测岩土体在各级荷载下的下沉量，以研究岩土体在荷载作用下的变形特征，确定岩土体的承载力、变形模量等工程特性。

2.1.4 单桩复合地基载荷试验 loading test on single column composite foundation

对单个竖向增强体与地基土组成的复合地基进行的平板载荷试验。

2.1.5 多桩复合地基载荷试验 loading test on multi-column composite foundation

对两个或两个以上竖向增强体与地基土组成的复合地基进行的平板载荷试验。

2.1.6 竖向增强体载荷试验 loading test on vertical reinforcement

在竖向增强体顶端逐级施加竖向荷载，测定增强体沉降随荷载和时间的变化，据此检测竖向增强体承载力。

2.1.7 标准贯入试验 standard penetration test (SPT)

质量为63.5kg的穿心锤，以76cm的落距自由下落，将标准规格的贯入器自钻孔孔底预打15cm，测记再打入30cm的锤击数的原位试验方法。

2.1.8 圆锥动力触探试验 dynamic penetration test (DPT)

用一定质量的击锤，以一定的自由落距将一定规格的圆锥探头打入土中，根据打入土中一定深度所需的锤击数，判定土的性质的原位试验方法。

2.1.9 静力触探试验 cone penetration test (CPT)

以静压力将一定规格的锥形探头压入土层，根据其所受抗阻力大小评价土层力学性质，并间接估计土层各深度处的承载力、变形模量和进行土层划分的原位试验方法。

2.1.10 十字板剪切试验 vane shear test

将十字形翼板插入软土按一定速率旋转，测出土破坏时的抵抗扭矩，求软土抗剪强度的原位试验方法。

2.1.11 扁铲侧胀试验 dilatometer test

将扁铲形探头贯入土中，用气压使扁铲侧面的圆形钢膜向孔壁扩张，根据压力与变形关系，测定土的模量及其他有关工程特性指标的原位试验方法。

2.1.12 多道瞬态面波试验 multi-channel transient surface wave exploration test

采用多个通道的仪器，同时记录震源锤击地面形成的完整面波（特指瑞利波）记录，利用瑞利波在层状介质中的几何频散特性，通过反演分析频散曲线获取地基瑞利波速度来评价地基的波速、密实性、连续性等的原位试验方法。

2.2 符 号

2.2.1 作用与作用效应

F——锤击力；

P——芯样抗压试验测得的破坏荷载；

Q——施加于单桩和地基的竖向压力荷载；

s——沉降量；

V——质点振动速度；

γ_0——结构重要性系数。

2.2.2 抗力和材料性能

c——桩身一维纵向应力波传播速度（简称桩身波速）；

c_u——地基土的不排水抗剪强度；

E——桩身材料弹性模量；

E_0——地基变形模量；

E_s——地基压缩模量；

f_{ak}——地基承载力特征值；

f_{cu}——混凝土芯样试件抗压强度；

f_s——双桥探头的侧壁摩阻力；

f_{spk}——复合地基承载力特征值；

N——标准贯入试验实测锤击数；

N'——标准贯入试验修正锤击数；

N_k——标准贯入试验锤击数标准值；

N'_k——标准贯入试验修正锤击数标准值；

N_{10}——轻型圆锥动力触探锤击数；

$N_{63.5}$——重型圆锥动力触探修正锤击数；

N_{120}——超重型圆锥动力触探修正锤击数；

p_s——单桥探头的比贯入阻力；

q_c——双桥探头的锥尖阻力；

Z——桩身截面力学阻抗；

φ——内摩擦角；

υ——桩身混凝土声速；

μ——土的泊松比；

ρ——桩身材料质量密度；

γ_R——抗力分项系数。

2.2.3 几何参数

A——桩身截面面积；

b——承压板直径或边宽；

D——桩身直径（外径），芯样试件的平均直径；

L——测点下桩长；

x——传感器安装点至桩身缺陷的距离。

2.2.4 计算系数

α——摩阻比；

δ——原位试验数据的变异系数；

η——温漂系数。

2.2.5 岩土侧胀试验参数

E_D——侧胀模量；

I_D——侧胀土性指数；

K_D——侧胀水平应力指数；

U_D——侧胀孔压指数。

2.2.6 其他

c_m——桩身波速的平均值；

f——频率；

Δf——幅频曲线上桩底相邻谐振峰间的频差；

$\Delta f'$——幅频曲线上缺陷相邻谐振峰间的频差；

s_x——标准差；

T——首波周期；

Δt——触探过程中气温与地温引起触探头的最大温差；

ΔT——速度波第一峰与桩底反射波峰间的时间差；

ΔT_x——速度波第一峰与缺陷反射波峰间的时间差。

3 基本规定

3.1 一般规定

3.1.1 建筑地基检测应包括施工前为设计提供依据的试验检测、施工过程的质量检验以及施工后为验收提供依据的工程检测。需要验证承载力及变形参数的地基应按设计要求或采用载荷试验进行检测。

3.1.2 人工地基应进行施工验收检测。

3.1.3 检测前应进行现场调查。现场调查应根据检测目的和具体要求对岩土工程情况和现场环境条件进行收集和分析。

3.1.4 检测单位应根据现场调查结果，编制检测方案。检测方案应包含下列内容：

  1 工程概况；

  2 检测内容及其依据的标准；

  3 检测数量，抽样方案；

  4 所需的仪器设备和人员及试验时间计划；

  5 试验点开挖、加固、处理；

  6 场地平整，道路修筑，供水供电需求；

  7 安全措施等要求。

3.1.5 检测试验点的数量应满足设计要求并符合下列规定：

  1 工程验收检验的抽检数量应按单位工程计算；

  2 单位工程采用不同地基基础类型或不同地基处理方法时，应分别确定检测方法和抽检数量。

3.1.6 检测用计量器具必须在计量检定或校准周期的有效期内。仪器设备性能应符合相应检测方法的技术要求。仪器设备使用时应按校准结果设置相关参数。检测前应对仪器设备检查调试，检测过程中应加强仪器设备检查，按要求在检测前和检测过程中对仪器进行率定。

3.1.7 当现场操作环境不符合仪器设备使用要求时，应采取保证仪器设备正常工作条件的措施。

3.1.8 检测机构应具备计量认证，检测人员应经培训方可上岗。

3.2 检测方法

3.2.1 建筑地基检测应根据检测对象情况，选择深浅结合、点面结合、载荷试验和其他原位测试相结合的多种试验方法综合检测。

3.2.2 人工地基承载力检测应符合下列规定：

  1 换填、预压、压实、挤密、强夯、注浆等方法处理后的地基应进行土（岩）地基载荷试验；

  2 水泥土搅拌桩、砂石桩、旋喷桩、夯实水泥土桩、水泥粉煤灰碎石桩、混凝土桩、树根桩、灰土桩、柱锤冲扩桩等方法处理后的地基应进行复合地基载荷试验；

  3 水泥土搅拌桩、旋喷桩、夯实水泥土桩、水泥粉煤灰碎石桩、混凝土桩、树根桩等有粘结强度的增强体应进行竖向增强体载荷试验；

  4 强夯置换墩地基，应根据不同的加固情况，选择单墩竖向增强体载荷试验或单墩复合地基载荷试验。

3.2.3 天然地基岩土性状、地基处理均匀性及增强体施工质量检测，可根据各种检测方法的特点和适用范围，考虑地质条件及施工质量可靠性、使用要求等因素，应选择标准贯入试验、静力触探试验、圆锥动力触探试验、十字板剪切试验、扁铲侧胀试验、多道瞬态面波试验等一种或多种的方法进行检测,检测结果结合静载荷试验成果进行评价。

3.2.4 采用标准贯入试验、静力触探试验、圆锥动力触探试验、十字板剪切试验、扁铲侧胀试验、多道瞬态面波试验方法判定地基承载力和变形参数时,应结合地区经验以及单位工程载荷试验比对结果进行。

3.2.5 水泥土搅拌桩、旋喷桩、夯实水泥土桩的桩长、桩身强度和均匀性,判定或鉴别桩底持力层岩土性状检测,可选择水泥土钻芯法。有粘结强度、截面规则的水泥粉煤灰碎石桩、混凝土桩等桩身强度为8MPa以上的竖向增强体的完整性检测可选择低应变法试验。

3.2.6 换填地基的施工质量检验必须分层进行,预压、夯实地基可采用室内土工试验进行检测,检测方法应符合现行国家标准《土工试验方法标准》GB/T 50123的规定。

3.2.7 人工地基检测应在竖向增强体满足龄期要求及地基施工后周围土体达到休止稳定后进行,并应符合下列规定:

1 稳定时间对黏性土地基不宜少于28d,对粉土地基不宜少于14d,其他地基不应少于7d;

2 有粘结强度增强体的复合地基承载力检测宜在施工结束28d后进行;

3 当设计对龄期有明确要求时,应满足设计要求。

3.2.8 验收检验时地基测试点位置的确定,应符合下列规定:

1 同地基基础类型随机均匀分布;

2 局部岩土条件复杂可能影响施工质量的部位;

3 施工出现异常情况或对质量有异议的部位;

4 设计认为重要的部位;

5 当采取两种或两种以上检测方法时,应根据前一种方法的检测结果确定后一种方法的抽检位置。

3.3 检 测 报 告

3.3.1 检测报告应用词规范、结论明确。

3.3.2 检测报告应包括下列内容:

1 检测报告编号,委托单位,工程名称、地点,建设、勘察、设计、监理和施工单位,地基及基础类型,设计要求,检测目的,检测依据,检测数量,检测日期;

2 主要岩土层结构及其物理力学指标资料;

3 检测点的编号、位置和相关施工记录;

4 检测点的标高、场地标高、地基设计标高;

5 检测方法,检测仪器设备,检测过程叙述;

6 检测数据,实测与计算分析曲线、表格和汇总结果;

7 与检测内容相应的检测结论;

8 相关图件或试验报告。

4 土(岩)地基载荷试验

4.1 一 般 规 定

4.1.1 土(岩)地基载荷试验适用于检测天然土质地基、岩石地基及采用换填、预压、压实、挤密、强夯、注浆处理后的人工地基的承压板下应力影响范围内的承载力和变形参数。

4.1.2 土(岩)地基载荷试验分为浅层平板载荷试验、深层平板载荷试验和岩基载荷试验。浅层平板载荷试验适用于确定浅层地基土、破碎、极破碎岩石地基的承载力和变形参数;深层平板载荷试验适用于确定深层地基土和大直径桩的桩端土的承载力和变形参数,深层平板载荷试验的试验深度不应小于5m;岩基载荷试验适用于确定完整、较完整、较破碎岩石地基的承载力和变形参数。

4.1.3 工程验收检测的平板载荷试验最大加载量不应小于设计承载力特征值的2倍,岩石地基载荷试验最大加载量不应小于设计承载力特征值的3倍;为设计提供依据的载荷试验应加载至极限状态。

4.1.4 土(岩)地基载荷试验的检测数量应符合下列规定:

1 单位工程检测数量为每500m²不应少于1点,且总点数不应少于3点;

2 复杂场地或重要建筑地基应增加检测数量。

4.1.5 地基土载荷试验的加载方式应采用慢速维持荷载法。

4.2 仪器设备及其安装

4.2.1 土(岩)地基载荷试验的承压板可采用圆形、正方形钢板或钢筋混凝土板。浅层平板载荷试验承压板面积不应小于0.25m²,换填垫层和压实地基承压板面积不应小于1.0m²,强夯地基承压板面积不应小于2.0m²。深层平板载荷试验的承压板直径不应小于0.8m。岩基载荷试验的承压板直径不应小于0.3m。

4.2.2 承压板应有足够强度和刚度。在拟试压表面和承压板之间应用粗砂或中砂层找平,其厚度不应超过20mm。

4.2.3 载荷试验的试坑标高应与地基设计标高一致。当设计有要求时,承压板应设置于设计要求的受检土层上。

4.2.4 试验前应采取措施,保持试坑或试井底岩土的原状结构和天然湿度不变。当试验标高低于地下水位时,应将地下水位降至试验标高以下,再安装试验设备,待水位恢复后方可进行试验。

4.2.5 试验加载宜采用油压千斤顶,且千斤顶的合力中心、承压板中心应在同一铅垂线上。当采用两台或两台以上千斤顶加载时应并联同步工作，且千斤顶型号、规格应相同。

4.2.6 加载反力宜选择压重平台反力装置。压重平台反力装置应符合下列规定：

　　1 加载反力装置能提供的反力不得小于最大加载量的 1.2 倍；

　　2 应对加载反力装置的主要受力构件进行强度和变形验算；

　　3 压重应在试验前一次加足，并应均匀稳固地放置于平台上；

　　4 压重平台支墩施加于地基的压应力不宜大于地基承载力特征值的 1.5 倍。

4.2.7 荷重测量可采用放置在千斤顶上的荷重传感器直接测定；或采用并联于千斤顶油路的压力表或压力传感器测定油压，并应根据千斤顶率定曲线换算荷载。

4.2.8 沉降测量宜采用位移传感器或大量程百分表。位移传感器或大量程百分表安装应符合下列规定：

　　1 承压板面积大于 0.5m² 时，应在其两个方向对称安置 4 个位移测量仪表，承压板面积小于等于 0.5m² 时，可对称安置 2 个位移测量仪表；

　　2 位移测量仪表应安装在承压板上，各位移测量点距承压板边缘的距离应一致，宜为 25mm～50mm；对于方形板，位移测量点应位于承压板每边中点；

　　3 应牢固设置基准桩，基准桩和基准梁应具有一定的刚度，基准梁的一端应固定在基准桩上，另一端应简支于基准桩上；

　　4 固定和支撑位移测量仪表的夹具及基准梁应避免太阳照射、振动及其他外界因素的影响。

4.2.9 试验仪器设备性能指标应符合下列规定：

　　1 压力传感器的测量误差不应大于 1%，压力表精度应优于或等于 0.4 级；

　　2 试验用千斤顶、油泵、油管在最大试验荷载时的压力不应超过规定工作压力的 80%；

　　3 荷重传感器、千斤顶、压力表或压力传感器的量程不应大于最大加载量的 3.0 倍，且不应小于最大加载量的 1.2 倍；

　　4 位移测量仪表的测量误差不应大于 0.1%FS，分辨力应优于或等于 0.01mm。

4.2.10 浅层平板载荷试验的试坑宽度或直径不应小于承压板边宽或直径的 3 倍。深层平板载荷试验的试井直径宜等于承压板直径，当试井直径需要大于承压板直径时，紧靠承压板周围土的高度不应小于承压板直径。

4.2.11 当加载反力装置为压重平台反力装置时，承压板、压重平台支墩和基准桩之间的净距应符合表 4.2.11 规定。

表 4.2.11　承压板、压重平台支墩和基准桩之间的净距

承压板与基准桩	承压板与压重平台支墩	基准桩与压重平台支墩
>b 且 >2.0m	>b 且 >B 且 >2.0m	>1.5B 且 >2.0m

注：b 为承压板边宽或直径（m），B 为支墩宽度（m）。

4.2.12 对大型平板载荷试验，当基准梁长度不小于 12m，但其基准桩与承压板、压重平台支墩的距离仍不能满足本规范表 4.2.11 的规定时，应对基准桩变形进行监测。监测基准桩的变形测量仪表的分辨力宜达到 0.1mm。

4.2.13 深层平板载荷试验应采用合适的传力柱和位移传递装置，并应符合下列规定：

　　1 传力柱应有足够的刚度，传力柱宜高出地面 50cm；传力柱宜与承压板连接成为整体，传力柱的顶部可采用钢筋等斜拉杆固定；

　　2 位移传递装置宜采用钢管或塑料管做位移测量杆，位移测量杆的底端应与承压板固定连接，位移测量杆每间隔一定距离与传力柱滑动相连，位移测量杆的顶部宜高出孔口地面 20cm。

4.2.14 孔底岩基载荷试验采用孔壁基岩提供反力进行试验时，孔壁基岩提供的反力应大于最大试验荷载的 1.5 倍。

4.3　现场检测

4.3.1 正式试验前宜进行预压。预压荷载宜为最大加载量的 5%，预压时间宜为 5min。预压后卸载至零，测读位移测量仪表的初始读数并应重新调整零位。

4.3.2 试验加卸载分级及施加方式应符合下列规定：

　　1 地基土平板载荷试验的分级荷载宜为最大试验荷载的 1/8～1/12，岩基载荷试验的分级荷载宜为最大试验荷载的 1/15；

　　2 加载应分级进行，采用逐级等量加载，第一级荷载可取分级荷载的 2 倍；

　　3 卸载应分级进行，每级卸载量为分级荷载的 2 倍，逐级等量卸载；当加载等级为奇数级时，第一级卸载量宜取分级荷载的 3 倍；

　　4 加、卸载时应使荷载传递均匀、连续、无冲击，每级荷载在维持过程中的变化幅度不得超过分级荷载的 ±10%。

4.3.3 地基土平板载荷试验的慢速维持荷载法的试验步骤应符合下列规定：

　　1 每级荷载施加后应按第 10min、20min、30min、45min、60min 测读承压板的沉降量，以后应每隔半小时测读一次；

　　2 承压板沉降相对稳定标准：在连续两小时内，每小时的沉降量应小于 0.1mm；

3 当承压板沉降速率达到相对稳定标准时，应再施加下一级荷载；

4 卸载时，每级荷载维持 1h，应按第 10min、30min、60min 测读承压板沉降量；卸载至零后，应测读承压板残余沉降量，维持时间为 3h，测读时间应为第 10min、30min、60min、120min、180min。

4.3.4 岩基载荷试验的试验步骤应符合下列规定：

1 每级加荷后立即测读承压板的沉降量，以后每隔 10min 应测读一次；

2 承压板沉降相对稳定标准：每 0.5h 内的沉降量不应超过 0.03mm，并应在四次读数中连续出现两次；

3 当承压板沉降速率达到相对稳定标准时，应再施加下一级荷载；

4 每级卸载后，应隔 10min 测读一次，测读三次后可卸下一级荷载。全部卸载后，当测读 0.5h 回弹量小于 0.01mm 时，即认为稳定，终止试验。

4.3.5 当出现下列情况之一时，可终止加载：

1 当浅层载荷试验承压板周边的土出现明显侧向挤出，周边土体出现明显隆起；岩基载荷试验的荷载无法保持稳定且逐渐下降；

2 本级荷载的沉降量大于前级荷载沉降量的 5 倍，荷载与沉降曲线出现明显陡降；

3 在某一级荷载下，24h 内沉降速率不能达到相对稳定标准；

4 浅层平板载荷试验的累计沉降量已大于等于承压板边宽或直径的 6% 或累计沉降量大于等于 150mm；深层平板载荷试验的累计沉降量与承压板径之比大于等于 0.04；

5 加载至要求的最大试验荷载且承压板沉降达到相对稳定标准。

4.4 检测数据分析与判定

4.4.1 土（岩）地基承载力确定时，应绘制压力-沉降（p-s）、沉降-时间对数（s-lgt）曲线，可绘制其他辅助分析曲线。

4.4.2 土（岩）地基极限荷载可按下列方法确定：

1 出现本规范第 4.3.5 条第 1、2、3 款情况时，取前一级荷载值；

2 出现本规范第 4.3.5 条第 5 款情况时，取最大试验荷载。

4.4.3 单个试验点的土（岩）地基承载力特征值确定应符合下列规定：

1 当 p-s 曲线上有比例界限时，应取该比例界限所对应的荷载值；

2 地基土平板载荷试验，当极限荷载小于对应比例界限荷载值的 2 倍时，应取极限荷载值的一半；岩基载荷试验，当极限荷载小于对应比例界限荷载值的 3 倍时，应取极限荷载值的 1/3；

3 当满足本规范第 4.3.5 条第 5 款情况，且 p-s 曲线上无法确定比例界限，承载力又未达到极限时，地基土平板载荷试验应取最大试验荷载的一半所对应的荷载值，岩基载荷试验应取最大试验荷载的 1/3 所对应的荷载值；

4 当按相对变形值确定天然地基及人工地基承载力特征值时，可按表 4.4.3 规定的地基变形取值确定，且所取的承载力特征值不应大于最大试验荷载的一半。当地基土性质不确定时，对应变形值宜取 0.010b；对有经验的地区，可按当地经验确定对应变形值。

表 4.4.3 按相对变形值确定天然地基及人工地基承载力特征值

地基类型	地基土性质	特征值对应的变形值 s_0
天然地基	高压缩性土	0.015b
	中压缩性土	0.012b
	低压缩性土和砂性土	0.010b
人工地基	中、低压缩性土	0.010b

注：s_0 为与承载力特征值对应的承压板的沉降量；b 为承压板的边宽或直径，当 b 大于 2m 时，按 2m 计算。

4.4.4 单位工程的土（岩）地基承载力特征值确定应符合下列规定：

1 同一土层参加统计的试验点不应少于 3 点，当其极差不超过平均值的 30% 时，取其平均值作为该土层的地基承载力特征值 f_{ak}；

2 当极差超过平均值的 30% 时，应分析原因，结合工程实际判别，可增加试验点数量。

4.4.5 土（岩）载荷试验应给出每个试验点的承载力检测值和单位工程的地基承载力特征值，并应评价单位工程地基承载力特征值是否满足设计要求。

4.4.6 浅层平板载荷试验确定地基变形模量，可按下式计算：

$$E_0 = I_0(1 - \mu^2)\frac{pb}{s} \qquad (4.4.6)$$

式中：E_0 ——变形模量（MPa）；

I_0 ——刚性承压板的形状系数，圆形承压板取 0.785，方形承压板取 0.886，矩形承压板当长宽比 $l/b = 1.2$ 时，取 0.809，当 $l/b = 2.0$ 时，取 0.626，其余可计算求得，但 l/b 不宜大于 2；

μ ——土的泊松比，应根据试验确定；当有工程经验时，碎石土可取 0.27，砂土可取 0.30，粉土可取 0.35，粉质黏土可取 0.38，黏土可取 0.42；

b ——承压板直径或边长（m）；

p —— p-s 曲线线性段的压力值（kPa）；

s ——与 p 对应的沉降量（mm）。

4.4.7 深层平板载荷试验确定地基变形模量，可按下式计算：

$$E_0 = \omega \frac{pd}{s} \qquad (4.4.7)$$

式中：ω——与试验深度和土类有关的系数，按本规范第4.4.8条确定；

d——承压板直径（m）；

p——ps曲线线性段的压力值（kPa）；

s——与p对应的沉降量（mm）。

4.4.8 与试验深度和土类有关的系数 ω 可按下列规定确定：

1 深层平板载荷试验确定地基变形模量的系数 ω 可根据泊松比试验结果，按下列公式计算：

$$\omega = I_0 I_1 I_2 (1-\mu^2) \qquad (4.4.8\text{-}1)$$

$$I_1 = 0.5 + 0.23 \frac{d}{z} \qquad (4.4.8\text{-}2)$$

$$I_2 = 1 + 2\mu^2 + 2\mu^4 \qquad (4.4.8\text{-}3)$$

式中：I_1——刚性承压板的深度系数；

I_2——刚性承压板的与土的泊松比有关的系数；

z——试验深度（m）。

2 深层平板载荷试验确定地基变形模量的系数 ω 可按表4.4.8选用。

表4.4.8 深层平板载荷试验确定地基变形模量的系数 ω

d/z ＼ 土类	碎石土	砂土	粉土	粉质黏土	黏土
0.30	0.477	0.489	0.491	0.515	0.524
0.25	0.469	0.480	0.482	0.506	0.514
0.20	0.460	0.471	0.474	0.497	0.505
0.15	0.444	0.454	0.457	0.479	0.487
0.10	0.435	0.446	0.448	0.470	0.478
0.05	0.427	0.437	0.439	0.461	0.468
0.01	0.418	0.429	0.431	0.452	0.459

4.4.9 检测报告除应符合本规范第3.3.2条规定外，尚应包括下列内容：

1 承压板形状及尺寸、试验点的平面位置图、剖面图及标高；

2 荷载分级及加载方式；

3 本规范第4.4.1条要求绘制的曲线及对应的数据表；

4 承载力特征值判定依据；

5 每个试验点的承载力检测值；

6 单位工程的承力特征值。

5 复合地基载荷试验

5.1 一 般 规 定

5.1.1 复合地基载荷试验适用于水泥土搅拌桩、砂石桩、旋喷桩、夯实水泥土桩、水泥粉煤灰碎石桩、混凝土桩、树根桩、灰土桩、柱锤冲扩桩及强夯置换墩等竖向增强体和桩边地基土组成的复合地基的单桩复合地基和多桩复合地基载荷试验，用于测定承压板下应力影响范围内的复合地基的承载力特征值。当存在多层软弱地基时，应考虑到载荷板应力影响范围，选择大承压板多桩复合地基试验并结合其他检测方法进行。

5.1.2 复合地基载荷试验承压板底面标高应与设计要求标高相一致。

5.1.3 工程验收检测载荷试验最大加载量不应小于设计承载力特征值的2倍，为设计提供依据的载荷试验应加载至复合地基达到本规范第5.4.2条规定的破坏状态。

5.1.4 复合地基载荷试验的检测数量应符合下列规定：

1 单位工程检测数量不应少于总桩数的0.5%，且不应少于3点；

2 单位工程复合地基载荷试验可根据所采用的处理方法及地基土层情况，选择多桩复合地基载荷试验或单桩复合地基载荷试验。

5.1.5 复合地基载荷试验的加载方式应采用慢速维持荷载法。

5.2 仪器设备及其安装

5.2.1 单桩复合地基载荷试验的承压板可用圆形或方形，面积为一根桩承担的处理面积；多桩复合地基载荷试验的承压板可用方形或矩形，其尺寸按实际桩数所承担的处理面积确定，宜采用预制或现场制作并应具有足够刚度。试验时承压板中心应与增强体的中心（或形心）保持一致，并应与荷载作用点相重合。

5.2.2 试验加载设备、试验仪器设备性能指标、加载方式、加载反力装置、荷载测量、沉降测量应符合本规范第4.2.5条～第4.2.9条的规定。

5.2.3 承压板底面下宜铺设100mm～150mm厚度的粗砂或中砂垫层，承压板尺寸大时取大值。

5.2.4 试验标高处的试坑宽度和长度不应小于承压板尺寸的3倍。基准梁及加荷平台支点宜设在试坑以外，且与承压板边的净距不应小于2m。

5.2.5 承压板、压重平台支墩边和基准桩之间的中心距离应符合本规范表4.2.11规定。

5.2.6 试验前应采取措施，保持试坑或试井底岩土的原状结构和天然湿度不变。当试验标高低于地下水位时，应将地下水位降至试验标高以下，再安装试验设备，待水位恢复后方可进行试验。

5.3 现场检测

5.3.1 正式试验前宜进行预压，预压荷载宜为最大试验荷载的5%，预压时间为5min。预压后卸载至零，测读位移测量仪表的初始读数并应重新调整零位。

5.3.2 试验加卸载分级及施加方式应符合下列规定：

 1 加载应分级进行，采用逐级等量加载；分级荷载宜为最大加载量或预估极限承载力的1/8～1/12，其中第一级可取分级荷载的2倍；

 2 卸载应分级进行，每级卸载量应为分级荷载的2倍，逐级等量卸载；

 3 加、卸载时应使荷载传递均匀、连续、无冲击，每级荷载在维持过程中的变化幅度不得超过分级荷载的±10%。

5.3.3 复合地基载荷试验的慢速维持荷载法的试验步骤应符合下列规定：

 1 每加一级荷载前后均应各测读承压板沉降量一次，以后每30min测读一次；

 2 承压板沉降相对稳定标准：1h内承压板沉降量不应超过0.1mm；

 3 当承压板沉降速率达到相对稳定标准时，应再施加下一级荷载；

 4 卸载时，每级荷载维持1h，应按第30min、60min测读承压板沉降量；卸载至零后，应测读承压板残余沉降量，维持时间为3h，测读时间应为第30min、60min、180min。

5.3.4 当出现下列情况之一时，可终止加载：

 1 沉降急剧增大，土被挤出或承压板周围出现明显的隆起；

 2 承压板的累计沉降量已大于其边长（直径）的6%或大于等于150mm；

 3 加载至要求的最大试验荷载，且承压板沉降速率达到相对稳定标准。

5.4 检测数据分析与判定

5.4.1 复合地基承载力确定时，应绘制压力-沉降（p-s）、沉降-时间对数（s-$\lg t$）曲线，也可绘制其他辅助分析曲线。

5.4.2 当出现本规范第5.3.4条第1、2款情况之一时，可视为复合地基出现破坏状态，其对应的前一级荷载应定为极限荷载。

5.4.3 复合地基承载力特征值确定应符合下列规定：

 1 当压力-沉降（p-s）曲线上极限荷载能确定，且其值大于等于对应比例界限的2倍时，可取比例界限；当其值小于对应比例界限的2倍时，可取极限荷

载的一半；

 2 当p-s曲线为平缓的光滑曲线时，可按表5.4.3对应的相对变形值确定，且所取的承载力特征值不应大于最大试验荷载的一半。有经验的地区，可按当地经验确定相对变形值，但原地基土为高压缩性土层时相对变形值的最大值不应大于0.015。对变形控制严格的工程可按设计要求的沉降允许值作为相对变形值。

表5.4.3 按相对变形值确定复合地基承载力特征值

地基类型	应力主要影响范围地基土性质	承载力特征值对应的变形值 s_0
沉管挤密砂石桩、振冲挤密碎石桩、柱锤冲扩桩、强夯置换墩	以黏性土、粉土、砂土为主的地基	0.010b
灰土挤密桩	以黏性土、粉土、砂土为主的地基	0.008b
水泥粉煤灰碎石桩、混凝土桩、夯实水泥土桩、树根桩	以黏性土、粉土为主的地基	0.010b
	以卵石、圆砾、密实粗中砂为主的地基	0.008b
水泥搅拌桩、旋喷桩	以淤泥和淤泥质土为主的地基	0.008b～0.010b
	以黏性土、粉土为主的地基	0.006b～0.008b

注：s_0为与承载力特征值对应的承压板的沉降量；b为承压板的边宽或直径，当b大于2m时，按2m计算。

5.4.4 单位工程的复合地基承载力特征值确定时，试验点的数量不应少于3点，当其极差不超过平均值的30%时，可取其平均值为复合地基承载力特征值。

5.4.5 复合地基载荷试验应给出每个试验点的承载力检测值和单位工程的地基承载力特征值，并应评价复合地基承载力特征值是否满足设计要求。

5.4.6 检测报告除应符合本规范第3.3.2条规定外，尚应包括下列内容：

 1 承压板形状及尺寸；

 2 荷载分级方式；

 3 本规范第5.4.1条要求绘制的曲线及对应的数据表；

 4 承载力特征值判定依据；

 5 每个试验点的承载力检测值；

6 单位工程的承载力特征值。

6 竖向增强体载荷试验

6.1 一般规定

6.1.1 竖向增强体载荷试验适用于确定水泥土搅拌桩、旋喷桩、夯实水泥土桩、水泥粉煤灰碎石桩、混凝土桩、树根桩、强夯置换墩等复合地基竖向增强体的竖向承载力。

6.1.2 工程验收检测载荷试验最大加载量不应小于设计承载力特征值的2倍；为设计提供依据的载荷试验应加载至极限状态。

6.1.3 竖向增强体载荷试验的单位工程检测数量不应少于总桩数的0.5%，且不得少于3根。

6.1.4 竖向增强体载荷试验的加载方式应采用慢速维持荷载法。

6.2 仪器设备及其安装

6.2.1 试验加载宜采用油压千斤顶，加载方式应符合本规范第4.2.5条规定。

6.2.2 加载反力装置应符合本规范第4.2.6条规定。

6.2.3 荷载测量可用放置在千斤顶上的荷重传感器直接测定；或采用并联于千斤顶油路的压力表或压力传感器测定油压，并应根据千斤顶率定曲线换算荷载。

6.2.4 沉降测量宜采用位移传感器或大量程百分表，沉降测定平面宜在桩顶标高位置，测点应牢固地固定于桩身上。

6.2.5 试验仪器设备性能指标应符合本规范第4.2.9条规定。

6.2.6 试验增强体、压重平台支墩边和基准桩之间的中心距离应符合表6.2.6的规定。

表 6.2.6 增强体、压重平台支墩边和基准桩之间的中心距离

增强体中心与压重平台支墩边	增强体中心与基准桩中心	基准桩中心与压重平台支墩边
≥4D且>2.0m	≥3D且>2.0m	≥4D且>2.0m

注：1 D为增强体直径（m）；
　　2 对于强夯置换墩或大型荷载板，可采用逐级加载试验，不用反力装置，具体试验方法参考结构楼面荷载试验。

6.3 现场检测

6.3.1 试验前应对增强体的桩头进行处理。水泥粉煤灰碎石桩、混凝土桩等强度较高的桩宜在桩顶设置

带水平钢筋网片的混凝土桩帽或采用钢护筒桩帽，加固桩头前应凿成平面，混凝土宜提高强度等级和采用早强剂。桩帽高度不宜小于一倍桩的直径，桩帽下桩顶标高及地基土标高应与设计标高一致。

6.3.2 试验加卸载方式应符合下列规定：

1 加载应分级进行，采用逐级等量加载；分级荷载宜为最大加载量或预估极限承载力的1/10，其中第一级可取分级荷载的2倍；

2 卸载应分级进行，每级卸载量取加载时分级荷载的2倍，逐级等量卸载；

3 加、卸载时应使荷载传递均匀、连续、无冲击，每级荷载在维持过程中的变化幅度不得超过分级荷载的±10%。

6.3.3 竖向增强体载荷试验的慢速维持荷载法的试验步骤应符合下列规定：

1 每级荷载施加后应按第5min、15min、30min、45min、60min测读桩顶的沉降量，以后应每隔半小时测读一次；

2 桩顶沉降相对稳定标准：每1h内桩顶沉降量不超过0.1mm，并应连续出现两次，从分级荷载施加后的第30min开始，按1.5h连续三次每30min的沉降观测值计算；

3 当桩顶沉降速率达到相对稳定标准时，应再施加下一级荷载；

4 卸载时，每级荷载维持1h，应按第15min、30min、60min测读桩顶沉降量；卸载至零后，应测读桩顶残余沉降量，维持时间为3h，测读时间应为第15min、30min、60min、120min、180min。

6.3.4 符合下列条件之一时，可终止加载：

1 当荷载-沉降（Q-s）曲线上有可判定极限承载力的陡降段，且桩顶总沉降量超过40mm～50mm；水泥土桩、竖向增强体的桩径大于等于800mm取高值，混凝土桩、竖向增强体的桩径小于800mm取低值；

2 某级荷载作用下，桩顶沉降量大于前一级荷载作用下沉降量的2倍，且经24h沉降尚未稳定；

3 增强体破坏，顶部变形急剧增大；

4 Q-s曲线呈缓变型时，桩顶总沉降量大于70mm～90mm；当桩长超过25m，可加载至桩顶总沉降量超过90mm；

5 加载至要求的最大试验荷载，且承压板沉降速率达到相对稳定标准。

6.4 检测数据分析与判定

6.4.1 竖向增强体承载力确定时，应绘制荷载-沉降（Q-s）、沉降-时间对数（s-lgt）曲线，也可绘制其他辅助分析曲线。

6.4.2 竖向增强体极限承载力应按下列方法确定：

1 Q-s 曲线陡降段明显时，取相应于陡降段起点的荷载值；

2 当出现本规范第 6.3.4 条第 2 款的情况时，取前一级荷载值；

3 Q-s 曲线呈缓变型时，水泥土桩、桩径大于等于 800mm 时取桩顶总沉降量 s 为 40mm～50mm 所对应的荷载值；混凝土桩、桩径小于 800mm 时取桩顶总沉降量 s 等于 40mm 所对应的荷载值；

4 当判定竖向增强体的承载力未达到极限时，取最大试验荷载值；

5 按本条 1～4 款标准判断有困难时，可结合其他辅助分析方法综合判定。

6.4.3 竖向增强体承载力特征值应按极限承载力的一半取值。

6.4.4 单位工程的增强体承载力特征值确定时，试验点的数量不应少于 3 点，当满足其极差不超过平均值的 30% 时，对非条形及非独立基础可取其平均值为竖向极限承载力。

6.4.5 竖向增强体载荷试验应给出每个试验增强体的承载力检测值和单位工程的增强体承载力特征值，并应评价竖向增强体承载力特征值是否满足设计要求。

6.4.6 检测报告除应符合本规范第 3.3.2 条规定外，尚应包括下列内容：

1 加卸载方法，荷载分级；

2 本规范第 6.4.1 条要求绘制的曲线及对应的数据表，土层剖面图；

3 承载力特征值判定依据；

4 每个试验增强体的承载力检测值；

5 单位工程的承载力特征值。

7 标准贯入试验

7.1 一般规定

7.1.1 标准贯入试验适用于判定砂土、粉土、黏性土天然地基及其采用换填垫层、压实、挤密、夯实、注浆加固等处理后的地基承载力、变形参数，评价加固效果以及砂土液化判别。也可用于砂桩和初凝状态的水泥搅拌桩、旋喷桩、灰土桩、夯实水泥桩等竖向增强体的施工质量评价。

7.1.2 采用标准贯入试验对处理地基土质量进行验收检测时，单位工程检测数量不应少于 10 点，当面积超过 3000m² 应每 500m² 增加 1 点。检测同一土层的试验有效数据不应少于 6 个。

7.2 仪器设备

7.2.1 标准贯入试验设备规格应符合表 7.2.1 的规定。

表 7.2.1 标准贯入试验设备规格

落锤		锤的质量（kg）	63.5
		落距（cm）	76
贯入器	对开管	长度（mm）	>500
		外径（mm）	51
		内径（mm）	35
	管靴	长度（mm）	50～76
		刃口角度（°）	18～20
		刃口单刃厚度（mm）	1.6
钻杆		直径（mm）	42
		相对弯曲	<1/1000

注：穿心锤导向杆应平直，保持润滑，相对弯曲 < 1/1000。

7.2.2 标准贯入试验所用穿心锤质量、导向杆和钻杆相对弯曲度应定期标定，使用前应对管靴刃口的完好性、钻杆相对弯曲度、穿心锤导向杆相对弯曲度及表面的润滑程度等进行检查，确保设备与机具完好。

7.3 现场检测

7.3.1 标准贯入试验应在平整的场地上进行，试验点平面布设应符合下列规定：

1 测试点应根据工程地质分区或加固处理分区均匀布置，并应具有代表性；

2 复合地基桩间土测试点应布置在桩间等边三角形或正方形的中心；复合地基竖向增强体上可布设检测点；有检测加固土体的强度变化等特殊要求时，可布置在离桩边不同距离处；

3 评价地基处理效果和消除液化的处理效果时，处理前、后的测试点布置应考虑位置的一致性。

7.3.2 标准贯入试验的检测深度除应满足设计要求外，尚应符合下列规定：

1 天然地基的检测深度应达到主要受力层深度以下；

2 人工地基的检测深度应达到加固深度以下 0.5m；

3 复合地基桩间土及增强体检测深度应超过竖向增强体底部 0.5m；

4 用于评价液化处理效果时，检测深度应符合现行国家标准《建筑抗震设计规范》GB 50011 的规定。

7.3.3 标准贯入试验孔宜采用回转钻进，在泥浆护壁不能保持孔壁稳定时，宜下套管护壁，试验深度须在套管底端 75cm 以下。

7.3.4 试验孔钻至进行试验的土层标高以上 15cm 处，应清除孔底残土后换用标准贯入器，并应量得深度尺寸再进行试验。

7.3.5 试验应采用自动脱钩的自由落锤法进行锤击，

并应采取减小导向杆与锤间的摩阻力、避免锤击时的偏心和侧向晃动以及保持贯入器、探杆、导向杆连接后的垂直度等措施。

7.3.6 标准贯入试验应符合下列规定：

1 贯入器垂直打入试验土层中 15cm 应不计击数；

2 继续贯入，应记录每贯入 10cm 的锤击数，累计 30cm 的锤击数即为标准贯入击数；

3 锤击速率应小于 30 击/min；

4 当锤击数已达 50 击，而贯入深度未达到 30cm 时，宜终止试验，记录 50 击的实际贯入深度，应按下式换算成相当于贯入 30cm 的标准贯入试验实测锤击数：

$$N = 30 \times \frac{50}{\Delta S} \quad (7.3.6)$$

式中：N——标准贯入击数；

ΔS——50 击时的贯入度（cm）。

5 贯入器拔出后，应对贯入器中的土样进行鉴别、描述、记录；需测定黏粒含量时留取土样进行试验分析。

7.3.7 标准贯入试验点竖向间距应视工程特点、地层情况、加固目的确定，宜为 1.0m。

7.3.8 同一检测孔的标准贯入试验点间距宜相等。

7.3.9 标准贯入试验数据可按本规范附录 A 的格式进行记录。

7.4 检测数据分析与判定

7.4.1 天然地基的标准贯入试验成果应绘制标有工程地质柱状图的单孔标准贯入击数与深度关系曲线图。

7.4.2 人工地基的标准贯入试验结果应提供每个检测孔的标准贯入试验实测锤击数和修正锤击数。

7.4.3 标准贯入试验锤击数值可用于分析岩土性状，判定地基承载力，判别砂土和粉土的液化，评价成桩的可能性、桩身质量等。N 值的修正应根据建立的统计关系确定。

7.4.4 当作杆长修正时，锤击数可按下式进行钻杆长度修正：

$$N' = \alpha N \quad (7.4.4)$$

式中：N'——标准贯入试验修正锤击数；

N——标准贯入试验实测锤击数；

α——触探杆长度修正系数，可按表 7.4.4 确定。

表 7.4.4　标准贯入试验触探杆长度修正系数

触探杆长度 (m)	≤3	6	9	12	15	18	21	25	30
α	1.00	0.92	0.86	0.81	0.77	0.73	0.70	0.68	0.65

7.4.5 各分层土的标准贯入锤击数代表值应取每个检测孔不同深度的标准贯入试验锤击数的平均值。同一土层参加统计的试验点不应少于 3 点，当其极差不超过平均值的 30% 时，应取其平均值作为代表值；当极差超过平均值的 30% 时，应分析原因，结合工程实际判别，可增加试验点数量。

7.4.6 单位工程同一土层统计标准贯入锤击数标准值与修正后锤击数标准值时，可按本规范附录 B 的计算方法确定。

7.4.7 砂土、粉土、黏性土等岩土性状可根据标准贯入试验实测锤击数平均值或标准值和修正后锤击数标准值按下列规定进行评价：

1 砂土的密实度可按表 7.4.7-1 分为松散、稍密、中密、密实；

表 7.4.7-1　砂土的密实度分类

$\overline{N}$（实测平均值）	密实度
$\overline{N} \leq 10$	松散
$10 < \overline{N} \leq 15$	稍密
$15 < \overline{N} \leq 30$	中密
$\overline{N} > 30$	密实

2 粉土的密实度可按表 7.4.7-2 分为松散、稍密、中密、密实；

表 7.4.7-2　粉土的密实度分类

孔隙比 e	N_k（实测标准值）	密实度
—	$N_k \leq 5$	松散
$e > 0.9$	$5 < N_k \leq 10$	稍密
$0.75 \leq e \leq 0.9$	$10 < N_k \leq 15$	中密
$e < 0.75$	$N_k > 15$	密实

3 黏性土的状态可按表 7.4.7-3 分为软塑、软可塑、硬可塑、硬塑、坚硬。

表 7.4.7-3　黏性土的状态分类

I_L	N'_k（修正后标准值）	状态
$0.75 < I_L \leq 1$	$2 < N'_k \leq 4$	软塑
$0.5 < I_L \leq 0.75$	$4 < N'_k \leq 8$	软可塑
$0.25 < I_L \leq 0.5$	$8 < N'_k \leq 14$	硬可塑
$0 < I_L \leq 0.25$	$14 < N'_k \leq 25$	硬塑
$I_L \leq 0$	$N'_k > 25$	坚硬

7.4.8 初步判定地基土承载力特征值时，可按表 7.4.8-1～表 7.4.8-3 进行估算。

表7.4.8-1 砂土承载力特征值 f_{ak}（kPa）

N'	10	20	30	50
中砂、粗砂	180	250	340	500
粉砂、细砂	140	180	250	340

表7.4.8-2 粉土承载力特征值 f_{ak}（kPa）

N'	3	4	5	6	7	8	9	10	11	12	13	14	15
f_{ak}	105	125	145	165	185	205	225	245	265	285	305	325	345

表7.4.8-3 黏性土承载力特征值 f_{ak}（kPa）

N'	3	5	7	9	11	13	15	17	19	21
f_{ak}	90	110	150	180	220	260	310	360	410	450

7.4.9 采用标准贯入试验成果判定地基土承载力和变形模量或压缩模量时，应与地基处理设计时依据的地基承载力和变形参数的确定方法一致。

7.4.10 地基处理效果可依据比对试验结果、地区经验和检测孔的标准贯入试验锤击数、同一土层的标准贯入试验锤击数标准值、变异系数等对下列地基作出相应的评价：

1 非碎石土换填垫层（粉质黏土、灰土、粉煤灰和砂垫层）的施工质量（密实度、均匀性）；

2 压实、挤密地基、强夯地基、注浆地基等的均匀性；有条件时，可结合处理前的相关数据评价地基处理有效深度；

3 消除液化的地基处理效果，应按设计要求或现行国家标准《建筑抗震设计规范》GB 50011 规定进行评价。

7.4.11 标准贯入试验应给出每个试验孔（点）的检测结果和单位工程的主要土层的评价结果。

7.4.12 检测报告除应符合本规范第3.3.2条规定外，尚应包括下列内容：

1 标准贯入锤击数及土层划分与深度关系曲线；

2 每个检测孔同一土层的标准贯入锤击数平均值；

3 同一土层标准贯入锤击数标准值；

4 岩土性状分析或地基处理效果评价；

5 复合地基竖向增强体施工质量或桩间土处理效果评价；

6 对地基（土）检测时，可根据地区经验或现场比对试验结果提供土层的变形参数和强度指标建议值。

8 圆锥动力触探试验

8.1 一般规定

8.1.1 圆锥动力触探试验应根据地质条件，按下列原则合理选择试验类型：

1 轻型动力触探试验适用于评价黏性土、粉土、粉砂、细砂地基及其人工地基的地基土性状、地基处理效果和判定地基承载力；

2 重型动力触探试验适用于评价黏性土、粉土、砂土、中密以下的碎石土及其人工地基以及极软岩的地基土性状、地基处理效果和判定地基承载力；也可用于检验砂石桩和初凝状态的水泥搅拌桩、旋喷桩、灰土桩、夯实水泥土桩、注浆加固地基的成桩质量、处理效果以及评价强夯置换效果及置换墩着底情况；

3 超重型动力触探试验适用于评价密实碎石土、极软岩和软岩等地基土性状和判定地基承载力，也可用于评价强夯置换效果及置换墩着底情况。

8.1.2 采用圆锥动力触探试验对处理地基土质量进行验收检测时，单位工程检测数量不应少于10点，当面积超过3000m² 应每500m² 增加1点。检测同一土层的试验有效数据不应少于6个。

8.2 仪器设备

8.2.1 圆锥动力触探试验的设备规格应符合表8.2.1的规定。

表8.2.1 圆锥动力触探试验设备规格

类型		轻型	重型	超重型
落锤	锤的质量（kg）	10	63.5	120
	落距（cm）	50	76	100
探头	直径（mm）	40	74	74
	锥角（°）	60	60	60
探杆直径（mm）		25	42、50	50～60

8.2.2 重型及超重型圆锥动力触探的落锤应采用自动脱钩装置。

8.2.3 触探杆应顺直，每节触探杆相对弯曲宜小于0.5%，丝扣完好无裂纹。当探头直径磨损大于2mm或锥尖高度磨损大于5mm时应及时更换探头。

8.3 现场检测

8.3.1 经人工处理的地基，应根据处理土的类型和增强体桩体材料情况合理选择圆锥动力触探试验类型，其试验方法、要求按天然地基试验方法和要求执行。

8.3.2 圆锥动力触探试验应在平整的场地上进行，试验点平面布设应符合下列规定：

1 测试点应根据工程地质分区或加固处理分区均匀布置，并应具有代表性；

2 复合地基的增强体施工质量检测，测试点应布置在增强体的桩体中心附近；桩间土的处理效果检测，测试点的位置应在增强体间等边三角形或正方形的中心；

3 评价强夯置换墩着底情况时，测试点位置可选择在置换墩中心；

4 评价地基处理效果时，处理前、后的测试点的布置应考虑前后的一致性。

8.3.3 圆锥动力触探测试深度除应满足设计要求外，尚应符合下列规定：

1 天然地基检测深度应达到主要受力层深度以下；

2 人工地基检测深度应达到加固深度以下0.5m；

3 复合地基增强体及桩间土的检测深度应超过竖向增强体底部0.5m。

8.3.4 圆锥动力触探试验应符合下列规定：

1 圆锥动力触探试验应采用自由落锤；

2 地面上触探杆高度不宜超过1.5m，并应防止锤击偏心、探杆倾斜和侧向晃动；

3 锤击贯入应连续进行，保持探杆垂直度，锤击速率宜为（15～30）击/min；

4 每贯入1m，宜将探杆转动一圈半；当贯入深度超过10m，每贯入20cm宜转动探杆一次；

5 应及时记录试验段深度和锤击数。轻型动力触探应记录每贯入30cm的锤击数，重型或超重型动力触探应记录每贯入10cm的锤击数；

6 对轻型动力触探，当贯入30cm锤击数大于100击或贯入15cm锤击数超过50击时，可停止试验；

7 对重型动力触探，当连续3次锤击数大于50击时，可停止试验或改用钻探、超重型动力触探；当遇有硬夹层时，宜穿过硬夹层后继续试验。

8.3.5 圆锥动力触探试验数据可按本规范附录A的格式进行记录。

8.4 检测数据分析与判定

8.4.1 重型及超重型动力触探锤击数应按本规范附录C的规定进行修正。

8.4.2 单孔连续圆锥动力触探试验应绘制锤击数与贯入深度关系曲线。

8.4.3 计算单孔分层贯入指标平均值时，应剔除临界深度以内的数值以及超前和滞后影响范围内的异常值。

8.4.4 应根据各孔分层的贯入指标平均值，用厚度加权平均法计算场地分层贯入指标平均值和变异系数。

8.4.5 应根据不同深度的动力触探锤击数，采用平均值法计算每个检测孔的各土层的动力触探锤击数平均值（代表值）。

8.4.6 统计同一土层动力触探锤击数平均值时，应根据动力触探锤击数沿深度的分布趋势结合岩土工程勘探资料进行土层划分。

8.4.7 地基土的岩土性状、地基处理的施工效果可根据单位工程各检测孔的圆锥动力触探锤击数、同一土层的圆锥动力触探锤击数统计值、变异系数进行评价。地基处理的施工效果尚宜根据处理前后的检测结果进行对比评价。

8.4.8 当采用圆锥动力触探试验锤击数评价复合地基竖向增强体的施工质量时，宜仅对单个增强体的试验结果进行统计和评价。

8.4.9 初步判定地基土承载力特征值时，可根据平均击数 N_{10} 或修正后的平均击数 $N_{63.5}$ 按表 8.4.9-1、表 8.4.9-2 进行估算。

表 8.4.9-1 轻型动力触探试验推定地基承载力特征值 f_{ak}（kPa）

N_{10}（击数）	5	10	15	20	25	30	35	40	45	50
一般黏性土地基	50	70	90	115	135	160	180	200	220	240
黏性素填土地基	60	80	95	110	120	130	140	150	160	170
粉土、粉细砂土地基	55	70	80	90	100	110	125	140	150	160

表 8.4.9-2 重型动力触探试验推定地基承载力特征值 f_{ak}（kPa）

$N_{63.5}$（击数）	2	3	4	5	6	7	8	9	10	11	12	13	14	15	16
一般黏性土	120	150	180	210	240	265	290	320	350	375	400	425	450	475	500
中砂、粗砂土	80	120	160	200	240	280	320	360	400	440	480	520	560	600	640
粉砂、细砂土	—	75	100	125	150	175	200	225	250						

8.4.10 评价砂土密实度、碎石土（桩）的密实度时，可用修正后击数按表 8.4.10-1～表 8.4.10-4 进行。

表 8.4.10-1　砂土密实度按 $N_{63.5}$ 分类

$N_{63.5}$	$N_{63.5} \leqslant 4$	$4 < N_{63.5} \leqslant 6$	$6 < N_{63.5} \leqslant 9$	$N_{63.5} > 9$
密实度	松散	稍密	中密	密实

表 8.4.10-2　碎石土密实度按 $N_{63.5}$ 分类

$N_{63.5}$	密实度	$N_{63.5}$	密实度
$N_{63.5} \leqslant 5$	松散	$10 < N_{63.5} \leqslant 20$	中密
$5 < N_{63.5} \leqslant 10$	稍密	$N_{63.5} > 20$	密实

注：本表适用于平均粒径小于或等于 50mm，且最大粒径小于 100mm 的碎石土。对于平均粒径大于 50mm，或最大粒径大于 100mm 的碎石土，可用超重型动力触探。

表 8.4.10-3　碎石桩密实度按 $N_{63.5}$ 分类

$N_{63.5}$	$N_{63.5} < 4$	$4 \leqslant N_{63.5} \leqslant 5$	$5 < N_{63.5} \leqslant 7$	$N_{63.5} > 7$
密实度	松散	稍密	中密	密实

表 8.4.10-4　碎石土密实度按 N_{120} 分类

N_{120}	密实度	N_{120}	密实度
$N_{120} \leqslant 3$	松散	$11 < N_{120} \leqslant 14$	密实
$3 < N_{120} \leqslant 6$	稍密	$N_{120} > 14$	很密
$6 < N_{120} \leqslant 11$	中密	—	—

8.4.11 对冲、洪积卵石土和圆砾土地基，当贯入深度小于 12m 时，判定地基的变形模量应结合载荷试验比对试验结果和地区经验进行。初步评价时，可根据平均击数按表 8.4.11 进行。

表 8.4.11　卵石土、圆砾土变形模量 E_0 值（MPa）

$\overline{N}_{63.5}$（修正锤击数平均值）	3	4	5	6	8	10	12	14	16
E_0	9.9	11.8	13.7	16.2	21.3	26.4	31.4	35.2	39.0
$\overline{N}_{63.5}$（修正锤击数平均值）	18	20	22	24	26	28	30	35	40
E_0	42.8	46.6	50.4	53.6	56.1	58.0	59.9	62.4	64.3

8.4.12 对换填地基、预压处理地基、强夯处理地基、不加料振冲加密处理地基的承载力特征值和处理

效果做初步评价时，可按本规范第 8.4.9 条和第 8.4.10 条进行。

8.4.13 圆锥动力触探试验应给出每个试验孔（点）的检测结果和单位工程的主要土层的评价结果。

8.4.14 检测报告除应符合本规范第 3.3.2 条规定外，尚应包括下列内容：

　　1 圆锥动力触探锤击数与贯入深度关系曲线图（表）；

　　2 同一土层的圆锥动力触探击数统计值；

　　3 提供下列试验要求的试验结果：

　　　1）评价地基土的密实程度和均匀性；

　　　2）评价复合地基竖向增强体的施工质量；

　　　3）结合比对试验结果和地区经验确定的地基土承载力特征值和变形模量建议值。

9　静力触探试验

9.1　一般规定

9.1.1 静力触探试验适用于判定软土、一般黏性土、粉土和砂土的天然地基及采用换填垫层、预压、压实、挤密、夯实处理的人工地基的地基承载力、变形参数和评价地基处理效果。

9.1.2 对处理地基土质量进行验收检测时，单位工程检测数量不应少于 10 点，检测同一土层的试验有效数据不应少于 6 个。

9.2　仪器设备

9.2.1 静力触探可根据工程需要采用单桥探头、双桥探头，单桥可测定比贯入阻力，双桥可测定锥尖阻力和侧壁摩阻力。

9.2.2 单桥触探头和双桥触探头的规格应符合表 9.2.2 的规定，且触探头的外形尺寸和结构应符合下列规定：

　　1 锥头与摩擦筒应同心；

　　2 双桥探头锥头等直径部分的高度，不应超过 3mm，摩擦筒与锥头的间距不应大于 10mm。

表 9.2.2　单桥和双桥静力触探头规格

锥底截面积（cm²）	锥底直径（mm）	锥角（°）	单桥触探头 有效侧壁长度（mm）	双桥触探头 摩擦筒表面积（cm²）	双桥触探头 摩擦筒长度（mm）
10	35.7	60	57	150	133.7
				200	178.4
15	43.7	60	70	300	218.5

9.2.3 静力触探的贯入设备、探头、记录仪和传送电缆应作为整个测试系统按要求进行定期检定、校准

或率定。

9.2.4 触探主机应符合下列规定：

1 应能匀速贯入，贯入速率为（20±5）mm/s，当使用孔压探头触探时，宜有保证贯入速率20mm/s的控制装置；

2 贯入和起拔时，施力作用线应垂直机座基准面，垂直度应小于30′；

3 额定起拔力应大于额定贯入力的120%。

9.2.5 记录仪应符合下列规定：

1 仪器显示的有效最小分度值不应大于0.05%FS；

2 仪器按要求预热后，时漂应小于0.1%FS/h，温漂应小于0.01%FS/℃；

3 工作环境温度应为—10℃～45℃；

4 记录仪和电缆用于多功能探头触探时，应保证各传输信号互不干扰。

9.2.6 探头的技术性能应符合下列规定：

1 在额定荷载下，检测总误差不应大于3%FS，其中线性误差、重复性误差、滞后误差、归零误差均应小于1%FS；

2 传感器出厂时的对地绝缘电阻不应小于500MΩ；在300kPa水压下恒压2h后，绝缘电阻应大于300MΩ；

3 探头在工作状态下，各部传感器的互扰值应小于本身额定测值的0.3%；

4 探头应能在—10℃～45℃的环境温度中正常工作，由于温度漂移而产生的量程误差，可按下式计算，不应超过满量程的±1%：

$$\frac{\Delta V}{V} = \Delta t \cdot \eta \qquad (9.2.6)$$

式中：ΔV——温度变化所引起的误差（mV）；

V——全量程的输出电压（mV）；

Δt——触探过程中气温与地温引起触探头的最大温差（℃）；

η——温漂系数，一般采用0.0005/℃。

9.2.7 各种探头，自锥底起算，在1m长度范围内，与之连接的杆件直径不得大于探头直径；减摩阻器应在此范围以外（上）的位置加设。

9.2.8 探头储存应配备防潮、防震的专用探头箱（盒），并应存放于干燥、阴凉的处所。

9.3 现场检测

9.3.1 静力触探测试应在平整的场地上进行，测试点应根据工程地质分区或加固处理分区均匀布置，并应具有代表性；当评价地基处理效果时，处理前、后的测试点应考虑前后的一致性。

9.3.2 静力触探测试深度除应满足设计要求外，尚应按下列规定执行：

1 天然地基检测深度应达到主要受力层深度以下；

2 人工地基检测深度应达到加固深度以下0.5m；

3 复合地基的桩间土检测深度应超过竖向增强体底部0.5m。

9.3.3 静力触探设备的安装应平稳、牢固，并应根据检测深度和表面土层的性质，选择合适的反力装置。

9.3.4 静力触探头应根据土层性质和预估贯入阻力进行选择，并应满足精度要求。试验前，静力触探头应连同记录仪、电缆在室内进行率定；测试时间超过3个月时，每3个月应对静力触探头率定一次；当现场测试发现异常情况时，应重新率定。率定方法应符合本规范附录D的规定。

9.3.5 静力触探试验现场操作应符合下列规定：

1 贯入前，应对触探头进行试压，确保顶柱、锥头、摩擦筒能正常工作；

2 装卸触探头时，不应转动触探头；

3 先将触探头贯入土中0.5m～1.0m，然后提升5cm～10cm，待记录仪无明显零位漂移时，记录初始读数或调整零位，方能开始正式贯入；

4 触探的贯入速率应控制为（1.2±0.3）m/min，在同一检测孔的试验过程中宜保持匀速贯入；

5 深度记录的误差不应超过触探深度的±1%；

6 当贯入深度超过30m，或穿过厚层软土后再贯入硬土层时，应采取防止孔斜措施，或配置测斜探头，量测触探孔的偏斜角，校正土层界线的深度。

9.3.6 静力触探试验记录应符合下列规定：

1 贯入过程中，在深度10m以内可每隔2m～3m提升探头一次，测读零漂值，调整零位；以后每隔10m测读一次；终止试验时，必须测读和记录零漂值；

2 测读和记录贯入阻力的测点间距宜为0.1m～0.2m，同一检测孔的测点间距应保持不变；

3 应及时核对记录深度与实际孔深的偏差；当有明显偏差时，应立即查明原因，采取纠正措施；

4 应及时准确记录贯入过程中发生的各种异常或影响正常贯入的情况。

9.3.7 当出现下列情况之一时，应终止试验：

1 达到试验要求的贯入深度；

2 试验记录显示异常；

3 反力装置失效；

4 触探杆的倾斜度超过10°。

9.3.8 采用人工记录时，试验数据可按本规范附录A的格式进行记录。

9.4 检测数据分析与判定

9.4.1 出现下列情况时，应对试验数据进行处理：

1 出现零位漂移超过满量程的±1‰且小于±3‰时，可按线性内插法校正；

2 记录曲线上出现脱节现象时，应将停机前记录与重新开机后贯入 10cm 深度的记录连成圆滑的曲线；

3 记录深度与实际深度的误差超过±1‰时，可在出现误差的深度范围内，等距离调整。

9.4.2 单桥探头的比贯入阻力，双桥探头的锥尖阻力、侧壁摩阻力及摩阻比，应分别按下列公式计算：

$$p_s = K_p \cdot (\varepsilon_p - \varepsilon_0) \quad (9.4.2-1)$$

$$q_c = K_q \cdot (\varepsilon_q - \varepsilon_0) \quad (9.4.2-2)$$

$$f_s = K_f \cdot (\varepsilon_f - \varepsilon_0) \quad (9.4.2-3)$$

$$\alpha = f_s / q_c \times 100\% \quad (9.4.2-4)$$

式中：p_s——单桥探头的比贯入阻力（kPa）；

q_c——双桥探头的锥尖阻力（kPa）；

f_s——双桥探头的侧壁摩阻力（kPa）；

α——摩阻比（%）；

K_p——单桥探头率定系数（kPa/με）；

K_q——双桥探头的锥尖阻力率定系数（kPa/με）；

K_f——双桥探头的侧壁摩阻力率定系数（kPa/με）；

ε_p——单桥探头的比贯入阻力应变量（με）；

ε_q——双桥探头的锥尖阻力应变量（με）；

ε_f——双桥探头的侧壁摩阻力应变量（με）；

ε_0——触探头的初始读数或零读数应变量（με）。

9.4.3 对于每个检测孔，采用单桥探头应整理并绘制比贯入阻力与深度的关系曲线，采用双桥探头应整理并绘制锥尖阻力、侧壁摩阻力、摩阻比与深度的关系曲线。

9.4.4 对于土层力学分层，当采用单桥探头测试时，应根据比贯入阻力与深度的关系曲线进行；当采用双桥探头测试时，应以锥尖阻力与深度的关系曲线为主，结合侧壁摩阻力和摩阻比与深度的关系曲线进行。划分土层力学分层界线时，应考虑贯入阻力曲线中的超前和滞后现象，宜以超前和滞后的中点作为分界点。

9.4.5 土层划分应根据土层力学分层和地质分层综合确定，并应分层计算每个检测孔的比贯入阻力或锥尖阻力平均值，计算时应剔除临界深度以内的数值和超前、滞后影响范围内的异常值。

9.4.6 单位工程同一土层的比贯入阻力或锥尖阻力标准值，应根据各检测孔的平均值按本规范附录 B 计算确定。

9.4.7 初步判定地基土承载力特征值和压缩模量时，可根据比贯入阻力或锥尖阻力标准值按表 9.4.7 估算。

表 9.4.7 地基土承载力特征值 f_{ak} 和压缩模量 $E_{s0.1-0.2}$ 与比贯入阻力标准值的关系

f_{ak}(kPa)	$E_{s0.1-0.2}$(MPa)	p_s 适用范围（MPa）	适用土类
$f_{ak}=80p_s+20$	$E_{s0.1-0.2}=2.5\ln(p_s)+4$	0.4~5.0	黏性土
$f_{ak}=47p_s+40$	$E_{s0.1-0.2}=2.44\ln(p_s)+4$	1.0~16.0	粉土
$f_{ak}=40p_s+70$	$E_{s0.1-0.2}=3.6\ln(p_s)+3$	3.0~30.0	砂土

注：当采用 q_c 值时，取 $p_s=1.1q_c$。

9.4.8 静力触探试验应给出每个试验孔（点）的检测结果和单位工程的主要土层的评价结果。

9.4.9 检测报告除应符合本规范第 3.3.2 条规定外，尚应包括下列内容：

1 锥尖阻力、侧壁摩阻力、摩阻比随深度的变化曲线，或比贯入阻力随深度的变化曲线；

2 每个检测孔的比贯入阻力或锥尖阻力平均值；

3 同一土层的比贯入阻力或锥尖阻力标准值；

4 结合比对试验结果和地区经验的地基土承载力和变形模量值；

5 对检验地基处理加固效果的工程，应提供处理前后的锥尖阻力、侧壁摩阻力或比贯入阻力的对比曲线。

10 十字板剪切试验

10.1 一般规定

10.1.1 十字板剪切试验适用于饱和软黏性土天然地基及其人工地基的不排水抗剪强度和灵敏度试验。

10.1.2 对处理地基土质量进行验收检测时，单位工程检测数量不应少于 10 点，检测同一土层的试验有效数据不应少于 6 个。

10.2 仪器设备

10.2.1 十字板剪切试验可分为机械式和电测式，主要设备由十字板头、记录仪、探杆与贯入设备等组成。

10.2.2 十字板剪切仪的设备参数及性能指标应符合表 10.2.2-1～表 10.2.2-4 的规定。

表 10.2.2-1 十字板头主要技术参数

板宽 B（mm）	板高 H（mm）	板厚（mm）	刃角（°）	轴杆直径（mm）	面积比（%）
50	100	2	60	13	14
75	150	3	60	16	13

表 10.2.2-2 扭力测量设备主要技术指标

扭矩测量范围（N·m）	扭矩角测量范围（°）	扭转速率（°/min）
0~80	0~360	6~12

表 10.2.2-3　电测式十字板剪切仪的扭力传感器性能指标

检测总误差	传感器出厂时的对地绝缘电阻	现场试验传感器对地绝缘电阻	传感器护套外径
不应大于 3%FS（其中非线性误差、重复性误差、滞后误差、归零误差均应小于 1%FS）	不应小于 500MΩ（在 300kPa 水压下恒压 1h 后，绝缘电阻应大于 300MΩ）	≥200MΩ	不宜大于 20mm

表 10.2.2-4　电测式十字板记录仪性能指标

时漂	温漂	有效最小分度值
应小于 0.1%FS/h	应小于 0.01%FS/℃	应小于 0.06%FS

10.2.3 加载设备可利用地锚反力系统、静力触探加载系统或其他加压系统。

10.2.4 十字板头、记录仪、探杆、电缆等应作为整个测试系统按要求进行定期检定、校准或率定。

10.2.5 现场量测仪器应与探头率定时使用的量测仪器相同；信号传输线应采用屏蔽电缆。

10.3　现　场　检　测

10.3.1 场地和仪器设备安装应符合下列规定：

　　1 检测孔位应避开地下电缆、管线及其他地下设施；

　　2 检测孔位场地应平整；

　　3 试验过程中，机座应始终处于水平状态；地表水体下的十字板剪切试验，应采取必要措施，保证试验孔和探杆的垂直度。

10.3.2 机械式十字板剪切试验操作应符合下列规定：

　　1 十字板头与钻杆应逐节连接并拧紧；

　　2 十字板插入至试验深度后，应静止 2min～3min，方可开始试验；

　　3 扭转剪切速率宜采用（6～12）°/min，并应在 2min 内测得峰值强度；测得峰值或稳定值后，继续测读 1min，以便确认峰值或稳定值；

　　4 需要测定重塑土抗剪强度时，应在峰值强度或稳定值测试完毕后，按顺时针方向连续转动 6 圈，再按第 3 款测定重塑土的不排水抗剪强度。

10.3.3 电测式十字板剪切仪试验操作应符合下列规定：

　　1 十字板探头压入前，宜将探头电缆一次性穿入需用的全部探杆；

　　2 现场贯入前，应连接量测仪器并对探头进行试力，确保探头能正常工作；

　　3 将十字板头直接缓慢贯入至预定试验深度处，使用旋转装置卡盘卡住探杆；应静止 3min～5min 后，测读初始读数或调整零位，开始正式试验；

　　4 以（6～12）°/min 的转速施加扭力，每 1°～2° 测读数据一次。当峰值或稳定值出现后，再继续测读 1min，所得峰值或稳定值即为试验土层剪切破坏时的读数 P_f。

10.3.4 十字板插入钻孔底部深度应大于 3 倍～5 倍孔径；对非均质或夹薄层粉细砂的软黏性土层，宜结合静力触探试验结果，选择软黏土进行试验。

10.3.5 十字板剪切试验深度宜按工程要求确定。试验深度对原状土地基应达到应力主要影响深度，对处理土地基应达到地基处理深度；试验点竖向间距可根据地层均匀情况确定。

10.3.6 测定场地土的灵敏度时，宜根据土层情况和工程需要选择有代表性的孔、段进行。

10.3.7 十字板剪切试验应记录下列信息：

　　1 十字板探头的编号、十字板常数、率定系数；

　　2 初始读数、扭矩的峰值或稳定值；

　　3 及时记录贯入过程中发生的各种异常或影响正常贯入的情况。

10.3.8 当出现下列情况之一时，可终止试验：

　　1 达到检测要求的测试深度；

　　2 十字板头的阻力达到额定荷载值；

　　3 电信号陡变或消失；

　　4 探杆倾斜度超过 2%。

10.4　检测数据分析与判定

10.4.1 出现下列情况时，宜对试验数据进行处理：

　　1 出现零位漂移超过满量程的 ±1% 时，可按线性内插法校正；

　　2 记录深度与实际深度的误差超过 ±1% 时，可在出现误差的深度范围内等距离调整。

10.4.2 机械式十字板剪切仪的十字板常数可按下式计算确定：

$$K_c = \frac{2R}{\pi D^2 \left(\dfrac{D}{3} + H \right)} \qquad (10.4.2)$$

式中：K_c——机械式十字板剪切仪的十字板常数（1/m²）；

　　　R——施力转盘半径（m）；

　　　D——十字板头直径（m）；

　　　H——十字板板高（m）。

10.4.3 地基土不排水抗剪强度可按下列公式计算确定：

$$c_u = 1000 K_c (P_f - P_0) \qquad (10.4.3-1)$$

或

$$c_u = K(\varepsilon - \varepsilon_0) \quad (10.4.3-2)$$

或

$$c_u = 10K_c \eta R_y \quad (10.4.3-3)$$

式中：c_u——地基土不排水抗剪强度（kPa），精确到 0.1kPa；

P_f——剪损土体的总作用力（N）；

P_0——轴杆与土体间的摩擦力和仪器机械阻力（N）；

K——电测式十字板剪切仪的探头率定系数（$kPa/\mu\varepsilon$）；

ε——剪损土体的总作用力对应的应变测试仪读数（$\mu\varepsilon$）；

ε_0——初始读数（$\mu\varepsilon$）；

K_c——十字板常数，当板头尺寸为 50mm × 100mm 时，取 0.00218cm^{-3}，当板头尺寸为 75mm×150mm 时，取 0.00065cm^{-3}；

R_y——原状土剪切破坏时的读数（mV）；

η——传感器率定系数（N·cm/mV）。

10.4.4 地基土重塑土强度可按下列公式计算：

$$c'_u = 1000K_c(P'_f - P'_0) \quad (10.4.4-1)$$

或

$$c'_u = K(\varepsilon' - \varepsilon'_0) \quad (10.4.4-2)$$

或

$$c'_u = 10K_c \eta R'_y \quad (10.4.4-3)$$

式中：c'_u——地基土重塑土强度（kPa），精确到 0.1kPa；

P'_f——剪损重塑土体的总作用力（N）；

ε'——剪损重塑土对应的最大应变值；

P'_0、ε'_0——重塑土强度测试前的初始读数；

R'_y——重塑土剪切破坏时的读数（mV）。

10.4.5 土的灵敏度可按下式计算：

$$S_t = c_u/c'_u \quad (10.4.5)$$

式中：S_t——土的灵敏度。

10.4.6 对于每个检测孔，应计算不同测试深度的地基土的不排水剪切强度、重塑土强度和灵敏度，并绘制地基土的不排水抗剪强度、重塑土强度和灵敏度与深度的关系图表。需要时可绘制不同测试深度的抗剪强度与扭转角度的关系图表。

10.4.7 每个检测孔的不排水抗剪强度、重塑土强度和灵敏度的代表值应取根据不同深度的十字板剪切试验结果的平均值。参加统计的试验点不应少于 3 点，当其极差不超过平均值的 30% 时，取其平均值作为代表值；当极差超过平均值的 30% 时，应分析原因，结合工程实际判别，可增加试验点数量。

10.4.8 软土地基的固结情况及加固效果可根据地基土的不排水抗剪强度、灵敏度及其变化进行评价。

10.4.9 初步判定地基土承载力特征值时，可按下式进行估算：

$$f_{ak} = 2c_u + \gamma h \quad (10.4.9)$$

式中：f_{ak}——地基承载力特征值（kPa）；

γ——土的天然重度（kN/m^3）；

h——基础埋置深度（m），当 $h > 3.0$m 时，宜根据经验进行折减。

10.4.10 十字板剪切试验应给出每个试验孔（点）主要土层的检测和评价结果。

10.4.11 检测报告除应符合本规范第 3.3.2 条规定外，尚应包括下列内容：

1 每个检测孔的地基土的不排水抗剪强度、重塑土强度和灵敏度与深度的关系曲线（图表），需要时绘制抗剪强度与扭转角度的关系曲线；

2 根据土层条件和地区经验，对实测的十字板不排水抗剪强度进行修正；

3 同一土层的不排水抗剪强度、重塑土强度和灵敏度的标准值；

4 结合比对试验结果和地区经验所确定的地基承载力、估算土的液性指数、判定软黏性土的固结历史、检验地基加固改良的效果。

11 水泥土钻芯法试验

11.1 一般规定

11.1.1 水泥土钻芯法适用于检测水泥土桩的桩长、桩身强度和均匀性，判定或鉴别桩底持力层岩土性状。

11.1.2 水泥土钻芯法试验数量单位工程不应少于 0.5%，且不应少于 3 根。当桩长大于等于 10m 时，桩身强度抗压芯样试件按每孔不少于 9 个截取，桩体三等分段各取 3 个；当桩长小于 10m 时，桩身强度抗压芯样试件按每孔不少于 6 个截取，桩体二等分段各取 3 个。

11.1.3 水泥土桩取芯时龄期应满足设计的要求。

11.2 仪器设备

11.2.1 钻取芯样宜采用液压操纵的高速工程地质钻机，并配备相应的水泵、孔口管、扩孔器、卡簧、扶正稳定器及可捞取松软渣样的钻具。宜采用双管单动或更有利于提高芯样采取率的钻具。钻杆应顺直，钻杆直径宜为 50mm。

11.2.2 钻取芯样钻机应根据桩身设计强度选用合适的薄壁合金钢钻头或金刚石钻头，钻头外径不宜小于 91mm。

11.2.3 锯切芯样试件用的锯切机应具有冷却系统和夹紧牢固的装置；芯样试件端面的补平器和磨平机应满足芯样制作的要求。

11.3 现场检测

11.3.1 钻机设备安装应稳固、底座水平。钻机立轴中心、天轮中心（天车前沿切点）与孔口中心必须在同一铅垂线上。应确保钻机在钻芯过程中不发生倾斜、移位，钻芯孔垂直度偏差小于 0.5%。

11.3.2 每根受检桩可钻 1 孔，当桩直径或长轴大于 1.2m 时，宜增加钻孔数量。开孔位置宜在桩中心附近处，宜采用较小的钻头压力。钻孔取芯的取芯率不宜低于 85%。对桩底持力层的钻孔深度应满足设计要求，且不小于 2 倍桩身直径。

11.3.3 当桩顶面与钻机底座的高差较大时，应安装孔口管，孔口管应垂直且牢固。

11.3.4 钻进过程中，钻孔内循环水流应根据钻芯情况及时调整。钻进速度宜为 50mm/min～100mm/min，并应根据回水含砂量及颜色调整钻进速度。

11.3.5 提钻卸取芯样时，应采用拧卸钻头和扩孔器方式取芯，严禁敲打卸芯。

11.3.6 每回次进尺宜控制在 1.5m 以内；钻至桩底时，可采用适宜的方法对桩底持力层岩土性状进行鉴别。

11.3.7 芯样从取样器中推出时应平稳，严禁试样受拉、受弯。芯样在运送和保存过程中应避免压、震、晒、冻，并防止试样失水或吸水。

11.3.8 钻取的芯样应由上而下按回次顺序放进芯样箱中，芯样牌上应清晰标明回次数、深度。

11.3.9 及时记录钻进及异常情况，并对芯样质量进行初步描述。应对芯样和标有工程名称、桩号、芯样试件采取位置、桩长、孔深、检测单位名称的标示牌的全貌进行拍照。

11.3.10 钻芯孔应从孔底往上用水泥浆回灌封孔。

11.4 芯样试件抗压强度

11.4.1 试验抗压试件直径不宜小于 70mm，试件的高径比宜为 1:1；抗压芯样应进行密封，避免晾晒。

11.4.2 芯样试件的加工和测量可按现行行业标准《建筑基桩检测技术规范》JGJ 106 的有关规定执行。芯样试件制作完毕可立即进行抗压强度试验。

11.4.3 试验机宜采用高精度小型压力机，试验机额定最大压力不宜大于预估压力的 5 倍。

11.4.4 芯样试件抗压强度应按下式计算确定：

$$f_{cu} = \frac{4P}{\pi d^2} \qquad (11.4.4)$$

式中：f_{cu}——芯样试件抗压强度（MPa），精确到 0.01MPa；

P——芯样试件抗压试验测得的破坏荷载（N）；

d——芯样试件的平均直径（mm）。

11.5 检测数据分析与判定

11.5.1 桩身芯样试件抗压强度代表值应按一组三块试件强度值的平均值确定。水泥土芯样试件抗压强度代表值应取各段水泥土芯样试件抗压强度代表值中的最小值。

11.5.2 桩身强度应按单位工程检验批进行评价。对单位工程同一条件下的受检桩，应取桩身芯样试件抗压强度代表值进行统计，并按下列公式分别计算平均强度、标准差和变异系数，并应按本规范附录 B 规定计算桩身强度标准值。

$$\bar{q}_{uf} = \frac{\sum\limits_{i=1}^{n} q_{ufi}}{n} \qquad (11.5.2\text{-}1)$$

$$\sigma_{uf} = \sqrt{\frac{1}{n-1} \sum\limits_{i=1}^{n} (\bar{q}_{uf} - q_{ufi})^2} \qquad (11.5.2\text{-}2)$$

$$\delta_{uf} = \frac{\sigma_{uf}}{q_{uf}} \times 100\% \qquad (11.5.2\text{-}3)$$

式中：q_{ufi}——单桩的芯样试件抗压强度代表值（kPa）；

$\bar{q}_{uf}$——检验批水泥土桩的芯样试件抗压强度平均值（kPa）；

σ_{uf}——桩身抗压强度代表值的标准差（kPa）；

δ_{uf}——桩身抗压强度代表值的变异系数；

n——受检桩数。

11.5.3 桩底持力层性状应根据芯样特征、动力触探或标准贯入试验结果等综合判定。

11.5.4 桩身均匀性宜按单桩并根据现场水泥土芯样特征等进行综合评价。桩身均匀性评价标准应按表 11.5.4 规定执行。

表 11.5.4 桩身均匀性评价标准

桩身均匀性描述	芯样特征
均匀性良好	芯样连续、完整，坚硬，搅拌均匀，呈柱状
均匀性一般	芯样基本完整，坚硬，搅拌基本均匀，呈柱状，部分呈块状
均匀性差	芯样胶结一般，呈柱状、块状，局部松散，搅拌不均匀

11.5.5 桩身质量评价应按检验批进行。受检桩桩身强度应按检验批进行评价，桩身强度标准值应满足设计要求。受检桩的桩身均匀性和桩底持力层岩土性状按单桩进行评价，应满足设计的要求。

11.5.6 钻芯孔偏出桩外时，应仅对钻取芯样部分进行评价。

11.5.7 检测报告除应符合本规范第 3.3.2 条规定外，尚应包括下列内容：

1 钻芯设备及芯样试件的加工试验情况；

2 水泥土桩施工日期，取芯日期，抗压试验日期，芯样所在桩身位置及取样率，芯样彩色照片，异常情况说明；

3 检测桩数、芯样进尺、持力层进尺、总进尺、

芯样尺寸,芯样试件组数;

4　地质剖面柱状图和不同标高桩身芯样抗压强度试验结果、重度、水泥用量等;

5　受检桩桩身强度、桩身均匀性和桩底持力层岩土性状评价。

12　低应变法试验

12.1　一般规定

12.1.1　低应变法适用于检测有粘结强度、规则截面的桩身强度大于 8MPa 竖向增强体的完整性,判定缺陷的程度及位置。

12.1.2　低应变法试验单位工程检测数量不应少于总桩数的 10%,且不得少于 10 根。

12.1.3　低应变法的有效检测长度、截面尺寸范围应通过现场试验确定。

12.1.4　低应变法检测开始时间应在受检竖向增强体强度达到要求后进行。

12.2　仪器设备

12.2.1　低应变法检测仪器的主要技术性能指标应符合现行行业标准《基桩动测仪》JG/T 3055 的有关规定,且应具有信号采集、滤波、放大、显示、储存和处理分析功能。

12.2.2　低应变法激振设备宜根据增强体的类型、长度及检测目的,选择不同大小、长度、质量的力锤、力棒和不同材质的锤头,以获得所需的激振频带和冲击能量。瞬态激振设备应包括能激发宽脉冲和窄脉冲的力锤和锤垫;力锤可装有力传感器。

12.3　现场检测

12.3.1　受检竖向增强体顶部处理的材质、强度、截面尺寸应与增强体主体基本等同;当增强体的侧面与基础的混凝土垫层浇筑成一体时,应断开连接并确保垫层不影响检测结果的情况下方可进行检测。

12.3.2　测试参数设定应符合下列规定:

1　增益应结合激振方式通过现场对比试验确定;

2　时域信号分析的时间段长度应在 $2L/c$ 时刻后延续不少于 5ms;频域信号分析的频率范围上限不应小于 2000Hz;

3　设定长度应为竖向增强体顶部测点至增强体底的施工长度;

4　竖向增强体波速可根据当地同类型增强体的测试值初步设定;

5　采样时间间隔或采样频率应根据增强体长度、波速和频率分辨率合理选择;

6　传感器的灵敏度系数应按计量检定结果设定。

12.3.3　测量传感器安装和激振操作应符合下列规定:

1　传感器安装应与增强体顶面垂直;用耦合剂粘结时,应有足够的粘结强度;

2　锤击点在增强体顶部中心,传感器安装点与增强体中心的距离宜为增强体半径的 2/3 并不应小于 10cm;

3　锤击方向应沿增强体轴线方向;

4　瞬态激振应根据增强体长度、强度、缺陷所在位置的深浅,选择合适重量、材质的激振设备,宜用宽脉冲获取增强体的底部或深部缺陷反射信号,宜用窄脉冲获取增强体的上部缺陷反射信号。

12.3.4　信号采集和筛选应符合下列规定:

1　应根据竖向增强体直径大小,在其表面均匀布置 2 个~3 个检测点;每个检测点记录的有效信号数不宜少于 3 个;

2　检测时应随时检查采集信号的质量,确保实测信号能反映增强体完整性特征;

3　信号不应失真和产生零漂,信号幅值不应超过测量系统的量程;

4　对于同一根检测增强体,不同检测点及多次实测时域信号一致性较差,应分析原因,增加检测点数量。

12.4　检测数据分析与判定

12.4.1　竖向增强体波速平均值的确定应符合下列规定:

1　当竖向增强体长度已知、底部反射信号明确时(图 12.4.1-1、图 12.4.1-2),应在地质条件、设计类型、施工工艺相同的竖向增强体中,选取不少于 5 根完整性为 I 类的竖向增强体按式(12.4.1-2)或按式(12.4.1-3)计算波速值,按式(12.4.1-1)计算其平均值:

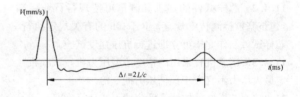

图 12.4.1-1　完整的增强体典型时域信号特征

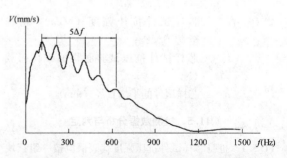

图 12.4.1-2　完整的增强体典型幅频信号特征

$$c_{\mathrm{m}} = \frac{1}{n}\sum_{i=1}^{n} c_i \qquad (12.4.1\text{-}1)$$

时域 $$c_i = \frac{2000L}{\Delta t} \qquad (12.4.1\text{-}2)$$

频域 $$c_i = 2L \cdot \Delta f \qquad (12.4.1\text{-}3)$$

式中：c_{m}——竖向增强体波速的平均值（m/s）；

    c_i——第 i 根受检竖向增强体的波速值（m/s），且 $|c_i - c_{\mathrm{m}}|/c_{\mathrm{m}} \leqslant 10\%$；

    L——测点下增强体长度（m）；

    Δt——速度波第一峰与竖向增强体底部反射波峰间的时间差（ms）；

    Δf——幅频曲线上竖向增强体底部相邻谐振峰间的频差（Hz）；

    n——参加波速平均值计算的竖向增强体数量（$n \geqslant 5$）。

2 当无法按 1 款确定时，波速平均值可根据当地相同施工工艺的竖向增强体的其他工程的实测值，结合胶结材料、骨料品种和强度综合确定。

12.4.2 竖向增强体缺陷位置应按式（12.4.2-1）或式（12.4.2-2）计算确定：

时域 $$x = \frac{1}{2000} \cdot \Delta t_{\mathrm{x}} \cdot c \qquad (12.4.2\text{-}1)$$

频域 $$x = \frac{1}{2} \cdot \frac{c}{\Delta f'} \qquad (12.4.2\text{-}2)$$

式中：x——竖向增强体缺陷至传感器安装点的距离（m）；

    Δt_{x}——速度波第一峰与缺陷反射波峰间的时间差（ms）（图 12.4.2-1）；

    c——受检竖向增强体的波速（m/s），无法确定时用 c_{m} 值替代；

    $\Delta f'$——幅频信号曲线上缺陷相邻谐振峰间的频差（Hz）（图 12.4.2-2）。

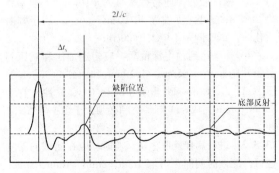

图 12.4.2-1 缺陷位置时域计算示意图

12.4.3 信号处理应符合下列规定：

1 采用加速度传感器时，可选择不小于 2000Hz 的低通滤波对积分后的速度信号进行处理；采用速度传感器时，可选择不小于 1000Hz 的低通滤波对速度信号进行处理；

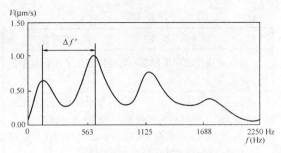

图 12.4.2-2 缺陷位置频域计算示意图

2 当竖向增强体底部反射信号或深部缺陷反射信号较弱时，可采用指数放大，被放大的信号幅值不应大于入射波幅值的一半，进行指数放大后的波形尾部应基本回零；指数放大的范围宜大于 $2L/c$ 的 2/3，指数放大倍数宜小于 20；

3 可使用旋转处理功能，使测试波形尾部基本位于零线附近。

12.4.4 竖向增强体完整性分类应符合表 12.4.4 的规定。

表 12.4.4 竖向增强体完整性分类表

增强体完整性类别	分类原则
Ⅰ 类	增强体结构完整
Ⅱ 类	增强体结构存在轻微缺陷
Ⅲ 类	增强体结构存在明显缺陷
Ⅳ 类	增强体结构存在严重缺陷

12.4.5 竖向增强体完整性类别应结合缺陷出现的深度、测试信号衰减特性以及设计竖向增强体类型、施工工艺、地质条件、施工情况，按本规范表 12.4.4 的分类和表 12.4.5 所列实测时域或幅频信号特征进行综合分析判定。

表 12.4.5 竖向增强体完整性判定信号特征

类别	时域信号特征	幅频信号特征
Ⅰ	除冲击入射波和增强体底部反射波外，在 $2L/c$ 时刻前，基本无同相反射波发生；允许存在承载力有利的反相反射（扩径）；增强体底部阻抗与持力层阻抗有差异时，应有底部反射信号	增强体底部谐振峰排列基本等间距，其相邻频差 $\Delta f \approx c/(2L)$
Ⅱ	$2L/c$ 时刻前出现轻微缺陷反射波；增强体底部阻抗与持力层阻抗有差异时，应有底部反射信号	增强体底部谐振峰排列基本等间距，其相邻频差 $\Delta f \approx c/(2L)$，轻微缺陷产生的谐振峰之间的频差（$\Delta f'$）与增强体底部谐振峰之间的频差（Δf）满足 $\Delta f' > \Delta f$

续表12.4.5

类别	时域信号特征	幅频信号特征
Ⅲ	有明显同相反射波，其他特征介于Ⅱ类和Ⅳ类之间	
Ⅳ	$2L/c$ 时刻前出现严重同相反射波或周期性反射波，无底部反射波； 或因增强体浅部严重缺陷使波形呈现低频大振幅衰减振动，无底部反射波	缺陷谐振峰排列基本等间距，相邻频差 $\Delta f' > c/(2L)$，无增强体底部谐振峰； 或因增强体浅部严重缺陷只出现单一谐振峰，无增强体底部谐振峰

注：对同一场地、地质条件相近、施工工艺相同的增强体，因底部阻抗与持力层阻抗相匹配导致实测信号无底部反射信号时，可按本场地同条件下有底部反射波的其他实测信号判定增强体完整性类别。

12.4.6 低应变法应给出每根受检竖向增强体的完整性情况评价。

12.4.7 出现下列情况之一，竖向增强体完整性宜结合其他检测方法进行判定：

　　1 实测信号复杂，无规律，无法对其进行准确评价；

　　2 增强体截面渐变或多变，且变化幅度较大。

12.4.8 低应变法检测报告应给出增强体完整性检测的实测信号曲线。

12.4.9 检测报告除应符合本规范第3.3.2条规定外，尚应包括下列内容：

　　1 增强体波速取值；

　　2 增强体完整性描述、缺陷的位置及增强体完整性类别；

　　3 时域信号时段所对应的增强体长度标尺、指数或线性放大的范围及倍数；或幅频信号曲线分析的频率范围、增强体底部或增强体缺陷对应的相邻谐振峰间的频差。

13 扁铲侧胀试验

13.1 一 般 规 定

13.1.1 扁铲侧胀试验适用于判定黏性土、粉土和松散～中密的砂土、预压地基和注浆加固地基的承载力和变形参数，评价液化特性和地基加固前后效果对比。在密实的砂土、杂填土和含砾土层中不宜采用。

13.1.2 对处理地基土质量进行验收检测时，单位工程检测数量不应少于10点，检测同一土层的试验有效数据不应少于6个。

13.1.3 采用扁铲侧胀试验判定地基承载力和变形参数，应结合单位工程载荷试验比对结果进行。

13.2 仪 器 设 备

13.2.1 扁铲侧胀试验设备应包括扁铲测头、测控箱、率定附件、气-电管路、压力源和贯入设备。应按要求定期检定、校准或率定。

13.2.2 扁铲测头外形尺寸和结构应符合下列规定：

　　1 长应为230mm～240mm，宽应为94mm～96mm，厚应为14mm～16mm；

　　2 探头前缘刃角应为12°～16°；

　　3 探头侧面钢膜片的直径应为60mm，厚宜为0.2mm。

13.2.3 测控箱与1m长的气-电管路、气压计、校正器等率定附件组成率定装置。气-电管路的直径不宜超过12mm。压力源可采用干燥的空气或氮气。贯入设备可采用静力触探机具或液压钻机。

13.3 现 场 检 测

13.3.1 试验前准备工作应符合下列规定：

　　1 应先将气-电管路贯穿在静力触探探杆中，或直接用胶带绑在钻杆上；

　　2 气-电管路贯穿探杆后，一端应与扁铲测头连接；

　　3 应检查测控箱、压力源设备完好连接，并将气-电管路另一端与测控箱的测头插座连接；

　　4 应将地线接到测控箱的地线插座上，另一端连接于探杆或压机的机座。

13.3.2 扁铲侧胀试验应符合下列规定：

　　1 每孔试验前后均应进行探头率定，以试验前后的平均值为修正值；

　　2 探头率定时膜片的合格标准，率定时膨胀至0.05mm的气压实测值5kPa～25kPa，率定时膨胀至1.10mm的气压实测值10kPa～110kPa；

　　3 应以静力匀速将探头贯入土中，贯入速率宜为2cm/s；试验点间距宜取20cm～50cm；用于判断液化时，试验间距不应大于20cm；

　　4 探头达到预定深度后，应匀速加压和减压测定膜片膨胀至0.05mm、1.10mm和回到0.05mm的压力 A、B、C 值；砂土宜为30s～60s，黏性土宜为2min～3min完成；A 与 B 之和必须大于 ΔA 与 ΔB 之和。

13.3.3 进行扁铲侧胀消散试验时，应在测试的深度进行。测读时间间距可取1min、2min、4min、8min、15min、30min、90min，以后每90min测读一次，直至消散结束。

13.4 检测数据分析与判定

13.4.1 出现下列情况时，应对现场试验数据进行处理：

　　1 出现零位漂移超过满量程的±1%时，可按线性内插法校正；

2 记录曲线上出现脱节现象时，应将停机前记录与重新开机后贯入 10cm 深度的记录连成圆滑的曲线；

3 记录深度与实际深度的误差超过±1%时，可在出现误差的深度范围内等距离调整。

13.4.2 扁铲侧胀试验成果分析应包括下列内容：

1 对试验的实测数据应按下列公式进行膜片刚度修正：

$$P_0 = 1.05(A - Z_m + \Delta A) - 0.05(B - Z_m - \Delta B)$$
$$(13.4.2-1)$$
$$P_1 = B - Z_m - \Delta B \qquad (13.4.2-2)$$
$$P_2 = C - Z_m + \Delta A \qquad (13.4.2-3)$$

式中：P_0——膜片向土中膨胀之前的接触压力（kPa）；

P_1——膜片膨胀至 1.10mm 时的压力（kPa）；

P_2——膜片回到 0.05mm 时的终止压力（kPa）；

Z_m——调零前的压力表初读数（kPa）。

2 应根据 P_0、P_1 和 P_2 计算下列指标：

$$E_D = 34.7(P_1 - P_0) \qquad (13.4.2-4)$$
$$K_D = (P_0 - u_0)/\sigma_{v0} \qquad (13.4.2-5)$$
$$I_D = (P_1 - P_0)/(P_0 - u_0) \qquad (13.4.2-6)$$
$$U_D = (P_2 - u_0)/(P_0 - u_0) \qquad (13.4.2-7)$$

式中：E_D——侧胀模量（kPa）；

K_D——侧胀水平应力指数；

I_D——侧胀土性指数；

U_D——侧胀孔压指数；

u_0——试验深度处的静水压力（kPa）；

σ_{v0}——试验深度处土的有效上覆压力（kPa）。

3 绘制 E_D、K_D、I_D、U_D 与深度的关系曲线。

13.4.3 天然地基和人工地基的地基承载力及进行液化判别可根据扁铲侧胀的试验指标和载荷试验的对比试验或地区经验进行判定。

13.4.4 扁铲侧胀试验应给出每个试验孔（点）主要土层的检测和评价结果。

13.4.5 检测报告除应符合本规范第 3.3.2 条规定外，尚应包括下列内容：

1 扁铲侧胀试验 E_D、K_D、I_D、U_D 与深度及土层分类与深度关系曲线；

2 每个检测孔的扁铲模量、水平应力指数代表值；

3 同一土层或同一深度范围的扁铲模量、水平应力指数标准值；

4 岩土性状分析或地基处理效果评价。

14 多道瞬态面波试验

14.1 一 般 规 定

14.1.1 多道瞬态面波试验适用于天然地基及换填、预压、压实、夯实、挤密、注浆等方法处理的人工地基的波速测试。通过测试获得地基的瑞利波速度和反演剪切波速，评价地基均匀性，判定砂土地基液化，提供动弹性模量等动力参数。

14.1.2 多道瞬态面波试验宜与钻探、动力触探等测试方法密切配合，正确使用。

14.1.3 采用多道瞬态面波试验判定地基承载力和变形参数时，应结合单位工程地质资料和载荷试验比对结果进行。

14.1.4 当采用多种方法进行场地综合判断时，宜先进行瑞利波试验，再根据其试验结果有针对性地布置载荷试验、动力触探等测点进行点测。

14.1.5 现场测试前应制定满足测试目的和精度要求的采集方案，以及拟采用的采集参数、激振方式、测点和测线布置图及数据处理方法等。测试应避开各种干扰震源，先进行场地及其邻近的干扰震源调查。

14.2 仪 器 设 备

14.2.1 多道瞬态面波试验主要仪器设备应包括振源、检波器、放大器与记录系统、处理软件等。

14.2.2 振源可采用 18 磅大锤、重 60kg～120kg 和落距 1.8m 的砂袋或落重等激振方式，并应保证面波测试所需的频率及激振能量。

14.2.3 检波器及安装应符合下列规定：

1 应采用垂直方向的速度型检波器；

2 检波器的固有频率应满足采集最大面波周期（相应于测试深度）的需要，宜采用频率不大于 4.0Hz 的低频检波器；

3 同一排列检波器之间的固有频率差应小于 0.1Hz，灵敏度和阻尼系数差别不应大于 10%；

4 检波器按竖直方向安插，应与地面接触紧密。

14.2.4 放大器与记录系统应符合下列规定：

1 仪器放大器的通道数不应少于 12 通道；采用的通道数应满足不同面波模态采集的要求；

2 带通 0.4Hz～4000Hz；示值（或幅值）误差不大于±5%；通道一致性误差不大于所用采样时间间隔的一半；

3 仪器采样时间间隔应满足不同面波周期的时间分辨率，保证在最小周期内采样（4～8）点；仪器采样时间长度应满足在距震源最远通道采集完面波最大周期的需要；

4 仪器动态范围不应低于 120dB，模数转换（A/D）的位数不宜小于 16 位。

14.2.5 采集与记录系统处理软件应具备下列功能：

1 具有采集、存储数字信号和对数字信号处理的智能化功能；

2 采集参数的检查与改正、采集文件的组合拼接、成批显示及记录中分辨坏道和处理等功能;

3 识别和剔除干扰波功能;

4 对波速处理成图的文件格式和成图功能,并应为通用计算机平台所调用的功能;

5 分频滤波和检查各分频率有效波的发育及信噪比的功能;

6 分辨识别及利用基态面波成分的功能,反演地层剪切波速和层厚的功能。

14.3 现 场 检 测

14.3.1 有效检测深度不超过 20m 时宜采用大锤激振,不超过 30m 时宜采用砂袋和落重激振。

14.3.2 现场检测时,仪器主机设备等应有防风沙、防雨雪、防晒和防摔等保护措施。

14.3.3 多道瞬态面波测试记录通道应为 12 道或 24 道,道间距宜为 1.0m～3.0m,偏移距根据现场试验确定;宜在排列延长线方向,距排列首端或末端检波器 1.0m～5.0m 处激发,具体参数由现场试验确定。

14.3.4 多通道记录系统测试前应进行频响与幅度的一致性检查,在测试需要的频率范围内各通道应符合一致性要求。

14.3.5 在地表介质松软或风力较大条件下时,检波器应挖坑埋置;在地表有植被或潮湿条件时,应防止漏电。检波器周围的杂草等易引起检波器微动之物应清除;检波器排列布置应符合下列规定:

1 应采用线性等道间距排列方式,震源应在检波器排列以外延长线上激发;

2 道间距应小于最小测试深度所需波长的 1/2;

3 检波器排列长度应大于预期面波最大波长的一半,且大于最大检测深度;

4 偏移距的大小,应根据任务要求通过现场试验确定。

14.3.6 对大面积地基处理采用普测时,测点间距可按半排列或全排列长度确定,一般为 12m～24m。

14.3.7 波速测试点的位置、数量、测试深度等应根据地基处理方法和设计要求确定。遇地层情况变化时,应及时调整观测参数。重要异常或发现畸变曲线时应重复观测。

14.4 检测数据分析与判定

14.4.1 面波数据资料预处理时,应检查现场采集参数的输入正确性和采集记录的质量。采用具有提取频散曲线功能的软件,获取测试点的面波频散曲线。

14.4.2 频散曲线的分层,应根据曲线的曲率和频散点的疏密变化综合分析;分层完成后,可反演计算剪切波层速度和层厚。

14.4.3 根据实测瑞利波波速和动泊松比,可按下列公式计算剪切波波速:

$$V_s = V_R / \eta_s \quad (14.4.3\text{-}1)$$

$$\eta_s = (0.87 - 1.12\mu_d)/(1 + \mu_d) \quad (14.4.3\text{-}2)$$

式中:V_s——剪切波速度(m/s);

V_R——面波速度(m/s);

η_s——与泊松比有关的系数;

μ_d——动泊松比。

14.4.4 对于大面积普测场地,对剪切波速可以等厚度计算等效剪切波速,并应绘制剪切波速等值图,分层等效剪切波速可按下列公式计算:

$$V_{se} = d_0 / t \quad (14.4.4\text{-}1)$$

$$t = \sum_{i=1}^{n} (d_i / V_{si}) \quad (14.4.4\text{-}2)$$

式中:V_{se}——土层等效剪切波速(m/s);

d_0——计算深度(m),一般取 2m～4m;

t——剪切波在计算深度范围内的传播时间(s);

d_i——计算深度范围内第 i 层土的厚度(m);

V_{si}——计算深度范围内第 i 层土剪切波速(m/s);

n——计算深度范围内土层的分层数。

14.4.5 对地基处理效果检验时,应进行处理前后对比测试,并保持前后测点测线一致。可不换算成剪切波速,按处理前后的瑞利波速度进行对比评价和分析。

14.4.6 当测试点密度较大时,可绘制不同深度的波速等值线,用于定性判断场地不同深度处地基处理前后的均匀性。在波速较低处布置动力触探、静载试验等其他测点。根据各种方法的测试结果对处理效果进行综合判断。

14.4.7 瑞利波波速与承载力特征值和变形模量的对应关系应通过现场试验比对和地区经验积累确定;初步判定碎石土地基承载力特征值和变形模量,可按表 14.4.7 估算。

表 14.4.7 瑞利波波速与碎石土地基承载力特征值和变形模量的对应关系

V_R (m/s)	100	150	200	250	300
f_{ak} (kPa)	110	150	200	240	280
E_0 (MPa)	5	10	20	30	45

注:表中数据可内插求得。

14.4.8 多道瞬态面波试验应给出每个试验孔(点)的检测结果和单位工程的主要土层的评价结果。

14.4.9 检测报告除应符合本规范第 3.3.2 条规定外,尚应包括下列内容:

1 检测点平面布置图，仪器设备一致性检查的原始资料，干扰波实测记录；

2 绘制各测点的频散曲线，计算对应土层的瑞利波相速度，根据换算的深度绘制波速-深度曲线或地基处理前后对比关系曲线；有地质钻探资料时，应绘制波速分层与工程地质柱状对比图；

3 根据瑞利波相速度和剪切波速对应关系绘制剪切波速和深度关系曲线或地基处理前后对比关系曲线，面波测试成果图表等；

4 结合钻探、静载试验、动力触探和标贯等其他原位测试结果，分析岩土层的相关参数，判定有效加固深度，综合作出评价。

附录A 原始记录图表格式

A.0.1 标准贯入试验记录表应符合表 A.0.1 的规定。

A.0.1 标准贯入试验记录表

合同编号＿＿＿＿＿＿＿＿＿＿＿　　　　　　　　　　第＿＿页 共＿＿页

工程名称＿＿＿＿＿＿＿＿＿＿＿

钻孔编号＿＿＿＿＿＿＿＿＿＿＿　　　　　　　　　地基类型＿＿＿＿＿＿＿＿＿

试验日期＿＿＿＿＿＿＿＿＿＿＿　　　　　　　　　钻孔标高＿＿＿＿＿＿＿＿＿

仪器设备编号＿＿＿＿＿＿＿＿＿　　　　　　　　　地下水位＿＿＿＿＿＿＿＿＿

　　　　　　　　　　　　　　　　　　　　　　　　标定时间＿＿＿＿＿＿＿＿＿

序号	试验深度 (m)	贯入度 Δ (cm)			对应于 Δ_i 的击数 N_i			实测击数 N	修正击数 N'	探杆长度 (m)	土层定名及描述	备注
		Δ_1	Δ_2	Δ_3	N_1	N_2	N_3	(击/30cm)				
1												
2												
3												
4												
5												
6												
7												
8												

项目负责：　　　　　　　校对：　　　　　　　　　　　　　　　　　　　检测：

A.0.2 动力触探试验记录表应符合表 A.0.2 的规定。

A.0.2 动力触探记录表

合同编号＿＿＿＿＿＿＿＿　　　　　　　　　　　　第＿＿页　共＿＿页

工程名称＿＿＿＿＿＿＿＿　　　　　　　　　　　　地基类型＿＿＿＿＿＿＿＿

钻孔编号＿＿＿＿＿＿＿＿　　　　　　　　　　　　钻孔标高＿＿＿＿＿＿＿＿

试验日期＿＿＿＿＿＿＿＿　　　　　　　　　　　　地下水位＿＿＿＿＿＿＿＿

仪器设备编号＿＿＿＿＿＿　　　　　　　　　　　　标定时间＿＿＿＿＿＿＿＿

探杆总长 (m)	试验深度 (m)	贯入度 (cm)	锤击数 n（击）	$N_{10}=n\times30/\Delta s$（击/10cm）	土层定名 及描述	备注

探杆 总长 (m)	试验 深度 (m)	贯入 度 (cm)	锤击 数 n （击）	$N'_{63.5}=n\times10/\Delta s$（击/10cm）	修正后击数 $N_{63.5}=\alpha\cdot N'_{63.5}$（击/10cm）	土层定 名及 描述	备注

探杆 总长 (m)	试验 深度 (m)	贯入 度 (cm)	锤击 数 n （击）	$N'_{120}=n\times10/\Delta s$（击/10cm）	修正后击数 $N_{120}=\alpha\cdot N'_{120}$（击/10cm）	土层定 名及 描述	备注

项目负责：　　　　　　　校对：　　　　　　　　　　　　　　　　　　　检测：

A.0.3 静力触探试验记录表及成果图应符合表 A.0.3-1～表 A.0.3-4 的规定。

表 A.0.3-1 探头标定记录表

探头号	标定内容	工作面积A（cm²）	电缆规格	电缆长（m）	应变计灵敏度数	仪器号	仪器型号	率定系数	桥压（V）	仪表示值	标定系数 ξ	质量评定					

N	各级荷载 P_i （kN）	仪表读数						读数平均			运算		最佳值 x_i	偏差值				
		加荷			卸荷			加荷 x_i^+	卸荷 x_i^-	加卸荷 $\overline{x_i}$	$(\overline{x_i})^2$	$\overline{x_i}P_i$		重复性		非线性	滞后
														Δx_i^+	Δx_i^-	$\|x_i^+-\overline{x_i}\|$	$\|x_i^+-x_i^-\|$
0																	
1																	
2																	
3																	
4																	
5																	
6																	
7																	
8																	
9																	
10																	

$\xi = \sum(\overline{x_i}P_i)/A\sum(\overline{x_i})^2 =$

$\delta_\tau = (\Delta x_i^\pm)_{max}/FS =$

$s = \sqrt{\dfrac{1}{n-1}\sum(x_{max}^\pm - x_i^-)^2}$ $\sum$

$\delta_1 = |x_i^\pm - x_i^-|_{max}/FS =$

$\delta_s = |x_i^\pm - x_i^-|_{max}/FS =$

起始感量 $Y_0 = \xi\Delta x$

$\delta_0 = |x_0|/FS =$

评定意见：
其他说明：

率定：　　　　　　　计算：　　　　　　　复核者：　　　　　　　率定日期：

表 A.0.3-2 静力触探记录表

合同编号＿＿＿＿＿＿＿＿＿　　　　　　　　　　第＿＿＿页 共＿＿＿页

工程名称＿＿＿＿＿＿＿＿＿　　　　　　　　　　地基类型＿＿＿＿＿＿＿＿＿

钻孔编号＿＿＿＿＿＿＿＿＿　　　　　　　　　　钻孔标高＿＿＿＿＿＿＿＿＿

试验日期＿＿＿＿＿＿＿＿＿　　　　　　　　　　地下水位＿＿＿＿＿＿＿＿＿

仪器类型及编号＿＿＿＿＿＿＿＿＿　　　　　　　率定系数＿＿＿＿＿＿＿＿＿

探头类型及编号＿＿＿＿＿＿＿＿＿　　　　　　　标定时间＿＿＿＿＿＿＿＿＿

深度（m）	读数	校正后读数	阻力（kPa）	初读数及备注	深度（m）	读数	校正后读数	阻力（kPa）	初读数及备注

项目负责：　　　　　　　校对：　　　　　　　　　　　　　　检测：

表 A.0.3-3　单桥静力触探测试成果图

编号＿＿＿＿＿＿＿＿＿＿＿＿　　　　　　　　　编制＿＿＿＿＿＿＿＿＿＿＿＿

位置＿＿＿＿＿＿＿＿＿＿＿＿　　　　　　　　　复核＿＿＿＿＿＿＿＿＿＿＿＿

高程＿＿＿＿＿＿＿＿＿＿＿＿　　　　　　　　　日期＿＿＿＿＿＿＿＿＿＿＿＿

层序	层底深度 d (m)	层面高程 (m)	土名	$\dfrac{p_s}{E_0}$ (MPa)	$\dfrac{\sigma_0}{c_u}$ (kPa)	备注

0　　　　　　　　　　　　　　　　　　P_s (MPa)

d (m)

表 A.0.3-4　双桥静力触探测试成果图

编号＿＿＿＿＿＿＿＿＿＿＿＿　　　　　　　　　编制＿＿＿＿＿＿＿＿＿＿＿＿

位置＿＿＿＿＿＿＿＿＿＿＿＿　　　　　　　　　复核＿＿＿＿＿＿＿＿＿＿＿＿

高程＿＿＿＿＿＿＿＿＿＿＿＿　　　　　　　　　日期＿＿＿＿＿＿＿＿＿＿＿＿

层序	层底深度 d (m)	层面高程 (m)	土名	端阻 q_c (kPa)	侧阻 f_s (kPa)	摩阻比 R_f	总锥尖阻力 q_T (MPa)	备注

0　　　f_s (kPa)，q_c (kPa)，q_T (MPa)　　　　　　　　　　　　　0　　R_f (%)

d (m)

A.0.4 十字板剪切试验记录表及成果图应符合表 A.0.4-1、表 A.0.4-2 的规定。

表 A.0.4-1 十字板剪切试验记录表

工程名称			仪器型号			原状土强度 s_u		(kPa)
试验地点			传感器(钢环)号			重塑土强度 s'_u		(kPa)
试验深度(d)		(m)	率定系数 ξ			灵敏度 $s_t = s_u / s'_u$		
孔口高程		(m)	板头规格、类型 $H/D=$, $D=$ (mm)			残余强度 s_{vt}		(kPa)
试验日期			地下水位		(m)	土名、状态		

原状土剪切						重塑土剪切					
序数 j	转角修正量 $\Delta\theta$	修正后转角 θ	仪表读数 ε	修正后读数 (ε)	剪应力 τ (kPa)	序数 j	仪表读数 ε	修正后读数 (ε)	剪应力 τ (kPa)	序数 j	转角修正量 $\Delta\theta$	修正后转角 θ	仪表读数 ε'	修正后读数 (ε')	剪应力 τ (kPa)

仪表初读数	$\varepsilon_0 =$; $\varepsilon'_0 =$	
读数计量单位		算式
轴杆摩擦读数	原状 $\varepsilon_0 =$	
	重塑	

算式:
剪应力 $\tau_j = K\xi(\varepsilon_j - \varepsilon_0) =$
$\tau'_j = K\xi(\varepsilon'_j - \varepsilon'_0) =$
强度 $s_u = (\tau_j)_{max} =$ $s'_u = (\tau'_j)_{max} =$ $s_{ur} = (\tau_j)_{min} =$
转角修正量 $\Delta\theta_j = \dfrac{7.2 \times 10^{-5} l(M_1)j}{\pi^2(d_1^4 - d_2^4)}$;修正后转角 $\theta_j = j° - \Delta\theta_j$

项目负责: 校对: 试验:

表 A.0.4-2 十字板剪切试验成果图

编　号＿＿＿＿＿＿＿＿＿＿＿＿＿　　　制图＿＿＿＿＿＿＿＿＿＿＿＿＿＿＿
位　　置＿＿＿＿＿＿＿＿＿＿＿＿＿　　　校核＿＿＿＿＿＿＿＿＿＿＿＿＿＿＿
孔口高程＿＿＿＿＿＿＿＿＿＿＿＿＿　　　日期＿＿＿＿＿＿＿＿＿＿＿＿＿＿＿

试验点号 i	土名	深度 d (m)	高程 (m)	十字板强度		灵敏度 s_t
				原状土 C_u(kPa)	重塑土 C'_u(kPa)	

板头尺寸:高 $H=$ (mm); 宽 $D=$ (mm)
板头常数: $K=$
率定系数: $\xi=$
地下水位:

d(m)

A.0.5 扁铲侧胀试验记录表及成果图应符合表 A.0.5-1、表 A.0.5-2 的规定。

表 A.0.5-1　扁铲侧胀试验记录表

工程名称＿＿＿＿＿＿＿＿　　　　　　　　　　试验者＿＿＿＿＿＿＿＿

测点编号＿＿＿＿＿＿＿＿　　　　　　　　　　记录者＿＿＿＿＿＿＿＿

测点标高＿＿＿＿＿＿＿＿　　　　　　　　　　测头号＿＿＿＿＿＿＿＿

压入方式＿＿＿＿＿＿＿＿　　　　　　　　　　试验日期＿＿＿＿＿＿＿＿

试验深度 (m)	测试压力(bar)		
	A	B	C
备注	$\Delta A=$	$\Delta B=$	$Z_m=$

项目负责：　　　　　　　　校对：　　　　　　　　　　　　　　　检测：

表 A.0.5-2　扁铲侧胀试验成果图

孔深		标高		水位埋深		测头号		率定值 Z_a		率定值 Z_b		零读数 Z_m		试验日期	
土层编号	土层名称	层底深度 (m)	层底标高 (m)	厚度 (m)	初始压力 P_0 (kPa)	膨胀压力 (kPa)	ΔP (kPa)	土类指数 I_D	孔压指数 U_D	侧胀模量 E_D (MPa)	水平应力指数 K_D	深度 (m)	P_0、P_1、$\Delta P \sim H$ 曲线	I_D、$U_D \sim H$ 曲线	E_D、$K_D \sim H$ 曲线

附录 B 地基土试验数据统计计算方法

B.0.1 本附录方法适用于天然土地基和处理后地基的标准贯入、动力触探、静力触探等原位试验数据的标准值计算。

B.0.2 标准贯入、动力触探、静力触探等原位试验数据的标准值，应根据各检测点的试验结果，按单位工程进行统计计算。当试验结果需要进行深度修正时，应先进行深度修正。

B.0.3 原位试验数据的平均值、标准差和变异系数应按下列公式计算：

$$\phi_m = \frac{\sum_{i=1}^{n} \phi_i}{n} \quad \text{(B.0.3-1)}$$

$$\sigma_f = \sqrt{\frac{1}{n-1}\left[\sum_{i=1}^{n}\phi_i^2 - \frac{(\sum_{i=1}^{n}\phi_i)^2}{n}\right]}$$

$$\text{(B.0.3-2)}$$

$$\delta = \frac{\sigma_f}{\phi_m} \quad \text{(B.0.3-3)}$$

式中：ϕ_i——原位试验数据的试验值或试验修正值；当同一检测孔的同一分类土层中有多个检测点时，取其平均值；当难以按深度划分土层时，可根据原位试验结果沿深度的分布趋势自上而下划分（3～5）个深度范围进行统计；

ϕ_m——原位试验数据的平均值；

σ_f——原位试验数据的标准差；

δ——原位试验数据的变异系数；

n——参与统计的个数。

B.0.4 单位工程同一土层或同一深度范围的原位试验数据的标准值应按下列方法确定：

$$\phi_k = \gamma_s \phi_m \quad \text{(B.0.4-1)}$$

$$\gamma_s = 1 - \left\{\frac{1.704}{\sqrt{n}} + \frac{4.678}{n^2}\right\}\delta \quad \text{(B.0.4-2)}$$

式中：ϕ_k——原位试验数据的标准值；

γ_s——统计修正系数。

附录 C 圆锥动力触探锤击数修正

C.0.1 当采用重型圆锥动力触探推定地基土承载力或评价地基土密实度时，锤击数应按下式修正：

$$N_{63.5} = \alpha_1 N'_{63.5} \quad \text{(C.0.1)}$$

式中：$N_{63.5}$——经修正后的重型圆锥动力触探锤击数；

$N'_{63.5}$——实测重型圆锥动力触探锤击数；

α_1——修正系数，按表 C.0.1 取值。

表 C.0.1 重型触探试验的杆长修正系数 α_1

α_1 ＼ $N'_{63.5}$ 杆长(m)	5	10	15	20	25	30	35	40	≥50
≤2	1.00	1.00	1.00	1.00	1.00	1.00	1.00	1.00	1.00
4	0.96	0.95	0.93	0.92	0.90	0.89	0.87	0.86	0.84
6	0.93	0.90	0.88	0.85	0.83	0.81	0.79	0.78	0.75
8	0.90	0.86	0.83	0.80	0.77	0.75	0.73	0.71	0.67
10	0.88	0.83	0.79	0.75	0.72	0.69	0.67	0.64	0.61
12	0.85	0.79	0.75	0.70	0.67	0.64	0.61	0.59	0.55
14	0.82	0.76	0.71	0.66	0.62	0.58	0.56	0.53	0.50
16	0.79	0.73	0.67	0.62	0.57	0.54	0.51	0.48	0.45
18	0.77	0.70	0.63	0.57	0.53	0.49	0.46	0.43	0.40
20	0.75	0.67	0.59	0.53	0.48	0.44	0.41	0.39	0.36

C.0.2 当采用超重型圆锥动力触探评价碎石土（桩）密实度时，锤击数应按下式修正：

$$N_{120} = \alpha_2 N'_{120} \quad \text{(C.0.2)}$$

式中：N_{120}——经修正后的超重型圆锥动力触探锤击数；

N'_{120}——实测超重型圆锥动力触探锤击数；

α_2——修正系数，按表 C.0.2 取值。

表 C.0.2 超重型触探试验的杆长修正系数 α_2

α_2 ＼ N'_{120} 杆长(m)	1	3	5	7	9	10	15	20	25	30	35	40
1	1.00	1.00	1.00	1.00	1.00	1.00	1.00	1.00	1.00	1.00	1.00	1.00
2	0.96	0.92	0.91	0.90	0.90	0.90	0.90	0.89	0.89	0.88	0.88	0.88
3	0.94	0.88	0.86	0.85	0.84	0.84	0.84	0.83	0.82	0.82	0.81	0.81
5	0.92	0.82	0.79	0.78	0.77	0.76	0.76	0.75	0.74	0.73	0.72	0.72
7	0.90	0.78	0.75	0.74	0.73	0.71	0.71	0.70	0.68	0.68	0.67	0.66
9	0.88	0.75	0.72	0.70	0.69	0.67	0.67	0.66	0.64	0.63	0.62	0.62

α₂ \ N'₁₂₀　　杆长(m)	1	3	5	7	9	10	15	20	25	30	35	40
11	0.87	0.73	0.69	0.67	0.66	0.64	0.64	0.62	0.61	0.60	0.59	0.58
13	0.86	0.71	0.67	0.65	0.64	0.61	0.61	0.60	0.58	0.57	0.56	0.55
15	0.86	0.69	0.65	0.63	0.62	0.59	0.59	0.58	0.56	0.55	0.54	0.53
17	0.85	0.68	0.63	0.61	0.60	0.57	0.57	0.56	0.54	0.53	0.52	0.50
19	0.84	0.66	0.62	0.60	0.58	0.56	0.56	0.54	0.52	0.51	0.50	0.48

附录 D　静力触探头率定

D.0.1 探头率定可在特制的率定装置上进行，探头率（标）定设备应符合下列规定：

1　探头率定用的测力（压）计或力传感器，其公称量程不宜大于探头额定荷载的两倍，精度不应低于Ⅲ级；

2　探头率定达满量程时，率定架各部杆件应稳定；

3　率定装置对力的传递误差应小于0.5%。

D.0.2 率定前的准备工作应符合下列规定：

1　连接触探头和记录仪并统调平衡，当确认正常后，方可正式进行率定工作；

2　当采用电阻应变仪时，应将仪器的灵敏系数调至与触探头中传感器所贴的电阻应变片的灵敏系数相同；

3　触探头应垂直稳固旋转在率定架上，率定架的压力作用线应与被率定的探头同轴，并应不使电缆线受压；

4　对于新的触探头应反复预压到额定载荷，反复次数宜为3次~5次，以减少传感元件由于加工引起的残余应力。

D.0.3 触探头的率定可分为固定桥压法和固定系数法两种，其率定方法和资料整理应符合下列规定：

1　当采用固定桥压法时，可按下列要求执行：

1）选定量测仪器的供桥电压，电阻应变仪的桥压应是固定的；

2）逐级加荷，一般每级为最大贯入力的1/10；

3）每级加荷均应标明输出电压值或测记相应的应变量；

4）每次率定，加卸荷不得少于3遍，同时对顶柱式传感器还应转动顶柱至不同角度，观察载荷作用下读数的变化，其测定误差应小于1%FS；

5）计算每一级荷载下输出电压（或应变量）的平均值，绘制以荷载为纵坐标，输出电压值（或变量值）为横坐标的率定曲线，其线性误差应符合本规范第9.2.6条的规定；

6）按式（D.0.3-1）计算触探头的率定系数：

$$K = \frac{P}{A\varepsilon} \quad 或 \quad K = \frac{P}{AU_p} \qquad (D.0.3\text{-}1)$$

式中：K——触探头的率定系数（MPa/με 或 MPa/mV）；

P——率定时所加的总压力（N）；

A——触探头截面积或摩擦筒面积（mm²）；

ε——P 所对应的应变量（με）；

U_p——P 所对应的输出电压（mV）。

2　当采用固定系数法时，可按下列要求执行：

1）指定一个标定系数 K，当输出电压每 mV 或画线长每 cm 表示贯入阻力 1MPa、2MPa、4MPa，按式（D.0.3-2）计算出输出电压为满量程时，所需加的总荷载：

$$P = KAl \qquad (D.0.3\text{-}2)$$

式中：P——总荷载（N）；

A——探头截面积或摩擦筒面积（mm²）；

l——满量程的输出电压值（mV）或记录纸带的宽度（cm）。

2）输入一个假设的供桥电压 U，并施加荷载为 $P/2$，记录笔指针未达满量程的一半处，则调整供桥电压，使其指针指于满量程的一半处。然后卸荷，指针应回到零位。如不归零则调指针归零。如此反复加卸荷，使记录笔指针从零位往返至满量程的一半处。

3）在调整后的供桥电压下，按 $P/10$ 逐级加荷至满量程，分级卸荷使记录笔返回零点。

4）按上述步骤，其测试误差应符合本规范第9.2.6条的规定，调整后的供桥电压即为率定的供桥电压值。

本规范用词说明

1　为便于在执行本规范条文时区别对待，对要求严格程度不同的用词说明如下：

1）表示很严格，非这样做不可的：
正面词采用"必须"，反面词采用"严禁"；

2）表示严格，在正常情况下均应这样做的：
正面词采用"应"，反面词采用"不应"或
"不得"；

3）表示允许稍有选择，在条件许可时首先应
这样做的：
正面词采用"宜"，反面词采用"不宜"；

4）表示有选择，在一定条件下可以这样做的，
采用"可"。

2　条文中指明应按其他有关标准执行的写法为
"应符合……的规定"或"应按……执行"。

引用标准名录

1　《建筑抗震设计规范》GB 50011
2　《土工试验方法标准》GB/T 50123
3　《建筑地基处理技术规范》JGJ 79
4　《建筑基桩检测技术规范》JGJ 106
5　《基桩动测仪》JG/T 3055

中华人民共和国行业标准

建筑地基检测技术规范

JGJ 340—2015

条 文 说 明

制订说明

《建筑地基检测技术规范》JGJ 340-2015，经住房和城乡建设部 2015 年 3 月 30 日以第 786 公告批准、发布。

本规范编制过程中，编制组对我国地基检测现状进行了广泛的调查研究，总结了我国地基检测的实践经验，同时参考了国外的先进检测技术、方法标准，通过调研、征求意见，对规范内容进行反复讨论、分析、论证，开展专题研究和工程实例验证等工作，为本次规范编制提供了依据。

为便于广大工程检测、设计、施工、监理、科研、学校等单位有关人员在使用本规范时能正确理解和执行条文规定，《建筑地基检测技术规范》编制组按章、节、条顺序编制了本规范的条文说明。对条文规定的目的、依据以及执行中需注意的有关事项进行了说明，还着重对强制性条文的强制性理由做了解释。但是，本条文说明不具备与规范正文同等的法律效力，仅供使用者作为理解和把握规范规定的参考。

目　次

1 总则 ……………………………… 22—41

2 术语和符号 …………………… 22—41

　2.1 术语 ………………………… 22—41

3 基本规定 ……………………… 22—41

　3.1 一般规定 …………………… 22—41

　3.2 检测方法 …………………… 22—42

4 土（岩）地基载荷试验 ……… 22—44

　4.1 一般规定 …………………… 22—44

　4.2 仪器设备及其安装 ………… 22—45

　4.3 现场检测 …………………… 22—46

　4.4 检测数据分析与判定 ……… 22—47

5 复合地基载荷试验 …………… 22—48

　5.1 一般规定 …………………… 22—48

　5.2 仪器设备及其安装 ………… 22—48

　5.3 现场检测 …………………… 22—48

　5.4 检测数据分析与判定 ……… 22—48

6 竖向增强体载荷试验 ………… 22—48

　6.1 一般规定 …………………… 22—48

　6.2 仪器设备及其安装 ………… 22—49

　6.3 现场检测 …………………… 22—49

　6.4 检测数据分析与判定 ……… 22—50

7 标准贯入试验 ………………… 22—50

　7.1 一般规定 …………………… 22—50

　7.2 仪器设备 …………………… 22—50

　7.3 现场检测 …………………… 22—50

　7.4 检测数据分析与判定 ……… 22—50

8 圆锥动力触探试验 …………… 22—53

　8.1 一般规定 …………………… 22—53

　8.2 仪器设备 …………………… 22—53

　8.3 现场检测 …………………… 22—53

　8.4 检测数据分析与判定 ……… 22—53

9 静力触探试验 ………………… 22—55

　9.1 一般规定 …………………… 22—55

　9.2 仪器设备 …………………… 22—55

　9.3 现场检测 …………………… 22—55

　9.4 检测数据分析与判定 ……… 22—56

10 十字板剪切试验 ……………… 22—57

　10.1 一般规定 ………………… 22—57

　10.2 仪器设备 ………………… 22—57

　10.3 现场检测 ………………… 22—58

　10.4 检测数据分析与判定 …… 22—58

11 水泥土钻芯法试验 …………… 22—58

　11.1 一般规定 ………………… 22—58

　11.2 仪器设备 ………………… 22—59

　11.3 现场检测 ………………… 22—59

　11.4 芯样试件抗压强度 ……… 22—59

　11.5 检测数据分析与判定 …… 22—59

12 低应变法试验 ………………… 22—59

　12.1 一般规定 ………………… 22—59

　12.2 仪器设备 ………………… 22—60

　12.3 现场检测 ………………… 22—61

　12.4 检测数据分析与判定 …… 22—62

13 扁铲侧胀试验 ………………… 22—63

　13.1 一般规定 ………………… 22—63

　13.2 仪器设备 ………………… 22—63

　13.3 现场检测 ………………… 22—64

　13.4 检测数据分析与判定 …… 22—64

14 多道瞬态面波试验 …………… 22—68

　14.1 一般规定 ………………… 22—68

　14.2 仪器设备 ………………… 22—68

　14.3 现场检测 ………………… 22—69

　14.4 检测数据分析与判定 …… 22—69

1 总　则

1.0.1 建筑地基工程是建筑工程的重要组成部分，地基工程质量直接关系到整个建（构）筑物的结构安全和人民生命财产安全。大量事实表明，建筑工程质量问题和重大质量事故较多与地基工程质量有关，如何保证地基工程施工质量，一直倍受建设、勘察、设计、施工、监理各方以及建设行政主管部门的关注。由于我国地缘辽阔，地质条件复杂，基础形式多样，施工及管理水平参差不齐，且地基工程具有高度的隐蔽性，从而使得地基工程的施工比上部建筑结构更为复杂，更容易存在质量隐患。因此，地基检测工作是整个地基工程中不可缺少的重要环节，只有提高地基检测工作的质量和检测结果评价的可靠性，才能真正做到确保地基工程质量与安全。本规范对建筑地基检测方法、检测数量和检测评价作了统一规定，目的是提高建筑地基检测水平，保证工程质量。

1.0.2 建筑地基包含天然地基和人工地基。天然地基可分为天然土质地基和天然岩石地基。人工地基包含采用换填垫层、预压、压实、夯实、注浆加固等方法处理后的地基及复合地基等。复合地基包括采用振冲挤密碎石桩、沉管挤密砂石桩、水泥土搅拌桩、旋喷桩、灰土挤密桩、土挤密桩、夯实水泥土桩、水泥粉煤灰碎石桩、柱锤冲扩桩、微型桩、多桩型等方法处理后的地基。本规范适用于天然地基的承载力特征值试验、变形参数（变形模量和压缩模量）等指标的测定，并对岩土性状进行分析评价；适用于人工地基的承载力特征值试验、变形参数（变形模量和压缩模量）指标测定、地基施工质量和复合地基增强体桩身质量的评价。本规范未包含特殊土地基的内容。

1.0.3 地基工程质量与地质条件、设计要求、施工因素密切相关，目前各种检测方法在可靠性或经济性方面存在不同程度的局限性，多种方法配合时又具有一定的灵活性，而且由于上部结构的不同和地质条件的差异，不同地区的情况也有差别，对地基的设计要求不尽相同。因此，应根据检测目的、检测方法的适用范围和特点，结合场地条件，考虑上述各种因素合理选择检测方法，实现各种方法合理搭配、优势互补，使各种检测方法尽量能互为补充或验证，在达到安全适用的同时，又要体现经济合理。

2　术语和符号

2.1　术　语

2.1.3～2.1.6 根据地基的分类，把地基载荷试验分成三大类。在本规范中，将地基土平板载荷试验和岩基载荷试验合并成为土（岩）地基载荷试验，适用于

天然土（岩）地基和采用换填垫层、预压、压实、夯实、注浆加固等方法处理后的人工地基的承载力试验；单桩及多桩复合地基载荷试验适用于采用振冲挤密碎石桩、沉管挤密砂石桩、水泥土搅拌桩、旋喷桩、灰土挤密桩、土挤密桩、夯实水泥土桩、水泥粉煤灰碎石桩、柱锤冲扩桩、微型桩、多桩型等方法处理后的复合地基的承载力试验；竖向增强体载荷试验适用于复合地基中有粘结强度的竖向增强体的承载力试验，竖向增强体习惯上也称为桩，此处的竖向增强体载荷试验相当于现行有关规范中的复合地基的单桩载荷试验。

2.1.7～2.1.11 相应的术语在《建筑地基基础术语标准》GB/T 50941—2014 也做了解释。

3　基本规定

3.1　一般规定

3.1.1 建筑地基工程一般按勘察、设计、施工、验收四个阶段进行，地基试验和检测工作多数情况下分别放在设计和验收两阶段，即施工前和施工后。但对工程量较大、施工周期较长的大型地基工程，验收检测应尽早在施工过程中穿插进行，而且这种做法应大力提倡。强调施工过程中的检测，以便加强施工过程的质量控制，做到信息化施工，及时发现并解决问题，做到防患于未然，提高效益。必须指出：本规范所规定的验收检测仅仅是地基分部工程验收资料的一部分，除应按本规范进行验收检测外，还应该进行其他有关项目的检测和检查；依据本规范所完成的检测结果不能代替其他应进行的试验项目。为设计提供依据的检测属于基本试验，应在设计前进行。天然地基的承载力和变形参数，当设计有要求需要在施工后进行验证时，也需要进行检测，一般选择载荷试验进行检测。建筑地基检测方法有土（岩）地基载荷试验、复合地基载荷试验、竖向增强体载荷试验、标准贯入试验、圆锥动力触探试验、静力触探试验、十字板剪切试验、水泥土钻芯法试验、低应变法试验、扁铲侧胀试验、多道瞬态面波试验等。本规范的各种检测方法均有其适用范围和局限性，在选择检测方法时不仅应考虑其适用范围，而且还应考虑其实际实施的可能性，必要时应根据现场试验结果判断所选择的检测方法是否满足检测目的，当不满足时，应重新选择检测方法。例如：动力触探试验，应根据检测对象合理选择轻型、重型或超重型；可能难以对靠近边轴线的复合地基增强体进行载荷试验；当受检桩长径比很大、无法钻至桩底时，钻芯法只能评价已钻取部分的桩身质量；桩身强度过低（小于8MPa），低应变法无法准确判定桩身完整性。

建筑地基检测工作，应按图1程序进行。

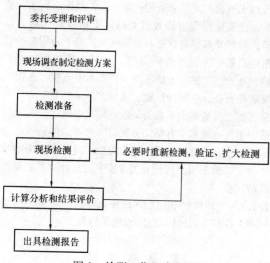

图 1　检测工作程序框图

图 1 是检测机构应遵循的检测工作基本程序。实际执行检测程序中，由于不可预知的原因，如委托要求的变化、现场调查情况与委托方介绍的不符，实施时发现原确定的检测方法难以满足检测目的的要求，或在现场检测尚未全部完成就已发现质量问题而需要进一步排查，都可能使原检测方案中的检测数量、受检桩桩位、检测方法发生变化。

3.1.2　建筑地基分部工程抽样验收检测是《建筑工程施工质量验收统一标准》GB 50300 - 2013 以强制性条文的形式规定的。建筑地基应进行地基强度和承载力检验是现行《建筑地基基础工程施工质量验收规范》GB 50202 和《建筑地基处理技术规范》JGJ 79 以强制性条文的形式规定的，并且也是 GB 50202 质量验收中的主控项目。

3.1.3　根据本规范第 1.0.3 条的原则及地基检测工作的特殊性，本条对调查阶段工作提出了具体要求。为了正确地对地基工程质量进行检测和评价，提高地基工程检测工作的质量，做到有的放矢，应尽可能详细地了解和搜集有关的技术资料。另外，有时委托方的介绍和提出的要求是笼统的、非技术性的，也需要通过调查来进一步明确检测的具体要求和现场实施的可行性。

3.1.4　本条提出的检测方案内容为一般情况下包含的内容，制定检测方案要考虑的因素较多，一是要考虑检测对象特殊性，如 1m 的压板尺寸与 3m 的压板尺寸，对场地条件和试验设备的要求是不一样的或对检测方法的选择有影响。二是要考虑受检工程所在地区的试验设备能力。三是要考虑场地局限性。同时还应考虑检测过程中可能出现的争议，因此，检测方案可能需要与委托方或设计方共同协商制定，尤其是应确定受检桩桩位、检测点的代表性，有时候委托单位要求检测单位对有疑问的检测对象（如下暴雨时施工的桩、局部暗沟区域的地基处理效果）进行检测，掌握其质量状况。这类检测对象属于特别的检测对象，不具备正常抽样的样品代表性的特性。

3.1.5　根据《建筑工程施工质量验收统一标准》GB 50300 - 2013 规定，具有独立使用功能的单位工程是建筑工程施工质量竣工验收的基础，因此，一般情况下，检测数量应按单位工程进行计算确定。施工过程的质量检验应根据该工程的施工组织设计的要求进行。设计单位根据上部结构和岩土工程勘察资料，可能在同一单位工程中同时采用天然地基和人工处理地基、天然地基和复合地基等不同地基类型，或采用不同的地基处理方法，对于这种情况，应将不同设计参数或不同施工方法的检测对象划为不同的检验批，按检验批抽取一定数量的样本进行检测。

3.1.6　检测所用计量器具必须送至法定计量检定单位进行定期检定，且使用时必须在计量检定的有效期之内，这是我国《计量法》的要求，以保证检测数据的可靠性和可追溯性。虽然计量器具在有效计量检定周期之内，但由于检测工作的环境较差，使用期间仍可能由于使用不当或环境恶劣等造成计量器具的受损或计量参数发生变化。因此，检测前还应加强对计量器具、配套设备的检查或模拟测试，有条件时可建立校准装置进行自校，发现问题后应重新检定。

3.1.7　操作环境要求应与测量仪器设备对环境温湿度、电压波动、电磁干扰、振动冲击等现场环境条件的要求相一致，例如使用交流电的仪器设备应注意接地问题。

3.2　检测方法

3.2.1　为了保证建筑物的安全，地基应同时满足两个基本要求：第一，为了保证在正常使用期间，建筑物不会发生开裂、滑动和塌陷等有害的现象，地基承载力应满足上部结构荷载的要求，地基必须稳定，保证地基不发生整体强度破坏。第二，地基的变形（沉降及不均匀沉降）不得超过建筑物的允许变形值，保证不会因地基产生过大的变形而影响建筑物的安全与正常使用。当天然土（岩）层不能满足上部结构承载力、沉降变形及稳定性要求时，可采用人工方法进行地基处理。地基处理的目的就是利用换填、夯实、挤密、排水、胶结、加筋和热学等方法对地基进行加固，用以改善地基土的工程特性：（1）提高地基土的抗剪强度；（2）降低地基土的压缩性；（3）改善地基土的透水特性；（4）改善地基土的动力特性。地基质量验收抽样检测应针对不同的地基处理目的，结合设计要求、工程重要性、地质情况和施工方法采取合理、有效的检测手段。宜根据各种检测方法的特点和适用范围，选择多种方法综合检测，并采用先简后繁、先粗后细、先面后点的检测原则，确保对地基的检测合理、全面、有效。在本规范中，标准贯入试验、动力触探试验、静力触探试验、十字板剪切试验、水泥土钻芯法试验、低应变法试验、扁铲侧胀试验、多道瞬态面波试验等原位测试方法算是普查手段，载荷试验可归为繁而细的方法。检测方法的适用性可按表1进行选择。

表1　建筑地基检测方法适用范围

检测方法 / 地基类型	土（岩）地基载荷试验	复合地基载荷试验	竖向增强体载荷试验	标准贯入试验	圆锥动力触探试验	静力触探试验	十字板剪切试验	水泥土钻芯法试验	低应变法试验	扁铲侧胀试验	多道瞬态面波试验
天然土地基	○	×	×	○	○	○	△	×	×	○	○
天然岩石地基	○	×	×	×	×	×	×	○	×	×	△
换填垫层	○	×	×	○	○	○	△	×	×	△	○
预压地基	○	×	×	△	△	○	○	×	×	△	○
压实地基	○	×	×	○	○	○	×	×	×	△	○
夯实地基	○	△	△	○	○	○	×	×	×	△	△
挤密地基	○	×	×	○	○	△	×	×	×	△	△
复合地基　砂石桩	×	○	○	△	△	○	△	×	×	△	△
复合地基　水泥搅拌桩	×	○	○	△	△	△	×	○	×	×	×
复合地基　旋喷桩	×	○	○	△	△	△	×	○	×	×	×
复合地基　灰土桩	×	○	○	△	△	△	×	○	△	×	×
复合地基　夯实水泥土桩	×	○	○	△	△	△	×	○	△	×	×
复合地基　水泥粉煤灰碎石桩	×	○	○	△	△	△	×	×	○	×	×
复合地基　柱锤冲扩桩	×	○	○	△	△	△	×	×	△	×	△
复合地基　多桩型	×	○	○	△	△	△	×	○	×	×	×
注浆加固地基	○	△	×	△	△	△	△	△	×	×	△
微型桩	×	×	○	×	×	×	×	○	△	×	×

注：表中符号○表示比较适用，△表示基本适用，×表示不适用。

3.2.2　本规范规定了三种载荷试验，并按地基的详细分类对地基载荷试验的适用范围进行规定。对于强夯置换墩，应根据《建筑地基处理技术规范》JGJ 79-2012的第6.3.5条第11款的规定：软黏性土中强夯置换地基承载力特征值应通过现场单墩静载荷试验确定；对饱和粉土地基，当处理后能形成2.0m以上厚度的硬层时，其承载力可通过现场单墩复合地基静载荷试验确定。

3.2.3、3.2.5　天然地基和人工地基除应进行地基承载力检验，还应采用其他原位测试试验检验其岩土性状、地基处理质量和效果、增强体桩身质量等。地基检测宜先采用原位测试试验进行普查，有针对性地进行载荷试验，然后与载荷试验结果进行对比。

3.2.4　当采用其他原位测试方法评价地基承载力和变形参数时，应结合载荷试验比对结果和地区经验进行评价，本规范各章节中提供的承载力表格仅供初步评价时进行估算。规定在同一工程内或相近工程进行比对试验，取得本地区相近条件的对比验证资料。载荷试验的承压板尺寸要考虑应力主要影响范围能覆盖主要加固处理土层厚度。

3.2.6　垫层的施工质量检验必须分层进行，应在每层的压实系数符合设计要求后铺填上层土。这是《建筑地基处理技术规范》JGJ 79-2012以强制性条文明确规定的，因此，本规范也要求换填地基必须分层进行压实系数检测，压实系数的具体试验方法参照现行国家标准《土工试验方法标准》GB/T 50123的有关规定。在夯压密实填土过程中，取样检验分层土的厚度视施工机械而定，一般情况下宜按20cm～50cm分层进行检验。采用环刀法取样时，取样点应位于每层2/3的深度处。检验砂垫层使用的环刀容积不应小于200cm³，以减少其偶然误差。

3.2.7　在地基质量验收检测时，考虑间歇时间是因为地基土的密实、土的触变效应、孔隙水压力的消散、水泥或化学浆液的固结等均需有一个期限，施工结束后立即进行验收检测难以反映地基处理的实际效果。间歇时间应根据岩土工程勘察资料、地基处理方法，结合设计要求综合确定。当无工程实践经验时，可参照此条规定执行。

3.2.8 由于检测成本和周期问题，很难做到对地基基础工程全部进行检测。施工后验收检测的最终目的是查明隐患、确保安全。检测抽样的样本要有代表性、随机均匀分布，为了在有限的检测数量中更充分地暴露地基基础存在的质量问题，首先，应选择设计人员认为比较重要的部位；第二，应充分考虑局部岩土特性复杂可能影响施工质量或结构安全，如局部存在破碎带、软弱夹层，或者淤泥层比较厚，与正常地质条件相比，施工质量更难控制；第三，应根据监理记录和施工记录选择施工出现异常情况、可能有质量隐患的部位；第四，一般来说，应采用两种或两种以上的方法对地基基础施工质量进行检测，并应遵循先普查、后详检的原则，因此，应根据前一种方法的检测结果确定后一种方法的检测位置，这样做符合本规范第 1.0.3 条合理搭配、优势互补、相互验证的原则。

4 土（岩）地基载荷试验

4.1 一 般 规 定

4.1.1 土（岩）地基载荷试验是一种在现场模拟地基基础工作条件的原位试验方法，在拟检测的（土）岩地基上置放一定尺寸的刚性承压板，对承压板逐级加荷，测定承压板的沉降（由于承压板为刚性，因此，承压板的沉降等于拟检测地基的沉降）随荷载的变化，以确定土（岩）地基承载力和变形参数。本规范的土（岩）地基载荷试验适用于天然土地基、天然岩石地基及没有竖向增强体的人工处理地基包括换填地基、预压地基、压实地基、挤密地基、强夯地基、注浆地基等。

承压板下应力主要影响范围：对于天然土地基及采用换填、预压、压实、挤密、强夯、注浆等方法处理后的人工地基，根据美国材料试验协会标准（ASTM）D1194 的说明，承压板下应力主要影响范围指大约 2.0 倍承压板直径（或边宽）的深度范围。《建筑地基基础设计规范》GB 50007 - 2011 地基变形计算深度取值небольш于 2.5 倍的基础宽度，并指出地基主要受力层系指条形基础底面下深度为 3 倍基础底面宽度，独立基础下为 1.5 倍基础底面宽度，且厚度均不小于 5m 的范围。工程地质手册认为承压板下应力主要影响范围为 1.5 倍～2.0 倍承压板直径（或边宽）的深度范围。对均质地基而言，《铁路工程地质原位测试规程》TB 10018 - 2003 规定平板载荷试验

的作用深度和影响半径约为 $2b$ 和 $1.5b$。因此，可以认为承压板下应力主要影响范围为 2.0 倍～2.5 倍承压板直径（或边宽）以内的深度范围。本章的变形参数主要是指地基的变形模量，未涉及地基基床系数。应力主要影响范围的地基土应该为均质地基，而不能是分层地基。

4.1.2 本规范将载荷试验分为三章，即土（岩）地基载荷试验，复合地基载荷试验和竖向增强体载荷试验，本规范第 3.2.2 条对它们各自的适用范围进行了规定。土（岩）地基载荷试验分为浅层平板载荷试验、深层平板载荷试验和岩基载荷试验，未包含螺旋板载荷试验。浅层平板载荷试验和深层平板载荷试验又统称为地基土平板载荷试验或平板载荷试验。

深层平板载荷试验与浅层平板载荷试验的区别在于荷载是作用于半无限体的表面还是作用于半无限体的内部，浅层平板载荷试验的荷载作用于半无限体的表面，深层平板载荷试验的荷载作用于半无限体的内部。本规范规定深层平板载荷试验的试验深度不应小于 5m，也有资料规定深层平板载荷试验的试验深度不应小于 3m。深层平板载荷试验的深度过浅，则不符合变形模量计算假定荷载作用于半无限体内部的条件。

例如：如果基坑设计深度为 15m，开挖完成后进行载荷试验，试坑宽度符合浅层载荷试验条件，则属于浅层平板载荷试验；如果载荷试验深度为 5.5m，试井直径与承压板直径相同，则属于深层平板载荷试验；如果载荷试验深度为 4.5m，试井直径与承压板直径相同，既不符合浅层平板载荷试验的条件也不符合深层平板载荷试验的条件，则既不属于浅层平板载荷试验也不属于深层平板载荷试验。

对于完整、较完整、较破碎的岩石地基应选择岩基载荷试验，对于破碎、极破碎的岩石地基以及土类地基应选择浅层平板载荷试验或深层平板载荷试验。

4.1.3 根据《建筑地基基础设计规范》GB 50007 - 2011 规定，要求最大加载量不应小于设计要求的地基承载力特征值的 2.0 倍、岩基承载力特征值的 3 倍。如果最大加载量取为设计要求的地基承载力特征值的 2.0 倍、岩基承载力特征值的 3 倍，当其中一个试验点的承载力特征值偏小，按照本规范第 4.4.4 条和第 4.4.5 条的规定，则单位工程的地基承载力特征值不满足设计要求。为了避免这种情况，本规范规定最大加载量不小于设计要求的地基承载力特征值的 2.0 倍、岩基承载力特征值的 3 倍。在设计阶段，为设计提供依据的载荷试验应加载至极限状态，从而获得完整的 p-s 曲线，以便确定承载力特征值。

4.1.4 土（岩）地基载荷试验能准确提供土（岩）地基的承载力及变形参数。对于天然地基，检测数量应按照地基基础占地面积来计算；对于采用土（岩）地基载荷试验确定承载力的人工地基，检测数量应按

照地基处理面积来计算，而不应按照地基基础占地面积来计算，一般来说，单位工程的地基处理面积不小于建(构)筑物的占地面积。对于建筑物以外区域检测密度可适当减少。

4.1.5 对于地基土载荷试验的加载方式，加荷方法为我国惯用的维持荷载法。根据各级荷载维持时间长短及各级荷载作用下地基沉降的相对稳定标准，分为慢速维持荷载法及快速维持荷载法。为了与《建筑地基基础设计规范》GB 50007-2011和《建筑基桩检测技术规范》JGJ 106-2014的规定取得一致，本规范规定应采用慢速维持荷载法。

4.2 仪器设备及其安装

4.2.1 浅层平板载荷试验的承压板尺寸大小与需要评价的处理土层的深度有关，深度越深、承压板尺寸则越大，根据本规范第4.1.1条条文说明，承压板下应力主要影响范围为2.0倍～2.5倍承压板直径(或边宽)，承压板直径或边宽宜为拟评价处理土层的深度的1/2或2/5。

本规范规定当采用其他原位测试方法评价地基承载力和变形参数时，应结合载荷试验比对结果和地区经验进行评价。载荷试验的承压板尺寸要考虑其应力主要影响范围能覆盖主要加固处理土层厚度。

对于人工地基的载荷试验，由于试验的压板面积有限，考虑到大面积荷载的长期作用结果与小面积短时荷载作用的试验结果有一定的差异，故需要对载荷板尺寸有限制。

强夯处理和预压处理的有效深度为7m～10m时，应考虑压板的尺寸效应，根据处理深度的大小，采用较大的承压板，目前3m尺寸的承压板应用得不少，最大承压板尺寸超过了5m。《建筑地基处理技术规范》JGJ 79-2012规定对于强夯地基不应小于2.0m²，故作此规定。

关于深层平板载荷试验的尺寸确定，《岩土工程勘察规范》GB 50021-2001(2009年版)规定深层平板载荷试验的试井截面应为圆形，承压板直径宜取0.8m～1.2m，《建筑地基基础设计规范》GB 50007-2011规定承压板直径采用0.8m。因此本规范规定深层平板载荷试验承压板直径不应小于0.8m。

对于较破碎岩石，岩基载荷试验采用0.3m直径承压板，可能影响试验结果的准确性，因此，本规范规定岩基载荷试验的直径不应小于0.3m。

土(岩)地基载荷试验承压板形状宜采用圆形板和正方形板，不应采用矩形板。

4.2.2 承压板应有足够刚度，保证加载过程不出现翘曲变形，是为确保地基尽可能产生均匀沉降，以模拟地基在刚性基础作用下的实际受力变形状况。承压板底面下铺砂，主要是找平作用，找平砂层应尽可能薄。

4.2.3 当设计有要求时，承压板应设置于设计要求的受检土层，是本规范的新要求。在实际工程中，由于承压板尺寸大小的限制，难以准确评价深部土层(该部分土层仍然是设计需要验算的主要受力土层之一)的承载能力性状，在这种情况下，有必要将承压板设置在一定深度的受检土层上进行试验，获得更完整的试验资料，对地基承载能力进行评价。

4.2.4 借鉴美国材料试验协会标准(ASTM) D1194或广东省地方标准《建筑地基基础检测规范》DBJ 15-60-2008的规定，为了防止试验过程中场地地基土含水量的变化或地基土的扰动，影响试验效果，要求保持试坑或试井底岩土的原状结构和天然湿度。必要时，应在承压板周边2m范围内覆盖防水布。传统的平板载荷试验适用于地下水位以上的土，对于地下水位以下的土，安装试验设备时可采取降水措施，但试验时应保证试土维持原来的饱和状态，这时试验在浸水或局部浸水状态下进行。

4.2.5 当采用两台及两台以上千斤顶加载时，为防止偏心受荷，要求千斤顶活塞直径应一样且应并联同步工作；在设备安装时，千斤顶的合力中心、承压板中心、反力装置重心、拟试验区域的中心应在同一铅垂线上。

4.2.6 加载反力装置应优先选用压重平台反力装置。与桩的静载试验相比，平板载荷试验的试验荷载要小得多，因此，要求压重在试验前一次加足。但对于单墩复合地基载荷试验等，当承压板面积非常大，不配置(难以配置满足规范要求的)反力支墩时，可参考结构载荷试验，一边堆载，一边试验。

4.2.7 用荷重传感器(直接方式)和油压表(间接方式)两种荷载测量方式的区别在于：前者采用荷重传感器测力，千斤顶仅作为加载设备使用而不是作为测量仪器使用，不需考虑千斤顶活塞摩擦对出力的影响；后者采用并联于千斤顶油路的压力表测量力时，应根据千斤顶的校准结果换算力。同型号千斤顶在保养正常状态下，相同油压时的出力相对误差约为1%～2%，非正常时可高达5%。采用传感器测量荷重或油压，容易实现加卸荷与稳压自动化控制，且测量精度较高。采用压力表测定油压时，为保证测量精度，其精度等级应优于或等于0.4级，不得使用1.5级压力表控制加载。

4.2.8 承压板沉降测量仪表可采用位移传感器或百分表等测试仪表，其性能应满足本规范第4.2.9条的规定。美国材料试验协会标准(ASTM) D1195和D1196中采用的位移测量仪表测点均距承压板边缘的距离为25.4mm。为了统一位移测试仪表的安装位置，本规范规定位移测试仪表应安装在承压板上，安装点应在承压板边中而不应安装在角上且各位移测试仪表在承压板上的安装点距承压板边缘的距离宜为25mm～50mm。对于直径为0.8m的深层平板载荷试验，可对称安置 2 个位移测量仪表。

4.2.9 为保证液压系统的安全，在最大试验荷载时，要求试验用千斤顶、油泵、油管的压力不应超过规定工作压力的 80%。压力表的最佳使用范围为压力表量程的 1/4～2/3，因此，应根据最大试验荷载合理选择量程适当的压力表。调查表明，部分检测机构由于千斤顶或其他仪器设备所限，存在"大秤称轻物"的现象，本规范规定荷重传感器、千斤顶、压力表或压力传感器的量程不应大于最大加载量的 3.0 倍，且不应小于最大加载量的 1.2 倍。

对于机械式大量程（50mm）百分表，《大量程百分表检定规程》JJG 379 规定 1 级标准为：全程示值误差和回程误差分别不超过 40μm 和 8μm，相当于满量程（注：FS：full scale，满量程或全量程）测量误差不大于 0.1%。

4.2.10 试验试坑宽度或直径不应小于承压板宽度或直径的 3 倍参考了《建筑地基处理技术规范》JGJ 79-2012 的相关规定。对于深层平板载荷试验，试井截面应为圆形，紧靠承压板周围土层高度不应小于承压板直径，以尽量保持半无限体内部的受力状态，避免试验时土的挤出。

4.2.11 承压板、压重平台支墩和基准桩之间的距离综合考虑了广东省建筑科学研究院等单位研究成果和《建筑地基基础设计规范》GB 50007-2011、《建筑地基处理技术规范》JGJ 79-2012、"Standard test method for bearing capacity of soil for static load and spread footings" ASTM D1194 的有关规定。

广东省建筑科学研究院等单位的研究成果表明：支墩底面地基荷载小于其地基土层极限承载力时，支墩周围地表地基土变形量：距离支墩边大于 1B 且大于 2m 处地基变形在 2mm 以内，距离支墩边大于 1.5B 且大于 3m 处地基变形在 1mm 以内，距离支墩边大于 2B 且大于 4m 处地基变形量在 0.5mm 左右。当支墩底面地基荷载大于地基土极限承载力时，支墩周围地表地基土变形量较大，且可能为沉降也可能为隆起。

1 基准桩与压重平台支墩、承压板之间距离的确定。JGJ 79-2012 附录 A 规定基准点应设在试坑外（试坑宽度不小于承压板尺寸的 3 倍），也就是要求承压板与基准桩之间的净距大于 1 倍承压板尺寸。ASTM D1194 规定：基准点离承压板（受荷面积）中心的距离为 2.4m。如果要求基准点选取在地表地基土变形小于 1mm 的范围内，则基准桩与压重平台支墩、承压板之间的净距一般应大于 1.5B 且大于 3m。从广东省工程实践来看，边宽大于 3m 的大面积承压板越来越多，综合考虑工程精度要求和实际检测设备情况，将基准桩与压重平台支墩之间的净距离调整为大于 1.5B 且大于 2m，将基准桩与承压板之间的净距离调整为大于 b 且大于 2m。

2 承压板与压重平台支墩之间距离的确定。GB 50007-2011 附录 C 和 JGJ 79-2012 附录 A 只规定试坑宽度不小于承压板尺寸的 3 倍，如果支墩设在试坑外，也就是要求承压板与支墩之间的净距大于 1 倍承压板尺寸。ASTM D1194 规定：承压板与压重平台支墩的净距离为 2.4m。按支墩地基附加应力控制，承压板与压重平台支墩的净距离可取为 0.5B；按支墩地基变形控制，承压板与压重平台支墩的净距离宜取为 1B 且大于 2.0m；综合以上因素，并结合实际检测情况，将承压板与压重平台支墩之间的净距离规定为 >b 且 >B 且 >2.0m。

4.2.12 大型平板载荷试验基准梁的安装存在以下问题：型钢一般长 12m，超过 12m 的基准梁需要组装或拼装，现场组装较困难且现场组装的基准梁稳定性较差；一般平板车的运输长度为 12m，超过 12m 的基准梁运输较困难。因此，本规范认为 12m 长的基准梁即使不满足表 4.2.11 的规定也可以使用，但在这种情况下应对基准桩位移进行监测。

当需要对基准桩位移进行监测时，《建筑基桩检测技术规范》JGJ 106-2014 指出：简易的办法是在远离支墩处用水准仪或张紧的钢丝观测基准桩的竖向位移。与对受检桩的沉降观测要求相比，本规范对基准桩位移的监测要求也降低了，但要求位移测量仪表的分辨力宜达到 0.1mm。

4.2.13 传力装置应采用有足够刚度的传力柱组成，并将传力柱与承压板连接成整体，传力柱的顶部可采用钢筋等斜拉杆固定定位，从而确保安全。

位移传递装置宜采用钢管或塑料管做位移测量杆，位移测量杆的底端应与承压板固定连接，每间隔一定距离位移测量杆应与传力柱滑动相连，以保证位移测量的准确性。

4.2.14 当桩底岩基载荷试验采用传力装置进行测试时，其传力装置和位移传递装置的做法同本规范第 4.2.13 条。桩底岩基载荷试验当采用桩孔基岩提供反力时，鉴于实际情况的复杂性，应确保作业安全，并尽可能减少试验条件对基准桩变形的影响。

4.3 现 场 检 测

4.3.1 在所有试验设备安装完毕之后，应进行一次系统检查。其方法是施加一较小的荷载进行预压，其目的是消除整个量测系统由于安装等人为因素造成的间隙而引起的非真实沉降；排除千斤顶和管路中之空气；检查管路接头、阀门等是否漏油等。如一切正常，卸载至零，待位移测试仪表显示的读数稳定后，并记录位移测试仪表初始读数，即可开始进行正式加载。

4.3.2 《建筑地基基础设计规范》GB 50007-2011 规定岩基荷载试验的分级荷载为预估设计荷载的 1/10，并规定将极限荷载除以 3 的安全系数，所得值与对应于比例界限的荷载相比较，取小值为岩石地基承载力特征值。因此，本规范规定岩基载荷试验的荷载分级宜为 15 级。

4.3.3 慢速维持荷载法的测读数据时间、沉降相对稳定标准与《建筑地基基础设计规范》GB 50007 - 2011 的附录 C、D 的规定一致。

4.3.4 《建筑地基基础设计规范》GB 50007 - 2011 和《岩土工程勘察规范》GB 50021 - 2001（2009 年版）规定岩基载荷试验的沉降稳定标准为连续三次读数之差均不大于 0.01mm，鉴于 0.01mm 是百分表的读数精度，在现场试验时难以操作，本规范将岩基载荷试验的沉降稳定标准修改为：30min 读数之差小于 0.03mm，并在四次读数中连续出现两次，卸载半小时一级，以有利于现场操作。

4.3.5 试验终止条件的制定参考了《岩土工程勘察规范》GB 50021 - 2001（2009 年版）、《建筑地基基础设计规范》GB 50007 - 2011 和《建筑地基处理技术规范》JGJ 79 - 2012、《建筑地基基础检测规范》DBJ 15 - 60 - 2008 的规定。发生明显侧向挤出隆起或裂缝，表明受荷地层发生整体剪切破坏，这属于强度破坏极限状态；等速沉降或加速沉降，表明承压板下产生塑性破坏或刺入破坏，这是变形破坏极限状态；过大的沉降（浅层平板载荷试验承压板直径的 0.06 倍、深层平板载荷试验承压板直径的 0.04 倍），属于超过限制变形的正常使用极限状态。当承压板尺寸过大时，增加沉降量明显不易操作且已无太多意义，因此设定沉降量上限为 150mm。

在确定终止试验标准时，对岩基而言，常表现为承压板上的测表不停地变化，这种变化有增加的趋势，荷载加不上去或加上去后很快降下来。

4.4 检测数据分析与判定

4.4.1 同一单位工程的试验曲线的沉降坐标宜按相同比例绘制压力-沉降（p-s）、沉降-时间对数（s-$\lg t$）曲线，加载量的坐标应为压力，也可在同一图上同时标明荷载量和压力值。

4.4.2 地基的极限承载力，是指滑动边界范围内的全部土体都处于塑性破坏状态，地基丧失稳定时的极限承载力。典型的 p-s 曲线上可以分成三个阶段：即压密变形阶段、局部剪损阶段和整体剪切破坏阶段。三个阶段之间存在两个界限荷载，前一个称为比例界限（临塑荷载），后一个称极限荷载。比例界限标志着地基土从压密阶段进入局部剪损阶段，当试验荷载小于比例界限时，地基变形主要处于弹性状态，当试验荷载大于比例界限时，地基中弹性区和塑性区并存。极限荷载标志着地基土从局部剪损破坏阶段进入整体破坏阶段。按本条第 2 款取值，是偏于安全的取值。

4.4.3 关于表 4.4.3 中取值的说明如下：根据《建筑地基基础设计规范》GB 50007 - 2011 关于按相对变形确定地基特征值的规定，取 s/b 或 s/d = 0.01～0.015 所对应的荷载为深层平板载荷试验与浅层平板载荷试验的地基承载力特征值，本规范的取值参照《铁路工程地质原位测试规程》TB 10018 - 2003 表 3.4.2 中的规定，但对压板尺寸作限定，与广东省标准《建筑地基基础检测规范》DBJ 15 - 60 - 2008 表 8.4.3 的规定一致。

4.4.4 当极差超过平均值的 30% 时，如果分析能够明确试验结果异常的试验点不具有代表性，可将异常试验值剔除后，再进行统计计算确定单位工程承载力特征值。

4.4.5 载荷试验不仅要求给出每点的承载力特征值，而且要求给出单位工程的承载力特征值是否满足设计要求的结论。对工业与民用建筑（包括构筑物）来说，单位工程的载荷试验结果的离散性要比单桩承载力的离散性小，因此，有必要根据载荷试验结果给出单位工程的承载力特征值。还需说明两点：① 承载力检测因时间短暂，其结果仅代表试桩那一时刻的承载力，更不能包含日后自然或人为因素（如桩周土湿陷、膨胀、冻胀、融沉、侧移、基础上浮、地面超载等）对承载力的影响。② 承载力评价可能出现矛盾的情况，即承载力不满足设计要求而满足有关规范要求。因为规范一般给出满足安全储备和正常使用功能的最低要求，而设计时常在此基础上留有一定余量。考虑到责权划分，可以作为问题或建议提出，但仍需设计方复核和有关责任主体方确认。

4.4.6 建筑地基基础施工质量验收一般对变形模量并无要求，考虑到设计的需要，本规范对浅层平板载荷试验确定变形模量进行了规定，计算方法主要参考了《岩土工程勘察规范》GB 50021 - 2001（2009 年版）和广东省地方标准《建筑地基基础检测规范》DBJ 15 - 60 - 2008。本规范进一步规定应优先根据试验确定土的泊松比 μ，当无试验数据时，方可参考经验取值。

4.4.7 深层平板载荷试验确定变形模量的计算公式参照了《岩土工程勘察规范》GB 50021 - 2001（2009 年版）的规定，深层平板载荷试验荷载作用在半无限体内部，式（4.4.7）是在 Mindlin 解的基础上推算出来的，适用于地基内部垂直均布荷载作用下变形模量的计算。

4.4.8 ω 是与试验深度和土类有关的系数。当土的泊松比 μ 根据试验确定时，可按式（4.4.8）计算，该公式来源于岳建勇和高大钊的推导（《工程勘察》2002 年 1 期）；当土的泊松比按本规范第 4.4.6 条的经验取值时，即碎石的泊松比取 0.27，砂土取 0.30，粉土取 0.35，粉质黏土取 0.38，黏土取 0.42，则可制成本规范表 4.4.8。

5 复合地基载荷试验

5.1 一般规定

5.1.1 复合地基与其他地基的区别在于部分土体被增强或被置换形成增强体,由增强体和周围地基土共同承担荷载,本条给出适用于复合地基载荷试验检测的各种地基处理方法。

5.1.2 载荷试验的目的是确定承载力及变形参数,以便为设计提供依据或检验地基是否满足设计要求。载荷试验的应力主要影响范围为 $2.0b\sim2.5b$ (b 为承压板边长),为检测主要处理土层的增强效果,承压板的尺寸与设置标高应考虑到主要处理土层,或设置在主要处理土层顶面,或承台板的尺寸能满足检验主要处理土层影响深度的要求。

5.1.4 本条明确规定复合地基应进行载荷试验。载荷试验的形式可根据实际情况和设计要求采取下面三种形式之一:第一,单桩(墩)复合地基载荷试验;第二,多桩复合地基载荷试验;第三,部分试验点为单桩复合地基载荷试验,另一部分试验点为多桩复合地基载荷试验。选择多桩复合地基平板载荷试验时,应考虑试验设备和试验场地的可行性。无论选择哪种形式的载荷试验,总的试验点数量(而不是受检桩数量)应符合要求。

5.1.5 本条为强制性条文。慢速维持荷载法是我国公认且已沿用几十年的标准试验方法,是行业或地方标准的关于复合地基设计参数规定值获取的最直接方法,是复合地基承载力验收检测方法的可靠参照标准。

5.2 仪器设备及其安装

5.2.1 本规范将承压板应为有足够刚度板作为单独一条提出,原因如下:

1 如承压板刚度不够,当荷载加大时,承压板本身的变形影响到沉降量的测读;

2 为了检测主要处理土层,当该土层不在基础底面而需采用多桩复合地基载荷试验而加大承压板尺寸以加大压力影响深度时,刚度不足引起承载板本身变形问题更为明显。

5.2.3 影响复合地基载荷试验的主要因素有承压板尺寸和褥垫层厚度,褥垫层厚度主要调节桩土荷载分担比例,褥垫层厚度过小桩对基础产生明显的应力集中,桩间土承载能力不能充分发挥,主要荷载由桩承担失去了复合地基的作用;厚度过大当承压板较小时影响主要加固区的检测效果,造成检测数据失真。如采用设计的垫层厚度进行试验,试验承压板的宽度对独立基础和条形基础应采用基础设计的宽度,对大型基础试验有困难时应考虑承压板尺寸和垫层厚度对试

验结果的影响。

5.2.6 本条特别强调场地地基土含水量的变化或地基土的扰动对试验的影响。复合地基在开挖至基底标高时进行荷载试验,当基底土保护不当、或因晾晒时间过长、或因现场基坑降水导致试验土含水量变化形成硬层时,试验数据失真。

5.3 现场检测

5.3.1 加载前预压在以往静载检测的相关规定中没有提及,检测单位对预压的做法也不规范,个别地方标准定义了预压力取值的范围,但依据不足。在静载荷试验中预压是为了检测加压系统的工作状态,因此建议取最大加荷的 5%。如果按 10% 预压相当于一级的加压量,所得的 $p\text{-}s$ 曲线需要修正。

5.3.3 慢速维持荷载法的测读数据时间、沉降相对稳定标准与《建筑地基处理技术规范》JGJ 79-2012 的附录 B 的规定一致。

5.3.4 本条第 2 款为了检验主要处理土层的情况,加大承压板尺寸进行多桩复合地基试验,只规定沉降量大于承压板宽度或直径 6%,明显不易操作且已无太多意义,因此设定沉降量上限为 150mm。

5.4 检测数据分析与判定

5.4.3 地基基础设计规范规定的地基设计原则,各类建筑物地基计算均应满足承载力计算要求,设计为甲、乙级的建筑物均应按地基变形设计,控制地基变形成为地基设计的主要原则。表 5.4.3 规定的承载力特征值对应的相对变形要严于天然地基。对于水泥搅拌桩和旋喷桩,按主要加固土层性质提出的取值范围,高压缩性土取高值。

5.4.4 当极差超过平均值的 30% 时,如果分析明确试验结果异常的试验点不具有代表性,可将异常试验值剔除后,进行统计计算确定单位工程承载力特征值。

6 竖向增强体载荷试验

6.1 一般规定

6.1.1 水泥土搅拌桩、旋喷桩、灰土挤密桩、夯实水泥土桩、水泥粉煤灰碎石桩、树根桩、混凝土桩等复合地基按《建筑地基处理技术规范》JGJ 79-2012 的规定,除了需进行复合地基载荷试验,还需对有粘结强度的增强体进行竖向抗压静载试验。本规范主要是针对这条规定,对有粘结强度的增强体的竖向抗压静载试验进行了技术规定。

6.1.2 在对工程桩抽样验收检测时,规定了加载量不应小于单桩承载力特征值的 2.0 倍,以保证足够的

安全储备。实际检测中，有时出现这样的情况：3 根工程桩静载试验，分十级加载，其中一根桩第十级破坏，另两根桩满足设计要求。按本规范第 6.4.4 条规定，单位工程的单桩竖向抗压承载力特征值不满足设计要求。此时若有一根好桩的最大加载量取为单桩承载力特征值的 2.2 倍，且试验证实竖向抗压承载力不低于单桩承载力特征值的 2.2 倍，则单位工程的单桩竖向抗压承载力特征值满足设计要求。显然，若检测的 3 根桩有代表性，就可避免不必要的工程处理。本条明确规定为设计提供依据的静载试验应加载至破坏，即试验应进行到能判定单桩极限承载力为止。对于以桩身强度控制承载力的端承型桩，当设计另有规定时，应从其规定。

6.1.3 考虑到复合地基大面积荷载的长期作用结果与小面积短时荷载作用的试验结果有一定的差异，而且竖向增强体是主要施工对象，因此，需要再对竖向增强体的承载力和桩身质量进行检测。而且，《建筑地基处理技术规范》JGJ 79 - 2012 作为强制性条文规定，对有粘结强度的复合地基增强体尚应进行单桩静载荷试验和桩身完整性检验。

6.1.4 竖向抗压静载试验是公认的检测增强体竖向抗压承载力最直观、最可靠的传统方法。本规范主要是针对我国建筑工程中惯用的维持荷载法进行了技术规定。根据增强体的使用环境、荷载条件及大量工程检测实践，在国内其他行业或国外，尚有循环荷载、等变形速率及终级荷载长时间维持等方法。

6.2 仪器设备及其安装

6.2.1 为防止加载偏心，千斤顶的合力中心应与反力装置的重心、桩轴线重合，并保证合力方向垂直。

6.2.3 用荷重传感器（直接方式）和油压表（间接方式）两种荷载测量方式的区别在于：前者采用荷重传感器测力，不需考虑千斤顶活塞摩擦对出力的影响；后者需通过率定换算千斤顶出力。同型号千斤顶在保养正常状态下，相同油压时的出力相对误差约为 1%～2%，非正常时可高达 5%。采用传感器测量荷重或油压，容易实现加卸荷与稳压自动化控制，且测量精度较高。采用压力表测定油压时，为保证测量精度，其精度等级应优于或等于 0.4 级，不得使用 1.5 级压力表作加载控制。

6.2.4 对于机械式大量程（50mm）百分表，《大量程百分表检定规程》JJG 379 规定的 1 级标准为：全程示值误差和回程误差分别不超过 $40\mu m$ 和 $8\mu m$，相当于满量程测量误差不大于 0.1%。沉降测定平面应在千斤顶底座承压板以下的桩身标高位置，不得在承压板上或千斤顶上设置沉降观测点，避免因承压板变形导致沉降观测数据失实。

6.2.6 在加卸载过程中，荷载将通过锚桩（地锚）、压重平台支墩传至试桩、基准桩周围地基土并使之变形，随着试桩、基准桩和锚桩（或压重平台支墩）三者间相互距离缩小，土体变形对试桩产生的附加应力和使基准桩产生变位的影响加剧。

1985 年，国际土力学与基础工程协会（ISSMFE）根据世界各国对有关静载试验的规定，提出了静载试验的建议方法并指出：试桩中心到锚桩（或压重平台支墩边）和到基准桩各自间的距离应分别"不小于 2.5m 或 3D"，这和我国现行规范规定的"大于等于 4D 且不小于 2.0m"相比更容易满足（小直径桩按 3D 控制，大直径桩按 2.5m 控制）。高重建筑物下的大直径桩试验荷载大、桩间净距小（规定最小中心距为 3D），往往受设备能力制约，采用锚桩法检测时，三者间的距离有时很难满足"不小于 4D"的要求，加长基准梁又难避免产生显著的气候环境影响。考虑到现场验收试验中的困难，且加载过程中，锚桩上拔对基准桩、试桩的影响小于压重平台对它们的影响，故本规范中对部分间距的规定放宽为"不小于 3D"。

6.3 现场检测

6.3.1 本条主要是考虑在实际工程检测中，因桩头质量问题或局部承压应力集中而导致桩头爆裂、试验失败的情况时有发生，为此建议在试验前对桩头进行加固处理。当桩身荷载水平较低时，允许采用水泥砂浆将桩顶抹平的简单桩头处理方法。

6.3.2 本条是按我国的传统做法，对维持荷载法进行原则性的规定。

6.3.3 慢速维持荷载法的测读数据时间、沉降相对稳定标准与现行行业标准《建筑基桩检测技术规范》JGJ 106 的规定一致。慢速维持荷载法是我国公认，且已沿用多年的标准试验方法，也是桩基工程竖向抗压承载力验收检测方法的唯一比较标准。慢速维持荷载法每级荷载持载时间最少为 2h。对绝大多数增强体而言，为保证复合地基桩土共同作用，控制绝对沉降是第一位重要的，这是地基基础按变形控制设计的基本原则。

6.3.4 当桩身存在水平整合型缝隙、桩端有沉渣或吊脚时，在较低竖向荷载时常出现本级荷载沉降超过上一级荷载对应沉降 5 倍的陡降，当缝隙闭合或桩端与硬持力层接触后，随着持载时间或荷载增加，变形梯度逐渐变缓；当桩身强度不足桩被压断时，也会出现陡降，但与前相反，随着沉降增加，荷载不能维持甚至大幅降低。所以，出现陡降后不宜立即卸荷，而应使桩下沉量超过 40mm～50mm，以大致判断造成陡降的原因。由于考虑到不同复合地基的增强体的桩径、强度和荷载传递性状的差异，给出了一个总沉降量的区间值，按规定进行取值。

长（超长）增强体的 Qs 曲线一般呈缓变型，在桩顶沉降达到 40mm 时，桩端阻力一般不能发挥。由于长细比大、桩身较柔，弹性压缩量大，桩顶沉降较大时，桩端位移还很小。因此，放宽桩顶总沉降量控制标准是合理的。

6.4 检测数据分析与判定

6.4.1 除 Q-s 曲线、s-$\lg t$ 曲线外，还有 s-$\lg Q$ 曲线。同一工程的一批试验曲线应按相同的沉降纵坐标比例绘制，满刻度沉降值不宜小于 40mm，这样可使结果直观、便于比较。

6.4.2 由于有粘结强度的增强体的直径一般较小，桩身强度较低，桩身弹性压缩变形会较大，因此取 $s=40mm\sim50mm$ 对应的荷载为极限承载力，较传统的中、小直径桩的沉降标准有一定的放松。主要考虑到不同复合地基的增强体的桩径、强度和荷载传递性状的差异，给出了一个总沉降量的区间值，按规定进行取值。对于 $s=40mm\sim50mm$ 的范围取值，一般桩身强度高且桩长较短时，或桩截面较小，取低值；桩身强度低且桩长较长时，或桩截面较大，取高值。

应该注意，世界各国按桩顶总沉降确定极限承载力的规定差别较大，这和各国安全系数的取值大小、特别是上部结构对地基沉降的要求有关。因此当按本规范建议的按桩顶沉降量确定极限承载力时，尚应考虑上部结构对地基沉降的具体要求。

6.4.3 《建筑地基基础设计规范》GB 50007-2011 规定的竖向抗压承载力特征值是按竖向抗压极限承载力统计值除以安全系数 2 得到的，综合反映了桩侧、桩端极限阻力控制承载力特征值的低限要求。

7 标准贯入试验

7.1 一般规定

7.1.1 标准贯入试验适用于评价砂土、粉土、黏性土的天然地基或人工地基，对残积土的评价在个别省份有一定资料积累。

7.1.2 天然地基和人工地基除应进行地基载荷试验外，还应进行其他原位试验。检测数量参考《建筑地基基础工程施工质量验收规范》GB 50202-2002 第4.1.5条的规定，并进行细化。

7.2 仪器设备

7.2.1 标准贯入试验设备规格主要参考《岩土工程勘察规范》GB 50021-2001（2009年版）确定。《岩土工程勘察规范》GB 50021-2001（2009年版）规定标准贯入试验钻杆直径采用 42mm，贯入器管靴的刃口单刃厚度修改为 1.6mm。

7.2.2 本条明确规定试验仪器的穿心锤质量、导向杆和钻杆相对弯曲度应定期标定；并规定其他需要定期检查的部分。

7.3 现场检测

7.3.1、7.3.2 本条对试验测试点的平面布置和测试深度的详细规定，主要是配合《建筑地基处理技术规范》JGJ 79-2012 关于原位测试手段在地基处理检测中的一些规定，在该基础上进行细化。

7.3.8 在检测天然土地基、人工地基，评价复合地基增强体的施工质量时，要求每个检测孔的标准贯入试验次数不应少于 3 次，间距不大于 1.0m，否则数据太少，难以作出准确评价。

7.4 检测数据分析与判定

7.4.3 标准贯入试验锤击数的修正和使用应根据建立统计关系时的具体情况确定，强调尊重地区经验和土层的区域性。

7.4.7 确定砂土密实度，工程勘察、地基基础设计规范均采用未经修正的数值，为实测平均值，因此表7.4.7-1采用实测平均值，与现行规范保持一致。

在目前规范中，粉土的密实度和孔隙比存在对应关系，孔隙比、标准贯入试验实测锤击数和密实度三者之间缺乏相应关系；黏性土的状态与液性指数存在相应关系，状态、标准贯入试验修正后锤击数和液性指数三者之间缺乏相应关系。因此，在本规范的编制过程中，需要建立前述各个指标之间的相应关系以更好的指导实际工程。

为统计分析全国情况，对全国华东、华北、东北、中南、西北、西南各区 28 家勘察设计院发出征求意见函，就我们根据部分地区经验拟定的初步意见值征询意见，提供的初步征询意见值见表2、表3。

表2 粉土孔隙比、标准贯入试验实测锤击数和密实度相关关系表

e	初步意见 N_k（实测值）	密实度
—	$N_k \leqslant 5$	松散
$e > 0.9$	$5 < N_k \leqslant 10$	稍密
$0.75 \leqslant e \leqslant 0.9$	$10 < N_k \leqslant 15$	中密
$e < 0.75$	$N_k > 15$	密实

表3 黏性土状态、标准贯入试验修正后锤击数和液性指数相关关系表

I_L	初步意见 N_k（修正值）	状态
$I_L > 1$	$N_k \leqslant 2$	流塑
$0.75 < I_L \leqslant 1$	$2 < N_k \leqslant 4$	软塑
$0.5 < I_L \leqslant 0.75$	$4 < N_k \leqslant 8$	软可塑
I_L	初步意见 N_k（修正值）	状态
$0.25 < I_L \leqslant 0.5$	$8 < N_k \leqslant 18$	硬可塑
$0 < I_L \leqslant 0.25$	$18 < N_k \leqslant 35$	硬塑
$I_L \leqslant 0$	$N_k > 35$	坚硬

收集整理各单位返回的意见，具有代表性的地区　　统计经验值见表4～表7。

表4　粉土孔隙比、标准贯入试验实测锤击数和密实度相关关系表

序号	e	深圳市勘察测绘院	安徽建设工程勘察院	内蒙古建筑勘察设计研究院勘测有限责任公司	中勘冶金勘察设计研究院	福建省建筑设计研究院	密实度
1	—	—	$N_k \leq 6$	$N_k \leq 5$	$N_k \leq 5$	$N_k \leq 4$	松散
2	$e > 0.9$	$1 < N_k \leq 4$	$6 < N_k \leq 13$	$5 < N_k \leq 10$	$5 < N_k \leq 9$	$4 < N_k \leq 12$	稍密
3	$0.75 \leq e \leq 0.9$	$4 < N_k \leq 7$	$13 < N_k \leq 25$	$10 < N_k \leq 15$	$9 < N_k \leq 14$	$12 < N_k \leq 18$	中密
4	$e < 0.75$	$7 < N_k \leq 15$	$N_k > 25$	$N_k > 15$	$N_k > 14$	$N_k > 18$	密实

表5　粉土孔隙比、标准贯入试验实测锤击数和密实度相关关系表

序号	e	中国建筑东北设计研究院有限公司	浙江大学建筑设计研究院岩土工程分院	北京航天勘察设计研究院	建设综合勘察研究设计院	密实度
1	—	—	$N_k \leq 7$	$N_k \leq 5$	$N_k \leq 5$	松散
2	$e > 0.9$		$7 < N_k \leq 13$	$5 < N_k \leq 10$	$5 < N_k \leq 10$	稍密
3	$0.75 \leq e \leq 0.9$	$12 < N_k \leq 18$	$13 < N_k \leq 25$	$10 < N_k \leq 15$	$10 < N_k \leq 12$	中密
4	$e < 0.75$	$N_k > 18$	$N_k > 25$	$N_k > 15$	$N_k > 12$	密实

表6　黏性土状态、标准贯入试验修正后锤击数和液性指数相关关系表

I_L	安徽建设工程勘察院	深圳市勘察测绘院	内蒙古建筑勘察设计研究院勘测有限公司	中勘冶金勘察设计研究院	福建省建筑设计研究院	状态
$I_L > 1$	$N_k \leq 3$	$N_k \leq 1.5$	$N_k \leq 2$	$N_k \leq 2$	$N_k \leq 2$	流塑
$0.75 < I_L \leq 1$	$3 < N_k \leq 5$	$1.5 < N_k \leq 4$	$2 < N_k \leq 4$	$2 < N_k \leq 4$	$2 < N_k \leq 5$	软塑
$0.5 < I_L \leq 0.75$	$5 < N_k \leq 7$	$4 < N_k \leq 6$	$4 < N_k \leq 8$	$4 < N_k \leq 7$	$5 < N_k \leq 11$	软可塑
$0.25 < I_L \leq 0.5$	$7 < N_k \leq 12$	$6 < N_k \leq 15$	$8 < N_k \leq 15$	$7 < N_k \leq 16$	$11 < N_k \leq 22$	硬可塑
$0 < I_L \leq 0.25$	$12 < N_k \leq 20$	$15 < N_k \leq 25$	$15 < N_k \leq 35$	$16 < N_k \leq 30$	$22 < N_k \leq 33$	硬塑
$I_L \leq 0$	$N_k > 20$	$25 < N_k \leq 35$	$N_k > 35$	$N_k > 30$	$N_k > 33$	坚硬

表7　黏性土状态、标准贯入试验修正后锤击数和液性指数相关关系表

I_L	中国建筑东北设计研究院有限公司	浙江大学建筑设计研究院岩土工程分院	北京航天勘察设计研究院	建设综合勘察设计院	中建西南勘察设计研究院	状态
$I_L > 1$	$N_k \leq 3$	$N_k \leq 1.5$	$N_k \leq 2$	$N_k \leq 2$	$N_k \leq 2$	流塑
$0.75 < I_L \leq 1$	$3 < N_k \leq 5$	$1.5 < N_k \leq 4$	$2 < N_k \leq 4$	$2 < N_k \leq 4$	$2 < N_k \leq 4$	软塑
$0.5 < I_L \leq 0.75$	$5 < N_k \leq 7$	$4 < N_k \leq 6$	$4 < N_k \leq 8$	$4 < N_k \leq 9$	$4 < N_k \leq 8$	软可塑
$0.25 < I_L \leq 0.5$	$7 < N_k \leq 12$	$6 < N_k \leq 15$	$8 < N_k \leq 15$	$9 < N_k \leq 13$	$8 < N_k \leq 15$	硬可塑
$0 < I_L \leq 0.25$	$12 < N_k \leq 20$	$15 < N_k \leq 25$	$15 < N_k \leq 35$	$13 < N_k \leq 25$	$15 < N_k \leq 25$	硬塑
$I_L \leq 0$	$N_k > 20$	$25 < N_k \leq 35$	$N_k > 35$	$N_k > 25$	$N_k > 25$	坚硬

对以上数据分析应用如下：

（1）由表4可知，第一行标贯值均值为5，可以作为松散与稍密粉土的临界值；第二行均值为10.8，标准值为9.24，因此选10作为稍密与中密粉土的临界值；第三行均值为14.8，所以选择15作为中密与密实粉土的临界值。综上，确定结果见表8。

表8　粉土孔隙比、标准贯入试验实测锤击数和密实度相关关系表

e	统计结果 N_k（实测值）	密实度
—	$N_k \leqslant 5$	松散
$e > 0.9$	$5 < N_k \leqslant 10$	稍密
$0.75 \leqslant e \leqslant 0.9$	$10 < N_k \leqslant 15$	中密
$e < 0.75$	$N_k > 15$	密实

（2）由表6和表7可知，流塑与软塑黏性土标贯值临界值取2；但因标准贯入试验一般不适用于软塑与流塑软土，建议用标贯进行软土判别时要慎重；软塑与软可塑的临界值均值为4.33，标准值为3.91，因此可取为4；软可塑与硬可塑的临界值均值为8.33，标准值为7.09，因此可取为8；硬可塑与硬塑的临界值均值为14.2，均值为12.64，考虑到以300kPa的承载力为限，由规范公式10.5＋$(N-3) \times 2=30$计算出$N=13$，因此取14；硬塑与坚硬的临界值均值为28.6，标准值为22.8，考虑到全国规范中标贯击数为23时地基承载力已经达到680kPa，足以达到坚硬状态了，因此取值为25。综上，确定结果见表9。

表9　黏性土状态、标准贯入试验修正后锤击数和液性指数相关关系表

I_L	统计结果 N_k（修正值）	状态
$I_L > 1$	$N_k \leqslant 2$	流塑
$0.75 < I_L \leqslant 1$	$2 < N_k \leqslant 4$	软塑
$0.5 < I_L \leqslant 0.75$	$4 < N_k \leqslant 8$	软可塑
$0.25 < I_L \leqslant 0.5$	$8 < N_k \leqslant 14$	硬可塑
$0 < I_L \leqslant 0.25$	$14 < N_k \leqslant 25$	硬塑
$I_L \leqslant 0$	$N_k > 25$	坚硬

本次意见征询表发放的单位见表10。

表10　意见征询表发放的单位名称

序号	地区	省份	单位名称
1		北京	北京航天勘察设计研究院
2		北京	北京市勘察设计研究院有限公司
3	华北	北京	军队工程勘察协会
4		北京	中兵勘察设计研究院
5		北京	中航勘察设计研究院

序号	地区	省份	单位名称
6		河北	河北建设勘察研究院有限公司
7		河北	中勘冶金勘察设计研究院有限责任公司
8	华北	天津	天津市勘察院
9		山西	山西省勘察设计研究院
10		内蒙古	内蒙古建筑勘察设计研究院勘测有限责任公司
11	东北	辽宁	中国建筑东北设计研究院有限公司
12		上海	上海岩土工程勘察设计研究院有限公司
13		浙江	浙江大学建筑设计研究院岩土工程分院
14	华东	浙江	杭州市勘测设计研究院
15		安徽	安徽省建设工程勘察设计院
16		福建	福建省建筑设计研究院
17		山东	山东正元建设工程有限责任公司
18		河南	河南工程水文地质勘察院有限公司
19	中南	湖北	中南勘察设计院
20		深圳	深圳市勘察测绘院有限公司
21		广西	广西电力工业勘察设计研究院
22		四川	中国建筑西南勘察设计研究院有限公司
23	西南	云南	中国有色金属工业昆明勘察设计研究院
24		贵州	贵州省建筑工程勘察院
25		陕西	机械工业勘察设计研究院
26		陕西	西北综合勘察设计研究院
27	西北	陕西	中国有色金属工业西安勘察设计研究院
28		新疆	新疆建筑设计研究院

7.4.8　标准贯入试验结果用于评价地基承载力时，一定要结合当地载荷试验结果和地区经验。特别是进行地基检测时，采用标准贯入试验判断地基土承载力应和地基处理设计时依据的地区承载力确定方法一致。

应用标准贯入试验评价和确定地基承载力是一个相当复杂的问题，涉及的不确定因素很多，比如沉积年代、沉积环境、成因类型、土中有机质含量、地下水位升降等等。另外，各地方规范关于锤击数N值是否修正、如何修正不同，标准值的计算方法不同，不一定存在可比性。制作一个全国性表，难度很大。

通过对国标《建筑地基基础设计规范》GBJ 7-89（已废止）及部分地方标准《河北建筑地基承载力技术规程》DB13（J）/T 48-2005、《北京地区建筑地基基础勘察设计规范》DB 11-501-2009、《南京地区建筑地基基础设计规范》DB 32/112-95、湖北《建筑地基基础技术规范》DB 42/242-2003 等的对比研究，可以看出，河北规范考虑了地质分区，北京规范考虑了新近沉积土。关于锤击数修正，北京规范采用的是有效覆盖压力修正法，与其他规范采用杆长修正法不同；即使是杆长修正，各地规范的最大修正长度也不尽相同，福建、河北和南京规范均达到75m。

综上所述，本条要求应优先采用地方规范，当无地方规范也无地方经验时，在能满足本条限制条件下可使用本规范所列承载力表。

应用承载力表还应注意几个问题：

（1）各地对地基承载力采用标准值还是特征值并不一致，而标准值和特征值概念是存在差异的；

（2）个别地区经验积累的标贯值和承载力对应表主要是针对原状土的，对经过加固的土层结构性有很大改变的情况下并不适用；

（3）作为地基处理效果判定时，只能根据地基处理设计时依据的地区承载力确定方法确定加固后的承载力，不能依据大范围统计确定的承载力表格确定承载力，以避免产生检测结果分歧。

7.4.11 单位工程主要土层的原位试验数据应按本规范附录B的规定进行统计计算，给出评价结果。

8 圆锥动力触探试验

8.1 一般规定

8.1.1 圆锥动力触探试验（DPT）是用标准质量的重锤，以一定高度的自由落距，将标准规格的圆锥形探头贯入土中，根据打入土中一定距离所需的锤击数，判定土的力学特性，具有勘察和测试双重功能。

本规范列入了三种圆锥动力触探（轻型、重型和超重型）。轻型动力触探的优点是轻便，对于施工验槽、填土勘察、查明局部软弱土层、洞穴等分布，均有实用价值。重型动力触探应用广泛，其规格标准与国际通用标准一致。超重型动力触探的能量指数（落锤能量与探头截面积之比）与国外的并不一致，但相近，适用于碎石土和软岩。圆锥动力触探试验设备轻巧，测试速度快、费用较低，可作为地基检测的普查手段。

8.2 仪器设备

8.2.1～8.2.3 圆锥动力触探试验设备规格主要参考现行国家标准《岩土工程勘察规范》GB 50021确定，

并规定重型及超重型圆锥动力触探的落锤应采用自动脱钩装置。触探杆顺直与否直接影响试验结果，本规范对每节触探杆相对弯曲度作了宜小于0.5%的规定。圆锥动力触探探杆、锥头的磨损度直接影响试验的准确性，本条对探杆、锥头的容许磨损度作出规定，方便现场检查判断。

8.3 现场检测

8.3.1 对于人工地基，由于处理土的类型或增强体的桩体材料可能各不相同，应根据其材料情况，选择适合的圆锥动力触探试验类型。

8.3.2 本条规定了进行圆锥动力触探试验的试验位置，测试点布置应考虑地质分区或加固处理分区的不同，且应有代表性。评价复合地基增强体施工质量时，应布置在增强体中心位置，评价桩间土的处理效果时，应布置在桩间处理单元的中心位置。评价地基处理效果时，处理前、后测试点应尽可能布置在同一位置附近，才具有较强的可比性。

8.3.3 本条规定了进行动力触探的测试深度，以便较为全面地评价地基的工程特性。对天然地基测试应达到主要受力层深度以下，可结合勘察资料确定试验深度。对人工地基测试应达到加固深度及其主要影响深度以下，复合地基应不小于竖向增强体底部深度。

8.3.4 本条规定进行圆锥动力触探试验时的技术要求：

1 锤击能量是最重要的因素。规定落锤方式采用控制落距的自动落锤，使锤击能量比较恒定。

2 注意保持杆件垂直，锤击时防止偏心及探杆晃动。贯入过程应不间断地连续击入，在黏性土中击入的间歇会使侧摩阻力增大。锤击速度也影响试验成果，一般采用每分钟15击～30击；在砂土、碎石土中，锤击速度影响不大，可取高值。

3 触探杆与土间的侧摩阻力是另一重要因素。试验中可采取下列措施减少侧摩阻力的影响：

（1）探杆直径应小于探头直径，在砂土中探头直径与探杆直径比应大于1.3；

（2）贯入时旋转探杆，以减少侧摩阻力；

（3）探头的侧摩阻力与土类、土性、杆的外形、刚度、垂直度、触探深度等均有关，很难用一固定的修正系数处理，应采取切合实际的措施，减少侧摩阻力，对贯入深度加以限制。

4 由于地基土往往存在硬夹层，不同规格的触探设备其穿透能力不同，为避免强行穿越硬夹层时损坏设备，对轻型动力触探和重型动力触探分别给出可终止试验的条件。当全面评价人工地基的施工质量，当处理范围内有硬夹层时，宜穿过硬夹层后继续试验。

8.4 检测数据分析与判定

8.4.2～8.4.4 对圆锥动力触探试验成果分析与判定

做如下说明：

1 圆锥动力触探试验主要取得的贯入指标，是触探头在地基土中贯入一定深度的锤击数（N_{10}、$N_{63.5}$、N_{120}）或地基土的动贯入阻力以及对应的深度范围。动贯入阻力可采用荷兰的动力公式：

$$q_d = \frac{M}{M+m} \cdot \frac{M \cdot g \cdot H}{A \cdot e} \quad (1)$$

式中：q_d——动贯入阻力（MPa）；

　　　M——落锤质量（kg）；

　　　m——圆锥探头及杆件系统（包括打头、导向杆等）的质量（kg）；

　　　H——落距（m）；

　　　A——圆锥探头截面积（cm²）；

　　　e——贯入度，等于 D/N，D 为规定贯入深度，N 为规定贯入深度的击数；

　　　g——重力加速度，其值为 9.81m/s²。

上式建立在古典的牛顿非弹性碰撞理论（不考虑弹性变形量的损耗）。故限用于：

（1）贯入土中深度小于 12m，贯入度 2mm～50mm；

（2）$m/M < 2$。如果实际情况与上述适用条件出入大，用上述计算应慎重。

有的单位已经研制电测动贯入阻力的动力触探仪，这是值得研究的方向。

本规范推荐的分析方法是对触探头在地基土中贯入一定深度的锤击数（N_{10}、$N_{63.5}$、N_{120}）及其对应的深度进行分析判定，这种方法在国内已有成熟的经验。

2 根据触探击数、曲线形态，结合钻探资料可进行力学分层，分层时注意超前滞后现象，不同土层的超前滞后量是不同的。

上为硬土层下为软土层，超前约为 0.5m～0.7m，滞后约为 0.2m；上为软土层下为硬土层，超前约为 0.1m～0.2m，滞后约为 0.3m～0.5m。

在整理触探资料时，应剔除异常值，在计算土层的触探指标平均值时，超前滞后范围内的值不反映真实土性；临界深度以内的锤击数偏小，不反映真实土性；故不应参加统计。动力触探本来是连续贯入的，但也有配合钻探，间断贯入的做法，间断贯入时临界深度以内的锤击数同样不反映真实土性，不应参加统计。

3 整理多孔触探资料时，应结合钻探资料进行分析，对均匀土层，可用厚度加权平均法统计场地分层平均触探击数值。

8.4.5～8.4.7 动力触探指标可用于推定土的状态、地基承载力、评价地基土均匀性等，本条规定通过对各检测孔和同一土层的触探锤击数进行统计分析，得出其平均值（代表值）和变异系数等指标推定土的状态及地基承载力。进行分层统计时，应根据动探曲线

沿深度变化趋势结合勘探资料进行。用于评价地基处理效果时，宜取得处理前、后的动力触探指标进行对比评价。

8.4.8 复合地基竖向增强体的施工工艺和采用材料的种类较多，只有相同的施工工艺并采用相同材料的增强体才有可比性，本条规定只对单个增强体进行评价。

8.4.9 用 N_{10} 评价地基承载力特征值的表分别分析、参考了《铁路工程地质原位测试规程》TB 10018—2003、广东、北京、西安、浙江的资料。

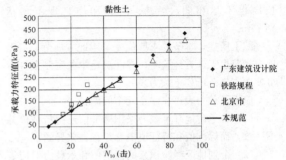

图 2　黏性土承载力特征值与 N_{10} 关系

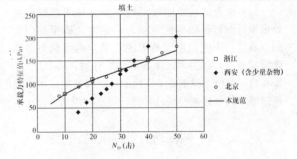

图 3　填土承载力特征值与 N_{10} 关系

本规范所列 N_{10} 评价素填土的承载力，该素填土的成分是黏性土，西安经验所对应的填土含有少量杂物，在击数对应的承载力相对较低，故表 8.4.9 参考了北京、浙江的资料。

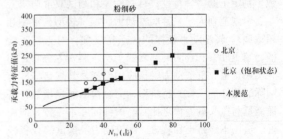

图 4　粉细砂承载力特征值与 N_{10} 关系

粉细砂土的承载力与其饱和程度关系明显，表中数值参照了北京资料中饱和状态下的资料。

用重型动力触探试验 $N_{63.5}$ 评价地基承载力特征值分别参考了原一机部勘测公司西南大队、广东、成

都、沈阳、铁路标准、石油标准等资料和部分工程实测验证资料，适当做了外延和内插。

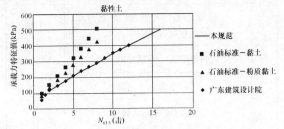

图5 黏性土承载力特征值与 $N_{63.5}$ 关系

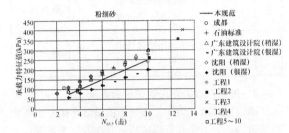

图6 粉细砂承载力特征值与 $N_{63.5}$ 关系

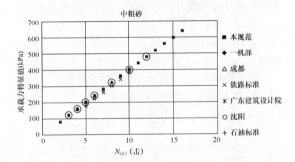

图7 中粗砂承载力特征值与 $N_{63.5}$ 关系

8.4.10 砂土、碎石桩的密实度评价标准参考了《工程地质手册》、广东省、辽宁省等资料。为方便检测人员使用，本条引用了《岩土工程勘察规范》GB 50021-2001（2009年版）用 $N_{63.5}$、N_{120} 击数评价碎石土密实度的表格。考虑到碎石土的粒径大小、颗粒组成、母岩成分、填充物等对动力触探锤击数和地基承载力影响较大，各地所测数据离散性也很大，故当需要用动力触探锤击数评价碎石土的承载力时，应结合载荷试验的比对结果和地区经验进行。

8.4.11 推定地基的变形模量 E_0 引用了《铁路工程地质原位测试规程》TB 10018-2003 中的资料。

9 静力触探试验

9.1 一般规定

9.1.1 静力触探试验（CPT）为采用静力方式均匀地将标准规格的探头压入土中，通过量测探头贯入阻力以测定土的力学特性的原位测试方法。一般在黏性土、粉土和砂土及相应的处理土地基中较为适用，对于含少量碎石土层，其适用性应根据碎石含量、粒径级配等条件而定。静力触探试验能较为直观地评价土的均匀性和地基处理效果，结合载荷试验成果或地区工程实践经验，能推定土的承载力及变形参数。

9.2 仪器设备

9.2.1 单桥、双桥探头是国内常用的静力触探探头。国际上不少国家已较广泛采用多功能探头，国内也有勘察单位在工程中成功使用多功能探头。国内部分院校引进的现代多功能 CPTU 系统，配备有四功能 5t、10t、20t 数字式探头，具有常规 CPT、孔压、地震波和电阻率功能模块。数字式探头内传感器后配有电子放大调节元件，清除测试时电缆阻力的影响。另配有温度读数仪，用来校准微波稳定状态下的温度变化，保证测试精度。

9.2.2 国内目前探头锥底截面积有 $10cm^2$、$15cm^2$ 和 $20cm^2$。国际标准探头为锥角 $60°$，锥底截面积为 $10cm^2$，此种规格在国内也较为常用。对于可能有较大的贯入阻力时，可选择锥底面积较大的探头。

9.2.3 静力触探的贯入设备和记录仪作为设备应定期校准，校准的方式可以采用自校、外校，或自校加外校相结合的方式进行。

9.2.4 本条是对触探主机的技术要求，能匀速贯入，且标准速度为 1.2m/min，允许变化范围为 ±0.3m/min。

9.2.5 国内目前常用的记录仪主要有四种：（1）电阻应变仪；（2）自动记录绘图仪；（3）数字式测力仪；（4）数据采集仪（静探微机）。

9.2.6 探头在额定荷载下，室内检测总误差不应大于3%FS，其中非线性误差、重复性误差、滞后误差、归零误差均应小于1%FS，要求野外现场的归零误差不应超过3%FS。

9.2.7 为了不影响测试数据和减少探杆与孔壁的摩阻力，探杆的直径应小于探头直径。如安装减摩阻器，安装位置应在影响范围之外。

9.2.8 国内探头一般采用电阻应变式传感器，应避免受潮和振动。

9.3 现场检测

9.3.1 本条是规定测试点的平面布设，应具有代表性和针对性。对于评价地基处理效果的，前、后测试点应考虑一致性。

9.3.2 本条是规定静力触探测试深度，除设计特殊要求外，一般应达到主要受力层或地基加固深度以下。对于复合地基桩间土测试，其深度应达到竖向增强体深度以下。

9.3.3 本条规定了静力触探设备安装应注意的问题，

如注意施工安全，防止损坏地下管线等。因地制宜选择反力装置，有地锚法、堆载法和利用混凝土地坪反拉法等。

9.3.4 本条规定试验前，探头应连同记录仪、电缆线作为一个系统进行率定。率定有效期为3个月，超过3个月需要再次率定。当现场测试发现异常时，应重新率定，检验探头有效性。

9.3.5 本条规定静力触探试验现场操作的一些准测，如消除温漂，规定贯入标准速度。为防止孔斜的措施有：下护管或配置测斜探头。

9.3.6 在试验贯入过程中由于温度和传感器受力影响，探头应按一定间隔及时调零，保证测试数据的准确。

9.3.7 当探杆的倾斜角超过了10°时，测试深度和数据将会失真，应当终止试验。

9.4 检测数据分析与判定

9.4.7 为了统计静力触探试验成果和地基承载力、变形参数的关系，编制组收集了全国各地的一些工程资料，进行分析和统计，得出了以下经验公式。

1 收集资料情况

本次静力触探成果经验关系统计共收集23项工程，其中上海12项、江苏5项、陕西3项、辽宁1项、山西1项、浙江1项，详见表11。

表11 收集资料一览表

序号	工程名称	工程地点
1	上海中心大厦工程勘察、地灾评估	上海
2	上海市陆家嘴金融贸易区X2地块	上海
3	无锡红豆国际广场	江苏无锡
4	上海富士康大厦	上海
5	卢湾区马当路388号地块（卢43街坊项目）	上海
6	耀皮玻璃有限公司浮法玻璃搬迁项目	江苏常熟
7	虹桥综合交通枢纽地铁西站	上海
8	西部商业开发与西公交中心	上海
9	上海北外滩白玉兰广场	上海
10	无锡国棉1A、1B地块	江苏无锡
11	无锡国棉2号地块	江苏无锡
12	上海市静安区大中里综合发展项目	上海
13	太原湖滨广场综合项目	山西太原
14	上海市普陀区真如副中心A3、A5地块（一期）发展项目	上海
15	静安区60号街坊地下空间建设项目	上海
16	上海市长宁区临空13-1、13-2地块	上海
17	九龙仓苏州超高层项目	江苏苏州

续表11

序号	工程名称	工程地点
18	轨道交通10号线海伦路站地块综合开发项目	上海
19	杭州市地铁4号线一期工程	浙江杭州
20	沈阳东北电子商城	辽宁沈阳
21	西安市城市快速轨道交通一号线一期工程	陕西西安
22	西安市城市快速轨道交通二号线一期工程	陕西西安
23	西安市城市快速轨道交通三号线一期工程	陕西西安

2 地基承载力和压缩模量的确定

确定地基承载力和土体变形模量最直接方法是载荷板试验，但由于载荷板试验一般在表层土进行，无法在深层土体实施，所以本次统计选用旁压试验成果来确定地基土承载力和压缩模量，确定原则如下：

地基土承载力特征值取值：$f_{ak} = 0.9(p_y - p_0)$，p_y 为旁压试验临塑压力，p_0 为旁压试验原位侧向压力。

压缩模量 $E_{s0.1-0.2}$ 按土工试验结果取值。

3 统计结果（图8～图13）

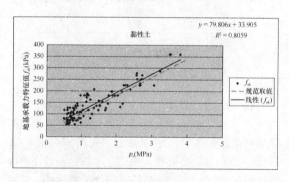

图8 黏性土地基承载力特征值与 p_s 关系

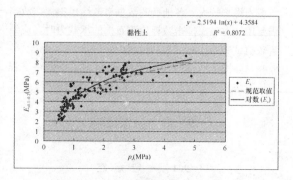

图9 黏性土 $E_{s0.1-0.2}$ 与 p_s 关系

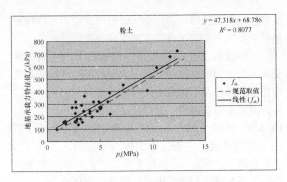

图 10　粉土地基承载力特征值与 p_s 关系

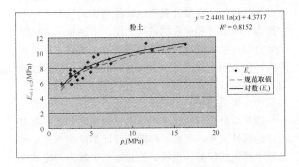

图 11　粉土 $E_{s0.1-0.2}$ 与 p_s 关系

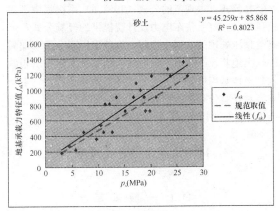

图 12　砂土地基承载力特征值与 p_s 关系

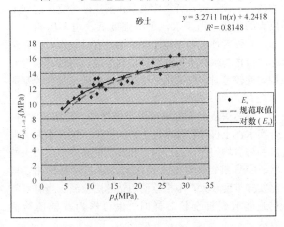

图 13　砂土 $E_{s0.1-0.2}$ 与 p_s 关系

（1）黏性土，规范取值：$f_{ak} = 80p_s + 20$，$E_{s0.1-0.2} = 2.5\ln（p_s）+4$

（2）粉土，规范取值：$f_{ak} = 47p_s + 40$，$E_{s0.1-0.2} = 2.44\ln（p_s）+4$

（3）砂土，规范取值：$f_{ak} = 40p_s + 70$，$E_{s0.1-0.2} = 3.6\ln（p_s）+3$

本次归纳统计的经验公式应进一步通过载荷板对比试验，在工程中验证，积累资料，不断完善。

10　十字板剪切试验

10.1　一般规定

10.1.1　《岩土工程勘察规范》GB 50021－2001（2009 年版）指出，十字板剪切试验可用于测定饱和软黏性土（$\varphi \approx 0$）的不排水抗剪强度和灵敏度；试验成果可按地区经验，确定地基承载力，判定软黏性土的固结历史。

十字板剪切试验的适用范围，大部分国家规定限于饱和软黏性土，软黏性土是指天然孔隙比大于或等于 1.0，且天然含水量大于液限的细粒土。

作为建筑地基检测方法，十字板剪切试验适用于检测饱和软黏性土天然地基及其预压处理地基的不排水抗剪强度和灵敏度，可推定原状土与处理土地基的地基承载力，检验原状土地基质量和桩间土加固效果。

10.2　仪器设备

10.2.1　机械式十字板剪切仪的特点是施加的力偶对转杆不产生额外的推力。它利用蜗轮蜗杆扭转插入土层中的十字板头，借助开口钢环测定土层的抵抗扭力，从而得到土的抗剪强度。

电测十字板剪切仪是相对较新的一种设备。与机械式的主要区别在于测力装置不用钢环，而是在十字板头上端连接一个贴有电阻应变片的扭力传感器装置（主要由高强度弹簧钢的变形柱和成正交贴在其上的电阻片等组成）。通过电缆线将传感器信号传至地面的电阻应变仪或数字测力仪，然后换算十字板剪切的扭力大小。它可以不用事前钻孔，且传感器只反映十字板头处受力情况，故可消除轴杆与土之间，传力机械等的阻力以及坍孔使土层扰动的影响。如果设备有足够的压入力和旋扭力，则可自上而下连续进行试验。

10.2.2　十字板头形状国外有矩形、菱形、半圆形等，但国内均采用矩形，故本规范只列矩形。当需要测定不排水抗剪强度的各向异性变化时，可以考虑采用不同菱角的菱形板头，也可以采用不同径高比板头进行分析。矩形十字板头的宽高比 1：2 为通用标准。十字板头面积比，直接影响插入板头时对土的挤压扰动，一般要求面积比小于15%；当十字板头直径为50mm和75mm，翼板厚度分别为2mm和3mm时，相应的面积比为13%～14%。

扭力测量设备需满足对测量量程的要求和对使用环境适应性的要求，才可能确保检测工作正常进行。

传感器和记录仪如达到条文规定的技术要求，则由零漂造成的试验误差（归零误差）被控制在1%FS以内。零漂可分为时漂和温漂两种：在恒温和零输入状态下，在规定的时段内，仪表对传感器零输出值的变化不小，谓之时漂；在零输入状态下，传感器零输出值随温度变化而改变，称为温漂。

传感器检测总误差若在3%以内，则整个测试误差（包括仪器的检测误差、十字板头尺寸误差等在内）被控制在8%以内。

传感器的绝缘程度随静置时间延长而降低，对传感器出厂时的绝缘电阻要求既是合理的，也是可行的。武汉冶金勘察研究院就传感器（探头）绝缘电阻对测试误差的影响进行过分析与试验，结论认为探头应变量测试误差在绝缘电阻为1MΩ级时可远小于1%。铁四院在南方若干工点中，也发现同一探头在5MΩ和大于200MΩ时，其测试值的重现性很好；但当探头绝缘电阻降至5MΩ以下时，由于气候潮湿和野外环境恶劣，也许在一夜之间便降为零。为此，本规程将传感器绝缘电阻的使用下限定为200MΩ，可保证外业工作不受这方面因素影响。

10.2.5 专用的试验记录仪是指与设备主机配套生产制作的专用试验记录仪。试验的信号传输线采用屏蔽电缆可防止或减小杂散信号干扰，保证测试结果准确。

10.3 现场检测

10.3.1 安装平稳才能保证钻杆入土的垂直度以及形成与理论假定一致的剪切圆柱体。

10.3.5 同一检测孔的试验点的深度间距规定宜为1.5m～2.0m，当需要获得多个检测点的数据而土层厚度不够时，深度间距可放宽至0.8m；当土层随深度的变化复杂时，可根据工程实际需要，选择有代表性的位置布置试验点，不一定均匀间隔布置试验点，遇到变层，要增加检测点。

10.4 检测数据分析与判定

10.4.3、10.4.4 十字板不排水抗剪强度计算的假定为：当十字板在土中扭转时，土柱周围的剪力是均匀的，土柱体上、下两端也是均匀的。

10.4.5 根据原状土与重塑土不排水抗剪强度的比值可计算灵敏度，可评价软黏土的触变性。

10.4.6、10.4.7 实践证明，正常固结的饱和软黏性土的不排水抗剪强度是随深度增加的；室内抗剪强度的试验成果，由于取样扰动等因素，往往不能很好地

反映这一变化规律；利用十字板剪切试验，可以较好地反映土的不排水抗剪强度随深度的变化。

绘制抗剪强度与扭转角的关系曲线，可了解土体受剪时的剪切破坏过程，确定软土的不排水抗剪强度峰值、残余值及不排水剪切模量。目前十字板头扭转角的测定还存在困难，有待研究。

10.4.8 根据c_u-h曲线，判定软土的固结历史：若c_u-h曲线大致呈一通过地面原点的直线，可判定为正常固结土；若c_u-h直线不通过原点，而与纵坐标的向上延长轴线相交，则可判定为超固结土。

10.4.9 利用十字板剪切试验成果计算出来的地基土承载力特征值，在没有载荷试验作对比的情况下，不宜作为工程设计和验收的最终依据。十字板剪力试验结果宜结合平板载荷试验结果对地基土承载力特征值作出评价。当单独采用十字板剪切试验统计结果评价地基时，初步设计时可根据不排水抗剪强度标准值，根据规范提供的经验公式推定地基土承载力特征值。

地基承载力与原状土不排水抗剪强度c_u之间有着良好的线性关系，国内一些勘察设计单位根据几十年大量工程实践经验、现场试验对地基承载力与原状土不排水抗剪强度c_u之间的关系进行统计、分析得到一些经验公式。本规范的公式（10.4.9）系根据中国建筑科学研究院及华东电力设计院提供的经验公式，经真空预压处理的吹填土地基、堆载预压联合排水加固的软土地基、经换填处理的软弱地基及滨海相沉积的软黏土地基均可采用上述公式计算地基承载力。本条规定对经验公式中的埋置深度进行了取值限制，建议当$h > 3.0$m时应进行适当折减。

11 水泥土钻芯法试验

11.1 一般规定

11.1.1 钻芯法检测是地基基础工程检测的一个基本方法，比较直观，可靠性强，在灌注桩检测中起到了巨大的作用。由于水泥土桩强度低，均匀性相对较差，其强度评定和完整性评价偏差有时较大，因此钻芯法可作为水泥土桩的辅助检测手段，当桩身强度和均匀性较差时，应采用平板载荷试验确定复合地基的承载力。

钻芯法适用于检测水泥土搅拌桩、高压旋喷桩、夯实水泥土桩等各种水泥土桩的桩长、桩身水泥土强度和桩身均匀性，还可判定和鉴别桩底持力层岩土性状。CFG桩、微型桩长径比大，钻芯时易偏出，检测实操难度较大，不推荐使用钻芯法检测，当有可靠措施能取到桩全长芯样时，也可作为其辅助检测方法。

11.1.2 以概率论为基础、用可靠性指标度量可靠度是比较科学的评价方法，即在钻芯法受检桩的芯样中

截取一批芯样试件进行抗压强度试验，采用统计的方法判断桩身强度是否满足设计要求。为了取得较多的统计样本，准确评价单位工程同一条件下受检桩的桩身强度标准值，要求受检桩每根桩按上、中、下截取3组9个芯样试件。

11.1.3 水泥土桩的强度按7d、28d、90d龄期均有不同，因此应按设计要求的龄期进行抗压强度试验，以检验水泥土桩的强度是否达到该龄期的强度要求。

11.2 仪器设备

11.2.1～11.2.3 钻取芯样设备一般使用灌注桩取芯设备即可，水泥土桩强度一般较低，使用薄壁合金钻头即可，设备动力要求也可以低一些，但芯样的截取、加工、制作应更加细心。

11.3 现场检测

11.3.1 钻芯设备应精心安装、认真检查。钻进过程中应经常对钻机立轴进行校正，及时纠正立轴偏差，确保钻芯过程不发生倾斜、移位。设备安装后，应进行试运转，在确认正常后方能开钻。

当出现钻芯孔与桩体偏离时，应立即停机记录，分析原因。当有争议时，可进行钻孔测斜，以判断是受检桩倾斜超过规范要求还是钻芯孔倾斜超过规定要求。

11.3.2 当钻芯孔为一个时，规定宜在距桩中心100mm～150mm处开孔，是为了在桩身质量有疑问时，方便第二个孔的位置布置。为准确确定桩的中心点，桩头宜开挖裸露；来不及开挖或不便开挖的桩，应由全站仪测出桩位中心。鉴别桩底持力层岩土性状时，应按设计要求钻进持力层一定的深度，无设计要求时，钻进深度应大于2倍桩身直径。

11.3.6 钻至桩底时，为检测桩底虚土厚度，应采用减压、慢速钻进，若遇钻具突降，应即停钻，及时测量机上余尺，准确记录孔深及有关情况。

对桩底持力层，可采用动力触探、标准贯入试验等方法鉴别。试验宜在距桩底50cm内进行。

11.3.8 芯样取出后，应由上而下按回次顺序放进芯样箱中，芯样侧面上应清晰标明回次数深度。及时记录孔号、回次数、起至深度、芯样质量的初步描述及钻进异常情况。

11.3.9 对桩身水泥土芯样的描述包括水泥土钻进深度，芯样连续性、完整性、胶结情况、水泥土芯样是否为柱状、芯样破碎的情况，以及取样编号和取样位置。

对持力层的描述包括持力层钻进深度，岩土名称、芯样颜色、结构构造，或动力触探、标准贯入试验位置和结果。分层岩层应分别描述。

应先拍彩色照片，后截取芯样试件。取样完毕剩余的芯样宜移交委托单位妥善保存。

11.4 芯样试件抗压强度

11.4.2 本条规定芯样试件加工完毕后，即可进行抗压强度试验，一方面考虑到钻芯过程中诸因素影响均使芯样试件强度降低，另一方面是出于方便考虑。

11.4.4 水泥土芯样试件的强度值计算方法参照混凝土芯样试件的强度值计算方法。

11.5 检测数据分析与判定

11.5.2 由于地基处理增强体设计和施工的特殊性，评价单根受检桩的桩身强度是否满足设计要求并不合理，以概率论为基础、用可靠性指标度量可靠度评价整个工程的桩身强度是比较科学合理的评价方法。单位工程同一条件下每个检验批应按照附录B地基土数据统计计算方法计算桩身抗压强度标准值。

11.5.3 桩底持力层岩土性状的描述、判定应有工程地质专业人员参与，并应符合现行国家标准《岩土工程勘察规范》GB 50021的有关规定。

11.5.4、11.5.5 由于水泥土桩通常为大面积复合地基工程，桩数较多，其中的一根或几根桩并不起到决定作用，而是作为一个整体发挥作用，因此水泥土桩的桩身质量评价应按检验批进行。

除桩身均匀性和桩身抗压强度标准值外，当设计有要求时，应判断桩底持力层岩土性状是否满足或达到设计要求。

此外，由于水泥土桩强度低，均匀性相对较差，其强度评定和均匀性评价偏差有时较大，因此钻芯法仅作为水泥土桩的辅助检测手段，当桩身强度和均匀性较差时，应采用载荷试验确定复合地基的承载力。

12 低应变法试验

12.1 一般规定

12.1.1 目前工程中常用的竖向增强体有碎石桩、砂桩、水泥土桩、石灰桩、灰土桩、CFG桩等。根据竖向增强体的性质，桩体复合地基又可分为三类：散体材料桩复合地基、一定粘结强度材料桩复合地基和高粘结强度材料桩复合地基。其中，散体材料桩复合地基的增强体材料是颗粒之间无粘结的散体材料，如碎石、砂等，散体材料桩只有依靠周围土体的围箍作用才能形成桩体，桩体材料本身单独不能形成桩体。其他可称为粘结材料桩，视粘结强度的不同又可分为一般粘结强度桩和高粘结强度桩（也有人称为半刚性桩和刚性桩）。为保证桩土共同作用，常常在桩顶设置一定厚度的褥垫层。一般粘结强度桩复合地基如水泥土桩复合地基、灰土桩复合地基等，其桩体刚度较小。高粘结强度材料桩复合地基的桩体通常以水泥为主要胶结材料，有时以混凝土或由混凝土与其他掺和料构成，桩身强度较高，刚度很大。

这几种类型中，散体材料增强体明显不符合低应变反射法的检测理论模型，因此不属于本规范的检测范围。而经大量试验证明：类似水泥土搅拌法形成的一般粘结强度的竖向增强体，因其掺入水泥量、均匀性变化较大，强度较低，采用低应变法往往难以达到满意的效果，故一般只作为一种试验方法提供工程参考。本规范的检测适用范围主要是高粘结强度增强体，规定增强体强度为 8MPa 以上，当增强体强度达到 15MPa 以上时，可参照现行行业标准《建筑基桩检测技术规范》JGJ 106 进行检测。

低应变法有许多种，目前国内外普遍采用瞬态冲击方式，通过实测桩顶加速度或速度响应时域曲线，用一维波动理论分析来判定基桩的桩身完整性，这种方法称为反射波法（或瞬态时域分析法）。据住房城乡建设部所发工程桩动测单位资质证书的数量统计，绝大多数的单位采用上述方法，所用动测仪器一般都具有傅立叶变换功能，可通过速度幅频曲线辅助分析判定桩身完整性，即所谓瞬态频域分析法；也有些动测仪器还具备实测锤击力并对其进行傅立叶变换的功能，进而得到导纳曲线，这称之为瞬态机械阻抗法。当然，采用稳态激振方式直接测得导纳曲线，则称之为稳态机械阻抗法。无论瞬态激振的时域分析还是瞬态或稳态激振的频域分析，只是习惯上从波动理论或振动理论两个不同角度去分析，数学上忽略截断和泄漏误差时，时域信号和频域信号可通过傅立叶变换建立对应关系。所以，当桩的边界和初始条件相同时，时域和频域分析结果应殊途同归。综上所述，考虑到目前国内外使用方法的普遍程度和可操作性，本规范将上述方法合并编写并统称为低应变（动测）法。

一维线弹性杆件模型是低应变法的理论基础。因此受检增强体的长径比、瞬态激励脉冲有效高频分量的波长与增强体的横向尺寸之比均宜大于 5，设计增强体截面宜基本规则。另外，一维理论要求应力波在杆中传播时平截面假设成立，所以，对异形的竖向增强体，本方法不适用。

本方法对增强体缺陷程度只作定性判定，尽管利用实测曲线拟合法分析能给出定量的结果，但由于增强体的尺寸效应、测试系统的幅频相频响应、高频波的弥散、滤波等造成的实测波形畸变，以及增强体侧土阻尼、土阻力和增强体阻尼的耦合影响，曲线拟合法还不能达到精确定量的程度。

12.1.3 由于受增强体周土约束、激振能量、竖向增强体材料阻尼和截面阻抗变化等因素的影响，应力波从增强体顶传至底再从底反射回顶的传播为一能量和幅值逐渐衰减过程。若竖向增强体过长（或长径比较大）或竖向增强体截面阻抗多变或变幅较大，往往应力波尚未反射回竖向增强体顶甚至尚未传到竖向增强

体底，其能量已完全衰减或提前反射，致使仪器测不到竖向增强体底反射信号，而无法评定竖向增强体的完整性。在我国，若排除其他条件差异而只考虑各地区地质条件差异时，竖向增强体的有效检测长度主要受竖向增强体和土刚度比大小的制约，故本条未规定有效检测长度的控制范围。具体工程的有效检测长度，应通过现场试验，依据能否识别竖向增强体底反射信号，确定该方法是否适用。

截面尺寸主要是因为上述的长径比影响及尺寸效应问题，应当有所限制，但各地、各种规范的规定不同，一般地，按直径小于 2.0m 为宜，具体情况应根据数据的可识别情况通过现场试验确定。

12.2 仪 器 设 备

12.2.1 检测仪器设备除了要考虑其动态性能满足测试要求，分析软件满足对实测信号的再处理功能外，还要综合考虑测试系统的可靠性、可维修性、安全性等。竖向增强体在某种意义上也可以称为"低强度桩"，对仪器设备的要求与基桩检测的要求接近，因此，有关内容可按现行行业标准《基桩动测仪》JG/T 3055。信号分析处理软件应具有光滑滤波、旋转、叠加平均和指数放大等功能。检测报告所附波形曲线必须有横、纵坐标刻度值，方便其他技术人员同波形进行分析和对检测结果的准确性进行评估，可确保可溯源性。

低应变动力检测采用的测量响应传感器主要是压电式加速度传感器（国内多数厂家生产的仪器尚能兼容磁电式速度传感器测试），根据其结构特点和动态性能，当压电式传感器的可用上限频率在其安装谐振频率的 1/5 以下时，可保证较高的冲击测量精度，且在此范围内，相位误差几乎可以忽略。所以应尽量选用自振频率较高的加速度传感器。

对于增强体顶瞬态响应测量，习惯上是将加速度计的实测信号积分成速度曲线，并据此进行判读。实践表明：除采用小锤硬碰硬敲击外，速度信号中的有效高频成分一般在 2000Hz 以内。但这并不等于说，加速度计的频响线性段达到 2000Hz 就足够了。这是因为，加速度原始信号比积分后的速度波形中要包含更多和更尖的毛刺，高频尖峰毛刺的宽窄和多寡决定了它们在频谱上占据的频带宽窄和能量大小。事实上，对加速度信号的积分相当于低通滤波，这种滤波作用对尖峰毛刺特别明显。当加速度计的频响线性段较窄时，就会造成信号失真。所以，在 ±10% 幅频误差内，加速度计幅频线性段的高限不宜小于 5000Hz，同时也应避免在增强体顶敲击处表面凹凸不平时用硬质材料锤（或不加锤垫）直接敲击。

高阻尼磁电式速度传感器固有频率接近 20Hz 时，幅频线性范围（误差 ±10% 时）约在 20Hz～1000Hz 内，若要拓宽使用频带，理论上可通过提高

阻尼比来实现，但从传感器的结构设计、制作以及可用性来看又难于做到。因此，若要提高高频测量上限，必须提高固有频率，势必造成低频段幅频特性恶化，反之亦然。同时，速度传感器在接近固有频率时使用，还存在因相位越迁引起的相频非线性问题。此外由于速度传感器的体积和质量均较大，其安装谐振频率受安装条件影响很大，安装不良时会大幅下降并产生自身振荡，虽然可通过低通滤波将自振信号滤除，但在安装谐振频率附近的有用信息也将随之滤除。综上所述，高频窄脉冲冲击响应测量不宜使用速度传感器。

12.2.2 瞬态激振操作应通过现场试验选择不同材质的锤头或锤垫，以获得低频宽脉冲或高频窄脉冲。除大直径增强体外，冲击脉冲中的有效高频分量可选择不超过2000Hz（钟形力脉冲宽度为1ms，对应的高频截止分量约为2000Hz）。目前激振设备普遍使用的是力锤、力棒，其锤头或锤垫多选用工程塑料、高强尼龙、铝、铜、铁、橡皮垫等材料，锤的质量为几百克至几十千克不等。

12.3 现场检测

12.3.1 增强体头部条件和处理好坏直接影响测试信号的质量。因此，要求受检增强体头部的材质、强度、截面尺寸应与增强体整体基本等同。这就要求在检测前对松散、破损部分进行处理，使得增强体顶部表面平整干净且无积水。因为增强体的强度一般低于混凝土桩，所以桩头处理时强度与下部基本一致即可，不可要求过高，如果按混凝土桩的标准过高要求，容易将符合要求的增强体处理掉。

当增强体与垫层相连时，相当于增强体头部处存在很大的截面阻抗变化，对测试信号会产生影响。因此，测试应该安排在垫层施工前，若垫层已经施工，检测时增强体头部应与混凝土承台断开；当增强体头部的侧面与垫层相连时，应断开才能进行试验。

12.3.2 从时域波形中找到增强体底面反射位置，仅仅是确定了增强体底反射的时间，根据 $\Delta t = 2L/c$，只有已知增强体长 L 才能计算波速 c，或已知波速 c 计算增强体长 L。因此，增强体长参数应以实际记录的施工增强体长为依据，按测点至增强体底的距离设定。测试前增强体波速可根据本地区同类型增强体的测试值初步设定，实际分析过程中应按由增强体长计算的波速重新设定或按12.4.1条确定的波速平均值 c_m 设定。

对于时域信号，采样频率越高，则采集的数字信号越接近模拟信号，越有利于缺陷位置的准确判断。一般应在保证测得完整信号（时段 $2L/c+5ms$，1024个采样点）的前提下，选用较高的采样频率或较小的采样时间间隔。但是，若要兼顾频域分辨率，则应按采样定理适当降低采样频率或增加采样点数。

12.3.3 本条是为保证获得高质量响应信号而提出的措施：

1 传感器应安装在增强体顶面，传感器安装点及其附近不得有缺损或裂缝。传感器可用黄油、橡皮泥、石膏等材料作为耦合剂与增强体顶面粘结，或采取冲击钻打眼安装方式，不得采用手扶方式。安装完毕后的传感器必须与增强体顶面保持垂直，且紧贴增强体顶表面，在信号采集过程中不得产生滑移或松动。传感器用耦合剂粘结时，粘结层应尽可能薄，但应具有足够的粘结强度；必要时可采用冲击钻打孔安装方式，传感器底安装面应与增强体顶面紧密接触。

2 相对增强体顶横截面尺寸而言，激振点处为集中力作用，在增强体顶部位可能出现与增强体的横向振型相对应的高频干扰。当锤击脉冲变窄或增强体径增加时，这种由三维尺寸效应引起的干扰加剧。传感器安装点与激振点距离和位置不同，所受干扰的程度各异。初步研究表明：实心增强体安装点在距增强体中心约2/3R（R为半径）时，所受干扰相对较小，另应注意加大安装与激振两点距离或平面夹角将增大锤击点与安装点响应信号时间差，造成波速或缺陷定位误差。传感器安装点、锤击点布置见图14。竖向增强体的直径往往较小，如果传感器和激振点距离只有相对量的要求，而没有绝对量的要求，部分小直径的竖向增强体可能会导致传感器和激振点间距过小，因此，另外规定的二者的距离不小于10cm。

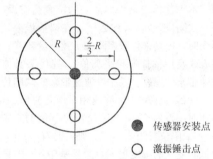

图14 传感器安装点、锤击点布置示意图

3 瞬态激振通过改变锤的重量及锤头材料，可改变冲击入射波的脉冲宽度及频率成分。锤头质量较大或刚度较小时，冲击入射波脉冲较宽，低频成分为主；当冲击力大小相同时，其能量较大，应力波衰减较慢，适合于获得长度较长的增强体信号或下部缺陷的识别。锤头较轻或刚度较大时，冲击入射波脉冲窄，含高频成分较多；冲击力大小相同时，虽其能量较小并加剧大直径增强体的尺寸效应影响，但较适宜于增强体浅部缺陷的识别及定位。

12.3.4 本条是对信号采集和筛选而提出的措施：

1 增强体直径增大时，增强体截面各部位的运动不均匀性也会增加，增强体浅部的阻抗变化往往表现出明显的方向性，故应增加检测点数量，使检测结果能全面反映增强体结构完整性情况。一般情况下，增强体的直径较小，布置（2～3）个测试点，已经能较好反映桩身完整性的信息，当然，这（2～3）个测点是指能够测到有效的、一致性较好的测点，如果不能，需要增加测点并分析原因。每个检测点有效信号数不宜少于 3 个，通过叠加平均提高信噪比。

2 应合理选择测试系统量程范围，特别是传感器的量程范围，避免信号波峰削波。

12.4 检测数据分析与判定

12.4.1 为分析不同时段或频段信号所反映的增强体阻抗信息、核验增强体底信号并确定增强体缺陷位置，需要确定增强体波速及其平均值 c_m。波速除与增强体强度有关外，还与骨料品种、粒径级配、密度、水灰比、施工工艺等因素有关。波速与增强体强度整体趋势上呈正相关关系，即强度高波速高，但二者并不是一一对应关系。在影响波速的诸多因素中，强度对波速的影响并非首位。因此，不能依据波速去评定增强体强度等级，反之亦然。对工程地质条件相近、施工工艺相同、同一单位施工的增强体，确定增强体纵波波速平均值，是信号分析的基础。《建筑基桩检测技术规范》JGJ 106 规定 $|c_i - c_m|/c_m \leqslant 5\%$ 是针对混凝土刚性桩而言的，考虑到竖向增强体波速低（即基数小），差异大，因此，本规范取 $|c_i - c_m|/c_m \leqslant 10\%$。

12.4.2 本方法确定增强体缺陷的位置是有误差的，原因是：缺陷位置处 Δt_x 和 $\Delta f'$ 存在读数误差；采样点数不变时，提高采样频率降低了频域分辨率；波速确定的方式及用抽样所得平均值 c_m 替代某具体增强体段波速带来的误差。其中，波速带来的缺陷位置误差 $\Delta x = x \cdot \Delta c/c$（$\Delta c/c$ 为波速相对误差）影响最大，如波速相对误差为 5%，缺陷位置为 10m 时，则误差有 0.5m；缺陷位置为 20m 时，则误差有 1.0m。波速在强度低时变化的幅度更大，用桩基中 5% 的偏差太严格，考虑到复合地基增强体对长度的要求不如桩基严格，这方面适度放宽一些是比较妥当的。

对瞬态激振还存在另一种误差，即锤击后应力波主要以纵波形式直接沿增强体向下传播，同时在增强体顶又主要以表面波和剪切波的形式沿径向传播。因锤击点与传感器安装点有一定的距离，接收点测到的入射峰总比锤击点处滞后，考虑到表面波或剪切波的传播速度比纵波低得多，特别对大直径增强体，这种从锤击点起由近及远的时间线性滞后将明显增加。而波从缺陷或增强体底以一维平面应力波反射回增强体顶时，引起的增强体顶面径向各点的质点运动却在同一时刻都是相同的，即不存在由近及远的时间滞后问题。所以严格地讲，按入射峰-增强体底反射峰确定的波速将比实际的高，若按"正确"的增强体波速确定缺陷位置将比实际的浅，若能测到 $4L/c$ 的二次

强体底反射，则由 $2L/c$ 至 $4L/c$ 时段确定的波速是正确的。

12.4.3 当检测信号中存在少量高频噪声时，可采用低通滤波方式对测试信号进行处理，以降低测试噪声对测试效果的影响程度，但低通滤波频率应限定在一定范围，否则会使信号失真。若信号存在较多的高频噪声时，应当在检测时通过增强体顶部处理、改变锤头材料或对锤垫厚度进行调整以降低高频噪声，而不能期待事后进行数字滤波。指数放大是提高增强体中下部和底部信号识别能力的有效手段，指数放大倍数宜为（2～20）倍，能识别底部反射信号为宜，过大的放大倍数会使干扰信号一同放大，也可能会使测试波形尾部明显不归零，影响完整性的分析判断。

12.4.4、12.4.5 这两条规定是对检测数据进行分析判别的依据，表 12.4.5 列出了根据实测时域或幅频信号特征所划分的增强体完整性类别。

1 完整增强体分析判定，从时域信号或频域曲线特征表现的信息判定相对来说较简单直观，而分析缺陷增强体信号则复杂些，有的信号的确是因施工质量缺陷产生的，但也有是设计构造或施工工艺本身局限导致的，例如：增强体的逐渐扩径再缩回原增强体直径的变截面，地层硬夹层影响等。因此，在分析测试信号时，应仔细分清哪些是缺陷波或缺陷谐振峰，哪些是因增强体构造、增强体施工工艺、土层影响造成的类似缺陷信号特征。另外，根据测试信号幅值大小判定缺陷程度，除受缺陷程度影响外，还受增强体周围土阻尼大小及缺陷所处的深度位置影响。相同程度的缺陷因增强体周围土性质不同或缺陷埋深不同，在测试信号中其幅值大小各异。因此，如何正确判定缺陷程度，特别是缺陷十分明显时，如何区分是Ⅲ类增强体还是Ⅳ类增强体，应仔细对照增强体类型、地质条件、施工情况结合当地经验综合分析判断。

2 增强体缺陷的程度及位置，除直接从时域信号或幅频曲线上判定外，还可借助其他计算方式及相关测试量作为辅助的分析手段：

例如：时域信号曲线拟合法：将增强体划分为若干单元，以实测或模拟的力信号作为已知条件，设定并调整增强体阻抗及土参数，通过一维波动方程数值计算，计算出速度时域波形并与实测的波形进行反复比较，直到两者吻合程度达到满意为止，从而得出增强体阻抗的变化位置及变化量大小。该计算方法类似于高应变的曲线拟合法。

3 表 12.4.5 信号特征中，有关测不到增强体底部信号这种情况是受多种因素和条件影响，例如：

——软土地区较长的增强体，长径比很大；

——增强体阻抗与持力层阻抗匹配良好；

——增强体截面阻抗显著突变或沿增强体渐变。

此时的增强体完整性判定，只能结合经验、参照本场地和本地区的同类型增强体综合分析或采用其他

方法进一步检测。

4 对设计条件有利的扩径增强体，不应判定为缺陷增强体，故仍划分为Ⅰ类。

12.4.8、12.4.9 这两条规定是对低应变法报告的更具体的要求，其中特别要求了要给出实测信号曲线，不能只给个判断的结论，或过度人为处理的曲线。这是因为检测人员水平高低不同，测试过程和测量系统各环节容易出现异常，人为信号处理影响信号真实性，从而影响结论判断的正确性，只有根据原始信号曲线才能鉴别。

13 扁铲侧胀试验

13.1 一般规定

13.1.1 扁铲侧胀试验（DMT），也有译为扁板侧胀试验，是 20 世纪 70 年代意大利 Silvano Marchetti 教授创立。扁铲侧胀试验是将带有膜片的扁铲压入土中预定深度，充气使膜片向孔壁土中侧向扩张，根据压力与变形关系，测定土的模量及其他有关指标。因能比较准确地反映小应变的应力-应变关系，测试的重复性较好，引入我国后，受到岩土工程界的重视，进行了比较深入的试验研究和工程应用，已列入中华人民共和国国家标准《岩土工程勘察规范》GB 50021－2001（2009 年版）和中华人民共和国行业标准《铁路工程地质原位测试规程》TB 10018－2003，美国 ASTM 和欧洲 EUROCODE 亦已列入。经征求意见，决定列入本规范。

扁铲侧胀试验最适宜在软弱、松散土中进行，随着土的坚硬程度或密实程度的增加，适宜性渐差。当采用加强型薄膜片时，也可应用于密实的砂土，参见表 12。

表 12 扁铲侧胀试验在不同土类中的适用程度

土类＼土的性状	$q_c<1.5MPa$, $N<5$		$q_c=7.5MPa$, $N=25$		$q_c=15MPa$, $N=40$	
	未压实填土	自然状态	轻压实填土	自然状态	紧密压实填土	自然状态
黏土	A	A	B	B	B	B
粉土	B	B	B	C	C	C
砂土	B	A	A	B	B	C
砾石	C	C	G	G	G	G
卵石	G	G	G	G	G	G
风化岩石	G	C	G	G	G	G
带状黏土	A	A	B	B	C	C
黄土	A	A	B	B	B	C
泥炭	A	B	B	C	—	—
沉泥、尾矿砂	A	—	B	—	—	—

注：适用性分级：A 最适用；B 适用；C 有时适用；G 不适用。

在有使用经验的地区，使用 DMT 可划分土层并定名，确定静止侧压力系数、超固结比、不排水抗剪强度、变形参数、侧向地基基床系数乃至判定地基液化可能性等。

13.1.3 当采用扁铲侧胀试验评价地基承载力和变形参数时，应结合载荷试验比对结果和地区经验进行评价。规定在同一工程内或相近工程进行比对试验，取得本地区相近条件的对比验证资料。载荷试验的承压板尺寸要考虑应力主要影响范围能覆盖主要加固处理土层厚度。

13.2 仪 器 设 备

13.2.2 设备标准化是扁铲侧胀试验的基础。为使本规程向国际现有标准靠拢，达到保证试验成果质量和资料通用的目的，本条文对扁铲测头的技术性能作了强调。

13.2.3 控制装置主要为测控箱，主要作用是控制试验的压力和指示膜片三个特定位置时的压力，并传送膜片到达特定位移量时的信号。

蜂鸣器和检流计应在扁铲测头膜片膨胀量小于 0.05mm 或大于等于 1.10mm 时接通，在膜片膨胀量大于等于 0.05mm 与小于 1.10mm 时断开。

膜片膨胀的三个特殊位置的状态见表 13。

表 13 扁铲侧胀试验膜片膨胀的三个特殊位置及对应状态

位置编号	膨胀量	状态	蜂鸣器和检流计
1	小于 0.05mm	压偏	接通
2	大于等于 0.05mm 且小于 1.10mm	膨胀	断开
3	大于 1.10mm	完全膨胀	接通

一只充气 15MPa 的 10L 气瓶，在中密度土和 25m 长管路的试验，一般可进行 1000 个测点试验。耗气量随土质密度和管路的增加（长）而增大。

贯入设备是将扁铲测头送入预定试验土层的机具。一般土层中利用静力触探机具代替；在硬塑黏性土或较密实砂层中，利用标准贯入试验机具替代；对于坚硬黏土还可采用液压钻机。

应优先选用静力触探设备，扁铲测头的贯入速率与静力触探探头贯入速率一致，即每分钟 20cm 左右，贯入探杆与测头通过变径接头连接。

扁铲测头可用以下方式压入土中：

（1）主机为静力触探机具压入，可采用国内目前各种液压双缸静力触探机和 CLD－3 型手摇静探机（φ28mm 以上探杆，接头内径大于或等于 12mm，气电管路可贯穿）；

（2）主机为液压钻机压入，若试验在钻孔中，从钻孔底部开始，气电管路可不用贯穿于钻杆中而直接在板头以上的钻杆任何部位的侧面引出；

（3）标准贯入设备锤击击入；

（4）水下试验可用装有设备的驳船以电缆测井法压入或打入。

锤击法会影响试验精度，静力触探设备以手摇静探机压入较理想，应优先选用。

13.3 现场检测

13.3.1 扁铲侧胀试验操作属多岗位联合作业性质，其成果质量与现场操作者的技术素质和工作质量有关，有必要对操作人员进行职业培训。

13.3.2 扁铲侧胀试验具体操作过程如下：

1） 关闭排气阀，缓慢打开微调阀，在蜂鸣器停止响声瞬间记录气压值，即 A 读数；

2） 继续缓慢加压，直至蜂鸣器鸣响时，记录气压值，即 B 读数；

3） 立即打开排气阀，并关闭微调阀以防止膜片过度膨胀导致损坏；

4） 将探头贯入至下一测点，在贯入过程中排气阀始终打开，重复下一次试验。

若在试验中需要获取 C 读数，应在步骤 3）中打开微排阀而非打开排气阀，使其缓慢降压直至蜂鸣器停后再次鸣响（膜片离基座为 0.05mm）时，记录 C 读数。

在大气压力下，膜片自然地提起高于它的支座，在 A 位置（膨胀 0.05mm）与 B 位置（膨胀 1.10mm）之间，控制装置的蜂鸣器是关着的。气压必须克服膜片刚度，并使它在空气中移动，使膜片从自然位置移至 A 位置时为 ΔA，移至 B 位置时为 ΔB。它们是不可忽略的。标定程序包括 ΔA 和 ΔB 的气压值，便于修正 A、B、C 的读数。

新膜片的标定值通常在许用范围值之外，而且，在试验或标定中，未实践的新膜片标定值总不稳定。解决的办法即为老化处理过程。重复对膜片加压和减压，增大 ΔA，减少 ΔB，直到它们达许用范围。

取出侧胀板头后，要用直角尺和直尺检查其弯曲度和平面度。直角尺靠在板头上接头两侧，量测两板面到直角尺距离，差值应小于 4mm，否则应予校直。用 150mm 直尺沿板头轴向置于板面凹处，倘用 0.5mm 塞规插不进，其弯曲程度可以接受，若能插进，则需校正（可用液压机或杠杆方法校直）。

试验完毕后应对气电管路作下列检查：

（1）检查管路两端接头的导通性、绝缘性是否良好；

（2）将管路一端密封放入水中，另一端接入 4MPa 气压，检查管路有无泄漏；

（3）检查管路有无阻塞：将一根长管一端接入测控箱上，另一端空着，加压 4MPa，压力表指针不应超过 800kPa，超过此值，视阻塞程度加以修改；

（4）检查管路是否夹扁或破裂。

13.4 检测数据分析与判定

13.4.2 扁铲侧胀试验中测得的 A 压力是作用在膜片内部使膜片中心向周围土体水平推进 0.05mm 时所需的气压，为获得膜片在向土中膨胀之前作用在膜片上的接触力 P_0（无膨胀时），需要修正 A 压力以考虑膜片刚度、0.05mm 膨胀本身和排气后压力表零度偏差的影响。Marchetti 和 Crapps（1981 年）假设土-膜界面上的压力与膜片位移间的关系成线性，如式（13.4.2-1）。同样，试验中测得的 B 压力是作用在膜片内侧使膜片中心向周围土体推进 1.10mm 时所需要的气压，考虑到膜片刚度和排气后压力表零度偏差。故膜片膨胀 1.10mm 时的膨胀压力 P_1 可根据式（13.4.2-2）得到。根据正常的压力膨胀程序获得常规的 A 和 B 压力，还可读取 C 压力以获得在控制排气时膜片回到 0.05mm 膨胀时膜片的压力，该压力读数 C 由式（13.4.2-3）修正为 P_2。

扁铲侧胀试验时膜片向外扩张可视为在半无限弹性介质中对圆形面积施加均布荷载 ΔP，设弹性介质的弹性模量为 E、泊松比为 μ、膜片中心的外移量为 s，则有

$$s = \frac{4R \cdot \Delta P}{\pi} \cdot \frac{(1-\mu^2)}{E} \qquad (2)$$

式中 R 为膜片的半径，即 30mm，当试验中外移量 s 为 1.10mm 时，且令 $E_D = E/(1-\mu^2)$，则

$$E_D = 34.7\Delta P \qquad (3)$$

式中 $\Delta P = P_1 - P_0$，因而侧胀仪模量 $E_D = 34.7(P_1 - P_0)$。

扁铲侧胀试验各曲线随深度变化反映了土层的若干性质，成为定性、定量评估这些性质的重要依据，与静力触探曲线相比较可得如下特征：

（1）试验曲线连续，具有类似静力触探曲线直观反映土性变化的特点；

（2）黏性土的 I_D 值一般较小，U_D 值一般较大；

（3）砂性土的 I_D 值一般较大，U_D 值非常低，接近 0；

（4）在均质土中贯入，P_0、P_1、P_2、ΔP、E_D 均随深度线性递增，I_D、U_D 保持稳定，K_D 则呈递减趋势；

（5）K_D 曲线很大程度上反映地区土层的应力历史，超固结土 K_D 较大；

（6）在非均质土中贯入，各曲线起伏变化较大，遇砂性土变化加剧。

水平应力指数 K_D 为 1.5～4.0 的一般饱和黏性土，静止土压力系数 K_0 可按下式计算：

$$K_0 = 0.30K_D^{0.54} \qquad (4)$$

在连云港、宁波、无锡、昆山、武昌地区，对一般饱和黏性土（含软黏土）共开展了 52 组扁铲和

DMT 对比试验，得到静止侧压力系数与 K_D 关系如下：

$$K_0 = 0.34 K_D^{0.54} \qquad (5)$$

膨胀压力 $\Delta P \leqslant 100\text{kPa}$ 的饱和黏性土，不排水杨氏模量 E_u 可按下式计算：

$$E_u = 3.5 E_D \qquad (6)$$

在昆山、无锡、武昌三地进行了钻孔取样做三轴不排水压缩试验与 DMT、CPT 进行对比，在 39 组 E_u 与 E_D 数据中有 32 组 $\Delta P \leqslant 100\text{kPa}$ 的饱和黏性土，其关系为 $E_u = 2.92 E_D$。

饱和黏性土、饱和砂土及粉土地基的基准水平基床系数 K_{hl}（kN/m^3）可按下式计算：

$$K_{hl} = 0.2 K_h \qquad (7)$$

$$K_h = 1817 (1-A)(P_1 - P_0) \qquad (8)$$

式中：K_h——侧胀仪抗力系数；

A——孔隙压力系数，无室内试验数据时，可按表 14 取值；

1817——量纲为 m^{-1} 的系数。

表 14　饱和土的 A 值

土类	砂类土	粉土	粉质黏土		黏土	
			$OCR=1$	$1<OCR\leqslant 4$	$OCR=1$	$1<OCR\leqslant 4$
A	0	0.10~0.20	0.15~0.25	0~0.15	0.25~0.5	0~0.25

若假定土体在小应变条件下为弹性体且侧胀仪膜片对土体的膨胀压力可视为平面应力（单向压缩），则用 DMT 测定地基水平基床系数是可行的。

下面给出上海、深圳各土层扁铲测试结果及分析取值方法，见表 15、表 16。

表 15　上海市各土层扁铲侧胀试验结果统计

土层编号	土层名称	土类指数 I_D		水平应力指数 K_D		扁铲模量 E_D （MPa）		孔压指数 U_D	
		平均值	子样数	平均值	子样数	平均值	子样数	平均值	子样数
		最大值	均方差	最大值	均方差	最大值	均方差	最大值	均方差
		最小值	变异系数	最小值	变异系数	最小值	变异系数	最小值	变异系数
②₀	粉质黏土（江滩土）	0.52	29	3.52	29	3.05	29	−0.28	1
		2.00	0.47	5.41	0.85	10.31	2.65		
		0.24	0.91	2.23	0.25	1.17	0.89		
②₁	粉质黏土			5.88	1	2.48	1		
③上	淤泥质粉质黏土	0.25	19	5.70	14	1.62	17		
		1.66	0.36	6.62	3.84	11.15	2.61		
		0.03	1.50	3.95	0.70	0.18	1.66		
③夹	黏质粉土	0.57	32	4.40	24	4.31	28	0.19	1
		2.57	0.60	6.30	2.71	11.91	3.86		
		0.11	1.07	2.59	0.63	0.73	0.91		
③下	淤泥质粉质黏土	0.20	23	3.77	20	1.59	23	−0.05	4
		0.27	0.02	4.23	1.50	2.40	0.19	0.06	
		0.17	0.12	3.38	0.41	1.46		−0.17	
④	淤泥质黏土	0.21	178	2.89	170	2.19	180	0.10	37
		0.80	0.08	3.74	0.92	5.61	0.82	0.43	0.12
		0.12	0.38	1.78	0.32	1.13	0.37	−0.21	1.33
⑤₁	粉质黏土	0.25	115	2.64	115	3.69	115	0.17	23
		2.00	0.17	3.07	0.25	20.59	1.71	0.30	0.08
		0.13	0.69	1.65	0.09	1.75	0.47	−0.01	0.52

土层编号	土层名称	汇总							
		土类指数 I_D		水平应力指数 K_D		扁铲模量 E_D (MPa)		孔压指数 U_D	
		平均值	子样数	平均值	子样数	平均值	子样数	平均值	子样数
		最大值	均方差	最大值	均方差	最大值	均方差	最大值	均方差
		最小值	变异系数	最小值	变异系数	最小值	变异系数	最小值	变异系数
⑥	粉质黏土	0.49	97	3.26	97	11.62	97	0.16	18
		0.68	0.07	4.11	0.33	17.74	2.16	0.29	0.06
		0.24	0.15	2.74	0.10	5.28	0.19	0.06	0.39
⑦₁	砂质黏土	0.85	3	3.37	3	21.96	3		
		1.34		3.95		29.40			
		0.30		2.61		8.67			

表16 深圳市各土层扁铲侧胀试验结果统计

地层年代	成因及名称	指标名称 / 统计项目	初始应力 P_0 (kPa)	膨胀压力 P_1 (kPa)	ΔP (kPa)	扁胀模量 E_D (MPa)	水平压力指数 K_D	材料指数 I_D	静止侧压力系数 K_0
Q^{ml}	人工填土	统计件数	26	26	26	26	26	26	26
		最小值	98.85	177.00	16.80	0.58	1.43	0.11	0.41
		最大值	626.03	1528.50	1120.88	38.89	9.07	5.89	0.74
		平均值	232.02	516.46	284.44	9.87	3.34	1.27	0.56
		标准差	120.71	396.82	315.47	10.95	1.80	1.35	0.09
		变异系数	0.52	0.77	1.11	1.11	0.54	1.06	0.17
Q^{al+pl}	淤泥质黏土	统计件数	8	8	7	7	8	7	8
		最小值	150.00	171.00	12.60	0.44	2.99	0.07	0.52
		最大值	391.93	730.00	489.30	16.98	6.00	2.23	0.80
		平均值	255.40	362.50	128.52	4.46	3.93	0.52	0.65
		标准差	67.39	164.49	120.78	4.19	0.93	0.50	0.08
		变异系数	0.26	0.45	0.94	0.94	11.05	50.33	39.29
	中粗砂（混淤泥）	统计件数	7	7	6	6	7	6	7
		最小值	59.00	206.00	4.20	0.15	0.79	0.02	0.30
		最大值	217.45	263.00	186.90	6.49	2.92	3.00	0.61
		平均值	203.26	231.40	35.18	1.22	2.54	0.21	0.56
		标准差	14.39	20.80	31.01	1.08	0.20	0.19	0.02
		变异系数	0.07	0.09	0.88	0.88	0.08	0.94	0.04

地层年代	成因及名称	指标名称\统计项目	初始应力 P_0 (kPa)	膨胀压力 P_1 (kPa)	ΔP (kPa)	扁胀模量 E_D (MPa)	水平压力指数 K_D	材料指数 I_D	静止侧压力系数 K_0
Q^{al+pl}	黏土①	统计件数	27	27	27	27	27	27	27
		最小值	175.08	317.00	84.53	2.93	1.54	0.36	0.43
		最大值	757.88	2245.00	1565.03	54.31	9.44	4.20	0.72
		平均值	407.82	1055.94	648.12	22.49	3.66	1.65	0.58
		标准差	146.02	546.31	438.67	15.22	1.57	0.96	0.08
		变异系数	0.36	0.52	0.68	0.68	0.43	0.58	0.14
	砂砾①	统计件数	27	27	27	27	27	27	27
		最小值	175.08	317.00	84.53	2.93	1.54	0.36	0.43
		最大值	757.88	2245.00	1565.03	54.31	9.44	4.20	0.72
		平均值	407.82	1055.94	648.12	22.49	3.66	1.65	0.58
		标准差	146.02	546.31	438.67	15.22	1.57	0.96	0.08
		变异系数	0.36	0.52	0.68	0.68	0.43	0.58	0.14
	黏土②	统计件数	6	6	6	6	6	6	6
		最小值	66.28	302.00	235.73	8.18	0.68	1.89	0.28
		最大值	580.73	1605.00	1163.93	40.39	7.11	7.23	0.87
		平均值	407.13	1412.50	1005.38	34.89	5.20	3.43	0.62
		标准差	139.55	124.96	110.73	3.84	1.77	2.20	0.15
		变异系数	0.34	0.09	0.11	0.11	0.34	0.64	0.23
	砂砾②	统计件数	34	34	34	34	34	34	34
		最小值	110.95	238.00	127.05	4.41	0.46	1.04	0.22
		最大值	1024.25	2228.00	2086.35	72.40	8.13	46.73	0.98
		平均值	415.61	1498.03	1082.42	37.56	3.69	3.88	0.56
		标准差	201.69	629.10	507.40	17.61	1.78	3.58	0.13
		变异系数	0.49	0.42	0.47	0.47	0.48	0.92	0.24
Q^{dl}	含砾黏土	统计件数	12	12	12	12	12	12	12
		最小值	39.13	278.00	238.88	8.29	1.09	0.94	0.36
		最大值	798.88	1956.50	1157.63	40.17	11.22	6.11	0.58
		平均值	472.72	1226.20	753.48	26.15	7.25	2.02	0.54
		标准差	206.14	480.39	280.73	9.74	2.78	1.37	0.06
		变异系数	0.44	0.39	0.37	0.37	0.38	0.68	0.12
Q^{el}	砾质黏土	统计件数	272	272	272	272	272	272	272
		最小值	54.75	60.00	5.25	0.18	0.14	0.19	0.12
		最大值	1213.03	2848.00	2049.60	72.12	10.57	7.28	0.72
		平均值	544.61	1257.35	712.74	24.73	4.18	1.54	0.56
		标准差	191.91	428.78	293.22	10.17	1.72	0.88	0.10
		变异系数	0.35	0.34	0.41	0.41	0.41	0.57	0.19

13.4.3 根据《工程地质手册》地基土承载力计算强度：

$$f_0 = n(P_1 - P_0) \qquad (9)$$

式中：f_0——地基承载力计算强度；

$\qquad$ n——经验修正系数，黏土取 1.14（相对变形约 0.02），粉质黏土取 0.86（相对变形约 0.015）。

根据《建筑地基基础设计规范》GBJ 7-89（已废止）的附录五土（岩）的承载力标准值的规定，即可求取地基土承载力特征值 f_{ak}。

上式中（$P_1 - P_0$）为同一土层样本测试结果按平均值统计。

13.4.5 扁铲侧胀试验成果的应用经验目前尚不丰富。根据铁道部第四勘察设计院和上海岩土工程勘察设计研究院有限公司的研究成果，利用侧胀土性指数 I_D 划分土类、黏性土的状态，利用侧胀模量计算饱和黏性土的水平不排水弹性模量，利用侧胀水平应力指数 K_D 确定土的静止侧压力系数等，均有良好效果，并列入铁道部《铁路工程地质原位测试规程》TB 10018-2003。上海、天津以及国际上都有一些研究成果和工程经验，由于扁铲侧胀试验在我国开展较晚，故应用时必须结合当地经验，并与其他试验方法配合，相互印证。

采用平均值法计算每个检测孔的扁铲模量、水平应力指数代表值。

利用《岩土工程勘察规范》GB 50021-2001（2009 年版）第 14.2 条岩土参数的分析和选定中的规定，来计算同一土层或同一深度范围的扁铲模量、水平应力指数标准值。

14 多道瞬态面波试验

14.1 一般规定

14.1.1 目前波速测试方法很多，包括单孔法、跨孔法和面波法，而面波法还有瞬态面波和稳态面波之分。基于目前在测试中，多道瞬态面波法测试方法简便，在地基处理检测中得到推广应用，本次仅将多道瞬态面波编入规范。单孔法和跨孔法已经很成熟，但测试成本较高，适于进行深度较大波速测试，主要应用于勘察场地分类中；而稳态面波虽技术成熟，但由于设备较重成本较高，不利于推广使用，目前工程中应用较少。多道瞬态面波法对地基进行大面积普查，既能降低成本、扩大检测面，又能提高检测速度和精度，在检测地基均匀性方面有独到优势。目前均匀性还停留在宏观定性判断，还不能进行定量判定。

14.1.2 多道瞬态面波法是一种物探手段，用于宏观定性判别岩土体的密实情况和均匀性。若使其波速测试结果和工程地质参数相对应，应结合该场地的地质资料和其他原位测试结果比较后综合判定。

14.1.3 当采用多道瞬态面波试验评价地基承载力和变形参数时，应结合载荷试验比对结果和地区经验进行评价，本章节中提供的承载力表格仅供初步评价时进行估算。应结合单位工程地质资料，在同一工程内或相近工程进行比对试验，取得本地区相近条件的对比验证资料。载荷试验的承压板尺寸要考虑应力主要影响范围能覆盖主要加固处理土层厚度。在没有经验公式可供参考，也没有可对比静载试验的地区或场地，应结合单位工程地质资料，采用普测方法，将获得的波速绘制成等值线，从波速等值线可以定性判断场地地基的加固效果和深度，初步确定整个场地的相对"软"和"硬"区域及程度，从而达到定性地评价地基均匀性的目的。然后在相对较"软"的地方重点布置其他原位测试手段，这样可以避免测点布置的盲目性。

14.1.4 从检测次序角度来讲，宜先采用面测方法，如多道瞬态面波法，后采用点测方法，如动探、静载试验等。地基加固前后的检测是目前研究的一个热点问题，常用的检测方法是在地表做平板载荷试验来确定地基的承载力，用钻探、标贯或动力触探试验来确定其深层的加固程度和加固深度。特别是常规检测方法难以判定的碎石土地基检测方法，各种方法均有其优缺点和适用性，静载试验和动探方法在抽查数量较少时易漏掉薄弱部位，抽查数量较大时费时费钱，特别是针对大厚度开山碎石回填地基，多道瞬态面波法有其突出的优点。近年国内外围海造田和开山造陆工程的大量开展形成的大粒径回填地基，更凸显了多道瞬态面波法效率高、速度快、精度高等优点。

14.1.5 若检测现场附近有夯机、桩机或重型卡车等大型机械的振动，甚至风速过大，都会影响到测试数据的准确性。测试应避开这些震源，或选择在早晨工地开工前或晚上工地下工后进行检测。对测试到的频散曲线要在现场有个初步判断。若数据较差应重新测试直至取得合理数据。

14.2 仪器设备

14.2.1 本条是对目前地基检测中多道瞬态面波勘察方法所需仪器设备性能的基本条件。对波速差别大的地层，或具有低速夹层，宜采用更多的通道，以保证空间分辨率。

多道瞬态面波勘察仪器的主要技术参数如下：

通道数：24 道（12、24 道或更多通道）；

采样时间间隔：一般为 10、25、50、100、250、500、1000、2000、4000、8000（μs）；

采样点数：一般分 512、1024、2048、4096、8192 点等；

模数转换：$\geqslant 16$ 位；

动态范围：$\geqslant 120 dB$；

模拟滤波：具备全通、低通、高通功能；

频带宽度：0.5Hz～4000Hz。

14.2.2 在锤击、落重、炸药三种震源中，锤击激发的地震波频率最高，采用大锤人工敲击地面，可获得深度20m以内的面波频散信息；落重激发面波频率次之，采用标贯锤或其他重物，吊高一至数米，自由落下，激发出较低频率面波和得到较深处（一般不超过30m）的频散信息；炸药震源频率最低，用它可得到更深处（一般不超过50m）的频散信息。

14.2.3 本条是对检波器的基本要求。检波器是面波测试的重要组成部分，它的频响特性、灵敏度、相位的一致性以及与地面（或被测介质表面）的耦合程度，都直接影响面波记录的质量。

14.2.5 本条主要对面波测试接收和处理软件进行规定，目前常用的面波测试软件基本都有剔除坏道或插值的功能，自动提取频散曲线和自动或手动剪切波速分层反演功能等。

14.3 现 场 检 测

14.3.2、14.3.5 由于面波测试受到振动干扰影响较大，根据以往经验，现场应通过测试前试验确定测试相关参数，或尽量避开干扰波影响；在测试过程中对周围环境和天气情况也要加强注意，大风或周围环境介质干扰也会对测试产生影响，必要时应采取一定措施。

面波测试之前应明确测试目的和环境，根据测试目的和环境不同，调整测试参数。对于进行地层分层测试，需要有现场对比钻孔资料；如仅仅对地基加固效果进行评价时，应在同一点进行地基加固前后的对比；如需要通过反演剪切波速换算地基承载力和模量时，应有其他如静载试验或动力触探等原位测试资料可参照，数量应满足回归计算的需要。

14.3.3 测试记录通道12道和24道常用通道数量，从精度上来看，地基检测常用道间距一般不超过2m，激发距离应满足采集需要，为同一采集方法，这里作了基本规定。

14.3.6 对大面积地基处理采用普测时，测点间距应根据精度要求来确定。

14.4 检测数据分析与判定

14.4.1 面波数据资料预处理时，应检查现场采集参数的输入正确性和采集记录的质量。若质量不合格应再次采集。采用具有提取频散曲线的功能的软件，获取测试点的面波频散曲线。

14.4.2 频散曲线的分层，应根据曲线的曲率和频散点的疏密变化综合分析；分层完成后，反演计算剪切波层速度和层厚。

14.4.3、14.4.4 对需要计算动参数的场地，可以直接使用面波测试结果进行换算。必要时可用 V_s 计算地基的动弹性模量、动剪切模量和动泊松比。地基的弹性模量、动剪切模量和泊松比应按下列公式计算：

$$G_d = (\rho/g) \cdot V_s^2 \tag{10}$$

$$E_d = 2(1+\mu_d) \cdot (\rho/g) \cdot V_s^2 \tag{11}$$

$$\mu_d = \frac{(V_P/V_s)^2 - 2}{2[(V_P/V_s)^2 - 1]} \tag{12}$$

式中：G_d ——动剪切模量（kPa）；

E_d ——动弹性模量（kPa）；

μ_d ——动泊松比；

ρ ——重力密度（kN/m³）；

g ——重力加速度（m/s²）。

14.4.6 在大面积普测中，可以通过计算分层等效剪切波速，绘制分层等效剪切波速等值线图，通过等值线图直观展示波速高低，对整个场地的波速均匀性进行判定；如场地有剪切波速-承载力或模量回归关系，同样可以通过计算绘制承载力或模量的等值线图，方便设计根据场地情况进行设计。对于单一面波测试报告，可以结合相关规范评价场地的均匀性；如需要对场地承载力和模量进行评价，应结合本场地的其他原位测试结果进行判定。地基加固后波速超过加固前波速的深度可判为按照本方法判定的地基处理有效加固深度。

14.4.7 波速与变形模量、波速与承载力之间存在一定关系，但各个场地之间的差异较大。鉴于目前碎石土收集的资料较全面（25项工程200项静载与波速的对比资料，见图15、图16），为保证规范的严肃性

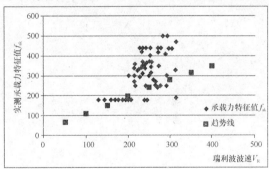

图15 实测承载力特征值 f_{ak} 与瑞利波波速 V_R 关系图

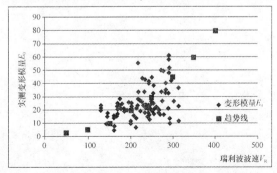

图16 实测变形模量 E_0 与瑞利波波速 V_R 关系图

和安全度，先提出碎石土波速与变形模量、波速与承载力之间的关系，其他土类的关系在相关资料补充全面后再提出。

14.4.8 多道瞬态面波测试应强调结合地质条件和其他原位测试结果综合判断。

中华人民共和国国家标准

生活垃圾卫生填埋处理技术规范

Technical code for municipal solid waste sanitary landfill

GB 50869—2013

主编部门：中华人民共和国住房和城乡建设部
批准部门：中华人民共和国住房和城乡建设部
施行日期：2 0 1 4 年 3 月 1 日

中华人民共和国住房和城乡建设部
公　告

第 107 号

住房城乡建设部关于发布国家标准
《生活垃圾卫生填埋处理技术规范》的公告

现批准《生活垃圾卫生填埋处理技术规范》为国家标准，编号为 GB 50869—2013，自 2014 年 3 月 1 日起实施。其中，第 3.0.3、4.0.2、8.1.1、10.1.1、11.1.1、11.6.1、11.6.3、11.6.4、15.0.5 条为强制性条文，必须严格执行。原行业标准《生活垃圾卫生填埋技术规范》CJJ 17—2004 同时废止。

本规范由我部标准定额研究所组织中国计划出版社出版发行。

中华人民共和国住房和城乡建设部
2013 年 8 月 8 日

前　言

根据住房和城乡建设部《关于印发〈2008 年工程建设标准规范制订、修订计划（第一批）〉的通知》（建标〔2008〕102 号文）的要求，规范编制组经广泛调查研究，认真总结实践经验，参考有关国际标准和国内先进标准，并在广泛征求意见的基础上，编制了本规范。

本规范共分 16 章和 5 个附录，主要内容包括总则，术语，填埋物入场技术要求，场址选择，总体设计，地基处理与场地平整，垃圾坝与坝体稳定性，防渗与地下水导排，防洪与雨污分流系统、渗沥液收集与处理，填埋气体导排与利用，填埋作业与管理，封场与堆体稳定性，辅助工程，环境保护与劳动卫生，工程施工及验收。

本规范中以黑体字标志的条文为强制性条文，必须严格执行。

本规范由住房和城乡建设部负责管理和对强制性条文的解释，由华中科技大学负责日常管理，由华中科技大学环境科学与工程学院负责具体技术内容的解释。执行过程中如有意见或建议，请寄送华中科技大学环境科学与工程学院（地址：湖北省武汉市洪山区珞瑜路 1037 号，邮政编码：430074）。

本规范主编单位、参编单位、主要起草人和主要审查人：

主 编 单 位：华中科技大学

参 编 单 位：中国科学院武汉岩土力学研究所
中国市政工程中南设计研究总院
上海市环境工程设计科学研究院
城市建设研究院
武汉市环境卫生科研设计院
北京高能时代环境技术股份有限公司
天津市环境卫生工程设计院
深圳市中兰环保科技有限公司
中国瑞林工程技术有限公司
宁波市鄞州区绿州能源利用有限公司

主要起草人：陈朱蕾　薛　强　冯其林　刘　勇
杨　列　罗继武　余　毅　王敬民
齐长青　田　宇　葛　芳　龙　燕
王志国　郑得鸣　刘泽军　史波芬
夏小红　谢文刚　曹　丽　史东晓
俞瑛健

主要审查人：徐文龙　邓志光　秦　峰　张　范
吴文伟　张　益　陶华　王　琦
陈云敏　潘四红　熊　辉

目　次

1 总则 ································ 23—6
2 术语 ································ 23—6
3 填埋物入场技术要求 ············· 23—7
4 场址选择 ·························· 23—7
5 总体设计 ·························· 23—8
　5.1 一般规定 ······················ 23—8
　5.2 处理规模与填埋库容 ·········· 23—8
　5.3 总平面布置 ··················· 23—8
　5.4 竖向设计 ······················ 23—8
　5.5 填埋场道路 ··················· 23—8
　5.6 计量设施 ······················ 23—8
　5.7 绿化及其他 ··················· 23—8
6 地基处理与场地平整 ············· 23—9
　6.1 地基处理 ······················ 23—9
　6.2 边坡处理 ······················ 23—9
　6.3 场地平整 ······················ 23—9
7 垃圾坝与坝体稳定性 ············· 23—9
　7.1 垃圾坝分类 ··················· 23—9
　7.2 坝址、坝高、坝型及筑坝材料选择 ··· 23—9
　7.3 坝基处理及坝体结构设计 ····· 23—9
　7.4 坝体稳定性分析 ·············· 23—10
8 防渗与地下水导排 ··············· 23—10
　8.1 一般规定 ····················· 23—10
　8.2 防渗处理 ····················· 23—10
　8.3 地下水导排 ·················· 23—11
9 防洪与雨污分流系统 ············ 23—12
　9.1 填埋场防洪系统 ············· 23—12
　9.2 填埋库区雨污分流系统 ······ 23—12
10 渗沥液收集与处理 ·············· 23—12
　10.1 一般规定 ···················· 23—12
　10.2 渗沥液水质与水量 ·········· 23—12
　10.3 渗沥液收集 ················· 23—13
　10.4 渗沥液处理 ················· 23—13
11 填埋气体导排与利用 ·········· 23—13
　11.1 一般规定 ···················· 23—13
　11.2 填埋气体产生量 ············ 23—13
　11.3 填埋气体导排 ·············· 23—13
　11.4 填埋气体输送 ·············· 23—14
　11.5 填埋气体利用 ·············· 23—14
　11.6 填埋气体安全 ·············· 23—14
12 填埋作业与管理 ··············· 23—15
　12.1 填埋作业准备 ·············· 23—15
　12.2 填埋作业 ···················· 23—15
　12.3 填埋场管理 ················· 23—15
13 封场与堆体稳定性 ············· 23—15
　13.1 一般规定 ···················· 23—15
　13.2 填埋场封场 ················· 23—15
　13.3 填埋堆体稳定性 ············ 23—16
14 辅助工程 ······················ 23—16
　14.1 电气 ························· 23—16
　14.2 给排水工程 ················· 23—16
　14.3 消防 ························· 23—16
　14.4 采暖、通风与空调 ·········· 23—16
15 环境保护与劳动卫生 ·········· 23—17
16 工程施工及验收 ··············· 23—17
附录 A 填埋库容与有效库容计算 ··· 23—17
附录 B 渗沥液产生量计算方法 ····· 23—18
附录 C 调节池容量计算方法 ······· 23—18
附录 D 渗沥液处理工艺参考设计
　　　　参数 ······················ 23—19
附录 E 填埋气体产气量估算 ········ 23—20
本规范用词说明 ···················· 23—21
引用标准名录 ······················ 23—21
附：条文说明 ······················ 23—22

Contents

1 General provisions ·················· 23—6
2 Terms ··························· 23—6
3 Technical requirement for solid
  waste of landfill ················ 23—7
4 Selection of Landfill site ·········· 23—7
5 General design ·················· 23—8
  5. 1 General requirements ·············· 23—8
  5. 2 Treatment scale and storage
    capacity ···················· 23—8
  5. 3 General layout ·················· 23—8
  5. 4 Vertical design ················· 23—8
  5. 5 Landfill road ··················· 23—8
  5. 6 Measurement facilities ·········· 23—8
  5. 7 Greening and others ············· 23—8
6 Foundation treatment and ground
  leveling ······················ 23—9
  6. 1 Foundation treatment ············ 23—9
  6. 2 Slope treatment ················ 23—9
  6. 3 Ground leveling ················ 23—9
7 Retaining dam and dam stability ··· 23—9
  7. 1 Classification of retaining dam ········ 23—9
  7. 2 Selection of site, height, type and
    material of retaining dam ······ 23—9
  7. 3 Ground treatment and dam structure
    design ······················ 23—9
  7. 4 Dam stability analysis ············· 23—10
8 Leachate retention and groundwater
  management ···················· 23—10
  8. 1 General requirements ············· 23—10
  8. 2 Lining system ················ 23—10
  8. 3 Groundwater management ·········· 23—11
9 Flood control system and rainwater
  and sewage shunting system ······· 23—12
  9. 1 Flood control system ············ 23—12
  9. 2 Rainwater and sewage shunting
    system ···················· 23—12
10 Leachate collection and
  treatment ···················· 23—12

10. 1 General requirements ·············· 23—12
10. 2 Leachate quality and quantity ······ 23—12
10. 3 Leachate collection ·············· 23—13
10. 4 Leachate treatment ·············· 23—13
11 Landfill gas diffuser and
  utilization ······················ 23—13
  11. 1 General requirements ············· 23—13
  11. 2 Landfill gas generation ·········· 23—13
  11. 3 Landfill gas diffuser ············· 23—13
  11. 4 Landfill gas conveying ··········· 23—14
  11. 5 Landfill gas utilization ·········· 23—14
  11. 6 Landfill gas safety ·············· 23—14
12 Landfill operation and
  management ···················· 23—15
  12. 1 Preparation for landfill operation ····· 23—15
  12. 2 Landfill operation ·············· 23—15
  12. 3 Landfill management ·············· 23—15
13 Closure of landfill and waste pile
  stability ······················ 23—15
  13. 1 General requirements ············· 23—15
  13. 2 Closure of landfill ·············· 23—15
  13. 3 Waste pile stability ·············· 23—16
14 Auxiliary engineering ·············· 23—16
  14. 1 Electricity ··················· 23—16
  14. 2 Water suptply and drainage
    engineering ·················· 23—16
  14. 3 Fire prevention ················ 23—16
  14. 4 Heating supply, ventilation and air
    condition ···················· 23—16
15 Environmental protection and
  occupational health ·············· 23—17
16 Landfill project construction and
  acceptance ···················· 23—17
Appendix A Calculation of landfill
    storage capacity and
    effective storage
    Capacity ···················· 23—17
Appendix B Calculation method of

              leachate generation ...... 23—18   technology .... 23—19
Appendix C Calculation method of the   Appendix E Estimation of landfill
              column of equalization   gas generation .... 23—20
              basin .... 23—18   Explanation of wording in this
Appendix D Design parameter   code .... 23—21
              requirement of   List of quoted standards .... 23—21
              leachate disposal   Addition: Explanation of provisions ..... 23—22

1 总　则

1.0.1 依据《中华人民共和国固体废物污染环境防治法》，为贯彻国家有关生活垃圾处理的技术法规和技术政策，保证生活垃圾卫生填埋（简称填埋）处理工程质量，制定本规范。

1.0.2 本规范适用于新建、改建、扩建的生活垃圾卫生填埋处理工程的选址、设计、施工、验收和作业管理。

1.0.3 填埋处理工程应不断总结设计与运行经验，在汲取国内外先进技术及科研成果的基础上，经充分论证，可采用技术先进、经济合理的新工艺、新技术、新材料和新设备，提高生活垃圾卫生填埋处理技术的水平。

1.0.4 填埋处理工程的选址、设计、施工、验收和作业管理除应符合本规范外，尚应符合国家现行有关标准的规定。

2 术　语

2.0.1 卫生填埋　sanitary landfill

填埋场采取防渗、雨污分流、压实、覆盖等工程措施，并对渗沥液、填埋气体及臭味等进行控制的生活垃圾处理方法。

2.0.2 填埋库区　compartment

填埋场中用于填埋生活垃圾的区域。

2.0.3 填埋库容　landfill capacity

填埋库区填入的生活垃圾和功能性辅助材料所占用的体积，即封场堆体表层曲面与平整场底层曲面之间的体积。

2.0.4 有效库容　effective capacity

填埋库区填入的生活垃圾所占用的体积。

2.0.5 垃圾坝　retaining dam

建在填埋库区汇水上下游或周边或库区内，由土石等建筑材料筑成的堤坝。不同位置的垃圾坝有不同的作用（上游的坝截留洪水，下游的坝阻挡垃圾形成初始库容，库区内的坝用于分区等）。

2.0.6 防渗系统　lining system

在填埋库区和调节池底部及四周边坡上为构筑渗沥液防渗屏障所选用的各种材料组成的体系。

2.0.7 防渗结构　liner structure

防渗系统各种材料组成的空间层次。

2.0.8 人工合成衬里　artificial liners

利用人工合成材料铺设的防渗层衬里，目前使用的人工合成衬里为高密度聚乙烯（HDPE）土工膜。采用一层人工合成衬里铺设的防渗系统为单层衬里，采用两层人工合成衬里铺设的防渗系统为双层衬里。

2.0.9 复合衬里　composite liners

采用两种或两种以上防渗材料复合铺设的防渗系统（HDPE土工膜＋黏土复合衬里或 HDPE 土工膜＋GCL 钠基膨润土垫复合衬里）。

2.0.10 土工复合排水网　geofiltration compound drainage net

由立体结构的塑料网双面粘接渗水土工布组成的排水网，可替代传统的砂石层。

2.0.11 土工滤网　geofiltration fabric

又称有纺土工布，由单一聚合物制成的，或聚合物材料通过机械固结、化学和其他粘合方法复合制成的可渗透的土工合成材料。

2.0.12 非织造土工布（无纺土工布）　nonwoven geotextile

由定向的或随机取向的纤维通过摩擦和（或）抱合和（或）粘合形成的薄片状、纤网状或絮垫状土工合成材料。

2.0.13 垂直防渗帷幕　vertical barriers

利用防渗材料在填埋库区或调节池周边设置的竖向阻挡地下水或渗沥液的防渗结构。

2.0.14 雨污分流系统　rainwater and sewage shunting system

根据填埋场地形特点，采用不同的工程措施对填埋场雨水和渗沥液进行有效收集与分离的体系。

2.0.15 地下水收集导排系统　groundwater collection and removal system

在填埋库区和调节池防渗系统基础层下部，用于将地下水汇集和导出的设施体系。

2.0.16 渗沥液收集导排系统　leachate collection and removal system

在填埋库区防渗系统上部，用于将渗沥液汇集和导出的设施体系。

2.0.17 盲沟　leachate trench

位于填埋库区防渗系统上部或填埋体中，采用高过滤性能材料导排渗沥液的暗渠（管）。

2.0.18 集液井（池）　leachate collection well(pond)

在填埋场修筑的用于汇集渗沥液，并可自流或用提升泵将渗沥液排出的构筑物。

2.0.19 调节池　equalization basin

在渗沥液处理系统前设置的具有均化、调蓄功能或兼有渗沥液预处理功能的构筑物。

2.0.20 填埋气体　landfill gas

填埋体中有机垃圾分解产生的气体，主要成分为甲烷和二氧化碳。

2.0.21 产气量　gas generation volume

填埋库区中一定体积的垃圾在一定时间中厌氧状态下产生的气体体积。

2.0.22 产气速率　gas generation rate

填埋库区中一定体积的垃圾在单位时间内的产气量。

2.0.23 被动导排　passive ventilation

利用填埋气体自身压力导排气体的方式。

2.0.24 主动导排　initiative guide and extraction

采用抽气设备对填埋气体进行导排的方式。

2.0.25 气体收集率　ratio of landfill gas collection

填埋气体抽气流量与填埋气体估算产生速率之比。

2.0.26 导气井　extraction well

周围用过滤材料构筑，中间为多孔管的竖向导气设施。

2.0.27 导气盲沟　extraction trench

周围用过滤材料构筑，中间为多孔管的水平导气设施。

2.0.28 填埋单元　landfill cell

按单位时间或单位作业区域划分的由生活垃圾和覆盖材料组成的填埋堆体。

2.0.29 覆盖　cover

采用不同的材料铺设于垃圾层上的实施过程,根据覆盖要求和作用的不同可分为日覆盖、中间覆盖和最终覆盖。

2.0.30 填埋场封场 closure of landfill

填埋作业至设计终场标高或填埋场停止使用后,堆体整形、不同功能材料覆盖及生态恢复的过程。

3 填埋物入场技术要求

3.0.1 进入填埋场的填埋物应是居民家庭垃圾、园林绿化废弃物、商业服务网点垃圾、清扫保洁垃圾、交通物流场站垃圾、企事业单位的生活垃圾及其他具有生活垃圾属性的一般固体废弃物。

3.0.2 城镇污水处理厂污泥进入生活垃圾填埋场混合填埋处置时,应经预处理改善污泥的高含水率、高黏度、易流变、高持水性和低渗透系数的特性,改性后的泥质除应符合现行国家标准《城镇污水处理厂污泥处置 混合填埋用泥质》GB/T 23485 的规定外,尚应达到以下岩土力学指标的规定:

1 无侧限抗压强度≥50kN/m²;

2 十字板抗剪强度≥25kN/m²;

3 渗透系数为 10^{-6} cm/s~10^{-5} cm/s。

3.0.3 填埋物中严禁混入危险废物和放射性废物。

3.0.4 生活垃圾焚烧飞灰和医疗废物焚烧残渣经处理后满足现行国家标准《生活垃圾填埋场污染控制标准》GB 16889 规定的条件,可进入生活垃圾填埋场填埋处置。处置时应设置与生活垃圾填埋库区有效分隔的独立填埋库区。

3.0.5 填埋物应按重量进行计量、统计与核定。

3.0.6 填埋物含水量、可生物降解物、外形尺寸应符合具体填埋工艺设计的要求。有条件的填埋场宜采取机械-生物预处理减量化措施。

4 场 址 选 择

4.0.1 填埋场选址应先进行下列基础资料的搜集:

1 城市总体规划和城市环境卫生专业规划;

2 土地利用价值及征地费用;

3 附近居住情况与公众反映;

4 附近填埋气体利用的可行性;

5 地形、地貌及相关地形图;

6 工程地质与水文地质条件;

7 设计频率洪水位、降水量、蒸发量、夏季主导风向及风速、基本风压值;

8 道路、交通运输、给排水、供电、土石料条件及当地的工程建设经验;

9 服务范围的生活垃圾量、性质及收集运输情况。

4.0.2 填埋场不应设在下列地区:

1 地下水集中供水水源地及补给区,水源保护区;

2 洪泛区和泄洪道;

3 填埋库区与敞开式渗沥液处理区边界距居民居住区或人畜供水点的卫生防护距离在 500m 以内的地区;

4 填埋库区与渗沥液处理区边界距河流和湖泊 50m 以内的地区;

5 填埋库区与渗沥液处理区边界距民用机场 3km 以内的地区;

6 尚未开采的地下蕴矿区;

7 珍贵动植物保护区和国家、地方自然保护区;

8 公园,风景、游览区,文物古迹区,考古学、历史学及生物学研究考察区;

9 军事要地、军工基地和国家保密地区。

4.0.3 填埋场选址应符合现行国家标准《生活垃圾填埋场污染控制标准》GB 16889 和相关标准的规定,并应符合下列规定:

1 应与当地城市总体规划和城市环境卫生专业规划协调一致;

2 应与当地的大气防护、水土资源保护、自然保护及生态平衡要求相一致;

3 应交通方便,运距合理;

4 人口密度、土地利用价值及征地费用均应合理;

5 应位于地下水贫乏地区、环境保护目标区域的地下水流向下游地区及夏季主导风向下风向;

6 选址应有建设项目所在地的建设、规划、环保、环卫、国土资源、水利、卫生监督等有关部门和专业设计单位的有关专业技术人员参加;

7 应符合环境影响评价的要求。

4.0.4 填埋场选址比选应符合下列规定:

1 场址预选:应在全面调查与分析的基础上,初定 3 个或 3 个以上候选场址,通过对候选场址进行踏勘,对场址的地形、地貌、植被、地质、水文、气象、供电、给排水、覆盖土源、交通运输及场址周围人群居住情况等进行对比分析,宜推荐 2 个或 2 个以上预选场址;

2 场址确定:应对预选场址方案进行技术、经济、社会及环境比较,推荐一个拟定场址。并应对拟定场址进行地形测量、选址勘察和初步工艺方案设计,完成选址报告或可行性研究报告,通过审查确定场址。

5 总 体 设 计

5.1 一般规定

5.1.1 填埋场总体设计应采用成熟的技术和设备,做到技术可靠、节约用地、安全卫生、防止污染、方便作业、经济合理。

5.1.2 填埋场总占地面积应按远期规模确定。填埋场的各项用地指标应符合国家有关规定及当地土地、规划等行政主管部门的要求。填埋场宜根据填埋场处理规模和建设条件作出分期和分区建设的总体设计。

5.1.3 填埋场主体工程构成内容应包括:计量设施,地基处理与防渗系统,防洪、雨污分流及地下水导排系统,场区道路,垃圾坝,渗沥液收集和处理系统,填埋气体导排和处理(可含利用)系统,封场工程及监测井等。

5.1.4 填埋场辅助工程构成内容应包括:进场道路,备料场,供配电,给排水设施,生活和行政办公管理设施,设备维修,消防和安全卫生设施,车辆冲洗、通信、监控等附属设施或设备,并宜设置应急设施(包括垃圾临时存放、紧急照明等设施)。Ⅲ类以上填埋场宜设置环境监测室、停车场等设施。

5.2 处理规模与填埋库容

5.2.1 填埋场处理规模宜符合下列规定:
    1 Ⅰ类填埋场:日平均填埋量宜为 1200t/d 及以上;
    2 Ⅱ类填埋场:日平均填埋量宜为 500t/d～1200t/d(含 500t/d);
    3 Ⅲ类填埋场:日平均填埋量宜为 200t/d～500t/d(含 200t/d);
    4 Ⅳ类填埋场:日平均填埋量宜为 200t/d 以下。

5.2.2 填埋场日平均填埋量应根据城市环境卫生专业规划和该工程服务范围的生活垃圾现状产生量及预测产生量和使用年限确定。

5.2.3 填埋库容应保证填埋场使用年限在 10 年及以上,特殊情况下不应低于 8 年。

5.2.4 填埋库容可按本规范附录 A 第 A.0.1 条方格网法计算确定,也可采用三角网法、等高线剖切法等。有效库容可按本规范附录 A 第 A.0.2 条计算确定。

5.3 总平面布置

5.3.1 填埋场总平面布置应根据场址地形(山谷型、平原型与坡地型),结合风向(夏季主导风)、地质条件、周围自然环境、外部工程条件等,并应考虑施工、作业等因素,经过技术经济比较确定。

5.3.2 总平面应按功能分区合理布置,主要功能区包括填埋库区、渗沥液处理区、辅助生产区、管理区等,根据工艺要求可设置填埋气体处理及利用区、生活垃圾机械-生物预处理区等。

5.3.3 填埋库区的占地面积宜为总面积的 70%～90%,不得小于 60%。每平方米填埋库区垃圾填埋量不宜低于 10m³。

5.3.4 填埋库区应按照分区进行布置,库区分区的大小主要应考虑易于实施雨污分流,分区的顺序应有利于垃圾场内运输和填埋作业,应考虑与各库区进场道路的衔接。

5.3.5 渗沥液处理区的布置应符合下列规定:
    1 处理构筑物间距应紧凑、合理,符合现行国家标准《建筑设计防火规范》GB 50016 的要求,并应满足各构筑物的施工、设备安装和埋设各种管道以及养护、维修和管理的要求。
    2 臭气集中处理设施、脱水污泥堆放区域宜布置在夏季主导风向下风向。

5.3.6 辅助生产区、管理区布置应符合下列规定:
    1 辅助生产区、管理区宜布置在夏季主导风向的上风向,与

填埋库区之间宜设绿化隔离带。
    2 管理区各项建(构)筑物的组成及其面积应符合国家有关规定。

5.3.7 填埋场的管线布置应符合下列规定:
    1 雨污分流导排和填埋气体输送管线应全面安排,做到导排通畅。
    2 渗沥液处理构筑物间输送渗沥液、污泥、上清液和沼气的管线布置应避免相互干扰,应使管线长度短、水头损失小、流通顺畅、不易堵塞和便于清通。各种管线宜用不同颜色加以区别。

5.3.8 环境监测井布置应符合现行国家标准《生活垃圾卫生填埋场环境监测技术要求》GB/T 18772 的有关规定。

5.4 竖 向 设 计

5.4.1 填埋场竖向设计应结合原有地形,做到有利于雨污分流和减少土方工程量,并宜使土石方平衡。

5.4.2 填埋库区垂直分区标高宜结合边坡土工膜的锚固平台高程确定,封场标高与边坡应按本规范第 13 章封场与堆体稳定性的规定执行。

5.4.3 填埋库区库底渗沥液导排系统纵向坡度不宜小于 2%。在截洪沟、排水沟等的走线设置上应充分利用原有地形,坡度应使雨水导排顺畅且避免过度冲刷。

5.4.4 调节池宜设置在场区地势较低处,地下水位较低或岩层较浅的地区,宜减少下挖深度。

5.5 填埋场道路

5.5.1 填埋场道路应根据其功能要求分为永久性道路和库区内临时性道路进行布局。永久性道路应按现行国家标准《厂矿道路设计规范》GBJ 22 中的露天矿山道路三级或三级以上标准设计;库区内临时性道路及回(会)车和作业平台可采用中级或低级路面,并宜有防滑、防陷设施。填埋场道路应满足全天候使用,并应做好排水措施。

5.5.2 道路路线设计应根据填埋场地形、地质、填埋作业顺序,各填埋阶段标高以及堆土区、渗沥液处理和管理区位置合理布设。

5.5.3 道路设计应满足垃圾运输车交通量、车载负荷及填埋场使用年限的需求,并应与填埋场竖向设计和绿化相协调。

5.6 计 量 设 施

5.6.1 地磅房应设置在填埋场的交通入口处,并应具有良好的通视条件。

5.6.2 地磅进车端的道路坡度不宜过大,宜设置为平坡直线段,地磅前方 10m 处宜设置减速装置。

5.6.3 计量地磅宜采用动静态电子地磅,地磅规格宜按垃圾车最大满载重量的 1.3 倍～1.7 倍配置,称量精度不宜小于贸易计量Ⅲ级。

5.6.4 填埋场的计量设施应具有称重、记录、打印与数据处理、传输功能,宜配置备用电源。

5.7 绿化及其他

5.7.1 填埋场的绿化布置应符合总平面布置和竖向设计要求,合理安排绿化用地,场区绿化率宜控制在 30% 以内。

5.7.2 填埋场绿化应结合当地的自然条件,选择适宜的植物。填埋场永久性道路两侧及主要出入口、库区与辅助生产区、管理区之间、防火隔离带外、受西晒的生产车间及建筑物、受雨水冲刷的地段等处均宜设置绿化带。填埋场封场覆盖后应进行生态恢复。

5.7.3 填埋库区周围宜设安全防护设施及不少于 8m 宽度的防火隔离带,填埋作业区宜设防飞散设施。

5.7.4 填埋场相关建(构)筑物应进行防雷设计,并应符合现行国家标准《建筑物防雷设计规范》GB 50057 的要求。

6 地基处理与场地平整

6.1 地 基 处 理

6.1.1 填埋库区地基应是具有承载填埋体负荷的自然土层或经过地基处理的稳定土层，不得因填埋堆体的沉降而使基层失稳。对不能满足承载力、沉降限制及稳定性等工程建设要求的地基应进行相应的处理。

6.1.2 填埋库区地基及其他建（构）筑物地基的设计应按国家现行标准《建筑地基基础设计规范》GB 50007及《建筑地基处理技术规范》JGJ 79的有关规定执行。

6.1.3 在选择地基处理方案时，应经过实地的考察和岩土工程勘察，结合考虑填埋堆体结构、基础和地基的共同作用，经过技术经济比较确定。

6.1.4 填埋库区地基应进行承载力计算及最大堆高验算。

6.1.5 应防止地基沉降造成防渗衬里材料和渗沥液收集管的拉伸破坏，应对填埋库区地基进行地基沉降及不均匀沉降计算。

6.2 边 坡 处 理

6.2.1 填埋库区地基边坡设计应按国家现行标准《建筑边坡工程技术规范》GB 50330、《水利水电工程边坡设计规范》SL 386的有关规定执行。

6.2.2 经稳定性初步判别有可能失稳的地基边坡以及初步判别难以确定稳定性状的边坡应进行稳定计算。

6.2.3 对可能失稳的边坡，宜进行边坡支护等处理。边坡支护结构形式可根据场地地质和环境条件、边坡高度以及边坡工程安全等级等因素选定。

6.3 场 地 平 整

6.3.1 场地平整应满足填埋库容、边坡稳定、防渗系统铺设及场地压实度等方面的要求。

6.3.2 场地平整宜与填埋库区膜的分期铺设同步进行，并应考虑设置堆土区，用于临时堆放开挖的土方。

6.3.3 场地平整应结合填埋场地形资料和竖向设计方案，选择合理的方法进行土方量计算。填挖土方相差较大时，应调整库区设计高程。

7 垃圾坝与坝体稳定性

7.1 垃圾坝分类

7.1.1 根据坝体材料不同，坝型可分为（黏）土坝、碾压式土石坝、浆砌石坝及混凝土坝四类。采用一种筑坝材料的应为均质坝，采用两种以上筑坝材料的应为非均质坝。

7.1.2 根据坝体高度不同，坝高可分为低坝（低于5m）、中坝（5m～15m）及高坝（高于15m）。

7.1.3 根据坝体所处位置及主要作用不同，坝体位置类型分类宜符合表7.1.3的规定。

表7.1.3 坝体位置类型分类表

坝体类型	习惯名称	坝体位置	坝体主要作用
A	围堤	平原型库区周围	形成初始库容、防洪
B	截流坝	山谷型库区上游	拦截库区外地表径流并形成库容
C	下游坝	山谷型或库区与调节池之间	形成库容的同时形成调节池
D	分区坝	填埋库区内	分隔填埋库区

7.1.4 根据垃圾坝下游情况、失事后果、坝体类型、坝型（材料）及坝体高度不同，坝体建筑级别分类宜符合表7.1.4的规定。

表7.1.4 垃圾坝坝体建筑级别分类表

建筑级别	坝下游存在的建（构）筑物及自然条件	失事后果	坝体类型	坝型（材料）	坝高
I	生产设备、生活管理区	对生产设备造成严重破坏，对生活管理区带来严重损失	C	混凝土坝、浆砌石坝	≥20m
				土石坝、黏土坝	≥15m
II	生产设备	仅对生产设备造成一定破坏或影响	A、B、C	混凝土坝、浆砌石坝	≥10m
				土石坝、黏土坝	≥5m
III	农田、水利或水环境	影响不大，破坏较小，易修复	A、D	混凝土坝、浆砌石坝	<10m
				土石坝、黏土坝	<5m

注：当坝体根据表中指标分属于不同级别时，其级别应按最高级别确定。

7.2 坝址、坝高、坝型及筑坝材料选择

7.2.1 坝址选择应根据填埋场岩土工程勘察及地形地貌等方面的资料，结合坝体类型、筑坝材料来源、气候条件、施工交通情况等因素，经技术经济比较确定。

7.2.2 坝高选择应综合考虑填埋堆体坡脚稳定、填埋库容及投资等因素，经过技术经济比较确定。

7.2.3 坝型选择应综合考虑地质条件、筑坝材料来源、施工条件、坝高、坝基防渗要求等因素，经技术经济比较确定。

7.2.4 筑坝材料的调查和土工试验应按现行行业标准《水利水电工程天然建筑材料勘察规程》SL 251和《土工试验规程》SL 237的规定执行。土石坝的坝体填筑材料应以压实度作为设计控制指标。

7.3 坝基处理及坝体结构设计

7.3.1 垃圾坝地基处理的基本要求应符合国家现行标准《建筑地基基础设计规范》GB 50007、《建筑地基处理技术规范》JGJ 79、《碾压式土石坝设计规范》SL 274、《混凝土重力坝设计规范》DL 5108及《碾压式土石坝施工规范》DL/T 5129的相关规定。

7.3.2 坝基处理应满足渗流控制、静力和动力稳定、允许总沉降量和不均匀沉降量等方面要求，保证垃圾坝的安全运行。

7.3.3 坝坡设计方案应根据坝型、坝高、坝的建筑级别、坝体和坝基的材料性质、坝体所受的荷载以及施工和运用条件等因素，经技术经济比较确定。

7.3.4 坝顶宽度及护面材料应根据坝高、施工方式、作业车辆行驶要求、安全及抗震等因素确定。

7.3.5 坝坡马道的设置应根据坝面排水、施工要求、坝坡要求和坝基稳定等因素确定。

7.3.6 垃圾坝护坡方式应根据坝型（材料）和坝体位置等因素

确定。

7.3.7 坝体与坝基、边坡及其他构筑物的连接应符合下列规定：

  1 连接面不应发生水力劈裂和邻近接触面岩石大量漏水。

  2 不得形成影响坝体稳定的软弱层面。

  3 不得由于边坡形状或坡度不当引起不均匀沉降而导致坝体裂缝。

7.3.8 坝体防渗处理应符合下列规定：

  1 土坝的防渗处理可采用与填埋库区边坡防渗相同的处理方式。

  2 碾压式土石坝、浆砌石坝及混凝土坝的防渗宜采用特殊锚固法进行锚固。

  3 穿过垃圾坝的管道防渗应采用管靴连接管道与防渗材料。

7.4 坝体稳定性分析

7.4.1 垃圾坝坝体建筑级别为Ⅰ、Ⅱ类的，在初步设计阶段应进行坝体安全稳定性分析计算。

7.4.2 坝体稳定性分析的抗剪强度计算宜按现行行业标准《碾压式土石坝设计规范》SL 274 的有关规定执行。

8 防渗与地下水导排

8.1 一般规定

8.1.1 填埋场必须进行防渗处理，防止对地下水和地表水的污染，同时还应防止地下水进入填埋场。

8.1.2 填埋场防渗处理应符合现行行业标准《生活垃圾卫生填埋场防渗系统工程技术规范》CJJ 113 的要求。

8.1.3 地下水水位的控制应符合现行国家标准《生活垃圾填埋场污染控制标准》GB 16889 的有关规定。

8.2 防渗处理

8.2.1 防渗系统应根据填埋场工程地质与水文地质条件进行选择。当天然基础层饱和渗透系数小于 1.0×10^{-7} cm/s，且场底及四壁衬里厚度不小于 2m 时，可采用天然黏土类衬里结构。

8.2.2 天然黏土基础层进行人工改性压实后达到天然黏土衬里结构的等效防渗性能要求，可采用改性压实黏土类衬里作为防渗结构。

8.2.3 人工合成衬里的防渗系统应采用复合衬里防渗结构，位于地下水贫乏地区的防渗系统也可采用单层衬里防渗结构。在特殊地质及环境要求较高的地区，应采用双层衬里防渗结构。

8.2.4 不同复合衬里结构应符合下列规定：

  1 库区底部复合衬里（HDPE 土工膜＋黏土）结构（图8.2.4-1），各层应符合下列规定：

    1）基础层：土压实度不应小于 93%；

    2）反滤层（可选择层）：宜采用土工滤网，规格不宜小于200g/m²；

    3）地下水导流层（可选择层）：宜采用卵（砾）石等石料，厚度不应小于 30cm，石料上应铺设非织造土工布，规格不宜小于 200g/m²；

    4）防渗及膜下保护层：黏土渗透系数不应大于 1.0×10^{-7} cm/s，厚度不宜小于 75cm；

    5）膜防渗层：应采用 HDPE 土工膜，厚度不应小于 1.5mm；

    6）膜上保护层：宜采用非织造土工布，规格不宜小于 600g/m²；

    7）渗沥液导流层：宜采用卵石等石料，厚度不应小于 30cm，石料下可增设土工复合排水网；

    8）反滤层：宜采用土工滤网，规格不宜小于 200g/m²。

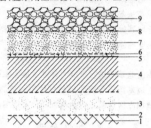

图 8.2.4-1 库区底部复合衬里（HDPE 膜＋黏土）结构示意图

1—基础层；2—反滤层（可选择层）；3—地下水导流层（可选择层）；

4—防渗及膜下保护层；5—膜防渗层；6—膜上保护层；

7—渗沥液导流层；8—反滤层；9—垃圾层

  2 库区底部复合衬里（HDPE 土工膜＋GCL）结构（图8.2.4-2，GCL 指钠基膨润土垫），各层应符合下列要求：

    1）基础层：土压实度不应小于 93%；

    2）反滤层（可选择层）：宜采用土工滤网，规格不宜小于200g/m²；

    3）地下水导流层（可选择层）：宜采用卵（砾）石等石料，厚度不应小于 30cm，石料上应铺设非织造土工布，规格不宜小于 200g/m²；

    4）膜下保护层：黏土渗透系数不宜大于 1.0×10^{-5} cm/s，厚度不宜小于 30cm；

    5）GCL 防渗层：渗透系数不应大于 5.0×10^{-9} cm/s，规格不应小于 4800g/m²；

    6）膜防渗层：应采用 HDPE 土工膜，厚度不应小于 1.5mm；

    7）膜上保护层：宜采用非织造土工布，规格不宜小于 600g/m²；

    8）渗沥液导流层：宜采用卵石等石料，厚度不应小于 30cm，石料下可增设土工复合排水网；

    9）反滤层：宜采用土工滤网，规格不宜小于 200g/m²。

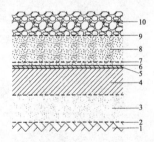

图 8.2.4-2 库区底部复合衬里（HDPE 土工膜＋GCL）结构示意图

1—基础层；2—反滤层（可选择层）；3—地下水导流层（可选择层）；

4—膜下保护层；5—GCL；6—膜防渗层；7—膜上保护层；

8—渗沥液导流层；9—反滤层；10—垃圾层

  3 库区边坡复合衬里（HDPE 土工膜＋GCL）结构应符合下列规定：

1)基础层:土压实度不应小于90%;

2)膜下保护层:当采用黏土时,渗透系数不宜大于$1.0×10^{-5}$cm/s,厚度不宜小于20cm;当采用非织造土工布时,规格不宜小于600g/m²;

3)GCL防渗层:渗透系数不应大于$5.0×10^{-9}$cm/s,规格不应小于4800g/m²;

4)防渗层:应采用HDPE土工膜,宜为双糙面,厚度不应小于1.5mm;

5)膜上保护层:宜采用非织造土工布,规格不宜小于600g/m²;

6)渗沥液导流与缓冲层:宜采用土工复合排水网,厚度不应小于5mm,也可采用土工布袋(内装石料或沙土)。

8.2.5 单层衬里结构应符合下列规定:

1 库区底部单层衬里结构(图8.2.5),各层应符合下列要求:

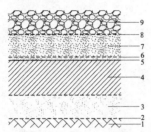

图8.2.5　库区底部单层衬里结构示意图

1—基础层;2—反滤层(可选择层);3—地下水导流层(可选择层);
4—膜下保护层;5—膜防渗层;6—膜上保护层;
7—渗沥液导流层;8—反滤层;9—垃圾层

1)基础层:土压实度不应小于93%;

2)反滤层(可选择层):宜采用土工滤网,规格不宜小于200g/m²;

3)地下水导流层(可选择层):宜采用卵(砾)石等石料,厚度不应小于30cm,石料上应铺设非织造土工布,规格不宜小于200g/m²;

4)膜下保护层:黏土渗透系数不应大于$1.0×10^{-5}$cm/s,厚度不宜小于50cm;

5)膜防渗层:应采用HDPE土工膜,厚度不应小于1.5mm;

6)膜上保护层:宜采用非织造土工布,规格不宜小于600g/m²;

7)渗沥液导流层:宜采用卵石等石料,厚度不应小于30cm,石料下可增设土工复合排水网;

8)反滤层:宜采用土工滤网,规格不宜小于200g/m²。

2 库区边坡单层衬里结构应符合下列要求:

1)基础层:土压实度不应小于90%;

2)膜下保护层:当采用黏土时,渗透系数不应大于$1.0×10^{-5}$cm/s,厚度不宜小于30cm;当采用非织造土工布时,规格不宜小于600g/m²;

3)防渗层:应采用HDPE土工膜,宜为双糙面,厚度不应小于1.5mm;

4)膜上保护层:宜采用非织造土工布,规格不宜小于600g/m²;

5)渗沥液导流与缓冲层:宜采用土工复合排水网,厚度不应小于5mm,也可采用土工布袋(内装石料或沙土)。

8.2.6 库区底部双层衬里结构(图8.2.6),各层应符合下列规定:

1 基础层:土压实度不应小于93%。

2 反滤层(可选择层):宜采用土工滤网,规格不宜小于200g/m²。

3 地下水导流层(可选择层):宜采用卵(砾)石等石料,厚度不应小于30cm,石料上应铺设非织造土工布,规格不宜小于200g/m²。

4 膜下保护层:黏土渗透系数不应大于$1.0×10^{-5}$cm/s,厚度不宜小于30cm。

5 膜防渗层:应采用HDPE土工膜,厚度不应小于1.5mm。

6 膜上保护层:宜采用非织造土工布,规格不宜小于400g/m²。

7 渗沥液检测层:可采用土工复合排水网,厚度不应小于5mm;也可采用卵(砾)石等石料,厚度不应小于30cm。

8 膜下保护层:宜采用非织造土工布,规格不宜小于400g/m²。

9 膜防渗层:应采用HDPE土工膜,厚度不应小于1.5mm。

10 膜上保护层:宜采用非织造土工布,规格不宜小于600g/m²。

11 渗沥液导流层:宜采用卵石等石料,厚度不应小于30cm,石料下可增设土工复合排水网。

12 反滤层:宜采用土工滤网,规格不宜小于200g/m²。

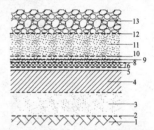

图8.2.6　库区底部双层衬里结构示意图

1—基础层;2—反滤层(可选择层);3—地下水导流层(可选择层);4—膜下保护层;
5—膜防渗层;6—膜上保护层;7—渗沥液检测层;8—膜下保护层;
9—膜防渗层;10—膜上保护层;11—渗沥液导流层;12—反滤层;13—垃圾层

8.2.7 HDPE土工膜应符合现行行业标准《垃圾填埋场用高密度聚乙烯土工膜》CJ/T 234的规定。HDPE土工膜厚度不应小于1.5mm,当防渗要求严格或垃圾堆高大于20m时,宜选用不小于2.0mm的HDPE土工膜厚度。

8.2.8 穿过HDPE土工膜防渗系统的竖管、横管或斜管,穿管与HDPE土工膜的接口应进行防渗漏处理。

8.2.9 在垂直高差较大的边坡铺设防渗材料时,应锚固平台,平台高差应结合实际地形确定,不宜大于10m。边坡坡度不宜大于1:2。

8.2.10 防渗材料锚固方式可采用矩形覆土锚固沟,也可采用水平覆土锚固、"V"形槽覆土锚固和混凝土锚固;岩石边坡、陡坡及调节池等混凝土上的锚固,可采用HDPE嵌钉土工膜、HDPE型锁条、机械锚固等方式进行锚固。

8.2.11 锚固沟的设计应符合下列规定:

1 锚固沟距离边坡边缘不宜小于800mm。

2 防渗材料转折处不应存在直角的刚性结构,均应做成弧形结构。

3 锚固沟断面应根据锚固形式,结合实际情况加以计算,不宜小于800mm×800mm。

4 锚固沟中压实度不得小于93%;

5 特殊情况下,应对锚固沟的尺寸和锚固能力进行计算。

8.2.12 黏土作为膜下保护层时的处理应符合下列规定:

1 平整度:应达到每平方米黏土层误差不得大于2cm。

2 洁净度:黏土层不应含有粒径大于5mm的尖锐物料。

3 压实度:位于库区底部的黏土层不得小于93%,位于库区边坡的黏土层不得小于90%。

8.3 地下水导排

8.3.1 根据填埋场场址水文地质情况,对可能发生地下水对基础层稳定或对防渗系统破坏的潜在危害时,应设置地下水收集导排系统。

8.3.2 地下水水量的计算宜根据填埋场场址的地下水水力特征和不同埋藏条件分不同情况计算。

8.3.3 根据地下水水量、水位及其他水文地质情况的不同,可选择采用碎石导流层、导排盲沟、土工复合排水网导流层等方法进行地下水导排或阻断。地下水收集导排系统应具有长期的导排性能。

8.3.4 地下水收集导排系统宜按渗沥液收集导排系统进行设计。地下水收集管管径可根据地下水水量进行计算确定,干管外径(d_n)不应小于250mm,支管外径(d_n)不宜小于200mm。

8.3.5 当填埋库区所处地质为不透水层时,可采用垂直防渗帷幕配合抽水系统进行地下水导排。垂直防渗帷幕的渗透系数不应大于$1×10^{-5}$cm/s。

9 防洪与雨污分流系统

9.1 填埋场防洪系统

9.1.1 填埋场防洪系统设计应符合国家现行标准《防洪标准》GB 50201、《城市防洪工程设计规范》CJJ 50 及相关标准的技术要求。防洪标准应按不小于50年一遇洪水水位设计,按100年一遇洪水水位校核。

9.1.2 填埋场防洪系统根据地形可设置截洪坝、截洪沟以及跌水和陡坡、集水池、洪水提升泵站、穿坝涵管等构筑物。洪水流量可采用小流域经验公式计算。

9.1.3 填埋库区外汇水面积较大时,宜根据地形设置数条不同高程的截洪沟。

9.1.4 填埋库区外无自然水体或排水沟渠时,截洪沟出水口宜根据场外地形走向、地表径流流向、地表水体位置等设置排水管渠。

9.2 填埋库区雨污分流系统

9.2.1 填埋库区雨污分流系统应阻止未作业区域的汇水流入生活垃圾堆体,应根据填埋库区分区和填埋作业工艺进行设计。

9.2.2 填埋库区分区设计应满足下列雨污分流要求:

1 平原型填埋场的分区应以水平分区为主,坡地型、山谷型填埋场的分区宜采用水平分区与垂直分区相结合的设计。

2 水平分区应设置具有防渗功能的分区坝,各分区应根据使用顺序不同铺设雨污分流导排管。

3 垂直分区宜结合边坡临时截洪沟进行设计,生活垃圾堆高达到临时截洪沟高程时,可将边坡截洪沟改建成渗沥液收集盲沟。

9.2.3 分区作业雨污分流应符合下列规定:

1 使用年限较长的填埋库区,宜进一步划分作业分区。

2 未进行作业的分区雨水应通过管道导排或泵抽排的方法排出库区外。

3 作业分区宜根据一定时间填埋量划分填埋单元和填埋体,通过填埋单元的日覆盖和填埋体的中间覆盖实现雨污分流。

9.2.4 封场后雨水应通过堆体表面排水沟排入截洪沟等排水设施。

10 渗沥液收集与处理

10.1 一般规定

10.1.1 填埋场必须设置有效的渗沥液收集系统和采取有效的渗沥液处理措施,严防渗沥液污染环境。

10.1.2 渗沥液处理设施应符合现行行业标准《生活垃圾渗沥液处理技术规范》CJJ 150 的有关规定。

10.2 渗沥液水质与水量

10.2.1 渗沥液水质参数的设计值选取应考虑初期渗沥液、中后期渗沥液和封场后渗沥液的水质差异。

10.2.2 新建填埋场的渗沥液水质参数可根据表 10.2.2 提供的国内典型填埋场不同年限渗沥液水质范围确定,也可参考同类地区同类型的填埋场实际情况合理选取。

表 10.2.2 国内典型填埋场不同年限渗沥液水质范围(mg/L)(pH 除外)

类别 项目	填埋初期渗沥液(<5年)	填埋中后期渗沥液(>5年)	封场后渗沥液
COD	6000~20000	2000~10000	1000~5000
BOD₅	3000~10000	1000~4000	300~2000
NH₃-N	600~2500	800~3000	1000~3000
SS	500~1500	500~1500	200~1000
pH	5~8	6~8	6~9

注:表中均为调节池出水水质。

10.2.3 改造、扩建填埋场的渗沥液水质参数应以实际运行的监测资料为基准,并预测未来水质变化趋势。

10.2.4 渗沥液产生量宜采用经验公式法进行计算,计算时应充分考虑填埋场所处气候区域、进场生活垃圾中有机物含量、场内生活垃圾降解程度以及场内生活垃圾埋深等因素的影响。渗沥液产生量计算方法应符合本规范附录B的规定。

10.2.5 渗沥液产生量计算取值应符合下列规定：

1 指标应包括最大日产生量、日平均产生量及逐月平均产生量的计算；

2 当设计计算渗沥液处理规模时应采用日平均产生量；

3 当设计计算渗沥液导排系统时应采用最大日产生量；

4 当设计计算调节池容量时应采用逐月平均产生量。

10.3 渗沥液收集

10.3.1 填埋库区渗沥液收集系统应包括导流层、盲沟、竖向收集井、集液井（池）、泵房、调节池及渗沥液水位监测井。

10.3.2 渗沥液导流层设计应符合下列规定：

1 导流层宜采用卵（砾）石或碎石铺设，厚度不宜小于300mm，粒径宜为20mm～60mm，由下至上粒径逐渐减小。

2 导流层与垃圾层之间应铺设反滤层，反滤层可采用土工滤网，单位面积质量宜大于200g/m²。

3 导流层内应设置导排盲沟和渗沥液收集导排管网。

4 导流层应保证渗沥液通畅导排，降低防渗层上的渗沥液水头。

5 导流层下可增设土工复合排水网强化渗沥液导流。

6 边坡导流层宜采用土工复合排水网铺设。

10.3.3 盲沟设计应符合下列规定：

1 盲沟宜采用砾石、卵石或碎石（$CaCO_3$含量不应大于10%）铺设，石料的渗透系数不应小于1.0×10^{-3} cm/s。主盲沟石料厚度不宜小于40cm，粒径从上到下依次为20mm～30mm、30mm～40mm、40mm～60mm。

2 盲沟内应设置高密度聚乙烯（HDPE）收集管，管径应根据所收集面积的渗沥液最大日流量、设计坡度等条件计算，HDPE收集干管公称外径（d_n）不应小于315mm，支管外径（d_n）不应小于200mm。

3 HDPE收集管的开孔率应保证环刚度要求。HDPE收集管的布置宜呈直线。Ⅲ类以上填埋场HDPE收集管宜设置高压水射流疏通、端头井等反冲洗措施。

4 主盲沟坡度应保证渗沥液能快速通过渗沥液HDPE干管进入调节池，纵、横向坡度不宜小于2%。

5 盲沟系统宜采用鱼刺状或网状布置形式，也可以根据不同地形采用特殊布置形式（反锅底形等）。

6 盲沟断面形式可采用菱形断面或梯形断面，断面尺寸应根据渗沥液汇流面积、HDPE管径及数量确定。

7 中间覆盖层的盲沟应与竖向收集井相连接，其坡度应能保证渗沥液快速进入收集井。

10.3.4 导气井可兼作渗沥液竖向收集井，形成立体导排系统收集垃圾堆体产生的渗沥液，竖向收集井间距宜通过计算确定。

10.3.5 集液井（池）宜按库区分区情况设置，并宜设在填埋库区外侧。

10.3.6 调节池设计应符合下列规定：

1 调节池容积宜按本规范附录C的计算要求确定，调节池容积不应小于三个月的渗沥液处理量。

2 调节池可采用HDPE土工膜防渗结构，也可以采用钢筋混凝土结构。

3 HDPE土工膜防渗结构调节池的池坡比宜小于1:2，防渗结构设计可参考本规范第8章的相关规定。

4 钢筋混凝土结构调节池池壁应做防腐蚀处理。

5 调节池宜设置HDPE膜覆盖系统，覆盖系统设计应考虑覆盖膜顶面的雨水导排、膜下的沼气导排及池底污泥的清理。

10.3.7 库区渗沥液水位应控制在渗沥液导流层内。应监测填埋堆体内渗沥液水位，当出现高水位时，应采取有效措施降低水位。

10.4 渗沥液处理

10.4.1 渗沥液处理后排放标准应达到现行国家标准《生活垃圾填埋场污染控制标准》GB 16889规定的指标或当地环保部门规定执行的排放标准。

10.4.2 渗沥液处理工艺应根据渗沥液的水质特性、产生量和达到的排放标准等因素，通过多方案技术经济比较进行选择。

10.4.3 渗沥液处理宜采用"预处理＋生物处理＋深度处理"的工艺组合，也可采用"预处理＋物化处理"或"生物处理＋深度处理"的工艺组合。

10.4.4 渗沥液预处理可采用水解酸化、混凝沉淀、砂滤等工艺。

10.4.5 渗沥液生物处理可采用厌氧生物处理法和好氧生物处理法，宜以膜生物反应器法（MBR）为主。

10.4.6 渗沥液深度处理可采用膜处理、吸附法、高级化学氧化等工艺，其中膜处理宜以反渗透为主。

10.4.7 物化处理可采用多级反渗透工艺。

10.4.8 渗沥液预处理、生物处理、深度处理及物化处理工艺设计参数宜按本规范附录D的规定取值。

10.4.9 渗沥液处理中产生的污泥应进行无害化处置。

10.4.10 膜处理过程产生的浓缩液可采用蒸发或其他适宜的处理方式。浓缩液回灌填埋堆体应保证不影响渗沥液处理正常运行。

11 填埋气体导排与利用

11.1 一般规定

11.1.1 填埋场必须设置有效的填埋气体导排设施，严防填埋气体自然聚集、迁移引起的火灾和爆炸。

11.1.2 当设计填埋库容大于或等于2.5×10^6 t，填埋厚度大于或等于20m时，应考虑填埋气体利用。

11.1.3 填埋场不具备填埋气体利用条件时，应采用火炬法燃烧处理，并宜采用能够有效减少甲烷产生和排放的填埋工艺。

11.1.4 未达到安全稳定的老填埋场应设置有效的填埋气体导排设施。

11.1.5 填埋气体导排和利用设施应符合现行行业标准《生活垃圾填埋场填埋气体收集处理及利用工程技术规范》CJJ 133的有关规定。

11.2 填埋气体产生量

11.2.1 填埋气体产生量估算宜按现行行业标准《生活垃圾填埋场填埋气体收集处理及利用工程技术规范》CJJ 133提供的方法进行计算。

11.2.2 清洁发展机制（CDM）项目填埋气体产生量的计算，应按本规范附录E的规定执行。

11.2.3 填埋场气体收集率宜根据填埋场建设和运行特征进行估算。

11.3 填埋气体导排

11.3.1 填埋气体导排设施宜采用导气井，也可采用导气井和导气盲沟相连的导排设施。

11.3.2 导气井可采用随填埋作业层升高分段设置和连接的石笼导气井,也可采用在填埋体中钻孔形成导气井。导气井的设置应符合下列规定:

1 石笼导气井在导气管四周宜用 $d=20mm\sim80mm$ 级配的碎石等材料填充,外部宜采用能伸缩连接的土工网格或钢丝网等材料作为井筒,井底部宜铺设不破坏防渗层的基础。

2 钻孔导气井钻孔深度不应小于填埋深度的2/3,钻孔应采用防爆施工设备,并应有保护场底防渗层的措施。

3 石笼导气井直径(Φ)不应小于600mm,中心多孔管应采用高密度聚乙烯(HDPE)管材,公称外径(d_n)不应小于110mm,管材开孔率不宜小于2%。

4 导气井兼作渗沥液竖向收集井时,中心多孔管公称外径(d_n)不宜小于200mm,导气井内水位过高时,应采取降低水位的措施。

5 导气井宜在填埋库区底部主、次盲沟交汇点取点设置,并应以设置点为基准,沿着盲沟铺设方向,采用等边三角形、正六边形、正方形等形状布置。

6 导气井的影响半径宜通过现场抽气测试确定。不能进行现场测试时,单一导气井的影响半径可按该井所在位置填埋厚度的0.75倍~1.5倍取值。堆体中部的主动导排导气井间距不宜大于50m,沿堆体边缘布置的导气井间距不宜大于25m,被动导排导气井间距不宜大于30m。

7 被动导气井的导气管管口宜高于堆体表面1m以上。

8 主动导排导气井井口周围应采用膨润土或黏土等低渗透性材料密封,密封厚度宜为1m~2m。

11.3.3 填埋库容大于或等于 1.0×10^6t,垃圾填埋深度大于或等于10m时,应采用主动导气。

11.3.4 导气盲沟的设置应符合下列规定:

1 宜用级配石料等粒状物填充,断面宽、高均不宜大于1000mm。

2 盲沟中心管宜采用软管,管内径不应小于150mm。当采用多孔管时,开孔率应保证管强度。水平导气应有不低于2%的坡度,并接至导气总管或场外较低处。每条导气盲沟的长度不宜大于100m。

3 相邻标高的水平盲沟宜交错布置,盲沟水平间距应按30m~50m设置,垂直间距应按10m~15m设置。

4 应与导气井连接。

11.3.5 应考虑堆体沉降对导气井和导气盲沟的影响,防止气体导排设施阻塞、断裂而失去导排功能。

11.4 填埋气体输送

11.4.1 填埋气体输送系统宜采用集气单元方式将临近的导气井或导气盲沟的连接管道进行布置。

11.4.2 填埋气体输送系统应设置流量控制阀门,根据气体流量的大小和压力调整阀门开度,达到产气量和抽气量平衡。

11.4.3 填埋气体抽气系统应具有填埋气体含量及流量的监测和控制功能,以确保抽气系统的正常安全运行。

11.4.4 输送管道设计应符合下列规定:

1 设计应留有允许材料热胀冷缩的伸缩余地,管道固定应设置缓冲区,保证输气管道的密封性。

2 应选用耐腐蚀、伸缩性强、具有良好的机械性能和气密性能的材料及配件。

3 在保证安全运行的条件下,输气管道布置应缩短输气线路。

11.4.5 填埋气体输送管道中的冷凝液排放应符合下列规定:

1 输送管道应设置不小于1%的坡度。

2 输送管道一定管段的最低处应设置冷凝液排放装置。

3 排出的冷凝液应及时收集。

4 收集的冷凝液可直接回喷到填埋堆体中。

11.5 填埋气体利用

11.5.1 填埋气体利用和燃烧系统应统筹设计,应优先满足利用系统的用气,剩余填埋气体应能自动分配到火炬系统进行燃烧。

11.5.2 填埋气体利用方式和规模应根据填埋场的产气量及当地条件等因素,通过多方案技术经济比较确定。气体利用率不宜小于70%。

11.5.3 填埋气体利用系统应设置预处理工序,预处理工艺和设备的选择应根据气体利用方案、用气设备的要求和污染排放标准确定。

11.5.4 填埋气体燃烧火炬应有较宽的负荷适应范围以满足稳定燃烧,应具有主动和被动两种保护措施,并应具有点火、灭火安全保护功能及阻火器等安全装置。

11.6 填埋气体安全

11.6.1 填埋库区应按生产的火灾危险性分类中戊类防火区的要求采取防火措施。

11.6.2 填埋库区防火隔离带应符合本规范第5.7.3条的规定。

11.6.3 填埋场达到稳定安全期前,填埋库区及防火隔离带范围内严禁设置封闭式建(构)筑物,严禁堆放易燃易爆物品,严禁将火种带入填埋库区。

11.6.4 填埋场上方甲烷气体含量必须小于5%,填埋场建(构)筑物内甲烷气体含量严禁超过1.25%。

11.6.5 进入填埋作业区的车辆、填埋作业设备应保持良好的机械性能,应避免产生火花。

11.6.6 填埋库区应防止填埋气体在局部聚集。填埋库区底部及边坡的土层10m深范围内的裂隙、溶洞及其他腔性结构均应予以充填密实。填埋体中不均匀沉降造成的裂隙应及时予以充填密实。

11.6.7 对填埋物中可能造成腔型结构的大件垃圾应进行破碎。

12 填埋作业与管理

12.1 填埋作业准备

12.1.1 填埋场作业人员应经过技术培训和安全教育,应熟悉填埋作业要求及填埋气体安全知识。运行管理人员应熟悉填埋作业工艺、技术指标及填埋气体的安全管理。

12.1.2 填埋作业规程应制定完备,并应制定填埋气体引起火灾和爆炸等意外事件的应急预案。

12.1.3 应根据设计制定分区分单元填埋作业计划,作业分区应采取有利于雨污分流的措施。

12.1.4 填埋作业分区的工程设施和满足作业的其他主体工程、配套工程及辅助设施,应按设计要求完成施工。

12.1.5 填埋作业应保证全天候运行,宜在填埋作业区设置雨季卸车平台,并应准备充足的垫层材料。

12.1.6 装载、挖掘、运输、摊铺、压实、覆盖等作业设备应按填埋日处理规模和作业工艺设计要求配置。Ⅲ类以上填埋场宜配置压实机,在大件垃圾较多的情况下,宜设置破碎设备。

12.2 填 埋 作 业

12.2.1 填埋物进入填埋场应进行检查和计量。垃圾运输车辆离开填埋场前宜冲洗轮胎和底盘。

12.2.2 填埋应采用单元、分层作业,填埋单元作业工序应为卸车、分层摊铺、压实,达到规定高度后应进行覆盖、再压实。填埋单元作业时应控制填埋作业面面积。

12.2.3 每层垃圾摊铺厚度应根据填埋作业设备的压实性能、压实次数及生活垃圾的可压缩性确定,厚度不宜超过 60cm,且宜从作业单元的边坡底部到顶部摊铺;生活垃圾压实密度应大于 $600kg/m^3$。

12.2.4 每一单元的生活垃圾高度宜为 2m～4m,最高不得超过 6m。单元作业宽度按填埋作业设备的宽度及高峰期同时进行作业的车辆数确定,最小宽度不宜小于 6m。单元的坡度不宜大于 1：3。

12.2.5 每一单元作业完成后应进行覆盖,覆盖层厚度应根据覆盖材料确定。采用 HDPE 膜或线型低密度聚乙烯膜(LLDPE)覆盖时,膜的厚度宜为 0.50mm,采用土覆盖的厚度宜为 20cm～25cm,采用喷涂覆盖的涂层干化后厚度宜为 6mm～10mm。膜的性能指标应符合现行行业标准《垃圾填埋场用高密度聚乙烯土工膜》CJ/T 234 和《垃圾填埋场用线性低密度聚乙烯土工膜》CJ/T 276 的要求。

12.2.6 作业所应喷洒杀虫灭鼠药剂,并宜喷洒除臭剂及洒水降尘。

12.2.7 每一作业区完成阶段性高度后,暂时不在其上继续进行填埋时,应进行中间覆盖,覆盖层厚度应根据覆盖材料确定,黏土覆盖层厚度宜大于 30cm,膜厚度不宜小于 0.75mm。

12.2.8 填埋作业达到设计标高后,应及时进行封场覆盖。

12.2.9 填埋场内设施、设备应定期检查维护,发现异常应及时修复。

12.2.10 填埋场作业过程的安全卫生管理应符合现行国家标准《生产过程安全卫生要求总则》GB/T 12801 的有关规定。

12.3 填 埋 场 管 理

12.3.1 填埋场应按建设、运行、封场、跟踪监测、场地再利用等阶段进行管理。

12.3.2 填埋场建设的有关文件资料应按国家有关规定进行整理与保管。

12.3.3 填埋场日常运行管理中应记录进场垃圾运输车号、车辆数量、生活垃圾量、渗沥液产生量、材料消耗等,记录积累的技术资料应完整,统一归档保管。填埋作业管理宜采用计算机网络管理。填埋场的计量应达到国家三级计量认证。

12.3.4 填埋场封场和场地再利用管理应符合本规范第 13 章的有关规定。

12.3.5 填埋场跟踪监测管理应符合本规范第 15 章的有关规定。

13 封场与堆体稳定性

13.1 一 般 规 定

13.1.1 填埋场封场设计应考虑堆体整形与边坡处理、封场覆盖结构类型、填埋场生态恢复、土地利用与水土保持、堆体的稳定性等因素。

13.1.2 填埋场封场应符合现行行业标准《生活垃圾卫生填埋场封场技术规程》CJJ 112 与《生活垃圾卫生填埋场岩土工程技术规范》CJJ 176 的有关规定。

13.2 填 埋 场 封 场

13.2.1 堆体整形设计应满足封场覆盖层的铺设和封场后生态恢复与土地利用的要求。

13.2.2 堆体整形顶面坡度不宜小于 5%。边坡大于 10% 时宜采用多级台阶,台阶间边坡坡度不宜大于 1：3,台阶宽度不宜小于 2m。

13.2.3 填埋场封场覆盖结构(图 13.2.3)各层由下至上依次为:排气层、防渗层、排水层与植被层。填埋场封场覆盖应符合下列规定:

1 排气层:堆体顶面宜采用粗粒或多孔材料,厚度不宜小于 30cm,边坡宜采用土工复合排水网,厚度不宜小于 5mm。

2 排水层:堆体顶面宜采用粗粒或多孔材料,厚度不宜小于 30cm。边坡宜采用土工复合排水网,厚度不应小于 5mm;也可采用加筋土工网垫,规格不宜小于 $600g/m^2$。

3 植被层:应采用自然土加表层营养土,厚度应根据种植植物的根系深浅确定,厚度不宜小于 50cm,其中营养土厚度不宜小于 15cm。

4 防渗层应符合下列要求：

　　1）采用高密度聚乙烯（HDPE）土工膜或线性低密度聚乙烯（LLDPE）土工膜，厚度不应小于 1mm，膜上应敷设非织造土工布，规格不宜小于 300g/m²；膜下应敷设保护层。

　　2）采用黏土，黏土层的渗透系数不应大于 1.0×10^{-7} cm/s，厚度不应小于 30cm。

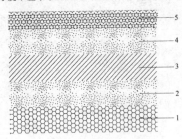

图 13.2.3　黏土覆盖系统示意图
1—垃圾层；2—排气层；3—防渗层；4—排水层；5—植被层

13.2.4　填埋场封场覆盖后，应及时采用植被逐步实施生态恢复，并应与周边环境相协调。

13.2.5　填埋场封场后应继续进行填埋气体导排、渗沥液导排和处理、环境与安全监测及运行管理，直至填埋场达到稳定。

13.2.6　填埋场封场后宜进行水土保持的相关维护工作。

13.2.7　填埋场封场后的土地利用应符合下列规定：

　　1　填埋场封场后的土地利用应符合现行国家标准《生活垃圾填埋场稳定化场地利用技术要求》GB/T 25179 的规定。

　　2　填埋场土地利用前应作出场地稳定化鉴定、土地利用论证及有关部门审定。

　　3　未经环境卫生、岩土、环保专业技术鉴定前，填埋场地严禁作为永久性封闭式建（构）筑物用地。

13.2.8　老生活垃圾填埋场封场工程除应符合本规范第 13.2.1 条～第 13.2.7 条的要求外，尚应符合下列规定：

　　1　无气体导排设施的或导排设施失效存在安全隐患的，应采用钻孔法设置或完善填埋气体导排系统，已覆盖土层的垃圾堆体可采用开挖网状排气盲沟的方式形成排气层。

　　2　无渗沥液导排设施或导排设施失效的，应设置或完善渗沥液导排系统。

　　3　渗沥液、填埋气体发生地下横向迁移的，应设置垂直防渗系统。

13.3　填埋堆体稳定性

13.3.1　填埋堆体的稳定性应考虑封场覆盖、堆体边坡及堆体沉降的稳定。

13.3.2　封场覆盖应进行滑动稳定性分析，确保封场覆盖层的安全稳定。

13.3.3　填埋堆体边坡的稳定性计算宜按现行国家标准《建筑边坡工程技术规范》GB 50330 中土坡计算方法的有关规定执行。

13.3.4　堆体沉降稳定宜根据沉降速率与封场年限来判断。

13.3.5　填埋场运行期间宜设置堆体沉降与渗沥液导流层水位监测设备设施，对填埋堆体典型断面的沉降、边坡侧向变形情况及渗沥液导流层水头进行监测，根据监测结果对滑移等危险征兆采取应急控制措施。

14　辅　助　工　程

14.1　电　　气

14.1.1　填埋场的生产用电应从附近电力网引接，其接入电压等级应根据填埋场的总用电负荷及附近电力网的具体情况，经技术经济比较后确定。

14.1.2　填埋场的继电保护和安全自动装置与接地装置应符合现行国家标准《电力装置的继电保护和自动装置设计规范》GB/T 50062 及《交流电气装置的接地》DL/T 621 中的有关规定。

14.1.3　填埋气体发电工程的电气主接线应符合下列规定：

　　1　发电上网时，应至少有一条与电网连接的双向受、送电线路。

　　2　发电自用时，应至少有一条与电网连接的受电线路，当该线路发生故障时，应有能够保证安全停机和启动的内部电源或其他外部电源。

14.1.4　照明设计应符合现行国家标准《建筑照明设计标准》GB 50034 中的有关规定。正常照明和事故照明宜采用分开的供电系统。

14.1.5　电缆的选择与敷设应符合现行国家标准《电力工程电缆设计规范》GB 50217 的有关规定。

14.2　给排水工程

14.2.1　填埋场给水工程设计应符合现行国家标准《室外给水设计规范》GB 50013 和《建筑给水排水设计规范》GB 50015 的有关规定。

14.2.2　填埋场采用井水作为给水时，饮用水水质应符合现行国家标准《生活饮用水卫生标准》GB 5749 的有关规定，用水标准及定额应满足现行国家标准《建筑给水排水设计规范》GB 50015 中的有关规定。

14.2.3　填埋场排水工程设计应符合现行国家标准《室外排水设计规范》GB 50014 和《建筑给水排水设计规范》GB 50015 的有关规定。

14.3　消　　防

14.3.1　填埋场除考虑填埋气体的消防外，还应设置建（构）筑物的室内、室外消防系统。消防系统的设置应符合现行国家标准《建筑设计防火规范》GB 50016 和《建筑灭火器配置设计规范》GB 50140 的有关规定。

14.3.2　填埋场的电气消防设计应符合现行国家标准《建筑设计防火规范》GB 50016 和《火灾自动报警系统设计规范》GB 50116 中的有关规定。

14.4　采暖、通风与空调

14.4.1　填埋场各建筑物的采暖、空调及通风设计应符合现行国家标准《采暖通风与空气调节设计规范》GB 50019 中的有关规定。

15 环境保护与劳动卫生

15.0.1 填埋场环境影响评价及环境污染防治应符合下列规定：

1 填埋场工程建设项目在进行可行性研究的同时，应对建设项目的环境影响作出评价。

2 填埋场工程建设项目的环境污染防治设施应与主体工程同时设计、同时施工、同时投产使用。

3 填埋作业过程中产生的各种污染物的防治与排放应符合国家有关规定。

15.0.2 填埋场应设置地下水本底监测井、污染扩散监测井、污染监测井。填埋场应进行水、气、土壤及噪声的本底监测和作业监测。监测井和采样点的布设、监测项目、频率及分析方法应按现行国家标准《生活垃圾填埋场污染控制标准》GB 16889 和《生活垃圾卫生填埋场环境监测技术要求》GB/T 18772 执行，填埋库区封场后应进行跟踪监测直至填埋体稳定。

15.0.3 填埋场环境污染控制指标应符合现行国家标准《生活垃圾填埋场污染控制标准》GB 16889 的要求。

15.0.4 填埋场使用杀虫灭鼠药剂时应避免二次污染。

15.0.5 填埋场应设置道路行车指示、安全标识、防火防爆及环境卫生设施设置标志。

15.0.6 填埋场的劳动卫生应按照现行国家标准《工业企业设计卫生标准》GBZ 1 和《生产过程安全卫生要求总则》GB/T 12801 的有关规定执行，并应结合填埋作业特点采取有利于职业病防治和保护作业人员健康的措施。填埋作业人员应每年体检一次，并应建立健康登记卡。

16 工程施工及验收

16.0.1 填埋场工程施工前应根据设计文件或招标文件编制施工方案，准备施工设备及设施，合理安排施工场地。

16.0.2 填埋场工程应根据工程设计文件和设备技术文件进行施工和安装。

16.0.3 填埋场工程施工变更应按设计单位的设计变更文件进行。

16.0.4 填埋场各项建筑、安装工程应按现行相关标准及设计要求进行施工。

16.0.5 施工安装使用的材料应符合现行国家相关标准及设计要求；对国外引进的专用填埋设备与材料，应按供货商提供的设备技术规范、合同规定及商检文件执行，并应符合现行国家标准的相应要求。

16.0.6 填埋场工程验收除应按国家规定和相应专业现行验收标准执行外，还应符合下列规定：

1 地基处理应符合本规范第 6 章的要求。

2 垃圾坝应符合本规范第 7 章的要求。

3 防渗工程与地下水导排应符合本规范第 8 章的要求。

4 防洪与雨污分流系统应符合本规范第 9 章的要求。

5 渗沥液收集与处理应符合本规范第 10 章的要求。

6 填埋气体导排与利用应符合本规范第 11 章的要求。

7 填埋场封场应符合本规范第 13 章的要求。

附录 A 填埋库容与有效库容计算

A.0.1 填埋库容采用方格网法计算时，应符合下列规定：

1 将场地划分成若干个正方形格网，再将场底设计标高和封场标高分别标注在规则网格各个角点上，封场标高与场底设计标高的差值应为各角点的高度。

2 计算每个四棱柱的体积，再将所有四棱柱的体积汇总为总的填埋场库容。方格网法库容可按下式计算：

$$V = \sum_{i=1}^{n} a^2 (h_{i1} + h_{i2} + h_{i3} + h_{i4})/4 \quad (A.0.1)$$

式中：$h_{i1}, h_{i2}, h_{i3}, h_{i4}$——第 i 个方格网各个角点高度(m)；

V——填埋库容(m^3)；

a——方格网的边长(m)；

n——方格网个数。

3 计算时可将库区划分为边长 10m～40m 的正方形方格网，方格网越小，精度越高。

4 可采用基于网格法的土方计算软件进行填埋库容计算。

A.0.2 有效库容按下列公式计算：

1 有效库容为有效库容系数与填埋库容的乘积，应按下式计算：

$$V' = \zeta \cdot V \quad (A.0.2-1)$$

式中：V'——有效库容(m^3)；

V——填埋库容(m^3)；

ζ——有效库容系数。

2 有效库容系数应按下式计算：

$$\zeta = 1 - (I_1 + I_2 + I_3) \quad (A.0.2-2)$$

式中：I_1——防渗系统所占库容系数；

I_2——覆盖层所占库容系数；

I_3——封场所占库容系数。

3 防渗系统所占库容系数 I_1 应按下式计算：

$$I_1 = \frac{A_1 h_1}{V} \quad (A.0.2-3)$$

式中：A_1——防渗系统的表面积(m^2)；

h_1——防渗系统厚度(m)；

V——填埋库容(m^3)。

4 覆盖层所占库容系数 I_2 应符合下列规定：

1)平原型填埋场黏土中间覆盖层厚度为 30cm，垃圾层厚度为 10m～20m 时，黏土中间覆盖层所占用的库容系数 I_2 可近似取 1.5%～3%。

2)日覆盖和中间覆盖层采用土工膜作为覆盖材料时，可不考虑 I_2 的影响，近似取 0。

5 封场所占库容系数 I_3 应按下式计算：

$$I_3 = \frac{A_{2T} h_{2T} + A_{2S} h_{2S}}{V} \quad (A.0.2-4)$$

式中：A_{2T}——封场堆体顶面覆盖系统的表面积(m^2)；

h_{2T}——封场堆体顶面覆盖系统厚度(m)；

A_{2S}——封场堆体边坡覆盖系统的表面积(m^2)；

h_{2S}——封场堆体边坡覆盖系统厚度(m)；

V——填埋库容(m^3)。

附录 B 渗沥液产生量计算方法

B.0.1 渗沥液最大日产生量、日平均产生量及逐月平均产生量宜按下式计算，其中浸出系数应结合填埋场实际情况选取。

$$Q = I \times (C_1 A_1 + C_2 A_2 + C_3 A_3 + C_4 A_4)/1000 \quad (B.0.1)$$

式中：Q——渗沥液产生量(m^3/d)；

I——降水量(mm/d)。当计算渗沥液最大日产生量时，取历史最大日降水量；当计算渗沥液日平均产生量时，取多年平均日降水量；当计算渗沥液逐月平均产生量时，取多年逐月平均降雨量。数据充足时，宜按 20 年的数据计取；数据不足 20 年时，可按现有全部年数据计取；

C_1——正在填埋作业区浸出系数，宜取 0.4～1.0，具体取值可参考表 B.0.1；

表 B.0.1 正在填埋作业单元浸出系数 C_1 取值表

所在地年降雨量(mm) / 有机物含量	年降雨量 ≥800	400≤年降雨量 <800	年降雨量 <400
>70%	0.85～1.00	0.75～0.95	0.50～0.75
≤70%	0.70～0.80	0.50～0.70	0.40～0.55

注：若填埋场所处地气候干旱、进场生活垃圾中有机物含量低、生活垃圾降解程度低及埋深小时宜取高值；若填埋场所处地气候湿润、进场生活垃圾中有机物含量高、生活垃圾降解程度高及埋深大时宜取低值。

A_1——正在填埋作业区汇水面积(m^2)；

C_2——已中间覆盖区浸出系数。当采用膜覆盖时宜取(0.2～0.3)C_1生活垃圾降解程度低或埋深小时宜取下限，生活垃圾降解程度高或埋深大时宜取上限；当采用土覆盖时宜取(0.4～0.6)C_1(若覆盖材料渗透系数较小、整体密封性好、生活垃圾降解程度低及埋深小时宜取低值，若覆盖材料渗透系数较大、整体密封性较差、生活垃圾降解程度高及埋深大时宜取高值)；

A_2——已中间覆盖区汇水面积(m^2)；

C_3——已终场覆盖区浸出系数，宜取 0.1～0.2(若覆盖材料渗透系数较小、整体密封性好、生活垃圾降解程度低及埋深小时宜取下限，若覆盖材料渗透系数较大、整体密封性较差、生活垃圾降解程度高及埋深大时宜取上限)；

A_3——已终场覆盖区汇水面积(m^2)；

C_4——调节池浸出系数，取 0 或 1.0(若调节池设置有覆盖系统取 0，若调节池未设置覆盖系统取 1.0)；

A_4——调节池汇水面积(m^2)。

B.0.2 当 A_1、A_2、A_3 随不同的填埋时期取不同值，渗沥液产生量设计值应在最不利情况下计算，即在 A_1、A_2、A_3 的取值使得 Q 最大的时候进行计算。

B.0.3 当考虑生活管理区污水等其他因素时，渗沥液的设计处理规模宜在其产生量的基础上乘以适当系数。

附录 C 调节池容量计算方法

C.0.1 调节池容量可按表 C.0.1 进行计算。

表 C.0.1 调节池容量计算表

月份	多年平均逐月降雨量(mm)	逐月渗沥液产生量(m^3)	逐月渗沥液处理量(m^3)	逐月渗沥液余量(m^3)
1	M_1	A_1	B_1	$C_1 = A_1 - B_1$
2	M_2	A_2	B_2	$C_2 = A_2 - B_2$
3	M_3	A_3	B_3	$C_3 = A_3 - B_3$
4	M_4	A_4	B_4	$C_4 = A_4 - B_4$
5	M_5	A_5	B_5	$C_5 = A_5 - B_5$
6	M_6	A_6	B_6	$C_6 = A_6 - B_6$
7	M_7	A_7	B_7	$C_7 = A_7 - B_7$
8	M_8	A_8	B_8	$C_8 = A_8 - B_8$
9	M_9	A_9	B_9	$C_9 = A_9 - B_9$
10	M_{10}	A_{10}	B_{10}	$C_{10} = A_{10} - B_{10}$
11	M_{11}	A_{11}	B_{11}	$C_{11} = A_{11} - B_{11}$
12	M_{12}	A_{12}	B_{12}	$C_{12} = A_{12} - B_{12}$

注：表 C.0.1 中将 1～12 月中 $C>0$ 的月渗沥液余量累计相加，即为需要调节的总容量。

C.0.2 逐月渗沥液产生量可根据本规范附录 B 中式(B.0.1)计算，其中 I 取多年逐月降雨量，经计算得出逐月渗沥液产生量 $A_1 \sim A_{12}$。

C.0.3 逐月渗沥液余量可按下式计算：

$$C = A - B \quad (C.0.3)$$

式中：C——逐月渗沥液余量(m^3)；

A——逐月渗沥液产生量(m^3)；

B——逐月渗沥液处理量(m^3)。

C.0.4 计算值宜按历史最大日降雨量或 20 年一遇连续七日最大降雨量进行校核，在当地没有上述历史数据时，也可采用现有全部年数据进行校核。并将校核值与上述计算出来的需要调节的总容量进行比较，取其中较大者，在此基础上乘以安全系数 1.1～1.3 即为所取调节池容积。

C.0.5 当采用历史最大日降雨量进行校核时，可参考下式计算：

$$Q_1 = I_1 \times (C_1 A_1 + C_2 A_2 + C_3 A_3 + C_4 A_4)/1000 \quad (C.0.5)$$

式中：Q_1——校核容积(m^3)；

I_1——历史最大日降雨量(m^3)；

C_1、C_2、C_3、C_4 与 A_1、A_2、A_3、A_4 的取值同本规范附录 B 式(B.0.1)。

附录 D 渗沥液处理工艺参考设计参数

表 D 渗沥液处理工艺参考设计参数

渗沥液处理工艺	参考设计参数及技术要求	说明
水解酸化	1 水力停留时间(HRT)不宜小于 10h; 2 pH 值宜为 6.5~7.5	水解酸化可采用悬浮式反应器、接触式反应器、复合式反应器等形式
混凝沉淀	1 混凝剂投药方法可采用干投法或湿投法。 2 药剂调制方法可采用水力法、压缩空气法、机械法等。可采用硫酸铝、聚合氯化铝、三氯化铁和聚丙烯酰胺(PAM)等药剂。 3 干式投配设备应配备混凝剂的破碎设备,应具备每小时投配 5kg 以上的规模;湿式投配设备应配置一套溶解、搅拌、定量控制和投配设备	干投法流程宜为:药剂输送→粉碎→提升→计量→加药混合。湿投法流程宜为:溶解池→溶液池→定量控制设备→投加设备→混合池 混凝沉淀采用的混合设备可采用浆板式机械混合槽、分流隔板混合槽、水泵混合等,反应设备可采用隔板式反应池、涡流式反应池、机械搅拌反应池等
UASB	1 UASB 的适宜参数为: 1)反应器适宜温度:常温范围为 20℃~30℃,中温范围为 30℃~38℃,高温范围为 50℃~55℃。 2)容积负荷适宜值:5kgCOD/(m³·d)~15kgCOD/(m³·d); 3)反应器适宜 pH:6.5~7.8。	池形可设计为圆形、方形或矩形。处理渗沥液量过大时可设计为多个池体并联运行。 反应器反应区的高度可设计为 1.5m~4.0m。 当渗沥液流量小、浓度较高,需要的沉淀区面积小时,沉淀区的面积可以

续表 D

渗沥液处理工艺	参考设计参数及技术要求	说明
UASB	2 UASB 反应器应设置生物气体利用或安全燃烧装置	和反应区相同;当渗沥液流量大、浓度较低,需要的沉淀区面积大时,可采用反应器上部面积大于下部面积的池形
膜生物反应器(MBR)	1 膜生物反应器可采用外置式膜生物反应器或内置式膜生物反应器。 2 膜生物反应器的适宜参数为: 1)进水 COD:外置式不宜大于 20000mg/L,内置式不宜大于 15000mg/L; 2)进水 BOD₅/COD 的比值不宜小于 0.3; 3)进水氨氮 NH₃-N 不宜大于 2500mg/L; 4)水温度宜为 20℃~35℃; 5)污泥浓度:外置式为 10000mg/L~15000mg/L,内置式宜为 8000mg/L~10000mg/L; 6)污泥负荷:外置式宜为 0.05kgCOD(kgMLVSS·d)~0.18kgCOD(kgMLVSS·d),内置式宜为 0.04kgCOD(kgMLVSS·d)~0.12kgCOD(kgMLVSS·d); 7)脱氮速率(20℃):外置式宜为 (0.05~0.20)kgNO₃-N/(kgMLSS·d),内置式宜为 (0.05~0.15)kgNO₃-N/(kgMLSS·d); 8)硝化速率:外置式为 (0.02~0.10)kgNH₄⁺-N/(kgMLSS·d),内置式宜为 (0.02~0.08)kgNH₄⁺-N/(kgMLSS·d); 9)剩余污泥产泥系数:0.1kgMLVSS/kgCOD~0.3kgMLVSS/kgCOD。 3 一般情况下,MBR 宜采用 A/O 工艺。当需要强化脱氮处理时,宜采用 A/O/A/O 工艺强化生物处理	"外置式膜生物反应器"中生化反应器与膜单元相对独立,通过混合液循环泵使得处理水通过膜组件后外排;"内置式膜生物反应器"其膜浸没在生物反应器内,出水通过负压抽吸经过膜单元后排出。 其中外置膜宜选用管式超滤膜组件,内置膜宜选用板式微滤膜组件、板式超滤膜组件、中空纤维微滤膜组件或中空纤维超滤膜组件

续表 D

渗沥液处理工艺	参考设计参数及技术要求	说明
膜深度处理	1 膜处理可采用纳滤(NF)、卷式反渗透(卷式 RO)、碟管式反渗透(DTRO)等工艺。 2 当采用"NF+卷式 RO",NF 段的适宜参数为: 1)进水淤塞指数 SDI₁₅ 不宜大于 5; 2)进水游离余氯不宜大于 0.1mg/L; 3)进水悬浮物 SS 不宜大于 100mg/L; 4)进水化学需氧量 COD 不宜大于 1200mg/L; 5)进水生化需氧量 BOD₅ 不宜大于 600mg/L; 6)进水氨氮 NH₃-N 不宜大于 200mg/L; 7)进水总氮 TN 不宜大于 300mg/L; 8)水温度宜为 15℃~30℃; 9)pH 值宜为 5.0~7.0; 10)纳滤膜通量宜为 15L/(m²·h)~20L/(m²·h); 11)水回收率不宜低于 80%(25℃); 12)操作压力:卷式纳滤膜宜为 0.5MPa~1.5MPa,碟管式纳滤膜宜为 0.5MPa~2.5MPa。 3 当采用"NF+卷式 RO"或"卷式 RO"时,卷式 RO 段适宜参数: 1)进水淤塞指数 SDI₁₅ 不宜大于 5; 2)进水游离余氯不宜大于 0.1mg/L; 3)进水悬浮物 SS 不宜大于 50mg/L; 4)进水化学需氧量 COD 不宜大于 1200mg/L;	单支膜元件产水量按膜生产商产品技术手册提供的 25℃ 条件下单支膜元件产水量。单位为 m³/d 或 gpd。并按膜生产商产品技术手册提供的温度修正系数进行修正。也可以 25℃ 为设计温度,每升、降 1℃,产水量增加或减少 2.5% 计算

续表 D

渗沥液处理工艺	参考设计参数及技术要求	说明
膜深度处理	5)进水电导率(20℃)不宜大于 20000μS/cm; 6)水温度宜为 15℃~30℃; 7)pH 值宜为 5.0~7.0; 8)反渗透膜通量宜为 10L/(m²·h)~15L/(m²·h); 9)水回收率不宜低于 70%(25℃); 10)操作压力宜为 1.5MPa~2.5MPa。 4 当采用"单级 DTRO"时,适宜参数如下: 1)进水淤塞指数 SDI₁₅ 不宜大于 20; 2)进水游离余氯不宜大于 0.1mg/L; 3)进水悬浮物 SS 不宜大于 500mg/L; 4)进水化学需氧量 COD 不宜大于 1200mg/L; 5)进水生化需氧量 BOD₅ 不宜大于 600mg/L; 6)进水氨氮 NH₃-N 不宜大于 250mg/L; 7)进水总氮 TN 不宜大于 400mg/L; 8)进水电导率常压级不宜大于 30000μS/cm,高压级不宜大于 100000μS/cm; 9)水温度宜为 15℃~30℃; 10)常压级操作压力不宜大于 7.5MPa,高压反渗透操作压力不宜大于 12.0MPa 或 20.0MPa; 11)系统水回收率不宜低于 75%(25℃)	单支膜元件产水量按膜生产商产品技术手册提供的 25℃ 条件下单支膜元件产水量。单位为 m³/d 或 gpd。并按膜生产商产品技术手册提供的温度修正系数进行修正。也可以 25℃ 为设计温度,每升、降 1℃,产水量增加或减少 2.5% 计算

取值 0.1。

3 DOC_j：不同生活垃圾成分中可降解有机碳的含量，在计算时应对生活垃圾成分进行分类，不同生活垃圾成分的 DOC 取值宜符合表 E.0.2-1 的规定。

表 E.0.2-1 不同生活垃圾成分的 DOC 取值

生活垃圾类型	DOC_j（％湿垃圾）	DOC_j（％干垃圾）
木质	43	50
纸类	40	44
厨余	15	38
织物	24	30
园林	20	49
玻璃、金属	0	0

4 k_j：生活垃圾的产气速率取值应考虑生活垃圾成分、当地气候、填埋场内的生活垃圾含水率等因素，不同生活垃圾成分的产气速率 k 取值宜符合表 E.0.2-2 的规定。

表 E.0.2-2 不同生活垃圾成分的产气率 k 取值表

生活垃圾类型		寒温带（年均温度<20℃）		热带（年均温度>20℃）	
		干燥 $MAP/PET<1$	潮湿 $MAP/PET>1$	干燥 $MAP<1000mm$	潮湿 $MAP>1000mm$
慢速降解	纸类、织物	0.04	0.06	0.045	0.07
	木质物、稻草	0.02	0.03	0.025	0.035
中速降解	园林	0.05	0.10	0.065	0.17
快速降解	厨渣	0.06	0.185	0.085	0.40

注：MAP 为年均降雨量，PET 为年均蒸发量。

5 MCF：填埋场管理水平分类及 MCF 取值应符合表 E.0.2-3 的规定。

表 E.0.2-3 填埋场管理水平分类及 MCF 取值表

场址类型	MCF 缺省值
具有良好管理水平	1.0
管理水平不符合要求，但填埋深度≥5m	0.8
管理水平不符合要求，但填埋深度<5m	0.4
未分类的生活垃圾填埋场	0.6

6 DOC_F：联合国政府间气候变化专门委员会（IPCC）指南提供的经过异化的可降解有机碳比例的缺省值为 0.77。该值只能在计算可降解有机碳时不考虑木质素碳的情况下才可以采用，实际情况应偏低于 0.77，取值宜为 0.5~0.6。

续表 D

渗沥液处理工艺	参考设计参数及技术要求	说 明
多级反渗透处理（以两级 DTRO 为例）	1 进水淤塞指数 SDI₁₅不宜大于 20； 2 进水游离余氯不宜大于 0.1mg/L； 3 进水悬浮物 SS 不宜大于 1500mg/L； 4 进水化学需氧量 COD 不宜大于 35000mg/L； 5 进水氨氮 NH₃-N 不宜大于 2500mg/L； 6 进水总氮 TN 不宜大于 4000mg/L； 7 进水电导率常压级不宜大于 30000μS/cm，高压级不宜大于 100000μS/cm； 8 水温度宜为 15℃~30℃； 9 常压级操作压力不宜大于 7.5MPa，高压反渗透操作压力不宜大于 12.0MPa 或 20.0MPa； 10 单级水回收率不宜低于 75%（25℃）	—

附录 E 填埋气体产气量估算

E.0.1 填埋气体产气量宜采用联合国气候变化框架公约（UNFCCC）方法学模型，按下式计算：

$$E_{CH_4} = \varphi \cdot (1-OX) \cdot \frac{16}{12} \cdot F \cdot DOC_F \cdot MCF \cdot$$

$$\sum_{x=1}^{y} \sum_j W_{j,x} \cdot DOC_j \cdot e^{-k_j \cdot (y-x)} \cdot (1-e^{-k_j}) \quad (E.0.1)$$

式中：E_{CH_4}——在 x 年内甲烷产生量（t）；

φ——模型校正因子；

OX——氧化因子；

16/12——碳转化为甲烷的系数；

F——填埋气体中甲烷体积百分比（默认值为 0.5）；

DOC_F——生活垃圾中可降解有机碳的分解百分率（％）；

MCF——甲烷修正因子（比例）；

$W_{j,x}$——在 x 年内填埋的 j 类生活垃圾成分量（t）；

DOC_j——j 类生活垃圾成分中可降解有机碳的含量，按重量（％）；

j——生活垃圾种类；

x——填埋场投入运行的时间；

y——模型计算当年；

k_j——j 类生活垃圾成分的产气速率常数（1/年）。

E.0.2 参数的选择宜符合下列规定：

1 φ：因模型估算的不确定性，宜采用保守方式，对估算结果进行 10% 的折扣，建议取值为 0.9。

2 OX：反映甲烷被土壤或其他覆盖材料氧化的情况，宜

本规范用词说明

1 为便于在执行本规范条文时区别对待,对要求严格程度不同的用词说明如下:
1)表示很严格,非这样做不可的:
正面词采用"必须",反面词采用"严禁";
2)表示严格,在正常情况下均应这样做的:
正面词采用"应",反面词采用"不应"或"不得";
3)表示允许稍有选择,在条件许可时首先应这样做的:
正面词采用"宜",反面词采用"不宜";
4)表示有选择,在一定条件下可以这样做的,采用"可"。
2 条文中指明应按其他有关标准执行的写法为:"应符合……的规定"或"应按……执行"。

引用标准名录

《建筑地基基础设计规范》GB 50007
《室外给水设计规范》GB 50013
《室外排水设计规范》GB 50014
《建筑给水排水设计规范》GB 50015
《建筑设计防火规范》GB 50016
《采暖通风与空气调节设计规范》GB 50019
《建筑照明设计标准》GB 50034
《建筑物防雷设计规范》GB 50057
《电力装置的继电保护和自动装置设计规范》GB/T 50062
《火灾自动报警系统设计规范》GB 50116
《建筑灭火器配置设计规范》GB 50140
《防洪标准》GB 50201
《电力工程电缆设计规范》GB 50217
《建筑边坡工程技术规范》GB 50330
《工业企业设计卫生标准》GBZ 1
《厂矿道路设计规范》GBJ 22
《生活饮用水卫生标准》GB 5749
《生产过程安全卫生要求总则》GB/T 12801
《生活垃圾填埋场污染控制标准》GB 16889
《生活垃圾卫生填埋场环境监测技术要求》GB/T 18772
《城镇污水处理厂污泥处置 混合填埋用泥质》GB/T 23485
《生活垃圾填埋场稳定化场地利用技术要求》GB/T 25179
《城市防洪工程设计规范》CJJ 50
《生活垃圾卫生填埋场封场技术规程》CJJ 112

《生活垃圾卫生填埋场防渗系统工程技术规范》CJJ 113
《生活垃圾填埋场填埋气体收集处理及利用工程技术规范》CJJ 133
《生活垃圾渗沥液处理技术规范》CJJ 150
《生活垃圾卫生填埋场岩土工程技术规范》CJJ 176
《垃圾填埋场用高密度聚乙烯土工膜》CJ/T 234
《垃圾填埋场用线性低密度聚乙烯土工膜》CJ/T 276
《交流电气装置的接地》DL/T 621
《混凝土重力坝设计规范》DL 5108
《碾压式土石坝施工规范》DL/T 5129
《建筑地基处理技术规范》JGJ 79
《土工试验规程》SL 237
《水利水电工程天然建筑材料勘察规程》SL 251
《碾压式土石坝设计规范》SL 274
《水利水电工程边坡设计规范》SL 386

中华人民共和国国家标准

生活垃圾卫生填埋处理技术规范

GB 50869—2013

条 文 说 明

制订说明

《生活垃圾卫生填埋处理技术规范》GB 50869—2013 经住房和城乡建设部 2013 年 8 月 8 日以第 107 号公告批准发布。

本规范在编制过程中，编制组对我国生活垃圾卫生填埋场近年来的发展和技术进步及填埋及理选址、设计、施工和验收的情况进行了大量的调查研究，总结了我国生活垃圾卫生填埋工程的实践经验，同时参考了国外先进技术标准，给出了垃圾填埋工程的相关计算方法及工艺参考设计参数。

为便于广大设计、施工、科研、院校等单位有关人员在使用本规范时能正确理解和执行条文规定，《生活垃圾卫生填埋处理技术规范》编制组按章、节、条顺序编制了本规范的条文说明，对条文规定的目的、依据以及执行中需注意的有关事项进行了说明。但是，本条文说明不具备与规范正文同等的法律效力，仅供使用者作为理解和把握规范规定的参考。

目　次

1　总则 ……………………………… 23—25

3　填埋物入场技术要求 ……………… 23—25

4　场址选择 ………………………… 23—26

5　总体设计 ………………………… 23—27

　5.1　一般规定 …………………… 23—27

　5.2　处理规模与填埋库容 ……… 23—28

　5.3　总平面布置 ………………… 23—28

　5.4　竖向设计 …………………… 23—29

　5.5　填埋场道路 ………………… 23—29

　5.6　计量设施 …………………… 23—29

　5.7　绿化及其他 ………………… 23—29

6　地基处理与场地平整 …………… 23—30

　6.1　地基处理 …………………… 23—30

　6.2　边坡处理 …………………… 23—30

　6.3　场地平整 …………………… 23—31

7　垃圾坝与坝体稳定性 …………… 23—32

　7.1　垃圾坝分类 ………………… 23—32

　7.2　坝址、坝高、坝型及筑坝材料

　　　选择 ………………………… 23—32

　7.3　坝基处理及坝体结构设计 … 23—33

　7.4　坝体稳定性分析 …………… 23—33

8　防渗与地下水导排 ……………… 23—34

　8.1　一般规定 …………………… 23—34

　8.2　防渗处理 …………………… 23—34

　8.3　地下水导排 ………………… 23—36

9　防洪与雨污分流系统 …………… 23—36

　9.1　填埋场防洪系统 …………… 23—36

　9.2　填埋库区雨污分流系统 …… 23—37

10　渗沥液收集与处理 ……………… 23—37

　10.1　一般规定 ………………… 23—37

　10.2　渗沥液水质与水量 ……… 23—37

　10.3　渗沥液收集 ……………… 23—38

　10.4　渗沥液处理 ……………… 23—38

11　填埋气体导排与利用 …………… 23—40

　11.1　一般规定 ………………… 23—40

　11.2　填埋气体产生量 ………… 23—40

　11.3　填埋气体导排 …………… 23—40

　11.4　填埋气体输送 …………… 23—41

　11.5　填埋气体利用 …………… 23—41

　11.6　填埋气体安全 …………… 23—42

12　填埋作业与管理 ……………… 23—43

　12.1　填埋作业准备 …………… 23—43

　12.2　填埋作业 ………………… 23—43

　12.3　填埋场管理 ……………… 23—45

13　封场与堆体稳定性 …………… 23—45

　13.1　一般规定 ………………… 23—45

　13.2　填埋场封场 ……………… 23—45

　13.3　填埋堆体稳定性 ………… 23—46

14　辅助工程 ……………………… 23—47

　14.1　电气 ……………………… 23—47

　14.2　给排水工程 ……………… 23—47

　14.3　消防 ……………………… 23—47

　14.4　采暖、通风与空调 ……… 23—48

15　环境保护与劳动卫生 ………… 23—48

16　工程施工及验收 ……………… 23—49

1 总　则

1.0.1 本条是关于制订本规范的依据和目的的规定。

《中华人民共和国固体废物污染环境防治法》(1996 年 4 月 1 日实施)规定人民政府应建设城市生活垃圾处理处置设施,防止垃圾污染环境。

条文中的"技术政策"是指《城市生活垃圾处理及污染防治技术政策》(建城〔2000〕120 号)及《生活垃圾处理技术指南》(建城〔2010〕61 号)。

《城市生活垃圾处理及污染防治技术政策》对卫生填埋的技术政策为:在具备卫生填埋场地资源和自然条件适宜的城市,以卫生填埋作为垃圾处理的基本方案,同时指出卫生填埋是垃圾处理必不可少的最终处理手段,也是现阶段我国垃圾处理的主要方式。《城市生活垃圾处理及污染防治技术政策》还指出:开发城市生活垃圾处理技术和设备,提高国产化水平。着重研究开发填埋专用机具和人工防渗材料、填埋场渗沥液处理、填埋场封场和填埋气体回收利用等卫生填埋技术和成套设备。

《生活垃圾处理技术指南》对卫生填埋的规定为:卫生填埋技术成熟,作业相对简单,对处理对象的要求较低,在不考虑土地成本和后期维护的前提下,建设投资和运行成本相对较低。对于拥有相应土地资源且具有较好的污染控制条件的地区,可采用卫生填埋方式实现生活垃圾无害化处理。

1.0.2 本条是关于本规范的适用范围的规定。

条文中的"改建、扩建"主要指对老填埋场的堆体边坡整理与封场覆盖、填埋气体导排与处理、防渗系统加固与改造、渗沥液导排与处理等治理工程和新库区扩建工程。扩建工程要求按卫生填埋场要求进行全面设计与建设。

1.0.3 本条是关于生活垃圾卫生填埋工程采用新技术应遵循的原则的规定。

我国第一座严格按照标准设计的卫生填埋场是 1991 年投入运营的杭州天子岭生活垃圾填埋场,相对而言,我国的填埋技术仍处于发展阶段,很多技术都是从国外移植而来,在引用、借鉴国外填埋技术、工程经验时应考虑我国实际情况,选择符合我国垃圾特点及气候、地质条件的填埋技术。

条文中的"新工艺"是指能够提高填埋效率、加速填埋场稳定、减小二次污染的新型填埋工艺,如填埋前的机械-生物预处理、准好氧填埋、生物反应器填埋、高维填埋、垂直防渗膜工艺等。

机械-生物预处理通过机械分选和生物处理方法,可以有效降低水分含量和减少可生物降解物含量、恶臭散发及填埋气排放,并且有助于渗沥液处理,提高填埋库容,节省土地。

准好氧填埋是凭借无动力生物蒸发作用,不仅能有效加速垃圾降解,而且能使垃圾中大部分有机成分以 CO_2、N_2 等气体形式排放,可有效削减 CH_4 的产生。

生物反应器填埋技术将每个填埋单元视为可控小"生物反应器",多个填埋单元构成的填埋场就是一个大的生物反应器。它具有生物降解速度快、稳定化时间短、渗沥液水质较易处理等特点。

高维填埋技术通过合理的设计,提高填埋场的空间利用效率,节约土地资源。传统填埋场空间效率系数一般为 $20m^3/m^2 \sim 30m^3/m^2$,高维填埋的空间效率系数可达 $50m^3/m^2 \sim 70m^3/m^2$。

垂直防渗膜工艺是采用专用设备将 HDPE 膜垂直插入库底,HDPE 膜段之间采用锁扣插接,形成连续的垂直防渗结构。HDPE 膜因其柔韧性,使其能适应地表土的移动且耐久性较好,故此工艺防渗效果好,施工效果可靠,且有较长的使用期限。

1.0.4 本条是关于卫生填埋工程建设应符合有关标准的规定。

3　填埋物入场技术要求

3.0.1 本条是关于进入生活垃圾卫生填埋场的填埋物类别的规定。

条文中"居民家庭垃圾"是指居民家庭产生的生活垃圾;"园林绿化废弃物"是指城市园林绿化管理业进行修剪整理绿化植物和设施以及城市城区范围内的风景名胜区、公园等景观场所产生的废弃物;"商业服务网点垃圾"是指城市中各种类型的商业、服务业及各种专业性生活服务网点所产生的垃圾;"清扫保洁垃圾"是指清扫保洁作业清除的城市道路、桥梁、隧道、广场、公园、水域及其他向社会开放的露天公共场所的垃圾;"交通物流场站垃圾"是指城市公共交通,邮政和公路、铁路、水上和航空运输及其相关的辅助活动场所,包括车辆修理、设施维护、物流服务(如装卸)等场所产生的垃圾;"企事业单位的生活垃圾"是指各单位为日常生活提供服务的活动中产生的固体废物。

有专家建议增加"建筑垃圾",因为我国生活垃圾卫生填埋场均接受施工和拆迁产生的建筑垃圾,而且大多数填埋场均将建筑垃圾作为临时道路和作业平台的垫层材料使用。考虑到建筑垃圾不是限定进入填埋场的危险废物,也不是一般工业固体废弃物,类似的还有堆肥残渣、化粪池粪渣等废弃物,因此本条文不对填埋场可接受的生活垃圾之外的废弃物作出具体规定。

填埋场建筑垃圾要求与生活垃圾分开存放,作为建筑材料备用,以满足填埋作业的需要。

3.0.2 本条是关于城镇污水处理厂污泥进入生活垃圾卫生填埋场混合填埋应执行有关标准的规定。

现行国家标准《城镇污水处理厂污泥处置　混合填埋用泥质》GB/T 23485 规定城镇污水处理厂污泥进入生活垃圾填埋场时,污泥基本指标及限值要求满足表 1 的要求,其污染物指标及限值要求满足表 2 的要求。

表 1　基本指标及限值

序号	基本指标	限值
1	污泥含水率(%)	<60
2	pH 值	5~10
3	混合比例(%)	≤8

注:表中 pH 指标不限定采用亲水性材料(如石灰等)与污泥混合以降低其含水率措施。

表 2　污染物指标及限值

序号	污染物指标	限值
1	总镉(mg/kg 干污泥)	<20
2	总汞(mg/kg 干污泥)	<25
3	总铅(mg/kg 干污泥)	<1000
4	总铬(mg/kg 干污泥)	<1000
5	总砷(mg/kg 干污泥)	<75
6	总镍(mg/kg 干污泥)	<200
7	总锌(mg/kg 干污泥)	<4000
8	总铜(mg/kg 干污泥)	<1500
9	矿物油(mg/kg 干污泥)	<3000
10	挥发酚(mg/kg 干污泥)	<40
11	总氰化物(mg/kg 干污泥)	<10

为达到填埋要求,污泥填埋必须经过预处理工艺。污泥预处理实质上是通过添加改性材料,改善污泥的高含水率、高黏度、易流变、高持水性和低渗透系数的特性。污泥能否填埋取决于污泥或者污泥与其他添加剂形成的混合体的岩土力学性能。我国尚无专门针对污泥填埋的技术规范,因此规定了污泥混合填埋的岩土

力学性能指标。

3.0.3 本条为强制性条文。

条文中"危险废物"是指列入国家危险废物名录或者根据国家规定的危险废物鉴别标准《危险废物鉴别技术规范》HJ/T 298 及鉴别方法认定的具有危险特性的固体废物。如医院临床废物、农药废物、多数化学废渣、含废金属的废渣、废机油等。对危险废物的含义应当把握以下几点：

(1)本条文所说的危险废物不是一般的从公共安全角度说的危险物品，也就是它不是易燃、易爆、有毒的应由公安机关管理的危险物品，而是从对环境的危害与不危害的角度来分类的，是相对于无害害的一般固体废物而言的。

(2)危险废物是用名录来控制的，凡列入国家危险废物名录的废物种类都是危险废物，一旦发现生活垃圾中混有危险废物的，要采取特殊的对应防治措施和管理办法。

(3)虽然没有列入国家危险废物名录，但是根据国家规定的危险废物鉴别标准和鉴别方法，如该废物中某有害、有毒成分含量超标而认定的危险废物。

(4)危险废物的形态不限于固态，也有液态的，如废酸、废碱、废油等。由于危险废物具有急性毒性、毒性、腐蚀性、感染性、易燃易爆性，对健康和环境的威胁较大，因而严禁进入填埋场。

条文中"放射性废物"是指含有放射性核素或被放射性核素污染，其浓度或活度大于国家相关部门规定的水平，并且预计不再利用的物质。放射性废物，按其物理性状分为气载废物、液体废物和固体废物三类。

填埋场操作人员应抽查进场填埋物成分，一旦发现填埋物中混有危险废物和放射性废物，应严禁进场填埋。生活垃圾卫生填埋场应建立严禁危险废物和放射性废物进场的运行管理规程。

环境卫生管理部门应当检查填埋场运行管理规程和检查填埋作业区的填埋物。

3.0.4 本条是关于生活垃圾焚烧飞灰和医疗废物焚烧残渣进入生活垃圾卫生填埋场填埋应执行有关标准及技术要求的规定。

生活垃圾焚烧飞灰和医疗垃圾焚烧残渣经过有效处理能够达到现行国家标准《生活垃圾填埋场污染控制标准》GB 16889 规定的条件后可进入生活垃圾填埋场填埋处置，但因其特殊性，如固化后长期在渗沥液浸泡下具有渗出有害物质的潜在危险，故要求和生活垃圾分开填埋。

与生活垃圾填埋区有效分隔的独立填埋库区应在设计阶段由设计单位设计独立的填埋分区，经处理后的生活垃圾焚烧飞灰和医疗垃圾焚烧残渣进场由填埋场运行管理单位执行分区填埋作业。

3.0.5 本条是关于填埋物计量、统计与核定方式的规定。

条文中"重量"是指填埋物净重量吨位，它等于装满生活垃圾的总重量吨位减去空垃圾车的重量吨位。

常用的填埋物计量方式有垃圾车的车吨位和重量吨位。不同来源的垃圾，垃圾的体积密度不一样，如对生活垃圾的统计采用垃圾车的车吨位进行，则随着垃圾体积密度的不断变化，车吨位与实际吨位差别也在不断变化。采用车吨位计量垃圾量会导致设计使用年限失真，填埋场处理规模不切实际。因此本条作出"填埋物应按重量进行计量、统计与核定"的规定。

3.0.6 本条是关于填埋物相关重要性状指标的原则性规定。

在多数专家意见的基础上，对"含水量"、"有机成分"及"外形尺寸"等几个重要指标仅作了定性要求，没有给出具体的定量指标。

部分专家提出仅作出定性要求，缺乏可操作性。也有提出"填埋物含水量应满足或调整到符合具体填埋工艺设计要求"的意见。但关于"含水量"的高低，对于规定的填埋物，一般不存在对填埋作业有太大的影响，可以不作规定，但对于没有限定的城市污水处理厂脱水污泥、化粪池粪渣等高含水率的废弃物进入填埋场，单元作

业时摊铺、压实有一定困难，必须采取降低含水量的调整措施。

条文中"外形尺寸"是指填埋物的大小、结构和形状，涉及防渗封场覆盖材料的安全性、填埋气体的安全性以及填埋作业的难
、对形状尖锐的物体，也要求进行破碎，避免破坏防渗、封场覆盖材料以及填埋作业的机械设备，保证现场工作人员的安全。本规范分别在第 11.6.7 条规定"对填埋物中可能造成腔型结构的大件垃圾应进行破碎"，避免填埋气体局部聚集爆炸，第 12.1.6 条规定"在大件垃圾较多的情况下，宜设置破碎设备"，以便填埋作业的进行。因此本条没有作重复规定。

条文中"有条件的填埋场宜采取机械-生物预处理减量化措施"，主要是基于逐步提倡减少原生生活垃圾填埋的发展方向提出的。生活垃圾中可生物降解物是填埋处理中恶臭散发、温室气体产生、渗沥液负荷高等问题的主要原因，减少生活垃圾中可生物降解含量受到了许多发达国家垃圾处理领域的高度关注。20 世纪 70 年代末，德国和奥地利最先提出生活垃圾填埋前的生物预处理，并推广应用，显著改善了传统卫生填埋带来的一些问题。欧洲垃圾填埋方针(CD1999/31/EU/1999)中提出在 1995 年的基础上，进入填埋场的有机废弃物在 2006 年减少 25%，2009 年减少 50%，2016 年减少 65%。德国在 1992 年颁布的垃圾处理技术标准(TA-Siedlungsabfall)中规定自 2005 年 6 月 1 日起，禁止填埋未经焚烧或生物预处理的生活垃圾。机械-生物预处理是减少生活垃圾中可生物降解物的主要方法之一，近年来该方法在欧洲国家的生活垃圾处理中得到广泛应用。我国大部分城市的生活垃圾含水率可以高达 50%～70%，有机质比例大约 60%。针对我国混合收集垃圾的特点，将生物处理技术作为填埋的预处理技术，可以有效降低水分含量和减少可生物降解物含量、恶臭散发及填埋气排放，并且有助于渗沥液处理，提高填埋库容，节省土地。

4 场址选择

4.0.1 本条是关于填埋场选址前基础资料搜集工作的基本内容规定。

条文中提出收集"城市总体规划"的要求是因为填埋场作为城市环卫基础设施的一个重要组成部分，填埋场的建设规模要求与城市建设规模和经济发展水平相一致，其场址的选择要求服从当地城市总体规划的用地规划要求。

条文中"地形图"是指符合现行国家标准《总图制图标准》GB/T 50103 的要求，其比例尺尺寸建议为 1∶1000。考虑到有地形图上信息反应不全或者地图的地物特征信息过旧的情况时，建议有条件的地方在地形图资料中增加"航测地形图"。

条文中"工程地质"的要求是从填埋场选址的岩土、理化及力学性质及其对建筑工程稳定性影响的角度提出，了解场地岩土性质和分布、渗透性、不良地质作用。填埋场场址要求选在工程地质性质有利的最密实的松散或坚硬的岩层之上，其工程地质力学性质要求保证场地基础的稳定性和使沉降量最小，并满足填埋场边坡稳定性的要求。场地要选在位于不利的自然地质现象、滑坡、倒石堆等的影响范围之外。

条文中"水文地质"的要求是从防止填埋场渗沥液对地下水的污染及地下水运动情况对库区工程影响的角度提出。了解场地地下水的类型、埋藏条件、流向、动态变化情况及与邻近地表水体的关系，邻近水源地的分布及保护要求。填埋场场址宜是独立的水文地质单元。场址的选择要求确保填埋场的运行对地下水的安全。

第 7 款是填埋场选址对气象资料的基本要求。条文中的"降

水量"资料宜包括最大暴雨雨力(1h暴雨量)、3h暴雨强度、6h暴雨强度、24h暴雨强度、多年平均逐月降雨量、历史最大日降雨量和20年一遇连续七日最大降雨量等资料。条文中的"基本风压值"是指以当地比较空旷平坦的地面上离地10m高统计所得的50年一遇10min平均最大风速为标准,按基本风压=最大风速的平方/1600确定的风压值,其要求是基于填埋场建(构)筑物安全设计的角度提出的。

条文中"土石料条件"的要求是指由于填埋场的覆土一般是填埋库区容积的10%~15%,坝体、防渗以及渗沥液收集工程也需要大量的土石料,如此大的需求量占用耕地或从远距离运输都不经济,填埋场场址要求考虑场址周边,土石料材料的供应情况以及具有相当数量的覆土土源。

4.0.2 本条为强制性条文,是关于填埋场选址限制区域的规定。

填埋场在运行过程中都会对周围环境产生一定的不利影响,如恶臭、病原微生物、扬尘以及防渗系统破坏后的渗沥液扩散污染等。并且在运行管理不善或自然灾害等因素的影响下会存在一定的生态污染风险和安全风险等。在选址过程中,这些影响都应考虑到。故生活垃圾填埋场的选址应远离水源地、居民活动区、河流、湖泊、机场、保护区等重要的、与人类生存密切相关的区域,将不利影响的风险降至最低。

条文规定的不应设在"地下水集中供水水源地及补给区,水源保护区",其具体要求遵守以下原则:

(1)距离水源,有一定卫生防护距离,不能在水源地上游和可能的降落漏斗范围内;

(2)选择在地下水位较深的地区,选择有一定厚度包气带的地区,包气带对垃圾渗沥液净化能力越大越好,以尽可能地减少污染因子的扩散;

(3)场地基础要求位于地下水(潜水或承压水)最高丰水位标高至少1m以上;

(4)场地要位于地下水的强径流带之外;

(5)场地要位于含水层的地下水水力坡度的平缓地段。

条文中的"洪泛区"是指江河两岸、湖周边易受洪水淹没的区域。

条文中的"泄洪道"是指水库建筑的防洪设备,建在水坝的一侧,当水库里的水位超过安全限度时,水就从泄洪道流出,防止水坝被毁坏。填埋场选址要求考虑场址的标高在50年一遇的洪水水位之上,并且在长远规划中的水库等人工蓄水设施的淹没区和保护区之外。

该强制性条文的贯彻实施单位应有建设项目所在地的建设、规划、环保、环卫、国土资源、水利、卫生监督等有关部门和专业设计单位。

4.0.3 本条是关于填埋场选址应符合要求的规定。

条文中的"交通方便,运距合理"是指靠近交通主干道,便于运输。填埋场与公路的距离不宜太近,以便于实施卫生防护。公路离填埋场的距离也不宜太大,以便于布置与填埋场的连通道路。

对于第5款规定的填埋场选址要求,其具体环境保护距离的设置宜根据环境影响评价报告结论确定。

填埋场选址还宜考虑填埋场工程建设投资和施工的难度问题。

由于填埋场大多处于农村地区或城乡结合部,因此填埋场选址要求紧密结合农村社会经济状况、农业生态环境特征和农民风俗习惯与文化背景,宜考虑兼顾各社会群体的利益诉求。

填埋场选址还要求考虑场址虽不跨越行政辖区但环境影响可能存在跨越行政辖区的问题。

4.0.4 本条是关于场址比选确定步骤的规定。

条文中的"场址周围人群居住情况"对填埋场选址很重要。填埋场选址场址宜不占或少占耕地及拆迁工程量小。拆迁量大,除了增加初期投资外,拆迁户的安置也很困难。填埋场滋生蚊、蝇等昆虫可能对场址及周边地区基本农田保护区、果园、茶园、蔬菜基

地种植环境及农产品产生不良影响。另外,场址及周边群众因对垃圾厌恶情绪而滋生的对填埋场选址建设的抵触情绪可能发生群体性环境信访问题。这些问题处理不好,可能会给填埋场将来的运行管理带来不利影响。

场址确定方案中所指的"社会",包括民意。民意调查是填埋场选址的重要过程。了解群众的看法和意见,征得大众的理解和支持对于填埋场今后的建设和运行十分重要。

条文中的"选址勘察"可参考以下要求:

(1)选址勘察阶段要求以搜集资料和现场调查为主。宜搜集、调查本规范第4.0.1条所列资料。

(2)选址勘察要求初步评价场地的稳定性和适宜性,并对拟选的场址进行比较,提出推荐场址的建议。

(3)选址勘察要求进行下列工作:

1)调查了解拟选场址的不良地质作用和地质灾害发育情况及提出避开的可能性,对场地稳定性作出初步评价;

2)调查了解场址的区域地质、区域构造和地震活动情况,以及附近全新活动断裂分布情况,基本确定选址区的地震动参数;

3)概略了解场址区地层岩性、岩土构造、成因类型及分布特征;

4)调查了解场区地下水埋藏条件,了解附近地表水、水源地分布,概略评价其对场地的影响;

5)调查了洪水的影响、地表覆土类型,初步评估地下资源可利用性;

6)初步评估拟建工程对下游及周边环境污染的影响;

7)初步分析场区工程与环境岩土问题,以及对工程建设的影响;

8)对工程拟采用的地基类型提出初步意见;

9)初步评估地形起伏及对场地利用或整平的影响,拟采用的地基基础类型,地基处理难易程度,工程建设适宜性。

5 总 体 设 计

5.1 一 般 规 定

5.1.1 本条是关于填埋工程总体设计应遵循的原则的规定。

5.1.2 本条是关于填埋场征地面积及分期和分区建设原则的规定。

《城市生活垃圾处理和给水与污水处理工程项目建设用地指标》(建标〔2005〕157号)规定:填埋处理工程项目总用地面积应满足其使用寿命10年及以上的垃圾容量,填埋库区每平方米占地平均应填埋8m³~10m³垃圾。行政办公与生活服务设施用地面积不得超过总用地面积的8%~10%(小型填埋处理工程项目取上限)。

采用分期和分区建设方式的优点是:减少一次性投资;减少渗沥液处理投资和运行成本;减少运土或买土的费用,前期填埋库区的开挖土可以在未填埋区域堆放,逐渐地用于前期填埋库区作业时的覆盖土。

分区建设要考虑以下方面:考虑垃圾量,每区的垃圾库容能够满足一段时间使用年限的需要;可以使每个填埋库区在尽可能短的时间内得到封闭;分区的顺序有利于垃圾运输和填埋作业;实现雨、污水分流,使填埋作业面尽可能小,减少渗沥液的产生量;分区能满足工程分期实施的需要。

5.1.3 本条是关于填埋场主体工程构成内容的规定。

本条规定的目的主要是为避免多列主体工程或漏项。地基处理与防渗系统、垃圾坝、防洪、雨污分流及地下水导排系统、渗沥液导流及处理系统、填埋气体导排及处理系统、封场工程等设施的布置要求可参见本规范有关章节。

5.1.4 本条是关于填埋场辅助工程构成内容的规定。

条文中的"设备"、"车辆"主要包括日常填埋作业中所需的推铺设备（如推土机）、碾压设备（如压实机）、取土设备（如挖掘机、装载机、自卸车）、喷药和洒水设备（如洒水车）、工程巡视设备等其他在填埋作业中要经常使用的机械车辆和设备。

5.2 处理规模与填埋库容

5.2.1 本条是关于填埋场处理规模表征及分类的规定。

处理规模分类是依据《生活垃圾卫生填埋处理工程项目建设标准》（建标〔2009〕124号）的填埋场处理规模分类规定。

处理规模较小而所建填埋场库容太大，或处理规模大而所建填埋场库容太小均会造成投资的浪费。合理使用年限的填埋场，处理规模和填埋场库容存在着一定的对应关系，所以要求将填埋场处理规模和填埋库容综合考虑。

5.2.2 本条是关于填埋场日平均处理量确定方法的规定。

通过生活垃圾产量的预测，根据有效库容计算累积的生活垃圾填埋总量，再由使用年限经计算后确定日平均填埋量。

宜采用人均指标和年增长率法、回归分析法、皮尔曲线法和多元线性回归法对生活垃圾产量进行预测。可优先选用人均指标和年增长率法；回归分析法为国家现行标准《城市生活垃圾产量计算及预测方法》CJ/T 106规定的方法，可选用或作为校核；皮尔曲线法和多元线性回归法计算过程复杂，所需历史数据较多，可供参考或用于校核。人均指标法预测生活垃圾产量参考如下：

（1）采用人均指标法预测生活垃圾年产量，见式（1）：

$$\frac{预测年生活垃圾}{年产量} = \frac{该年服务范围}{内的人口数} \times \frac{该年人均生活垃圾}{日产量} \times 365 \quad (1)$$

（2）人口预测：服务范围内的人口预测数据，可主要参考服务区域社会经济发展规划、总体规划以及各专项规划中的数据。

当现有预测数据存在明显问题（如所依据的规划文件人口预测数值小于现状值、翻番增长）或没有规划数据时，可采用近4年人口平均年增长率法进行预测，计算见式（2）：

$$规划人口 = 现状人口 \times (1+i)^t \quad (2)$$

式中：i——近4年人口平均增长率（%）；

t——预测年数，宜为使用年限。

现状人口的计算方法为：服务范围内人口数＝常住人口数＋临时居住人口数＋流动人口数$\times K$，其中$K=0.4\sim0.6$。

（3）预测年人均生活垃圾日产量：预测年人均生活垃圾日产量值可参考近十年该市人均生活垃圾日产量数据来确定。

在日产日清的情况下，人均日产量等于该服务范围内一天产出垃圾量与该区域人口数的比值，见式（3）：

$$R=\frac{P \cdot W}{S} \times 10^3 \quad (3)$$

式中：R——人均日产量（kg/人）；

P——产出地区垃圾的容重（kg/L）；

W——日产出垃圾容积（L）；

S——居住人数（人）。

5.2.3 本条是关于填埋库容应满足使用年限的基本规定。

填埋场所需有效库容由日平均填埋量和填埋场使用年限决定。

条文中"使用年限在10年及以上"的要求主要是从选址要求满足较大库容的角度提出的。填埋场选址要充分利用天然地形以增大填埋容量。填埋场使用年限是填埋场从填入生活垃圾开始至填埋场封场的时间。从理论上讲，填埋场使用年限越长越好，但考虑填埋场的经济性、填埋场选址的可能性以及填埋场封场后利用的可行性，填埋场使用年限要综合各因素合理规划。

5.2.4 本条是关于填埋库容和有效库容计算方法的规定。

（1）填埋场库容计算：地形图完备时，填埋库容计算可优先选用结合计算机辅助的方格网法；库底复杂、起伏变化较大时，填埋库容计算可选用三角网法；填埋库容计算可选用等高线剖切法进行校核。

方格网法参考如下：

1）将场地划分成若干个正方形格网，再将场底设计标高和封场标高分别标注在规则网格各个角点上，封场标高与场底设计标高的差值即为各角点的高度。

2）计算每个方格内四棱柱的体积，再将所有四棱柱的体积汇总即可得到总的填埋库容。方格网法库容计算见本规范附录A式（A.0.1）。

3）计算时一般将库区划分为边长10～40m的正方形方格网，方格网越小，精度越高。实际工程计算中应用较多的方法是，将填埋场库区划分为边长20m的正方形方格网，然后结合软件进行计算。

（2）有效库容计算：根据地形计算出的库容为填埋库区的总容量，包含有效库容（实际容纳的垃圾体积）和非有效库容（覆盖和防渗材料占用的体积）。

有效库容由填埋库容与有效库容系数计算取得。长期以来，大部分设计院的有效库容系数取值一般由经验确定（12%～20%），缺乏结合工艺设计的计算依据。本规范根据目前各设计院的覆盖和防渗做法，结合国家现行标准规定的技术指标，细分了覆盖和防渗材料占用体积的有效库容系数，附录A提供了计算方法。

5.3 总平面布置

5.3.1 本条是关于填埋场总平面布置应进行技术经济比较后确定的原则规定。

5.3.2 本条是关于填埋场功能分区布置的原则规定。

5.3.3 本条是关于填埋库区面积使用率要求及填埋库区单位占地面积填埋量的规定。

填埋库区使用面积小于场区总面积的60%会造成征地费用增加及多占用土地，但可以通过优化总体布置提高使用率。根据国内外大多数填埋场的实例，合理的填埋库区使用面积基本控制到70%～90%（处理规模小取下限，处理规模大取上限）。非填埋区的土地要求用于填埋场建设必要的设施和附属工程，避免土地资源的荒置和浪费。

5.3.4 本条是关于填埋库区分区布置应考虑的主要因素的规定。

填埋库区的分区布置要以实际地形为依据，同时结合填埋作业工艺；对平原型填埋场的分区宜以水平分区为主，坡地型、山谷型填埋场的分区可以兼顾水平、垂直分区；垂直分区要求随垃圾堆高增加，将边坡截洪沟逐步改建成渗沥液盲沟。

5.3.5 本条是关于渗沥液处理区构筑物布置及间距的基本要求。

5.3.6 本条是关于填埋场附属建（构）筑物的布置、面积应遵循的原则的规定。

填埋场运行过程中的飘散物和有毒有害气体等，可以随风飘散到生活管理区。我国大部分地区属于亚热带气候，夏季气温普遍较高，填埋库区的影响尤为明显，故条文规定"宜布置在夏季主导风向的上风向"。

条文中的"管理区"可包括办公楼、化验室、员工宿舍、食堂、车库、配电房、食堂、传达室等；根据填埋场总布置的不同，设备维修、车辆冲洗、全场消防水池及供水水塔也可设在管理区。管理区宜根据当地的工作人员编制、居住环境、经济水平等需要确定规模及设计方案。具体生活、管理及其他附属建（构）筑物组成及其面积应因地制宜考虑确定，本规范未作统一规定，但指标要求应符合现行的有关标准。

各类填埋场建筑面积指标不宜超过表3所列指标。

表3 填埋场建筑面积指标表(m²)

建设规模	生产管理与辅助设施	生活服务设施
Ⅰ级	850~1200	450~640
Ⅱ级	750~1100	380~550
Ⅲ级	650~950	250~440
Ⅳ级	600~850	130~260

注:建设规模大的取上限,建设规模小的取下限。

5.3.7 本条是关于填埋场库区和渗沥液处理区管线布置的基本规定。

5.3.8 本条是关于环境监测井布置应符合有关标准的规定。

5.4 竖 向 设 计

5.4.1 本条是关于竖向设计应考虑因素的原则规定。

条文中的"减少土方工程量"是指要求结合原始地形,尽量减少库底、渗沥液处理区及调节池的开挖深度。

5.4.2 本条是关于填埋场垂直分区和封场标高的原则规定。

在垂直分区建设中,锚固平台一般与临时截洪沟合建,填埋作业至临时截洪沟标高时,截洪沟可改造后用于边坡渗沥液导流。

5.4.3 本条是关于填埋库区库底、截洪沟、排水沟等有关设施坡度设计基本要求的规定。

坡度的要求是为了确保填埋库区库底渗沥液收集系统能自重流导排。如受地下水埋深、土方平衡、平原型填埋场高差和整体设计的影响,可适度降低导排管纵向的坡度要求,但要保证不小于1%的坡度。

5.4.4 本条是关于结合竖向设计考虑调节池位置设置的规定。

调节池设置在场区地势较低处,利于渗沥液自流。

5.5 填埋场道路

5.5.1 本条是关于填埋场道路分类和不同类型道路设计基本原则的规定。

填埋场永久性道路等级可依据垃圾车交通量选择:

(1)垃圾车的日平均双向交通量(日交通量以8小时计)在240辆次以上的进场道路和场区道路,可采用一级露天矿山道路。

(2)垃圾车的日平均双向交通量在100辆次~240辆次的进场道路和场区道路,可采用二级露天矿山道路。

(3)垃圾车的日平均双向交通量在100辆次以下的进场道路和场区道路,可采用三级露天矿山道路;辅助道路和封场后盘山道路均宜采用三级露天矿山道路。

不同等级道路宽度可参考表4选择。

表4 车宽和道路宽度(m)

计 算 车 宽		2.3	2.5	3
双车道道路路面宽(路基宽)	一级	7.0(8.0)	7.5(8.0)	9.0(10.0)
	二级	6.5(7.5)	7.0(8.0)	8.0(9.0)
	三级	6.0(7.0)	6.5(7.5)	7.0(8.0)
单车道道路路面宽(路基宽)	一、二级	4.0(5.0)	4.5(5.5)	5.0(6.0)
	三级	3.5(4.5)	4.0(5.0)	4.5(5.5)

注:路肩可适当加宽。

道路纵坡要求不大于表5的规定。如受地形或其他条件限制,道路坡度极限要求不大于11%;作业区临时道路坡度宜根据库区垃圾堆体具体情况设计,可适当增大坡度。

表5 道路最大坡度

道路等级	一级	二级	三级
最大坡度(%)	7	8	9

注:1 受地形或其他条件限制时,上坡的场外道路和进场道路的最大坡度可增加1%;

  2 海拔2000m以上地区的填埋场道路的最大坡度不得增加;

  3 在多雾或寒冷冰冻、积雪地区的填埋场道路的最大坡度不宜大于7%。

条文中的"临时性道路"包括施工便道、库底作业道路等。临时性路宜以块石、碎石作基础,也可采用经多次碾压的填埋垃圾或

建筑垃圾作基础。临时道路计算行车速度以15km/h计。受地形或其他条件限制时,临时道路的最大坡度可比永久性道路增加2%。

条文中"回车平台"是指道路尽头设置的平台,回车平台面积要求根据垃圾车最小转弯半径和路面宽度确定。

条文中"会车平台"是指当填埋场的运输道路为单行道时设置的会车平台,平台的设置根据车流量、道路的长度和路线决定。会车平台不宜设置在道路坡度较大的路段;平台的尺寸大小要求根据运输车辆的车型设计,通常要求预留较大的安全空间。

条文中"防滑"措施包括路面的防滑处理,南方地区由于雨季频繁、垃圾含水率高,通常在临时道路上铺设防滑的钢板或合成防滑模块等。

条文中"防陷"包括对路基的加固处理等防止路面下陷的措施。

5.5.2 本条是关于道路路线设计应考虑因素的基本规定。

5.5.3 本条是关于道路设计应满足填埋场运行要求的基本规定。

5.6 计 量 设 施

5.6.1 本条是关于地磅房设置位置的基本规定。

地磅房宜位于运送生活垃圾和覆盖黏土的车辆进入填埋库区必经道路的右侧。

5.6.2 本条是关于地磅进车路段的规定。

如受地形或其他条件限制,进车端的道路要求不小于1辆车长;出车端的道路,要求有不小于1辆车长的平坡直线段。

5.6.3 本条是关于计量地磅的类型、规格及精度的规定。

Ⅰ类填埋场宜设置2台地磅。

5.6.4 本条是关于填埋场计量设施应具备的基本功能的规定。

5.7 绿化及其他

5.7.1 本条是关于填埋场绿化布置及绿化率控制的规定。

场区绿化率不包括封场绿化面积。

5.7.2 本条是关于绿化带和封场生态恢复的规定。

条文中的"绿化带"要求综合考虑养护管理,选择经济合理的本地区植物;可种植易于生长的高大乔木,并与灌木相间布置,以减少对道路沿途和填埋场周围居民点的环境污染;生产、生活管理区和主要出入口的绿化布置要求具有较好的观赏及美化效果。

条文中的"生态恢复"宜选用易于生长的浅根树种、灌木和草本作物等。

5.7.3 本条是关于填埋场设置防火隔离带及防飞散设施的规定。

条文中"安全防护设施"主要是指铁丝防护网或者围墙,防止动物窜入或拾荒者随意进入而发生危险。

条文中的"防飞散设施"是为减少填埋作业区垃圾飞扬对周边环境造成的污染。一般要求根据气象资料,在填埋作业区下风向位置设置活动式防飞散网。防飞散网宜采用钢丝网或尼龙网,具体尺寸根据填埋作业情况而定,一般可设置为高4m~6m,长不小于100m,并在填埋作业的间歇时间由人工去除网上的垃圾。

5.7.4 本条是关于填埋场防雷设计原则的规定。

6 地基处理与场地平整

6.1 地基处理

6.1.1 本条是关于填埋库区地基应具有承载填埋体负荷，以及当不能满足要求时应进行地基处理的原则规定。

库区的地基要保证填埋堆体的稳定。工程建设前要求结合地勘资料对填埋库区地基进行承载力计算、变形计算及稳定性计算，对不满足建设要求的地基要求进行相应的处理。

6.1.2 本条是关于地基的设计应符合相关标准的原则规定。

本条中的"其他建(构)筑物"主要包括垃圾坝、调节池、渗沥液处理主要构筑物及生活管理区主要建(构)筑物。

6.1.3 本条是关于地基处理方案选择的原则规定。

选用合适的地基处理方案建议考虑以下几点：

(1)根据结构类型、荷载大小及使用要求，结合地形地貌、地层结构、土质条件、地下水特征、环境情况和对邻近建筑的影响等因素进行综合分析，初步选出几种可供考虑的地基处理方案，包括选择两种或多种地基处理措施组成的综合处理方案。

(2)对初步选出的各种地基处理方案，分别从加固原理、适用范围、预期处理效果、耗用材料、施工机械、工期要求和对环境的影响等方面进行技术经济分析和对比，选择最佳的地基处理方法。

(3)对已选定的地基处理方法，宜按建筑物地基基础设计等级和地基复杂程度，在有代表性的场地上进行相应的现场试验或试验性施工，并进行必要的测试，检验设计参数和处理效果。如达不到设计要求时，要查明原因，修改设计参数或调整地基处理方法。

6.1.4 本条是关于填埋库区应进行承载力计算及最大堆高验算的原则规定。

(1)地基极限承载力计算。

1)首先将填埋单元的不规则几何形式简化成规则(矩形)底面，然后采用太沙基极限理论分析地基极限承载力。

2)极限承载力计算见式(4)和式(5)。

$$P'_u = P_u/K \qquad (4)$$

$$P_u = \frac{1}{2}b\gamma N_r + cN_c + qN_q \qquad (5)$$

式中：P'_u——修正地基极限承载力(kPa)；

P_u——地基极限荷载(kPa)；

γ——填埋场库区底地基土的天然重度(kN/m³)；

c——地基土的黏聚力(kPa)，按固结、排水后取值；

q——原自然地面至填埋场库底范围内土的自重压力(kPa)；

N_r、N_c、N_q——地基承载力系数，均为 $\tan(45° + \varphi/2)$ 的函数，其中，N_r、N_q 与垃圾填埋体的形状和埋深有关，其取值根据地勘资料确定；

φ——地基土内摩擦角(°)，按固结、排水后取值；

b——垃圾体基础底宽(m)；

K——安全系数，可根据填埋规模确定，见表6。

表6 各级填埋场安全系数 K 值表

重要性等级	处理规模(t/d)	K
Ⅰ级	≥900	2.5~3.0
Ⅱ级	200~900	2.0~2.5
Ⅲ级	≤200	1.5~2.0

(2)最大堆高计算。

根据计算出的修正极限承载力 P'_u，可得极限堆填高度 H_{max}：

$$H_{max} = (P'_u - \gamma_2 d)\frac{1}{\gamma_1} \qquad (6)$$

式中：P'_u——修正后的地基极限承载力(kPa)，由式(4)求得；

γ_1、γ_2——分别为垃圾堆体和被挖出土体的重力密度(kN/m³)；

d——垃圾堆体埋深(m)。

6.1.5 本条是关于填埋库区地基沉降及不均匀沉降计算要求的规定。

(1)地基沉降计算。

1)采用传统土力学分析法：填埋库区地基沉降可根据现行国家标准《建筑地基基础设计规范》GB 50007 提供的方法，计算出填埋库区地基下各土层的沉降量，加和后乘以一定的经验系数。

2)瞬时沉降、主固结沉降和次固结沉降计算方法：对于黏土地基的沉降计算可分为三部分：瞬时沉降、主固结沉降和次固结沉降。这主要是由于黏土层透水性较差，加载后固结沉降的速度较慢，使主固结与次固结沉降间存在差异。砂土地基的沉降仅包括瞬时沉降。

(2)不均匀沉降计算。

通过布置填埋库区地基的每一条沉降线上不同沉降点的总沉降计算值，可以确定不均匀沉降、衬里材料和渗沥液收集管的拉伸应变及沉降后相邻沉降点之间的最终坡度。

6.2 边坡处理

6.2.1 本条是关于库区地基边坡设计应符合相关标准的原则规定。

(1)填埋库区边坡工程设计时应取得下列资料：

1)相关建(构)筑物平、立、剖面和基础图等。

2)场地和边坡的工程地质和水文地质勘察资料。

3)边坡环境资料。

4)施工技术、设备性能、施工经验和施工条件等资料。

5)条件类同边坡工程的经验。

(2)填埋库区边坡坡度设计要求：

1)填埋库区边坡坡度宜取 1∶2，局部陡坡要求不大于 1∶1。

2)削坡修整后的边坡要求光滑整齐，无凹凸不平，便于铺膜。基坑转弯处及边坡均要求采取圆角过渡，圆角半径不宜小于1m。

3)对于少部分陡峭的边坡要求削缓平顺，不可形成台阶状、反坡或突然变坡，边坡处坡角宜小于20°。

6.2.2 本条是关于地基边坡稳定计算的规定。

(1)填埋库区边坡工程安全等级要求根据边坡类型和坡高等因素确定，见表7。

表7 填埋库区边坡工程安全等级

边坡类型		边坡高度	破坏后果	安全等级
岩质边坡	岩体类型为Ⅰ或Ⅱ类	$H≤30$	很严重	一级
			严重	二级
			不严重	三级
	岩体类型为Ⅲ或Ⅳ类	$15<H≤30$	很严重	一级
			严重	二级
		$H≤15$	很严重	一级
			严重	二级
			不严重	三级
土质边坡		$10<H≤15$	很严重	一级
			严重	二级
		$H≤10$	很严重	一级
			严重	二级
			不严重	三级

注：1 一个边坡工程的各段，可根据实际情况采用不同的安全等级；

2 对危害性极严重、环境和地质条件复杂的特殊边坡工程，其安全等级应根据工程情况适当提高。

(2)进行稳定计算时，要求根据边坡的地形地貌、工程地质条件以及工程布置方案等，分区分段选择有代表性的剖面。边坡稳定性验算时，其稳定性系数要求不小于表8规定的稳定安全系数的要求，否则需对边坡进行处理。

表 8　边坡稳定安全系数

计算方法 ＼ 安全系数 ＼ 安全等级	一级边坡	二级边坡	三级边坡
平面滑动法	1.35	1.30	1.25
折线滑动法	1.30	1.25	1.20
圆弧滑动法	1.30	1.25	1.20

注:对地质条件很复杂或破坏后果极严重的边坡工程,其稳定安全系数宜适当提高。

(3)边坡稳定性计算方法,根据边坡类型和可能的破坏形式,可参考下列原则确定:

1)土质边坡和较大规模的碎裂结构岩质边坡宜采用圆弧滑动法计算;

2)对可能产生平面滑动的边坡宜采用平面滑动法进行计算;

3)对可能产生折线滑动的边坡宜采用折线滑动法进行计算;

4)对结构复杂的岩质边坡,可配合采用赤平极射投影法和实体比例投影法分析;

5)当边坡破坏机制复杂时,宜结合数值分析法进行分析。

6.2.3 本条是关于边坡支护解构形式选定的原则规定。

边坡支护结构常用形式可参照表9选定。

表 9　边坡支护结构常用形式

条件 ＼ 结构类型	边坡环境	边坡高度 H(m)	边坡工程 安全等级	说明
重力式挡墙	场地允许,坡顶无重要建(构)筑物	土坡,H≤8 岩坡,H≤10	一、二、三级	土方开挖后边坡稳定较差时不应采用
扶壁式挡墙	填方区	土坡,H≤10	一、二、三级	土质边坡
悬臂式支护		土坡,H≤8 岩坡,H≤10	一、二、三级	土层较差,或对挡墙变形要求较高时,不宜采用

续表9

条件 ＼ 结构类型	边坡环境	边坡高度 H(m)	边坡工程 安全等级	说明
板肋式或格构式锚杆挡墙支护		土坡,H≤10 岩坡,H≤30	一、二、三级	坡高较大或稳定性较差时宜采用逆作法施工。对挡墙变形有较高要求的土质边坡,宜用预应力锚杆
排桩式锚杆当墙支护	坡顶建(构)筑物需要保护,场地狭窄	土坡,H≤15 岩坡,H≤30	一、二级	严格按逆作法施工。对挡墙变形有较高要求的土质边坡,应采用预应力锚杆
岩石锚喷支护		Ⅰ类岩坡,H≤30	一、二、三级	—
		Ⅱ类岩坡,H≤30	二、三级	
		Ⅲ类岩坡,H<15	二、三级	
坡率法	坡顶无重要建(构)筑物,场地有放坡条件	土坡,H≤10 岩坡,H≤25	二、三级	不良地质段,地下水发育区、流塑状土时不应采用

6.3 场地平整

6.3.1 本条是关于场地平整应满足填埋场几个基本要求的规定。

(1)要求尽量减少库底的平整设计标高,以减少库底的开挖深度,减少土方量,减少渗沥液、地下水收集系统及调节池的开挖深度。

(2)场地平整设计时除要求满足填埋库容要求外,尚要求兼顾边坡稳定及防渗系统铺设等方面的要求。

(3)场地平整压实度要求:

1)地基处理压实系数不小于0.93;

2)库区底部的表层黏土压实度不得小于0.93;

3)路基范围回填土压实系数不小于0.95;

4)库区边坡的平整压实系数不小于0.90。

(4)场地平整设计要求考虑设置堆土区,用于临时堆放开挖的土方,同时要求做相应的防护措施,避免雨水冲刷,造成水土流失。

(5)场地平整前的临时作业道路设计要求结合地形地势,根据场地平整及填埋场运行时填埋作业的需要,方便机械进场作业,土方调运。

(6)场地平整时要求确保所有裂缝和坑洞被堵塞,防止渗沥液渗入地下水,同时有效防止填埋气体的横向迁移,保证周边建(构)筑物的安全。

6.3.2 本条是关于场地平整应防止水土流失的规定。

(1)场地平整采用与膜铺设同步进行,分区实施场地平整的方式,目的是为防止水土流失和避免二次清基、平整。

(2)用于临时堆放开挖土方的堆土区要求做相应的防护措施,能避免雨水冲刷,防止造成水土流失。

6.3.3 本条是关于填埋场地整土方量计算要求的规定。

条文中的"填挖土方",挖方包括库区平整、垃圾坝清基及调节池挖方量,填方包括库区平整、筑坝、日覆盖、中间覆盖及终场覆盖所需的土方量。填埋场地开挖的土方量不能满足填方要求时,要本着就近的原则在周边取土。

条文中的"选择合理的方法进行土方量计算",是指土方计算宜结合填埋场建设地点的地形地貌、面积大小及地形图精度等因素选择合理的计算方法,并宜采用另一种方法校核。各种方法的适用性比较详见表10。

表 10　土方计算方法比较表

计算方法	适用对象	优点	缺点
断面法	断面法计算土方适用于地形沿纵向变化比较连续,地狭长、挖填深度较大且不规则的地段	计算方法简单,精度可根据间距L的长度选定,L越小,精度就越高。适于粗略快速计算	计算量大,尤其是在范围较大、精度要求高的情况下更为明显;计算精度和计算速度矛盾,若是为了减少计算量而加大断面间间隔,就降低计算结果的精度。局限性较大,只适用于条带状路方面的土方计算
方格网法	对于大面积的土石方估算以及一些地形起伏较小、坡度变化不大的场地适宜用方格网法,方格网法是目前使用最为广泛的土方计算方法	方格网法是土方量计算的最基本的方法之一。简便易于操作,在实际工作中应用非常广泛	地形起伏较大时,误差较大,且不能完全反映地形、地貌特征
三角网法	三角网法计算土方适用于小范围、大比例尺、高精度、地形复杂起伏变化较大的地形情况	适用范围广,精度高,局限性小	高程点录入及计算复杂

计算方法	适用对象	优点	缺点
计算机辅助计算	适用于地形资料完整(等高线及离散点高程)、数据齐全的地形	计算精确,自动化程度高,不易出错,可以自动生成场地三维模型以及场地断面图,直观表达设计成果,应用广泛	对地形图要求非常严格,需要有完整的高程点或等高线地形图

条文中的"填挖土方相差较大时,应调整库区设计高程",如挖方大于填方,要升高设计高程;填方大于挖方,则降低设计高程。

7 垃圾坝与坝体稳定性

7.1 垃圾坝分类

7.1.1 本条是关于筑坝材料不同的坝型分类规定。

7.1.2 本条是关于坝高的分类规定。

7.1.3 本条是关于垃圾坝位置和作用不同的坝体类型分类规定。

7.1.4 本条是关于垃圾坝坝体建筑级别的分类规定。

7.2 坝址、坝高、坝型及筑坝材料选择

7.2.1 本条是关于坝址选择应考虑的因素及技术经济比较的原则规定。

条文中的"岩土工程勘察"可参考以下要求:

(1)勘察范围要求根据开挖深度及场地的工程地质条件确定,并宜在开挖边界外按开挖深度的 1 倍~2 倍范围内布置勘探点;当开挖边界外无法布置勘探点时,要求通过调查取得相应资料;对于软土,勘察范围尚宜扩大。

(2)基坑周边勘探点的深度要求根据基坑支护结构设计要求确定,不宜小于 1 倍开挖深度,软土地区应穿越软土层。

(3)查明断裂带产状、带宽、导水性。

(4)查明与基本坝及堆坝(垃圾)安全有关的地质剖面图及各地层物理力学特性。

(5)明确坝址的地震设防等级。

(6)勘探点间距视地层条件而定,一般工程处于可研性研究阶段勘探点间距不宜大于 30m;初步设计间距不宜大于 20m;施工阶段对于地质变化多样的地区勘探点间距不宜大于 15m;地层变化较大时,要求增加勘探点,查明分布规律。

条文中的"地形地貌",建议结合坝体类型考虑以下坝体选址特点:

山谷型场地:坝体可选择在谷地(填埋库区)的谷口和标高相对较低的垭口或鞍部。

平原型场地:坝体可依库容所需选择,环库区一圈形成库容,坝体建在地质较好的地段。

坡地形场地:坝体可在地势较低的地段选择,与地形连接形成库容。

条文中的"筑坝材料来源"是指坝址附近有无足够宜于筑坝的土石料以及利用有效挖力的可能性。

条文中的"气候条件"是指严寒期长短、气温变幅、雨量和降雨的天数等。

条文中的"施工交通情况"是指有无通向垃圾坝的交通线,可否利用当地的施工基地;铺设各种道路的可能性,包括施工期间直达坝址、运行期间经过坝顶的通路。

在其他条件相同的情况下,垃圾坝要求布置在最窄位置处,以减少坝体工程量。但若最窄位置处地基的地质条件有严重缺陷,则坝址可布置在宽而基础好的位置。

7.2.2 本条是关于坝高设计方案应考虑的因素及技术经济比较的原则规定。

当坝高较低时,由于其筑坝成本与安全性小于增大库容带来的经济性,可以根据实际库容需要进行加高;当坝体高度大于 10m 以上时,由于其筑坝成本与安全性可能大于增大的库容所带来的经济性,此时增加的坝高需进行合理分析。

7.2.3 本条是关于坝型选择方案应考虑的因素及技术经济比较的原则规定。

条文中的"地质条件"是指坝址基岩、覆盖层特征及地震烈度等。

条文中的"筑坝材料来源"是指筑坝材料的种类、性质、数量、位置和运距。

条文中的"施工条件"是指施工导流、施工进度与分期、填筑强度、气象条件、施工场地、运输条件和初期度汛等。

条文中的"坝高"是指由于土石坝对坡比要求不大于 1:2,故在地基情况较好的情况下,高坝宜采用混凝土坝,可减少坝基的面积和土方量;低坝、中坝可根据实际情况选择。

条文中的"坝基防渗要求"是指若坝基处于浸水中,则宜考虑选择混凝土坝;如因条件限制选择黏土坝,则需考虑对坝基进行防渗处理。

7.2.4 本条是关于筑坝材料的调查和土工试验应符合相关标准的原则规定,以及关于土石坝填筑材料设计控制指标的规定。

(1)筑坝土、石料的选择可参考以下要求:

1)具有或经加工处理后具有与其使用目的相适应的工程性质,并能够长期保持稳定。

2)宜就地、就近取材,减少弃料少占或不占农田;应优先考虑库区建(构)筑物开挖料的利用。

3)便于开采、运输和压实。

4)植被破坏较少且环境影响较小,应便于采取保护措施、恢复水土资源。

(2)筑坝土料宜使用自然形成的黏性土。筑坝土料应具有较好的塑性和渗透稳定性,保证在浸水与失水时体积变化小。

(3)筑坝不得采用的土料有以下几种:

1)含草皮、树根及耕植土或淤泥土,遇水崩解、膨胀的一类土。

2)沼泽土膨润土和地表土。

3)硫酸盐含量在 2% 以上的一类土。

4)未全部分解的有机质(植物残根)含量在 5% 以上的一类土。

5)已全部分解的处于无定形状态的有机质含量在 8% 以上的一类土。

(4)筑坝不宜采用的黏性土有以下几种:

1)塑性指数大于 20 和液限大于 40% 的冲积黏土。

2）膨胀土。

3）开挖、压实困难的干硬黏土。

4）冻土。

5）分散性黏土。

6）湿陷性黄土。

7）当采用以上材料时，应根据其特性采取相应的措施。

（5）土石坝的筑坝石料选择可参考以下要求：

1）粒径大于5mm的砾石土颗粒含量不应大于50%，最大粒径不宜大于150mm或铺土厚度的2/3，0.075mm以下的颗粒含量不应小于15%；填筑时不得发生粗料集中架空现象。

2）人工掺合砾石土中各种材料的掺合比例应经试验论证。

3）当采用含有可压碎的风化岩石或软岩的砾石土作筑坝料时，其级配和物理力学指标应按碾压后的级配设计。

4）料场开采的石料和风化料、砾石土均可作为坝壳料，根据材料性质，可将它们用于坝壳的不同部位。

5）采用风化石料或软岩填筑坝壳料时，应按压实后的级配确定材料的物理力学指标，并考虑浸水后抗剪强度的降低、压缩性增加等不利情况；软化系数低、不能压碎成砾石土的风化石料和软岩宜填筑在干燥区。

（6）关于土石坝填筑材料设计控制指标的规定中，条文中的"压实度"要求大于96%，分区坝的压实度不得低于95%。设计地震烈度为8度及以上的地区，要求取规定的上限值。

7.3　坝基处理及坝体结构设计

7.3.1　本条是关于垃圾坝地基处理应符合相关标准的原则规定。

7.3.2　本条是关于坝基处理应满足几个基本要求的规定。

条文中的"渗流控制"包括渗透稳定和控制渗流量。当坝体周围有水入侵时应考虑水位变化对坝体稳定性的影响，进行渗流计算。计算坝体和坝基周围有水位时的渗流量，确定浸润线的位置，绘制坝体及坝基的等势线分布情况。

条文中的"允许总沉降量"是指竣工后的浆砌石坝坝顶沉降量不宜大于坝高的1%，黏土坝及土石坝坝顶沉降量不宜大于坝高的2%。对于特殊土的坝基，允许的总沉降量要求视具体情况确定。

7.3.3　本条是关于坝坡设计方案应考虑的因素及技术经济比较的原则规定。

（1）土石坝边坡度可参照类似坝体的施工、运行经验确定。

（2）对初步选定的坝体边坡坡度，要求根据各种作用力、坝体和坝基土料的物理力学性质、坝体结构特征及施工和运行条件，采用静力稳定计算进行验证。

（3）设计地震烈度为9度的地区，坝顶附近的上、下游坝坡宜上缓下陡，或采用加筋堆石、表面钢筋网或大块石堆筑等加固措施。

（4）当坝基抗剪强度较低，坝体不满足深层抗滑稳定要求时，宜采用在坝坡脚压戗的方法提高其稳定性。

（5）若坝基或筑坝土料沿坝轴线方向不相同时，要求分坝段进行稳定计算，确定相应的坝坡。当各坝段采用不同坡度的断面时，每一坝段的坝坡要求根据该坝段中最大断面来选择。坝坡不同的相邻坝段，中间要渐变段。

7.3.4　本条是关于坝顶宽度和护面材料设计的原则规定。

（1）条文中"坝顶宽度"的设计不宜小于3m，当需要行车时，坝顶道路宜按3级厂矿道路设计，坝顶沿车道两侧要求设有路肩或人行道，为了有计划地排走地表径流，坝顶路肩上还要设置雨水沟。

（2）条文中"坝顶护面材料"要求根据当地材料情况及坝顶用途确定，宜采用密实的砂砾石、碎石、单层砌石或沥青混凝土等柔性材料。

（3）条文中"施工方式"采用机械化作业时，要求保证通过运输车辆及其他机械。

（4）条文中"安全"主要是坝顶两侧要求有安全防护设施，如沿路肩设置各种围栏设施（栏杆、墙等）。

7.3.5　本条是关于坝坡马道设计的原则规定。

（1）马道宽度要求根据用途确定，但最小宽度不宜小于1.5m。

（2）坝顶面要求向上、下游侧放坡，以利于坝面排水，坡度宜根据降雨强度，在2%～3%之间选择。

（3）根据施工交通需要，下游坝坡可设置斜马道，其坡度、宽度、转弯半径、弯道加宽和超高等要求满足施工车辆行驶要求。斜马道之间的坝坡可局部变陡，但平均坝坡要求不陡于设计坝坡。

7.3.6　本条是关于垃圾坝护坡方式设计要求的原则规定。

（1）为防止水土流失，坝表面为土、砂、砂砾石等材料时，要求进行护坡处理。

（2）为防止黏土垃圾坝坡面冻结或干裂，要求铺非黏土保护层。保护层厚度（包括坝顶盖面）要求不小于该地区土层的冻结深度。

（3）土石坝可采用堆石料材料中的粗颗粒料或超径石做护坡。

（4）混凝土坝可根据实际情况选择护坡方式。

（5）下游护坡材料可选择干砌石、堆石卵石或碎石、草皮或其他材料，如土工合成材料。

（6）与调节池连接的黏土坝或土石坝要求进行护坡，且护坡材料要求具有防渗功能。

（7）暂时未铺设防渗膜的分区坝可选用草皮或用临时遮盖物进行简单护坡。

7.3.7　本条是关于坝体与坝基、边坡及其他构筑物连接的设计和处理的原则规定。

（1）坝体与土质坝基及边坡的连接可参考以下要求：

1）坝断面范围内要求清除坝基与边坡上的草皮、树根、含有植物的表土、蛮石、垃圾及其他废料，并要求将清理后的坝体表面土层压实；

2）坝体断面范围内的低强度、高压缩性软土及地震时易液化的土层，要求清除或处理；

3）坝基覆盖层与下游坝体粗粒料（如堆石等）接触处，要符合反滤的要求。

（2）坝体与岩石坝基和边坡的连接可参考以下要求：

1）坝断面范围内的岩石坝基与边坡，要求清除其表面松动石块、凹积土和突出的岩石。

2）若风化层较深时，高坝宜开挖到弱风化层上部，中、低坝可开挖到强风化层下部。要求在开挖的基础上对基岩再进行灌浆等处理。对断层、张开节理裂隙要求逐条开挖清理，并用混凝土和砂浆封堵。坝基岩面上宜用混凝土盖板、喷混凝土或喷水泥砂浆。

3）对失水很快且易风化的软岩（如页岩、泥岩等），开挖时宜预留保护层，待开始回填时，随挖随除、随回填，或开挖后喷水泥砂浆或喷混凝土保护。

（3）坝体与其他构筑物的连接可参考以下要求：

1）当导排管设置沉降缝时，要做防止水，并在接缝处设反滤层；

2）坝体下游面与坝下导排管道接触处采用反滤层包围管道；

3）坝体和库区边坡的连接处要求做成斜面，避免出现急剧的转折。在与坝体连接处，边坡表面相邻段的倾角变化要求控制在10°以内。山谷型填埋场中的边坡要逐渐向基础方向放缓。

7.3.8　本条是关于坝体防渗处理要求的基本规定。

条文中的"特殊锚固法"可采用HDPE嵌钉土工膜、HDPE型锁条、机械锚固等方式进行锚固。

7.4　坝体稳定性分析

7.4.1　本条是关于垃圾坝安全稳定性分析基本要求的规定。

坝体在施工、建成、垃圾填埋作业及封场的各个时期受到的荷载不同，要求分别计算其稳定性。坝体稳定性计算的工况建议如下：

（1）施工期的上、下游坝坡；

（2）填埋作业期的上、下游坝坡；

（3）封场后的下游坝坡；

（4）填埋作业时遇地震、遇洪水的上、下游坝坡。

采用计及条块间作用力的计算方法时,坝体抗滑稳定最小安全系数不宜小于表11的规定。

表11 坝体抗滑稳定最小安全系数

运用条件	坝体建筑级别		
	Ⅰ	Ⅱ	Ⅲ
施工期	1.30	1.25	1.20
填埋作业期	1.20	1.15	1.10
封场稳定期	1.25	1.20	1.15
正常运行遇地震、遇洪水	1.15	1.10	1.05

7.4.2 本条是关于坝体稳定性分析的抗剪强度计算应符合相关标准的原则规定。

8 防渗与地下水导排

8.1 一般规定

8.1.1 本条是关于填埋场必须进行防渗处理的强制性条文规定。

本条从防止填埋场对地下水、地表水的污染和防止地下水入渗填埋场两个方面提出了严格要求。

填埋场进行防渗处理可以有效阻断渗沥液进入到环境中,避免地表水与地下水的污染。此外,应防止地下水进入填埋场,地下水进入填埋场后一方面会大大增加渗沥液的产量,增大渗沥液处理和工程投资;另一方面,地下水的顶托作用会破坏填埋场底部防渗系统。因此,填埋场必须进行防渗处理,并且在地下水位较高的场区应设置地下水导排系统。

8.1.2 本条是关于填埋场防渗处理应符合相关标准的原则规定。

8.1.3 本条是关于地下水水位的控制应符合相关标准的原则规定。

现行国家标准《生活垃圾填埋场污染控制标准》GB 16889规定:生活垃圾填埋场填埋区基础层底部要求与地下水年最高水位保持1m以上的距离。当生活垃圾填埋场填埋区基础层底部与地下水年最高水位距离不足1m时,要求建设地下水导排系统。

地下水导排系统要求确保填埋场的运行期和后期维护与管理期内地下水水位维持在距离填埋场填埋区基础层底部1m以下。

8.2 防渗处理

8.2.1 本条是关于填埋场防渗系统选择及天然黏土衬里结构防渗参数要求的规定。

条文中的"天然黏土类衬里"是指天然黏土符合防渗适用条件

时,可以作为一个防渗层。该防渗层和渗沥液导流层、过滤层等一起构成一个完整的天然黏土防渗系统。压实黏土作为防渗层时的土料选择与施工质量要求应符合现行行业标准《生活垃圾卫生填埋场岩土工程技术规范》CJJ 176—2012第8章的相关规定。

天然黏土衬里的防渗适用条件为:

(1)黏土渗透系数≤1×10⁻⁷cm/s;

(2)液限(W_L):25%~30%;

(3)塑限(W_P):10%~15%;

(4)不大于0.074mm的颗粒含量:40%~50%;

(5)不大于0.002mm的颗粒含量:18%~25%。

条文中的"渗透系数"也称水力传导系数,是一个重要的水文地质参数,它的计算由Darcy(达西)定律给出:

$$V = Q/A = KJ \tag{7}$$

式中:V——渗透速度(cm/s);

Q——渗流量(cm³/s);

A——试验围筒的横截面积(cm²);

K——渗透系数(cm/s);

J——水力坡度((H_1-H_2/l);H_1、H_2分别为坡顶、坡底高程,l为坡顶与坡底的水平距离。

当水力坡度$J=1$时,渗透系数在数值上等于渗透速度。因为水力坡度无量纲,渗透系数具有速度的量纲。即渗透系数的单位和渗透速度的单位相同,可用cm/s或m/d表示。考虑到渗透液体性质的不同,Darcy定律有如下形式:

$$V = -k\rho g/\mu \cdot dH/dL \tag{8}$$

式中:ρ——液体的密度;

g——重力加速度;

μ——动力粘滞系数;

dH/dL——水力坡度;

k——渗透率或内在渗透率。

k仅仅取决于岩土的性质而与液体的性质无关。渗透系数和渗透率之间的关系为:$K=k\rho g/\mu=kg/v(v$为渗流速度)。要注意到渗沥液与水的μ不同,渗沥液与水的渗透系数具有差异。

8.2.2 本条是关于填埋场改性黏土衬里结构防渗的技术规定。

条文中的"改性压实黏土类衬里"是指当填埋场区及其附近没有合适的黏土资源或者黏土的性能无法达到防渗要求时,将亚黏土、亚砂土等天然材料中加入添加剂进行人工改性,使其达到天然黏土衬里的等效防渗性能要求。

8.2.3 本条是关于不同人工防渗系统选择条件的原则规定。

条文所指的"双层衬里"系统宜在以下四种情况使用:

(1)国土开发密度较高、环境承载力减弱,或环境容量较小、生态环境脆弱等需要采取特别保护的地区;

(2)填埋容量超过1000万m³或使用年限超过30年的填埋场;

(3)基础天然土层渗透系数大于10⁻⁵cm/s,且厚度较小、地下水位较高(距基础底小于1m)的场址;

(4)混合型填埋场的专用独立库区,即生活垃圾焚烧飞灰和医疗废物焚烧残渣经处理后的最终处置填埋库区。

8.2.4 本条是关于复合衬里防渗结构的具体要求规定。

(1)条文及结构示意图中的"地下水导流层"、"防渗及膜下保护层"、"渗沥液导流层"、"膜上保护层"及"反滤层"的功能及材料说明如下:

1)地下水导流层:及时对地下水进行导排,防止地下水水位抬高对防渗系统造成破坏。当导排的场区坡度较陡时,地下水导流层可采用土工复合排水网;地下水导流层与基础层、膜下保护层之间采用土工织物层,土工织物层起到反滤、隔离作用。

2)防渗及膜下保护层:防渗及膜下保护层的黏土渗透系数要求不大于1×10⁻⁷cm/s。复合衬里结构(HDPE膜+黏土)中,黏土作为防渗层,等效替代天然黏土类衬里结构防渗性能厚度可参考表12。

表 12　复合衬里黏土与天然黏土防渗等效替代

渗透时间(年)	压实黏土层厚度(m) ($K_s=1.0\times10^{-7}$cm/s)	HDPE膜+压实黏土厚度(m) ($K_s=1.0\times10^{-7}$cm/s)
55	2.00	0.44
60	2.16	0.48
65	2.32	0.52
70	2.48	0.55
75	2.63	0.59
80	2.79	0.63
85	2.95	0.67
90	3.11	0.71
95	3.27	0.75
100	3.43	0.79

3)渗沥液导流层:及时将渗沥液排出,减轻对防渗层的压力。材料一般采用卵(砾)石,某些情况下也有采用土工复合排水网和砾石共同组成导流层。当导流的场区坡度较陡时,土工膜上需增加缓冲保护层,材料可以采用袋装土或旧轮胎等。

4)膜上保护层:防止HDPE膜受到外界影响而被破坏,如石料或垃圾对其的刺穿,应力集中造成膜破损。材料可采用土工布。

5)反滤层:防止垃圾在导流层中积聚,造成渗沥液导流系统堵塞或导流效率降低。

(2)条文中"土工布"说明如下:

1)土工布用作HDPE膜保护材料时,要求采用非织造土工布。规格要求不小于600g/m²。

2)土工布用于盲沟和渗沥液收集导流层的反滤材料时,宜采用土工滤网,规格不宜小于200g/m²。

3)土工布各项性能指标要求符合国家现行相关标准的要求,主要包括:现行国家标准《土工合成材料　短纤针刺非织造土工布》GB/T 17638、《土工合成材料　长丝纺粘针刺非织造土工布》GB/T 17639、《土工合成材料　长丝机织土工布》GB/T 17640、《土工合成材料　裂膜丝机织土工布》GB/T 17641、《土工合成材料　塑料扁丝编织土工布》GB/T 17690等。

4)土工布长久暴露时,要充分考虑其抗老化性能;土工布作为反滤材料时,要求充分考虑其防淤堵性能。

(3)条文中"土工复合排水网"说明如下:

1)土工复合排水网中土工网和土工布要求预先粘合,且粘合强度要求大于0.17kN/m;

2)土工复合排水网的土工网要求使用HDPE材质,纵向抗拉强度要求大于8kN/m,横向抗拉强度要求大于3kN/m;

3)土工复合排水网的导水率选取要求考虑蠕变、土工布嵌入、生物淤堵、化学淤堵和化学沉淀等折减因素;

4)土工复合排水网的土工布要求符合本规范对土工布的要求;

5)土工复合排水网性能指标要求符合国家现行相关标准的要求。

(4)条文中"钠基膨润土垫"(GCL)说明如下:

1)防渗系统工程中的GCL要求表面平整,厚度均匀,无破洞、破边现象。针刺类产品的针刺均匀密实,不允许残留断针。

2)单位面积总质量要求不小于4800g/m²,并要求符合国家现行标准《钠基膨润土防水毯》JG/T 193的规定。

3)膨润土体积膨胀度不应小于24mL/2g。

4)抗拉强度不应小于800N/10cm。

5)抗剥强度不应小于65N/10cm。

6)渗透系数小于5.0×10^{-11}m/s。

7)抗静水压力0.6MPa/h,无渗漏。

8.2.5 本条是关于单层衬里防渗结构的具体要求规定。

8.2.6 本条是关于双层衬里防渗结构的具体要求规定。

条文中的"渗沥液检测层"是透过上部防渗层的渗沥液或者气体受到下部防渗层的阻挡而在中间的排水层得到控制和收集,该层可以起到上部防渗膜是否破损渗漏的监测作用。

8.2.7 本条是关于HDPE土工膜的使用应符合有关标准及膜厚度选择的规定。

HDPE膜的选择应考虑地基的沉降、垃圾的堆高及HDPE膜锚固时的预留量。

膜厚度的选择可参照以下要求选用:

(1)库区地下水位较深,周围无环境敏感点,且垃圾堆高小于20m时,可选用1.5mm厚HDPE膜。

(2)垃圾堆高介于20m至50m之间,可选用2.0mm厚的HDPE膜,同时宜进行拉力核算。

(3)垃圾堆高大于50m时,防渗膜厚度选择要求计算。

德国联邦环保署曾对HDPE土工膜对各种有机物的防渗性能进行测试,测试数据表明,随着HDPE土工膜厚度的增加,污染物扩散能力开始迅速下降,随后下降趋势趋于平缓。当HDPE土工膜的厚度为2.0mm时,7种污染物质的渗透能力基本上已处于平缓下降期,再增加土工膜的厚度对渗透能力影响不大;当HDPE土工膜的厚度为1.5mm时,部分物质已处于平缓下降期,但也有部分物质仍处于迅速下降期,有的仍处于介于前两者之间的过渡阶段。因此,在一般情况下,仅从防渗性能考虑,填埋场采用HDPE土工膜防渗,1.5mm厚为可用值,2.0mm厚为较好值,有的国家的标准以土工膜厚1.5mm为填埋场低限,有的国家的标准提出土工膜厚不应小于2.0mm。

条文中未对土工膜宽度作出规定。但在防渗衬里的实际铺设工程中,对HDPE土工膜宽度的选择是有一定的要求。渗漏现象的发生,10%是由于材料的性质以及被尖物刺穿、顶破,90%是由于土工膜焊接处的渗漏,而土工膜焊接量的多少与材料的幅宽密切相关,以5.0m和7.0m宽的不同材料对比,前者需要($X/5-1$)个焊缝,后者需要($X/7-1$)个焊缝(X表示幅宽),前者的焊缝数量超过后者数量近30%,意味着渗漏可能性增加近30%。建议宜选用宽幅的HDPE土工膜。

8.2.8 本条是关于对穿过HDPE土工膜的各种管线接口处理的基本规定。

穿管和竖井的防渗要求:

(1)接触垃圾的穿管管外宜采用HDPE膜包裹。

(2)穿管与防渗膜边界刚性连接时,宜采用混凝土锚固块作为连接基座,混凝土锚固块建在连接管上,管及膜固定在混凝土内。

(3)穿管与防渗膜边界弹性连接时,穿管要求不得直接焊接在HDPE防渗膜上。

(4)置于HDPE防渗膜上的竖井(如渗沥液提升竖井、检修竖井等),井底和HDPE膜之间要求设置衬里层。

8.2.9 本条是关于锚固平台设置的基本规定。

锚固平台的设置要求是参考国内外实际工程的经验,平台高差大于10m、边坡坡度大于1∶1时,对于边坡黏土层施工和防渗层的铺设都较困难。当边坡坡度大于1∶1时,宜采用其他铺设和特殊锚固方式。

8.2.10 本条是关于防渗材料基本锚固方式和特殊锚固方式的规定。

条文规定的几种锚固方式的施工方法如表13所示。

表 13　常见锚固方式的施工方法

锚固方式	施工方法
矩形锚固	在锚固平台一侧开挖一矩形的槽,然后将膜拉过护道并铺入槽中,填土覆盖。比较而言,矩形槽锚固方法安全良好,应用较多
水平锚固	将膜拉过护道,然后用土覆盖。这种方法通常不够牢固
"V"形槽锚固	锚固平台一侧开挖"V"字形槽,然后将膜拉过护道并铺入槽中,填土覆盖。这种方法对开挖空间要求略大

8.2.11 本条是关于锚固沟设计的基本规定。

8.2.12 本条是关于黏土作为膜下保护层时处理要求的基本规定。

根据对国内外填埋场现场调查情况分析结果,填埋场膜下保护层黏土中砾石形状和尺寸大小对土工膜的安全使用至关重要,一般要求尽可能不含有尖锐砾石和粒径大于5mm的砾石,否则需要增加土工膜下保护措施;压实度要求主要是考虑到库底在垃圾填埋堆高条件下其变形在允许范围,减少土工膜的变形,避免渗沥液、地下水导流系统的破坏。

8.3 地下水导排

8.3.1 本条是关于地下水收集导排系统设置条件的基本规定。

8.3.2 本条是关于地下水水量计算应考虑的因素和分不同情况计算的基本规定。

地下水水量的计算要求区分四种情况:填埋库区远离含水层边界,填埋库区边缘降水,填埋库区位于两地表水体之间,填埋库区靠近隔水边界。计算方法可参照现行行业标准《建筑基坑支护技术规程》JGJ 120—2012 中附录 E。

8.3.3 本条是关于地下水导排几种基本方式选择的原则规定。

对于山谷型填埋场,外来汇水易通过边坡浸入库底影响防渗系统功能,也要求设置地下水导排。

8.3.4 本条是关于地下水导排系统设计原则和收集管管径的规定。

地下水收集导排系统设计要求参考如下:

(1)地下水导流层宜采用卵(砾)石等石料,厚度不应小于 30cm,粒径宜为 20mm~50mm,石料上应铺设非织造土工布,规格不宜小于 200g/m²。

(2)地下水导流盲沟布置可参照渗沥液导排盲沟布置,可采用直线型(干管)或树枝型(干管和支管)。

8.3.5 本条是关于选择垂直防渗帷幕进行地下水导排的地质条件及渗透系数的规定。

(1)垂直防渗帷幕底部要求深入相对不透水层不小于 2m;若相对不透水层较深,可根据渗流分析并结合类似工程确定垂直渗帷幕的深度。

(2)当采用多排灌浆帷幕时,灌浆的孔和排距应通过灌浆试验确定。

(3)当采用混凝土或水泥砂浆灌浆帷幕时,厚度不宜小于 400mm。当采用 HDPE 膜复合帷幕时,总厚度可根据成槽设备最小宽度设计,其中 HDPE 膜厚度不应小于 2mm。

(4)垂直防渗除用于地下水导排外,还可用于老填埋场扩建和封场的防渗整治工程,也可用于离水库、湖泊、江河等大型水域较近的填埋场,防止雨季水域漫出对填埋场产生破坏及填埋场对水域的污染。

9 防洪与雨污分流系统

9.1 填埋场防洪系统

9.1.1 本条是关于填埋场防洪系统设计应符合相关标准及防洪水位标准的基本规定。

9.1.2 本条是关于填埋场防洪系统包括的主要构筑物以及洪水流量计算的规定。

填埋场防洪系统要求根据填埋场的降雨量、汇水面积、地形条件等因素选择适合的防洪构筑物,以有效地达到填埋场防洪目的。

不同类型填埋场截洪坝的设置原则为:

(1)平原型填埋场根据地形、地质条件可在四周设置截洪坝;

(2)山谷型填埋场依据地形、地质条件可在库区上游和沿山坡设置截洪坝;

(3)坡地型填埋场根据地形、地质条件可在地表径流汇集处设置截洪坝。

条文中的"集水池"是指在雨水汇集处设置的用于收集雨水的构筑物。

条文中的"洪水提升泵"是指将库区雨水抽排至截洪沟或其他防洪系统构筑物的排水设施,其选用要求满足现行国家标准《泵站设计规范》GB/T 50265 的相关要求。

条文中的"涵管"是指上游雨水不能直接导排时设置的位于库底并穿过下游坝的设施,穿坝涵管设计流速的规定要求不大于 10m/s。

条文中关于"洪水流量可采用小流域经验公式计算",要求先查询当地洪水水文资料和经验公式,然后选择合理的计算方法进行设计计算。

(1)填埋场库区外汇水区域小于 10km² 或填埋场建设区域水文气象资料缺乏,可用公路岩土所经验公式(9)计算洪水流量。

$$Q_p = KF^n \qquad (9)$$

式中:Q_p——设计频率下的洪峰流量(m^3/s);

K——径流模数,可根据表 14 进行取值;

F——流域的汇水面积(km^2);

n——面积参数,当 $F<1km^2$ 时,$n=1$;当 $F>1km^2$ 时,可按照表 15 进行取值。

表 14 径流模数 K 值

重现期(年)	华北	东北	东南沿海	西南	华中	黄土高原
2	8.1	8.0	11.0	9.0	10.0	5.5
5	13.0	11.5	15.0	12.0	14.0	6.0
10	16.5	13.5	18.0	14.0	17.0	7.5
15	18.0	14.6	19.5	14.5	18.0	7.7
25	19.5	15.8	22.0	16.0	19.6	8.5

注:重现期为 50 年时,可用 25 年的 K 值乘以 1.20。

表 15 面积参数 n 值

地区	华北	东北	东南沿海	西南	华中	黄土高原
n	0.75	0.85	0.75	0.85	0.75	0.80

(2)填埋场建设区域水文气象资料较为完整时,要求采用暴雨强度公式(10)计算洪水流量。

$$Q = q\Psi F \qquad (10)$$

式中:Q——雨水设计流量(L/s);

q——设计暴雨强度,$[L/(s \cdot hm^2)]$,可查询当地暴雨强度公式;

Ψ——径流系数,可根据表 16 取值;

F——汇流面积(hm^2)。

表 16 径流系数 ψ 值

地面种类	Ψ
级配碎石路面	0.40～0.50
干砌砖石和碎石路面	0.35～0.45
非铺砌土地面	0.25～0.35
绿地	0.10～0.20

在进行填埋场治涝设计时，宜根据地形、地质条件进行，并宜充分利用现有河、湖、洼地、沟渠等排水、滞水水域。

9.1.3 本条是关于截洪沟设置的原则规定。

(1)环库截洪沟截洪流量要求包括库区上游汇水以及封场后库区径流。

(2)截洪沟与环库道路合建时，宜设置在靠近垃圾堆体一侧，Ⅰ级填埋场和山谷型填埋场环库道路内、外两侧均宜设置截洪沟。

(3)截洪沟的断面尺寸要求根据各段截洪量的大小和截洪沟的坡度等因素计算确定，断面形式可采用梯形断面、矩形断面、U 形断面等。

(4)当截洪沟纵坡较大时，要求采用跌水或陡坡设计，以防止渠道冲刷。

(5)截洪沟出水口可根据场区外地形、受纳水体或沟渠位置等确定。出水口宜采用八字出水口，并采取防冲刷、消能、加固等措施。

(6)截洪沟修砌材料要求根据场区地质条件来选择。

9.1.4 本条是关于填埋场截留的洪水外排的基本规定。

9.2 填埋库区雨污分流系统

9.2.1 本条是关于填埋库区雨污分流基本要求和设计时应依据条件的规定。

9.2.2 本条是关于填埋库区分区设计的基本规定。

(1)条文中"各分区应根据使用顺序不同铺设雨污分流导排管"的要求：

1)上游分区先使用时，导排盲沟途经下游分区段要求采用穿孔管与实壁管分别导流上游分区渗沥液与下游分区雨水。

2)下游分区先使用时，上游库区雨水宜采用实壁管导至下游截洪沟。

(2)库区分区要求考虑与分区进场道路的衔接设计，永久性道路及临时性道路的布置要求能满足分区建设和作业的需求。

(3)使用年限较长的分区，宜进一步划分作业分区实现雨污分流。作业分区可根据一定时间填埋量(如周填埋量、月填埋量)划分填埋作业区，各作业区之间宜采用沙袋堤或小土坝隔开。

9.2.3 本条是关于填埋作业过程中雨污分流措施的规定。

(1)条文中"宜进一步划分作业分区"可根据一定时间填埋量(如周填埋量、月填埋量)划分填埋作业区，各作业区之间宜采用沙袋堤或小土坝隔开。

(2)填埋日作业完成之后，宜采用厚度不小于 0.5mm 的 HDPE 膜或线型低密度聚乙烯膜(LLDPE)进行日覆盖作业，覆盖材料宜按一定的坡度进行铺设，雨水汇集后可通过泵抽排至截洪沟等排水设施。

(3)每一作业区完成阶段性高度后，暂时不在其上继续进行填埋时，要求进行中间覆盖。覆盖层厚度应根据覆盖材料确定。采用 HDPE 膜或线型低密度聚乙烯膜(LLDPE)覆盖时，膜的厚度宜为 0.75mm。覆盖材料宜按一定的坡度进行铺设，以方便表面雨水导排。雨水汇集后可排入临时截洪沟或通过泵抽排至截洪沟等排水设施。

(4)未作业分区的雨水可通过管道导排或泵抽排的方法排入截洪沟等排水设施。

9.2.4 本条是关于封场后的雨水导排方式的规定。

条文中的"排水沟"是设置在封场表面，用来导排封场后表面雨水的设施。排水沟一般根据封场堆体来设置，排水沟断面和坡度要求依据汇水面积和暴雨强度确定。排水沟宜与马道平台一起修筑。不同标高的雨水收集沟连通到填埋场四周的截洪沟。

10 渗沥液收集与处理

10.1 一般规定

10.1.1 本条是关于渗沥液必须设置渗沥液收集系统和有效的渗沥液处理措施的强制性条文。

条文中的"有效的渗沥液收集系统"是指垃圾渗沥液产生后会在填埋库区聚集，如果不能及时有效地导排，渗沥液水位升高会对堆体中的填埋物形成浸泡，影响垃圾堆体的稳定性与堆体稳定化进程，甚至会形成渗沥液外溢造成污染事故。渗沥液收集系统必须能够有效地收集堆体产生的渗沥液并将其导出库区。

为了检查渗沥液收集系统是否有效，应监测堆体中渗沥液水位是否正常；为了检查渗沥液处理系统是否有效，应由环保部门或填埋场运行主管单位监测系统出水是否达标。

10.1.2 本条是关于渗沥液处理设施应符合有关标准的原则规定。

10.2 渗沥液水质与水量

10.2.1 本条是关于渗沥液水质参数的设计值应考虑填埋场不同场龄渗沥液水质差异的原则规定。渗沥液的污染物成分和浓度变化很大，取决于填埋物的种类、性质、填埋方式、污染物的溶出速度和化学作用、降雨状况、填埋场场龄以及填埋场结构等，但主要取决于填埋场场龄和填埋场设计构造。

一般认为四、五年以下为初期填埋场，填埋场处于产酸阶段，渗沥液中含有高浓度有机酸，此时生化需氧量(BOD)、总有机碳(TOC)、营养物和重金属的含量均很高，NH_3-N 浓度相对较低，但可生化性好，且 C/N 比协调，相对而言，此阶段的渗沥液较易处理。

五年至十年为成熟填埋场，随着时间的推延，填埋场处于产甲烷阶段，COD 和 BOD 浓度均显著下降，但 BOD/COD 比下降更为明显，可生化性变差，而 NH₃-N 浓度则上升，C/N 比相对而言不甚理想，此一时期的垃圾渗沥液较难处理。

十年以上为老龄填埋场，此时 COD、BOD 均下降到了一个较低的水平，BOD/COD 比处于较低的水平，NH₃-N 浓度会有所下降，但下降幅度明显小于 COD、BOD 下降幅度，C/N 比处于不协调，虽然此阶段污染程度显著减轻，但远远达不到直接排放的要求，并且较难处理。

10.2.2 本条是关于新建填埋场的渗沥液水质参数设计取值范围的规定。

10.2.3 本条是关于改造、扩建填埋场的渗沥液水质参数设计取值的原则规定。

10.2.4 本条是关于渗沥液产生量计算方法的规定。

渗沥液产生量也可采用水量平衡法、模型法等进行计算，此时宜采用经验公式法或参照同类型的垃圾填埋场实际渗沥液产生量进行校核。

10.2.5 本条是关于渗沥液产生量计算用于渗沥液处理、渗沥液导排及调节池容量时的不同取值规定。

10.3 渗沥液收集

10.3.1 本条是关于渗沥液导流系统设施组成的规定。

条文中"渗沥液收集系统"可根据实际情况进行适当简化，如结合地形设置台自流系统，可不设置泵房。

10.3.2 本条是关于导流层设计要求的规定。

规定"导流层与垃圾层之间应铺设反滤层"是为防止小颗粒物堵塞收集管。

边坡导流层的"土工复合排水网"下部要求与库区底部渗沥液导流层相连接，以保证渗沥液导排至渗沥液导排盲沟。

10.3.3 本条是关于盲沟设计要求的规定。

条文中对于石料的选择，规定原则上"宜采用砾石、卵石或碎石"。由于各地情况不同，对于卵石和砾石量严重不足的地区，可考虑采用碎石，但需要增加对土工膜保护的设计。

规定 CaCO₃ 含量是考虑到渗沥液对 CaCO₃ 有溶解性，从而可能导致导流层堵塞。导渗层石料的 CaCO₃ 含量是参考英国的垃圾填埋标准和美国几个州的垃圾填埋标准而提出的。

规定收集管的最小管径要求主要是考虑防止堵塞和疏通的可能。

关于导渗管的"开孔率"，英国标准规定开孔率应小于 0.01m²/m，主要是保证环刚度要求。

根据国外实际工程的经验，在导流层管路系统的适当位置（如首、末端处）宜设置清冲洗口，以保证导流系统的长期正常运行。但国内在此方面实际使用的案例较少，在部分中外合作项目中已有设计，尚处于探索阶段。

条文中对盲沟平面布置的选择，规定宜以鱼刺状盲沟、网状盲沟为主要的盲沟平面布置形式，特殊工况条件时可采用特殊布置形式。鱼刺状盲沟布置形式中，次盲沟按照 30m～50m 的间距分布，次盲沟与主盲沟的夹角宜采用 15°的倍数（如 60°）。

梯形盲沟最小底宽可参考表 17 选取。

表 17 梯形盲沟底最小宽度

管径 DN(mm)	盲沟最小底宽 B(mm)
200＜DN≤315	D(外径)+400
400＜DN≤1000	D(外径)+600

收集管管径选择可根据管径计算结果并结合表 18 确定。

表 18 填埋场用 HDPE 管径规格表

公称外径 D_n(mm)								
规格	250	280	315	355	400	450	500	560	630

10.3.4 本条是关于导气井可兼作渗沥液竖向收集井的规定。

导气井收集渗沥液时，其底部要求深入场底导流层中并与渗沥液收集管网相通，以形成立体的收集导排系统。

10.3.5 本条是关于集液井（池）设置的原则规定。

可根据实际分区情况分别设置集液井（池）汇集渗沥液，再排入调节池。条文中"宜设在填埋库区外部"的原因是当集液井（池）设置在填埋库区外部时构造较为简单，施工较为方便，同时也利于维修、疏通管道。

对于设置在垃圾坝外侧（即填埋库区外部）的集液井（池），渗沥液导排管穿过垃圾坝后，将渗沥液汇集至集液井（池）内，然后通过自流或提升系统将渗沥液导排至调节池。

根据实际情况，集液井（池）在用于渗沥液导排时也可位于垃圾坝内侧的最低洼处，此时要求以砾石堆填以支撑上覆填埋物、覆盖封场系统等荷载。渗沥液汇集到此并通过提升系统越过垃圾主坝进入调节池。此时提升系统中的提升管宜采取斜管的形式，以减少垃圾堆体沉降带来的负摩擦力。斜管通常采用 HDPE 管，半圆开孔，典型尺寸是 DN800，以利于将潜水泵从管道放入集液井（池），在泵维修或发生故障时可以将泵拉上来。

10.3.6 本条是关于调节池容积计算及结构设计要求的规定。

条文中"土工膜防渗结构"适用于有天然洼地势，容积较大的调节池；条文中的"钢筋混凝土结构"适用于无天然低地势，地下水位较高等情况。

条文中设置"覆盖系统"是为了避免臭气外逸。覆盖系统包括液面浮盖膜、气体收集排放设施、重力压管以及周边锚固等。调节池覆盖膜宜采用厚度不小于 1.5mm 的 HDPE 膜；气体收集管宜采用环状带孔 HDPE 花管，可靠固定于池顶周边，重力压管内需要充填实物以增加膜表面重量。覆盖系统周边锚固要求与调节池防渗结构层的周边锚固沟相连接。

10.3.7 本条是关于填埋堆体内部水位控制的规定。

（1）填埋堆体内渗沥液水位监测除应符合《生活垃圾卫生填埋场岩土工程技术规范》CJJ 176 外，还应符合下列要求：

1）渗沥液水位监测内容包括渗沥液导排层水头、填埋堆体主水位及滞水位。

2）渗沥液导排层水头监测宜在导排层埋设水平水位管，可采用剖面沉降仪与水位计联合测定。

3）填埋堆体主水位及滞水位监测宜埋设竖向水位管采用水位计测量；当堆体内存在滞水位时，宜埋设分层竖向水位管，采用水位计测量主水位和滞水位。

4）水平水位管布点宜在每个排水单元中的渗沥液收集主管附近和距离渗沥液收集管最远处各布置一个监测点。

5）竖向水位管和分层竖向水位管布点要求沿垃圾堆体边坡走向分散布置监测点，平面间距 20m～40m，底距离衬垫层不应小于 5m，总数不宜少于 2 个；分层竖向水位管底宜埋至隔水层上方，各支管之间应密闭隔绝。

6）填埋堆体水位监测频次宜为 1 次/月，遇暴雨等恶劣天气或其他紧急情况时，要求提高监测频次；渗沥液导排层水头监测频次宜为 1 次/月。

（2）降低水位措施主要有以下几点：

1）对于堆体边界高程以上的堆体内部积水宜设置水平导排盲沟自流导出，对于堆体边界高程以下的堆体积水可采用小口径竖井抽排。

2）竖井宜选择在堆体较稳定区域开挖，开挖后可采用 HDPE 花管作为导排管。

3）降水导排井及竖井的穿管与封场覆盖要求密封衔接。封场防渗层为土工膜时，穿管与防渗膜边界宜采用弹性连接。

4）填埋作业时可增设中间导排盲沟。

10.4 渗沥液处理

10.4.1 本条是关于渗沥液处理后排放标准应符合有关标准的原则规定。

现行国家标准《生活垃圾填埋场污染控制标准》GB 16889 要求生活垃圾填埋场应设置污水处理装置，生活垃圾渗沥液经处理并符合此标准规定的污染物排放控制要求后，可直接排放。现有和新建生活垃圾填埋场自 2008 年 7 月 1 日起执行该标准表 2 规定的水污染物排放浓度限值。

10.4.2 本条是关于渗沥液处理工艺选择应考虑因素的原则规定。

10.4.3 本条是关于宜采用的几种渗沥液处理工艺组合的规定。

各种组合形式及其适用范围可参考表 19。

表 19 渗沥液处理工艺组合形式

组合工艺	适用范围
预处理＋生物处理＋深度处理	处理填埋各时期渗沥液
预处理＋物化处理	处理填埋中后期渗沥液 处理氨氮浓度及重金属含量高、无机杂质多，可生化性较差的渗沥液 处理规模较小的渗沥液
生物处理＋深度处理	处理填埋初期渗沥液 处理可生化性较好的渗沥液

10.4.4 本条是关于渗沥液预处理宜采用的几种单元工艺的规定。

预处理的处理对象主要是难处理有机物、氨氮、重金属、无机杂质等。除可采用条文中规定的水解酸化、混凝沉淀、砂滤等方法外，还可采用过去作为主处理的升流式厌氧污泥床(UASB)工艺来强化预处理。

10.4.5 本条是关于渗沥液生物处理宜采用的工艺的规定。

生物处理的处理对象主要是可生物降解有机污染物、氮、磷等。

膜生物反应器(MBR)在一般情况下宜采用 A/O 工艺，基本工艺流程可参考图 1。

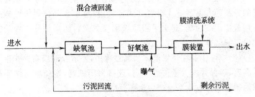

图 1 A/O 工艺流程

当需要强化脱氮处理时，膜生物反应器宜采用 A/O/A/O 工艺。

10.4.6 本条是关于渗沥液深度处理宜采用的工艺的规定。

深度处理的对象主要是难以生物降解的有机物、溶解物、悬浮物及胶体等。可采用膜处理、吸附、高级化学氧化等方法。其中膜处理主要采用反渗透(RO)或碟管式反渗透(DTRO)及其与纳滤(NF)组合等方法，吸附主要采用活性炭吸附等方法，高级化学氧化主要采用 Fenton 高级氧化＋生物处理等方法。深度处理宜以膜处理为主。

当采用"预处理＋生物处理＋深度处理"的工艺流程时，可参考图 2 的典型工艺流程设计。

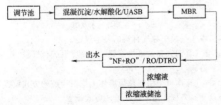

图 2 "预处理＋生物处理＋深度处理"典型流程

10.4.7 本条是关于渗沥液物化处理宜采用的工艺的规定。

物化处理的对象截留所有污染物至浓缩液中。目前较多采用两级碟管式反渗透(DTRO)，近几年也出现了蒸发浓缩法(MVC)＋离子交换树脂(DI)组合的物化工艺。

当采用"预处理＋物化处理"的组合工艺时，可参考图 3 的典型工艺流程设计。

图 3 "预处理＋深度处理"典型工艺流程

10.4.8 本条是关于几种主要渗沥液处理工艺单元设计参数要求的规定。

几种主要工艺单元对渗沥液的处理效果可参考表 20。

表 20 各种渗沥液单元处理工艺处理效果

处理工艺	平均去除率(%)				
	COD	BOD	TN	SS	浊度
水解酸化	<20	<20*	—	—	>40
混凝沉淀	40～60	—	<30	>80	>80
氨吹脱	<30	—	>80	—	30～40
UASB	50～70	>60	—	60～80	—
MBR	>85	>80	>80	>99	40～60
NF	60～80	>80	<10	>99	>99
RO	>90	>90	>85	>99	>99
DTRO	>90	>90	>90	>99	>99

注：* 表示水解酸化处理渗沥液后，BOD 值有可能增加。

10.4.9 本条是关于渗沥液处理过程中产生的污泥处理的原则规定。

10.4.10 本条是关于渗沥液处理过程中产生的浓缩液处理的原则规定。

浓缩液回灌可采用垂直回灌、水平回灌或垂直与水平相结合的回灌形式。渗沥液回灌设计可参考以下要求：

(1)回灌浓缩液所需的垃圾堆体高度不宜小于 10m，在垃圾堆体高度不足 10m 而高于 5m 时，回灌点距离渗沥液收集管出口宜至少有 100m 的距离；

(2)回灌点的布置要求保证渗沥液能均匀回灌于垃圾堆体，并宜每年更换一次布点；

(3)单个回灌点服务半径不宜大于 15m；

(4)回灌水力负荷宜为 20L/(d·m²)～40L/(d·m²)；

(5)配水宜采用连续配水或间歇配水，间歇配水宜根据浓缩液水质、试验数据确定具体的配水次数。

浓缩液蒸发处理可采用浸没燃烧蒸发、热泵蒸发、闪蒸蒸发、强制循环蒸发、碟管式纳滤(DTNF)与 DTRO 的改进型蒸发等处理方法，这些工艺费用较高、设备维护较困难，有条件的地区可采用。

11 填埋气体导排与利用

11.1 一般规定

11.1.1 本条是关于填埋场必须设置有效的填埋气体导排设施的强制性条文。

填埋气体中是含有甲烷等成分的易燃易爆气体,如不采取有效导排设施,大量填埋气体会在垃圾堆体中聚集并随意迁移。填埋作业过程中,局部高浓度的填埋气体可能造成作业人员窒息;如遇明火或闷烧垃圾,则更会有爆炸危险。填埋气体也可能自然迁移至填埋场周边建筑,引发火灾或爆炸。因此填埋场必须设置有效的填埋气体导排设施,将填埋气体集中导排,降低填埋场火灾和爆炸风险;有条件则可加以利用或集中燃烧,亦可减少温室气体排放。

11.1.2 本条是关于填埋场设置填埋气体利用设施条件的规定。

填埋场具有较大的填埋规模和厚度时,填埋气体产生量较大,具有一定的利用价值并能有效减少温室气体排放。

11.1.3 本条是关于不具备填埋气体利用条件的填埋场宜有效减少甲烷产生量的原则规定。

11.1.4 本条是关于老填埋场应设置有效的填埋气体导排和处理设施的原则规定。

根据有关调查情况显示,许多中小城市的旧填埋场没有设置填埋气体导排设施。要求结合封场工程采取竖井(管)等措施进行填埋气体导排和处理,避免填埋气体的安全隐患。

11.1.5 本条是关于填埋气体导排和利用设施应符合有关标准的规定。

11.2 填埋气体产生量

11.2.1 本条是关于填埋气体产气量估算的规定。

填埋气体产气量估算要求根据国家现行标准《生活垃圾填埋场填埋气体收集处理及利用工程技术规范》CJJ 133 规定的 Scholl Canyon 模型,该模型是美国环保局制定的城市固体废弃物填埋场标准背景文件所用的模型。在估算填埋气体产气量前,要对填埋场的具体特征进行分析,选择合适的推荐值或采用实际测量值计算,以保证产气估算模型中参数选择的合理性。

11.2.2 本条是关于清洁发展机制(CDM)项目填埋气体产气量计算的规定。

对于为推广填埋气体回收利用的国际甲烷市场合作计划,其所产生的某些特殊项目宜根据项目要求选择国际普遍认可的填埋气体产气量计算方法。联合国政府间气候变化专门委员会(IPCC)提供的计算模型作为目前国际普遍认可的计算模型,已被普遍应用于国际甲烷市场合作项目中。对于《京都议定书》第 12 条确定的清洁发展机制(CDM)项目,宜采用经联合国气候变化框架公约执行理事会(UNFCCC,EB)批准的 ACM0001 垃圾填埋气体项目方法学工具"垃圾处置场所甲烷排放计算工具"进行产气量估算;当要估算较大范围的产气量,如一个地区或城市的产气量时,宜采用 IPCC 缺省模型进行产气量估算。IPCC 缺省模型多用于填埋气体减排量及气体利用规模的估算。

11.2.3 本条是填埋场气体收集率估算的规定。

(1)填埋气收集率计算见式(11)。

$$收集率=(85\%-X_1-X_2-X_3-X_4-X_5-X_6-X_7)\times 面积覆盖因子 \tag{11}$$

式中:$X_1 \sim X_7$——根据填埋场建设和运行特征所确定的折扣率(%);

面积覆盖因子——由填埋气体系统区域覆盖面积百分率决定。

(2)填埋气体收集折扣率取值可见表 21。

表 21　填埋气体收集折扣率取值表

序号	问 题	折扣率 X_i(%)	
		是	否
1	填埋场填埋的垃圾是否定期进行适当的压实	0	2~4
2	填埋场是否有集中的垃圾倾倒区域	0	4~8
3	填埋场边坡是否有渗沥液渗漏,或填埋场表面是否有水坑/渗沥液坑	10~40	0
4	垃圾平均深度是否有 10m 或以上	0	6~10
5	新填埋的垃圾是否每日或每周进行覆盖	0	6~10
6	已填埋至中期或最终高度的区域是否进行了中期/最终覆盖	0	4~6
7	填埋场是否有铺设土工布或黏土的防渗层	0	3~5

(3)面积覆盖因子(表 22)可通过填埋气系统区域覆盖率确定。

表 22　面积覆盖因子取值表

填埋气系统区域覆盖率	面积覆盖因子
80%~100%	0.95
60%~80%	0.75
40%~60%	0.55
20%~40%	0.35
<20%	0.15

11.3 填埋气体导排

11.3.1 本条是关于填埋气体导排设施选用的基本规定。

11.3.2 本条是关于导气井设计和技术要求的规定。

(1)导气井要求根据垃圾填埋堆体形状、影响半径等因素合理布置,使全场井式排气道作用范围完全覆盖填埋库区。

(2)新建垃圾填埋场,宜从填埋场使用初期采用随垃圾填埋高度的升高而升高的方式设置井式排气道;对于无气体导排设施的在用或停用填埋场,要求采用垃圾填埋单元封闭后钻孔下管的方式设置导气井。

(3)填埋作业在垃圾堆体加高过程中,要求及时增高井式排气道高度,确保井内管道位置固定、连接密闭顺畅,避免填埋作业机械对填埋气体收集系统产生损坏。

11.3.3 本条是关于超过一定的填埋库容和填埋厚度的填埋场应设置主动导气设施的规定。

条文中的"主动导气"是指通过布置输气管道及气体抽取设备,及时抽取场内的填埋气体并导入气体燃烧装置或气体利用设备的一种气体导排方式,见示意图 4。

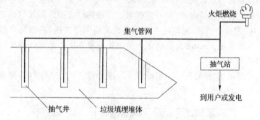

图 4　主动导气示意图

11.3.4 本条是关于导气盲沟的基本规定。

(1)导气盲沟宜在垃圾填埋到一定高度后进行铺设,并与竖井布置相互协调。

(2)导气盲沟可采用在垃圾堆体上挖掘沟道的方式设置,也可采用铺设金属条框或金属网状篮的方式设置。

(3)主动导排导气盲沟外穿垃圾堆体处要求采用膨润土或黏土等低渗透性材料密封,密封厚度宜为 3m~5m。

(4)为保证工作人员安全,被动导排的导气盲沟中排放管的排放口要求高于垃圾堆体表面2m以上。

11.3.5 本条是关于填埋气体导排设施的设计应考虑垃圾堆体沉降变化影响的规定。

11.4 填埋气体输送

11.4.1 本条是关于填埋气体输气管道布置与敷设的规定。

条文中的"集气单元"是指将临近的导气井或导气盲沟阀门集中布置在集气站内,便于对导气井或导气盲沟的调节、监测和控制。输气管道设计要求留有允许材料热胀冷缩的伸缩余地,管道固定要求设置缓冲区,保证收集井与输气管道之间连接的密封性,避免造成管道破坏和填埋气体泄露。在保证安全运行的条件下,输气管道设置要求优化路线,尽量缩短输气线路,减少管道材料用量和气体阻力,降低投资和运行成本。

11.4.2 本条是关于填埋气体流量调节与控制要求的规定。

在填埋气体输送到抽气站的输气系统中,可通过调节阀控制填埋气体的压力和流量,实现安全输送。

每个导气井或导气盲沟的连接管上都要求设置填埋气体监测装置及调节阀。调节阀要求布置在易于操作的位置,并根据填埋气体的流量和压力调整阀门开度。竖井数量较多时宜设置集气站,对同一区域的多个导气井集中调节和控制,也可在系统检修和扩建时将井群的不同部位隔离开来。调节阀的设置要求符合现行行业标准《生活垃圾填埋场填埋气体收集处理及利用工程技术规范》CJJ 133 的有关规定。

11.4.3 本条是关于抽气系统设计要求的规定。

填埋气体主动导排系统的抽气流量要求能随填埋气体产生速率的变化而调节,以防止产气量不足时过抽或产气量充足时气体不能抽出而扩散到大气中的情况发生。

条文中的"抽气系统应具有填埋气体含量及流量的监测和控制功能"是指抽气系统对填埋气体中甲烷及氧气浓度进行监测,填埋气体氧气含量和甲烷含量是抽气系统和处理利用系统安全运行和控制的重要参数,需要时时监测。当气体中氧气含量高时,说明空气进入了填埋气体,应该降低抽气设备转速,当氧含量达到设定的警戒线时,要立即停止抽气。填埋气体抽气设备的选择要求符合现行国家标准《生活垃圾填埋场填埋气体收集处理及利用工程技术规范》CJJ 133 的有关规定。

11.4.4 本条是关于填埋气体输气管道设计要求的基本规定。

条文第2款对材料选择提出了要求。由于填埋气体含有一些酸性气体,对金属有较大的腐蚀性,因此要求气体收集管道耐腐蚀。由于垃圾堆体易发生不均匀沉降,因此要求管道伸缩性强、具有良好的机械性能和气密性能。输气管道可选用 HDPE 管、PVC 管、钢管及铸铁管等,管道材料特性比较可见表23。

表23 输气管道材料特性比较表

材料	HDPE 管	PVC 管	钢管	铸铁管
抗压强度	较弱	较强	强	较强
伸缩性	强	较差	差	差
耐腐蚀性	强	较强	较差	较差
防火性	差	差	好	较好
气密性	好	好	好	较差
投资费用	高	较低	较高	较低
安装难度	较难	易	易	较难

填埋库区输气管道宜选用伸缩性好的 HDPE 软管,场外输气管道要求选用防火性能好、耐腐蚀的金属管道,抽气等动载荷较大的部位不宜采用铸铁管等材质较脆的管道。

11.4.5 本条是关于输气管道中冷凝液排放的基本规定。

本条要求输气管道设计时要求保证一定的坡度并要求设置冷凝液排放装置。填埋气体冷凝液汇集于气体收集系统中的低凹点,会切断传至抽气井的真空,损害系统的运转。输气管道设置不小于1%的坡度以使冷凝液在重力作用下被收集并通过冷凝液排

放装置排出,以减小因不均匀沉降造成的阻塞。输气管道运行时要定期检查维护,清除积水、杂物,防止冷凝液堵塞,确保完好通畅。

条文第4款对冷凝液处理提出了要求,冷凝液属于污染物,其处理和排放都要求严格控制。从排放阀排出的冷凝液要及时将其抽出或排走,可回喷到垃圾堆体中。

可设置冷凝液收集井收集冷凝液,收集井可根据冷凝液排放阀的位置进行设置。当设置冷凝液收集井时,可采取防冻措施,以防止冷凝液在结冰情况下不能被收集和贮存。

11.5 填埋气体利用

11.5.1 本条是关于填埋气体利用和燃烧系统统筹设计要求的规定。

当填埋气体回收利用时,要求协调控制火炬燃烧设备和气体利用系统的填埋气体流量。在填埋气体产气量基本稳定并达到利用要求的条件下,宜首先满足气体利用系统稳定运行的用气量要求。当填埋气体利用系统正常工作时,要停止火炬运行或低负荷运行消耗剩余气量,以实现填埋气体的充分利用。当填埋气体利用系统停止运行且气体不进行临时储存时,要加大火炬负荷,直至满负荷运行,以减少填埋气体对空排放。

11.5.2 本条是关于填埋气体利用方式和规模选择要求的原则规定。

在选择填埋气体利用方式时,要求考虑不同利用方式的特点和适用条件。填埋气体利用方式和规模要根据气体收集量、经济性、周边能源需求、能源转换技术的可靠成熟性、未来能源发展等,经过技术经济比较确定后优先选择效率高的利用方式,保证较高的填埋气体利用率。填埋气体利用方式和规模的选择要求符合国家现行标准《生活垃圾填埋场填埋气体收集处理及利用工程技术规范》CJJ 133 的有关规定。

填埋气体利用可选择燃烧发电,用作燃气(本地燃气或城镇燃气)、压缩燃料等方式。填埋气体利用系统中可配置储气罐进行临时储气,储气罐容积宜为日供气量的50%~60%。

填埋气体利用选择可参考以下要求:

(1)填埋气体用作燃烧发电、锅炉燃料、城镇燃气和压缩燃料(压缩天热气、汽车燃料等)时,填埋场的垃圾总填埋量宜大于150万 t。

(2)填埋气体用作本地燃气时,燃气用户宜在填埋场周围3km 以内。

(3)填埋气体用于锅炉燃料时,锅炉设备的选用应符合现行行业标准《生活垃圾填埋场填埋气体收集处理及利用工程技术规范》CJJ 133—2009 中第7.4.3 条的规定。

(4)填埋气体用于燃烧发电时,发电设备除应符合现行行业标准《气体燃料发电机组 通用技术条件》JB/T 9583.1 的要求外,内燃气发电机组的选用还应符合国家现行标准《生活垃圾填埋场填埋气体收集处理及利用工程技术规范》CJJ 133—2009 中第7.4.2 条的规定。

(5)填埋气体用作城镇燃气或压缩燃料时,燃气管道、压力容器、加气站等设施设备的选用和设计应符合现行国家标准《城镇燃气设计规范》GB 50028 及《汽车用压缩天然气钢瓶》GB 17258 等相关标准的要求。

11.5.3 本条是关于填埋气体预处理要求的规定。

(1)填埋气体预处理工艺的选用要求:

1)填埋气体预处理工艺的选用要求根据气体利用方案、用气设备的要求和烟气排放标准来确定。在符合设计规定的各项要求的前提下,填埋气体预处理宜选用技术先进、成熟可靠的工艺,确保在规定的运行期内安全正常运行。

2)填埋气体预处理工艺方案设计要求考虑废水、废气及废渣的处理,符合现行国家有关标准的规定,防止对环境造成二次污染。

(2)当填埋气体用储气罐储存时,预处理程度可参考以下要求:

1)填埋气体中的水分、二氧化碳及硫化氢等腐蚀性气体要求

被去除。

2)处理后的填埋气体应符合国家现行有关标准的要求。

(3)当填埋气体用作本地燃气时,预处理程度可参考以下要求:

1)填埋气体中的水分和颗粒物宜被去除,气体中的甲烷含量宜大于40%。

2)处理后的填埋气体需满足锅炉等燃气设备的要求。

(4)当填埋气体用于燃烧发电时,预处理程度可参考以下要求:

1)对填埋气体要求进行脱水、除尘处理,还要求去除硫化氢、硅氧烷等损害发电机的气体成分,气体中的甲烷含量宜大于45%,气体中的氧气含量要求控制在2%以内,可不考虑去除二氧化碳。

2)净化气体需满足发电机组用气的要求,典型燃气发电机组对填埋气体的压力、温度和杂质等的要求见表24。

表24 典型燃气发动机对填埋气体的各项要求

序号	项 目	符 号	数 据
1	压力	P	8kPa～20kPa
2	温度	T	10℃～40℃
3	氧气	O_2	≤2%
4	硫化物	H_2S	≤600ppm
5	氯化物	Cl	≤48ppm
6	硅、硅化物	Si	<4mg/m^3(标准状态下)
7	氨水	NH_3	≤33mg/m^3
8	残机油、焦油	Tar	<5mg/m(标准状态下)
9	固体粉尘	Dust	<5μm <5mg/m^3(标准状态下)
10	相对湿度	r	<80%

(5)当填埋气体用作城镇燃气时,预处理程度可参考以下要求:

1)对填埋气体要求进行脱水、除尘处理,还要求去除二氧化碳、硫化物、卤代烃等微量污染物,气体中的甲烷含量要求达到95%以上。

2)净化气体可参照现行国家标准《城镇燃气设计规范》GB 50028等相关标准的规定执行。

(6)当填埋气体用作压缩天然气等压缩燃料时,预处理程度可参考以下要求:

1)对填埋气体要求进行脱水、除尘及脱硫处理,还要求去除二氧化碳、氮氧化物、硅氧烷、卤代烃等微量污染物,气体中的甲烷含量要求达到97%以上,二氧化碳含量要求小于3%,氧气含量小于0.5%。

2)净化气体可参考国家压缩燃料质量标准和规范的要求,填埋气体用于车用压缩天然气时的具体净化要求可见表25。

表25 压缩天然气的净化要求

项 目	技术指标
总硫(以硫计)(mg/m^3)	≤200
硫化氢(mg/m^3)	≤15
二氧化碳 y_{CO_2}(%)	≤3.0
氧气 y_{O_2}(%)	≤0.5
甲烷 y_{CH_4}(%)	≥97

注:气体体积的标准参比条件是101.325kPa,20℃。

11.5.4 本条是关于填埋气体燃烧系统设计要求的规定。

由于主动导排是将气体抽出,集中排放,如果不用火炬燃烧,则大量可燃气体排放会有安全隐患。火炬燃烧系统要求能在设计负荷范围内根据填埋气体产量变化、气体利用设施负荷变化、甲烷浓度变化等情况调节气体流量,保证填埋气体得到充分燃烧。

条文中"稳定燃烧"是指填埋气体得到充分燃烧,填埋气体中的恶臭气体完全分解。

条文提出了填埋气体火炬要求具有的安全保护措施,燃气在点火和熄火时比较容易产生爆炸性混合气体,"阻火器"是防止回火的设备。火炬燃烧系统还要安装温度计、火焰仪等装置。

填埋气体燃烧系统设计要求符合国家现行标准《生活垃圾填埋场填埋气体收集处理及利用工程技术规范》CJJ 133 的有关规定。

11.6 填埋气体安全

11.6.1 本条是关于填埋场防火基本要求的强制性条文规定。

条文中的"生产的火灾危险性分类"是指根据生产中使用或产生的物质性质及其数量等因素,将生产场区的火灾危险性分为甲、乙、丙、丁、戊类,根据现行国家标准《建筑设计防火规范》GB 50016的规定,填埋库区界定为生产的火灾危险性分类中的戊类防火区。

填埋库区还要求在填埋场设置消防贮水池或配备洒水车、储备灭火干粉剂和灭火沙土,配置填埋气体监测及安全报警仪器,定期对场区进行甲烷浓度监测。

11.6.2 本条是关于防火隔离带的设置要求的规定。

条文中的"防火隔离带"宜选用植物。植物的选择宜根据当地习惯多选用吸尘、减噪、防毒的草皮及长青低矮灌木,宜采用草皮与灌木交错布置的方式设置防火隔离带。场区内防火隔离带要求定期检查维护。

11.6.3 本条为强制性条文,是关于避免安全问题的相关措施的规定。

填埋场在封场稳定安全期前,由于垃圾中可生物降解成分仍未完全降解,垃圾堆体中仍然存在大量易燃易爆的填埋气体。填埋库区内如有封闭式建(构)筑物,极易聚集填埋气体并引发爆炸。另外,堆放易燃易爆物品,甚至将火种带入填埋库区,也可能引发爆炸,造成火灾。

条文中的"稳定安全期"是指填埋场封场后,垃圾中可生物降解成分基本降解,各项监测指标趋于稳定,垃圾层不发生沉降或沉降非常小的过程。

条文中的"易燃、易爆物品"是指在受热、摩擦、震动、遇潮、化学反应等情况下发生燃烧、爆炸等恶性事故的化学物品。根据《中华人民共和国消防法》的有关规定,"易燃易爆危险物品",包括民用爆炸物品和现行国家标准《危险货物品名表》GB 12268 中以燃烧爆炸为主要特性的压缩气体和液化气体,易燃液体,易燃固体、自燃物品和遇湿易燃物品,氧化剂和有机过氧化剂,毒害品、腐蚀品中部分易燃易爆化学物品等。

填埋场要求制订防火、防爆等应急预案和措施,严格管理车辆和人员进出,场内严禁烟火,填埋场醒目位置要求设置禁火警示标志。

11.6.4 本条为强制性条文,是关于填埋场内甲烷气体含量要求的规定。

条文中"填埋场上方甲烷气体含量必须小于5%",该值参考了美国环保署的指标,其认定空气中甲烷浓度5%为爆炸低限,当浓度为5%～15%时就可能发生爆炸。

由于填埋库区各区域填埋气的产气量、产气浓度都存在差异,为确保场区安全,要求根据现行国家标准《生活垃圾填埋场污染控制标准》GB 16889等相关标准的要求,对填埋库区、填埋库区内构筑物、填埋气体排放口的甲烷浓度每天进行一次检测。对甲烷的每日检测可采用符合现行国家标准《便携式催化甲烷检测报警仪》GB 13486要求的仪器或具有相同效果的便携式甲烷测定器进行测定,对甲烷的监督性检测要求按照现行行业标准《固定污染源排气中非甲烷总烃的测定 气相色谱法》HJ/T 38中甲烷的测定方法进行测定。

11.6.5 本条是关于填埋场车辆、设备运行安全方面的规定。

对于经常进入填埋作业区的车辆、设备要求有防火措施,并定期检查机械性能,及时更换老旧部件,对摩擦较大的部件宜经常润滑维护,保持良好的机械特性,以避免因摩擦或其他机械故障产生火花而造成安全问题。

11.6.6　本条是关于防止填埋气体在填埋场局部聚集的规定。

11.6.7　本条是关于对可能造成腔型结构填埋物的处理要求的规定。

对填埋物中如桶、箱等本身有一定容积的大件物品以及一些在填埋过程中"可能造成腔型结构的大件物品",要求破碎后再进行填埋。破碎后填埋物的外形尺寸要求符合具体填埋工艺设计的要求。

12　填埋作业与管理

12.1　填埋作业准备

12.1.1　本条是关于填埋场作业人员和运行管理人员的基本要求的规定。

通过加强和规范生活垃圾填埋场运行管理,提升作业人员的业务水平,保证安全运行,规范作业。

填埋场运行管理人员要求掌握填埋场主要技术指标及运行管理要求,并具备执行填埋场基本工艺技术要求和使用有关设施设备的技能,明确有关设施设备的主要性能、使用年限和使用条件的限制。

条文中"熟悉填埋作业要求"具体如下:

(1)了解本岗位的主要技术指标及运行要求,具备操作本岗位机械、设备、仪器、仪表的技能。

(2)坚守岗位,按操作要求使用各种机械、设备、仪器仪表,认真做好当班运行记录。

(3)定期检查所管辖的设备、仪器、仪表的运行状况,认真做好检查记录。

(4)运行管理中发现异常情况,要求采取相应处理措施,登记记录并及时上报。

填埋场作业人员和运行管理人员均要求熟悉运行管理中填埋气体的安全相关知识。

12.1.2　本条是关于填埋作业规程制订和紧急应变计划的规定。

条文中"填埋作业规程"是填埋场运行管理达到卫生填埋技术规范要求的技术保障,要求有本场的年、月、周、日填埋作业规程,严格按填埋作业规程进行作业管理,确保填埋安全并符合现行行业标准《城市生活垃圾卫生填埋场运行维护技术规程》CJJ 93 的要求。

条文中"制定填埋气体引起火灾和爆炸等意外事件的应急预案"的基本依据有《中华人民共和国突发事件应对法》、《国家突发环境事件应急预案》、《环境保护行政主管部门突发环境事件信息报告办法(试行)》、《突发公共卫生事件应急条例》、《生产经营单位安全生产事故应急预案编制导则》AQ/T 9002、《生活垃圾应急处置技术导则》RISN - TG 005 等。

12.1.3　本条是关于制订分区分单元填埋作业计划的原则规定。

条文中的"分区分单元填埋作业计划"要求包括分区作业计划和分单元分层填埋计划,宜绘制填埋单元作业顺序图。

12.1.4　本条是关于填埋作业开始前的基本设施准备要求的规定。

条文中的"填埋作业分区的工程设施和满足作业的其他主体工程、配套工程及辅助设施"主要包括:作业通道、作业平台(含平台的设置数量、面积、材料、长度、宽度等参数要求)、场内运输、工作面转换、边坡(HDPE 膜)保护、排水沟修筑、填埋气井安装、渗沥液导渗等内容。这些设施要求按设计要求进行施工。

12.1.5　本条是关于填埋作业要求的规定。

条文中"卸车平台"的设置要求便于作业,并满足下列要求:

(1)卸车平台基底填埋层要预先构筑;

(2)卸车平台的构筑面积要求满足垃圾车回转倒车的需要;

(3)卸车平台整体要求稳定结实,表面要设置防滑带,满足全天候车辆通行要求。

垃圾卸车平台和填埋作业区域要求在每日作业前布置就绪,平台数量和面积要求根据垃圾填埋量、垃圾运输车流量及气候条件等实际情况分别确定。垃圾卸车平台材料可以是建筑垃圾、石料构筑的一次性卸车平台,或由特制钢板多段拼接、可延伸并重复使用的专用卸车平台,或其他类型的专用平台。其中由钢板拼装的专用卸料作业平台除了可重复使用,还具有较好的防沉陷能力。

12.1.6　本条是关于配置填埋作业设备的规定。

条文中的"摊铺设备"指推土机,条文中的"压实设备"主要指压实机,填埋场规模较小时可用推土机代替压实机进行压实,条文中"覆盖"作业设备一般采用挖掘机、装载机和推土机等多项设备配合作业。

填埋场主要工艺设备要求根据日处理垃圾量和作业区、卸车平台的分布来进行合理配置,可参照表 26 选用。

表 26　填埋场工艺设备选用表(台)

建设规模	推土机	压实机	挖掘机	装载机
Ⅰ级	3～4	2～3	2	2～3
Ⅱ级	2～3	2	2	2
Ⅲ级	1～2	1	1	1～2
Ⅳ级	1～2	1	1	1～2

为防止大件垃圾形成腔型结构,本条提出了"大件垃圾较多情况下,宜配置破碎设备"的要求。

12.2　填埋作业

12.2.1　本条是关于填埋物入场和垃圾车出场时的作业要求的规定。

条文中"检查"的内容包括垃圾运输车车牌号、运输单位、进场日期及时间、垃圾来源、类别等情况。条文中"计量"是指采用计量系统对进场垃圾进行计量,计量的主要设施为地磅房。

(1)进场垃圾检查需注意以下要点:

1)对进入填埋场的垃圾进行不定期成分抽查检测;

2)填埋场入口操作人员要求对进场垃圾适时观察,发现来源不明等要及时抽检;

3)不符合规定的填埋物不能进入填埋区,并进行相应处理、处置;

4)填埋作业现场倾卸垃圾时,一旦发现生活垃圾中混有不符合填埋物要求的固体废物,要及时阻止倾卸并做相应处置,同时对其做详细记录、备案并及时上报。

（2）进场垃圾计量需注意以下要点：

1）对进场垃圾进行计量信息登记；

2）垃圾计量系统要保持完好，计量站房内各种设备要求保持使用正常；

3）操作人员要求做好每日进场垃圾资料备份和每月统计报表工作；

4）操作人员要求做好当班工作记录和交接班记录；

5）计量系统出现故障时，要求立即启动备用计量方案，保证计量工作正常进行；当全部计量系统均不能正常工作时，及时采用手工记录，待系统修复后及时将人工记录数据输入计算机，保证记录完整准确。

12.2.2 本条是关于填埋作业的分类和工序的规定。

条文中的"单元"为某一作业期的作业量，宜取一天的作业量作为一个填埋单元。每个分区要求分成若干单元进行填埋作业。

条文中的"分层"作业是每个分区中的各子单元按照顺序填埋为基础，分为第一阶段填埋作业和第二阶段填埋作业：

第一阶段填埋作业：通常填埋第一层垃圾时宜采用填坑法作业。

第二阶段填埋作业：第一阶段填埋作业完成后，可进行第二阶段填埋作业。在第二阶段作业中，可每 5m 左右为一个作业层，第二阶段填埋作业在地面以上完成，为保证堆体的稳定性，需要修坡，堆比宜为 1∶3。每升高 5m 设置一个 3m 宽的马道平台，第二阶段填埋作业最终达到的高程为封场高程。第二阶段宜采用倾斜面堆填法。

条文中的"分层摊铺、压实"是指将厚度不大于 600mm 的垃圾摊铺在操作斜面上（斜面坡度小于压实机械的爬坡坡度），然后进行压实，该层压实完成后再进行上一层的摊铺、压实。

填埋单元作业时要求对作业区面积进行控制。

对于Ⅰ、Ⅱ类填埋场，宜按照作业区面积与日填埋量之比 0.8～1.0 进行作业区面积的控制，并且按照暴露面积与作业面积之比不大于 1∶3 进行暴露面积的控制。

对于Ⅲ、Ⅳ类填埋场，宜按照作业区面积与日填埋量之比 1.0～1.2 进行作业区面积的控制，并且可按照暴露面积与作业面积之比不大于 1∶2 进行暴露面积的控制。雨、雪季填埋区作业单元易打滑、陷车，要求选择在填埋库区入口附近设置备用填埋作业区，以应对突发事件。

12.2.3 本条是关于垃圾摊铺厚度及压实密度要求的规定。

摊铺作业方式有由上往下、由下往上、平推三种，由下往上摊铺比由上往下摊铺压实效果好，因此宜选用从作业单元的边坡底部向顶部的方式进行摊铺，每层垃圾摊铺厚度以 0.4m～0.6m 为宜，条文规定具体"应根据填埋作业设备的压实性能、压实次数及生活垃圾的可压缩性确定"。

填埋场宜采用专用垃圾压实机分层连续不少于两遍碾压垃圾，当压实机发生故障停止使用时，可使用大型推土机连续不少于三遍碾压垃圾。压实作业坡度宜为 1∶4～1∶5，压实后要求保证层面平整，垃圾压实密度要求不小于 600kg/m³。对于日填埋量小于 200t 的Ⅳ类填埋场，可采取推土机替代专用垃圾压实机完成压实垃圾作业，但需达到规定的压实密度。小型推土机来回碾压次数则按照垃圾压实密度要求，以大型推土机连续碾压的次数（不少于 3 次）进行相应的等量换算。

12.2.4 本条是关于填埋单元的高度、宽度以及坡度要求的规定。

条文中"每一单元"大小可根据填埋场的不同日处理规模来选取，相关尺寸可参考表 27。

表 27　填埋单元尺寸参照表

日处理规模	填埋单元尺寸 $L \times B \times H$（m×m×m）
Ⅰ级	25×9×6
Ⅱ级	20×7×5
Ⅲ级	14×6×4
Ⅳ级	11×6×3

12.2.5 本条是关于日覆盖要求的规定。

每一填埋单元作业完成后的日覆盖主要作用是抑制臭气，防轻质、飞扬物质，减少蚊蝇及改善不良视觉环境。日覆盖主要目的不是减少雨水侵入，对覆盖材料的渗透系数没有要求。根据国内填埋场经验，采用黏土覆盖容易在压实设备上粘结大量土，对压实作业产生影响，因此建议采用砂性土进行日覆盖。

采用膜材料覆盖时作业技术要点如下：

（1）覆盖膜宜选用 0.75mm 厚度、宽度为 7m～8m 的 HDPE 膜，亦可用 LLDPE 膜。覆盖时裁剪长度宜为 20m 左右，要求注意覆盖材料的使用和回收，降低消耗。

（2）覆盖时要求从当日作业面最远处的垃圾堆体逐渐向卸料平台靠近。

（3）覆盖时膜与膜搭接的宽度宜为 0.20m 左右，盖膜方向要求按坡度顺水搭接（即上坡膜压下坡膜）。

条文中的喷涂覆盖技术，是指将覆盖材料通过喷涂设备，加水混合搅拌成浆料，喷涂到所需覆盖的垃圾表层，材料干化后在表面形成一层覆盖膜层。

12.2.6 本条是关于作业场所喷洒杀虫灭鼠药剂、除臭剂及洒水降尘的规定。

喷洒除臭剂是指对作业面采用人工喷淋或对垃圾堆体上空采用高压喷雾风炮的方式进行除臭。

臭气控制除了本条及有关条文规定的堆体"日覆盖"、"中间覆盖"及调节池的"覆盖系统"等要求外，尚宜采取以下措施：

（1）减少和控制填埋作业暴露面；

（2）减少无组织填埋气体排放量；

（3）及时清除场区积水。

在垃圾倾卸、推平、填埋过程中都会产生粉尘，所以规定在填埋作业时要求适当"洒水降尘"。

12.2.7 本条是关于中间覆盖要求的规定。

中间覆盖的主要目的是避免因较长时间垃圾暴露进入大量雨水，产生大量渗沥液，可采用黏土、HDPE 膜、LLDPE 膜等防渗材料进行中间覆盖。黏土覆盖层厚度不宜小于 30cm。

采用膜材料覆盖时作业技术要点如下：

（1）膜覆盖的垃圾堆体中，会产生甲烷、硫化氢等有害健康的气体，将其掀开时，必须有相应的防范措施。

（2）覆盖时膜裁剪根据实际长度，但一般不超过 50m。

（3）覆盖时宜按先上坡后下坡顺序覆盖。

（4）在靠近填埋场防渗边坡处的膜覆盖后，要求使膜与边坡接触并有 0.5m～1m 宽度的膜覆盖住边坡。

（5）膜的外缘要拉出，宜开挖矩形锚固沟并在护道处进行锚固。要求通过膜的最大允许拉力计算，确定沟深、沟宽、水平覆盖间距和覆土厚度。

（6）膜与膜之间要进行焊接，焊缝要求保持均匀平直，不允许有漏焊、虚焊或焊洞现象出现。

（7）覆盖后的膜要求平直整齐，膜上需压放有整齐稳固的压膜材料。

（8）压膜材料要求压在膜与膜的搭接处上，摆放的直线间距为 1m 左右。如作业气候遇风力比较大时，也可在每张膜的中部摆上压膜袋，直线间距 2m～3m 左右。

12.2.8 本条是关于进行封场和生态环境恢复的原则规定。

封场和生态环境恢复的技术要求在本规范中第 13 章中作了具体规定。

12.2.9 本条是关于维护场内设施和设备的原则规定。

本条所指的"设施、设备"主要有各种路面、沟槽、护栏、爬梯、盖板、挡墙、挡坝、井管、监控系统、气体导排系统、渗沥液处理系统和其他各类机电装置等。各岗位人员负责辖区设施日常维护，部门及场部定期组织人员抽查。

各种供电设施、电器、照明设备、通信管线等要求由专业人员定期检查维护；各种车辆、机械和设备日常维护保养及部分小修要求由操作人员负责，中修或大修要求由厂家或专业人员负责；避雷、防爆装置要求由专业人员定期按有关行业标准检测。场区内的各种消防设施、设备要求由岗位人员做好日常管理和场部专职人员定期检查。

12.2.10 本条是关于填埋作业过程实施安全卫生管理应符合有关标准的原则规定。

12.3 填埋场管理

12.3.1 本条是关于填埋场应建立全过程管理的原则规定。

12.3.2 本条是关于填埋场建设有关文件科学管理的规定。

条文中的"有关文件资料"包括场址选择、勘察、环境影响评价、可行性研究、征地、财政拨款、设计、施工直至验收等全过程所形成的所有文件资料，如项目建议书及其批复，可行性研究报告及其批复，环境影响评价报告及其批复，工程地质和水文地质详细勘察报告，设计文件、图纸及设计变更资料，施工记录及竣工验收资料等。

12.3.3 本条是关于填埋场运行记录、管理、计量等级的规定。

运行技术资料除条文中规定的"车辆数量、垃圾量、渗沥液产生量、材料消耗等"外，还要求包括：

（1）垃圾特性、类别；

（2）填埋作业规划及阶段性作业方案进度实施记录；

（3）填埋作业记录（倾卸区域、摊铺厚度、压实情况、覆盖情况等）；

（4）渗沥液收集、处理、排放记录；

（5）填埋气体收集、处理记录；

（6）环境监测与运行检测记录；

（7）场区除臭灭蝇记录；

（8）填埋作业设备运行维修记录；

（9）机械或车辆油耗定额管理和考核记录；

（10）填埋场运行期工程项目建设记录；

（11）环境保护处理设施污染治理记录；

（12）上级部门与外来单位到访记录；

（13）岗位培训、安全教育及应急演习等的记录；

（14）劳动安全与职业卫生工作记录；

（15）突发事件的应急处理记录；

（16）其他必要的资料、数据。

归档文件资料保存形式可以是图表、文字数据材料、照片等纸质或电子载体。特殊情况下，也可将少量实物样品归档保存。

Ⅱ级及Ⅱ级以上的填埋场宜采用计算机网络对填埋作业进行管理。

12.3.4 本条是关于填埋场封场和场地再利用管理的规定。

12.3.5 本条是关于填埋场跟踪监测管理的规定。

13 封场与堆体稳定性

13.1 一般规定

13.1.1 本条是关于封场设计应考虑因素的原则规定。

13.1.2 本条是关于封场设计应符合相关标准的规定。

13.2 填埋场封场

13.2.1 本条是关于堆体整形设计应满足的基本要求的规定。

（1）堆体整形挖方作业时，要求采用斜面分层作业法。斜面分层自上而下作业，避免形成甲烷气体聚集的封闭或半封闭空间，防止填埋气体突然膨胀引发爆炸，也可避免陡坡发生滑坡事故。

（2）堆体整形时要求分层压实垃圾以提高堆体抗剪强度，减少堆体的不均匀沉降，增加堆体稳定性，为封场覆盖系统提供稳定的工作面和支撑面。

（3）堆体整形作业过程中，挖出的垃圾要求及时回填。垃圾堆体不均匀沉降造成的裂缝、沟坎、空洞等要求充填密实。

（4）堆体整形与处理过程中，宜采用低渗透性的覆盖材料临时覆盖。

13.2.2 本条是关于封场坡度设计要求的规定。

封场坡度包括"顶面坡度"与"边坡坡度"。顶面坡度不宜小于5%的设置可以防止堆体顶部不均匀沉降造成雨水聚集；边坡宜采用多级台阶进行封场，台阶高度宜按照填埋单元高度进行，不宜大于10m，考虑雨水导排，同时也对堆体边坡的稳定提出了要求。

堆体边坡处理要求如下：

（1）边坡处理设计要求根据需要分别列出排水、坡面支护和深层加固等处理方法中常用的处理措施，并规定如何合理选用这些处理方法，组成符合工程实际的综合处理方案。规定可采用的具体处理措施时，要注意与土坡处理措施的异同。

（2）边坡处理的开挖减载、排水、坡面支护和深层加固方法中，对于技术问题较复杂的某些处理措施，可参照土坡处理的要求进一步规定该措施的适用条件、要注意的问题和主要计算内容。

（3）边坡稳定分析要求从短期及长期稳定性两方面考虑，边坡稳定性通常与垃圾堆体的沉降速率、抗剪参数、坡高、坡角、重力密度及孔隙水应力等因素有关。

13.2.3 本条是关于不同最终封场覆盖结构要求的规定。

排气层宜采用粗粒或多孔材料，采用粒径为 $25mm \sim 50mm$、导透性能好、抗腐蚀的粗粒多孔材料，渗透系数要求大于 $1 \times 10^{-2} cm/s$。边坡排气层宜采用与粗粒或多孔材料等效的土工复合排水网。

条文中的"黏土层"在投入使用前要求进行平整压实。黏土层压实度不得小于 90%，黏土层平整度要求达到每平方米黏土层误差不得大于 $2cm$。在设计黏土层时要求考虑如沉降、干裂缝以及冻融循环等破坏因素。

条文中的"土工膜"，宜与防渗土工膜紧密连接。

排水层宜采用粗粒或多孔材料，排水层渗透系数要求大于 $1 \times 10^{-2} cm/s$，以保证足够的导水性能，保证施加于下层衬里的水头小于排水层厚度。边坡排水层要求采用土工复合排水网。设计排水层时，要求尽量减少降水在底部和低渗透水层接触的时间，从而减少降水到达填埋物的可能性。通过顶层渗入的降水可被截住并很快排出，并流到坡脚的排水沟中。

封场边坡的坡度较大，直接采用卵石等作为排水层、排气层则覆盖稳定难以保证，需要以网格作为骨架进行固定，所以规定采用土工复合排水网或加筋土工网垫。

植被层坡度较大处宜采取表面固土措施。

条文中防渗层的"保护层"可采用黏土,也可采用 GCL 或非织造土工布。

(1)黏土:厚度不宜小于 30cm,渗透系数不大于 $1×10^{-5}$cm/s;

(2)GCL:厚度应大于 5mm,渗透系数应小于 $1×10^{-7}$cm/s;

(3)非织造土工布:规格不宜小于 $300g/m^2$。

13.2.4 本条是关于封场后实施生态恢复的规定。

生态恢复所用的植物类型宜选择浅根系的灌木和草本植物,以保证封场防渗膜不受损害。植物类型还要求适合填埋场环境并与填埋场周边的植物类型相似的植物。

(1)根据填埋堆体稳定化程度,可按恢复初期、恢复中期、恢复后期三个时期分别选择植物类型:

1)恢复初期,生长的植物以草本植物生长为主。

2)恢复中期,生长的植物出现了乔、灌木植物。

3)恢复后期,植物生长旺盛,包括各类草本、花卉、乔木、灌木等。

(2)植被恢复各期可参考如下措施进行维护:

1)恢复初期:堆体沉降较快造成的裂缝、沟坎、空洞等应充填密实,同时应清除积水,并补播草种、树种。

2)恢复中期:不均匀沉降造成的覆盖系统破损应及时修复,并补播草种、树种。

3)恢复后期:定期修剪植被。

13.2.5 本条是关于封场后运行管理和环境与安全监测等内容的规定。

条文中的渗沥液处理直至填埋体稳定的判断,因垃圾成分的多样性与填埋工艺的不同,封场后渗沥液产生量和时间较难确定,宜根据监测数据判断。一般要求直到填埋场产生的渗沥液中水污染物浓度连续两年低于现行国家标准《生活垃圾填埋场污染控制标准》GB 16889 规定的限值。监测应符合《生活垃圾卫生填埋场岩土工程技术规范》CJJ 176—2012 中第 9 章的规定。

条文中的"环境与安全监测"主要包括:

(1)大气监测:环境空气监测中的采样点、采样环境、采样高度及采样频率的要求按现行国家标准《生活垃圾卫生填埋场环境监测技术要求》GB/T 18772 执行。各项污染物的浓度限值要求按现行国家标准《环境空气质量标准》GB 3095 的规定执行。

(2)填埋气监测:要求按现行国家标准《生活垃圾卫生填埋场环境监测技术要求》GB/T 18772 的规定执行。

(3)地表水监测:地表水水质监测的采样布点、监测频率要求按国家现行标准《地表水和污水监测技术规范》HJ/T 91 的规定执行。各项污染物的浓度限值要求按现行国家标准《地表水环境质量标准》GB 3838 的规定执行。

(4)填埋物有机质监测:样品制备要求按国家现行标准《城市生活垃圾采样和物理分析方法》CJ/T 3039 的规定执行。有机质含量的测定要求按国家标准《生活垃圾化学特性通用检测方法》CJ/T 96 的规定执行。

(5)植被调查:要求每隔 2 年对植物的覆盖度、植被高度、植被多样性进行检测分析。

13.2.6 本条是关于封场后进行水土保持的原则规定。

填埋场封场后宜对场区水土流失进行评价,其中由侵蚀引起的水土流失每公顷每年不宜超过 5t。

条文中"相关维护工作"包括维护植被覆盖(修剪、施肥等)和保养表土(铺设防腐蚀织物、修整坡度等)。

13.2.7 本条是关于填埋场封场后土地使用要求的规定。

填埋场地稳定化判定要求可参考表 28。

表 28 填埋场场地稳定化判定要求

利用阶段	低度利用	中度利用	高度利用
利用范围	草地、农地、森林	公园	一般仓储或工业厂房
封场年限(年)	≥3	≥5	≥10
填埋物有机质含量	<20%	<16%	<9%
地表水水质	满足 GB 3838 相关要求		

续表 28

利用阶段	低度利用	中度利用	高度利用
堆体中填埋气	不影响植物生长,甲烷浓度不大于 5%	甲烷浓度 1%~5%	甲烷浓度小于 1%,二氧化碳浓度小于 1.5%
大气	—		GB 3095 三级标准
恶臭指标	—		GB 14554 三级标准
堆体沉降	大,>35cm/年	不均匀,10cm/年~30cm/年	小,1cm/年~5cm/年
植被恢复	恢复初期	恢复中期	恢复后期

注:封场年限从填埋场封场后开始计算。

条文中的"土地利用",按照不同利用方式要求满足国家相关环保标准要求。填埋场封场后的土地利用可分为低度利用、中度利用和高度利用三类。

(1)低度利用一般指人与场地非长期接触,主要方式有草地、林地、农地等。

(2)中度利用指人与场地不定期接触,主要包括公园、运动场、野生动物园、高尔夫球场等。

(3)高度利用一般指人与场地长期接触的建(构)筑物。

13.2.8 本条是关于老生活垃圾填埋场封场工程的规定。

13.3 填埋堆体稳定性

13.3.1 本条是关于堆体稳定性所包括内容的规定。

13.3.2 本条是关于封场覆盖稳定性分析的原则规定。

条文中"滑动稳定性分析"宜采用无限边坡分析方法。在进行覆盖稳定性分析时,要求考虑其最不利条件下的稳定性。封场覆盖稳定性安全系数(稳定系数)在 1.25~1.5 为宜。

13.3.3 本条是关于堆体边坡稳定性计算方法的规定。

边坡稳定分析要求从短期及长期稳定性两方面考虑,边坡稳定性通常与垃圾的抗剪参数、坡高、坡角、重力密度及孔隙水应力等因素有关。

堆体边坡稳定定性计算方法选用原则:

(1)堆体边坡滑动面呈圆弧形时,宜采用简化毕肖普(Simplified Bishop)法和摩根斯顿-普赖斯法(Morgenstern-Price)进行抗滑稳定计算。

(2)堆体边坡滑动面呈非圆弧形时,宜采用摩根斯顿-普赖斯法和不平衡推力传递法进行抗滑稳定计算。

(3)边坡稳定性验算时,其稳定性系数要求不小于现行国家标准《建筑边坡工程技术规范》GB 50330—2002 中表 5.3.1 的规定。

13.3.4 本条是关于堆体沉降稳定性判断的规定。

(1)堆体沉降量由沉降时间得到沉降速率,进而通过沉降速率与封场年限判断堆体的稳定性。

(2)填埋堆体沉降速率可作为填埋场地稳定化利用类别的判定特征。填埋堆体沉降速率可根据沉降量与沉降历时计算。

(3)堆体沉降量可通过监测或通过主固结沉降与次固结沉降计算得到。

13.3.5 本条是关于堆体沉降、导排层水头监测要求及应对措施的规定。

(1)堆体沉降监测:

1)填埋堆体沉降的监测内容包括堆体表层沉降、堆体深层不同深度沉降。

2)堆体中的监测点宜采用 30m~50m 的网格布置,在不稳定的局部区域宜增加监测点的密度。

3)沉降计算时监测点的选择要求沿几条选定的沉降线选择不同的监测点。

4)监测周期宜为每月一次,若遇恶劣天气或意外事件,宜适当缩短监测周期。

(2)渗沥液水位监测:见本规范第 10.3.7 条的条文说明。

14 辅助工程

14.1 电 气

14.1.1 本条是关于填埋场供配电系统负荷等级选择的原则规定。

填埋场用电要求经过总变电设施,对各集中用电点(管理区、填埋作业区、渗沥液处理区等)进行配电,然后经过局部配电设施对具体设施供电。

填埋场供配电宜按二级负荷设计。

填埋工程要求供配电系统能保证在防洪及暴雨季节不得停电,同时要求节约能源,降低电耗。

用电电压宜采用 380/220V。变压器接线组别的选择,要求使工作电源与备用电源之间相位一致,低压变压器宜采用干式变压器。

垃圾填埋场宜配置柴油发电机,以备应急。

14.1.2 本条是关于填埋场的继电保护和安全自动装置、过电压保护、防雷和接地要求符合相关标准的原则规定。

继电保护设计可参考下列要求:

(1)10kV 进线要求设置过电流保护。

(2)10kV 出线要求设置电流速断保护、过电流保护及单相接地故障报警。

(3)出线断路器保护至变压器,要求设置速断主保护及过流后备保护。

(4)管理区变电室值班室外要求设置不重复动作的信号系统,要求设置信号箱一台。

(5)10kV 系统要求设绝缘监视装置,要求动作于中央信号装置。

(6)变压器要求设短路保护。

(7)低压配电进线总开关要求设置过载长延时和短路速断保护。

(8)低压用电设备及馈线电缆要求设置短路及过载保护。

14.1.3 本条是关于填埋气体发电工程电气主接线设计的基本规定。

14.1.4 本条是关于照明设计应符合相关标准的原则规定。

(1)照明配电宜采用三相五线制,电压等级均为 380/220V,接地形式采用 TN-S 系统。

(2)管理区用房照明宜采用荧光灯,道路照明可采用 8m 高的金属杆配高压钠灯,渗沥液处理区设备照明宜设置高杆照明灯。

(3)照度值可采用中值照度值。

14.1.5 本条是关于电缆的选择与敷设应符合相关标准的原则规定。

(1)引入到场区的高压线,要求经技术经济比较后确定架设方式。采用高架架空形式时,要求减少高压线在场区内的长度,并要求沿场区边缘布置。

(2)填埋场内电缆可采用金属铠装电缆,室外敷设时宜以直埋为主,并要求采取有效的阻燃、防火封堵措施。

(3)低压配电室内和低压配电室到渗沥液处理区的线路宜设置电缆沟,电缆在沟内分边分层敷设,低压配电室到其他构筑物则一般可采用钢管暗敷,渗沥液处理及填埋气体处理构筑物内则一般采用电缆桥架。

14.2 给排水工程

14.2.1 本条是关于填埋场给水工程设计应符合相关标准的原则规定。

填埋场管理区的生产、生活及消防等用水设计应考虑以下几个方面:

(1)道路喷洒及绿化用水:道路浇洒用水量按 q_1(可取

0.0015)$m^3/(m^2 \cdot 次)$,每日浇洒按 2 次计算,绿化用水量按 q_2(可取 0.002)$m^3/(m^2 \cdot d)$计算,每日浇洒按 1 次计算。道路喷洒及绿化用水量 Q_1 计算见式(12):

$$Q_1 = q_1 \times 2 \times S_1 + q_2 \times S_2 (m^3/d) \quad (12)$$

式中:S_1——道路喷洒面积(m^2);

S_2——绿化面积(m^2)。

(2)生活用水量:填埋场主要工种宜实行一班制,生产天数以 365 天计,定员人数为 n。生活用水量 q_1(可取 0.035)$m^3/$(人·班)计算,时变化系数可取 2.5;淋浴用水量按 q_2(可取 0.08)$m^3/$(人·班)计算,时变化系数可取 1.5。生活用水量 Q_2 计算见公式(13):

$$Q_1 = q_1 \times n \times 2.5 + q_2 \times n \times 1.5 (m^3/d) \quad (13)$$

(3)消防用水量:填埋场消防系统也采用低压消防系统,消防用水量可取 20L/s,消防延续时间以 4h 计。

(4)汽车冲洗用水量:水量要求符合现行国家标准《建筑给水排水设计规范》GB 50015 的要求,冲洗用水可取 100L/(辆·次)~200L/(辆·次)(如汽车冲洗设施安排在渗沥液处理区,其污水可随渗沥液一同处理。)。

(5)未预见水量可按最高日用水量的 15%~25% 合并计算。

14.2.2 本条是关于填埋场饮用水水质应符合相关标准的原则规定。

14.2.3 本条是关于填埋场排水工程设计应符合相关标准的原则规定。

(1)排水量包括管理区的生产、生活污水量和管理区的雨水量。

(2)管理区的污水(冲洗地面水、厕所水、淋浴水、食堂等生产、生活污水)可直接排放到调节池;管理区离渗沥液处理区较远时,则可设置化粪池,使管理区污水经过化粪池消化后再排放到调节池。管理区内污水要求不得直接排往场外。

(3)管理区室外污水(道路及汽车冲洗水等污水)可随雨水一起排入场外。

14.3 消 防

14.3.1 本条是关于填埋场的室内、室外消防设计应符合相关标准的原则规定。

(1)消防等级:

1)填埋区生产的火灾危险性分类为中戊类。

2)填埋场管理区和渗沥液处理区均宜按照不低于丁类防火区设计。其中,变配电间按Ⅰ级耐火等级设计,其他工房的耐火等级均要求不应低于Ⅱ级,建筑物主要承重构件也宜不低于Ⅱ级的防火等级。

(2)消防措施:

1)填埋场消防设施主要为消防给水和自动灭火设备,具体包括消火栓、消防水泵、消防水池、自动喷水灭火设备,气体灭火器等。

2)填埋场管理区建(构)筑物消防参照现行国家标准《建筑设计防火规范》GB 50016 执行,灭火器按现行国家标准《建筑灭火器配置设计规范》GB 50140 配置。

3)填埋场管理区内要求设置消火栓,综合楼宜设置消防通道,主变压器宜配备泡沫喷淋或排油充氮灭火装置,其他工房及设施可配置气体灭火器。对于移动消防设备,要求选用对大气无污染的气体灭火器。

4)作业区的潜在火源包括受热的垃圾、运输车辆、场内机械设备产生的火星和人为的破坏,填埋作业区要求严禁烟火。

5)作业区内宜配备可燃气体监测仪和自动报警仪,并要求定期对填埋场进行可燃气体浓度监测。

6)填埋作业区附近宜设置消防水池或消防给水系统等灭火设施;受水源或其他条件限制时,可准备洒水车及砂土作消防急用。

填埋场作业的移动设施也要求配备气体灭火器。

14.3.2 本条是关于填埋场电气消防设计应符合相关标准的原则规定。

14.4 采暖、通风与空调

14.4.1 本条是关于各建筑物的采暖、空调及通风设计应符合相关标准的原则规定。

15 环境保护与劳动卫生

15.0.1 本条是关于填埋场进行环境影响评价和环境污染防治要求的规定。

条文中的"环境污染防治设施"主要指防渗系统、渗沥液导排与处理系统、填埋气体导排与处理利用系统、绿化隔离带、监测井等设施。

条文中"国家有关规定",最主要的是指现行国家标准《生活垃圾填埋场污染控制标准》GB 16889。

15.0.2 本条是关于监测井类别以及监测方法应执行的标准的原则规定。

条文中各"监测井"的布设距离要求为:地下水流向上游30m～50m处设本底井一眼,填埋场两旁各30m～50m处设污染扩散井两眼,填埋场地下水流向下游30m处、50m处各一眼污染监测井。

条文中各"监测项目",按照现行国家标准《生活垃圾卫生填埋场环境监测技术要求》GB/T 18772的要求则监测项目繁多,现行行业标准《生活垃圾填埋场无害化评价标准》CJJ/T 107选择以下重点监测项目进行达标率核算:

地面水监测指标:pH 值、悬浮物、电导率、溶解氧、化学耗氧量、五日生化耗氧量、氨氮、汞、六价铬、透明度;

地下水监测指标:pH 值、氨氮、氯化物、汞、六价铬、大肠菌群;

大气监测指标:总悬浮颗粒物、甲烷气、硫化氢、氨气;

渗沥液处理厂出水监测指标:COD、BOD_5、氨氮、总氮。

15.0.3 本条是关于填埋场环境污染控制指标应执行的标准的原则规定。

现行国家标准《生活垃圾填埋场污染控制标准》GB 16889首次发布于 1997 年,并于 2008 年对该标准作出修订,此次修订增加了生活垃圾填埋场污染物控制项目数量。

15.0.4 本条是关于避免因库区使用杀虫灭鼠药物和填埋作业造成的二次污染的规定。

条文中的"杀虫灭鼠药剂"一般为化学药剂且有毒性,毒性比较大的杀虫灭鼠药剂首次使用后效果会很好,但对环境和人体伤害较大,要求慎用。

15.0.5 本条为强制性条文,是关于场区主要标识设置的原则规定。

填埋场各项功能标示不清或缺少标示极易造成安全事故,而道路行车指示、安全标识、防火防爆及环境卫生设施设置标志可以有效避免意外人员伤亡、安全事故,并且提高运行管理效率。安全生产是填埋场运行管理中的重中之重,完善的标示系统可以有效保障运行安全。

15.0.6 本条是关于填埋场的劳动卫生应执行的标准及对作业人员的保健措施的规定。

条文中的"填埋作业特点"主要包括:

(1)干燥天气较大风力时,风会带起填埋作业表面的粉尘;

(2)垃圾填埋作业过程中,不可避免存在裸露堆放时段,在夏季极易产生恶臭气体并在空气中扩散;

(3)填埋作业过程中机械设备噪声是主要噪声污染源;

(4)填埋作业所有机械设备频繁移动,有可能造成跌落、损伤事故;

(5)填埋作业过程中存在高温、低温对作业人员的影响;

(6)来自生活垃圾中的病原体(细菌、真菌及病毒)在填埋作业过程中有可能污染工作环境,给工作人员带来健康危害。

填埋作业时的这些作业特点对作业人员的身体都会有影响,在一定条件下,这些因素可对劳动者的身体健康产生不良影响。

条文中的"采取有利于职业病防治和保护作业人员健康的措施"包括:

(1)防尘措施:

1)加强管理,减少倾倒扬尘的产生,同时改善操作工人的劳动保护条件,减缓倾倒扬尘对工人健康的影响;

2)控制粉尘污染的措施,采取在非雨天喷洒水,喷水的次数和水量宜结合当时具体条件,由操作人员和管理人员掌握,把握的原则是不影响填埋作业,同时又能达到最佳控制粉尘的效果。洒水的场所主要是作业区、土源挖掘装运场所、进场和场区道路。

(2)臭气控制措施:填埋作业区的臭气一般按卫生填埋工艺实行日覆盖来避免。而渗沥液调节池则可采取在调节池加盖密闭。此外,可配备过滤式防毒面具,保护作业人员的身体健康。

(3)防噪声措施:对鼓风机等高噪声设备采取安装隔声罩等降噪措施以减缓噪声的影响。

(4)防病原微生物措施:填埋现场作业人员必须身穿工作服并戴口罩和手套。

(5)其他措施:为防止由于实行倒班制而引起工人生活节律紊乱和职业性精神紧张的问题,要求考虑相对固定作息时间。

16 工程施工及验收

16.0.1 本条是关于填埋场编制施工方案的原则规定。

条文中"编制施工方案"的编制准备主要要求包括下列资料：

基础文件：招标文件、设计图纸及说明、地质勘察报告和补遗资料；

国家现行工程建设政策、法规及验收标准；

施工现场调查资料；

施工单位的资源状况及类似工程的施工及管理经验。

条文中"施工方案"的内容一般要求包括以下几个部分：

(1)工程范围：

1)填埋区：主要包括垃圾坝、场地平整、场内防渗系统及渗沥液和填埋气体导排系统等。

2)管理区：主要包括综合楼及生产、生活配套房屋等。

3)渗沥液处理区：主要包括调节池、渗沥液处理设施等。

4)场外工程：主要包括永久性道路、临时道路、场外给水、供配电、排污管线和集污井等。

(2)主要技术组织措施：

1)要求配备有经验、专业齐全的项目经理和管理班子，加强与业主代表、主管部门、监理单位和相关部门的信息沟通，配备专人协调与施工中涉及的相关单位的关系。

2)做好总体施工安排。以某填埋场施工为例：施工单位将工程分为生产管理区等建筑物、道路、填埋库区三个施工区，各施工区间采用平行作业，施工区内采用流水交叉作业。施工人员和机械设备在接到工程中标通知书后开始集结，合同签订后10日内进入施工现场，按施工组织设计要求做好施工前准备工作，筹建场地、办公生活区、临时混凝土拌和系统、水电供应系统等临时设施。

3)积极配合业主，加强与当地有关部门的协调工作，建立良好的施工调度指挥系统，突出土石方工程、防渗工程等重要施工环节，始终保持适宜的、足量的施工机械、设备和作业人员，尽量创造条件安排多班制作业，动态协调施工进度，灵活机动地组织施工，确保工期总目标的实现。

其中，填埋场建设工期的要求还与建设资金落实计划、施工条件等因素有关，在确定填埋场建设工期时，要求根据项目的实际条件合理确定建设工期，防止建设工期拖延和增加工程投资。各类填埋场建设工期安排可参考《生活垃圾卫生填埋处理工程项目建设标准》(建标124—2009)，具体见表29。

表29 填埋场建设工期(月)

建设规模	施工建设工期
Ⅰ类	12～24
Ⅱ类	12～21
Ⅲ类	9～15
Ⅳ类	≤12

注：1 表中所列工期以破土动工统计，不包括非正常停工。

2 填埋场应分期建设，分期建设的工期宜参照本表确定。

条文中"准备施工设备及设施"的内容包括：

建筑材料准备：根据施工进度计划的需求，编制物资采购计划，做好取样工作，由试验室试配所需各类标号的混凝土(砂浆)配合比，确定抗渗混凝土掺加剂的种类、掺量；

土工材料及管道采购：根据工程要求，调查土工材料、管材厂家，编制土工材料、管材计划，做好施工准备；

建筑施工机具准备：按照施工机具需用量计划，组织施工机具进场；

生产工艺设备准备：按生产工艺流程及工艺布置图要求，编制工艺设备需用量计划，组织设备进场。

条文中"合理安排施工场地"的内容包括：

施工现场控制网测量：根据给定永久性坐标和高程，进行施工场地控制网复测，设置场地临时性控制测量标桩，并做好保护；

建造临时设施：按照施工平面图及临时设施需用量计划，建造各项临时设施；

做好季节性施工准备：按照施工组织设计的要求，认真落实季节性施工的临时设施和技术组织措施；

做好施工前期调查，查明施工区域内的各种地下管线、电缆等分布情况；

施工准备阶段的工作还包括劳动组织准备和场外协调准备工作。

劳动组织准备一般包括：建立工地领导机构，组建精干的项目作业队，组织劳动力进场，做好职工入场教育培训工作。

场外协调准备工作一般包括：

地方协调工作：及时与甲方代表、监理工程师、当地政府及交通部门取得联系，协商处围事宜，做好施工前准备工作；

材料加工与订货工作：根据各项材料需用量计划，同建材及加工单位取得联系，签订供货协议，保证按时供应。

16.0.2 本条是关于填埋场工程施工和设备安装的基本要求规定。

填埋场主要工程项目一般包括场地平整、坝体修筑、防渗工程、渗沥液及地下水导排工程、填埋气体导排及处理工程、渗沥液处理工程以及生活管理区建筑工程等。

16.0.3 本条是关于填埋场工程施工变更应遵守的原则规定。

建设施工过程中，当发现设计有缺陷时，一般问题要求由建设单位、监理单位与设计单位三方协商解决，重大问题要求及时报请设计批准部门解决。

条文中"工程施工变更"是指在工程项目实施过程中，由于各种原因所引起的，按照合同约定的程序对部分工程在材料、工艺、功能、构造、尺寸、技术指标、工程数量及施工方法等方面作出的改变。变更内容包括工程量变更、工程项目的变更、进度计划变更、施工条件变更以及原招标文件和工程量清单中未包括的新增工程等。

16.0.4 本条是关于填埋场各单项建筑、安装工程施工应符合相关标准的原则规定。

填埋场建设施工要求遵循国家现行工程建设政策、法规和规范、施工和验收标准，条文中所指的"现行相关标准"主要有：

(1)《生活垃圾卫生填埋处理工程项目建设标准》建标124

(2)《生活垃圾填埋场封场工程项目建设标准》建标140

(3)《土方与爆破工程施工及验收规范》GBJ 201

(4)《土方与爆破工程施工操作规程》YSJ 401

(5)《碾压式土石坝施工规范》DL/T 5129

(6)《水工建筑物地下开挖工程施工技术规范》SDJ 212

(7)《水工建筑物岩石基础开挖工程施工技术规范》DL/T 5389

(8)《水工混凝土钢筋施工规范》DL/T 5169

(9)《建筑地基基础工程施工质量验收规范》GB 50202

(10)《砌体工程施工质量验收规范》GB 50203

(11)《混凝土结构工程施工质量验收规范》GB 50204

(12)《屋面工程技术规范》GB 50345

(13)《建筑地面工程施工质量验收规范》GB 50209

(14)《建筑装饰装修工程质量验收规范》GB 50210

(15)《粉煤灰石灰类道路基层施工及验收规程》CJJ 4

(16)《生活垃圾卫生填埋技术规范》CJJ 17

(17)《给水排水管道工程施工及验收规范》GB 50268

(18)《给水排水构筑物工程施工及验收规范》GB 50141

(19)《建筑防腐蚀工程施工质量验收规范》GB 50224

(20)《水泥混凝土路面施工及验收规范》GBJ 97

(21)《公路工程质量检验评定标准》JTGF 80/1

(22)《城市道路路基工程施工及验收规范》CJJ 44

(23)《现场设备、工业管道焊接工程施工规范》GB 50236

(24)《给水排水管道工程施工及验收规范》GB 50268

(25)《建筑工程施工质量验收统一标准》GB 50300

(26)《建筑电气工程施工质量验收规范》GB 50303

(27)《工业设备、管道防腐蚀工程施工及验收规范》HGJ 229

(28)《自动化仪表工程施工及质量验收规范》GB 50093

(29)《施工现场临时用电安全技术规范》JGJ 46

(30)《建筑机械使用安全技术规程》JGJ 33

(31)《混凝土面板堆石坝施工规范》DL/T 5128

(32)《混凝土面板堆石坝接缝止水技术规范》DL/T 5115

(33)《水电水利工程压力钢管制造安装及验收规范》DL/T 5017

(34)《生活垃圾渗滤液碟管式反渗透处理设备》CJ/T 279

(35)《垃圾填埋场用线性低密度聚乙烯土工膜》CJ/T 276

(36)《垃圾填埋场用高密度聚乙烯土工膜》CJ/T 234

(37)《垃圾填埋场压实机技术要求》CJ/T 301

(38)《垃圾分选机　垃圾滚筒筛》CJ/T 5013.1

(39)《钠基膨润土防水毯》JG/T 193

(40)《建筑地基基础设计规范》GB 50007

(41)《建筑边坡工程技术规范》GB 50330

(42)《建筑地基处理技术规范》JGJ 79

(43)《天然气净化装置设备与管道安装工程施工及验收规范》SY/T 0460

(44)《锅炉安装工程施工及验收规范》GB 50273

(45)《机械设备安装工程施工及验收通用规范》GB 50231

(46)《城镇燃气输配工程施工及验收规范》CJJ 33

(47)《建筑给水排水及采暖工程施工质量验收规范》GB 50242

(48)《通风与空调工程施工质量验收规范》GB 50243

(49)《工业金属管道工程施工规范》GB 50235

(50)《工业设备及管道绝热工程施工规范》GB 50126

16.0.5 本条是关于施工安装使用的材料和国外引进的专用填埋设备与材料的原则规定。

条文中"材料应符合现行国家相关标准"所指的材料标准包括:《垃圾填埋场用高密度聚乙烯土工膜》CJ/T 234,《垃圾填埋场用线性低密度聚乙烯土工膜》CJ/T 276,《土工合成材料非织造布复合土工膜》GB/T 17642;《土工合成材料应用技术规范》GB 50290;《钠基膨润土防水毯》JG/T 193 等。

条文中"使用的材料"主要包括膨润土垫(GCL),HDPE膜、土工布和 HDPE 管材等材料。

填埋场所用其他材料与设备施工及验收可参考以下规定:

(1)发电和电气设备采用现行电力及电气建设施工及验收标准的规定。锅炉要求符合现行国家标准《锅炉安装工程施工及验收规范》GB 50273 的有关规定。

(2)通用设备要求符合现行国家标准《机械设备安装工程施工及验收通用规范》GB 50231 及相应各类设备安装工程施工及验收规范的有关规定。

(3)填埋气体管道施工要求符合国家现行标准《城镇燃气输配工程施工及验收规范》CJJ 33 的有关规定。

(4)采暖与卫生设备的安装与验收要求符合现行国家标准《建筑给水排水及采暖工程施工质量验收规范》GB 50242 的有关规定。

(5)通风与空调设备的安装与验收要求符合现行国家标准《通风与空调工程施工质量验收规范》GB 50243 的有关规定。

(6)管道工程、绝热工程要求分别符合现行国家标准《工业金属管道工程施工规范》GB 50235、《工业设备及管道绝热工程施工规范》GB 50126 的有关规定。

(7)仪表与自动化控制装置按供货商提供的安装、调试、验收规定执行,并要求符合现行国家及行业标准的有关规定。

(8)电气装置要求符合现行国家有关电气装置安装工程施工及验收标准的有关规定。

16.0.6 本条是关于填埋场工程验收应符合的基本要求的规定。

对于条文中第 3 款:防渗工程的验收中,膨润土垫及 HDPE 膜验收检验的取样要求按连续生产同一牌号原料、同一配方、同一规格、同一工艺的产品,检验项目按膨润土毯及 HDPE 膜性能内容执行,配套的颗粒膨润土粉要求使用生产商推荐的并与膨润土毯中相同的钠基膨润土,同时检查在运输过程中有无破损、断裂等现象,须验明产品标识。HDPE 膜焊接质量的好坏是防渗机能成败的关键,所以防渗工程要求由专业膜施工单位进行施工或膜焊接宜由出产厂家派专业技术职员到现场操作、指导、培训,采用土工膜专用焊接设备进行,要求有 HDPE 膜焊接检查记录及焊接检测报告。

对于条文中第 5 款:渗沥液收集系统的施工操作要求符合设计要求,施工前要求对前项工程进行验收,合格后方可进行管网的安装施工,并在施工过程中根据工程顺序进行质量验收。

重要结构部位、隐蔽工程、地下管线,要求按工程设计要求和验收规范,及时进行中间验收。未经中间验收,不得进行后续工程。

填埋场建设各个项目在验收前是否要安排试生产阶段,按各个行业的规定执行。对于国外引进的技术或成套设备,要求按合同规定完成负荷调试、设备考核合格后,按照签订的合同和国外提供的设计文件等资料进行竣工验收。除此之外,设备材料的验收还需包括下列内容:

到货设备、材料要求在监理单位监督下开箱验收并做以下记录:箱号、箱数、包装情况,设备或材料名称、型号、规格、数量,装箱清单、技术文件、专用工具,设备、材料时效期限,产品合格证书;

检查的设备或材料符合供货合同规定的技术要求,应无短缺、损伤、变形、锈蚀;

钢结构构件要求有焊缝检查记录及预装检查记录。

填埋场建设工程竣工验收程序可参考《建设项目(工程)竣工验收办法》的规定,具体程序如下:

(1)根据建设项目(工程)的规模大小和复杂程度,整个建设项目(工程)的验收可分为初步验收和竣工验收两个阶段进行。规模较大、较复杂的建设项目(工程)要先进行初验,然后进行全部建设项目(工程)的竣工验收。规模较小、较简单的项目(工程)可以一次进行全部项目(工程)的竣工验收。

(2)建设项目(工程)在竣工验收之前,由建设单位组织施工、设计及使用等有关单位进行初验。初验前由施工单位按照国家规定,整理好文件、技术资料,向建设单位提出交工报告。建设单位接到报告后,要求及时组织相关单位初验。

(3)建设项目(工程)全部完成,经过各单项工程的验收,符合设计要求,并具备竣工图表、竣工决算、工程总结等必要文件资料,由项目(工程)主管部门或建设单位向负责验收的单位提出竣工验收申请报告。

建设工程竣工验收前要求完成下列准备工作:

制订竣工验收工作计划;

认真复查单项工程验收投入运行的文件;

全面评定工程质量和设备安装、运转情况,对遗留问题提出处理意见;

认真进行基本建设物资和财务清理工作,编制竣工决算,分析项目概预算执行情况,对遗留财务问题提出处理意见;

整理审查全部竣工验收资料,包括开工报告,项目批复文件;各单项工程、隐蔽工程、综合管线工程竣工图纸,工程变更记录;工程和设备技术文件及其他必需文件;基础检查记录,各设备、部件安装记录,设备缺损件清单及修复记录;仪表试验记录,安全阀调整试验记录;试运行记录等;

妥善处理、移交厂外工程手续;

编制竣工验收报告,并于竣工验收前一个月报请上级部门批准。填埋场建设工程验收宜依据以下文件:主管部门的批准文件,批准的设计文件及设计修改、变更文件，设备供货合同及合同附件，设备技术说明书和技术文件，各种建筑和设备施工验收规范及其他文件。

填埋场建设工程基本符合竣工验收标准，只是零星土建工程和少数非主要设备未按设计规定的内容全部建成，但不影响正常生产时，亦可办理竣工验收手续。对剩余工程，要求按设计留足投资，限期完成。

中华人民共和国国家标准

土工合成材料应用技术规范

Technical code for application of geosynthetics

GB/T 50290—2014

主编部门：中 华 人 民 共 和 国 水 利 部
批准部门：中华人民共和国住房和城乡建设部
施行日期：2 0 1 5 年 8 月 1 日

中华人民共和国住房和城乡建设部
公　告

第 657 号

住房城乡建设部关于发布国家标准
《土工合成材料应用技术规范》的公告

现批准《土工合成材料应用技术规范》为国家标准，编号为 GB/T 50290—2014，自 2015 年 8 月 1 日起实施。原《土工合成材料应用技术规范》GB 50290—98 同时废止。

本规范由我部标准定额研究所组织中国计划出版社出版发行。

中华人民共和国住房和城乡建设部
2014 年 12 月 2 日

前　言

本规范是根据住房城乡建设部《关于印发〈2010 年工程建设标准规范制订、修订计划〉的通知》（建标〔2010〕43 号）的要求，由水利部水利水电规划设计总院、中国水利水电科学研究院会同有关单位在《土工合成材料应用技术规范》GB 50290—98 基础上共同修订完成的。

本规范共有 8 章，主要技术内容包括：总则、术语和符号、基本规定、反滤和排水、防渗、防护、加筋、施工检测。

本次修订的主要内容有：

（1）增加了土工合成材料应用领域的内容；

（2）补充了术语的解释及英文翻译；

（3）补充了新型材料，完善了土工合成材料分类体系；

（4）修改了材料强度折减系数，增加了材料渗透性指标折减系数；

（5）增加了土石坝坝体排水、道路排水、地下埋管降水等内容，补充完善了反滤准则和设计方法；

（6）增加了土工合成材料膨润土防渗垫防渗内容，完善与增加了土工膜防渗设计与施工内容；

（7）增加了土工系统用于防护内容；

（8）增加了加筋土结构设计、软基筑堤加筋设计与施工、软基加筋桩网结构设计与施工等内容；

（9）增加了施工检测一章。

本规范由住房城乡建设部负责管理，由水利部负责日常管理，由水利部水利水电规划设计总院负责具体技术内容的解释。执行过程中如有意见或建议，请寄送水利部水利水电规划设计总院（地址：北京市西城区六铺炕北小街 2-1 号，邮政编码：100120，E-mail：jsbz@giwp.org.cn）。

本规范主编单位、参编单位、主要起草人和主要审查人：

主 编 单 位：水利部水利水电规划设计总院
中国水利水电科学研究院

参 编 单 位：中国土工合成材料工程协会
北京市水利规划设计研究院
重庆交通科研设计院
中国铁道科学研究院
中国环境科学研究院
中国建筑科学研究院
中交第三航务工程勘察设计院有限公司
中国民航机场建设集团公司
长江科学院
南京水利科学研究院
北京高能时代环境技术股份有限公司

主要起草人：温彦锋　庄春兰　孙东亚　严祖文
白建颖　邓卫东　史存林　董路
张峰　黄明毅　魏弋锋　张伟
杨守华　杨瑛　邓刚　田继雪

主要审查人：马毓淦　雷兴顺　汪小刚　辛鸿博
李广信　包承纲　束一鸣　徐超
滕延京　范明桥　汪庆元　孙胜利
迟景魁　刘学东

目　次

1 总则 ┈┈┈┈┈┈┈┈┈┈┈┈┈┈ 24—5
2 术语和符号 ┈┈┈┈┈┈┈┈┈ 24—5
  2.1 术语 ┈┈┈┈┈┈┈┈┈┈┈ 24—5
  2.2 符号 ┈┈┈┈┈┈┈┈┈┈┈ 24—6
3 基本规定 ┈┈┈┈┈┈┈┈┈┈ 24—6
  3.1 材料 ┈┈┈┈┈┈┈┈┈┈┈ 24—6
  3.2 设计原则 ┈┈┈┈┈┈┈┈┈ 24—7
  3.3 施工检验 ┈┈┈┈┈┈┈┈┈ 24—7
4 反滤和排水 ┈┈┈┈┈┈┈┈┈ 24—7
  4.1 一般规定 ┈┈┈┈┈┈┈┈┈ 24—7
  4.2 设计要求 ┈┈┈┈┈┈┈┈┈ 24—7
  4.3 施工要求 ┈┈┈┈┈┈┈┈┈ 24—8
  4.4 土石坝坝体排水 ┈┈┈┈┈┈ 24—9
  4.5 道路排水 ┈┈┈┈┈┈┈┈┈ 24—9
  4.6 地下埋管降水 ┈┈┈┈┈┈┈ 24—9
  4.7 软基塑料排水带设计与施工 ┈ 24—9
5 防渗 ┈┈┈┈┈┈┈┈┈┈┈┈ 24—10
  5.1 一般规定 ┈┈┈┈┈┈┈┈┈ 24—10
  5.2 土工膜防渗设计与施工 ┈┈┈ 24—10
  5.3 水利工程防渗 ┈┈┈┈┈┈┈ 24—11
  5.4 交通工程防渗 ┈┈┈┈┈┈┈ 24—11
  5.5 房屋工程防渗 ┈┈┈┈┈┈┈ 24—11
  5.6 环保工程防渗 ┈┈┈┈┈┈┈ 24—11
  5.7 土工合成材料膨润土防渗垫防渗 ┈ 24—12

6 防护 ┈┈┈┈┈┈┈┈┈┈┈┈ 24—12
  6.1 一般规定 ┈┈┈┈┈┈┈┈┈ 24—12
  6.2 软体排工程防冲 ┈┈┈┈┈┈ 24—13
  6.3 土工模袋工程护坡 ┈┈┈┈┈ 24—13
  6.4 土工网垫植被和土工格室工程
     护坡 ┈┈┈┈┈┈┈┈┈┈┈ 24—13
  6.5 路面反射裂缝防治 ┈┈┈┈┈ 24—13
  6.6 土工系统用于防护 ┈┈┈┈┈ 24—13
  6.7 其他防护工程 ┈┈┈┈┈┈┈ 24—14
7 加筋 ┈┈┈┈┈┈┈┈┈┈┈┈ 24—15
  7.1 一般规定 ┈┈┈┈┈┈┈┈┈ 24—15
  7.2 加筋土结构设计 ┈┈┈┈┈┈ 24—15
  7.3 加筋土挡墙设计 ┈┈┈┈┈┈ 24—15
  7.4 软基筑堤加筋设计与施工 ┈┈ 24—16
  7.5 加筋土坡设计与施工 ┈┈┈┈ 24—17
  7.6 软基加筋桩网结构设计与施工 ┈ 24—18
8 施工检测 ┈┈┈┈┈┈┈┈┈┈ 24—19
  8.1 一般规定 ┈┈┈┈┈┈┈┈┈ 24—19
  8.2 检测要求 ┈┈┈┈┈┈┈┈┈ 24—19
本规范用词说明 ┈┈┈┈┈┈┈┈ 24—20
引用标准名录 ┈┈┈┈┈┈┈┈┈ 24—20
附：条文说明 ┈┈┈┈┈┈┈┈┈ 24—21

Contents

1 General provisions ···················· 24—5
2 Terms and symbols ·················· 24—5
  2.1 Terms ··························· 24—5
  2.2 Symbols ······················· 24—6
3 Basic requirements ················ 24—6
  3.1 Materials ······················ 24—6
  3.2 Design principles ············· 24—7
  3.3 Field inspection ·············· 24—7
4 Filtration and drainage ·········· 24—7
  4.1 General requirements ·········· 24—7
  4.2 Design requirements ··········· 24—7
  4.3 Construction requirements ······ 24—8
  4.4 Drainage for earth dam ········ 24—9
  4.5 Drainage for roadway ·········· 24—9
  4.6 Subdrain for lowering water
     table ··························· 24—9
  4.7 Design and construction of PVD
     in soft ground ················· 24—9
5 Anti-seepage ······················· 24—10
  5.1 General requirements ·········· 24—10
  5.2 Design and construction of
     geomembrane ··················· 24—10
  5.3 Anti-seepage in hydraulic
     engineering ···················· 24—11
  5.4 Anti-seepage in transportation
     engineering ···················· 24—11
  5.5 Anti-seepage in building
     engineering ···················· 24—11
  5.6 Anti-seepage in environmental
     engineering ···················· 24—11
  5.7 GCL used for anti-seepage ····· 24—12
6 Protection ·························· 24—12
  6.1 General requirements ·········· 24—12

6.2 Flexible mattress used for erosion
     control ························· 24—13
6.3 Geofabriform used for bank
     protection ······················ 24—13
6.4 Geosynthetic fiber mattress and
     geocell used for slope protection ····· 24—13
6.5 Prevention of road surface
     from reflective cracks ·············· 24—13
6.6 Geosystem used for protective
     engineering ······················ 24—13
6.7 Other protective engineering ········ 24—14
7 Reinforcement ······················· 24—15
  7.1 General requirements ·········· 24—15
  7.2 Design for reinforced earth
     structure ························ 24—15
  7.3 Design for reinforced earth
     retaining wall ··················· 24—15
  7.4 Design and consruction of reinforced
     embankments on soft foundation ····· 24—16
  7.5 Design and consruction of reinforced
     slope ··························· 24—17
  7.6 Design and consruction of piled
     foudation with basal reinforce-
     ment ··························· 24—18
8 Field inspection ······················ 24—19
  8.1 General requirements ·········· 24—19
  8.2 Inspection requirements ········ 24—19
Explanation of wording in this
    code ··························· 24—20
List of quoted standards ············· 24—20
Addition: Explanation of
     provisions ····················· 24—21

1 总　则

1.0.1 为了在土工合成材料的设计、施工及检验中,做到安全适用、经济合理、技术先进和保护环境,制定本规范。

1.0.2 本规范适用于水利、电力、铁路、公路、水运、建筑、市政、矿冶、机场、环保等工程建设中应用土工合成材料的设计、施工及检验。

1.0.3 土工合成材料的设计、施工及检验除应符合本规范外,尚应符合国家现行有关标准的规定。

2　术语和符号

2.1　术　语

2.1.1　土工合成材料　geosynthetics

工程建设中应用的与土、岩石或其他材料接触的聚合物材料(含天然的)的总称,包括土工织物、土工膜、土工复合材料、土工特种材料。

2.1.2　土工织物　geotextile(GT)

具有透水性的土工合成材料。按制造方法不同可分为有纺土工织物和无纺土工织物。

2.1.3　有纺土工织物　woven geotextile

由纤维纱或长丝按一定方向排列机织的土工织物。

2.1.4　无纺土工织物　nonwoven geotextile

由短纤维或长丝随机或定向排列制成的薄絮垫,经机械结合、热粘合或化学粘合而成的土工织物。

2.1.5　土工膜　geomembrane(GM)

由聚合物(含沥青)制成的相对不透水膜。

2.1.6　复合土工膜　geomembrane composite

土工膜和土工织物(有纺或无纺)或其他高分子材料两种或两种以上的材料的复合制品。与土工织物复合时,可生产出一布一膜、二布一膜(二层织物间夹一层膜)等规格,记为 xxg(布)/xxmm(膜)/xxg(布)。

2.1.7　土工格栅　geogrid

由抗拉条带单元结合形成的有规则网格型式的加筋土工合成材料,其开孔可容填筑料嵌入。分为塑料土工格栅、玻纤格栅、聚酯经编格栅和由多条复合加筋带粘接或焊接成的钢塑土工格栅等。

2.1.8　土工带　geobelt

经挤压拉伸或再加筋制成的带状抗拉材料。

2.1.9　土工格室　geocell

由土工格栅、土工织物或具有一定厚度的土工膜形成的条带通过结合相互连接后构成的蜂窝状或网格状三维结构材料。

2.1.10　土工网　geonet(GN)

二维的由条带部件在结点连接而成有规则的网状土工合成材料,可用于隔离、包裹、排液、排气。

2.1.11　土工模袋　geofabriform

由双层的有纺土工织物缝制的带有格状空腔的袋状结构材料。充填混凝土或水泥砂浆等凝结后形成防护板块体。

2.1.12　土工网垫　geomat

由热塑性树脂制成的三维结构,亦称三维植被网。其底部为基础层,上覆泡状膨松网包,包内填沃土和草籽,供植物生长。

2.1.13　土工复合材料　geocomposite

由两种或两种以上材料复合成的土工合成材料。

2.1.14　软式排水管　soft drain pipe

以高强圈状弹簧钢丝作支撑体,外包土工织物及强力合成纤维外覆层制成的管状透水材料。

2.1.15　塑料排水带　prefabricated vertical drain(PVD)

由不同凹凸截面形状、具有连续排水槽的合成材料芯材,外包或外粘无纺土工织物构成的复合排水材料。

2.1.16　盲沟　blind drain

以土工合成材料建成的地下排水通道。如以无纺土工织物包裹的带孔塑料管、在沟内以无纺土工织物包裹透水粒料形成的连续排水暗沟等。

2.1.17　速排龙　rapid drain dragon

我国自制的以聚乙烯制成的耐压多孔块排水材料的商品名称,亦称塑料盲沟材料。结构类似甜点"萨其马"的圆柱体或立方体。为防粒流失,表面需裹以无纺土工织物滤膜。

2.1.18　土工合成材料隔渗材　geosynthetic barriers

具有隔渗功能的土工合成材料的统称。包括聚合物土工合成材料隔渗材,即常称的土工膜;土工合成材料膨润土防渗垫;沥青土工合成材料隔渗材,即土工织物上涂沥青而成的隔渗材。

2.1.19　土工合成材料膨润土防渗垫　geosynthetic clay liner (GCL)

土工织物或土工膜间包有膨润土,以针刺、缝接或化学剂粘接而成的一种隔水材料。

2.1.20　聚苯乙烯板块　expanded polystyrene sheet(EPS)

聚苯乙烯中加入发泡剂膨胀经模塑或挤压制成的轻质板块。

2.1.21　格宾　gabion

以覆盖聚氯乙烯(PVC)等的防锈金属铁丝、土工格栅或土工网等材料捆扎成的管状、箱状笼体(箱笼),内填块石或土袋。

2.1.22　软体排　flexible mattress

用于取代传统梢石料沉排的防护结构。双层排采用两层有纺土工织物按一定距和型式将两片缝合在一起。两条联结缝间形成管状或格状空间,充填透水料而构成压重助肋。单层排上系扣预制混凝土块,或抛投砂袋或块石等作为压重。两类软体排均需要纵横向以绳网加固,并供牵拉排体定位之用。

2.1.23　土工系统　geosystem

以土工合成材料作为包裹物将分散的土石料聚拢成大、小体积和形状的块体。包括小体积的土工袋、长管状的土工管袋、大体积的土工包等,它们都以土工织物制成。土工袋中亦可包裹混凝土或水泥砂浆形成土工模袋。此外,尚有以土工格栅或表面有PVC防锈涂层的金属丝捆扎成的矩形体或圆柱状体的俗称格宾的箱笼,其中填以块石等。它们都用于筑堤、围垦、建人工岛,作水下大支承体、护坡、护底及坡面防冲等。

2.1.24 反滤 filtration

土工织物在让液体通过的同时保持受渗透力作用的土骨架颗粒不流失的功能。

2.1.25 隔离 separation

防止相邻两种不同介质混合的功能。

2.1.26 加筋 reinforcement

利用土工合成材料的抗拉性能，改善土的力学性能的功能。

2.1.27 防护 protection

利用土工合成材料防止土坡或土工结构物的面层或界面破坏或受到侵蚀的功能。

2.1.28 包裹 containment

将松散的土石料包裹聚合为大块体，防止其流失的功能。包括以有纺土工织物缝制成的个体土袋、大直径长管袋或大体积包，用于充填散土石、疏浚土或垃圾杂物等，利用其大体积和整体性特点，筑造堤坝，圈围人工岛，护岸防崩或形成建筑物的水下基础；或袋内充填混凝土或砂浆（土工模袋），凝固后的模袋常用于边坡防护。上述各工程构件包括格宾，国外统称为土工系统。

2.1.29 平面渗透系数 coefficient of planar permeability

平行于土工织物平面方向的渗透系数。

2.1.30 透水率 permittivity

层流状态下土工织物单位面积受单位水力梯度时沿织物法线方向的渗流量。

2.1.31 导水率 transmissivity

层流状态下土工织物在受单位水力梯度作用时沿织物平面的单宽渗流量。

2.1.32 等效孔径 equivalent opening size(EOS)

用干砂法做试验时，留在筛上的粒组的质量为（总投砂量的）95%时的颗粒尺寸。

2.1.33 梯度比 gradient ratio(GR)

在淤堵试验中，水流通过土工织物及其上 25mm 厚土料时的水力梯度与水流通过上覆 50mm 厚土料时的水力梯度的比值。

2.1.34 渗沥液 leachate

通过填埋场固体废料流出的含可溶物、悬浮物和带出的混合物的液体。

2.1.35 土工合成材料加筋桩网基础 piled foundation with basal reinforcement

亦称加筋桩网结构，系在软基中设置带桩帽的群桩，以土工合成材料在其上形成传力结构，并借桩上垫层和土体形成的拱作用，将大部分堤身重量通过桩身传递给桩下相对硬土层。

2.2 符 号

A——系数，断面积；

A_r——筋材覆盖率；

B,b——系数，宽度；

C_h——水平固结系数；

C_i——相互作用系数；

C_u——不均匀系数；

C_v——（垂直）固结系数；

D,d——力臂，直径，厚度；

$d_{15}、d_{85}$——土的特征粒径；

d_w——当量井直径；

F——安全系数；

f——摩擦系数；

GR——梯度比；

H,h——高度；

i——水力梯度；

K_a——主动土压力系数；

K_0——静止土压力系数；

k_g——土工织物的渗透系数；

k_h——土工织物的平面渗透系数；

$k_s、k$——土的渗透系数；

L——长度；

M_D——滑动力矩；

n——坡率；

O_{95}——土工织物的等效孔径；

q——流量；

r——降水强度；

RF——综合强度折减系数；

s_h——水平间距；

s_v——垂直间距；

T——由加筋材料拉伸试验测得的极限抗拉强度；

T_a——允许抗拉（拉伸）强度；

T_s——筋材总拉力；

T_t——总设计强度；

U_r——固结度；

$w_0、w_t$——含水率；

z——深度；

α——阻力系数；

β——入渗系数，倾角；

δ——厚度；

ε——应变，延伸率；

θ——导水率；

v——流速，垂直向；

σ_h——水平应力；

σ_v——垂直应力；

φ——内摩擦角；

ψ——透水率。

3 基 本 规 定

3.1 材 料

3.1.1 土工合成材料性能指标应按工程使用要求确定下列试验项目：

1 物理性能：材料密度、厚度（及其与法向压力的关系）、单位面积质量、等效孔径等；

2 力学性能：拉伸、握持拉伸、撕裂、顶破、CBR 顶破、刺破、胀破等强度和直剪摩擦、拉拔摩擦等；

3 水力学性能：垂直渗透系数（透水率）、平面渗透系数（导水率）、梯度比等；

4 耐久性能：抗紫外线能力、化学稳定性和生物稳定性、蠕变性等。

3.1.2 用于工程的性能指标应模拟工程实际条件进行测试，分析实际环境对测定值的影响。

3.1.3 设计应用的材料允许抗拉（拉伸）强度 T_a 应根据实测的极限抗拉强度 T，通过下列公式计算确定：

$$T_a = \frac{T}{RF} \tag{3.1.3-1}$$

$$RF = RF_{CR} \cdot RF_{iD} \cdot RF_D \tag{3.1.3-2}$$

式中：RF_{CR}——材料因蠕变影响的强度折减系数；

RF_{iD}——材料在施工过程中受损伤的强度折减系数；

RF_D——材料长期老化影响的强度折减系数；

RF——综合强度折减系数。

以上各折减系数应按具体工程采用的加筋材料类别、填土情况和工作环境等通过试验测定。

3.1.4 蠕变折减系数、施工损伤折减系数、老化折减系数在无实测资料时，综合强度折减系数宜采用 2.5～5.0；施工条件差、材料蠕变性大时，综合强度折减系数应采用大值。

3.1.5 土工合成材料与土的拉拔摩擦系数应通过试验测定。无实测资料，对于不均匀系数 $C_u > 5$ 的透水性回填土料，用无纺土工织物作为加筋材料时，与土的摩擦系数可采用 $\frac{2}{3}\tan\varphi$；用塑料土工格栅作为加筋材料时，可采用 $0.8\tan\varphi$。

3.1.6 土工合成材料应经具有国家或省级计量部门认可的测试单位测试。材料进场时，应有出厂合格证和标志牌，并应进行抽检。

3.1.7 材料运送过程中应有封盖。存放场地应通风干燥，严禁日光照射并应远离火源。

3.2 设计原则

3.2.1 土工合成材料用于岩土工程的工程设计与施工时应遵从岩土工程及各行业标准的原则。

3.2.2 设计方案应根据工程主要目的、材料布放位置、长期工作条件对材料耐久性要求、施工环境以及经济等因素确定。

3.2.3 重要工程宜通过生产性试验确定设计施工参数。

3.2.4 设计应根据工程需要确定必要的安全监测项目。

3.3 施工检验

3.3.1 应用土工合成材料的工程应根据工程实际情况，制订施工检验细则。

3.3.2 施工时应有专人随时检查。每完成一道工序应按设计要求及时进行质量评定。对土工膜焊接、胶接和土工格栅连接等隐蔽性工程应进行实时验收，合格后，方可进行下道工序。

4 反滤和排水

4.1 一般规定

4.1.1 工程中需要反滤功能时，可采用无纺土工织物，或兼顾其他需要采用有纺土工织物。

4.1.2 工程中需要排水功能时，可采用无纺土工织物（利用其平面排水）；需要排水能力较大时，可采用复合排水材料和结构（排水沟、排水管、软式排水管、缠绕式排水管或塑料排水带等）。

4.1.3 工程中需要排水功能时，应根据具体情况，利用土工合成材料建成的下列不同结构形式的排水体：

　　1 以无纺土工织物包裹碎石形成的盲沟或渗沟；

　　2 以无纺土工织物包裹带孔管（塑料管、波纹管、混凝土管等）形成的排水暗管；

　　3 或利用本条第 1 款和第 2 款的结合体；

　　4 地基深层排水，利用塑料排水带；

　　5 空间排水，利用带排水芯材的大面积排水板和排水垫层或速排龙等。

4.1.4 短程和排水量较小时，宜采用包裹式排水暗沟；长距离和排水量较大时，宜采用排水暗管。

4.1.5 用作反滤的无纺土工织物单位面积质量不应小于 300g/m²，拉伸强度应能承受施工应力，其最低强度应符合表 4.1.5 的要求。

表 4.1.5 用作反滤排水的无纺土工织物的最低强度要求++

强 度	单 位	$\varepsilon^+ < 50\%$	$\varepsilon \geqslant 50\%$
握持强度	N	1100	700
接缝强度	N	990	630

续表 4.1.5

强 度	单 位	$\varepsilon^+ < 50\%$	$\varepsilon \geqslant 50\%$
撕裂强度	N	400*	250
穿刺强度	N	2200	1375

注：* 表示有纺单丝土工织物时要求为 250N；+ ε 代表应变；++ 为卷材弱方向平均值。

4.1.6 下列工程可采用土工合成材料作反滤、排水设施：

　　1 铁路、公路反滤、排水设施；

　　2 挡墙、土钉墙后排水系统；

　　3 岸墙后填土排水系统；

　　4 隧洞、隧道排水系统；

　　5 土石坝斜墙、心墙上下游侧的过渡层；

　　6 堤坝坡、灰坝、尾矿坝反滤层；

　　7 土石坝、堤内排水体；

　　8 防渗铺盖下排气、排水系统；

　　9 减压井、农用井等外包反滤层；

　　10 水下工程结构的反滤层；

　　11 塑料排水带排水加速软土地基固结；

　　12 地下、道旁沟管排水外包反滤层；

　　13 建筑基坑基底排水系统；

　　14 冻胀区或干旱区用于截断毛细水上升铺设的排水层；

　　15 其他。

4.2 设计要求

4.2.1 用作反滤、排水的土工织物应符合反滤准则，即应符合下列要求：

　　1 保土性：织物孔径应与被保护土粒径相匹配，防止骨架颗粒流失引起渗透变形；

　　2 透水性：织物应具有足够的透水性，保证渗透水通畅排除；

　　3 防堵性：织物在长期工作中不应因细小颗粒、生物淤堵或化学淤堵等而失效。

4.2.2 反滤材料的保土性应符合下式要求：

$$O_{95} \leqslant Bd_{85} \qquad (4.2.2)$$

式中：O_{95}——土工织物的等效孔径(mm)；

　　　d_{85}——被保护土中小于该粒径的土粒质量占土粒总质量的 85%；

　　　B——与被保护土的类型、级配、织物品种和状态等有关的系数，应按表 4.2.2 的规定采用。当被保护土受动力水流作用时，B 值应通过试验确定。

表 4.2.2 系数 B 的取值

被保护土的细粒 ($d \leqslant 0.075$mm)含量(%)	土的不均匀系数或土工织物品种	B 值
≤50	$C_u \leqslant 2, C_u \geqslant 8$	1
	$2 < C_u \leqslant 4$	$0.5 C_u$
	$4 < C_u < 8$	$8/C_u$
>50	有纺织物 $O_{95} \leqslant 0.3$mm	1
	无纺织物	1.8

注：1 只要被保护土中含有细粒($d \leqslant 0.075$mm)，应采用通过 4.75mm 筛孔的土料供选择土工织物之用。

2 C_u 为不均匀系数，$C_u = d_{60}/d_{10}$，d_{60}、d_{10} 为土中小于各该粒径的土质量分别占土粒总质量的 60% 和 10%(mm)。

4.2.3 反滤材料的透水性应符合下式要求：

$$k_g \geqslant A k_s \qquad (4.2.3)$$

式中：A——系数，按工程经验确定，不宜小于 10。来水量大、水力梯度高时，应增大 A 值；

　　　k_g——土工织物的垂直渗透系数(cm/s)；

　　　k_s——被保护土的渗透系数(cm/s)。

4.2.4 反滤材料的防堵性应符合下式要求：

1 被保护土级良好，水力梯度低，流态稳定时，等效孔径应符合下式要求：

$$O_{95} \geqslant 3d_{15} \qquad (4.2.4-1)$$

式中：d_{15}——土中小于该粒径的土质量占土粒总质量的 15% (mm)。

2 被保护土易管涌，具分散性，水力梯度高，流态复杂，$k_s \geqslant 1.0 \times 10^{-5}$ cm/s 时，应以现场土料作试样和拟选土工织物进行淤堵试验，得到的梯度比 GR 应符合下式要求：

$$GR \leqslant 3 \qquad (4.2.4-2)$$

3 对于大中型工程及被保护土的 k_s 小于 1.0×10^{-5} cm/s 的工程，应以拟用的土工织物和现场土料进行室内的长期淤堵试验，验证其防堵有效性。

4.2.5 遇往复水流且排水量较大时，应选择较厚的土工织物，或采用砂砾料与土工织物的复合反滤层。

4.2.6 土工织物用作反滤材料时应符合下列要求：

1 应确定土工织物的等效孔径 O_{95}、被保护土的渗透系数 k_s 和特征粒径 d_{15}、d_{85} 等指标。

2 应按本规范第 4.2.2 条～第 4.2.4 条的规定检验待选土工织物的适宜性。

4.2.7 土工织物用作排水材料时应符合下列要求：

1 土工织物应符合反滤准则；

2 土工织物的导水率 θ_a 应满足下式要求：

$$\theta_a \geqslant F_s \theta_r \qquad (4.2.7-1)$$

式中：F_s——排水安全系数，可取 3～5，重要工程取大值。

土工织物具有的导水率 θ_a 和工程要求的导水率 θ_r 应按下列公式计算：

$$\theta_a = k_h \delta \qquad (4.2.7-2)$$

$$\theta_r = q/i \qquad (4.2.7-3)$$

式中：k_h——土工织物的平面渗透系数(cm/s)；

δ——土工织物在预计现场法向压力作用下的厚度(cm)；

q——预估单宽来水量(cm^3/s)；

i——土工织物首末端间的水力梯度。

4.2.8 土工织物允许(有效)渗透性指标(如透水率 ψ 和导水率 θ)应根据实测指标除以总折减系数，总折减系数 RF 应按下式计算：

$$RF = RF_{SCB} \cdot RF_{CR} \cdot RF_{IN} \cdot RF_{CC} \cdot RF_{BC} \qquad (4.2.8)$$

式中：RF_{SCB}——织物被淤堵的折减系数；

RF_{CR}——蠕变导致织物孔隙减小的折减系数；

RF_{IN}——相邻土料挤入织物孔隙引起的折减系数；

RF_{CC}——化学淤堵折减系数；

RF_{BC}——生物淤堵折减系数。

以上各折减系数可按表 4.2.8 合理取值。

表 4.2.8 土工织物渗透性指标折减系数

应用情况	折减系数范围				
	RF_{SCB}①	RF_{CR}	RF_{IN}	RF_{CC}②	RF_{BC}
挡土墙滤层	2.0～4.0	1.5～2.0	1.0～1.2	1.0～1.2	1.0～1.3
地下排水滤层	5.0～10.0	1.0～1.5	1.0～1.2	1.2～1.5	2.0～4.0
防冲滤层	2.0～10.0	1.0～1.5	1.0～1.2	1.0～1.2	2.0～4.0
填埋排水滤层	5.0～10.0	1.0～1.5	1.0～1.2	1.2～1.5	5.0～10.0③
重力排水	2.0～4.0	1.0～1.5	1.0～1.2	1.2～1.5	1.1～1.3
压力排水	2.0～3.0	1.0～1.5	1.0～1.2	1.1～1.3	1.1～1.3

注：①织物表面盖有乱石或混凝土块时，采用上限值。

②含高碱的地下水数值可取高些。

③混浊水量大和(或)微生物含量超过 500mg/L 的水采用更高数值。

4.2.9 土工织物滤层用于坡面时应进行抗滑稳定性验算。

4.2.10 排水沟、管排水能力 q_c 的确定应符合下列要求：

1 以无纺土工织物包裹透水粒料建成的排水沟的排水能力应按下式计算：

$$q_c = kiA \qquad (4.2.10-1)$$

式中：k——被包裹透水粒料的渗透系数(m/s)，可按表 4.2.10 取值；

i——排水沟的纵向坡度；

A——排水沟断面积(m^2)。

表 4.2.10 透水粒料渗透系数参考值

粒料粒径 (mm)	k (m/s)	粒料粒径 (mm)	k (m/s)	粒料粒径 (mm)	k (m/s)
>50	0.80	19 单粒	0.37	6～9 级配	0.06
50 单粒	0.78	12～19 级配	0.20	6 单粒	0.05
35～50 级配	0.68	12 单粒	0.16	3～6 级配	0.02
25 单粒	0.60	9～12 级配	0.12	3 单粒	0.015
19～25 级配	0.41	9 单粒	0.10	0.5～3 级配	0.0015

2 外包无纺土工织物带孔管的排水能力应符合下列规定：

1)渗入管内的水量 q_e 按下列公式计算：

$$q_e = k_s i \pi d_{ef} L \qquad (4.2.10-2)$$

$$d_{ef} = d \cdot \exp(-2\alpha\pi) \qquad (4.2.10-3)$$

式中：k_s——管周围土的渗透系数(m/s)；

i——沿管周围土的渗透坡降；

d_{ef}——等效管径(m)，即包裹土工织物的带孔管(直径为 d)虚拟为管壁完全透水的排水管的等效直径；

L——管长度(m)，即沿管纵向的排水出口距离；

α——水流流入管内的无因次阻力系数，$\alpha = 0.1 \sim 0.3$。外包土工织物渗透系数大时取小值。

2)带孔管的排水能力 q_t 应按下列公式计算：

$$q_t = vA \qquad (4.2.10-4)$$

$$A = \pi d_e^2/4 \qquad (4.2.10-5)$$

式中：A——管的断面积(m^2)；

v——管中水流速度(m/s)。

开孔的光滑塑料管管中水流速度 v 应按下式计算：

$$v = 198.2 R^{0.714} i^{0.572} \qquad (4.2.10-6)$$

波纹塑料管管中水流速度 v 应按下式计算：

$$v = 71 R^{2/3} i^{1/2} \qquad (4.2.10-7)$$

式中：R——水力半径(m)，$R = \dfrac{d_e}{4}$；

d_e——管直径(m)；

i——水力梯度。

3)排水能力 q_c 取上述 q_e 和 q_t 中的较小值。

3 排水的安全系数应按下式计算：

$$F_s = \frac{q_c}{q_r} \qquad (4.2.10-8)$$

式中：q_r——来水量(m^3/s)，即要求排除的流量。

要求的安全系数应为 2.0～5.0。设计时，有清淤能力的排水管可取低值。

4.3 施 工 要 求

4.3.1 铺设前应将土工织物制作成要求的尺寸和形状。

4.3.2 铺设面应平整，场地上的杂物应清除干净。铺设应符合下列要求：

1 铺放平顺，松紧适度，并应与土面贴紧；

2 有损坏处应修补或更换。相邻片(块)搭接长度不应小于 300mm；可能发生位移处应缝接；不平地、松软土和水下铺设搭接宽度应适当增大；水流处上游片应铺在下游片上；

3 坡面上铺设宜自下而上进行。在顶部和底部应予固定；坡面上应设防滑钉，并应随铺随压重；

4 与岸坡和结构物连接处应结合良好；

5 铺设人员不应穿硬底鞋。

4.3.3 土料回填应符合下列要求：

　　1 应及时回填，延迟最长不宜超过 48h；

　　2 回填土石块最大落高不得大于 300mm，石块不得在坡面上滚动下滑；

　　3 填土的压实度应符合设计要求；回填 300mm 松土层后，方可用轻碾压实。

4.3.4 用于排水沟的土工织物包裹碎石要求洁净，其含泥量应小于 5%。

4.4　土石坝坝体排水

4.4.1 坝内排水体可采用土工织物或复合排水材料。

4.4.2 土工织物作为坝内排水体，可分为竖式、倾斜式及水平式三种。其功能应符合国家现行有关标准的规定。

4.4.3 排水体选用的土工织物应符合反滤要求。

4.4.4 土工织物排水体排水量可用流网法估算(图 4.4.4)。排水体流量应分段估算。

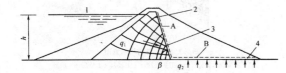

图 4.4.4　坝内排水体示意图

1—水面；2—心墙；3—倾斜式排水；4—水平式排水；

A、B—土工织物或复合排水材料；q_1—来自倾斜式排水体的流量；

q_2—来自水平排水体的流量；h—坝前水深

4.4.5 土工织物平面导水能力，应按本规范公式(4.2.7-2)和公式(4.2.7-3)沿排水体自上而下地逐段设计导水率 θ_s 和 θ_r。

　　1 选用土工织物导水率应满足本规范公式(4.2.7-1)的要求；

　　2 倾斜式排水体在设计排水所需导水率 θ_r 时，本规范公式(4.2.7-3)中的水力梯度 i 可按下式计算：

$$i = \sin\beta \qquad (4.4.5)$$

式中：β——排水体的倾角(°)。

4.4.6 下游水平排水体的总排水量应为倾斜式排水底部最大流量和从地基进入水平排水体内的流量之和。

4.5　道 路 排 水

4.5.1 道路基层排水可在基层粒料中或面层下设置透水性强的土工复合排水网，将来水迅速汇流至道路纵向排水体。复合排水材料抗压强度和导水率应满足设计要求。

4.5.2 道旁纵向排水可采用无纺土工织物包裹的砾碎石的排水沟或包裹的多孔管。设计应符合本规范第 4.2 节的要求。

4.5.3 排水沟或排水管的设计应符合本规范第 4.2 节的选料要求和设计要求。

4.5.4 交通道路为防治翻浆冒泥，可采用由无纺土工织物和砂层形成的组合滤层，即在织物上下各铺一薄层中粗砂，以利排水。

4.6　地下埋管降水

4.6.1 地下埋管降水可采用外包薄层热粘型无纺土工织物的带孔塑料管。管内径宜为 50mm～100mm。

4.6.2 降低地下水位设计应考虑当地自然条件，合理布置排水管位置，限制地下水位不超过一定高度。

4.6.3 设计计算应符合下列要求：

　　1 每根排水管分配到的降水量应根据地下埋管的布置(图 4.6.3)按下式计算：

$$q_r = \beta rsL \qquad (4.6.3-1)$$

式中：β——地基土的入渗系数，建议取 0.5；

r——降水强度(m/s)，按日最大降水强度计；

s——排水管间距(m)；

L——排水管长度(m)。

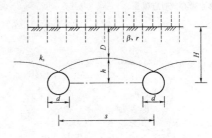

图 4.6.3　地下埋管的布置

　　2 每根管的进水量应按下式计算：

$$q_c = \frac{2k_sh^2L}{s} \qquad (4.6.3-2)$$

式中：k_s——地基土的渗透系数(m/s)；

h——规定最高地下水位与排水管中心线的高差(m)。

　　3 给定 h 时，进水量等于降水分配量时的埋管间距 s 应按下式计算：

$$s = \sqrt{\frac{2k_s}{\beta r}} \cdot h \qquad (4.6.3-3)$$

　　4 管中流速应按下式计算：

$$v = \frac{q_c}{A} \qquad (4.6.3-4)$$

式中：A——埋管横截面积(m²)；

v——与管几何尺寸及其坡降 i 有关的流速，不同排水管的 v 值可按本规范第 4.2.10 条的规定计算确定。

　　5 管道的排水能力应加大，安全系数可取 2.0～5.0。

4.7　软基塑料排水带设计与施工

4.7.1 排水带地基设计应按传统的砂井地基设计方法进行：

　　1 排水带的平面布置可为等边三角形或正方形；

　　2 排水带的间距及插入深度应通过计算确定；

　　3 排水带的等效(砂)井直径 d_w 可按下式计算：

$$d_w = 2(b+\delta)/\pi \qquad (4.7.1-1)$$

式中：b——排水带的宽度(cm)；

δ——排水带的厚度(cm)。

　　4 设计的主要任务应是根据现场条件，确定排水带的平面布置(确定排水带间距 L)，使地基在要求的时限(t_r)内完成规定的平均固结度 U_r。固结所需的时间应按下式计算：

$$t_r = \frac{d_e^2}{8C_h}\left(\ln\frac{d_e}{d_w}-0.75\right)\ln\frac{1}{1-U_r} \qquad (4.7.1-2)$$

式中：d_e——排水带排水范围的等效直径(cm)。三角形分布时，$d_e = 1.05L$；正方形分布时，$d_e = 1.13L$；

L——排水带的平面间距(cm)；

C_h——地基土的水平固结系数(cm²/s)。

　　5 固结沉降量和预定时间应满足设计要求。分级施加荷载时应采取现场监测措施；

　　6 排水带的深度宜打穿软土层。如软土层很厚，对以稳定性控制的设计，入土深度宜超过最危险滑动圆弧面最大深度 2m；对以地基沉降控制的设计，入土深度应按工程容许沉降量确定；

　　7 排水带地基表面应铺设厚度大于 400mm 的排水砂垫层。砂料宜选用中、粗砂，含泥量应小于 5%；

　　8 排水带产品应符合质量标准的规定。

4.7.2 排水带软土地基施工应符合下列规定：

　　1 插带机插带时应准确定位；

2 插设应垂直并满足设计要求,应采取措施防止发生回带现象;

3 排水带上端应伸入排水砂垫层;

4 排水带存放时应覆盖。

9 路基及其他地基盐渍化防治;

10 膨胀土和湿陷性黄土的防水层;

11 深基坑开挖的支挡结构(地下连墙等)防渗;

12 屋面防漏;

13 其他。

5.2 土工膜防渗设计与施工

5.2.1 保护土工膜的防渗结构(图 5.2.1)应包括防渗材料的上垫层、下垫层、上垫层上部的护面、下垫层下部的支持层和排水、排气设施。应用时可根据具体情况简化。

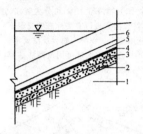

图 5.2.1 防渗结构示意图
1—坝体;2—支持层;3—下垫层;4—土工膜;5—上垫层;6—护面

5.2.2 护面材料可采用压实土料、砂砾料、水泥砂浆、干砌块石、浆砌块石或混凝土板块等。

5.2.3 上垫层材料可采用砂砾料、无砂混凝土、沥青混凝土、土工织物或土工网等。

5.2.4 下垫层材料可采用透水材料、土工织物、土工网、土工格栅等。

5.2.5 膜下排水、排气设施可采用逆止阀、排水管或纵横向排水沟等形成完整的排水排气系统。

5.2.6 土工膜防渗设计与施工应考虑下列因素:

1 工程性质:临时性或永久性工程,主防渗或次防渗;

2 长期工作条件:土工膜是埋在土内,还是外露;是否受极端环境影响(高温与低温、日照、飓风、周围介质腐蚀性);除施工应力外,有无其他荷载影响(铺在斜坡上受较大拉力、不均匀沉降);

3 施工条件:当地气温、降水、风力、填料等。

5.2.7 膜材选用应符合下列规定:

1 宜选用聚乙烯膜(PE)和聚氯乙烯膜(PVC);

2 与水接触的工程宜采用聚乙烯膜;

3 接触富含酸、碱、盐及重金属元素的液体时,应在考虑抗化学作用的原则下优选膜材;

4 废料场含不确定化学成分时,可优先采用高密度聚乙烯膜(HDPE)。

5.2.8 土工膜厚度不宜小于 0.5mm。重要或要求严格的工程(如废料场),膜应加厚。

5.2.9 土工膜的固定和稳定性应符合下列要求:

1 斜坡上的土工膜应予固定。可在坡顶与坡趾埋入预设的锚定沟、回填土料固定;

2 土工膜的稳定性应按国家现行有关标准的规定进行验算。

5.2.10 施工工序应包括下列内容:

1 准备(清基)工作:场地清除,挖好锚沟固沟,做好排水排气系统;

2 土工膜选择:宜采用宽幅膜,并在工厂拼接成要求尺寸的膜块,卷在钢轴上妥运工地;

3 铺膜:宜在干燥天气较低温度下进行。铺放松紧适度,不得有折皱,膜尺寸应预留适当的松弛量。工作人员应穿软底鞋;

4 拼接:采用热熔焊法和胶粘法。PE 膜用热熔焊法。PVC膜可用热熔焊法或胶粘法。热熔焊法铺膜前应试焊,确定适宜的焊接温度和速度。胶粘法多用于局部修补。胶粘剂的稳定性应符

5 防 渗

5.1 一般规定

5.1.1 土工合成材料用于防渗工程时,主要材料选取应符合下列要求:

1 一般情况下宜采用土工膜或复合土工膜;

2 承受较高拉力时,宜采用加筋复合土工膜;

3 地形复杂,土工膜焊接质量难以保证,要求隔渗层受损后易于自愈时,可采用土工合成材料膨润土防渗垫;

4 道路工程可采用现场涂(喷)沥青的薄膜土工织物。

5.1.2 水下大面积铺设土工膜时,应分析膜下水与气的顶托,并采取适当的工程防护措施。

5.1.3 土工膜防渗系统应与周边地基及建筑物连接,形成完全封闭的防渗体系。

5.1.4 防渗设施的范围、高程、尺寸、抗震要求以及与其他部位或岸坡的连接等,应符合主体工程设计要求。

5.1.5 下列工程可采用土工合成材料防渗:

1 土石坝、堆石坝、砌石坝、碾压混凝土坝和混凝土坝等防渗;

2 堤坝前水平防渗铺盖,地基垂直防渗墙;

3 尾矿坝、污水库坝身及库区防渗;

4 施工围堰;

5 引水、输水渠道、蓄液池(坑、塘);

6 垃圾和废料填埋场(坑)及贮存设施;

7 地铁、地下室和隧道、隧洞防渗衬砌;

8 路基;

合设计要求；

 5 拼接合格后尽快分层回填。填料及压实不得损伤土工膜。

5.2.11 拼接质量检测可采用以下检测方法：

 1 目测法：观察有无漏接、烫伤、褶皱，是否均匀等；

 2 现场检测法：有充气法和真空抽气法；

 3 试验室检测法：将焊接好的土工膜抽样送试验室做剪切和剥离试验。剪切强度不应小于母材抗拉强度的80%，且试样断裂不得在缝接处。

5.3 水利工程防渗

5.3.1 土石堤坝的防渗设计应符合下列规定：

 1 土工膜类型、材质及厚度的选择应按水头、填料、垫层条件和铺设部位等确定；

 2 土工膜用于1级、2级建筑物和高坝时应通过专门论证，膜厚度应按堤坝的重要性和级别采用。1级、2级建筑物土工膜厚度不小于0.5mm，高水头或重要工程应适当加厚；3级及以下的工程，不应小于0.3mm；

 3 防渗结构应确保其稳定性，可采取膜面加糙，按台阶形、锯齿形或折坡形铺设等方法提高其稳定性；

 4 斜墙、心墙等用防渗材料应与坝基和岸坡防渗设施紧密连接，形成完整的封闭系统；

 5 蓄水池、库底等大面积水下铺设时，防渗膜膜下应设置排水与排气措施。

5.3.2 混凝土坝、碾压混凝土坝、砌石坝的防渗设计应符合下列规定：

 1 土工膜及复合土工膜可用于已建和新建混凝土坝、砌石坝等的上游面防渗。但用于1级、2级建筑物和高坝应通过专门论证；

 2 采用抗老化的土工膜及复合土工膜，膜厚度不应小于1.5mm。膜应固定于上游坝面；

 3 膜与坝体的结合固定可采用锚固或锚固与粘贴相结合的方法。

5.3.3 输水渠道的防渗设计应符合下列规定：

 1 防渗材料的类型、材质及厚度应根据当地气候、地质条件和工程规模确定；

 2 渠道边坡防渗材料的铺设高度应达到最高水位以上，并有符合要求的超高。防渗材料应予以固定；

 3 寒冷地区防渗结构应采取防冻措施。

5.3.4 采用土工膜作为防渗层，截断地下水流或地表水流时，应符合下列要求：

 1 地下垂直防渗和地下截潜流采用的土工膜厚度不宜小于0.3mm。重要工程的膜厚度不宜小于0.5mm。置膜深度宜在15m以内；

 2 用作垂直防渗墙时，透水层中粒径大于50mm的颗粒含量不超过10%。槽内铺设土工膜应根据地基土质的具体条件，选用成槽机具和固壁方法；

 3 挖槽置膜后，应及时回填，并应防止下端绕渗。土工膜的上端应与地面防渗体连接；

 4 土工膜用作水库水平防渗（铺盖）时，膜厚度不应小于0.5mm，应采用无纺土工织物的复合膜。膜向水库大坝上游的展伸长度应按相关水工规范计算确定。库底应平整，清除尖硬杂物，膜下排水、排气设施和膜与岸边的密封连接应符合设计要求。

5.4 交通工程防渗

5.4.1 作为路基防渗隔离层，防止路基翻浆冒泥、防治盐渍化和防止地面水浸入膨胀土及湿陷性黄土路基采用的土工膜或复合土工膜，应置于路基的防渗隔离的适当位置，同时截断侧面来水（图5.4.1），并应设置封闭和排水系统。

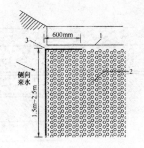

图 5.4.1 截断侧面来水
1—路面；2—碎石层；3—土工膜

5.4.2 地下铁道、交通隧道采用土工膜防渗设计时，应符合下列要求：

 1 洞室排水防渗土工膜可采用复合土工膜，排水量较大的洞室可选用合适的防排水复合料；

 2 岩体中的洞室、隧洞等，掘成后洞壁应喷浆形成平整面，再设复合土工膜（无纺织物应较厚）。交通隧道用土工膜防渗（图5.4.2）时，膜的土工织物一侧应与洞壁紧贴并固定；

 3 洞室两侧壁下方应设纵向及横向排水沟、管。

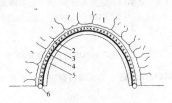

图 5.4.2 交通隧道用土工膜防渗示意图
1—岩体；2—水泥喷浆；3—土工织物；
4—土工膜；5—衬砌；6—纵向排水沟、管

5.5 房屋工程防渗

5.5.1 土工合成材料用于屋面防渗工程时，应符合下列规定：

 1 复合土工膜在0.3MPa水压力作用下应能保证30min以上不漏水，耐热稳定性应符合设计要求；

 2 复合土工膜可单独用作防水层，也可与其他防水材料结合做成多道防水层。使用时应做好表面防护；

 3 复合土工膜的接缝及与找平层的粘接剂应与所采用的复合土工膜匹配。

5.5.2 土工织物作为屋面涂膜防水胎基增强材料时，材料性能应满足屋面防水要求。

5.6 环保工程防渗

5.6.1 垃圾填埋场防渗系统设计应符合现行国家标准《生活垃圾填埋污染控制标准》GB 16889的有关规定，防渗方案和相应技术要求可按表5.6.1的规定执行。生活垃圾填埋场防渗结构（图5.6.1）可分为单衬、双衬等类型。

表 5.6.1 生活垃圾填埋场防渗方案选择

地基条件	防渗方案	技术要求
天然地基土 $k<1.0\times10^{-7}$cm/s，$d\geqslant2$m	天然地基防渗层	土压实后渗透系数 $k<1.0\times10^{-7}$m/s，压实土层厚度 $d\geqslant2$m
天然地基土 $k<1.0\times10^{-5}$cm/s，$d\geqslant2$m	单层土工合成材料防渗层	采用HDPE膜作为防渗衬层，其厚度不应小于1.5mm；膜下压实土的压实厚度 $d\geqslant0.75$m；压实后土的渗透系数 $k<1.0\times10^{-7}$cm/s
天然地基土 $k\geqslant1.0\times10^{-5}$cm/s 或 $d<2$m	双层土工合成材料防渗层	采用HDPE膜作为防渗衬层，其厚度不应小于1.5mm；下层HDPE膜下压实土厚度 $d\geqslant0.75$m；压实后土的渗透系数 $k<1.0\times10^{-7}$cm/s

注：k为渗透系数(cm/s)，d为土层厚度(m)。

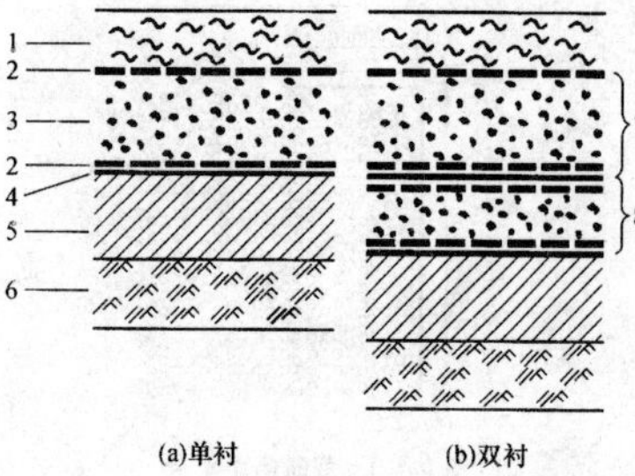

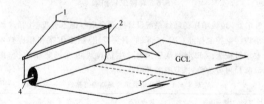

图 5.6.1 垃圾填埋场防渗结构示意图
1—垃圾；2—土工织物滤层；3—透水料；4—土工膜；
5—压实土；6—基土；7—集气层；8—检测层

5.6.2 填埋场的双衬防渗系统应包括渗沥液集液层和渗沥液检测层，施工结束后应进行渗漏检测。渗沥液集液层在填埋场运行期间用于控制防渗土工膜 HDPE 上的渗滤液深度不应超过300mm，渗沥液检测层发现防渗层出现渗漏现象时，可及时采取措施。

5.6.3 填埋场最终填满后应及时封场，防止长期降水内渗。封场系统自下而上应包括气体导排层、防渗层、雨水导排层、最终覆土层和地面植被层。

5.7 土工合成材料膨润土防渗垫防渗

5.7.1 下列情况可采用土工合成材料膨润土防渗垫或与土工膜联合使用：

1 地形复杂，土工膜焊接质量无法保证；

2 土工膜易受穿刺，要求防渗材自愈性强；

3 地基变形较大，要求防渗材适应性好；

4 气温变化较大；

5 被防渗土料与地下水的交换不被绝对切断。

5.7.2 隔渗材的防渗性能、界面抗剪强度等指标应通过试验测定。

5.7.3 隔渗材用于一般水利工程时（如渠道、水池等覆盖压力小情况），渗透系数应考虑合理取值。

5.7.4 隔渗材用于边坡防渗时，应验算坡面稳定性。

5.7.5 隔渗材在储运、操作等全过程中应符合下列要求：

1 材料应始终存放在防潮袋中，避免直立与弯曲，防止刺破；

2 铺设宜采用挖土机或装载机结合专用框架起吊（图5.7.5-1）。铺放应平整无皱折，不得在地上拖拉，不得直接在其上行车；

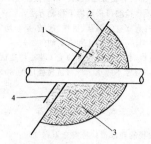

图 5.7.5-1 GCL 起吊装置示意图
1—吊索；2—框架；3—搭接线；4—刚性轴

3 现场铺设应采用搭接。当材料的一面为土工膜时，应焊接。纵横向搭接宽度不应小于 150mm，端尾最小应为 500mm。搭接处上下片之间应散铺膨润土粉或颗粒，用量宜为 0.4kg/m，并洒水使其粘合；

4 隔渗材应沿坡面铺展，不得形成横缝；上下片应搭叠，防止水流侵入。坡顶处材料应埋入锚固沟并回填；

5 遇贯穿物时，GCL 的布置（图 5.7.5-2）应使其在与贯穿物

或结构物连接处的隔渗材接触周边密闭；

图 5.7.5-2 遇贯穿物时 GCL 的布置
1—膨润土膏或颗粒；2—GCL 主衬砌；3—基土；
4—GCL 次衬砌（搭接至少 300mm）

6 隔渗材出现撕裂、穿孔等损伤时，应全部更换，或从新卷材切割片块，配置于损伤部位的上下。片块尺寸围绕损伤区最小搭接不应小于 300mm。放片之前，沿损伤部位四周布放膨润土粉末或膏；

7 隔渗材应避免与非极性液体接触。铺材后应及时引净水至覆材区域，使其先充分水化。

6 防 护

6.1 一般规定

6.1.1 需要利用工程措施实现防冲、防浪、防冻、防震、固砂、险情抢护、防止盐渍化、防泥石流或需用轻质材料使结构减载等时，可选用相应的土工合成材料。

6.1.2 防护用的土工合成材料可根据结构形式和应力变形等条件选用。

6.1.3 下列工程可采用土工合成材料进行防护：

1 江河湖海和渠道、储液池护坡、护底；

2 水下结构基础防冲；

3 道路边坡防冲；

4 涵闸工程护底；

5 涵箱顶部减载；

6 减小路桥衔接处的不均匀沉降；

7 泥石流和悬崖侧建筑物障墙防冲；

8 沙漠地区砂篱滞砂和固砂；

9 爆炸物仓库防爆堤；

10 严寒地区防冻；

11 道路防止盐渍化；

12 隔振与减震；

13 其他。

6.1.4 下列工程可采用土工系统各种包裹体进行防护：

1 建造丁坝、顺坝；

2 兴建坝或围堰；

3 围垦造地；

4 防治崩岸；

5 建造人工岛；

6 水上或软基上建造浮桥；

7 建造水下平台；

8 建造挡墙；

9 环保疏浚；

10 深海投放垃圾(不得含有毒、有害物质)；

11 其他。

6.2 软体排工程防冲

6.2.1 软体排材料可选用130g/m²以上的有纺土工织物连以尼龙绳网构成。单片软体排可用于一般防护，双片排软体可用于重点区防护；按软体排上压载方式，砂肋排可用于淤积区，混凝土连锁排可用于冲刷区。

6.2.2 顺水流方向的排宽应为防护区的宽度、相邻排块缝接或搭接宽度和排体收缩需预留宽度的总和。相邻排块应采取缝接或搭接，搭接宽度不应小于1m。

6.2.3 垂直水流方向的软体排长度应为水上部分软体排长度与水下部分软体排长度之和。水上部分软体排长度应为水上坡面长度和坡顶固定所需长度之和。水下部分软体排长度应为与水上排衔接长度、水下坡度(含折皱和计入伸缩量所需长度)和预计冲刷所需预留长度之和。

6.2.4 对软体排应进行下列验算：

1 抗浮稳定；

2 排体边缘抗冲刷稳定；

3 沿坡面抗滑稳定；

4 软体排上需要的压重。

6.2.5 软体沉排施工应根据具体条件分别选用下列方法：

1 人工或机械直接沉排；

2 水上船体或浮桥沉排；

3 寒区冬季冰上沉排。

6.3 土工模袋工程护坡

6.3.1 设置模袋处的边坡不应陡于1:1，水流流速不宜大于1.5m/s。

6.3.2 模袋护坡设计应包括下列内容：

1 岸坡稳定性验算；

2 模袋选型及充填厚度确定；

3 模袋稳定性验算；

4 模袋护坡的细部构造及边界处理。

6.3.3 模袋类型和规格应根据当地气象、地形、水流条件和工程重要性等选择。

6.3.4 模袋应进行平面抗滑稳定性验算，其安全系数可按下式计算：

$$F_s = \frac{L_3 + L_2\cos\alpha}{L_2\sin\alpha}f_{cs} \qquad (6.3.4)$$

式中：L_2、L_3——模袋长度(m)，如图6.3.4所示；

α——坡角(°)；

f_{cs}——模袋与坡面间界面摩擦系数，无实测资料时，可采用约0.5；

F_s——安全系数，应大于1.5。

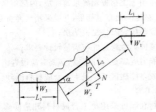

图6.3.4 抗滑稳定分析示意图

6.3.5 模袋厚度应通过抗浮稳定分析和抗冰推移稳定分析确定。

6.3.6 模袋护坡的细部构造和边界处理应符合下列要求：

1 顶部宜采用浆砌块石或填土予以固定；有地面径流处，坡顶应设置防止地表水侵蚀模袋底部的措施；

2 岸坡模袋底端应设压脚或护脚棱体，有冲刷处应采取防冲措施；

3 模袋护坡的侧翼宜设压沟；

4 相邻模袋接缝处底部应设土工织物滤层。

6.3.7 模袋护坡施工应符合下列要求：

1 坡面应清理整平，凹坑应填土压实；

2 模袋铺展后应拉紧固定，在充填混凝土或砂浆时不得下滑；

3 充填用混凝土和砂浆的配合比应符合设计要求；采用泵车充填时应连续，充填速度宜为10m³/h～15m³/h，充填压力宜为0.2MPa～0.3MPa；充填近满时，宜暂停片刻，再充至饱满；

4 需要排水的边墙应在混凝土或砂浆充填后初凝前开孔埋设排水管，间距宜为1.0m～1.5m。

6.4 土工网垫植被和土工格室工程护坡

6.4.1 用土工网垫植被护坡时，坡面应平整；应避免在高温、大雨或寒冷季节施工；土工网垫在坡顶、坡趾和坡中间应予固定。

护坡植物应根据当地气温、降水和土质条件等优选草种，必要时应进行试种。应选择土质适应性强、环境适应性强、根系发达、生长快和价格低廉的草种。

6.4.2 土工格室用于工程护坡时，可采用侧壁带孔的土工格室。格室应用扦钉固定，边坡稳定应进行验算。

6.4.3 沙漠地区可采用土工格室固定路堤边坡。格室上不得用压路机压实。

6.5 路面反射裂缝防治

6.5.1 防治路面反射裂缝的材料应符合下列要求：

1 土工织物的单位面积质量不应大于200g/m²，抗拉强度宜大于7.5kN/m，耐温性应在170℃以上；

2 玻纤格栅的孔眼尺寸宜为沥青面层骨料最大粒径的50%～100%，抗拉强度应大于50kN/m。

6.5.2 土工合成材料应铺设于新建沥青面层或旧路沥青罩面层的底部。可满铺或对应裂缝条铺。条铺宽度不宜小于1m。

6.5.3 半刚性基层和刚性基层表面铺沥青面层时，土工合成材料防裂层应根据基层表面裂缝情况确定。裂缝或接缝宜采用条铺方式，连续钢筋混凝土表面宜用满铺方式。

6.5.4 材料铺设应符合下列规定：

1 施工前旧路面应清扫干净，局部坑洞和严重不平的路面应进行整平；

2 长丝纺粘针刺无纺土工织物应先洒布粘层油再摊铺土工织物，最后再洒布粘层油，粘层油用量宜为0.6kg/m²～0.8kg/m²；聚酯玻纤土工织物应在原路面上喷洒0.6kg/m²～0.9kg/m²的重交通道路沥青或SBS改性沥青，喷洒温度宜为160℃～180℃，然后铺设土工织物，摊铺上层沥青混合料前可不再洒粘层油。铺设时应将土工织物拉紧、平整顺直；

3 玻纤格栅宜先铺设，再洒布热沥青粘层油；用量宜为0.4kg/m²～0.6kg/m²，应保证铺设平顺；

4 施工车辆不得在土工合成材料表面转弯。摊铺出现摊铺机车轮打滑时，应在粘层油表面撒石屑，用量宜为3m³/1000m²～5m³/1000m²。

6.6 土工系统用于防护

6.6.1 土工系统包裹体按其体积、形状和构造等可用于下列防护工程：

　　1 土工袋可用于堤坝芯材、护坡压载和护面等结构；

　　2 土工管袋可用于护岸、防冲、建围堤和人工岛，亦可用于工业废料脱水；

　　3 土工包可用于水下结构地基和处置废料垃圾；

　　4 土工箱笼可用于岸坡防护、护底、坡面防护等。

6.6.2 土工袋工程设计与施工应符合下列要求：

　　1 土工袋材料宜为有纺土工织物（有时结合使用无纺土工织物），材料拉伸强度、摩擦系数、透水性和耐久性应符合设计要求；

　　2 土工袋的几何尺寸应根据工程需要确定；

　　3 土工袋填土时的充满度不宜过高，宜为 85%；应分层错开叠放，防止水流直接流过袋间空隙；叠放坡不应陡于 1：1.5，坡趾应采取防冲措施；

　　4 土工袋用于堤坝时，底部应垫反滤土工织物；

　　5 土工袋在水中经受水流流速不应大于 1.5m/s～2.0m/s，浪高不大于 1.5m；

　　6 土工袋用作堤芯时，外面应设置保护层。

6.6.3 土工袋用于防护堤坝时，其设计应符合下列规定：

　　1 土工袋体材料宜选用有纺土工织物。单位面积质量不应小于 130g/m²，应符合反滤准则，能经受施工应力。极限抗拉强度不应小于 18kN/m；

　　2 防护堤断面型式分全断面、双断面和单断面（图 6.6.3）。堤身高度较低时，可选用全断面形式；较高时可选用双断面；单断面宜用于围垦造地工程；

　　3 充填料可采用砂性土、粉细砂类土，黏粒含量不应超过 10%。充填密度不宜小于 14.5kN/m³，充满度宜为 80%～90%；

　　4 防护堤护坡与护底应满足堤防、海堤和防波堤的相关要求；

　　5 堤身整体稳定性应进行验算；

　　6 土工袋之间抗滑稳定性应进行验算。

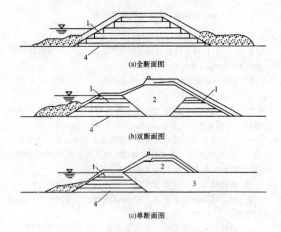

图 6.6.3　土工袋（砂被）防护堤断面型式示意图

1—土工织物袋；2—充填土；3—吹填土；4—垫层

6.6.4 土工袋防护堤施工应符合下列规定：

　　1 场地应平整；

　　2 采砂处距离堤趾有足够距离；

　　3 采用高压水枪造浆和充填，应按充填、进浆、二次充填的顺序进行。泥浆泵的出口压力宜为 0.2MPa～0.3MPa，充满度宜为 85%；

　　4 土工袋应垂直于堤轴线方向铺放，上下袋应错缝，不得形成贯通缝隙；

　　5 水下抛投时，应测定砂袋水面投掷点至沉落于河底的流动距离（流距），并应确定其投放的提前量。

　　6 充填后应尽快护面，不得长时间暴露于日照。

6.6.5 土工管袋设计应包括下列内容：

　　1 土工管袋的材料应为高强有纺土工织物。管袋几何尺寸应根据工程需要确定。织物要求的拉伸强度应通过设计确定；

　　2 土工管袋充填泥浆后，逐步失水固结，其高度逐渐降低。管袋固结后的稳定高度应进行估算，需满足工程设计要求；

　　3 管袋充填后其外形达到稳定所需的时间应进行估算。

6.6.6 土工管袋施工应符合下列要求：

　　1 施工前应平整场地；

　　2 应确定土工管袋的放置位置，沿管轴方向及管外侧可打小木桩以绳带固定其位置；

　　3 管袋下应铺设土工织物防冲垫层，避免管袋出水破坏地基；

　　4 注浆管、充填孔的衔接部位应保持竖直。铺设时应注意充填孔向上（沿着顶部中心线）；

　　5 管袋接头处可用小砂袋等填充空隙；

　　6 管袋应加外保护。

6.6.7 土工包设计应符合下列要求：

　　1 土工包的外裹材料应采用有纺土工织物，必要时可增加内衬。织物强度、反滤、抗紫外线性能、抗磨损能力应满足设计要求；

　　2 土工包体积较大时，可根据实践经验、施工观测作出初步设计以指导施工；

　　3 土工包应在驳船上封闭砂料、疏浚物等形成大体积包裹体，依靠 GPS 将船拖到指定地点，开启船底，投放大包使其沉落于水底。

6.6.8 土工包施工应符合下列规定：

　　1 开底驳船的底板面应光滑。必要时，可在船底板上设 HDPE 板；

　　2 土工包在驳船甲板上应包装封闭，形状为长条形。装满度不宜过大，且不宜小于 50%。长径比不宜大于 2；

　　3 土工包接缝强度宜达到材料的拉伸强度；

　　4 船底开启宜尽可能大。

6.6.9 土工箱笼设计应符合下列要求：

　　1 宜采用高强、高模量、抗老化、耐低温的土工合成材料，拉伸强度应大于 30kN/m；抗紫外线剂炭黑掺量不应小于 2%。金属丝应外涂 PVC 层防止锈蚀；

　　2 单个箱笼的最大尺寸宜为 2m×1m×1m（长×宽×高）。长度大于 1m 时，应添加中间隔网。管状笼直径宜为 0.5m～0.6m，每隔一定长度应加箍；

　　3 土工箱笼结构应进行笼体的稳定性分析。

6.6.10 土工箱笼施工应符合下列要求：

　　1 箱笼内填充石块应密实；

　　2 石笼高度大于 0.5m 时，沿高度每隔 0.25m～0.40m 用高强塑料绳将填料相互绑扎；

　　3 填充时应将箱笼放在平整的地面上；

　　4 箱笼下面应设置无纺土工织物滤层。

6.7　其他防护工程

6.7.1 土工合成材料建造障墙时，应符合下列规定：

　　1 障墙可由土工格栅箱笼堆筑而成，内部应填大块石或土工织物充填袋。箱笼断面宜呈梯形，并应采用筋绳将箱笼捆扎牢固；

　　2 障墙底部应设石块糙面垫层；

　　3 障墙墙体抗滑稳定性应满足设计要求；

　　4 排水能力应满足设计要求，必要时应设置消能墩。

6.7.2 流沙或寒冷地区可采用土工合成材料固砂、屏蔽流沙和建造滞砂篱或滞雪篱。

6.7.3 爆炸物仓库可采用土工合成材料建造防爆墙。防爆墙可为土工格栅加筋土堤，顶宽不宜小于 2m，在坡面可植草或喷水泥砂浆护面。

6.7.4 严寒地区挡墙及涵闸底板可采用土工合成材料在墙背及板下设置保温层,并应符合下列规定:

　　1 保温层可采用聚苯乙烯板块。其材料强度、导热系数、吸水率应满足设计要求;

　　2 聚苯乙烯板块保温层的厚度应通过计算确定。小型工程可取当地标准冻深的 1/10～1/15,并不应小于 50mm;

　　3 保温板设置为单向、双向或三向。单向可设于墙背面,双向可设于墙背面并作为墙顶的地面层,三向可设于墙背面、墙顶地面层和垂直于墙轴的两端面。保温板长度应超出保温区范围。保温板接缝处应密闭,铺设厚度大于 100mm 时,可采用双层板或企口板,接缝应错开。保温板应固定于墙背。

6.7.5 路桥交接处可用轻质聚苯乙烯板块作填料,可采用沉降计算法确定地基换填需要的开挖深度。

6.7.6 高填方路堤下穿堤涵洞、涵箱顶宽范围内可铺一定厚度的聚苯乙烯板块作为减载措施,降低洞、箱顶的竖向荷载,提高结构安全度。

7 加　筋

7.1 一　般　规　定

7.1.1 土工合成材料可用作加筋材改善土体强度,提高土工结构物稳定性和地基承载力。

7.1.2 用作加筋材的土工合成材料按不同结构需要可分为:土工格栅、土工织物、土工带和土工格室等。

7.1.3 下列工程可采用土工合成材料进行加筋:

　　1 加筋土挡墙;

　　2 加筋土垫层;

　　3 加筋土坡;

　　4 软土地基加固;

　　5 加筋土桥台、桥墩;

　　6 道路加筋;

　　7 桩网式加筋路基;

　　8 大坝抗震防护结构;

　　9 其他。

7.2 加筋土结构设计

7.2.1 加筋土结构设计应进行下列验算:

　　1 外部稳定性(整体稳定性)验算;

　　2 内部稳定性验算,包括加筋材料的强度验算和筋材锚固长度验算。

7.2.2 加筋土结构设计应通过计算,选择加筋材料、确定筋材的布放位置、长度和间距以及排水系统设计等。

7.2.3 加筋材料的选择应符合下列要求:

　　1 按本规范公式(3.1.3-1)求得的筋材允许强度应满足设计要求。同品种筋材应选用在设计使用年限内的蠕变量较低者;

　　2 界面摩阻力应通过试验确定,并选用摩阻力较高者。当无实测资料时,可按本规范第 3.1.5 条的规定选用;

　　3 抗磨损能力、耐久性应满足设计要求。

7.2.4 加筋土填料宜采用洁净粗粒料。

7.2.5 设计中应留有适当的安全裕量。外部稳定性安全系数应符合有关结构设计规范的规定。内部稳定性除特殊要求外,安全系数可采用 1.5。

7.3 加筋土挡墙设计

7.3.1 加筋土挡墙的组成部分应包括:墙面、墙基础、筋材和墙体填土(图 7.3.1)。

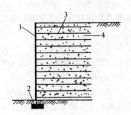

图 7.3.1　加筋土挡墙结构
1—墙面;2—墙基础;3—筋材;4—填土

　　墙面应根据筋材类型和具体工程要求确定,可采用整体式或拼装板块式的钢筋混凝土板、预制混凝土模块、包裹式墙面、挂网喷浆式墙面等类型。

7.3.2 加筋土挡墙按筋材模量可分为下列两种型式:

　　1 刚性筋式:用抗拉模量高、延伸率低的土工带等作为筋材,墙内填土中的潜在破裂面如图 7.3.2(a)所示;

　　2 柔性筋式:以塑料土工格栅或有纺土工织物等拉伸模量相对较低的材料作为筋材,墙内土中潜在破裂面如朗肯破坏面如图 7.3.2(b)所示。

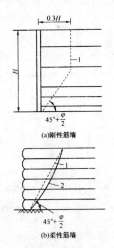

(a)刚性筋墙

(b)柔性筋墙

图 7.3.2　两类加筋土挡墙的破裂面示意图
1—潜在破裂面;2—实测破裂面;φ—填土的内摩擦力

7.3.3 加筋土挡墙设计采用极限平衡法,应包括下列内容:

　　1 挡墙外部稳定性验算;

　　2 挡墙内部稳定性验算;

　　3 加筋材料与墙面板的链接强度验算;

　　4 确定墙后排水和墙面防水措施。

7.3.4 外部稳定性验算应将整个加筋土体视为刚体,采用一般重力式挡墙的方法验算墙体的抗水平滑动稳定性、抗深层滑动稳定性和地基承载力。加筋土体可不做抗倾覆校核,但墙底面上作用合力的着力点应在底面中三分段之内。墙背土压力应按朗肯（Rankine）土压力理论确定（图7.3.4）。

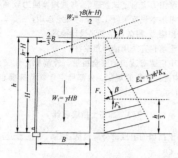

图 7.3.4 墙背垂直、填土面倾斜时的土压力计算

7.3.5 内部稳定性验算应包括筋材强度验算和抗拔稳定性验算，并应按下列方法进行。

1 筋材强度验算应符合下列规定：

1）每层筋材均应进行强度验算。第 i 层单位墙长筋材承受的水平拉力 T_i 应按下式计算：

$$T_i = [(\sigma_{vi} + \sum\Delta\sigma_{vi})K_i + \Delta\sigma_{hi}]s_{vi}/A_r \qquad (7.3.5\text{-}1)$$

式中：σ_{vi}——验算层筋材所受土的垂直自重压力（kPa）；

$\sum\Delta\sigma_{vi}$——超载引起的垂直附加力（kPa）；

$\Delta\sigma_{hi}$——水平附加荷载（kPa）；

A_r——筋材面积覆盖率。$A_r = 1/s_{hi}$，筋材满铺时取1；

s_{hi}——筋材水平间距（m）；

s_{vi}——筋材垂直间距（m）；

K_i——土压力系数。

2）土压力系数 K_i 应按下列公式计算：

对于柔性筋材[图7.3.5-1(a)]：

$$K_i = K_a \qquad (7.3.5\text{-}2)$$

对于刚性筋材[图7.3.5-1(b)]：

$$K_i = K_0 - [(K_0 - K_a)z_i]/6 \quad 0 < z \leqslant 6\text{m}$$
$$K_i = K_a \qquad z > 6\text{m} \qquad (7.3.5\text{-}3)$$

式中：K_a——主动土压力系数；

K_0——静止土压力系数。

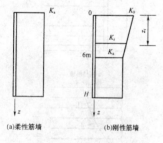

图 7.3.5-1 挡墙土压力系数

3）T_i 应满足下式要求：

$$T_a/T_i \geqslant 1 \qquad (7.3.5\text{-}4)$$

式中：T_a——筋材的允许抗拉强度，应符合本规范第3.1.3条的规定。

4）当 T_a/T_i 值小于1时，应调整筋材间距，或改用具有更高抗拉强度的筋材。

2 筋材抗拔稳定性验算应符合下列规定：

1）第 i 层筋材的抗拔力 T_{pi} 应根据填土破裂面以外筋材的有效长度 L_{ei} 与周围土体产生的摩擦力（图7.3.5-2）按下式计算：

$$T_{pi} = 2\sigma_{vi}BL_{ei}f \qquad (7.3.5\text{-}5)$$

式中：f——筋材与土的摩擦系数，应由试验测定；

L_{ei}——筋材有效长度（m），即破裂面以外的筋材长度，该长度最小不得小于1m；

B——筋材宽度（m）；筋材满堂铺时，$B = 1$。

2）筋材抗拔稳定性安全系数应按下式确定：

$$F_s = T_{pi}/T_i \qquad (7.3.5\text{-}6)$$

3）安全系数不应小于1.5。当不能满足时，应加长筋材或增加筋材用量，重新进行验算。

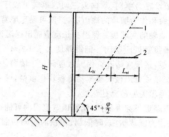

图 7.3.5-2 筋材长度
1—破裂面；2—第 i 层筋材

7.3.6 第 i 层筋材总长度 L_i 应按下式计算：

$$L_i = L_{0i} + L_{ei} + L_{wi} \qquad (7.3.6)$$

式中：L_{0i}——第 i 层筋材破裂面以内长度（m）；

L_{wi}——第 i 层筋材外端部包裹土体所需长度，该长度不得小于1.2m；或筋材与墙面连接所需长度（m）。

为施工方便，自上而下筋材宜取等长度，墙高度较大时也可分段采用不同长度。

7.3.7 对于面板为模块的挡墙，模块上下面的抗剪力应符合设计要求：上下相邻筋材面的间距限为块体宽度（墙前至墙后间的距离，W_u）的2倍或0.8m两者中的小值。最上层筋材以上和底部筋材以下的面板最大高度不得大于 W_u。

法向压力下模块间的抗剪力应超过面板处水平土压力，安全系数不应小于2。

7.3.8 加筋土挡墙应设置墙内、外的排水措施，并应符合下列规定：

1 外部排水可在墙顶地面做防水层（如不透水夯实黏土层或混凝土面板等），向墙外方向设散水坡和纵向排水沟，将集水远导；

2 墙内排水可根据具体条件选用合理的结构型式，但各种排水措施均应通过墙面的冒水孔管将水导出墙外；

3 挡墙建在丰水山坡坡趾或塌方处时，应向坡内钻仰斜排水管。

7.4 软基筑堤加筋设计与施工

7.4.1 软基上筑堤可在堤底铺设底筋（土工织物或土工格栅）。

7.4.2 当地基极软，地面又没有草根系覆盖，筋材采用土工格栅时，宜先在地面铺一层单位面积质量不大的无纺土工织物作为隔离层。

7.4.3 利用底筋法加固软基的设计应采用土力学极限平衡总应力分析法，且应包括下列内容：

1 按常规方法对典型的堤坝断面进行圆弧滑动稳定分析，得到未设置底筋时堤坝的最小安全系数为 F_{su}。而要求的安全系数为 F_{sr}。当 $F_{sr} < F_{su}$ 时，应铺设底筋；

2 软土地基的承载力验算；

3 底筋地基的深层抗滑稳定性验算；

4 底筋地基的浅层抗滑稳定性验算；

5 地基的沉降计算。

7.4.4 地基承载力验算应符合下列要求：

1 当地基软土层厚度远大于堤底宽度时，地基极限承载力 q_{ult} 应按下式计算：

$$q_{ult} = C_u N_c \qquad (7.4.4\text{-}1)$$

式中：C_u——地基土的不排水抗剪强度(kPa)。

N_c——软基上条形基础下地基承载力因数，N_c取5.14；

2 当地基软层具有限深度时，应进行坡趾处的抗挤出分析。软土层厚度$D_s < L$(图7.4.4)时，抗挤出的安全系数应按下式计算：

$$F_s = \frac{2C_u}{\gamma D_s \tan\theta} + \frac{4.14C_u}{\gamma H} \qquad (7.4.4-2)$$

式中：γ——坡土容重(kN/m³)；

其他符号意义如图7.4.4所示。

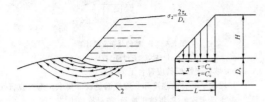

图7.4.4 坡趾承载力校核
1—软土；2—硬土

7.4.5 地基深层抗滑稳定性验算应符合下列要求：

1 针对未加底筋的深层软土地基及其上土堤进行深层圆弧滑动稳定分析。如果算得的安全系数大于(及等于)F_{sr}，则无需铺设底筋。但尚应再复核土堤浅层平面滑动的能力。

2 如果安全系数低于F_{sr}，则要求底筋的抗拉强度T_g(图7.4.5)应按下式计算：

$$T_g = \frac{F_{sr}(M_D) - M_R}{R\cos(\theta - \beta)} \qquad (7.4.5)$$

式中：M_D、M_R——未加筋地基圆弧滑动分析时对应于最危险滑动圆的滑动力矩和抗滑力矩(kN·m)；

R——滑动圆半径(m)；

θ——筋材与滑弧相交处点切线的仰角(°)；

β——原来水平铺放的筋材在圆弧滑动其方位的改变角度(°)。地基软土或泥炭等可采用$\beta = \theta$。$\beta = 0$为最保守情况。

3 采用双层或多层筋时，相邻两层筋间应隔以粒料(砂等)。

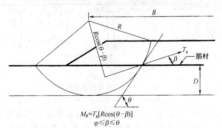

$$M_R = T_s[R\cos(\theta - \beta)]$$
$$\varphi \leqslant \beta \leqslant \theta$$

图7.4.5 地基深层抗滑稳定性验算

7.4.6 浅层平面抗滑稳定性验算应符合下列要求：

1 针对未加底筋的浅层软土地基及其上土堤进行浅层抗滑稳定分析(图7.4.6)。分析应按下式计算：

$$F_s = \frac{L\tan\varphi_f}{K_a H} \qquad (7.4.6-1)$$

式中：φ_f——堤底与地基间的摩擦角(°)；

K_a——堤身土的主动土压力系数。

如果算得的安全系数大于(及等于)F_{sr}，则无需铺设底筋。

2 如果安全系数低于F_{sr}，则需铺设底筋。要求的底筋抗拉强度T_{ls}[图7.4.6(b)]应按下式计算：

$$F_{sr} = \frac{2(LC_a + T_{ls})}{K_a \gamma H^2} \qquad (7.4.6-2)$$

式中：C_a——地基土与底筋间的黏着力(kPa)。由不排水试验测定。对极软地基土和低堤，可取$C_a = 0$。

3 土堤沿底筋顶面的抗滑稳定分析仍按公式(7.4.6-1)和图

7.4.6(a)进行，但公式中的φ_f应改用φ_{sg}(堤底与底筋面间的摩擦角)。

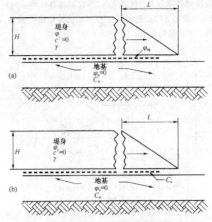

图7.4.6 地基平面抗滑稳定性验算

7.4.7 应取本规范第7.4.5条和第7.4.6条验算结果中的最大值作为筋材需要提供的拉力值。尚应按本规范公式(3.1.3-1)将该值转换为要求的底筋抗拉强度T。

另外，选择筋材尚应计及筋材的变形限制，即要考虑筋材的拉伸模量。

7.4.8 地基沉降量与沉降速率可按未加底筋时的常规方法估算。

7.4.9 底筋地基施工应符合下列要求：

1 场地应平整，并保留透水根系垫层；

2 筋材应宽，不应沿纵向接缝；卷筋纵向应垂直于堤轴线，人工拉紧使无褶皱，铺筋后，应在48h内填土；

3 填土前应检查筋材有无损坏，当有损坏时应及时处理；

4 极软地基和一般地基应按相应工序和要求施工。

7.5 加筋土坡设计与施工

7.5.1 加筋土坡筋材可采用土工格栅、土工织物、土工格室或土工网等。

7.5.2 加筋土坡应沿坡高按一定垂直距水平方向铺放筋材，土坡的地基稳定性和承载力应满足设计要求。

7.5.3 加筋土坡设计应符合下列要求：

1 应先对未加筋土坡进行稳定分析，得出最小安全系数F_{su}，并与设计要求的安全系数F_{sr}比较。当$F_{su} < F_{sr}$时，应采取加筋处理措施；

2 将本条第1款中所有$F_{su} \approx F_{sr}$的潜在滑弧与滑动面绘在同一幅图中，各滑动面和平面的外包线即为需要加筋的临界范围(图7.5.3-1)。筋材长度应为至外包线的长度加锚固长度之和；

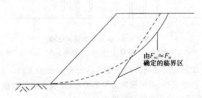

图7.5.3-1 有待加筋的临界区范围

3 针对每一假设潜在滑弧，所需筋材总拉力T_s(单宽)应按下式计算：

$$T_s = (F_{sr} - F_{su})M_D / D \qquad (7.5.3)$$

式中：M_D——未加筋土坡某一滑弧对应的滑动力矩(kN·m)；

D——对应于某一滑弧的T_s对于滑动圆心的力臂(m)。当筋材为独立条带(如图7.5.3-2中的$D = Y$)时，T_s的作用点可设定在坡高的1/3处；

4 各滑弧中T_s的最大值T_{smax}应为设计所需的筋材总加筋

力。当坡高小于 6m 时，沿坡高可取单一等间距布筋；当坡高大于 6m 时，沿坡高可分为二区或三区，各区取各自的单一间距布筋；

5 布筋后各层的筋材强度验算和抗拔稳定性验算应符合本规范第 7.3.5 条的要求；

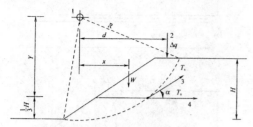

图 7.5.3-2 确定加筋力的圆弧滑动计算
1—滑动圆心；2—超载；3—延伸性筋材满铺拉力（D＝R）；
4—独立条带筋材拉力（D＝Y）

6 坡面应植草或采取其他有效的防护，并应设置排水措施。坡内应设置有效的截排水设施。

7.5.4 加筋土坡施工应符合下列规定：

1 填土质量应符合设计要求。压实机械运作时，机械底面与筋材间的土料厚不应小于 300mm；

2 当坡面缓于 1:1 且筋材垂直间距不大于 400mm 时，坡面处筋材端部可不包裹；否则应予包裹，折回段应压在上层土之下；

3 对于陡坡，坡面处可采用下列方法之一予以处理：

1）土工袋坡面：以装土土工袋作坡面，土内拌草籽，筋材绕裹土土工袋压在上层填土之下；

2）格宾坡面：筋材与格宾连接或压在二层格宾之间，格宾中含土与草籽；

3）金属网坡面：金属网制成有支撑的角型体，其内放置草网垫，其后的压实耕土中含草籽。

7.6 软基加筋桩网结构设计与施工

7.6.1 在极软地基上按常规速度建堤，但要求消除过大的工后沉降时，可采用土工合成材料和碎石或砂砾构成的加筋网垫形式的桩网支承结构。

7.6.2 加筋桩网基础可在软基中设置带桩帽的群桩，利用其上的土工合成材料传力承台和桩间土形成的拱作用，将堤身重量通过桩柱传递给桩下相对硬土层（图 7.6.2）。

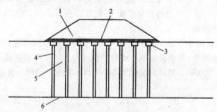

图 7.6.2 软基加筋桩网结构
1—堤；2—传力承台；3—桩帽；4—桩柱；5—软基础；6—持力相对硬土层

7.6.3 加筋桩网基础宜用于堤高不大于 10m 的工程。设计内容应包括：桩型选择、沿堤横断面桩的分布、堤坡稳定性校核、传力承台或加筋网垫设计和筋材强度确定。

1 桩型可采用木桩、预制混凝土桩、振动混凝土桩、水泥土搅拌桩等。桩顶应设配筋桩帽；

2 桩柱间距宜为 1.5m～3.0m。沿堤横断面要求桩分布的范围 L_p（图 7.6.3-1）可按下列公式计算：

$$L_p = H(n - \tan\theta_p) \qquad (7.6.3-1)$$

$$\theta_p = 45° - \frac{\varphi_{em}}{2} \qquad (7.6.3-2)$$

式中：H——堤身高度（m）；

n——堤身坡率；

θ_p——与垂线的夹角（°）；

φ_{em}——堤身土的有效内摩擦角（°）。

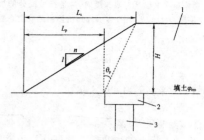

图 7.6.3-1 桩的分布范围计算
1—堤；2—桩帽；3—桩柱

3 堤坡稳定性校核应符合下列规定：

1）堤坡下筋材的强度和长度应满足设计要求。抵抗坡肩处主动土压力 P_a 将坡土推动，筋材抗拉力 T_{ls}（图 7.6.3-2）应满足下列公式的要求：

$$T_{ls} \geqslant P_a = \frac{1}{2} K_a f_f (\gamma H + 2q) H \qquad (7.6.3-3)$$

$$K_a = \tan^2\left(45° - \frac{\varphi_{em}}{2}\right) \qquad (7.6.3-4)$$

式中：K_a——主动土压力系数；

f_f——荷载因数，f_f 取 1.3；

γ——填料重度（kN/m³）。

提供抗拉力 T_{ls} 的锚固长度 L_e 应按下式计算：

$$L_e = \frac{T_{ls} + T_{rp}}{0.5\gamma H C_i \tan\varphi_{em}} \qquad (7.6.3-5)$$

式中：C_i——筋材与堤之间抗滑相互作用系数。$C_i < 1$，C_i 宜取 0.8；

T_{rp}——堤轴向筋材拉力（kN/m）。

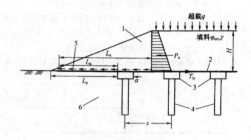

图 7.6.3-2 堤坡抗挤滑验算
1—堤；2—筋材；3—桩帽；4—桩柱；5—外向剪应力；6—基土

2）地基与堤身整体稳定性验算应按传统的圆弧滑动法验算。计算中应考虑桩柱的抗剪力和承台底筋的抗拉作用。

7.6.4 加筋网垫设计应符合下列要求：

1 加筋网垫设计按悬索线理论法设计；

2 土拱作用使桩顶平均垂直应力 p_c' 与堤底平均垂直应力 σ_v' 之比可按下列公式计算：

$$\frac{p_c'}{\sigma_v'} = (C_c a/H)^2 \qquad (7.6.4-1)$$

$$\sigma_v' = f_{fs}\gamma H + f_q q \qquad (7.6.4-2)$$

式中：f_{fs}——土单位质量分项荷载因数，取 1.3；

f_q——超载分项荷载因数，取 1.3；

C_c——成拱系数。

对于端承桩：

$$C_c = 1.95 \frac{H}{a} - 0.18 \qquad (7.6.4-3)$$

对于摩擦桩：

$$C_c = 1.50 \frac{H}{a} - 0.07 \qquad (7.6.4-4)$$

3 悬索承受的竖向荷载 W_T 应按下列公式计算：

当 $H > 1.4(s-a)$ 时：

$$W_T = \frac{1.4sf_{fs}\gamma(s-a)}{s^2-a^2}\left(s^2-a^2\frac{p'_r}{\sigma'_v}\right) \quad (7.6.4-5)$$

当 $0.7(s-a) \leqslant H \leqslant 1.4(s-a)$ 时：

$$W_T = \frac{s(f_{fs}\gamma H + f_q q)}{s^2-a^2}\left(s^2-a^2\frac{p'_r}{\sigma'_v}\right) \quad (7.6.4-6)$$

4 筋材的单宽拉力 T_{rp} 应按下式计算：

$$T_{rp} = \frac{W_T(s-a)}{2a}\sqrt{1+\frac{1}{6\varepsilon}} \quad (7.6.4-7)$$

式中：ε——筋材的应变。堤重全部传递给桩时的最大应变为 6%。

5 传力承台筋材的总设计强度 T_t 应按下列公式计算：

堤轴线方向：

$$T_t = T_{rp} \quad (7.6.4-8)$$

横贯堤轴线方向：

$$T_t = T_{ls} + T_{rp} \quad (7.6.4-9)$$

7.6.5 施工应按常规公路标准进行，传力承台施工应符合下列要求：

1 填料应采用高强度粒料。土料宜为 GW（级配良好砾）、GW-GM（级配良好砾-粉土质砾）；

2 加筋材料应为土工格栅或高强有纺土工织物，拉伸强度和伸长率应符合设计要求；

3 布筋位置和高程应符合设计要求。桩帽边缘处筋材中的拉力最大，应在桩帽上放置尺寸稍大的无纺织物缓冲垫层。筋材在堤宽方向应避免接缝；

4 填料铺摊厚度，对机械压实处宜为 250mm，人工夯实处宜为 150mm。压实含水率应控制为 $w_{op}\pm2\%$，压实度不应小于 95%。压实应现场检查。

5 碾压机离筋材的垂直距离不宜小于 150mm。机械宜直行。

8 施工检测

8.1 一般规定

8.1.1 土工合成材料从材料进场、检验、存储到各施工环节及验收，均应进行检测。

8.1.2 材料进场应逐批检查供货是否与批准的种类、型号（规格）相符；是否具有产品的合格证和相关证明文件，以及经国家或省级计量认证单位出具的检测报告。应检查材料有无损伤。如不相符，或有损伤，应予退货或更换。

8.1.3 大幅材料需要供货方事先在厂内连接时，应检查其用材、尺寸和连接是否合格。

8.1.4 施工中每道工序完成经验收合格后，方可进行下一道工序。工序检测内容应列入施工规定。

8.2 检测要求

8.2.1 施工检测应按不同工序中的具体内容和允许偏差逐项检查。

8.2.2 反滤排水工程施工检测应符合下列要求：

1 地下排水沟、管应符合下列规定：

1）无纺土工织物应符合反滤准则，不得沾污受损；

2）排水沟底部应达设计高程，纵向不得有反坡；

3）织物铺放的顺机向应与水流方向一致，不得有折皱，织物与地面应紧贴；

4）织物搭接宽度应符合设计要求；可能发生位移的应加钉固定，上游片应搭在下游片之上；

5）排水沟顶部织物搭接宽不应小于 0.3m；沟顶回填土料应

压实，压实度不应小于 95%。

2 软式排水管应符合下列规定：

1）埋管底部应铺砂卵石，安放软管，分层回填压实；

2）接头处应剪去钢丝圈，相互套接，以尼龙绳捆紧，包以无纺土工织物；

3）外包尼龙纱应少受日光照射。

3 塑料排水带应符合下列规定：

1）插带平面位置应准确；

2）插带深度应达设计高程，插带应垂直；

3）插带时带外滤膜不得扯破，带底端应可靠锚固；

4）排水带接长时，芯板搭接不应小于 0.2m，并应将滤膜覆盖好；

5）地面应设横向排水砂垫层，厚度不应小于 0.4m。

8.2.3 防渗工程施工检测应符合下列要求：

1 土工膜与复合土工膜防渗应符合下列规定：

1）铺设大面积水下防渗膜应在整平地面后做好排水排气系统；地面不得有坚硬突起物；

2）坡上铺设的土工膜应埋在坡顶锚固沟内；

3）土工膜焊接后应按规定方法检测其密闭性；复合土工膜焊接后应将复合用土工织物整平；土工膜胶接后，除应检验其密封性外，尚应论证其胶结剂长期在水下的可靠性；

4）土工膜与周围地基和结构物的连接应形成完整的密闭系统。

2 GCL 防渗应符合下列规定：

1）坡上铺设应锚固；

2）块间连接宽度应符合规定，搭接块间应布放膨润土膏，搭接缝不应形成水平缝；

3）铺放后洒水应使防渗层充分水化；

4）覆盖层不得含钙、镁等高价离子的土料。

8.2.4 防护工程施工检测应符合下列要求：

1 软体排防冲防浪工程应符合下列规定：

1）铺放排体应准确定位；排片搭接，上游片应搭在下游片之上；排片上要及时压重；

2）水下排末端应做好防冲结构。

2 护坡垫层工程应符合下列规定：

1）织物的顺机向应平行于水流向；

2）相邻织物搭接宽度应符合设计要求；保护层可能发生移动时应以钉锚固；

3）织物应按设计要求埋入锚固沟；水下末端应做好防冲结构。

3 土工模袋护岸工程应符合下列规定：

1）水上、水下锚固沟应符合设计要求；

2）充灌用混凝土及砂浆的原材料、配合比和拌和物性能均应符合设计要求；

3）充灌应自下而上，自上游往下，由深水至浅水进行；充灌过程中及时调整松紧器；充灌后 1h 设置排水管；充灌完毕及时以水冲洗表面灰渣，待养护；

4）充满度应符合设计要求。

4 路面防止反射裂缝工程应符合下列规定：

1）铺加筋材料应拉紧；横向连接用钉固定，纵向连接可用粘层油；

2）搭接宽度应符合设计规定。转弯处织物应搭接或切割，顺转向叠盖，前一片在上，加固定钉；格栅要割断，顺转向布放；

3）铺设土工织物前应在地面洒粘层油，铺料后，再洒粘层油；用玻纤格栅时，则在铺后洒热沥青粘层油；用油量应符合设计规定。

8.2.5 加筋土工程施工检测应符合下列要求：

1 加筋土挡墙应符合下列规定：
1）墙体范围内的地基应用振动碾或汽胎碾压实至规定的压实度；
2）筋材的主强度方向应垂直于墙面；
3）墙面处为格栅包裹结构时，应采用土工织物或其他材料作内衬，防止填土漏失；
4）锚固长度抽查不应小于2%。
2 软基加筋垫层应符合下列规定：
1）筋材的顺机向应垂直于堤轴线；接缝不得平行于轴线，必要时需设钉固定；
2）分层回填应始终保持筋材处于拉伸状态。
3 加筋土坡应符合下列规定：
1）筋材顺机向应垂直于坡面，加钉防位移；
2）筋材垂直间距不宜大于400mm，边坡不应陡于1∶1；
3）按设计筋材末端要求包裹时，返回长度不应小于1.2m；
4）筋材长度抽查不应小于2%。
4 软基加筋桩网结构应符合下列规定：
1）传力承台填料应符合设计要求；应采用具有高抗剪强度的粗粒土作填料；
2）筋材布放位置与高程应符合设计要求；
3）填料应分层填筑，分层压实度不应小于95%，含水率应控制为$w_{op}±2\%$。

本规范用词说明

1 为便于在执行本规范条文时区别对待，对要求严格程度不同的用词说明如下：
1）表示很严格，非这样做不可的：
正面词采用"必须"，反面词采用"严禁"；
2）表示严格，在正常情况下均应这样做的：
正面词采用"应"，反面词采用"不应"或"不得"；
3）表示允许稍有选择，在条件许可时首先应这样做的：
正面词采用"宜"，反面词采用"不宜"；
4）表示有选择，在一定条件下可以这样做的，采用"可"。
2 条文中指明应按其他有关标准执行的写法为："应符合……的规定"或"应按……执行"。

引用标准名录

《生活垃圾填埋污染控制标准》GB 16889

中华人民共和国国家标准

土工合成材料应用技术规范

GB/T 50290—2014

条 文 说 明

修 订 说 明

《土工合成材料应用技术规范》GB/T 50290—2014，经住房城乡建设部2014年12月2日以657号公告批准发布。

本规范是在《土工合成材料应用技术规范》GB 50290—98的基础上修订而成的，原规范的主编单位是水利部水利水电规划设计总院，参编单位是华北水电学院北京研究生部、中国土工合成材料工程协会、交通部天津港湾工程研究所、铁道科学研究院、民航机场设计总院、交通部重庆公路科学研究所、南京玻璃纤维研究设计院、国家纺织局规划发展司等，主要起草人员是王正宏、董在志、杨灿文、王育人、曾锡庭、钟亮、邓卫东、刘聪凝、吴纯、窦如真等。

本次修订的主要技术内容有：①补充了新型材料，完善了土工合成材料分类体系；②修改了材料强度折减系数，增加了材料渗透性指标折减系数；③增加了土石坝坝体排水、道路排水、地下埋管降水等内容，补充完善了反滤准则和设计方法；④增加了土工合成材料膨润土防渗垫防渗内容，完善与增加了土工膜防渗设计与施工内容；⑤增加了土工系统用于防护内容；⑥增加了加筋土结构设计、软基筑堤加筋设计与施工、软基加筋桩网结构设计与施工等内容；⑦增加了施工检测一章。

本规范修订过程中，编制组进行了广泛的调查研究，认真总结了以往尤其是原规范制订以来我国有关土工合成材料应用技术的实践经验，并参考了有关国家标准、行业标准和国外标准，在听取国内众多专家意见的基础上，经多次认真讨论、修改，最后由水利部会同有关部门审查定稿。

为便于广大设计、施工、科研、学校等单位有关人员在使用本规范时能正确理解和执行条文规定，《土工合成材料应用技术规范》编制组按章、节、条顺序编制了本规范的条文说明，对条文规定的目的、依据以及执行中需注意的有关事项进行了说明。但是，本条文说明不具备与规范正文同等的法律效力，仅供使用者作为理解和把握本规范规定的参考。

目　次

1　总则 ···································· 24—24
2　术语和符号 ···························· 24—24
　2.1　术语 ······························· 24—24
　2.2　符号 ······························· 24—24
3　基本规定 ······························ 24—24
　3.1　材料 ······························· 24—24
　3.2　设计原则 ·························· 24—25
　3.3　施工检验 ·························· 24—25
4　反滤和排水 ···························· 24—25
　4.1　一般规定 ·························· 24—25
　4.2　设计要求 ·························· 24—25
　4.4　土石坝体排水 ···················· 24—26
　4.5　道路排水 ·························· 24—26
　4.6　地下埋管降水 ···················· 24—26
5　防渗 ································· 24—26
　5.2　土工膜防渗设计与施工 ············ 24—26
　5.3　水利工程防渗 ···················· 24—27
　5.6　环保工程防渗 ···················· 24—28

　5.7　土工合成材料膨润土防渗垫防渗 ······ 24—28
6　防护 ································· 24—29
　6.1　一般规定 ·························· 24—29
　6.2　软体排工程防冲 ·················· 24—29
　6.3　土工模袋工程护坡 ················ 24—29
　6.4　土工网垫植被和土工格室工程
　　　护坡 ····························· 24—30
　6.6　土工系统用于防护 ················ 24—30
　6.7　其他防护工程 ···················· 24—31
7　加筋 ································· 24—31
　7.1　一般规定 ·························· 24—31
　7.2　加筋土结构设计 ·················· 24—31
　7.3　加筋土挡墙设计 ·················· 24—31
　7.4　软基筑堤加筋设计与施工 ·········· 24—32
　7.5　加筋土坡设计与施工 ·············· 24—32
　7.6　软基加筋桩网结构设计与施工 ······ 24—33
8　施工检测 ···························· 24—34
　8.2　检测要求 ·························· 24—34

1 总 则

1.0.1 20 世纪 80 年代初，土工合成材料的土工织物、土工膜等在我国已开始应用和研究。1998 年我国发生特大洪水后，陆续编制和发布了国家和各行业的土工合成材料的设计和施工标准，执行已超过 15 年，完成了众多的工程项目，包括国家的许多重大工程。多年来从实践中积累了丰富的经验，加之国内外无论在新材料、新技术或新理论等方面皆有较大创新和发展。在此基础上，对《土工合成材料应用技术规范》GB 50290—98（以下简称原规范）进行了修订，使其内容更加充实和先进，工程人员借此在应用该技术时，可使选料更加经济合理，设计与施工水平进一步提高，工程质量更加完善。

1.0.2 水利、电力、铁路、公路等各行业的土建工程中需要解决的问题都涉及岩土体的稳定、变形、防排水及处理与加固等方面，而土工合成材料种类繁多，功能多样，能基本上弥补岩土体性能在诸多方面的不足，故可满足各行业工程所需。

1.0.3 土工合成材料配合岩土工程应用，只是主体工程中的一个组成部分，其设计施工原理与操作均应与主体工程协调一致；另外，对不同行业，由于特殊要求，在一些细节上常有差异，故在遵守本规范规定的同时，尚应满足国家现行有关标准的规定。

2 术语和符号

2.1 术 语

本节所列的术语是本规范中提及的各种技术词汇，旨在帮助读者更准确地理解它们的含义，从而更深入地掌握各条文述及的技术内容。术语涵盖以下诸方面的内容：材料的名称、材料的功能、材料的性能、技术指标以及少量的工程名称。对术语的定义参考了《土工合成材料工程应用手册》、美国材料与试验协会（ASTM）标准及国际土工合成材料学会（IGS）等的有关资料与文献。IGS 于 2009 年 9 月颁布了第 5 版的《土工合成材料的功能、术语、数学和示图符号的推荐性说明》。

2.1.1 土工合成材料产品的原料主要有聚丙烯（PP）、聚乙烯（PE）、聚酯（PET）、聚酰胺（PA）、高密度聚乙烯（HDPE）、发泡聚苯乙烯（EPS）、聚氯乙烯（PVC）、低密度聚乙烯（LDPE）和线形低密度聚乙烯（LLDPE）等。

以上所列材料是制造土工合成材料的最常见的和最通用的原材料。国际和国内已将高密度聚乙烯 HDPE 的写法改为 PE-HD。其他也类似，如 EPS 改为 PS-E，LLDPE 改为 PE-LLD，CPE 改为 PE-C 等，具体参见现行国家标准《塑料 符号与缩略语》GB/T 1844 和《塑料制品标志》GB/T 16288 等。本规范仍暂按传统写法，但望读者注意此改变。

土工合成材料主要包括土工织物、土工膜、土工复合材料和土工特种材料等（图 1）。分类系统根据 IGS 分类法编写。

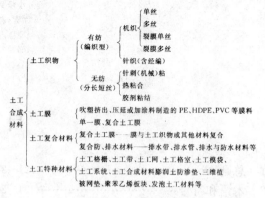

图 1 土工合成材料的分类

2.2 符 号

本节所列符号是各章共用和出现频率较高的符号。岩土工程中常见的业已俗成的通用符号未予列入。

3 基 本 规 定

3.1 材 料

3.1.1 本条规定已包含材料性能测试的常用项目，应根据工程的需要从中选用。

材料应根据工程要求的性能指标优选，不应简单地按物理性能指标（例如单位面积质量等）确定。材料在工程中发挥作用常取决于其主要的力学性能指标，而简单的物理性能指标经常不能反映其特点。特别是有些新产品，由于新材料的应用，单位面积质量虽然减小了，但强度反而有增大或改善。

3.1.2 土工合成材料的性能常随所处温度、压力、试样尺寸等而改变（如无纺土工织物孔径随法向应力而改变等），试验时应使材料处于实际工作条件下。

3.1.3 高分子材料有别于常规材料，其强度受时效与施工影响显著。设计时，首先应考虑材料受不同因素的影响，以材料安全系数反映。它们不同于一般稳定性校核时的工程安全系数 F_s。公式（3.1.3-2）中各折减系数在无实际数据时，可参考表 1～表 3 合理取值。公式（3.1.1-2）和相应各表所列数值为目前国际上所通用，暂引录供设计者查用。

表 1 蠕变折减系数 RF_{CR}

加筋 材料	折减系数 RF_{CR}
聚酯（PET）	2.5～2.0
聚丙烯（PP）	5.0～4.0
聚乙烯（PE）	5.0～2.5

表 2 施工损伤折减系数 RF_{ID}

加筋材料	填料最大粒径为102mm，平均粒径 D_{50} 为30mm	填料最大粒径为20mm，平均粒径 D_{50} 为0.7mm
HDPE 单向土工格栅	1.20～1.45	1.10～1.20
PP 双向土工格栅	1.20～1.45	1.10～1.20
PP、PET 有纺土工织物	1.40～2.20	1.10～1.40
PP、PET 无纺土工织物	1.40～2.50	1.10～1.40
PP 裂膜丝有纺土工织物	1.60～3.00	1.10～2.00

注：1 用于加筋的土工织物的单位面积质量不应小于 $270g/m^2$；
2 单位面积质量低、抗拉强度低的加筋材料取用表列系数中的大值。

表 3 PET 加筋材料的老化折减系数 RF_D

工作环境的 pH 值	5≤pH<8	3<pH<5,8≤pH≤9
土工织物，Mn<20000,40<CEG<50	1.60	2.00
涂面土工格栅，Mn>25000,CEG<30	1.15	1.30

注：1 Mn 为分子量，CEG 为碳酰基；
2 表中 pH 值指材料所处介质的酸碱度。

需指出，公式(3.1.3-2)及表1～表3均引自美国 FHWA 的最新标准。我国仅有公路系统对公式(3.1.3-2)中的折减系数 RF_{ID} 立项做过研究，其他两项系数也有个别单位做过少量研究，但研究欠系统，有些成果未对外正式发表。故本规范仍推荐参考有权威性的国外标准。

原材料为 PET 的加筋材料的老化折减系数 RF_D 见表3。PP 与 HDPE 加筋材料制造时掺入了要求数量的抗老化、抗氧化剂，在温度为20℃、设计使用寿命为100年时，老化折减系数可采用1.1。

加筋材料的蠕变特性随原材料、加工工艺等变化较大(尤其是蠕变折减系数)，在有认证的实测指标，并经业主同意的条件下，公式(3.1.3-2)中的各项系数允许按实测指标采用。

目前我国工程中应用的加筋材料多数为塑料土工格栅，此外尚有钢塑格栅、玻纤格栅等，它们的原材料和构造均不同于塑料格栅，其性能影响因素也不同，故需强调：本条中给出的各折减系数都是针对塑料格栅而言的，不能直接套用于其他类型的格栅。

公式(3.1.3-1)、公式(3.1.3-2)系引自美国联邦公路管理局的 Publication NO. FHWA NHI－06－116,Feb. 2007。需要指出，在该文献中，公式(3.1.3-1)、公式(3.1.3-2)所指是加筋材料在设计寿命内和设计温度时的长期强度(T_{al})。材料的允许拉伸强度应按公式 $T_a = \dfrac{T_{al}}{RF \cdot RF_{JNT}}$ 求得，其中 RF_{JNT} 为考虑材料接缝和连接影响的折减系数。由长期工程实践中，国内外专家都认为现今加筋土设计偏于保守(即材料安全系数偏大)，加之蠕变度是在无侧限条件下测得。因此，本规范直接将公式(3.1.3-1)确定的指标定为允许强度 T_a ，而不再予以折减。

根据掌握的最新资料，例如荷兰 TenCate 集团生产的 TenCate Mirafi PET 高韧聚酯有纺土工织物已大量用于土的加筋，不同规格产品的实测蠕变指标见表4。

表 4 TenCate Mirafi PET 实测蠕变折减系数(纵向延伸率10%)

蠕变折减系数 RF_{CR}	PET 100－50	PET 150－50	PET 200－50	PET 400－50	PET 600－50	PET 1000－50
5 年设计寿命	1.28	1.28	1.28	1.28	1.28	1.28
10 年设计寿命	1.30	1.30	1.30	1.30	1.30	1.30
60 年设计寿命	1.40	1.40	1.40	1.40	1.40	1.40
120 年设计寿命	1.45	1.45	1.45	1.45	1.45	1.45

表4列的 RF_{CR} 比表1的值小得多，可以发挥较大的筋材拉伸强度。可见，在有论证条件时，采用实测指标更为合理。

3.1.4 公式(3.1.3-2)中的综合强度折减系数是三项不同性质影响的系数。如果将所取系数相乘，数值可能很大，意味着过低地利

用了材料强度，造成浪费。事实上，各种影响因素的严重程度不同，通常也不可能同时发生，故三者乘积应有限制，如本条规定为2.5～5.0。

3.1.5 本条规定是经验总结，为设计提供方便。

3.1.6 出厂材料应有标志牌，并应注明商标、产品名称、代号、等级、规格、执行标准、生产厂名、生产日期、毛重、净重等。外包装宜为黑色。

3.2 设 计 原 则

3.2.1 土工合成材料应用于工程，只是工程材料的变更，它们毕竟是岩土工程中的局部，工程的总体设计计算与施工仍应服从相应的专业和行业标准。

3.2.2 选用材料时，应考虑是用于永久性结构，还是临时性结构；材料是长期埋置于土内，还是暴露于大气。应考虑工程场地周围常年的天气条件，它们会影响施工方法、回填时间要求和临时性的防护措施等。

3.3 施 工 检 验

3.3.1 施工检查、验收的主要内容应包括：清基、材料铺放位置和方向、材料的接缝或搭接、材料与结构物的连接、回填料及压实质量、压重和防护层等。

4 反滤和排水

4.1 一 般 规 定

4.1.1～4.1.3 工程中的反滤和排水传统上采用砂、砾料。它们不仅要从自然界采掘，破坏环境，而且体积巨大，还需要进行筛选。在用作竖向或斜向反滤和排水时，质量往往难以保证。采用土工合成材料，因它们是工厂制品，质量轻，运输方便，施工简易，如选用得当，能充分保证工程质量。

无纺土工织物是用作反滤的首选材料，应用最广。如果要求材料有较高的强度或有其他要求，也可选用合适的有纺土工织物。

无纺织物用于排水是依靠其平面(断面)排水能力，但其断面毕竟不大，排水能力有限，故需要大的过水能力时，应考虑改用其他排水材料和结构。

4.1.5 无纺土工织物无论用于单纯反滤或排水，首先要满足反滤准则。同时，要求一定的厚度，保证其能长期安全工作。虽然它们的主要功能是反滤和排水，但要求最低的强度是其发挥作用的前提。表4.1.5 中所列要求摘自 Geosynthetic Design and Construction Guidelines Reference Manual (2007)，NHI Course NO. 132013，USA。

4.1.6 土工合成材料用于工程时，反滤和排水的功能密不可分，相互依存，它们的用途甚广，这里只是部分举例。

4.2 设 计 要 求

4.2.1～4.2.4 反滤准则是一切排水材料应满足的条件。它保证材料在允许顺畅排水的同时，土体中的骨架颗粒不随水流失，又在长期工作中不因土粒堵塞而失效，从而确保有水流通过的土体

保持渗流稳定。

条文中的准则是目前美国、加拿大和其他不少国家通用的规定。

4.2.2 动力水流指水流流向及渗流力大小随时间变化频繁的水流，包括双向流、受浪击等动力荷载影响的水流。

4.2.3 来水量大，水力梯度高时，A 值可以增大，这是吸取了我国 1998 年特大洪水时治理管涌险情的教训。在上述情况下，由于来水量过猛，织物孔隙来不及将其即时排走，会造成顶冲使反滤织物失效。故要求织物具有更大的透水性。

4.2.4 土工织物作为反滤料在工程中长期应用时容易被土体中的细颗粒堵塞而失去排水功能。1972 年 Calhoun 提出以拟选用的土工织物与土料在室内进行梯度比试验，可在 24h 内获得梯度比指标 GR 的数值，以快速判别所选土工织物被淤堵的可能性。该判别方法后被美国陆军工程师团所采纳，并建议不淤堵的准则为：
$$GR \leqslant 3 \qquad (1)$$
该准则目前在国际上被广泛采用。

但是，通过多年的应用和研究，国内外学者对该判别准则及试验方法提出了意见。有人认为 $GR=3$ 过大，建议 GR 应在 1.5 以下，才能保证不被淤堵；有人甚至认为 GR 宜定在 0.8 以下；不过也有主张该界限值应该比 3 定得更高的。对于试验方法，有学者认为，24h 时间太短，无论是砂性土或黏性土，试验中的渗流都达不到稳定状态。另外，有学者建议对原梯度比试验加以改进，在原装置上增加测压管，给出修正的梯度比。但是，目前国际上仍以 $GR \leqslant 3$ 作为防堵通用准则，可供一般工程采用。对较重要的工程，建议用长期渗透试验结果判别，以更为可靠。

4.2.5 往复水流时，难以期望在织物背后靠较粗土粒架空形成天然滤层，最好有砂砾料与之结合使用。

4.2.7 土工织物用于排水时，除需满足反滤准则外，还要依靠其平面排水功能排走来水，故需验算其排水能力。

4.2.8 土工织物在长期排水过程中，必然受各种因素影响使其透水性减小。在设计中，为考虑该影响，应将试验室测得的透水性指标加以折减，如公式（4.2.8）所示。该式系采自国际通用的规定。式中的各系数理应按工程情况具体测定，但这会相当复杂，故列出了美国公路系统（FHWA）订制的建议数值表，以供合理选用。

4.2.9 土工织物与下卧土间的界面摩擦系数不高，铺在斜坡上，有滑动可能性，应进行稳定性验算。如不稳定，应采取必要措施。

4.2.10 公式（4.2.10-2）和公式（4.2.10-3）是带孔管入渗流量的通用计算公式，连同表 4.2.10 皆系自 N. W. M. John 的 *Geotextiles*（1987 年）一书。

4.4 土石坝坝体排水

4.4.4 排水体上游的来水量可按流网估算：
$$q_1 = k_s \frac{n_f}{n_d} \Delta H \qquad (2)$$
式中：k_s——坝体土的渗透系数（m/s）；

ΔH——上下游水头差（m），当下游水位为地面时，ΔH 取 h；

n_f，n_d——流网中的流槽数和水头降落数，图 4.4.4 中的 n_f 取 5，n_d 取 7。

4.5 道路排水

4.5.1 为克服路基长期积水，延长道路使用年限，可利用土工合成材料设置排水系统改善路基排水状况。道路排水系统应包括下列两方面内容：

（1）基层排水：其作用是尽快将流入其中的水量汇集，以便导入路旁排水。

（2）道旁纵向排水：将基层来水通过沟、管引至路外。纵向排水每隔一定距离（50m～150m）应设一排水口将来水导出道路。

4.5.4 路基上形成翻浆冒泥，是因为冻土暖融时，上部先融，产生积水，土的含水率增大，而下部土层仍处于冻态，形成隔层，为此表层土受扰成为泥浆。织物上下各铺砂层，旨在更好地促进反滤排水。

4.6 地下埋管降水

4.6.2 降低地下水位设计应包括下列参数：

（1）已知自然条件：当地的降水强度 r（m/s）、地基土的入渗系数 β、地基土的渗透系数 k_s（m/s）和规定的最高地下水位 D。

（2）待选参数：排水管埋深 H、排水管间距 s、排水管直径 d 及其纵向坡度 i 等。

5 防 渗

5.2 土工膜防渗设计与施工

5.2.1 防渗结构的作用主要是为了保护土工膜和保证膜下的排水排气，从而确保其长期安全工作。

5.2.2、5.2.3 护面材料皆是已建工程中大量采用的类型。土石坝的防护层和上垫层的做法可参考表 5。

表 5 土石坝的防护层及上垫层

防护层型式	土工膜类型	建议上垫层型式	防护层做法
预制混凝土板	复合土工膜（与无纺织物复合）	不设上垫层	混凝土板直接铺在膜上
	土工膜	喷沥青胶砂或浇厚 40mm 的无砂混凝土	板铺在上垫层上，接缝处塞防腐木条或沥青玛琋脂，或 PVC 块料等，留排水孔
现浇混凝土板或钢筋网混凝土板	复合土工膜	不设上垫层	板直接浇在膜上
	土工膜	膜上先浇厚 50mm 的细砾无砂混凝土垫层	在垫层上布置钢筋，再浇混凝土。分î缝间距 15m，缝间填防腐木条或沥青玛琋脂，或 PVC 块料等，留排水孔
浆砌石块	复合土工膜	铺厚 150mm、粒径小于 20mm 的碎石垫层	在垫层上砌石，应设排水孔，间距 1.5m
	土工膜	铺厚 50mm、细砾混凝土垫层	—

续表5

防护层形式	土工膜类型	建议上垫层形式	防护层做法
干砌石块	复合土工膜	铺厚150mm、粒径小于40mm的碎石垫层	在垫层上铺砌干砌石块
	土工膜	铺厚80mm的细砾无砂混凝土或无砂沥青混凝土垫层	—

5.2.5 水下大面积铺设土工膜，膜下应设排水排气系统，可根据具体条件分别采用：内填透水料的纵横沟，设置逆止阀，或在膜上压重，亦可考虑有较厚无纺织物的复合膜。库底与斜坡排水排气系统应相连。

大面积铺膜蓄水后，水进入土孔隙会置换出原占据在孔隙中的气体，地基中也可能析出潜藏气体或生物分解的气体，均应设法将它们排走。

5.2.7 PE膜比重为0.94～0.96，在水中飘浮；PVC膜比重为1.39，在水中下沉。PE膜用热熔焊法连接，PVC膜可用热熔焊法或胶粘法连接。

5.2.8 土工膜的厚度很薄。虽然在工程中应根据其所受的作用水头大小和工作条件等按经验和计算而定，实际上支承膜片下的垫层安全可靠（垫层坚固，无尖棱物质的级配良好的砂砾层等）时，极薄的膜也能承受较大水头而不致被击穿。如前苏联学者做过土工膜耐水压的试验，在含砾粒67.1%、砂粒32.9%的级配良好的垫层下，0.25mm厚的膜在水头200m作用下也未见因水力作用而破坏的记录。膜需要的厚度固然可以通过计算而合理确定，但计算依据的假定（如膜跨越自由空间的尺寸和形状）经常不能符合实际情况，并且算得的厚度常常都很小，按其采用，安全度很难保证。加之，土工膜的实际防渗能力，首要先靠材质（产品有无砂眼或其他瑕疵）的可靠，其次要看粘接和施工是否完善，特别是施工质量十分关键，对此，计算中都无法计及。为此，现今土工膜的厚度是靠工程经验确定。不同行业有不同的要求，最终应按行业标准选用。

5.2.10 铺膜应注意膜材随气温的胀缩性。故铺膜最好在较低温度下进行，但不要妨碍焊接质量。膜质不同，温度不同，热胀系数也不同。但热胀系数宜按1.5×10^{-4}，以估算膜所需的松弛量。单位长度的胀缩量应为$\Delta L = 1.5 \times 10^{-4} \times$（预计温差范围）。

膜拼接质量现场检测法采用充气法和真空抽气法。

充气法：用于双焊缝膜。封住双缝之间空腔的两端，往空腔内充气，充至0.05MPa～0.20MPa，静待0.5min。如腔内气压不下降，则为合格。

真空抽气法：利用吸盘、真空泵和真空机等检测。将待检接缝处擦净，涂肥皂水，放上吸盘紧压，抽气至负压0.02MPa～0.03MPa，关闭气泵，静待0.5min。观察真空罐内有无气泡和气压变化。如无变化，表明接缝合格。

5.3 水利工程防渗

5.3.2 土工膜在混凝土材料坝中的应用已很普遍。据报道，国际大坝会议（ICOLD）早在1981年就发表了题为《填筑坝中土工薄膜的应用》的第38号通报，报道土工膜首先用于高30m的坝，后来逐渐推广于各种坝型：混凝土重力坝、支墩坝、拱坝、多拱坝、面板堆石坝和沥青面板堆石坝。20世纪80年代初碾压混凝土坝（RCC）问世不久，土工膜又被应用于该坝型。1991年国际大坝会议又发表了题为《土工膜用于大坝止水——国际先进水平》的第78号通报，阐明土工膜对于混凝土坝、坫工坝和填筑坝等皆是一项成熟技术，而应用于新型碾压混凝土坝则乃是一种"预期前景"（future prospect），并强调对用于填筑坝，没有理由为其适用高度推荐一个限定高度。

欧洲是应用土工膜于坝工的开拓者。1993年"土工膜和土工合成材料欧洲工作组"专门研究了欧洲的80多座坝，建立了数据库。1999年，曾制订第38号和第78号通报的"填筑坝材料委员会"根据在上述数据库中的发现，责成该工作组起草了一份新通报，阐述土工膜的设计、制造、铺设、质量控制和合同签订等细节。

新通报介绍了坝工中应用土工膜的类别：用于填筑坝的土工膜的类型其中的90%用作坝上游斜墙，只有10%用作心墙，主要是在中国。在混凝土坝和坫工坝中，主要用于修复，即用于坝的上游面，部分用于止水缝，如奥地利高200m的Kolnbrein拱坝和高131m的Schlegeis拱坝以及葡萄牙的Vale do Rossim坝用于修理坏了的止水。用于混凝土坝和坫工坝的43座坝中有37座是PVC土工膜。对于碾压混凝土坝，土工膜于1984年用于新建坝，2000年用于修复坝。对这类坝有两种用法：土工膜外露和土工膜有盖面，它们都有专利。其中前者有2002年完成的哥伦比亚高188m的Miel 1号坝和2003年完成的美国高97m的Olivenhain坝。后者则始建于1984年，包括著名的土耳其高107m的Cindere碾压混凝土坝和安哥拉高110m的Capanda碾压混凝土坝。碾压混凝土坝应用土工膜的情况见表6。

表6 用土工膜的碾压混凝土坝数量

土工膜	PVC	LLDPE	HDPE	总数
外露	10	0	0	10
有盖面	15	1	1	17
接缝外露	3			3
裂缝外露	2			2
外露总数	15	0	0	15
有盖面总数	15	1	1	17
坝总数	30	1	1	32

新通报有如下的结束语：土工膜用于坝工的高度现在没有理论上的限界。目前的记录是：新建混凝土面板堆石坝198m（冰岛Karahnjukar，2008），旧重力坝达174m（意大利Alpe Gera，1993/1994），新建碾压混凝土坝188m（哥伦比亚Miel 1，2002）。上游外露膜可抗御严峻环境（紫外线、冰、浪和漂浮物冲击）。

表7是早期已建混凝土坝应用土工膜防渗的另一份统计资料，可供参考。

表7 混凝土坝采用土工膜防渗的部分工程

坝名称	坝型	坝高(m)	坡度	工程完建年份	土工膜类型	膜厚度(mm)	盖面层保护	膜完建年份	膜背支承
Lago Nero	混凝土坝	40	垂直	1929	PVC	2.0	无	1980	GT
Lago Molato	混凝土坝	48	1:1	1928	PVC	3.0	无	1986	GT
Pino Barbellino	混凝土坝	69	垂直	1931	PVC	2.5	无	1987	GT
Cignana	混凝土坝	58	垂直	1928	PVC	2.5	无	1988	GT
Publino	双曲拱坝	42	垂直	1951	PVC	2.0	无	1989	GT GN
Pian Sapejo	连拱坝	19		1923	PVC		无	1990	GT
Migoelou	混凝土坝	15	垂直	1970	PVC		无	1989	GT GN
Riou	碾压混凝土坝	30	垂直	1990	PVC		无	1990	GT
Concepcion	碾压混凝土坝	70	垂直	1990	PVC		无	1990	GT
Ceresole	连拱坝	52	垂直	1930	PVC		无	1990	GT
Gorghiglio	混凝土坝	12	1:1	1942	PVC		无	1979	GT
Crueize	混凝土坝	5	1:1	1950	PVC		无	1988	GT GN
Alento	混凝土坝	21	1:2.5	1988	PVC	1.5	无	1988	GT
Alpe Gera	干性混凝土坝	174	垂直	1964	PVC	2.2	无	1992	GT

注：1 PVC表示聚氯乙烯，GT表示土工织物，GN表示土工网。
    2 表中资料大部分引自第17届国际大坝会议（ICOLD）论文集，1991年。

我国采用土工膜防渗技术开始于 20 世纪 60 年代中期，用于渠道防渗。从 80 年代开始，土工膜应用于中小型土石坝工程的除险加固，80 年代末 90 年代初，一些新建的中小型土石坝工程开始使用土工膜防渗。21 世纪以来，已有 10 余项工程采用复合土工膜防渗，最高的新建坝高 56m，险坝加固的高 85m，运行情况都令人满意。

表 8 给出了国内坝工中采用土工膜防渗的工程情况。

表 8 我国使用土工膜防渗的部分工程

工程名称	坝型	所在省	最大挡水水头或坝高(m)	使用年份	土工膜类型	膜厚度(mm)	土工膜使用部位
桓仁	混凝土支墩坝	辽宁	79	1967	PVC	2.0	坝面
温泉堡	碾压混凝土拱坝	河北	46.3	1993	PVC	1.5	坝面
温泉	斜墙砂砾石坝	青海	17.5	1994	HDPE	0.6	斜墙
钟吕	斜墙堆石坝	江西	51.5	1998	PVC	0.6	斜墙
王甫洲	心墙砂砾石坝	湖北	13	1999	PVC	0.5	心墙
塘房庙	复合土工膜心墙堆石坝	云南	53	2001	HDPE	0.8	心墙
泰安抽水蓄能	混凝土面板堆石坝	山东	100	2005	HDPE	1.5	坝面
西霞院	复合土工膜斜墙砂砾石坝	河南	21	2007	LDPE	0.6	斜墙
仁宗海	复合土工膜防渗堆石坝	四川	56	2008	PE	1.2	坝面

5.3.4 土工膜用于水库防渗铺盖时，要设置排水排气措施，防止水、气顶托造成膜材破坏。可采取的措施有设置逆止阀、挖纵横排水盲沟和压重等。

设置逆止阀的做法是：在膜上每隔 30m～50m 设一个逆止阀，即在膜上切割一直径为 20cm 的孔，焊上一块直径为 30cm 的针刺无纺土工织物。在膜下 1.5m 深度处埋一直径为 40cm 的混凝土块，块上系尼龙绳多根，向上穿过土工织物，并和膜以上的铝盖板连接，如图 2 所示。膜面以上绳长为 15cm。铝板将随膜下水气压力的大小而上浮或下盖。

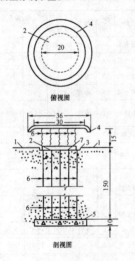

俯视图

剖视图

图 2 逆止阀结构示意图
1—土工膜铺盖；2—土工织物，排水直径 20cm；3—焊接或胶接；
4—铝盖板，直径 30cm；5—混凝土块，直径 40cm；6—尼龙绳；7—铝框

在土工膜下地基中开挖排水、气盲沟，使水气汇集于沟内而排走。故盲沟应与外导的或坡上的排水、气通道相连接。盲沟可以土工织物包裹卵、碎石等排水材料建成。

5.6 环保工程防渗

5.6.1、5.6.2 生活垃圾填埋和危险废物填埋的防渗设计等应按环境保护部发布的相应标准执行。

5.6.3 填埋场最终的封盖结构设计应重点考虑：便于维管和防止雨水渗入废料中，宜减少渗沥液的产生。封盖系统从填埋废弃物顶部开始，向上由多层构成，它们的做法与功能如下：①排气层：收集和排走因废料分解而来的可燃气体(甲烷)和其他有害气体(硫化氢等)。可为 300mm 厚的中粗砂层，或以带孔塑料管代替，再以竖管导出处理，或作能源。②防渗层：可用低透水性压实黏土或土工膜建成。③雨水导排层：防止雨水下渗，并将其导走。可采用 300mm 厚的洁净粗粒料，如 SP(级配不良砂)，底部有斜坡不缓于 3%。亦可采用导水率相当于上述粗粒料的土工合成材料。顶层要铺无纺土工织物滤层，防止被上覆土料堵塞或植被根系入侵。④地面覆土和植被层：用作表面绿化和防冲。可为 600mm 厚的填土和地表耕植土。

应注意以上各层间的稳定性和封盖系统外坡的稳定性。

5.7 土工合成材料膨润土防渗垫防渗

5.7.1 GCL 原用作次隔渗材与土工膜结合使用铺放于固体垃圾场底部与周边防渗。目前正推广应用到其他防渗项目。当遇到条文中所述情况时，可以考虑改用它来替代土工膜。但不排除它与土工膜结合形成复合防渗体系。

5.7.3 在水工建筑上的覆盖压力比 GCL 渗透试验时，试样上所受有效法向压力(35kPa)为低时，隔渗材的实际渗透系数值将比测定值要大(材料的实际渗透系数值与法向压力有反比关系)。

本条强调渗透系数应合理取值，是因为在测定 k 值时试样上受到的有效法向应力为 35kPa。而研究获知，该 k 值与法向应力呈反比。如果在实际应用中其上的覆盖压力比试验时的为低，则其 k 值将较测定值为大。

5.7.4 验算隔渗材在坡面上的稳定性要采用抗剪强度指标。这里指出，抗剪强度验算指标分两种：隔渗材与接触介质(如土或其他材料)的界面抗剪强度；材料本身内部膨润土浸水后的水化强度。

5.7.5 强调 GCL 在操作时避免直立与弯曲，以及不得从高处掷下，是为了防止其中的膨润土引起移位，而使其渗透性增大。

GCL 与不同液体接触时反应不一。用蒸馏水、自来水、垃圾场渗沥液和柴油等分别与之接触，结果发现，蒸馏水水化后膨胀量最大，渗透性低，而柴油几乎不起水化作用，渗透性大。

6 防 护

6.1 一般规定

6.1.2 用于防护的土工合成材料可选用土工织物、土工膜、土工格栅、土工网、土工模袋、土工格室、土工网垫及聚苯乙烯板块等，也可以利用统称为土工系统（geosystem）的各种制品。

土工系统是国外土工合成材料专著中出现不久的一个涵盖较广的术语。主要指以高强土工织物（或其他土工合成材料）制成的能包裹松散岩土、混凝土等形成大块体的封闭系统，以及单片材料，将两端锚固形成挡水、挡土屏障的开敞系统。本节所述限于封闭系统。它们除用于防护外，亦可建成水下平台，围垦造地，兴建人工岛等。

6.1.4 土工系统的各种包裹体能将天然的松散土体聚拢构成连续、整块的大体积，能发挥多种功能，可用来达到防护和更广的工程目的。

6.2 软体排工程防冲

6.2.1 软体排的作用类似于河工中的传统柴排等。但与帚枕、柴排、抛石等护坡相比，土工织物具有反滤功能，能在水流作用下保护土粒不被冲走，同时可使水流通畅，从而保证岸坡稳定。另外，织物系工厂制造，来源丰富，不需要砍伐树木、芦苇，有利于保护自然生态。

6.2.4 软体排的各项验算可参考岩土工程和相关专业标准的方法进行。

6.2.5 软体排的沉排方法和机具并无统一规定，应根据现有条件，因地制宜地组织施工。冰期沉排是我国东北地区采用的方法，冬天先在河流的冰面上制作好排体，待春融时，适时凿冰，四周开沟，助其下沉。

6.3 土工模袋工程护坡

6.3.3 选择的类型和规格包括充灌料是水泥砂浆还是混凝土，以及厚度和有无滤水点等。此外，地形变化大和沉降差大处，尚可选用铰链块型模袋。

6.3.5 模袋抗漂浮所需厚度可按下式估算：

$$\delta \geq 0.07 cH \sqrt[3]{\frac{L_w}{L_r}} \cdot \frac{\gamma_w}{\gamma_c - \gamma_w} \cdot \frac{\sqrt{1+m^2}}{m} \quad (3)$$

式中：c——面板系数。对大块混凝土护面，c 取 1；护面上有滤水点时，c 取 1.5；

H_w、L_w——波浪高度与长度（m）；

L_r——垂直于水边线的护面长度（m）；

m——坡角 α 的余切值；

γ_c——砂浆或混凝土有效容重（kN/m^3）；

γ_w——水容重（kN/m^3）。

模袋重尚应能抵抗水体冻结产生的水平冻胀力将其沿坡面推动。如果忽略护面材料的抗拉强度，厚度可按下式估算：

$$\delta \geq \frac{\frac{P_i \delta_i}{\sqrt{1+m^2}}(F_s m - f_{cs}) - H_1 C_{cs} \sqrt{1+m^2}}{\gamma_c H_i (1+m f_{cs})} \quad (4)$$

式中：δ——所需厚度（m）；

δ_i——冰层厚度（m）；

P_i——设计水平冰压力，初设值可取 $150 kN/m^2$；

H_i——冰层以上护面垂直高度（m）；

C_{cs}——护面与坡面间黏结力，取 $150 kN/m^2$；

f_{cs}——护面与坡面间摩擦系数；

F_s——安全系数，可取 3。

6.3.7 有关模袋充灌的细节和故障排除方法等可由模袋生产厂家和施工队伍提供。充灌料混凝土和砂浆的配合比可参考国内已建工程的经验制订，见表 9 和表 10。

表9 国内几项模袋工程水泥砂浆配合比

工程名称	水泥砂浆设计要求	水胶比	外加剂		材料用量（kg/m³）				备注
			品种	掺量（%）	水泥	水	砂	外加剂	
嫩江防洪堤护坡	200 号	0.6	普通减水剂	0.3	461	277	1383	1.383	简易模袋
吉林向阳水库库岸护坡	200 号	0.6	木钙	0.3	425	255	1257	1.275	简易模袋
第二松花江鲫鱼泡堤防护坡	200 号 F100	0.65	SK 引气减水剂	0.36	430	280	1290	1.548	简易模袋

表10 国内几项模袋工程混凝土配合比

工程名称	混凝土设计要求	水胶比	粉煤灰掺量（%）	外加剂		砂率（%）	塌落度（cm）	材料用量（kg/m³）					
				品种	掺量（%）			水泥	粉煤灰	水	砂	小石	外加剂
江阴石庄段长江大堤护坡	C20	0.52	29	泵送剂 JM-Ⅱ	0.60	51	22±1	300	120	208	821	821	2.4
九江长江江心洲崩岸治理	C20	0.50	20	泵送剂 JM-Ⅱ	0.50	50	25	360	90	225	—		2.25
辽宁大洼三角洲平原水库护坡	C20 F150	0.53	0	泵送剂 ZL	0.6	55	24	350	0	185	927	820	ZL 2.10
				引气剂 DH9	0.005								DH9 0.0175
	C25 F250	0.51	0	泵送剂 ZL	0.6	55	24	370	0	187	915	810	ZL 2.22
				引气剂 DH9	0.005								DH9 0.0185

工程名称	混凝土设计要求	水胶比	粉煤灰掺量(%)	外加剂		砂率(%)	塌落度(cm)	材料用量(kg/m³)					
				品种	掺量(%)			水泥	粉煤灰	水	砂	小石	外加剂
沈阳市浑蒲区总干渠护坡	—	0.5	20	泵送剂 ZL	0.6	60	24	312	78	196	955	639	ZL 2.34
				引气剂 DH₄	0.3								DH₄ 1.17
				引气剂 DH₉	0.005								DH₉ 0.0195
松花江三家子段护岸	C15	0.62	16	—	—	50	—	310	62	192	800	800	0
松花江王花泡段护岸	C20 F200	0.42	11	减水剂 FE-C	0.7	50	18	320	40	151	811	811	FE-C 2.52
				引气剂 SJ-1	0.004								SJ-1 0.0144
北京永定河卢沟晓月岸护坡	C20 F100	0.53	0	减水剂 FX-128	1.5	50	22±1	385	0	204	905	905	5.78

6.4 土工网垫植被和土工格室工程护坡

6.4.1 护坡植物应根据当地气温、降水和土质条件等进行优选。中国科学院植物研究所专家曾推荐选用表 11 所列的草籽，可供参考。

表 11 护坡植草草籽参考表[①]

地区	草籽名称
华北、东北、西北	野牛草、无芒雀麦、冰草、高羊茅(沈阳以南)
华中、华东	狗牙根、高羊茅、黑麦草、香根草[②]
西南	扁穗牛鞭草、园草芦、黑麦草、香根草
华南	雀稗、假俭草、两耳草、香根草
青藏高原	老芒麦、垂穗披碱草
新疆	无芒雀麦、老芒麦

注：①为中国科学院植物研究所专家推荐；
②香根草是我国南方地区的经验。

6.6 土工系统用于防护

6.6.2 在江河岸坡边有较大风浪之处，为防袋内填料漏失，宜采取有纺织物与无纺织物相结合的袋布。土工袋充填过大易于折损破裂或造成袋与袋间的贴合不密。袋的几何尺寸将影响堆积体的稳定性。

土工袋应考虑填土后单人可以搬动，如防汛袋的标准尺寸为 950mm×550mm。用作丁坝等芯材时的直径可达 0.6m～1.0m，长度数米。大长度袋亦称土枕，长宽都较大的袋称砂被。

6.6.3 利用土工袋围海造地时，在沿海一侧可将单断面堤建造至平均潮位以上，在其内侧吹填筑造，筑堤和吹填同时进行。

充填宜利用透水性好的砂性土，这样织物不易淤堵，且填土可加速固结。

6.6.5 土工管袋的材料应力和外形估计，首先由 Leshchinsky 于 1995 年根据箍应力基本理论建立的平衡微分方程给出解答。后来在该理论基础上一些学者以水为充灌液进行了试验，结果与理论解相符。为了使用方便，Silvester 得到了各参数间的关系，并制成计算图供设计应用。

(1)管袋设计。

常用管袋的直径为 3m～5m。在确定尺寸后，主要设计任务是估算出管袋材料纵、横向需要的拉伸强度，以及管内泥浆排水固结稳定后管袋外形的几何尺寸。设计可按图 3 进行。图中曲线表示 b_1/S 与下列各待求参数之间的关系。其中 b_1 为管袋内充灌泥浆压力的当量水头高度，S 为管袋周长。其他参数的含义见图 3(a)：H/B 为管袋充灌后高度与宽度比，H/S 为高度与周长比，B/S 为

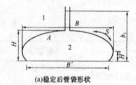

(a)稳定后管袋形状

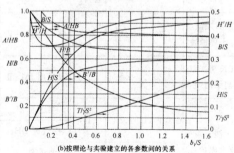

(b)按理论与实验建立的各参数间的关系

图 3 管袋设计用图
1—空气；2—水

宽度与周长比,A/BH 为面积比,B'/B 为接地底宽与宽度比,H'/H 为最大底宽处高度比,$T/\gamma S^2$(γ 为水重)为箍拉力参数。

根据图3,可按下列顺序求解:

①压力头 b_1 不应超过袋高 H 的 1.5 倍,即需控制 $b_1/H \approx 1.5$,或 $b_1/S \approx 0.35$。

②按 b_1/S 查 H/S 曲线,求得管袋充填高度 H。

③按 H'/H 曲线,由 H 求得 H'。

④按 H/B 曲线,求得充填后袋的最大宽度 B。

⑤按 $T/\gamma S^2$ 曲线求得管袋材料的环向拉力 T。T 为安全系数 $F_s=1$ 时的织物拉力。选用材料时,应考虑 $F_s=3\sim5$。

⑥管袋材料的轴向拉力(管袋长度方向)T_{axial} 可由图4查取。

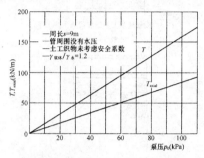

图 4　泵压和环向拉力、轴向拉力的关系曲线
T—环向拉力

(2)管袋稳定高度估算。

泥浆失水成土,假设成土后仍完全饱和,按一维固结状态,可得管袋成土时的高度 h 与继续排水高度下降 Δh 的关系如下式:

$$\frac{\Delta h}{h} = \frac{G_s(w_0 - w_t)}{1 + w_0 G_s} \qquad (5)$$

式中:G_s——管袋中土的土粒比重;

w_0、w_t——管袋中泥浆成土时和沉降稳定时的含水率(%);

(3)变形稳定时间估算。

①充填的是砂土时,充填施工后不久变形即告稳定。

②充填的是黏性土时,稳定时间可按土力学一维固结理论估算。时间 t 按下式估算:

$$t = \frac{T_v}{C_v} h_{av}^2 \qquad (6)$$

式中:T_v——固结时间因数(无因次);

C_v——土的一维固结系数(cm^2/s);

h_{av}——管袋中固结土的平均厚度(cm),$h_{av} = \frac{1}{2}(h_1 + h_2)$。

其中 h_1 是袋中泥浆成土时的厚度,而 h_2 则为沉降稳定时的厚度。按经验,可取 $h_{av} \approx 0.6D$,D 为管袋直径。

6.6.6 土工管袋顶上的充填孔的间距应根据土的类型确定。因为如是砂土,浆液入管后,砂粒很快沉淀,阻碍后续浆液往远处流动。若为黏性,其下沉时间较长,充填孔间距可大大增加。

6.6.7 土工包体积大,性状不定,其外包料的受力条件随施工进程时时改变,迄今尚无定型设计方法,初期应用时基本上是根据经验制作,辅以现场观测施工。土工包应力应变的关键时刻是包裹体即将离开驳船船底和在水中沉落冲击水底时。设计应按土工包处于最不利状态着手。

近年来随荷兰、美国等国专家们的实践和研究,总结了模型试验、原型观测和力学分析,已拟订了一套供设计用的计算方法,但其涉及因素多,步骤较复杂,加之并未成型,故目前仍需以往实践经验配合必要的现场观测指导施工。

6.7　其他防护工程

6.7.1 利用土工合成材料修建的柔性障墙可以保护建筑物不受附近陡岩落石冲击或沟谷处泥石流顶冲破坏。香港九龙狮子岭的某住宅小区曾修建了障墙。该地一有 5 万居民的小区,临岩建造,岩坡坡角达 50°~60°,坡上巨石累累,尺寸大的达 1m~3m。研究了多种防护措施最后决定采用柔性障墙,其受巨石冲撞时,墙会产生变形,吸收大部分能量。墙体位移可借其底面的摩阻来滞陷。

6.7.2 滞砂篱和滞雪篱结构可每隔 1.5m~3.0m 竖立高出地表 1m~2m 的桩柱排,并在桩排上固定土工网,形成长距离的防护墙。土工网应有一定的耐久性。

6.7.5 路桥交接处因两侧沉降差异造成过高跳台和软基上筑堤导致过大沉降,可利用轻质材料的聚苯乙烯(EPS)块来代换土作填料解决上述问题。可根据该材料特性指标(容重 γ)用传统的单向压缩沉降计算法来确定地基需要的开挖深度,以达到下列目标之一:①开挖后坑底不产生附加应力;②换土后堤堤沉降仅是填土堤的 $1/n$($n>1$,由设计者要求决定)。堤身稳定性应仍按传统滑弧法校核。

6.7.6 管、涵结构广泛应用于公路、铁路、水利、市政和军工等部门,其埋设常有两种方式:沟埋式和上埋式。沟埋式是在天然场地挖沟至设计高程,放入管、涵,回填土到地面标高;上埋式是在地面直接布放管、涵,再在其上填土至要求高程。上埋式管、涵顶部的垂直压力,由于两侧土的填土厚度较管、涵顶的要大,土的压缩量相应较大,故两侧土对管顶土将产生向下的剪应力,从而使顶部承受的竖向压力大于顶上土的自重压力,而使管、涵易受超压破坏。为减小顶部压力,可在顶部铺放压缩性大的材料,使管顶土的沉降大于两侧土沉降,即起减压作用。

采用 EPS 板块减压,可根据该材料的性质指标(E、μ)和土的压缩性指标等借弹性理论计算出所需的板块厚度。采用的厚度宜为 200mm~300mm,满铺于管、涵顶的宽度范围内。

在挡墙背面竖向铺放一定厚度的 EPS 板,利用其较大的压缩变形,可以减小作用于墙背的主动土压力。

7　加　筋

7.1　一　般　规　定

7.1.1~7.1.3 加筋材料与土的特性随时间而改变,设计人员需据此规定加筋工程的使用年限。英国 BS8006 标准为此规定不同工程的使用年限如表 12 所示。

表 12　加筋土设计使用年限

工 程 类 型	年限(年)
工业厂房结构(矿山)	10~50
海洋与公路结构	60
挡土墙	70
公路挡土墙、桥台	120

我国迄今尚无标准,但宜按 120 年考虑。

7.2　加筋土结构设计

7.2.4 加筋土填料强调宜采用透水性良好的粒状土,其中细粒组(<0.075mm)含量不多于 15%,土的塑性指数 $I_p<6$。因为该类土摩阻力大,性质较稳定,土中孔隙水压力小,甚至为零,土的蠕变性低,保证加筋土的长期稳定性。如果采用黏性土等,设计中要特别注意采用指标的稳定性,对于含水率过高的黏性填料,甚至应考虑采用兼有排水功能的加筋材,以消减孔隙水压力对加筋摩阻的负面作用。

7.3　加筋土挡墙设计

7.3.2 筋材按其在受力时延伸率的大小可分为柔性材料与刚性材料。柔与刚是一个相对概念,难以定量划分。在设计中,习惯上将破坏延伸率可能达到10％以上的如土工格栅、土工织物等视为柔性材料;而延伸率仅是3%～4%的如强化加筋带等视为刚性材料。

设计中之所以要区分筋材的柔与刚,是因为其刚度影响土压力的计算。在做墙的外部稳定性核算时,两种情况下墙背土压力都按库仑主动土压力考虑。但做内部稳定性验算时,对于刚性筋墙,因墙内上部填土侧向位移受到筋材应变限制,不能达到主动破坏极限状态,故土压力系数应在静止状态与主动极限状态之间。法国加筋土挡墙规范根据大量试验结果,建议按图7.3.5-1(b)及公式(7.3.5-3)确定土压力系数。而对柔性墙,则仍按库仑主动土压力考虑,如图7.3.5-1(a)及公式(7.3.5-2)。

7.3.5 土压力通常针对单位墙的长度计算。如果墙的填土中的每层筋材是连续铺放,即满堂铺情况,则由土压力引起的荷载将由单位长度的筋材来承担,此时公式(7.3.5-1)中的筋材面积覆盖率 $A_r=1$。覆盖率指在筋材非满堂铺(如筋材为土工加筋带,在一层中平面铺放间距为 S_{hi} 时,单位墙长中含有的筋材数,故 $A_r=1/s_{hi}$。例如,若 $s_{hi}=0.5m$,则 $A_r=1/0.5=2$,即每根筋材承担(覆盖)单位墙长1/2范围内的横向荷载。

7.3.7 模块挡墙面板的墙系上下独立叠放,为防止墙面发生局部鼓胀,要求相邻上下块接触面间有足够的摩阻力。对上下层筋材间的间距作出规定,也是为了这个目的。

7.3.8 加筋土挡墙的主体是土料。受到水的作用时,土的强度会发生变化,特别是当填土为黏性土时,水流会产生渗流力和引起土的冲刷,对结构带来负面作用。因此,要特别注意墙体内外的排水措施。

墙体内的排水可以有不同结构型式,应根据当地条件优选。常见的型式有:

(1)紧贴墙面板背设一定厚度的透水的竖向排水层;
(2)墙后填土为透水料的全断面排水体;
(3)倚贴在墙后开挖坡上的透水料的斜排水层;
(4)位于挡墙底部的水平排水层。

7.4 软基筑堤加筋设计与施工

7.4.7 按第7.4.5条和第7.4.6条算得的底筋强度均未计及材料本身要求的安全系数。但选材时却要求其有强度储备。

加筋材料在不同拉伸变形时发挥不同抗拉力。过大变形会使堤身裂缝甚至破坏。应该让加筋材发展抗拉功能,而又使其变形限制在一定范围内。可以按筋材的拉伸模量 $T=T_b/\varepsilon(\varepsilon$ 为筋材应变)来选择要求的材料。通常按堤身填料规定筋材的最大许可应变如下:

无黏性土	$\varepsilon=5\%～10\%$
黏性土	$\varepsilon=2\%$
泥炭	$\varepsilon=2\%～10\%$

7.4.9 底筋地基填土施工应分别按极软地基和一般地基进行。

(1)极软地基应按下列工序施工(图5):

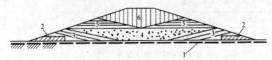

图5 在极软地基上填筑加筋堤的工序
1—横向铺设土工织物;2—后卸式卡车卸土筑交通便道(戗堤);
3—填两侧土,将织物锚定;4—填内部土;
5—填两侧土,使织物被拉紧;6—填最后的中心部分土

①借后卸式卡车沿筋材1边缘卸土,高度不超过1m,以轻型机具散土、压实,形成戗堤式便道2。
②往两戗间填土3。平行于堤轴对称地向堤轴方向推进填土4。在平面上始终保持进程为凹形,见图6。
③第一层填土上的施工机械只允许沿堤轴方向行进,不得折回。第一层土仅靠轻型机具压实,填厚0.6m后方允许采用平辗或震动辗。

(2)一般地基应按下列要求施工(图7):

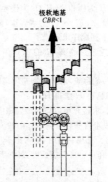

图6 极软地基上两戗堤间填土的工序

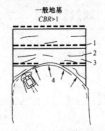

图7 一般地基上,填土促使加筋材料内产生张力示意图
1—筋材(织物);2—褶皱施工前要拉平;
3—填土15cm～30cm;4—前进方向

①筋材铺设不得有折皱。
②填土在平面上由堤轴向两侧推进。
③施工机械的大小与重量不得使车辙大于7cm～8cm。第一层土可用平辗或气胎辗压实,但勿过压。施工观测应布置必要仪器,随时监测地基土状态。

7.5 加筋土坡设计与施工

7.5.3 本条推荐的设计方法来源于美国联邦公路管理局(FHWA)2000 年发布的 Mechanically Stabilized Earth Walls And Reinforced Soil Slopes Design And Construction Guidelines(加筋土坡设计与施工导则)。该法与以往方法的最大不同是认为加筋前土坡安全系数最小的滑弧并不代表需要最大筋材拉力的那个滑弧。因此,在定出需要加筋的范围后,仍要逐个滑弧地按公式(7.5.3)算出各别要求的筋材总拉力 T_s,最后求得诸 T_s 中的最大值 T_{smax} 作为要求的拉筋力。

T_{smax} 是一个土坡单位长度所需的总加筋力,假设是作用在坡高的1/3高度处。需要将其分配给土坡全高范围。建议分配原则如下:

(1)坡高 $H\leqslant6m$,将其均匀分配于全高;
(2)如坡高 $H>6m$,可分为两个或三个垂直等距加筋区。

①分二区: 底部 $T_b=\dfrac{3}{4}T_{smax}$
　　　　　顶部 $T_t=\dfrac{1}{4}T_{smax}$

②分三区: 底部 $T_b=\dfrac{1}{2}T_{smax}$
　　　　　中部 $T_m=\dfrac{1}{3}T_{smax}$
　　　　　顶部 $T_t=\dfrac{1}{6}T_{smax}$

假设某区分配到的加筋力为 T_z,这部分的筋材层数为 N,则一根筋材拉力 T_i 应满足下式要求:

$$T_i=\frac{T_z}{N}\leqslant T_a \qquad (7)$$

式中: T_a——材料的允许抗拉强度(kN/m)。

筋材布置的垂直间距 S_v 宜为 400mm～600mm。为避免墙面向外鼓胀,有时可在相邻二层主筋之间插放辅筋,长度可取1.2m～2.0m,其强度可略小于主筋。若 $S_v \leqslant 400mm$,且边坡缓于 $1:1$,筋材外端不需要折回包裹。

7.6 软基加筋桩网结构设计与施工

7.6.3 本节中推荐的设计方法和内容取材于英国标准 BS8006(1995):Code of Practice for Strengthened/reinforced Soils and Other Fills,section 8。其中的"桩柱选择"可以参考美国 FHWA 发表的 Publication NO. FHWA NHI-04-001(2005)给出的桩的承载力建议表(表13)。

表13 可考虑的各种桩的技术参数

桩 类 型	承载力(kN)	典型长度(m)	典型直径(mm)
木桩	100～500	5～20	300～550
钢管桩	800～2000	10～40	200～1200
预制混凝土桩	400～1000	10～15	250～600
就地灌注桩(有套管)	400～1400	3～40	200～450
钻孔桩	350～700	5～25	300～600
深层搅拌桩	400～1200	10～30	600～3000
碎石桩	100～500	3～10	450～1200
振动混凝土桩(VCC)	200～600	3～10	450～600

7.6.4 土工合成材料加筋材料加筋桩网基础亦称桩网基础,是在软基中设置群桩,下端坐落于地基中的相对硬层上,在桩帽上满铺土工合成材料筋材网,利用该系统将其上路堤荷载全部或部分地传递给群桩。由于桩柱和地基土的沉降量有差异,路堤土中形成拱作用,使堤重荷载大部分传递给桩顶。

桩网构成的垫层称传力承台。各国有不同的承台设计方法,并不统一。但它们大致可归纳为两大类。一类可称为悬索线理论法,即将筋材网视为挂在桩帽上的索体,路堤荷载作用于悬索,通过其拉力传递桩顶,再传到地层中硬层。属这类的有英国标准 BS8006、瑞典标准和德国方法(EBGEO)等。另一大类可称为梁理论法,即用多层筋材,其间填料,构成一有相当刚度的垫层,视为搁置在桩帽上的梁。这类方法有柯林(Collin)法和贵多(Guido)法等。通常而论,悬索线理论法要求筋材的强度大于梁理论法,而梁理论法的桩间距却大于悬索线理论法。

悬索线理论法目前采用较多。该法中由于对拱作用按二维或三维计算以及对桩间土反力对承载力贡献程度有不同考虑,出现了不同设计方法。例如 EBGEO 法就按地基土反力模量(modulus of subgrade reaction)来考虑桩间土的支承作用,Russell 法也可以计算地基反力的贡献。但地基反力究竟能起多大作用和是否能始终存在,始终是一个不确定因素。为安全和简化起见,BS8006 标准不考虑地基土对承载力的助益,即假设在拱作用下桩间拱内的路堤荷重全数由索体承担再由其传递给桩柱。但 BS8006 法基本上按二维条件处理拱效应,如按实际上更接近三维条件计算的筋材拉力将会增大,故结果又偏于不安全。许多学者做出比较研究,提出"就实用而言,采用简化的例如 BS8006 法足够保守可靠"。另外,美国联邦公路管理局(FHWA)的《地基改良方法》(参考手册,2004)中也推荐了该法。东南亚诸国也基本上以该法作为设计标准。故本规范介绍的是 BS8006 法。

悬索线理论法基本依据为:

(1)最小堤身高度为桩净距(s-a)的70%(s 为桩距,a 为桩帽直径或宽度)。

(2)桩顶上筋材为可延伸材料,筋材最大总允许应变(包括蠕变)为6%。工作期间蠕变不应大于2%。

(3)堤身内存在拱效应。承台内填粒料的强度 $\varphi \geqslant 35°$。

表14是用加筋桩网法已建成的部分工程,其工程技术参数可供设计参考。

表14 加筋桩网法建成堤的部分工程

案例号	参考文献	工程应用	地基土质	桩类型	加筋材料	技术参数
1	Reid et al. (1983)	桥台引堤	软黏土	混凝土送入桩	加筋膜	$H=10m, s=3.5m\sim4.5m, a=1.1m\sim1.5m, P_c=5\%\sim14\%, N=1$
2	Barksdale et al. (1983)	铁路	极软泥炭	刚性碎石桩	织物	$H=7.6m, s=1.6m\sim2.2m, d=0.51m\sim0.56m, T=1m, P_c=6\%\sim8\%, N=1$
3	Jones et al. (1990)	铁路	极软沉积、泥炭	半预制混凝土桩	土工织物	$H=3m\sim5m, s=2.75m, a=1.4, T=0.5m, P_c=20\%, N=1$
4	Tsukada et al. (1993)	街道路面	泥炭	混凝土桩	Tensar SS2	$H=1.5m, s=2.1m, d=0.8m, P_c=11\%, N=1, T=0$
5	Holtz et al. (1993)	路面	均质灰黏土	木桩	多股土工织物	$H=5m\sim6m, s=1.5m, a=1m, P_c=44\%, N=3$
6	Bel Y et al. (1994)	商场	高压缩性泥炭、黏土	VCC桩	Tensar SS2	$H=2.5m\sim6.0m, s=2.2m\sim2.7m, d=0.4m, N=1$
7	Card et al. (1995)	轻轨铁路	淤质有机黏土、泥炭、黏土	钻孔桩	双向格栅SS2	$H=2.5m\sim3.0m, s=3m, a=1m, N=3, d=0.45m$
8	Topolnicki (1996)	公路、电车路	松填土、泥炭有机质黏土	VCC桩	Tensar SS1, SS2	$H<1.5m, s=1.8m\sim2.5m, d=0.55m, P_c=9\%\sim17\%, N=2, T=0$
9	Brandl et al. (1997)	铁路	泥炭、有机质粉土	打入桩	土工格栅	$H>2m, s=1.90m, d=0.118m, a=1m, P_c=35\%, N=3$
10	Geo-Institute (1997)	桥台引堤	软黏土、粉土、砂混合土、火泥炭带	VCC桩、碎石桩	土工织物	$H<7m, s=1.6m(VCC), s=2.2m(碎石桩), N=1$
11	Jenner et al. (1998)	旁道	泥炭、软粉土沉积	VCC桩	Tensar SS1, SS2	$H=4m\sim7m, s=2.05m\sim2.35m, d=0.45m, a=0.75m, N=2\sim3$
12	Rogbeck et al. (1998)	试验堤	松粉土、细砂	预制混凝土桩	土工格栅	$H=1.7m, s=2.4m, a=1.2m, P_c=25\%, N=1$
13	Kuo et al. (1998)	加筋挡土墙	极软弃黏土	木桩	土工织物	$H=6m, s=1.5m, d=0.3m, P_c=3\%, N=2$
14	Alzamora et al. (2000)	模块加筋挡土墙	0～1击的有机粉土和黏土	注浆桩	单向格栅	$H=2.0m\sim8.2m, s=3m, a=1.2m, P_c=13\%, N=3$
15	H. A. A. Habib et al. (2002)	公路拓宽	7m厚泥炭和淤泥	混凝土桩	土工格栅 SS30	$H=1.5m, s=2.5m, a=0.2m, d=0.29m, N=3$
16	H. Zanzinger et al. (2002)	为提速铁路改建	人工填土下有有机质土,$w=300\%\sim600\%, q_u=10kg/m^2$	混凝土桩	Tensar PET 格栅	$N=3$
17	Yee T. W. (2005)	桥台引堤	曼谷软黏土	预制混凝土桩	TenCate Mirafi® PET1000 (1000 kN/m)	$s=1m\sim2m, P_c=3\%\sim13\%, N=1$

24—33

案例号	参考文献	工程应用	地基土质	桩类型	加筋材料	技术参数
18	M. Raithel et al. (2008)	为提速铁路改建	中粉砾砂含有机泥炭，$w=80\%\sim330\%$，有机质 $w=25\%\sim80\%$	水泥搅拌桩	PVC土工格栅	$H=1.7m, s=1.5m, d=0.63m, N=2$
19	L. R. Zu (2008)	高速铁路试验堤	第四纪湖相沉积	砂桩	土工格栅	$H=6.29m, L=15m\sim25m, d=0.4m, s=2.0m$
20	C.R. Lawson et al. (2010)	路堤基底	泥炭沼泽超软淤泥	预制混凝土桩	TenCate Geolon® PET800 (800 kN/m)	$H=3m, s=2.5m, a=0.8m, P_c=11\%, N=3$
21	C.R. Lawson et al. (2010)	路堤基底	软冲击黏土	混凝土桩	TenCate Geolon® PET (2000 kN/m~1000 kN/m)	$H=12m, s=1.85m, a=0.9m, P_c=43\%, N=2$

注：H—堤高；s—桩的中心距；d—桩直径；a—桩帽宽度；P_c—桩帽覆盖率；N—筋材层数；VCC—振动混凝土桩；效率—桩帽承担的堤重百分率；T—桩帽厚度；L—桩长。

在桩基平面布置图上，每根桩有其相应的负荷范围，或影响直径（D_e）。例如：当为棋盘形布置时，$D_e=1.13s$（s为桩间距）；当为等边三角形布置时，$D_e=1.05s$。桩帽覆盖率指桩帽平面面积与单根桩影响面积之比。

8 施工检测

8.2 检测要求

8.2.2 反滤排水工程常用材料为无纺土工织物、软式排水管、排水管及其他排水材料，均应符合反滤准则。

8.2.3 防渗工程常用材料为土工膜、复合土工膜和土工合成材料膨润土防渗垫（GCL）等。

8.2.4 防护工程包括以软体排防冲防浪、以土工织物作垫层护坡、以土工模袋护岸、以土工织物和玻纤格栅防道路反射裂缝、以EPS泡沫板防冻以及以土工系统包裹体建防冲结构等，种类繁多。

护坡垫层工程通常是在临江河坡面铺放土工织物作反滤防冲垫层，其上盖抛石或混凝土块等作保护层。

路面防止反射裂缝采用无纺土工织物或玻纤格栅，铺设于沥青面层的底部。

8.2.5 软基上的加筋垫层分层回填第一层用轻型机械，只允许沿道路轴向行驶。软土地基先以后卸式卡车沿道路两侧筋材边缘卸土，形成交通便道。卸土只能卸在已摊铺成的土面上。卸土高不得超过1m。形成便道后，再平行于路轴由两侧向中心对称填筑，保持填土呈U形向前推进。

中华人民共和国国家标准

地基动力特性测试规范

Code for measurement methods of
dynamic properties of subsoil

GB/T 50269—2015

主编部门：中 国 机 械 工 业 联 合 会
批准部门：中华人民共和国住房和城乡建设部
施行日期：２０１６ 年 ５ 月 １ 日

中华人民共和国住房和城乡建设部
公　告

第896号

住房城乡建设部关于发布国家标准《地基动力特性测试规范》的公告

现批准《地基动力特性测试规范》为国家标准，编号为GB/T 50269—2015，自2016年5月1日起实施。原《地基动力特性测试规范》GB/T 50269—97同时废止。

本规范由我部标准定额研究所组织中国计划出版社出版发行。

中华人民共和国住房和城乡建设部

2015年8月27日

前　言

本规范是根据住房城乡建设部《关于印发〈2010年工程建设标准规范制订、修订计划〉的通知》（建标〔2010〕43号）的要求，由机械工业勘察设计研究院有限公司、中国机械工业集团有限公司会同有关单位在原国家标准《地基动力特性测试规范》GB/T 50269—97的基础上修订完成的。

本规范在编制过程中，编制组经广泛调查研究，认真总结实践经验，参考有关国外先进标准规范，与国内相关标准规范协调，并广泛征求了意见，经反复讨论、修改，最后经审查定稿。

本规范共分11章和1个附录，主要技术内容包括：总则、术语和符号、基本规定、模型基础动力参数测试、振动衰减测试、地脉动测试、波速测试、循环荷载板测试、振动三轴测试、共振柱测试、空心圆柱动扭剪测试等。

本规范修订的主要内容：

1. 将原规范中第4章“激振法测试”改为“模型基础动力参数测试”，并根据计算机技术和测试仪器发展，对本章相应内容进行了修改。

2. 对原规范中基础扭转振动参振总质量的计算公式4.5.11-2修改了一处错误，并增加变扰力时基础扭转振动参振总质量计算公式。

3. 对波速测试内容作了重大修改，增加弯曲元法测试。按照单孔法、跨孔法、面波法和弯曲元法分节制定相应规定，并根据当前波速测试技术的发展对内容进行了扩充。

4. 将振动三轴测试和共振柱测试分独立章节编制。

5. 增加空心圆柱动扭剪测试一章。

6. 将原规范附录A激振法测试地基动力参数计算表修订为附录A地基动力特性测试方法，删除原规范附录B、附录C、附录D、附录E。

本规范由住房城乡建设部负责管理，由中国机械工业联合会负责日常管理，由机械工业勘察设计研究院有限公司负责具体技术内容的解释。执行过程中如有意见或建议，请寄送机械工业勘察设计研究院有限公司《地基动力特性测试规范》管理组（地址：陕西省西安市新城区咸宁中路51号，邮政编码：710043），以供修订时参考。

本规范组织单位、主编单位、参编单位、主要起草人和主要审查人：

组 织 单 位：中国机械工业勘察设计协会

主 编 单 位：机械工业勘察设计研究院有限公司
中国机械工业集团有限公司

参 编 单 位：中航勘察设计研究院有限公司
北京市勘察设计研究院有限公司
机械工业第六设计研究院
上海交通大学
温州大学

主要起草人：郑建国　徐　建　钱春宇　刘金光　韩　煊　王建刚　陈龙珠　蔡袁强　徐　辉

主要审查人：张建民　化建新　张同亿　杨宜谦　任书考　高广运　邢心魁　冯志焱

目　次

1　总则 ………………………………… 25—5
2　术语和符号 ………………………… 25—5
　2.1　术语 ……………………………… 25—5
　2.2　符号 ……………………………… 25—5
3　基本规定 …………………………… 25—7
4　模型基础动力参数测试 …………… 25—7
　4.1　一般规定 ………………………… 25—7
　4.2　设备和仪器 ……………………… 25—8
　4.3　模型基础 ………………………… 25—8
　4.4　测试方法 ………………………… 25—8
　4.5　数据处理 ………………………… 25—8
　4.6　地基动力参数的换算 ………… 25—12
5　振动衰减测试 …………………… 25—13
　5.1　一般规定 ……………………… 25—13
　5.2　测试方法 ……………………… 25—13
　5.3　数据处理 ……………………… 25—13
6　地脉动测试 ……………………… 25—14
　6.1　一般规定 ……………………… 25—14
　6.2　设备和仪器 …………………… 25—14
　6.3　测试方法 ……………………… 25—14
　6.4　数据处理 ……………………… 25—14
7　波速测试 ………………………… 25—14
　7.1　单孔法 ………………………… 25—14
　7.2　跨孔法 ………………………… 25—15
　7.3　面波法 ………………………… 25—15
　7.4　弯曲元法 ……………………… 25—15

8　循环荷载板测试 ………………… 25—16
　8.1　一般规定 ……………………… 25—16
　8.2　设备和仪器 …………………… 25—16
　8.3　测试前的准备工作 …………… 25—16
　8.4　测试方法 ……………………… 25—16
　8.5　数据处理 ……………………… 25—16
9　振动三轴测试 …………………… 25—17
　9.1　一般规定 ……………………… 25—17
　9.2　设备和仪器 …………………… 25—17
　9.3　测试方法 ……………………… 25—17
　9.4　数据处理 ……………………… 25—17
10　共振柱测试 ……………………… 25—19
　10.1　一般规定 ……………………… 25—19
　10.2　设备和仪器 …………………… 25—19
　10.3　测试方法 ……………………… 25—19
　10.4　数据处理 ……………………… 25—19
11　空心圆柱动扭剪测试 …………… 25—20
　11.1　一般规定 ……………………… 25—20
　11.2　设备和仪器 …………………… 25—20
　11.3　测试方法 ……………………… 25—20
　11.4　数据处理 ……………………… 25—21
附录 A　地基动力特性测试方法 ……… 25—21
本规范用词说明 ……………………… 25—22
引用标准名录 ………………………… 25—22
附：条文说明 ………………………… 25—23

Contents

1 General provisions ················· 25—5

2 Terms and symbols ················· 25—5

  2.1 Terms ······························· 25—5

  2.2 Symbols ···························· 25—5

3 Basic requirements ················ 25—7

4 Dynamic parameters test with
model foundation ·················· 25—7

  4.1 General requirements ············· 25—7

  4.2 Equipments and instruments ·········· 25—8

  4.3 Model foundation ··············· 25—8

  4.4 Test method ······················ 25—8

  4.5 Data processing ················ 25—8

  4.6 Correction on foundation dynamic
parameters ························ 25—12

5 Vibration attenuation test ·········· 25—13

  5.1 General requirements ············· 25—13

  5.2 Test method ···················· 25—13

  5.3 Data processing ················ 25—13

6 Micro-tremor test ··············· 25—14

  6.1 General requirements ············· 25—14

  6.2 Equipments and instruments ········ 25—14

  6.3 Test method ···················· 25—14

  6.4 Data processing ················ 25—14

7 Wave velocity test ··············· 25—14

  7.1 Single hole method ············· 25—14

  7.2 Cross hole method ··············· 25—15

  7.3 Surface wave method ············ 25—15

  7.4 Bending element method ············· 25—15

8 Cyclic loading board test ············· 25—16

  8.1 General requirements ············· 25—16

  8.2 Equipments and instruments ········ 25—16

  8.3 Preparation work before test ······· 25—16

  8.4 Test method ···················· 25—16

  8.5 Data processing ················ 25—16

9 Vibration triaxial test ··············· 25—17

  9.1 General requirements ············· 25—17

  9.2 Equipments and instruments ········ 25—17

  9.3 Test method ···················· 25—17

  9.4 Data processing ················ 25—17

10 Resonant column test ············· 25—19

  10.1 General requirements ············· 25—19

  10.2 Equipments and instruments ········ 25—19

  10.3 Test method ···················· 25—19

  10.4 Data processing ················ 25—19

11 Hollow cylinder dynamic
torsional shear test ·················· 25—20

  11.1 General requirements ············· 25—20

  11.2 Equipments and instruments ········ 25—20

  11.3 Test method ···················· 25—20

  11.4 Data processing ················ 25—21

Appendix A Test methods of dynamic
properies of subsoil ······ 25—21

Explaination of wording in this code ······ 25—22

List of quoted standards ····················· 25—22

Addition: Explanation of provisions ······ 25—23

1 总　则

1.0.1 为了统一地基动力特性的测试方法,确保测试质量,为工程建设提供可靠的动力参数,制定本规范。

1.0.2 本规范适用于各类建筑物和构筑物的天然地基和人工地基的动力特性测试。

1.0.3 地基动力特性测试方法,应按附录 A 的规定选用。

1.0.4 地基动力特性测试,除应符合本规范外,尚应符合国家现行有关标准的规定。

2 术语和符号

2.1 术　语

2.1.1 模型基础　model foundation

为现场动力参数测试而浇筑的混凝土块体基础或带承台的桩基础。

2.1.2 地基刚度　stiffness of subsoil

施加于地基上的力(力矩)与由它引起的线位移(角位移)之比。

2.1.3 振动线位移　linear displacement of vibration

振动变形体上一点变形后从原来的位置到新位置的连线距离。

2.1.4 地脉动　micro-tremor

由气象、海洋、地壳构造活动的自然力和交通等人为因素所引起的地球表面固有的微弱振动。

2.1.5 场地卓越周期　predominant period of site

场地岩土振动而出现的最大振幅的周期。

2.1.6 压缩波　compression wave

介质中质点的运动方向平行于波传播方向的波。

2.1.7 剪切波　shear wave

介质中质点的运动方向垂直于波传播方向的波。

2.1.8 瑞利波　Rayleigh wave

沿半无限弹性介质自由表面传播的偏振波。

2.1.9 弯曲元法　bending element method

将压电陶瓷弯曲元应用于测试土体波速等参数的方法。

2.1.10 破坏振次　number of cycles to cause failure

试样达到破坏标准所需的等幅循环应力作用次数。

2.1.11 动强度比　ratio of dynamic shear strength

圆柱状试样 $45°$ 面上的动剪强度与初始法向有效应力的比值。

2.1.12 振次比　cycle ratio

动应力作用下的振次与破坏振次的比值。

2.1.13 动孔压比　ratio of dynamic pore pressure

在循环应力作用下试样的孔隙水压力增量与侧向有效固结应力的比值。

2.1.14 动剪应力比　ratio of dynamic shear stress

试样 $45°$ 面上的动剪应力与侧向有效固结应力的比值。

2.1.15 动剪切模量比　ratio of dynamic shear modulus

对应于某一剪应变幅的动剪切模量,与同一固结应力条件下的最大动剪切模量的比值。

2.2 符　号

2.2.1 作用和作用效应:

d——为 0.707 基础水平回转耦合振动第一振型共振频率所

对应的水平线位移;

d_0——振源处的振动线位移;

d_b——基础底面的水平振动线位移;

d_{f1}——第 1 周的振动线位移;

d_i——在幅频响应曲线上选取的第 i 点的频率所对应的振动线位移;

d_m——基础竖向振动的共振振动线位移;

d_{max}——基础最大振动线位移;

d_{m1}——基础水平回转耦合振动第一振型共振峰点水平振动线位移;

$d_{m\psi}$——基础扭转振动共振峰点水平振动线位移;

d_{n+1}——第 $n+1$ 周的振动线位移;

d_r——距振源的距离为 r 处的地面振动线位移;

d_x——基础重心处的水平振动线位移;

$d_{x\varphi}$——基础顶面的水平振动线位移;

$d_{x\varphi1}$——第 1 周的水平振动线位移;

$d_{x\varphi_{n+1}}$——第 $n+1$ 周的水平振动线位移;

$d_{x\psi}$——为 0.707 基础扭转振动的共振频率所对应的水平振动线位移;

d_z——试样顶端的轴向振动线位移幅;

$d_{z\varphi}$——基础水平回转耦合振动第一振型共振峰点竖向振动线位移;

$d_{z\varphi_1}$——第 1 台传感器测试的基础水平回转耦合振动第一振型共振峰点竖向振动线位移;

$d_{z\varphi_2}$——第 2 台传感器测试的基础水平回转耦合振动第一振型共振峰点竖向振动线位移;

d_1——幅频响应曲线上选取的第一个点对应的振动线位移;

d_2——幅频响应曲线上选取的第二个点对应的振动线位移;

f_{at}——无试样时激振压板系统扭转向共振频率;

f_{al}——无试样时激振压板系统轴向共振频率;

f_d——基础有阻尼固有频率;

f_{d1}——基础水平回转耦合振动第一振型有阻尼固有频率;

f_i——在幅频响应曲线上选取的第 i 点的频率;

f_m——基础竖向振动的共振频率;

f_{m1}——基础水平回转耦合振动第一振型共振频率;

$f_{m\psi}$——基础扭转振动的共振频率;

f_{nz}——基础竖向无阻尼固有频率;

f_{n1}——基础水平回转耦合振动第一振型无阻尼固有频率;

f_{nx}——基础水平向无阻尼固有频率;

$f_{n\varphi}$——基础回转无阻尼固有频率;

$f_{n\psi}$——基础扭转振动无阻尼固有频率;

f_0——激振频率;

f_t——试样系统扭转振动的共振频率;

f_1——试样系统轴向振动的共振频率;

$\omega_{m\psi}$——基础扭转振动固有圆频率;

ω_{n1}——基础水平回转耦合振动第一振型无阻尼固有圆频率(rad/s);

ω_1——幅频响应曲线上选取的第一个点对应的振动圆频率(rad/s);

ω_2——幅频响应曲线上选取的第二个点对应的振动圆频率(rad/s)。

2.2.2 计算指标:

c_d——总应力抗剪强度中的动凝聚力;

E——地基弹性模量;

E_{dmax}——最大动弹性模量;

G_{dmax}——最大动剪切模量;

K_z——地基(或桩基)抗压刚度;

K_{z0}——明置模型基础的地基抗压刚度;

K'_{x0}——埋置模型基础的地基抗压刚度；

K_x——地基抗剪刚度；

K_{x0}——明置模型基础的地基抗剪刚度；

K'_{x0}——埋置模型基础的地基抗剪刚度；

K_φ——地基抗弯刚度；

$K_{\varphi0}$——明置模型基础的地基抗弯刚度；

$K'_{\varphi0}$——埋置模型基础的地基抗弯刚度；

K_ψ——地基抗扭刚度；

$K_{\psi0}$——明置模型基础的地基抗扭刚度；

$K'_{\psi0}$——埋置模型基础的地基抗扭刚度；

K_{pz}——单桩抗压刚度；

$K_{p\varphi}$——桩基抗弯刚度；

m_a——试样顶端激振压板系统的质量；

m_d——设计基础的质量；

m_{dr}——设计基础的质量比；

m_f——模型基础的质量；

m_r——模型基础的质量比；

m_s——试样的总质量；

m_z——基础竖向振动的参振总质量（包括基础、激振设备和地基参加振动的当量质量）；

$m_{x\varphi}$——基础水平回转耦合振动的参振总质量（包括基础、激振设备和地基参加振动的当量质量）；

m_ψ——基础扭转振动的参振总质量（包括基础、激振设备和地基参加振动的当量质量）；

m_0——激振设备旋转部分的质量；

m_1——重锤的质量；

M_ψ——激振设备的扭转力矩；

E_d——试样动弹性模量；

G_d——试样动剪切模量；

p_o——试样外围压；

p_i——试样内围压；

P——电磁式激振设备的扰力；

P_a——大气压力；

P_d——设计基础底面静压力；

P_L——最后一级加载作用下，承压板底的总静应力；

P_0——模型基础底面静压力；

P_1——幅频响应曲线上选取的第一个点对应的扰力；

P_2——幅频响应曲线上选取的第二个点对应的扰力；

q——广义剪应力幅值；

Q——承压板上最后一级加载后的总荷载；

r_i——第 i 根桩的轴线至基础底面形心回转轴的距离；

R_f——45°面上试样的动强度比；

R_{ff}——对应于等效破坏振次的动强度比；

S——加荷时地基变形量；

S_P——卸荷时地基塑性变形量；

S_e——地基弹性变形量；

S_{eL}——在地基弹性变形量-应力直线图上，相应于最后一级加载的地基弹性变形量；

T——试样扭矩；

v_g——重锤自由下落时的速度；

v_p——压缩波波速；

v_R——瑞利波波速；

v_s——剪切波波速；

W——试样轴力；

α——地基能量吸收系数；

α_0——潜在破坏面上的初始剪应力比；

μ——地基的泊松比；

μ_d——试样的泊松比；

ρ——质量密度；

ζ_z——地基竖向阻尼比；

ζ_{zi}——第 i 点计算的地基竖向阻尼比；

$\zeta_{x\varphi_1}$——地基水平回转向第一振型阻尼比；

$\zeta_{x\psi}$——地基扭转向阻尼比；

γ_d——试样动剪应变幅；

$\gamma_{z\theta}$——试样剪应变；

ε_d——试样动轴向应变幅；

ε_r——试样径向应变；

ε_z——试样轴向应变；

ε_θ——试样环向应变；

ε_1——试样大主应变；

ε_2——试样中主应变；

ε_3——试样小主应变；

ζ_t——试样扭转向阻尼比；

$\zeta_{x\varphi_1 0}$——明置模型基础的地基水平回转向第一振型阻尼比；

$\zeta^c_{x\varphi_1}$——明置设计基础的地基水平回转向第一振型阻尼比；

ζ_{z0}——明置模型基础的地基竖向阻尼比；

ζ^c_z——明置设计基础的地基竖向阻尼比；

ζ_{dz}——试样轴向振动阻尼比；

ζ_1——第一点计算的地基竖向阻尼比；

ζ_2——第二点计算的地基竖向阻尼比；

$\zeta_{\psi0}$——明置模型基础的地基扭转向阻尼比；

$\zeta'_{\psi0}$——埋置测试的模型基础的地基扭转向阻尼比；

ζ^c_ψ——明置设计基础的地基扭转向阻尼比；

σ_d——试样轴向动应力幅；

σ_r——试样径向应力；

σ_z——试样轴向应力；

σ'_0——试样平均有效主应力；

σ'_1——试样有效大主应力；

σ'_2——试样有效中主应力；

σ'_3——试样有效小主应力；

σ_{f0}——潜在破坏面上的初始法向应力；

σ_{1c}——试样初始轴向固结应力；

σ_{3c}——试样侧向固结应力；

σ'_{1c}——试样固结完后的大主应力值；

σ'_{2c}——试样固结完后的中主应力值；

σ'_{3c}——试样固结完后的小主应力值；

σ_θ——试样环向应力；

Δu——试样孔隙水压力；

τ_d——试样的动剪应力幅；

τ_{f0}——潜在破坏面上的初始剪应力；

τ_{fd}——相应于工程等效破坏振次的动强度；

τ_{fs}——潜在破坏面上的总应力抗剪强度；

$\tau_{z\theta}$——试样剪应力。

2.2.3 几何参数：

A_d——设计基础底面积；

A_s——轴向动应力-动应变滞回圈的面积；

A_1——轴向动应力-动应变滞回曲线图中直角三角形面积；

A_0——模型基础底面积；

D——承压板直径；

D_s——试样直径；

D_1——空心圆柱体试样的外径；

D_2——空心圆柱体试样的内径；

e_0——激振设备旋转部分质量的偏心距；

e_e——激振设备的水平扭转力矩力臂；

h——模型基础高度；

h_1——基础重心至基础顶面的距离；

h_2——基础重心至基础底面的距离;

h_3——基础重心至激振器水平扰力的距离;

h_s——试样高度;

h_t——模型基础的埋置深度;

h_d——设计基础的埋置深度;

H——测点的深度;

H_0——振源与孔口的高差;

H_1——重锤下落高度;

H_2——重锤回弹高度;

ΔH——波速层的厚度;

I——基础底面对通过其形心轴的惯性矩;

I_z——基础底面对通过其形心轴的极惯性矩;

J——基础对通过其重心轴的转动惯量;

J_a——试样顶端激振压板系统的转动惯量;

J_c——基础对通过其底面形心轴的转动惯量;

J_s——试样的转动惯量;

J_z——基础对通过其重心轴的极转动惯量;

l——基础长度;

l_ψ——扭转轴至实测线位移点的距离;

l_1——两台竖向传感器的间距;

Δl——两台传感器之间的水平距离;

L——从板中心到测试孔的水平距离;

r_0——试样外半径;

r_i——试样内半径;

r_0——模型基础的当量半径;

S_1——由振源到第 1 个接收孔测点的距离;

S_2——由振源到第 2 个接收孔测点的距离;

ΔS——由振源到两个接收孔测点的距离之差;

θ——试样顶端的角位移幅;

φ——两台传感器接收到的振动波之间的相位差;

φ_d——试样的动内摩擦角;

φ_1——幅频响应曲线上选取的第一个点对应的扰力与振动线位移之间的相位角;

φ_2——幅频响应曲线上选取的第二个点对应的扰力与振动线位移之间的相位角;

φ_{m1}——基础第一振型共振峰点的回转角位移;

ρ_1——基础第一振型转动中心至基础重心的距离。

2.2.4 计算参数:

C_x——地基抗剪刚度系数;

C_z——地基抗压刚度系数;

C_φ——地基抗弯刚度系数;

C_ψ——地基抗扭刚度系数;

C_1,m_1——最大动剪切模量与平均有效应力关系双对数拟合直线参数;

C_2,m_2——最大动弹性模量与平均固结应力关系双对数拟合直线参数;

e_1——回弹系数;

F_t——扭转向无量纲频率因数;

F_l——轴向无量纲频率因数;

g——重力加速度;

n——在幅频响应曲线上选取计算点的数量;

n_t——自由振动周期数;

n_p——桩数;

t_0——两次冲击的时间间隔;

S_t——试样系统扭转向能量比;

S_l——试样系统轴向能量比;

T_t——仪器激振端轴向惯量因数;

ΔT——压缩波或剪切波传到波速层顶面和底面的时间差;

T_L——压缩波或剪切波从振源到达测点的实测时间;

T_{P1}——压缩波到达第 1 个接收孔测点的时间;

T_{P2}——压缩波到达第 2 个接收孔测点的时间;

T_{S1}——剪切波到达第 1 个接收孔测点的时间;

T_{S2}——剪切波到达第 2 个接收孔测点的时间;

α_z——基础埋深对地基抗压刚度的提高系数;

α_x——基础埋深对地基抗剪刚度的提高系数;

α_φ——基础埋深对地基抗弯刚度的提高系数;

α_ψ——基础埋深对地基抗扭刚度的提高系数;

β_z——基础埋深对竖向阻尼比的提高系数;

$\beta_{x\varphi_1}$——基础埋深对水平回转向第一振型阻尼比的提高系数;

β_ψ——基础埋深对扭转向阻尼比的提高系数;

β_i——基础竖向振动的共振振动线位移与幅频响应曲线上选取的第 i 点振动线位移的比值;

δ_{at}——无试样时激振压板系统扭转自由振动的对数衰减率;

δ_{al}——仪器激振端压板系统轴向自由振动对数衰减率;

δ_d——设计块体基础或桩基的埋深比;

δ_t——试样系统扭转自由振动的对数衰减率;

δ_0——模型基础的埋深比;

δ_l——试样系统轴向自由振动的对数衰减率;

η——基础底面积与基础底面静压力的换算系数;

η_s——斜距校正系数;

η_μ——与泊松比有关的系数;

ξ——与基础的质量比有关的换算系数;

ξ_0——无量纲系数。

3 基 本 规 定

3.0.1 地基动力特性测试前应制定测试方案,测试方案应包括下列内容:

1 测试目的和要求;

2 测试内容、测试方法和测点仪器布置图;

3 数据分析方法。

3.0.2 地基动力特性现场测试应具备下列资料:

1 场地的岩土工程勘察资料;

2 场地的地下设施、地下管道、地下电缆等的平面图和纵剖面图;

3 测试现场及其邻近的振动干扰源。

3.0.3 地基动力特性测试使用的测试仪器应在有效的检定或校准期内,测试前应对仪器设备检测调试。

3.0.4 测试现场应避开外界干扰振源,测点应避开水泥或沥青路面、地下管道和电缆等影响测试数据的场所。

3.0.5 测试报告的内容应包括原始资料、测试仪器、测试结果、测试分析和测试结论。

4 模型基础动力参数测试

4.1 一 般 规 定

4.1.1 周期性振动机器的基础应采用强迫振动测试方法;冲击性振动机器的基础应采用自由振动测试方法。

4.1.2 模型基础动力参数测试，除应符合本规范第3.0.2条的规定外，尚应具备下列资料：
 1 机器的型号、转速、功率；
 2 设计基础的位置和基底标高；
 3 当采用桩基时，桩的设计长度、截面尺寸及间距。

4.1.3 模型基础动力参数的测试结果应包括下列内容：
 1 测试的各种幅频响应曲线；
 2 动力参数的测试值；
 3 动力参数的设计值。

4.1.4 模型基础应在明置和埋置的情况下分别进行振动测试。埋置基础周边回填土应分层夯实，回填土的压实系数不宜小于0.94。

4.1.5 桩基的测试应取得下列动力参数：
 1 单桩的抗压刚度；
 2 桩基抗剪和抗扭刚度系数；
 3 桩竖向和水平回转向第一振型以及扭转向的阻尼比；
 4 桩竖向和水平回转向以及扭转向的参振总质量。

4.1.6 天然地基和人工地基的测试应取得下列动力参数：
 1 地基抗压、抗剪、抗弯和抗扭刚度系数；
 2 地基竖向、水平回转向第一振型及扭转向的阻尼比；
 3 地基基础竖向、水平回转向及扭转向的参振总质量。

4.2 设备和仪器

4.2.1 强迫振动测试的激振设备应符合下列规定：
 1 采用机械式激振设备时，工作频率宜为3Hz～60Hz；
 2 采用电磁式激振设备时，激振力不宜小于2000N。

4.2.2 自由振动测试时，竖向激振宜采用重锤自由落体的方式进行，重锤质量不宜小于基础质量的1/100，落高宜为0.5m～1.0m。

4.2.3 传感器宜采用竖向和水平向的速度型传感器，其通频带应为2Hz～80Hz，阻尼系数应为0.65～0.70，电压灵敏度不应小于30V·s/m，可测位移不应小于0.5mm。

4.2.4 放大器应采用带低通滤波功能的多通道放大器，其各通道幅值一致性偏差不应大于3%，各通道相位一致性偏差不应大于0.1ms，折合输入端的噪声水平应低于1μV，电压增益应大于80dB。

4.2.5 采集与记录装置宜采用模/数转换不低于16位的多通道数字采集和存储系统。数据分析装置应具有频谱分析及专用分析软件功能。

4.3 模型基础

4.3.1 块体基础的尺寸宜采用2.0m×1.5m×1.0m，每组数量不宜少于2个。

4.3.2 桩基础宜采用2根桩，桩间距宜取设计桩基础的间距；承台的长宽比应为2:1，其高度不宜小于1.6m；承台沿长度方向的中心轴线与两桩中心连线重合，承台宽度宜与桩间距相同。

4.3.3 模型基础置于拟建基础的邻近处，其土层结构宜与拟建基础的土层结构相同。

4.3.4 模型基础做明置工况测试时，坑底应保持土层的原状结构，坑底面应保持平整。基坑坑壁至模型基础侧面的距离应大于500mm。

4.3.5 当采用机械式激振设备时，地脚螺栓的埋设深度不宜小于400mm；地脚螺栓或预留孔在模型基础平面上的位置应符合下列规定：
 1 竖向振动测试时，应使激振设备的竖向扰力中心通过基础的重心；
 2 水平振动测试时，应使水平扰力矢量方向与基础沿长度方向的中心轴向一致；

 3 扭转振动测试时，激振设备施加的扭转力矩，应使基础产生绕重心竖轴的扭转振动。

4.4 测试方法

4.4.1 竖向振动测试时，在基础顶面沿长度方向中轴线的两端应对称布置两个竖向传感器。

4.4.2 水平回转振动测试时，在基础顶面沿长度方向中轴线的两端应对称布置两个竖向传感器；并应在中间布置一个水平向传感器，其水平振动方向应与中轴线平行。

4.4.3 扭转振动测试时，在基础顶面沿长度方向中轴线的两端应对称布置两个水平向传感器，其水平振动方向应与中轴线垂直。

4.4.4 强迫振动幅频响应测试时，其激振设备的扰力频率间隔，共振区外不宜大于2Hz，共振区内不应大于1Hz；共振时的振动线位移不宜大于150μm。

4.4.5 强迫振动数据分析，应取振动波形的正弦波部分。

4.4.6 竖向自由振动测试，宜采用重锤自由下落冲击模型基础顶面的中心处，实测基础的固有频率和最大振动线位移。测试有效次数不应少于3次。

4.4.7 水平回转自由振动的测试，可水平冲击与模型基础沿长度方向中轴线垂直的侧面，实测基础的固有频率和最大振动线位移。测试有效次数不应少于3次。

4.5 数据处理

I 强迫振动

4.5.1 数据处理应采用频谱分析方法，谱线间隔不宜大于0.1Hz。各通道采样点数不宜小于1024点，采样频率应符合采样定理要求，并采用加窗函数进行平滑处理。

4.5.2 数据处理应得到下列幅频响应曲线：
 1 竖向振动时，为基础竖向振动线位移随频率变化的幅频响应曲线；
 2 水平回转耦合振动时，为基础顶面测试点的水平振动线位移随频率变化的幅频响应曲线，及基础顶面测试点由回转振动产生的竖向振动线位移随频率变化的幅频响应曲线；
 3 扭转振动时，为基础顶面测试点在扭转力矩作用下的水平振动线位移随频率变化的幅频响应曲线。

4.5.3 地基竖向阻尼比应在基础竖向振动线位移随频率变化的幅频响应曲线上，选取共振峰峰点和在基础竖向振动的共振频率0.5～0.85范围内不少于三点的频率和振动线位移（如图4.5.3-1、图4.5.3-2所示），并应按下列公式计算：

$$\zeta_z = \frac{\sum_{i=1}^{n} \zeta_{zi}}{n} \quad (4.5.3-1)$$

$$\zeta_{zi} = \left[\frac{1}{2} \left(1 - \sqrt{\frac{\beta_i^2 - 1}{\alpha_i^4 - 2\alpha_i^2 + \beta_i^2}} \right) \right]^{\frac{1}{2}} \quad (4.5.3-2)$$

$$\beta_i = \frac{d_m}{d_i} \quad (4.5.3-3)$$

当为变扰力时：$\alpha_i = \frac{f_m}{f_i}$ $\quad (4.5.3-4)$

当为常扰力时：$\alpha_i = \frac{f_i}{f_m}$ $\quad (4.5.3-5)$

式中：ζ_z——地基竖向阻尼比；
 ζ_{zi}——第i点计算的地基竖向阻尼比；
 f_m——基础竖向振动的共振频率(Hz)；
 d_m——基础竖向振动的共振振动线位移(m)；

f_i——在幅频响应曲线上选取的第 i 点的频率（Hz）；

d_i——在幅频响应曲线上选取的第 i 点的频率所对应的振动线位移（m）；

β_i——基础竖向振动的共振振动线位移与幅频响应曲线上选取的第 i 点振动线位移的比值；

α_i——基础竖向振动的共振频率与幅频响应曲线上选取的第 i 点频率的比值；

n——在幅频响应曲线上选取计算点的数量。

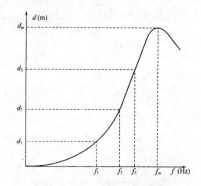

图 4.5.3-1 变扰力的幅频响应曲线

d—振动线位移；d_m—基础竖向振动的共振振动线位移；
d_1—在幅频响应曲线上选取的第 1 点的频率所对应的振动线位移；
d_2—在幅频响应曲线上选取的第 2 点的频率所对应的振动线位移；
d_3—在幅频响应曲线上选取的第 3 点的频率所对应的振动线位移；
f—频率；f_m—基础竖向振动的共振频率；f_1—在幅频响应曲线上选取的第 1 点的频率；
f_2—在幅频响应曲线上选取的第 2 点的频率；f_3—在幅频响应曲线上选取的第 3 点的频率

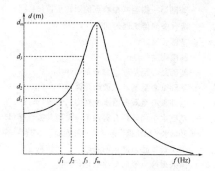

图 4.5.3-2 常扰力的幅频响应曲线

d—振动线位移；d_m—基础竖向振动的共振振动线位移；
d_1—在幅频响应曲线上选取的第 1 点的频率所对应的振动线位移；
d_2—在幅频响应曲线上选取的第 2 点的频率所对应的振动线位移；
d_3—在幅频响应曲线上选取的第 3 点的频率所对应的振动线位移；
f—频率；f_m—基础竖向振动的共振频率；
f_1—在幅频响应曲线上选取的第 1 点的频率；
f_2—在幅频响应曲线上选取的第 2 点的频率；
f_3—在幅频响应曲线上选取的第 3 点的频率

4.5.4 基础竖向振动的参振总质量应按下列公式计算：

1 当为变扰力时：

$$m_z = \frac{m_0 e_0}{d_m} \cdot \frac{1}{2\zeta_z \sqrt{1-\zeta_z^2}} \qquad (4.5.4-1)$$

2 当为常扰力时：

$$m_z = \frac{P}{d_m (2\pi f_{nz})^2} \cdot \frac{1}{2\zeta_z \sqrt{1-\zeta_z^2}} \qquad (4.5.4-2)$$

$$f_{nz} = \frac{f_m}{\sqrt{1-2\zeta_z^2}} \qquad (4.5.4-3)$$

式中：m_z——基础竖向振动的参振总质量（t）；

m_0——激振设备旋转部分的质量（t）；

e_0——激振设备旋转部分质量的偏心距（m）；

P——电磁式激振设备的扰力（kN）；

f_{nz}——基础竖向无阻尼固有频率（Hz）。

注：当 m_z 大于基础质量的 2 倍时，应取 m_z 等于基础质量的 2 倍。

4.5.5 地基抗压刚度、地基抗压刚度系数、单桩抗压刚度和桩基抗弯刚度，应按下列公式计算：

1 当为变扰力时：

$$K_z = m_z (2\pi f_{nz})^2 \qquad (4.5.5-1)$$

$$C_z = \frac{K_z}{A_0} \qquad (4.5.5-2)$$

$$K_{pz} = \frac{K_z}{n_p} \qquad (4.5.5-3)$$

$$K_{p\varphi} = K_{pz} \sum_{i=1}^{n} r_i^2 \qquad (4.5.5-4)$$

$$f_{nz} = f_m \sqrt{1-2\zeta_z^2} \qquad (4.5.5-5)$$

式中：K_z——地基（或桩基）抗压刚度（kN/m）；

C_z——地基抗压刚度系数（kN/m³）；

K_{pz}——单桩抗压刚度（kN/m）；

$K_{p\varphi}$——桩基抗弯刚度（kN·m）；

r_i——第 i 根桩的轴线至基础底面形心回转轴的距离（m）；

A_0——模型基础底面积（m²）；

n_p——桩数。

2 当为常扰力时，地基抗压刚度系数、单桩抗压刚度和桩基抗弯刚度应按本规范公式（4.5.5-2）～（4.5.5-4）计算；地基（或桩基）抗压刚度，可按下式计算：

$$K_z = \frac{P}{d_m} \cdot \frac{1}{2\zeta_z \sqrt{1-\zeta_z^2}} \qquad (4.5.5-6)$$

4.5.6 当基础的固有频率较高不能测出共振峰值时，宜采用低频区段求刚度的方法（如图 4.5.6 所示）按下列公式计算：

$$m_z = \frac{\dfrac{P_1}{d_1}\cos\varphi_1 - \dfrac{P_2}{d_2}\cos\varphi_2}{\omega_2^2 - \omega_1^2} \qquad (4.5.6-1)$$

$$\zeta_1 = \frac{\tan\varphi_1 \left(1-\dfrac{\omega_1}{\omega_2}\right)^2}{2\dfrac{\omega_1}{\omega_2}} \qquad (4.5.6-2)$$

$$\zeta_2 = \frac{\tan\varphi_2 \left(1-\dfrac{\omega_1}{\omega_2}\right)^2}{2\dfrac{\omega_1}{\omega_2}} \qquad (4.5.6-3)$$

$$\zeta_z = \frac{\zeta_1 + \zeta_2}{2} \qquad (4.5.6-4)$$

$$K_z = \frac{P_1}{d_1}\cos\varphi_1 + m_z\omega_1^2 \qquad (4.5.6-5)$$

式中：P_1——幅频响应曲线上选取的第一个点对应的扰力（kN）；

P_2——幅频响应曲线上选取的第二个点对应的扰力（kN）；

d_1——幅频响应曲线上选取的第一个点对应的振动线位移（m）；

d_2——幅频响应曲线上选取的第二个点对应的振动线位移（m）；

φ_1——幅频响应曲线上选取的第一个点对应的扰力与振动线位移之间的相位角，由测试确定；

φ_2——幅频响应曲线上选取的第二个点对应的扰力与振动线位移之间的相位角，由测试确定；

ω_1——幅频响应曲线上选取的第一个点对应的振动圆频率（rad/s）；

ω_2——幅频响应曲线上选取的第二个点对应的振动圆频率（rad/s）；

ζ_1——第一点计算的地基竖向阻尼比；

ζ_2——第二点计算的地基竖向阻尼比。

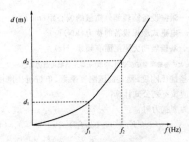

图 4.5.6 未测得共振峰的幅频响应曲线

d—振动线位移；d_1—在幅频响应曲线上选取的第 1 个点对应的振动线位移；

d_2—在幅频响应曲线上选取的第 2 个点对应的振动线位移；

f—频率；f_1—在幅频响应曲线上选取的第 1 点的频率；

f_2—在幅频响应曲线上选取的第 2 点的频率

4.5.7 地基水平回转向第一振型阻尼比，应在幅频响应曲线上选取基础水平回转耦合振动第一振型共振频率和为 0.707 基础水平回转耦合振动第一振型共振频率所对应的水平振动线位移（如图 4.5.7-1、图 4.5.7-2 所示），并应按下列公式计算：

1 当为变扰力时：

$$\zeta_{x\varphi_1} = \left\{ \frac{1}{2} \left[1 - \sqrt{1 - \left(\frac{d}{d_{m1}} \right)^2} \right] \right\}^{\frac{1}{2}} \quad (4.5.7\text{-}1)$$

2 当为常扰力时：

$$\zeta_{x\varphi_1} = \left\{ \frac{1}{2} \left[1 - \sqrt{1 + \frac{1}{3 - 4\left(\frac{d_{m1}}{d} \right)^2}} \right] \right\}^{\frac{1}{2}} \quad (4.5.7\text{-}2)$$

式中：$\zeta_{x\varphi_1}$——地基水平回转向第一振型阻尼比；

d_{m1}——基础水平回转耦合振动第一振型共振峰点水平振动线位移（m）；

d——为 0.707 基础水平回转耦合振动第一振型共振频率所对应的水平线位移（m）。

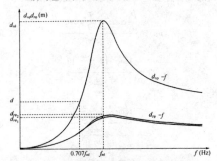

图 4.5.7-1 变扰力的幅频响应曲线

$d_{x\varphi}$-f—基础顶面的水平振动线位移与频率的关系；

$d_{z\varphi}$-f—基础顶面的竖向振动线位移与频率的关系；

d—为 0.707 基础水平回转耦合振动第一振型共振频率所对应的水平线位移（m）；

d_{m1}—基础水平回转耦合振动第一振型共振峰点水平振动线位移（m）；

$d_{x\varphi}$—基础顶面的水平振动线位移；$d_{z\varphi}$—基础顶面的竖向振动线位移；

$d_{z\varphi_1}$—第 1 台竖向传感器测试的基础水平回转耦合振动第一振型共振峰点竖向振动线位移（m）；

$d_{z\varphi_2}$—第 2 台竖向传感器测试的基础水平回转耦合振动第一振型共振峰点竖向振动线位移（m）；

f—频率；f_{m1}—基础水平回转耦合振动第一振型共振频率

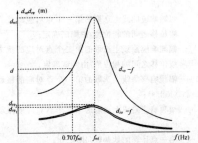

图 4.5.7-2 常扰力的幅频响应曲线

$d_{x\varphi}$-f—基础顶面的水平振动线位移与频率的关系；

$d_{z\varphi}$-f—基础顶面的竖向振动线位移与频率的关系；

d—为 0.707 基础水平回转耦合振动第一振型共振频率所对应的水平线位移；

d_{m1}—基础水平回转耦合振动第一振型共振峰点水平振动线位移；

$d_{x\varphi}$—基础顶面的水平振动线位移；$d_{z\varphi}$—基础顶面的竖向振动线位移；

$d_{z\varphi_1}$—第 1 台竖向传感器测试的基础水平回转耦合振动第一振型共振峰点竖向振动线位移；

$d_{z\varphi_2}$—第 2 台竖向传感器测试的基础水平回转耦合振动第一振型共振峰点竖向振动线位移；

f—频率；f_{m1}—基础水平回转耦合振动第一振型共振频率

4.5.8 基础水平回转耦合振动的参振总质量应按下列公式计算：

1 当为变扰力时：

$$m_{x\varphi} = \frac{m_0 e_0 (\rho_1 + h_3)(\rho_1 + h_1)}{d_{m1}} \cdot \frac{1}{2\zeta_{x\varphi_1} \sqrt{1 - \zeta_{x\varphi_1}^2}} \cdot \frac{1}{i^2 + \rho_1^2}$$

$$(4.5.8\text{-}1)$$

$$\rho_1 = \frac{d_x}{\varphi_{m1}} \quad (4.5.8\text{-}2)$$

$$\varphi_{m1} = \frac{|d_{z\varphi_1}| + |d_{z\varphi_2}|}{l_1} \quad (4.5.8\text{-}3)$$

$$d_x = d_{m1} - h_2 \varphi_{m1} \quad (4.5.8\text{-}4)$$

$$i = \left[\frac{1}{12}(l^2 + h^2) \right]^{\frac{1}{2}} \quad (4.5.8\text{-}5)$$

2 当为常扰力时：

$$m_{x\varphi} = \frac{P(\rho_1 + h_3)(\rho_1 + h_1)}{d_{m1}(2\pi f_{n1})^2} \cdot \frac{1}{2\zeta_{x\varphi_1} \sqrt{1 - \zeta_{x\varphi_1}^2}} \cdot \frac{1}{i^2 + \rho_1^2}$$

$$(4.5.8\text{-}6)$$

$$f_{n1} = \frac{f_{m1}}{\sqrt{1 - 2\zeta_{x\varphi_1}^2}} \quad (4.5.8\text{-}7)$$

式中：$m_{x\varphi}$——基础水平回转耦合振动的参振总质量（t）；

ρ_1——基础第一振型转动中心至基础重心的距离（m）；

d_x——基础重心处的水平振动线位移（m）；

φ_{m1}——基础第一振型共振峰点的回转角位移（rad）；

l_1——两台竖向传感器的间距（m）；

l——基础长度（m）；

h——基础高度（m）；

h_1——基础重心至基础顶面的距离（m）；

h_2——基础重心至基础底面的距离（m）；

h_3——基础重心至激振器水平扰力的距离（m）；

f_{m1}——基础水平回转耦合振动第一振型共振频率（Hz）；

f_{n1}——基础水平回转耦合振动第一振型无阻尼固有频率（Hz）；

$d_{z\varphi_1}$——第 1 台传感器测试的基础水平回转耦合振动第一振型共振峰点竖向振动线位移（m）；

$d_{z\varphi_2}$——第 2 台传感器测试的基础水平回转耦合振动第一振型共振峰点竖向振动线位移（m）；

i——基础回转半径（m）。

注：当 $m_{x\varphi}$ 大于基础质量的 1.4 倍时，应取 $m_{x\varphi}$ 等于基础质量的 1.4 倍。

4.5.9 地基抗剪刚度、地基抗剪刚度系数应按下列公式计算：

1 当为变扰力时：

$$K_x = m_{x\varphi}(2\pi f_{nx})^2 \quad (4.5.9\text{-}1)$$

$$C_x = \frac{K_x}{A_0} \quad (4.5.9\text{-}2)$$

$$f_{nx} = \frac{f_{n1}}{\sqrt{1 - \frac{h_2}{\rho_1}}} \quad (4.5.9\text{-}3)$$

$$f_{n1} = f_{m1} \sqrt{1 - 2\zeta_{x\varphi_1}^2} \quad (4.5.9\text{-}4)$$

式中：K_x——地基抗剪刚度（kN/m）；

C_x——地基抗剪刚度系数（kN/m³）；

f_{nx}——基础水平向无阻尼固有频率（Hz）。

2 当为常扰力时，地基抗剪刚度、地基抗剪刚度系数应按本规范公式（4.5.9-1）~（4.5.9-3）计算，基础水平回转耦合振动第一振型无阻尼固有频率应按本规范公式（4.5.8-7）计算。

4.5.10 地基抗弯刚度和地基抗弯刚度系数应按下列公式计算：

1 当为变扰力时：

$$K_\varphi = J (2\pi f_{n\varphi})^2 - K_x h_2^2 \quad (4.5.10\text{-}1)$$

$$C_\varphi = \frac{K_\varphi}{I} \quad (4.5.10\text{-}2)$$

$$f_{n\varphi} = \sqrt{\rho_1 \frac{h_2}{i^2} f_{nx}^2 + f_{n1}^2} \quad (4.5.10\text{-}3)$$

式中：K_φ——地基抗弯刚度（kN·m）；

C_φ——地基抗弯刚度系数（kN/m³）；

$f_{n\varphi}$——基础回转无阻尼固有频率（Hz）；

J——基础对通过其重心轴的转动惯量（t·m²）；

I——基础底面对通过其形心轴的惯性矩（m⁴）。

2 当为常扰力时，地基抗弯刚度和地基抗弯刚度系数应按本规范公式（4.5.10-1）～（4.5.10-3）计算，基础水平回转耦合振动第一振型无阻尼固有频率应按本规范公式（4.5.8-7）计算。

4.5.11 地基扭转向阻尼比应在扭转力矩作用下的水平振动线位移随频率变化的幅频响应曲线上选取基础扭转振动的共振频率和为 0.707 基础扭转振动的共振频率所对应的水平振动线位移，并应按下列公式计算：

1 当为变扰力时：

$$\zeta_\psi = \left\{ \frac{1}{2} \left[1 - \sqrt{1 - \left(\frac{d_{x\psi}}{d_{m\psi}} \right)} \right] \right\}^{\frac{1}{2}} \quad (4.5.11\text{-}1)$$

2 当为常扰力时：

$$\zeta_\psi = \left\{ \frac{1}{2} \left[1 - \sqrt{1 + \frac{1}{3 - 4 \left(\frac{d_{m\psi}}{d_{x\psi}} \right)^2}} \right] \right\}^{\frac{1}{2}} \quad (4.5.11\text{-}2)$$

式中：ζ_ψ——地基扭转向阻尼比；

$f_{m\psi}$——基础扭转振动的共振频率（Hz）；

$d_{m\psi}$——基础扭转振动共振峰点水平振动线位移（m）；

$d_{x\psi}$——为 0.707 基础扭转振动的共振频率所对应的水平振动线位移（m）。

4.5.12 基础扭转振动的参振总质量应按下列公式计算：

1 当为变扰力时：

$$m_\psi = \frac{12 J_z}{l^2 + b^2} \quad (4.5.12\text{-}1)$$

$$J_z = \frac{m_0 e_0 e_e l_\psi}{d_{m\psi}} \cdot \frac{1}{2 \zeta_\psi \sqrt{1 - \zeta_\psi^2}} \quad (4.5.12\text{-}2)$$

$$f_{n\psi} = f_{m\psi} \sqrt{1 - 2\zeta_\psi^2} \quad (4.5.12\text{-}3)$$

$$\omega_{n\psi} = 2\pi f_{n\psi} \quad (4.5.12\text{-}4)$$

2 当为常扰力时：

$$f_{n\psi} = \frac{f_{m\psi}}{\sqrt{1 - 2\zeta_\psi^2}} \quad (4.5.12\text{-}5)$$

$$J_z = \frac{M_\psi l_\psi}{d_{m\psi} \omega_{m\psi}^2} \cdot \frac{1 - 2\zeta_\psi^2}{2 \zeta_\psi \sqrt{1 - \zeta_\psi^2}} \quad (4.5.11\text{-}6)$$

式中：m_ψ——基础扭转振动的参振总质量（t）；

J_z——基础对通过其重心轴的极转动惯量（t·m²）；

$f_{n\psi}$——基础扭转振动无阻尼固有频率（Hz）；

$\omega_{m\psi}$——基础扭转振动固有圆频率（rad/s）；

M_ψ——激振设备的扭转力矩（kN·m）；

e_e——激振设备的水平扭转力矩力臂（m）；

l_ψ——扭转轴至实测线位移点的距离（m）。

4.5.13 地基抗扭刚度和地基抗扭刚度系数应按下列公式计算：

$$K_\psi = J_z \omega_{m\psi}^2 \quad (4.5.13\text{-}1)$$

$$C_\psi = \frac{K_\psi}{I_z} \quad (4.5.13\text{-}2)$$

式中：K_ψ——地基抗扭刚度（kN·m）；

C_ψ——地基抗扭刚度系数（kN/m³）；

I_z——基础底面对通过其形心轴的极惯性矩（m⁴）。

Ⅱ 自由振动

4.5.14 地基竖向阻尼比应按下式计算：

$$\zeta_z = \frac{1}{2\pi n_f} \ln \frac{d_{f1}}{d_{n+1}} \quad (4.5.14)$$

式中：d_{f1}——第 1 周的振动线位移（m）；

d_{n+1}——第 $n+1$ 周的振动线位移（m）；

n_f——自由振动周期数。

4.5.15 基础竖向振动的参振总质量应按下列公式计算（如图 4.5.15-1、图 4.5.15-2 所示）：

$$m_z = \frac{(1 + e_1) m_1 v_g}{d_{max} 2\pi f_{nz}} e^{-\Phi} \quad (4.5.15\text{-}1)$$

$$\Phi = \frac{\tan^{-1} \dfrac{\sqrt{1 - \zeta_z^2}}{\zeta_z}}{\dfrac{\sqrt{1 - \zeta_z^2}}{\zeta_z}} \quad (4.5.15\text{-}2)$$

$$f_{nz} = \frac{f_d}{\sqrt{1 - \zeta_z^2}} \quad (4.5.15\text{-}3)$$

$$v_g = \sqrt{2 g H_1} \quad (4.5.15\text{-}4)$$

$$e = \sqrt{\frac{H_2}{H_1}} \quad (4.5.15\text{-}5)$$

$$H_2 = \frac{1}{2} g \left(\frac{t_0}{2} \right)^2 \quad (4.5.15\text{-}6)$$

式中：d_{max}——基础最大振动线位移（m）；

f_d——基础有阻尼固有频率（Hz）；

v_g——重锤自由下落时的速度（m/s）；

H_1——重锤下落高度（m）；

H_2——重锤回弹高度（m）；

e——自然对数；

e_1——回弹系数；

m_1——重锤的质量（t）；

t_0——两次冲击的时间间隔（s）；

g——重力加速度（m/s²）。

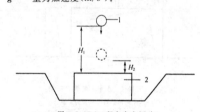

图 4.5.15-1 竖向自由振动

1—重锤；2—模型基础

H_1—重锤下落高度；H_2—重锤回弹高度

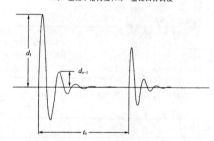

图 4.5.15-2 竖向自由振动波形

d_1—第 1 周的振动线位移；d_{n+1}—第 $n+1$ 周的振动线位移；t_0—两次冲击的时间间隔

4.5.16 自由振动的地基抗压刚度、抗压刚度系数、单桩抗压刚度和桩基抗弯刚度的计算应符合本规范第 4.5.5 条第 1 款的规定。

4.5.17 地基水平回转向第一振型阻尼比应按下式计算：

$$\zeta_{x\varphi_1} = \frac{1}{2\pi n_f} \ln \frac{d_{x\varphi_1}}{d_{x\varphi_{n+1}}} \quad (4.5.17)$$

式中：$d_{x\varphi_1}$——第一周的水平振动线位移（m）；

$d_{x\varphi_{n+1}}$ ——第 $n+1$ 周的水平振动线位移(m)。

4.5.18 地基抗剪刚度和地基抗弯刚度应按下列公式计算(如图 4.5.18-1、图 4.5.18-2 所示):

$$K_x = m_f \omega_{n1}^2 \left[1 + \frac{h_2}{h}\left(\frac{d_{x\varphi}}{d_b} - 1\right) \right] \tag{4.5.18-1}$$

$$K_\varphi = J_c \omega_{n1}^2 \left[1 + \frac{h_2 h}{i^2} \cdot \frac{1}{\frac{d_{x\varphi}}{d_b} - 1} \right] \tag{4.5.18-2}$$

$$J_c = J + m_f h_2^2 \tag{4.5.18-3}$$

$$i = \sqrt{\frac{J_c}{m_f}} \tag{4.5.18-4}$$

$$\omega_{n1} = 2\pi f_{n1} \tag{4.5.18-5}$$

$$f_{n1} = \frac{f_{d1}}{\sqrt{1 - \zeta_{x\varphi 1}^2}} \tag{4.5.18-6}$$

$$d_b = d_{x\varphi} - \frac{|d_{z\varphi_1}| + |d_{z\varphi_2}|}{l_1} \cdot h \tag{4.5.18-7}$$

式中:m_f ——模型基础的质量(t);
$\quad J_c$ ——基础对通过其底面形心轴的转动惯量(t·m²);
$\quad i$ ——基础对通过其底面形心轴的转动惯量与模型基础质量的比值平方根(m);
$\quad d_{x\varphi}$ ——基础顶面的水平振动线位移(m);
$\quad d_{z\varphi_1}$ ——基础顶面的第 1 个竖向传感器测得的振动线位移(m);
$\quad d_{z\varphi_2}$ ——基础顶面的第 2 个竖向传感器测得的振动线位移(m);
$\quad \omega_{n1}$ ——基础水平回转耦合振动第一振型无阻尼固有圆频率(rad/s);
$\quad d_b$ ——基础底面的水平振动线位移(m);
$\quad f_{d1}$ ——基础水平回转耦合振动第一振型有阻尼固有频率(Hz)。

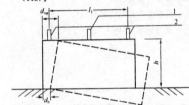

图 4.5.18-1 水平回转耦合振动
1—水平向传感器;2—竖向传感器
l_1—两台竖向传感器的间距;h—基础高度;
$d_{x\varphi}$—基础顶面的水平振动线位移;d_b—基础底面的水平振动线位移

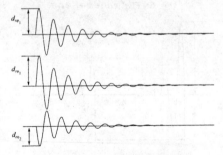

图 4.5.18-2 水平回转耦合振动波形
$d_{x\varphi_1}$—第一周期的水平振动线位移;
$d_{z\varphi_1}$—第 1 台传感器测试的第一周期的竖向振动线位移;
$d_{z\varphi_2}$—第 2 台传感器测试的第一周期的竖向振动线位移

4.6 地基动力参数的换算

4.6.1 当模型基础现场实测得出的地基动力参数,用于机器基础的振动和隔振的设计时,应根据机器基础的设计情况换算成设计采用的地基动力参数。

4.6.2 由明置块体基础测试取得的地基抗压、抗剪、抗弯、抗扭刚度系数以及由明置桩基础测试取得的抗剪、抗扭刚度系数,应乘以基础底面积与基础底面静压力的换算系数,换算系数应按下式计算:

$$\eta = \sqrt[3]{\frac{A_0}{A_d}} \cdot \sqrt[3]{\frac{P_d}{P_0}} \tag{4.6.2}$$

式中:η ——基础底面积与基础底面静压力的换算系数;
$\quad A_0$ ——模型基础底面积(m²);
$\quad A_d$ ——设计基础底面积(m²);
$\quad P_0$ ——模型基础底面静压力(kPa);
$\quad P_d$ ——设计基础底面静压力(kPa)。

注:1 当 $A_d > 20$m² 时,应取 $A_d = 20$m²;
$\quad$ 2 当 $P_d > 50$kPa 时,应取 $P_d = 50$kPa。

4.6.3 基础埋深对设计基础的地基抗压、抗剪、抗弯、抗扭刚度的提高系数应按下列公式计算:

$$\alpha_z = \left[1 + \left(\sqrt{\frac{K'_{z0}}{K_{z0}}} - 1 \right)\frac{\delta_d}{\delta_0} \right]^2 \tag{4.6.3-1}$$

$$\alpha_x = \left[1 + \left(\sqrt{\frac{K'_{x0}}{K_{x0}}} - 1 \right)\frac{\delta_d}{\delta_0} \right]^2 \tag{4.6.3-2}$$

$$\alpha_\varphi = \left[1 + \left(\sqrt{\frac{K'_{\varphi 0}}{K_{\varphi 0}}} - 1 \right)\frac{\delta_d}{\delta_0} \right]^2 \tag{4.6.3-3}$$

$$\alpha_\psi = \left[1 + \left(\sqrt{\frac{K'_{\psi 0}}{K_{\psi 0}}} - 1 \right)\frac{\delta_d}{\delta_0} \right]^2 \tag{4.6.3-4}$$

$$\delta_0 = \frac{h_t}{\sqrt{A_0}} \tag{4.6.3-5}$$

$$\delta_d = \frac{h_d}{\sqrt{A_d}} \tag{4.6.3-6}$$

式中:α_x ——基础埋深对地基抗压刚度的提高系数;
$\quad \alpha_x$ ——基础埋深对地基抗剪刚度的提高系数;
$\quad \alpha_\varphi$ ——基础埋深对地基抗弯刚度的提高系数;
$\quad \alpha_\psi$ ——基础埋深对地基抗扭刚度的提高系数;
$\quad K_{z0}$ ——明置模型基础的地基抗压刚度(kN/m);
$\quad K_{x0}$ ——明置模型基础的地基抗剪刚度(kN/m);
$\quad K_{\varphi 0}$ ——明置模型基础的地基抗弯刚度(kN·m);
$\quad K_{\psi 0}$ ——明置模型基础的地基抗扭刚度(kN·m);
$\quad K'_{z0}$ ——埋置模型基础的地基抗压刚度(kN/m);
$\quad K'_{x0}$ ——埋置模型基础的地基抗剪刚度(kN/m);
$\quad K'_{\varphi 0}$ ——埋置模型基础的地基抗弯刚度(kN·m);
$\quad K'_{\psi 0}$ ——埋置模型基础的地基抗扭刚度(kN·m);
$\quad \delta_0$ ——模型基础的埋深比;
$\quad \delta_d$ ——设计块体基础或桩基的埋深比;
$\quad h_t$ ——模型基础的埋置深度(m);
$\quad h_d$ ——设计基础的埋置深度(m)。

4.6.4 由明置模型基础测试的地基竖向、水平回转向第一振型和扭转向阻尼比,应按下列公式换算成设计采用的阻尼比:

$$\zeta_z^c = \zeta_{z0}\xi \tag{4.6.4-1}$$

$$\zeta_{x\varphi_1}^c = \zeta_{x\varphi_1 0}\xi \tag{4.6.4-2}$$

$$\zeta_\psi^c = \zeta_{\psi 0}\xi \tag{4.6.4-3}$$

$$\xi = \frac{\sqrt{m_r}}{\sqrt{m_{dr}}} \tag{4.6.4-4}$$

$$m_r = \frac{m_f}{\rho A_0 \sqrt{A_0}} \tag{4.6.4-5}$$

$$m_{dr} = \frac{m_d}{\rho A_d \sqrt{A_d}} \tag{4.6.4-6}$$

式中:ζ_{z0} ——明置模型基础的地基竖向阻尼比;
$\quad \zeta_{x\varphi_1 0}$ ——明置模型基础的地基水平回转向第一振型阻尼比;
$\quad \zeta_{\psi 0}$ ——明置模型基础的地基扭转向阻尼比;

ζ_z^c ——明置设计基础的地基竖向阻尼比;

$\zeta_{x\varphi_1}^c$ ——明置设计基础的地基水平回转向第一振型阻尼比;

ζ_{ψ}^c ——明置设计基础的地基扭转向阻尼比;

ξ ——与基础的质量比有关的换算系数;

m_f ——模型基础的质量(t);

m_d ——设计基础的质量(t);

m_r ——模型基础的质量比;

m_{dr} ——设计基础的质量比;

ρ ——地基的质量密度(t/m³)。

4.6.5 基础埋深对设计基础地基的竖向、水平回转向第一振型和扭转向阻尼比的提高系数,应按下列公式计算:

$$\beta_z = 1 + \left(\frac{\zeta_{z0}'}{\zeta_{z0}} - 1\right)\frac{\delta_d}{\delta_0} \quad (4.6.5\text{-}1)$$

$$\beta_{x\varphi_1} = 1 + \left(\frac{\zeta_{x\varphi_1 0}'}{\zeta_{x\varphi_1 0}} - 1\right)\frac{\delta_d}{\delta_0} \quad (4.6.5\text{-}2)$$

$$\beta_{\psi} = 1 + \left(\frac{\zeta_{\psi 0}'}{\zeta_{\psi 0}} - 1\right)\frac{\delta_d}{\delta_0} \quad (4.6.5\text{-}3)$$

式中:β_z ——基础埋深对竖向阻尼比的提高系数;

$\beta_{x\varphi_1}$ ——基础埋深对水平回转向第一振型阻尼比的提高系数;

β_{ψ} ——基础埋深对扭转向阻尼比的提高系数;

ζ_{z0}' ——埋置测试的模型基础的地基竖向阻尼比;

$\zeta_{x\varphi_1 0}'$ ——埋置测试的模型基础的地基水平回转向第一振型阻尼比;

$\zeta_{\psi 0}'$ ——埋置测试的模型基础的地基扭转向阻尼比。

4.6.6 当计算机器基础的固有频率时,由明置模型基础测试取得的地基参加振动的当量质量,应乘以设计基础底面积与模型基础底面积的比值。

4.6.7 由2根或4根桩的桩基础测试取得的单桩抗压刚度,当设计的桩基础超过10根桩时,应分别乘以群桩效应系数0.75或0.90。

5 振动衰减测试

5.1 一般规定

5.1.1 符合下列情况之一时,宜采用振动衰减测试:

1 当设计的车间内同时设置低转速和高转速的机器基础,且需计算低转速机器基础振动对高转速机器基础的影响时;

2 当振动对邻近的精密设备、仪器、仪表可能产生有害的影响时;

3 公路、铁路交通运行对干线道路两侧建筑物可能有影响时;

4 当地基采用强夯处理或采用打入式桩基础产生的振动可能对周围建筑物有影响时。

5.1.2 振动衰减测试可采用测试现场附近的动力机器、公路交通、铁路交通等既有振源。当现场附近无上述振源时,可采用模型基础上的机械式激振设备作为振源。

5.1.3 用于振动衰减测试时的基础应埋置,并应符合本规范第4.1.5条的规定。

5.1.4 振动衰减测试用的设备和仪器,应按本规范第4.2节的规定选用。

5.1.5 振动衰减测试的模型基础、激振设备的安装和准备工作,应符合本规范第4.3节的规定。

5.1.6 振动衰减测试结果宜包括下列内容:

1 不同激振频率测试的地面振动线位移,随距振源的距离而变化的曲线;

2 不同激振频率计算的地基能量吸收系数,随距振源的距离而变化的曲线。

5.2 测试方法

5.2.1 振动衰减测试的测点,不应设在浮砂地、草地、松软的地层和冰冻层上。

5.2.2 当作周期性振动衰减测试时,激振设备的频率除应采用设计基础的机器扰力频率外,尚应做各种不同激振频率的振动衰减测试。

5.2.3 振动衰减测试的测点,应沿设计基础需要测试振动衰减的方向进行布置。

5.2.4 振动衰减测试点的传感器布置,在离基础边缘5m范围内应每隔1m布置1台;离基础边缘5m~15m范围内应每隔2m布置1台;离基础边缘15m以外,应每隔5m布置1台;测试半径应大于模型基础当量半径的35倍(如图5.2.4所示)。模型基础的当量半径应按下式计算:

$$r_0 = \sqrt{\frac{A_0}{\pi}} \quad (5.2.4)$$

式中:r_0 ——模型基础的当量半径(m)。

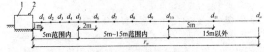

图 5.2.4 传感器布置示意图

1—模型基础;2—激振设备;r_n—测试半径

$d_{1\sim5}$—5m范围内传感器编号;$d_{6\sim10}$—5m~15m范围内传感器编号;

$d_{11\sim n}$—15m以外传感器编号

5.2.5 对振源处的振动测试,传感器的布置应符合下列规定:

1 当振源为动力机器基础时,应将传感器置于测试基础顶面沿振动波传播方向轴线边缘上;

2 当振源为公路交通车辆时,可将传感器置于外距行车道外侧线0.5m~1.0m处;

3 当振源为铁路交通车辆时,可将传感器置于外距路轨外0.5m~1.0m处;

4 当振源为打入桩时,可将传感器置于距桩边0.3m~0.5m处;

5 当振源为重锤夯击土时,可将传感器置于夯击点边缘外1.0m~2.0m处。

5.3 数据处理

5.3.1 数据处理时,应绘制由各种激振频率测试的地面振动线位移随距振源的距离而变化的曲线图。

5.3.2 地基能量吸收系数,可按下式计算:

$$\alpha = \frac{1}{f_0} \cdot \frac{1}{r_0 - r} \ln \frac{d_r}{d_0 \left[\frac{r_0}{r}\xi_0 + \sqrt{\frac{r_0}{r}(1-\xi_0)}\right]} \quad (5.3.2)$$

式中:α ——地基能量吸收系数(s/m);

f_0 ——激振频率(Hz);

d_0 ——振源处的振动线位移(m);

d_r ——距振源的距离为某处的地面振动线位移(m);

ξ_0 ——无量纲系数,可按表5.3.2选用。

表 5.3.2 无量纲系数

土的名称	模型基础的当量半径(m)							
	≤0.5	1.0	2.0	3.0	4.0	5.0	6.0	≥7.0
一般黏性土、粉土、砂土	0.70~0.95	0.55	0.45	0.40	0.35	0.25~0.30	0.23~0.30	0.15~0.20
饱和软土	0.70~0.95	0.50~0.55	0.40	0.35~0.40	0.23~0.30	0.22~0.30	0.20~0.25	0.10~0.20
岩石	0.80~0.95	0.70~0.80	0.65~0.70	0.60~0.65	0.55~0.60	0.50~0.55	0.45~0.50	0.25~0.35

注:1 对于饱和软土,地下水深1.0m及以下时,无量纲系数宜取较小值,1.0m~2.5m时宜取较大值,大于2.5m时宜取一般黏性土的无量纲系数值;

2 对于岩石覆盖层在2.5m以内时,无量纲系数宜取较大值,2.5m~6.0m时宜取较小值,超过6.0m时,宜取一般黏性土的无量纲系数值。

6 地脉动测试

6.1 一般规定

6.1.1 地脉动测试结果应包括下列内容：

1 脉动时程曲线；

2 功率谱图；

3 测试成果表。

6.2 设备和仪器

6.2.1 地脉动测试系统应符合下列规定：

1 通频带应选择 1Hz～40Hz，信噪比大于 80dB；

2 低频特性应稳定可靠；

3 测试系统应与数据采集分析系统相配接。

6.2.2 传感器除可按本规范第 4.2.3 条的要求采用外，亦可采用频率特性和灵敏度等满足测试要求的加速度型传感器；对地下脉动测试用的速度型传感器，通频带为 1Hz～25Hz，并应密封防水。

6.2.3 放大器应符合下列规定：

1 当采用速度型传感器时，放大器应符合本规范第 4.2.4 条的规定；

2 当采用加速度型传感器时，应采用多通道适调放大器。

6.2.4 采集与分析系统应符合本规范第 4.2.5 条的规定。

6.3 测试方法

6.3.1 建筑场地的地脉动测点不应少于 2 个。

6.3.2 记录脉动信号时，距离观测点 100m 内应无人为振动干扰。

6.3.3 测点宜选在天然地基土上，且宜在波速测试孔附近，传感器应按东西、南北、竖向三个方向布设。

6.3.4 地下脉动测试时，测点深度应根据工程需要进行布置。

6.3.5 脉动信号记录时，应根据所需频率范围设置低通滤波频率和采样频率，采样频率宜取 50Hz～100Hz，每次记录时间不应少于 15min，记录次数不宜少于 3 次。

6.4 数据处理

6.4.1 测试数据处理宜采用功率谱分析法。每个样本数据不应少于 1024 个点，采样频率宜取 50Hz～100Hz，并应进行加窗函数处理，频域平均次数不宜少于 32 次。

6.4.2 卓越频率的确定应符合下列规定：

1 卓越频率应采用频谱图中最大峰值所对应的频率；

2 当频谱图中出现多峰且各峰值相差不大时，宜在谱分析的同时，进行相关或互谱分析，并经综合评价后确定场地卓越频率。

6.4.3 场地卓越周期应按下式计算：

$$T_p = \frac{1}{f_p} \tag{6.4.3}$$

式中：T_p——场地卓越周期(s)；

f_p——场地卓越频率(Hz)。

6.4.4 地脉动幅值的确定应符合下列规定：

1 脉动幅值应取实测脉动信号的最大幅值；

2 确定脉动信号的幅值时，应排除人为干扰信号的影响。

7 波速测试

7.1 单孔法

I 设备和仪器

7.1.1 测试振源应符合下列规定：

1 剪切波测试宜采用水平锤击上压重物的木板激振，当激振能量不足时，可采用弹簧激振法或定向爆破法等振源。

2 压缩波测试宜采用竖向锤击金属板激振，当激振能量不足时，可采用炸药震源或电火花震源等。

7.1.2 传感器宜采用三分量井下传感器，其固有频率不宜大于测试波主频率的 1/2；传感器应紧密固定于井壁上；放大器及记录系统应采用具有信号增强功能的多通道浅层地震仪，其记录时间的分辨率不应低于 1ms；触发器性能应稳定，使用前应进行校正，其灵敏度宜为 0.1ms。

7.1.3 单孔法测试亦可采用与静力触探装置安装在一起的波速测试探头。

II 测试方法

7.1.4 测试前的准备工作应符合下列规定：

1 测试孔应垂直，倾斜度允许偏差为 ±2°。

2 测试孔不应出现塌孔或缩孔等现象；当使用套管时，应采用灌浆或填入砂土的方式使套管壁与周围土紧密接触。

3 当剪切波振源采用锤击上压重物的木板时，木板的长向中垂线应对准测试孔中心，孔口与木板的距离宜为 1m～3m；板上所压重物不宜小于 500kg；木板与地面应紧密接触。

4 当压缩波振源采用锤击金属板时，金属板距孔口的距离宜为 1m～3m。

7.1.5 测试工作应符合下列规定：

1 测试时，应根据工程情况及地质分层，每隔 1m～3m 布置一个测点，并宜自下而上按预定深度进行测试。测点布置宜与地层的分界线一致，当有较薄夹层时，应适当调整使得其中至少布置有两个测点。

2 剪切波测试时，应沿木板纵轴方向分别打击木板的两端，并记录相位相反的两组剪切波波形。

3 最小测试深度不宜小于震源板至孔口之间的距离。

4 测试时应选择部分测点作重复测试，其数量不应少于测点总数的 10%。

III 数据处理

7.1.6 压缩波从振源到达测点的时间，应采用竖向传感器记录的波形确定；剪切波从振源到达测点的时间，应采用水平传感器记录的波形确定。

7.1.7 压缩波或剪切波从振源到达测点的时间，应按下列公式进行斜距校正：

$$T = \eta_s T_L \tag{7.1.7-1}$$

$$\eta_s = \frac{H + H_0}{\sqrt{L^2 + (H + H_0)^2}} \tag{7.1.7-2}$$

式中：T——压缩波或剪切波从振源到达测点经斜距校正后的时间(s)；

T_L——压缩波或剪切波从振源到达测点的实测时间(s)；

η_s——斜距校正系数；

H——测点的深度(m)；

H_0——振源与孔口的高差(m)，当振源低于孔口时，H_0 为负值；

L——从板中心到测试孔的水平距离(m)。

7.1.8 由振源到达测点的距离应按测斜数据进行校正。

7.1.9 波速层的划分应结合地质情况按时距曲线上具有不同斜

率的折线段确定。

7.1.10 每一波速层的压缩波波速或剪切波波速应按下列公式计算：

$$v_p = \frac{\Delta H}{\Delta T_p} \qquad (7.1.10\text{-}1)$$

$$v_s = \frac{\Delta H}{\Delta T_s} \qquad (7.1.10\text{-}2)$$

式中：v_p——压缩波波速(m/s)；

v_s——剪切波波速(m/s)；

ΔH——波速层的厚度(m)；

ΔT_p——压缩波传到波速层顶面和底面的时间差(s)；

ΔT_s——剪切波传到波速层顶面和底面的时间差(s)。

7.2 跨 孔 法

Ⅰ 设备和仪器

7.2.1 跨孔法剪切波振源宜采用剪切波锤，亦可采用标准贯入试验装置；压缩波振源宜采用电火花或爆炸等。

7.2.2 跨孔法采用的传感器、放大器以及记录仪的要求，应符合本规范第7.1.2条的规定。

Ⅱ 测试方法

7.2.3 场地与测点的布置应符合下列规定：

1 测试场地宜平坦；

2 测试孔宜设置一个振源孔和两个接收孔，并布置在一条直线上，孔的间距宜相等；

3 测试孔的间距在土层中宜取 2m～5m，在岩层中宜取 8m～15m；

4 根据工程情况及地质分层，测试孔中宜每隔 1m～2m 布置一个测点。

7.2.4 测试孔宜垂直，当测试深度大于 15m 时，应测量测试孔各段倾角和倾斜方向，测点间距不应大于1m。

7.2.5 采用剪切波锤作振源时，振源孔应下套管，套管壁与孔壁应通过灌浆紧密接触；采用标准贯入试验装置作振源时，振源孔采用泥浆护壁。

7.2.6 当振源采用剪切波锤时，现场测试应符合下列规定：

1 振源与接收孔内的传感器应设置在同一水平面上；

2 最浅测点的深度宜为 0.4 倍～1.0 倍的孔距，且不宜小于2m；

3 测试时，振源和传感器应保持与孔壁紧贴；

4 测试工作结束后，应选择部分测点作重复观测，其数量不应少于测点总数的 10%；亦可采用振源孔和接收孔互换的方法进行复测。

Ⅲ 数据处理

7.2.7 压缩波从振源到达测点的时间，应采用水平传感器记录的波形确定；剪切波从振源到达测点的时间，应采用竖向传感器记录的波形确定。

7.2.8 由振源到达每个测点的距离，应按测斜数据进行校正。

7.2.9 每个测试深度的压缩波波速及剪切波波速，应按下列公式计算：

$$v_p = \frac{\Delta S}{T_{P2} - T_{P1}} \qquad (7.2.9\text{-}1)$$

$$v_s = \frac{\Delta S}{T_{S2} - T_{S1}} \qquad (7.2.9\text{-}2)$$

$$\Delta S = S_1 - S_2 \qquad (7.2.9\text{-}3)$$

式中：T_{P1}——压缩波到达第 1 个接收孔测点的时间(s)；

T_{P2}——压缩波到达第 2 个接收孔测点的时间(s)；

T_{S1}——剪切波到达第 1 个接收孔测点的时间(s)；

T_{S2}——剪切波到达第 2 个接收孔测点的时间(s)；

S_1——由振源到第 1 个接收孔测点的距离(m)；

S_2——由振源到第 2 个接收孔测点的距离(m)；

ΔS——由振源到两个接收孔测点的距离之差(m)。

7.3 面 波 法

Ⅰ 设备和仪器

7.3.1 面波法测试应符合下列规定：

1 稳态面波法应采用稳态面波仪，瞬态面波法可采用多通道数字地震仪；

2 稳态面波法振源可采用大能量电磁激振器、机械激振器；瞬态面波法振源可根据测试深度和现场环境选择锤击振源、夯击振源、爆炸振源等。

7.3.2 面波法测试采用的传感器、放大器和分析系统应符合下列规定：

1 仪器动态范围不应低于 120dB，模/数转换位数不宜小于16位；

2 放大器的通频带应满足采集面波频率范围的要求；

3 传感器应具有相同的频响特性，固有频率应满足探测深度的需要；

4 同一次现场测试选用的传感器之间的固有频率差不应大于 0.1Hz，灵敏度差和阻尼系数差不应大于 10%。

Ⅱ 测试方法

7.3.3 面波法的现场测试应符合下列规定：

1 激振器与传感器的安置应与地面紧密接触，并使其保持竖直状态。

2 检波点距或道间距，不宜大于最小勘探深度所需波长的 1/2；最小偏移距，可与检波点距或道间距相等。

3 采样点的间隔应满足工程项目的要求。

4 出现异常或发现畸变曲线时应重复测试。

7.3.4 当场地具有钻孔资料时面波测点宜靠近钻孔。

Ⅲ 数据处理

7.3.5 面波法测试数据的处理应符合下列规定：

1 处理时应剔除明显畸变点、干扰点，并将全部数据按频率顺序排序；

2 对数据进行预处理后，应准确区分面波和体波，正确绘制频散曲线；

3 应通过对已知的钻孔等资料对曲线的"之"字形拐点和曲率变化进行分析，求出对应层的面波相速度，并根据换算深度绘制速度-深度曲线。

7.3.6 瑞利波波速应按下式计算：

$$v_R = \frac{2\pi f \Delta l}{\varphi} \qquad (7.3.6)$$

式中：v_R——瑞利波波速(m/s)；

φ——两台传感器接收到的振动波之间的相位差(rad)；

Δl——两台传感器之间的水平距离(m)；

f——振源的频率(Hz)。

7.3.7 地基的剪切波波速应按下列公式计算：

$$v_s = \frac{v_R}{\eta_\mu} \qquad (7.3.7\text{-}1)$$

$$\eta_\mu = \frac{0.87 + 1.12\mu}{1 + \mu} \qquad (7.3.7\text{-}2)$$

式中：η_μ——与泊松比有关的系数；

μ——地基的泊松比。

7.4 弯 曲 元 法

Ⅰ 设备和仪器

7.4.1 弯曲元法测试设备和仪器应包括激发元、接收元、函数发生器、信号放大系统和示波器，并应符合下列规定：

1 输出的激发信号电压允许偏差为 ±10V；

2 示波器最小分辨率不宜小于 2ns；

3 信号发生器发出的波形信号，升压时间延迟不宜超过 1μs。

7.4.2 弯曲元法测试设备可安装在室内土工仪器中，也可在现场试验中应用。

7.4.3 试样安装应与弯曲元直接紧密接触，滤纸或其他保护膜应为弯曲元的插入留出空隙。

7.4.4 弯曲元测试时，应根据试样的种类，调整弯曲元的加载输出波形、功率、频率，并应调整示波器的放大倍数，且使示波器显示的波形清晰。

7.4.5 波的传播时间宜通过发射波第一个零交叉点与接受波第一个零交叉点的时间差确定（如图 7.4.5 所示）。

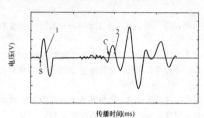

图 7.4.5 时域初达波法示意图
1—发射波；2—接收波；S—发射波第一个零交叉点；C—接收波第一个零交叉点

7.4.6 波的传播距离应取激发元与接收元之间的距离。室内测试时，应由测试时的试样高度减去弯曲元插入试样的深度确定。试样高度应根据土样的初始高度以及轴向应变确定。

7.4.7 土样的剪切波速和压缩波速应按下列公式计算：

$$v_s = L_w / T_s \qquad (7.4.7-1)$$
$$v_p = L_w / T_p \qquad (7.4.7-2)$$

式中：L_w——波的传播距离（m）；

T_s——剪切波传播时间（s）；

T_p——压缩波传播时间（s）。

8 循环荷载板测试

8.1 一 般 规 定

8.1.1 循环荷载板测试，除应符合本规范第 3.0.2 条的规定外，尚应具备拟建基础的位置和基底标高等资料。

8.1.2 循环荷载板测试结果应包括下列内容：

1 测试的各种曲线图；

2 地基弹性模量；

3 地基抗压刚度系数的测试值及经换算后的设计值。

8.2 设 备 和 仪 器

8.2.1 加荷装置可采用载荷台或采用反力架、液压和稳压等设备。

8.2.2 载荷台或反力架应稳固、安全可靠，其承受荷载能力应大于最大测试荷载的 1.5 倍。

8.2.3 当采用千斤顶加荷时，其反力支撑可采用荷载台、地锚、坑壁斜撑和平洞顶板支撑。

8.2.4 测试地基变形的仪器，可采用百分表或位移传感器，测量精度不应低于 0.01mm。

8.3 测试前的准备工作

8.3.1 承压板应具有足够的刚度，其形状可采用正方形或圆形；承压板面积不宜小于 0.5m²；对密实土层，承压板面积可采用 0.25 m²。

8.3.2 试坑应设置在设计基础邻近处，其土层结构宜与设计基础的土层结构相同，应保持试验土层的原状结构和天然湿度，试坑底

标高宜与设计基础底标高一致。

8.3.3 试坑底面的宽度应大于承压板的边长或直径的 3 倍。试坑底面应保持水平面，并宜在承压板下用中、粗砂层找平，其厚度宜取 10mm～20mm。

8.3.4 荷载作用点与承压板的中心应在同一条竖直线上。

8.3.5 沉降观测装置的固定点应设置在变形影响区以外。

8.4 测 试 方 法

8.4.1 循环荷载的大小和测试次数应根据设计要求和地基性质确定。

8.4.2 荷载应分级施加，第一级荷载应取试坑底面土的自重，变形稳定后再施加循环荷载，其增量可按表 8.4.2 采用。

表 8.4.2 各类土的循环荷载增量

土 的 名 称	循环荷载增量（kPa）
淤泥、流塑黏性土、松散砂土	≤15
软塑黏性土、新近堆积黄土、稍密的粉、细砂	15～25
可塑～硬塑黏性土、黄土，中密的粉、细砂	25～50
坚硬黏性土，密实的中、粗砂	50～100
密实的碎石土、风化岩石	100～150

8.4.3 测试方法可采用单荷级循环法或多荷级循环法。每一荷级反复循环次数黏性土宜为 6 次～8 次，砂性土宜为 4 次～6 次。

8.4.4 每级荷载的循环时间，加荷与卸荷均宜为 5min，并应同时观测变形量。

8.4.5 加荷时地基变形量稳定的标准应符合下列规定：

1 在静力荷载作用下，连续 2h 观测中，每小时变形量不应超过 0.1mm；

2 在循环荷载作用下，最后一次循环测得的弹性变形量与前一次循环测得的弹性变形量的差值不应大于 0.05mm。

8.4.6 每一级荷载作用下的弹性变形宜取最后一次循环卸载的弹性变形量。

8.5 数 据 处 理

8.5.1 根据测试数据应绘制下列曲线图：

1 应力-时间曲线图；

2 地基变形量-时间曲线图；

3 地基变形量-应力曲线图；

4 地基弹性变形量-应力曲线图。

8.5.2 地基弹性变形量应按下式计算：

$$S_e = S - S_P \qquad (8.5.2)$$

式中：S_e——地基弹性变形量（mm）；

S——加荷时地基变形量（mm）；

S_P——卸荷时地基塑性变形量（mm）。

8.5.3 当地基弹性变形量-应力散点图不能连成一条直线时，应根据各级荷载测得的地基弹性变形量，按最小二乘法进行回归分析计算，得出地基弹性变形量-应力直线图。

8.5.4 地基弹性模量，可根据地基弹性变形量-应力直线图（如图 8.5.4 所示），按下式计算：

$$E = \frac{(1 - \mu^2)Q}{DS_{eL}} \qquad (8.5.4)$$

式中：E——地基弹性模量（MPa）；

D——承压板直径（mm）；

Q——承压板上最后一级加载后的总荷载（N）；

S_{eL}——在地基弹性变形量-应力直线图上，相应于最后一级加载的地基弹性变形量（mm）。

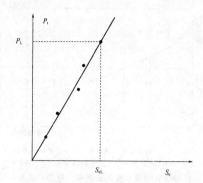

图 8.5.4 地基弹性变形量-应力直线示意图
P_t—应力；P_L—最后一级加载作用下，承压板底的总静应力(kPa)；
S_e—地基弹性变形量；S_{eL}—最后一级加载的地基弹性变形量

8.5.5 地基抗压刚度系数宜按下式计算：

$$C_z = \frac{P_L}{S_{eL}} \qquad (8.5.5)$$

式中：P_L——最后一级加载作用下，承压板底的总静应力(kPa)。

8.5.6 基础设计时，按本章第 8.5.5 条计算的地基抗压刚度系数，应乘以换算系数，换算系数应按本规范第 4.6 节的有关规定确定。

9 振动三轴测试

9.1 一般规定

9.1.1 振动三轴测试可提供下列动力特性参数：

1 应变幅大于 10^{-4} 条件下，土试样的动弹性模量、动剪切模量和阻尼比；

2 土试样的动强度、抗液化强度和动孔隙水压力。

9.1.2 振动三轴测试报告应包括下列内容：

1 动弹性模量比、阻尼比与轴向动应变幅的关系曲线，动剪切模量比、阻尼比与剪应变幅的关系曲线；

2 动强度比与破坏振次的关系曲线；

3 动荷载下总应力抗剪强度与潜在破坏面上初始应力的关系以及相应的总应力抗剪强度指标；

4 当需提供动孔隙水压力特性的测试资料时，宜提供动孔压比与振次比的关系曲线，亦可提供动孔压比与动剪应力比的关系曲线。

9.2 设备和仪器

9.2.1 当采用电磁式、液压式等驱动型式的振动三轴仪时，其静力加荷系统和孔隙水压力测量系统应符合现行国家标准《土工试验方法标准》GB/T 50123 的有关规定。

9.2.2 振动三轴测试的主机动力加载系统，除正弦波形外，应具有施加三角波形和给定数字信号波形等多种型式动荷载或动应变的功能。

9.2.3 振动三轴测试主机动力加载系统，当以正弦波形式激振时，实际波形应对称，且其拉、压两个半周的幅值和持时的相对偏差均不宜大于 10%。

9.2.4 振动三轴仪实测的应变幅范围应满足工程动力分析的需要。

9.2.5 用于测试荷载、土体变形和孔隙水压力等参数的动态传感器，应符合量程、频响特性和精度等方面的技术要求。记录仪应采用数字采集系统。

9.3 测试方法

9.3.1 试样的制备、安装与饱和方法应符合现行国家标准《土工试验方法标准》GB/T 50123 的有关规定。

9.3.2 天然地基的试样制备宜采用原状土，扰动土和人工地基土的试样制备，其干密度等指标宜与工程现场条件相近。

9.3.3 在周围压力作用下的孔隙水压力系数，饱和砂土、粉土试样不应小于 0.98，饱和黏性土试样不应小于 0.95。

9.3.4 试样的固结应力条件，应根据地基土的现场应力条件确定。每一种试样的初始剪应力比可选用 1 个~3 个，每一个初始剪应力比相对应的侧向固结应力可采用 1 个~3 个，每一个侧向固结应力下可采用 3 个~4 个试样分别选用不同的振次或动应力幅进行试验。

9.3.5 测试时应使试样在静力作用下固结稳定后，再在不排水条件下施加动应力或动应变。

9.3.6 测试试样动弹性模量和阻尼比时，应在给定振动频率的轴向动应力作用下测得试样的动应力-动应变滞回曲线，动应力的作用振次不宜大于 5 次。

9.3.7 测试动弹性模量、动剪切模量和阻尼比随应变幅的变化时，宜逐级施加动应变幅或动应力幅，后一级的振动线位移可比前一级增大 1 倍。在同一试样上选用允许施加的动应变幅或动应力幅的级数时，应避免孔隙水压力明显升高。

9.3.8 当不能同时测试动剪切模量和动弹性模量时，可根据地基的泊松比取值，由动剪切模量与动弹性模量之间进行换算。

9.3.9 测试试样的动强度或抗液化强度时，施加的动应力或动应变的波形或频率，应与工程对象所受动力荷载的波形或频率相近。

9.3.10 测试时应在试样上施加轴向动应力或动应变，并记录应力、应变和孔隙水压力的变化曲线，直至试样达到所规定的破坏标准。

9.3.11 试样动强度的破坏标准，可在动应变幅 2.5×10^{-2}~10.0×10^{-2} 范围内确定。可液化土的抗液化强度试验的破坏标准，可采用初始液化或 2.5×10^{-2} 的动应变幅值。

9.3.12 土试样动强度的等效破坏振次，应根据工程对象承受的循环荷载性质确定。实测破坏振次的分布范围应覆盖工程对象的等效破坏振次。

9.4 数据处理

9.4.1 动应力、动应变和孔隙水压力等物理量，应根据仪器的标定系数及试样尺寸，对测试记录进行换算。

9.4.2 试样动弹性模量和阻尼比，应根据记录的试样轴向动应力-动应变滞回曲线(如图 9.4.2 所示)，按下列公式计算：

$$E_d = \frac{\sigma_d}{\varepsilon_d} \qquad (9.4.2\text{-}1)$$

$$\zeta_{dz} = \frac{A_s}{\pi A_t} \qquad (9.4.2\text{-}2)$$

式中：E_d——试样动弹性模量(kPa)；

σ_d——试样轴向动应力幅(kPa)；

ε_d——试样动轴向应变幅；

ζ_{dz}——试样轴向振动阻尼比(%)；

A_s——轴向动应力-动应变滞回圈的面积(如图 9.4.2 中阴影部分所示，kPa)；

A_t——轴向动应力-动应变滞回曲线图中直角三角形面积(如图 9.4.2 所示 abc 的面积，kPa)。

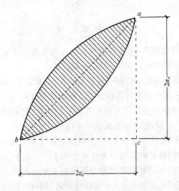

图 9.4.2 轴向动应力-动应变滞回线图
ε_d—试样动轴应变幅；σ_d—试样轴向动应力幅

9.4.3 试样动剪切模量与试样动弹性模量、试样动剪应力与试样轴向动应力幅、试样动剪应变幅与试样动轴应变幅之间的换算应按下列公式计算：

$$G_d = \frac{E_d}{2(1+\mu_d)} \qquad (9.4.3\text{-}1)$$

$$\tau_d = \frac{\sigma_d}{2} \qquad (9.4.3\text{-}2)$$

$$\gamma_d = \varepsilon_d(1+\mu_d) \qquad (9.4.3\text{-}3)$$

式中：G_d——试样动剪切模量(kPa)；

μ_d——试样的泊松比；

τ_d——试样动剪应力幅(kPa)；

γ_d——试样动剪应变幅。

9.4.4 对于每一个固结应力条件，应采用半对数坐标绘制动弹性模量比、阻尼比与轴向应变幅对数值之间的关系曲线，或动剪切模量比、阻尼比与剪应变幅对数值之间的关系曲线(如图 9.4.4 所示)。

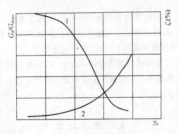

图 9.4.4 动剪切模量比、阻尼比与剪应变幅的关系曲线示意图
1—动剪切模量比；2—阻尼比
G_d—试样动剪切模量；G_{dmax}—最大动剪切模量；
ζ_s—试样轴向振动阻尼比；γ_d—试样动剪应变幅

9.4.5 在测试的动应力、动应变和动孔隙水压力时程曲线上，应按本规范第 9.3.11 条规定确定的破坏标准来确定等效破坏振次；相应于该等效破坏振次的试样，在 45°面上试样的动强度比，应按下列公式计算：

$$R_l = \frac{\sigma_d}{2\sigma_c} \qquad (9.4.5\text{-}1)$$

$$\text{二维时：}\sigma_c = (\sigma_{1c}+\sigma_{3c})/2 \qquad (9.4.5\text{-}2)$$

$$\text{三维时：}\sigma_c = (\sigma_{1c}+2\sigma_{3c})/3 \qquad (9.4.5\text{-}3)$$

式中：R_l——试样 45°面上的动强度比；

σ_c——试样平均固结应力(kPa)；

σ_{1c}——试样初始轴向固结应力(kPa)；

σ_{3c}——试样侧向固结应力(kPa)。

9.4.6 对在同一固结应力条件下多个试样的测试结果，应绘制动强度比与破坏振次对数值的关系曲线图(如图 9.4.6 所示)。该关系曲线相应于某一初始剪应力比和某一侧向固结应力，应按工程要求的等效破坏振次，在该曲线上确定相应的动强度比。

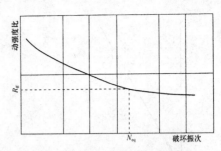

图 9.4.6 动强度比与破坏振次的关系曲线示意图
N_{eq}—等效破坏振次；R_{ff}—对应于等效破坏振次的动强度比

9.4.7 试样潜在破坏面上初始法向有效应力和潜在破坏面上的初始剪应力以及相应于工程等效破坏振次的动强度，宜按下列公式计算：

(1)受压破坏时：

$$\sigma_{f0} = \frac{\sigma_{1c}+\sigma_{3c}}{2} - \frac{(\sigma_{1c}-\sigma_{3c})\sin\varphi_d}{2} \qquad (9.4.7\text{-}1)$$

$$\tau_{f0} = \frac{(\sigma_{1c}-\sigma_{3c})\cos\varphi_d}{2} \qquad (9.4.7\text{-}2)$$

$$\tau_{fd} = R_{ff}\sigma_c\cos\varphi_d \qquad (9.4.7\text{-}3)$$

$$\tau_{fs} = \tau_{f0}+\tau_{fd} \qquad (9.4.7\text{-}4)$$

$$\alpha_0 = \frac{\tau_{f0}}{\sigma_{f0}} \qquad (9.4.7\text{-}5)$$

式中：σ_{f0}——潜在破坏面上的初始法向应力(kPa)；

φ_d——试样的动内摩擦角(°)；

τ_{f0}——潜在破坏面上的初始剪应力(kPa)；

τ_{fd}——相应于工程等效破坏振次的动强度(kPa)；

R_{ff}——对应于等效破坏振次的动强度比；

τ_{fs}——潜在破坏面上的总应力抗剪强度(kPa)；

α_0——潜在破坏面上的初始剪应力比。

(2)受拉破坏时：

$$\sigma_{f0} = \frac{\sigma_{1c}+\sigma_{3c}}{2} + \frac{(\sigma_{1c}-\sigma_{3c})\sin\varphi_d}{2} \qquad (9.4.7\text{-}6)$$

$$\tau_{fs} = \tau_{fd}-\tau_{f0} \qquad (9.4.7\text{-}7)$$

9.4.8 当潜在破坏面上的初始剪力比等于零时，饱和砂土相应于工程等效破坏振次的动强度，应按下式计算：

$$\tau_{fd} = C_r R_{ff}\sigma_c \qquad (9.4.8)$$

式中：C_r——测试条件修正系数，其值与静止侧压力系数 k_0 有关，当 $k_0=0.4$ 时 C_r 取 0.57；当 $k_0=1.0$ 时 C_r 应在 0.9~1.0 范围内取值。

9.4.9 试样受压破坏与受拉破坏，其轴向动应力幅应按下列表达式进行判别：

1 受压破坏：

$$\sigma_d \leqslant \frac{\sigma_{1c}-\sigma_{3c}}{\sin\varphi_d} \qquad (9.4.9\text{-}1)$$

2 受拉破坏：

$$\sigma_d > \frac{\sigma_{1c}-\sigma_{3c}}{\sin\varphi_d} \qquad (9.4.9\text{-}2)$$

9.4.10 对应于一定等效破坏振次下潜在破坏面上的总应力抗剪强度，应绘制潜在破坏面上的总应力抗剪强度与潜在破坏面上初始法向有效应力之间的关系曲线，并应按下式计算：

$$\tau_{fs} = c_d + \sigma_{f0}\tan\varphi_d \qquad (9.4.10)$$

式中：c_d——总应力抗剪强度中的动凝聚力(kPa)。

9.4.11 对于不同的固结应力条件，应分别绘制各自潜在破坏面上的总应力抗剪强度曲线，宜采用潜在破坏面上的初始剪应力比来确定固结应力条件。

9.4.12 动孔隙水压力宜取记录时程曲线上的峰值；根据工程需要，也可取残余动孔隙水压力值。

9.4.13 对于同一初始剪应力比所测试的数据，宜绘制出动孔压比与振次比的关系曲线(图 9.4.13)；不同振次时的振次比与动孔压比应根据记录的动孔隙水压力时程曲线与破坏振次确定。

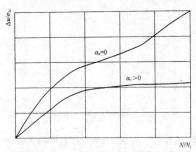

图 9.4.13 动孔压比与振次比的关系曲线示意图

Δu—试样孔隙水压力；σ_{3c}—试样侧向固结应力；

α_0—潜在破坏面上的初始剪应力比；N—振次；N_f—破坏振次

9.4.14 对于潜在破坏面初始剪应力比相同的各个试验，可绘制固定振次作用下的动孔压比与动剪应力比的关系曲线（图 9.4.14），也可根据工程需要，绘制不同初始剪应力比与不同振次作用下的关系曲线。

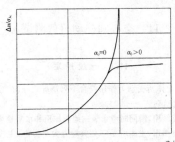

图 9.4.14 动孔压比与动剪应力比的关系曲线示意图

Δu—试样孔隙水压力；σ_{3c}—试样侧向固结应力；α_0—潜在破坏面上的初始剪应力比；

σ_d—试样轴向动应力幅；σ_0'—试样平均有效主应力

10 共振柱测试

10.1 一般规定

10.1.1 共振柱测试报告宜包括下列内容：

1 最大动剪切模量或最大动弹性模量与初始平均固结应力的关系；

2 动剪切模量比、阻尼比与剪应变幅的关系曲线，或动弹性模量比、阻尼比与轴应变幅的关系曲线。

10.2 设备和仪器

10.2.1 共振柱测试设备可采用扭转向激振和轴向激振的共振柱仪。

10.2.2 共振柱测试的主机静力加荷系统和孔隙水压力测量系统，应符合现行国家标准《土工试验方法标准》GB/T 50123 的有关规定。

10.2.3 共振柱测试设备和仪器的实测应变幅范围以及各种动态传感器，应符合本规范第 9.2.4 条和第 9.2.5 条的规定。

10.3 测试方法

10.3.1 试样的制备、安装、饱和、固结的方法，应符合本规范第 9.3.1 条～第 9.3.5 条的规定。

10.3.2 动剪切模量或动弹性模量的测试，宜采用稳态强迫振动法，亦可采用自由振动法；阻尼比的测试，宜采用自由振动法。

10.3.3 采用稳态强迫振动法测试时，在轴向动应力幅一定的条件下，宜由低向高逐渐增大振动频率并观测系统的线位移变化，直到出现共振。

10.3.4 采用自由振动法测试时，宜对试样施加瞬时扭矩或力，然后立即释放任其自由振动，并同时记录试样变形随时间的衰减过程。

10.3.5 测试动剪切模量或动弹性模量和阻尼比随应变幅的变化关系时，宜逐级施加动应力幅或动应变幅，后一级的振动线位移可比前一级增大 1 倍。在同一试样上选用容许施加的动应力幅或动应变幅的级数时，应避免孔隙水压力明显升高，同时试样的应变幅不宜超过 10^{-4}。

10.3.6 当不能同时测试动剪切模量和动弹性模量时，可根据其泊松比，按本规范第 9.4.3 条有关规定换算。

10.4 数据处理

10.4.1 动应力、动应变和动孔隙水压力等动力参数，应按仪器的标定系数及试样尺寸，由电测记录值进行换算。

10.4.2 当试样在一端固定、另一端为扭转激振的共振柱仪上测试时，试样的剪应变幅应按下列公式计算：

1 当为圆柱体试样时：

$$\gamma_d = \frac{\theta D_s}{3 h_s} \qquad (10.4.2\text{-}1)$$

2 当为空心圆柱体试样时：

$$\gamma_d = \frac{\theta (D_1 + D_2)}{4 h_s} \qquad (10.4.2\text{-}2)$$

式中：θ——试样扭转角位移（rad）；

D_s——试样直径（m）；

h_s——试样高度（m）；

D_1——空心圆柱体试样的外径（m）；

D_2——空心圆柱体试样的内径（m）。

10.4.3 在扭转激振的共振柱仪上测试时，试样的动剪切模量应按下式计算：

$$G_d = \rho_s \left(\frac{2\pi h_s f_t}{F_t} \right)^2 \qquad (10.4.3)$$

式中：ρ_s——试样的质量密度（kg/m³）；

f_t——试样系统扭转振动的共振频率（Hz）；

F_t——扭转向无量纲频率因数，由第 10.4.4 条确定。

10.4.4 扭转向无量纲频率因数应按下列公式计算：

$$F_t \cdot \tan F_t = \frac{1}{T_t} \qquad (10.4.4\text{-}1)$$

$$T_t = \frac{J_a}{J_s} \left[1 - \left(\frac{f_{at}}{f_t} \right)^2 \right] \qquad (10.4.4\text{-}2)$$

$$J_s = \frac{m_s d_s^2}{8} \qquad (10.4.4\text{-}3)$$

式中：J_s——试样的转动惯量（kg·m²）；

m_s——试样的总质量（kg）；

J_a——试样顶端激振压板系统的转动惯量（kg·m²），由仪器标定方法确定；

f_{at}——无试样时激振压板系统扭转共振频率（Hz），激振端无弹簧-阻尼器时取 0。

10.4.5 扭转向阻尼比应按下列公式计算：

$$\zeta_t = \frac{\delta_t (1 + S_t) - \delta_{at} S_t}{2\pi} \qquad (10.4.5\text{-}1)$$

$$\delta_t = \frac{1}{n_f} \ln \left(\frac{d_n}{d_{n+1}} \right) \qquad (10.4.5\text{-}2)$$

$$S_t = \frac{J_a}{J_s} \left(\frac{f_{at} F_t}{f_t} \right)^2 \qquad (10.4.5\text{-}3)$$

式中：ζ_t——试样扭转向阻尼比；

δ_t——试样系统扭转自由振动的对数衰减率；

δ_{at}——无试样时激振压板系统扭转自由振动的对数衰减率；

S_t——试样系统扭转向能量比。

10.4.6 试样在轴向激振的共振柱仪上测试时，轴向应变幅和动

弹性模量,应按下列公式计算:

$$\varepsilon_d = \frac{d_z}{h_s} \qquad (10.4.6\text{-}1)$$

$$E_d = \rho \left(\frac{2\pi h_s f_1}{F_1} \right)^2 \qquad (10.4.6\text{-}2)$$

式中:d_z——试样顶端的轴向振动线位移幅(m);
f_1——试样系统轴向振动的共振频率(Hz);
F_1——轴向无量纲频率因数。

10.4.7 轴向无量纲频率因数应按下列公式计算:

$$F_1 \tan F_1 = \frac{1}{T_1} \qquad (10.4.7\text{-}1)$$

$$T_1 = \frac{m_a}{m_s} \left[1 - \left(\frac{f_{a1}}{f_1} \right)^2 \right] \qquad (10.4.7\text{-}2)$$

式中:T_1——仪器激振端轴向惯性因数;
m_a——试样顶端激振压板系统的质量(kg);
f_{a1}——无试样时激振压板系统轴向共振频率(Hz)。

10.4.8 试样轴向振动阻尼比应按下列公式计算:

$$\zeta_{dz} = \frac{\delta_1 (1+S_1) - \delta_{a1} S_1}{2\pi} \qquad (10.4.8\text{-}1)$$

$$S_1 = \frac{m_a}{m_s} \left(\frac{f_{a1} F_1}{f_1} \right)^2 \qquad (10.4.8\text{-}2)$$

式中:δ_1——试样系统轴向自由振动的对数衰减率;
δ_{a1}——仪器激振端压板系统轴向自由振动对数衰减率,应在仪器标定时确定;
S_1——试样系统轴向能量比。

10.4.9 动剪切模量与动弹性模量、动剪应变幅与动轴向应变幅之间的换算,可按本规范第9.4.3条的有关规定进行。

10.4.10 在共振柱仪上测试的最大动剪切模量或最大动弹性模量,应绘制与二维或三维平均固结应力的双对数关系曲线图(如图10.4.10-1、图10.4.10-2所示),其相互关系可用下列公式表达:

$$G_{d\text{max}} = C_1 P_a^{(1-m_1)} \sigma_c^{m_1} \qquad (10.4.10\text{-}1)$$

$$E_{d\text{max}} = C_2 P_a^{(1-m_2)} \sigma_c^{m_2} \qquad (10.4.10\text{-}2)$$

二维时,可用下式表达:$\sigma_c = (\sigma_{1c} + \sigma_{3c})/2 \qquad (10.4.10\text{-}3)$

三维时,可用下式表达:$\sigma_c = (\sigma_{1c} + \sigma_{3c})/3 \qquad (10.4.10\text{-}4)$

式中:$G_{d\text{max}}$——最大动剪切模量(kPa);
$E_{d\text{max}}$——最大动弹性模量(kPa);
C_1,m_1——最大动剪切模量与平均有效应力关系双对数拟合直线参数(图10.4.10-1所示);
C_2,m_2——最大动弹性模量与平均固结应力关系双对数拟合直线参数(图10.4.10-2所示);
P_a——大气压力(kPa)。

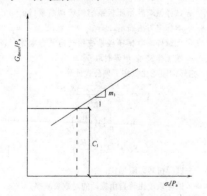

图 10.4.10-1 最大动剪切模量与平均固结应力的关系
$G_{d\text{max}}$—最大动剪切模量;P_a—大气压力;σ_c—试样平均固结应力;
C_1,m_1—最大动剪切模量与平均有效应力关系双对数拟合直线参数

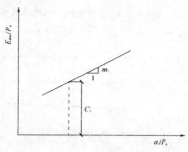

图 10.4.10-2 最大动弹性模量与平均固结应力的关系
$E_{d\text{max}}$—最大动弹性模量;P_a—大气压力;σ_c—试样平均固结应力;
C_2,m_2—最大动弹性模量与平均固结应力关系双对数拟合直线参数

10.4.11 对应于每一个固结应力条件,根据测试分析结果确定的动剪切模量比、阻尼比与剪应变幅对数值之间的关系曲线,或动弹性模量比、阻尼比与轴应变幅对数值之间的关系曲线,应按本规范第9.4.4条规定绘制。

11 空心圆柱动扭剪测试

11.1 一般规定

11.1.1 当土体所受动力作用符合下列情况之一时,宜采用空心圆柱动扭剪测试:

1 地震作用,需同时考虑竖向地震作用和水平地震作用时;

2 波浪作用,土体所受广义剪应力大小恒定,主应力轴循环旋转时;

3 交通作用,土体所受广义剪应力和主应力轴同时变化时;

4 其他存在主应力轴变化的动力作用时。

11.2 设备和仪器

11.2.1 空心圆柱仪应具有良好的频响特性,且性能稳定、灵敏度高和失真小。

11.2.2 空心圆柱动扭剪测试的主机静力加载系统和孔隙水压力测量系统,应符合现行国家标准《土工试验方法标准》GB/T 50123的有关规定。

11.2.3 空心圆柱动扭剪测试的主机动力加载系统,应具有施加给定数字信号波形的动荷载或动应变的功能。

11.2.4 土试样几何尺寸应符合下列公式的要求:

$$h_s \geqslant 5.44 \sqrt{r_o - r_i} \qquad (11.2.4\text{-}1)$$

$$r_i / r_o \leqslant 0.65 \qquad (11.2.4\text{-}2)$$

式中:r_o——试样外半径(mm);
r_i——试样内半径(mm)。

11.2.5 测试设备的实测应变幅范围应满足工程动力分析的需要。

11.2.6 用于测试加载应力、土样变形和孔隙水压力等参数的动态传感器,应满足量程、频响特性和精度等方面的技术要求。记录仪应采用数字采集系统。

11.3 测试方法

11.3.1 试样的制备、安装和饱和方法应符合本规范第9.3.1条的规定。

11.3.2 试样制备,其含水量和干密度等指标宜与工程现场条件相类似。

11.3.3 饱和试样在周围压力作用下的孔隙水压力系数应符合本规范第9.3.3条的规定。

11.3.4 测试时应使试样在周围压力作用下进行固结,试样的固结应力条件应根据地基土的现场应力条件确定。试样每小时的排水量不大于 60mm³ 时，可继续施加动应力或动应变。

11.3.5 对不同类型的动荷载作用进行测试时，施加动应力或动应变的波形和频率，应与工程对象所承受的动力荷载相近。

11.3.6 对经受地震、波浪和交通等动力作用的工程土体进行测试时，应采用相应的竖向偏应力和扭矩加载波形。

11.4 数据处理

11.4.1 试样轴力、内围压、外围压、扭矩、轴向位移、外径位移、内径位移、扭转角位移和孔隙水压力等物理量，应按仪器的标定系数及试样尺寸，由测试记录值进行换算确定。

11.4.2 试样轴向应力、环向应力、径向应力和剪应力应按下列公式计算：

$$\sigma_z = \frac{W}{\pi(r_{co}^2 - r_{ci}^2)} + \frac{p_o r_{co}^2 - p_i r_{ci}^2}{(r_{co}^2 - r_{ci}^2)} \quad (11.4.2-1)$$

$$\sigma_\theta = \frac{p_o r_{co} - p_i r_{ci}}{r_{co} - r_{ci}} \quad (11.4.2-2)$$

$$\sigma_r = \frac{p_o r_{co} + p_i r_{ci}}{r_{co} + r_{ci}} \quad (11.4.2-3)$$

$$\tau_{z\theta} = \frac{T}{2}\left[\frac{3}{2\pi(r_{co}^3 - r_{ci}^3)} + \frac{4(r_{co}^3 - r_{ci}^3)}{3\pi(r_{co}^2 - r_{ci}^2)(r_{co}^4 - r_{ci}^4)}\right] \quad (11.4.2-4)$$

式中：σ_z——试样轴向应力（kPa）；

σ_θ——试样环向应力（kPa）；

σ_r——试样径向应力（kPa）；

$\tau_{z\theta}$——试样剪应力（kPa）；

W——试样轴力（N）；

p_o——试样外围压（kPa）；

p_i——试样内围压（kPa）；

T——试样扭矩（N·m）；

r_{co}——固结完成后试样外径（mm）；

r_{ci}——固结完成后试样内径（mm）。

11.4.3 试样有效大主应力、试样中主应力和试样小主应力应按下列公式计算：

$$\sigma_1' = \frac{\sigma_z + \sigma_\theta}{2} + \sqrt{\left(\frac{\sigma_z - \sigma_\theta}{2}\right)^2 + \tau_{z\theta}^2} - \Delta u \quad (11.4.3-1)$$

$$\sigma_2' = \sigma_r - \Delta u \quad (11.4.3-2)$$

$$\sigma_3' = \frac{\sigma_z + \sigma_\theta}{2} - \sqrt{\left(\frac{\sigma_z - \sigma_\theta}{2}\right)^2 + \tau_{z\theta}^2} - \Delta u \quad (11.4.3-3)$$

式中：σ_1'——试样有效大主应力（kPa）；

σ_2'——试样有效中主应力（kPa）；

σ_3'——试样有效小主应力（kPa）；

Δu——试样孔隙水压力（kPa）。

11.4.4 试样轴向应变、试样环向应变、试样径向应变和试样剪应变应按下列公式计算：

$$\varepsilon_z = \frac{d_z}{h_{cs}} \quad (11.4.4-1)$$

$$\varepsilon_\theta = -\frac{d_o + d_i}{r_{co} + r_{ci}} \quad (11.4.4-2)$$

$$\varepsilon_r = -\frac{d_o - d_i}{r_{co} - r_{ci}} \quad (11.4.4-3)$$

$$\gamma_{z\theta} = \frac{\theta(r_{co}^3 - r_{ci}^3)}{3h_{cs}(r_{co}^2 - r_{ci}^2)} \quad (11.4.4-4)$$

式中：ε_z——试样轴向应变；

ε_θ——试样环向应变；

ε_r——试样径向应变；

$\gamma_{z\theta}$——试样剪应变；

d_z——试样轴向位移（mm）；

d_o——试样外径位移（mm）；

d_i——试样内径位移（mm）；

θ——试样扭转角位移（rad）；

h_{cs}——固结完成后试样高度（mm）。

11.4.5 试样大主应变、试样中主应变和试样小主应变应按下列公式计算：

$$\varepsilon_1 = \frac{\varepsilon_z + \varepsilon_\theta}{2} + \sqrt{\left(\frac{\varepsilon_z - \varepsilon_\theta}{2}\right)^2 + \gamma_{z\theta}^2} \quad (11.4.5-1)$$

$$\varepsilon_2 = \varepsilon_r \quad (11.4.5-2)$$

$$\varepsilon_3 = \frac{\varepsilon_z + \varepsilon_\theta}{2} - \sqrt{\left(\frac{\varepsilon_z - \varepsilon_\theta}{2}\right)^2 + \gamma_{z\theta}^2} \quad (11.4.5-3)$$

式中：ε_1——试样大主应变；

ε_2——试样中主应变；

ε_3——试样小主应变。

11.4.6 试样的动弹性模量和试样的动剪切模量，应分别根据记录的轴向动应力-动应变滞回曲线和剪切动应力-动应变滞回曲线（图 9.4.2 所示），按下列公式计算：

$$E_d = \frac{\sigma_d}{\varepsilon_d} \quad (11.4.6-1)$$

$$G_d = \frac{\tau_{z\theta}}{\gamma_{z\theta}} \quad (11.4.6-2)$$

11.4.7 在测试记录的动应力、动应变和动孔隙水压力的时程曲线上，应按本规范第 9.3.11 条规定的破坏标准确定破坏振次。相应于该破坏振次的动强度比，应按下列公式计算：

$$R_f = \frac{q}{2\sigma_{0c}'} \quad (11.4.7-1)$$

$$q = \sqrt{\frac{1}{2}\left[(\sigma_1' - \sigma_2')^2 + (\sigma_1' - \sigma_3')^2 + (\sigma_2' - \sigma_3')^2\right]} \quad (11.4.7-2)$$

$$\sigma_{0c}' = (\sigma_{1c}' + \sigma_{2c}' + \sigma_{3c}')/3 \quad (11.4.7-3)$$

式中：q——试样广义剪应力幅值（kPa）；

σ_{0c}'——初始平均固结应力（kPa）；

σ_{1c}'——试样固结完后的大主应力值（kPa）；

σ_{2c}'——试样固结完后的中主应力值（kPa）；

σ_{3c}'——试样固结完后的小主应力值（kPa）。

11.4.8 同一固结应力条件下多个试样的测试结果，宜绘制动强度比与破坏振次的半对数关系曲线，并可按工程要求的等效破坏振次，由该曲线确定相应的动强度比。

附录 A 地基动力特性测试方法

表 A 地基动力特性测试方法

测试方法	适 用 范 围	工 程 要 求
模型基础动力参数测试	采用强迫振动或自由振动测试方法	为置于天然地基、人工地基或桩基上的动力机器基础的设计提供动力参数
振动衰减测试	振动波沿地面衰减	为机器基础、建筑物及构筑物基础的振动和隔振设计提供地基动力参数
地脉动测试	周期为 0.1s～1.0s，振动线位移小于 3μm	为工程抗震和隔振设计提供场地的卓越周期和脉动幅值
波速测试	采用单孔法、跨孔法、面波法以及弯曲元法测试地基的波速	确定地基的动弹性模量、动剪切模量和动泊松比；进行场地土的类型划分和场地土层的地震反应分析；在地基勘察中，配合其他测试方法综合评价场地土的工程性质
循环荷载板测试	在承压板上反复加荷与卸荷测试	为机器基础设计提供地基弹性模量和地基抗压刚度系数
振动三轴测试	测试黏性土、粉土和砂土的动力特性	为工程场地、边坡、建筑物和构筑物进行动力反应分析和抗震设计提供动力特性参数

测试方法	适 用 范 围	工 程 要 求
共振柱测试	测试黏性土、粉土和砂土试样在应变幅不超过 10^{-4} 条件下的动弹性模量、动剪切模量和阻尼比	为工程场地、边坡、建筑物和构筑物进行动力反应分析提供动力特性参数
空心圆柱动扭剪测试	测试复杂应力路径下黏性土、粉土和砂土的动模量、动强度等特征	为经受地震、波浪和交通等动力作用的工程场地、边坡、建筑物和构筑物进行动力反应分析提供动力特性参数

本规范用词说明

1 为便于在执行本规范条文时区别对待,对要求严格程度不同的用词说明如下:

1)表示很严格,非这样做不可的:

正面词采用"必须",反面词采用"严禁";

2)表示严格,在正常情况下均应这样做的:

正面词采用"应",反面词采用"不应"或"不得";

3)表示允许稍有选择,在条件许可时首先应这样做的:

正面词采用"宜",反面词采用"不宜";

4)表示有选择,在一定条件下可以这样做的,采用"可"。

2 条文中指明应按其他有关标准执行的写法为:"应符合……的规定"或"应按……执行"。

引用标准名录

《动力机器基础设计规范》GB 50040

《土工试验方法标准》GB/T 50123

中华人民共和国国家标准

地基动力特性测试规范

GB/T 50269—2015

条 文 说 明

修 订 说 明

《地基动力特性测试规范》GB/T 50269—2015，经住房城乡建设部 2015 年 8 月 27 日以第 896 号公告批准发布。

本规范是在《地基动力特性测试规范》GB/T 50269—97 的基础上修订而成，上一版的主编单位是机械工业部设计研究院，参编单位是中国水利水电科学研究院、北京市勘察设计研究院、同济大学、机械工业部勘察研究院、中国航空工业勘察设计院，主要起草人是李席珍、俞培基、吴学方、郝增志、吴成元、单志康、黄进、张守华、霍志人、李政。本规范修订过程中，编制组进行了广泛深入的调查研究，总结了我国工程建设地基动力特性测试的实践经验，同时参考了国外先进标准，与国内相关标准协调，通过调研、征求意见及工程试算，对增加和修订内容讨论、分析、论证，取得了重要技术参数。

为便于广大设计、施工、科研、教学等单位有关人员在使用本规范时能正确理解和执行条文规定，《地基动力特性测试规范》编制组按章、节、条顺序编制了本规范的条文说明，对条文规定的目的、依据以及执行中需注意的有关事项进行了说明。但是，本条文说明不具备与规范正文同等的效力，仅供使用者作为理解和把握标准规定的参考。

目　次

1　总则 ……………………………… 25—26
3　基本规定 ……………………… 25—26
4　模型基础动力参数测试 ……… 25—26
　4.1　一般规定 ………………… 25—26
　4.2　设备和仪器 ……………… 25—27
　4.3　模型基础 ………………… 25—27
　4.4　测试方法 ………………… 25—27
　4.5　数据处理 ………………… 25—28
　4.6　地基动力参数的换算 …… 25—28
5　振动衰减测试 ………………… 25—28
　5.1　一般规定 ………………… 25—28
　5.2　测试方法 ………………… 25—29
　5.3　数据处理 ………………… 25—29
6　地脉动测试 …………………… 25—29
　6.1　一般规定 ………………… 25—29
　6.2　设备和仪器 ……………… 25—29
　6.3　测试方法 ………………… 25—29
　6.4　数据处理 ………………… 25—30
7　波速测试 ……………………… 25—30
　7.1　单孔法 …………………… 25—30
　7.2　跨孔法 …………………… 25—31
　7.3　面波法 …………………… 25—32

7.4　弯曲元法 …………………… 25—33
8　循环荷载板测试 ……………… 25—33
　8.1　一般规定 ………………… 25—33
　8.2　设备和仪器 ……………… 25—33
　8.3　测试前的准备工作 ……… 25—33
　8.4　测试方法 ………………… 25—34
　8.5　数据处理 ………………… 25—34
9　振动三轴测试 ………………… 25—34
　9.1　一般规定 ………………… 25—34
　9.2　设备和仪器 ……………… 25—34
　9.3　测试方法 ………………… 25—34
　9.4　数据处理 ………………… 25—35
10　共振柱测试 ………………… 25—35
　10.1　一般规定 ……………… 25—35
　10.2　设备和仪器 …………… 25—35
　10.3　测试方法 ……………… 25—35
　10.4　数据处理 ……………… 25—35
11　空心圆柱动扭剪测试 ……… 25—36
　11.1　一般规定 ……………… 25—36
　11.2　设备和仪器 …………… 25—36
　11.3　测试方法 ……………… 25—36
　11.4　数据处理 ……………… 25—36

1 总　则

1.0.1 为了使现场和室内的测试、分析、计算方法统一化，为工程建设提供符合实际的地基动力特性参数，做到技术先进、确保质量，很需要有一本各种动力测试方法齐全的规范。《地基动力特性测试规范》GB/T 50269—97（以下简称"原规范"）自1998年实施以来，已有17年时间，在这期间，土的动力特性测试技术有一定的发展，因此，有必要对原规范进行修订。

1.0.2 地基动力特性参数，是机器基础振动和隔振设计以及在动载荷作用下各类建筑物、构筑物的动力反应及地基动力稳定性分析必需的资料。本规范适用于原位和室内确定天然地基（包括膨胀土、湿陷性黄土、残积土等各种特殊土）和人工地基（包括碎石桩、夯实土等人工加固的地基）动力特性的测试、分析。

1.0.3 不同的工程需用的测试方法和动力参数也不相同，如用模型基础振动测试和振动衰减测试的资料可计算地基刚度系数、阻尼比、参振质量和地基土能量吸收系数，主要应用于动力机器基础的振动设计、精密仪器仪表的隔振设计以及评估振动对周围环境的影响等；地脉动测试可确定场地土的卓越周期和线位移，可应用于工程抗震和隔振设计；波速测试主要用于场地土的类型划分、场地土层的地震反应分析，以及用波速计算泊松比、动弹性模量、动剪切模量，也可计算地基刚度系数；循环荷载板测试可计算地基的弹性模量、地基的刚度系数，一般可用于大型机床、水压机、高速公路、铁路等工程设计；振动三轴和共振柱测试可确定地基土的动模量、阻尼比、动强度等参数，可用于对建筑物和构筑物进行动力反应分析以及对地基土和边坡土进行动力稳定性分析。上述说明，相同类型的动力参数，可采用不同的测试、分析方法，因此应根据不同工程设计的实际需要，选择有关的测试、计算方法。如动力机器基础设计所需的动力参数，应优先选用模型基础振动测试，因模型基础振动测试与动力机器基础的振动是同一种振动类型，将试验基础实测计算的地基动力特性参数，经基底面积、基底静压力、基础埋深等的修正后，最符合设计基础的实际情况。另外，从国外有些国家的资料看，也有用弹性半空间理论来计算机器基础的振动，其地基刚度系数则采用地基土的波速进行计算，这说明不同的计算理论体系需采用不同的测试方法和计算方法。对一些特殊重要的工程，尚应采用几种方法分别测试，以便综合分析、评价场地土层的动力特性。

3 基本规定

3.0.1 为了做好测试工作，在测试前应制定测试方案，将测试目的和要求、内容、方法、仪器布置、加载方法、数据分析方法等列出，以便顺利进行测试，保证测试结果满足工程建设的需要。当采用模型基础进行动力参数测试时，尚应根据工程设计的要求，确定模型基础的数量、尺寸，在测试方案中附上模型基础的设计图。

3.0.2 根据地基动力特性现场测试的需要，提出测试时所应具备的资料，其目的是在现场选择测点时，避开这些干扰源和地下管道、电缆等的影响。

3.0.3 根据我国计量法的要求，测试所用的计量器具必须送至法定计量检定单位进行定期检定，且使用时必须在计量检定的有效期内，以保证测试数据的准确可靠性和可追溯性。虽然计量器具

在有效计量检定周期之内，但由于现场测试工作的环境较差，使用期间仍可能由于使用不当或环境恶劣造成计量器具的受损或计量参数发生变化。因此要求测试前对仪器设备进行检测调试，发现问题后应重新检定。

3.0.4 测试场地应尽可能选择在离建筑场地及邻近地区干扰振源较远的位置。实在无法避开干扰振源时，与有关方商量，选择外界干扰源停机的间隙进行测试。由于测点布设在水泥、沥青路面、地下管线和电缆上时，影响测试数据的准确性和代表性，因此应避开这些地方。

3.0.5 为了便于设计使用和资料积累，本条规定了测试报告应包括的几部分内容，其中测试结果、测试分析和测试结论等内容随各章测试方法不同而各不相同，其规定的内容均放在各章的一般规定中。

4 模型基础动力参数测试

4.1 一般规定

采用现场模型基础强迫振动和自由振动方法测试，是为置于天然地基、人工地基或桩基上的动力机器基础的设计提供动力参数。原规范将本章命名为"激振法测试"，由于各种动力测试方法一般都包括"激振"和"测振"两个部分。用"激振法"来命名本章的内容不太明确和具体。因此本次修订改为"模型基础动力参数测试"。由于天然地基和人工地基的测试方法使用的设备和仪器、现场准备工作、数据处理等都完全相同，仅是块体基础和桩基础的尺寸不同，而块体基础适用于除桩基础以外的天然地基和人工地基上的测试。因此本章各条中提到的模型基础包括块体基础和桩基础，地基动力参数即包括天然地基和人工地基的动力参数。如果仅提块体基础的动力参数，即表示除桩基外的人工地基和天然地基的动力参数。在数据处理时，块体基础和桩基础的幅频响应曲线处理方法相同，块体基础和桩基础的各向阻尼比计算方法相同。条文中各向阻尼比的计算，均包含块体基础和桩基础，基础在各个方向振动参振总质量的计算方法均包括块体基础和桩基础。由测试资料计算地基抗压刚度时，块体基础和桩基础的计算方法亦相同。只是计算抗压刚度系数时，两者才有区别。块体基础的抗压刚度系数由抗压刚度除以基础底面积得到，而对于桩基则除以桩数。

本规范所指动力机器基础，与现行国家标准《动力机器基础设计规范》GB 50040 第1章总则中的规定内容一致。

4.1.1 地基动力参数是计算动力机器基础振动的关键数据，数据的选用是否符合实际，直接影响到基础设计的效果，而测试方法不同，则由测试资料计算的地基动力参数也不完全一致，因此测试方法的选择，应与设计基础的振动类型相符合，如设计周期性振动的机器基础，应在现场采用强迫振动测试方法。

4.1.2 模型基础除尺寸外，其他条件应尽可能模拟实际基础的情况。因此了解这些设计内容，对于测试点的布设是非常重要的。测试点应尽可能布置在实际基础的标高和位置附近。

4.1.3 本条规定了测试结果的具体内容，近几年随着计算机的发展，由测试结果计算出各种参数已经程序化，因此本次修订规范不再罗列计算表。

4.1.4 明置基础的测试目的是为了获得基础下地基的动力参数，埋置基础的测试目的是为了获得埋置后对动力参数的提高效果。因为所有的机器基础都有一定的埋深，有了这两者的动力参数，就可进行机器基础的设计。因此测试基础应分别做明置和埋置两种情况的振动测试。基础四周回填土是否夯实，直接影响埋置作用

对动力参数的提高效果,在做埋置基础的振动测试时,四周的回填土一定要分层夯实,本次修订,规定回填土的压实系数不小于0.94。压实系数为各层回填土平均干密度与室内击实试验求得填土在最优含水量状态下的最大干密度的比值。

4.1.5 桩基抗压刚度除以桩数,即为单桩抗压刚度。参振总质量是承台(基础)、激振器及部分桩土参振质量的总和。

4.1.6 在动力机器基础设计中,需要提供的动力参数就是各个振型的地基刚度系数和阻尼比。通过现场模型基础(小基础)振动试验,可得到各种振型的动力反应曲线(幅频曲线),然后根据质弹阻理论计算出地基刚度系数和阻尼比。

4.2 设备和仪器

4.2.1 机械式激振设备的扰力可分为几档,测试时其扰力一般皆能满足要求。由于块体基础水平回转耦合振动的固有频率及在软弱地基土的竖向振动固有频率一般均较低,因此要求激振设备的最低频率尽可能低,最好能在3Hz就可测得振动波形,至高不能超过5Hz,这样测出的完整的幅频响应共振曲线才能较好地满足数据处理的需要,而桩基础的竖向振动固有频率高,要求激振设备的最高工作频率尽可能的高,最好能达到60Hz以上,以便能测出桩基础的共振峰。电磁式激振设备的工作频率范围很宽,只是扰力太小时对桩基础的竖向振动激不起来,因此规定扰力不宜小于2000N。

4.2.2 重锤质量太小时,难以激发块体基础的自由振动,因此本条规定重锤质量不宜小于基础质量的1/100。规定落高的目的是为了保证落锤具有足够的能量激起能满足测试需要的基础振动。

4.3 模型基础

4.3.1 本条规定了模型基础的尺寸(长×宽×高)和数量。块体数量最少2个,超过2个时可改变超过部分的基础面积而保持高度不变,获得底面积变化对动力参数的影响,或改变超过部分基础高度而保持底面积不变,获得基底应力变化对动力参数的影响。基础尺寸应保证扰力中心与基础重心在一垂线上,高度应保证地脚螺栓的锚固深度,又便于测试基础埋深对地基动力参数的影响。基础的高度太大,挖土或回填都增加许多劳动量,而高度太小,基础质量小,基础固有频率高,如激振器的扰力不高,就会给测共振峰带来困难,因此基础的高度既不能太大,也不能太小。

机器基础的底面一般为矩形,为了使模型基础与设计基础的底面形状相似,本条规定了采用矩形基础,且其长、宽、高均具有一定的比例。

4.3.2 桩基的刚度,不仅与桩的长度、截面大小和地基土的种类有关,还与桩的间距、桩的数量等有关。一般机器基础下的桩数,根据基底面积的大小,从几根到几十根,最多也有到一百多根的,而模型基础的桩数不能太多,根据以往试验的经验,一根桩(带桩承台)的测试效果不理想,2根、4根桩(带桩承台)的测试效果比较好,但4根桩的测试费用较大,因此本条规定的是2根桩。如现场有条件做桩数对比测试时,也可增加4根桩和6根桩的测试。由于桩基的固有频率比较高,桩承台的高度应该比天然地基的基础高度大,否则固有频率太高,共振峰很难测出来。对桩承台的尺寸作出规定的目的是为了使2根桩的测试资料计算的动力参数,在折算为单桩时可将桩承台划分为1根桩的单元体进行分析。

4.3.3 由于地基的动力特性参数与土的性质有关,如果模型基础下的地基土与工程基础下的地基土不一致,测试资料计算的动力参数不能用于设计基础,因此模型基础的位置应选择在拟建基础附近相同的土层上。模型基础的基底标高,最好与拟建基础基底标高一致,但考虑到有的动力机器基础高度大,基底埋置深,如将小的模型基础也置于同一标高,现场施工与测试工作均有困难。因此规范条文中对此未作规定,就是为了给现场测试工作有灵活余地,可视基底标高的深浅以及基底土的性质确定。关键是要掌

握好模型基础与拟建基础底面的土层结构相同。

4.3.4 坑坑壁至模型基础侧面的距离应大于500mm,其目的是为了在做基础的明置试验时,基础侧面四周的土压力不会影响到基础底面土的动力参数测试。在现场做测试准备工作时,不要把试坑挖得太大,即距离略大于500mm即可。因为距离太大了,做埋置测试时,回填土的工作量大,应根据现场具体情况掌握好分寸。坑底应保持原状土,即挖坑时,不要将模型基础底面的原状土破坏,因为基底土是否遭到破坏,直接影响测试结果。坑底面应为水平面,因为只有水平面,基础浇灌后才能保持基础重心、底面形心和竖向激振力位于同一垂线上。

4.3.5 在现场做准备工作时,一定要注意基础上预埋螺栓或预留螺栓孔的位置。预埋螺栓的位置要严格按试验图纸上的要求,不能偏离,只要有一个螺栓偏离,激振器的底板就安装不进去。预埋螺栓的优点是与现浇基础一次做完,缺点是位置可能放不准,影响激振器的安装,因此在施工时,可采用定位模具以保证位置准确。预留螺栓孔的优点是,待激振器安装时,可对准底板螺孔放置螺栓,放好后再灌浆,缺点是与现浇基础不能一次做完。这两种方法选择哪一种,可根据现场条件确定。如为预留孔,则孔的面积不应小于100mm×100mm,孔太小了,灌浆不方便。螺栓的长度不小于400mm,主要是为了保证在受动拉力时有足够的锚固力,不被拉出,具体加工时螺栓下端可制成弯钩或焊一块铁板,以增强锚固力。露出激振器底板上面的螺栓,其螺丝扣的高度,应足够能拧上两个螺母和一个弹簧垫圈。加弹簧垫圈并用两个螺母,目的是为了在整个激振测试过程中,螺栓不易被震松。在试验工作结束以前,螺栓的螺丝扣一定要保护好,以免碰坏。

4.4 测试方法

4.4.1 在激振中心两侧对称位置各布置一个竖向传感器,便于对比分析。

4.4.2 在基础顶面两端布置竖向传感器是为了测基础回转时的线位移,以便计算基础的回转角,其间的距离必须量准。

4.4.3 基础的扭转振动测试,过去国内外都很少做过,设计时所应用的动力参数均与竖向测试的地基动力参数挂钩,而竖向与扭转向的关系也是通过理论计算所得。为了能测试扭转振动,原机械工业部设计研究院和中航勘察设计研究院进行过多次的测试研究工作,原机械工业部设计研究院于90年代成功地做了扭转振动测试,中航勘察设计研究院还专门设计了扭转激振器,共测试了十几个基础的扭转振动,测出了在扭转扰力矩作用下水平线位移随频率变化的幅频响应共振曲线。条文中传感器的布置方法,最容易判别其振动是否为扭转振动,如为扭转振动,则实测波形的相位相反(即相差180°)。

4.4.4 强迫振动测试时,在共振区以内(即$0.75f_m \leqslant f \leqslant 1.25 f_m$,$f_m$为共振频率),频率应尽可能测密一些,最好是0.5Hz左右。由于共振峰点很难测得,激振频率在峰点很易滑过去,不一定能稳住在峰点,因此只有尽量密集一些,才易找到峰点,减少人为的误差。共振时的线位移幅值太小时测量误差大,因为会落在地微动的幅值区内;而如果线位移大了,一是峰点更难测得,二是线位移太大,有可能使地基土呈现非线性,影响地基土的动力参数的测试。周期性振动的机器基础,当$f \geqslant 10$Hz时,其线位移都不会大于150μm。

4.4.6 竖向自由振动测试,当重锤下落冲击基础后,基础产生有阻尼自由振动,第一个波的线位移最大,然后逐渐减小,基础最大线位移应取第一个波。为减小测试时高频波的影响及避免基础顶面被冲坏,测试时可在基础顶面中心处放一块稍厚的橡胶垫。竖向自由振动,有时会出现波形不好的情况,测试时应注意检查波形是否正常。

4.4.7 基础水平自由振动测试,可采用木锤敲击,敲击点在基础侧面轴线顶端,比较易于产生回转振动。敲击时,可以沿长轴线

（与强迫振动时水平激振力的方向一致），也可沿短轴线敲击，可对比两者的参数差异情况，提供设计用的参数，应与设计基础水平扰力的方向一致。

4.5 数据处理

Ⅰ 强迫振动

4.5.3 由 $d_z - f$ 幅频响应曲线计算的地基竖向动力参数，其计算值与选取的点有关，在曲线上选不同的点，计算所得的参数不同。为了统一，除选取共振峰点外，尚应在曲线上选取三点，计算平均阻尼比及相应的抗压刚度和参振总质量，这样计算的结果，差别不会太大，这种计算方法，必须把共振峰峰点测准；$0.85f_m$ 以上的点不取，是因为这种计算方法对试验数据的精度要求较高，略有误差，就会使计算结果产生较大差异；另外，低频段的频率也不宜取得太低，频率太低时，振动线位移很小，受干扰波的影响，测量的误差较大，使计算的误差加大。在实测的共振曲线上，有时会出现小"鼓包"，不能取用"鼓包"上的数据，否则会使计算结果产生较大的误差，因此要根据不同的实测曲线，合理地采集数据。根据过去大量测试资料数据处理的经验，应按下列原则采集数据：

（1）对出现"鼓包"的共振曲线，"鼓包"上的数据不取；

（2）$0.85f_m \leqslant f \leqslant f_m$ 区间内的数据不取；

（3）低频段的频率选择，不宜取得太低，应取波形好的、测量误差小的频率段进行，一般在 $0.5f_m \sim 0.85f_m$ 间取值，较为适宜。

4.5.6 由于在一些情况下不能测到共振峰，这时只能采用低频求刚度的办法计算。但是由于 $f_1、f_2$ 值的选取十分重要，为了减少人为的误差，规定选取的点，要在尽量靠近测试的最大频率的 0.7 倍附近选取。这样能够近似地对应于测出共振峰情况下的 $0.5f_m \sim 0.85f_m$ 的情况。

4.5.7～4.5.11 由于水平回转耦合振动和扭转振动的共振频率一般都在 10Hz～20Hz 之间，低频段波形好的频率大约 8Hz，而 $0.85f_{m1}$ 以上的点不能取，则共振曲线上剩下可选用的点就不多了。因此水平回转耦合振动和扭转振动资料的分析方法与竖向振动不一样，不需要取三个以上的点，而只取共振峰峰点频率及相应的水平振动线位移，和另一频率为 $0.707f_{m1}$ 点的频率和水平振动线位移代入公式（4.5.7-1）、（4.5.7-2）、（4.5.11-1）、（4.5.11-2）计算阻尼比，而且选择这一点计算的阻尼比与选择几点计算的平均阻尼比很接近。

Ⅱ 自由振动

4.5.14 一般有条件做强迫振动试验的工程，都应在现场做强迫振动试验，没有条件时，才仅做自由振动试验。原因是竖向自由振动试验阻尼较大时，特别是有埋置的情况，实测得的自由振动波少，很快就衰减了，从波形上测得的固有频率值以及由线位移计算的阻尼比都不如强迫振动试验测得的准确。当然，基础固有频率比较高时，强迫振动试验测不出共振峰的情况也会有的。因此有条件时，两种试验都做，可以相互补充。计算固有频率时，应从记录波形的 1/4 波长后面部分取值，因第一个 1/4 波长受冲击的影响，不能代表基础的固有频率。

4.5.18 由于基础水平回转耦合振动测试的阻尼比，较竖向振动的阻尼比小，实测的自由振动衰减波形比较好，从波形上量得的固有频率与强迫振动试验实测的固有频率基本一样。其缺点是不像竖向振动那样可以计算出总的参振质量 m_z（包括土的参振质量，而 K_z 也包括了土的参振质量），只能用模型基础的质量计算地基的刚度。由于水平回转耦合自由振动实测资料不能计算土的参振质量，因此在提供给设计人员使用的实测资料时，一定要写明哪些刚度系数中包含了土的参振质量影响。用这些刚度系数计算基础的固有频率时，也必将土的参振质量加到基础的质量中。如果刚度系数中不包含土的参振质量，也必须写明设计时不考虑土的参振质量。

4.6 地基动力参数的换算

4.6.1 由于地基动力参数值与基础底面积大小、基础高度、基底应力、基础埋深等有关，而模型基础的面积大小、基础高度、基底应力、基础埋深与设计的实际动力机器基础在这些方面都不可能相同。因此由试验模型基础实测得到的地基动力参数应用于机器基础的振动和隔振设计时，必须进行相应的换算后，才能提供给设计应用。

4.6.3 基础四周的填土能提高地刚度系数，并随基础埋深比的增大而增加，因此应将模型基础实测的地基刚度系数乘以基础埋深提高系数，进行修正后的地基刚度系数，才能用于设计有埋置的动力机器基础。桩基的抗剪、抗扭刚度系数值，换算方法可与模型块体基础的相同。

4.6.4 基础下地基的阻尼比随基底面积的增大而增加，并随基底静压力的增大而减小，因此由模型基础试验得出的阻尼比用于设计动力机器基础时，应将测试基础的质量比换算为设计基础的质量比后才能用于机器基础的设计。

4.6.5 基础四周的填土能提高地基的阻尼比，并随基础埋深比的增大而增加，因此按设计基础的埋深比进行修正后的阻尼比，才能用于设计有埋置的动力机器基础。

4.6.6 基础振动时地基土参振质量值，与基础底面积的大小有关，因此由模型块体基础在明置时实测幅频响应曲线计算的地基参振质量，应换算为设计基础的底面积后才能应用于设计。

4.6.7 由于桩基的刚度，与试验时的桩数有关，根据 2 根桩桩基实测幅频响应曲线计算的 1 根桩的抗压刚度与 4 根桩桩基测试资料计算的 1 根桩的抗压刚度相比，前者为后者的 1.3 倍，与 6 根桩桩基测试资料计算的抗压刚度相比，为 1.36 倍。桩数再增加时，其变化逐渐减小，做测试桩基础的桩数规定为 2 根桩，根据工程需要，也可能做 2 根桩和 4 根桩的桩基振动测试。因此本条规定以 2 根或 4 根桩的桩基测试资料计算的抗压刚度值，应分别乘以群桩效应系数 0.75 或 0.90 后，才能提供给设计群桩基础应用。

5 振动衰减测试

5.1 一般规定

5.1.1 由于生产工艺的需要，在一个车间内同时设置有低转速和高转速的动力机器基础。一般低转速机器的扰力较大，基础振幅也较大，而高转速的动力机器基础振幅控制很严，因此设计中需要计算低转速机器基础的振动对高转速机器基础的影响，计算值是否符合实际，还与这个车间的地基能量吸收系数 α 有关，因此事先应在现场做基础强迫振动试验，实测振动波在地基中的衰减，以便根据振幅随距离的衰减，计算 α 值，提供设计应用。设计人员应按设计基础的距离选用 α 值，以计算低转速机器基础振动对高转速机器基础的影响。

振动能影响精密仪器、仪表的测量精度，也影响精密设备的加工精度。如果其周围有振源，应测定其影响大小，当其影响超过允许值时，必须对设计的精密仪器、仪表、设备采取隔振或其他有效措施。

5.1.2 利用已投产的锻锤、落锤、冲压机、压缩机基础的振动，作为振源进行衰减测定，是最符合设计基础的实际情况的。因振源在地基土中的衰减与很多因素有关，不仅与地基土的种类和物理状态有关，而且与基础的面积、埋置深度、基底应力等有关，与振源是否周期性还是冲击性、是高频还是低频等多种因素有关，而设计基础与上述这些因素比较接近，用这些实测资料计算的 α 值，反过来再用于设计基础，与实际就比较符合。因此在有条件的地方，应尽可能利用现有投产的动力机器基础进行测定，只是在没有条件的情况下才现浇一个基础，采用机械式激振设备作为振源。如果设计的基础受非动力机器基础振动的影响，也可利用现场附近的其他振源，如公路交通、铁路交通等的振动。

5.1.3 由于振动波的衰减与基础的明置和埋置有关，一般明置基础，按实测振动波衰减计算的 α 值大，即衰减快，而埋置基础，按实测振动波衰减计算的 α 值小，衰减慢。特别是水平回转耦合振动，明置基础底面的水平振幅比顶面水平振幅小很多，这是由于明置基础的回转振动较大所致。明置基础的振动波是通过基础底振动向周围传播，衰减快，如果均用测试基础顶面的振幅计算 α 值时，明置基础的 α 值则要大得多，用此 α 值计算设计基础的振动衰减时偏于不安全。因设计基础均有埋置，故应在测试基础有埋置时测定。

5.2 测 试 方 法

5.2.1 由于传感器放在浮砂地、草地和松软的地层上时，影响测量数据的准确性，因此在选择放传感器的测点时，应避开这些地方。如无法避开，则应将草铲除、整平，将松散土层夯实。

5.2.2 由于振动沿地面的衰减与振源机器的扰力频率有关，一般高频衰减快，低频衰减慢，因此测试基础的激振频率应选择与设计基础机器的扰力频率一致。另外，为了积累扰力频率不相同时测试的振动衰减资料，尚应做各种不同激振频率的振动衰减测试。

5.2.3 由于地基振动衰减的计算公式是建立在地基为弹性半空间无限体这一假定上的，而实际情况不完全如此。振源的方向不同，测试的结果也不相同。因此实测试验基础的振动在地基中的衰减时，传感器置于测试基础的方向，应与设计基础所需测试的方向相同。

5.2.4 由于近距离衰减快，远距离衰减慢，测点布置以近密远疏为原则，一般在离振源距离 10m 以内的范围，地面振幅随振源距离增加而减小得快，因此传感器的布点应布得密一些。如在 5m 以内，应每隔 1m 布置一台传感器；5m～15m 范围内，每隔 2m 布置一台传感器；15m 以外，每隔 5m 布置一台传感器。亦可根据设计基础的实际需要，调整传感器的布置间距。

5.2.5 关于各种不同振源处的振动线位移测试，由于传感器测点位置的不同，会导致测试结果也不同，因此，本条对各种不同振源规定了传感器的测点位置。

5.3 数 据 处 理

5.3.2 地基能量吸收系数的计算目前我国应用较普遍的有两种方法。除规范推荐的方法外，还有按高里茨公式计算：

$$A_r = A_0 \sqrt{\frac{r_0}{r}} e^{-\alpha(r-r_0)} \qquad (1)$$

$$\alpha = \frac{1}{r_0 - r} \ln\left(\frac{A_r}{A_0}\sqrt{\frac{r}{r_0}}\right) \qquad (2)$$

对同一种土、同一个振源计算的 α 值随距离的变化，从图 1 中可以看出，α 不是一个定值。由于近振源处（约 2 倍～3 倍基础边长），振动衰减很快，计算的 α 值很大，到一定距离后（见图 1），α 值比较稳定，趋向一个变化不大的值，不管用哪个公式计算都是这个规律。因此，如果用一个平均的 α 值计算不同距离的振幅，则得出在近距离内的计算振幅比实际振幅大，而在远距离的计算振幅比实际的小，这样计算的结果都不符合实际。试验中应按实测资料计算出 α 随 r 的变化曲线，提供给设计应用，由设计人员根据设计基础离振源的距离选用 α 值。在计算 α 值前，应先将各种激振频率作用下测试的地面振动线位移距离振源距离远近而变化的关系绘制成各种曲线图。由曲线图即可发现测试的资料是否有规律，一般在近距离范围内，振动衰减快，远距离振动衰减慢。

本条文中表 5.3.2 引自现行国家标准《动力机器基础设计规范》GB 50040—96 附录 E。

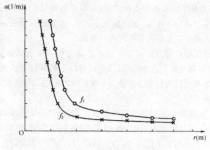

图 1 α 随 r 的变化曲线示意图

6 地脉动测试

6.1 一 般 规 定

地脉动有长周期与短周期之分。周期大于 1.0s 的称为长周期，本规范涉及的地脉动周期在 0.1s～1.0s 范围内，属于短周期地脉动。

地脉动是由气象变化、潮汐、海浪等自然力和交通运输、动力机器等人为扰力引起的波动，经地层多重反射和折射，由四面八方传播到测试点的多维波群随机集合而成。随时间做不规则的随机振动，其振幅为小于几微米的微幅振动。它具有平稳随机过程的特性，即地脉动信号的频率特性不随时间的改变而有明显的不同，它主要反映场地地基土层结构的动力特性。因此它可以用随机过程样本函数集合的平均值来描述。

6.1.1 测试结果中的数据处理，为了避免频谱分析中的频率混淆现象，应对分析数据进行加窗函数处理，如哈明窗、汉宁窗、滑动指数窗等。

6.2 设 备 和 仪 器

6.2.1 地脉动的周期为 0.1s～1.0s，振幅一般在 3μm 以下，因此要求地脉动测试系统灵敏度高、低频特性好、工作稳定可靠；信号分析系统应具有低通滤波、加窗函数以及常用的时域和频域分析软件。

6.2.4 地脉动测试目前已较广泛采用能满足地脉动测试分析要求的信号采集记录分析系统。它配备有时域、频域分析的各种软件，既能在现场进行实时分析，也可将信号记录在室内进行分析。

6.3 测 试 方 法

6.3.1 每个建筑场地的地脉动测点，不宜少于 2 个。当同一建筑场地有不同的地质地貌单元，其地层结构不同，地脉动的频谱特征也有差异，此时可适当增加测点数量。

6.3.2 测点选择是否合适，直接影响地脉动测试的精确程度。如果测点选择不好，微弱的脉动信号有可能淹没于周围环境的干扰信号之中，给地脉动信号的数据处理带来困难。

6.3.3 建筑场地钻孔波速测试和地脉动测试，虽然目的和方法有别，但它们都与地层覆盖层的厚度及地层的性质有关，其地层的剪切波速与场地的卓越周期必然有内在的联系。地脉动观测点宜布置于波速孔附近。

测点三个传感器的布置是考虑到有些场地的地层具有方向性。如第四系冲洪积地层不同的方向有差异；基岩的构造断裂也具有方向性。因此要求按水平东西、水平南北、竖直三个方向布设传感器。

6.3.4 不同土工构筑物的基础埋深和形式不同，应根据实际工程需要，布置地下脉动观测点的深度；在城市地脉动观测时，交通运输等人为干扰24h不断，地面振动干扰大，但它随深度衰减很快，一般也需在一定深度的钻孔内进行测试。

通常远处震源的脉动信号是通过基岩传播反射到地层表面的，通过地面与地下脉动的测试，不仅可以了解脉动频谱的性状，还可了解场地脉动信号竖向分布情况和场地土层对脉动信号的放大和吸收作用。

6.3.5 本规范规定的脉动信号频率在1Hz～10Hz范围内，按照采样定理，采样频率大于20Hz即可，但实际工作中，最低采样频率常取分析上限频率的2.56倍。然而，采样频率太高，脉动信号的频率分辨率降低，影响卓越周期的分析精度。条文中提出采样频率宜为50Hz～100Hz，就考虑了脉动时域波形和谱图中的频率分辨率。

6.4 数 据 处 理

6.4.1 为了减少频谱分析中的频率混叠现象，事先应对分析数据进行窗函数处理，对脉动信号一般加滑动指数窗，哈明窗、汉宁窗较为合适。

脉动信号的性质可用随机过程样本函数集合的平均值来描述，即脉动信号的卓越频率应是多次频域平均的结果。从数理统计与测试分析系统的计算机内存考虑，经32次频域平均已基本上能满足要求。

6.4.2 脉动信号频谱图一般为一个突出谱峰形状，卓越周期只有一个；如地层为多层结构时，谱图有多阶谱峰形状，通常不超过三阶，卓越周期可按峰值大小分别提出；对频谱图中无明显峰值的宽频带，可按电学中的半功率点确定其范围。

6.4.4 脉动幅值应取实测脉动信号的最大幅值。这里所指的幅值，可以是位移、速度、加速度幅值，可以根据测试仪器和工程的需要确定。

7 波 速 测 试

用于测波速的方法较多，本章只涉及单孔法、跨孔法、表面波速法及弯曲元法。目前，因受震源条件及工作条件的限制，单孔法及跨孔法一般只用于测定深度150m以内土层的波速。在波速测试中，最常用的是剪切波速。

单孔法的特点是只用一个试验孔，在地面打击木板产生向下传播的压缩波（P波）和水平极化剪切波（SH波）。测出它到达位于不同深度的传感器的时间，就能定出它在垂直地层方向的传播速度。

跨孔法的特点是多个试验孔，振源产生水平方向传播的波，测出它到达位于各接收孔中与振源同标高的垂直向传感器的时间，可得到剪切波在地层中水平方向传播的速度。跨孔法测试深度较深，可测出地层中的软弱夹层，测试精度相对较高。

面波法是近年来国内外发展很快、应用逐渐广泛的一种浅层地震勘探方法。面波分为瑞利波（R波）和拉夫波（L波），而R波在振动波组中能量最强、线位移最大、频率最低，容易识别也易于测量，所以本规范面波法指瑞利波测试方法。

面波法的特点是在地面求瑞利波的速度，再利用瑞利波速与剪切波速的关系求出剪切波速。根据激振震源的不同，面波法分为稳态法、瞬态法。它们的测试原理相同，只是产生面波的震源不同。目前瞬态面波法应用较广泛。

弯曲元法适用于测试细粒土和砂土从初始状态至塑性变形发展过程中的动力特性，本方法可与振动三轴测试等多种方法相结合。与共振柱等方法相比，弯曲元试验所能够达到的应变量级更小，因此得到的动剪切模量和动弹性模量也更接近于真实值。弯

曲元可以与很多室内及室外设备联合使用，因此可以用来研究各种因素对波速的影响，对动三轴等室内土单元试验，则可以用来研究动力加载历史对波速的影响。

随着基础理论研究、设备水平的不断提高以及工程实践经验的丰富，波速在工程中的应用范围不断得到增加，一般包括：①计算岩土动力参数，动弹性模量、动剪切模量、动泊松比；②计算地基刚度和阻尼比；③划分场地抗震类别；④估算场地卓越周期；⑤判定砂土地基的液化；⑥检验地基加固处理的效果；⑦弯曲元测试可以研究动力加载历史对最大动剪切模量和最大动弹性模量的影响。

7.1 单 孔 法

I 设备和仪器

7.1.1 对于剪切波震源，首先希望它在测线方向产生足够能量的剪切波；其次希望能通过相反方向的激发产生极性相反的二组剪切波，以便于确定剪切波的初至时间。

剪切波震源主要有击板法、弹簧激振法、定向爆破法三种。弹簧激振法、定向爆破法两种震源产生的能量较大，可测试较深的钻孔，而单孔法目前普遍用击板法振源，其优点是简便易行，能得到两组SH波，缺点是能量有限，目前国内能测的深度为100m左右。

研究表明，板较长时，激振效果较好，但一方面是板过大、过长时，改善效果也有限，另外SH波源就不太符合"点源"的假设，同时振源的位置也不太好准确确定，对深度较小的测试可能会带来一定误差。美国ASTM规范说明普遍使用长2.4m、宽0.15m的板。根据我国实际工程实践的情况，木板规格宜采用长1.5m～3m，宽0.15m～0.35m，厚0.05m～0.20m的坚硬木板。

利用电火花振源可同时取得P波及S波，但这种振源往往较易得到P波的初至时间，确定S波的初至时间较难。

压缩波振源要求激发能量大和重复性好。压缩波振源主要有炸药振源、电火花振源、锤击振源三种。理论上讲，在无限空间中爆炸振源不产生剪切波，因此炸药振源是很好的压缩波振源，尤其是适合深孔测试波速，但由于安全问题在城市勘察中很少使用。电火花振源的主要优点是发射功率较大、传播距离较远、方法简便和激发声波余震短等，其缺点是由于储电电容器等设备复杂笨重、现场需要交流电或发电机。普通电火花振源主要用于产生压缩波，通过用爆炸储能罩改进后，也可以产生丰富的剪切波。锤击振源是在地面上水平铺上钢板或铜铝合金板，板与土紧密接触，通过垂直锤击板产生压缩波（纵波）。锤击振源简单方便，但能量相对较弱，测试深度相对较小。

7.1.2 传感器一般应用三分量井下传感器，即在一密封、坚固的圆筒内安置3个互相垂直的传感器，其中1个是竖向的，2个是水平向的，水平向传感器应性能一致。目前常用的是动圈型磁电式速度传感器（又称检波器），其特点是只有当所测的振动的频率大于传感器固有频率时，传感器所测得的振动的幅值畸变及相位畸变才能小。结合我国目前使用的传感器的规格，规定传感器的固有频率宜不大于所测地震波主频的1/2。土层宜采用固有频率小于50Hz的传感器，岩层宜采用固有频率为100Hz左右传感器。在用单孔法时，当所测深度很大时，地震波主频可能较低，此时宜采用固有频率较低的传感器。

在振源激发地震波的同时，触发器送出一个信号给地震仪，启动地震仪记录地震波。触发器的种类很多，有晶体管开关电路，机械式弹簧接触片，也有用速度传感器。触发器的触发时间相对于实际激发时间总是有延迟的，延迟时间的多少视触发器的性能而不同。即使同一类触发器，延迟时间也可能不同，要求延迟时间尽量小，尤其要稳定。

用单孔法时，延迟时间对求第一测点的波速值有影响，其他各测点的波速虽然是用时间差计算的，但由于不是同一次激发的，如

果延迟时间不稳定,则对计算波速值仍有影响。此外,如在同一孔工作过程中换用触发器,为避免由于前后两触发器延迟时间的不同造成误差,可以用后一触发器重复测试前几个测点的方法解决。

7.1.3 波速静力触探测试是在电测静力触探仪的基础上加上一套测量波速的装置,即在静力触探探头上部安装一个三分量检波器,采用检层法进行测试,可获得静探和波速两种资料。波速静力触探测试中的波速测试属于单孔法测试,自行成孔,检波器紧贴孔壁。其测试精度高,费用低,速度快,适宜层次少或土层软硬变化大的场地。

Ⅱ 测 试 方 法

7.1.4 单孔法按传感器的位置可分为下孔法及上孔法。传感器在孔下者为下孔法,反之为上孔法。测剪切波速时,一般用下孔法,此时用击板法能产生较纯的剪切波,压缩波的干扰小。上孔法的振源(炸药、电火花)在孔下,传感器在地面,此时振源产生压缩波和剪切波。本章只规定了最常用的下孔法。

单孔法波速测试孔成孔质量的好坏,会给所测的地层波速造成很大的实际误差,使测试结果完全失真。在城区工作时,现场经常有管道、坑道等地下构筑物,地表还有大量碎石、砖瓦、房渣土等不均匀地层,都不利于激发较纯的剪切波。因此在工作前应了解现场情况,使测试孔离开地下构筑物,并用挖坑放置木板的方法避开地下管道及地表不均匀层,减少它们的影响。

当钻孔必须下套管时,必须使套管壁与孔壁紧密接触,具体要求可参见"跨孔法"中的相关条文要求及条文说明。

一般情况下,根据现场条件确定木板离测试孔的距离L。虽然击板法能产生较纯的剪切波,但也会有少量压缩波产生,当木板离孔太近时,往往在浅处收到的剪切波由于和前面的压缩波挨得太近,而不能很好地定出其初至时间。

另一方面,当第一层土下有高速层,则按斯奈尔定律,当入射角为临界角时,会在界面上产生折射波,如L值过大,则往往会先收到折射波的初至,从而求波速值时出错。因此,在确定L值时应注意工程地质条件。

木板必须与地面紧密接触。实际测试时,将板底钉有许多钉尺片的做法,激振效果要比未经处理的普通板好得多。此外,在地面泼水或洒灰浆,也可增大板与地面接触的紧密程度。当地面不平时,宜采用刮平的方式,而不宜采用回填方式。

7.1.5 测试点的间隔根据地层界面情况而定。通常的做法是地下水水位以上平均每1m~2m一个测试点,地下水位以下测试间隔可适当加大。界面处的测点需重复测试。

Ⅲ 数 据 处 理

7.1.7、7.1.8 在单孔法的资料整理过程中,由于木板离试验孔有一定距离L,因此产生两个问题:

其一,如果靠近地表的地层为低速层,下有高速层就会产生折射波,如图2所示。

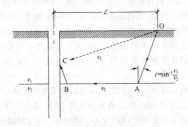

图2 产生折射波的传播途径

图2中,O点处为振源,C点处为传感器,OC为直达波传播途径,OABC为折射波传播途径。当L足够大时,波按OABC行走的时间将小于按OC行走的时间,此时,如仍按直达波计算第一层波速将会产生误差。因此,除在规范中规定振源离孔的距离外,在资料整理中也应考虑是否存在这一问题。

其二,由于存在L,因此,在计算时不能直接用测试深度除以波到达测点的时间差而得出该测试间隔的波速值,而必须做斜距校正。斜距校正的方法有多种,其原理大都是把波从振源到接收点的传播途径当作直线,再按三角关系进行校正,如图3所示:

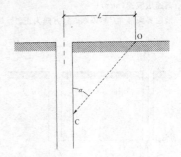

图3 斜距按三角关系校正图

按这种假设进行的各种校正,虽然公式不同,实质都需计算出 $\cos\alpha$ 值,再进行下一步计算,其结果是一样的。本规范所用的校正方法是其中一种,虽然是近似方法,但简单易行,与有些学者提出的用最优化法按斯奈尔定理得到的结果差别不大。

7.2 跨 孔 法

Ⅰ 设 备 和 仪 器

7.2.1 跨孔法目前较理想的振源是液压式井下剪切波锤,该设备能在孔内某一预定位置产生质点上下方向振动的剪切波。该方法能产生极性相反的两组剪切波,可比较准确地确定波到达接收孔的初至时间,能在孔中反复测试。但要在振源孔下套管,并在套管与孔壁间灌注膨润土与水泥的混合浆液,花费较大,它所激发的能量较小。孔深时,由于连接锤的多条管线易缠绕,且随带油管的重量大,影响设备在孔中的准确定位及激振效果。

也可采用标准贯入装置,其优点是操作简单、能量大,适合于浅孔,但需要考虑振源激发延迟对测试波速的影响。

高压电火花震源是良好的纵波震源,与机械震源相比要轻便得多,但若没有解决好定向性问题,则难以确定横波的初至时间。

7.2.2 跨孔法需要在两个孔内部安置三分量检波器,信号采集分析仪应在六通道以上,其他设备性能指标要求与单孔法相同。

Ⅱ 测 试 方 法

7.2.3 跨孔法有以下几种常见的布置方式:①双孔(一发一收);②直线三孔(一发两收);③L型五孔(垂直正交的两方向,共用一个震源孔,一发两收,用于各向异性的岩土体)。最初是用两个试验孔,一个振源孔,一个接收孔。这种方法的缺点是不能消除因触发器的延迟所引起的计时误差,当套管周围填料与土层性质不一致时,会导致传播时间有误差;当用标准贯入器作振源时,因为是在地面敲击钻杆,在计算波速时还应考虑地震波在钻杆内传播的时间。因此目前主张用3个~4个试验孔,排成一直线。当3个试验孔时,以端点一个孔作为振源孔,其余2个孔为接收孔。在地层不均匀及进行复测时,还可以用另一端的孔作为振源孔进行测试。

一般试验孔宜选用等间距钻孔,这样不仅计算方便,还可以消除触发器的延时。

确定测试孔间距布置主要受地质情况及仪器精度的限制。当所要观测的地层上下有高速层时,可能产生折射波。在离振源距离大于临界距离时,折射波会比直达波先到达接收点,这时所接收到的就是折射波的初至,按这个时间计算出的波速将比实际地层波速值高。因此孔间距离不应大于临界距离(见图4),计算临界距离的公式为:

$$X_c = \frac{2\cos i \cos\varphi}{1 - \sin(i + \varphi)} H \qquad (3)$$

$$i = \arcsin(v_1/v_2) \qquad (4)$$

式中：X_c——临界距离（m）；

  H——沿测试孔方向振源至高速层的距离（m）；

  i——临界角（°）；

  v_1——低速层波速（m/s）；

  v_2——高速层波速（m/s）；

  φ——地层界面倾角（°），以顺时针方向为正。

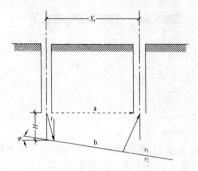

图 4　直达波与折射波传播途径

a—直达波传播途径；b—折射波传播途径

计算的 X_c/H 值见表 1。

表 1　X_c/H 值的计算

$\dfrac{X_c/H}{\varphi}$ $\dfrac{v_1/v_2}{}$	0.1	0.2	0.3	0.4	0.45	0.5	0.55	0.6	0.65	0.7	0.75	0.8	0.85	0.9	0.95
0°	2.2	2.4	2.7	3.1	3.2	3.5	3.7	4.0	4.3	4.8	5.3	6.0	7.0	8.7	12.5
10°	2.7	3.0	3.5	4.0	4.3	4.7	5.8	6.6	7.3	8.9	10.9	14.5	22.6		
20°	3.3	3.7	4.6	5.5	6.2	7.0	8.0	9.2	11.0	13.7	18.0	26.2	46.9		
30°	4.1	5.0	6.3	8.1	9.4	11.3	13.6	17.2	23.0	33.7	58.0				

  另外，孔间距离太小，则所观测的由两振源到接收孔的地震波传播时间太短，相对误差会增大，同时由于测试孔垂直度误差带来的误差也会增大，因此孔间距离也不宜太小。

  测试孔间距应随地层波速的提高而增大。建议当地层为土层时（剪切波速度一般小于 500m/s）；孔间距采用 2m～5m，其中一般黏性土层可取小值，砂砾石地层可取较大值。当地层为岩层时，应增大孔距。在岩层中采用爆炸、电火花等作为振源时，为能清楚分辨压缩和剪切波应适当加大距离。

7.2.4 测试孔的要求：

  垂直度：用作跨孔法波速试验的钻孔，对钻孔垂直度有很高的要求。当用跨孔法测试的深度超过 15m 时，为了得到在每一测试深度的孔间距的准确数据，应进行测斜工作，因跨孔试验很难保持竖直，只要一个孔有 1° 偏差，在 15m 时就会有 0.262m 的偏移，孔间距（以 4m 计）的误差就会达到 6.5%。

  由于测斜工作比较复杂，且需精密仪器，一般单位并不具备，因此本条规定只限于深度大于 15m 的孔需测斜，但在测试孔较浅时应特别注意保持孔的竖直。

  测斜工作对测斜仪的精度要求比较高。为使由孔斜引起的误差小于 5%，要求测斜仪的灵敏度不小于 0.1°。

7.2.6 采用一次成孔法是在振源孔及接收孔都准备完后，将剪切波锤及传感器分别放入振源孔及接收孔中的预定深度处，并固定于孔壁，再进行测试。可自上而下完成全部测试工作。

  测试一般从地面以下 2m 深度开始，其下测点间距为 1m～2m。但也可根据实际地层情况适当增大间距或减小间距。为了避免相邻高速层折射波的影响，一般测点宜选在测试地层的中间位置。

  为了保证测试精度，一般应取部分测点进行重复观测，如前后观测误差较大，则应分析原因，在现场予以解决。这种重复仅适用于孔下剪切波锤振源的情况，而无法对标贯器对振源的情况进行重复测试。

Ⅲ　数据处理

7.2.8 按照实际测斜数据计算测点间的距离，对于跨孔法尤为重要。测斜管的安放不同，孔间距的计算方法也不同。

  (1) 使测斜管导向槽的方位分别为南北方向及东西方向，以北向为 X 轴，东向为 Y 轴，进行测斜得出每一测点在北向和东向相对于地面孔的偏移值 X、Y。则在某一测试深度，由振源孔到接收孔的距离为：

$$S = \sqrt{(S_0\cos\varphi + X_j - X_z)^2 + (S_0\sin\varphi + Y_j - Y_z)^2} \quad (5)$$

式中：S_0——在地面由振源孔到接收孔的距离（m）；

  φ——从地面振源孔到接收孔的连线相对于北向的角度（°）；

  X_j、Y_j——在接收孔该深度 X 和 Y 方向的偏移（m）；

  X_z、Y_z——在振源孔该深度 X 和 Y 方向的偏移（m）。

  (2) 使测斜管一组导向槽的方位与测线（振源孔与接收孔的连线）一致，定为 X 轴，另一组导向槽的方位为 Y 轴。则振源孔和接收孔在某测试深度处的距离为：

$$S = \sqrt{(S_0 + X_j - X_z)^2 + (Y_j - Y_z)^2} \quad (6)$$

  上述两方法中，第一种方法具有普遍意义，第二种方法则比较方便。

  跨孔法资料整理中，当所测试的地层上下有高速层时，应注意不要将折射波的初至时间当作直达波的初至时间，以免得出错误的结果。可按下列方法判明是否有折射波的影响：

  (1) 计算出由振源到第一接收孔的波速值：

$$v_{P1} = S_1/T_{P1} \quad (7)$$

$$v_{S1} = S_1/T_{S1} \quad (8)$$

  (2) 计算出由振源到第二接收孔的波速值：

$$v_{P2} = S_2/T_{P2} \quad (9)$$

$$v_{S2} = S_2/T_{S2} \quad (10)$$

  (3) 计算出两接收孔之间的波速值：

$$v_{P12} = \Delta S/(T_{P2} - T_{P1}) \quad (11)$$

$$v_{S12} = \Delta S/(T_{S2} - T_{S1}) \quad (12)$$

  在考虑到触发器延迟及套管等可能的影响因素后，如果波速值基本一致，可初步认为无折射影响。

  (4) 参考条文说明表 1，并利用直达波、一层折射、二层折射的时距曲线公式进行计算，以判明在各层（尤其低速层）中，传感器所接收到的地震波的初至时间是否为直达波的到达时间。

  (5) 对有怀疑的地层做补充测试工作，例如：变化测试深度，变化振源孔的位置，单独变化振源或传感器的上下位置等，判明是否有折射现象存在。

7.3　面　波　法

Ⅰ　设备和仪器

7.3.1 瞬态法设备轻便，应用比较广泛，理论研究也较深入，但空间分辨率相对较低；而稳态法空间分辨率高，但要求振源能量大，激振频率低，目前应用相对较少，但作为一种测试方法，这种方法也成功地应用于许多复杂工程，起到了瞬态法不可替代的作用。因此这两种方法可互为补充，应根据具体的工作要求、工作条件选用。

  面波测试时，可以根据探测深度的要求来改善激振的条件：勘探深度较浅时，振源应激发高频地震波；勘探深度较深时，振源应激发低频地震波。同时，对于同种振源方式，改变激振点条件和垫板也可以改变激发的地震波频率。根据部分地区经验，振源的选择宜根据现场的探测深度要求和现场环境确定：探测深度 0～15m，宜选用大锤激振；0～30m 选择自由落锤激振；0～50m 以上选择炸药振源，在无法使用炸药的场地可以加大落锤的重量或提高落锤的高度以加大探测深度。

  瞬态法的振源激发应根据测试深度和场地条件综合确定，以保证测试所需的频率和足够的激振能量。使用锤击或夯击振源一般应铺设专用垫板。专用垫板硬度较大时，有利于激发高频波（深度小）；专用垫板较软则有利于激发低频波（深度大）。同时，也可通过调整锤重或夯击能量的方式调整测试深度。

7.3.2 本条是面波法测试时所用到的仪器设备的基本要求。这些仪器设备主要包括面波仪和选用的检波器。对于岩土工程勘察，仪器放大器的通频带低频端不宜高于 0.5Hz，高频端不宜低于 4000Hz。接收低频信号选择具有较低固有频率的检波器，接收高频信号要选择具有较高固有频率的检波器。一般宜不大于 4Hz。

Ⅱ 测 试 方 法

7.3.3 本条规定了稳态面波法数据采集时检波点距、采样间隔等关键参数选取时应当遵循的要求和方法。测试可以分为单端或双端激振法。当场地条件较简单时，可采用单端激振法，当场地条件复杂时可采用双端激振法。排列移动方式的选择应保证目的层的连续追踪。

影响多道瑞利波测试质量的因素很多，除了仪器、振源等本身的情况外，采集参数（空间采样点数、时间采样点数、检波器排列长度、偏移距、振源与检波器排列组合等）的合理设计是关键。

（1）偏移距：偏移距是影响瑞利波形成以及分离高阶模成分的重要因素，在设计偏移距时应充分考虑场地工作范围、振源能量和激发频带，最大和最小测试深度、道间距和测线排列长度等综合因素。偏移距的设计一般为 0.3 倍～2.0 倍最大测试波长，推荐为不小于 0.5 倍最大波长为最好，相当于检波器排列长度，当重点测试浅部地层时可适当减小至小于 0.3 倍～0.5 倍测线长度。当缺乏经验时，应在现场通过试验确定。

（2）空间采样率（即道间距）、采样点数（即检波器道数）和检波器排列长度共同控制了瑞利波测试的最小和最大有效深度，在实际测试中应根据测试目标的深度和规模综合设计采样点数、采样率，保证获得能够有效反映地层剖面结构的瑞利波波形信息。

7.3.4 面波靠近钻孔，可将测试结果和钻孔资料进行对比分析。

Ⅲ 数 据 处 理

7.3.5 瑞利波频散曲线的工程解译和应用中，频散曲线上的"之"字形特征是重要的分层和解释依据，很多研究成果表明，频散曲线上的"之"字形异常往往反映了地下弹性接口的分界面，速度曲线突变的深度往往对应介质的接口深度，故一般可以作为划分地质接口的依据。但目前的研究尚未能给出其确切的成因和意义，它不仅与介质的结构变化有关，也与瑞利波的多阶模成分的相互干扰有关，与频散曲线提取原则具有密切关系，并不是所有的"之"字形拐点都可以作为工程解译的依据，因此本条规定应注意正确解译。

根据瑞利波采集数据进行瑞利波信号提纯和频散曲线提取是瑞利波测试中最重要的工作之一。目前关于提取频散曲线的方法主要有频率—波数谱（f-k）变换法、慢度—频率（τ-f）变换法、互相关法、表面波谱分析方法、扩充 Prony 方法等。其中 f-k 法能够较为可靠地分离高阶瑞利波成分，是目前比较成熟的数据处理方法，因此本规范推荐采用这种方法。

在进行面波探测成果解释时，明确提出应与钻孔或其他数据相结合。

7.4 弯 曲 元 法

Ⅰ 设 备 和 仪 器

7.4.1 弯曲元的核心是两片压电陶瓷片，一个作为激发元，一个作为接收元，它们能够实现机械能（振动波）与电能（电信号）之间的相互转化。其中激发元和接收元由两片压电陶瓷片（PZT）与中心金属加劲层叠合组成。

7.4.2 在现场试验中可以使用便携式弯曲元设备。

Ⅱ 测 试 方 法

7.4.3 应当将弯曲元一次性完全插入土中，以保证与土体良好接触；对粗颗粒土，应当注意弯曲元的保护，尽量避免弯曲元与有尖角等突起的颗粒直接接触。

7.4.4 弯曲元的波形一般为简谐波，也有三角波、方波等特殊波；频率为决定输出波形是否清晰的主要因素，应该先粗调后微调，以保证输出波形足够清晰。

测试时宜进行三次激振，平行试验的测试结果极差不超过平均值的 10% 时，取平均值。应当对测试结果进行检测，查找原因，重新测试。

Ⅲ 数 据 处 理

7.4.5 在弯曲元试验中，主要有两种确定传播时间的方法，包括直接判别法（通过起始点、波峰或者零交叉点等特殊点判别的方法）与数学相互关系分析法。其中，数学相互关系分析法最为精确，但是操作繁琐，因此本规范建议使用时域初达波法进行判定。

8 循环荷载板测试

8.1 一 般 规 定

循环荷载板测试是将一个刚性压板置于地基表面，在压板上反复进行加荷、卸荷试验，量测各级荷载作用下的变形和回弹量，绘制应力-地基变形回弹曲线，根据每级荷载卸荷时的回弹变形量，确定相应的弹性变形值 S_e 和地基抗压刚度系数。

8.1.1 在进行测试时，应尽可能将试验点布置在实际基础的位置和标高处。

8.2 设 备 和 仪 器

8.2.1 测试设备与静力荷载设备相同，有铁架载荷台，油压载荷试验设备，加荷可采用液压稳压装置，或在载荷台上直接加重物。

8.2.2 测试前应考虑设备能承受的最大荷载，同时要考虑反力或重物荷载，设备的承受荷载能力应大于试验最大荷载的 1.5 倍。

8.2.3 采用千斤顶加荷时，其反力可由重物、地锚、坑壁斜撑等提供。可根据现场土层性质、试验深度等具体条件按表 2 选用加荷方法。

表 2 各种加荷方法的适用条件

类型	适用条件
堆载式	设备简单，土质条件不限，试验深度范围广，所需重物较多
撑壁式	设备轻便，试验深度宜在 2m～4m，土质稳定
平洞式	设备简单，要有 3m 以上陡坡，洞顶土厚度大于 2m，且稳定
锚杆式	设备复杂，需下地锚，表土要有一定锚着力

8.2.4 观测变形值可采用 10mm～30mm 行程的百分表，其量程较大，在试验中不需要经常调表，可减少观测误差，提高测试精度。有条件时，也可采用电测位移传感器观测。

8.3 测试前的准备工作

8.3.1 测试资料表明，在一定条件下，地基土的变形量与荷载板宽度成正比关系，当压板宽度增加（或减少）到一定限度时，变形不再增加（或减小），趋于一定值。对荷载板大小的选择，各国也不相同，美、英、日等国家，侧重使用小压板，原苏联等国家一般规定用 0.5m² ，亦有用 0.25m²（硬土）。我国多采用 0.25m²～0.5m²。

8.3.2 鉴于地基的弹性变形、弹性模量和地基抗压刚度系数与地基土性质有关，如果承压板下面的土与拟建基础下的土性质不同，则由试验资料计算的参数不能用于设计基础，因此承压板的位置应选择在设计基础附近相同土层上。

8.3.3 试坑底面宽度应大于承压板直径的 3 倍，根据研究结果表明：在砂层中，不论压板放在砂的表面，还是放在砂土中一定深度处，在同一水平面上，最大变形范围均发生在 0.7 倍～1.75 倍承压板直径范围，超过压板直径 3 倍以上，土的变形就极微小了。另外一些试验资料表明，坑壁的影响随离压板的距离增加而迅速减小，当压板底面宽度和试坑宽度之比接近 1:3 时，这样影响就很小，可以忽略不计。

8.3.4 为了防止加载偏心，千斤顶合力中心应与承压板的中心点重合，并保证力的方向和承压板平面垂直。

8.4 测 试 方 法

8.4.5 测试时，先在某一荷载下（土自重压力或设计压力）加载，使压板下沉稳定（稳定标准为连续 2h 内，每小时变形量不超过 0.1mm）后，再继续施加循环荷载，其值按条文中的表 8.4.2 选取，也可按土的比例界限值的 1/10～1/12 考虑选取，观测相应的变形值。每次加荷、卸荷要求在 10min 内完成（即加荷观测 5min，卸荷回弹观测 5min）。

单荷级循环法：选择一个荷级，以等速加荷、卸荷，反复进行，直至达到弹性变形接近常数为止，一般黏性土为 6 次～8 次，砂性土为 4 次～6 次。

多荷级循环法：选择 3 个～4 个荷级，每一荷级反复进行加荷、卸荷 5 次～8 次，直到弹性变形为一定值后进行第 2 个荷级试验，依次类推，直至加完预定的荷级。

变形稳定标准：考虑到土并非纯弹性体，在同一荷载作用下，不同回次的弹性变形量是不相同的。前后两个回次弹性变形差值小于 0.05mm 时，可作为稳定的标准，并取最后一次弹性变形值。

8.5 数 据 处 理

8.5.1 试验数据经计算、整理后，绘制 P_L-t、$S-t$、$S-P_L$、S_e-P_L 关系曲线图，可分开绘制，也可合起来绘制。

8.5.2 加荷后，地基土产生变形，即包含了弹、塑性变形，称之为总变形；而卸荷回弹变形，可认为是弹性变形值。

8.5.4 地基弹性模量可按弹性理论公式进行计算，关键是要准确测定地基土的弹性变形值。对于地基的泊松比值，可以进行实测，也可按表 3 数值选用。密实的土宜选低值，稍密或松散的土宜选高值。

表 3 各类土的泊松比值

地基土的名称	卵石	砂土	粉土	粉质黏土	黏土
μ	0.2～0.25	0.30～0.35	0.35～0.40	0.40～0.45	0.45～0.50

8.5.5 地基刚度系数是根据循环荷载板试验确定的弹性变形值与应力的比值求得。该方法简单直观，比较符合地基土的实际状况。

9 振动三轴测试

9.1 一 般 规 定

土质地基、边坡以及工程建（构）筑物在地震和其他动荷载作用下的动力反应分析和安全评估，需要有土的动变形和强度性质参数。在实验室内测试地基土动力性质的方法有很多种，包括动三轴、动单剪、动扭剪、共振柱和超声波波速测试等方法，各有优缺点。目前国内外在工程实际中应用最广的是本章的振动三轴测试和第 10 章的共振柱测试这两种方法。

9.1.1 土的动力特性参数的确定则取决于所选用的力学模型。在循环作用应力下，土的力学模型很多，但当前较成熟且在国内外工程界应用最广的是等效粘弹体模型，本章以这一模型为理论基础来测定土的动剪切模量、动弹性模量和阻尼比。另外，动三轴试验还可用于测定土的动强度（含饱和砂土的抗液化强度）和动孔隙水压力。

9.1.2 动三轴试验不但可用来对常用力学模型测定土的动力特性参数以供工程设计分析之用，而且还可以根据科学研究探索的需要，对土样的初始应力状态、排水条件和激振方式等按特殊的要求进行试验。本条款涉及的测试报告内容，主要是针对前者而规定的。

9.2 设 备 和 仪 器

9.2.1 按驱动方式划分，动三轴仪包括电磁式、液压式、气压式和惯性式。测试中所选用的动三轴仪应满足有关仪器设备和基于测试目的所需激振能力的基本要求。

9.2.2 激振方式及其特性对土的动力特性影响较大。为更好地反映土的动力特性，振动三轴测试的主机动力加载系统，宜具有按给定任意数字信号波形进行激振的能力。

9.2.3 振动三轴测试的主机动力加载系统，在以正弦波形式激振时，实际波形应对称，且其拉、压两个半周的幅值和持时的相对偏差均不宜大于 10%。

9.2.4 振动三轴仪能够实测的应变幅范围一般为 $10^{-4}～10^{-2}$，精度高的能测至 10^{-5} 的低应变幅。由于土的应力-应变关系具有强烈的非线性特点，因而要求在工程应用对象动力反应分析所需要的应变幅范围内，通过适当的实验设备实测土的动模量、阻尼比或动强度、动孔压。当需要测试更宽变范围土的动参数时，应与共振柱试验等进行联合测试。振动三轴仪实测的应变幅范围的上限值，应能满足达到土的动强度所对应的破坏标准的要求。

9.3 测 试 方 法

9.3.3 现行国家标准《土工试验方法标准》GB/T 50123 提出了 3 种饱和土试样的方法，即抽气饱和、水头饱和与反压力饱和。当采用抽气饱和时，该标准要求饱和度不低于 95%；当采用反压力饱和时，该标准认为，孔隙水压力增量与围压增量之比大于 0.98 时试样达到饱和。在室内测试饱和砂土、粉土的动力特性时，试样必须充分饱和，以避免少量含气对试验结果产生明显的影响。但考虑到饱和黏性土试验饱和时间偏长以及对试验结果的影响相对较小，本条款对其在周围压力作用下的孔隙水压力系数要求放松到不应小于 0.95。

9.3.4 试验的固结应力条件，包括初始剪应力比与固结应力的选用，应使试验结果能满足所试验土样在地基或边坡土中受力范围的要求。对试样个数的规定，主要是为了对测试结果进行统计分析和总结规律的需要。

9.3.5 在试样完成静力固结后，应测量试样的排水量和长度变化，并由此计算振动试验前试样的干密度和试样长度，后者是计算动轴向应变的一个依据。

9.3.6、9.3.7 如果在一个试样上施加多级动应变或动应力以测定动模量和阻尼比随应变幅的变化，可以节省试验工作量，对于原状土还可节省取样数量和解决土性不均匀问题。但是，这样做有可能因预振造成孔隙水压力升高而影响后面几级的试验结果。为减少预振影响，应尽量缩短在每级动应变或动应力下的测试时间，规定了动应力的作用振次不宜大于 5 次，且宜少不宜多。至于对同一试样上允许施加动应变或动应力的级数，因具体情况多变，难以作出统一的合理规定，条文只提出了控制原则。

9.3.8 在未配备振动扭剪仪和振动单剪仪的实验室，只能用振动三轴仪实测动弹性模量。因此，本条允许在动剪切模量与动弹性模量之间相互换算，同时亦允许在剪应变幅与轴应变幅之间相互换算。

9.3.9 在较大的变化范围来看，振动频率对土的动强度、动孔压和抗液化强度是有一定影响的。以往动三轴试验主要用于测试土受地震动作用的特性，大多实验室配备的动三轴仪的可测振动频率较低，由此总结出土的动力特性受振动频率影响的规律，是否适用于解决高铁、地铁运行振动和其他工业设备运行等产生的高频振动问题,需要研发高频土动三轴仪进行试验研究予以论证。

9.3.11 对于确定动强度的破坏标准,可在动应变幅 $2.5×10^{-2}$ ~ $10.0×10^{-2}$ 范围内选定,其中对重要工程取较小的数值。如果在开始做某一工程地基土的测试工作时,尚未能对破坏标准做出明确选择,则可根据地基土的性质、工程运行条件或动荷载的性质以及工程的重要性,选用 1 种~2 种甚至 3 种破坏标准进行试验并整理成果,供进行设计分析时选用。

9.3.12 在振动三轴试验过程中,目前普遍采用的是单向正弦波形式的循环应力,而实际工程中有些重要的动荷载(如地震作用)具有很强的随机性和多频率成分。这样,在室内测试土的动强度时就有了等效循环应力和等效破坏振次的概念。如果实际工程中的动荷载也是正弦波,则等效破坏振次就是实际动荷载的循环作用次数。对于地震作用,目前普遍采用的等效破坏振次与地震震级相关,如表 4 所示,可供进行土的动强度试验时参考。与表中所列等效破坏振次相对应的正弦波的等效循环剪应力幅,是地震作用产生的最大动剪应力的 65%。

表 4 地震作用的等效破坏振次和参考持续时间

地震震级 M	6.0	6.5	7.0	7.5	8.0
等效破坏振次 N_{eq}	5	8	12	15~20	26~30
持续时间(s)	8	14	20	40	60

9.4 数 据 处 理

9.4.2 在动三轴仪上测试土样的动弹性模量和阻尼比,对所测得的数据进行处理分析时,均以土的力学模型是理想粘弹体模型为基础,同时考虑土的动模量与阻尼都随应变而变化以反映土的应力-应变关系的非线性特征。

9.4.7 根据基本概念和计算简图,本条款中的动内摩擦角 φ_d 是总应力抗剪强度的一个指标。而由试验结果,土的动内摩擦角与静内摩擦角相差较小,可参照静三轴试验结果取值。

9.4.11 在动三轴仪上测试土的动强度或抗液化强度,是目前国内外应用最广的一种方法。根据动三轴仪中试样的受力条件,用潜在破坏面上的应力状态整理其总应力抗剪强度指标,在概念上较合理,实际应用也较广。因此,本章建议采用这一方法。另外,本规范条文中式(9.4.7-3)适用于 $\alpha_0 \geqslant 0.15$,式(9.4.8)适用于 $\alpha_0 = 0$;当 $0.15 > \alpha_0 > 0$ 时,可用线性插入法取值。

9.4.12 有效应力法分析土体动力反应和抗震稳定,已是一种发展趋势,如现行国家标准《构筑物抗震设计规范》GB 50191 中要求在对尾矿坝进行地震稳定分析时考虑地震引起的孔隙水压力。因此,本章列入了饱和土动孔隙水压力测试。

10 共振柱测试

10.1 一 般 规 定

共振柱测试是根据线性粘弹体模型由实测数据来计算土的动弹模和阻尼比的,因此要求黏性土、粉土土和砂土试样在试验中承受的应变幅一般不超过 10^{-4}。

10.1.1 由于各自测试应变幅范围的限制,往往需要将共振柱测试和振动三轴测试的结果进行综合,才能获得较为完整的动剪切模量比、阻尼比与剪变幅的关系曲线,或动弹性模量比、阻尼比对轴应变幅的关系曲线。

10.2 设备和仪器

10.2.1 扭转向激振与纵向激振的激振端压板系统,无弹簧-阻尼器与有弹簧-阻尼器的各种类型共振柱仪可以采用,但须各自进行有关参数的率定。

10.2.3 共振柱仪能够实测的应变幅范围一般不超过 10^{-4},当需要测定更大应变范围内土的等效粘弹性模型中的动弹模和阻尼比时,可与动三轴试验进行联合测试。

10.3 测 试 方 法

10.3.5 如果在一个试样上施加多级动应变或动应力以测定动模量和阻尼比随应变的变化,可以节省试验工作量,对于原状土还可节省取样数量和解决土性不均匀问题。但是,这样做有可能因预振造成孔隙水压力升高而影响后面几级的试验结果。为减少预振影响,应尽量缩短在每级动应变或动应力下的测试时间,这就要求共振柱仪操作人员必须有一定的熟练程度。至于对同一试样上允许施加动应变或动应力的级数,因具体情况多变,难以作出统一的合理规定,本条文只对试验在测试中出现的孔压和最大应变提出了控制原则。

10.4 数 据 处 理

10.4.3 在激振力幅一定的条件下,测得试样系统扭转振动的幅频曲线如图 5 所示,由其峰点确定共振频率 f_t。第 10.4.6 中的 f_l 确定方法与此类似。

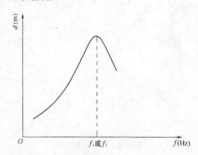

图 5 试样系统稳态强迫振动幅频曲线

10.4.5 在自由振动条件下,测得试样系统扭转振动随时间的变化曲线如图 6 所示。按线性粘弹体模型,若将横轴(时间)采用对数坐标,则其峰点可拟合成一条直线,其斜率便称为试样系统扭转自由振动的对数衰减率 δ_t。当采用式(10.4.5-2)时,宜用多个 n 值计算,并将其平均值作为要求的对数衰减率。第 10.4.8 中的 δ_l 确定方法与此类似。

10.4.10 整理最大动剪切模量或最大动弹性模量与有效应力的关系时,早期都采用了八面体平均应力。近些年来,已有较多的工作证明,最大动剪切模量只与在质点振动和振动传播两个方向上作用的主应力有关,而几乎不受作用在垂直动平面上的主应力影响。动三轴仪中试样轴对称应力,是二维问题;而大量的动力反应分析工作也是二维分析。因此,本章规定,对二维与三维条件,可分别采用本条文中符号说明的方法计算平均固结应力。在整理最大动模量与平均固结应力之间关系的经验公式(10.4.10-1)和(10.4.10-2)中,都引入了大气压力项,以使系数 C_1、C_2 成为无量纲的反映土性质的系数。

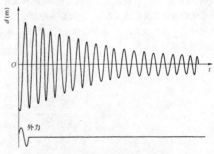

图 6 试样系统自由振动信号

11 空心圆柱动扭剪测试

11.1 一般规定

由于天然土体往往存在各向异性,不同方向上土体的力学性状和参数不同,动三轴仪难以进行土体各向异性的研究,而空心圆柱动扭剪仪则是研究土体各向异性的非常实用的仪器。

空心圆柱仪能够独立控制轴力 W,扭矩 M_T,内压 p_i 与外压 p_o,从而对圆筒状土体单元施加一组独立的应力分量,即单元体轴向应力 σ_a、环向应力 σ_θ、径向应力 σ_r 以及垂直于径向平面的剪应力 $\tau_{z\theta}$,恰与研究平面主应力轴旋转时所需的大、中、小主应力以及大主应力旋转角四个独立变量形成映射关系(图7),从而达到模拟复杂应力路径的要求。

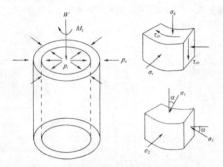

图 7 空心圆柱扭剪原理图

与常规三轴试验相比,空心扭剪试验具有以下优点:试样为空心薄壁,应力应变分布更均匀;试验过程中可以实现主应力轴连续旋转;可以任意控制中主应力 σ_2 的大小;可以实现非三轴复杂应力路径试验。

11.1.1 在以往的地震反应分析中,认为地震作用以水平剪切为主,故简化为单向激振循环荷载条件采用动三轴仪测试来模拟地震运动。然而在近场地震作用下,竖向地震力的作用也是不容忽视的,在这种情况下,采用动扭剪测试实现偏应力与剪应力耦合的荷载作用方式来模拟地震作用更符合实际情况。

主应力方向旋转变化是波浪、交通荷载作用下地基土体所受应力路径的主要特征,其对土体的影响与主应力轴定向剪切应力路径有着显著差别。动三轴仪只能控制围压和轴向偏应力两个变量,无法模拟主应力轴方向旋转变化,而空心圆柱仪则是模拟主应力轴方向旋转变化的最有效的试验仪器。

11.2 设备和仪器

11.2.1 测试设备由压力室、轴向和旋转双驱动设备、内(外)周围压力系统、反压力系统、孔隙水压力量测系统、轴向和扭转变形量测系统和体积变化量测系统等组成。测试设备中的加压和量测系统均没有规定采用何种方式,因为空心圆柱仪在不断改进,只要设备符合试验要求均可采用。

空心圆柱扭剪系统的核心部分是加载和测量系统,这两部分的精度决定了空心圆柱扭剪系统的性能,而信号控制与转换系统为数据的输出和采集提供了基础。

11.2.3 应力路径对土的动力特性影响较大。实际工程中,土体所受动力荷载的形式是复杂多变的,仅通过施加常规的正弦波或三角形波难以模拟真实的应力路径。空心圆柱仪的主机动力加载系统,应具有按给定任意数字信号波形进行激振的能力。

11.2.4 为了减小曲率效应和端部效应对试验结果的影响,试样的几何尺寸应满足第 11.2.4 条的规定,以保证试验结果的合理性。

11.2.5 空心圆柱仪能够实测的应变范围与振动三轴仪相近,一般为 $10^{-4} \sim 10^{-2}$。

11.3 测试方法

11.3.2 原状试样制备过程中,应先对土样进行描述,了解土样的均匀程度、含杂质等情况后,才能保证物理性试验的试样和力学性试验所选用的一样,避免产生试验结果相互矛盾的现象。

现有的内芯切取法主要有机械式和电渗式两种。机械式适用于强度较高的黏性土,利用 7 个直径不同的钻刀,从小到大依次对试样进行取芯,通过渐进式地修正达到设计空心内径的要求。电渗法适用于含水量高达 $80\% \sim 100\%$ 的软土,对试样施加直流电源正负两极,利用电势降使试样中的水从正极流向负极,产生润滑作用,把一根由探针引导穿过试样正中的电线连上负极,利用张紧的电线切割内壁,如此内芯与试样孔壁在润滑作用下较易分离,对试样的扰动也小。

11.3.6 针对不同的工程对象,动力试验中应选用相应的真实应力路径。试验中通过控制轴力和扭矩的加载波形,即可得到不同的应力路径。对经受地震、波浪和交通等动力作用的工程土体在 $\tau_{z\theta} - (\sigma_z - \sigma_\theta)$ 平面上的应力路径分别如图 8-(a)、8-(b)、8-(c) 所示。

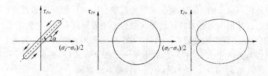

(a)地震作用应力路径   (b)波浪作用应力路径   (c)交通作用应力路径
图 8 地震、波浪、交通作用应力路径

11.4 数据处理

11.4.6 由于空心圆柱扭剪仪既可以像动三轴仪一样测量试样的轴向动应力-动应变,又可以同时测量试样的剪切动应力-动应变,因此空心圆柱扭剪仪可同时求得试样的动弹性模量和动剪切模量。

11.4.7 动三轴仪只能独立控制轴向偏应力和围压两个加载参数,定义强度比时动应力仅为轴向偏应力,即最大主应力与最小主应力之差,不能考虑中主应力的影响。空心圆柱仪能够独立控制轴力 W,扭矩 M_T,内压 p_i 与外压 p_o,可以对立控制三个大主应力的大小和方向。因此,采用空心圆柱仪定义的强度比考虑了中主应力的影响,更加符合工程实际受力状态,其取值也更为准确。

中华人民共和国国家标准

城市轨道交通工程监测技术规范

Code for monitoring measurement of urban rail transit engineering

GB 50911—2013

主编部门：中华人民共和国住房和城乡建设部
批准部门：中华人民共和国住房和城乡建设部
施行日期：２０１４年５月１日

中华人民共和国住房和城乡建设部

公　　告

第 141 号

住房城乡建设部关于发布国家标准
《城市轨道交通工程监测技术规范》的公告

现批准《城市轨道交通工程监测技术规范》为国家标准，编号为 GB 50911 - 2013，自 2014 年 5 月 1 日起实施。其中，第 3.1.1、9.1.1、9.1.5 条为强制性条文，必须严格执行。

本规范由我部标准定额研究所组织中国建筑工业出版社出版发行。

中华人民共和国住房和城乡建设部
2013 年 9 月 6 日

前　　言

根据住房和城乡建设部《关于印发〈2010 年工程建设标准规范制订、修订计划〉的通知》（建标〔2010〕43 号）的要求，规范编制组经广泛调查研究，认真总结实践经验，参考有关国际标准和国外先进标准，并在广泛征求意见的基础上，编制本规范。

本规范的主要技术内容是：1. 总则；2. 术语和符号；3. 基本规定；4. 监测项目及要求；5. 支护结构和周围岩土体监测点布设；6. 周边环境监测点布设；7. 监测方法及技术要求；8. 监测频率；9. 监测项目控制值和预警；10. 线路结构变形监测；11. 监测成果及信息反馈。

本规范以黑体字标志的条文为强制性条文，必须严格执行。

本规范由住房和城乡建设部负责管理和对强制性条文的解释，由北京城建勘测设计研究院有限责任公司负责具体技术内容的解释。执行过程中如有意见和建议，请寄送北京城建勘测设计研究院有限责任公司《城市轨道交通工程监测技术规范》编制组（地址：北京市朝阳区安慧里五区六号；邮编：100101）。

本 规 范 主 编 单 位：北京城建勘测设计研究院有限责任公司

本 规 范 参 编 单 位：北京市轨道交通建设管理有限公司
北京城建设计研究总院有限责任公司
北京安捷工程咨询有限公司

国网电力科学研究院
上海岩土工程勘察设计研究院有限公司
广州地铁设计研究院有限公司
北京城建集团有限责任公司
北京市政建设集团有限责任公司
天津市地下铁道集团有限公司
北京城市快轨建设管理有限公司
中铁隧道集团技术中心
北京交通大学

本规范主要起草人员：金　淮　张建全　徐祯祥
张成满　贺少辉　刘　军
吕培印　张晓沪　鲁卫东
林志元　刘观标　孙河川
罗富荣　焦　莹　张晋勋
马雪梅　黄伏莲　马海志
彭友君　李治国　任　干
褚伟洪　胡　波　吴锋波

本规范主要审查人员：贺长俊　沈小克　刘俊岩
徐张建　杨秀仁　曹伍富
刘永中　潘国荣　万姜林

目 次

1 总则 ·· 26—6
2 术语和符号 ···································· 26—6
　2.1 术语 ··· 26—6
　2.2 符号 ··· 26—6
3 基本规定 ··· 26—7
　3.1 基本要求 ································· 26—7
　3.2 工程影响分区及监测范围 ······ 26—7
　3.3 工程监测等级划分 ·················· 26—8
4 监测项目及要求 ···························· 26—9
　4.1 一般规定 ································· 26—9
　4.2 仪器监测 ································· 26—9
　4.3 现场巡查 ································ 26—10
　4.4 远程视频监控 ························ 26—11
5 支护结构和周围岩土体监测点
　布设 ·· 26—11
　5.1 一般规定 ······························· 26—11
　5.2 明挖法和盖挖法 ···················· 26—11
　5.3 盾构法 ··································· 26—13
　5.4 矿山法 ··································· 26—13
6 周边环境监测点布设 ·················· 26—14
　6.1 一般规定 ······························· 26—14
　6.2 建（构）筑物 ························· 26—14
　6.3 桥梁 ·· 26—15
　6.4 地下管线 ································ 26—15
　6.5 高速公路与城市道路 ············· 26—15
　6.6 既有轨道交通 ························ 26—15
7 监测方法及技术要求 ·················· 26—16
　7.1 一般规定 ······························· 26—16
　7.2 水平位移监测 ························ 26—16
　7.3 竖向位移监测 ························ 26—17
　7.4 深层水平位移监测 ················· 26—17

7.5 土体分层竖向位移监测 ··········· 26—18
7.6 倾斜监测 ··································· 26—18
7.7 裂缝监测 ··································· 26—18
7.8 净空收敛监测 ·························· 26—18
7.9 爆破振动监测 ·························· 26—19
7.10 孔隙水压力监测 ···················· 26—19
7.11 地下水位监测 ························ 26—19
7.12 岩土压力监测 ························ 26—19
7.13 锚杆和土钉拉力监测 ············· 26—20
7.14 结构应力监测 ························ 26—20
7.15 现场巡查 ································ 26—20
7.16 远程视频监控 ························ 26—20
8 监测频率 ·· 26—20
　8.1 一般规定 ······························· 26—20
　8.2 监测频率要求 ························ 26—21
9 监测项目控制值和预警 ·············· 26—22
　9.1 一般规定 ······························· 26—22
　9.2 支护结构和周围岩土体 ········· 26—22
　9.3 周边环境 ······························· 26—24
10 线路结构变形监测 ···················· 26—25
　10.1 一般规定 ······························ 26—25
　10.2 线路结构监测要求 ··············· 26—25
11 监测成果及信息反馈 ················· 26—26
附录A 监测项目代号和图例 ········· 26—26
附录B 基准点、监测点的埋设 ······· 26—28
附录C 现场巡查报表 ·················· 26—31
附录D 监测日报表 ····················· 26—33
本规范用词说明 ······························ 26—37
引用标准名录 ··································· 26—37
附：条文说明 ··································· 26—38

Contents

1 General Provisions ················ 26—6

2 Terms and Symbols ················ 26—6

  2.1 Technical Terms ················ 26—6

  2.2 Symbols ························ 26—6

3 Basic Requirements ················ 26—7

  3.1 General Requirements ············ 26—7

  3.2 Influenced Zone due to Construction
    and Monitoring Measurement
    Range ························ 26—7

  3.3 Monitoring Measurement Grade ····· 26—8

4 Monitoring Items and
  Requirements ···················· 26—9

  4.1 General Requirements ············ 26—9

  4.2 Instrument Monitoring ············ 26—9

  4.3 Inspection and Examination
    Contents ···················· 26—10

  4.4 Remote Video Contents ·········· 26—11

5 Monitoring Point Arrangement of
  Supporting Structure, Surrounding
  Rock and Soil ···················· 26—11

  5.1 General Requirements ··········· 26—11

  5.2 Cut and Cover Method ·········· 26—11

  5.3 Shield Method ················ 26—13

  5.4 Mining Method ················ 26—13

6 Monitoring Point Arrangement of
  Around Environment ·············· 26—14

  6.1 General Requirements ··········· 26—14

  6.2 Building and Structure ·········· 26—14

  6.3 Bridge ······················ 26—15

  6.4 Underground Pipeline ··········· 26—15

  6.5 Expressway and City Road ········ 26—15

  6.6 Existing Railway ·············· 26—15

7 Monitoring Methods and Technical
  Requirements ···················· 26—16

  7.1 General Requirements ··········· 26—16

  7.2 Horizontal Displacement ········· 26—16

7.3 Vertical Displacement ·············· 26—17

7.4 Horizontal Displacement in Deep
    Stratum ······················ 26—17

7.5 Vertical Displacement in Different
    Stratum ······················ 26—18

7.6 Inclination ···················· 26—18

7.7 Crack ························ 26—18

7.8 Section Convergence ·············· 26—18

7.9 Blasting Vibration ················ 26—19

7.10 Pore Water Pressure ············ 26—19

7.11 Water Table ·················· 26—19

7.12 Surrounding Rock and Soil
     Pressure ···················· 26—19

7.13 Tensile Force in Anchor Rod,
     Anchor Cable and Soil Nail ······· 26—20

7.14 Stress in Supporting ············ 26—20

7.15 Inspection and Examination ······· 26—20

7.16 Remote Video ················ 26—20

8 Monitoring Frequency ·············· 26—20

  8.1 General Requirements ··········· 26—20

  8.2 Monitoring Measurement
    Requirements of Frequency ········· 26—21

9 Controlled Value in Monitoring ··· 26—22

  9.1 General Requirements ··········· 26—22

  9.2 Supporting Structure, Surrounding
    Rock and Soil ················ 26—22

  9.3 Around Environment ············ 26—24

10 Deformation Monitoring of Line
   Structure ······················ 26—25

  10.1 General Requirements ··········· 26—25

  10.2 Monitoring Measurement
     Requirements of Line Structure ······ 26—25

11 Monitoring Achievement and
   Information Feedback ············· 26—26

Appendix A Monitoring Items
         Number and Graphic
         Example ················ 26—26

Appendix B Reference Points and
           Observation Point
           Diagram ·················· 26—28
Appendix C Inspection and Examination
           Report ················· 26—31
Appendix D Monitoring Daily

           Report ·················· 26—33
Explanation of Wording in This
           Code ························· 26—37
List of Quoted Standards ··············· 26—37
Addition: Explanation of
           Provisions ················ 26—38

1 总 则

1.0.1 为规范城市轨道交通工程监测工作，做到技术先进、经济合理、成果可靠，保证工程结构和周边环境的安全，制定本规范。

1.0.2 本规范适用于城市轨道交通新建、改建、扩建工程及工程运行维护的监测工作。

1.0.3 城市轨道交通工程监测应编制合理的监测方案，精心组织和实施监测，为动态设计、信息化施工和安全运营及时提供准确、可靠的监测成果。

1.0.4 城市轨道交通工程监测，除应符合本规范外，尚应符合国家现行有关标准的规定。

2 术语和符号

2.1 术 语

2.1.1 监测 monitoring measurement

采用仪器量测、现场巡查或远程视频监控等手段和方法，长期、连续地采集和收集反映工程施工、运营线路结构以及周边环境对象的安全状态、变化特征及其发展趋势的信息，并进行分析、反馈的活动。

2.1.2 周边环境 around environment

城市轨道交通工程施工影响范围内的既有轨道交通设施、建（构）筑物、地下管线、桥梁、高速公路、道路、河流、湖泊等环境对象的统称。

2.1.3 支护结构 supporting structure

基坑支护结构和隧道支护结构的统称。基坑支护结构是指为保证基坑开挖、地下结构施工和周边环境的安全，对基坑侧壁进行临时支挡、加固使基坑侧壁岩土体基本稳定的结构，包括支护桩（墙）和支撑（或锚杆）等结构；隧道支护结构是指隧道开挖过程中及时施作的能够使围岩基本稳定的结构，包括超前支护、临时支护、初期支护和二次衬砌等结构。

2.1.4 周围岩土体 surrounding rock and soil

城市轨道交通基坑、隧道工程施工影响范围内的岩体、土体、地下水等工程地质和水文地质条件的统称。

2.1.5 工程影响分区 influenced zone due to construction

根据周围岩土体和周边环境受工程施工影响程度的大小而进行的区域划分。

2.1.6 风险 risk

不利事件或事故发生的概率（频率）及其损失的组合。

2.1.7 工程监测等级 monitoring measurement grade

根据基坑、隧道工程自身、周边环境和地质条件等的风险大小，对工程监测进行的等级划分。

2.1.8 变形监测 deformation monitoring

对周边环境、支护结构和周围岩土体等监测对象的竖向、水平、倾斜等变化所进行的量测工作。

2.1.9 力学监测 mechanical monitoring

对周边环境、支护结构和周围岩土体等监测对象所承受的拉力、压力及变化等所进行的量测工作。

2.1.10 明挖法 cut and cover method

由地面开挖岩土修筑基坑的施工方法。

2.1.11 盖挖法 cover and cut method

由地面开挖岩土修筑结构顶板及其竖向支撑结构，然后在顶板下面开挖岩土修筑结构的施工方法，包括盖挖顺筑法和盖挖逆筑法。

2.1.12 盾构法 shield method

在岩土体内采用盾构开挖岩土修筑隧道的施工方法。

2.1.13 矿山法 mining method

在岩土体内采用人工、机械或钻眼爆破等开挖岩土修筑隧道的施工方法。

2.1.14 监测点 observation point

直接或间接设置在监测对象上，并能反映监测对象力学或变形特征的观测点。

2.1.15 监测项目控制值 controlled value for monitoring

为满足工程支护结构安全及环境保护要求，控制监测对象的状态变化，针对各监测项目的监测数据变化量所设定的受力或变形的设计允许值的限值。

2.2 符 号

B——矿山法隧道或导洞开挖宽度；

D——盾构法隧道开挖直径；

D'——水平位移累计变化量控制值；

f——构件的承载能力设计值；

f_y——支撑、锚杆的预应力设计值；

H——基坑设计深度；

i——隧道地表沉降曲线 Peck 计算公式中的沉降槽宽度系数；水准仪视准轴与水准管轴的夹角；

l——相邻基础的中心距离；

L——开挖面至监测点或监测断面的水平距离；

L_g——地下管线管节长度；

L_s——沿隧道轴向两监测点间距；

L_t——沿铁路走向两监测点间距；

S——竖向位移累计变化量控制值；

φ——内摩擦角；

v_d——水平位移变化速率控制值；

v_s——竖向位移变化速率控制值。

3 基本规定

3.1 基本要求

3.1.1 城市轨道交通地下工程应在施工阶段对支护结构、周围岩土体及周边环境进行监测。

3.1.2 地下工程施工期间的工程监测应为验证设计、施工及环境保护等方案的安全性和合理性，优化设计和施工参数，分析和预测工程结构和周边环境的安全状态及其发展趋势，实施信息化施工等提供资料。

3.1.3 工程监测应遵循下列工作流程：

1 收集、分析相关资料，现场踏勘；

2 编制和审查监测方案；

3 埋设、验收与保护监测基准点和监测点；

4 校验仪器设备，标定元器件，测定监测点初始值；

5 采集监测信息；

6 处理和分析监测信息；

7 提交监测日报、警情快报、阶段性监测报告等；

8 监测工作结束后，提交监测工作总结报告及相应的成果资料。

3.1.4 工程监测方案编制前应收集并分析水文气象资料、岩土工程勘察报告、周边环境调查报告、安全风险评估报告、设计文件及施工方案等相关资料，并进行现场踏勘。

3.1.5 工程监测方案应根据工程的施工特点，在分析研究工程风险及影响工程安全的关键部位和关键工序的基础上，有针对性地进行编制。监测方案宜包括下列内容：

1 工程概况；

2 建设场地地质条件、周边环境条件及工程风险特点；

3 监测目的和依据；

4 监测范围和工程监测等级；

5 监测对象及项目；

6 基准点、监测点的布设方法与保护要求，监测点布置图；

7 监测方法和精度；

8 监测频率；

9 监测控制值、预警等级、预警标准及异常情况下的监测措施；

10 监测信息的采集、分析和处理要求；

11 监测信息反馈制度；

12 监测仪器设备、元器件及人员的配备；

13 质量管理、安全管理及其他管理制度。

3.1.6 监测点的布设位置和数量应满足反映工程结构和周边环境安全状态的要求。

3.1.7 监测点的埋设位置应便于观测，不应影响和妨碍监测对象的正常受力和使用。监测点应埋设稳固，标识清晰，并应采取有效的保护措施。

3.1.8 现场监测应采用仪器量测、现场巡查、远程视频等多种手段相结合的综合方法进行信息采集。对穿越既有轨道交通、重要建（构）筑物等安全风险较大的周边环境，宜采用远程自动化实时监测。

3.1.9 监测信息采集的频率和监测期应根据设计要求、施工方法、施工进度、监测对象特点、地质条件和周边环境条件综合确定，并应满足反映监测对象变化过程的要求。

3.1.10 监测信息应及时进行处理、分析和反馈，发现影响工程及周边环境安全的异常情况时，必须立即报告。

3.1.11 当工程遇到下列情况时，应编制专项监测方案：

1 穿越或邻近既有轨道交通设施；

2 穿越重要的建（构）筑物、高速公路、桥梁、机场跑道等；

3 穿越河流、湖泊等地表水体；

4 穿越岩溶、断裂带、地裂缝等不良地质条件；

5 采用新工艺、新工法或有其他特殊要求。

3.1.12 突发风险事件时的应急抢险监测应在原有监测工作的基础上有针对性地加密监测点、提高监测频率或增加监测项目，并宜进行远程自动化实时监测。

3.1.13 城市轨道交通应在运营期间对线路中的隧道、高架桥梁和路基结构及重要附属结构等的变形进行监测。

3.2 工程影响分区及监测范围

3.2.1 工程影响分区应根据基坑、隧道工程施工对周围岩土体扰动和周边环境影响的程度及范围划分，可分为主要、次要和可能等三个工程影响分区。

3.2.2 基坑工程影响分区宜按表3.2.2的规定进行划分。

表3.2.2 基坑工程影响分区

基坑工程影响区	范　围
主要影响区（Ⅰ）	基坑周边 $0.7H$ 或 $H \cdot \tan(45° - \varphi/2)$ 范围内
次要影响区（Ⅱ）	基坑周边 $0.7H \sim (2.0 \sim 3.0)H$ 或 $H \cdot \tan(45° - \varphi/2) \sim (2.0 \sim 3.0)H$ 范围内
可能影响区（Ⅲ）	基坑周边 $(2.0 \sim 3.0)H$ 范围外

注：1 H——基坑设计深度（m），φ——岩土体内摩擦角（°）；

2 基坑开挖范围内存在基岩时，H 可为覆盖土层和基岩强风化层厚度之和；

3 工程影响分区的划分界线取表中 $0.7H$ 或 $H \cdot \tan(45° - \varphi/2)$ 的较大值。

3.2.3 土质隧道工程影响分区宜按表3.2.3的规定进行划分。隧道穿越基岩时，应根据覆盖土层特征、岩石坚硬程度、风化程度及岩体结构与构造等地质条件，综合确定工程影响分区界线。

表3.2.3 土质隧道工程影响分区

隧道工程影响区	范　围
主要影响区（Ⅰ）	隧道正上方及沉降曲线反弯点范围内
次要影响区（Ⅱ）	隧道沉降曲线反弯点至沉降曲线边缘2.5i处
可能影响区（Ⅲ）	隧道沉降曲线边缘2.5i外

注：i——隧道地表沉降曲线Peck计算公式中的沉降槽宽度系数（m）。

3.2.4 工程影响分区的划分界线应根据地质条件、施工方法及措施特点，结合当地的工程经验进行调整。当遇到下列情况时，应调整工程影响分区界线：

1 隧道、基坑周边土体以淤泥、淤泥质土或其他高压缩性土为主时，应增大工程主要影响区和次要影响区；

2 隧道穿越或基坑处于断裂破碎带、岩溶、土洞、强风化岩、全风化岩或残积土等不良地质体或特殊性岩土发育区域，应根据其分布和对工程的危害程度调整工程影响分区界线；

3 采用锚杆支护、注浆加固、高压旋喷等工程措施时，应根据其对岩土体的扰动程度和影响范围调整工程影响分区界线；

4 采用施工降水措施时，应根据降水影响范围和预计的地面沉降大小调整工程影响分区界线；

5 施工期间出现严重的涌砂、涌土或管涌以及较严重渗漏水、支护结构过大变形、周边建（构）筑物或地下管线严重变形等异常情况时，宜根据工程实际情况增大工程主要影响区和次要影响区。

3.2.5 监测范围应根据基坑设计深度、隧道埋深和断面尺寸、施工工法、支护结构形式、地质条件、周边环境条件等综合确定，并应包括主要影响区和次要影响区。

3.2.6 采用爆破开挖岩土体的地下工程，爆破振动的监测范围应根据工程实际情况通过爆破试验确定。

3.3　工程监测等级划分

3.3.1 工程监测等级宜根据基坑、隧道工程的自身风险等级、周边环境风险等级和地质条件复杂程度进行划分。

3.3.2 基坑、隧道工程的自身风险等级宜根据支护结构发生变形或破坏、岩土体失稳等的可能性和后果的严重程度，采用工程风险评估的方法确定，也可根据基坑设计深度、隧道埋深和断面尺寸等按表3.3.2划分。

表3.3.2 基坑、隧道工程的自身风险等级

工程自身风险等级		等级划分标准
基坑工程	一级	设计深度大于或等于20m的基坑
	二级	设计深度大于或等于10m且小于20m的基坑
	三级	设计深度小于10m的基坑
隧道工程	一级	超浅埋隧道；超大断面隧道
	二级	浅埋隧道；近距离并行或交叠的隧道；盾构始发与接收区段；大断面隧道
	三级	深埋隧道；一般断面隧道

注：1　超大断面隧道是指断面尺寸大于100m²的隧道；大断面隧道是指断面尺寸在50m²～100m²的隧道；一般断面隧道是指断面尺寸在10m²～50m²的隧道；

2　近距离隧道是指两隧道间距在一倍开挖宽度（或直径）范围以内；

3　隧道深埋、浅埋和超浅埋的划分根据施工工法、围岩等级、隧道覆土厚度与开挖宽度（或直径），结合当地工程经验综合确定。

3.3.3 周边环境风险等级宜根据周边环境发生变形或破坏的可能性和后果的严重程度，采用工程风险评估的方法确定，也可根据周边环境的类型、重要性、与工程的空间位置关系和对工程的危害性按表3.3.3划分。

表3.3.3 周边环境风险等级

周边环境风险等级	等级划分标准
一级	主要影响区内存在既有轨道交通设施、重要建（构）筑物、重要桥梁与隧道、河流或湖泊
二级	主要影响区内存在一般建（构）筑物、一般桥梁与隧道、高速公路或重要地下管线 次要影响区内存在既有轨道交通设施、重要建（构）筑物、重要桥梁与隧道、河流或湖泊 隧道工程上穿既有轨道交通设施
三级	主要影响区内存在城市重要道路、一般地下管线或一般市政设施 次要影响区内存在一般建（构）筑物、一般桥梁与隧道、高速公路或重要地下管线
四级	次要影响区内存在城市重要道路、一般地下管线或一般市政设施

3.3.4 地质条件复杂程度可根据场地地形地貌、工程地质条件和水文地质条件按表3.3.4划分。

表 3.3.4 地质条件复杂程度

地质条件复杂程度	等级划分标准
复杂	地形地貌复杂；不良地质作用强烈发育；特殊性岩土需要专门处理；地基、围岩和边坡的岩土性质较差；地下水对工程的影响较大需要进行专门研究和治理
中等	地形地貌较复杂；不良地质作用一般发育；特殊性岩土不需要专门处理；地基、围岩和边坡的岩土性质一般；地下水对工程的影响较小
简单	地形地貌简单；不良地质作用不发育；地基、围岩和边坡的岩土性质较好；地下水对工程无影响

注：符合条件之一即为对应的地质条件复杂程度，从复杂开始，向中等、简单推定，以最先满足的为准。

3.3.5 工程监测等级可按表 3.3.5 划分，并应根据当地经验结合地质条件复杂程度进行调整。

表 3.3.5 工程监测等级

工程自身风险等级 ＼ 周边环境风险等级 ＼ 工程监测等级	一级	二级	三级	四级
一级	一级	一级	一级	一级
二级	一级	二级	二级	二级
三级	一级	二级	三级	三级

4 监测项目及要求

4.1 一般规定

4.1.1 工程监测对象的选择应在满足工程支护结构安全和周边环境保护要求的条件下，针对不同的施工方法，根据支护结构设计方案、周围岩土体及周边环境条件综合确定。监测对象宜包括下列内容：

　　1 基坑工程中的支护桩（墙）、立柱、支撑、锚杆、土钉等结构，矿山法隧道工程中的初期支护、临时支护、二次衬砌及盾构法隧道工程中的管片等支护结构；

　　2 工程周围岩体、土体、地下水及地表；

　　3 工程周边建（构）筑物、地下管线、高速公路、城市道路、桥梁、既有轨道交通及其他城市基础设施等环境。

4.1.2 工程监测项目应根据监测对象的特点、工程监测等级、工程影响分区、设计及施工的要求合理确定，并应反映监测对象的变化特征和安全状态。

4.1.3 各监测对象和项目应相互配套，满足设计、

施工方案的要求，并形成有效、完整的监测体系。

4.2 仪器监测

4.2.1 明挖法和盖挖法基坑支护结构和周围岩土体监测项目应根据表 4.2.1 选择。

表 4.2.1 明挖法和盖挖法基坑支护结构和周围岩土体监测项目

序号	监测项目	工程监测等级		
		一级	二级	三级
1	支护桩（墙）、边坡顶部水平位移	√	√	√
2	支护桩（墙）、边坡顶部竖向位移	√	√	√
3	支护桩（墙）体水平位移	√	√	○
4	支护桩（墙）结构应力	√	○	○
5	立柱结构竖向位移	√	√	○
6	立柱结构水平位移	○	○	○
7	立柱结构应力	○	○	○
8	支撑轴力	√	√	√
9	顶板应力	○	○	○
10	锚杆拉力	√	√	○
11	土钉拉力	○	○	○
12	地表沉降	√	√	√
13	竖井井壁支护结构净空收敛	○	○	○
14	土体深层水平位移	√	√	○
15	土体分层竖向位移	○	○	○
16	坑底隆起（回弹）	○	○	○
17	支护桩（墙）侧向土压力	○	○	○
18	地下水位	√	√	○
19	孔隙水压力	○	○	○

注：√——应测项目，○——选测项目。

4.2.2 盾构法隧道管片结构和周围岩土体监测项目应根据表 4.2.2 选择。

表 4.2.2 盾构法隧道管片结构和周围岩土体监测项目

序号	监测项目	工程监测等级		
		一级	二级	三级
1	管片结构竖向位移	√	√	√
2	管片结构水平位移	√	○	○
3	管片结构净空收敛	√	√	√
4	管片结构应力	○	○	○
5	管片连接螺栓应力	○	○	○
6	地表沉降	√	√	√
7	土体深层水平位移	○	○	○
8	土体分层竖向位移	○	○	○

续表4.2.2

序号	监测项目	工程监测等级		
		一级	二级	三级
9	管片围岩压力	○	○	○
10	孔隙水压力	○	○	○

注：√——应测项目，○——选测项目。

4.2.3 矿山法隧道支护结构和周围岩土体监测项目应根据表4.2.3选择。

表 4.2.3 矿山法隧道支护结构和周围岩土体监测项目

序号	监测项目	工程监测等级		
		一级	二级	三级
1	初期支护结构拱顶沉降	√	√	√
2	初期支护结构底板竖向位移	√	○	○
3	初期支护结构净空收敛	√	√	√
4	隧道拱脚竖向位移	○	○	○
5	中柱结构竖向位移	√	○	○
6	中柱结构倾斜	○	○	○
7	中柱结构应力	○	○	○
8	初期支护结构、二次衬砌应力	○	○	○
9	地表沉降	√	√	√
10	土体深层水平位移	○	○	○
11	土体分层竖向位移	○	○	○
12	围岩压力	○	○	○
13	地下水位	√	√	√

注：√——应测项目，○——选测项目。

4.2.4 当遇到下列情况时，应对工程周围岩土体进行监测：

1 基坑深度较大、基底土质软弱或基底下存在承压水且对工程影响较大时，应进行坑底隆起（回弹）监测；

2 基坑侧壁、隧道围岩的地质条件复杂，岩土体易产生较大变形、空洞、坍塌的部位或区域，应进行土体分层竖向位移或深层水平位移监测；

3 在软土地区，基坑或隧道邻近对沉降敏感的建（构）筑物等环境时，应进行孔隙水压力、土体分层竖向位移或深层水平位移监测；

4 工程邻近或穿越岩溶、断裂带等不良地质条件，或施工扰动引起周围岩土体物理力学性质发生较大变化，并对支护结构、周边环境或施工可能造成危害时，应结合工程实际选择岩土体监测项目。

4.2.5 周边环境监测项目应根据表4.2.5选择。当主要影响区存在高层、高耸建（构）筑物时，应进行倾斜监测。既有城市轨道交通高架线和地面线的监测

项目可按照桥梁和既有铁路的监测项目选择。

表 4.2.5 周边环境监测项目

监测对象	监测项目	工程影响分区	
		主要影响区	次要影响区
建（构）筑物	竖向位移	√	√
	水平位移	○	○
	倾斜	○	○
	裂缝	○	○
地下管线	竖向位移	√	√
	水平位移	○	○
	差异沉降	√	○
高速公路与城市道路	路面路基竖向位移	√	√
	挡墙竖向位移	√	○
	挡墙倾斜	√	○
桥梁	墩台竖向位移	√	√
	墩台差异沉降	√	√
	墩柱倾斜	√	√
	梁板应力	√	○
	裂缝	√	○
既有城市轨道交通	隧道结构竖向位移	√	√
	隧道结构水平位移	√	√
	隧道结构净空收敛	√	○
	隧道结构变形缝差异沉降	√	√
	轨道结构（道床）竖向位移	√	√
	轨道静态几何形位（轨距、轨向、高低、水平）	√	√
	隧道、轨道结构裂缝	√	○
既有铁路（包括城市轨道交通地面线）	路基竖向位移	√	√
	轨道静态几何形位（轨距、轨向、高低、水平）	√	√

注：√——应测项目，○——选测项目。

4.2.6 当工程周边存在既有轨道交通或对位移有特殊要求的建（构）筑物及设施时，监测项目应与有关管理部门或单位共同确定。

4.2.7 采用钻爆法施工时，应对爆破振动影响范围内的建（构）筑物、桥梁等高风险环境进行振动速度或加速度监测。

4.2.8 仪器监测项目的代号和图例应规范、统一，并宜按本规范附录A执行。

4.3 现场巡查

4.3.1 明挖法和盖挖法基坑施工现场巡查宜包括下

列内容：

1 施工工况：

1) 开挖长度、分层高度及坡度，开挖面暴露时间；

2) 开挖面岩土体的类型、特征、自稳性，渗漏水量大小及发展情况；

3) 降水或回灌等地下水控制效果及设施运转情况；

4) 基坑侧壁及周边地表截、排水措施及效果，坑边或基底积水情况；

5) 支护桩（墙）后土体裂缝、沉陷，基坑侧壁或基底的涌土、流砂、管涌情况；

6) 基坑周边的超载情况；

7) 放坡开挖的基坑边坡位移、坡面开裂情况。

2 支护结构：

1) 支护桩（墙）的裂缝、侵限情况；

2) 冠梁、围檩的连续性，围檩与桩（墙）之间的密贴性，围檩与支撑的防坠落措施；

3) 冠梁、围檩、支撑的变形或裂缝情况；

4) 支撑架设情况；

5) 盖挖法顶板的变形和开裂，顶板与立柱、墙体的连接情况；

6) 锚杆、土钉垫板的变形、松动情况；

7) 止水帷幕的开裂、渗漏水情况。

4.3.2 盾构法隧道施工现场巡查宜包括下列内容：

1 盾构始发端、接收端土体加固情况；

2 盾构掘进位置（环号）；

3 盾构停机、开仓等的时间和位置；

4 管片破损、开裂、错台、渗漏水情况；

5 联络通道开洞口情况。

4.3.3 矿山法隧道施工现场巡查宜包括下列内容：

1 施工工况：

1) 开挖步序、步长、核心土尺寸等情况；

2) 开挖面岩土体的类型、特征、自稳性，地下水渗漏及发展情况；

3) 开挖面岩土体的坍塌位置、规模；

4) 降水或止水等地下水控制效果及降水设施运转情况。

2 支护结构：

1) 超前支护施作情况及效果，钢拱架架设、挂网及喷射混凝土的及时性，连接板的连接及锁脚锚杆的打设情况；

2) 初期支护结构渗漏水情况；

3) 初期支护结构开裂、剥离、掉块情况；

4) 临时支撑结构的变位情况；

5) 二衬结构施作时临时支撑结构分段拆除情况；

6) 初期支护结构背后回填注浆的及时性。

4.3.4 周边环境现场巡查宜包括下列内容：

1 建（构）筑物、桥梁墩台或梁体、既有轨道交通结构等的裂缝位置、数量和宽度，混凝土剥落位置、大小和数量，设施的使用状况；

2 地下构筑物积水及渗水情况，地下管线的漏水、漏气情况；

3 周边路面或地表的裂缝、沉陷、隆起、冒浆的位置、范围等情况；

4 河流湖泊的水位变化情况，水面出现漩涡、气泡及其位置、范围，堤坡裂缝宽度、深度、数量及发展趋势等；

5 工程周边开挖、堆载、打桩等可能影响工程安全的生产活动。

4.3.5 基准点、监测点、监测元器件的完好状况、保护情况应定期巡视检查。

4.4 远程视频监控

4.4.1 对工程施工中风险较大的部位宜进行远程视频监控，且远程视频监控现场应有适当的照明条件，当无照明条件时可采用红外设备进行监控。

4.4.2 下列部位宜进行远程视频监控：

1 明挖法和盖挖法基坑工程的岩土体开挖面、支护结构、周边环境等；

2 盾构法隧道工程的始发、接收井与联络通道；

3 矿山法隧道工程的岩土体开挖面；

4 施工竖井、洞口、通道、提升设备等重点部位。

5 支护结构和周围岩土体监测点布设

5.1 一般规定

5.1.1 支护结构和周围岩土体监测点的布设位置和数量应根据施工工法、工程监测等级、地质条件及监测方法的要求等综合确定，并应满足反映监测对象实际状态、位移和内力变化规律，及分析监测对象安全状态的要求。

5.1.2 支护结构监测应在支护结构设计计算的位移与内力最大部位、位移与内力变化最大部位及反映工程安全状态的关键部位等布设监测点。

5.1.3 监测点布设时应设置监测断面，且监测断面的布设应反映监测对象的变化规律，以及不同监测对象之间的内在变化规律。监测断面的位置和数量宜根据工程条件及规模进行确定。

5.2 明挖法和盖挖法

5.2.1 明挖法和盖挖法的支护桩（墙）、边坡顶部水平位移和竖向位移监测点布设应符合下列规定：

1 监测点应沿基坑周边布设，且监测等级为一级、二级时，布设间距宜为10m～20m；监测等级为三级时，布设间距宜为20m～30m；

2 基坑各边中间部位、阳角部位、深度变化部位、邻近建（构）筑物及地下管线等重要环境部位、地质条件复杂部位等，应布设监测点；

3 对于出入口、风井等附属工程的基坑，每侧的监测点不应少于1个；

4 水平和竖向位移监测点宜为共用点，监测点应布设在支护桩（墙）顶或基坑坡顶上。

5.2.2 明挖法和盖挖法的支护桩（墙）体水平位移监测点布设应符合下列规定：

1 监测点应沿基坑周边的桩（墙）体布设，且监测等级为一级、二级时，布设间距宜为20m～40m，监测等级为三级时，布设间距宜为40m～50m；

2 基坑各边中间部位、阳角部位及其他代表性部位的桩（墙）体应布设监测点；

3 监测点的布设位置宜与支护桩（墙）顶部水平位移和竖向位移监测点处于同一监测断面。

5.2.3 明挖法和盖挖法的支护桩（墙）结构应力监测断面及监测点布设应符合下列规定：

1 基坑各边中间部位、深度变化部位、桩（墙）体背后水土压力较大部位、地面荷载较大或其他变形较大部位、受力条件复杂部位等，应布设竖向监测断面；

2 监测断面的布设位置与支护桩（墙）体水平位移监测点宜共同组成监测断面；

3 监测点的竖向间距应根据桩（墙）体的弯矩大小及土层分布情况确定，且监测点竖向间距不宜大于5m，在弯矩最大处应布设监测点。

5.2.4 明挖法和盖挖法的立柱结构竖向位移、水平位移和结构应力监测点布设应符合下列规定：

1 竖向位移和水平位移的监测数量不应少于立柱总数量的5%，且不应少于3根；当基底受承压水影响较大或采用逆作法施工时，应增加监测数量；

2 竖向位移和水平位移监测宜选择基坑中部、多根支撑交汇处、地质条件复杂处的立柱；

3 竖向位移和水平位移监测点宜布设在便于观测和保护的立柱侧面上；

4 水平位移监测点宜在立柱结构顶部、底部上下对应布设，并可在中部增加监测点；

5 结构应力监测应选择受力较大的立柱，监测点宜布设在各层支撑立柱的中间部位或立柱下部的1/3部位，并宜沿立柱周边均匀布设4个监测点。

5.2.5 明挖法和盖挖法的支撑轴力监测断面及监测点布设应符合下列规定：

1 支撑轴力监测宜选择基坑中部、阳角部位、深度变化部位、支护结构受力条件复杂部位及在支撑系统中起控制作用的支撑；

2 支撑轴力监测应沿竖向布设监测断面，每层支撑均应布设监测点；

3 每层支撑的监测数量不宜少于每层支撑数量的10%，且不应少于3根；

4 监测断面的布设位置与相近的支护桩（墙）体水平位移监测点宜共同组成监测断面；

5 采用轴力计监测时，监测点应布设在支撑的端部；采用钢筋计或应变计监测时，可布设在支撑中部或两支点间1/3部位，当支撑长度较大时也可布设在1/4点处，并应避开节点位置。

5.2.6 盖挖法顶板应力监测点布设应符合下列规定：

1 应选择具有代表性的断面进行顶板应力监测；

2 监测点宜布设在立柱或边桩与顶板的刚性连接部位和两根立柱或边桩与立柱的跨中部位，每个监测点的纵横两个方向均应进行监测。

5.2.7 明挖法和盖挖法的锚杆拉力监测断面及监测点布设应符合下列规定：

1 锚杆拉力监测宜选择基坑各边中间部位、阳角部位、深度变化部位、地质条件复杂部位及周边存在高大建（构）筑物部位的锚杆；

2 锚杆拉力监测应沿竖向布设监测断面，每层锚杆均应布设监测点；

3 每层锚杆的监测数量不应少于3根；

4 每根锚杆上的监测点宜设置在锚头附近或受力有代表性的位置；

5 监测点的布设位置与支护桩（墙）体水平位移监测点宜共同组成监测断面。

5.2.8 明挖法和盖挖法的土钉拉力监测点布设应符合下列规定：

1 土钉拉力监测宜选择基坑各边中间部位、阳角部位、深度变化部位、地质条件复杂部位及周边存在高大建（构）筑物部位的土钉；

2 土钉拉力监测应沿竖向布设监测断面，每层土钉均应布设监测点；

3 每根土钉杆体上的监测点应设置在受力有代表性的位置；

4 监测点的布设位置与土钉墙顶水平位移监测点宜共同组成监测断面。

5.2.9 明挖法和盖挖法的周边地表沉降监测断面及监测点布设应符合下列规定：

1 沿平行基坑周边边线布设的地表沉降监测点不应少于2排，且排距宜为3m～8m，第一排监测点距基坑边缘不宜大于2m，每排监测点间距宜为10m～20m；

2 应根据基坑规模和周边环境条件，选择有代表性的部位布设垂直于基坑边线的横向监测断面，每个横向监测断面监测点的数量和布设位置应满足对基坑工程主要影响区和次要影响区的控制，每侧监测点数量不宜少于5个；

3 监测点及监测断面的布设位置宜与周边环境监测点布设相结合。

5.2.10 明挖法和盖挖法的竖井井壁支护结构净空收敛监测断面及监测点布设应符合下列规定：

1 沿竖向每 3m～5m 应布设一个监测断面；

2 每个监测断面在竖井结构的长、短边中部应布设监测点，每个监测断面不应少于 2 条测线。

5.2.11 明挖法和盖挖法的坑底隆起（回弹）监测点布设应符合下列规定：

1 坑底隆起（回弹）监测应根据基坑的平面形状和尺寸布设纵向、横向监测断面；

2 监测点宜布设在基坑的中央、距坑底边缘的 1/4 坑底宽度处以及其他能反映变形特征的位置；当基底土质软弱、基底以下存在承压水时，宜适当增加监测点；

3 回弹监测标志埋入基坑底面以下宜为 20cm～30cm。

5.2.12 明挖法和盖挖法的地下水位观测孔布设应符合下列规定：

1 地下水位观测孔应根据水文地质条件的复杂程度、降水深度、降水的影响范围和周边环境保护要求，在降水区域及影响范围内分别布设地下水位观测孔，观测孔数量应满足掌握降水区域和影响范围内的地下水位动态变化的要求；

2 当降水深度内存在 2 个及以上含水层时，应分层布设地下水位观测孔；

3 降水区靠近地表水体时，应在地表水体附近增设地下水位观测孔。

5.2.13 明挖法和盖挖法的支护桩（墙）侧向土压力、土体深层水平位移、土体分层竖向位移和孔隙水压力监测点布设，应符合现行国家标准《建筑基坑工程监测技术规范》GB 50497 的有关规定。

5.3 盾 构 法

5.3.1 盾构管片结构竖向、水平位移和净空收敛监测断面及监测点布设应符合下列规定：

1 在盾构始发与接收段、联络通道附近、左右线交叠或邻近段、小半径曲线段等区段应布设监测断面；

2 存在地层偏压、围岩软硬不均、地下水位较高等地质条件复杂区段应布设监测断面；

3 下穿或邻近重要建（构）筑物、地下管线、河流湖泊等周边环境条件复杂区段应布设监测断面；

4 每个监测断面宜在拱顶、拱底、两侧拱腰处布设管片结构净空收敛监测点，拱顶、拱底的净空收敛监测点可兼作竖向位移监测点，两侧拱腰处的净空收敛监测点可兼作水平位移监测点。

5.3.2 盾构管片结构应力、管片围岩压力、管片连接螺栓应力监测点布设应符合下列规定：

1 盾构管片结构应力、管片围岩压力、管片连接螺栓应力监测应布设垂直于隧道轴线的监测断面，

监测断面宜布设在存在地层偏压、围岩软硬不均、地下水位较高等地质或环境条件复杂地段，并应与管片结构竖向位移和净空收敛监测断面处于同一位置；

2 每个监测项目在每个监测断面的监测点数量不宜少于 5 个。

5.3.3 盾构法隧道的周边地表沉降监测断面及监测点布设应符合下列规定：

1 监测点应沿盾构隧道轴线上方地表布设，且监测等级为一级时，监测点间距宜为 5m～10m；监测等级为二级、三级时，监测点间距宜为 10m～30m，始发和接收段应适当增加监测点；

2 应根据周边环境和地质条件布设垂直于隧道轴线的横向监测断面，且监测等级为一级时，监测断面间距宜为 50m～100m；监测等级为二级、三级时，间距宜为 100m～150m；

3 在始发和接收段、联络通道等部位及地质条件不良易产生开挖面坍塌和地表过大变形的部位，应有横向监测断面控制；

4 横向监测断面的监测点数量宜为 7 个～11 个，且主要影响区的监测点间距宜为 3m～5m，次要影响区的监测点间距宜为 5m～10m。

5.3.4 盾构法隧道的周围土体深层水平位移和分层竖向位移监测孔及监测点布设应符合下列规定：

1 地层疏松、土洞、溶洞、破碎带等地质条件复杂地段，软土、膨胀性岩土、湿陷性土等特殊性岩土地段，工程施工对岩土体扰动较大或邻近重要建（构）筑物、地下管线等地段，应布设监测孔及监测点；

2 监测孔的位置和深度应根据工程需要确定，并应避免管片背后注浆对监测孔的影响；

3 土体分层竖向位移监测点宜布设在各层土的中部或界面上，也可等间距布设。

5.3.5 孔隙水压力监测点布设应符合下列规定：

1 孔隙水压力监测宜选择在隧道管片结构受力和变形较大、存在饱和软土和易产生液化的粉细砂土层等有代表性的部位进行布设；

2 竖向监测点宜在水压力变化影响深度范围内按土层分布情况布设，竖向监测点间距宜为 2m～5m，且数量不宜少于 3 个。

5.4 矿 山 法

5.4.1 矿山法的初期支护结构拱顶沉降、净空收敛监测断面及监测点布设应符合下列规定：

1 初期支护结构拱顶沉降、净空收敛监测应布设垂直于隧道轴线的横向监测断面，车站监测断面间距宜为 5m～10m，区间监测断面间距宜为 10m～15m；

2 监测点宜在隧道拱顶、两侧拱脚处（全断面

开挖时）或拱腰处（半断面开挖时）布设，拱顶的沉降监测点可兼作净空收敛监测点，净空收敛测线宜为 1 条～3 条；

3 分部开挖施工的每个导洞均应布设横向监测断面；

4 监测点应在初期支护结构完成后及时布设。

5.4.2 矿山法的初期支护结构底板竖向位移监测点布设应符合下列规定：

1 监测点宜布设在初期支护结构底板的中部或两侧；

2 监测点的布设位置与拱顶沉降监测点宜对应布设。

5.4.3 矿山法的隧道拱脚竖向位移监测点布设应符合下列规定：

1 在隧道周围岩土体存在软弱土层时，应布设隧道拱脚竖向位移监测点；

2 隧道拱脚竖向位移监测点与初期支护结构拱顶沉降监测宜共同组成监测断面。

5.4.4 矿山法的车站中柱沉降、倾斜及结构应力监测点布设应符合下列规定：

1 应选择有代表性的中柱进行沉降、倾斜监测；

2 当需进行中柱结构应力监测时，监测数量不应少于中柱总数的 10%，且不应少于 3 根，每柱宜布设 4 个监测点，并在同一水平面内均匀布设。

5.4.5 矿山法的围岩压力、初期支护结构应力、二次衬砌应力监测断面及监测点布设应符合下列规定：

1 在地质条件复杂或应力变化较大的部位布设监测断面时，应力监测断面与净空收敛监测断面宜处于同一位置；

2 监测点宜布设在拱顶、拱脚、墙中、墙脚、仰拱中部等部位，监测断面上每个监测项目不宜少于 5 个监测点；

3 需拆除竖向初期支护结构的部位应根据需要布设监测点。

5.4.6 矿山法的周边地表沉降监测断面及监测点布设应符合下列规定：

1 监测点应沿每个隧道或分部开挖导洞的轴线上方地表布设，且监测等级为一级、二级时，监测点间距宜为 5m～10m；监测等级为三级时，监测点间距宜为 10m～15m；

2 应根据周边环境和地质条件，沿地表布设垂直于隧道轴线的横向监测断面，且监测等级为一级时，监测断面间距宜为 10m～50m；监测等级为二级、三级时，监测断面间距宜为 50m～100m；

3 在车站与区间、车站与附属结构、明暗挖等的分界部位，洞口、隧道断面变化、联络通道、施工通道等部位及地质条件不良易产生开挖面坍塌和地表过大变形的部位，应有横向监测断面控制；

4 横向监测断面的监测点数量宜为 7 个～11

个，且主要影响区的监测点间距宜为 3m～5m，次要影响区的监测点间距宜为 5m～10m。

5.4.7 矿山法的周围土体深层水平位移和分层竖向位移监测孔及监测点布设应符合本规范第 5.3.4 条的规定。

5.4.8 矿山法的地下水位观测孔布设应符合下列规定：

1 观测孔位置选择、孔深等应符合本规范第 5.2.12 条的第 1 款、第 2 款的规定；

2 观测孔数量应根据工程需要确定。

6 周边环境监测点布设

6.1 一般规定

6.1.1 周边环境监测点的布设位置和数量应根据环境对象的类型和特征、环境风险等级、所处工程影响分区、监测项目及监测方法的要求等综合确定，并应满足反映环境对象变化规律和分析环境对象安全状态的要求。

6.1.2 周边环境监测点应布设在反映环境对象变形特征的关键部位和受施工影响敏感的部位。

6.1.3 周边环境监测点的布设应便于观测，且不应影响或妨碍环境监测对象的结构受力、正常使用和美观。

6.1.4 爆破振动监测点的布设及要求应符合现行国家标准《爆破安全规程》GB 6722 的有关规定。监测建（构）筑物不同高度的振动时，应从基础到顶部的不同高度部位布设监测点。

6.2 建（构）筑物

6.2.1 建（构）筑物竖向位移监测点布设应反映建（构）筑物的不均匀沉降，并应符合下列规定：

1 建（构）筑物竖向位移监测点应布设在外墙或承重柱上，且位于主要影响区时，监测点沿外墙间距宜为 10m～15m，或每隔 2 根承重柱布设 1 个监测点；位于次要影响区时，监测点沿外墙间距宜为 15m～30m，或每隔 2 根～3 根承重柱布设 1 个监测点；在外墙转角处应有监测点控制；

2 在高低悬殊或新旧建（构）筑物连接、建（构）筑物变形缝、不同结构分界、不同基础形式和不同基础埋深等部位的两侧应布设监测点；

3 对烟囱、水塔、高压电塔等高耸构筑物，应在其基础轴线上对称布设监测点，且每栋构筑物监测点不应少于 3 个；

4 风险等级较高的建（构）筑物应适当增加监测点数量。

6.2.2 建（构）筑物水平位移监测点应布设在邻近基坑或隧道一侧的建（构）筑物外墙、承重柱、变形缝两侧及其他有代表性的部位，并可与建（构）筑物竖向位移监测点布设在同一位置。

6.2.3 建（构）筑物倾斜监测点布设应符合下列规定：

1 倾斜监测点应沿主体结构顶部、底部上下对应按组布设，且中部可增加监测点；

2 每栋建（构）筑物倾斜监测数量不宜少于2组，每组的监测点不应少于2个；

3 采用基础的差异沉降推算建（构）筑物倾斜时，监测点的布设应符合本规范第6.2.1条的规定。

6.2.4 建（构）筑物裂缝宽度监测点布设应符合下列规定：

1 裂缝宽度监测应根据裂缝的分布位置、走向、长度、宽度、错台等参数，分析裂缝的性质、产生的原因及发展趋势，选取应力或应力变化较大部位的裂缝或宽度较大的裂缝进行监测；

2 裂缝宽度监测宜在裂缝的最宽处及裂缝首、末端按组布设，每组应布设2个监测点，并应分别布设在裂缝两侧，其连线应垂直于裂缝走向。

6.3 桥　梁

6.3.1 桥梁墩台竖向位移监测点布设应符合下列规定：

1 竖向位移监测点应布设在墩柱或承台上；

2 每个墩柱和承台的监测点不应少于1个，群桩承台宜适当增加监测点。

6.3.2 采用全站仪监测桥梁墩柱倾斜时，监测点应沿墩柱顶、底部上下对应按组布设，且每个墩柱的监测点不应少于1组，每组的监测点不宜少于2个；采用倾斜仪监测时，监测点不应少于1个。

6.3.3 桥梁结构应力监测点宜布设在桥梁梁板结构中部或应力变化较大部位。

6.3.4 桥梁裂缝宽度监测点的布设应符合本规范第6.2.4条的规定。

6.4 地下管线

6.4.1 地下管线监测点埋设形式和布设位置应根据地下管线的重要性、修建年代、类型、材质、管径、接口形式、埋设方式、使用状况，以及与工程的空间位置关系等综合确定。

6.4.2 地下管线位于主要影响区时，竖向位移监测点的间距宜为5m～15m；位于次要影响区时，竖向位移监测点的间距宜为15m～30m。

6.4.3 竖向位移监测点宜布设在地下管线的节点、转角点、位移变化敏感或预测变形较大的部位。

6.4.4 地下管线位于主要影响区时，宜采用位移杆法在管体上布设直接竖向位移监测点；地下管线位于次要影响区且无法布设直接竖向位移监测点时，可在地表或土层中布设间接竖向位移监测点。

6.4.5 隧道下穿污水、供水、燃气、热力等地下管线且风险很高时，应布设管线结构直接竖向位移监测点及管侧土体竖向位移监测点。

6.4.6 地下管线水平位移监测点的布设位置和数量应根据地下管线特点和工程需要确定。

6.4.7 地下管线密集、种类繁多时，应对重要的、抗变形能力差的、容易渗漏或破坏的管线进行重点监测。

6.5 高速公路与城市道路

6.5.1 高速公路与城市道路的路面和路基竖向位移监测点的布设应与路面下方的地下构筑物和地下管线的监测工作相结合，并应做到监测点布设合理、相互协调。

6.5.2 路面竖向位移监测应根据施工工法，按本规范第5.2.9条、第5.3.3条和第5.4.6条的规定，并结合路面实际情况布设监测点和监测断面。对高速公路和城市重要道路，应增加监测断面数量。

6.5.3 隧道下穿高速公路、城市重要道路时，应布设路基竖向位移监测点，路肩或绿化带上应有地表监测点控制。

6.5.4 道路挡墙竖向位移监测点宜沿挡墙走向布设，挡墙位于主要影响区时，监测点间距不宜大于5m～10m；位于次要影响区时，监测点间距宜为10m～15m。

6.5.5 道路挡墙倾斜监测点应根据挡墙的结构形式选择监测断面布设，每段挡墙监测断面不应少于1个，每个监测断面上、下监测点应布设在同一竖直面上。

6.6 既有轨道交通

6.6.1 既有轨道交通隧道结构竖向位移、水平位移和净空收敛监测应按监测断面布设，且既有隧道结构位于主要影响区时，监测断面间距不宜大于5m；位于次要影响区时，监测断面间距不宜大于10m。每个监测断面宜在隧道结构顶部或底部、结构柱、两边侧墙布设监测点。

6.6.2 既有轨道交通高架桥结构监测点的布设可按本规范第6.3节的规定执行。

6.6.3 既有轨道交通地面线的路基竖向位移监测可按本规范第6.6.1条的规定布设监测断面，每个监测断面中的每条股道下方的路基及附属设施均应布设监测点。

6.6.4 既有轨道交通整体道床或轨枕的竖向位移监测应按监测断面布设，监测断面与既有隧道结构或路基的竖向位移监测断面宜处于同一里程。

6.6.5 轨道静态几何形位监测点的布设应按城市轨道交通或铁路的工务维修、养护要求等进行确定。

6.6.6 既有轨道交通其他附属结构监测点布设可按

本规范第6.2节的规定执行。

6.6.7 既有轨道交通隧道结构、轨道结构的裂缝监测应符合本规范第6.2.4条的规定。

6.6.8 既有轨道交通监测宜采用远程自动化监控系统。

7 监测方法及技术要求

7.1 一般规定

7.1.1 监测方法应根据监测对象和监测项目的特点、工程监测等级、设计要求、精度要求、场地条件和当地工程经验等综合确定，并应合理易行。

7.1.2 变形监测基准点、工作基点的布设应符合下列规定：

1 基准点应布设在施工影响范围以外的稳定区域，且每个监测工程的竖向位移观测的基准点不应少于3个，水平位移观测的基准点不应少于4个；

2 当基准点距离所监测工程较远致使监测作业不方便时，宜设置工作基点；

3 基准点和工作基点应在工程施工前埋设，并应埋设在相对稳定土层内，经观测确定稳定后再使用；

4 监测期间，基准点应定期复测，当使用工作基点时应与基准点进行联测；

5 基准点的埋设宜符合本规范附录B第B.0.1条、第B.0.2条的规定。

7.1.3 监测仪器、设备和元器件应符合下列规定：

1 监测仪器、设备和元器件应满足监测精度和量程的要求，并应稳定、可靠；

2 监测仪器和设备应定期进行检定或校准；

3 元器件应在使用前进行标定，标定记录应齐全；

4 监测过程中应定期进行监测仪器的核查、比对，设备的维护、保养，以及监测元器件的检查。

7.1.4 监测传感器应具备下列性能：

1 与量测的介质特性相匹配；

2 灵敏度高、线性好、重复性好；

3 性能稳定可靠，漂移、滞后误差小；

4 防水性好，抗干扰能力强。

7.1.5 对同一监测项目，现场监测作业宜符合下列规定：

1 宜采用相同的监测方法和监测路线；

2 宜使用同一监测仪器和设备；

3 宜固定监测人员；

4 宜在基本相同的时段和环境条件下工作。

7.1.6 工程周边环境与周围岩土体监测点应在施工之前埋设，工程支护结构监测点应在支护结构施工过程中及时埋设。监测点埋设并稳定后，应至少连续独立进行3次观测，并取其稳定值的平均值作为初始值。

7.1.7 监测精度应根据监测项目、控制值大小、工程要求、国家现行有关标准等综合确定，并应满足对监测对象的受力或变形特征分析的要求。

7.1.8 监测过程中，应做好监测点和传感器的保护工作。测斜管、水位观测孔、分层沉降管等管口应砌筑窨井，并加盖保护；爆破振动、应力应变等传感器应防止信号线被损坏。

7.1.9 工程监测新技术、新方法应用前，应与传统方法进行验证，且监测精度应符合本规范的规定。

7.2 水平位移监测

7.2.1 测定特定方向的水平位移宜采用小角法、方向线偏移法、视准线法、投点法、激光准直法等大地测量法，并应符合下列规定：

1 采用投点法和小角法时，应对经纬仪或全站仪的垂直轴倾斜误差进行检验，当垂直角超出±3°范围时，应进行垂直轴倾斜改正；

2 采用激光准直法时，应在使用前对激光仪器进行检校；

3 采用方向线偏移法时，对主要监测点，可以该点为测站测出对应基准线端点的边长与角度，求得偏差值；对其他监测点，可选适宜的主要监测点为测站，测出对应其他监测点的距离与方向值，按方向值的变化求得偏差值。

7.2.2 测定任意方向的水平位移可根据监测点的分布情况，采用交会、导线测量、极坐标等方法。

7.2.3 当监测点与基准点无法通视或距离较远时，可采用全球定位系统（GPS）测量法或三角、三边、边角测量与基准线法相结合的综合测量方法。

7.2.4 水平位移监测基准点的埋设应符合现行国家标准《城市轨道交通工程测量规范》GB 50308的有关规定，并宜设置有强制对中的观测墩，或采用精密的光学对中装置，对中误差不宜大于0.5mm。

7.2.5 水平位移监测点的埋设宜符合本规范附录B第B.0.3条的规定。

7.2.6 水平位移监测网可采用假设坐标系统，并进行一次布网。每次监测前，应对水平位移基准点进行稳定性复测，并以稳定点作为起算点。

7.2.7 测角、测边水平位移监测网宜布设为近似等边的边角网，其三角形内角不应小于30°，当受场地或其他条件限制时，个别角度可适当放宽。

7.2.8 水平位移监测控制网的技术要求应符合现行国家标准《城市轨道交通工程测量规范》GB 50308的有关规定。

7.2.9 监测仪器和监测方法应满足水平位移监测点坐标中误差和水平位移控制值的要求，且水平位移监测精度应符合表7.2.9的规定。

表 7.2.9　水平位移监测精度

工程监测等级		一级	二级	三级
水平位移控制值	累计变化量 D'（mm）	$D'<30$	$30\leqslant D'<40$	$D'\geqslant40$
	变化速率 v_d（mm/d）	$v_d<3$	$3\leqslant v_d<4$	$v_d\geqslant4$
监测点坐标中误差（mm）		$\leqslant0.6$	$\leqslant0.8$	$\leqslant1.2$

注：1　监测点坐标中误差是指监测点相对测站点（如工作基点等）的坐标中误差，为点位中误差的 $1/\sqrt{2}$；
　　2　当根据累计变化量和变化速率选择的精度要求不一致时，优先按变化速率的要求确定。

7.3　竖向位移监测

7.3.1　竖向位移监测可采用几何水准测量、电子测距三角高程测量、静力水准测量等方法。

7.3.2　竖向位移监测应符合下列规定：

1　监测精度应与相应等级的竖向位移监测网观测相一致；

2　主要监测点应与水准基准点或工作基点组成闭合线路，或附合水准线路；

3　对于采用的水准仪视准轴与水准管轴的夹角（i 角），监测等级一级时，不应大于 $10''$，监测等级二级时，不应大于 $15''$，监测等级三级时，不应大于 $20''$，i 角检校应符合现行国家标准《国家一、二等水准测量规范》GB/T 12897 的有关规定；

4　采用钻孔等方法埋设坑底隆起（回弹）监测标志时，孔口高程宜用水准测量方法测量，高程中误差为 ±1.0mm，沉降标至孔口垂直距离宜采用经检定的钢尺量测；

5　采用静力水准进行竖向位移自动监测时，设备的性能应满足监测精度的要求，并应符合现行行业标准《建筑变形测量规范》JGJ 8 的有关规定；

6　采用电子测距三角高程进行竖向位移监测时，宜采用 $0.5''\sim1''$ 级的全站仪和特制觇牌采用中间设站、不量仪器高的前后视观测方法，并应符合现行行业标准《建筑变形测量规范》JGJ 8 的有关规定。

7.3.3　竖向位移监测网的布设应符合下列规定：

1　竖向位移监测网宜采用城市轨道交通工程高程系统，也可采用假定高程系统；

2　采用几何水准测量、三角高程测量时，监测网应布设成闭合、附合线路或结点网，采用闭合线路时，每次应联测 2 个以上的基准点。

7.3.4　竖向位移监测网的技术要求应符合现行国家标准《城市轨道交通工程测量规范》GB 50308 的有关规定。

7.3.5　竖向位移监测点的埋设宜符合本规范附录 B 第 B.0.4 条～第 B.0.6 条的规定。

7.3.6　监测仪器和监测方法应满足竖向位移监测点测站高差中误差和竖向位移控制值的要求，且竖向位移监测精度应符合表 7.3.6 的规定。

表 7.3.6　竖向位移监测精度

工程监测等级		一级	二级	三级
竖向位移控制值	累计变化量 S（mm）	$S<25$	$25\leqslant S<40$	$S\geqslant40$
	变化速率 v_s（mm/d）	$v_s<3$	$3\leqslant v_s<4$	$v_s\geqslant4$
监测点测站高差中误差（mm）		$\leqslant0.6$	$\leqslant1.2$	$\leqslant1.5$

注：监测点测站高差中误差是指相应精度与视距的几何水准测量单程一测站的高差中误差。

7.4　深层水平位移监测

7.4.1　支护桩（墙）体和土体的深层水平位移监测，宜在桩（墙）体或土体中预埋测斜管，采用测斜仪观测各深度处的水平位移。

7.4.2　测斜仪系统精度不宜低于 0.25mm/m，分辨率不宜低于 0.02mm/500mm，电缆长度应大于测斜孔深度。

7.4.3　测斜管宜采用聚氯乙烯（PVC）工程塑料或铝合金管制成，直径宜为 45mm～90mm，管内应有两组相互垂直的纵向导槽。

7.4.4　支护桩（墙）体的水平位移测斜管长度不宜小于桩（墙）体的深度，土体深层水平位移监测的测斜管长度不宜小于基坑设计深度的 1.5 倍。

7.4.5　测斜管埋设应符合下列规定：

1　支护桩（墙）体测斜管埋设宜采用与钢筋笼绑扎一同下放的方法；采用钻孔法埋设时，测斜管与钻孔孔壁之间应回填密实；

2　土体水平位移测斜管应在基坑或隧道支护结构施工 7d 前埋设；

3　埋设前应检查测斜管质量，测斜管连接时应保证上、下管段的导槽相互对准、顺畅，各段接头应紧密对接，管底应保证密封；

4　测斜管埋设时应保持固定、竖直，防止发生上浮、破裂、断裂、扭转；测斜管一对导槽的方向应与所需测量的位移方向保持一致。

7.4.6　深层水平位移监测前，宜用清水将测斜管内冲刷干净，并采用模拟探头进行试孔检查后再使用。监测时，应将测斜仪探头放入测斜管底，恒温一段时间后自下而上以 0.5m 或 1.0m 间隔逐段量测。每监测点均应进行正、反两次量测，并取其平均值为最终值。

7.4.7　深层水平位移计算时，应确定固定起算点，固定起算点可设在测斜管的顶部或底部；当测斜管底部未进入稳定岩土体或已发生位移时，应以管顶为起算点，并应测量管顶的平面坐标进行水平位移修正。

7.4.8 支护桩（墙）体水平位移监测点的埋设宜符合本规范附录 B 第 B.0.7 条的规定。

7.5 土体分层竖向位移监测

7.5.1 土体分层竖向位移监测可埋设磁环分层沉降标，采用分层沉降仪进行监测；也可埋设深层沉降标，采用水准测量方法进行监测。

7.5.2 分层沉降管宜采用聚氯乙烯（PVC）工程塑料管，直径宜为 45mm～90mm。

7.5.3 磁环分层沉降标可通过钻孔在预定位置埋设。安装磁环时，应先在沉降管上分层沉降标的设计位置套上磁环与定位环，再沿钻孔逐节放入分层沉降管。分层沉降管安置到位后，应使磁环与土层粘结固定。

7.5.4 磁环分层沉降标埋设后应连续观测 1 周，至磁环位置稳定后，测定孔口高程并计算各磁环的高程。采用分层沉降仪量测时，应以 3 次测量平均值作为初始值，读数较差不应大于 1.5mm；采用深层沉降标结合水准测量时，水准测量精度应符合本规范表 7.3.6 的规定。

7.5.5 采用磁环分层沉降标监测时，应对磁环距管口深度采用进程和回程两次观测，并取进、回程读数的平均数；每次监测时均应测定分层沉降管管口高程的变化，然后换算出分层沉降管外各磁环的高程。

7.5.6 土体分层竖向位移监测点的埋设宜符合本规范附录 B 第 B.0.8 条的规定。

7.6 倾斜监测

7.6.1 倾斜监测应根据现场观测条件和要求，选用投点法、激光铅直仪法、垂准法、倾斜仪法或差异沉降法等观测方法。

7.6.2 投点法应采用全站仪或经纬仪瞄准上部观测点，在底部观测点安置水平读数尺直接读取偏移量，正、倒镜各观测一次取平均值，并根据上、下观测点高度计算倾斜度。

7.6.3 垂准法应在下部测点安装光学垂准仪、激光垂准仪或经纬仪、全站仪加弯管目镜法，在顶部测点安置接收靶，在靶上读取或量取水平位移量与位移方向。

7.6.4 倾斜仪法可采用水管式、水平摆、气泡或电子倾斜仪等进行观测，倾斜仪应具备连续读数、自动记录和数字传输功能。

7.6.5 差异沉降法应采用水准方法测量沉降差，经换算求得倾斜度和倾斜方向。

7.6.6 当采用全站仪或经纬仪进行外部观测时，仪器设置位置与监测点的距离宜为上、下点高差的 1.5 倍～2.0 倍。

7.6.7 倾斜观测精度应符合国家现行标准《工程测量规范》GB 50026 和《建筑变形测量规范》JGJ 8 的有关规定。

7.7 裂缝监测

7.7.1 建（构）筑物、桥梁、既有隧道结构等的裂缝监测内容应包括裂缝位置、走向、长度、宽度，必要时尚应监测裂缝深度。

7.7.2 裂缝监测宜采用下列方法：

　1　裂缝宽度监测宜采用裂缝观测仪进行测读，也可在裂缝两侧贴、埋标志，采用千分尺或游标卡尺等直接量测，或采用裂缝计、粘贴安装千分表及摄影量测等方法监测裂缝宽度变化；

　2　裂缝长度监测宜采用直接量测法；

　3　裂缝深度监测宜采用超声波法、凿出法等。

7.7.3 工程施工前应记录监测对象已有裂缝的分布位置和数量，并对监测裂缝进行统一编号，记录各裂缝的位置、走向、长度、宽度、深度，以及初测日期等。

7.7.4 裂缝监测标志应便于量测，长期观测可采用镶嵌或埋入墙面的金属标志、金属杆标志或楔形板标志；需要测出裂缝纵横向变化值时，可采用坐标方格网板标志。

7.7.5 裂缝宽度量测精度不宜低于 0.1mm，裂缝长度和深度量测精度不宜低于 1.0mm。

7.7.6 当采用测缝传感器自动测记时，应与人工监测数据比对，且数据的观测、传输、保存应可靠。

7.8 净空收敛监测

7.8.1 矿山法初期支护结构和盾构法管片结构的净空收敛可采用收敛计、全站仪或红外激光测距仪进行监测。

7.8.2 采用收敛计监测应符合下列规定：

　1　应在收敛测线两端安装监测点，监测点与隧道侧壁应固定牢固；监测点安装后应进行监测点与收敛尺接触点的符合性检查，并应进行 3 次独立观测，且 3 次独立观测较差应小于标称精度的 2 倍；

　2　观测时应施加收敛尺标定时的拉力，观测结果应取 3 次独立观测读数的平均值；

　3　工作现场温度变化较大时，读数应进行温度修正。

7.8.3 采用红外激光测距仪监测应符合下列规定：

　1　测距仪的标称精度应优于±2mm；

　2　应在收敛测线两端设置对中与瞄准标志，隧道侧壁粗糙时，瞄准标志宜采用反射片；对中与瞄准标志设置后，应进行实测精度符合性检查，并应进行 3 次独立观测，且 3 次独立观测较差应小于测距标称精度的 2 倍；

　3　观测结果应为 3 次独立观测读数的平均值。

7.8.4 采用全站仪进行固定测线收敛监测应符合下列规定:

1 应设置固定仪器设站位置,并在收敛测线两端固定小棱镜或设置反射片,设站点与测线两端点水平投影应呈一直线;

2 应按盘左、盘右两个盘位观测至少一测回,并计算测线两端点的水平距离。

7.8.5 采用全站仪进行隧道全断面扫描收敛监测应符合下列规定:

1 每个断面应设置仪器对中点、定向点和检查点,3点水平投影应呈一直线;

2 应结合断面的剖面结构采集断面数据,断面上每段线型(直线或圆弧)内的有效数据不应少于5个点;

3 宜采用具有无棱镜测距、自动测量功能的全站仪,装载机载程序实现自动数据采集,无棱镜测距精度不应低于±3mm;

4 收敛变形数据宜与标准断面进行比较,并以标准断面为基准输出全断面各点向外(拉张)或向内(压缩)变形情况。

7.8.6 矿山法隧道开挖后、盾构法隧道拼装完成后,应及时设置收敛监测点,并进行初始值测量。

7.9 爆破振动监测

7.9.1 爆破振动监测系统由速度传感器或加速度传感器、数据采集仪及数据分析软件组成,速度传感器或加速度传感器可采用垂直、水平单向传感器或三矢量一体传感器。

7.9.2 爆破振动监测传感器的安装应与被测对象之间刚性粘结,并应使传感器的定位方向与所测量的振动方向一致。监测工作中可采用以下方法固定传感器:

1 被测对象为混凝土或坚硬岩石时,宜采用环氧砂浆、环氧树脂胶、石膏或其他高强度粘合剂将传感器固定在混凝土或坚硬岩石表面,也可预埋固定螺栓,将传感器底面与预埋螺栓紧固相连;

2 被测对象为土体时,可先将表面松土夯实,再将传感器直接埋入夯实土体中,并使传感器与土体紧密接触。

7.9.3 仪器安装和连接后应进行监测系统的测试;监测期内整个监测系统应处于良好工作状态。

7.9.4 爆破振动监测仪器量程精度的选择应符合现行国家标准《爆破安全规程》GB 6722 的有关规定。

7.10 孔隙水压力监测

7.10.1 孔隙水压力应根据工程测试的目的、土层的渗透性和测试期的长短等条件,选用封闭或开口方式埋设孔隙水压力计进行监测。

7.10.2 孔隙水压力计的量程应满足被测孔隙水压力

范围的要求,可取静水压力与超孔隙水压力之和的2倍,精度不宜低于 $0.5\%F \cdot S$,分辨率不宜低于 $0.2\%F \cdot S$ 。

7.10.3 孔隙水压力计的埋设可采用钻孔埋设法、压入埋设法、填埋法等。当在同一测孔中埋设多个孔隙水压力计时,宜采用钻孔埋设法;当在粘性土层中埋设单个孔隙水压力计,宜采用不设反滤料的压入埋设法;在填方工程中宜采用填埋法。

7.10.4 孔隙水压力计应在施工前埋设,并应符合下列规定:

1 孔隙水压力计应进行稳定性、密封性检验和压力标定,并应确定压力传感器的初始值,检验记录、标定资料应齐全;

2 埋设前,传感器透水石应在清水中浸泡饱和,并排除透水石中的气泡;

3 传感器的导线长度应大于设计深度,导线中间不宜有接头,引出地面后应放在集线箱内并编号;

4 当孔内埋设多个孔隙水压力计,监测不同含水层的渗透压力时,应做好相邻孔隙水压力计的隔水措施;

5 埋设后,应记录探头编号、位置并测读初始读数。

7.10.5 采用钻孔法埋设孔隙水压力计时,钻孔应圆直、干净,钻孔直径宜为 110mm～130mm,不宜使用泥浆护壁成孔。孔隙水压力计的观测段应回填透水材料,并用干燥膨润土球或注浆封孔。

7.10.6 孔隙水压力监测的同时,应测量孔隙水压力计埋设位置的地下水位。孔隙水压力应根据实测数据,按压力计的换算公式进行计算。

7.11 地下水位监测

7.11.1 地下水位监测宜通过钻孔设置水位观测管,采用测绳、水位计等进行量测。

7.11.2 地下水位应分层观测,水位观测管的滤管位置和长度应与被测含水层的位置和厚度一致,被测含水层与其他含水层之间应采取有效的隔水措施。

7.11.3 水位观测管埋设稳定后应测定孔口高程并计算水位高程。人工观测地下水位的测量精度不宜低于20mm,仪器观测精度不宜低于 $0.5\%F \cdot S$ 。

7.11.4 水位观测管的安装应符合下列规定:

1 水位观测管的导管段应顺直,内壁应光滑无阻,接头应采用外箍接头;

2 观测孔孔底宜设置沉淀管;

3 观测孔完成后应进行清洗,观测孔内水位应与地层水位一致,且连通良好。

7.11.5 水位观测管宜至少在工程开始降水前1周埋设,且宜逐日连续观测水位并取得稳定初始值。

7.12 岩土压力监测

7.12.1 基坑支护桩(墙)侧向土压力、盾构法及矿山法隧道围岩压力宜采用界面土压力计进行监测。

7.12.2 土压力计的测试量程可根据预测的压力变化幅度确定，其上限可取设计压力的 2 倍，精度不宜低于 $0.5\%F \cdot S$，分辨率不宜低于 $0.2\%F \cdot S$。

7.12.3 土压力计的埋设可采用埋入式，埋设时应符合下列规定：

1 埋设前应对土压力计进行稳定性、密封性检验和压力、温度标定，且检验记录、标定资料应齐全；

2 受力面与所监测的压力方向应垂直，并紧贴被监测对象；

3 应采取土压力膜保护措施；

4 采用钻孔法埋设时，回填应均匀密实，且回填材料宜与周围岩土体一致；

5 土压力计导线长度可根据工程监测需要确定，导线中间不应有接头，导线应按一定线路集中于导线箱内；

6 应做好完整的埋设记录。

7.12.4 基坑工程开挖前，应至少经过 1 周时间的监测并取得稳定初始值；隧道工程土压力计埋设后应立即进行检查测试，并读取初始值。

7.13 锚杆和土钉拉力监测

7.13.1 锚杆和土钉拉力宜采用测力计、钢筋应力计或应变计进行监测，当使用钢筋束作为锚杆时，宜监测每根钢筋的受力。

7.13.2 测力计、钢筋应力计和应变计的量程宜为设计值的 2 倍，量测精度不宜低于 $0.5\%F \cdot S$，分辨率不宜低于 $0.2\%F \cdot S$。

7.13.3 锚杆张拉设备仪表应与锚杆测力计仪表相互标定。

7.13.4 锚杆或土钉施工完成后应对测力计、钢筋应力计或应变计进行检查测试，并应将下一层土方开挖前连续 2d 获得的稳定测试数据的平均值作为其初始值。

7.14 结构应力监测

7.14.1 结构应力可通过安装在结构内部或表面的应变计或应力计进行量测。

7.14.2 混凝土构件可采用钢筋应力计、混凝土应变计、光纤传感器等进行监测；钢构件可采用轴力计或应变计等进行监测。

7.14.3 结构应力监测应排除温度变化等因素的影响，且钢筋混凝土结构应排除混凝土收缩、徐变以及裂缝的影响。

7.14.4 结构应力监测传感器埋设前应进行标定和编号，埋设后导线应引至适宜监测操作处，导线端部应做好防护措施。

7.14.5 钢筋应力计或应变计的量程宜为设计值的 2 倍，精度不宜低于 $0.25\%F \cdot S$。

7.15 现场巡查

7.15.1 现场巡查可采用人工目测的方法，并辅助以量尺、锤、放大镜、照相机、摄像机等器具。

7.15.2 巡查人员应以填表、拍照或摄像等方式将观测到的有关信息和现象进行记录，可按本规范附录 C 的要求填写巡查记录，并应及时整理巡查信息。

7.15.3 巡查信息应与仪器监测数据进行对比分析，发现异常或险情时，应按规定程序及时通知建设方及相关单位。

7.16 远程视频监控

7.16.1 远程视频监控系统应包括前端采集、数据传输、显示等三个部分。

7.16.2 远程视频监控系统应能实现监视、录像、回放、备份、报警及网络浏览等功能。

7.16.3 实况图像宜采用可通过遥控进行变焦和扫视、俯仰的摄像头，摄像头、拾音器等应安装在便于取景和录音的安全部位，并应采取防撞、防水等保护措施。

7.16.4 视频信号和音频信号可采用无线发送设备或通过有线网络传送到管理部门的监视器中，同时应采用硬盘机或其他大容量的媒介记录图像和声音。

8 监测频率

8.1 一般规定

8.1.1 监测频率应根据施工方法、施工进度、监测对象、监测项目、地质条件等情况和特点，并结合当地工程经验进行确定。

8.1.2 监测频率应使监测信息及时、系统地反映施工工况及监测对象的动态变化，并宜采取定时监测。

8.1.3 对穿越既有轨道交通和重要建（构）筑物等周边环境风险等级为一级的工程，在穿越施工过程中，应提高监测频率，并宜对关键监测项目进行实时监测。

8.1.4 施工降水、岩土体注浆加固等工程措施对周边环境产生影响时，应根据环境的重要性和预测的影响程度确定监测频率。

8.1.5 工程施工期间，现场巡查每天不宜少于一次，并应做好巡查记录，在关键工况、特殊天气等情况下应增加巡查次数。

8.1.6 当遇到下列情况时，应提高监测频率：

1 监测数据异常或变化速率较大；

2 存在勘察未发现的不良地质条件，且影响工程安全；

3 地表、建（构）筑物等周边环境发生较大沉降、不均匀沉降；

4 盾构始发、接收以及停机检修或更换刀具期间；

5 矿山法隧道断面变化及受力转换部位；

6 工程出现异常；

7 工程险情或事故后重新组织施工；

8 暴雨或长时间连续降雨；

9 邻近工程施工、超载、振动等周边环境条件较大改变；

10 当出现本规范第9.1.5条和第9.1.6条规定的警情时。

8.1.7 施工阶段工程监测应贯穿工程施工全过程，满足下列条件时，可结束监测工作：

1 基坑回填完成或矿山法隧道进行二次衬砌施工后，可结束支护结构的监测工作；

2 盾构法隧道完成贯通、设备安装施工后，可结束管片结构的监测工作；

3 支护结构监测结束后，且周围岩土体和周边环境变形趋于稳定时，可结束监测工作；

4 满足设计要求结束监测工作的条件。

8.1.8 建（构）筑物变形稳定标准应符合现行行业标准《建筑变形测量规范》JGJ 8 的有关规定，道路、地下管线等其他周边环境的变形稳定标准宜根据地方经验或评估结果确定。

8.2 监测频率要求

Ⅰ 明挖法和盖挖法

8.2.1 明挖法和盖挖法基坑工程施工中支护结构、周围岩土体和周边环境的监测频率可按表8.2.1确定。

表8.2.1 明挖法和盖挖法基坑工程监测频率

施工工况	基坑设计深度（m）				
	≤5	5～10	10～15	15～20	>20
基坑开挖深度（m） ≤5	1次/1d	1次/2d	1次/3d	1次/3d	1次/3d
5～10	—	1次/1d	1次/2d	1次/2d	1次/2d
10～15	—	—	1次/1d	1次/1d	1次/2d
15～20	—	—	—	(1次～2次)/1d	(1次～2次)/1d
>20	—	—	—	—	2次/1d

注：1 基坑工程开挖前的监测频率应根据工程实际需要确定；

2 底板浇筑后可根据监测数据变化情况调整监测频率；

3 支撑结构拆除过程中及拆除完成后3d内监测频率应适当增加。

8.2.2 对于竖井井壁支护结构净空收敛监测频率，在竖井开挖及井壁支护结构施工期间应1次/1d，竖井井壁支护结构整体完成7d后宜1次/2d，30d后宜1次/7d，经数据分析确认井壁净空收敛达到稳定后可1次/(15d～30d)。

8.2.3 坑底隆起（回弹）监测不应少于3次，并应在基坑开挖之前、基坑开挖完成后、浇筑基础混凝土之前各进行1次监测，当基坑开挖完成至基础施工的间隔时间较长时，应增加监测次数。

Ⅱ 盾 构 法

8.2.4 盾构法隧道工程施工中隧道管片结构、周围岩土体和周边环境的监测频率可按表8.2.4确定。

表8.2.4 盾构法隧道工程监测频率

监测部位	监测对象	开挖面至监测点或监测断面的距离	监测频率
开挖面前方	周围岩土体和周边环境	5D<L≤8D	1次/(3d～5d)
		3D<L≤5D	1次/2d
		L≤3D	1次/1d
开挖面后方	管片结构、周围岩土体和周边环境	L≤3D	(1次～2次)/1d
		3D<L≤8D	1次/(1d～2d)
		L>8D	1次/(3d～7d)

注：1 D——盾构法隧道开挖直径（m），L——开挖面至监测点或监测断面的水平距离（m）；

2 管片结构位移、净空收敛宜在衬砌环脱出盾尾且能通视时进行监测；

3 监测数据趋于稳定后，监测频率宜为1次/(15d～30d)。

Ⅲ 矿 山 法

8.2.5 矿山法隧道工程施工中隧道初期支护结构、周围岩土体和周边环境的监测频率可按表8.2.5确定。

表8.2.5 矿山法隧道工程监测频率

监测部位	监测对象	开挖面至监测点或监测断面的距离	监测频率
开挖面前方	周围岩土体和周边环境	2B<L≤5B	1次/2d
		L≤2B	1次/1d
开挖面后方	初期支护结构、周围岩土体和周边环境	L≤1B	(1次～2次)/1d
		1B<L≤2B	1次/1d
		2B<L≤5B	1次/2d
		L>5B	1次/(3d～7d)

注：1 B——矿山法隧道或导洞开挖宽度（m），L——开挖面至监测点或监测断面的水平距离（m）；

2 当拆除临时支撑时应增大监测频率；

3 监测数据趋于稳定后，监测频率宜为1次/(15d～30d)。

8.2.6 对于车站中柱竖向位移及结构应力的监测频率，土体开挖时宜为1次/1d，结构施工时宜为（1

次~2次)/7d。

8.2.7 地下水位监测频率应根据水文地质条件复杂程度、施工工况、地下水对工程的影响程度以及地下水控制要求等进行确定,监测频率宜为 1 次/（1d~2d）。

Ⅴ 爆 破 振 动

8.2.8 钻爆法施工首次爆破时,对所需监测的周边环境对象均应进行爆破振动监测,以后应根据第一次爆破监测结果并结合环境对象特点确定监测频率。重要建（构）筑物、桥梁等高风险环境对象每次爆破均应进行监测。

9 监测项目控制值和预警

9.1 一 般 规 定

9.1.1 城市轨道交通工程监测应根据工程特点、监测项目控制值、当地施工经验等制定监测预警等级和预警标准。

9.1.2 城市轨道交通地下工程施工图设计文件应明确监测项目的控制值,并应符合下列规定:

　　1 监测项目控制值应根据不同施工方法特点、周围岩土体特征、周边环境保护要求并结合当地工程经验进行确定,并应满足监测对象的安全状态得到合理、有效控制的要求;

　　2 支护结构监测项目控制值应根据工程监测等级、支护结构特点及设计计算结果等进行确定;

　　3 周边环境监测项目控制值应根据环境对象的类型与特点、结构形式、变形特征、已有变形、正常使用条件及国家现行有关标准的规定,并结合环境对象的重要性、易损性及相关单位的要求等进行确定;

　　4 对重要的、特殊的或风险等级较高的环境对象的监测项目控制值,应在现状调查与检测的基础上,通过分析计算或专项评估进行确定;

　　5 周围地表沉降等岩土体变形控制值应根据岩土体的特性,结合支护结构工程自身风险等级和周边环境安全风险等级等进行确定;

　　6 监测等级高、工况条件复杂的工程,宜针对不同的工况条件确定监测项目控制值,按工况条件控制监测对象的状态。

9.1.3 监测项目控制值应按监测项目的性质分为变形监测控制值和力学监测控制值。变形监测控制值应包括变形监测数据的累计变化值和变化速率值;力学监测控制值宜包括力学监测数据的最大值和最小值。

9.1.4 城市轨道交通工程监测应根据监测预警等级和预警标准建立预警管理制度,预警管理制度应包括不同预警等级的警情报送对象、时间、方式和流程等。

9.1.5 城市轨道交通工程施工过程中,当监测数据达到预警标准时,必须进行警情报送。

9.1.6 现场巡查过程中发现下列警情之一时,应根据警情紧急程度、发展趋势和造成后果的严重程度按预警管理制度进行警情报送:

　　1 基坑、隧道支护结构出现明显变形、较大裂缝、断裂、较严重渗漏水、隧道底鼓,支撑出现明显变位或脱落、锚杆出现松弛或拔出等;

　　2 基坑、隧道周围岩土体出现涌砂、涌土、管涌,较严重渗漏水,突水,滑移,坍塌,基底较大隆起等;

　　3 周边地表出现突然明显沉降或较严重的突发裂缝、坍塌;

　　4 建（构）筑物、桥梁等周边环境出现危害正常使用功能或结构安全的过大沉降、倾斜、裂缝等;

　　5 周边地下管线变形突然明显增大或出现裂缝、泄漏等;

　　6 根据当地工程经验判断应进行警情报送的其他情况。

9.2 支护结构和周围岩土体

9.2.1 明挖法和盖挖法基坑支护结构和周围岩土体的监测项目控制值应根据工程地质条件、基坑设计参数、工程监测等级及当地工程经验等确定,当无地方经验时,可按表 9.2.1-1 和表 9.2.1-2 确定。

9.2.2 盾构法隧道管片结构竖向位移、净空收敛和地表沉降控制值应根据工程地质条件、隧道设计参数、工程监测等级及当地工程经验等确定,当无地方经验时,可按表 9.2.2-1 和表 9.2.2-2 确定。

表 9.2.1-1　明挖法和盖挖法基坑支护结构和周围岩土体监测项目控制值

监测项目	支护结构类型、岩土类型	工程监测等级一级			工程监测等级二级			工程监测等级三级		
		累计值(mm)		变化速率(mm/d)	累计值(mm)		变化速率(mm/d)	累计值(mm)		变化速率(mm/d)
		绝对值	相对基坑深度(H)值		绝对值	相对基坑深度(H)值		绝对值	相对基坑深度(H)值	
支护桩(墙)顶竖向位移	土钉墙、型钢水泥土墙	—	—	—	—	—	—	30~40	0.5%~0.6%	4~5
	灌注桩、地下连续墙	10~25	0.1%~0.15%	2~3	20~30	0.15%~0.3%	3~4	20~30	0.15%~0.3%	3~4

监测项目	支护结构类型、岩土类型	工程监测等级一级			工程监测等级二级			工程监测等级三级		
		累计值(mm)		变化速率(mm/d)	累计值(mm)		变化速率(mm/d)	累计值(mm)		变化速率(mm/d)
		绝对值	相对基坑深度(H)值		绝对值	相对基坑深度(H)值		绝对值	相对基坑深度(H)值	
支护桩(墙)顶水平位移	土钉墙、型钢水泥土墙	—	—	—	—	—	—	30~60	0.6%~0.8%	5~6
	灌注桩、地下连续墙	15~25	0.1%~0.15%	2~3	20~30	0.15%~0.3%	3~4	20~40	0.2%~0.4%	3~4
支护桩(墙)体水平位移	型钢水泥土墙 坚硬~中硬土	—	—	—	—	—	—	40~50	0.4%	6
	型钢水泥土墙 中软~软弱土	—	—	—	—	—	—	50~70	0.7%	
	灌注桩、地下连续墙 坚硬~中硬土	20~30	0.15%~0.2%	2~3	30~40	0.2%~0.4%	3~5	30~40	0.2%~0.4%	4~5
	灌注桩、地下连续墙 中软~软弱土	30~50	0.2%~0.3%	2~4	40~60	0.3%~0.5%	3~5	50~70	0.5%~0.7%	4~6
地表沉降	坚硬~中硬土	20~30	0.15%~0.2%	2~3	25~35	0.2%~0.3%	3~5	30~40	0.3%~0.4%	2~4
	中软~软弱土	20~40	0.2%~0.3%	2~4	30~50	0.3%~0.5%	3~5	40~60	0.4%~0.6%	4~6
立柱结构竖向位移		10~20	—	2~3	10~20	—	3~5	10~20	—	2~3
支护墙结构应力		(60%~70%)f			(70%~80%)f			(70%~80%)f		
立柱结构应力										
支撑轴力		最大值:(60%~70%)f 最小值:(80%~100%)f_y			最大值:(70%~80%)f 最小值:(80%~100%)f_y			最大值:(70%~80%)f 最小值:(80%~100%)f_y		
锚杆拉力										

注:1 H——基坑设计深度,f——构件的承载能力设计值,f_y——支撑、锚杆的预应力设计值;
2 累计值应按表中绝对值和相对基坑深度(H)值两者中的小值取用;
3 支护桩(墙)顶隆起控制值宜为20mm;
4 嵌岩的灌注桩或地下连续墙控制值可按表中数值的50%取用。

表 9.2.1-2 竖井井壁支护结构净空收敛监测项目控制值

监测项目	累计值(mm)	变化速率(mm/d)
竖井井壁支护结构净空收敛	30	2

表 9.2.2-1 盾构法隧道管片结构竖向位移、净空收敛监测项目控制值

监测项目及岩土类型		累计值(mm)	变化速率(mm/d)
管片结构沉降	坚硬~中硬土	10~20	2
	中软~软弱土	20~30	3
管片结构差异沉降		0.04%L_s	—
管片结构净空收敛		0.2%D	3

注:L_s——沿隧道轴向两监测点间距,D——隧道开挖直径。

表 9.2.2-2 盾构法隧道地表沉降监测项目控制值

监测项目及岩土类型		工程监测等级					
		一级		二级		三级	
		累计值(mm)	变化速率(mm/d)	累计值(mm)	变化速率(mm/d)	累计值(mm)	变化速率(mm/d)
地表沉降	坚硬~中硬土	10~20	3	20~30	4	30~40	4
	中软~软弱土	15~25	3	25~35	4	35~45	5
地表隆起		10	3	10	3	10	3

注:本表主要适用于标准断面的盾构法隧道工程。

9.2.3 矿山法隧道支护结构变形、地表沉降控制值应根据工程地质条件、隧道设计参数、工程监测等级及当地工程经验等确定,当无地方经验时,可按表 9.2.3-1 和表 9.2.3-2 确定。

表 9.2.3-1 矿山法隧道支护结构变形监测项目控制值

监测项目及区域		累计值(mm)	变化速率（mm/d）
拱顶沉降	区间	10~20	3
	车站	20~30	
底板竖向位移		10	2
净空收敛		10	2
中柱竖向位移		10~20	2

表 9.2.3-2 矿山法隧道地表沉降监测项目控制值

监测等级及区域		累计值(mm)	变化速率（mm/d）
一级	区间	20~30	3
	车站	40~60	4
二级	区间	30~40	4
	车站	50~70	4
三级	区间	30~40	4

注：1 表中数值适用于土的类型为中软土、中硬土及坚硬土中的密实砂卵石地层；

2 大断面区间的地表沉降监测控制值可参照车站执行。

9.3 周边环境

9.3.1 建（构）筑物监测项目控制值的确定应符合下列规定：

1 建（构）筑物监测项目控制值应在调查分析建（构）筑物使用功能、建筑规模、修建年代、结构形式、基础类型、地质条件等的基础上，结合其与工程的空间位置关系、已有沉降、差异沉降和倾斜以及当地工程经验进行确定，并应符合现行国家标准《建筑地基基础设计规范》GB 50007 的有关规定；

2 对风险等级为一级、二级的建（构）筑物，宜通过结构检测、计算分析和安全性评估等确定建（构）筑物的沉降、差异沉降和倾斜控制值；

3 当无地方工程经验时，对于风险等级较低且无特殊要求的建（构）筑物，沉降控制值宜为 10mm~30mm，变化速率控制值宜为 1mm/d~3mm/d，差异沉降控制值宜为 $0.001l$~$0.002l$（l 为相邻基础的中心距离）。

9.3.2 桥梁监测项目控制值的确定应符合下列规定：

1 桥梁监测项目控制值应在调查分析桥梁规模、结构形式、基础类型、建筑材料、养护情况等的基础上，结合其与工程的空间位置关系、已有沉降、差异沉降和倾斜以及当地工程经验进行确定，并应符合现行行业标准《城市桥梁养护技术规范》CJJ 99 的有关规定；

2 桥梁的沉降、差异沉降和倾斜控制值宜通过结构检测、计算分析和安全性评估确定。

9.3.3 地下管线监测项目控制值的确定应符合下列规定：

1 地下管线监测项目控制值应在调查分析管线功能、材质、工作压力、管径、接口形式、埋置深度、铺设方法、铺设年代等的基础上，结合其与工程的空间位置关系和当地工程经验进行确定；

2 对风险等级较高的地下管线，宜通过专项调查、计算分析和安全性评估确定其沉降和差异沉降控制值；

3 当无地方工程经验时，对风险等级较低且无特殊要求的地下管线沉降及差异沉降控制值可按表9.3.3确定。

表 9.3.3 地下管线沉降及差异沉降控制值

管线类型	沉降		差异沉降(mm)
	累计值(mm)	变化速率(mm/d)	
燃气管道	10~30	2	$0.3\%L_g$
雨污水管	10~20	2	$0.25\%L_g$
供水管	10~30	2	$0.25\%L_g$

注：1 燃气管道的变形控制值适用于 100mm~400mm 的管径；

2 L_g——管节长度。

9.3.4 高速公路与城市道路监测项目控制值的确定应符合下列规定：

1 高速公路与城市道路监测项目控制值应在调查分析道路等级、路基路面材料、道路现状情况和养护周期等的基础上，结合其与工程的空间位置关系和当地工程经验等进行确定，并应符合现行行业标准《公路沥青路面养护技术规范》JTJ 073.2 和《公路水泥混凝土路面养护技术规范》JTJ 073.1 的有关规定；

2 对风险等级较高或有特殊要求的高速公路与城市道路，宜通过现场探测和安全性评估等确定其沉降控制值；

3 当无地方工程经验时，对风险等级较低且无特殊要求的高速公路与城市道路，路基沉降控制值可按表 9.3.4 确定。

表 9.3.4 路基沉降控制值

监测项目		累计值(mm)	变化速率(mm/d)
路基沉降	高速公路、城市主干道	10~30	3
	一般城市道路	20~40	3

9.3.5 城市轨道交通既有线监测项目控制值的确定应符合下列规定：

1 城市轨道交通既有线监测项目控制值应在调查分析地质条件、线路结构形式、轨道结构形式、线路现状情况等的基础上，结合其与工程的空间位置关系、当地工程经验，进行必要的结构检测、计算分析和安全性评估后确定；

2 城市轨道交通既有线路结构及轨道几何形位的监测项目控制值应符合现行国家标准《地铁设计规范》GB 50157 的有关规定，并应满足线路维修的要求；

3 当无地方工程经验时，城市轨道交通既有线隧道结构变形控制值可按表 9.3.5 确定。

表 9.3.5 城市轨道交通既有线隧道结构变形控制值

监测项目	累计值（mm）	变化速率（mm/d）
隧道结构沉降	3～10	1
隧道结构上浮	5	1
隧道结构水平位移	3～5	1
隧道差异沉降	0.04%L_s	—
隧道结构变形缝差异沉降	2～4	1

注：L_s——沿隧道轴向两监测点间距。

4 城市轨道交通既有线高架线路、地面线路监测控制值应符合本规范第 9.3.2 条、第 9.3.6 条的规定。

9.3.6 既有铁路监测项目控制值的确定应符合下列规定：

1 既有铁路监测项目控制值应符合本规范第 9.3.5 条第 1 款的规定，对高速铁路应在专项评估后确定；

2 既有铁路线路结构及轨道几何形位的监测项目控制值应符合现行行业标准《铁路轨道工程施工质量验收标准》TB 10413 的有关规定，并应满足线路维修的要求；

3 当无地方工程经验时，对风险等级较低且无特殊要求的既有铁路路基沉降控制值可按表 9.3.6 确定，且路基差异沉降控制值宜小于 0.04%L_t（L_t 为沿铁路走向两监测点间距）。

表 9.3.6 既有铁路路基沉降控制值

监测项目		累计值（mm）	变化速率（mm/d）
路基沉降	整体道床	10～20	1.5
	碎石道床	20～30	1.5

9.3.7 爆破振动监测项目控制值包括峰值振动速度值和主振频率值，应符合现行国家标准《爆破安全规程》GB 6722 的有关规定。

10 线路结构变形监测

10.1 一般规定

10.1.1 城市轨道交通工程施工及运营期间，应对其线路中的隧道、高架桥梁、路基和轨道结构及重要的附属结构等进行竖向位移监测，并宜对隧道结构进行净空收敛监测。

10.1.2 线路结构变形监测应根据线路结构形式、地质与环境条件，结合运营安全管理的要求编制监测方案，监测方案中宜包括施工阶段延续的监测项目。

10.1.3 遇到下列情况时，应对相关区段的线路结构进行变形监测，并应编制专项监测方案：

1 不良地质作用对线路结构的安全有影响的区段；

2 存在软土、膨胀性土、湿陷性土等特殊性岩土，且对线路结构的安全可能带来不利影响的区段；

3 因地基变形使线路结构产生不均匀沉降、裂缝的区段；

4 地震、堆载、卸载、列车振动等外力作用对线路结构或路基产生较大影响的区段；

5 既有线路保护范围内有工程建设的区段；

6 采用新的施工技术、基础形式或设计方法的线路结构等。

10.1.4 重要地段的城市轨道交通线路结构监测宜采用远程自动化的监测方法。

10.1.5 附属结构、车辆基地的重要厂房等建（构）筑物的监测应符合现行行业标准《建筑变形测量规范》JGJ 8 的有关规定。

10.2 线路结构监测要求

10.2.1 隧道、路基的竖向位移监测点的布设应符合下列规定：

1 在直线地段宜每 100m 布设 1 个监测点；

2 在曲线地段宜每 50m 布设 1 个监测点，在直缓、缓圆、曲线中点、圆缓、缓直等部位应有监测点控制；

3 道岔区宜在道岔理论中心、道岔前端、道岔后端、辙叉理论中心等结构部位各布设 1 个监测点，道岔前后的线路应加密监测点；

4 线路结构的沉降缝和变形缝、车站与区间衔接处、区间与联络通道衔接处、附属结构与线路结构衔接处等，应有监测点或监测断面控制；

5 隧道、高架桥梁与路基之间的过渡段应有监测点或监测断面控制；

6 地基或围岩采用加固措施的轨道交通线路结构或附属结构部位应布设监测点或监测断面；

7 线路结构存在病害或处在软土地基等区段时，

应根据实际情况布设监测点。

10.2.2 高架桥梁的每一桥墩均宜布设竖向位移监测点。

10.2.3 基准点的位置或数量应根据整条线路情况统筹考虑，利用施工阶段布设的基准点时，应检查基准点的可靠性。

10.2.4 线路结构监测频率应符合下列规定：

  1 线路结构施工和试运行期间的监测频率宜每1个月~2个月监测1次，当线路结构变形较大或地基承受的荷载发生较大变化时，应增加监测次数；

  2 线路运营第一年内的监测频率宜每3个月监测1次，第二年宜每6个月监测1次，以后宜每年监测1次~2次；

  3 线路结构存在病害或处在软土地基等区段时，应根据实际情况提高监测频率。

11 监测成果及信息反馈

11.0.1 工程监测成果资料应完整、清晰、签字齐全，监测成果应包括现场监测资料、计算分析资料、图表、曲线、文字报告等。

11.0.2 现场监测资料宜包括外业观测记录、现场巡查记录、记事项目以及仪器、视频等电子数据资料。外业观测记录、现场巡查记录和记事项目应在现场直接记录在正式的监测记录表格中，监测记录表格中应有相应的工况描述。

11.0.3 取得现场监测资料后，应及时对监测资料进行整理、分析和校对，监测数据出现异常时，应分析原因，必要时应进行现场核对或复测。

11.0.4 对监测数据应及时计算累计变化值、变化速率值，并绘制时程曲线，必要时绘制断面曲线图、等值线图等，并应根据施工工况、地质条件和环境条件分析监测数据的变化原因和变化规律，预测其发展趋势。

11.0.5 监测报告可分为日报、警情快报、阶段性报告和总结报告。监测报告应采用文字、表格、图形、照片等形式，表达直观、明确。监测报告宜包括下列内容：

  1 日报

    1）工程施工概况；

    2）现场巡查信息：巡查照片、记录等；

    3）监测项目日报表：仪器型号、监测日期、观测时间、天气情况、监测项目的累计变化值、变化速率值、控制值、监测点平面位置图等，可采用本规范附录D的样式；

    4）监测数据、现场巡查信息的分析与说明；

    5）结论与建议。

  2 警情快报

    1）警情发生的时间、地点、情况描述、严重程度、施工工况等；

    2）现场巡查信息：巡查照片、记录等；

    3）监测数据图表：监测项目的累计变化值、变化速率值、监测点平面位置图；

    4）警情原因初步分析；

    5）警情处理措施建议。

  3 阶段性报告

    1）工程概况及施工进度；

    2）现场巡查信息：巡查照片、记录等；

    3）监测数据图表：监测项目的累计变化值、变化速率值、时程曲线、必要的断面曲线图、等值线图、监测点平面位置图等；

    4）监测数据、巡查信息的分析与说明；

    5）结论与建议。

  4 总结报告

    1）工程概况；

    2）监测目的、监测项目和监测依据；

    3）监测点布设；

    4）采用的仪器型号、规格和元器件标定资料；

    5）监测数据采集和观测方法；

    6）现场巡查信息：巡查照片、记录等；

    7）监测数据图表：监测值、累计变化值、变化速率值、时程曲线、必要的断面曲线图、等值线图、监测点平面位置图等；

    8）监测数据、巡查信息的分析与说明；

    9）结论与建议。

11.0.6 监测数据的处理与信息反馈宜利用专门的工程监测数据处理与信息管理系统软件，实现数据采集、处理、分析、查询和管理的一体化以及监测成果的可视化。

11.0.7 监测日报、警情快报、阶段性报告和总结报告应按规定的格式和内容，及时向相关单位报送。

附录A 监测项目代号和图例

A.0.1 监测项目代号和图例应具有唯一性。

A.0.2 工程监测断面、监测点编号应结合监测项目及其图例，按工点统一编制。监测点编号宜符合下列规定：

  1 监测点编号组成格式宜由监测项目代号与监测点序列号共同组成；

  2 监测项目代号宜采用大写英文字母的形式表示；

  3 监测点序列号宜采用阿拉伯数字并按一定的顺序或方向进行编号。

A.0.3 支护结构监测项目代号和图例宜符合表A.0.3-1~表A.0.3-3的规定。

表 A.0.3-1 明挖法和盖挖法的基坑支护结构监测项目代号和图例

监测项目	项目代号	图 例
支护桩（墙）、边坡顶部水平位移	ZQS	
支护桩（墙）、边坡顶部竖向位移	ZQC	
支护桩（墙）体水平位移	ZQT	
支护桩（墙）结构应力	ZQL	
立柱结构竖向位移	LZC	
立柱结构水平位移	LZS	
立柱结构应力	LZL	
支撑轴力	ZCL	
顶板应力	DBL	
锚杆拉力	MGL	
土钉拉力	TDL	
竖井井壁支护结构净空收敛	SJJ	

表 A.0.3-2 盾构法隧道管片结构监测项目代号和图例

监测项目	项目代号	图 例
管片结构竖向位移	GGC	
管片结构水平位移	GGS	
管片结构净空收敛	GGJ	
管片结构应力、管片连接螺栓应力	GGL	

表 A.0.3-3 矿山法支护结构监测项目代号和图例

监测项目	项目代号	图 例
初期支护结构拱顶沉降	GDC	
初期支护结构底板竖向位移	DBS	
初期支护结构净空收敛、隧道拱脚竖向位移	JKJ	
中柱结构竖向位移、倾斜	ZZC	
中柱结构应力	ZNL	
初期支护结构、二次衬砌应力	ZHL	

A.0.4 周围岩土体监测项目代号和图例宜符合表A.0.4的规定。

表 A.0.4 周围岩土体监测项目代号和图例

监测项目	项目代号	图 例
地表沉降	DBC	
土体深层水平位移	TST	
土体分层竖向位移	TCC	
坑底隆起（回弹）	KDC	
支护桩（墙）侧向土压力、管片围岩压力、围岩压力	WTL	
地下水位	DSW	
孔隙水压力	KSL	

A.0.5 周边环境监测项目代号和图例宜符合表A.0.5的规定。

表 A.0.5 周边环境监测项目代号和图例

监测项目	项目代号	图例
建（构）筑物、桥梁墩台、挡墙竖向位移	JGC	
建（构）筑物、地下管线、桥梁墩台差异沉降	JGY	
隧道结构竖向位移、轨道结构（道床）竖向位移	SGC	●
建（构）筑物、隧道结构水平位移	JGS	
隧道结构变形缝差异沉降	JGK	
轨道静态几何形位（轨距、轨向、高低、水平）	GDX	
建（构）筑物倾斜	JGQ	◐
桥梁墩柱倾斜、挡墙倾斜	QGQ	
建（构）筑物裂缝	JGF	◔
桥梁裂缝	QGF	
隧道、轨道结构裂缝	SGF	
地下管线竖向位移	GXC	▼
地下管线水平位移	GXS	
路面竖向位移	LMC	▼
路基竖向位移	LJC	
桥梁梁板应力	LBL	▪
爆破振动	BPZ	○

附录 B 基准点、监测点的埋设

B.0.1 深埋钢管水准基准点标石的埋设（图 B.0.1），应符合下列规定：

1 保护井壁宜采用砖砌，井壁厚度宜为 240mm，井底垫圈宽度宜为 370mm，井深宜为 1000mm；井盖宜采用钢质材料，井盖直径宜为 800mm；井口标高宜与地面标高相同；

2 基准点应分为内管和外管，且外管直径宜为 75mm，内管直径宜为 30mm，基准点顶部距离井盖顶宜为 300mm，井底垫圈面距基准点顶部高度宜为 700mm；

3 基准点宜采用钻机钻孔的方式埋设，基准点底部埋设深度应至相对稳定的土层，钻孔底封堵厚度宜为 360mm，基点底靴厚度宜为 1000mm。

B.0.2 平面基准点标石的埋设（图 B.0.2），应符合下列规定：

1 保护井壁宜采用钢质材料，井壁厚度宜为 10mm，井底垫圈宽度宜为 50mm，井深宜为 200mm～300mm；井盖宜采用钢质材料，井盖直径宜为 200mm，

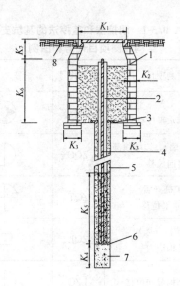

图 B.0.1 深埋钢管水准基准点标石

1—保护井；2—外管；3—外管悬空卡子；4—内管；5—钻孔（内填）；6—基点底靴；7—钻孔底；8—地面；K_1—井盖直径；K_2—井壁厚度；K_3—井底垫圈宽度；K_4—钻孔底封堵厚度；K_5—基点底靴厚度；K_6—井底垫圈面距基准点顶部高度；K_7—基准点顶部距井盖顶高度

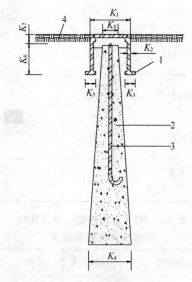

图 B.0.2 平面基准点标石

1—保护井；2—混凝土底座；3—钢标志点；4—地面；K_1—井盖直径；K_2—井壁厚度；K_3—井底垫圈宽度；K_4—混凝土基石底直径；K_5—混凝土基石顶直径；K_6—井底垫圈面距监测点顶部高度；K_7—基准点顶部距井盖顶高度

井口标高宜与地面标高相同；

2 平面基准点标志宜采用加工成"L"形的钢筋置入混凝土基石中，钢筋直径宜为 25mm，顶部可刻划成"十"字或镶嵌直径 1mm 的铜芯；混凝土基石上部直径宜为 100mm，下部直径宜为 300mm，基准点顶部距离井盖顶宜为 50mm；

3 平面基准点可采用人工开挖或钻机钻孔的方

式埋设，基准点底部埋设深度应至相对稳定的土层。

B.0.3 支护桩（墙）、边坡顶部水平位移监测点的埋设（图 B.0.3-1、图 B.0.3-2），应符合下列规定：

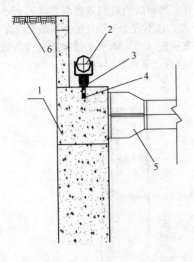

图 B.0.3-1　支护桩（墙）顶水平位移监测点
1—冠梁；2—测量装置；3—连接杆件；
4—固定螺栓；5—支撑；6—地面

1 支护桩（墙）顶水平位移监测点宜采用在基坑冠梁上设置强制对中的观测标志的形式，双测装置宜采用连接杆件与冠梁上埋设的固定螺栓连接，连接杆件尺寸与固定螺栓规格可根据采用的测量装置尺寸要求加工；

2 基坑边坡顶部水平位移监测点宜采用混凝土标石，用于观测标志的螺纹钢直径宜为 18mm～22mm，长度宜为 200mm～400mm；混凝土标石上部直径宜为 100mm，下部直径宜为 200mm，底部埋置深度宜为 300mm～500mm，顶部宜根据现场情况采取有效的保护措施。

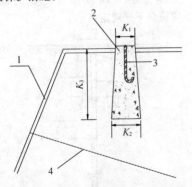

图 B.0.3-2　基坑边坡顶水平位移监测点
1—基坑边坡；2—混凝土标石；3—标志钢筋；
4—锚杆或土钉；K_1—混凝土标石顶直径；
K_2—混凝土标石底直径；K_3—混凝土
基石底距硬化地面高度

B.0.4 建（构）筑物竖向位移监测点的埋设（图 B.0.4），应符合下列规定：

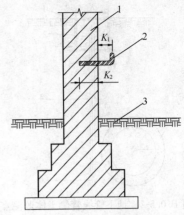

图 B.0.4　建（构）筑物竖向位移监测点
1—砖墙或钢筋混凝土结构；2—监测点；3—地面；
K_1—监测点与建（构）筑物外表面距离；
K_2—监测点埋入结构深度

1 建（构）筑物竖向位移监测点埋设宜采用"L"形螺纹钢，钢筋直径宜为 18mm～22mm，外露端顶部宜加工成球形；

2 标志宜采用钻孔埋入的方式，周边空隙用锚固剂回填密实，标志点的高度宜位于地面以上 300mm；

3 螺纹钢外露端顶部与建（构）筑物外表面的距离宜为 30mm～40mm，螺纹钢埋入结构长度宜为墙体厚度的 1/3～1/2。

B.0.5 地下管线监测点的埋设（图 B.0.5-1、图 B.0.5-2），应符合下列规定：

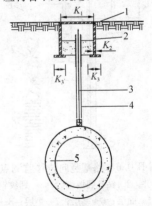

图 B.0.5-1　地下管线位移杆式直接监测点
1—地面；2—保护井；3—测杆；4—保护管；5—管线；
K_1—保护井盖直径；K_2—保护井壁厚度；
K_3—井底垫圈宽度

1 地下管线管顶竖向位移监测点宜采用测杆形式埋设于管线顶部结构上，测杆底端宜采用混凝土与管线结构或周边土体固定，测杆外应加保护管，保护管外侧应回填密实；

2 地下管线管侧土体监测点宜采用测杆形式埋设于管线外侧土体中，测杆底端宜与管线底标高一致，并宜采用混凝土与管线周边土体固定，测杆外应

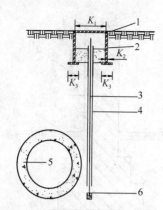

图 B.0.5-2 地下管线管侧土体监测点
1—地面；2—保护井；3—测杆；
4—保护管；5—管线；6—混凝土块；
K_1—保护井盖直径；K_2—保护井井壁厚度；
K_3—井底垫圈宽度

加保护管，保护管外侧应回填密实；

3 保护井壁宜采用钢质材料，井壁厚度宜为10mm，井底垫圈宽度宜为50mm，井深宜为200mm～300mm；井盖宜采用钢质材料，井盖直径宜为150mm，井口标高宜与地面标高相同。

B.0.6 高速公路、城市道路的路基竖向位移监测点的埋设（图 B.0.6），应符合下列规定：

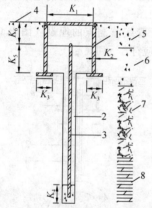

图 B.0.6 路基竖向位移监测点
1—保护井；2—钻孔回填细砂；3—螺纹钢标志；
4—路面；5—面层；6—基层；7—垫层；8—原状土；
K_1—保护井盖直径；K_2—保护井井壁厚度；K_3—井底垫圈宽度；K_4—底端混凝土固结长度；K_5—井底垫圈面距监测点顶部高度；K_6—监测点顶部距井盖顶高度

1 高速公路、城市道路的路基竖向位移监测点宜采用钻孔方式埋设，钻孔深度应到原状土层，钻孔直径不宜小于80mm，螺纹钢标志点直径宜为18mm～22mm，底部将螺纹钢标志点用混凝土与周边原状土体固定，底端混凝土固结长度宜为50mm，孔内用细砂回填；

2 路基竖向位移监测点的保护井壁宜采用钢质材料，井壁厚度宜为10mm，井底垫圈宽度宜为

50mm，井深宜为200mm～300mm；井盖宜采用钢质材料，井盖直径宜为150mm，井口标高宜与道路地表标高相同；

3 井底垫圈面距监测点顶部高度不宜小于井深长度的1/2，且不宜小于预计的路基最大沉降量。

B.0.7 支护桩（墙）体水平位移监测点的埋设（图 B.0.7），应符合下列规定：

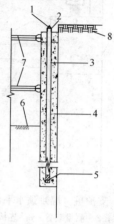

图 B.0.7 支护桩（墙）体水平位移监测点
1—测斜管保护盖；2—钢套管；3—测斜管；4—支护桩（墙）体；5—测斜管底封堵端；6—基坑底部；7—支撑；8—地面

1 支护桩（墙）体水平位移监测点宜采用埋设测斜管的形式，测斜管内径宜为59mm，外径宜为71mm，埋置深度应至桩（墙）底部，测斜管管口部位宜采用钢套管保护，管底应进行封堵。

2 测斜管宜在钢筋笼吊装前采用分段连接绑扎形式，并宜每1m绑扎一次。埋设时应保证测斜管的一对导槽垂直于基坑边线。

B.0.8 土体分层竖向位移监测点的埋设（图 B.0.8），应符合下列规定：

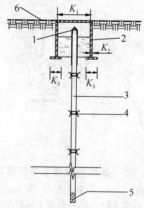

图 B.0.8 土体分层竖向位移监测点
1—分层沉降管保护盖；2—保护井；3—分层沉降管；
4—磁环；5—分层沉降管底封堵端；6—地表；
K_1—保护井盖直径；K_2—保护井井壁厚度；
K_3—井底垫圈宽度

1 土体分层竖向位移监测点宜采用埋设分层沉降管、管外套磁环的形式，分层沉降管内径宜为59mm，外径宜为71mm，埋置深度应符合监测设计要求；分层沉降管口部位宜采用钢套管保护，管底应进行封堵；

2 保护井壁宜采用钢质材料，井壁厚度宜为10mm，井底垫圈宽度宜为50mm，井深宜为200mm～300mm；井盖宜采用钢质材料，井盖直径宜为150mm，井口标高宜与地面标高相同。

附录C 现场巡查报表

C.0.1 明挖法和盖挖法的基坑现场巡查报表可按表C.0.1执行。

表C.0.1 明挖法和盖挖法的基坑现场巡查报表

监测工程名称：　　　　　　　　报表编号：
巡查时间：　年　月　日　时　　天气：

分类	巡查内容	巡查结果	备注
施工工况	开挖长度、分层高度及坡度，开挖面暴露时间		
	开挖面岩土体的类型、特征、自稳性，渗漏水量大小及发展情况		
	降水、回灌等地下水控制效果及设施运转情况		
	基坑侧壁及周边地表截、排水措施及效果，坑边或基底有无积水		
	支护桩（墙）后土体有无裂缝、明显沉陷，基坑侧壁或基底有无涌土、流砂、管涌		
	基坑周边有无超载		
	放坡开挖的基坑边坡有无位移、坡面有无开裂		
	其他		
支护结构	支护桩（墙）有无裂缝、侵限情况		
	冠梁、围檩的连续性，围檩与桩（墙）之间的密贴性，围檩与支撑的防坠落措施		
	冠梁、围檩、支撑有无过大变形或裂缝		
	支撑是否及时架设		
	盖挖法顶板有无明显变形和开裂，顶板与立柱、墙体的连接情况		
	锚杆、土钉垫板有无明显变形、松动		
	止水帷幕有无开裂、较严重渗漏水		
	其他		

续表C.0.1

分类	巡查内容	巡查结果	备注
周边环境	建（构）筑物、桥梁墩台或梁体、既有轨道交通结构等的裂缝位置、数量和宽度，混凝土剥落位置、大小和数量，设施能否正常使用		
	地下构筑物积水及渗水情况，地下管线的漏水、漏气情况		
	周边路面或地表的裂缝、沉陷、隆起、冒浆的位置、范围等情况		
	河流湖泊的水位变化情况，水面有无出现漩涡、气泡及其位置、范围，堤坡裂缝宽度、深度、数量及发展趋势等		
	工程周边开挖、堆载、打桩等可能影响工程安全的其他生产活动		
	其他		
监测设施	基准点、监测点的完好状况、保护情况		
	监测元器件的完好状况、保护情况		
	其他		

现场巡查人：　　　　　　监测项目负责人：
监测单位：　　　　　　　　　　第　页　共　页

C.0.2 盾构法隧道现场巡查报表可按表C.0.2执行。

表C.0.2 盾构法隧道现场巡查报表

监测工程名称：　　　　　　　　报表编号：
巡查时间：　年　月　日　时　天气：

分类	巡查内容	巡查结果	备注
施工工况	盾构始发端、接收端土体加固情况		
	盾构掘进位置（环号）		
	盾构停机、开仓等的时间和位置		
	联络通道开洞口情况		
	其他		
管片变形	管片破损、开裂、错台情况		
	管片渗漏水情况		
	其他		

分类	巡查内容	巡查结果	备注
周边环境	建（构）筑物、桥梁墩台或梁体、既有轨道交通结构等的裂缝位置、数量和宽度，混凝土剥落位置、大小和数量，设施能否正常使用		
	地下构筑物积水及渗水情况，地下管线的漏水、漏气情况		
	周边路面或地表的裂缝、沉陷、隆起、冒浆的位置、范围等情况		
	河流湖泊的水位变化情况，水面有无出现漩涡、气泡及其位置、范围，堤坡裂缝宽度、深度、数量及发展趋势等		
	工程周边开挖、堆载、打桩等可能影响工程安全的其他生产活动		
	其他		
监测设施	基准点、监测点的完好状况、保护情况		
	监测元器件的完好状况、保护情况		
	其他		

现场巡查人：　　　　　　　监测项目负责人：

监测单位：　　　　　　　　第 页 共 页

C.0.3 矿山法隧道现场巡查报表可按表 C.0.3 执行。

表 C.0.3 矿山法隧道现场巡查报表

监测工程名称：　　　　　　　报表编号：

巡查时间：　年　月　日　时　天气：

分类	巡查内容	巡查结果	备注
施工工况	开挖步序、步长、核心土尺寸等情况		
	开挖面岩土体的类型、特征、自稳性，地下水渗漏及发展情况		
	开挖面岩土体有无坍塌及坍塌的位置、规模		
	降水或止水等地下水控制效果及降水设施运转情况		
	其他		

分类	巡查内容	巡查结果	备注
支护结构	超前支护施作情况及效果、钢拱架架设、挂网及喷射混凝土的及时性、连接板的连接及锁脚锚杆的打设情况		
	初期支护结构渗漏水情况		
	初期支护结构开裂、剥离、掉块情况		
	临时支撑结构有无明显变位		
	二衬结构施作时临时支撑结构分段拆除情况		
	初期支护结构背后回填注浆的及时性		
	其他		
周边环境	建（构）筑物、桥梁墩台或梁体、既有轨道交通结构等的裂缝位置、数量和宽度，混凝土剥落位置、大小和数量，设施能否正常使用		
	地下构筑物积水及渗水情况，地下管线的漏水、漏气情况		
	周边路面或地表的裂缝、沉陷、隆起、冒浆的位置、范围等情况		
	河流湖泊的水位变化情况，水面有无出现漩涡、气泡及其位置、范围，堤坡裂缝宽度、深度、数量及发展趋势等		
	工程周边开挖、堆载、打桩等可能影响工程安全的其他生产活动		
	其他		
监测设施	基准点、监测点的完好状况、保护情况		
	监测元器件的完好状况、保护情况		
	其他		

现场巡查人：　　　　　　　监测项目负责人：

监测单位：　　　　　　　　第 页 共 页

附录 D 监测日报表

D.0.1 水平位移、竖向位移监测日报表可按表 D.0.1 执行。

表 D.0.1 ____水平位移、竖向位移监测日报表

监测工程名称：　　　　　　　　　　报表编号：　　　　　　　　　　　　　天气：

本次监测时间：　年 月 日 时　　　　　　　　上次监测时间：　年 月 日 时

仪器型号：　　　　　　　　　　仪器出厂编号：　　　　　　　　　　检定日期：

监测点号	初始值（mm）	上次累计变化量（mm）	本次累计变化量（mm）	本次变化量（mm）	变化速率（mm/d）	控制值		预警等级	备注
						累计变化值（mm）	变化速率值（mm/d）		

施工工况：

监测结论及建议：

现场监测人：　　　　　　　计算人：　　　　　　校核人：

监测项目负责人：　　　　　　监测单位：

D.0.2 深层水平位移监测日报表可按表 D.0.2 执行。

表 D.0.2 ____深层水平位移监测日报表

监测工程名称：　　　　　　　　报表编号：　　　　　　　　　　天气：

本次监测时间：　年　月　日　时　　　　上次监测时间：　年　月　日　时

仪器型号：		仪器出厂编号：		检定日期：					
监测孔号	深度(m)	上次累计变化量(mm)	本次累计变化量(mm)	本次变化量(mm)	变化速率(mm/d)	控制值		监测深度-位移变化量曲线图：	
						累计变化值(mm)	变化速率值(mm/d)		
施工工况：									
监测结论及建议：									

现场监测人：　　　　　计算人：　　　　校核人：

监测项目负责人：　　　监测单位：

D.0.3 轴力（拉力）监测日报表可按表 D.0.3 执行。

表 D.0.3 ＿＿＿轴力（拉力）监测日报表

监测工程名称：　　　　　　　　报表编号：　　　　　　　　天气：

本次监测时间：　年　月　日　时　　　　　　上次监测时间：　年　月　日　时

仪器型号：　　　　仪器出厂编号：　　　　检定日期：

监测点号	初始值（kN）	上次测值（kN）	本次测值（kN）	本次变化值（kN）	变化速率（kN/d）	控制值		预警等级	备注
						最大值（kN）	最小值（kN）		

施工工况：

监测结论及建议：

现场监测人：　　　　计算人：　　　　校核人：

监测项目负责人：　　　　监测单位：

第　页 共　页

D. 0. 4 应力、压力监测日报表可按表 D.0.4 执行。

表 D.0.4 ＿＿＿应力、压力监测日报表

监测工程名称：　　　　　　　　　　报表编号：　　　　　　　　　　　　　　　天气：

本次监测时间：　年 月 日 时　　　　　　　　　　　　　　　上次监测时间：　年 月 日 时

仪器型号：　　　　　　仪器出厂编号：　　　　　　检定日期：

监测点号	初始值 (kPa)	上次测值 (kPa)	本次测值 (kPa)	本次变化值 (kPa)	变化速率 (kPa/d)	控制值 (kPa)	预警等级	备注

施工工况：

监测结论及建议：

现场监测人：　　　　　　计算人：　　　　　　校核人：

监测项目负责人：　　　　监测单位：

本规范用词说明

1 为便于在执行本规范条文时区别对待,对要求严格程度不同的用词说明如下:

  1) 表示很严格,非这样做不可的用词:

    正面词采用"必须",反面词采用"严禁";

  2) 表示严格,在正常情况下均应这样做的用词:

    正面词采用"应",反面词采用"不应"或"不得";

  3) 表示允许稍有选择,在条件许可时首先应这样做的用词:

    正面词采用"宜",反面词采用"不宜";

  4) 表示有选择,在一定条件下可以这样做的用词,采用"可"。

2 条文中指明应按其他有关标准执行的写法为:"应符合……的规定"或"应按……执行"。

引用标准名录

1 《建筑地基基础设计规范》GB 50007

2 《工程测量规范》GB 50026

3 《地铁设计规范》GB 50157

4 《城市轨道交通工程测量规范》GB 50308

5 《建筑基坑工程监测技术规范》GB 50497

6 《爆破安全规程》GB 6722

7 《国家一、二等水准测量规范》GB/T 12897

8 《城市桥梁养护技术规范》CJJ 99

9 《建筑变形测量规范》JGJ 8

10 《公路水泥混凝土路面养护技术规范》JTJ 073.1

11 《公路沥青路面养护技术规范》JTJ 073.2

12 《铁路轨道工程施工质量验收标准》TB 10413

中华人民共和国国家标准

城市轨道交通工程监测技术规范

GB 50911—2013

条 文 说 明

修 订 说 明

《城市轨道交通工程监测技术规范》GB 50911—2013，经住房和城乡建设部 2013 年 9 月 6 日以第 141 号公告批准、发布。

本规范编制过程中，编制组共召开全体会议 3 次，专题研讨会 10 余次，广泛调研和分析了我国主要轨道交通建设城市的工程监测技术要求、经验总结和其他相关资料，总结了我国开展城市轨道交通建设以来工程监测技术的各类成果。同时，参考了国外先进技术成果，吸收了国内公路、铁路、水利水电等相关行业工程监测的先进理念和最新研究成果，通过调研、征求意见及专家咨询，取得了重要技术参数。

为便于广大设计、施工、科研、学校等单位有关人员在使用本规范时能正确理解和执行条文规定，《城市轨道交通工程监测技术规范》编制组按章、节、条顺序编制了本规范的条文说明，对条文规定的目的、依据以及执行中需注意的有关事项进行了说明，还着重对强制性条文的强制性理由做了解释。但是本条文说明不具备与规范正文同等的法律效力，仅供使用者作为理解和把握规范规定的参考。

目　次

1　总则 ··· 26—41
2　术语和符号 ·· 26—41
  2.1　术语 ··· 26—41
  2.2　符号 ··· 26—41
3　基本规定 ··· 26—41
  3.1　基本要求 ··································· 26—41
  3.2　工程影响分区及监测范围 ········· 26—43
  3.3　工程监测等级划分 ··················· 26—47
4　监测项目及要求 ······························· 26—49
  4.1　一般规定 ··································· 26—49
  4.2　仪器监测 ··································· 26—49
  4.3　现场巡查 ··································· 26—51
  4.4　远程视频监控 ···························· 26—51
5　支护结构和周围岩土体监测点
  布设 ··· 26—51
  5.1　一般规定 ··································· 26—51
  5.2　明挖法和盖挖法 ······················· 26—51
  5.3　盾构法 ····································· 26—52
  5.4　矿山法 ····································· 26—53
6　周边环境监测点布设 ························· 26—54
  6.1　一般规定 ··································· 26—54
  6.2　建（构）筑物 ···························· 26—54
  6.3　桥梁 ··· 26—54
  6.4　地下管线 ··································· 26—54
  6.5　高速公路与城市道路 ················· 26—55

6.6　既有轨道交通 ···························· 26—55
7　监测方法及技术要求 ························· 26—55
  7.1　一般规定 ··································· 26—55
  7.2　水平位移监测 ···························· 26—56
  7.3　竖向位移监测 ···························· 26—56
  7.4　深层水平位移监测 ··················· 26—56
  7.5　土体分层竖向位移监测 ············· 26—57
  7.6　倾斜监测 ··································· 26—57
  7.7　裂缝监测 ··································· 26—57
  7.8　净空收敛监测 ···························· 26—57
  7.9　爆破振动监测 ···························· 26—59
  7.10　孔隙水压力监测 ······················ 26—59
  7.14　结构应力监测 ························· 26—59
  7.15　现场巡查 ······························ 26—60
8　监测频率 ··· 26—60
  8.1　一般规定 ··································· 26—60
  8.2　监测频率要求 ···························· 26—60
9　监测项目控制值和预警 ····················· 26—61
  9.1　一般规定 ··································· 26—61
  9.2　支护结构和周围岩土体 ············· 26—62
  9.3　周边环境 ··································· 26—68
10　线路结构变形监测 ·························· 26—69
  10.1　一般规定 ······························ 26—69
  10.2　线路结构监测要求 ··················· 26—70
11　监测成果及信息反馈 ······················ 26—70

1 总 则

1.0.1 城市轨道交通工程建筑类型多，通常有地下工程、高架工程和地面线路工程，其中地下工程一般埋深多在二三十米以内，而在此深度范围内大多为第四纪冲洪积、淤积层，或为全、强风化的岩层，地层多松散无胶结，地下水和地表水、大气降水直接联系，工程地质条件和水文地质条件复杂。同时，城市轨道交通线路基本处于环境复杂、人口密集的城区，周边高楼林立，地下管网密集，城市桥梁、道路、既有铁路等纵横交错，沿线交通流量大，工程周边环境条件复杂。复杂的地质条件和环境条件给城市轨道交通工程设计、施工带来诸多难题。

因此，城市轨道交通工程具有建设规模大、建设周期长、地质条件和环境条件复杂、工程风险高等特点，而目前我国轨道交通建设的设计水平、施工能力及管理经验与轨道交通建设的发展速度、规模不相匹配，又加上缺少相应的工程监测技术规范、标准加以指导，使得各地安全事故时有发生。

为保证工程施工安全、周边环境稳定及线路结构自身安全，工程监测尤为重要。随着城市轨道交通的快速发展，工程监测技术也取得了长足的进步。本规范从轨道交通工程安全风险控制的角度出发，总结已有监测经验和监测技术手段，以有效降低轨道交通工程施工的安全风险，减少施工对周边环境的影响，避免线路结构过大变形影响线路运营安全为目标，从而保障人民群众的生命财产安全，以利于社会稳定和节省投资。

1.0.2 城市轨道交通工程的监测工作包括为确保施工和周边环境安全的施工监测，以及确保线路正常使用和运营安全的线路结构变形长期监测。在施工监测过程中，地下工程施工安全监测尤为重要。本规范主要针对城市轨道交通地下工程土建施工中的监测工作进行了详细的规定。

在土建施工、设备安装与调试及线路不载客试运行和运营阶段中，线路结构受地质条件、周边工程建设或环境荷载的影响会出现持续、缓慢的变形，当变形量达到一定程度时会影响到线路结构或运营安全，因此，本规范对城市轨道交通线路结构的变形监测工作也进行了详细的规定。

1.0.3 城市轨道交通工程大多是在地面建筑设施密集、交通繁忙、地质条件复杂的城市中施工，不同的设计方案和施工方法引起的岩土体力学响应在时间和空间上的规律也不尽相同，监测方案的编制应综合考虑这些因素。监测成果是判断支护结构的安全及周边环境的稳定状态、预测地层变形及发展趋势、控制施工对环境影响程度以及分析线路结构健康状态的重要依据，因此，监测过程中，应严格执行监测方案，及

时提供真实、有效的监测成果。

1.0.4 城市轨道交通工程需要遵守的标准有很多，本规范只是其中之一；另外有关国家现行标准中对城市轨道交通工程监测也有一些相关规定，因此本条规定除遵守本规范外，城市轨道交通工程监测尚应符合国家现行有关标准的规定。

2 术语和符号

2.1 术 语

本术语中主要列入了与城市轨道交通工程监测技术相关的术语。监测、风险、明挖法、盖挖法、盾构法、矿山法等术语主要参考了相关国家标准及其他相关资料，周围岩土体、工程影响分区、工程监测等级等新定义主要基于现有研究总结。经过编制组讨论、分析、归纳和整理，相关术语编入本规范中。

本规范术语给出了推荐性英文术语以供参考。

2.2 符 号

城市轨道交通工程监测涉及的内容和专业较多，相同符号在不同专业中有不同的意义。因此，本规范保留通用性较强的符号和对应意义。其他专业中采用相同符号时，为表示区别，符号增加了脚注字母。

3 基 本 规 定

3.1 基 本 要 求

3.1.1 本条为强制性条文，对城市轨道交通地下工程在施工阶段开展监测工作进行了要求。

城市轨道交通工程在施工过程中经常发生支护结构垮塌、周围岩土体坍塌以及建（构）筑物、地下管线等周边环境对象的过大变形或破坏等安全风险事件，因此，在地下工程施工过程中，开展工程监测工作对安全风险事件的预防预报和控制安全风险事件的发生具有十分重要的意义。

工程监测对象主要包括支护结构、周围岩土体和周边环境，支护结构监测对象主要为基坑支护桩（墙）、立柱、支撑、锚杆、土钉，矿山法隧道初期支护、临时支护、二次衬砌以及盾构法隧道管片；周围岩土体监测对象主要为工程周围的岩体、土体、地下水以及地表；周边环境监测对象主要为工程周边的建（构）筑物、地下管线、高速公路、城市道路、桥梁、既有轨道交通以及其他城市基础设施。这些对象的安全状态是控制城市轨道交通地下工程施工安全的关键所在。

按照住建部《城市轨道交通工程安全质量管理暂行办法》（建质〔2010〕5号）的要求，目前全国各

地城市轨道交通工程监测开展了施工监测和第三方监测工作。施工监测是按照施工图设计文件、施工方案及规范等要求，对工程支护结构、周围岩土体和周边环境等进行监测。第三方监测是监测单位受建设单位的委托，按照合同内容及要求对工程支护结构的关键部位及重要周边环境等进行监测，其工作量一般约为施工监测工作量的三分之一。实践证明，施行施工监测和第三方监测的制度对地下工程质量和安全的控制起到了很好的作用，同时，工程监测的技术手段和方法已基本成熟，因此，城市轨道交通地下工程施工阶段开展监测工作是十分必要的，也是完全可行的。

3.1.2 本条指出了城市轨道交通地下工程施工阶段监测的目的。工程监测主要是为评价工程结构自身和周边环境安全提供必需的监测资料，因此，工程监测工作需要依据国家有关法律法规和工程技术标准，通过采用测量测试仪器、设备，对工程支护结构和施工影响范围内的岩土体、地下水及周边环境等的变化情况（如变形、应力等）进行量测和巡视检查，依据准确、详实的监测资料研究、分析、评价工程结构和周边环境的安全状态，预测工程风险发生的可能性，判断设计、施工、环境保护等方案的合理性，为设计、施工相关参数的调整提供资料依据。

3.1.3 本条是通过对各地工程监测工作的开展流程进行归纳、总结的基础上，提出的较为系统的工作流程，遵循该工作流程开展监测工作是实现监测目的、保证监测质量的重要基础。

3.1.4 收集水文气象资料、岩土工程勘察资料、周边环境调查报告、安全风险评估报告等重要的监测背景资料，同时进行必要的现场踏勘，对制定有针对性的监测方案及指导监测作业开展具有重要作用。

监测范围内的周边环境现场踏勘与核查是编制监测方案的重要环节，开展现场踏勘与核查工作时需要注意以下内容：

1 环境对象与工程的位置关系及场地周边环境条件的变化情况；

2 工程影响范围内的建（构）筑物、桥梁、地下构筑物等环境对象的使用现状和结构裂缝等病害情况；

3 重要地下管线和地下构筑物分布情况，并应特别注意是否存在废弃地下管线和地下构筑物，必要时挖探确认。同时，对地下管线的阀门位置，雨水、污水管线的渗漏情况等进行调查。

周边环境对象调查工作一般在设计的前期开展，但受工期及技术条件等限制及其他各种原因影响难免有遗漏或不准确的情况，同时随着城市建设的变化如拆迁、新建、改建等，在轨道交通工程建设过程中，环境条件可能发生较大变化，现场踏勘发现这些情况时应及时与设计单位、建设单位及相关单位等进行沟通，保证监测方案的编制更具体、更有针对性，并且

能符合相关各方的要求。

3.1.5 城市轨道交通土建施工方法主要包括明挖法和盖挖法基坑工程、盾构法及矿山法隧道工程。城市轨道交通工程是一项高风险工程，施工工法不同、地质条件不同、环境条件不同，给工程带来的风险不同。工程监测方案编制之前，需要综合研究工程的风险特点，以及影响工程安全的重要工程部位和施工过程，并对关键部位、关键过程和关键时间提出监测重点，以确保监测方案的针对性。

同时，本条对制定监测方案宜涵盖的内容提出了要求，概括出了监测方案所包含的 13 个要点。

工程场地位置、设计概况及施工方法、辅助措施、施工筹划，场地地质条件、不良地质位置，地下水分布及水位、补给方式、地下水控制方法及周边环境建设年代、基本结构形式、基础形式、与工程的位置关系、风险等级、保护措施等是编制监测方案的重要资料和依据。

监测方案中需要对监测的目的、所依据的设计文件、国家行业地方及企业的规范标准、政府主管部门的有关文件等进行明确。

监测范围、监测对象、工程监测等级、监测项目、基准点及监测点布设方法与保护要求、监测频率及周期、监测控制值、预警标准及异常情况监测措施、监测信息采集处理及反馈等是监测方案的重要内容。

另外，为确保监测工作的质量，监测工作的组织形式及质量保证措施在监测方案中应明确，其内容主要包括：1) 开展监测工作的具体人员、仪器设备类型、数量及主要精度指标等；2) 监测质量安全及环境保护管理制度、各重要环节质量控制措施；3) 各环节作业技术要求和管理细则等。

3.1.6 监测点的布设是开展监测工作的基础，是反映工程自身和周边环境安全的关键，监测点布设时需要认真分析工程支护结构和周边环境特点，确保工程支护结构和周边环境对象受力或位移变化较大的部位有监测点控制，以真实地反映工程支护结构和周边环境对象安全状态的变化情况。同时，还要兼顾监测工作量及费用，达到既控制了安全风险的目的，又节约了费用成本。

3.1.7 监测点的埋设应以不妨碍结构的正常受力或正常使用功能为前提，要便于现场观测，如便于跑点、立尺和数据采集，同时要保证现场作业过程中的人身安全。在满足监测要求的前提下，应尽量避免在材料运输、堆放和作业密集区埋设监测点，以减少对现场观测造成的不利影响，同时也可避免监测点遭到破坏，保证监测数据的质量。

监测点的数值变化是监测对象安全状态的直接反映，监测点埋设质量好坏对监测成果的准确性、可靠性有着较大影响，因此应埋设牢固，并采取可靠方法

避免监测点受到破坏,如对地表位移监测点加保护盖、对传感器引出的导线加保护管、对测斜管加保护管或保护井等。若发现监测点被损坏,需及时恢复或采取补救措施,以保证监测数据的连续性。另外,为便于监测和管理,应对监测点按一定的编号原则进行编号,标明测点类型、保护要求等,并在现场清晰喷涂标识或挂标示牌。

3.1.8 仪器监测和现场巡查是工程监测的常规手段。通过埋设观测标志、布设监测元器件等方式,采用高精度的测量仪器设备或读数仪等进行位移或应力应变监测,获取监测对象状态变化的数据,以便在需要时及时对工程采取安全保护措施。由于仪器监测点的布设位置、数量有限,现场巡查是最有效的补充手段。现场巡查能发现监测对象的过大变形、开裂、渗漏及地面沉陷(隆起)等安全隐患,为支护结构及周边环境安全状态的综合判定提供必要的资料支撑。

随着监测技术手段的不断发展和监测服务内容的增多,远程视频系统也逐步应用于城市轨道交通工程监测工作中。视频监测相对现场巡查来说具有远程、实时、便捷的特点,对掌控工程施工进度、施工质量及环境条件变化、监控记录工程风险、防止重大事故发生具有重要作用。

自动化监测具有数据采集和传输快、精度高、稳定性强,安装灵活,不受环境条件限制,可实现24h全天候监测等特点,在安全风险较大的周边环境、工程关键部位采用传统的仪器监测方法难以实施或不能满足工程需要时,可采用远程自动化监测的手段。

3.1.9 监测对象在工程施工过程中的影响变化是一个由小到大,再由大到小的过程,施工对监测对象的影响程度与开挖面和监测对象的位置关系、施工质量控制、地质条件和监测对象的特点等密切相关。因此,监测信息的采集频率要根据工程施工对监测对象的影响程度进行调整,其原则是能反映出监测对象的变化过程。工程监测是一个长时间、连续的工作,应贯穿整个施工全过程。

3.1.10 本条对监测信息的及时分析和异常情况及时报告提出了要求。监测工作要严格执行监测方案,并将监测成果准确、及时地反馈给建设、监理、设计、施工等相关单位,为工程动态设计和信息化施工提供可靠的数据依据。

实际工程建设过程中,很多工程安全事故是由于预先发现或采取措施不及时造成的,由于工程安全隐患不能及时得到处理,致使其进一步导致安全事故,造成人员伤亡、经济损失和社会影响。工程监测工作特别需要重视监测信息的时效性,监测单位及时进行监测信息处理、分析和反馈工作,是保证工程自身及周边环境安全的重要基础工作。

3.1.11 城市轨道交通工程施工过程中,在一些情况下需要编制专项监测方案进行专项监测,本条指出了

其中的几种情况。目前,在国内各轨道交通建设城市一般对既有轨道交通设施、公路交通设施、有特殊要求的环境对象(如文物、重要建筑等)、水体、特殊的地质体、特殊的施工工艺等开展专项监测。

随着我国城市轨道交通建设的不断开展,城市轨道交通网络中线路之间的交叉、换乘不可避免,节点车站大量存在。目前节点车站主要有同期建设、前期预留和穿越既有线三种建设形式,其中穿越既有线最为常见,可分为侧穿、上穿或下穿等类型,工程下穿带来的风险尤为严重。同时,工程周边存在文物、优秀近现代建筑、高层(超高层)建筑、重要桥梁、重要地下军事设施、重要人防工程等重要环境风险对象,也需进行专门的监测设计。

工程下穿河流、湖泊等地表水体,穿越岩溶、断裂带、地裂缝等不良地质条件可能给工程建设带来严重的地质风险,工程控制措施稍有疏忽,便会出现严重的风险后果,因此对存在这些风险的工程也应进行专项监测方案的编制。

3.1.12 城市轨道交通工程建设过程出现风险事件时,为分析、处理及控制风险事件应开展应急抢险监测工作,提供更及时、全面的监测数据。应急抢险监测应根据现场风险发生的实际情况,针对风险事件控制要求在原监测方案的基础上补充监测项目或监测点,并加密监测频率。当采用人工监测不能满足实际需要或存在现场监测作业人员的人身安全问题时可采用远程自动化实时监测手段。

3.1.13 由于工程地质条件、环境条件的变化、列车动荷载作用或既有轨道交通控制保护区内工程施工等的影响,城市轨道交通隧道结构、高架结构及地面线路等难免出现沉降、差异沉降,使线路结构出现变形、变化,进而影响安全运营。目前已建成并运营的城市已出现了隧道结构开裂、渗漏水,及部分线路因过大沉降而停运进行维修和加固的情况。开展线路结构变形监测可为分析线路结构安全及对运营安全的影响、制定线路结构维修加固方案及运营安全管理制度等提供数据支撑,便于及早发现结构位移变形,对线路结构加固、维修,保证线路运营安全具有十分重要意义。

3.2 工程影响分区及监测范围

3.2.1 基坑、隧道工程施工对周围岩土体的扰动范围、扰动程度是不同的,一般来说,邻近基坑、隧道地段的岩土体受扰动程度最大,由近到远的影响程度越来越小。本规范将这一受施工扰动的范围称之为工程影响区。在施工影响范围内根据受施工影响程度的不同,从基坑、隧道外侧由近到远依次划分为主要影响区、次要影响区和可能影响区。

根据工程实践,周边环境对象所处的影响区域不同,受工程施工影响程度不同,工程影响分区主要目

的是区分工程施工对周边地层、环境的影响程度,以便把握工程关键部位,针对受工程影响较大的周边环境对象进行重点监测,做到经济、合理地开展工程周边环境监测工作。

3.2.2 基坑工程影响分区根据目前工程经验和相关研究成果,主要影响区、次要影响区和可能影响区按照与基坑边缘距离的不同进行划分,划分标准依据基坑设计深度。主要影响区、次要影响区和可能影响区以 $0.7H$ 或 $H \cdot \tan(45° - \varphi/2)$ 和 $(2.0 \sim 3.0)H$ 作为分界点,影响区分别用符号 Ⅰ、Ⅱ 和 Ⅲ 表示,具体划分可参考图1。

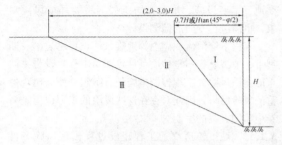

图 1 基坑工程影响分区
H—基坑设计深度;φ—岩土体内摩擦角

北京地区地层较为坚硬、稳定,根据 $H \cdot \tan(45° - \varphi/2)$ 计算结果接近 $0.7H$,主要影响区为基坑周边 $0.7H$ 范围内,次要影响区为基坑周边 $0.7H \sim 2.0H$ 范围内,可能影响区为基坑周边 $2.0H$ 范围外。上海地区地层较为软弱,岩土性质较差,主要影响区可根据 $H \cdot \tan(45° - \varphi/2)$ 计算确定,次要影响区范围适当扩大,为基坑周边 $H \cdot \tan(45° - \varphi/2) \sim 3.0H$ 范围内,可能影响区为基坑周边 $3.0H$ 范围外。广州、重庆等存在基岩的地区,基岩微风化、中等风化岩层较为稳定,工程影响分区主要考虑覆盖土层和基岩全风化、强风化层的影响,H 可按土层和基岩全风化、强风化层厚度之和进行取值计算,综合确定工程影响分区。

3.2.3 隧道工程影响分区没有相关规范、规程的规定,近年来相关研究取得了一些成果,根据研究结论,结合城市轨道交通隧道工程的特点,采用应用范围较广的隧道地表沉降曲线 Peck 计算公式预测的方式,划分隧道工程的不同影响区域。

1 采用 Peck 公式确定沉降槽的相关成果:
隧道地表沉降曲线 Peck 公式表示如下:

$$S_{(x)} = S_{\max} \cdot \exp\left(-\frac{x^2}{2 \cdot i^2}\right) \qquad (1)$$

$$S_{\max} = \frac{V_s}{\sqrt{2\pi} \cdot i} \approx \frac{V_s}{2.5 \cdot i} \qquad (2)$$

$$i = \frac{z_0}{\sqrt{2\pi} \cdot \tan\left(45° - \frac{\varphi}{2}\right)} \qquad (3)$$

式中:$S_{(x)}$——距离隧道中线为 x 处的地表沉降量(mm);

　　$S_{\max}$——隧道中线上方的地表沉降量(mm);

　　　x——距离隧道中线的距离(m);

　　　i——沉降槽的宽度系数(m);

　　　V_s——沉降槽面积(m²);

　　　z_0——隧道埋深(m)。

各城市确定沉降曲线参数时,要考虑本地区的工程经验。具体划分可参考图2。

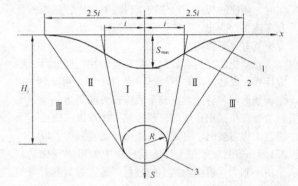

图 2 浅埋隧道工程影响分区
1—沉降曲线;2—反弯点;3—隧道;
i—隧道地表沉降曲线 Peck 计算公式中沉降槽宽度系数;
H_i—隧道中心埋深;$S_{\max}$—隧道中线上方的地表沉降量

韩煊(2006)在 Tan,Ranjith(2003)工作的基础上进一步补充归纳了沉降槽宽度系数 i 的表达式,从表1可以看出对沉降槽宽度系数规律的认识发展过程。

表 1 沉降槽宽度系数 i 的变化规律

类型	文献出处	沉降槽宽度系数 i 的表达式	适用条件	依据
第一类: $i = f(z_0, \varphi)$	Knothe (1957)	$i = \dfrac{z_0}{\sqrt{2\pi}\tan(45° - \varphi/2)}$	岩石类材料	—
第二类: $i/R = a\,(z_0/2R)^n$	Peck (1969)	$i/R = a\,(z_0/2R)^n$ $(n = 0.8 \sim 1.0)$	各类土	实测资料
	Attewell,Farmer (1974)	$i/R = (z_0/2R)$	黏土	英国实测资料
	Clough,Schmidt (1981)	$i/R = (z_0/2R)^{0.8}$	黏土(我国上海有应用,唐益群等人,2000)	英国实测资料
	Loganathan,Poulos (1998)	$i/R = 1.15\,(z_0/2R)^{0.9}$	黏性土	—

类型	文献出处	沉降槽宽度系数 i 的表达式	适用条件	依据
第三类： $i = a (bz_0 + cR)$	Atkinson, Potts (1977)	$i = 0.25 (z_0 + R)$	松砂	实测和模型试验
		$i = 0.25 (1.5z_0 + 0.5R)$	密实和超固结黏土	
第四类： $i = az_0 + b$	O' Reilly, New (1982)	$i = 0.43z_0 + 1.1$	黏性土 $(3m \leqslant z_0 \leqslant 34m)$	英国实测资料
		$i = 0.28z_0 - 0.1$	粒状土 $(6m \leqslant z_0 \leqslant 10m)$	
		$i = Kz_0$	—	（对上述结果的近似）
	Leach (1985)	$i = (0.57 + 0.45z_0)$ $\pm 1.01m$	固结效应 不显著地层	—
	Rankin (1988)	$i = 0.50z_0$	黏土	实测和离心机试验

注：i——隧道地表沉降曲线 Peck 计算公式的中沉降槽宽度系数，z_0——隧道埋深（m），R——隧道半径（m），φ——岩土体内摩擦角（°）。

第一类公式 i 与土层条件直接相关，符合大多数人的基本概念。但对于内摩擦角为 20°～40° 之间的一般土来说，计算得到的 i 为（0.57～0.86）z_0，与实测伦敦地区经验结果（0.2～0.7）z_0 或一般为 $0.50z_0$ 的普遍经验不符。这类公式主要是从矿业工程的经验而来的，因此可能适用于岩石类的材料而不适用于城市浅埋土质隧道情况。

第二、第三和第四类公式，可以看到关于沉降槽宽度的影响因素有两种不同的看法：一是受隧道埋深和半径两个因素的影响；二是仅与埋深有关。

通过对大量的实测结果（包括水工隧道、地下采矿巷道工程）的分析表明，沉降槽的宽度与隧道断面形状和尺寸有关。

韩煊、李宁等（2006，2007）搜集了广州、深圳、上海、北京、柳州、西北、香港、台湾等 8 个地区的 30 多组实测地表横向沉降槽的数据，并进行了相关分析，所涉及资料大部分为城市轨道交通隧道工程建设中的实测数据，也有部分为土中开挖的其他浅埋隧道工程实测数据。

我国部分地区城市轨道交通隧道工程开挖引起的沉降槽宽度参数的初步建议值详见表 2。其中大部分地区（除北京、上海外）由于资料较少，所给出的值仅供对比参考（表 2 括号中的值），需要进一步积累资料才能给出比较确定的推荐数值。

表 2　我国部分地区沉降槽宽度参数的初步建议值

地区	样本数	基本地层特征	K 的初步建议值
广州	1	黏性土，砂土，风化岩	(0.76)
深圳	9	黏性土，砂土，风化岩	(0.60～0.80)
上海	6	饱和软黏土，粉砂	0.50
柳州	4	硬塑状黏土	(0.30～0.50)

续表 2

地区	样本数	基本地层特征	K 的初步建议值
北京	13	砂土，黏性土互层	0.30～0.60
西北黄土地区	1	均匀致密黄土	(0.41)
台湾	1	砂砾石	(0.48)
香港	1	冲积层，崩积层	(0.34)

2　相关规范关于隧道影响区的划分标准：

1） 现行国家标准《城市轨道交通地下工程建设风险管理规范》GB 50652 条文说明中将考虑轨道交通地下工程与工程影响范围环境设施的相互邻近程度及相互位置关系分为非常接近、接近、较接近和不接近四类，见表 3。

表 3　不同施工方法与周围环境设施的邻近关系

施工方法	非常接近	接近	较接近	不接近	说明
明挖法盖挖法	$< 0.7H$	$0.7H\sim$ $1.0H$	$1.0H\sim$ $2.0H$	$> 2.0H$	H 为地下工程开挖深度或埋深
矿山法（包括钻爆法、浅埋暗挖法等）	$< 0.5B$	$0.5B\sim$ $1.5B$	$1.5B\sim$ $2.5B$	$> 2.5B$	B 为矿山法隧道毛洞宽度，当隧道采用爆破法施工时，需研究爆破振动的影响
盾构法顶管法	$< 0.3D$	$0.3D\sim$ $0.7D$	$0.7D\sim$ $1.0D$	$> 1.0D$	D 为隧道的外径
沉井法	$< 0.5H$	$0.5H\sim$ $1.5H$	$1.5H\sim$ $2.5H$	$> 2.5H$	H 为地下结构埋深

2)《北京地铁工程监控量测设计指南》将隧道工程划分为强烈影响区（Ⅰ）、显著影响区（Ⅱ）和一般影响区（Ⅲ）三个区域，矿山法隧道周围影响分区见表4、图3，盾构法隧道周围影响分区见表5和图4。

表4 矿山法浅埋隧道周边影响分区表

受隧道影响程度分区	区域范围
强烈影响区（Ⅰ）	隧道正上方及外侧 $0.7H_i$ 范围内
显著影响区（Ⅱ）	隧道外侧 $0.7H_i \sim 1.0H_i$ 范围内
一般影响区（Ⅲ）	隧道外侧 $1.0H_i \sim 1.5H_i$ 范围内

注：1　H_i——矿山法施工隧道底板埋深；
　　2　本表适用于埋深小于 $3B$（B 为矿山法隧道毛洞宽度）的浅埋隧道；大于 $3B$ 的深埋隧道可参照接近度概念；
　　3　表中的数值指标为参考值。

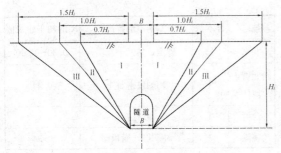

图3　矿山法浅埋隧道周边影响分区图

表5 盾构法隧道周边影响分区表

受隧道影响程度分区	区域范围
强烈影响区（Ⅰ）	隧道正上方及外侧 $0.7H_i$ 范围内
显著影响区（Ⅱ）	隧道外侧 $0.7H_i \sim 1.0H_i$ 范围内
一般影响区（Ⅲ）	隧道外侧 $1.0H_i \sim 1.5H_i$ 范围内

注：1　H_i——盾构法施工隧道底板埋深；
　　2　本表适用于埋深小于 $3D$（D 为盾构隧道洞径）的隧道，大于 $3D$ 时可参照接近度概念；
　　3　表中的数值指标为参考值。

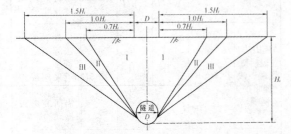

图4　盾构法隧道周边影响分区图

3)《广州市轨道交通地下工程施工监测技术规程》将隧道工程划分为强烈影响区（Ⅰ）和一般影响区（Ⅱ）两个区域，隧道工程影响分区见表6和图5。

表6 隧道工程影响分区表

隧道工程影响分区	区域范围
强烈影响区（Ⅰ）	隧道正上方及外侧 $H_i \cdot \tan$ $(45° - \varphi / 2)$ 范围内
一般影响区（Ⅱ）	隧道外侧 $H_i \cdot \tan(45° - \varphi / 2) \sim$ $2.0H_i$ 范围内

注：1　H_i——隧道底板埋深（m）。
　　2　本表适用于埋深小于 $3D$（D 为隧道洞径）的隧道，大于 $3D$ 时也可参照本分区。
　　3　隧道周围主要为淤泥、淤泥质土或其他高压缩性土时应相应适当调整分区的范围，影响分区应相应扩大。
　　4　隧道穿越基岩时，应按照覆盖土层厚度和岩层的构造及产状等穿越的实际情况综合确定影响区范围。
　　5　盾构法或顶管法施工，对周围影响较小时，可适当减小分区范围。

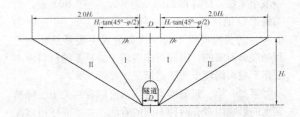

图5　隧道工程影响分区图

3　隧道影响分区界线建议：

根据表1和相关研究成果，城市轨道交通隧道工程开挖半径一般为4m～8m，埋深多在10m～30m之间，除超浅埋、超大断面隧道以外，一般隧道半径对沉降槽宽度的影响作用都可以忽略，可取值 $i = Kz_0$。

根据表4，北京地区沉降槽宽度参数 K 可取最大值 0.60，z_0 即为隧道埋深 H_i，隧道沉降曲线反弯点 $i = 0.60H_i$，隧道沉降曲线边缘 $2.5i = 1.5H_i$。因此，北京地区隧道主要影响区可取隧道正上方及 $0.60H_i$ 范围内，次要影响区可取隧道周边 $0.60H_i \sim 1.5H_i$ 范围内，可能影响区可取隧道周边 $1.5H_i$ 以外。

其他地区可根据工程实例结合地质条件进一步归纳总结隧道沉降槽宽度参数 K 的取值，以合理确定隧道工程影响分区的具体范围。

3.2.4　基坑、隧道工程对周围岩土体的扰动是一个复杂的过程，施工方法不同、地质条件不同，工程施工对周围岩土体的影响有明显的不同，特别是工程影响范围和影响程度受工程地质条件的影响更大。工程影响分区应充分分析具体的工程地质和水文地质条件。

本条列举了软土、不良地质、采取辅助措施以及工程出现异常等条件需要调整工程监测范围和影响分区界线的 5 种情况。

3.2.5 工程自身、周围岩土体与周边环境具有相互作用、相互影响的关系，基坑设计深度、隧道埋深和断面尺寸的大小，支护结构形式的强弱，及地质条件复杂程度的不同，对周边环境的影响程度和影响范围是不同的。同时，周边环境受工程施工的影响程度与其和工程之间的空间位置关系密切相关，越邻近工程的周边环境受影响程度越大。复杂的周边环境对工程安全性也会产生较大影响，对工程支护结构设计及施工措施的要求更加严格。监测范围应结合工程自身的特点和周边环境条件进行确定，监测范围应覆盖工程周边受施工影响的主要影响区和次要影响区两个区域。

3.3 工程监测等级划分

3.3.1 本条对城市轨道交通基坑、隧道工程监测等级划分的依据进行了明确。工程监测等级的划分有利于在监测设计工作量布置时更具针对性、突出重点，合理开展监测工作。根据现行相关规范、工程经验及相关研究成果，工程监测等级的确定需要考虑工程自身特点、周边环境条件和工程地质条件三大影响因素。

3.3.2 工程自身风险是指工程自身设计、施工的复杂程度带来的风险。本规范根据城市轨道交通工程特点，结合相关规范中关于工程安全等级的划分标准，对城市轨道交通基坑、隧道工程自身风险等级进行了划分。应特别注意的是本规范基坑、隧道工程自身风险等级的划分不考虑周边环境和地质条件，与其他规范中的工程安全等级的划分有一定的区别。

1 基坑工程自身风险等级

基坑工程自身风险等级划分的方法较多，尚无统一的标准。国家现行标准《建筑地基基础工程施工质量验收规范》GB 50202、《建筑地基基础设计规范》GB 50007、《建筑基坑支护技术规程》JGJ 120 等划分了基坑工程安全等级，各规范、规程划分的依据或指标主要包括以下几个方面：①基坑设计深度；②周边环境对象特点、分布和保护要求；③工程地质条件；④重要工程或支护结构与主体结构相互关系，支护结构破坏、土体失稳或过大变形的后果（工程自身和周边环境）等。

根据专题研究，本规范以现行行业标准《建筑基坑支护技术规程》JGJ 120 为依据，结合城市轨道交通基坑工程特点，采用支护结构发生变形或破坏、岩土体失稳等的可能性及后果的严重程度，或基坑设计深度对基坑工程自身风险等级进行划分。

现行国家标准《建筑地基基础工程施工质量验收规范》GB 50202 以 7m、10m 为基坑等级划分标准，《建筑地基基础设计规范》GB 50007 以 5m、15m 为基坑等级划分标准。由于城市轨道交通基坑工程设计

深度一般较大，以上所述深度划分标准进行城市轨道交通基坑工程自身风险等级的划分难以反映工程的特点。本规范选用设计深度 10m、20m 为等级划分标准，以合理确定城市轨道交通基坑工程的自身风险等级。

2 隧道工程自身风险等级

隧道工程自身风险等级的划分依据与标准目前研究成果不多，本规范采用隧道埋深和断面尺寸对隧道工程自身风险等级进行划分。

隧道断面尺寸划分标准是依据现行行业标准《铁路隧道施工规范》TB 10204 中的规定，超大断面隧道断面尺寸为大于 100m²，大断面隧道断面尺寸为 50m²～100m²，一般断面隧道断面尺寸为 10m²～50m²。

隧道埋深分类及划分标准在铁路、公路规范和相关专著中有不同的划分方法。

1) 现行行业标准《铁路隧道设计规范》TB 10003 规定当地面水平或接近水平，且隧道覆盖厚度值小于表 7 所列数值时，应按浅埋隧道设计。当有不利于山体稳定的地质条件时，浅埋隧道覆盖厚度值应适当加大。表 7 大致按 2.5 倍塌方高度确定。

表 7 浅埋隧道覆盖厚度值（m）

围岩级别	Ⅲ	Ⅳ	Ⅴ
单线隧道	5～7	10～14	18～25
双线隧道	8～10	15～20	30～35

2)《公路隧道设计规范》JTG D70—2004 附录 E 中规定浅埋和深埋隧道的分界，按荷载等效高度值，并结合地质条件、施工方法等因素综合判定。按荷载等效高度的判定公式为：

$$H_p = (2～2.5)h_q \qquad (4)$$

式中：H_p——浅埋隧道分界深度（m）；

h_q——等效荷载高度（m），$h_q = q/\gamma$，q 为计算所得深埋隧道垂直均布压力（kN/m²），γ 为围岩重度（kN/m³）。

矿山法施工条件下，Ⅳ～Ⅵ级围岩取 $H_p = 2.5h_q$；Ⅰ～Ⅲ级围岩取 $H_p = 2h_q$。

3) 王梦恕院士编著的《地下工程浅埋暗挖技术通论》中指出，超浅埋隧道是指拱顶覆土厚度（H_s）与结构跨度（D）之比（覆跨比）$H_s/D \leqslant 0.6$ 的隧道；浅埋隧道是指 $0.6 < H_s/D \leqslant 1.5$ 的隧道；深埋隧道是指 $H_s/D > 1.5$ 的隧道。

表 8 是分界深度的建议值，建议值与塌方统计高度及现行行业标准《铁路隧道设计规范》TB 10003

规定值接近，双线隧道的建议值与计算值相差较大。所以，深埋与浅埋隧道分界深度建议采用下列值：Ⅵ级围岩为4D～6D，Ⅴ级围岩为2.5D～3.5D，Ⅳ级围岩为1.5D～2.5D，Ⅲ级围岩为0.5D～1.0D，Ⅱ级围岩为0.30D～0.5D，Ⅰ级围岩为0.15D～0.30D。同时，分界深度与施工方法及施工技术水平密切相关，若采用新奥法施工，光面爆破，且施工技术水平高，则可取小值；否则，取大值。

表8　分界深度建议值和有关的计算值（单位：m）

线别	围岩级别		Ⅰ	Ⅱ	Ⅲ	Ⅳ	Ⅴ	Ⅵ
单线	2倍塌方高度		1.3	2.58	4.8	8.8	19.2	38.4
	隧道分界深度		0.96	2.24	4.22	11.15	23.25	47.25
	一般分界深度					16.9～20.3	17.5～24.5	35～42
	建议分界深度	按洞径	0.15D～0.3D	0.3D～0.5D	0.5D～1.0D	1.5D～2.5D	2.5D～3.5D	4D～6D
		按埋深	0.9～1.8			10.5～17.5	17.5～24.5	28～42
双线	隧道分界深度		0.88	3.46	6.8	18.3	36.3	72
	一般分界深度					33.8～40.6	51～61.8	76～102.7
	建议分界深度	按洞径	0.15D～0.3D	0.3D～0.5D	0.5D～1.0D	1.5D～2.5D	2.5D～3.5D	4D～6D
		按埋深	1.8～3.0	3.0～5.7	5.9～11.7	16.1～26.8	32～44.8	52～78

许多试验资料都验证了这种深埋与浅埋隧道的分界标准，例如北京复兴门折返线隧道，在双线隧道处应用机械式支柱压力计进行拱脚径向压力量测，得出 $P/(\gamma h) > 0.43～0.46$，根据以上判式属于浅埋（图6）。

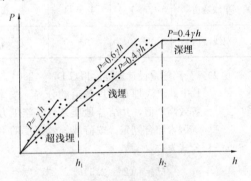

图6　隧道埋深判别示意图

综上所述，根据城市轨道交通隧道工程特点，本规范将隧道埋深分类分为超浅埋、浅埋和深埋三类，主要依据王梦恕院士的研究成果。由于城市轨道交通隧道工程的施工工法较多，地质条件、环境条件较为复杂，隧道深埋、浅埋和超浅埋的划分界限目前难以给出统一的标准，各地可以借鉴上述规范或专著，结合当地工程经验综合确定。

3.3.3 为考虑与现行国家标准《城市轨道交通地下工程建设风险管理规范》GB 50652的衔接，工程周边环境风险等级根据周边环境对过大变形或破坏的可能性大小及后果的严重程度，划分为一级、二级、三级和四级。根据这一原则，对具体的环境对象，判断其风险等级需要做大量的工作。环境风险评估对风险发生的可能性应考虑环境与工程的空间关系、地质条件和施工方法，以及环境自身的易损性等因素；环境风险破坏的后果需要考虑环境的重要性、经济价值、社会影响等因素，可见环境风险评估过程是十分复杂和困难的。本规范表3.3.3是总结各城市的经验，按照环境的类型、重要性及与工程的空间位置关系给出的划分方案，可供各地参考。

表3.3.3中周边环境对象的重要性程度可根据环境对象重要性、相关规范、破坏后果或风险评估进行确定，也可参考如下分类：

重要建（构）筑物一般是指文物古迹、近代优秀建筑物，10层以上高层、超高层民用建筑物，重要的烟囱、水塔等；

重要桥梁是指城市高架桥、立交桥等；

重要隧道是指城市过江隧道、公路隧道、铁路隧道等；

重要地下管线是指雨污水干管、中压以上煤气管、直径较大的自来水管、中水管等对工程有较大危害的地下管线等；

城市重要道路是指城市快速路、主干路等；

市政设施是指由市政出资建造的公共设施，一般指市政规划区内的各种建筑物、构筑物、设备等，主要包括城市道路（含桥梁）、供水、排水、燃气、热力、道路照明、垃圾处理等设施及附属设施。

3.3.4 地质条件复杂程度主要由建设场地地形地貌、工程地质水文地质条件等决定。本条主要根据现行国家标准《城市轨道交通岩土工程勘察规范》GB 50307的有关内容制定。

3.3.5 工程支护结构和周边环境是工程风险的主要

承险体，工程支护结构的稳定性和周边环境的安全状态是工程施工过程中关注的重点，也是监测工作的主要内容。因此，工程监测等级主要根据工程自身风险等级和周边环境风险等级确定。

工程周边岩土体是工程支护结构和周边环境对象的载体，也是两者之间相互作用的介质。两者的安全状态及稳定性都受工程地质条件的影响。因此，工程监测等级与工程地质条件的复杂性有很密切的关系。在已有分级的基础上，还需要根据工程地质条件复杂程度对监测等级进行调整。工程地质条件复杂程度为中等或简单时监测等级可不进行调整，工程地质条件为复杂时监测等级上调一级，上调后最高为一级。

4 监测项目及要求

4.1 一般规定

4.1.1 城市轨道交通工程施工工法主要为明挖法、盖挖法、盾构法和矿山法。针对各种施工工法，所有监测对象可归纳为三大类，即工程支护结构、周围岩土体及周边环境。

4.1.2 监测项目的监测数据变化是监测对象状态变化的重要表现形式，选择监测项目时，一般应选择能直接反映监测对象的位移、变形或受力状态的项目。当监测技术难度较大或受条件限制时，也可采用间接监测方法反映监测对象状态的变化情况。

4.1.3 城市轨道交通工程建设是在复杂的城市环境和工程地质条件下进行，工程支护结构、周围岩土体和周边环境对象相互影响、相互制约，是一个密切相关的复杂系统。工程中不同监测对象之间、不同监测对象的监测项目之间以及同一监测对象的不同监测项目之间相互关联，监测对象和监测项目的确定应体现彼此之间的关联性，在组成有效监测体系的同时，选取反映工程安全的重要对象、关键项目开展监测工作，以达到既体现监测体系的完整性，又体现其重点性。

4.2 仪器监测

4.2.1～4.2.3 仪器监测项目一般分为应测和选测项目，应测项目是指施工过程中为保证工程支护结构、周边环境和周围岩土体的稳定以及施工安全应进行日常监测的项目；选测项目是指为了设计、施工和研究的特殊需要在局部地段或部位开展的监测项目。

1 明挖法和盖挖法基坑支护结构和周围岩土体共列出了19项监测项目：

支护桩（墙）、边坡顶部水平位移监测对反映整个基坑的安全稳定非常重要。支护桩（墙）顶部的竖向位移也是反映基坑稳定性的一个较为重要的指标，在工程实际中其变形量较小，软弱土地区变形量则相对较大。支护桩（墙）、边坡顶部水平位移和竖向位移对于各个工程监测等级的基坑工程均规定为应测项目。

支护桩（墙）体水平位移监测可以反映出支护桩（墙）沿深度方向上不同位置处的水平变化情况，并且可以及时地确定桩（墙）体最大水平位移值及其深度，对于分析支护桩（墙）的稳定和变形发展趋势起着重要作用。因此，工程监测等级为一、二级的基坑工程均规定为应测项目。对于工程监测等级为三级的基坑工程，由于开挖深度较浅，环境简单，因此规定为选测项目。

支护桩（墙）体结构应力监测能够较好地反映出施工过程中桩（墙）体的受力状态，对验证或修改设计参数具有较好的指导作用。由于应力监测成本高，现场实施复杂，元器件成活率较低，不作为应测项目。

基坑内立柱的变形状态对反映支撑体系的稳定至关重要，立柱一旦变形过大会导致支撑体系失稳。因此，立柱的变形监测也是一项较重要的监测项目，对工程监测等级为一、二级的基坑工程规定立柱结构竖向位移为应测项目，三级的基坑工程为选测项目；对工程监测等级为一级的基坑工程规定立柱结构水平位移为应测项目，二、三级的基坑工程规定为选测项目。立柱内力监测不作为应测项目。

基坑水平支撑为支护桩（墙）提供平衡力，以使其在外侧土压力的作用下不至于出现过大变形，甚至倾覆。支撑轴力是反映基坑稳定性的重要指标。因此，各监测等级的基坑工程均规定为应测项目。

基坑采用锚杆进行侧壁的加固，其拉力变化也是反映基坑稳定性的重要指标，各监测等级的基坑工程均规定为应测项目。

地表沉降是综合分析基坑的稳定以及地层位移对周边环境影响的重要依据，且地表沉降监测简便易行，因此，各监测等级的基坑工程均规定为应测项目。

竖井井壁的净空收敛是直接反映井壁支护结构的受力特征及围岩和支护结构稳定的重要指标。因此，各监测等级的竖井工程均规定为应测项目。

地下工程的破坏大都与地下水的影响有关，地下水是影响基坑安全的一个重要因素，因此，各监测等级的基坑工程均规定为应测项目。当基坑工程受到承压水的影响时，还应进行承压水位的监测。

基坑开挖是一个卸载的过程，随着坑内土体的开挖，坑底土体隆起也会越来越大，尤其是软弱土地区，过大的基底隆起会引起基坑失稳。因此，进行基坑底部隆起观测也十分必要。但由于目前坑底隆起（回弹）的监测方法和监测精度有限，因此，本规范对坑底隆起（回弹）监测规定为选测项目。

对土钉拉力、支护桩（墙）外侧土压力、孔隙水压力、土体分层竖向位移和深层水平位移进行监测，可以了解和掌握桩（墙）体实际受力情况和支护结构的安全状态，对设计和施工具有较好的指导意义，但由于成本较大、操作困难，当设计、施工需要或受力条件复杂时可以选测。

2 盾构法隧道管片结构和周围岩土体共列出了10项监测项目：

盾构施工掘进过程中，地表沉降观测可以反映出盾构施工对岩土体及周边环境影响程度、同步注浆和二次注浆效果，以及盾构机自身的施工状态，对掌握工程安全尤为重要。因此，地表沉降监测项目对各工程监测等级均规定为应测项目。

盾构管片既是隧道的支护结构也是隧道的主体结构，盾构管片结构竖向位移和净空收敛监测对判断工程的质量安全非常重要，能够及时了解和掌握隧道结构纵向坡度变化、差异沉降、管片错台、断面变化及结构受力情况，以及隧道结构变形与限界变化，对盾构施工具有指导意义。因此，各监测等级均规定为应测项目。

盾构管片结构水平位移监测具有一定的难度，但管片背后注浆不及时，或注浆质量不好，地质条件复杂或存在地层偏压时，往往会发生管片的水平漂移，因此，对工程监测等级为一级的盾构隧道工程规定为应测项目，对其他监测等级的盾构隧道工程当出现上述情况时也应进行管片结构水平位移监测。

土体深层水平位移、土体分层竖向位移和孔隙水压力监测，主要根据盾构隧道施工穿越的周围岩土体的工程地质水文地质条件及周边环境情况确定，目的是了解和掌握盾构施工对周围岩土体及周边环境的扰动情况，以及周围岩土对隧道结构的影响程度，可进一步指导工程施工。一般情况下，这些监测项目可根据需要确定。

管片结构应力监测、管片连接螺栓应力监测和管片围岩压力监测主要测试管片的受力状态及特征，掌握管片受力变化，指导工程施工，防止盾构管片受到损坏，这些监测项目一般根据需要确定。

3 矿山法隧道支护结构和周围岩土体共列出了13项监测项目：

初期支护结构拱顶部位是受力的敏感点，其沉降大小反映了初期支护结构的稳定和上覆地层的变形情况，是控制初期支护结构安全以及地层变形的关键指标。因此，将初期支护结构拱顶沉降监测规定为应测项目。

随着隧道内岩土体的开挖卸载，隧道内外形成一个水土压力差，会使结构底板产生一定的隆起，进行初期支护结构底板竖向位移监测可以及时了解隧道结构的变形状况。采用矿山法施工的隧道初期支护结构底板竖向位移值相对较小，因此监测等级为一级的矿山法隧道工程中规定为应测项目，其他情况可根据需

要确定。

初期支护结构净空收敛是指隧道拱顶、拱脚及侧壁之间的相对位移，其监测数据直接反映了围岩压力作用下初期支护结构的变形特征及稳定状态，是检验开挖施工和支护设计是否合理的重要指标。因此，将初期支护结构净空收敛监测规定为应测项目。

中柱结构竖向位移是直接反映整个支护结构的变形与稳定的重要指标，且其监测方法简单。因此，对工程监测等级为一级、二级的矿山法隧道工程规定为应测项目，三级规定为选测项目。

中柱结构倾斜主要是监测中柱在偏心荷载作用下沿水平方向的相对位移，中柱应力监测主要是监测其受力是否超过设计强度，同时也要考虑中柱的偏心荷载情况。一般情况下对各监测等级的矿山法隧道工程，中柱结构的倾斜及应力监测可作为选测项目。当中柱存在偏心荷载如采用PBA工法时，在扣顶部大拱的过程中，边拱和中拱按照要求不能同步施工，导致中柱水平受力不平衡。因此，在这种情况下需要根据偏心荷载的大小增加中柱（钢管柱）沿横断面方向的倾斜监测项目。

初期支护、二次衬砌结构应力监测的目的是为了了解初期支护和二次衬砌的变形特征和应力状态，掌握初期支护结构和二次衬砌结构所受应力的大小，可为设计提供依据，可根据需要确定。

地表沉降一方面能反映工程施工质量的控制效果，另一方面又能反映工程施工对周围岩土体及周边环境影响程度，对工程安全尤为重要。因此，地表沉降监测项目对各工程监测等级均为应测项目。

由于隧道施工对岩土体的扰动是由开挖面经岩土体传递到地表的，土体深层水平和竖向位移监测可掌握岩土体内在不同深度处的位移大小，了解围岩的扰动程度和范围，对围岩支护及周边环境保护具有很好的指导作用。由于土体深层水平和竖向位移监测操作较为复杂，成本较高，可根据需要确定。

通过围岩与初期支护结构间接触应力监测，可掌握围岩作用在初期支护结构上荷载的变化及分布规律，对指导施工和设计具有很好的参考价值。由于目前围岩压力监测成本较高，传感器埋设困难，可根据需要确定。

地下水的存在对暗挖施工影响很大，一方面给施工增加难度，另一方面也会给安全施工带来威胁。地下水位观测是监控地下水位变化最直接的手段，根据监测到的水位变化可及时采取应对措施，预防事故的发生。因此，将地下水位监测规定为应测项目。

4.2.4 本条文所列的4种情况是指基坑或隧道处于特殊的地质条件、不良的地质作用或复杂的周边环境中，周围岩土体的位移或变形直接反映工程支护结构和周边环境对象的安全状态，所以在此情况下将岩土体的一些监测项目规定为应测。

4.2.5 周边环境的监测项目主要依据国家现行标准《地铁设计规范》GB 50157、《建筑基坑工程监测技术规范》GB 50497、《建筑变形测量规范》JGJ 8、《城市桥梁养护技术规范》CJJ 99以及其他道路养护、既有轨道交通维修等规范、规则确定了建（构）筑物、地下管线、高速公路与城市道路、桥梁、既有城市轨道交通、既有铁路等环境对象的仪器监测项目。

对施工影响区域内的管线监测是一项重要的监测工作，特别是对管材差、抗变形能力弱或有压的管线更应进行监测。由于直接在地下管线上埋设竖向位移和水平位移监测点难度大、成本高，因此本条规定当管线处于主要影响区时其为应测项目，处于非主要影响区时可选测。当支护结构发生较大变形或土体出现坍塌、地面出现裂缝时，管线易发生侧向水平变形，在此情况下应对管线进行水平位移监测。

对既有城市轨道交通地下运营线路监测对象主要包括隧道结构、轨道结构及轨道。其环境风险等级高，变形过大会影响城市轨道交通的运行安全，除隧道结构净空收敛以及次要影响区内隧道结构水平位移、隧道、轨道结构裂缝外，所有监测项目均规定为应测项目。

4.2.6 当工程周边存在既有轨道交通或对位移有特殊要求的建（构）筑物及设施时，监测项目或监测手段往往需要与有关的管理部门或单位协商确定。

4.2.7 爆破振动监测包括爆破振动速度和加速度监测，通过其大小、分布规律的监测，判断爆破振动对结构和周边重要建（构）筑物、桥梁等的振动影响，为调整爆破参数、优化爆破设计提供依据。

4.3 现场巡查

4.3.1~4.3.4 分别给出了明挖法基坑、盖挖法基坑、盾构法隧道和矿山法隧道施工所对应的对施工工况、支护结构以及周边环境进行巡查的主要对象及内容。实际现场巡查工作中应包括但不仅限于此内容，要根据实际情况进行适当增加。

4.3.5 监测基准点、监测点、监测元器件的稳定或完好状况，直接关系到数据的准确性、真实性及连续性，因此，这也是现场巡查的内容之一。

4.4 远程视频监控

4.4.1 远程视频监控是指利用图像采集、传输、显示等设备及语音系统、控制软件组成的工程安全管理监控系统，对在建工程进行监视、跟踪和信息记录。目前，远程视频监控是现场巡查最有力的补充，对于重要风险部位可以通过远程视频监控，实现24h全天候监控。

4.4.2 条文所列内容是重要的风险部位，对这些部位进行远程视频监控有利于进一步地控制工程施工质量，避免事故的发生。

5 支护结构和周围岩土体监测点布设

5.1 一般规定

5.1.1 本条以针对性、合理性和经济性为原则，提出了监测点布设位置和数量的一般性要求。支护结构与周围岩土体是相互作用、相互影响的，二者之间的联系密切，布设监测点时需要对两者统筹考虑。监测点的位置应尽可能地反映监测对象的实际受力、变形状态，以保证对监测对象的状态做出准确的判断。

5.1.2 支护结构和周围岩土体关键部位的稳定性对工程的安全性起控制性作用，所以应针对监测对象的特点，结合工程情况，认真分析工程监测对象的关键部位，并在这些部位布设监测点，以做到重点监测、重点控制。

5.1.3 为反映监测对象的不同部位、不同对象之间、不同监测项目之间的内在联系和变化规律需要设置监测断面。纵向监测断面是指沿着基坑长边方向或隧道走向布设的监测点组成的监测断面；横向监测断面是指沿垂直于基坑长边方向或垂直隧道走向布设的监测点组成的监测断面。考虑不同监测对象的内在联系和变化规律时，不同的监测项目布点要处在同一断面上。如基坑支护结构变形、内力监测点、支撑轴力监测点、地表沉降及岩土体位移监测点和环境对象的监测点等可对应布设，隧道周围岩土体位移监测点与隧道支护结构变形及内力监测点可布设在同一断面上。

5.2 明挖法和盖挖法

5.2.1 明挖法和盖挖法基坑工程的支护桩（墙）、边坡顶部水平位移和竖向位移监测操作简便，且可以较为直接地反映整个基坑的安全状态，其监测点应当沿基坑周边布设。其中，基坑各边中间部位、阳角部位、深度变化部位、邻近建（构）筑物及地下管线等重要环境部位、地质条件复杂部位等，在基坑开挖过程中这些部位最容易出现较大的位移变形，对这些部位的监测能够较好的反应基坑工程的稳定性，因此在类似关键部位应布有监测点控制。

5.2.2 支护桩（墙）体水平位移变形是基坑支护结构体系稳定状态的最直接反映，该监测项目对判断桩（墙）体的安全性至关重要。支护桩（墙）体水平位移监测相对于桩（墙）顶水平和竖向位移监测难度要大，其监测点的布设间距可比桩（墙）顶的监测间距适当大些，可按后者两倍的间距布设，在相近部位其监测点最好与支护桩（墙）顶部水平位移和竖向位移监测点处于同一监测断面，以便于监测数据间的对比分析。在基坑各边中间部位及阳角部位等的桩（墙）体易发生较大的水平位移，应作为重要部位监测。

5.2.3 支护桩（墙）结构应力监测的目的是检验设

计计算结果与实际受力的符合性，监测点的布设需要根据支护结构内力计算结果、基坑规模等因素，布设在支护桩（墙）出现弯矩极值等特征点的部位。为便于分析应力与变形的关系，支护桩（墙）结构应力监测点与支护桩（墙）变形监测点对应布设。

5.2.4 立柱在顶部荷载和支撑荷载作用下会产生沉降、水平位移，在基底回弹的作用下会产生隆起。立柱隆起对支撑是强制位移，产生的附加弯矩将造成节点破坏，甚至造成整个支撑体系失稳、基坑倾覆，在实际工程中出现过立柱隆起超出 20cm、甚至破坏的案例。立柱的竖向位移监测应根据基底地质条件的不同确定具体的监测数量，一般不应少于立柱总根数的 5%。在承压水作用下，立柱竖向位移变化复杂，可能出现持续隆起，应适当增加立柱监测根数。

5.2.5 基坑工程中水平支撑与支护桩（墙）构成了一个完整的支护结构，水平支撑作为支护结构中的重要组成部分，平衡着基坑外侧土压力。支撑轴力随着基坑的开挖而变化，其大小与支护结构的稳定具有极为密切的关系。在同一竖向监测断面内的每道支撑均应进行轴力监测，特别是基坑距底部 1/3 深度处轴力最大，应加强监测。另外，若使用应变计进行轴力监测，应在支撑同一断面上布置 2 个～4 个应变计，以真实反映支撑轴力的变化。

支撑轴力监测中应注意修正各方面的不利影响，根据工程施工监测经验，深基坑支撑轴力的观测数值的偏差往往较大，究其原因主要集中在：1）测点布设的合理性：表面附着式传感器的布设位置应符合圣维南原理避开应力集中的位置，并对称布设以消除附加弯矩的影响；2）长期室外高、低温恶劣环境带来的传感器温度漂移的影响。

5.2.6 盖挖法的结构顶板由于在后续工程施工中同时起到路面结构的支撑作用，顶板与立柱、边桩的连接处均为受力较为复杂的部位，因此，在顶板内力监测点的布置时，应充分考虑这些部位。

5.2.7 当基坑土层软弱并含有地下水时，锚杆施工质量难以达到设计要求，且容易发生蠕变。基坑较深或坑边有高大建筑时，锚杆往往承受较大拉力。因此，有必要对这些部位的锚杆进行拉力监测，以确保工程安全。

5.2.8 城市轨道交通工程中采用土钉墙进行支护的基坑工程相对较少，土钉拉力监测点应选择在受力较大且有代表性的位置，如基坑每边中部、阳角处、地质条件复杂、周边存在高大建（构）筑物的区段。监测点数量和间距视土钉的具体情况而定，各层监测点位置在竖向上宜保持一致。

5.2.9 在基坑周边的地表变形主要控制区布设不少于 2 排的沉降监测点，是为了控制基坑周边的最大地表变形。在有代表性的部位设置垂直于基坑边线的监测断面，是为了监测基坑周边地表变形的范围，分析

基坑工程对周边的影响范围和影响程度。

5.2.10 由于竖井断面一般都比较小，可在竖井长、短中部各布设 1 条测线，沿竖向按 3m～5m 布设一个监测断面。在竖井内进行净空收敛量测，由于作业空间小、深度大，一定要注意人身安全，或采用非接触测量的方法。

5.2.11 当基坑开挖深度及面积较大、基坑底部遇到有一定膨胀性的土层或坑边有较大荷载的高大建筑时，基坑的开挖卸载容易造成基底隆起。隆起值过大不仅对基坑支护结构有较大影响，而且会对周边建筑的稳定带来威胁。坑底隆起（回弹）监测点的埋设和观测较为困难，一般在预计隆起（回弹）量较大的部位布设监测点。

5.2.12 基坑工程降水分为坑内降水和坑外降水两种形式，一般坑内降水时，水位观测孔通常布设在基坑中部和四角；坑外降水时，水位观测孔通常布设在降水区域中央、长短边中点、周边四角。降水区域长短边中点、周边四角的观测孔一般距结构外 1.5m～2m。水位观测孔的管底埋置深度一般在降水目的层的水位降低深度以下 3m～5m。

5.3 盾 构 法

5.3.1 盾构隧道在盾构始发、接收段及联络通道附近等属于高风险施工部位，存在地层偏压、围岩软硬不均、高地下水位等复杂地质条件区段不仅施工风险大，而且会使隧道结构产生位移和变形，同时，隧道下穿或邻近重要建（构）筑物和地下管线等环境对象时会对环境对象的安全与稳定造成较大影响。因此，本条规定在上述部位或区段应布设管片结构竖向和水平位移、净空收敛监测断面及监测点。

5.3.2 根据盾构管片结构应力、围岩压力及管片连接螺栓应力的监测结果，可以分析管片的受力特征及分布规律、管片结构的安全状态。当盾构隧道处在地质条件及环境条件相对简单的区域时，隧道结构的受力均匀且状态安全，但是，当盾构隧道处在存在地层偏压、围岩软硬不均、地下水位较高等地质或环境条件复杂的地段时，由于受力不均，隧道结构有可能发生变形甚至损坏。因此，在这些区段应布设盾构管片结构应力、管片围岩压力、管片连接螺栓应力监测断面及监测点。

5.3.3 盾构施工时导致地表变形的因素很多，是一个综合性的技术问题。具体来说引起地层变位有以下 8 个方面的因素：开挖面土体的移动、降水、土体挤入盾尾空隙、盾构姿态的改变、外壳移动与地层间的摩擦和剪切作用、土体由于施工引起的固结、水土压力作用下隧道管片产生的变形，以及随盾构推进而移动的正面障碍物使地层在盾构通过后产生空隙又未能及时注浆。盾构施工引起地表沉降发展的过程及不同阶段见表 9 所示。

表9　盾构施工引起地表沉降发展阶段

	阶段	产生沉降原因
I	先期隆起或沉降	开挖面前方滑裂面以远土体因地下水位下降而导致土体固结沉降。正前方土体受压致密，孔压消散，土体压缩模量增大
II	盾构到达时沉降	周围土体因开挖卸荷（应力释放）导致弹性或弹塑性变形的发生。开挖面设定压力过大时产生隆起
III	盾构通过时沉降	推进时盾壳和土层间的摩擦剪切力导致土体向盾尾空隙后移、仰头或叩头时纠偏。此时周边土体超孔隙水压力达到最大，推进速度和管背注浆对其也有影响
IV	盾尾空隙沉降	尾部空隙导致围岩松动、沉降
V	长期延续沉降	围岩蠕变而产生的塑性变形，包括超孔隙水压消散引起的主固结沉降和土体骨架蠕变引起的次固结沉降

盾构施工引起的地表沉降呈现以盾构机为中心的三维扩散分布。典型的地面沉降曲线如图7所示。

(a)盾构法施工过程中地面典型横向沉降槽形状

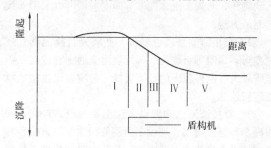

(b)盾构法施工过程中沿隧道纵向地面沉降组成

图7　盾构法施工地面沉降曲线图

为保障盾构施工质量、减少对环境的影响，盾构隧道地表监测点的布设必须科学合理。在盾构始发、接收、穿越建（构）筑物地段，以及联络通道和存在不良地质条件的部位等是盾构施工的风险区段，除适当加密纵向监测点的布设外，还应布设横向监测断面。因此，盾构周边地表沉降监测点的布设应根据影响因素和变形特点来综合考虑，一方面应沿盾构轴线方向布置沉降监测点，另一方面在隧道中心轴线两侧的沉降槽范围内设置横向监测点，以测得完整的沉降槽。

5.3.4　盾构隧道土体深层水平位移和分层竖向位移监测的目的主要是为了掌握和了解盾构施工对周围岩土体的影响程度及影响范围（包括深度范围），进而掌握由于岩土体的位移变形对周围建（构）筑物带来的影响。因此，监测孔的布设位置和深度应综合考虑盾构隧道所处工程地质条件和周边环境条件，以及监测孔与隧道结构的相对位置关系等。

5.3.5　孔隙水压力监测一般是盾构施工过程中在一些特殊地段增加的监测项目，此监测项目往往要和管片结构的变形监测及内力监测布设在同一监测断面内，目的是便于分析管片结构及周边环境的变形规律和安全状态，进一步指导工程施工和设计。

5.4　矿　山　法

5.4.1　拱顶沉降是指隧道拱顶部位的竖向变形，净空收敛是指在隧道拱顶、拱脚及侧墙之间的相对位移，拱顶沉降及净空收敛监测数据直接反映初期支护结构和围岩的变形特征。拱顶沉降监测点一般要布设一个或多个测点，其监测点也可作为净空收敛的监测点。拱顶沉降及净空收敛监测断面应在初期支护结构施作完成后紧随开挖面（离开挖工作面2m以内）布设，并及时读取初始值，因开挖初期隧道结构变形速率最大。

5.4.4　对中柱结构应力的监测，其主要目的是监测中柱的受力是否超过设计强度或存在荷载偏心情况。通常可沿中柱周边在同一平面内均匀布设4个监测点（每隔90°一个测点），可用应变计或应变片，见图8所示。

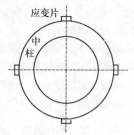

图8　中柱横断面测点布置

5.4.5　围岩压力、初期支护结构应力及二次衬砌应力监测的目的是为了掌握和了解围岩作用在初期支护结构上的压力及初期支护结构、二次衬砌结构的受力特征、分布规律、安全及稳定状况等，监测断面的布设位置主要应考虑地质条件复杂或应力变化较大的部位。

5.4.6　周边地表沉降监测能够反映矿山法施工对周围地层和地表的影响，判断工程施工措施的可靠性和工程施工及周边环境的安全性。隧道或分部开挖施工导洞的轴线上方一般地表沉降较大，是地表沉降监测布点的重要部位。

矿山法隧道通常采用人工或钻爆开挖，每个开挖面的每日进尺受地质条件复杂程度及开挖断面大小等因素的影响，一般人工开挖进尺每日1m~3m，钻爆开挖进尺每日 3m~5m，为保证开挖面附近有地面监测点的控制，监测点的布设间距应根据工程监测等级、周边环境条件、每日开挖进尺综合确定。

在联络通道、隧道变断面及不同工法变换等部位，以及复杂地质条件及环境条件区域施工容易引起较大的地表沉降，在这些特殊部位应布设监测点或监测断面。另外，由于附属结构施工断面较大、覆土厚度较小、下穿管线较多，施工条件差，风险因素多，容易出现开挖面坍塌，事故频率高，因此，应加强附属结构施工监测点的布设。

6 周边环境监测点布设

6.1 一般规定

6.1.1 本条是对周边环境监测点布设提出的一般性原则要求。周边环境对象监测点的布设位置、数量通常要考虑以下几个条件：1）周边环境对象的风险等级大小；2）周边环境所处的工程影响区；3）周边环境对象自身的材质、结构形式；4）工程地质水文地质条件的复杂程度；5）所采用的监测方法和现场监测的可实施性。

6.1.2 反映环境对象变化特征的关键部位与环境对象的类型、特点有很大的关系，如高低悬殊或新旧建（构）筑物连接处、建（构）筑物变形缝、不同基础形式和不同基础埋深部位、地下管线节点和转角点等部位，这些部位一般都是发生位移和变形的关键部位，应布有监测点进行控制。

受施工影响敏感部位是指除了上述的一些关键部位外，还包括周边环境对象抗变形能力较弱的其他部位，如建（构）筑物已出现过大变形或裂缝、地下管线沉降过大或材质老化较为严重等部位。

6.2 建（构）筑物

6.2.1~6.2.4 为了能够反映建（构）筑物竖向位移的变化特征和便于监测结果的分析，监测点的布设应考虑其基础形式、结构类型、修建年代、重要程度及其与轨道交通工程的空间位置关系等因素。本节参照国家现行标准《建筑基坑工程监测技术规范》GB 50497、《建筑地基基础设计规范》GB 50007 和《建筑变形测量规范》JGJ 8 中的有关规定，并结合各地轨道交通监测经验制定。

高层、高耸建（构）筑物的倾斜监测，可采用基础两点间的差异沉降推算倾斜变形，其监测点应符合竖向位移监测点的布设要求。

建（构）筑物的裂缝宽度监测，在开展之前应调查已有的裂缝，根据裂缝特点，选择有代表性的裂缝进行监测。当受工程施工影响出现新的裂缝时，应分析、判断新裂缝对建筑结构安全的影响，选择影响性

较大、发展变化较快的裂缝增设监测点。当存在"Y"或"卜"形等异形裂缝时，在裂缝交口处可以增加 1 组监测点，监测点连线一般垂直于主要裂缝。

6.3 桥 梁

6.3.1 桥梁承台或墩柱是整个桥梁的支撑结构，城市轨道交通工程建设对地层的扰动通过桥梁承台或墩柱传递到桥梁上部结构，引起桥梁整体的变形和应力变化。桥梁承台或墩柱竖向位移是桥梁整体竖向位移的直接反映，在其上布设监测点可获得评价桥梁变形的数据。当承台尺寸较大时，可以适当增加监测点数量，以全面反映桥梁的竖向位移变化。

6.3.3 桥梁墩台的沉降或差异沉降可导致桥梁结构内部应力的变化，当结构出现应力集中而超过其应力限值时，会导致结构开裂甚至破坏。桥梁结构应力监测点一般需要选择在墩台附近或跨中部位的中部和两侧翼板端部等代表性部位。

6.4 地 下 管 线

6.4.1 目前工程中地下管线监测是一个非常重要也是一个非常复杂和困难的工作，通过总结和研究各地城市轨道交通工程对地下管线的监测工作，地下管线的监测主要有间接监测点和直接监测点两种形式。

1 间接监测是指通过观测管线周边土体的变化，间接分析管线的变形。常设在与管线轴线相对应的地表或管周土体中。柔性管线或刚度与周围土体差异不大的管线，与周围土体能够共同变形，可以采用间接监测的方法。

2 直接监测是通过埋设一些装置直接测读管线的变形，风险等级较高、邻近轨道交通工程或对工程危害较大、刚性较大的地下管线一般应布设直接监测点进行监测。

3 直接监测点的埋设方法主要为位移杆法，即将硬塑料管或金属管埋设于所测管线顶面，将位移杆底端埋设在管线顶部并固定。量测时将标尺置于位移杆顶端，只要位移杆放置的位置固定不变，测试结果就能够反映出管线的沉降变化。监测点的埋设方法见图 B.0.5-1。

6.4.2 地下管线与工程的邻近距离不同，受施工的影响程度不同，扰动程度越大地下管线的破坏风险越高，监测点的布设密度应相应增大。因此，主要影响区监测点的布设密度应大于次要影响区。隧道工程下穿地下管线时，监测点间距应取本条款规定间距的小值。

6.4.3 地下管线的节点、转角点、结构软弱部位（金属管线受腐蚀较大部位）、与工程较为邻近可能出现较大变形部位容易发生管线开裂或断裂，是地下管线监测的重点部位。由于地下管线的特殊性，难于调查获得上述部位时，可根据管线特点，利用窨井、阀

门、抽气孔以及检查井等易于调查获得的管线设备作为监测点。

6.4.5 污水、供水、热力管线出现损坏会给工程安全带来巨大影响。实际工程建设过程中管线事故多由于污水或供水管线渗漏造成。同时，供水、热力管线的损坏对周边居民的生活会带来较大的影响。燃气管线可造成可燃气体泄漏，如遇明火可出现爆炸，严重威胁周边人民生命财产安全。因此，当隧道下穿污水、供水、燃气、热力等地下管线且风险很高时，应布设管线结构直接监测点。

由于污水、供水、燃气、热力等管线自身刚性较大，其变形往往会滞后于下方土层，管线和下方土体可能出现较大的脱空。在管线上方土体的荷载作用下，使管线存在较大的损坏风险，严重时可导致管线的断裂。因此，对隧道下穿这类管线时，除布设管线结构直接监测点外，还应布设管侧土体监测点，对管线变形及管侧土体变形同时进行监测，以判断管线与管侧土体的协调变形情况。

6.4.7 工程影响区管线分布比较集中时，重点监测重要的、抗变形能力差的、容易出现渗漏的高风险管线。一方面，通过监测这类管线的变形能够满足要求时，其他管线也能满足，另一方面，这样也可减少监测的工作量。

6.5 高速公路与城市道路

6.5.1 城市道路下方多存在过街通道、地下管线等，路面和路基竖向位移监测点的布设时，应考虑与地下构筑物、地下管线等环境监测点的布设相互协调，适当优化、整合。

6.5.3 高速公路、城市道路的路面与路基刚度差异较大，路面与路基变形不能协调同步，已有工程实测案例表明路面与路基出现分离的情况时有发生，只进行路面竖向位移监测难以反映路基的竖向位移情况，特别是隧道下穿的情况，容易造成路面与路基的脱空，为道路交通带来重大安全隐患。因此，要适当增加路基竖向位移监测点的数量。

6.5.4 公路挡土墙主要有砌体、悬臂式、扶臂式、桩板式、锚杆、锚碇板和加筋土挡土墙等几种类型。根据道路挡墙结构形式、尺寸特征以及工程实际监测经验，道路挡墙竖向位移监测点主要沿挡墙走向布设。与基坑、隧道较为邻近或道路等级较高时，监测点布设间距取本条款规定间距的小值。

6.6 既有轨道交通

6.6.4 根据现行国家标准《地铁设计规范》GB 50517要求，城市轨道交通隧道内和高架桥的轨道结构一般采用短枕式整体道床，地面正线的轨道结构一般采用混凝土枕碎石道床。轨道结构竖向位移监测主要是指监测整体道床或轨枕的竖向位移。轨道结构竖向位移监测按监测断面形式布设，并与隧道结构或路基竖向位移监测断面对应布设，便于分析隧道结构、路基与轨道结构竖向位移之间的关系以及差异变形情况，为分析线路结构变形及维护提供依据。

6.6.5 城市轨道交通、铁路的轨道静态几何形位主要包括轨距、轨向、轨道的左右水平和前后高低，轨道静态几何形位监测涉及轨道的行车安全，国家、行业、地方的相关养护标准及工务维修规则对轨道静态几何形位监测均有具体的规定，监测点的布设应按这些相关的规定执行。

7 监测方法及技术要求

7.1 一般规定

7.1.1 工程监测所采用的监测方法和使用的仪器设备多种多样，监测对象和监测项目不同，监测方法和仪器设备就不同，工程监测等级和监测精度不同，采用的监测方法和仪器设备的精度也不一样，另外，由于场地条件、工程经验的不同，也会采用不同的监测方法。总之，监测方法的选择应根据设计要求、施工需要和现场条件等综合确定，并便于现场操作实施。

7.1.2 本条对变形监测网的监测基准点、工作基点的布设要求进行了规定，目的是为了保证基准点和工作基点的稳定性，避免由于基准点不稳定或破坏等原因，导致监测数据不连续或无法解释，因此，对基准点和工作基点应采取有效保护措施。

7.1.3 本条规定是保证监测数据可靠、真实的前提条件，也是国家计量法规的基本要求。结合仪器自身特点、使用频次及使用环境，定期对监测仪器进行维护保养、比对检查，以保证仪器能正常工作。

7.1.4 目前市场上监测传感器的种类较多，质量及费用差别较大，在传感器选型上应重点考虑工程的监测情况和特殊要求，如监测时间的长短、气象和水文地质条件，以及与量测介质的适应性等。

7.1.5 在相同的作业方式下监测，有利于将监测中的系统误差减到最小，达到确保监测数据可靠的目的。

7.1.6 本条强调了监测项目初始值读取的时间，避免因初始值读取不及时或滞后而损失掉变形数据。为保证初始值观测的准确性，要求对各项监测项目初始值观测次数应不少于3次，同时需要对初始观测值进行相对稳定性的判别。

7.1.7 监测精度是指监测系统给出的指示值和被测量的真值的接近程度，是受工程监测环境、监测人员和监测仪器精度等因素影响的综合精度。精度在数理统计学中与误差相联系，监测精度越高，相应的监测误差越低。仪器精度只是某种仪器测定一个监测量的读数的准确程度。各监测项目所确定的监测精度，须满足监测对象的安全控制要求，同时还应兼顾经济合理的原则。

7.1.8 监测元器件的工作状态和监测点的完好程度是获取完整、可靠监测数据的关键，如遭受破坏则有可能造成监控盲区，有些关键部位监测缺失甚至可能威胁到工程的安全，故应高度重视元器件和监测点的保护和恢复工作。

7.1.9 随着工程监测技术的不断发展，全站仪自由设站、测量机器人、静力水准、微波干涉测量等新技术逐渐得到应用和推广。这些监测技术可以弥补常规技术的不足，具有实施安全、高精度、高效率、操作灵活等特点，有效地提高了监测的技术水平，促进了监测工作的开展。采用新技术、新方法进行工程监测的同时，应辅以常规监测方法进行验证，工程实践表明其具有足够的可靠性时方可单独应用。

7.2 水平位移监测

7.2.1 仪器垂直轴倾斜误差，不能通过取盘左、盘右的平均值加以抵消，尤其当垂直角超过±3°时，应严格控制仪器水平气泡偏移；在多测回观测时，可采用测回间重新整平仪器水平气泡来削弱其影响。

方向线偏移法是将视准线小角法与观测点设站法结合使用的方法，这种方法只需仪器一次设站加改正来完成所有观测点位移的测算。

7.2.4 监测基准网一般情况边长均较短，采用强制对中装置的观测墩是提高观测精度的有效方法，强制对中装置宜选用防锈的铜质材料，并采取有效防护措施保证点位的稳定性。

7.2.6 水平位移监测的目的是观测测点的水平位移变化量，所以监测网一般可布设成假设坐标系统。

7.2.7 对较大范围的水平位移监测网可采用GPS网，对线型边的水平位移监测适合用单导线、导线网以及视准轴线的形式。对控制面积一般的场地也可布设成边角网的形式，为保证边角网图形强度，三角形长短边不宜悬殊过大，并应合理配置测角和测距的精度，发挥测角和测边精度的互补特性。

7.2.9 水平位移监测精度的确定主要考虑了监测等级和水平位移控制值两方面的因素，水平位移控制值包括变化速率控制值和累计变化量控制值。水平位移监测的精度首先要根据控制值的大小进行确定，特别是要满足速率控制值或在不同工况条件下按各阶段分别进行控制的要求。监测精度确定的原则是监测控制值越小要求的监测精度就越高，同时还要满足不低于同级别监测等级条件下的监测精度要求。

7.3 竖向位移监测

7.3.1 竖向位移监测宜采用几何水准测量，在特殊环境条件及有特殊技术要求时也可采用电子测距三角高程测量、静力水准测量等方法。

7.3.2 将部分监测点与水准基准点和工作基点组成

闭合环或附合水准线路，有利于提高精度和避免粗差。

为了忽略因前后视距不等带来的系统误差，本条规定了监测用水准仪 i 角的控制要求，实际监测工作中应特别注意一个测站观测多个中视视距与前后视距相差较大时 i 角的影响，如 i 角为20″，视距差为10m对一测站的高差影响将达1mm，所以作业中应经常检查校正水准仪的 i 角，并严格控制水准测量中的视距差。

静力水准仪器设备因生产厂商不同，其原理、性能和规格差别较大，应根据不同的设备制定相应的作业和维护规程，并采用人工复核等校验手段，以保证监测仪器满足相关规范的要求。

对于水准测量确有困难且精度要求不高时，可采用电子测距三角高程方法进行，电子测距三角高程测量的视线长度、视线垂直角及中间设站每站的前后视线长度之差，可按现行行业标准《建筑变形测量规范》JGJ 8 的规定实施。

7.3.3 以城市轨道交通工程高程系统作为统一的高程系统，便于各监测项目变形值的相互比较、验证和延续，当使用城市轨道交通工程高程点联测困难或有其他特殊情况时，为保证监测精度及便于监测工作开展也可采用独立坐标系统。

7.3.6 竖向位移监测精度的确定方法与水平位移监测精度的确定方法基本相同。

7.4 深层水平位移监测

7.4.1 测斜仪仪器设备主要由测斜探头、电缆线和读数仪组成，按测斜探头中传感元件的性质分为滑动电阻式、电阻应变片式、振弦式及伺服加速度计式等几种，伺服加速度计式测斜仪灵敏度和精度相对较高，稳定性也较好。

7.4.2 深层水平位移监测数据控制值要求选用测斜仪的分辨率、精度等应满足本条规定，另外也应注意所测孔位的倾斜度是否位于测斜仪传感元件倾角的量程范围内。

7.4.3 测斜管作为供测斜仪定位及上下活动的通道，必须具有一定的柔性及刚度，测斜管直径应与选用测斜仪导轮展开的松紧度相适宜。

7.4.4 土体深层水平位移测斜管埋设深度应依据当地的地质条件、工程经验等因素综合确定。软土地区，土体测斜管埋设深度宜超过支护墙体一定深度，有利于及时发现支护墙底部的位移状态。

7.4.5 保证测斜管的埋设质量是获得可靠数据和保证精度的前提，本条对测斜管的埋设提出了具体要求。埋设前应检查测斜管的管口、十字导槽的加工质量，避免有质量问题的测斜管投入使用。在测斜管埋设过程中，向测斜管内加注清水可以防止测斜管发生上浮。测斜管管壁导槽如与所需测量的位移方向存在夹角，所测得的支护墙体变形量比实际变形偏小。管壁和孔壁之间回填密实是为了使得测斜管与被测土体和支护墙体的变形协调，保证能反映被测对象的真实变形。

7.4.6 为消除测斜仪零漂的影响，每测点都应进行正、反两次量测。由于外界环境温度与地下水温度存在差异，测斜仪探头放到孔底后，恒温一段时间，待读数稳定后方可采样，从而减小测量误差。测斜管一般按 0.5m 或 1.0m 长度分为若干个量测段，在测斜管某一深度位置测得的是两对导轮之间的倾角，可按下式计算各量测段水平位移值：

$$\Delta X_n = \Delta X_0 + L \sum_{i=0}^{n} (\sin \alpha_i - \sin \alpha_{i0}) \quad (5)$$

式中：ΔX_n——从管口下第 n 个量测段处水平位移值（mm）；

L——量测段长度（mm）；

α_i——从管口下第 i 个量测段处本次测试倾角值（°）；

α_{i0}——从管口下第 i 个量测段处初次测试倾角值（°）；

ΔX_0——实测管口水平位移（mm），当采用底部作为起算点时，$\Delta X_0 = 0$。

7.4.7 软弱土地区的实测数据表明，测斜管管底常产生较大的水平位移，因此测斜计算时的起算点选择十分重要。一般情况下应以管顶作为起算点，采用光学仪器测定测斜孔口水平位移作为基准值。但如果测斜管底部嵌岩或进入较深的稳定土层内，也可以底部作为固定起算点。

7.5 土体分层竖向位移监测

7.5.1 分层沉降仪可用来监测由降水、开挖等引起的周围深层土体的竖向位移变化。分层沉降仪探头中安装有电磁探测装置，根据接收的电磁信号来观测埋设在土体不同深度内的磁环的确切位置，再由其所在位置深度的变化计算出土层不同标高处的竖向位移变化情况。

磁环分层沉降量测系统由地下监测器件、地面测试仪器及管口水准测量系统三部分构成。第一部分为埋入地下的材料部分，由分层沉降管、底盖和磁环等组成；第二部分为地面测试仪器——分层沉降仪，由测头、测量电缆、接收系统和绕线盘等组成；第三部分为管口水准测量系统，由水准仪、标尺、脚架、尺垫、基准点等组成。

7.5.3 分层沉降管埋设时分层沉降管和孔壁之间采用黏土回填密实，使得磁环与周围土体能紧密接触，保持与土体变形的协调一致。

7.5.5 分层沉降仪量测时应先用水准仪测出分层沉降管的管口高程，然后将分层沉降仪的探头缓缓放入分层沉降管中。当接收仪发生蜂鸣或指针偏转最大

时，即是磁环的位置。读取第一声声响时测量电缆在管口处的深度尺寸，这样由上向下地测量到孔底，这称为进程测读。

当从该分层沉降管内回收测量电缆时，测头再次通过土层中的磁环，接收系统的蜂鸣器会再次发出蜂鸣声。此时读出测量电缆在管口处的深度尺寸，如此测量到孔口，称为回程测读。

磁环的绝对高程计算公式如下：

$$D_i = H - h_i \quad (6)$$

式中：D_i——第 i 次磁环绝对高程（mm）；

H——分层沉降管管口绝对高程（mm）；

h_i——第 i 次磁环距管口的距离（mm）。

由上式可以计算出磁环的累计竖向位移量：

$$\Delta h_i = D_i - D_0 \quad (7)$$

式中：Δh_i——第 i 次磁环累计竖向位移（mm）；

D_0——磁环初始绝对高程（mm）。

7.6 倾斜监测

7.6.1 建（构）筑物倾斜监测应根据现场观测条件和要求确定不同的监测方法。当被测建（构）筑物具有明显的外部特征点和宽敞的观测场地时，可以采用投点法等，测出每对上部和底部观测点之间的水平位移分量，再按矢量计算方法求得倾斜量和倾斜方向；当被测建（构）筑物内部有一定的竖向通视条件时，可以采用垂准法、激光铅直仪观测法等；当被测建（构）筑物具有足够的整体结构刚度时，可以采用倾斜仪法或差异沉降法。

7.6.3 根据精度要求，观测时按 180°、120° 或 90° 夹角旋转垂准仪进行下部点对中（分别读取 2 次、3 次或 4 次）算一个测回。

7.7 裂缝监测

7.7.1 裂缝的位置、走向、长度、宽度是裂缝监测的 4 个要素，裂缝深度测量由于手段较为复杂、精度较低，并有可能需要对裂缝表面进行开凿，因此，只有在特殊要求时才进行监测。

7.7.3 工程施工前对周围环境监测对象的裂缝情况进行现状普查是非常重要的一项工作内容。通过裂缝现状普查，一方面能够对周边环境对象的裂缝情况了解和掌握，选择其中部分重要的裂缝进行监测，另一方面也为解决后续工程施工过程中的工程纠纷提供资料依据。

7.8 净空收敛监测

7.8.1 隧道内部净空尺寸的变化，常称为收敛位移。收敛位移监测所需进行的工作比较简单，以收敛位移监测值为判断围岩和支护结构（或管片）稳定性的方法比较直观和明确。目前，隧道净空收敛监测可采用接触和非接触两种方法，其中接触监测主要采用收敛

计进行，非接触监测则主要采用全站仪或红外激光测距仪进行。

7.8.2 采用收敛计进行净空收敛监测相对简单，通过监测布设于隧道周边上的两个监测点之间的距离，求出与上次量测值之间的变化量即为此处两监测点方向的净空变化值。读数时应进行三次，然后取其平均值。

收敛计主要通过调节螺旋和压力弹簧（或重锤）拉紧钢尺（或钢丝），并在每次拉力恒定状态下测读两监测点之间的距离变化来反映隧道的净空收敛情况。根据连接材料和连接方式的不同，收敛计有带式、丝式和杆式三类，其基本组成相同，主要由钢卷尺（不锈钢带、铟钢丝或铟钢带）、拉力控制系统（保持钢卷尺或钢丝在测量时恒力）、位移量测系统及固定的测点等部件组成。目前常用的是百分表读数收敛计和数显式收敛计两种。

1 带式收敛计用钢卷尺连接两个对应点，施加恒定的张拉力（刻度线或指示灯指示），使钢卷尺拉直，然后读取钢卷尺和测表读数。其操作方便、体积小、质量轻，适用范围较广。

带式收敛计的操作步骤如下：

1）在指定位置埋设好一对测座；
2）将仪器的后挂钩与其中一个测座相连，再将定长铟钢丝的接头与钢尺头部相接；
3）将定长铟钢丝的挂钩与另一个测座相连；
4）在钢尺上选择合适的小孔并固定在夹尺器上；
5）采用电动螺旋张紧机构，对钢尺和定长铟钢丝施加恒力，并在读数窗口读数。

2 丝式收敛计用铟钢丝（或钢丝）连接两个对应点，施加恒定张拉力（百分表或电动马达指示），使铟钢丝拉直，然后读数。当隧道断面尺寸很大（跨度大于20m），或温度变化较大，或对变形监测精度要求较高时，应选择丝式收敛计。

丝式收敛计的操作步骤如下：

1）选定监测点并用胶或砂浆固定配套的螺栓；
2）根据两监测点间的距离截取合适长度的铟钢丝；
3）将靠近测力计的一端通过旋转接头与其中一个已安装在固定螺栓上的测座相连；
4）分别通过卡头和旋转接头将钢丝另一端与另一个测座相连，通过拉紧装置拉紧钢丝，并把测力计调到相同的位置，以保持钢丝的受力不变；
5）从位移计读数据，两次读数之差就是在这两次监测时段内发生的相对位移。

3 对于跨度小、位移较大的隧道，可用杆式收敛仪进行监测，测杆可由数节组成，杆端装设百分表或游标尺，以提高监测精度。

杆式收敛计的操作步骤如下：

1）当作铅垂向监测时，测杆的上下两圆锥面测座应埋设在顶板和底板上；为保证它们基本上能处于同一铅直线上，宜先埋设上测座，再采用吊锤球的方法确定出下测座的位置，钻孔完成安装孔，并用水泥砂浆将圆锥面测座埋设于底板上；
2）初读数的接杆编号应记录清楚，接杆的螺纹每次应拧紧；
3）测座内锥面在每次监测时都应把泥砂灰尘擦干净；
4）监测时先将下端的球形测脚放入下测座的圆锥内，再通过细杆压紧弹簧，并使上端球形测脚放入上测座的圆锥内，再压紧弹簧。压紧弹簧的动作宜慢、稳，每次压紧方法应尽量一致。

每个收敛监测点应安装牢固，并采取保护措施，防止因监测点松动而造成监测数据不准确。收敛计读数应准确无误，读数时视线垂直测表，以避免视差。每次监测反复读数三次，读完第一次后，拧松调节螺母并进行调节，拉紧钢尺（或钢丝）至恒定拉力后重复读数，三次读数差不应超过精度范围，取其平均值为本次监测值。

净空相对位移计算公式：

$$U_n = R_n - R_0 \tag{8}$$

式中：U_n——第 n 次量测时净空相对位移值(mm)；

R_n——第 n 次量测时的观测值(mm)；

R_0——初始观测值(mm)。

当净空相对位移值比较大，在第 n 次测量后需换测试钢尺孔位时，相对位移总值计算公式：

$$U_k = U_n + R_k - R_{n0} \tag{9}$$

式中 U_k——第 k 次量测时净空相对位移值(mm)；

R_k——第 k 次量测时的观测值(mm)；

R_{n0}——第 k 次量测时换孔后读数(mm)。

若变形速率高，量测间隔期间变形量超出仪表量程时，相对位移计算公式：

$$U_k = R_k - R_0 + A_0 - A_k \tag{10}$$

式中 A_0——钢尺初始孔位(mm)；

A_k——第 k 次量测钢尺孔位(mm)。

当洞室净空大(测线长)，温度变化时，应进行温度修正，其计算公式为：

$$U_n = R_n - R_0 - \alpha L(t_n - t_0) \tag{11}$$

式中：t_n——第 n 次量测时温度(℃)；

t_0——初始量测时温度(℃)；

L——量测基线长(mm)；

α——钢尺线膨胀系数（一般 $\alpha = 12 \times 10^{-6}/℃$）。

7.8.4、7.8.5 用全站仪进行隧道净空收敛监测方法包括自由设站和固定设站两种。监测点可采用反射片作为测点靶标，以取代价格昂贵的圆棱镜，反射片正面由均匀分布的微型棱镜和透明塑料薄膜构成，反面涂有压缩不干胶，它可以牢固地粘附在构件表面上。反射片粘贴在隧道测点处的预埋件上，在开挖面附近的反射片，应采取一定的措施对其进行保护，以免施工时反射片表面被覆盖或污染、碰歪或碰掉。通过固定的后视基准点，对比不同时刻监测点的三维坐标，计算该监测点的三维位移变化量（相对于某一初始状态）。该方法能够获取监测点全面的三维位移数据，有利于数据处理和提高自动化程度。

7.9 爆破振动监测

7.9.2 爆破振动监测中，传感器是反映被测信号的关键设备，为了能正确反映所测信号，除了传感器本身的性能指标满足一定要求外，传感器的安装、定位也是极为重要的。为了可靠地测到爆破振动或结构动力响应的记录，传感器应与被测点的表面牢固地结合在一起，否则在爆破振动时往往会导致传感器松动、滑落，使得信号失真。传感器安装时，还应注意定位方向，要使传感器与所测量的震动方向一致，否则，也会带来测量误差。若测量竖向分量，则使传感器的测震方向垂直于地面；若测量径向水平分量，则使传感器的测震方向垂直于由测点至爆破点连线方向。

7.9.3 爆破振动监测的测量导线对监测系统的工作状态有较大影响，一般采用屏蔽线，以防外界电磁干扰信号。测量导线线路一般不与交流电线路平行，以避免强电磁场的干扰。同时，也需注意测量导线的两端固定问题，连接传感器的一端需使一段导线与地面或建（构）筑物等的表面紧密接触固定，防止测量导线局部摆动给传感器带来干扰信号；在测量导线末端与仪器相连段也需采取有效的固定措施。

7.10 孔隙水压力监测

7.10.6 孔隙水压力的大小由现场的量测数据按每个仪器出厂所带的换算公式进行计算。常用的差阻式仪器和振弦式仪器的计算公式如下：

1 采用差阻式孔隙水压力计时，孔隙水压力值计算公式：

$$P = f\Delta Z + b\Delta t \tag{12}$$

式中：P——孔隙水压力（kPa）；

f——渗压计标定系数（kPa/0.01%）；

b——渗压计的温度修正系数（kPa/℃）；

ΔZ——电阻比相对于基准值的变化量；

Δt——温度相对于基准值的变化量（℃）。

2 采用振弦式孔隙水压力计时，仪器的量测采用频率模数 F 来度量，其定义为：

$$F = f^2/1000 \tag{13}$$

式中：f——振弦式仪器中钢丝的自振频率（Hz）。

孔隙水压力值计算公式：

$$P = k(F - F_0) + b(T - T_0) \tag{14}$$

式中：P——孔隙水压力（kPa）；

k——渗压计的标定系数（kPa/kHz²）；

F——实时测量的渗压计输出值，即频率模数（kHz²）；

F_0——渗压计的基准值（kHz²）；

T——本次量测时温度（℃）；

T_0——初始量测时温度（℃）。

若大气压力有较大变化时，应予以修正。

7.14 结构应力监测

7.14.2 钢筋应力计、应变计、光纤传感器和轴力计应根据其特点，采用适宜的安装埋设方法和步骤。

1 钢筋应力计的安装埋设要求如下：

1）钢筋应力计应焊接在同一直径的受力钢筋上并宜保持在同一轴线上，焊接时尽可能使其处于不受力状态，特别不应处于受弯状态；

2）钢筋应力计的焊接可采用对焊、坡口焊或熔槽焊；对直径大于28mm的钢筋，不宜采用对焊焊接；

3）焊接过程中，仪器测出的温度应低于60℃，为防止应力计温度过高，可采用间歇焊接法，也可在钢筋应力计部位包上湿棉纱浇水冷却，但不得在焊缝处浇水，以免焊层变脆硬。

2 混凝土应变计的安装埋设要求如下：

1）将试件上粘贴混凝土应变计的部位用丙酮等有机溶剂清除表面的油污；表面粗糙不平时，可用细砂轮或砂纸磨平，再用丙酮等有机溶剂清除表面残留的磨屑；

2）在试件上划制两根光滑、清楚且互相垂直交叉的定位线，使混凝土应变计基底上的轴线标记与其对准后再粘贴；

3）粘贴时在准备好的混凝土应变计基底上均匀地涂一层胶粘剂，胶粘剂用量应保证粘结胶层厚度均匀且不影响混凝土应变计的工作性能；

4）用镊子夹住引线，将混凝土应变计放在粘贴位置，在粘贴处覆盖一块聚四氟乙烯薄膜，且用手指顺混凝土应变计轴向，向引线方向轻轻按压混凝土应变计。挤出多余胶液和胶粘剂层中的气泡，用力加压保证胶粘剂凝固；

3 光纤传感器的安装埋设要求如下：

1）光纤传感器应先埋入与工程材料一致的小型预制件中，再埋入工程结构中，传感器埋入后应确保传感方向与需测受力方向一致；

2）钢筋混凝土结构中，光纤传感器可粘结到钢筋上，以钢筋受力、变形反映结构内部应力、应变状态；

3）可先用小导管保护光纤传感器，在胶粘剂固化前将导管拔出。

4 轴力计的安装埋设要求如下：

1）宜采用专用的轴力计安装架。在钢支撑吊装前，将安装架圆形钢筒上设有开槽的一端面与钢支撑固定端的钢板电焊焊接。焊接时安装架中心点应与钢支撑中心轴线对齐，保持各接触面平整，使钢支撑能通过轴力计正常传力；

2）焊接部位冷却后，将轴力计推入安装架圆形钢筒内，用螺丝把轴力计固定在安装架上，并将轴力计的电缆绑在安装架的两翼内侧，防止在吊装过程中损伤电缆；

3）钢支撑吊装、对准、就位后，在安装架的另一端（空缺端）与支护墙体上的钢板中间加一块加强钢垫板；

4）轴力计受力后即松开固定螺丝。

7.15 现场巡查

7.15.1 巡视检查作为仪器监测方法的有效补充，主要以目测为主。根据巡查计划，结合施工进度，及时进行巡查，并详细做好巡查记录。

7.15.2 现场巡查和仪器监测数据成果之间大多存在着内在的联系，可以把被监测对象从定性和定量两方面有机地结合起来，更加全面地分析工程围（支）护体系及周边环境的变形规律及安全状态，更好地指导施工或及时采取相应的安全措施，保证工程施工顺利进行。

7.15.3 现场巡查到的任何异常情况必须引起足够重视，并结合出现异常区域的监测数据和施工工况进行综合分析判断，及时发现可能出现的事故隐患或征兆，以便施工方及相关单位及时启动应急预案，采取应对措施，避免事故的发生。

8 监测频率

8.1 一般规定

8.1.1 监测频率的确定是监测工作的重要内容，与施工方法、施工进度、工程所处的地质条件、周边环境条件，以及监测对象和监测项目的自身特点等密切相关。同时，监测频率与投入的监测工作量和监测费用有关，在制定监测频率时既要考虑不能错过监测对象的重要变化时刻，也应当合理布置工作量，控制监测费用，选择科学、合理的监测频率有利于监测工作

的有效开展。

8.1.2 工程监测是信息化施工的重要手段，监测频率在整个工程施工过程中要根据施工进度、施工工况及监测对象与施工作业面所处的位置关系进行不断调整，其基本要求应是监测频率能满足反映监测对象随施工进度（时间）的变化规律。

工程监测采用定时监测的方法，可以反映相同时间间隔下，监测对象的变形、变化大小，以便于计算监测对象的变化速率，判断监测对象的变化快慢，及时关注短时内发生较大变化的现象，从累计变化量和变化速率两个方面评价监测对象的安全状态。在监测对象累计变化量、变化速率超过控制值或出现其他异常情况时，应提高监测频率，减小监测时间间隔；监测对象变形、变化趋于稳定时，可适当增大监测时间间隔，减小监测次数。

8.1.3 对穿越既有轨道交通运营线路、建（构）筑物等周边环境，由于其重要性和社会影响性大，对变形控制要求较高，控制指标值相对较为严格，为确保安全，应提高监测的频率，必要时对关键的监测项目进行24h远程实时监测，以便及时发现问题，采取相应安全措施。

8.1.4 在工程施工过程中，为保证工程施工的安全或方便施工，往往都要采用其他的辅助工法，如施工降水或注浆加固等。这些辅助工法的实施也会对周围岩土体及周边环境产生影响。当采用辅助工法时，根据环境对象的重要性程度和预测的变形量大小调整监测频率，周边环境对象较为重要且预测影响较大时，应提高监测频率。

8.1.5 现场巡查是施工监测工作的重要组成部分，是现场仪器监测的最有效补充。在工程施工过程中，根据施工进度合理安排巡查频率，做好巡查记录，发现异常情况时，应立即报告。

8.1.7 本条规定了结束监测工作应满足的条件。施工监测期应包括工程施工的全过程，即从施作支护结构或降水施工之前开始，至土建施工完成之后止。

8.2 监测频率要求

Ⅰ 明挖法和盖挖法

8.2.1 本条主要考虑了基坑设计深度、实际开挖进度和地下结构施作情况等因素制定了城市轨道交通基坑工程的监测频率。

基坑开挖前施作支护结构和施工降水过程中，也会对周边环境和地表产生影响，因此也应进行监测工作，监测频率应根据预测和实际的沉降变形情况确定。

基坑开挖过程中监测频率总体要求是基坑设计深度越大、开挖越深、地质条件和周边环境条件越复

尔，监测频率越高。支护结构、周围岩土体和周边环境在正常条件下可以采用相同的监测频率，当监测对象的监测数据变化较快，则应提高监测频率。

基坑主体结构施作过程当中当拆除内支撑时，支护结构受力将发生变化，会给支护结构的稳定带来风险，可根据基坑实际深度和监测对象的变形情况适当提高监测频率。

8.2.2 竖井开挖及井壁结构施工期间是竖井初期支护井壁净空收敛的主要监测时段，以确保竖井施工过程中的安全。竖井在使用过程中的监测也十分重要，应根据净空收敛数据变化情况确定监测频率。

8.2.3 坑底隆起（回弹）与地质条件、基坑开挖深度和开挖范围有着密切的关系，对基底为软弱地层、遇水软化地层或有承压水分布的基坑工程，坑底隆起（回弹）的监测十分必要，但由于坑底隆起（回弹）的监测实施较为困难，在基坑开挖过程中无法进行监测，一般基底隆起的监测只能在基坑开挖之前、开挖完成后和混凝土基础浇筑前这三个阶段进行。

Ⅱ 盾 构 法

8.2.4 盾构法隧道工程施工的监测频率应符合盾构法施工引起周围岩土体变形规律的要求，周围岩土体的变形规律主要包括先期隆起或沉降、盾构到达时沉降、盾构通过时沉降、盾尾空隙沉降和长期延续沉降，对周围岩土体的监测应能反映整个变形过程。

根据上述要求，本条对开挖面前方和后方分别提出了不同的监测频率。盾构法隧道开挖面前方的监测对象主要是周围岩土体和周边环境，具体监测频率根据开挖面与监测点或监测断面的水平距离来确定；盾构法隧道开挖面后方的监测对象除了周围岩土体和周边环境外，管片结构也应进行监测。对于管片结构位移、净空收敛在衬砌环脱出盾尾且能通视时才能进行监测，具体监测的频率也是根据开挖面离开监测断面的水平距离来确定。

Ⅲ 矿 山 法

8.2.5 矿山法隧道结构初期支护结构的拱顶沉降、底板竖向位移和净空收敛监测频率，与初期支护结构的变形速率、监测点或监测断面距开挖面的距离密切相关。矿山法隧道工程的监测频率根据隧道或导洞开挖宽度、监测断面距开挖面的不同距离确定。在拆除临时支撑时或地质条件较差的情况下，初期支护结构容易出现较大的变形，为避免危险的发生，在这种情况下还应适当提高监测频率。

对矿山法施工，周边环境和周围岩土体的变形与开挖面到监测点或监测断面前后的距离、隧道埋深和隧道周边地质条件密切相关，与开挖面越近、地质条件和环境对象越复杂，监测频率应越高。

9 监测项目控制值和预警

9.1 一 般 规 定

9.1.1 本条为强制性条文，对监测预警等级和预警标准的制定工作进行了要求。

工程监测预警是整个监测工作的核心，通过监测预警能够使相关单位对异常情况及时作出反应，采取相应措施，控制和避免工程自身和周边环境等安全事故的发生。工程监测预警需有一定的标准，并要按照不同的等级进行预警，因此，城市轨道交通工程监测应当制定工程监测预警等级和预警标准。

目前，我国城市轨道交通工程在建城市中，由于各地的建设管理水平、施工队伍的素质和施工经验，以及工程地质条件和施工环境不同，对工程监测预警的分级不尽相同，每级的分级标准也不完全一致。另外，由于城市轨道交通工程线路比较长，往往都要划分为若干个标段进行施工，为了便于预警工作的统一管理，通常由建设单位组织设计单位、施工单位、监理单位及相关专家，根据工程特点、监测项目控制值、当地施工经验等，研究制定监测预警等级和预警标准。

9.1.2 监测项目控制值是工程施工过程中对工程自身及周边环境的安全状态或正常使用状态进行判断的重要依据，也是工程设计、工程施工及施工监测等工作的重要控制点。监测项目控制值的大小直接影响到工程自身和周边环境的安全，对施工方法、监测手段的确定以及对施工工期和造价都有很大的影响。因此，合理地确定监测项目控制值是一项十分重要的工作。

监测设计是施工图设计文件的重要组成部分，监测项目控制值是监测设计的重要内容之一，是控制工程自身结构和周边环境安全的重要标准。同时，相关法律、法规和规范性文件对设计文件中明确控制指标及控制值也有具体要求。因此，本条规定在施工图设计文件中应提出监测项目控制值，以满足工程支护结构安全及周边环境保护的要求。

工程设计应针对工程支护结构和周边环境两类监测对象分别确定相应的监测项目控制值，同时应考虑两类监测对象间的相互影响。支护结构监测项目控制值的制定，首先应保证施工过程中的支护结构的稳定及施工安全，同时还要保证周边环境处于正常使用的安全状态。这就要求在制定支护结构控制值时要充分考虑支护结构的设计特点、周围岩土体的特征及周边环境条件。

对于重要的建（构）筑物、桥梁、管线、既有轨道交通等环境对象控制值的确定，主要是在保证其正常使用状态和安全的前提下，分析研究其还能承受的变形量。这往往需要收集环境对象原有的相关工程资料，并通过现场现状调查与检测，进行评估后确定，最终还应符合相关单位的管理要求。

周围岩土体是工程所处的地质环境，是工程支护结构和周边环境对象之间相互作用的媒介。周围地表沉降等岩土体变形可间接反映支护结构和周边环境对象的变形、变化，其相关监测数据能为判定工程结构和周边环境的安全状态提供辅助依据，其控制值的确定应根据工程结构安全等级和周边环境安全风险等级确定。

对于采用分步开挖的暗挖大断面隧道、隧道穿越既有线等监测等级较高、工况条件复杂的工程，一般控制指标较为严格，往往在施工还没有完成之前，监测对象的变化、变形量就已超过控制值，增加了后续施工的难度。因此，对于监测等级较高、工况条件复杂的工程，控制值应按主要工况条件进行分解，以便分阶段控制监测对象的变形，最终满足工程自身和环境控制的要求。

9.1.3 变形监测不但要控制监测项目的累计变化值，还要注意控制其变化速率。累计变化值反映的是监测对象当前的安全状态，而变化速率反映的是监测对象安全状态变化的发展速度，过大的变化速率，往往是突发事故的先兆。因此，变形监测数据的控制值应包括累计变化值和变化速率值。

9.1.4 国家相关法律法规和规范性文件等对突发性事件的应对作出了具体的规定，对城市轨道交通工程施工异常情况的预警预报及响应也有相关的要求。城市轨道交通工程应当根据工程特点、监测项目的控制值、当地施工经验、工程管理及应急能力，制定工程监测预警管理制度，其中包括监测预警等级、分级标准及不同预警等级的警情报送对象、时间、方式、流程及分别采取的应对措施等。工程监测异常情况的预警，可根据事故发生的紧急程度、发展势态和可能造成的危害程度由低到高进行分级管理。

工程监测预警等级的划分要与工程建设城市的工程特点、施工经验等相适应，具体的预警等级可根据工程实际需要确定，一般取监测控制值的70%、85%和100%划分为三级。目前北京市轨道交通工程监测预警体系较为成熟，其工程监测预警分级标准参见表10。

表10　北京市轨道交通工程监测预警分级标准

预警级别	预警状态描述
黄色预警	变形监测的绝对值和速率值双控指标均达到控制值的70%；或双控指标之一达到控制值的85%
橙色预警	变形监测的绝对值和速率值双控指标均达到控制值的85%；或双控指标之一达到控制值
红色预警	变形监测的绝对值和速率值双控指标均达到控制值

9.1.5 本条为强制性条文，对警情报送进行了要求。

警情报送是工程监测的重要工作之一，也是监测人员的重要职责，通过警情报送能够使相关各方及时了解和掌握现场情况，以便采取相应措施，避免事故的发生。

当监测数据达到预警标准时应进行警情报送，这就要求外业监测工作完成后，应及时对监测数据进行内业整理、计算和分析，发现监测项目的累计变化量或变化速率无论达到任何一级预警标准都要进行警情报送。

9.1.6 本条列出了工程施工中现场巡查工作需要进行警情报送的几种情况。出现这些情况时，可能会严重威胁工程自身及周边环境的安全，需立即进行警情报送，以便及时采取相应措施，保证工程自身和周边环境的安全，避免事故的发生。

9.2　支护结构和周围岩土体

9.2.1～9.2.3 城市轨道交通工程支护结构及周围岩土体监测项目控制值与地质条件、工程规模、周边环境条件等有密切关系，同时控制值对工程的工期、造价等都有较大影响。监测项目控制值的确定需遵循安全与经济相统一，与当前的设计、施工和管理水平相适应，支护结构和周边环境安全有效控制，关键项目严格控制，按地质条件分类控制以及相关规范、地方经验与实测统计结果相协调等原则。因此，合理确定工程施工过程中支护结构及周围岩土体监测项目控制值是一个复杂的过程，本规范为监测项目控制值的确定开展了专题研究。

专题研究收集了有关城市轨道交通工程监测控制指标的规范、规程和工程标准53部，北京、上海、广州等14个轨道交通建设城市25条线路、158个工点的设计文件及第三方监测资料。

研究结果表明，不同地区的工程地质条件往往具有明显的地域特性，如北京的黏性土与砂性土互层、上海的软土地层、广州的上软下硬二元地层等。监测项目的监测数据变化量除与基坑、隧道工程的各项设计参数、工法相关外，还与基坑、隧道所处场区的岩土体特性、类型等因素密切相关。

根据这一特征，本规范开展的监测控制指标专题研究将所收集工点的地层条件按坚硬～中硬土和中软～软弱土两类，分别统计、分析不同监测项目的实测结果。土的分类参照了现行国家标准《建筑抗震设计规范》GB 50011的工程场地土类型划分标准（见表11）。

表11　土的类型划分和剪切波速范围

土的类型	岩石名称和性状	土层剪切波速范围（m/s）
岩石	坚硬、较硬且完整的岩石	$V_s > 800$

续表11

土的类型	岩石名称和性状	土层剪切波速范围（m/s）
坚硬土或软质岩石	破碎和较破碎的岩石或软和较软的岩石，密实的碎石土	$800 \geqslant V_s > 500$
中硬土	中密、稍密的碎石土，密实、中密的砾、粗、中砂，$f_{ak} > 150$ 的黏性土和粉土，坚硬黄土	$500 \geqslant V_s > 250$
中软土	稍密的砾、粗、中砂，除松散外的细、粉砂，$f_{ak} \leqslant 150$ 的黏性土和粉土，$f_{ak} > 130$ 的填土，可塑新黄土	$250 \geqslant V_s > 150$
软弱土	淤泥和淤泥质土，松散的砂，新近沉积的黏性土和粉土，$f_{ak} \leqslant 130$ 的填土，流塑黄土	$V_s \leqslant 150$

注：f_{ak} 为由载荷试验等方法得到的地基承载力特征值（kPa），V_s 为岩石剪切波速。

1 明挖法和盖挖法基坑支护结构和周围岩土体的监测项目控制值

条文中表 9.2.1-1 和表 9.2.1-2 的监测项目控制值，是在对全国各地大量实际工程案例开展专题研究的基础上，结合国家现行标准《建筑基坑工程监测技术规范》GB 50497、《建筑基坑工程技术规范》YB 9258 等相关规范确定。

专题研究共收集和统计分析了北京、上海、广州等 14 个轨道交通建设城市的明挖法和盖挖法基坑工程实测资料，包括 25 条线路的 87 个工点。监测项目主要包括基坑工程的地表沉降、支护桩（墙）顶水平和竖向位移、支护桩（墙）体水平位移，统计内容为每个工点不同监测项目监测点在整个监测期内的实测最终变形值，以及各监测项目主要监测点中实测最终变形值的最大值、最小值和平均值。

1）支护桩（墙）顶竖向位移

①相关规范的规定

现行国家标准《建筑基坑工程监测技术规范》GB 50497 规定的桩（墙）顶竖向位移控制值为 10mm～40mm，北京地区规定的控制值为 10mm。

②实测统计结果

收集的 29 个工点支护桩（墙）顶竖向位移监测资料中，多为中软～软弱土地区的基坑工程，对 29 个工点的支护桩（墙）顶竖向位移监测统计结果见图 9。

竖向位移在 29 个工点中，监测点全部沉降的有

8 个工点，平均沉降量 -11.8mm，其中最大沉降量 -43.3mm、最小沉降量 -0.6mm；监测点全部隆起的有 13 个工点，平均隆起量 10.3mm，其中最大隆起量 15.8mm，最小隆起量 2.9mm；监测点中既有隆起又有沉降的有 8 个工点，最大沉降量 -11.2mm，最大隆起量 25.1mm。

从图 9（a）中可以看出，29 个工点的 303 个监测点中监测点隆起占监测点总数的 53.1%，监测点沉降占监测点总数的 46.9%。监测点的竖向位移实测数值在 -30mm～+20mm（-表示沉降，+表示隆起）的数量约占监测点总数的 93.1%。

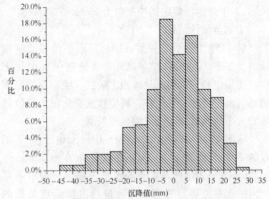

(a) 29 个工点 303 个监测点的最终竖向位移分布频率直方图

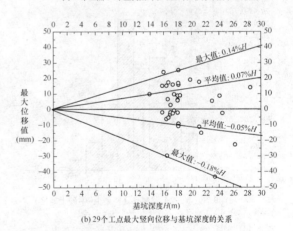

(b) 29 个工点最大竖向位移与基坑深度的关系

图 9 基坑桩（墙）顶竖向位移统计图

从图 9（b）中可以看出，29 个工点中桩（墙）顶最大隆起约为 $0.14\%H$，最大沉降约为 $0.18\%H$。

根据统计结果，桩（墙）顶竖向位移最大变化速率的最大值为 4.8mm/d，大部分工程监测点最大变化速率在 2mm/d 以内。

根据统计结果，桩（墙）顶的竖向位移应按沉降和隆起分别控制。支护桩（墙）顶沉降按 -30mm、$0.3\%H$ 进行控制，隆起按 +20mm 进行控制，变化速率按 4mm/d 进行控制，对绝大多数工程都能够满足安全控制的要求。

根据监测项目控制值的确定原则和上述统计结果，并结合相关规范的规定，针对不同工程监测等级

的安全控制要求，本规范推荐的支护桩（墙）顶沉降控制值为：一级基坑累计值 10mm～25mm，相对基坑深度（H）值 0.1%H～0.15%H，变化速率 2mm/d～3mm/d；二级、三级基坑累计值 20mm～30mm，相对基坑深度（H）值 0.15%H～0.3%H，变化速率 3mm/d～4mm/d。各等级基坑隆起控制值均为 20mm。

　　2）支护桩（墙）顶水平位移

　　①相关规范的规定

　　现行国家标准《建筑基坑工程监测技术规范》GB 50497 规定的桩（墙）顶水平位移控制值为 25mm～70mm，上海地区规定的控制值为 25mm～60mm。

　　②实测统计结果

　　对 73 个工点的支护桩（墙）顶水平位移监测统计结果见图 10。统计结果显示，无论坚硬～中硬土地区还是中软～软弱土地区的支护桩（墙）顶均出现向基坑内、外的水平位移，其位移量不是很大且位移量的大小与基坑深度没有明显的关系。

　　从图 10 中可以看出，坚硬～中硬土地区 49 个工点的 592 个监测点中实测数值分布在 -15mm～+35mm（-表示向基坑外的水平位移，+表示向基坑内的水平位移）的监测点数量约占监测点总数的

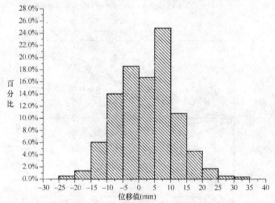

(a) 49 个工点 592 个监测点（坚硬土～中硬土地区）

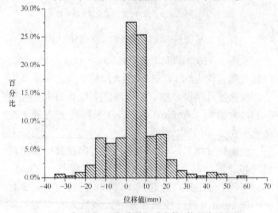

(b) 24 个工点 311 个监测点（中软～软弱土地区）

图 10　73 个工点基坑桩（墙）顶最终水平位移分布频率直方图

98.2%，中软～软弱土地区 24 个工点的 311 个监测点中实测数值分布在 -15mm～+40mm 的监测点数量约占监测点总数的 93.9%。

　　根据统计结果，桩（墙）顶水平位移最大变化速率的最大值为 4.4mm/d，大部分工程监测点最大变化速率在 2mm/d 以内。

　　无论坚硬～中硬土地区还是中软～软弱土地区的桩（墙）顶向基坑内的水平位移按 +40mm 进行控制，变化速率按 4mm/d 进行控制，对绝大多数工程都能够满足安全控制的要求。

　　从图 10（a）中可以看出，基坑支护桩（墙）顶存在向基坑外水平位移的现象，但由于向基坑外的水平位移原因复杂，控制值的确定应结合支护结构形式、支撑轴力的大小和岩土条件。

　　根据监测项目控制值的确定原则和上述统计结果，并结合相关规范的规定，针对不同工程监测等级的安全控制要求，本规范推荐的支护桩（墙）顶水平位移控制值为：一级基坑累计值 15mm～25mm，相对基坑深度（H）值 0.1%H～0.15%H；变化速率 2mm/d～3mm/d；二级基坑累计值 20mm～30mm，相对基坑深度（H）值 0.15%H～0.3%H，变化速率 3mm/d～4mm/d；三级基坑累计值 20mm～40mm，相对基坑深度（H）值 0.2%H～0.4%H，变化速率 3mm/d～4mm/d。

　　当需对基坑桩（墙）顶向基坑外的水平位移进行控制时，建议控制值为 15mm。

　　3）支护桩（墙）体水平位移

　　①相关规范的规定

　　现行国家标准《建筑基坑工程监测技术规范》GB 50497 规定的桩（墙）体水平位移控制值：地下连续墙为 40mm～90mm，灌注桩为 45mm～80mm；北京地区规定的控制值为 30mm～50mm，上海地区规定的控制值为 45mm～80mm，广东地区规定的控制值为 30mm～150mm。

　　②实测统计结果

　　对 76 个工点的支护桩（墙）体水平位移监测统计结果见图 11，74 个工点的桩（墙）最大水平位移与基坑深度 H 的关系见图 12。

　　从图 11（a）中可以看出，坚硬～中硬土地区的基坑支护桩（墙）体存在向基坑内、外的水平位移，47 个工点 454 个监测点的支护桩（墙）体水平位移值在 -15mm～+40mm（-表示向基坑外的水平位移，+表示向基坑内的水平位移）的监测点数量约占监测点总数的 89.4%。从图 12（a）中可以看出，45 个工点的最大桩（墙）体水平位移的平均值约为 0.11%H，最大值约为 0.22%H。

　　根据统计结果，坚硬土～中硬土地区桩（墙）体水平位移的最大变化速率多在 2mm/d～3mm/d，变化速率最大值为 3.4mm/d。

坚硬～中硬土地区支护桩（墙）体向基坑内的水平位移按＋40mm、0.20％H进行控制，变化速率按5mm/d进行控制，对绝大多数工程都能够满足安全控制的要求。

从图11（a）中可以看出，坚硬～中硬土地区基坑支护桩（墙）体存在向基坑外水平位移的现象，但位移量相对较小。由于向基坑外的水平位移原因复杂，控制值的确定应结合支护结构形式、支撑轴力的大小和岩土条件。

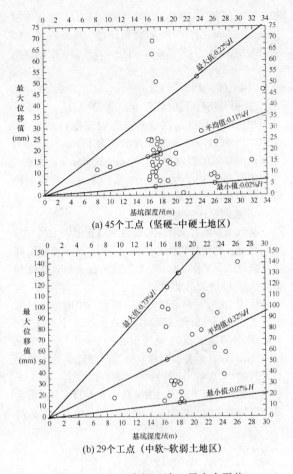

(a) 45个工点（坚硬～中硬土地区）

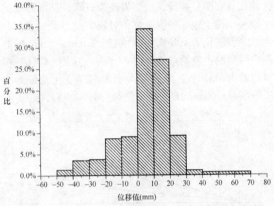

(a) 47个工点454个监测点（坚硬土～中硬土地区）

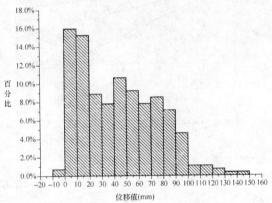

(b) 29个工点282个监测点（中软～软弱土地区）

图11　76个工点基坑桩（墙）体最终
水平位移分布频率直方图

从图11（b）中可以看出，中软～软弱土地区的基坑支护桩（墙）体水平位移分布频率直方图与坚硬～中硬土地区相比具有明显差异，主要表现为向基坑内的水平位移，且位移量比坚硬～中硬土地区的位移量相对较大。29个工点282个监测点的支护桩（墙）体水平位移值在0mm～＋70mm的监测点数量约占监测点总数的76.2％。从图12（b）中可以看出，29个工点的最大桩（墙）水平位移变化范围约为0.07％H～0.73％H，平均值约为0.32％H。

根据统计结果，中软～软弱土地区桩（墙）体水平位移的最大变化速率多在5mm/d以内，变化速率最大值为8.6mm/d。

中软～软弱土地区支护桩（墙）体向基坑内的水

(b) 29个工点（中软～软弱土地区）

图12　74个工点桩（墙）最大水平位
移与基坑深度的关系

平位移按＋70mm、0.70％H进行控制，变化速率按6mm/d进行控制，对大多数工程都能够满足安全控制的要求。

城市轨道交通基坑工程一般深、大且周边环境复杂，对支护桩（墙）体的变形要求严格。根据监测项目控制值的确定原则和上述统计结果，并结合相关规范的规定，针对不同工程监测等级的安全控制要求，本规范推荐的坚硬～中硬土地区支护桩（墙）体水平位移控制值为：一级基坑累计值20mm～30mm，相对基坑深度（H）值0.15％H～0.2％H，变化速率2mm/d～3mm/d；二级基坑累计值30mm～40mm，相对基坑深度（H）值0.2％H～0.4％H，变化速率3mm/d～4mm/d；三级基坑累计值30mm～40mm，相对基坑深度（H）值0.2％H～0.4％H，变化速率4mm/d～5mm/d。

当需对坚硬～中硬土地区基坑桩（墙）体向基坑外的水平位移进行控制时，建议控制值为15mm。

本规范推荐的中软～软弱土地区支护桩（墙）体水平位移控制值为：一级基坑累计值30mm～50mm，相对基坑深度（H）值0.2％H～0.3％H，变化速率2mm/d～4mm/d；二级基坑累计值40mm～60mm，相对基坑深度（H）值 $0.3\%H\sim0.5\%H$，变化速率 $3mm/d\sim5mm/d$；三级基坑累计值 $50mm\sim70mm$，相对基坑深度（H）值 $0.5\%H\sim0.7\%H$，变化速率 $4mm/d\sim6mm/d$。

4）地表沉降

① 相关规范的规定

现行国家标准《建筑基坑工程监测技术规范》GB 50497 规定的地表沉降控制值为 $25mm\sim65mm$，北京地区规定的控制值为 $30mm\sim50mm$，上海地区规定的控制值为 $25mm\sim60mm$，广东地区规定的控制值为 $20mm\sim40mm$。

② 实测统计结果

基坑工程地表沉降主要统计沉降变形较大的与基坑边缘最近的两排监测点，对 67 个工点的地表沉降监测统计结果见图 13，63 个工点的最大地表沉降与基坑深度 H 的关系见图 14。

从图 13（a）中可以看出，坚硬～中硬土地区基坑周边地表同时出现沉降和隆起现象，36 个工点 912 个监测点的地表沉降值分布在 $-40mm\sim+20mm$（一表示沉降，＋表示隆起）的监测点数量约占监测点总数的 97.0%。从图 14（a）中可以看出，32 个工点的实测结果表明最大地表隆起约为 $0.11\%H$；最大地表沉降的平均值约为 $0.09\%H$，最大地表沉降值约

为 $0.18\%H$。

根据统计结果，坚硬～中硬土地区地表沉降的最大变化速率多在 $2mm/d\sim3mm/d$，变化速率最大值为 $4.4mm/d$。

坚硬～中硬土地区地表沉降按 $-40mm$ 和 $0.20\%H$ 进行控制，变化速率按 $4mm/d$ 进行控制，对绝大多数工程都能够满足安全控制的要求。

从图 13（b）中可以看出，中软～软弱土地区的基坑周边地表变形分布频率直方图与坚硬～中硬土地区相比具有明显差异，主要表现为沉降，且沉降量比坚硬～中硬土地区的沉降量相对较大。31 个工点 646 个监测点的地表沉降实测数值在 $-60mm\sim0mm$ 的监测点数量约占监测点总数的 83.6%。从图 14（b）中可以看出，31 个工点的最大地表沉降变化范围约为 $0.07\%H\sim0.83\%H$，平均值约为 $0.33\%H$。

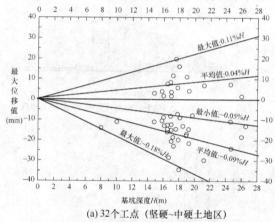

（a）32个工点（坚硬～中硬土地区）

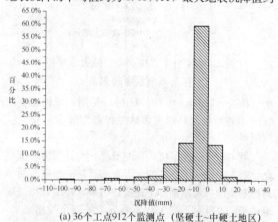

（a）36个工点912个监测点（坚硬土～中硬土地区）

（b）31个工点（中软～软弱土地区）

图 14　63 个工点最大地表沉降与基坑深度的关系

根据统计结果，中软～软弱土地区地表沉降的最大变化速率多在 $2mm/d\sim3mm/d$，变化速率最大值为 $7.6mm/d$。

中软～软弱土地区地表沉降按 $-60mm$ 和 $0.60\%H$ 进行控制，变化速率按 $6mm/d$ 进行控制，对绝大多数工程都能够满足安全控制的要求。

根据监测项目控制值的确定原则和上述统计结果，并结合相关规范的规定，针对不同工程监测等级

（b）31个工点646个监测点（中软～软弱土地区）

图 13　67 个工点最终地表沉降分布频率直方图

的安全控制要求，本规范推荐的坚硬～中硬土地区地表沉降控制值为：一级基坑累计值 20mm～30mm，相对基坑深度（H）值 0.15%H～0.2%H，变化速率 2mm/d～4mm/d；二级基坑累计值 25mm～35mm，相对基坑深度（H）值 0.2%H～0.3%H，变化速率 2mm/d～4mm/d；三级基坑累计值 30mm～40mm，相对基坑深度（H）值 0.3%H～0.4%H，变化速率 2mm/d～4mm/d。

当需对坚硬～中硬土地区基坑周边地表隆起进行控制时，建议控制值为 20mm。

本规范推荐的中软～软弱土地区地表沉降控制值为：一级基坑累计值 20mm～40mm，相对基坑深度（H）值 0.2%H～0.3%H，变化速率 2mm/d～4mm/d；二级基坑累计值 30mm～50mm，相对基坑深度（H）值 0.3%H～0.5%H，变化速率 3mm/d～5mm/d；三级基坑累计值 40mm～60mm，相对基坑深度（H）值 0.4%H～0.6%H，变化速率 4mm/d～6mm/d。

综合各类技术规范的规定和实测数据统计分析结果，本条款给出了基坑工程不同监测项目的控制值，其中地表沉降和支护桩（墙）体水平位移根据工程场地土类型的不同，分别给出了监测项目控制值。由于监测等级为三级的基坑工程案例和实测数据较少，其监测项目控制值主要参照二级基坑工程确定，并进行了适当调整。

城市轨道交通工程中支护结构采用土钉墙、型钢水泥土墙的基坑工程较少，实测数据也较少，专题研究未收集到相应的案例和实测数据，其监测项目控制值的确定结合了其他相关规范。

根据基坑工程支撑构件、锚杆等的受力特点和设计要求，其监测项目控制值按最大值和最小值分别进行控制。支撑轴力、锚杆拉力实测值处于控制值的最大值和最小值之间才能保证其功能的正常发挥和工程结构整体的安全。本规范选取构件承载能力设计值以及支撑构件、锚杆预应力设计值的百分比作为监测项目控制值。

2 盾构法隧道管片结构竖向位移、净空收敛和地表沉降控制值

盾构隧道施工过程中管片结构变形及岩土体位移与工程所处范围内的工程地质水文地质条件、周围环境条件及盾构施工参数等密切相关。盾构隧道监测项目控制值应首先结合当地工程特点，经工程类比和分析计算后确定。当无地方经验时可参照本规范确定监测项目控制值。

条文中表 9.2.2-1 和表 9.2.2-2 的监测项目控制值，是在对全国各地大量实际工程案例开展专题研究的基础上，结合相关规范确定。

北京地区规定的盾构法隧道地表沉降控制值为 -30mm，地表隆起控制值为 +10mm。

盾构法隧道地表沉降（隆起）监测控制值专题研究收集了北京、杭州、宁波、昆明、上海、无锡和郑州等 7 个城市的 13 条线路、36 个工点的实测资料。对 32 个标准断面盾构隧道的实测统计结果见图 15。

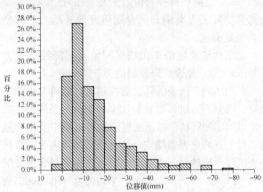

(a) 20 个工点 370 个监测点（坚硬土～中硬土地区）

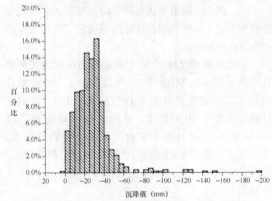

(b) 12 个工点 571 个监测点（中软～软弱土地区）

图 15 32 个标准断面盾构隧道最终地表沉降分布频率直方图

盾构隧道地表沉降主要统计隧道轴线上方的地表监测点，统计实测结果表明，盾构法隧道地表沉降一般在中软～软弱土地区的变形较大，约 90.2% 的监测点沉降实测值在 -45mm 以内；坚硬～中硬土地区约 94.1% 的监测点沉降实测值在 -40mm 以内，隆起实测值多在 +10mm 以内。本规范条文根据不同工程监测等级的安全控制要求，针对标准断面盾构隧道地表沉降给出了累计变化控制值。

综合各类技术规范要求和实测数据统计分析结果，本条款给出了盾构法隧道工程监测项目控制值，其中地表沉降（隆起）根据工程场地土类型的不同，分别给出了监测项目控制值。

盾构法隧道其他监测项目控制值是结合国家现行标准《盾构法隧道施工与验收规范》GB 50446 和《高速铁路隧道工程施工质量验收标准》TB 10753 等规范确定。

3 矿山法隧道支护结构变形、地表沉降控制值

矿山法车站一般开挖断面较大，施工步序多，地表变形控制比矿山法区间隧道困难得多。本规范分别对区间隧道和车站给出不同的控制值，对于渡线段、风道、联络通道等隧道可根据工程具体情况参照选取相关的控制值。条文中表 9.2.3-1 和表 9.2.3-2 的监测项目控制值，主要是在对全国部分城市大量实际工程案例开展专题研究的基础上，结合相关规范确定。

北京地区规定的矿山法区间地表沉降控制值为 −30mm，车站地表沉降控制值为 −60mm。

矿山法隧道地表沉降监测控制值专题研究收集了北京、西安、郑州和南京等 4 个城市的 8 条线路、37 个工点的实测资料。矿山法隧道地表沉降主要统计隧道轴线上方的地表监测点，统计实测结果表明，车站地表沉降变形最大，北京地区 11 个车站的最大地表沉降为 −31.0mm～−112.2mm，平均值为 −80.3mm。由于地质条件、开挖方式、单层或多层结构形式等因素的不同，矿山法隧道地表最终沉降差异较大，本规范结合相关地方标准和实测统计结果确定了矿山法车站地表沉降控制值。

对北京和西安地区 21 个标准断面区间的实测统计结果见图 16，从图中可以看出，在 350 个监测点中约 97.7% 的监测点实测值在 40mm 以内。依据统计结果并结合相关规范，矿山法区间地表沉降按 40mm 进行控制对绝大多数工程都能够满足要求。本规范条文根据不同工程监测等级的安全控制要求，针对矿山法标准断面区间地表沉降给出了累计变化控制值。

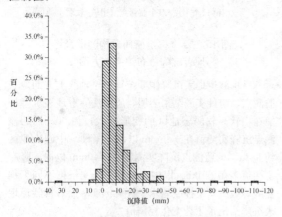

图 16　21 个标准断面矿山法区间最终地表沉降分布频率直方图（350 个监测点）

综合各类技术规范要求和实测数据统计分析，给出了矿山法隧道工程监测项目控制值，其中地表沉降按车站、区间分别给出了监测项目控制值。

矿山法隧道其他监测项目控制值是结合国家现行标准《锚杆喷射混凝土支护技术规范》GB 50086、《铁路隧道施工规范》TB 10204 和《公路隧道施工技术规范》JTG/T F60 等相关规范确定。

9.3　周边环境

9.3.1　建（构）筑物允许的变形由其自身特点和已有变形决定，工程监测项目控制值与其自身的使用功能、建筑规模、修建年代、结构形式、基础类型和地基条件密切相关。建（构）筑物与工程的空间位置关系决定了其所受工程的影响程度，影响程度的确定应考虑两者之间的空间位置关系。对于建设年代久远的建（构）筑物、存在病害的危险建（构）筑物或国家级文物等特殊建（构）筑物的控制值确定应特别慎重，一般通过专项评估确定监测项目控制值。

对于新建或一般性的建（构）筑物的监测项目控制值可以依据现行国家标准《建筑地基基础设计规范》GB 50007 中的有关规定进行确定，但应考虑建（构）筑物已发生的变形。

建（构）筑物监测项目控制值专题研究收集了国家现行标准《建筑地基基础设计规范》GB 50007、《民用建筑可靠性鉴定标准》GB 50292、《危险房屋鉴定标准》JGJ 125 和《建筑基坑工程监测技术规范》GB 50497 等相关规范，建（构）筑物监测项目控制值的现有研究成果，以及国内主要轨道交通建设城市中 114 栋建筑的沉降监测成果。

统计实测结果表明，中低层建筑的沉降变化较大，高层、超高层的变形一般较小。综合各类技术规范的规定、已有研究成果和实测数据统计分析，给出了一般建（构）筑物的监测项目控制值，以供各地参考。

9.3.2　桥梁允许的变形由其自身特点和已有变形决定，监测项目控制值与其自身的规模、结构形式、基础类型、建筑材料、养护情况等密切相关，桥梁与工程的空间位置关系决定了其所受工程的影响程度。

桥梁监测项目控制值专题研究收集了国家现行标准《地铁设计规范》GB 50157、《公路桥涵地基与基础设计规范》JTG D63、《公路桥涵养护规范》JTG H11、《铁路桥涵设计基本规范》TB10002.1 和《铁路桥涵地基和基础设计规范》TB 10002.5 等相关规范，关于桥梁监测项目控制值的现有研究成果，以及国内主要轨道交通建设城市 29 架桥梁的沉降监测成果。

统计实测结果表明，桥梁沉降实测变形较小，监测点实测值多在 15mm 以内，这与桥梁采用桩基础和工程施工过程中注重采取有效控制措施有关。

9.3.3　地下管线允许的变形由其自身特点和已有变形决定，监测项目控制值与其自身的功能、材质、工作压力、管径、接口形式、埋置深度、铺设方法、铺设年代等密切相关，地下管线与工程的空间位置关系决定了其所受工程的影响程度。

地下管线监测项目控制值专题研究收集了现行国家标准《给水排水工程管道结构设计规范》GB

50332、《给水排水管道工程施工及验收规范》GB 50268 和《建筑基坑工程监测技术规范》GB 50497 等相关规范，地下管线监测项目控制值的现有研究成果，以及国内主要轨道交通建设城市 185 条地下管线的沉降监测成果。实测资料中地下管线多以地表间接监测点进行监测，坚硬～中硬土地区监测点实测值多在 30mm 以内，中软～软弱土地区监测点实测值稍大一些。

20 条地下管线的直接监测结果表明，部分地下管线的整体沉降较大，但其差异沉降（倾斜率）未超过控制要求，管体未出现明显的损坏。因此，整体沉降对地下管线的影响较小，应注重地下管线的差异沉降（倾斜率）的控制。

综合各类技术规范要求、已有研究成果和实测数据统计分析，给出了不同功能类型地下管线的监测项目控制值，以供各地参考。

9.3.4 高速公路与城市道路监测项目控制值专题研究收集了国家现行标准《城镇道路养护技术规范》CJJ 36、《公路养护技术规范》JTG H10、《公路技术状况评定标准》JTG H20、《公路沥青路面养护技术规范》JTJ 073.2 和《公路水泥混凝土路面养护技术规范》JTJ 073.1 等相关规范和相关沉降监测成果。

高速公路与城市道路沉降主要是道路路基的沉降，综合各类技术规范要求和实测变形情况，根据道路等级的不同，给出了道路路基沉降的监测项目控制值，以供各地参考。

9.3.5 城市轨道交通既有线监测项目控制值的确定，一般都是在现状调查的基础上通过专项评估确定，同时也要遵循运营管理单位的意见。

城市轨道交通既有线监测项目控制值专题研究收集了现行国家标准《地铁设计规范》GB 50157 和北京、上海等地的城市轨道交通既有线养护、保护标准，以及一些实测变形监测成果。综合各类技术规范要求和实测变形情况，给出了城市轨道交通既有线隧道结构变形的监测项目控制值，以供各地参考。

9.3.6 既有铁路监测项目控制值主要依据现行行业标准《铁路轨道工程施工质量验收标准》TB 10413 和《铁路线路维修规则》（铁运［1999］146 号）中的有关规定确定。对于高速铁路等特殊的既有铁路线，其过大变形的影响后果极为严重，需通过专项评估确定监测项目控制值，并应满足既有铁路运营单位的要求。

9.3.7 现行国家标准《爆破安全规程》GB 6722 中规定地面建筑的爆破振动判据，采用保护对象所在地质点峰值振动速度和主振频率；水工隧道、交通隧道、电站（厂）中心控制室设备、新浇大体积混凝土的爆破振动判据，采用保护对象所在地质点峰值振动速度。安全允许标准见表 12。

表 12　爆破振动安全允许标准

保护对象类别	安全允许振速（cm/s）		
	＜10Hz	10Hz～ 50Hz	50Hz～ 100Hz
土窑洞、土坯房、毛石房屋	0.5～ 1.0	0.7～ 1.2	1.1～ 1.5
一般砖房、非抗震的大型砌块建筑物	2.0～ 2.5	2.3～ 2.8	2.7～ 3.0
钢筋混凝土结构房屋	3.0～ 4.0	3.5～ 4.5	4.2～ 5.0
一般古建筑与古迹	0.1～ 0.3	0.2～ 0.4	0.3～ 0.5
水工隧道	7～15		
交通隧道	10～20		
水电站及发电厂中心控制室设备	0.5		
新浇大体积混凝土			
龄期：初凝～3d	2.0～3.0		
龄期：3d～7d	3.0～7.0		
龄期：7d～28d	7.0～12		

注：1　表列频率为主振频率，系指最大振幅所对应波的频率。

　　2　频率范围可根据类似工程或现场实测波形选取。选取频率时亦可参考下列数据：深孔爆破 10Hz～60Hz；浅孔爆破 4Hz～100Hz。

　　3　有特殊要求的根据现场具体情况确定。

10　线路结构变形监测

10.1　一　般　规　定

10.1.1 受工程地质条件、施工方法和施工过程中诸多不确定因素的影响，以及运营期间列车动荷载和邻近工程施工的影响，城市轨道交通线路结构在其施工及运营期间会发生不同程度的位移变形，往往会影响到线路结构安全和列车运营安全。因此，在施工及运营阶段，为保证线路结构安全和运营安全，应对线路中的隧道、高架桥梁、路基和轨道结构及重要的附属结构等进行变形监测，为线路维护提供监测数据资料。

10.1.2 线路结构的变形监测主要为保证线路结构安全和运营安全提供监测数据资料，监测方案的编制应满足线路结构安全和运营安全管理的实际要求。监测方案的内容也应包括监测项目、监测范围、布点要求、监测方法、监测期与频率、现场监测作业时段、人员设备进出场要求等。监测方案中宜考虑监测工作的连续性、系统性，可以将施工过程中的线路结构监测项目延续作为运营阶段线路结构的监测项目。

10.2 线路结构监测要求

10.2.1 线路结构的沉降缝和变形缝，车站与区间、区间与联络通道及附属结构与线路结构等衔接处容易产生竖向位移或差异沉降，道岔区和曲线地段出现沉降会更影响运营安全，不良地质区域容易使线路结构产生变形，因此，这些部位是线路结构监测的重要部位，必须有监测点或监测断面控制。

10.2.3 考虑到监测数据的连续性、变形可对比性和监测工作的经济性，应充分利用施工阶段的监测点开展延续项目的监测工作。监测基准点也应尽量利用施工阶段布设的基准点，当基准点的位置或数量不能满足现场观测要求时可重新埋设，其位置和数量要根据整条线路情况统筹考虑。线路结构变形监测中采用的监测点应保证可靠、稳定，基准点或监测点被破坏时要及时恢复。

10.2.4 因地质条件、结构形式、周边环境及施工方法的不同，各地及不同区段等轨道交通线路结构达到完全稳定的持续时间有很大的差异，沉降速率和最终沉降量也各不相同。因此，线路结构的监测频率可以根据各自的实际情况确定，以能够及时、准确、系统地反映线路结构变形为确定原则。

11 监测成果及信息反馈

11.0.1 城市轨道交通工程监测成果主要包括现场实测资料和室内数据处理成果两大类。通过仪器监测、现场巡查和远程视频监控等手段获得各类现场实测资料后，需及时进行计算、分析和整理工作，将现场实测资料转化为完整、清晰的分析、处理成果。室内数据处理成果可以采用图表、曲线等直观且易于反映工程安全问题的表现形式，同时对相关图表、曲线也应附必要的文字说明。在某个阶段或整个过程的监测工作完成后，应形成书面文字报告，对该阶段或整个监测工作进行总结、分析，提出相关分析结论和建议。

11.0.2 工程现场仪器监测应将不同监测项目的实测结果记录到规定的表格中，以便于监测数据的清晰记录和后续的计算、对比和分析。全站仪等可以自动记录现场监测数据的监测仪器，应保存相应的电子数据资料，以便于实测数据的复核和比对，防止实测出现纰漏。现场巡查工作应填写巡查记录表格，将实际巡视检查结果言简意赅地进行记录。远程视频监控应保存好视频监控录像资料，填写相关视频成果保存记录，便于远程视频监控成果的查找和调用。

现场监测资料应与工程实际情况相结合，描述线路名称、合同段、工点名称、施工工法、施工进度等工况资料，以使监测成果与实际工程情况更好地结合，便于分析监测对象的安全状态。

11.0.3 现场监测工作会受自然环境条件变化（气候、天气等）和人为因素（施工损坏监测点等）的影响，仪器监测成果可能因为监测仪器、设备、元器件和传感器等问题出现偏差，当传感器受施工影响出现故障或损坏时，可能给出错误的监测数据。因此，完成现场监测后，应对各类资料进行整理、分析和校对。当发现监测数据波动较大时，应分析是监测对象实际变化还是监测点或监测仪器问题所致。难以确定原因时，应进行复测，防止错误的监测数据影响监测成果的质量。

11.0.4 监测数据采集完成后应及时计算或换算监测对象的累计变化值和变化速率值，以分析判断监测对象的安全状态及发展变化趋势。监测数据的时程曲线可直观、形象地反映监测对象的位移或内力的发展变化趋势及过程，依此判断监测对象的安全状态和发展变化情况。因此，各类监测数据均应及时绘制成相应的时程曲线。监测断面曲线图、等值线图等可以反映监测断面或监测区域的整体变化，以及不同监测部位之间的相互联系及内在规律，对整体分析工程安全状态起着很好的作用。

11.0.5 监测报告根据监测时间阶段和监测结果报告的及时性分为日报、警情快报、阶段性报告和总结报告。各类监测报告均应以表格、图形等"形象化、直观化"的表达形式表示出监测对象的安全状态变化情况，以便于相关人员及专家的分析与判断。

1）日报是反映监测对象变形、变化的最直接、最简单的报告形式，是实现信息化施工的重要依据。当日监测工作完成后，监测人员应及时整理、分析各类监测信息，确保当日监测成果的正确性。形成日报后，及时反馈给相关单位，以保证信息化施工的顺利开展。

2）工程出现各类警情异常时，对警情的时间、地点、情况描述、严重程度、施工工况等警情基本信息进行描述，结合监测结果对警情原因进行初步判断，并提出相应的处理措施建议。警情快报应迅速上报相关单位和管理部门，以使警情得到及时、有效的处理。

3）监测工作持续一段时间后，监测人员应对该阶段的监测工作进行总结，形成阶段性报告，反馈给相关单位。阶段性报告是某一段时间内各类监测信息、监测分析成果的较深入的总结和分析。综合分析后得出该阶段内监测工点各个监测项目以及工程整体的变化规律、发展趋势和评价，以便于为信息化施工提供阶段性指导。

4）工程监测工作全部完成后，监测单位应向委托单位提交工程监测的总结报告。总结报告包括各类监测数据和巡查信息的汇总、分析与说明，对整个工程监测工作进行分析、评价，得出整体性监测结论与建议，为以后类似工程监测工作积累经验，以便于相关工程监测借鉴和参考。

11.0.6 随着城市轨道交通建设的不断开展，监测技术也得到了很大的进步。远程自动化监测系统、数据处理与信息管理系统软件等新技术应运而生。专业的信息管理软件便于监测数据的采集、处理、分析、查询和管理工作，可以将监测成果及时、准确地反馈给工程参建各方，提高监测成果的时效性。同时，监测成果可以及时、方便地形成时程曲线、断面曲线图、等值线图等可视化较强的图件，便于监测成果的分析、表达，为信息化施工提供了很好的技术支持。

11.0.7 各类监测成果报告应按固定格式要求完成编制，以便报告查阅人员可以及时、准确获得重点关注的信息。报告内容应包括本规范规定的基本内容，言简意赅地总结各类监测信息。监测日报、警情快报和阶段性报告主要为信息化施工服务，一般提交给建设、监理、设计等相关单位。而总结报告主要为总结工程监测效果，积累工程监测经验，可只提交给建设单位。

附录 2017年度全国注册土木工程师（岩土）专业考试
所使用的标准和法律法规

一、标准

1.《岩土工程勘察规范》（GB 50021—2001）（2009年版）
2.《建筑工程地质勘探与取样技术规程》（JGJ/T 87—2012）
3.《工程岩体分级标准》（GB/T 50218—2014）
4.《工程岩体试验方法标准》（GB/T 50266—2013）
5.《土工试验方法标准》（GB/T 50123—1999）
6.《地基动力特性测试规范》（GB/T 50269—2015）
7.《水利水电工程地质勘察规范》（GB 50487—2008）
8.《水运工程岩土勘察规范》（JTS 133—2013）
9.《公路工程地质勘察规范》（JTG C20—2011）
10.《铁路工程地质勘察规范》（TB 10012—2007 J 124—2007）
11.《城市轨道交通岩土工程勘察规范》（GB 50307—2012）
12.《工程结构可靠性设计统一标准》（GB 50153—2008）
13.《建筑结构荷载规范》（GB 50009—2012）
14.《建筑地基基础设计规范》（GB 50007—2011）
15.《港口工程地基规范》（JTS 147—1—2010）
16.《公路桥涵地基与基础设计规范》（JTG D63—2007）
17.《铁路桥涵地基和基础设计规范》（TB 10002.5—2005 J 464—2005）
18.《建筑桩基技术规范》（JGJ 94—2008）
19.《建筑地基处理技术规范》（JGJ 79—2012）
20.《碾压式土石坝设计规范》（DL/T 5395—2007）
21.《公路路基设计规范》（JTG D30—2015）
22.《铁路路基设计规范》（TB 10001—2005 J 447—2005）
23.《土工合成材料应用技术规范》（GB/T 50290—2014）
24.《生活垃圾卫生填埋处理技术规范》（GB 50869—2013）
25.《铁路路基支挡结构设计规范》（TB 10025—2006）
26.《建筑边坡工程技术规范》（GB 50330—2013）
27.《建筑基坑支护技术规程》（JGJ 120—2012）
28.《铁路隧道设计规范》（TB 10003—2005 J 449—2005）
29.《公路隧道设计细则》（JTG/T D70—2010）
30.《湿陷性黄土地区建筑规范》（GB 50025—2004）
31.《膨胀土地区建筑技术规范》（GB 50112—2013）
32.《盐渍土地区建筑技术规范》（GB/T 50942—2014）
33.《铁路工程不良地质勘察规程》（TB 10027—2012 J 1407—2012）
34.《铁路工程特殊岩土勘察规程》（TB 10038—2012 J 1408—2012）
35.《地质灾害危险性评估规范》（DZ/T 0286—2015）
36.《建筑抗震设计规范》（GB 50011—2010）（2016年版）
37.《水电工程水工建筑物抗震设计规范》（NB 35047—2015）
38.《公路工程抗震规范》（JTG B02—2013）
39.《建筑地基检测技术规范》（JGJ 340—2015）
40.《建筑基桩检测技术规范》（JGJ 106—2014）

41.《建筑基坑工程监测技术规范》（GB 50497—2009）

42.《建筑变形测量规范》（JGJ 8—2016　J 719—2016）

43.《城市轨道交通工程监测技术规范》（GB 50911—2013）

二、法律法规

1.《中华人民共和国建筑法》

2.《中华人民共和国招标投标法》

3.《工程建设项目勘察设计招标投标办法》（国家发展和改革委员会令第 2 号）

4.《中华人民共和国合同法》

5.《建设工程质量管理条例》（国务院令第 279 号）

6.《建设工程勘察设计管理条例》（国务院令第 662 号）

7.《中华人民共和国安全生产法》

8.《建设工程安全生产管理条例》（国务院令第 393 号）

9.《安全生产许可证条例》（国务院令第 397 号）

10.《建设工程质量检测管理办法》（建设部令第 141 号）

11.《实施工程建设强制性标准监督规定》（建设部令第 81 号）

12.《地质灾害防治条例》（国务院令第 394 号）

13.《建设工程勘察设计资质管理规定》（住建部令第 160 号）

14.《勘察设计注册工程师管理规定》（建设部令第 137 号）

15.《注册土木工程师（岩土）执业及管理工作暂行规定》（建设部建市〔2009〕105 号）

16. 住房城乡建设部关于印发《建筑工程五方责任主体项目负责人质量终身责任追究暂行办法》的通知（建质【2014】124 号）

17.《房屋建筑和市政基础设施工程施工图设计文件审查管理办法》（住建部令〔2013〕第 13 号）